钢铁工业给水排水设计手册

主　编　王笏曹
副主编　钱　平　邹德才
　　　　张学超　万焕堂

北　京
冶　金　工　业　出　版　社
2017

内 容 简 介

本手册共分17章，包括厂址选择，全厂给水排水，采矿场给水排水，选矿厂给水排水，原料场和烧结球团厂给水排水，焦化厂给水排水，耐火材料厂给水排水，炼铁厂给水排水，炼钢厂给水排水，轧钢厂给水排水，铁合金厂给水排水，机修、电修、汽修、检验和动力设施给水排水，固粒物料的浆体输送，硫酸酸洗废液的处理及回收利用，盐酸酸洗废液的再生，循环冷却水水质稳定处理，水处理专用设备及材料等。

本手册充分反映了20世纪90年代国内外钢铁企业给水排水的先进技术水平，是从事钢铁工业给水排水专业设计、施工、生产管理方面工程技术人员极具实用价值的工具书，也可作为其他行业和大专院校相关专业的参考书。

图书在版编目（CIP）数据

钢铁工业给水排水设计手册/王笏曹主编．—北京：冶金工业出版社，2002.1（2017.2重印）
ISBN 978-7-5024-2729-0

Ⅰ.①钢… Ⅱ.①王… Ⅲ.①钢铁厂—给水工程—设计—手册 ②钢铁厂—排水工程—设计—手册 Ⅳ.①TF085-62

中国版本图书馆CIP数据核字（2017）第029875号

出 版 人　谭学余
地　　址　北京市东城区嵩祝院北巷39号　邮编　100009　电话　(010)64027926
网　　址　www.cnmip.com.cn　电子信箱　yjcbs@cnmip.com.cn
责任编辑　郭冬艳　郭庚辰　美术编辑　王耀忠　责任校对　侯　瑂　责任印制　牛晓波
ISBN 978-7-5024-2729-0
冶金工业出版社出版发行；各地新华书店经销；虎彩印艺股份有限公司印刷
2002年1月第1版，2017年1月第3次印刷
787mm×1092mm　1/16；85.5印张；2075千字；1347页
480.00元
冶金工业出版社　投稿电话　(010)64027932　投稿信箱　tougao@cnmip.com.cn
冶金工业出版社营销中心　电话　(010)64044283　传真　(010)64027893
冶金书店　地址　北京市东四西大街46号(100010)　电话　(010)65289081(兼传真)
冶金工业出版社天猫旗舰店　yjgycbs.tmall.com

《钢铁工业给水排水设计手册》

编辑委员会

各章编审人员

章	编写人			审稿人			
第1章	邹德才			江开伟	王秦生		
第2章	田世刚	曾昭成		江开伟	李庆伟		
第3章	胡文显	祁　洁		祁　洁	胡文显	常　红	侯安平
第4章	申明华	蒋先辉	郑庶瞻	周成湘	郑庶瞻	李　良	黄伏根
第5章	郑庶瞻	李　良	周成湘	周成湘	郑庶瞻	李　良	黄伏根
第6章	刘润海			李荣波	凌　丹	郭　然	韩景飞
				吕裔贵	马雁林		
第7章	刘润海			李荣波	凌　丹	郭　然	吕裔贵
第8章	王秦生	杨秀华		江开伟	邹德才		
第9章	钱　平	赵锐锐	张伯群	贾瑞林	钱　平		
第10章	王笏曹	赵金标	张学超	张学超	王笏曹	万焕堂	
	张　崎	彭小平	赵　海				
	林清鹏	张卫平	宋伟民				
第11章	陈常洲			杨　岩	孙福利		
第12章	张福林	李　旭		王洪山	张福林		
第13章	郑庶瞻			周成湘	丁宏达	李　良	黄伏根
第14章	陈常洲			杨　岩	孙福利		
第15章	万焕堂			张学超	赵金标	王笏曹	
第16章	姚昌健			马维国	李欣平	贾瑞林	钱　平
第17章	王笏曹			张学超	万焕堂		
附　录	王笏曹			张学超			

前　言

随着现代科学技术的进步和社会发展对人类环境提出的更高要求以及钢铁工业发展的需要，原冶金工业部建设协调司于1997年以冶金工业部冶建设(1997)38号文的形式，委托武汉钢铁设计研究院组织原冶金工业部所属各有关设计研究院，对1978年由冶金工业出版社出版的《钢铁工业给水排水设计参考资料》(以下简称参考资料)进行修编，定名为《钢铁工业给水排水设计手册》。

本手册总结了20多年来国内钢铁工业给水排水方面的新技术、新工艺、新设备、新材料、新经验，充分反映了20世纪90年代国内外钢铁企业给水排水的先进技术水平。手册内容包括厂址选择，全厂给水排水设施，采矿场给水排水，选矿厂给水排水，原料场和烧结球团厂给水排水，焦化厂给水排水，耐火材料厂给水排水，炼铁厂给水排水，炼钢厂给水排水，轧钢厂给水排水，铁合金厂给水排水，机修、电修、汽修、检验和动力设施给水排水，固粒物料的浆体输送，硫酸酸洗废液的处理及回收利用，盐酸酸洗废液的再生，循环冷却水水质稳定处理，水处理专用设备及材料等共17章。其中全厂给水排水、循环冷却水水质稳定处理、固粒物料的浆体输送、盐酸酸洗废液的再生以及水处理专用设备及材料为这次修编时新增加的内容。与《参考资料》一书相比，本书内容更丰富，技术更先进，为我国钢铁工业给水排水设计提供了一部具有实用价值的工具书。

我们期望本手册对从事钢铁工业给水排水专业设计、施工、生产管理方面的工程技术人员在提高设计技术水平，保证设计、施工质量，提高企业管理水平等方面能够起到应有的作用。

本手册所涉及到的政策、规范、标准如与国家和上级有关部门的现行规定有矛盾时，应按国家和有关部门现行的规定执行。

本手册在编写过程中得到很多关心这项工作的领导、工程技术人员和生产厂家的关怀、支持与帮助，在此表示衷心的感谢。

由于时间短促，深入广泛的调查研究不够，本手册如有缺点和错误，敬请读者批评指正，以便再版时更正。

编　者

2000年10月

目　录

1　厂址选择

2　全厂给水排水设施

3 采矿场给水排水

4 选矿厂给水排水

5 原料场和烧结球团厂给水排水

6 焦化厂给水排水

7 耐火材料厂给水排水

8 炼铁厂给水排水

9 炼钢厂给水排水

10 轧钢厂给水排水

11 铁合金厂给水排水

12 机修、电修、汽修、检验和动力设施给水排水

13 固粒物料的浆体输送

14 硫酸酸洗废液的处理及回收利用

15 盐酸酸洗废液的再生

16 循环冷却水水质稳定处理

17 水处理专用设备及材料

附　　录

1 厂址选择

厂址选择要根据有关主管部门批准的设计任务书(或相当的文件)进行。

正确的厂址选择,取决于政治、经济、技术各方面的因素。在选厂时,必须对所选的几个厂址进行认真、细致、全面的调查研究,做好方案比较,在指定的区域内,选出一个最合适的厂址。

由于钢铁企业用水量较大,要求给水排水设施安全可靠性较高,技术较复杂,给水排水条件的选择是选厂工作中的重要组成部分。它不仅直接影响工厂的建设费用、投资期限、生产成本及生产管理条件,而且还会影响厂区附近工农业生产、城市建设和环境保护等各个方面。

选厂工作内容一般包括准备工作、收集资料、现场调查、水源选择、排水和排洪条件选择、方案比较和编制选厂报告等工作。在厂址确定后,设计人员要协助生产建设单位签订有关协议及提出勘测任务书。

1.1 选厂注意事项

在选厂工作中要认真学习和贯彻党的各项方针政策,执行国家相关法规,做好调查研究,在选厂主管部门的统一部署下,进行统筹考虑,完成给水排水条件的选择工作。

(1)在选择水源时,不能与农业争水,并注意附近工农业和城市用水的协作关系。钢铁企业的生活用水,在有条件时,应首先考虑从城市供给的可能性。当水源地(尤其是地下水)靠近矿区时,应充分注意矿山疏干后的影响。

(2)在山区选厂,必须注意山洪的排除;在平原靠近江河地区选厂,必须注意洪水期厂区排水是否有足够的坡度,使工厂达到排放标准的废水能自流排出;在近海地区选厂,必须注意潮汐的涨落对取水、排水的影响。

(3)选厂时必须注意环境保护,工厂排水不能影响下游工农业及城市用水。排水水质必须符合污水排放综合标准。污水处理设施和总排出口的位置,一般应考虑在城市的下游。

(4)在考虑给水排水设施输水干线、排水干线的位置和线路时,要注意节约用地,尽可能用荒地、瘠地、坡地,少占耕地,不占良田;在可能条件下,要结合施工造田,支援农业并尽量为农业灌溉创造方便条件。

(5)在选厂时必须充分注意利用当地地形及自然条件,合理布置给水排水构筑物,以降低基建投资和管理费用。在现场踏勘中应注意以下几点:1)附近水库或其他水源自流给水的可能性;2)附近山头建高位水池的可能性;3)利用山沟、地形自然坡度排除雨、洪的可能性。

(6)选厂时必须注意综合利用,如农田灌溉、废渣利用等项。

(7)在选择选矿厂厂址时必须注意尾矿库的合理选择。

1.2 准备工作

准备工作主要内容如下：

(1)选厂前应认真学习和领会国家的有关方针政策及主管部门对该厂建设的指示。

(2)认真研究设计任务书，了解拟选厂地区工厂规模、品种、工艺流程、车间组成、主要设备、建设时间及近期和远期的划分等。

(3)搜集拟选厂地区已有的水文、气象、地形、工程地质、水文地质、规划资料及其他有关资料。

(4)查阅现有工厂的选厂报告，从中吸取经验和教训。

1.3 收集资料及现场调查

现场调查必须对周围环境作系统的、周密的调查和研究，虚心听取各方面的意见，收集各方面的资料，然后将这些资料和意见进行科学分析，从中得出正确的结论。

1.3.1 收集资料

收集的资料一般包括下列内容：

1.3.1.1 气象资料

(1)气象站：气象站的位置、地面及风速仪标高，建站年月。

(2)气温：历年逐月平均气温，最高、最低气温及出现日期。

(3)湿度：历年逐月平均相对湿度、绝对湿度，最大、最小相对湿度及出现日期。

(4)风速及风向：历年逐月平均、最大和最小风速及多年平均风向玫瑰图。

(5)气压：历年逐月平均气压。

(6)蒸发量：历年逐月平均、最大及最小蒸发量。

(7)降雨量：历年逐月平均降雨量，1 天和 1 小时的最大降雨量，年平均降雨量及当地暴雨计算公式。

(8)冻结深度：多年土壤最大冻结深度。

1.3.1.2 水文资料

(1)水文站：水文站的位置，测水工具、方法及时间，建站年月。

(2)流量：历年逐月平均、最大和最小流量及后两者出现日期。

(3)流速：历年逐月平均、最大和最小流速。

(4)水位：历年逐月平均水位，最高洪水位和最低水位及出现日期。

(5)水温：历年逐月平均、最高和最低水温。

(6)水质：历年逐月平均含沙量，洪水季节最大含沙量和持续时间，泥沙颗粒分析，河水水质分析(包括物理、化学、细菌分析)。

(7)冰冻情况：历年封冻融冰日期、最大结冰厚度；流冰起止日期、流冰最大体积、冰屑和底冰在河流平面和断面上的分布情况和运动规律。

1.3.1.3 水文地质资料

水文地质资料主要内容如下:

(1)取水地区地质和水文地质柱状图。

(2)地下水的静、动储量和开采储量的论证材料。

(3)地下水的性质(承压或无压)、流向、补给来源以及可靠程度和动态变化规律。

(4)含水层厚度、组成含水层的颗粒分析、渗透系数和影响半径。

(5)单孔和多孔扬水试验资料,各抽水孔水位下降和涌水量关系曲线,涌水量和影响半径的关系。

(6)历年逐月平均、最高和最低水温。

(7)物理、化学和细菌分析。

上述资料一般可以从水文地质队、附近各厂水文地质勘察报告和附近矿区矿产勘察报告中得到或付费购买。

1.3.1.4 工程地质资料

工程地质资料主要收集厂区水源地、输水干线、排水和排洪干线及排出口等地段工程地质资料。包括:

(1)区域地质图。

(2)地质剖面图和柱状图。

(3)岩性、岩石层理走向、倾向及倾角,夹层的性质和摩擦系数。

(4)断层位置、岩溶和裂隙的发育情况及填充物的性质。

(5)土壤的类别、颗粒组成和承载力。

(6)地下水位和地下水对构筑物的侵蚀性。

1.3.1.5 地形图

(1)厂区地形图,比例尺为 1/5000 ~ 1/10 000。

(2)取水地区地形图,比例尺为 1/5000 ~ 1/10 000。

(3)区域地形图,比例尺为 1/10 000 ~ 1/50 000,地形图范围应包括水源、排洪汇水面积和排水口。

1.3.1.6 规划资料

规划资料包括下列主要内容:

(1)区域规划和城市规划。

(2)河流规划。

(3)农田水利规划。

1.3.1.7 历史资料

可查阅地方志、历史档案或其他资料中有关地震、泉水、洪水和干旱情况等的历史记载。

1.3.2 水源调查

在研究现有资料的基础上,再进行现场踏勘和调查。在调查时应注意对当地群众特别是老年人的访问工作。

1.3.2.1 地下水调查

A 地面调查

在第四纪地层的地区调查地下水时,应注意地貌与第四纪地层的关系,了解阶地数量、类型，阶地和河漫滩的分布，岩性特征，冲、洪积层的分布范围及河道变迁情况。如发现有古河床时，应注意调查古河床的情况。

在山区调查地下水时，一般沿山麓沟谷调查，有时为了追索一定的地层构造破碎带等，可沿岩层的走向、构造破碎带的方向或穿不同地貌单元进行，了解它们与地下水的相互关系。

B 水井调查

水井调查主要内容包括：

(1)附近工厂或农村现有地下水水源井的布置、井距、井径、井深、井的构造、取水设备及滤水管材料。

(2)现有水井的出水地层、含水层厚度、渗透系数和影响半径。

(3)单井和群井抽水时的实际情况，静水位、动水位、取水量、水温、水质及其历年逐月的变化和相互影响情况。

(4)原有水井的施工和设计情况。

C 泉水调查

泉水调查主要内容包括：

(1)泉井出露点的地形地貌、地层岩性、地质构造和岩层裂隙情况。

(2)泉水的类型(上升泉或下降泉)、形成条件和补给范围。

(3)泉水出口情况，泉眼形状和出口水深。

(4)泉水水量、水质、水温历年逐月的变化情况。

(5)水质全分析资料。

(6)泉水使用情况。

D 地下河调查

(1)踏勘地下河沿线的地形地貌。

(2)暗流和明流交替出现的部位和形成条件。

(3)地下河的流量、水位、水温、水质历年逐月的变化情况。

(4)地下河的水源及其补给范围。

(5)地下河河水沿线使用情况。

(6)地下河中水生物的情况。

E 洞穴调查

在岩溶地区调查地下水时，应调查岩溶的发育情况，了解洞穴所在高程，洞穴充水(或充填)情况，对典型洞穴应进行专题调查。包括：

(1)洞穴的形状、大小及发育的方向。

(2)洞穴(或裂隙)充填物的多少及充填的性质。

(3)最高洪水位与最低枯水位，前者是经过访问和观察洪痕分析而得。

(4)洞内地下水水面的长度和宽度、水的深度。

(5)地下水的流向和流量。

(6)水中水生物的情况。

1.3.2.2 地表水调查

A 江河调查

(1)踏勘河流上、下游的地形、地貌和地质情况。

(2)察看可能设置取水构筑物的位置。

(3)历年河道变迁情况,变迁原因;河岸冲淤变化情况,土滑现象及其运动规律。

(4)水利规划及河道整治情况。

(5)河流水系图及其流域面积。

(6)拟建厂区的河流上游10~15km,下游5~10km内居民及工农业用水情况,取水地点和取水构筑物形式。排水地点和排出水水质,取水量和排水量。

(7)通航及浮运情况。

(8)水产资源情况。

(9)漂浮物情况。

(10)最高洪水位和最低枯水位调查(洪痕识别见表1-1)。

表1-1 洪痕识别表

序号	识别洪痕方法	洪痕地点及标志	洪水频率
1	漂流物(小树枝、草、碎片、羊粪及其他)痕迹	滞留在树干上的漂流物,一般在河沟凹岸水流较缓处,成束带状漂流物顺水流成一坡度。需与单一树干上(独一无二)的成团状的苇草夹泥土分开	5%~10%
		残留在岩石裂隙中的漂流物,根据地形分辨其来源,如顺洪水流向则是。但须与从山坡上带下来的相区别	5%~10%
		沉积在地形平缓的河岸或河滩台地上	10%~50%
2	泥沙、淤泥痕迹	粘附在大树干表皮上,须与邻近另外的大树干表皮上也有发现时才可置信,要站在稍远处才易看出	5%~10%
		沉积在岩石裂缝中。须与从岩石上面撒下的泥土相区别。撒下泥土的特征是不全充满整条裂缝表面的空隙,在深处积存量更少	
3	冲刷痕迹	石质河岸岸壁受洪水冲刷,其表面光滑平整。土质陡岸岸壁上成条状痕迹,直线微具曲折。须与河岸坍塌部分的上缘边界相区别。坍塌线成微拱形状	20%~50%
4	建筑物上的痕迹	青砖多由灰色变成黑色,表面无原来光滑,部分腐蚀脱落,外墙转角处由于水浪冲击,常留下表面粗糙的凹痕。须与雨水斜打形成的凹痕相区别,这种痕迹只限于外墙的一侧面土被水泡后,由于水浪冲击,常留下表面粗糙的凹迹	
		石灰刷过的墙壁,泡过部分时常脱落,白色变成灰色	
		木板和木柱上的水迹形如锯齿状褐黄色条痕,此痕迹在房屋隐蔽处较能长期保留	
5	植物的变化	在河岸两旁若生长有苔藓等水草的情况下,根据被洪水经常冲刷处苔藓不易生长的特点,其分界线可视为洪水位	20%~50%

续表 1-1

序号	识别洪痕方法	洪痕地点及标志	洪水频率
5	植物的变化	一些具有浅色树皮的树木，受洪水浸泡后，树皮颜色由浅变深，如杨柳的树皮由青绿色转变为黄褐色。一些具有深色树皮的树木，受洪水浸泡后多年，树皮颜色由深变浅，如黄华柳的树皮由原来的灰色转变成淡灰色或灰白色。当河岸树木较多时，远看其色迹，可以连成一线	多年平均洪水位
		在有坡的河滩地上，种植不同植物的分界线，可视为不同频率的洪水位。可向当地群众了解农作物生长特性，确定其频率。3～4 年淹没一次的河滩一般不种小麦，而种花生等不怕水淹的农作物	
6	河岸石头的变色	岩石受洪水浸泡后，浅色岩石（如石灰岩、白云岩、正长岩、粗面岩、砂岩等）颜色变深；相反，深色岩石（如橄榄岩、玄武岩、安山岩、深蛇纹岩）颜色变浅，远看其色迹，可以连成一条线	
7	冲下的巨石	在山区溪沟中，大石块被洪水冲至河床两侧的巨大石块的顶部。需要肯定该石块是由洪水冲来，而不是因岸坍滚下的	

B　水库、湖泊调查

(1)水库性质、用途、设计标准、水文计算和设计情况。

(2)垫底容积、有效容积，最大、最小及平均贮水量。

(3)最高、最低水位，常年水位及各水位的持续时间。

(4)水位面积容积关系曲线图。

(5)蒸发及渗透损失水量。

(6)流入水库(湖泊)之河流(小溪)流量变化情况，水质情况，水文特征及其汇水截获面积。

(7)贮水量使用情况，历年逐月放出水量。

(8)水草、植物、鱼类的生长情况。

(9)结冰情况，结冰及解冰日期，冰层厚度，最高及最低冰水位。

(10)水温，包括历年逐月平均、最高和最低水温。

(11)水质，包括物理、化学和细菌分析，洪水期的水质变化和持续时间。

(12)综合利用情况。

(13)察看可能设置取水构筑物的位置。

1.3.2.3 海水调查

淡水短缺是世界性的问题。对于在沿海地区建冶金工厂，海水直接利用是解决淡水短缺的一个有效途径，所以对海水调查很有必要。主要包括：

(1)海潮调查：包括潮形、潮流、潮位的调查。

(2)波浪调查。

(3)泥沙及其运动规律调查。

(4)烂藻调查。

(5)水深调查。

(6)水下地形图绘制。

(7)海迹。

(8)港口。

(9)海域规划。

(10)工程地质情况。

1.3.3 排水和排洪条件调查

1.3.3.1 排水条件调查

排水条件调查主要内容包括：

(1)踏勘总排水沟、排水口的地形、地貌和地质情况。

(2)农田灌溉情况(见本书第1、3、4章有关各节)。

(3)察看污水处理设施的位置。

(4)综合利用情况。

(5)防内涝水位的确定。

1.3.3.2 排洪条件调查

排洪条件调查主要内容包括：

(1)踏勘汇水区的地形、地貌和植物覆盖情况。

(2)现有排洪沟的布置断面和排水口情况。

(3)历年洪水排泄情况。

(4)地区排洪经验公式和有关参数。

1.3.4 农田灌溉调查

农田调查主要内容包括：

(1)农田亩数(厂区附近或与水源排水有关的农田)、已灌溉亩数、计划灌溉亩数,作物种类,每亩用水量,需水时间。

(2)现有灌溉水源、取水方式和使用情况。

(3)现有灌溉系统,灌溉水量,水渠分布。

(4)现有灌溉水质及对水质的要求。

1.3.5 邻近企业和城市现有给水排水设施调查

邻近企业和城市现有给水排水设施调查主要内容包括：

(1)取水地点、取水方式、取水量、净化设施和贮水设施。

(2)排水系统、总排水沟布置、排出口位置、排水量和排出水质以及厂区雨水计算公式。

(3)排洪计算公式、排洪沟布置和断面及洪水出口位置。

(4)给水排水设施协作的可能性。

(5)给水排水设施存在的问题和经验教训。

1.3.6 建设条件调查

建设条件调查主要内容包括：

(1)当地主要建筑材料、管材、设备及其供应情况和价格。

(2)当地净水和消毒药剂供应情况和价格。

(3)当地施工条件,包括施工力量、施工机械和交通运输等。

(4)当地电费、水费。

1.4 确定水源取水量

1.4.1 生产用新水

生产用新水量随着给水系统的不同而不同。对于生产中间接冷却水用户，可在现场踏勘的基础上，根据当地的具体条件和水源条件(水源水量、水质、与厂区距离和标高差等)，通过方案比较，确定采用工艺先进、节能、成熟可靠的给水系统并尽量循环使用；对于生产中直接冷却水用户，由于废水中含有害物质，应采用封闭循环给水系统；在缺水地区选厂考虑给水系统时，应采取措施，提高给水的循环率，以减少新水用量。

一般根据设计任务书确定的采矿、选矿、焦化、炼铁、炼钢、轧钢等主要设备及其相应的辅助生产设施，参照单体设备(或车间)的用水量，按所确定的给水系统进行水量平衡，即可算出生产用新水量。

当主要设备不完全明确时，可按综合指标估算总水量，并参照国内钢铁企业类似给水系统，选用新水占总水量的百分数，即可估算生产用新水量(见表 1-2)。

表 1-2 钢铁联合企业耗水量表

企业规模/万 $t \cdot a^{-1}$		<100	100~200	200~400	>400
吨钢新水量/m^3	新建企业	16~21	15~20	11~17	9~15
	改扩建企业	31~38	28~34	24~30	21~26
吨钢综合用水量/m^3	新建企业	220~230	210~220	190~210	190~210
	改扩建企业	240~250	230~240	220~230	210~220
全厂循环率/%	新建企业	91~93	91~93	92~94	93~95
	改扩建企业	85~87	86~88	87~89	88~90

注：1. 年用水时间按计划 7732h 计算；
2. 表中总用水量为联合企业各用水户最大用水量之和，包括蒸汽鼓风机站、焦化、耐火及烧结用水；不包括电站用水、矿山造矿用水及生活消防用水。

在计算中，必须注意对水温、水质有特殊要求的用户(如焦化、轧钢主电室等有特殊要求的低温水)，如同一水源不能满足时，则将其用水量分别列出，以寻找新的水源或采取其他措施。

1.4.2 生活用水

生活用水量可根据本厂职工和家属人数以及可能供给附近城镇居民的人数，按国家现行“生活用水量标准”(见《室外给水设计规范》)进行计算。如有某些生产设施(如机修、检验)等使用生活用水，则应加上这部分水量。

1.4.3 附近工农业用水

如厂址周围附近地区有工厂(或拟建厂)和农田灌溉需要，从钢铁企业水源给水，则计算水源总取水能力时，应考虑附近地区工农业用水。

1.5 水源选择

1.5.1 基本原则

水源选择主要内容包括：

(1)水量可靠,水质较好,距厂区近；

(2)取水、输水、净化设施安全经济；

(3)施工、运输、管理维护方便；

(4)与农业、水运、航运等综合利用；

(5)利用高程向工厂自流供水。

选择水源应根据技术经济比较确定。地下水和潜流水,应首先考虑作为生活饮用水和低温冷却水的水源。如附近已有其他工厂或城市给水水源,应首先考虑从现有水源给水的可能性。

当采用地下水水源时,取水量不应大于开采储量;当采用地表水水源时,枯水流量的保证率,钢铁企业一般采用95%~97%,矿山可采用90%~95%。

利用天然河流作为水源时,必须对河流的特征和下游工农业用水情况进行全面分析,根据河流的水深、流速、流向和河床地形等因素,结合取水构筑物形式及参照已有的相似河段取水构筑物的取水量,确定枯水期可取水量。当无坝取水时,取水量占河流枯水流量比例较大时,应做充分论证,必要时做水力模型试验,如无坝取水不能满足钢铁企业用水需要时,则在河道上采取适当的截流措施(如拦河坝)或选用低栏栅式取水构筑物,可以提高取水量。

1.5.2 地下水取水构筑物

1.5.2.1 位置选择

地下水取水构筑物位置主要根据水文地质条件选择。一般应满足下列要求：

(1)位于水质良好的富水地段。

(2)卫生条件良好,避免或防止生活用水被工业污水污染。

(3)合理开采地下水,妥善解决与农业用水及其他用水的矛盾。

(4)接近主要用水户、公路和电源。

1.5.2.2 取水形式选择

选择地下水取水构筑物形式时,应根据水文地质条件及技术经济比较确定,一般适用条件如下：

(1)管井:适用于含水层厚度在5m以上或有几层含水层,地下水埋藏深度大于15m,井径为50~1000mm。常用为150~600mm。井深常用为300m以内。

(2)大口井:适用于含水层厚度一般在5~20m,地下水埋藏深度小于12m。井径为2~12m,常用为4~6m,井深常用为6~20m。

(3)渗渠:适用于含水层厚度一般为4~6m。地下水埋藏深度小于2m。管径常用600~1000mm,埋深常用为4~7m。

1.5.3 地表水取水构筑物

1.5.3.1 位置选择

地表水取水构筑物位置的选择,取决于地形、水文特性、地质条件、综合利用条件及施工条件等因素。一般应满足下列基本要求：

(1)具有稳定的河床及河岸,靠近主流,有足够水深,有较好水质;

(2)具有良好的地形和地质条件,便于建造和维修;

(3)少受或不受漂浮物、泥沙、冰凌、潮水、工业污水及生活污水等影响;

(4)不妨碍泄洪,不影响航运和浮运木材;

(5)与河道整治规划相适应;

(6)接近主要用水户、公路和电源。

在江河中取水,取水构筑物位置选择一般应满足下列基本要求:

(1)在弯曲河段,应选在水深岸陡、泥沙量少的凹岸地带。

(2)在顺直河段,应选在主流靠近岸边,河床稳定,水位较深,流速较大的地段。一般可设在河段较窄处。

(3)在有分岔的河段,应选在深水主槽河道内。

(4)在有支流汇入的顺直河段,应注意汇入口附近处沙滩的扩大和发展,取水口与汇入口应保持一定距离。

(5)在近海河道上,应选在海水潮汐倒灌影响范围以外。

(6)取水地点应位于不污染或污染小的地区。一般应设在污水排出口、码头、弃渣场、尾矿库、垃圾场等地的上游。

在下列河段一般不宜设置取水口:

(1)弯曲河段的凸岸。

(2)分岔河道的分岔口。

(3)河流出峡谷的三角洲附近。

(4)河道变迁的河段。

(5)易于崩塌滑动的河岸及其下游附近。

(6)沙滩、沙洲上、下游附近。

(7)桥梁上、下游附近,T 坝同侧下游附近。

在水库、湖泊中取水,取水构筑物位置选择如下:

(1)水库中的取水构筑物其位置应选择在水库淤积范围以外、水位较深处,并尽量避开水草较多的地方。

(2)湖泊中的取水构筑物其位置应选择在岸边稳定、水位较深处。

1.5.3.2 取水构筑物形式选择

取水构筑物的形式,应根据取水量、水质要求、河床地形、地质情况、河床冲淤情况、水深及水位变幅、冰冻情况、航运浮运情况、施工条件等,在保证安全运行的条件下通过技术经济比较确定。

对于大型钢铁联合企业,一般宜选用固定式取水构筑物。

1.6 排水和排洪条件选择

1.6.1 排水条件

1.6.1.1 排水系统选择

排水系统应根据《钢铁工业排水规范》以及当地规划、排水水质、水量、地形、水体情况、卫生要求,结合农田灌溉、污水处理和综合利用等条件,通过全面的技术经济比较来确定。

钢铁企业的排水系统一般采用:厂区内雨水和生产废水合流、生活污水分流系统。

生活污水及生产废水,应首先考虑用于农田灌溉,但必须符合灌溉农田的水质标准。

1.6.1.2 总排水线路选择

总排水线路选择原则,一般如下:

(1)总排水沟线路尽可能利用附近天然河沟排水,不占或少占农田。

(2)在选线时,既要方便农田,又要避免工农业互相影响。一般不利用农田灌溉渠,直接排入附近河沟或其他水体。

(3)地质条件较好。

1.6.1.3 总排出口选择

总排出口选择原则,一般如下:

(1)排出口位置和形式应取得当地主管部门的同意,如深入河道时,还应取得当地航运管理机关的同意。

(2)排出口一般应位于城市及工业水源的下游。

(3)近海河道设置排出口,应考虑潮汐水位变化、水流方向、波浪状况、主导风向等,以保证出水口的安全使用和附近卫生。

(4)排出口应选在不易塌方、地质条件较好的地方。

1.6.2 排洪条件

实践证明,排洪对工业企业的安全生产关系重大,处理不当,就要遭受损失。因此在选厂时,必须充分认识洪水的危害,对厂址的排洪条件必须作认真的调查研究,选择适宜的厂址,采取适当的排洪设施,以避开或消除洪水的危害。

1.6.2.1 山区洪水特点

(1)地形坡度大,集流时间短,雨水急,流势猛,在雨水多的地区,土壤基本上处于饱和含湿状态,因而入渗率小,洪水径流量大。

(2)山区河沟汇水面积较小(大多在 $10km^2$ 以下),洪水历时短暂,洪水计算以求洪峰流量为主。有关洪峰流量计算资料,详见《给水排水设计手册》第7册。

(3)迎风面的山坡较背风面的山坡降雨多。

厂址应选在汇水面积尽量小的地方,避免因汇水面积过大而开挖很大的排洪沟,增加建设费用。

1.6.2.2 排洪方式的选择

排洪方式应根据区域规划、洪水情况、工程地质、水文地质、气象、地形等条件,通过技术经济比较确定。一般在选择排洪方式时,应因地制宜,因势利导,将山洪排入附近水体。在有条件时,可结合农田水利,修筑塘、库及滞洪区,以调蓄洪水。在厂区上游修建塘、库及滞洪区时,应充分估计溃坝后的影响,并采取妥善措施。

1.6.2.3 排洪沟布置

排洪沟的布置原则,一般如下:

(1)排洪沟布置应因地制宜,首先考虑天然沟进行整治利用,一般不宜大改大动。

(2)排洪沟应在厂区外围,不宜穿过厂区(特别是主要生产区)。

(3)排洪沟不宜过长,如厂区范围过大时,应结合地形分区分段排出。

(4)排洪沟位置应尽量选择在地质较稳定的地带,尽量避免小曲率半径的弯道。

(5)排洪沟布置应结合工厂的总平面布置、公路、铁路、围墙等排水设施,共同发挥排洪效益。

1.7 方案比较

1.7.1 需事先落实的重大问题

在方案比较前,应落实各个厂址中给水排水设施的重大问题,征求有关单位意见,并应取得有关单位的同意。

(1)水源及其卫生防护地带,总排出口位置,应征求城建、卫生防疫、环境保护、航运、水利、农田水利等有关部门的意见。

(2)其他如排洪、综合利用或其他重大问题,根据各个厂址的特点和问题的性质,征求有关单位意见。

一般可先到有关单位征求意见,条件成熟后,可请有关单位召开座谈会。对于重大问题应用座谈纪要的形式(或其他形式),将讨论结果记录下来,经有关方面签署后,列入选厂报告附件。

1.7.2 比较内容

在涉及厂址的重大问题落实的基础上,对几个采用可能性较大的厂址进行方案比较。在厂址选择比较中,忌带主观性、片面性和表面性,必须从政治、技术、经济上进行全面比较。给水排水方案比较,是厂址总体方案比较的一部分,必须认真做好。

1.7.2.1 政治、技术方面比较

政治、技术方面的比较主要是比较贯彻党的各项方针、政策情况,一般可参照以下几点:

(1)水源的可靠程度及其卫生防护条件。在缺水地区,水源是否妥善解决了不与农业争水的问题。

(2)废水排放是否为农业灌溉创造了方便条件,是否影响农业、渔业或城镇及其他企业用水,是否影响环境卫生。

(3)给水排水设施占地、占农田情况,需拆迁及赔偿数量。

(4)施工条件,包括工程量及施工复杂程度、当地施工力量、材料设备供应情况、施工期限等。

(5)生产管理条件,包括生产管理复杂程度、安全运行、检修维护条件等。

(6)综合利用条件。

(7)给水排水设施的发展条件。

(8)协作条件的利用情况。

1.7.2.2 经济比较

经济比较主要包括两个方面的内容:

(1)基建费:在选厂阶段按主要工程量采用扩大指标的办法根据《冶金工业给水排水概算定额(指标)》进行估算。

(2)年经营费:在选厂阶段,一般仅计算年耗电量费用。当水质不好,必须采用混凝沉淀时,还应计算加药费。

经济方面比较,主要是比较两个厂址的不同部分。若两个厂址给水系统基本一样,则厂内部分不做比较,仅比较厂外不同部分;若给水系统不同,则厂内厂外给水排水设施的不同部分皆应进行比较。若一个厂址给水系统有两个或几个方案,首先应通过给水系统的方案比较,选出一个合理方案后,才能同另一个厂址给水排水条件进行比较。

方案比较既要避免繁琐的不必要的比较,又要防止草率和过于简单。方案比较后,列出各个厂址给水排水条件和排洪条件的比较结果。

1.8 编制选厂报告

选厂报告一般由总设计师编写。给水排水专业向总设计师提供各个厂址的给水排水、排洪条件及方案比较结果。若某地水源条件复杂，可将水源情况作详细说明，列入选厂报告附件；对给水排水设施中的重大问题，必要时，有关单位协商的座谈纪要，也可列入选厂报告附件。

给水条件应说明水源水量、水质、与厂区地面高差，与厂区距离以及给水系统、取水量、取水地点、取水方式、输水管径、根数及长度。

排水条件应简要说明排水系统、厂区地面与水体最高水位高差、总排水沟断面与长度、总排出口位置以及污水用于农田灌溉情况。

排洪情况应简要说明汇水面积、排洪方式、排洪沟布置、断面及总长度、排出口位置等。

如有些重大问题(如水利规划、综合利用等)在选厂期间不能确定,需要上级解决或其他单位协作的,则在选厂报告中提出建议或问题,在下阶段设计开展以前专题解决。

1.9 签订有关协议及提出有关勘测任务书

选厂报告编完后,送上级审批。在审批后,如已确定厂址,则对给水排水设施中涉及到其他单位的重大问题,应协助甲方(或业主)签订有关协议。同时对于需要勘测的项目,应立即提出勘测任务书,以便为下阶段初步设计准备条件。

需要签订协议的项目有:

(1)水源:若为取地表水,则需测量水源附近地形图、取水点附近河道平面图、河道纵横断面图、取水点的工程地质勘察;若为取地下水,则需测量取水范围区域地形图和进行取水地区水文地质勘察。

(2)净化站和输水管线:净化站和输水管线,需要测量水源到厂区区域地形图和进行工程地质勘察。

(3)排洪:排洪需要测量汇水区域地形图、汇水面积、汇水区域内河沟的纵坡和横坡和进行排洪沟和排出口工程地质勘察。

(4)其他项目:勘测任务书的要求和参考格式见表 1-3 和表 1-4。在委托勘测任务时,必须与总图、土建专业密切配合。

表 1-3 给水水文地质勘测任务书参考格式

工程名称		设计阶段	初步设计

需水总量： m^3/h
其中生产用水： 生活用水：
建议找水范围：
技术要求：
1. 查清取水地区地下水的静、动储量，调节储量和开采储量；
2. 地下水的补给来源，流向以及可靠程度和动态变化规律；
3. 取水地区地质、水文地质剖面图及钻孔柱状图；
4. 含水层厚度、组成，含水层的颗粒分析；
5. 含水层的渗透系数和影响半径；
6. 要求做单孔扬水和多孔扬水试验，各抽水孔涌水量和水位下降关系曲线，涌水量和影响半径的关系；
7. 水温观测资料；
8. 水质全分析资料（包括物理、化学和细菌分析）；
9. 其他

要求完成日期		提交报告份数	

附件 地形图 张

提交任务书单位 项目负责人：

联 系 人：

年 月 日

注：1. 若不是初步设计，则技术要求应作相应变化；
2. 若当地有特殊条件，则在技术要求中补充进去。

表 1-4 水源输水管线测量任务书参考格式

工程名称		设计阶段	初步设计

测量范围及面积：
技术要求：
1. 水源及净水附近区域地形图纸（1/1000～1/5000）
2. 取水口附近河道地形图（1/1000～1/5000）
3. 取水口附近河床横断面（一般需测三个，垂直 1/100，水平 1/1000）
4. 水源到厂区地形图（1/1000～1/5000）

要求完成日期		提交报告份数	

附件
提交任务书单位： 项目负责人：

联 系 人：

年 月 日

注：1. 若不是初步设计，则技术要求应作相应的变化；
2. 格式的技术要求是按取河水提的，若水源不是河水，则技术要求应作相应的变化；
3. 若当地有特殊条件，则应补入技术条件。

2 全厂给水排水设施

2.1 全厂给排水设施的设计任务

(1)根据工厂规模、车间组成、职工人数等资料,规划所需用水的种类(又称水种)、水质、水量,寻找适用的水源。

(2)根据水源水质具体情况,规划全厂性供水系统、水处理工艺方案、全厂给水干线管网布置。

(3)根据厂区所在地区地理、水文、环境、气象、工厂总图、三废发生情况等条件,规划防洪排涝、雨排水、生产废水处理排放、生活污水处理排放、全厂排水干线管网布置。

(4)通过建设方,收集给排水设计所需的各种原始资料(详见本手册第1章),所需地方原材料,如:砂、石、土、混凝土及钢筋混凝土管……的供应情况,产品质量及规格标准。

(5)合理用水。全厂给排水设计负有节约淡水资源、保护水环境的重要责任。在寻找水源时,应就近取水,不用或少用地下水,用低质或再生水取代优质水,沿海地区应积极开发利用海水,或采取"避咸蓄淡"措施,开发沿海河口段的淡水资源。

对于水资源污染严重的生产废水,如焦化废水,炼铁、炼钢的煤气清洗水,高炉冲渣水,各种除尘水,各种含油水(连铸、轧钢直接冷却系统的排污水,即属此类废水),酸、碱废水及废酸,应尽量在发生源就地处理循环使用,不能再次利用的水,应达到规定的排放标准,方可排入全厂性排水系统。

(6)对于发生源多,水质相近的生产废(污)水,宜由全厂给排水设施集中处理。

(7)全厂给排水应考虑在停电、火灾、输水管线损坏等事故发生时采取的安全供水措施。

(8)全厂给排水应提出全厂性合理用水技术经济指标。合理用水的主要技术经济指标有:

1)吨钢产品新水耗量 q_1:新水是指取自任何天然水源,被第一次利用的水,但生活用水不含在内,在部分使用海水或其他咸水的场合,应把咸、淡分开计算。

吨钢用水耗量,按下式计算

$$q_1 = 0.85 \times 330 \times Q_0 / S \tag{2-1}$$

式中 q_1——吨钢新水量,m^3/t;

Q_0——工厂新水平均日用量,m^3/d;

S——年钢产量。

2)吨钢用水量 q_2:吨钢用水量,不包括钢厂附属电厂用水。

$$q_2 = \frac{330 \times (Q_{cc} + Q_c)}{S} + q_1 \tag{2-2}$$

式中 q_2——吨钢新水量，m^3/t；

Q_{cc}——循环用水量，m^3/d；

Q_c——串接用水量，m^3/d。

3）水的重复利用率 R

水的重复利用率以年计算

$$R=\frac{Q_{cc}+Q_c}{Q_{cc}+Q_c+Q_0}\times 100\% \tag{2-3}$$

（9）研究和确定全厂给排水操作管理体制，原则上要建立统一的、专业化的生产管理体系，以利于提高管理效率和技术进步。

2.2 水质

2.2.1 水种用语定义

现代钢铁企业供水和用水的种类较多，同质水称呼也不尽一致，本章水种用语定义如下。

原水：指从自然水体或城市给水管渠获得的新水。

工业新水：指经过混凝沉淀或澄清处理（包括药剂软化或粗脱盐处理）后，达到规定水质指标的水。

过滤水：在工业新水水质基础上经过过滤处理后，达到规定水质指标的水。

软水：指通过离子交换法，反渗透，电渗析处理，使硬度达到规定指标的水。

纯水：采用物理、化学法除去水中的盐类，剩余含盐量很低的水统称为纯水。

为了有所区别，本章将剩余含盐量为1～5mg/L、电导率小于等于10μS/cm的水称为除盐水；将剩余含盐量低于1mg/L，电导率为10～0.3μS/cm的水称为纯水；将剩余含盐量低于0.1mg/L，电导率小于等于0.3μS/cm的水称为高纯水。

串接水：水质要求较高的用户排出的废水，供给对于水质要求较低的用户使用，该种水称为串接水。（串接水特指水质串接。对水压串接、水温串接的情况应另外说明。）

含油废水：包括从各种用油工艺、设备中排出的含有较高油分和杂质的废水，以及从轧钢、连铸等直接冷却循环水系统排出的含有油分的废水。

回用水：将全厂各单元排放的工业废水或含有生活污水的工业废水集中处理达到回用标准后，进行再次利用的水。

2.2.2 各种水的主要用途

（1）原水。原水主要用来制取工业用水，当水源符合卫生标准时，也可以用来制取生活饮用水。

（2）工业新水。工业新水主要作为敞开式循环冷却水系统的补充水。

（3）过滤水。过滤水主要作为软水、纯水等处理设施的原料水；水处理药剂、酸、碱的稀释用水；主体工艺设备各种仪表的冷却水（一般为直流使用）；及对悬浮物含量限制较严，工业新水不能满足要求的用户。

（4）软水。软水主要用于对硬度限制较严，工业新水不能满足要求的循环冷却水系统，如大型高炉炉体循环冷却水系统，连铸结晶器循环冷却水系统，小型低压锅炉给水等。

(5)纯水。普通级纯水主要用于大、中型,中、低压锅炉给水;特大型高炉、大型连铸机闭路循环冷却水系统的补充水;高质量钢材表面处理用水。

(6)回用水。全厂各单元排放的废水经集中处理后再加以利用,主要用于原料场、原料输送机的皮带洒水,烧结的添加水,高炉水渣(包括干渣场)系统补充水、钢渣洒水等。

全厂或部分区域排放的生产废水、生活污水经集中处理后再加以利用,作为补充水、喷洒冲洗水、绿化用水等。

2.2.3 水中杂质及危害

天然水中的杂质主要以两种形态存在于水中,即悬浮物和溶解物。这些杂质主要来自岩石、土壤、空气和有机物的分解,不同水源、不同地域水中所含杂质均不同,即使同一引水地点,由于季节气候影响,水中所含杂质种类也是变化的。对钢铁企业用水而言,我们所关心的是对钢铁生产用水有较大影响的杂质,而不是所有杂质。

2.2.3.1 悬浮物和浊度

悬浮物是指水中不溶解的固体微粒,以符号 SS 表示。

悬浮物是造成用水设备淤积堵塞、污垢附着、生物繁殖和腐蚀等水质障碍不可忽视的重要因素。根据试验表明:在 40℃,流速为 1.1m/s 的碳钢挂片浸泡试验中,投加 100mg/L 高岭土的井水比不投加高岭土的井水,腐蚀速度高 4 ~ 5 倍。

为节约耗水量,提高重复利用率,降低供水和用水中悬浮物含量,是现代钢铁企业给水处理的首要任务。

水中除悬浮物外还有胶体物和溶解质,按这些杂质颗粒尺寸(mm)分:

悬浮物	$10^{-1} \sim 10^{-3}$
胶体物	$< 10^{-3} \sim 10^{-6}$
真溶液	$< 10^{-6}$

上述三类物质的影响,使水浑浊并带颜色。通常用浊度和色度来定量表示这些微粒在水中的含量。

悬浮物是通过过滤法直接定量,测定操作较麻烦、费时;浊度是用比较法间接测量,操作比较简单快捷。影响浊度的主要因素是悬浮物,因此在实际运行管理中,多采用浊度来表达水中微粒杂质含量情况。但必须指出,浊度值绝不等于悬浮物浓度。浊度是通过光学仪器测出的,是光学上的含义。悬浮物是决定浊度的主要因素,而不是全部因素,因为胶体、悬浮粒子结构和表面状态,均对浊度有影响。

目前常见的浊度测量方法和仪器有三种,即光电比色计(单位 JTU),散射光浊度计(单位 NTU),分光光度计(单位 ATU)。在实际工作中,浊度值后面应注明单位,不应笼统写“度”,更不应写 mg/L。

2.2.3.2 总溶固含量

水中溶解性固体物总含量,简称总溶固含量,以符号 TDS 表示。总溶固由水中全部电离的无机盐和一部分可溶性有机物组成,在实际化验操作时还会有极少的不溶性固体微粒进入,但后两部分物质的数量很少,对冷却水和水净化处理影响很小,在实用工程范围内,允许把总溶固含量等同于总含盐量。在某些专业技术文件中也把总溶固称为“矿化度”、“盐度”。

按总溶固含量不同,人们把水划分成“淡水”、“咸水”、“盐水”。其总溶固含量(mg/L)范围为：

淡水	<1000
咸水	1000～30 000
盐水	≥30 000

钢铁企业敞开式循环冷却水系统的补充水，应采用淡水。咸水或盐水，只能用于某些间接冷却设备，作直流用水，且这些间接冷却设备的接液部件应采用耐腐蚀材料或经过良好的防腐处理。

循环冷却水的腐蚀速度、污垢附着速度随总溶固含量的增加而递增。总溶固含量越高，水的电导率就越高。

在采用膜法制取脱盐水设计时，总溶固含量是重要的水质指标。由于水中的盐类是以阴、阳离子状态存在的，在离子交换法制取纯水设计时，它也是重要的水质指标。

2.2.3.3　硬度

水的硬度以水中钙、镁、亚铁、锰、铝等离子的含量来表示。但后三种离子在水中的含量很低，所以通常把水中钙、镁离子含量的总和称为硬度。并以符号 H_T 表示总硬度，H_{Ca}表示钙硬度，H_{Mg}表示镁硬度。

在自然状态下，水中溶入二氧化碳，钙镁盐类以酸式盐的形式溶入水中，且溶解度很大，不形成水垢析出；水在使用过程中二氧化碳脱吸和 pH 值升高，酸式钙镁盐转化成溶解度很低的正盐或碱式盐，它具有反常溶解度，即在温度升高时，溶解度降低，在传热面上沉积析出而结垢。对锅炉给水、冷却水的危害极大，故成为给水的重要水质指标。

高温是钢铁工业的一大特点。高炉、转炉、电炉、连铸结晶器、加热炉等均是高温下运行的设备，对供水、用水的硬度进行控制是非常重要的。

为了选择最佳水处理工艺、药剂品种和投药量，区别硬度类型是必须做的工作，目前常用的方法是按全硬度 H_T 和碱度 M 的配比来区分水的(硬度)类型，即：

$H_T \leqslant M$	碳酸盐型水
$H_T > M$	非碳酸盐型水
$H_T < M$	负硬度水
$H_T = M \approx 0$	中性盐水

水中主要阳离子有 Ca^{2+}、Mg^{2+}、Na^+(包括 K^+)，主要阴离子有 HCO_3^-、SO_4^{2-}、Cl^-、NO_3^-，不同水型阴、阳离子的组合关系如图 2-1。

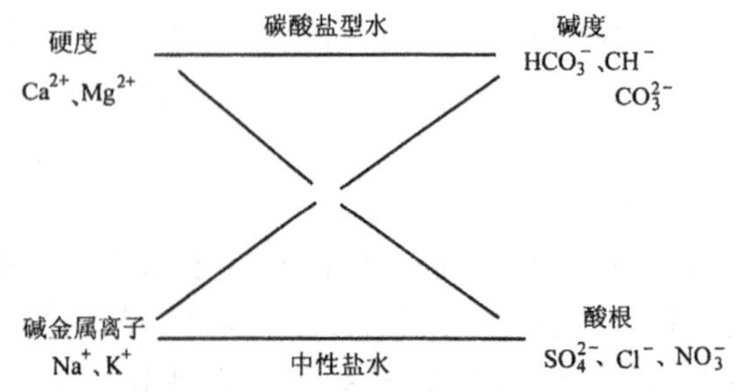

图 2-1　水中主要离子组合关系图

一般碳酸盐型水可采用石灰法脱硬；非碳酸盐型水可采用石灰-纯碱法脱硬，但应注意，纯碱(Na_2CO_3)较贵,需与其他方法,如石灰-离子交换法进行经济技术比较;负硬度水可采用石灰-钙盐法脱硬,但水处理总体方案宜慎重,因为钙镁离子除去后,水中剩下较多的钠钾离子,水的腐蚀性增强,会造成换热设备严重锈蚀,锈蚀产物也会成为污垢,如果水中可溶性硅含量较高,会在换热器表面形成坚硬、极难处理的硅垢;中性盐水在天然水中极少见,主要出现在高浓缩倍数的循环冷却水中。

天然水中钙离子含量一般都超过镁离子,通常 H_{Ca}/H_{Mg}在 2~4 之间。镁盐在水中的溶解度大于钙盐溶解度,其溶解度比为:

盐 类	$CaCO_3$		$< MgCO_3$		$< CaSO_4$		$< MgSO_4$
溶解度(20℃)比	1	:	10	:	140	:	25000

溶解度低的盐类先结晶出来,附着在换热器表面,与其他杂质一起,形成污垢,故硬度控制主要考虑钙硬度。

供给间接冷却循环水系统的补充水,如需脱硬处理时,需充分考虑循环冷却水的浓缩倍数和水质控制药剂的品种,对于采用磷酸盐系水质控制药剂的循环水系统,补充水钙硬度(以 $CaCO_3$ 计)不宜低于 100mg/L。例如:国内某特大型钢铁企业,原水钙硬度(以 $CaCO_3$ 计)最大为 120mg/L,全硬度最大为 180mg/L,原水处理采用石灰-纯碱法脱硬,处理后工业水钙硬度为 50mg/L,全硬度为 100mg/L,投产后,某些循环水系统又投加钙盐,否则影响缓蚀剂的成膜,后来停止原水脱硬处理,循环水系统也停止了投加钙盐。

药剂脱硬计算,详见《给排水设计手册》第 4 册。

2.2.3.4 铁

多数情况下锰离子和铁离子共存,不易分离,且铁离子含量远远大于锰离子,所以一般不把锰离子单列,而与铁离子算在一起。

水中的游离铁主要是亚铁离子,因为三价铁离子在 pH≥3.7 时变成不溶固体物沉淀出来(Fe_2O_3,$Fe(OH)_3$),但有时这些固体微粒会形成水化物,以胶体状态悬浮于水中,所以水中的全铁由胶态铁和二价铁组成。

胶态铁受热会沉积在换热器表面,形成不致密的不连续的污垢层,破坏了缓蚀剂膜的完整性,造成局部腐蚀;三价铁带有磁性,粘着力强,密度大,形成的污垢很难清理。

亚铁离子能起到晶种作用,加速碳酸钙结晶生成速度。另外,在使用聚磷酸盐的冷却水系统中,二价铁离子和磷酸根结合,生成粘着性很强的磷酸亚铁垢;二价铁还是铁细菌的营养源,使供水、用水管网和设备里长“锈瘤”。

2.2.3.5 碱度

碱度是指水中能与强酸发生中和作用的全部物质。

形成碱度的离子是阴离子,天然水中主要的碱性离子有:$[OH^-]$、$[CO_3^{2-}]$和$[HCO_3^-]$,当然还有其他构成碱度的阴离子,但其含量很少,在实际应用时忽略不计。另外,假定$[OH^-]$与$[HCO_3^-]$在水中不能同时存在,在这样假定前提下,三种碱度的存在与水的 pH 值关系如图 2-2 所示。

碱度是采用酚酞指示剂和甲基橙指示剂,经酸滴定测得的,前者称为酚酞碱度,用符号 P(mg/L)表示,后者称为甲基橙碱度或总碱度,以符号 M(mg/L)表示。

水中碱度与阴离子$[OH^-]$、$[CO_3^{2-}]$、$[HCO_3^-]$的关系如下式:

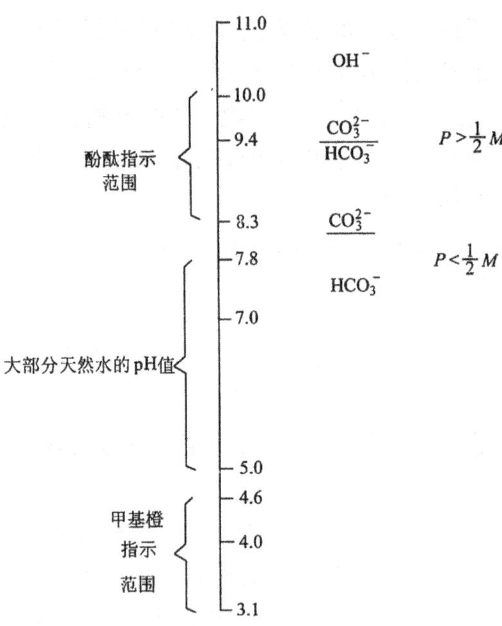

图 2-2　各种碱度与 pH 范围

$$P_{(碱)}=\frac{1}{2}\times\frac{CO_3^{2-}}{30.01}+\frac{OH^-}{17.01} \tag{2-4}$$

$$M_{(碱)}=\frac{HCO_3^-}{61.02}+\frac{CO_3^{2-}}{30.01}+\frac{OH^-}{17.01} \tag{2-5}$$

式中，17.01，30.01，61.02 分别为[OH^-]、[CO_3^{2-}]、[HCO_3^-]的化学当量。

根据 P 和 M 的大小判断水中碱度的各种组成关系，见表 2-1。

表 2-1　碱度测定结果的分析

滴定结果	氢氧根碱度	碳酸根碱度	碳酸氢根碱度
$P=0$	0	0	M
$P<\frac{1}{2}M$	0	$2P$	$M-2P$
$P=\frac{1}{2}M$	0	M	0
$P>\frac{1}{2}M$	$2P-M$	$2(M-P)$	0
$P=M$	M	0	0

【例】　水质化验得 M 碱度为 80mg/L（以 $CaCO_3$ 计），P 碱度为 50mg/L（以 $CaCO_3$ 计），求水中阴离子组成及其含量？

【解】　因为 $P>\frac{1}{2}M$，从表 2-1 可知，水中有[OH^-]和[CO_3^{2-}]。其含量分别是：

$$[OH^-]=2P-M$$
$$=2\times50-80$$
$$=20(mg/L)$$
$$[CO_3^{2-}]=2(M-P)$$
$$=2(80-50)$$

$=60(mg/L)$

在水的使用中，碱度起的作用比较复杂，有时起好作用，有时起坏作用，必须引起足够的重视。在结垢成分主要是碳酸钙和氢氧化镁的水中，碱度是成垢阴离子，要与钙镁一样进行控制；碱度高对碳钢的防腐蚀有利，但碱度过高又会引起碳钢氢脆；在碱度很低的冷却水中，金属的腐蚀产物——铁离子和铜离子水解成氢氧化物和强酸（盐酸、硫酸），加速冷却设备的腐蚀，在碱度较充足的水中，腐蚀产物水解成氢氧化物和碳酸，碳酸是弱酸，水解产物表面的pH值下降轻微，对冷却设备的防腐有利；在锅炉用水中，碱度高会造成碱脆腐蚀，引起汽水共沸腾，降低蒸汽质量。

2.2.3.6 氯离子

$[Cl^-]$是水中最普遍存在的一种阴离子，它能加速碳钢、不锈钢等冷却设备的腐蚀，有人把$[Cl^-]$和$[SO_4^{2-}]$统称为腐蚀性离子。

降低水中$[Cl^-]$含量，目前尚无廉价的处理方法，如果要降低$[Cl^-]$含量，一般只有采用昂贵的脱盐处理工艺。间接冷却水以及连铸、轧钢等直接冷却水中的$[Cl^-]$，主要来自补充水，为了抑制腐蚀速度，均希望补充水中$[Cl^-]$含量尽可能低，于是$[Cl^-]$便成为影响水源选择和原水处理的关键因素。设计中应正确对待$[Cl^-]$对设备腐蚀的危害：

(1)随着$[Cl^-]$含量的增高，碳钢和不锈钢腐蚀会加剧；

(2)各间接冷却水系统的水质控制药剂，对$[Cl^-]$的宽容度是有限的；

(3)直接冷却水系统不能使用水质控制药剂，$[Cl^-]$含量过高（一般不宜超过500mg/L），会造成各种工艺配管、设备、紧固螺栓等的严重锈蚀。

水中的溶解氧是造成腐蚀的主要因素，研究证明$[Cl^-]$没有直接参加电极过程，腐蚀反应前后$[Cl^-]$没有发生变化，但$[Cl^-]$能破坏金属表面的纯化膜。腐蚀是多种因素综合的结果，较高的浊度、冷却设备中水的低流速或死角，都会使$[Cl^-]$加大腐蚀作用。

2.2.3.7 硫酸根离子

$[SO_4^{2-}]$离子也是水中存在较普遍的阴离子，尤其是在苦咸水中，其含量比$[Cl^-]$要高得多。

$[SO_4^{2-}]$离子对腐蚀速度的影响，远低于$[Cl^-]$，一般认为，$[SO_4^{2-}]$仅为$[Cl^-]$的十分之一。

但$[SO_4^{2-}]$含量过高会造成以下危害：

(1)产生硫酸钙沉积，通常控制$[Ca^{2+}]\times[SO_4^{2-}]\leqslant 5\times10^4 mg/L$，(其中钙离子以$CaCO_3$计。$Ca^{2+}$，$SO_4^{2-}$ 的单位以mg/L计)，在此范围以下一般不会发生问题；$[SO_4^{2-}]$离子是硫酸盐还原菌的营养源，在水的使用中应注意杀菌问题。

(2)$[SO_4^{2-}]$离子增高，水的电导率增加，一般对$[SO_4^{2-}]$离子不作严格控制。

2.2.3.8 硅

循环冷却水、纯水制取对二氧化硅含量需控制。

硅的氧化物在水中有多种存在形态，在常温水中其溶解度受pH值影响，$pH\leqslant 9$时，其饱和溶解度约为120mg/L(以SiO_2计)；$pH>9$时，随pH值升高，溶解度增大。

硅酸盐具有缓蚀作用，在镁硬度高的水中，要特别注意防止出现硅酸镁沉积，一般循环冷却水中二氧化硅含量不超过150mg/L(以SiO_2计)，二氧化硅(以SiO_2计)和镁(以$CaCO_3$计)的综合控制指标为二者的乘积，其值小于$3.5\times10^4 mg/L$。

2.2.3.9 电导率

水具有导电性，同时也具有电阻，水纯度越高，电阻率（$1cm^3$ 正方体水的电阻）越大；水中溶解盐（以离子状态存在）含量越高、水的纯度越低，电阻率就越小，因此可通过水的电阻率来间接表示水的含盐量。

电阻率单位为 $\Omega\cdot cm$，其倒数是电导率，单位为 $\Omega^{-1}\cdot cm^{-1}$，符号为 S/cm（S 为西门子）。由于水的电导率很低，用 S/cm 表示不方便，于是采用 μS/cm 来表示。当用电阻率时，习惯上把"$\Omega\cdot cm\times10^6$"称作"兆欧"。

电导率与水温有关，一般温度变化 ±1℃、电导率变化 ±2%

在 20℃时，纯水理论极限电导率为 0.04μS/cm（即 25 兆欧）。某些工业高纯水电导率如下：

直流临界压力锅炉	≤0.3μS/cm
半导体工业	≤0.07μS/cm
电子管工业	≤1.0μS/cm

电导率和总含盐量大致成线性关系，1μS/cm 相当于 0.55～0.9mg/L 含盐量，在估算时，氯化物含量高的水宜取低值。

总含盐量与[Cl^-]含量大致成线性关系，因此可以用电导率对[Cl^-]含量进行监测，这对受咸潮影响的沿海江河取水工程实行"避咸取淡"具有实际意义。

当用电导率间接反应总含盐量或[Cl^-]含量时，需对原水有关项目作较长时间的取样化验，根据所测得的数据，通过数理统计分析，得出相关关系。

2.2.4 原水水质资料及资料处理

原水水质资料是供水、用水以及水处理工艺设计的重要基础资料，是水处理方式选择的依据。

2.2.4.1 资料来源

原水水质资料应由建设方提供。

我国是一个水资源相对缺乏的国家，可利用的淡水资源在地理、时空分配上又很不均匀，因此决定水源的依据往往是先"量"后"质"。水质资料不像水文、气象资料有专门机构负责检测，欲得到能够满足设计要求的水质检测资料，相对比较困难。一般采用以下方式取得的水质分析资料，可以满足钢铁企业供水处理设计的需要：

（1）同一水源上火力发电厂积累的水质化验资料；

（2）同一水源大、中型化工厂积累的水质化验资料；

（3）同一水源的自来水厂积累的水质化验资料；

（4）水利部门的水质检测资料；

（5）卫生防疫部门的水质资料。

水质资料应反映出枯水期（季）、丰（洪）水期的各项水质数据；枯水年、丰水年、平水年的水质；各项水质分析数据个数，应能满足概率分析需要，一般每一水质项目不少于 30 个数据（包括特征值）。当数据不足时，应进行实测，时间序列不低于 1 年的逐日各项水质分析值。

2.2.4.2 资料处理

水质资料（原始分析化验数据）应采用数理统计分析的方法，得出在一定保证率下的水质数值,该值称为水质指标,大型钢铁企业水质保证率可取 90%,以最大水质保证率 97%校核。

数理统计分析得到的各个单项水质指标,综合起来后,很可能出现不平衡现象,需再次调整,平衡后的水质指标方能作为水处理设计依据。

水质指标平衡与水质分析结果校核有类似之处,但不完全相同,前者是为了消除制定的各项水质指标之间的矛盾,后者是对实际化验数据误差的调整。

水质指标平衡,需作以下几项工作。

A 水质类型

总硬度和总碱度的关系应与 90%以上的样本化验资料一致,使设计指标下的水型与实际水型能基本保持一致。

B 阴阳离子正负电荷平衡

阴阳离子正负电荷平衡,即:

$$\sum 阴离子数(me/L) \backsimeq \sum 阳离子数(me/L)$$

在具备大量的阴、阳离子分析资料时,平衡工作比较容易,但实际工程设计时往往不具备这方面的资料,只有硬度、碱度、氯化物等资料,这时需根据这些资料,概略推算出阴、阳离子量。天然水一般假定碱度组成全部为 HCO_3^-,未知的阳离子为 Na^+、K^+(K^+ 占的比例很小,通常忽略,均以 Na^+ 代替),可溶性 SiO_2 和全铁不参与阴阳离子平衡。

C 总溶固与含盐量

总溶固不能小于含盐量:

总溶固要超过含盐量数值,其超过值不大于含盐量的 5%。

平衡算式如下:

$$总溶固 = 全铁 + SiO_2 + 阴阳离子总量 - \frac{1}{2}HCO_3 \tag{2-6}$$

式中单位均为 mg/L。

D 含盐量与电导率

水质资料有含盐量与电导率资料时,应将含盐量与电导率的对应关系点绘在直角坐标纸上,并以适线法作出电导率-含盐量关系曲线,根据该曲线取电导率值。

当得到的水质资料中没有电导率资料时,可参考以下资料:

[Cl^-]在 50mg/L 以下时,含盐量(mg/L)与电导率(μS/cm)的比值取 0.6;[Cl^-]在 50 ~ 100mg/L 以下时,取 0.7;[Cl^-]在 100 ~ 200mg/L 时,取 0.8。

以上资料处理方式,不完全符合严格的化学意义,但可以满足工程设计的需要。

2.2.5 水质项目及指标

2.2.5.1 水质项目

钢铁企业给排水设计必要的水质项目(指原水)有:

pH 值、悬浮物、氯离子、硫酸根离子、全硬度、碳酸盐硬度、钙硬度、M 碱度、P 碱度、总溶固、二氧化硅、全铁、电导率等 14 个项目。

阴、阳离子,全铁形态,二氧化硅形态,总含盐量,浊度,温度等,如果能取到资料,也应进行统计分析。

2.2.5.2　水质指标

设计中应根据水源水质资料，制订设计水质指标。

表2-2是满足钢铁企业用水的参考指标（单项）。海水可以用于某些直流间接冷却系统，例如高炉炉底冷却、蒸汽鼓风站凝汽器冷却等。使用海水冷却事先必须与用水设备方面取得一致，采用耐海水的换热器。水中的悬浮物含量控制在200mg/L以下，换热器内的流速应不低于1.0m/s。

我国是一个缺水国家，人口多，生活污水排放量大，很多冶金企业必然面临利用处理后的城市污水，将其作为工业冷却用水的问题。在国内，已有一些工厂在利用处理后的城市污水，还有一些工厂将自己排放的污水处理后再回用。利用这种污水应防止微生物障碍。随着水温升高，微生物群会在管道、回水池及换热器表面繁殖，堵塞管道及冷却设备，引起腐蚀。

表2-2　钢铁企业供水水质指标（参考）

水质项目	工业新水	过滤水	软　水	纯　水
pH值	7~8	7~8	7~8	6~7
悬浮物/mg·L^{-1}	10	2~5	检不出	检不出
全硬度（以$CaCO_3$计）/mg·L^{-1}	≤200	≤200	≤2	微量
碳酸盐硬度（以$CaCO_3$计）/mg·L^{-1}	①	①	≤2	微量
钙硬度（以$CaCO_3$计）/mg·L^{-1}	100~150	100~150	≤2	微量
M-碱度（以$CaCO_3$计）/mg·L^{-1}	≤200	≤200	≤1	
P-碱度（以$CaCO_3$计）/mg·L^{-1}	①	①	≤1	
氯离子（以Cl^-计）/mg·L^{-1}	60 max220	60 max220	60 max220	≤1
硫酸离子（以SO_4^{2-}计）/mg·L^{-1}	≤200	≤200	≤200	≤1
可溶性SiO_2（以SiO_2计）/mg·L^{-1}	≤30	≤30	≤30	≤0.1
全铁（以Fe计）/mg·L^{-1}	≤2	≤1	≤1	微量
总溶固/mg·L^{-1}	≤500	≤500	≤500	检不出
电导率μS·cm^{-1}	≤450	≤450	≤450	<10

注：工业新水的悬浮物含量可根据钢铁厂实际情况放宽到20~30mg/L。

①不规定限制指标，但在实际工程中需具有指标数据。

2.3　给水设施

2.3.1　给水系统及水压

全厂性给水系统按用户所需水种划分。

一般可分：原水供水系统、工业新水系统、生活给水系统；当有多个用户需供给过滤水、软水、纯水时，可设置过滤水给水系统，软水给水系统、纯水给水系统；当设置集中的含油排水处理装置时，可设置含油排水系统和回用水系统。

各给水系统由水处理设施、供水泵站和管网组成。

2.3.1.1　原水供水系统

由水源向原水处理设施送水的系统，称为原水供水系统。供水系统能力应按最大日水量设计，送水设备及管网能力按最大日平均水量计算。

原水需要量 Q_0 组成如下：

$$Q_0=(1+K_1+K_2)Q \tag{2-7}$$

式中 K_1——原水系统输水损失率，一般钢管 K_1 取 2%～3%，铸铁管和其他柔性接口管 K_1 取 4%～5%；

K_2——原水处理设施损失率，与原水悬浮物含量有关，当 $SS \leqslant 500\text{mg/L}$ 时，可取 3%～4%；

Q——各原水用户最大日需水量，m^3/d。

水源工程规模是以原水需要量为前提条件的，水源是钢铁企业的重要基础设施，尤其是长距离输水管道，扩建往往受用地限制，困难较大，因此在确定水源规模时，在计算原水需要量的前提下，尚应留有适当的发展余地。

原水供水压力，由水源工程计算确定，但在进入原水处理构筑物时应留有一定工作水头。当进水管出口在构筑物水位以上时，工作水头应高于出口管顶 1.5～2.0m，当进水管出口在构筑物水位以下时，工作水头应高于构筑物最高水位 1.5～2.0m。

2.3.1.2 工业新水系统

A 工业新水量

工业新水量按最高日水量设计。

工业新水需水量 Q_i 组成如下：

$$Q_i=K_1(C_1C_2Q_{I-1}+Q_{I-2}) \tag{2-8}$$

式中 Q_{I-1}——各工艺设备（或循环水厂）工业新水总需要量，m^3/d，

$$Q_{I-1}=0.95\sum q_i\times 24 \tag{2-9}$$

q_i——各工艺设备（或循环水厂）需水量，m^3/h；

C_1——系数取 1.10～1.12，考虑未预见水量；

C_2——系数取 1.30 左右，考虑其他用水量；

K_1——系数取 1.07，考虑配水管网损失率，损失率包括配水干线管网、小区内管网以及用户点的漏损；

Q_{I-2}——以工业新水为原水的制水设施的需水量，m^3/d，如制取过滤水等。

B 工业新水供水压力

工业新水系统压力应以向各大循环水系统补充水交接点压力为准，确定全系统干线管网起端和末端压力。一般干线管网末端压力不小于 0.15MPa，可以满足补充水压力要求。个别直接用水户，压力不足可采用局部升压措施（由小区内部设计解决），以工业水为原水的制水设施，应单独设置水泵供给。

为了达到较均衡配水，管网前、后区压力差不宜过大，否则会造成位于管网前区的各用户超量用水，后区用户水量不足。

2.3.1.3 过滤水系统

A 过滤水量

过滤水量按最高日水量设计。

过滤水需水量 Q_f 组成如下：

$$Q_f=K_1(C_1\sum Q_{fv}\times 24+Q_{fc}) \tag{2-10}$$

式中　K_1——系数取1.0~1.15，考虑管网漏损（包括干线管网、小区内管线及用户点损失）和过滤设施自耗水率；

Q_{fv}——各工艺用水设备的平均用水量，m^3/d；

D_{fc}——以过滤水为原水的制水设施的需水量（如制取软水、纯水等），m^3/d；

C_1——未预见水量，取1.12~1.15。

B　过滤水给水压力

过滤水系统压力以满足80%以上用户直接用水压力设计，其他用水压力要求较高的用户点，由小区内部采取升压措施解决。干线管网末端压力一般不低于0.25MPa。管道全长平均单位阻损不超过0.003（包括局部阻力在内）。

以过滤水为原水的制水设施，应另设泵组供水。

2.3.1.4　纯水系统

纯水处理设施能力，按最高日水量设计。

纯水需水量 Q_S 组成如下：

$$Q_S = K_1 \sum Q_{S_1} + Q_{S_2} \tag{2-11}$$

式中　K_1——系数取1.07~1.10，考虑管网漏损率（包括干线管网、小区管网及用户点损失）；

Q_{S_1}——各纯水用户最高日耗水量，m^3/d；

Q_{S_2}——纯水设备自耗水量，m^3/d。

纯水设备自耗水量与采用的制水工艺有关，当采用离子交换法时，可按净产水量的约8%估算。

纯水制取时的过滤水需要量与制水工艺有关，当采用离子交换法时，可按净产水量的1.16~1.18倍估算。

纯水供水系统的压力以送至用户自备的贮罐（槽）为准，个别需要压力较高的直接用水户，宜采用升压措施解决（小区内设计）。纯水干线管网的末端压力，一般不低于0.15MPa。鉴于纯水用户点较少，管道建设费用较高，管道全长平均单位阻损可取0.004~0.005左右（包括局部阻力在内）。

2.3.1.5　软水系统

软水需水量 Q_r 组成如下：

$$Q_r = K_1 \sum Q_{r1} + Q_{r2} \tag{2-12}$$

式中　K_1——系数取1.07~1.10，考虑管网漏损率（包括干线管网、小区管网及用户点损失）；

Q_{r1}——各软水用户最高日耗水量，m^3/d；

Q_{r2}——软水设备自耗水量，m^3/d。

当采用离子交换法制取软水时，软水设备自耗水量可按1%设计。

制取软水时过滤水需要量可按净产量1.03~1.05估算。

软水系统的压力以送到用户自备的贮罐（槽）为基准，个别需要压力较高的直接用户，由单元内部采取升压措施解决。软水干线末端压力，一般不低于0.15MPa。鉴于软水用户点较少、管道建设费用较高，管道全长平均单位阻损可取0.004~0.005左右（包括局部阻力在内）。

2.3.1.6 生活水系统

钢铁厂的生活水可与城市生活水相结合，从城市自来水管网接水，接水管不少于2根，每根水管的供水能力按最高日最大小时水量设计。如果厂内设有生活贮水池，每根供水管的供水能力宜按最高日平均水量设计。

当工厂建有自备生活水厂时，水厂能力按最高日水量设计。

鉴于生活用水分布面较广，建筑消防给水宜与生活水系统合并。

生活用水量按供水范围内的职工人数计算。

$$Q_W = Q_1 + Q_2 \tag{2-13}$$

式中 Q_W——最高日生活水用水量，m^3/d；

Q_1——职工生活用水量，m^3/d；

$$Q_1 = 0.001Nq_i \tag{2-14}$$

q_i——职工人均综合用水定额，L/人·日；

N——设计计算人数，指每日在厂人数，无实际资料时，可按定员人数乘0.9计算；

Q_2——要求供给生活水的其他设施的供水量，如海轮上用水、外供生活水等，m^3/d。

职工人均综合用水定额，包括工厂内的餐饮用水、办公室、医务所、洗衣房、绿化浇洒、车间卫生间、工厂检化验设施等。在缺乏实际用水资料时，可参照表2-3设计，此表中的数据可在可研阶段使用。在基本设计阶段和施工图阶段应按《室外给水设计规范》，《建筑给水排水设计规范》的规定执行。

表2-3 职工用水定额

分 区	地 区	定额/L·(人·日)$^{-1}$
Ⅰ	长江流域(江苏、浙江、江西、安徽、两湖、云贵川)及以南地区	500
Ⅱ	黄河流域、河北、山西、陕西	400
Ⅲ	东北及西北地区	300

生活给水设施供水能力按下式计算：

$$Q_{W_0} = K_1K_2Q_W \tag{2-15}$$

式中 K_1——系数取1.15～1.25，考虑管网漏损(包括干线管网、小区管网及用户点损失)及未预见水量；

K_2——日变化系数，取1.1～1.3；

Q_{W_0}——设计供水能力，m^3/d。

当采用生活-消防供水系统时，尚须按消防供水时进行校核，并有确保消防供水的措施。

生活给水系统压力，一般可按满足4层楼房标准供给，即干管管网末端压力不低于0.2MPa设计。用水压力超过最低供水压力的用户，如层高4层以上建筑、特殊消防供水(电缆隧道灭火、自动喷淋等)由单元内设计解决。

管道全长(环状管网以展开长度计算)平均单位阻损不超过0.001(包括局部阻力在内)。

2.3.2 给水处理设施

给水处理工艺应根据原水水质设计指标和处理后水的设计指标进行选择、计算。

各种水处理构筑物、设备的选型和计算应遵循有关规范,具体选型和计算方法可参照《给排水设计手册》第3册和第4册。结合钢铁企业供水特点,水处理工厂设计需注意以下事项。

2.3.2.1 工业新水处理

原水经处理后制成工业新水。

在以淡水制取工业新水时,水处理的主要任务是除浊、调整 pH 值,当硬度不符合要求时,进行脱硬处理。

除浊主要采用沉淀、澄清、微絮凝接触过滤(简称接触过滤)等工艺。

当原水取自江、河时,宜采用沉砂池-混凝沉淀工艺;当原水取自湖泊、水库时,宜采用澄清工艺,或者气浮-沉淀工艺;当原水悬浮物在 70mg/L(短时在 120mg/L 左右时)以下,或低温、低浊水,宜采用自动清洗滤网-接触过滤工艺,尤其是湖泊、水库原水,一般应在进自动清洗滤网前进行杀菌灭藻处理。

当原水输水管道同时向2个或2个以上大用水户供水,或水源水位受径流量、潮汐影响,经常有较大变动,工艺中没有沉砂池时,在处理设施之前应设配水井,配水井的调节容积,可按 5min 出水量计算。在需要杀菌灭藻的工艺中,应设调节池,调节池有效容积应根据所采用的杀生剂和必要的接触时间计算。调节池或配水井的进水管上应设置自动(电动、气动、液动等)阀,同时设手动切断阀,自动阀宜按水位自动开、闭,或者远距离(在操作室)手动操作,远距离手动操作的阀门除能全开、全闭外,应能作开度大小的操作。调节池或配水井应设溢流管、高低水位报警。

A 原水 pH 调整及脱硬处理

制取的工业新水需作 pH 值调整时,应设置专用的中和槽。中和接触时间,当采用机械搅拌时,可取 4min 的处理水量,通常一段搅拌混合 1min,二段搅拌反应 2~3min;当采用重力式中和槽时,接触时间不宜少于 10min 处理水量。中和处理常用药剂为硫酸、氢氧化钠等杂质含量比较低、不增加处理水[Cl^-]含量的药剂。

需要采用药剂脱硬时,应尽量采用纯度高的石灰。转炉炼钢散状石灰料筛余的粉状石灰,最适合利用。妨碍药剂脱硬工艺正常运转的最大障碍是石灰乳投加系统的堵塞问题,因此,设计应采用专门的消石灰设备,自动、连续进行消化工作。消石灰设备,一般由粉状石灰料斗、定量给料机、石灰消化机、石灰乳贮槽、搅拌机等组成。石灰料斗应为全封闭、带除尘装置和称重或料位检测仪表;石灰消化机应具有磨碎熟石灰中颗粒状杂质的功能,磨碎后的最大粒径应不超过 0.1mm。不宜采用筛网滤除颗粒状杂质的消化机,筛网易堵塞,难以保证正常连续运行。石灰乳浓度控制在10%(质量分数)以内,石灰乳贮槽须设搅拌机,防止沉积,搅拌机须设计成连续运转式,即在短时间停止加药时,搅拌机不能停。石灰乳投药宜采用泥浆泵,泵的流量按石灰乳投加量的4~5倍,多供出的石灰乳应返回石灰乳贮槽,石灰乳注入率通过仪表及调节阀在注入点进行控制。石灰乳投加设备(泵、管道)应有自动冲洗设施,当停止投药时,即自动冲洗。

为脱去非碳酸盐硬度,而投加纯碱(Na_2CO_3),设计时必须与用户单位共同落实供货形态——散状或袋装。因为供货形态对纯碱投药设备影响极大。一般散状纯碱多采用封闭式贮罐形料斗,经定量给料机,按比例加水,药和水同时进入溶解槽,搅拌溶解,调配浓度,然后使用,溶解槽一般设两个,轮流溶解使用。

B 絮凝沉淀处理

根据水质、水量不同,常采用以下工业新水处理设施:

原水进入沉淀池前需先投加混凝剂进行混合絮凝反应。

a 混合方式

混合主要有两种方式:

(1)采用静态管道混合器在线混合:设计混合时间4~7s,阻损0.4~1m。

(2)采用搅拌机械混合:设计混合时间<2min,搅拌强度按每100m^3/h所输入的功率计,一般为0.5~2kW。

b 絮凝反应池形式

絮凝反应池主要有三种形式:

(1)格网反应池:设计反应时间为6~8min,竖井流速0.1m/s,过室孔流速从0.35~0.1m/s逐段降低。

(2)折板反应池:设计反应时间为6~15min,不少于3段,各段流速从0.35~0.1m/s逐段降低。折板夹角采用90°~120°。

(3)机械反应池:设计反应时间为15~20min,一般设3~4段,各段搅拌机桨板边缘处线速度从0.5~0.2m/s逐段降低。

设计时应根据水处理流程和用户的操作习惯选用,不论采用哪种形式都应使反应过程的平均速度梯度 G 达到40~100s^{-1},GT 值达到10^4~10^5。

c 沉淀池形式

沉淀池主要有以下形式:

工业新水总需要量小于等于10 000m^3/d,原水悬浮物含量小于等于2000mg/L时,宜采用水力加速澄清池或斜管沉淀池。

工业新水总需要量大于10 000m^3/d,原水悬浮物含量小于等于5000mg/L时,可根据用户操作习惯和场地布置情况采用斜管沉淀池、平流池、机械加速澄清池。三种沉淀池优缺点见表2-4。

表2-4 沉淀池对比表

项目	斜管沉淀池	平流池	机械加速澄清池
设计参数	池型 正方形; 上升流速 2.5~4mm/s; 表面负荷 7~11$m^3/m^2\cdot h$; 停留时间 0.7~1h; 絮体下滑速度 3~4.4mm/s	池型 长条形; 水平流速 10~25mm/s; 沉降速度 0.3~0.6mm/s; 沉淀时间 2~4h; 表面负荷 1~2$m^3/m^2\cdot h$	池型 圆形; 回流量 3~5倍; 清水区上升流速 0.8~1.1mm/s; 总反应时间 20~30min; 总停留时间 1.2~1.5h
优点	(1)沉淀效率高; (2)池体小,占地少	(1)造价较低; (2)操作管理方便; (3)对原水浊度适应性强,处理效果稳定	(1)处理效率高; (2)适应性强,处理效果较稳定
缺点	(1)对原水浊度适应性较平流池差; (2)斜管耗材料较多; (3)斜管老化后更换费用高	占地面积大	(1)池型为圆型,不便组合; (2)维修较麻烦

C 设计实例

某厂原水取自湖水，湖水中的悬浮物和藻类是主要去除对象。根据低浊度湖水处理原则和水厂总图布置的实际情况，确定采用管式混合，折板反应，斜管沉淀的工艺路线。

原水处理量 210 000m^3/d，原水由 2 根 ϕ1200mm×12mm 的钢管送来，经计量和水质在线检测后，投加絮凝剂和助凝剂，再进入管式混合器。

a 混合

采用玻璃钢内螺旋静态管式混合器，直径 DN1200mm，长 6m。混合时间 4.5s，水头损失 0.5m，加药点设在混合器进口处，使药剂与原水快速混合。

b 反应和沉淀

主要工艺设计参数：

折板反应时间：13min，平均 G 值 63s^{-1}，GT 值 1.64×10^4

斜管沉淀池面积负荷：7.5m^3/(m^2·h)

上升流速：2.5mm/s

停留时间：48min

折板反应池，配水池和斜管沉淀池是组合为一体的钢筋混凝土构筑物，共设四组。每组总平面尺寸 32m×20m，其中折板反应池平面尺寸为 19m×8m，配水池平面尺寸为 19m×3m，斜管沉淀池平面尺寸为 19m×19m，池有效深度 4.7m。

斜管材料：UPVC，单片厚 0.4mm，倾角 60°，斜长 1000mm，ϕ30mm，不等边六角形。

c 排泥

每座沉淀池设 ϕ19m 中心转动自动提耙刮泥机一台（带扫角器），转速 12r/h，池底中部集泥斗设 DN200mm 排泥管，排泥管上装有气动蝶阀，可根据沉淀的计算泥量和设定时间排泥。配水池底部设有 6 个排泥斗，每个排泥斗装有一个 DN150mm 气动池底排泥阀，根据设定的时间排泥。排出的泥浆水进入泥浆水池用泵加压送废水沉淀池处理，废水沉淀池上清液回用、底泥用螺杆泵送浓缩池处理后再送带式压滤机进行脱水处理。

2.3.2.2 过滤水处理

过滤水一般以工业新水为原水进行处理。

A 过滤设施

过滤设备（构筑物）型式很多，就其工作方式可分为重力式和压力式两类，从反冲洗设施配置上可分为有反洗设备和无反洗设备两类。

重力式滤池，通常为钢筋混凝土结构，过滤速度 6～8m/h。它具有阀门少、运行状态直观、更换滤料方便等优点，其缺点是占地面积略大，建设周期较长，对水量变化的适应性较差。一般宜在水量大、供水量较稳定的场合采用。

压力式过滤设备，通常为钢结构，过滤速度（出水浊度在 3 度以下时）为 12m/h 左右。压力过滤器通常作为设备在制造厂内生产，设备加工和现场土建施工可同步进行，大大缩短了过滤设施的建设周期，现场安装简单，上马快，占地面积较少，全封闭过滤。其缺点是阀门多、管线较复杂、运行状态不直观、更换滤料较麻烦，多用于环境较差、用地紧张、需利用余压、供水量变化较大等场合。

过滤水所使用的工业新水，不宜从工业新水管网上直供，应设置独立的泵组供给，以保证过滤设施进水压力和流量的稳定性、过滤器（池）进出水、反冲洗等阀门，应采用自动阀，每

1 台(座)过滤器(池),均需设置能与整个系统隔断的手动阀。

需设置反冲洗设备的过滤设施,反洗泵和反洗风机均应有备机,反洗泵和反洗风机的能力按 1 台(座)过滤器(池)的反洗水量和风量来选择,1 台反冲洗设备不宜同时向 2 个或 2 个以上的滤池(器)供水(风)。

过滤设施的反冲洗水,应设置集水池予以贮存,并设搅拌装置和废水输送泵等,在总图布置允许时,也可与原水处理设施的泥浆槽共用。

过滤设施的运转操作,应自动进行。

设计根据过滤水量的大小和布置情况,常采用三种形式的滤池:无阀滤池,压力滤池,气水反冲洗滤池(V 型滤池)。三种过滤池的优缺点见表 2-5。

表 2-5　过滤池对比表

项　目	无阀滤池	压力滤池	气水反冲洗滤池
设计参数	降速过滤; 滤速 8~12m/h; 水头损失 1.5m; 水洗强度 8~12L/(s·m²); 冲洗时间 3.5~5.0min; 冲洗水量约 4%	降速过滤; 滤速 12~16m/h; 水头损失 4~6.0m; 水洗强度 10~12L/(s·m²); 气洗强度约 13L/(s·m²); 冲洗时间约 15min; 冲洗水量约 2.5%	恒速过滤(有表面冲洗); 滤速 12~15m/h; 水头损失 2~2.5m; 水洗强度 3.5~4.2L/(s·m²); 气洗强度 14~17L/(s·m²); 冲洗时间 10~12min; 冲洗水量约 1.5%
优　点	(1)全自动运行,管理简单,维护方便; (2)投资较少; (3)用于日产水量≤15 000m³/d 的水厂	(1)滤速高,占地少; (2)可用于空气污染重的地方,布置方便; (3)控制方式灵活; (4)用于日产水量≤50 000m³/d 的水厂	(1)滤速较高,出水水质好; (2)反洗水耗量少; (3)易于自动控制; (4)用于日产水量>50 000m³/d 的水厂
缺　点	(1)自耗水量较大; (2)过滤过程不易控制	(1)投资较高; (2)附属设备较多	(1)采用设备、仪表多; (2)施工技术要求高

B　设计实例

a　设计参数

某厂过滤站设计过滤水处理能力为 43 800m³/d。

原水水质:悬浮物含量最大为 15mg/L,平均 8mg/L。

过滤水水质:悬浮物含量最大为 2mg/L,平均 1mg/L。

b　过滤处理

设计采用 9 台 ϕ5000 压力过滤器,其中 1 台可作为备用。每台过滤器每天通水时间为 23.5h。

当 9 台过滤器工作时,滤速为 10.57m/h。

当 8 台过滤器工作时,滤速为 11.89m/h(1 台在反洗)。

当 7 台过滤器工作时,滤速为 13.58m/h(1 台在反洗,1 台在检修)。

C　过滤器反冲洗

过滤器有三种反冲洗模式:

人工强制反冲洗；

过滤器进出口压差反冲洗，压差设定值 5m；

过滤器过滤时间值反冲洗，时间值设定为 23.5h。

每台过滤器每天反洗一次，反洗时间每次 30min，包括：

空气反冲洗时间 5min；

水反冲洗时间 10min；

其他时间 15min

空气反冲洗强度：约 13L/s·m^2

水反冲洗强度：10～12L/s·m^2

过滤器进出口阀门全部采用气动蝶阀，用 PLC 控制，按设定的过滤、反洗程序动作。

2.3.2.3 软水处理

A 软水处理工艺选择

软水处理工艺选择，取决于原水的硬度、碱度和处理后的水质要求。

离子交换法软化处理，系用树脂（代号 R）上的阳离子与水中 Ca^{2+}、Mg^{2+} 离子进行交换，树脂上的阳离子（通常为 Na^{2+}、H^{+}）进入水中，而水中的 Ca^{2+}、Mg^{2+} 离子进入树脂中，从而使水得到软化。树脂中的 Ca^{2+}、Mg^{2+}"饱和"了，再用再生剂（通常为 NaCl、NaOH）把 Ca^{2+}、Mg^{2+} 离子从树脂中交换下来，排出交换器外，而再生剂的 Na^{2+}、H^{+} 离子再补充到树脂中，如此周而复始。

当用钠型树脂（代号 NaR）进行软化时，水质变化如下：

（1）硬度被去除；残余硬度可降至 3mg/L（以 $CaCO_3$ 计）以下。

（2）软化水含盐量略有增加，每除掉 100mg/L（以 $CaCO_3$ 计）钙硬度，含盐量增加 2.96mg/L，每除掉 100mg/L（以 $CaCO_3$ 计）镁硬度，含盐量增加 10.84mg/L。

（3）碱度不变。

从以上变化可见，当水的硬度和碱度都比较高（一般以 $CaCO_3$ 计的碱度在 200mg/L 以上时）时，水虽然被软化了，但碱度过高仍然不能满足用户要求，这时就需要研究是采用部分钠离子软化方案，还是改用氢型离子软化方案。

采用氢型树脂（代号 HR）进行软化时，水质变化如下：

（1）硬度被除去，残余硬度可降低至 0～3mg/L（以 $CaCO_3$ 计）。

（2）软化水含盐量降低，每除掉 100mg/L（以 $CaCO_3$ 计）的碱度，可降低含盐量 61mg/L。

（3）软水呈酸性。

由于处理后的水呈酸性，仍然不能满足水质要求，这时需考虑是采用加苛性钠中和、钠型-氢型树脂并联处理还是采用部分氢型树脂软化处理。

所谓部分软化处理，是指经水质平衡计算，将所需水量的一部分进行软化，再掺一部分生水（未软化水）的处理方法。

树脂软化处理有一级处理和两级处理，所谓一级处理是指水经过一次离子交换器，二级处理就是水串联通过两个离子交换器。

二级处理水质可靠，可充分利用一级交换器树脂能力（一般控制其出水硬度在 20mg/L），再生剂耗量比一级处理流程节省 20%～30%。但二级处理设备费用高，操作管理较复杂，占地面积大。采用几级软化处理应进行经济技术比较来确定。在满足水质要求的前提下，一般多采用一级处理方案，尤其是钢铁企业，软水的大用户是转炉炼钢冷却用水，保证安全可靠供水是首要条件，设备越少，操作越简单，运行越可靠。

几种离子交换法软水处理系统，处理后的水质参见表2-6。

表2-6 常用固定床离子交换软化系统

序号	系 统	出水质量		备 注
		硬度/$mmol\cdot L^{-1}$	碱度/$mmol\cdot L^{-1}$	
1	Na	<0.03	碱度与进水相同	(1)低压锅炉； (2)进水碱度较低，硬度在10mmol/L以上
2	Na_1-Na_2	<0.005	碱度与进水相同	(1)低压锅炉； (2)进水碱度较低，硬度在10mmol/L以上
3	H-D-Na(一级或二级)	<0.03	0.5~0.7	(1)进水含盐量及硬度较高； (2)进水碳酸盐硬度>1mmol/L
4	$\begin{matrix}H\\Na_1\end{matrix}-D-Na_2$	<0.005	0.3~0.5	进水碳酸盐硬度较高
5	石灰预处理$-Na_1-Na_2$	<0.005	0.8~1.2	进水碳酸盐硬度较高

注：1. 表中所列均为顺流再生设备，当采用逆流再生设备时，出水质量比表中所列数据为高；

2. 表中符号：H—氢离子交换器；Na_1、Na_2——一级、两级钠离子交换器；D—除二氧化碳器。

B 离子交换软水处理设备

离子交换软水处理设备由离子交换器、树脂、原水供水泵、软水贮槽、盐液泵、树脂反洗泵等组成。树脂、离子交换器、溶盐等设备选型及系统计算详见《给水排水设计手册》第4册第4章和第6章。

钠离子交换软水处理的再生废液可直接排入生产水、雨水下水道，树脂反洗水一般应采用原水(过滤水)，再生液采用软水。

钢铁厂软水供水量波动较大，通常宜采用固定床，如果要采用浮动床或移动床，必须有足够调节容量的贮水池。

由于钙、镁离子被除去，软水具有一定腐蚀性。因此软水系统的设备及管道应采用耐腐蚀材料。

离子交换法软水处理设施应采用自动控制。因此，系统内的阀门应采用自动阀(气动、电动阀)，离子交换器出水口阀应采用调节阀，根据处理水流量计控制通水速度。再生液、反冲洗、正洗均应设流量计、压力表等仪表，通常离子交换器根据软水槽水位自动停止或运转，按处理水流量计累积的体积量自动控制再生程序。

2.3.2.4 纯水处理

A 纯水处理工艺选择

纯水处理工艺取决于原水的含盐量、阴阳离子性质、处理后水质标准。

当原水含盐量≤500mg/L时宜采用离子交换法；

当原水含盐量>500~1000mg/L时，是采用膜法-离子交换法，还是单独采用离子交换法，应通过技术经济比较确定；

当原水含盐量≥1000mg/L时，应采用膜法-离子交换法，膜法除盐通常采用电渗析或反渗透。

电渗析脱盐20世纪50年代投入工业使用，反渗透60年代发展起来，到70年代渗透膜才过关,随后反渗透设备技术日臻完善。反渗透与电渗析相比,其装置体积小、设备简单、单位体积产水量高、不需加热、相态不变,电耗量是电渗析的1/3~1/5。近来膜法脱盐多采用反渗透。

反渗透器已发展成一种专用设备,有生产厂定型生产。设计单位可根据处理的水量和水质进行选型和配套。

a 离子交换法

离子交换法除盐,就是用H型阳离子交换剂把水中的各种阳离子交换成H^+,用OH型阴离子交换剂把水中的阴离子交换成OH^-,进入水中的H^+和OH^-再结合生成水,于是水中的盐被除去。吸收了水中阴(阳)离子的阴(阳)树脂,再用再生剂进行再生,吸收的阴(阳)离子进入再生液中,随再生废水排出,再生后的树脂,重新投入使用。

水中离子性质不同,电价高的离子吸附性能强,可以用弱(酸、碱)性树脂进行交换,当然强(酸、碱)性树脂也可以,但前者再生容易,后者再生难。对离子吸附性能弱的低价离子,则必须用强(酸、碱)性树脂,才能进行交换。对于纯水处理,不但要除掉吸附性强的离子,更要保证把吸附性弱的离子也除掉,故强(酸、碱)性树脂是不可缺少的。

随着水处理设备制造业的发展,离子交换设备日趋通用化,工厂设计已从工艺设计、树脂选择计算、设备设计、工厂安装设计,演变至以工艺选择、设备选型、树脂选型、工厂安装设计为主。工艺选择和设备选型之间有不可分割的关系,设计时应二者兼顾统盘考虑。表2-7为常用固定床离子交换法脱盐工艺系统。

表2-7 常用固定床离子交换除盐系统

序号	系统	出水质量		适用情况	备注
		电导率 /μS·cm⁻¹	二氧化硅 /mg·L⁻¹		
1	H-D-OH	<10	<0.1	中压锅炉补给水率高	当进水碱度<0.5 mmol/L或有石灰预处理时,可考虑省去除二氧化碳器
2	H-D-OH-H/OH	<0.2	<0.02	高压及高压以上汽包锅炉和直流炉	
3	Hw-H-D-OH	<10	<0.1	(1)同本表序号1系统; (2)碱度较高,过剩碱度较低; (3)酸耗低	当采用阳双层(双室)床,进口水的硬度与碱度的比值等于1~1.5为宜;阳离子交换器串联再生
4	Hw-H-D-OH-H/OH	<0.2	<0.02	同本表序号2、3系统	同本表序号3系统
5	H-D-OH-H-OH	<1	<0.02	(1)适用于高含盐量水; (2)两级交换器均采用强型树脂	(1)阳、阴离子交换器分别串联再生; (2)一级强碱离子交换器可选用Ⅱ型树脂
6	H-D-OH-H-H/OH	<0.2	<0.02	同本表序号2、5系统	同本表序号5系统
7	H-OHw-D-OH	<10	<0.1	(1)同本表序号1系统; (2)进水中有机物与强酸阴离子含量高时	阴离子交换器串联再生

续表 2-7

序号	系　　统	出水质量		适用情况	备　注
		电导率 $/\mu S \cdot cm^{-1}$	二氧化硅 $/mg \cdot L^{-1}$		
8	H－D－OHw－H/OH	<1	<0.02	进水中强酸阴离子含量高且二氧化硅含量低	同本表序号 7 系统
9	H－OHw－D－OH－H/OH	<0.2	<0.02	同本表序号 2、7 系统	同本表序号 7 系统
10	Hw－H－D－OHw－OH	<10	<0.1	进水碱度高，强酸根离子含量高	条件适合时，可采用双层（双室）床。阳、阴离子交换器分别串联再生
11	Hw－H－D－OHw－OH－H/OH	<0.2	<0.02	同本表序号 2、10 系统	

注：1. 表中所列均为顺流再生设备，当采用逆流再生设备时，出水质量比表中所列的数据要高；

2. 离子交换树脂可根据进水有机物含量情况选用凝胶或大孔型树脂；

3. 表中符号：H—强酸阳离子交换器；Hw—弱酸阳离子交换器；OH—强碱阴离子交换器；OHw—弱碱阴离子交换器；D—除二氧化碳器；H/OH—阳、阴混合离子交换器。

原水的含盐量和处理后水质是工艺系统选择的首要条件，也是工厂设计首先应确定的问题。

离子交换法工艺选择的另一个课题是再生方式（指固定床），再生方式有顺流和逆流两类。从技术经济条件看，逆流再生比顺流再生具有这样一些优点：可以提高出水质量，自耗水量较低，再生剂可节省 30%～40%，树脂工作交换容量可以提高 10%～50%。表 2-6 给出了两种再生方式技术参数的比较。选择再生方式的另一个条件是自动控制，逆流再生的前提条件是不能乱床，必须严格控制再生液与置换水流量（即控制交换器内水流上升流速）。顺流再生工艺容易实现自动控制，尤其是在一个制水周期内多次起动、停止的场合，更加具有优势，因此其供水的安全可靠性高。

b　反渗透

反渗透是膜分离技术之一。

反渗透装置有以下组合方式：一级反渗透、多级反渗透。原水经过一次反渗透脱盐，称为一级反渗透，如果把脱盐水再经过一次反渗透脱盐，称为二级反渗透，如此类推；当原水含盐量较高时可采用多级反渗透，在多级反渗透装置串联中，各级反渗透装置之间需设中间贮水箱和高压水泵。

当原水含盐量不太高时，为了获得较高的回收率，将一台反渗透装置产生的浓水作为另一台反渗透装置进水，总的产水量是二台反渗透装置产水量之和。这种方式称二段反渗透。多段反渗透装置可按此类推。

多级反渗透是为了提高处理后水的质量，有时为改善处理高盐分水时一级反渗透设备的工况，也采用多级反渗透。多段反渗透是为了提高水的回收率。

反渗透处理水含盐量随原水含盐量的变化而变化，天然水含盐量是波动的，当用反渗透脱盐制取生活水、工业新水时，可以单独采用反渗透工艺；当制取纯水时，不宜单独采用反渗透工艺，宜采用“反渗透-离子交换”工艺。

当原水为淡水、含盐量在 500～1000mg/L 时，可采用一级反渗透（脱盐率 97%左右）加一级离子混合床工艺。

当原水为咸水，含盐量 > 1000 ~ 3000mg/L 时，可采用一级反渗透(脱盐率 95%左右)加一级离子交换工艺。

当原水为咸水，含盐量 > 3000 ~ 30 000mg/L 时，可采用二级反渗透(一级脱盐率控制在 90%左右，二级控制在 95% ~ 97%)加一级离子交换工艺。

以上划分仅供高阶段设计参考，由于含盐量变化区间很大，具体设计时反渗透级别及脱盐率控制范围，均应通过技术经济比较确定。

反渗透装置对原水质量有较高要求，悬浮物含量应控制在 2mg/L 以下，当采用表 2-2 的过滤水质时，反渗透前应进行杀菌(最好采用臭氧杀菌)→活性炭吸附→微孔过滤(10μm)。水温较低的北方地区，为提高产水量，原水应考虑加热，一般可控制在 20 ~ 25℃。

不同材质的反渗透膜，对原水的 pH 值有不同要求，如目前常用的醋酸纤维素膜(代号 AC 膜)，pH 值宜控制在 5.0 ~ 6.5 之间(不大于 7，不小于 3)，一般均需加酸调整 pH 值。

反渗透装置给水压力(在膜一定时)与原水含盐量、产水量有关。反渗透膜是一种半透膜，如果在咸、淡两种水中间用膜隔离，在常压下淡水向咸水一侧渗透，为正向渗透，咸淡浓度差越大，正向渗透的动力(即渗透压)越大。如果在咸水一侧加压，克服正向渗透压，则咸水中的纯水就会向淡水侧渗透，称为反渗透，所施加的压力则称为反渗透压，一般采用高压泵提供所需压力，因此高压泵的压力就与原水含盐量、设计产水量有关。

在水透过膜的同时，盐也随水到了膜表面，随工作时间的延续膜表面盐浓度越来越高，正向渗透动力就越来越高，反向渗透的阻力越来越大，钙、镁之类的难溶盐由于浓度升高而析出，成为垢，附着在半透膜上，更增加了反渗透的阻力，这种现象称为浓差极化，它不但降低出水量，也使脱盐率降低，通常采用加大装置内原水流速的方式，延缓这种现象的发生时间，故反渗透装置不宜较长时间在低流量下运行。

膜经过长时间运行，原水中的杂质(尽管经过了预处理)会积累在膜面上，应定期清洗，所采用的清洗液应根据膜的材质而定，由设备厂家提出要求，工厂设计应考虑清洗液贮存、供给设施，一般均为操作人员现场操作。

B 纯水处理设备选择

a 离子交换设备选择

离子交换设备目前已有通用系列化产品可供选用。

常见的离子交换设备有：固定床顺流再生交换器、固定床逆流再生交换器、混合床交换器、双层床交换器、浮动床交换器，这些设备均为周期性运行设备，即器中的树脂几乎全部交换失效，在器内加入再生剂进行再生，使树脂恢复交换能力，再进行工作。另一类交换器称为连续床交换器，目前常见的有移动床和流动床两种，这种设备树脂的再生是在交换器外部的专门设备中进行的，树脂的取出方式有分批取出和填入(即所谓移动床)、连续取出和填入(即所谓流动床)两种。几种床型运行参数比较见表 2-8。

表 2-8 各种床型运行数据比较

床型		顺流再生固定床	逆流再生固定床	流动床	移动床
出水质量	钠/$mg \cdot L^{-1}$	100 ~ 300	20 ~ 50	20 ~ 50	50 ~ 100
	电导率/$\mu S \cdot cm^{-1}$	3 ~ 5	0.5 ~ 2.0	1 ~ 2	2 ~ 3
	二氧化硅/$mg \cdot L^{-1}$	20 ~ 50	20 ~ 50	20 ~ 50	20 ~ 100

续表 2-8

床型		顺流再生固定床	逆流再生固定床	流动床	移动床
再生剂比耗	盐酸	1.8～2.2	1.1～1.5	1.1～1.5	1.3～1.7
	硫酸	2.0～3.0	1.3～1.5	1.3～1.5	
	烧碱	2.2～2.5	1.1～1.6	1.1～1.6	1.3～1.8
树脂自用水耗	阳树脂/$m^3 \cdot m^{-3}$	6	4～5	2.5～4	
	阴树脂/$m^3 \cdot m^{-3}$	12	5～6	3～5	

固定床是一种形式较陈旧的传统设备，在处理水质水量相同的条件下，它的设备多、重量大、占地面积大、建设费用较高，但它具有对于进水水质变化适应性能强、设备结构简单、容易操作，容易实现自动控制、制水安全可靠性高等优点。

浮动床在出水水质、药耗等方面与逆流再生固定床大致相同，自耗水量略低，不需要顶压，再生较容易，设备重量较轻、台数较少，建设费用较低，但由于浮动需要，因此器内流速高，终点到来速度快，不好掌握，要求进水浊度低、需要空气擦洗、树脂破碎率高，自动控制要求高，制水安全可靠性不如固定床，用水量变化大，尤其是周期内多次开、停的场合，不宜选用。

固定床(包括浮动床)有一些根本性缺陷：树脂不能边失效边再生，只能等到全部失效一起再生，使设备容积不能充分利用，相当数量的设备容积成为失效树脂“贮仓”，失效树脂不能及时再生，使树脂利用率降低；交换器又是再生器，设备有效工作时间缩短；树脂的交换能力得不到全面发挥，表面层树脂饱和度高，底层饱和度低。针对这些缺陷，出现了连续式交换器——移动床和流动床。

移动床有单塔、双塔、三塔等型式。单塔移动床适合于小水量，双塔移动床适合于较大水量，三塔移动床适合大水量。移动床由交换塔、再生塔、清洗塔三个部分组成，单塔移动床三个部分组合为一体，再生和清洗部分置于交换塔顶部，设备高度较大；双塔移动床，再生和清洗组合在一起，交换塔独立，上部设料斗；三塔移动床，三个部分均为独立塔体。交换塔与浮动床基本相同，水从塔底部进入，从塔上部流出，失效树脂分批、周期性从塔底经输出管送入再生分部，再生后的树脂再进入清洗部分，清洗后的树脂经料斗送入交换塔。

移动床是一种半连续交换设备，把交换塔内的全部树脂分成若干批，周期性排出、再生。流动床则完全实现连续工作，流动床由交换塔、再生-清洗塔组成，交换塔有重力流式和压力流式两种。水从交换塔下进入，从交换塔顶部流出，失效树脂连续从塔底用水力喷射泵排送至再生-清洗塔，连续再生-清洗，再生后的树脂从交换塔顶部送入塔内。交换塔的工作状态与浮动床相同。压力式流动床，交换器内水流速度很高，达70～100m/h，树脂呈反压实状态工作，交换条件不理想，树脂水力磨损严重，产生的小颗粒树脂极易堵塞出水罩，一般多用重力式交换塔。

连续式交换设备，具有设备产水率高、体积小、占地少，树脂用量少，投资省等明显的优势。连续床树脂是在动态下运行，要求各种自动阀和检测仪表必须可靠、准确，采用自动控制和各种在线检测仪表，其中进水流量、再生剂流量、清洗水量、树脂循环、处理水质、进水水质，均应设置连续检测仪表，连续检测并调控，要求具有较高的操作、管理、点检维修水平。连续式交换设备的缺点是树脂损耗率高，适应水质、水量变化能力差。连续床交换设备运行成败的关键是掌握好两个平衡，即各交换器进出树脂量须平衡，树脂在交换塔内失去的能力，在再生-清洗设备中必须得到全面恢复。两个平衡是在投产初期，根据具体原水水质条件经调试得到，设备设计也是在既定水质指标前提下作出的，一旦原水水质发生变化（天然水这种变化是必然的），尤其是有较大变化时，两个平衡就被打破，处理水质得不到保证；两个平衡同时受到水量变化的影响，处理水量应稳定，否则也会打破两个平衡。两个平衡被打破，连续交换工艺就全面失败。对于供水量波动大，水处理设备经常开、停的场合，不宜采用连续床。

离子交换树脂选择的主要依据是：原水阴、阳离子量，强（酸、碱）性离子和弱（酸、碱）性离子的比例，拟采用的设备型式。树脂本身的性能是相互制约的，应全面考虑，一般应尽量选用交换容量大、机械强度高的树脂，但交换容量大的树脂机械强度均较低，当采用浮动床和连续床时，机械强度必须作为重要条件；当采用混床和双层床时须注意湿、真密度的差异，应选择差异大的；当原水中有机物含量较高时，应选用抗氧化能力强的大孔型树脂；当只作部分除盐时，可选用强酸性树脂与弱酸性树脂联合工作；对于完全除盐系统应选用强（酸、碱）性树脂与弱（酸、碱）性树脂联合工作。

b 反渗透设备选择

反渗透设备一般要求单位产水量大、脱盐率高、供水压力低、适应水质范围宽、受温度影响小、膜的使用寿命长等。这些因素是相互制约的，设计选型时应结合原水水质条件、操作管理因素综合考虑，不可单纯追求脱盐率高或单位产水量大等指标。

反渗透设备的关键是半透膜和结构型式，是设备选型中应重点关注的问题。

半透膜的材质在不断发展，性能优越的材料不断出现，当前常用的膜材质有：

(1)醋酸纤维素膜（代号 AC）。该膜透水量较大，脱盐率达 97%，价格较便宜。其缺点是对分子量低的非离解性有机化合物和分子量低的非电解质脱除效果差，易水解，对原水 pH 值有较严格限制（最佳 pH 值为 4.5～5.0），易受微生物侵害，在高压工作状态下会发生压实使透水量下降，因此随工作时间的延续，脱盐率降低较快，膜的寿命不长。

(2)芳香聚酰胺膜。该膜透水量比醋酸纤维素膜略低，脱盐率 90% 以上，对有机物、SiO_2 也能脱除，抗污染、抗压密、力学性能较好，适应原水 pH 值范围宽，耐热性较好，但价格较高。

(3)复合膜。它是利用酰胺、聚醚、脲等材料复合而成，透水量大、脱盐率高达 99% 以上、反渗透压力低，但制成复合膜的成本高，价格贵，近来发展较快。

不同的半透膜被加工成不同结构形式的元件，再与辅助构件组装在一起，便成为反渗透装置，反渗透装置主要有以下几种型式：

(1)板框式。它是将半透膜和支撑材料一层一层重合在一起，成为平板状，其优点是装置牢固，能耐受高压，其缺点是装置体积较大，水流状态差，易浓差极化。

(2)管式。它是将半透膜和支撑材料一起，做成管状，其优点是水流状态好，安装、拆卸、清洗方便，其缺点是装置体积大，单位体积内膜面积小。

(3)螺旋卷式。它是将二层半透膜、支撑材料和隔网层叠在一起，再卷在一根中心管上而成。其优点是单位体积内的膜面积大，因而装置体积小，费用低，缺点是容易堵塞、不易清洗，如果提高进水水质，则预处理费用会增加。

(4)中空纤维式。它是以中空纤维膜制成。单位体积内半透膜面积最大，因而使装置体积很小,费用低,缺点是极易堵塞(纤维的中空腔仅几十微米),极难清洗。

(5)槽条式。它是用塑料制成 ϕ3.2mm 的圆棒,在圆棒表面沿轴向开若干条槽,棒外包以支撑层,再涂以半透膜而成。其优点是单位体积内膜表面积大,因而体积小,造价低,拆装方便,可按比例扩大容量,但清洗不如管式方便。

2.3.3 水量调节设施及送水设备

为调节水处理设施制水量与用水量之间的不平衡和贮存安全用水,各水处理系统均须设置贮水池。

2.3.3.1 工业新水

工业新水系统宜按最大日制水量的 50%左右设贮水池,其中调节容积可按总蓄水量的三分之一设计。

贮水池可露天设置,在寒冷地区应采取措施,防止大面积冰冻。一般应首先考虑贮水池冬季向间接冷却系统直接供水,升温后的水再返回工业新水池;另外也可以考虑加防冻盖罩。

工业新水贮水池可采用橡胶护面水池,也可以采用钢筋混凝土结构,水池结构须做到地下水不内渗,池内水不外漏。池内应设水位监视仪表。

工业新水送水泵能力应按最大小时水量设计。各泵出水管须以联络管连通,总送水管不少于两根,每根能力按 100%水量计算。联络管上须设置隔离阀,泵出口、联络管和出水总管上任何 1 个阀门故障或维修,不应影响正常供水。

送水泵台数应按合理调节送水量设置,备用泵台数应按泵及阀门定期维修和故障处理两个条件选择,一般不少于两台,工作泵台数较多时,备用泵宜适当增加。

工业新水送水泵站的供电应按一级负荷设计。

2.3.3.2 过滤水

过滤水贮水池有效容量(设计高水位与设计低水位之间的容积),一般可按 2.5~3.0h 制水量设计。

过滤水池应采用封闭式结构,池顶的各种孔口应加设盖板,孔口应高出池顶,防止外水污染过滤水。

水池一般采用钢筋混凝土结构,须分格,一般不少于两格,当 1 格清扫、维护时,不影响另 1 格正常受水和向外供水。为安全计,过滤水应以工业水作备用水源。

向厂区各车间供水和向各水处理设备供水的泵组应单独设置,泵站供电应按一级负荷设计。

各泵组的水泵应以联络管连通,出水总管不少于两根,每根按 100%水量设计。阀门的设置原则与工业水相同。送水泵工作台数在 3 台(包括 3 台)以上时,备用泵不少于两台。各泵组送水能力按最大小时水量设计。

2.3.3.3 软水

软水贮水槽有效容量按下式计算。

$$V = V_1 + V_2 + V_3 + V_4 \tag{2-16}$$

式中 V_1——设备再生期间贮备水量,m^3,

$$V_1 = TQ_f \tag{2-17}$$

T——1 台设备再生所需时间,h;

Q_f——软水总制水量，m^3/h；

V_2——离子交换设备自动控制（停止、起动）水位所占容积，一般起动、停止水位差可取30～40cm，m^3；

V_3——1台设备再生耗水量，m^3；

V_4——安全供水贮备容量，m^3，当用户有自备软水槽（罐）、容量在8h平均用水量以上时，可以不考虑。

软水槽可以采用钢结构贮罐或钢筋混凝土结构水池。水槽应为封闭式，一般宜布置在地上。采用钢结构贮罐时，须进行全面涂装，防止软水对结构件腐蚀；采用钢筋混凝土结构时，水池内表面应进行涂衬，防止水质受到二次污染。水槽应不少于2格，一格清扫或维护时，另1格应能正常贮水、供水。

软水送水泵、管道及阀件均应考虑防腐。

各送水泵以联络管连通，当厂区为环状管网或双管配水时，泵组出水总管采用2根，每根按100%水量设计。阀门设置原则与工业水相同；当厂区为枝状管网时，泵组出水总管可为1根，但任何1台水泵或泵出口阀件故障或定期维修时，不应影响正常供水。

软水送水泵站供电可按二级负荷设计。

软水供水量变化很大，泵组送水能力按最大小时水量设计，在条件允许时水泵应作自动调速控制。

2.3.3.4 纯水

纯水贮水槽有效容量按式2-16计算。

纯水槽可采用钢结构或钢筋混凝土结构。水槽一般应设计成地上式、全封闭。水槽顶部所有孔口均须作密封盖，设置专用呼吸管，进出气口须加装防尘滤膜。

水槽内表面须进行全面涂装，保护纯水水质不受污染。与大气相接触的纯水呈弱酸性（pH值6左右），与纯水接触的钢件须采取可靠的防腐措施。

水槽不少于2格，一格清扫或维护时，另一格应能正常贮水、供水。

纯水送水泵、管道及阀件均需采用不污染水质的材料如不锈钢、玻璃钢、钢塑复合管、衬胶管、ABS、UPVC、聚四氟乙烯等。泵组设计要求与软水泵组相同。

2.4 安全供水设施

钢铁厂生产具有长期性、连续性的特点，要求供水保障率很高。另外受季节变化的影响，钢铁厂生产用水也出现周期性变化，因此必须设置全厂安全贮配、供水设施。其作用有三：一是分配调节供水量；二是当水源泵站或输水管线发生事故时，确保安全供水。三是当发生停电事故或火灾时紧急供水。

大中型钢铁厂宜设有2个以上的独立水源，当其中一个水源因事故不能供水时，其他水源的供水能力应大于总设计水量的70%。

水源应设两路独立电源，100%备用。

由水源到给水处理厂的输水管线不少于2条，当其中1条发生事故时，其他输水管的输水能力应大于总设计水量的70%。

贮水池的安全容积应按最高日最大时供水量计,供水时间大于 8h。在有条件的地方贮水池应设在高处,依靠重力供水。

当给水泵直接向管网供水时,工作泵不宜少于 3 台,备用泵不宜少于 2 台。

厂区生产、消防给水管网,生活、消防给水管网应布置成环状。重要用户至少应有 2 条进水管与厂区环状给水管网连接,并应将室内管道连成环状。当一条进水管发生事故时,其余的进水管应仍能供应全部用水量。

在平原地区的钢铁厂,因供电保障能力较低或有重要用户的地方,可以设置高位水塔和柴油机给水泵,确保安全供水。

2.5 回用水设施

2.5.1 回用水水量及水压

回用水供水能力,按回收水日平均量并折减后设计。

回用水设计供水量可按式(2-18)计算

$$Q_c = K_1 K_2 \sum Q_{ci} \tag{2-18}$$

式中 Q_c——回用水供水量,m^3/d;

K_1——管网漏损,可取 0.93~0.98;

K_2——水量折减系数,取 0.8~0.75;

Q_{ci}——可回收的水量,m^3/d。

回用水系统用户比较分散,用水不均衡,供水管网常会出现“零”流量的工况;设计需采取措施,出现“零”需水量工况时,不损伤送水泵设备;当用户需水时,应确保即刻供水。因此回用水系统应采取合理的“保压”措施,例如,送水泵设自动回流装置、采用变频送水、设气压供水装置……等。采用何种“保压”方案,应通过技术经济比较确定。

回用水系统供水压力,应按主要用户的需水压力确定,一般使用回用水的用户,应设置贮水池及再送水泵。对于某些可以使用回用水水质、工作制度为不连续用水、但需随时紧急用水的用户,不宜由回用水系统供水。回用水干线管道单位阻损不宜大于 0.001。

2.5.2 回用水水处理设施

无论是丰水地区、还是缺水地区为了节约用水、保护环境,减少废水排放,都可以有选择地将污、废水处理后回用。

回用水处理设计应根据钢铁厂废水排放情况,废水水质、水量和回用水用途选取回用水水源,确定回用水处理的工艺流程。为确保使用安全,严禁回用水进入生活饮用水给水系统。

2.5.2.1 回用水水源

选择回用水水源时,应优先选用水质较好的排水。一般可按下列顺序取舍:

冷却水,过滤反洗水,含油废水;

沐浴排水,生产废水,生活污水。

2.5.2.2 回用水水质标准

应根据回用水用途确定。多种用途的回用水水质标准应按最高要求确定。用于工厂绿化、洗车和场地冲洗应按现行的《生活杂用水水质标准》执行。

回用水系统的原水、给水管道宜单独设置。

2.5.2.3 处理工艺及设施

回用水处理工艺流程应根据回用水原水的水量、水质和回用水使用要求等因素，进行技术经济比较后确定。

A 以生产废水作为回用水源

当以生产废水作为回用水源时，可采用物理化学处理工艺流程，如：

原水→调节池→絮凝→沉淀→絮凝反应→气浮→(过滤)→回用水池→泵站

调节池容积按 30～90min 处理水量设计，调节池应根据水质条件设刮泥机、除油装置。

一次絮凝槽宜采用机械搅拌混合、反应时间 8～10min。

沉淀池可采用辐流式沉淀池，表面负荷 1～1.5$m^3/(m^2\cdot h)$、沉淀时间 1.5～2.5h。

二次反应和二次絮凝宜采用机械搅拌混合装置、二次反应时间 8～10min、二次絮凝时间 2～4min。

气浮池宜采用矩形，表面负荷 3～4.5$m^3/(m^2\cdot h)$。气浮有 2 种形式：(1)加压溶气气浮：气水比一般取 2:1，回流量 25%～35%，需采用专用的溶气罐和释放头。(2)涡凹气浮：用特殊的螺旋桨切割水体产生气泡和饱和溶气水，其特点是设备少，占地面积小。

过滤装置可根据用户对水质的要求选用，设计参见过滤水水处理一节。

B 以含有生活污水的生产废水或生活污水作为回用水源

当以含有生活污水的生产废水或生活污水作为回用水水源时可采用生物处理工艺流程如下：

原水→格栅→调节池→生物处理→沉淀池→过滤→消毒→回用水池→泵站

(1)格栅：设置一道格栅时，格栅的条空隙宽度应小于 10mm；设置粗细两道格栅时，粗格栅空隙宽度为 10～20mm，细格栅空隙宽度为 2.5mm。

(2)调节池：主要目的是调节水量和均合水质。调节池容积可根据水源情况按 30～360min 处理水量设计。调节池可设预曝气管，曝气量宜为 0.6～0.9$m^3/(m^3\cdot h)$。

(3)生物处理：有普通活性污泥法，缺氧-好氧活性污泥法(A/O 工艺)，厌氧-缺氧-好氧活性污泥法(A^2/O 工艺)，吸附-生物降解活性污泥法(AB 工艺)，氧化沟活性污泥法(又称循环混合式活性污泥法)，间隙式活性污泥法(又称序批式活性污泥法简称 SBR 法)等。以上方法，设计应根据处理水量、水质和用户对回用水水质的要求选用。

当日处理水量≤1000m^3 时宜采用接触氧化曝气工艺，接触氧化池水力停留时间应≥3h。填料宜采用多孔小球，曝气量可按 BOD_5 的去除负荷计算，一般应为 40～80$m^3/kg\ BOD_5$。

(4)沉淀池：采用辐流式沉淀池，表面负荷 1～1.5$m^3/(m^2\cdot h)$、沉淀时间 1.5～2.5h；采用斜管沉淀池，表面负荷 1～3$m^3/(m^2\cdot h)$、沉淀时间 1.5～2.5h。

(5)过滤：可用过滤器或过滤池，运转周期应≥24h，设计参见过滤水水处理一节。

(6)消毒：以生活污水为水源的回用水必须设有消毒设施；采用液氯消毒时必须使用加氯机加氯，加氯量一般应为有效氯 5.8mg/L，接触时间≥30min，余氯量应保持在 0.5～1mg/L。投加消毒剂应采用自动定比投加。其他消毒剂可选用臭氧、二氧化氯、次氯酸钠等。

2.5.3 水量调节设施及送水设备

回用水用户多为间断用水，且受季节影响较大。回用水源有间断、不稳定的特点。回用水贮水池应具有调节不均衡的作用，否则会经常出现用户要水时水量不够，用水的间歇时间水又

“多得无处送”的现象,使重复利用率下降。故回用水贮水池有效容积应根据用户间歇用水时间的长短来确定。在缺乏实际资料时,贮水池有效容量可按平均日 6~8h 用水量设计。

回用水送水泵能力按用户最大用水量设计。送水泵组中应配置自动调速泵和回流管,回流管上应设置压力控制的自开阀,回流水量宜按工作泵总水量的 10%~12%设计。

回用水泵站供电可按二级负荷设计。

2.6 排水设施

2.6.1 排水系统

全厂排水应按废水污水分流、有毒有害和无毒无害分流的原则划分排水系统。

一般生活污水应设置独立的排水系统;对环境会造成污染的生产废水需处理到符合国家(包括地方)排放标准,方可排放;对于性质相似且污染发生源多的污水,应集中处理;无害生产废水可与雨水合流排放。

全厂排水设施属全厂公用设施,一般常设的排水系统有:生产水、雨水排水系统,含油排水系统,生活污水排水系统。对于仅在一个分厂(或车间)范围内发生的污水,如焦化酚氰污水、轧钢设备酸洗废水等,宜就地处理。

(1)生产水、雨水排水系统。该系统接纳对环境无污染的生产废水,如间接循环水系统的排污水、有污染但经处理后达到排放标准的水,以及雨水。

(2)生活污水排水系统。该系统接纳各种卫生设施、食堂、浴室排出的生活污水。

(3)含油排水系统。该系统用来接纳连铸、轧钢、修理设施直接循环水系统的排污水、地下油库含油污水及修理过程排出的含油水。

(4)全厂总排水处理后回用。

2.6.2 雨水排水

钢铁企业雨水排水设计、计算方法与城市雨水排水相同。但根据钢铁企业的特点,应注意暴雨重现期 P 值和管道敷设方式的选择。

2.6.2.1 暴雨重现期 P 值(年)

暴雨重现期 P 值的择定,除考虑工厂规模因素外,主要应考虑排水条件,排水条件包括厂区地形、面积大小、建筑系数的高低、总排出口处的水位等。

一般情况可按表 2-9 选用。

表 2-9 设计降雨重现期

序号	排 水 条 件	P/年
1	受水水体水位高,需建泵站排水	5 年设计、10 年校核
2	地形平坦,建筑系数 30%以下时	不低于 1
3	地形平坦,建筑系数 30%~40%	不低于 2
4	地形平坦,建筑系数大于 40%	不低于 3
5	地形坡度较大,狭长厂区,排出口少于 3 个时	不低于 5
6	厂区面积在 $4km^2$ 以上时	不低于 3

注:排入水体(江、河、湖等)的设计水位,应不低于当地防洪排涝标准。

2.6.2.2 管渠设计

管渠一般采用有底坡敷设,对于暗管也可以采用无底坡敷设。有底坡管道设计与城市雨水管道相同,无底坡管道设计与城市雨水压力流排水类似。设计中应注意以下事项:

(1)按工厂总图布置,统一划定干线与小区管线的坡降(图 2-3)。

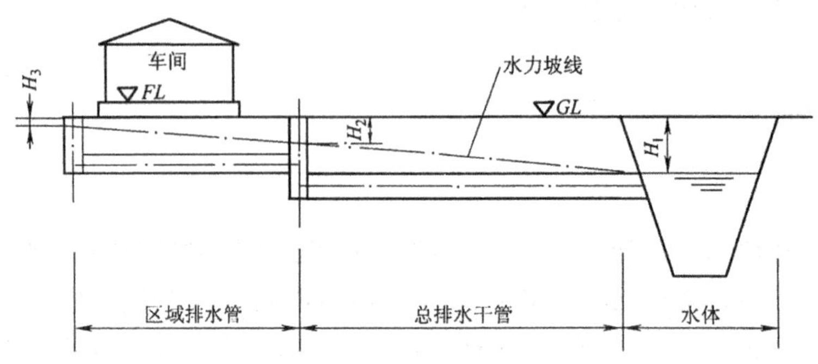

图 2-3 排水水位图

H_1—干管出口设计水位,接受水体设计洪水位;

H_2—排水干管起点设计水位;

H_3—区域排水管起点设计水位

干管出口设计水位 H_1,一般取等于管内顶标高。H_3 为小区车间外至干管最远点第 1 个井内水位,与车间地坪设计标高有关,一般应低于车间设计地坪标高 1.0~1.2m,H_2 为干管最远点第 1 个井内水位,也是区域排水管出口(与干管交接点)的最高水位,H_1 ~ H_2 和 H_2 ~ H_3 水位落差值的分配应在初步设计阶段确定,在缺乏区域排水管网布置资料时,可按 $(H_1 - H_2):(H_2 - H_3) \backsimeq 2:3$ 的方式确定干管水力坡度。

(2)干管起点到终点,管内顶埋设深度相同。

(3)管径选择应考虑淤积,一般可按 20% 管径预留淤积厚度。

(4)由于管道按承压状态设计,检查井结构设计以及管道与井的连接,均须考虑这一因素。

(5)无底坡雨水管道给地下管网设计、施工带来了很大方便,管道淤积并不比有底坡管道严重。适用于地形平坦的工厂。

2.6.3 生活污水排水

钢铁企业生活污水排水设计、计算方法与城市污水排水的相同。但工厂企业生活污水发生源远远少于城市,且相对较为集中,在地形平坦(无地形坡度可利用)的工厂可采用压力流-自流混合排水系统。实践证明,这种排水系统具有投资较省,设计、施工方便,堵塞率较低等优点。

由于生活污水中含有的漂浮物、悬浮物远远超过雨水或生产废水,因此重力流的生活污水管均采用有底坡敷设,其底坡的大小应保证产生必要的自清流速。有底坡管道随着管线的延长,管道埋设深度越来越大,对沿线建(构)筑物、其他地下管线的影响大,为了保证这些受影响的建(构)筑物、地下管线的安全,就要采取一系列施工措施,造成“管道费用不高,而施工安装费用几倍、数十倍于管道费用”的情况,使用中管道一旦发生损坏,修理难度高,费用大。

压力流-自流混合系统,组成如图 2-4 所示。

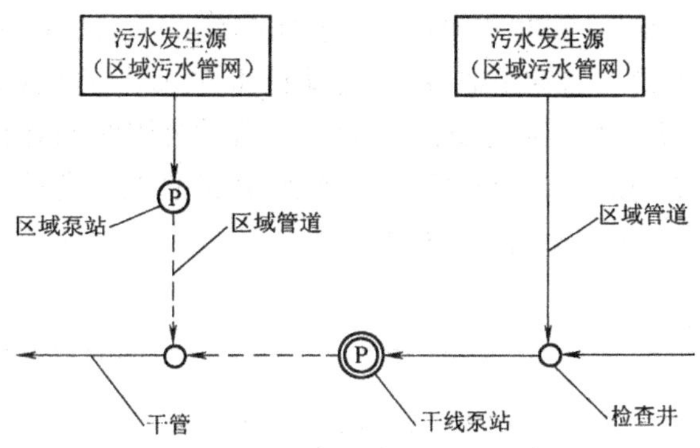

图 2-4 压力流-自流排水系统简图

——自流排水管；- - - -压力排水管

2.6.3.1 排水管道

生活污水排水干管应远离给水干管，与雨水干管平行敷设。自流管道的埋设深度应尽量给区域排水创造自流排放的条件，故不宜过浅。自流管道的最大深度，不宜超过与其平行的雨水管深度（均以管内底计）。

压力流管道按一般压力水管的埋设深度，压力流与自流管交接处须设检查井，压力流管道沿线每隔一定距离和拐弯处宜设清扫口，直线段清扫口间距视采用的清扫工具而定。压力流输水管拐弯处应采用大曲率半径的弯管。区域内来的压力排水须接入干管自流管检查井内，不可与干线压力管交接。

2.6.3.2 泵站

生活污水泵站通常采用钢筋混凝土结构、封闭型地下式泵坑。吸水井有效容量（从进水管管底至停泵水位之间的容积）不小于全部工作泵 10min 的排水量。

泵站能力按污水最大小时流量设计。

排水泵宜选用配带自耦装置的潜水式污水泵。根据来水流量大小，配置 2～5 台泵，其中 1 台备用。应尽量选用低转速泵，一般宜选用同步转数≤1500r/min 的泵，当设计污水量很小时，低转速泵的流量可能大于设计水量，此时可按泵通用规格中的最小型号进行设计。

吸水井进水管处应设置拦污装置。

拦污装置应便于清扫，一般设计为活动式，清扫时提出井外，运行经验证明，拦污装置应以不锈钢薄板制成网栏，便于倾倒垃圾，使用寿命长。在有条件的地方，可采用自动拦污设备。设置拦污装置可降低水泵故障率（尽管有些潜污泵具有“破碎”功能），减轻自流管道淤塞。

水泵应按水位变化自动控制，配置露天电控箱。

当泵站数量多，分布广时，对泵站的监控宜采用在中控室无线遥测 + 遥讯 + 遥控的方式。

泵站出水总管不宜小于 *DN*100，应采用耐腐蚀管道。

2.7 给排水管道布置

2.7.1 道路旁管道排列

区域内主要配水干道应集中在道路外侧布置，特殊情况下允许设在道路下面，但应在一侧布置。管道布置应方便维修,同时对附近建(构)筑物或设备的稳定性不造成影响。

压力流管道一般应埋设。当受用地限制无法埋设时可设于管沟(廊)内,管沟应有排水措施。在室外,管沟的盖板标高应高于地坪200mm、通过公路时与地面平。全厂给排水干管设在水道用地内。水道用地应符合全厂总体规划、并经总图专业确认。当给水管道与排水管道布置在同一侧时,一般应按图2-5方式排列。

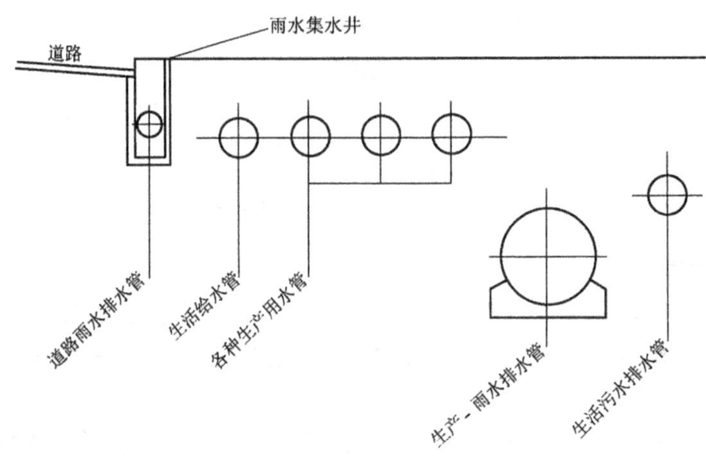

图2-5　给排水管道排列图

2.7.2　管道的平面间距

2.7.2.1　压力流管道

管道之间、管道与构筑物之间的距离,一般按图2-6确定。其尺寸见表2-10。

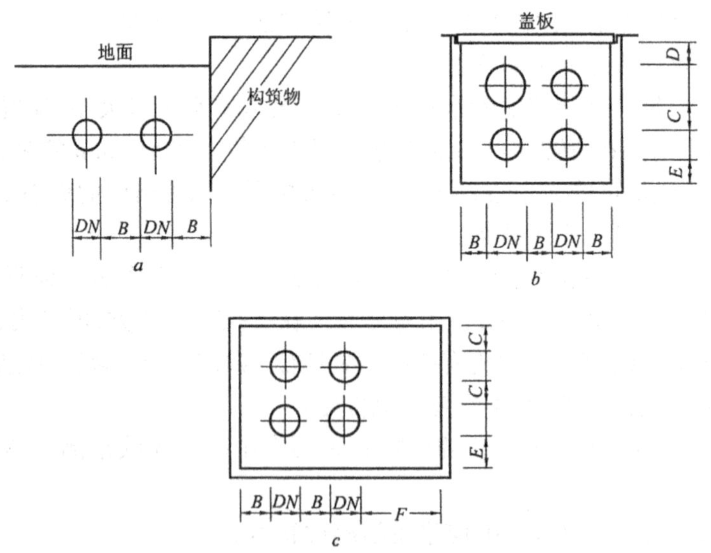

图2-6　配管标准间距图

a—埋地管;*b*—管沟内配管;*c*—暗沟内配管

当无法满足图2-6的规定时,应以满足安装,维修的最小距离为限。

表 2-10 配管标准间距表

公称直径(DN)/mm	各部分尺寸/mm				
	B	C	D	E	F
≤50	150	300	100	150	DN+500
80~150	150	300	100	150	DN+500
200~350	300	300	100	300	DN+500
400~700	500	500	100	300	DN+500
≥800	500	500	100	500	①

注:表中 F 栏里的 DN 为暗沟中最大管道公称直径。

①DN≥800 时 F 不小于 1200mm,同时不小于最大管道的公称直径,生活给水管与生活污水管的间距应满足有关规范要求。

2.7.2.2 自流管道

1)管道与建(构)筑物基础之间的距离,管道与管道之间的距离,按管道井的外轮廓尺寸确定。

2)排水管道与其他管线(构筑物)之间的最小距离按《室外排水设计规范》确定。

2.7.3 管道埋设深度

2.7.3.1 压力流管道

埋地管的埋设深度一般按表 2-11 规定。但在交叉部位,通过障碍物,穿越铁路,公路和其他特殊情况,可不受此约束。

表 2-11 埋设管标准深度(以管中心计)

压力水管公称直径/mm	埋设深度/mm
15~50	600
65~350	900
≥400	1600

2.7.3.2 自流管道(以管外顶计)

(1)生产-雨水排水管

道路雨水排水集水管 GL-0.70m(GL-表示设计室外标高)

(2)生产雨水排水管

管径≤450mm 时,GL-0.90m(当管道交叉时可以加深)

管径≤600mm 时,GL-1.2~2.0m

(3)生活污水管

管道起点最小埋深一般采用 GL-0.90m,当室内排出管深度允许时,最小埋深可取为GL-0.70m。

2.7.3.3 管道最大埋深

管径≤200mm 时,GL-2.80m

管径≥300mm 时,GL-3.50m

2.7.4 地基及基础

2.7.4.1 压力流管道

管道一般应敷设在未经扰动的原土地基上，当遇有回填土时应分层夯实至密实度达95%以上。对于向重要设备供水(包括回水)的管道和不断水的安全供水管道应将回填土改换成砂，密实砂层顶面高度不低于管径的2/3。

2.7.4.2 自流管道

混凝土和钢筋混凝土管应设置带状钢筋混凝土基础。

铸铁排水管一般设在未经扰动的天然地基上，但在埋管过程中沟槽进了水(雨水，地下水等)，应排干水后做不小于10cm的砂垫层。接口处做混凝土枕基。

排水管设于回填土地区时，回填土厚度在15mm以内时可采用原状土夯实，大于15mm时应采用碎石、砂夯填，并按前述方法作管道基础。

2.8 全厂给排水设施的操作和管理

2.8.1 给排水设备运行操作方式

(1)钢铁厂的给排水设备运行方式有以下几种：

单动；连动；自动(根据水位、水压、水量、水温等)。

(2)钢铁厂的给排水设备操作方式有以下几种：

机旁按钮手动操作；

机旁按钮手动操作+控制室按钮手动操作(手动+连动)；

机旁按钮操作(手动+自动+控制室监视)；

机旁按钮手动操作+控制室计算机操作(手动+连动+自动)；

机旁按钮操作(手动+自动)+控制室计算机操作(手动+连动+自动)；

当操作地点多，分布广时可采用机旁按钮操作(手动+自动)+控制室计算机操作(手动+自动+控制室无线遥测遥讯监视)方式。

(3)操作地点：机旁优先(地点选择开关设在机旁)。

采用计算机操作管理，在控制室可不设操作显示盘和仪表显示盘，所有的设备运行状况和工艺运行参数均在CRT上显示。当设备故障和运行参数达到报警值时，CRT画面上有声光信号提示操作人员处理。

2.8.2 工艺参数和设备状况监视

钢铁厂给排水工艺运行参数和设备运行状况监视方式有以下几种：

(1)设备运行状况监视：如运转、停止、故障、阀开、阀闭、开度、电流值等。用指示灯或仪表分别在机旁和控制室的操作盘或监视盘上显示。

(2)给排水工艺运行参数监视：用仪表对流量、温度、压力、水位、浊度、电导率进行检测并分别在机旁显示和控制室的仪表盘上显示。

(3)在控制室操作监视的污泥处理间、加药间等地点可设电视摄像机监视。

采用计算机操作管理时，在控制室可不设二次仪表盘和信号显示盘，所有的设备运行状况和工艺运行参数均在CRT上显示。

2.8.3 给水调度

为了向钢铁厂各用户稳定供水，调度中心(能源中心或动力厂)应根据钢铁厂生产计划制定供水计划。对水源、给水处理厂，全厂给水管网、全厂各用水户的给水、排水进行监视、调整和统一调度。

各用户点必须装设流量计、全厂给水管网主要节点应设压力计。生产废水和生活污水的集中排放口、总排放口应设流量计。在线检测的各种数据和信息应传送到调度中心。

对不设现场操作人员的给排水设备，应安排巡视人员定时巡视。对重要的给排水设备实行定期维修、定期更换。

调度中心应准备在事故状态下(如停电、火灾、管线损坏、给水设备故障、特大暴雨时)给排水应急方案。

调度中心应配有必要的专用车辆、检修工具、无线通讯设备和维修队伍。

调度中心应将采集到的给水量、排水量、回用水量、循环水量、设备运行状况、故障情况的数据输送到计算机进行处理。

2.8.4 数据管理

(1)用水瞬时值报表：在设备运转过程中，由操作人员根据需要随机打印出某一时刻检测仪表(如流量计)测定的数值。

(2)用水时报表：每一小时由打印机自动打印钢铁厂各单元的工业新水补给量、过滤水补给量、软水补给量、纯水补给量、生活用水量及各单元的循环水量、排污水量、电导率，并分别打印这些量每一小时内的平均值、累计值、最大值和最小值。

(3)用水日报表：每日的一定时刻(如每日 24:00)由打印机自动打印。打印内容与时报相同。

(4)用水月报表：每月的一定时刻(如每月最后一天 24:00)由打印机自动打印。打印内容是当月所有天的累计值，即月报。

排水计量宜在钢铁厂的各个外排口安装明渠流量计、pH 计、电导率计。其他水质指标定时取样检测。当排水管为合流制排水管时，明渠流量计的检测能力可只按设计的工业废水排放量定，雨水不计量。

在此基础上用计算机算出钢铁厂的吨钢新水耗量，水的重复利用率，并据此对钢铁厂给排水系统的先进性做出评价，提出相应的改进方案。

(5)监视报警

在线监视：对供水量、用水量和设备的供水压力、运行状况进行监视，扫描周期为 1min/次。在计算机系统中，存贮有检测数据的上、下限值。根据此值，计算机对收集到的过程数据进行检查，若超出规定范围，计算机发出报警信号；CRT 画面上对应点报警灯亮并闪烁、风鸣器响，操作人员可立即进行处理。并由打印机自动打印出检测数据偏离值、运行状况发生变化的设备名称、报警的时刻、报警的类别等。

3 采矿场给水排水

采矿是将埋藏在地下的矿物开采出来。由于矿物的埋藏深度不同,矿物的开采方式也不同。埋藏较浅且采剥比不大的矿物可采用露天开采,埋藏较深或采剥比较大的矿物宜采用地下开采。由于矿物的赋存条件、矿物性质和地域环境的不同,也可采用其他开采方式。

根据矿物种类和用途的不同,矿山可分为黑色冶金矿山、有色冶金矿山、非金属矿山、化学工业矿山和核工业矿山等,见表 3-1。

在一般情况下,达到设计规模的年限要超过服务总年限的 2/3 以上,矿山的服务年限见表 3-2。

表 3-1 矿山规模类型的划分

矿山类型	矿山规模/万 $t \cdot a^{-1}$			
	特大型	大型	中型	小型
黑色冶金矿山				
露天开采	>1000	1000~200	200~60	<60
地下开采	>300	300~200	200~60	<60
有色冶金矿山				
露天开采	>1000	1000~100	100~30	<30
地下开采	>200	200~100	100~20	<20
化学矿山				
磷铁矿		>100	100~30	<30
硫铁矿		>100	100~20	<20
非金属矿山				
石灰石矿		>100	100~50	<50
白云石矿		>100	100~50	<50
矾土矿		>30	30~10	<10
石膏矿		>30	30~10	<10
石墨矿		>1.0	1.0~0.3	<0.3

表 3-2 一般矿山的服务年限

矿山规模类型	特大型	大型	中型	小型
服务年限/a	>30	>25	>20	>10

3.1 露天采矿给水排水

3.1.1 用水户及用水条件

露天矿一般由露天采矿场、工业场地、机修汽修区、火药加工厂和火药库区以及行政生活区等组成。由于采矿规模的不同,建矿条件的差异,采矿和选矿厂厂址位置的关系等,决定着各矿山的具体组成。比如某大型露天铁矿,采矿规模为 1000 万 t/a。它由采矿场、破碎工业场地、机修工业区、汽修工业区(包括轮胎翻新)、汽车停放库、油库区、火药加工厂和火药库区、多处居民区和行政设施等组成。这样的矿山是大而全的综合性企业,用水量大,循环率低。例如其汽修区,本区需修大吨位电动轮汽车 110 台,中型汽车 40 台,推土机等 60 台,还需修补轮胎近 6000 条,翻新轮胎近 700 条,全区耗水量为 246m^3/h,而且水质均为生活饮用水。

露天采矿场是指露天开采境界内的穿孔、爆破、采剥和运输的生产场地。采矿场的主要用水户为穿孔机、凿岩机、水力降尘和汽车运输、道路洒水等用水。

3.1.1.1 穿孔设备用水

穿孔设备主要有牙轮钻机、潜孔钻机、穿孔机、凿岩机和凿岩台车等,见表 3-3。

表 3-3 一般露天矿的装备水平

装备名称	装备水平			
	特大型	大 型	中 型	小 型
1. 穿孔设备	(1)ϕ310 ~ ϕ380mm 牙轮钻(硬岩); (2)ϕ250 ~ ϕ310mm 牙轮钻(软岩)	(1)ϕ250 ~ ϕ310mm 牙轮钻; (2)ϕ150 ~ ϕ200mm 潜孔钻	(1)ϕ150 ~ ϕ200mm 潜孔钻; (2)ϕ250mm 牙轮钻; (3)凿岩台车	(1)ϕ150mm 以下潜孔钻; (2)凿岩台车; (3)手提式凿岩机
2. 运输设备	(1)汽车运输时:100t 以上汽车; (2)铁路运输时:100t 矿车,150t 电机车; (3)胶带运输时:1.4 ~ 1.8m 胶带机	(1)汽车运输时:50 ~ 100t 汽车; (2)铁路运输时:100 ~ 150t 电机车,60 ~ 100t 矿车; (3)胶带运输时:1.4m 以下胶带机	(1)汽车运输时:50t 以下汽车; (2)铁路运输时:10 ~ 14t 电机车,4 ~ 6m^3 矿车	(1)汽车运输时:15t 以下汽车; (2)铁路运输时:14t 以下电机车,4m^3 以下矿车
3. 装载设备	10m^3 以上挖掘机	4 ~ 10m^3 挖掘机	1 ~ 4m^3 挖掘机, 3 ~ 5m^3 前装机	0.5 ~ 1m^3 挖掘机, 3m^3 以下前装机和装岩机
4. 排弃设备	(1)推土机配合汽车; (2)破碎-胶带-推土机; (3)铁路-挖掘机	(1)推土机配合汽车; (2)破碎-胶带-推土机; (3)铁路-挖掘机	(1)推土机配合汽车; (2)铁路-推土机	(1)推土机配合汽车; (2)铁路-推土机
5. 辅助设备	(1)410 × 0.745kW 履带推土机; (2)300 × 0.745kW 轮胎推土机; (3)9m^3 前装机	(320 ~ 410) × 0.754kW 履带推土机; 5m^3 以上前装机	(120 ~ 320) × 0.754kW 履带推土机	120 × 0.754kW 以下履带推土机
6. 粗破碎设备	(1)1500 旋回破碎机; (2)1500 × 2100 鄂式破碎机	(1)1200 旋回破碎机; (2)1200 × 1500 鄂式破碎机	(1)900 旋回破碎机; (2)900 × 1200 鄂式破碎机	(1)500 ~ 700 旋回破碎机; (2)400 × 600 ~ 600 × 900 鄂式破碎机

牙轮钻机已成为当今世界露天矿最先进的穿孔设备,作业中不需要水,穿孔产生的粉尘采用压气吹洗,利用布袋除尘器除尘,全自动控制。

潜孔钻机具有机动灵活、设备重量轻、价格低、穿孔角度变化范围大等优点。但穿孔技术和穿孔效率不如牙轮钻机。它是中小型露天矿的主要穿孔设备,适用于中硬岩的穿孔。作业不需要水,穿孔产生的粉尘利用压气吹洗,采用布袋式除尘器除尘,全自动控制。

凿岩机从构造上分为风动、内燃、液压和电动四种,我国以风动为主。从作业方式上分为干式凿岩和湿式凿岩。凿岩机是小型露天矿的主要穿孔设备,也是大中型露天矿一次浅孔、二次破碎、采矿场边坡清理、三角岩体处理和露天硐室工程等凿岩作业的主要设备。凿岩机湿式作业中需要水,目的是冷却钎头,捕集粉尘和冲洗岩浆。耗水量和水压见表3-4。

表3-4 凿岩机用水量

凿岩机类型	接水管管径(内)/mm	水量/L·min^{-1}	水压/MPa
导轨式凿岩机:			
YGPS42	13	5~7	0.2~0.3
YGP34	13	5~7	0.2~0.3
YGP28	13	10	0.2~0.3
YGP35	13	10	0.2~0.3
YG40	13	10	0.3~0.5
YGZ70	13	15	0.4~0.6
YGZ70A	13	15	0.4~0.6
YYGZ75D	13	15	0.4~0.6
YG80	19	15	0.3~0.5
YGZ90	19	15~18	0.4~0.6
YGZ170			0.2~0.3
液压凿岩机:			
YYT-30	13	25	0.3~0.5
YYGJ145	20	35	0.65~1.0
YYGC145			
YYG90	10	30	0.5~0.8
YYGJ80A	10	30	0.5~0.8
风动凿岩机:			
Y24	13		
Y26	13	2	0.3~0.4
YT24	13	3	0.2~0.3
YT30	13	3	0.2~0.3
7655	13	3	0.2~0.3
YT25DY	13	4	0.3~0.4
YTP26	13	4	0.2~0.4
YT27	13	4	0.2~0.3
YT28	13	4	0.2~0.3
YSP44	13	5	0.2~0.3
YSP45	13	5	0.2~0.3

穿孔用水是指冲击式穿孔机在穿孔过程中向孔洞中加水,在孔洞内造成泥浆,保护孔壁。但这种穿孔机已基本淘汰,部分小型露天矿由于条件限制而继续利用。凿岩机的供水位置有的由钎子中心给水,有的由旁侧给水。由于位置不同对水压要求也不同,一般中心给水水压低,旁侧给水水压高,应按采矿工艺提供的供水条件设计。

凿岩机供水的水质没有特殊要求,一般悬浮物不大于300mg/L,对管道和凿岩机无腐蚀作用,硬度不宜太高。

穿孔造浆用水现在基本不用。当采用冲击式穿孔机时,其用水量和岩石硬度有关,软质岩孔每米耗水90~120L,中硬质岩孔每米耗水70~80L,坚硬质岩孔每米耗水20~50L。

造浆用水一般由水车向穿孔机附近的水箱供水,再由水箱向钻孔内加水。大中型露天矿山的冲击式穿孔机基本淘汰,所以这种用水也就不存在了,只在现有受基本条件限制的小型矿山中存在。

凿岩机供水管道一般为明设移动管道,南方采用比较普遍;而北方冬季无法保证供水,多数矿山均采用干式凿岩。由于露天矿凿岩工作量不大,只是一次浅孔和二次破碎采用凿岩机作业,故北方矿山的干式凿岩已成为正常作业方式,但这样工人的劳动环境受到粉尘污染,健康受到危害。

凿岩台车目前露天矿山实际使用较少,但其凿岩效率较高,改善劳动条件等方面具有一定优势,凿岩台车及凿岩台架用水情况见表3-5、表3-6。凿岩机的同时工作系数见表3-7。

表3-5 凿岩台车用水情况

型号	接水管管径(内)/mm	水压/MPa
CTC300A(单机)	8	0.4~0.6
CTCQ500(单机)	20	0.8~0.9
CTC700(单机)	20	
CTC14(单机)	25	
CTC14.2(双机)	25	
CTJ700.2(双机)	25	0.3~0.4
CTJ700.3(三机)	25	0.3~0.4
CGJ500.3(三机)	12	≤0.5
CTJ500.2(双机)	12	≤0.5
MERCDRY14(双臂)		
CTJ10.2Y(双机)	25	0.6~0.8
CGM40锚杆台车		
CLM1-1锚杆台车	28	0.7~0.9

表3-6 凿岩台(柱)架用水量

型号	接水管管径(内)/mm	水压/MPa
TJ25	19	0.4~0.6
BQB摆式支臂	19	0.4~0.6
FJYW24	19	0.4~0.6
BJY24	19	0.3~0.5
FJZ25A	13	0.2~0.3
FJY25B		0.2~0.3

表 3-7 凿岩机的同时工作系数

设计总台数	同时工作系数
一次浅孔凿岩	0.5
二次破碎凿岩	0.5

3.1.1.2 采场道路洒水

在矿区公路上要进行洒水湿润路面以达到降尘的目的，其洒水量每平方米每次 1.0～1.5L。一般每班洒水 1 次，利用洒水车来完成此项任务。

洒水量和洒水次数与矿山的气候条件有关，炎热天气洒水次数应适当增加，北方冬季应停止洒水。此种用水对水质水压无特殊要求。

3.1.1.3 水力除尘用水

为降低采矿场爆堆、倒堆过程中产生的粉尘量，一般应洒水降尘。

采场工作面在爆破后和出渣前，应对工作面附近范围内岩壁进行洒水，其水量按一个掘进头洒水 200～300L 计算。掘进头出渣和采矿场出矿按每吨矿石 20L 计算，对水质无特殊要求。

3.1.1.4 工业场地

对于只有采矿没有选矿的大中型矿山，一般设有独立的工业场地。在工业场地内建有破碎系统和贮存倒运系统、行政福利设施和为生产服务的维修服务设施。工业场地的用水量是矿山的主要用水户，生产用水主要是设备冷却和除尘、冲洗地坪用水，生活用水主要是满足行政福利设施对水的需求，部分矿山的职工生活区也建在工业场地附近，因此这样的生活区的用水量也是工业场地的主要用水户之一。生产用水量应按各工艺提出的水量要求确定。行政福利设施和生活区应按现行给水设计规范确定，其水质应满足生活饮用水的水质标准。

特大型和大型露天矿还建有独立的机修区、汽修区、油库区、火药加工厂和火药库区等，这些用水户用水量也很大。比如北方某铁矿汽修区生产、生活用水量为 204m^3/h，机修区生产、生活用水量为 70m^3/h，油库区生产生活用水量为 48m^3/h，火药加工厂和火药库区生产、生活用水量为 22m^3/h。西北某铁矿机修区、汽修区生产、生活用水量为 1420m^3/h，火药加工厂和火药库区生产、生活用水量为 149m^3/h。

总之，露天采矿的用水指标不能给出参考值，因为各矿山条件变化太大，用水指标和矿山所处位置有关，南方和北方不同，影响到凿岩用水量和道路洒水用水量，南方和北方生活用水标准也相差很大。用水指标和矿山规模有关，规模大其组成齐全，虽然采矿场用水指标小，但其他组成用水量大量增加，也必然影响到全矿用水指标的增大。用水指标和矿山是否建设选矿厂也有很大关系，若采矿和选矿合建，则公共设施、维修设施的用水量、居民区的用水量就会影响到矿山的用水指标。用水指标也受矿山与市政关系的影响，有的矿山因为有了矿山才出现区镇行政区划，这样市政的供排水必然要和矿山的供排水系统统一规划，统一考虑，矿山和市政无法分家，市政用水要由矿山供给，排水也必然纳入矿山的排水系统。比如华北某铁矿，没有建矿以前是一片牧场荒地，除有部分牧民之外什么也没有；建矿之后现在变成某市的行政区划，市政系统的机构也相应增加，建设大量公共设施。又如东北的某铁矿，由于建矿成立了某镇乡区划。西北的某有色公司建厂后成立了一个独立市，现在撤市改为某市的一个行政区。

为满足高阶段设计用水量计算的需要，现将收集到的露天矿综合用水指标列为表3-8，供设计参考。

表 3-8 露天矿综合用水指标(m^3/t)

矿山规模	特大型	大 型	中 型	小 型	备 注
铁矿	0.33~0.40	0.25~0.35	0.4~0.5	0.6~0.8	
辅助原料矿	0.2~0.35	0.15~0.2	0.2~0.3	0.2~0.3	

3.1.2 供水系统及流程

矿山一般远离城市，和城市的公共设施无法结合。因此矿山均建设有独立的水源和输配水设施，多数矿山水源的供水能力偏小，距离远。如华北某铁矿现在建有4个水源地，距离最远的距工业场地约50km，标高差300m，全矿供水能力为12 000m^3/d。东北某铁矿建有7个水源地，供水能力为11 700m^3/d。

3.1.2.1 采矿场

采矿场一般采用直流供水系统，管网为枝状，其主要干线为埋设，其余管道由于采矿场高程的不断变化，管道需要经常移动而宜采用明设，但北方应考虑防冻措施。管道的敷设应注意避开采场崩落界线。埋设管道可采用给水铸铁管或给水塑料管；明设管道宜采用钢管，柔性管接头连接。

有的采矿场地势高，距离工业场地比较远，也可采用水车送水，将水由工业场地送到采场的贮水池或贮水箱内。矿用洒水车型号及主要技术性能见表3-9。

表 3-9 矿用洒水车型号及主要技术性能

技术性能	洒水车型号						
	CYS-30	BJ-417	KS-15t	WSD-5C	WSD-5B	DD482	BP100K
驱动型式	4×2	4×2	6×4	4×2	4×2	4×2	
底盘型号	贝拉斯540A	BJ-370或T-20	三轴车	CA15	EQ140	CA15	EQ半挂式
自身质量/t	23.6	13.73	11	4.8	4.7	4.4	7.65
总质量/t	48.6	30.03	26	9.3	9.7	9.4	18.5
水箱容积/m^3	25	16.3	15.1	5	5	5	10.85
洒水宽度/m	8~20	9~18	20	14~16	15~17	13	21
洒水压力/MPa	0.7		0.3~0.4	0.3~0.5	0.3~0.5		
行使速度/$km \cdot h^{-1}$			15		10~15	10~15	
水泵流量/$L \cdot s^{-1}$	26.25	16	13.3	30	30	13	30
压力(射程)/m	高36m 远50m	高35m	高15m 远20m				
外形尺寸(长×宽×高)/m	8.9×3.5×3.7	7.2×2.9×3.2	8.5×2.7×2.9	6.8×2.3×2.3	6.9×2.4×2.4	6.8×2.4×2.5	10.6×2.5×2.9
发动机功率/kW	268.2	177.3	164	85.7	100.6	85.7	100.6
最高速度/$km \cdot h^{-1}$	55	38	65	80			
最小半径/m	12	9	10	8.5			
100km油耗/L		约70	≤45	29.15			
参考价格/万元	39.6		14.4	3.5	4.3	3.3	5.4
生产厂家	常州冶金机械厂	北京工程自卸车厂	温州冶金机械厂	武汉新光综合厂	武汉新光综合厂	丹东汽车改装厂	北京市政工程机械公司

3.1.2.2 工业场地

一般工业场地采用直流供水系统，管网为枝状，为贮存调节水量和消防水量均设有高位贮水池，管道均埋设，采用铸铁管材或塑料管材为宜。

工业场地的用水户多少与矿山规模、服务年限、矿山组成有关。小型矿山由于规模小、服务年限短，只有破碎和倒运系统、小规模的行政福利设施和小型维修站点，大中修任务全部外委，而且火药外购，只有小型贮存库房，没有生活区，因此用水量不大，其水源供水能力较小，供水系统单一，一般可分为三种流程。

A 单水源单段式流程

此种流程比较普遍。矿山用水量不大，水源条件较好，用一段泵即可将水送到工业场地的高位贮水池中。此时宜采用此流程，详见图3-1。

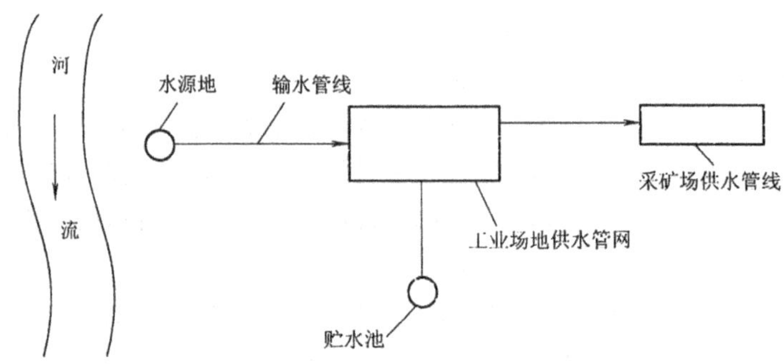

图3-1 小型矿山单段供水系统流程简图

B 串级式供水流程

这种流程比较少。由于工业场地和水源地标高差大，距离远，一段泵不能将水由水源地送到工业场地，而采取串级式，利用多段泵将水由水源地送到工业场地。这种方式在老的小型矿山采用较多。例如西北某铁矿输水管线长110km，标高差约120m。由于水量小，管径小，阻力损失大，采用了四段泵站的串级方式供水流程，详见图3-2。由于水泵行业的技

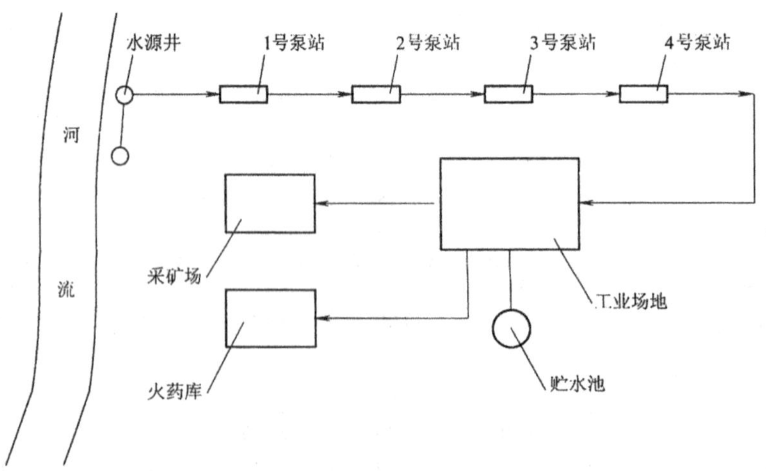

图3-2 小型矿山串级供水系统流程简图

术发展和进步，输送管材耐压能力的提高，在新建矿山这种方式的使用正逐步减少。串级式供水的运营费很高(每立方米水费甚至高达 10 元)。

比如南方某铁矿的某矿区就是一个多水源串级式供水流程。它由铁厂沟、六姆沟、采石场沟和盐井沟四个水源组成供水系统。铁厂沟是主水源，供水量为 49.7m³/h。本水源采用泉水、水平渗水管和大口井取水方式，水源标高 1690.64m，经 5 段加压泵站将水送到标高 2685m 高位贮水池(兼冷却水池)，再经配水管网供矿区各用水户。六姆沟水源采用低坝取水方式，供水量为 1.0m³/h，形成辅助水源，水源标高 2950.00m，将水自流到 2685.00m 高位贮水池。采石场沟和盐井沟水源均采用底栅取水方式取水，部分泉水也并入本水源，经沉砂加压后将水送往工业场地的 100m³ 贮水池(标高 2585.00m)，详见图 3-3。

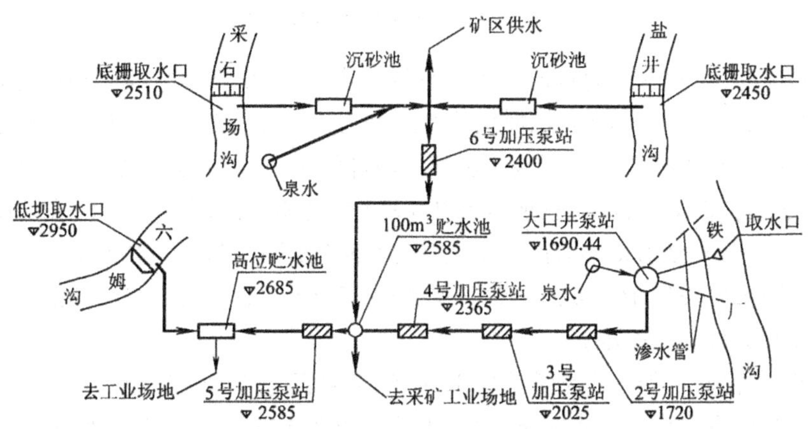

图 3-3 串级式供水系统流程简图

C 调节性水源供水流程

这种流程在南方比较多，北方较少。调节性水源由主水源和辅助水源组成。主水源距离工业场地较远，标高差大，水文条件好，但运行费用高。辅助水源是在工业场地附近的山川小溪，距离近，标高差小，但水文条件不好，属于季节性水源，枯水季节没有水或水很少，丰水季节有水，为节省运行费用，枯水期主水源全额运行，丰水期季节性水源全额运行，主水源补额运行。南方这样的矿山实例较多，南方某铁矿某矿区的供水系统即为此种形式。再如南方某铁矿从安宁河上游取地表水供一个矿区采矿工业场地的采矿场用水和选矿厂用水。在河的下游冲积台地上取地下水作一个矿区的采矿场，工业场地用水。地表水为主水源，地下水为辅助水源，见图 3-4。

大型矿山也有采用调节性水源的供水流程。比如华北某铁矿，是一个采选联合企业，年产原矿 480 万 t，采剥总量 1220 万 t/a，生产采剥比 1:1.54，年产精矿 206 万 t，精矿品位 50%，矿石埋藏标高 1420～2185m，埋藏深度 700m，走向长度 2100m，采场标高是变化的，采矿工业场地建在标高 1970m 和 2030m，选矿厂建在标高 1600m 的王家河，过滤系统建在标高 1000m 的官地，机修区和全矿的生活福利设施和行政设施都建在标高 910m 的哦口，全矿新水用量为 776.48m³/h，循环水量为 6091.76m³/h，其中浓缩池循环水量为 3574.28m³/h，尾矿库循环水量为 2517.48m³/h。全矿建有储水量为 3000m³ 的环水贮水池 1 座，储水量为 4000m³ 新水贮水池 1 座，储水量为 200m³ 生活贮水池 3 座和 100m³ 的生活贮水池 2 座。

流经该矿区有两条河流，一条是流经哦口的滹沱河，它是一条较大长年有径流的主要河

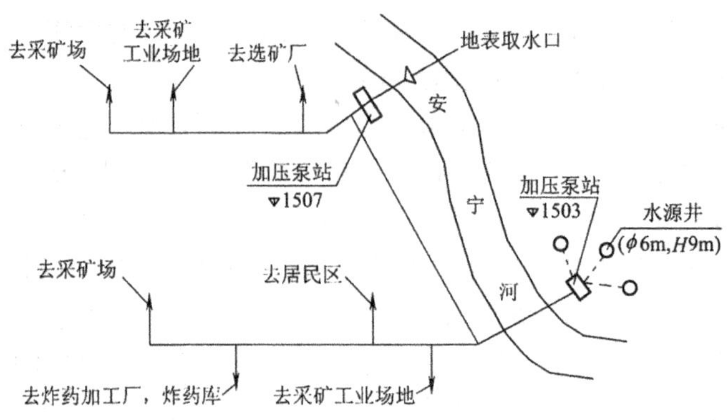

图 3-4 调节性水源供水流程简图

流,另一条是流经大包和官地的哦河。哦河是滹沱河的一条支流,它是季节性河流,当枯水季节和上游农业灌溉用水多的时候,哦河在大包和官地就没有径流。为了节省水的运营费用,该矿区建有三处水源地,主水源地建在滹沱河冲积和洪积台地的哦口。主水源地共有 6 座深井,其中 5 座工作 1 座备用,总加压泵站 1 座(标高 942m),各深井的水送到总加压泵站的吸水井内,经 7 台 8DA-8×8 水泵将水送到王家河标高 1635m 的 4000m^3 新水贮水池中,标高差 693m,输水管线长 16.4km。管径 DN700 经 2 台 5DA-8×5 水泵,将水送往哦口机修区和行政福利区(标高 910m)。

两处辅助水源地,一处在官地建有深井 1 座,取哦河地下水供官地过滤系统再用水。另一处在哦河大包建有贮水池式水源地,利用低拦水坝拦截哦河地表水和地下水,大口井集水将水送到 5 道弯中间加压泵站,由加压泵站再送到 1635m 的 4000m^3 新水贮水池中。两处辅助水源地只要有水就运行,主要水源地 7 台主泵的运行由两处辅助水源地的运行状态决定,这样全矿的新水运营费用就大大减少了。其供水流程见图 3-5。

大中型矿山由于规模大,服务年限长,因此组成多而全。如东北某铁矿工业场地除了破碎和倒运系统外,还有汽修区、机修区、汽车停放库区、油库区、火药加工厂及火药库区、多处行政福利设施和两处大型居民区等。由于受到地形限制,这些区必须分散布置,并且标高相差悬殊,所以造成多处水源,多条输水管线和多套独立供水系统,其一般流程见简图图 3-6。

华北某特大型露天铁矿采矿场由两个采矿区组成,即东矿和西矿两个矿区。该矿有 1 个工业场地。在工业场地内建有破碎系统、倒运系统、锅炉房和部分小修设施,翻斗车库区、机修区、油库区,火药库和火药加工厂区则独立分开建设,居民区、矿部行政福利设施和市政区划的市政公共设施统一规划,统一建设。

该铁矿的 4 个水源经 3 条输水管线将水送到矿区,经枝状管网送往各用水户,全矿的水源和输配水工程统一管理。

该铁矿处于高寒缺水地区。工业场地平均海拔标高 1600m,每年有 8 个月的采暖期。年降雨量为 200～300mm,年蒸发量为 3000～3500mm。50 年代建矿初期,设计两个水源地。随着矿山规模的扩大,职工人数的增加和市政建设的发展,以后又在艾布盖河上游黑脑包河段建成第 3 个水源地。到 80 年代,3 个水源地也满足不了全矿区的生产、生活用水需要,经多方努力,在当地行政部门的支持下在艾布盖河的塔林宫河段又建成了第 4 个水源地。艾布盖河是该矿区附近一条最大的间歇性内陆水系,全长 192km,流域面积 718km^2,汇

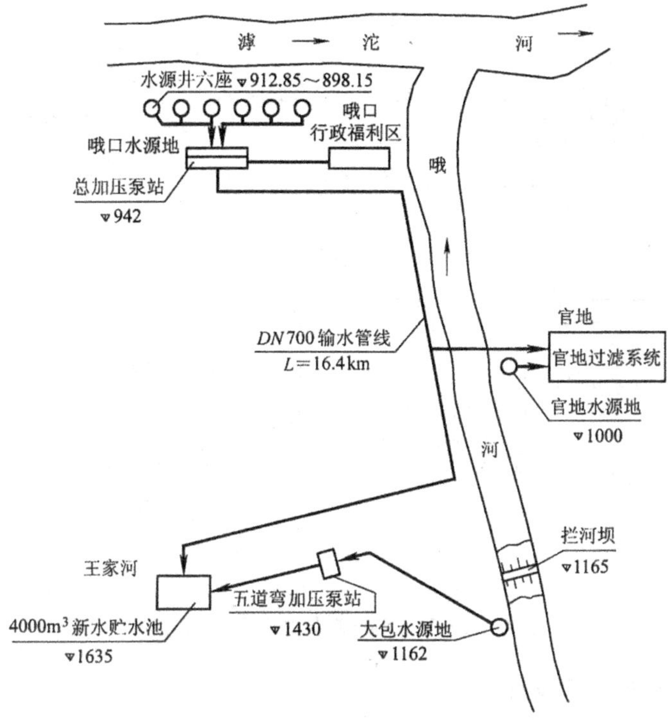

图 3-5　供水流程简图

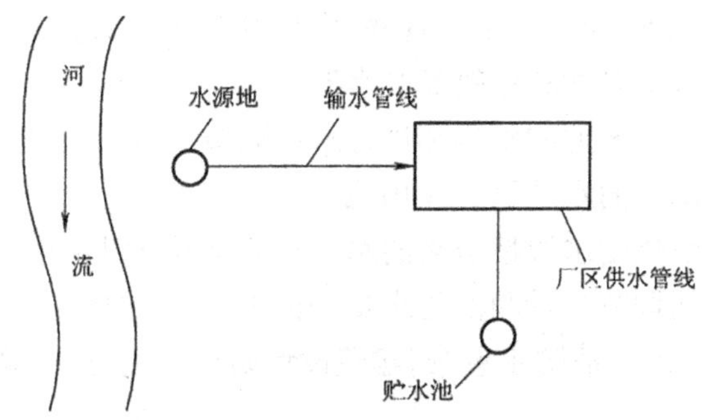

图 3-6　单水源单段式流程简图

水面积 5772km^2。

该水源采用深井取水方式，含水层为第四系冲积和洪积层，岩性主要为角砾和砾砂。含水层厚 7～10m，地下水水温 6～10℃，水质满足生活饮用水标准。水源地标高 1250～1300m，输水高差 300～350m，输水管线长度约 50km。设计水量为 8000～10 000m^3/d，设计采用 1 座高扬程加压泵站将水送到工业场地的高位贮水池中，见图 3-7。

露天矿山一般都具有建设高位贮水池的条件。贮水池贮存消防水量和生产、生活调节水量，以减轻水源和输水管线的供水负荷，当有多水源供水时还可起到均匀水质和平衡水压的作用。

工业场地的供水系统一般还要向机修区、汽修区、火药加工及火药库区、居民区等处供水，所以说工业场地是矿山的供水心脏。

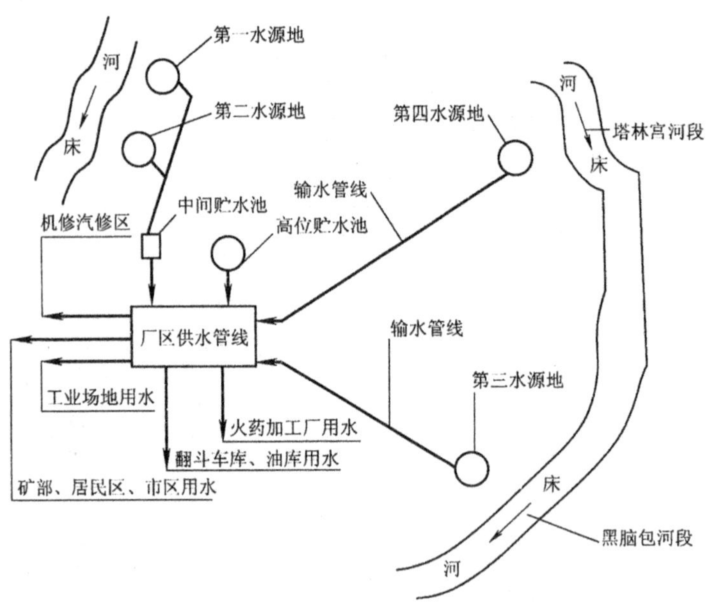

图 3-7 某铁矿供水流程简图

3.1.3 主要构筑物和设备

露天矿给排水构筑物不多,设备也不多,其一般构筑物和设备如下。

3.1.3.1 构筑物

(1)水源:当水源为地下水时,可采取管井、大口井和辐射式大口井等取水形式;当水源为地表水时可采取岸边取水泵站和浮船等取水形式。

(2)水源贮水池:集中水源地的水量和进行水量调节,也作为加压泵站的吸水井。

(3)加压泵站:将水源地的水送至工业场地。

(4)工业场地贮水池:接受水源地送来的水。如果矿山地形条件允许,一般采用高位贮水池,贮存生产水量、生活调节水量和消防水量,并和工业场地管网相连。一般调节水量为最高日用水量的 20% ~ 30%,消防水量按《建筑设计防火规范》计算确定。

3.1.3.2 设备

露天矿山给排水主要设备是水泵,由于技术的发展和提高,水泵正向节能高效方向发展,比如高效立式泵、自吸加压泵、潜水电泵等新的泵型投产,为矿山的水泵选型创造了条件。

一般矿山供水均采用直流式,所以循环利用的不多,当矿山有空气压缩机站时,一般压气站建有独立的循环供水系统,采用冷却塔降温,适当补充新水,新型无电机和无填料的冷却塔可作为优选塔型之一。

3.1.4 机修、汽修给水排水

3.1.4.1 汽修

汽修是指汽车的保养和修理,汽修主要用水户为汽车修理前外部清洗用水、拆洗总成和零部件的清洗用水、试压用水和发动机热试时冷却用水以及生活用水等。

当大中型露天矿其矿石采用汽车运输,排弃设备采用推土机配合汽车时才能建有大型汽修设施,如东北某露天矿的汽修能力为年修电动轮大型汽车 110 台,中型汽车 40 台,推土机和其他内燃机类 60 台,前装机和吊车 11 台,汽修区内还能翻新轮胎 700 条,补胎 6000 条,年耗橡胶 204t。汽修区耗水量较大,最大时耗水量 246m^3/h,除测功间需要软化水外,其他用水户生活饮用水水质即可满足生产、生活用水要求。

该矿汽修区的用水均由工业场地供给,一般为直流式,排水经中和和除油处理达标后排入总下水管道中。

3.1.4.2 机修

机修由铸造车间、铆焊车间、锻压车间、金工车间、模型车间、热处理车间等组成,其生产、生活用水主要用水户是设备冷却水。

当大中型露天矿山其矿石采用铁路电机车运输,排弃设备采用铁路挖掘机时才能建有大型机修设施,如华北某铁矿建有功能齐全的机修设施,其中有翻斗车修理、电机车修理、汽车修理和公共行政福利设施,每天生产耗水量为 1240m^3/d,生活耗水量为 180m^3/d,机修区用水对水质没有特殊要求,一般按生活水水质供给。

机修区排水应考虑中和和除油。

3.1.5 火药加工厂和火药库给水排水

大型和特大型露天矿采剥总量大,一般均设有炸药加工厂,一般矿山均设有不同规模的炸药库,炸药加工厂按每万吨采剥量 2.7~3.5t 炸药量计算加工能力,加工厂一般产品种类见表 3-10。

表 3-10 矿用炸药

序号	炸药名称	主要成分	优缺点
1	铵油炸药	硝酸铵、油类、木粉等	加工工艺简单,原料来源广泛,加工成本低,使用、运输、贮存安全;爆炸威力不高,抗水性能差
2	铵松蜡炸药	硝酸铵、松香、石蜡和木粉	防结块性,防潮性优于铵油炸药,对加工条件及成分变化的适应性强,威力接近 2 号岩石炸药
3	铵沥蜡炸药	硝酸铵、沥青、石蜡、木粉、石盐等	炸药性能稳定,能较长时间贮存而不变质;抗水性能比铵油炸药好
4	多孔粒状铵油炸药	硝酸铵、柴油	加工工艺简单,成本低,流散性好,便于实现运药、装药机械化;不抗水
5	浆状炸药	硝酸铵、硝酸钠、TNT 十二烷基苯磺酸钠、柴油和水等	抗水性好,炸药密度比铵油炸药大,对冲击、摩擦、火药均不敏感,可实现泵运;爆轰感度低,加工中环境污染严重,工艺操作较复杂
6	乳化炸药	硝酸铵、硝酸钠、柴油、水、亚硝酸钠、S-80 等	具有良好的抗水性能、爆炸性能和爆轰感度,产生有害气体少;安全性能好,原料来源广泛;贮存性能较差,加工成本高于铵油炸药,加工工艺较复杂
7	水胶炸药	硝酸铵、硝酸钠、甲胺硝酸盐、水、胶凝交联剂等	抗水性能较好,猛度高,爆破后的矿岩块度较均匀;贮存期受加工时的气温影响较大

炸药的主要成分是硝酸铵、柴油、硝酸钠、尿素等,还有少量的剧毒产品烷基碳酸钠和重酸盐,浆状炸药中含梯恩梯 17.625%(三硝基甲苯),此成分也是剧毒产品,新的加工厂已淘汰了梯恩梯成分。最新的加工厂已从固定式的加工车间改为活动式的混装车,各种组分在车内混合加工成成品,直接送到爆破现场,因此不会造成污染,混装车已有几个矿山从国外

引进,国内也有几家开始试生产。国产混装车性能参数见表 3-11 和表 3-12。

表 3-11 多孔粒状硝酸铵炸药混装车主要技术性能

项　　目	主要技术参数
产品型号	GBC-8(GYC-2)
适用条件:孔径、倾角、水深	≥150mm、60~90°、≤200mm
混药量/t	8 (6.5) (两种车)
技术生产率(单系统)/kg·min^{-1}	240
铵油炸药混合比	多孔粒状硝酸铵:柴油=94:6
输药气压/MPa	0.15~2
计量误差/%	≤5
同时装孔数/个	2
车箱容积/t	7.6(6.1)
油箱容积/t	0.5
星形阀:转子转速/r·min^{-1}	16
转子直径/mm	300
输药管:内径/mm	67
长度/m	7
空压机:风量/m^3·min^{-1}	6
风压/MPa	0.4
汽车底盘型号	CE16013(XD250)
空载质量/t	13.87(13.3)
满载质量/t	21.87(19.8)
外形尺寸/mm	9000×2520×3340
(长×宽×高)/mm	(8390×2620×3070)
研制单位	马鞍山矿山研究院

注:1. 括号内的数值是 6.5t 车的参数,不带括号的数值是两种车相同的参数;
2. 某矿山机械厂生产 ANFO-15 多孔粒状炸药混装车,自身质量 12.7t,装载质量 13t,外形尺寸 8.8m×2.5m×3.6m,发动机功率 208.6kW,装药效率 450kg/min,每台车每天装药 26t。

表 3-12 RHC 乳化炸药混装车技术性能

项　　目	主要技术性能
装药效率/t·h^{-1}	6~8
计量误差/%	不大于±5
汽车底盘型号	CYC-15
装载药量/t	7.8
额定功率/kW	171.35

续表 3-12

项　　目	主要技术性能
最大爬坡能力/%	28
汽车外形(长×宽×高)/mm	9500×2600×3360
发动机型号	TZH-TH
功率/kW	40
转速/$r\cdot min^{-1}$	1500
水箱罐最大容积/m^3	5.7
油箱罐最大容积/m^3	0.56
发泡剂罐最大容积/m^3	0.24
水箱泵:流量/$m^3\cdot h^{-1}$	≥20.5
压力/MPa	0.6
油箱泵:流量/$m^3\cdot h^{-1}$	1.6
压力/MPa	2.5
发泡剂泵:流量/$m^3\cdot h^{-1}$	100
压力/MPa	3.2
输送泵:流量/$m^3\cdot h^{-1}$	8.81
压力/MPa	2.4
乳化器最大乳化能力/$t\cdot h^{-1}$	8
混合器最大混合能力/$t\cdot h^{-1}$	8
卷管绞车最高卷管速度/$m\cdot s^{-1}$	0.17
输药软管	内径 50.8mm、长 30m
流量数控仪	采用光电传感器通过转换器显流量
制造厂	常州冶金机械厂

注:某机械厂生产 SMR-PP-15 乳化炸药混装车,自身质量 12.7t,可装载质量 11t,外形尺寸 9.3m×2.5m×3.7m,发动机功率 208.6kW,装药效率 230kg/min,每台车每天装药 22t。

老的加工厂污水来源是加工室地面冲洗、搅拌机和反应罐洗刷,洗袋、洗手和洗衣物等,一般污水量为 10~20m^3/d,其中含 TNT 和 DNT90~150mg/L。一般加工厂耗水指标为吨药 4~8m^3,消防水量为 20L/s,雨淋水量为 15L/s(可按计算决定),火灾延续时间消防 2h,雨淋 1h。

加工厂由于人员较少,生活用水量不多,一般生活用水和生产用水为一个系统,设有储水量为 200m^3 的高位贮水池满足全加工厂的生产、消防和生活用水的需要,高程按消防水压要求计算决定。

由于污水中含有有害物质,因此不宜外排,宜处理后循环利用。

火药库和加工厂均分开设置。火药库生活用水由水车送水,为消防需要而设立储水量为 200m^3 的高位贮水池 1 座,消防水量为 20L/s,火灾延续时间为 2h(重要的大型总库为 3h)。

总之,火药加工厂和火药库是易燃易爆危险性大的部位,消防问题应特殊重视,设计应按《民用爆破器材工厂设计安全规范》(GB50089—98)、《火药、炸药、弹药引信及火工品工厂设计安全规范》、《地下及覆土火药炸药仓库设计安全规范》(GB50154—92)等现行规范执行。浆状炸药加工工艺流程见图 3-8。多孔粒状硝酸铵炸药加工工艺流程见图 3-9。

3.1.6 油库给水排水

一般矿山企业均设有独立的油库。油库的规模和组成由矿山规模、采运设备类型、矿山

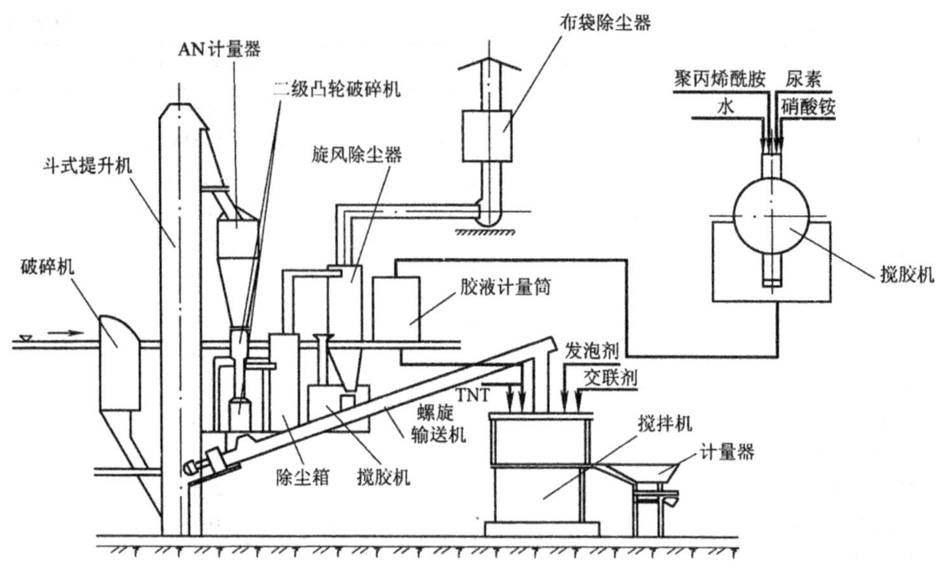

图 3-8　浆状炸药加工工艺流程图

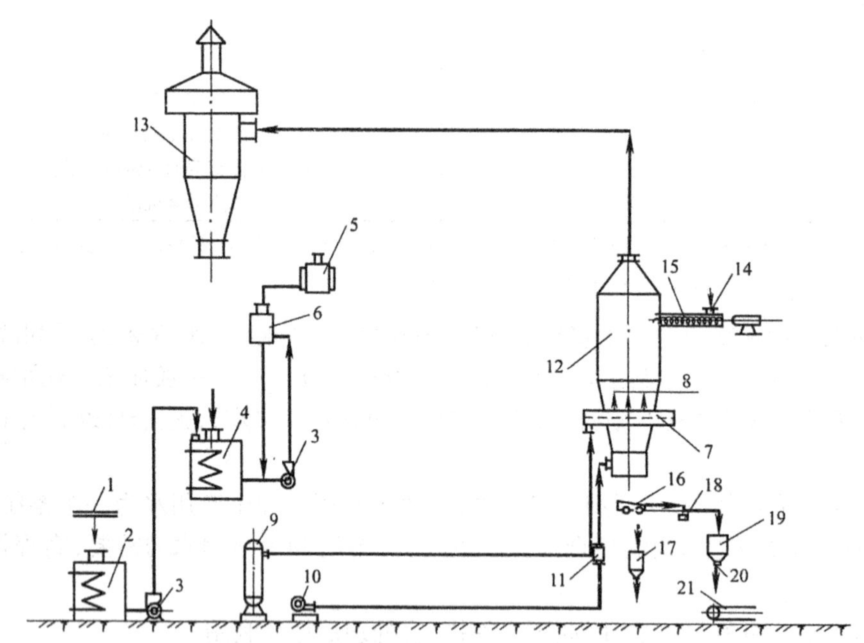

图 3-9　多孔粒状硝酸铵加工工艺流程图

1—平台；2—溶解罐；3—溶液泵；4—贮液罐；5—混胺罐；6—十八烷胺罐；7—气液分配管；8—三流式喷头；9—风包；10—鼓风机；11—加热器；12—流化床；13—除尘器；14—返料漏斗；15—螺旋输送机；16—振动筛；17—粒种料斗；18—大粒料斗；19—成品料斗；20—计量秤；21—皮带输送机

所处地理位置等确定。油库的用水主要是消防用水和生活用水，消防用水量是扑救油罐火灾配制泡沫最大用水量与冷却油罐最大用水量的总和。

一般采用汽车运输的大型和特大型露天矿都设有大型油库，其他类型的露天矿均设有小型油库。大型油库的给水排水和消防给水执行《石油库设计规范》(修订本)GBJ74—84，小型油库的给水排水和消防给水执行《小型石油库及汽车加油站设计规范》GB50156—92。

两个规范是以 500m^3 总容量为分界容积。贮油总容量小于 500m^3 的油库为小型油库。油库的等级划分见表 3-13,油库储存油品的火灾危险性分类见表 3-14、石油库内生产性建筑物和构筑物的耐火等级见表 3-15。

表 3-13 油库的等级划分

等级	总容量/m^3
一级	50000 及以上
二级	10000 至 50000 以下
三级	2500 至 10000 以下
四级	500 至 2500 以下

表 3-14 油库储存油品的火灾危险性分类

类别		油品闪点/℃	举例
甲		< 28	原油、汽油
乙		28 ~ 60	喷气燃料、灯用柴油、-35 号轻柴油
丙	A	60 ~ 120	轻柴油、重柴油、20 号重油
	B	> 120	润滑油、100 号重油

表 3-15 石油库内生产性建筑物和构筑物的耐火等级

序号	建筑物和构筑物名称	油品类别	耐火等级
1	油泵房(棚)、阀室(棚)、灌油间、铁路装卸油品暖库	甲、乙	二级
		丙	三级
2	桶装油品库房及敞棚	甲	二级
		乙、丙	三级
3	化验室、计量室、仪表室、变配电间、修洗桶间、汽车油罐车库、润滑油再生间、柴油发电机间、空气压缩机间、铁路装卸油品栈桥、高架罐支座(架)		二级
4	机修间、器材库、水泵房		三级

油库的消防设施是油库安全生产的保证,因此消防必须严格按规范进行设计,应根据油罐的类型、油品火灾危险性、油库等级和矿山消防能力等因素综合考虑决定。

大型石油库的油品火灾宜采用低倍数空气泡沫灭火,消防管道与生产、生活管道宜分开设置,采用独立的消防管道,消防水的压力可以采用高压也可以采用低压。

小型石油库的油罐灭火,宜采用半固定式空气泡沫灭火设施和移动式空气泡沫灭火设施;丙类油品立式固定顶罐灭火,可采用烟雾自动灭火装置。消防给水管道可与生产、生活给水管道合并设置。

3.1.6.1 油库消防设计实例

A 华北某铁矿的油库设计

该油库的各种油料年消耗量为:柴油 19 879t、润滑油 1780t、润滑脂 66t、汽油 310t,贮存期为两个月。各种油料的贮存量为:柴油 4384m^3、润滑油 367m^3、润滑脂 21m^3、汽油 80m^3。

库区内设有 1000m^3 立式油罐 4 个、500m^3 立式油罐 2 个、100m^3 卧式油罐两个。

库区内的建筑物包括:卸油栈台、油泵房、罐装柴油库(露天)、柴油发油间、罐装润滑油库、桶装汽油库、油料化验室、库房、消防泵房和消防贮水池。

该库区为独立油库区,油库总容积为 5200m^3。根据规范该油库为三级油库,油库消防采用独立高压消防给水和固定空气泡沫灭火设施。油罐冷却水供给强度取 0.5L/s·m^2,冷却水供水时间为 4h,一次冷却水量为 406.9m^3。消防泡沫液用量:因该油库的油品火灾分类以甲、乙类为主,取混合液供给强度为 8.0L/min·m^2,供给时间 30min,一次用量为 27.12m^3。

该油库属三级油库,油库设独立高压消防给水系统,固定空气泡沫灭火消防管网系统和生活给水系统。

a 高压消防给水系统

该油库的消防冷却水量为 101.7m^3/h,水压 0.6MPa。选用 3 台 6sh-6A 加压泵,其中 1 台为高压给水加压泵,1 台为泡沫混合液加压泵,1 台为公共备用泵。当发生火灾时,由加压泵抽吸消防贮水池的水,经明设管道和地上式消火栓直接喷水进行消防和油罐冷却。消防给水管道明设在防火堤外,并为环状布置,消火栓按保护半径小于 120m 进行布置。因该地区寒冷冰冻线为 -2.66m,所以夏季消防管道充满水,冬季管道放空。

消防贮水池为地下式 600m^3 贮水池,池顶覆土保温,贮水池补水时间为 96h。

b 固定空气泡沫灭火消防管网系统

根据设计规范规定,该油库泡沫混合液用量为 54.24m^3/h,泡沫发生器要求工作压力为 0.5MPa,选用 6sh-6A 加压泵,扬程为 67m。

消防泵站为半地下式建筑物,泵站设在防火堤外侧,泡沫罐设在泵站 ±0.00 平台上。泡沫混合液经泵加压,送往油罐区防火堤外的明设环状管网中,在管网上设有两个以上带闷盖的 *DN*65mm 管牙接口,以便向油罐泡沫产生器接管。

c 生活给水系统

油库区化验室及生产、生活用水由矿区工业场地的供水管道供给生活饮用水。

B 东北某露天矿油库设计

该矿年产原矿 1000 万 t/a,年采剥总量 9000~10000 万 t/a。

该油库的各种油料年消耗量为:柴油 45000t/a、汽油 740t/a、汽车润滑油 5400t/a、工矿设备用润滑油 1800t/a。油库贮存量见表 3-16。柴油按 0 号、-20 号、-30 号三个品种贮存。

表 3-16 油库贮存量

油 种	贮存期/d	贮存量/t	贮存方式			
			贮 罐		保温温度/℃	操作温度/℃
			形 式	数 量		
柴油	64	8000	2000m^3 立式金属罐	5		
汽油	90	220	100m^3 卧式金属罐	3		
柴油机机油	39	850	500m^3 立式金属罐	2		
柴油机机油			60m^3 卧式金属罐	2	+5	+25

续表 3-16

油　种	贮存期/d	贮存量/t	贮存方式			
			贮　罐		保温温度/℃	操作温度/℃
			形　式	数　量		
20号机械油	80	180	100m³ 卧式金属罐	2	+5	+30
19号压缩机油	90	33	60m³ 卧式金属罐	1	+5	+30
13号冷冻机油	90	109	100m³ 卧式金属罐	2		
25号冷冻机油	90	37	60m³ 卧式金属罐	1		
20号透平机油	90	78	100m³ 卧式金属罐	1		
30号机械油	90	70	100m³ 卧式金属罐	1		
50号机械油	90	28	60m³ 卧式金属罐	1	+5	+10
24号气缸油	90	25	60m³ 卧式金属罐	1	+5	+30
其他润滑油	90	114	桶装贮存			

该油库为独立油库区，油库的总容积为 12260m³。根据规范该油库为二级油库，油库消防采用独立的高压消防给水和半固定式空气泡沫消防设施，油库消防水量为 320m³/次。

消防设备：

消防加压泵：　125D25-4　2台(同时工作)

$Q=20\sim53\text{m}^3/\text{h}$　$H=102.4\sim70\text{m}$

泡沫液输送泵：　6BA-8B　2台(1工1备)

$Q=30.6\sim50\text{m}^3/\text{h}$　$H=24.4\sim18.1\text{m}$

泡沫液贮罐：　$\phi=1000\text{mm}$　$H=2000\text{mm}$

立式金属罐1个

Ps-15型空气泡沫混合器　4个(其中2工2备)

Ps-15A型空气泡沫发生器　10个

C　烟雾灭火在长输管道上的应用

长期以来，输油管道上的输油站油罐的安全及消防问题，一直困扰着设计人员和管理人员。管道输送的闪点小于28℃，火灾危险性为甲类。另外，输油站的位置都远离城镇，比较偏远。按《原油和天然气工程设计防火规范》第7.1.1及7.1.2条规定，输油站内原油罐的消防方式均应按固定式冷却水系统和固定式泡沫系统考虑。相应的站内消防系统包括：消防泵站、消防水池、消防管网和罐上消防。消防泵房内设有：泡沫泵、冷却水泵、泡沫液储罐、泡沫液库、泡沫提升泵、比例混合器等。对中、小油罐来说，上这么多的设施不仅投资大、占地多，而且该固定消防系统在管理及使用上都比较复杂。由于泡沫液需定时更换，消防泵需配专人值守，设备需经常维护、检修等，因此人们一直在研究寻找对中、小型油罐更为合适的消防方式。由公安部天津消防研究所研制，湖南消防器材总厂生产的烟雾灭火装置及时解决了这一问题。

烟雾灭火的主要原理是在油罐内设置一个低熔点合金探头。当油罐发生火灾时，罐内达到一定温度(110℃、130℃等可根据生产工艺要求确定),探头上的合金熔化,引燃药罐内的烟雾灭火剂,产生大量氮气、二氧化碳等气体烟雾,喷射到油面上部,以稀释覆盖和化学抑制等作用使火焰熄灭。从起火至灭火时间不超过 2min。

按烟雾灭火装置安装方式的不同可分为罐内式和罐外式两种。

a 罐内式

(1)结构:如图 3-10 所示,罐内式烟雾灭火装置主要由装有烟雾剂的发烟器、扇形组合浮漂及 3 支定心翼板组成。发烟器安装在浮漂支架上,浮漂由 3 支翼板自动定心,并能随油面自动升降。

(2)安装要求:罐内式烟雾灭火装置安装时,要求油罐内壁不应有其他障碍物,以防 3 支定心翼板上下浮动受阻。对于底部有加热盘管的储罐,应在加热盘管上方设置平台和托环,当油面下降发烟器沉底时,防止 3 支定心翼板被盘管挂住而不能自由浮动。参见图3-11。

(3)维护:罐内式烟雾灭火装置使用中平时不需要维护,定期由观察孔观察其浮动情况。再加热罐内烟雾剂有效期为 3 年,不加热罐内烟雾剂有效期为 4 年。在有效期满后,必须更换烟雾剂,检查探头和喷头等,每次检修换药时须停罐、清罐,维护人员进入罐内操作。

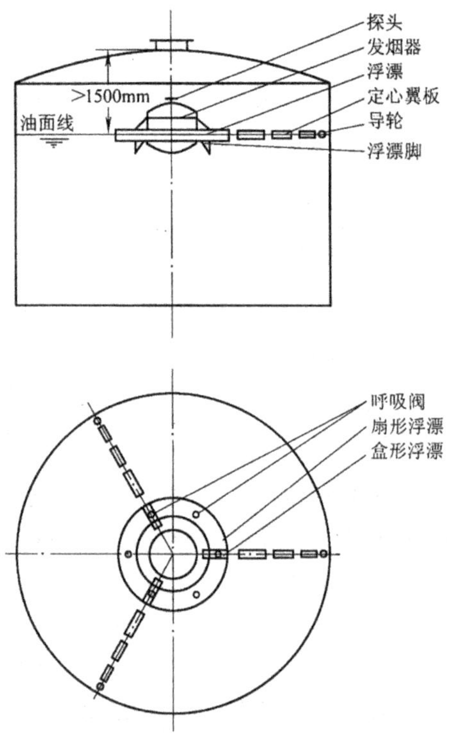

图 3-10 罐内式安装结构简图

b 罐外式

(1)结构:罐外式烟雾灭火装置主要由发烟器、喷头探头、导烟管、导燃装置几部分组成,见图 3-12。当储罐起火时,罐内温度达到一定温度,探头上的低合金迅速熔化、脱落,火焰点燃导火索,引燃烟雾灭火剂,瞬时产生的大量烟雾气体,通过导烟管及喷头,喷射到罐内达到灭火目的。

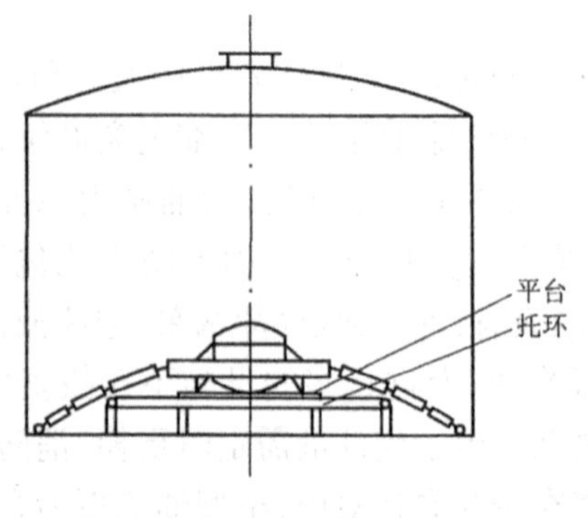

图 3-11 平台和托环安装图

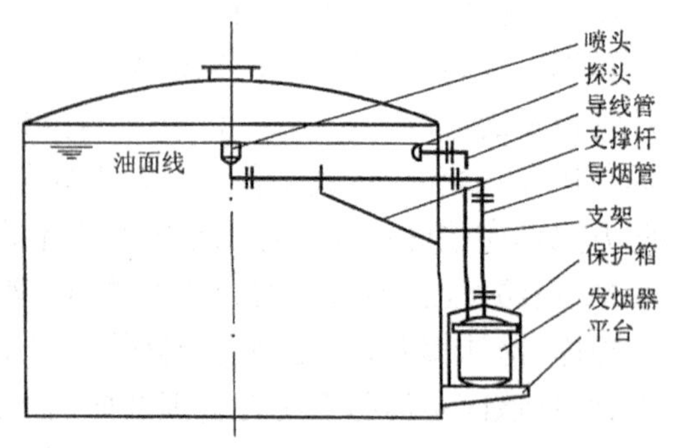

图 3-12 罐外式安装结构简图

(2)安装:罐外式烟雾灭火装置安装时,发烟器固定安装在罐外壁的平台上,导烟及导火索管在罐壁上作支架支撑。

(3)维护：罐外式烟雾灭火装置平时不需要维护，但每4年必须更换药剂1次，同时检查探头、导火索、喷头等部位，更换密封膜等，以上操作均可在不影响生产的情况下进行。

c 烟雾灭火设施安装注意事项

安装使用烟雾灭火设施，必须在罐顶中心开 ϕ720 圆孔，在安装罐内式时，可以作为观察烟雾灭火设备浮动情况的观察孔。在安装罐外式时，可以作为检修喷头，更换密封膜的检修孔。另外必须在 ϕ720 圆孔上再开 ϕ400 孔，孔上安装 3mm 左右厚铝板，做油罐发生火灾时的泄压装置，防止突发的空气膨胀对油罐造成损害。

d 烟雾灭火设备使用情况

烟雾自动灭火技术自发明、研制以来，先后进行过 700m^3 和 1000m^3 汽油、原油、柴油及 2000m^3 柴油钢质拱顶罐烟雾自动灭火实验，均获得成功，并通过部级鉴定，曾荣获 1987 年布鲁塞尔“尤里卡”世界发明博览会金奖。该项技术在全国各地中小油库已得到广泛应用，已有三次成功扑灭油罐初起火灾的案例(如天津钢丝厂和天津搪瓷厂原油储罐的初起火灾)，使用上安全可靠。

根据以上介绍，烟雾自动灭火设备具有启动快、灭火迅速、不用水源、投资少、安全简便、使用安全可靠等优点，尤其适用于长输管道上各输油站的独立储油罐、事故罐等。同时，根据《石油与天然气工程设计防火规范》第 7.1.4 条，“无移动消防设施的油田站场，当油罐直径小于或等于 12m 时，可采用烟雾灭火装置”的规定，输油管道上输油站直径在 12m (1000m^3)以下的油罐均可使用烟雾灭火装置。在设计选用时，应考虑到管道输送油品的性质、粘度及是否易于清洗等条件。大庆原油粘度大、含蜡高、油罐底部长期淤积杂质、不易清洗，若选用罐内式烟雾灭火设备，在每 2 年(或 4 年)1 次的检修换药时必须停罐进行罐内清洗，维修人员进入罐内进行换药等检修工作，不但费时、费力、安全性差，而且影响生产。而正常输油生产中不允许停罐，若采用罐外式烟雾灭火设备，在每 4 年 1 次的换药检修时，就不需停罐进行清罐，维修人员在罐外即可进行更换药剂、导火索、密封膜等工作，操作安全简便。同时罐外式烟雾灭火设备更适用于长输管道中的油罐，对于中小型油罐，使用烟雾灭火设备，在安全上是可靠的。

现以 1000m^3 油罐为例，对固定式、移动式和烟雾灭火三种方式进行经济技术比较：

(1)固定式灭火：根据《原油和天然气工程设计防火规范》和《低倍数泡沫灭火规范》计算，需要如下设施及投资(设备及材料单价为 1995 年单价)：

1)IS100-65-250 型泵 2 台	27000 元
IS80-50-200 型泵 1 台	
2)3m^3 泡沫罐及泡沫液	15600 元
3)消防泵房 80m^2	64000 元
4)消防水池 300m^3	90000 元
5)消防管网	90000 元
6)其他设备、构筑物等	60000 元
7)泵房内电器、仪表、采暖等	50000 元
总投资 396600 元　　占地	510m^2

(2)移动式灭火所需要的设施及投资如下：

1)水池 300m³　　　　　　　　90000 元

2)其他构筑物等　　　　　　　10000 元

总投资 100000 元　　占地　　260m²

(3)烟雾灭火所需要的设施及投资如下:

1)烟雾灭火设备　　　　　　　22000 元

2)总计投资 22000 元　　　　　不占地

1000m³ 油罐三种消防方式投资及占地比较见表 3-17。

表 3-17　1000m³ 油罐三种消防方式投资及占地比较表

消防方式	固定式	移动式	烟雾灭火
总投资/万元	39.66	10.00	2.2
占地面积/m²	510	260	0

以上计算中设备均为设备费,不包括安装费、运输费等其他费用。由此可以看出,烟雾灭火在投资方面,节省占地方面也具有很大的优越性。

油库的三种灭火方式,技术上都是可行的,但经济上差别较大。设计中应在满足设计规范的原则下,经全面比较后选定。

在推广应用烟雾灭火技术上目前存在的最大问题是:烟雾灭火设备只能在小于或等于1000m³ 的油罐上使用,1000m³ 以上的原油储罐消防研究所还没有做过灭火试验,还没有得到国家有关部门的认可,因此在 3000m³、5000m³ 油罐上还不能使用。消防研究所烟雾灭火课题组正在和有关部门及部分用户积极筹备 3000m³ 原油罐的灭火试验,试验一旦成功,烟雾灭火在输油管道上的应用和在其他油库油罐上的应用前景将更加广阔。

3.1.6.2　油库排水

油库区的排水量不大,油泵房和油料化验室有少量排水,当库区冲洗和消防时有部分排水,排水设计应遵循下列原则。

(1)油库区的污水必须采用含油与不含油污水分流制排放,含油污水采用管道排放,未被油品污染的雨水和废水可采用明渠排放。

(2)穿过防火堤的排水管道在堤外应设封闭装置。

(3)含油污水管道在必要处应设水封井。

(4)含油污水必须处理达标后才能外排。

3.1.7　污水处理和综合利用

露天矿山污水并不复杂,污染因素比较少,一般不作大的处理,直接外排。

3.1.7.1　采矿场

采矿污水主要来自大气降雨和裂隙水,大气降雨是主要的,一般不作处理直接排到天然水体。近来有些矿山为节水把这部分水送到高位贮水池存起来,作为采场生产、降尘和道路洒水的水源,此举变废为宝变害为利是一项值得推广的节能措施,但个别矿山的废水(pH 值偏低)需处理后外排。

3.1.7.2　工业场地

工业场地污水主要分为三种:一种是冲洗地坪、湿式除尘污水,由于含有大量粉尘,所以需要将粉尘沉淀后才能外排,否则堵塞下水管道;一种是生产污水,有的车间有部分含油污水和酸碱污水外排,应在车间出口进行除油和中和,然后再排入下水管道中;另一种是生活污水,一般经简单处理后外排。

3.1.7.3 机修汽修区

一般矿山水源能力偏小,输水距离远,高差大,运营费用高,因此机修汽修区的生产污水经处理后回收重复利用是值得推广的经验,现将某矿机修汽修区的生产污水处理设计实例介绍如下:

处理污水量: $Q = 1240\text{m}^3/\text{d}$

处理后收回水量: $Q = 1054 \sim 1116\text{m}^3/\text{d}$

处理前水质: pH = 7 ~ 8.5

$SS = 300\text{mg/L}$(悬浮物)

$COD_{cr} = 10 \sim 25\text{mg/L}$

油 = 300 ~ 600mg/L

处理后水质: pH = 7 ~ 8.5

$SS < 5\text{mg/L}$

$COD_{cr} < 5\text{mg/L}$

油 10mg/L

细菌总数 < 100 个/mL

大肠菌数 < 3 个/L

水质达到无色、无味、无臭

机修汽修区的污水处理有两个方案可供选择,第一方案为生产废水和生活污水分别处理(图 3-13);第二方案为生产废水和生活污水合并处理(图 3-14)。

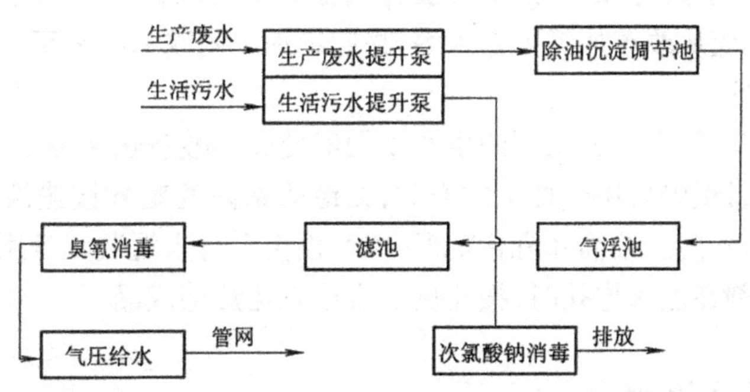

图 3-13 第一方案工艺流程简图

第一方案工艺流程简单,运行维护较容易,处理效果较可靠,对水量、水质波动造成的冲击负荷承受力强,但生活污水没有回收。

第二方案回收水量较大,系统合一,有利于环境卫生,但维修管理复杂,冲击负荷影响处理效果,水中油类会影响处理工艺效果。

经处理后的生产废水回收作为生产重复用水,不仅解决矿区污染又可节省新水用量,是缓解矿区缺水的有效措施。故设计推荐选用第一方案。

该工程总投资为 353 万元,单位成本为 1.01 元/m³。

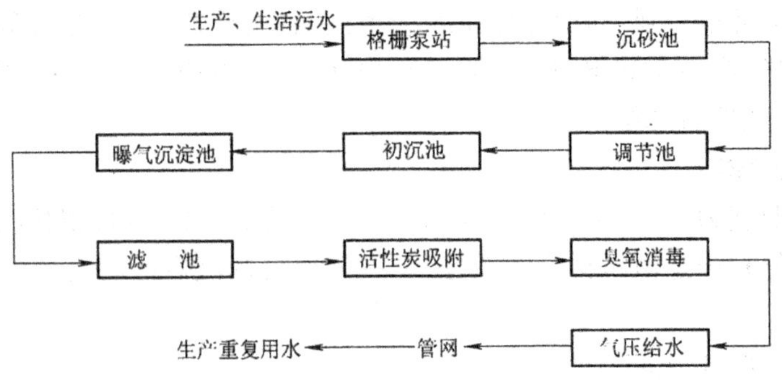

图 3-14　第二方案工艺流程简图

3.1.7.4　火药加工厂

根据有关法规,民用爆破器材工厂的废水,应做到清污分流。对有害废水应采取必要的治理措施,应符合国家现行的工业"三废"排放标准、《工业企业设计卫生标准》(GB17055—97)等有关规定。

民用爆破器材工厂废水治理设计,应着重于改革工艺设计,重复或循环利用废水,达到少排或不排废水。

含有起爆药的废水,应采取行之有效的方法,清除其爆炸危险。当冲洗地面较大的加工厂时宜改地面冲洗为拖布擦地,减少污水量。

火药加工厂的污水来源有:浆状炸药加工室及黑梯起爆药制作间的地面、墙壁冲洗水,搅拌机、贮药罐槽洗刷水和洗袋、洗衣物、洗手等废水。

火药加工厂的主要污染因素有:TNT(三硝基甲苯)和 DNT(二硝基甲苯),这些污染物的国家排放标准为 0.5mg/L,实际含量为 90~150mg/L。

火药加工厂的污水处理,从全国来讲没有成型的工艺流程,也没有太成功的生产实例。其原因是多方面的,应从改革加工工艺入手,将固定加工间改为混装车,减少污染因素,为改善环境污染创造条件。

采用炸药混装车后,火药加工厂的生产车间就变成硝酸铵热液加工室和原料库房,其他都不要。炸药的原料预先采用热加工的方式,在地面站内的硝酸铵热液加工室按配比制备好,用泵打入混装车备用。柴油和乳化剂混合后,也由泵打入混装车备用。混装车上的硝酸铵溶液与柴油乳化剂在注入炮孔时,按比例混合成乳化炸药成品。

3.2　地下采矿给水排水

3.2.1　用水户及用水条件

地下矿山由井下采场、工业场地、机修、火药库以及生活区等组成。由于矿山规模的不同,建设条件的差异,采矿和选矿建设的位置关系等,矿山的建设组成不同。如华东某铁矿由采矿场、机修厂、火药库和居民区组成,并配有相应的行政福利设施。

地下矿井下用水户主要为井下凿岩机用水、破碎冷却用水、降尘和消防用水;井上用水户主要为机修用水、空压机站补充水、行政福利设施用水、火药库用水等。一般地下矿山采矿装备水平见表 3-18。

表 3-18 一般地下矿山装备水平

装备名称	装备水平			
	特大型	大 型	中 型	小 型
1.凿岩设备	(1)单、双机采矿台车； (2)2~3 机掘进台车； (3)ϕ165 潜孔钻机； (4)ϕ120 以上牙轮钻机； (5)ϕ1000 以上天井钻进机	(1)单、双机采矿台车； (2)2~3 机掘进台车； (3)ϕ165 潜孔钻机； (4)ϕ1000 以上天井钻进机	(1)各种凿岩机； (2)单机或双机采矿台车； (3)双机掘进台车； (4)ϕ100 以上潜孔钻机； (5)ϕ1000 天井钻进机	(1)各种凿岩机； (2)单机采矿台车； (3)双机掘进台车； (4)ϕ100 以上潜孔钻机； (5)ϕ1000 天井钻进机
2.装运设备	(1)4m^3 以上铲运机； (2)振动放矿机； (3)6~10m^3 矿车； (4)20t 以上电机车； (5)胶带运输机	(1)4m^3 以上铲运机； (2)振动放矿机； (3)50kW 以上 0.5~1.0m^{3}电扒； (4)4~6m^3 矿车； (5)20t 以下电机车； (6)胶带运输机	(1)2~4m^3 铲运机； (2)振动放矿机； (3)装运机； (4)15~50kW；0.15~0.5m^3 电扒； (5)2~4m^3 矿车； (6)7~10t 电机车； (7)胶带运输机	(1)振动放矿机； (2)装运机； (3)15~30kW 0.15~0.3m^3 电扒； (4)0.55~2m^3 矿车； (5)3~10t 电机车
3.辅助设备	(1)装药车； (2)锚杆台车； (3)喷射混凝土车； (4)人车、材料车、维修车等服务车辆	(1)3~5t 矿用电梯； (2)装药车； (3)吊罐； (4)爬罐； (5)锚杆台车； (6)喷射混凝土车； (7)人车、材料车、维修车等服务车辆	(1)1~3t 矿用电梯； (2)装药器； (3)吊罐； (4)爬罐； (5)喷射混凝土车； (6)人车、材料车、维修车等服务车辆	(1)装药器； (2)喷射混凝土车； (3)吊罐； (4)人车、材料车、维修车等服务车辆

3.2.1.1 穿孔设备用水

穿孔设备主要有采矿台车、掘进台车、牙轮钻机、潜孔钻机和凿岩机等地下凿岩设备。按使用动力分为气动、电动、液压和内燃四种。中深孔凿岩均采用导轨式凿岩机，YG-40 型凿岩机与 FJZ25 型钻架配套，YG-80 型凿岩机与 FJYW24 型台车配套，根据采矿方法的不同选用的凿岩设备也不同。井下凿岩均采用湿法凿岩，需用一部分水，其目的是冷却钎头，捕集粉尘和冲洗岩浆。凿岩机用水量见表 3-4，凿岩台车用水情况见表 3-5，凿岩台(柱)架用水量见表 3-6。

各种凿岩设备的用水量和水压，应按工艺专业提出的设计任务为计算依据。一般凿岩用水都是由井口送下去的，所以水压都能保证。

凿岩用水的水质要求不高，$SS \leqslant 300$mg/L，无腐蚀性，硬度不宜太高，防止管道和凿岩机进水导管结垢堵塞。

各种凿岩机的备用系数，工艺专业均按百分之百考虑。

井下供水管道均沿巷道明设。凿岩用水、降尘用水和消防用水共用一种供水系统。

3.2.1.2 降尘用水

凿岩作业前，应在距掌子面 10~15m 内的巷道和巷道壁进行冲洗降尘。出矿作业前，应向矿堆洒水降尘。矿石堆洒水量为 15L/t，巷道壁冲洗水量为 15L/m^2，降尘水对水质无特殊要求。

3.2.1.3 破碎用水

采用地下破碎对提高采矿效率,降低矿石成本,减少采场二次爆破量,改善作业环境等方面都有很大益处。地下破碎适用于箕斗提矿或胶带运输机斜井运矿,年产矿石量 30 万 t 以上的空场法、充填法、有底柱和无底柱分段崩落法等矿山。

破碎硐室需要供水,一处用水点是破碎设备冷却用水,一处用水点是卸矿点的降尘用水。用水量和水压应按工艺和除尘专业的任务要求设计。

3.2.1.4 工业场地和行政福利设施用水

工业场地主要有设备中小修的机修设施和矿石的贮运系统,用水不多。食堂、浴室、洗衣房、空压机站等一般设在井口。北方矿山建有大型锅炉房,生产用水量按工艺专业任务书计算确定。生活用水由于地区不同,生活水平不同也有一定差异,水质应满足生活饮用水水质标准。如西北某铁矿设计年产矿石 400 万 t,工业场地建有大型贮矿槽和铁路运矿系统,空压机站、坑口浴池、食堂、矿山综合楼等,矿山居民区单独建设,全矿生产生活用新水量为 416.6~398.6m^3/h,循环水量为 278~360m^3/h。铁路矿山站用水也由矿山供水系统供给,空压机站冷却水用过降温后循环利用,浴池采用直流供水方式,井下用水由地面用管道送到井下,该矿井下采矿场比工业场地高 300m 左右。

3.2.1.5 消防用水

井下和井上消防用水量按火灾发生次数一次计算,井下消防水量为 20L/s,火灾延续时间为 2h。井上消防水量按《建筑设计消防规范》和工业场地的建设基地面积以及居民区人数计算确定。

3.2.1.6 火药库用水

火药库一般距工业场地较远,而且设置在一个封闭的山沟中,没有水源,只能由工业场地供水。生活用水一般由水车送水,消防水由管道供给。消防水量为 20L/s,火灾延续时间为 2h。重要的大型总库,火灾延续时间为 3h。一般矿山火药库设有储水量为 150~200m^3 的消防贮水池,消防水池的补水时间以 36~48h 为宜。

总之,地下矿山对用水指标的影响因素很多。比如矿山规模、地域、气候条件、生活水平、采矿和选矿的位置关系等都影响到耗水指标。

一般地下矿的用水指标见表 3-19,供设计参考。

表 3-9 地下矿综合用水指标(m^3/t)

矿山规模	特大型	大 型	中 型	小 型
铁 矿	0.6~0.8	0.25~0.40	0.4~0.70	0.6~0.8
辅助原料矿		0.2~0.24	0.3~0.40	0.5~0.66

3.2.2 供水系统及流程

矿山一般距城市较远,无法和城市的公共设施相结合,因此一般矿山都建有独立的水源、输水管线和配水系统。如华东某铁矿由长江取水;西北某铁矿由北大河岸边地下水水源地供水;华北某铁矿由井下疏干水作为全矿生产生活水源。

矿山一般都采用直流供水系统,管网为枝状。空压机站均采用独立的循环供水系统,只供给补充水。管网敷设方式视地域条件而定,北方矿山宜埋设,南方矿山不受冰冻影响的地域可考虑明设,应因地制宜灵活确定。管道的敷设位置必须避开塌落区,埋设管道可采用给水铸铁管或给水塑料管,明设管道宜采用钢管,用柔性管接头连接。

为保证安全生产,节省水源和输水系统的投资,矿山宜建设大型贮水池,作为贮存消防水量和调节水量。

根据设计惯例,井下生产用水给水专业只负责将水送到井口,井下部分由矿机专业设计,水量和水质由给水专业负责保证,为安全和消防需要,一般在地面建有贮水池。一般井下矿山供水流程见图 3-15。

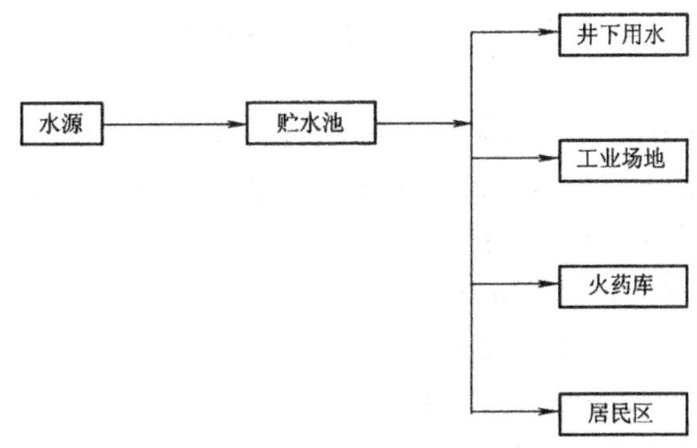

图 3-15 一般井下矿山供水系统简图

3.2.3 主要构筑物和设备

井下矿山给水排水构筑物不多,多数矿山为地下水源,没有净化设施。如西北某矿水源在北大河岸边打两口管井,建有 $A \times B \times H = 42\text{m} \times 15\text{m} \times 7.5\text{m}$ 的总加压泵站,$A \times B \times H = 36\text{m} \times 13\text{m} \times 5.5\text{m}$ 的调节贮水池。总加压泵站内设有 7 组水泵,负责向井下、工业场地、另一处矿区、火药库和铁路站场等处供水。

该矿空压机站的空压机是国外引进设备。初步设计阶段空压机配带热回收装置,设备冷却回水有两股水,一股是水温 $t = 24$℃的中温水,另一股是水温 $t = 75$℃的高温水。为充分利用余热,空压机站的设备冷却回水供给坑口浴池和井下通风预热重复使用。但施工图阶段,到货设备取消热回收装置,而只有一种中温水,因此没有作为浴池的重复用水。

一般矿山设有水源泵站,加压泵站,贮水池和输配水管网。

3.2.4 污水处理和综合利用

一般矿山没有污水处理设施,井下疏干排水直接排至附近山川水溪中,不予回收利用。个别矿山排水 pH 值偏低,应作中和处理,中和药剂一般为石灰或石灰石。

在矿山,水的综合利用大有文章可作。如华北某铁矿的矿坑排水作为全矿的生产用水,既解决了矿山水源紧张局面,也缓解了工农关系,收到一定的经济效益、环境效益和社会效益。

三个矿山的综合利用情况如下。

3.2.4.1 某矿山

该矿采矿年产原矿 220 万 t/a,选矿能力 250 万 t/a,全矿总耗水量 6.78 万 m^3/d。矿坑排水 2.4 万 m^3/d,水源地供水 4.4 万 m^3/d,建有 20 眼管井,输水管线 4.5km,管径 $DN500$。井下排水量为:枯水期 2.3~2.4 万 m^3/d,平水期 3~5.4 万 m^3/d,洪水期 20 万 m^3/d。井下疏干排水,分两个排水系统将水排到地面。一个是生活水系统,有独立的生活水疏干放水

孔、排水巷道和水仓，经生活水加压泵将水送到地面，作为全矿区生活用水；另一个是生产水系统，设有独立的生产疏干巷道和水仓，经生产疏干水泵加压将水送到地面，作为全矿区工农业生产用水。生产实践证明，该矿的矿坑排水综合利用是成功的，设计疏干排水量比实际疏干水量少，生活用水由于用水量的增加显得偏紧，矿方拟增加生活用水系统的能力。由于选矿厂的处理能力低于设计规模，所以实际生产水量比设计水量少，而矿区工农业生活用水量增加较快，所以调整供水系统的能力是大势所趋，矿方正在调整和实施。

该矿由于矿坑疏干水的综合利用，解决了工农业争水的矛盾，现有 20 眼管井的水源地基本封井，节省大量电费和经营费，是一个综合利用成功的典型矿山。

3.2.4.2 另一矿山

该矿年产原矿 250 万 t，选矿规模为年处理原矿 150 万 t。由于疏干排水使塌落区附近的地下水大幅度下降，影响半径为 1.2km，使附近三个村庄的生产、生活用水受到影响，三个小厂矿的生产、生活用水也应给予补偿。

全矿的生活用水 $Q_{cp}=149.3\text{m}^3/\text{h}$

$Q_{max}=432.13\text{m}^3/\text{h}$

$Q=3583.49\text{m}^3/\text{d}$

全矿的生产用水 $Q_{cp}=498.31\text{m}^3/\text{h}$

$Q_{max}=526.38\text{m}^3/\text{h}$

$Q=11568.36\text{m}^3/\text{d}$

井下疏干排水量 枯水期 $Q=4.5$ 万 m^3/d

平水期 $Q=5.73$ 万 m^3/d

丰水期 $Q=11.3$ 万 m^3/d

井下生产用水 $Q_{cp}=180\text{m}^3/\text{h}$

$Q_{max}=180\text{m}^3/\text{h}$

$Q=4320\text{m}^3/\text{d}$

井下生产用水有两个供水方案。方案一是按惯例从地面向井下供水，井下疏干水排到地面后，经沉淀池沉淀，加压再送到井下；方案二（图 3-16）是在井下进行净化，增加压力过滤器和低压水泵，净化后的水直接供给井下各巷道生产、降尘、消防用水。低压水泵的流量和扬程按井下生产、消防需要选定，压力过滤器的规格也应按箕斗尺寸选定。方案一供水系统水压为 55.0MPa，方案二供水系统水压为 34.0MPa。方案二每年节省电费 25 万元，推荐方案二作为井下生产供水设计方案。

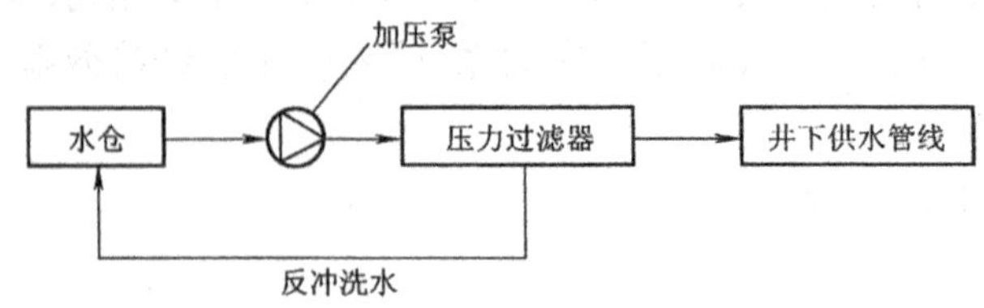

图 3-16 井下生产用水方案二供水流程简图

全矿生活用水有两个设计方案，方案一是在矿区东部新建生活水源和输水工程；方案二（图 3-17）是在井下建设独立的生活水系统。井下生活水系统包括放水孔、放水洞室、水仓巷道、供水巷道，总投资243.6万元。方案一在矿区东部2.5km处建设7眼水源管井，井深100m，加压泵站1座，一条*DN*200mm输水管线长为2.5km，总投资额124万元。方案二比方案一基建费多119.6万元，方案二比方案一年节省电费38.6万元，按方案二经3.1年就可把多投资部分补偿回来，经技术经济比较设计推荐方案二。

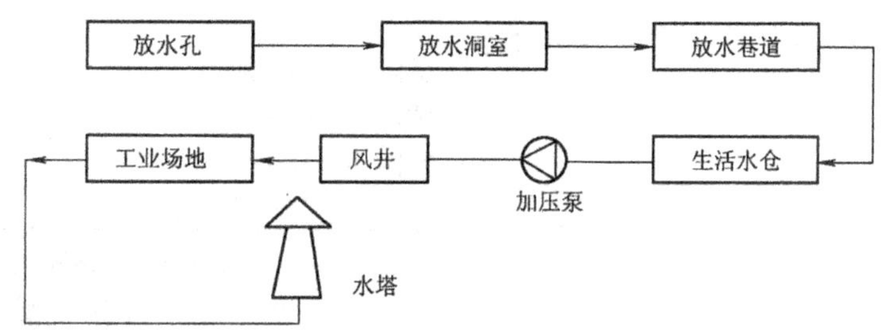

图3-17 全矿生活用水方案二供水流程简图

全矿生活用水采用设计方案二还可减少操作人员，节省购地费和青苗补偿费等，并且不和农业争水，此工程正在建设中。

由于国家对环保的重视，各厂矿环保意识的提高，不少矿山的巷道排水均开始综合利用，节省新水资源，降低经营费用，减少污染，收到一定的经济效益、环境效益和社会效益。

3.2.4.3 南方某铜矿

该铜矿属中型地下矿山，走向长2500余米，宽400多米，矿体上盘有农田180多亩。矿区无河流水库等水源，矿区生活与工业用水均从距矿6km处的太平溪用泵送至矿区的181.2m标高的生活与工业水池。当夏、秋两季天旱无雨时，支农水量大，矿区供水相当紧张。矿井经过30多年的开采，垂深已达300多米，形成9个中段。其中上3个中段已全部采完并用尾砂充填。近几年来，由于附近部分村民滥采乱挖铜矿石，将矿山为防止地表陷落与地表水下渗而留下的顶柱破坏殆尽。致使大量地表水汇入井下，加之开采深度的增加，使井下排水费用剧增。为解决地面供水紧张与井下排水费用剧增的矛盾，对井下涌水进行了系统的观测与分析。提出了综合利用井下水课题，进行井下供水系统的改造。现运行效果很好，取得好的经济效益与社会效益。

A 矿区水文地质条件

矿区为一长条形丘陵地形，沟谷发育，相对高差为20~30m。矿层多埋藏在当地侵蚀基准面马尔溪河床海拔标高144m以下。马尔溪为一季节性水溪，流量为0~0.07m^3/s。本区地貌属构造剥蚀类型。

主要含水层属白垩系裂隙水类型，由紫红色泥质细砂岩、粉砂岩、泥岩及灰白色、灰绿色灰褐色长石石英砂岩、细砂岩、砂烁岩组成。风化带含裂隙水分布在基岩的风化带，以潜水形式产出，下限标高由南向北逐渐抬高，南部一般在90~150m，北部一般在125m左右。地下水埋藏深度受地形控制，一般在0.5~20m，含水层厚度20~45m，泉水流量0.014~0.133L/s。钻孔抽水单位涌水量为0.0072~0.00899L/s·m，渗透系数为0.032~0.1894m/d，水质属HCO_3-Na型或HCO_3-Ca型，固形物为0.170~0.572g/L。岩层富水性自上而下逐渐变弱，没有明显的隔水底板。

B 原有供水系统及井下涌水现状

a 井下原有供水系统

井下供水系统由地面500m³工业水池，用ϕ80mm焊接钢管，经145m平硐、竖井、北区副斜井送至各中段马头门，再改成ϕ50mm焊接钢管送至各作业点，见图3-18。

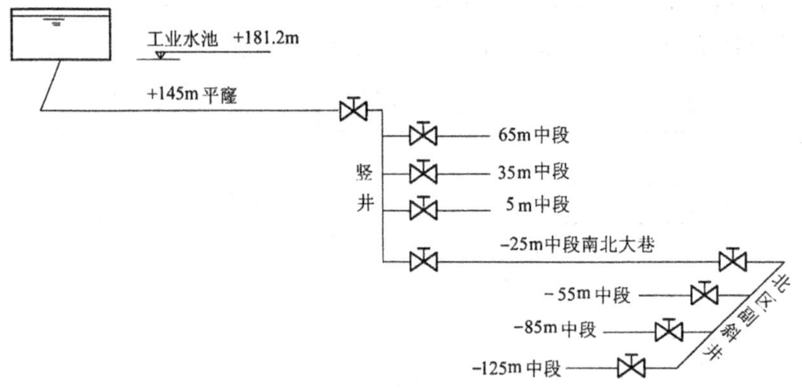

图3-18 地面供水系统流程图

b 地下涌水现状

南区井下涌水主要有3处。第一处为95m中段N2线以南的12号脉为主，走向长约1600m，在尾砂充填过程中已用密闭墙与95m以下中段隔开。由于滥采乱挖将12号脉顶柱破坏，地表水渗入充填区，使95m以上大部分尾砂被"液化"，形成一个独立的"含水层"。N8线以北22号脉为第二处涌水源。从35m中段至地表采完后未进行填充，35m以上采场与其他工程通道均已用密闭墙封闭，且35m标高以下无任何工程，地面渗水及其他涌水全部从35m中段平巷流出。第三处涌水源为井下排水。

c 涌水量及水质调查

为查清井下涌水量的大小，对3处涌水水源分别设置了观测点。95m中段N2线以南为1号观测点，35m中段22号脉为2号观测点，35m中段13号脉为3号观测点。由于矿区水文地质简单，井下涌水量大小受雨水季节影响较大，因此，在雨、旱两季用直接观测法进行测量，每个观测点各测量10次，然后计算其平均值。其观测结果如表3-20。

表3-20 涌水量观测结果(t/d)

观测点	1	2	3	合计
雨 季	610	600	270	1480
旱 季	130	120	90	340

将1号点与2、3号点进行定点间隔取样化验分析。其化验结果及井下用水水质标准如表3-21。

表3-21 井下用水水质化验结果

地 点	pH	大肠杆菌/个·L^{-1}	悬浮物/mg·L^{-1}	总硬度	As/mg·L^{-1}
1号	8.5	0	0.43	17	
2号、3号	6.7	0	0.2	15	0.048
标准	6.5~9.5	<3	0.5	<20	0.05

从水质化验结果看，各项指标均达到了井下用水标准，不需要处理即可使用。

C 井下供水系统改造

根据井下涌水分布及各挡头的分布情况，将3处涌水进行处理，形成3个蓄水池。再分别用 ϕ80mm 焊接钢管与主水管连通，即形成了井下新的供水系统。具体做法是：将95m 中段 N2 线以南的水引入容积为 570m^3 的水仓内，称1号仓，用 ϕ80mm 焊接钢管作成虹吸管形式与竖井主水管连通，采用吸入式输送，供应 -25m 中段以上生产用水。在35m 中段22号脉砌筑楔型防水墙（如图3-19），封闭22号脉采场蓄水，形成2号仓，该仓容积为 2100m^3。用 ϕ80mm 焊接钢管，沿穿脉平巷及北风井与北区副斜井主水管连通，采用压入式输送，供应北区生产用水。在13号脉采场与下中段充填区相通处，用混凝土楔型防水墙隔开，形成容积为 800m^3 的3号蓄水仓。该水仓出口同样用 ϕ80mm 焊接钢管与22号脉水管连通，具体见图3-20。为减少3号池对下部充填区的压力，一般情况不蓄水，只在干旱季节，2号仓水量不足时才蓄水作为补充水。

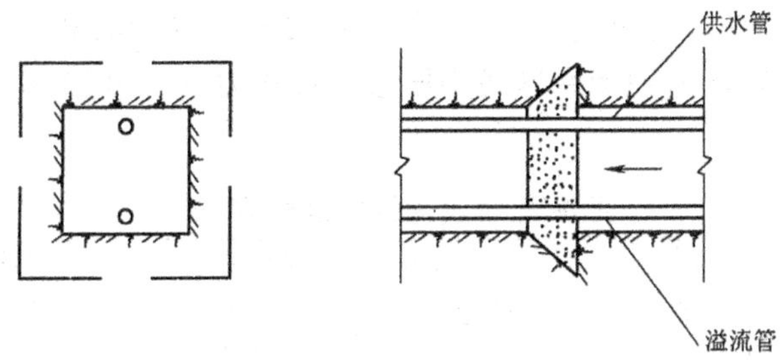

图 3-19 楔型防水墙

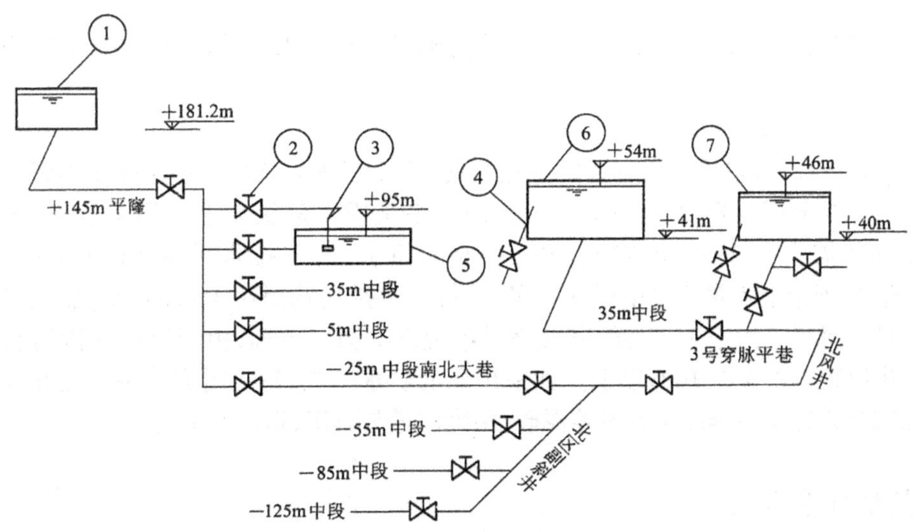

图 3-20 井下供水系统流程图

1—地面工业水池，$V=500\text{m}^3$；2—闸阀；3—吸水管；4—溢流管；5—1号蓄水池，$V=570\text{m}^3$；6—2号蓄水池，$V=2100\text{m}^3$；7—3号蓄水池，$V=800\text{m}^3$

a 井内耗水量验算

最初设计的矿山井下耗水量为 120m^3/d。近年来，由于北区二期工程的施工作业战线被拉长，同时作业中段数有6个之多，再加上为延长矿山服务年限，进行探边扫盲探矿，井下增加了一台地质钻，使井下用水量大增，近几年来日耗水量达335m³。但从井下涌水量测量数据看，在干旱季节3个水池水量仍能满足生产的要求。

b 各作业点水压计算

蓄水池至各挡头的压力损失利用公式计算：

$$H = 1000\lambda \frac{L + \sum L}{d} \times \frac{v^2}{2g}$$

式中 H——供水管压力损失，m；

λ——水与管壁的摩擦系数，经查表得 $\lambda = 0.0448$；

L——供水管段长度，m；

$\sum L$——管件的等值长度，m，取 $\sum L = 0.05L$；

d——供水管直径，m；

g——重力加速度；

v——供水管段中水流速度，井筒主管取1~2m/s，支管取0.5~1.2m/s。

通过计算，分别得出1号池至南区各中段最远处压力及2号、3号池至北区各中段最远处的压力，列于表3-22。

表3-22 1、2号池压力表(MPa)

项目	1号池至65中段	1号池至35中段	1号池至负25中段	2号池至负55中段	2号池至负85中段	2号池至负125中段
标准压力	0.3	0.6	1.2	1.6		
最远处压力		0、4、5	0、9、5	0、6、5	0.9	1.2
设计压力	0.3~0.4	0.3~0.4	0.3~0.4	0.3~0.4	0.3~0.4	0.3~0.4

从表3-22中可以看出，各挡头的压力均达到了设计要求。因此，供水新工艺完全能满足生产要求。

D 经济效益与社会效益

该供水系统的改造是在原有系统上进行的，整个工程只增加670m焊接钢管和7个闸阀，加上人工费全部投资仅15 000多元。因原系统用水是从太平溪用泵送来，每吨成本0.72元，每年需水费335×0.72×330=79598(元)。井下排水采用150D30×7水泵配155kW电机，理论上水量为258m³/h。因此，每年供排水费用达12万多元，加上设备维修及工人费用，每年节约近15万元，其经济效益显著。另一方面，由于该铜矿围岩特性所决定，井下排出废水中含泥10%以上。如采用老的供水工艺，每年需多从井下排出11万m³废水，也就是说每年多排出1万多吨泥砂，污染河道与农田，造成环境污染。

3.3 其他开采方法

3.3.1 砂矿水力开采

由于砂矿出露于地表，矿石松散、粒度小、含泥量高，而且有的矿床贮存地势较高，便于自流水力输送，并且有充足的水源，可以采用水力开采。

3.3.1.1 水力开采的使用条件

水力开采的使用条件为：(1)适宜的矿物赋存条件和矿岩性质；(2)有充足的水源和廉价

的电源；(3)有低位的尾砂场；(4)地域的冰冻期较短或无冰冻期。

3.3.1.2　用水户和用水条件

砂矿水力开采用水，主要用于水枪冲采和原矿、尾矿的水力输送。

国内几个水力开采矿山的水压松动耗水指标(m^3/m^3)如下：

云锡老厂	0.114
云锡新冠	0.042～0.104
平桂矿务局	0.42～0.74

水枪的耗水量和水压，可经水采试验得出，也可参考类似矿山参数选取。水枪的备用系数为30%～50%。部分砂矿水枪工作压头和耗水量见表3-23。

表3-23　部分砂矿水枪工作压头和耗水量

矿山名称	工作压头/kPa	单位耗水量/$m^3 \cdot m^{-3}$	阶段高度/m	土岩性质
平桂矿务局	500～1000	7～10	5～10	砂矿、土岩为砂质粘土
云锡公司	1000～1200		8～15	坡积、冲积砂矿、土岩为粘土
八一锰矿	500～900		3	坡积氧化锰矿、亚砂土和粘土
东湘桥锰矿	600～700	6.3～7	3～4	坡积氧化锰矿、亚砂土、粘土
海南乌场钛矿	200	1.2～1.5	8～9	海滨砂矿、中粒砂为主
南山海稀土矿	100～300	4.8～5.3	9	海滨砂矿、细粒砂为主
坂潭砂稀矿	400～600	4.7～8.7	7～11	冲积砂矿、砂质粘土
永汉泰美	500～1000	2.8～6.4	3～9	永汉为冲积砂矿、砂质粘土、泰美为坡积和山间冲积砂矿

3.3.1.3　供水系统

水力开采一般采用直流供水系统，为调节水量和稳定水压宜建设高位贮水池，当尾砂库能回水时应尽量循环利用。水枪压力和耗水量见表3-24。水枪压力、喷嘴直径与流量的关系示于表3-25。

表3-24　水枪压力和耗水量

土岩组别	土岩名称	阶段高度/m								
		3～5			5～15			>15		
		单位耗水量/$m^3 \cdot m^{-3}$	压力/kPa	工作面最小允许坡度/%	单位耗水量/$m^3 \cdot m^{-3}$	压力/kPa	工作面最小允许坡度/%	单位耗水量/$m^3 \cdot m^{-3}$	压力/kPa	工作面最小允许坡度/%
Ⅰ	预先松散的非粘结性土	5	300	2.5	4.5	400	3.5	3.5	500	4.5
Ⅱ	细粒砂		300	2.5		400	3.5		500	4.5
	粉状砂		300	2.5		400	3.5		500	4.5
	轻亚砂土	6	300	1.5	5.4	400	2.5	4	500	3
	松散黄土		400	2.0		500	3		600	4
	风化泥炭		400			500			600	
Ⅲ	中粒砂		300	3		400	4		500	5
	各种粒子砂		400	1.5		500	2.5		600	3
	中等亚砂土	7.0	500		6.3	600	2.5	5	700	3
	轻砂质粘土		600	2		700	3		800	4
	致密黄土									

续表 3-24

土岩组别	土岩名称	阶段高度/m								
		3~5			5~15			>15		
		单位耗水量/$m^3 \cdot m^{-3}$	压力/kPa	工作面最小允许坡度/%	单位耗水量/$m^3 \cdot m^{-3}$	压力/kPa	工作面最小允许坡度/%	单位耗水量/$m^3 \cdot m^{-3}$	压力/kPa	工作面最小允许坡度/%
Ⅳ	大粒砂		300	4		400	5		500	6
	重亚砂土		500	1.5		600	2.5		700	3
	中及重砂质粘土	9	700	1.5	8.1	800	2.5	7	900	3
	瘦粘土		700	1.5		800	2.5		900	3
Ⅴ	含砾石土		400	5		500	6		600	7
	半油性粘土	12	800	2	10.8	1000	3	9	1200	4
Ⅵ	含卵石土	14	500	5	12.6	600	6	10	700	7
	油性粘土		1000	2.5		1200	3.5		1400	4.5

表 3-25 水枪压力、喷嘴直径和流量的关系

水枪工作压头/kPa	水枪喷嘴处水流速度/$m \cdot s^{-1}$	每 m^3 水的耗电量/$kW \cdot h$	水枪喷嘴直径/mm											
			32	38	44	50	62.5	75	87.5	100	125	150	175	200
			喷嘴流量/$m^3 \cdot h^{-1}$											
100	13.32	0.032	38	54	72	96	148	212	288	378	602	893	1153	1593
200	18.8	0.064	54	76	102	133	209	294	407	537	840	1207	1620	2125
300	23.07	0.096	66	93	125	166	256	368	504	656	1027	1477	1980	2575
400	26.60	0.128	76	108	144	191	292	425	576	765	1188	1703	2225	2850
500	29.7	0.160	85	121	162	212	328	475	648	846	1315	1890	2530	3310
600	32.6	0.192	94	132	177	230	360	522	702	925	1440	2070	2770	3710
700	35.2	0.224	101	143	191	248	389	558	760	1010	1548	2250	2835	4015
800	37.6	0.256	108	152	204	266	414	594	817	1073	1657	2412	3205	4250
900	39.9	0.288	115	161	217	284	439	630	868	1134	1764	2598	3420	4500
1000	42.1	0.320	121	170	228	299	464	666	915	1195	1854	2685	3600	4720
1100	44.15	0.352	127	179	240	313	486	702	958	1258	1940	2810	3745	4940
1200	46.15	0.382	132	187	250	328	508	731	1000	1370	2027	2930	3910	
1300	48	0.416	138	194	261	339	529	760	1044	1365	2110	3053	4050	
1400	49.8	0.448	143	202	271	349	547	787	1080	1420	2188	3168		
1500	51.6	0.480	148	208	278	360	565	817	1116	1470	2267	3278		

3.3.1.4 水力输送

A *自流输送*

地形条件适宜时，应尽量采用自流输送。自流输送分为流槽输送和管道输送两种，目前广泛采用流槽输送。

a 自流输送的使用条件

$$\frac{H_1 - H_2}{L} \geqslant i$$

式中 H_1——工作阶段底部标高；

H_2——选厂储矿池或排弃场顶部标高；

L——输送管槽线路长度；

i——输送矿浆所需的坡度。

b 自流输送的水力计算

自流输送的计算方法比较多,但不一定能和实际相吻合,所以计算结果应和矿山生产实际资料对比后酌情确定。矿山生产实际资料见表 3-26,计算公式见本书第 13 章(固体物料的浆体输送)有关节段。

表 3-26 自流输送矿山生产实际资料

厂矿	矿石平均粒度/mm	矿石含泥量/%	矿石密度/kg·cm^{-3}	矿浆浓度		冲矿槽坡度/%			矿浆流速/m·s^{-1}			备注
				单位耗水/t·t^{-1}	浓度/%	最大	最小	平均	最大	最小	平均	
老厂,和平坑新冠	0.7~1.1	55~65	2.75	2.6	27	7	5	6	2.8	2.2	2.5	运行良好
	0.7~1.1	55~65	2.75	3	24.4			6			2.7	运行良好
	0.373	80.13	2.58	3.9	20	18	6	9	8	5	6.5	流速大冲刷力大
	0.41	80	2.58	3.2	23.3			4			3.1	运行良好
黄茅山	0.53	68	2.5	2.9	25	6.5	5	6	2.6	2.0	2.3	运行良好
	1.29	57.4	2.82	3.4	22.3			11			3.1	运行良好
	0.9	65	2.8	3.5	21.7	5.0	4.5	4.8	2.96	2.8	2.9	运行良好
卡房	1.24	60	2.8	1.5	39.5			7	2.4	2.2	2.3	运行良好
	1.82	50	2.8	2.5	27.8			7			1.98	运行良好

B 压力输送的水力计算

压力输送的计算方法和公式比较多,但最好按试验资料进行设计。当没有试验资料时,可参照本书第 13 章(固体物料的浆体输送)有关公式进行计算。

C 砂泵选择

砂泵的选择应根据输送矿浆的浓度、粒度组成和扬程以及所需总扬程而定。砂泵可分为两大类,即离心泵和容积式泵。设计应根据矿浆性能参数、输送距离和总扬程,经技术经济比较后选定,水采输送泵宜选用离心砂泵,可参照表 3-27 和设备厂家设备资料选择。

总之,水力开采在南方较多,北方较少。设计中应根据矿床实际矿岩条件、地域条件、参照《采矿设计手册》第十一章和《尾矿设施设计参考资料》进行设计。水枪型号及主要技术性能见表 3-28。

表 3-27 水采输送砂泵及主要技术性能

型 号	技术性能					
	流量/m^3·h^{-1}	扬程/m	吸入口径/mm	排出口直径/mm	配用电机	生产厂家
4PS	90、120、140、160	25、24、21	150	100	Y200L-4	①

续表 3-27

型号	技术性能					
	流量/$m^3 \cdot h^{-1}$	扬程/m	吸入口径/mm	排出口直径/mm	配用电机	生产厂家
4PS	90、120、160	33.37、36.5、35.5	150	100	Y250M-4	①②
5PS	180、240、280、320	36、35、33、31	200	125	Y280S-4	①②
5PS	180、240、280、320	29、28、26.5、25	200	125	Y280M-6	①②
6PS	320、380、440、500	29、28.5、27、26	250	150	JS117-6	②
6/4D-AH	79.2～288	35～12.5	150	100		①
8/6E-AH	118.8～720	58～10	200	150		①
50ZJ-20-50	8～110	110～1.4	80	50		③
65ZJ-30	28～47	34.8～11.2	100	65		③
80ZJ-33-52	47～242	109.8～15.7	125	80		③
100ZJ-33-50	79～360	100.2～16	150	100		③
65ZGB	10.5～31.7	61～25.4	100	80		①
80ZGB(p)	15.4～56.7	91.6～26.1	100	80		①
100ZGB(p)	30.9～116.7	77.9～23.9	150	100		①
150ZGB(p)	64.8～200	90～35.2	200	150		①
200ZGB(p)	97.9～300	93.4380	250	200		①

注：1. 厂家代号：①石家庄水泵厂；②自贡工业水泵厂；③石家庄工业泵厂；

2. 各厂家的详细技术性能和安装资料请按各厂家的设备资料进行设计。

表 3-28 水枪型号及主要技术性能

技术性能	型号			
	SQ-80	SQ-150	SQ-250	平桂-3
进水口直径/mm	80	150	250	150
喷嘴直径/mm	25、30、35	44、50	45、50、55、60、65、70、75、80	50、40
枪筒长度/m	1.458、1.481、1.434	2.228、2.202	2.29	1.454
水平转角/(°)	360	360	360	360
上仰角度/(°)	30	30	30	29
下俯角度/(°)	30	30	30	29
进口压力/MPa	0.7	1.2	1.2	
出口压力/MPa		1.0	1.0	1.0
最大有效射程/m	6	10	12	
外形尺寸/m	2.1×0.36×1.1	2.8×0.39×1.3	5.1×0.5×1.79	2.23×0.35×1.9
总质量/kg	59	160	341	80
移动方式		人工搬运	人工搬运	人工搬运
参考价格/元	720	1920	3600	
生产厂家	云南重型机械厂	云南重型机械厂	云南重型机械厂	平桂矿务局

3.3.2 采掘船开采

采掘船开采需有10年以上的地质储量。其中行走、挖掘、排尾、选矿、供水是生产工艺的主要环节。

此方法主要用于内陆和大陆架及深海矿床的开采。

适用于船采的技术条件是：

(1)经剥离后链式挖掘船总挖掘深度不超过60m;

(2)矿体的最小赋存厚度不小于2~5m;

(3)矿体宽度不小于30~40m,对窄矿体视矿体品位而定;

(4)矿体底板坡度不超过20%~25%,如采用筑坝或转开拓时,需验证;

(5)开采拥有永冻层的砂矿床永冻层厚度不超过8~15m。

船采供水主要是向采池补充新水,其补给量按斗容的1~2倍计算。不同斗容的链斗式采掘船补给水量见表3-29。

表3-29 不同斗容链斗式采掘船补给水量

斗容/L	最小/$L\cdot s^{-1}$	一般/$L\cdot s^{-1}$	最大/$L\cdot s^{-1}$	备 注
50	50	50	100	补水量中应考虑输水系统的水量损失
100	70	100	200	
150	100	150	250	
250	150	250	500	
300	150	300	600	
380	200	380	760	
400	200	400	800	
600	500	600	1200	

4 选矿厂给水排水

由矿山开采出来的矿石，不仅含有拟利用的矿物，而且还含有其他矿物、脉石及有害物质。矿石经破碎、筛分后，根据矿物的性质采用磁选、浮选、重选等方法将有用矿物与脉石相互分离，得到精矿与尾矿。精矿通过铁路、公路或管道输送至钢铁厂；尾矿通过管道或沟槽输送至尾矿库堆存。

选矿厂的主要工艺过程一般包括破碎、筛分、磨矿、分级、选别、脱水等。对于特定矿石，有时以自磨替代破碎、筛分和磨矿作业。

选矿厂的主要用水为选矿工艺用水、设备水封用水、设备冷却与通风除尘用水。其水质按悬浮物含量不同划分为工业新水、净循环水、浊循环水三种。水质分类见表 4-1。

一般地下水和经净化站处理的地表水为工业新水，尾矿库回水及设备冷却回水为净循环水；厂内浓缩池溢流水一般按选别工艺要求或水质情况可定为净循环水或浊循环水。未经处理的新水其水质可能是工业新水、净循环水或浊循环水。

表 4-1　水质分类表

分　类	悬浮物含量/$mg \cdot L^{-1}$
工业新水	不大于 30
净循环水	不大于 200
浊循环水	不大于 1000

选矿厂用水量因选矿方法不同而异，现将国内部分选矿厂的用水指标列于表 4-2，供设计参考。为节水和保护水资源，国家规定，改造选矿厂的循环水利用率应达到 80%以上，新建选矿厂应达到 90%以上。

表 4-2　选矿厂用水指标

序号	厂矿名称	规模 /万 $t \cdot a^{-1}$	选矿方法	原矿耗水指标/$m^3 \cdot t^{-1}$	
				新水	环水
1	内蒙古赤峰黄岗铁矿选矿厂	20	单一湿式磁选流程	2.16	4.56
2	尊休石人沟选矿厂	200	湿式自磨磁选	3.56	7.20
3	龙烟小吴营重介质选矿厂	250	重介质选矿	1.2	3.75
4	宣化白庙重介质试验厂	40	重介质选矿	1.2	3.2
5	通化浑江选矿厂	150	湿式磁选	4.2	10.2
6	汉江峡驿选矿厂	150	湿式磁选	3.0	7.9
7	承钢黑山选矿厂	150	一段磨矿湿式磁选	4.73	4.31
8	顾家台选矿厂	71	浮选	3.38	4.8
9	梅山铁矿选矿厂	250	干式磁选、重选、浮选	3.81	8.25

续表 4-2

序号	厂矿名称	规模 /万 t·a⁻¹	选矿方法	原矿耗水指标/m³·t⁻¹	
				新水	环水
10	攀枝花选矿厂	1150	全磁选	2.2	3.67
11	太和铁矿选矿厂	70	全磁选	1.94	2.98
12	南江竹坝选矿厂	28	全磁选	2.80	7.67
13	大红山选矿厂	400	弱磁、强磁	1.28	6.9
14	程潮铁矿选矿厂	200	粗粒抛尾、二段磨选、细筛	0.1	7.14
15	海南铁矿选矿厂	100	全磁选	1.30	19.6

4.1 破碎、筛分车间

由矿山开采出来的铁矿石块度较大，一般最大块度为 200 ~ 1400mm，主要通过铁路或公路运输至破碎车间。通过破碎、筛分至磨矿前的粒径要求一般为 10 ~ 5mm。

破碎与筛分的主要用水包括破碎机水封、设备冷却、通风除尘、冲洗地坪及废水泵坑冲洗搅拌用水。

4.1.1 用水户及用水要求

4.1.1.1 破碎机给水排水

粗碎设备一般采用颚式、旋回、反冲击式破碎机。细碎设备一般采用圆锥破碎机。

A 颚式破碎机

900mm × 1200mm 以上规格的颚式破碎机，均配有稀油润滑系统，因此需稀油冷却用水。用水要求见表 4-3。

表 4-3 颚式破碎机用水量

用途	规格 /mm × mm	用水量 /L·s⁻¹	水压 /MPa	水温 /℃	悬浮物含量 /mg·L⁻¹	给水排水管径/mm	给水点数	排水点数
油冷却器用水	900 × 1200	1.5	0.13 ~ 0.2	≤25	≤30	25	1	1
	1200 × 1500	1.5	0.13 ~ 0.2	≤25	≤30	25	1	1
	1500 × 2100	1.5	0.13 ~ 0.2	≤25	≤30	25	1	1
冷却连杆主轴承	900 × 1200		≤0.3		≤30	20	1	1
	1200 × 1500		≤0.3		≤30	20	1	1
	1500 × 2100		≤0.3		≤30	20	2	2

为便于观察及时发现给水是否中断，通常在设备的冷却水出口设置排水漏斗，使设备冷却排水经漏斗流入管道中。如要重复利用冷却水回水的余压，则采用钢管直接连接并设一小段透明管道或安装管道窥视镜。

B 旋回破碎机

旋回破碎机均配有稀油润滑装置，主要用水是油冷却器用水。用水要求见表 4-4。

排水要求同颚式破碎机。

表 4-4　旋回破碎机油冷却器用水要求

破碎机规格 /mm	用水量 /L·s⁻¹	水压 /MPa	水温 /℃	悬浮物含量 /mg·L⁻¹	给水排水管径 /mm	给水点数	排水点数
500/60	1.5	低于油压 0.025～0.05	≤25	≤30	25	1	1
700/100	1.5	低于油压 0.025～0.05	≤25	≤30	40	1	1
900/130	1.5	0.125～0.2	≤25	≤30	40	1	1
1200/150	1.5	低于油压 0.025～0.05	≤25	≤30	40	1	1

C　圆锥破碎机

圆锥破碎机除稀油润滑系统需冷却水外，为防止破碎过程中产生的粉尘进入碗形轴承间，在碗形轴承下部设水封给水环，给水环外侧设喷水孔，以沿圆周造成封闭的环状水雾，粉尘被润湿随水流入排水环后被引至排水管道中。用水要求见表 4-5。

表 4-5　圆锥破碎机用水要求

用　途	规格 /mm	用水量 /L·s⁻¹	水　压 /MPa	水　温 /℃	悬浮物含量 /mg·L⁻¹	给水管径 /mm	排水管径 /mm	给水点数	排水点数
油冷却器用水	ϕ600	4.5	0.13～0.2	≤25	≤30	40	40	1	1
	ϕ900	2	0.13～0.2	≤25	≤30	40	40	1	1
	ϕ1200	1.5	0.13～0.2	≤25	≤30	40	40	1	1
	ϕ1750	1.5	0.13～0.2	≤25	≤30	50	50	1	1
	ϕ2200	1.5	0.13～0.2	≤25	≤30	50	70	1	1
	ϕ3000		0.13～0.2	≤25	≤30			1	1
水封用水	ϕ600		>0.1		≤30	15	15	1	1
	ϕ900	0.33	>0.1		≤30	15	20	1	1
	ϕ1200	0.42	>0.1		≤30	20	25	1	1
	ϕ1750	0.63	>0.1		≤30	20	32	1	1
	ϕ2200	0.63	>0.1		≤30	25	40	1	1
	ϕ3000		>0.1		≤30			1	1

4.1.1.2　通风除尘用水

通风除尘用水包括水力除尘与湿式除尘设备用水。湿式除尘系统使用水作为净化介质，其耗水量大。

A　水力除尘

水力除尘主要是在洒水或在扬尘地点利用喷嘴将水喷成水雾，均匀地湿润物料以抑制、减少或消除粉尘的产生，并捕集和抑制已经扬起的粉尘，使空气净化。

水力除尘用水所含悬浮物应不致堵塞喷嘴，一般不大于 200mg/L 为宜。悬浮物的最大允许颗粒直径应根据喷嘴性能决定，对于常用的喷嘴应不大于 300μm。

常用的喷嘴有角型、直型和圆型。喷嘴一般设在卸料点和转运点以及其他易产生粉尘的地方。适用于胶带运输机、破碎机和筛分设备等扬尘点的水力除尘。喷嘴到物料层表面的距离不宜小于 300mm，射流宽度不应大于物料输送时所处空间位置的最大宽度。

用于物料加湿的加湿装置可采用喷水管，一般固定地点的物料加湿采用多孔喷水管，其长度和喷水孔排数取决于宽度和加水量。移动地点的物料加湿可采用扁头喷水管，喷水管可通过橡胶软管与供水点相接。

水力除尘用水的水压应保证喷嘴的最低压力，其大小按喷嘴型式确定，一般在喷嘴前的水压不低于 0.20MPa。

B 湿式除尘设备

湿式除尘设备是用水作为净化介质，在设备内利用水滴、水膜或水面捕获或吸收气体中的粉尘，使空气得到净化，排出泥浆状的含尘废水。

a 水膜除尘器

CLS 型水膜除尘器　除尘器中设有喷嘴，利用喷嘴喷水，在除尘器内壁形成水膜，空气中尘粒因离心力作用在内壁被水膜吸附，使空气净化。

除尘器供水水质要求为净循环水，用水要求见表 4-6，用水示意图见图 4-1。除尘器的给水压力为 0.03～0.05MPa，水压过高会产生带水现象，为保持水压稳定宜设恒压水箱。

CLS/A 型水膜除尘器　CLS/A 型水膜除尘器的构造及给水要求与 CLS 型水膜除尘器相似，只有喷嘴不同，且带有挡水圈，以减少带水现象。用水要求见表 4-6。

表 4-6　水膜除尘器用水要求

型　号	用水量/$L\cdot s^{-1}$	喷嘴个数	型　号	用水量/$L\cdot s^{-1}$	喷嘴个数
CLS-D315	0.14	3	CLS/A-3	0.15	3
CLS-D443	0.20	4	CLS/A-4	0.17	3
CLS-D570	0.24	5	CLS/A-5	0.20	4
CLS-D634	0.27	5	CLS/A-5	0.22	4
CLS-D730	0.30	6	CLS/A-7	0.28	5
CLS-D793	0.33	6	CLS/A-8	0.33	5
CLS-D883	0.36	6	CLS/A-9	0.39	6
			CLS/A-10	0.45	7

b 泡沫除尘器

泡沫除尘器的上部设有带孔筛板，含尘气体穿过筛板上的水层形成沸腾状的泡沫层，使气、水的接触面积扩大，筛板上的水层靠设在筛板上带孔的环管向下喷水来形成，空气中的尘粒被水吸收后使空气净化。

泡沫除尘器给水水质要求为净循环水，给水压力为 0.15～0.20MPa，用水要求见表4-7，用水示意图见图 4-2。

表 4-7　泡沫除尘器用水量表

型　号	用水量/$m^3\cdot h^{-1}$	型　号	用水量/$m^3\cdot h^{-1}$
BPC-90D750	1.4～1.7	BPC-90D1150	3.4～4.0
BPC-90D850	1.7～2.3	BPC-90D1250	4.0～4.8
BPC-90D950	2.3～2.8	BPC-90D1350	4.8～5.8
BPC-90D1050	2.8～3.4	BPC-90D1450	5.6～7.0

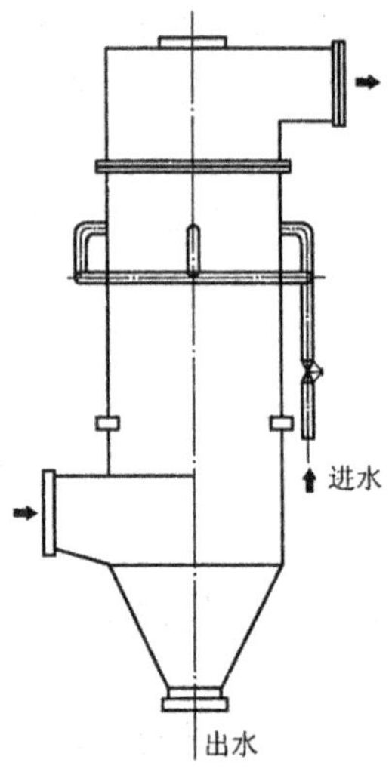

图 4-1 水膜除尘器

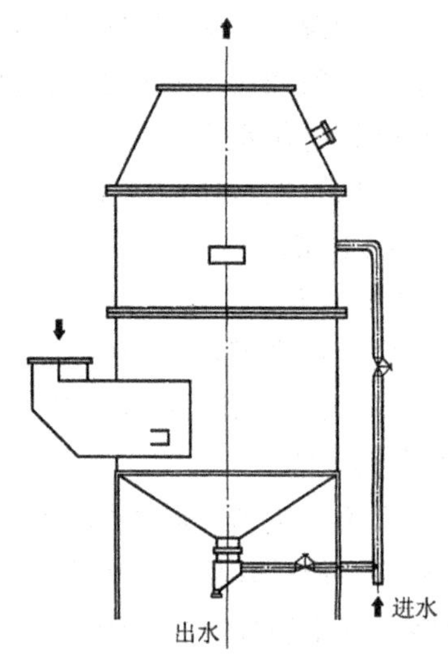

图 4-2 泡沫除尘器

c 卧式旋风水膜除尘器

卧式旋风水膜除尘器按脱水方式分檐板脱水和旋风脱水两种。除尘器外壳内壁形成水膜是除尘器获得较好除尘效率的关键。空气中的尘粒在离心力作用下被水膜吸收后，使空气得到净化。

除尘器给水水质要求为净循环水，给水压力为 0.15～0.20MPa，用水要求见表 4-8，用水示意图见图 4-3。

d SCJ/A2 冲击式除尘器

含尘气体从入口进入除尘器，气流转弯向下冲击水面，部分较大尘粒落入水中，气流继续通过“S”形通道时激起大量水花，使气水充分接触，绝大部分微细的尘粒混入水中，使含尘气体得以充分的净化。此除尘器有连续排灰和间断排灰两种控制方式。

除尘器给水水质要求为净循环水，给水压力为 0.15～0.20MPa，用水要求见表 4-9，用水示意图见图 4-4。

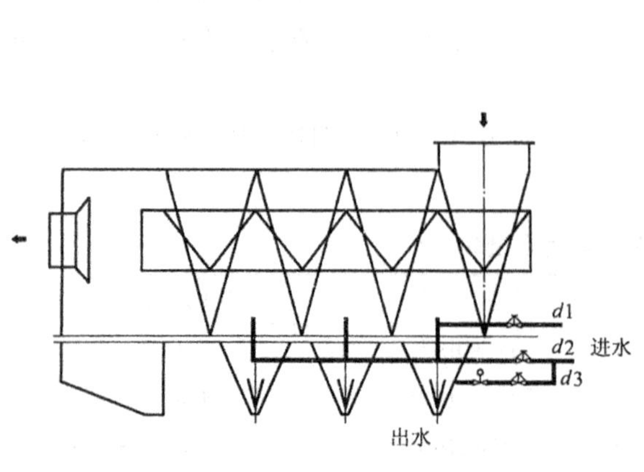

图 4-3 卧式旋风水膜除尘器

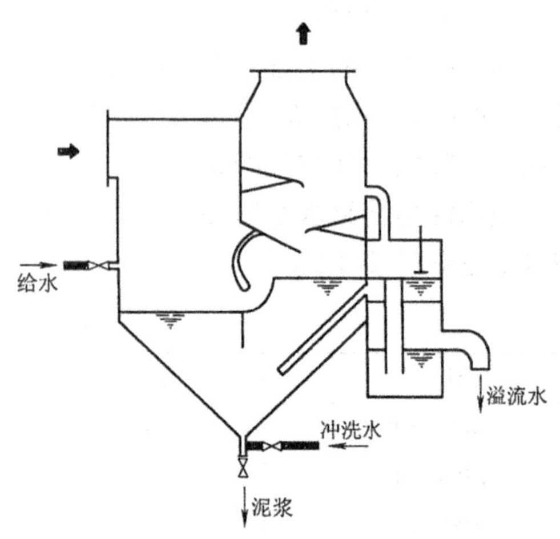

图 4-4 冲击式除尘器

表 4-8　卧式旋风除尘器用水量表

型号		用水量及供水管道					
		定期换水			连续供水		
		流量/$m^3 \cdot h^{-1}$	d_1/mm	d_2/mm	流量/$m^3 \cdot h^{-1}$	d_1/mm	d_2/mm
檐板脱水	1	0.17	25	40	0.12	15	15
	2	0.17	25	40	0.12	15	15
	3	0.27	32	50	0.14	15	15
	4	0.40	32	50	0.20	15	15
	5	0.53	32	50	0.24	25	25
	6	0.67	32	50	0.28	25	25
	7	1.10	40	65	0.36	25	25
	8	1.15	40	65	0.45	25	25
	9	2.34	40	65	0.56	25	25
	10	2.86	40	65	0.56	25	25
	11	3.77	40	65	0.70	25	25

型号		用水量及供水管道					
		定期换水			连续供水		
		流量/$m^3 \cdot h^{-1}$	d_1/mm	d_2/mm	流量/$m^3 \cdot h^{-1}$	d_1/mm	d_2/mm
旋风脱水	7	1.10	40	65	0.36	25	25
	8	1.15	40	65	0.45	25	25
	9	2.34	40	65	0.56	25	25
	10	2.85	40	65	0.64	25	25
	11	3.77	40	65	0.70	25	25

表 4-9　冲击式除尘器用水量表

型号	耗水量/$m^3 \cdot h^{-1}$			型号	耗水量/$m^3 \cdot h^{-1}$		
	蒸发	溢流	排灰		蒸发	溢流	排灰
SCJ/A2-5	0.0175	0.15	0.043	SCJ/A2-20	0.075	0.6	1.70
SCJ/A2-7	0.0245	0.21	0.602	SCJ/A2-30	0.105	0.9	2.55
SCJ/A2-10	0.0350	0.30	0.860	SCJ/A2-40	0.140	1.2	3.40
SCJ/A2-14	0.0490	0.42	1.200	SCJ/A2-60	0.210	1.8	5.10

4.1.1.3　冲洗地坪用水。

见 5.2.1.3 冲洗地坪用水。

4.1.2　给水排水系统

4.1.2.1　给水系统

破碎、筛分车间的给水系统根据用水要求，一般分为直流系统与循环系统。直流系统供给破碎设备的冷却、水封及水力除尘喷嘴使用。当直流给水系统水源为地表水，夏季水温与雨季水中悬浮物含量不能满足用水要求时，应进行适当净化处理。循环系统应分净循环水系统(即冷却循环水系统)和浊循环水系统,浊循环水系统一般为浓缩池的溢流水和污泥沉淀池的澄清水,用于要求不高的除尘设备与冲洗地坪等用水点。

4.1.2.2 排水系统

排水系统主要是生产废水的收集送系统,除尘器排出的生产废水用管道就近引入各层平台的地沟内与冲洗地坪废水汇集自流排至室外废水处理设施内进行处理。当不能自流时,应在最低处设置排水泵坑,用排水泵将废水扬送至废水处理设施内进行处理。

由于破碎、筛分车间一般均靠近选矿厂,为回收有用的矿物,目前有些破碎、筛分车间将废水送至选矿厂的螺旋分级机或水力分级机中,使废水中的原矿重新返回选矿工艺流程中。由于分级负荷的增加,对这样的处理要以不影响分级效率为前提。一般情况下破碎、筛分车间的废水均送至选矿厂的尾矿浓缩池进行处理,其污泥与尾矿一并送入尾矿库。

独立的破碎、筛分厂一般设专用废水处理沉淀池或浓缩池,澄清水可用于除尘器和冲洗地坪,污泥经脱水、干化后送至专用场地堆存。

湿式除尘系统排出的泥浆状的含尘废水,应纳入废水处理设施或排入尾矿浓缩池处理。

4.2 选矿车间

冶金矿山选别流程是由各种方法构成,如一段磁选、阶段磁选、强磁-浮选、强磁-重选、弱磁-强磁-重选等。

选矿车间一般由贮矿仓、磨矿分级、选别、过滤、转运站胶带通廊及精矿仓等组成。贮矿仓用水主要为除尘用水;磨矿分级主要为控制作业浓度用水、稀释用水和设备冷却用水;选别主要为工艺设备用水、流程用水和渣浆泵水封用水;过滤主要为真空泵用水。此外,还有各层平台、转运站及通廊的冲洗地坪用水。

4.2.1 用水户及用水要求

4.2.1.1 磨矿与分级

磨矿与分级是将破碎后的矿石进行磨细后再按粒径不同进行分级,依其在流程中的位置和作用分为 4 种,见图 4-5。

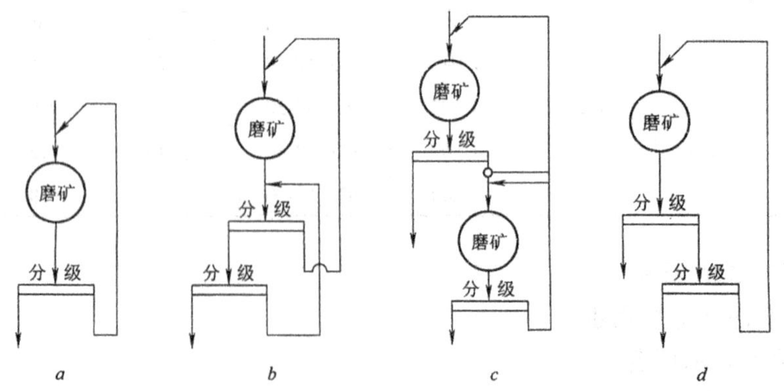

图 4-5　磨矿分级流程图

常用的磨矿机有棒磨机、球磨机、自磨机等,其构造均为水平安装的旋转筒体,一端给矿另一端排矿,在给矿口与排矿口处给水,水压要求不小于 0.15MPa

与磨矿机同时使用的分级设备一般采用螺旋分级机、水力旋流器、圆锥形分级机、水力分离机、槽形分级机和振动筛、弧形筛、细筛等。前者利用重力或离心力分级，后者以筛孔尺寸控制分级粒径。

螺旋分级机主要用于选矿厂磨矿回路中的预先分级和检查分级，以及洗矿、脱泥等作业。螺旋分级机一般在溢流堰及返砂槽处给水，水压要求不小于0.15MPa。

水力旋流器在选矿厂可单独用于磨矿回路的分级作业，还用于脱泥、脱水作业。一般在沉砂口处设置冲洗水管，水压要求不小于0.20MPa。

圆锥形分级机是一种简单的分级、脱泥及浓缩设备，外形为一倒立的圆锥。在作业中是否补加水视其工艺流程要求确定。

槽形分级机又称水力分级箱，是一种自由沉降式设备，利用矿浆在通道内水平流速大小的变化分别粗细粒级。一般在每个沉降斗底部加冲洗水，水压要求不小于0.20MPa。

直线振动细筛与高频振动细筛的主要用途，一是以提高分级效率为目的，做磨矿产品的控制分级；二是此段作业的粗粒级可直接作为中矿或尾矿排出。一般在筛面与返砂槽设冲洗水，水压要求不小于0.20MPa。

4.2.1.2 洗矿

设置洗矿作业的目的有三：一是防止矿泥堵塞工艺设备；二是直接获取精矿；三是提高产品的质量。常用的有圆筒洗矿机、带筛擦洗机、槽式擦洗机等。

圆筒洗矿机又称圆筒洗矿筛，它的洗矿圆筒由冲孔钢板、编织筛网制成或由钢轨构成条格形孔的筒体。筒内设压力冲洗水，水压为0.20~0.30MPa。小于筛孔的矿石、矿泥穿孔排出作为尾矿处理。

槽式洗矿机的结构与螺旋分级机相似。冲洗水压为0.15~0.20MPa。

洗矿给水应均匀喷洒在矿石上，一般在出水口加喷嘴，使水流成为伞形给水面，喷嘴与工作面的距离一般为矿石最大粒径的3~5倍。对难洗的矿石应提高给水压力，对水质无严格要求。用水要求见表4-10。

表4-10 主要设备作业用水定额

设备名称	原矿用水定额 $/m^3 \cdot t^{-1}$	用 途	设备名称	每台用水定额 $/m^3 \cdot d^{-1}$	用 途
浮选泡沫溜槽	0.8	冲洗水	多室水力分级机(第一段)	50~60	上升水
圆筒洗矿机	3~10	冲洗水	多室水力分级机(第二段)	40~50	上升水
圆筒擦洗机	3.0	冲洗水	多室水力分级机(第三段)	30~35	上升水
槽式擦洗机	4~6	冲洗水	ϕ850mm螺旋选矿机	0.5~1.8	冲洗水
固定筛	1.0	冲洗水	ϕ1000mm螺旋选矿机	1.0~1.5	冲洗水
振动筛	1~2	冲洗水	摇床(第一段)	40~50	冲洗水
水力洗矿床	0.8	冲洗水	摇床(第二段)	25~30	冲洗水
双层筛湿式筛分	1~2.5	冲洗水	摇床(第三段)	60~70	冲洗水
四室水力分级机	0.5~1.5	上升水	摇床(一次复洗)	50~55	冲洗水
跳汰机粗级别(76~12mm)	4.0	上升水	摇床(二次复洗)	50~55	冲洗水
跳汰机中级别(12~6mm)	3.0	上升水	摇床(中矿复洗)	30~40	冲洗水
跳汰机细级别(<3mm)	2.6~3.0	上升水			

4.2.1.3 重选

根据有用矿物与脉石的密度差来达到分选目的,矿粒群在运动介质(水)中经过松散而达到按密度进行分层,密度不同的颗粒进入设备的不同部位后分别排出。常用的重选设备有跳汰机、摇床、螺旋溜槽、螺旋选矿机、离心选矿机等。

跳汰机是用机械方法鼓动介质(水),使入选矿粒在垂直变速的介质中松散并按密度分层达到选别。

跳汰机给水是向选别区(即跳汰室中)补加恒压水,并使水流均匀分布在筛网上,对水质无严格要求。跳汰机的用水要求见表 4-11。

表 4-11 梯形跳汰机用水要求

跳汰机名称	跳汰室总数	给料粒度/mm	处理能力/$t \cdot h^{-1}$	用水要求			
				水量/$m^3 \cdot h^{-1}$	水质	水压/MPa	水温
1200mm×2000mm×3600mm梯形跳汰机	8	10~2	16~20	120~130	浊循环水	0.06~0.2	常温
		2~0	15	120	浊循环水	0.06~0.2	常温

摇床是利用机械摇动和水流以及矿粒自重的作用,使不同密度的矿粒进行分离。其给水主要用途为冲洗床面,对水量、水压均要求稳定。摇床的用水要求见表 4-12。

表 4-12 摇床用水要求

摇床名称	处理能力/$t \cdot h^{-1}$	床面尺寸/mm			用水要求			
		长	给矿端宽	精矿端宽	水量/$L \cdot min^{-1}$	水质	水压/MPa	水温
6-S	0.6~4.5	4500	1825	1560	19~75	净循环水	大于 0.05	常温
云锡式	0.2~1.5	4330	1810	1520	7~36	净循环水	大于 0.05	常温

离心选矿机是利用转鼓的高速旋转,使密度大的矿粒在离心力的作用下贴于鼓壁,溢流水从转鼓缝隙中排出,从而达到选别目的。不连续作业,耗水量大,水压要求高,控制机构有待进一步完善。离心选矿机的主要用水为冲洗精矿用水和隔膜阀用水(此设备在选矿中不常用)。

螺旋选矿机是一个直径为 ϕ600~1000mm3~6 圈的螺旋溜槽。矿浆自螺旋槽的上端给入,沿斜槽向下流动。在动力、摩擦力、离心力和洗涤水的作用下,小密度的矿粒靠近溜槽的外侧,大密度的矿粒靠近溜槽的内侧,精矿在流动中适当部位排出,尾矿在溜槽下端排出。

螺旋选矿机的给水,一般沿每一圈溜槽内侧设 4 个 d15mm 洗涤水嘴,用水量为 0.9~3.7m^3/h;水量与水压均要求稳定,可采用稳压水箱供水,水质为工业新水或净循环水。

螺旋溜槽与螺旋选矿机的构造及用水要求基本相同,只是螺旋溜槽的倾角比螺旋选矿机小,所以处理物料颗粒比螺旋选矿机小。用水量比螺旋选矿机大。

4.2.1.4 浮选

浮选是借助浮选剂产生的泡沫将亲水性不同的铁矿石与脉石分离。浮选机有槽式和柱式两种,主要用于赤铁矿、假像赤铁矿及非磁性矿物的选别。其用水主要为浮选溢流泡沫的冲洗用水,为提高冲洗强度应将管口做成扁口,水压不小于 0.15MPa,水量及水质由工艺要求确定。槽式浮选机给水点设在泡沫槽两端;柱式浮选机给水点设在泡沫溢流出口处。

4.2.1.5 磁选

磁选是选别磁性矿物，利用铁矿石与脉石磁性率不同将铁矿石与脉石分离。磁选设备分为弱磁选与强磁选两类，弱磁选机用于强磁性矿物，强磁选机用于弱磁性矿物，按工艺过程有用作粗选、扫选、精选。

弱磁选机通常采用永磁筒式磁选机，其主要用水为精矿冲洗用水和底箱冲搅用水，有时在给矿箱加水调整矿浆的浓度。冲洗水管及底箱冲搅用水管均由设备带来。

强磁选机通常采用平环式、立环式、盘式、辊式、感应辊式等强磁选机。其主要用水为介质球冲洗用水，以不断冲走磁极区介质球之间未被吸附的尾矿和无磁区介质球之间的精矿。

强磁选机用水要求由工艺确定，用水要求见表 4-13。

表 4-13 磁选机用水要求

磁选机分类	用水点名称	水压 /MPa	悬浮物含量/mg·L^{-1}		
			粗选磁选机	扫选磁选机	精选磁选机
永磁筒式	给矿箱补充水	对水压无要求	一般小于 1000	一般小于 500	一般小于 200
弱磁磁选机	底箱冲搅用水	不小于 0.15			
	冲洗精矿用水	不小于 0.15			
强磁磁选机	冲洗精、尾矿用水	不小于 0.15			

4.2.1.6 电选

电选机是利用矿物在高压电场内电极性的差异来分选矿石。电选设备不能用水只是在最终尾矿利用皮带机排矿时可加水稀释排出。

4.2.1.7 过滤

选矿生产的精矿产品需经过过滤脱水，以降低精矿中的含水率。常用的过滤机有筒形真空过滤机、圆盘真空过滤机、平面真空过滤机和压滤机等。

过滤机的用水主要为与过滤机配套使用的真空泵、滤液泵、气水分离器用水及冲洗滤布用水。

水环式真空泵主要用水为开始工作时的充水及正常工作时的补充水，水质为净循环水，水压无严格要求，水量可根据设备接管管径估算或由工艺提供。

滤液泵一般采用渣浆泵，渣浆泵水封及冷却用水可按渣浆泵铭牌流量的 1% ~ 2% 考虑，大泵取小值，小泵取大值。

4.2.2 给水排水系统

4.2.2.1 给水系统

按用户对水质要求可划分为工业新水系统、净循环水系统、浊循环水系统、尾矿坝回水系统；按用户对水压要求可划分为常压（稳压）水系统、局部中压水系统。

给水系统的选择既要考虑节省投资和经营费用，也要考虑系统的简化。按工艺生产的系列配置给水系统。当低压水量远比中压水量小时可与中压水系统合并；而中压水量远比低压水量小时可在低压水系统的基础上局部再进行加压。

4.2.2.2 管网布置

不同给水系统的室内干管尽可能设计双端进口，如图 4-6；双端进口可以接自室外干管，也可以接自泵房双端进口，如图 4-7。

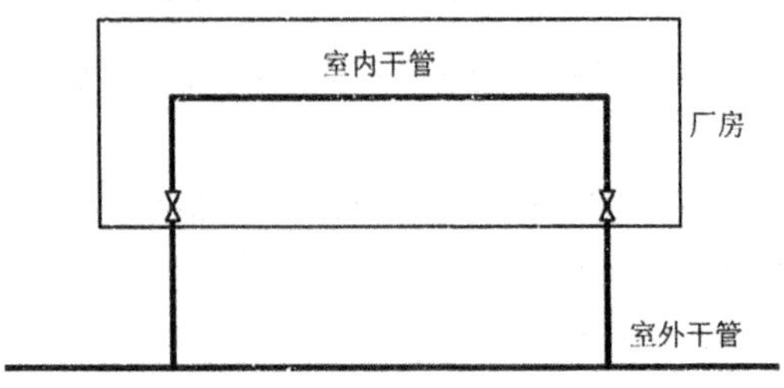

图 4-6 双端进口室内干管简图

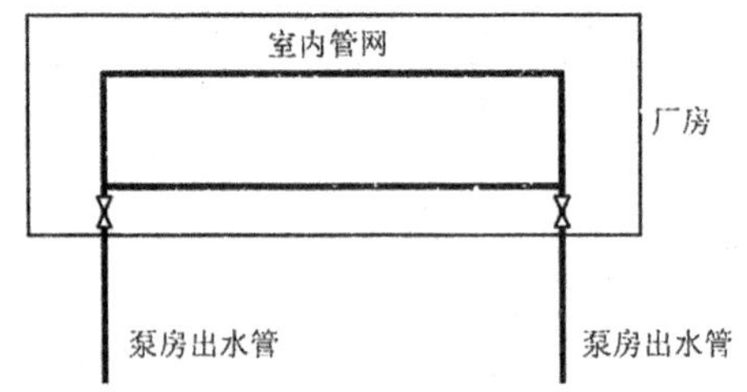

图 4-7 双端进口环状室内干管简图

不同给水系统的室内干管，根据用水点分布情况，可以设计成环状。每一进水干管应设计测量仪表。

厂房内各个给水系统之间一般应设联络管及阀门以便临时性互补之用。有时须在必要部位设置止回阀，以减少循环或回水对新水系统的污染。

4.2.3 废水及尾矿

厂房内各层平台一般均应设冲洗地坪给水，冲洗后的废水由地漏（或地面排水沟）收集至排水立管排入最低层综合地沟内与选矿工艺的最终尾矿一起流入尾矿浓缩池进行处理，如不能自流则用尾矿泵扬送至尾矿浓缩池。若厂房内的废水与工艺流程的部分尾矿可在某一汇集处能自流至尾矿浓缩池处理，可不将此高度以上汇集的废水及尾矿排入最低层的地沟和泵坑内，以减少投资和降低经营费用。厂房内地沟坡度一般为 0.01～0.06。

湿式除尘器排出泥浆状的含尘废水，应纳入废水处理设施或排入尾矿浓缩池处理，以减少对水体的污染，提高水的循环使用率。

4.3 矿浆输送设施给水排水

采用管道输送矿浆是选矿厂最常用的运输方式，它包括原矿、中矿、尾矿及精矿的厂内倒运；尾矿送入尾矿库的厂外短距离运输；精矿的长距离运输。短距离和长距离管道运输在设计原则、运行工况、系统构成工艺技术和控制水平等方面存在着根本差别，在给水排水设施的配备上各有不同。在矿浆输送系统中普遍采用浓缩池处理矿浆是它们的共性，如用于原矿及中矿脱水、精矿脱水、尾矿浓缩回水、管道冲洗及过滤水处理等，各种功能的浓缩池对给水排水的要求是基本相同的。

4.3.1 浓缩池

4.3.1.1 浓缩池给水

A 浓缩池充水

浓缩池在投入运行前，池内应事先放水充满，以保证溢流水及时进入环水系统及其用水点，并满足底流排泥的压力要求。充水可采用新水或环水，充水流量无定量要求，流量不足时可延长充水时间。

B 浓缩池排放管道冲洗

浓缩池底流排矿一般设两条(一用一备)管道，当一条管道停止使用时，须将该管道内的矿浆冲洗干净，冲洗管道的给水流量宜等于排矿管的临界流量，冲洗水可采用新水或循环水。当采用新水时，一般与浓缩池底流渣浆泵的水封给水管合用给水系统；当采用循环水时，应引入专用冲洗管。在计划停产时，浓缩池给矿中断后，浓缩池及底流泵维持运行一段时间，将浓缩池矿浆基本排空。直接利用池中清水冲洗管道，此时，不需要打开冲洗水管的阀门。此外，排矿管口也容易堵塞，常利用底部冲洗管清通管口，此时冲洗水向池内反冲。浓缩池冲洗管道安装见图 4-8。

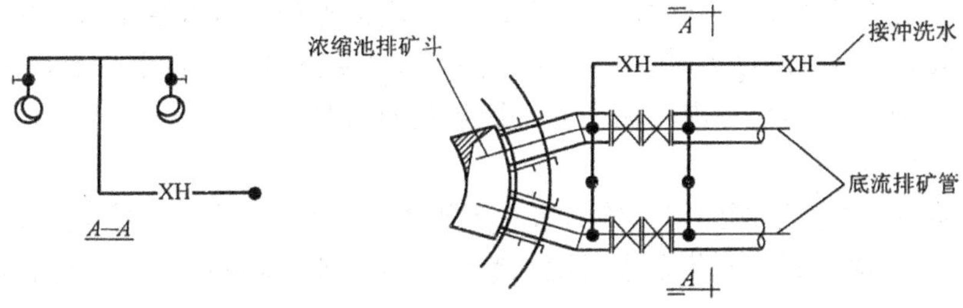

图 4-8 浓缩池底流冲洗管配置图

XH—循环水

C 浓缩池冲洗

浓缩池放空检修前，由于池底及耙架上滞留许多矿浆，须将其冲洗干净并由底流排放管排出。冲洗管道采用 DN25mm 夹布胶管，冲洗水质无特殊要求，水压为 0.2～0.3MPa，冲洗流量可采用 3.6～5.4m^3/h。

4.3.1.2 事故处理设施给水排水

当矿浆输送系统发生故障时，浓缩池的矿浆滞留过久会造成压耙事故，故须将池内矿浆放入事故池存放，以回收有用矿物和避免环境污染，事故池的矿浆往往要回收进入原有处理系统(浓缩池或输送系统矿浆仓)，因此事故池常设有事故矿浆回收设施，一般采用水力造浆方式将事故池沉积矿粉冲起后造成浆体，再用渣浆泵将浆体送回原有系统。

水力造浆采用胶管(或带水枪)冲，水质不限，冲搅水压为 0.20～0.30MPa，每支水枪冲洗流量为 3.6～5.4m^3/h，采用水枪数量按渣浆泵流量而定。

渣浆泵水封按不同泵型供给不同流量，水质水压要求参见 4.3.2.1 有关内容。

4.3.2 短距离矿浆输送设施给水排水

4.3.2.1 矿浆加压泵站

短距离矿浆输送采用离心式渣浆泵为最普遍，在尾矿输送系统也常采用油隔离活塞泵、隔膜泵和水隔离泵。其中油隔离泵和隔膜泵本体无生产用水。

A 离心式渣浆泵水封及冷却用水

采用填料密封的离心式渣浆泵都需供给水封水，水封水压一般大于泵的压力值0.035～0.05MPa，当泵压较高时，可取用0.05MPa以上，个别要求0.10MPa。

水封水量一般可按渣浆泵额定流量的1%～2%取值，大型泵取小值，小型泵取大值。其中沃曼泵轴封水量因托架形式而异，见表4-14。

表4-14 沃曼泵水封水量表

托架形式	A	B	C	D	E,F	R	S,ST	T,TU	U
轴封水量/$L\cdot s^{-1}$	0.15	0.25	0.35	0.55	0.70	0.70	1.20	1.60	2.10

某些大型渣浆泵的轴承油箱需要提供冷却水，其水量和水压按设备要求而定。当经过验算可行时，渣浆泵轴承的冷却水可复用于水封用水。水封及冷却水均应采用浊度不高于30mg/L的新水或循环水。

当渣浆泵配套的调速设备（如液力耦合器）和电动机采用水冷设施时，其给水要求见4.3.3.3有关内容。

当矿浆输送系统为多级串联泵站时，各级泵站应优先利用就近给水系统供水（如尾矿回水），当必须从上一级泵站送水时，本泵站的给水中，水泵流量应累计下一级以后各泵级站的转输流量，其加压泵扬程仅考虑转输至下一级泵站的需要。

B 液压阀门动力用水

以水为动力源的液压阀门须供给具有一定压力的工作水，水压应根据液压阀门的产品样本要求确定，一般可利用渣浆泵水封用水给水系统的水，水量可忽略不计，其排水可就近外排。

C 水隔离泵用水

水隔离泵是以清水泵为动力源，必须提供动力水源，一般采用循环水，以采用多级离心水泵为动力源的为多。泵站通常设于选矿厂区，很少设多级泵站。水隔离泵本体中水和矿浆交替置换，使水、浆交接面相互混掺，动力水进入矿浆而损耗，损耗量为3%～8%，平均约为5%，同时矿浆也混入动力水中，使水质变混，故一般利用尾矿浓缩池溢流水作为动力水，混浆水返回浓缩池使其得到澄清，故进出水量基本保持动态平衡，当尾矿库不能回水时，混入矿浆中的耗损水量应由厂区新水系统给予补充。

4.3.2.2 矿浆管道用水

A 补充用水

有下述情况之一的矿浆管道都应设补充用水：

(1)选矿厂产量很少，矿浆不经浓缩的流量仍不能满足最小输送管径的临界流量要求，通常限定矿浆管道最小管径为 *DN*50～70mm，数十米以内的短距离取下限，反之取上限，必须补充水使其满足最小输送管径的临界流量。

(2)选矿厂产量不少，但矿浆未采用浓缩处理，矿浆流量不能保持稳定，矿浆管道的流量依靠间隙性补充水进行调节。

(3)有浓缩设备，但进入尾矿砂泵站的流量不能保持稳定，需要在砂泵站设补充用水。

补充用水的供给一般设在砂泵站的矿浆仓上，水质、水压无要求，水量的供给以满足管道临界流量为准，操作时视矿浆仓液位的波动情况开、关给水阀门。

B 矿浆管道冲洗水

矿浆管道是否冲洗,取决于矿浆管道的输送浓度、敷设条件和气温等因素,一般矿浆输送浓度较高,管道敷设坡度较大,有倒虹吸管段和冰冻地区的矿浆管道都应考虑管道冲洗操作。冲洗时间选择在停泵运行之前和转换管道之前,冲洗水的流量按矿浆管道临界流量确定,冲洗水质无要求。冲洗水的压力可利用矿浆加压泵直接压送,也可由高位水池或专用加压水泵供给,当给水系统不能确保水量时,冲洗水应贮存在高位水池中,贮存量按矿浆管道总容积确定。

4.3.3 长距离矿浆输送系统给水排水

4.3.3.1 腐蚀抑制剂制备用水

长距离矿浆输送的主管道常采用钢质管道(碳钢或合金钢),为了控制输送管的腐蚀速率,在被输送的矿浆中需投加 pH 值调整剂,使 pH 值保持在 9 ~ 11 某一定值上:在输送水批水或冲洗水时,则在水中投加除氧剂,pH 值调整剂常采用 NaOH 或 $Ca(OH)_2$ 强碱溶液:除氧剂常采用 Na_2SO_3 溶液。投加这些药剂时通常要加水配制成浓度为 1% ~ 3%的溶液,当采用生石灰(CaO)时还要加水进行消化。用水量需根据采用的药剂品种、配制浓度及投加量计算确定。用水水质、水压无特殊要求。

4.3.3.2 底流泵站及喂料泵站

底流泵及喂料泵常选用离心式渣浆泵,其给水要求与 4.3.2.1 相同。

4.3.3.3 主线泵站

主线泵常采用柱塞泵、普通活塞泵、油隔离活塞泵或隔膜活塞泵。活塞类泵本体不用水,柱塞泵一般为水冲式构造,需供给冲洗柱塞用水,用水量为浆体主泵额定流量的 1% ~ 3%,取高值有利于延长柱塞及柱塞缸使用寿命,但使矿浆浓度降低,当输送系统为多段串联运行时,应控制冲洗水量,以免影响矿浆的流变特性和安全运行。冲洗水采用工业新水,给水水压由主线泵自配冲洗泵保证。

当主线泵配套的调速设备采用液力耦合器或配套电动机采用水冷式结构时,需要供给冷却用水,冷却水量按设备样本要求确定,水压要求 0.20 ~ 0.30MPa,水质要求为工业新水,冷却水可循环使用或复用于腐蚀抑制剂的制配给水,也可以作为选矿厂循环水系统补水。

起点站(起点泵站)的生产、生活用水由选矿厂统一供给;中间泵站的生产、生活用水由就近自备水源或已有自来水系统供给。

4.3.3.4 主管道用水

长距离矿浆管道系统可按连续输送、批量输送和间断输送三种工况进行设计。由于选矿厂产量不可能始终保持恒定,按连续输送工况设计的管道系统也会出现批量乃至间断输送的运行工况。故都要求提供水批水和冲洗水的技术措施。

水批水和冲洗水流量按主管道设计矿浆流量值确定,水批水的一次总量按最不利水批量时间与流量之乘积确定;冲洗水的一次总量按冲洗管段容积确定。水批水和冲洗水都要贮存于主线加压泵站附近的高位水池中,水池有效容积按冲洗下一段管道总容积的 1 ~ 2 倍水量或按最不利水批水的水量确定,取其中最大值。补水时间通常不超过一次浆批的输送时间。原则上要求每一座主线泵站设冲洗水池和给水水源,当某一级泵站无水源时,应在前一级泵站水池中贮存两级泵站管段的冲洗水。

冲洗水的水压由输送主泵提供，水池高度应满足喂入主泵压力，即大于等于 0.30MPa。水质要求一般应进行除氧处理，浊度要求与选矿厂循环水一致。

4.3.3.5 终点站的给水排水

A 给水

终点站一般设有过滤站、搅拌槽或局部流态化矿仓、底流泵站、喂料泵站、浓缩池及中和池等设施。

过滤站给水见 4.2.1.7。

底流泵站和喂料泵站给水见 4.3.2.1。

浓缩池给水见 4.3.1.1。

局部流态化矿仓给水水量和水压要求按设备说明书提供，水质要求工业新水，

终点站的生产、生活用水一般应由矿浆后续处理厂矿统一供给；多余的生产废水经处理后送回矿浆后续处理厂矿使用或就近排放。

B 生产废水处理

终点站的生产废水来源于水批水、冲洗水、过滤站滤液及水浆混合段废水，废水中挟带大量矿浆，需要处理后将矿物回收，故一般都设水处理浓缩池，浓缩底流返回过滤站回收，浓缩池的选型参见《选矿厂尾矿设施设计手册》。由于矿浆 pH 值较高，生产废水 pH 值指标不符合排放标准，需加酸进行中和处理。故经浓缩之后的溢流水还应进入中和池，中和池的容积，按停留时间 2~4h 确定。非混浆段的水批冲洗水水质较好，可直接排放或混入中和池出水作稀释水排放，如终点站有相应的用水户，应优先作为复用水加以利用。

终点站的水处理流程见图 4-9。

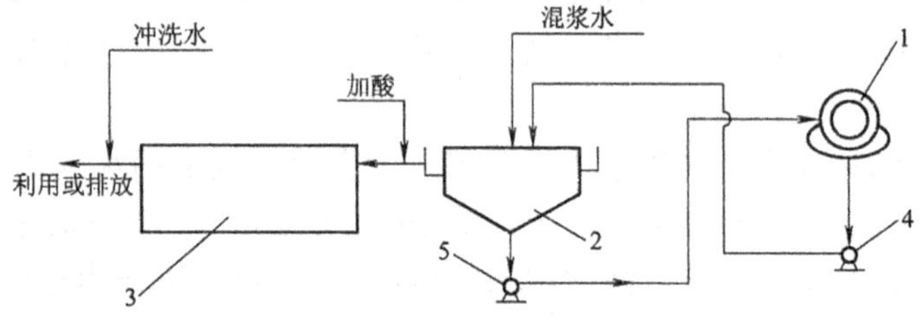

图 4-9 终点站水处理流程图

1—过滤机；2—浓缩池；3—中和池；4—滤液泵；5—底流泵

4.4 选矿厂厂区及厂外给水排水

4.4.1 给水排水系统

4.4.1.1 水量的确定

A 选矿工艺用水

选矿工艺用水量按工艺提供的矿浆流程图计算确定，对于磨矿系列较少的选矿厂，应注意按同时工作系列的最大处理矿石量进行核算。

B 间断用水户

机修化验设施用水、生活用水、冲洗地坪用水等用户，应根据一日内总用水量的 24h 平

均值计算决定:用水高峰时靠贮水池供给,用水低峰时向贮水池补水。但在计算管网时,应按小时最大用水量计算管径。

C 消防用水

消防用水量按《建筑设计防火规范》确定,一般选矿厂将一次消防用水贮存在高位水池中,消防水池中的消防水量应有不被挪作他用的技术措施。一次消防后,消防水池补充水的时间应不超过48h。

D 冲洗管道用水

有时需要在高位水池中贮存矿浆管道输送系统冲洗用水,冲洗后高位水池恢复贮水时间不超过48h。矿浆长距离管道冲洗水量亦不能被挪作他用。

E 未预见水量

选矿厂的各种给水系统(新水、循环水和尾矿库回水)由于下述原因要考虑留有余地:

(1)由于生产用水指标和处理能力的增大,即由于设备挖潜使用水量增大;

(2)由于给水管网漏损和未预计到的用户,要求给水量增大;

(3)由于原矿品质的变化,使某些作业用水量增大。

未预见水量(通常按总用水量的1.1~1.3倍考虑),系数的大小应综合上述各种因素,选取适当的数值,一般按下述规则选取:

(1)选矿厂规模较小时采用大值,反之采用小值;

(2)用水条件和用水指标不够清楚的新设备和新工艺采用大值;

(3)工艺设备能力指标选取较低或留有较大余地时采用大值,反之采用小值;

(4)复用水及循环(回)水所占比率较大时新水采用大值,循环水采用小值;反之新水采用小值,循环水采用大值。

4.4.1.2 给水排水系统

给水排水系统的确定原则一般如下:

(1)应尽量采用循环水、复用水和尾矿库回水,以减少新水用量和废水排放量。只有在总用水量不大或用水指标(每吨原矿用水量)不大时,才将尾矿矿浆不经浓缩直接送往尾矿库;对于新水水源投资或经营费较高或缺水地区,一般应采用尾矿库回水。对于个别选矿厂由于矿浆粘度较大(如浮选)或尾矿颗粒较细不易沉降时,尾矿矿浆可不经浓缩直接送往尾矿库,也可投加絮凝剂加速沉降,浓缩后送往尾矿库。

(2)工艺流程中某些个别部位排出的浓度较高的尾矿,或尾矿颗粒较细不易沉降且总量不大时,可不经浓缩直接送往尾矿库,见图4-10。

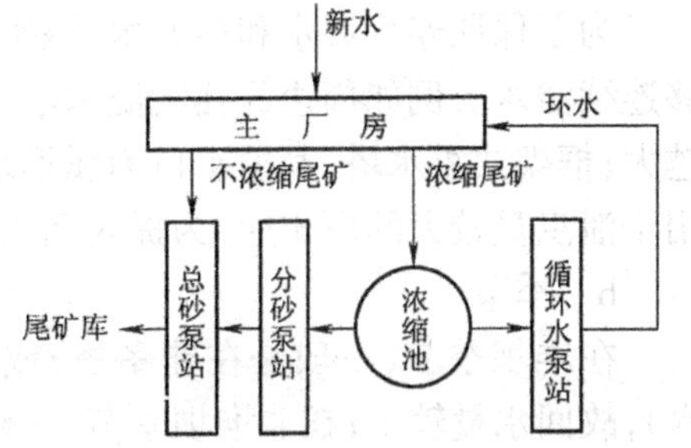

图4-10 尾矿分别处理流程简图

(3)应尽量按分质、分压和分温的原则确定给水排水系统,以减少给水和废水处理费用,降低经营费。

(4)做好综合利用,例如采用温度较低的新水供给设备冷却用水,设备排出热水再供其他要求热水的用户或对水温无要求的用户。

(5)贯彻环境及水资源保护方针,尽量少用新水,少排或不排废水,排水应符合工业“三废”排放标准。例如浓缩池溢流水不能全部回收使用时,其外排部分应做进一步处理,使其悬浮物含量不大于200～300mg/L(后者为改、扩建工程)。特别应指出，目前赤铁矿的浮选厂，由于采用氧化石蜡皂、塔尔油和碳酸钠等浮选药剂，因此矿浆粘度较大，自尾矿库排出的废水pH值较高，悬浮物不易沉降且含有浮选药剂，不能直接排放，应回用于浮选流程，但应取得浮选废水处理及回收使用的试验研究资料。

根据选矿厂水源及尾矿场位置的不同和同一水源及尾矿场位置的不同，给水系统可能存在多种给水排水方案。当这些方案不能简单决定取舍时，须对各种给水排水方案进行技术经济比较后确定。

几种不同选矿厂的水量平衡图见图4-11～图4-15。

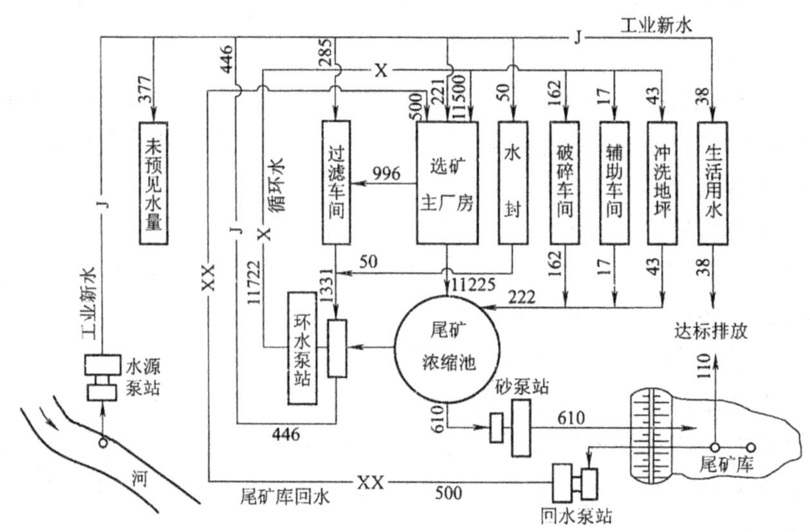

图4-11　某磁选厂水量平衡暨流程简图

J—工业新水；X—循环水；XX—循环回水管路

4.4.1.3　尾矿库回水利用

尾矿库排出的澄清水是选矿厂的良好水源，设计中应加以利用，并尽可能利用尾矿库的静压力自流回水。

A　影响回水量的因素

a　溢水构筑物的形式

为了保证连续回水和多回水，溢水构筑物的溢水口应保证在尾矿库水位逐年上升时能够连续溢水。例如周边开孔式溢水塔，其溢水孔应按重叠形式布置，重叠程度越大，回水量越大；框架式溢水塔，其溢水口为弧形堰，弧形板的高度越小，回水量越大，框架式溢水塔适用于泄洪量较大的尾矿库，为提高回水量，最好采用周边开孔式专用溢水塔。

b　季节

在堆坝季节(一般是在非冬季)或入冬前，由于需要不断抬高尾矿库内的水位(进行蓄水)，故回水量较小；在非堆坝季节(一般是在冬季)，由于尾矿场内的水位固定，故回水量较大。在汛期前，由于需要降低水位准备调洪，故此时回水量较大。堵塞溢水塔以抬高水位时的回水量，应按堵塞后的溢水孔或流水堰的数量和水位通过计算确定。由于上述原因，回水量存在波动情况，应在新水的补给和回水调节量措施上给予考虑。

对于北方冰冻地区的尾矿库，在冬季由于尾矿库形成冰层而停止蒸发，尾矿库水位固

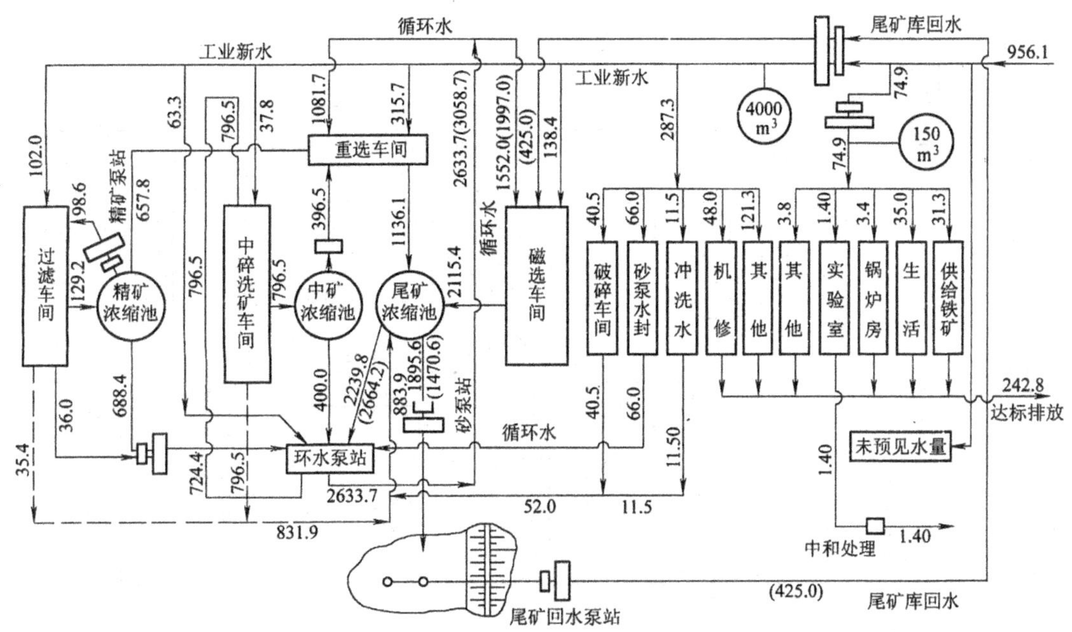

图 4-12 某磁重选厂水量平衡暨流程简图

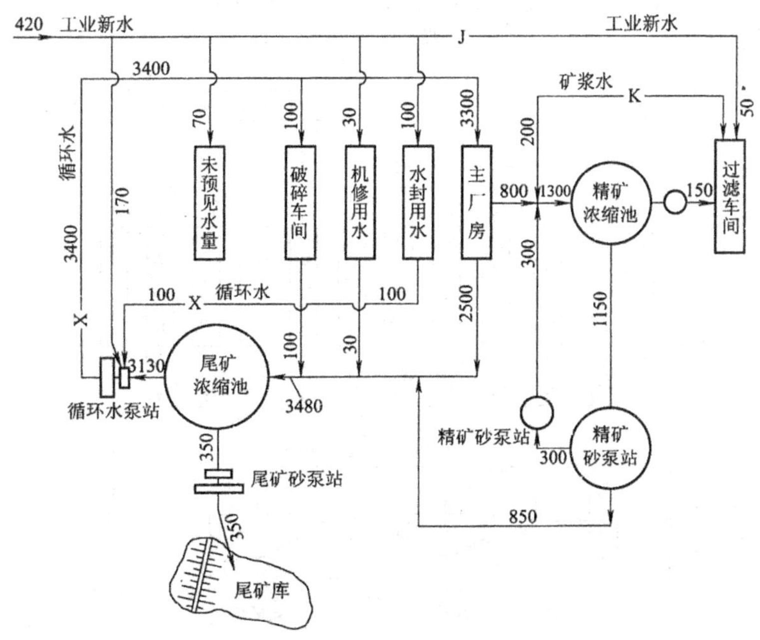

图 4-13 某浮选厂水量平衡暨流程简图

J—工业新水；X—循环水；K—矿浆

定；尾矿排入尾矿库而增加溢水量，故在冬季时其回水量接近排入尾矿库的矿浆量（以体积流量计），其回水率可接近 100%，冬季时尾矿库结冰不应作为损失计算。

B 提高回水量的措施

提高回水量的措施一般如下：

（1）将尾矿库的渗透水收回利用，例如：将尾矿库渗透水收集起来，再通过渗水泵站打

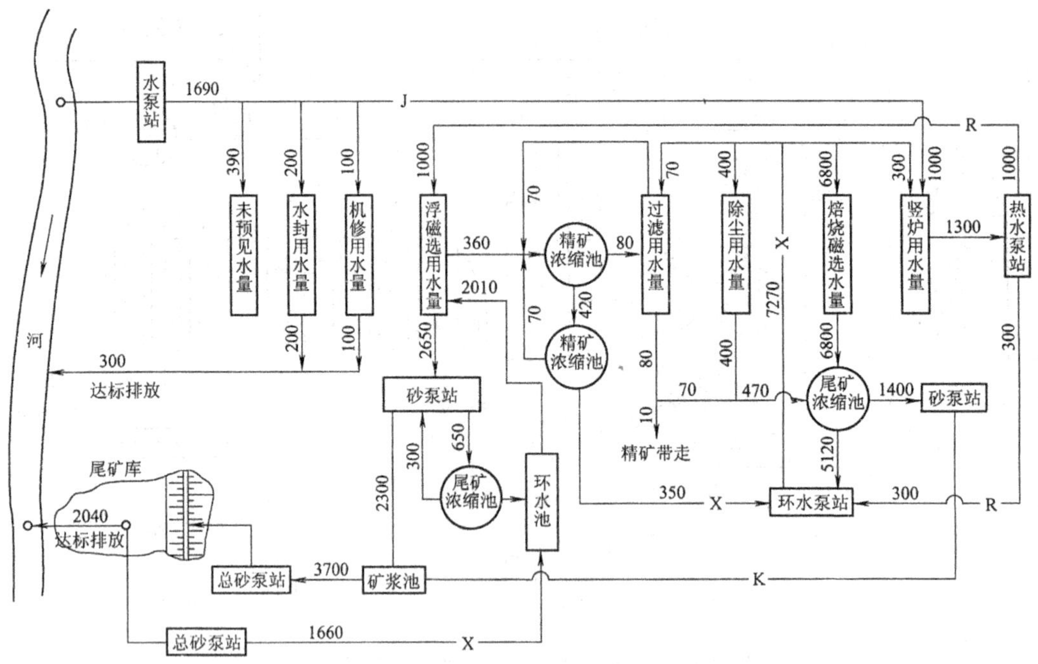

图 4-14　某浮磁选、焙烧磁选厂水量平衡暨流程简图

J—工业新水；R—热循环水；X—循环水；K—矿浆

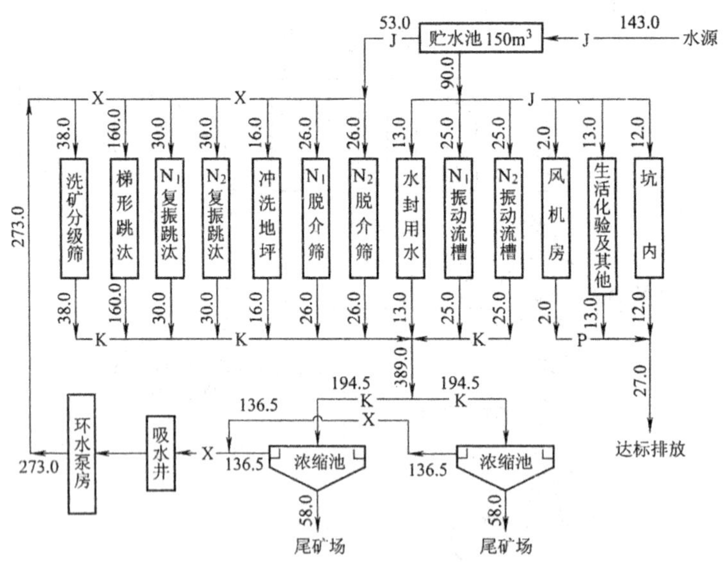

图 4-15　某重选厂水量平衡暨流程简图

J—工业新水；P—生产排水；K—矿浆水；X—循环水

入尾矿库内予以回收(当尾矿水中含有有害物质不允许排放时，亦可采取此种措施)；或将库体与坝基渗透水收集起来，引入回水管内予以回收。

(2) 可设置容积较大的调节池，作为回水调节设施。回水系统及调节水池设置高度的选择，应视尾矿库与选矿厂的距离、高差和回水量经技术经济比较确定。

(3) 当尾矿库的汇水面积较大时，为了提高回水量，尾矿库可同时作为水库进行蓄水，此时在水量平衡中应进行径流计算。一般尾矿库的汇水面积不大，因此不考虑径流蓄水，大部分降雨在一两日内即通过排洪设施泄出，在水量平衡中不作径流计算。

C *尾矿库静压力的利用*

通过尾矿水力输送系统放入尾矿库内的水，由于水位的不断提高而获得了位能，回水应尽可能地利用其能量，避免澄清水排出库外后再经回水泵进行加压而浪费电力。

目前尾矿库静压力的利用有下述方法：

a 对于压力回水

(1) 在钢筋混凝土管内(图 4-16)或隧洞内(图 4-17)设压力回水管进行回水，压力回水管头部与回水专用溢水塔连接，洪水通过洪水专用溢水塔泄出库外。

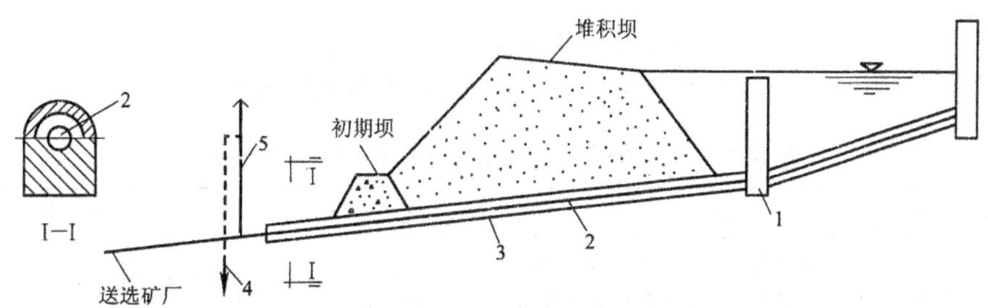

图 4-16 钢筋混凝土管内设压力回水管

1—压力回水专用溢水塔；2—压力回水管；3—钢筋混凝土管；4—溢流管；5—沿山坡敷设的恒压管

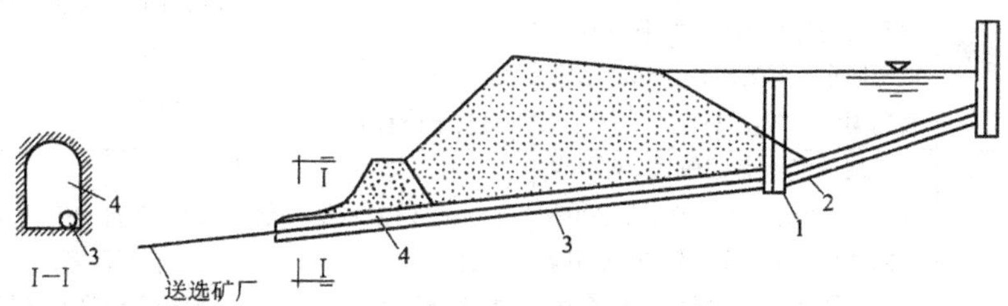

图 4-17 隧洞内设压力回水管

1—压力回水专用溢水塔；2—洪水专用溢水塔；3—压力回水管；4—隧洞

根据需要，隧洞内设压力回水管时，在库外也可设沿山坡敷设的恒压管。设恒压管的目的，是为了保证压力回水管内的水压不超过管材的允许工作压力。

(2) 压力隧洞外接压力回水管进行回水，隧洞头部与溢水塔连接，隧洞尾部进行压力封闭，并由此再接出压力回水管和压力排洪管，排洪管上设闸阀并在出口作消能设施，详见图 4-18。

b 对于高位无压自流回水

当尾矿库内水位达到一定高程后，通过专用无压自流回水管回水直接供选矿厂使用。无压自流回水管头部与回水专用溢水塔连接，洪水通过洪水专用溢水塔泄出。

各种静压力回水方法的适用条件和优缺点见表 4-15。

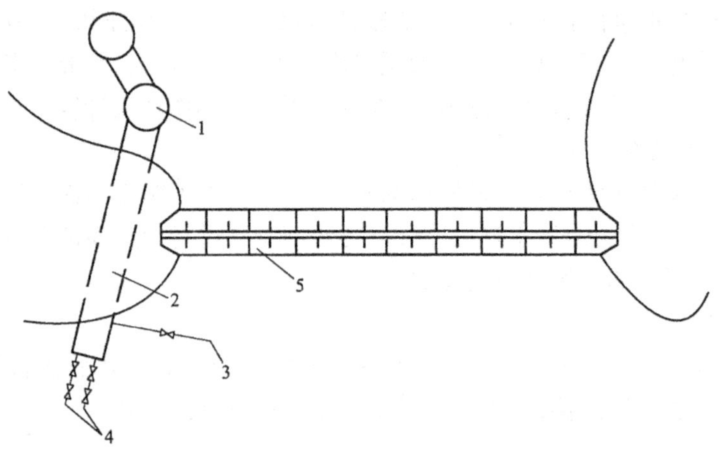

图 4-18　压力隧洞回水管简图

1—溢水塔;2—隧洞;3—压力回水管;4—排洪管;5—初期坝

表 4-15　各种静压力回水方法的适用条件及优缺点

静压力回水方法	适用条件	优　点	缺　点
钢筋混凝土管内设压力回水管	适用于汇水面积较小地基基础较好的尾矿库,并注意钢筋混凝土管接头处要做好止水,防止漏水	(1)施工速度快; (2)投资省	(1)承受外荷重较大; (2)易沉陷,易漏水; (3)出了事故对尾矿库有威胁
隧洞内设压力回水管	适用于汇水面积较大,采用隧洞泄洪的尾矿库(亦可采用专设隧洞回水),并要求作好压力回水管的固定并防止冲刷	(1)不承受尾矿堆积荷重; (2)安全; (3)便于检查和检修	(1)压力回水管在排洪时受冲击力大; (2)易腐蚀
压力隧洞外接压力回水管	适用于汇水面积较大,调洪容积较大,初期不需压力回水(初期不封闭洞口)的尾矿库,排洪闸阀的操作要求灵活可靠,闸阀坚固耐用	(1)不专设溢水塔和管道; (2)投资稍省	(1)不能自动排洪,需人工控制闸阀,管理麻烦,不安全; (2)排洪时洪水能量大
高位无压自流回水	适用于初期为低位无压自流回水(建回水泵站),后期为高位无压自流回水(不用回水泵站)的尾矿库存	(1)可在后期建,分期投资; (2)无压,管道工作安全	(1)施工工期受限; (2)回水率较低

D　回水系统能力的确定

在回水较为经济和可能时,应最大限度地采用回水而少用新水;为此,回水系统的能力应按冬季时最大可能和需要的回水量确定。

4.4.1.4　新水与尾矿库回水的联合应用

(1)正常情况下尾矿库已开始回水时,即应最大限度地利用尾矿回水,例如冬季回水量较大,回水率接近 100%,此时可减少新水水源给水量,以节约耗电费。尾矿库回水系统的能力应按最大回水量进行设计。

(2)一般尾矿库投产初期没有回水,从投产到能够回水的时间较长,特别是当采用渗透系数较大的筑坝材料筑坝时，渗水量较大，达到能够回水的时间更长，一般从投产到能够回水的时间约为0.5~1.0a。为了保证选矿厂投产初期不能回水时的正常生产，须采取临时措施保证生产，一般在确定新水水量时，应考虑初期回水量的不足因素。

选矿厂用水指标见表4-16。

表4-16 选矿厂用水指标

序号	选矿方法	选矿比	每吨原矿用水指标/$m^3 \cdot t^{-1}$			备 注
			新 水	循环水(包括尾矿库回水)	合 计	
1	磁选	2.44~3.01	1.8~2.14	9.98~12.1	11.78~14.24	
2	浮选	2.30	6.30		6.30	大部分冶金厂排出的余热水
3	浮-磁联选	2.03~3.40			5.97~6.67	
4	焙烧磁选 其中竖炉磁选	2.64	2.5 1.80	12.0 10.20	14.50 12.00	
5	干磨干选	2.12	0.8	1.2	2.0	一段干式自磨
6	磁选	2.71	1.35	7.65	9.0	一段湿式球磨
7	磁-重选		1.95	11.05	13.0	
8	磁选	2.39	1.60	9.16	10.76	一段湿式自磨

4.4.2 输水管线与厂区管网

4.4.2.1 输水管线

选矿厂的输水管线一般设一条，当选矿厂分期建设时，输水管线可分期建成或一次建成。分期建成时，按初期规模用水量建第一条，按最终规模用水量增建第二条，两条共用满足最终规模用水量的需要。输入管线是否分期建设，应进行技术经济比较确定。当采用两条输水管线时，其管径应尽量相同。

输水管线应按照以下原则敷设：

(1) 尽可能采用自流输送；

(2) 在山区敷设管路时，应尽可能避免敷设在过高处，以免增加水泵站的额外扬程，必要时可开凿隧洞通过；

(3) 应尽量避开矿山开采界限地下开采塌陷滑动区域和废石场堆置界限；

(4) 注意躲开易产生电化学腐蚀区域，若不能避开时须采取有效的防护措施；

(5) 其他要求见《给水排水设计手册》第3册。

4.4.2.2 厂区管网

A 厂区管网的敷设原则

厂区管网的敷设原则一般如下：

(1) 保证各用水户对水量和水压的要求，一般按一天内最大小时用水量计算管径。对于消防给水管网，最小管径为100mm；

(2) 管网的主干线应通过主要用户区域，并以最短距离向主要用户和贮水池送水；

(3) 消防给水管网(包括生产、消防合用给水管网)应采用环状管网，但在建设的初期或室外消防用水量小于15L/s时，可采用枝状管网。

(4) 当采用环状管网较枝状管网为经济时,应采用环状管网。

(5) 主要用户及大的厂房或厂房与管网主干线距离较近时,一般应采用两条或两条以上进水管。

B 新水、尾矿库回水厂区管网

选矿厂厂区管网一般线路不长、压力低、事故几率少且便于检修,选矿厂用户较为分散,因此一般采用枝状管网较为经济。

C 厂内循环水管网

循环水的主要用户是主厂房的工艺设备用水,且循环水泵站距主厂房的距离较近,与主厂房室内干管形成环状较为经济,故厂内循环水系统一般采用环状管网,见图 4-19。

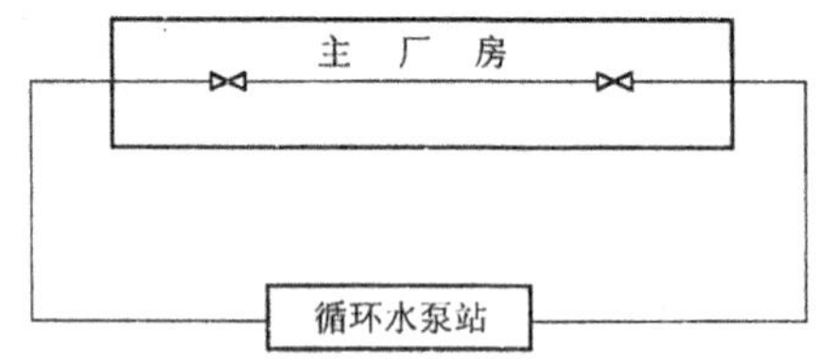

图 4-19 循环水系统管网简图

4.4.3 给水排水构筑物

4.4.3.1 高位水池

A 用途及设置条件

主要用途是调节水量、稳定水压、贮备事故用水、消防用水和冲洗浆体管道系统用水,并兼有安全给水的作用。各给水系统是否需要设置高位水池,应根据各用户一天内用水量波动的大小、水压允许波动的大小、是否允许间断给水、是否有上述贮备水的需要而定。

a 新水给水系统

新水给水系统除满足选矿工艺用水外,还应包括其他辅助车间的生产用水,因此,一天内用水量的波动较大;选矿工艺用水水压要求较稳定;当采用生产、消防合用给水系统时,需贮备消防用水;有时还要贮备矿浆管道系统冲洗用水,因此新水给水系统一般应设置高位水池。

b 厂内循环水给水系统

(1) 主要用户是选矿工艺用水,一天内用水量的波动较小;

(2) 总用水量基本与磨矿系列的数量成比例,由于磨矿系列的增减引起水量的变化,一般是通过调整循环水泵开动台数或调节出口闸阀来适应;

(3) 循环水泵站一般选用多台水泵并联工作,水泵特性曲线较为平缓,压力较为稳定;

(4) 循环水泵站距用户较近,高差大,阻力小,管路特性曲线较为平缓;

(5) 循环水给水系统一般因线路短,不需贮备事故用水,因此,厂内循环水给水系统一般不设高位水池。循环水泵站的吸水池中应考虑必要的调节容积,以满足循环水系统启动运行时的水量补充。

c 尾矿库回水系统

尾矿库回水系统是否设高位水池,要根据尾矿库的距离、标高等因素确定。如回水可自流且输水管较短,可不设高位水池;如回水水质较好,回水可以送入生产新水池,替代新水使用。

B　高位水池容积的确定

a　调节容积

一般按 1h 左右的平均用水量来确定其调节容积。

b　消防贮水容积

按《建筑设计防火规范》确定，贮存一次消防用水量，在消防时不能停水和停泵，要求供电可靠性强。

c　矿浆管道系统冲洗水贮水容积

见 4.3.3.4 主管道用水。

C　高位水池高程的确定

高位水池的容积一般分为三部分：最下部分为消防贮水容积；中间部分为冲洗贮水容积；最上部分为调节容积，见图 4-20。

a　确定原则

高位水池高程的确定原则一般如下：

(1)最小用水量 Q_{min}时向高位水池贮水，此时贮水池水位为最高水位 H_2，用户为最高水压 h_2；

(2)冲洗时最大用水量为 Q_{max}时由贮水池补水，此时贮水池水位为冲洗最低水位 H_1，用户为最低水压 h_1，当不贮备冲洗水时，最大用水量为 Q_{min}，贮水池水位为调节最低水位，用户为最低水压 h'；

(3)根据高位水池的布置方式(前置式或对置式)、调节与冲洗容积、用户水量波动范围、冲洗水量、用户允许水压波动范围、最不利用水点(水压高程最大的用水点)等通过计算决定其高程。

b　前置式高位水池(图 4-20)

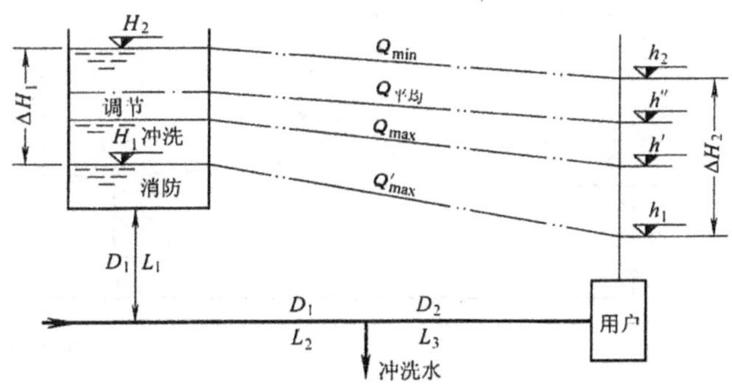

图 4-20　前置式高位水池

h_1—最低水压标高；h_2—最高水压标高；h'—不冲洗时最低水压标高；h''—平均水压标高；H_1—高位水池冲洗后最低水位(消防贮备水位)；H_2—高位水池最高水位

一般选矿厂最大用水量 Q_{max}为平均用水量 $Q_{平均}$的 1.1～1.2 倍，最小用水量 Q_{min}为平均用水量的 0.9～0.8 倍，且水压波动范围 ΔH_2 小于 5m，冲洗水管位置一般位于高位水池和主要用户之间。

冲洗时最大用水量 Q'_{max}按公式(4-1)计算：

$$Q'_{max} = Q_{max} + Q_{冲洗} \tag{4-1}$$

式中 Q'_{max}——冲洗时最大用水量，m^3/h；

Q_{max}——不冲洗时最大用水量，m^3/h；

$Q_{冲洗}$——冲洗水量，m^3/h。

水压波动范围 ΔH_2 按公式(4-2)计算：

$$\Delta H_2 = \Delta H_1 + 1.1L_1 i_1\left[\left(\frac{Q_{min}}{Q_{平均}}\right)^2 + \left(\frac{Q'_{max}}{Q_{平均}}\right)^2\right] + 1.1L_2 i_1\left[\left(\frac{Q'_{max}}{Q_{平均}}\right)^2 - \left(\frac{Q_{min}}{Q_{平均}}\right)^2\right] + (1.1L_3 i_2 + \Delta H_{内})\left[\left(\frac{Q_{max}}{Q_{平均}}\right)^2 - \left(\frac{Q_{min}}{Q_{平均}}\right)^2\right] \tag{4-2}$$

式中 ΔH_2——水压波动范围，m，要求 $\Delta H_2 < 5m$；

ΔH_1——贮水池最高水位与消防贮备水位的差值，m；

$\Delta H_{内}$——室内管道阻力，mH_2O；

Q_{min}——不冲洗时最小用水量，m^3/h；

$Q_{平均}$——不冲洗时平均用水量，m^3/h；

L_1、L_2、L_3——各部位管道长度(见图 4-20)，m；

i_1——管径 D_1 通过流量 $Q_{平均}$时的单位阻力，mH_2O/m；

i_2——管径 D_2 通过流量 $Q_{平均}$时的单位阻力，mH_2O/m。

贮水池最高水位 H_2 按公式(4-3)计算：

$$H_2 = h_2 + \left(\frac{Q_{min}}{Q_{平均}}\right)^2[1.1(L_2 - L_1)i_1 + 1.1L_3 i_2 + \Delta H_{内}] \tag{4-3}$$

c 对置式高位水池(图 4-21)：

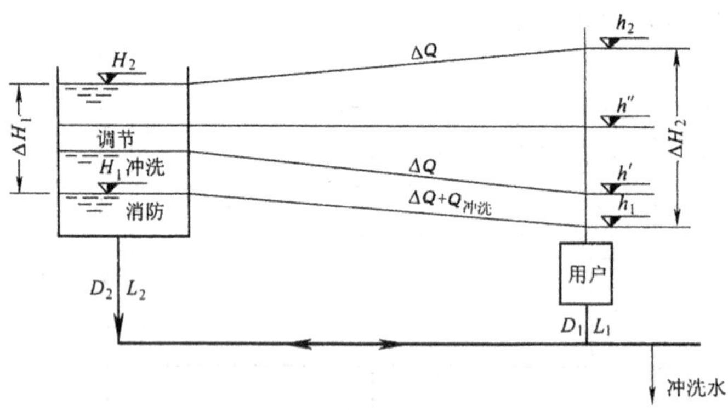

图 4-21 对置式高位水池

h_1—最低水压标高；h_2—最高水压标高；h'—不冲洗时最低水压标高；
h''—平均水压标高；H_1—高位水池冲洗后最低水位(消防贮备水位)；H_2—高位水池最高水位

一般选矿厂调节水量 ΔQ 为平均用水量 $Q_{平均}$的 10% ~ 20%，冲洗水管位置一般位于用户前，Q_{max}、Q_{min}、ΔH_2 的取值方法同前。

冲洗时最大调节水量 $\Delta Q'$按公式(4-4)计算：

$$\Delta Q' = \Delta Q + Q_{冲洗} \tag{4-4}$$

式中 $\Delta Q'$——冲洗时的调节水量，m^3/h；

ΔQ——不冲洗时的调节水量，m^3/h；

$Q_{冲洗}$——冲洗水量，m^3/h。

水压波动范围 ΔH_2 按公式(4-5)计算：

$$\Delta H_2 = \Delta H_1 + (1.1L_1 i_1 + \Delta H_{内})\left[\left(\frac{Q_{max}}{Q_{平均}}\right)^2 - \left(\frac{Q_{min}}{Q_{平均}}\right)^2\right] + 1.1L_2(i_2 + i'_2) \qquad (4\text{-}5)$$

要求 ΔH_2 小于 5m。

式中 L_1、L_2——各部位管道长度(见图 4-21)，m；

i_1——管径 D_1 通过流量 $Q_{平均}$时的单位阻力损失，mH_2O/m；

i_2、i'_2——管径 D_2 通过流量 ΔQ、$\Delta Q'$时的单位阻力损失，mH_2O/m。

其余符号意义同前。

贮水池最高水位 H_2 按公式(4-6)计算：

$$H_2 = h_2 - 1.1L_2 i_2 + \left(\frac{Q_{min}}{Q_{平均}}\right)^2 (1.1L_1 i_1 + \Delta H_{内}) \qquad (4\text{-}6)$$

式中符号意义同前。

一般推荐采用对置式高位水池。

[例] 已知：$Q_{max} = 1200m^3/h$，$Q_{平均} = 1000m^3/h$，$Q_{min} = 800m^3/h$，$\Delta Q = 200m^3/h$，$Q_{冲洗} = 400m^3/h$，$\Delta H_{内} = 1.5m$，$L_1 = 100m$，$L_2 = 300m$，$D_1 = 0.45m$，$i_1 = 0.00924$，$h_2 = 150m$，$\Delta H_1 = 2.5m$，求对置式高位水池的高程 H_2。

计算步骤如下：

(1)按公式(4-4)求 $\Delta Q'$

$$\Delta Q' = 200 + 400 = 600(m^3/h)$$

(2)选用管径 $D_2 = 0.6m$，查得 $i_2 = 0.00012\ mH_2O/m$，$i'_2 = 0.0008\ mH_2O/m$；

(3)按公式(4-5)求 ΔH_2

$$\begin{aligned}\Delta H_2 &= 2.5 + (1.1\times100\times0.00924 + 1.5)(1.2^2 - 0.8^2) + 1.1\times300\times(0.00012 + 0.0008)\\ &= 4.85(m)\end{aligned}$$

小于 5m，满足要求：

(4)按公式(4-6)求最高水位高程 H_2

$$\begin{aligned}H_2 &= 150.00 - 1.1\times300\times0.00012 + 0.8^2\times(1.1\times100\times0.00924 + 1.5)\\ &= 150.00 - 0.04 + 1.61 = 151.57(m)\end{aligned}$$

D 高位水池数量的确定

高位水池数量主要取决于建厂地区的地形条件、施工可能、是否经济合理、水中的悬浮物含量多少、是否需要定期清洗等原则确定。如果贮水池容积太大，对于土方量较大或悬浮物含量较高的地表水(特别是在洪水期)，水池应分建成两个。

4.4.3.2 水塔

选矿厂一般建于山区，故设高位水池的较多，设水塔的选矿厂较少。如附近没有合适地形建高位水池时，可设水塔，但容积应适当减少。

4.4.3.3 水泵站

水泵站的设计应遵循《室外给水设计规范》及《给水排水设计手册》第 3 册进行，针对选矿厂的特点,做如下补充。

A 设计能力的确定

总流量按考虑未预见水量后的平均流量 $Q_{平均}$确定。总扬程,当设高位水池(或水塔)时,按高位水池(或水塔)最高水位计算确定;当不设高位水池(或水塔)时,按最不利用水点所需水压计算确定。但须注意,应根据主要用户(占总用水量比率较大的用户)确定水泵扬程,个别需要扬程较高的用户可在已有压力基础上采取加压措施,以免普遍提高压力引起浪费。

B 新水加压泵站段数的确定

加压泵站段数须根据地形条件(高差、距离和起伏情况)、管道承受压力的大小和造价等因素通过经济比较确定。一般,通过地形较为平坦的地区,宜采用低压或中压管道及相应扬程的水泵;通过地形较为陡峭的山区,为了减少泵站段数,尽量避免在难建的山坡上建泵站,宜采用高压管道和相应压力的高压水泵,但输水管道材质和壁厚的选择,应根据不同区段所承受的不同压力分别确定。

C 水泵台数的确定

应根据总流量、是否分期建设、是否预留发展、水泵效率、选矿厂磨矿系列数量等因素综合考虑确定,在同一泵站内应尽量采用同型号泵,各泵站台数应尽量相同。

a 新水及尾矿回水泵站

新水及尾矿回水泵站的水泵台数不宜过多,一般为 2~3 台工作,1 台备用。

b 循环水泵站

循环水泵站的水泵台数,应与选矿厂磨矿系列相配合,一般工作台数不宜超过 5~6 台,磨矿系列总数越多,工作台数越多,但不得超过磨矿系列总数,另外设 1~2 台备用。

D 水锤消除措施

水泵因迅速开启和关闭闸阀而引起水锤破坏的可能性较小,一般由于突然断电而引起的水锤破坏可能性较大。

关于消除破坏性水锤的技术措施,在《给水排水设计手册》第 3 册中已有介绍。一般采用缓闭式止回阀可以有效的解决停泵水锤的破坏。

E 循环水泵站布置

循环水泵出口采用一个闸阀、一个止回阀,闸阀常用来控制流量或检修时用来截断水流,泵站总出水管采用两端出水以便与主厂房形成环状管网,见图 4-22。

泵站内设补充水(新水或回水)管,向循环水泵站吸水井补充水。另外,砂泵站水封用水加压泵一般也放在循环水泵站内,统一加压送往各砂泵站。

为了减少泵站的数量以节约投资和便于集中管理,应尽量将不同用途的水泵放在同一泵站内。

4.4.3.4 杂质和漂浮物的排除

各种生产用水都不允许有易堵塞设备或管道的杂质和漂浮物如草根、木渣、水生物和鱼类。这些杂质和漂浮物一旦进入给水系统中,会堵塞给水设备和选矿工艺设备,如水泵、除尘用喷嘴、重选离心机、跳汰机等,影响生产的正常进行。为此,在各给水系统中应采用必要的杂物截留措施。

(1)对于地表水(江河、湖泊),应在水源取水头部采取截留措施,详见《给水排水设计手

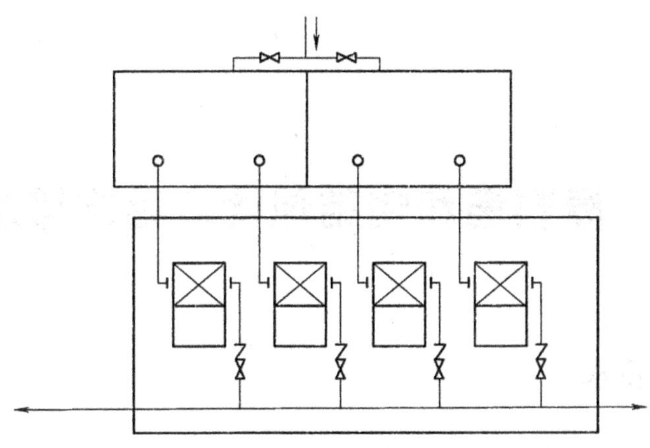

图 4-22 循环水泵站布置简图

册》第 3 册。

(2)对于尾矿库回水,应在溢水构筑物处设拦污和滤网装置。

(3)对于厂内循环水,一般有下述几种措施:1) 在浓缩池溢流堰前加设隔板,如图 4-23 所示;2)在环形溢流槽的汇水口处加设滤网装置;3)在主厂房到浓缩池的尾矿流槽适当地点设格栅,必要时设格栅清污机。

(4)对于粗粒杂物可能引起生产给水中断或影响选矿设备正常作业时,一般在给水管上增设 Y 形过滤器或自动清污过滤器。

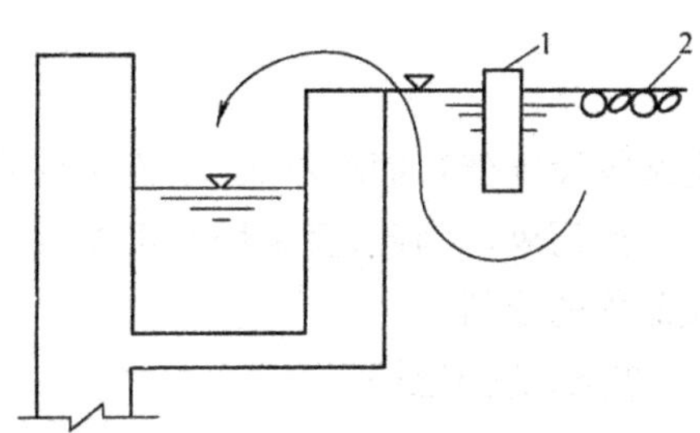

图 4-23 浓缩池漂浮物截留措施

1—隔板;2—漂浮物

5 原料场和烧结球团厂给水排水

5.1 原料场给水排水

随着现代化钢铁企业生产技术的不断发展,原料场的用途已不仅局限于贮存原料,它能将各产地运来的不同类型的铁矿粉和钢铁厂的含铁粉尘、废渣等多种物料,通过堆料机和取料机的作业,混匀中和成为化学成分相对均匀的混匀矿,然后再送往烧结厂的原料或配料系统。由于烧结含铁原料为成分稳定的混匀矿,对提高烧结矿的质量起到了重大的作用。

在原料场的工艺过程中,原料的装卸和不断的倒运,必然会产生扬尘,因此防尘、除尘是原料场的重要任务之一。

5.1.1 用水户及用水要求

5.1.1.1 卸料除尘用水

原料场的除尘用水主要是受料槽和翻车机室在卸料作业过程中的水力除尘用水,详见4.1.1.2通风除尘给水。

5.1.1.2 清扫地坪用水

由于原料场的通廊、转运站等设施建筑面积不大、布置比较分散,若采用水力冲洗地坪,废水难以收集处理,容易造成二次污染。因此,宜采用洒水清扫的方式来保护操作场地的卫生和外部环境,且可就地回收散落的原料。

清扫地坪用水见5.2.1.3冲洗、清扫地坪

5.1.1.3 露天料堆喷雾用水

原料露天堆放,存在着由于风力影响造成原料飞扬损失和大气环境污染。据有关资料介绍,粉矿场、燃料场及其他辅助原料场在风力的作用下,每年损失原料0.2%~0.5%,料堆附近的大气含尘量最高时可达100mg/m^3,超过国家规定的大气环境质量标准的多倍。因此,必须重视料场的防尘设计。

在设计中通常采用特制喷头(或水枪)喷出水雾抑制粉尘飞扬,空气中的粉尘颗粒通过扩散,惯性碰撞与雾状水滴接触,形成湿润的尘粒,而这些湿润尘粒相互碰撞凝结成为大颗粒,便沉降下来,从而达到防尘的目的。此外,由于料堆上的粉尘颗粒被加湿,增加了相互之间的凝聚力,使之不易散失。

5.1.2 给水排水系统

5.1.2.1 给水系统

原料场一般位于钢铁厂内,原料场的水源由钢铁厂统一考虑,其给水系统与钢铁厂相应的给水系统连接,通常为生产新水系统。当料场设有燃料料堆时,需设生产、消防给水系统,并形成环状管网。室外消火栓按《建筑防火设计规范》有关条文要求进行设置。

原料场的主要用水为:料堆喷雾用水、水力除尘用水、清扫地坪用水。其给水能力按最大小时计算。

5.1.2.2 排水系统

由于原料场在生产过程中不产生废水,因此无生产废水外排。

对于地下水位以下的地下构筑物,由于存在地下水渗入的可能,所以应在构筑物的最低处设集水坑,安装排污泵,见 5.2.3.2。

雨水一般通过排水沟排至钢铁厂总排水沟中,由于下雨时,粉料容易被带走,因此,在每条排水沟的起点设小型沉淀池,并定期清理,以防原料的流失及堵塞排水系统;也有采取土工布拦截粉料且让雨水顺利排除的做法。

5.1.3 给水排水构筑物

5.1.3.1 洒水喷雾给水设施

洒水喷雾给水设施主要由贮水池、加压水泵、输水管道、洒水喷头及控制设施 5 部分组成。

A 贮水池

贮水池的贮水量应根据外部管网的补水条件而定。

当不考虑补充水的因素时,贮水池至少应贮存整个料场喷洒一次的水量,即:

$$V_1 = Nqt \tag{5-1}$$

式中 V_1——水池的贮水容积,m^3;

N——喷头个数;

q——单个喷头的喷水量,m^3/h;

t——喷水历时,h。

喷水历时按下式计算:

$$t = \frac{\Delta h}{p} \tag{5-2}$$

式中 Δh——料堆的喷水厚度,mm,根据料堆的成分及气象因素而定,一般为 1~2mm。

p——喷头的喷洒强度,mm/h。

当补充水能够保证时,可根据补充水管的进水能力和料堆喷洒一次所需要的时间,计算出补充水量:

$$V_2 = Qt \tag{5-3}$$

式中 V_2——补充水量,m^3;

Q——补充水管的进水量,m^3/h。

此时料场贮水池的容积

$$V = V_1 - V_2 \tag{5-4}$$

B 加压水泵

加压水泵宜设计成自灌式。水泵一般设 2 台,1 台工作,1 台备用。水泵的流量可根据喷头的个数和喷头的喷水量用下式计算:

$$Q = Knq \tag{5-5}$$

式中 K——利用系数,一般 1.0~1.2;

n——同时工作的喷头个数。

水泵的扬程：

$$H = 1.1(h_1 - h_2 + h_3 + h_4 + h_5 + h_6) \tag{5-6}$$

式中　H——水泵的扬程，m；

h_1——喷头安装标高，m；

h_2——吸水池水最低面标高，m；

h_3——喷头工作时所需要的水头，m；

h_4——水泵站的水头损失，m；

h_5——水泵站至喷头的管道沿程水头损失，m；

h_6——水泵站至喷头的管道局部水头损失，m。

C　配水管道

配水管道一般采用钢管，在南方地区以明设为宜，管理、维修、操作都比较方便。在北方当冬季可能发生冰冻时，为了防止冻坏管道，将管道内的水放空，因此造成水的浪费，使用受到限制。

在北方地区，为了防止管道被冻坏，管道应埋设，在需要安装喷头的位置设阀门井，并留好管道接口。当需要喷水时，将喷头与管道接口接上，便可向料堆洒水。虽然管道埋设可防止冰冻，但操作比较麻烦。

D　洒水喷头

目前国内的洒水喷头主要有 PYDH40 型摇臂喷头，PT35-A 型射流式喷头、40ZCQ 系列自动旋转防尘水枪等。喷头可做连续的旋转运动，当要求喷头做扇形面作业时，通过调整限位杆的位置，使喷头在一定范围内转动。喷头的性能见表 5-1。

喷头的布置原则是保证喷洒作业面不留空白，并尽可能的均匀喷洒。一般可根据料场的形状及大小，并适当的考虑当地的气象因素，布置成矩形（见图 5-1*a*）或三角形（见图 5-1*b*）。

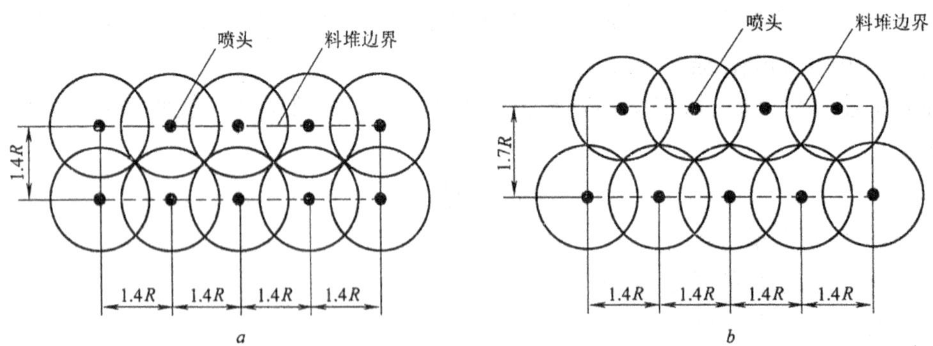

图 5-1　喷头的布置

R—喷头洒水半径

三角形布置适用于风速多变的情况，矩形布置适用于风向经常变化的情况。喷头布置的间距视风力、风向而定，一般为喷头喷射距离的 0.8～1.0 倍，当料堆宽度小于 25m 时采用一侧喷水，当料堆宽度大于 25m 时宜采用两侧喷水。喷头距地面的高度一般为 1.2～1.5m。

表 5-1 常用水枪的型号及主要性能

水枪型号	仰角 α/(°)	喷嘴直径 /mm	工作压力 /Pa	喷嘴流量 /$m^3 \cdot h^{-1}$	射程 /m	射高 /m	水平距离 /m	连接管径 /mm	喷洒强度 /$mm \cdot h^{-1}$
PT35-A	45	18	500	32.46	38.0	16.5	25.5	50	
			600	35.52	40.5	17.8	17.2		
			700	38.40	42.8	19.3	28.7		
		19	500	35.70	38.6	16.8	25.9		
			600	39.12	41.4	18.2	27.7		
			700	42.24	43.7	20.0	29.4		
		20	500	38.52	39.0	17.0	26.2		
			600	42.24	41.8	18.5	28.0		
			700	45.60	44.6	20.5	30.2		
		21	500	42.12	39.5	17.2	26.5		
			600	46.14	42.5	18.7	28.5		
			700	49.80	45.5	20.9	30.5		
40ZCQ	45	18	400	23.09	30.5	12.7	21.9	40	
			500	25.82	33.0	13.8	23.4		
			600	28.28	35.0	15.8	24.5		
		20	400	28.51	32.5	13.5	23.6		
			500	31.88	35.0	15.6	25.3		
			600	34.92	36.5	17.0	26.6		
		22	400	38.57	34.9	16.6	27.0		
			500	42.25	37.8	17.6	28.4		
			600	45.60	40.7	19.0	29.7		
PYDH40		16(10)	500	28.79	33.5	14.0		40	8.17
			600	30.37	35.5	15.0			7.67
			700	32.80	37.5	16.0			7.42
		17.5(10)	500	29.48	34.5	14.0			7.88
			600	32.29	36.5	15.0			7.71
			700	34.60	38.5	16.0			7.43
		19(10)	500	38.39	35.0	13.5			9.98
			600	42.06	37.0	14.5			9.76
			700	45.43	39.0	15.5			9.51
		21(11)	500	43.24	37.0	13.0			10.05
			600	47.41	38.5	14.0			10.18
			700	51.20	40.5	15.0			9.94
ZH22	40	22	500	36.00	40.0	18.0		70	

喷头与管道之间的连接有法兰和螺纹两种。当喷头做扇形面工作时，宜采用法兰连接，这样可以避免喷头做逆向旋转时连接处松动。

E 控制系统

一般来说原料场面积比较大，靠人工手动操作控制料堆洒水，不仅劳动强度大，而且不能保证及时洒水，因此料堆洒水应采用自动控制方式。

自控系统一般设在水泵站的控制室，可以通过控制盘控制水泵的开启和每一个料堆的喷水支管进口的电动闸阀的开启。也可以按操作顺序给每一个要喷洒的料堆编好程序，全部自动执行操作。此外在每个料堆的喷水支管处应设电控柜，控制水泵和电动闸阀的开启，可以灵活的掌握喷水时间和地点，做到随时随地都可以控制系统，省时省力。

5.2 烧结厂给水排水

烧结厂从原料场进原料，最终将烧结成品矿送到高炉中。烧结工艺是将原料，主要是将铁矿粉(精矿粉或富矿粉)、燃料(焦粉和无烟煤)和熔剂(石灰石、白云石和生石灰)按一定的比例进行配料、混匀，再在烧结机上点火燃烧。利用燃料燃烧所产生的热量和低价铁氧化物氧化放热反应的热，使原料局部生成液相物，冷却后使散料颗粒粘结成块状烧结矿，最终作为炼铁的原料。在烧结过程中同时去除原料中有害杂质：硫、砷、锌、铅、碱性杂质等。在烧结过程中温度一般为 1150±50℃。

烧结厂的一般工艺流程见图 5-2。

烧结厂的规模一般是按烧结机面积来划分：面积大于等于 200m^2 为大型；面积大于等于 50m^2 为中型；面积小于 50m^2 为小型(单机面积 130m^2 相当于烧结矿产量 123 万 t/a)。目前国内烧结机单机最大面积为 450m^2。

烧结厂的主要用水为工艺用水、设备冷却用水、湿式通风除尘和清扫用水等。

5.2.1 用水户及用水要求

烧结厂用水户用水要求及用水量指标详见表 5-2。表中未列空调设备冷却用水和生活用水量。

5.2.1.1 烧结工艺用水

烧结工艺用水主要用于混合工艺。当以细磨精矿为主要原料时，采用二次混合工艺(简称二次混合)；当以富矿粉为主要原料时，可采用一次混合工艺(简称一次混合)。目前大多数采用二次混合工艺。一次混合加水主要是润湿混合料，二次混合加水是为了造球。

A 混合工艺加水要求

混合工艺加水要求一般如下：

(1) 混合工艺加水要求水量均匀，水应直接喷洒在料面上。为防止堵塞与破坏成球，加水管上的喷口孔径一般为 2～4mm。对二次混合加水要求更严，孔径 2mm 以下，以产生雾化水为好。

(2) 为满足进料端喷水量大的要求，靠近进料端孔眼布置密，靠近出料端孔眼布置疏。见图 5-3。

(3) 加水水压要求稳定且不宜过高。尤其是二次混合工艺，否则将破坏造球效果。一次混合、二次混合工艺要求喷水处水压控制在 0.2MPa 左右。

(4) 加水量是以二次混合后的混合矿料中的含水率来控制。以磁铁矿为主的混合矿料含水率一般为 6%～7.5%；以褐铁矿为主的混合矿料含水率为 8%～9%，含水率波动范围 ±0.5%。其中一次混合加水量占 70%左右，二次混合加水量占 30%左右。具体加水量参见表 5-2。

(5) 加水水温一般无特殊要求。但为提高料温，缩短点火时间，水温偏高为好，可直接利用烧结机隔热板冷却后的出水(水温 40℃左右)。

(6) 加水水质要求水中杂质颗粒直径小于等于 1mm，以防堵塞喷嘴孔眼，水中的悬浮物含量要求不能对原矿成分产生影响。一次混合可加部分矿浆废水，二次混合应采用新水或净循环水。

表 5-2　烧结厂主要用水点设计参数

用水点名称		水质（悬浮物）/mg·L⁻¹	水压/MPa	水温/℃		给水系统	烧结机规格/m²								备注
				进水	出水		18	24	50	75	90	130	180	450	
							用水量/m³·h⁻¹								
工艺用水	一次混合	无要求	0.20	无要求		复用水	2～4	3～5	6～10	10～15	10～17	10～25	13～30	30～55	水温高好
	二次混合	≤30	0.20	无要求		复用水	0.5～1.5	1～2	2～4	2.5～5	3～6	4～8	5～9	10～15	水温高好
工艺设备冷却用水	烧结机隔热板冷却	≤30	0.20	≤33	≤43	净循环水	8	8	10	10	10	16	16～20	35～55	
	单辊破碎机轴芯冷却	≤30	0.20	≤33	≤43	净循环水	20	20	22	22	22	25	40	120	
	热矿筛横梁冷却	≤30	0.20	≤33	≤43	净循环水	1	1	2	2	2	2～4			
	主抽风机电机冷却器	≤30	0.20	≤33（≤25）	≤43	净循环水			40	52	52	90	110	150	
	主抽风机油冷却器	≤30	0.20	≤33（≤25）	≤43	净循环水（或新水）	8	8	12	12	12	16	16	40	
	电除尘风机冷却	≤30	0.20	≤33（≤25）	≤43	净循环水（或新水）	3	3	5	5	8	10	15	40	
	环冷机设备冷却	≤30	0.20	≤33（≤25）	≤43	净循环水（或新水）	4.5	4.5	20	20	20	47	55	75	
除尘用水	粉尘润湿	≤30	0.20	无要求		净循环水（或新水）	1	1	1～2	1～2	1～2	2	3	5	
	湿式除尘器用水	≤200	0.20	无要求		浊循环水（或复用水）	4～8	4～8	5～10	5～10	6～12	6～12	8～15	8～15	
清扫用水	冲洗地坪	≤200	0.20	无要求		浊循环水	根据冲洗龙头数量确定，每个龙头用水量为3.6m³/h，同时使用率为30%								
	清扫地坪	≤200	0.20	无要求		浊循环水	根据洒水龙头数量确定，每个龙头用水量为1.5m³/h，同时使用率为25%								
每吨烧结矿用新水量/m³		生产用水含空调用水					0.1～0.4					0.2		0.24	不含生活水
每吨烧结总矿用水量/m³		生产用水含空调用水					0.6～3.0					1.6		1.50	不含生活水
烧结厂给水排水专业投资比例		0.5%～1.2%													

注：1. 风机等冷却用水量均为进水水温小于等于25℃的水量，如采用进水水温小于等于33℃的冷却水时，用水量应进行换算加大，或以设备厂提出的水量要求为准；

2. 水质分类见表4-1；3. 国家规定新建烧结厂生产循环水利用率应达95%以上（不包括工艺直耗用水）。

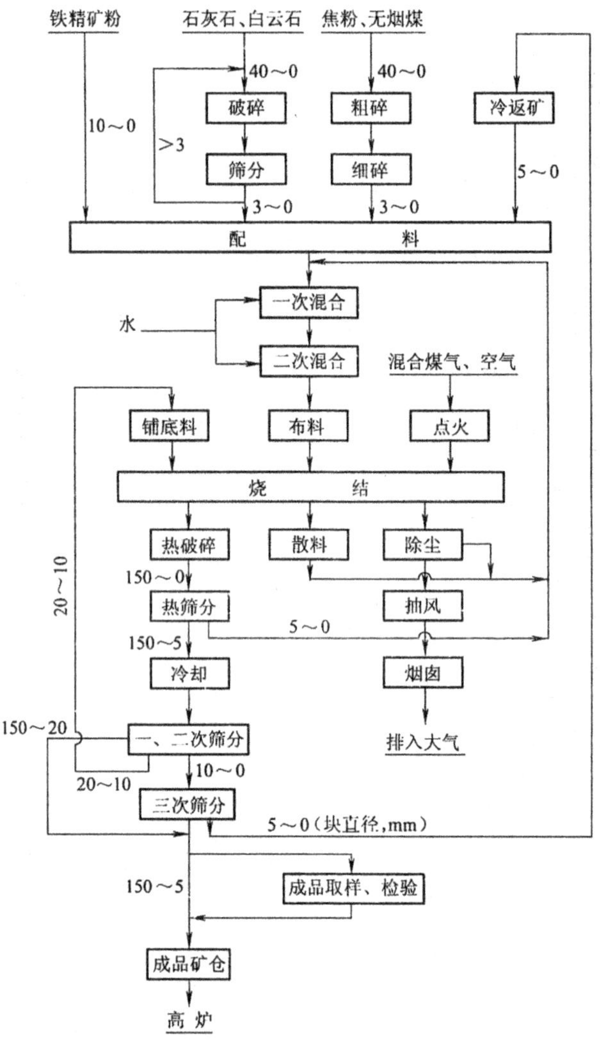

图 5-2 烧结厂工艺流程图

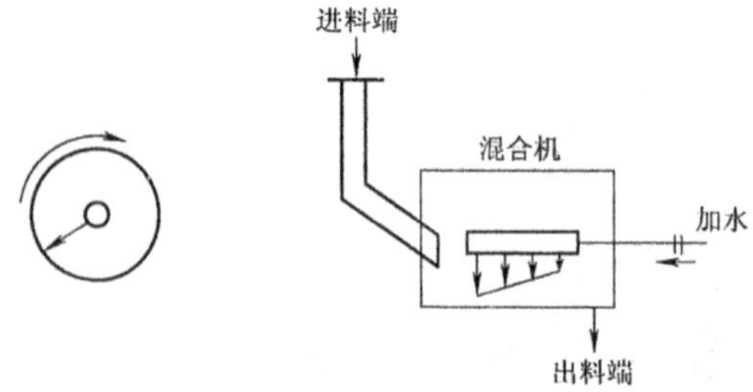

图 5-3 混合料加水示意图

B 混合工艺加水方式

加水方式一般有两种,高位恒压水箱加水方式(见图 5-4);变频调速泵加水方式(见图 5-5)。

当一次混合还添加部分(用水量的 50%左右)回收污泥或废水时,调节控制系统仍主要

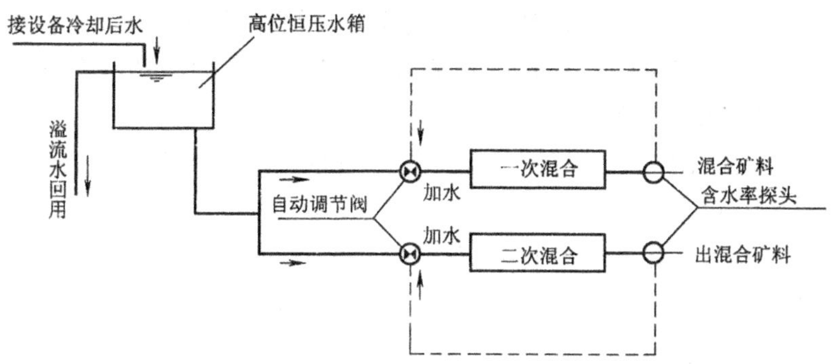

图 5-4 高位恒压水箱加水流程图

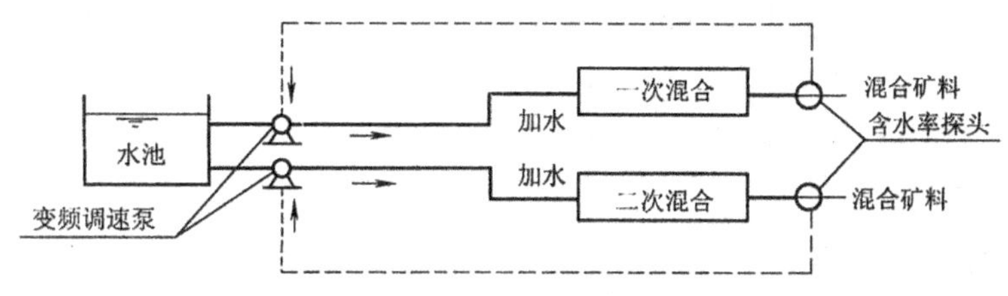

图 5-5 变频调速泵加水流程图

设置在新水加水管上。这为烧结厂废水处理(包括炼钢厂污泥回收)提供简单、可靠的途径。系统中以混合料的含水指标为控制参数,控制水的添加量。

5.2.1.2 烧结设备冷却用水

A 烧结机冷却用水

将混合好的矿料,用布料机布料至烧结机上进行烧结成块。老式烧结机主要冷却用水点为点火器、水冷隔热板、弹性滑道、箱式水幕等,而目前新式烧结机只有水冷隔热板冷却用水。

水冷隔热板:为保持经布料器分布在烧结机上的混合料的温度和湿度,防止水分蒸发,在点火器和布料器之间设水冷隔热板。水冷隔热板为一空心钢板,中间充满水,通过水的流动将点火器散发的热量带走。其用水量参见表 5-2。

B 抽风机室设备冷却用水

抽风机室冷却用水点为电动机空气冷却器和抽风机油冷却器。

a 电动机空气冷却器

电动机空气冷却器为密闭自循环空气冷却器。为保证循环空气能及时的将电动机散发的热量带走,需要向空气冷却器中送入水以冷却空气,其用水量参见表 5-2,表中为水温小于等于 25℃新水的用水量。但实际工程中一般均采用净循环水系统,即水温小于等于 33℃,此时表中用水量应适当放大,或以设备厂提出的要求为准,目的是控制电动机温度低于 60℃。

电动机空气冷却器对不间断给水要求严格,为防止停水烧坏电动机需设置停水警报信号和电动机温控信号,一旦断水或电动机温度高于 60℃时,立即发出报警信号,并自动跳闸,停止运转。

b 油冷却器

抽风机的轴承润滑采用稀油并设稀油循环系统,稀油在使用过程中被升温,为此需用水对稀油进行冷却。冷却水在冷却器中的群管内流过，而油在群管外与水逆流形成热交换，使油中的热量被水带走。供给用户的油温，应在43~47℃之间，出口油温不应超过55℃。

冷却水量可按公式(5-7)验算：

$$QC_1(t_2-t_1)=GC_2(t'_2-t'_1)=(1-\eta)860N \tag{5-7}$$

式中　Q——冷却水量，kg/h；

C_1——水的质量热容，kcal/kg·℃，取 $C_1=1$；

t_2——出水温度，℃；

t_1——进水温度，℃；

G——冷却油量，kg/h，$G=V\gamma$；

C_2——油的质量热容，kcal/kg·℃，取 $C_2=0.5$；

t_2'——进油温度，℃，取50~55℃；

t_1'——出油温度，℃，取43~47℃；

η——电机效率；

N——电机功率，kW；

V——冷却油量，L/h；

γ——油的密度，t/m³，取 $\gamma\approx0.9$。

油冷却器的换热面积按公式(5-8)计算：

$$F=\frac{T}{K_{\Sigma}\Delta t} \tag{5-8}$$

式中　F——油冷却器的换热面积，m²；

T——油放出的热量，kCal/h，$T=(1-\eta)860N$；

K——总传热系数，当油冷却器内油的平均流速为0.2~0.3m/s时，$K_{\Sigma}=100$~130kcal/m²·h·℃，一般取100；

Δt——从油到水的计算平均温度差，℃，

$$\Delta t=\frac{t'_2-t'_1}{2}-\frac{t_2-t_1}{2}$$

C　烧结矿冷却设备用水

由烧结机卸出的烧结矿温度高达750℃左右，应及时冷却，需设置热矿筛及冷却设备，将烧结矿冷却至100℃左右，以确保输送皮带的正常运行。冷却设备一般采用环式冷却机或带式冷却机进行机械通风冷却。

环式或带式冷却机设备冷却用水点为风机和稀油站润滑冷却用水。用水量和用水要求参见表5-2。

D　烧结矿破碎设备冷却用水

单辊破碎机是热烧结矿的破碎设备。由于烧结矿温度较高，为减少高温影响，破碎机的主轴轴芯需通水冷却。用水量和用水要求参见表5-2。

E　烧结机机尾监控摄像机冷却用水

在烧结机的机尾一般设有监控烧结矿的摄像机，该摄像机需要冷却用水。用水量较小，一般采用 $DN15$ 的给水管，水压大于等于0.20MPa，水质为净循环水。

5.2.1.3 除尘及冲洗、清洗地坪用水

A 通风除尘

通风除尘用水量及用水要求见表5-2。详见4.1.1.2通风除尘给水。

B 冲洗、清扫地坪

水力冲洗地坪(或平台)目的是防止二次扬尘,减轻工人体力劳动,改善劳动条件。但由此而产生废水。为了减少生产废水,建议尽可能减少或取消水力冲洗地坪。

洒水清扫地坪(或平台)也是为防止二次扬尘,改善劳动条件,但是洒水人工清扫工人劳动强度大,优点是不产生废水。

车间地坪、平台均用水力冲洗,产生大量的废水,给废水收集输送和处理带来困难。若全部采取洒水清扫,对局部灰尘较多的场所又达不到理想的效果。因此,目前一般在配料、混合和烧结等车间采用水力冲洗地坪;而在转运站、筛分等其他车间采用洒水清扫地坪。

水力冲洗和洒水清扫地坪龙头一般使用截止阀和短管制作,并在管口接胶管。水质等要求参见表5-2,用水要求见表5-3。

表5-3 冲洗和清扫地坪用水要求

用水要求	水力冲洗	洒水清扫地坪
龙头间距/m	15~20	15~30
胶管长度/m	≤15	≤20
同时作用系数	0.3~0.4	0.25
一个龙头用水量/$m^3 \cdot h^{-1}$	3.6	1.5
龙头直径/mm	25	15
用水压力/MPa	0.2~0.4	0.2
一次使用时间/min	20~30	10~20
每班使用次数/次	1~3	1~2

注:表中的数字选取可根据洒水地点的粉尘量和操作人员的多少决定。

为提高水力冲洗效果,应采取如下措施:

(1) 地坪应有坡度就近坡向地沟或排水漏斗,地坪一般有 $i \geqslant 0.01$ 坡度。

(2) 排水地沟的坡度控制在1%~2%左右,沟宽0.25~0.3m,不许用水把大量的矿粉冲入泵坑内,而应在地沟中人工清理就近回收大量矿粉。

(3) 排水地沟接入集水泵坑处应设置格栅,格栅栅条的净间距小于等于15mm。

C 泵坑冲洗用水

泵坑中设置冲洗管,目的是冲搅矿泥、稀释瞬时浓度过高的矿浆和清洗设备及管道等。冲洗管径 *DN*40mm,水压大于等于0.2MPa,水质无特别要求,为提高冲搅效果,给水管道的出水口布置在泵坑底部,并应做成鸭嘴形扁管。

5.2.2 给水排水系统

5.2.2.1 给水系统

烧结厂一般位于钢铁厂内,烧结厂的生活与生产新水水源一般从钢铁厂管网上接入。

根据烧结厂的用水要求,给水系统包括:生活水、生产新水、净循环水、浊循环水、复用水和软化水等给水系统。厂区室外消防给水系统一般与生活水或生产新水合并,厂区高层工

业建筑室内消防应设置专门的消防给水系统。烧结厂给水系统的具体情况如下：

(1) 生活水和生产新水给水系统为直流系统。当厂区室外消防给水系统与其之一合并时，其管网应为环状。一般消防给水与生产新水合并较多。

(2) 净循环水给水系统主要供全厂冷却设备(包括空调设备)冷却用水。根据用水点标高和水压要求，一般该系统可分为普压(0.6MPa)和低压(0.4MPa)两个循环给水系统。循环水的补充水均用生产新水(很少用低温井水)。循环水给水系统一般采用两种方式，为保证水质，系统中应设置过滤器和除垢器或投加除垢剂。

规模较小的烧结厂且采用封闭循环，推荐用一个循环水给水系统和循环水流程一的循环方式(见图 5-6)，该流程充分利用设备冷却的出水余压进冷却塔，节能且流程简单。规模较大的烧结厂推荐用两个压力循环水给水系统和循环水流程二的循环方式(见图 5-7)。

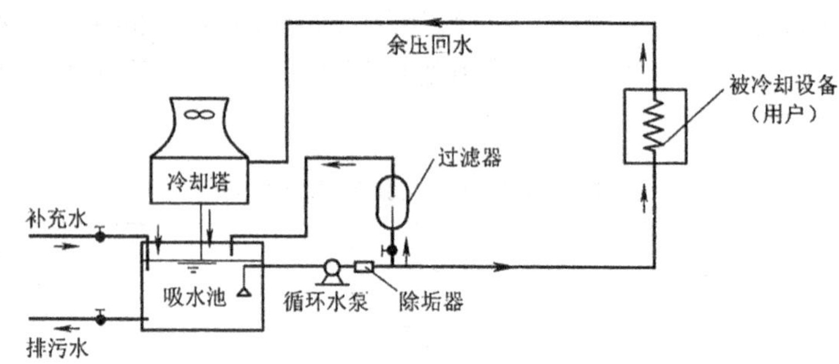

图 5-6　循环水流程图一

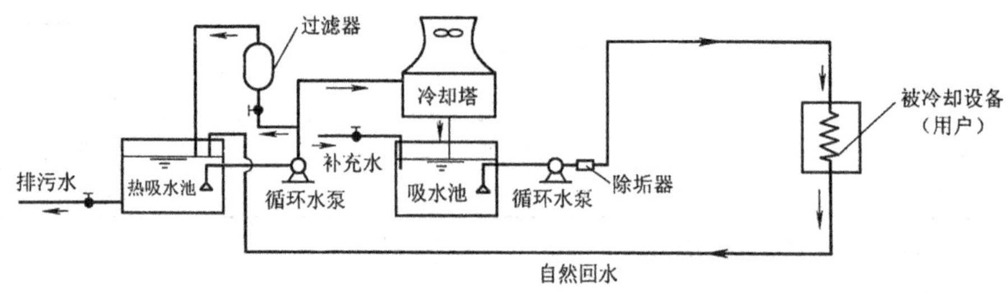

图 5-7　循环水流程图二

(3) 浊循环水给水系统主要对象为冲洗、清扫地坪、冲洗输送皮带和湿式除尘用水。一般通过地沟、泵坑、排污泵收集，经沉淀后溢流水循环使用。补充水为生产新水或生产净循环水。

(4) 复用水给水系统一般用在一、二次混合工艺用水，即把设备冷却用过的热水或浊循环水系统中的澄清水直接添加到一、二次混合机中。

(5) 软化水给水系统，当烧结厂有余热回收系统时，需要软化水供给余热锅炉。软化水水量一般为 5～25m^3/h。当钢铁总厂有软化水系统时，可直接接入；当总厂没有软化水系统时，用生活水自制，自制工艺为锅炉软化水处理工艺。软化水的水质应达到蒸汽锅炉的水质要求。

(6) 厂区高层工业建筑室内消防给水系统，主要指烧结机室和电气楼。其消防给水系统采用临时高压给水系统。详见《建筑防火设计规范》的有关要求。

烧结厂的水量平衡图见图 5-8。

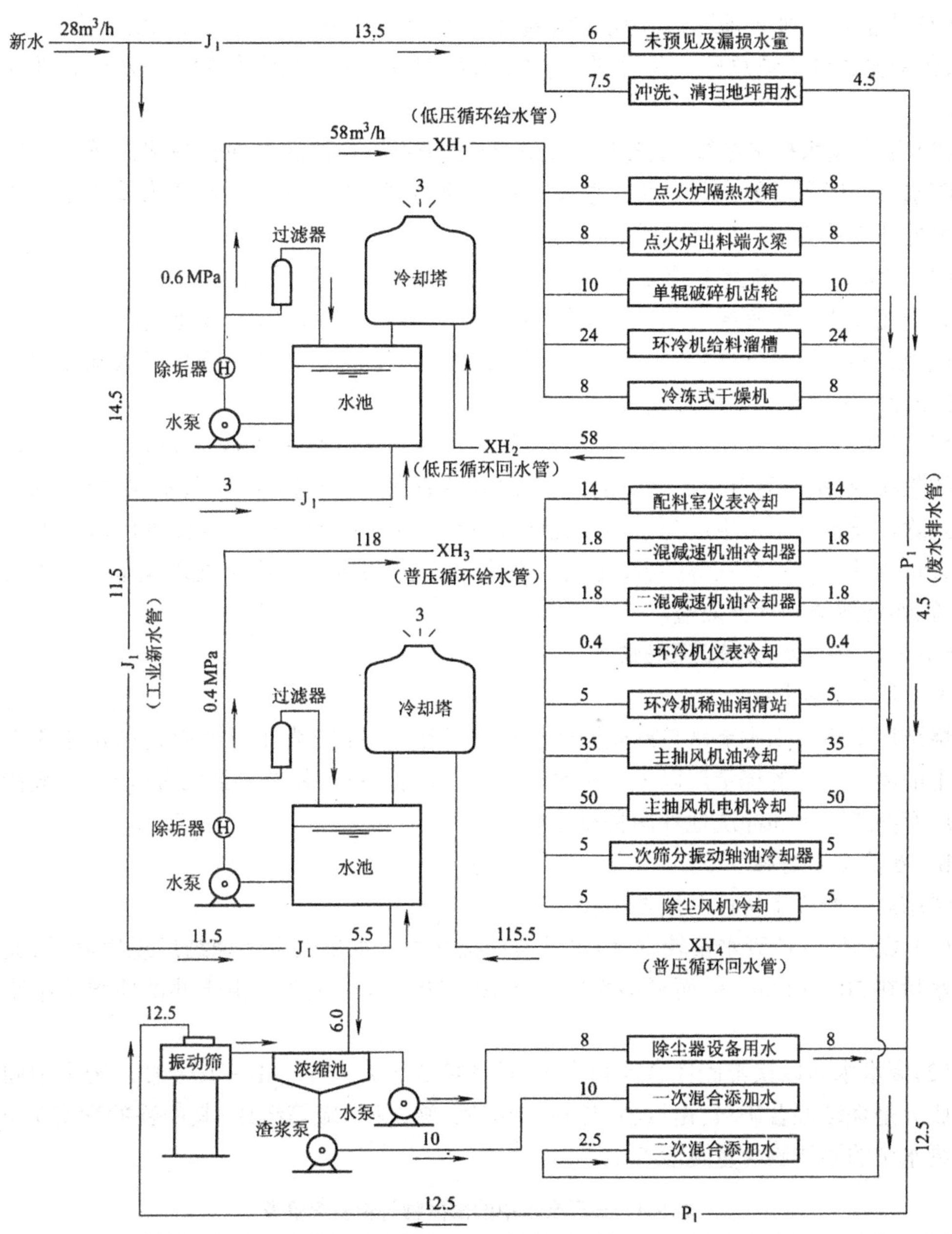

图 5-8 某烧结厂的水量平衡暨流程图

5.2.2.2 排水系统

烧结厂排水系统主要包括雨水、生活污水、生产废水和设备冷却水等排水系统，其具体情况如下：

(1) 雨水排水系统将厂区内地表雨水排至钢铁总厂的雨水管道中，为单独排水系统。雨水量用当地雨水计算公式确定。考虑到烧结厂区粉尘较多易随雨水流入雨水管中，当排水管管径小于 800mm 时，常采用加盖明沟排水；当管径大于等于 800mm 时，宜采用排水管，在每个检查井中加深 0.35m 预留沉积粉尘空间，必要时在管道中设沉砂池，定期清理以减少粉尘堵管现象。

(2) 生活污水排水系统,其污水量按生活给水量90%计算。生活污水由于量少,一般收集后,集中输送到钢铁总厂一并处理。小规模烧结厂生活污水经化粪池等处理后排入雨水管中。

(3) 生产废水排水系统,主要包括湿式除尘设备排水、冲洗地坪和冲洗输送皮带排水等等。废水量一般等于给水量。生产废水一般经地沟、泵坑,用排污泵经压力管道或渠道输送到废水处理构筑物中。设计要求详见 5.2.3.2。

(4) 设备冷却水排水系统是指净循环水的回水系统。其回水量等于给水量,但回水管径应大于或等于给水管径。当回水系统为封闭时,各冷却设备出水口处或进水口处应设置水流窥视镜和金属温度计;当回水系统为敞开时,各冷却设备出水处设置排水漏斗。

5.2.3 生产废水处理及回收

烧结厂的生产废水中,含有大量粉尘,粉尘中含铁量一般占40%~45%,并含有14%~40%的焦粉,石灰料等有用成分。因此,对废水的有效处理和回收利用,不仅对环境的保护,为湿式除尘设备的正常生产与水力冲洗地坪改善工人劳动环境所必须,而且每年可为国家回收大量的铁、焦粉、石灰等,变废为宝。因此,烧结厂设置生产废水处理设施具有重要的环境效益、经济效益和社会效益。

5.2.3.1 生产废水的来源和特性

A 生产废水来源

烧结厂生产废水主要来自湿式除尘器产生的废水、冲洗地坪产生的废水和冲洗输送皮带产生的废水。有的烧结厂以上三种废水兼有,有的厂只有其中一到两种废水,一般情况下烧结厂有湿式除尘和冲洗地坪两种排水。

B 生产废水特性

烧结厂生产废水特性一般如下:

(1) 烧结厂生产废水量较少,但水量波动幅度大。水量大小因烧结厂规模而异,通常最大时水量在50~140m^3/h,而平均水量只有10~30m^3/h。主要是由于冲洗地坪集中废水所致。

(2)废水水质以挟带固体悬浮物为主,其含量0.5%~5%,pH=10~13。废水中固体物主要成分是烧结混合矿料,由铁粉、焦粉、碳酸钙、镁、硅和硫等组成,其中铁的含量近40%。某厂废水中的固体物含量见表5-4。

表5-4 某厂废水中的固体物各物质含量表

固体物名称	TFe	SiO_2	Al_2O_3	CaO	MgO	C	其他
占比率/%	39.5	6.24	2.22	11.54	1.85	13.29	25.36

(3)废水中固体物的综合密度一般为2.8~3.4t/m^3。除尘与冲洗地坪综合废水固体物粒径小于74μm(-200目)占90%左右,见表5-5;冲洗地坪(皮带)废水固体物的粒径小于74μm(-200目)占60%左右,见表5-6。

表5-5 混合废水粒径组成表

粒度/μm	0~10	10~20	20~37	37~74	>74	备 注
组成/%	2.88	9.86	23.30	53.30	10.66	浓度5%

表 5-6 冲洗废水粒径组成表

粒度/μm	≥1000	1000~500	500~74	74~37	<37	备 注
组成/%	1.65	4.15	33.75	24.51	35.51	浓度 4%

(4) 废水中固体的沉降性能,单独的冲洗地坪废水沉淀浓缩性能好,不同颗粒粒径的沉降速度见表 5-7。

表 5-7 冲洗废水沉降速度表

粒径/μm	20	15	10	备 注
沉降速度/$mm \cdot s^{-1}$	0.67	0.42	0.17	

20min 的沉淀时间能保证溢流水中的悬浮物浓度 < 200mg/L。但单独除尘废水沉淀效果要差得多,其原因是固体物粒径细,且含有不易沉降、密度较轻的悬浮物。

5.2.3.2 生产废水的收集与输送

烧结厂生产废水其污染物相近,且水量不大,一般采用集中处理并回收的方式。各车间生产废水利用地坪坡度或排水管汇集于地沟中,再汇流入泵坑,用排污泵通过管道(或渠道)输送到废水处理构筑物中。

A 废水收集

废水收集即地坪坡度与排水地沟设计要求见 5.2.1.3。

B 排污泵

厂内排污泵有液下泵、长轴泵和多吸头立式防淤排污泵。以往采用液下泵和长轴泵较多,特别是液下排污泵更为广泛。当废水浓度较低时,运行效果尚可;当废水浓度和流量变化大、杂质密度大、易沉淀时,光靠冲洗管冲搅效果不佳,常淤塞泵坑。关键是无机械搅拌设施,而车间小泵坑内又不可能设庞大的机械搅拌设施。

多吸头立式防淤排污泵比以往的排污泵有所改进。主要特点是在主吸水头下部装有搅拌器,搅拌器与泵共轴同步,当泵起动时,泵坑内的沉淀物立即搅起,能有效防止吸头堵塞和泵坑淤积,此外,多吸头还起到支架的作用,不需要固定设备,安装、操作、检修维护方便。

排污泵的设计要求为:

(1) 泵坑深度,正常为 1.5m,平底。如泵坑较深,要订非标准(加长)泵。泵坑内要设冲洗水管,管径一般为 DN40mm。

(2) 泵坑尺寸,一台泵为 $B \times L \times H = 1.2m \times 1.2m \times 1.5m$,也可适当加大到 1.5m × 1.5m × 1.5m;两台泵一般为 1.5m × 2.5m × 1.5m,但不宜过大,否则自带搅拌器作用失效。

(3) 排污泵与压力排水管为单打一,避免多台泵的压力排水管共管,防止各泵之间互相干扰和倒灌。

(4) 压力排水管应有泄流放空坡度,顺坡(i 大于等于 0.05)流入废水处理构筑物,避免停泵返流和滞留在管道中(一般高架布管)。管路上尽可能少(或不)设置阀门,立管上不应设止回阀。压力管不宜过长(160m 以内)。管径宜大于等于 70mm。

(5) 一个泵坑设两台泵适应于废水浓度低且流量较大或不间断排水的场所,否则还是尽可能每个泵坑只设一台泵(因备用泵吸头易堵塞)。

(6) 废水排水管、泥浆管和浊循环水管宜采用钢塑复合管,以解决废水 pH 值较高,排水管结垢、腐蚀及腐蚀问题。

5.2.3.3 生产废水处理工艺

A 生产废水处理要求

烧结厂生产废水处理的目的是既要循环使用处理后的水，又要回收废水中固体物(简称矿泥)。废水处理后的浊度要求≤200mg/L，从环境保护和节约水资源的需要，不能排放，必须循环使用。而一般通过沉淀池或浓缩池的处理溢流水水质可达到浊循环使用要求(并补充部分新水)。

废水中的矿泥含铁量高，是宝贵的矿物资源和财富，弃之浪费，且会污染环境。(某厂通过矿泥回收，三年内收回其废水处理设施的投资费用)。矿泥回收为生产废水处理的主要目的。矿泥回收一般有以下三种方式：

(1) 当设有水封拉链或浓泥斗时，矿泥回收到返矿皮带混入热返矿中，要求矿泥的含水率不能太高(≤30%)，不能在皮带上流动或影响混合矿的效果。

(2) 矿泥(含水率 70% ~ 90%)作为一次混合机的部分添加水，直接加入混合机工艺中回收。

(3) 经过脱水，将矿泥(含水率 18%左右)送到原料场回收。

B 废水处理工艺流程

废水处理工艺流程要同时考虑对废水的回用和对矿泥的回收。以下简单介绍几种常用废水处理的工艺流程。

(1)机械抓斗平流沉淀池与干化场相结合的废水处理流程即“沉淀-干化”流程，见图 5-9。其技术特点是：并列设置两格或多格平流沉淀池，废水经沉淀澄清后循环使用，矿泥用机械抓斗先放置附近干化场脱水，再运到原料场回收。但干化效果受气候影响较大，卫生环境差，且造成二次污染。

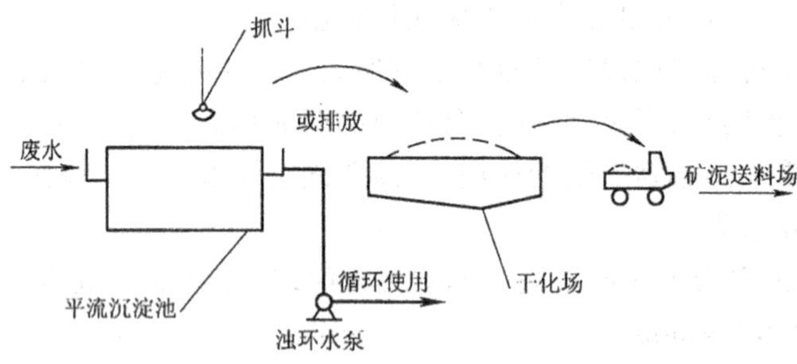

图 5-9 “沉淀-干化”流程图

(2)“浓缩池-浓泥斗”处理流程，见图 5-10。该处理流程以浓缩池来保证环水水质，以浓泥斗(或双浓泥斗)来提高矿泥的浓度，然后将矿泥排到返矿皮带上回收。但弊病是浓泥斗排泥不畅，排泥浓度不均，有时失控，影响返矿皮带的回收。用高浓度、底流量的螺杆泵来代替浓泥斗，将大为改进排泥效果。

(3)“浓缩池-水封拉链机”处理流程，见图 5-11。该流程的特点是：废水经浓缩池沉淀处理后循环使用，底流矿泥自流或用渣浆泵送入主厂房内的水封拉链机，然后将矿泥拉到返矿皮带上。其处理系统简单，管理环节少，运行费用低。但主要问题是从水封拉链机拉出的矿泥浓度比较低，含水量比较多，容易在返矿皮带上产生溢流，影响其回收效果。

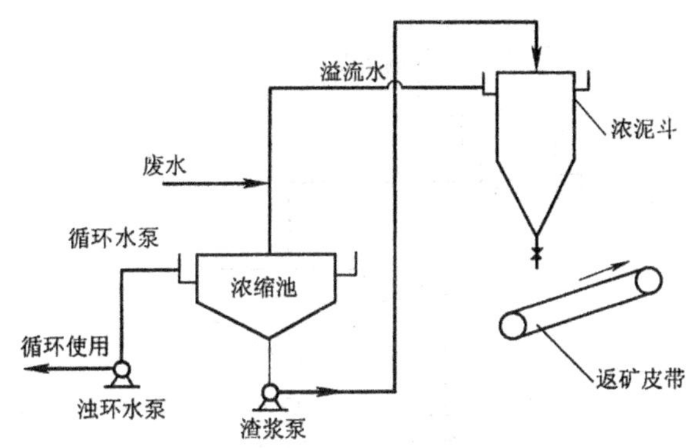

图 5-10 “浓缩池-浓泥斗”流程图

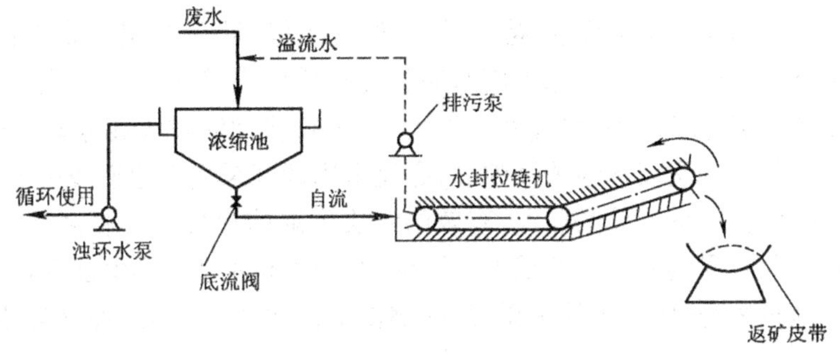

图 5-11 “浓缩池-水封拉链机”流程图

(4)“浓缩池-过滤脱水”处理流程,见图 5-12。该处理流程的特点是:废水经浓缩池沉淀处理后,循环使用。矿泥经脱水机脱水(一般采用真空过滤机脱水),最终输送至原料场。该流程关键是脱水设备难以过关,且流程较复杂,操作管理难度大,应慎重采用。

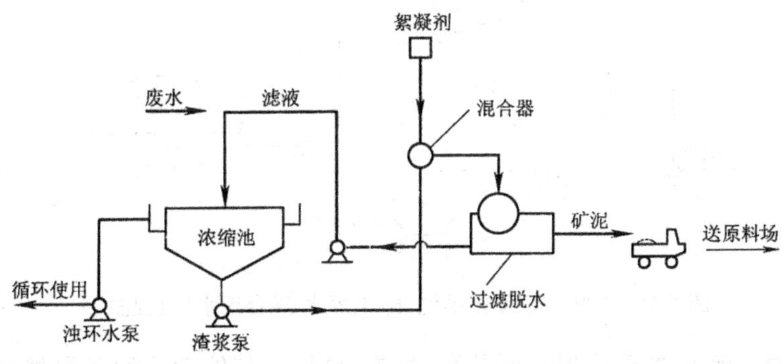

图 5-12 “浓缩池-过滤脱水”流程图

(5)“浓缩池-混合用水”处理流程,见图 5-13。该流程利用烧结工艺的混合环节,直接将浓缩池的底流送至一次混合机作为添加水,减少了矿泥脱水或倒运环节。隔渣筛的作用是去除废水中影响一次混合喷水的粗粒径(>1mm)矿泥。浓缩池在此起沉淀和调节废水的作用,溢流水循环使用,底流浓度控制在 20%左右。宝钢烧结工程的废水处理系统是将炼钢厂的矿泥(OG 泥)与烧结厂废水一起处理,采用类似于图 5-13 的处理流程,运行 5 年多,其处理系统运行正常。

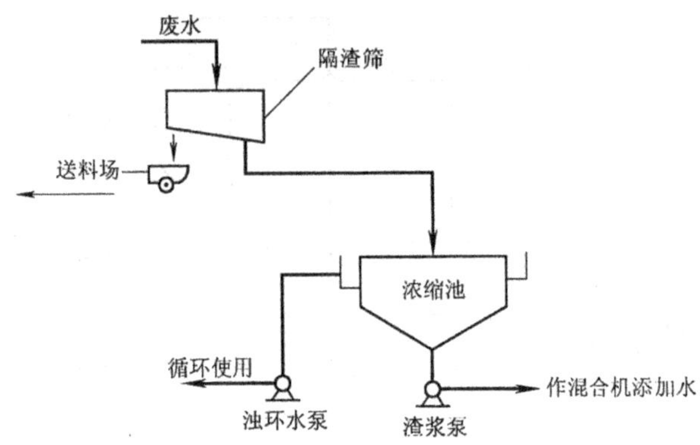

图 5-13 “浓缩池-混合用水”流程图

(6)“冲洗废水-浓缩池、除尘废水-混合用水”处理流程，见图 5-14。该流程把除尘废水(不易沉淀)与冲洗废水分开处理。除尘废水通过搅拌槽后直接作为一次混合机添加水(浓度≤10%)，除尘废水流量较均匀，浓度变化不大，且为粉状细颗粒无粗颗粒，作为一次混合机的添加水较为理想。冲洗废水经浓缩池后，底流采用螺杆泵送至返矿皮带回收，螺杆泵可以输送高浓度(70%左右)低流量的矿泥，有效的解决了浓缩池排泥不畅或放到返矿皮带上矿泥太稀而影响回收效果的问题。浓缩池的溢流水再循环使用到除尘器和冲洗用水中，加上无除尘废水进入浓缩池，废水沉淀效果好，浓缩池溢流水水质较好，浊循环水达到良性循环的目的。

采用废水作为一次混合添加水的处理流程，其废水投加量一定要小于一次混合机的最小需水量，并为恒量投加。此外，还要设一根清水加水管同时工作，并在清水管上进行一次混合机添加水水量的调节控制。

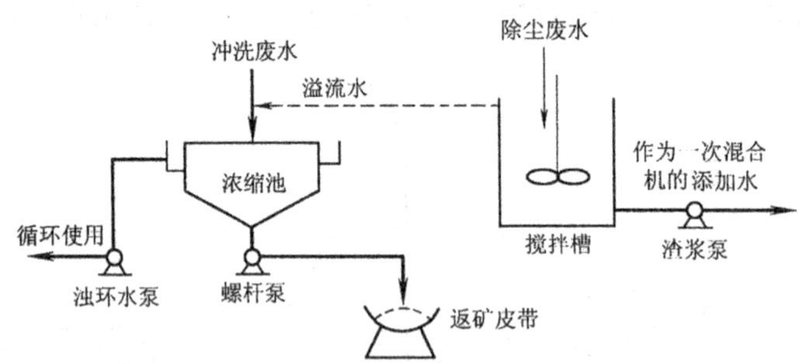

图 5-14 “冲洗废水-浓缩池、除尘废水-混合用水”流程图

实践证明，生产废水处理流程必须可靠、简单、易行。其处理流程还要根据烧结厂的规模、废水处理量的大小、废水的主要来源等因素，因地制宜地确定。

5.3 球团厂给水排水

球团法作为铁矿粉造块工艺的另一种方法近 40 年来有较快的发展，球团工艺的多样化和大型化是这一技术发展的突出特点。其中竖炉球团法、带焙烧机球团法和链算机-回转窑球团法的应用最为普遍。竖炉法适用于磁铁精矿且 Fe^{2+} 含量不低于 20%的条件，单机能力低,在我国使用较早较多,随着铁矿原料资源的品位逐渐下降,其产量比重逐年下降。另外两种方法单机能力大,产品质量高,且可以处理各种含铁原料,80 年代后我国相继在鞍钢、包钢等企业建成了带式焙烧机,在首钢、承德、辽宁喀左等地建成了链箅机-回转窑。

5.3.1 球团厂用水

不论采用何种球团工艺,其主要用水点为混合用水、造球用水、焙烧过程工艺设备冷却用水、辅助设备冷却用水、除尘用水和冲洗地坪用水。可见,与烧结厂的用水户性质基本相似,其给水排水系统也可参照确定。

5.3.1.1 混合用水

混合料用水与烧结工艺的混合机用水类似,用水量按混合料含水率 6% ~ 7%,最大不超过 9%控制,为造球补加水留有添加水的余地。给水水质要求不严,为了提高水的重复利用率,供给浊循环水是可行的,有时为了回收有用矿物直接回收除尘污泥也是良好的对策,但应同时设置新水补给水系统,以混合料含水指标为控制参数,控制水的添加量。

5.3.1.2 造球用水

造球用水的给水方式有滴状和雾状之分,滴状给水有利于成球,雾状给水有利于球团的长大。具体方式按工艺要求而定。造球用水量一般都很少,如 $8m^3$ 竖炉的用水量小于 $1m^3/h$;$312m^2$ 带式造球机的用水量为 $10m^3/h$。由于用量少且要求均匀,故对水质要求较严,防止引起管口喷嘴堵塞。造球给水要求水压稳定,采用滴状给水水压要求为 0.10MPa,采用雾状给水水压要求为 0.30MPa。

5.3.1.3 设备冷却用水

设备类型因工艺不同各有差别,各种设备及其用水部位的给水量、水温要求及水压要求差别较大,用水点的标高也不尽相同,应根据各自特征确定冷却循环给水系统的最优组合,并满足水量、水质及水压要求。

表 5-8 和表 5-9 分别列出 $8m^3$ 竖炉和 $312.5m^2$ 带式造球机的设备用水量。

表 5-8 $8m^3$ 竖炉的设备冷却用水量

冷却用水设备及其部位	用水量/$m^3 \cdot h^{-1}$
干燥帽	4.80
水箱梁	6.00
辊式卸料器	12.00
风　机	2.00
合　计	24.80

5.3.1.4 除尘及清洗地坪用水

除尘用水包括干式除尘器、灰尘加湿、水力除尘用水及湿式除尘器用水;清洗地坪用水是指湿式清扫和冲洗地坪两种方式的用水。

除尘用水见 4.1.1.2。

清洗地坪用水见 5.2.1.3。

表 5-9 312.5m² 带式焙烧机设备冷却用水量

冷却用水设备	用水量/$m^3 \cdot h^{-1}$
稀油润滑站	18.12
冷却机	13.0
密封封置水冷壁	150.0
空压机	46.0
给矿电机	1.62
各类风机	102.5
空调机	11.2
机尾排矿元件	1.8
合 计	344.24

5.3.2 给水排水系统

球团厂给水系统一般分为生产生活新水系统、生产净循环水系统和生产浊循环水系统。与烧结厂给水系统十分类似。

以带式焙烧机为工艺的球团厂其给水排水系统见图 5-15。

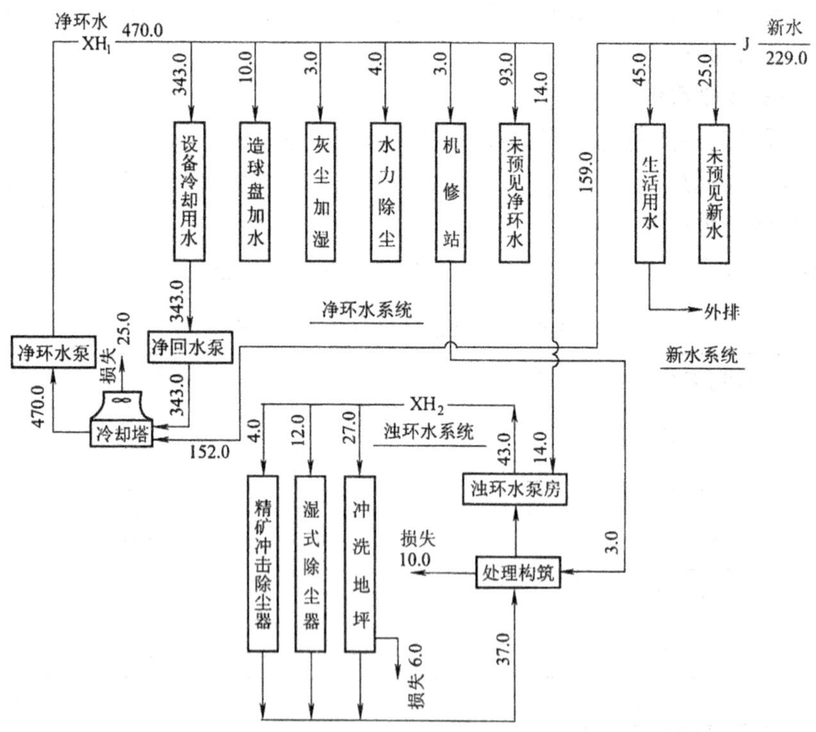

图 5-15 带式焙烧(132.5m²)球团厂给排水系统水量平衡图

6 焦化厂给水排水

焦化厂以煤为原料，通过焦炉炼焦，为金属冶炼提供焦炭。煤在焦炉炭化过程中，会产生大量的荒煤气，其中夹带有大量的在高温炭化时生成的化学物质。为了合理地利用资源和有效地保护环境，通常要对荒煤气进行净化，净化后的煤气一部分供焦炉自身加热使用，多余部分可作为高炉炼钢燃料或作为城市煤气供民用。在煤气净化过程中可以从煤气中回收或制取多种化成品和粗产品，对粗产品进行再加工可以得到很多极具使用价值的精产品和副产品。焦化生产简要工艺流程如图 6-1 所示。

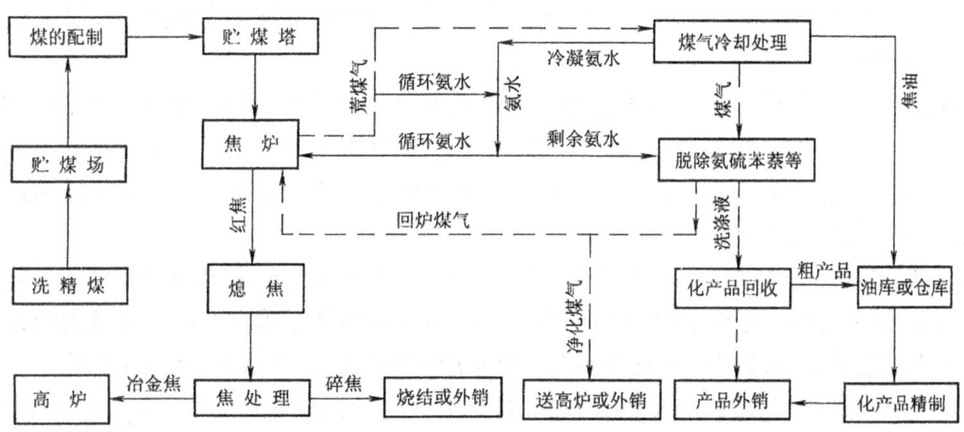

图 6-1　焦化生产工艺流程简图

焦化生产可回收的产品有上万种，不同的煤气净化及化产品精制工艺所生产的焦化产品有所不同，目前国内焦化厂生产的主要产品见表 6-1。

表 6-1　焦化厂生产主要产品一览表

序号	生产部位	产品名称
1	焦炉炼焦	产品：冶金焦（或铸造焦）、碎焦（小块焦）和粉焦 粗产品：荒煤气、煤气冷凝液
2	煤气净化	产品：净化煤气、硫磺、硫代硫酸钠、硫氰酸钠、硫酸、硫铵、氯化铵、硫氰酸铵、氨水、无水氨、黄血盐等 粗产品：粗焦油、苯（或轻苯和重苯）、粗酚钠盐、轻粗吡啶、再生器残渣等

续表 6-1

序号	生产部位	产品名称
3	化产品精制	产品：噻吩、聚环戊二烯、动力苯、纯苯、甲苯、二甲苯类、三甲苯类、工业二甲苯、苯酚、甲酚、二甲酚类、三甲酚类、工业二甲酚、精萘、压榨萘、工业萘、甲基萘类、混合甲基萘类、混合二甲基萘类、纯吡啶、甲基吡啶类、二甲基吡啶类、工业三甲基吡啶、高沸点吡啶、工业喹啉、菲、其他重吡啶盐基类、茚、氢茚、古马隆树脂类、粗蒽、精蒽、蒽醌、精咔唑、工业苊类、联苯、氧芴、中温沥青、改质沥青、针状焦、沥青焦、各类炭黑等 副产品或中间产品：轻苯、轻溶剂油、重苯、重质苯、重溶剂油、D－甲基萘油、D－酚油、吡啶残油、洗油、轻闪蒸油、重闪蒸油、焦化重油、焦化轻油、萘溶剂油、木料防腐油、二蒽油、苊油、脱蒽萘油、菲残油、中油、回收洗油、软沥青等

焦化厂主要由煤焦系统(包括备煤、炼焦和焦处理三个部分)、煤气净化(亦称化产品回收)、化产品精制和公用设施四大部分组成。因焦化厂的规模、所生产的产品和采用工艺的不同,其车间组成也不完全相同,一般中小型焦化厂不对化产品进行精制加工,而是把粗产品外销或送大型焦化厂进行集中加工。

目前焦化厂的规模按年产全焦的公称数量来划分,常见的系列有 20 万 t、40 万 t、60 万 t、90 万 t、180 万 t 和 2 × 180 万 t 等。一般年产全焦 20 万 t 为小型厂,40 ~ 60 万 t 为中型厂,90 万 t 以上为大型厂。旧有焦化厂的规模通常是以年产冶金焦的产量来划分的,一般冶金焦约占全焦重量的 93%。

给水排水是焦化生产的重要组成部分之一。煤气净化和化产品精制过程也是工艺介质的温度调控过程,蒸汽加热、介质之间换热及介质与水换热是介质温度调控最常用的几种方式,其中像工艺介质的冷却和分缩冷凝都是靠水冷却来完成的,因此水就如同焦化生产的血液,非常重要。在化产品回收和精制过程中要产生一定量的焦化废水,其中含有大量的酚、氰等高度有毒有害物质和氨氮类水体富营养化物质,必须处理达标后才能排放。在焦化生产过程中,无论是所使用的原料,还是生产过程中产生的各类中间油品及油气,以及生产出的产品,多具有可燃性,有的还具有可爆性,因此防火和防爆也成了焦化给水排水设计应考虑的重要内容之一。

焦化厂给水内容包括水源取水、常规给水处理(如地表水脱除悬浮物和有机物等)、特殊给水处理(包括地下水除铁除锰、水的软化及除盐等)、水的加压及输配、水的贮存和调节、水的冷却及制冷、循环水系统的水质稳定处理以及生活给水等;排水内容包括车间内部生产及生活排水、焦炉烟道基础人工降低地下水位、地下设施排水、厂区防洪、焦化厂各种污(废)水处理、设置厂区排水管网及排水泵站等;消防内容有水消防、泡沫消防、气体灭火及小型灭火器配置等。

焦化厂给水水源可以用井水、泉水、湖水、江河水和海水等,在水源水质不能满足生产或生活要求时,要进行给水处理。焦化厂多附属于钢铁厂,其所需的工业水、生活水和消防给水一般都由钢铁厂提供处理后的水,除与钢铁厂分建的焦化厂或以就近取地下水为水源的焦化厂外,一般都不独自建造水源及给水处理设施,但地下水除铁除锰、水质软化及除盐等特殊给水处理有时要在焦化厂内进行。

焦化厂给水的类型较多,有生产新水(包括工业水、过滤水、软化水及除盐水等)、间接冷却开路循环给水(以下简称“清循环冷却水”或“循环冷却水”)、间接冷却闭路循环给水(包括“循环制冷水”、“循环深冷水”、“循环冷冻水”及“温水循环冷却水”等)、直接冷却开路循环给水(以下简称“浊循环冷却水”)、直接冷却循环给水(以下简称“浊循环水”)、直流冷却水、串级给水、再次利用水、废水再利用水、生活给水及消防给水等。焦化厂的排水有焦化废水、含尘废水、生产排水、地下(坑)排水、生活污水及雨水等。焦化厂消防有室内外消火栓、油品塔罐消防冷却(包括固定式表面喷淋和移动或固定式水枪或水炮等)、配置化学泡沫、水喷雾消防及自动喷水灭火等用水。

因循环水水质稳定和消防这两个方面的需要,这就要求给水排水设计必须深入了解焦化工艺。此外,因近些年来焦化新工艺和新技术的大量出现,焦化厂给水排水的内容已有了很 大的改进和发展。目前用各种煤气净化工艺和各种化产品精制工艺与其生产规模进行组合,可形成一个庞大的生产工艺群,这就很难使所有的焦化工艺与其给水排水逐个对号加以介绍,基于此原因,本章在介绍生产工艺与给水排水时,以介绍典型的个例为主,以达到从了解焦化工艺入手,掌握焦化给水排水的目的。

焦化厂的给水排水设施较多,常用的有水加压设施、水量调节贮存设施、水处理设施、水冷却设施及人工降低地下水位设施等,有关它们的设计参数选择及设计计算方法,凡现行设计规范、《给水排水设计手册》及本手册其他章节中已有详细介绍的,本章不再重复介绍,下面主要介绍焦化厂给水排水设计的一般规定、常规作法、特殊参数、节能及有关安全事项等方面的内容。

焦化厂消防的特点是火灾危险性大,覆盖面广,消防方式多,所用规范较杂。本章消防部分主要介绍焦化厂各部位危险性类别的划分、消防用水量的确定方式、消防设施配置等内容。文中主要以引导使用现行消防设计规范为主,并对现有消防设计规范未涉及的内容,结合焦化厂实际,并参照类似设计规范,给出参考意见,具体采用时应征得当地消防部门的同意。此外,本章还介绍了在火灾和爆炸危险性环境下,对电器设备选型及金属管道安装的要求。

用生化法处理焦化废水仍是目前普遍采用的较为经济有效的方法之一,焦化废水的生物处理包括生物脱酚氰处理和生物脱氮处理两种。在焦化废水生物处理中,涉及到好氧、厌氧和缺氧与自养、异养和兼养相互交织而成的众多生物种群。焦化废水中所含污染物之间存在着明显的能量差异,是造成焦化废水处理中不同生物种群具有各自独特性的主要原因。尽管焦化废水处理有时可采用某些城市污水生物处理流程,但其设计参数及运行控制条件是不同的,而有些城市污水处理流程在焦化废水处理中是根本不适用的。在焦化废水处理中,去除特定的物质必须具备相应的技术条件,否则是不可能的,因此本章在介绍焦化废水处理设计参数的选用上,更注重介绍参数的选取方法,而不是参数本身。

本章所给出的有关技术数据多选于工程实例,故无统一标准。如冷却设备所需压力为参考数值,设计中应根据换热设备的最大位置高度、换热设备本身产生的水头损失、管道系统产生的损失及换热设备所需余压水头等经过计算求得;又如文中循环冷却水给水温度有27℃、32℃和33℃等多种,使用时可通过热平衡来进行换算。

本章所涉及到的技术条件均指一般情况而言,对于地震烈度超过8度、湿陷性黄土、不良地质(如膨胀土、沼泽地等)、高温、高寒、高湿、高原等地区应按有关规范要求执行。

6.1 煤焦系统给水排水户及给水排水指标

6.1.1 煤焦工艺

焦化厂的煤焦系统由备煤、炼焦和焦处理三大部分组成。备煤的常规项目有煤的破粉碎及煤的混配等,特殊项目有制造型煤、煤调湿及煤捣固成型等。炼焦炉有水平碳化室焦炉(通常称为"焦炉")和"立式炉"两种。水平碳化室焦炉又有装散煤焦炉(以下称"普通焦炉")和装捣固煤焦炉(以下称"捣固焦炉")之分。普通焦炉按碳化室高度划分,高度2.8m为小型焦炉,4.3~6.0m为中大型焦炉。常规焦处理按熄焦方式分有常压水熄焦、压力水熄焦和干熄焦等。煤焦工艺不同,其给水排水户、方式及指标等也多有所不同,图6-2为一个常规备煤、普通焦炉炼焦和常压水熄焦组合的常规煤焦工艺及其给水排水户分布示意图。

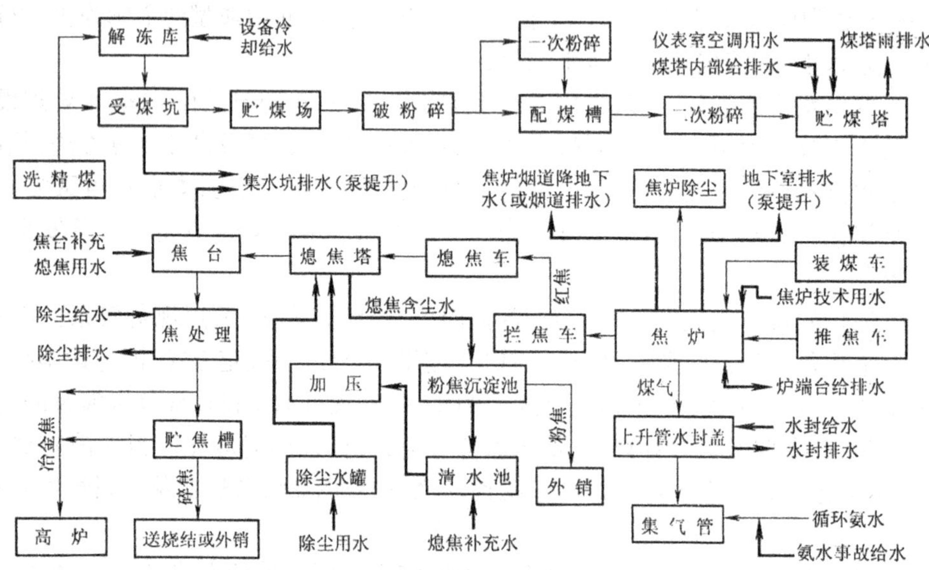

图6-2 常规煤焦工艺及其给水排水户流程简图

6.1.1.1 煤气上升管水封盖水封用水

普通焦炉和捣固焦炉煤气上升管水封盖需供给煤气水封水。小型焦炉一般为单集气管,每个碳化室只有一个集气管,大中型焦炉多为双集气管,每个碳化室有两个集气管。煤气上升管水封供水方式有分组式和平衡水箱式两种。前者用水量较大,单个集气管用水量为$0.1m^3/h$,老焦炉一般是此种形式;后者用水量较小,单个集气管用水量仅为$0.03m^3/h$,新设计焦炉一般采用此种方式。因煤气上升管中荒煤气的温度较高,故水封盖水封水有一定的蒸发损失,因而水封盖中常出现结垢现象,因此水封盖给水应采取防垢措施。该用水对给水水质要求不太严格,可供给再次利用水或清循环水系统排污水等,一般应尽量避免使用处理后的焦化废水。煤气上升管水封盖排水受到轻度污染,含有微量油等,当为水熄焦时该排水可利用其余压排入熄焦循环水系统的粉焦沉淀池中,作为熄焦补充水;当为干熄焦时该排水应送到焦化废水处理站作稀释水。通常,在停止供水后,上升管水封盖蒸发量不大于12L/h,上升管水封盖停止供水1h一般不会出现什么问题。

6.1.1.2 生产技术用水

焦炉生产技术用水是密封焦炉炉盖用泥的和泥用水,为定期间断用水,一般该用水与煤气上升管水封盖给水为同一水源,该系统无外排水。

6.1.1.3 循环氨水事故用水

进入焦炉集气管中的荒煤气要用循环氨水来喷洒冷却,因焦炉碳化室排出来荒煤气的温度很高,故焦炉集气管氨水喷洒不许间断。当循环氨水系统发生事故时,需要提供备用水源,并且备用水源应有足够的可靠性。氨水系统出现事故的可能性不大,即使出现了时间也较短,但需要提供的水流量较大,故该给水一般可由消防管网系统提供,特殊情况下可动用消防车。该水量一般不计入水量平衡,但在管网的流通能力上应予以考虑。该给水全部进入了循环氨水系统,故无直接外排水。

上述三种用水为焦炉本体用水,内部管道多为同一管网,习惯上由炼焦工艺设计,接点在炉端台处,其后由给水排水专业来完成。因该三种给水可能是内部同网而外部不同源,故有时该给水接点处为两路水源,使用时用阀门进行手动切换。

6.1.1.4 熄焦用水

压力水熄焦和常压水熄焦都需要提供熄焦用水。压力水熄焦有接焦车上用水和压力熄焦塔用水等,因该熄焦工艺基建投资大,且运行效果不理想,目前国内很少使用,故在此不加详述。常压水熄焦,主要是供熄焦塔熄焦用水。

因熄焦用水量较大,且熄焦排水受到焦粉等的污染,一般多采用封闭循环方式供水。在短时间内把大量的熄焦水浇向停在熄焦塔内的熄焦车中的红焦上,此时部分水被汽化进入大气或被焦炭带走,剩余部分水流到熄焦塔底部,并用渠道引入粉焦沉淀池中分离粉焦,沉淀池中沉积的粉焦定期用抓斗捞出,沉淀池出水流入清水池中,经泵加压后送熄焦塔循环使用。熄焦系统无外排水,但需要有补充水。

常压水熄焦对给水水质要求较低,故熄焦补充水应优先考虑使用处理后的焦化废水(该水对系统中设备产生的腐蚀问题,应通过改进设备本身来解决)。由系统外送入本系统的水可能有煤气上升管水封盖排水、熄焦塔冲洗除灰水、消烟车排水(生产捣固焦时)及焦处理系统泡沫除尘水(是否让该水进入应视水量平衡情况而定)等。

外部送来的含尘废水应从沉淀池沉淀段的起点进入,熄焦补充水一般补到该系统的清水池中。由于熄焦是间歇进行的,故补水也是不连续的,补水可采用浮球阀等实行自动控制,也可采用阀门进行手动操作。

习惯上熄焦循环水系统设计由炼焦工艺完成,给水排水专业仅负责补水管道以及系统外部来水管道的设计。但应值得注意的是在计算生产水重复利用率时,应将熄焦循环水量计入生产用水量和总用水量中。

6.1.1.5 熄焦塔除尘用水

熄焦塔除尘(即熄焦塔冲洗除灰)用水主要用于定期冲洗熄焦塔格板上集存下来的焦尘,一般每班使用一次,每次用水量约 10m^3。通常该水和熄焦补充水为同一水源,通常把水补入工艺贮水箱中,其后部分由炼焦工艺完成。熄焦塔冲洗除灰排水直接落入熄焦塔底,进入了熄焦循环水系统中。

6.1.1.6 焦台补充熄焦用水

焦台补充熄焦用水主要用以熄灭卸到焦台上仍未熄灭的红焦,该用水对水质要求不严格，用水量也不大，水源可根据厂内管网分布情况，以就近管网取水为宜。通常可供清循环水系统排污水、再次利用水或生产新水等，该水一般由洒水栓供水。洒水栓设在焦台的操作走台上靠近焦炭皮带输送机的一侧，沿皮带走行方向布置，洒水栓间距离为15～20m，每个洒水栓应配有10m左右的输水胶管，在寒冷地区应对给水管采取防冻措施。该水仅在熄焦车向焦台上卸焦时使用，喷到红焦上的水多数被焦炭带走，由焦炭皮带输送机上洒落下的少量水由其下面的集水渠收集后引至焦端台的集水坑内，用排水泵排至厂区排水管道。

6.1.1.7 其他给水排水

(1) 干熄焦系统的用水：干熄焦利用惰性气体循环熄焦取代了水循环熄焦。该系统工艺用水主要为少量的除尘灰加湿用水。其他工艺用水要取决于对循环惰性气体所载热量的利用方式，如用来产生蒸汽则需要供给除盐水，如用来发电不仅需要供给除盐水而且还需要供发电设备循环冷却水等。此外，干熄焦中还用到一些冷却水，如粉焦冷却用水及热风机系统冷却用水等。冷却用水指标见6.1.3节。

(2) 煤场用水：对于露天煤场，为了减少因风吹而产生的煤损失，有的采用了向煤上喷高压水，使其在煤表面形成湿保护膜层，现在有的已用喷洒化学覆盖剂技术取代喷水方式，但上述措施目前国内采用得都很少。

(3) 焦炉回炉煤气排冷凝液：该冷凝液属高浓度焦化废水，应由炼焦工艺自己收集送入煤气净化部分的机械化氨水澄清槽中，不宜直接送焦化废水生化处理。

6.1.1.8 给水排水指标

煤焦工艺用水及排水指标分别见表6-2～表6-6。

表6-2 煤焦工艺单位用水指标

项　目	吨干煤给水水量/m^3	给水水温/℃	给水压力/MPa	用水制度	水质要求[③]	备　注
循环熄焦用水	2	≤85	0.3	熄焦时用	浊循环水	常压水熄焦
循环熄焦补充用水	0.4	常温	≥0.01	间断	不严格	常压水熄焦
熄焦塔除尘用水	1.25[①]	常温	≥0.05	每班一次	不严格	常压水熄焦
焦台补充熄焦用水	0.04	常温	≥0.1	卸焦时用	不严格	
上升管水封盖用水	0.1[②]	常温	≥0.25	连续	不严格	分组给水方式
	0.03[②]				工业水	平衡水箱给水方式
生产技术用水	0.005	常温	≥0.25	间断	不严格	
氨水系统事故用水	1	常温	≥0.25	事故时用	工业水	可用消防水源

①单位为m^3/h，实际使用水量为$10m^3$/班；

②这里指1个上升管水封盖的用水量，单位为m^3/h；

③不严格指可用清循环冷却水系统排污水或经处理后的焦化废水。

表6-3 煤焦工艺用水综合指标[①]

用水户名称	用水量/$m^3\cdot h^{-1}$					备　注
	20万t/a	40万t/a	60万t/a	90万t/a	180万t/a	
熄焦循环给水	63	125	188	281	563	为平均小时给水量
循环熄焦补充用水	12.5	25	37.5	56.15	112.5	为平均小时给水量

续表 6-3

用水户名称	用水量/$m^3 \cdot h^{-1}$					备　注
	20 万 t/a	40 万 t/a	60 万 t/a	90 万 t/a	180 万 t/a	
熄焦塔除尘用水	1.25	1.25	1.25	1.25	1.25	为平均小时给水量
焦台补充熄焦用水	30m^3/d	60m^3/d	90m^3/d	135m^3/d	270m^3/d	
生产技术用水	0.16	0.31	0.47	0.7	1.4	为平均小时给水量
氨水系统事故用水	32	65	95	142	284	

①熄焦水为常压水熄焦耗水指标。

表 6-4　煤气上升管水封盖用水综合指标

焦化厂规模/万 $t \cdot a^{-1}$		20		40	60	90		180	备　注
焦炉炉型	碳化室高/m	2.8	4.3	4.3	4.3	4.3	6	6	
	碳化室数/孔	35×2	33×1	33×2	42×2	42×3	105×1	105×2	
给水水量 /$m^3 \cdot h^{-1}$	单排集气管	7	3.3	6.6	8.4	12.6	10.5	21	分组给水方式
		0.2	0.1	0.2	0.25	0.38	0.32	0.64	平衡水箱给水方式
	双排集气管		3.3	13.2	16.8	25.2	21	42	分组给水方式
			0.2	0.4	0.5	0.76	0.64	1.28	平衡水箱给水方式

表 6-5　煤焦系统生产工艺排水单位指标

排水户名称	排水水量	排水水温 /℃	排水压力 /MPa	排水制度	排水水质	备　注
上升管水封盖排水	0.1①	≤50	≥0.05	连续	含微量油等	分组给水方式
	0.03①					平衡水箱给水方式
水熄焦塔除尘排水	1.25②	常温		清洗时	含　尘	排水自行进入熄焦循环水系统

①这里指 1 个上升管水封盖排水量，m^3/h；　② 单位为 m^3/h，实际排水量为 10m^3/班。

表 6-6　煤焦系统生产工艺排水综合指标①

排水户名称	排　水　量					备　注
	20 万 t/a②	40 万 t/a②	60 万 t/a②	90 万 t/a②	180 万 t/a②	
熄焦塔除尘用水 /$m^3 \cdot$班$^{-1}$	10	10	10	10	10	
煤气管道冷凝液 /$m^3 \cdot h^{-1}$	0.94	1.95	2.81	4.23	8.46	由炼焦工艺送机械化氨水澄清槽

①煤气上升管水封盖排水综合指标与表 6-4 中给水基本相同；　②焦化厂规模。

6.1.2　煤焦除尘

煤焦系统的很多部位都会产生大量的煤焦粉尘或烟尘，因而除尘是煤焦生产的一项重要内容。煤焦除尘有干式和湿式两种，一般湿式除尘系统需要大量的除尘工艺用水，干式除尘系统虽然无除尘用水，但有的需要设备冷却用水。

煤焦系统常采用干式除尘的处所及所使用的除尘方式有：

(1) 备煤系统的配煤槽、破粉碎机及各转运站的落料口等处产生的煤尘，多采用布袋式干式除尘系统，把回收的煤粉返回煤系统；

(2) 备煤系统煤调湿装置产生的高温烟尘，多采用袋滤器干式除尘系统；

(3) 推焦产生的高温烟尘，通常采用烟气空气冷却器和袋滤器组成地面站除尘系统；

(4) 干熄焦系统的干熄焦槽的出焦口、炉前焦库、筛焦、切焦及转运站各落料点，多采用干式除尘方式；

(5) 煤焦试样室等处产生的焦尘，多采用干式除尘方式。

煤焦系统常用湿式除尘的处所有：

(1) 备煤系统的成型煤混煤机、分配槽、混捏机、冷却输送机及煤成型机等处产生的煤尘及焦油烟气，一般采用文丘里或冲击式湿式除尘方式；

(2) 捣固焦炉装煤除尘，多采用消烟车湿式除尘；

(3) 水熄焦系统的焦转运站、贮焦槽的落料口及筛焦和切焦设备等处产生的焦尘，因含有一定的水汽，多采用湿式泡沫除尘系统。

煤焦系统干式与湿式除尘均可使用的处所及方式：

(1) 普通焦炉装煤曾采用消烟车湿式除尘方式，后因解决了滤袋喷涂料问题，现焦炉装煤多变为干式除尘系统；

(2) 干熄焦槽加料部分除尘方式，有的采用文丘里湿式除尘，但多数为和出料部分采用相同的干式除尘方式。

6.1.2.1 焦炉装煤湿式除尘

焦炉装煤湿式除尘一方面是利用向煤气集气管内喷射高压氨水来抽吸回收烟气，另一方面配有焦炉装煤车上除尘和地面站除尘两种湿式除尘方式。其中装煤采用球面密封结构的下喷煤嘴，并在装煤车上配备有烟气燃烧室。装煤系统的车上湿式除尘是将燃烧后的烟气在车上进行一段或两段洗涤净化和降温，而后用管道将烟气用风机抽到地面除尘站，再用两段文丘里管湿式除尘系统将烟尘进一步净化。

6.1.2.2 成型煤系统的湿式除尘

配型煤炼焦是在常规配煤配好的煤中加入一定量软沥青类粘结剂，然后通过混煤、混捏及成型等工序形成型煤，而后再送入焦炉炼焦。其中粘结剂在与煤混合前需要用蒸汽进行间接加热，在混捏过程中还要加蒸汽使混捏温度达到 100℃左右，成型后的热煤球还需经强制送风等方式冷却。成型煤系统能产生大量的高温粉尘和沥青烟，故需设有除尘系统，其中的湿式除尘有成型煤机室内除尘和成型煤成品通风冷却排风除尘两部分。如某厂成型煤系统就设立了两个湿式除尘系统。一个系统为成型机室内的混捏机、成型机及冷却胶带等有扬尘和散发沥青烟尘的地方的除尘，共设两个系列，采用四套文丘里管洗涤净化装置；成型煤球用网式冷却输送机输送过程中，要进行机械通风冷却强制，另一个除尘系统是用于净化风冷所排热风中的烟尘，亦为两个系列，各采用一台冲击式除尘器。

在焦炉装煤和成型煤系统中用文丘里管进行湿式除尘，其排水中含尘浓度一般为 500 ~ 1000mg/L，需经过沉淀处理使出水悬浮物浓度不大于 100mg/L 后，方可循环使用或直接外排。其中成型煤高温焦油烟气除尘排水为酸性，需要用碱进行中和。图 6-3 为焦炉装煤湿式除尘系统工艺流程图，该工艺采用消烟车除尘加两段文丘里管除尘的联合除尘方式，除尘后的含尘废水送澄清处理(关于含尘废水处理方法见 6.6.2 节),澄清后水取循环水量的5%左右送焦化废水处理站作稀释水,其余部分送回焦炉装煤除尘系统循环使用,该系统补充水可用清循环水系统的排污水或其他净废水等。

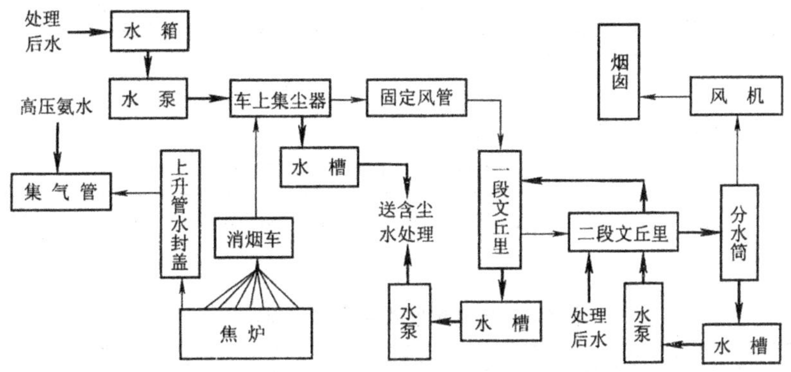

图 6-3 焦炉装煤湿式除尘系统工艺流程简图

6.1.2.3 捣固焦炉装煤消烟车除尘

捣固焦炉装煤一般采用消烟车除尘,该给水应优先考虑供给处理后的焦化废水,除尘后排水排入水熄焦系统的粉焦沉淀池,作为熄焦补充水。

6.1.2.4 水熄焦的焦处理系统除尘

水熄焦的焦处理系统常采用湿式泡沫除尘。该除尘工艺比较简单,含尘气体依次经过抽风罩、泡沫除尘器和抽风机,最后排入大气。焦处理系统所需要的泡沫除尘器的规格及数量与焦处理规模及焦处理设施的总图布局有关,一般焦转运站的数量越多所需要的除尘器个数就越多,生产规模越大所需要的除尘器能力就越大。用水量较小的系统应优先考虑使用清循环水系统的排污水,用后经简单沉淀处理后直接排放;用水量较大的系统可考虑沉淀处理后循环使用。因焦处理系统运转是间断的,故除尘器用水也是不连续的,一般每天给水时间在 18h 左右。

6.1.2.5 除尘工艺用水指标

煤焦系统湿式除尘工艺用水指标分别见表 6-7 ~ 表 6-9。

表 6-7 焦炉及成型煤湿式除尘用水指标

除尘户名称	给水水量 $/m^3 \cdot h^{-1}$	给水水温 /℃	给水压力 /MPa	用水制度	给水水质	备 注
一、焦炉及成型煤①						
成型煤成型机室集尘系统	132	≤50	0.3	连续	浊循环水	
№1 成型煤冷却排风集尘系统	120	≤50	0.3	连续	浊循环水	
№2 成型煤冷却排风集尘系统	120	≤50	0.3	连续	浊循环水	
№1 焦炉装煤车车上集尘系统	21	≤50	0.3	装煤时	浊循环水	
№2 焦炉装煤车车上集尘系统	21	≤50	0.3	装煤时	浊循环水	
№1 焦炉地面站除尘系统	60	≤50	0.3	装煤时	浊循环水	

续表 6-7

除尘户名称	给水水量 /m³·h⁻¹	给水水温 /℃	给水压力 /MPa	用水制度	给水水质	备　　注
№2 焦炉地面站除尘系统	48	≤50	0.3	装煤时	浊循环水	
合　　计	522					
二、炭化室高度为 4.3m 的捣固式焦炉						
捣固式焦炉消烟车除尘	15	常温	0.3	装煤时	不严格	可供处理后焦化废水

①成型煤设有 4 台能力为 40t(干基型煤)/(h·台)的成型机，3 开 1 备，相当于年产干基型煤 105 万 t；炼焦为 2 座年产 90 万 t 的焦炉，实际年产全焦 171 万 t。

表 6-8　泡沫除尘器用水参考指标

除尘器规格	处理风量 /m³·h⁻¹	给水水量 /m³·h⁻¹	给水压力 /MPa	对给水水质的要求	备　　注
D750	3180～4700	1.4～1.7	≥0.1	不严格	给水压力从除尘器所在地面算起
D850	4090～6100	1.7～2.3	≥0.1	不严格	给水压力从除尘器所在地面算起
D950	5100～7600	2.3～2.8	≥0.1	不严格	给水压力从除尘器所在地面算起
D1050	6230～9300	2.8～3.4	≥0.1	不严格	给水压力从除尘器所在地面算起
D1150	7480～11000	3.4～4.0	≥0.1	不严格	给水压力从除尘器所在地面算起
D1250	8800～13000	4.0～4.8	≥0.1	不严格	给水压力从除尘器所在地面算起
D1350	10300～15000	4.8～5.8	≥0.1	不严格	给水压力从除尘器所在地面算起
D1450	11800～17800	5.8～7.0	≥0.1	不严格	给水压力从除尘器所在地面算起

表 6-9　焦处理系统泡沫除尘器用水综合指标

	生产规模/万 t·a⁻¹	20	40	60	90	180	备　　注
	用水量/m³·h⁻¹	14	25	37	46	60	
其中	单台用水量/m³·h⁻¹ 除尘器数量/台	2 2	2 4	2 5	2 6	2 7	随转运站数量而变
	单台用水量/m³·h⁻¹ 除尘器数量/台	3 2	3 3	3 3	3 4	3 5	随转运站数量而变
	单台用水量/m³·h⁻¹ 除尘器数量/台	4 1	3 1	4 2	4 3	4 4	随筛贮焦工艺而变
	单台用水量/m³·h⁻¹ 除尘器数量/台		5 1	5 2	5 2	5 3	随筛贮焦工艺而变

6.1.3　设备冷却

设备冷却用水主要集中在备煤、干熄焦和干式除尘等系统。主要用水户有煤场解冻库烟泵轴承冷却，干熄焦系统粉焦冷却用水及热风机系统冷却用水，煤调湿系统热风机等轴承冷却及载热油调温冷却，脚炉干式除尘地面站抽风机设备及液力耦合器油冷却器冷却，煤塔仪表室内空调机冷却等。

6.1.3.1 煤调湿系统设备冷却

煤干燥预热(或煤调湿)可以将煤的含水率由10%降到4%~6%,这对炼焦有很多好处。以从焦炉烟道气、焦炉上升管荒煤气或红焦中回收热为热源的煤预热(或调湿)工艺有多种形式,从传热介质和传热方式上分,有用惰性气体为热载体通过喷射和煤接触换热的,有用钢球或刚玉球等固体为热载体和煤进行接触换热的,也有用煤油等液体有机溶剂为热载体和煤进行间接换热的。煤预热工艺过程中的给水主要有输送热媒体设备(如热油泵、抽热风机和固体螺旋输送机等)的冷却用水、油换热器调温用冷却水和除尘用热风机冷却用水等。根据情况这些冷却用水可供直流水,也可供循环水。直流给水应优先考虑使用清循环水系统排污水。

6.1.3.2 地面站干式除尘系统

焦炉地面站干式除尘所用抽风机,其传动电机的调速多采用变频调速或液力耦合器,其中液力耦合器油箱及风机轴承等需要冷却水,其用水方式如图6-4所示。该系统用水量较大,一般应供循环冷却水,其给水温度应不超过33℃,进出水温差一般不大于5℃。

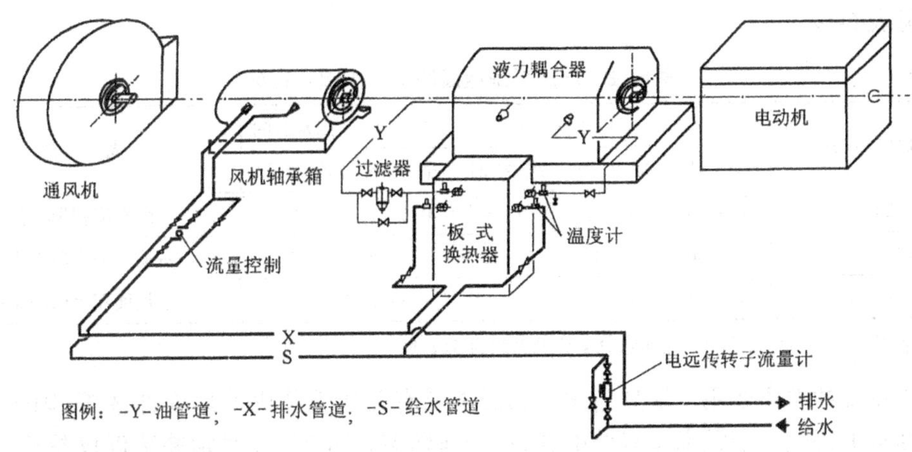

图6-4 焦炉干式除尘地面站液力耦合器系统给水排水流程图

煤焦系统设备冷却排水的量基本与其给水量相同。排水水质与给水水质相比,除水温有所升高(一般不超过5℃)外,其他指标无多大变化。该类排水在不回收利用的情况下,可直接排入厂区生产排水管道。

6.1.3.3 设备冷却用水指标

煤焦系统设备冷却用水指标见表6-10、表6-11。其中干熄焦系统粉焦冷却用水及热风机系统冷却用水可供给清循环冷却水,给水压力≤0.2MPa。

表6-10 煤焦系统设备冷却用水单位指标

所属部位	用水户名称	台给水水量 $/m^3 \cdot h^{-1}$	给水水温 /℃	给水压力 /MPa	用水制度	对给水水质的要求
煤解冻库	烟泵轴承冷却	5~7	≤33	≥0.1	连续	工业水或循环水
除尘地面站	风机轴承冷却	1~1.5	≤33	≥0.1	连续	工业水或循环水
	液力耦合器油冷却器	20~35	≤33	≥0.1	连续	工业水或循环水
煤塔仪表室	空调机用水	4	≤33	≥0.1	间断	工业水或循环水

表 6-11 煤焦系统设备冷却用水综合指标

用水户名称	用水量/$m^3 \cdot h^{-1}$					备注
	20万 t/a①	40万 t/a①	60万 t/a①	90万 t/a①	180万 t/a①	
解冻库烟泵轴承冷却	-	10~14	10~14	20~28	20~28	
干熄焦系统粉焦及热风机冷却用水			40			
除尘地面站设备冷却	20~35	21~36	21~36	40~60	40~60	液力耦合器调速
煤塔仪表室空调机用水	4	4	4	4	8	

①焦化厂规模。

6.1.4 其他

6.1.4.1 给水

煤焦系统内部给水主要有煤焦输送通廊洒水，配煤槽、粉(破)碎机室、成型煤室、筛焦楼、贮焦槽、煤焦转运站、煤塔顶层、焦炉炉端台、煤焦试样室及焦炉烟道排水泵房等建筑物内的污水池等用水设施的给水，以及煤塔的卫生间给水等。其中煤焦系统地面冲洗用水综合指标见表 6-12。

表 6-12 煤焦系统地面冲洗用水综合指标

焦化厂规模/万 $t \cdot a^{-1}$	用水量①/m^3				用水时间/h·班$^{-1}$	备注
	全日	最大班	最大时	平均时		
20	12~24	6~12	5~8	0.5~1	2	简易流程取下限
40~60	24~36	12~16	8~10	1~1.5	2	占地面积大时取上限
90~180	36~48	16~20	10~12	1.5~2	2	占地面积大时取上限

①备煤、焦处理和炼焦三部分的用水量分配比例大约为 5:4:1。

煤焦系统冲洗主要用于煤焦输送通廊洒水及有关建筑物内的地面冲洗等，因煤焦通廊在土建结构上每隔一定距离留有伸缩缝，且未作防漏水处理，故通廊冲洗仅仅是洒水而已，不可能做到水力冲灰。通廊洒水干管一般沿通廊长度方向敷设，安装在靠近窗户处距地面约 100mm 高的位置。每隔约 20m 设一个口径为 *DN*20 的洒水栓，洒水栓的安装高度一般距地面 700mm 左右，每个洒水栓应配带长度不小于 10m 的输水胶管。靠近转运站的第一个洒水栓的安放位置，应兼顾到该转运站内的冲洗要求。煤焦冲洗用水可供工业水或再次利用水。煤焦通廊洒水系统给水压力的确定，可按煤焦系统最不利点各有两个洒水栓同时工作考虑。

因煤塔等建筑物较高，有时外网给水压力不能满足这些用户的要求，这时就需要设局部水加压设施；此外由于消防、生产或生活水量调节以及串级用水系统的保压和(或)调节水量等要求，通常需要设高位水箱。一般局部加压水泵宜设在靠近煤塔的第一个煤转运站内的地面层，根据情况高位水箱可设在煤塔、靠近煤塔的第一个煤转运站、筛焦楼或配煤槽的顶层。一般局部加压水泵可从外网直接吸水，并宜与高位水箱水位实行自动连锁。

在有值班室或有可能供人食用地方的污水池，其给水应供给生活水。

6.1.4.2 排水

生产系统辅助排水主要有地下室(包括焦炉地下室、个别煤焦转运站、少数粉(破)碎机室及焦炉烟道等)集水坑排水、露天设施(包括焦台、受煤坑、贮煤场、煤塔顶及两个推焦车轨道间等)的雨排水和焦炉烟道人工降低地下水位等。

煤焦系统地面冲洗及卫生间的排水量可按其给水量的 80% ~ 100%考虑。

封闭建筑的地下室,其正常排水量为:当接受地面冲洗和(或)污水池等排水时,按实际排水量进行统计;否则按平时无水考虑。最大排水量应等于其地坑排水泵工作流量。

露天及半露天设施内的地下部分,其正常排水量同封闭建筑的地下室;其最大排水量应按能排除重现期不小于 10 年的雨水量来确定。

烟道平时按无排水量考虑,其最大排水量应等于其集水坑排水泵工作流量。

焦炉及烟道基础人工降地下水,应根据焦炉区域内的水文地质资料及拟采取的人工降水方式及降水深度等因素,通过试验或计算求得。

露天或半露天煤场及煤塔顶排除雨水的重现期按不小于 10 年考虑,推焦车轨道间排雨水重现期按不小于 1 年考虑。露天或半露天煤场及煤塔顶的径流系数按 1.0 考虑,推焦车轨道间径流系数按 0.6 考虑。露天或半露天煤场的径流时间应通过计算或实测来确定,当无资料时可根据煤场的大小及形状按 20 ~ 60min 选取。露天或半露天煤场排雨水应经过沉淀分离煤泥后再排放。

6.2 煤气净化部分给水排水户及给水排水指标

来自焦炉的荒煤气经冷却冷凝分离焦油氨水和净化脱除焦油雾、萘、硫、氨及苯等后,成为净化煤气。在煤气净化的同时可回收或加工制取化产品(包括化成品和粗产品)。通过近年来对新焦化工艺的引进、消化、开发与创新,过去那种单一的“A.D.A 改良蒽醌二磺酸钠法煤气脱硫-饱和器法煤气脱氨制取硫铵或煤气洗涤脱氨生产氨水-开放式水洗煤气终冷脱萘”的煤气净化工艺已不再出现,一些高效、经济、实用和有利于环境保护的新型工艺相继而生。煤气净化过程中的工艺用水主要是工艺介质的冷却和冷凝分缩用水,根据被冷却介质的要求,冷却水多为清循环冷却水和低温水(循环制冷水和地下水)。煤气净化过程中的工艺废水主要是从煤气和其他工艺介质中分离出来的分离液。煤气净化给水排水户与煤气净化工艺密切相关,工艺或规模不同,给水排水户和用水指标是大不一样的。目前煤气的每一净化工序都有多种工艺,这些工艺的相互组合可形成一系列的煤气净化工艺,其中单一净化工序常用的工艺有:

煤气(鼓风)冷凝:煤气冷凝处理是为了进一步分离其中的焦油氨水等,近年来煤气冷凝多采用两段式横管冷却器,一段式竖管冷却器基本被淘汰。根据煤气鼓风机所在位置不同,煤气净化有正压和负压之分,习惯上分别被称为正压回收和负压回收。正压回收煤气鼓风机一般放在煤气初冷器之后,整个煤气的净化过程都是处在正压下进行的,该工艺能适用于煤气净化流程较长或煤气净化过程中煤气温度变化较大的情况。正压回收煤气在初冷器中被冷却到 25 ~ 30℃,因而不能完全脱萘,而且在净化过程中煤气温度有明显的升降变化,因而煤气初冷后还需要一系列的中间冷却和(或)最终冷却及脱萘。负压回收的煤气鼓风机一般放在煤气的氨硫苯洗涤之后,整个煤气净化过程中都是在负压下进行的,该工艺适用于诸如氨硫苯洗涤等较短的煤气净化流程,负压回收一般一次性将煤气在初冷器内冷却到 22℃左右,并同时向煤气初冷器内喷洒焦油使煤气进一步洗萘,故其后勿需再进行煤气冷却。该工段得到的焦油送化产品精制的焦油加工部分。

煤气脱硫和脱氰：脱硫和脱氰工艺有干式和湿式之分，干式脱硫多为干箱脱硫，除煤气供民用外，一般不进行干式脱硫。湿法脱硫工艺比较多，但无论何种工艺，一般都包括两个工序：一是煤气脱硫，即将煤气中所含的 H_2S 和 HCN 吸收下来；另一为废液处理，即把含 H_2S 和 HCN 的吸收液进行再生或处理加工，回收其中的硫等有用物质。目前国内已采用的引进和国产煤气脱硫脱氰工艺有：(1) 以煤气中的氨为硫吸收剂的塔克哈克斯（TAKAHAX）法和 FRC 工艺中的 F/R(Fumaks Rhodacs)法等；(2) 以氨水为硫吸收剂的氨水循环洗涤脱硫法等；(3) 以专用化学剂为硫吸收剂的索尔菲班（Sulfiban）法、HPF 脱硫法和传统的 A.D.A 改良蒽醌二磺酸钠法；(4) 以碳酸钠为硫吸收剂的真空碳酸钠（VASC/SCL）法等。含 H_2S 和 HCN 废液处理方式有：(1) 希罗哈克斯（HIROHAX 亦称湿式氧化）法生产硫铵；(2) 燃烧法或熔硫釜法生产元素硫；(3) 燃烧法、熔硫釜和氧化炉法联合法或湿式氧化法制硫酸等。

煤气脱氨：一般煤气脱氨由煤气洗氨和洗氨液氨回收（或分解）两个工序组成。煤气脱氨和洗氨液处理工艺较多，目前国内已采用引进和国产的工艺有：(1) 无饱和器法煤气硫酸盐循环洗涤法脱氨，洗涤液制取硫铵；(2) 弗萨姆（PHOSAM）法煤气磷酸盐循环洗涤法脱氨，洗涤液生产无水氨；(3) 蒸氨汽提水煤气循环洗氨，蒸氨汽生产硫铵或燃烧法氨汽分解等。

煤气脱苯：煤气脱苯也有两大部分，其一为煤气贫油洗苯，正压回收在洗苯前还有煤气终冷和油洗萘；其二为洗苯富油的再生。富油再生有生产粗苯工艺和生产轻苯及重苯两种苯工艺。脱苯后的贫油送去循环洗苯，回收的粗苯（或轻苯和重苯）及再生器残渣分别送化产品精制的苯精制和焦油加工。

回收吡啶、黄血盐及酚钠盐等：从生产硫铵的硫酸母液中可提取粗吡啶；煤气终冷循环氨水中可提取黄血盐；循环氨水系统中排出的剩余氨水及某些化产品精制工艺过程中的分离水中可以提取酚钠盐及回收氨等。

下面的给水排水指标，仅为几个具有代表性的煤气净化工程实例，工程设计时还应以主体工艺专业提供的资料为准。因煤气净化过程中的各种参数都与净化煤气量密切相关，焦化厂的规模与净化煤气量间的关系大致符合表 6-13 的关系，当实际数据与该表不符时，各种指标可根据煤气量的变化比率进行调整。

表 6-13 焦化厂规模与净化煤气量对应关系

焦炭生产能力/万 $t\cdot a^{-1}$	20	40	60	90	180	备 注
净化煤气量/$m^3\cdot h^{-1}$	11000	20000	30000	50000	90000	

6.2.1 20 万 t/a 焦化厂

20 万 t/a 焦化厂规模较小，该类厂一般不回收氨，仅生产硫磺，工艺流程比较短。一个代表性的短煤气净化流程主要由煤气冷凝分离冷凝液与脱萘、煤气 HPF 脱硫-脱硫液产硫磺、煤气汽提水循环洗氨-蒸氨汽焚烧分解和煤气贫油循环洗苯-粗苯蒸馏等工序组成，下称“HPF 脱硫-氨焚烧”工艺，其主要生产给水排水户分布见图 6-5。煤气洗氨用的是软水，其他生产用水多为清循环冷却水和循环制冷水。生产排水主要为剩余氨水（W_0）、洗氨排水

(等于洗氨耗软水量 E)和粗苯分离水(W_2)组成的混合废水,经蒸氨处理(未进行脱酚)后以蒸氨废水(W_1)的形式排出。因该工艺洗氨使用的是软水,故蒸氨废水量较多,但其所含污染物浓度较循环氨水洗氨要低。排出的蒸氨废水常分为两路,水量各为 7m³/h,分别送鼓冷(W_4)和油库(W_3)供油品槽罐排气洗净塔排气洗净使用,洗净塔前后的废水水质无多大变化,该排水最终送焦化废水处理系统处理。

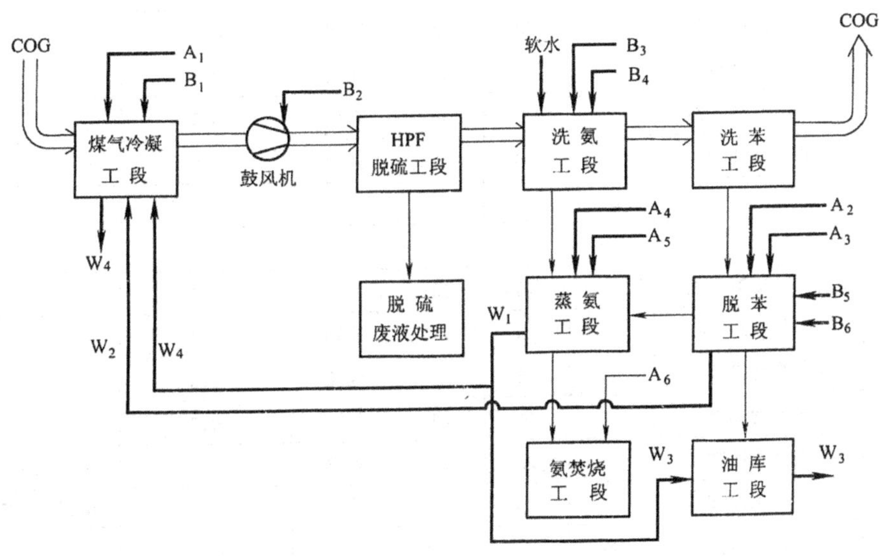

图 6-5 "HPF 脱硫-氨焚烧"煤气净化工艺流程暨给水排水户分布图

另一个超短型的煤气净化工艺流程为仅回收煤气中的硫,所产生剩余氨水用焚烧的方法全部烧掉,下称"HPF 脱硫-氨水焚烧"工艺,其主要生产给水排水户分布见图 6-6。该工艺煤气洗氨用的是循环氨水,所用冷却水有清循环冷却水和地下水。该工艺的剩余氨水量约为 4.4m³/h,全部送焚烧,故实现了高浓度焦化废水的零排放。

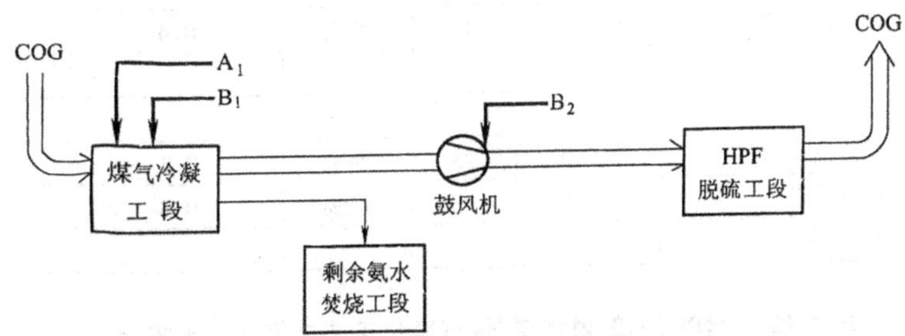

图 6-6 "HPF 脱硫-氨水焚烧"煤气净化工艺流程暨给水排水户分布图

上述两工艺的生产用水指标分别见表 6-14 和表 6-15。"HPF 脱硫-氨焚烧"工艺排焦化废水指标见表 6-16。

表 6-14 “HPF脱硫-氨焚烧”煤气净化工艺生产用水指标

序号	代号	设备名称	水量/$m^3 \cdot h^{-1}$	水温/℃		用水制度	所需水压/MPa	备注
				进水	出水			
一、循环冷却水(CW)								
1	A_1	煤气初冷器一段		30	45	连续	0.4	
2	A_2	贫油一段冷却器		30	45	连续	0.5	
3	A_3	脱水塔冷凝冷却器		30	45	连续	0.5	
4	A_4	蒸氨分缩器		30	45	连续	0.5	
5	A_5	蒸氨废水冷却器		30	45	连续	0.5	
6	A_6	炉气冷却器		30	45	连续	0.5	
		合计	670					
二、低温水(LW)								
1	B_1	煤气初冷器二段		16	23	连续	0.3	
2	B_2	风机油冷却器		23	28	连续	0.3	
3	B_3	洗氨循环冷却器		16	23	连续	0.3	
4	B_4	软水冷却器		16	23	连续	0.3	
5	B_5	粗苯冷凝冷却器		23	30	连续	0.3	可供二次利用水
6	B_6	贫油二段冷却器		23	30	连续	0.3	可供二次利用水
		合计	184					
三、其他用水								
1	E	洗涤用软水	6			连续	0.3	

表 6-15 “HPF脱硫-氨水焚烧”煤气净化工艺生产用水指标

序号	代号	设备名称	水量/$m^3 \cdot h^{-1}$	水温/℃		用水制度	所需水压/MPa	备注
				进水	出水			
一、循环冷却水(CW)								
1	A_1	煤气初冷器上段		32	45	连续	0.4	
		合计	400					
二、低温水(LW)								
1	B_1	煤气初冷器下段		16	25	连续	0.3	
2	B_2	风机油冷却		23	28	连续	0.3	
		合计	52					

表 6-16 “HPF脱硫-氨焚烧”煤气净化工艺排焦化废水指标

序号	排水点	排水量/$m^3 \cdot h^{-1}$	排水制度	排水温度/℃	排水压力/MPa	备注
1	蒸氨废水	14	连续	≤40	≥0.2	由净化工艺加压送出
2	剩余氨水	4.4	连续			由净化工艺送蒸氨
3	粗苯分离水	0.6	连续			由净化工艺送蒸氨

6.2.2 40万t/a焦化厂

40万t/a焦化厂煤气净化常用工艺流程之一为：煤气鼓风冷凝分离冷凝液、煤气HPF脱硫-脱硫液生产硫磺、煤气及剩余氨水蒸氨汽饱和器硫酸吸收脱氨-硫铵母液产硫铵、煤气终冷油洗萘及煤气贫油循环洗苯-粗苯蒸馏等，下称“HPF脱硫-硫铵”工艺，其生产给水排水户分布情况见图6-7。

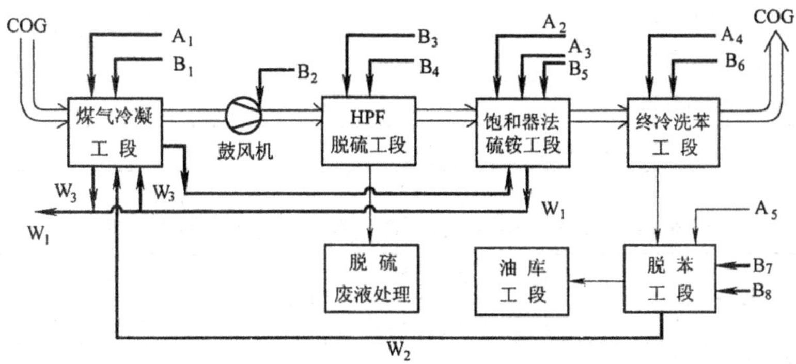

图6-7 “HPF脱硫-硫铵”煤气净化工艺流程暨给水排水户分布图

另一常用工艺为“HPF脱硫-氨焚烧”，其生产给水排水户分布情况基本同图6-5，区别仅在于把软水洗氨改为循环氨水洗氨，氨焚烧炉气冷却由外冷却器（即间接式循环水冷却器）改为循环氨水直喷式冷却。

该两工艺生产用水主要为冷却水。该两工艺排焦化废水主要为剩余氨水（W_0）和粗苯分离水（W_2）。这些废水（不脱酚）最终以蒸氨废水（W_1）的形式排出。因煤气脱氨分别采用的是饱和器吸收法和循环氨水洗氨，故蒸氨废水量较新水洗氨为少，但所含污染物浓度要较新水洗氨为高。排出的蒸氨废水（有的要先供排气洗净使用）送废水处理。

上述两工艺的生产用水及排焦化废水指标分别见表6-17～表6-19。

表6-17 “HPF脱硫－硫铵”煤气净化工艺生产用水指标

序号	代号	设备名称	水量/$m^3\cdot h^{-1}$	水温/℃		用水制度	所需水压/MPa	备注
				进水	出水			
一、循环冷却水（CW）								
1	A_1	煤气初冷器上段		32	45	连续	0.5	
2	A_2	氨分缩器		32	45	连续	0.4	
3	A_3	废水终冷器		32	45	连续	0.4	
4	A_4	横管终冷器一段		32	45	连续	0.5	
5	A_5	贫油一段冷却器		32	45	连续	0.35	
		合计	1140					
二、低温水（LW）								
1	B_1	煤气初冷器下段		16	22	连续	0.4	
2	B_2	风机油冷却器		23	28	连续	0.3	
3	B_3	脱硫液冷却器		22	28	连续	0.2	

续表 6-17

序号	代号	设备名称	水量/$m^3 \cdot h^{-1}$	水温/℃		用水制度	所需水压/MPa	备注
				进水	出水			
4	B_4	硫冷却		常温		连续	0.4	
5	B_5	离心机油冷却器		22	25	间断	0.4	可供二次利用水
6	B_6	横管终冷器二段		22	28	连续	0.4	
7	B_7	贫油二段冷却器		16	25	连续	0.35	
8	B_8	粗苯冷凝冷却器		23	30	连续	0.3	可供二次利用水
		合计	440.5					

表 6-18 "HPF 脱硫-氨焚烧"煤气净化工艺生产用水指标

序号	代号	设备名称	水量/$m^3 \cdot h^{-1}$	水温/℃		用水制度	所需水压/MPa	备注
				进水	出水			
一、循环冷却水(CW)								
1	A_1	煤气初冷器一段		32	45	连续	0.4	
2	A_2	贫油一段冷却器		32	45	连续	0.5	
3	A_4	蒸氨分缩器		32	45	连续	0.5	
4	A_5	蒸氨废水冷却器一段		32	45	连续	0.5	
		合计	1274					
二、低温水(LW)								
1	B_1	煤气初冷器二段		16	25	连续	0.3	
2	B_2	风机油冷却器		16	23	连续	0.3	
3	B_3	终冷循环水冷却器		16	25	连续	0.3	
4	B_4	蒸氨废水冷却器二段		16	25	连续	0.3	
5	B_5	粗苯冷凝冷却器		16	25	连续	0.3	
6	B_6	贫油二段冷却器		25	28	连续	0.3	可供二次利用水
7	B_7	半富氨水冷却器		16	25	连续	0.3	
		合计	423					

表 6-19 "HPF 脱硫-硫铵或氨焚烧"煤气净化工艺排焦化废水指标

序号	排水点	排水量/$m^3 \cdot h^{-1}$	排水制度	排水温度/℃	排水余压/MPa	备注
1	蒸氨废水	14	连续	≤40	≥0.2	由净化工艺加压送出
2	剩余氨水	8.8	连续			由净化工艺送蒸氨
3	粗苯分离水	1.2	连续			由净化工艺送蒸氨
4	粗苯终冷排污水	2.6	连续			由净化工艺送蒸氨

6.2.3 60 万 t/a 焦化厂

有些 60 万 t/a 焦化厂，尽管使用的煤气净化方式和回收的产品基本相同，但有正压和负压回收之分。典型的例子是煤气初冷分离冷凝液、煤气循环氨水脱硫-煤气汽提水循环洗氨、煤气贫油循环洗苯-粗苯蒸馏、脱硫液产硫磺和蒸氨汽焚烧分解等，下称“AS脱硫-氨焚烧”工艺，因煤气经鼓风机加压后要升温，故正压回收要较负压回收多一次冷却过程。图6-8为“AS脱硫-氨焚烧”煤气负压回收工艺流程暨给水排水户分布图。

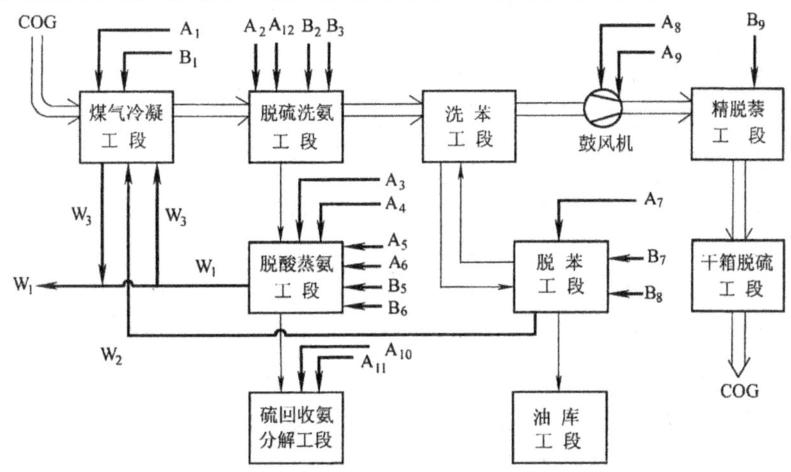

图6-8 “AS脱硫-氨焚烧”煤气净化(全负压)工艺流程暨给水排水户分布图

上述两工艺的生产用水主要为冷却水。生产废水主要为剩余氨水(W_0)和粗苯分离水(W_2)，这些废水混合后只蒸氨不脱酚，最终以蒸氨废水(W_1)的形式排出。因煤气采用循环氨水脱氨，故废水量增加较少，但含污染物浓度较高。

“AS脱硫-氨焚烧”正、负压回收的生产用水指标见表6-20，其中正压回收比负压回收多一终冷塔外冷却器。该两净化工艺排焦化废水基本相同，其主要指标见表6-21。

表6-20 “AS脱硫-氨焚烧”煤气净化工艺生产用水指标

序号	代号	设备名称	水量/$m^3 \cdot h^{-1}$	水温/℃		用水制度	所需水压/MPa	备注
				进水	出水			
一、循环冷却水(CW)								
1	A_1	煤气初冷器上段		32	45	连续	0.4	
2	A_2	剩余氨水一段冷却器		32	45	连续	0.4	
3	A_3	脱酸水一段冷却器		23	28	连续	0.4	
4	A_4	蒸氨废水冷却器		32	45	连续	0.4	
5	A_5	固定氨塔分缩器		32	45	连续	0.4	
6	A_6	汽提水一段冷却器		32	45	连续	0.4	
7	A_7	贫油一段冷却器		32	45	连续	0.4	
8	A_8	风机油冷却器		32	37	连续	0.4	
9	A_9	风机耦合器油冷却器		23	28	连续	0.2	供循环水补充水
10	A_{10}	硫磺结片机冷却器		32	45	间断	0.4	
11	A_{11}	废热锅炉排污冷却器		32	45	间断	0.4	
12	A_{12}	碱液冷却器		32	45	连续	0.4	
		合计	1847					

续表 6-20

序号	代号	设备名称	水量 /$m^3 \cdot h^{-1}$	水温/℃		用水制度	所需水压 /MPa	备注
				进水	出水			
二、低温水(LW)								
1	B_1	煤气初冷器下段		16	23	连续	0.4	
2	B_2	剩余氨水二段冷却器		16	23	连续	0.4	
3	B_3	H_2S 洗涤液冷却器		16	23	连续	0.4	
4	B_4	终冷塔外冷却器	45	16	23	连续	0.4	仅属正压回收
5	B_5	脱酸水二段冷却器		16	23	连续	0.4	
6	B_6	汽提水二段冷却器		16	23	连续	0.4	
7	B_7	贫油二段冷却器		16	23	连续	0.4	
8	B_8	粗苯冷凝冷却器		16	23	连续	0.4	
9	B_9	精脱萘冷却器		16	23	连续	0.4	
		合　计	562					正压回收为 607m^3/h
三、其他用水								
1	E	软化水	4.5			连续	0.3	

表 6-21　"AS 脱硫-氨焚烧"煤气净化排焦化废水指标

序号	排水点	排水量 /$m^3 \cdot h^{-1}$	排水制度	排水温度 /℃	排水压力 /MPa	备注
1	蒸氨废水	22.5	连续	≤40	≥0.2	由净化工艺加压送出
2	剩余氨水	13.2	连续			由净化工艺送蒸氨
3	粗苯分离水	1.8	连续			由净化工艺送蒸氨

6.2.4　90 万 t/a 焦化厂

AS 脱硫-洗氨洗苯-氨气焚烧(下称"AS 脱硫-氨焚烧")和 AS 脱硫-洗氨洗苯-硫铵(下称"AS 脱硫-硫铵")是 90 万 t/a 焦化厂较常采用的两种全负压煤气净化工艺,该两工艺的区别主要在对洗氨和脱硫液的处理方式上,前者为氨分解硫回收工艺,即将煤气循环洗氨过程中蒸出的氨气送焚烧处理,从脱硫液中回收硫磺;后者为蒸氨气生产硫铵,脱酸液生产硫酸。

上述两工艺的生产用水主要为冷却水。生产排焦化废水主要为剩余氨水(W_0)和粗苯分离水(W_2),这些废水混合后只蒸氨不脱酚,最终以蒸氨废水(W_1)的形式排出送焦化废水处理系统处理。图 6-9 和图 6-10 分别为该两工艺流程暨给水排水户分布图。

表 6-22 和表 6-23 分别为"AS 脱硫-硫铵"和"AS 脱硫-氨焚烧"二全负压煤气净化工艺生产用水指标表。该两工艺煤气初冷器的上部都设有冬季采暖段,循环采暖水量为 700m^3/h,采暖水进出冷却器温度前者分别为 50℃和 60℃,后者分别为 65℃和 75℃,在非采暖期,采暖段循环水采用空气管式冷却器进行冷却;在该两工艺的煤气洗氨,前者采用软水,后者为循环氨水;该两工艺所用低温水均为循环制冷水。

该两煤气净化工艺所排焦化废水指标见表 6-24。因"AS 脱硫-硫铵"流程采用了软水洗氨,故其所排蒸氨废水量远较"AS 脱硫-氨焚烧"流量为大,但废水中所含污染物浓度前者比

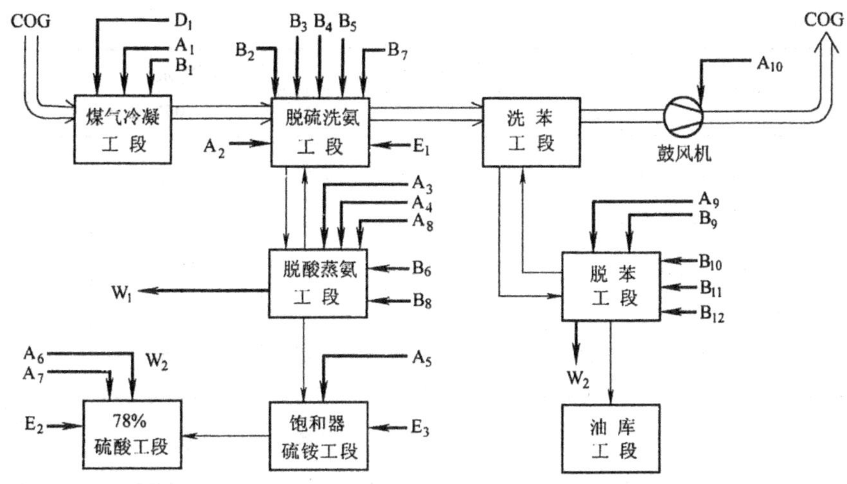

图 6-9 “AS脱硫-硫铵”煤气净化工艺流程暨给水排水户分布图

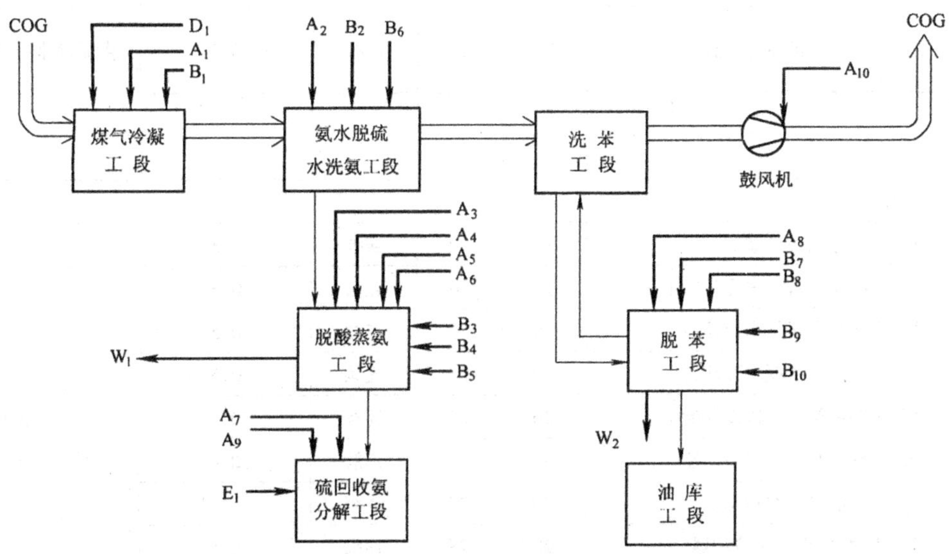

图 6-10 “AS脱硫 -氨焚烧”煤气净化工艺流程暨给水排水户分布图

后者为低。

表 6-22 “AS脱硫-硫铵”煤气净化工艺生产用水指标

序号	代号	设备名称	水 量 /$m^3 \cdot h^{-1}$	水温/℃		用水制度	所需水压 /MPa	备 注
				进水	出水			
一、循环冷却水(CW)								
1	A_1	煤气初冷器上段		26	36	连续	0.5	
2	A_2	剩余氨水一段冷却器		26	40	连续	0.5	
3	A_3	脱酸水一段冷却器		26	40	连续	0.5	
4	A_4	蒸氨废水一段冷却器		26	40	连续	0.5	

续表 6-22

序号	代号	设备名称	水　量 /m³·h⁻¹	水温/℃		用水制度	所需水压 /MPa	备　　注
				进水	出水			
5	A_5	饱和器后酸汽冷却器		26	40	连续	0.5	
6	A_6	硫酸蛇管冷却器		26	34	连续	0.5	
7	A_7	气体冷却器		26	34	不定	0.5	
8	A_8	蒸氨分缩器		26	40	连续	0.5	
9	A_9	贫油一段冷却器		26	45	连续	0.5	
10	A_{10}	鼓风机油冷却器		23	28	连续	0.2	供循环水补充水
		合　　计	3182					
二、低温水(LW)								
1	B_1	煤气初冷器下段		16	20	连续	0.5	
2	B_2	洗涤来富氨水冷却器		16	20	连续	0.5	
3	B_3	洗涤来富氨水冷却器		20	25	连续	0.5	二次使用后回制冷系统
4	B_4	洗涤来富氨水冷却器		20	25	连续	0.5	
5	B_5	剩余氨水二段冷却器		20	25	连续	0.4	
6	B_6	蒸氨废水二段冷却器		20	25	连续	0.4	
7	B_7	洗涤软水冷却器		20	25	连续	0.4	
8	B_8	脱酸水二段冷却器		20	25	连续	0.4	
9	B_9	贫油二段冷却器		16	30	连续	0.5	
10	B_{10}	粗苯冷凝冷却器		16	30	连续	0.5	
11	B_{11}	轻苯冷凝冷却器		16	30	连续	0.5	
12	B_{12}	脱水塔冷却器		16	30	连续	0.5	
		合　　计	754					
三、其他用水								
1	E_1	洗氨用软水				连续	0.5	
2	E_2	废热锅炉用软水				连续	0.3	
3	E_3	硫铵冲洗用软水				间断	0.3	
		合　　计	21.34					

注：表中低温水中含二次水 250 m^3/h。

表 6-23 “AS脱硫-氨焚烧”煤气净化工艺生产用水指标

序号	代号	设备名称	水 量 /$m^3 \cdot h^{-1}$	水温/℃		用水制度	所需水压 /MPa	备 注
				进水	出水			
一、循环冷却水(CW)								
1	A_1	煤气初冷器上段		31	45	连续	0.5	
2	A_2	剩余氨水一段冷却器		31	45	连续	0.5	
3	A_3	汽提水一段冷却器		31	45	连续	0.5	
4	A_4	贫液一段冷却器		31	45	连续	0.5	
5	A_5	蒸氨废水一段冷却器		31	45	连续	0.5	
6	A_6	蒸氨分缩器		31	45	连续	0.5	
7	A_7	硫结片机		31	45	连续	0.5	
8	A_8	粗苯贫油一段冷却器		31	45	连续	0.5	
9	A_9	废热锅炉排污冷却器		31	45	间断	0.5	
10	A_{10}	鼓风机油冷却器		23	28	连续	0.2	
		合 计	1889					
二、低温水(LW)								
1	B_1	煤气初冷器下段		18	31	连续	0.5	
2	B_2	剩余氨水二段冷却器		18	31	连续	0.5	
3	B_3	汽提水二段冷却器		18	31	连续	0.5	
4	B_4	贫液二段冷却器		18	31	连续	0.5	
5	B_5	蒸氨废水二段冷却器		18	31	连续	0.5	
6	B_6	H_2S洗涤塔上段外冷却器		18	23.1	连续	0.5	
7	B_7	贫油二段冷却器		18	31	连续	0.5	
8	B_8	粗苯冷凝冷却器		18	31	连续	0.5	
9	B_9	轻苯冷凝冷却器		18	31	连续	0.5	
10	B_{10}	脱水塔冷却器		18	31	连续	0.5	
		合 计	625.2					
三、其他用水								
1	E_1	废热锅炉用软水	7.5			连续	0.3	

表 6-24 “AS脱硫-硫铵(氨焚烧)”煤气净化排焦化废水指标

序号	排 水 点		排水量 /$m^3 \cdot h^{-1}$	排水制度	排水温度 /℃	排水压力 /MPa	备 注
1	蒸氨废水	硫铵流程	56.3	连续	≤40	≥0.2	由净化工艺加压送出
		氨焚烧流程	36.6				
2	剩余氨水		20.2	连续			由净化工艺送蒸氨
3	粗苯分离水		2.8	连续			由净化工艺送蒸氨

6.2.5 180万t/a焦化厂

大型焦化厂所采用的煤气净化工艺较多,生产的产品也各异,一般除从煤气中回收硫、氨和苯外,有的还从剩余氨水中提取酚钠盐,从硫铵母液中提取粗吡啶及从煤气终冷循环氨水中回收黄血盐等。大型焦化厂煤气净化多数采用正压方式,主要区别在于煤气脱硫与脱氨上,典型的流程有:(1) 煤气循环氨水脱硫-脱硫液制硫酸、煤气汽提水循环洗氨-氨水蒸氨汽产无水氨,下称"AS脱硫-氨水无水氨"工艺;(2) 塔-希法煤气脱硫-脱硫液制硫酸、煤气无饱和器法酸洗脱氨-硫铵母液制硫铵,下称"TH脱硫-硫铵"工艺;(3) 煤气FRC法脱硫-制硫酸、煤气弗萨姆法脱氨-产无水氨,下称"FRC脱硫-无水氨"工艺;(4) 弗萨姆法煤气脱氨产无水氨、索尔菲班法煤气脱硫-制硫酸,下称"无水氨-索尔菲班脱硫"工艺,该工艺把煤气脱硫放在了煤气净化的最后面。这四种工艺的给水排水户分布情况分别见图6-11~图6-14。近来脱硫也有采用真空碳酸钠法(VASC/SCL)工艺的。

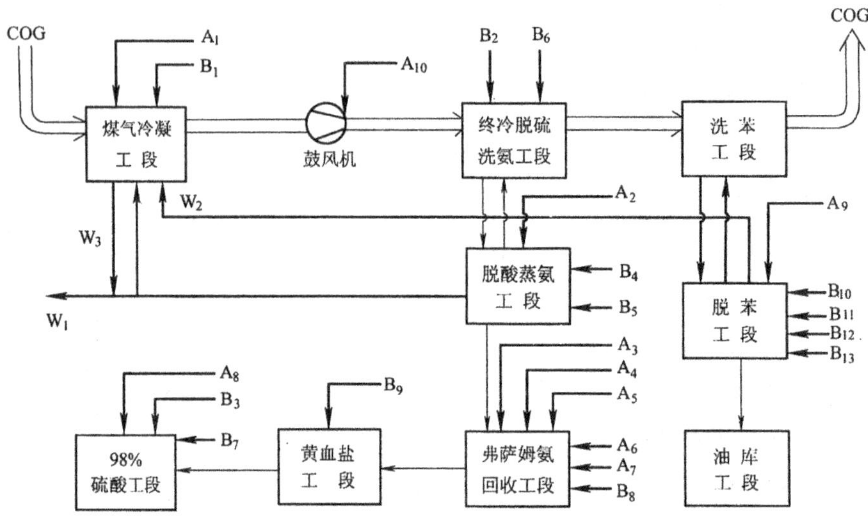

图6-11 "AS脱硫-氨水无水氨"煤气净化工艺流程暨给水排水户分布图

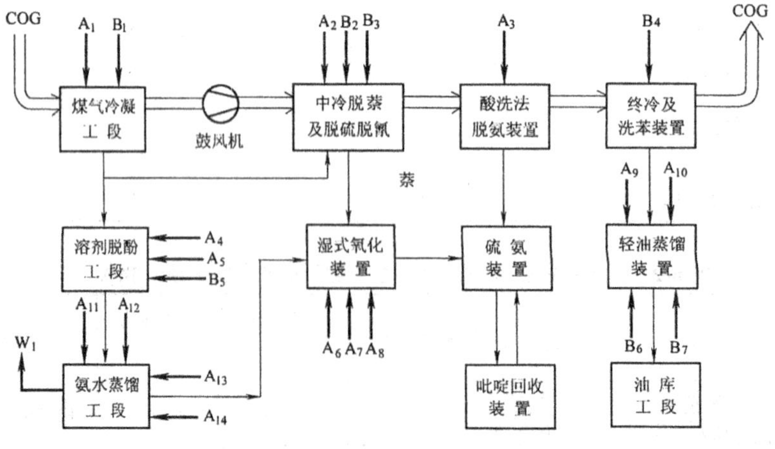

图6-12 "TH脱硫-硫铵"煤气净化工艺流程暨给水排水户分布图

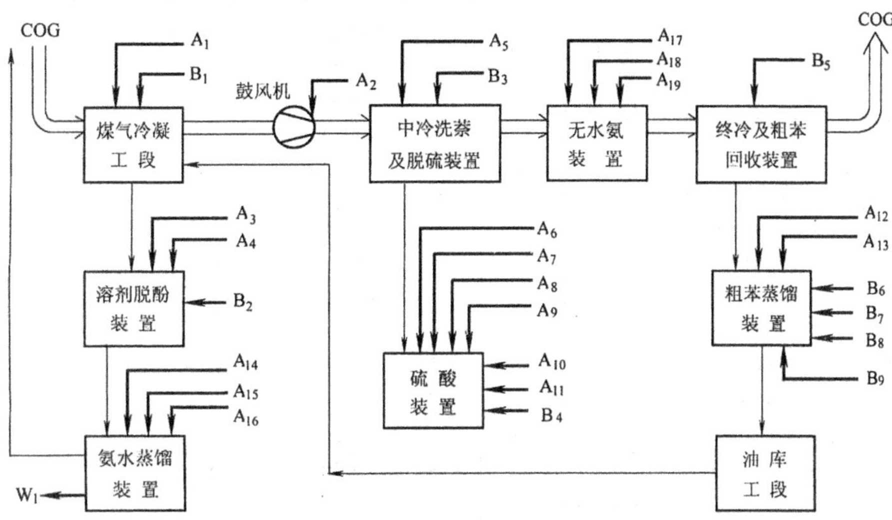

图 6-13 “FRC 脱硫-无水氨”煤气净化工艺流程暨给水排水户分布图

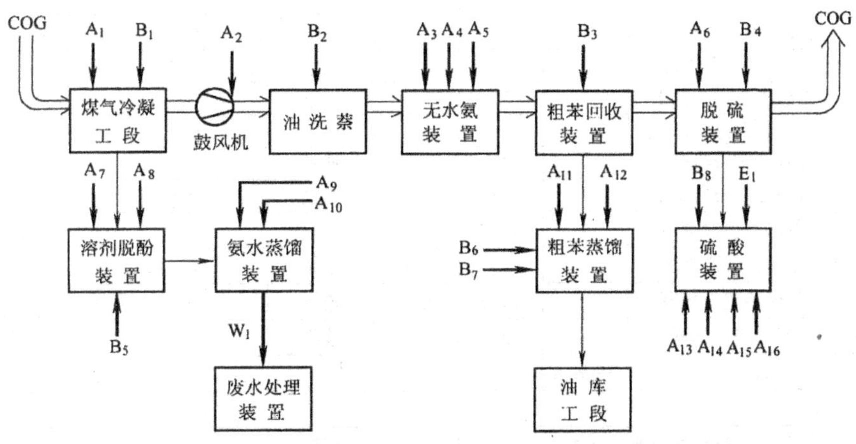

图 6-14 “无水氨-索尔菲班脱硫”煤气净化工艺流程暨给水排水户分布图

上述四种煤气净化工艺的生产用水主要为工艺介质用冷却水，其主要用水指标分别见表 6-25 ~ 表 6-28。表中冷却水给水温度 33℃是南方地区的循环冷却水给水条件，低温水均指循环制冷水。

上述四种工艺排焦化废水主要为剩余氨水、粗苯冷凝水及煤气终冷排污水等，其排水差异在于煤气终冷排污水和无水氨塔排水。这些排水连同化产品精制过程中排焦化废水混合后一同送蒸氨，有的在蒸氨前还要进行溶剂脱酚，最终以废水蒸氨形式排出送废水处理。这四种工艺排焦化废水有关指标见表 6-29。

表 6-25 "AS脱硫-氨水无水氨"煤气净化工艺生产用水指标

序号	代号	设备名称	水量/$m^3 \cdot h^{-1}$	水温/℃ 进水	水温/℃ 出水	用水制度	所需水压/MPa	备注
一、循环冷却水(CW)								
1	A_1	煤气初冷器一段		32	45	连续	0.5	
2	A_2	脱酸蒸氨部分冷却器		32	45	连续	0.5	
3	A_3	无水氨贫液冷却器		32	45	连续	0.5	
4	A_4	无水氨解吸塔冷却器		32	45	连续	0.5	
5	A_5	无水氨精馏塔冷凝器		32	45	连续	0.5	
6	A_6	无水氨精馏塔废水冷却器		32	45	连续	0.5	
7	A_7	无水氨酸气冷却器		32	45	连续	0.5	
8	A_8	硫酸部分		32	45	连续	0.5	
9	A_9	粗苯贫油一段冷却器		32	45	间断	0.5	
10	A_{10}	鼓风机油冷却器		32	36	连续	0.3	
		合计	5597.4					
二、低温水(LW)								
1	B_1	煤气初冷器二段		18	22	连续	0.5	出水送制冷
2	B_2	洗涤部分用冷却器		15	22	连续	0.5	供二次使用
3	B_3	制硫酸部分用冷却器		15	22	连续	0.5	出水送制冷
4	B_4	脱酸蒸氨部分冷却器		15	22	连续	0.5	供二次使用
5	B_5	脱酸蒸氨部分冷却器		25	42	连续	0.5	江水
6	B_6	洗涤部分用冷却器		25		连续	0.5	
7	B_7	制硫酸部分用冷却器		25		连续	0.5	
8	B_8	无水氨部分冷却器		25		连续	0.5	
9	B_9	黄血盐部分冷却器		25		连续	0.5	
10	B_{10}	贫油二段冷却器		19.7	23.7	连续	0.5	出水送制冷
11	B_{11}	粗苯冷凝冷却器		25	40	连续	0.5	江水
12	B_{12}	轻苯冷凝冷却器		19.7	23.7	连续	0.5	出水送制冷
13	B_{13}	脱水塔冷却器		25	45	连续	0.5	江水
		合计	3396.8					
三、其他用水								
1	E_1	制硫酸废热锅炉用软水	3.1			连续		

注：低温水中循环制冷水为1712m³/h，其中19.7℃水是由378m³/h，温度为22℃水与192m³/h，温度为15℃水混合而成的。

表 6-26 "TH脱硫-硫铵"煤气净化工艺生产用水指标

序号	代号	设备名称	水量/$m^3 \cdot h^{-1}$	水温/℃ 进水	水温/℃ 出水	用水制度	所需水压/MPa	备注
一、循环冷却水(CW)								
1	A_1	间接初冷器		33	60	连续	0.45	
2	A_2	吸收液冷却器		33	35	连续	0.45	
3	A_3	凝缩水冷却器		33	37	连续	0.45	
4	A_4	氨水冷却器		33	50	连续	0.45	
5	A_5	溶剂回收塔冷却器		33	45	连续	0.45	
6	A_6	冷凝液冷却器		33	37	连续	0.45	
7	A_7	氧化液冷却器		33	45	连续	0.45	
8	A_8	气体净化冷却器		33	45	连续	0.45	

续表 6-26

序号	代号	设备名称	水量/$m^3 \cdot h^{-1}$	水温/℃		用水制度	所需水压/MPa	备注
				进水	出水			
9	A_9	脱水塔冷凝冷却器		33	40	连续	0.45	
10	A_{10}	第一吸收油冷却器		33	40	连续	0.45	
11	A_{11}	蒸氨塔分缩器		33	50	连续	0.45	
12	A_{12}	蒸汽冷凝器		33	50	连续	0.45	
13	A_{13}	废水冷却器		33	45	连续	0.45	
14	A_{14}	浓水冷却器		33	45	连续	0.45	
		合　计	5160					
二、低温水(LW)								
1	B_1	直接初冷循环氨水冷却器		22	29	连续	0.4	二次水
2	B_2	中冷第1冷却器		18	22	连续	0.4	
3	B_3	中冷第2冷却器		18	22	连续	0.4	
4	B_4	终冷循环水冷却器		18	22	连续	0.4	
5	B_5	放散气体冷凝冷却器		18	22	连续	0.4	
6	B_6	粗苯冷凝冷却器		18	22	连续	0.4	
7	B_7	第二吸收油冷却器		18	22	连续	0.4	
		合　计	1602					不含二次水

表 6-27 "FRC脱硫-无水氨"煤气净化工艺生产用水指标

序号	代号	设备名称	水量/$m^3 \cdot h^{-1}$	水温/℃		用水制度	所需水压/MPa	备注
				进水	出水			
一、循环冷却水(CW)								
1	A_1	煤气初冷器一段		33	50	连续	0.45	
2	A_2	鼓风机油冷却器		33	45	连续	0.3	
3	A_3	氨水冷却器		33	45	连续	0.45	
4	A_4	脱酚塔顶冷却器		33	45	连续	0.45	
5	A_5	循环氨水冷却器		33	45	连续	0.3	
6	A_6	干燥塔冷却器		33	45	连续	0.44	
7	A_7	吸收塔冷却器		33	45	连续	0.44	
8	A_8	气体冷却塔冷却器		33	45	连续	0.44	
9	A_9	制品酸冷却器		33	45	连续	0.44	
10	A_{10}	再生用空压机冷却器		33	45	连续	0.44	
11	A_{11}	雾化用空压机冷却器		33	45	连续	0.44	
12	A_{12}	脱水塔冷凝冷却器		33	40	连续	0.3	
13	A_{13}	粗苯贫油一段冷却器		33	40	连续	0.3	

续表 6-27

序号	代号	设备名称	水量 $/m^3 \cdot h^{-1}$	水温/℃		用水制度	所需水压/MPa	备注
				进水	出水			
14	A_{14}	废水冷却器		33	45	连续	0.4	
15	A_{15}	氨水分缩器		33	50	连续	0.4	
16	A_{16}	pH 仪冷却		33	50	连续	0.3	
17	A_{17}	无水氨贫液冷却器		33	50	连续	0.5	
18	A_{18}	无水氨解吸塔冷却器		33	50	连续	0.5	
19	A_{19}	无水氨精馏塔冷凝器		33	37	连续	0.5	
		合　计	5483					
二、低温水(LW)								
1	B_1	煤气初冷器二段		22.5	29	连续	0.5	
2	B_2	放散冷凝冷却器		18	22.5	连续	0.45	
3	B_3	中冷循环水冷却器		22.5	29	连续	0.3	
4	B_4	洗净塔冷却器		18	29	连续	0.45	
5	B_5	终冷循环水冷却器		18	22.5	连续	0.5	
6	B_6	粗苯贫油二段冷却器		18	22.5	连续	0.5	
7	B_7	粗苯冷凝冷却器		18	22.5	连续	0.5	
8	B_8	轻苯冷凝冷却器		22	26	连续	0.5	
9	B_9	脱水塔冷却器		22	45	连续	0.5	
		合　计	3220					

注:低温水中二次利用水为 1605m^3/h。

表 6-28 “无水氨-索尔菲班脱硫”煤气净化工艺生产用水指标

序号	代号	设备名称	水量 $/m^3 \cdot h^{-1}$	水温/℃		用水制度	所需水压/MPa	备注
				进水	出水			
一、循环冷却水(CW)								
1	A_1	煤气初冷器一段		33	50	连续	0.45	
2	A_2	鼓风机油冷却器		33	45	连续	0.5	
3	A_3	无水氨贫液冷却器		33	50	连续	0.45	
4	A_4	解吸塔冷凝冷却器		33	50	连续	0.45	
5	A_5	精馏塔冷凝器		33	37	连续	0.45	
6	A_6	浓缩液冷却器		33	38	连续	0.45	
7	A_7	氨水冷却器		33	45	连续	0.45	
8	A_8	溶剂回收塔冷凝器		33	45	连续	0.45	
9	A_9	氨汽分缩器		33	47	连续	0.45	
10	A_{10}	废水冷却器		33	55	连续	0.45	
11	A_{11}	脱水塔冷凝冷却器		33	40	连续	0.3	

续表 6-28

序号	代号	设备名称	水量/$m^3 \cdot h^{-1}$	水温/℃		用水制度	所需水压/MPa	备注
				进水	出水			
12	A_{12}	一段贫油冷却器		33	40	连续	0.3	
13	A_{13}	冷却塔冷却器		33	42	连续	0.45	
14	A_{14}	干燥塔冷却器		33	43	连续	0.45	
15	A_{15}	吸收塔冷却器		33	43	连续	0.45	
16	A_{16}	制品酸冷却器		33	40	连续	0.45	
		合　计	5161					
二、低温水(LW)								
1	B_1	煤气初冷器二段		22.5	29	连续	0.4	供二次水
2	B_2	中冷循环水冷却器		22.5	29	连续	0.4	供二次水
3	B_3	终冷循环水冷却器		18	22.5	连续	0.4	
4	B_4	脱硫循环液冷却器		22.5	28	连续	0.4	供二次水
5	B_5	放散气体冷凝冷却器		18	22.5	连续	0.4	
6	B_6	二段贫油冷却器		18	22.5	连续	0.4	
7	B_7	粗苯冷凝冷却器		18	22.5	连续	0.4	
8	B_8	洗净塔冷却器		18	22.5	连续	0.4	
		合　计	3150					含二次水1535m^3/h
	E_1	废热锅炉用软水	5.5			连续		

表 6-29 四种煤气净化工艺排焦化废水指标

序号	排水点		排水量/$m^3 \cdot h^{-1}$	排水制度	排水温度/℃	排水压力/MPa	备注
1	蒸氨废水	氨水无水氨	75	连续	≤40	≥0.2	由净化工艺加压送出(含有化产品精制工艺排水)
		硫铵流程	72				
		煤气无水氨(前脱硫)					
		煤气无水氨(后脱硫)	90				
2	剩余氨水		39.6	连续			由净化工艺送蒸氨
3	粗苯分离水		5.5	连续			由净化工艺送蒸氨
4	粗苯终冷排污水	氨水无水氨	19.8	连续			由净化工艺送蒸氨
		硫铵流程					
		煤气无水氨(前脱硫)					
		煤气无水氨(后脱硫)	22.1				
5	氨水无水氨塔底排水		6.9	连续			由净化工艺送蒸氨

6.2.6 油库

一般煤气净化的油库和酸碱库合建,油库内所存油品的种类与数量与生产规模、车间组成和所回收的产品等有关。一般油库内设有油品贮槽(如粗苯贮槽、焦油贮槽和洗油贮槽等)、苯类及油加压泵房、油品装卸台和排气洗净设施等,油库四周多设有防火保护堤。油库内的主要工艺用水为粗苯(有时为轻苯和重苯)贮槽夏季降温喷淋冷却用水、冲洗油品槽罐用水和油品贮罐排气洗净用水等,油品贮罐排气洗净一般用蒸氨废水,油品槽罐冲洗为不定期用水。

苯类贮槽的夏季喷淋冷却用水,可供给再次利用水或循环水排污水等,给水温度以不大于32℃为宜。对于用水量较大且水源比较紧张的厂,可以考虑循环供水,即喷淋水经收集和加压后再送油罐冷却循环使用。循环水回水系统应设隔油井,以防油罐漏出的油进入回水管道和泵房。当油罐消防冷却采用固定喷水冷却系统时,该二喷淋系统应综合考虑。不同规模焦化厂苯类贮槽夏季降温喷洒冷却用水指标见表6-30。

表6-30 煤气净化油库苯类贮槽夏季喷淋冷却用水综合指标

生产规模/万 $t \cdot a^{-1}$	20	40	60	90	180	备 注
用水量/$m^3 \cdot h^{-1}$	5~10	10~15	10~20	15~20	15~25	

油库排气洗净系统排水及冲洗油品槽罐排水的排水量基本上等于其各自的给水量,用后排水均送焦化废水处理系统处理。当油罐夏季喷淋冷却为直流给水时,其排水宜和消防油罐冷却喷淋排水及雨水排水同网排出,雨水排水应按重现期不小于10年考虑。在排水管上应装有控制阀门和防止油流入排水管道的隔油池。

6.3 化产品精制部分给水排水户及给水排水指标

化产品精制主要是对煤气净化过程中回收的粗产品进行再加工。主要原料有粗焦油、粗苯(两苯塔时为重苯和轻苯)、循环洗油再生残渣、粗轻吡啶、粗酚钠盐等,目前国内常用的加工方法和生产的主要产品及副产品如图6-15所示。

化产品精制的一般方法是先分馏后精馏,即先把粗产品经汽化冷凝分馏、化学洗涤除盐、催化加氢蒸馏或热聚合蒸馏等方法分馏为几种单一馏分,然后再对单一馏分通过蒸吹、闪蒸、萃取、低温结晶或高温聚合等方法进行精制加工得到精制产品。

化产品精制过程中介质温度调节的方式有:(1) 管式炉煤气加热和直接或间接蒸汽加热;(2) 高温馏分与原料或低温馏分间的间接换热;(3) 利用废热和余热生产蒸汽;(4) 空气冷却器冷却、循环冷却水冷却和水汽化冷却等。

化产品精制过程中的给水分为工艺介质冷却用水和工艺过程用水。工艺介质冷却用水按给水温度分有:(1) 不大于33℃清循环冷却水;(2) 16~18℃低温地下水或循环制冷水;(3) 5℃左右循环深冷水(用于从排气中回收低凝固点物质);(4) -15℃左右的循环冷冻水(用于晶体结晶);(5) 45~80℃之间的温水循环冷却水(用于高沸点油气凝缩和冷却)等。工艺过程用水主要有为防止介质析出盐晶而加入的稀释水、馏分洗净用水、产品气化冷却或晶析用水、配制药剂用水以及煤气或可燃气体的水封用水等。

化产品精制过程中排焦化废水因所加工的粗产品种类、加工方式和最终得到的产品不同而异,主要类型有:(1) 原料贮槽静置沉淀分离水;(2) 原料初馏脱水;(3) 馏分洗涤分离水;(4) 馏分冷凝液油水分离水;(5) 真空排气系统冷凝分离水;(6) 浊循环水系统排污水及气体水封槽排水等。

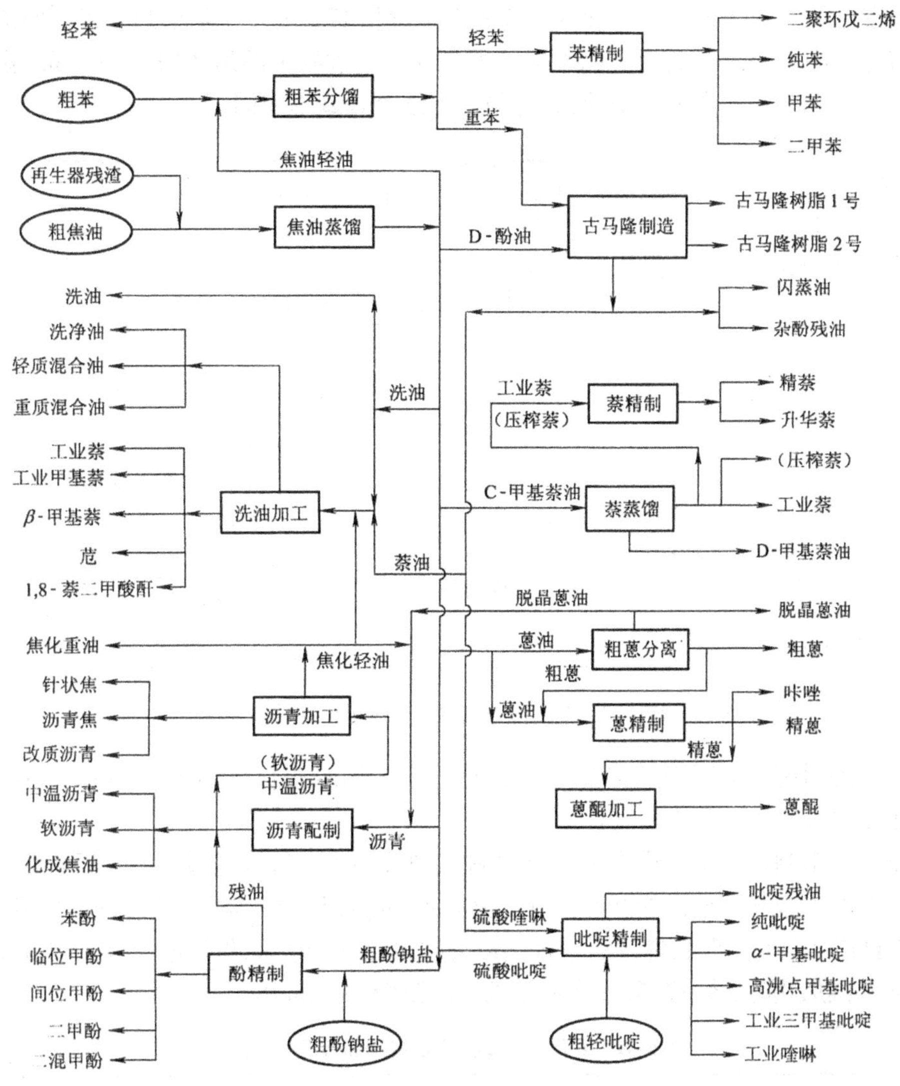

图 6-15 化产品精制工艺流程简图

根据所排废水水质情况，其处置方式有直接送焚烧、车间内部处理、送煤气净化剩余氨水系统或送集中废水处理等。

6.3.1 酸洗法苯精制

酸洗法苯精制的原料为粗苯或经两苯塔分馏后的轻苯。加工工艺包括原料的初馏、洗涤、吹苯和精馏。生产的主要产品有纯苯、甲苯和二甲苯。根据规模的大小又有全连续、半连续和间歇三种流程。这里所说的半连续或间歇不一定是指整个生产过程，有的仅是某些环节（如精馏部分）是半连续或间歇的。洗涤有一次酸洗法和两次酸洗法之分；吹出苯半连续精馏有间歇釜-精馏塔联合式交替连续精馏和单一精馏塔式交替连续精馏两种工艺；吹出苯连续精馏有热油连料连续精馏和气相串联连续精馏等多种。

下面给出的是两个常用的酸洗法苯精制流程，其一为半连续苯精制工艺，工艺过程有初蒸馏及两苯塔（原料为粗苯时有该塔）原料连续分馏、未洗混合分一次硫酸连续洗涤、已洗混合分连续吹苯和间歇釜式半连续精馏；另一为全连续苯精制工艺，工艺过程是把半连续过程中的已洗混合分改成了连续吹苯和热油连料全连续精馏。全连续苯精制过程中的给水排水户分布情况见图6-16。与此对应的半连续苯精制工艺过程中的给水排水户分布，除把吹出苯精馏塔后三个冷却器合为一个外，其他与全连续流程基本相同。

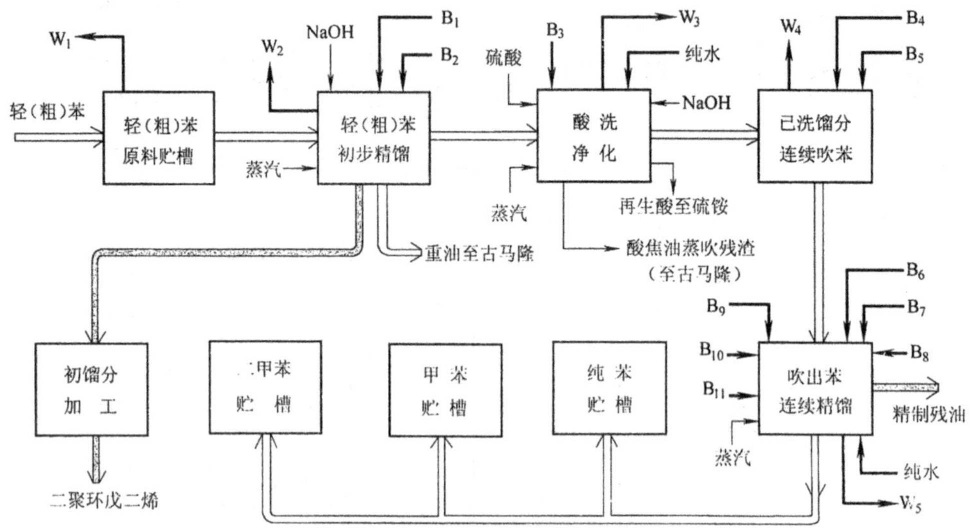

图6-16 酸洗法全连续苯精制工艺流程暨给水排水户分布图

某酸洗法半连续和全连续苯精制工艺过程中的用水指标分别见表6-31和表6-32，其中低温水温度为当地地下水温度。

酸洗法苯精制过程中的排水主要有原料贮槽分离水(W_1)；经酸洗、水洗和碱中和后的混合分用蒸汽吹脱其中酸焦油产冷凝液的分离水(W_2)；蒸汽吹苯吹出油汽的冷凝液分离水(W_3)、原料初馏及吹出苯精馏过程中各蒸馏塔吹出油气冷凝液的分离水(W_4、W_5)等。如蒸馏为直接蒸汽加热时，蒸汽冷凝水变成了油气冷凝液的一部分。

表6-31 1万t/a酸洗法半连续精苯用水指标

序号	代号	设备名称	水量/$m^3 \cdot h^{-1}$	水温/℃		用水制度	所需水压/MPa	备注
				进水	出水			
低温水(LW)								
1	B_1	初馏分冷凝冷却器		20	40	连续	0.4	
2	B_2	未洗混合分冷凝冷却器	21	20	40	连续	0.5	当原料为轻苯时无此水
3	B_3	蒸吹苯冷凝冷却器		20	40	连续	0.5	
4	B_4	吹出苯冷凝冷却器		20	40	连续	0.5	
5	B_5	循环碱液套管冷却器		20	40	连续	0.5	
6	B_6	纯苯冷凝冷却器		20	40	连续	0.5	
7	B_7	精制产品冷凝冷却器						
8	B_8	残油(初馏和纯苯)冷却器						
合计			98					

表 6-32 36000t/a 酸洗法全连续精苯冷却水量①

序号	代号	设备名称	水量 /$m^3 \cdot h^{-1}$	水温/℃ 进水	水温/℃ 出水	用水制度	所需水压/MPa	备注
低温水(LW)								
1	B_1	初馏分冷凝冷却器						
2	B_2	两苯塔顶混合分冷却器	10	20	40	连续	0.4	当原料为轻苯时无此水
3	B_3	蒸吹苯冷凝冷却器		20	40	连续	0.4	
4	B_4	吹出苯冷凝冷却器		20	40	连续	0.4	
5	B_5	循环碱液套管冷却器		20	40	连续	0.4	
6	B_6	纯苯冷凝冷却器		20	40	连续	0.4	
7	B_7	甲苯冷凝冷却器		20	40	连续	0.4	
8	B_8	二甲苯冷凝冷却器		20	40	连续	0.4	
9	B_9	间歇塔冷凝冷却器		20	40	连续	0.4	
10	B_{10}	初馏残油冷却器					0.4	
11	B_{11}	甲苯残油冷却器		20	40	间断	0.4	
12	其他			20				
合计			158					

①为吹苯塔和纯苯塔采用空冷器后的水量。

酸洗法苯精制过程中的原料油贮槽分离水及各油水分离器分离水一般都送入煤气净化部分的机械化氨水澄清槽中。其排水指标及水质分析结果分别见表 6-33 和表 6-34。

表 6-33 酸洗法苯精制过程中的排水指标

序号	规模	所用原料及生产方式	排水点	排水量 /$m^3 \cdot h^{-1}$	排水制度	排水温度/℃	排水点高/m	备注
1	1 万 t/a	粗苯半连续	各油水分离器及油贮槽分离水	1.41	连续	常温	5.0	
2	1 万 t/a	轻苯半连续	各油水分离器及油贮槽分离水	1.2	连续	常温	5.0	
3	3.6 万 t/a	粗苯全连续	各油水分离器及油贮槽分离水	4.5	连续	常温	5.6	
4	3.6 万 t/a	轻苯全连续	各油水分离器及油贮槽分离水	3.37	连续	常温	5.6	

表 6-34 某酸洗法苯精制排水水质

序号	排水点名称	排水量 /$m^3 \cdot h^{-1}$	纯苯 /$mg \cdot L^{-1}$	甲苯 /$mg \cdot L^{-1}$	二甲苯 /$mg \cdot L^{-1}$	硫化物 /$mg \cdot L^{-1}$	氰化物 /$mg \cdot L^{-1}$	挥发酚 /$mg \cdot L^{-1}$	COD /$mg \cdot L^{-1}$	BOD_5 /$mg \cdot L^{-1}$	pH	水温 /℃
1	原料油槽分离水	0.375	2529	807	3.67	3.01	494	591	6987	4850	5.0	17
2	两苯塔和初馏塔分离水	5	7983	221	12.2	7.55	210	900	3505	1089	7.0	26
3	吹苯塔和各产品塔分离水	5	7.66	61.2	171	0.06	0.3	3.17	1750	196	6.7	13.5
4	刷槽车水	0.167	37.2	11.5	6.2	0.04	0.19	1.77	270	129	6.7	
5	刷地坪水	0.417	599	88.6	9.73	0.05	0.07	1.33	613	236	6.0	

6.3.2 粗苯加氢精制

加氢法具有产品纯度高、产率高和无三废排放等优点,但投资太高。目前用于焦化粗苯加氢精制工艺主要有两类:其一为高压加氢脱烷基生产一种高纯苯产品工艺(如莱托法);另一种为低压加氢萃取蒸馏法生产苯、甲苯和二甲苯三种产品工艺(如以N-甲酰吗啉为溶剂的加氢、萃取及蒸馏法和以环丁砜为溶剂的加氢、萃取及蒸馏法)。

莱托法(LOTOL)苯加氢精制以粗苯为原料(包括焦油轻油),经两苯塔分离出轻苯和重苯。分离出的重苯送去生产古马隆树脂。轻苯在高温高压下经预处理加氢和莱托法脱烷基加氢两种反应后得到加氢油和反应气体。加氢油经进一步处理和精馏后得含苯为99.9%的特号纯苯。加氢反应气体经脱硫净化后,大部分作为氢源以循环气体方式返回预加氢处理设备,另一小部分加氢反应气体经脱硫净化、重整和吸附等精制过程制得含量为99.9%的纯氢,补充到循环气体中。由于莱托法苯加氢具有脱烷基功能,故仅生产一种苯,且所需氢气全能自给,不需额外补氢。

N-甲酰吗啉溶剂法苯加氢精制工艺包括粗苯循环加氢和加氢油分馏两大部分。粗苯首先在蒸发器中去除蒸发残油,蒸发油气与加入的循环氢依次经预反应器和主反应器反应后得到加氢油,再由高压分离器分离出未反应氢,分离出来的氢与外部补充来的新氢一同返回蒸发器循环使用,分离未反应气体后的加氢油经稳定塔和预蒸馏塔后又被分为两部分,其中一部分经萃取蒸馏塔、汽提塔及BT分离塔后得到高纯苯和甲苯,另一部分经二甲苯塔后得到纯二甲苯。

上述两工艺的生产给水排水户分布情况分别见图6-17和图6-18。其所需冷却水多为清循环冷却水,此外,莱托法苯加氢还需要5℃深冷水。该工艺用新水主要为添加于工艺介质中的除盐用水,如为防止莱托法苯加氢过程中生成的NH_4Cl在低温条件下析出结晶堵塞设备和管道,在加氢油气进入苯塔重沸器之前和进入循环气体预热器之前分别向加氢油气中注入了纯水;又如为防止气相中存在的$(NH_4)_2S$因结晶而堵塞系统,向H_2S放散塔的回流液中加入纯水,以溶解其中的NH_3为氨水;此外,还有废热蒸汽锅炉给水等。

莱托法粗苯加氢精制工艺过程中的排废水有:(1) 原料预备蒸馏塔蒸汽喷射器抽出气体冷凝液分离水(W_1);(2) 苯塔蒸馏出纯苯用10%浓度NaOH碱洗脱硫排水(W_3)。硫是以Na_2S形式每月排出一次至废碱液中和槽,再用制氢系统吸附塔排出的含CO_2气体中和,排出的废水中主要含$NaHCO_3$等约7%,苯约700mg/L;(3) 原料氢气CO重整冷凝冷却液排水(W_5),该水只含有微量的油,故混入清循环水系统;(4) 高压分离器和苯水分离器分离冷凝液(W_2),送H_2S放散塔凝液槽进行油水分离。该水分别来自苯塔重沸器前和循环气体预热器前注入纯水溶解有害铵盐的排水;(5) 富MEA溶液在H_2S放散塔解析出含H_2S气体的冷凝液送凝液槽,其分离水大部分回流到H_2S放散塔,另有一小部分(W_4)送至煤气净化车间。

N-甲酰吗啉溶剂法苯加氢精制工艺排水户有:粗苯缓冲槽、油水分离器及稳定塔回流槽等。

6.6万t/a莱托法和5万t/a N-甲酰吗啉溶剂法粗苯加氢工艺生产给水指标分别见表6-35和表6-36。其工艺排废水指标及水质分别见表6-37~表6-39。

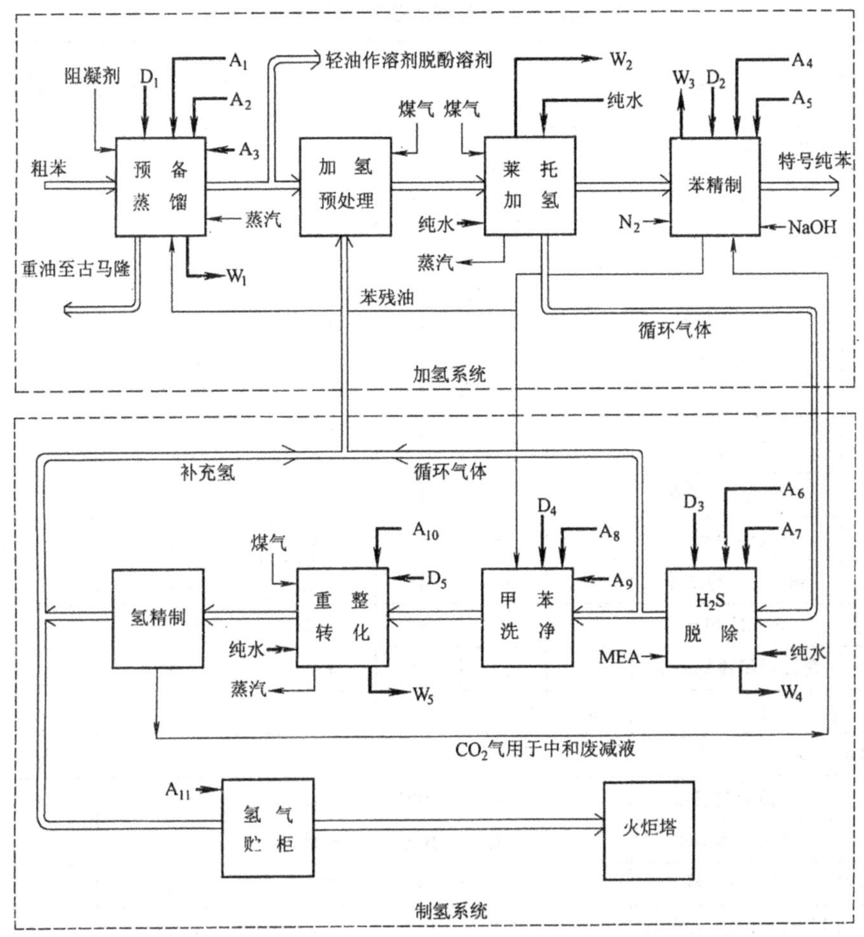

图 6-17 莱托法苯加氢精制工艺流程暨给水排水户分布图

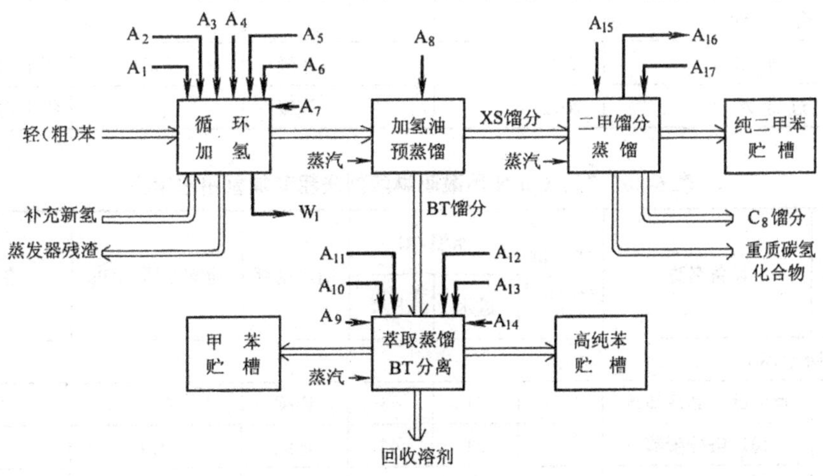

图 6-18 N-甲酰吗啉溶剂法苯加氢精制工艺流程暨给水排水户分布图

表 6-35 6.6 万 t/a 莱托法苯加氢精制用水指标

序号	代号	设备名称	水量/$m^3 \cdot h^{-1}$	水温/℃		用水制度	所需水压/MPa	备注
				进水	出水			
一、循环冷却水(CW)								
1	A_1	预反应塔顶冷凝器		33	41	连续	0.4	
2	A_2	重苯(HCN)冷却器		33	41	连续	0.4	
3	A_3	喷射气体凝缩器		33	41	连续	0.4	
4	A_4	苯残油冷却器		33	41	连续	0.4	
5	A_5	苯冷却器		33	41	连续	0.4	
6	A_6	单乙醇胺(MEA)冷却器		33	41	连续	0.4	
7	A_7	放散气体凝缩器		33	41	连续	0.4	
8	A_8	苯残油冷却器		33	41	连续	0.4	
9	A_9	制氢气体冷却器		33	41	连续	0.4	
10	A_{10}	排水冷却器		33	41	连续	0.4	
11	A_{11}	氢压缩机冷却用水		33	41	连续	0.4	
合计			285					
二、深冷水(XW)								
1	D_1	回流苯凝缩器		5℃	10℃	连续	0.4	
2	D_2	苯回收凝缩器		5℃	10℃	连续	0.4	
3	D_3	H_2S 冷却器		5℃	10℃	连续	0.4	
4	D_4	甲苯洗净气体冷却器		5℃	10℃	连续	0.4	
5	D_5	反应气体辅助冷却器		5℃	10℃	连续	0.4	
合计								
工业水			2.5			连续	0.3	年平均小时用水量
过滤水			20.2			连续	0.3	年平均小时用水量

表 6-36 5 万 t/a N-甲酰吗啉溶剂法粗苯加氢用水指标

序号	代号	设备名称	水量/$m^3 \cdot h^{-1}$	水温/℃		用水制度	所需水压/MPa	备注
				进水	出水			
循环冷却水(CW)								
1	A_1	反应器产品冷却器		31	45	连续	0.4	
2	A_2	稳定塔冷凝器		31	45	连续	0.4	
3	A_3	加氢油冷却器		31	45	连续	0.4	
4	A_4	排气冷却器		31	45	连续	0.4	

续表 6-36

序号	代号	设备名称	水量 /m³·h⁻¹	水温/℃		用水制度	所需水压/MPa	备注
				进水	出水			
5	A_5	补充氢气压缩机		31	45	连续	0.4	
6	A_6	循环氢气压缩机		31	45	连续	0.4	
7	A_7	焦化粗苯原料泵		31	45	连续	0.4	
8	A_8	B/T 馏分冷却器		31	45	连续	0.4	
9	A_9	溶剂回收塔冷凝器		31	45	连续	0.4	
10	A_{10}	汽提塔冷却器		31	45	连续	0.4	
11	A_{11}	甲苯冷却器		31	45	连续	0.4	
12	A_{12}	B/T 分离塔冷凝器		31	45	连续	0.4	
13	A_{13}	纯苯冷却器		31	45	连续	0.4	
14	A_{14}	溶剂冷却器		31	45	连续	0.4	
15	A_{15}	C_8 馏分冷凝器		31	45	连续	0.4	
16	A_{16}	纯二甲苯冷凝器		31	45	连续	0.4	
17	A_{17}	重质碳氢化合物冷凝器		31	45	连续	0.4	
合计			155					

表 6-37 苯加氢精制过程中排废水指标②

序号	排水点名称	排水量/m³·h⁻¹		排水制度	排水温度/℃	排水压力/MPa	备注
		平均	最大①				
1	凝液分离水槽	2.1	4	液位自控	常温		莱托法,排水由工艺送煤气净化
2	工艺混合废水槽	0.83		间断	20～40	≤0.04	溶剂法,排水由工艺送煤气净化

①最大日平均排水量;②苯加氢精制规模:莱托法 6.6 万 t/a,溶剂法 5 万 t/a。

表 6-38 莱托法苯加氢精制工艺排废水水质

排水点名称	*COD* /mg·L⁻¹	酚 /mg·L⁻¹	T-CN⁻ /mg·L⁻¹	SCN⁻ /mg·L⁻¹	油 /mg·L⁻¹	T-NH_3 /mg·L⁻¹	S^{-2} /mg·L⁻¹	pH	备注
凝液分离水槽	5950	30	20	20	1000	2500	3800		平均值

表 6-39 溶剂法苯加氢工艺排废水水质

排水点名称	芳烃 /mg·L⁻¹	NH_3 /mg·L⁻¹	NH_4Cl /mg·L⁻¹	H_2S /mg·L⁻¹	NH_4HS /mg·L⁻¹	备注
工艺混合废水槽	300	7000	3000	500	267000	平均值

6.3.3 焦油蒸馏

焦油蒸馏的原料为粗焦油和粗苯车间的轻油再生残渣等。焦油蒸馏是从蒸馏原料中分离出某些低沸点的馏分,得到成品沥青或原料沥青。被分离出的粗馏分和原料焦油可再加工,制取精产品。目前国内采用的焦油蒸馏的方法有焦油常压蒸馏-工业萘(下称“焦油蒸馏工业萘”)和焦油减压蒸馏-萘加压蒸馏(下称“焦油萘蒸馏”)两种工艺。但也有用粗焦油直接生产改质沥青或针状焦的。

焦油“常压蒸馏-工业萘”工艺包括焦油常压蒸馏、馏分洗涤、工业萘精馏、酚钠盐分解和焦油沥青加工等几个部分。

焦油常压连续蒸馏包括焦油的一段蒸发器最终脱水和馏分塔分馏两大部分。焦油分馏方式较多,其主要区别在于使用的精馏塔数和酚萘洗油的切取方式,典型工艺有:(1) 两塔式切取酚油、萘油和洗油三种窄馏分;(2) 一塔式切取酚油、萘油和洗油三种窄馏分;(3) 两塔式切取萘洗两种混合馏分;(4) 一塔式切取酚萘洗三种混合馏分。

馏分洗涤主要是回收其中所含的酚和吡啶,洗涤工艺因切取的馏分种类而异。单馏分洗涤过程与后面介绍的“焦油萘蒸馏”工艺基本相同。酚萘洗三混分洗涤是用 10% ~ 15% 的 NaOH,酚类与碱反应生成酚钠溶于碱中被分离出来。

萘精馏的原料为碱洗脱酚后的萘油馏分、萘洗两混分或酚萘洗三混分,经蒸馏分离出其中的酚油和洗油后制得工业萘。萘精馏有单炉双塔和单炉单塔两种方式。因原料的不同其操作控制条件也不同。粗酚盐通过直接蒸汽蒸吹净化和硫酸或 CO_2 分解得到粗酚。

焦油精馏的剩余物为中温沥青,对其进行再加工可得到高软化点沥青和改质沥青。中温沥青冷却一般分两步进行,前期冷却一般是将蒸发器底排出的温度高达 370℃左右的热沥青放到密闭的冷却贮槽中冷却到 150 ~ 200℃,或者是先经汽化冷却器冷却到 220 ~ 240℃,再放入高位沥青槽静置并自然冷却 8h;此后再经给料器放在浸于水池中的链板机上,最后得到固体中温沥青。

目前国内常用的“焦油蒸馏 - 工业萘”工艺的组成为:一塔式焦油蒸馏切取酚萘洗三混分,混合分 NaOH 洗涤,单炉双塔式工业萘连续精馏,粗酚盐净化和分解。取得的产品和中间产品有轻油、洗油、酚油、一蒽油、二蒽油、粗酚、工业萘和中温沥青(或改质沥青)等。

“焦油萘蒸馏”工艺是把粗焦油等原料在脱水后,减压分馏成轻油馏分、酚油馏分、萘油馏分、洗油馏分、蒽油馏分及软沥青。酚油和萘油分别经纯碱洗涤脱酚,脱酚萘油经加压蒸馏后得到工业萘,脱酚酚油和萘蒸馏后的 C-甲基萘油再分别经硫酸洗涤脱吡啶后得到D-酚油、D-甲基萘油和硫酸吡啶;所得的碱性酚盐与轻油相互洗涤,分别得到脱酚轻油和除油粗酚盐;蒽油馏分经结晶蒸馏后得到粗蒽和脱晶蒽油;蒸馏剩余物为软沥青。脱酚轻油为苯精制的原料,D-酚油为古吗隆原料,工业萘、粗蒽(或蒽油)、粗酚盐和硫酸吡啶送精加工,D-甲基萘油及洗油等作为中间产品或送再加工。蒸馏主塔塔底排出软沥青软化点为 60 ~ 65℃,加入脱晶蒽油和焦化轻油后软化点降为 35 ~ 40℃,可作为生产延迟焦原料、成型煤粘结剂或与焦化轻油配制成用于高炉炮泥粘结剂用的化成焦油。

上述两种工艺过程中的给水排水户分布情况分别见图 6-19 和图 6-20。

“焦油蒸馏工业萘”工艺用水主要是介质用冷凝冷却水和沥青池沥青冷却用水。工艺介质的冷凝冷却主要为清循环冷却水和 16℃循环制冷水,沥青池沥青用浊循环冷却水冷却。冷凝冷却器的种类及数量随切取的馏分而变化,如切取单馏分时各馏分都有自己的冷凝冷却器,在切取混合馏分时则只有混合馏分冷凝冷却器。几个不同规模切取酚萘洗三混分和制取中温沥青的“焦油蒸馏工业萘”工艺生产用水指标见表 6-40 ~ 表 6-42。

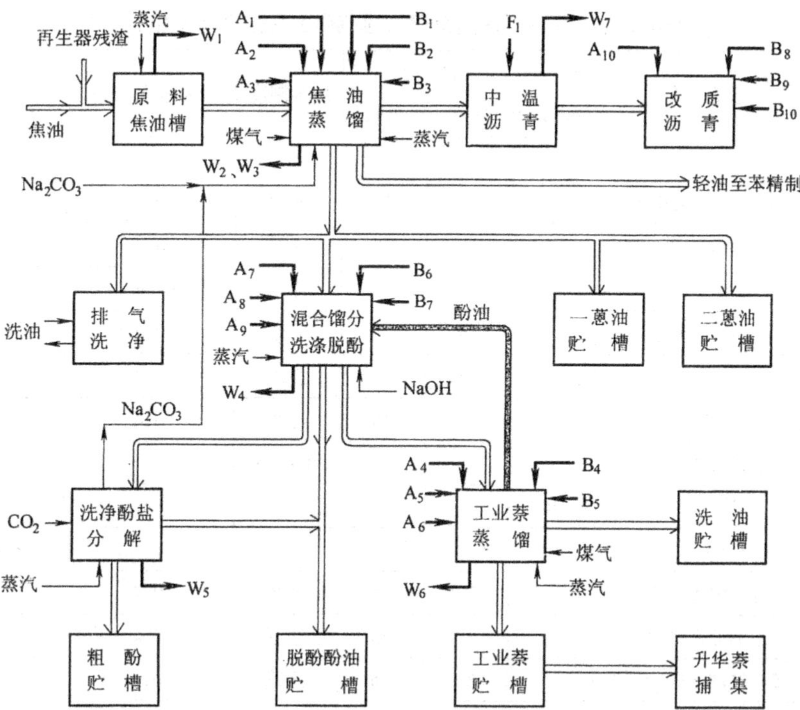

图 6-19 “焦油蒸馏工业萘”工艺流程暨给水排水户分布图

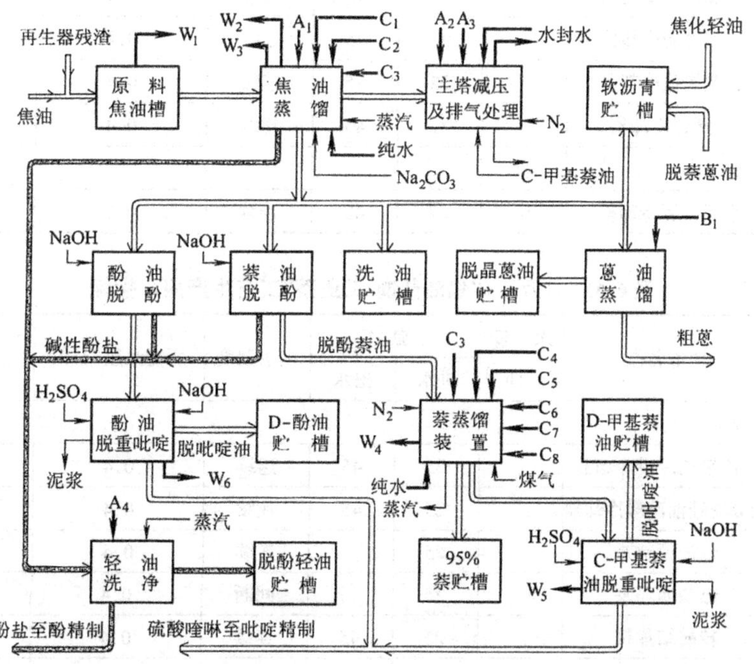

图 6-20 “焦油萘蒸馏”工艺流程暨给水排水户分布图

表 6-40　3 万 t/a"焦油蒸馏-工业萘"工艺生产用水指标

序号	代号	设备名称	水量/m³·h⁻¹	水温/℃		用水制度	所需水压/MPa	备注
				进水	出水			
一、低温水(LW)								
1	B_1	一段轻油冷凝冷却器		25	45	连续	0.4	
2	B_2	馏分塔轻油冷凝冷却器		25	45	连续	0.4	
3	B_3	焦油原料泵		25		连续	0.4	
4	B_4	热油循环泵		25		间断	0.4	
5	B_5	转鼓结片机		25	45	连续	0.4	
6	B_6	蒽结晶机		25	45	连续	0.4	
7	B_7	配碱及试剂用水		25		不定期		
合计			40					
二、循环冷却水(CW)								
1	A_1	混合分埋入式冷却器		32	45	连续	0.4	
2	A_2	一蒽油埋入式冷却器		32	45	连续	0.4	
3	A_3	二蒽油埋入式冷却器		32	45	连续	0.4	
4	A_4	初馏塔酚油冷凝冷却器		32	45	连续	0.4	
5	A_5	工业萘汽化冷凝器		32	45	连续	0.4	
6	A_6	洗油冷却器		32	45	连续	0.4	
7	A_7	油汽冷凝冷却器		32	45	连续	0.4	
8	A_8	精制酚盐冷却器		32	45	连续	0.4	
9	A_9	分解器冷却器		32	45	连续	0.4	
合计			47					
三、	F_1	平板沥青冷却机	10	32	40	连续	0.2	浊循环水

表 6-41　5 万 t/a"焦油蒸馏-工业萘"工艺生产用水指标

序号	代号	设备名称	水量/m³·h⁻¹	水温/℃		用水制度	所需水压/MPa	备注
				进水	出水			
一、低温水(LW)								
1	B_1	一段轻油冷凝冷却器		25	45	连续	0.4	
2	B_2	馏分塔轻油冷凝冷却器		25	45	连续	0.4	
3	B_3	焦油原料泵		25		连续	0.4	
4	B_4	热油循环泵		25		间断	0.4	
5	B_5	转鼓结片机		25	45	连续	0.4	
6	B_6	蒽结晶机		25	45	连续	0.4	
7	B_7	配碱及试剂用水		25		不定期		
合计			64					

续表 6-41

序号	代号	设备名称	水量/$m^3 \cdot h^{-1}$	水温/℃		用水制度	所需水压/MPa	备注
				进水	出水			
二、循环冷却水(CW)								
1	A_1	混合分埋入式冷却器		32	45	连续	0.4	
2	A_2	一蒽油埋入式冷却器		32	45	连续	0.4	
3	A_3	二蒽油埋入式冷却器		32	45	连续	0.4	
4	A_4	初馏塔酚油冷凝冷却器		32	45	连续	0.4	
5	A_5	工业萘汽化冷凝器		32	45	连续	0.4	
6	A_6	洗油冷却器		32	45	连续	0.4	
7	A_7	油汽冷凝冷却器		32	45	连续	0.4	
8	A_8	精制酚盐冷却器		32	45	连续	0.4	
9	A_9	分解器冷却器		32	45	连续	0.4	
合计			84.8					
三、	F_1	平板沥青冷却机	17	32	40	连续	0.2	浊循环水

表 6-42 10 万 t/a“焦油蒸馏-工业萘”工艺生产用水指标

序号	代号	设备名称	水量/$m^3 \cdot h^{-1}$	水温/℃		用水制度	所需水压/MPa	备注
				进水	出水			
一、低温水(LW)								
1	B_1	一段轻油冷凝冷却器		25	45	连续	0.4	
2	B_2	馏分塔轻油冷凝冷却器		25	45	连续	0.4	
3	B_3	焦油原料泵		25		连续	0.4	
4	B_4	热油循环泵		25		间断	0.4	
5	B_5	转鼓结片机		25	45	连续	0.4	
6	B_6	蒽结晶机		25	45	连续	0.4	
7	B_7	配碱及试剂用水		25		不定期		
合计			128					
二、循环冷却水(CW)								
1	A_1	混合分埋入式冷却器		32	45	连续	0.4	
2	A_2	一蒽油埋入式冷却器		32	45	连续	0.4	
3	A_3	二蒽油埋入式冷却器		32	45	连续	0.4	
4	A_4	初馏塔酚油冷凝冷却器		32	45	连续	0.4	
5	A_5	工业萘汽化冷凝器		32	45	连续	0.4	
6	A_6	洗油冷却器		32	45	连续	0.4	
7	A_7	油汽冷凝冷却器		32	45	连续	0.4	
8	A_8	精制酚盐冷却器		32	45	连续	0.4	
9	A_9	分解器冷却器		32	45	连续	0.4	
合计			187.6					
三、	F_1	平板沥青冷却机	34	32	40	连续	0.2	浊循环水

当焦油蒸馏剩余馏分用于生产改质沥青时，改质沥青部分生产用水指标见表6-43。

表6-43　3万～5万t/a改质沥青工艺生产用水指标

序号	代号	设备名称	水量/$m^3 \cdot h^{-1}$	水温/℃		用水制度	所需水压/MPa	备注
				进水	出水			
一、低温水(LW)								
1	A_{10}	闪蒸油冷凝冷却器	12	32	45	连续	0.4	
二、循环冷却水(CW)								
1	B_8	煤气水封		32	32	连续	0.4	
2	B_9	反应釜搅拌器轴冷却		32	37	连续	0.4	
3	B_{10}	改质沥青泵轴冷却		32	37	连续	0.4	
		合计	3					
三、	F_2	沥青平板运输机	15	32	45	连续	0.2	浊循环水

“焦油萘蒸馏”工艺生产用水主要为介质冷却用水。该工艺中除使用了清循环冷却水和少量的低温冷却水外，为了降低能耗和增加某些介质在输送过程中流动性，不少用户还使用了温水循环冷却水，其用水指标见表6-44。

“焦油蒸馏-工业萘”工艺过程中废水有：(1) 焦油原料贮槽分离水(W_1)：为焦油在贮槽中经加热静置后分离的氨水；(2) 焦油汽化脱水(W_2)：是焦油用专用设备高温汽化脱水之冷凝液分离水，因在原料焦油中加入了Na_2CO_3，故该脱水有焦油脱盐的作用，即焦油中的固定铵盐与Na_2CO_3反应变成了挥发氨，并最终以氨水的形式从焦油中除掉而转入冷凝液中；(3) 焦油分馏塔冷凝液分离水(W_3)：主要来自于焦油蒸馏加入的直接蒸汽，从馏分塔顶部分离出来；(4) 蒸吹脱酚分离水(W_4)：为洗涤馏分蒸吹釜直接蒸汽蒸吹脱酚冷凝液分离水；(5) 酚盐分解排水(W_5)：酚盐分解有硫酸法和二氧化碳法两种，硫酸法分解不仅消耗大量的酸，而且所产生的硫酸钠溶液中含有酚(要求不大于0.05%)，不但浪费了酚，而且产生污染物，因而现多被二氧化碳法所取代。二氧化碳来源为高炉煤气或烟道气，该两种气源均需要用水直接喷淋除尘和冷却，因而需要有除尘浊循环给水系统，且有排污水排出；(6) 工业萘精馏分离水(W_6)：有原料加热静置脱水和馏分塔(当一塔式时为精馏塔)顶酚油馏分冷凝液分离水；(7) 沥青冷却池浊循环水系统排污水(W_7)。

表6-44　13.2万t/a焦油萘蒸馏工艺用水指标

序号	代号	设备名称	水量/$m^3 \cdot h^{-1}$	水温/℃		用水制度	所需水压/MPa	备注
				进水	出水			
一、循环冷却水(CW)								
1	A_1	酚油冷却器		33	50	连续	0.4	
2	A_2	C-甲基萘油冷却器		33	50	连续	0.4	
3	A_3	综合排水冷凝器		33	50	连续	0.4	
4	A_4	脱酚轻油冷却器		33	50	连续	0.4	
		合计	42					

续表 6-44

序号	代号	设备名称	水 量 /$m^3 \cdot h^{-1}$	水温/℃		用水制度	所需水压/MPa	备 注
				进水	出水			
二、低温水(LW)								
1	B_1	搅拌冷却器	4.5	20	40	连续	0.3	为制冷机制冷水
三、温水冷却水(HW)								
1	C_1	萘油冷却器		80	85	连续	0.4	
2	C_2	洗油冷却器		80	85	连续	0.4	
3	C_3	蒽油冷却器		80	85	连续	0.4	
4	C_4	初馏塔第二凝缩器	14.8	80	85	连续	0.4	
5	C_5	萘塔排气冷却器	5.1	80	85	连续	0.4	
6	C_6	95%工业萘冷却器	16.5	80	85	连续	0.4	
7	C_7	C-甲基萘油冷却器		80	85	连续	0.4	
8	C_8	安全阀排气冷却器	2.7	80	85	连续	0.4	
合 计								
工 艺 水			1.85			连续	0.3	年平均小时用水量
过 滤 水			3.64			连续	0.3	年平均小时用水量

沥青冷却浊循环水系统排污水及酚钠盐分解用烟道气的水洗净系统排水送焦化废水生物处理系统作稀释水；所产生的含 Na_2SO_4 废水视情况送废水处理或外排；其他各类高浓度废水均送煤气净化部分的氨水澄清槽或氨水溶剂脱酚系统。

“焦油萘蒸馏”工艺过程中排废水有：(1) 原料贮槽内自动排水器排出的加热焦油静沉分离水(W_1)，送煤气净化氨水澄清槽；(2) 焦油预脱水塔和脱水塔脱水(W_2)：为焦油汽化冷凝脱水。脱水前向焦油中加入 Na_2CO_3。分离水送煤气净化氨水澄清槽；(3) 焦油蒸馏主塔顶蒸出的酚油馏分的冷凝液分离水(W_3)，被排到酚水槽与精酚工段酚蒸馏送来的酚水一起送到管式加热炉焚烧；(4) 萘蒸馏初馏塔顶排出的酚油馏分冷凝液分离水(W_4)，积存在初馏塔回流槽底凹槽中，通过液位指示定期适量抽取排入排水坑；(5) 在脱吡啶过程中，D-甲基萘油和D-酚油中和塔后分别有废碱排出(W_5、W_6)。

“焦油蒸馏工业萘”和“焦油萘蒸馏”工艺排废水指标及废水水质分别见表 6-45 ~ 表 6-48，其中“焦油蒸馏工业萘”系统主要工艺为：一塔式焦油蒸馏切取酚萘洗三种混分、混合分 NaOH 洗涤、单炉双塔式工业萘连续精馏、粗酚盐直接蒸汽净化、精酚盐二氧化碳分解和制取中温沥青或改质沥青。

表 6-45 “焦油蒸馏工业萘”工艺排废水指标

序号	排水点	排水量/$m^3 \cdot h^{-1}$			排水制度	排水温度/℃	排水压力/MPa	备 注
		3 万 t/a	5 万 t/a	10 万 t/a				
1	蒸馏工段	0.19	0.32	0.63	连续	45	≤0.06	由化产工艺送煤气净化
2	洗涤工段	0.24	0.4	0.8	连续	40	≤0.06	由化产工艺送煤气净化
3	沥青池	5	8.2	16.3	连续	40		送焦化废水处理系统处理

表 6-46 "焦油蒸馏工业萘"工艺排废水水质

序号	排水点名称	*COD* /mg·L^{-1}	酚 /mg·L^{-1}	T-CN$^-$ /mg·L^{-1}	SCN$^-$ /mg·L^{-1}	油 /mg·L^{-1}	T-NH_3 /mg·L^{-1}	吡啶 /mg·L^{-1}	pH	吨焦油排水量/m^3
1	原料槽分离水	17100 ~ 21600	3200 ~ 3500	30 ~ 60	100 ~ 900	1860 ~ 11100	200 ~ 400	500 ~ 600	10 ~ 12	
2	最后脱水	29000 ~ 38900	5400 ~ 6300	330 ~ 6500	60 ~ 1800	500 ~ 10000	300 ~ 2500	800 ~ 12000	8 ~ 10	0.035
3	蒸吹脱酚分离水	16100 ~ 78000	3000 ~ 14900	250 ~ 350	90 ~ 430	300 ~ 10000	500 ~ 900	500 ~ 600	9 ~ 10	0.15①
4	硫酸钠废水	32000 ~ 63000	6200 ~ 11800	1500 ~ 2300	90 ~ 470	1700 ~ 12700	50 ~ 80	23 ~ 130	4 ~ 6	0.01
5	沥青池排污水	100 ~ 470	1 ~ 77	1 ~ 5	10 ~ 135	20 ~ 40	20 ~ 40	5 ~ 10	6 ~ 7	

①此为连续蒸吹脱酚排水量，间歇蒸吹脱酚排水量为 0.06。

表 6-47 13.2 万 t/a"焦油萘蒸馏"工艺排水指标

排水点	排水量/m^3·h^{-1}		排水制度	排水温度/℃	排水压力/MPa	备 注
	平均	最大①				
混合工艺废水	0.83	1.67	间歇	常温		仅指送煤气净化氨澄清水槽部分的废水量

①为最大日平均时排水量。

表 6-48 13.2 万 t/a"焦油萘蒸馏"工艺排水水质表

排水点名称	*COD* /mg·L^{-1}	酚 /mg·L^{-1}	T-CN$^-$ /mg·L^{-1}	SCN$^-$ /mg·L^{-1}	油 /mg·L^{-1}	T-NH_3 /mg·L^{-1}	S^{-2} /mg·L^{-1}	pH	备 注
混合工艺废水	29550	3600	300	145	110	5500	1600		平均值

6.3.4 古马隆树脂制造

生产古马隆-茚树脂的原料为重苯和 D-酚油，每种原料可生产出一种树脂，且两种树脂的生产工艺可完全相同，能在同一套设备中定期交替生产。其加工过程基本上是先通过蒸馏和化学洗涤等手段切除其中的不合格馏分，再在催化剂作用下进行聚合，然后经过净化、浓缩和冷却结片，最后得到晶体古马隆。

常用古马隆生产工艺之一为：原料在初馏釜初馏，得到的精馏分在洗涤聚合器内依次进行碱洗、酸洗净化、聚合反应、热水洗涤和稀碱液中和，合格的聚合液再在终馏釜内进行最后精馏，然后将精馏后的软树脂进行热包装，并冷却成固体古马隆树脂。该工艺聚合反应所用的催化剂为硫酸。

常用古马隆生产工艺之二为：原料连续蒸馏切取古马隆馏分，初馏塔为常压蒸馏而馏分塔为减压蒸馏，并在聚合前增加了减压蒸馏脱色，聚合反应所用的催化剂为三氟化硼乙醚络合物，聚合油进行两次闪蒸精馏，软树脂连续冷却固化。该工艺中还包含了完善的含氟废水处理。此工艺以重苯为原料得到古马隆树脂 1 号，以 D-酚油为原料得到古马隆树脂 2 号，此外还得到初馏分、闪蒸油、硫酸吡啶和萘油等副产品或中间产品。

图 6-21 为第二种工艺生产给水排水户分布图，生产用水主要为循环冷却水，此外洗涤脱除聚合油中残留催化剂采用了由蒸汽冷凝水、纯水和新水混合配制而成的 75℃温水，该工艺生产用水指标见表 6-49。

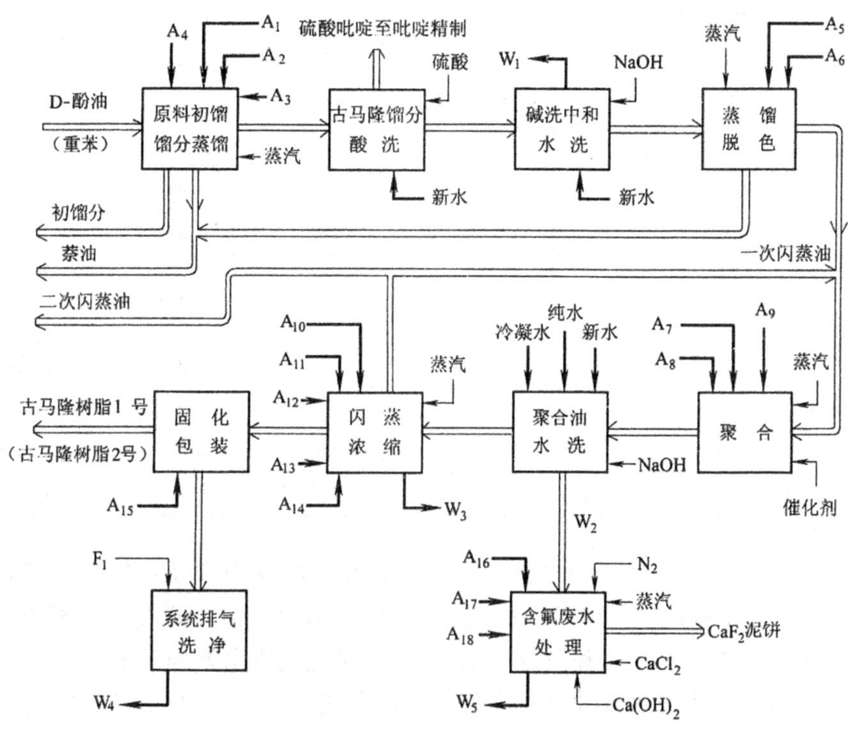

图 6-21 古马隆树脂生产工艺流程暨给水排水户分布图

表 6-49 1.45 万 t/a 古马隆树脂生产工艺用水指标

序号	代号	设备名称	水 量 /$m^3 \cdot h^{-1}$	水温/℃		用水制度	所需水压/MPa	备 注
				进水	出水			
一、循环冷却水(CW)								
1	A_1	初馏分凝缩器		33	43	连续	0.4	
2	A_2	初馏分冷却器		33	43	连续	0.4	
3	A_3	古马隆馏分凝缩器		33	43	连续	0.4	
4	A_4	古马隆塔排气冷却器		33	43	连续	0.4	
5	A_5	脱色馏分凝缩器		33	43	连续	0.4	
6	A_6	脱色塔排气冷却器		33	43	连续	0.4	
7	A_7	聚合塔夹套冷却		33	43	连续	0.4	
8	A_8	№1 聚合槽冷却蛇管		33	43	连续	0.4	
9	A_9	№2 聚合槽冷却蛇管		33	43	连续	0.4	
10	A_{10}	一次(轻)闪蒸油冷却器		33	43	连续	0.4	

续表 6-49

序号	代号	设备名称	水量 /$m^3 \cdot h^{-1}$	水温/℃		用水制度	所需水压/MPa	备注
				进水	出水			
11	A_{11}	二次(重)闪蒸油冷却器		33	43	连续	0.4	
12	A_{12}	二次闪蒸油气凝缩器		33	43	连续	0.4	
13	A_{13}	一次闪蒸塔排气冷却器		33	43	连续	0.4	
14	A_{14}	二次闪蒸塔排气冷却器		33	43	连续	0.4	
15	A_{15}	制片机钢带下喷水冷却		33	43	连续	0.4	
16	A_{16}	蒸发釜凝缩器		33	43	连续	0.4	
17	A_{17}	反应釜凝缩器		33	43	连续	0.4	
18	A_{18}	蒸汽喷射冷却器		33	43	连续	0.4	
		合计	142					
二、	F_1	系统排气洗净浊环水				连续	0.3	浊循环水
三、生产新水								
1	IW	工业水	1.14			连续	0.3	年平均小时用水量
2	FW	过滤水	1.89			连续	0.3	年平均小时用水量

第二种生产工艺排废水有:(1) 初馏分经酸洗脱吡啶、碱中和及三次水洗后的分离水(W_1),在调整槽中用苛性钠洗净槽排出的废碱液及 NaOH 中和后,送排水贮槽与古马隆工段其他部位含酚废水进行水质均和及分离油,并定时送焦化废水处理系统处理;(2) 水洗后聚合油在贮槽内静止脱水及聚合油蒸汽闪蒸冷凝液分离水(W_3);(3) 反应油用水洗脱催化剂排废水(W_2),其中含有大量的 F^-,用 NaOH 调 pH 和分离油后,送含氟废水处理装置进行处理;(4) 处理后含氟废水(W_5),可作为焦化废水生物处理的稀释水。(5) 排气洗净循环水系统排污水(W_4)。有关排水指标及排水水质分别见表 6-50 和表 6-51。

表 6-50 1.45 万 t/a 古马隆树脂生产排废水指标

序号	排水点	排水量/$m^3 \cdot h^{-1}$		排水制度	排水温度/℃	排水压力/MPa	备注
		平均	最大①				
1	第一排水槽排水	0.21	0.42	连续	常温	≥0.2	送焦化废水处理系统处理
2	制片机排气洗净排水		5	定期	常温		
3	处理后含氟废水	1.85		连续	常温	≥0.2	送焦化废水处理系统处理

①最大日平均排水量。

表 6-51 古马隆树脂生产排废水水质

序号	排水点名称	COD /$mg \cdot L^{-1}$	酚 /$mg \cdot L^{-1}$	T-CN^- /$mg \cdot L^{-1}$	SCN^- /$mg \cdot L^{-1}$	油 /$mg \cdot L^{-1}$	T-NH_3 /$mg \cdot L^{-1}$	S^{-2} /$mg \cdot L^{-1}$	pH	备注
1	第一排水槽排水	2170	6000			140				平均值
2	处理后含氟废水	930								含 F^- ≤100mg/L

6.3.5 酚精制

酚精制原料有焦油蒸馏得到的粗酚盐和废水溶剂脱酚回收的酚钠盐。酚精制包括酚盐分解和粗酚蒸馏两部分。酚盐分解主要有酚钠盐直接蒸汽蒸吹脱水除油和化学洗涤脱盐两个过程。常用的酚盐化学分解有硫酸洗涤法和 CO_2 洗涤法两种,因硫酸洗涤法不仅耗酸,而且产生的 Na_2SO_4 废水较难处理,故现多用 CO_2 洗涤法。CO_2 气源可用高炉煤气或烟道气。用 CO_2 洗涤酚钠产生的 Na_2CO_3 废液可用苛化法提取 NaOH,制得的 NaOH 又可回用于焦油蒸馏馏分脱酚。

粗酚蒸馏包括粗酚的减压蒸馏脱水脱渣、粗酚的减压蒸馏和中间馏分的减压精馏等过程。通常粗酚蒸馏有连续式和半连续式两种,但馏分的精馏一般为间歇式。粗酚半连续式初馏一般借助于脱水系统,在脱水完毕后,利用脱水釜和脱水柱继续蒸馏,切取全馏分。而后在单一的蒸馏釜和蒸馏柱组成的精馏系统中,交替的进行全馏分和中间馏分的间歇精馏。粗酚的连续式蒸馏系统一般由多个蒸馏塔组成,连续地切取产品和中间馏分和残渣油,然后再在几个不同的间歇精馏系统中对这些中间馏分和残渣油进行相应的处理,最终得到各种精产品。

酚精制工艺较多,下面介绍一个使用 5 座连续蒸馏塔和 5 座间歇精馏塔的酚精制工艺,所得产品有苯酚(或特号苯酚)、邻位甲酚、间位甲酚、二混甲酚、工业甲酚和酚油残渣等,其生产给水排水户分布见图 6-22。

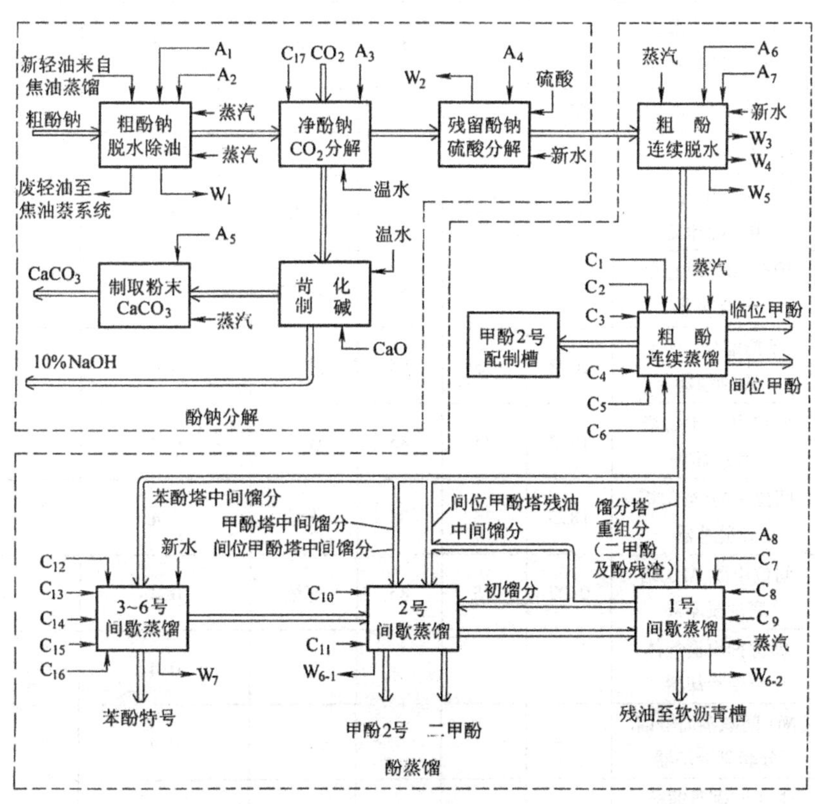

图 6-22 酚精制工艺流程暨给水排水户分布图

该工艺用冷却水有清循环冷却水和二种温水循环冷却水。工艺过程用水有:(1) 酚钠经 CO_2 一次分解后,为防止盐晶析、加速分解反应和减少有机羧酸混入,要向其中加入数量为被分解酚重量 15% ~ 50%的温水;(2) 残留酚钠 H_2SO_4 分解后水洗除游离酸用水,用量约为粗酚量的 30%;(3) 粗酚脱水塔间歇冲洗除盐用水;(4) 在 Na_2CO_3 废液苛化过程中溶解 $CaCO_3$ 沉渣加水。其主要用水指标见表 6-52。

表 6-52 5280t/a 酚精制生产工艺用水指标[①]

序号	代号	设备名称	水量 /$m^3 \cdot h^{-1}$	水温/℃		用水制度	所需水压/MPa	备注
				进水	出水			
一、循环冷却水(CW)								
1	A_1	脱油塔塔顶凝缩器		33	43	连续	0.4	
2	A_2	脱油塔真空排气冷却器		33	43	连续	0.4	
3	A_3	高炉煤气(BFG)冷却器		33	43	连续	0.4	
4	A_4	硫酸稀释槽冷却蛇管		33	43	连续	0.4	配酸时用
5	A_5	真空洗净器循环洗涤液冷却器		33	43	连续	0.4	
6	A_6	脱水塔塔顶凝缩器		33	43	连续	0.4	
7	A_7	№1 真空排气冷却器		33	43	连续	0.4	
8	A_8	№1 间歇塔真空排气冷却器		33	43	连续	0.4	
		合计	225					
二、温水冷却水(HW)								
1	C_1	馏分(BR)塔重组分冷却器		75	85	连续	0.4	
2	C_2	馏分(BR)塔轻组分凝缩器	18.1	75	85	连续	0.4	
3	C_3	苯酚馏分(P)塔顶凝缩器	50.8	75	85	连续	0.4	
4	C_4	邻位甲酚(OC)塔顶凝缩器	15.3	75	85	连续	0.4	
5	C_5	间位甲酚(MC)塔顶凝缩器	18.3	75	85	连续	0.4	
6	C_6	间位甲酚(MC)塔底油凝缩器	0.07	75	85	连续	0.4	
7	C_7	沥青抽出槽气体套管冷却器					0.4	
8	C_8	№1 间歇蒸馏塔馏分套管冷却器					0.4	
9	C_9	№1 间歇蒸馏塔馏分凝聚器	48.1	45	55	连续	0.4	

续表 6-52

序号	代号	设备名称	水量/$m^3 \cdot h^{-1}$	水温/℃		用水制度	所需水压/MPa	备注
				进水	出水			
10	C_{10}	№2 间歇蒸馏塔馏分凝聚器	5.7	45	55	连续	0.4	串联
11	C_{11}	甲酚残油(XA)冷却器	0.77	45	55	连续	0.4	
12	C_{12}	№3 间歇蒸馏塔馏分凝聚器	11.5	45	55	连续	0.4	
13	C_{13}	№4 间歇蒸馏塔馏分凝聚器	11.5	45	55	连续	0.4	
14	C_{14}	№5 间歇蒸馏塔馏分凝聚器	11.5	45	55	连续	0.4	
15	C_{15}	№6 间歇蒸馏塔馏分凝聚器	11.5	45	55	连续	0.4	
16	C_{16}	苯酚馏分(PHA)残油凝聚器	0.64	45	55	连续	0.4	
17	C_{17}	碳酸钠分解塔	0.16	75	85	连续	0.4	
		合计						
三、	FW	过滤水	2.06					年平均小时用水量

①酚盐分解能力 5280t/a 是将酚盐换算为酚类的量；酚蒸馏装置生产能力为 5115t/a(处理原料为粗酚，此为换算为脱水后的量)。

生产工艺排废水有：(1) 粗酚盐脱水(W_1)：为制得 10% NaOH 副产品而从粗酚盐中脱出的部分水分，在汽提脱水的同时也去除了中性油和吡啶等不纯物。因酚钠盐中的中性油与水的密度差较小，为了增强油水分离效果，向其中加入了密度较小的焦化轻油，该分离水含酚浓度可达 7000～12000mg/L；(2) 残留酚钠硫酸分解后水洗分离液(W_2)：其含酚浓度可达 4000～6000mg/L，并含有 Na_2SO_4 及少量的酸；(3) 粗酚贮槽静置分离水(W_3)：从粗酚上层分离出的为酚水，下层分离出的为 Na_2SO_4 水溶液；(4) 粗酚脱水(W_4)：粗酚中所含 18%左右水分由脱水塔经蒸汽蒸吹减压脱除，其水汽冷凝液及其真空排气系统分离液槽排水送焦油车间的加热炉焚烧；(5) 精馏塔真空排气系统分离液槽排水(W_6、W_7)，送焦油车间的加热炉焚烧；(6) 脱水塔下面的排液分离槽排水(W_5)：脱水塔下面的排液分离槽是为防止粗酚中所含的 Na_2SO_4 在塔内晶析而设。此外，脱水塔间歇期间用水冲洗 Na_2SO_4 晶析排水也排入该排液分离槽，该排水送焦化废水处理系统处理。前 4 项高浓度废水都集中到中和槽，而后由化产工艺送入煤气净化部分的氨水澄清槽。有关排水指标和排水水质分别见表 6-53 和表 6-54。

表 6-53 5280t/a 酚精制工艺排废水指标

排水点	排水量/$m^3 \cdot h^{-1}$		排水制度	排水温度/℃	排水压力/MPa	备注
	平均	最大①				
中和槽排水	2.71	4.58	连续	常温	≥0.2	由化产工艺送煤气净化氨水澄清槽

①最大日平均排水量。

表 6-54 酚精制工艺排废水水质

排水点	*COD* /mg·L^{-1}	酚 /mg·L^{-1}	T－CN$^-$ /mg·L^{-1}	SCN$^-$ /mg·L^{-1}	油 /mg·L^{-1}	T－NH_3 /mg·L^{-1}	S^{-2} /mg·L^{-1}	pH	备注
中和槽排水	41300	2600			85				平均值

6.3.6 吡啶精制

吡啶精制由硫酸吡啶分解和粗吡啶蒸馏两部分组成。硫酸吡啶分解的原料来自焦油蒸馏的硫酸吡啶和古马隆树脂制造的硫酸喹啉。粗吡啶蒸馏部分的原料为粗重吡啶和粗轻吡啶,前者为吡啶分解得到的含水粗喹啉和含水粗甲基吡啶,后者为硫铵工段产轻粗吡啶。硫酸吡啶和硫酸喹啉可用碳酸钠溶液或氨水进行分解得到含水粗喹啉和含水粗甲基吡啶。用碳酸钠分解硫酸吡啶和硫酸喹啉时会产生难以处理的硫酸钠废液,而用氨水分解则可得到硫铵母液,无废液排出。

硫酸吡啶的分解是间歇式进行的,而硫酸喹啉的分解则是连续的。硫酸喹啉在碱分解前还要用纯苯萃取脱除其中所含的中性油和酸焦油之类的物质。

粗吡啶蒸馏有脱水、粗馏和精馏三个过程,都为间歇式。所用蒸馏工艺不同,得到的产品也不相同。如以轻粗吡啶为原料,用一套初馏装置间歇交替地进行脱水和粗制蒸馏,而后再用一套精馏装置对切取的有关馏分分别进行间歇蒸馏,可生产纯吡啶、α－甲基吡啶、β－甲基吡啶和吡啶溶剂等。又如以粗重吡啶为原料进行脱水和减压粗制蒸馏,而后再对切取的馏分分别进行间歇蒸馏,可得到2,4,6-三甲基吡啶、混二甲基吡啶及工业喹啉等。

下面介绍一套以 NH_3 为碱源分解硫酸吡啶和硫酸喹啉,用6套间歇蒸馏设备对轻重吡啶盐基分别进行脱水、粗馏和精馏的吡啶精制装置,其给水排水户分布情况见图 6-23。

吡啶精制生产用冷却水多为清循环冷却水。其工艺过程溶盐用水有:(1) 在硫酸喹啉与过量的氨分解过程中,为了防止过饱和的硫铵在硫铵母液中结晶析出,向中和槽中加入约为硫酸喹啉量20%的稀释水。(2) 含水粗喹啉和粗吡啶在苯水共沸脱水的初期冷凝液中含有一定量的 NH_3,很容易造成苯水分离困难,为稀释馏出液中的 NH_3 浓度,要在冷凝器中注入蒸汽冷凝水,注水直到脱水釜温度达100℃左右,NH_3 基本被蒸出为止,注水量约200L/h,时间为3~4h;(3) 排气硫酸洗氨液中加水。该工艺生产用水指标见表 6-55。

表 6-55 980t/a 吡啶精制生产工艺用水指标①

序号	代号	设备名称	水量 /m^3·h^{-1}	水温/℃		用水制度	所需水压/MPa	备注
				进水	出水			
循环冷却水(CW)								
1	A_1	硫酸喹啉中和槽冷却蛇管		33	43	连续	0.4	
2	A_2	硫酸吡啶中和槽冷却蛇管		33	43	连续	0.4	

续表 6-55

序号	代号	设备名称	水量/$m^3 \cdot h^{-1}$	水温/℃		用水制度	所需水压/MPa	备注
				进水	出水			
3	A_3	脱水釜釜底液冷却器		33	43	连续	0.4	
4	A_4	脱水塔脱水油汽冷凝器		33	43	连续	0.4	
5	A_5	粗吡啶初馏釜釜底液冷却器		33	43	连续	0.4	
6	A_6	粗吡啶初馏分冷却夹套管		33	43	连续	0.4	
7	A_7	粗喹啉初馏釜釜底液冷却器		33	43	连续	0.4	
8	A_8	粗喹啉初馏分冷却夹套管		33	43	连续	0.4	
9	A_9	喹啉馏分精馏釜釜底液冷却器		33	43	连续	0.4	
10	A_{10}	工业喹啉精馏分冷却夹套管		33	43	连续	0.4	
11	A_{11}	中间馏分精馏釜釜底液冷却器		33	43	连续	0.4	
12	A_{12}	吡啶精馏分冷却夹套管		33	43	连续	0.4	
13	A_{13}	α-甲基吡啶馏分、高沸点甲基吡啶馏分及工业三甲基吡啶馏分精馏釜釜底液冷却器		33	43	连续	0.4	
14	A_{14}	α-甲基吡啶精馏分、高沸点甲基吡啶精馏分及工业三甲基吡啶精馏分冷却夹套管		33	43	连续	0.4	
15	A_{15}	排气洗净循环液槽冷却蛇管		33	43	连续	0.4	
		合计	66.8					
过滤水			2.40					年平均小时用水量

①生产能力：分解装置：760t/a(硫酸喹啉换算成喹啉类的量)，220t/a(硫酸吡啶换算成吡啶类的量)；蒸馏装置：740t/a(无水喹啉)，490t/a(无水吡啶)。

上述生产工艺排废水有：(1) 含水粗吡啶和含水粗喹啉粗馏前脱水。脱水方式为釜内苯水共沸，其冷凝分离水(W_1)送焦化废水处理系统处理，该冷凝液量中也含有由脱水塔顶向馏出油汽中注入的用以溶解 NH_3 的蒸汽冷凝水。(2) 减压蒸馏系统中真空罐排分离液

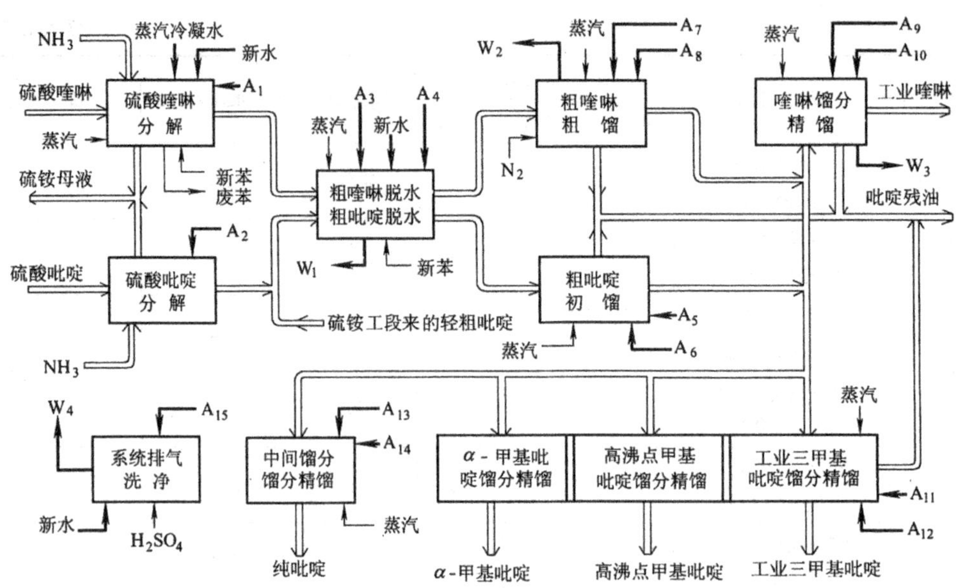

图 6-23　吡啶精制生产工艺流程暨给水排水户分布情况图

(W_2、W_3);(3) 外排废气硫酸循环洗氨(外加适量的溶盐水)系统排污水,以硫铵母液(W_4)的形式排出送硫铵工段。该工艺排废水指标见表 6-56。

表 6-56　980t/a 吡啶精制生产排废水指标

排水点	排水量/$m^3 \cdot h^{-1}$		排水制度	排水温度/℃	排水压力/MPa	备注
	平均	最大①				
排气硫酸循环洗氨排污水		0.21	连续	常温	⩾0.2	由化产工艺送煤气净化氨水槽

①最大日平均小时排水量。

6.3.7　萘精制

由工业萘等可制取高纯萘。常用的萘精制的方法有用区域熔融法生产含萘为 99.3% 的高纯萘,用静态分步结晶法或动态降膜结晶和静态结晶结合工艺生产含萘为 99.5% 的高纯萘,用催化加氢法生产苯酐等。

区域熔融法采用连续结晶工艺,其提纯是基于从混合液中析出结晶物的纯度要较原混合液内为高的原理,进行熔融和结晶反复交替提纯。原料为含萘为 95% 的工业萘(95N),其工艺由晶析结晶、精萘蒸馏、制片包装和温水循环系统等部分组成。

静态分步结晶法萘精制的原料为 95N、晶析残油和由精蒽来的低萘油。整个工艺包括结晶、制片和包装三部分,其中结晶单元有两步浓缩结晶和五步结晶净化,若生产纯度更高的精萘,需有七步结晶净化。作为每一个结晶过程,主要有装料、结晶、排出残液、发汗和全部溶化五个过程。

区域熔融法及静态分步结晶法生产用水户分布情况分别见图 6-24 和图 6-25。

区域熔融法萘精制设有萘晶析冷却和萘凝缩冷却两个独立的循环温水给水系统,而精制萘结晶机冷却和循环温水回水的冷却都采用清循环冷却水。静态分步结晶法萘精制过程中的结晶机的能量调节是通过导热系统由蒸汽加热和清循环水冷却来实现的。上述两工艺主要生产用水指标分别见表 6-57 和表 6-58。

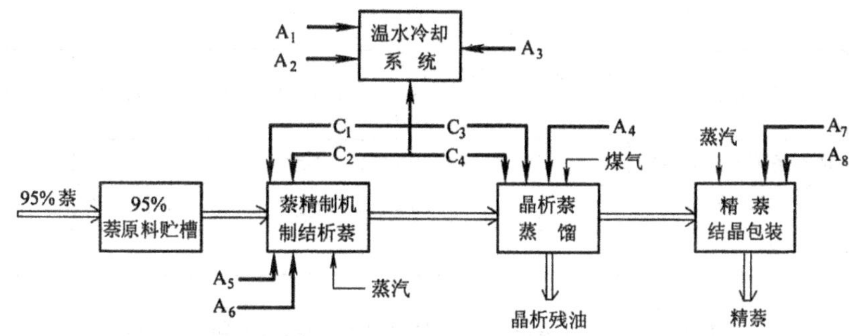

图 6-24 区域熔融法萘精制工艺流程暨用水户分布图

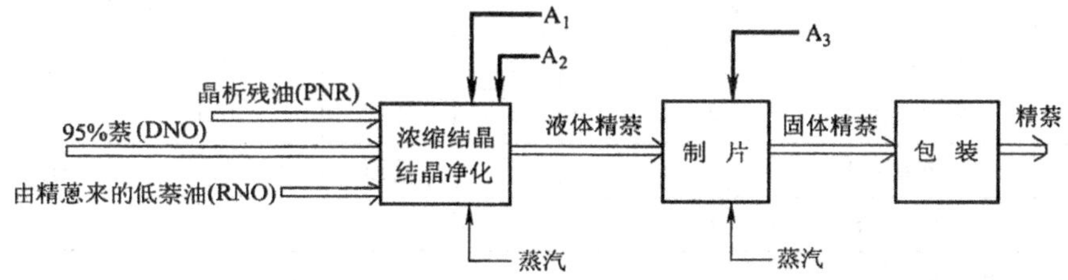

图 6-25 静态结晶法萘精制工艺流程暨用水户分布图

表 6-57 3300t/a 区域熔融法萘精制工艺用水指标

序号	代号	设备名称	水量/$m^3 \cdot h^{-1}$	水温/℃		用水制度	所需水压/MPa	备注
				进水	出水			
一、循环冷却水(CW)								
1	A_1	第一系统温水冷却器		33	43	连续	0.4	
2	A_2	第二系统温水冷却器		33	43	连续	0.4	
3	A_3	原料系统温水冷却器		33	43	连续	0.4	
4	A_4	精制萘蒸馏冷却器		33	43	连续	0.4	
5	A_5	热媒冷却夹套管 1		33	43	连续	0.4	
6	A_6	热媒冷却夹套管 2		33	43	连续	0.4	
7	A_7	萘转鼓结晶机冷却		33	36	连续	0.4	
8	A_8	排气洗净油槽冷却蛇管		33	43	连续	0.4	
		合计	88					
二、温水循环水(HW)								
1	C_1	萘精制机管 1 冷却夹套	4~6	50	60	连续	0.3	温水温度由热煤油控制
2	C_2	萘精制机管 2 冷却夹套	6~8	50	60	连续	0.3	温水温度由热煤油控制

续表 6-57

序号	代号	设备名称	水量/$m^3 \cdot h^{-1}$	水温/℃		用水制度	所需水压/MPa	备注
				进水	出水			
3	C_3	精萘塔顶馏分凝缩器		75	85	连续	0.4	
4	C_4	精萘冷却器		75	85	连续	0.4	
		合计						

表 6-58 3300t/a静态分步结晶法萘精制生产用水指标

序号	代号	设备名称	水量[①]/$m^3 \cdot h^{-1}$	水温/℃		用水制度	所需水压/MPa	备注
				进水	出水			
1	A_1	冷却换热器	24	33	43	连续	0.4	最大 $60m^3/h$
2	A_2	冷却换热器	24	33	43	连续	0.4	最大 $60m^3/h$
3	A_3	精萘制片机	33			间断	0.4	最大 $55m^3/h$
		合计	81					

①平均小时用水量。

6.3.8 洗油加工

洗油加工原料有焦油蒸馏来的洗油、古马隆初馏分离出的萘油、沥青加工切取的焦化轻油等。洗油加工的方法有“蒸馏-洗涤法”和“蒸馏-熔融静止结晶法”等。对洗油进行加工，可制得β-甲基萘、苊和1.8-萘二甲酸酐等产品。

下面仅介绍“蒸馏-熔融静止结晶法”生产β-甲基萘的工艺，其产品有95N、工业甲基萘油和β-甲基萘，副产品有洗净油、苊油、脱水喹啉、硫铵母液、轻质混合油(由轻质油、回收萘油和β-甲基萘前馏分混合而成)和重质混合油(由甲基萘残油、粗甲基萘残油和β-甲基萘残油混合而成)等。该工艺没有对洗油蒸馏馏分中的苊油进行再加工。其给水排水户分布情况见图6-26。

“蒸馏-熔融静止结晶法”洗油加工过程中用冷却水主要为清循环冷却水和温水冷却水，其中硫酸喹啉氨气分解排气用浊环水洗氨。工艺过程用水有介质洗盐用水、配制稀酸、碱用水和产蒸汽用软水等。有关用水指标见表6-59。

表 6-59 “蒸馏-熔融静止结晶法”洗油加工工艺用水指标[①]

序号	代号	设备名称	水量/$m^3 \cdot h^{-1}$	水温/℃		用水制度	所需水压/MPa	备注
				进水	出水			
一、循环冷却水(CW)								
1	A_1	洗净油冷却器		32	45	连续	0.4	
2	A_2	洗油(AWO)蒸馏真空泵A/B		32	45	连续	0.4	
3	A_3	CMNO冷却器		32	45	连续	0.4	
4	A_4	NH_3气化器		32	45	连续	0.4	
5	A_5	β-甲基萘(6MN)冷却器		32	45	连续	0.4	

续表 6-59

序号	代号	设备名称	水量 /$m^3 \cdot h^{-1}$	水温/℃		用水制度	所需水压/MPa	备注
				进水	出水			
6	A_6	排气洗净油冷却器		32	45	连续	0.4	
7	A_7	温水冷却器		32	45	连续	0.4	
8	A_8	温水冷却器		32	45	连续	0.4	
9	A_9	洗净油冷却器		32	45	连续	0.4	
10	A_{10}	洗净油冷却器		32	45	连续	0.4	
11	A_{11}	原料贮槽排气洗净油冷却器		32	45	连续	0.4	
12	A_{12}	温水冷却器		32	45	连续	0.4	
13	A_{13}	稀硫酸冷却器		32	45	连续	0.4	
14	A_{14}	萘结晶机冷却		32	45	连续	0.4	
		合计	424					
二、温水循环水(HW)								
1	C_1	回收萘油(NO-R1)冷却器		75	85	连续	0.4	
2	C_2	α-甲基萘油(AMO-R)冷却器		75	85	连续	0.4	
3	C_3	回收洗油(WO-R)冷却器		75	85	连续	0.4	
4	C_4	蒽油(RAO1)冷却器		75	85	连续	0.4	
5	C_5	工业萘(95N)凝缩器		75	85	连续	0.4	
6	C_6	甲基萘残油(BO-1)冷却器		75	85	连续	0.4	
7	C_7	回收萘油(NO-R2)冷却器		75	85	连续	0.4	
8	C_8	粗甲基萘残油(BO-2)冷却器		75	85	连续	0.4	
9	C_9	β-甲基萘蒸馏塔顶凝聚器		75	85	连续	0.4	
10	C_{10}	β-甲基萘蒸馏塔馏出液冷却器		75	85	连续	0.4	
11	C_{11}	粗甲基萘残油(BO-3)冷却器		75	85	间断	0.4	
		合计	259					
三、其他用水								
1	F_1	NH_3 洗涤浊循环水(DW)				连续	0.3	
2		过滤水(FW)	5			连续	0.3	年平均小时用水量
3		纯水(PW)	3			连续	0.3	年平均小时用水量

①洗油加工能力为:11700t/a;萘油加工能力为:10100t/a;焦化轻油加工能力为:2500t/a。

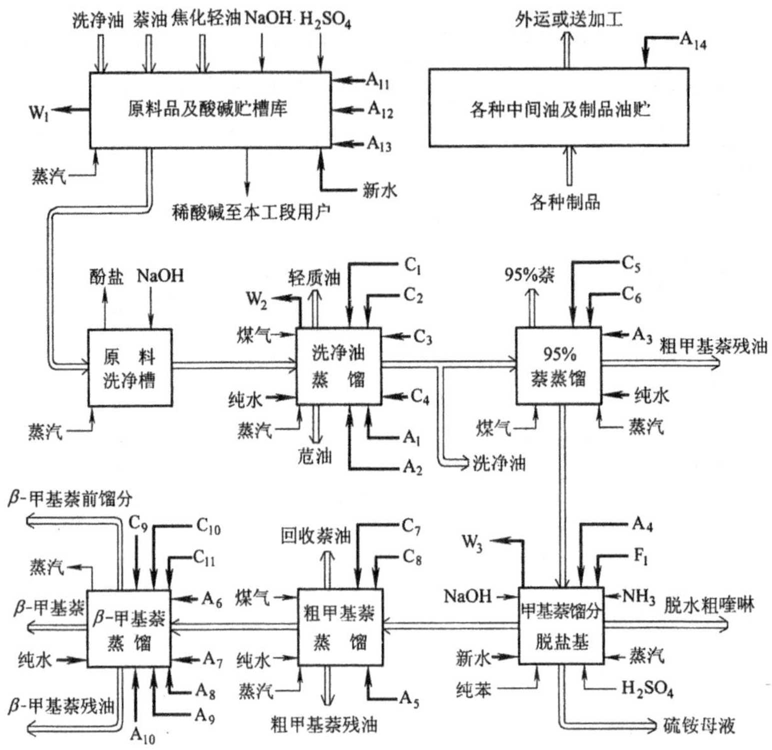

图 6-26 洗油加工工艺流程暨给水排水户分布图

"蒸馏-熔融静止结晶法"洗油加工排废水量极少,主要排水有:(1) 各原料油槽及脱酚混合原料油槽分离水(W_1);(2) 混合油原料分馏蒸出轻馏分的冷凝冷却液分离水(W_2);(3) C-甲基萘油脱盐基过程中,从 D-甲基萘油中和塔底排出的含 Na_2SO_4 水溶液(W_3)。该工艺排废水指标见表 6-60。

表 6-60 "蒸馏-熔融静止结晶法"洗油加工排水指标①

序号	排 水 点	排水量/$m^3 \cdot d^{-1}$	排水制度	排水温度/℃	排水压力/MPa	备 注
1	原料槽分离水	0.30	定期	常温		约 $100m^3/a$
2	轻馏分冷凝液分离水	微量	定期	常温		
3	脱盐基设备分离水	0.16	定期	常温		约 $55m^3/a$

①洗油加工能力为:11700t/a;萘油加工能力为:10100t/a;焦化轻油加工能力为:2500t/a。

6.3.9 蒽油加工

蒽油加工的原料为由焦油蒸馏来的蒽油或粗蒽。蒽油加工可以得到精蒽和咔唑,对精蒽进一步加工可得到蒽醌。精蒽加工主要是精馏和结晶,其方法较多。如以粗蒽为原料,通过减压蒸馏得到蒽馏分和咔唑馏分,蒽馏分静态分步结晶得到精蒽,咔唑馏分用溶剂结晶法制得精咔唑;又如以蒽油为原料,通过静态分步结晶得到蒽和咔唑混合物,然后通过减压蒸馏得到精蒽和精咔唑。

下面介绍的是一个以 I 蒽油为原料,以古马隆来的闪蒸油为溶剂生产精蒽和精咔唑的工艺。该工艺首先经过一次"进料→结晶→补料→两次晶体洗涤"和四次"进料→熔化→冷却→排液”使蒽咔唑逐渐浓缩；而后对分离出的溶剂油和浓缩后的蒽咔唑油分别进行蒸馏，前者经溶剂油蒸馏塔和萘塔分离出菲残油和萘油，后者经过蒽咔唑浓缩塔和减压蒸馏塔分离出液体精蒽和精咔唑；最后将采出的精咔唑连续送贮存和包装系统，液体精蒽可经过输送、制片和包装制得固体精蒽或用泵将其送去生产蒽醌。该工艺给水排水户分布情况见图 6-27。

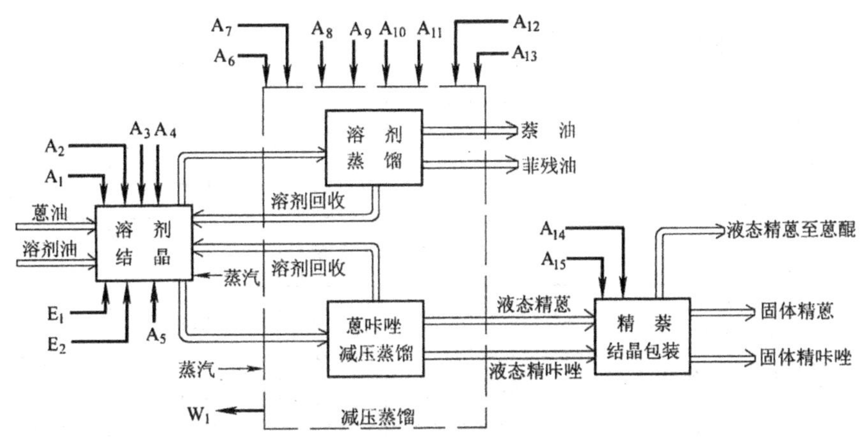

图 6-27　精蒽制取工艺流程暨给水排水户分布图

下面介绍的蒽醌加工工艺是用精蒽通过固定床气相催化氧化法制蒽醌的巴-嘉基工艺，该工艺由汽化、氧化和成型三部分组成。汽化包括液态精蒽的过滤、精蒽全部汽化、汽化汽灰过滤及过滤汽水洗净等内容；蒽蒸汽与热空气混合后，在催化剂作用下，经过五级加热和冷却被氧化成蒽醌；最后蒽醌气在凝华器内用水喷洒由气态变为固态，固态蒽醌经过滤和压实进入料仓。该工艺给水排水户分布情况见图 6-28。

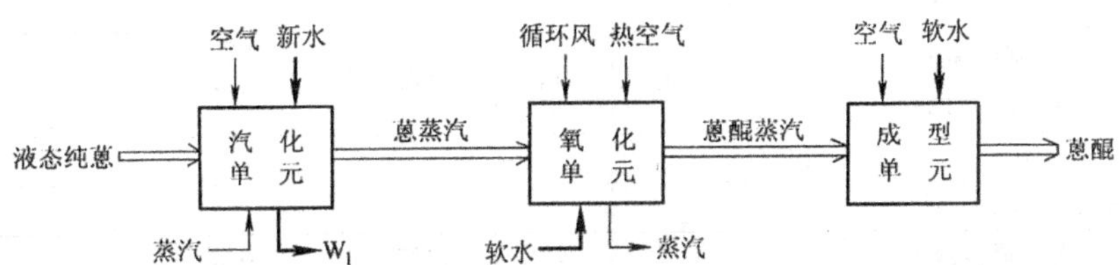

图 6-28　蒽醌制取工艺流程暨给水排水户分布图

在上述两工艺中，精蒽加工过程中的给水主要是结晶冷却器和结片过程中用清循环冷却水和蒽结晶急冷器用冷冻水。蒽醌加工用水量极少，工艺过程用水有二，其一为在净化器内喷水洗净经灰过滤器过滤后的蒸汽-蒽气混合物；另一为用软水喷淋凝华蒽醌气。该两工艺生产用水指标分别见表 6-61 和表 6-62。

表 6-61　精蒽加工工艺用水指标

序号	代号	设备名称	水量/$m^3 \cdot h^{-1}$	水温/℃		用水制度	所需水压/MPa	备注
				进水	出水			
一、循环冷却水(CW)								
1	A_1	结晶冷却器(3E－7301)		30	45	连续	0.4	
2	A_2	结晶冷却器(3E－7302)		30	45	连续	0.4	

续表 6-61

序号	代号	设备名称	水量/$m^3 \cdot h^{-1}$	水温/℃		用水制度	所需水压/MPa	备注
				进水	出水			
3	A_3	结晶冷却器(3E-7303)		30	45	连续	0.4	
4	A_4	结晶冷却器(3E-7304)		30	45	连续	0.4	
5	A_5	冷凝器(3E-7321)		30	45	连续	0.4	
6	A_6	气体冷却器(3E-7403/7404)		30	45	连续	0.4	
7	A_7	蒽咔唑塔蒸馏冷却器(3E-7441)		30	45	连续	0.4	
8	A_8	真空冷却器(3E-7443)		30	45	连续	0.4	
9	A_9	排气洗净塔冷却器(3E-7611)		30	45	连续	0.4	
10	A_{10}	蒸汽冷凝器(3E-7621)		30	45	连续	0.4	
11	A_{11}	菲残油循环泵(P-7401A/B)		30	45	连续	0.4	
12	A_{12}	真空泵(P-7442A/B)		30	45	连续	0.4	
13	A_{13}	热油循环泵(P-7621A/B)		30	45	连续	0.4	
14	A_{14}	蒽制片机(FL-7511)		30	45	连续	0.4	
15	A_{15}	咔唑制片机(FL-7512)		30	45	连续	0.4	
合计			1424					
二、冷冻水(GW)								
1	E_1	蒽结晶急冷器		-15	-7	连续	0.4	
2	E_2	蒽结晶急冷器		-15	-7	连续	0.4	
合计			264.34					

精蒽加工过程中排水有溶剂油蒸馏塔顶轻质溶剂油冷凝液分离水，送油品配制废水槽，而后集中送化产工艺处理。经灰过滤器过滤后的蒸汽-蒽气混合物，在净化器顶部用水喷洒洗净，其排水中含有0.3%的灰分(质量分数)，其他成分均无多大变化，该排水送精蒽废水槽，而后送焦化废水处理系统处理。蒽油加工排废水指标见表6-63。

表 6-62 蒽醌加工工艺用水指标

序号	代号	设备名称	水量/$m^3 \cdot h^{-1}$	水温/℃		用水制度	所需水压/MPa	备注
				进水	出水			
1	FW	洗净器用水	0.4	20		连续	0.4	
2	CW	风机用循环冷却水	1	32	43	连续	0.4	

表 6-63 蒽油加工排废水指标

序号	生产内容	排水点	排水量/$m^3 \cdot d^{-1}$	排水制度	排水温度/℃	排水压力/MPa	备注
1	精蒽加工	溶剂油分离水	0.05		<100		间歇送油品配置
2	蒽醌加工	洗净器排水	0.72		50		

6.3.10 沥青加工

焦油蒸馏过程中得到的中温沥青或软沥青,经进一步加工可得到改质沥青、沥青焦或针状焦等。改质沥青是生产高级电极不可缺少的粘结剂。沥青焦是制造石墨电极等的骨架材料。传统的沥青焦生产工艺是将中温沥青用氧化法加工成高温沥青,再于水平碳化室的沥青焦炉内制取沥青焦,这种方法对环境污染严重。现多采用以软沥青为原料,通过延迟焦化法生产沥青焦。改质沥青生产一般与焦油蒸馏合建,其给排水指标已在焦油蒸馏部分给出。用软沥青生产沥青延迟焦工艺生产给水排水户分布情况见图 6-29。

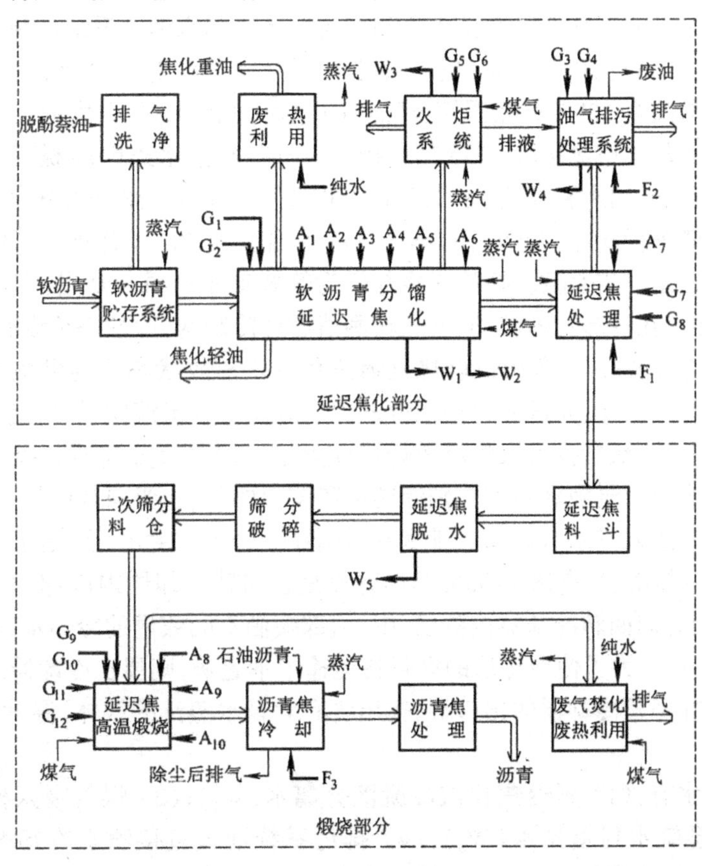

图 6-29 沥青焦制造工艺流程暨给水排水户分布图

沥青延迟焦生产用水除使用清循环冷却水外,还有下面一些重要给水系统:

(1) 延迟焦处理工艺用水:它包括延迟焦冷却、水力出焦和切焦水处理三个部分。

在焦化塔结焦完毕后的延迟焦要依次经过吹气和注水冷却。吹气的目的是把焦化塔内未结焦气体吹出,开始用少量的蒸汽吹,排气进入分馏塔,30min 后逐渐加大汽量,吹出的油气则切换到排污塔。在吹气完毕后,用水泵慢慢地由焦化塔底部向焦化塔内注水冷却,当注水高度淹没焦层时，停止供水，待塔内水静置一定时间后，就把水放出排入焦坑，然后，又用冷却水泵送水第二次冷却，延迟焦水冷却的最终温度为50℃，送水及放水冷却的时间约7h，水冷却过程中蒸发的水汽导入排污塔。

水力出焦是通过出焦装置利用高压水进行出焦。水力出焦操作包括延迟焦钻孔和切割两部分。卸下焦化塔顶盖和底盖后，先是在高压水出口处装上钻孔机具，用高压水向焦层下直喷并形成直径为1.5mm的孔穿透焦层，然后再换上切割机具，使高压水沿孔道横向由上而下喷射，将焦切割破碎。切下的焦和水流入焦坑。喷射水流量为159m^3/h，压力为13.86MPa。延迟焦在焦坑内与水分离，并用桥式吊捞出送煅烧系统。

延迟焦处理工艺用水为循环供水系统，进入焦坑的切焦水，要经澄清处理，分离出的粉焦送回焦坑，含粉焦约70mg/L的澄清水加压后供焦冷却和水力出焦循环使用。

(2) 排污系统用水：排污系统是将焦化塔水冷却及蒸汽吹扫过程中排出的高温油气进行净化的系统，包括高温油气冷却、净化和洗净水油水分离等内容。它的用水包括排污高温油气喷洒冷却除尘用浊循环给水和排水冷却用清循环冷却水两个系统。焦化塔的高温排气是在排污塔内被冷却的。高达400℃的高温油气，在其输送管道上两处注入排污冷却水后，使油气在入塔前降温至150℃开始凝缩，然后进入排污塔的底部，在塔内由下往上运动中与塔顶喷下的排污冷却水逆流接触，被冷却后排入大气。喷淋水连同冷凝下来的油从排污塔底排出至油水分离器，油水温度约88℃(最高93℃)。在油水分离器内分离重油及轻油的水送往换热式冷却塔进行冷却，冷却后的排污冷却水温度为43℃，返回排污塔循环使用。多余的排污冷却水送工艺排水槽。换热式冷却塔为管式喷水通风冷却塔，即冷却管从冷却塔内通过，排污冷却水在冷却管内流动，管外喷洒清循环冷却水，冷却塔顶设有抽风机。

(3) 火炬系统给水：火炬塔用以燃烧延迟焦化系统事故状态下的可燃气体和煤气。由安全阀泄漏出的可燃气体，先进入火炬系统的气液分离器分出液体，然后进入气液水槽以维持一定的压力和温度，最后排入火炬塔燃烧形成火炬。由气液分离器分离出的液体送入排污塔系统浊循环水中。气液水封槽分别起防火和调温的作用，要向其中加入水和间接蒸汽，多余的水由溢流口进入排水水封槽。排水水封槽还需外供水封水，多余的水溢流排出。

(4) 沥青焦冷却用水：高达1200℃的沥青焦是在回转冷却器内冷却的。沥青焦在回转冷却器内通过，同时向回转冷却器内的前、中、后部喷洒不同数量的冷却水，喷水量约为每吨沥青焦0.5～0.6m^3。为了使冷却后的沥青在运输中不起灰，则要在冷却器出口的沥青焦上喷洒石油沥青。在回转冷却器的出口端，排出含有大量水蒸汽的气体，温度约为50℃，经除尘后排放。

该工艺排废水有：(1) 延迟焦化汽冷凝液分离水(W_1)；(2) 煤气吸入槽排煤气冷凝水(W_2)；(3) 火炬系统水封槽排水(W_3)；(4) 排污系统油气直接喷水冷却循环水系排污水(W_4)；(5) 延迟焦脱水槽排水(W_5)，从槽底排出返回延迟焦处理系统的焦坑。

延迟焦化汽冷凝液分离水来源于直接蒸汽。软沥青要先经过分馏，而后通过管式炉加热，最后进入焦化塔生成延迟焦。为防止沥青在管式炉内结焦，要向管式炉内注入直接高压水蒸气，形成高速的油和水汽流，部分油和水汽在焦化塔顶被分离出来，进入分馏塔作为分馏的热源与原料软沥青混合，分馏塔顶出来未凝油气经凝缩器进入分馏塔回流槽，未凝气体从回流槽进入焦化废气分离器进一步分离，分离出的冷凝液连同回流槽送来的分离水同时在该分离器内进行油水分离，分离水送排水槽，最终送煤气净化部分的氨水系统。

沥青焦制造生产给水排水指标分别见表6-64和表6-65。

表6-64 8.25万t/a沥青延迟焦制造生产用水指标

序号	代号	设备名称	水量/$m^3 \cdot h^{-1}$	水温/℃		用水制度	所需水压/MPa	备注
				进水	出水			
一、循环冷却水(CW)								
1	A_1	重油冷却器		33	45	连续	0.4	
2	A_2	分馏塔缩凝器		33	45	连续	0.4	
3	A_3	轻油冷却器		33	45	连续	0.4	
4	A_4	各泵冷却用水		33	45	连续	0.4	
5	A_5	煤气压缩机冷却用水		33	45	连续	0.4	
6	A_6	压缩机旁通煤气冷却器		33	45	连续	0.4	
7	A_7	高压水泵冷却用水		33	45	连续	0.4	
8	A_8	回转窑联轴器冷却器		33	45	连续	0.4	
9	A_9	冷却窑托轮冷却水		33	45	连续	0.4	
10	A_{10}	煤气升压机旁通冷却器		33	45	连续	0.4	
		合 计	272					
二、生产新水								
1	G_1	泵体内冲洗水					0.3	
2	G_2	排污密封坑补充水				连续	0.3	
3	G_3	排污塔冷却水坑补充水				按水质供水	0.3	
4	G_4	排污冲洗水				按需要供水	0.3	
5	G_5	火炬气体分离坛补充水					0.3	
6	G_6	火炬气体排水筒补充水				连续	0.3	
7	G_7	清水槽补充水				间断	0.3	
8	G_8	澄清槽补充水					0.3	
9	G_9	回转窑落地焦喷洒水					0.3	
10	G_{10}	冷却窑端部喷洒水				连续	0.3	
11	G_{11}	窑冷却水坑补充水				连续	0.3	
12	G_{12}	煤气升压机轴承冷却用水				连续	0.3	
		合 计	193					
三、浊循环冷却水(DW)								
1	F_1	延迟焦水力切割循环用水	159			定时	13.857	
		延迟焦冷却用水				定时	0.3	注水冷却
2	F_2	排污塔水循环喷洒冷却	300	43	88	定时	0.3	密闭管式水喷淋冷却
3	F_3	沥青焦喷水直接冷却	10~90			定时	0.3	吨沥青焦耗水0.5~0.6m^3
		合 计						

表 6-65　8.25 万 t/a 沥青延迟焦制造排废水指标

排水点	排水量/$m^3 \cdot h^{-1}$		排水制度	排水温度/℃	排水压力/MPa	备　注
	平均	最大①				
工艺排水槽	8.13	9.17	连续	40	≥0.2	由化产工艺送煤气净化氨水槽

①最大日平均小时排水量。

工艺排水槽中废水的水质变化较大,其实测值见表 6-66。在进入工艺排水槽的废水中,延迟焦化分馏塔回流槽底排水含废物浓度较高,而排污系统油气直接喷水冷却循环水系统排污水的水质变化较大,这两部分水的水质见表 6-67。

表 6-66　沥青延迟焦工艺排水槽废水水质

序号	项　目	COD /$mg \cdot L^{-1}$	酚 /$mg \cdot L^{-1}$	T-CN^- /$mg \cdot L^{-1}$	SCN^- /$mg \cdot L^{-1}$	T-NH_3 /$mg \cdot L^{-1}$	F-NH_3 /$mg \cdot L^{-1}$	H_2S /$mg \cdot L^{-1}$	油 /$mg \cdot L^{-1}$	SS /$mg \cdot L^{-1}$	pH
1	最大值	80400	13010	12420	1459	16130	11900	7893	1971	84	
2	最小值	13460	147	0.26	1001	6450	9180	430	36	16	
3	平　均	37800	7040	1623	1095	11695	10710	2667	349	52	

表 6-67　沥青延迟焦部分某些工艺废水水质

序号	排水点	COD /$mg \cdot L^{-1}$	酚 /$mg \cdot L^{-1}$	T－CN^- /$mg \cdot L^{-1}$	SCN^- /$mg \cdot L^{-1}$	NH_3 /$mg \cdot L^{-1}$	H_2S /$mg \cdot L^{-1}$	油 /$mg \cdot L^{-1}$	SS /$mg \cdot L^{-1}$	pH
1	分馏塔回流槽	70160	7600	375	2500	8892	11100	8.4	12	9.4
2	排污系统	3100 ~15400	600 ~2500	1~6	5000 ~15000	500 ~1500	100 ~600	100 ~400	20~120	9~9.5

6.3.11　化产品精制部分油库及油品贮槽

化产品精制部分油品贮槽有油品库贮槽和生产装置区中间贮槽两类,一般生产所需的液体原料及其加工得到的产品或副产品多贮存在油品库,各生产装置的中间产品一般都贮存在各自装置周围的中间槽内。每个油品库所贮存的油品种类与化产品精制的品种多少及生产规模大小有关。一般在化产品精制品种比较齐全的中大型厂都设有多个油品库,各油品库中所贮存的油品是按生产装置类型和油品的防火等级来划分的。一般苯精制或苯加氢精制系统中危险性较大的油品要设单独的油库,其他油品库的数量则是按照车间类型及彼此间在总图上的分布情况及贮油量的多少等来确定的。成品油库贮存的成品及副产品一般都装车外运或作为进一步加工的原料。某些大型油品库贮存的油品类型如下:

(1) 大型焦油加工(包括焦油萘蒸馏、精酚、精萘、精吡啶、古马隆和沥青焦等)油品库,常按原料油品、成品油品和中间油品等分类贮存,各油库贮存的油品类型如下:

原料油库:软沥青和脱酚萘油

成品油库:焦化轻油、焦化重油、重质洗槽、95%萘(95N)、杂酚油、D－甲基萘油、洗油、吡啶渣等。

沥青焦中间油品库：原料软沥青贮存槽、焦化重油产品中间槽、焦化轻油产品中间槽、塔顶油贮存于闪蒸油槽中（可作为洗净油及用来配置消泡剂和防腐剂）、废油槽、闪蒸油槽（来自古马隆）和冲洗油槽（由焦化重油和焦化轻油按 3:1 配置，用于焦油类泵机械密封清洗冷却用油）。

（2）大型焦油加工（包括焦油萘蒸馏、精酚、精萘及萘酐、精吡啶、精蒽及蒽醌、古马隆、针状焦及洗油加工等）系统的油品库，亦按原料油品、成品油品和中间油品等分类贮存，各油库贮存的油品类型如下：

原料油库：焦油、软沥青、蒽油、重苯油及氨水。

产品油库：燃料油、闪蒸油、焦化轻油、菲残油、中质洗油、工业甲基萘油、重质洗油、多目的油、炭黑油、筑路油、油品配置油、精萘残油、重苯溶剂油、杂酚油、酚油溶剂油、酚渣油及冲洗油等。

洗油蒸馏中间油品库：洗油原料、甲基萘油原料、中质洗油、萘油、苊油、工业甲基萘油、重质洗油、一遍离心苊油及二遍离心苊油等。

（3）独立的洗油加工系统的油品库常按原料油品和产品油品分类贮存，各库贮存的油品类型有：

原料油库：重质洗油、萘油、焦化轻油、脱酚原料油、硫酸及氢氧化钠等。

产品油和副产油品库：工业萘（95N）、β－甲基萘、回收洗净油、苊油、含水粗喹啉、重质混合油、轻质混合油和原料纯苯等。

中间油品槽：中油、以 α、β 甲基萘为主的 C－甲基萘油、脱盐基 D－甲基萘油和以 α、β 甲基萘为主的工业甲基萘等。

（4）苯精制系统油品常设独立的油库单独贮存，根据苯精制所采用的工艺及所采用的原料，可能贮存的油品有：

原料：粗苯、轻苯、纯苯、甲苯、二甲苯及闪蒸油等。

此外，化产品精制油库有时还设有排气洗净系统、火车或（和）汽车油品装卸系统、油加压系统、油品槽车洗涤系统、油品配置系统及酸碱配置系统等。

根据各油品凝固点或闪点的不同，要对油库所贮存的油品进行温度控制。一般对于焦油类油品应设有蒸汽加热系统，以增加其流动性。对于苯类物质等，为防止其挥发损失，油温又不宜过高，对于纯苯（PB），一般气相温度上限不应超过 250℃，液相温度上限不应超过 45℃，下限不低于 20℃，同时为了防止出现结晶，贮存温度又不应低于 10℃。油库的给水有：某些贮罐夏季喷淋冷却用水、槽罐排气洗净用水、清洗油品槽罐用水、配置酸碱用水、配酸冷却用水和油泵轴封用水等。排水有生产工艺排水和雨排水等。

油库用水指标见表 6-68。油罐夏季喷淋冷却可采用再次利用水或清循环冷却水系统排污水，在水源较紧张的情况下亦可考虑循环供水，该系统配制宜与消防喷淋冷却统一考虑；排气洗净可采用废水洗净或循环供水洗净等方式；清洗槽车（罐）一般用工业水或再次利用水；配酸碱用水要供过滤水，配置硫酸冷却用水可用清循环冷却水，该用水量与配酸碱量有关；油泵轴封用水可供循环水或工业水；在酸碱装卸点的合适位置应设置供操作人员烧伤紧急处理用的洗眼器，洗眼器应供给生活水。

表 6-68　油库工艺用水指标

序号	设备名称	水　量	进水温度/℃	用水制度	所需水压/MPa	备　注
1	夏季喷水冷却	0.075 L/(s·m²)	≤32	定期	0.2	苯类油罐喷水
2	排气洗净用水	7～10m³/(个·h)	常温	连续	0.2	宜采用废水
3	洗槽车(罐)水	0.1～0.5 m³/(个·次)	常温	定期	0.1	排水送焦化废水处理系统处理

工艺排水量基本上等于其给水量,排气洗净排水及清洗槽车(罐)排水送焦化废水处理系统处理。当油罐夏季喷淋冷却用直流给水时,其排水宜和油罐消防喷淋冷却排水及雨水排水同网排出,雨水排水应按重限期不小于 10 年考虑。在排水管上应装有控制阀门和防止油流入排水管道的隔油池。

6.4　防火防爆等级划分、用水指标及消防配置

可以说焦化厂就是一个可燃物的集散地和加工厂。煤焦系统大量使用的原料煤、成型煤或配煤中辅助添加的某些粘结剂、回收废热用作热载体的某些油类、炼焦产品焦炭、炼焦过程中产生的荒煤气、焦炉和加热炉所用的煤气、煤粉(破)碎和筛焦过程中产生的煤焦粉尘以及煤成型所产生的高温焦油烟雾均具有可燃性质,有的还具有可爆性。贯穿于整个煤气净化过程的被净化介质煤气、煤气终冷油洗萘和洗苯所使用的洗油(如焦化洗油或石油洗油等)、溶剂脱酚车间用脱酚溶剂油(粗苯轻油、重苯溶剂油、重苯或混合溶剂等)、所回收或制取的产品(如元素硫、硫代硫酸钠或吡啶粗酚等)及所得到的粗产品(如焦油、轻苯、重苯和粗苯等)都是极易引起火灾或燃爆的物品。化产品精制的过程实际上是对油类进行再加工的过程,从其所使用的原料到制得的中间产品或最终产品,从其加工过程中分馏出的各种馏分到最终形成的油品和残渣,无不具有可燃性,特别是其中的一些低闪点的产品(如动力苯和纯苯等)、苯加氢的原料氢、蒸馏过程中的一些轻馏分(如苯头分等)、萘精制所产生的萘蒸气粉尘、酚精制洗涤用高炉煤气(CO_2)和管式炉加热所用到的煤气等都极具有可燃和易爆性。焦化厂内的煤场、油库、生产装置内部的一些中间油品贮槽和煤气柜等都是可燃物比较集中的地方。故焦化厂应属防火防爆的重点对象。

焦化厂消防对象有建筑物消防、可燃物露天堆场消防、可燃气体贮柜(罐)消防、液体油库消防和生产装置区消防等。消防方式有水消防、化学泡沫消防、气体消防、蒸汽灭火和小型灭火器配置等,其中水消防形式有室内外消火栓、水枪、水炮、水喷雾和水喷淋等。焦化厂各主要场所的消防方式见表 6-69。

表 6-69 焦化厂各部位消防方式

项目		水消防					高压蒸气灭火	化学药剂灭火			备注
场所	部位	消火栓	水枪水炮	自动喷洒	喷水冷却	水喷雾		泡沫灭火	气体灭火	灭火器配制	
露天堆场	贮煤场	√								√	
	贮焦场	√								√	
建筑物及仓库	破粉碎机室	√								√	
	煤转运站通廊	√								√	
	焦转运站通廊	√								√	
	配煤室	√								√	
	成型煤室	√								√	
	筛焦楼	√								√	
	贮焦槽	√								√	
	煤塔	√								√	
	焦炉	√								√	
	煤气鼓风机室	√								√	
	甲乙类厂房	√								√	
	甲乙类泵房	√								√	
	推土机库	△								√	
	汽车库	△		△						√	
	办公楼	△								√	
	厂综合化验室	√								√	
	消防站	√								√	
	车间仪表室								△	√	
	变压器室					△◇			△◇	√	
	机修	√								√	
	燃油(气)锅炉房	√								√	
	其他建筑	△								△	
油库	煤气净化油库	√	◇		◇			√		√	
	苯精制油库	√	◇		◇			√		√	
	焦油加工油库	√	△◇		△◇			△		√	
	洗油加工油库	√	◇		◇			√		√	
	燃油油库	√	◇		◇			△		√	
煤气柜		√	△◇		△◇					√	

续表 6-69

项目		水消防					高压蒸气灭火	化学药剂灭火			备注
场所	部位	消火栓	水枪水炮	自动喷洒	喷水冷却	水喷雾		泡沫灭火	气体灭火	灭火器配制	
生产装置区	煤气鼓风冷凝	√								√	
	煤气脱硫	√								√	
	煤气脱氨	√								√	
	煤气终冷脱萘洗苯	√								√	
	粗苯蒸馏	√					√			√	
	氨分解	√								√	
	硫回收	√					√			√	
	硫铵	√								√	
	无水氨	√								√	
	莱脱法苯加氢	√			√		√	√		√	
	溶剂法苯加氢	√					√			√	
	酸洗法苯精制	√					√			√	
	焦油萘蒸馏	√						√		√	
	古马隆树脂	√						√		√	
	沥青焦	√						√		√	
	吡啶精制	√					√	√		√	
	酚精制	√						√		√	
	萘精制	√					√			√	
	洗油加工	√						√		√	
	精蒽	√					√			√	
	精萘	√								√	
	蒽醌	√								√	
	精咔唑	√								√	
	辅助生产装置	√								√	
	电缆沟					△					大型

注：√表示应设置；△表示根据有关规范要求来确定设置或不设置；◇表示从这几种方式中选择一种。

6.4.1　危险物及危险性场所等级划分

6.4.1.1　防火

焦化厂消防常用的分级分类标准如下：

(1) 使用、生产、产生或贮存火灾危险性物品的火灾危险性等级划分标准，汇编于表6-70，该分类标准适用于下列情况：

1) 生产厂房(其中包括加压泵房、气体加压机室、煤焦处理及转运部分各建(构)筑物及煤焦输送通廊等)、仓库、生产装置区、可燃物露天堆场、可燃液体油库、可燃气体贮柜等场所的水消防、化学泡沫消防及气体灭火等；

2）判定建(构)筑灭火器配置场所的火灾种类及生产装置区和可燃液体油库或贮罐区灭火器配置的火灾危险性类别。

本表是根据现行《建筑设计防火规范》、《低倍数泡沫灭火系统设计规范》、《高倍数、中倍数泡沫灭火系统设计规范》、《石油库设计防火规范》、《石油化工企业设计防火规范》和《原油和天然气工程设计防火规范》等，并结合焦化厂实际编制而成。

表 6-70 火灾危险性物质的火灾危险性等级分类

火灾危险性之类别	火灾危险性特性
甲类	(1) 使用、生产、产生或贮存下列物质的厂房、仓库、生产装置区及液体贮罐： 1) 爆炸下限 < 10%的气体 2) 闪点 < 28℃的液体 (2) 使用、生产、产生或贮存下列物质的厂房、生产装置区及仓库： 1) 常温下能自行分解或在空气中氧化即能导致迅速自燃或爆炸的物质 2) 常温下受到水或空气中水蒸气的作用，能产生可燃气体并引起燃烧或爆炸的物质 3) 遇酸、受热、撞击、摩擦、催化以及遇有机物或硫磺等易燃的无机物，极易引起燃烧或爆炸的强氧化剂 4) 受撞击、摩擦或与氧化剂、有机物接触时能引起燃烧或爆炸的物质 (3) 使用、生产或产生下列物质的厂房及生产装置区： 1) 遇催化极易引起燃烧或爆炸的强氧化剂 2) 在密闭设备内操作温度等于或超过物质本身自燃点的生产 (4) 贮存受到水或空气中水蒸气的作用能产生爆炸下限 < 10%气体的固体物质仓库及生产装置区 (5) 生产装置区等操作温度超过其闪点的乙类液体
乙类	(1) 使用、生产、产生或贮存下列物质的厂房、仓库、生产装置区及液体贮罐： 1) 闪点≥28℃至 < 60℃的液体 2) 爆炸下限≥10%的气体 (2) 使用、生产、产生或贮存下列物质的厂房、生产装置区及仓库： 1) 不属于甲类的氧化剂 2) 不属于甲类的化学易燃危险固体 3) 助燃气体 (3) 使用、生产或产生能与空气形成爆炸性混合物的浮游状态粉尘、纤维、闪点≥60℃的液体雾滴的物质的厂房及生产装置区： (4) 贮存常温下与空气接触能缓慢氧化，积热不散引起自燃的物品的仓库 (5) 生产装置区等操作温度超过其闪点的丙类液体
丙类	(1) 使用、生产、产生或贮存下列物质的厂房、仓库、生产装置区及液体贮罐： 1) 闪点≥60℃的液体 2) 可燃固体
丁类	(1) 使用、生产或产生贮存下列物质的厂房及生产装置区： 1) 对非燃烧物质进行加工，并在高热或熔化状态下经常产生强辐射热、火花或火焰的生产 2) 利用气体、液体、固体作为燃料或将气体、液体进行燃烧作其他用的各种生产 3) 常温下使用或加工难燃烧物质的生产 (2) 贮存难燃烧物品的仓库
戊类	常温下使用、加工或贮存非燃烧物质的生产及仓库

注：1.在生产过程中，如使用或产生易燃、可燃物质的量较少，不足以构成爆炸或火灾危险时，可以按实际情况确定其火灾危险性类别；

2.一座厂房内或防火分区内有不同性质的生产时，其分类应按火灾危险性较大的部分确定，但火灾危险性大的部分占本层或本防火分区面积的比例小于5%(丁、戊类生产厂房的油漆工段小于10%)，且发生事故时不足以蔓延到其他部位，或采取防火设施能防止火灾蔓延时，可按火灾危险性较小的部分确定。

(2) 建筑灭火器配置分级分类标准,适用于焦化厂工业及民用建筑各部位、可燃物露天堆场、可燃气体罐区及使用高中倍数泡沫灭火的可燃液体罐区,编制依据为现行《建筑灭火器配置设计规范》等,有关内容如下:

1) 根据可燃物质及其燃烧特性,灭火器配置场所的火灾分为以下五类:

A 类火灾:含碳固体可燃物(如木材及纸张等)燃烧的火灾;

B 类火灾:甲、乙、丙类液体(如汽油、柴油、煤油及苯类等)燃烧的火灾;

C 类火灾:可燃气体(如煤气、氢气、天然气、乙炔及甲烷等)燃烧的火灾;

D 类火灾:可燃金属(如镁及铝镁合金等)燃烧的火灾;

带电火灾(亦称 E 类火灾):指带电物体(如办公及家用电器、通讯设备、发电设备、电动机、变压器、配电盘、电控仪表及电缆等)燃烧时仍带电的火灾。

2) 根据生产、使用、储存可燃物的数量、火灾危险性、火灾蔓延速度及扑救难易程度等因素,工业建筑灭火器配置场所的危险等级分为以下三级:

严重危险级:火灾危险性大、可燃物多、起火后蔓延迅速或容易造成重大火灾损失的场所;

中危险级:火灾危险性较大、可燃物较多、起火后蔓延较迅速的场所;

轻危险级:火灾危险性小、可燃物较少、起火后蔓延较慢的场所。

3) 根据使用性质、火灾危险性、可燃物数量、火灾蔓延速度以及扑救难易程度等因素,民用建筑灭火器配置场所的危险等级分为以下三级:

严重危险级:功能复杂、用电用火多、设备贵重、火灾危险性大、可燃物多、起火后蔓延迅速或容易造成重大火灾损失的场所;

中危险级:用电用火较多、火灾危险性较大、可燃物较多、起火后蔓延较迅速的场所;

轻危险级:用电用火较少、火灾危险性较小、可燃物较少、起火后蔓延较缓慢的场所。

(3) 停车库、修车库和停车场的防火分类,依据现行《停车库、修车库和停车场设计防火规范》按车位数分为四类,内容见表 6-71。

表 6-71　停车库、修车库和停车场的防火分类

类　别		Ⅰ	Ⅱ	Ⅲ	Ⅳ
车辆数	停车库	>300 辆	151~300 辆	51~150 辆	≤50 辆
	修车库	>15 车位	6~15 车位	3~5 车位	≤2 辆
	停车场	>400 辆	251~400 辆	101~250 辆	≤100 辆

注:汽车库的屋面亦停放汽车时,其停车数量应计算在汽车库的总车辆数内。

(4) 其他分级分类

1) 电力变压器设防分界为单台容量在 40MV·A 及以上的厂内可燃油油浸电力变压器、单台容量在 90MV·A 及以上的可燃油油浸电厂电力变压器或单台容量在 125MVA 及以上的独立变电所可燃油油浸电力变压器。

2) 油库规模划分以贮油罐和高架罐的公称容量以及桶装油品设计存放量总和为 $500m^3$ 为界,一般小于该贮量的油库或生产装置槽区属小型油库灭火规范的范围。

3) 厂前区及厂附属服务和娱乐场所火灾危险等级划分见现行《建筑设计消防规范》和《高层民用建筑设计消防规范》。

6.4.1.2 防爆

在爆炸及火灾危险性环境下,电器设备、雷电及静电所产生的火花可能引起爆炸或火灾,在该环境下设置的某些由本专业选取的附有用电设备的给水排水设备及金属管道应考虑防爆设计。焦化厂的危险性环境有:(1) 产生煤焦粉尘的场所(如煤粉碎机室、破碎机室、粉(破)碎机室、配煤槽、筛焦楼、煤焦转运站及输送通廊等);(2) 产生沥青烟的场所(如成型煤车间的粘接剂添加装置及成型机所在的厂房等);(3) 有可能泄漏煤气的场所(如焦炉地下室、各类煤气鼓风机室和硫铵厂房等);(4) 产生或有泄漏危险气体的场所(如粗苯、苯精制、吡啶精制、精萘、精蒽、硫磺等具有火灾危险性的厂房和泵房)等。供电器设备选型用的火灾和爆炸危险性环境场所的分区标准摘自现行《爆炸和火灾危险性环境电力装置设计规范》。各危险场所危险性级别划分如下:

(1) 火灾危险性区域划分为下列三个区:

21 区:具有闪点高于环境温度的可燃液体,在数量和配置上能引起火灾危险的环境。

22 区:具有悬浮状、堆积状的可燃粉尘或可燃纤维,虽不能形成爆炸混合物,但在数量和配置上能引起火灾危险的环境。

23 区:具有固体状可燃物质,在数量和配置上能引起火灾危险的环境。

(2) 爆炸性气体危险性区域分为下面三个级别:

0 区:存在连续级释放源的区域。连续级释放源是指预计长期释放或短时频繁释放的释放源。如没有用惰性气体覆盖的固定顶盖贮罐中的易燃液体的表面;油、水分离器等直接与空气接触的易燃液体的表面;经常或长期向空间释放易燃气体或易燃液体的蒸汽的自由排气孔和其他孔口等。

1 区:存在第一级释放源的区域。第一级释放源是指预计正常运行时周期或偶尔释放的释放源。如在正常运行时会释放易燃物质的泵、压缩机和阀门等的密封处;在正常运行时会向空间释放易燃物质,安装在贮有易燃液体容器上的排水系统;正常运行时会向空间释放易燃物质的取样点等。

2 区:存在第二级释放源的区域。第二级释放源是指预计在正常运行下不会释放,即使释放也仅是偶尔短时释放的释放源。类似下列情况的,可划分为第二级释放源。如正常运行时不能出现释放易燃物质的泵、压缩机和阀门等的密封处;正常运行时不能释放易燃物质的法兰、连接件和管道接头;正常运行时不能向空间释放易燃物质的安全阀、排气孔和其他孔口处;正常运行时不能向空间释放易燃物质的取样点等。

正常运行是指正常的开车、运转、停车,易燃物质产品的装卸,密闭容器盖的开闭,安全阀、排放阀以及所有工厂设备都在其设计参数范围内工作的状态。此外爆炸性气体危险性区域还要根据其通风条件调整级别。

(3) 爆炸性粉尘危险性区域分为下列两个区:

10 区:连续出现或长期出现爆炸性粉尘的环境;

11 区:有时会将积留下的粉尘扬起而偶然出现爆炸性粉尘混合物的环境。

符合下列条件之一时,可划为非爆炸危险区域:

1) 装有良好除尘效果的除尘装置,当该除尘装置停车时,工艺机组能连锁停车;

2) 设有为爆炸性粉尘环境服务并用墙隔绝的送风机室,其通向爆炸性粉尘环境的风道设有能防止爆炸性粉尘混合物侵入的安全装置,如单向流通风道及能阻火的安全装置;

3）区域内使用爆炸性粉尘的量不大，且在排风柜内或风罩下进行操作。

6.4.1.3 防雷

建筑物防雷等级共分为三类。防雷内容有防直击雷、防雷电感应和防雷电波浸入三种。具体划分方法详见现行《建筑物防雷设计规范》。

6.4.1.4 焦化厂各主要防火防爆场所等级标准

焦化厂各主要防火防爆场所设防级别分别见表 6-72 和表 6-73。

表 6-72 焦化厂各主要防火防爆场所设防等级

序号	防火防爆场所或部位名称	建筑及生产消防		爆炸和火灾危险区域	小型灭火器配置		主要火灾及爆炸危险物
		所属火灾危险类别	建筑常用耐火等级		火灾危险等级	所属火灾类别	
一、备煤车间							
1	翻车机室	丙	二	23 区	严重	A	煤及煤尘
2	受煤坑	丙	二	23 区	严重	A	煤及煤尘
A	解冻库	丁	二	23 区	中	A	煤及煤尘
4	解冻库风机室	丙	二	23 区	中	A	煤及煤尘
5	配煤室、煤库	丙	二	22 区	严重	A	煤及煤尘
6	破碎机室	乙	二	22 区	严重	A	煤尘
7	粉碎机室	乙	二	22 区	严重	A	煤尘
8	贮煤塔顶	丙	二	22 区	严重	A	煤尘
9	煤试样室	丙	三	23 区	轻	A	固体状可燃物质
10	带式输送机通廊	丙	二	22 区	严重	A	煤及煤尘
11	煤转运站	丙	二	22 区	严重	A	煤及煤尘
12	推土机库	丙	二	23 区	中	A	煤及煤尘
13	成型煤 缓冲槽	丙		22 区	严重	A	煤及煤尘
	成型煤 成型机室	丙		22 区	严重	A	煤、煤尘及沥青烟
	成型煤 黏结剂添加装置	丙		21 区	严重	A、B	沥青、洗油
二、炼焦车间							
(一)焦炉							
1	焦炉两侧烟道走廊(下喷式)	甲	二	2 区	严重	C	煤气
	焦炉两侧烟道走廊(侧喷式)	甲	二	1 区	严重	C	煤气
	焦炉地下室	甲		1 区	严重	C	煤气
2	煤塔底层仪表室	戊	二		严重	E	电器及仪表
3	煤塔底层变送器室	戊	二		严重	E	电器及仪表
4	煤塔中层	丙	二		轻	A	煤
5	煤塔漏嘴层	丙	二				煤及煤尘
6	煤塔炉间台底层	甲	二		轻	C	煤气
7	煤塔炉间台中层(敞开)	戊	二				
8	炉端台底层	甲	二	2 区	轻	C	煤气

续表 6-72

序号	防火防爆场所或部位名称	建筑及生产消防		爆炸和火灾危险区域	小型灭火器配置		主要火灾及爆炸危险物
		所属火灾危险类别	建筑常用耐火等级		火灾危险等级	所属火灾类别	
9	炉端台中层(敞开)	戊	三				
10	大间台底层	甲	二	2 区	轻	C	煤气
11	大间台中层	戊	三				
12	熄焦泵房(带地下室)	戊	二		轻	A	固体状可燃物质
13	熄焦塔	丁					
14	炉顶集气管仪表室(变送器在室外)	戊	二		严重	E	电器及仪表
(二)直立炉							
1	煤仓、焦仓、操作层	甲	二	22 区	严重	A	煤及煤尘
2	排焦区	甲	二	2 区	严重	A、C	焦炭及煤气
3	蓄热侧与碳化侧	甲	二	2 区	严重	C	煤气
4	炉顶区	甲	二	1 区	严重	C	煤气
5	直立炉厂房	甲	二	2 区	严重	A、C	煤及煤气
(三)筛焦工段							
1	焦台、回送焦台	丙	二	23 区	严重	A	焦炭
2	筛焦楼	丙	二	22 区	严重	A	焦炭及焦尘
3	贮焦槽、炉前焦库	丙	二	22 区	严重	A	焦炭及焦尘
4	切焦机室	丙	二	22 区	严重	A	焦炭及焦尘
5	焦试样室	丙	三	23 区	轻	A	焦炭及焦尘
6	运焦带式输送机通廊	丙	二	22 区	严重	A	焦炭及焦尘
7	焦转运站	丙	二	22 区	严重	A	焦炭及焦尘
三、煤气净化							
(一)鼓冷工段							
1	初冷器	甲		2 区		C	煤气
2	电捕焦油器	甲		2 区		C	煤气
3	冷凝泵房	丙	二	21 区	中	B	焦油
4	循环水泵房	戊	三		轻	A	固体状可燃物质
5	鼓风机室	甲	二	1 区	严重	C	煤气
6	焦油氨水分离装置及贮槽	丙				B	焦油
7	煤气洗涤塔	甲		2 区		A	煤气
(二)硫铵工段							
1	室外饱和器及酸洗塔机组	甲		2 区		C	煤气
2	硫铵厂房	戊	二		严重	A	固体状可燃物质
3	硫铵包装设施仓库	戊	三		严重	A	固体状可燃物质
4	燃烧炉及空气风机室	丁	二		严重	A	固体状可燃物质

续表 6-72

序号	防火防爆场所或部位名称	建筑及生产消防		爆炸和火灾危险区域	小型灭火器配置		主要火灾及爆炸危险物
		所属火灾危险类别	建筑常用耐火等级		火灾危险等级	所属火灾类别	
5	煤气鼓风机室	甲	二	1区	中	C	煤气
6	试剂仓库酸泵房	戊	三		严重	A	固体状可燃物质
7	吡啶生产装置(室内)	甲	二	1区	严重	A	吡啶
8	氨水蒸馏装置	乙			严重	C	氨气
9	干式脱硫塔	甲		2区	严重	C	煤气
10	干式脱硫箱	甲		2区	严重	C	煤气
11	再生器	甲		2区	严重	C	煤气
(三)粗苯工段							
1	洗苯塔	甲	二	1区		B;C	粗苯
2	粗苯产品回流泵房	甲	二	1区	严重	B	富油
3	洗涤泵房(无粗苯产品回流泵时)	甲		2区	严重	B	苯类
4	粗苯蒸馏设备	甲		2区		B;C	苯类
5	粗苯油水分离设备及贮槽①	甲		1区		B	苯类
6	贫富油热交换器及冷却器	甲		2区		B	苯类
7	溶剂回收塔(萃取塔)	甲		2区		B;C	粗苯、重质苯
8	苯初馏分槽②	甲		1区		B;C	苯、噻吩
(四)氨硫洗涤及脱酸蒸氨工段							
1	硫化氢洗涤塔及洗氨塔	甲				C	煤气
2	贫富液换热器及冷却器	丙		2区		C	含氨、硫化氢等液
3	贫富液槽②	丙		1区		C	含氨、硫化氢等液
4	脱酸塔、蒸氨塔	乙		2区		C	氨气、硫化氢等
5	洗氨泵房	丙	二	2区	严重	C	脱酸贫液
6	氨-硫系统尾气洗涤泵房	丙	二	2区	严重	B	脱酸富液
7	蒸氨脱酸泵房	乙	二	2区		C	氨气
(五)氨水蒸馏及氨分解装置							
2	浓氨水贮槽及装车设施②	丁		1区			氨水
3	氨水泵房	丙	二	2区	轻	A	可燃固体物及氨气
4	室外煤气鼓风机	甲		2区		C	煤气
(六)煤气终冷、中间冷却及洗萘装置							
1	终冷塔、洗萘塔、中间冷却塔	乙				B	富油、轻柴油
2	中间冷却泵房	乙	二	2区	严重	B	富油
3	氰化氢解吸塔、吸收塔	乙				C	氰化氢;硫化氢
4	黄血盐主厂房及仓库	戊	二		严重	A	碱类
5	轻柴油贮槽	乙				B	轻柴油

续表 6-72

序号	防火防爆场所或部位名称	建筑及生产消防		爆炸和火灾危险区域	小型灭火器配置		主要火灾及爆炸危险物
		所属火灾危险类别	建筑常用耐火等级		火灾危险等级	所属火灾类别	
(七)元素硫装置							
1	煤气鼓风机室	甲	二	1区	严重	C	煤气
2	反应器、冷凝器、硫磺槽	甲				A	硫磺
3	包装设施及硫磺库	乙	二	11区	严重	A	硫磺及其粉尘
4	硫切片机室	甲	二	11区	严重	A	硫磺及其粉尘
(八)制酸装置							
1	酸气鼓风机	丁			轻	C	酸气
2	硫酸泵房	戊	二		轻	A	固体状可燃物
(九)钠型湿法脱硫工段							
1	脱硫塔	甲		2区		C	煤气
2	再生塔	乙		2区		B	硫泡沫
3	硫磺仓库	乙	二	11区	严重	A	硫磺粉末
4	硫浆离心机、真空过滤机熔硫釜	乙	二	21区		B	硫泡沫
5	硫磺放出及冷却部位	乙	二	11区		A	硫磺粉末
6	硫氰化钠盐类提取装置	戊	二				
7	反应槽	乙				B	硫泡沫
8	脱硫液洗涤泵房	戊	二		中	A	固体状可燃物
(十)氨型湿法脱硫工段							
1	硫浆离心机室	乙	二	21区	严重	B	硫泡沫
2	再生塔、再生尾气洗净装置	甲		2区		C	煤气
3	硫泡沫硫浆槽、离心机、废液浓缩装置	乙	二			B	硫泡沫
4	脱硫液贮槽及泵房	乙	二	2区	中	C	氨气
5	希洛哈克斯装置	丁				C	氰化氢及硫化氢
(十一)精脱硫装置							
1	高架脱硫箱下部	甲	二	1区		C	煤气
2	室外脱硫箱	甲				C	煤气
3	室外干式脱硫塔	甲				C	煤气
(十二)精脱萘装置							
1	洗萘油泵房	丙	二	21区	中	B	可燃液体
2	精脱萘塔	甲				C	煤气
(十三)溶剂脱酚装置							
1	萃取塔、碱洗塔、油水分离器②	乙		1区		B	酚;萃取剂
2	溶剂泵房	甲	二	21区	中	B	易燃液体
3	溶剂油贮槽	甲				B	重苯等

续表 6-72

序号	防火防爆场所或部位名称	建筑及生产消防		爆炸和火灾危险区域	小型灭火器配置		主要火灾及爆炸危险物
		所属火灾危险类别	建筑常用耐火等级		火灾危险等级	所属火灾类别	
4	酚精馏塔	乙		2区		B	酚类
5	酚产品贮槽[②]	丙		1区		B	酚类
(十四)酸、碱、油库							
1	苯类贮槽[②]	甲				B	粗苯
2	装车台	甲				B	粗苯
3	焦油洗油贮槽及装卸台	丙				B	焦油
4	苯类产品泵房(分开布置)	甲	二	1区	严重	B	苯类易燃物质
5	焦油洗油泵房(分开布置)	丙	二	21区	严重	B	焦油、洗油
6	酸碱泵房	戊	二	21区	轻	A	固体状可燃物
(十五)无水氨装置							
1	冷法吸收塔	甲		2区		C	煤气、氨
2	热法吸收塔	乙				C	氨气
3	解吸、精馏装置及泵	乙				C	氨气
4	无水氨贮槽及装车瓶	乙				B	纯氨
5	磷氨溶液泵房	戊	二		中	B	磷氨溶液
(十六)煤气脱湿装置冷冻剂压缩机室		甲	二	2区	严重	B	煤气或氟里昂
(十七)煤气放散装置水封		甲	二	2区		C	煤气
(十八)含水焦油泵房		丙	二	21区	中	B	焦油
(十九)焦油氨水输送泵房		丙	二	21区	中	B	氨气、焦油
(二十)烟道气加压机房		戊	二		中	B	废气
(二十一)制氮机室		甲	三		严重	C	氧气
四、苯精制车间							
(一)苯酸洗精制							
1	塔类平台	甲				B;C	苯类
2	露天冷凝冷却平台	甲		2区		B;C	苯类
3	敞开或封闭的油水分离槽平台(敞开/封闭)	甲	二	2区		B	苯类
4	蒸馏泵房	甲	二	1区	严重	B	苯类
5	蒸馏露天设备	甲				B;C	苯类
6	硫酸洗涤泵房	甲	二	1区	严重	B	苯类
7	洗涤净化分离设备	甲				B;C	苯类
8	露天原料高置槽平台	甲				B;C	苯类
9	酸焦油蒸吹等露天设备	甲		2区		B;C	苯类
10	油槽区	甲				B	苯类

续表 6-72

序号	防火防爆场所或部位名称	建筑及生产消防		爆炸和火灾危险区域	小型灭火器配置		主要火灾及爆炸危险物
		所属火灾危险类别	建筑常用耐火等级		火灾危险等级	所属火灾类别	
11	油库泵房	甲	二	1区	严重	B	油
12	产品原料装卸台	甲		1区		B	苯类
13	苯类产品装桶间（装桶口、高置槽及呼吸阀口）	甲	二	1区	严重	B	苯类
14	苯类产品装桶间其他地区②③	甲	二	2区	严重	B	苯类
（二）油槽车清洗站							
1	露天油槽	甲				B	油
2	油槽车清洗站	甲			中	B	油
3	清洗泵房	甲	二	1区	中	B	油
（三）苯加氢精制							
1	加氢反应器平台	甲		2区		B；C	苯类
2	塔、换热器等露天设备	甲		2区		B；C	苯类
3	加氢反应加热炉	甲		2区		B；C	苯类
4	加氢冷凝冷却、分离平台	甲		2区		B；C	苯类
5	加氢泵房	甲	二	1区	严重	C	苯、氢气体
6	循环气体压缩机房	甲	二	1区	严重	C	苯、氢气体
7	循环气体脱硫设备	甲				C	氢气
8	制氢露天设备	甲				C	氢气
9	苯类油品贮槽②	甲		1区		B	苯类
10	氢气露天贮存设备	甲				C	氢气
11	苯产品、碱洗净化设备	甲				B；C	苯类
12	预硫化设备	甲				C	苯类
13	火炬设备	甲				C	苯类
（四）古马隆树脂装置							
1	馏分蒸馏、闪蒸塔平台	甲		2区		B；C	重质苯
2	蒸馏釜加热炉	甲				B；C	油类
3	馏分蒸馏闪蒸设备厂房	甲	二	2区	严重	C	苯类气体
4	馏分洗涤和聚合设备②	甲	二	1区		B；C	重质苯
5	馏分聚合设备	甲	二			B；C	油类
6	油槽区	甲				B	油类
7	树脂制片包装厂房	乙	二	11区	严重	A	古马隆粉尘
8	含氟废水处理装置	戊			轻	A	固体状可燃物
五、焦油加工车间							
（一）焦油蒸馏、萘蒸馏							

续表 6-72

序号	防火防爆场所或部位名称	建筑及生产消防		爆炸和火灾危险区域	小型灭火器配置		主要火灾及爆炸危险物
		所属火灾危险类别	建筑常用耐火等级		火灾危险等级	所属火灾类别	
1	蒸馏塔平台	乙				B;C	焦油、轻油
2	冷凝、油水分离器平台	乙				B;C	轻油
3	蒸馏泵房(含轻油处理部分)	乙	二	21 区	严重	B	油类
4	原料、中间产品槽区	丙			严重	B	油类
(二)粗蒽结晶分离							
1	结晶、分离室、泵房	丙	二	21 区	中	B	可燃液体
2	露天馏分贮槽	丙				B	蒽油
3	粗蒽仓库和装车	丙	二	21 区	严重	B	可燃液体
(三)焦油馏分脱酚脱吡啶							
1	连续脱酚分离设备	乙				B	萘油
2	连续、间歇脱酚厂房	丙	二	21 区	严重	B	可燃液体
3	脱酚泵房	丙	二	21 区	严重	B	可燃液体
4	酚盐分解设备	丙				B	酚类
5	露天贮槽等设备	丙				B	油类
6	二氧化碳分解设备	丙				B	油类
7	碳酸钠溶液苛化设备	丙				B	油类
8	馏分脱吡啶设备	乙				B	氨、吡啶类
9	硫酸吡啶分解设备(氨气法)	乙	二			B	油类
10	硫酸吡啶分解设备(碳酸钠法)	丙	二			B	萘
(四)工业萘蒸馏(与萘结晶室、仓库合并单独布置时)							
1	蒸馏塔平台	乙				C	萘蒸汽
2	冷凝冷却器平台	乙		2 区		B	萘
3	泵房	乙	二	2 区	严重	B	萘蒸汽
4	萘结晶室	乙	二	2 区	严重	B	萘蒸汽
5	工业萘包装和仓库	乙	二	2 区	严重	A	萘粉
6	萘结晶室及萘包装和仓库(合建)	乙	二	11 区	严重	A	萘粉
7	精萘产品槽[②]	丙		1 区		A	精萘
8	萘结晶槽[②]	丙		1 区		A	萘
(五)沥青冷却成型							
1	热沥青高置槽	丙				B	沥青
2	沥青池	丙				B	沥青
3	固体沥青装车仓库	丙	二	23 区		B	沥青
4	沥青烟捕集装置泵房	丙	二	21 区	严重	B	沥青
(六)试剂仓库							

续表 6-72

序号	防火防爆场所或部位名称	建筑及生产消防		爆炸和火灾危险区域	小型灭火器配置		主要火灾及爆炸危险物
		所属火灾危险类别	建筑常用耐火等级		火灾危险等级	所属火灾类别	
1	试剂贮存设备	戊					硫酸、碱液
2	固体碱仓库	戊	三		中	A	碱
3	试剂泵房	戊	三		中	B	硫酸、碱液
(七)酚精制							
1	蒸馏塔平台	乙				B	酚类
2	冷凝、冷却、中间槽平台	乙		2 区		B;C	酚蒸汽
3	酚产品泵房	乙	二	2 区	中	B	酚蒸汽
4	露天设备和油槽区	乙			中	B	油类
5	装桶和仓库(半敞开式/装桶口)	乙	二	2/1 区	严重	A	固体状可燃物
6	真空泵房	乙	二	2 区	中	C	酚蒸汽
(八)吡啶精制							
1	蒸馏塔平台	甲				B;C	吡啶
2	冷凝冷却器、中间槽平台	甲		2 区		B;C	吡啶
3	吡啶泵房	甲	二	1 区	中	A	吡啶
4	露天设备、吡啶精馏塔、吡啶中和器	甲		2 区		B;C	吡啶
5	装桶和贮存仓库	甲	二	1 区	严重	A	吡啶
6	真空泵系统	甲	二	1 区		C	吡啶
7	吡啶产品槽①	甲		1 区		B;C	吡啶
8	吡啶油水分离器②	甲		1 区		B;C	吡啶
(九)萘精制							
1	萘精制泵房	乙	二	2 区	中	B;C	萘蒸汽
2	萘精制露天设备	乙				B;C	萘油
3	萘精制包装室	乙	二	11 区	严重	A	萘粉尘
4	萘洗涤室	乙	二	2 区	严重	B	萘蒸汽
5	萘仓库	乙	二	11 区	严重	A	萘粉尘
(十)蒽精制							
1	精蒽洗涤厂房	乙	二	11 区	严重	A	蒽粉尘
2	蒽精馏露天设备	乙				B;C	蒽油
3	蒽精馏泵房(蒸馏溶剂法)	丙	二	21 区	中	B;C	蒽蒸汽
	蒽精馏泵房(溶剂蒸馏法)	乙	二	21 区	中	B;C	蒽蒸汽
4	精蒽包装间	乙	二	11 区	严重	B;C	蒽粉尘
5	精蒽仓库	乙	二	11 区	严重	A	蒽粉尘
6	油库泵房	乙	二	11 区	中	B	油
7	蒽醌主厂房	乙	二	11 区	严重	A	蒽粉尘

续表 6-72

序号	防火防爆场所或部位名称	建筑及生产消防		爆炸和火灾危险区域	小型灭火器配置		主要火灾及爆炸危险物
		所属火灾危险类别	建筑常用耐火等级		火灾危险等级	所属火灾类别	
8	蒽醌包装间及仓库	乙	二	11 区	严重	A	蒽粉尘
(十一)洗油精制和萘酐							
1	洗油精制厂房	丙	二	21 区	严重	B	油
2	洗油蒸馏露天装置	乙				B;C	油
3	萘酐冷却成型	乙	二			A;C	萘酐粉尘
4	萘酐仓库	乙	二	11 区	严重	A	萘酐粉尘
5	原料油罐区	丙		21 区		B	可燃液体
6	制品罐区	丙		21 区		B	可燃液体
7	各加热炉	甲		2 区		C	煤气
8	工作萘	乙		11 区		A;C	升华萘
9	洗油加工装置	乙		21 区		B;C	可燃液体
10	中间油罐区	丙		21 区		B	可燃液体
11	制品仓库	丙		21 区		B	成品油
(十二)沥青焦装置							
1	联合塔及蒸馏平台	乙				B;C	焦油轻油
	其中塔顶气体分离系统	乙				B;C	焦油轻油
2	焦化塔顶部平台	乙				B;C	焦油轻油
3	排污塔	乙				C	油类
4	焦炉煤气加压设备	甲				C	煤气
5	原料、副产品油槽区	丙			严重	B	油类
6	沥青油类泵房	丙	二	21 区	严重	B	油类
(十三)改质沥青							
1	改质沥青装置	乙				B;C	闪蒸油
2	闪蒸油捕集装置	乙				B;C	闪蒸油
3	改质沥青泵房	丙	三	21 区	严重	B	液体沥青
六、辅助设施							
(一)电力设施							
1	企业变电所(35kV)总降(独立避雷针)	丙	二		中	E	带电物体
2	变压器室	丙	一		中	E	带电物体
3	各类配电室、电容器室、主控室、控制室	丙	二		中	E	带电物体
4	电缆室	丙	二		中	E	带电物体

续表 6-72

序号	防火防爆场所或部位名称	建筑及生产消防		爆炸和火灾危险区域	小型灭火器配置		主要火灾及爆炸危险物
		所属火灾危险类别	建筑常用耐火等级		火灾危险等级	所属火灾类别	
5	电缆隧道	丙	二			E	带电物体
6	各类集中操作室、仪表室	丙	二		严重	E	带电物体
7	电修工段	丙			轻	A	固体状可燃物
8	干燥炉间	甲	二		轻	A	固体状可燃物
9	变压器油存放间滤油机室	乙	二		严重	B	油
10	电话站、酸性蓄电池室	甲	二		轻	A	固体状可燃物
(二)机修设施及仓库							
1	金工间	丙	三		轻	A;B	可燃固体及油类
2	铸造、锻造、铆焊间	丁	二		轻	A	固体状可燃物
3	木模间	丙	三	23 区	轻	A;B	可燃固体及油类
4	油库及加油站	甲		21 区	严重	B	油类
5	汽油库	甲	二	21 区	严重	B	汽油
6	油漆、涂料库	甲	二	2 区	严重	C	易燃气体
7	煤油库	乙	二	2 区	严重	B	煤油
8	机油库	丙	二	21 区	严重	B	油类
9	润滑油和机油库	丙	二	21 区	严重	B	油类
10	加油机室	甲	二		严重	B	油类
11	综合仓库	甲			严重	A;B	可燃固体及油类
12	备件、钢材、五金库	戊	三		轻	A	可燃固体
13	耐火材料库	戊	三		轻	A	可燃固体
14	橡胶塑料制品库	丙	二	23 区	轻	A	可燃固体
15	劳保品库	丙	二	23 区	轻	A	可燃固体
16	文体用品库	丙	二	23 区	轻	A	可燃固体
17	充电间	甲			中	C	氨气
(三)给排水设施							
	1)污水处理站						
1	预处理泵房	戊	三		轻	A	可燃固体
2	中心泵房	戊	三		轻	A	可燃固体
3	鼓风机室	戊	三		轻	A	可燃固体
4	污泥脱水	戊	三		轻	A	可燃固体
5	药剂间(除甲醇)及泵房	戊	三		轻	A	可燃固体
6	药剂间(包括甲醇外)及泵房	甲		1 区	中	B	甲醇
7	污泥泵房	戊	三		轻	A	可燃固体
	2)循环水系统						

续表 6-72

序号	防火防爆场所或部位名称	建筑及生产消防		爆炸和火灾危险区域	小型灭火器配置		主要火灾及爆炸危险物
		所属火灾危险类别	建筑常用耐火等级		火灾危险等级	所属火灾类别	
1	循环水泵房	戊	三		轻	A	可燃固体
2	水处理间	戊	三		轻	A	可燃固体
3	加氯间	戊	三		轻	A	可燃固体
4	冷却塔						
	3)新水加压系统				轻	A	可燃固体
1	新水加压泵房	戊	三		轻	A	可燃固体
2	消防水泵房	戊	三		轻	A	可燃固体
	4)煤气站						
1	循环水泵房	戊	三		轻	A	可燃固体
2	冷却塔		三				
3	消防水泵房	戊	三		轻	A	可燃固体
	5)其他泵房						
1	焦炉烟道排水泵房	戊	三		轻	A	可燃固体
2	焦炉排地下水泵房	戊	三		轻	A	可燃固体
3	生活污水提升泵房	戊	三		轻	A	可燃固体
4	雨水排水泵房	戊	三		轻	A	可燃固体
5	除尘水泵房	戊	三		轻	A	可燃固体
(四)锅炉房							
1	煤场、胶带机通廊	丙	二	23 区	严重	A	固体状燃煤
2	贮煤仓(斗)、转运站	丙	二	22 区	严重	A	固体状燃煤
3	锅炉主厂房	丁	二		严重	A	固体状燃煤
4	软化水站	戊	三		轻	A	可燃固体
5	化学除盐水站加氨间	乙	三	2 区	轻	C	氨气
6	风机室	戊	三		轻	A	可燃固体
7	维修间	戊	三		轻	A	可燃固体
8	除渣水泵房	戊	三		轻	A	可燃固体
9	煤破碎机室	乙	二	22 区	严重	A	煤尘
10	柴油机发电站	丙	二	21 区	中	B	柴油
11	汽轮发电机组润滑系统	丙	二	21 区	严重	B	润滑油
12	锅炉房(间)煤粉制备系统	乙	二	22 区	严重	A	煤尘
13	锅炉房(间)煤破碎机室	乙	二	22 区	严重	A	煤尘
14	燃油锅炉房	丙	二	21 区	中	B	重油
15	燃气锅炉房	甲	二	21 区	严重	C	煤气或天然气
16	磨球机润滑油站	丙	二	21 区	中	B	润滑油

续表 6-72

序号	防火防爆场所或部位名称	建筑及生产消防		爆炸和火灾危险区域	小型灭火器配置		主要火灾及爆炸危险物
		所属火灾危险类别	建筑常用耐火等级		火灾危险等级	所属火灾类别	
(五)辅助站房							
1	空压机室	戊	三		轻	A	可燃固体
2	减压阀室	戊	三		轻	A	可燃固体
3	凝结水泵房	戊	三		轻	A	可燃固体
4	溴化锂制冷站	戊	三		轻	A	可燃固体
5	氨压缩制冷站	乙	二	2区	轻	C	氨气
6	氟里昂制冷站	戊	三		轻	A	可燃固体
7	氨冷凝器、氨油分离器、集油器	乙		2区		B;C	氨
8	加氨站	乙		2区	轻	B	氨
9	煤气放散管	甲		2区		C	煤气
(六)热电站							
1	主厂房	丁	二		中	A	可燃固体
2	引风机室	丁	二		中	A	可燃固体
3	烟囱	戊					
4	转运站	丙	二		严重	A	可燃固体
5	封闭式运煤栈桥地下栈道	丙	二			A	可燃固体
6	干煤棚	丙	二		严重	A	可燃固体
7	主控楼(主控室)	戊	二		严重	E	带电物体
8	室内配电装置(设备每台装油量>60kg)	丙	二		严重	E	带电物体
9	碎煤机室	乙	二		严重	A	可燃固体
10	室内配电装置(设备每台装油量≤60kg)	丁	二		严重	E	带电物体
11	变压器室	丙	一		中	E	带电物体
12	灰渣泵房	戊	三		轻	A	可燃固体
13	化学水处理室	戊	三		轻	A、B	可燃固体
14	室外变电装置(独立避雷针)	丙				E	带电物体
(七)运输设施							
1	运输办公室、站房、扳道房、道口看守房、养路工房、区调办公室、铁路轨道衡房、汽车地中衡房、铁路调车卷扬机室	戊	三		轻	A	可燃固体

续表 6-72

序号	防火防爆场所或部位名称	建筑及生产消防		爆炸和火灾危险区域	小型灭火器配置		主要火灾及爆炸危险物
		所属火灾危险类别	建筑常用耐火等级		火灾危险等级	所属火灾类别	
2	蒸汽机车库、内燃机车库、机车修理库、车辆修理库、汽车库、汽车修理库、消防车库	丁	三		轻	A;B	可燃固体
3	汽车加油站、燃料油库	甲	二		严重	B	油类
4	煤水供应站	丙	二		轻	A	可燃固体
5	润滑油库	丙	二		严重	B	油类
6	汽车库充电室	甲	二		轻	A	可燃固体
(八)管理、福利设施							
1	办公楼、教学楼、食堂、浴室、托儿所	丙	二		轻	A	可燃固体
2	化验室、环保监测站	丙	二	21 区	轻	A;B	可燃固体及液体
3	警卫室、传达室、绿化办公室	丙	三		轻	A	可燃固体
4	气瓶室	甲	二		严重	C	氮气、氢气、氧气

①地坪以下的沟和坑为 1 区,浮顶上部为 1 区;距离贮槽外壁和顶部 3m 的范围内为 2 区。

②地坪以下的沟、坑为 1 区;以放空口为中心、半径为 1.5m 的空间为 1 区;距离贮槽外壁和顶部 3m 的范围内为 2 区。

③地坪以下划为 1 区;1 区以外及池壁外水平距离 3m,距地坪高度 3m 的范围内为 2 区。

表 6-73 各种库房所属最高火灾危险性类别

序号	仓库名称	类别	主要储存对象	序号	仓库名称	类别	主要储存对象
1	油漆涂料库	甲	油漆涂料,稀释剂等	14	包装材料库	丙	包装纸
2	危险品库	甲	苯、甲苯等化工产品	15	橡胶塑料制品库	丙	轮胎、三角传动带和塑料等
3	氧气瓶库	乙	氧气	16	木材库	丙	木材
4	电石库	甲	电石	17	电气材料库	丙	电线、纤维、绝缘材料等
5	汽油库	甲	汽油	18	废品存放库	丙	储存废劳保用品
6	乙炔瓶库	甲	乙炔	19	用品库	丙	五金、电料、杂品
7	氢气瓶库	甲	氢气	20	重油	丙	重油
8	化工材料仓库	乙	硝酸(盐)、铬酸盐、发烟硫酸	21	氧化铁粉库	丙	氧化铁粉
9	化学试剂库	甲	化验室用药品如:过氧化钠、过氧化钾等	22	精密备件仓库	丙	精密仪器、仪表、元件等
10	水处理药品仓库	丙	水处理药品	23	木模库	丙	木模、制品
11	柴油库	丙	闪点 > 60℃的柴油	24	各厂分发库	丙	劳保用品、杂品
12	润滑油库	丙	各类润滑油、油脂	25	炼钢专用材料仓库	丙	炭化稻壳零星材料用品
13	劳动保护用品库	丙	劳保用品	26	重件库	丙	运输带、电缆
						丁	钢丝绳

续表 6-73

序号	仓库名称	类别	主要储存对象	序号	仓库名称	类别	主要储存对象
27	自动化立体仓库	丁	储存小型备件等	31	铁合金仓库	戊	铁合金
28	机电备件库	丁	机械,电气、仪表等备件	32	耐火材料库	戊	耐火材料
29	车辆备件库	丁	机车、汽车、车辆备件等	33	铁路、码头成品库	戊	钢板、钢材成品
30	金属材料仓库	戊	金属材料				

6.4.2　消防用水指标

消防用水指标主要包括消防用水流量、消防供水压力及消防总用水量等。它涉及到各消防场所的用水指标和一次消防用水指标两项内容。消防供水压力应根据消防规范要求通过计算确定,下面介绍消防用水流量和消防总用水量的确定方法。

6.4.2.1　单一消防场所消防用水指标

对不同性质的灭火场所,所采用的灭火手段和需要的供水强度往往是不一样的。焦化厂水消防可分为建(构)筑物、易燃液体贮罐或贮罐区、易燃及可燃材料的露天或半露天堆场、可燃气体储罐或储罐区、电力设施和生产装置区六类,各类场所的消防用水指标可按表6-74的形式进行计算。

上述各类场所的消防形式、消防供水强度及灭火延续时间等应按如下方式确定:

(1) 建(构)筑物、易燃及可燃材料露天或半露天堆场、可燃液体贮罐或贮罐区及可燃气体储罐或储罐区消防用水量指标应按现行《建筑设计防火规范》及《高层民用建筑设计消防规范》有关规定确定。此外可燃液体贮罐或贮罐区消防还应执行现行《石油库设计规范》、《小型石油库及汽车加油站设计规范》、《低倍数泡沫灭火系统设计规范》和《高倍数、中倍数泡沫灭火系统设计规范》等。

表 6-74　不同场所消防用水量指标计算

序号	项　目	水枪或水炮		供给时间/h	泡沫混合液		消防用水量				给水压力/MPa	备　注
		数量/个	直径/mm		强度/L·(min·m²)⁻¹	流量/L·min⁻¹	强度/L·(s·m²)⁻¹	强度/L·m⁻¹	流量/L·s⁻¹	总量/m³		
一、建(构)筑物												
1	室内消火栓											
2	自动喷洒											当存在时
3	雨　淋											当存在时
4	水　幕											当存在时
5	室外消火栓											
	合　计											
二、可燃液体贮罐或贮罐区												
1	着火油罐水冷却											
2	相邻油罐水冷却											
	小　计											
3	着火油罐泡沫灭火											

续表 6-74

序号	项　目	水枪或水炮		供给时间/h	泡沫混合液		消防用水量				给水压力/MPa	备　注
		数量/个	直径/mm		强度/L·(min·m²)⁻¹	流量/L·min⁻¹	强度/L·(s·m²)⁻¹	强度/L·m⁻¹	流量/L·s⁻¹	总量/m³		
4	扑灭流动火焰用泡沫枪											
	小　计											
	合　计											
三、易燃及可燃材料的露天或半露天堆场												
1	室外消火栓用水量											
四、可燃气体储罐或储罐区												
1	室外消火栓用水量											
2	固定冷却用水量											
3	水炮、水枪用水量											
	合　计											
五、电力设施												
1	水喷雾用水量											
六、生产装置区												
1	装置及油罐水喷淋冷却											
2	着火油罐泡沫灭火											
3	扑灭流动火焰用泡沫枪											
4	水枪或水炮											
5	室外消火栓											
	合　计											

(2) 电力设施(包括电力变压器及大型电缆沟等)水喷雾消防用水量指标按现行《水喷雾灭火系统设计规范》执行。

(3) 生产装置区消防用水量指标，与其生产规模、所拥有(包括使用、加工、生产和贮存)的火灾危险物类别、生产装置布局情况及其灭火难易程度、厂内外所拥有的可调用的消防装备及最适宜使用的消防手段等因素有关。根据焦化厂的生产特点，各生产装置区的消防类别可按表 6-75 进行划分。因焦化厂生产装置区的消防用水指标无具体规范可循，参照现行《石油化工企业设计防火规范》在多数场所又偏大，故该部分消防用水指标目前仍为空白，建议设计时会同当地消防部门协同商定。国内引进的某大型化产品精制厂(含火灾危险性类别特高的苯加氢精制)，其一次消防水用量达到了 127L/s，该水主要用于配置泡沫用水、生产装置及油罐的固定喷淋冷却、水枪或水炮喷射冷却及室外消火栓等。但煤气净化及化产品回收生产装置区的消防用水一般为室外消火栓及消火车用水，国内设计多没有超过 50L/

s。焦油蒸馏、洗油加工及沥青焦等生产装置的消防用水指标应介于煤气精制与苯加氢精制之间,该消防水主要用于配置泡沫和生产装置及油罐的喷淋冷却,冷却方式多采用移动式。

表 6-75 生产装置区消防类别划分(试行)

消防场所	火灾类别	消防水量/L·s^{-1}		生 产 装 置
		大型厂	中小型厂	
煤气精制	甲			鼓风冷凝、电捕焦油、脱硫、脱氰、脱氨、中冷、终冷、洗苯等
	甲			粗苯蒸馏
	甲、乙			氨分解、硫回收等
	乙、丙			硫铵、无水铵、溶剂脱酚、蒸氨、硫酸、黄血盐等
化产品精 制	甲			莱托法苯加氢、溶剂法苯加氢等
	甲			酸洗法苯精制、工业萘、精萘等
	乙、丙			焦油蒸馏、焦油加工、洗油加工、沥青焦、古马隆、精酚等
	丙			精蒽、蒽醌、精咔唑等
其 他	丙、丁			辅助生产设施

生产装置区油罐泡沫灭火和水消防的使用延续时间分别按 0.5h 和 2h 考虑。

6.4.2.2 一次消防用水指标

一次消防用水量指标是由同一时间内同时发生火灾的次数及被消防处所的消防用水量指标共同确定的。焦化厂同一时间内发生火灾的次数,应根据厂区面积及其附属居住区人数(分离设置的居住区不包括在内)按表 6-76 确定。

表 6-76 焦化厂同一时间内发生火灾次数

序号	占地面积/万 m^2	附属居住区人数/万人	同一时间内发生火灾数/次	备 注
1	≤100	≤1.5	1	发生在厂区或居住区
		>1.5	2	厂区及居住区各发生一次
2	>100	不限	2	两次可同时发生在厂区和居住区的任何地方

在确定最大一次消防用水指标时,消防点的选取原则为:当厂区和居住区内同时只发生一次火灾时,应选取其中消防用水指标最大的一处;当厂区和居住区内同时各发生一次火灾时,应在两个区域内各选一个消防用水指标最大的处所;当厂区和(或)居住区按同时发生两次火灾考虑时,应选取两个区域中消防用水指标最大和次最大两个处所。

消防设计最终要找出以下四个控制指标点:(1) 同时使用消防手段最全的;(2) 总供水强度最大的(当设有几个消防供水系统时,应分别找出各自系统中供水强度最大的);(3) 同一时间内使用消防用水量最大的;(4) 供水压力最高的(当设有几个消防供水系统时,应分别找出各自系统中供水压力最大的)。应当指出的是,消防供水强度(应以秒流量计)最大的消防点,并不一定是消防用水总量最多和(或)消防给水压力最高的点,因此在设计中应利用表 6-74 对多个处所进行计算,准确无误地找出每一个控制指标,在同时设有几个消防系统

(如拥有自动喷水冷却、低压或中压消防、高压消防和局部加压消防等项中一项以上的系统)的情况下,应分别找出各自系统中的控制指标。

6.4.3 防火防爆系统配置

焦化厂消防设施分水消防、化学泡沫消防、气体消防、蒸汽灭火和灭火器配置五类。按规范适用范围划分为建筑消防、生产装置区消防、建筑灭火器配置和生产装置区灭火器配置四部分。这里所说的建筑是指除生产装置区以外的厂区内所有其他消防对象,并非仅指建筑物本身。

6.4.3.1 建筑消防

焦化厂建筑消防所涉及到的范围有建(构)筑物消防、露天或半露天堆场消防、液体贮罐或贮罐区消防及可燃气体贮罐或贮罐区消防等。建筑消防设施有消防水源、消防水池及水箱等贮水设施、消防水加压设施、各类输配水管网、室内外消火栓、气柜操作平台消火栓、高压水枪和水炮、塔罐冷却水喷淋系统、泡沫系统(包括泡沫配置、输送及产生等)及水喷雾系统等。其系统配置应按现行《建筑设计防火规范》、《高层民用建筑设计消防规范》《石油库设计规范》、《小型石油库及汽车加油站设计规范》、《低倍数泡沫灭火系统设计规范》、《高倍数、中倍数泡沫灭火系统设计规范》《汽车库、修车库、停车场设计防火规范》和《水喷雾灭火系统设计规范》等进行。焦化厂消防配置具有如下一些特点:

(1) 焦化厂贮煤场一般都较大,存煤量从数千吨至数十万吨不等。尽管贮煤温度超过50℃时易发生自燃,但因焦化厂使用的是洗精煤,煤含水率一般在10%左右,且煤的更新较快,到目前为止,还没有出现过自燃的情况。焦化厂贮煤场一般不分区设置,多为一整体,故贮煤场的消火栓一般为环煤场布置,特别是在未设专用消防车道的一侧,消火栓应设在不易被煤掩埋和方便消防车进出的地方,并应加以保护和设有明显的标志。

(2) 因配煤室、煤塔、筛焦楼及贮焦槽内都设有庞大的立式贮煤或贮焦槽,故这些建筑包括与其相连的一些转运站的高度均较高,多超过24m,有些煤塔的高度在50m左右。这些部位的消防宜采用临时高压(或局部加压)给水系统,贮存10min初期消防用水的消防水箱宜设在其中某个(些)建筑的顶部。

(3) 煤焦生产过程中煤和焦的输送多是用皮带输送机完成的,所以整个煤焦系统的建筑物和皮带通廊基本上是连在一起的,煤焦通廊一般为钢筋混凝土结构,个别也有用钢结构的。在某些通廊的终端,土建专业设有可降落的防火隔断,没配水幕。皮带输送机及焦处理设备的传动部分摩擦生热可使落在其周围的煤焦粉尘起火燃烧,未被完全熄灭的红焦也能使焦输送系统起火,焦化厂有过因火灾使煤焦通廊烧毁坠落和筛焦楼着火事例,但仅为个别现象,也没有出现过火灾的扩散和蔓延情况。煤焦系统一般在煤粉(破)碎机室、配煤槽、成型煤室、煤塔、切焦机室、筛焦楼、贮焦槽、焦台与焦通廊连接一侧的端头及各煤焦转运站等建筑物内设置室内消火栓。按现行消防规范要求,在较长的煤焦通廊内亦应设消火栓,从消防人员操作安全和适用性角度看,在其中装消火栓意义并不大。因此煤焦通廊内是否设置消火栓,建议与当地的消防部门协商,根据其消防习惯而定。煤焦室内消防管道系统中宜配有适量的消防结合器,且在距消防结合器20m的范围内应设有室外消火栓或拥有可供消防车取水的水池。

(4) 当油库需设置低倍数或中倍数泡沫灭火时,应根据油品贮量的多少及厂内外可动用消防力量的强弱来确定配备固定式、半固定式或移动式泡沫及水冷却系统。半固定式泡沫消防混合液结合器及半固定式罐体水喷淋冷却给水管结合器均应放在消防堤外。当为固定式泡沫消防系统时,泡沫消火栓的位置离灭火对象设备的距离不超过 40m。

(5) 在干粉灭火系统中,扑灭可燃气体、可燃液体等火灾应选用钠盐干粉,当干粉与氟蛋白泡沫灭火系统连用时,应选用硅化钠盐干粉。

建筑面积大于等于 200m^2 的电气室、仪表室、计算机室、电信站、化验室等封闭空间内,宜设置二氧化碳、惰性气体或含氢氟烃(HFC)等半固定式气体灭火设备,并应保证 30s 内喷射出的药剂量能达到设计所需的浓度,且宜采用发现火灾后手动操作的控制方式;面积小于 200m^2 的电气室等可使用移动式干粉灭火器。

6.4.3.2 工艺装置区消防

工艺装置区消防配置应满足下列要求:

(1) 在技术经济合理的情况下,工艺装置区或罐区,宜设独立的高压消防给水系统,其压力为 0.7~1.2MPa。其他场所可与生产或生活合用低(中)压消防系统,其压力应确保灭火时最不利点消火栓的水压。

(2) 尽管煤气属甲类可燃气体,但在以净化煤气为主的某些生产装置区(如煤气初冷器、煤气洗涤、煤气脱硫及硫铵工段等),一旦发生煤气火灾,可以用放散煤气(即通过切断气源方式撤除燃烧物)的方法控制火势,故在该类区域及火灾危险等级为丙、丁、戊类的其他区域,可按现行《建筑设计消防规范》室外消火栓配置的规定,在装置四周及厂区布置室外消火栓即可。其他甲、乙类工艺装置区(如粗苯蒸馏及化产品精制等)的消火栓应在工艺装置四周设置,消火栓间距不宜超过 60m,消火栓的保护半径≤120m。当装置区宽度超过 120m 时,宜在装置内的道路边增设消火栓;

(3) 当工艺装置区及罐区的消防水量大于 50L/s 时,宜在其周围设公称直径为 150mm 的消火栓。距可燃气(液)体贮罐及生产装置中危险性塔罐壁 15m 以内的消火栓,不应计算在该工艺装置区可使用的数量之内。

(4) 对于高度≥15m 的甲、乙类生产装置,当无消防水炮、自动喷淋或其他措施保护时,宜沿其框架及塔区联合平台的梯子敷设消防给水立管,并应符合下列规定:

1) 按各层需要设置带阀门的管牙接口;

2) 当平台面积≤50m^2 时,管径宜≤80mm;平台面积>50m^2 时,管径宜≥100mm。

3) 框架平台、塔区联合平台长度>25m 时,应在另一侧梯子处增设消防给水立管。

(5) 在工艺装置内距地面高度为 20~40m 的甲类设备两侧及在苯加氢的加氢与精制装置的四周设水炮或高压水枪,其与被保护设备之间不得有影响水流喷射的障碍物。

(6) 对生产装置内距地面≥40m,受热后可能产生爆炸的设备,当机动消防设备不能对其进行保护时,或苯加氢工段与在高温下使用或处理苯类或氢气等甲类危险气体有关的设备(如莱托法苯加氢预备蒸馏塔、蒸发器、稳定塔、苯塔、白土塔、稳定回溜槽、甲苯洗净塔、吸收塔、吸附塔、排气缓冲槽等)宜设置固定式或半固定式水喷雾或水喷淋消防冷却系统。喷淋强度宜≥5L/(min·m^2),当设备壁厚>25mm 时可减半,冷却面积应按设备表面积计算。当同一区域内设备喷淋冷却用水量较大时,应分单元设置,每个单元以用水量不超过 33L/s 为宜,单元间按不同时工作考虑。

(7) 工艺装置内甲类气体压缩机、加热炉等需要重点保护的设备附近,宜设箱式消火栓,其保护半径宜为 30m。

(8) 生产装置区采用固定式泡沫消防系统时,泡沫消火栓的位置离灭火对象设备的距离不超过 40m。在设备框架各层的泡沫消火栓,距对象设备不超过 25m。

(9) 吡啶工段应使用抗溶性泡沫,原液以不溶于醇为宜。尽管软沥青为次危险品,但在高温情况下,其许多馏分已进入了危险品行列,故在沥青焦装置中应考虑设泡沫消防。因萘为次危险品,精制萘工段不设泡沫消防。

(10) 在下列场所或部位一般配有蒸汽灭火:

1) 在蒽、沥青和酚等闪点高于 120℃的可燃液体贮罐和其他设备及管道易泄漏着火的地方均设有半固定式蒸汽灭火系统;

2) 在粗苯、精萘、工业萘、萘酐、焦油的泵房、萘转鼓结晶室、吡啶贮槽室及装桶间等地方均设有半固定式蒸汽灭火系统;

3) 在粗苯、焦油及洗油室内及粗苯管式炉等处设有蒸汽灭火装置;

4) 酸洗法苯精制蒸馏与洗涤泵房、蒸馏与洗涤室均设有蒸汽灭火管;

5) 在苯加氢装置的高温高压法兰处设有蒸汽灭火(如从莱托反应加热炉出来到蒸汽发生器的高温油气管道,温度压力都很高,为防止法兰处泄漏引起火灾,设有蒸气环管);

6) 在苯加氢装置区,为防止加热炉明火设备对加氢装置的影响,在两者之间常设有开有小孔的蒸气管,以形成蒸汽幕。

(11) 在寒冷地区设置的箱式消火栓、水炮、水喷雾或水喷淋等固定式消防设备,应采取防冻措施。

6.4.3.3 建筑灭火器配置

各类建(构)筑物场所的灭火器配置,其配置单元划分、保护面积的测算、所需灭火级别的计算、灭火器设置点的确定、每个灭火器设置点的灭火级别确定及灭火器的设置方式等应按现行《建筑灭火器配置设计规范》执行。对于可燃物露天堆场、可燃液体贮罐或贮罐区、可燃气体罐或贮罐区等场所的灭火器配置除执行现行《建筑灭火器配置设计规范》外,还应满足其他有关标准和规范的要求,其中可燃液体贮罐或贮罐区的灭火器配置可按 6.4.3.4 节 B 或 C 项要求进行。

灭火器选用原则如下:扑灭 A 类火灾应选用水型、泡沫或磷酸铵盐干粉灭火器;扑灭 B 类火灾应选用干粉、泡沫或二氧化碳型灭火器,扑灭极性溶剂 B 类火灾不得选用化学泡沫灭火器;扑灭 C 类火灾应选用干粉或二氧化碳型灭火器;扑灭带电火灾应选用二氧化碳或磷酸铵盐干粉灭火器;扑灭 A、B、C 类火灾和带电火灾应选用磷酸铵盐干粉型灭火器。

在同一灭火器配置场所,宜选用操作方法相同的同一类型灭火器,当必须选用两种或两种以上类型的灭火器时,应选用灭火剂相容的灭火器。灭火器不应设置在超出其使用温度的场所。不相容的灭火剂及灭火器的适应温度及适应范围分别见表 6-77 ~ 表 6-79。

表 6-77 不相容的灭火剂表

类 型	不相容的灭火剂	
干粉与干粉	磷酸铵盐	碳酸氢钾、碳酸氢钠
干粉与泡沫	碳酸氢钾、碳酸氢钠	蛋白泡沫
	碳酸氢钾、碳酸氢钠	化学泡沫

表 6-78 灭火器的适用温度范围

灭火器类型	使用温度范围/℃	灭火器类型	使用温度范围/℃
清水灭火器	+4 ~ +55	干粉灭火器： (1)贮气瓶式 (2)贮 压 式	-10 ~ +55 -20 ~ +55
酸碱灭火器	+4 ~ +55		
化学泡沫灭火器	+4 ~ +55		
二氧化碳灭火器	-10 ~ +55		

表 6-79 灭火器的适用性

<table>
<tr><th rowspan="3">火灾种类</th><th colspan="6">灭火器灭火机理</th></tr>
<tr><th colspan="2">水 型</th><th colspan="2">干 粉 型</th><th>泡 沫 型</th><th rowspan="2">二氧化碳</th></tr>
<tr><th>清水</th><th>酸碱</th><th>磷酸铵盐</th><th>碳酸氢钠</th><th>化学泡沫</th></tr>
<tr><td>A 类火灾
指含固体可燃物燃烧的火灾。如木材、棉、毛、麻、纸张等</td><td colspan="2">适 用
水能冷却，并能穿透燃烧物而灭火，可有效防止复燃</td><td>适 用
粉剂能附着在燃烧物的表面层，起到窒息火焰作用，隔绝空气，防止复燃</td><td>不 适 用
碳酸氢钠对固体可燃物无粘附，只能控火，不能灭火</td><td>适 用
具有冷却和覆盖燃烧物表面，与空气隔绝的作用</td><td>不适用
喷出的二氧化碳量少，无液滴、全是气体，对 A 类火灾基本无效</td></tr>
<tr><td>B 类火灾
指甲、乙、丙类液体燃烧的火灾。如汽油、煤油、柴油、甲醇、乙醚、丙酮等</td><td colspan="2">不 适 用
水流冲击油面会激溅油火，致使火焰蔓延，灭火困难</td><td colspan="2">适 用
干粉灭火剂能快速窒息火焰，具有中断燃烧过程连锁反应的化学活性</td><td>半 适 用
覆盖燃烧物表面，使燃烧物表面与空气隔绝，可有效灭火。由于极性溶剂破坏泡沫，故不适用</td><td>适 用
二氧化碳靠气体堆积在燃料表面，稀释并隔绝空气</td></tr>
<tr><td>C 类火灾
指可燃气体燃烧的火灾。如煤气、甲烷、丙烷、乙炔、氢气等</td><td colspan="2">不 适 用
喷出的细小水流对立体型气体火灾作用很小，基本无效</td><td colspan="2">适 用
喷射干粉灭火剂能快速扑灭气体火焰，具有中断燃烧过程连锁反应的化学活性</td><td>不 适 用
泡沫对平面液体火有效，但灭立体型气体火灾基本无效</td><td>适 用
二氧化碳窒息灭火，不留残渍，不损坏设备</td></tr>
</table>

灭火器有手提式和推车式两种。通常灭火器的规格由其充装的灭火剂量(kg 或 L)表示，灭火器灭火能力由其灭火级别来表示。灭火级别由数字和字母(A 或 B)组成，数字表示灭火级别的大小，字母则表示灭火级别的单位及适用扑救火灾的种类。对于特定的灭火器其充装量和其灭火级别之间的对应关系是固定的，例如一个充装有 7(L)化学泡沫的手提式化学泡沫灭火器，其熄灭 A 类火灾的级别为 8A，熄灭 B 类火灾的级别为 4B。

灭火器的最小配置级别为：A 类火灾场所严重和中危险级均为 5A，轻危险级为 3A；B 类火灾场所严重、中和轻危险级分别为 8B、4B 和 1B。

每具灭火器的最大保护面积为：A 类火灾场所严重、中、轻危险级分别为 $10m^2/A$、$15m^2/A$ 和 $20m^2/A$；B 类火灾场所严重、中、轻危险级分别为 $5m^2/B$、$7.5m^2/B$ 和 $10m^2/B$；C 类火灾配置场所灭火器的配置基准，应按 B 类火灾配置场所的规定执行。

可增加或减少灭火器配置级别的场所及其增减比例为:(1) 地下建筑应增加 30%;(2) 设有消火栓的场所可减少 30%;(3) 设有灭火系统的场所可减少 50%;(4) 设有消火栓和灭火系统的场所可减少 70%;(5) 可燃物露天堆垛,甲、乙、丙类液体贮罐及可燃气体贮罐的灭火器配置场所可减少 70%,或按其他有关标准或规范执行。一个灭火器配置场所内的灭火器数量不应少于 2 具。每个灭火器设置点的灭火器数量不宜多于 5 具。

每具灭火器的最大保护距离为:A 类火灾场所手提式灭火器对严重、中和轻危险级场所分别为 15m、20m 和 25m;A 类火灾场所推车式灭火器对严重、中和轻危险级场所分别为 30m、40m 和 50m;B 类及 C 类火灾场所手提式灭火器对严重、中和轻危险级场所分别为 9m、12m 和 15m;B 类及 C 类火灾场所推车式灭火器对严重、中和轻危险级场所分别为 18m、24m 和 30m;可燃物露天堆垛场,甲、乙、丙类液体贮罐,可燃气体贮罐的灭火器配置场所的灭火器,其最大保护距离应按实际需要和国家现行有关标准和规范执行。常用灭火器的灭火剂充装量、灭火级别以及根据上述规定计算出的每具灭火器在不同场所中可保护的最大面积等数据资料列入了表 6-80 和表 6-81 中。

表 6-80　A 类火灾场所单个灭火器最大保护面积

灭火器的灭火级别		每具灭火器充装量			最大保护面积/$m^2\cdot(具)^{-1}$		
		水(清水、酸碱)/L	泡沫(化学泡沫)/L	干粉(磷酸铵盐)/kg	严重危险等级	中危险等级	轻危险等级
手提式	3A			1	—	—	60①
	5A	7	6	2;3	50①	75①	100
	8A	9	9	4;5	80	120	160
	13A			6;8	130	195	260
	21A			10	<177②	<314②	420
	2×13A						<491②
推车式	13A		40		130	195	260
	21A		65	25	210	315	420
	27A		90	35	270	405	540
	34A			50	340	510	680
	43A			70	430	645	860
	55A			100	550	825	1100
	2×43A				<707②	<1257②	
	2×55A						<1963②

①为按现行规范规定计算得到的一具最低级别的灭火器所能保护的最大面积;

②为根据规范规定的每个灭火器放置点所能最大保护距离,按圆面积计算出来的最大保护面积。实际保护面积应为保护距离范围内的有效区域,通常都小于其圆面积。

表 6-81 B类火灾场所单个灭火器最大保护面积

灭火级别		每具灭火器充装量				最大保护面积/m²·(每具)⁻¹		
		泡沫/L(化学泡沫)	干粉/kg		二氧化碳(CO_2)/kg	严重危险等级	中危险等级	轻危险等级
			碳酸氢钠	磷酸铵盐				
手提式	1B				2	—	—	10①
	2B	6	1	1	3	—	—	20
	3B				5	—	—	30
	4B	9			7	—	30①	40
	5B		2	2		—	37.5	50
	6B					—	45	60
	7B		3	3		—	52.5	70
	8B					40①	60	80
	10B		4	4		50	75	100
	12B		5	5		60	90	120
	14B		6	6		<64②	105	140
	18B		8	8			<113②	<177②
推车式	8B				20	40	60	80
	10B				25	50	75	100
	18B	40				90	135	180
	25B	65				125	187.5	250
	30B					150	225	300
	35B	90	25	25		175	262.5	350
	45B		35	35		220	337.5	450
	65B		50	50		<254②	<452②	650
	90B		70	70				<707②

①为按现行规范规定计算得到的一具最低级别的灭火器所能保护的最大面积;

② 为根据规范规定的每个灭火器放置点所能最大保护距离,按圆面积计算出来的最大保护面积。实际保护面积应为保护距离范围内的有效区域,通常都小于其圆面积。

6.4.3.4 生产装置区和油库区灭火器配置

A 生产装置区(试行)

生产装置区宜设置干粉或泡沫型灭火器,所用灭火器规格宜按表 6-82 选用。

表 6-82 单个灭火器规格

灭火器类型	干粉型(碳酸氢钠)		干粉型(磷酸铵盐)		泡沫式(化学泡沫)		二氧化碳
	手提式	推车式	手提式	推车式	手提式	推车式	手提式
灭火剂充装量	8(kg)	50(kg)	8(kg)	50(kg)	9(L)	65(L)	7(kg)
灭火级别	18B	65B	13A;18B	34A;65B	8A;4B	21A;25B	4B

灭火器型号代码如下:

贮气瓶式碳酸氢钠干粉灭火器　手提式 MFN*;　推车式 MFNT*

贮压式碳酸氢钠干粉灭火器　手提式 MFNC*;　推车式 MFNTC*

贮气瓶式碳酸铵盐干粉灭火器　手提式 MFA*;　推车式 MFAT*

贮压式磷酸铵盐干粉灭火器　手提式 MFAC*;　推车式 MFATC*

二氧化磷灭火器　手提式 MT*;　推车式 MTT*

化学泡沫灭火器　手提式 MP*;　推车式 MPT*

酸碱灭火器　手提式 MS*

手提式清水灭火器　　　　　　贮气瓶式 MSQ7；　　　　贮压式 MSQ9

其中“ * ”——充装灭火剂的数量，为阿拉伯数字，单位为 kg 或 L。例如，50kg 推车式贮压碳酸氢钠干粉灭火器的型号代码标注方式为“MFNTC50”。

生产装置区内干粉灭火器应按如下要求配置：

(1) 手提式灭火器对甲类装置的最大保护距离不宜超过 9m，乙、丙类装置不宜超过 12m；推车式灭火器的最大保护距离不宜超过 30m。

(2) 每个配置场所手提式灭火器的数量不应少于 2 个；苯加氢等火灾危险性较大的场所宜增设推车式灭火器。

(3) 手提式灭火器应设置在主要框架下、框架各层、加热炉、火炬塔及甲类气体压缩机室外等处；推车式灭火器设置在地面层易发生火灾的地点。

(4) 可燃气体、可燃液体及液化烃的铁路或汽车装卸栈台，应沿栈台每 12m 处上下分别设置一个手提式干粉灭火器。

(5) 生产装置贮罐区可燃气体、可燃液体及液化烃的地上罐组，应按贮罐区内面积每 200m^2 配置一个手提式灭火器，且每个贮罐配置的数量不超过 3 个，每个贮罐区不少于 2 个，每个点放置的数量不宜超过 5 个。

B　大型油库及油库区

总贮量在 500m^3 及其以上的化产品油库、以油类为燃料的动力油库、以油类为热载体的热媒油库以及其他石油类油库，其主要场所灭火器配置应按现行《石油库设计规范》中有关规定执行，其主要内容摘录如下：

(1) 贮罐区每 400m^2 配备 1 具 8kg 手提式干粉灭火器，且每油罐不宜超过 3 具。

(2) 铁路装卸栈台，每 12m 配备 2 具 8kg 手提式干粉灭火器。汽车装车台，每个车位应配备 1 具 8kg 手提式干粉灭火器。

(3) 油泵房、灌油间(棚)及桶装库房等操作区，甲、乙类油品为每 90m^2、丙类油品为每 135m^2 配备 1 具 8kg 手提式干粉灭火器或 5 具 9L 手提式泡沫灭火器。

(4) 仪表控制室、计算机室、电话间、化验室等场所，每 40m^2 配备 2 具 7kg 手提式二氧化碳灭火器和 1 具 8kg 磷酸铵盐灭火器。

(5) 贮罐区、灌油间(棚)、桶装库房、汽车装车台及铁路装卸栈台等操作区，应配置 4 ~ 6 块灭火毯。

C　小型油库及油库区

总贮量小于 500m^3 的化产品油库、以油类为燃料的动力油库、以油类为热载体的热媒油库以及其他石油类小型油库，其主要场所灭火器配置应按现行《小型石油库及汽车加油站设计规范》中有关规定执行，该规定中灭火器配置的数量摘录于表 6-83，灭火器具应放在使用方便的地点。

生产装置区及油库区应根据灭火对象选择合适的灭火剂，各类灭火剂的适用范围见表 6-84。在改扩建厂设计中，应选性能相同或相近的灭火器取代卤代烷灭火器。

表 6-83 小型石油库各主要场所配置灭火器的数量

场所名称	灭火器/具		灭火毯/块	灭火砂/m^3	场所名称	灭火器/具		灭火毯/块	灭火砂/m^3
	手提式	推车式				手提式	推车式		
地上卧式罐区	4～6		2	3	铁路装卸栈桥	2～4		2	
直埋地下卧式罐区	2～4	2	2	2	汽车卸油场所	2	1	2	1
桶装油品库房(棚)	2～3	1	2	1	装卸油码头	3～5	1		1
油泵房	2	1		0.5	变配电所	2			
灌油间(棚、亭)	2～5	1	3	1					

注:手提式灭火器系指 6L 高效化学泡沫和 8kg 干粉灭火器;推车式灭火器系指 100L 高效化学泡沫灭火器和 70 kg 干粉灭火器。

表 6-84 各类灭火剂的适用范围

灭火剂			火灾种类				
			木材等一般火灾	可燃液体火灾		带电设备火灾	金属火灾
				非水溶性	水溶性		
液体	水	直流喷雾	○ ○	× △	× ○	× ○	× △
液体	水溶液	直流(加强化剂)	○	×	×	×	×
液体	水溶液	喷雾(加强化剂)	○	○	○	×	×
液体	水溶液	水加表面活性剂	○	△	△	×	×
液体	水溶液	水加增强剂	○	×	×	×	×
液体	水溶液	水 胶	○	×	×	×	×
液体	水溶液	酸碱灭火剂	○	×	×	×	×
液体	泡沫	化学泡沫	○	○	△	×	×
液体	泡沫	蛋白泡沫	○	○	×	×	×
液体	泡沫	氟蛋白泡沫	○	○	×	×	×
液体	泡沫	水成膜泡沫(轻水)	○	○	×	×	×
液体	泡沫	合成泡沫	○	○	×	×	×
液体	泡沫	抗溶泡沫	○	△	○	×	×
液体	泡沫	高、中倍数泡沫	○	○	×	×	×
液体	特殊液体(7150 灭火剂)		×	×	×	×	○
气体	不燃气体	二氧化碳	△	○	○	○	×
气体	不燃气体	氮气	△	○	○	○	×
固体	干粉	钠盐、甲盐及 Monnex 干粉	△		○	○	×
固体	干粉	磷酸盐干粉	○	○	○	○	×
固体	干粉	金属火灾用干粉	×	×	×	×	○
固体	烟雾灭火剂		×	○	×	×	×

注:○—适用;△——般适用;×—不适用。

6.4.3.5 爆炸气体和火灾危险环境中电器设备的选用

凡坐落在爆炸气体、爆炸性粉尘或火灾危险环境中,由给水排水专业选用的电器设备应为防护型。其选用应参照现行《爆炸和火灾危险性环境电力装置设计规范》等规定执行。

(1) 爆炸气体环境场所下电器设备防爆结构的选用要符合表 6-85 和表 6-86 的要求。

表 6-85　旋转电机防爆结构的选型

防爆结构	爆炸危险区域						
	1　区			2　区			
	隔爆型（d）	正压型（p）	增安型（e）	隔爆型（d）	正压型（p）	增安型（e）	无火花型(n)
鼠笼型感应电动机	○	○	△	○	○	○	○
绕线型感应电动机	△	△		○	○	○	×
同步电动机	○	○	×	○	○	○	
直流电动机	△	△		○	○		
电磁滑差离合器(无电刷)	○	△	×	○	○	○	△

注:1.表中符号:○—适用;△—慎用;×—不适用(下同)。

2.绕线型感应电动机及同步电动机采用增安型时,其主体是增安型防爆结构,发生电火花的部分是隔爆或正压型防爆结构。

3.无火花型电动机在通风不良及户内具有比空气重的易燃物质区域内慎用。

表 6-86　其他电气设备防爆结构的选型

防爆结构	爆炸危险区域							
	0　区	1　区				2　区			
	木质安全型 ia	木质安全型 ia,ib	隔爆型 d	正压型 p	增安型 e	木质安全型 ia	隔爆型 d	正压型 p	增安型 e
信号、报警装置	○	○	○	○	×	○	○	○	○
电气测量表计			○	○	×		○	○	○
电磁阀用电磁铁			○		×		○		○

(2) 爆炸性粉尘环境下防爆电气设备选型:除可燃性非导电粉尘和可燃纤维的 11 区环境采用防尘结构(标志为 DP)的粉尘防爆电气设备外,爆炸性粉尘环境 10 区及其他爆炸性粉尘环境 11 区均采用尘密结构(标志为 DT)的粉尘防爆电气设备,并按照粉尘的不同引燃温度选择不同引燃温度组别的电气设备。

在爆炸性粉尘环境采用非防爆电器设备进行隔墙机械传动时,应符合下列要求:

1) 安装电器设备的房间,应采用非燃烧体的实体墙与爆炸性粉尘环境隔开;

2) 应采用通过隔墙由填料函密封或同等效果密封措施的传动轴传动;

3) 安装电器设备房间的出口,应通向非爆炸和无火灾危险的环境,当安装电器设备的房间必须与爆炸性粉尘环境相通时,应对爆炸性粉尘环境保持相对的正压。

(3) 在火灾危险环境内,电气设备应根据区域等级和使用条件按表 6-87 选用。

6.4.3.6　防雷及防静电

在防雷区域范围内的给排水建(构)筑物及金属管道,应委托电力专业进行防雷电设计。

防静电危害的方法有:(1) 应尽量少使用易产生静电的物品;(2) 生产过程中尽量少产生静电荷;(3) 泄漏和导走静电荷;(4) 中和物体上积聚的静电荷;(5) 屏蔽带静电的物体;(6) 使物体内外表面光滑和无棱角。在爆炸和火灾危险场所内可能产生静电危害的给水排水设施(包括非导体管道上的金属件等),未有效接地的应委托电力专业进行工业静电接地设计。防静电设计宜与防雷设计统一考虑。

表 6-87 电气设备防护结构的选型

防护结构		火灾危险区域		
		21 区	22 区	23 区
电机	固定安装	IP44	IP54	IP21
	移动式、携带式	IP54		IP54
电器和仪表	固定安装	充油型、IP54、IP44	IP54	IP44
	移动式、携带式	IP54		IP44

注:1.在火灾危险环境 21 区内固定安装的正常运行时有滑环等火花部件的电机,不宜采用 IP44 结构。

2.在火灾危险环境 23 区内固定安装的正常运行时有滑环等火花部件的电机,不应采用 IP21 型结构,而应采用 IP44 型。

3.在火灾危险环境 21 区内固定安装的正常运行时有火花部件的电器和仪表,不宜采用 IP44 型。

6.5 给水系统及给水设施

6.5.1 给水系统

焦化厂的给水有生活给水、生产给水和消防给水三大类。根据水源和用水的水质、水温及水压等情况的不同,生产给水又可分成若干种。各种给水单独或交叉组合又可以形成多种形式的给水系统。

6.5.1.1 给水量的确定

A 生活给水

生活给水水源多来自城市或钢铁厂自来水,自备水源较少。生活给水主要供职工生活性用水和淋浴用水,其用水定额见表 6-88,本定额中未包括厂内附设的生活居住区、招待所、幼儿园及其他与生产无关的娱乐和活动场所的生活用水。

表 6-88 生活给水定额

序号	用户名称	生活性用水		淋浴用水		综合指标①		开水供应②
		用水量 /L·(人·班)$^{-1}$	时变化系数(K)	用水量 /L·(人·班)$^{-1}$	占最大人数/%	最大时 /m^3·(h·100人)$^{-1}$	日用水量 /m^3·(d·100人)$^{-1}$	开水量 /L·(人·班)$^{-1}$
1	备煤及焦处理车间	25	3.0	60	100	6.94	8.5	2~4
2	炼焦车间	35	2.5	60	100	7.10	9.5	3~5
3	化产生产车间	25	3.0	40	100	4.94	6.5	2~4
4	辅助生产车间	25	3.0	40	100	4.94	6.5	1~2
5	生活福利设施	25	3.0	40	50	2.94	4.5	1~2

① 最大时用水量应按最大班人数计算;日用水量应按总人数计算;

② 生活饮用水指标中已包括该用水量。其时变化系数为 $K=1.5$。

生活给水应满足生活饮用水标准，当水源来水未经消毒或来水中余氯不足时，厂内应增设消毒处理设施。凡食堂、盥洗室、卫生间、浴室和经常有人员活动场所的污水池等给水应供给生活用水。

B　生产给水

生产用新水有工业水、过滤水、软水、除盐水和海水等，生产用循环水有清循环冷却水、浊循环(冷却)水、循环制冷水(包括16℃低温水、5℃深冷水和－15℃冷冻水)等，生产用其他形式的水有串级给水、再次用水及废水回用等。应根据工艺用水要求及水源情况确定给水系统及各系统的给水量。

煤焦、煤气净化及化产品精制部分主要设施的生产用水量和用水要求已在6.1～6.3节中给出。辅助生产用水设施包括空压站、制冷水站、锅炉房、水处理设施、水加压设施、化验室及机修等，这些用水户的用水条件因受诸多因素的影响变化较大。表6-89和表6-90分别为空压站和溴化锂制冷站用冷却水指标，其他各辅助生产系统用水指标应根据实际用水情况确定。

表6-89　空压站用冷却水量

序号	压缩空气规模 $/m^3\cdot min^{-1}$	冷却水量 $/m^3\cdot h^{-1}$		序号	压缩空气＋净化压缩空气规模 $/m^3\cdot min^{-1}$	冷却水量 $/m^3\cdot h^{-1}$	
		正常	最大			正常	最大
1	2×6	2.5	5	1	2×10＋2×1.5	7.8	15.6
2	2×10	7	14	2	3×10＋2×3	15.5	24
3	3×10	14	21	3	3×10＋2×6	16.5	26
4	3×20	28	42	4	2×20＋2×3	15.5	31
5	3×40	58	87	5	3×20＋2×3	29.5	45
6	2×100	73	146	6	3×20＋2×6	30.5	47
7	2×3(净化)	1.5	3	7	3×20(无油)＋2×20(净化)	28	42
8	2×6(净化)	2.5	5	8	3×40＋2×6	60.5	92

注：1.压缩空气机和净化压缩空气机均有一台备用，最大量为所有设备(含备用设备)全部运转时的水量。

2.给水温度 $t_1\leqslant 32$℃，$\Delta t\leqslant 7$℃；给水压力 $p\geqslant 0.15$MPa。

表6-90　溴化锂制冷站用冷却水量

序号	制冷站规模 /MW	制冷水量 $/m^3\cdot h^{-1}$			冷却水量 $/m^3\cdot h^{-1}$			序号	制冷站规模 /MW	制冷水量 $/m^3\cdot h^{-1}$			冷却水量 $/m^3\cdot h^{-1}$		
		最大	最小	正常	最大	最小	正常			正常	最大	最小	正常	最大	最小
1	2×1.16	180	100	145	380	210	310	1	3×2.91	900	500	720	1875	1050	1550
2	2×1.74	270	150	215	560	315	465	2	4×2.91	1350	760	960	2800	1600	2325
3	3×1.74	540	300	430	1125	630	930	3	3×3.49	1100	600	860	2250	1260	1860
4	2×2.33	360	200	285	750	420	620	4	4×3.49	1600	900	1290	3500	1870	2790
5	3×2.33	712	400	570	1500	840	1240	5	5×3.49	2000	1200	1720	4300	2520	3720
6	4×2.33	1070	600	855	2250	1260	1860	6	6×3.49	2580	1500	2150	5400	3600	4650

注：1.各规模溴化锂制冷站设备均有一台备用，其最大给水量为备用设备亦投入运转时的水量。

2.制冷机制冷后的水温为16℃(或18℃)，进出制冷机的制冷水温度差为 $\Delta t\leqslant 7$℃；

3.制冷机循环水的给水温度 $t_1\leqslant 32$℃，$\Delta t\leqslant 6$℃；阻力损失为 $p=0.14$MPa。

煤焦系统室内地面冲洗用水综合指标已在6.1.3一节给出,其他室内地面冲洗用水综合指标见表6-91,清扫地面数少时取下限。

表6-91 煤气净化、化产品精制及其他辅助生产系统室内地面冲洗用水综合指标

使用范围	用水量/m^3				使用时间/h·(每班)$^{-1}$	备 注
	全 日	最大班	最大时	平均时		
工段或车间	4.5~9.6	1.5~4	0.8~3	0.2~0.4	2	清扫地面数量1~4个

焦化厂的未预见水量一般按生产用新水量(工业水+过滤水)的10%~20%考虑,当新水用量大时取下限。在给水系统发生事故时,生产给水量不应小于生产实际用水量的70%,并应保证关键用户的生产用水。

6.5.1.2 水量平衡及水量平衡图

焦化厂生产给水种类多,用水量大,其中冷却给水占总给水量的80%以上。因此,搞好水量平衡,做到合理用水,对节水和节能起着关键性作用。应做到对给水量、水温、水压及水质等的最大限度的开发和利用,设法做到水尽其用、重复利用、循环使用和废水回用,尽可能避免和杜绝不必要的直流供水和排放水温没有完全利用的冷却水。在进行水量平衡时,应考虑到如下几个方面:

生产直流给水有生产用新水和生产用冷却水两种。生产用新水主要用于新水用户(如配药、向工艺介质中加水、化验用水及某些系统清洗等)和循环水系统补充水等。生产用直流冷却水主要用于水源比较丰富和取水成本较低的地区(如直接取地表水或泉水供间接冷却设备使用后又返回原水体或供其他用户使用等),或者用海水的场合。生产直流供水可根据水源水质及用户对水质的要求采用同管网或分系统供水。

工艺介质或设备用冷却水应优先考虑使用循环水或制冷水。一般间接冷却给水可供给温水循环冷却水(给水温度在50℃以上,回水温度80℃以上)、清循环冷却水(给水温度在27~33℃之间,回水温度45~50℃)、循环制冷水(给水温度为5℃和16℃两种,温升$\triangle t=7$℃)和循环冷冻水(给水温度为-15℃);介质直接冷却可供给浊循环冷却水(如沥青池循环冷却水,给水温度在33℃左右,回水温度50℃左右,该水只需要冷却而不需要除悬浮物即可循环使用)或浊循环水(如熄焦循环水、湿式除尘循环水和沥青焦冷却循环水等,该类水需要进行重力沉淀或絮凝沉淀除悬浮物处理,无冷却设施)。

串联用水是指上一级冷却设备用后水直接供给下一级冷却设备的用水,多出现在以制冷水为水源的用户之间,如煤气初冷器二段用后水温度为20℃,而后供贫油冷却器二段用水,而后再返回制冷机系统。该种供水方式应考虑到系统压力平衡、回水余压的合理利用和动力消耗等的优化问题。

再次利用水是指多次重复用水,如二次用水、三次用水等。重复用水主要是供给一些对给水水质有要求,而对给水水温不一定有要求的用户。该类给水的水源一般为直流间接冷却水用户的排水,该水通常只是水温有所升高,而水质没有受到污染。对于以低温水作水源的厂,应最大限度的利用水源的水温资源,如水源来水先经某些低温冷却水用户使用后,然后供作循环冷却水系统补充水、制软水或纯水用水及其他新水用户用水等,必要时在再次使用前可先经过过滤处理,即使是这样经济上也合理的多。特别是对那些所用新水是以低温水为水源,且厂内又设有水循环制冷系统的情况,低温水源水应优先供给某些低温冷却水用户使用后,再供新水用户使用,以最大限度地减少制冷水量。

废水再利用主要有:用清循环水系统的排污水作浊循环水系统的补充水、湿式除尘用水、污水处理稀释水、熄焦补充水、煤气水封水及焦炉煤气上升管水封盖用水等;处理后焦化废水作熄焦补充水等;浊循环系统排污水作污水处理稀释水。废水再利用具有很大的实际意义,不仅可以减少新水的用量,而且可以减少废水排放量。

水量平衡应满足有关水的重复利用率的要求。水的重复利用率(R)应按式 2 - 3 进行计算,但当用水种类较多时,亦可按下式进行计算:

$$R = \frac{Q_t - Q_0}{Q_t} \times 100\% \tag{6-1}$$

应当指出的是:(1) 该公式的“新水用量(Q_0)”中不包括产蒸汽制纯水用新水。这是因为,一般间接蒸汽要回收冷凝水,所用纯水多为该系统的补充水,因此产蒸汽用纯水的重复利用率应由蒸汽冷凝水的复水系统去考虑;(2) 在“全厂总用水量(Q_t)”中应包括全厂所有的生产用水量(其中也包括本专业以外的其他专业自己设置的各类循环给水系统的循环给水量),但不包括各循环水系统的补充水量和产蒸汽制纯水用新水量。

水量平衡应以水量平衡图的形式表示出来。水量平衡图的画法较多,但常用的有两种。其一为以给水系统为单元,该种表达方式见图 6-30,另一为按生产车间进行分组,该种表达方式如图 6-31 所示。

在编制水量平衡图时,应注意如下几个方面的问题:

(1) 当系统内设有水量调节设施时,水量平衡图中应给出平均时用水量和最大时用水量两项指标;

(2) 负担有消防任务的系统,其水源给水量应分别标注出正常运转时和消防时或消防后消防水池补水时的供水量。

(3) 当系统水量经过热平衡运算时,相关的水温数值应在水量平衡图中标出。水温热平衡计算公式如下:

$$t = \frac{t_1 Q_1 + t_2 Q_2}{Q_1 + Q_2} = \frac{t_1 Q_1 + t_2 Q_2}{Q} \tag{6-2}$$

式中 t_1、t_2——分别为混合前两种水的水温;

Q_1、Q_2——分别为水温为 t_1 和 t_2 水的水量;

t、Q——分别为混合后水的水温和水量。

6.5.1.3 系统控制

给水系统的系统控制一般用系统控制图来表示。系统控制图中表示的主要内容有:

(1) 系统中所拥有的给水设施:包括加压水泵、水泵吸水井、贮水池、冷却塔、制冷机、过滤设备、加药系统、加氯系统、高位水箱和用水户等;

(2) 给水路线图:包括水源输水管线、各系统管道路线、各种超越管线及连通管线等;

(3) 控制阀门:包括系统中的主要控制阀、重要止回阀和自动控制阀等,止回阀应表明水流方向;

(4) 各种流量、温度、液位和压力测点及各自的编号,以及各种连锁关系;

(5) 各种重要的调节压力、流量及温度的手段;

(6) 管道图例及重要说明等。

系统控制图对于指导设计和生产都有很大的作用。对于较大的循环水系统,可以根据系统控制图制作系统控制模拟盘。

一个好的控制系统,应做到系统完整、运转灵活、切换方便和控制自如,并且在系统配置上应做到方法得当、手段合理、安全可靠和经济实用。如串级泵直接从管网抽水时可能对相邻用水户产生影响,直流供水系统中较低位置的用水大户可能对较高位置的用水户产生影响,循环水系统或串级给水系统中某一用户的用水量变化可能对同系统中其他用水户产生影响等,为了尽可能消除这些影响,有时需要有意识地放大管网中某些部位管道的管径;又如,为了满足系统控制、操作、切换及检修等的要求,系统的阀门设置应可靠、合理和齐全等。

图 6-32 为一个给水系统控制图。系统控制涉及到系统测量和电力设备控制两方面的内容,其有关技术数据一般以表格的形式给出,表格格式分别见表 6-92 和表 6-93。

6.5.1.4 生产用水量表

在进行初步设计时,除要给出水量平衡图外,还应给出生产用水量表。因焦化厂规模、车间组成、生产工艺、水源情况及地理位置的不同,用水量表数量众多。在此仅举两个生产用水量表例子,其一为年产 60 万 t 全焦的焦化厂生产用水量表(见表 6-94),厂内设有煤焦和煤气净化,无化产品精制;另一是年加工焦油能力 10 万 t 的焦油车间生产用水量表(见表 6-95),生产内容包括焦油萘蒸馏、洗油加工、精酚、精萘、精蒽、蒽醌、苯酐、古马隆和针状焦等。

6.5.2 给水设施

焦化厂中涉及到的给水设施较多,主要有水加压设施(如水源取水、生产新水加压、生活水加压、消防水加压、循环水加压及各种处理水加压等)、水的贮存和调节设施(如各种贮水池及高位水箱等)、水质处理设施(如水源水处理、地下水除铁除锰、锅炉用水的除盐或软化、循环水水质稳定处理及循环水冷却等)、消防设施(固定或半固定泡沫灭火设施、固定或半固定消防冷却喷淋设施、室内外消火栓及水枪水炮水消防设施和水喷雾灭火设施等)及给水管网系统等。下面介绍一些焦化厂常用的给水设施,在此仅介绍这些设施在焦化行业中的习惯做法及某些设计参数的选取范围,具体设计计算方法参见《给水排水设计手册》。

6.5.2.1 水的调节与贮存设施

水量的贮存调节应根据外部水源条件和内部用水情况,从供水安全和经济等方面综合考虑。焦化厂的水调节与贮存设施多为贮水池和高位水箱,用于调节和贮存生产、生活水和(或)消防用水。

A *贮水池*

在下列情况下应设贮水池:

(1) 当水源输水管道为两条,但水源供水能力有限,且不能满足消防用水量要求时,不足部分的消防用水量要靠厂内贮水池来贮存,又分下列几种情况:

1) 水源来水完全不能负担消防用水时,消防贮水池应贮存 6.4 节规定的最大一次消防所需的全部水量,但水源来水应具有在消防后 48h(缺水地区为 96h)内,补满消防水池的输水能力;

2) 水源来水只能负担一部分消防用水量时,消防贮水池的贮水量不包括消防期间水源可以提供的那部分消防水量;

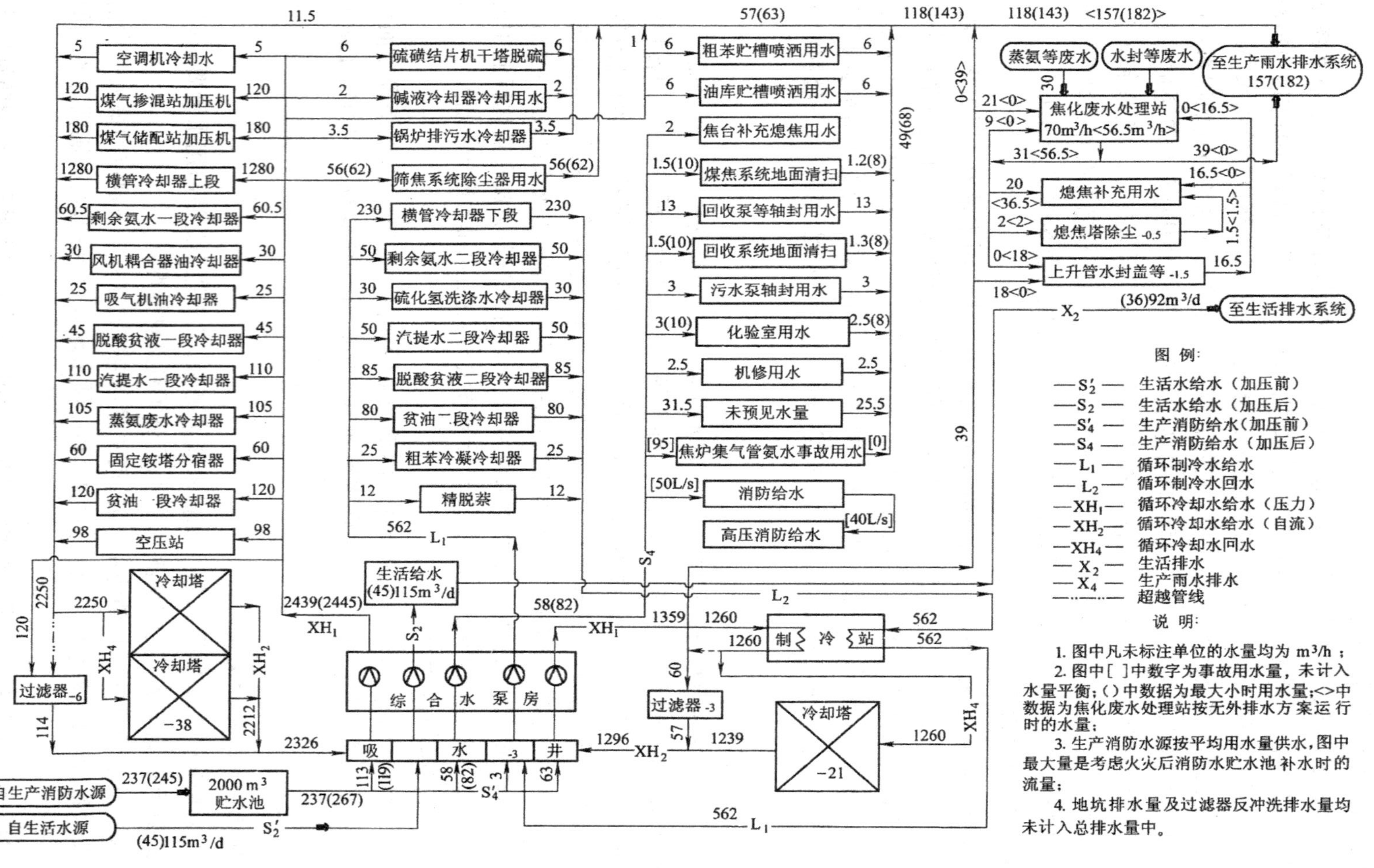

图 6-30 水量平衡图之一

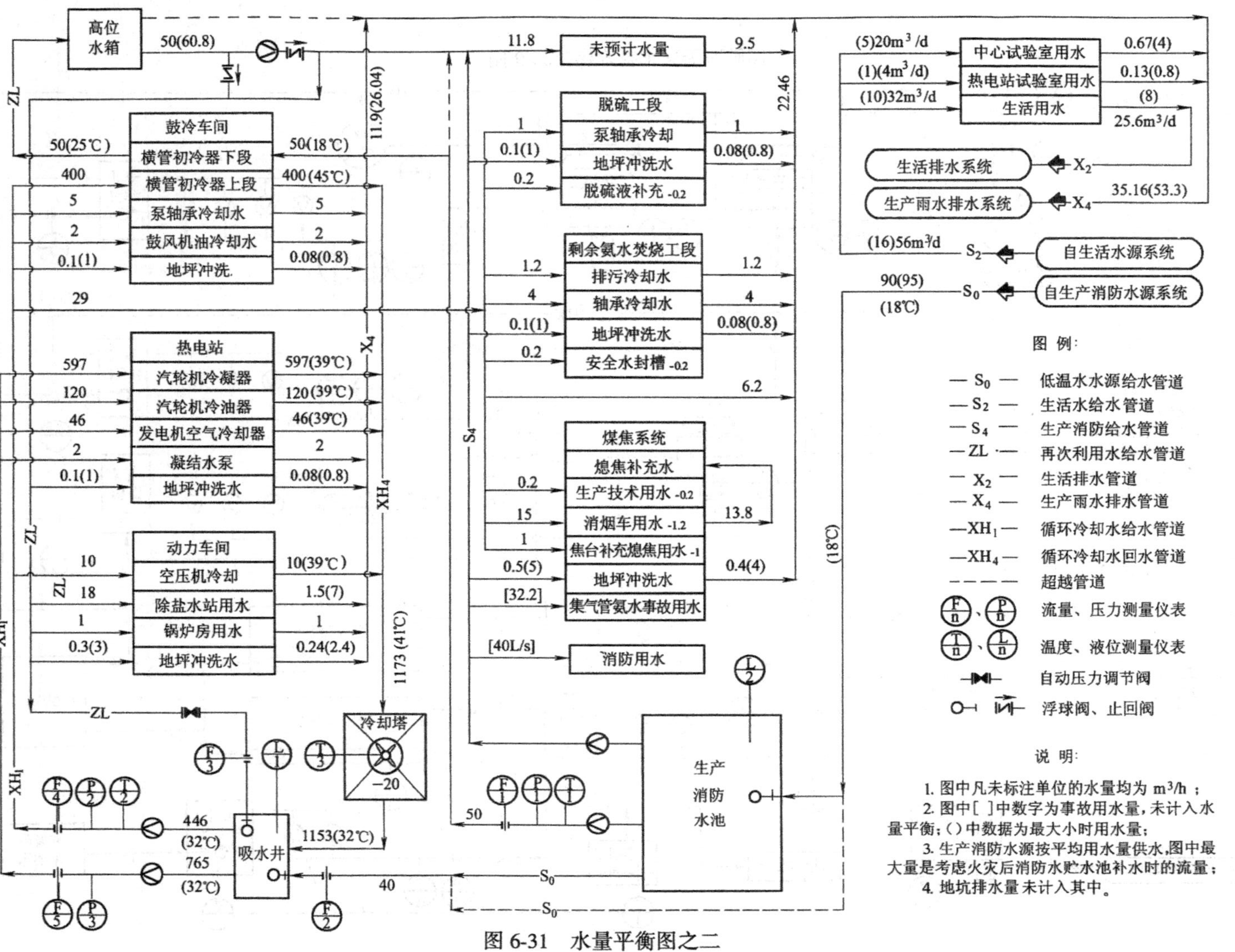

图 6-31 水量平衡图之二

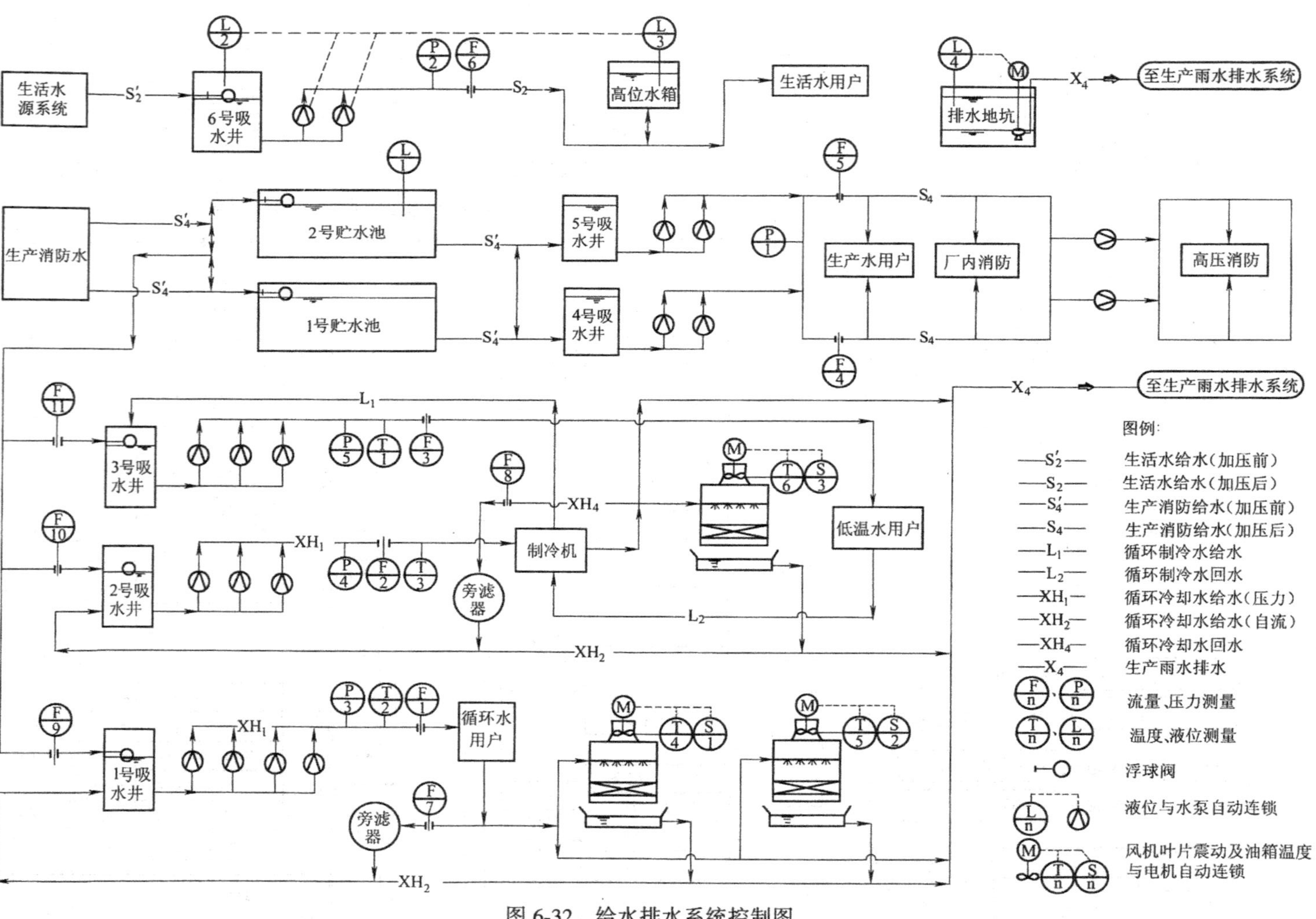

图 6-32 给水排水系统控制图

表 6-92 系统测量有关技术数据一览表

序号	项目编号	检测项目	检测单位	测量数值			显示要求					被测介质								测试条件		二次仪表安装位置	备注
				平均	最小	最大	指示	记录	累计	报警	连锁	名称	密度/mg·m^{-3}	黏度/Pa·s	温度/℃	压力/MPa	压缩系数	腐蚀性	相对湿度/%	管道材质	管径/mm		
(1)	(2)	(3)	(4)	(5)	(6)	(7)	(8)	(9)	(10)	(11)	(12)	(13)	(14)	(15)	(16)	(17)	(18)	(19)	(20)	(21)	(22)	(23)	(24)

表 6-93 电器设备控制技术要求一览表

序号	动力设备		电源级别	操作方式		控制地点		控制或连锁						设备状态指示					备用设备投入		工作设备事故报警				中央控制室位置	备注
								连锁信号			数值及单位			状态			地点									
	编号	设备名称		自动	手动	现场	中央	名称	来源	正常	最大	最小	极限	运转	停运	事故	现场	中央	自动	手动	声	光	现场	中央		
(1)	(2)	(3)	(4)	(5)	(6)	(7)	(8)	(9)	(10)	(11)	(12)	(13)	(14)	(15)	(16)	(17)	(18)	(19)	(20)	(21)	(22)	(23)	(24)	(25)	(26)	(27)

注：控制或连锁信号包括液位、温度、压力、流量、浓度、pH 值、振动、限位及时间等。

表 6-94 生产用水量表之一

序号	用水户名称	用水量 $/m^3 \cdot h^{-1}$						水温/℃		使用时间 $/h \cdot d^{-1}$	用水压力 /MPa	排水出口		备注
		生产新水	清循环水	浊循环水	制冷水	再次用水	废水回用	进口	出口			标高/m	余压/MPa	
(1)	(2)	(3)	(4)	(5)	(6)	(7)	(8)	(9)	(10)	(11)	(12)	(13)	(14)	(15)
	一、煤气冷凝工段													
1	横管冷却器上段		1280					32	45	24	0.4	20		
2	横管冷却器下段				230			16	23	24	0.4	10		
3	剩余氨水一段冷却器		60.5					32	45	24	0.4	6	0.25	
4	剩余氨水二段冷却器				50			16	23	24	0.4	6	0.25	
5	泵轴封用水	4								24	0.2	0.2	0	
	二、煤气洗涤装置													
1	硫化氢洗涤水冷却器				30			16	23	24	0.4			
2	泵轴承冷却	4								24	0.2			
	三、脱酸蒸氨													
1	气提水一段冷却器		110					32	45	24	0.4			
2	气提水二段冷却器				50			16	23	24	0.4			
3	脱酸水一段冷却器		45					32	41	24	0.4			
4	脱酸水二段冷却器				85			16	23	24	0.4			
5	蒸氨废水冷却器		105					32	45	24	0.4			
6	固定铵塔分缩器		60					32	45	24	0.4			
7	碱液冷却器		2					32	37	24	0.4			
	四、硫回收													
1	硫磺结片机		6					32	45	6	0.4			
2	锅炉排污水冷却		3.5					32	45	24	0.4			
3	风机及泵轴承冷却	2						32	45	24	0.2			

续表 6-94

序号	用水户名称	用水量 /$m^3·h^{-1}$						水温/℃		使用时间	用水压力	排水出口		备注
		生产新水	清循环水	浊循环水	制冷水	再次用水	废水回用	进口	出口	/$h·d^{-1}$	/MPa	标高/m	余压/MPa	
(1)	(2)	(3)	(4)	(5)	(6)	(7)	(8)	(9)	(10)	(11)	(12)	(13)	(14)	(15)
	五、精脱萘													
1	精脱萘冷却器				12			16	23	24	0.4			
	六、粗苯蒸馏													
1	贫油冷却器一段		120					32	45	24	0.4			
2	贫油冷却器二段				80			16	23	24	0.4			
3	粗苯冷凝冷却器				25			16	23	24	0.4			
4	泵轴承冷却	3								24	0.4			
5	夏季贮罐喷淋用水						6			4	0.1			夏季用
	七、吸气机装置													
1	风机油冷却器		25					32	45	24	0.4			
2	风机耦合器油冷却器		30					32	45	24	0.4			
	八、油库													
1	夏季贮罐喷淋用水						6			4	0.1			夏季用
	九、煤焦系统													
1	煤塔仪表室空调冷却		5					32	47	24	0.1			夏季用
2	焦处理系统泡沫除尘						56(62)			18	0.4			
3	焦台补充熄焦用水	2									0.1			
4	循环熄焦补充水						36.5				0.2			
5	熄焦塔除尘用水						2				0.1			
6	焦炉煤气上升管水封盖水封						17.5							
7	焦炉技术用水						0.5				0.2			

续表 6-94

序号	用水户名称	用　水　量　$/m^3 \cdot h^{-1}$						水温/℃		使用时间	用水压力	排水出口		备　注
		生产新水	清循环水	浊循环水	制冷水	再次用水	废水回用	进口	出口	$/h \cdot d^{-1}$	/MPa	标高/m	余压/MPa	
(1)	(2)	(3)	(4)	(5)	(6)	(7)	(8)	(9)	(10)	(11)	(12)	(13)	(14)	(15)
8	焦炉集气管氨水冷却事故用水	[95]									0.3			事故用水,不计入水量平衡
	十、空压站及制冷站													
1	空压机冷却		98					32	39	24	0.4			
2	制冷机循环水		1260					32	39	24	0.4			
	十一、煤气储配(掺混)站													
1	煤气储配站加压机		180					32	39	24	0.4			
2	煤气掺混站加压机		120					32	39	24	0.4			
	十二、其他													
1	焦化废水处理站稀释水						21							
2	回收系统地坪清洗	1.5(10)												
3	煤焦系统地坪清洗	1.5(10)												
4	循环水系统补充水	176(182)												
5	制冷水系统补充水	3												
	机修用水	2.5												
	其他污水泵轴封用水	3												
	化验室用水	3(10)												
	未预见水量	31.5												
	合　计	237(267)	3510		562		145.5 (151.5)							

表 6-95　生产用水量表之二

序号	用水户名称	用水量/$m^3 \cdot h^{-1}$						水温/℃		使用时间/$h \cdot d^{-1}$	用水压力/MPa	排水出口		备注
		生产新水	清循环水	浊循环水	制冷水	再次用水	废水回用	进口	出口			标高/m	余压/MPa	
(1)	(2)	(3)	(4)	(5)	(6)	(7)	(8)	(9)	(10)	(11)	(12)	(13)	(14)	(15)
	一、焦油加工													
1	焦油加工和中间槽	4.7	45					32	40	24	0.4			
2	馏分脱酚及萘蒸馏	5.2	7					32	45	24	0.4			
	油槽区泵冷却	1.5						25		24	0.4			
	二、沥青加工车间													
1	改质沥青装置	4.1	60					32	45	24	0.4			
2	针状焦煅烧冷却		27.4					32	40	24	0.3			
3	针状焦筒内熄焦	2.5								24				
4	针状焦预处理冷却	0.5	139							24	0.4			
5	针状焦延迟焦化		74					32	45	24	0.4			
			10					32	45	4	0.4			
6	针状焦延迟焦化补充水					30				9	0.35			
7	针状焦延迟焦化泵轴冷却水					15				24	0.3			
8	针状焦延迟焦化泵体内冲洗	6								4	0.3			
	三、化产品一车间													
1	古马隆冷凝冷却器		67					32	45	24	0.4			
2	古马隆带钢结片机		50					25		24	0.4			
3	古马隆泵冷却等	6.8						32	45	24	0.4			
4	酚盐分解换热器等	1.5	20					32	40	24	0.4			

续表 6-95

序号	用水户名称	用水量 /m^3·h^{-1}						水温/℃		使用时间 /h·d^{-1}	用水压力 /MPa	排水出口		备注
		生产新水	清循环水	浊循环水	制冷水	再次用水	废水回用	进口	出口			标高/m	余压/MPa	
(1)	(2)	(3)	(4)	(5)	(6)	(7)	(8)	(9)	(10)	(11)	(12)	(13)	(14)	(15)
5	酚盐分解烟道气冷却			15				32	40	20	0.4			
6	酚精制脱水冷凝冷却器	1.5	15											
	四、化产品二车间													
1	精萘1~4号冷却器		80					32	45	8	0.4			
2	精萘转鼓结晶机		80					32	45	8	0.4			
3	精萘泵轴冷却	4								24	0.4			
4	精萘结晶器用热载体										0.4			40m^3/次；2~3次/年
5	萘酐	3.1								24	0.4			
		0.5								1.5	0.1			
6	洗油蒸馏	6.85	83.5			9.25		32	45	8	0.4			
	五、化产品三车间													
1	精蒽		600					32	45	24	0.4			
2	精蒽		150					32	45	8	0.4			
3	精蒽	0.5								24	0.4			
4	蒽醌		3					32	45	8	0.4			
	六、其他													
1	煤气加压机室	0.3						25		1	0.1			
2	空调及风机冷却		35					32	40	24	0.2			
3	泡沫除尘器					12				24	0.4			
4	机修间、综合仓库及汽车库	2								24	0.2			
5	空压站	0.3	17					32	40	24	0.4			
6	凝结水泵站及余热锅炉	0.3								24	0.2			
7	循环水补充	79								24	0.1			
	合计	131.15	1562.9	15		66.25								

3）在市政等外部消火栓保护范围内（须具有可靠水源保证）建筑的室外消防用水量，应扣除外部消火栓能提供的那部分水量。

（2）当水源输水管道为两条，且水源只能提供平均小时用水量时，应设置生产和生活调节贮水池，调节水容积应按平均小时用水量和用水量随时间的变化曲线来确定。

（3）当水源输水管道仅有一条时，厂内应设置消防贮水池和生产水事故与调节贮水池。消防贮水池应能贮存最大一次消防所需的全部水量；生产水贮水池一般按贮存不小于 8h 的生产用水量考虑，当遇特殊情况时，生产水事故贮水量应根据实际需要确定。

一般应优先选用国家标准图中已有的圆形或矩形贮水池，该类水池的有关技术数据见表 6-96，水池进水管和出水管的数量、大小、位置及形式等可按实际需要进行设置。

表 6-96 国家标准图集中矩形及圆形贮水池有关数据

	有效容积/m^3	50	100	150	200	300	400	500	600	800	1000	2000	3000	4000
矩形	池长/mm	3900	5600	6800	7800	1200	11320	14300	14700	16700	15900	23400	28700	29400
	池宽/mm	3900	5600	6800	7800	8000	11320	10700	11000	12500	15900	23400	28700	29400
	池高/mm	3500	3500	3500	3500	3500	3500	3500	4000	4000	4000	4000	4000	5000
	标准图号	96S823	96S824	96S825	96S826	96S828	96S829	96S830	96S831	96S832	96S833	96S836	96S837	96S838
圆形	有效容积/m^3	50	100	150	200	300	400	500	600	800	1000	2000	3000	4000
	池直径/mm	4500	6400	7800	9000	11100	12600	14060	14160	16500	18700	26600	28000	32600
	池高/mm	3500	3500	3500	3500	3500	3500	3500	4000	4000	4000	4000	5000	5000
	标准图号	96S811	96S812	96S813	96S814	96S815	96S816	96S817	96S818	96S819	96S820	96S834	96S835	—

注：表中水池结构尺寸为池内净尺寸，不包括池壁及水池覆土的厚度或高度。需要时可将池壁覆土改为带空气夹层的保温墙结构形式。

贮水池高程的确定，应由水泵的启动方式（是自灌启动还是抽真空启动）、水泵的吸水性能、水池与水泵站间的相对高程关系、泵站形式（是地面式、地下式还是半地下式）、水泵是否从水池内直接吸水、水池内热平衡（水池补热量与散热量平衡）、工程造价及总体布局等综合因素来考虑。

贮水池出水管处应设集水坑，集水坑的位置及深度应保证水池内的水能全部从其中导出，但当贮水池兼作水泵吸水井时，集水坑的深度应满足水泵吸水要求。

同一水源的消防、生产和生活用水可采用同一贮水池，但应采取防水质恶化措施。如因水在贮水池内停流时间较长而不能满足生活用水水质要求时，生活水宜单独贮存。

在寒冷地区的贮水池应考虑防冻措施，特别是仅贮存消防水的水池，要求其保温效果须与冰冻深度相等效。另外，因长期存放使其水质严重恶化，因此该类消防水不能进入兼有生活用水的给水管网。

对厂内要求设置环状消防管网的贮水池、有检修要求的贮水池或贮水总量超过 1000m^3 的贮水池，其分格数应设不少于独立的两格（座），且相邻两格贮水池间应设置连通管，并在连通管上安装双控制阀门。

贮水池进水管和出水管的设计流量应考虑到一格（座）贮水池停止进出水时，其他贮水池进出水管应能保证通过全部来水量和出水量。每格（座）贮水池进出水管所负担的水量（q）可按下式计算：

$$q = \frac{Q}{n-1} \tag{6-3}$$

式中 n——为贮水池的独立格(座)数;

Q——贮水池的最大总进水量或最大总出水量(有调节功能的贮水池,其最大进水量和最大出水量并不一定相等)。

消防水与其他水在同一贮水池贮存时,应有非火灾时消防水不被动用的措施。有供消防车取水需要的贮水池应设消防车取水口,贮水池的最大深度(或消防水的最低水位)与地面的距离不能超过 6m,贮水池与被保护对象间的距离应不超过消防规范的限定范围。

水池内应设有最高水位、最低水位、消防水位和极限水位的指示和报警系统。若水池分多格设置时,可只在其中一格设液位远传信号,其余格宜采用现场水位标尺指示。

水池内应设置通气管、溢流管和放空管,溢流管上应设置水封。当水池溢流管喇叭口安装高度位于厂区内最高积水水位以下时,溢流管上应采取防排水倒灌措施,以确保外部排水不能倒灌进入水池和污染水池水质。

贮水池进水管上宜设置浮球阀等自动控制进水量的装置,但当贮水池装设自动进水控制装置,有可能造成贮水池前面的来水设施(如水处理构筑物等)出现跑水或其他事故时,此时应采取贮水池最高水位与其前面来水设施的进水系统实行自动连锁的措施,否则就不能设贮水池进水自动控制装置,但可设最高水位报警信号。

当水池进水管上装浮球阀时,其单条进水管的管径不应大于 *DN*300(为最大规格浮球阀的口径),当贮水池所需进水管大于 *DN*300 时,应变为两个或多个进水管。

在贮水池紧贴溢流管喇叭口处和进水管的浮球阀处应设置人孔及爬梯。溢流管的进水口宜采用喇叭口且方向向上,并在喇叭口上安装滤网。

B 水箱

在下列情况下应设置高位水箱:

(1) 在临时高压消防系统,应设有火灾初期 10min 消防用水量(极限消防贮水量应按有关消防规范执行)的消防水箱;

(2) 在生活水单独加压时,宜设高位调控水箱;

(3) 在生产水串联使用时,宜设高位保压调节水箱。生活和生产水箱应能满足其控制和调节的要求。

高位水箱宜设置在煤塔、筛焦楼、配煤槽、高度较高的转运站或综合办公楼等的顶层。专供储存消防水的水箱,其补充水源可为生产水新水、生活给水、再次利用水或清循环冷却水等。高位水箱应设置溢流管和放空管。

当消防水与其他水共水箱时,应设有非火灾时水箱内消防水不被其他用途所动用的保护措施。经消防泵加压后的水不得进入消防水箱。当采用生活消防给水系统时,室内消防水与生活水管网应分开设置,并在分支点后的消防水管道上安装止回阀。

当生活水与消防水共水箱时,其进水口及出水口的位置与高度的设置,应使水箱内的水能全部很好的流动。如将进水口和出水口分设在水箱长度方向的两侧,进水口设在高水位处,出水管口伸到水箱的底部,为防止因虹吸而倒空消防水,可在消防水位高度处的生活水出水管上开防虹吸的真空破坏孔。

供生产水串联使用的高位保压水箱,不得在进水管上装浮球阀等调节进水量的装置,以防影响上一级用水户用水。且其溢流水管应有能排走全部上一级用户用水流量的能力。当上下两级用户用水总量平衡而用水流量不平衡时,保压水箱应变为保压调节水箱,水箱所需的调节容积应根据其后用户用水量随时间的变化曲线来确定。

当在同一系统内设有两个或多个水箱,且各水箱的位置高度不完全相同时,与水泵自动连锁的信号应由最不利点水箱来控制,其他水箱的进水管上均应装浮球阀类的自动调节流量阀。且除起控制作用的水箱外,其他生活水箱均应变为前置水箱,且水箱的进水管和出水管之间不得连通,以防止某些水箱内有长时间集存死水的情况出现。

6.5.2.2 水加压设施

A 水泵及水泵房

焦化厂常需加压的情况有:新水或再次利用水加压(当水源输水管道的来水压力不足或被水池隔断时)、各种循环水加压、某些水处理的中间提升、消防水加压和水处理用药剂输送等。设计中应尽可能设法利用已有的水压力,一般不应轻易对压力水进行泄压。对外部水源来水需先进入低位水池时,水源来水压力以能进入水池为好;对给水压力要求较低且用水量较大的用户(如循环水系统补充水等)宜直接从水源来水管网接水,应尽量避免使用再加压后的水;循环水回水进冷却塔应尽可能利用回水余压上塔;串级水系统可采用不泄压串级使用或串级加压等。

生产水加压泵的选择原则如下:

(1) 生产水加压泵工作泵的台数最好与工艺生产装置相对应,如一台水泵供一台或两台生产装置等。工作泵数量的确定应考虑到非满负荷生产时、所有装置不同时开工时、部分项目缓建时以及其他一些因素影响正常生产时,水泵组合的灵活性。在系统工作水量较大时,应严格避免只设一台工作水泵的情况出现,但水泵的台数也不易过多。

(2) 在同一系统内,应尽可能选择同型号的工作水泵。除特殊需要外,一般不采用大小水泵组合的供水方式。

(3) 水泵的选择应进行多型号的比较,应选择效率相对高、耗功率较小的水泵型号。因生产工艺用水都比较稳定,多数情况下单台正常工作用水量就是其最大用水量,因此在选不到最佳水泵的情况下,工作点可以选择在水泵高效区流量的上限。但在工作台数较多时,最好把工作点选在水泵高效区流量的中下限处。

(4) 对给水水质相同或相近,但需水压力不同的循环水用户(如煤气净化系统循环冷却水和制冷机系统循环冷却水),可按给水压力实行分系统供水,而其回水及冷却设施共系统的供水方式。

(5) 对于制冷机循环制冷水,应采取利用回水余压进制冷机的方式,即:吸水井→加压水泵→工艺冷却水设备→制冷机→吸水井。这是因为工艺冷却水设备的位置较高,靠设备的位置高度完全可以满足制冷机用水压力的要求。若采用压力水先经过制冷机制冷的方式,即:吸水井→加压水泵→制冷机→工艺冷却水设备→吸水井,这样水泵扬程需要额外增加(主要用以克服制冷机的水头损失),这样是极不经济的。若把吸水井改为承压形式,用另外的压力水泵(变频调速泵或气压给水的形式)向系统补水和为系统保压,这样制冷循环水泵仅需克服系统的阻力损失,而与工艺冷却水设备的位置高度无关,是一种较理想的节能运行方式。

(6) 对用水流量随时间变化波动较大的给水系统,可采用变频调速供水或水泵与水箱联合供水系统。

备用泵的数量为：(1) 生产水泵：当工作水泵的台数≤3 台时，备用泵的台数为 1 台，当工作水泵的台数≥3 台时，备用泵为 2 台；(2) 消防水泵：其备用台数应按消防规范要求确定。(3) 生活给水加压泵一般为 2 台，其中 1 台为备用。

专用消防水泵可根据其用途(如供消火栓用水、水枪和水炮用水、喷洒冷却用水、配泡沫用水及自动喷洒用水等)和不同消防手段所需的水压及消防延续时间等，确定是否进行水泵的分系统设置、大小搭配和(或)局部串联加压。

当生产水和消防水共网时，专用消防泵的压力一般应和生产水泵的工作压力相一致，不得为满足消防压力而提高生产水泵工作压力，对所需消防压力较高的用户，可采用局部加压的方法。有时也可以把生产消防系统中的消防泵设为高压泵，供全厂所有地方消防用水，而生产泵为低压泵，但此时消防泵应兼有提供生产泵的供水能力，并且在控制上应做到：当消防泵启动后低压生产泵应自动停止运转。只有在系统正常供水量较小，而消防水量较大，或正常供水量与消防水量之和较小时，才可使用该种消防系统。

消防水泵应自灌启动，生产和生活水泵可采用全自灌启动、半自灌启动或抽真空启动。因水泵吸水高度较小或水泵要求灌水启动时，可采用地下或半地下式泵房。

当生产消防贮水池水位降至消防水位以下时，也应确保生产水泵能正常工作，以保证消防时生产水泵仍能正常供水，不得采取下列措施保护贮水池中的消防水(当消防水泵兼供生产水者除外)：

(1) 水池水位降至消防水位时生产水泵自动停泵；

(2) 抬高生产水泵吸水喇叭口高度；

(3) 在生产水泵吸水管上的消防水位高度处开设真空破坏孔(或设真空破坏管等)。只有当生产给水水源断水，同时贮水池水位也降至消防水位时才考虑停止生产水泵运转。

如局部加压的消防水泵直接从管网抽水时，当消防水泵吸水口承受的压力过大时，易产生漏水现象。解决的办法，一种是抬高消防水泵的安装位置，减少其吸水口承受的压力；另一种是选用轴密封能耐高压的水泵。

生产水泵抽真空启动的时间不得超过 5min。对于不附带有抽真空启动装置的半自灌启动的生产水泵，一旦在自灌水位以下停泵时，特别是在消防后贮水池水位降至或接近最低水位停泵时，此时因水泵不能自灌而无法启动。因一般贮水池面积都较大，水池水位恢复需要较长的时间，这种长时间的停水生产是不许可的，故在这种情况下，设计时应采取使水泵吸水管处的水池水位局部快速恢复至水泵自灌水位高度以上的技术措施，或增设水泵抽真空启动装置。

对大型泵房其宽度应优先采用 6m、7.5m、9m、10.5m 和 12m 这几种跨度。泵房应设置方便设备进出的门，大型泵站的泵房应设有两个门。水泵站可能有的附属用房有：仪表操作室、电磁控制站、变压器室、药剂间、药剂库及化验间等。

水泵站内设计(包括水泵机组的布置形式、水泵机组间的间距、吸水管及出水管的管径确定以及管道的设置要求等)可参照《给水排水设计手册》，并应满足有关设计规范的要求。泵房内应留有供水泵机组检修的位置。

每台水泵压出水管上依次应装止回阀和阀门，当给水设备位置较高时，水泵应采取防水锤措施。水泵吸水管水平段安装高度在吸水井最高水位以下时，水泵吸水管上应设阀门。

当外部为环状管网时，相应的水泵出水管应分两路，并在两出水管间增设连通管，连通管上设双阀门，并保证在事故检修(含阀门)时，至少应有一路出水能满足消防和(或)生产用水要求。

在每台水泵出水口至止回阀之间的管道上应安装就地指示式压力表。根据需要每个系统可设置盘上流量、压力和(或)温度等仪表指示。有条件时上盘流量、压力及温度等的测点位置应尽量放在泵房内。

泵房内阀门应设在便于操作的地方。水泵进出水管应设置牢固的支撑。在水泵与电机连接的靠背轮上，应设安全保护罩。

当水泵吸水管穿墙后直线与水泵吸水口连接，出现管道或阀门等装卸困难时，在穿墙处应安装伸缩套管。地下和半地下泵房穿墙处应安装防水套管。

地下或半地下式泵房内应设积水坑和排水泵，排水泵与积水坑水位应实行自动连锁。即：高水位自动启泵，低水位自动停泵，极限水位声光双重报警。

泵房内经常操作且管径在400mm及其以上的阀门可采用电动、气动或液压等自动阀。自动阀后应配备手动阀。

当单台设备最大件重量在300kg及其以上时，泵房内可设起吊设备。根据需要可设置起吊挂钩、单轨吊或悬挂式桥吊，当最大起吊重量超过3000kg时，可选用电动起吊设备。

生产水泵、地坑排水泵及控制所用的电动阀门等应配备两路独立电源。消防水泵的电源设置应满足有关消防规范的要求。

在生活给水需要单独加压时，应优先选用“低位水池(或吸水井)–高位水箱–加压水泵”联合供水系统，且水泵与水池及水箱水位宜实行联合自动连锁。即：当水池(或吸水井)水位在最低水位以上时：水箱水位到达低位时，生活水泵自动开启，水箱水位升至高位时，生活水泵自动停止；当水池(或吸水井)水位在最低水位以下时：无论水箱水位处在什么位置，生活水泵都不能启动。水池及水箱均应设高位极限水位报警。当工作水泵事故时，备用水泵应能自动投入运行并报警。

对单一的生活给水系统，应严禁使用变频调速水泵供水，这是因为这样的系统用水不连续，高峰用水时间很短，而零流量时间较长，在这种情况下采用变频调速水泵供水，不仅要浪费大量的能量，而且会影响水泵的寿命，同时还产生很大的噪音。在无条件设高位水箱时，可采用“变频调速水泵–小型气压罐”联合供水方式，在用水量大时由变频调速水泵供水，用水量小或间歇供水时由小型气压罐供水。水泵与其后的管网进行压力自动连锁，在管网的最不利压力点及其前面的合适位置上分别设置测压点，前者控制变频调速水泵的启停，后者控制变频调速水泵的调速。

消防水泵宜采用手动启动或延时自动启动，以防止误操作。

B 吸水井

水泵吸水井的有效容积应不小于其最大一台水泵5min的出水量，对于系统贮水总容积较小的系统(如制冷循环水系统)，吸水井的有效容积应适当加大。

与环状管网或两座及其以上的贮水池相连的水泵吸水井应分为两格。吸水井与贮水池间的输水管应不少于两条，输水管间应设连通管。连通管上的阀门设置应能有使贮水池与吸水井交叉使用的可能，检修时停运的贮水池及吸水井的数量不得超过一座(格)，考虑到阀门检修，连通管上应设并列的双阀门。

吸水井的最低水位及吸水井的井内底标高与外部来水情况有关。从自流水管网及各类水池引来的管道应从吸水井的下部进入，其标高应由外部管网或水池底标高等因素来确定。其中由水池(包括冷却塔水池)接入吸水井的管道应确保水池中水能全部进入吸水井，亦即水池的底标高应高于吸水井的最低水位，其高度差值应不小于连接吸水井与水池间管道的总水头损失值。水池至吸水井间的输水管铺设方式，以任何时候都不会出现虹吸引水情况为宜。吸水井进水管的接入位置及方向不应使吸水井中造成紊流及旋流现象。

吸水管喇叭口在吸水井最低水位下的距离：若吸水管管径为 D，当吸水管喇叭口水平放置时，其上沿与吸水井最低水位距离应 $\geqslant 2D$，且不小于 0.7m；当吸水管喇叭口竖直向下放置时，其底沿与吸水井最低水位距离应 $\geqslant 1.5D$，且不小于 0.5m。吸水管喇叭口距吸水井底的距离：当吸水管喇叭口水平放置时，其下沿与吸水井底的距离应 $\geqslant 0.5D$；当吸水管喇叭口竖直向下放置时，其底沿与吸水井底的距离应 $\geqslant 0.5D$，且应满足喇叭口支架高度的要求。吸水管中心距吸水井(或集水坑)壁的距离应 $\geqslant 1.5D$，且应 $\geqslant$ 300mm。

接受重力流来水的吸水井，其最高水位的设定以不使来水管道出现沉积物或向地面跑水现象为宜；与水池相连通的吸水井，其最高水位应等于水池的最高水位(设有液位自动控制的吸水井除外)；接受压力水的吸水井，其最高水位应为其溢流水位，一般宜定在室外平土标高以上。吸水井最高水位到吸水井顶的高度应不小于 200mm。吸水井顶高出其处地面平土标高的高度应不小于 300mm，但也不应影响整体造型美观或妨碍水泵房的采光。与贮水池相连通的吸水井，当贮水池水位较高时，可采用承压吸水井，并在吸水井顶板上设密封人孔和高度高于贮水池最高水位的通气管。

各类循环水吸水井及再次利用水吸水井均应设补充水管，其大小不仅要满足系统的补水要求，而且要考虑系统开工补水和系统水质处理时水置换等的需要。

凡接有补充水或接受压力、自流及余压回水的吸水井中，应设有溢流管和溢流事故报警；接力贮水池的吸水井、溢流管应设在贮水池内。当溢流管喇叭口高度在地面以下时，溢流管应采取防止外部排水管网倒灌的措施。

在寒冷地区的吸水井进水管应考虑防冻。对加盖吸水井应在浮球处设人孔和爬梯。

循环水系统的补充水管上应装设流量指示和水量累计仪表，对于那些补水量较小的循环水系统，特别是循环制冷水系统，补充水管上应开设较小管径的支路，并把流量测量点放在旁路管上，并设控制阀门，在正常运转补水时，计量水流走旁路。在系统加水或清洗等水置换时，因水流不计量而走管径较大的主管路。对于经常性操作的阀门，应尽量设在便于操作的地方。在接入吸水井的压力进水管上，应装设浮球阀或其他类型液位自动控制阀和手动节流阀。吸水井宜设水位指示和(或)报警系统。

6.5.2.3　水冷却设施

焦化厂水的冷却方式较多，冷却水给水水温不超过 18℃的低温水，可采用制冷机制冷；冷却水给水水温在 50℃以上的温水，多用空气管式冷却器方式冷却；冷却水给水水温与当地设计湿球温度差值不小于 2℃的水，一般采用冷却塔冷却。

国内冷却塔冷却后水温在 27～33℃之间。自然或机力通风冷却塔冷却后水温应与当地气象条件相适应，应采取冷却设备服从气象条件的供水原则，不得为照顾冷却设备而出现浪费水资源及浪费动力的情况。焦化厂几种循环冷却水的特点是：(1) 冷却水温差为 $\Delta t=$ 5～7℃，如制冷机、空调机及空压机循环冷却给水系统等；(2) 循环水回水温度为 45～50℃，煤气精制和化产品精制工艺过程工艺用冷却水多数属此类水;(3) 循环水回水温度超过50℃,如沥青池沥青冷却水等。

焦化厂冷却塔计算的干球和湿球温度应采用各自年超过5天的干球温度和湿球温度的年平均值(以下简称5日干球和5日湿球温度)。一般将经冷却塔冷却后的冷却水水温定为较5日湿球温度高4℃左右为宜。

焦化厂所使用的冷却塔按规模分有中小型玻璃钢冷却塔和大型工业冷却塔,按通风方式分有机械通风冷却塔和自然通风冷却塔。一般冷却塔进出水温差在 $\Delta t=5\sim7$℃之间的可采用玻璃钢冷却塔,其他均应采用大型工业型冷却塔。在当地5日湿球温度较低、空气湿度较小或经冷却塔冷却后的水温与5日湿球温度差值较大时,是采用机械通风冷却塔还是自然通风冷却塔,应由总图占地、基建投资和运行费用等综合因素来确定。

当制冷机循环冷却水(进出水温差为7℃左右)采用大型工业型冷却塔时,宜和煤气净化和化产品精制循环水(进出水温差在12℃以上)混合后共用同一冷却塔系统冷却。这样混合后的水可使 Δt 降至10℃左右,从而提高冷却塔的整体平均淋水密度和利用效率。此外,这样的系统还可以简化管网、冷却塔及水质稳定处理系统等。当两种循环水的给水压力不同时,可采用按压力分系统供水,冷却设备后供管网回水的给水系统。

应尽量利用回水余压进冷却塔。对分散和水量较小的无压冷却回水,可首先以循环水排污水的名义排掉;某些无压冷却回水在对冷却后水温影响不大时,可直接与冷却塔冷却后水混合;其余的无压冷却回水才考虑采用水泵加压上塔。

按冷却塔单格淋水面积分,焦化厂常用的大型竖流冷却塔规格有(单格面积)8.4m×8.4m、10.5m×10.5m、12.0m×12.0m和15m×15m四种,配带的冷却塔风机直径依次为 $\phi=4700$mm、$\phi=6000$mm、$\phi=7700$mm和 $\phi=8000$mm。常用大型横流冷却塔规格(单格面积)有5.525m×9.50m、9.70m×12.50m、12.55m×12.10m三种,配带的冷却塔风机直径依次为 $\phi=4500$mm、$\phi=7700$mm、$\phi=8500$mm。

在一组大型机械通风冷却塔中,至少应有1台采用二级变速电机,并且用冷却后的循环水温度与冷却塔风机电机进行自动连锁控制,根据冷却后水温的变化情况来提高或降低变速电机的级数或增加或减少恒速电机的运转台数。应注意的是,当调速电机由低速变高速时,可以直接提速。但当调速电机由高速变低速时,此时电动机处于发电机状态,故不能直接降速,应使电机停下来后重新启动,停机时间要用延时继电器来控制。

一般大型机械通风冷却塔,需要设置风机减速机油箱内油温自动监控和风机叶片振动自动保护系统。风机减速机油箱的油温自动监控有两种情况,即当油箱内的油温度升高到极限温度时或油箱内油的温升超过规定的数值时,风机都应自动停止运转并报警。振动保护采用振动保护器,当风机减速机的振动超过振动保护器的设定值一定时间后,风机应自动停止运转并报警,所延续的时间长度应确保风机能正常启动。

冷却塔设计应采用合适的气水比,应有足够的进风口高度和尾部高度(指填料底距进风口下沿的垂直距离),填料层高度应以不超过1.2m为限,配水应均匀,机械通风冷却塔应设收水器。对于浊循环冷却水和高温冷却水应分别采用防堵塞和耐高温填料。寒冷地区的冷却塔应进行防冻和防冰挂措施。

在选用定型冷却塔时,当实际冷却水量与所选冷却塔的公称水量的数值相差较大时,应对其配水系统(特别是落水管或配水喷头)进行校核,当不能满足均匀配水条件或流通能力不足时，应要求冷却塔厂家对其配水等系统进行修改。

在水下敷设的管道（如循环水回水管道通过自然通风冷却塔下部水池进入中央竖井等），应考虑当管道中无水时，水对管道产生的浮力，必要时采取防浮措施。

冷却塔设置的位置不应对其周围的建筑物、道路、电力电讯设施及其他重要部位的使用和安全造成影响或危害，大型工业冷却塔与建筑物间的防护距离见表6-97。小温差玻璃钢冷却塔与建筑物间无具体防护距离要求，与其他设备的防护距离应视具体情况而定。

表6-97 冷却塔与建、构筑物的防护间距

<table>
<tr><th>序号</th><th colspan="2">建、构筑物名称</th><th>自然通风冷却塔/m</th><th>机械通风冷却塔/m</th><th>序号</th><th>建、构筑物名称</th><th>自然通风冷却塔/m</th><th>机械通风冷却塔/m</th></tr>
<tr><td>1</td><td colspan="2">生产及辅助生产建筑物</td><td>20</td><td>25</td><td>6</td><td>厂外铁路中心线</td><td>25</td><td>45</td></tr>
<tr><td>2</td><td colspan="2">中央试验室、生产控制室</td><td>30</td><td>40</td><td>7</td><td>厂内铁路中心线</td><td>15</td><td>25</td></tr>
<tr><td>3</td><td colspan="2">露天生产装置</td><td>25</td><td>30</td><td>8</td><td>厂外公路边缘</td><td>25</td><td>45</td></tr>
<tr><td rowspan="2">4</td><td rowspan="2">室外变电及配电装置</td><td>在上风侧</td><td>30</td><td>40</td><td>9</td><td>厂内道路边缘</td><td>15</td><td>25</td></tr>
<tr><td>在下风侧</td><td>50</td><td>60</td><td>10</td><td>厂区围墙中心线</td><td>10</td><td>15</td></tr>
<tr><td>5</td><td colspan="2">贮煤场、贮焦场</td><td>25</td><td>40</td><td></td><td></td><td></td><td></td></tr>
</table>

注：1.上（下）风侧是指冷却塔冬季盛行风向；

2.冬季室外计算采暖温度在0℃以上的地区，冷却塔与室外变电及配电装置的间距，按表列数值减少25%；冬季室外计算采暖温度在-20℃以下的地区，冷却塔与建、构筑物（不包括室外变电及配电装置、贮煤场、贮焦场、渣场）的间距，按表列数值增加25%。当设计中规定在寒冷季节冷却塔不使用风机时，上述间距不需增加；

3.单个小型或进塔水温不超过40℃的机械通风冷却塔与建、构筑物的间距可适当减少；

4.在扩建、改建工程中，冷却塔与建构筑物的间距可适当减少，但不得超过25%。

6.5.2.4 水质处理设施

焦化厂涉及到的水质净化有水源水处理（如除悬浮物及除有机物等）、特殊水处理（如水的消毒、软化、除盐和除铁除锰等）、浊循环水处理（如除尘或熄焦水的澄清处理等）、循环水冷却降温处理和循环水水质稳定处理等，它们的设计方法多数都可以在《给水排水设计手册》及本手册有关章节中找到，在此不再重复。下面补充介绍一些在焦化给水排水设计中常涉及到的内容。

A 水质稳定处理

目前循环水系统的防腐蚀、阻垢、杀菌和灭藻方式，有投加化学药剂法（即循环水水质稳定处理）、离子棒及阴（阳）极保护等。其中循环水水质稳定处理仍是最有效的方法。因此在大中型焦化清循环冷却水系统中，应优先考虑增设水质稳定处理设施。循环水水质稳定处理有关内容详见本手册第17章（循环冷却水水质稳定处理）。

循环水水质稳定处理的药剂配方和系统运行控制的条件确定，应根据水质稳定药剂的发展水平、药剂的处理效果和运行成本、循环水系统的大小、换热设备的材质、系统运行温度、循环水补充水的水质及环境保护对循环水排污水的要求等情况综合考虑。药剂的筛选应用实际生产用水通过静态阻垢试验、旋转挂片防腐蚀试验和动态模拟缓蚀阻垢试验来确定。对于较小的循环水系统，亦可采用各种条件均类似的厂的药剂配方和系统运行控制的条件，投产后再根据运行效果来改进药剂配方和调整运行控制条件。

化产品精制一般每年有一个月的停产大修期，而煤气净化系统则是全年不间断的连续生产,只是某些部位配有备用设备。而循环水系统的前处理(包括清洗和预膜),除在首次开工进行外,一般在其后的大约每隔一年都要进行一次。这就意味着化产品精制部分循环水系统的前处理可以在设备大修后进行,而煤气精制部分的循环水系统前处理除首次开工外,其后每年都是在不停产情况下进行的。而备用设备平时不投入系统运行,这就要求备用设备能进行单独的前处理,并在停运期间需要进行特殊的保护处理。因此,在系统设置上,应配备有能满足上述各种操作要求的设施和手段。

循环水系统中所存有水的总体积与循环水系统平均补充水流量的比值,为水在循环水系统中的平均停留时间,该时间不得超过所选水质稳定药剂所限定的停留时间。

当循环水系统的浊度值超过循环水质稳定处理所限定的浊度值时,应设旁滤系统。旁滤水量的数量应通过计算求得,在有关数据资料不全时,可按系统循环水流量的 5% ~ 10% 选取。以浊度较低的地下水为补充水源的循环水系统,一般不需要设旁滤系统。为运行和管理方便,过滤设备宜选用重力式无阀过滤器。过滤器宜放在室外,在寒冷地区应考虑防冻。防冻方法有采用整体保温结构或对关键管道采用伴热加保温(伴热可采用循环水回水等热源)的方法加以保护。

循环水系统应设有能间接反映其水质稳定处理效果的监测设施,因焦化循环水多为不间断连续运行,监测设施的设置就显得尤为重要。常用的监测设施有直接监测(试片和试管监测)和间接监测(水质化验分析)两类,有关方法详见本手册第 17 章(循环冷却水水质稳定处理)。

大型循环水系统宜设置小型模拟热交换器,和生产用热交换器并联运行,热源为蒸气,模拟生产用热交换器的运行条件,对系统处理效果进行监测。

在循环水系统的下列部位应安放挂片:(1) 冷却水回水管;(2) 冷却水给水管;(3) 冷却塔配水槽(当为槽式配水时);(4) 冷却塔水池;(5) 循环水吸水井等。挂片安放处要保证具有一定的水流速度,一般应以接近生产用换热器内的水流速度为宜。

大中型循环水系统应配备循环水分析化验室。其规模应具有进行常规水质全分析的能力。下面是一些使用频率较高的分析化验用仪器和设备,设计时应根据需要选用其中的几种或全部:(1) 分析浊度用设备;(2) 分析余氯用设备;(3) 分析钾钠离子用火焰光度计;(4) 供处理试管和试片用的电吹风、恒温干燥箱和电阻炉;(5) 供垢样定量分析用的色谱类仪器(可和厂中心化验室借用或分析项目外委);(6) 供分析点蚀用金相显微镜;(7) 供生物检测用电冰箱;(8) 供生物监测用生物显微镜(可与焦化废水处理系统共用)。

大中型循环水系统的化验室可配备下列供筛选和改进循环水水质稳定药剂配方用试验设备:(1) 旋转挂片试验设备;(2) 小型动态模拟试验装置。

B 加氯系统

液氯贮存和投加系统注意事项如下:

(1) 加氯间内应存有氨水,供经常性检查氯系统有关接头是否漏气用。

(2) 工作氯瓶应配置经常性称重设施,以监控氯的使用和确保氯瓶内的最低存氯量。

(3) 液氯在转化为气态氯时,要吸收大量的热,各种温度下氯的蒸发潜热见表 6-98。通常工作液氯钢瓶上应设有供液氯气化用的喷淋水管。但当加氯量经常在 7 ~ 8kg/h 以上时,需设置液氯气化站。有淋水汽化的液氯钢瓶应设置相应的集水和排水系统。

(4) 装入规定数量氯(即 68.8℃时充满氯瓶的氯量)的氯瓶,在不同温度下,其内液化部分和气化部分所占容积百分比见表 6-99。在氯瓶充满后，如温度进一步上升，瓶内压力则以温度每上升 1℃约升高 1.3MPa 的速率急剧上升。故一般对 1000kg 和 500kg 氯瓶分别采用在 65℃和 58℃左右使安全阀动作的装置。由于安全阀动作会喷出有害的氯气，危险并未消除，故氯瓶不得放置在能使其温度升至 40℃以上的热源附近，并不得在直射阳光下曝晒。

表 6-98 氯的温度与蒸发潜热

温度/℃	蒸发潜热/$kJ \cdot kg^{-1}$	温度/℃	蒸发潜热/$kJ \cdot kg^{-1}$	温度/℃	蒸发潜热/$kJ \cdot kg^{-1}$
-20	280.3	0	268.5	20	255.2
-15	277.5	5	265.3	25	251.6
-10	274.6	10	262.0	30	247.9
-5	271.6	15	258.7	40	240.0

表 6-99 在各种温度下氯瓶达限定存氯量时其在瓶内的气液容积比

温度/℃	-30	-20	-10	0	10	20	30	40	50	60	68.8
液化部分/%	80.0	82.2	83.6	85.1	86.8	88.6	90.6	92.8	95.1	97.8	100
气化部分/%	19.2	17.8	16.4	14.9	13.2	11.4	9.4	7.2	4.9	2.2	0

(5) 加氯间内应设有在氯气钢瓶控制阀失灵或氯瓶大量漏气时，事故处理人员的安全保护用品及能淹没氯瓶的碱液池(槽)。因氯气密度大于空气，故抽吸加氯间或氯瓶间内氯气的机械抽风机，其抽风口应放在接近地面处，且排气应通过碱液中和。每中和 100kg 液氯所需要的碱量见表 6-100。

表 6-100 中和 100kg 液氯所需要的碱量

中和剂	$NaOH + H_2O$	$Ca(OH)_2 + H_2O$	$Na_2CO_3 + H_2O$
需用量/kg	125.4 + 336	125.4 + 960	297 + 840

6.5.2.5 给水管网

管道设计的详细技术要求及有关技术参数的选取除满足有关设计规范的要求外。还应注意以下一些问题：

在外部水源水量能保证消防用水要求时(消防时生活和生产供水量均可按正常用水量的 70%考虑)，且厂内不设调节和贮水池时，由水源引至厂内的输水管线应设为两条，此时输水管线应按消防时的最大输水秒流量设计，且两条输水管线上每隔 500m 左右设一连通管，当输水管道事故时(为了检修阀门，连通管上应设双阀门)，仍能通过全部消防用水量和 70%的其他水量。

焦化厂给水管网有生产生活消防综合给水管网、生产消防给水管网、再次利用水消防给水管网、高压消防给水管网、生活给水管网、循环冷却水管网、循环制冷水管网及再次利用水管网等。各类管网的设置除应满足各有关设计规范要求外，还应注意以下几点：

在供水水质相同的情况下，生活给水可与生产和(或)消防给水组成一个综合管网，但在下列情况下厂内生活给水管网宜单独设置：

(1) 生活水为单独水源，或生活水与其他水为同一水源，但来水不能满足生活饮用水标准，供生活部分水需经单独处理时；

(2) 综合管网系统体积较大,而日用水量较小,水在管网内停留时间较长,特别是管网内有可能长时间的形成较大面积的死水区时;

(3) 若水源来水要先流经贮水池,当水在贮水池内停留时间较长,不能保证贮水池内有余氯存在时,此时生活水池与其他水池应分开设置,或生活水应重新单独加氯;

(4) 当消防水单独贮存时,因其水质贮存时间较长而被恶化,此种情况下应严禁消防给水与生活给水管网或与兼有生活给水的管网共网;

(5) 综合给水管网的水质有可能受到外界因素污染(如给水管网与其他管网间有连通管,因事故等原因可能产生倒灌)时;

(6) 生活水与其他水用水压力相差较大,并网后不经济时;

(7) 以城市自来水为水源,供生活用水和非生活用水收取的水价不相同时;

(8) 有其他特殊需要的情况。

兼有消防水的管网一般为环状管网,其他管网可为枝状。环状管网应用阀门将管网分成若干个独立的环,并应保证在管网检修时,同时停止使用的消火栓个数不超过消防规范的规定数量,并且停水面积尽可能的小,特别是应尽量减少对重要生产用水户影响。由用户接入管网(指循环回水)和由管网接至送用户的支管道上,均应设双阀门,其中一个为调节阀,由用户设置,放在用水点附近;另一为控制阀,其安装位置为:当管道直径≥50mm时设在室外靠近主管网处;当管道直径<50mm设在室内进户管上。

凡检修需要断水的地方(如自动控制阀、节流阀、浮球阀、安全阀、减压阀、止回阀及各种仪表等处)都应设切断来水和(或)回水的控制阀。对不许可停水的用户应设旁通管和切换用阀门。

对流量调节要求较严格的地方,应避免使用调节灵敏度较低的蝶阀。

使用蝶阀的地方,安装时蝶阀前后应有不小于其公称直径一半长度的直管段,以确保蝶阀能完全打开。对夹式蝶阀安装不得借用其他阀类或设备的法兰,以保证它们都能各自独立地拆卸。

当两种给水管网联通时,联通管上应设止回阀,具体情况如下:

(1) 当以生活给水作其他给水备用水源时,在生活给水管道上应设置防止其他水倒入生活给水管网的止回阀;

(2) 当清洁给水作为污水给水系统备用水源或向污水给水系统补水时,清水管上应设止回阀,确保污水不能进入清水给水管网(包括当清水系统停水时,不得有污水流入清洁给水系统的情况出现);

(3) 当低压给水作为高压给水的备用水源时,在低压给水管网上应装止回阀,防止误操作使高压给水流入低压给水系统;

(4) 当工艺用水需要有备用水源时(如空压机冷却给水、煤气鼓风机油冷却给水及焦炉集气管高压氨水事故给水等),应在两路给水管上分别设止回阀,确保各自系统的水不能流入对方系统。

串联给水的用户,应对每一级用户都设超越管和(或)接入排水系统的排水管。应做到其中任何一级用户停止用水时,都能使上一级用水户出水有超越到下一级用水户和直接排入排水系统的可能,以满足生产调整、检修、开工及部分项目延期投产或缓建时的要求。

管道的埋深应满足冰冻深度、车压保护厚度及外部节点的需要等方面的要求。特别是在穿过道路处,因一般路面最低标高均较厂区平土标高低 300~500mm,故应特别注意穿越道路段管道的实际埋深。

在室外气温有可能降到0℃以下的地区,间歇运行的架空管道应进行保温,所有的架空管道都应设放水点,对于那些可能产生的盲肠段,可设较小管径的短路回流管、保温或蒸气伴热(此法很难控制,有的地方不宜采用)等方法来解决。

各种地下井的井盖,在有车压可能的地方应选用重型铸铁井盖,其他地方应选用轻型铸铁井盖,在有防冻要求的地方应设保温井口。

阀门井中应选用暗杆阀门,其安装位置应方便操作、检修和人的进出。对于那些经常操作的地下阀门应尽可能采用地上操作阀门井。

对采用承插接口连接的大口径压力管道,在其转弯处应设管道支墩。支墩形式应根据承插口受力情况通过计算来确定。当管道试压采取特殊措施时,承插口所受拉力可按所输送水的最大工作压力来计算。

管道布置在平面上和立面上都应满足水管道与水管道、水管道与热力管道(地沟)、水管道与煤气管道、水管道与电力电讯电缆(地沟)以及水管道与建(构)筑物之间的间距要求。此外,消防管网布置还应兼顾消防规范对室外消火栓距道边距离的要求。

对有计量要求的用户,应设流量指示仪表或水表。引入厂内的输水管道,进厂后一般要设置总水表(当有单独成本核算要求时),各生活水用户应设置分水表。

6.6 排水系统及排水设施

6.6.1 排水系统

6.6.1.1 排水指标

焦化厂排水有生产排水、生活排水、雨水排水及人工降地下水等几种。排水管网设计应使用秒流量,排水提升及排水处理设施设计要用到平均小时排水量、最大小时排水量和日总排水量等指标。焦化厂排水指标一般按排水性质分类统计。

A 生产排水

生产排水的类型较多,按排水方式分有直流排水、循环水系统排污水、工艺介质分离水和地坑排水等。按排水水质分有地坑排水、生产净废水和受工艺介质污染的工艺废水。生产排水量与多种因素有关,变化较大,即使是同规模和同类型的焦化厂,因给水种类、气象条件及工艺过程等的不同其排水情况也有很大差别。因此,很难按焦化厂规模给出统一的生产排水量。几种生产排水的特点如下:

(1) 一般直流冷却水用户的排水量应等于其给水量。随着水资源的日趋紧张和对节水的要求越来越高,直流冷却排水量占总排水量的比例将越来越少。

(2) 循环水排污水量与当地气象条件及循环水系统控制的浓缩倍数等因素有关,焦化厂各循环水系统的排污水量占循环水量的比率及排污水的最终去向见表 6-101。循环水系统的排污方式有集中排污和连续排污两种。当循环水排污水作为废水处理的稀释水或供其他用户再次利用时,一般多采用连续排污和集中排污相结合的排水方式;小型循环水系统多采用集中排污法;其他情况为连续排污和集中排污兼而有之,具体视管理方便而定。焦化厂的生产排水绝大部分来自于循环水系统的排污水。

表 6-101 循环(冷却)水系统排污水量占循环水量比例

循环(冷却)水系统	清循环水	制冷水	温水冷却水	除尘水	熄焦水	中温沥青冷却水	延迟焦冷却水
排污量占循环水量比例/%	1～4	0	～0	5～10	0	5～10	0
排污水去向	外排或复用			至生化		至生化	

(3) 工艺介质分离水，其排水量与生产工艺有关，其排水量及水质见 6.1～6.3 节，该排水多需经过必要的处理后才可外排。

(4) 冲洗地面排水量按其给水量的 80%考虑。地下室地坑排水等排水量应根据集水坑的性质而定，但其排水量应等于其排水泵的工作排水量。

生产排水量可利用水量平衡图及焦化工艺提供的排废水量资料来统计，并应根据其排水水质和排水去向来确定是否需要进行厂内水处理。

B 生活排水

焦化厂的日生活排水量可按其日生活给水量的 90%～100%计，排水设计秒流量应按有关设计规范及《给水排水设计手册》进行计算。

C 雨水排水

一般情况下，焦化厂厂区雨水排水暴雨强度的重现期按 1 年考虑。径流系数应经计算求得，在无详细地面覆盖资料时可取 0.6。地面径流时间一般按 5min 考虑。

D 人工降地下水

人工降地下水排水量的确定见《钢铁企业给水排水设计参考资料》(1978 年版)。

6.6.1.2 排水管网的设置原则

焦化厂的排水管网种类较多，根据排水的去向有以下几种：

(1) 生产生活雨水综合排水管网(排水全部排入水体)；

(2) 生产雨水排水管网(排水全部排入水体)；

(3) 生活排水管网(排水送厂外进行处理)；

(4) 处理前焦化废水管网(按废水种类设置)；

(5) 处理后焦化废水管网(排水供回用)；

(6) 生活及处理后焦化废水管网(送厂外进行进一步处理)。

雨水排水一般多直接排入厂区内有关排水管道，不经水质处理，直接排入水体。但对于露天煤场雨排水，在排入排水管网前应先经过沉淀分离煤泥处理；对于化产品回收和精制各生产装置槽罐区及有关油库内雨排水有两种处置方式：一是将该区域的初期雨排水汇集在一起，经油水分离池分离油后外排；另一是先将初期雨水收集和贮存起来，过后逐渐均匀地送焦化废水处理站做稀释水。设计中多采用前者，而后者仅适用于焦化废水生物处理时，原废水需要稀释的情况。

卫生间排水先要经过化粪池，而后再排入排水管网。煤焦系统室内地面冲洗排水含有煤焦颗粒，要先经过沉淀井，分离固体物质后再排入排水管网。当生活排水送(或规划送)城市污水处理厂时，厂内应设独立的生活排水管网。生活排水一般不与焦化废水合并处理，这主要是由于焦化废水处理趋于高浓度化，以尽可能减少处理后焦化废水的总量，以便用处理后水回用的方式减少焦化废水的外排量乃至实现其零排放。但对于排入水体受到限制，厂区距城市污水处理厂又较远，生活污水必须在厂内处理时，可以考虑生活排水与焦化废水的合并处理。

生产排净废水主要有工艺设备直流间接冷却水排水和清循环冷却水系统的排污水等，该类排水应首先考虑回用。如以新水为水源的冷却水排水，仅是水温升高而水质并未受到污染，可作为制备软水（或除盐水）和净循环冷却水系统补充水等的水源，即使是受到轻度污染，通过过滤等方式处理后再利用，也是比较经济的。但在水源水量充足，排水回用不经济或不合理的情况下，生产净废水可直接排入有关排水管道。对于焦炉人工降低地下水位的排水，有条件时可考虑作为给水水源，否则应直接排入排水管道。

工艺排低浓度焦化废水（如气体洗涤浊循环水系统排污水、煤气水封排水及工艺过程中分离出来的低浓度废水等）可送焦化废水生物处理作稀释水。对于从工艺介质中分离出的高浓度焦化废水经工艺进一步处理后可送生化处理。处理后焦化废水应优先考虑供熄焦等回用。

6.6.1.3 主体工艺治理废水的途径

治理废水首先应从源头抓起，立足于改革生产工艺，力争做到少排或不排废水。对于非外排不可的，应尽量回收利用其中的有用物质，降低和稳定所排废水中有害物的浓度。只有在主体工艺对废水处理或处置不经济或技术上不可能的情况下才应考虑利用废水处理的方法。主体工艺可采取的治理废水的途径如下：

(1) 采用干式除尘：煤焦除尘系统应尽可能采用干式除尘，以防止污染的二次转移。现在有些焦化厂焦炉装煤除尘已经将湿式除尘变为干式除尘，消灭了焦炉除尘废水。

(2) 氨水焚烧：煤气冷凝分离出的剩余氨水，是焦化厂高浓度废水的主要来源，对于剩余氨水产量较少的小型厂，利用焚烧法将其烧掉，是实现焦化废水零排放的有效途径之一。近年来也有研究用湿式氧化法处理高浓度剩余氨水的，但由于该工艺所需设备及催化剂等的价格极其昂贵，使其使用受到限制。

(3) 煤气脱硫脱氰：近年来所采用的新脱硫脱氰工艺，有效地脱除了煤气中的硫和氰，所回收的氰化物有的通过湿式氧化转化成为硫酸铵，有的将分离出的酸性气体通过焚烧的方法使氰化物分解为 N_2，这样就使煤气终冷洗涤水中所含氰化物量大大减少。因此，从终冷水中回收黄血盐的生产也基本上取消了。

另外，煤气终冷采用氨水闭路循环喷洒方式冷却，循环氨水吸收的煤气热量再通过清循环冷却水间接冷却，循环氨水的排污水送入机械化氨水澄清槽，这样就基本上消灭了终冷水外排的问题，它不仅大大地减少了焦化废水的总排水量，而且也使蒸氨废水中的含氰量大大降低，基本上降低到了 10mg/L 以下。

(4) 煤气脱萘：近年来煤气净化采用了煤气初冷器喷洒焦油脱萘、电捕焦油器除萘和终冷油洗萘等除萘工艺，并且把煤气终冷氨水循环洗涤的排污水送回了氨水系统，这样就从根本上解决了原先常出现的终冷排水大量跑萘的问题。

(5) 氨水除油：氨水经砂滤或焦炭过滤后送煤气脱酸、废水脱酚或废水蒸氨等，不仅解决了回收工艺本身的焦油堵塞问题，而且外排的蒸氨废水中含油量也大大降低。氨水经过滤除油以后，在焦化废水进行生化处理时，预处理阶段可不经重力除油工序而直接进行浮选除油。之所以氨水能用过滤的方法除油，主要是得益于化产工艺采用了高温蒸氨废水来进行滤料的反冲洗，解决了滤料的焦油堵塞问题，并且把反冲洗排水送回了机械化氨水澄清槽，做到了闭路循环。

(6) 工艺过程事故调节：工艺氨水贮槽有着足够大的调节容量，当焦炉高压氨水喷洒事故时，接纳采用备用水源而额外增加的氨水量。从而避免了因事故氨水外排对废水生物处理造成的冲击。

(7) 氨水脱酚：氨水脱酚不仅可以回收其中的酚，而且可以降低焦化废水的 COD 含量，使焦化废水生物处理负荷有所减轻。但对焦化废水生物脱氮而言，酚也可作为硝酸盐厌氧反硝化的炭源，在这种情况下，氨水不脱酚仅蒸氨后送生化处理是可行的。

(8) 氨水蒸氨：当焦化废水送生化处理时，剩余氨水应经蒸氨处理。若不蒸氨直接送生化处理，剩余氨水不仅需要高倍数的稀释，而且使排污总量增加，同时也给生化处理增加了难度。一般来说，焦化废水生化处理能耐较高的含氨量，对焦化废水生物脱酚氰处理而言，脱除挥发氨后送生化处理是经济可行的。但对焦化废水生物脱氮处理来说，蒸氨时不仅要脱除挥发氨，而且要脱除固定铵，最好使蒸氨废水中的 NH_3-N 含量降至 90～150mg/L，这样的指标并非技术上的原因，主要是从经济上考虑的，就生物脱氮本身来说，氨氮含量在 300mg/L 以上也是完全可以处理的，但运行成本相对较高。

(9) 改进生产工艺：如由酸洗法苯精制变为莱托法苯加氢精制后，就消灭了苯精制废水。又如，酚精制中的酚钠盐分解，由硫酸法改为 CO_2 法后，不仅大大地减少了硫酸钠废水的排量，而且可以回收供焦油蒸馏馏分脱酚所需的 NaOH，实现了碱液的闭路循环。

(10) 工艺内部处置：对于化产品精制过程中分离出来的含有机物浓度高、可再生性差且含生物难降解成分多的废水，如焦油蒸馏和酚精制过程中的某些分离水，可送焦油蒸馏工段的燃烧炉焚烧。

(11) 工艺内部处理：对于精制工艺内部比较容易而且方便处理的废水，应先考虑在工艺车间内部处理。如古马隆车间排含氟废水，利用其适合用高温高压方式处理的特点，作为工艺生产装置的一部分，废水脱氟后再外排。又如化产品精制部分排含酸碱废水和含油废水，要在工艺内部经过油水分离、调节、贮存及酸碱中和等处理后，再外排送废水处理。

(12) 废水再处理。对于化产品精制过程中排出的油气冷凝液分离水，含有机物及油浓度一般都很高，且含有许多生物难降解的物质，直接送废水处理会给生物处理带来很大困难。近年来，是把这部分废水送到化产回收车间的氨水系统，与氨水一同处理，最后以蒸氨废水的形式排出。这样尽管增加了蒸氨和脱酚(当有氨水脱酚时)的负荷，但对焦化废水生物处理而言，微生物的生存环境有了很大改观。

此外，减少废水量还可以从产生废水的源头入手，如降低炼焦煤水分；减少直接蒸汽的使用量或以废水蒸汽代替新蒸汽；用系统内废水(可经适当净化)作稀释、洗涤、除尘和配药用水等。

6.6.1.4 废水处理分类

焦化厂生产工艺废水处理有含尘废水处理和焦化废水处理两部分，其中焦化废水处理又分单种废水分散处理和混合废水综合处理两类。

A 含尘废水处理

含尘废水主要来源于成型煤高温沥青烟尘除尘水、焦炉装煤除尘水、焦炉推焦除尘水、筛贮焦楼及其转运站泡沫除尘器排水、水熄焦排水、沥青延迟焦冷却水等。该类排水的共同特点是水中含有大量的悬浮物，经过粗颗粒沉淀分离和微粒絮凝沉淀分离后可循环使用。

熄焦排水一般由熄焦塔下部收集后经引水沟送至粉焦沉淀池进行重力沉淀处理，分离水流入清水池,经泵加压后供熄焦循环使用,沉淀池中的粉焦多采用抓斗捞出。熄焦水处理系统和熄焦塔组成一个完整系统,为煤焦工艺设计内容的一部分。

沥青延迟焦冷却水池排水,进入沥青焦粒沉淀池,澄清后出水一部分返回冷却水池,另一部分送清水池供焦化塔延迟焦初期冷却和焦化塔高压水出焦用。焦化塔排水及出焦都进入沥青延迟焦冷却水池。沉淀池分离的焦粒送回沥青延迟焦冷却水池,冷却后的延迟焦送高温焦化。因沥青延迟焦冷却排水处理与焦化塔出焦紧密联系在一起,该设计内容亦成为沥青焦化生产工艺的一部分。

B 单种焦化废水的局部处理

焦化废水的局部处理主要是对废水中的某一特殊成分进行单独处理,处理后排水单独进行处置或送废水综合处理。常见的焦化废水局部处理有氨水脱酚、氨水蒸氨、煤气终冷水提取黄血盐和古马隆制造所产含氟废水处理等。

氨水脱酚有蒸汽脱酚和溶剂脱酚等方式,按蒸氨与脱酚的顺序有先蒸氨后脱酚和先脱酚后蒸氨之分。目前焦化厂用的最多的是溶剂萃取脱酚,且为先脱酚后蒸氨。

氨水蒸氨一般采用蒸氨塔直接蒸汽蒸吹脱氨,当需要脱除固定氨时,需要向氨水中加入碱,因蒸氨使用的是直接蒸汽,故氨水蒸氨后总废水量要增加。

终冷水脱氰的方法主要是从其中提取黄血盐。因近几年的煤气净化工艺多采用在煤气终冷油洗萘之前脱氰脱硫,使得终冷水中含氰量大大降低,因而也就基本上不从终冷水中提取黄血盐了。但在个别工艺中也有从脱酸液中提取黄血盐的。

古马隆制造产生的含氟废水,主要是古马隆制造中水洗残留催化剂氟化硼甲基乙醚络合物而产生的废水。含氟废水处理工艺较多,许多行业都用石灰法处理,在焦化系统一般是采用石灰和氯化钙药剂联合高温处理的方式。

因前四种废水处理兼有化产品回收和废水处理双重性质,基本由化产工艺来完成,在此不做介绍,后面仅介绍含氟废水处理。

C 混合焦化废水综合治理

凡是工艺外排的焦化废水(有的已经过局部处理),须经处理合格后才可回用、排放或送厂外进行进一步处理。焦化废水综合处理应根据技术先进、工艺可行、高效节能、经济合理、运行安全可靠、维修管理方便的原则,选择合适的处理或处置方法。目前可采用的方法有:

(1) 原氨水经过蒸氨后,再选择下列方法之一进行进一步处理:

1) 厂内生物脱酚氰处理,处理后水回用;

2) 经厂内生物脱酚氰处理后,送城市污水处理厂处理;

3) 根据处理后水去向进行分类处理:用于回用部分的废水进行生物脱酚氰处理,外排水体部分废水进行生物脱氮处理;

4) 全部废水都进行生物脱氮处理,处理后水排至水体。

(2) 原氨水直接焚烧。在技术和经济许可的条件下亦可采用湿式氧化法处理;

(3) 利用膜分离和蒸发结晶相结合的方法,实现处理后水的全部回用;

(4) 其他物理化学处理的方法:如提取废水蒸气,废水用高温烟道气分解,废水用活性氧化镁除氨,废水用强氧化剂直接氧化等。但这些处理方法多为不完全处理,常常需要与其他一些处理方法联合使用,有的还可能造成二次污染。

处理后出水回用包括直接回用和经过深度处理后再利用两种。直接回用包括水熄焦用水、洗煤用水(当与洗煤厂联建时)及其他可使用废水的用户用水。深度处理包括排水加热汽化和排水除盐等,净化得到的蒸汽或水可顶替煤气净化和化产品精制生产过程中所消耗的新直接蒸汽或新水,浓缩后的水送焚烧或喷洒于煤中。

目前焦化废水综合治理使用最多的方法仍为生化处理,其主要内容将在第6.7节中专门介绍,因其他处理方法使用较少,故在此不加介绍。

6.6.2 含尘水处理

煤焦系统除尘水处理主要是去除悬浮物,然后外排或循环使用。含尘水处理的方法较多,可用粗颗粒分离、重力沉淀分离、絮凝沉淀和过滤等方法脱除悬浮物。沉淀池可用平流式、竖流式、辐流式、甚至可用斜管或斜板沉淀池。具体应根据除尘水量、水质、排泥方式、占地及气候等情况综合考虑。

6.6.2.1 焦炉系统除尘水处理

图6-33为一焦炉装煤除尘浊循环供水系统的除尘废水处理工艺流程图实例。装煤车上除尘水箱排水先放入地面中间槽,槽中装有防止煤尘沉淀的搅拌设备,而后经泵提升到高位沉淀槽;地面除尘站一段文丘里出水槽的水经泵提升直接送到高位沉淀槽;此外该系统还收集了成型煤除尘系统排水。在高位沉淀槽由重力沉淀和螺旋泵分离粗颗粒物质,然后再经过加药絮凝沉淀处理,出水量的1%送焦化废水生物处理作稀释水,其余全部送除尘系统循环使用。沉淀池为辐流式,沉于池底的絮凝沉淀泥渣由刮泥机连续刮于池中心,用排泥泵抽出送带式真空脱水机脱水,脱水后泥渣及分离出的粗颗粒物质送至备煤工段泥渣添加装置,配入炼焦煤中。沉淀池水面含油,从水面刮入分离槽,分离的油渣送焚烧设备。除尘废水含悬浮物浓度为700~1000mg/L,絮凝沉淀前的悬浮物浓度为500~800mg/L,处理后水中悬浮物浓度小于100mg/L。脱水后的泥渣含水率约为40%。

主要设计参数如下:

污水量,m^3/h;	522
粗粒分离槽停留时间,min	5
分离机能力,kg/h	110
中和槽停留时间,min	5
混合槽停留时间,min	5
沉淀池停留时间,h	1.5
沉淀池表面负荷,$m^3/(m^2\cdot h)$	2.0
滤布走行式真空过滤机过滤面积,m^2/台	2.9
真空过滤机脱水能力,kg/h	(干渣)200
脱水泥渣含水率,%	40
进水含泥量,mg/L	700~1000
出水含泥量,mg/L	<100

6.6.2.2 筛焦系统除尘水处理

筛焦系统泡沫除尘水处理常采用平流沉淀池,分离粉焦后的水外排或循环使用,其工艺流程图见图6-34。沉淀池一般分为两格,每格设计水量应为泡沫除尘水总水量的70%。清除沉淀池中沉积粉焦的方式有抓斗机械抓焦和人工挖焦两种,抓(挖)出的粉焦放在脱水台上,脱出的水返回沉淀池中。机械抓斗多采用电动形式,抓斗可以到达沉淀池沉淀区的任何

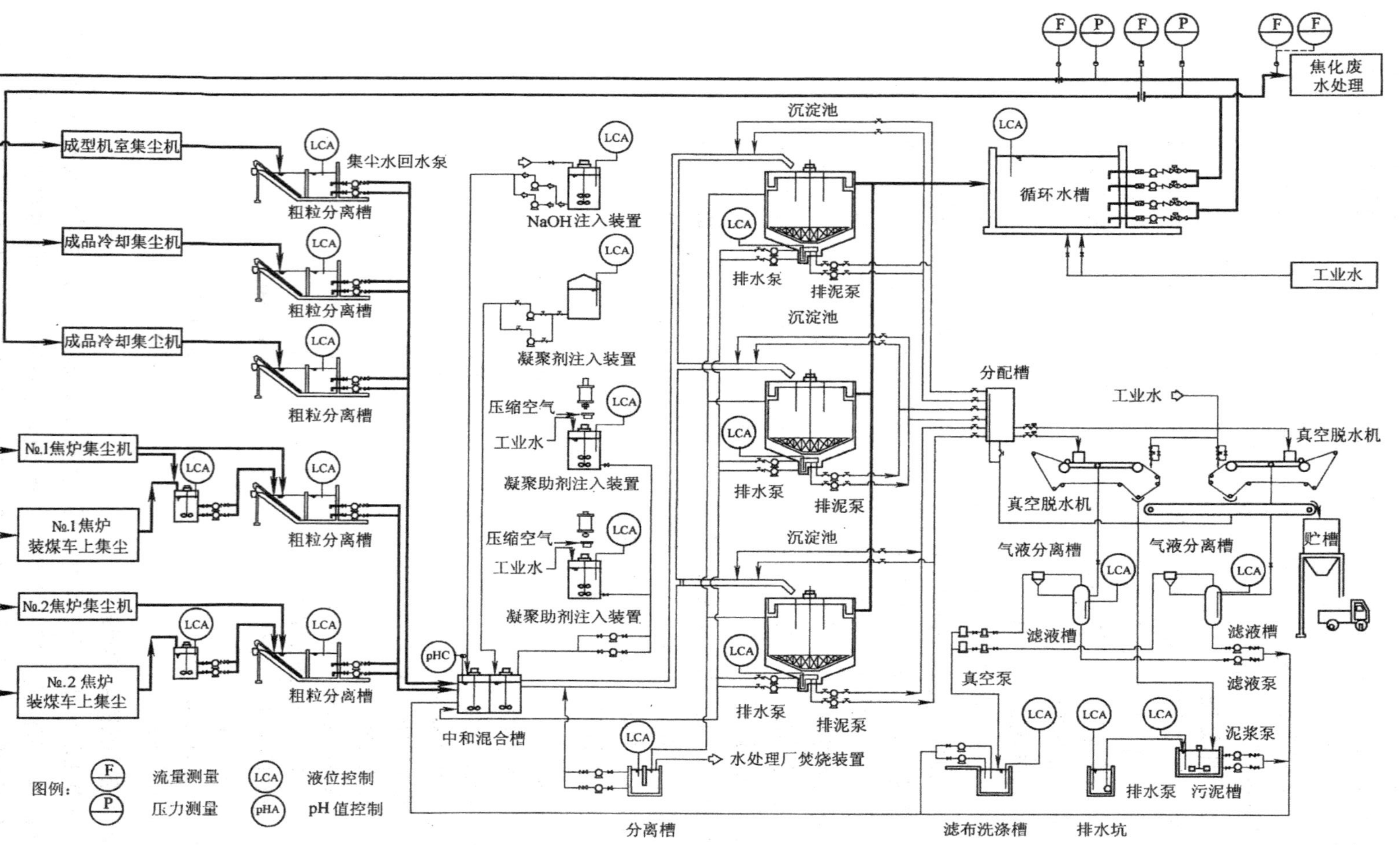

图 6-33 焦炉除尘废水处理流程图

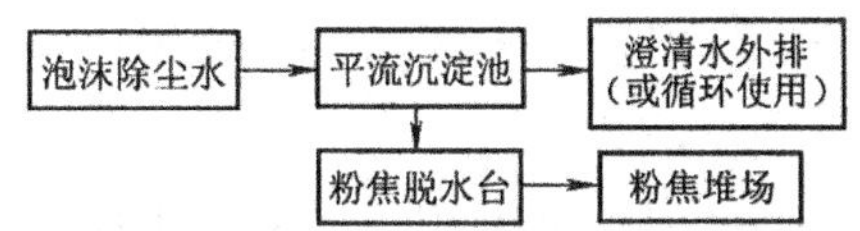

图 6-34 泡沫除尘水处理工艺流程简图

部位。设有机械抓斗的沉淀池，其内应设有保护池底的工字钢。人工挖焦仅适应于除尘水较小的系统。

除尘水平流沉淀池的结构与普通平流沉淀池的结构基本相同，两格沉淀池配水应做到几何或水力对称。其主要设计参数如下：

沉淀池停留时间，h	1.5
有效水深，m	≤2.0
水平流速，mm/s	≤3
池长宽比	≥4
池宽深比	≥1
缓冲层高度，m	≥0.25
沉淀池超高，m	≥0.20
进水含尘量，mg/L	500~1000
出水含尘量，mg/L	<100

此外，沉淀区部分的有效体积应根据粉焦清除周期而定，其中抓斗抓焦周期不得大于 7 天，人工挖焦周期不得少于 15 天。沉淀池进口段应设局部加深的集粉焦斗，进口段长度应按池长四分之一考虑，进口段沉淀的粉焦量应按沉淀池全部粉焦沉积量的 70%计算。

6.6.3 含氟废水处理

含氟废水来自于古马隆树脂生产工段。分馏出的古马隆馏分依次经酸碱洗涤、水洗涤、脱色处理和在氟化硼甲基乙醚络合物做触媒的情况下进行聚合，生成聚合油，聚合油需经水洗除催化剂，排出的洗涤液经调 pH 值和再分离后的分离水即为含氟废水。因该水中含氟化物浓度较高，必须进行除氟处理。下面是一个含氟废水处理工程实例，采用的是加药高温化学反应分离的方式，氟以 CaF_2 泥浆的形式从废水中分离出来。反应所用药剂主要是 $Ca(OH)_2$ 和 $CaCl_2$。

6.6.3.1 反应原理

反应中 $CaCl_2$ 和 $Ca(OH)_2$ 同时使用的理由有二：

(1) $Ca(OH)_2$ 在水中的溶解度很小，而且随温度的升高而溶解度降低，使氟离子与钙离子的化合反应减慢，而且反应不完全。加入可溶性的 $CaCl_2$，增加了反应液中的钙离子浓度，促使生成 CaF_2 的反应加快，也较彻底。

(2) 由于反应适合于在碱性条件下进行，所以 $CaCl_2$ 不能单独使用，否则会因氯离子的增加使反应液呈酸性，导致生成的 CaF_2 的溶解度增大，不利于从水中分离。

有关反应的化学方程式如下：

$$HBF_4 + 2CaCl_2 + 3H_2O \rightarrow 2CaF_2 \downarrow + H_3BO_3 + 4HCl \tag{1}$$

$$2HCl + Ca(OH)_2 \rightarrow CaCl_2 + 2H_2O \tag{2}$$

$$2H_3BO_3 + Ca(OH)_2 \rightarrow CaOB_2O_3 \downarrow + 4H_2O \tag{3}$$

$$2HBF_4 + 5Ca(OH)_2 \rightarrow 4CaF_2 \downarrow + CaOB_2O_3 \downarrow + 6H_2O \quad (4)$$

由①+②+③+④得到下列反应式

$$2HBF_4 + 5Ca(OH)_2 \rightarrow 4CaF_2 \downarrow + CaOB_2O_3 \downarrow + 6H_2O \quad (5)$$

由试验确定达到较佳处理效果时各参数的取值范围见表 6-102。

表 6-102 较佳处理效果时的有关试验数据

序号	原水含(F^-) /mg·L^{-1}	$CaCl_2$/F (mol 比)	$Ca(OH)_2$/F (mol 比)	反应时间 /min	pH	反应温度 /℃	处理后水① (F^-)/mg·L^{-1}	取样次数
1	2260	0.505	0.55	30	8.4	150	41.5	3
2	2260	0.505	0.55	60	8.2	130	30	
3	3160	0.66	0.60	30	8.5	151.5	31.2	8

①为取样次数的平均值。

反应温度的确定：试验表明，当反应温度在 100℃以下时，反应后水中含 F^- 浓度在 1000mg/L 以上，且含 F^- 浓度随温度降低而增加，但幅度较小。当反应温度在 100～150℃时，反应后水中含 F^- 浓度随温度升高而几乎呈直线型降低，且速率较快。当反应温度超过 150℃时，反应后水中含 F^- 浓度降至 45mg/L 以下，且温度再升高，含 F^- 浓度有所降低，但变化已不明显。另外，在表 6-103 试验条件 3 的情况下，把温度降至 130℃，反应后水中含 F^- 浓度猛增到 300mg/L 左右，pH 升至 9.1。综合各种情况，把反应温度定在 150℃。

反应时间的确定：试验数据表明，当反应时间增至 60min 时，反应后水中含 F^- 浓度并未降低多少，但反应器体积却增大 1 倍。所以把反应时间定在 30min。

$CaCl_2$/F 与 $Ca(OH)_2$/F 的确定：在进水含 F^- 浓度为 3160 mg/L，反应时间为 30 min，反应温度为 150℃的情况下，若固定 $CaCl_2$/F 为 0.66，使 $Ca(OH)_2$/F 的数值由 0 增加到 1.0，反应后出水含 F^- 浓度则可从 50mg/L 降低到 15mg/L 左右，且在 $Ca(OH)_2$/F 达到 0.6 时，出水含 F^- 浓度基本降低到 20mg/L 左右；若固定 $Ca(OH)_2$/F 为 0.6，使 $CaCl_2$/F 的数值由 0 增加到 1.0，反应后出水含 F^- 浓度则可从 40mg/L 降低到 15mg/L 左右，且在 $CaCl_2$/F 为 0.66 时，出水含 F^- 浓度基本降低到 22mg/L 左右。为安全起见，$Ca(OH)_2$/F 定为 0.6，$CaCl_2$/F 取 0.66。

6.6.3.2 工艺流程

含氟废水处理工艺过程由加药反应、蒸发冷却、絮凝沉淀和泥浆脱水等工序组成。其工艺流程见图 6-35。

A 加药反应

加药反应是两套装置交替运行，其各道工序都由程序控制。分为废水装入、药剂计量、药剂装入、液体调和、加热升温、化学反应、液体排出和压力释放八道工序。每一步工序的进行均有不同的仪表测量信号控制，指令仪表动作，构成程序控制系统。

(1) 废水装入：由流量计算控制器控制定量，向其中的一个反应槽内装入废水，当水装满后由程序控制将其进水管上的阀门关闭，同时打开另一个反应器进水管上的阀门进行进水切换。这两个阀门不会同时开启。

(2) 药剂计量：装入药剂溶解槽的 $Ca(OH)_2$ 和 $CaCl_2$，用搅拌机进行混合，此时应用手

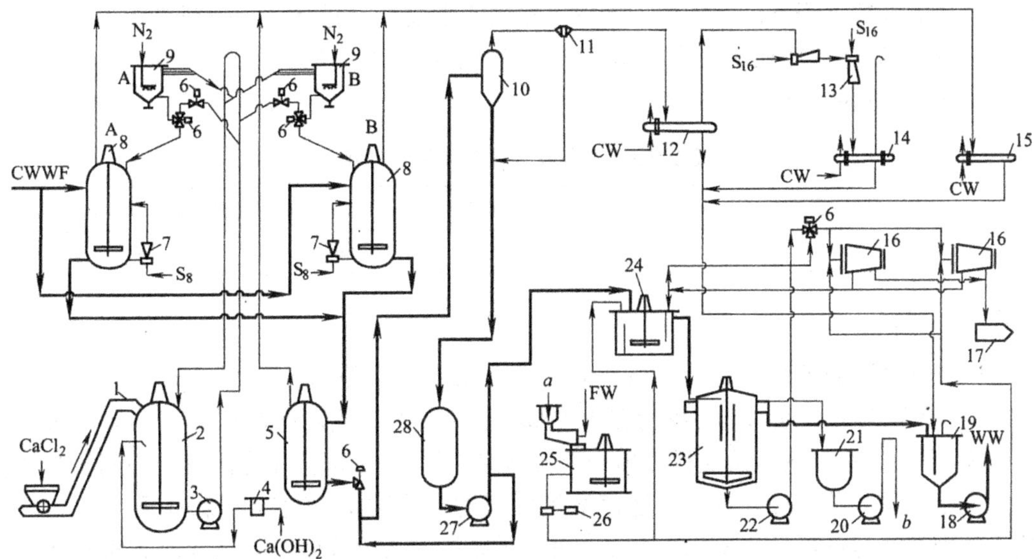

图 6-35 含氟废水处理工艺流程图

1—氯化钙提升机；2—药剂溶解槽；3—药剂泵；4—过滤器；5—中间槽；6—切换阀；7—喷射混合器；8—反应器A、B；9—计量槽 A、B；10—蒸发冷却器；11—捕液器；12—No.1 凝缩器；13—喷射器；14—No.2 凝缩器；15—排气冷凝器；16—脱水机；17—泥浆槽；18—处理水泵；19—处理水槽；20—排水泵；21—含油排水槽；22—输送泵；23—沉淀槽；24—凝聚槽；25—凝聚剂溶解槽；26—凝聚剂泵；27—循环泵；28—蒸发冷却罐受槽

a—凝聚剂；b—排含油水到古马隆装置油水分离槽；CWWF—由油水分离槽来的含氟废水；WW—处理后含氟废水；FW—工业水；CW—清循环冷却水；S_8—0.8MPa 蒸汽；S_{16}—1.6MPa 蒸汽；N_2—氮气

动关闭药剂计量槽管道上的阀门，同时启动药剂泵，使药剂经过回流管道进行循环，时间近 2h。待药剂调和到规定浓度时，再开启药液循环管道到药剂计量槽上的阀门，使药液进入计量槽，满流后溢流回药剂溶解槽。药剂槽中的药剂可保持定量。向计量槽中通入 N_2 是以吹气法原理用压力来检测液位。

(3) 药剂装入：当测出药剂计量槽已装满后，通过程序控制即可将药剂全部装入反应器，同时计算药剂装入的时间。在反应器的温度达到设定值之前，药剂计量槽到反应器间药剂管道上的阀门不打开。反应器内设有液位指示器。

(4) 液体调和：当药剂计量槽液位低限报警时，装药管上的阀门复原。

(5) 加热升温：程序控制打开反应器的温度指示调节报警器，控制 0.8MPa 的水蒸气通过喷射混合器送入反应器。进行循环混合加热，使反应器内的温度达到 150℃，压力维持 0.4～0.55MPa。当反应压力高时，程序控制打开反应器放气管上的阀门平衡系统压力。放出气体进入排气冷凝器，冷凝水自流入处理水槽。

(6) 化学反应：当反应器内温度和压力达到规定值后，程序控制则按定时方式工作。定时到 30～40min 之后，程序控制关闭加热蒸汽。

(7) 液体排出：这是由人工操作按钮进行控制的工序。开启液体反应器的液体排出阀，液体自流入中间槽。槽内维持 0.1～0.2MPa 的压力，由槽顶排气阀控制排放气体进入排气冷凝器。槽内有搅拌器。如果中间槽的液位在高设定值以上，表明中间槽是满的，这时，程序控制液体排出阀不能开启，为等待状态。

(8) 压力释放：当反应器液位到达低限时，液体排放完毕，这时打开反应器排气管上的阀门进行压力释放。当减压完毕后开始下一轮的废水装入、药剂计量、药剂装入和液体调和四个工序，排气阀在程序控制发出液体调和完毕的信号后才可关闭。

上述各工序所用的时间见表 6-103。

表 6-103 加药反应各工序所需时间

工　序	废水装入	药剂计量	药剂装入	液体调和	加热升温	化学反应	液体排出	压力释放	一个周期
时间/min	15	—	5	—	30	30~40	15	15	~120

B 蒸发冷却

中间槽的液体温度约 120℃，依靠槽内系统压力压送到蒸发冷却罐。罐内液体经一次闪蒸，温度降至 50℃。罐内压力维持在 12kPa。冷却浆液从蒸发冷却罐底部自流至蒸发冷却罐受槽，而后再用泵将其从受槽抽出一部分送凝聚槽，另一部分作为回流与中间槽液体在管道内混合后进入蒸发冷却罐。用蒸汽射流抽气的方式维持蒸发冷却罐内压力在 12kPa，顶抽出的蒸汽经捕液器进入№1 凝缩器。捕液器捕集下来的液体进入蒸发冷却罐受槽。凝缩器内不凝气体经两个串联的蒸汽喷射器用 1.6MPa 的蒸汽抽真空，喷射气体进入№2 凝缩器冷凝。不凝气体最后排入大气。两个凝缩器的冷凝水即为除氟后的净化排水，自流入处理水槽，与其他排水混合后作为处理后排水送焦化废水生化处理作稀释水。蒸汽喷射的有关参数见表 6-104。

表 6-104 蒸汽喷射有关参数

喷射器	蒸汽压力/MPa	蒸汽温度	吸引压力/kPa	放散压力/kPa	水蒸气耗量/$kg \cdot h^{-1}$	备　注
№1	1.6	饱和温度	11.3	29.3	36	
№2	1.6	饱和温度	26.6	106.4	190	

C 浆液的絮凝沉淀分离

送入凝聚槽的浆液与加入的高分子凝聚剂在机械搅拌作用下进行混合和絮凝反应，而后流入沉淀槽进行油、水和 CaF_2 浆液的分离。沉淀槽上层分离油自流入含油排水槽，再用泵送回到古马隆树脂生产装置的油水分离槽；分离水进入处理水槽；沉淀槽底部的 CaF_2 浆液，含水约 95%，为防止沉积下来，用机械搅拌，并用泵抽出浆液送脱水处理。

D 浆液脱水

浆液槽底抽出的浆液与送来的凝聚剂在管道中混合后，连续送入高速离心脱水机脱水。得到的含水率 70%的 CaF_2，装入浆槽外运。离心分离出的水既可返回凝聚槽，又可通过浆液输送泵管道上的三通阀返回脱水机进行二次脱水。

离心脱水机的转速为 5000r/min。对脱水后的浆液 CaF_2 来说，含水率越低越好，但过低，将失去流动性，给操作带来困难。向浆液中加入凝聚剂，随加入量的增加分离水中含 CaF_2 减少，但脱水浆液中含水率增高。

6.6.3.3 运行参数及处理效果

(1) 处理能力：

处理水量，m^3/h　　1.28 (max:1.58)

进水含氟(F^-)，mg/L　　2500~2550

进水 pH	5~7

(2) 运行技术条件或设备能力：

反应器

反应时间，h	0.5
反应压力，MPa	0.4~0.55
反应温度，℃	150
中间槽尺寸，mm	ϕ1500×2100
蒸发冷却器尺寸，mm	ϕ1000×3600

沉淀槽

停留时间，h	约 2
表面负荷，$m^3/m^2 \cdot h$	1.0
脱水机处理能力，kg/h	370

(3) 处理效果：

出水含氟，mg/L	<100
SS，mg/L	30~50
pH	8.5~9.5
外排水量，m^3/h	1.99 (max:2.36)
泥渣含水率，%	70(范围:55~75)
CaF_2 产量，kg/h	28(max:35)

(4) 消耗指标：

$CaCl_2 \cdot 2H_2O$(含量≥95%)，kg/h	16.6(max:20.5)
$Ca(OH)_2$(含量 10%)，kg/h	92(max:114)
凝聚剂(浓度 200mg/L)	
凝聚槽，kg/h	18
脱水机，kg/h	85

6.6.4 排水设施

焦化厂主要排水设施有地下室地坑排水设施、工艺生产废水收集设施、煤气水封排水收集设施、雨水提升设施、生活排水提升设施、焦炉基础下人工降低地下水位设施、煤场排出雨水的煤泥沉淀设施及排水管网等。

6.6.4.1 地下室地坑排水

车间内部集水坑排水有封闭建筑内的地下室集水坑排水和露天及半露天设施内地下部分集水坑排水两类。

封闭建筑内的地下室排水，多为一些起始煤焦转运站、个别煤破碎机室和大型电缆隧道的地下部分排水。这些场所有的仅有污水池和(或)冲洗地面排水，有的平时几乎无排水来源，只有在开工初期或意外事故时才可能有一定量的集水。这类排水可在地下室的最下层设一集水坑，内装一台潜水泵或固定立式污水泵排水即可，集水坑的有效容积应不小于 $0.5m^3$，排水泵的流量可按 5 m^3/h 左右选取，其扬程主要与地下室深度等因素有关。排水可排入雨水排水管道或生产排水管道。

大中型焦炉地下室地坑排水，习惯上由炼焦工艺收集和加压后排出，排水点一般送到焦炉炉端台处，该水一般排至焦处理粉焦沉淀池。

露天或半露天建筑内的地下室排水，有受煤坑和焦台两处。受煤坑排水主要是排除雨水。平时焦台内需要排除焦台补充熄焦流下的水,雨天需要排除焦台内汇集的雨水。一般在受煤坑和焦端台的最深处分别设集水坑,焦台排水由地沟引至焦端台集水坑内。每个集水坑内设两台立式耐磨排水泵,一般为一开一备。但对于雨水量较大的地区,焦台排水泵可为两台同时工作,由集水坑内水位自动控制排水泵的起停台数。排水泵的能力应按排除不小于 10 年一遇的雨水量来确定,汇水面积按实际接纳雨水的面积来计算。集水坑的有效容积应不小于 $1.0m^3$,并应使排水泵每小时的启动次数不大于 6 次。

地坑排水宜采用排水泵与其集水坑水位实行自动连锁的控制方式,即高水位自动启泵,低水位自动停泵,极限水位报警。

6.6.4.2 焦化废水收集

焦化废水分为高浓度废水和低浓度废水,高浓度工艺废水主要来自煤气净化和化产品精制,该废水一般由化产工艺收集并经适当处理后送废水处理。

煤气净化和化产品精制工艺排出的低浓度废水,视其水质情况排入油水分离池、酸碱中和池或排水调整槽,而后用泵送焦化废水处理。油水分离池、酸碱中和池及排水调整槽一般放在工段内部,其有效容积应以接纳 8 ~ 24h 废水为宜,排水泵能力宜按平均时废水量确定。接纳酸碱废水的排水管道、管件和地漏应采用耐酸碱材质。

需要收集初期雨水的化产品精制工段,一般要设初期雨水贮水池,其有效体积应能接纳 10 ~ 30min 的初期雨水量,汇水面积应为受到工艺介质污染的区域。雨水贮水池内应设自动液位控制装置,雨水贮水池进水管上应设置能排入厂区雨水管道的超越管道。雨水贮水池内的存水应在雨后的一段时期内用泵均匀地送焦化废水处理。

6.6.4.3 煤气水封集水坑

在厂区内不设全厂性处理前焦化废水自流管道时,煤气水封排水一般用设在其附近的集水坑来收集,并定期用槽车抽送焦化废水处理。

6.6.4.4 露天煤场雨水煤泥沉淀

对于露天煤场,为防止煤被雨水冲走,都设有散水坡和煤泥沉淀池,分离煤泥后的雨水排入厂区排水管道。煤泥沉淀池的有效容积应以雨水停留时间不小于 30min 为宜。

6.6.4.5 焦炉基础人工降地下水

当焦炉地下室基础坐落于其所在处最高地下水位以下时,应采用人工方式降低焦炉和烟道区域内的地下水位。此外,焦炉烟道还应设烟道排水系统。

人工降低焦炉和烟道地下水的方法是在焦炉和烟道基础下面设人工卵石滤水层,并用滤水管将地下水引入排水泵房,用排水泵排出,使焦炉区域内的地下水位降至焦炉和烟道基础以下。

关于焦炉基础人工降地下水的设计方法(包括设计人工降地下水应收集资料、确定排水量的方法及人工降地下水设施的结构形式等详见《钢铁企业给水排水设计参考资料》(1978 年版)。此外焦炉基础人工降地下水还应注意以下一些问题:

焦炉人工降地下水位的排水检查井有的坐落在推焦或熄焦车轨道之间,设计时应注意它们之间的相对位置关系,以防出现与轨道基础或轨道间拉梁相碰的情况。坐落在炉间台内的排水检查井,可设为暗井。

烟道排水泵房常使用立式液下泵,自灌启动,泵叶轮应位于集水井最高水位以下即可,但水泵吸水口应在集水井最低水位以下 500mm 处。烟道排水泵一般设有两台,为一开一备,由集水井水位自动控制,即当集水井水位到达高水位时,排水泵自动启动,当集水井水位降至最低水位时,排水泵自动停止,当集水井水位达到极限水位时,应自动报警。工作泵事故时,备用泵自动投入(应当指出的是,当排水泵为非全自灌形式时,只有当水位升至水泵叶轮以上高度时,才能切换水泵),并自动报警。报警信号均应引至焦炉煤塔仪表控制室。排水泵的出口应装有防倒灌的止回阀。排水泵应配有两路独立电源,当一路电源事故时,另一路应自动投入。

焦炉烟道排水主要是排除开工前烟道内有可能的集水,对于地下水位较深和防水措施较好的烟道内平时基本上无水。在设有人工降低焦炉和烟道地下水的情况下,焦炉烟道内排水一般排入焦炉和烟道降地下水系统,反之,焦炉烟道排水应单设独立的排水系统。

为不影响焦炉烟囱的抽力,烟道排水应设有水封。烟道水封一般有两种形式,一种是在烟道排水点处,烟道的一侧做一个与烟道一体的水封式集水坑,排水管从集水坑水封水位以上引出;另一种是烟道排水直接用管道从烟道引出,把排水管道系统的第一个检查井变为水封井。

当不需降低焦炉和烟道地下水,仅有焦炉烟道排水时,对于小型焦炉可借用烟道排水点处附设的集水坑(带有水封),在其内直接安放潜水泵排水即可。但也可采用将烟道排水引入单独设置的排水泵井内,而后再用泵提升外排的方式。设在水封井内的排水泵,其安放高度应能确保水封不被破坏。对于大中型焦炉的烟道排水系统,多设立专门的排水泵房和固定的排水泵,烟道与排水泵房间用管道和检查井连接。烟道排水系统的水泵控制基本上同焦炉和烟道降地下水泵房的控制方式。

6.6.4.6 排水提升泵站

当厂区内排水不能自然排出、排水供回用或排水送污水处理时,需在厂内或厂外设排水提升泵站。焦化厂的排水提升泵站有生活排水、生产排水、雨水排水、生产雨水综合排水和生活生产雨水综合排水几种。

各类排水泵站的设计排水流量为:(1) 分流制管道:1) 当排水直接排入水体时,应为其各自排水管网的来水量;2) 当排水供回用或送污水处理时,应为其各自的平均小时排水量之和;(2) 合流制管道:1) 当全部排水直接排入水体时,设计排水流量应为其各自排水管的来水量;2) 当除雨水以外的其他排水供回用或送污水处理,雨水能自然排出时,应为排水管网的总排水量扣除雨水量之后的水量。

排水泵台数的确定:生产和生活排水泵多为一开一备或二开一备;雨水排水应设置为 2 ~4 台同型号的工作泵,不设备用泵;综合排水泵站内除设置雨水泵外,还应设置生活或(和)生产排水泵。

排水吸水井有效容积的确定:(1) 单独的生产排水泵吸水井和单独的生活排水泵吸水井,不小于其最大一台排水泵 5min 的出水量,且应保证排水泵每小时的工作次数不超过 6 次,当吸水井兼有调节水量功能时,还应不小于其调节所需的容积;(2) 雨水泵站及综合雨水泵站的吸水井,第一台雨水排水泵启动时的水位至该吸水井最低水位间贮存的雨水容积应不小于最大一台雨水排水泵 30s 的出水量,但在雨水管网无调节蓄水容量时,吸水井的有效容积应适当加大。

控制方式:排水泵应采用自灌式启动方式。排水泵启停宜与吸水井水位自动连锁,生活排水泵和生产排水泵宜采用高水位自动启泵,低水位自动停泵,工作泵事故备用泵自动投入运行并报警的控制方式。雨水吸水井应设多个自动控制液位,自动控制液位数应与雨水排水泵台数相同,并应根据雨水吸水井水位来自动控制增减雨水排水泵的工作台数,即当雨水吸水井水位升到第一水位控制线时,启动一台雨水排水泵,升到第二水位控制线时,再启动一台雨水排水泵,依此类推,当雨水吸水井水位达到最高控制水位线时,所有的雨水泵都应全部投入工作。当雨水吸水井内水位每降低至一控制水位线时,均应自动停运一台雨水排水泵。当雨水吸水井水位降至最低控制水位时,全部雨水泵都应停止工作。

排水泵站与吸水井间的人孔多为密封形式。在有条件的情况下进入泵站前的排水管上应设置自流排入水体的超越管。雨水泵排水管出口上一般应设置防排水倒灌的止水门。排水泵应有两路独立电源。

雨水泵站及综合排水泵站的设计方法详见《给排水设计手册》。

6.6.4.7 内部给水排水及外部排水管网设计中需特殊注意的几个问题

(1) 一般在污水池旁和有可能经常向地面洒水的地方应设有排水地漏。

(2) 煤塔顶雨排水用管道引至煤塔底层后,应从推焦机一侧排入厂区排水管道。

(3) 煤焦系统配煤槽、煤塔及筛贮焦楼内的给排水管道不得从其贮煤槽或贮焦槽内穿过,一般给水管道应尽可能借助于楼梯间走行,排水管道可走建筑物的外面,对于寒冷地区应采取防冻措施。

(4) 室内管道布置应避开吊车及吊车梁、吊装孔、人孔、胶带输送机尾部的皮带拉紧装置、暖气片,通风孔、电器开关及工作人员经常走行通道等位置。

(5) 给排水管道在穿越地下室墙壁时应预埋防水套管。

(6) 为防止排水管道倒灌,焦炉烟道及地下室地坑排水泵的压出水管上应装止回阀和阀门。如果排水泵设有用自身回流的方法调节排水量或冲洗集水坑时,回流水管应从排水泵出口与止回阀之间的管道上接出。

(7) 对于地面抬高或总长较长的推焦车轨道,其间应设有雨水排水,一般为每隔一定距离设一个雨水口,并用管道引至推焦机外侧轨道之外。

(8) 各类管沟及仪器仪表井类等地下设施的排水,若直接用管道与排水管网连通时,应采取防排水倒灌措施。

(9) 对于水熄焦工艺,因焦台与熄焦车轨道间距离很小,煤塔及炉端台内的给排水管道很难从熄焦车侧通过,一般要走推焦机侧。

(10) 因推焦车轨道有着既宽又深的带形钢筋混凝土基础,且两轨道间每隔一定距离有一拉梁,故煤塔及炉端台内的给水排水管道在穿越煤塔基础和内外侧推焦车轨道时,必须预留孔洞,且在两轨道间走行的管道及其各种井应躲开拉梁。预留孔洞的大小应考虑到推焦车走行后推焦车轨道的沉降量,一般预留孔洞的大小应为 $DN+200$。

(11) 对于小型焦炉,一般两焦炉共用一个烟囱,因而使烟道内侧形成了一个封闭环形岛,因此在烟道内侧不应设有自流排水管道,对非设不可的压力或余压给水排水管道可从烟道上方绕过。烟道排水点及烟道排水泵房不应设在环形岛内。

(12) 当在紧挨炉端台处预留有新焦炉位置时,炉端台处的给水排水管道应从其本身所在位置的推焦车轨道处留孔通过,不得占用新焦炉位置。

(13) 地下及刚走出地面后用墙作支撑部分的煤焦通廊,其下有两道既厚又深的带形钢筋混凝土基础,当有管道需要从该地段通过时,应事先预留孔洞。对于埋设较深的地下通廊,给水排水管道也可从通廊顶上通过。

(14) 煤焦系统冲洗地面排水,其排水管出户后的第一个检查井应设为沉淀式检查井。

(15) 建(构)筑物的生活给水进口管,与其中各类排水管道出户管间的水平距离,应不小于 1.5m。

(16) 化粪池距建(构)筑物的距离不得小于 5m,但当化粪池对建(构)筑物基础不构成威胁时,可放宽到不小于 3m。

(17) 焦化厂生活排水量较小,其排水管道多数情况下是以最小管径和最小坡度铺设的。雨水排水管道或含有雨水的合流制排水管道,一般应以管顶平(管子顶部相平)方式相接,特殊情况可采用管中心相接,应尽量避免采用管底平相接或倒虹吸排水方式。

(18) 在有可能的情况下,应尽可能创造条件不设排水泵站,使排水采用自流方式排出。可采取的方法有:最大限度地减小管道坡度和埋深,利用水体与厂内排水管道间的坡度差,排水口向水体下游推移,寻找合适的排水接入点等。

6.7 焦化废水生化处理

焦化废水生化处理包括废水预处理、废水生物处理、废水后处理、污泥处理、系统检测与控制及分析化验等。其中废水生物处理又有生物脱酚氰处理和生物脱氮处理两种工艺,前者主要以去除废水中的酚氰及 *COD* 类物质为目的,后者除兼有前者的功能外,还要去除废水中的 NH_3-N,设计时应根据实际需要选择其一。

6.7.1 废水来源及水质

焦化废水的种类较多,从其产生的源头分,有炼焦煤带入的水分(表面水和化合水)、化产品回收及精制过程中使用直接蒸汽转入的水、工艺介质洗涤溶盐等加入的水、添加稀化学药剂带入的水、工艺管道设备等清洗加入的水、浊循环水系统排污水、煤气水封水、冲洗地面水、清洗油品槽车(罐)排水等;按其排出方式分,有从荒煤气冷凝液中分离出来的剩余氨水、化产品回收及精制过程中工艺介质中分离水以及其他一些污水(如浊循环水系统排污水、煤气水封水、冲洗地面水、清洗油品槽车罐水等)。因焦化产品多属于芳香族类和杂环类化合物,因此焦化废水中含有酚类、苯类及吡啶类等多种有机化合物,其中以酚类含量为最多,另外煤在高温碳化过程中形成的氰酸盐、硫代硫酸盐、硫氰酸盐及氨氮等无机化合物也部分地转入焦化废水中。

剩余氨水及煤气净化和化产品精制过程中工艺介质分离水属高浓度焦化废水,其中含有大量的油类、酚、氰和氨氮等。不同水质的焦化废水,其处理和处置方法是不一样的。对于焦油蒸馏和酚精制蒸馏中分离出来的某些高浓度有机废水,因其中含有大量不可再生和生物难降解的物质(如多元酚等),一般要送焦油车间管式炉焚烧;煤气净化和化产品精制过程中从工艺介质中分离出的其他高浓度废水要与剩余氨水混合,经蒸氨(有的要先经过脱酚)后以蒸氨废水的形式排出,送焦化废水处理;焦化厂的低浓度焦化废水,水量大小不一,一般当作蒸氨废水生化处理的稀释水。高浓度焦化废水一般要先经工艺内部处理后再外排,其常规运行路线如图 6-36 所示。

6.7.1.1 剩余氨水

剩余氨水来自于分离焦油及浮渣后的煤气冷凝液。剩余氨水产量及水质与装炉煤的煤

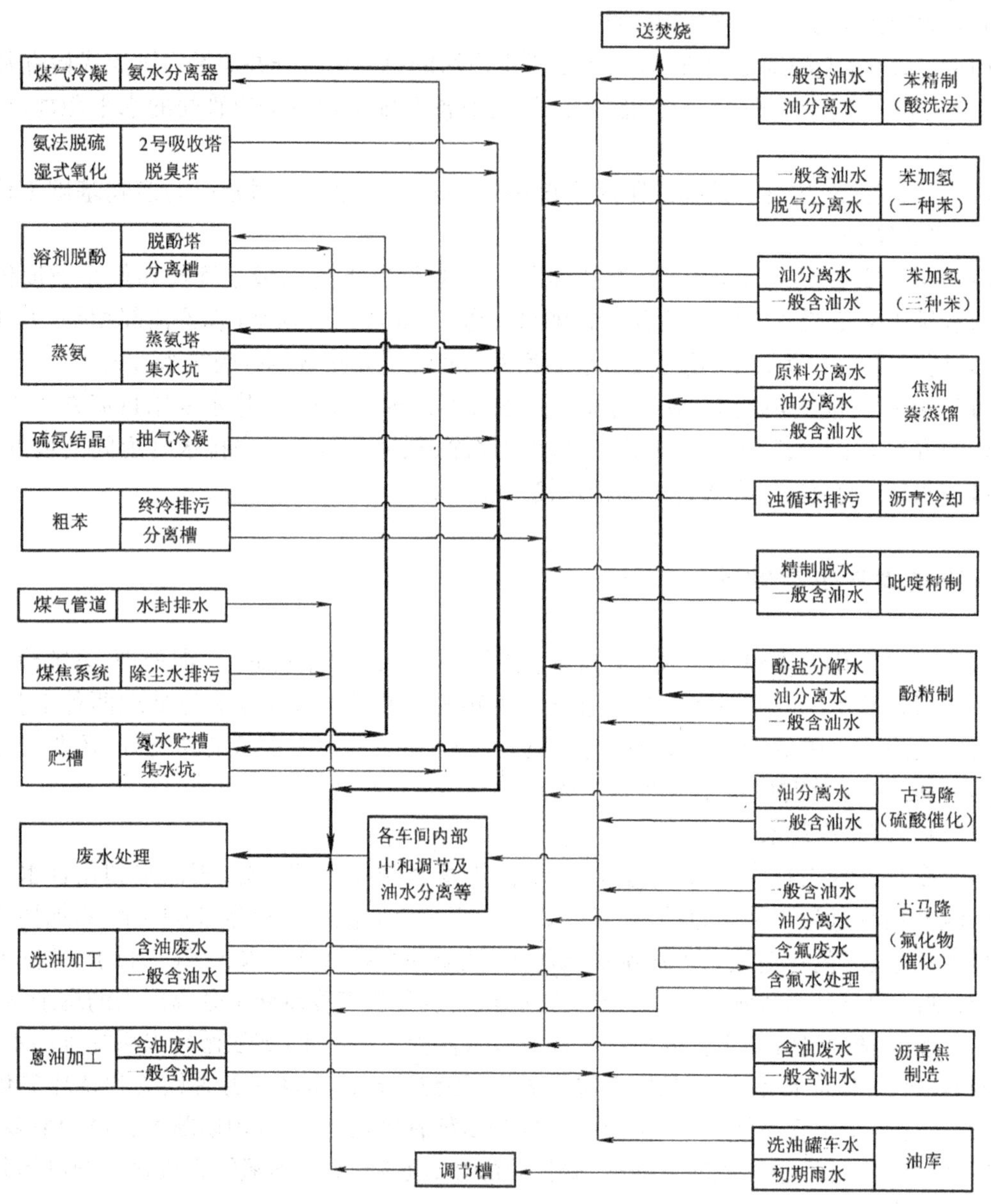

图 6-36 焦化废水运行路线图

质、煤中所含水分、焦炉碳化室结焦温度及剩余氨水的分离方式等多种因素有关。剩余氨水产量等于装炉煤带入的表面水量(为装煤量的 4% ~ 17%，一般为 10%左右)和煤高温炼焦中产生的化合水量(一般约为干煤重的 2%)之和扣除冷却后饱和湿煤气带走的水量后的数值。当装煤含水为 10.0%，炼焦化合水为 2.0%，冷却后煤气温度为 25℃时，每 100t 煤(干)转入剩余氨水中的水量约为 12.0t，折合每 100t 全焦转入剩余氨水中的水量约为 15.8t。从系统中不同部位排出的剩余氨水，其水质差别也较大。图 6-37 为各种氨水在化产品回收部分的运行路线图。由图中可以看出，系统中可分离出三种形式的氨水，即：循环液单独分离的循环氨水①、冷凝液单独分离的冷凝氨水②、冷凝液与循环氨水一并分离的混合氨水① + ②。各种氨水的水质是不同的，在高温碳化的情况下，几种氨水的水质见表 6-105。

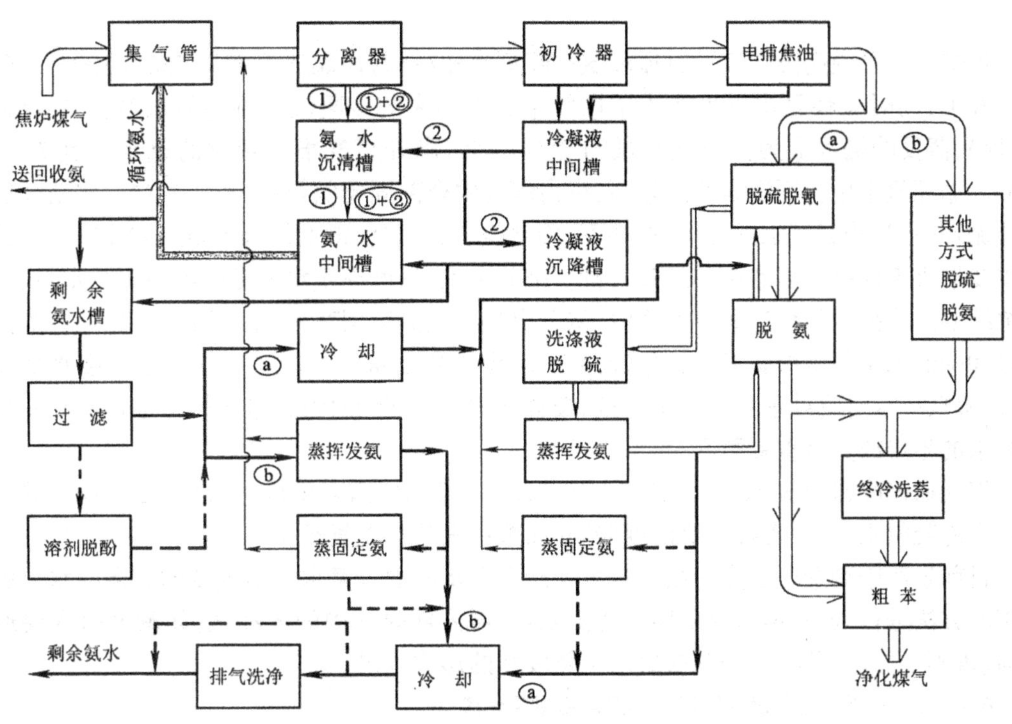

图 6-37 各种氨水运行路线图

(图中ⓐ、ⓑ分别代表不同的工艺路线)

在间接初冷的条件下,从煤气冷凝液中分离出的氨水中,含氨量为焦炉煤气中氨量的30%左右,所含氨的形式有挥发氨[如$(NH_4)_2S$、NH_4CN、$(NH_4)_2CO_3$等]和固定氨[如NH_4Cl、NH_4CNS、$(NH_4)_2SO_4$和$(NH_4)_2S_2O_3$等]。煤气冷凝液从两个地方被分离出来,一是在集气管中溶于循环氨水中,另一为煤气初冷器内凝集的冷凝氨水。

表 6-105 几种氨水水质

序号	项目	循环氨水	冷凝氨水	混合氨水	序号	项目	循环氨水	冷凝氨水	混合氨水
1	挥发氨/$g \cdot L^{-1}$	1.0 ~2.1	2.2 ~7.5	3.0 ~5.0	7	硫化氰/$g \cdot L^{-1}$	0.05 ~1.37	0.37 ~3.65	0.05 ~0.12
2	固定氨/$g \cdot L^{-1}$	0.6 ~13.2	0.06 ~6.7	1.0 ~3.0	8	硫酸盐/$g \cdot L^{-1}$	0.45 ~4.77	0.22 ~1.86	
3	酚类/$g \cdot L^{-1}$		1.2 ~2.5	0.8 ~2.1	9	氯化物/$g \cdot L^{-1}$	0.33 ~39.6	0.06 ~1.4	
4	氰化物/$g \cdot L^{-1}$	0.05 ~1.35	0.09 ~0.22	0.13 ~0.17	10	吡啶/$g \cdot L^{-1}$		0.6 ~2.5	0.2 ~0.5
5	硫氰化物/$g \cdot L^{-1}$	0.2 ~7.9	0.6 ~8.6	0.5 ~0.6	11	油/$g \cdot L^{-1}$			0.3 ~0.6
6	硫代硫酸盐/$g \cdot L^{-1}$	0.64 ~2.25	0.38 ~1.04		12	pH			9.0 ~10.0

焦炉集气管内高温煤气通过循环氨水喷洒汽化冷却，使煤气温度从650～700℃降低到82～86℃，同时循环氨水中也溶入了煤气中分离出来的冷凝液。循环氨水量为5～6m^3/t(干煤)，蒸发的氨水量为循环氨水量的2%～3%，离开煤气集气管时的氨水温度为72～78℃。循环氨水中含固定氨浓度较高，可占煤气中全部固定氨量的90%左右。在循环氨水单独循环(不与冷凝氨水混合)的条件下，固定氨含量可达30000～40000mg/L，其浓度的高低主要取决于向循环氨水中的补充水量。由此可见，从循环氨水中提取出一部分水量，用蒸发浓缩的方法提取氯化铵和硫氰化铵，将蒸出汽补充蒸氨用蒸汽，不仅可以有效地去除固定氨盐和降低剩余氨水中氨氮的含量，而且也减少了剩余氨水的产量。这对减少废水处理的规模、降低废水生物处理负荷及碱耗量、缓解处理后水回用对设备造成的腐蚀程度和实现焦化废水的零排放具有重要意义。

煤气在初冷器内从82～86℃降到25～35℃(煤气的露点温度为80～83℃)后，进一步分离出冷凝氨水，其中含挥发氨浓度较高，而难挥发盐类含量较少。

目前生产中剩余氨水多为循环氨水和冷凝氨水的混合氨水。高浓度的剩余氨水可以用焚烧的方法进行处理，但若要采用生化法处理，需先回收其中的酚和氨，即剩余氨水要通过脱酚(现不少厂已不脱酚)和蒸氨后以蒸氨废水的形式排出。

6.7.1.2　化产品回收及精制过程中产高浓度焦化废水

化产品回收及精制过程中产高浓度废水有以下几种。

(1)原料重力脱水：主要为原料(如粗苯、粗焦油及洗油等)贮槽中静沉分离水。

(2)原料加热脱水：主要为化产品回收和精制过程中，原料直接加热汽化脱水、原料加化学药剂后加热汽化脱水或原料加入低沸点的溶剂后共沸脱水时，所形成的高温油气在塔外经冷却冷凝后，所得冷凝液再经油水分离器分离油后的分离水。

(3)中间馏分脱水：为原料或中间馏分的冷凝液分离水。这些馏分中水分的来源有原料脱水的残留水、外部加入的溶盐水、药剂带入的水或馏分水洗留存的水等。

当原料和馏分加热脱水或分馏采用直接蒸汽加热时，蒸汽冷凝水也混入了油分离水中，从而也变成了废水。因所采用生产工艺不同或制取的产品不同，分离出的水量和水质也有所不同。这部分高浓度工艺废水的水量一般都较小，一个化产品精制内容比较全的厂，其总量一般不超过剩余氨水量的50%，其中沥青焦制造部分排污系统的排水又占去了该部分废水量的40%以上。不同规模焦化厂排高浓度焦化废水量参见表6-107。因该类废水多数与原料及其分馏馏分有关，因此一般都具有较高的含油量和具有很高的有机物浓度。该类水的种类与化产品回收和精制的种类及所使用的加工工艺有关。对于中小型焦化厂，一般无化产品精制，只有粗苯分离水。对于大型焦化厂，一般都有一个或几个化产品精制项目，因此，高浓度焦化废水的种类也不尽相同。某些高浓度有机废水，如焦油蒸馏和酚精制蒸馏中分离出的水，该水中含有很多不可再生和生物难降解的物质(如多元酚等)，一般要用焚烧分解的方法处理。除此之外的其余该类废水一般都与剩余氨水混合后一同送蒸氨，有的在蒸氨前还要经过溶剂脱酚，最后以蒸氨废水的形式排出。各种废水水质的波动范围一般都较大，某些焦化废水的参考水质见表6-106。

表 6-106 焦化废水参考水质①

序号	项目	COD /mg·L⁻¹	酚 /mg·L⁻¹	T-CN⁻ /mg·L⁻¹	CN⁻ /mg·L⁻¹	SCN⁻ /mg·L⁻¹	$T\text{-}NH_3$ /mg·L⁻¹	油 /mg·L⁻¹	备注
一、煤气净化部分									
1	粗苯分离槽	11230	400	600	150		4500	140	
2	煤气终冷排污	560	33.2	19.5		16.5	395	2.9	
3	硫氨结晶抽气冷凝	1710	100	20			300	100	
4	脱硫吸收塔排水	1700					670	100	
5	湿式氧化脱臭塔排水	1700	50	30			320	100	
二、化产精制部分									
1	焦油蒸馏脱水	29550	3600		300	145	5500	110	
2	苯加氢分离水脱气槽	5950	30		20	20	2500	1000	
3	酚盐分解中和槽	41300	2600					85	
4	古马隆脱酚排水	2170	6000					140	
5	吡啶精制脱水	1150			300			5	
6	沥青焦分离水	37800	7040	1623		1095	11695	350	
7	沥青池排污水	410	70		3	120	30	30	
8	处理后含氟废水	930							含氟≤100mg/L
三、其他									
1	煤气水封排水	5100	235	8.6	5.6	271.5	1100	15000	槽车抽送
2	煤气水封排水	100						10	管道输送

①为平均水质的近似值。因诸多因素的影响，同类废水的平均水质，波动范围在±30%以内。

6.7.1.3 蒸氨废水

由剩余氨水和部分其他高浓度焦化废水组成的混合废水经蒸氨后的排水即为蒸氨废水。混合废水在蒸氨前一般要经过过滤除油和溶剂脱酚(也有的不进行脱酚)。近年来，蒸氨废水几乎成为化产工艺排出的惟一一种高浓度焦化废水，它也成为焦化废水的最主要来源。因煤气终冷由开放式变为密闭式循环，蒸氨废水的量也已由原来占工艺外排废水的30%~50%提高到60%~90%。不同规模焦化厂蒸氨废水的产量及其组成见表6-107。

表 6-107 蒸氨废水产量及组成

成分		水量 /$m^3 \cdot h^{-1}$							
		20万 t/a	40万 t/a	60万 t/a	90万 t/a	90万 t/a	180万 t/a	180万 t/a	180万 t/a
外排蒸氨废水①		14.0	14.0	22.5	56.3	36.6	75.0	72.0	90.0
其中	剩余氨水②	4.4	8.8	13.2	20.2	20.2	39.6	39.6	39.6
	化产品精制分离水	—	—	—	2.5	2.5	—	20.0③	4.2④
	粗苯分离水	0.6	1.2	1.8	2.8	2.8	5.5	5.5	5.5
	粗苯终冷排污水等	—	2.6	—	—	—	19.8	—	31.0⑤
	洗氨水及蒸氨汽冷凝水	9.0	2.3	7.5	30.8	11.1	15.1	6.9	14.7
备注		氨焚烧 HPF脱硫	硫铵流程 HPF脱硫	氨焚烧 AS脱硫	硫铵流程 AS脱硫	氨焚烧 AS脱硫	氨水无水氨 AS脱硫	硫铵流程 TH法脱硫	无水氨 FR法脱硫

①已扣除终冷排污水中所含的二次蒸汽冷凝水量；

②为装煤含水约为12%，炼焦化合水约为2%时进入系统的水量；

③内容包含：苯加氢（生产一种苯）、古马隆、焦油萘蒸馏、精酚（CO_2 洗涤法）、精萘（区域熔融法）、吡啶精制和沥青焦制造等；

④内容包含：苯加氢（生产三种苯）、精萘（静态结晶法）、精蒽、蒽醌和洗油加工等；

⑤其中含煤气水封排水 2.0m^3/h，无水氨装置排水 6.9m^3/h。

蒸氨废水的水质与蒸氨前废水的组成、焦化工艺及生产的产品等因素有关。如剩余氨水中有无混入化产品回收和精制过程中分离水，是否进行脱酚，蒸氨气是送生产硫铵、无水氨还是送焚烧分解（这几种工艺蒸氨用蒸汽及洗氨用软水的量都不一样）及蒸氨是否脱除固定氨等，所排出的蒸氨废水水质是不同的。几种蒸氨废水的水质情况见表 6-108。

表 6-108 蒸氨废水水质

序号	项目	剩余氨水		脱酚氨水	蒸氨废水②		
		常态范围	常态值①		脱酚脱固定氨	不脱酚脱固定氨	不脱酚和固定氨
1	COD/$mg \cdot L^{-1}$	6000~9000	8500	2250~2800	1750~2700	3000~5500	3000~5500
2	酚/$mg \cdot L^{-1}$	1500~2000	1750	80~120	50~100	450~850	450~850
3	T-CN^-/$mg \cdot L^{-1}$	20~150	40	20~150	10~40	10~40	10~40
4	CN^-/$mg \cdot L^{-1}$	10~80	15	15~100	5~15	5~15	5~15
5	SCN^-/$mg \cdot L^{-1}$	400~600	450	500~600	300~500	300~500	300~500
6	NH_3-N/$mg \cdot L^{-1}$	4000~5000	4500	4000~4800	80~270③	80~270③	600~820
7	油/$mg \cdot L^{-1}$	300~600	15	10~30	5~15	5~15	5~15
8	pH	9~11	9.8	9~10	9~9.8	9~9.8	8~9.0
9	水温/℃	34~40	34~40	34~40	34~40	34~40	34~40
备注		混合氨水	过滤后	溶剂脱酚			部分脱固定氨

①当煤气脱硫放在煤气终冷之后时，T-CN^-、CN^- 及 SCN^- 的数值应取常态范围的上限值；当原料煤中含硫较高时，SCN^- 的数值也应取常态范围的上限值；

②取值方式与蒸氨废水量和剩余氨水量的比值有关，一般有：当比值在1.5以下时，取上限值；当比值在3.0以上时，取下限值；当比值在1.5~3.0时可用内差法或根据各组成废水水质与水量按加权平均法进行计算；此外，还应按本注①的原则进行调整；

③与蒸氨操作条件有关，应控制在接近下限值为好。

6.7.1.4 低浓度焦化废水

该部分废水多为与工艺介质接触后受到轻度污染的水，其中含污染物浓度较低，常见的有如下几种：

(1)排气循环水洗涤系统排污水：如 TH 法脱硫液再生塔排气第二回收塔水洗排水、TH 法脱硫湿式氧化反应塔部分的排气脱臭塔水洗排水、酸洗法生产硫铵工艺的结晶蒸发器的排气第一冷凝器冷凝水及蒸汽喷射抽气冷凝液排水、煤焦烟尘除尘废水、油品贮槽排气洗净废水等。

(2)直流排水：有煤气水封排水，焦油沥青等水浸泡冷却系统排水，及工艺介质加压泵泵轴封及冷却排水等。

(3)清洗排含油污水：如洗涤油品槽车罐排水。

(4)一般性含油废水：车间地面清洗排水及槽罐区和生产装置区排初期雨排水等。

(5)处理后含氟废水：古马隆车间排放经车间内部除氟处理后的含氟废水。

这部分废水除含油及有机物浓度低外，特别是其水量受人为因素影响较大。其混合水的 COD 和 $NH\text{-}N_3$ 浓度分别在 200～800mg/L 和 20～150mg/L 之间，表 6-106 列出了其中一些废水水质。

送生化处理的焦化废水主要为蒸氨废水和几种低浓度焦化废水的混合水，混合焦化废水的水质按公式(6-4)进行计算：

$$C = \frac{\sum C_i Q_i}{\sum Q_i} = \frac{\sum C_i Q_i}{Q} \tag{6-4}$$

式中 Q_i, C_i——分别为第 i 种废水的流量及其中所含某种物质的浓度；

Q, C——分别为混合废水的流量及混合水中所含同种物质的浓度。

6.7.2 废水预处理

焦化废水预处理主要是为其生化处理创造适宜的条件。焦化废水预处理一般由除油、水质均和与水的事故调节等几部分组成。根据焦化废水水质情况及可使用的预处理设备及构筑物的形式等，可有多种预处理工艺。图 6-38 和 6-39 分别为焦化废水处理常用的两种预处理工艺流程图。

6.7.2.1 预曝气

预曝气主要是吹脱焦化废水中的有害气体，如 H_2S 和 HCN 等，吹出的气体经收集后送燃烧炉焚烧。某预曝气槽对总氰的脱除效果及从预曝气槽上部封闭空间中的气相部分取样分析结果的实测值列于表 6-109。

表 6-109 预曝气槽处理效果标定结果

项　目	液相(T-CN)			气　相		
	进水/$mg\cdot L^{-1}$	出水/$mg\cdot L^{-1}$	去除率/%	$H_2S/mg\cdot m^{-3}$	$HCN/mg\cdot m^{-3}$	$NH_3/mg\cdot m^{-3}$
范　围	1.9～11.9	1.0～10.6		0～0.08	0.831～1.92	35.74～104.3
平　均	4.9	4.3	12.24	0.004	1.16	65.14

近年来由于煤气脱硫脱氰效果的提高，因而所排放废水中含 T-CN 的浓度也大大减少了，由表 6-109 中有关数据可以看出，在来水含 T-CN 浓度较低的情况下，无论是从废水的预曝气脱氰效果，还是从吹出气体有害成分含量看，预曝气的脱氰效果都相当差，在这种情况下，完全可以取消对原水的预曝气处理。但对一些含氰浓度较高的焦化废水，其预处理部分可考虑设置预曝气脱氰设施。焦化废水预曝气脱氰的有关设计参数如下：

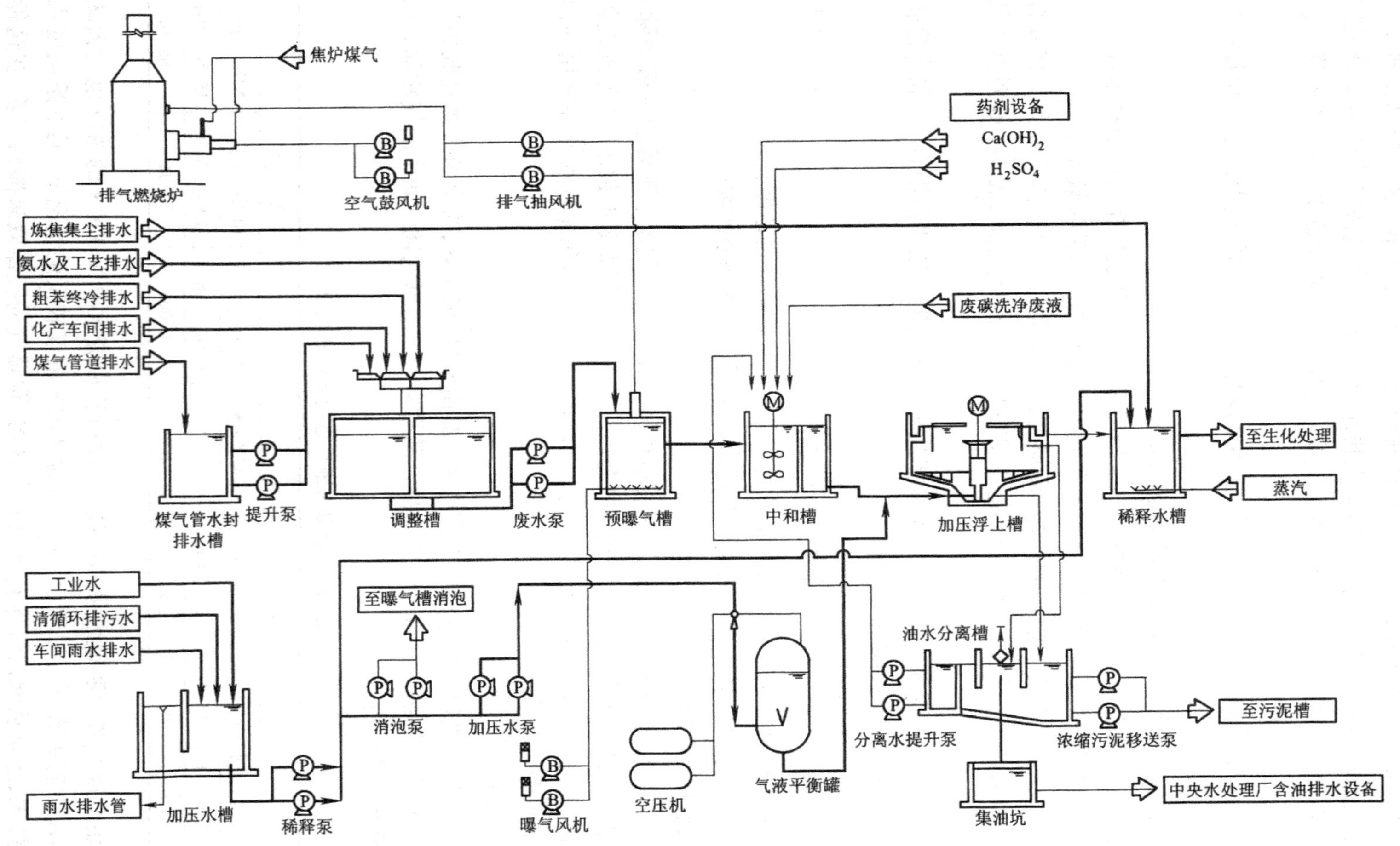

图 6-38　焦化废水预处理工艺流程图之一

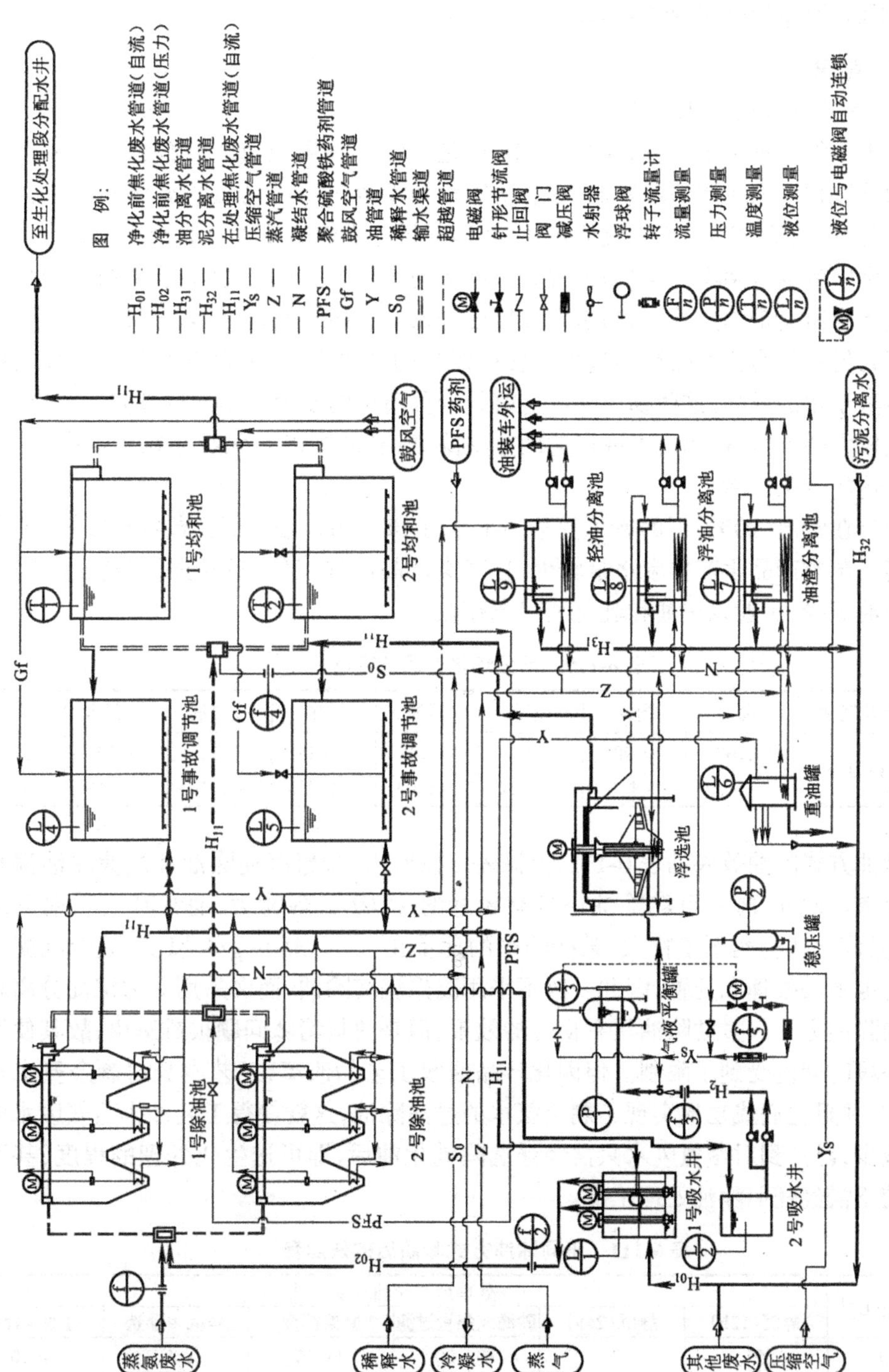

图 6-39 焦化废水预处理工艺流程图之二

预曝气时间，h　8
曝气强度（每 m^3 废水供空气量），m^3　1～2
燃烧炉（每 m^3 废水耗煤气量），m^3　1.8

6.7.2.2 除油

A 焦化废水中油的特点

焦化废水中的油不是单一成分的化合物，而是由许多物质组成的混合物。实际上是指有机溶剂的萃取物。因所用的萃取剂不同，从废水中萃取出来的物质的成分和数量也不相同，有些国家使用的萃取剂为正乙烷或氯仿，我国分析标准规定使用石油醚或乙醚。

焦化废水中的油有两类，一类为在较高温度下随水带出的焦油类物质（如煤气冷却液中分离出的氨水中所夹带的焦油）和与水直接接触进入水中的结晶物质（如煤气终冷水中所含的油和萘等），另一类为化产品精制过程中各种馏分的分离水，其中含有如苯类、酚油、蒽油及萘油等不溶于水的成分，这些物质实际上就是未分离出的残余产品。尽管同为油类，但有的易凝聚成较大的颗粒，可用重力或过滤的方法除去；有的则以乳化状存在于水中，需用凝聚沉淀或浮选的方法去除。

某些油类在常温（20℃）下的密度见表 6-110，由该表可以看出，除苯类产品外，多数都较水密度高。苯类产品生产排废水量较少，且苯类产品的沸点低，极易挥发，这就决定了焦化废水的浮油极少，一般以重油和乳化油状态存在。

表 6-110　部分焦化产品的密度

名称	粗苯及轻油	苊油	酚油	吡啶	萘油	洗油	一蒽油	二蒽油	焦油
密度	0.8～0.9	1.07～1.09	0.98～1.0	1.01～1.02	1.01～1.03	1.035～1.055	1.12～1.13	1.15～1.19	1.12～1.2

不同除油方式除油效果见表 6-111，由该表可以看出，凝聚沉淀除油和过滤除油都有较好的除油效果。此外，凝聚沉淀除油还具有较好的 *COD* 去除能力，通常其去除率可高达 30%以上，但该方法耗药剂量特大，某些药剂的耗量在 235～350mg/L 以上，凝聚沉淀分离出的絮凝物也不易处理和处置，因此一般不采用凝聚沉淀除油，而多采用重力沉淀分离和浮选相结合的除油方式。过滤除油具有良好的效果，但是滤料堵塞问题很难解决，故其使用在过去很长一段时间内受到了限制。但因化产品回收工艺的改革，工艺本身对剩余氨水有了净化的要求，并且他们成功地实现了剩余氨水的过滤除油，这就使得工艺外排蒸氨废水中含油量大大减少，已达到对蒸氨废水只需经浮选除乳化油后，即可送生化处理的程度，甚至有的送生化前不需经任何除油处理工序。

表 6-111　不同除油方式除油后的残油量

原水含油/$mg\cdot L^{-1}$	处理后水含油/$mg\cdot L^{-1}$					
	静沉(12h)	静沉(24h)	砂滤或焦炭过滤	凝聚沉淀	静沉＋浮选	过滤＋浮选
100～200	55	25	10～20	3～15	≤50	≤10

B 重力除油

重力除油主要是靠油与水的密度差从焦化废水中分离重质油和轻质油。蒸氨废水（蒸氨前经过过滤处理的除外）、终冷排污水、煤气水封水、地面清洗水和油槽（罐）冲洗水等，一般都要经过重力除油。

重力除油多使用矩形平流除油池或圆形竖流除油池，圆形竖流除油池的结构形式与圆形浮选池基本相同，只是其中心管部分比浮选池小得多。因焦化废水中油在温度较低时流动性较差，且具有很强的粘结性，一般不宜使用斜管（板）除油池。又因焦化废水中的油多为有机溶剂，对一般的胶带都具有较强的破坏性，故焦化废水除轻油一般不使用胶带除油机。除油池除轻油可使用刮浮油机、管式吸油器及半管集油管（用调节出水堰上水头的方式控制排轻油量）等。除油池除重油可用刮重油机和（或）集油斗收集，靠液位差排出或由抽油泵抽出。

分离出的重油和轻油要分别经过进一步油水分离，分离水返回除油池，浓缩后的油要分别贮存，定期外运或送动力煤场掺入煤中焚烧。因来水水质不同，所分离出的轻油和重油量也各不相同。

在除油系统的重油收集槽（斗）、重油贮槽（罐）及重油再分离设施内等处，应设有蒸汽加热用蛇形管等，供排油时使用。

有关设计参数如下：

除油池水力停流时间，h	3
矩形除油池水平流速，mm/s	≤2
矩形除油池有效水深，m	≤2
矩形除油池长宽比	≥3
圆形除油池表面负荷，$m^3/(m^2 \cdot h)$	≤1
圆形除油池有效水深，m	≤3
缓冲层高度，m	0.25～0.5
保护高度，m	0.3
刮油、刮渣机走行速度，mm/min	1～5
集油斗斜壁与地面夹角（无刮油机时），(°)	≥50
重油排油加热温度，℃	约 70
重力排油需水压头，m	≥1.2
矩形除油池浮油挡板淹没深度，m	≥0.5
圆形除油池壁出水堰前挡板淹没深度，m	≥1.0
圆形除油池中心管流速，mm/s	15～30
浓缩后轻油含水率，%	40～60
浓缩后重油含水率，%	40～50

除油池一般应设计成两个独立的平行系列。进出水管（或渠）间应连通，并应设有控制阀（或堰板）。每个系列的设计水量为全部除油水量的一半，但输水管渠的流通能力应按通过全部除油水量设计。两系进出水管（或渠）应水力对称布置。

C 浮选除油

浮选除油主要是除去焦化废水中的乳化油，若采用加化学药剂的方式浮选除油，不仅可以提高除油效果，而且还可以除去水中的大部分悬浮物，和降低 *COD* 含量，这对于改善焦化废水的生化处理条件尤为重要。经重力除油后的含油废水及经过滤处理后的蒸氨废水，一般都要进行浮选除油处理。

浮选有全部浮选水加气浮选和部分水加气浮选两种方式。一般当原水量较小时，宜采用前者；当原水量较大时，应采用后者。当进入生化处理的水需要稀释时，部分水加气浮选的加气水宜使用稀释水。

浮选水溶气可以采用“水射器-气液平衡罐”联合溶气法或单一溶气罐溶气法。

“水射器-气液平衡罐”联合溶气法，是利用压缩空气与加压水通过水射器反应溶气，溶气后水进入气液平衡罐。气液平衡罐内需控制一定的压力，过饱和气体在其中进行气水分离，当分离气体达到一定体积后，即切断水射器的外部气源，使其改变为抽气液平衡罐内分离出来的多余气体；当气液平衡罐内气体体积减少到一定的数值后，水射器停止从气液平衡罐内抽气，而又恢复为由外部来压缩空气供气，这样切换的结果是使气液平衡罐内的气水体积比控制在一个恒定的范围内，使溶气水始终处于饱和溶气状态。上述所有切换都是根据气液平衡罐内液位，通过自动控制来完成的。

水射器结构应为抽真空式，其水头损失应按不大于 0.1MPa 考虑。水射器的安装应保证其前后分别有不小于 10 倍和 30 倍于加气水管道直径的直管段长度。水射器至气液平衡罐间的加气水管道长度应保证加气后水有 20 ~ 30s 溶气时间。在进水射器前的压缩空气管道上应装具有一定灵敏度的调节阀，以防止因来气量过大，超出自动调节阀的调控范围，而使自控系统失灵。

单一溶气罐加气方式为水和气同在装有填料的溶气罐内进行溶气；

若采用加药浮选，在加气前的废水中应先加入药剂，药剂的种类及其投加量应以实际或类似水质的废水通过静态沉淀试验来确定。

溶气水进入浮选池应加释放器。释放器的形式及数量应根据浮选池的池形而定。释放器应对称均匀布置。

废水在浮选池内的停留时间一般为 0.5 ~ 1.0h，当采用加药浮选时取上限。

浮选池集重油斗内应设置蒸汽加热油渣的蛇形管。

浮选出的浮油及池底的油渣流动性都较差，因此浮选池一般都设有刮浮油和刮渣机，收集到的浮油及油渣应进行进一步脱水处理，油分离水应送回重力除油系统，浓缩后油要贮于各自的油贮罐（或槽）中，定期外运或送动力煤场掺入煤中焚烧。采用加药浮选时泥渣产量较大，浓缩处理后的油渣含水率仍在 96% 以上，浓缩后泥渣应与生化处理的剩余污泥等一起进行处理（或处置）。

浮选池有关设计参数如下：

部分溶气的溶气水量占浮选废水量的比例，%	30
溶气量占浮选废水量的比例（体积比），%	5 ~ 10
废水在溶气罐或气液平衡罐内的停留时间，min	1 ~ 4
溶气罐工作压力，MPa	0.3 ~ 0.5
气液平衡罐工作压力，MPa	0.1 ~ 0.2
废水在浮选池内的停留时间，h	0.5 ~ 1.0
矩形浮选池：	
反应段停留时间，min	10 ~ 15
废水在浮选池内的水平流速，mm/s	≤10
有效水深，m	≤2.5
池长与池宽之比	≥3.5
池宽与有效水深之比	≥1.0
保护高度，m	0.4

圆形浮选池：

表面负荷，$m^3/(m^2·h)$	≤3.0
有效水深，m	≤1.5
中心管流速，m/s	≤0.1
保护高度，m	0.2～0.4
缓冲层高度，m	≥0.25～0.5
浓缩后浮油含水率，%	40～60
刮浮油刮渣机的走行速度，mm/min	1～5

当浮选水量较大时浮选池应设为平行的两个系列，且进出水管（或渠）间应连通，并应设有控制阀（或堰板），每个系列的设计水量为全部浮选水量的一半，但管渠的流通能力应按全部浮选水量计算，两系进出水管（或渠）应水力对称布置，其间应设连通及控制阀（或堰板）；当浮选水量较小时，浮选池可设为单系列，并应设有来水超越浮选池直接进入下一级处理设施的管道（或渠）。

6.7.2.3 水质均和

因送来生化处理的废水往往不是一种，而每种废水的水质和水量又是随时间而变化的，有的废水含污染物的浓度很高，为了给废水生化处理创造良好的条件，因此对除油后的废水需要进行均和（或稀释加均和）处理。水质均和主要包括废水所含污染物浓度均和、废水的水温调节及废水的 pH 值调整等内容。

均和池设计参数如下：均和池的有效容积不应小于 8h 的生化处理进水量；均和池的有效水深一般应与鼓风空气的风压相适应；均和池超高为 400mm。

均和池一般设计成平行的两格，贮水量每格各为一半，但管道应按通过全部水量设计。一般均和池数量与生物处理设施的系列数相等，但管道（渠）设计上应有使均和池与生物处理几个系列间交叉使用的可能。

稀释水一般要加入均和池中，为了调节工艺来水水质在时间上的差异，均和池进水的配水槽应沿均和池整个长度上布置，配水槽内均布落水管（或孔），使工艺来废水及稀释水沿池长方向上均布。均和池内沿池长方向应设一排多孔空气搅拌管，以加速水质均和过程，和防止悬浮物沉积于均和池中。搅拌用空气宜和生物鼓风曝气处理为同一气源，故均和池有效水深不应大于空气鼓风机的工作压头，搅拌管的安装高度应比均和池底高 400mm 左右。搅拌管为连续或间断工作。

生物处理的适宜温度为 20～36℃，在夏季工艺排水已满足了这一需要，但在寒冷的冬季，一些北方地区需要对废水进行保温或加温，但不需把水处理构筑物放在室内，解决办法有以下几种，设计时应根据具体情况选取其中一种或几种：

（1）减少化产工艺蒸氨废水冷却器的冷却水量，提高蒸氨废水的排水温度；

（2）可对敞开式水处理构筑物采用顶部设采光窗式等保温措施；

（3）蒸气加热，此种情况一般较少采用。

焦化废水进入生物处理的 pH 值多在 7～9 之间，一般情况下，均和池出水不需要进行 pH 值调节，都可满足上述需求。但在除油过程中加酸性药剂较多的情况下，有可能使 pH 值变得较低，则需要加碱调节 pH 值。在多数情况下，生物处理过程中要降低水的 pH 值。故应尽量避免出现使均和池出水的 pH 值偏低的情况，否则就需要额外加碱调 pH 值了。

有条件的情况下均和池内应设自动水温和(或)pH值监测设施。

6.7.2.4 事故调节

事故调节池主要用于在焦化废水生物处理过程中,生化过程受到冲击,短期内需要停止进水调整的情况下,贮存外来焦化废水。事故调节池不贮存化产工艺事故时排出的生产事故水,该排水应由化产车间内部调节。

事故调节池的有效容积应能贮存16~24h的外来焦化废水量。一般外来焦化废水宜经除油和浮选处理后再进入事故调节池。事故调节池内应设空气搅拌管,其形式及要求同均和池。空气搅拌管仅在存有事故调节水时定期间断工作。

贮于事故调节池内的水,在生化处理运转正常后,逐步均匀适量地通过均和池或除油系统送回生化系统。

6.7.2.5 预处理系统的加压泵

预处理系统的加压泵有原废水(自流)提升泵、浮选水加压泵、事故调节池水加压泵和抽油泵等。废水加压泵可采用普通清水泵,各种工作泵的台数一般与预处理的系列数相同,且宜一一对应,备用率为50%~100%;重力除油池贮油斗内设立式抽油泵时,每格装一台工作泵,不设备用泵;其他抽油泵一般为1开1备。化产工艺送来的蒸氨废水一般有0.1MPa左右的余压。在非全部废水加气浮选的情况下,勿需再加压,可直接进浮选池。

6.7.3 废水生物脱酚氰处理

6.7.3.1 工艺流程

焦化废水生物脱酚氰处理可用活性污泥法和生物膜法。活性污泥法按曝气方式分有中层(或深层)鼓风曝气法、深井曝气法、表面叶轮曝气法和氧化沟转刷曝气法等;生物膜法可用的有生物填料塔(池)、生物滤池和生物流动床等。目前国内多采用延时曝气活性污泥法,曝气方式有鼓风空气充氧装置中层(或深层)曝气或机械传动叶轮表面曝气两种。主要废水处理设施有曝气池、二次沉淀池、活性污泥回流系统、曝气系统、消泡系统和药剂系统等。图6-40为一常用的生物脱酚氰处理工艺流程图。

6.7.3.2 曝气池

A 曝气池的结构形式

焦化废水生物处理不同于其他污水,虽然可以根据曝气池体积和其中的污泥浓度来反过来推算出其污泥负荷,但不能用污泥负荷来确定曝气池体积。这是因为对焦化废水生物处理而言,水力停留时间不同,活性污泥的生物相组成和废水能去除的污染物也各不相同,一般来说去除特定的污染物需要有特定的水力停留时间,否则就不能达到预期的效果。通常曝气池去除酚类的水力停留时间在8h之内,去除氰化物和硫氰化物的水力停留时间应在16h以上,水力停留时间超过24h则有可能开始氨的硝化。当曝气池进水 *COD* 浓度在1200~1800mg/L左右,水力停留时间在20~24h左右,合理调整其他各种运行参数,能有效地去除硫氰化物,生物处理后出水的 *COD* 浓度可降到300mg/L以下。

每系曝气池的有效容积 V_0(m^3)按式(6-5)进行计算:

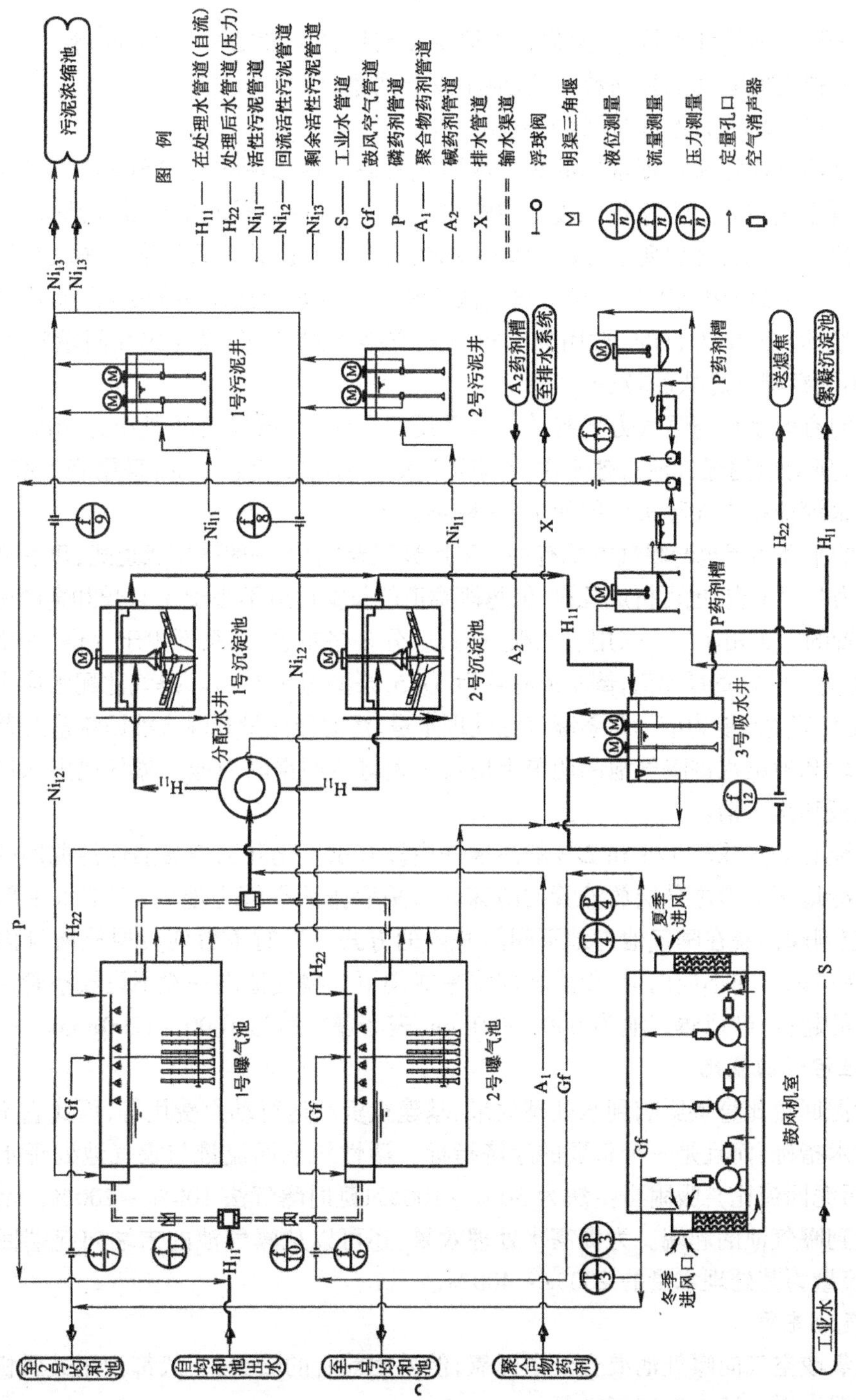

图 6-40 焦化废水生物脱酚氰处理生化部分工艺流程图

$$V_0 = \frac{Qt}{n} \tag{6-5}$$

式中 Q——曝气池设计水量，为焦化废水原水量与稀释水量之和，单位 m^3/h；

n——独立的曝气池系列数，一般应不少于两系；

t——曝气池水力停留时间，单位 h。

焦化废水活性污泥法处理常用的曝气池形式有高浓度吸附再生法和延时曝气法两种。高浓度吸附再生法主要以去除焦化废水中的酚类为主，国内最早的生化处理都采用该流程，因处理后水达不到现行环保要求，现已基本被淘汰，但当厂内处理后的废水送城市污水处理厂继续处理时，仍可使用该工艺。延时曝气法主要以去除焦化废水中的酚类、氰化物及硫氰化物和降低废水 *COD* 为目的，常用的运行方式有推流式、完全混合式和间歇曝气式等多种，目前采用间歇曝气方式的较少。

曝气池的有效水深与曝气方式有关。当采用鼓风曝气，鼓风机的风压为 70kPa 、50kPa 和 35kPa 时，所对应的曝气池有效水深分别应不大于 7m、5m 和 3.5m；采用表面曝气时，曝气池的有效水深应视表面曝机性能而定，一般不大于 4m。

曝气池的平面布置也与曝气方式有关。采用鼓风曝气时，一般采用廊道式，每系列一个廊道。廊道可为"一"字型，也可折成几段，但每段廊道的长宽比应不小于 3，且长和宽的确定应与空气扩散装置的布置相匹配。采用表面曝气时，应分多格布置，每系不少于 3 格，每格平面均为正方形，池宽与叶轮直径比值，倒伞形叶轮为 3~5，泵型为 3.5~7。曝气池配水应设配水槽和落水管(孔)，其过水能力应为每系曝气池处理水量、污泥回流量和混合液回流量三者之和。

一般由均和池出水进曝气池的明渠上应设三角堰或明渠断面堰。曝气池出水口应设三角形出水堰板和集水槽。

在曝气池有效水深的 1/3 和 2/3 的高度处应设有供生化开工培养活性污泥用的分层放液管。在寒冷地区应考虑分层放液管的防冻。可采取排液立管走池内，下部水平部分管道埋地铺设，控制阀门装在曝气池外地下阀门井内的方式。平时不得使分层放液管内沉积污泥，故其进液口的方向不应向上，而应转向水平或朝下。曝气池内一般不设放空管。

曝气池的超高，鼓风曝气池为 600~800mm，表面曝气池为 1000~1200mm。

B 活性污泥回流比

活性污泥回流比直接影响到水处理效果、基建投资和运行动力费用等，因此它不仅是一个关键的技术指标，而且是一个重要的经济指标。活性污泥回流量与曝气池处理水量的比值(即活性污泥回流比)：吸附再生法为 50%~100%；延时曝气法 100%~200%。活性污泥一般都回流到曝气池的起端。为提高水处理效果，还可以从曝气池的末端向起端回流泥水混合液，回流量为其处理水量的 200%~400%。

C 曝气池充氧

可用纯氧或空气向曝气池混合液中充氧，但采用前者的较少，一般都利用鼓风机或表面曝气设备向泥水混合液中充空气补氧。

焦化废水需氧量与所处理废水的水质有关，用空气充氧时，一般需氧量与所去除 *COD* 的比值(质量比)为 1.1~1.2，当采用延时曝气处理时取上限，当采用吸附再生法处理时取下限。

表曝机的充氧能力与表曝机的叶轮结构、叶轮运转速度、叶轮淹没深度及表曝机所负担的面积等因素有关。表曝机的充氧能力可达到 1.5~2.0kg(O_2)/kW(去除 *COD*)，动力效率应达到 2.0～3.0kg(O_2)/kW。一般所选用的表曝机应配有变速电机，叶轮能正反两个方向运转，并能任意调节叶轮淹没深度。

鼓风曝气对空气中氧的利用率与废水水质、水温、曝气充氧装置的型式及其安装深度(指空气释放口在水下的淹没深度)等因素有关。

鼓风曝气的充氧装置较多，有螺旋曝气器、微孔曝气器、散流曝气器和可变孔曝气软管等。几种空气扩散装置在清水中的充氧性能见表 6-112。

表 6-112 空气扩散装置的清水充氧性能

扩散装置	微孔曝气器(φ192)							增强 PVC 软管		双螺旋曝气器	多孔管
结构形式	膜片式	球冠型橡胶膜						65～5.5	65～6.0	φ420mm	孔 φ5～7mm
水深/m	4	4		5		6		4	4	5	3.5
水温/℃	20	21.3～22.7		21.2～24.1		4.2～5		20	20	20	20
供气量/$m^3\cdot(h\cdot个)^{-1}$	2	2.0	3.0	2.0	3.0	2.0	3.0	2.0②	2.0②	30～40	70～120
负担面积/$m^2\cdot(个)^{-1}$	0.56	0.5		0.5		0.5		0.5 (m^2/m)	0.5 (m^2/m)	4～5	3.5 (m^2/m)
空气中氧的利用率③/%	22	25	24	33	30	40	37	17	13	8.9	5～6
动力效率①/$kg\cdot(kW\cdot h)^{-1}$	4.54	6.84	6.58	7.48	7.03	8.85	8.15	4.0	3.5	2.4～2.25	1.54～2.0
阻力损失/Pa	2800	3000	3400	3100	3500	3470	3920	3000	3000	2000	2000

①为充 O_2 动力效率；②单位为 m^3(h·m)；③废水的利用率按清水的 80%～90%计。

空气扩散装置在废水与在清水中的充氧性能的不同点在于：其一，清水中饱和溶解氧的浓度要比废水中高，因此废水的充氧推动力——氧浓差要较清水为小，这是对废水充氧不利的一面；其二，清水试验得出的空气氧利用率是一个平均概念，即它是氧浓差从最大变为零时计算出来的氧的平均利用率，而废水生化处理中氧的利用率一般是在恒氧浓差的条件下运行的，这个浓差值是曝气池中混合液中溶解氧达到饱和时可达到的溶解氧浓度，与正常运转时混合液中维持的溶解氧的浓度差，因正常运转时混合液维持的溶解氧浓度取决于微生物对氧的利用速率，而曝气池中控制溶解氧浓度多在 2～4mg/L 之间，因而废水充氧时的实际氧浓差并不一定较清水试验的平均氧浓差小；此外，微生物利用氧的速度与废水中所含耗氧物质的性质有关，一般分解有机物要比分解无机盐耗氧速度快。

鼓风曝气有搅拌和充氧两个功能，实际空气用量应根据所处理废水水质、水力停留时间及所用充氧装置性能来确定。焦化废水处理空气用量一般控制在 1.5～3.0m^3/(h·m^3)(空气量/曝气池有效池容)和 40～70m^3/m^3(空气/废水)之间，在满足搅拌要求的情况下应采用充氧效率较高的充氧装置。

充氧装置应对称布置，要避免因充氧装置设置不当而产生池底沉泥现象。具体讲：(1)充氧装置空气释放孔(或导流筒底沿)距池底的距离，应与所使用充氧装置的提升性能及每个充氧装置可负担的面积相适应，一般控制在 200～400mm 之间为宜，负担的面积大时取上限。(2)充氧装置的平面布置，应以梅花状或正方形状为佳，且每个充氧装置所负担的面积不应大于其所能负担的最大面积。(3)每组充氧装置所负担的支管数量及每个支管上配带的充氧装置数量应相等，并在布置上应几何和水力对称。

D 加药及消泡系统

磷是生物所必须的无机元素之一，而焦化废水中几乎不含磷，因此焦化废水生物处理时需要向生化系统中补充磷。焦化废水生物处理的耗磷量与废水中 COD 的关系约为 COD:P = 300:1,实际运行时应以控制曝气池出水中 P 含量在 1mg/L 左右为宜。

一般以投加无机磷酸的方式向系统中补磷,常用的磷酸盐及其性能见表 6-113。磷药剂要连续投加,一般以补加在曝气池的入口处为好。磷用量较少时,可采用在曝气池上靠重力方式投加,用量较大时,应设专门的配药和加药系统,药剂系统的设置方式及要求详见 6.7.6 节焦化废水处理附属设施中的药剂设施部分。

表 6-113 磷酸盐性能

序号	名称	分子式	分子量	形态	有效含量/%	含磷量/%	密度/t·m^{-3}
1	磷酸三	$Na_3PO_4 \cdot 12H_2O$	380.1	固体	92~98	7.5~8.0	1.62
2	磷酸氢二钠	$Na_2HPO_4 \cdot 12H_2O$	358.17	固体	≥96	≥8.3	1.91
3	六偏磷酸钠	$(NaPO_3)_6$	611.83+18	固体	含 P_2O_5≥67	≥20	2.18

焦化废水曝气池在曝气过程中易产生泡沫,因此在曝气池上部应设消泡管和消泡喷头。喷头的间距应根据其喷射角及安装高度而定。消泡水宜使用处理后焦化废水,当原焦化废水在进行生化处理前需经稀释时,消泡水亦可采用稀释水。消泡水用量与所使用喷头的性能及数量有关,一般为生化处理水量的 10%~30%。每个消泡喷头的支管上应装调节流量的阀门。

6.7.3.3 鼓风机及风管道

鼓风机宜选用离心式。每个独立曝气池系列的工作风机台数应不少于 1 台,一般宜为独立曝气池系列数的整数倍。备用风机的数量为:当工作风机总数少于或等于 4 台时为 1 台;当工作风机多于 4 台时为 2 台。

鼓风机风压和风量等技术参数是标准状态下(大气温度 $t = 20℃$,压力 $p = 1.01 \times 10^5 Pa$,相对湿度 $X = 50\%$,空气密度 $\rho = 1.2kg/m^3$)的数值,使用时应根据当地的气象参数进行核算。大气压力及大气温度与风机风量、风压及其所需功率间的变化关系,可用公式(6-6)~(6-8)进行计算。

$$\frac{Q_1}{Q_2} = \frac{n_1}{n_2} \tag{6-6}$$

$$\frac{H_1}{H_2} = \frac{{n_1}^2}{{n_2}^2} \times \frac{\rho_1}{\rho_2} = \frac{{n_1}^2}{{n_2}^2} \times \frac{P_1}{P_2} \times \frac{273 + t_2}{273 + t_1} \tag{6-7}$$

$$\frac{N_1}{N_2} = \frac{{n_1}^3}{{n_2}^3} \times \frac{\rho_1}{\rho_2} = \frac{{n_1}^3}{{n_2}^3} \times \frac{P_1}{P_2} \times \frac{273 + t_2}{273 + t_1} \tag{6-8}$$

式中 n_1, n_2——分别为两种不同状态下风机的转速;

ρ_1, ρ_2——分别为两种不同状态下空气的密度;

t_1, t_2——分别为空气密度 ρ_1 和 ρ_2 时,所对应的空气温度;

P_1, P_2——分别为空气密度 ρ_1 和 ρ_2 时,所对应的大气压力;

Q_1, Q_2——分别为风机转速为 n_1 和 n_2 时,所对应的风机流量;

H_1, H_2——分别为两种风机转速和空气密度情况下,所对应的风机风压;

N_1, N_2——分别为两种风机转速和空气密度情况下,所对应的风机有功功率。

鼓风机应配有两路独立的电源。

当曝气池充氧装置采用微孔曝气器时,空气应经过滤处理。

当选用的鼓风机有油冷却系统时,油路系统应设温度检测和连锁控制及报警系统。有条件时还可增设风机轴温自动监测系统。

当两台及其以上风机同时向同一条送风管道送风时,每台风机的出风管上都应设回流管,以满足风机并网需要。整个系统中的空气放散可借用事故调节池内的空气搅拌管,不需单独设置。

鼓风机安装应采取减震措施,进出风管道上应装减震接头和消音器。鼓风机室的门、窗及屋顶应采取消音措施,使噪声等级满足有关规范要求。一般机房噪声应满足(A)≤90dB,操作室应满足(A)≤70dB。

鼓风机的进风口应设百叶窗和填充消音材料。室内安装的鼓风机,其进风口宜设为两个,一为冬季进风口,直接从室外吸风,另一为夏季进风口,空气经夏季进风口进入鼓风机室内,再由冬季进风口进入鼓风机吸风管(道)。夏季进风口与冬季进风口应成对角布置,应使室内空气能全部流动。

空气管道系统的阻力不宜过大,总阻力应控制在 4kPa 以内。一般空气输配系统风管(道)内的流速选取范围见表 6-114。

表 6-114 风管(道)内的流速

风道名称	吸风口	送风干管	送风支管	曝气池竖管	曝气池支管	吸风道
风速/$m \cdot s^{-1}$	≥2	10~15	10~15	4~5	4~5	2~3

空气系统阻力计算详见《给水排水设计手册》。值得注意的是,当实际气象参数与标准状态不同时,系统阻力也发生变化,计算时应按有关公式进行修正。

鼓风机室应设起吊设备,当最大件质量小于或等于 3000kg 时,可采用手动单轨或手动单梁悬挂式起重设备;当最大件质量超过 3000kg 时,可采用电动单梁悬挂式起重设备。

6.7.3.4 曝气池运行技术参数

A 曝气池进水水质

通常对送入曝气池废水的水质都有一定的限制,这不仅是技术上的要求,更多的是经济上的需要。从技术上讲,就单种污染物而言,在浓度很高的情况下微生物都可以使其得到有效分解;但在几种污染物的共同作用下,即使其中每一污染物的浓度远低于其单独分解时的极限浓度,其整体作用的结果对系统生物的生存也可能是致命的。从经济方面看,微生物可以在含某些物质浓度很高的废水中使其得以净化,但有的在基建投资和运行费用方面是难以接受的。此外,不同的废水处理工艺,对曝气池进水水质的限制也是不一样的。考虑到上述一些因素,一般曝气池进水水质以不超过表 6-115 数值为限。

表 6-115 曝气池进水浓度限值

项目	COD /$mg \cdot L^{-1}$	挥发酚 /$mg \cdot L^{-1}$	$T\text{-}CN^-$ /$mg \cdot L^{-1}$	SCN^- /$mg \cdot L^{-1}$	$NH_3\text{-}N$ /$mg \cdot L^{-1}$	油 /$mg \cdot L^{-1}$	SS /$mg \cdot L^{-1}$	pH	温度/℃
指标	3600	600	30	450	500	100	100	≤9	≤40

曝气池进水的适宜控制浓度见表 6-116。送来的高浓度焦化废水在进入曝气池前应进行稀释。当处理后水全部回用(为零排放)时,稀释水可采用二次沉淀池出水;当处理后水需达标排放时,也可使用外来稀释水进行稀释。

表 6-116 曝气池进水适宜控制浓度

项目	COD /mg·L^{-1}	挥发酚 /mg·L^{-1}	T-CN$^-$ /mg·L^{-1}	SCN$^-$ /mg·L^{-1}	NH_3-N /mg·L^{-1}	油 /mg·L^{-1}	SS /mg·L^{-1}	pH	温度/℃
指标	1000 ~ 1800	≤400	≤30	≤150	≤300	≤50	≤100	≤9	25 ~ 36

B 曝气池运行控制参数

混合液污泥浓度,g/L	≥4
混合液溶解氧浓度,mg/L	≥2
混合液 pH 值	7 ~ 8
混合液温度,℃	20 ~ 36
混合液中磷浓度(以磷计),mg/L	≥1

6.7.3.5 二次沉淀池(二沉池)

二次沉淀池的形式有平流式、竖流式和辐流式三种。焦化废水处理中习惯使用竖流式和辐流式圆形沉淀池。用于生物处理的二次沉淀池中一般不加斜板或斜管。有关技术要求如下:

(1)二次沉淀池的数量不应少于两个,一般应和独立曝气池的系列数相等或为其整数倍。二次沉淀池宜使用同一规格,对称布置。

(2)单个二次沉淀池的设计水量 q_1(m^3/h)和二次沉淀池进水管及中心管的设计水量 q_2(m^3/h)可按下列公式计算:

$$q_1 = \frac{(Q_1 + Q_2 + Q_3)F_1}{F} \tag{6-9}$$

$$q_2 = \frac{(Q_1 + Q_2 + Q_3 + Q_4)F_1}{F} \tag{6-10}$$

式中 Q_1——曝气池设计水量,m^3/h;

Q_2——二次沉淀池向曝气池回流的上清液量,m^3/h;

Q_3——曝气池消泡水量,m^3/h;

Q_4——向曝气池回流活性污泥量,m^3/h

F——所有二次沉淀池有效面积之和,m^2;

F_1——单个二次沉淀池的有效面积,m^2。

(3)二次沉淀池排泥管的设计流量应等于回流污泥量加上外排剩余污泥量(应考虑间歇排泥时的流通能力),但最小管径不应小于 DN200。

(4)当处理水量较小时,应采用直径在 ϕ12m 以下的竖流沉淀池,处理水量较大时,应采用直径在 18m 以上的辐流沉淀池,应避免采用 ϕ12m 与 ϕ18m 之间的非竖流式非辐流式沉淀池。

(5)直径小于或等于 ϕ5m 的沉淀池可使用集泥斗收泥,集泥斗的斜壁与地面的夹角应不小于 50°,直径大于 ϕ5m 的竖流式和辐流式二次沉淀池宜采用机械刮泥设备。

(6)当刮泥机的减速机采用外置循环油泵供油时,油泵应与减速机电机自动连锁,即减速机启动之前应先启动油泵,在减速机停止运转之后,再停运油泵。

(7)直径大于 ϕ22m 的辐流式沉淀池,宜采用移动式吸泥管排泥,吸泥管沿径向均匀布置,同刮泥机一起转动,集泥槽内的液位与二次沉淀池内液位差应大于500mm。

(8)曝气池与二次沉淀池的连接管(或渠)上(包括出水管和回流污泥管)应设连通管,以便不同系列曝气池和沉淀池之间可交叉运行。对于处理水量较大的系统,在曝气池与二次沉淀池间应设分配水井。

(9)沉淀池利用静水压头排泥时,所需静水压头应根据排泥系统的阻力损失计算确定,但一般不应小于900mm。

(10)二次沉淀池的水力停留时间为2h。竖流沉淀池的表面负荷在$1m^3/(m^2·h)$左右;辐流沉淀池的直径与有效水深之比不应小于8。

(11)二次沉淀池中心管内流速不大于30mm/s,中心管下部应做成喇叭口,下设水流反射板。喇叭口的直径及高度为中心管直径的1.35倍,反射板的直径为喇叭口直径的1.35倍,反射板表面与水平面的倾角为17°,中心管下端至反射板表面之间的间隙按废水最大水流速度不大于15mm/s计算。

(12)缓冲层高度有反射板时为0.3m,无反射板时为0.5m。沉淀池直径小于或等于ϕ5m时,可不设反射板。

(13)直径在ϕ8m及其以上的竖流沉淀池应设周边集水槽和不小于4条径向集水槽,直径不大于ϕ8m的竖流沉淀池及中心配水的辐流沉淀池应设周边集水槽。所有集水槽上应安装三角集水堰板。

(14)沉淀池的保护高度一般为200~400mm。

(15)寒冷地区曝气池与二次沉淀池间的连接管(渠)应设放空管,以防在停止运转或开工初期把管道冻裂。

(16)二次沉淀池出水水质

二次沉淀池出水水质与曝气池进水水质、水力停留时间、活性污泥回流比及运行控制条件等多种因素有关。二次沉淀池出水*COD*浓度一般在250~400mg/L之间,一般曝气池进水*COD*浓度高或曝气池水力停留时间短时取上限;当采取高浓度延时曝气处理时,二次沉淀池出水的*COD*浓度一般在300mg/L。二次沉淀池出水酚和氰的含量均在1~0.5mg/L以下,延时曝气处理时酚和氰的浓度都在0.5mg/L以下;在采用全好氧生物处理的情况下,只有当总曝气时间远大于24h时才有稳定的生物硝化脱氨作用,焦化废水一般不采用这种工艺,若需脱NH_3-N时,应采用6.7.4一节介绍的生物脱氮工艺。

二次沉淀池出水中所含*COD*有一部分是由其中所含有机悬浮物所致,该部分*COD*物质可用絮凝沉淀和过滤的方法去除,具体详见6.7.5节废水后处理。

6.7.3.6 污泥回流设施

回流污泥集泥井个数应与曝气池个数相等,但在进泥管和送出泥管间应接连通管,应使不同系的曝气池和二次沉淀池间有交叉运行的可能。

回流污泥的含水率一般在99.5%左右,二沉池和污泥集泥井间应尽可能利用二沉池的位置高度进行余压输送,应尽量避免远距离或泄压后重力输送。对于处理水量较小的系统,也可以采用二沉池与曝气池一体化的结构形式,使沉淀后的污泥就近返回曝气池。

活性污泥回流宜采用立式泵或潜水泵,回流污泥工作泵台数应为曝气池独立系列数的整数倍,回流污泥泵的备用率为30%~100%。

在曝气系统空气量剩余较多的情况下,也可以考虑用空气提升法回流污泥。图6-41为一个液体空气提升系统示意图,空气提升污泥的动力来源于管道内气液混合体与管道外液体的密度差。提升污泥用空气量(m^3/h)可按下式进行计算:

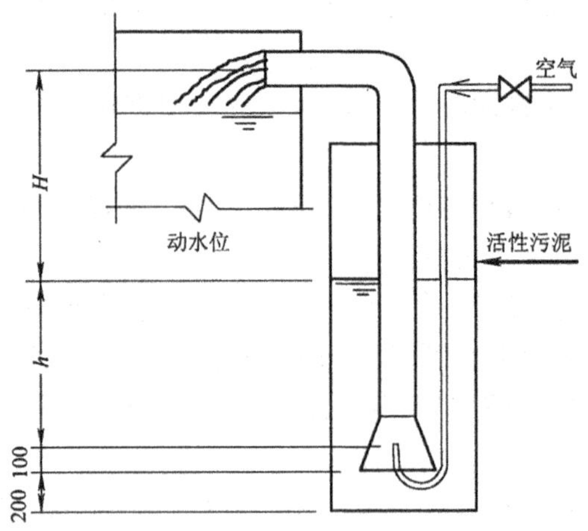

图 6-41　液体空气动力提升图

$$G=\frac{K_1RQH}{23\eta\lg\frac{10+h}{10}} \tag{6-11}$$

式中　H——提升高度,m,等于扬液管出口与提升井中动水位之高差;

h——扬液管浸没深度,m,其值与浸深比 k 值有关:

$$h=\frac{H}{1-k}-H \tag{6-12}$$

当风机压力为 35kPa 时,k 可取 0.4;

当风机压力为 50kPa 时,k 可取 0.6;

K_1——安全系数,取 1.2~1.3;

Q——曝气池的设计水量,m^3/h;

R——污泥回流比;

η——与浸深比 k 有关的效率,当 k 取 0.4 时,$\eta=0.42$;k 取 0.6 时,$\eta=0.57$。

提升空气的风压 p(kPa)应按下式确定:

$$p=10(h+0.3) \tag{6-13}$$

扬液管内流速(不包括空气量)按 1~2.5m/s 考虑,但管径不宜小于 75mm。

6.7.4　废水生物脱氮处理

6.7.4.1　工艺流程

原始的焦化废水生物脱氮为三段处理,即第一段由好氧微生物将酚、氰及硫氰化物等氧化成 CO_2 和 H_2O 等;第二段由硝化类细菌把 NH_3-N 氧化为 NO_3;第三段由兼氧菌在加甲醇的情况下进行反硝化脱氮,将 NO_3 转化为 N_2。该工艺每一段的水力停留时间都在 24h 左右,且该工艺需要消耗大量的空气量和外加有机碳。因此无论从基建投资还是运行费用方面都限制了其使用。

近年来,实现了 *COD* 物质的氧化与 NO_3-N 厌氧反硝化的一体化,即将 *COD* 物质的好氧氧化段和厌氧反硝化段合二为一,利用焦化废水中的碳源作为 NO_3-N 反硝化的碳源,这样做的结果，一方面使好氧过程中所需的 O_2 由 NO_3^- 中脱除的[O]来代替，从而省去了原好氧生化段所需的部分空气用量；另一方面，以焦化废水中的碳源作为 NO_3-N 反硝化的碳源，不需再加甲醇。因而该工艺较原始脱氮流程具有较大的优越性。

改进后的生物脱氮工艺变为“厌氧-好氧”（A/O）流程，即废水中所含的 NH_3-N 在好氧条件下由亚硝化菌转化成 NO_2^-，再由硝化细菌将 NO_2^- 转化为 NO_3^-，经硝化处理后的含 NO_3^- 水，送到兼氧反硝化段，与原焦化废水一起在兼性细菌作用下，利用 NO_3^- 中的[O]进行厌氧呼吸，分解废水中的 *COD* 类污染物，使其变为 CO_2 和 H_2O，同时 NO_3^- 中的[N]也转变为 N_2 放入大气，实现了焦化废水中的污染物与 NH_3-N 同步转换。

可用于焦化废水的生物脱氮工艺较多，常用的有“兼氧-好氧（A/O）”工艺流程（外循环）、“厌氧-兼氧-好氧（A/A/O）”工艺流程（外循环）及“兼氧-好氧（A/O）”工艺流程（内循环）三种，其工艺流程图分别见图 6-42 ~ 图 6-44。

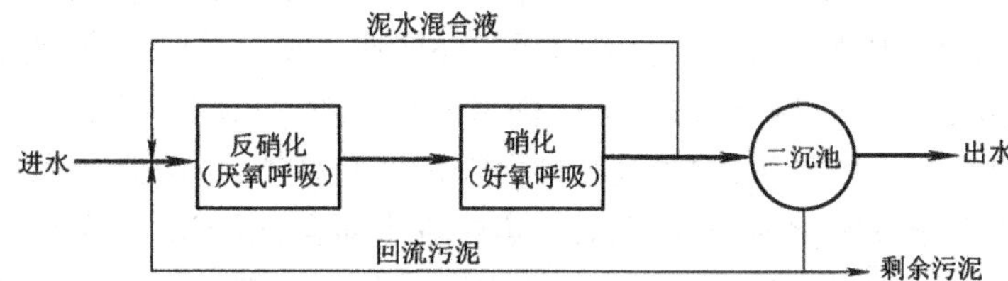

图 6-42 “兼氧-好氧（A/O）”生物脱氮工艺流程（外循环）简图

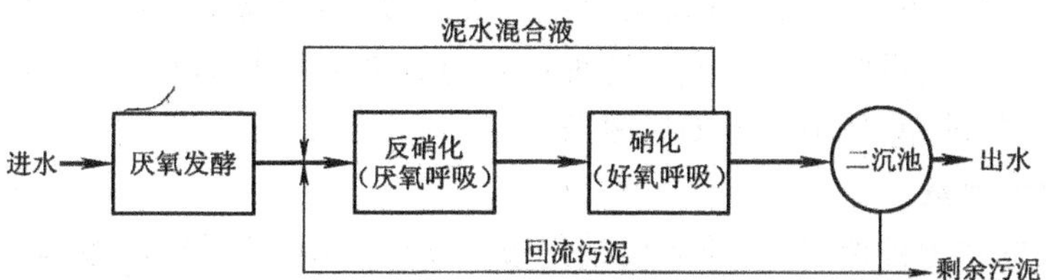

图 6-43 “厌氧-兼氧-好氧（A/A/O）”生物脱氮工艺流程（外循环）简图

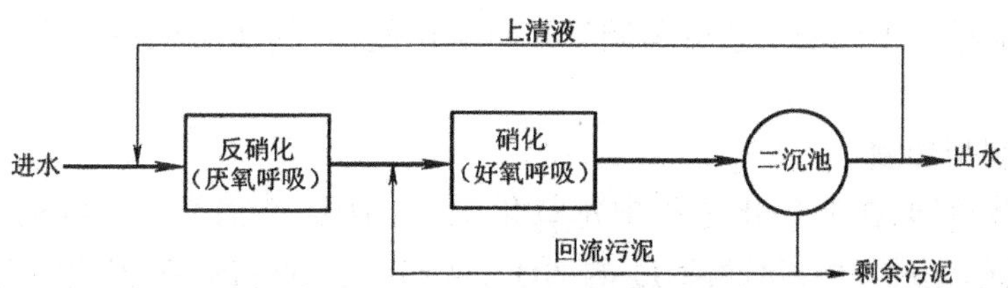

图 6-44 “兼氧-好氧（A/O）”生物脱氮工艺流程（内循环）简图

前两个流程为活性污泥法。兼氧段主要是借助于曝气池回流的泥水混合液提供硝酸盐，使兼氧细菌在其中进行厌氧呼吸反硝化，同时也脱除了废水中所含的大多数有机和部分无机好氧物质。好氧段主要是利用硝化类细菌进行氨氮的好氧硝化。因该两种工艺的回流污泥均回到反硝化段，故常被称为“外循环”工艺。

A/A/O 流程比 A/O 流程多一个纯厌氧段，该段没有任何一种氧的参与，属于厌氧发酵过程。由于第一个 A 段水力停留时间较短，根本达不到产甲烷阶段，实际上也没有进入产酸阶段，焦化废水处理增加此段的主要目的，是借用厌氧生物对多环芳香族化合物的解链作用和对氰化物及硫氰化物的水解作用，把好氧（或兼氧）生物难降解的物质变成易降解的物质，该段宜采用生物膜法。

因兼氧反硝化段兼有纯厌氧段的功能，实际上这两种流程的运行效果基本相同。

第三种流程的兼氧反硝化段采用的是生物膜法，靠回流二沉池的上清液进行兼氧反硝化，而好氧段采用的是活性污泥法进行氨氮的好氧硝化。该工艺的回流污泥直接回到硝化段，不经过厌氧段，通常称为“内循环”工艺。

内循环和外循环的主要区别在于：回流的硝化液是二沉池的上清液还是曝气池中的泥水混合液。由于“外循环”工艺的兼氧段采用的是活性污泥法，而“内循环”工艺的兼氧段采用的是生物膜法，故前者单位体积内的污泥浓度要较后者为低，因此前者所需的水力停留时间较后者要多；又因“外循环”工艺回流的是曝气池中的泥水混合液，而“内循环”工艺回流的是二沉池的上清液，而反硝化液的回流比通常又很大，故后者所需的二次沉淀池面积是前者的许多倍；此外，生物膜系统的水头损失远较活性污泥系统要大，上清液的提升高度也远较混合液的提升高度大，因此内循环的动力消耗较外循环为高。总的来讲，“内循环”工艺无论从基建投资和占地面积，还是从经常性运行费用上都要较“外循环”工艺高许多。从水处理效果上讲，反硝化段用生物膜法，除系统活性污泥浓度较高外，且菌群分布明确，各菌群间相互干扰较少，应有利于反硝化的进行，但对于焦化废水而言，由于菌群分布过于明显，反而不利于氰化物和硫氰化物的分解，因而 *COD* 的去除效果反而略差，NO_3^--N 的反硝化率也较低。

“外循环”工艺的不足是硝化细菌需要经过厌氧段，兼氧菌必须经过硝化段才能形成完整的循环，但在实际运行中并没有发现这种运行方式对微生物有什么不利的影响。然而活性污泥法系统比较简单，也适合于旧厂改造。

6.7.4.2 设计参数

（1）生化段的水力停留时间：兼氧反硝化段为 18 ~ 24h，好氧硝化段为 24 ~ 30h，厌氧发酵段为 4h 左右，总的水力停留时间应控制在 48h 左右。

（2）回流比：生物脱氮过程中的回流液有三种：1）回流活性污泥；2）回流上清液；3）回流泥水混合液。应根据不同的工艺流程调整其回流比例，总的回流比一般应为生物处理水量的 600%以上。

（3）pH 控制与加碱

由理论计算可知，在亚硝化过程中每氧化 1g 的 NH_3-N 消耗 7.14g 的碱度（以 $CaCO_3$ 计，下同）；在反硝化过程中，每脱除 1g 的 NO_3^--N 产生 3.57g 碱度；因此在硝化和反硝化过程中把每 1g 的 NH_3-N 还原为 N_2 要消耗 3.57g 碱度。另外，在硝化和反硝化过程中，需要把 pH 值控制在一定的范围内，一般硝化过程为 pH = 6.5 ~ 7.5，反硝化过程为 pH = 6.5 ~ 8.3。所以生物脱氮过程中需要额外加碱调 pH。生物脱氮过程可用的碱有 NaOH、$Ca(OH)_2$和 Na_2CO_3 或 $NaHCO_3$。应当指出的是生物脱氮过程中加 Na_2CO_3 或 $NaHCO_3$ 主要是利用其水解后产生的 OH^-，而不是其中的 C，这是因为：1）尽管反硝化过程中需要消耗大量的 C，但 $CO_3^=$、HCO_3^- 和 CO_2 中的 C 都不能被 NO_3^- 或 NO_2^- 中的[O]所利用；2）硝化菌和反硝化菌为化能自养生物，其生物体合成需要消耗 CO_2；但硝化过程中并不缺少 CO_2，这是因为：其一，硝化菌和亚硝化菌的繁殖速度极慢，且菌体产量也较少，因而消耗 CO_2 量也极少；其二，在反硝化过程中，能生成大量的 CO_2，在 pH = 6.5 ~ 7.5 范围内，CO_2 大量将

以 CO_2 和 CO_3^{2+} 形式存在于水中，且在特定 pH 值下达到平衡，过量的 H_2CO_3 会以 CO_2 的形式释放到大气中。

(4)溶解氧与耗氧量

溶解氧是废水生化处理中的一个重要指标，焦化废水生物脱氮的纯厌氧段，应控制在严格无氧状态，即在该段不得出现紊流曝气充氧现象，也不能有 NO_3^- 或 NO_2^- 等氧化还原电位较高的氧化性化合物存在。

反硝化段起作用的是兼氧细菌，该菌种具有在有氧的情况下利用 O_2 进行好氧呼吸，在无氧的情况下利用无机化合物中的[O]进行厌氧呼吸的特点。因此，应严格控制厌氧反硝化段(即兼氧段)的溶解氧数值。理论上讲，在反硝化段不应该有溶解氧出现，但在实际运行中局部或短时间内可允许有微量的溶解氧，但其浓度不宜大于 0.5mg/L，否则生物将因优先使用 O_2 而抑制对 NO_3^- 中[O]的利用，从而降低反硝化率，甚至中断反硝化过程。

应当指出的是，从好氧段向兼氧段高比例地回流泥水混合液，不会使兼氧段出现有溶解氧的情况，这是因为回流泥水混合液所带入兼氧段的氧与兼氧段中废水生物氧化所需要的氧量相差太悬殊了。假如泥水混合液的回流比为 600%，其中所含溶解氧浓度接近 4mg/L，回流液携带的溶解氧量将不超过 2.4mg/L，这样的氧量能氧化 *COD* 的数量小于 24mg/L。而在进入反硝化段的废水中，所含 *COD* 浓度都多在 1000mg/L 以上，相比之下可为九牛一毛。况且焦化废水中含有大量的酚类物质，其中大部分都具有能被快速氧化的特点。因此，回流液带入兼氧段的氧根本就不能在兼氧段中长期存在。尽管回流液中携带的溶解氧量与好氧曝气池中维持的溶解氧量数值相同，但二者之间有着本质的区别：好氧曝气池中的溶解氧是生化反应后剩余的氧量，它是靠鼓风或曝气机械源源不断地充氧来维持的，而回流液中携带的溶解氧却没有后续的补给源。

好氧硝化段的耗氧总量(O_T)按(6-14)式计算：

$$O_T = O_N + O_{COD} + O_R \tag{6-14}$$

式中　O_N——氧化 NH_3-N 至 NO_3^- 所需要的氧。由理论计算可知，每氧化 1g 的 NH_3-N 需消耗 4.57g 的 O_2；

O_{COD}——氧化兼氧段残留 *COD* 物质所需要的氧量。氧化 1g 残留 *COD* 物质需消耗 1.1～1.2g 的 O_2；

O_R——曝气池流出泥水混合液中残留的溶解氧量。该数值与曝气池中混合液维持的溶解氧浓度有关，曝气池混合液中溶解氧浓度一般为 2～4mg/L。

兼氧段残留 *COD* 物质的多少，与兼氧段反硝化率有关，反硝化率越高，其出水中残留 *COD* 物质越少。因反硝化是把氧化 NH_3-N 时转入 NO_3^- 中的氧退出用于氧化 *COD* 物质，故当废水中 *COD* 与 NH_3-N 的比值在 9 左右，反硝化率在 90% 以上的情况下，生物脱氮过程中的耗氧量，与完全好氧生物降 *COD*(不脱氨)时的耗氧量相比，其数值相差并不多。

(5)磷

生物脱氮过程中需补加磷量为：反硝化段 *COD*∶P = 300∶1，硝化段 NH_3-N∶P = 100∶2.5。生物脱氮过程中的补加量(以磷计)应为上述两种需磷量之和。实际运行中控制二次沉淀池出水中含磷量在 0.5mg/L 左右为宜，但在污泥培养初期，投磷量要加大。

(6)污泥龄

硝化菌与亚硝化菌属于化能自养型微生物，因其赖以生存的无机盐的产能量远较有机物产能量要少，而其生物体细胞合成所消耗的能量又远远大于异养型微生物细胞合成所消耗的能量，况且其赖以生存的 NH_3-N 类物质的氧化还原电位又远较有机物和硫氰盐类化合物的为低，亦即其在利用氧的竞争方面明显弱于异养型微生物。所有这些特点都注定了在生存方面硝化细菌远不敌异养型微生物。这也是自养型微生物较异养型微生物生长速度慢、繁殖能力差和世代周期长的主要原因。因而也就要求自养型生物应有足够长的污泥龄，以满足其生存的需要，一般生物脱氮要求污泥停留时间(SRT)在 60 天以上。由于延时曝气生物处理生物体流失较多，所以控制污泥龄是生物脱氮中的一个关键问题。

(7)碳氮比

NO_3^- 反硝化过程中，需要有足够的碳氢化合物，一般要求 *COD* 与凯氏氮(TKN)的比值应在 7~9 的范围之内，否则就不能完全反硝化，出水中将含有大量的 NO_3^-。过量的硝酸盐会使婴儿患正铁血红蛋白血症，因此已限制饮用水中的硝酸盐含量不得超过 10mg/L(以氮计)，以防止这类病的发生。另外硝酸盐是许多光合自氧生物的基本营养素，在某些情况下又被确定为生物限制性营养素。

焦化废水的 NH_3-N 含量很高，若完全用生化的方法处理，很难满足 *COD* 与 TKN 的比值关系。要实现焦化废水的完全脱氮，首先要在化产品回收过程中脱除蒸氨废水中的固定铵，使焦化废水中的 NH_3-N 含量降至 150mg/L 以下。否则，在进行反硝化时需要外加甲醇等有机碳氢化合物，这样做的结果将使空气耗量、碱耗量、有机物耗量等同步增加，是极不经济的。

NO_2^- 和 NO_3^- 都可以反硝化脱氮，在 NH_3-N 只氧化至 NO_2^- 阶段，而不氧化到 NO_3^- 就进行反硝化脱氮，即通常所说的亚硝化脱氮，可以大大减少废水脱氮处理对碳源的需要量，是一种比较经济的反硝化方式，然而对于含 NH_3-N 浓度较高的焦化废水来说，是很难实现这一点的，其原因如下：

1)在废水 NH_3-N 浓度较高的情况下，NH_3-N 的亚硝化和 NO_2^--N 的硝化是同时进行的，而不是先把 NH_3-N 全部氧化成亚硝盐后再进行 NO_2^--N 的硝化。硝化菌和亚硝化菌是一组“共生”菌，在亚硝化菌氧化 NH_3-N 的过程中，随着 NO_2^--N 的出现，它将诱发硝化菌的产生，因 NH_3-N 的亚硝化和 NO_2^--N 的硝化都是在有氧的条件下进行的，且同为放能过程。尽管 NH_3-N 和 NO_2^--N 都可以利用氧，但 NO_2^--N 与氧的反应能力(NO_2^-/NO_3^- 的标准氧化还原电位为 0.39V)要较 NH_3-N(NH_4^+/NO_2^- 的标准氧化还原电位为 0.34V)为强。亦即，NO_2^--N 氧化为 NO_3^--N 一般优先于 NH_3-N 氧化为 NO_2^-。这也就是说，NO_2^- 是一种过度性物质，它只能在开工初期一个短暂的时期内存在，一旦硝化细菌稳定生成，它就随即被分解，它既不能稳定存在，也不能大量累积。事实上，在稳定运行的焦化废水生物脱氮中，就没有出现过有大量 NO_2^- 存在的情况。况且 NO_2^- 是一种很强的生物抑制剂，它的大量存在将阻断很多生化过程，因此在废水生化处理中，NO_2^- 的大量存在也应是受到限制的。

2)NH_3-N 和 NO_2^--N 的氧化与 NO_2^- 和 NO_3^- 的反硝化是在两种完全不同的场合下进行的，而反硝化段又是由以 NO_2^- 和 NO_3^- 为生物降解 *COD* 物质提供[O]为前提的。如果采取当好氧硝化过程中出现一定浓度的 NO_2^- 时，就切换到厌氧状态或把含有 NO_2^- 的硝化液送到兼氧段进行反硝化，这就会造成：1)因并没有实现 NH_3-N 的完全氧化，就更谈不上脱氮了；2)因 NO_2^- 浓度较低，根本满足不了兼氧段分解 *COD* 物质所需的[O]，因而反硝化段也不能实现预期的脱除 *COD* 效果。

焦化废水处理过程中的生物抑制关系相当明确，即先分解酚类，再分解硫氰酸盐，最后才进行氨的氧化，且只有当前一类物质浓度降低到一定数值时，才能开始分解下一类物质。当废水中的酚类或硫氰酸盐得不到有效去除时，就不可能实现氨的氧化，就更谈不上反硝化；当废水中的酚类或硫氰酸盐不能在反硝化段去除时，它将进入硝化段进行好氧氧化，这不仅要多消耗大量的氧，而且最终还是达不到脱氮的目的。

尽管亚硝酸离子与仲胺类(RR′-NH)反应生成亚硝酸胺类(RR′-NNO)，它们当中有许多已知为强烈的致癌物，但焦化废水生物脱氮处理并不担心会有大量的 NO_2^- 排出，这是因为 NO_2^- 很不稳定，要么在好氧曝气状态下被转化为 NO_3^-，要么在厌氧反硝化状态下被还原为 N_2(NO_2^-/NO_3^- 的平均氧化还原电位为 1.51V)，很难以 NO_2^- 的状态存在于焦化废水生物处理的过程中。

(8)生物脱氮对水温的要求也比较严格，硝化过程的最适宜温度范围在 30～35℃之间。焦化废水生物脱氮处理过程中的水温控制范围应在 20～36℃之间。

(9)二次沉淀池及各种提升泵的设计要求基本上同本书 6.7.3 节，但应注意的是，当采用上清液为反硝化回流液时，沉淀池的设计水量应为 $(1+R)Q$，Q 为曝气池设计水量，R 为上清液回流比。各种管道和渠道的输送能力还应包括其分担的各种回流液量在内。

6.7.4.3 二次沉淀池出水水质

二次沉淀池出水水质与生化处理进水水质、废水处理工艺、水力停留时间及运行控制条件等多种因素有关。出水中 *COD* 浓度一般在 100～200mg/L 之间，曝气池进水浓度高或水力停留时间短时取上限；出水中酚和氰的浓度均在 0.5mg/L 以下；出水中 NH_3-N 浓度一般在 5～25mg/L 之间；出水中 NO_3^- 浓度取决于反硝化率。

二次沉出水中所含 *COD* 有一部分是由其中所含有机悬浮物所致，该部分 *COD* 物质可用絮凝沉淀和过滤的方法去除。

6.7.5 废水后处理

焦化废水的后处理并不是指生化处理后废水的脱盐等深度处理，而是利用絮凝沉淀及过滤等手段进一步降低生化出水中的悬浮物，以便进一步降低处理后水中的 *COD* 浓度。

二沉池出水中含有较多的悬浮物，其中的微生物体是 *COD* 的主要产源之一。出水中悬浮物形成的 *COD* 能占其总 *COD* 的 30%～65%，一般要用絮凝沉淀和过滤的方法除去。

后混凝沉淀对二沉池出水中的悬浮物和 *COD* 的去除率分别在 50%～75%和 30%～50%之间，而过滤处理对絮凝沉淀后出水中 *SS* 和 *COD* 的去除效率分别在 60%和 9%左右。

图 6-45 为一个焦化废水后处理工艺流程图。一般只有当二沉池出水不能满足外排水要求或对处理后水有某种特殊要求时，才考虑对二沉池出水进行后处理。实际使用中，应根据对处理后水质的要求，来确定是采用絮凝沉淀处理，还是絮凝沉淀-过滤联合处理。

6.7.5.1 絮凝沉淀

从运行动力费用上考虑，焦化废水除悬浮物一般不采用机械或水力加速澄清法，而是采用混合-絮凝-沉淀工艺。所采用的絮凝剂多以无机聚合电解质为主，有时要配合少量的高分子聚合电解质，必要时还要投加石灰类助凝剂调节系统的 pH 值。

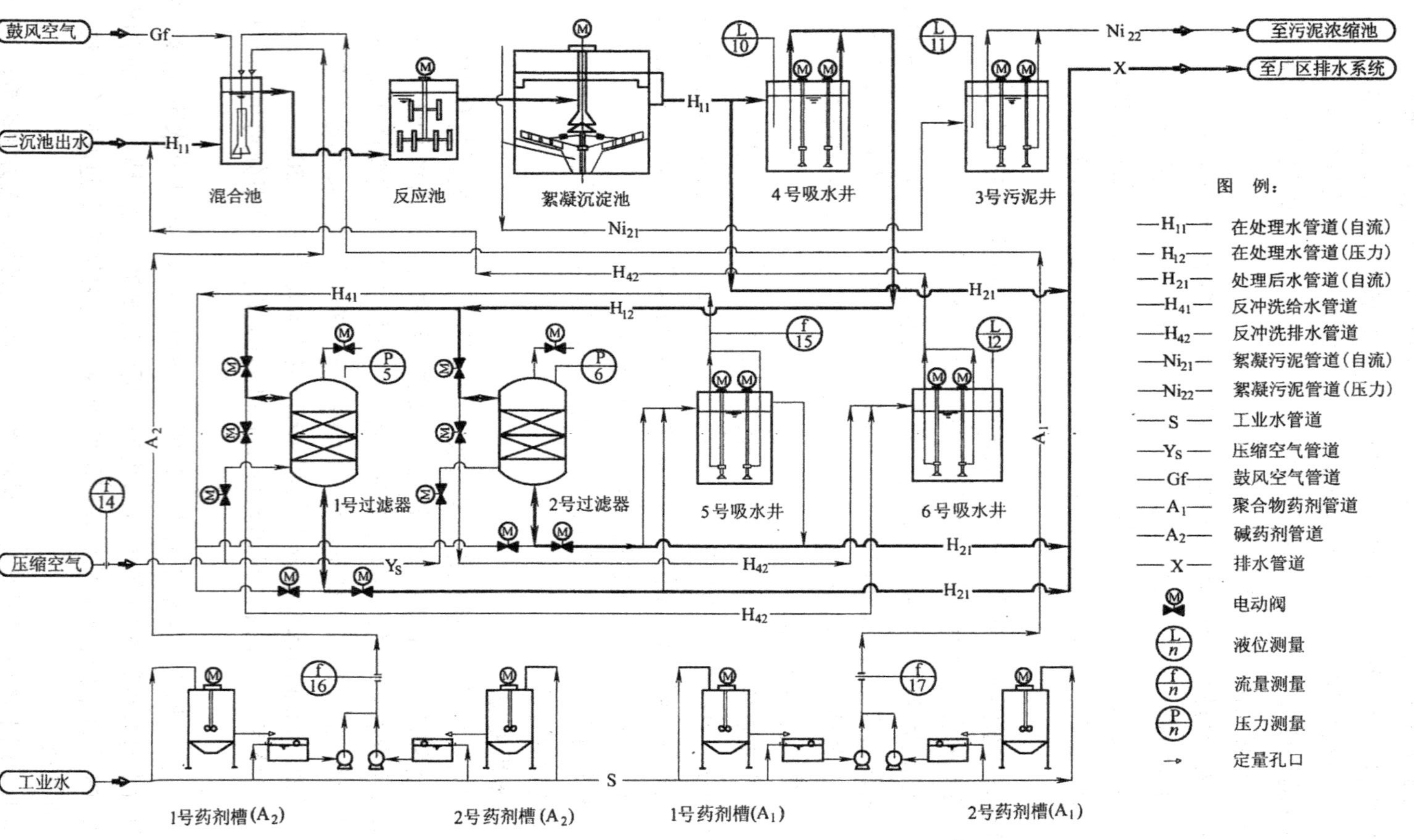

图 6-45 焦化废水后处理工艺流程图

絮凝沉淀池设计流量 $Q(m^3/h)$可按下式计算：

$$Q = Q_1 - Q_2 - Q_3 \tag{6-15}$$

式中 Q_1——二沉池出水量，m^3/h；

Q_2——送消泡水量，m^3/h；

Q_3——送熄焦水量，m^3/h。

除对絮凝沉淀后出水有特殊要求外，水量较小的絮凝沉淀池可设置成单系列。

A 混合

混合的目的是要将所加入的药剂在废水中快速均匀地扩散开来。因此，混合必须在强烈的紊流条件下进行，且混合时间要短，不宜进行长时间的搅拌；混合点至絮凝池间的距离要尽可能的短，应避免长时间的管道输送。有关技术参数如下：

混合速度梯度 G,s^{-1}	≥1000
混合时间，s	10～30
混合点至絮凝池间连接管(渠)内流速，m/s	0.8～1
连接管内停留时间，s	≤30

混合的方式较多，常用的方法有渠道跌水混合、管式反应器混合、混合池空气搅拌混合、混合池机械搅拌混合及利用水泵叶轮混合等，焦化废水处理宜采用混合池加空气搅拌的混合方式。

B 絮凝反应

絮凝反应的作用是将废水中经加药电中和后的细小微粒（1nm～0.2μm 的胶体和 0.2μm～1mm 的悬浮物）凝聚成较大的絮凝体，这就要求在絮凝反应过程中具备如下两个条件：1)微粒间具有充分的碰撞机会；2)形成的絮凝体不再被水力剪切而破碎。因此，需要控制絮凝反应过程中的水流速度和絮凝时间，且应使水流速度逐级降低。

一般絮凝反应时间 t 应控制在 15～20min，并控制速度梯度 G 值在 $10 \sim 200s^{-1}$，平均速度梯度 G 值在 $30 \sim 60s^{-1}$，使 Gt 值达到 15000～65000。生物脱氮处理后废水宜采用较大的 t 值，延时曝气处理后废水应采用较小的 G 值。

絮凝反应池的形式较多，有往复(或回转)式隔板平流反应池、折板(或波纹板)式竖流反应池、锥形涡流反应池、多级旋流反应池和桨板式机械搅拌反应池等。各种絮凝反应池的控制条件是不一样的，但一般都应遵循水流速度递减的原则，隔板反应池反应速度可分为 $v_1 = 0.5m/s$、$v_2 = 0.4m/s$、$v_3 = 0.35m/s$、$v_4 = 0.3m/s$、$v_5 = 0.25m/s$ 和 $v_6 = 0.2m/s$ 六个等级，机械搅拌反应池的桨板中心线速度可分为 $v_1 = 0.5m/s$、$v_2 = 0.35m/s$ 和 $v_3 = 0.3m/s$ 三个等级。絮凝反应应避免采用空气搅拌的反应方式。絮凝反应设计详见《给水排水设计手册》。

当絮凝反应池与絮凝沉淀池用管道连接时，连接管内的流速不应大于 0.2m/s，也不得小于 0.15m/s，并不得有跌水的情况出现。

C 絮凝沉淀池

后处理的絮凝沉淀池一般采用圆形竖流或辐流式沉淀池，主要设计参数如下：

水力停留时间，h	2
表面负荷，$m^3/(m^2 \cdot h)$	1
絮凝污泥产量(占絮凝沉淀处理水量的)，%	1～2

絮凝污泥含水率,% 99.5

絮凝沉淀池的结构形式及其设计参数除进水管有特殊要求外,其他基本同二次沉淀池。絮凝沉淀池的设计水量不涉及诸如二次沉淀那样的各种回流量。

6.7.5.2 过滤

焦化废水后处理一般无过滤工序,只有对处理后水中悬浮物含量有特殊要求时,才考虑在絮凝沉淀后再进行过滤处理。

焦化废水后处理一般采用双层滤料过滤器,上层滤料为无烟煤,下层为石英砂,其级配见表 6-117。

表 6-117 双层滤料级配

滤　料	粒径/mm	不均匀系数 k_{80}	厚度/mm	密度/$g \cdot cm^{-3}$
无烟煤	$d_{max}=1.8$; $d_{min}=0.8$	<2.0	800~1000	1.47~1.88
石英砂	$d_{max}=1.2$; $d_{min}=0.5$	<2.0	400~600	2.65

当絮凝沉淀池出水具有足够大的余压时,可采用重力式无阀过滤器,否则宜使用快速压力过滤器。快速过滤器宜采用气水反冲洗,其有关设计参数如下:

过滤速度,mm/s	2.5~4.7
气反冲洗强度,$L/(s \cdot m^2)$	12~13.2
水反冲洗强度,$L/(s \cdot m^2)$	11.7
反冲洗周期,h	12~24
滤床膨胀率,%	40~50
水反冲洗前最大水头损失,m	2.5~3.5
一次反冲洗时间,min	40
出水悬浮物浓度,mg/L	5

一次气水反冲洗时间大约 40min,其内容及时间分布大致如下:排水 12min,空气反吹 10min,间歇 1min,水反洗 10min,间歇 1min,排气 2min 及水洗净 4min。

过滤器采用加气反冲洗时,宜实行程序自动控制,控制信号为时间。

压力式过滤器的台数应根据过滤水量及单个过滤器的滤水能力共同来确定,但过滤器的个数不宜少于 2 台,且当其中 1 台反冲洗时,其余过滤器应能通过全部过滤水量。

过滤水加压工作泵的台数一般应与过滤器台数相等,其备用率不应低于 25%。过滤器反冲洗水泵宜为 2 台,其中 1 台为备用。过滤器加气反冲洗用气,宜首先考虑借用生化处理鼓风系统气源;当采用自备气源时,鼓风机的台数应为 2 台,其中 1 台为备用。风机风压一般按 50kPa 考虑。

反冲洗水应采用过滤后水,反冲洗排水应送至絮凝沉淀系统,过滤后水及反冲洗水应分别设置调节贮水池。

6.7.6 污泥处理

焦化废水处理中产生的污泥有两部分组成,分别为生物处理过程中产生的剩余污泥和絮凝沉淀过程中产生的絮凝污泥。二沉池排出的剩余污泥量一般占曝气池处理水量的 1% 左右,含水率为 99%~99.5%,絮凝沉淀的排泥量与所使用的絮凝剂有关,一般取絮凝沉淀处理水量的1%～2%左右，含水率为99.5%左右。

以上两种污泥一般要先经过污泥浓缩池进行浓缩脱水，脱水后的污泥的含水率在96.5%～97%之间。脱水后的污泥去向有三种：

(1)送熄焦系统的粉焦沉淀池中，污泥掺混在粉焦中；

(2)送煤场喷洒在煤中；

(3)采用机械压滤的方式进一步脱水，变为含水率为70%左右的泥饼外运。

6.7.6.1 污泥浓缩

污泥浓缩有间歇静沉浓缩和连续动态浓缩两种，当为间歇排泥时采用前者，为连续排泥时采用后者。静沉浓缩又有分层排上清液法和下进上出置换上清液法两种工作方式。

一般动态浓缩法宜采用圆形污泥浓缩池，静沉浓缩法可以使用圆形亦可以使用矩形浓缩池。因焦化废水处理所产生的污泥量一般都不大，故多采用竖流式浓缩池。浓缩池可设置成单系列，其主要技术参数如下：

污泥固体负荷，kg/(m^2·d)	20～40
污泥浓缩时间，h	>12
中心管内流速，mm/s	≤30
浓缩区有效深度，m	3～4
缓冲层高度，m	≥0.3
保护高度，mm	200～400

中心管及进出水系统的设计流量，当为间歇浓缩时，应按集中浓缩污泥流量设计；当为连续浓缩时可按连续浓缩污泥流量计算，但因生产操作的不确定性，还应以间歇流量进行校核。当浓缩池利用静水压头排泥时，所需静水压头应根据排泥系统的阻力损失由计算确定，但一般不应小于900mm。浓缩池排泥管的最小管径不应小于 *DN*200。

中心管下应做成喇叭口，下设水流反射板。喇叭口的直径及高度为中心管直径的1.35倍，反射板的直径为喇叭口直径的1.35倍，反射板表面与水平面的倾角为17°，中心管下端至反射板表面之间的间隙按污泥最大流速不大于15mm/s计算。

当圆形污泥浓缩池的直径超过5m时应设刮泥机，刮泥机的外缘线速度为1～2mm/min，池底坡向泥斗的坡度应大于0.05；当圆形污泥浓缩池的直径小于或等于5m时，可不设刮泥机，直接用集泥斗收泥，集泥斗斜面与地面夹角不应小于50°。

6.7.6.2 污泥脱水

可用于污泥脱水的设备形式较多，有离心分离脱水、真空过滤脱水、板框压滤脱水和辊压式带式压榨脱水等。现焦化废水处理多采用带式压榨脱水机。

下面主要介绍污泥加药反应静沉脱水和带式压榨机的联合污泥脱水工艺(见图6-46)。

A 污泥反应池

浓缩池送来的含水率为96.5%左右的污泥先进入污泥反应池，而后通过加药混合反应，静沉分离上清液，最后用泵送带式压榨机进行机械脱水处理。

当污泥量较少时，可只设单格污泥反应池，反之，至少应设两格交替使用。反应池的有效容积应和压滤机处理能力相配合，一般按一池污泥供一台压滤机使用一班为宜。

污泥脱水宜采用专用高效高分子絮凝剂，其投加量应用试验方法来确定。

污泥混合反应可利用空气或机械搅拌。污泥输送工作泵台数应与脱水机台数相等，备

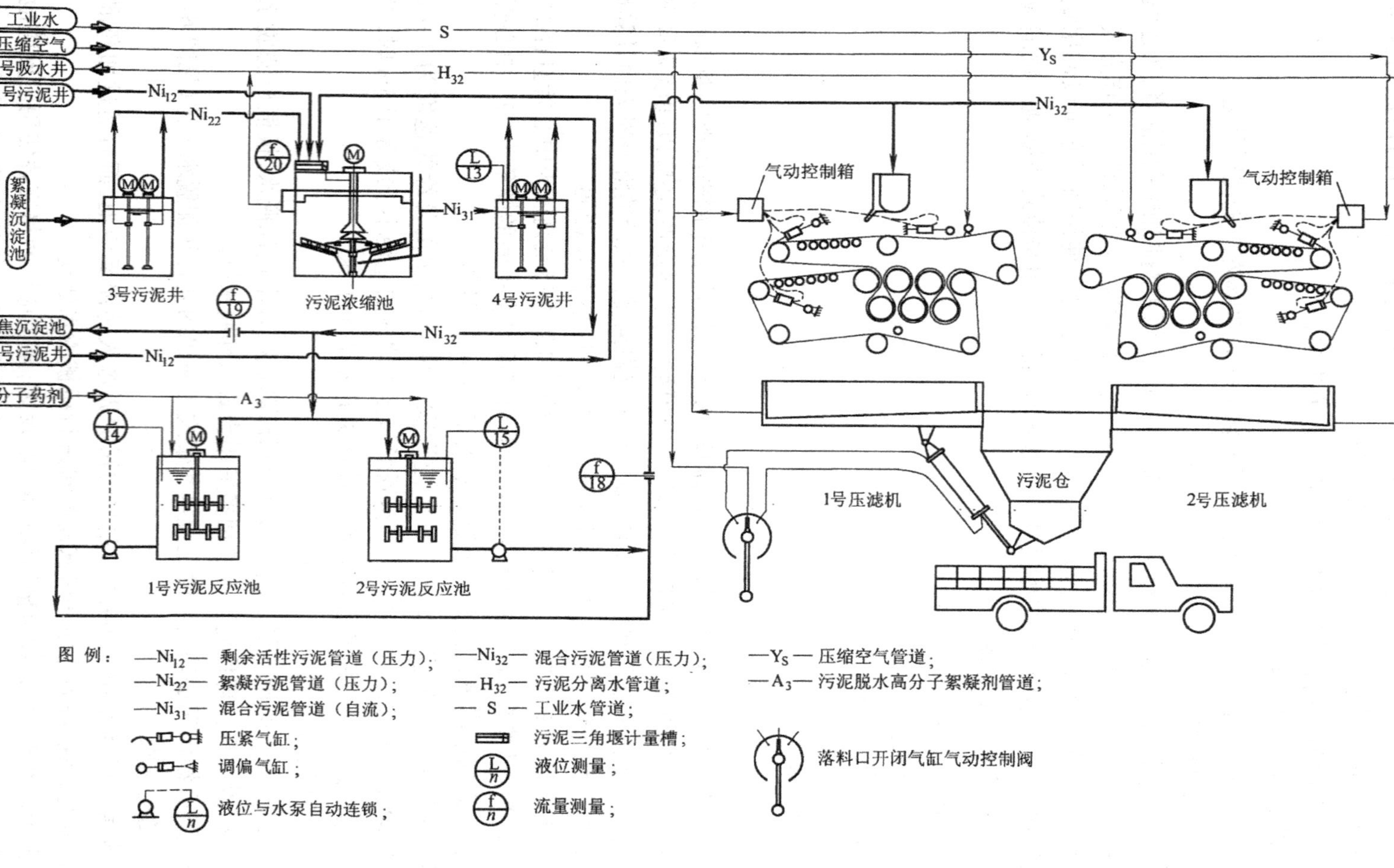

图 6-46 污泥浓缩及污泥脱水工艺流程图

用泵数量应不少于50%。

B 带式压榨机

带式压榨机具有气缸涨紧滤带、气缸滤带调偏、电机传动滤带走行、滤带布泥、滤带冲洗、泥饼收集、滤液收集及系统运行控制等操作和控制程序。带式压榨机一般都配有布泥用污泥罐。压滤后泥饼可用贮泥饼斗贮存,亦可用输送带输送到污泥堆场,定期装车运走。带式压榨机有关技术参数见表6-118。

表6-118 带式压榨机有关技术参数

压榨机带宽/mm	带行速度/$m\cdot min^{-1}$	电机功率/kW	压缩空气/$L\cdot min^{-1}$	冲洗用水/$m^3\cdot h^{-1}$	进泥含水率/%	泥饼含水率/%	处理污泥量/$m^3\cdot h^{-1}$	参考外形尺寸/mm	参考设备质量/kg
500	0.5~1.0	1.5	0~42	2.5~3	96.5~97	70~80	1.5~1.65	4487×1220×1875	3000
1000	0.5~1.0	1.5	0~42	5~6	96.5~97	70~80	3.2~3.5	4487×1720×1875	4500
2000	0.5~1.0	2.2	0~42	10~12	96.5~97	70~80	6.6~7.5	5390×2700×3200	5600
3000	0.5~1.0	2.2	0~42	15~18	96.5~97	70~80	10.5~12	5355×3740×2300	

注:所需空气压力为0.8MPa,冲洗水管出水压力0.1MPa;设备工作重量应考虑污泥等荷重。

带式压榨机可采用每天单台8h、2台12h、3台16h或4台18h工作制,不设备用压滤机。压滤机的布泥用污泥罐应设溢流管,溢流液返回污泥反应池。压滤机间应设置起吊设备及设备吊装孔,并留有供设备检修用位置。

6.7.7 附属设施

6.7.7.1 药剂设施

焦化废水处理使用的药剂种类较多。预处理部分使用的药剂有无机聚合电解质;生物处理部分使用的药剂有磷药剂、有机含碳化合物、无机聚合电解质和碱药剂(如工业碳酸钠、氢氧化钠和活性石灰等);后处理部分使用的药剂有无机盐聚合电解质、有机高分子聚合电解质和活性石灰等;污泥脱水用高分子絮凝剂等。焦化废水生物处理系统的药剂投配设施应综合考虑。药剂系统应设置药剂库和药剂间。甲醇类药品的药剂库及药剂间应考虑防爆。

A 药剂库

焦化废水处理站内应设置药剂库,药剂应分类存放,一般液体和固体药剂不宜存放在同一药剂库内,含尘较大的药剂宜单独设库存放。药剂贮量以不小于15天为宜,当因药剂贮量过大,全部在焦化废水处理站内贮存有困难时,可在焦化厂中心仓库内贮存一部分。当药剂供应有保证时,药剂贮量可减少到5~7天。

药剂库存放袋式固体药剂时其堆放高度不宜超过1.5m;当贮存桶装液体药剂时,堆放高度不得超过两层;液体氢氧化钠药剂应贮存在封闭容器中。药剂库内应留有足够的搬运通道,药品摆放应有先来的药剂先用的可能。

药剂库内应设防酸碱地面。药剂库内地面应较室外平土标高高出300mm以上,比与其相连房间(当有门等连通时)的地面要高出100mm以上,且不应使药剂库有进水的可能性。药剂库应设有就近和方便药剂进出的门,一般药剂库的进料门应面向道路一侧,当药剂库进车时,至少应有一个门的大小保证车的顺利进出。药剂间宜与药剂库连接在一起,并开有便于药剂搬运的门。必要时药剂库和药剂间内应设置一体的药剂搬运和起吊设备。粉状药剂应考虑防尘设施。药剂库内应有良好的通风条件,必要时可设机械通风装置。寒冷地区液体药剂应放在可以防冻的地方。

B 药剂间

固体药剂一般要有溶药和配药两个过程,液体药剂一般只有配药。用量较大的固体药剂应设专门的溶药槽,用量较小的固体药剂可在配药槽内进行溶药,对于某些难溶的药剂在溶药过程中还需要进行加温。

溶药浓度以小于该药剂的饱和溶解度为宜。配药浓度应视药剂性质和用量多少而定,因为药剂系统管道堵塞主要是由于管道内流速过低所致,故有条件时,应尽可能降低配药浓度,但对某些有水解可能的无机聚合药剂,配药浓度应大于其水解浓度;对于那些用药剂槽稀释后仍不能满足药剂输送要求的药剂,可采用水射器输送、泵前加水稀释输送或打回流输送的方法,尽可能提高药剂管道内的药剂流速。

每个药剂投配系统内,溶药可只设一个溶药槽,但配药应不少于两个配药槽,交替运行。药剂输送泵的备用率应不小于50%。

污泥反应用药可不进行配药,直接加入到污泥反应池内,其他系统用药都要经过配药和输送。药剂输送系统应设计量装置,一般多使用电远传金属转子流量计,使用计量泵的情况则比较少。药剂溶解、配置和投加方式可参见《给水排水设计手册》。

药剂槽排出的药剂不得排入排水管道,其排出液应单独收集,集中处置。

药剂间内应设置供地面清扫用的给水排水设施和调节室内空气用的机械通风系统。必要时还应考虑药剂间内的防尘或除尘措施。寒冷地区药剂间的采暖温度应不低于5℃。

输送药剂的管道应采用耐腐蚀、耐老化和抗寒(在寒冷地区)材料,且应有足够强度。药剂管道宜架空或地沟铺设,且应有一定的坡度,在药剂停止输送时确保管道内药剂能自动倒空,必要时可在适当的位置设放空管。寒冷地区的药剂管道应采取防冻措施。

6.7.7.2 分析化验系统

A 分析项目及分析方法

水质分析对适时掌握废水处理效果、反映系统运行情况、指导系统运行操作及积累各种有用的统计数据都是必要的。水质分析检测方法有废水常规分析(如常规化学分析或简单仪器分析等)、污泥常规分析(如物理分析和生物相检测等)、废水和污泥特殊分析(如色谱定性或定量分析等)。根据所分析项目的变化频度及重要程度,可分为经常性分析项目(一般指每班一次、每天一次或必要时随时分析的项目)、定期分析项目(一般为每周一次或每月一次或更长时间)和不定期分析项目(多为必要时分析项目)。在焦化废水处理站化验室分析的项目应为常规分析项目,其分析内容、取样点、分析频度及分析方法见表6-119。

B 化验室配置

化验室配置包括化验室用房、化验及设备用操作台、分析化验用品(包括仪器、设备、玻璃器皿和化学药剂等)、给水排水系统、电力及煤气(当蒸馏采用煤气加热时)供应等配置。

化验室一般应设有独立的化验间、天平间、精密仪器间和高温设备间,有条件时可单独设置生物间和比色分析间,其中恒温设备和低温设备可放在化验间或生物间内。天平间要求避光和无外界震动干扰。此外化验室还应设药品库、备品备件仓库、男女更衣室、办公用房及卫生间等。

表 6-119　焦化废水生物处理常规化验分析项目及其分析频度

分析项目	原水	废水预处理			废水生物脱酚氰			废水生物脱氮					废水后处理			污泥处理			分析方法或标准
	各种来水水质	除油池之出水	浮选池之出水	均和池之出水	曝气池混合液	二沉池之出水	回流活性污泥	厌氧池之出水	兼氧池混合液	好氧池混合液	二沉池之出水	回流活性污泥	絮凝反应槽中	絮凝沉淀出水	过滤器之出水	污泥浓缩排泥	反应后的污泥	压滤后之泥饼	
油	☆	☆	☆											○	○				重量法
COD	☆		○	☆		☆		△	☆		☆			☆	☆				GB11914—89
酚	☆			☆		☆			☆		☆			☆	☆				GB7490—87
CN^-	☆			☆		☆			☆		☆			☆	☆				GB7487—87
$T\text{-}CN^-$	△					△					△			△	△				GB7486—87
SCN^-	☆			☆		△			☆		☆								比色法
$NH_3\text{-}N$	△			☆		△					☆			☆	☆				GB7478—87
硫化物	○					○			△		△								GB/T16489—1996
pH	☆			☆	☆			☆	☆	☆	☆		☆	☆	☆	○	○		GB6920—86
温度	△			△	○		○	○	○	○	○		○	☆	☆	○	○		
SS	○					☆					☆			☆	☆				GB11901—89(重量法)
$NO_2^-\text{-N}$									☆	☆	☆			△	△				GB7493—87
$NO_3^-\text{-N}$									☆	☆	☆								戴氏合金法
TKN	△			△															GB11891—89
总碱度	△			△					☆	☆	☆								
溶解氧					☆			○	○	☆									GB7489—87
磷					☆	☆			☆	☆	☆								钼蓝比色法
Fe^{3+}					☆				☆	☆									GB7484—87
Cl^-、Ca^{2+}、F^-	○			○		○					○								GB5750
吡啶	○													○					GB/T14672—93
污泥生物相检测					△			△	△	△		△							显微镜
污泥浓度 MLSS					☆				☆	☆									重量法
挥发性污泥浓度 MLVSS					○				○	○		○							重量法
30min 污泥沉降体积 V_{30}					☆				☆	☆									量筒法
污泥含水率												△				△	△	△	重量法

注:1.☆—经常性分析项目,△—定期分析项目,○—不定期分析项目;2.兼氧池和好氧池泥水混合液分析应在池子的起点、中点和终点三处分别取样。

化验间内需要设置双面或单面化验台、通风橱、蒸馏用工作台及试剂架等，设备间与仪器间应根据需要分别设置设备台与工作台，生物间应设置显微镜台和工作台，天平间应设置防震动天平台，药品及备品备件仓库内应根据需要配置药品柜等。化验室用台柜规格及配备数量见表6-120。

表6-120　化验室所需操作台柜配备情况

序号	名　称	规格(长度×宽度×高度)/mm×mm×mm	备　注
1	双面化验台	2400×1500×850;3000×1500×850;3600×1500×850	大中型化验间设1个
	配中央试剂架	1500×300×750;1800×300×750;2400×300×750	
2	单面化验台	1200×750×850;1500×750×800;1800×750×850	用于小型试验间单用或大型化验间与双面化验台并用(设1~2个)
	配边墙试剂架	1200×200×630;1500×200×630;1800×200×630	
3	通风橱	1200×900×2190;1200×850×2200;1200×850×2400	化验间设1~2个
4	设备台、工作台	2400×750×850;3000×750×850;3600×750×850	仪器、设备及生化间设若干个
4	天平台	900×600×800;1200×600×800;1500×600×800	天平间设1~2个
5	显微镜台	900×750×800;1200×750×800;1500×750×800	生物间设1~2个
6	药品柜	900×500×1800;1200×500×1800;900×300×600	药品库和备品备件仓库设若干个

有些分析项目采用常规化学分析和仪器分析均可。用仪器分析代替常规化验分析，是降低焦化废水生物处理中分析化验强度的有效手段。但有些仪器分析误差较大或技术上还不过关。因此，生产中常采用常规化验与仪器分析相结合的方式。

化验用仪器和设备分常规项目通用、常规项目专用和特种项目专用三大类。焦化废水处理站化验室配备的为常规项目分析用仪器和设备，其配备数量及其有关技术参数见表6-121。小型化验室应尽可能减少仪器和设备的配备量。焦化废水处理站化验室不配备特种项目分析用仪器和设备，需要时可借助于厂中心化验室或外委。

分析化验用各种器皿(包括蒸馏装置等)及分析化验用化学药剂为化验室自备项目，设计时不予涉及。

化验室仪器和设备用电源多数由电源插座接出，少数用电量较大的设备要接固定电源。一般仪器和设备都带有接地线，因此，常用的电源插座有220V两相两柱插座、220V两相三柱插座和380V三相四柱插座三种，其中两相三柱插座又有圆插头和扁插头等多种形式。一般插座应放在仪器和设备附近的墙上，插座安装高度以距地面1.0~1.2m高为宜，并应留有适量的各类备用插座，并且两相三柱插座应为圆插头和扁插头等多用式。电热蒸馏水器外壳要接地。

化验间化验台应配备带双联或三联化验龙头的化验盆。蒸馏装置工作台附近应设有供蒸馏装置接冷却水管用皮带水嘴，并同时设置接受冷却排水的排水槽。通风橱内应设给排水。蒸馏水器应接固定的给水排水管道。

表 6-121 化验室用主要仪器及设备

序号	名 称	数量	性 能	用 途	参考型号	备 注
1	分光光度计	1	波长范围:400~800μm	比色分析	721 或 751	
2	酸度计	1~2	pH=0~14;分度:0.01~0.02	通用		
3	分析天平	1	秤重:200g;分度:0.1mg	通用	TG-328A	
4	精密天平	1	秤重:500g;分度:0.5mg			
5	溶解氧分析仪	1	范围:0~10mg	溶解氧		
6	浊度仪	1	范围:0~100mg	浊度		根据需要配备
7	电热水浴锅	1	t=40~100℃	蒸发残留物等	DS_2-6	
8	显微镜	1	范围:40~1600 倍	生物相	X_2 双目显微镜	
9	箱式电阻炉	1	t=1000℃	污泥	4X-4-10	
10	干燥箱	1	t=10~200±1℃	污泥	101-I	工作室 450mm×350mm×450mm
11	恒温培养箱	1	t=15~50±1℃	生物	LRH-150B	工作室 150L
12	电冰箱	1	容积:180~200L	通用		
13	电热蒸馏水器	1	产水量:V=10~20L	蒸馏水		
14	离心沉淀机	1	n=0~4000r/min	SS	LXJ-Ⅱ	根据需要配备
15	真空泵		抽气速度:0.5L/s	SS	2X-0.5	根据需要配备
16	六联电阻炉	1~4	P=3.6kW; U=220V	蒸馏		
17	万用电阻炉	1~2	P=1000kW; U=220V	通用		
18	定时钟	1	t=30min	通用		

6.7.7.3 检测、监视与控制

系统检测、监视及控制的目的是为了达到运行的稳定性和操作的准确性。检测、监视及控制项目的设定应考虑下列两方面的因素:(1)提高处理效果、改善作业环境、节约能源和减少劳动定员等;(2)检测装置与控制装置的协调,特别是检测装置对工作场所的适应性和有效性。因此需要做到用途与经济相平衡,可靠性与稳定性相匹配,管理和技术水平与装置功能相适应,并尽可能应用在危险、恶劣、强度大和难控制的场所,同时考虑到近期与远期、改建和扩建使用的可能性。

采用何种控制方式,应达到何种装备水平,应根据废水处理所采用的工艺、废水处理的规模、废水处理设施的总体布局、检测装置和仪表的现有水平和发展趋势、管理和操作人员的技术水平和综合素质以及企业的经济实力和发展前景等综合确定。

A 检测控制

检测的目的是了解反应系统运行状态和有效地进行系统调节。检测的项目可分为定量检测项目(如流量、压力、温度、液位和两相界面等)和定质检测项目(如溶解氧 DO、pH 值、悬浮物 SS 和污泥浓度 MLSS 等)两种。焦化废水生化处理站各部位的检测所需要的检测项目见表 6-122。

表 6-122 各部位所需检测项目

序号	设施名称	检测项目	
		定量检测项目	定质检测项目
一、预处理			
1	预曝气槽	各种来水流量、各废水接受槽或吸水井液位、各废水提升压力等	
2	除油池	各种来水流量、各废水接受槽或吸水井液位、各废水提升压力等	
3	浮选池	浮选水量、加气水量、加气量、各种药剂投加量、浮选加压水压力、浮选加压水吸水井液位、气液平衡罐液位、气液平衡罐或溶气罐压力等	
4	事故调节池	液位	
5	均和池	废水进水量、稀释水量、水温等	pH
6	重油罐	接受油量、液位、油水界面、油温	
7	轻油接受槽	接受油量、液位、油温	
8	浮选浮油接受槽	接受油量、液位、油温	
9	浮选沉渣接受槽	接受油量、液位、油温	
二、生化处理			
1	曝气池(脱酚、氰)	温度、进水量、回流污泥量、泥水混合液回流量(当存在时)、各种药剂投加量、各种加压设备压力等	DO、pH、MLSS
2	厌氧池	进水量、温度	pH
3	兼氧池(内循环)	温度、进水量、上清液回流量、各种药剂投加量、各种加压设备压力等	pH
4	兼氧池(外循环)	温度、进水量、回流污泥量、泥水混合液回流量、各种药剂投加量、各种加压设备压力等	MLSS、pH
5	好氧池(内循环)	温度、进水量、回流污泥量、各种药剂投加量、鼓风空气量、消泡水量、各种加压设备压力等	DO、pH、MLSS、
6	好氧池(外循环)	温度、进水量、各种药剂投加量、鼓风空气量、消泡水量、各种加压设备压力等	DO、pH、MLSS、
7	二次沉淀池	进水量、剩余污泥量、泥水界面、自动排泥阀开度、污泥井液位等	回流污泥浓度
8	鼓风机室	吸气阀开启度、空气量、送风压力、鼓风机及电机轴承温度、油温(当风机采用油冷时)、风机的转速(当采用变频调速时)等	
9	表面曝气机	表曝机叶轮淹没深度、表曝机转速、油温(当风机采用油冷时)等	
三、废水后处理			
1	絮凝沉淀池	进水量、各种药剂投加量、外排水量(直接外排时)、絮凝污泥量、泥水界面、自动排泥阀开度、污泥井液位、各种加压设备压力等	pH、*SS*
2	过滤	过滤水量、各种药剂投加量(直接过滤时)、反冲洗水量、反冲洗气量、各种动力设备压力、各调节贮水池液位、反冲洗各工序时间	pH、*SS*
四、污泥处理			
16	污泥浓缩池	进泥量、排泥量、排泥井液位、输送泥压力等	污泥浓度
17	污泥反应	进泥量、各种药剂投加量、污泥反应池液位、输送泥量及压力等	
18	污泥带式压滤脱水	进泥量、压缩空气流量及压力、滤带涨紧压力、滤带走行速度、滤带冲洗水量及压力、泥饼产量等	
五、其他			
1	矩形池刮油、刮泥设备	走行限位等	
2	圆形池刮油、刮泥设备	油箱油温、刮泥机转动扭矩控制、润滑油泵与刮油(泥)设备起停时间顺序控制等	
3	油泵、药剂泵、污水泵	轴封水流量及压力、泵起停与轴封水压力控制等	

检测控制类装置和仪表的形式有:(1)现场指示型;(2)仪表室指示或指示加记录型;(3)自动控制型;(4)自控外加现场指示型;(5)自控外加仪表室指示或指示加记录型;(6)自控外加现场指示型和仪表室指示或仪表室指示加记录型。

仪表的选择应考虑到检测的目的、检测对象、环境条件、气象条件、信号特征、测量范围、测量精度、重现性、响应性及管理水平等。特别是焦化废水应考虑到其中的油类及浊度对检测元件的干扰、必要时应单独对检测对象进行特殊处理(如过滤等),以保持某些感应电极清洁和正常工作。废水处理用检测仪表种类及其适用范围列于表6-123中。

表6-123 常用检测仪表一览表

<table>
<tr><th>测量对象</th><th colspan="2">仪表种类</th><th>适用介质</th><th>备注</th></tr>
<tr><td rowspan="12">流量</td><td rowspan="3">堰式</td><td>矩形全宽堰</td><td rowspan="3">废水、处理水</td><td rowspan="3">用于小型明渠</td></tr>
<tr><td>矩形收缩堰</td></tr>
<tr><td>三 角 堰</td></tr>
<tr><td rowspan="2">浮子式</td><td>玻璃转子流量计</td><td>无色透明液体、空气</td><td rowspan="2"></td></tr>
<tr><td>金属电远传转子流量计</td><td>水、药剂、空气</td></tr>
<tr><td rowspan="3">节流装置</td><td>文氏里管</td><td>废水、处理水、空气</td><td rowspan="3">水头损失均较大,其相对关系由大到小依次为孔板、喷嘴和文氏里管。孔板还有易堵塞的缺点</td></tr>
<tr><td>喷 嘴</td><td>清水、空气</td></tr>
<tr><td>孔 板</td><td>清水、空气</td></tr>
<tr><td rowspan="2">量水槽</td><td>巴歇尔量水槽</td><td>废水、处理水</td><td>用于大型渠道</td></tr>
<tr><td>P-B量水槽</td><td>废水、处理后排水</td><td>用于自流管道</td></tr>
<tr><td colspan="2">电磁流量计</td><td>废水、污泥、药剂</td><td>水头损失较小</td></tr>
<tr><td colspan="2">超声波流量计</td><td>废水、处理水</td><td>水头损失较小</td></tr>
<tr><td rowspan="9">液位</td><td colspan="2">玻璃管式液位计</td><td>无色透明液体</td><td></td></tr>
<tr><td colspan="2">浮子式液位计</td><td>废水、处理水、油类</td><td></td></tr>
<tr><td colspan="2">吹气式液位计</td><td>污泥、废水、药液</td><td></td></tr>
<tr><td rowspan="2">压力式液位计</td><td>浸没式</td><td>废水、处理水</td><td rowspan="2"></td></tr>
<tr><td>差压式</td><td>废水、处理水、药液、油类</td></tr>
<tr><td colspan="2">倒转式液位计</td><td>废水、处理水、污泥</td><td></td></tr>
<tr><td colspan="2">电容式液位计</td><td>几乎所有液体</td><td></td></tr>
<tr><td colspan="2">电极式液位计</td><td>废 水</td><td>小型水槽(主要用于控制)</td></tr>
<tr><td colspan="2">超声波式液位计</td><td>几乎所有液体</td><td></td></tr>
<tr><td rowspan="4">压力</td><td colspan="2">弹簧管式压力计</td><td>蒸汽、压力水</td><td></td></tr>
<tr><td colspan="2">模片式压力计</td><td>气体、压力液体</td><td></td></tr>
<tr><td colspan="2">环状天平式压力计</td><td>较低压力、气体</td><td></td></tr>
<tr><td colspan="2">波纹管式压力计</td><td>较低压力</td><td></td></tr>
<tr><td rowspan="2">污泥界面</td><td colspan="2">光电式污泥界面计</td><td rowspan="2">泥水分界面</td><td rowspan="2">用于初沉池、二沉池、污泥浓缩池</td></tr>
<tr><td colspan="2">超声波式污泥界面计</td></tr>
<tr><td rowspan="2">温度</td><td colspan="2">电阻温度计</td><td>废水、污泥</td><td rowspan="2"></td></tr>
<tr><td colspan="2">热电耦式温度计</td><td>蒸汽、高温气体</td></tr>
</table>

续表 6-123

测量对象	仪表种类	适用介质	备　注
浊度	表面散射光式浊度计	废水、处理水	
	透射光散射光比较式浊度计		
污泥浓度	光学式浓度计	废水 *SS* 浓度、排泥及回流污泥浓度	
	超声波式浓度计		
MLSS	透射光式 MLSS 计	活性污泥浓度	
	散射光式 MLSS 计		
pH	玻璃电极式 pH 计	废水、处理水、药液	
DO	极谱仪 DO 计	控制曝气池鼓风量	
	电池 DO 计		
COD	*COD* 计	废水、处理水	

废水明渠流量应尽可能使用堰式或量水槽式计量方式，药剂流量可用电远传式金属转子流量计，泵类及风机类出口压力应采用压力表；有些在较长时间内保持稳定或变化较小的检测项目(如曝气池水温和 pH 值等)可采用定期手工检测，仪器检测不过关的项目暂不采用仪器检测(如曝气池中 DO 和 pH 值等)；液体温度与其加热蒸汽量间连锁可采用自立式温度调节器；有些水池或水箱水位信号可仅供控制用而不需进行盘上显示；某些对系统运行影响较大的重要指标，有条件时可采用自动记录的检测方式。

流量测量应有足够长的直线稳定流段，不同测量方式所需的稳定流直线段长度见表 6-124。在要求的稳定流段内，不得有任何能改变稳定流状态的因素存在。亦即要求稳定流段的输水管渠平直光滑，不得设置任何节流限流等影响水流的装置，也不得有任何干扰水流的东西存在。对有检修要求的流量检测装置，应设有超越流量检测装置的管道和切换用阀门。

表 6-124　流量测量所需的直线段稳定流长度

测量方式	直线段长度	测量方式	直线段长度
堰式	上游(4～5*B*)	巴歇尔量水槽	上游(节流宽度的 10～15 倍)
文丘里管	上游(5～10*D*)，下游(3～5*D*)	P-B 量水槽	(10*D*)
管嘴	上游(10*D*)，下游(5*D*)	电磁	上游(5*D*)，下游(2*D*)
孔板	上游(10*D*)，下游(5*D*)	超声波	上游(10*D*)，下游(5*D*)

注：*B*—堰宽；*D*—管内径。

矩形全宽堰、矩形收缩堰及直角三角堰的流量可分别按下列各式进行计算：

$$Q_1 = K_1 B h^{3/2} \tag{6-16}$$

$$K_1 = 107.1 + \left(\frac{0.177}{h} + 14.2 \times \frac{h}{D}\right)(1 + \varepsilon) \tag{6-17}$$

$$Q_2 = K_2 b h^{3/2} \tag{6-18}$$

$$K_2 = 107.1 + \frac{0.177}{h} + 14.2 \times \frac{h}{D} - 25.7\left(\frac{(B-b)h}{DB}\right)^{1/2} + 2.04\left(\frac{B}{D}\right)^{1/2} \tag{6-19}$$

$$Q_3 = K_3 h^{5/2} \tag{6-20}$$

$$K_3 = 81.2 + \frac{0.24}{h} + \left(8.4 + \frac{12}{D^{1/2}}\right)\left(\frac{h}{B} - 0.09\right)^2 \tag{6-21}$$

式中 Q_1, Q_2, Q_3——分别为矩形全宽堰、矩形收缩堰及直角三角堰的流量，m^3/min；

K_1, K_2, K_3——分别为矩形全宽堰、矩形收缩堰及直角三角堰的流量系数；

B——堰有效宽度，m；

b——矩形收缩堰凹口宽度，m；

D——堰口至渠底的高度，m；

h——堰口上水的高度，m；

ε——用于矩形全宽堰的修正系数：当 $D \leqslant 1$m 时，$\varepsilon = 0$；当 $D > 1$m 时，$\varepsilon = 0.55(D-1)$。

B 监视控制

监视控制方式可有以下几种情况：

(1)现场监视、控制和操作方式：该方式的所有监视、控制及操作都设在现场操作室和(或)机旁；

(2)集中监视、现场控制和现场操作方式：为由中央控制室进行监视并反馈信息，由现场或机旁进行控制和操作的方式；

(3)集中监视、分散控制和两地操作方式：为在中央控制室进行监视，现场电器室分散控制，中央控制室与现场电器室或机旁两地操作方式；

(4)集中监视、集中控制和两地操作方式：为在中央控制室进行监视，中央电器室进行集中控制(即把分散设置设备的控制机构的所有硬件都集中设置在同一场所)和中央控制室与中央电器室两地操作方式；

(5)分组监视、分散控制和两地操作方式：把重点设施分成几个系统(如废水处理系统和污泥处理系统)按组设置系统控制室进行监视，由各自现场电器室分散控制，并由系统控制室和现场电器室或机旁进行两地操作；

(6)集中管理加分组监视和分散控制与多地操作方式：该方式为在分组监视及分散控制与两地操作方式的基础上，又增加了能够监控全部设施整体情况的集中管理室。集中管理室起主要监控作用，而系统控制室仅起辅助监控作用。有时也可以把系统控制室中的其中之一设置成具有总管理功能的监控室。

焦化废水处理常用到的监视控制项目如表 6-125 所示。

表 6-125 检测控制项目一览表

分 类	范 围	检 控 项 目
运转状态显示	动力设备运转和停止状态	运转-停止;开-闭
	操作场所切换状态	中央/现场;集中/机旁
	控制方式等的切换状态	自动/手动;联动/单动;串级/自动/分程
	运转指示状态	常数、时间、流量、压力、水位、温度、限位和浓度等的设定
	设备等事故状态	设备故障以及处理过程状态异常变化
处理过程的测定值显示	水质监视等性状检测	电流、电压、电功率、电能、功率因数、液位、压力、处理水量、污泥量、药剂量和空气量等
		pH、DO、MLSS、*COD*、温度、浓度和浊度等
报表及记录	受配电及废水处理检测记录	自动显示定时人工抄表、连续自动记录
	运行状态记录	事故及运转状态、处理过程的变动趋势
	日报、月报及年报等	处理水量、处理水质、药剂消耗量、水电汽耗量等
操作与控制	操作项目	主要设备的运转和停止,事故时紧急停止以及控制方式的选择
	操作项目	处理过程设备运转指示的设定及变化等(包括调节控制目标值、运转时间、运转顺序、各种控制参数及报警设定值等)

监视控制仪表具有两种功能,一是把废水处理过程中的状态迅速、准确地传达给操作人员,二是把操作人员的意图迅速、准确地传达给处理过程。监视控制仪表一般有监视盘、操作盘、仪表盘、转换器盘、继电器盘、控制室盘及机旁盘组成。

监视盘、仪表盘、操作盘是处理过程的控制中枢。在大、中型焦化废水处理站,为方便操作人员对系统的监视和控制,监视盘的显示部分可采用模拟式图解盘,在其上简要地描述废水处理工艺流程及主要动力设备和水流等的运行状态。

监视控制方式有:(1)人工管理-人工控制;(2)人工管理-仪器仪表自动控制;(3)微电脑管理-微电脑自动控制;(4)人工管理-仪器仪表自动控制与微电脑管理-微电脑自动控制并用。仪器仪表及微电脑自动控制都要求检测装置所取得的数据应具有很高的可信度。

6.7.8 总体布置

6.7.8.1 总体布局和平面布置

受废水处理规模、废水处理工艺、构(建)筑物型式、所选设备类型、废水处理站地形地貌、地区气象条件及水文地质条件等多种因素的影响,各废水处理站的总体布局和平面布置往往是不一样的。图 6-47 为一个焦化废水处理站平面布置图实例。

焦化废水处理站总体布局和平面布置应考虑如下因素:

焦化废水处理站的位置应坐落在常年主导风向的下风向,并应远离居民区、厂内生活区和受到国家或地方保护的有关地带。

同一废水处理的所有设施最好放在同一个区域内,应尽量避免水处理设施在厂区内分散布置或跨区域分割设置。

在占地紧张的情况下,构筑物间可考虑采用多层立体布置,但应权衡征地费用、基建费用和经常性动力费用等多项因素,使综合经济指标达到最优化。

废水处理构筑物应优先以水流通过的前后顺序按流程布置,特别是以重力流方式连通

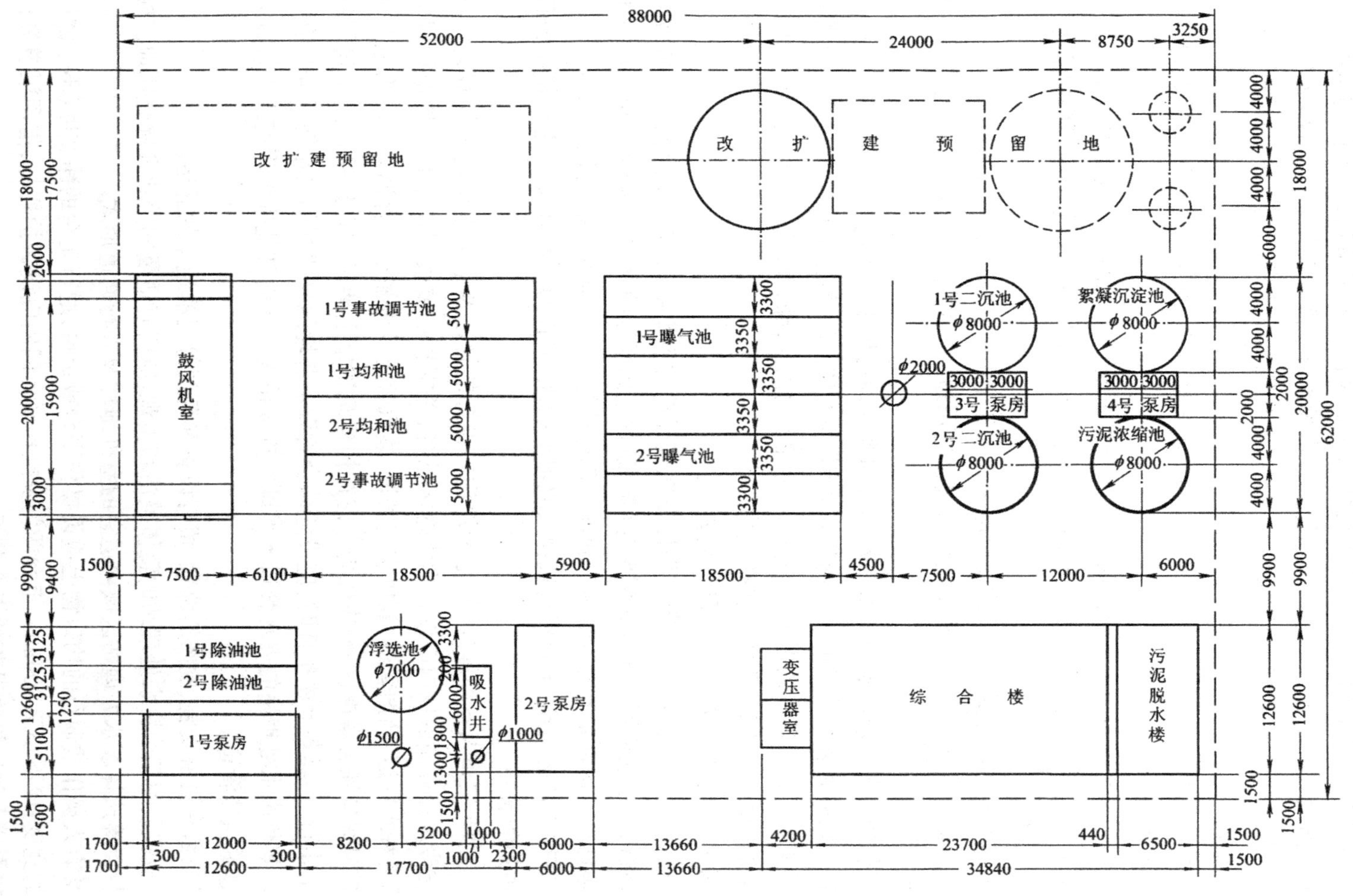

图 6-47 焦化废水处理站平面图

的两构筑物之间,应尽可能相邻布置,以减少水流迂回或远距离输送。

构建筑物的分布及设备的选型应尽量使系统间的联络管道的数量为最少和长度为最短。同一构筑物内的液体回流应优先考虑使用潜水泵提升和渠道输送,不同构筑物间的液体回流应优先考虑使用潜水泵或液下泵提升。当潜水泵或液下泵需要设置独立的吸水(泥)井时,其位置宜靠近其给水(泥)构筑物或受水(泥)构筑物设置,且吸水(泥)井前的输液管道应采用余压输送。

平行系列的相同构筑物应尽可能成几何形式对称布置,不规则地形应力求做到水力对称或局部几何对称。

当几个平行系统不能按完全几何对称布置时,向每个系统的配水或配泥应采用几何对称型人字形分配水渠或溢流堰式分配水井等自然均匀分配方式,不宜采用阀门类自动或人工调节分流方式。

集中变配电室的位置应尽量放在用电量较大和用电量较集中的场所附近。

对今后需改扩建的废水处理站应预留改扩建用地,并预留有新旧两个系统之间对接或联络的接口。

构筑物的布置还应考虑到废水来水的方向和处理后排水的去向。

构建筑物的布置宜使高度较高的放在北侧,高度较低的放在南侧,建筑物应使经常有人工作的场所置于常年风向的上风向,并尽可能置于向阳面,噪音较大的鼓风机室应远离经常有人滞留的场所,天平室位置应避开振动源。

相邻建构筑物间的间距应满足下列要求:

(1)相邻建(构)筑物间的间距应保证在地基开挖时不影响对方的稳定性。一般彼此间的净距,数值上一般应不小于与相邻两建(构)筑物基础埋深的高差,特殊地质情况应按土壤的安息角计算。特别要考虑分期施工和地下部分检修时对相邻建(构)筑物的影响。

(2)在寒冷地区,若废水处理构筑物采取覆土防冻(或保温)时,还应考虑到覆土或保温层等对占地的需要。

(3)应满足渠道及各种埋地、架空和地沟内设置的管道及电力电讯电缆等敷设用地需要。焦化废水处理站区域内应设有雨水排水系统,并根据需要设置雨水口。架空设置的管道(包括各种水管道、药剂管道、鼓风空气管道、蒸汽管道及压缩空气管道等)、动力电缆及仪器仪表信号线应综合考虑,一般应优先考虑在构建筑物壁上架设或在连接构建筑物间的高架管道上走行,不具备上述条件时,应设置综合管廊。各埋地管线间的最小间距详见有关设计规范。焦化废水处理站的来水管道不得设置直接排入厂区内其他排水管道或直接排入水体的超越或溢流管道。

(4)应留有设备安装、检修的位置,留有设备和药剂等运输通车的通道。

(5)应照顾到整个废水处理站的整体整洁和美观,应留有适量的美化和绿化用地。应根据地区特点等选择废水处理站区域内适宜的室外地坪及人行通道形式。

经常有人操作或通行的构筑物上应设操作平台或走台,通行走台的净宽度(不含铺设管道所需的宽度)应不小于700mm,走台两侧及操作平台四周应设保护栏杆;借用渠道等作人行通道的渠道上面应设防滑落的安全盖板。

在条件许可时,需要经常上人操作或化验取样的构(建)筑物之间应用走台相连通。高出地面的构建筑物应设供人上下的固定梯子,占地面积较大的构筑物或数量较多的构筑物群的人梯个数不得少于两个。供化验取样或运送药剂等用的梯子应设走梯，且梯子与地面的夹角不得大于70°，如梯子在走台下设置时，各踏步距其上部走台底(有支撑梁时应按梁底计)的垂直净高不得小于1.8m。此外，在曝气池、均和池及事故调节池等深度较大的构筑物内应设置能下到池底的直爬梯。

安装高度较高且需经常操作的阀门应设操作台和爬梯。走台下设置的不便操作的阀门，应配备开阀门用钥匙，并在阀门正上方的走台上留有钥匙孔。

6.7.8.2 高程确定及管渠布置

各废水处理构筑物的高程确定与其总体平面布置、所处位置的地形地貌、废水处理工艺、采用的设备形式、技术与经济指标等多种因素有关。图6-48为一个焦化废水处理高程图实例。

废水处理构筑物及部分管道的高程确定方法如下：

废水处理构筑物的基准控制标高，应为重力流系统中最后一个处理构筑物的出水堰上水面高度。一般应以能使其出水自流排入排水管网或进入接受水池为宜，并同时使基建投资和运行费用间达到优化。

单个构筑物的控制标高应为其出水堰上水面高度，当出水靠自流进入下一级水处理构筑物时，上下两级构筑物(或设施)间二出水堰上水面高度差 ΔH(mm)应按下式进行计算：

$$\Delta H = \sum h_f + \Delta h_1 + \sum \Delta h_2 \tag{6-22}$$

式中 $\sum h_f$——上下两级构筑物出水堰间沿程及局部水头损失的总和，mm；

Δh_1——上级构筑物出水堰上水面与其集水槽内水位间的水位落差，其数值应以使上下两级构筑物间的水流不产生相互干扰为宜，一般为100mm左右；

$\sum \Delta h_2$——上级构筑物出水堰下集水槽至下级构筑物出水堰间所产生的各种跌水高度的总和，mm，其中包括计量堰、配水槽及其他可能产生的跌水。

上下两级构筑物(或设施)间二出水堰上水面间高度差 ΔH 与所采用的工艺及构筑物型式及地形高差有较大的关系。若絮凝沉淀所采用的混合和絮凝反应方式不同，所产生的水头损失及水位落差也不一样。在平坦地带各相关废水处理构筑物控制液面间的液位高差应控制在200～1000mm之间为宜，具体分布见表6-126。

表6-126 各相关废水处理构筑物控制液面间的液位高差

项目								
项目	上游设施	除油池	浮选池	除油池	均和池	均和池	厌氧池	兼氧池
	下游设施	浮选池	均和池	均和池	厌氧池	兼氧池	兼氧池	好氧池
	控制高差/mm	400～600	400～600	400～1000	400～600	400～800	400～1000	400～600
项目	上游设施	均和池	好氧池	曝气池	分配水井	好氧池	曝气池	二次沉淀池
	下游设施	曝气池	分配水井	分配水井	二次沉淀池	二次沉淀池	二次沉淀池	絮凝沉淀池
	控制高差/mm	400～600	200～400	200～400	400～600	400～600	400～600	600～1000

不规则地形应合理地利用自然地理位置高差，有回流液联系的构筑物之间应尽可能放在同一高程平面上。不存在回流关系的构筑物之间应最大限度地利用自然地形位置高差，降低基建投资和运行动力费用。当两相邻设施所在处的自然地形高差较大，其间的重力流管道中水流速度超过其极限流速时，可采用跌水形式进行消能。

连接两构筑物间的自流输液管道应采用淹没流输送，管道走行采用平坡、全程正坡或全程倒坡均可，但不应出现虹吸或倒虹吸。输液管道起端管内顶在集水槽水面下的淹没深度

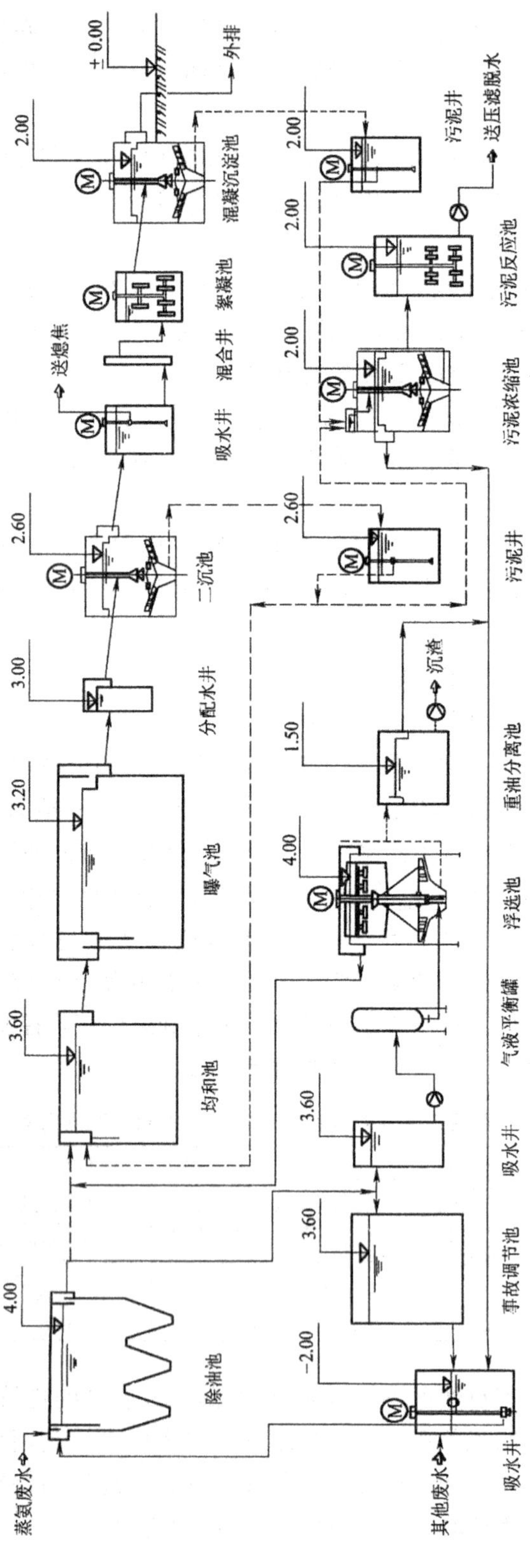

图 6-48 焦化废水处理构筑物高程图

ΔH(mm)可按下式进行计算：

$$\Delta H = \sum h_f - iL + \Delta h \tag{6-23}$$

式中 $\sum h_f$——输液管道的沿程和局部水头损失总和，mm；

i——输液管道的坡度，顺坡时为正，反坡时为负；

L——输液管道的长度，mm；

Δh——输液管末端管内顶在水面下的淹没深度，当管内顶在水面下时为正，当管内顶在水面上时为负。

一般连接两构筑物间的自流输液管道内的流速应不小于0.3m/s，并按管道的沿程水头损失控制在 $i=0.003\sim0.010$ 之间进行选用。但在遇到自然地形高差较大的情况，输液管道内的流速不应大于其管材所能承受的极限流速。

沉淀池或浓缩池与其各自污泥接受池间的排泥连接管，应有足够大的管径，使污泥池抽泥泵达到最大抽泥量时，沉淀池或浓缩池的液位与各自污泥接受池动液位间的落差尽可能的小，以尽可能地减少污泥提升泵的工作压头。污泥接受池的池顶高度一般不应低于与其相连的沉淀池或浓缩池的出水堰上水面高度。沉淀池或浓缩池排泥一般不采用泄压方式排出，当必须泄压排出时，污泥接受池的进泥管应与污泥接受池内液位实行自动连锁。

各类重力或余压排泥、排油管的最小管径应不小于200mm。

均和池、兼氧池及曝气池的配水槽宜采用半淹没式，即配水槽的内底面应在其所在池内工作水位以下，这样做一方面是为了增大配水槽的过水断面，达到配水均匀的目的，另一方面是为了有效地利用现有水头和避免产生不必要的水位落差。落水管的长度除配水均匀性和配水点位置要求外，对于曝气池和好氧池来说，适当增加落水管的长度，还可以有效地利用配水槽内与曝气池内液体所存在的密度差，在上一级构筑物出水堰高度保持不变的情况下相应地提高曝气池出水堰的高度。

废水处理构筑物上设置的输水渠道的最小宽度不得小于200mm。当输水渠道的总深度大于500mm，且渠宽度不足以进入施工和维护时，渠道断面应为阶梯式结构，下部断面按输水渠道进行设计。上部断面宽度应满足人的操作要求，一般应不小于450mm。

输水渠道可采用顺坡或平坡设置，渠内水流的流速应考虑到水头损失限制，并以渠内不产生沉积和渠道不受破坏性冲刷为宜。

对废水处理设施的重要部位，要求土建设计和现场施工采取特殊措施。若输水渠、配水槽和集水槽的过水面应进行特殊抹面处理，对于规模较大的废水处理，其集水槽和输水渠的过水断面可采用水磨石抹面或瓷砖贴面；出水堰上宜设高度可调的三角出水堰板，且应采取出水堰板与出水堰之间、出水堰板与同它相接的池壁之间密封不渗水的措施；施工时应采取特殊方法，应确保输水渠道过水断面及出水堰形状规整、不变形；应确保输水渠道内底及出水堰顶的标高要尽可能准确、误差小，输水渠道过水面抹面要平滑等。

多系统设置的管道（包括各类管道）和渠道的分支点后的合适位置处应分别设置控制阀门和闸板。

对于一些可能集存死水的管道和渠道，应增设放空系统，在寒冷地区还应对其采取防冻措施。

架设在有通车要求地方的架空管道，其架设高度应按最大通车高度考虑，但最低净高不应小于3.0m。

7 耐火材料厂给水排水

耐火材料和石灰为钢铁工业的辅助原料。通常它们分别由钢铁公司自设的耐火材料厂和石灰车间提供,不足部分寻求市场供应。耐火材料主要用于冶炼生产中的各种热工炉窑内衬。石灰主要用作钢铁冶炼的熔剂,在高温冶炼时与杂质反应,将铁水、钢水中的杂质分离出来,其次还用于水处理及焦化生产项目等。

耐火材料品种繁多,按大项划分有:耐火原料、致密定形耐火制品、定形隔热耐火制品、不定形耐火材料和耐火纤维制品(钢铁企业中很少见)等。按材料化学成分划分,常见的有硅质、粘土质和高铝质等耐火材料,碱性耐火材料,含碳耐火材料,特种耐火材料等。耐火原料分为需要高温处理和不需要高温处理的两大类。需要高温处理的又分烧结法和电熔法两种。有的还需要进行两次高温处理,如优质镁砂生产就采用了两步煅烧法工艺。

定形耐火制品的一般生产过程为:耐火原料先经破粉碎和筛分制成合格粒度,然后按配方配比称量、添加粘结剂和混练,再成形、干燥和烧成。有的制品可不经过烧成工序而直接使用。有的制品则还需要进行外形加工或轻烧后浸渍沥青等特殊工序处理。

不定形耐火材料的一般生产过程为:先将各种耐火原料破粉碎和筛分制成合格粒度,然后按配方称重、混合和装袋即可。省去了成形、干燥和烧成工序,一般在现场施工成形,经过烘烤后使用。

耐火纤维的生产方法主要有熔融法和胶体法,这两种方法分别是把原料熔融或作成胶体,然后抽丝成纤维,进一步加工成毡、毯、纸、线、带等制品。

耐火材料生产常用的高温炉窑有竖窑、悬浮窑、回转窑和隧道窑等,其中半干式或湿式生产的回转窑所排含湿气中含热量较大,通常要用水-气热交换器换热或产汽锅炉回收余热等方式来降温。

生产用水主要有某些原料的洗涤用水、耐火原料调制用水、某些破粉碎设备及高温炉窑等轴承冷却用水、某些破粉碎设备减速箱及高温风机油箱的冷却用水、水-气热交换器换热用水、余热锅炉产汽用水、某些可燃气体水封用水、产尘车间地面清扫冲洗用水、室内高温窑地面洒水降温用水及室内空调机用水等。

除尘用水与除尘方式有关。湿式除尘有除尘工艺用水,干式除尘则没有,但有的干式除尘需要有设备冷却水。耐火材料厂除尘对象有粉尘、高温烟气和沥青烟等。除尘方式的选用与产尘物料特性和操作条件有关。一般对于含尘浓度很高且回收后能返回工艺过程再利用的物料多采用干式除尘;对于具有水化性、亲水性、粘结性和易板结的物料粉尘(如煅烧石灰、白云石和镁砂的粉尘)等一般不使用湿式除尘;对于某些高温油烟粉尘或产尘量较少的粉尘,也多采用湿式除尘。

辅助生产设施用水有空压站、锅炉房、化检验室、机修等。其他还有职工生活用水和厂区绿化用水等。

耐火材料厂生产排水有设备冷却排水、洗石排水及湿式除尘排水等。部分设备冷却排水经冷却处理后可循环使用,洗石和除尘工艺排水经处理达标后可外排或循环使用。其他排水有地坑排水、生活排水和厂区雨排水等。

旧的耐火材料生产工艺除所使用的燃料煤外,几乎没有其他可燃物,故耐火材料厂曾被认为是防火级别较低的生产厂。但随着特殊耐火制品的出现和对耐火材料质量要求的不断提高,耐火材料厂所使用的燃料和原材料也较从前发生了一些结构性变化。如用于高温炉窑的燃料,多数都改用了重油或柴油,有的也用到混合煤气和天然气等。又如某些特殊耐火材料的原料中还加入了如铝粉、乙醇、蒽油、酚醛树脂、沥青及导热油等火灾和爆炸危险性类别较高的物质。此外在某些耐火制品生产的过程中还产生高温沥青烟。所有这些都使耐火材料厂的防火和防爆级别有了较大的提高,因此设计时对耐火材料厂的防火防爆问题不可轻视。

因耐火材料的品种繁多,规模各异,很难按产品类型及生产规模对所有耐火材料生产的用水情况进行覆盖,本章在介绍用水户及用水要求时,一般以介绍工程实例为主。

本章将着重介绍耐火材料厂给水排水设计的主要特点、某些设计参数的选取方式及一些习惯作法,不再对现有设计规范中已有明确规定的条文及《给水排水设计手册》第 1 册至第 8 册中已有的设计计算方式进行介绍。

7.1 石灰生产用水户及用水要求

7.1.1 活性石灰

活性石灰是钢铁冶炼的重要用料之一,随着炼钢对石灰活性度要求的提高,旧的焦炭竖窑正逐渐被淘汰,取而代之的有:带竖式预热及冷却器的回转窑、带炉箅预热机和箅冷机的回转窑、梁式石灰竖窑、并流蓄热式双膛竖窑、套筒窑等。目前,国内常用的窑型是并流蓄热式双膛竖窑和新型回转窑。

活性石灰生产用水户主要包括洗石用水、除尘用水、破粉碎和回转窑等设备的冷却用水等。图 7-1 为一个石灰石和白云石原料洗涤给水排水图,洗石采用圆形滚筒式洗石机,洗石水大部分从洗石机加入,由桶体中心的喷水管喷向矿石,其余部分经喷淋水管(喷淋水管上装有喷头)喷向振动筛,此外运石皮带上设有喷水消尘系统。洗石水从振动筛排出,大于 0.15mm 的振动筛筛下料由分级机回收,分级机排水与振动筛排水排至集水槽,而后用泵送洗石水处理,该系统采用循环供水,洗石水处理方式详见 7.6 节。

石灰竖窑、回转窑和悬浮窑废气粉尘为亲水性和粘结性粉尘,一般不采用湿式除尘。但有的生产石灰的回转窑同时采用干湿两种除尘方式,干式用于正常生产时的除尘,湿式主要处理点火、停窑和紧急放散时 950℃左右的高温烟气。某厂年产 19.8 万 t 活性石灰的回转窑就采用了该种除尘方式,其湿式除尘为文丘里管,除尘风量为 $500m^3/min$(烟气含尘浓度约为 $SS = 14g/m^3$),除尘用水量为 $106m^3/h$,除尘排水送洗石水处理。

设备冷却用水与所选用的炉型及设备型式有关,设备冷却用水可供给清循环冷却水。

年产 19.8 万 t 活性石灰回转窑(带竖式预热机及冷却器)及年产 11.55 万 t 烧结粉石灰悬浮窑联合生产线的生产用水指标见表 7-1,几种生产石灰双膛窑用水指标见表 7-2 ~ 表 7-6,几种主要石灰生产窑型的综合用量指标列于表 7-7。

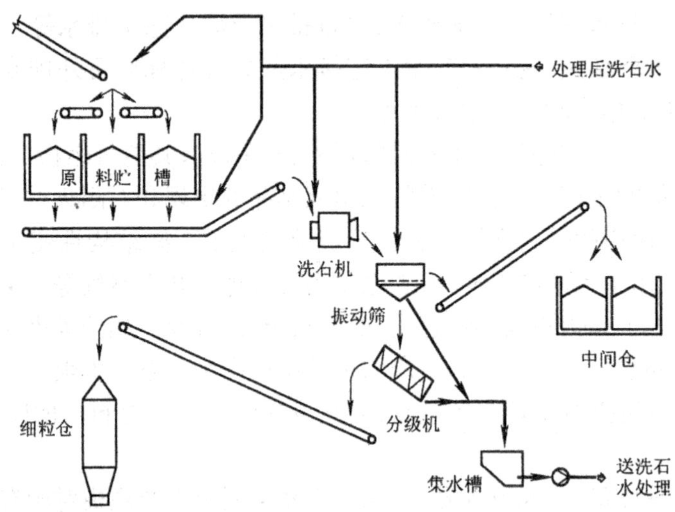

图 7-1 洗石部分给水排水图

表 7-1 19.8 万 t/a 回转窑及 11.55 万 t/a 悬浮窑联合生产线生产活性石灰用水指标

序号	装置名称	用水户名称	耗水指标 /$m^3 \cdot h^{-1}$	水 压 /MPa	用水制度	备 注
1	压缩空气站	空气压缩机	60	0.15	连续	水温≤33℃
		冲洗地坪	0.2	0.1	间断	最大为 $2m^3/h$
2	污泥脱水机室	冲洗地坪	1.5	0.2	间断	最大为 $2m^3/h$
		水环真空泵	6.8	0.1	间断	
3	№1 加药泵房	水质稳定加药装置	1.5	0.1	间断	
		混凝剂加药装置	1.5	0.1	间断	
		冲洗地坪	0.2	0.1	间断	最大为 $2m^3/h$
4	原料段	圆筒洗石机	180	0.25	连续	
		带式输送机头部喷水	6	0.25	连续	
		物料加湿	2.5	0.25	连续	
		冲洗地坪	0.4	0.1	间断	最大为 $3.5m^3/h$
5	回转窑	回转窑轴承冷却水	5.4	0.2	连续	水温≤33℃
		预热器液压系统热交换器	4.5	0.2	连续	水温≤33℃
		煤气系统热交换器	3.6	0.2	连续	水温≤33℃
		氧分析仪	0.5	0.2	连续	水温≤33℃
		一氧化碳、氧分析仪	0.5	0.2	连续	水温≤33℃
		煤气水封阀	1	0.15	连续	
		煤气密封阀	1	0.15	连续	
		排烟机液力耦合器	11.5	0.15	连续	

续表 7-1

序号	装置名称	用水户名称	耗水指标 /$m^3 \cdot h^{-1}$	水压 /MPa	用水制度	备注
6	№2 加药泵房	水质稳定加药装置	1.5	0.1	连续	
		混凝剂加药装置	1.5	0.1	连续	
		地面清洗	0.2	0.1	间断	最大为 $2m^3/h$
7	空调机	№5 电气室	40	0.15	连续	水温≤33℃
		№6 电气室	23.5	0.15	连续	水温≤33℃
		№7 电气室	23.5	0.15	连续	水温≤33℃
		主操作室	11.5	0.15	连续	水温≤33℃

表 7-2 双膛窑($2\times200m^3$)生产用水指标

序号	用水户名称	耗水指标 /$m^3 \cdot h^{-1}$	水压 /MPa	用水制度	备注
1	双膛竖窑设备冷却水	116	0.2	连续	水温≤32℃
2	压缩空气站冷却水	33	0.15	连续	水温≤32℃
3	地坪冲洗	0.6	0.1	间断	最大为 $5m^3/h$

表 7-3 双膛窑($1\times120m^3$)生产用水指标

序号	用水户名称	耗水指标 /$m^3 \cdot h^{-1}$	水压 /MPa	用水制度	备注
1	磨煤机轴承冷却水	13.5	0.2	连续	水温≤32℃
2	磨煤机减速箱冷却水	5.3	0.2	连续	水温≤32℃
3	润滑油箱冷却水	5.3	0.2	连续	水温≤32℃
4	煤粉风机轴承冷却水	1	0.2	连续	水温≤32℃
5	排风机轴承冷却水	1	0.2	连续	水温≤32℃
6	防尘维修间	4	0.2	连续	水温≤32℃
7	机修维修间	1	0.2	连续	水温≤32℃
8	地坪冲洗	0.6	0.1	间断	最大为 $5m^3/h$

表 7-4 双膛窑($1\times150m^3$)生产用水指标

序号	用水户名称	耗水指标 /$m^3 \cdot h^{-1}$	水压 /MPa	用水制度	备注
1	磨煤机轴承冷却水	13.5	0.2	连续	水温≤32℃
2	磨煤机减速箱冷却水	5	0.2	连续	水温≤32℃
3	润滑油箱冷却水	5	0.2	连续	水温≤32℃
4	煤粉风机轴承冷却水	1	0.2	连续	水温≤32℃
5	防尘维修间洗袋用水	4.5	0.2	间断	

续表 7-4

序号	用水户名称	耗水指标 /m³·h⁻¹	水 压 /MPa	用水制度	备 注
6	机修维修间	1.5	0.2	间断	
7	地坪冲洗	1	0.1	间断	最大为 8m³/h
8	空压机冷却水	36	0.15	连续	水温≤32℃

表 7-5 双膛窑(1×300m³)生产用水指标表之一

序号	用水户名称	耗水指标 /m³·h⁻¹	水 压 /MPa	用水制度	备 注
1	磨煤机轴承冷却水	13.5	0.2	间断	水温≤32℃
2	磨煤机减速箱冷却水	5.3	0.2	间断	水温≤32℃
3	润滑油箱冷却水	5.3	0.2	间断	水温≤32℃
4	煤粉风机轴承冷却水	1	0.2	间断	水温≤32℃
5	排风机轴承冷却水	1	0.2	连续	水温≤32℃
6	油箱水冷	1.44	0.2	连续	水温≤25℃
7	油箱水冷	0.72	0.2	连续	水温≤25℃
8	机壳水冷	0.72	0.2	连续	水温≤25℃
9	地坪冲洗	1	0.1	间断	最大为 8m³/h

表 7-6 双膛窑(1×300m³)生产用水指标表之二

序号	用水户名称	耗水指标 /m³·h⁻¹	水 压 /MPa	用水制度	备 注
1	磨煤机轴承冷却水	13.5	0.2	连续	水温≤32℃
2	磨煤机减速箱冷却水	5.3	0.2	连续	水温≤32℃
3	润滑油箱冷却水	5.3	0.2	连续	水温≤32℃
4	煤粉风机轴承冷却水	1	0.2	连续	水温≤32℃
5	排风机轴承冷却水	1	0.2	连续	水温≤32℃
6	油箱水冷	1.44	0.2	连续	水温≤25℃
7	油箱水冷	0.72	0.2	连续	水温≤25℃
8	机壳水冷	1.44	0.2	连续	水温≤25℃
9	地坪冲洗	1	0.1	间断	最大为 8m³/h
10	检 验 室	1.8	0.2	连续	
11	空压机冷却水	48	0.2	连续	水温≤32℃
12	其 他	4	0.2	连续	

表 7-7　主要石灰窑型生产线综合用量指标

序号	石灰窑型	规　格	规　模 /kt·a⁻¹	原料量 /kt·a⁻¹	燃料类型	燃料用量	生产新水[①] /m³·h⁻¹	生活用水 /m³·d⁻¹	备　注
1	回转窑	ϕ3.96m × 59.44m	198	418	混合煤气	64×10^6 m^3/a	17.3	7	石灰石水洗
2	双膛窑	$2\times200m^3$	200	52	混合煤气	3.2×10^6 m^3/a	13	22.4	石灰石不水洗
3	双膛窑	$1\times120m^3$	40	84.9	粉煤	0.92 t/h	7.2	27.8	石灰石不水洗
4	双膛窑	$1\times150m^3$	50	105.2	粉煤	1.14 t/h	9.3	13.6	石灰石不水洗
5	双膛窑	$1\times300m^3$	100	208.9	粉煤	2.20 t/h	7.5	10.6	石灰石不水洗
6	双膛窑	$1\times300m^3$	100	212.5	粉煤	2.20 t/h	12	15	石灰石不水洗

①包括循环水补充水量及未预见水量。

7.1.2　消石灰

耐火材料厂生产镁白云石砖时，为了调整 MgO 和 CaO 比例，有时采用消石灰；生产耐火涂料，有时也用消石灰。

消石灰生产用水主要为化学反应用水，用水量由化学反应耗水、反应热生成的外散水蒸气及流失排水三部分组成，耗水量可以控制在每消化石灰 1000kg 用水约 500kg。消石灰供水水质应不低于工业水水质标准。

7.2　耐火原料生产用水户及用水要求

耐火原料生产一般有烧结法和电熔料法两种方式。烧结法生产的耐火原料有粘土熟料、高铝熟料、莫来石、烧结刚玉、烧结白云石、烧结镁砂、尖晶石等，这些大都采用天然原料高温烧结而成，少量采用合成原料烧成。电熔法生产的耐火原料有电熔镁砂、电熔镁钙砂、电熔刚玉、电熔莫来石以及复合电熔料-电熔镁铝砂、电熔锆莫来石等；电熔法生产的砌块有电熔锆刚玉等。

7.2.1　粘土熟料

为了减少焦炭灰分对粘土的污染，已普遍采用回转窑和外火箱矩形窑煅烧粘土熟料，焦炭与粘土混装式竖窑逐渐被取代。经筛分、破碎和再筛分处理后的生粘土原料，粒径 25 ~ 150mm 的筛上料经矩形窑高温处理后成为竖窑粘土熟料，而粒径 < 25mm 的筛下料用转窑高温处理和冷却筒冷却处理后制得回转窑粘土熟料。粘土熟料生产工艺用水主要是转窑和风机等设备的冷却用水，可供给清循环冷却水。以某铝土矿为例，年产粘土熟料 385kt（其中竖窑熟料 310kt，回转窑熟料 75kt）其生产用新水量指标见表 7-8。

表 7-8 粘土熟料生产综合指标

生产能力 /kt·a⁻¹	窑 型	原料量 /kt·a⁻¹	燃料量 /kt·a⁻¹	生产用水[①] /$m^3 \cdot h^{-1}$	生活用水 /$m^3 \cdot d^{-1}$
310 75	100m^3矩形窑 ϕ2.3m×50m转窑	370 110	64.6(煤)	90	17

①包括循环水量。

7.2.2 高铝熟料及烧结刚玉

高铝熟料加工包括原料的破碎和筛分等预处理、筛分料的转窑高温处理及熟料的后筛分处理等。高铝熟料质量按 Al_2O_3 含量从大于 50%到大于等于 88%分为 6 级，优质高铝熟料要求低杂质和低吸水率，因而一般采用回转窑生产。高铝熟料生产用水户主要为回转窑等设备冷却用水和窑后熟料喷雾冷却用水等。

烧结刚玉生产需要经过隧道窑预处理和超高温窑烧成处理两道高温处理，烧结刚玉的 Al_2O_3 含量≥98.5%(一般在 99.3%～99.5%)，由于其纯度高，难以烧结，因此要求 1950℃超高温烧成，现超高温窑多推荐采用超高温竖窑，燃料为重油。烧结刚玉的主要生产用水户为风机、振动磨及破碎机等设备的轴承或油箱冷却用水、重油烧嘴冷却机配置粘结剂用水等。年产 100kt 高铝熟料及 10kt 烧结刚玉的生产用水指标见表 7-9，其综合生产用水指标见表 7-10。

表 7-9 年产 100kt 高铝熟料及 10kt 烧结刚玉生产用水量

序号	用水户名称	用水点名称	耗水指标 /$m^3 \cdot h^{-1}$	水 压 /MPa	用水制度	备 注
一、矾土熟料热工用水						
1	工艺用水	熟料冷却用水	5	0.20	连续	工艺消耗水
2	热工用水	回转窑四对托辊冷却	12	0.20	连续	水温≤32℃
		回转窑减速机供油站冷却	3	0.20	连续	水温≤32℃
		冷却筒二对托辊冷却	6	0.20	连续	水温≤32℃
		排烟机轴承冷却	1	0.20	连续	水温≤32℃
3	煤粉制备	磨煤机主轴承冷却	14	0.20	连续	水温≤32℃
		磨煤机减速机冷却	5	0.20	连续	水温≤32℃
		润滑站油箱冷却	5	0.20	连续	水温≤32℃
		煤粉排烟机	1	0.20	连续	水温≤32℃
二、板状刚玉热工用水						
1	工艺用水	成球连续用水	0.15	0.20	连续	工艺消耗水
		振动筛冷却	12	0.20	连续	水温≤32℃
		圆锥破碎机冷却	3	0.20	连续	水温≤32℃
		排烟机轴承冷却	1	0.20	连续	水温≤32℃

续表 7-9

序号	用水户名称	用水点名称	耗水指标 /$m^3 \cdot h^{-1}$	水 压 /MPa	用水制度	备 注
2	热工用水	排烟机(车下)用水	1	0.20	连续	水温≤32℃
		预热带排烟机用水	2	0.20	连续	水温≤32℃
		竖窑排烟机用水	1	0.20	连续	水温≤32℃
		抽热风机用水	1	0.20	连续	水温≤32℃
		竖窑水热交换冷却	50	0.20	连续	水温≤32℃
三、辅助用水						
1	除尘地面站	液力耦合器系统冷却	20	0.15	连续	水温≤32℃
2	空压机	空压机系统冷却	52.8	0.15	连续	水温≤32℃
3	锅炉房	锅炉房用水	32	0.25	连续	最大 38m^3/h
		锅炉设备冷却	4	0.15	连续	水温≤32℃
4	机 修	机修工艺用水	1	0.15	间断	最大 5m^3/h
5	其他用户	室内地面冲洗等	1.5	0.1	间断	最大为 8m^3/h

表 7-10 高铝熟料和烧结刚玉生产综合耗量

产品名称	窑 型	规 格	原料量 /$kt \cdot a^{-1}$	燃料量 /$kt \cdot a^{-1}$	生产新水① /$m^3 \cdot h^{-1}$	生活用水 /$m^3 \cdot d^{-1}$
高铝熟料	转 窑	ϕ1.0m×9.0m	约 155	煤:28.6	51.5	15
烧结刚玉	高温竖窑	ϕ3.0m×80m	约 10.5	重油:4.2		最大为 8m^3/h

①包括循环水补充水及未预见水量。消防贮水池补水时的新水用量为 5.6m^3/h。

7.2.3 镁砂

我国是菱镁石资源大国，曾经采用矿石与焦炭混烧，所产镁砂灰大，MgO 含量仅为 90%～92%。现多采用无灰燃料烧制工艺，MgO 含量提高到了 95%以上，高纯镁砂的 MgO 含量已达到 98%。

浮选后的精矿经轻烧窑和高温窑两次高温处理制成高纯镁砂，而浮选尾矿经轻烧窑高温处理后制成轻烧粉。热工窑炉燃料为重油(如某高纯镁砂厂，总油库设 400m^3 立式储油罐 2 座，储油 20 天)。高纯镁砂生产用水户主要为辊式磨、压球机和高温窑风机等设备冷却用水。煅烧镁砂废气粉尘具有水化性，故一般采用干式布袋除尘。设备冷却可供清循环冷却水，年产 5 万 t 高纯镁砂生产用水指标见表 7-11。

表 7-11 5 万 t 高纯镁砂厂生产用水指标

序号	用水户名称	耗水指标/$m^3 \cdot h^{-1}$	水压/MPa	用水制度	备 注
1	输送轻烧粉螺旋冷却水	3	0.2	连续	水温≤32℃
2	竖窑软水冷却水	45	0.3	连续	供软水
3	竖窑烟气管道喷水	2	0.3	连续	供软水
4	轻烧炉冷却水	4.5	0.3	连续	供软水

续表 7-11

序号	用水户名称	耗水指标/$m^3·h^{-1}$	水压/MPa	用水制度	备　注
5	重油库油泵冷却水	1	0.2	连续	水温≤32℃
6	机修金工间	0.5	0.2	连续	
7	机修钢材备件库	2	0.2	间断	
8	机修铆焊锻间	0.5	0.2	间断	
9	检验室	2.7	0.2	间断	
10	防尘段洗袋用水	4	0.2	间断	
11	制砂段控制室空调机	7.2	0.2	间断	水温≤32℃
12	检验室空调机	3.6	0.15	间断	水温≤32℃
13	锅炉房	45	0.25	连续	水温≤32℃
14	压缩机冷却水	48	0.15	连续	水温≤32℃
15	汽车及地面冲洗	1	0.1	间断	最大为 $8m^3/h$
16	压球机等设备用水	16.5	0.3	连续	

7.2.4 尖晶石原料及其制品

尖晶石原料主要是指镁铬砂（$MgO·Cr_2O_3$）和镁铝砂（$MgO·Al_2O_3$）。根据用户需要，主成分可以调节。

一般先制得尖晶石原料，再制取尖晶石制品。因对尖晶石制品质量要求的不同，生产尖晶石原料所使用的高温窑型式也不同，因而生产工艺也不完全一样。如下面介绍的两种镁铬砖生产工艺，其镁铬砖生产能力均为1万 t/a，制砂工段规模分别为0.5万 t/a和1万 t/a，由于产品用途不同，镁铬砂中铬铁矿配比不同，带入杂质量也不同。其中一种产品带入的杂质量多，制砂采用回转窑；另一产品带入的杂质量少，制砂采用高温竖窑。该两种工艺所用燃料都为重油，前者用油量为3357.5t/a，后者为2900t/a，两工艺都设有重油库。其主要生产用水户均为压球机、破碎机及炉窑设备冷却用水等，有关生产用水指标分别见表7-12和表7-13。

表7-12　5万 t/a 镁铬砂（回转窑）及1万 t/a 镁铬砖生产用水指标

序号	用水户名称	耗水指标/$m^3·h^{-1}$	水压/MPa	用水制度	备　注
1	ϕ900 圆锥冷却水	2.4	0.2	间断	水温≤32℃
2	800L 振动磨冷却水	2	0.2	间断	水温≤32℃
3	$\phi1200\times4500$ 磨机冷却水	1	0.2	间断	水温≤32℃
4	干燥器风机冷却水	0.5	0.2	连续	水温≤32℃
5	排烟机冷却水	0.7	0.2	连续	水温≤32℃
6	高温风机冷却水	1.5	0.2	连续	水温≤32℃
7	高压风机冷却水	1.5	0.2	连续	水温≤32℃
8	入口循环风机冷却水	1.5	0.2	连续	水温≤32℃
9	出口循环风机冷却水	1.5	0.2	连续	水温≤32℃
10	排烟机冷却水	0.8	0.2	连续	水温≤32℃

续表 7-12

序号	用水户名称	耗水指标/$m^3 \cdot h^{-1}$	水压/MPa	用水制度	备　注
11	隧道窑仪表室空调柜	1.8	0.15	连续	水温≤32℃
12	粉碎段、成形段清扫水	0.6	0.1	间断	最大为 $9m^3/h$
13	干燥段、烧成段清扫水	0.5	0.1	间断	最大为 $8m^3/h$
14	回转窑托辊冷却水	8	0.2	连续	水温≤32℃
15	冷却筒托辊冷却水	3	0.2	连续	水温≤32℃
16	高温风机冷却水	2	0.2	连续	水温≤32℃
17	地面冲洗	1.5	0.1	间断	最大为 $8m^3/h$

表 7-13　1 万 t/a 镁铬砂(高温竖窑)及 1 万 t/a 镁铬砖生产用水指标

序号	用水户名称	耗水指标/$m^3 \cdot h^{-1}$	水压/MPa	用水制度	备　注
1	竖窑烧嘴冷却水	80	0.4	连续	进水≤32℃
2	辊式磨冷却水	4	0.2	连续	进水≤32℃
3	压球机冷却水	4	0.2	间断	进水≤32℃
4	竖窑风机冷却水	4	0.2	连续	进水≤32℃
5	№1 压缩空气站冷却水	23	0.15	间断	进水≤32℃
6	软水站冷却水	0.2	0.2	连续	进水≤32℃
7	圆锥冷却水	2.7	0.2	间断	进水≤32℃
8	球磨机冷却水	4	0.2	间断	进水≤32℃
9	液压压砖机冷却水	12	0.2	连续	进水≤32℃
10	№1 排烟风机冷却水	0.7	0.2	连续	进水≤32℃
11	高温风机冷却水	2	0.2	连续	进水≤32℃
12	高压风机冷却水	1.5	0.2	连续	进水≤32℃
13	№2 排烟风机冷却水	0.7	0.2	连续	进水≤32℃
14	循环风机冷却水	1.5	0.2	连续	进水≤32℃
15	空调机冷却水	5	0.15	连续	进水≤32℃
16	№2 压缩空气站冷却水	35	0.15	连续	进水≤32℃
17	洗除尘袋用水	2.5	0.2	间断	
18	地坪冲洗水	1	0.1	间断	最大为 $8m^3/h$

7.2.5 电熔料

电熔料法生产耐火原料的生产用水户主要为电炉及其他一些设备冷却用水。某些电熔料法生产的耐火原料用水户及用水要求列于表 7-14。

表 7-14 电熔料生产用水指标

生产单位	产品		生产用水/$m^3 \cdot h^{-1}$	生活用水/$m^3 \cdot d^{-1}$	备注
	品种	规模/$kt \cdot a^{-1}$			
石棉矿	电熔镁砂	1000	1.67	15	仅指生产用新水
	电熔镁钙砂	3500			
	皮砂(1)	250			
	皮砂(2)	875			
××耐火厂	电熔锆刚玉砖	900	2		冷却电炉用补充新水
××钢厂	电熔镁砂	1000	17		冷却电炉及除尘用水

7.3 耐火制品生产用水户及用水要求

大多数耐火材料都是用耐火原料制成的具有一定形状的耐火制品,而其中的大多数都要经高温窑炉烧成处理,以求改善和稳定其在高温下的使用性能,但对少数用于温度较低或仅需满足短时间操作的场合,也采用一些仅成形而不经高温处理的不烧制品。

常见普通烧成耐火制品有高铝砖、粘土砖、硅砖、镁砖、镁铬砖、镁碳砖、莫来石砖及刚玉砖等。功能性烧成耐火制品用于连续铸锭,如滑板、连铸制品、塞棒、浸入式水口等,采用复合材料制成。不烧耐火制品有高铝砖等,如塞头、水口、座砖、挡渣球等。

石墨具有良好的导热性和韧性,不易被炉渣所浸润,砖内混入石墨可以阻止炉渣沿砖内气孔渗透,为了满足电炉、转炉、连续铸锭和炉外精炼工业等对耐火制品的特殊要求,增加耐火制品的抗渣性和抗震稳定性,镁碳砖及一些特种耐火制品(如滑板砖和连铸制品等)都采用了“加碳”工艺。此外镁碳砖及连铸制品的原料中加入了某些添加剂,如铝粉、酒精等,而这些物质多为易燃易爆品。这些生产场所的设计应采取防火及防爆措施。

镁铬砖车间一般和镁铬砂车间合建,其用水户及用水要求详见 7.3.4 一节。

7.3.1 高铝砖

原料生矾土、软质粘土及高铝熟料经过粉碎、磨碎、湿碾、压砖等工序制成各种砖坯等,而后经过干燥窑干燥和隧道窑烧成变为成品砖。其用水户主要为粉碎、磨碎设备及风机冷却水等。炉窑加热所用燃料为重油。某高铝砖车间用水指标及综合耗量指标表分别见表 7-15 和表 7-16。

表 7-15 某耐火厂高铝车间用水指标

序号	用水户名称	耗水指标/$m^3 \cdot h^{-1}$	水压/MPa	用水制度	备注
1	ϕ1200 圆锥破碎机冷却水	2.5	0.2	间断	进水≤32℃
2	ϕ1500×5700 筒磨轴承冷却水	6	0.2	间断	进水≤32℃
3	地坪冲洗	0.6	0.1	间断	最大为 5m^3/h
4	风机轴承冷却水	3.5	0.2	连续	进水≤32℃
5	清洗除尘布袋	3		间断	

表 7-16 某耐火厂高铝车间综合耗量指标

生产产品		原料量		重油燃料 /kt·a⁻¹	生产新水[①] /m³·h⁻¹	生活用水 /m³·d⁻¹
品种	规模/kt·a⁻¹	品名	用量/kt·a⁻¹			
电炉顶+高炉砖	6+1	一等高铝	8	2.23		
热风炉砖+塞头砖	3+0.5	二等高铝	9.1	(设高置槽)	1.35	25
其他+火泥	4.5+2.0	软质粘土	1.8			

①包括循环水补充水及未预见水量。

7.3.2 硅砖

经过水洗、粉碎、磨碎后的硅石原料,与石灰及铁鳞等一同经湿碾、压砖等工序制成各种砖坯,然后再经过干燥窑干燥和隧道窑烧成变为成品砖。其用水户主要为洗石筛用水及粉碎、磨碎等设备冷却水。某硅砖车间用水指标及综合耗量指标分别见表 7-17 和表 7-18。

表 7-17 某高级硅砖车间用水指标

序号	用水户名称	耗水指标/m³·h⁻¹	水压/MPa	用水制度	备注
	一、高级硅砖生产线				
1	助燃风机	6	0.2	间断	进水≤32℃
2	排烟机	3	0.2	间断	进水≤32℃
3	圆锥破碎机	2.7	0.2	间断	进水≤32℃
4	振动磨	1	0.2	间断	进水≤32℃
5	球磨机	3	0.2	间断	进水≤32℃
6	洗石筛	1.3	0.2	间断	进水≤32℃
7	地坪冲洗	0.6	0.1	间断	最大为 5m³/h
	二、煤气发生站				
1	双竖管(浊循环水)	40	0.2	连续	
2	洗涤塔(浊循环水)	64	0.2	连续	
3	电除尘(浊循环水)	50	0.2	连续	
4	排送机(新水)	2	0.2	连续	
5	地坪冲水	0.5	0.1	间断	最大为 5m³/h

表 7-18 某高级硅砖车间综合耗量指标

生产产品		原料量		燃料(煤) /kt·a⁻¹	生产新水[①] /m³·h⁻¹	生活用水 /m³·d⁻¹
品种	规模/ kt·a⁻¹	品名	用量/ kt·a⁻¹			
高级硅砖	10	硅石	12.534	7.94	29.5	20
硅火泥	0.8	其他	0.538			

①包括循环水补充水及未预见水量。

7.3.3 镁碳砖

镁砂原料先经破碎、筛分及磨碎处理后与添加剂、石墨及树脂等辅料混合,然后再经压砖及低温热处理窑制得成品,碳亦被加入砖中。

该工艺的主要生产用水户为破碎及磨碎等设备冷却水。某镁碳砖车间用水指标及综合耗量指标分别见表 7-19 和表 7-20。

表 7-19 某镁碳砖厂用水指标

序号	用水户名称	耗水指标/$m^3 \cdot h^{-1}$	水压/MPa	用水制度	备 注
1	锅炉房新水	4.8	0.2	连续	
2	锅炉房冷却水	3	0.2	连续	进水≤32℃
3	空压站冷却水	7.2	0.2	连续	进水≤32℃
4	工艺设备冷却水	36	0.2	连续	进水≤32℃
5	地坪冲水	0.5	0.1	间断	最大为 $5m^3/h$

表 7-20 某镁碳砖厂综合耗量指标

生产产品		原料量		燃料(煤)	生产新水①	生活用水
品种	规模/$kt \cdot a^{-1}$	品名	用量/$kt \cdot a^{-1}$	/$kt \cdot a^{-1}$	/$m^3 \cdot h^{-1}$	/$m^3 \cdot d^{-1}$
镁碳砖	20	镁砂	34.265	1.462	8.61	15.1
		结合剂	1.155			
镁质不定形	15	添加剂	0.44			
		石墨	2.64			

①包括循环水补充水及未预见水量。

7.3.4 滑动水口砖

滑动水口砖主要用于钢包等钢水出口开关，一般为上下两块滑动使用，故称滑动水口砖。滑动水口砖生产较普通砖增加了油浸、埋炭、焙烧和机加工等工序，通常在滑动水口砖的油浸、焙烧和刮炭过程中都会产生大量的可燃危险性沥青烟，需要进行无害化处理。滑动水口砖油浸工艺有卧式和立式两种，立式真空油浸工艺产生和散发沥青烟的主要设备有油浸罐、贮存罐、预冷窑和预热窑等。卧式油浸工艺产生和散发沥青烟的主要设备有低温加热炉、油浸密封罐、冷却室、真空泵、油浸槽放散和沥青预热槽等。对沥青烟的处理一般有燃烧法和吸附法两种方式。立式油浸工艺一般都采用燃烧法。而卧式油浸工艺则都采用吸附法，即将各点产生的沥青烟集中后引至沥青烟净化装置进行处理。尽管生产过程中对沥青烟都进行了无害化处理，且在净化过程中也不涉及给排水，但整个生产及净化过程还是相当危险的，该场所的设计应按有关规范要求采取防火及防爆措施。

滑动水口砖生产过程中的工艺用水主要有机械设备冷却用水、沥青烟冷却用水及水封用水等。滑动水口砖生产工艺对消防的要求也较高。某滑动水口砖车间生产用水指标及综合耗量指标分别见表 7-21 和表 7-22。

表 7-21 滑动水口砖车间生产用水指标

序号	用水户名称	耗水指标/$m^3 \cdot h^{-1}$	水压/MPa	用水制度	备 注
1	风机轴承	7	0.2	连续	水温≤32℃
2	油浸装置	7	0.2	连续	水温≤32℃
3	1000L 振动磨轴承	3	0.2	间断	水温≤32℃
4	ϕ900 圆锥水封、油箱	2.7	0.2	间断	水温≤32℃
5	750t 压砖机油箱	4.3	0.2	间断	水温≤32℃
6	打箍机	1.2	0.2	间断	水温≤32℃

续表 7-21

序号	用水户名称	耗水指标/$m^3 \cdot h^{-1}$	水压/MPa	用水制度	备　注
7	U 型水封槽	3	0.2	间断	
8	磨床	10.5	0.2	间断	可处理后循环使用
9	钻床	4.5	0.2	间断	可处理后循环使用
10	沥青烟冷却器	24	0.2	连续	水温≤32℃
11	喷雾风扇	0.5	0.2	连续	水温≤32℃
12	水浴除尘	2		连续	
13	地坪冲洗	1	0.1	间断	最大为 $8m^3/h$

表 7-22　某滑板车间综合耗量指标

生产产品		原料量		燃料	生产新水①	生活用水
品　种	规模/$kt \cdot a^{-1}$	品　名	用量/$kt \cdot a^{-1}$	/$m^3 \cdot a^{-1}$	/$m^3 \cdot h^{-1}$	/$m^3 \cdot d^{-1}$
铝碳滑板砖 铝碳锆滑板 镁铝滑板	0.8 1.0 0.25	各种原料： 其中：树脂 沥青	3.356 0.173 0.170	6358623 (焦炉煤气)	32.8	22.4

①包括循环水补充水及未预见水量。

7.3.5　连铸用耐火制品

刚玉等多种耐火原料与石墨及结合剂(如酒精和树脂等)混合后的原料，经下列过程制得连铸用耐火制品：(1) 流动干燥、加模静压成形、室温干燥及埋炭等处理；(2) 隧道窑高温烧成处理；(3) 机加工、涂防氧化剂、干燥及探伤等后处理。

对需经高温烧制的滑板砖和长水口砖等，因砖和炭本身有易被氧化的弱点，容易和空气中的氧和组分中的氧化物反应而失去其性能，为了防止煅烧时产生还原反应，采用了“埋炭”和“吸卸焦”工艺。即在砖入窑前，应先装在特制的匣钵内，埋好炭粉，上面用焦粉覆盖，并用焦条封起来后再入窑煅烧，焙烧时“埋炭”进入砖内。焙烧后将焦和炭粉抽吸到贮存容器中，完成吸焦，待新砖入窑前，将焦和炭粉再装入匣钵内即完成卸焦。

混练机在将各种原料与粘结剂混合过程中，有挥发性易燃物不同程度地散发到混合间内。混练后的物料经流动干燥使其中的水分、酒精和树脂等含量满足规定要求。在流动干燥炉中物料呈沸腾状态，从其中排出的气体温度高，并含有一定的酒精和树脂等挥发性气体。尽管该系统中设有干式除尘系统，但设计中还应按事故状态采取防火和防爆措施。

连铸用耐火制品生产过程中的主要用水户为原料段冲洗原料及磨具等用水及烧成段风机冷却用水等，其用水指标及综合耗量指标分别见表 7-23 和表 7-24。

表 7-23　某耐火厂连铸制品车间生产用水指标

序号	用水户名称	耗水指标/$m^3 \cdot h^{-1}$	水压/MPa	用水制度	备　注
一、原料加工、成形					
1	冲洗原料	20	0.2	间断	
2	冲洗模套	0.6	0.2	间断	

续表 7-23

序号	用水户名称	耗水指标/$m^3 \cdot h^{-1}$	水压/MPa	用水制度	备　注
3	涂料用水	0.4	0.1	间断	
4	冲洗地坪	1	0.1	间断	最大为 8 m^3/h
二、烧成					
1	风机轴承	5	0.2	连续	
2	冲洗地坪	0.6	0.1	间断	最大为 5m^3/h
三、其他					
1	空调机	160	0.15	连续	
2	空压机	15	0.15	连续	

表 7-24　某耐火厂连铸制品车间综合耗量指标

产品品种	生产规模 /$kt \cdot a^{-1}$	原料量 /$kt \cdot a^{-1}$	燃　料	生产新水① /$m^3 \cdot h^{-1}$	生活用水 /$m^3 \cdot d^{-1}$
长水口 浸入水口 浸入水口 塞棒	0.4 0.24 0.06 0.16	各种原料 1.16	隧道窑方案： 天然气：761 519 m^3/a；煤：815 t/a 梭式窑方案： 天然气：1 498 193 m^3/a；煤：815 t/a	19.75	19.56

①包括循环水补充水及未预见水量。

7.3.6　不烧耐火制品

在此介绍两种不烧耐火制品：其一为不烧高铝砖（塞头、水口、座砖）6750t/a，集料 3000 t/a，需生产水 121m^3/d，生活用水 2.35m^3/d；另一为挡渣球，产品规模 6600t/a（其中挡渣球 55 t/a），需生产水 34.5m^3/d，生活用水 1.25m^3/d。

7.4　不定形耐火材料生产用水户及用水要求

不定形耐火材料按施工方法可分为：捣打料、可塑料、浇注料、喷涂料、投射料、火泥等。不定形耐火材料基本上由骨料、粉料、结合剂、外加改性剂（调节各种性能）组成。一般都采购成品原料，车间内设超细粉碎、预混、称量、混合、包装等工序，不经过成形和烧成处理，就可得到符合要求的产品。不定形耐火材料生产水用户主要为设备冷却水。20kt/a 不定形车间用水指标见表 7-25。

表 7-25　某耐火材料厂不定形车间用水指标

序号	用水户名称	耗水指标/$m^3 \cdot h^{-1}$	水压/MPa	用水制度	备　注
1	ϕ900 圆锥油箱	2.4	0.2	间断	≤28℃
2	ϕ900 圆锥水封	3	0.2	间断	≤28℃
3	碾机混料用水	1.2	0.2	间断	
4	碾机用水	3	0.2	间断	≤28℃
5	800L 振动磨冷却水	3	0.2	间断	≤28℃
6	冲洗地坪	2	0.1	间断	最大为 9m^3/h

7.5 给水系统及给水设施

耐火材料厂内的给水包括生活给水、生产给水和消防给水。除个别以地下水为水源的耐火材料厂外，非独立的耐火材料厂一般不单设水源系统，而是由钢铁厂提供水源。

7.5.1 给水量确定

7.5.1.1 生活给水

生活给水包括生活饮用水和淋浴用水。耐火材料厂生活用水定额见表7-26。本定额中未包括厂内附设的生活居住区、招待所、幼儿园及其他与生产无关的活动场所等的生活用水。生活给水应满足生活饮用水标准，水源来水未经消毒时，厂内应增设消毒处理设施。凡食堂、盥洗室、卫生间和经常有人员活动场所的污水池等给水，均应供生活水。

表7-26 生活给水定额

序号	用户名称	生活饮用水		淋浴用水		综合指标①		开水供应②
		用水量/L·(人·班)$^{-1}$	时变化系数	用水量/L·(人·班)$^{-1}$	占最大人数/%	最大时/m^3·(h·100人)$^{-1}$	日用水量/m^3·(h·100人)$^{-1}$	开水用量/L·(人·班)$^{-1}$
1	煅烧、干燥、烧成	35	2.5	60	100	7.10	9.5	3~5
2	其他生产车间	25	3.0	60	100	6.94	8.5	2~4
3	生产辅助车间	25	3.0	40	100	4.94	6.5	1~2
4	生活福利设施	25	3.0	40	50	2.94	4.5	1~2

①最大小时用水量应按最大班人数计算，日用水量应按总人数计算；

②生活饮用水指标中已包括该用水量，其时变化系数为 $k=1.50$。

7.5.1.2 生产给水

生产给水主要有生产新水（多为工业水）、间接冷却开路循环给水（以下简称“清循环冷却水”）和浊循环给水等。

7.2~7.5节已给出了某些工艺特定规模的各种生产用水指标。除此之外的其他工艺（或规模）的生产用水量，可粗略地按表7-27~表7-29进行推算，但正式设计时必须以主体工艺专业提供资料为准。

表7-27 原料洗涤综合用水指标

序号	洗涤方式	耗水量/m^3·t^{-1}	水压/MPa	备注
1	洗石机洗涤	1.0	0.25	
2	车上洗涤	0.6	0.25	
3	筛上淋洗	0.3	0.25	
4	料槽上冲洗	0.3	0.25	

表 7-28 泥料混合成球及石灰消化用水指标

序号	用水项目		耗水量/$m^3 \cdot t^{-1}$	水压/MPa	备注
1	粘土质泥料、高铝质泥料混合		0.06	0.1	大部分水由泥浆或纸浆废液带入泥料
2	硅质泥料混合		0.08	0.1	大部分水由石灰乳带入泥料(20%损耗)
3	镁质泥料混合		0.03	0.1	随纸浆废液带入泥料
4	泥料成球	高铝泥料	0.12	0.1	
		镁石泥料	0.12~0.15	0.1	
5	石灰消化		0.7	0.1	为石灰转化为消石灰用水

表 7-29 耐火工艺及热工设备综合用水量

序号	设备名称	用途	用水量 /$m^3 \cdot h^{-1}$	水压/MPa	水温/℃	备注
一、破碎、粉碎设备						
1	ϕ900 圆锥破碎机	冷却油箱	1.2	0.2	32	
		水封	1.5	0.1	常温	
2	ϕ1200 圆锥破碎机	冷却油箱	2.5	0.2	32	
		水封	1.5	0.1	常温	
3	ϕ900 液压圆锥破碎机	冷却油箱	1.2	0.2	32	
4	ϕ1200 液压圆锥破碎机	冷却油箱	2.5	0.2	32	
5	$\phi1500 \times 1500$ 球磨机	冷却轴承	3.0	0.2	常温	
6	$\phi1500 \times 3000$ 球磨机	冷却轴承	3.0	0.2	常温	
7	$\phi1500 \times 5700$ 球磨机	冷却轴承	3.0	0.2	常温	
		冷却筒体	5.0			
8	$\phi1200 \times 4500$ 球磨机	冷却轴承	0.5	0.2	常温	
9	200L 振动磨	冷却轴承	1.0	0.2	常温	
10	800L 振动磨	冷却轴承	1.0	0.2	常温	
11	1000L 振动磨	冷却轴承	3.0	0.2	常温	
二、成形设备						
1	400 t 自动压砖机	冷却油箱	3.6	0.2	常温	
2	630 t 自动压砖机	冷却油箱	3.6	0.2	常温	
3	800 t 液压机	冷却油箱	3~6	0.2	常温	
4	1200 t 液压机	冷却油箱	3~6	0.2	常温	
5	等静压	冲洗模套	2.0	0.2	常温	
6	绝热板成形机	冲洗模套	2.0	0.2	常温	
		冷却油箱	5.0			
三、加工设备						
1	油浸装置		3	0.2	32℃	
2	M7475Bϕ750 立轴圆台平面磨床	冷却磨削件	2	0.2	常温	

续表 7-29

序号	设备名称	用　途	用水量 $/m^3 \cdot h^{-1}$	水压/MPa	水温/℃	备　注
3	M74100ϕ1000 立轴圆台平面磨床	冷却磨削件	2	0.2	常温	
4	M74125ϕ1250 立轴圆台平面磨床	冷却磨削件	2	0.2	常温	
5	打箍机		0.6	0.2	常温	
四、热工设备						
1	高温风机	冷却轴承	1～2	0.2	32℃	
2	引风机	冷却轴承	0.5～1	0.2	32℃	
3	回转窑托辊轴瓦(组)	冷却水	2	0.2	32℃	
4	冷却筒托辊(组)	冷却水	1.5	0.2	32℃	
5	冷却筒筒皮	冷却水	11	0.2	32℃	
6	炉箅子水箱	冷却水	5～7	0.2	32℃	
7	炉箅子轴承	冷却水	4～5	0.2	32℃	
8	转窑喷嘴	冷却水	5～6	0.2	32℃	
9	遮护板	冷却水	3	0.2	32℃	
10	回转窑润滑油	冷却水	4～5	0.1	32℃	
11	热烟室水槽	冷却水	4	0.2	32℃	
12	罗茨风机	冷却轴承	0.5～1	0.2	32℃	
13	煤气发生炉灰盘	消耗水	0.5	0.2	32℃	
14	煤气发生炉水套	冷却水	2	0.2	32℃	
15	煤气发生炉水封	冷却水	0.2	0.1	32℃	
16	煤气发生炉闸阀	冷却水	0.3	0.2	32℃	
17	煤气发生炉给料器	冷却水	0.4	0.2	32℃	
18	煤气压缩机	冷却水	2.0	0.2	32℃	
19	高温竖窑烧嘴	冷却水	100	0.4	32℃	
20	MTZ2133 筒式磨煤机	冷却水	4.0	0.2	32℃	
21	MTZ2532 筒式磨煤机	冷却水	4.0	0.2	32℃	

7.5.1.3 消防给水

消防用水有室内外消防用水及油罐消防冷却和配置化学泡沫用水等。

耐火材料厂同一时间内发生火灾的次数按一次考虑。不同场所的消防形式、消防供水强度及灭火延续时间等应按如下方式确定：

(1) 建筑消防(包括各类建构筑物消防、易燃及可燃材料露天或半露天堆场消防、可燃液体贮罐、油库区或生产装置可燃液体贮罐区消防、可燃气体贮罐或贮罐区消防及液化石油气贮罐或贮罐区消防等)应按现行《建筑设计防火规范》、《高层民用建筑设计消防规范》、《石油库设计规范》、《小型石油库及汽车加油站设计规范》、《低倍数泡沫灭火系统设计规范》、《高倍数、中倍数泡沫灭火系统设计规范》、《汽车库、修车库、停车场设计防火规范》和《水喷雾灭火系统设计规范》等规定执行。

(2) 生产装置区的消防用水量,应根据其规模、拥有(包括使用、加工、生产和贮存)的火灾危险物类别及所使用的固定消防设施的类型等综合考虑。耐火材料厂生产装置区及辅助生产设施的一次消防用水量按 30L/s 考虑,该水量主要供给生产装置区设置的室外消火栓用水;生产装置区水消防延续时间按不小于 2h 考虑;生产装置区消火栓间距按不大于 120m 考虑,消火栓保护半径不大于 150m。

耐火材料常用危险物危险等级及电气防爆等级划分列于表 7-30,其他危险物或危险场所的等级划分详见有关消防设计规范。

表 7-30 耐火材料车间建筑物危险等级划分(暂行)

危险物(场所)类型	危险等级	电气防爆等级	备 注
酚醛树脂(桶装)储库	乙	2 区	镁碳砖车间
混练设备(酚醛树脂)	丁	$R=4.5$m 半径范围内为 2 区	镁碳砖车间
		地坪下沟坑为 1 区	
铝粉(桶装)储库	乙	22 区	镁碳砖车间
混练设备(铝粉)	丁或戊	非爆区	镁碳砖车间
沥青、焦油	丙	21 区	沥青浸渍间
导热油	丙	21 区	沥青浸渍间
柴油(煤油)	丙	21 区(23 区)	沥青浸渍间
乙醇储库	甲	一般:0 区;通风良好:1 区	连铸制品车间
乙醇泵房	甲	一般:1 区;通风良好:2 区	连铸制品车间
乙醇管路、接头	丁	一般:2 区;通风良好: 2 区或非爆区	连铸制品车间
混练设备(乙醇)	丁	$R=4.5$ m 半径范围内为 2 区;地坪下沟坑为 1 区	连铸制品车间

注:处理易燃易爆物品场所必须考虑良好通风。

露天及半露天堆场的消防用水量与其可燃物贮量有关,不同窑型不同规模石灰生产的原料及燃料贮量和贮存方式列于表 7-31,其他耐火材料生产的可燃物用量详见 7.2~7.4 节的有关指标或主体专业提供的资料。

表 7-31 石灰用原料、燃料贮存量及贮存方式

石灰窑		生产规模 /kt·a^{-1}	石灰石			燃料			
窑型	规格		用量 /t·d^{-1}	贮量/t	贮存方式	燃料名称	用量	贮量/t	贮存方式
回转窑	$\phi3.96\times59.44$	198	1266	2400	贮槽	混合煤气	0.194×10^6m^3/d		
双膛窑	2×200m^3	200	1370	13700	抓斗仓库	混合煤气	0.317×10^6m^3/d		
双膛窑	1×120m^3	40	232.6	4652	抓斗仓库	煤	22t/d	154	煤棚
双膛窑	1×150m^3	50	288.2	5764	抓斗仓库	煤	27.2t/d	544	抓斗仓库
双膛窑	1×300m^3	100	614.5		门型抓斗堆场	煤	52t/d	364	煤棚
双膛窑	1×300m^3	100	625.1		抓斗仓库	煤	52t/d	约 500	煤棚

消防形式的确定应满足有关规范要求和实际灭火要求。消防设计最终要找出以下四个消防控制指标点:(1) 同时使用消防手段最全的;(2) 同一时间内供水强度最大的;(3) 一次

消防中用水量最多的；(4) 所需消防给水压力最高的。消防设施配置应能全部满足这四项要求。

表 7-32 为一个油库消防水量计算实例，该油库设有两个 ϕ5312 重油贮罐，依据现行《小型石油库及汽车加油站设计规范》、《石油库设计规范》及《低倍数泡沫灭火系统设计规范》，着火及相邻油罐均采用移动式喷水冷却，低倍数泡沫灭火采用移动式。其他消防点的一次消防用水量计算可按有关规范要求进行。

表 7-32　油库消防用水量计算

序号	项　目	供给强度①	供给范围	使用时间/h	消防水量 /m^3	消防流量② /$L \cdot s^{-1}$	备　注
1	着火油罐冷却用水	0.6L/(s·m)	16.7 m	4	144	10	移动式
2	相邻油罐冷却用水	0.2L/(s·m)	16.7/2 m	4	24	1.7	移动式
3	配制油罐灭火用泡沫	8L/(min·m^2)	22.23 m^2	0.5	5	2.8	移动式
4	配制扑灭流体火焰用泡沫	8L/(s·支)	1　支	10min	4.5	7.5	泡沫枪 1 支
	合　计				177.5	22	

①其中泡沫供给强度是指其混合液供给强度；

②配制低倍数泡沫的用水量，按泡沫混合液量的 94% 计。

7.5.2　给水系统与水量平衡

7.5.2.1　给水系统

耐火材料厂给水主要有生活给水、生产用新水、消防给水、清循环冷却给水及浊循环给水等几大类，其中生活给水、生产用新水和消防给水一般均由钢铁厂相应管网直接给水，但当有下列情况之一时，应设独立的给水系统：(1) 为自备水源时；(2) 钢铁厂来水为一条输水管线时；(3) 钢铁厂来水水量或水压不能满足厂内用水要求时；(4) 厂内有特殊用水要求时等。

在生活给水需要单独加压时，应优先选用低位水池(或吸水井)、高位水箱及加压水泵联合供水方式，且水泵与水池及高位水箱水位应实行联合自动连锁。在单独的生活给水系统中，应严禁使用变频调速水泵供水，在无条件设高位水箱时，可采用变频调速水泵与小型气压罐联合供水方式。

图 7-2 为一耐火厂常用的给水系统图之一，考虑到生活水对卫生方面的要求，该方案采用了生活给水与生产消防给水分系统供水方式，并设有生产和消防贮水池，高层工业建筑消防采用局部临时加压供水，高位水箱兼有调节生活水和贮存高层工业建筑初期火灾消防用水的两项功能。当然，根据水源及厂内用水情况还可以有其他多种供水形式。

耐火厂清循环冷却水的最大特点是用水点多，用水量小，用水户分散。较大的用水户有回转窑高温废气冷却产汽锅炉用水、除尘地面站液力耦合器系统设备冷却用水和大型空调系统冷却用水等。其他设备冷却用水量都较少。清循环冷却水系统可集中设置，也可分散设置，或采用集中与分散相结合的方式，具体应根据全厂总图布置情况、基建和运行费用及操作管理方便等情况综合考虑。一般坐落在边远地带的空调或空压机的冷却用水可单独组成循环冷却系统，但有条件时应尽可能将全厂性循环冷却水按水质归类集中设置。

分散独立设置的循环水系统，应尽量采用循环水回水的余压进冷却塔；但当冷却设备回水已泄压，而其给水压力可以由高位冷却塔的位置高度来满足时，应将冷却塔放在其附近较

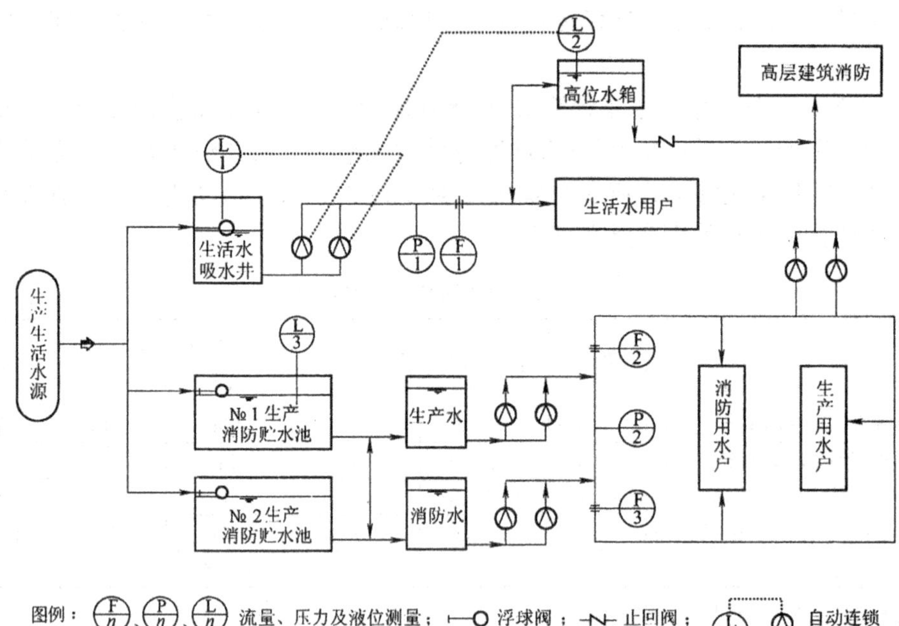

图 7-2　生产、生活及消防给水系统流程图

高建筑的顶部，靠冷却塔的位置高度来为用水设备供水，该供水系统如图 7-3 所示。某些空压机及空调等系统都可以采用该种供水系统。

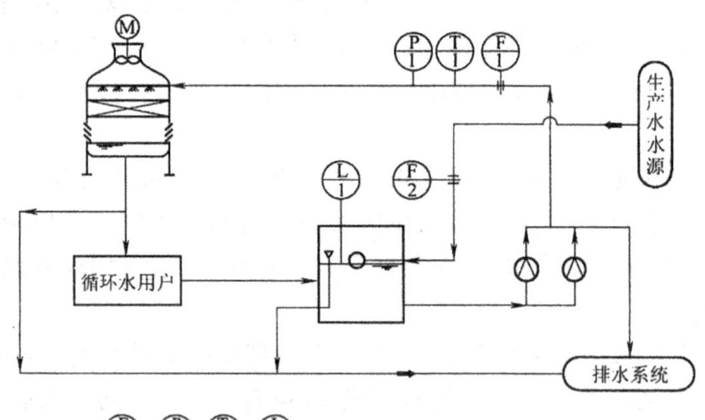

图 7-3　分散设置清循环冷却水系统流程图

集中设置的系统，应尽可能利用回水余压进冷却塔，水量较小或出水无余压的分散冷却水用户，应首先考虑作为循环水排污水排掉，余者才考虑加压上塔。有时部分无压冷却回水可不经冷却直接掺到冷却后的循环水中，但需保证掺混后的水温仍能满足冷却水用户要求。图 7-4 为一常用的集中设置清循环冷却水系统图。

用水量较大的原料洗涤或除尘水用户，可采用浊循环给水方式，该种给水系统将在后面的 7.6 节的洗石水处理中介绍。

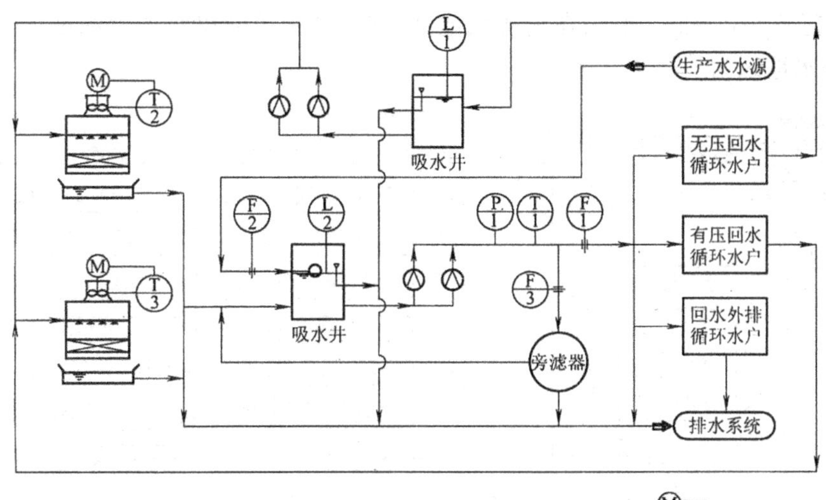

图 7-4 集中设置清循环冷却水系统流程图

7.5.2.2 水量平衡

水量平衡除应考虑到水源情况及用水户对水量、水质、水温和水压的要求等基本因素外,还应进行多方案的技术和经济比较,以达到最大限度地节水和节能。生产给水应尽可能做到按质供水、一水多用、废水回用和循环使用,使水的重复利用率满足有关规定要求。耐火材料厂的生产用新水对水质的要求以不低于工业水为宜,对水温的要求也不高,一般地表水的温度均能满足需要。在节能方面,应充分利用外部管网的来水压力和设备排水的余压,减少不必要的加压,对于用水量变化波动较大的厂,可采用水池、变频调速供水、水泵水箱联合供水等调节水量的措施。

消防时生产用新水量可按其正常给水量的 70% 考虑。耐火材料厂的未预见水量一般按平均小时生产用新水量的 10% ~ 20% 选取,在生产用新水量较小的情况下取上限,但当未预见水量不足 $5m^3/h$ 时,视情况可仍以 $5m^3/h$ 计取。

用以表达水量平衡的通用形式为水量平衡图,其格式较多,下面给出两个耐火厂常用的水量平衡图格式示例。

图 7-5 为一个按给水类型分类的水量平衡图,为一 100kt/a 高铝熟料和 10kt/a 烧结刚玉的全厂性生产及消防用水水量平衡图。该工艺生产给水主要有生产新水和清循环冷却水两个给水系统。全厂同时发生火灾次数按一次考虑。该厂较大的火灾点有三处:(1)重油库:库内设有两台 ϕ5312 重油贮罐,由表 7-32 可知,其最大消防供水强度为 22L/s,一次消防最大用水量为 $177.5m^3$;(2) 生产装置区或辅助生产设施区:其最大消防供水强度为 30L/s,一次消防最大用水量为 $216m^3$;(3) 厂前区一座耐火等级为二级,高度为六层、体积近 $3000m^3$ 的综合办公楼,其室内、外消防最大供水强度均为 15L/s,共计 30L/s,一次消防最大用水量为 $216m^3$。可见,该厂一次消防最大供水强度及最大消防用水量处所在厂前区综合办公楼、生产装置区或辅助生产设施区,其数值依次为 30L/s 和为 $216m^3$。生产调节水量及消防用水量均由贮水池调节和贮存。水源正常供给生产水能力为 $52m^3/h$,最大供水能力应考虑消防后贮水池补水流量。按现行消防规范规定,消防水池补水时间一般情况应不超过

48h,缺水地区不超过96h,因此,在消防水池补水时,其水源的供水能力的增加量应不小于4.5m^3/h(缺水地区为不小于2.3 m^3/h)。

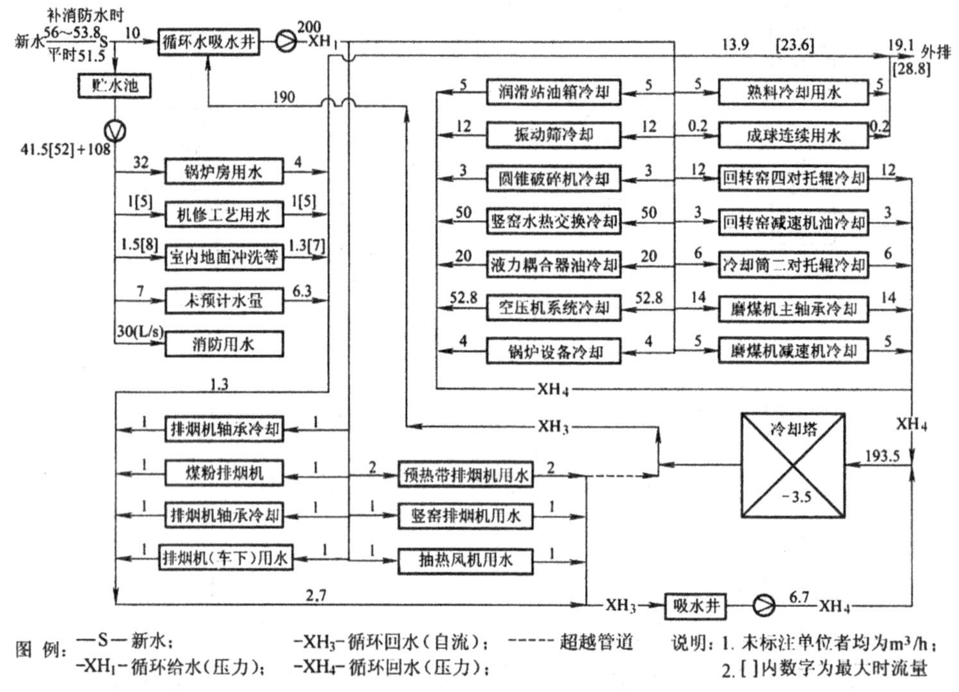

图 7-5 高铝熟料及烧结刚玉生产消防给水水量平衡暨流程图

图7-6为一个以车间(或工段)分类编制的水量平衡图。其为一活性石灰生产车间的生产用水水量平衡图,其规模为:回转窑198kt/a;悬浮窑115.5kt/a。该工艺生产给水主要有生产新水、清循环冷却水和浊循环水三个给水系统。

7.5.3 给水管网及给水设施

7.5.3.1 给水管网

耐火材料厂由单一用水组成的独立管网有生产给水管网、生活给水管网、消防给水管网、再次利用水管网、清循环冷却水管网和浊循环水管网等。由多种用水组成的联合管网是由生产给水、生活给水、消防给水及再次利用水这几种给水中的两种或三种组成的综合管网。在水源水质相同的情况下,生活给水可与生产给水组成生产生活给水管网或生产生活消防给水管网。但当来水经贮水池贮存后水质不能满足生活用水要求时,生活水池及管网应单独设置,此时,如遇生活水只能与生产消防水共贮水池的情况时,取出的生活水需要经过消毒处理。

当厂内无水调节和贮存设施时,输水管的输水能力应按最大秒流量(含消防水量)设计;当厂内无水量调节设施而有消防水贮存设施时,输水管的输水能力应按最大秒流量(不含消防水量)设计;当厂内同时设有水量调节和贮存设施时,输水管的输水能力应按平均小时流量(含消防后消防设施的补水流量)设计。当水源输水管线为两条时,在两条输水线上应设置适量的连通管(为了检修阀门连通管上应设双阀门),且当一条输水管线检修时,另一条仍能保证通过全部消防用水量和70%的其他用水量。

与钢铁厂同水源时,耐火材料厂内给水管网组成宜与钢铁厂管网一致;当为自备水源

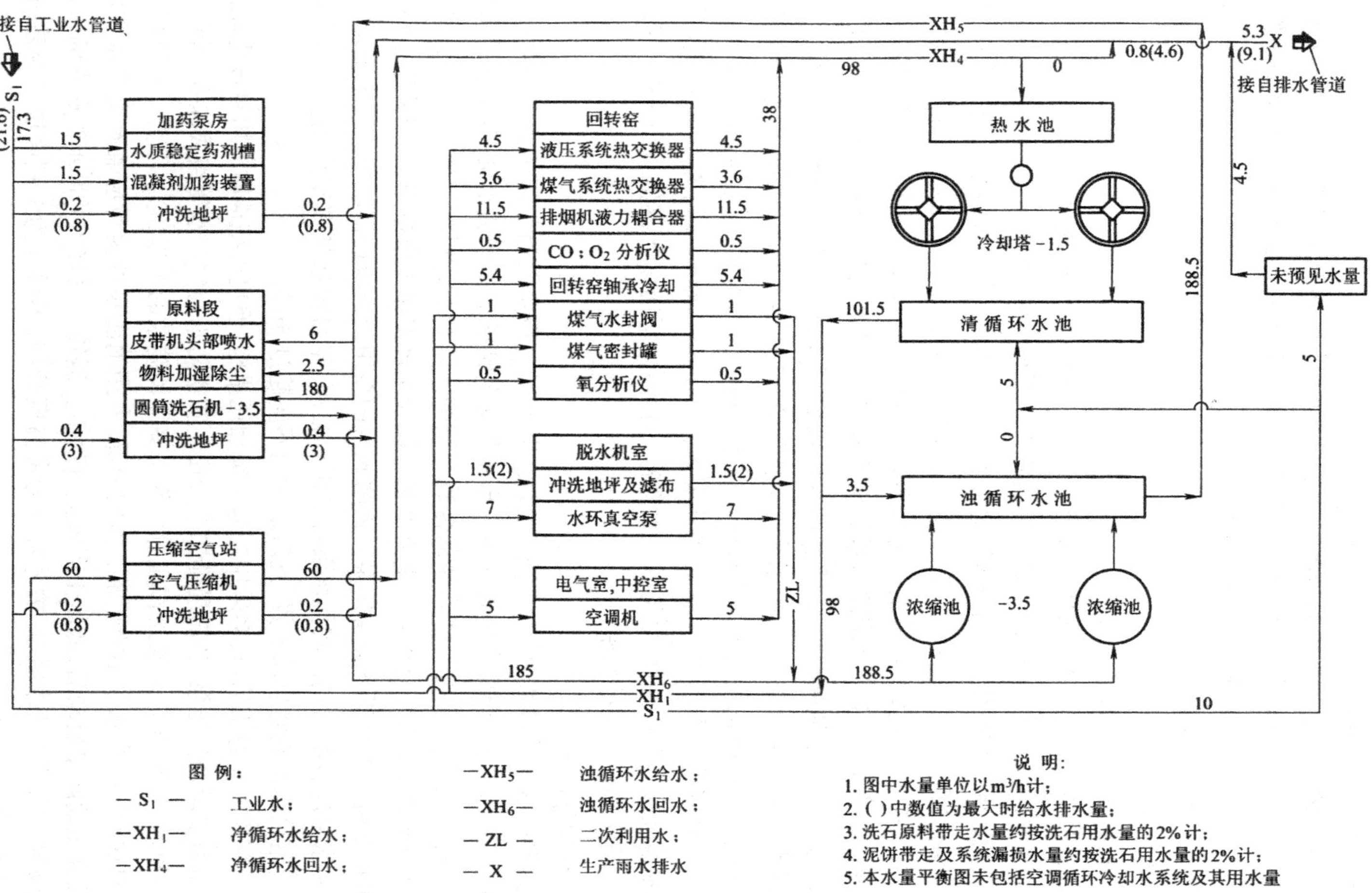

图 7-6 活性石灰车间水量平衡图

时,应优先采用生产生活消防综合给水管网。

单一的消防管网或消防与其他给水组成的联合管网,应根据消防规范要求确定是否设立环状管网;其他给水管网一般为枝状。

对于生活消防或生产生活消防等综合给水管网,当外网来水已能满足生产和生活水量及水压要求,而消防仅能满足用水量要求而不能满足用水压力要求时,此时可采用低压给水管网,但该管网的压力应满足 $p \geqslant 0.1\mathrm{MPa}$,以保证消防车取水要求,建筑高度较高设施的消防可采用局部临时升压措施。

7.5.3.2　给水设施

A　水量的调节和贮存设施

水量的调节和贮存,应根据外部水源条件和内部用水情况,从供水安全和经济等方面综合考虑。当水源供水能力有限,不能满足消防用水量时,不足部分水量要靠贮水池来贮存;当水源只能提供平均时生产用水量时,应设置调节贮水池;当水源输水管道仅有一条时,应设置生产事故和消防用水贮水池,其中生产水的贮量应不小于 8h 的生产用水量(特殊情况下,生产事故贮水量应按实际需要确定),消防贮水量应按有关消防规范要求确定。

同种水源的生活、生产及消防水量的调节和贮存,可采用同一贮水池,但应采取防止水质变质措施。当贮水池体积较大,系统用水量较小,水在贮水池内的停流时间较长,且不能保证生活水所需的余氯时,生活贮水池应单独设置,或生活水采取再消毒措施。兼有生活用水的贮水池应采取防止水被污染的措施。在寒冷地区的贮水池应考虑防冻。对厂内要求设置环状消防管网的贮水池,有检修要求或贮水总量超过 $1000\mathrm{m}^3$ 时,贮水池应分两格设置,且两贮水池间应设置联通管,联通管上设双阀门控制。消防水与其他水同时贮存时应有非火灾时消防水不被动用的措施。

B　水加压设施

工作生产水泵的台数应与工艺生产装置相配套,一般水泵与生产装置应一对一或一对二,应尽量避免出现多台生产装置共用一台工作泵的情况。生产新水泵、再次利用水泵及循环给水泵的备用数量为:当工作水泵的台数小于等于 4 台时,备用泵为 1 台;当工作水泵的台数大于 4 台时,备用泵为 2 台。生活水泵一般为 1 台工作 1 台备用,但当采用变频调速供水时,可设 2 台工作泵而不设备用泵。消防水泵的备用台数应按消防规范要求确定。

消防水泵应自灌启动。其他水泵可采用全自灌、半自灌或抽真空启动。非全自灌启动的水泵应增设水泵真空启动装置,且启泵时间不应超过 5min。

对于高层工业建筑消防,多采用局部串级加压措施,但也可把消防专用泵设为能满足全厂消防压力要求的高压泵,勿需局部二次加压。在消防水与生产水等组成综合管网,且生产水量不大的情况下,生产水泵工作压力可低于高压消防泵的工作压力,但为防止高压消防泵启动后出现低压生产水泵不能正常工作的情况,专用消防泵的流量应兼有生产水泵的供水能力,且高压消防泵启动后,低压生产泵应自动停止运转。只有当外部水源送来的水量和水压均能满足厂内消防要求时,厂内才可设为常高压管网,不得仅为个别高层工业建筑消防,而把生产水泵选为高压泵。

生产水泵、消防水泵应按一级供电负荷设计。

泵房内应按有关规范要求决定是否设置起吊设备。因耐火材料厂的水泵一般都较小,一般应优先选用单轨吊。

水泵吸水井的有效容积应不小于其最大一台水泵5min的出水量，但对于总贮水容积较小的系统（如采用玻璃钢冷却塔的循环水系统），为增加系统中的总存水容量，吸水井的有效容积可适当加大。

当外部管网为环状管网时，加压水泵的出水管应为两路，且在两路出水管间应增设连通管，并在连通管上安装双阀门，以保证检修（含阀门）时，至少能有一路管道出水，且应保证能通过70%的生产水量和100%的消防水量。

根据需要确定吸水井是否设水位指示及报警系统。在自灌和半自灌启动水泵的吸水管上应安装阀门。在水泵出水管上，应依次安装止回阀和阀门，在水泵出口与止回阀间应装压力表。在每个系统的总出水管上，根据需要可选择设置带上盘指示的流量、压力及温度等测量仪表。

各类循环水的吸水井都应设补充水管，其管径大小不仅要满足正常补水需要，而且要考虑到开工、水质处理及检修等的补水要求。对正常运转时补水量较小的情况，其流量测量仪表应按图7-7方式设置，其中管径 DN_1 应按系统所需的最大补水量选取，但不宜小于100mm，DN_2 应按根据正常运转情况下的补水量按流量测量仪表的要求确定，L_1 和 L_2 应分别不小于流量测量仪表对其前后最小直管段的要求数值。

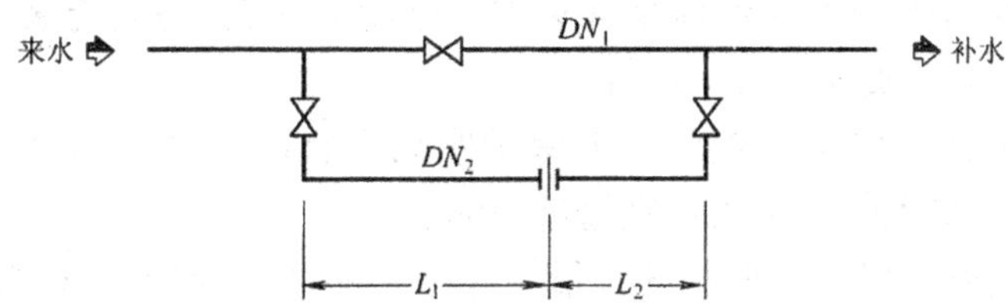

图7-7 旁通管上流量检测装置设置方式图

C 水冷却设施

耐火材料厂清循环冷却水的给水与回水温差一般都较小，多在△t = 7℃之内，故冷却降温设备可采用自然通风冷却塔、中小型机械通风玻璃钢冷却塔或水力推进风机-水喷雾式玻璃钢冷却塔等。

耐火材料厂冷却塔计算的干球和湿球温度应分别采用年超过10天的统计干球温度和统计湿球温度的年平均值（以下简称10日干球和10日湿球温度）。一般经冷却塔冷却后的冷却水温度定在较10日湿球温度高4℃左右为宜。

寒冷地区的循环水系统应考虑冬季防冻措施，对于循环水量较小的系统，应设置冷却塔的超越和放空管道。

循环水水质稳定处理的药剂配方和系统运行控制条件的确定，应根据循环水量的大小、水源水质情况、水质稳定药剂的发展水平及处理效果和运行成本等，由动态模拟试验或根据类似厂的生产实例来综合考虑，较小的循环水系统一般不设药剂投配系统，药剂多采用定期集中投加的方式。循环水系统可根据实际需要确定是否配备化验室和所设化验室的规模。循环水水质稳定处理详见本手册16章（循环冷却水水质稳定处理）。

D 消防设施配置

耐火材料厂消防包括建筑消防、生产装置区消防、建筑灭火器配置及生产装置区灭火器配置四部分。

耐火材料厂通常配备的水及消防设施有建(构)筑物室内外消火栓、生产装置区及露天和半露天堆场区域的室外消火栓、油库区域消防设施(如室外消火栓、高压水枪、水炮、塔罐冷却水喷淋系统及泡沫系统等)、上述各区域内小型灭火器配置及消防系统控制等,耐火材料厂很少用到自动喷洒、雨淋、水喷雾及气体灭火等系统。

建筑消防设计涉及到的内容有提供消防水源、设立消防贮水池及贮水箱、设置消防加压泵、配置消防水管网、设置室内外(包括各类工业建筑、低层民用建筑、汽车库及露天和半露天堆场等)消火栓、配备液体贮罐或贮罐区的化学泡沫灭火系统及罐体消防喷水冷却系统等,以上内容设计应按现行《建筑设计防火规范》、《低倍数泡沫灭火系统设计规范》、《汽车库、修车库、停车场设计防火规范》、《石油库设计规范》、《小型石油库及汽车加油站设计规范》及《二氧化碳灭火系统设计规范》等规范进行。

生产装置区消火栓配置可按照现行《建筑设计防火规范》室外消火栓设置要求进行,消火栓宜设置在生产装置的四周。生产装置区内甲类气体压缩机等需要重点保护的设备附近,宜设箱式消火栓,其保护半径宜为30m。

建筑(包括各类建筑、可燃物露天堆场及可燃液体贮罐或贮罐区等场所)灭火器配置应按现行《建筑灭火器配置设计规范》执行。

生产装置区宜设置干粉型或泡沫型灭火器。干粉灭火器(每具充装干粉量:手提式为8kg,推车式为50kg)的配置应符合下列规定:

(1) 手提式灭火器对甲类装置的最大保护距离不宜超过9m,乙、丙类装置不宜超过12m;推车式灭火器的最大保护距离不宜超过30m。

(2) 每个配置场所手提式灭火器的数量不应少于两个;一般耐火材料生产装置区不配置推车式灭火器。

(3) 手提式灭火器应设置在主要框架下、框架各层及甲类气体压缩机室外等处。

此外,对以油类为燃料的动力油库以及其他石油类小型油库,其主要场所灭火器配置还可参照现行《石油化工企业设计防火规范》及《小型石油库及汽车加油站设计规范》等规范。

7.6 排水系统及洗石水处理

7.6.1 排水系统

生产工艺排水量可根据给水水量平衡图进行统计;日生活排水量可按日生活给水量的90%~100%计取;地坑排水量以排水泵能力计;厂区雨水排水暴雨强度的重现期按1年考虑,地面集水时间和径流系数应根据实际情况经计算求得,当无具体资料时,前者可取为5min,后者为0.6。

耐火材料厂常用的排水管网有生活排水管网、生产雨水排水管网、生产生活雨水排水管网和含尘废水排水管网等。当排水排至钢铁厂排水管网时,耐火材料厂排水管网应与钢铁厂排水管网组成相一致;当直接排入厂外时,耐火材料厂排水管网的设置应与所排水的去向相一致,应考虑的主要因素有生活排水是否要进行污水处理、外部排水条件、排水方式的合理性及经济性等。一般卫生间排水在排出厂外前要经过化粪池,但浴室内洗浴排水不得从化粪池内流过。洗石及除尘等含尘废水要经过厂内处理后再外排。对油库贮罐区内地坪排水,应经过隔油池,且在排水管上设置能切断水外排的阀门等。

地下或半地下式水泵房及工业厂房等的地下部分,应设积水坑和排水泵。排水泵可采用潜水泵或立式液下泵,但无论采用何种水泵,都必须固定安装,且应在排出管上设置止回阀,管道穿越地下室墙壁处应设防水套管。地坑排水泵宜与积水坑水位实行自动连锁,即高水位自动启泵,低水位自动停泵,极限水位声光报警,在经常无人的场所,报警信号应引至附近的值班室。对于重要场所的排水泵应按一级供电负荷供电。

对于封闭场所内的地下室地坑排水,多无排水补给来源,故一般不设备用泵。对于带露天场所的地下室地坑排水,应设备用泵,一般为 1 开 1 备。

在厂区排水不能自流排出或需要远送时,可设置排水泵站,排水泵台数设置的一般原则为:生活排水、生产排水或生产生活综合排水泵的备用率 50% ~ 100%,雨水排水不设备用泵,但雨水排水泵数量不得少于两台。生活雨水综合排水、生产雨水综合排水或生产生活雨水综合排水的排水泵应采用大小水泵组合的形式。小泵用于排除生产和(或)生活排水,应设 50% ~ 100%的备用泵。大泵用于排除雨水,用多台雨水泵运转台数组合来控制排水量,可不设备用泵。各类排水泵都应与其积水池(吸水坑)水位自动连锁。生产及生活排水泵的控制方式为高水位自动启泵,低水位自动停泵,工作泵事故时备用泵自动投入运行并报警。雨水排水泵的控制方式为:应根据排水泵数量,在积水池内设置相应的水位连锁信号,根据不同的水位自动增加或减少工作排水泵的数量。排水泵站应按一级供电负荷供电。

7.6.2 洗石水处理

洗石水主要来源于活性石灰生产的原料洗涤。洗石排水中含有大量的泥砂,需经处理达标后方可外排或循环使用。当洗石水耗量较大时,一般采用处理后循环使用的方式。

洗石水含尘多为小于 0.15mm 的泥砂颗粒,洗石水中的含尘量多少与被洗原料的含泥量及洗石过程中石料的磨损情况有关,石灰原料含泥砂量一般在 4%以下。洗石水的自然沉降速度较慢,一般都采用加药沉淀的方式处理。

洗石水处理方式较多,当洗石水量较小时,可采用简易处理的方式;大型的洗石废水处理工艺一般包括洗石水澄清处理、污泥脱水和药剂投配三部分。洗石水沉淀设施应不少于平行的两个系列。简易水处理常采用矩形平流沉淀池、抓斗或人工清泥方式,不设专门的污泥脱水设备,但应设泥砂脱水台;装备水平较高的水处理沉淀设施可采用圆形竖流或辐流沉淀池,污泥脱水设备可采用真空转鼓脱水机或滚带式压榨机,脱水设备应不少于两台,宜采用非全天工作制,而不设备用。处理前洗石水提升泵及泥砂输送泵应选耐磨泵,备用率应不小于 33%,其他动力设备的备用率为 0 ~ 100%,应视具体情况而定。

图 7-8 为一个大型洗石水处理工程实例,所处理水为洗涤石灰石和白云石废水,处理水量为 $180m^3/h$。该水处理采用了加药沉淀处理方式,沉淀设备为带刮泥机的辐流式沉淀池,沉淀池排泥采用了外滤式真空转鼓脱水机进行脱水。

洗石水处理设施设计及选型涉及到许多与计量及水量有关的数据,这些数据可按下列公式进行计算:

$$S_0 = S(b - b_1) \times 1000 = \frac{Q(c - c_1)}{1000} \tag{7-1}$$

$$S_1 = \frac{S_0}{1 - \omega_1} \tag{7-2}$$

$$Q_1 = \frac{S_1}{\rho_1} \tag{7-3}$$

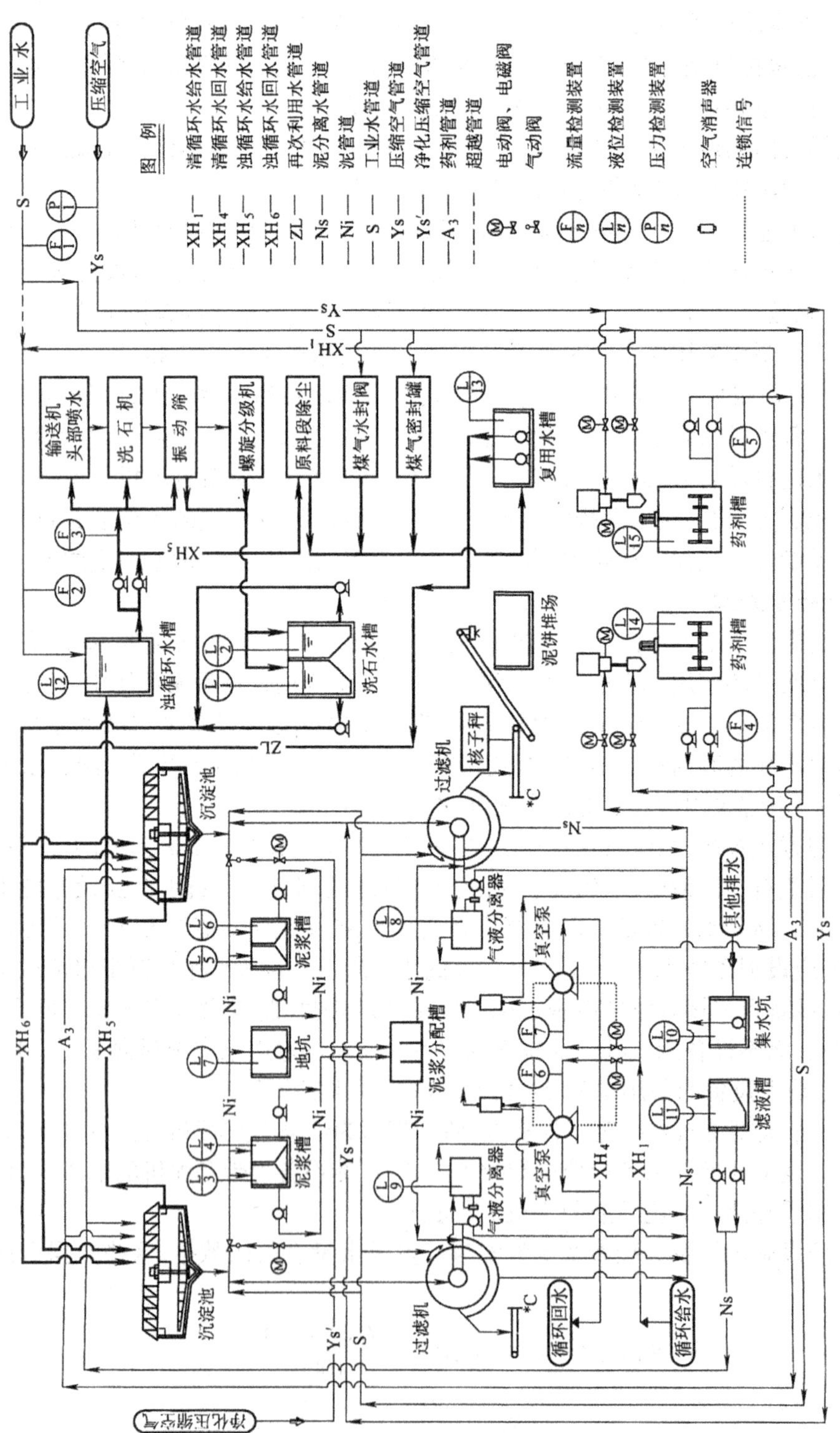

图 7-8 洗石废水处理工艺流程图

$$S_2 = \frac{S_0}{1 - \omega_2} \tag{7-4}$$

$$Q_2 = \frac{S_1\omega_1 - S_2\omega_2}{\rho} \tag{7-5}$$

$$Q_3 = \frac{S_2\omega_2}{\rho} \tag{7-6}$$

$$R = \frac{Q_1}{Q} \times 100\% \tag{7-7}$$

式中 S——洗石量,t/h;

Q——洗石水量,m^3/h,一般每 t 石料用水约 $1m^3$;

S_0、S_1、S_2——分别为干泥、泥浆和泥饼产量,kg/h;

Q_1、Q_2、Q_3——分别为泥浆、泥浆脱除水和泥饼带走水量,m^3/h;

ω_1、ω_2——分别为泥浆和泥饼含水率(质量分数),%;

b、b_1——分别为洗石前后石料含泥砂量(质量分数),%;

c、c_1——分别为洗石水处理前后含泥量,mg/L;

ρ、ρ_1、ρ_2、ρ_3——分别为水、泥浆、泥饼和干泥的密度,kg/L;

其中:

$$\rho_1 = \frac{S_0\rho_3 + (S_1 - S_0)\rho}{S_1} \tag{7-8}$$

$$\rho_2 = \frac{S_0\rho_3 + (S_2 - S_0)\rho}{S_2} \tag{7-9}$$

R——沉淀池排泥量占洗石水量的体积比。

有关沉淀池及脱水设备的设计计算方式在此不加介绍,具体详见有关给水排水设计手册,一些主要设计参数为:

洗石水悬浮物浓度,$mg \cdot L^{-1}$	25000 ~ 40000
处理后洗石水含悬浮物浓度,$mg \cdot L^{-1}$	≤100
洗石灰石水含泥砂量,%	< 2.5
洗白云石水含泥砂量,%	< 4
石灰原料洗涤泥砂脱除率,%	≥90
沉淀池表面负荷,$m^3 \cdot (m^2 \cdot h)^{-1}$	0.7 ~ 1.0
沉淀池水力停留时间,h	2 ~ 4
沉淀池排泥量占洗石水量,%	10 ~ 12
沉淀池排泥含水率,%	70 ~ 75
真空过滤机面积负荷,$kg \cdot (m^2 \cdot h)^{-1}$	100 ~ 150
脱水后泥饼含水率,%	30

表 7-33 为 $360m^3/h$ 洗石水处理用主要设备。有关设备选择事项如下:

沉淀池应不少于独立的两格,当一格检修时,其余格应能通过全部处理来水量。沉淀池正常工作时表面负荷取下限,检修时沉淀池的表面负荷按上限进行校核。沉淀池的进出水均应按其所负担的最大流量进行设计。

沉淀池内应装刮泥机,最大线速度不超过6m/min,刮泥板的安装角度为120°。

表 7-33 360m³/h 洗石水处理主要设备一览表

序号	设 备 名 称	规 格	数量	备 注
1	送除尘用水旋涡泵(附电机 $P=30kW$)	$Q=132m^3/h$; $p=0.35MPa$	2台	其中1台备用
2	除尘器污水槽用泥浆泵(附电机 $P=30kW$)	$Q=108m^3/h$; $p=0.35MPa$	2台	其中1台备用
3	洗石水加压用旋涡泵(附电机 $P=55kW$)	$Q=210m^3/h$; $p=0.55MPa$	3台	其中1台备用
4	洗石水槽(即洗石排水接受槽)	$L\times B\times H=1.8m\times1.8m\times3.1m$	2个	
5	洗石排水提升用泥浆泵(附电机 $P=30kW$)	$Q=192m^3/h$; $p=0.15MPa$	3台	其中1台备用
6	洗石水沉淀池(附刮泥机及其过负荷安全装置 $P=2\times3.7kW$;附提耙油压装置,油压泵 $P=1.5kW$)	$\phi=27000mm$; $H=2.6\sim3.89m$	2座	
7	沉淀池排泥用旋涡泵(附电机 $P=18.5kW$)	$Q=60m^3/h$; $p=0.25MPa$	4台	1~2台工作
8	污泥脱水机进泥高位分配槽	$V=2.7m^3$; $\phi=1800mm$; $H=1.2m$	1个	
9	污泥脱水真空过滤机(附电机 $P=3.7kW$)	$F=47.5m^2$; $\phi=3600mm$; $H=4.2m$	4台	
10	泥饼胶带输送机(附电机 $P=2.2kW$; $n=33r/min$)	60t/h; $L\times B\times H=87.3m\times0.8m\times1m$	2条	
11	泥饼胶带输送机(附电机 $P=7.5kW$; $n=33r/min$)	30t/h; $L\times B\times H=3.4m\times8m\times14m$	1条	
12	真空泵(附电机 $P=90kW$)	$Q=45m^3/min$;真空度80kPa	4台	
13	真空泵后气液分离器	$\phi=650mm$; $H=1.6m$	4个	
14	气液分离器排水用旋涡泵(附电机 $P=2.2kW$)	$Q=12m^3/h$; $p=0.1MPa$	4台	
15	泥饼吹脱用空气压缩机	$Q=20m^3/min$; $p=0.7MPa$	1台	
16	滤液输送用泥浆泵(附电机 $P=15kW$)	$Q=60m^3/h$; $p=0.2MPa$	2台	其中1台备用
17	药品溶解槽(附搅拌机 $P=1.5kW$; $n=88r/min$)	$V=20m^3$; $\phi=3000mm$; $H=3.0m$	4个	交替工作
18	加药泵(附电机 $P=0.75kW$)	$Q=20$ L/min; $p=0.3MPa$	4台	交替工作
19	浊循环水槽	$V=500m^3$; $L\times B\times H$ $=20m\times10m\times2.5m$	1个	
20	洗石皮带机消尘用水泵(附电机 $P=15kW$)	$Q=60m^3/h$; $p=0.2MPa$	2台	其中1台备用

刮泥机应设置过负荷安全保护装置,且应与刮泥机实行自动连锁,控制方式为:当刮泥机的耙子遇到障碍物,其力矩超过正常力矩70%时,应自动把耙子缓缓提起,待障碍物排除后,用手动操作使耙子复位;当因障碍物导致力矩超过正常力矩100%时,刮泥机应自动停止,并发出事故报警信号。如上例的刮泥机过负荷保护提升装置为油压装置,压油泵最高试验压力为21MPa,常用工作压力为14MPa,吐油量为3L/min,油压汽缸内径180mm,冲程500mm,上升速度100mm/min,下降速度50mm/min,刮泥机最大转矩为20×9.8kJ。

因洗石污泥比较容易脱水,故可采用转鼓式真空过滤机。如上例中污泥脱水采用的是真空过滤机,直径为3.6m,长为4.2m,过滤机面积为47.5m²,有效过滤面积为40m²,吸附区和脱水区的吸滤真空度可达80kPa,剥离区空气压力控制在0.15~0.2MPa,通常应根据污泥脱水情况调整真空过滤机的转数及泥饼的厚度。

滤布应有较好的滤水性、抗腐性、耐磨蚀性和耐老化性,并应有足够的机械强度,上例中滤布材质为尼龙6,采用210支线编织而成,有关技术数据如下:

经向密度	52 根/25.4mm
纬向密度	33 根/25.4mm
质量	$340kg/m^2$
经向抗拉强度	250×9.8N/3cm
纬向抗拉强度	170×9.8N/3cm
经向拉伸率(拉断)	59%/3cm
纬向拉伸率(拉断)	47%/3cm
通气度	$30mL/(cm^2 \cdot s)$
使用寿命	3 个月～1 年

洗石水采用絮凝沉淀可加快泥砂沉降速度和提高出水水质,一般洗石水自然沉降速度为 0.12～0.15mm/s,而加药后沉降速度为 0.35～0.6mm/s。洗石水自然沉降后的 *SS* 多在 100mg/L 以上,而加药沉降后 *SS* 可降至 50 mg/L 以下,一般不超过 100mg/L。

洗石水加药的种类及投加量应用试验的方式确定。对 pH = 7～8 的洗石废水,投加药剂 $FeCl_3$ 出水 *SS* 效果并不明显;投加药剂聚合碱式氯化铝 PAC 出水 *SS* 降低显著,但使用量较大,高达 200mg/L 以上;投加高分子凝聚剂 A-502 较为理想,当投加量为 0.5mg/L 时,沉淀池出水 *SS* 就可降至 50mg/L 以下。

一般厂洗石都不是连续进行的,多在白班进行,因此洗石水处理系统浊循环水槽和泥浆槽应考虑有足够的调节体积,以备接受停止洗石后系统内返回的积存水量和污泥脱水设备停止运转后的来泥量。调节容量的大小,应通过对系统体积进行测算后确定。

为防止出现洗石与水处理不同步运转或设备间运转顺序颠倒的情况,水处理系统中的各关键动力设备应利用相关水池水位等进行自动连锁。而且,其他受自动控制的动力设备都应为其创造能随时启停的条件,如水泵启动时必须处在灌水状态等。如上例中,各水槽液位都设有高低液位指示和液位与水泵自动连锁信号,主要连锁关系如下:

(1) 洗石水槽液位-洗石水泵:洗石水槽中水达到高液位时,洗石水泵自动启动,向沉淀池中输送洗石废水;洗石水槽水降至低液位时,洗石水泵自动停止运转;

(2) 药剂槽液位-洗石水泵-加药泵:药剂槽液位处于低位时或洗石水泵全部停止运转时,加药泵自动停止工作;

(3) 泥浆槽液位-沉淀池排泥电动阀:泥浆槽处于低液位时,沉淀池排泥电动阀自动打开;泥浆槽中泥处于高液位时,沉淀池排泥电动阀自动关闭;

(4) 气液分离器液位-气液分离器排水泵:气液分离器内分离液处于高位时,分离器排水泵自动启动,分离液送滤液槽;气液分离器内分离液降至低液位时,分离器排水泵自动停止;

(5) 滤液槽液位-滤液输送泵:滤液槽水到高液位时,滤液输送泵自动启动,向沉淀池中送滤出液;滤液槽水降至低液位时,滤液输送泵自动停止运转。

在图 7-8 所示的工艺流程中,污泥脱水设备启动联动顺序为:(1) 空气压缩机、真空泵及胶带输送机;(2) 真空转鼓过滤机;(3) 沉淀池排泥电动阀;(4) 洗石排水泵。

停止运转的联动顺序是:(1) 沉淀池排泥电动阀;(2) 洗石排水泵;(3) 真空泵;(4) 真空转鼓过滤机;(5) 胶带机及空气压缩机。

其他动力设备的启停均靠液位自动连锁来控制。

8 炼铁厂给水排水

炼铁厂是钢铁企业的重要组成部分。炼铁是将铁矿石还原成生铁。其生产过程是:将铁矿石、焦炭和石灰石等主要原燃料按一定配比从炉顶装入高炉。鼓风机送来的具有一定压力的“风”经热风炉预热后从高炉下部的风口鼓入炉内,帮助燃料燃烧,产生热量及煤气供炼铁过程正常进行;原、燃料随着炉内燃烧熔炼等过程的进行而下降,在炉料下降和煤气上升过程中先后发生传热、熔融、还原、渗碳作用而成生铁。铁矿石中的杂质与加入炉内的熔剂相结合而成渣。铁和渣均以液体的形态聚集在炉缸里,因铁和渣密度不同而自然分层并按生产顺序先后排出炉外。铁水可以直接送去炼钢,或铸成铁块。炉渣可直接运弃于渣场,或在炉前粒化生成水渣,也可在炉前出干渣。在炼铁过程中燃烧所产生的煤气,经过在炉内与炉料进行热交换后,从炉顶引出,经除尘、净化、冷却后,作为燃料加以应用。

一般炼铁厂包括高炉(为高炉服务的上料、鼓风、渣铁处理等)、热风炉、高炉煤气洗涤、鼓风机站以及相应的辅助生产设施。

炼铁厂用水量很大,按产品计,每生产 1t 生铁需用水 100 ~ 130m^3。

炼铁厂给水主要用于:高炉、热风炉冷却;高炉煤气洗涤;鼓风机站用水;炉渣的粒化和水力输送以及干渣的喷水等。此外,还有一些用水量不大的零星用户,如:润湿炉料、润湿煤粉、平台洒水、煤气水封阀用水等等。水在使用过程中,一部分水仅被加热,另一部分水不仅被加热而且被污染。未被污染的热废水,经冷却后可循环使用,亦可直接经冷却后供其他用户。被污染了的废水,经适当处理后,可循环使用,或供其他用户使用。

炼铁厂对连续给水的要求十分严格,一旦中断用水,不但会引起停产造成损失,使连续的生产作业失调,而且还会使一部分受冷却水保护的设备被烧坏,严重时还会造成重大事故。因此,除必须做到连续供水外,对中断给水会造成设备烧坏的用水户,还要采取特殊的安全供水措施。

炼铁厂的给水系统,一般均采用循环给水系统,并尽量提高其循环利用率。

炼铁厂应根据排水性质,设置不同的排水系统。被污染而必须排放的废水,一定要经过处理并达到排放标准后,方可直接或和其他废水一道排放。

炼铁厂循环给水系统的水量平衡图见图 8-1,图中水量单位为 m^3/h。

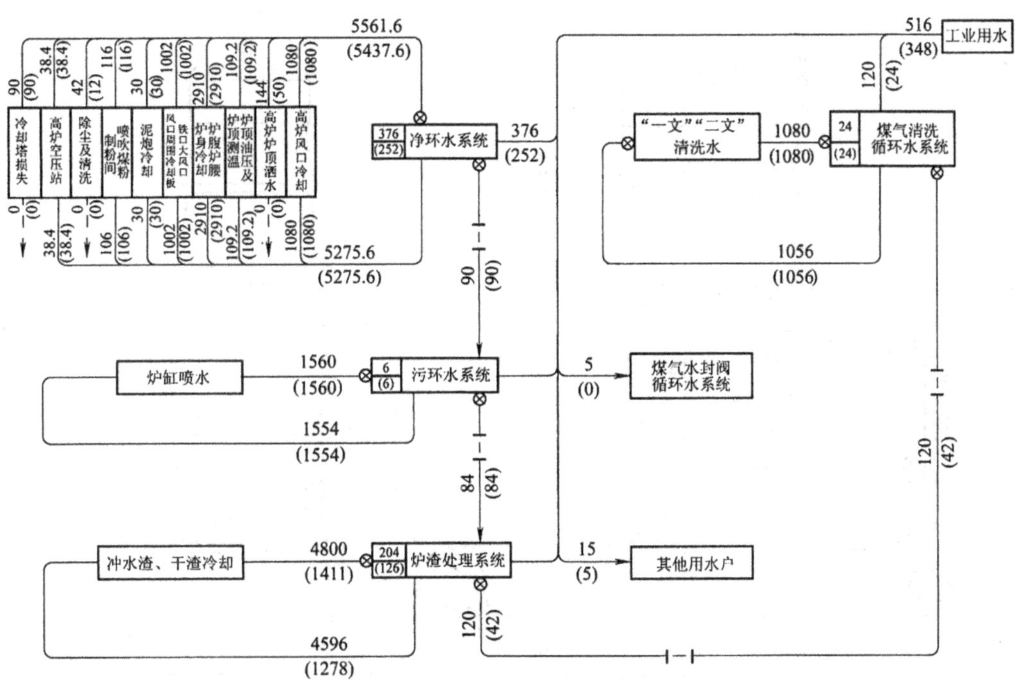

图 8-1 炼铁厂水量平衡示意图

8.1 高炉与热风炉

高炉冷却,其目的在于保证高炉不被烧坏并延长其砌体与设备的使用期限,从某种意义上讲,高炉冷却效果的好坏,决定着高炉的一代寿命。

高炉冷却系统包括风口、渣口和安装在炉体各部位的冷却壁、冷却板、空腔式水箱、支梁式水箱等各种冷却设备,这些冷却设备与给水回管接出的支管相连。冷却设备的排水,排入设置于炉身各层平台的排水斗或排水槽。高炉总体给水排水管道见图 8-2;高炉风口渣口冷却系统见图 8-3。

8.1.1 用水要求

8.1.1.1 水量

高炉冷却用水量,受很多因素的影响,如:冶炼条件、高炉冷却系统及其设备的构造、给水系统的设置、冷却水的水质水温以及操作管理等。给水排水设计,应以工艺提供的用水量为依据,经综合平衡后确定。下面介绍确定高炉用水量的几种方法,以供参考。

A 按照热负荷计算高炉冷却用水量

计算关系式如下:

$$W = \frac{Q}{C(t_2 - t_1)10^3} \tag{8-1}$$

式中 W——高炉冷却用水量,m^3/h;

Q——热负荷,J/h;

C——水的质量热容,J/kg,℃;

t_1——冷却设备进水温度,℃;

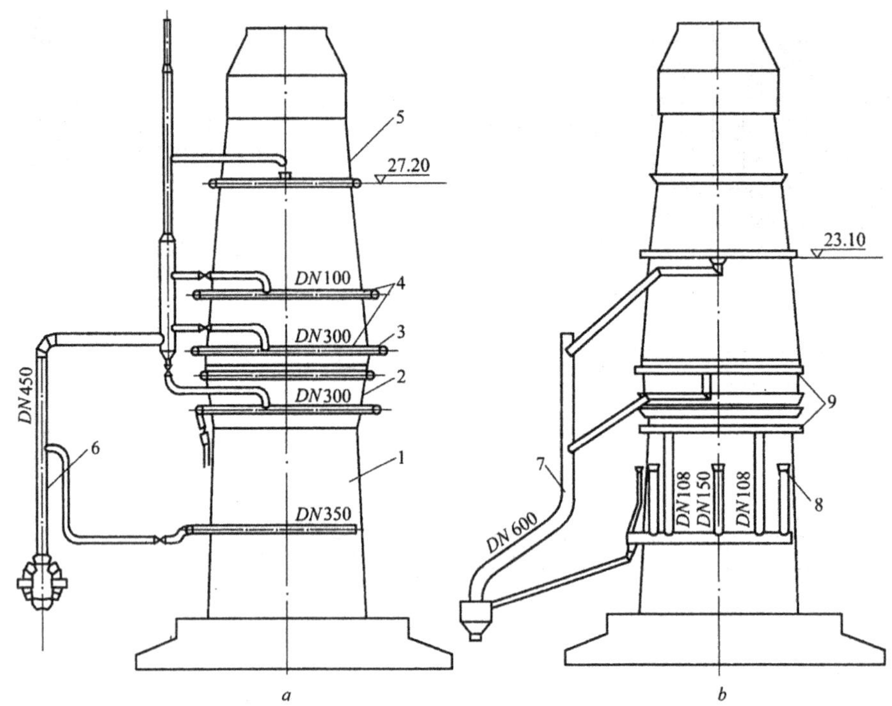

图 8-2 高炉炉体给水排水管道示意图

1—炉缸;2—炉腹;3—炉腰;4—给水围管;5—炉身;6—给水管;7—排水管;8—排水斗;9—排水槽

t_2——冷却设备出水温度,℃。

热负荷 Q(J/h),即高炉冷却水需带走的热量,经验计算式如下:

$$Q = (0.12n + 0.0045V)10^6 \tag{8-2}$$

式中 n——风口数,个;

V——高炉有效容积,m^3。

B 按单位炉容计算高炉冷却水量

单位炉容的用水量指标列于表 8-1。

表 8-1 单位炉容用水量指标

类　别	有效容积/m^3	每 m^3 高炉容积用水量/$m^3 \cdot h^{-1}$
中型高炉	255～620	1.6～2.7
大型高炉	≥620	1.4～1.8
80 年代以后的大型、特大型高炉	1200～>4000	2.1～3.2

注:单位炉容用水量指标中,已包括了热风炉和润湿煤气灰、炉料以及洒水等零星用水。

C 按不同炉容高炉计算高炉冷却水量

不同炉容高炉的用水量列于表 8-2。

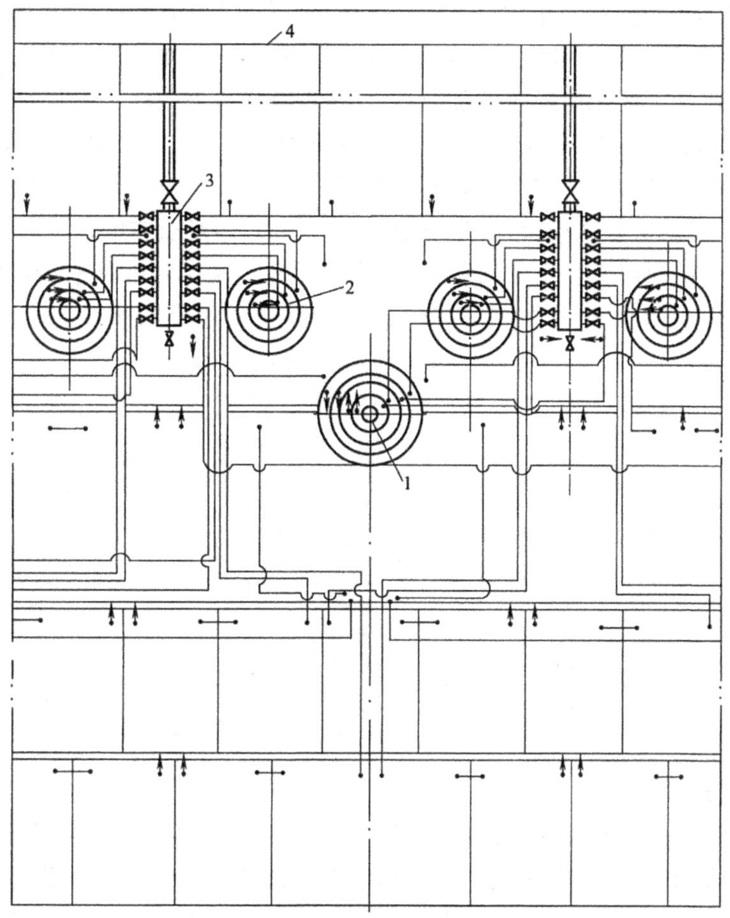

图 8-3 高炉风口和渣口冷却系统图

1—渣口；2—风口；3—配水柱；4—给水围管

表 8-2 不同炉容高炉用水量

高炉有效容积/m^3	用水量/$m^3 \cdot h^{-1}$			
	高炉炉体	热风炉	其他	共计
255	400	90	15	605
620	800	130	30	960
1000	1400	180	50	1630
1500	1950	180	60	2190
2000	2800	220	80	3100

注：用水量系平均用水量。

上述 B、C 两项用水量指标是指 20 世纪 70 年代以前我国高炉的给水情况和设计参考值。这些资料现在仍具有一定的参考价值和意义。但现代化高炉，尤其是 80 年代以来，随着高炉先进技术的引进早已摒弃了这种按炉容确定冷却水用量的方法。这是因为，现代化高炉的有效容积往往都在 $1000m^3$ 以上，为提高高炉的一代寿命，往往都采用了新型的冷却设备，同时对冷却水的供水水质要求甚高，有的甚至采用软水或纯水作为冷却水，而对水量则有一个放大要求的趋势。如武钢 3 号高炉，有效容积为 3200m^3，采用纯水密闭循环系统，其高炉、热风炉的密闭循环水量平均为 6546m^3/h，最大为 7286m^3/h；唐钢两座 1260m^3 高炉，采用软水密闭和工业水循环相结合的系统，高炉及热风炉循环水用量为 7320m^3/h（平均每座高炉为 3660m^3/h）。宝钢 3 号高炉，有效容积为 4350m^3，采用纯水密闭循环和工业水开路循环相结合的系统，其高炉、热风炉循环水用量为 16 412m^3/h。这些例子说明，高炉、热风炉循环用水量均有较大增长，这并不是指标的落后，而是技术的进步，因此对于高炉、热风炉的用水量，一是应以工艺专业的要求为依据，二是若能得到准确的热负荷值，采用关系式(8-1)和式(8-2)计算亦可以。现代大型高炉用水量实例示于表 8-3。

表 8-3 现代大型高炉用水量实例

高炉有效容积/m^3	用水量/m^3·h		
	高炉炉体	热风炉	共计
1260	3360	300	3660
1350	4730	（包括在炉体内）	4730
3500	5846	700	6546
4063	6552	1158	7710
4350	5633	1282	6915（不含二次冷却水）

8.1.1.2 水压

在正常情况下，高炉冷却系统的给水压力应以满足下列要求的不利条件为原则：冷却设备内的水压（串联时应为最后一个冷却设备）应比它所处部位炉内煤气压力大 0.03～0.05MPa；风口、渣口内的水压应比它所处部位内煤气压力大 0.08～0.1MPa。在事故情况下，应保证高炉炉体最高最后一个冷却设备不断水和风口冷却部位入口水压不低于 0.08～0.12MPa。不同炉容高炉要求的给水压力列于表 8-4。

表 8-4 不同炉容高炉要求的给水压力

高炉有效容积/m^3	255	620	1000	1500	2000	2000 以上
给水压力/MPa	0.2～0.4	0.38～0.45	0.5～0.58	0.55～0.60	0.55～0.60	≥0.65

注：给水压力以高炉前轨面标高为基准。

现代化高炉（往往大于 2000m^3），一般采用高压炉顶冶炼。这是为提高冶炼强度，提高利用系数，增加产量之目的。工艺专业往往会因冷却部位热负荷的不同而提出不同的要求。因此，分区供水、单独供水都是常用的措施。例如：风口前端热负荷大，当冷却水流道太小、水压不够时，不但不能带走产生的热量，而且易形成局部过热汽化，甚至带来重大事故。所以风口冷却水供水压力要求达到 1.5MPa 或更高些。这样对风口冷却应设单独供水以满足其压力要求。

下面是一些大型高炉的供水压力实例，列于表 8-5。

表 8-5 一些大型高炉的供水压力

高炉有效容积/m^3	1260	1350	2500	3500	4063	4350
风口冷却/MPa	1.50	1.70	1.40	1.50	1.60	1.45
炉体冷却/MPa	0.60	0.70	0.54	0.65	0.65	1.28
热风炉冷却/MPa	0.30	0.70	0.54	0.60	0.70	0.70

8.1.1.3 水温

高炉给水温度一般要求不大于 35℃。高炉采用软水或纯水密闭循环冷却,甚至汽化冷却的实践证明,被保护的高炉砌体(内衬)和设备,在汽化冷却的温度条件下,没有不良的影响,也就是说,只要能带走足够的热量,冷却水温度高低,对高炉没有不良影响。因此,合理提高冷却水的排水温度不只是允许,而且是节约用水的重要途径。高炉炉体各部位及冷却水允许的水温差列于表 8-6。80 年代以来一些大型高炉的供回水温度实例列于表 8-7。

表 8-6 高炉炉体各部位水温差允许范围(℃)

冷却部位	炉容 /m^3		
	255	620	>1000
炉身上部	10~14	10~14	10~15
炉身下部	10~14	10~14	8~12
炉腰	8~12	8~12	7~12
炉腹	10~14	8~12	7~10
风口带	4~6	3~5	3~5
炉缸	<4	<4	<4
风、渣口大套	3~5	3~5	5~6
风、渣口二套	3~5	3~5	7~8

表 8-7 一些大型高炉的供回水温度(℃)

冷却部位	炉容/m^3					
	1260	1350	2500	3500	4063	4350
高炉炉体	50~60.6	55~62.5	45~56	49~58	35.4~41	45~56.5
高炉风口	35~41	55~60.5	33~38	49~58	33~41	45~60
风、渣口	35~41	35~45	33~38	49~58	33~41	33~40

确切地说,冷却水排水温度与冷却水水质、冷却的给水方式(即供水系统)以及冷却设备(指高炉冷却设备)的型式密切相关,将在水质一节予以说明。

8.1.1.4 水质

水质,主要是指水中各种物质,如悬浮物质、胶体物质、溶解物质等。对于高炉冷却水,主要是指水中悬浮物和溶解盐类含量以及冷却水的结垢、腐蚀倾向问题。实际运行情况表明,水中悬浮物含量小于 100mg/L 时 ,冷却设备内仍有悬浮物沉淀下来,箱式冷却设备表现得尤其明显。因此,现代化大高炉间接冷却水的悬浮物含量必须认真控制。要求冷却水水质要好,不能有沉淀、堵塞冷却设备的现象;其次,我国淡水资源十分缺乏,不允许采用直流供水。必须进行严格的水处理,循环用水,并且尽量提高其用水循环率,做到尽量少用新水，尽量少排水以保护水环境。根据国内外的使用经验，增加水质处理的投资，不但从政策上是必须的，而且在经济上也是合理的。现代化高炉一般一代寿命为10年左右，过去不能达到10年寿命，除了高炉设备本身的种种原因之外，高炉冷却水水质不佳是一个重要的原因。要提高高炉的一代寿命，必须供给优质冷却水。就冷却水悬浮物而言，在循环供水中，其悬浮物含量最好小于20mg/L。若采用纯水或软水进行高炉炉体冷却，满足这个要求是不言而喻的，其二次冷却水水质也应达到这个要求，而且最大不应超过50mg/L。

水质问题除悬浮物含量之外，其溶解盐类的含量也是十分重要的。水中造成结垢等水质障碍的溶解盐类主要是碳酸盐和游离碳酸的含量。冷却水在各种不同碳酸盐硬度和各种不同游离碳酸含量条件下与排水温度的关系列于表8-8。

表8-8 不同游离碳酸含量和碳酸盐硬度冷却水与排水温度的关系

游离碳酸含量/$mg\cdot L^{-1}$	不同碳酸盐硬度/德国度														
	6	7	8	9	10	11	12	13	14	15	16	17	18	19	20
10	65	50	40	20											
20		65	55	40	35	25									
30			65	60	50	40	30	20							
40				70	60	50	40	30	20						
50					70	60	50	40	30	25					
60						65	55	45	40	30	25				
80							65	60	50	40	30	30	25		
100							70	65	60	50	40	35	30	25	20

注：表中所列温度可视为允许排水温度。

实际生产中，在尚未达到表中所列温度的情况下就会出现结垢，说明表列的理论值与实际有偏差。这是由于实际生产中冷却设备内各部位的水温不同，靠近冷却设备壁的地方，水流速度小，形成水膜，而该处恰恰是温度最高的位置。所以用此表指导设计是不恰当的，只能提供设计参考。

8.1.1.5 排水

这里所说的排水是指高炉、热风炉循环供水系统的排水。排水是循环供水系统维持水量平衡的重要手段之一。在系统确定以后，首先确定浓缩倍数，通过对浓缩倍数的控制实现对循环水质的管理。浓缩倍数是根据冷却设备对水质的要求以及循环过程中水的收支平衡确定的。它要通过对排污水量的控制得到保证。其计算公式如下：

$$N = \frac{Q_m}{Q_b + Q_w} \tag{8-3}$$

式中 N——浓缩倍数；

Q_m——补充水量，m^3/h；

Q_b——排污水量，m^3/h；

Q_w——风吹损失水量，m^3/h。

确定了浓缩倍数之后，就可知道排水的水质和水量了。对炼铁厂而言，一般情况下，在高炉工程的给排水设计中，高炉、热风炉供水系统的排水，可以作为高炉煤气洗涤水系统循环水的补充水。若高炉为干式除尘或有别的原因不能排至煤气洗涤系统，则排至高炉炉渣粒化(水渣或干渣)的水系统是没有问题的。因此可以说,高炉、热风炉系统没有外排污水。

8.1.2 给排水系统

8.1.2.1 给排水系统的选择

高炉、热风炉给排水系统的选择和工厂的规模、建设程序、水源、地形以及当地其他自然条件有关,而且对企业的生产管理、经济效益和社会效益以及安全生产关系极大。从现行的国家政策和技术出发,不论是大型高炉,还是中小型高炉;不论当地的自然条件如何;也不论业主一时的观点是什么,从保护水资源,从设计的角度出发,高炉、热风炉的给排水均应选择循环供水系统。新建高炉是这样,改造已有高炉也是这样。值得研究的是在炉体冷却循环供水系统中,是采用一般工业用水开路循环,还是采用高质水(软水或纯水)闭路循环。它与工艺条件、工艺专业的要求、工艺设备的结构、本企业或当地的供水条件等关系密切,应通过技术经济比较后再确定。

确定了上述原则后,尚须根据用户(高炉各不同冷却部位)对水量、水质、水压、水温的不同要求,分设不同的系统。对高炉、热风炉来说,对水质、水温的要求是相同的。当高炉下部和上部采用两个压力不同的给水系统时,热风炉给水应和高炉下部给水合并为一个系统。另外,由于风口供水压力较高,可设置单独的供水系统。

因为是循环供水系统,所以排水已经成为循环系统的组成部分。根据高炉工艺对排水接收装置的布置,应尽量利用其位能作为剩余压力,使之直接上冷却塔。位能不够时,才设置冷却塔泵组。

8.1.2.2 典型的给排水系统

所谓典型的给排水系统,并不是标准,也不是规定,而是近年来比较常用、且行之有效的系统。这里只介绍两个典型系统,其一是采用一般工业用水半开路循环系统,见图 8-4;其二是采用纯水闭路循环系统,见图 8-5。

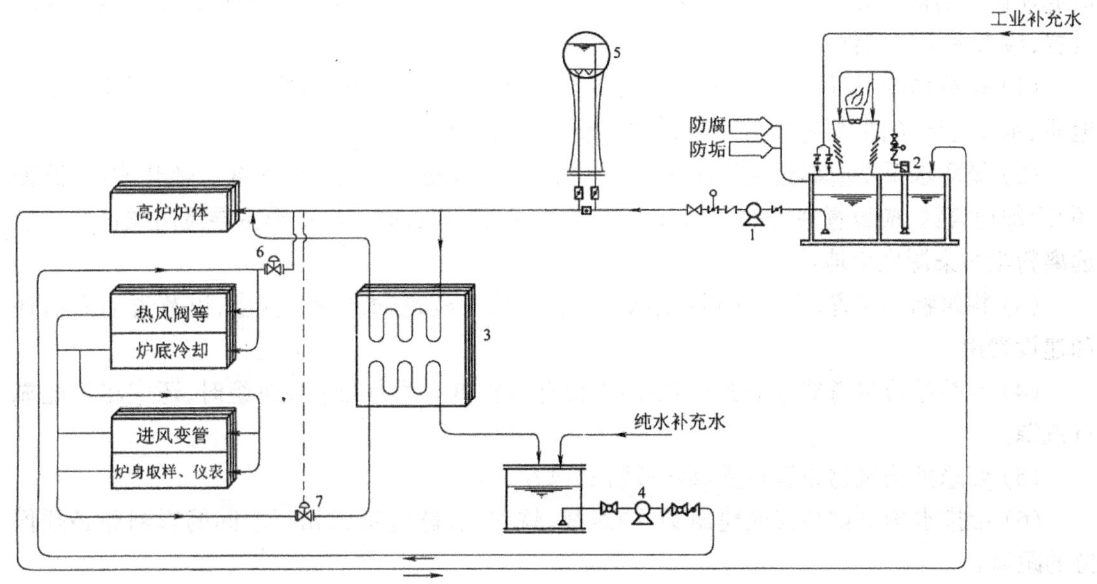

图 8-4 工业水半开路循环系统

1—高炉供水泵;2—冷却塔扬送泵;3—热交换器;4—纯水循环泵;5—安全水塔;
6—自动开启阀;7—三向转换阀

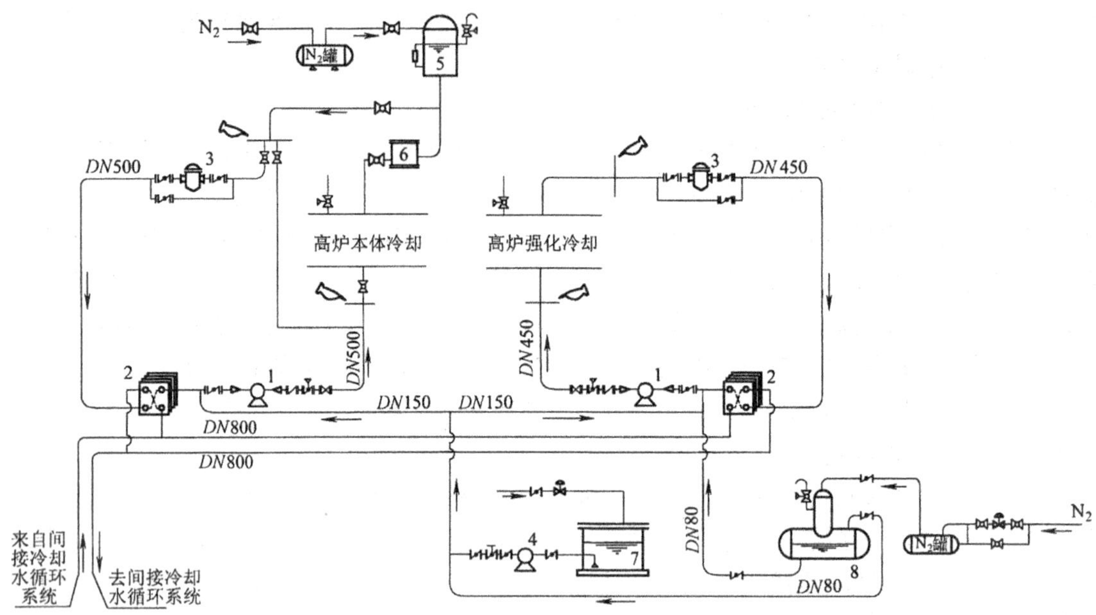

图 8-5　纯水闭路循环系统

1—热水循环泵；2—热交换器；3—管道过滤器；4—补水泵；5—膨胀罐；
6—脱气罐；7—纯水槽；8—低位膨胀罐

8.1.3　构筑物

8.1.3.1　构筑物的设置

高炉、热风炉给排水构筑物的设置，是总体设计的一个组成部分。如配置不当，不但会造成建设上的浪费，还会使生产长期处于不合理条件下运行。高炉、热风炉给排水构筑物的设置，应考虑下述条件：

(1) 构筑物的配置，首先应满足工艺要求，应与给排水系统的选择相一致。要注意工程地质、水文地质条件，要考虑分期建设的可能性和合理性。

(2) 循环水泵站应靠近主要用水户，并与冷却构筑物尽可能就近配置。敞开式(开路循环)冷却构筑物，应设置在场地开阔、通风良好的地方，其长边应与夏季主导风向成正交。应远离粉尘污染源发生地。

(3) 构筑物的布置，应充分利用地形和余压，减少构筑物的设置深度，以节省动力消耗和建设费用。

(4) 水泵站应尽量靠近电源；当泵站内设有汽轮机为动力的水泵机组时，还应尽可能靠近汽源。

(5) 切忌把构筑物布置在受洪水威胁的地方。

(6) 给排水构筑物与其他建筑物、构筑物、铁路、公路应考虑相互之间的影响和必须保持的距离。

(7) 在总图布置紧凑和管线较多的情况下，因高炉给水的安全性要求非常高，可考虑设置地下管廊，另外构筑物的配置方位应考虑与相关设施连接管线最短，并不应有折返迂回的现象。

(8) 有高地可利用时,应首先考虑建高位水池作为安全供水的措施;无高地可利用时,则应建高位水塔作为安全供水的措施之一。高位水池或水塔与水泵站可对置,也可前置,如前置时,应注意不致使一段管路发生故障,造成泵站和水塔(或高位水池)同时停止供水的情况。

(9) 为给排水设施配套服务的调度站、水处理控制室、修理间、化验室等,要尽可能布置在给排水构筑物比较集中的区域。

8.1.3.2 水泵机组选择

高炉、热风炉给水泵站设计,在原理上和一般给水泵站没有什么不同,这里只介绍选择水泵组时需要注意的事项。

A 向高炉、热风炉供水的水泵机组选择

水泵机组的选择与高炉的座数,容积大小及其运行条件有关。要求所选水泵机组的能力,除满足高炉、热风炉对水量、水压要求外,还应考虑下列因素:

(1) 为经济运行与操作方便,尽可能做到一泵对一炉,特大型高炉可二泵对一炉。在高炉数量不太多的情况下,要尽量避免两座或两座以上高炉共用一台水泵给水。

(2) 尽可能选择同型号水泵,以便运行和维修。

(3) 为调节冬、夏季和高炉一代寿命初末期用水量的变化,应考虑设调节用水泵。调节用水量可按总用水量的10%~15%(或更大些)考虑。

(4) 备用水泵应不少于两台,备用率不少于50%。

(5) 在满足上述条件下,尽可能选择大容量水泵,以减少泵房建筑面积,节约基建投资。

(6) 水泵配置电动机一般应由水泵制造厂成套供货。当需要单独选择电动机时,一般应选鼠笼型异步电动机,仅在功率很大,为了改善整个电网的功率因数时,才考虑选用同步电动机。大型电机应考虑防潮加热器。

(7) 作为主要供水设备,为满足集中操作、机旁无人的要求,供水泵应附带轴承温度计(带远传信号),满水检测器(带远传信号)、轴封水管以及切断阀、水流指示器(带远传信号)等。

(8) 水泵若为户外安装时,要求配置户外电机。

(9) 对自动化水平要求较高的单位和场合,还要求水泵配套电机有定子、转子绕组测温元件(带远传信号)。

B 向冷却设施给水的水泵机组选择

水泵能力除满足水量、水压要求外,水泵机组的数量应和高炉给水水泵机组工作相协调。备用泵一般设一台。

高炉风口、炉体上部、炉体下部若分组供水,其水泵机组的选择原则相同。采用优质水(软水或纯水)闭路循环系统时,炉体供水泵及二次开路冷却系统供水泵的选择也用上述原则。

8.1.3.3 热交换器及补水设备

A 热交换器

采用优质水(软水或纯水)进行高炉炉体冷却时,使用过后的水同其他间接冷却用水一样,水在离开冷却设备时,只是被加热。一般采用水-水(或水-气)热交换器经间接冷却,将优质水的温度降下来。实践证明,水-水热交换效率比水-气热交换要高得多,所以多采用水-

水热交换器。其热交换器的热侧为优质水,冷侧则为净循环水。常用的热、冷水比例为1:1.1~1.5。而采用比较普遍的是板式换热器。由于它比管式换热器具有如下优点:

(1) 投资费用低;

(2) 热效率高;

(3) 结构紧凑,占地面积小;

(4) 节省能源;

(5) 维护简单,维修费用少;

(6) 滞流量低。

故板式换热器迅速取代了管式换热器和其他型式的热交换器。又根据流体介质的不同,又可分为不同结构材质的热交换器。

B 补水设备

当采用纯水(或软水)的闭路循环系统时,由于系统的渗漏损失,需要对系统进行补充水。补水是利用膨胀罐(亦称缓冲罐)进行的,有其一整套构筑物及设备。

(1) 补充水池。补充水池可以做成钢筋混凝土,池内涂漆或喷塑;也可以用钢板焊制成补水罐,内外进行涂装。水池(或水罐)的容积与其他循环水池一样,根据补充水量补充泵的流量进行计算。

(2) 补水泵。补水泵的选择和一般给水泵的选择类同。这里不再重复,请参见8.1.3.2节。但补水泵的运行应与膨胀罐压力连锁。

(3)膨胀罐。膨胀罐(亦称缓冲罐),是闭路系统的重要设备之一。罐内除优质水(纯水或软水)外,均被 N_2 充满。罐的出水管与闭路系统的水管相连。当系统内压力下降时,膨胀罐内的水在 N_2 气的压力下,压送至管网,随着罐内水量的减少,N_2 气体积膨胀,压力减少,当压力下降到设计最小工作压力时,压力控制器使补水泵启动,补充水通过系统的管网进入膨胀罐,向罐内补充水,这时水涨又压缩 N_2 气,使 N_2 气压力徐徐上升,当压力升至最大工作压力时,压力控制器又将补水泵关闭,停止补水,如此周而复始,循环不断。一般膨胀罐上设置压力监测器、切断阀、安全阀等。膨胀罐如图8-6所示。

8.1.3.4 水塔及高位水池

设置水塔及高位水池的目的,在于保证安全供水。它的作用与一般水塔和高位水池不完全相同,它不起调节和稳定供水管网压力的作用。当水泵因停电而停止运转时,它可有效地保证连续供水一段时间,水塔或高位水池的高度(指水柜底)应按保证高炉风口冷却水入口水压不低于0.08~0.12MPa考虑。水塔和高位水池的最高水位不得高于它和管网相接处的水压(压力式水塔除外),否则就不能保证贮存固定的水量。关于确定水塔和高位水池容量的原则,将在安全供水一节中予以说明。

安全供水的高位水塔示于图8-7,图8-8。

由图8-7可知,在正常情况下,因为管网压力大于水塔最高水位,所以水可以从进水管1进入水柜。当水柜装满水后,进水管上的浮球阀2借浮力自动关闭,不再向水塔进水。因为出水管3上装有逆止阀4,故无法从出水管3处向水塔进水,又因水塔最高水位低于管网压力,正常情况下,逆止阀无法打开,所以也无法出水。一旦向高炉供水的水泵停止运转,管网压力下降,并低于水塔最高水位时,逆止阀4借着压差自动打开,贮存于水柜中的水即源源不断进入管网,送至用户,保证供水。当浮球阀2失灵时,溢流管5起排水作用。排污管6

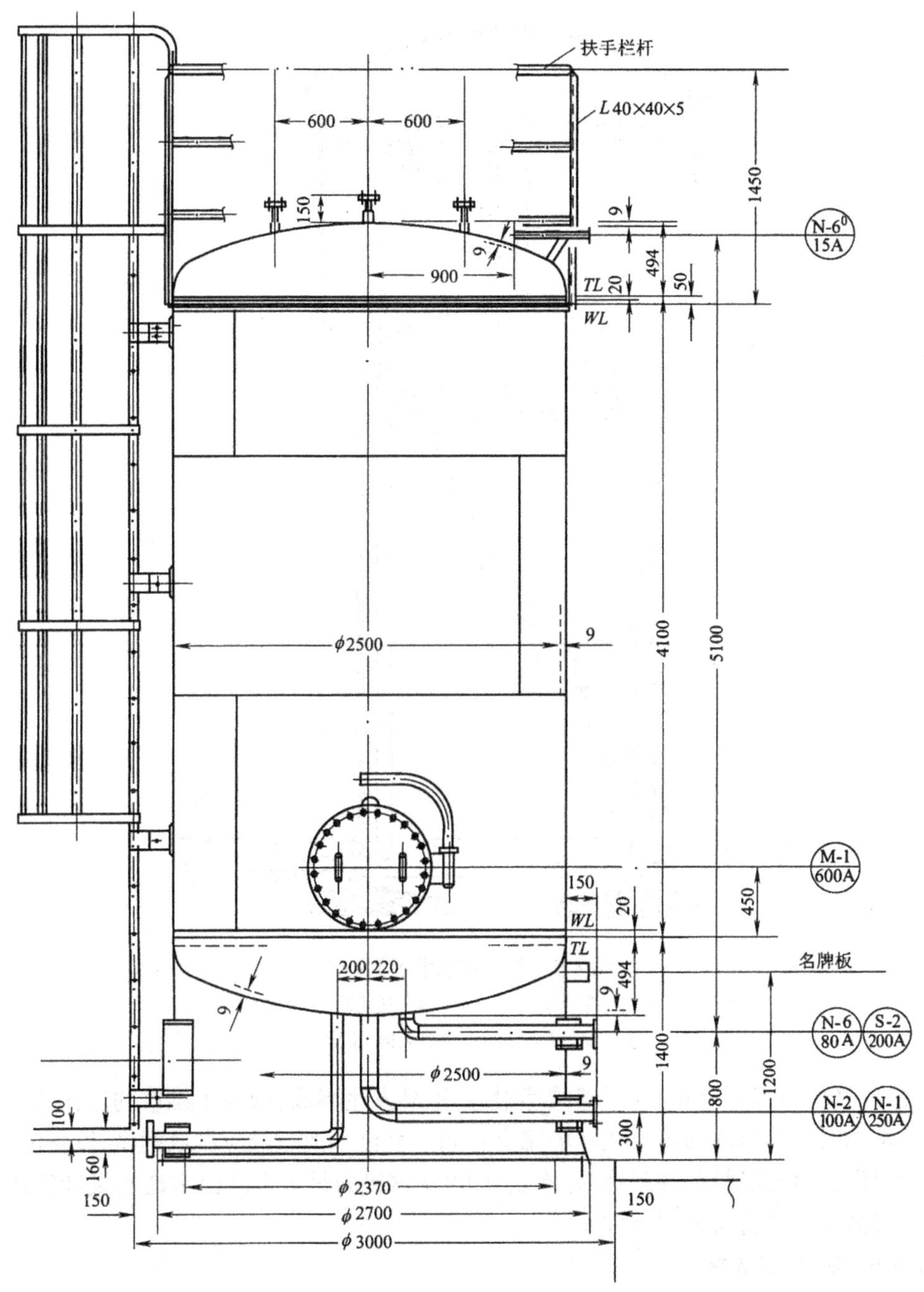

图 8-6 膨胀罐

上的阀门 7，是经常关闭的，仅在排水时才允许打开。主管 9 上的阀门 8，进水管 1 上的阀门 10，只有在水塔检修时才允许关闭，平时总是打开的。

图 8-8 是压力式水塔的示意图，它是钢结构，压力式水塔，就像一竖起来的放大的管道一样，在水泵正常运转时，管网经过压力水塔，将水送至高炉的冷却设备，当水泵停止运转时，则压力水塔中的水与重力式水塔一样流入管网，送至用户，保证供水。压力式水塔因是钢结构，所以造价比重力式水塔(一般为钢筋混凝土结构)贵些，但塔内始终是活水，对保持

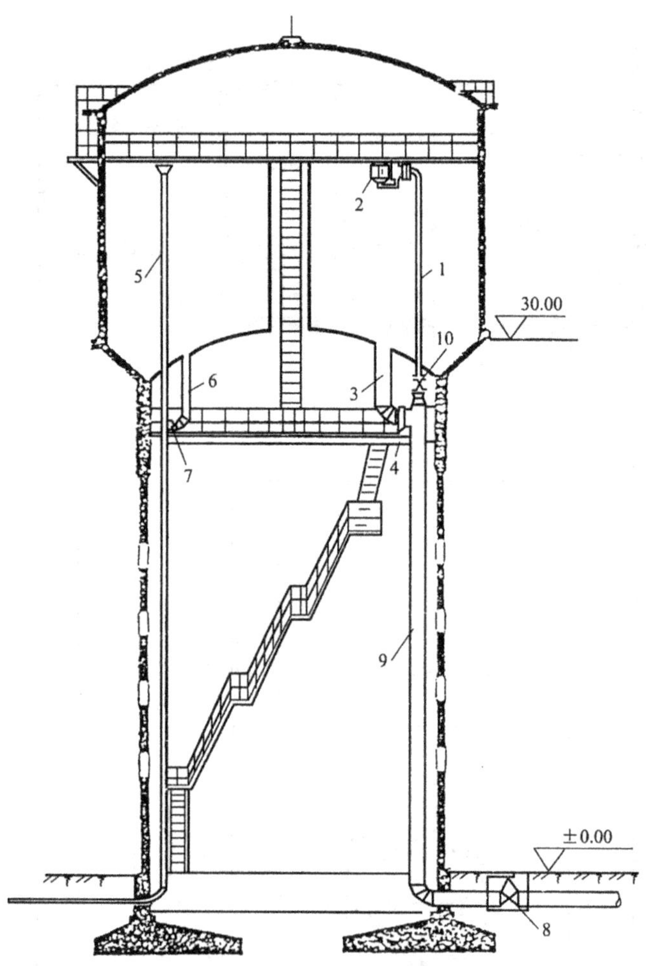

图 8-7　重力式水塔示意图

1—进水管；2—浮球阀；3—出水管；4—逆止阀；5—溢流阀；6—排污管；7、8、10—阀门；9—主管

水质有好处，且也省却了逆止阀、浮球阀等附件，不易发生事故，减少了维修的工作量。

高位水池的工作原理与重力式水塔完全相同。高位水池一般应做成两格，以备清扫，检修时可轮流作业，仍能保持一部分贮存水量，图 8-9 示出的是一个高位水池的设计实例。在山区建厂时高位水池有其有利条件。

8.1.3.5　冷却方式选择

高炉、热风炉冷却用水量一般都比较大，但水质不受污染，要求冷却温度降（$\Delta t = 5 \sim 8℃$）不大，用户对冷却水温度要求不很严格，可以采用冷却水池（表面冷却），喷水冷却池和冷却塔（自然通风和机力通风）。因此，选择冷却方式时，除了考虑与循环水冷却密切相关的气象条件外，还要十分注意对地方条件的调查研究。如调查工厂场地的大小、建筑物、构筑物布置情况、工程地质和水文地质条件、当地建筑材料供应和施工条件、建设期限要求等。因为这些都是正确决定高炉、热风炉冷却方式的重要因素。

喷水冷却池的冷却效果，与风力、风向的关系较大，因此，要求尽可能布置在场地平坦、宽大、利于通风的地方。此外，因为它的风吹损大、水雾大，和其他建筑物、构筑物必须保持

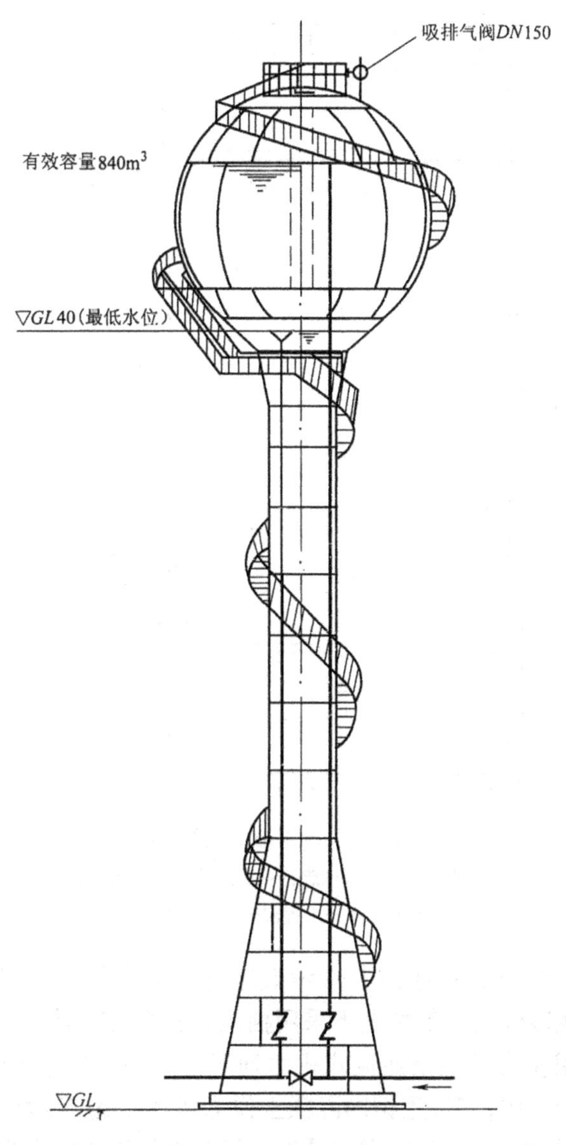

图 8-8 压力式水塔示意图

足够的距离。所以喷水冷却池只有在场地宽大、当地常年风力比较稳定的地方,才有可能采用。在实际工程中,往往把喷水冷却池的冷却和贮水结合起来的实例颇多。

高炉区建筑物、构筑物布置紧凑,在大多数情况下不可能提供足够的面积,喷水冷却池,一般都应考虑建自然通风或机力通风冷却塔。结合高炉、热风炉冷却水不受污染,要求的水温降不大的特点,宜采用结构紧凑、冷却效率高、淋水装置高度小、通风阻力小的薄膜式填料。水的冷却过程,主要在淋水装置中进行。因此,随着科学技术的现代化,近年来研制了各种型式、形状的薄膜式填料,诸如平膜板式、波形(正弦波、梯形波)模板式、网格模板式等多种填料。在设计中应根据塔型、热力性能、通风条件、材质、维护检修、水质以及造价等因素通过技术经济比较而正确选择。

自然通风冷却塔的基建投资较机力通风冷却塔为高,但不耗电、经营费用省、管理方便,机力通风冷却塔则刚好相反。两者各有优缺点,在电力比较紧张的地区,如工期允许,又有

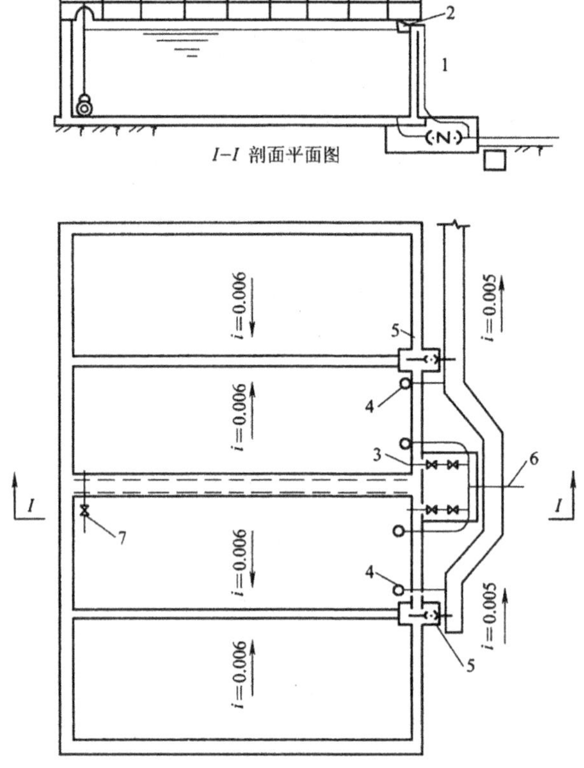

图 8-9　高位水池平、断面图

1—进水管;2—浮球阀;3—出水管;4—溢流管;
5—排污管;6—主管;7—连通管及阀门

建自然通风冷却塔的场地和施工力量时,应考虑建自然通风冷却塔。反之,则应考虑机力通风冷却塔。而机力通风冷却塔一般情况下采用抽风式较多,这是由于其配水高度较低,冷却效果好所致。至于采用横流式还是逆流式机力通风冷却塔,则应根据场地情况不应强求。在大型高炉的冷却水处理中,宜采用钢筋混凝土作为塔体结构,因为其基建费用省、使用寿命长、维护和检修工作量少。近年来,国内外发展了玻璃钢塔体的大型冷却塔。

为节省能源,在考虑气温影响的条件下,在每一组冷却塔中可以选择一台冷却塔风机作为变频调速风机。使冷却塔风机的转速可以根据冷却水温的变化而自动调速变化。如某大型钢铁联合企业的某项工程中 ϕ8m 冷却塔风机变频的设计参数如下:(间接冷却水系统)

冷却塔回水温度:	41℃
风机调速温度范围:高速	41℃
低速	30℃
调速风机停止温度:	27℃

由于采用了变频风机,在日常的运行中,根据冷却水温可以调节风机的使用台数,尤其在气温较低,或冬季时可将恒速风机和调速风机任意组合,从而大大节省运行费用。

8.1.3.6　管道敷设

一般情况下,高炉、热风炉的循环冷却水管应直接埋地敷设。由于高炉、热风炉的供水重要性，循环冷却水管的管材应为钢管。为延长钢管的使用寿命，避免发生故障，确保供水安全性，高炉、热风炉的循环供水管道的内外壁均应作防腐处理。在进行防腐涂装之前，先除锈，最好采用喷砂或喷丸除锈的方法，把锈垢彻底清除，达到除锈等级 Sa2 $\frac{1}{2}$级标准后，在8h 内完成涂装作业。管道内壁可涂环氧煤沥青漆或其他管道内壁防腐涂料，两道底漆两道面漆。也可以选用水泥砂浆作为内喷涂施工，水泥砂浆的厚度视管径大小而定。管道外壁一般应按规定做加强防腐处理即二布四油。有的企业，对地下管道涂装要求做到二布八油。即底漆-面漆-玻璃布-2 道面漆-玻璃布-3 道面漆。总干膜厚度大于 7mm。从设计上应要求，钢管的内外涂装均应在工厂内进行。每根钢管的两端留出约 200mm 作为焊接距离。在施工现场只作焊接接口处的补充处理。有条件的地方，管道配件，如三通、弯头等，应选用冲压或热压成型的管件，做不到时才允许现场制作(必须按标准图制作)。

为了供水管道的安全、维护管理的方便，在供水管道上应按规范要求，作伸缩节、排气阀、排泥阀、切断阀、放空阀，在大于 *DN*800 的管道上应作检修清扫人孔。

对于埋地管道，应敷设在老土地基上，若遇回填土时应分层夯实，密实度要求达到 95%以上，否则应填黄砂保护。根据经验，黄砂垫层一般从管底 200mm 至管中心；重要的供水管可至管顶以上 200mm。

往往由于下列原因，需要把管道敷设在管沟里：

(1) 场地狭窄，管线密集，不能满足敷设条件时；

(2) 要求安全供水程度高的主要干线；

(3) 管道敷设在有侵蚀性土壤地区时；

(4) 管道敷设在大孔性土壤、涨缩性土壤地区时；

(5) 管道敷设在铁路下面时。

管沟应根据管道的数量、规格、重要程度等条件，可设计的或通行的、半通行的或不通行的。图 8-10 为可通行管沟的断面图。

设计管沟时，应考虑：

(1) 管沟的设置深度一般应根据外部荷载和经济的建设费用来确定。在有重物下落和出铁、出渣的地方，管沟上部的回填土厚度，应不小于 0.7m，或者采用其他的有效措施。

(2) 由于温度变化，应考虑管道的伸缩问题。

(3) 有足够数量的安装口和检查口。

(4) 当闸阀直立安装高度不够而又不允许把闸门室做到地面以上时，可把闸门水平安装或把闸门室加深。

(5) 可以使用蝶阀代替闸阀。

(6) 管道直径大、数量又多时，在管沟内应考虑安装搬运所需的简单机械。

(7) 在有地下水时，管沟的结构应考虑防水措施，同时管沟内应设排水措施，以排出渗漏的地下水、阀门接口处的渗漏水以及放空管道时的排水。

(8) 支、吊架的管道，要考虑安装、维修的方便。

(9) 管沟内设必要的照明和换气设施。

(10) 管沟与建、构筑物，铁路，公路不能保持最小距离或交叉时，应视具体条件，采取加固措施。

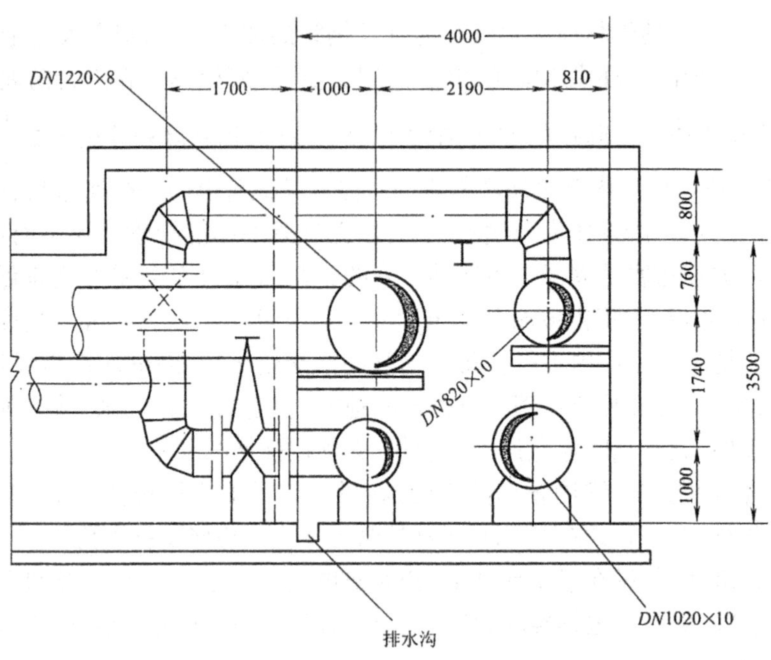

图 8-10　管沟断面图

8.1.4　安全供水

高炉、热风炉要求连续供水。一旦中断供水,不但会引起停产、造成损失,使连续的生产作业失调,而且还会使一些冷却设备烧坏,严重时,还要出现重大事故,所以高炉、热风炉必须安全供水。安全供水的完整概念是:不但要保证连续供水,并对一旦中断给水会引起设备烧坏的用水户应有特殊措施,以保证连续供水。也就是说,安全给水指的是用水户的安全,而不是指工艺设备的正常生产。安全给水涉及水源、电源、水泵站、水泵机组配备、管道、贮水构筑物、水塔或高位水池、备用动力、管理等各个方面,同时还需考虑高炉供水系统突然中断供水,管路中产生水锤时对管路及水泵基础的影响。所有这些方面只有在构成一个有机的整体时,才能充分发挥其积极作用,实现安全供水。在考虑安全给水时,一定要根据企业规模、性质、主体设备的需要,中断给水可能造成的损失及其对国民经济的影响,工厂的装备水平,操作技术的熟练程度以及当地其他条件等,进行全面分析,因地制宜,恰当处理。要防止片面性,既要防止过高的安全要求,造成浪费;又要防止忽视安全,引起不应有的事故,造成损失。对安全给水的基本要求,分述如下。

8.1.4.1　水源

钢铁企业一定要有可靠的水源和对给水有保证的取水构筑物。大型钢铁联合企业和主要的中型企业,若条件允许,可建造两个或两个以上的水源。对高炉、热风炉而言,在全厂水源可靠的基础上,应有两路管线从全厂管网的不同管段上接水至高炉冷却泵站的吸水井,而且应设计为根据吸水井(或贮水池)水位自动补水的形式。吸水井,或贮水池(也称冷水池),应有足够的容积,一般可推荐主要供水机组 20 ~ 30min 水量的容积。这样即使在补给水中断的情况下,也能维持足够的时间使补充水得以恢复。

8.1.4.2　给水泵组及电源

向高炉、热风炉供水的水泵站,为简化操作,实现迅速启动(即缩短事故延续时间),一般应设计为自灌式。同时,泵站必须考虑事故排水措施。事故排水措施,首先要考虑自流排水的可能性,无法自流排水时,应考虑设专用的事故排水泵组或利用工作机组装排吸水支管来排除。

水泵机组的配备,除满足正常生产所需的工作机组外,备用水泵不应少于两台。当工作水泵多于6台或7台时,备用水泵可增加为3台。水泵站内管道的联络和闸门的配置,应能满足所有机组都能进行互相转换,以及检修(包括阀门和管道)时,能保证连续给水。当同一泵站内,建有向几个不同系统供水的水泵机组时,应在能力最相近的机组之间设连通管,以备应急。如属联合企业,当全厂由几个泵站分别向不同的给水系统供水,且在事故情况下能做到互为备用时,应在有关系统间设有自动(借助压力差)或经人工操作后实现互为备用的联络装置。

水泵机组的电源,应设计有来自不同电源点的两路独立电源并有自动倒换装置。当两路独立电源来自一个电源点时,还应设有能保证100%工作水泵机组需要的保安电源。小型企业如受客观条件限制无法取得两路独立电源时,一定要设法取得保安电源或自己建造备用电力。

8.1.4.3 管道

(1) 输水管道:当为压力输水时,一般应设两条输水管道。当其中一条管道发生事故时(特别是铸铁管容易发生事故),另一条应能供给总输水量70%以上的水量。两条输水管道在一定区间应设有联络管和转换所必须的阀门。为保证安全供水,两条输水管道之间应保持必要的距离。输水管道沿线应有可通车的道路和通话线路,以利检修和通讯。

当为自流输水时,可采用一条明渠或管道。

(2) 配水管网:为了保证连续给水,管网应设计成环状或双线供水。当设计为环状管网时,阀门的配置,一定要满足修理或更换管道与阀门时,不影响连续供水。

过去高炉供水管不少是采用铸铁管的,从安全供水的角度看铸铁管不好,它极易在供水压力波动或埋设地下有硬物的情况下产生突然断裂的事故,应采用钢管,它不易突然断裂,即使发生故障,也是逐渐显露(如压力下降、冒水等),从而给维修提供必要的时间。

8.1.4.4 水塔、高位水池和备用动力

水塔或高位水池,是在发生停电事故水泵停止运转情况下,保证连续供水的有效措施。但是,水塔或高位水池的贮水量是有限的,因此,只有在水泵停止运转的时间小于水塔或高位水池贮水量所能保证连续供水的时间时,才是安全的。水塔或高位水池的容积,因是按其给水范围内,各用水户在设计要求的安全给水时间内的总用水量计算,因此这个数字往往是很大的。

备用动力是当发生停电事故时,保证连续给水的重要措施之一。备用动力通常采用柴油机或汽轮机。柴油机得到停电信号时,很难做到立即启动,而要一个过程。这个过程的长短,取决于柴油机的台数和启动方式以及管理水平。所以,在采用柴油机为备用动力时,尚须设置相当容量的水塔,以保证能源转换(即柴油机启动前)时的连续给水。当前技术的进步,已经能够做到柴油机得到停电信号时1min内或者更短的时间内即可启动,为保证一旦自动启动失效,可以进行再启动或操作室手动启动和机旁手动启动,总计时间不会超过10min。所以在设置柴油机作为备用动力的高炉、热风炉冷却安全供水时,可以配套设计一座容量为安全所需10min水量的安全水塔(有效容积)即可。汽轮机在停电时可借自动连锁装置做到立即启动,故无需配套建设高位安全水塔。但汽轮机的原理更复杂,设备费用更

高,所以设置备用动力多为柴油机。而且用柴油机直接带水泵更方便些,必须指出,无论用柴油机还是汽轮机作为备用动力,它们都必须时刻处于"热备用"状态,而且每隔一段时间(一星期到十天)必须运转一次,要保证做到一旦停电即可立即启动。

备用动力水泵的给水能力,应以用户对水量、水压允许的最低要求为原则进行考虑。

水塔或高位水池,在事故情况下,保证连续给水的时间和是否设置备用动力以及备用动力水泵机组要求给水的时间,均应通过技术经济比较或按照有关规定来确定。

一般地说,工厂所在地有高地可建高位水池时,其容量应按给水范围内 1~3h 总用水量考虑。备用动力水泵机组持续给水的时间,应按不小于 3h 考虑。能源转换用水塔容量如上述,按安全供水量 10min 的容量考虑。

8.1.5 水质稳定

8.1.5.1 间接冷却循环水系统

如前所述,在工业开路循环系统中,由于水中不仅存在悬浮物,而且存在各种盐类物质,随着循环的进行,悬浮物和溶于水中的盐类物质因水的蒸发而得到了浓缩,周而复始,浓缩的结果就会带来结垢和腐蚀以及粘泥等水质障碍,从而影响循环。

所谓水质稳定,在这里可以理解为水的结垢和腐蚀倾向都被控制在规定范围内。这就可以认为既不结垢,也不腐蚀,可以认为水是稳定的。

因此工业水循环冷却的水质稳定问题是既要对付结垢,也要对付腐蚀。其办法如下:

(1) 设计一定的排污量:在循环过程中,悬浮物和盐类物质不断浓缩,此时将一部分循环水排放出去,同时补充新水,使悬浮物和溶解盐类浓度在系统中保持平衡,而在平衡的情况下,其腐蚀速率和污垢附着速度仍能控制在规定的范围内,则这时可以认为水质是稳定的。

(2) 在有一定量排污的同时,在循环水中加入防止结垢的药剂。效果是明显的,但腐蚀仍不能控制在规定限度之内。

(3) 在定量排污,投加防垢剂的同时,再投加防止腐蚀的药剂,效果比上述(2)又有很大进步。

(4) 根据试验结果,连续投加防垢、防腐药剂;连续定量排污,连续定量补充新水,定期投加杀菌、灭藻防止微生物的药剂,取得了很好的效果,使得系统的循环率大幅度提高(可以达到 95%以上),长期稳定运行,长期不出现水质障碍,实现了真正的循环供水。

(5) 控制补充水水质:由于排污水量的损耗,为了保持水量平衡,必须补充新水,为此必须控制补充水水质。其办法是选择适当的水源,并且对原水进行适当的处理,使之满足补充水要求。

(6) 对循环水必须有一个管理目标值:设计应根据循环水系统,规定该系统盐类离子的浓缩倍数,在此基础上投加水质稳定剂。

为了稳定地实现循环水的正常运行,投加水质稳定药剂是至关重要的。这是水质管理的主要内容。选择合理可靠的投药工艺及设备是实现水处理自动化的必要条件,因此应当根据所使用的药品种类、注入浓度、注入量、以及水处理系统的补充水量、保有水量等条件设计和选择投药设备。图 8-11 为投药设备示意图。

间接冷却循环水系统一般投加防腐剂、防垢剂。这两类药品均属磷系,其性状防腐剂为粉体,防垢剂为液体。因此相应的防腐剂投加设备为粉体给料设备。

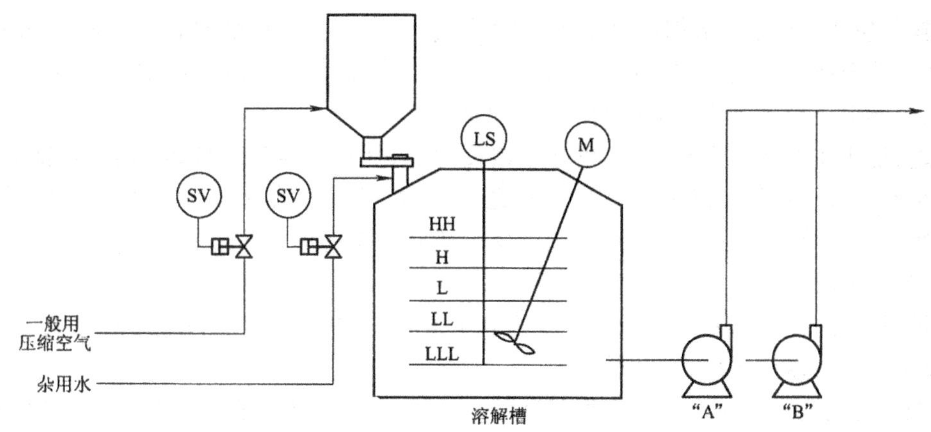

图 8-11 投药设备示意图

8.1.5.2 纯水闭路循环系统

纯水闭路循环系统多为热交换器进行水-水热交换，如果在盛放纯水的膨胀罐内，以规定压力的氮气(N_2)作密封，则可以认为，在整个循环过程中，纯水是密闭的，是与空气隔绝的。因此纯水闭路循环系统不存在水的失稳问题，也就不存在水质稳定的问题。只是由于纯水中存在溶解氧，与设备和管道的铁离子发生电化学反应，故容易发生腐蚀倾向，因此在纯水系统中，需投加一定的防腐剂、杀藻剂以保护设备和管道。

纯水系统投加的防腐剂与间接冷却循环水系统投加的防腐剂不同，一般采用硝酸盐类，亦有粉状和液态之分。

至于水-水热交换的冷侧即所谓二次冷却水，其水质即为间接冷却循环水，其水质稳定问题已经在 8.1.5.1 中作过叙述。

8.1.6 操作与管理

给排水设备的操作控制水平是衡量大型钢铁企业现代化的重要标志之一。没有水处理的现代化也谈不上高炉、热风炉的先进生产和自动化。以往那种以手动操作，机旁操作，靠操作人员的眼睛监视的生产模式已经不能适应现代化高炉、热风炉的生产。自动化操作控制的手段就是用仪表和基础自动化设备，通过过程控制，用 PLC 或 *DCS* 系统进行操作运行，有的系统加入工业电视进行生产过程的监控，实现了全自动的监控操作。分析如下：

8.1.6.1 仪表

现代化高炉具有高度的自动化控制系统，与高炉的水平相适应，高炉、热风炉的冷却给排水系统，也必须有相应的自动化控制系统。

在供水泵站和管网上，应装设水量、水压的测量仪表，并可将数据反馈到操作室；泵站的吸水井、贮水池、水塔或高位水池等，应装设水位计，并将信号送至操作室；水泵启动前必须检查其吸水管的阀门是否已经打开、泵体内是否已充满了水、水泵出水管上的阀门手动阀是否全开、电动阀是否全关；对立式泵而言，不论轴封水是否接通，这些信号也必须传送至操作室的控制设备。水泵的轴承温度、轴的振动值、电机的轴承温度、定子测温、绕组测温、防潮加热等根据管理水平是现场显示还是远传操作室；水质稳定加药设备的运行、停止、故障信号的传送操作室以及加药量、药液浓度、水体中药物的保有浓度的控制；循环水中电导率的测定数值传送操作室；设有旁通过滤器时，过滤器的运行、反洗程序及各个阀门的程序操作的远传操作室等;对补充水阀与水池水位的连锁;加药设备的计量泵运行与补充水阀的联锁;有些钢铁企业设有能源中心对全厂能源介质集中控制管理时,对循环水量、补充水量、排污水量、电导率亦应送操作室的同时送能源中心。

总之,现代化的高炉供水,必须将与之相关的所有信号,经现场仪表测量(或就地显示)并传送至操作室。操作室除显示这些信号之外,主要还是根据测量的数据,经 PLC 等控制设备的判断和运算,确定操作内容,下达指令实现自动控制并在画面上显示。

8.1.6.2 电信

高炉、热风炉冷却水系统的电信主要内容有通信、整个炼铁区域及电缆隧道内的火灾报警,主要生产部位监视用的工业电视。

炼铁厂的电缆隧道如设计为水喷雾自动灭火时,应设置火灾自动报警系统,并设火灾探测器将信号送至水处理操作室的火灾报警装置,以便接到报警信号后指挥灭火的工作。

8.1.6.3 操作与控制

高炉给排水的操作和控制水平应与高炉工艺的操作控制水平相一致 .

A 操作方式

给排水设备的操作方式分手动操作和自动操作(包括联动),而按操作场所又分机旁操作和集中遥控操作。操作方式的选择如表 8-9

表 8-9 操作方式的选择

集中遥控(中央)		机旁
自动	手动	手动

a 手动操作

手动操作又分为:

(1) 机旁操作。在每个给排水设备的机旁设有机旁操作盘。

(2) 集中遥控手动操作。也称中央手动操作。

b 自动操作

(1) 机旁自动操作,主要指机电一体的设备。将机旁控制盘的选择开关拨向自动后,按“自动启动键”,则设备投入自动运行。

(2) 中央自动(集中控制)操作。在水处理操作室通过 CRT 画面选择方式后;直接进入设备自动运行。

(3) 全自动运行。根据设定条件设备自动运行或停止。如根据设定的水温、水位、水压、停电信号、故障信号等的变化而自动投入运行或停止。

(4) 联动。指某些给排水设备启动或关闭时与该设备有直接关系的附属设备亦同时启动或关闭。如:水泵与水泵出口电动阀开闭的连锁:冷水池水位与补充水阀开闭的连锁;补充水阀与加药计量泵开闭的连锁等等。

为实现上述的操作水平,在设计时,给排水设计人员作为水处理设计的工艺专业应以逻辑框图的形式,将操作控制的要点及互相之间的连锁关系,分别向电气自动化控制和自动化仪表专业提出设计任务和要求。

B 监视系统

监视是水处理系统运行和管理的耳目。一个现代化的水处理管理设施采用的操作和监视是相匹配的,也是同步的。

监视系统可分为:

(1) 集中遥控(即中央)监视;

(2) 机旁简单监视。

按监视场所可分为:

(1) 能源中心监视;

(2) 水处理操作室集中监视;

(3) 高炉综合计器室(操作室)监视;

(4) 机旁监视。

a 能源中心监视

能源中心根据高炉水处理传送的各循环小系统的运行参数和电导率,由计算机计算各循环小系统的排污量,以便及时调整水质,并对水处理系统传来的各种运行参数进行数据处理,然后定时打印成日报表和月报表。并可以通过直通电话、指令电话等与高炉水处理操作室直接进行呼唤联络。

b 高炉水处理操作室的集中监视

水处理操作室是整个高炉、热风炉供排水系统运行的指挥中心,主要的集中操作监视应通过 CRT 实现,它应设置如下画面:

(1) 操作监视画面;

(2) 工艺参数画面;

(3) 故障监视画面;

(4) 仪表监视画面;

(5) 仪表用工艺报警画面;

其功能为通过操作键随时可调出所需要的画面进行监视,出现运行故障时,发出警报、调出画面、搜索故障源,并通过打印机,打印出系统的故障数据文件。

水处理操作室通过指令电话,随时发出和接受来自高炉操作室及能源中心的联系。

水处理操作室还应设火灾报警机和柴油机泵的运行和故障监视系统。

c 高炉综合计器室监视

主要是对与高炉、热风炉至关重要的供水设备进行运行状况和故障的监视。是根据工况要求与水处理操作室随时联系,进行供水条件的调整。

d 机旁监视

在机旁操作盘上,应设置“运转”、“停止”的红绿灯显示,对机电一体化的机旁操作盘上还应有故障显示。

8.1.6.4 管理

加强管理,按规程和设计程序进行操作维护和修理设备使之处于完好的状态,保证给水水源,水泵站、净化设备、水塔(或高位水池)、贮水池、冷却构筑物和设备、循环水管网、加药设施等的正常运行和可靠性,是实现连续运行、安全供水的最基本要求。

当发生事故的时候,指挥机构(通常由调度室或上级主管部门承担)必须迅速查明发生事故的原因、程度和地点,组织抢修队前往事故地点抢修;在排除事故期间,应组织按应急供水制度,并在用户之间重新分配水量,充分发挥特殊安全给水措施的作用,尽可能延长重要用户的给水时间,保证不发生设备烧坏事故。直到确认事故已经排除后,再逐步恢复正常运行和正常的给水制度。总之,现代化的管理是各司其职,各尽其责,按照岗位责任制认真执行。

正常运行状态下,亦能按制度对水处理设备进行点检、巡检、水质化验、查看日报、月报表、以水质管理目标值为总则,严格进行水质管理,确保循环水的正常运行。

8.2 高炉煤气洗涤

高炉在冶炼过程中,由于焦炭中的碳在炉缸内燃烧,而且是一层炽热的厚焦炭,开始由空气过剩而逐渐变成空气不足的燃烧,结果产生了高炉煤气。

高炉煤气是无色、无味、有毒的气体。发热量在 3349.44 ~ 4186.8kJ/m^3(800 ~ 1000kcal/m^3),理论燃烧温度为1500℃左右,着火点700℃左右。

从高炉引出的煤气,一般每 m^3 煤气中含有 10 ~ 40g 炉尘,高炉煤气必须经过净化才能送往用户使用。近年来,高炉、热风炉及一些加热炉,要求煤气含尘量低于 10mg/m^3。

从高炉引出的煤气,先经干式除尘器除掉大颗粒灰尘,然后进入洗涤系统进行清洗。高炉煤气的含尘量,与炉料的组成、炉顶压力、冶炼、操作等条件有关。进入煤气洗涤系统时的煤气含尘量一般介于 6 ~ 12g/m^3 之间。煤气清洗工艺流程的选择,主要决定于煤气用户的要求、炉顶煤气压力和灰尘的物理化学性质等条件。常见的清洗系统如下:

洗涤塔→调径文氏管→电除尘器

洗涤塔→调径文氏管→减压阀组

溢流文氏管→冷却塔→电除尘器

溢流文氏管→调径文氏管

一级可调文氏管→二级可调文氏管→减压阀组

文氏管供水可串联使用。其水单耗只有 2.1 ~ 2.2kg/m^3。而塔文串联系统的水耗约为 4.5 ~ 5kg/m^3。所以当炉顶压力在 0.15MPa 以上时应采用串联调径文氏管系统。

洗涤塔(见图 8-12),从结构上分为空心塔和木格塔,用途分为常压塔和高压洗涤塔。在高炉煤气清洗中现在都采用空心塔。塔内装有几层喷水嘴。煤气由下向上流动,与塔内喷水嘴喷出的细水滴相接触,使煤气中的灰尘增湿,达到捕集灰尘和冷却煤气的目的。洗涤后的污水,汇集在塔的下部,然后通过水封连续地经排水管排出。

冷却塔和洗涤塔的结构完全相同。文氏洗涤器设在塔后时,此塔称为洗涤塔;文氏洗涤器设在塔前时,此塔称为冷却塔。

文氏管洗涤器,由一个文氏管和一个脱水除尘器组成,如图 8-13 所示。现在使用两个串联文氏管洗涤器就可以使煤气冷却和达到应有的煤气温度和含尘量为 10mg/m^3 的质量要求。喉口有一层均匀水膜的文氏管,称溢流文氏管,喉口没有水膜的文氏管,通称文氏管,喉口有无调节装置分为调径文氏管和定径文氏管。分为溢流调径文氏管、溢流定径文氏管、调径文氏管、定径文氏管四种。通过喷嘴向喉口喷水,煤气以高速流向喉口,水滴与高速气流剧烈撞击而雾化,使气、水两相充分接触,从而达到除尘和冷却煤气的目的。污水汇集在灰泥捕集器,然后通过水封连续地经排水管排出。文氏洗涤器增加溢流的目的,在于保证收缩管径至喉口形成一层水膜,以防集尘。

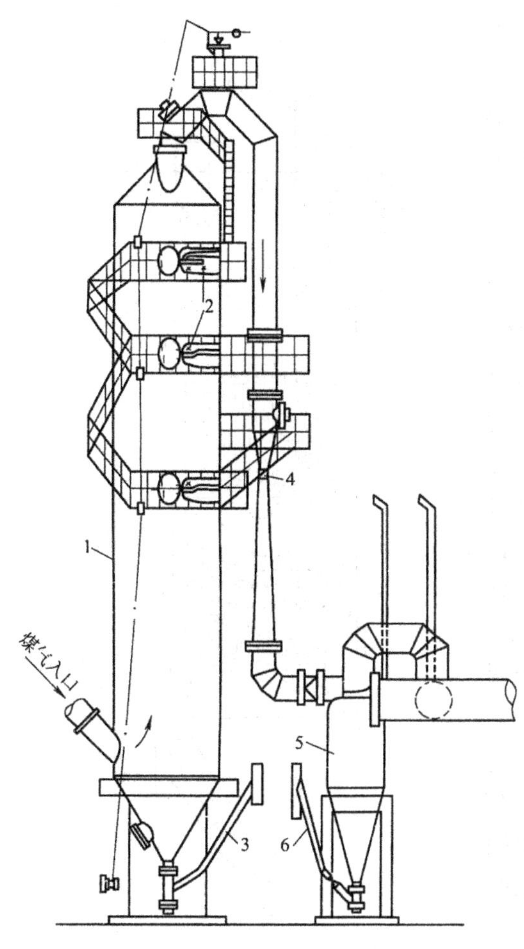

图 8-12 洗涤塔

1—洗涤塔外壳；2—给水喷嘴；3—污水排出管；4—文氏洗涤器；5—脱水器；6—污水排出管

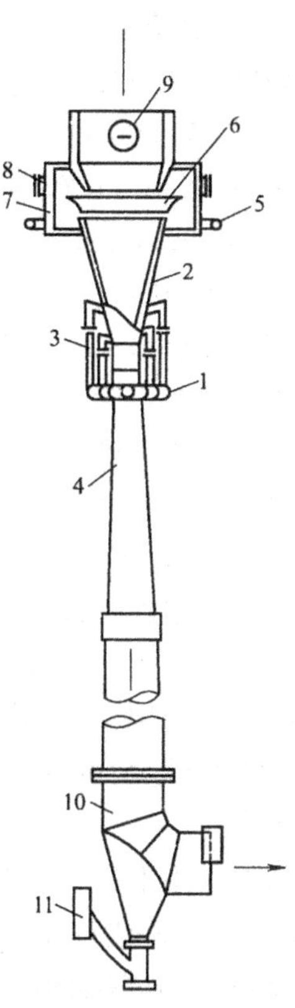

图 8-13 文氏管

1—喉口给水管；2—收缩管；3—喉口；4—扩张管；5—溢流箱给水管；6—溢流口；7—溢流箱；8—窥视孔；9—人孔；10—脱水器；11—污水排出管

电除尘器，见图 8-14。是经济的，高效的煤气精洗设备。其原理是使煤气通过高压直流电场时，煤气中的灰尘颗粒因带电从气流中分离出来，使其沉降到沉淀极上，用水把灰尘从沉淀极上冲洗下来，污水汇集在除尘器下部，通过水封经排水管排出。

减压阀见图 8-15，为防止阀板积尘，不断用水冲洗阀板。冲洗后的污水汇集在脱水器下部，通过水封经排水管排出。

高炉煤气除尘在国内外许多高炉采用干式除尘系统。高炉煤气干式除尘系统主要有：干式电除尘系统和布袋除尘系统。

高炉煤气干式电除尘系统的优点是可以利用 200～250℃的煤气物理热，节省水和电力消耗，并可消除对环境的污染。用高温煤气烧热风炉可提高风温并降低焦比，节省焦炭。对高压高炉来说其炉顶煤气余压发电装置尚可多发电 30%～40%。目前在国外有 4000m^3 高炉和 600m^3 高炉采用的干式电除尘设施已运行多年，它们都和原有湿法除尘系统并联。电除尘后煤气含尘为 10mg/m^3，运行良好。

高炉煤气布袋除尘是消除水之污染的一种干式除尘系统，目前小高炉已广泛采用。

布袋除尘的原理是利用各种多绒毛纤维的过滤作用，使气流中的尘粒被阻挡或粘附在织物纤维上，然后用振打或反吹的方式使尘粒落下来，掉入灰斗内排出箱体。

国内某钢铁公司 350m³ 高炉煤气采用干式除尘，煤气发生量为 55 000～61 250m³/h(标态)，高炉炉顶煤气压力为 0.02～0.08MPa，炉顶煤气温度，正常 200℃，最高 360℃，荒煤气含尘量为 5～10g/m³，净煤气压力为 7kPa。高炉煤气经重力除尘器粗除尘后，进入布袋除尘器，布袋除尘器共 8 个箱体，呈一列式布置。经布袋除尘器净化后的煤气，通过减压阀组将煤气压力调到 7kPa，与原有高炉煤气管道并网。为保证布袋除尘器中布袋的使用寿命和除尘效果，在脏煤气进入布袋除尘器之前，设有煤气升温、降温装置，以控制进入布袋除尘器的煤气温度在 80～280℃的范围内，煤气粉尘采用螺旋输送机运到灰罐，待灰罐装满后，用吊车将灰罐吊上汽车运出。该工艺设施用水量较少，有利于节约用水和减少污水对环境的污染。

而大型高炉采用干法除尘方式较少。某钢铁公司 3500m³ 高炉煤气除尘以干法为主，湿法为备用。干法用水量 250m³/h，湿法用水量 1100m³/h，使用后排水进入间接冷却水系统进行处理。由于采用两套设施，相应增加了占地和基建投资。

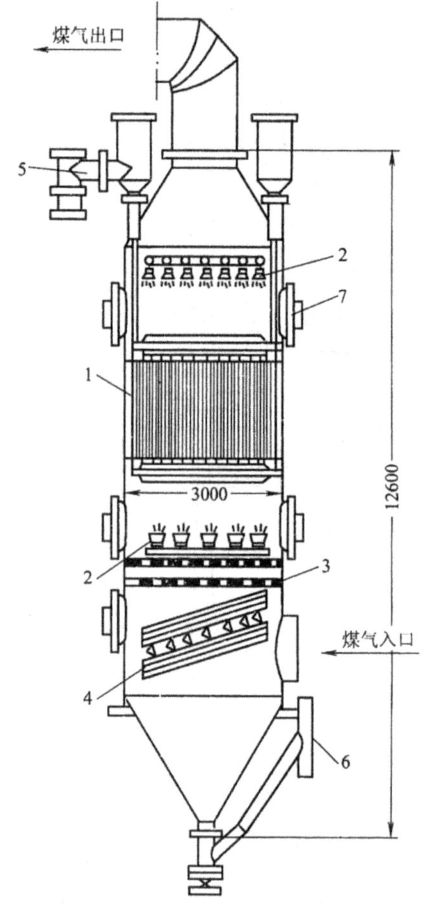

图 8-14　电除尘器
1—沉淀极；2—喷嘴；3—分配盘；4—导向装置；5—绝缘子；6—污水排出管；7—人孔

8.2.1　用水要求及排水情况

8.2.1.1　水量

不同洗涤系统的用水量见表 8-10

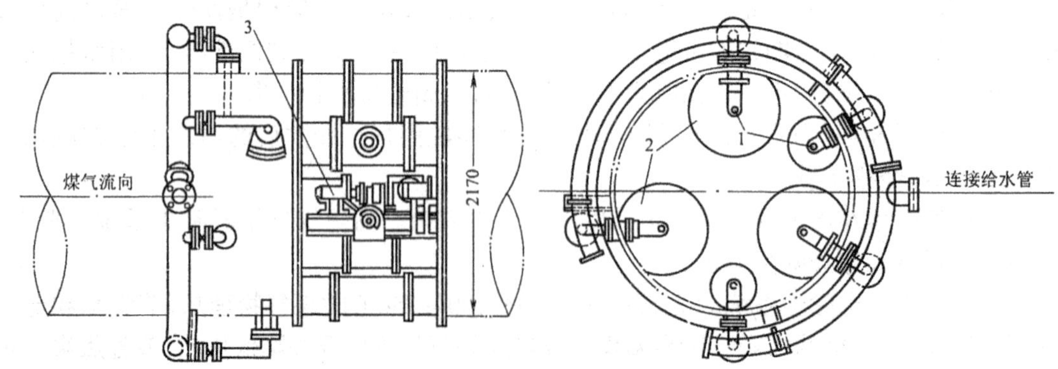

图 8-15　减压阀
1—喷嘴；2—蝶阀；3—传动碟阀的马达

表 8-10　煤气洗涤设施所需的用水指标

工艺系统	1000m^3 煤气用水指标/m^3			
	洗涤塔	冷却塔	溢流文氏管	文氏管
清洗生铁煤气				
塔后文氏管系统	4~4.5			0.5~1.0
塔前文氏管系统		3.5~4	1.5~2.0	
串联文氏管系统			3.5~4(常压) 1.2~1.8(高压)	0.5~1.5
清洗锰铁煤气				
塔前文氏管系统		4~5	2.0	
串联文氏管系统			5~6	1~2

电除尘器供水定额为 1000m^3 煤气供水 0.2~0.5m^3；

减压阀组供水定额为 1000m^3 煤气供水 0.2~0.26m^3。

8.2.1.2　水压

给水压力应保证最高一层喷水嘴进口处所需的静压头。按设备地面为 ±0.00 时，地面所需的给水压力(见表 8-11)。

表 8-11　煤气洗涤设施所需给水压力

设 备 名 称	洗涤塔、冷却塔、文氏洗涤器、溢流文氏洗涤器	电除尘器			减压阀
		管式	板式	套筒式	
常压高炉的给水压力/MPa	0.4~0.5	0.5	0.35	0.45	0.25~0.32
高压高炉的给水压力/MPa	0.6~0.65(双文系统 0.7~0.9)	0.65	0.5	0.6	0.35~0.45

注：表中下限值指小型高炉，上限值指大型高炉。

因为煤气压力不同而要求给水压力也不同，所以给水压力应按设备给水喷口处要求水压加煤气压力来决定。设备给水喷口处要求给水压力见表 8-12。

表 8-12　煤气洗涤设备给水管出口处所需给水压力

设备名称	洗涤塔、冷却塔	文氏洗涤器、溢流文氏洗涤器	电除尘器	减压阀
要求水压/MPa	0.15+煤气压力	0.2+煤气压力	0.15+煤气压力	0.15+煤气压力

8.2.1.3　水温

一般煤气洗涤循环水系统，煤气洗涤设备要求给水温度低于 40℃。

近年来，大型高炉煤气净化工艺采用两级可调文氏管串联供水系统，在循环水系统中不设冷却塔，水温一般在 60~45℃之间变化。这有两方面条件，一是高炉采用冷烧结矿作原料，二是二文出来的煤气送去透平余压发电，余压发电后的煤气因为压力骤然下降，煤气温度要降低 20℃以上。

8.2.1.4　水质

水中悬浮物含量不大于 200mg/L。电除尘器用水悬浮物含量不大于 50mg/L。

8.2.1.5 排水

(1) 煤气洗涤设备排水中悬浮物含量见表 8-13。

表 8-13 煤气洗涤设备排水中悬浮物含量(mg/L)

设备名称	洗涤塔	冷却塔	溢流文氏洗涤器		文氏洗涤器	电除尘器	减压阀
			串联	塔前			
悬浮物含量	1500 ~ 2000	250 ~ 300	1500 ~ 2000	3000 ~ 4000	500 ~ 1000	250 ~ 350	230 ~ 250

(2) 煤气洗涤设备排水温度见表 8-14。

表 8-14 煤气洗涤设备排水温度(℃)

设备名称	洗涤塔	冷却塔	溢流文氏洗涤器		文氏洗涤器	电除尘器	减压阀
			串联	塔前			
排水温度	50 ~ 60	45 ~ 55	50 ~ 60	50 ~ 60	35 ~ 45	32 ~ 42	32 ~ 42

(3) 煤气洗涤污水排水的流速应不小于 1.2 ~ 1.5m/s。在排水沟中水流的回转角一般不大于 45°,并成圆弧,其曲率半径应不小于 4 倍的水面宽度。

8.2.2 污水特性

8.2.2.1 煤气洗涤污水的物理化学成分

煤气洗涤污水的成分很不稳定。主要取决于原料和燃料的成分以及冶炼操作条件。煤气洗涤污水的一般物理化学成分见表 8-15。

表 8-15 高炉煤气洗涤污水的物理化学成分

分析项目	普铁高炉	锰铁高炉
水温/℃	50 ~ 60	43 ~ 50
颜色	暗褐色	灰色
悬浮物/mg·L^{-1}	400 ~ 4000	800 ~ 5700
pH	7.5 ~ 8	8.2 ~ 9
总硬度/dH	10 ~ 20	3 ~ 5
暂时硬度/dH	9 ~ 12	
总碱度/mg - N·L^{-1}	4 ~ 7	20 ~ 28
酚/mg·L^{-1}	0.05 ~ 2.4	0.02 ~ 0.18
氰化物/mg·L^{-1}	0.03 ~ 0.9	39 ~ 30
Ca^{2+}/mg·L^{-1}	6 ~ 55	7.6 ~ 17.1
Mg^{2+}/mg·L^{-1}	2 ~ 6	9 ~ 11
Fe^{2+}/mg·L^{-1}	0.2 ~ 3	0 ~ 0.01
Cl^{-}/mg·L^{-1}	35 ~ 150	50 ~ 90
CO_3^{2-}/mg·L^{-1}	0 ~ 3	58 ~ 91
HCO_3^{-}/mg·L^{-1}	120 ~ 290	321 ~ 410
硫酸盐/mg·L^{-1}	140 ~ 240	0 ~ 7
耗氧量/mg·L^{-1}	7 ~ 25	10 ~ 20
溶解固体/mg·L^{-1}	200 ~ 900	648 ~ 895

在煤气洗涤过程中由于气体和 CaO 尘粒易溶于水中，所以暂时硬度升高。每洗涤煤气一次，废水中钙、镁硬度约增加 1～3dH。

8.2.2.2 煤气洗涤污水的沉降特性

大型高炉煤气洗 涤污水的沉淀处理，可分为自然沉淀和混凝沉淀 。

A 自然沉淀

靠重力去除颗粒悬浮物的处理方法，称为自然沉淀法。图 8-16～图 8-18 和表 8-16～表 8-18 示出了 $1513m^3$、$1000m^3$ 和 $826m^3$ 高炉煤气洗涤污水沉降曲线和沉淀效率数据表。

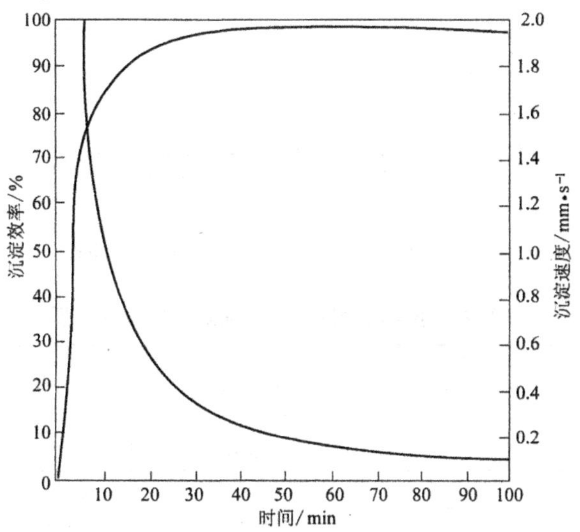

图 8-16 $1513m^3$ 高炉煤气洗涤污水沉降曲线

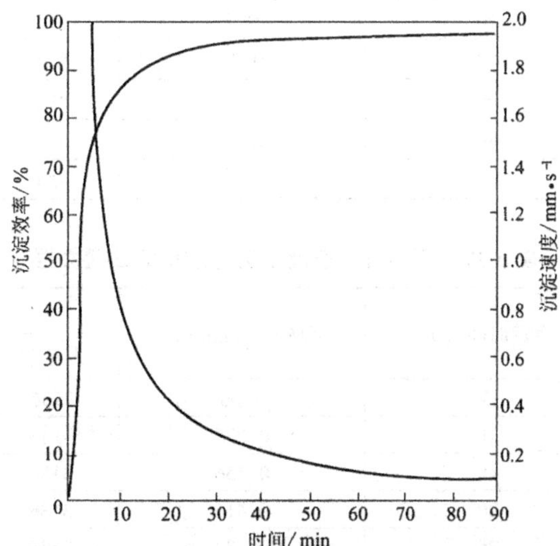

图 8-17 $1000m^3$ 高炉煤气洗涤污水沉降曲线

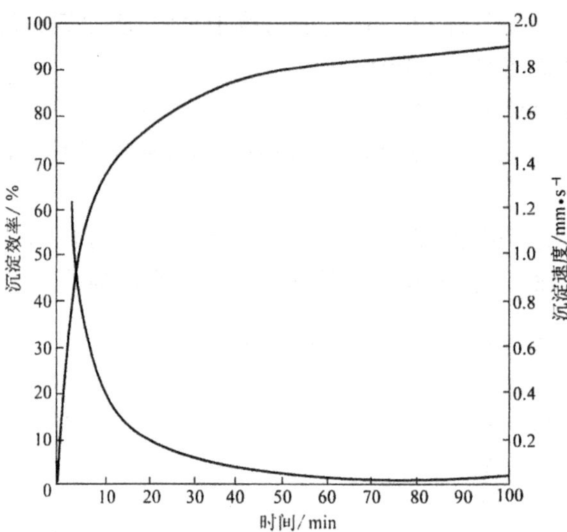

图 8-18 826m³ 高炉煤气洗涤污水沉降曲线

表 8-16 不同沉降速度下沉淀效率的试验数据

沉淀高度/m	沉淀时间/min	沉降速度/mm·s⁻¹	悬浮物/mg·L⁻¹		
			沉淀前	沉淀后	沉淀效率/%
0.6	1	10.0	2070	1663.2	19.6
0.6	2	5	2070	1403.2	32.3
0.6	3	3.33	2070	1127.2	46.5
0.6	5	2.0	2070	596.6	72.5
0.6	10	1.0	2070	294.4	86.0
0.6	20	0.5	2070	135.2	93.5
0.6	40	0.25	2070	47.6	97.7
0.6	60	0.1665	2070	46.0	98.0
0.6	80	0.125	2070	41.6	98.2
0.6	100	0.1	2070	50.0	97.6

表 8-17 不同沉降速度下沉淀效率的试验数据

沉淀高度/m	沉淀时间/min	沉降速度/mm·s⁻¹	悬浮物/mg·L⁻¹		
			沉淀前	沉淀后	沉淀效率/%
0.5	5	1.66	3136	614.8	80.5
0.5	10	0.835	3136	420.4	87
0.5	15	0.556	3136	307.6	90
0.5	20	0.416	3136	265.2	92
0.5	25	0.333	3136	182.8	94.6
0.5	30	0.277	3136	142.0	95.6
0.5	40	0.208	3136	126.0	96.5
0.5	50	0.166	3136	114.8	96.8
0.5	70	0.119	3136	90.8	97.2
0.5	90	0.093	3136	61.6	98.1

表 8-18 不同沉降速度下沉淀效率的试验数据

沉淀高度/m	沉淀时间/min	沉降速度/$mm \cdot s^{-1}$	悬浮物/$mg \cdot L^{-1}$		
			沉淀前	沉淀后	沉淀效率/%
0.25	0		1229.2		0
0.25	5	0.835	1229.2	484	53.6
0.25	10	0.416	1229.2	381.8	68.6
0.25	20	0.208	1229.2	234.4	76.3
0.25	30	0.139	1229.2	192.0	84.9
0.25	40	0.104	1229.2	150.0	87.5
0.25	60	0.070	1229.2	108.0	91.2
0.25	80	0.052	1229.2	102.8	92.0
0.25	100	0.042	1229.2	74.0	84.0

B 混凝沉淀

用混凝剂使水中细小颗粒凝聚吸附结成较大颗粒,从水中沉淀出来的方法叫混凝沉淀。某钢厂采用混凝沉淀,煤气洗涤水沉淀池进出水水质见表 8-19。

表 8-19 某钢厂高炉煤气洗涤水沉淀池进出水水质

项　　目	进　　水	出　　水
Ca^{2+}/$mg \cdot L^{-1}$	382.42	374.93
Mg/$mg \cdot L^{-1}$	81.45	81.36
含盐量/$mg \cdot L^{-1}$	3187.38	2740.73
OH^-/$mol \cdot L^{-1}$	0	0
CO_3^{2-}/$mol \cdot L^{-1}$	0	0
HCO_3^-/$mol \cdot L^{-1}$	5.31×10^{-3}	5.08×10^{-3}
悬浮物/$mg \cdot L^{-1}$	15645.85	64
pH	7.45	7.49
SO_4^{2-}/$mg \cdot L^{-1}$	802.95	804.83
Cl^-/$mg \cdot L^{-1}$	379.65	360.44
水温/℃	59	56

试验表明,采用聚丙烯酰胺(加入量 0.3mg/L)进行混凝沉淀可以使沉淀效率达 90%以上。当循环时间较长和循环率较高时,聚丙烯酰胺和少量的 $FeCl_3$ 复合使用,可去除富集的细小颗粒,取得满意效果。

表 8-20 为单一混凝剂的沉淀效果,表 8-21 为多种混凝剂复合使用的沉淀效果,图 8-19 为高炉煤气洗涤水混凝沉淀曲线。

表 8-20 单一混凝剂的沉淀效果

组别	药剂/mg·L⁻¹		水温/℃	沉降速度/mm·s⁻¹	悬浮物含量/mg·L⁻¹	
	名称	用量			进水	出水
Ⅰ	$FeCl_2$	0	25～26	0.39	580	150
		10				40.2
		20				21.8
		30				19.2
		50				22.6
		100				15.78
Ⅱ	$FeSO_4$	0	25～26	0.39	580	150
		30				119
		50				125
		70				116
		100				118
Ⅲ	碱式氯化铝	0	25～26	0.39	580	150
		0.5				75.5
		1.0				65
		2.0				24.5
		5.0				54.0
		10.0				81.5
Ⅳ	聚丙烯酰胺	0	25～26	0.39	580	150.5
		0.2				
		0.5				10
		1.0				11
		1.5				1
		2.0				3.5

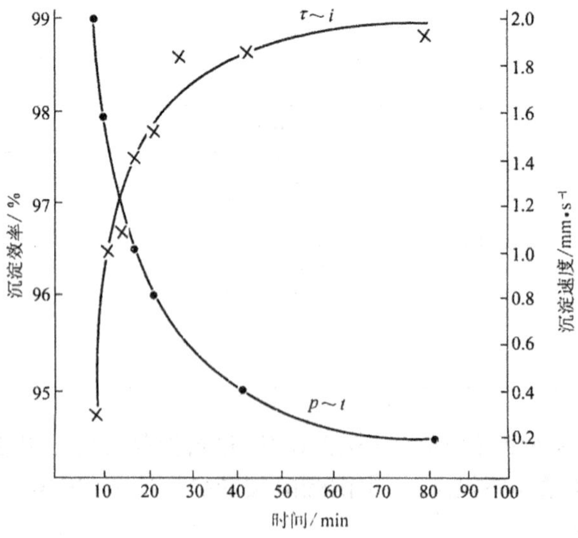

图 8-19 高炉煤气洗涤水混凝沉降曲线

表 8-21 多种混凝剂复合使用沉淀效果

组别	药剂/mg·L^{-1}		水温/℃	沉降速度/mm·s^{-1}	悬浮物含量/mg·L^{-1}			备注
	名称	加入量			进水	出水		
						SS	浊度	
Ⅰ	$FeCl_3$	1.5	50	0.39	715	10.75	4.1	
	聚丙烯酰胺	0.2						
Ⅱ	碱式氯化铝	0.2	50	0.39	715	10.1	4.1	水发粘,滤纸过滤明显减速
	聚丙烯酰胺	0.2						
Ⅲ	$FeSO_4$	10	25~26	0.39	361.67	16.33		
	CaO	168						
	聚丙烯酰胺	0.2						

8.2.2.3 煤气洗涤污水沉渣成分与颗粒分析

煤气洗涤污水中泥渣成分和粒径见表 8-22 和表 8-23。

表 8-22 煤气洗涤污水泥渣成分(%)

高炉容积/m^3	TFe 组分	Fe_2O_3 组分	FeO 组分	SiO_2 组分	CaO 组分
1513m^3 高炉	31.99	40.05	5.10	12.60	12.28
1000m^3 高炉	40.48		12.10	10.95	8.95
250m^3 高炉	11.8			15.89	11.48

高炉容积/m^3	Al_2O_3 组分	MgO 组分	S 组分	P 组分	C 组分	烧损
1513m^3 高炉	4.43	1.50	0.545	0.046		21.20
1000m^3 高炉		2.79	0.396	0.057	11.34	17.39
250m^3 高炉	6.72	15.38		0.061	15	

注:上表为某厂实测数据。

表 8-23 高炉煤气洗涤污水泥渣粒径(%)

粒径/μm	7600	600~300	300~150	150~100	100~74	<74
1513m^3 高炉	0.8	5.20	32.5	17.50	12.30	31.70
1000m^3 高炉	0.3	3.8	44.7	21.1	11.9	15.7
250m^3 高炉		1.88	8.84	10.34	6.34	72.6

8.2.3 给排水系统

高炉煤气洗涤水处理包括沉淀、冷却、水质稳定、污泥脱水等主要工序。

高炉煤气洗涤用水量,从生产过程可知,是不平衡的,对整个系统来说,不平衡系数,可采用 1.05~1.15。煤气洗涤要求连续给水,为了保证连续给水,管网应设计成环状或双线,泵站也应采取相应措施。

高炉煤气洗涤污水是从煤气洗涤塔、文氏管、减压阀、湿式电除尘等设施排出的含尘污水。主要含有 TFe、Fe_2O_3、FeO、SiO_2、CaO、MnO、C 等物质,以含铁粉尘为主,还含有焦炭粉末及少量酚、氰有毒物质。一般污泥中含铁约 30%~40%

悬浮物粒径在 50~600μm 左右,一般大部分在 100~300μm 左右。因此主要是用沉淀法去除悬浮物，并根据水质情况，采用自然沉淀或投加凝聚剂进行混凝沉淀。澄清水经冷却后可循环使用。煤气洗涤水的沉淀，多数厂采用辐射式沉淀池，少数厂也有采用平流沉淀池和斜板沉淀池的。采用自然沉淀，出水悬浮物含量约 100mg/L 左右。采用混凝沉淀，一般投加聚丙烯酰胺 0.5mg/L，沉淀池出水悬浮物小于 50mg/L。实践证明，投加聚丙烯酰胺大于 0.3mg/L 进行混凝沉淀，可以使沉降效率达到 90% 以上。

为确保循环水系统不引起碳酸钙结垢，必须采用水质稳定措施。

高炉煤气洗涤循环水系统中少量排污水，一般可排入冲渣系统作为补充水用。

高炉煤气洗涤循环水系统，根据高炉煤气净化工艺的不同，煤气洗涤生产过程对水质、水温的要求，常用的水处理系统有以下几种方式。

8.2.3.1　塔文系统水处理流程

某厂 1200m³ 高炉煤气净化工艺采用湿法除尘传统工艺流程，即为重力除尘器→洗涤塔→文氏管→减压阀组→净煤气管→用户。

这种流程可使煤气含尘量处理到小于 10mg/m³，用水量为 1040m³/h，要求水压 0.8MPa。

高炉采用高压炉顶操作，利用高压煤气可进行余压发电，所以预留了余压发电装置，当进行余压发电后，冷却塔可以不用，直接经沉淀后将水送到煤气洗涤系统。因煤气经净化后的温度一般控制在 35 ~ 40℃以内，经洗涤塔和文氏管后的温度一般控制在 55 ~ 60℃，再经余压发电装置后煤气温度可降低 20℃左右，所以在这种情况下可以不用冷却塔就能满足用户对煤气的使用要求，不上冷却塔的供水温度一般允许在 55 ~ 60℃以内。

煤气洗涤水处理流程见图 8-20。煤气洗涤污水经高架排水槽，流入沉淀池，经沉淀后的水，由泵加压送冷却塔冷却后，再用泵送车间洗涤设备循环使用。沉淀池下部泥浆用泥浆泵送污泥处理间脱水处理。在系统中设有加药间，向水系统中投加混凝剂和水质稳定药剂。

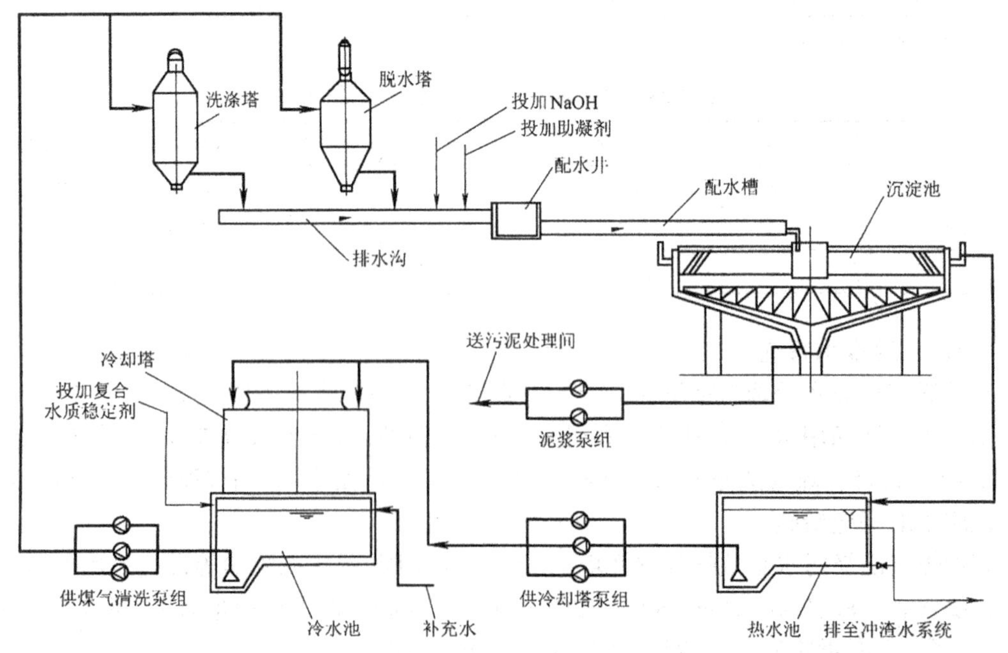

图 8-20　塔文系统煤气洗涤水处理流程图

水处理主要构筑物设置有 ϕ20m 中心传动辐射式沉淀池两座，表面负荷为 1.65m^3/(m^2·h)，若一座检修时，表面负荷达 3.3m^3/(m^2·h)，由于表面负荷大，因而必须投加混凝剂进行混凝沉淀，同时池中加斜板。设置二格高温差浊环水冷却塔，每格处理水量 520m^3/h，温降 15～20℃。

8.2.3.2 双文系统水处理流程

某厂 4063m^3 大型高炉煤气净化工艺采用两级可调文氏管串联系统，从高炉发生的煤气先进入重力式除尘器，然后进入煤气清洗设施一级文氏管与二级文氏管，再经调压阀组、消音器，最后送至净煤气总管(以下简称一文二文，系统简称双文系统)，送给厂内各设备使用。

高炉煤气洗涤循环水系统是为在一文二文设备中清洗煤气所设置的有关设施。水处理工艺流程见图 8-21。二文排水由高架水槽流入一文供水泵吸水井，由一文供水泵送水供一文使用，一文回水由高架水槽流入沉淀池，沉淀后上清水流入二文泵吸水井，由二文供水泵供二文循环使用。沉淀池下泥浆由泥浆泵送泥浆脱水间脱水。

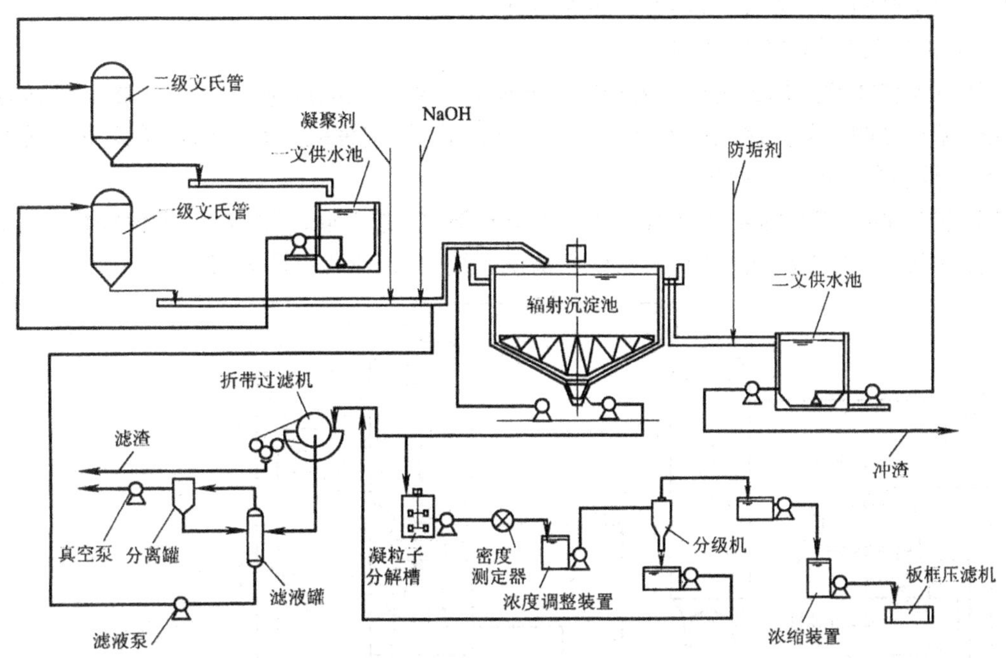

图 8-21 高炉煤气清洗双文系统水处理流程图

采用双文串联供水系统，可减少煤气洗涤用水量，相应水处理构筑物少，二文出来的煤气还要去透平余压发电，所以省掉了冷却塔设备。

该高炉煤气净化工艺的主要特点是：

目前随着高炉容积扩大，煤气量大幅度增加，污水处理方式更加复杂和费用增加。但由于高炉采用高压操作，提高了煤气压力，能够获得足够的压降，因此采用了二文设备，由于二文的采用，洗涤污水就能够达到循环使用。另外在二文后面有减压阀与消音器，能够把煤气中由清洗带进的水分几乎全部除去，不会因煤气中含有大量的水分降低燃烧效果，从而解决了洗涤水的密闭循环问题。水处理主要参数为：处理水量 1140m^3/h；循环率约 95%；排污率 3.7%；一文的进水水温为 48.5℃，排水水温为 55℃；二文的进水水温为 52℃，排水水温为 53℃；沉淀池表面负荷 1.8$m^3/(m^2·h)$，悬浮物进口 2500mg/L，出口小于 100mg/L；折带式真空过滤机的处理负荷(按干料计)为 118kg/$(m^2·h)$，滤饼含水率 20%～30%；脱锌装置的处理能力为 77.4t/d，作业率 90%。

1000m^3 煤气处理水量指标为 1.63m^3，约相当于一般处理水量的 27%。

在沉淀池前投加苛性钠、高分子助凝剂，沉淀池出口处投加防垢剂。苛性钠投加是为了调整 pH 值，使其保持在 7.0～8.0 范围，最好保持在 7.8～8.0 之间，调节 pH 的目的是为了使废水在投加助凝剂时加速沉淀，使水中溶解的金属盐类变为不溶于水的氢氧化物，并沉淀析出，沉淀池出口锌含量应控制在 10mg/L 以下。高分子助凝剂投加的目的是为了使已析出的氢氧化物尽量在沉淀池内沉淀，以减少污水中的硬度成分，除去悬浮物。防垢剂投加的目的是起阻垢作用。

主要构筑物有 ϕ29m 中心传动辐射式沉淀池两座，正常时同时运行，事故或检修时可互为备用。两池同时运转时，单位面积负荷为 0.9$m^3/(m^2·h)$。污泥脱水间，内设 28m^2 折带式真空脱水机两台。另有泵站、加药间等构筑物。

8.2.3.3 比肖夫煤气清洗系统

比肖夫洗涤器是德国比肖夫公司的一种拥有专利的洗涤设备，它是一个由并流洗涤塔和几个铊式可调环缝洗涤元件组合在一起的洗涤装置，这种装置在西欧高炉煤气清洗上用得较多，目前在国内已有使用。

目前 3000m^3 以上的高炉，所用比肖夫洗涤器都属二组并联，其占地少，但设备质量不减。

国内某 2000m^3 高炉采用比肖夫煤气清洗系统，工艺流程见图 8-22。

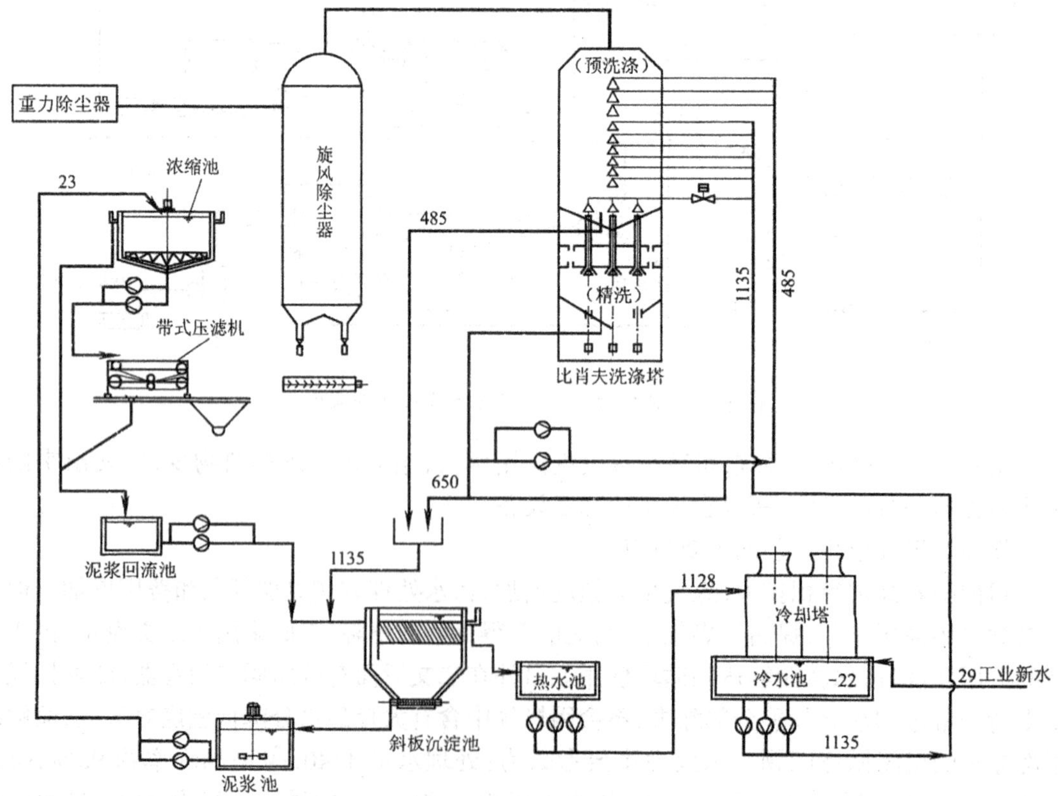

图 8-22 比肖夫煤气清洗系统工艺流程图

其主要工艺参数为：

煤气处理量	$71.6\times10m^3/h$
旋风除尘器入口煤气含尘量	约 $6g/m^3$
比肖夫洗涤塔出口煤气含尘量	$<10mg/m^3$

比肖夫洗涤塔采用上、下两段循环供水，总供水量 $1620m^3/h$，水气比约为 $5kg/m^3$，其中 $485m^3/h$ 的洗涤水，不经处理，直接串级供上段使用；$1135m^3/h$ 的洗涤水经沉淀、冷却、加药处理后送洗涤塔上、下段循环使用。

水处理沉淀池一般均采用辐射式沉淀池。该厂采用斜板沉淀池，地上式，共 16 个斜板沉淀池，每池平面尺寸为 5500mm×5500mm，4 个池子一组，设计先上 3 组，预留 1 组。每池下部设有 ϕ600mm 螺旋输泥机。设有 ϕ6000mm 钢制浓缩池两座。另有泵房，加药间等设施。

8.2.4 构筑物的设计和计算

8.2.4.1 构筑物的设置

构筑物的设置原则，可参照 8.1.3.1 构筑物的设置。

8.2.4.2 水泵站

向高炉煤气洗涤设备给水的水泵机组选择，与煤气洗涤设备的数量大小及其运行条件有关。要求所选水泵机组的能力，除满足煤气洗涤设备水量、水压要求外，还应考虑下列因素：

(1) 为经济运行和操作方便，尽可能做到每座高炉的煤气洗涤设备使用 1 台泵，在高炉座数不多的情况下，尽量避免使用 1 台泵向两座高炉煤气洗涤设备给水；

(2) 尽可能选择同型号水泵，以方便运行和维修；

(3) 备用水泵一般设 1 台；

(4) 在满足上述条件的情况下，尽可能选择大容量水泵，以减少泵房的建筑面积，节省建设投资。

向冷却设施给水的水泵机组选择，其能力除满足水量、水压要求外，水泵机组的数量应和煤气洗涤设备给水水泵机组工作相协调。备用水泵一般设 1 台。

向高炉煤气洗涤和冷却设施给水的泵站，一般要求设计成自灌式，这是水温、水质和保证连续给水(要求启动迅速)要求所决定的。水泵站要求两路独立电源，并设有自动转换装置。

8.2.4.3 沉淀池

净化高炉煤气洗涤污水，以自然沉淀为主，为了加速沉淀，提高沉淀效率，有采用混凝沉淀的。为了防止飘浮物进入沉淀池，在适当的位置(如沉淀池入口前)应安装间距 10～15mm 的格栅。

自然沉淀，是靠重力原理来净化污水中的机械杂质。杂质的质量与粒度不同，在水中的沉降速度也不同，把这个不同的沉淀过程，予以图解，就得到如图 8-16～图 8-18 所示的污水沉淀试验曲线。

应用沉降试验曲线时，应当以污水净化要求截留悬浮物百分率相应之沉降速度为根据。沉淀池的计算式如下：

A 平流式沉淀池

沉淀池的长度(m)可按下式计算：

$$L=\alpha\frac{v}{u}H \tag{8-4}$$

式中 v——水在池中流动的速度,m/s;

u——设计采用的沉降速度,m/s;

H——池中水流深度,m;

α——考虑池中紊流,污水粘度等影响的系数,一般为 1.0～1.5,并随 L/H 的比值而定,沉淀池的深度愈小,α 值愈小。通常煤气洗涤污水沉淀池 $L/H=20$(比一般沉淀池几乎大 1 倍)。

污水在池中流动的时间(s),可按下式计算:

因为
$$t=\frac{H}{u}=\frac{L}{\alpha v} \tag{8-5}$$

所以
$$L=\alpha\frac{v}{u}H=\alpha vt$$

沉淀池的宽度(m),可按下式计算:

$$B=\frac{q}{vH} \tag{8-6}$$

式中 q——需要净化的污水量,m^3/s。

沉淀池的水流断面积(m^2):

$$F=BH \tag{8-7}$$

沉淀池的全长(m):

$$L_{全}=L+2(a+b) \tag{8-8}$$

式中 a——集水槽宽,m;

b——整流板到集水槽的距离,一般为 0.5m 左右。

沉淀池的全长(m):

$$H_{全}=H+H_1+H_2+H_3 \tag{8-9}$$

式中 H_1——沉渣层厚度,1～1.5m;

H_2——保护高度,0.3～0.5m;

H_3——缓冲层高度,0.4～0.5m;

平流式沉淀池设计,格数应不少于 2 格。沉淀池在进水端部应设有深度为 1.2m 左右、长为 3～5m 左右的集渣坑。池底逆水流方向的坡度取 0.05。

平流式沉淀池计算简图如图 8-23 所示。

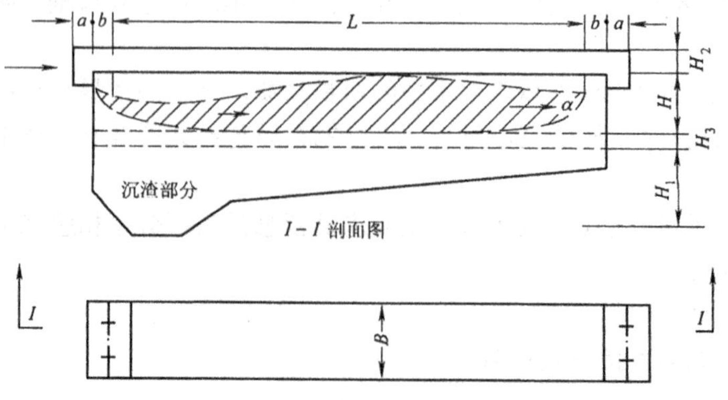

图 8-23 平流式沉淀池计算简图

B　辐射式沉淀池

污水在辐射式沉淀池内的流速，由中心向周边是递减的，但悬浮物颗粒的沉降速度，在沉降的全部时间内可设为不变。为此，辐射式沉淀池可按水的平均流速进行计算。计算式如下：

$$R = \alpha \frac{v_m}{u} H \tag{8-10}$$

式中　R——沉淀池的半径，m；

v_m——沉淀池中水流的平均速度，即在半径为 $R/2$ 的圆柱形断面时的速度，mm/s；

u——设计采用的沉降速度，mm/s；

H——沉淀池的水流深度，m。

沉淀池的面积(m^2)可按下式计算；

$$F = \alpha \frac{q}{u} \tag{8-11}$$

式中　α——考虑紊流等因素的系数；取 1～1.05；

q——需要净化的污水量，m^3/s。

污水在沉淀池的停留时间(s)：

$$t = \frac{H}{u} \tag{8-12}$$

沉淀池的直径为：

$$D_1 = \sqrt{\frac{4F}{\pi}} \tag{8-13}$$

辐射式沉淀池设计，一般不少于两座，按同时工作考虑，当一座发生故障时，另一座应能通过全部水量。沉淀池底逆水流方向应有 0.06～0.08 的坡度，而在池中央应有更大的坡度，一般为 0.12～0.16。保证池内水流均匀分布是十分重要的。为此，中央配水盘和池周溢流堰的设计与安装必须准确。中央配水盘水口的面积，应为盘侧表面积的 50%。溢流堰的安装一定要保证水平。

辐射式沉淀池计算简图见图 8-24。

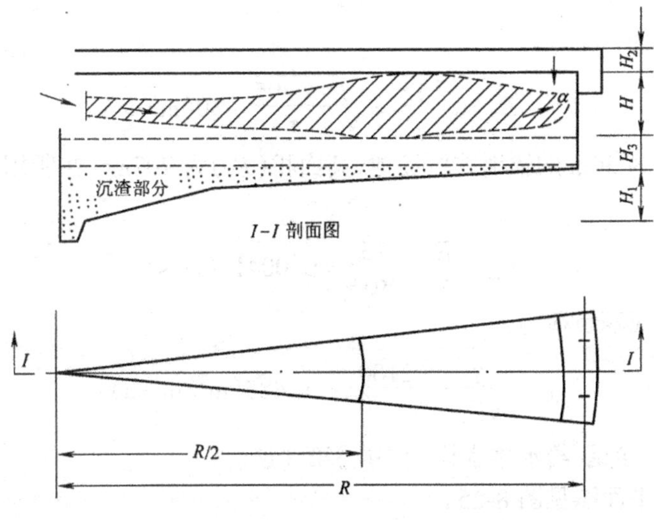

图 8-24　辐射式沉淀池计算简图

在实际工作中,计算沉淀池时,需要获得如下资料:

需要净化的污水量 q,这个污水量应把不平衡系数考虑在内;

污水中的悬浮物含量 C_1;

要求净化后污水中悬浮物的允许含量为 C_2。

根据 C_1 和 C_2,可按下式求出污水的沉降效率

$$\eta = 100\frac{(C_1 - C_2)}{C_1} \tag{8-14}$$

再根据求得之 η,在污水沉降试验曲线上查得相应的沉降速度。

辐射式沉淀池计算实例:

从两座 1000m^3 高炉煤气洗涤设备中排出的最大污水量为 $2100\text{m}^3/\text{h}$,污水中悬浮物的平均含量 $C_1 = 1800\text{mg/L}$,要求净化后水中悬浮物的平均含量 $C_2 = 150\text{mg/L}$,求建两座多大的辐射式沉淀池来净化煤气洗涤污水?

悬浮物的沉淀效率为:

$$\eta = 100\frac{(C_1 - C_2)}{C_1} = 100 \times \frac{(1800 - 150)}{1800} = 92\%$$

从沉降试验曲线图 8-17 查得相应于 92% 沉降效率时的悬浮物颗粒沉降速度 $u = 0.000415\text{m/s}$。

假定池中水流层平均高度为 1.5m,池周边水深为 2m。

被净化污水在沉淀池中的计算流动时间为:

$$t = \frac{H}{u} = \frac{1.5}{0.000415} = 3614(\text{s})$$

沉淀池面积为:

$$F = \alpha\frac{q}{u} = 1.0 \times \frac{2100}{3600 \times 0.000415} = 1410(\text{m}^2)$$

每一座池子的面积为:

$$F_1 = \frac{F}{n} = \frac{1410}{2} = 705(\text{m}^2)$$

沉淀池的直径为:

$$D_1 = \sqrt{\frac{4F}{\pi}} = \sqrt{\frac{4 \times 705}{\pi}} \approx 30(\text{m})$$

设计采用直径为 30m 的辐射式沉淀池,其面积(F_1)为 707m^2,在所用沉淀池尺寸下,水流的平均速度为:

$$v_\text{m} = \frac{R}{t} = \frac{15}{3614} = 0.00415(\text{m/s})$$

沉淀池的单位面积负荷为:

$$q' = \frac{q}{nF_1} = \frac{2100}{2 \times 707} = 1.485(\text{m}^3/\text{m}^2 \cdot \text{h})$$

溢流槽的计算,参见《给水排水设计手册》第 3 册。

辐射式沉淀池平面图见图 8-25。

近年来辐射式沉淀池的刮泥机械设备在原有设备基础上有了进一步发展,增加了一些

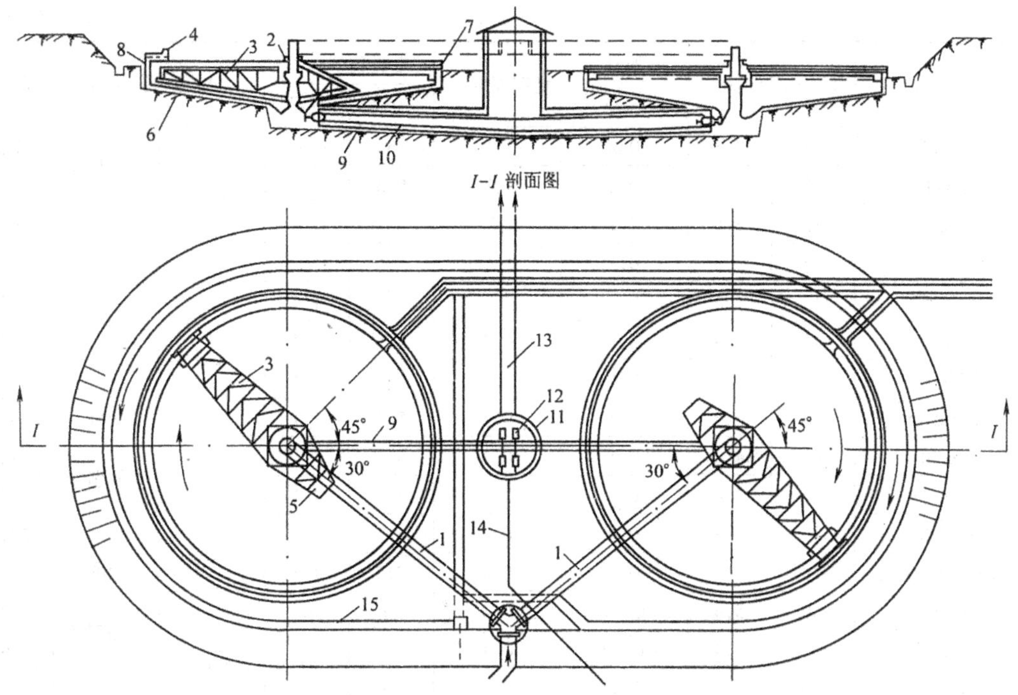

图 8-25 辐射式沉淀池平断面图

1—进水流槽;2—配水盘;3、5—转动耙架;4—电动小车;6—刮泥板;7—轨道;8—池周集水槽;9—排泥管廊;10—吸泥管道;11—砂泵房;12—砂泵;13—泥浆送出管;14—冲洗水管;15—排水沟

功能机构,如油耙、絮凝装置,池内加斜板(管)等,以适应不同行业和水质的要求。不同形式辐射式沉淀池刮泥设备,见表 8-24,表 8-25,表 8-26。

表 8-24 悬挂式中心传动浓缩机

型　号	池径/m	池深/m	耙架转速/r·min⁻¹	耙架高度/m	电机功率/kW		24h 生产能力/t	质量/t
					传动	提升		
NZS-1.8	1.8	1.8	0.5	0.16	1.1		5.6	1.5
NZSY-1.8	1.8	1.8	0.5	0.16	1.1		5.6	2.3
NZS-3.6	3.6	1.8	0.4	0.35	1.1		22.4	3.6
NZSY-3.6	3.6	1.8	0.4	0.35	1.5		22.4	5.2
NZS-6	6	3	0.27	0.2	1.5		9.0	9.0
NZSY-6	6	3	0.27	0.2	2.2		10.7	10.7
NZSX-6	6	3	0.27	0.2	1.5		10.3	10.3
NZSYX-6	6	3	0.27	0.2	2.2		11.8	11.8
NZ-9	9	3	0.23	0.25	3	0.75	140	6
NZY-9	9	3	0.23	0.25	4	0.75	140	8.3
NZX-9	9	3	0.23	0.25	3	0.75	140	8.0
NZYX-9	9	3	0.23	0.25	4	0.75	140	9.5

续表 8-24

<table>
<tr><th rowspan="2">型　号</th><th rowspan="2">池径/m</th><th rowspan="2">池深/m</th><th rowspan="2">耙架转速/r·min⁻¹</th><th rowspan="2">耙架高度/m</th><th colspan="2">电机功率/kW</th><th colspan="2" rowspan="2">24h 生产能力/t</th><th rowspan="2">质量/t</th></tr>
<tr><th>传动</th><th>提升</th></tr>
<tr><td>NZ-12</td><td>12</td><td>3.5</td><td>0.2</td><td>0.25</td><td>3</td><td>0.75</td><td rowspan="4">250</td><td rowspan="4">有倾斜板
480</td><td>8.5</td></tr>
<tr><td>NZY-12</td><td>12</td><td>3.5</td><td>0.2</td><td>0.25</td><td>5.5</td><td>0.75</td><td>11.5</td></tr>
<tr><td>NZX-12</td><td>12</td><td>3.5</td><td>0.2</td><td>0.25</td><td>3</td><td>0.75</td><td>10.5</td></tr>
<tr><td>NZYX-12</td><td>12</td><td>3.5</td><td>0.2</td><td>0.25</td><td>5.5</td><td>0.75</td><td>13</td></tr>
<tr><td>NZ-15</td><td>15</td><td>4.4</td><td>0.1</td><td>0.4</td><td>4</td><td>1.1</td><td rowspan="4">350</td><td rowspan="4">有倾斜板
800</td><td>22</td></tr>
<tr><td>NZY-15</td><td>15</td><td>4.4</td><td>0.1</td><td>0.4</td><td>5.5</td><td>1.1</td><td>27</td></tr>
<tr><td>NZX-15</td><td>15</td><td>4.4</td><td>0.1</td><td>0.4</td><td>4</td><td>1.1</td><td>24.1</td></tr>
<tr><td>NZYX-15</td><td>15</td><td>4.4</td><td>0.1</td><td>0.4</td><td>5.5</td><td>1.1</td><td>29.1</td></tr>
<tr><td>NZ-20</td><td>20</td><td>4.4</td><td>0.1</td><td>0.4</td><td>5.5</td><td>1.1</td><td rowspan="4">680</td><td rowspan="4">有倾斜板
1400</td><td>25</td></tr>
<tr><td>NZY-20</td><td>20</td><td>4.4</td><td>0.1</td><td>0.4</td><td>7.5</td><td>1.1</td><td>32</td></tr>
<tr><td>NZX-20</td><td>20</td><td>4.4</td><td>0.1</td><td>0.4</td><td>5.5</td><td>1.1</td><td>27.5</td></tr>
<tr><td>NZYX-20</td><td>20</td><td>4.4</td><td>0.1</td><td>0.4</td><td>7.5</td><td>1.1</td><td>34.5</td></tr>
<tr><td>NZ-30</td><td>30</td><td>5.4</td><td>0.09</td><td>0.4</td><td>11</td><td>4</td><td rowspan="4">1500</td><td rowspan="4">有倾斜板
3200</td><td>32</td></tr>
<tr><td>NZY-30</td><td>30</td><td>5.4</td><td>0.09</td><td>0.4</td><td>11</td><td>4</td><td>39</td></tr>
<tr><td>NZX-30</td><td>30</td><td>5.4</td><td>0.09</td><td>0.4</td><td>11</td><td>4</td><td>35</td></tr>
<tr><td>NZYX-30</td><td>30</td><td>5.4</td><td>0.09</td><td>0.4</td><td>11</td><td>4</td><td>42</td></tr>
</table>

表 8-25　支墩式中心传动浓缩机

<table>
<tr><th>型　号</th><th>池径/m</th><th>池深/m</th><th>周边线速度/m·min⁻¹</th><th>驱动功率/kW</th><th>总质量/kg</th></tr>
<tr><td rowspan="3">NZD8</td><td rowspan="3">8</td><td>2.5</td><td rowspan="3">1.01</td><td rowspan="3">0.75</td><td>9500</td></tr>
<tr><td>3.0</td><td>10000</td></tr>
<tr><td>3.5</td><td>10500</td></tr>
<tr><td rowspan="3">NZD10</td><td rowspan="3">10</td><td>2.5</td><td rowspan="3">1.13</td><td rowspan="3">0.75</td><td>10600</td></tr>
<tr><td>3.0</td><td>11300</td></tr>
<tr><td>3.5</td><td>12000</td></tr>
<tr><td rowspan="3">NZD12</td><td rowspan="3">12</td><td>2.5</td><td rowspan="3">1.22</td><td rowspan="3">0.75</td><td>12200</td></tr>
<tr><td>3.0</td><td>13600</td></tr>
<tr><td>3.5</td><td>13800</td></tr>
<tr><td rowspan="3">NZD14</td><td rowspan="3">14</td><td>2.5</td><td rowspan="3">1.33</td><td rowspan="3">1.5</td><td>14000</td></tr>
<tr><td>3.0</td><td>14600</td></tr>
<tr><td>3.5</td><td>15200</td></tr>
<tr><td rowspan="3">NZD16</td><td rowspan="3">16</td><td>2.5</td><td rowspan="3">1.41</td><td rowspan="3">1.5</td><td>15000</td></tr>
<tr><td>3.0</td><td>15600</td></tr>
<tr><td>3.5</td><td>16200</td></tr>
<tr><td rowspan="3">NZD18</td><td rowspan="3">18</td><td>2.5</td><td rowspan="3">1.47</td><td rowspan="3">1.5</td><td>16000</td></tr>
<tr><td>3.0</td><td>16600</td></tr>
<tr><td>3.5</td><td>17200</td></tr>
</table>

续表 8-25

型　号	池径/m	池深/m	周边线速度/m·min⁻¹	驱动功率/kW	总质量/kg
NZD20	20	2.5	1.63	2.2	17800
		3.0			18600
		3.5			19400
NZD26	26	2.5	2.64	4.0	21000
		3.0			21600
		3.5			22200
		4.3			23000

注：支墩式中心传动浓缩机主要由中心支墩、行走平台、驱动装置、中心架、平台、刮臂及撇渣机构组成。

表 8-26　周边传动浓缩机

型　号	浓缩池		沉淀面积/m^2	耙架每转时间/min	辊轮轨道中心圆直径/m	齿条道中心圆直径/m	24h 生产能力/t	电机功率/kW		质量/t	备注
	直径/m	深度/m						传动	提升		
NG-15	15	3.5	177	8.4	ϕ15.36		390	5.5		9.12	
NT-15	15	3.5	177	8.4	ϕ15.36	ϕ15.568	390	5.5		11	
NG-18	18	3.5	255	10	ϕ18.36		560	5.5		10	
NT-18	18	3.5	255	10	ϕ18.36	ϕ18.576	560	5.5		12.12	
NG-24	24	3.4	452	12.7	ϕ24.36		1000	7.5		24	
NT-24	24	3.4	452	12.7	ϕ24.36	ϕ24.882	1000	7.5		28.27	
NG-30	30	3.6	707	16	ϕ30.36		1570	7.5		26.42	
NT-30	30	3.6	707	16	ϕ30.36	ϕ20.888	1570	7.5		31.3	NJ-38A 电压 660V
NJ-38	38	4.9	1134	10～25			1600	11	7.5	55.26	
NJ-38A	38	4.9	1134	13.4～32			1600	11	7.5	55.72	
NT-38	38	5.06	1134	24.3	ϕ38.383	ϕ38.629	1600	7.5		59.82	
NT-45	45	5.06	1590	19.3	ϕ45.383	ϕ45.629	2400	11		58.64	
NTJ-45	45	5.06	1590	19.3	ϕ45.383	ϕ45.629	4300	15		71.69	
NT-50	50	5.05	1964	21.7	ϕ51.779	ϕ52.025	3000	11		65.92	
NT-53	53	5.07	2202	23.18	ϕ55.16	ϕ55.406	3400			69.41	
NTJ-53	53	5.07	2202	23.18	ϕ55.16	ϕ55.406	6250	15		79.79	
NT-100	100	5.65	7846	43	ϕ100.5	ϕ100.768	3030	15		198.08	

C　斜板沉淀池

近年来一些钢铁厂高炉煤气洗涤污水沉淀处理已采用了斜板沉淀池。它具有沉淀效率高、停留时间短、占地少等优点。但是池子斜板定期用高压水冲洗，清除附着在斜板上的泥垢，池子排泥要及时。

斜板沉淀池可按下述公式计算：

沉淀池水面面积(m^2)为：

$$F = \frac{Q_{max}}{nq' \times 0.91} \tag{8-15}$$

式中 Q_{max}——需净化的污水量,m^3/h;

n——沉淀池数;

q'——设计采用表面负荷,$m^3/(m^2 \cdot h)$,一般采用 $4 \sim 6m^3/(m^2 \cdot h)$;

0.91——斜板区面积利用系数。

池子平面尺寸:

方形池边长(m):

$$a = \sqrt{F} \tag{8-16}$$

池内停留时间(min):

$$t = \frac{(h_2 + h_3)60}{q'} \tag{8-17}$$

式中 h_2——斜板区上部水深,m,一般采用 0.5 ~ 1m;

h_3——斜板高度,m,一般为 0.866 ~ 1m。

污泥部分所需容积 $V(m^3)$:

$$V = \frac{Q(C_1 - C_2) \times 24 \times 100T}{K_z \gamma(100 - p_0)n} \tag{8-18}$$

式中 T——污泥室储泥周期,日;

C_1——进水悬浮物浓度,t/m^3;

C_2——出水悬浮物浓度,t/m^3;

K_z——污水量变化系数,根据生产工艺和生产性质确定;

γ——污泥的密度,t/m^3,其值约为 $2.4 \sim 3.6t/m^3$;

p_0——污泥含水率,%,约为 80%左右。

污泥斗容积:

圆锥体 $V_1(m^3)$:

$$V_1 = \frac{\pi h_5}{3}(R^2 + Rr_1 + r_1^2) \tag{8-19}$$

方锥体:

$$V_1 = \frac{h_5}{6}(2a^2 + 2aa_1 + 2a_1^2) \tag{8-20}$$

式中 h_5——污泥斗高度,m;

R——污泥斗上部半径,m;

r_1——污泥斗下部半径,m;

a_1——污泥斗下部边长,m。

沉淀池总高度(m):

$$H = h_1 + h_2 + h_3 + h_4 + h_5 \tag{8-21}$$

式中 h_1——超高,m;

h_4——斜板区底部缓冲层高度,m,一般采用 0.6 ~ 1.2m。

当斜板沉淀池为矩形池时,其计算方法与方形池类同。

目前有高效组合钢结构斜板沉淀池,并成套供货。可根据设计要求进行选用,简化了设计工作量。某厂生产的高效组合斜板沉淀器规格及性能参数见表 8-27,结构见示意图 8-26。

表 8-27 斜板沉淀器性能参数表

序 号	项 目	HB-90	HB-135	HB-250
1	单池处理水量/$m^3 \cdot h^{-1}$	80 ~ 100	120 ~ 150	240 ~ 260
2	进水悬浮物含量/$mg \cdot L^{-1}$	< 1000	< 1000	< 1000
3	出水悬浮物含量/$mg \cdot L^{-1}$	30 ~ 50	30 ~ 50	30 ~ 50
4	单池几何容积/m^3	80	125	198
5	单池运行质量/t	200	250	400
6	进水口尺寸/mm	340 × 380	350 × 380	400 × 410
7	出水口尺寸/mm	DN150	DN200	DN350
8	输泥机排泥含水率/%	< 60	< 60	< 60
9	输泥机电机功率/kW	5.5	5.5	5.5
10	组合型式	根据水量可自由组合		

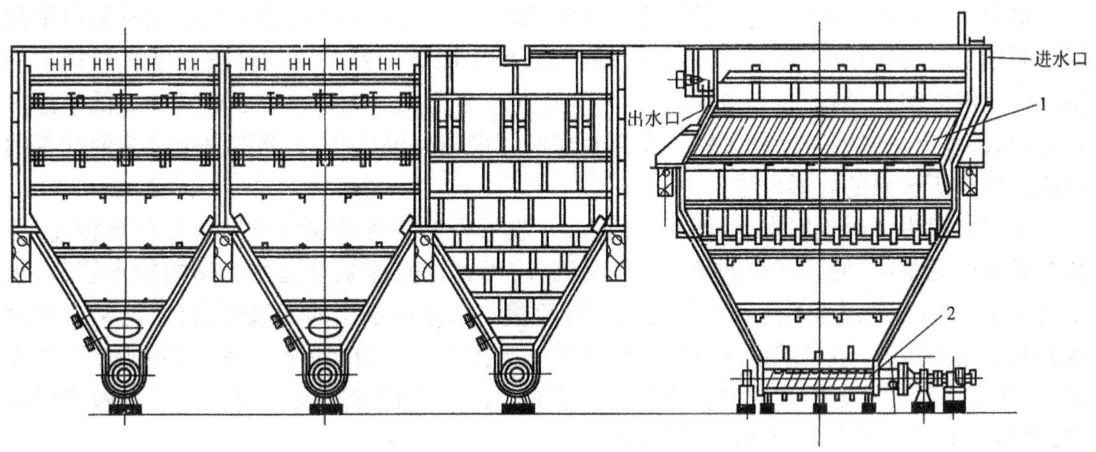

图 8-26 斜板沉淀器结构示意图

1—斜板沉淀器；2—螺旋排泥机

D 沉渣量的计算和沉渣的清除

煤气清洗污水的沉渣密度 $\gamma = 2.4 \sim 3.6$。沉淀池新沉淀下来的沉渣含水率 $p = 80\%$ 左右。沉淀池每小时沉渣的质量(t/h)为：

$$G = \frac{C_1 - C_2}{1000 \times 1000} q \tag{8-22}$$

每小时沉渣的体积(m^3/h)为：

$$W = \frac{G}{\gamma} \times \frac{100}{(100 - p)} \tag{8-23}$$

式中 C_1——沉淀前悬浮物含量，mg/L；

C_2——沉淀后悬浮物含量，mg/L；

q——污水量，m^3/h；

p——含水率，%。

沉渣的清除：沉渣能否及时清除，对污水的净化关系很大。国内平流沉淀池的几种清除方式与效果列于表 8-28。

表 8-28 平流沉淀池沉渣清除方式

序 号	沉渣清除方式	优 点	缺 点
1	设有专用刮泥车,并配有泵排除沉渣	清渣效果好,劳动强度小,操作方便	结构复杂,机械设备多,造价高
2	用带抓斗的吊车清除沉渣并配有自动卸料车皮		
3	用卧式泵排除沉渣,辅之 0.5 ~ 0.6MPa 水力搅拌,沉渣送尾矿坝或送污泥脱水系统	清除效果一般,设备简单	需要劳动力较多
4	人工清除	结构简单,不需要设备,投资省	劳动条件差,劳动强度大,需要劳动力多,清除时间长

多年的实践证明,煤气洗涤污水采用辐射式沉淀池,具有很多优点,所以,大、中型厂已很少采用平流式沉淀池。

辐射式沉淀池的沉渣,是借耙架将其刮集到池中心,经排料口引到安装在泥浆泵房里的泥浆泵抽出。可连续也可间断排渣。泵的能力,根据沉渣的数量及其排渣制度来选择。每座辐射式沉淀池,一般配备 2 台泥浆泵,1 台工作,1 台备用。泥浆泵中心应安装在低于池内底的位置,呈压入式给料才能工作。泥浆泵房的深度与外形尺寸,主要取决于沉淀池配置的当地条件和所选泵的外形尺寸。

泥浆泵房为了防止堵塞,保证正常运行,一般每座沉淀池都铺两条排渣管与泵相连,并装有必要的泥浆阀,使其互相倒换。在泵房内,应考虑冲洗泥浆管道所必须的给水管道,水压为 0.12MPa。冲洗水量应不小于泥浆临界流量。从泵站送出的泥浆管道,无论架空敷设或安装在地沟内,一般要求设两条或每台泵装一条排泥管。为了拆卸方便,管道应以法兰连接,并在直线段的一定距离内和转弯处安设检查口。转弯角度应大于 45°,并尽量做成圆弧形,其曲率半径应不小于管道直径的 4 倍。

泥浆泵房内换气次数,按每小时不少于 8 次考虑,或按计算确定。

例:承前例,计算泥浆数量。

两座 30m 辐射式沉淀池的每小时沉渣质量为:

$$G=\frac{(C_1-C_2)q}{1000\times1000}=\frac{(1800-150)}{1000\times1000}\times2100=3.465(\mathrm{t/h})$$

当 $\gamma=3,p=80\%$时,每小时沉渣体积为:

$$W=\frac{G}{\gamma}\times\frac{100}{(100-p)}=\frac{3.465}{3}\times\frac{100}{(100-80)}=5.775(\mathrm{m^3/h})$$

斜板沉淀池的沉渣,用螺旋输泥机将泥浆经过管道送入泥浆坑,再用泥浆泵将泥浆送入污泥脱水设备进行脱水。高效组合型钢结构斜板沉淀池采用螺旋输泥机排泥。ϕ600mm 螺旋输泥机主要技术性能见表 8-29。

8.2.4.4 冷却构筑物的选择

煤气洗涤污水,冷却温度降 $\Delta t=15\sim20$℃,要求冷却后水温小于或等于 40℃。实践证明,冷却这种污水采用有填料的,尤其是薄膜式填料的冷却塔,由于积灰十分严重,容易压坏填料。因此一般都采用喷水冷却池和中空式机力通风冷却塔。喷水冷却池,仅在我国北方和湿球温度比较低的地区且场地条件允许时采用。反之,则应采用中空式机力通风冷却塔。中空式机力通风冷却塔以鼓风式为宜,因为煤气洗涤污水对抽风式机力通风冷却塔的风机腐蚀严重。

表 8-29 螺旋输泥机主要技术性能

名称		数据
输送螺旋	螺旋直径	ϕ600mm
	旋向	左
	旋距	350mm
	螺旋转速	5.2r/min
	螺旋长度	3430mm
	工作制度	连续型
传动装置	行星摆线针轮减速机 XWD95	Y 型
	电机型号	Y 型
	电机功率	5.5kW
	电机转速	1500r/min
	减速机速比	289
	公称输入转矩	8820N·m
螺旋	输泥机充填系数 1.0,污泥密度 2.0	输送量:1.8m^3/h
电机	要求有过电流及过热保护装置	

近年来开发生产的格网填料机械抽风式逆流冷却塔,由于格网孔眼大,强度高,不易积灰,实践证明运行效果比较好。

8.2.5 水质稳定

8.2.5.1 高炉煤气洗涤循环冷却水水质稳定的特点

若冷却水在使用过程中,既不在管道或设备内结垢,也不产生腐蚀,即为稳定的水。含有重碳酸钙的水,用于冷却时,具有下列平衡关系。

$$Ca(HCO_3)_2 = CaCO_3\downarrow + CO_2 + H_2O$$

上式是可逆反应。由此可见,水质稳定,主要是二氧化碳、重碳酸钙、碳酸钙之间的平衡问题。当水中游离二氧化碳少于平衡所需的量时,则产生碳酸钙沉淀;若超过平衡量时,则产生二氧化碳腐蚀。冷却水在循环使用过程中,由于下列原因,使水质加速失去稳定,结垢严重。

(1) 循环水在使用过程中,由于水温升高,二氧化碳在水中的溶解度下降,造成部分二氧化碳外逸;与此同时,冷却水由于水温升高要求达到平衡的二氧化碳量增多,所以出现二氧化碳量不足,致使冷却水失去稳定;

(2) 水与空气接触时,因为空气中二氧化碳分压很低,造成水中二氧化碳外逸。当循环水在冷却塔或喷水冷却池进行冷却时,水与空气的接触面积很大,从而加速了二氧化碳外逸;

(3) 循环水在运行过程中,由于不断蒸发而浓缩。

循环水的稳定性,可按下式判断,当:

$KH_B < H_{jz}$时可不进行处理,但要将 p_4 的量排出:

$KH_B > H_{jz}$时要处理。

$$K = 1 + \frac{p_1}{p_2 + p_3 + p_4} = \frac{p}{p - p_1} \tag{8-24}$$

式中　K——循环水的浓缩倍数；

H_B——补充水的碳酸盐硬度，$mg-N \cdot L^{-1}$；

H_{jz}——循环水的极限碳酸盐硬度，$mg-N \cdot L^{-1}$；

p_1——蒸发损失占循环水的百分比，%；

p_2——风吹损失占循环水的百分比，%；

p_3——循环水系统渗漏损失，占循环水的百分比，%；

p_4——排污损失，占循环水的百分比，%；

p——补充水量占循环水的百分比（$p = p_1 + p_2 + p_3 + p_4$），%。

以上是循环水水质稳定的一般原理。但高炉煤气洗涤水，因和煤气（有一定压力）直接接触，使煤气中 CaO（作为炉尘存在）和部分 CO_2，在洗涤过程中被溶于水，生成碳酸钙，使循环水在生产过程中碳酸盐硬度不断增加。经测定，每洗涤一次，循环水的碳酸盐硬度便增加 1～3dH。这和一般循环水显然是不同的，这是高炉煤气洗涤循环冷却水水质稳定的主要特点。

8.2.5.2　水质稳定性的鉴别

饱和指数、稳定指数和临界 pH 值都是鉴别循环冷却水是否产生 $CaCO_3$ 结垢的指标。

$$I(\text{饱和指数}) = pH_0 - pH_s$$

式中　pH_0——循环水的实际 pH 值；

pH_s——循环水被碳酸钙饱和时的 pH 值，可按图 8-27 进行计算。

当 $I>0$，则结垢；$I=0$，则不腐蚀不结垢；$I<0$，则腐蚀。

实际上，$I = \pm 0.5$ 时可不处理。

pH_s 可根据下列公式计算：

$$pH_s = pK_2 - pK_s + p'_{Ca} + p'[\text{碱度}]$$

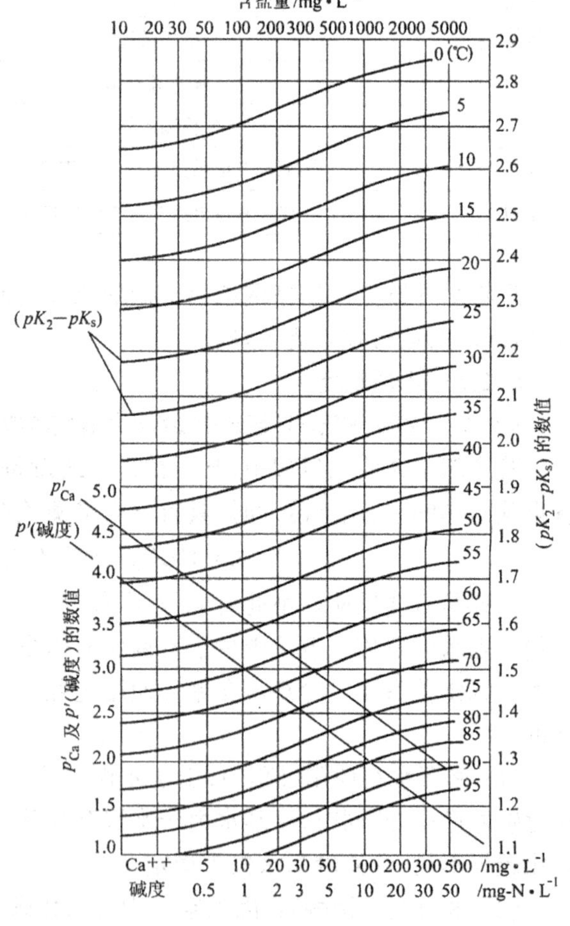

图 8-27　pH_s 计算图

式中　pK_2——碳酸钙第二离解常数的负对数；

pK_s——碳酸钙溶度积的负对数；

p'_{Ca}——水中钙离子含量的负对数（克离子/升）；

$p'[\text{碱度}]$——水中碱度值的负对数（克当量/升）。

$$S(\text{稳定指数}) = 2pH_s - pH_0$$

稳定指数的解释见表 8-30。

表 8-30 稳定指数

$2pH_s - pH_0$ 值	稳定性解释
<6	水垢增加,腐蚀倾向于减少
>6	$CaCO_3$ 保护膜不一定能形成
>(7.5~8)	腐蚀现象逐渐严重

pH_s 虽然是天然水得来的概念,但也可用来鉴别循环冷却水水质的稳定性。运行的经验是:循环冷却水的 pH 值,应该控制在 $pH_s + (0.6 \sim 1)$范围内。临界 pH 值(用 pH_c 表示)的概念,正是从 pH 值超过 pH_s 时,还有一个 $CaCO_3$ 不致立即沉淀出来的区域得来的。pH_c 可借试验求得。试验结果,$pH_c \approx pH_s + (1.7 \sim 2)$。

高炉煤气洗涤循环水,如不采取水质稳定措施,一般结垢都比较严重。水垢的主要成分为 $CaCO_3$,并含有污水中悬浮物的成分,如:Fe_2O_3、Al_2O_3、CaO、SiO_2、C 等。由此可见,碳酸钙是引起结垢的主要因素,悬浮物则起了促进作用。

例题

已知:水温为 20℃,Ca^{2+} 为 72mg/L,含盐量为 240mg/L,碱度为 3mg/L。

查得:$(pK_2 - pK_s) = 2.26$,$p'_{Ca} = 2.75$,$p'(\text{碱度}) = 2.51$,$pH_s = 7.52$

8.2.6 污泥处理系统

煤气洗涤污泥,主要含有铁、焦炭粉末等有用物质。一般应经过浓缩、脱水后,泥饼送烧结综合利用。

8.2.6.1 污泥处理工艺流程

从沉淀池排出的含泥浓度为 10% ~ 20% 的泥浆,用泥浆泵送至二次浓缩池进一步浓缩,经浓缩将含泥量为 30% ~ 40% 的泥浆直接送到过滤机,经过滤脱水后得到含水率为 20% ~ 30% 的泥饼,被卸到料仓,然后装车运至烧结回收利用。当烧结对污泥含水率有特殊要求时(如 <8%),有的厂还有加干燥设施的,但基建费和经营费较高,出料口附近空气含尘量稍高,所以采用较少。

污泥处理工艺流程见图 8-28。

8.2.6.2 污泥处理系统的设备选择与计算

A 污泥泵的选择与计算

污泥泵的选择,应根据泥浆的特性,如物料的粒度、密度、泥浆的浓度与粘度等因素确定泵的类型。然后根据泥浆量和要输送的泥浆按下式折合成清水时的总扬程,再按所采用该种类型泵的清水性能曲线和工作性能表,选定泵的规格、型号。

$$H = H_0 \delta_n \tag{8-25}$$

式中 H——泥浆折合清水时的总扬程,m;

δ_n——泥浆密度;

H_0——需要的泥浆总扬程,m,

$$H_0 = H_z + h + iL_a \tag{8-26}$$

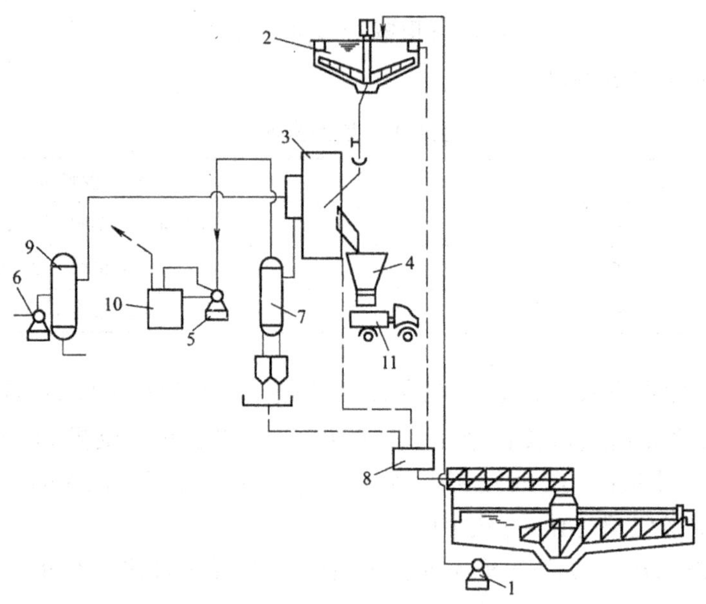

图 8-28 污泥处理工艺流程图

1—泥浆泵;2—浓缩池;3—真空过滤机;4—料仓;5—真空泵;6—空压机;7—自动排滤液罐;
8—集水槽;9—空气罐;10—气水分离器;11—汽车

式中 H_z——需要的几何扬程,m;

h——剩余扬程,m;

L_a——直管和局部阻力损失折合为直管总长度,m,各种管件折合长度见表 8-31;

i——管道清水阻力损失,m 查《给水排水设计手册》第 1 册。

表 8-31 各种管件折合长度(m)

名　称	管　径　/mm							
	50	63	76	100	125	150	200	250
弯　头	3.3	4.0	5.0	6.5	8.5	11.0	15	19.0
普通接头	1.5	2.0	2.5	3.5	4.5	5.5	7.5	9.0
全开阀门	0.5	0.7	0.8	1.1	1.4	1.8	2.5	3.2
三　通	4.5	5.5	6.5	8.0	10	12.0	15.0	18.0
逆止阀	4.0	5.5	6.5	8.0	10	12.0	16.0	20.0

B　泥浆浓缩设施的选择与计算

由于真空过滤机的过滤效果与所过滤的滤料泥浆浓度有直接关系,而一次沉淀池排泥浓度仅为 10%～20%,其浓度太低,所以应进行二次浓缩,其浓缩措施有:对于连续流泥浆浓缩池可采用沉淀池形式,一般为竖流式或辐流式;也可采用水力旋流器。

a　泥浆浓缩池的选择和计算

目前国内许多钢铁厂采用中心传动带刮泥机械的辐射式沉淀池作为煤气洗涤系统泥浆浓缩设备。一般池内停留时间宜大于 2h,多采用 ϕ6m,ϕ12m 中心传动加斜板浓缩池,排泥浓度 30%～40%。ϕ12m 中心传动浓缩池生产控制指标见表 8-32。

表 8-32 ϕ12m 中心传动浓缩池生产控制指标

表面负荷 /$m^3\cdot(m^2\cdot h)^{-1}$	停留时间/h	质量百分浓度		溢流水中悬浮物/$mg\cdot L^{-1}$	备　注
		入口/%	底流/%		
1.42	1.06	>2	35~55	<100	沉淀区安装倾斜板

浓缩池采用地上式设置，泥浆用泥浆泵扬送至脱水设备。有条件可将浓缩池设置在屋顶或高架，利用高差泥浆自流入过滤机，有利于提高泥浆浓度，省掉送脱水机的泥浆泵等设备。

b　水力旋流器的选择与计算

水力旋流器具有构造简单、易于制造、占地面积小、生产能力大、分级效率高等优点。但生产效果不稳定、磨损快、动力消耗大。为稳定旋流器的生产效果，给料压力尽可能稳定，最好设恒压箱。为克服磨损快的缺点，延长使用寿命，旋流器有必要设辉绿岩或胶内衬。

设计中要考虑旋流器的备用数量，一般可考虑设一台。水力旋流器规格的选择，主要取决于溢流粒度。若要求旋流器的溢流粒度细时，应采用小规格旋流器，并用较高的给料进口压力，较低的给料浓度（10%左右）；若要求溢流粒度粗时，应采用较大规格的旋流器，并用较低的给料进口压力，较高的给料浓度。高炉煤气灰粒度很细，要求溢流粒度更细，所以应当选小规格，即不大于 100mm 的水力旋流器为宜。给料压力应不小于 0.15~0.20MPa。当进口压力为 0.18MPa 时，浓缩后的泥浆浓度可达 40%~60%，相应的溢流粒度可控制在 37μm 以下。

水力旋流器生产能力（L/min）可按下列经验公式计算

$$Q = K_0 d_n d_c \tag{8-27}$$

或

$$Q = K_1 D d_c \tag{8-28}$$

式中　d_n——给料管直径，cm；

d_c——溢流管直径，cm；

D——旋流器直径，cm；

K_0、K_1——系数，$K_0 = K_1/(d_n/D)$。

K_0、K_1 与 d_n/D 的关系值，列于表 8-33。

表 8-33　K_0、K_1 与 d_n/D 的关系值

d_n/D	0.10	0.15	0.20	0.25	0.30
K_1	0.53	0.78	0.98	1.22	1.56
K_0	5.8	5.1	4.9	4.9	5.2

根据试验得出旋流器较好的结构参数如下：

$$d_n = 0.2D$$

$$d_n = 0.6d_c$$

$$d_c = 0.33D$$

$$d_H = 0.5d_c$$

$$\alpha(锥角)20°$$

旋流器沉渣量和溢流量的体积比的近似关系如下：

$$V_H/V_c = 1.1(d_H/d_c)^2 \tag{8-29}$$

式中　V_H——沉渣的体积泥浆量,L/s;

V_c——溢流的体积泥浆量,L/s;

d_H——旋流器沉渣管直径,cm;

d_c——溢流管直径,cm。

C　过滤机的选择与计算

选用过滤机应根据物料的粒度特性、密度、泥浆性质和产品含水量要求等因素选择。根据高炉煤气洗涤污水的特性,以采用连续操作的圆筒型外滤式过滤机或圆筒型内滤式过滤机为宜。圆筒型外滤式过滤机,待过滤的悬浮液在滤机的外部,因为重力关系,颗粒大的先沉降到物料槽的底部,这样,在滤布上最先被吸滤的是最微细的颗粒,由于最微细的颗粒组成最初滤渣层,致使过滤变得困难,从而降低了滤机的生产能力,为了克服这一问题,提高生产率,这种过滤机都带有搅拌装置。如果经搅拌仍不能使被过滤的悬浮液基本均匀则表明这种悬浮液采用外滤式过滤机已不能适应。圆筒型内滤式过滤机,是把待过滤的悬浮液送到转筒内,并分布于转筒的底部,这样,颗粒大的最先沉降于过滤面上,使滤布避免了被微细颗粒所堵塞,从而提高了滤机的生产率。由此可见,圆筒型外滤式过滤机适用粒度小的煤气灰,圆筒型内滤式过滤机适用于粒度大的煤气灰。一般地说,中、小型高炉和高压操作的大型高炉煤气灰粒度小,常压操作的大型高炉煤气灰粒度大。

过滤机的生产能力与物料的特性、浓度、真空度和滤布的规格和质量有关,过滤机的生产能力的计算,可参考表8-34列出的指标进行。

表8-34　过滤机在不同浓度下的生产指标

泥浆浓度/$g \cdot L^{-1}$	100	150	200	250	300	350	400	450
生产能力/$kg \cdot (m^2 \cdot h)^{-1}$	80	120	160	200	240	280	320	360

上述指标是在真空度为67～80kPa(500～600mmHg)下,采用尼龙滤布时的数据。滤饼厚度为4～8mm。滤液悬浮物含量为40～80g/L,泥饼含水量为25%～30%。

过滤机工作台数 n 的确定

$$n = \frac{Q}{Fq} \tag{8-30}$$

式中　Q——需要处理的干泥量,t/h;

F——选用的过滤机面积,m^2;

q——过滤机单位面积生产能力,$t/(m^2 \cdot h)$。

D　压缩机、真空泵的选择与计算

一般选用水环式压缩机和真空泵。单位过滤面积选用指标列入表8-35。

表8-35　单位过滤面积压缩机、真空泵选用指标

真　空　泵		压　缩　机	
真空度/kPa(mmHg)	吸风量/$m^3 \cdot (m^2 \cdot min)^{-1}$	风压/MPa	风量 $m^3 \cdot (m^2 \cdot min)^{-1}$
67～80(500～600)	0.8～1.2	0.04～0.05	0.2～0.4

注:吸风量系指常压下。

不同过滤面积过滤机所需滤液罐容积列于表 8-36。

表 8-36 滤液罐容积的选用指标

过滤机面积/m^2	3	5	8	20	30	40
滤液罐容积/m^3	1.0	1.6	2	2.5	3.0	3.5

8.2.6.3 脱水设备

常采用的脱水设备有下述几种形式：

A GN 筒型内滤式真空过滤机

GN 筒型内滤式真空过滤机见图 8-29。

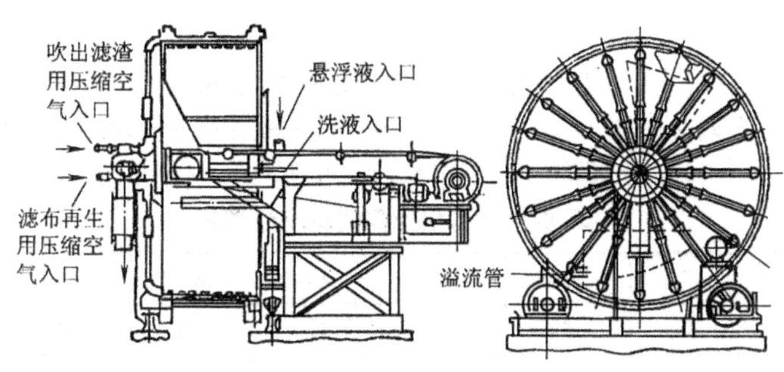

图 8-29 内滤式真空过滤机

这种系列的过滤机共有 $8m^2$、$12m^2$、$20m^2$、$30m^2$、$40m^2$ 五种规格。主要参数见表 8-37。

表 8-37 GN 筒型内滤式真空过滤机主要参数表

项　　目	GN-8	GN-12	GN-20	GN-30	GN-40
过滤面积/m^2	8	12	20	30	40
筒体直径/mm	2956	2956	3668	3668	3668
筒体长度/mm	1020	1370	1920	2720	3720
过滤机外型尺寸 $L \times B \times H$/mm	2490 × 3176 × 3367	2840 × 3176 × 3367	4028 × 3800 × 4050	6230 × 3900 × 4050	6830 × 3900 × 4050
筒体传动电机功率/kW	2.2	2.2	3.5/4.0/5.0	3.5/4.0/5.0	3.5/4.0/5.0
整机质量/kg	6636	7346	12292	14140	16628
需要真空度/kPa(mmHg)	60 ~ 80 (450 ~ 600)	60 ~ 80 (450 ~ 600)	60 ~ 80 (450 ~ 600)	60 ~ 80 (450 ~ 600)	60 ~ 80 (450 ~ 600)
需要鼓风压力/MPa	0.03	0.03	0.03	0.03	0.03

B 筒型外滤式真空过滤机

筒型外滤式真空过滤机见图 8-30。

筒型外滤式真空过滤机主要技术规格见表 8-38。

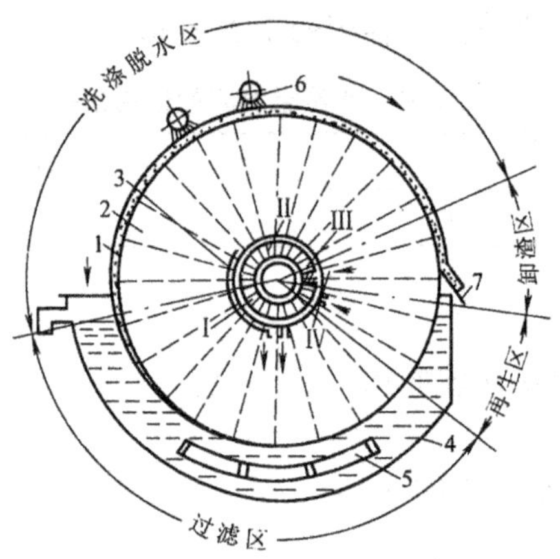

图 8-30 外滤式转鼓真空过滤机

1—转鼓;2—过滤室;3—分配头;4—物料槽;5—搅拌器;6—喷嘴;7—刮刀

Ⅰ—过滤区;Ⅱ—脱水区;Ⅲ—卸料区;Ⅳ—再生区

表 8-38 筒型外滤式真空过滤机

型号		GW-3	GW-5	GW-8	GW-12	GW-20	GW-30	GW-40	GW-50
过滤面积/m²		3	5	8	12	20	30	40	50
筒体尺寸/mm	直径	1600		2000		2500	3350		
	长度	710	1120	1400	2000	2650	3000	4000	5000
筒体转速/r·min⁻¹	Ⅰ组	0.113	0.1~2	0.1~2	0.1~2	0.14 0.19 0.27 0.38 0.54	0.12 0.29	0.16 0.39	0.23 0.56
	Ⅱ组	0.355					0.11 0.26	0.14 0.34	0.21 0.50
每分钟搅拌次数		23				25,45			
外形尺寸/mm		1727× 1933× 1290	2657× 2400× 2025	3243× 2945× 2370	3843× 2892× 2370	4480× 4035× 2890	5200× 4910× 3743	6200× 4910× 3743	7200× 4960× 3743
总质量/t		2.36	3.76	4.877	5.6	10.6	17.2	19.5	21
电动机功率/kW	筒体用	1.5				3.0/4.5	3.3/4/5		
	搅拌器用	0.8		0.8	0.75	2.2	3		4

C 圆盘真空过滤机

圆盘真空过滤机见图 8-31。

圆盘真空过滤机主要由主轴、过滤盘、分配头、搅拌器、槽体、刮板、瞬时吹风系统、主传动机构、搅拌器传动机构等构成。主要规格见表 8-39。

表 8-39 圆盘真空过滤机主要规格表

过滤面积/m²	8	18	27	40	60	80	100	120
过滤盘数/个	2	4	6	4	6	8	10	12
过滤盘直径/mm	1800	1800	1800	2800	2800	2800	2800	2800

D 折带式过滤机

(4) 折带式过滤机见图 8-32。

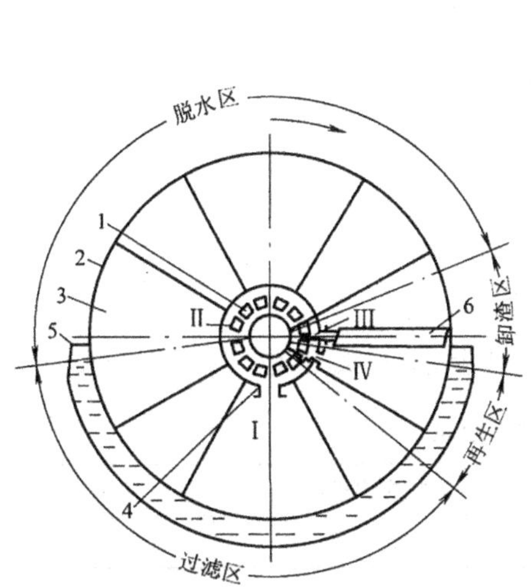

图 8-31 圆盘真空过滤机

1—转轴；2—过滤圆盘；3—扇形过滤室；4—分配头；5—物料槽；6—刮刀

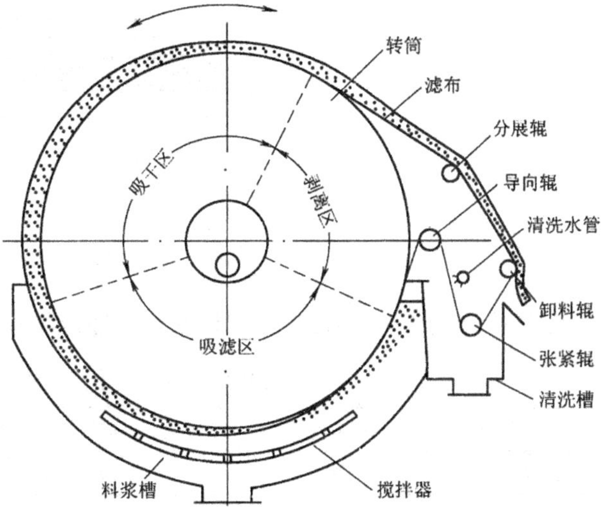

图 8-32 折带式过滤机

折带式真空过滤机是在筒型真空过滤机的基础上发展起来的，它除了有筒体、料浆槽、搅拌器外，还有清洗槽、分展辊、张紧辊、导向辊、清洗水管等构件。目前在国内几座大型高炉煤气洗涤水系统中已采用。目前生产的有以下几种规格，见表 8-40。

表 8-40 折带过滤机主要规格及技术参数表

型 号	GD-40	GD-30	GD-20	GD-12	GD-5	GD-1.7
过滤面积/m^2	40	30	20	12	5	1.7
筒体直径 D/mm	3350	3350	2500	2000	1600	917
筒体传动功率/kW	3.5;4.5	3.0	2.5;4.0	1.5	1.5	2.5
搅拌器传动功率/kW	3.0	3.0	2.2	0.8	0.8	

E 带式压滤机

带式压滤机是一种新型高效过滤设备，近年来已用于高炉和转炉污泥脱水。其构造见图 8-33。它由上下两组同向移动的回转带组成。泥浆由储槽一端连续配入，在向另一端移动过程中，由于上下两排支承滚轴的挤压而脱水。

进入带式压滤机的物料是需要经过投加絮凝剂进行絮凝处理的，这时的物料物理性能已发生变化，泥浆变为絮凝团和游离水，游离水很容易从网带上漏掉。带式压滤机滤布网眼大，网带的丝径比滤布的丝径粗。所以带式压滤机具有网带过水阻力小、机械强度高、使用寿命长和连续运行等特点。

目前国内生产的带式压滤机规格有网带宽 500mm，700mm，1000mm，2000mm，3000mm 等。

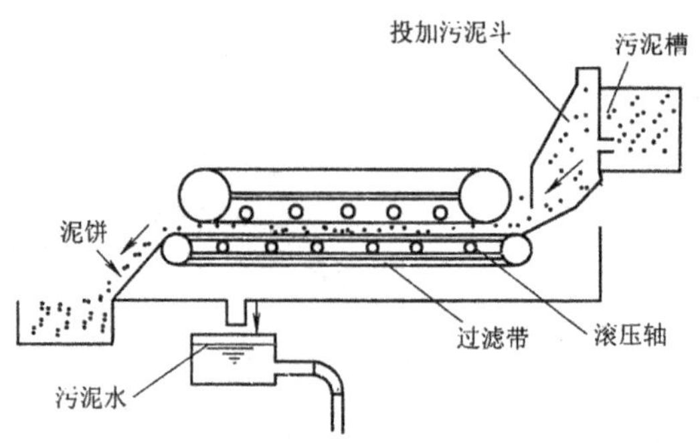

图 8-33 带式压滤机示意图

某厂生产的 CPF 型带式压滤机脱水性能及结构参数见表 8-41,表 8-42。

表 8-41 CPF 型带式压滤机技术参数表

污泥类型	入料浓度/%	处理量(每 m 带宽干固含量)/kg	滤饼含固量/%	备注
冶金污泥浆	30	2500~3500	70~76	

表 8-42 CPF 型 2000mm 带式压滤机结构参数表

工作宽度/mm	长度/mm	宽度/mm	高度/mm	质量/t	功率/kW	耗水/$m^3 \cdot h^{-1}$	水压/MPa	耗气/$m^3 \cdot h^{-1}$	气压/MPa
2000	4700	3500	2300	12	5.5;7.5	15	0.7	7	0.6

F 板框压滤机

高炉煤气洗涤污泥脱水也有采用板框压滤机的。板框压滤机有手动板框压滤机和自动板框压滤机两种。手动板框压滤机需人工将板框一块块卸下,剥离泥饼,清洗滤布后再组装过滤,劳动强度大。自动板框压滤机全部过程均自动进行。

8.2.6.4 污泥利用

污泥的利用,需要根据污泥的成分不同而异,还应根据炼铁厂所在地点不同而异。污泥含铁量一般约为 30%~40%,应作为炼铁原料予以利用。在建有选矿厂的企业,可将泥浆直接送到选矿厂与浮选精矿混合浓缩,再一并进行过滤脱水,然后作为炼铁原料送烧结厂。也可直接把泥浆送到烧结厂作为润湿掺合料,采用这种作法时,需同时建有一定能力的泥浆脱水场,以便在供求不相衔接时,把泥浆送到脱水场脱水、储存。目前也有的厂将沉淀池的泥浆用汽车罐车直接运到烧结厂的。当上述方法不能实现时需建独立的回收处理系统,把脱水后的泥饼作为炼铁原料送烧结厂。一般大型高炉的污泥均用作烧结原料。首钢每年回收 4 万 t 左右的污泥,鞍钢每年回收污泥 9 万 t,可节约用煤和用电,价值约数百万元。污泥含铁量低,作为炼铁原料不合适时,经脱水的泥饼,可作为水泥原料予以利用。也可将泥浆直接用于粒化炉渣(不是冲渣),而后随同炉渣一并作为制作水泥的原料,送水泥厂。

8.3 高炉炉渣粒化

高炉渣是炼铁时排出的废渣。一般每炼 1t 生铁,产生 300~900kg 高炉渣。其主要成分为硅酸钙或铝酸钙等。被粒化后已广泛地用作水泥、渣砖和建筑材料。高炉渣的综合利用,不仅为国家增加了财富,还解决了弃渣场占地和运输紧张的问题。

高炉矿渣的处理方法分为:急冷处理(水淬或风淬),慢冷处理(空气中自然冷却)和半急冷处理(加入少量水并在机械设备作用下冷却)。

目前高炉渣粒化,采用多种形式的水冲渣方式。还有泡渣、热泼渣等方式。当水渣系统事故时,一般设置干渣坑,并有干渣喷洒设施。也有用渣罐车运至弃渣场。

8.3.1 用水要求

炉渣粒化用水要求见表 8-43。

表 8-43 炉渣粒化用水要求表

粒化方式	冲 渣	泡 渣
吨渣用水量/m^3	8~12	1~1.5
水 压/MPa	0.2~0.25	>0.02
水 质	$SS<400$mg/L $SS<0.1$mm	无要求
水 温	<60℃	无要求

注:水压系指喷口处水压。

8.3.2 排水

8.3.2.1 污水成分

炉渣粒化污水成分见表 8-44。

表 8-44 炉渣粒化污水成分/$mg \cdot L^{-1}$

项目	全固形物 /$mg \cdot L^{-1}$	溶解固形物 /$mg \cdot L^{-1}$	不溶固形物 /$mg \cdot L^{-1}$	铁铝氧化物 /$mg \cdot L^{-1}$	灼烧减量 /$mg \cdot L^{-1}$	灼烧残渣 /$mg \cdot L^{-1}$	Ca /$mg \cdot L^{-1}$	Mg /$mg \cdot L^{-1}$	总硬度 /(mg-N·L^{-1}	
含量	253	158.7	94.3	2.7	61.6	191	33.09	8.71	2.37	
项目	OH^- /mg-N·L^{-1}	CO_3^- /mg-N·L^{-1}	HCO_3^- /mg-N·L^{-1}	总碱度 /mg-N·L^{-1}	SO_4^- /$mg \cdot L^{-1}$	Cl^- /$mg \cdot L^{-1}$	CO_2 /$mg \cdot L^{-1}$	耗氧量 /$mg \cdot L^{-1}$	SiO_2 /$mg \cdot L^{-1}$	pH
含量	0	0.2	2	2.2	35.72	10	21.32	2.55	7.95	7.04

污水成分,随炼铁用的原、燃料成分而异。不少厂还含有酚、氰、硫化物等有害物质。

8.3.2.2 水渣成分

水渣成分见表 8-45。

表 8-45 水渣成分

成 分	SiO_2	Al_2O_3	CaO	MgO	FeO	MnO	S	CaO/SiO_2
占总质量/%	39.67	11.3	47.5	2.55	0.81	0.74	1.41	1.2

特种生铁矿渣中还含有二氧化钛(TiO_2)和五氧化二钒(V_2O_5)等。

8.3.2.3 水渣颗粒组成

水渣颗粒组成见表 8-46。

表 8-46 水渣颗粒组成

筛目	20	40	60	80	100	120	140	160
占总质量/%	31	55	11	1	1	0.5	0.3	0.2

8.3.2.4　水渣的堆密度

饱和水时的堆密度为 1.2～1.22,烘干后的堆密度为 1.16～1.20。

8.3.3　水渣处理方法

高炉向大型化发展,渣量大,用水量也大,应尽可能设置循环给水系统。

循环给水系统,水的损耗可按吨渣 1.2～1.5m^3 水考虑。

循环给水系统,一般应考虑设置沉淀过滤、冷却、加压设施。不冷却,会产生很多问题:若水温高,冲渣时要产生大量的泡沫渣、渣棉和大量蒸汽,对水渣输送、渣沉淀和渣滤池的工作不利;且工作环境差;水温高水泵还会出现气蚀现象,降低泵的出力,影响泵的使用寿命;易产生人身事故,设备也易损坏,维修也困难。冲渣水压大,冲渣时易产生渣棉,渣棉不易沉淀去除,进入渣滤池后易堵塞滤层,影响滤池的能力。根据生产经验,一般使用的压力为 0.12～0.15MPa 较合适。

水渣处理方法一般有沉淀过滤法、过滤法、转鼓过滤法和图拉法水冲渣 4 种方式。

8.3.3.1　沉淀过滤法

A　工艺流程

冲渣水经高炉前多孔喷嘴喷出冲渣,渣水混合物通过渣沟进入平流沉渣池,大部分渣沉淀(约 95%),沉渣池的出水经分配渠进入过滤池(过滤池的水渣为滤料)。过滤后的水经加压泵送冷却塔冷却后,用泵供高炉冲渣循环使用,有高地可建高位水池的,可用泵将过滤后的水送入高位冲渣水池,水池上设喷水冷却或建冷却塔,由高位冲渣水池直接供高炉冲渣用水。某厂冲渣构筑物布置见图 8-34。

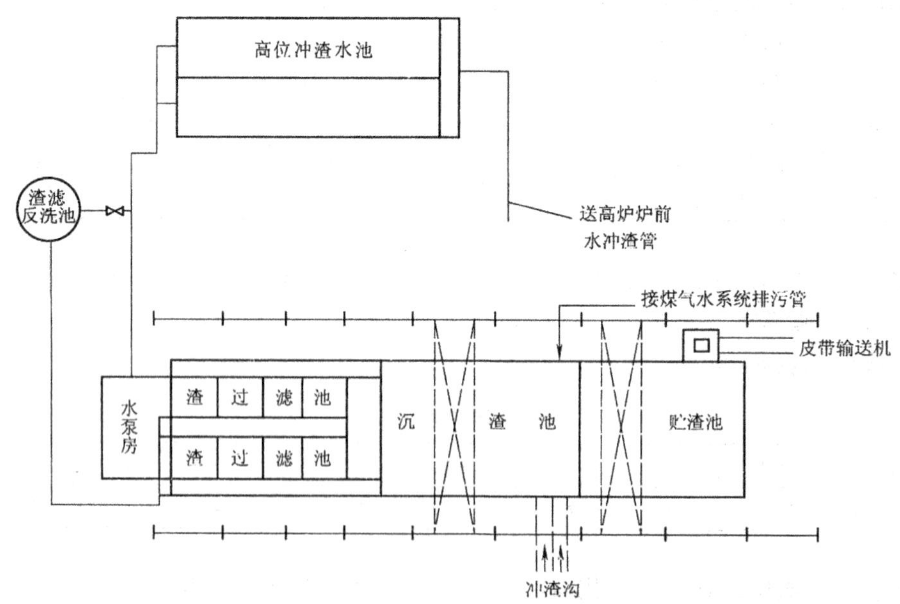

图 8-34　水冲渣系统平面布置图

主要构筑物包括冲渣沟、沉渣池、储渣池、渣滤池、加压泵站、露天栈桥、冲渣高位水池(上部设有喷淋冷却装置)及渣滤池反洗水池。

B 主要设计参数

某厂 1200m³ 高炉渣铁比(t渣/t铁)为 0.64～0.8，平均日产渣量为 1536t。最大出渣速度为 5t/min，渣水比为 1∶10，冲渣水压为 0.25MPa，冲渣水温＜60℃，最大冲渣水量为 2500m³/h，平均冲渣水量为 1250m³/h。

C 主要构筑物及设备

(1) 沉渣池，平流式沉渣池，长 55m，宽 21.5m，有效深度 5.8m。

(2) 渣滤池，共 8 格，每格面积 $6.5m \times 7.2m = 46.8m^2$。

滤料为水渣，滤层厚度为 900mm，滤料粒径为 9～10mm，滤层上部 400mm 高的水层作缓冲保护用。

砾石支承层，起支承滤料作用，总厚度 200mm，共分 4 层：由上至下粒径分别为 2～4mm，4～8mm，8～15mm，16～25mm，各层厚度均为 50mm。

支承层用工字钢保护，以防止吊车抓水渣时破坏支承层。

配水系统：采用混凝土滤板，分上下两层。

滤速：设计采用 5m/h。

反洗强度：$>151m^3/(m^2 \cdot h)$。

(3) 电动桥式抓斗起重机 QZ 型两台，跨距 $L_k = 28.5m$，抓斗容积 3m³，密闭操作室，起重量 10t。

(4) 送高位冲渣水池泵 3 台(2用1备)，型号为 300S90B 离心泵。

8.3.3.2 过滤法(国外称为 OCP 法)

A 工艺流程

熔融炉渣在炉前通过粒化头冲成水渣后，渣水混合物通过冲渣沟流入过滤池过滤脱水，过滤后清水通过阀门组储存在过滤池下面的热水池内，由热水泵将热水送至冷却塔冷却到 60℃以下，储存于冲渣储水池内；北方寒冷地区，在采暖季节，可用热水泵把热水送采暖后再返回冲渣水池内，待下次冲渣时使用。截留于滤池内的脱水水渣用抓斗吊车清除外运。OCP 法具有操作简单、可靠、易于维修、电耗低、水渣质量好等优点，与沉淀过滤法比较，OCP 法占地较少，但池子较深。某厂 OCP 法水渣滤池平面图见图 8-35，断面图见图 8-36。

B 主要设计参数

某厂 2000m³ 高炉采用 OCP 法水冲渣设施。

出渣速度	平均 4～5t/min，最大 6～8t/min
冲渣渣水比	1∶10(最大渣量时为 1∶7)
冲渣水量	2400～3000m³/h
冲渣水压	0.25～0.3MPa
吨渣补充水量	＜1m³
滤池个数	4 格
设计平均过滤速度	$6m^3/(m^2 \cdot h)$
反冲洗介质	压缩空气
反冲洗强度(标态)	$60 \sim 90m^3/(m^2 \cdot h)$
反冲洗空气压力	0.06MPa

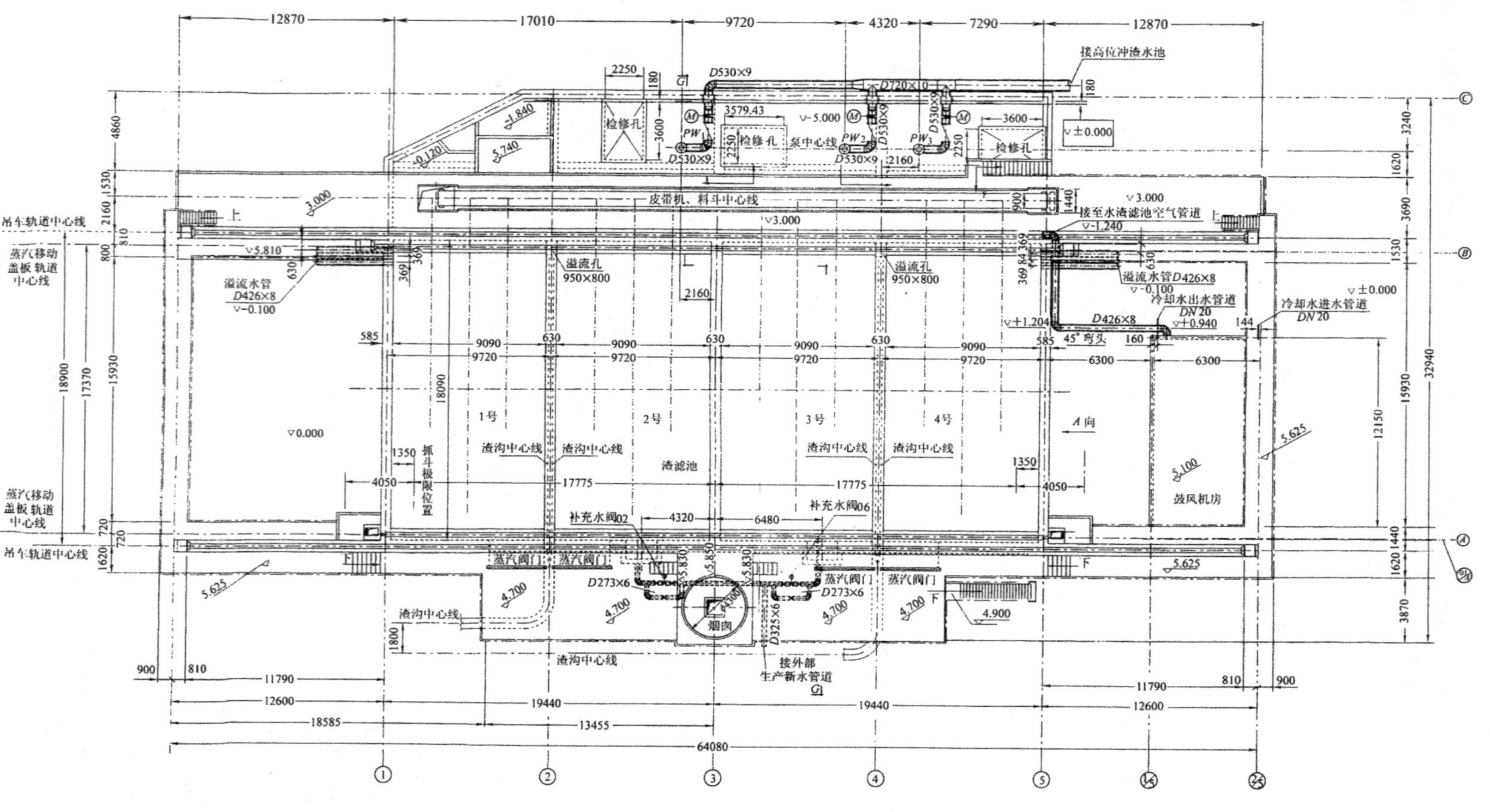

图 8-35 OCP法水渣滤池平面图

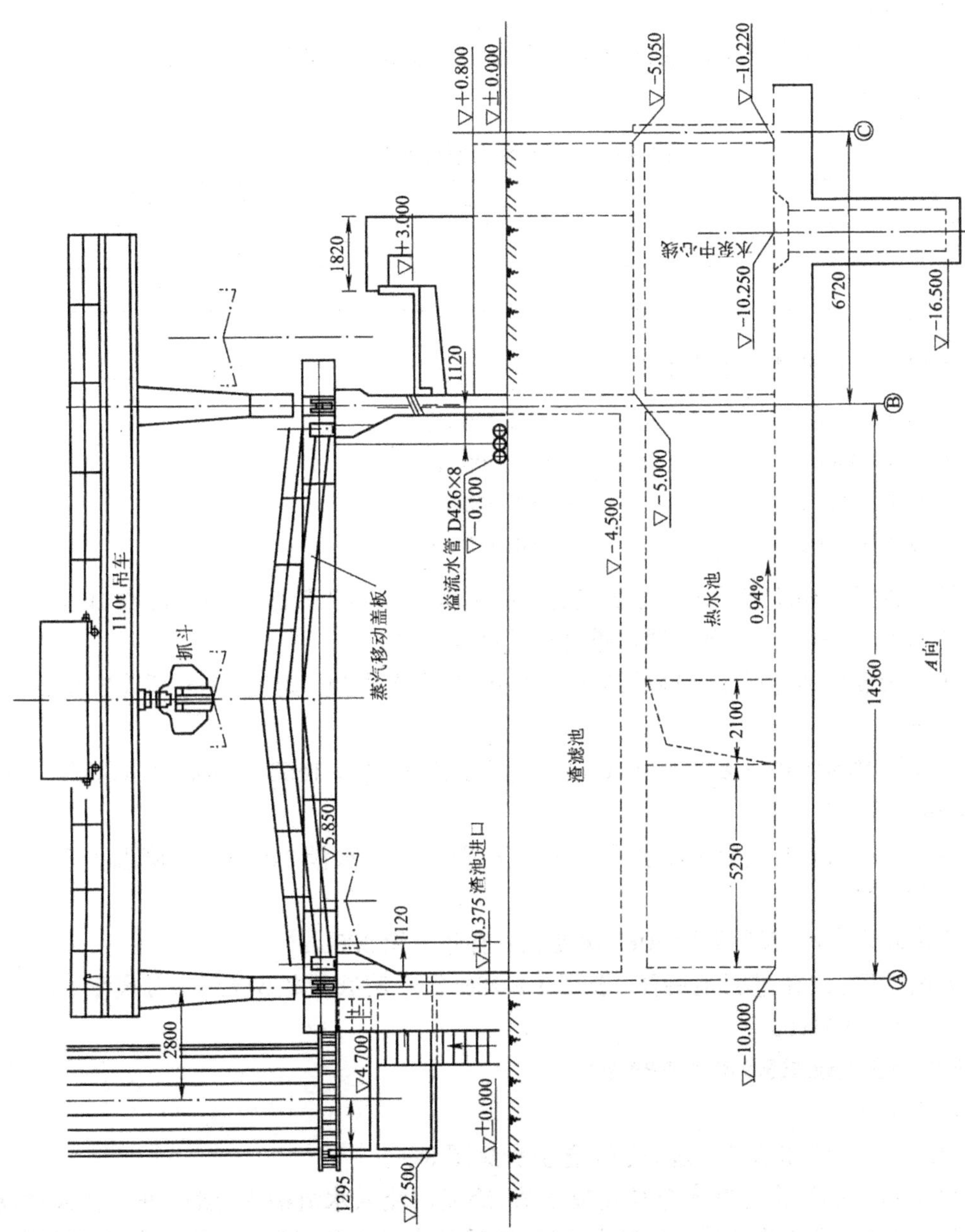

图 8-36 OCP 法水渣滤池断面图

C 主要构筑物及设备

水冲渣循环水系统主要由渣过滤池,热水泵组,冷却塔,高位冲渣水池和鼓风机房组成。

(1) 渣滤池,设4个过滤池,每个滤池尺寸为20m×10m,滤池底部标高∇-4.50m,下部为热水池,池底标高∇-10m。4个滤池分为两组,可轮流进行过滤和清洗交换作业,出渣时使用过滤池两格。

过滤层是由滤床上部水渣和底部石英沙组成的双层滤料过滤层。高炉水渣粒化后一般颗粒组成见表8-47。

表8-47 水渣粒化后颗粒组成

目 数	20	40	60	80	100	120	140	160
粒径/mm	5.6	4.0	3.3	2.8	2.53	2.32	2.15	2.0
所占质量的百分数/%	31	55	11	1	1	0.5	0.3	0.2

布气管以上石英沙滤料组成如下:

粒径2~4mm	厚度230~250mm
粒径4~8mm	厚度200mm
粒径8~16mm	厚度200mm
粒径16~25mm	厚度110~150mm

过滤池上部设有两块移动蒸汽盖板,轨道跨距19.3m,盖板轴距8.4m,盖宽10.8m,可在滤池工作时将其盖住,水渣蒸汽通过排气烟道排入高空。

过滤池上设龙门抓斗吊车及振动卸料斗2台,起吊重量11t,跨度21m,抓斗容积5m^3,起升高度15m。

过滤池下部热水池中安装3台立式水泵,每台泵流量$Q=1660\sim2400$m^3/h,扬程$H=63.5\sim58.6$m。

(2) 冷却塔选用双曲线型浊环水冷却塔一座,单台冷却水量2400m^3/h,降温15℃。设于高位冲渣池上部。

(3) 高位冲渣水池,圆形直径40m,深度3m,有效容积3000m^3。

(4) 鼓风机房,设在过滤池旁边,选用RF-290型罗茨鼓风机两台,每台风量(标态)7000m^3/h,风压0.07MPa。

8.3.3.3 转鼓过滤法(国外称为INBA法)

A 工艺流程

某厂4350m^{3}高炉水渣转鼓过滤法工艺流程见图8-37。

高炉渣通过冲制箱将熔渣水淬粒化成水渣,经渣沟流入水渣槽内,然后进入转鼓过滤器,滤出的渣通过皮带机输送到成品槽内待运,滤后的水进入集水槽中,集水槽底部设两台底流泵,将沉于集水槽底部的渣再送到渣沟中去。集水槽中的水通过顶部的溢流沟进入热水池内,然后经冷却泵加压送到冷却塔中进行降温处理。冷却后的水集中在冷水池内,用粒化泵加压送至冲制箱再循环使用。

本高炉在南、北出铁场各设置一套炉渣处理工艺设备和各设一套独立的粒化水循环系统,分别由热水池、冷却泵、冷却塔及冷水池、粒化泵、底流泵、清水加压泵、排水泵及管网组成。

B 主要设计参数

炉容	$4350m^3$
年产生铁量	325×10^4t/a
平均日产生铁量	8900t/d
吨铁渣量	<345kg
最大渣流速度	6t/min(一个铁口)
	8t/min(同一出铁场两个铁口搭接)
渣水比	>7t(水)/t(渣)
	>5t(水)/t(渣)(同一出铁场两个铁口搭接)
冲制水压	>0.2MPa(冲制箱出口处)
冲制水温	<60℃
水渣含水率	<25%(转鼓过滤后)

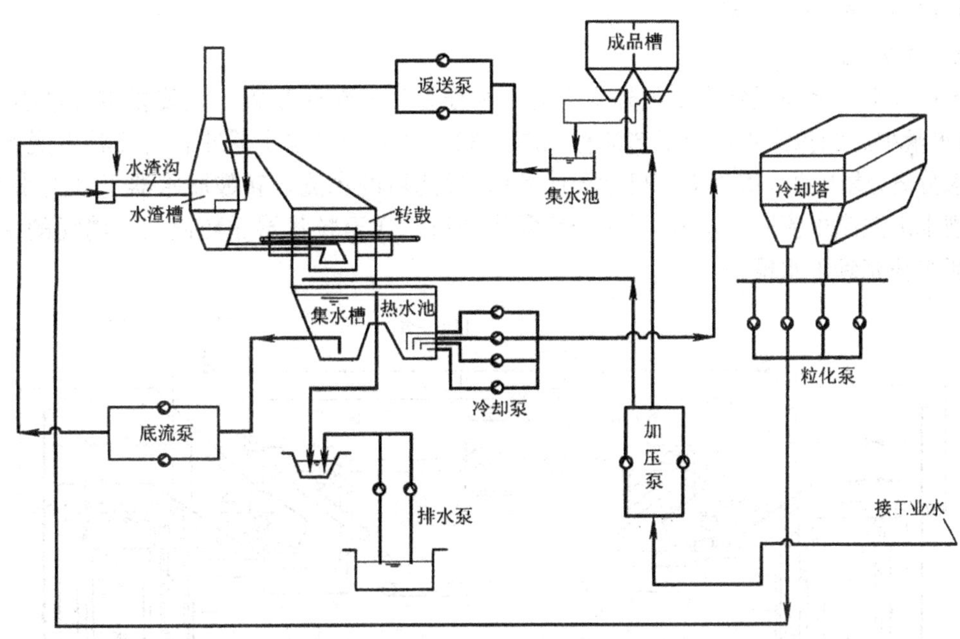

图 8-37 转鼓过滤法工艺流程图

C 主要设备及构筑物

下面所列的设备及构筑物为南出铁场侧的渣粒化水循环系统之设备和构筑物。

a 热水泵场

(1) 热水池,耐热混凝土池,其有效容积为 $530m^3$。

(2) 冷却塔给水泵,10/8ST-AH 渣浆泵,$Q=833m^3/h$,$H=25m$,配 Y450-10 电机,$N=160kW$,$n=500r/min$,4 台。

(3) 转鼓及成品槽清洗加压泵,125D25×6 多级泵,$Q=101m^3/h$,$H=129m$,配 Y250M-2电机,$N=55kW$,$n=2950r/min$,2 台。

(4) 集水槽底流泵,100D-L 渣浆泵,$Q=220m^3/h$,$H=21.5m$,配 Y200L-4 电机,$N=30kW$,$n=1500r/min$,4 台。

(5) 热水泵场地坑排水泵,65QV-SP 液下泵,$Q=50.4m^3/h$,$H=15m$,配 Y132M-4 电

机，$N = 7.5\text{kW}$，$n = 1440\text{r/min}$，2 台。

(6) 管道过滤器，压差自动反冲洗，1 台。

b　粒化泵场及冷却塔

(1) 冲渣粒化泵，10/8ST-AH 渣浆泵，$Q = 833\text{m}^3/\text{h}$，$H = 42\text{m}$，配 Y450 - 8 电机，$N = 185\text{kW}$，$n = 730\text{r/min}$，4 台。

(2) 冷却塔，钢筋混凝土空心塔，LF47 型冷却塔风机，风量 $60 \times 10^4\text{m}^3/\text{h}$，配电机 Y225M-6-$B_3$，$N = 30\text{kW}$，$n = 980\text{r/min}$；$\phi 4.7\text{m}$ 耐高温加强型玻璃钢风筒，2 台。

c　成品槽清洗水返送泵场

(1) 成品槽清洗水返送泵，1½/1C-HH 渣浆泵，$Q = 40.4 \sim 37.5\text{m}^3/\text{h}$，$H = 42\text{m}$，配 Y160L - 4 电机，$N = 1.5\text{kW}$，$n = 1460\text{r/min}$，2 台。

(2) 集水池，钢筋混凝土结构，有效容积 17m^3，可容纳成品槽一次清洗水量。

8.3.3.4　图拉法水冲渣

A　工艺流程

图拉法水冲渣是近年来由国外引进的一种新型炉渣粒化装置。该装置布置紧凑、占地省、用水量小。图拉法水冲渣工艺流程见图 8-38。高炉渣经粒化器冲制后经转鼓脱水器进行渣水分离，滤出的水渣用皮带机运至成品槽，过滤后的水流入转鼓脱水器下部上水槽中，上水槽水由溢流槽流入下水槽，再用渣浆泵将冲渣水送至粒化器循环使用。消耗的水量由工业新水补充到下水槽中。

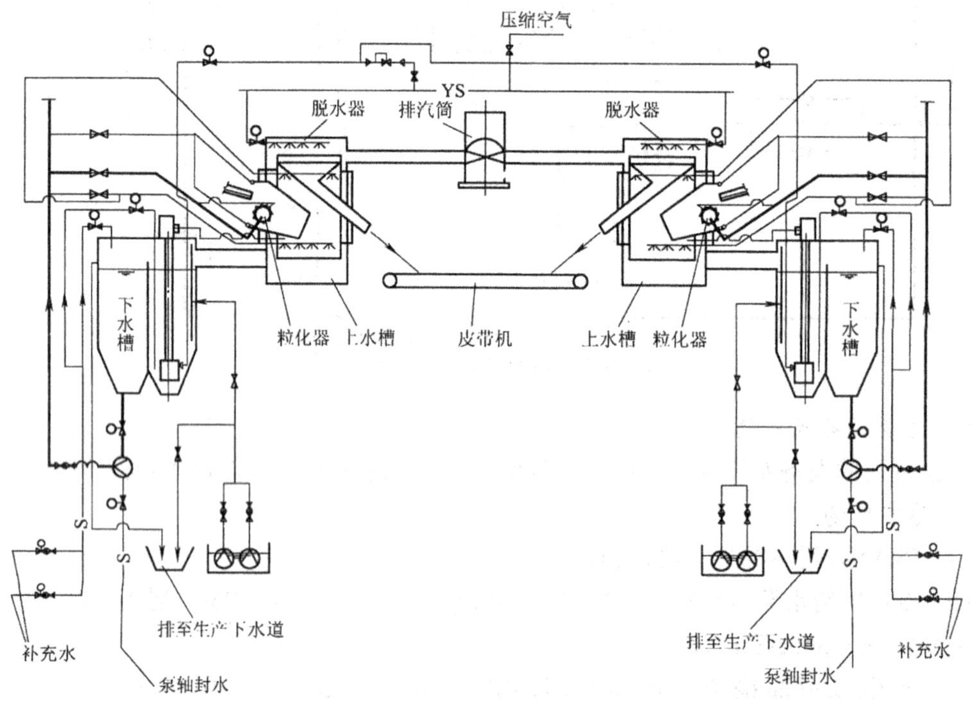

图 8-38　图拉法水冲渣工艺流程图

B　主要设计参数

某厂 2300m^3 高炉采用图拉法水冲渣设施，其设计参数如下：

供给粒化装置的渣量	1229t/d
出渣次数	12～16 次/d
出渣速度	平均 4t/min，最大 8t/min
冲渣渣水比	1∶2
吨渣单位能耗	
电	2.2kW
压缩空气(标态)	$10m^3$
补给新水	$0.7m^3$
每套粒化装置设计能耗参数	
压力不小于 0.2MPa 补给水	
每天消耗量	$315m^3$
最大供水强度	$3.5m^3/min$
压力为 0.5～0.6MPa 压缩空气	
平均消耗量	$30m^3/min$
水渣粒度	0.2～3.0mm

C　主要设备

(1) 转鼓式粒化器，能力可达 5t/min，配电机 $N = 75kW$，$n = 1500r/min$，2 台。粒化器为机械破碎熔渣，并能保证液态渣中落入大量生铁时不致发生爆炸。为使粒化器工作可靠，其内腔不致被烧损，从两侧供给冷却水。为冲洗粒化器的外壳，配有两个带喷头的集水管。

(2) 脱水器，能力可达 5t/min，旋转频率 1.5r/min，配电机 $N = 110kW$，$n = 1500r/min$，2 台。脱水器可过滤冷却粒化器破碎过的熔渣滴，将水渣脱水，并可根据出渣强度调整脱水器的旋转频率。

(3) 气力提升机，能力为 30t/h，2 台。

(4) 电动单梁桥式起重机，起重量 5t，跨距 4m，提升高度 18m，2 台。

(5) 立式自吸式离心泵，型号 50ZDL，$Q = 59.5m^3/h$，$h = 19.7m$，配电机 $N = 11kW$，4 台。

(6) 单体离心电动潜水泵，$Q = 40m^3/h$，$H = 40m$，配电机 $N = 2.2kW$，2 台。

(7) 卧式离心泵，$Q = 700m^3/h$，$H = 25m$，配电机 YYR450-6，$N = 250kW$，$n = 990r/min$，2 台。

8.4　鼓风机站

鼓风机因驱动设备不同而有汽动和电动鼓风机站之分。过去一般大型高炉鼓风机多为汽动，中型高炉鼓风机有汽动也有电动，小型高炉鼓风机一般为电动。这主要是因为国产同步电动机无大容量产品所致。1978 年以来，引进的大型高炉鼓风机多为电动，国产大型鼓风机也在向电动方向发展。电动鼓风机像水泵一样，由大型同步电动机带动，设备构成简单，操作管理方便。占地少，投资省，效率高，并可向电网提供无功补偿，改善钢铁厂的功率因数，大型同步电动机采用低频同步启动，不会冲击电网。因此电动鼓风机越来越被人们所认识并使用。据统计，全世界约有 $4000m^3$ 级高炉 23 座，其中电动鼓风机占 15 座，汽动鼓风机占 8 座。由此可见，电动鼓风机是现代化大高炉鼓风的一个重要发展趋势。

电动鼓风机用水主要是油压系统冷却，马达冷却以及脱湿鼓风的冷却用水。电动鼓风机用水均为间接冷却，用过的水只是温度升高，根据本章第1节所述原则，应设计循环供水系统。一般都设计为工业用水开路循环供水系统。其系统选择、设备选型、水质稳定、管道敷设等都与一般工业水开路循环系统一样，所以本节不予详细叙述。

汽动鼓风机是以一定压力的蒸汽为动力推动汽轮机并由汽轮机带动鼓风机向高炉鼓风的。汽轮机的工况，取决于汽轮机内的全部有效热降值。汽耗条件一定时，热降值愈大，汽轮机的出力愈大。而热降值大小，主要决定于汽轮机的最终排气压力，也即凝汽器内的压力。凝汽器内的压力与冷却水的温度、流量有关。在同一凝汽器内，若汽耗和抽气条件一定，冷却水温度不变，则冷却水量愈大，凝汽器内的压力愈小。反之冷却水量一定，冷却水温愈低，凝汽器内的压力愈小。若汽轮机固定出力，冷却水温度不变，则冷却水量愈大，汽耗量愈小，反之，冷却水量不变，冷却水温愈低，汽耗量愈小。在设备和厂区自然条件已定的情况下，用增加冷却水量以提高汽轮机出力或降低汽耗所获得的经济效果相比较，则可得出合理的冷却水用量。

汽轮机的轴承润滑和油压控制系统，多采用透平油。汽轮机自身设有独立的油循环系统，因为油在使用过程中被升温，所以要冷却。

汽动鼓风机站，水主要用于凝汽器和油冷却器。此外，站内尚有一些用水量甚小的转动机械轴承冷却水。

作为汽动鼓风机站的组成部分——锅炉房、软水站的用水，约为凝汽器冷却用水量的3%～6%（包括水力清渣）。有关锅炉房、软水站的给水、排水详见有关章节。

8.4.1 用水及排水情况

8.4.1.1 水量

根据鼓风机站所选用鼓风机的型式不同而有其不同的用水量。电动鼓风机的用水主要用户是油冷却器，其用水量见表8-48。

表 8-48 电动鼓风机用水量

高炉有效容积/m^3	电动机功率/kW	通用风机能力		油冷却器冷却水量/$m^3\cdot h^{-1}$
		风量/$m^3\cdot min^{-1}$	风压/MPa	
250	1600	700	0.19	10
2500	32000	6300	0.474	390
3200	40000	7710	0.47	300
4000	46600	8800	0.47	4160

前面已讲到，对工业汽轮机来说，水主要用于凝汽器和油冷却器。而凝汽器又有单回路、双回路和多回路之分。回路数，是指水沿着凝汽器本身的长度来回的次数。双回路凝汽器的结构如图8-39所示。图中可看出，要冷凝的蒸汽，从排气口即喉管7进入，与管群5接触，将热能传给在管群内流过的冷却水。冷凝水则被聚集在凝汽器的底部热井8而后引向冷凝水泵。冷凝器内的空气，借与抽气口9相连的抽气设备来排除。

A 凝汽器的特性

凝汽器的冷却水与温度、压力、蒸汽量的特征曲线见图8-40。

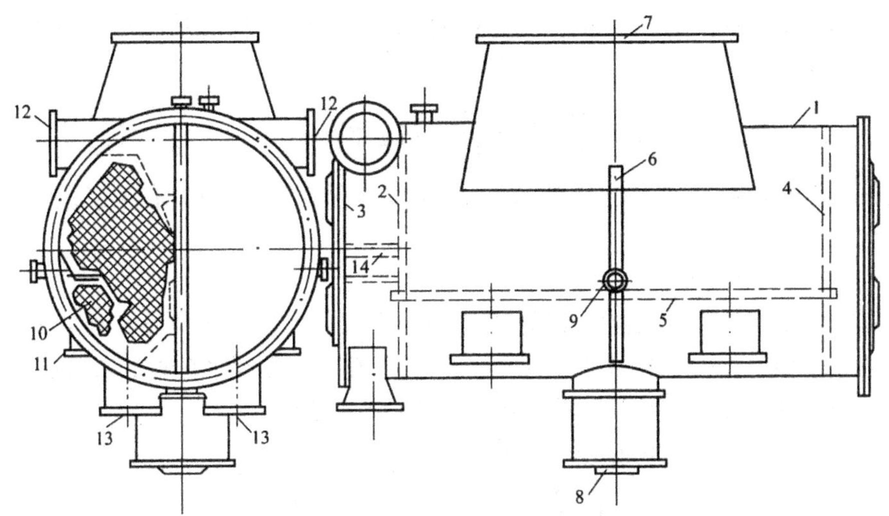

图 8-39　双回路凝汽器示意图

1—冷凝器外壳；2—管板；3—前水室；4—后水室；5—冷却水管（钢管）；6—隔板；7—排汽口；8—热井；9—抽气口；10—空气冷却区；11—阻气板；12—出水管；13—进水管；14—纵横隔板

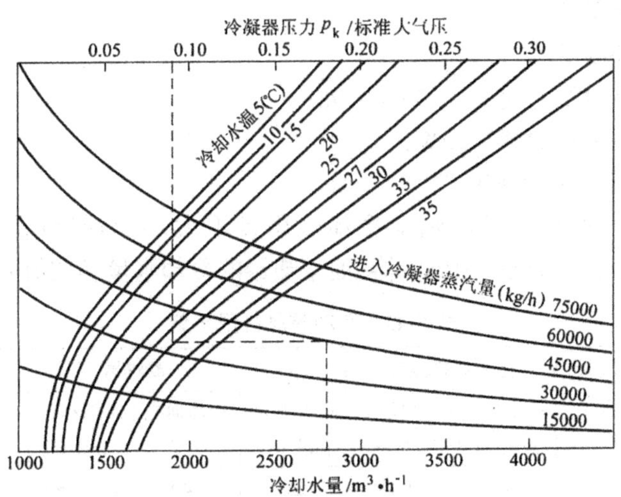

图 8-40　凝汽器的特性曲线图

凝汽器所需的冷却水量 Q（m^3/h）计算如下：

$$Q = \frac{D_R(i_R - t_R)}{\Delta t C} \tag{8-31}$$

式中　Δt——凝汽器进出水温度差，℃；

D_R——要冷凝的蒸汽流量，t/h；

i_R——进入凝汽器的蒸汽含热量，kCal/kg；

t_R——冷凝水含热量，kCal/kg；

$i_R - t_R$——蒸汽传给冷却水的热量，kCal/kg；

C——水的质量热容，kCal/kg·℃。

冷却水需要量与被冷凝蒸汽量之质量比被称为冷却倍率,即凝结每单位蒸汽量所用的冷却水量。以 m 表示:

$$m=\frac{Q}{D_R}=\frac{i_R-t_R}{\Delta t}\quad(\text{kg 水/kg 汽})\tag{8-32}$$

该值与凝汽器构造,建厂地区自然条件、能源成本等有关,一般由有关工艺专业经过全面比较确定。

B 油冷却器用水量计算

汽轮机的轴承润滑和油压控制系统,都采用透平油。汽轮机自身设有独立的油循环系统。因为油在使用过程中被升温,所以要冷却。油冷却器的冷却水在管群内流过,而将管子外面反向流动的油冷却,供给用户的油温应在 35~45℃之间。

油冷却器用水量 Q(kg/h)按下式计算:

$$Q=\frac{GC_2\Delta t_2}{C_1\Delta t_1}=\frac{(1-\eta)860N}{C_1\Delta t_1}\tag{8-33}$$

式中 G——冷却油量,kg/h;

C_1——水的质量热容,kcal/kg·℃;

C_2——油的质量热容,kcal/kg·℃;

Δt_1——进出水温度差,℃;

Δt_2——进出油温度差,℃;

η——汽动鼓风机的效率,0.96~0.98;

N——汽动鼓风机的容量,kW;

860——热功当量,kcal/kW。

汽动鼓风站内各种转动机械轴承冷却水用量不大,约为凝汽器用水量的 0.5%~1.0%。不同能力汽动鼓风机所用凝汽器、油冷却器的冷却水量参数值列于表 8-49。

表 8-49 汽动鼓风机用水量

高炉有效容积 /m³	适用汽机功率 /kW	适用风机能力		凝汽器				油冷却器冷却水量 /m³·h⁻¹
		水量 /m³·min⁻¹	风压 /MPa	冷却水量 /m³·h⁻¹	冷却面积 /m²	水阻/kPa (mH₂O)	回路数	
250	1500	700	0.19	635	140	45(4.5)	1	18
300	2500	1000	0.19	525	250	65(6.5)	2	20
620	4500	1500	0.28	1250	265	35(3.5)	2	22
750	8000	2200	0.40	2150	830	60(6.0)	2	30
1000	12000	3250	0.42	3200	975	35(3.5)	2	56
1500	17400	4250	0.42	4900	1740	54(5.4)	2	78
2000	25000	6000	0.45	5600	2200	40(4.0)	2	80

C 脱湿鼓风

高炉采用脱湿鼓风是一项新技术,脱湿鼓风可以稳定高炉炉况,降低焦比。鼓风中含湿量每下降 1g/m³,焦比大约可以降低 0.8~1.0kg/h,所以将脱湿鼓风作为节约能源的措施之一。此种技术在日本采用较多。我国引进的大型高炉鼓风中亦采用脱湿鼓风新技术。但是否需要脱湿，由高炉工艺及每个厂根据自己的实际情况作技术经济比较而确定。

8.4.1.2　水压

电动鼓风机的冷却水一般为间接冷却循环水。

汽动鼓风机凝汽器的给水压力取决于给水系统，凝汽器的特性及其安装高度和是否直接送往冷却构筑物等。凝汽器允许最大给水压力为0.2MPa。所以一般鼓风机站入口压力在0.15～0.25MPa之间。油冷却器一般都由凝汽器同一给水系统给水。若为独立给水(用低温水)时，保证车间入口水压不低于0.2MPa即可。各种转动机械要求水压视用水点具体位置而定。有时个别用户需要设专用的增压泵。

由于脱湿装置是用间接冷却循环水，所以其冷却用水压需根据用户对水压的要求而定。

8.4.1.3　水温

凝汽器油冷却器要求水温低于32℃。当有低温水时，油冷却器要尽可能使用低温水冷却。

电动鼓风机用的电动机，控制系统油冷却用水和脱湿装置的冷却器、润滑油系统冷却用水均为间接冷却循环水，一般给水温度在33℃左右。

8.4.1.4　排水

不论是汽动鼓风机的凝汽器、油冷却器的排水，还是电动鼓风机的电机、油冷却器的排水以及脱湿装置冷却器的回水，只是温度有所升高，一般温升为6～10℃。

8.4.2　给排水系统

鼓风机站的给水一般为循环系统，由于用户使用后的排水(回水)只是温度升高，故均设计为间接冷却循环水系统即工业水开路循环系统，见图8-41。

电动鼓风机站及蒸汽鼓风机站的循环供水系统有关内容可参考本手册8.1.2节

8.4.3　构筑物与设备

8.4.3.1　构筑物设置

构筑物设置原则参见8.1.3.1节。

8.4.3.2　水泵机组选择

水泵机组的选择与鼓风机台数、传动方式(电动或汽动)、容量及其运行条件有关。

为了减少水泵房建筑面积，降低泵站建设投资，尽可能选择大容量相同型号的水泵。这样配置便于运行管理，利于维修及互换备件。尽可能做到一机一泵，以便于操作和经济运行。为了满足不同季节对水量的调节，实现经济、稳定的运行，通常配备几台小容量水泵，进行调节；或者选用变频调速机组，进行水量调节。在选择水泵时，依据上述因素，需要进行技术经济比较来确定。

水泵站的备用水泵，一般考虑1台。工作水泵机组多于6或7台时，可考虑2台备用水泵。

蒸汽鼓风机站，当把水泵安装在汽轮机室内时，彼此间应设有联络管和必要的阀门以便互相转换。

水泵机组不管怎样配置、选择、组合，工作水泵机组的总能力(流量、扬程)必须满足汽轮机最大用水量的需要。备用泵不允许当作调节泵使用。但是，倒机时可以开启备用泵。水源及管路设计均应考虑倒机时的水量。

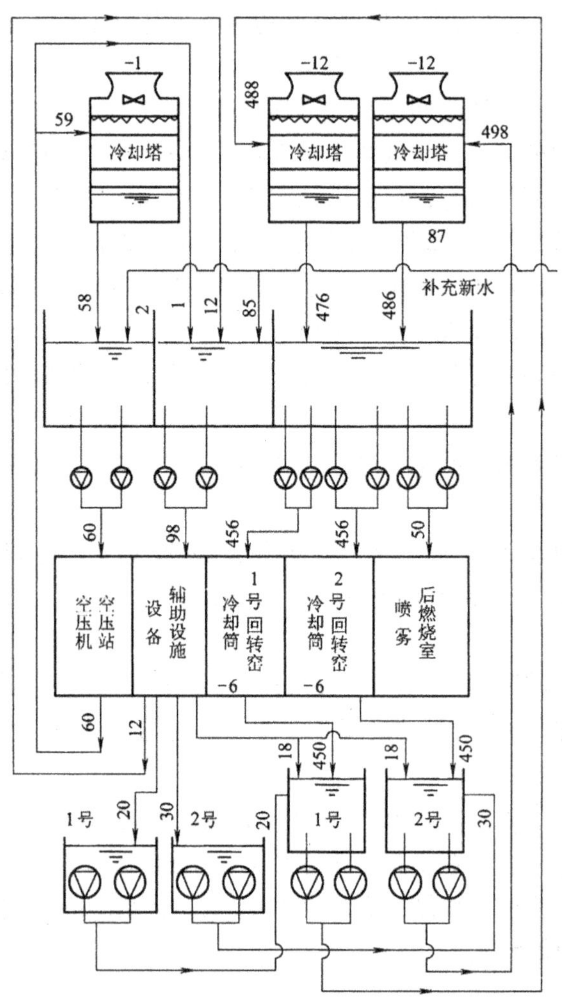

图 8-41 直接还原铁工程循环水系统流程图

(图中水量单位，m^3/h；图中“－6”表示损失水量为 $6m^3/h$)

8.4.3.3 冷却方式的选择

鼓风机站用水量大(蒸汽鼓风机)，冷却温降($\Delta t = 6 \sim 10$℃)不大等情况，与高炉冷却水相仿，但是要求冷却后水温比较严格，不允许高于 32℃(对蒸汽鼓风机)，所以不是在任何地方，采用任一种冷却方式都是可以的。在湿球温度高的地区，采用冷却池、喷水冷却池、自然通风冷却塔的冷却方式，不能保证(最热季气象保证率 10%时)冷却到不高于 32℃的水温，而必须采用机力通风冷却塔。在湿球温度比较低的地区，则可任意采用各种冷却方式。这主要取决于地方条件，像 8.1.3.5 节所述，冷却池、喷水冷却池在一般工厂中是不被采用的。

8.5 直接还原和熔融还原

直接还原和熔融还原属于非高炉炼铁法，也就是不用焦炭炼铁的工艺方法。

8.5.1 直接还原

8.5.1.1 概述

直接还原方法限于以气体燃料、液体燃料或非焦煤为能源，是在铁矿石(或含铁团块)呈固态的软化温度以下进行还原获得金属铁的方法。由于还原温度低，产品呈多孔低密度海绵状结构，含碳量低。未排除脉石杂质的金属铁产品叫直接还原铁(DRI)，或称海绵铁。

8.5.1.2 直接还原法分类

直接还原按所用还原剂类型分为：气体还原剂法和固体还原剂法；按反应容器形式可分为：竖炉法、回转窑法、流化床法和固定床法等。

直接还原法的工业化，形成了直接还原-电炉炼钢流程，该流程适于发展中国家和地区的钢铁工业。它可以根据本地区能源、资源条件确定适宜的规模，其建设周期短，生产灵活，投资省。

8.5.1.3 生产实例及给排水设施

A 工艺概述

国内某直接还原工程，采用煤基回转窑工艺生产直接还原铁。建设规模为年产 30 万 t 直接还原铁，总图上留有发展年产 60 万 t 直接还原铁的余地。

直接还原铁车间由日用料仓与上料系统、回转窑与冷却系统、产品分离与压块系统(含成品仓)、废气余热锅炉与除尘系统等工艺设备(施)组成。

B 给排水设施

该直接还原铁工程给排水设施由生产新水、生活消防水、再次利用水、循环水、除盐水、原料场喷水等六个给水系统和生产雨水、生活污水两个排水系统组成。

循环水系统，主要供回转窑冷却筒循环冷却水，辅助设施设备(压块机、回转窑水冷炉箅、事故放散阀用水及锅炉给水泵、除氧器取样器、除尘风机液力耦合器等)循环冷却水，后燃烧室高压喷雾用水，以及空压站空压机循环冷却水等。

总循环水量为 1120m^3/h，补充新水量为 87m^3/h，循环率为 92%。

循环水系统流程图见图 8-41。

8.5.2 熔融还原

8.5.2.1 概述

熔融还原法以非焦煤为能源，在高温熔态下进行铁氧化物还原，渣铁能完全分离，得到类似高炉铁水的含碳铁水。其目的在于不用焦炭，取代高炉炼铁法。

熔融还原法，能克服高炉炼铁法和直接还原法的弱点和发展中所遇到的困难，使钢铁生产摆脱对昂贵焦炭以及天然气和石油的依赖，立足于丰富的非焦煤；可以直接使用粉矿(或块矿)，省去繁杂的原料、燃料加工工序；减少污染；节省能耗；在铁渣熔点以上进行高温作业，可实现渣铁分离和去除杂质的目标，液态铁水适用于转炉精炼；工艺过程简化，是一种高效低耗的炼铁新方法。

熔融还原法普遍采用两步法原则：即将整个熔炼过程分为固态预还原和熔态终还原两步，分别在两个反应器内进行。预还原装置有回转窑、流化床和竖炉等形式。终还原装置为：(1)吸收了炼铁高炉的能量利用好、作业稳定、寿命长的竖炉型终还原装置；(2)炼钢转炉高温熔池传热传质快、反应速度高的转炉型终还原装置；(3)还有电炉型终还原装置。至今，COREX 法、Plas-masmelt 法、Inred 法、Elred 法通过了较大规模的半工业或工业试验；川崎法、住友法、COIN

法、MIP法、CGS法和CIG法进行了单环节或联动半工业试验。COREX法已在1985年完成6×10^4t/a规模工业试验基础上，在南非ISCOR公司建造了一座30×10^4t/a的工业生产装置，1989年投入生产。南朝鲜蒲项钢铁厂，建设2×C2000型COREX装置，1992年签约，1996年建成投产。还有美国、意大利、印度和中国拟建2×C2000型等COREX装置。

8.5.2.2 COREX法工艺简介

COREX法熔融还原工艺由联邦德国的科夫公司和奥地利的奥钢联联合开发。COREX工艺流程见图8-42。

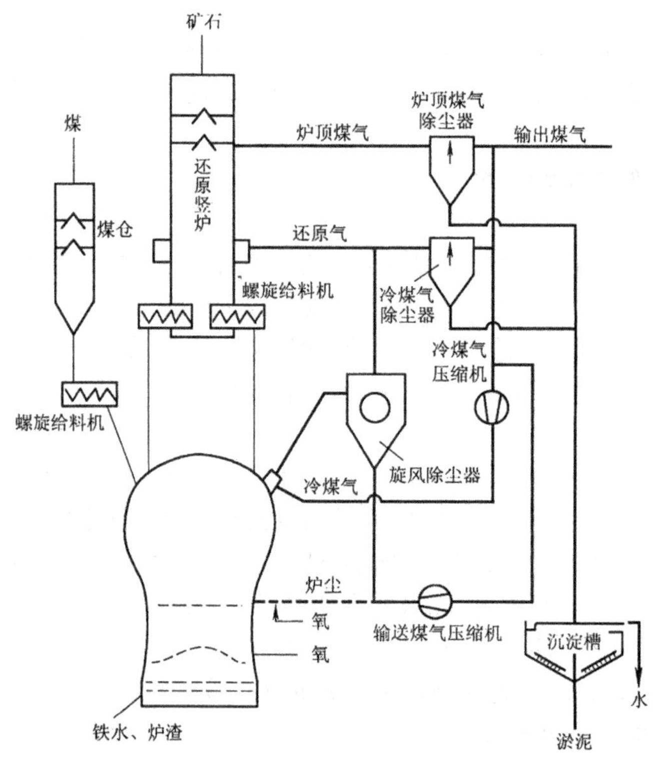

图8-42 COREX法基本流程图

COREX生产装置包括：还原竖炉、熔融气化炉、矿槽及上料系统、供煤系统、热旋风除尘及除尘返送系统、氧气站及供氧系统、煤气系统、通风除尘、渣铁处理系统及综合仪表室等。

COREX冷却系统比高炉冷却系统简单，COREX炉内燃料及煤气对炉衬的冲刷也不像高炉那样厉害。COREX用普通工业水冷却就可以了。C1000型总循环水量为$1200m^3/h$，吨铁补充新水量为$1.5m^3$；C2000型总循环水量$2800m^3/h$，吨铁补充新水量为$1.5m^3$。

COREX熔融气化炉顶部煤气温度为1050℃，混入60℃净煤气，温度混至850℃，煤气中含尘约$60g/m^3$，进入热旋风除尘器后，煤气含尘$2\sim12g/m^3$，吨铁煤气约$1500m^3$。温度为800～850℃的还原煤气送入竖炉，余下的部分送到湿式除尘器。竖炉炉顶煤气温度为250℃，送入湿式除尘器，得到含尘小于$5mg/m^3$、热值为$7000\sim8000kJ/m^3$、吨铁$1650m^3$的优质煤气送往别的用户。湿式除尘器的污水经沉淀、冷却循环使用，沉淀污泥量为63kg/t（2×C2000污泥量为10×10^4t/a），用于压块或造球后COREX炉再次使用。

COREX水渣系统采用INBA法冲渣系统。

9 炼钢厂给水排水

炼钢车间主要有氧气转炉炼钢车间、电炉炼钢车间、连续铸锭车间。另外,根据冶炼钢种需要,设置各种炉外精炼设备,形成炼钢-炉外精炼-连铸三位一体的炼钢工艺流程。

炼钢厂的生产辅助车间主要有:铁水预处理、废钢堆场、废钢加工、散状料供应、铁合金库、耐火材料库、备品备件库、炉渣处理、渣场等。

炼钢厂的公用设施主要有:水处理设施、氧气站、空压站、乙炔站、锅炉房、总降变电所、机电修等,根据各厂具体情况设置。

炼钢厂给排水系统主要有:(1)间接冷却循环水系统;(2)直接冷却循环水系统;(3)工业水给水系统;(4)软水给水系统;(5)除盐水给 水系统;(6)串接给水系统;(7)生活、消火给水系统;(8)生产、雨水排水系统;(9)生活污水排水系统;(10)污泥处理系统;(11)煤气管道水封含酚污水排水系统等,根据各厂具体情况设置。

炼钢厂各车间的循环水及水处理设施采用集中布置或分散布置,需要根据各厂规模、建设程序以及总图布置条件等情况,经技术经济比较确定。

9.1 氧气转炉炼钢车间

氧气转炉炼钢是以铁水为原料,吹入纯氧进行冶炼,装料和出钢时炉身可倾斜。转炉炼钢对铁水成分要求不严,生产钢种较多。出钢时钢水装入钢水包,送连续铸锭。氧气转炉一般用顶底复吹技术。

氧气转炉炼钢车间一般由原料跨、炉子跨、炉外精炼与钢包转运跨、浇注跨、过渡跨、出坯跨等组成。

烟气净化分燃烧法和未燃法两种方式。燃烧法:吹炼过程中产生的大量含 CO 炉气出炉口后与进入烟罩的空气混合,使 CO 氧化燃烧,在炉子上部烟道设废热锅炉回收蒸汽。未燃法:在烟气回收期下降活动烟罩,以减少空气进入,使炉气中的 CO 不被燃烧,炉气经净化后作为转炉煤气回收利用。目前一般采用未燃法或半燃法,而不采用燃烧法。未燃法湿法烟气净化系统流程见图 9-1。干法烟气净化是 80 年代开发的新工艺,简称 LT 法,烟气经汽化冷却烟道后经蒸发冷却器、电除尘器净化后回收利用,干尘经压块后直接供转炉利用,避免了湿法系统的污水和污泥处理。

车间二次烟气净化,一般用布袋干法除尘。

转炉烟罩和烟道的冷却,一般容量小于 100t 的转炉采用全汽化冷却,大于 100t 的转炉烟罩及罩裙用热水密闭循环冷却,烟道采用汽化冷却。

9.1.1 用水户及用水条件

氧气转炉炼钢车间的主要用水户有转炉本体、烟气净化、铁水预处理、炉渣处理、炉外精

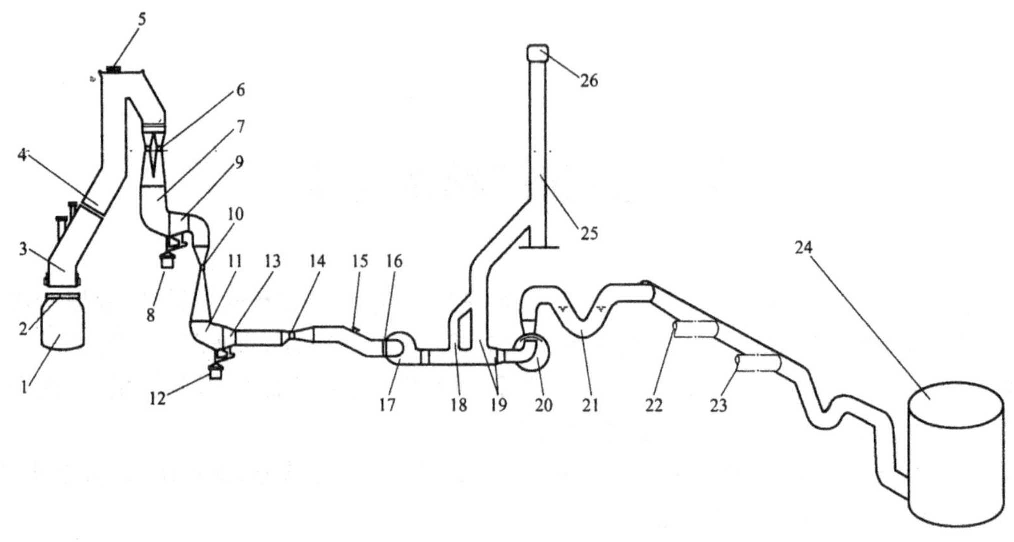

图 9-1　转炉烟气湿式净化回收系统流程图

1—转炉；2—活动裙罩；3—固定烟罩；4—汽化冷却烟道；5—上部安全阀；6—第一级手动可调文氏管；7—第一级弯管脱水器；8—排水水封槽；9—水雾分离器；10—第二级 R-D 文氏管；11—第二级弯管脱水器；12—排水水封槽；13—挡水板水雾分离器；14—文氏管流量计；15—下部安全阀；16—风机多叶启动阀；17—引风机及液力耦合器；18—旁通阀；19—三通切换阀；20—水封逆止阀；21—V 型水封阀；22—2 号系统；23—3 号系统；24—煤气柜；25—放散塔；26—点火装置

炼等。

转炉本体的水冷部件有吹氧管、烟罩、炉帽、炉口、挡板、托圈、孔套、溜槽、耳轴、水封、液压设备油冷却器等，随转炉大小以及其设备设计制造厂的不同，其用水量和用水条件差别较大。转炉本体水冷却系统示意图见图 9-2。典型的氧气转炉炼钢车间用水量及用水条件见表 9-1 ~ 表 9-7。

用水水质应根据工艺设备要求。工艺设备在确定用水水质时应在充分考虑该工程的水源水质的基础上提出合理的水质要求。各循环水系统的补充水质应根据工艺设备用水水质和循环水系统的浓缩倍数确定。比较典型的某厂的各种补充水水质指标见表 9-8。

表 9-1　A 厂一炼钢 3 × 300t 氧气转炉炼钢车间用水量及用水条件

序号	用水户	水量/$m^3 \cdot h^{-1}$	水压/MPa	水温/℃		用水制度	水　　质
				进水	出水		
1	烟道汽化冷却系统	900 (1800)	0.35	105	254.9	连续	纯水系统
2	罩裙及烟罩冷却系统	2450 (4900)	0.50	88	125	连续	纯水闭路系统
3	高压供水系统（包括：氧枪孔、炉体、挡板、泵轴封、取样器、原料孔等）	578 (1032)	0.90	≤35	50	连续	软水开路系统（全硬≤30mg/L（按 $CaCO_3$ 计），SS ≤ 10mg/L）

续表 9-1

序号	用水户	水量/$m^3 \cdot h^{-1}$	水压/MPa	水温/℃		用水制度	水　质
				进水	出水		
4	低压供水系统	379 (524)	0.50	≤35		连续	软水开路系统(全硬≤30mg/L(按 $CaCO_3$ 计), *SS*≤10mg/L)
5	氧枪供水系统	350 (700)	1.80	≤35	50	连续	软水开路系统(全硬≤30mg/L(按 $CaCO_3$ 计), *SS*≤10mg/L)
6	RH设备冷却	300	0.35	≤35		连续	软水开路系统(全硬≤30mg/L(按 $CaCO_3$ 计), *SS*≤10mg/L)
7	RH直接冷却水	2320	0.30	≤33	44	连续	RH直接冷却水系统(*SS*≤100mg/L)
8	OG烟气净化直接冷却水	1740 (3480)	一文0.10 二文0.90	一文53 二文45		连续	OG直接冷却水系统(二文 *SS*≤200mg/L, 一文 *SS*≤2000mg/L)
9	零星用水系统	96(192)	0.80	≤35		连续	*SS*≤20mg/L
10	炉渣处理直接冷却水	210	0.40				炉渣直接水系统
11	工业水	2(4)	0.2~0.3				工业水
	合　计	9325 (15462)					

注:1.()外为一期2吹1水量,()内为二期3吹2水量;

2. 引进日本技术和设备,一期产量335万t/a,二期671万t/a;

3. 1986年建成投产;

4. 烟气净化为未燃法。

表 9-2　A厂二炼钢2×250t氧气转炉炼钢车间用水量及用水条件

序号	用水户	水量/$m^3 \cdot h^{-1}$	水压/MPa	水温/℃		用水制度	水　质
				进水	出水		
1	主氧枪及副枪	500 (1000)	1.65	≤33	45	连续	纯水与工业水混合开路系统
2	炉体及挡火板	350 (700)	0.80	≤33	45	连续	纯水与工业水混合开路系统
3	杂用水	1200	0.60	≤33	45	连续	工业水开路系统
4	RH-KTB精炼设备	160	0.60	33	45	连续	纯水闭路系统
5	空冷器喷水	140	0.15			连续	纯水开路系统
6	RH-KTB直接冷却水	1300	0.35	≤33	45	连续	RH直接冷却水系统
7	LT干式烟气净化蒸发器	82 (164)	1.10	≤35		间断	工业水开路系统
8	煤气冷却塔	240 (480)	0.60	≤35	77		工业水开路系统
9	铁水预处理烟罩及烟道	660	0.50	≤33	41	连续	工业水开路系统
10	风机液力耦合器	90	0.50	≤33	41	连续	工业水开路系统

续表 9-2

序号	用水户	水量/$m^3 \cdot h^{-1}$	水压/MPa	水温/℃		用水制度	水　质
				进水	出水		
11	空调	50	0.20	≤33	41		工业水开路系统
12	炉渣处理浅盘、渣车、冷却池	250	0.40				炉渣直接冷却水系统
13	洒水及其他	50	0.50				工业水
	合　计	5072 (6244)					

注:1.()外为2吹1水量,()内为2吹2水量;

2. 转炉技术和关键设备引进日本川崎公司,产量300万t/a,LT干式烟气净化引进鲁奇公司设备;

3. 表中未包括烟罩、烟道汽化冷却水量;

4. 1998年建成投产;

5. 烟气净化为干式。

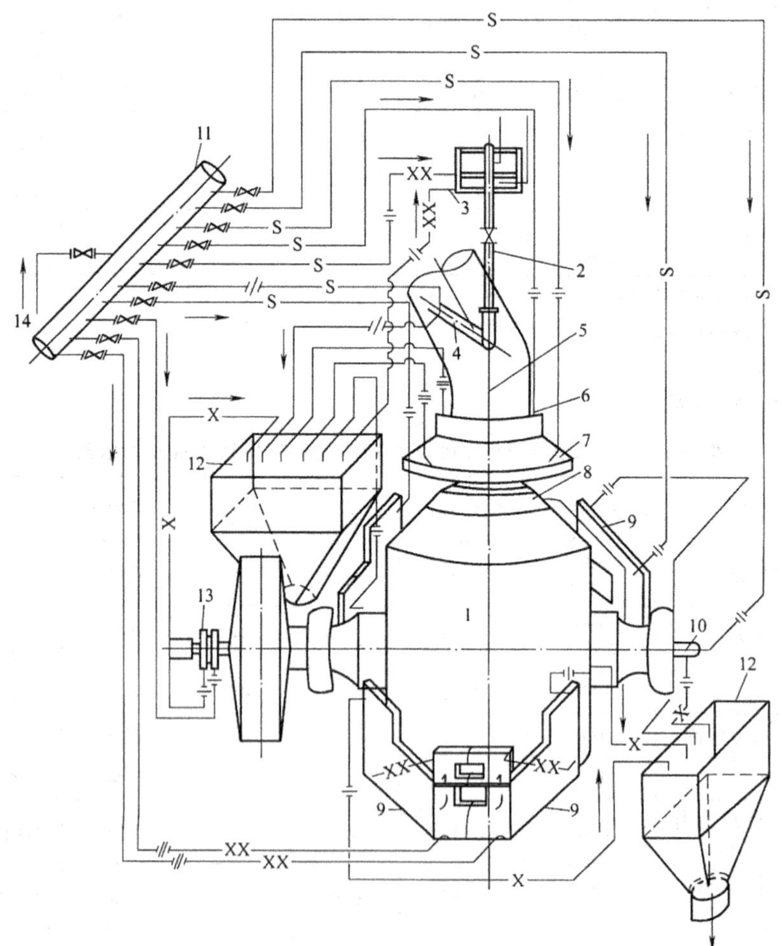

图 9-2　氧气顶吹转炉炉体水冷却系统示意图

1—转炉;2—吹氧管;3—孔套冷却;4—水冷溜槽;5—固定烟罩(汽化冷却);6—水封;7—活动烟罩;8—水冷炉口;9—前后挡火板;10—耳轴;11—给水分配器;12—排水斗;13—油冷却器;14—给水管;
S—给水管;　XX—软水管;　X—排水管

表 9-3　B 厂三炼钢 2×250t 氧气转炉炼钢车间用水量及用水条件

序号	用水户	水量/$m^3 \cdot h^{-1}$	水压/MPa	水温/℃		用水制度	水　质
				进水	出水		
1	主氧枪、副枪、备用枪	520 (1040)	1.32	40	55	连续	软水闭路系统
2	炉口锥体、氧枪孔、托圈、耳轴	150 (300)	0.60	40	55	连续	软水闭路系统
3	挡火板	460 (460)	0.60	≤35	65	连续	工业水开路系统
4	RH 精炼设备冷却	220 (220)	0.60	40	50	连续	软水闭路系统
5	LF 钢包炉冷却	445 (445)	0.50	40	50	连续	软水闭路系统
6	RH 精炼直接冷却	2000 (2000)	0.54	≤35	47	连续	RH 直接冷却水系统($SS \leqslant 50mg/L$)
7	转炉烟气净化直接冷却	560 (1120)	0.60			连续	OG 直接冷却水系统($SS \leqslant 200mg/L$)
8	炉渣处理渣箱冷却	200 (400)	0.40			间断	炉渣直接冷却水系统
9	混铁炉脱硫	(600)	0.30	≤35	70		预留
10	空调及空压机	1630 (1630)	0.40	≤35	48	夏季	工业水开路系统
11	煤气管道排水器、水封阀及电除尘	200 (200)	0.40			连续	
	合　计	6385 (8415)					

注：1. ()外为 2 吹 1 水量，()内为 2 吹 2 水量；
2. 转炉技术和关键设备引进西班牙 TR 集团，年产量 300 万 t/a；
3. 表中未包括闭路系统冷媒水水量及转炉上部汽化冷却水量；
4. 1997 年建成投产；
5. 烟气净化为未燃法。

表 9-4　C 厂一炼钢 2×120t 氧气转炉炼钢车间用水量及用水条件

序号	用水户	水量/$m^3 \cdot h^{-1}$	水压/MPa	水温/℃		用水制度	水　质
				进水	出水		
1	吹氧管(工作)	2×230	1.20	≤33	50	连续	工业水开路系统
2	吹氧管(备用)	2×70～230	1.20	≤33	50	连续	工业水开路系统
3	副枪(预留)	2×100					
4	炉口	2×60	0.60	≤33	50	连续	工业水开路系统
5	耳轴、炉帽、托圈	2×50	0.60	≤33	50	连续	工业水开路系统
6	炉前水冷挡板	2×120	0.60	≤33	50	连续	工业水开路系统
7	炉后水冷挡板	2×60	0.60	≤33	50	连续	工业水开路系统
8	汽化冷却装置	2×40	0.60			连续	软水
		2×60	0.60	≤33		连续	工业水开路系统
	小　计	1900					

续表 9-4

序号	用水户	水量/$m^3 \cdot h^{-1}$	水压/MPa	水温/℃		用水制度	水　　质
				进水	出水		
9	湿法 OG 烟气净化						
	一文	2×260	0.50	≤33		连续	直接冷却水开路系统
	二文	2×240	0.50	≤33		连续	直接冷却水开路系统
	一文弯头脱水器冲洗	1×60	0.50	≤33		间断	直接冷却水开路系统
	二文弯头脱水器冲洗	1×100	0.50	≤33		间断	直接冷却水开路系统
	风管冲洗	1×20	0.50	≤33		间断	直接冷却水开路系统
	一、二文排水槽冲洗	1×20	0.50	≤33		间断	直接冷却水开路系统
	一文冷却水套冲洗	1×20	0.50	≤33		间断	直接冷却水开路系统
	小　计	1220					
	合　计	3120					

注：1. 国内设备，年产量 150 万 t（一期 2 吹 1）；
2. 1999 年投产；
3. 烟气净化为未燃法。

表 9-5　B 厂一炼钢 2×100t 氧气转炉炼钢车间用水量及用水条件

序号	用水户	水量/$m^3 \cdot h^{-1}$	水压/MPa	水温/℃		用水制度	水　　质
				进水	出水		
1	转炉工作氧枪	360	1.6	40	55	连续	软水闭路系统
2	转炉备用枪	50	1.6	40	55	连续	软水闭路系统
3	转炉炉帽	90	0.5～0.6	≤35	50	连续	工业水开路系统
4	转炉炉口	160	0.5～0.6	≤35	50	连续	工业水开路系统
5	转炉托圈	50	0.5～0.6	≤35	50	连续	工业水开路系统
6	转炉耳轴	40	0.5～0.6	≤35	50	连续	工业水开路系统
	转炉炉体小计	750					
7	LF 钢包炉电气设备	80	0.5	40	50	连续	软水闭路系统
8	LF 钢包炉炉盖	250	0.6	≤35	50	连续	工业水开路系统
9	LF 钢包炉辅助设备	40	0.6	≤35	50	连续	工业水开路系统
	LF 钢包炉小计	370					
10	VD 精炼炉水冷	20	0.6	≤35	50	连续	工业水开路系统
11	VD 炉变压器	50	0.6	≤35	50	连续	工业水开路系统
12	VD 炉直接冷却水	1000	0.35	≤35	50	连续	VD 直接冷却水系统
	VD 精炼小计	1070					

续表 9-5

序号	用水户	水量/$m^3 \cdot h^{-1}$	水压/MPa	水温/℃		用水制度	水　　质
				进水	出水		
13	转炉烟气净化直接冷却水	800	0.4	≤50		连续	OG 直接冷却水系统
14	余热锅炉	50	0.2~0.3	≤35		连续	工业水开路系统
15	煤气脱硫设备	12	0.25			连续	工业水
16	烟气增湿用水	90	0.30			连续	工业水
17	空调	380	0.30			夏季	工业水开路系统
18	摄像机冷却	2.76	0.20			连续	工业水
19	煤气设备试压用水	30	0.30			间断	工业水
20	洒水等	29	0.30			间断	工业水
	合　计	3583.70					

注：1.2 吹 1，产量 170 万 t/a，国内设备；

2.1999 年建成投产；

3. 烟气净化为未燃法。

表 9-6　D 厂 3×50t 氧气转炉炼钢车间用水量及用水条件

序号	用水户	水量/$m^3 \cdot h^{-1}$	水压/MPa	水温/℃		用水制度	水　　质
				进水	出水		
1	高压供水系统						工业水开路系统
	吹氧管	315	1.2	≤32	45	连续	
2	中压供水系统						工业水开路系统
	转炉耳轴、炉口	196.5	0.5~0.6	≤32	45	连续	
	活动烟罩	240	0.5~0.6	≤32	45	连续	
	固定烟罩	300	0.5~0.6	≤32	45	连续	
	氧枪孔套	30	0.5~0.6	≤32	45	连续	
	余热锅炉人孔、法兰	50	0.5~0.6	≤32	45	连续	
	活动烟罩支架横梁	72	0.5~0.6	≤32	45	连续	
	加料溜槽水套	60	0.5				
	~0.6	≤32	45	连续			
	减速机油冷却器	15	0.5~0.6	≤32	45	连续	
	小　计	963.50					
3	普压供水系统						工业水开路系统
	转炉固定挡板	200	0.2~0.3	≤32	45	连续	
	炉前炉后护板	60	0.2~0.3	≤32	45	连续	
	混铁炉炉口	40	0.2~0.3	≤32	45	连续	
	煤气加压站	30	0.2~0.3	≤32	45	连续	
	小　计	330					
4	烟气净化直接冷却水						OG 直接冷却水系统（SS≤200mg/L）

续表 9-6

序号	用水户	水量/$m^3 \cdot h^{-1}$	水压/MPa	水温/℃		用水制度	水　质
				进水	出水		
	一文(溢流喷雾)	270	0.3 ~0.4	≤37		连续	
	二文(喷雾)	210	0.3 ~0.4	≤37		连续	
	喷淋塔	450	0.3 ~0.4	≤37		连续	
	喷嘴冲洗	15	0.3 ~0.4	≤37		间断	
	弯头脱水器冲洗	10	0.3 ~0.4	≤37		间断	
	重力脱水器冲洗	10	0.3 ~0.4			间断	
	小　计	965					
5	工业水系统						工业水
	煤气水封用水	15	0.2~0.3			间断	
	修罐调浆用水	5	0.2~0.3			间断	
	各层平台洒水及其他	85	0.2~0.3			间断	
	小　计	105					
	合　计	2678.5					

注:1.3 吹 2 水量;
2. 烟气净化为未燃法;
3. 国内设备。

表 9-7　E 厂 3×30t 氧气转炉炼钢车间用水量及用水条件

序号	用水户	水量/$m^3 \cdot h^{-1}$	水压/MPa	水温/℃		用水制度	水　质
				进水	出水		
1	氧枪	240	1.6	≤30	45	连续	工业水与软水混合水开路系统
2	转炉炉体设备	607	0.5	≤30	50	连续	工业水与软水混合水开路系统
3	烟气净化直接冷却水	422	0.7	≤35	55	连续	OG 直接冷却水系统
	合　计	1069					

注:1. 一期 2 吹 1;二期 3 吹 2,产量 60 万 t/a,国内设备;
2. 表中为二期 3 吹 2 水量;
3. 烟气净化为未燃法;
4. 一期 1995 年建成投产,二期 1998 年投产。

表 9-8　某厂补给用新水设计水质

水 质 项 目	原水	工业水	过滤水	软水	纯水
pH	7.9~8.7	7~8	7~8	7~8	7~9
悬浮物/$mg \cdot L^{-1}$	45(120)	≤10	2	—	—
全硬度(以 $CaCO_3$ 计)/$mg \cdot L^{-1}$	145(180)	145(180)	145(180)	2	微量
Ca 硬度(以 $CaCO_3$ 计)/$mg \cdot L^{-1}$	100	100	100	2	微量
M-碱度(以 $CaCO_3$ 计)/$mg \cdot L^{-1}$	80(115)	80(90)	80(90)	1	
氯离子(以 Cl^{2+} 计)/$mg \cdot L^{-1}$	50(200)	60(220)	60(220)	60(220)	1

续表 9-8

水 质 项 目	原水	工业水	过滤水	软水	纯水
硫酸离子(以 SO_4^{2-} 计)/mg·L⁻¹	30	50	50	50	—
全铁(以 Fe 计)/mg·L⁻¹	2(6)	1	<1	<1	微量
可溶性 SiO_2(以 SiO_2 计)/mg·L⁻¹	7	6	6	6	0.1
电导率/μS·cm⁻¹	400(700)	420(800)	420(800)	420	≤10
蒸发残渣(溶解)/mg·L⁻¹	约 250	约 300	约 300		

注:()外参数为保证率 90%设计参数;()内参数为保证率 97%设计参数,供校核用。

9.1.2 烟气净化污水特性

氧气转炉湿法烟气净化的污水特性(水质、水温、含尘量、烟尘粒度、烟尘密度、沉降特性等)与烟气净化方式(未燃法、燃烧法)有关。同时,在整个冶炼过程中,随不同冶炼期的炉气变化而变化。烟气净化系统中各净化设备(一文、二文、喷淋塔等)的污水特性也有较大差异,“一文”的污水含尘量及水温最高。

9.1.2.1 污水 pH 值

燃烧法烟气净化的污水,由于烟气中 CO_2、SO_2 等溶解于水,而使污水 pH 值降低,呈酸性。未燃法的污水,由于烟气中 CO 难溶于水,对污水 pH 值影响较小;另外,往往由于冶炼时加入过量粉料石灰而使污水 pH 值增高,呈碱性。

图 9-3 为某厂 30t 转炉未燃法烟气净化吹炼时污水 pH 值变化曲线。

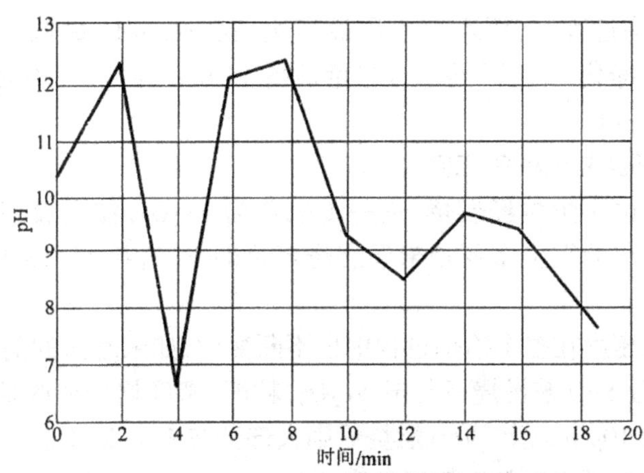

图 9-3 某厂 30t 转炉未燃法烟气净化吹炼时污水 pH 值变化曲线

1975 年实测某厂 2 号炉:0min 兑铁水;1min 时开吹;5min 时加二批料;9min 时升罩;11min 时停吹氧、取样;12min 时加三批料;14min 时倒渣取样,16min 时降枪后吹氧 30s;21min 时出钢

该资料来源于北京环境保护研究所

9.1.2.2 污水水温

污水水温随冶炼过程中烟气温度的变化而变化,一般不吹氧时水温较低,吹氧时水温急剧上升,大型转炉水温上升梯度达 20℃/10min。

图 9-4 为 30t 转炉未燃法烟气净化吹炼时循环水温度变化曲线。

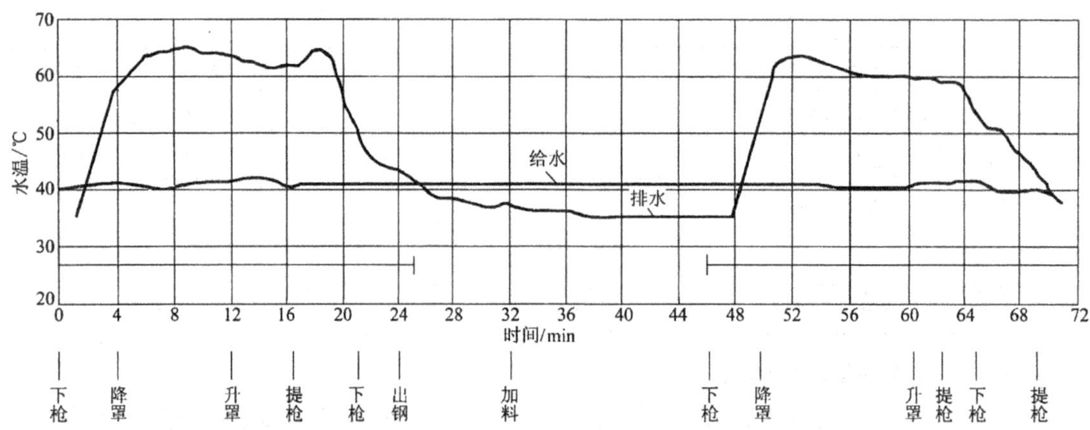

图 9-4 某厂 30t 转炉未燃法烟气净化吹炼时循环水温度变化曲线

抄录某厂《氧气转炉烟气净化系统测试报告》(1972 年 3 月实测 3 号炉);

循环水无冷却设施,喷淋塔用净循环水

9.1.2.3 污水含尘量

转炉吹炼时由于高温作用下铁的蒸发、气流的剧烈搅拌、CO 气泡的爆裂,以及喷溅等各种原因,产生大量的炉尘,其总量约为金属装料量之 1%~2%。

单位体积的污水含尘量与污水量大小有关,并在整个冶炼过程中随炉气含尘量变化而变化。一般在吹氧时含尘量高,不吹氧时含尘量低,其变化幅度很大,如某厂 30t 转炉未燃法烟气净化,实测冶炼过程中,污水含尘量最高达 35956mg/L,最低时仅 760mg/L。某厂 300t 转炉未燃法烟气净化,“一文”污水含尘量最高 15 000mg/L,平均为 5000mg/L,“二文”污水含尘量为 2000mg/L。

9.1.2.4 污水中烟尘成分、粒度、密度

燃烧法烟气净化由于炉尘经燃烧,进一步氧化为 Fe_2O_3,粒度极细,密度较小,呈红棕色。而未燃法烟气净化的烟尘主要是未经燃烧氧化的 FeO,粒度和密度相对较大,呈黑褐色。

烟尘成分、粒度、密度在整个冶炼过程中也不断变化,如未燃法的前、后燃烧期由于罩口吸入部分空气,而部分 FeO 被燃烧氧化成 Fe_2O_3,粒度、密度均较回收期小。烟尘粒径在炉气未燃烧时大部分为 10μm 以上,炉气燃烧后则大部分在 1μm 以下。

烟尘成分见表 9-9,烟尘颗粒分散度见表 9-10。

表 9-9 烟尘成分

烟气净化方法	烟尘取样部位	烟尘成分/%										备 注
		ΣFe	Fe	FeO	Fe_2O_3	SiO_2	MnO	CaO	MgO	C	S	
未燃法湿式净化、回收	沉淀池取样	63.4	0.58	67.16	16.2	3.64	0.74	9.04	0.39	1.6		某厂 30t 转炉
未燃法湿式净化、放散	一文前取样	65.0	-	26.73	26.73	4.82	0.99	2.92	0.81	0.25	0.07	某厂 150t 转炉
未燃法湿式净化、回收		71.0	13	68.4	6.8	1.6	2.1	3.8	0.3	0.6		某厂 30t 转炉

表 9-10 烟尘颗粒分级(未燃法)

粒度/μm	<10	10~20	20~30	30~40	40~60	60~100	>100	备注
含量/%	16	20	24	15	10	7	8	某厂 300t 转炉

某厂采用燃烧法处理烟气,其烟尘颗粒分散度为:

<0.5μm,15%;0.5~1μm,60%;1~5μm,25%。

烟尘密度　　约为 4.5t/m^3。

烟尘堆积密度　约为 1.36t/m^3。

9.1.2.5 污水沉降特性

燃烧法烟气净化污水由于烟尘粒径细,较难沉淀。未燃法烟气净化污水的烟尘粒径较大,相对较易沉淀。

由于在整个冶炼过程中,烟气净化污水温度、含尘量、烟尘粒径、密度等不断变化,因此污水沉降特性也随之变化,给污水沉淀带来不利条件。

图 9-5 为某厂 30t 转炉燃烧法烟气净化污水的静止沉淀试验曲线。图 9-6 为某厂 120t 转炉未燃法烟气净化污水的静止沉淀试验曲线。

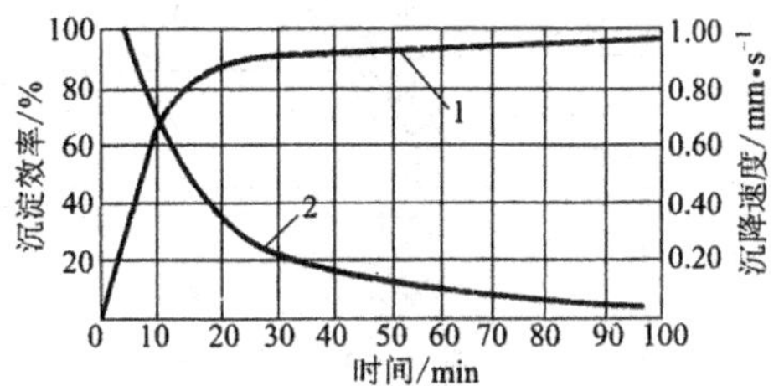

图 9-5 某厂 30t 转炉燃烧法烟气净化污水静态沉淀试验曲线

1—沉淀效率曲线;2—沉淀速度曲线

摘自某厂《30 吨转炉车间设计总结》(1965 年投产初期清华大学给水排水试验室试验资料);

吹氧后 7~10min 总排水沟取样,含尘量 1400mg/L

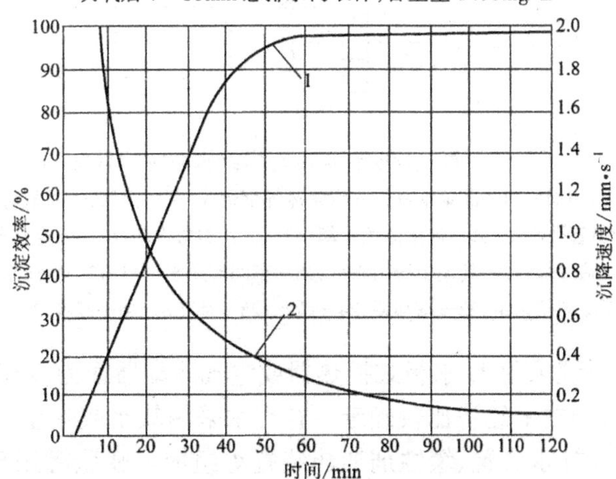

图 9-6 某厂 120t 转炉未燃法烟气净化污水静态沉淀试验曲线

1—沉淀效率曲线;2—沉降速度曲线

本图摘自某厂《120 吨转炉炼钢厂设计总结》(一座炉生产,吹氧后 15min 沉淀池入口取样)

9.1.3 系统和流程

9.1.3.1 转炉间接冷却水系统

转炉间接冷却水系统分开路循环冷却水系统(敞开式系统)和闭路循环冷却水系统(密闭式系统)。

开路循环冷却水系统采用最为普遍。用水设备采用压力回水或利用所处平台高度将水压送至冷却塔,经冷却塔冷却后,按不同的水质和压力分别用循环供水泵组向各用水设备供水。系统补充水水质按用水设备要求及系统浓缩倍数确定,一般采用工业水,在工业水硬度不能满足工艺设备要求时可采用部分工业水和部分软水。为防止系统中结垢、腐蚀和菌藻生长,设置加药装置。为去除由冷却塔进风带入的尘埃,往往在系统中设置旁通过滤器。

图 9-7 为典型的转炉间接冷却开路循环冷却水系统流程图。

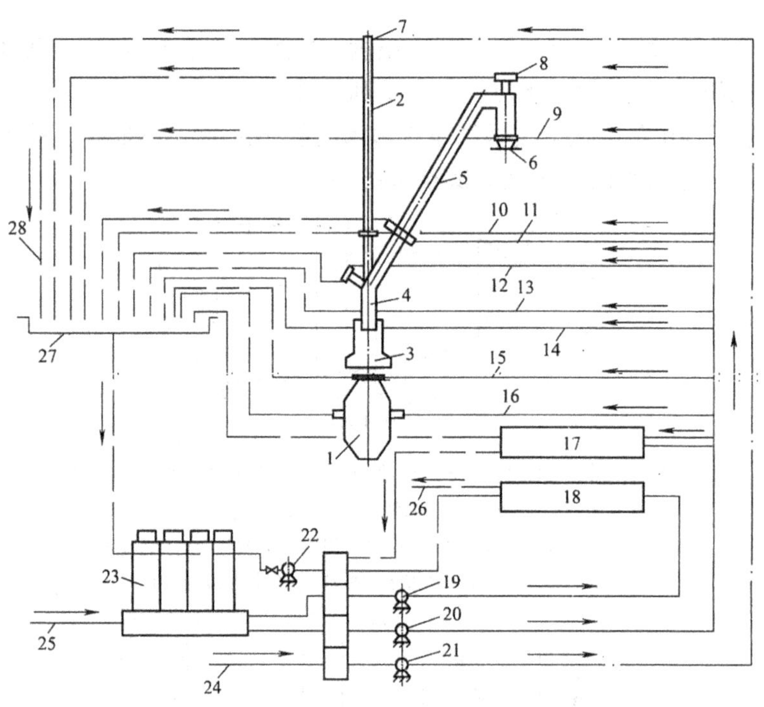

图 9-7 氧气顶吹转炉冷却水给水系统流程图

1—转炉;2—吹氧管;3—活动烟罩;4—固定烟罩;5—汽化冷却烟道;6—“一文”;7—吹氧管冷却;8—人孔冷却;9—“一文”水套冷却;10—吹氧管孔冷却;11—连接法兰冷却;12—下料溜槽冷却;13—固定烟罩冷却;14—活动烟罩冷却;15—炉口冷却;16—耳轴冷却;17—其他中压用水户;18—车间普压水用户;19—普压水泵组;20—中压水泵组;21—高压水泵组,22—至冷却架泵组;23—冷却架;24—新水;25—补充水;26—排水;27—集水槽;28—其他回水

闭路循环冷却水系统采用水-水板式换热器或空气冷却器作为冷却设备,根据当地气温条件和水源供水条件,经技术经济比较确定。补充水采用软水或除盐水。系统由冷却设备、循环水泵、膨胀罐、自动补水装置、缓蚀剂加药装置等组成。膨胀罐用于吸收由于水温升高而引起的体积膨胀,膨胀罐内充 N_2,系统的工作压力由充 N_2 压力控制。自动补水装置随膨胀罐内水位自动补水。密闭式循环冷却水系统按用水设备的不同供水压力和温度,分成数个回路。采用水-水板式换热器时,尚有一套二次冷却水(冷媒水)开路循环冷却水系统。

闭路循环冷却水系统与开路系统相比,具有以下优点:(1)由于采用软水或除盐水作为冷却水,水质好、冷却可靠;可延长工艺设备的使用寿命、减少维修工作量;(2)由于密闭系统可充分利用用水设备的回水压力,可节省动力;(3)由于密闭系统没有冷却塔中水的蒸发和风吹损失以及系统排污,因此密闭系统水量损失一般仅为0.1%~0.5%。对于采用空气冷却器作为冷却设备的密闭系统,可大大节省水源供水量。

氧气转炉炼钢车间也可部分采用闭路系统,部分采用开路系统。图9-8为典型的转炉闭路循环冷却水系统的流程图。

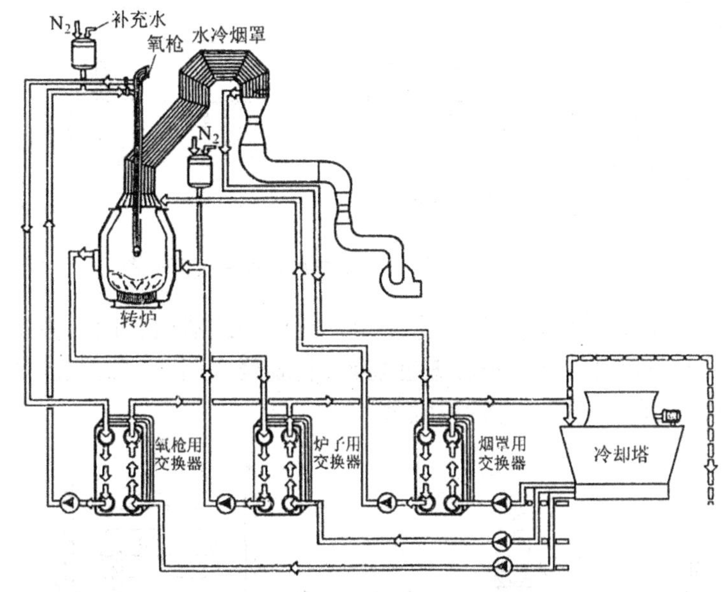

图9-8 氧气转炉冷却水闭路系统流程图

9.1.3.2 转炉湿法烟气净化直接冷却水系统

(1)大、中型氧气转炉未燃法烟气净化直接冷却水系统污水处理流程,一般如图9-9所示。

由于"一文"排水含尘量和水温高,而"二文"排水含尘量和水温较低,因此可以采用串接供水,即"二文"排水排入水封槽用加压泵串接供"一文","一文"排水由高架排水槽排至污水处理设施。

大型氧气转炉未燃法烟气净化污水中烟尘粒径大于等于60μm,占10%~15%,大于等于100μm占5%~8%。这类粗颗粒极易使沉淀池排泥管道和污泥脱水设备堵塞及泥浆泵磨损,因此污水需先经粗颗粒分离器,去除大于等于60μm粗颗粒,然后进入沉淀池。沉淀池一般采用圆形沉淀浓缩池。由于在吹炼过程中污水含尘量及水温变化极大,使污水在沉淀池中产生异重流现象,影响沉淀效果。为了防止这种现象,一般投加凝聚剂和助凝剂。沉淀池出水根据烟气净化对供水温度的要求,确定是否需设置冷却塔。沉淀池污泥用泥浆泵送污泥处理。

未燃法烟气净化污水具有碳酸钙析出倾向,系统中应投加防垢分散剂,少量排污或定期排污可串接供炉渣处理系统。

(2)小型氧气转炉未燃法烟气净化直接冷却水系统污水处理流程,如图9-10所示。

由于小型转炉烟气净化污水含尘量及粒径相对较小,"一文"、"二文"排水直接进入沉淀

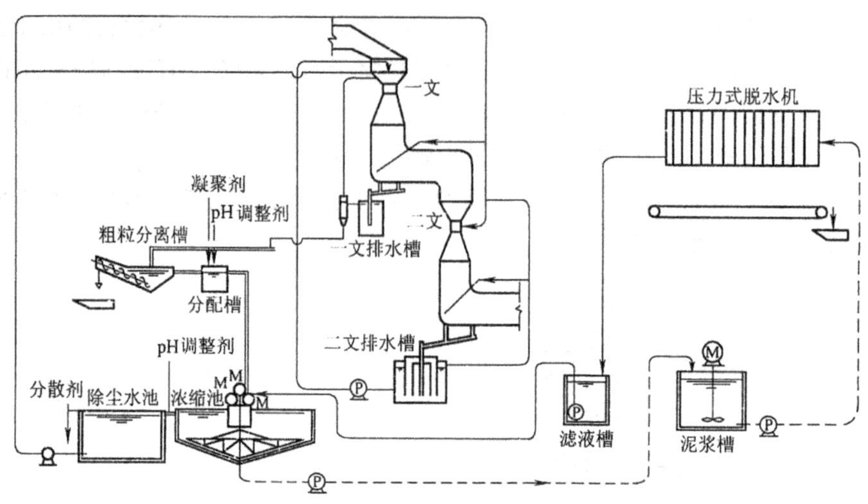

图 9-9 大中型转炉烟气净化污水处理系统流程图

池,沉淀池可采用圆形沉淀浓缩池或斜板沉淀器。斜板沉淀器已在国内中小型转炉取得一定的生产实践经验。斜板沉淀器前设磁聚凝装置,起凝聚作用。斜板沉淀器底部污泥用螺旋输泥机推出,再由压缩空气提升送污泥脱水。

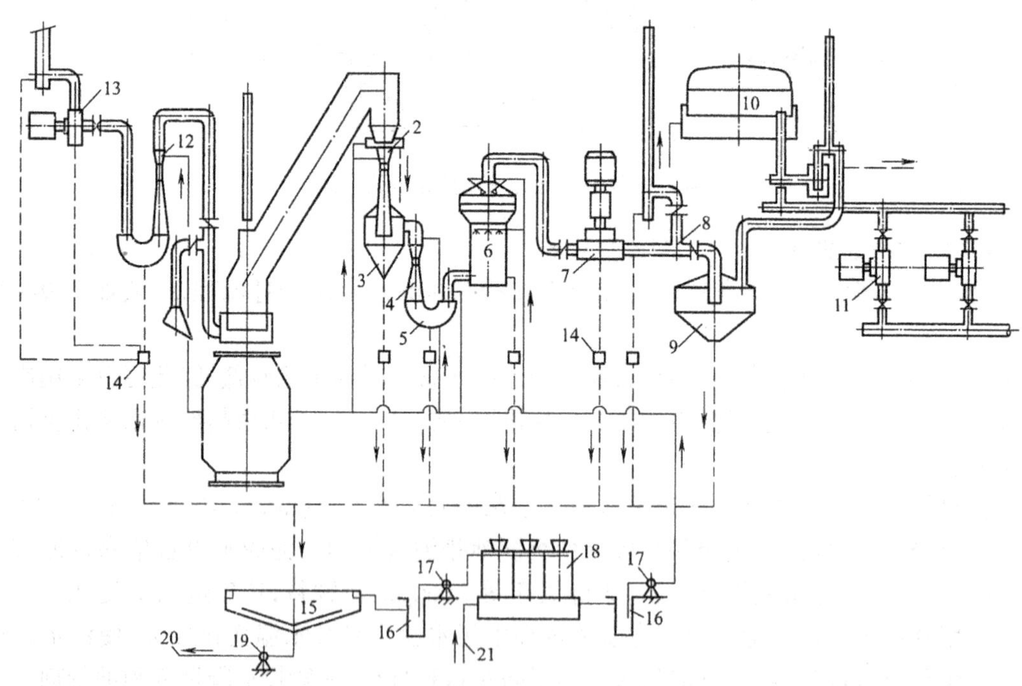

图 9-10 氧气转炉烟气净化污水处理系统流程图

1—转炉;2—"一文";3—重力脱水器;4—"二文";5—弯头脱水器;6—喷淋塔;7—主风机;8—三通切换阀;9—水封逆止阀;10—煤气柜;11—煤气加压机;12—"副文";13—副风机;14—水封槽;15—浓缩池;16—吸水井;17—水泵;18—冷却架;19—泥浆泵;20—至污泥处理设施;21—补充水

9.1.4 构筑物和设备

循环水及水处理设施应布置紧凑,尽量靠近主车间,流程顺畅,避免迂回。高程布置应尽量利用回水压力和排水标高，减少加压次数和构筑物地下深度。循环水及水处理设施的主要构筑物和设备以及监测控制设计要点如下。

(1)氧枪工艺设备应设有自动提升机构，当停电或冷却水压力低于某限定值时，或冷却水出水温度高于某限定值时，氧枪自动提升并报警。

(2)氧枪、烟罩、炉体等应采用压力回水或排入设于操作平台上的集水槽(属工艺设备)中，利用排水槽设置标高将回水压送至冷却塔。为防止排水槽排水中带入空气而使排水管排水不畅，甚至使排水槽溢水，设计排水槽的容积不应过小，并应采取减少空气进入的措施，如在排水槽排水口上设帽形水封、排水槽中加设溢流挡板、设置排气管等。另外，排水槽排水管至排水主干管的垂直落差不应过大。

(3)自烟气净化设施至沉淀池的自流排水槽不宜过长，水流速度 1.5～3.0m/s(大型转炉采用大值)。沉淀池后自流管道水流速度不应小于 1.0m/s。

(4)在水质、水温、水压有较大变化或考虑处理构筑物和设备的清理检修时，应设超越旁通管。

(5)大、中型转炉未燃法烟气净化污水进入沉淀池前须先经粗颗粒分离器，去除≥60μm 的粗颗粒，以减轻沉淀池负荷，防止泥浆管道和脱水设备堵塞。

粗颗粒分离设备包括分离槽、耐磨螺旋分级输送机、料斗、料罐、污泥运输车辆以及分离器检修设备等。

分离槽停留时间一般为 2～5min，停留时间过长会使细颗粒沉淀，影响分离机正常工作。分离槽下部锥体倾角不应小于 45°。螺旋分级输送机设在分离槽内，用于清除分离槽底部沉泥，其安装倾斜度一般为 25°角。

粗颗粒分离组合设备见图 9-11。

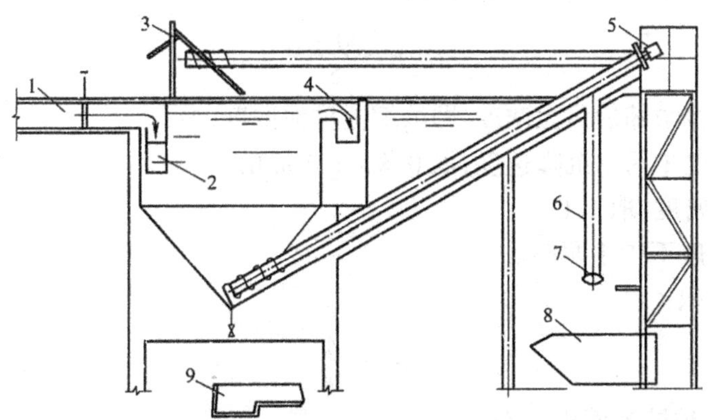

图 9-11 粗颗粒分离装置

1—进水明沟；2—进水口；3—吊具及吊架；4—出水溢流堰；5—分离机传动机构；6—料斗；7—电动开闭阀；8—料罐；9—排水坑

(6)沉淀池一般采用圆形沉淀浓缩池，见图 9-12。由于转炉烟气净化污水含尘量和水温变化极大，因此沉淀池应有一定的调节能力，沉淀池需有一定深度，以保证足够的停留时间(4～6h)。沉淀池表面负荷一般采用 0.8～1.5$m^3/(m^2·h)$。

按浓缩池计算方法：

浓缩池面积：

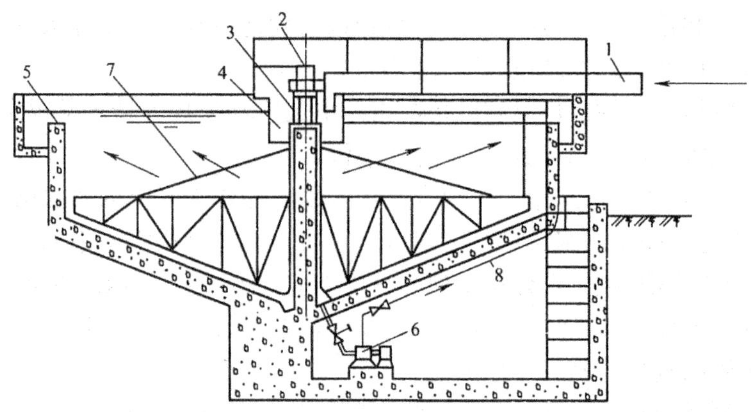

图 9－12　中心传动型刮泥机浓缩池

1—进水明沟；2—传动装置；3—升降装置；4—浓缩池进水室；5—溢流出水堰；6—泥浆泵；7—拉杆；8—泥浆至污泥脱水设施

$$A=\frac{(D_1-D_2)W}{u\rho} \tag{9-1}$$

式中　A——浓缩池所需面积，m^2；

D_1——浓缩池进水的污泥稀释度；

$$D_1=\frac{q-W}{W} \tag{9-2}$$

q——浓缩池进水量，m^3/h；

W——浓缩池进水中的污泥量，t/h；

D_2——浓缩池浓缩后的污泥稀释度；

$$D_2=\frac{100-S}{S} \tag{9-3}$$

S——浓缩池浓缩后污泥浓度，即浓缩池排泥浓度，%；

u——浓缩池中污水沉降速度，取 0.8～1.5m/h；

ρ——污水密度，取 1.0。

浓缩池座数一般不少于两座。

每座浓缩池面积：

$$A_1=\frac{A}{n} \tag{9-4}$$

式中　A_1——每座浓缩池面积，m^2；

n——浓缩池座数。

浓缩池直径：

$$\phi=\sqrt{\frac{4A_1}{\pi}} \tag{9-5}$$

式中　ϕ——浓缩池直径，m。

沉淀浓缩池集泥耙驱动装置能力应留有充分余量，同时应考虑由于污水温度较高而产生的蒸气对回转机械的腐蚀。集泥耙应有过力矩自动提耙功能。

沉淀池排泥浓度一般为 15%～30%，每座池子应设两台泥浆泵。

(7)小型转炉烟气净化污水处理也可采用斜板沉淀器。斜板沉淀器具有沉淀效率高、占地面积小、运行管理简单等优点。斜板沉淀器分逆向流和横向流两种类型，均可采用。

斜板沉淀器设备组成和处理流程如图 9-13 所示。

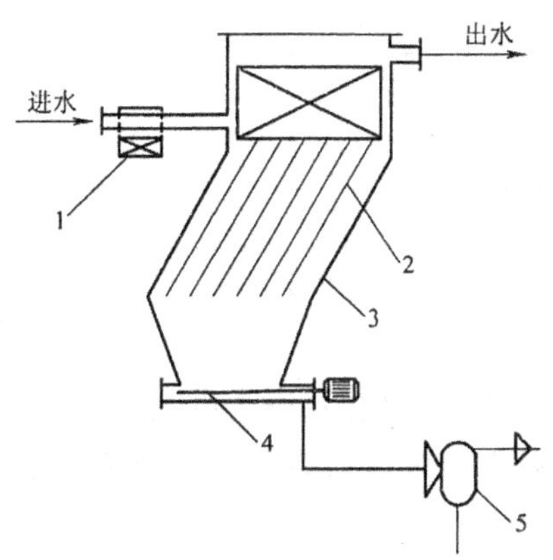

图 9-13 斜板沉淀器

1—渠用可调磁凝器；2—斜板组合件；3—钢结构池体；4—池底输泥装置；5—池外输泥装置

斜板沉淀器进水 $SS \leqslant 6000\mathrm{mg/L}$，出水 100 ~ 150mg/L。单位面积负荷 3.0 ~ 5.0$\mathrm{m^3/(m^2 \cdot h)}$。排出污泥浓度 30% ~ 40%。

(8)转炉供水泵工作台数应与转炉座数相匹配，即 1 ~ 2 台工作泵对 1 座转炉、备用泵 1 ~ 2 台。水泵应采用自灌式起动。

(9)烟气净化直接冷却水系统冷却塔应采用点滴式淋水填料，以避免堵塞压坏。

(10)循环水及水处理设施的监测和控制：循环水及水处理设施的操作控制水平应与工艺生产操作控制要求一致。自动化操作控制采用基础自动化、过程自动化以及集散控制系统(DCS)或可编程序控制系统(PLC)。较大规模的循环水和水处理设施一般采用 PLC 自动控制和 CRT 监测操作，根据需要还可设置计算机辅助生产管理。

1)监测：为了对循环水及水处理进行有效的管理和操作控制，需要对各种参数进行监测，监测项目如表 9-11 所示。

表 9-11 循环水及水处理监测项目

序号	场 所	流量	水压	水温	液(料)位	电导率	pH
1	各系统补充水	○					
2	各系统排污水	○					
3	各供水泵组总供水管	○	○	○			
4	至冷却塔回水管			○			
5	泵站吸水井(冷、热)				○	○冷水井	○冷水井
6	泥浆槽				○		
7	药剂溶液槽和粉料料斗				○		
8	过滤器						
	进水管		○				
	过滤水出水管	○	○				
	反洗水进水管	○	○				
	反洗空气进气管	○	○				
	过滤器进出水总管		压差○				

续表 9-11

序号	场　所	流量	水压	水温	液(料)位	电导率	pH
9	闭路循环水系统						
	换热器进水管及冷媒水进水管	○	○	○			
	换热器出水管及冷媒水出水管		○	○			
	膨胀罐		○		○		
10	水塔				○		

注:本表未包括仅现场指示用的仪表和特殊要求的监测项目;
○—需监测。

2)主要用水户的给水流量、水压、水温及安全供水水塔液位应传送至工艺生产主控室。

3)主要水系统的供水量、补充水量、排污水量、电导率传送至全厂能源中心或全厂供水调度室。

4)表 9-11 中监测值应传送至循环水及水处理运转室仪表盘或电视屏幕显示(CRT)。

5)以下项目须作报警:

水位:高水位、低水位;

水压:最低压力、须限制的最高压力;

温度:最高温度。

6)控制和操作方式:分机旁操作和远距离集中操作,如表 9-12 所示。

表 9-12　循环水及水处理设施操作控制方式

序号	设　　备	机旁操作	集中操作
1	供水泵	手动	手动或自动
2	泵出口电动阀	手动 + 连锁	手动或自动
3	排水泵	手动 + 自动	
4	沉淀池排泥泵	手动	手动
5	泵轴封水	手动 + 连锁	
6	过滤器反洗	手动	手动 + 自动
7	沉淀池集泥机	手动 + 自动	
8	脱水机及附属设备	手动 + 连锁	手动
9	冷却塔风机	手动	手动或自动
10	搅拌机	手动	手动
11	加药设备	手动或自动	
12	补给水子阀	手动 + 自动	
13	补给水母阀	手动	手动
14	排污水电动阀	手动	手动
15	冷却塔旁通阀	手动	手动

7)机旁操作盘功能如下:

机旁或远程集中操作选择;

手动或自动选择；

起动和停止；

电流表；

准备完了显示；

运转、停止显示；

故障显示。

8)运转室集中运行监视可采用模拟盘或电视屏幕监视(CRT)。

9)转炉炼钢车间循环水及水处理设施一般在循环水泵站设置集中监视控制的运转室，规模较大的污泥处理设施可单独设运转室。

10)运转室有条件时应设计算机管理，主要功能是运行参数统计报表、故障记录、设备维修预报、材料计划等。

11)转炉循环水及水处理设施应采用两路独立电源供电，供电标准不应低于供水范围内工艺生产设备的供电标准。

12)循环水及水处理设施通讯：调度电话(炼钢、供水调度)、直通电话、扩音或指令电话、无线通讯。

(11)软水(除盐水)闭路循环水系统设计计算参见 9.2.4 节。

9.1.5 污泥处理和利用

9.1.5.1 污泥量及污泥特性

A 干污泥量计算

按吹炼每吨钢产生的烟尘量计算：

$$W = KTR \tag{9-6}$$

式中 W——干污泥量，t/h；

K——吹炼每吨钢产生的干污泥量，一般为 10～20kg，即为钢产量之 1%～2%；

T——每炉产钢量，t；

R——每小时冶炼炉数。

或

$$W = KT_1 \tag{9-7}$$

式中 T_1——小时产钢量，t/h。

B 各种含水率的湿污泥量计算

在污泥处理设计中，各种含水率的湿污泥量可按下式计算：

$$W_1 = W\frac{100}{100-P} \tag{9-8}$$

式中 W_1——湿污泥量，t/h；

W——干污泥量，t/h；

P——湿污泥之含水率(质量分数)，%。

各种含水率湿污泥密度，按固体物密度查表 9-13。根据湿污泥重量和密度，即可求出湿污泥体积(m^3/h)。

表 9-13　各种含水率湿污泥密度

含水率 /%	浓度 /%	固:液	固体密度								
			2.7	3.0	3.2	3.4	3.6	3.8	4.2	4.4	4.6
95	5	0.0526	1.032	1.035	1.036	1.037	1.037	1.038	1.039	1.040	1.041
90	10	0.111	1.068	1.071	1.074	1.076	1.074	1.080	1.082	1.087	1.092
88	12	0.136	1.081	1.087	1.089	1.092	1.094	1.096	1.100	1.101	1.103
86	14	0.163	1.096	1.104	1.106	1.110	1.113	1.115	1.119	1.121	1.123
84	16	0.191	1.112	1.119	1.124	1.127	1.130	1.134	1.139	1.141	1.143
82	18	0.219	1.128	1.136	1.141	1.146	1.149	1.153	1.159	1.161	1.164
80	20	0.250	1.143	1.154	1.159	1.164	1.168	1.173	1.180	1.183	1.186
79	21	0.266	1.152	1.163	1.169	1.174	1.179	1.183	1.190	1.191	1.191
78	22	0.282	1.161	1.172	1.178	1.184	1.189	1.193	1.201	1.204	1.208
77	23	0.299	1.169	1.182	1.189	1.193	1.198	1.203	1.212	1.215	1.219
75	25	0.333	1.186	1.200	1.207	1.214	1.220	1.226	1.235	1.239	1.243
72	28	0.389	1.213	1.230	1.239	1.246	1.253	1.260	1.271	1.276	1.281
70	30	0.428	1.233	1.250	1.260	1.269	1.276	1.284	1.296	1.298	1.301
68	32	0.471	1.253	1.271	1.282	1.292	1.300	1.309	1.322	1.328	1.334
66	34	0.515	1.273	1.292	1.305	1.315	1.324	1.333	1.350	1.356	1.362
64	36	0.563	1.293	1.315	1.328	1.341	1.351	1.361	1.378	1.384	1.391
62	38	0.613	1.314	1.340	1.353	1.367	1.378	1.389	1.408	1.415	1.423
60	40	0.667	1.337	1.363	1.379	1.393	1.405	1.418	1.438	1.447	1.456
58	42	0.724	1.359	1.389	1.407	1.421	1.435	1.447	1.470	1.480	1.490
56	44	0.785	1.382	1.417	1.433	1.450	1.465	1.480	1.504	1.514	1.525
54	46	0.852	1.408	1.442	1.462	1.480	1.496	1.513	1.540	1.551	1.562
52	48	0.923	1.432	1.471	1.493	1.512	1.529	1.547	1.577	1.589	1.602
50	50	1.000	1.460	1.500	1.524	1.545	1.564	1.583	1.615	1.629	1.643
48	52	1.082	1.487	1.531	1.556	1.585	1.603	1.621	1.656	1.671	1.686
46	54	1.174	1.515	1.562	1.590	1.616	1.639	1.662	1.700	1.715	1.733
44	56	1.272	1.543	1.596	1.626	1.653	1.677	1.702	1.744	1.763	1.782
42	58	1.380	1.576	1.630	1.662	1.693	1.720	1.747	1.791	1.810	1.830
40	60	1.500	1.607	1.667	1.702	1.735	1.763	1.792	1.842	1.863	1.885
38	62	1.631	1.640	1.705	1.742	1.778	1.810	1.842	1.895	1.919	1.943
36	64	1.782	1.675	1.743	1.785	1.822	1.857	1.892	1.953	1.978	2.004
34	66	1.942	1.711	1.785	1.830	1.872	1.910	1.948	2.012	2.041	2.070
32	68	2.125	1.750	1.832	1.879	1.923	1.963	2.004	2.076	2.106	2.137
30	70	2.333	1.787	1.875	1.926	1.971	2.018	2.065	2.143	2.177	2.212
26	74	2.845	1.872	1.972	2.039	2.092	2.146	2.200	2.294	2.336	2.378
24	76	3.165	1.918	2.035	2.094	2.156	2.214	2.272	2.380	2.425	2.470
20	80	4.000	2.015	2.160	2.225	2.297	2.366	2.436	2.560	2.617	2.674
18	82	4.550	2.066	2.204	2.294	2.376	2.451	2.526	2.667	2.729	2.792
16	84	5.250	2.124	2.270	2.368	2.456	2.540	2.624	2.777	2.849	2.922
14	86	6.140	2.180	2.345	2.448	2.545	2.637	2.730	2.900	2.980	2.060

C　污泥成分和粒度

见 9.1.2 节表 9-9 和表 9-10。

9.1.5.2　污泥处理和利用方法

氧气转炉烟气净化污泥含铁量高、烧结性能好,应回收利用。根据国内外钢铁厂生产经验,有以下几种处理和利用方法:

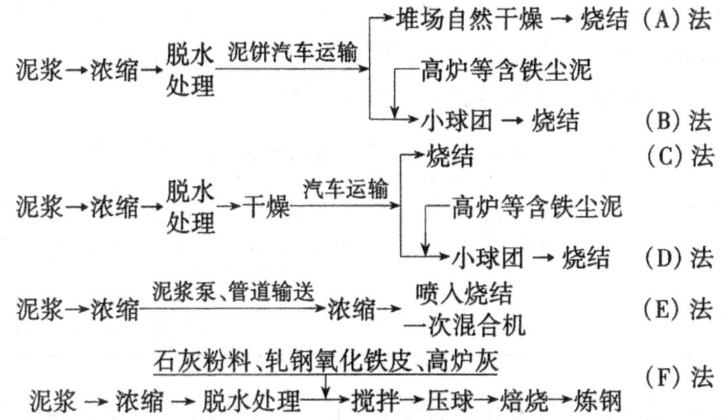

(A)法,使用最普遍,设备简单,但若脱水后泥饼含水率太高,运输困难。

(B)法,根据某厂经验,由于转炉烟气净化污泥粒度极细,干燥及小球团生产环节粉尘污染严重,不能正常生产,设备复杂。

(C)法、(D)法,干燥有粉尘污染,同时耗大量煤气。

(E)法,根据某厂试验及生产经验,可避免粉尘污染,改善环境和劳动条件,节省投资和运行费用。

(F)法,其优点是可直接用于炼钢,目前仅有小规模生产试验。

9.1.5.3　真空过滤机污泥脱水

转鼓式真空过滤机脱水是国内外钢铁厂使用最早和最普遍的污泥脱水设备。

图 9-14 为典型的转鼓式真空过滤机污泥脱水流程图。

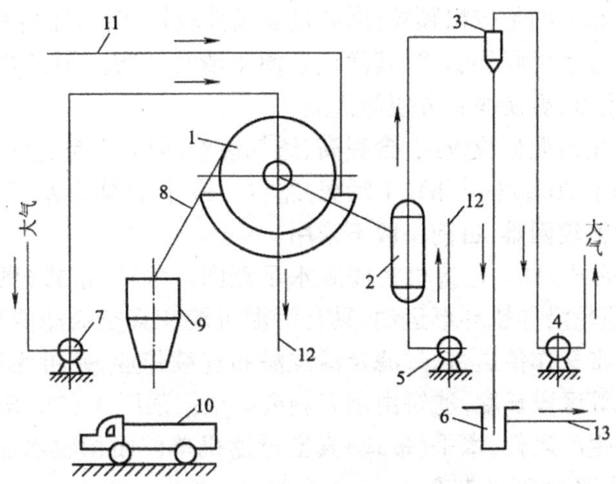

图 9-14　真空过滤机脱水处理流程

1—真空过滤机;2—滤液罐;3—气水分离器;4—真空泵;5—滤液泵;6—水封槽;7—空压机;8—溜槽;9—贮槽;10—汽车;11—浓缩池泥浆;12—回浓缩池;13—排水

真空过滤机的脱水能力与进入的泥浆浓度有直接关系。为了提高脱水能力和降低滤饼含水率,泥浆先经浓缩池浓缩,一般浓缩池停留时间为10h左右,浓缩后泥浆浓度为30%左右。

真空泵一般采用水环式真空泵,要求真空度为66.66～77.99kPa,排气量为0.9～1.3$m^3/(m^2 \cdot min)$。

空压机一般采用水环式压缩机或采用低压鼓风机,要求风压0.02～0.03MPa,风量0.3～0.5$m^3/(m^2 \cdot min)$。也可由厂区压缩空气管道经减压后供给。

滤液罐及气水分离器容积根据真空过滤机面积,按表9-14决定。

表9-14 不同过滤机面积需滤液罐及气水分离器容积

真空过滤机过滤面积/m^2	1	4.50	9	13.50	18	27	34	51	68
滤液罐容积/m^3	0.40	0.80	0.80	1.60	1.60	1.60	2.20	2.70	2.70
气水分离器容积/m^3	0.40	0.40	0.40	0.40	0.40～0.80	0.40～0.80	0.40～0.80	0.80～1.20	0.80～1.20

滤液罐进口应低于真空过滤机的滤液出口。气水分离器的安装高度应保证其排水不受真空吸力影响,自流入下面水封井。

滤液泵能力可按进入真空过滤机之泥浆量计算。滤液泵的安装高度应低于滤液罐底部1.5～2.0m,以保证自灌起动。

也可采用自动排滤液箱来代替滤液罐、气水分离器和滤液泵。

当真空过滤机为两台或两台以上时,为了均匀分配泥浆,须设置泥浆分配槽。

上述真空过滤机的辅助设备可由真空过滤机制造厂配套供应。

滤布应选择过滤性能良好、有一定强度、滤饼易剥离的滤布,运行中须经常清洗。

转鼓式真空机分外滤式和内滤式两种。外滤式适用于粒度较细、不易沉淀的污泥。内滤式适用于粒度较粗、易沉淀的污泥。外滤式由于最先吸附在滤布上的是较细颗粒,因此影响脱水能力,而较粗颗粒则首先沉积于转筒下面的泥浆槽内,但外滤式更换滤布方便。内滤式由于最先沉积于滤布上的是较粗颗粒,因此过滤条件较好,但其卸料和更换滤布较困难。

折带式转鼓真空过滤机属外滤式,其优点是便于清洗滤布。圆盘式真空过滤机也是属于外滤式,具有结构紧凑、更换滤布方便等优点。

由于转炉烟气净化污泥颗粒较细、含碱高、透气性差,因此真空过滤机脱水能力比较低,单位面积负荷一般小于50$kg/(m^2 \cdot h)$(干污泥)左右。另外,滤饼含水率比较高(30%～40%(质量分数)左右),运输较困难,目前一般不采用。

图9-15为水平(带式)真空过滤机污泥脱水示意图。水平(带式)真空过滤机为滤布水平设置,槽型滤盘借滚轮沿导轨环形运动,具有污泥沉淀和真空吸滤两种功能,高强度聚酯合成纤维滤布既作槽带又作传送带,过滤及清洗滤布连续作业,并可无级调整带速,同时可调整过滤、清洗、脱水等区段长度,滤饼由刮刀剥离。根据某厂3×20t氧气转炉未燃法烟气净化污泥处理试验和生产运行,水平(带式)真空过滤机单位面积脱水能力为75$kg/(m^2 \cdot h)$(干泥)左右,滤饼含水率为25%左右。

9.1.5.4 压滤机污泥脱水

图9-16为压滤机污泥脱水流程图。

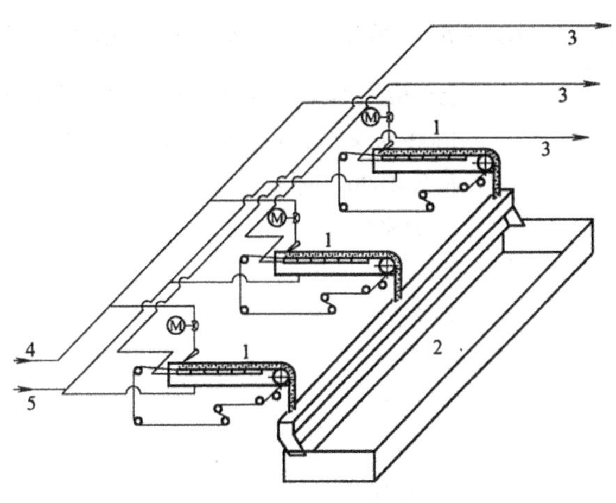

图 9-15 水平(带式)真空过滤机污泥脱水系统图

1—水平式真空过滤机;2—卸泥斗;3—真空管道;
4—泥浆管;5—压缩空气管道

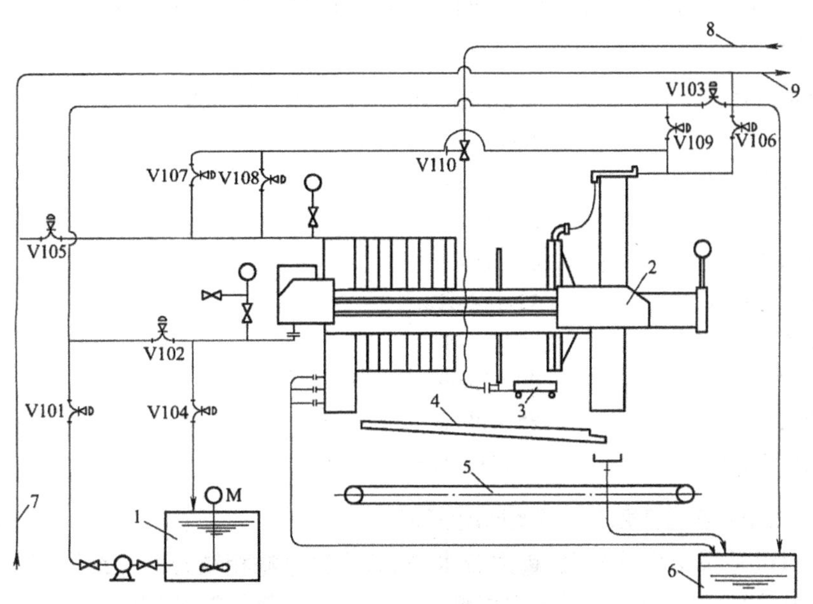

图 9-16 压力式过滤脱水机处理污泥流程

1—原液槽;2—脱水机;3—滤布冲洗装置;4—漏液盛器;5—皮带输送机;6—滤液槽;
7—压缩空气入口;8—来自滤布冲洗泵组;9—去其他过滤脱水机

压滤机在国内外钢铁厂污泥脱水中使用也很普遍,由于压滤机脱水采用了分批加压脱水,因此对物料适应性广,滤饼含水率较低,但设备费用较贵。

一般采用板框压滤机或自动厢式压滤机。自动厢式压滤机一般包括机架、滤板、压板、空气挤压橡胶隔膜、液压装置、压紧机构、止推板、滤布清洗装置、开框机构、滤布振打机构、集液槽、电控柜等。

泥浆进入压滤机前,先经浓缩池浓缩及污泥调整槽。压滤机滤饼可采用直接卸入污泥斗或经皮带机卸入污泥斗等方式。

某厂 3×300t 氧气转炉 OG 法烟气净化污泥脱水采用自动压滤机的工作参数如下：

自动压滤机过滤面积	155.6m^2,共 4 台,其中 3 台工作,1 台备用；
滤板尺寸	1500mm×1500mm,40 个室,过滤室容积 2116L/台
脱水能力	每台 4t/h(干泥)
污泥调节槽容积	1h 泥浆量
进料泥浆含水率	70%
滤饼含水率	30%
进料压力	0.4MPa
挤压用压缩空气压力	0.8MPa
压紧用液压装置压力	12.0MPa
滤布清洗水泵压力	3.5MPa
每个压滤周期	43～45min
单位过滤面积负荷	25kg/(m^2·h)(干泥)

某厂 2×20t 氧气转炉未燃法烟气净化斜板沉淀器排出污泥脱水采用自动厢式压滤机，其生产数据如下：

自动厢式压滤机	过滤面积 60m^2,2 台工作,1 台备用
滤板尺寸	1000mm×1000mm
进料泥浆含水率	50%～55%
进料压力	0.4MPa
挤压用压缩空气压力	0.8MPa
压紧用液压装置压力	12～14MPa
滤饼含水率	25%～28%
滤饼厚度	20～35mm
一个压滤周期	35～40min
单位过滤面积负荷	约 20kg/(m^2·h)(干泥)

9.1.5.5 带式压榨过滤机(带式压滤机)污泥脱水

带式压滤机是采用化学凝聚、重力脱水、机械压榨过滤相结合的连续运行的污泥脱水设备。具有设备简单、能耗低、滤饼含水率低等特点。国内氧气转炉烟气净化污泥采用带式压滤机脱水,在试验和生产实践上均已取得一定经验。

图 9-17 为带式压滤机污泥脱水系统图。

带式压滤机由重力脱水段、楔形预压段、S 形挤压脱水段、压榨脱水段组成,包括:絮凝剂给料装置、混合装置、重力脱水带、滤带压榨脱水机构、滤带调速机构、滤带张紧机构、滤带校正机构、滤带清洗机构、液压装置、电控柜等设备组成。

为提高给料浓度,泥浆应先经污泥浓缩池浓缩至含水率 60%～70%左右。

化学絮凝污泥处理,应作小型试验,确定最佳药剂、投加量和投加浓度。一般投加有机聚丙烯酰胺(PAM)非离子型或阴离子型高分子絮凝剂,一般投加浓度为 1%～2%,药剂量一般为吨干泥 0.3～0.5kg,加药量过大,滤饼含水率反而会提高。

滤饼厚度一般控制在 7～14mm,厚度太大,相应含水率也大。

滤带运行速度是影响脱水机产量和滤饼含水率的主要因素,一般控制在 1～1.5m/s 左

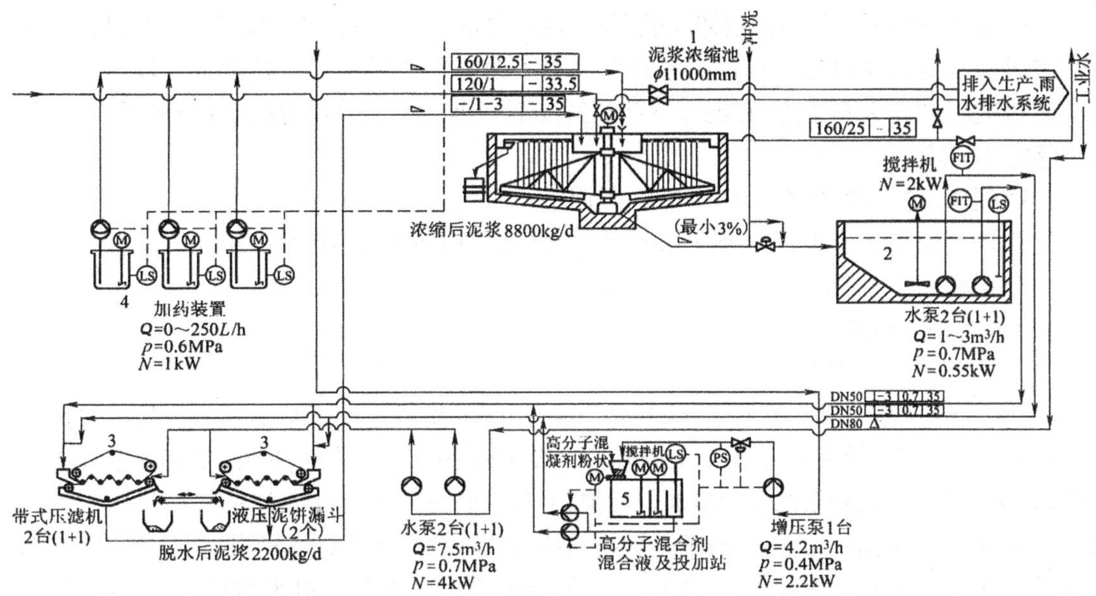

图 9-17 带式压榨过滤机污泥脱水系统流程图

1—泥浆浓缩池；2—污泥槽；3—带式压榨过滤机；4—加药装置；5—高分子絮凝剂槽

右，带速太高，滤带寿命会短。

滤带张紧力大，可降低滤饼含水率，但张紧力过大也会减少滤带寿命。张紧力太小，则会造成滤带非正常磨损，国产滤带一般控制张紧力≤0.3MPa。

滤带一般采用高粘度型聚酯单丝纤维，抗拉强度和抗折强度高、耐磨、变形小，并采用环形无端形式编织，断裂强度应不小于6MPa。

根据某厂氧气转炉烟气净化污泥脱水采用带式压滤机的试验和生产实践，其脱水能力为1000kg/(h·m)(1000kg为干泥，m为每米带宽)左右，滤饼含水率≤30%。

带式压滤机有效带宽可按下式计算：

$$B = 1000\left(1 - \frac{P}{100}\right)\frac{Q}{V} \times \frac{1}{T} \tag{9-9}$$

式中 B——有效带宽，m；

P——进泥含水率（质量分数），%；

Q——进入的湿污泥量，m^3/d；

V——采用的污泥脱水（干泥）单位负荷，kg/(h·m)（m为每米带宽）；

T——带式压滤机每天工作小时数。

9.1.5.6 污泥脱水间设计

污泥脱水间应靠近污泥浓缩池和水处理设施，以缩短泥浆管道距离，便于集中管理，其设计要点如下：

(1) 污泥脱水设备台数不宜少于2台，考虑其中有1台设备检修或换滤布。

(2) 脱水间相邻机组之间以及机组与墙壁之间的距离应满足安全、安装、操作维修需要。

(3) 脱水间机房应设置设备安装和检修用吊车，起重量若为1～3t，可采用手动单轨吊车，当起重量在3t以上时，可采用电动桥式吊车。机房有效高度应保证吊件与在位设备之间有大于等于0.5m净空。机房应考虑吊装孔或安装用门洞。

(4) 脱水后污泥一般由溜槽卸至贮泥斗,或经皮带运输机转送至贮泥斗或贮泥坑,再用翻斗汽车装运送烧结堆场。皮带机倾斜度应小于 20°,应选用槽形上托辊式运输机。贮泥斗容积应考虑汽车装料能力,贮泥斗下部倾斜度不宜小于 70°,并设置振动卸料装置和液压或气动启闭机构。

(5) 脱水间药剂贮存量应不小于 15 天用量。

(6) 脱水间应有地坪冲洗,滤液和冲洗排水应返回沉淀池,不得直接排入下水道。

(7) 脱水间室温不应低于 5℃。

9.1.5.7 泥浆管道

A 泥浆管道(沟槽)水力计算

B.C. 克诺罗兹公式是根据固体物密度 $\gamma_0 = 2.7$ 的物料输送试验推导的。从一些试验证明:在固体物密度较大时,该公式计算所得之临界流速偏大。此外,B.C. 克诺罗兹公式计算的临界流速始终随物料浓度的增加而增加,而从一些高浓度物料输送试验中证明:当物料浓度增高到一定范围时,其临界流速是随物料浓度的增高而下降的。因此,上述 B.C. 克诺罗兹公式对于固体物密度较大、浓度高的情况,误差较大。泥浆管道水力计算参见第 13 章固粒物料的浆体输送。

氧气顶吹转炉泥浆的输送,具有固体物密度大,但浓度不高、输送距离一般比较短、扬程不高等特点。设计中如有条件,应结合条件相似的生产实践数据进行计算。氧气顶吹转炉泥浆管道的最小流速一般可采用 $v = 1.5\text{m/s}$。

当选用标准管径大于计算所得之临界管径时,则管中会有一定沉积。一般沉积厚度应 $\leqslant 15\% \sim 20\%$ 管径。沉积厚度计算见表 9-15。

根据实际使用情况,泥浆管道的管径不宜小于 $D = 100\text{mm}$,否则容易堵塞,堵塞后也不易清理。

B 泥浆管道(沟槽)的单位长度水头损失或敷设坡度计算

a 压力泥浆管道的单位长度水头损失

$$i = i_0 \rho \tag{9-10}$$

式中 i——每米管道长度之水头损失,m;

i_0——输送同流量清水时之单位长度水头损失,m;

ρ——泥浆密度,t/m^3,按下式计算或查表 9-13,

$$\rho = \frac{W + S}{\frac{W}{\rho_0} + S} \tag{9-11}$$

式中 W——泥浆中固体物质量比,%;

S——泥浆中水之质量比,%;

ρ_0——泥浆中固体物真密度,t/m^3。

b 自流泥浆管道(沟槽)之敷设坡度

$$i_J = K i_{Jo} \tag{9-12}$$

式中 i_J——敷设坡度;

K——安全系数,一般取 1.05 ~ 1.35;

i_{Jo}——输送同量清水时之水力坡度。

表 9-15 圆形管泥浆沉积厚度 h 与管径 D 的比值 $\frac{h}{D}$

采用的标准管径 D/mm	h/D												
	2%	4%	6%	8%	10%	12%	14%	16%	18%	20%	22%	24%	26%
	临界管径 D_1/mm												
100	99.80	99.30	98.70	98	97.40	96.70	95.70	94.70	93.70	92.60	91.50	90.30	89.10
150	149.70	149	148	147	146	145	144	142.1	141	139	137	135	134
200	199.60	199	198	196	195	193	191	189	187	185	183	181	178
250	249.50	248	247	245	244	241	239	237	234	232	229	226	223
300	299.40	298	296	294	292	290	287	284	281	278	274	271	267
350	349.30	348	346	343	341	338	335	331	328	324	320	316	312
400	399	397	395	392	390	386	383	379	375	371	366	361	356

C 泥浆管道(沟槽)局部阻损计算

a 压力泥浆管道局部阻力损失

参照清水局部阻力损失乘以泥浆密度。

$$h = \zeta \frac{v^2}{2g}\rho \tag{9-13}$$

式中 h——局部阻力损失,m;

ζ——清水时管道局部阻力系数;

v——计算流速,m/s;

g——重力加速度 9.81,m/s^2;

ρ——泥浆密度,t/m^3。

一般局部阻力损失可按管道沿程水头损失之 10%计。

b 自流泥浆管道(沟槽)局部阻力损失

可加大自流沟槽转弯处沟底坡度;

$$当\ 2 < \frac{R}{b} < 6\ 时,加大\ 10\%$$

$$当\ \frac{R}{b} > 6\ 时,加大\ 5\%$$

式中 R——沟槽曲率半径,m;

b——沟底宽度,m。

D 泥浆泵所需扬程

$$h = h_1 + \Sigma h_2 + h_3 + h_4 + h_5 \tag{9-14}$$

式中 h——泥浆泵所需扬程,m;

h_1——泥浆管道沿程水头损失,m;

$$h_1 = Li \tag{9-15}$$

L——泥浆管道长度,m;

i——泥浆管道每米单位长度水头损失,m;

Σh_2——泥浆管道总计局部阻力损失,m;

h_3——泥浆泵站内管道及零件水头损失，m，一般以 2～3m 计；

h_4——所需剩余水头，无特殊要求时一般取 2～3m；

h_5——与泥浆提升几何高度相当之水柱高，m；

$$h_5 = \rho h_0 \tag{9-16}$$

ρ——泥浆密度，t/m^3；

h_0——泥浆提升几何高度，m。

$$H = KH_1 \tag{9-17}$$

式中　H——选择泥浆泵之扬程，m；

K——考虑泥浆泵磨损后扬程的折减系数，一般采用 0.85～0.95；

H_1——泥浆泵输送泥浆时的扬程，m，根据泥浆泵输送泥浆的试验性能曲线查得。如泥浆泵仅有清水扬程曲线时，可按下面经验公式计算：

$$H_1 = \frac{H_2 \rho_0}{\rho} \tag{9-18}$$

式中　H_1——泥浆泵输送泥浆时的扬程，m；

H_2——泥浆泵输送清水时的扬程，m；

ρ_0——清水密度，$1.0t/m^3$；

ρ——泥浆密度，t/m^3。

当有必要时，可以改变泥浆泵的额定转数，以调整泥浆泵的扬程与流量，但改变后的转数若高于额定转数时，应有实践经验为依据或取得制造厂同意。改变转数后，泵扬程及流量的变化，按下式计算：

$$Q_2 = Q_1 \frac{n_2}{n_1} \tag{9-19}$$

$$H_2 = H_1 \left(\frac{n_2}{n_1} \right)^2 \tag{9-20}$$

式中　Q_1、H_1、n_1——泵的额定流量、扬程与转数；

Q_2、H_2、n_2——改变后泵的流量、扬程与转数。

当采用一台泥浆泵扬程不能满足要求时，可采用二级泥浆泵扬送。此时可采用泥浆泵加压、在泵站内直接串联或远距离直接串联。当采用直接串联时，需有实践经验为依据或取得泥浆泵制造厂同意，订货时注明。当远距离直接串联时，后一台泥浆泵的入口处应有不小于 5m 剩余水头。

E　泥浆管道（沟槽）敷设

(1) 压力泥浆管道连续工作时，应不小于两条，其中一条备用。当间断工作时，可只设一条。

(2) 压力泥浆管道的敷设方法有：

埋地：造价低，便于交通运输和保温，但检修不便。距离较长时不宜埋地。

明设：在管道支架上架设或在地面铺设，便于检修，但不便于交通运输。

暗设：在地沟内敷设，便于交通运输，但造价较高。

(3) 由于钢管施工检修方便，泥浆管道一般采用钢管。

(4) 泥浆管道应避免倒虹吸或 V 形铺设,并尽量减少转弯。转角一般应大于 135°。

(5) 为便于检修、清扫、翻转,泥浆管转弯处及直线段,每隔 15 ~ 20m 设一法兰连接。也有每隔 15 ~ 20m 设一法兰连接检查口的。检查口的形式,见图 9-18,埋地检查口可设在井内。

(6) 为便于在泥浆管道停止运行时用水冲洗并放空,在泥浆管道敷设时应有 0.01 左右的坡度,坡向泥浆处理设施。或者由管道隆起点坡向两端。在管道最低处应设排泥口。

(7) 泥浆管道的冲洗水量应不小于泥浆临界流量。

(8) 当压力泥浆管道较长时,在管道隆起点应设排气支管和阀门,定期排气。

(9) 泥浆管道与铁路、公路交叉时,应尽量垂直交叉。在铁路下通过时,应用钢管,并设套管或地沟保护。在铁路、公路上部通过时,应符合规定的建筑界限。

(10) 在地沟内敷设泥浆管道时,地沟尺寸见图 9-19。

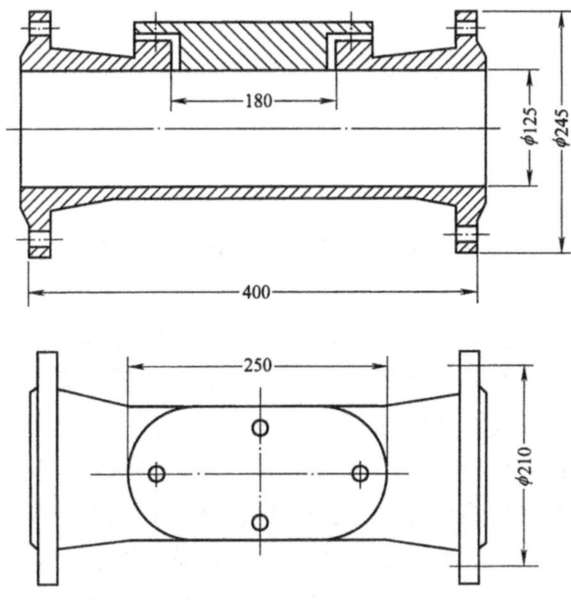

图 9-18　*DN*125mm 铸铁检查口

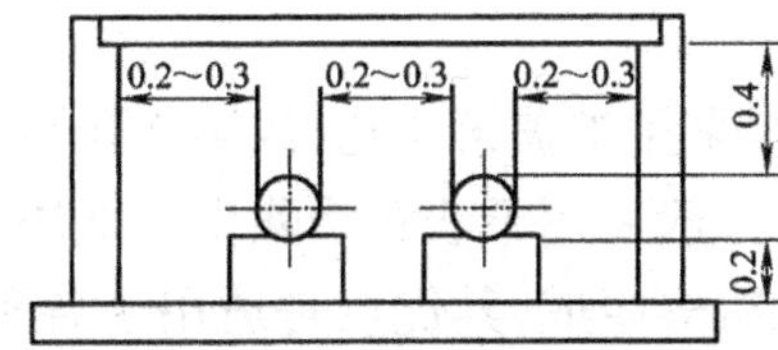

图 9-19　泥浆管道地沟尺寸

当地沟需通行人时,其通行部分宽度应不小于 0.5m,高度不小于 1.8m。

(11) 铺设于地面的泥浆管道,应设混凝土支墩,支墩间距根据管径和管材决定,一般为 2 ~ 4m。

(12) 当明设泥浆管道,且距离较长时,需根据当地气温,按下式计算设置伸缩接头;

$$L_{最大}=\frac{l}{\lambda(t_{最大}-t_{最小})} \tag{9-21}$$

式中 $L_{最大}$——直线管段伸缩接头的最大间距,m;

λ——管子材料的膨胀系数:

铸铁管 $\lambda=0.000011$,

钢管 $\lambda=0.000012$;

$t_{最大}$——该地区绝对最高温度(考虑太阳直射时的温度)。当输送泥浆的温度高于该地区绝对最高温度时用泥浆的温度,℃;

$t_{最小}$——该地区绝对最低温度;

l——每个伸缩接头的允许伸缩长度,一般采用0.2m。

(13) 自流泥浆沟槽的高度应等于临界水深加保护高度0.2~0.3m,矩形沟槽宽度一般为水深的2~3倍。沟槽可以设计成矩形、梯形或底部呈半圆形。

(14) 自流泥浆沟槽的转角可以设计成折角(≤45°),也可设计成曲线,其曲率半径大于等于沟槽宽的5倍。

(15) 高架泥浆沟槽应考虑清扫检修用的人行便桥,其宽度一般采用0.7m。

9.2 电炉炼钢车间

电炉炼钢是以电能为热源,一般采用吹氧强化冶炼,熔炼出各种成分的优质钢和合金钢。

电炉的基本结构,普通功率电炉一般炉体为耐火材料内设有箱式水冷炉壁,外壳为钢板制作,炉顶用高铝砖砌筑,炉盖上面设有电极孔及加料孔等。高功率和超高功率电炉炉体分为上下两段,下部外壳为钢板制作,内砌耐火材料,上部为管式水冷炉壁,炉盖亦为管式水冷。大型电炉有的还设置电磁搅拌装置,以助炉内钢水翻动,有利于出渣和提高产量。

电炉熔炼时装入的炉料有废钢、直接还原铁、辅助材料和合金材料等,一般采用废钢预热。通电后电极与加热的炉料直接起弧发热进行熔炼,炉温高达2000℃。

电炉炼钢车间主厂房主要组成包括:炉子跨、原料跨、炉外精炼及钢包转运跨、浇注跨、过渡跨、出坯跨等,为多跨并列厂房。一般采用电炉-炉外精炼-连铸三位一体流程紧凑布置。

大中型超高功率电炉一般采用炉盖第4孔(或第2孔)直接排烟与电炉周围密闭罩相结合的一、二次烟气净化系统。一般采用干法布袋除尘。干法净化系统是由水冷烟道、空气热交换器、袋式除尘器及排烟风机等组成,其优点是适用于各种容量的电炉,除尘效率高且稳定,系统阻损较低,能耗少,没有二次污染,其缺点是袋式除尘器体积比较庞大。

9.2.1 用水户及用水条件

电炉的用水量和用水要求,根据工艺专业和设备制造厂的要求确定。一般有以下用水户:

(1) 电极支持装置:它是电极固定的卡具,为了防止电极加热而使卡具变形,需用水冷。

(2) 电极密封圈:它是用于密封电极与炉顶孔之间的间隙,防止炉内热量外泄,电极密封圈有蛇形管和圆环两种,密封圈内用水冷却。

(3) 炉盖和炉盖圈:水冷炉盖由两部分组成,在三根电极外部的炉盖用钢板制作,并通水冷却,中心部位仍用耐火材料砌筑。

(4) 炉门和炉门框:炉门为钢制箱式结构,箱内通水冷却,炉门框是焊制钢构件,用水冷却。

(5) 加料溜槽:设在炉盖顶部,温度较高,需用水冷。

(6) 操作平台用水:靠炉门前部分设水冷挡板。

(7) 水冷电缆:在电缆外套管内通水冷却。

(8) 变压器油冷却器:控制油温不高于70℃,需用水冷。

(9) 电炉炉壁:上部炉壁设水套冷却,一般采用水冷挂渣炉壁。

(10) 吹氧管:由于热负荷较大,需高速水流强化冷却。

(11) 液压装置冷却。

(12) 大电流系统、电抗器、整流器等冷却水,要求用水质较好的水。

(13) 直流电炉炉底电极冷却,需用软水(或除盐水)冷却。

(14) 废钢预热装置冷却。

(15) 炉顶弯管及烟气管道冷却,电炉排出烟气温度达1200~1400℃,因此炉顶弯管及烟气管道均设水冷夹套冷却。

(16) 排烟气风机轴承和液力耦合器冷却。

(17) 电磁搅拌装置冷却:弧形定子均为空心线圈组成,用软化水(或除盐水)冷却。

典型的电炉炼钢车间用水量及用水条件见表9-16~表9-27。

表9-16 A厂1×150t超高功率直流电炉用水量及用水条件

序号	用水户	水量/$m^3\cdot h^{-1}$	水压/MPa		水温/℃		用水制度	事故用水	系统水质
			进水	出水	进水	出水			
1	炉体	2370	0.89	0.42	38.5	49	连续	共711m^3/h,0.4MPa,20min 水塔,并设柴油机泵	纯水闭路系统(A)
2	电极把持器、氧碳枪	630	0.89	0.42	38.5	49	连续		纯水闭路系统(A)
3	电气设备	150	0.89	0.42	38.5	49	连续		纯水闭路系统(A)
4	烟气除尘	1750	0.79	0.39	38.5	64	连续		纯水闭路系统(A)
5	电炉闭路系统热交换器	2866	0.35	0.25	33.5	45	连续		工业水开路系统(B)
6	烟气除尘闭路系统热交换器	1750	0.35	0.25	33.5	60	连续		工业水开路系统(B)
	合 计	9516							

注:1. 引进法国克兰斯姆(Clecim)公司设备,双炉座竖炉型交替熔炼;

2. 年产量100万t,1997年建成投产;

3. 未包括LF炉、VD炉等水量在内。

表9-17 A厂1×150t超高功率直流电炉用水水质

水质名称 \ 用户类型	A	B	C	D
pH	8.2~9	7.8~8	7~8	7~9
电导率/$\mu S\cdot cm^{-1}$	200~300	850~1000	420	10

续表 9-17

水质名称 \ 用户类型	A	B	C	D
总悬浮固体/mg·L^{-1}	无	20	10	无
总溶解固体/mg·L^{-1}	50~150	650~700	316	3
油及油脂/mg·L^{-1}	—	0~1	—	—
总硬度/mg·L^{-1}(以 $CaCO_3$ 计)	痕量	290	145	痕量
钙硬度/mg·L^{-1}(以 $CaCO_3$ 计)	痕量	200	100	痕量
游离二氧化碳/mg·L^{-1}(以 CO_2 计)	—	—	—	—
M 碱度/mg·L^{-1}(以 $CaCO_3$ 计)	1	160~200	80	1
氯化物(Cl^-)/mg·L^{-1}	1	120	60	1
硫酸盐(SO_4^{2-})/mg·L^{-1}	痕量	96	48	痕量
硝酸盐(NO_3^-)/mg·L^{-1}	10~20	—	—	—
亚硝酸盐(NO_2^-)/mg·L^{-1}	140~160	—	—	—
氨(NH_4^+)/mg·L^{-1}	—	—	—	—
二氧化硅(SiO_2)/mg·L^{-1}	0.1	12	6	0.1
全铁(Fe)/mg·L^{-1}	痕量	2	1	痕量
锰(Mn)/mg·L^{-1}	—	—	—	—
游离氯(Cl_2)/mg·L^{-1}	—	0.4~0.6	—	—
磷酸盐(PO_4^{2-})/mg·L^{-1}	—	5~7	—	—
钼酸盐(MoO_4^{2-})/mg·L^{-1}	—	—	—	—
给水温度/℃	38.5	33.5		
回水温度/℃	45~65	45~65		
朗格利尔饱和指数	—	0.9	—	—
雷兹纳稳定指数	—	5.9	—	—

注:用户类型包括的主要用户内容如下:

A—闭路循环水系统(纯水水质),150t 直流电弧炉炉体及电极把持器、氧碳枪、电气设备、LF 炉及电气设备、VD 炉、6 流管坯连铸结晶器、电磁搅拌及闭路设备;

B—间接开路循环水系统(工业水补充)管坯连铸、等离子加热、管坯连铸车间空调系统及电炉、LF 炉、电炉烟气除尘、管坯连铸结晶器 4 个闭路系统的水-水热交换器冷侧循环水;

C—开路循环水系统补充工业水;

D—闭路循环水系统(纯水)补充水。

表 9-18 B厂 1×150t 超高功率交流电炉用水量及用水条件

序号	用水户	水量/$m^3 \cdot h^{-1}$	水压/MPa		水温/℃		用水制度	事故用水	系统水质
			进水	出水	进水	出水			
1	EAF 变压器	92	0.45	0.20	31.5	43	连续	共 $325m^3/h$，0.15MPa，柴油机泵	除盐水闭路系统（No.1），电导率 25μS/cm，自 1～10 项
2	机械设备	160	0.45	0.20	31.5	43	连续		
3	废钢预热	5	0.45	0.20	31.5	43	连续		
4	TY 摄像	1	0.45	0.20	31.5	43	连续		
5	VD 炉机械设备	20	0.45	0.20	31.5	43	连续		
6	电补偿器	35	0.45	0.20	31.5	43	连续		
7	LF 炉水冷炉盖	160	0.45	0.20	31.5	43	连续		
8	LF 炉机械设备	74	0.45	0.20	31.5	43	连续		
9	LF 炉变压器	30	0.45	0.20	31.5	43	连续		
10	空调	74	0.45	0.20	31.5	43	连续		
	小　计	651							
11	EAF 炉顶板	370	0.55	0.20	80	92.3	连续	共 $800m^3/h$，0.15MPa，柴油机泵	除盐水闭路系统（No.2），水质同 No.1 系统，冬季热交换器冷媒水供采暖，夏季以连铸闭路系统回水作冷媒水
12	炉墙板、出钢口	400	0.55	0.20	80	92.3	连续		
13	炉顶弯管	100	0.55	0.20	80	92.3	连续		
14	烟道	610	0.55	0.20	80	92.3	连续		
	小　计	1480							
	合　计	2131							

注：1. 引进德马克（Demag）公司设备；
2. 年产量 60 万 t，1992 年建成投产；
3. 未包括 VD 炉真空系统水量在内。

表 9-19 C厂 1×100t 超高功率直流电炉用水量及用水条件

序号	用水户	水量/$m^3 \cdot h^{-1}$	水压/MPa		水温/℃		用水制度	事故用水	系统水质
			进水	出水	进水	出水			
1	炉　罩	420	0.65	0.40	35	50	连续	炉墙 $70m^3$，持续 30min，0.25～0.3MPa	工业水开路系统，水质：$SS \leqslant 10mg/L$，暂硬 5～6dH，自 1～7 项
2	TW2000 炉墙	399	0.65	0.40	35	50	连续		
3	机械设备、炉弯头	117	0.65	0.40	35	50	连续		
4	变压器	102	0.65	0.40	35	50	连续		
5	氧　枪	120	0.65	0.40	35	50	连续		
6	底电极喷水	1	0.65	0.40	35	50	连续		
7	底部电极和整流器闭路系统冷媒水	69	0.65	0.45	35	50	连续		

续表 9-19

序号	用水户	水量/$m^3\cdot h^{-1}$	水压/MPa		水温/℃		用水制度	事故用水	系统水质
			进水	出水	进水	出水			
8	底部电极	53	0.45		50	60	连续	70m^3 持续 6h	除盐水闭路系统，电导率 10μS/cm
9	整流器	16	0.45	0.35	42	52.2	连续		除盐水闭路系统，电导率 10μS/cm
10	水冷烟道	630	0.45	0.40	35	50	连续		工业水开路系统
11	电抗铜部件	50	0.65	0.40	35	50	连续		工业水开路系统
12	风机液力耦合器	40	0.45		35		连续		工业水开路系统
13	烟气除尘粉尘加湿	2	0.45						工业水
	合　计	2019							

注：1. 引进德马克公司设备；

2. 年产量 50 万 t，1998 年建成投产；

3. 未包括 LF 炉水量在内。

表 9-20　D 厂 1×100t 超高功率交流电炉用水量及用水条件

序号	用水户	水量/$m^3\cdot h^{-1}$	水压/MPa		水温/℃		用水制度	事故用水	系统水质
			进水	出水	进水	出水			
1	碳氧枪	100	0.8	0.2	35	38	连续	33m^3/h，15min，0.25MPa	工业水开路系统，暂硬 ≤ 5dH，SS ≤ 20mg/L
2	电极喷淋	2	0.8	0.2	35		连续		工业水开路系统，暂硬 ≤ 5dH，SS ≤ 20mg/L
3	炉壳	550	0.8	0.2	35	47	连续	184m^3/h，8h	工业水开路系统，暂硬 ≤ 5dH，SS ≤ 20mg/L
4	水冷烟道	1600	0.8	0.2	35	50	连续	500m^3/h，15min	工业水开路系统，暂硬 ≤ 5dH，SS ≤ 20mg/L
5	炉盖炉壁	1100	0.8	0.2	35	47	连续	366m^3/h，8h	工业水开路系统，暂硬 ≤ 5dH，SS ≤ 20mg/L
6	指型托架	390	0.8	0.2	35	47	连续	130m^3/h，8h	工业水开路系统，暂硬 ≤ 5dH，SS ≤ 20mg/L
7	水冷活套	50	0.8	0.2	35	50	连续	27m^3/h，15min	工业水开路系统，暂硬 ≤ 5dH，SS ≤ 20mg/L

续表 9-20

序号	用水户	水量/$m^3 \cdot h^{-1}$	水压/MPa		水温/℃		用水制度	事故用水	系统水质
			进水	出水	进水	出水			
8	变压器	120	0.25		35	45	连续		软水开路系统,暂硬≤2dH, $SS \leq 10$mg/L
9	液压站	20	0.6	0.2	35	45	连续	$7m^3/h$,15min	软水开路系统,暂硬≤2dH, $SS \leq 10$mg/L
10	大电流系统	270	0.6	0.2	35	45	连续	$143m^3/h$,15min	软水开路系统,暂硬≤2dH, $SS \leq 10$mg/L
11	风机液力耦合器	120	0.3		35	40	连续		工业水开路系统,暂硬≤5dH, $SS \leq$ 20mg/L
	合 计	4322							

注: 1. 引进福克斯(Fuchs)公司设备,竖炉型;
2. 年产量 68.85 万 t,1999 年建成投产;
3. 未包括 LF 炉、VD 炉等水量在内。

表 9-21 E 厂 1×90t 超高功率交流电炉(竖炉型)用水量及用水条件

序号	用水户	水量/$m^3 \cdot h^{-1}$	水压/MPa		水温/℃		用水制度	事故用水	系统水质
			进水	出水	进水	出水			
1	炉盖、活套	1000	0.6	0.3	35	43	连续	设保安电源及专用水泵	工业水开路系统,暂硬≤5dH, $SS \leq 10 \sim 20$mg/L,粒径≤$\phi 200\mu m$,自 1~15 项
2	炉壳	410	0.6	0.3	35	43	连续		
3	氧枪	100	0.6	0.3	35	43	连续		
4	烟道冷却	700	0.6	0.3	35	43	连续		
5	高压电缆、电极臂	256	0.6	0.3	35	43	连续		
6	液压系统	10	0.6	0.3	35	43	连续		
7	电抗器、变压器	120	0.6	0.3	35	43	连续		
8	LF 炉炉盖	90	0.6	0.3	35	43	连续		
9	LF 炉液压系统	5	0.6	0.3	35	43	连续		
10	LF 炉大电流、电极臂	80	0.6	0.3	35	43	连续		
11	LF 炉变压器	40	0.6		35	43	连续		
12	渣坑喷水	1	0.6		35		间断		
13	电极喷水冷却	2	0.6		35		连续		
14	电炉风机	105	0.35	0.20	33	41	连续		
15	空调	40	0.35	0.20	33	41	夏季		
	合 计	2959							

注: 1. 引进福克斯公司设备,单炉壳竖炉型;
2. 年产量 67 万 t,1996 年建成投产;
3. 未包括 VD 炉水量在内。

表 9-22 F厂 1×90t 超高功率交流电炉用水量及用水条件

序号	用水户	水量/$m^3 \cdot h^{-1}$	水压/MPa		水温/℃		用水制度	事故用水	系统水质
			进水	出水	进水	出水			
1	炉盖	420	0.53	0.25	32	47	连续	共 812m^3/h,0.2MPa,设柴油机泵和水塔	工业水开路系统,暂硬≤6dH,$SS\leqslant 10$mg/L,自 1~13 项
2	炉壁	470	0.53	0.25	32	47	连续		
3	电炉变压器	50	0.53		32	47	连续		
4	液压系统	20	0.53	0.25	32	47	连续		
5	大电流电缆	35	0.53	0.25	32	47	连续		
6	电极把持装置	115	0.53	0.25	32	47	连续		
7	LF 炉变压器、软电缆	60	0.53		32	47	连续		
8	LF 炉液压站	20	0.53	0.25	32	47	连续		
9	立式烘包器	6	0.53	0.25	32	47	连续		
10	密闭罩大梁冷却	30	0.53	0.25	32	47	连续		
11	预留废钢预热装置	60	0.53	0.25	32	47	连续		
12	电炉烟气除尘风机液力耦合器	30	0.45	0.25	32	47	连续		
13	电炉烟气除尘冷却	800	0.45	0.25	32	47	连续		
	合 计	2116							

注:1. 引进奥钢联设备;

2. 年产量 37 万 t,1992 年建成投产。

表 9-23 G厂 1×90tConstel 式交流电炉用水量及用水条件

序号	用水户	水量/$m^3 \cdot h^{-1}$	水压/MPa		水温/℃		用水制度	事故用水	系统水质
			进水	出水	进水	出水			
1	炉壳(炉壁)、渣门、水平 TBT 壁	420	0.55	0.25	35	50	连续	180m^3/h	工业水开路系统
2	炉盖	260	0.55	0.25	35	50	连续	150m^3/h	工业水开路系统
3	机械设备	120	0.55	0.25	35	50	连续	70m^3/h	工业水开路系统
4	变压器	120	0.55	0.07	35	50	连续	250m^3/h	工业水开路系统
5	氧碳枪	110	0.55	0.07	35	50	连续		工业水开路系统
6	挠性电缆、二次连接	60	0.55	0.07	35	50	连续		工业水开路系统
7	Constel 水冷部件	1100	0.55	0.30	35	50	连续		工业水开路系统
8	烟气除尘热交换器	250	0.55	0.25	35	50	连续	130m^3/h	工业水开路系统
9	烟气冷却	23	0.55	0.25	35	50	连续		工业水开路系统

续表 9-23

序号	用水户	水量/ $m^3·h^{-1}$	水压/MPa		水温/℃		用水制度	事故用水	系统水质
			进水	出水	进水	出水			
10	1×90t LF 炉	240						事故水合计 780m^3/h,事故水持续 3h	
	合　计	2703							

注:1. 年产量 60 万 t;

2. 引进意大利 TECHINT 公司设备。

表 9-24　H 厂 1×70t 超高功率交流电炉用水量及用水条件

序号	用水户	水量/ $m^3·h^{-1}$	水压/MPa		水温/℃		用水制度	事故用水	系统水质
			进水	出水	进水	出水			
1	水冷炉壁、炉盖、弯管	620	0.4	0.2	35	45	连续	设安全水塔	工业水开路系统,总硬≤7dH,自 1~9 项
2	电炉整体设备	222	0.4	0.2	35	45	连续		
3	电炉变压器	120	0.4		35	45	连续		
4	喷嘴补炉机辅助设备	63	0.4	0.2	35	45	连续		
5	烟道冷却	800	0.4	0.2	35	45	连续		
6	风机液力耦合器	63	0.4	0.2	35	45	连续		
7	LF 炉炉盖	105	0.4	0.2	35	45	连续		
8	LF 炉变压器	25	0.4		35	45	连续		
9	空调及其他	120	0.4	0.2	35	45	夏季		
	合　计	2138			35				

注:1. 引进达涅利(Danlli)公司设备;

2. 年产量 31.6 万 t,1996 年建成投产。

表 9-25　I 厂 1×50t 超高功率交流电炉用水量及用水条件

序号	用水户	水量/ $m^3·h^{-1}$	水压/MPa		水温/℃		用水制度	事故用水	系统水质
			进水	出水	进水	出水			
1	电炉炉壁	160	0.4	0.2	33	45	连续	设 400m^3安全水塔	工业水开路系统,全硬≤15dH,自 1~10 项
2	炉壳	160	0.4	0.2	33	45	连续		
3	炉盖	240	0.4	0.2	33	45	连续		
4	机械设备	206	0.4	0.2	33	45	连续		
5	电炉变压器及电缆	74	0.4		33	45	连续		
6	电炉水冷烟道	336	0.4	0.2	33	45	连续		
7	电炉水冷弯管	80	0.4	0.2	33	45	连续		
8	LF/VD 炉冷却	210	0.4	0.2	33	45	连续		
9	LF 炉变压器	24	0.4		33	45	连续		
10	空调及其他	58	0.4	0.2	33	45			
	合　计	1548							

注:1. 引进克虏伯(Krupp)公司设备;

2. 年产量 22 万 t,1992 年建成投产。

表 9-26 I厂二期 1×50t 超高功率交流电炉(竖炉型)用水量及用水条件

序号	用水户	水量/$m^3 \cdot h^{-1}$	水压/MPa		水温/℃		用水制度	事故用水	系统水质
			进水	出水	进水	出水			
1	炉壳、炉盖	450	0.5 ~ 0.7	排入平台水槽	35	53	连续	共 555m³/h, 0.3MPa, 持续 30min	工业水开路系统, SS ≤ 20mg/L, 暂硬 ≤9dH
2	排出烟气 U 形管及烟气分析	25	0.5 ~ 0.7	排入平台水槽	35	53	连续		工业水开路系统, SS ≤ 20mg/L, 暂硬 ≤9dH
3	指型系统	275	0.5 ~ 0.7	排入平台水槽	35	53	连续		工业水开路系统, SS ≤ 20mg/L, 暂硬 ≤9dH
4	炉　身	790	0.5 ~ 0.7	供烟气管道	35	53	连续		工业水开路系统, SS ≤ 20mg/L, 暂硬 ≤9dH
5	氧　枪	100	0.5 ~ 0.7	排入平台水槽	35	53	连续		工业水开路系统, SS ≤ 20mg/L, 暂硬 ≤9dH
6	烟气管道水冷	640	接炉身出水	排入平台水槽	35	53	连续		工业水开路系统, SS ≤ 20mg/L, 暂硬 ≤9dH
7	高电流系统	160	0.5 ~ 0.7	排入平台水槽	35	53	连续		工业水及软水混合水开路系统,暂硬≤ 3.2dH
8	变压器、电抗器	75	0.08 ~ 0.12		35	53	连续		工业水及软水混合水开路系统,暂硬≤ 3.2dH
	合　计	2515							

注:1. 引进福克斯公司设备;

2. 年产量 30 万 t。

表 9-27 J厂 2×30t 高功率电炉用水量及用水条件

序号	用水户	水量/$m^3 \cdot h^{-1}$	水压/MPa		水温/℃		用水制度	事故用水	系统水质
			进水	出水	进水	出水			
1	电炉冷却	460	0.5		35	50	连续	设安全水塔	工业水开路系统,总硬≤6dH
2	电炉烟气除尘冷却	700	0.5		35	50	连续		工业水开路系统,总硬≤6dH
3	1×40t LF 炉冷却	200	0.5		35	50	连续		工业水开路系统,总硬≤6dH
4	电缆、液压站	240	0.5		35	50	连续		工业水开路系统,总硬≤6dH
	合　计	1600							

注:1. 国内设备;

2. 年产量 24 万 t,1994 年建成投产。

9.2.2 系统和流程

电炉车间的给排水系统,应根据车间外水源条件、炉型、炉容以及用水设备对水量、水压、水质、水温的不同要求和各厂的具体条件,经技术经济比较后确定。

电炉炉体和设备间接冷却,应根据设备用水要求和当地的水源供水条件选择闭路循环水系统或开路循环水系统。

9.2.2.1 间接冷却开路循环水系统

该循环水系统一般要求循环水的暂时硬度为5~12dH左右，适用于用水设备对水质要求不是太严，水源供水较充足且水质较好的情况。一般补充工业水或工业水与软水的混合水。

间接冷却用后水未受污染，仅温度有所升高，经冷却塔冷却降温后循环使用。由于塔中水与空气热交换，带入空气中尘埃，因此需将部分循环水进行旁滤，以维持循环水中悬浮物含量不致增加。为了防止系统中设备和管道结垢、腐蚀和菌藻生长，需投加阻垢、缓蚀和杀菌灭藻药剂。

间接冷却开路循环水系统的典型流程见图9-20。

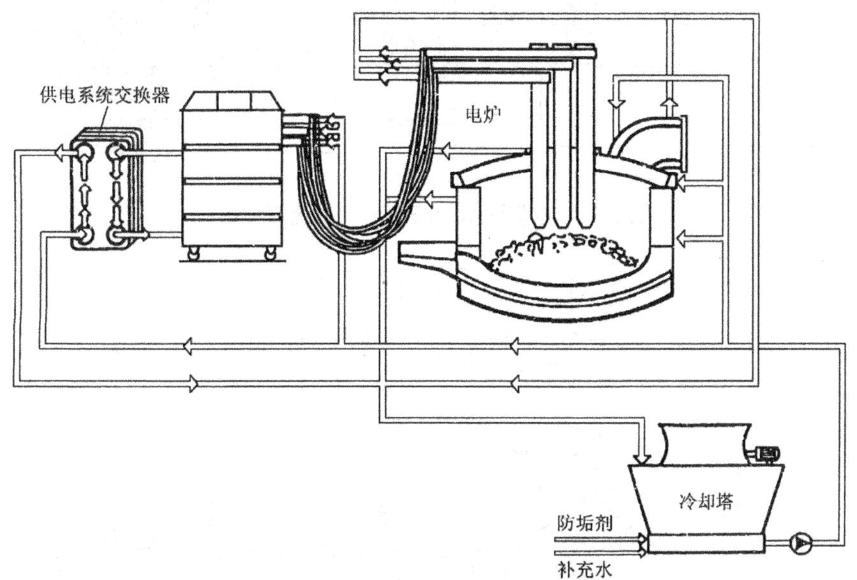

图9-20 电炉间接冷却开路循环水系统流程图

9.2.2.2 软水(或除盐水)闭路循环水系统

根据工艺设备用水要求，闭路循环水系统可以是软水或除盐水，冷却设备可以用水-水板式换热器或空气冷却器。采用水-水板式换热器需另外设置冷媒水(二次冷却水)开路循环水系统。空气冷却器根据当地气象条件可以选用干式空冷器或湿式空冷器，湿式空冷器在气温较高时喷水，在气温较低时仍以干式运行。闭路循环水系统与开路循环水系统优缺点比较参见9.1.3.1节。

典型的软水(或除盐水)闭路循环水系统的流程见图9-21。

根据炼钢生产和电炉设备需要，有的情况下底电极、整流器、电容器、电磁搅拌等需在工艺设备附近设置独立的软水(或除盐水)闭路循环水系统，一般与工艺设备配套供货。软水(或除盐水)的补给由全厂或炼钢水处理设施制备供给。水-水板式换热器的冷媒水(二次冷却水)由炼钢间接冷却开路循环水系统供给。典型的电磁搅拌装置软水闭路循环水系统流程见图9-22。

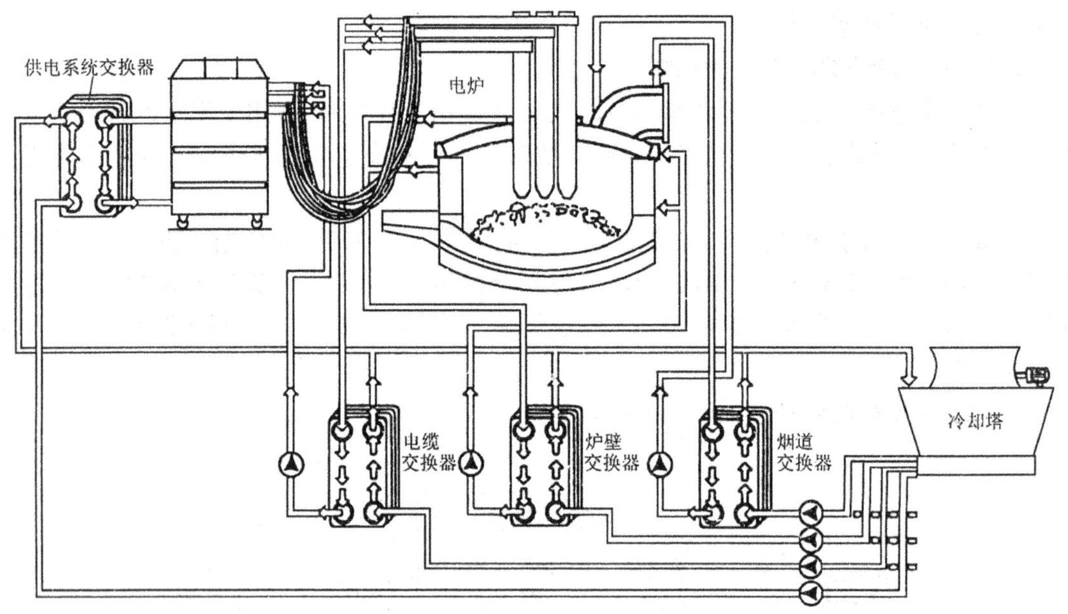

图 9-21　电炉软水闭路循环水系统流程图

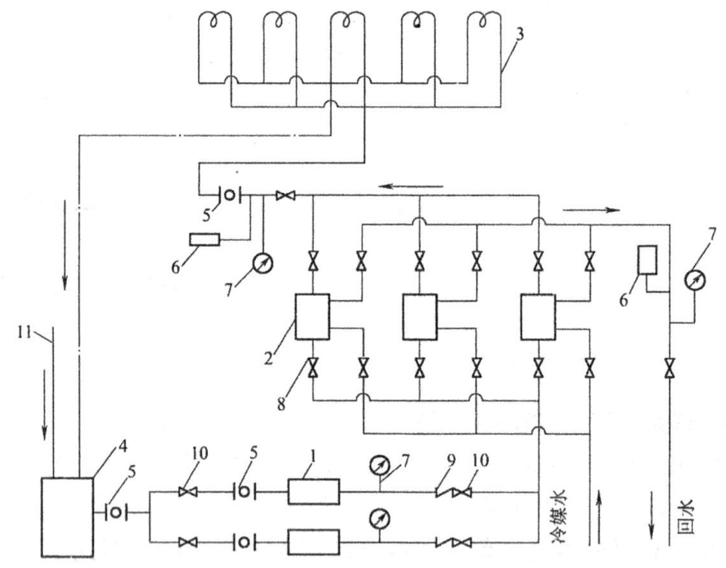

图 9-22　电磁搅拌装置软水闭路循环水系统流程图

1—软水泵；2—冷却器；3—电磁搅拌装置；4—软水箱；5—脏物过滤器；6—压力式指示温度计；
7—压力表；8—阀门；9—逆止阀；10—电动阀；11—补充水（软水）

9.2.3　安全供水

电炉炉壁、炉盖、底电极等均要求连续供水，一旦中断供水，冷却设备将会烧坏，造成损失。电炉安全供水的水量、水压以及持续时间，需根据工艺设备要求确定。

为保证上述设备的连续供水，给水泵站须设两路独立电源并自动转换，供水泵应设备用泵并自动转换。除此之外，应根据电炉对安全供水的要求以及工厂电源条件等确定安全供水措施。

一般设置安全水塔，当要求安全供水持续时间较长时，可采用柴油机水泵，在有地形条件时，采用高位水池供水。当采用柴油机水泵作为安全供水时，柴油机水泵应在停电时自动迅速起动并达到额定出力，另外须设置容积为 8～10min 安全供水量的安全水塔，以确保转换动力时安全供水。

9.2.4 构筑物和设备

循环水及水处理设施应尽量靠近主厂房。在采用"电炉-炉外精炼-连铸"三位一体或"电炉-炉外精炼-连铸-轧钢"四位一体的短生产流程时，其循环水及水处理设施一般集中设置。

循环水泵站、冷却塔、过滤器、加药装置、软水处理等一般采用集中组合布置，以减少占地、减少管道工程量、便于集中操作管理。在用地紧张的情况下，可以采用平面与竖向立体布置相结合。

开路循环水系统的构筑物和设备参见第 17 章和第 8 章。软水（或除盐水）闭路循环水设施的构筑物和设备如下。

9.2.4.1 水-水板式换热器

板式换热器与其他形式的换热器相比，具有传热效率高、结构紧凑、投资少、占地面积小、操作灵活、安装拆卸方便等优点。特别是在炎热地区，工艺设备又要求冷却水温度较低的情况下，一般采用板式换热器。

换热器总交换热量

$$H = Q_1 C(t_1 - t_2) \tag{9-22}$$

式中 H——总交换热量，kJ/h；

Q_1——循环水量（热侧水量），kg/h；

C——水的质量热容，取 4.2kJ/(kg·℃)；

t_1——循环水回水温度（热侧进水温度），℃；

t_2——循环水冷却后水温（热侧出水温度），℃。

换热器冷媒水（二次冷却水）水量：

$$Q_2 = Q_1 \frac{t_1 - t_2}{t'_2 - t'_1} \tag{9-23}$$

一般设定 $Q_2 \geqslant Q_1$

式中 Q_2——冷媒水（二次冷却水）水量，kg/h；

t_1'——进换热器冷媒水（二次冷却水）水温，℃；

t_2'——出换热器冷媒水（二次冷却水）水温，℃；

Q_1、t_1、t_2——同前。

冷媒水（二次冷却水）出换热器水温：

$$t'_2 = t'_1 + \frac{H}{Q_2 C} \tag{9-24}$$

式中 H、t'_1、t'_2、Q_2、C——同前。

换热器对数平均温度差：

$$\Delta t_{\mathrm{m}} = \frac{(t_1 - t'_2) - (t_2 - t'_1)}{\ln \dfrac{t_1 - t'_2}{t_2 - t'_1}} \tag{9-25}$$

式中　Δt_m——换热器对数平均温差，℃；

t_1、t_2、t'_1、t'_2——同前。

当 $t_1 - t'_2 = t_2 - t'_1$ 时，可按下式计算：

$$\Delta t_m = \frac{(t_1 - t'_2) + (t_2 - t'_1)}{2} \tag{9-26}$$

换热器换热面积：

$$F = \frac{H}{K\Delta t_m} \tag{9-27}$$

式中　F——换热器换热面积，m^2；

K——换热器传热系数，$kJ/(m^2 \cdot h \cdot ℃)$；

H、Δt_m——同前。

换热器板片数

$$N = \frac{F}{a} \tag{9-28}$$

式中　N——换热器板片数；

a——换热器单片面积，m^2；

F——同前。

换热器传热系数，根据板型、板材、板间流速、流道数等由设备制造厂确定。

流道数：

$$n = \frac{Q_1}{3600 v_1 f} \tag{9-29}$$

或

$$n = \frac{Q_2}{3600 v_2 f} \tag{9-30}$$

式中　n——流道数；

v_1——循环水(热侧)在板间流速，m/s；

v_2——冷媒水(冷侧)在板间流速，m/s；

f——板间流道截面积，m^2；

Q_1、Q_2——同前。

当工况条件为流量大、温度差小时，换热器面积不仅要满足带走热量，而且要考虑较大流量能通过，因此应根据热侧流速，求出流道数，然后求板片数，再算出换热面积。

由于各制造厂的板式换热器其传热系数和水力条件不同，因此一般在设计时需向换热器厂提供热侧水量、水温、水质、水压以及冷媒水(二次冷却水)水温、水质、水压等条件，由供货厂商具体选型，提供各种设计参数和资料。

9.2.4.2　湿式空冷器(蒸发式空冷器)

由于湿式空冷器在夏季喷水冷却，利用低湿空气流作为冷却介质，因此传热效率较高，一般传热面积比干式空冷器少50%左右，同时可以将被冷却的循环水冷却至低于当地空气干球温度，逼近温度(冷却后水温高于当地湿球温度的度数)可达约4℃，另外设备投资和风机耗电均比干式空冷器少。其缺点是增加一套自循环喷水系统，夏天喷水将有蒸发和飞溅，损失一部分水量。

湿式空冷器一般均需向设备供货厂商提供被冷却的循环水水量、水温、水质、水压和要求冷却后水温，以及当地在设计保证率下的干球和湿球气温等参数，由设备厂商选型后提供设计资料。

9.2.4.3 系统容积计算

软水(或除盐水)闭路循环冷却水系统的系统容积可按下式计算：

$$V = V_1 + V_2 + V_3 + V_4 \tag{9-31}$$

式中 V——系统容积，m^3；

V_1——工艺生产设备内的水容积，m^3；

V_2——循环水系统内泵、换热器等设备内的水容积，m^3；

V_3——系统中供水及回水管道的水容积，m^3；

V_4——膨胀罐内水容积，m^3。

9.2.4.4 膨胀罐及自动补水调压装置

膨胀罐及自动补水调压装置如图 9-23 所示。

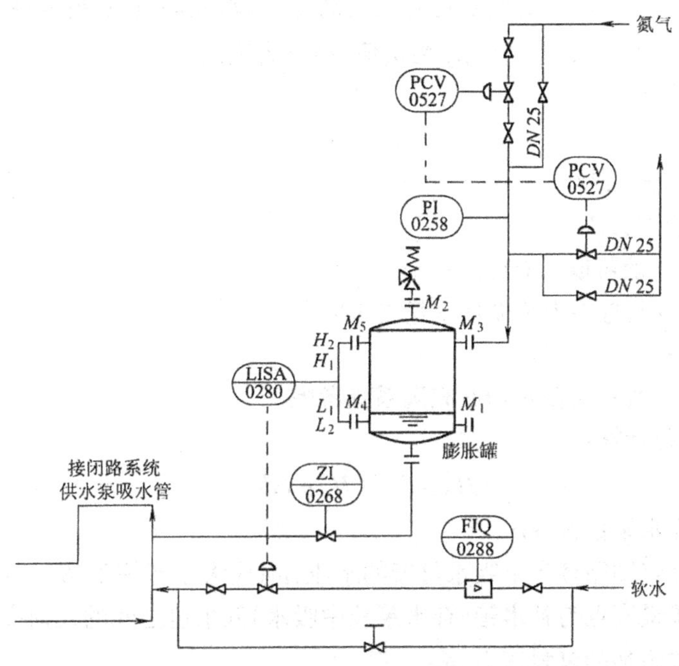

图 9-23 膨胀罐及自动补水调压装置

膨胀罐容积计算：

$$V_4 = 1.15\Delta V \tag{9-32}$$

式中 ΔV——系统中水体积总膨胀量，m^3；

$$\Delta V = V(\alpha_1 - \alpha_2) \tag{9-33}$$

V——系统容积，m^3；

α_1——在最高工作温度下水的比容，见表 9-28；

α_2——4℃时水的比容，见表 9-28。

膨胀罐内充氮容积一般为罐容积之 10% ~ 15%。

表 9-28 水在不同温度下的密度

温度/℃	$\alpha/m^3\cdot t^{-1}$	温度/℃	$\alpha/m^3\cdot t^{-1}$
0	1.00021	50	1.0121
4	1.0	60	1.0171
10	1.0004	70	1.0228
20	1.0018	80	1.0290
30	1.0044	90	1.0359
40	1.0079	100	1.0435

膨胀罐工作压力计算:

$$p = p_1 + p_2 \tag{9-34}$$

式中 p——膨胀罐工作压力,MPa;

p_1——系统工作压力,MPa;

p_2——最高用水户至膨胀罐之间的几何高差,用水柱高度 m 折算成 MPa,当膨胀罐布置在用水户之上,则 p_2 为负值,相反为正值。

系统补充水量计算:

$$q = \alpha V \tag{9-35}$$

式中 q——补充水量,m^3/h;

V——系统容积,m^3;

α——系数,一般可取 0.001。

一般补充水处理装置能力按循环水量之 1%。

补充水泵能力:

补充水泵的出水量一般按 4~6h 充满系统考虑。

补充水泵的扬程计算:

$$H_m = 1.1(H' + \Delta h) \tag{9-36}$$

式中 H_m——补充水泵扬程,m;

H'——补充点即循环水泵吸水母管的水压,m;应大于或等于 $H_0 + H_N$;

H_0——系统最高点与补水箱(补水泵从中吸水)低水位之间的几何高差,m;

H_N——系统附加的氮封压力,m;

Δh——补水管道的水头损失,m。

9.2.4.5 循环水泵扬程的确定

循环水泵扬程应根据系统环路水头损失加裕量确定。

$$H_p = 1.5\Delta p \tag{9-37}$$

式中 H_p——循环水泵扬程,m;

Δp——系统环路水头损失, m;

$$\Delta p = \Delta h_p + \Delta h_e + \Delta h_s + \Delta h_c \tag{9-38}$$

Δh_p——循环水泵与用水设备之间给水与回水管路的全部水头损失,m;包括水泵吸水管、出水管、流量计等各种局部损失;

Δh_e——设备的水头损失,m,由工艺专业提供;

Δh_s——管路上安装的管道过滤器的水头损失;

Δh_c——换热器的水头损失,m;由换热器供货厂商提供。

为了防止软水(或除盐水)漏损,循环水泵应采用机械密封泵。

9.2.4.6 管道敷设

在电炉、炉外精炼、连铸合建循环水设施时,各种用水户不同水质、水压的供水管以及压力回水管、自流回水管、排水管等,一般将有10多根。在场地狭窄、管道密集的情况下往往需设置地下管廊及管沟。

地下管廊和管沟的尺寸决定见图9-24,及表9-29。

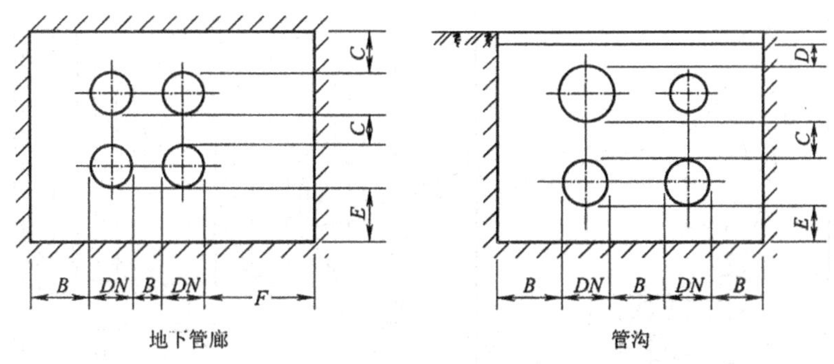

图9-24 地下管廊和管沟尺寸决定

地下管廊顶部距地面的深度,应根据与管廊交叉的电缆隧道、电缆沟及其他管道协调确定,同时要考虑地面荷载和经济合理性。

地下管廊要考虑安装检修用活动孔盖以及人孔和通风口。管廊内要考虑操作检修用通道。管廊内要设置排除积水及放空管道用集水坑及排水泵,地下管廊要设置照明。

表9-29 地下管廊和管沟尺寸决定

公称直径(DN)/mm	各部分尺寸/mm				
	B	C	D	E	F
≤50	150	300	100	150	DN+500
80~150	150	300	100	150	DN+500
200~350	300	300	100	300	DN+500
400~700	500	500	100	300	DN+500
≥800	500	500	100	500	①

注:表中F栏中DN为管廊中最大管径。

①不小于800~1000mm,同时应不小于管廊中最大管径。

9.3 炉外精炼装置

炉外精炼装置一般附设在转炉或电炉炼钢车间内,用于脱除钢水中的气体和夹杂物,以提高钢的质量。炉外精炼与炼钢、连铸组合成完整的炼钢工艺作业线。

炉外精炼装置常用的有:RH(循环法)、DH(提升法)、VD(真空处理)、VOD(真空吹氧处理)、VAD(真空吹氩处理)、LF(钢包炉)、SL(钢包喷粉)等,也可能采用几种精炼装置,或组合成多功能精炼装置。精炼装置的规格能力与炼钢炉的容量相一致。

9.3.1 用水户及用水条件

炉外精炼装置用水分两部分,一是精炼炉设备间接冷却水,二是真空系统直接冷却水。设备间接冷却水一般有:炉盖、料孔、连接法兰、变压器和电气设备、真空管道、窥视孔、电加热电极接头、吸嘴和循环管道、热电偶等用户。真空系统直接冷却水主要是蒸气喷射系统冷凝器冷却水。真空系统给水排水见图 9-25。

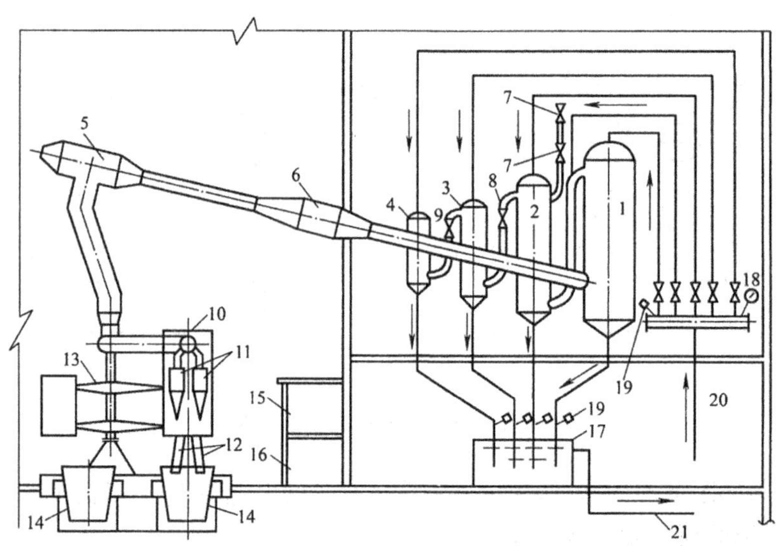

图 9-25 真空处理装置给水排水流程图

1—1 号冷凝器;2—2 号冷凝器;3—3 号冷凝器;4—4 号冷凝器;5——一级蒸汽喷射泵;6—二级蒸汽喷射泵;7—启动用蒸汽喷射泵;8—三级蒸汽喷射泵;9—四级蒸汽喷射泵;10—真空罐;11—除尘器;12—上升、下降管;13—旋转机构;14—钢包;15—操作室;16—氩气供应间;17—水封池;18—压力表;19—温度计;20—给水;21—外排或循环使用

典型的炉外精炼装置用水量及用水条件见表 9-30。

当真空系统冷凝器高架布置(一般设于标高 11.00m 左右),要求地面处供水压为 0.25 ~ 0.35MPa。

真空系统冷凝器冷却水水温要求比较严格,水温太高会影响真空系统真空度,一般要求 ≤32℃,排水温升一般为 10℃左右。

真空系统冷凝器冷却水水质,要求 $SS \leqslant 100$mg/L,暂硬 8 ~ 20dH。

9.3.2 真空系统污水特性

炉外精炼真空脱气是由大型多级蒸汽喷射泵抽气来达到要求的真空度,蒸汽喷射泵抽出的气体中夹带钢水中的金属和非金属粉尘,先经旋风除尘器粗除尘后进入冷凝器,冷凝器冷却水排水水质与钢水成分及投加料有关,同时在整个脱气过程中,吹氧期的排水中含尘量和水温急剧上升,呈周期性变化。

表 9-30 炉外精炼装置用水量及用水条件

序号	精炼装置型式	炼钢炉	精炼设备间接冷却水				真空系统直接冷却水				备注
			水量/$m^3 \cdot h^{-1}$	水压/MPa	水温/℃	水质	水量/$m^3 \cdot h^{-1}$	水压/MPa	水温/℃	水质	
1	2	3	4	5	6	7	8	9	10	11	12
1	RH(A厂)	3×300t 氧气转炉	300	0.35	≤35	软水开路系统，全硬 300mg/L，SS = 10mg/L	2320	0.3	≤33	RH 直接冷却水系统，SS ≤ 100mg/L，排水平均 250～300mg/L	引进日本设备，1986 年投产
2	RH-KTB(A厂)	2×250t 氧气转炉	160	0.60	≤36	纯水闭路系统	1300	0.35	≤33	RH 直接冷却水系统，SS≤30mg/L，排水 110～160mg/L	引进日本设备，部分水处理设备为引进美国艾姆科公司设备，1998 年投产
3	RH(B厂)	2×250t 氧气转炉	220，事故用水 50	0.60	≤40	软水闭路系统	2000	0.54	≤35	RH 直接冷却水系统	引进西班牙 TR 集团设备，1997 年投产
4	RH－TB AHF 化学升温装置(C厂)	3×120t 氧气转炉	130 30	0.60 0.60	37 37	软水闭路系统 软水闭路系统	冷凝器 950	0.60	≤30	RH 直接冷却水系统	引进奥钢联设备，1998 年投产
5	VD(B厂)	2×100t 氧气转炉	70	0.60	≤35	工业水开路系统	1000	0.35	≤35	VD 直接冷却水系统，SS≤10mg/L	国内设备，1999 年投产
6	VD(A厂)	1×150t 超高功率电炉				与电炉合一纯水闭路系统	864	0.40	≤35	VD 直接冷却水系统，SS≤20mg/L	引进设备，1997 年投产
7	VD(D厂)	1×150t 超高功率电炉	20	0.45	≤31.5	除盐水闭路系统，暂硬≤3dH	冷凝器 800，真空泵 60	0.50	≤32	VD 直接冷却水系统，SS 平均 ≤ 50mg/L，最大 70mg/L，排水 SS 平均 250mm/L，最大 300mg/L，真空泵给水，SS ≤ 10mg/L 最大 20mg/L	引进德马克设备，1992 年投产

续表 9-30

序号	精炼装置型式	炼钢炉	精炼设备间接冷却水				真空系统直接冷却水				备注
			水量 /$m^3 \cdot h^{-1}$	水压/MPa	水温/℃	水质	水量 /$m^3 \cdot h^{-1}$	水压/MPa	水温/℃	水质	
1	2	3	4	5	6	7	8	9	10	11	12
8	VOD(E厂)	50t 电炉	氧枪 20 设备 80	0.80 0.30	≤30	工业水开路系统	470~750	0.30	≤32	VOD 直接冷却水系统，SS≤200mg/L	国内设备，1985 年投产
9	VOD(F厂)	30t 转炉	设备 34 吹氧管 36	0.4 1.5		工业水开路系统	550(600)	0.60	≤33	VOD 直接冷却水系统	
10	LF(A厂)	1×150t 超高功率电炉	228	0.64	≤38.5	纯水闭路系统					引进设备，1997 年投产
11	LF(D厂)	1×150t 超高功率电炉	变压器 30，设备 74，炉盖 150	0.45	≤31.5	除盐水闭路系统					引进德马克设备，1992 年投产
12	LF(B厂)	2×250t 氧气转炉	445，事故用水 230	0.50	≤40	软水闭路系统					引进西班牙设备，1997 年投产
13	LF(G厂)	1×100t 超高功率电炉	设备 210，变压器 23	0.60 0.60	≤35 ≤35	工业水开路系统，SS≤10mg/L，暂硬 5~6dH					引进德马克设备，1998 年投产
			铝电极臂 66	0.60	≤35	软水					
			电抗器 28	0.60	≤35	工业水，SS≤10mg/L					

某厂 VD 炉外精炼真空系统给水 $SS \leqslant 50$mg/L(最大 70mg/L),水温≤32℃,排水 $SS \leqslant 250$mg/L(最大 300mg/L),水温≤42℃。

某厂 RH 炉外精炼真空系统给水 $SS \leqslant 100$mg/L,水温≤33℃,排水 SS 平均≤250~300mg/L,水温≤43℃,pH 值 8~9,呈偏碱性,污泥含铁约 17.8%,一次精炼周期 30~45min,图 9-26 为典型的一次精炼周期冷却水排水水温、含尘量及 pH 值变化曲线。

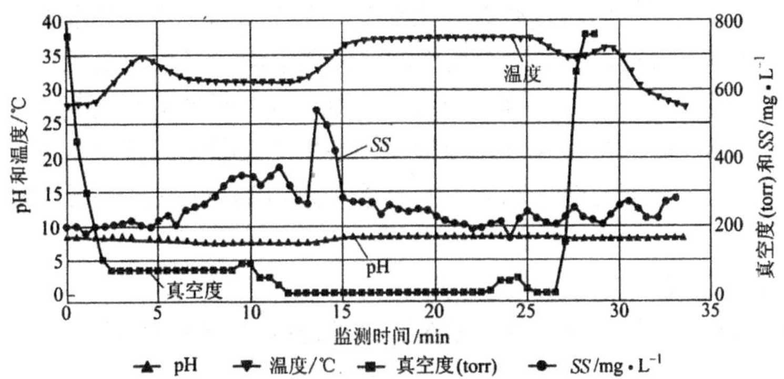

图 9-26 某厂 RH 炉外精炼真空系统一次精炼周期排水水质变化

9.3.3 系统和流程

炉外精炼设备间接冷却水可以与转炉或电炉的间接冷却水合用循环水系统或单独设置循环水系统;可以采用开路循环水系统或闭路循环水系统。

真空系统直接冷却水一般采用开路循环水系统,采用混凝沉淀或过滤(或部分过滤)处理。

图 9-27为VD炉外精炼装置真空系统直接冷却水采用混凝沉淀处理的系统图。蒸气

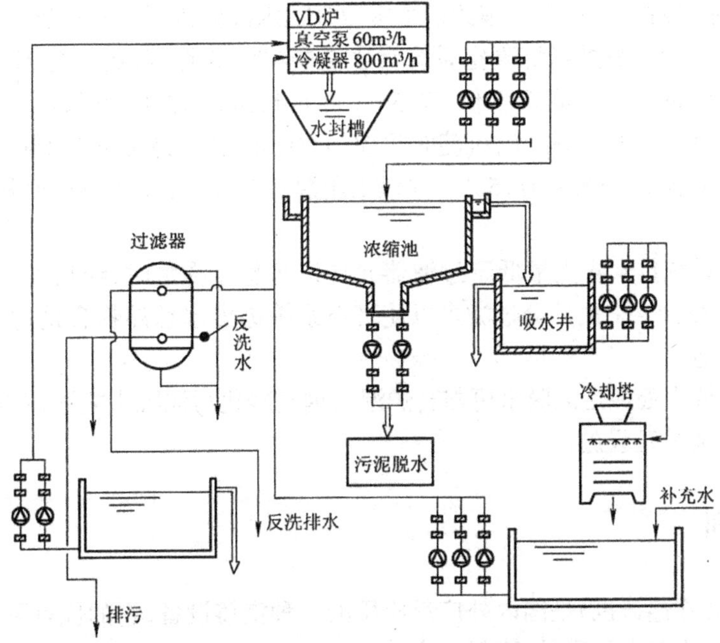

图 9-27 VD 精炼炉真空系统水处理系统图之一

喷射真空系统冷凝器排水借重力排入水封槽,用提升泵送至沉淀池,加药凝聚沉淀后用泵送冷却塔冷却,冷却后用泵供车间真空系统冷凝器循环使用。水环式真空泵冷却水经过滤器过滤后供给。沉淀池前投加聚合电解质和硫酸铝以及分散剂。沉淀池泥浆送泥浆脱水设施。

图 9-28 为 VD 炉外精炼装置真空系统直接冷却水采用过滤处理的系统图。蒸汽喷射真空系统冷凝器排水借重力排入水封槽,用提升泵送过滤器,过滤后出水借余压送冷却塔,冷却后用泵供冷凝器循环使用。过滤器反洗水经浓缩池浓缩后送泥浆脱水设施。

某厂 RH 炉外精炼装置真空系统直接冷却水采用平流沉淀池混凝沉淀处理。冷凝器排水借重力排入水封槽,用提升泵送至调节池,调节池出水加凝聚剂和助凝剂,经混合、反应槽后入平流沉淀池,沉淀池出水送冷却塔,冷却后用泵供冷凝器循环使用。系统排污供炉渣处理系统作补充。平流沉淀池污泥用刮泥机刮至池子进口端,再用泥浆泵送污泥浓缩池后至污泥脱水设施。

9.3.4 构筑物和设备

炉外精炼的水处理设施主要是真空系统水处理,其设计要点如下。

(1) 真空系统冷凝器一般高架布置(平台 $\overset{+}{\nabla}$ 11.00m 左右),可借重力排水。若冷凝器为低位布置,则须设排水泵,排水泵吸程须克服真空系统的真空度。

(2) 由于炉外精炼为间断生产,因此真空系统直接冷却水一般采用独立的循环水系统。

(3) 吹氧炉外精炼真空系统由于废气中含大量 CO,故冷凝器排水水封槽应加盖密封,并将排气管引至室外高处。某厂水封槽排水泵出水经洗涤塔喷入空气去除 CO 后再送水处理设施。

(4) 真空系统冷凝器水封槽排水泵设在车间内真空装置处,水泵工作台数宜与循环供水泵相匹配,同时要考虑工艺对用水量的变化要求,排水泵在炉外精炼装置主控制室集中监视控制,车间外水处理及循环水设施的供水量、水压、水温应传至炉外精炼主控室。

(5) 根据某厂 RH 炉外精炼真空系统污水混凝沉淀试验,自然沉淀 1h,悬浮物含量由 160mg/L 降至 100mg/L,沉淀效率仅 37.5%,再延长沉淀时间,效果不显著;投加 $FeCl_3$ 30mg/L,助凝剂(PAM)1~2mg/L,沉淀时间 50~60min,悬浮物含量由 160mg/L 降至 30~50mg/L,沉淀效率为 68.7%~81.5%。建议采用混凝沉淀,沉淀池单位面积负荷 $2m^3/(m^2·h)$左右。

(6) 在真空系统排水含尘量低于过滤器允许进水悬浮物量时,经技术经济比较也可采用过滤处理。若经计算采用部分过滤可以使真空系统进出水悬浮物含量达到平衡时,也可采用部分过滤处理。

(7) 真空系统水处理污泥脱水可与转炉湿法烟气净化污泥脱水或连铸直接冷却水污泥脱水合用一套污泥处理设施。

9.4 连铸车间

连续铸钢机(称连铸机)是国内外广泛应用的一种浇铸设备,它的优点可节约能源消耗,提高金属收得率,改善产品质量,降低生产成本,大大简化模铸钢锭和初轧等生产工序。

将冶炼合格的钢水直接倒入特殊成形的模具,钢水很快铸成各种断面的钢坯。

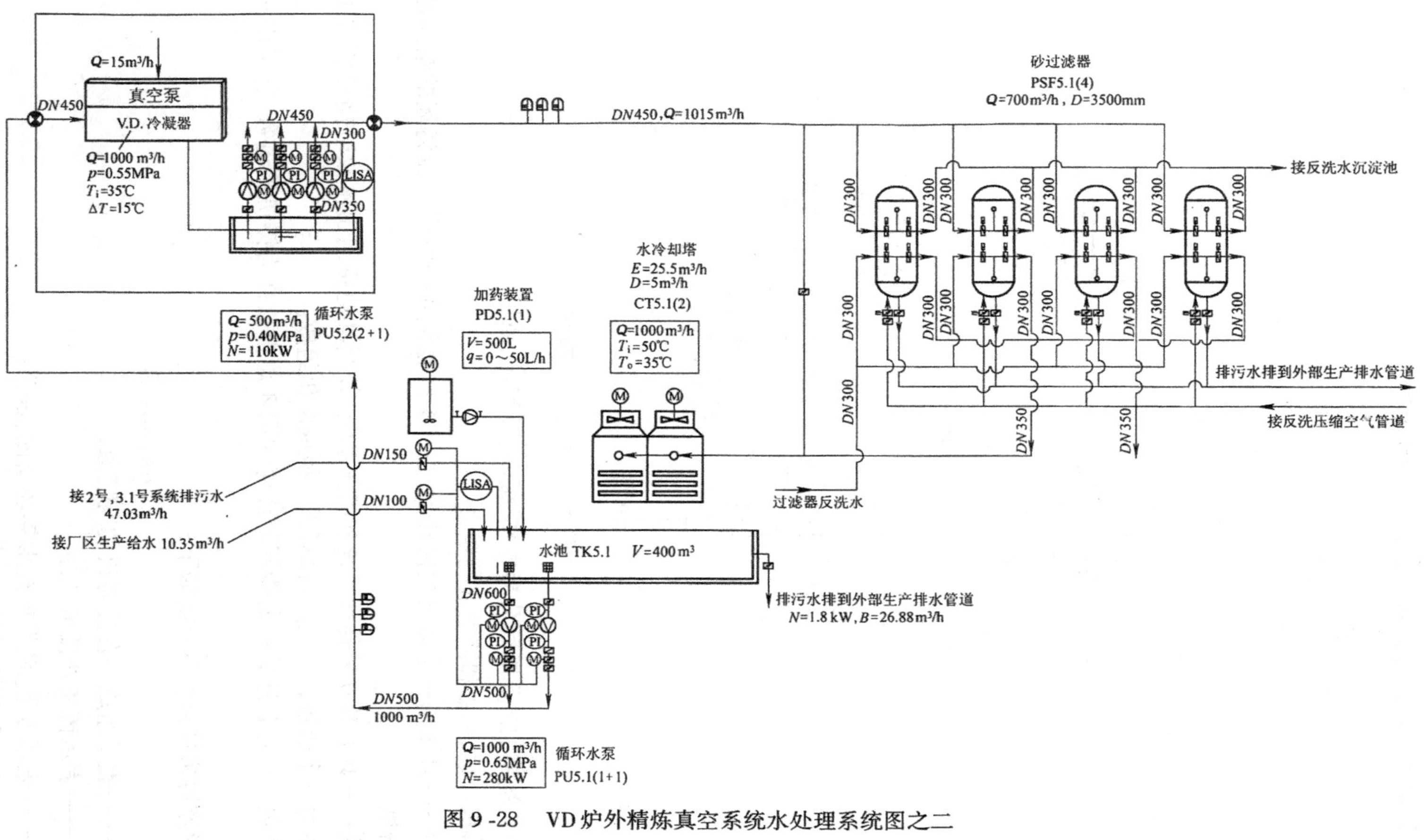

图9-28 VD炉外精炼真空系统水处理系统图之二

连铸机的结构形式,用于工业生产的主要有立式、立弯式、弧形、水平式等,其中以弧形连铸机应用最为广泛。连铸机工艺流程见图 9-29。

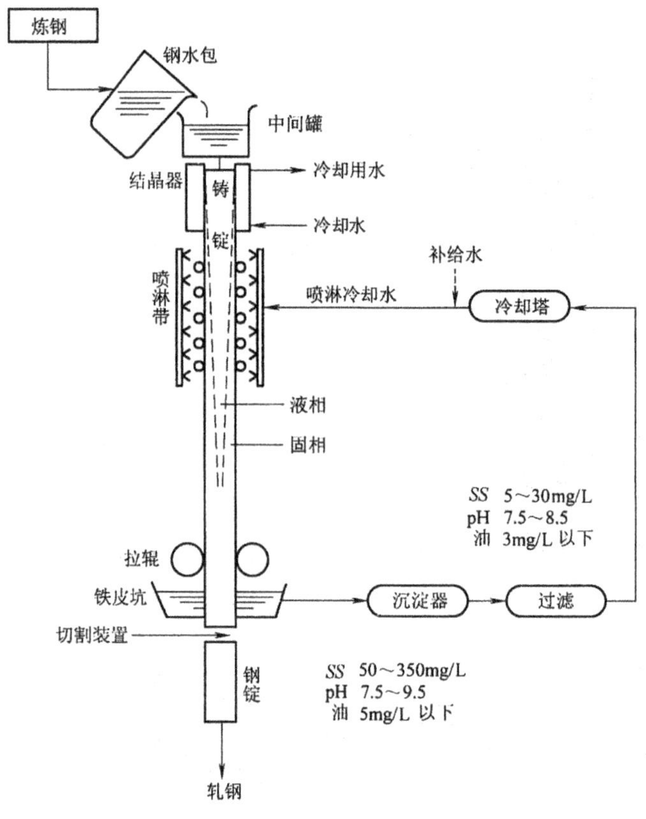

图 9-29 连铸工艺流程图

连铸机浇铸的产品断面分为方坯、板坯、圆管坯、薄板坯等。

连铸机台数、机数和流道数的定义:

台数——凡采用一个盛钢桶回转台,注入中间罐浇入一流或多流铸坯的结晶器装置称一台连铸机

机数——具有独立的传动系统和工作系统,并当其他机组出事故时仍可照常工作的一组设备称为一个机组,一台连铸机可由一机或多机组成。

流道数——每台连铸机所能同时浇铸的钢坯总根数称为铸机流道数,它可由一机或多机承担。

弧形连铸机规格表示方法如下:

$$aR_r\text{-bxc-}D$$

式中 a——表示组成一台连铸机的"机"数;

R_r——表示铸坯外弧半径,m;

bxc——表示方形、圆形或矩形铸坯断面,mm^2;

D——表示每机流道数。

新建连铸车间应采用热装热送,有条件时实现直接轧制工艺。

对钢种质量有特殊要求的方坯、圆坯连铸机,一般在合适部位设置电磁搅拌装置。

小方坯、小圆坯连铸机的二次冷却，一般采用喷水冷却，大方坯、大圆坯和板坯连铸机一般采用气水雾化冷却。

9.4.1 用水户及用水条件

连铸机的供水是保证连铸正常生产的重要环节。连铸循环水及水处理设施是连铸工程的重要组成部分。

9.4.1.1 用水户

连铸机用水户主要有：

(1) 结晶器冷却：钢制结晶器外面为冷却水套，形成封闭式冷却，冷却水在结晶器水套内以较大的流速通过，把高温钢水的大量热量带走，使其凝固形成坯壳。结晶器对冷却水的要求十分严格，一般用软水(或除盐水)。由于浇注时温度极高，为保证结晶器的安全生产，需设置事故停电时的安全供水设施。有的连铸根据浇铸钢水品种需要，往往设置电磁搅拌装置，与结晶器合体或单独设置，用水要求水质较严，一般用软水(或除盐水)。

(2) 设备间接冷却：主要包括连铸扇形段上、下辊子内通水冷却、液压系统油冷却等。

(3) 二次喷淋冷却和设备直接冷却：从连铸机结晶器拉出的坯心尚未凝固的高温铸坯，在扇形段要用水进行强制喷淋冷却(或气水喷雾冷却)，同时对夹辊、框架等设备进行直接冷却。铸坯二次冷却水量与钢种、铸坯断面规格及铸坯拉速等有密切关系，为了确保生产的铸坯质量，在冷却过程中，要按最佳冷却特性，对二次冷却区的冷却水量进行控制。同时对供水水质和悬浮物最大粒径有较严格的限制。由于冷却水与铸坯直接接触，排水中含有氧化铁皮和少量油脂，含油量与设备漏油以及维修管理水平有关。二次冷却水的蒸发损失为5%～10%。二次冷却水要设置事故停电时的安全供水设施。

(4) 火焰切割机及铸坯钢渣粒化用水：火焰切割机在高温下工作，切割机下部装有水冷板用水冷却。切割下来的铸坯钢渣用压力水喷射进行粒化后流入铁皮沟。

(5) 其他用水户：大型连铸机有的还设有快速水冷装置及火焰清理机，用水直接冷却，排水中含氧化铁皮和粒化钢渣。

9.4.1.2 用水条件

连铸对水量、水压、水质、水温的要求需根据工艺专业以及设备制造厂提供的资料确定。

典型的连铸车间用水量及用水条件见表9-31～表9-42。

连铸用水水质参考指标见表9-43。

连铸用水和排水设计参数见表9-44。

表9-31 A厂1450mm板坯连铸用水量及用水条件

序号	用水户	水量/$m^3 \cdot h^{-1}$	水压/MPa		水温/℃		用水制度	事故用水	水质系统
			进水	出水	进水	出水			
1	结晶器	1632	1.0	0.4	40	49	连续	设事故水塔、柴油机泵	纯水闭路系统
2	等离子加热装置	6	1.0	0.4	40	49	连续		纯水闭路系统
3	预留电磁搅拌装置	81.6	1.0	0.4	40	49	连续		纯水闭路系统
4	设备间接冷却	2537	0.2～0.4	0.15～0.2	33	40	连续		工业水开路系统
5	机械维修试验台	13.6	0.2～0.4	0.15～0.2	33	40	连续		工业水开路系统

续表 9-31

序号	用水户	水量/$m^3 \cdot h^{-1}$	水压/MPa		水温/℃		用水制度	事故用水	水质系统
			进水	出水	进水	出水			
6	等离子加热装置	238	0.2~0.4	0.15~0.2	33	40	连续	设事故水塔、柴油机泵	工业水开路系统
7	空调、冷风机	672	0.2~0.4	0.15~0.2	33	40	连续		工业水开路系统
8	空压机	1000	0.2~0.4	0.15~0.2	33	40	连续		工业水开路系统
9	煤气精制加压站	41	0.2~0.4	0.15~0.2	33	40	连续		工业水开路系统
10	车间洒水及其他	20	0.2~0.4		33		间断		工业水开路系统
11	试验室	1.8	0.1		33		间断		生活水系统
12	二次喷淋	1950	1.1		35	60	连续		直接冷却水系统
13	设备直接冷却	2868.8	0.275		60		连续		直接冷却水系统
14	板式换热器冷媒水	1637	0.2~0.4		33		连续		工业水开路系统
	合计	12698.8							

注:1.2 台 2 机 2 流板坯连铸机,板宽 1450mm,年产量 288 万 t。引进日本日立造船制造公司设备;

2. 水处理引进美国艾姆科(EIMCO)公司部分设备;

3. 1998 年建成投产;

4. 本表未包括火焰清理机水量 1708m^3/h。

表 9-32 B 厂 1600mm 板坯连铸用水量及用水条件

序号	用水户	水量/$m^3 \cdot h^{-1}$	水压/MPa		水温/℃		用水制度	事故用水	水质系统
			进水	出水	进水	出水			
1	结晶器	1800	0.50	0.10	40	54	连续	事故水量 90m^3	软水闭路系统
2	设备间接冷却	2112	0.50	0.10	40	54	连续	事故水量 230m^3	软水闭路系统
3	二次冷却及渣粒化	1972	1.225		35	47	连续	事故水量 192m^3	直接冷却水系统
4	设备直接冷却及冲铁皮	2220	0.38						直接冷却水系统
5	板式换热器冷媒水	4694	0.40	0.10	35	46	连续		工业水开路系统
	合计	12798							

注:1.2 台 2 流板坯连铸机,年产量 300 万 t,引进西班牙 TR 集团设备;

2. 1997 年建成投产。

表 9-33 C 厂 1600mm 板坯连铸用水量及用水条件

序号	用水户	水量/$m^3 \cdot h^{-1}$	水压/MPa		水温/℃		用水制度	事故用水	水质系统
			进水	出水	进水	出水			
1	结晶器	1200 (2400)	0.85	0.20	40	48	连续	400(800)m^3/h,20min	软水闭路系统

续表 9-33

序号	用水户	水量/$m^3 \cdot h^{-1}$	水压/MPa		水温/℃		用水制度	事故用水	水质系统
			进水	出水	进水	出水			
2	设备间接冷却	1100 (2200)	0.75	0.20	40	55	连续	225(450)m^3/h,20min	软水闭路系统
3	二次冷却	1100 (1100)	1.0		35	55	连续	330(660)m^3/h,20min	直接冷却水系统
4	冲铁皮	1100 (2200)	0.2		55		连续		直接冷却水系统
5	板式换热器冷媒水	2300 (4600)	0.35	0.20	32	43	连续		工业水开路系统
6	空调	400 (400)	0.32	0.15	32	42	夏季		工业水开路系统
	合　计	7200 (12900)							

注:1. 一期 1 台 2 流连铸机,板宽 1600mm,年产量 175 万 t;二期再建 1 台,年产量至 350 万 t。引进奥钢联设备;
2.()外为一期水量,()内为二期水量;
3.1998 年建成投产。

表 9-34　D 厂 1630mm 板坯连铸用水量及用水条件

序号	用水户	水量/$m^3 \cdot h^{-1}$	水压/MPa		水温/℃		用水制度	事故用水	水质系统
			进水	出水	进水	出水			
1	结晶器	888	1.0	0.35	38	48	连续	正常水量之 30%,8min	软水闭路系统
2	电磁搅拌	72	1.0	0.35			连续		软水闭路系统
3	二次冷却及设备直接冷却	1200	1.2		35	55	连续	正常水量之 30%,15min	直接冷却水系统
4	板式换热器冷媒水	960	0.35	0.20	32	42	连续		工业水开路系统
	合　计	3120							

注:1.2 台 1 流板坯连铸机,年产量 2×50 万 t,引进奥钢联设备;
2.1988 年建成投产。

表 9-35　E 厂 1200mm 超低头板坯连铸用水量及用水条件

序号	用水户	水量/$m^3 \cdot h^{-1}$	水压/MPa		水温/℃		用水制度	事故用水	水质系统
			进水	出水	进水	出水			
1	结晶器	336 (384)	0.65		45	55	连续	事故用水为正常用水量之 20%,20min	软水闭路系统
2	设备间接冷却	108	0.55		40	52	连续	事故用水为正常用水量之 20%,20min	软水闭路系统

续表 9-35

序号	用水户	水量/$m^3·h^{-1}$	水压/MPa		水温/℃		用水制度	事故用水	水质系统
			进水	出水	进水	出水			
3	二次冷却	114	0.75		40	70	连续	事故用水为正常用水量之 20%，20min	直接冷却水系统
4	一、二次切割机冷却及粒化钢渣	84	0.75		40	70	连续		直接冷却水系统
5	板式换热器冷媒水	约 222	0.35		33	45	连续		工业水开路系统
	合　计	864(912)							

注：1.1 台 1 流超低头板坯连铸机，年产量 25 万 t，引进德马克公司技术和设备；
2. 结晶器()内为改为 2 流方坯时水量；
3.1987 年建成投产。

表 9-36　F 厂 1900mm 板坯连铸用水量及用水条件

序号	用水户	水量/$m^3·h^{-1}$	水压/MPa		水温/℃		用水制度	事故用水	水质系统
			进水	出水	进水	出水			
1	结晶器	530	0.76		33	40	连续	正常用水量之 30%，40min	软水开路系统(暂硬 4.2dH)
2	设备间接冷却	495	0.64		33	40	连续	正常用水量之 30%，40min	软水开路系统(暂硬 4.2dH)
3	二次喷淋冷却	520	1.35		35		连续	正常用水量之 30%，40min	直接冷却水系统
4	设备直接冷却	220	0.30		35		连续		直接冷却水系统
5	切割机下冲渣	420	0.30		53		连续		直接冷却水系统
6	冲铁皮	120	0.30		53		连续		直接冷却水系统
	合　计	2305							

注：1.1 台 1900mm 双流板坯连铸机，国内制造，年产量 60 万 t；
2.1992 年建成投产。

表 9-37　G 厂 1680mm 立弯式薄板坯连铸用水量及用水条件

序号	用水户	水量/$m^3·h^{-1}$	水压/MPa		水温/℃		用水制度	事故用水	水质系统
			进水	出水	进水	出水			
1	结晶器	1000(2000)	1.45	0.80	40	52	连续	300(600)m^3/h，15min	软水闭路系统

续表 9-37

序号	用水户	水量/ $m^3 \cdot h^{-1}$	水压/MPa		水温/℃		用水制度	事故用水	水质系统
			进水	出水	进水	出水			
2	设备间接冷却	350 (700)	0.75	0.25	33	48	连续	150(300) m^3/h, 15min	工业水开路系统
3	二次冷却	505 (1010)	1.45		35	45	连续	120(240) m^3/h, 15min	直接冷却水系统
	合　计	1855 (3710)							

注：1. 一期 1 台薄板坯连铸机，年产量 124 万 t；二期增加 1 台，年产量 243 万 t。引进西马克公司设备；

2. ()外为一期水量，()内为二期水量；

3. 一期 1999 年建成投产。

表 9-38　A 厂 1×6 流圆坯连铸用水量及用水条件

序号	用水户	水量/ $m^3 \cdot h^{-1}$	水压/MPa		水温/℃		用水制度	事故用水	水质系统
			进水	出水	进水	出水			
1	结晶器及电磁搅拌	792	0.79	0.39	38.5		连续	事故水 $110m^3$	纯水闭路系统
2	间接冷却设备	558	0.79	0.39	38.5		连续		纯水闭路系统
3	等离子加热装置	70	0.4	0.25	33.5		连续		工业水开路系统
4	二冷段水汽雾化及设备直接冷却	260	0.7		35		连续		直接冷却水系统
5	板式换热器冷媒水	1350	0.35	0.25	33.5		连续		工业水开路系统
6	连铸车间空调	217	0.35	0.25	33.5		夏季		工业水开路系统
7	车间地面洒水	15		0.3			间断		工业新水
	合　计	3262							

注：1. 1 台 6 流圆坯连铸机，管坯 ϕ153、ϕ178，年产量 96 万 t。引进达涅利公司设备；

2. 1998 年建成投产。

表 9-39　H 厂 1×4 流圆坯连铸用水量及用水条件

序号	用水户	水量/ $m^3 \cdot h^{-1}$	水压/MPa		水温/℃		用水制度	事故用水	水质系统
			进水	出水	进水	出水			
1	结晶器	4 × 120 = 480	0.65		45	57	连续	$80m^3$ 高位水箱	纯水闭路系统
2	设备间接冷却	363	0.65		45	57	连续		
3	二次喷淋冷却及设备直接冷却	260	1.0		40	65	连续	$20m^3$ 高位水箱	直接冷却开路系统
4	冲铁皮	140	0.3						
	合　计	1243							

注：1. 1 台 4 流圆坯连铸机，年产量 56.3 万 t，连铸工艺设备及水处理设施引进德马克公司设备；

2. 1992 年建成投产。

表 9-40　I 厂 1×5 流方连铸用水量及用水条件

序号	用水户	水量/ $m^3 \cdot h^{-1}$	水压/MPa		水温/℃		用水制度	事故用水	水质系统
			进水	出水	进水	出水			
1	结晶器(带电磁搅拌)	840	0.75	0.35	35	45	连续	结晶器和二冷水事故用水 460m³/h，持续 20min	工业水与软水混合水开路系统(暂硬 4dH)
2	设备间接冷却	505	0.75	0.35	35	45	连续		工业水与软水混合水开路系统(暂硬 4dH)
3	设备直接冷却	50	0.70		35	50	连续		直接冷却水系统
4	二次冷却水(包括冲铁皮)	70	0.70		35	50	连续		直接冷却水系统
	合　计	1465							

注：1.1 台 5 流方坯连铸机，年产量约 50 万 t，引进达涅利公司设备；

2.1998 年建成投产。

表 9-41　J 厂 1×4 流合金钢方坯连铸用水量及用水条件

序号	用水户	水量/ $m^3 \cdot h^{-1}$	水压/MPa		水温/℃		用水制度	事故用水	水质系统
			进水	出水	进水	出水			
1	结晶器	752	0.70	0.25	35	42	连续	91m³	软水闭路系统
2	二期电磁搅拌	112	0.70	0.25	35	42	连续		软水闭路系统
3	等离子中间罐加热	60	0.34～0.69		32	51.2	连续		除盐水闭路系统
4	设备间接冷却	689	0.70	0.25	35	42	连续	54m³	工业水开路系统
5	板式换热器冷媒水、空调	1090	0.35	0.20	32	40	连续		工业水开路系统
6	二次冷却水	80	0.85		35	50	连续		直接冷却水系统
7	水箱喷淋	320	0.85		35	50	连续		直接冷却水系统
	合　计	3103							

注：1.1 台 4 流合金钢方坯连铸机，年产量 40 万 t，引进达涅利公司设备；

2.1998 年建成投产。

表 9-42　K 厂 1×4 流小方坯连铸用水量及用水条件

序号	用水户	水量/ $m^3 \cdot h^{-1}$	水压/MPa		水温/℃		用水制度	事故用水	水质系统
			进水	出水	进水	出水			
1	结晶器	336	0.4～0.5		50	60	连续	72m³/h，25min	软水闭路系统
2	设备间接冷却	96	0.4		50	60	连续		工业水开路系统
3	二次冷却	72	0.5～0.6		40	60	连续		直接冷却水系统
4	板式换热器冷媒水	336			33	43	连续		工业水开路系统
	合　计	840							

注：1.1 台 4 流小方坯连铸机，国内制造，年产量 17 万 t；

2.1982 年建成投产。

表 9-43 连铸机用水水质参考指标

水质指标	用水户名称								
	结晶器冷却水			设备间接冷却水			二次喷淋及设备直接冷却水		
	大型	中型	小型	大型	中型	小型	大型	中型	小型
碳酸盐硬度(以 $CaCO_3$ 计)/mg·L^{-1}	35~105		35~150	35~210			≤280		
pH	7~9			7~9			7~9		
悬浮物/mg·L^{-1}	≤20			≤20			≤30		
悬浮物中最大粒径/mm	0.2			0.2			0.2		
总含盐量/mg·L^{-1}	≤500			≤500			≤1000		
硫酸盐(以 SO_4^{2-} 计)/mg·L^{-1}	≤150			≤200			≤600		
氯化物(以 Cl^- 计)/mg·L^{-1}	≤100			≤150			≤400		
硅酸盐(以 SiO_2 计)/mg·L^{-1}	≤40			≤40			≤150		
总铁/mg·L^{-1}	0.5~3			0.5~3					
油/mg·L^{-1}	≤2			≤2			≤15		

注:碳酸盐硬度即暂时硬度。1 德国度(1dH)=17.85mg/L(以 $CaCO_3$ 计)。

表 9-44 连铸机用水及排水的设计参数

名称		用水户名称								
		结晶器冷却水			设备间接冷却水			二次喷淋冷却水		
		大型	中型	小型	大型	中型	小型	大型	中型	小型
供水压力/MPa		0.5~0.9			0.4~0.75			0.75~1.2	0.5~0.8	
用水户水压阻损/MPa		工程设计时,由连铸工艺确定								
供水温度/℃		≤45			≤45			≤40		
温升/℃		≤10			<15			15~20		
安全供水	供水量/%	按正常设计供水量 25~30			按正常设计供水量 25~30			按正常设计供水量 25~30		
	供水时间/min	30~40		20	30~40		20	20~40		20
	供水压力/MPa	0.3~0.5	0.2~0.3		0.3~0.4	0.2~0.3		0.3~0.4	0.2~0.3	
排水含油量/mg·L^{-1}								工程设计时,由连铸工艺确定		
排水氧化铁皮含量/%								按连铸坯产量之 0.2~0.5		

注:1. 供水压力:结晶器冷却水指结晶器入口处;设备间接冷却水、二次喷淋冷却水指配水站入口处;

2. 安全供水时间:指浇注过程中,电源发生故障,为确保设备安全所需的供水时间;

3. 薄板坯连铸机、水平连铸机用水及排水的设计参数,在工程设计中,由连铸工艺确定。

9.4.2 系统和流程

根据连铸工艺设备对水量、水压、水温、水质的要求,以及排水技术条件和用水制度,经技术经济比较确定技术上安全可靠、先进、经济合理的供水系统和水处理流程。同时要根据外部供水条件,如水源可供水量、水质等确定循环水系统的浓缩倍数、排污水量以及对原水水质的处理方案。如旧厂改造项目,要考虑尽可能利用原有水处理设施,以及适应现有场地布置条件。

连铸循环水系统一般包括三个系统:(1)结晶器软水(或除盐水)闭路循环水系统;(2)设备间接冷却工业水开路循环水系统;(3)二次喷淋冷却及设备直接冷却循环水系统。

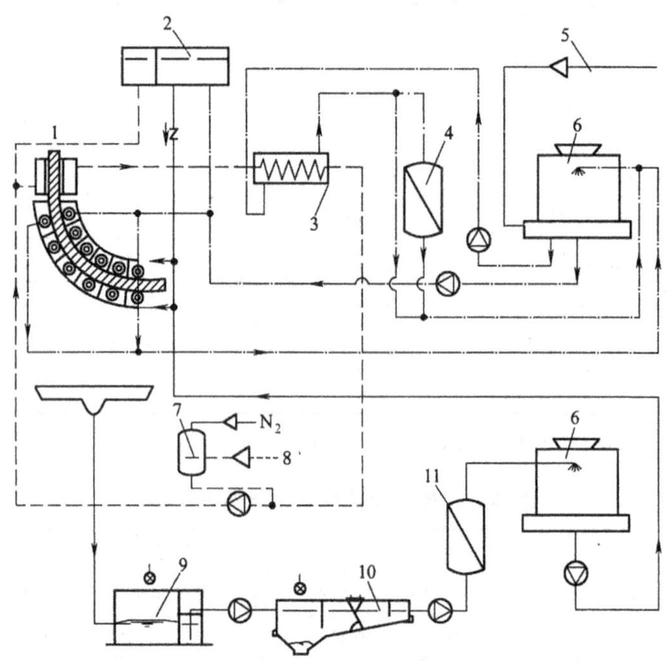

图 9-30　连铸循环水系统流程图

1—板坯连铸机;2—事故水箱;3—热交换器;4—旁过滤器;5—经处理的补充水;6—冷却塔;7—调压补水罐;8—补充软水;9—铁皮坑;10—二次沉淀除油池;11—过滤器

9.4.2.1　结晶器软水(或除盐水)闭路循环水系统

由于结晶器用水要求水质较严,供水温度≤45℃,因此一般采用软水(或除盐水)闭路循环系统。采用水-水板式换热器或空气冷却器、湿式空气冷却器。空气冷却器方案设备投资较大,但省去一套冷媒水(二次冷却水)系统,操作管理简单,无蒸发风吹损失,节约新水用量,一般适用于缺水和气温较低地区。水-水板式换热器方案,设备投资较少,但需增加一套冷媒水(二次冷却水)开路循环系统,补充新水量较大。湿式空冷器夏季喷水加强冷却,冬季按干式空冷器运行,弥补了空冷器不适于气温较高地区的缺点。

结晶器用水不推荐采用软水开路循环系统。因为软水去除了 Ca^{2+}、Mg^{2+} 离子,水在开路系统中与空气接触,空气中氧溶于水中,对金属腐蚀较强,水质稳定处理比较困难。另一方面软水在冷却塔中蒸发风吹损失也是不经济的。

软水(或除盐水)闭路循环水系统均须设投加水质稳定防腐药剂。

结晶器软水(或除盐水)循环系统一般有以下几种方式:

A　氮封闭路循环水系统

氮封闭路循环水系统如图 9-31 所示。

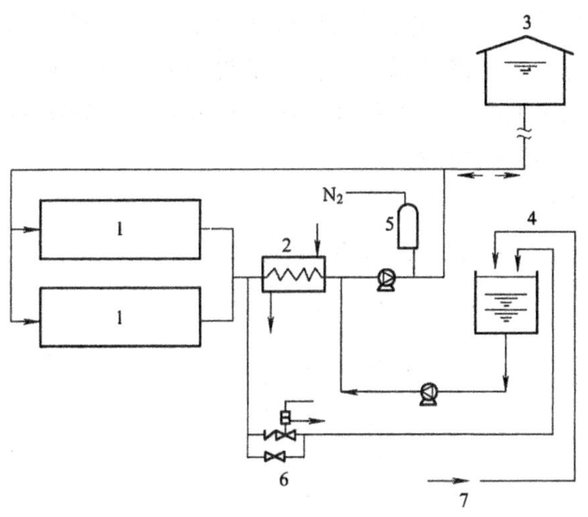

图 9-31 氮封闭路循环系统

1—连铸机结晶器；2—热交换器；3—事故水塔；4—事故回水/补水箱；5—调压补水罐；6—事故泄水装置；7—补充软水

整个系统不与大气相通，系统中设有氮封膨胀罐、自动补水装置以及事故自动泄水阀。这种方式具有可充分利用回水余压、防止金属腐蚀以及循环水无蒸发风吹损失、节能节水等优点。

B 设有高位回水——事故水箱方式

设有高位回水——事故水箱方式也是氮封闭路循环水系统的另一种方式，如图 9-32 所示。

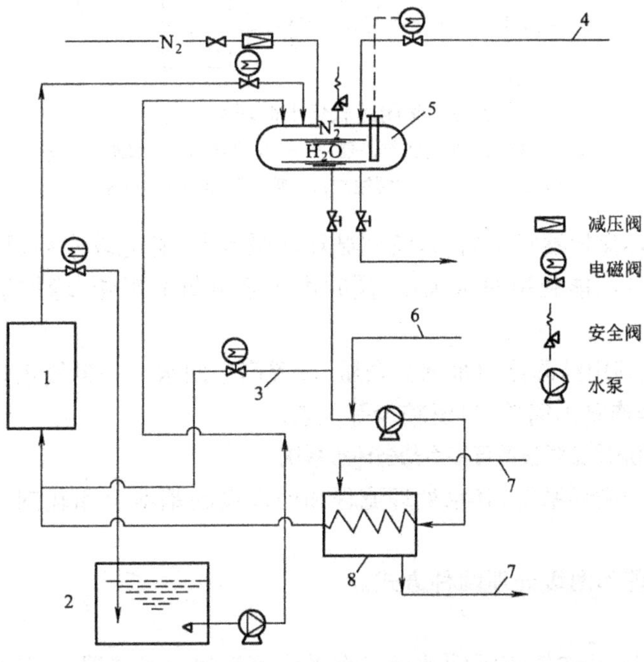

图 9-32 设有高位回水-事故水箱的氮封闭路循环水系统

1—连铸机结晶器；2—事故回水箱；3—事故给水管；4—补充软水；5—密闭高位事故水箱；6—投加缓蚀剂；7—冷媒水；8—热交换器

高位回水——事故水箱上部充氮，当水箱内压力低于设定值时，进氮管自动进氮，当水箱内压力达设定值时，自动关闭进氮阀。水箱顶部设有自动排气阀。水箱还设有水位指示控制装置，自动控制补水管上的阀门进行补水或停止补水。当发生停电事故时，事故给水管上的阀门自动开启，向结晶器供事故水。

C 半闭路循环水系统方式

半闭路循环水系统方式如图 9-33、图 9-34 所示。

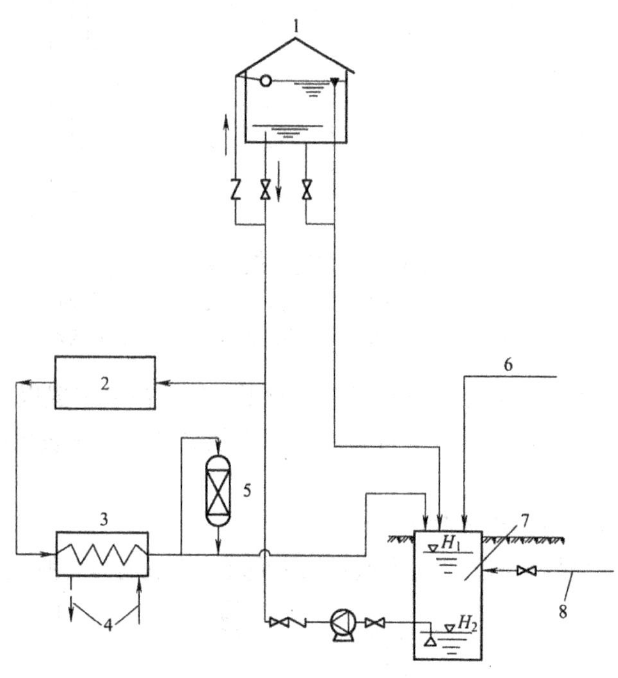

图 9-33 半闭路软化水循环系统之一

1—事故水塔；2—连铸机结晶器；3—热交换器；4—冷媒水；5—旁流过滤器；6—投加缓蚀剂；7—吸水井；8—补充软水

结晶器回水经热交换器降温后，自流到循环水吸水井，补充软水后，再由供水泵循环使用(图 9-33)。该方式不能利用回水余压，同时由于溶解氧的影响，增加了对金属腐蚀的问题。

图 9-34 方式是利用结晶器回水部分余压，设置高位回水——事故水箱。该方式具有利用部分回水余压、操作管理简单、投资较少等优点。

9.4.2.2 二次喷淋冷却和设备直接冷却循环水系统

连铸的直接冷却循环系统，其水处理流程和处理设施基本上和轧钢的直接冷却水循环系统相同。

一般有三级处理和两级处理两种方式。

A 三级处理

三级处理流程为：一次铁皮沉淀池→二次平流沉淀池→过滤器→经冷却塔冷却后回用，如图 9-30 中所示。

二次喷淋冷却、切割机、火焰清理设备以及设备直接冷却的排水排入铁皮沟，排水中含氧化铁皮、油脂和杂物，经一次铁皮沉淀池去除较粗颗粒氧化铁皮后，再经二次平流沉淀池

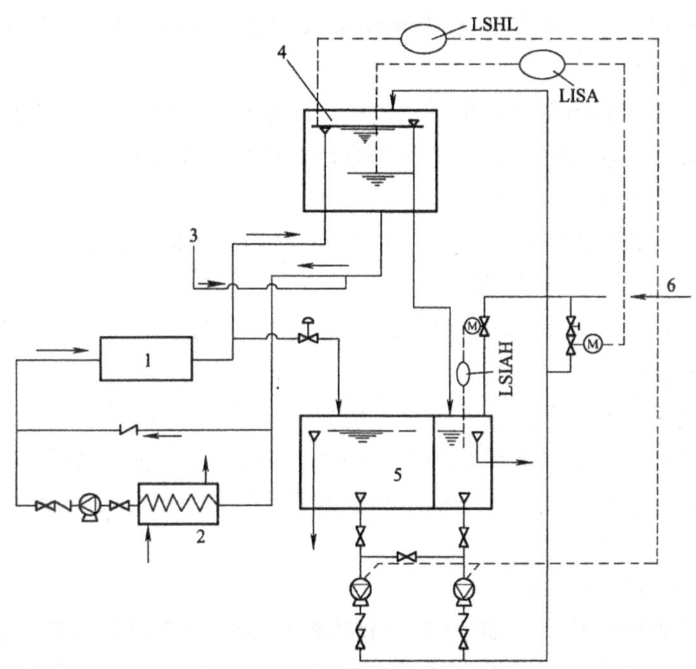

图 9-34 半闭路软化水循环系统之二
1—连铸机结晶器；2—热交换器；3—投加缓蚀剂；4—回水/事故水箱；
5—回水补水池；6—补充软水

和过滤器去除较细颗粒氧化铁皮和油，达到用水水质要求，经冷却塔冷却后回用。根据水质条件还须投加水质稳定分散防垢药剂。

二次喷淋冷却与高温铸坯接触，有一部分水被蒸发，约为冷却水量之 5% 左右，如采用水-气雾化冷却，则蒸发损失约为 10% 左右。

一次铁皮沉淀池可以采用矩形沉淀池或圆形重力式旋流沉淀池。由于铁皮沟自流至一次铁皮沉淀池，离地面较深，为了缩短铁皮沟长度和减少铁皮沉淀池深度，一次铁皮沉淀池应尽量靠近连铸车间或设置在主车间内。

一次铁皮沉淀池出水用加压泵将其大部分送二次平流沉淀池，一部分水则直接送车间冲铁皮沟。二次平流沉淀池一般设有刮油、刮渣机和撇油机，出水用加压泵送过滤器。过滤器一般采用高速过滤器，无烟煤和石英砂双层滤料。过滤器出水借余压送冷却塔。冷却塔一般采用点滴式冷却填料，以防止油和悬浮物堵塞填料。

B 两级处理

两级处理流程为：一次铁皮沉淀池→过滤器→经冷却塔冷却后回用。

两级处理的一次铁皮沉淀池出水直接送高速过滤器，因此对一次铁皮沉淀池出水水质要求较严格，高速过滤器允许进水悬浮物含量为≤80mg/L，含油≤10～20mg/L。在两级处理的情况下，一次沉淀池建议采用重力式旋流沉淀池。

两级处理的另一种方式是：重力旋流沉淀池（或一次铁皮坑）→化学除油器→经冷却塔冷却后回用。化学除油器占地面积小，除油效果好，但由于需要加除油剂和絮凝剂，因此经常费用较高。当连铸机要求水质较严，化学除油器出水水质不能满足要求时，需再经过滤处理。

三级处理对处理后水质有保证,但与两级处理相比,占地面积比较大,投资比较大。

9.4.3 安全供水

连铸机冷却水系统必须设置安全供水设施。一般除设置备用水泵及两路电源外,还应设置安全供水的高位水箱(或水塔)或其他安全供水设施。小型连铸机二次喷淋冷却的安全供水要求应根据连铸工艺要求确定。

安全供水高位水箱(或水塔)有效容积及高度,必须根据用水设备要求的安全供水量、安全供水时间及安全供水压力进行设计。

当采用柴油机水泵作为安全供水措施时,其安全供水水箱(或水塔)的有效容积可按10min 的安全供水量确定。

不同的连铸机供水水质及供水系统一般应分别设置软水及工业水循环水系统的安全供水高位水箱(或水塔)。二次喷淋冷却的安全用水,一般可由工业水循环水系统的安全供水水箱或水塔供水。软水系统设有安全供水高位水箱(或水塔)时,均应设置相应有效容量的软水回收水箱(或水池)。

9.4.4 构筑物及主要设备

连铸水处理设施的设计要点如下(其中有些构筑物和设备请参见有关章节):

(1) 结晶器软水(或除盐水)闭路循环水系统,主要包括:热交换器、膨胀罐、补水装置、加压水泵、投加水质稳定药剂设施、安全供水水塔(或水箱)或柴油机水泵及软水回收水池。当采用水-水板式热交换器时,需另设冷媒水供水设施(即二次冷却水系统)。软水闭路循环系统的设计计算可参见 9.2.4 节。

(2) 设备间接冷却开路循环水系统,主要包括:冷却塔、各加压泵组、旁滤设施、投加水质稳定药剂设施、安全供水水塔或水箱(根据工艺要求)等。

(3) 二次喷淋直接冷却循环水系统,主要包括:一次铁皮沉淀池、二次铁皮沉淀池、清渣设施、除油设施、过滤器及其反洗设施、冷却塔、加压水泵、投加药剂设施、过滤器反洗污水处理设施和污泥脱水设施以及二次喷淋冷却安全供水水塔(或水箱)等。过滤器反洗污水可采用带搅拌装置的调节池和凝聚沉淀浓缩池处理,浓缩池澄清水可返回一次或二次沉淀池,浓缩池泥渣可根据工程具体条件,采用污泥脱水设备。

(4) 间接冷却开路循环水系统中,旁滤水量应根据补充水悬浮物含量、周围空气含尘量、循环水系统的浓缩倍数以及循环水系统要求控制的水质等因素确定,一般可按循环冷却水量的 5% ~ 10%。

(5) 在循环水系统的设计中,必须充分利用用水设备的回水压力和处理设备的余压。

(6) 二次喷淋冷却水系统由于水量变化,必须设置水量、水压自动调节装置,一般可采用旁通泄压阀或变速泵组。

(7) 有多台连铸机时,其供水设施应考虑各台连铸机的用水要求、连铸生产制度以及分期建设等因素进行设计。

(8) 关于连铸水处理设施的控制和监测,水处理宜设集中操作室,室内宜设水处理集中操作盘和模拟盘,或采用 PLC(或 DCS)控制,并配以监控系统(CRT),其装备水平和功能应根据具体工程要求确定。

安全供水的高位水塔(水箱)必须设置高低水位声光信号,并分别传送至连铸机主控室和水处理操作室。

连铸水处理系统的自动化仪表,对于大型连铸机推荐采用 PLC 或小型(仪表型)分散控制系统,对于中小型连铸的水处理可采用常规的模拟仪表。

为保证二次喷淋冷却水的供水安全及供水压力稳定,应在连铸机旁或水处理泵站处设置该系统的压力自动调节装置。

连铸水处理设施检测项目见表 9-45

表 9-45 连铸机水处理检测项目

序号	仪表设置范围	仪表内容						备注
		流量	压力	温度	液位	pH	电导率	
1	结晶器间接冷却水系统	√	√	√	√	○	○	
2	设备间接冷却水系统	√	√	√	√	○	○	
3	二次喷淋冷却水系统	√	√	√	√	○	○	
4	净环水系统	√	√	√	√	○	○	
5	安全水箱				√			
6	过滤器反洗泵组	○	√		√			
7	一次铁皮沉淀池泵组及吸水井				√			
8	二次铁皮沉淀池泵组及吸水井				√			
9	过滤器及反洗污水调节池	√	√		√			
10	换热器	○	√	√				
11	冷却塔			○				
12	氮封补水罐		√		√			
13	补充水	√						
14	排污水	○			○	○	○	
15	反洗用压缩空气系统	○	√					

注:√表示应设的项目;○表示可选的项目。

连铸工艺专业设计检测项目包括:结晶器冷却水总管压力检测及报警、结晶器冷却水流量自动控制、结晶器冷却水温度测量及温度过高报警、二次冷却水总管压力测量及报警、二次冷却水总管压力自动调节、二次冷却水各段流量测量、二次冷却水各段流量自动调节、二次冷却水总管温度测量。

9.4.5 重力旋流沉淀池

重力旋流沉淀池的类型有:下旋式旋流沉淀池、外旋式旋流沉淀池、带斜管除油旋流沉淀池。至于上旋式旋流沉淀池,由于进水管埋设太深,容易堵塞,施工困难,检修清理不便,因此很少采用。

重力式旋流沉淀池清渣方便、沉淀效率较高,当控制沉淀效率为 95%左右时,出水悬浮物含量≤100~80mg/L,含油≤20~30mg/L,出水可直接进过滤器,与铁皮坑→二次平流沉淀池→过滤器三级处理流程相比,具有投资省、占地少、操作管理简单等优点。

9.4.5.1 下旋式旋流沉淀池

下旋式旋流沉淀池包括中心圆筒旋流区、外环沉淀区及吸水井和泵站三部分,中心圆筒又是抓斗从池底抓渣的通道。

含氧化铁皮的废水以重力流沿切线方向流入中心圆筒,水流旋流下降,然后从中心圆筒下部流出,沿外环沉淀区稳流上升,除了大块铁皮进入中心圆筒后立即下沉外,较小颗粒的氧化铁皮虽经旋流而起到加速沉淀速度的作用,但主要靠外环沉淀区沉淀。

下旋式旋流沉淀池结构形式有:(1)将吸水井和泵站设在外环区内,结构比较紧凑,但占用了上升水流沉淀区,如图 9-35;(2)将吸水井和泵站设在外环区之外,加大了上升沉淀区,如图 9-36。(3)将撇油池、吸水井和泵站与旋流沉淀池分建,该方式的优点是由于设置了专用的撇油池,除油效果较好,如图 9-37。

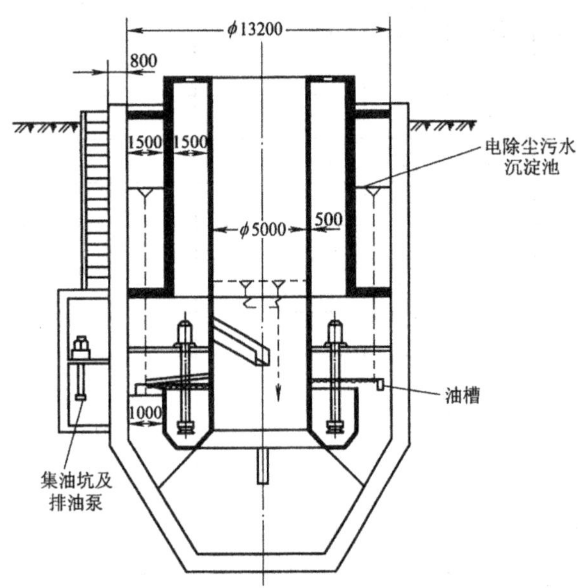

图 9-35 吸水井和泵站设在外环区内的下旋式旋流沉淀池

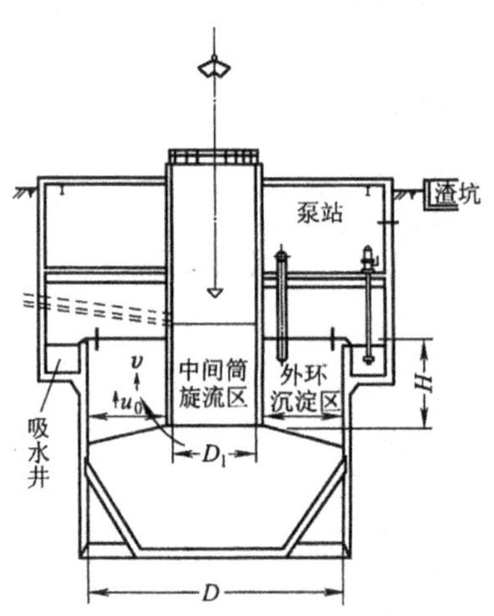

图 9-36 吸水井和泵站设在外环区外的下旋式旋流沉淀池

下旋式旋流沉淀池计算:

中心圆筒直径:根据选用抓斗的最大张开宽度加 1.0m 余量。

旋流沉淀池外环沉淀区面积:

$$A = \frac{Q}{q\varphi} \tag{9-39}$$

式中 A——外环水流上升区有效面积,m^2;

Q——处理水量,m^3/h;

q——采用的单位面积负荷,$m^3/(m^2 \cdot h)$;

φ——布水不均匀系数,0.7。

单位面积负荷实际上与水流上升速度相一致,水流上升速度又与颗粒沉降速度相一致。根据要求达到的沉淀效率,即需去除的最小颗粒的沉淀速度确定单位面积负荷。在实际工程设计中及有关文献资料中建议采用的单位面积负荷相差很大。对连铸废水,建议采用 10 ~ $20m^3/(m^2 \cdot h)$。在旋流沉淀池出水直接进过滤器的情况下,建议采用较小值。在旋流沉淀池出水进二次沉淀池的情况下,建议采用较大值。图 9-38 为某厂板坯连铸为设计旋流池所作的沉降试验曲线。

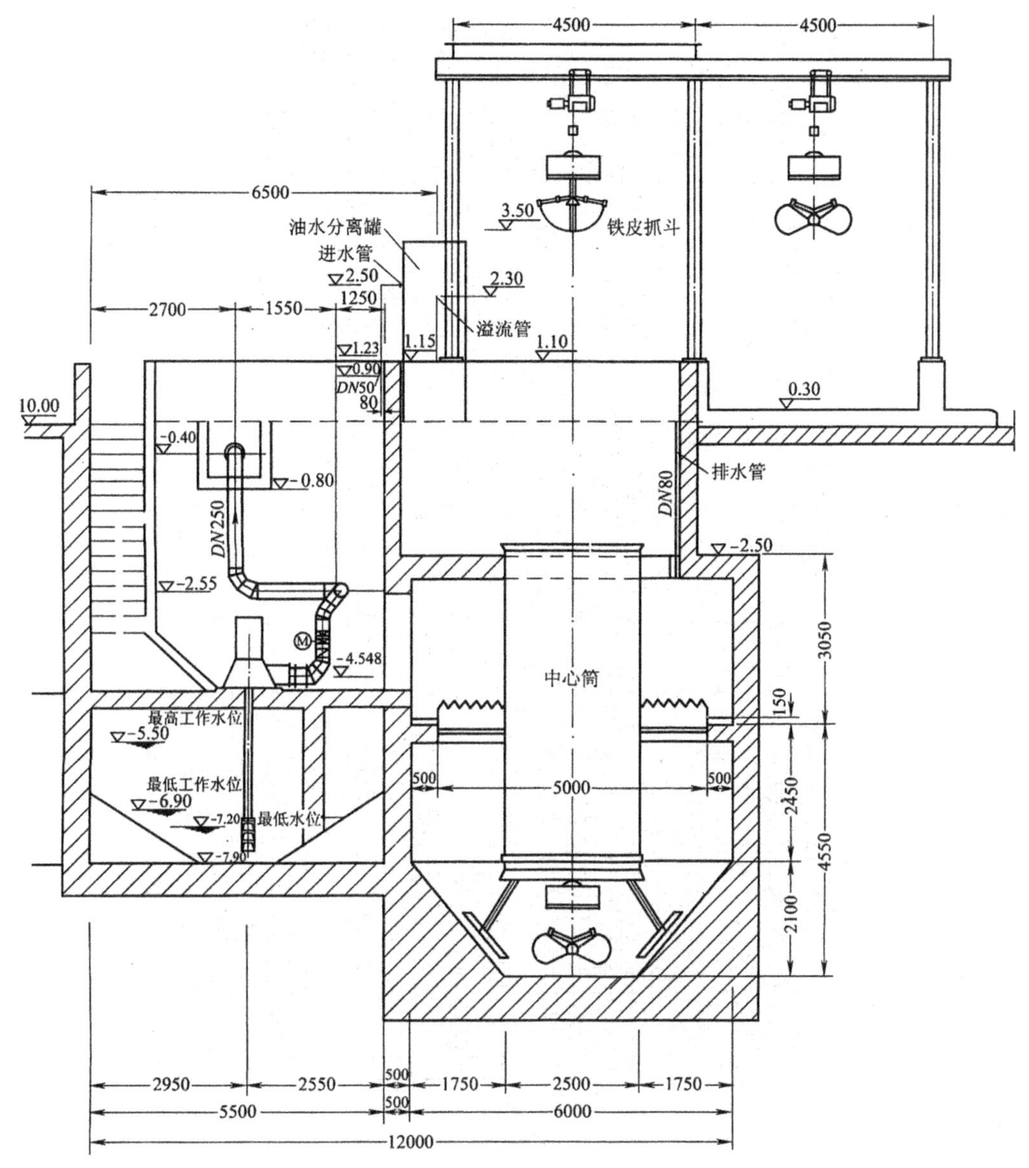

图 9-37 撇油池、吸水井、泵站设在池外的下旋式旋流沉淀池

沉淀时间：

$$t = \frac{V \times 60}{Q} \tag{9-40}$$

式中 t——旋流沉淀池有效沉淀时间，min；

V——旋流沉淀池有效沉淀体积，需扣除中心圆筒旋流区、吸水井、泵站、池底渣层等体积，m^3；

Q——处理水量，m^3/h。

有效沉淀时间对连铸废水建议采用 10～20min。在旋流沉淀池出水直接进过滤器的情况下，建议采用较长沉淀时间。在旋流池出水进二次平流沉淀池的情况下，建议采用较短沉淀时间。

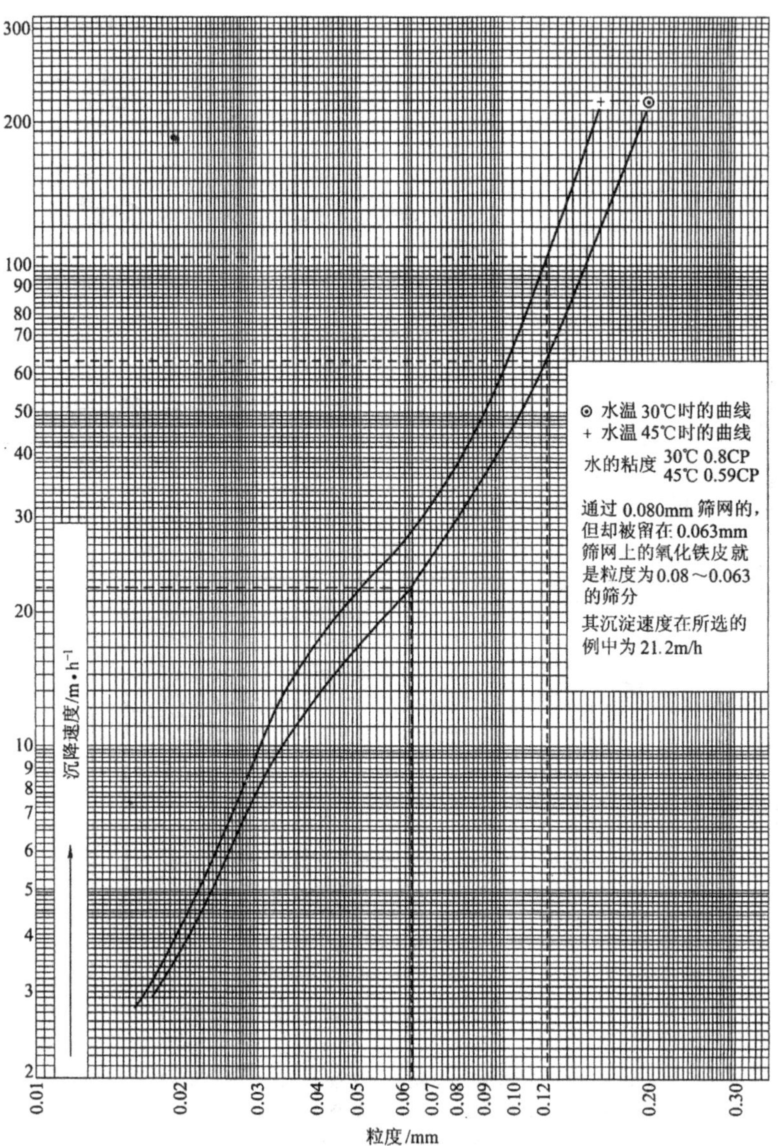

图 9-38 某厂大型板坯连铸废水沉降试验曲线

沉渣量计算：

$$W=\frac{(C_1-C_2)Q}{1000\times 1000} \tag{9-41}$$

式中 W——旋流池沉渣量，t/h；

C_1——沉淀池进水中氧化铁皮含量，mg/L，由工艺专业提供；

C_2——沉淀池出水中氧化铁皮含量，mg/L，根据下一水处理工序要求，若旋流池出水直接进过滤器则要求 $C_2\leqslant 80$mg/L；

Q——处理水量，m^3/h。

当工艺专业未提供 C_1 资料时，可按每浇铸 1t 钢产生的氧化铁皮量为 2～5kg(若包括火焰清理产生的氧化铁皮量在内，为 10～15kg)考虑，按下式计算：

$$W = KT\eta \tag{9-42}$$

式中　W——旋流池沉渣量,t/h;

K——每浇铸 1t 钢产生的氧化铁皮量,以%计,即 0.2%~0.5%;

T——每小时浇铸钢量,t/h;

η——旋流池沉淀效率,一般以 80%计算。

湿沉渣量计算:

$$W_1 = \frac{W}{\gamma} \times \frac{100}{100 - p} \tag{9-43}$$

式中　W_1——湿沉渣量,m^3/h;

W——干沉渣量,t/h;

p——湿沉渣的含水率,一般约 80%;

γ——湿污泥密度,一般取 2.2~3.0t/m^3。

清渣设备能力:

$$V_1 = \frac{W_1 \times 24}{60 T_1} \tag{9-44}$$

式中　V_1——清渣设备能力,m^3/min;

W_1——湿沉渣量,m^3/h;

T_1——清渣设备一天内工作时间,h。

抓斗容积:

$$V_2 = \frac{V_1 T_2}{0.5 \sim 0.7} \tag{9-45}$$

式中　V_2——抓斗容积,m^3;

T_2——抓斗抓一次工作时间,约 12min;0.5~0.7 为抓斗抓渣时的充满系数。

清渣设备起重量:

$$G = V_2\rho + P_1 \tag{9-46}$$

式中　G——清渣设备起重量,t;

V_2——抓斗容积,m^3;

ρ——湿污泥密度,2.2~3.0t/m^3;

P_1——抓斗质量,t。

清渣设备抓斗吊车轨顶高度:

$$H = h_1 + h_2 + f + h_3 \tag{9-47}$$

式中　H——抓斗吊车轨顶离地面高度,m;

h_1——起重机自轨顶至吊钩高度,m;

h_2——抓斗卸料(张开)时总高度,m;

f——抓斗张开卸料时距翻斗汽车车箱顶高度,≥0.5m;

h_3——翻斗汽车车厢顶距地面高度,m。

抓斗吊车一般选用电动单轨、电动桥式或门型吊车,露天作业。抓斗需选用水下作业抓斗,一般选用单绳(双股)自闭式抓斗,有 1m^3、0.75m^3、0.5m^3、0.3m^3 几种规格。

连铸车间水处理采用的铁皮沟、一次铁皮沉淀池、二次平流沉淀池、高速过滤器、污泥脱水等与轧钢类似，参见轧钢给排水有关章节。

下旋式旋流沉淀池设计要点：

(1) 除了含氧化铁皮废水外，连铸车间其他用水户的排水应避免进入铁皮沟，以保持系统的水量平衡，减少系统排污。

(2) 设计前应进行必要的工程地质勘察工作，与土建专业共同研究确定旋流沉淀池的结构形式和施工方法。

(3) 旋流沉淀池作用水头(进水口水位距旋流沉淀池水位)应有 0.5~0.6m。

为防止旋流沉淀池泵房被淹，应考虑水泵停电或其他事故而停止工作时，铁皮沟内存水排入旋流沉淀池的容积，以及停电事故时连铸二次冷却事故水排入旋流沉淀池的容积。在水泵吸水高程允许的条件下，泵房地面应高出旋流沉淀池工作水位 2.0m 左右。

(4) 为防止旋流沉淀池进水管带气而影响沉淀效果，进入旋流沉淀池前铁皮沟应避免急转弯，防止产生湍流而带入空气。

(5) 旋流沉淀池加压水泵建议采用立式耐磨水泵。吸水井容积建议不小于 5min 处理水量。有条件时吸水井水面建议设置合适的撇油装置。

(6) 溢流堰必须保持水平，否则将使局部区段流速过大而影响沉淀处理效果。建议采用活动可调的锯齿形溢流堰板。

(7) 旋流沉淀池应设置专用的抓渣抓斗吊车，或与二次平流沉淀池合用抓斗吊车。旋流沉淀池设在连铸车间内时，可利用车间吊车抓渣。根据铁皮沉渣量及抓渣制度决定抓斗容量。并准确计算吊车轨面标高。在旋流沉淀池旁应设置脱水坑，或放置带孔贮渣斗。

(8) 旋流沉淀池进水管前应设粗格栅，以拦截大块铁皮和杂物。

(9) 旋流沉淀池进水管切线进入的切入点应设在抓斗单轨吊车的中心线上，以便清除进水口处沉下的大块铁皮。

(10) 旋流沉淀池中心筒内壁及池底渣坑内壁应设钢板保护。锥形池底斜度应不小于 50°~60°。

9.4.5.2 外旋式旋流沉淀池

外旋式旋流沉淀池如图 9-39 所示。

沉淀池本体为圆形，泵站，吸水井与沉淀池分开或连接。中心圆筒为型钢立柱，外围钢板。铁皮沟切线方向进入外环，水流在外环自上向下旋流，再由中心圆筒下部向上，经溢流堰至环形集水槽，流至泵站吸水井。外环与中心圆筒面积比为 1:1。油在外环旋流分离浮在外环水面，经撇油装置撇出。沉淀在池底的氧化铁皮用门式或桥式抓斗吊车从中心圆筒抓出。

某厂大型板坯连铸外旋式旋流沉淀池的主要设计参数如下：

处理水量/$m^3 \cdot h^{-1}$	5460
进水中氧化铁皮含量为铸坯量之 0.3%	约 500mg/L
出水氧化铁皮(直接进过滤器处理)含量/$mg \cdot L^{-1}$	≤60
沉淀效率/%	约 88
出水含油/$mg \cdot L^{-1}$	5~10
旋流沉淀池直径/m	ϕ18.4

旋流沉淀池面积/m^2	266
中心筒直径/m	ϕ13
中心筒面积/m^2	133
外环旋流区面积/m^2	133
池底总深度/m	16
池中水的总深度/m	8.3
水面下中心圆筒高度/m	4
外环旋流区单位面积负荷/$m^3\cdot(h\cdot m^2)^{-1}$	40
中心筒单位面积负荷/$m^3\cdot(h\cdot m^2)^{-1}$	40
旋流池总单位面积负荷/$m^3\cdot(h\cdot m^2)^{-1}$	20
池底氧化铁皮堆积高/m	1.5
旋流池总计有效停留时间/min	20
吸水井和泵站直径/m	ϕ18.4
吸水井容积(分钟处理水量)/min	5

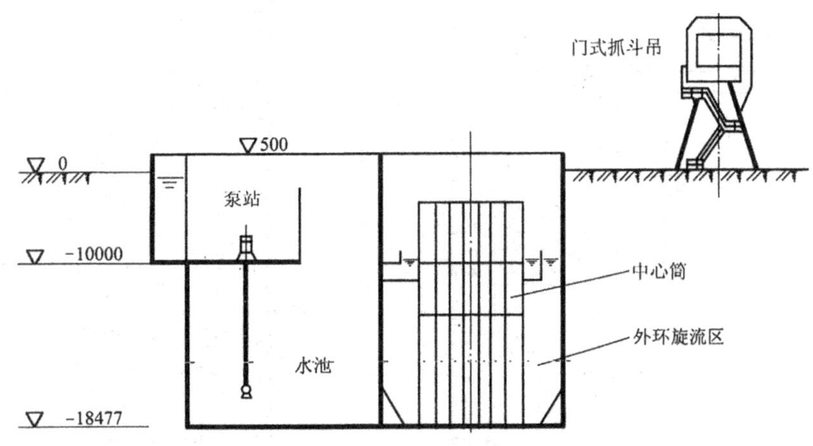

图 9-39 外旋式旋流沉淀池

中心筒上升流速约 40m/h,即颗粒沉降速度为约 10mm/s,按斯托克定律计算,可除去颗粒直径≥ϕ0.1mm 铁皮。

外旋式旋流沉淀池与普通下旋式旋流沉淀池相比,优点是:利用外环旋流,油分离效果比较好,且便于收集和撇除;另外出水悬浮物含量比较低(≤60mg/L)。缺点是:在中心筒沉淀区抓渣,会影响沉淀效果。

9.4.5.3 带斜管除油旋流沉淀池

带斜管除油旋流沉淀池如图 9-40 所示。

进水管可以切线方向或不以切线方向进入中心圆筒,水流自上而下从中心圆筒底部进入下部蘑菇形沉淀区,然后向上沿池内壁斜管进行油水分离,经撇油挡板后水流入吸水井,用立式泵抽送至过滤器进一步处理后送冷却塔冷却回用。水面撇出的油进入油池中,用油泵抽送至地面油水分离罐,分离出来的油用泵抽至槽车运走利用。蘑菇形沉淀区底部沉渣用抓斗吊车通过中心圆筒抓至地面铁皮筐,用车运走。

某厂连铸废水带斜管除油旋流沉淀池主要设计参数如下:

处理水量,m^3/h	400
沉淀池内径,m	$\phi 8.9$
进水悬浮物含量,mg/L	平均 1500,最大 2500
进水油含量,mg/L	平均 20,最大 30
处理后出水悬浮物含量,mg/L	平均 50,最大 70
处理后出水油含量,mg/L	平均 5,最大 10
沉淀池单位面积负荷(以 $\phi 8.9$m 计),$m^3/h\cdot m^2$	6.5
沉淀池停留时间,min	18
抓斗容量,m^3	1
油水分离罐容积,m^3	2
沉淀池沉淀效率,%	约 96
沉淀池除油效率,%	75 ~ 67

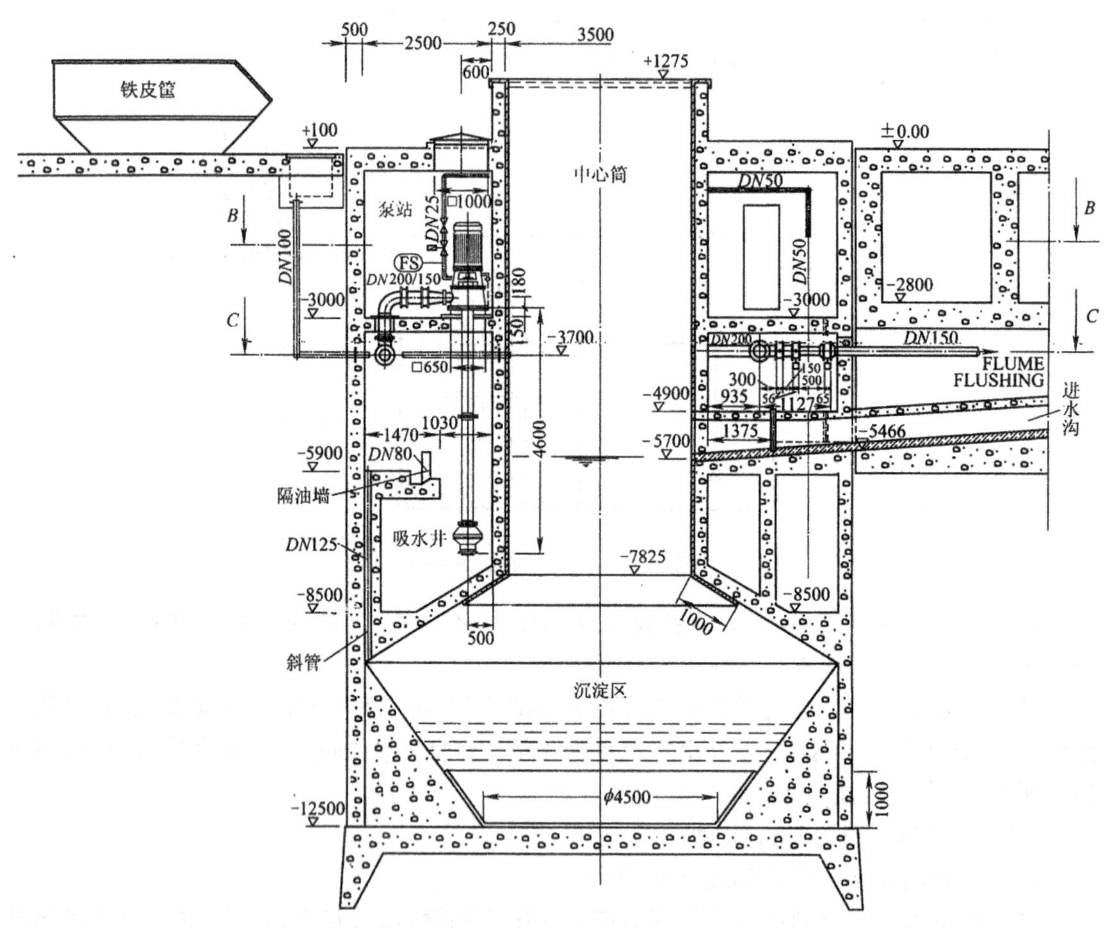

图 9-40 带斜管除油旋流沉淀池

带斜管除油旋流沉淀池的优点是池子结构紧凑并延长了沉淀时间,上升水流经斜管进一步分离油,因此出水水质比较好。

9.5　炉渣处理

转炉渣量较大，大型转炉采用热泼渣，将液态渣倾倒于渣床或许多浅盘上，通过喷水冷却碎成小渣块，回收金属后装车抛弃或利用。

小型转炉有的采用炉渣水淬，通过渣罐车底部渣孔将液态渣落入高速水流，被冷却形成细粒。也有采用闷渣和坨渣破碎。

电炉炉渣一般采用炉下渣罐车出渣，并设置中间渣场，也可采用热泼渣场。

9.5.1　用水户及用水条件

大型转炉炼钢厂一般采用浅热泼渣盘工艺，采用露天栈桥或带盖厂房，设有多个浅热泼渣盘喷水设施，炉渣在浅盘中喷水冷却至约 500℃，然后倾翻于渣车内，再喷水冷却至约 300℃后倒入冷却槽内使炉渣温度降至 40～80℃，再用抓斗将碎渣抓出，经加工处理后综合利用。对流动性不好的渣，则先在渣罐中进行空冷，然后扣翻在块渣场，进行喷水冷却，降至 600℃以下，用汽车运至闷罐间进行闷渣处理。

上述喷水冷却为间断用水，用水量波动较大，给水压力 0.4～0.5MPa，对水质无严格要求，但须防止喷嘴堵塞，对水温也无严格要求。

冷却水蒸发、飞溅、渗漏以及炉渣带走水量较大，加上循环水强制排污，总计需补充水量约为吨渣 1.2m^3。

某厂 2×300t 氧气转炉炼钢车间炉渣喷水循环供水量为 250m^3/h，补充水量为 42m^3/h，循环利用率为约 83%。

电炉炼钢车间的炉渣处理一般采用热泼渣场。

9.5.2　系统和流程

某厂 2×300t 氧气转炉炼钢车间炉渣处理水处理系统流程见图 9-41。

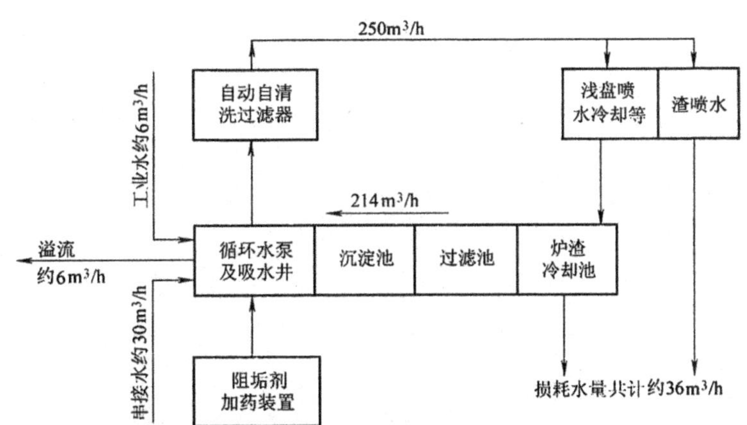

图 9-41　炉渣处理水处理流程简图
补充水量包括损耗及溢流强制排污水量

炉渣冷却槽溢水进入炉渣过滤池，再进入沉淀池，最后进入循环水泵站吸水井，补充水补入吸水井。可以利用氧气转炉烟气净化水系统或精炼装置蒸气喷射直接冷却水系统的排污水作为补充水。为防止结垢，系统中需投加防垢剂。循环供水管上设置自清洗管道过滤器,以防喷水水嘴堵塞。

9.5.3 构筑物和设备

以某厂 2×300t 氧气转炉炉渣处理为例,其水处理设施主要技术参数如下。

(1) 炉渣过滤池:炉渣过滤池滤层高 2.3m 左右。过滤速度 7m/h 左右。滤料采用经筛选分级级配的硬质炉渣,各层高度及级配如下:

细滤料	5~10mm	层高 600mm
中滤料	10~25mm	层高 600mm
粗滤料	25~40mm	层高 600mm
支持层	40~80mm	层高 500mm
格栅	铸铁箅子	
格栅至池底高度	1000mm	

滤池可阻截水中 ϕ1~3mm 的炉渣,滤池阻力损失 300~600mm,当阻力损失超过 600mm 时,由设在滤池上部的溢流口跨越管直接流入沉淀池。

(2) 沉淀池:既有沉淀作用,又有调节系统水量的作用。主要考虑当过滤池滤层堵塞时,水直接进入沉淀池沉淀。

(3) 循环水泵站:当炉渣处理正常生产时,供水泵运行;当炉渣处理不用水时,水泵可采用部分回流。吸水井容积需考虑补充水调节容积。

(4) 加药装置:投加阻垢剂。

炉渣滤池、沉淀池与炉渣冷却槽共用抓斗栈桥。

循环水泵站操作控制由炉渣处理集中控制室集中操作或现场就地操作。

10 轧钢厂给水排水

炼钢炉冶炼的钢水，浇注成连铸坯，连铸坯经轧钢厂轧制成钢材才能使用。使钢成材的方法很多，如轧制、锻造、冲压、冷拔、爆炸成形等，但目前90%的钢是轧制成材的，因此轧钢生产是钢铁生产过程中的重要环节。轧钢一般是指将钢坯送入两个反向旋转的轧辊中进行碾压，采用具有不同孔型的轧辊，可以轧制各种形状的钢材。钢材在轧制的过程中，除获得所需各种形状及断面外，还有改善质量，使钢材材质致密、晶粒细化均匀、提高钢材物理性能等效果。在轧制工艺中，按照轧制钢材温度，可以分为热轧和冷轧工艺。热轧，一般是将钢坯在加热炉或均热炉中加热到1150～1250℃，然后在轧机中进行轧制。冷轧是将钢坯热轧到一定尺寸后，在冷状态即常温下进行轧制。大部分钢材是采用热轧加工的。但由于在高温下钢材表面产生很多氧化铁皮，造成钢材表面粗糙、厚度不均。所以对于要求表面光洁、尺寸精确、力学性能好的钢材(如板、管等)，其中一部分可采用冷轧。钢材的品种很多，目前已达数万种，一般可分为钢板、钢管、型钢和线材4大类。为了轧制种类繁多的钢材，需要采用各种不同型式的轧机。根据轧制钢材的种类不同，轧机可分为：

(1)钢板轧机(包括带钢轧机)：轧制薄板、中板、厚板、特厚板以及带卷等。

(2)钢管轧机：分无缝钢管和焊管，用以生产圆、扁、方、六角以及其他异形断面的有缝、无缝钢管。

(3)型钢轧机：轧制方、圆、扁钢及异型断面钢材等。

(4)线材轧机：轧制$\phi5.5\sim22$光面线材，$\phi6\sim16$螺纹钢等。

另外，还有特种轧机，轧制钢球、车轮轮箍、轴承环等，以满足国民经济各部门的需要。

对于各种优质碳素钢和合金钢钢坯，为降低硬度改善加工性能、去除表面缺陷、防止白点、消除内应力、避免产生裂纹，要进行缓冷或退火等处理：为改善轧制后的钢材组织、提高强度及韧性、满足成品要求的性能，有的还要进行成品热处理。

钢坯以及成品如型材、板材和管材，由于经过加热、轧制、热处理等加工工序而在其表面总是会有氧化铁皮、油污及其他脏物。为暴露钢材表面缺陷，便于检查、清理、以提高钢材表面质量，在冷轧、镀层之前均应进行酸洗。为了提高钢板的平整度，需要对钢板进行平整。根据用户的不同需要，还需要对钢板(卷)进行分卷，纵切和横切加工等。

综上所述，从轧钢生产的原料准备到加热、轧制、热处理、酸洗和精整等一系列完整的生产工艺过程中，给水排水是保证设备正常运转、完成生产工艺过程不可缺少的重要组成部分。

10.1 热轧厂给水排水

热轧厂包括钢板车间、钢管车间、型钢车间、线材车间以及特种轧机车间等。

钢板是使用范围很广的钢材品种。根据厚度的不同，可分为小于 4mm 的薄板、4mm 至 60mm 的中厚板和大于 60mm 的特厚板。

根据产品厚度，钢板车间可分为宽厚钢板车间、中厚钢板车间和薄钢板车间。薄钢板车间又可分为半连续热轧钢板车间及冷轧薄板车间。

10.1.1 用水户及用水条件

10.1.1.1 钢板车间

A 宽厚钢板车间

该车间一般由加热炉跨、主轧机跨、热处理与精整跨、成品库、主电室、高压水泵房、油库和机修间等组成。

车间用水量和给水质应由轧钢工艺和有关专业提供下列资料可供参考，详见表 10-1 和表 10-5。

车间内主要用水户有：

(1)该车间常用连续式加热炉、均热炉及步进式加热炉三种炉型。上述炉子用水情况分别参阅中厚钢板车间有关部分。

(2)加热炉装、出料辊道靠近炉子侧的轴承由于受炉温的影响，需要进行冷却。有的是间接冷却，也有直接向轴承座喷水冷却的。

(3)轧件加热后经受料辊道进入除鳞辊道时，由除鳞箱的高压水喷嘴进行喷水除鳞。高压水由高压泵房供水。

(4)在轧制过程中，立辊轧机轧辊要喷水冷却。

(5)测厚装置安装在成品轧机后，用 γ 射线进行测厚，用以控制轧制厚度。在运行过程中，射线源及接受装置需要通水冷却。

(6)热剪切机和热矫直机前的冷却辊道均装有喷嘴，用以喷水冷却钢板。

(7)热剪及碎边剪的剪刃在剪切钢板的过程中，均需不断喷水冷却。

(8)热矫直机的矫直辊采用喷水冷却。

(9)热处理和酸洗设施的工艺及设备冷却用水情况，见中厚钢板车间有关部分。

(10)主轧机电机和主电室的空调需要进行冷却以保证电机的安全运转和主电室的正常室温。

(11)油库油冷却器用水(间接冷却)，小型油库也有的不用油冷却器，而直接向油箱内的蛇形管通水冷却。

(12)高压水泵房除供给补充水外，还有泵体冷却，高压泵润滑油循环系统冷却，高压空压机冷却，循环乳化液冷却和配制补充乳化液等用水。

(13)从均热炉炉后辊道起一直到热矫直机止的轧线下，均设有氧化铁皮沟，为防止氧化铁皮的堆积，铁皮沟转弯处及局部位置需要进行水冲。

(14)其他用水及生活用水。

表 10-1 宽厚钢板车间用水户及用水要求

序　号	用水户名称	水量 /$m^3 \cdot h^{-1}$	水压 /MPa	给水温度 /℃	回水温度 /℃	水　质	备　注
1	加热炉	592	0.5	28	38	间接冷却水	
2	主电机通风	1900	0.5	20～23	26	间接冷却水	其中 800m^3/h 串级使用

续表 10-1

序 号	用水户名称	水量 $/m^3 \cdot h^{-1}$	水压 /MPa	给水温度 /℃	回水温度 /℃	水 质	备 注
3	油库	486	0.4~0.5	26	30	间接冷却水	主电机通风回水串级使用
4	高压水泵站	153		26	31	直接冷却水	
5	轧机	937	0.4	28		直接冷却水	
6	淬火	1292	0.6	40	42	直接冷却水	最大水量 $10427m^3/h$
7	冲铁皮	400	0.25			直接冷却水	
8	钝化槽	63					补充新水

注:上表为某钢厂 4200mm 厚板轧钢车间资料,该车间年产量 40 万 t/a,1978 年投产。

B 中厚钢板车间

该车间通常由原料、加热、轧制、精整与成品等跨间组成。

车间用水量和给水水质应由轧钢专业和有关专业提供,设计时以下资料可供参考,详见表 10-2 和表 10-5。

车间内主要用水户有:

(1)中厚钢板车间多采用三段式连续加热炉。这类加热炉的主要用水点有纵向炉筋管、横向支撑管(常采用汽化冷却)、进料炉门水梁、出料端水梁、炉门、炉门框、烧嘴和烟道阀。这些用水点均为间接冷却用水。

(2)轧制线。轧制线包括:1)从出炉辊道至矫直机前的辊道需要喷水冷却,出炉辊道靠炉子侧的轴承盖内,常需通水冷却。2)轧件进入轧机前需要除鳞。为此,某些中厚钢板车间,在轧机前设有除鳞机和高压水除鳞装置。除鳞机的辊身和胶木轴瓦,均要喷水冷却。3)轧机的辊身和胶木轴瓦均需喷水冷却。

(3)精整过程。精整过程包括矫直、冷却、划线、剪切、检查与修磨等工序。有时还有酸洗和热处理。精整过程的用水有:1)对普通碳素钢板按工艺要求在矫直机前的辊道上或在矫直过程中,需往钢板表面和工作辊表面喷水冷却。2)酸洗过程的用水主要是酸洗液和中和液的配制及钢板清洗用水。3)热处理的主要用户为热处理炉和淬火用水。辊底式常化炉的炉底辊用高级耐热合金钢制作,辊子轴承需要用水冷却。根据辊子材料的不同,有些辊子内部也要通水冷却。辊底式常化炉的其他用水户是炉门、炉门框、炉前和炉后水梁及烟道闸阀等。大盘式常化炉,其圆盘外围由耐热铸铁制作,内圈为普通铸钢,辊子一般不用水冷却。

(4)中厚钢板车间的氧化铁皮沟,一般沿轧制线设于轧机和辊道下部,为防止氧化铁皮的堆积,铁皮沟转弯处局部位置需要进行水冲。

(5)电机及主电室用水(见宽厚板车间有关部分)。

(6)油库用水(见宽厚板车间有关部分)。

(7)高压水泵房,除供给补充水外还有泵体冷却、乳化液冷却、高压空压机冷却、高压泵润滑油系统冷却和配制补充乳化液用水等。

(8)其他用水及生活用水。

表 10-2　中厚钢板车间用水户及用水要求

序号	用水户名称	水量 /$m^3 \cdot h^{-1}$	水压 /MPa	给水温度 /℃	回水温度 /℃	水　质	备　注
1	加热炉	180	0.4	33		间接冷却水	
2	主电机通风	760	0.4	33		间接冷却水	
3	加热炉区空调	70	0.4	33		间接冷却水	
4	立轴轧机马达通风	100	0.4	33		间接冷却水	
5	主电室冷风机	279	0.4	33		间接冷却水	
6	主电室可控硅循环水系统	60	0.4	33		间接冷却水	
7	油库	654	0.4	33		间接冷却水	
8	液压站	89	0.4	33		间接冷却水	
9	主轧区空调	62	0.4	33		间接冷却水	
10	精整区空调	107	0.4	33		间接冷却水	
11	热处理炉	40	0.4	33		间接冷却水	
12	加热炉摄像机	2	0.4	33		间接冷却水	
13	一次坑水泵轴承	45	0.4	33		间接冷却水	
14	其他	2	0.4	33			
	小　计	2470	0.4	33			
15	精轧机工作辊	300	2.3	33		直接冷却水	
16	精轧机支撑辊	180	0.25～0.3	33		直接冷却水	
17	粗轧机支撑辊	300	0.25～0.3	33		直接冷却水	
18	粗轧机前延长辊	40	0.25～0.3	33		直接冷却水	
19	粗轧机后工作辊	40	0.25～0.3	33		直接冷却水	
20	粗轧机后钢板冷却	40	0.25～0.3	33		直接冷却水	
21	装炉辊道轴承	20	0.25～0.3	33		直接冷却水	
22	出炉辊道轴承	30	0.25～0.3	33		直接冷却水	
23	下料辊道轴承	15	0.25～0.3	33		直接冷却水	
24	高压水泵站	300	0.25～0.3	33		直接冷却水	
25	轧线辊道	720	0.25～0.3	33		直接冷却水	
26	二沉池斜管冲洗	10	0.25～0.3	33		直接冷却水	
27	泥浆处理石灰乳配制	40	0.25～0.3	33		直接冷却水	
28	矫直机	100	0.25～0.3	33		直接冷却水	
29	热处理炉水封	20	0.25～0.3	33		直接冷却水	
30	输送辊道	(50)	0.25～0.3	33		直接冷却水	
31	其他	50	0.25～0.3	33		直接冷却水	
32	冲铁皮	700	0.25～0.3	33		直接冷却水	
	小　计	2905(2955)	0.25～0.3	33			
33	轴承清洗用水	10	0.2～0.3			工业水	
34	加热炉软水站	50(110)	0.2～0.3			工业水	
35	加热炉仪表空压机	16	0.2～0.3			工业水	
36	油库油泵冷却	2	0.2～0.3			工业水	
37	高压泵轴承冷却及空压机	30	0.2～0.3			工业水	
38	加热炉地坑污水泵轴承	1	0.2～0.3			工业水	
39	加热炉汽化冷却	5	0.2～0.3			工业水	
40	精整区煤气水封	1	0.2～0.3			工业水	
41	水处理主控室空调	7	0.2～0.3			工业水	
42	浊环水泵站用水	7	0.2～0.3			工业水	
43	脱水间用水	20	0.2～0.3			工业水	
44	洒水	23	0.2～0.3			工业水	
45	其他	38	0.2～0.3			工业水	
46	预留	(30)	0.2～0.3			工业水	
	小　计	215(305)	0.2～0.3				
47	仪表用水	14				生活水	
	总　计	5604(5744)					

注:1. 上表为某钢厂 3300mm 中厚板轧钢车间资料;2. 年产量 60 万 t/a;3. 1990 年建成投产。

C　半连续热轧钢板车间

目前有 2800/1700、2300/1700、2300/1200mm，半连续热轧钢车间和炉卷车间。这类车间由粗轧和精轧两个机组组成，可以生产中厚板或薄板两种产品。粗轧部分用以生产中厚板或供精轧机组原料。为适应中厚板生产的需要，在车间内设有一条中厚板精整加工线。

加热炉及粗轧机组的用水情况，可以参考中厚钢板车间的有关部分，由切头飞剪至卷取机的薄板生产过程与连续式钢板轧机相同。从辊式矫直机以后的中厚板精整作业线与中厚钢板相同，卷取机后的精整作业线可参见连续式钢板车间有关部分。

D 热轧带钢车间

该车间一般由板坯跨、加热炉跨、轧机跨（包括粗轧机组、精轧机组、卷取机组）、精整跨、成品库、主电室、高压水泵房、油库、机修间与电修间等组成。

车间用水量和给水水质要求应由轧钢专业和有关专业提出，下列资料可供设计参考，详见表 10-3、表 10-4 和表 10-5。

车间内主要用水户有：

(1)步进式加热炉。步进式加热炉内设 4 根或 6 根步进梁和 6 根或 8 根固定梁。步进梁的动作分为向上、前进、向下和后退 4 个过程。步进梁向上进，把板坯由固定梁上托起，然后向前移动，再把板坯放到固定梁上。步进梁向下时使它比固定梁低，然后退回，这样完成一个周期，并依此往返进行。步进梁的动作由带辊子的杠杆型液压传动系统完成。步进梁和固定梁均有支承的立管，步进梁的立管在炉底的开口间运动，为防止冷空气从炉底开口处进入炉内，设有水封槽。步进炉的主要用水点有：1) 加热炉固定梁，步进梁及其立管、过梁、出料炉门和燃烧风机轴承用油的冷却器等，均为间接冷却用水。2) 水封槽的补充水。3) 加热炉输出辊道的冲氧化铁皮用水。4) 加热炉输入、输出辊道轴承箱，板坯出料机液压系统与步进梁动作液压系统等的冷却用水。5) 板坯检查器、推钢机等工业电视和金属探测器等的冷却用水。6) 加热炉操作室、板坯装料室和推钢机操纵室的空气调节器用水。

(2)粗轧机的主要用水点有：1)大立辊前的输入辊道至粗轧机组后的中间辊道的喷水冷却用水。2)大立辊、粗轧机支承辊及小立辊的辊射喷水冷却用水。3)粗轧机的工作辊辊身喷水冷却用水。4)各种测温、测宽、测厚仪及金属探测仪、工业电视的间接冷却用水。5)冲氧化铁皮用水。

(3)精轧机组的主要用水点有：1)切头剪输入辊道喷水冷却。2)切头剪转鼓冷却。3)精轧机工作辊的高压水喷水冷却和支撑辊的常压水喷水冷却。4)精轧机间的带钢冷却。5)精轧机输出辊道和带钢层流冷却。6)卷取机冷却。7)各种测温、测宽、测厚仪及金属探测仪与工业电视冷却。8)排烟系统除尘器用水。

(4)热精整液压油的冷却器用水。

(5)电机及主电室（见宽厚板车间有关部分）。

(6)油库（见宽厚板车间有关部分）。

(7)高压水泵房（见中厚钢板车间有关部分）。

(8)其他用水及生活用水。

表 10-3 热轧钢板车间用水户及用水要求(A 厂)

用水户名称		水量/$m^3 \cdot min^{-1}$		水压	给水水温	水质
		最大	平均	/MPa	/℃	
加热炉	1 号加热炉	23.69	23.69	0.25	35	间接冷却水
	2 号加热炉	23.69	23.69	0.25	35	间接冷却水
	3 号加热炉	25.89	25.89	0.25	35	间接冷却水
	γ 射线和工业电视	0.038	0.038	0.2	32	服务水
	冷金属检测器	0.185	0.185	0.2	32	服务水
	输入辊道轴承箱	1.20	1.20	0.2	32	间接冷却水
	仪表用空压机	0.31	0.31	0.2	32	间接冷却水
	控制台空调	0.585	0.585	0.2	32	间接冷却水
	传送辊道、轴承箱和推钢机液压装置	2.60	2.60	0.2	32	间接冷却水
	保温板和板坯磨床操作台空调	0.37	0.37	0.2	32	间接冷却水
	推钢机控制台和板坯存放空调	0.35	0.35	0.2	32	间接冷却水
	冲铁皮	12.00	12.00	0.2	42	低压直接冷却水
粗轧机	冲铁皮	4.00	4.00	0.2	42	低压直接冷却水
	冷、热金属检测器,工业电视和温度计	0.356	0.356	0.2	32	服务水
	γ 射线测厚仪、测宽仪等	0.207	0.153	0.2	32	服务水
	通风冷却系统补充水	0.50		0.2	32	服务水
	R_1、R_3、R_4、轧机接轴支架冷却	0.304	0.304	0.2	32	服务水
	出炉辊道和大立辊输入辊道	2.80	2.80	0.2	35	直接冷却水
	E_1 和 E_2 辊道	1.30	1.30	0.2	35	低压直接冷却水
	E_2 立辊、R_2 支承辊、R_3 和 R_4 辊道	4.55	4.55	0.2	35	低压直接冷却水
	E_3 和 E_4 立辊,R_3 和 R_4 支承辊及辊道	3.70	3.70	0.2	35	低压直接冷却水
	中间辊道	3.20	3.20	0.2	35	低压直接冷却水
	R_1 输入辊道	0.4	0.4	0.2	35	低压直接冷却水
	大立辊	1020	1020	2.2	35	直接冷却水
	R_1 工作辊	4.10	4.10	2.2	35	直接冷却水
	R_2 工作辊	8.10	8.10	2.2	35	直接冷却水
	R_3 和 R_4 工作辊	10.10	10.10	2.2	35	直接冷却水
	除鳞泵房给水	13.20	9.00	0.2	35	低压直接冷却水
	1 号润滑油系统油冷却器	0.91	0.90	0.2	32	间接冷却水
	R_2 马达空气冷却器和大立辊 R_1 马达油冷却器	3.00	3.00	0.2	32	间接冷却水
	2 号、4 号润滑油系统油冷却器	3.02	3.00	0.2	32	间接冷却水
	3 号、5 号润滑油系统油冷却器	4.12	4.10	0.2	32	间接冷却水
	R_2 马达空气冷却器和粗轧仪表室空调	2.284	2.284	0.2	32	间接冷却水
	高压泵和铁皮坑泵冷却	2.95	2.3	0.2	32	间接冷却水
	粗轧控制台空调	0.467	0.467	0.2	32	间接冷却水
	除鳞泵冷却	1.00	0.80	0.2	32	间接冷却水
	中间辊道轴承箱	2.5	2.5	0.2	32	间接冷却水
	油库仪表用空压机	0.013	0.013	0.2	32	间接冷却水
	除鳞电气室空调	0.467	0.467	0.2	32	间接冷却水
	板坯磨床油压装置	0.10	0.07	0.2	32	间接冷却水

续表 10-3

用水户名称		水量/m³·min⁻¹ 最大	水量/m³·min⁻¹ 平均	水压 /MPa	给水水温 /℃	水质
精轧机	热金属检测器 γ 射线、X 射线测厚仪、测宽仪和工业电视	0.304	0.27	0.2	32	服务水
	轧辊磨床补充水	0.43	0.01	0.2	32	服务水
	输入辊道、破鳞机和测量辊	2.70	2.70	0.2	35	低压直接冷却
	F1～F7 支承辊和活套辊	4.00	4.00	0.2	35	低压直接冷却
	轧辊车间轧辊喷水	5.00	4.00	0.2	35	低压直接冷却
	切头剪污水坑泵	0.02	0.02	0.2	35	低压直接冷却
	F1 工作辊和破鳞机的清洗喷水	11.40	11.40	2.2	35	高压直接冷却
	F2 工作辊	11.40	11.40	2.2	35	高压直接冷却
	F3 工作辊和机座喷水	13.30	13.50	2.2	35	高压直接冷却
	F4 工作辊和机座喷水	10.10	10.10	2.2	35	高压直接冷却
	F5～F7 工作辊和机座喷水	30.32	30.32	2.2	35	高压直接冷却
	除鳞泵房给水	14.00	9.00	0.2	35	常压直接冷却
	操纵室风机冷却和空调	13.97	13.97	0.2	32	间接冷却
	1 号控制仪表油冷却器	0.94	0.94	0.2	32	间接冷却
	2 号控制仪表油冷却器	1.15	1.15	0.2	32	间接冷却
	1 号油膜轴承润滑油冷却器	1.54	1.54	0.2	32	间接冷却
	2 号油膜轴承润滑油冷却器	3.17	3.17	0.2	32	间接冷却
	F1～F4 马达冷却器	7.67	7.67	0.2	32	间接冷却
	计算机室和精轧控制台空调	1.05	1.05	0.2	32	间接冷却
	F5～F7 马达冷却器和精轧仪表室空调	7.25	7.25	0.2	32	间接冷却
	除鳞泵房电气室空调和除鳞泵、铁皮坑泵冷却	1.49	1.27	0.2	32	间接冷却
	无功补偿室和变电室空调	2.10	2.10	0.2	32	间接冷却
	空压机	4.00	4.00	0.2	32	间接冷却
	排烟机除尘	1.75	1.75	0.9	39	排烟机直接冷却
	排烟机冲洗	0.25	0.25	0.9	39	排烟机直接冷却
	排烟机污水坑	0.01	0.01	0.2	32	间接冷却
热输出辊道和卷取机	卷取机液压系统油冷却器等	1.996	1.996	0.2	32	间接冷却
	计算机、发动机室空调	0.117	0.117	0.2	32	间接冷却
	卷取机控制台空调	0.467	0.467	0.2	32	间接冷却
	带卷检验室空调	0.117	0.117	0.2	32	间接冷却
	热金属检测器和温度计	0.028	0.018	0.2	32	服务水
	卷取机排水泵	0.02	0.02	0.2	35	低压直接冷却
	卷取机卷辊冷却	8.70	8.70	0.2	35	低压直接冷却
	卷取机清洗喷水	3.20	3.20	2.2	35	高压直接冷却
	热输出辊道冷却	7.30	7.30	0.2	35	低压直接冷却
	层流冷却侧喷	3.00	3.00	2.2	35	高压直接冷却
	层流冷却顶喷	135.0	135.0	0.2	40	热输出辊道直接冷却
	层流冷却底喷	63.5	63.5	0.2	40	热输出辊道直接冷却

续表 10-3

用水户名称		水量/m³·min⁻¹ 最大	平均	水压/MPa	给水水温/℃	水质
运输机	运输机电气室空调	0.80	0.80	0.2	32	间接冷却水
	冷金属检测器	0.81	0.81	0.2	32	服务水
	运输机控制台空调	0.09	0.09	0.2	32	间接冷却水
	带卷运输机液压装置冷却	2.10	2.10	0.2	32	间接冷却水
	打捆机油冷却器	0.03	0.03	0.2	32	间接冷却水
1号热精整	X射线测量仪表	0.01	0.01	0.2	32	服务水
	液压系统	1.22	1.22	0.2	32	间接冷却水
	电气室空调	1.50	1.04	0.2	32	间接冷却水
2号热精整	X射线测量仪表	0.01	0.01	0.2	32	服务水
	液压系统	1.62	1.62	0.2	32	间接冷却水
	电气室空调	2.08	1.56	0.2	32	间接冷却水
3号热精整	液压系统	1.57	1.25	0.2	32	间接冷却水
	电气室空调	1.56	1.04	0.2	32	间接冷却水
纵剪机组	X射线测量仪表	0.01	0.01	0.2	32	服务水
	热纵剪油压装置冷却及电气室空调	1.80	1.28	0.2	32	间接冷却水
	热平整机组油压装置冷却	1.25	1.25	0.2	32	间接冷却水
	热平整机组电气室空调	1.82	1.3	0.2	32	间接冷却水

注:1. 上表为某钢铁公司1700热轧厂资料;2. 年产量300万t/a;3.1978年投产。

表10-4 热轧钢板车间用水量及用水要求(B厂)

用水户名称		水量/m³·h⁻¹	水压/MPa	给水水温/℃	回水水温/℃	水质
1	加热炉	4680	0.4	33.5	48.5	间接冷却水
2	油冷却系统	735	0.4		37.5	
3	液压冷却系统	1330	0.4		38.5	
4	马达通风系统	2156	0.4		38.5	
5	仪表冷却	50	0.4		38.5	
6	电气控制室空调	1150	0.4		41.5	
7	钢卷运输空调	10	0.4		38.5	
	小计	10111				
8	带钢层流冷却	10500	0.07	38		直接冷却水
9	带钢横向喷吹	150	1.0	38	46	
10	辊道冷却	1000	0.4	38		
	小计	11650				
11	辊道冷却	500	0.4	33.5		直接冷却水
12	加热炉辊道冷却	155	0.4	33.5		
13	板坯除鳞	57	0.4	33.5		
14	加热炉出料机冷却	52	0.4	33.5		
15	冲铁皮	250	0.4	33.5		
16	铁皮冲洗器	34	0.4	33.5		
17	加热炉	300	0.15	33.5		
18	R1附加水	17	0.4	33.5		
19	R2支承辊	30	0.4	33.5		

续表 10-4

用水户名称		水量 $/m^3 \cdot h^{-1}$	水压 /MPa	给水水温 /℃	回水水温 /℃	水质
20	R3 支承辊	30	0.4	33.5		直接冷却水
21	R3 附加水	17	0.4	33.5		
22	R4 支承辊	30	0.4	33.5		
23	除鳞水系统	1400	0.4	33.5		
24	辊道冷却	750	0.4	33.5		
25	切头剪	32	0.4	33.5		
26	铁皮冲洗附加水	31	0.4	33.5		
27	F1 ~ F7 附加水	29	0.4	33.5		
28	活套冷却	42	0.4	33.5		
29	F1 ~ F7 机架冷却	1800	0.4	33.5		
30	排烟系统	240	0.4	33.5		
31	卷取机	160	0.4	33.5		
32	E1 辊子冷却	80	1.0	33.5		
33	R1 辊子冷却	230	1.0	33.5		
34	E2 立辊	20	1.0	33.5		
35	R2 工作辊	300	1.0	33.5		
36	E3 立辊	20	1.0	33.5		
37	R3 工作辊	350	1.0	33.5		
38	E4 立辊	20	1.0	33.5		
39	R4 工作辊	350	1.0	33.5		
40	F1 ~ F7 工作辊	5000	10	33.5		
	小　计	12560				

注：1. 上表为某钢铁公司 2050 热轧厂资料；2. 年产量 400 万 t/a；3. 1987 年投产。

表 10-5　热轧钢板车间循环冷却水水质表

项目名称	间接冷却循环水系统	直接冷却循环水系统	层流冷却循环水系统
pH	7 ~ 8	7 ~ 8	7 ~ 8
悬浮物/$mg \cdot L^{-1}$	< 15	< 20	< 45
总硬度（以 $CaCO_3$ 计）/$mg \cdot L^{-1}$	< 150	< 150	< 150
碱度/$mg \cdot L^{-1}$	114	114	114
Cl^-/$mg \cdot L^{-1}$	< 80	< 80	< 80
TFe/$mg \cdot L^{-1}$	≤0.5	≤4.0	≤4.0
溶解 SiO_2/$mg \cdot L^{-1}$	≤12	≤12	≤12
溶解固体/$mg \cdot L^{-1}$	600	650	600
电导率/$\mu S \cdot cm^{-1}$	1000	1100	1100
温度/℃	32	35	40
油/$mg \cdot L^{-1}$	0	15	15

E　连铸连轧带钢厂

薄板坯连铸连轧机组（简称 CSP 机组）是目前世界上最先进的薄板坯连铸连轧工艺，该工艺将薄板坯连铸与连轧通过直通式保温炉联成一个机组，实现热送直接轧制工艺。

车间组成主要由 CSP 工艺薄板坯连铸机、热带钢轧机（包括辊底式加热炉、热带钢轧机等）组成，其特点在于：

（1）作业线布置紧凑，从废钢冶炼到热轧成材只需 1.5h，而常规流程需要 27 ~ 30h；

（2）与常规热轧带钢轧机相比，设备重量减少 30%，厂房面积减少 30%；

(3)金属收得率比常规工艺高2%～2.5%；

(4)能耗低，由于连铸连轧工艺流程短，热损失少，充分利用铸坯余热，故较常规工艺减少30%的能耗；

(5)由于薄板坯有细化的轴晶粒，其产品深加工性能好；

(6)由薄板坯连铸连轧生产板带适合于大批量生产薄规格的板带材。

该厂主要用水户有：

(1)连铸机结晶器冷却用水、闭路机械和加热炉冷却用水；

(2)连铸机结晶器冷却水系统二次冷却水、闭路机械和加热炉冷却水系统二次冷却水以及热轧辅助设备用水等；

(3)连铸机喷淋用水、五机架冷却用水、卷取机用水以及磨辊间用水等；

(4)热轧带钢横向喷吹用水和热输出辊道层流冷却用水等。

车间主要用水户及水质要求，详见表10-6和表10-7。

表10-6 连铸热轧带钢厂用水量表

序号	用水户名称	用水量/$m^3 \cdot h^{-1}$						水压/MPa	水温/℃		用水制度
		净化水(工业水)	间接冷却水	直接冷却水	软环水	软环补水	生活水		进水	出水	
	一、结晶器冷却水系统										
1	结晶器				1540	7.6		1.40	35～40	62	连续
	二、闭路机械和加热炉										
	冷却水系统										
1	连铸闭路机械				660			0.65	40	55	连续
2	加热炉				785	12.2		0.50	40	57	连续
	合　计				1445	19.8					
	三、间接冷却水系统										
1	结晶器冷却水系统板式热变换器		1700					0.40	35	52.9	连续
								0.40	35	46.1	连续
2	闭路机械、加热炉板式热交换器		1700					0.40	35	41	连续
3	热轧辅助设备		1057								
	合　计	117	4457								
	四、直接冷却水系统(一)										
1	铸机喷淋			1450				1.90	35	55	连续
2	五机架工作辊			4220				1.10	35	40	连续
3	五机架工作辊			816				0.45	35	40	连续
4	卷取机			76				0.40	35	40	连续
5	磨辊间			180				0.45	35	42	连续
	合　计	294		6740							
	五、直接冷却水系统(二)										

续表 10-6

序号	用水户名称	用水量/$m^3 \cdot h^{-1}$						水压/	水温/℃		用水制度
		净化水(工业水)	间接冷却水	直接冷却水	软环水	软环补水	生活水	MPa	进水	出水	
1	带钢横向喷吹			198				1.0	35	48	连续
2	热输出辊道(层流冷却)			4563				0.07	40	48	连续
	合　计	111		4761							
	总　计	522	4457	11501	2985	19.80					

注:该厂最终规模为钢水 188 万 t/a;薄板坯 184 万 t/a;板卷 180 万 t/a。

表 10-7 用水水质表

序号	名称 \ 极限值	结晶器冷却水系统 闭路机械和加热炉冷却水系统	间接冷却 循环水系统	直接冷却 循环水系统	直接冷却 循环水系统
1	pH	7.5~9.0	7.5~8.0	7.5~9.0	7.5~9.0
2	总硬度/dH	10	25	40	40
3	碳酸盐硬度/dH	2	8	15	15
4	加防腐剂时碳酸盐硬度/dH		15		
5	$Cl^-/mg \cdot L^{-1}$	50	100	250	400
6	加防腐剂时 $Cl^-/mg \cdot L^{-1}$		450	510	510
7	硫/$mg \cdot L^{-1}$	150	250	400	600
8	$Fe+Mn/mg \cdot L^{-1}$	0.5	0.5	0.5	0.5
9	$SiO_2/mg \cdot L^{-1}$	40	100	150	200
10	$NH_3+NH_4/mg \cdot L^{-1}$	5	5		
11	悬浮物/$mg \cdot L^{-1}$	10	25	25	100
12	颗粒尺寸/μm	30	100	200	200
13	油+干油/$mg \cdot L^{-1}$	0.5	5	10	20
14	溶解总固体量/$mg \cdot L^{-1}$	400	800	1000	1500
15	导电率/$\mu S \cdot cm^{-1}$	800	1600	2000	3000

10.1.1.2 钢管车间给水排水

钢管是一种用钢制作的具有中空截面而长度远大于外径(或边长)的一种金属管材,截面通常为圆形,也可以成扁形、方形和异形等。

钢管的用途很广,可广泛地用于工业、农业、建筑业以及国防工业等国民经济的各个部门,随着空间技术的发展,精密、薄壁、高强度等钢管的需求量正在日益增长。

钢管按生产方法可以分为无缝钢管和焊接钢管两种。无缝钢管又可分为热轧无缝管、冷拔管、冷轧管和挤压管等;焊接钢管按成型与焊接方法又可分为电焊管、炉焊管、气焊管、螺旋焊管、双面螺旋焊管、大直径 UOE 成型焊管、UOE 双面成型焊管等。

热轧无缝机组按机组大小可以分为小型机组、中型机组和大型机组。小型机组是指钢管外径 $DN \leqslant 140$mm,最小壁厚为 2.0~3.5mm。目前我国已投产的 140 机组、114 机组、108 机组、100 机组、76 机组均属于小型机组;中型机组是指钢管外径 DN159~250mm,最小壁厚为 3.5~4.0mm,如 218 机组等属中型机组;大型机组是指钢管外径 DN250~529mm,最小壁厚为 4.5~5.0mm,如 400 机组等属大型机组。

各种钢管车间的生产工艺流程、用水量及用水要求以及水处理设施的组成均有所不同,其用水量及水质要求应由轧钢专业和有关专业提出。

车间内主要用水户有：

(1)环形加热炉冷却用水，包括炉底水封槽补充水、炉内隔墙托管冷却水、炉门与炉门框冷却水以及烟道闸板冷却水等；钳式装料机和出料机的夹头，在入炉前后均需喷水或浸入水中冷却。

(2)再加热炉冷却用水。

(3)润滑油冷却器冷却用水。

(4)定径机冷却用水。

(5)液压冷却器(含炉子液压系统冷却)冷却用水。

(6)主马达及定径机马达冷却器冷却用水。

(7)芯棒冷却用水。

(8)限动芯棒连轧管机(MPM)冷却用水。

(9)延伸机冷却用水。

(10)穿孔机顶杆冷却用水。

(11)除鳞用水。

(12)冷却坑用水。

(13)拔管机冷却用水

(14)地下油库冷却器冷却用水。

(15)通风空调用水。

(16)炉子密封槽用水。

(17)其他用水等。

钢管车间用水户、用水要求及循环冷却水水质见表10-8、表10-9、表10-10和表10-11。

表10-8 钢管车间用水户及用水要求(A厂)

序号	系统名称	用水户名称	数量	水量/$m^3 \cdot h^{-1}$		水压/MPa	水质	用水制度
				单耗	总水量			
1	间接冷却循环水系统	斜底式加热炉	1	75	75	≥0.2	间接冷却水	连续
		斜底式炉推钢机	1	20	20	0.3	间接冷却水	连续
		穿孔机万向接轴	1	5	5	0.3	间接冷却水	连续
		穿孔机顶杆小车	1	30	30	0.8~1.0	间接冷却水	连续
		轧辊机轧辊回送辊	1	25	25	0.3	间接冷却水	连续
		轧管机顶杆小车	1	20	20	0.8~1.0	间接冷却水	连续
		热挤头机冷却水	1	14	14		间接冷却水	间断
2	直接冷却循环水系统	穿孔机轧辊顶头	1	25	25	0.3	直接冷却水	连续
		穿孔机定心辊长挡座	1	30	30	0.3		连续
		轧管机前台用水	2	30	60	0.3		连续
		轧管机后台用水	1	10	10	0.2~0.3		连续
		热定心机辊道	1	30	30	0.2~0.3		连续
		穿孔机水冲铁皮	1	50	50			间断
		轧管机水冲铁皮	1	50	50			间断
		出炉管道水冲铁皮	1	50	50			间断
		淬火水槽	1	100	50	0.6~0.8		间断

续表 10-8

序号	系统名称	用水户名称	数量	水量/$m^3 \cdot h^{-1}$		水压/MPa	水质	用水制度
				单耗	总水量			
3	生产新水	地下油库冷却器	2	31.8	63.6	0.2~0.3	生产新水（工业水）	连续
		1号操作室通风用水	1	2	2	0.2~0.3		连续
		2号操作室通风用水	1	2	2	0.2~0.3		连续
		可控硅装置室	1	2	2	0.2~0.3		连续
		主控室	1	2	2	0.2~0.3		连续
		控制站通风用水	1	3	3	0.2~0.3		连续
		车间洒水	4	1	4	0.2~0.3		间断
4	事故供水措施	利用全厂高位水池供水						

注：本表摘自某无缝钢管厂 ϕ100mm 无缝穿孔机组资料。

表 10-9 钢管车间用水户及用水要求（B厂）

序号	系统名称	用水户名称	水量/$m^3 \cdot h^{-1}$			水压/MPa	水温/℃	用水制度
			工业水	间接冷却水	直接冷却水			
1	间接冷却开路循环水系统	穿孔机顶杆冷却		48		0.8~1.0	<35	连续
		轧管机芯棒冷却		35		0.8~1.0	<35	连续
		除鳞机用补充水		60		0.2~0.3	<35	连续
		轧管机水槽补充水		2		0.2~0.3	<35	连续
		步进梁式再加热炉液压站		15		0.2~0.3	<35	连续
		步进梁式再加热炉光电管		1		0.2~0.3	<35	连续
		步进梁式再加热炉装出料辊道		22		0.2~0.3	<35	连续
		步进梁式再加热炉装料侧炉壁摄像机		0.3		0.2~0.3	<35	连续
		步进梁式再加热炉出料侧炉壁摄像机		0.3		0.2~0.3	<35	连续
		环形加热炉装料机		45		0.2~0.3	<35	连续
		环形加热炉出料机		60		0.2~0.3	<35	连续
		环形加热炉光电管		1		0.2~0.3	<35	连续
		环形加热炉装料侧炉壁摄像机		0.3		0.2~0.3	<35	连续
		环形加热炉出料侧炉壁摄像机		0.3		0.2~0.3	<35	连续
		环形加热炉液压站		10		0.2~0.3	<35	连续
		辊底式临界点以下退火炉		24		0.2~0.3	<35	连续
		辊底球化退火炉		48		0.2~0.3	<35	连续
		三座辊底式液压站		10		0.2~0.3	<35	连续
		液压站		7		0.2~0.3	<35	连续
		冷床		5		0.2~0.3	<35	连续
		减径机		15		0.2~0.3	<35	连续
		SKW125 冷轧管机		48		0.2~0.3	<35	连续
		SKW75 冷轧管机		18		0.2~0.3	<35	连续
		LG80 冷轧管机		10		0.2~0.3	<35	连续
		稀油站与液压站等冷却水		150		0.2~0.3	<35	连续
		润滑系统		20		0.2~0.3	<35	连续
		主电机稀油润滑		6		0.2~0.3	<35	连续
		空调、电机、通风及废酸再生、制冷等冷却水		477.5		0.2~0.3	<35	连续
		空压站		120		0.2~0.3	<35	连续
		其他		141.6				
		共　计		1400				

续表 10-9

序号	系统名称	用水户名称	水量/$m^3 \cdot h^{-1}$			水压/MPa	水温/℃	用水制度
			工业水	间接冷却水	直接冷却水			
2	直接冷却循环水系统	除鳞机补充水排水			60			
		轧管机水槽补充水			2			
		热锯冷却			3.5	0.2～0.3	<35	连续
		回转定径机轧辊冷却			15	0.2～0.3	<35	连续
		减径机轧辊冷却			40	0.2～0.3	<35	连续
		热锯			3.5	0.2～0.3	<35	连续
		轧管机轧管冷却			10	0.2～0.3	<35	连续
		穿孔机与轧管机间辊道冷却			71	0.2～0.3	<35	连续
		穿孔机轧辊冷却			105	0.2～0.3	<35	连续
		定心机			45	0.2～0.3	<35	连续
		穿孔机冲氧化铁皮			80	0.2～0.3	<35	连续
		轧管机冲氧化铁皮			80	0.2～0.3	<35	连续
		减径机冲氧化铁皮			80	0.2～0.3	<35	连续
		回转定径机			80	0.2～0.3	<35	连续
		步进梁式再加热炉水封			18	0.2～0.3	<35	连续
		穿孔前辊道			150	0.2～0.3	<35	连续
		环形加热炉水封			25	0.2～0.3	<35	连续
		步进梁式再加热炉中修时冲氧化铁皮			8			
		共　计			835.5			
3	直流水系统	穿孔机	24			0.2～0.3		
		SKW75 冷轧管机配置乳化液	8			0.2～0.3		
		SKW125 冷轧管机配置乳化液	12			0.2～0.3		
		LG80 冷轧管机配置乳化液	5			0.2～0.3		
		冷拔机	0.5			0.2～0.3		
		脱脂槽	15			0.2～0.3		
		清洗槽	15			0.2～0.3		
		酸洗间中和槽	14			0.2～0.3		
		酸洗间硫酸槽	28			0.2～0.3		
		酸洗间清水槽	14			0.2～0.3		
		酸洗间热水	14			0.2～0.3		
		酸洗间磷化槽	14			0.2～0.3		连续
		酸洗间冲洗槽(一)	15			1.0		连续
		酸洗间冲洗槽(二)	15			1.0		连续
		皂化槽	14			0.2～0.3		连续
		主厂房内皂化槽	15			0.2～0.3		连续
		探伤操作耦合剂循环补充水	5			0.2～0.3		连续
		钢管预温用水	8			0.2～0.3		连续
		锻铆焊间	4			0.2～0.3		连续
		机械加工间	4			0.2～0.3		
		热处理间	7			0.2～0.3		
		机电备件库	1			0.2～0.3		
		锅炉房	20			0.2～0.3		连续
		氮纯化装置用水	6			0.2～0.3		
		废酸回收	1.5			0.2～0.3		
		煤气加压站油冷却器	4			0.2～0.3		连续
		煤卸加压站冷凝水排水器	8			0.2～0.3		连续
		电捕出油器水封给水	2			0.2～0.3		连续
		外部煤气管道冷凝水	60			0.2～0.3		连续
		干箱脱硫水封	20			0.2～0.3		连续
		干箱系统用水	1			0.2～0.3		连续
		主厂房内煤气管道冷凝水排水器	24			0.2～0.3		连续
		各辅助车间空调	34.8			0.2～0.3		连续
		净环水补充水	155.44			0.2～0.3		连续
		酸洗间槽边抽风洗涤塔	36			0.2～0.3		连续
		脱脂槽槽边抽风洗涤塔	6			0.2～0.3		连续
		废酸回收站制冷间冷冻液补充水	2			0.2～0.3		连续
		共　计	633.24					

注:1. 本表摘自某厂 ϕ170 无缝钢管厂初步设计资料;
2. 该厂生产中厚钢板、高精度无缝钢管,规格为外径 20～175mm,壁厚 2.5～5.0mm,年产量 10 万 t/a。

表 10-10　钢管车间用水及用水要求(C 厂)

序号	用水户名称	水量/$m^3 \cdot h^{-1}$			水压/MPa	水温/℃	用水制度	备　注
		过滤水	间接冷却水	直接冷却水				
	一、间接冷却循环水系统							
1	补充水	32						
2	环形加热炉		60		0.4	30	连续	
3	再加热炉		90		0.4	30	连续	
4	润滑油冷却器(含定径)		142		0.4	30	连续	
5	液压冷却器(含炉子液压冷却)		183		0.4	30	连续	
6	主马达及定径机马达冷却		605		0.4	30	连续	
7	其他		20		0.4	30		
	小　计	32	1100					
	二、直接冷却循环水系统							
1	补充水	90/103						
2	芯棒			770/(984)	0.4		间断	
3	MPM(限动芯棒连轧管机)			140/(174)	0.4		间断	
4	延伸机			180/(222)	0.4		间断	
5	除鳞(工艺自行加压)			105	0.4		连续	
6	冷却坑			180	0.4		连续	
7	定径			125	0.4		连续	
8	拔管机			15	0.4		连续	
9	MPM(限动芯棒连轧管机)			60/(72)	1.2		连续	
10	延伸机			12			连续	
11	芯棒			200/(324)			连续	
12	冲洗			700			连续	
13	炉子密封			100			连续	
14	其他			27				
	小　计	90/103		2614/3040				
	总　计	122/135	1100	2614/3040				3717/4140

注：1. 本表摘自某厂钢管总厂轧管(PU2)水处理设施资料；

2. 该厂轧管工艺选用 ϕ250mm 限动芯棒连轧管机组和相应的管加工生产线，年产量 50 万 t/a。

表 10-11　轧管车间循环冷却水水质

名　称	间接冷却开路循环水系统	直接冷却循环水系统	备　注
pH	6～7	6～7	
悬浮物/$mg \cdot L^{-1}$	<20	<25	
总硬度/dH	13～20	25～29	
碳硬/dH			
碱硬/dH	14～16	20～23	
氧化物/$mg \cdot L^{-1}$	47～82	65～115	
硫酸盐/$mg \cdot L^{-1}$	54～94	25～131	
磷酸盐/$mg \cdot L^{-1}$	≯25	≯25	
可溶性 SiO_2/$mg \cdot L^{-1}$			
含油量/$mg \cdot L^{-1}$	<10	<10	

10.1.1.3　型钢车间给水排水

型钢分为热轧型钢和冷弯型钢两大类。热轧型钢是将加热的连铸钢坯在轧机中轧制成的产品。冷弯型钢是用机械方法把钢板冷弯而成的产品。目前,热轧型钢的用途很广,需求量也很大,其品种也繁多。简单断面的热轧型钢有各种不同规格的圆钢、方钢、扁钢、角钢和六角钢,复杂断面的热轧型钢有各种不同规格的工字钢、槽钢、钢轨、窗框钢和钢板桩等。

型钢车间由加热炉、主电室、轧制线、润滑油库、定尺及锯切、冷却、矫直等工段组成。某些车间还有酸洗工段。轧梁车间除上述工段外,还有钢坯清理、退火处理、钢轨加工线(包括矫直、铣头、钻眼、淬火)检查分级堆放等工段。

车间主要用水户有:

A　加热炉

在型钢车间钢坯的加热,一般采用二段式、三段式或多段式连续加热炉。根据工艺要求和设备布置也可采用端出料或侧出料的炉子。

1)炉内支承钢坯的纵向和横向炉底水管,这些水管均为通水间接冷却。

2)装料段的炉门、炉门框、钢托梁都采用通水间接冷却。

3)当炉子为侧出料时,出钢槽需通水间接冷却;当炉子为端出料时,出料端的出料滑道需通水间接冷却。

4)推钢机和出钢机的推杆需通水间接冷却。

5)预热段和加热的煤气烧嘴水冷夹套需通水间接冷却。小的烧嘴也有不用水冷却的。

6)两侧炉门通水间接冷却。

7)烟道闸阀通水间接冷却。

8)炉子两面钢板隔热水冷幕为淋水冷却。

9)煤气管道水封用水。

10)当采用煤粉作燃料时,喷送煤粉的喷嘴水套,需进行通水间接冷却。冲炉渣也需用水。

B　电机及主电室

水主要用于电机通风的空气冷却器和主电室通风的喷雾系统需喷水降温,以保证电机的安全运转和主电室的正常室温。小型主电室,由于主电机容量较小,且当电动机通风采用直流式,主电室通风采用不经喷雾冷却的机械通风时,可不用水。

C　轧制线

轧制工段包括轧机本身,机前、机后辊道及主操作室等。轧制过程中用水,主要是轧辊和轴承的冷却。冷却方式是直接喷水冷却,冷却后的水排入铁皮沟。

D　油库

主要供给油冷却器用水(间接冷却),小型油库也有不用油冷却器而直接向油箱内的蛇形管通水冷却的。

E　锯与剪的冷却

型材成品一般是热状态下锯成一定长度。有些车间还配有冷锯。热锯和冷锯的冷却部位是锯片和轴承,均为喷水冷却。由于热锯的位置一般都距轧机较远,故应在热锯附近设置铁皮截留坑,人工定期清除铁皮。废水引入铁皮沟或外排。

F　冷床

间接水冷,是利用冷水通过冷床下面的沟槽,以加速钢材的冷却。但钢材不与水直接接触，故水可循环使用。喷水冷却，为提高某些钢材的力学性能，轧后采用喷水直接冷却。水冷是在冷床前上方，设置几排带孔水管或喷头（有时在钢材的下部也设置喷头），向钢材喷淋水，以加速钢材的冷却。

G 精整工段

精整工段一般包括矫直、铣头、钻孔等工序。矫直机不用水，铣头机和钻孔机只用少量的冷却水，主要是钻头等处的冷却水。

H 淬火

钢轨（主要是重轨）在铣头、钻孔之后进行淬火。淬火有全长和轨端淬火两种。大量的产品是轨端淬火，轨端淬火通常有两种。

（1）利用轧后余热淬火。钢轨在经锯切之后到冷却台上，若温度在 760 ~ 850℃时，即可采用余热进行人工淬火。淬火套长约 200mm，水通过其上的小孔流到轨头表面上，达到淬火的目的。

（2）高频淬火。高频淬火是利用感应电磁波，把轨端加热至淬火温度，然后喷水冷却，达到淬火的目的。

I 通风用水

车间内一些高温地区的操作点需要设置通风设施，以改善劳动操作条件。一般采用普通空调或集中空调。

J 酸洗工段

酸洗工段的主要用水户有热水漂洗槽和喷洗槽的补充水，人体喷洗用水，吸收塔循环水池槽盖水封和 5 辊矫直机循环水系统的补充水，油库的冷却水，酸洗机组主电机通风和电气控制室通风用水。

车间用水量、用水条件及对水质的要求见表 10-12、表 10-13 和表 10-14

表 10-12 和表 10-13 是某厂 H 型钢车间的用水量及用水条件，该厂一期年产量为 60 万 t/a，二期年产量为 100 万 t/a。

表 10-12 H 型钢车间间接冷却开路循环水系统用水量及用水条件

序号	用户名称	水量/$m^3 \cdot h^{-1}$		压力/MPa	温度/℃		用水种类	备 注
		一期	二期		给水	回水		
1	出炉辊道轴承	13	26	0.4	<32	<40	间接冷却水	
2	热切头锯油润滑系统	5	5	0.4	<32	<40	间接冷却水	
3	移动式热锯油润滑系统	5	5	0.4	<32	<40	间接冷却水	
4	固定式热锯油润滑系统	5	5	0.4	<32	<40	间接冷却水	
5	辊式矫直机油润滑系统	5	10	0.4	<32	<40	间接冷却水	
6	1 号冷锯油润滑系统	5	5	0.4	<32	<40	间接冷却水	
7	2 号冷锯油润滑系统	5	5	0.4	<32	<40	间接冷却水	
8	BD 轧机液压系统	9	9	0.4	<32	<40	间接冷却水	
9	UE 轧机液压系统	18	18	0.4	<32	<40	间接冷却水	
10	热精整线液压系统	21	21	0.4	<32	<40	间接冷却水	

续表 10-12

序号	用户名称	水量/$m^3 \cdot h^{-1}$		压力/MPa	温度/℃		用水种类	备　注
		一期	二期		给水	回水		
11	冷精整线液压系统	18	18	0.4	<32	<40	间接冷却水	
12	液压试验台	1	1	0.4	<32	<40	间接冷却水	
13	AGC 液压系统	13	13	0.4	<32	<40	间接冷却水	
14	BD 机架油润滑系统	33	33	0.4	<32	<40	间接冷却水	
15	UE 机架油润滑系统	33	33	0.4	<32	<40	间接冷却水	
16	E2 机架油润滑系统		12	0.4	<32	<40	间接冷却水	
17	E2 机架液压系统		3	0.4	<32	<40	间接冷却水	
18	2 号冷床热精整线液压		11	0.4	<32	<40	间接冷却水	
19	3 号堆垛台过渡台架液压		9	0.4	<32	<40	间接冷却水	
20	移动式冷锯油润滑系统		5	0.4	<32	<40	间接冷却水	
21	辊式矫直机液压系统		5	0.4	<32	<40	间接冷却水	
22	BD 轧机主传动	61	61	0.4	<32	<38	间接冷却水	
23	U1 轧机主传动	61	61	0.4	<32	<38	间接冷却水	
24	E1 轧机主传动	17	17	0.4	<32	<38	间接冷却水	
25	U2 轧机主传动	61	61	0.4	<32	<38	间接冷却水	
26	UF 轧机主传动	20	20	0.4	<32	<38	间接冷却水	
27	BD 轧机推床位移装置	28	28	0.4	<32	<40	间接冷却水	
28	BD 轧机推床翻转装置	16	16	0.4	<32	<40	间接冷却水	
29	BD 轧机压下装置	5	5	0.4	<32	<40	间接冷却水	
30	U1 轧机压下装置	10	10	0.4	<32	<40	间接冷却水	
31	E1 轧机压下装置	5	5	0.4	<32	<40	间接冷却水	
32	U2 轧机压下装置	10	10	0.4	<32	<40	间接冷却水	
33	辊式矫直机主传动	24	28	0.4	<32	<40	间接冷却水	
34	E2 轧机压下装置		5	0.4	<32	<40	间接冷却水	
35	E2 轧机房传动		17	0.4	<32	<38	间接冷却水	
36	压力矫直液压系统	18	18	0.4	<32	<40	间接冷却水	
37	未预见用水量	60	70	0.4			间接冷却水	
	小　计	585	704					
38	加热炉	850	1700	0.4	≤35	≤50	间接冷却水	
39	空调系统	2775	2775	0.4	≤34	≤39	间接冷却水	
40	未预见用水量	200	200	0.4			间接冷却水	
	小　计	3825	4675					
41	空压站	80	100	0.3	≤34	≤41	间接冷却水	
	小　计	80	100					

表 10-13 H 型钢车间直接冷却循环水系统用水量及用水条件

序号	用户名称	水量/$m^3\cdot h^{-1}$		压力/MPa	温度/℃		用水种类
		一期	二期		给水	回水	
1	加热炉水封	28	55	0.4	<32	<40	直接冷却水
2	除鳞站	27	27	0.4	<32	<40	直接冷却水
3	BD 轧机轧辊	72	72	0.4	<32	<40	直接冷却水
4	BD 轧机轧辊	120	120	0.4	<32	<40	直接冷却水
5	热切头锯	15	15	0.4	<32	<40	直接冷却水
6	U1 轧机轧辊	120	120	0.4	<32	<40	直接冷却水
7	E1 轧机轧辊	70	70	0.4	<32	<40	直接冷却水
8	U2 轧机轧辊	120	120	0.4	<32	<40	直接冷却水
9	UF 轧机轧辊	120	120	0.4	<32	<40	直接冷却水
10	腹板导卫	45	45	0.4	<32	<40	直接冷却水
11	移动式热锯	15	15	0.4	<32	<40	直接冷却水
12	固定式热锯	15	15	0.4	<32	<40	直接冷却水
13	1 号冷锯	15	15	0.4	<32	<40	直接冷却水
14	2 号冷锯	15	15	0.4	<32	<40	直接冷却水
15	E2 轧机轧辊		70	0.4	<32	<40	直接冷却水
16	移动式热锯		15	0.4	<32	<40	直接冷却水
17	翼缘选择冷却		720	0.85	<32	<40	直接冷却水
18	冲氧化铁皮	800	800	0.3			直接冷却水
19	未预见用水量	160	260	0.4			直接冷却水
	小计	1757	2689				

表 10-14 型钢车间各系统对用水水质的要求

序号	项目名称	用水种类				备注
		间接冷却开路循环水系统	直接冷却循环水系统	冲氧化铁皮	工业用水	
1	pH	7~9	7~9	7~9	7~8.5	7~8.5
2	悬浮物/$mg\cdot L^{-1}$	≤20	≤50	≤100	≤5	
3	悬浮物最大粒径/mm	0.2	0.2			
4	总硬度/$mg\cdot L^{-1}$	<220	<220	<220	<80	以 CaO 计
5	暂时硬度/$mg\cdot L^{-1}$	<150	<150	<150	<150	以 CaO 计
6	电导率/$\mu S\cdot cm^{-1}$	<3000	<3000	<3000		
7	油/$mg\cdot L^{-1}$	<2	<10			

10.1.1.4 线材车间给水排水

现代高速线材车间的组成一般包括钢坯跨、加热炉跨、轧制跨、成品跨、轧辊加工间、辊环导卫维修间、电控室、检验楼以及水处理设施等。

随着科学技术的迅猛发展，对现代线材轧机的要求是轧制的高速度，产品的高质量和设备的高效率，除新建线材车间外，还面临对现有落后线材企业的工艺和设备进行技术改造的繁重任务，同样，对过去设计的一些不合理或不完善的水处理工艺、落后的设备和仪表选型以及控制的低水平等进行相应的改造是必要的，只有不断提高水处理设施中的新技术含量，才能真正做到与工艺的技术改造相适应，使企业不断走向现代化，使水处理设施更好地为生产服务。

高速线材车间的用水及对用水的要求（如用水量、水压、水温、水质等）应由轧钢专业及有关的专业提供，以下是国内部分高速线材车间的设计资料，可供设计参考，详见表 10-15 ~ 表 10 ~ 24。

车间主要用水户有：

A 加热炉（要求用间接冷却水）：1）装料端摄像机冷却水；2）步进梁纵向水管冷却水；3）步进梁主柱冷却水；4）固定梁纵向水管冷却水；5）固定梁后部主柱冷却水；6）固定梁后横向水管冷却水；7）固定梁前部主柱冷却水；8）下加热处短立管冷却水；9）缓冲挡板冷却水；10）下加热处短立管冷却水；11）隔墙冷却水；12）下加热中冷却管冷却水；13）固定梁前横水管冷却水；14）下加热前冷却管冷却水；15）前炉门冷却水；16）后炉门冷却水；17）出料端摄像机冷却水；18）水封槽用水等。

B 轧制线设备（要求用间接冷却水）：1）轧机电动机冷却器冷却水；2）高温计冷却水；3）液压、润滑系统冷却水；4）空压机冷却水；5）光电检测器冷却水；6）通风空调及仪表冷却水等。

C 轧制线设备（要求用直接冷却水）：1）推钢机和夹送辊冷却水；2）粗轧机轧辊冷却水；3）主活套冷却水；4）侧活套冷却水；5）预精轧机轧辊冷却水；6）预精轧机导板冷却水；7）精轧机组前方的水箱冷却水；8）水箱穿行导管冷却水；9）V 型精轧机的轧辊和导板冷却水；10）V 形轧机机架间冷却水；11）无扭精轧机组后面的水箱冷却水；12）线径检测器冷却水；13）吐丝机前方的夹送辊道冷却水；14）吐丝机冷却水等。

由于各厂的情况不同，线材车间供水量及供水水质存在很大差异，应根据当地的实际情况和轧钢专业要求共同研究确定。

表 10-15 高速线材车间用水户及用水要求（A 厂）

序号	系统名称	用水户名称	水量 /$m^3 \cdot h^{-1}$	水压 /MPa	水温 /℃	水质 /$mg \cdot L^{-1}$	用水制度
1	直接冷却循环水系统	加热炉水封槽	40	0.3	≤35	30	连续
		高压水除鳞装置	43.2	0.6	≤35	30	
		保温辊道	12	0.3	≤35	30	
		钢坯夹送辊	12	0.6	≤35	30	
		粗轧机组	241.8	0.55	≤35	30	
		中轧机组	274.8	0.55	≤35	30	
		中轧间立活套	18	0.3	≤35	30	
		15 号轧机前侧活套	6	0.15	≤35	30	
		预粗轧机组轧辊	104.7	0.55	≤35	30	
		预粗轧机组导卫	25.2	0.55	≤35	30	
		预精轧机组立活套	18	0.3	≤35	30	
		精轧机前水箱冷却水	327	0.3	≤35	30	

续表 10-15

序号	系统名称	用水户名称	水量 /$m^3 \cdot h^{-1}$	水压 /MPa	水温 /℃	水质 /$mg \cdot L^{-1}$	用水制度
1	直接冷却循环水系统	精轧前水箱吹水	24	0.3	≤35	30	连续
		精轧前侧活套	6	0.15	≤35	30	
		精轧机组轧辊、导卫	277.68	0.55	≤35	30	
		精轧机组水冷	48	0.3	≤35	30	
		减定径机组	95.4	0.55	≤35	30	
		精轧后水箱冷却水	951.6	0.2	≤35	30	
		精轧后水箱吹水	81	0.7	≤35	30	
		精轧后水箱喷嘴冷却	29.7	0.2	≤35	30	
		夹送辊	6	0.3	≤35	30	
		吐丝机	6	0.3	≤35	30	
		小 计	2648				
2	间接冷却开路循环水系统	液压，润滑系统	337	0.35	≤35	20	连续
		加热炉水梁、立柱	250	0.4	≤35	20	
		加热炉装料辊	15	0.4	≤35	20	
		加热炉出料辊	20	0.4	≤35	20	
		液压站油冷却	20	0.4	≤35	20	
		自动化检测元件冷却	15	0.4	≤35	20	
		18 机架电动机冷却	97	≤0.48	≤35	20	
		减定径机电动机冷却水	21.78	0.6	≤35	20	
		精轧机组同步电动机冷却水	35.46	0.6	≤35	20	
		光电检验器冷却用水	4.2	≤0.4	≤35	20	
		仪表用水	8.5	≤0.4	≤35	20	
		通风空调用水	320	≤0.4	≤35	20	
		空压机冷却水	31.97	0.3	≤35	20	
		小 计	1175.91				
3	工业水	车间地坪洒水	5				连续
		机修间	1.2				
	生活饮用水	检验室	1.6				
	事故供水系统	水塔容积 $100m^3$，H = 30m					另有柴油发电机做备用

注：1. 本表为 A 厂高速线材车间设计资料，该厂年产量 40 万 t/a；

2. 设备由美国摩根公司引进，设计速度为 132m/s，保证速度为 110m/s。

表 10-16　高速线材车间用水量及用水要求(B厂)

序号	系统名称	用水户名称	水量 /$m^3 \cdot h^{-1}$	水压 /MPa	水温 /℃	水质 SS /$mg \cdot L^{-1}$	水质 含油 /$mg \cdot L^{-1}$	用水制度
1	直接冷却循环水系统	除鳞	15	0.7	≤33	≤10	≤5	连续
		冷却出炉夹送辊	25	0.7	≤33	≤10	≤5	
		冷却粗轧机(1~6机架)	300	0.7	≤33	≤10	≤5	
		冷却切头剪	15	0.7	≤33	≤10	≤5	
		冷却一中轧(7~14号机架)	400	0.4	≤33	≤10	≤5	
		冷却二中轧(15~16号机架)	100	0.7	≤33	≤10	≤5	
		冷却预精轧(17~20号机架)	200	0.7	≤33	≤10	≤5	
		冷却水冷箱(1~7号)	1190	0.7	≤33	≤10	≤5	
		冷却精轧辊环	500	0.7	≤33	≤10	≤5	
		冷却轧件	276	0.7	≤33	≤10	≤5	
		冷却水箱中间夹送辊	2	0.7	≤33	≤10	≤5	
		冷却吐丝机前夹送辊	4	0.7	≤33	≤10	≤5	
		冲渣	200	0.3	≤33	≤50	≤5	
		合　计	3227					
2	间接冷却开路循环水系统	冷却工业炉	765	0.35~0.4	≤33	≤10	≤10	连续
		冷却电机	500	0.3	≤33	≤10	≤10	连续
		冷却油液压系统	590	0.4~0.6	≤33	≤10		连续
		冷却空调	400	0.4~0.6	≤35			每年6~9月连续使用
		冷却工业电视	4	0.3	≤35			连续
		冷却打捆机	9	0.3	≤35			连续
		机修用水	6	0.4~0.6	≤33			连续
		冷却空压机	120	0.4~0.6	≤35			连续
		未预见用水	206					
		合　计	2600					
3	工业水	间接冷却循环水系统补充水	140					连续
		直接冷却循环水系统补充水	200					
		合计补充水	340					
4	事故供水系统	安全水塔,容积300m^3,供加热炉事故水1h用量						

注:1. 本表为B厂高速线材车间资料,该厂1994年动工,1996年上半年建成投产,年产量70万t/a(双线生产),线材规格ϕ5.5~22mm,螺纹钢ϕ6~16mm。

2. 轧机是德国施罗曼西马克公司产品,设计轧制速度120m/s。

表 10-17 高速线材车间用水量及用水要求(C厂)

序号	系统名称	用水户名称	水量 /$m^3 \cdot h^{-1}$	水压 /MPa	水温 /℃	水质 pH	用水制度
1	直接冷却循环水系统	加热炉水封和冲氧化铁皮	30	0.6	35	7~8.5	连续
		推钢机	25	0.6	35	7~8.5	
		拉钢机	25	0.6	35	7~8.5	
		粗轧机组	350	0.6	35	7~8.5	
		顶精轧机组(双线)	240	0.6	35	7~8.5	
		精轧机组(双线)	500	0.6	35	7~8.5	
		水冷装置(双线)	380	0.6	35	7~8.5	
		其他	320	0.6	35	7~8.5	
		水冷装置冲洗喷嘴	210	1.2	35	7~8.5	
		冲氧化铁皮	170	0.2	35	7~8.5	
		煤气管道排水器水封	0.5~1.0	0.2	35	7~8.5	
		吐丝机	10	0.6	35	7~8.5	
2	间接冷却开路循环水系统	加热炉	153	0.6	35	7~8.5	连续
		加热炉液压站	3	0.6	32	7~8.5	
		润滑系统油冷却器	280	0.6	32	7~8.5	
		液压	20	0.6	32	7~8.5	
		主电室及操作空调制冷机	250	0.6	32	7~8.5	
		主传动空气冷却器	300	0.6	32	7~8.5	
		加热炉电动机温度计	1	0.6	32	7~8.5	
		控制冷却段仪表	~1	0.6	32	7~8.5	
3	新水	开路循环水补充水	157	0.2~0.25	32	7~8.5	
4	事故供水系统	加热炉事故冷却水	80	0.3	30	7.5	

注:1. 本表为C厂股份有限公司高速线材厂资料,设计年产40万t/a,线材规格ϕ5.5~13mm,ϕ6.0~12mm,双线生产;

2. 轧机是德国施罗曼西马克公司产品,设计保证轧制速度为75m/s,最高轧制速度为112m/s。

表 10-18 高速线材车间用水量及用水量要求(D厂)

序号	系统名称	用水户名称	水量 /$m^3 \cdot h^{-1}$	水压 /MPa	水温 /℃	水质 pH	用水制度
1	间接冷却开路循环水系统	加热炉冷却用水	350	0.3	≤35	7~9	连续
		液压系统冷却水	102	0.35	≤35	7~9	连续
		润滑系统冷却水	332.4	0.35	≤35	7~9	连续
		主电机(1~18号)冷却水	450	0.3	≤35	7~9	连续
		精轧机主电机冷却水	300	0.3	≤35	7~9	连续
		打捆机系统冷却水	4	0.3	≤35	7~9	连续
		工业摄像机头冷却水	4	0.3	≤35	7~9	连续
		其他用水(包括通风空调)	135	0.3	≤35	7~9	间断
2	直接冷却循环水系统	推钢机和夹送辊	29	0.15	≤35	7~9	连续
		1~6号机架的轧辊冷却	204	0.3	≤35	7~9	连续
		7~14号机架的轧辊冷却	272.4	0.3	≤35	7~9	连续
		11~14号机架主活套冷却	18	0.3	≤35	7~9	连续
		15号机架前侧活套冷却	6	0.15	≤35	7~9	连续
		14~18号预精轧轧辊冷却	104.7	0.55	≤35	7~9	连续
		14~18号预精轧机导板冷却	25.2	0.59	≤35	7~9	连续
		顶粗轧机组前主滑套冷却	18	0.3	≤35	7~9	连续
		V型精轧机轧辊和导板冷却	18	0.55	≤35	7~9	连续
		V型精轧机机架间冷却	63.5	0.3	≤35	7~9	连续
		线径检测器(预留)	4.8	0.3	≤35	7~9	连续
		吐丝机前夹送辊	6	0.3	≤35	7~9	连续
		吐丝机	6	0.3	≤35	7~9	连续
		高压水除鳞(预留)	30		≤35	7~9	连续
		冲氧化铁皮	150	0.3	≤35	7~9	连续
		其他	60	0.3	≤35	7~9	连续
3	新水	循环水系统补充水	300				
4	事故供水系统	水塔容积为 350m^3					

注:1. 本资料为D厂线材公司资料,设计年产量38万 t/a,线材规格为 ϕ5.5~13mm;

2. 轧机为美国摩根公司产品,设计轧制速度为120m/s,保证轧制速度为105m/s。

表 10-19 高速线材车间用水量及和用水要求(E 厂)

序号	系统名称	用水户名称	水量 /$m^3 \cdot h^{-1}$	水压 /MPa	水温 /℃	水质	用水制度
1	直接冷却循环水系统	精轧机后水箱冷却	98	0.85	35	直接冷却水	连续
		预精轧机组冷却	91	0.62	35		连续
		主精轧机组主活套冷却	40	0.62	35	直接冷却水	连续
		精轧机轧辊冷却	337	0.62	35	直接冷却水	连续
		精轧机机架间冷却	70	0.4	35	直接冷却水	连续
		水箱喷嘴冷却	50	0.4	35	直接冷却水	连续
		精轧机前水箱冷却	168	0.4	35	直接冷却水	连续
		粗、中轧机机架轧辊冷却	354	0.4	35	直接冷却水	连续
		中轧机组的主活套冷却	26	0.4	35	直接冷却水	连续
		吐丝机及拉出机冷却	14	0.4	35	直接冷却水	连续
		推钢机及拉出机冷却	32	0.4	35	直接冷却水	连续
		预精轧机前和精轧机前活套冷却	14	0.4	35	直接冷却水	连续
		水封冲渣	60	0.4	35	直接冷却水	连续
		不可预见	80	0.4	35	直接冷却水	连续
2	间接冷却开路循环水系统	加热炉冷却水	200	0.62	32	间接冷却水	连续
		主电机冷却水等	301	0.62	32		连续
		空调用水	220	0.62	32	间接冷却水	连续
		润滑系统 A、B、C	250	0.62	32	间接冷却水	连续
		液压系统 AA、BB、CC	66	0.62	32	间接冷却水	连续
		电气设备	33	0.62	32	间接冷却水	连续
		不可预见	30	0.62	32	间接冷却水	连续
		空压机	60	0.3	32	间接冷却水	连续
3	新水	化验、锅炉房、机修	25	0.3			连续
		其他	10				

注:1. 本表为 E 厂高速线材分厂资料,年产量 35 万 t/a,线材规格 $\phi5.5 \sim 20$mm;

2. 轧机为美国摩根公司产品,设计轧制速度为 100m/s。

表 10-20 高速线材车间用水量及用水要求(F厂)

序号	系统名称	用水户名称	水量 /$m^3 \cdot h^{-1}$	水压 /MPa	水温 /℃	水质	用水制度
1	直接冷却循环水系统	冷却拉料辊	25	0.6	≤35	直接冷却水	连续
		冷却事故剪	15	0.6	≤35	直接冷却水	连续
		冷却1号轧机	25	0.6	≤35	直接冷却水	连续
		冷却2~6号轧机	125	0.6	≤35	直接冷却水	连续
		冷却7~12号轧机	150	0.6	≤35	直接冷却水	连续
		冷却13~16号轧机	100	0.6	≤35	直接冷却水	连续
		冷却17~18号轧机	50	0.6	≤35	直接冷却水	连续
		精轧前水冷箱	170	0.6	≤35	直接冷却水	连续
		精轧机	388	0.6	≤35	直接冷却水	连续
		精轧后水冷箱	425	0.6	≤35	直接冷却水	连续
		吐丝机夹送辊	2	0.6	≤35	直接冷却水	连续
		水冲铁皮用水	300	0.6	≤35	直接冷却水	连续
2	间接冷却开路循环水系统	1~18号轧机电机冷却	227	0.4	≤30	间接冷却水	连续
		精轧机电机冷却	36	0.4	≤30	间接冷却水	连续
		高压水站	3.6	0.4	≤30	间接冷却水	连续
		1号液压站过滤器	8.0	0.4	≤30	间接冷却水	连续
		850稀油站过滤器	54	0.4	≤30	间接冷却水	连续
		1700稀油站过滤器	150	0.4	≤30	间接冷却水	连续
		集卷站液压站过滤器	8.0	0.4	≤30	间接冷却水	连续
		打捆机液压站	4.5	0.4	≤30	间接冷却水	连续
		主电室	73.5	0.4	≤30	间接冷却水	连续
		加热炉	430	0.4	≤30	间接冷却水	连续

注:1. 本表为F厂总公司第四轧钢厂资料,年产量为30万t/a,线材规格ϕ5.5~20mm,螺纹钢ϕ6~16mm;

2. 轧机是德国西马克公司产品,设计精轧机最高保证轧制速度105m/s,精轧机轧制速度:新辊环为140m/s,旧辊环为126m/s。

表 10-21 高速线材车间用水量及用水要求(G 厂)

序号	系统名称	用水户名称	水量 /$m^3 \cdot h^{-1}$	水压 /MPa	水温 /℃	水质 /$mg \cdot L^{-1}$	用水制度
1	直接冷却循环水系统	粗轧机轧辊冷却水	200	0.78	30	SS30	连续
		中轧机轧辊冷却	160	0.78	30	SS30	连续
		预精轧机冷却水	140	0.78	30	SS30	连续
		主活套冷却水	5	0.78	30	SS30	连续
		水冷装置正向喷嘴	220	0.78	30	SS30	连续
		预水冷箱正向喷嘴	35	0.78	30	SS30	连续
		精轧机轧辊冷却水	225	0.78	30	SS30	连续
		1、2、3 切头坑喷水冷却	5	0.78	30	SS30	连续
		预水冷箱导管冷却	25	0.78	30	SS30	连续
		水冷装置导管冷却	15	0.78	30	SS30	连续
		预水冷装置导管冷却	21	0.18	30	SS30	连续
		水冷装置反向喷嘴	65	0.18	30	SS30	连续
2	间接冷却开路循环水系统	加热炉冷却水	206	0.2~0.3	28	pH7~9,硬度<100	连续
		吐丝机冷却水	7	0.2~0.3	28	pH7~9,硬度<100	连续
		空压站	14.5	0.2~0.3	28	pH7~9,硬度<100	连续
		加热炉液压站冷却水	12	0.2~0.3	28	pH7~9,硬度<100	连续
		粗、中精轧机液压系统冷却水	7	0.2~0.3	28	pH7~9,硬度<100	连续
		打捆机液压系统冷却水	4	0.2~0.3	28	pH7~9,硬度<100	连续
		3 号油库冷却水	6	0.2~0.3	28	pH7~9,硬度<100	连续
		粗、中精轧机组润滑系统冷却水	9	0.2~0.3	28	pH7~9,硬度<100	连续
		车间空调用水	172	0.2~0.3	28	pH7~9,硬度<100	连续
3	新水	直接冷却系统补充水	78.5	≤0.4	20	*SS*<30	
		间接冷却系统补充水	27	0.6	20	软水	
4	事故供水系统	加热炉紧急补水	100m^3				

注:1. 本表为 G 厂高速线材厂资料,年产量为 35 万 t/a,线材规格 ϕ5.5~13mm;

2. 轧机是美国布兹波罗(Birdsboro)公司产品,设计轧制速度为 108m/s,保证轧制速度为 90m/s。

表 10-22 高速线材车间用水量及用水要求(H 厂)

序号	系统名称	用水户名称	水量 /$m^3 \cdot h^{-1}$	水压 /MPa	水温 /℃	水质 pH	用水制度
1	直接冷却循环水系统	1~15 号机架	260	0.6	32	7~8.5	连续
		精轧机	180	0.6	32		连续
		精轧前水冷箱	40	0.6	32	7~8.5	连续
		精轧后水冷箱	160	0.6	32	7~8.5	连续
		轧机后喷嘴	120	1.2	32	7~8.5	间断(二次加压)
		水池	80	0.6	32	7~8.5	连续
2	间接冷却开路循环水系统	1~11 号轧机润滑站	76	0.4	32	pH7~8.5	连续
		预精轧润滑站	45	0.4	32		连续
		悬臂轧机润滑站	180	0.4	32	pH7~8.5	连续
		吐丝机润滑站	10	0.4	32	pH7~8.5	连续
		推钢机(入炉侧)液压站	45	0.4	32	pH7~8.5	连续
		出钢机液压站	5.5	0.4	32	pH7~8.5	连续
		精轧机液压站	3.4	0.4	32	pH7~8.5	连续
		精整液压站	44	0.4	32	pH7~8.5	连续
		加热炉水冷	30	0.4	32	pH7~8.5	连续
		主电室空调	330	0.4	32	pH7~8.5	连续
		主电机空气冷却器	50	0.4	32	pH7~8.5	连续
		主电机空气冷却器(中压)	125	0.4	32	pH7~8.5	连续
		炉内辊道,出钢机	15	0.4	32	pH7~8.5	连续
		仪表及工业电视	10	0.4	32	pH7~8.5	连续
		空压机房	30	0.4	32	pH7~8.5	连续
		水池	50	0.4	32	pH7~8.5	连续
3	新水	补充水	122				连续
4	事故供水系统	供加热炉事故水箱一座,容积为 100m^3,H = 22m					

注:1. 本表为 H 厂高速线材分厂资料,年产量 20 万 t/a,1996 年进行技术改造,产量提高 20%,线材规格 ϕ5.5~16mm;

2. 轧机是意大利达涅利(DANIELI)公司产品,设计最高轧制速度 85m/s,保证轧制速度为 75m/s,改造后的轧制速度为 100m/s。

表 10-23 高速线材车间用水户及用水要求(I厂)

序号	系统名称	用水户名称	水量 /$m^3 \cdot h^{-1}$	水压 /MPa	水温 /℃	水质	用水制度
1	直接冷却循环水系统	粗轧轧辊冷却	360	0.34	<34	pH7~9	连续
		中轧轧辊冷却	180	0.34	<34	SS30mg/L	连续
		预精轧轧辊冷却	230	0.45	<34	油 5~10mg/L	连续
		精轧轧辊冷却	260	0.45	<34	油 5~10mg/L	连续
		水冷段冷却水	355	0.17	<34	油 5~10mg/L	连续
		水冷段刮水冷却水	37	1.03	<34	油 5~10mg/L	连续
2	间接冷却开路循环水系统	压缩空气干燥系统冷却水	20	0.45	<33	pH7~9	连续
		中央空调冷却水	75	0.45	<33	SS5~10mg/L	连续
		粗轧润滑站	45	0.45	<33	SS5~10mg/L	连续
		中轧润滑站	45	0.45	<33	SS5~10mg/L	连续
		预精轧润滑站	70	0.45	<33	SS5~10mg/L	连续
		精轧润滑站	90	0.45	<33	SS5~10mg/L	连续
		加热炉液压站	20	0.45	<33	SS5~10mg/L	连续
		集卷液压站	35	0.45	<33	SS5~10mg/L	连续
		盘卷压紧液压站	35	0.45	<33	SS5~10mg/L	连续
		拉出机液压站	20	0.45	<33	SS5~10mg/L	连续
		电话机房空调冷却水	5	0.45	<33	SS5~10mg/L	连续
		加热炉原水热交换器水箱				SS5~10mg/L	连续
		水封槽	100	0.45			连续
3	新水	净水池补充水	30		<33	SS5~10mg/L	连续
4	事故供水系统	加热炉系统紧急补水	300m^3	0.18	约 33	SS5~10mg/L	

注:1. 本表为I厂高速线材车间资料,设计生产能力 52 万 t/a,保证速度为 76.2m/s,线材规格 ϕ5.5~13mm;

2. 轧机设备由美国摩根公司里拉恩斯公司对旧设备进行整修、改造、配套及国内分交四位一体构成,两条生产线。

表 10-24 线材车间循环冷却水水质表

项目名称	间接冷却开路循环水系统	项目名称	直接冷却循环水系统
悬浮物含量/$mg \cdot L^{-1}$	25~30	悬浮物含量/$mg \cdot L^{-1}$	25~50
pH 值	7~9	pH 值	7~9
水温/℃	32~35	水温/℃	≤35
油和油脂/$mg \cdot L^{-1}$	5~10	油和油脂/$mg \cdot L^{-1}$	5~10
氯离子/$mg \cdot L^{-1}$	100~226	氯离子/$mg \cdot L^{-1}$	150~400
硫酸根/$mg \cdot L^{-1}$	300~500	硫酸根/$mg \cdot L^{-1}$	150~600
含铁量/$mg \cdot L^{-1}$	0.2~1.0	含铁量/$mg \cdot L^{-1}$	0.3~1.0
总硬度(以 $CaCO_3$ 计)/$mg \cdot L^{-1}$	53~357	颗粒最大粒径/μm	<250
颗粒最大粒径/μm	100~250	总硬度(以 $CaCO_3$ 计)/$mg \cdot L^{-1}$	267~357

注:1. 间接冷却开路循环水系统供水压力 0.3~0.35MPa;直接冷却循环水系统供水压力 0.6MPa,0.8MPa;

2. 直接冷却循环水系统排水水质:1)细氧化铁皮量约占产量的 1.5%;2)pH 值 7~9;3)排水温度 43~49℃;4)油和油脂约 25mg/L。

10.1.2 给水排水系统

热轧厂(包括钢板、钢管、型钢、线材)的给水排水系统。应根据水源条件,轧制工艺,产品品种,用户对水量、水质、水压、水温的不同要求以及排水水质,排水形式等条件,经技术经济比较后确定。一般情况下可以分为工业水(即净化水,下同)直流供水系统、间接冷却开路循环水系统、直接冷却循环水系统、层流冷却循环水系统、压力淬火循环水系统、过滤器反冲洗水系统、废水处理系统、泥浆处理系统以及雨水排水系统等。

对于连铸热轧带钢厂而言,除了上述各系统以外,尚有连铸结晶器软水闭路循环冷却水系统和连铸闭路机械和加热炉软水半开路循环冷却水系统,各系统的水处理工艺流程与连铸车间、热轧车间的水处理工艺流程基本相同,详见连铸热轧带钢厂给水排水系统。

10.1.2.1 工业水(净化水)直流供水系统

工业水直流供水系统主要供车间内各循环水系统的补充水、锅炉房用水、检验室用水、水处理药剂调配用水以及个别用水户零星用水等。

工业水系统的水温要求,一般为<32℃,供水压力为0.2~0.3MPa,可由车间外工业水系统给水管网供水。

10.1.2.2 间接冷却开路循环水系统

热轧车间的各种加热炉、各种热处理炉、润滑油系统冷却器、液压系统冷却器、空压机、主电机冷却器、通风空调以及各种仪表用水等均为间接冷却水用户，间接冷却水的水质不受污染，仅水温升高，一般只需经冷却塔降温达到用水设备对水温的要求后，即可循环使用。

但是,由于循环水在循环使用过程中,特别是在冷却塔的降温过程中受到尘泥和微生物滋生繁殖和新陈代谢作用致使冷却水中悬浮物增多,其水质不能满足循环水的水质要求,所以需采取旁通过滤的方法去除循环水中的尘泥和微生物等。

根据“工业循环冷却水处理设计规范”规定,敞开式系统的旁通过滤水量除按旁通水量计算公式计算外,亦可按循环水量的1%~5%或结合国内实际运行经验确定。由于钢铁工业厂区含尘量较高,当计算的旁通过滤水量<10%时,一般按不小于10%考虑。

在敞开式循环冷却水系统中,由于冷却水的温度最适宜藻类生长,为去除藻类必须投加杀菌灭藻剂,以便控制藻类繁殖,避免对冷却设备和管道造成危害。

冷却塔是循环冷却水系统重要的散热设备，冷却水从用户中获得热量，在冷却塔中主要以蒸发和传热的形式把热量传递给空气，水在冷却塔中不断蒸发，循环水的溶解盐类不断浓缩，含盐量不断增加，而溶解盐浓度的升高必将导致腐蚀和结垢的加剧。为控制循环冷却水中的含盐量，必须排放掉一部分冷却水，并不断地补充新水，前者称为排污水，后者称为补充水。有关循环冷却水系统的水质稳定处理问题，详见16章循环冷却水水质稳定处理。

间接冷却开路循环水系统根据回水压力的不同可以分为利用余压上塔或回水通过水泵加压再上塔两种情况,一般情况下应首先考虑利用余压上塔,以节省投资,节约能源和方便管理,详见其系统图10-1。

10.1.2.3 直接冷却循环水系统

A 热轧钢板车间直接冷却循环水系统

该车间直接冷却循环水系统的主要用水户有:精、粗轧机工作辊冷却、支撑辊冷却、精轧

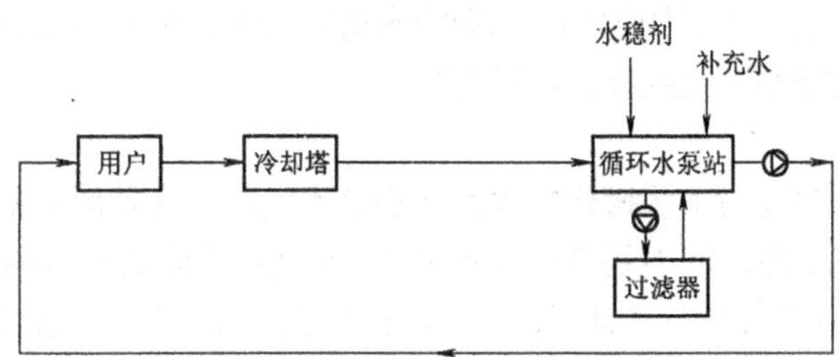

图 10-1 热轧车间间接冷却开路循环水系统流程简图

机立辊冷却、辊道冷却、切头剪冷却、卷取机冷却、除鳞用水、冲氧化铁皮和粒化渣用水，带钢输出辊道冷却及横向侧吹冷却以及中厚钢板车间的压力淬火用水等。

轧机在轧制过程中的直接冷却水含有大量的氧化铁皮和少量的润滑油和油脂，油和油脂主要是液压元件油缸的泄漏和检修时流出的。钢板车间直接冷却水系统（层流冷却水除外）氧化铁皮粒径在 1.0mm 以上的约占 50%，0.1 ~ 1.0mm 约占 40% ~ 45%。因此，直接冷却水具有很好的沉淀性能。

含氧化铁皮水经轧机和辊道下的氧化铁皮沟自流入一次铁皮沉淀池（铁皮坑或旋流沉淀池），对氧化铁皮进行初步沉淀分离，经沉淀后的水一部分经泵加压送去冲氧化铁皮和加热炉冲粒化渣；另一部分水则送至二次沉淀池（平流沉淀池或斜板沉淀池）作进一步处理，将池面上的浮油用刮油刮渣机刮到池子一端（平流沉淀池），由带式除油机或布拖式撇油机收集回收，水则经溢流堰溢流至泵站吸水井，经再次加压后送压力过滤器和冷却塔进行过滤和冷却，回水循环使用。有关系统的水质稳定问题，详见本手册第 16 章循环冷却水水质稳定处理。

一次沉淀池（铁皮坑或旋流沉淀池）内的氧化铁皮用桥式吊车（带抓斗）抓出置于沉淀池旁的氧化铁皮脱水坑进行自然脱水，经脱水后的氧化铁皮用抓斗抓出后装车外运。二次沉淀池排泥及压力过滤器反冲洗排水经调质、浓缩、脱水后集中处理回收利用。图 10-2 是钢板车间具有代表性的直接冷却循环水系统流程图。

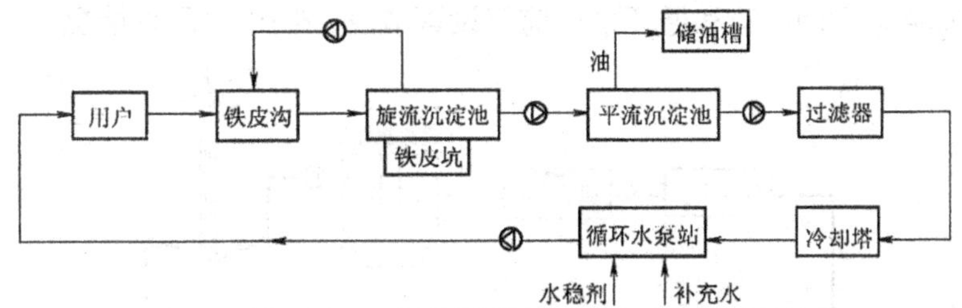

图 10-2 直接冷却循环水系统流程简图

在直接冷却循环水系统设计中，一次升压提升泵，一定要采用高强耐磨泵以减少换泵次数和维修工作量，确保运行安全、可靠；对非直接冷却开路循环水系统的废水不得任意排入该系统，以免破坏该系统的水量平衡；同时还要考虑事故情况下的紧急排水措施，以免泵站被淹没。

对于中厚钢板车间的压力淬火，通常是将钢板加热到 900 ~ 1100℃，在短时间内将其喷水冷却到 150 ~ 200℃以下，为消除淬火钢板的残余应力，对某些产品还须回火，将钢板再加热到 650～950℃，然后在空气中或喷以少量的水进行冷却，称为调质，通过热处理的钢板，其强度、韧性及其他物理综合性能均有所提高。

a　用水要求

钢板淬火的用水制度与工艺操作的关系十分密切，其特点是用水的周期性。在一个周期内，钢板淬火时，在很短时间内要喷以大量的水，为此必须设置调节构筑物，一般是在淬火前设置水塔，在淬火后设置调节水池，淬火过程中由于尚有少量的氧化铁皮随冷却水排出，所以还需设置沉淀构筑物。在一个周期内，为将冷却水塔装满，在水塔前需设置循环泵房，以连续给水的方式向水塔供水。

淬火加热通常在辊底式炉中进行，其加热周期根据炉长和钢板的厚度及性质决定。淬火时的喷水强度和喷水时间分别按钢板的性质、平面尺寸和厚度确定。根据以上条件，由工艺专业提出每台淬火机组的喷水时间、强度和钢板出炉时间，在有多台淬火机组和需要调质处理时，尚需按工况提出用水制度。

(1)水量：淬火及调质时的用水量由工艺专业提供，设计中与用水量指标有关的参数是：1)喷水强度：推荐采用 1.2～1.8$m^3/(m^2\cdot min)$，调质用水量为淬火时的 1/3；2)喷水时间 t_1：喷水时间应能适应冷却速率的要求，与钢板出炉温度、钢种以及喷水的水量、水温等因素有关：

$$t_1 = (2.8 \sim 3.4)\delta \tag{10-1}$$

式中　δ——钢板厚度，mm。

(2)水压：通常认为供给的水压应满足出水能冲破淬火时钢板表面的蒸汽膜，一般按淬火机前水压 0.4MPa 考虑。

(3)水温：淬火水温与钢种、厚度、淬火时间、喷水强度等因素有关，一般为 40℃左右。

(4)水质：对水质的要求是不堵塞喷孔(孔径一般为 3mm)，由于淬火时产生一定数量的氧化铁皮，淬火机组的排水应经沉淀后才能循环使用。

b　给排水系统

一般均为循环水系统并设有水塔，根据淬火机组的多少可以分为循环泵房前配置有调节水池、旋流沉淀池(图 10-3)和循环泵房前仅设调节池(图 10-4)两种情况。

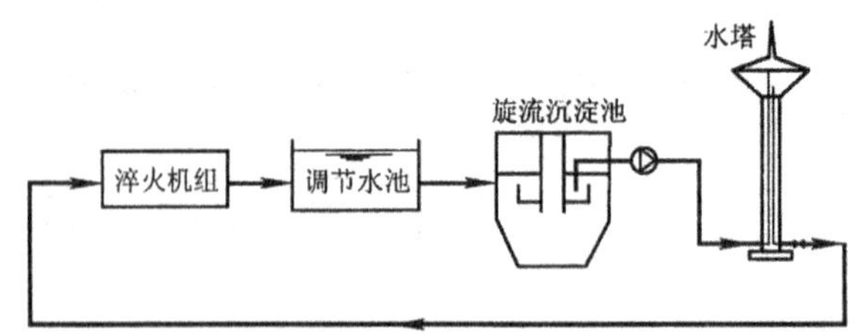

图 10-3　调节池、旋流沉淀池系统流程图

当采用水塔系统，只 1 台淬火机工作和没有调节池时的构筑物计算如下：

(1)淬火喷水时间 t_1(s)：

$$t_1 = k_1\delta \tag{10-2}$$

式中　k_1——系数，取 2.8～3.4s/mm；

δ ——淬火钢板厚度，mm。

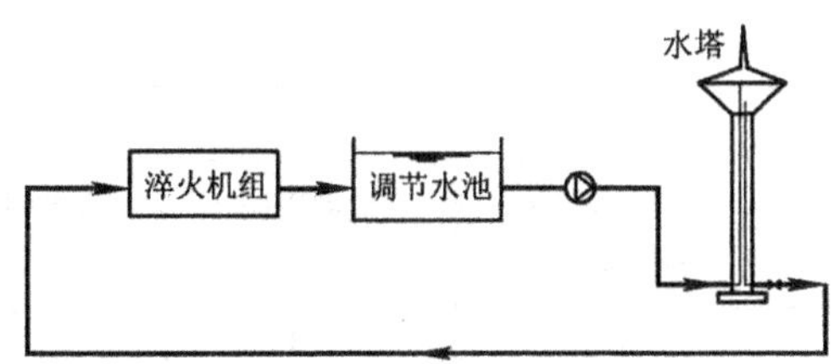

图 10-4 调节池系统图

(2)淬火喷水量 Q_1(m^3/min):

$$Q_1 = qBL \tag{10-3}$$

式中 q——喷水强度,一般按 1.2~1.8m^3/(m^2·min);

B——淬火钢板宽度,m;

L——淬火钢板长度,m。

(3)钢板出炉周期:

1)淬火加热时间 t'_2(s):

$$t'_2 = 60k_2\delta \tag{10-4}$$

式中 k_2——系数,按淬火 1.8~2.0min/mm;回火 3.6~4.0min/mm。

2)淬火钢板出炉周期 t_2(s):

$$t_2 = \frac{t'_2}{n} \tag{10-5}$$

式中 n——装炉块数。

钢板的出炉周期见表 10-25。

(4)向水塔送水的水泵流量 Q_2(m^3/min):

$$Q_2 = \frac{Q_1 t_1}{t_2} \tag{10-6}$$

式中 Q_1——淬火喷水量,m^3/min;

t_1——淬火喷水时间,s;

t_2——淬火钢板出炉周期,s。

(5)水塔调节贮量 V(m^3):

$$V = \frac{Kt_1Q_1}{60}\left(1 - \frac{t_1}{t_2}\right) \tag{10-7}$$

式中 K——系数。

表 10-25 钢板出炉周期

钢板厚度 /mm	钢板长度 /m	装炉块数 /块	淬火		回火	
			加热和均热时间 t_2'/min	出炉周期 $t_2$min/块	加热和均热时间 t_2'/min	出炉周期 $t_2$min/块
4	4~12	8~4	8	1~2	16	2~4
10	4~12	9~4	20	2.2~5	40	4.4~10
20	4~12	9~4	36	4~9	72	8~18
30	4~12	9~4	55	6.1~13.8	110	12.2~27.6

续表 10-25

钢板厚度 /mm	钢板长度 /m	装炉块数 /块	淬火		回火	
			加热和均热时间 t_2'/min	出炉周期 $t_2$min/块	加热和均热时间 t_2'/min	出炉周期 $t_2$min/块
40	4~12	9~4	72	8~18	144	16~36
50	4~12	9~4	90	10~22.5	180	20~45
60	4~12	9~4	110	12.2~27.5	220	24.4~55
70	4~10	9~5	125	13.9~25	250	27.8~50
80	4~19	9~5	140	15.5~28	280	31~56

(6)调节池调节贮量:当在调节池后设置旋流沉淀池时,调节池的容量与水塔的调节容量相同;当调节池与沉淀池合一时,沉淀池应满足调节和沉淀两者的要求,在淬火过程结束时,向水塔给水的泵组还需继续工作,直至将水塔充满。

(7)旋流沉淀池的设计流量:旋流沉淀池前应设调节池,这时旋流沉淀池的设计流量与供水塔的水泵流量相同。按式(10-6)计算。

B 钢管车间直接冷却循环水系统

轧管车间一般是由管坯库、管坯切割、环形加热炉及主轧线各机组以及其他一些附属设施组成。车间直接冷却循环水系统主要用水户有穿孔机、连轧管机、定径机、定心机、穿孔前辊道、芯棒等设备冷却用水和除鳞冲洗及加热炉水封等用水。设备用后水用于冲氧化铁皮后水中含有微量油脂。废水由氧化铁皮沟自流至一次铁皮沉淀坑经初步沉淀后,用高强耐磨泵加压将一部分水送去冲氧化铁皮和用于环形炉水封;另一部分利用高强耐磨泵加压后送压力过滤器过滤,滤后水靠余压上冷却塔冷却,回水经加压后送轧管机等循环使用。有关系统的水质稳定问题,详见“循环冷却水水质稳定处理”部分。

供水温度一般为35℃,排水温度为45℃;系统供水压力为0.4MPa(冲氧化铁皮供水水压力0.3MPa),个别用户如MPM要求供水压力为1.2MPa,需局部增压后供给。

C 型钢车间直接冷却循环水系统

该车间的直接冷却循环水系统主要用水户有轧机、轧辊冷却,轴承冷却,受料辊道的滑块和压板冷却,打印机杠杆冷却,定尺机的移动挡板滑架和顶杆冷却,受料辊道经轧机至型钢收集装置辊道下的铁皮沟冲氧化铁皮用水等。水处理工艺一般为由铁皮沟来水,经铁皮坑(或旋流沉淀池)初沉后,一部分水经高强耐磨泵加压送回冲氧化铁皮,而另一部分则用高强耐磨泵送化学除油器除油,再用泵送冷却塔冷却。回水送车间循环使用,经化学除油器混凝沉淀处理后排出的污泥经脱水后可回收利用。有关化学除油器的废水处理流程见水处理专用设备及材料除油器部分;有关系统的水质稳定问题,详见“循环冷却水水质稳定处理”部分。

D 线材车间直接冷却循环水系统

该车间的主要用水户有推钢机和夹送辊冷却,轧辊、辊道冷却,活套冷却,冷却水箱供水,导板冷却,线径检测器冷却,吐丝机冷却以及冲氧化铁皮等用水。

该系统中的冷却设备与冷却水直接接触,因而冷却水中含有氧化铁皮和油脂之类的污染。为此,除了必须降低循环水的温度外,还需去除水中的氧化铁皮、油脂和其他一些污物,并对水质进行处理后才能循环使用。

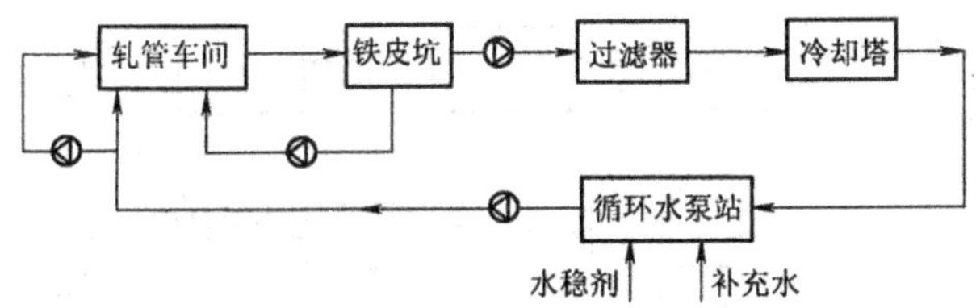

图 10-5 钢管车间直接冷却循环水系统流程简图

现将国内部分高速线材车间直接冷却循环水系统的几种主要水处理方法举例如下：

a A 厂直接冷却循环水系统

A 厂直接冷却循环水系统流程示于图 10-6。

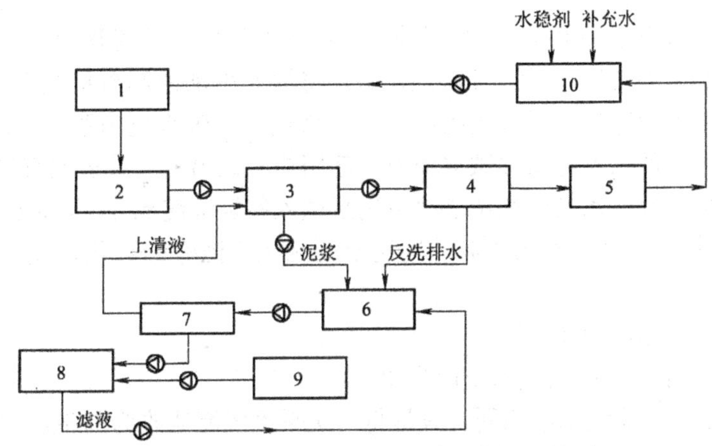

图 10-6 A 厂直接冷却循环水系统流程简图

1—线材车间；2—铁皮沉淀池；3—平流沉淀池；4—压力过滤器；
5—冷却塔；6—调节池；7—浓缩池；8—泥浆脱水设备；
9—滤布冲洗水池；10—循环水泵站

含氧化铁皮废水由铁皮沟自流进入旋流沉淀池中进行一次沉淀去除粗颗粒氧化铁皮后，由位于旋流沉淀池内的立式耐磨泵提升至二次平流沉淀池进行二次沉淀及除油，然后再用泵将其送入高速过滤器过滤，滤后水利用余压直接上冷却塔进行冷却，冷却后的水经泵加压后送回车间循环使用。旋流沉淀池内的氧化铁皮由抓斗抓出置于铁皮脱水坑内脱水，脱水后的氧化铁皮定期装车外运。

二次平流沉淀池内浮油由刮油刮渣机将其刮至二次沉淀池出水端的集油槽并自流进入除油槽内，再由 1 台 SY-120 型浮油回收机将其送入废油贮槽内保温，定期外运处理。

二次平流沉淀池排泥斗内的污泥用高强耐磨泵送至污泥调节池，同时，压力过滤器的反冲洗水也流入调节池，再用高强耐磨泵均匀送进浓缩池内，经浓缩后，上清液回流至平流沉淀池，污泥(含水率 85%)用高强耐磨泵送带式压滤机脱水，脱水后的泥饼，用车运走，滤液和脱水机滤布冲洗水用泵抽至污泥调节池内。

此法污泥处理比较彻底，无二次污染。

b B 厂直接冷却循环水系统

B 厂直接冷却循环水系统流程示于图 10-7。

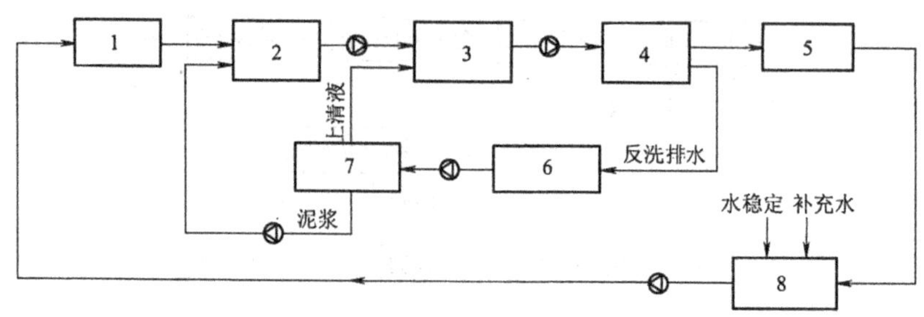

图 10-7 B厂直接冷却循环水系统流程简图

1—线材车间;2—旋流沉淀池;3—平流沉淀池;4—压力过滤器;
5—冷却塔;6—调节池;7—斜板沉淀池;8—循环水泵站

该流程与A厂流程基本相同,仅污泥处理方法有所区别。该流程中二次平流沉淀池的污泥不经调节池和浓缩池浓缩、压滤机脱水,而是将污泥用刮油刮渣机刮至污泥集泥斗后,用吊车(带抓斗)将污泥直接抓至旋流沉淀池旁的氧化铁皮脱水坑内脱水,充分利用氧化铁皮作滤料。经脱水后的污泥与氧化铁皮滤料一起用抓斗抓出装车外运或直接送烧结厂回收利用。压力过滤器的反洗水自流至调节池再用泵送入斜板沉淀池,经沉淀浓缩后,上清液回流至二次平流沉淀池,污泥用气力提升装置送至旋流沉淀池旁的氧化铁皮坑进行自然过滤脱水。

c C厂直接冷却循环水系统

C厂直接冷却循环水系统流程示于图 10-8。

该流程与A、B厂流程基本相同，只是将二次平流沉淀池改为斜板沉淀池，进一步提高了二次沉淀池和压力过滤器的出水水质；斜板沉淀池沉淀下来的污泥由螺旋输泥机推出，用高强耐磨泵或气力提升装置输入搅拌罐，再用渣浆泵送入压滤机，经脱水后的泥饼装车外运。压力过滤器的反洗水经调节池后用泵送往旋流池旁的氧化铁皮脱水坑自然脱水。

d 化学除油器废水处理流程

化学除油器废水处理流程在小型连铸和轧钢车间废水处理中得到应用。

上述各循环水系统的水质稳定问题详见第 16 章“循环冷却水水质稳定处理”有关部分。

以上 4 种流程都有实际应用,设计时应根据各地各厂的实际情况和环保部门的要求,因地制宜确定。

由于现代高速线材轧机的轧制速度日益提高，轧制过程中线材的温度亦随之提高。对终轧管的温度若不进行控制，则线材的质量就不能得到有效的控制。因此，最新的线材轧机都增加了温度“闭环控制”系统，该系统与以前的温度机旁显示，人工调节冷却水量的办法相比，有了很大的进步和发展，是现代线材轧机保证产品质量不可缺少的工艺技术。

“闭环控制”冷却技术,是指线材的温度与冷却水流量、压力组成的一个封闭的控制回路,随着轧件温度的变化迅速反映到计算机,计算机经与设定条件相比较,决定冷却水调节阀的开启程度,以便控制轧制线上的水量和压力,达到控制轧件温度的目的。其原理图和系统图分别见图 10-9 和图 10-10。

由于线材轧机轧制的品种不同,温度变化各异,用水量变化范围较大,对于直接冷却循环水系统的设计,一定要了解轧钢专业对水量、水压、水温的具体要求及变化情况,尽可能做到供水设备与生产工艺过程所需水量相匹配，减少因循环水流量的大量回流而造成的能源浪费和对设备及管道带来的危害。

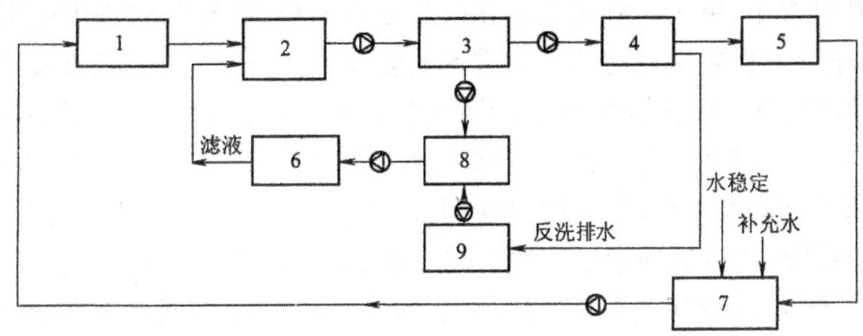

图 10-8　C厂直接冷却循环水系统流程简图

1—线材车间；2—旋流沉淀池；3—斜板沉淀池；4—压力过滤器；5—冷却塔；6—泥浆脱水设备；7—循环水泵站；8—搅拌罐 9—调节池

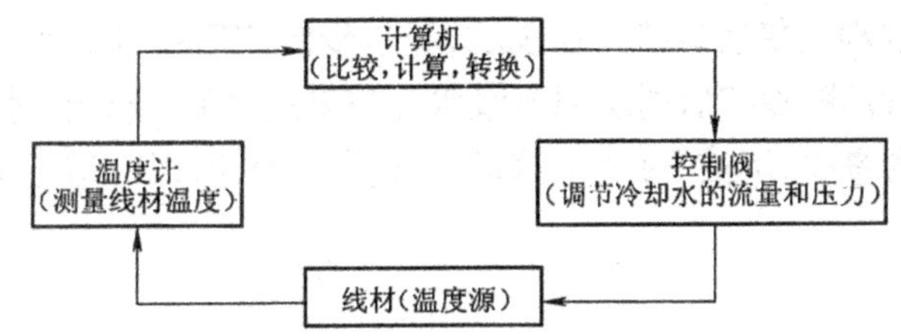

图 10-9　闭环控制冷却技术原理图

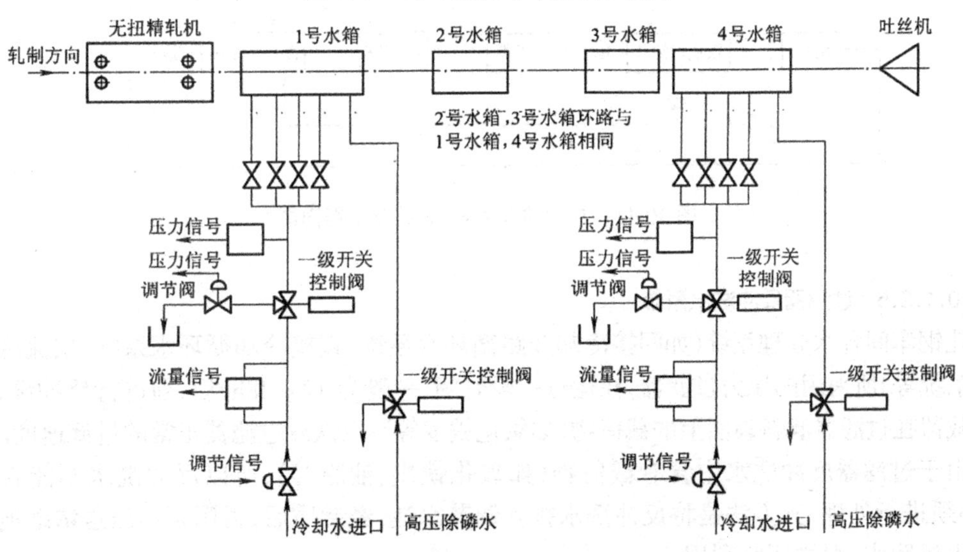

图 10-10　闭环控制冷却水系统简图

为解决循环冷却水系统中的水量平衡问题，可以采用同一机组大、小水泵搭配使用，或调节同一水泵机组的运行状态，或采用变频调速的办法，调节水泵的水量和压力。但国外在循环水系统设计中，更多的是对循环泵机组采用流量调节阀和旁通管相结合的方法来解决系统中的水量平衡问题。效果也是比较好的。

10.1.2.4 层流冷却循环水系统

层流冷却水处理系统流程示于图 10-11。

带钢在精轧过程中，由于轧制速度和卷取速度不断提高，冷却水强度也需相应的增强。因此，在热输出辊道上设置层流冷却装置进行温度控制。带钢的层流冷却采用顶喷、侧喷和底喷，顶喷冷却装置用计算机分段控制能满足各种材质带钢的卷取速度和卷取温度要求。冷却时层流水成柱状，淋在运行带钢的上部表面。带钢下部表面则采用喷水冷却，层流冷却和喷水冷却装置按同样段落分段由计算机控制。在上部层流冷却的每个区段端部还设有水压为 2MPa 的侧喷嘴，用以推动带钢表面上的冷却水，以提高冷却效果。由于带钢轧制速度和带钢厚度的不同，层流冷却供水量变化很大，为了节约用水，保证热轧带钢产品质量，降低生产成本，层流冷却水系统在确保供水压力稳定的情况下，要考虑水量调节措施。为保证供水压力的稳定，在轧线旁设置机旁稳压水箱。水量调节常采用三种方式：(1)多台恒速水泵供水，根据水量情况确定水泵开启台数；(2)恒速水泵 + 调节水箱供水；(3)调速水泵 + 调节水箱供水。从调节水量范围和充分节能而言，以第 3 种方式最好。

冷却水排水由铁皮沟收集后自流入铁皮坑，经初步沉淀后一部分水(约 30% ~ 50%)加压送过滤器和冷却塔，经过滤、冷却后的水回至吸水井与未经过滤、冷却的水混合后循环使用，由于层流冷却水中铁皮含量少，沉淀、过滤下来的铁皮量也少，所以一般不需要设置机械清渣设备。

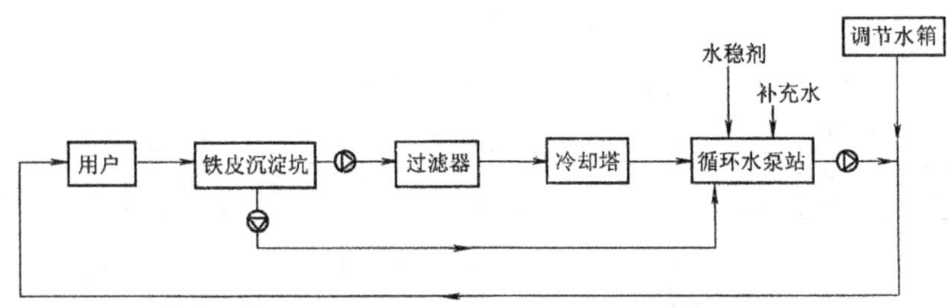

图 10-11 层流冷却水处理系统流程简图

10.1.2.5 过滤器反冲洗水系统

轧钢车间各水处理系统(如间接冷却开路循环水系统，直接冷却循环水系统，层流冷却循环水系统等)所采用的压力过滤器，在运行一段时间(一般为 12 ~ 48h)后，须进行反冲洗，以清除被截留在过滤器滤料表面上的截留物(如氧化铁皮等)，以恢复过滤器正常的过滤速度。

由于过滤器反冲洗水中含有截留物(如氧化铁皮、油脂等)，所以反冲洗水不能直接外排，必须进行处理，其方法是将反冲洗水排入调节水池，经调质后，再用泵加压送浓缩池浓缩和脱水机脱水，泥饼回收利用。

总之，热轧厂的各种间接冷却开路循环水系统、直接冷却循环水系统、层流冷却水系统等的设计，其流程可参考下列具有代表性的某热轧厂循环水处理系统流程(图 10-12)。

10.1.2.6 连铸热轧带钢厂循环冷却水系统

某连铸热轧带钢厂共有 6 个水处理系统(详见图 10-13)，分述如下。

(1)连铸结晶器软水闭路循环冷却水系统。该系统设计水量为 1540m^3/h，压力为 1.4MPa，回水经板式热交换器冷却后循环使用，系统中设有膨胀罐，可以自动调节压力和补水，并设有一座容积为 314m^3 的水塔供事故用水；

(2)连铸闭路机械和加热炉软水半开路循环冷却水系统。软水半开路循环冷却水系统，冷却水量为 1445m^3/h，压力分别为 0.50MPa 和 0.25MPa，回水经板式热交换器冷却后，冷水回至吸水井，经泵加压后循环使用，事故供水由 314m^3 的高位水塔供给；

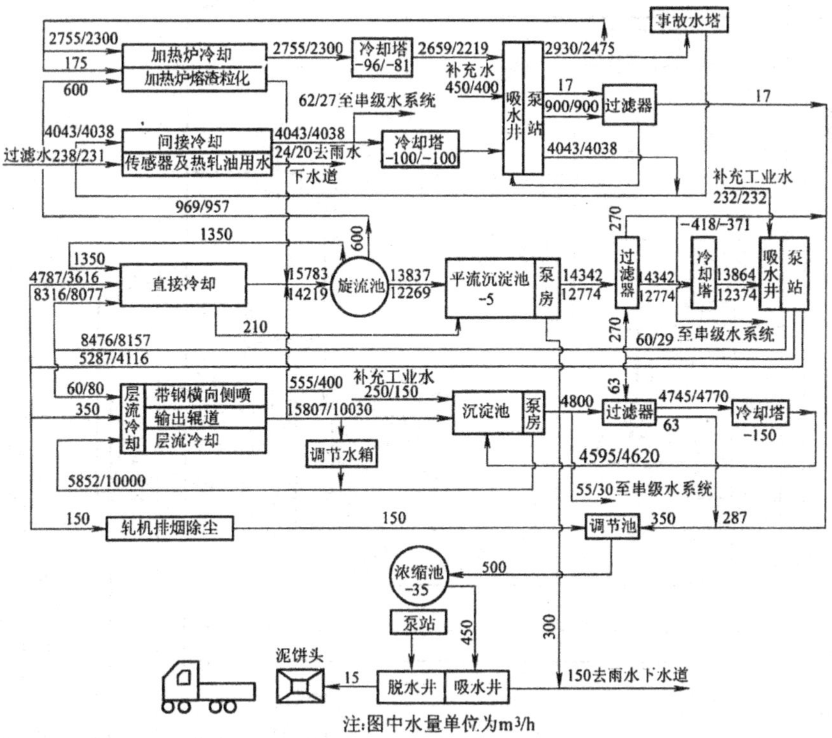

图 10-12　某热轧厂循环水处理系统流程简图

(3)间接冷却循环水系统。供板式热交换器的二次冷却水和热轧辅助设备用水，冷却水量为 4457m^3/h，供水压力为 0.4MPa，回水利用余压上塔，冷却后回至吸水井，经泵加压后循环使用，系统中设置旁通滤器，旁滤水量为 785m^3/h；

(4)直接冷却循环水系统(一)。直接冷却水量为 6740m^3/h，压力分别为 1.1MPa、1.90MPa 和 0.45MPa，主要供连铸喷淋冷却，热轧辊和辊道、卷取机冷却等、回水中含有氧化铁皮和油，水处理工艺与常规直接冷却循环水系统相同；

(5)直接冷却循环水系统(二)。该系统冷却水量为 4402m^3/h，供水压力分别为 1.1MPa 和 0.15MPa，主要供热输出辊道的层流冷却和带钢横向喷吹，回水中含有少量氧化铁皮和油，水处理工艺同层流冷却循环水系统；

(6)反洗水处理系统。主要处理来自高速过滤器的反洗排水。

10.1.2.7　废水处理系统

A　石墨废水处理系统

石墨废水是从钢管车间的芯棒润滑系统及排烟系统的电除尘冲洗时排出的。

废水中含有悬浮物 20000mg/L，其中石墨占 50%，氧化铁皮占 20%，硼砂占 25%，废水排出后先贮存在带有搅拌器的废水收集槽中，通过螺杆泵将水送入锥形高速离心脱水机，同时投加高分子混凝剂，经离心脱水后的澄清水(悬浮物含量约 300mg/L)流入澄清水收集槽，

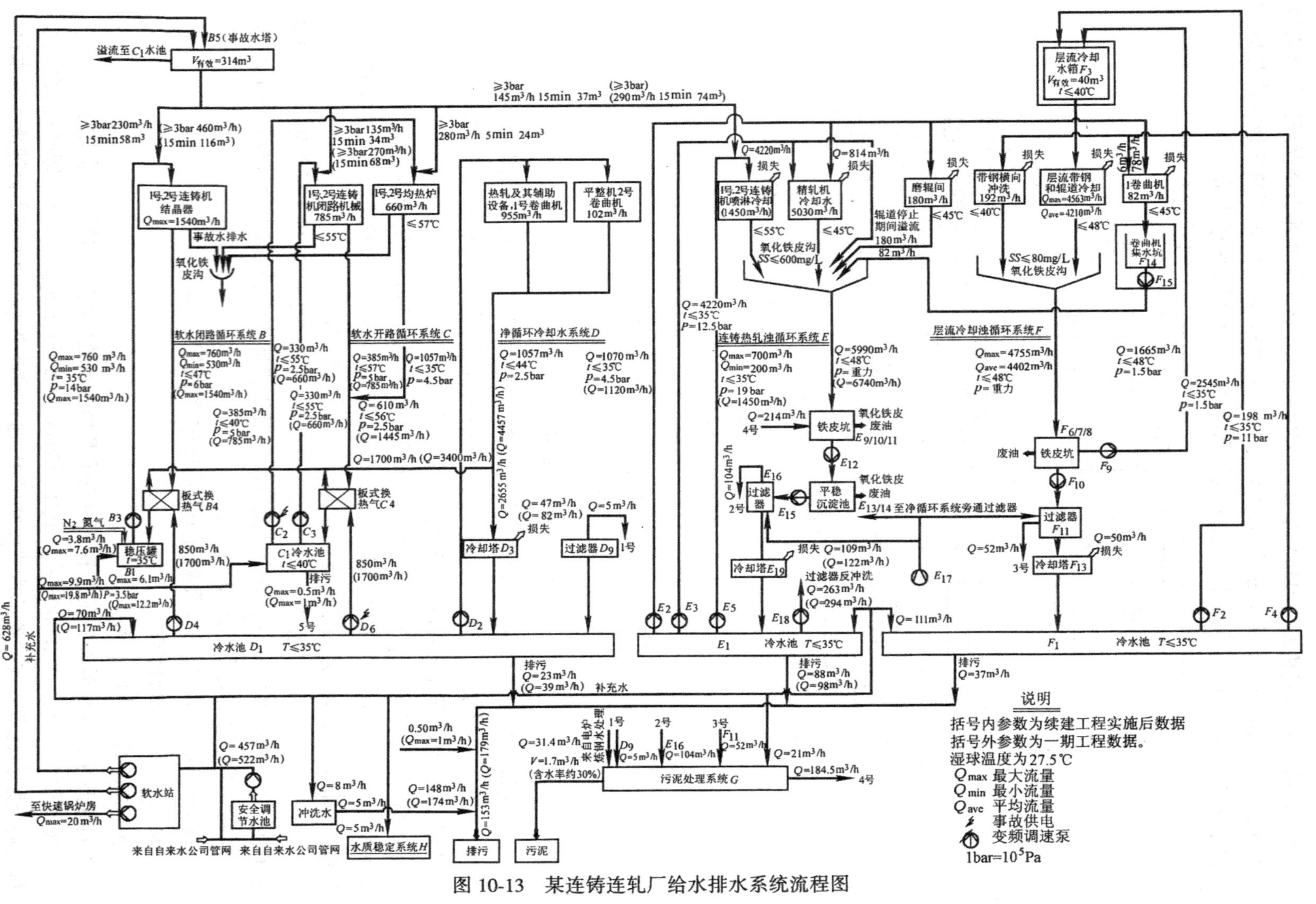

图 10-13 某连铸连轧厂给水排水系统流程图

再通过立式离心水泵将水送回用户循环使用；离心脱水后的泥浆通过螺旋输泥机送入移动式泥浆槽，定期装车运出弃置，见图 10-14。

系统内设有投加粉剂高分子混凝剂设施，包括加药斗、搅拌机、溶解槽和计量泵。整套

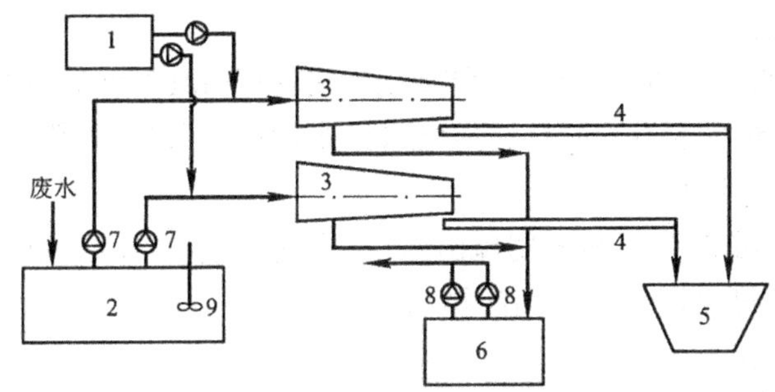

图 10-14 石墨水处理装置流程图

1—混凝剂投加装置；2—废水收集槽；3—离心脱水机；
4—螺旋输送机；5—移动式泥浆槽；6—澄清水收集槽；
7—螺杆泵；8—立式离心泵；9—搅拌机

处理装置均为就地集中控制操作。

B 含油乳化液废水处理系统

乳化液废水主要来自钢管车间冷轧管机、轧辊加工间及全厂维修车间等，均系间断排出，废水流入乳化液废水贮水池中。将浮在水面上的油用撇油器收集到油水收集槽中，废水由螺杆泵送往投加破乳药剂的组装单元式废水处理装置进行连续处理。处理过程分为加药搅拌、吸附、混凝沉淀和泥浆过滤脱水 3 个阶段。处理前废水含油量为 30 000mg/L，处理后废水中的含油量为 15mg/L，处理后的废水排入水处理系统的澄清池（平流沉淀池）中，泥浆经过滤脱水后泥饼外运弃置。

也可以根据具体情况采用成套的乳化液处理机，该机除油效率可达 99%，COD 去除率达 95%。该机采用氯化钙破乳，电解气浮，砂过滤器过滤及活性炭吸附等措施，具有耗电

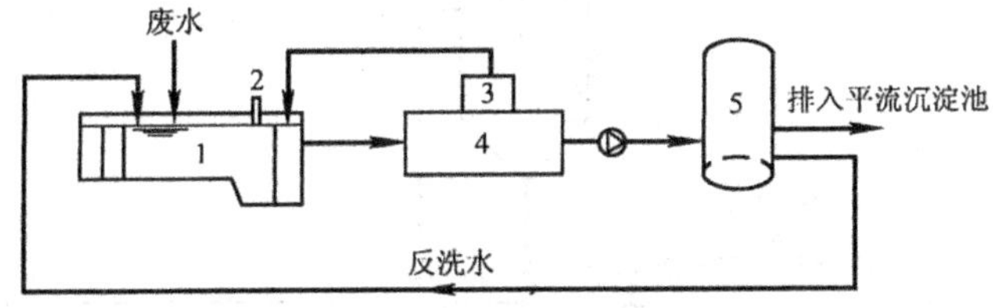

图 10-15 含油乳化液废水处理装置流程图

1—废水沉淀池；2—撇油器；3—药剂投加装置；
4—单元式处理装置；5—压力过滤器

低、效率高、占地少、操作管理方便等优点。如图 10-15。

C 含酸碱废水中和处理系统

含稀酸废水主要来自钢管车间酸洗间各槽子的抽风洗涤塔的排水，间断排放，废水汇集流至贮水池。

含碱废水来自车间中和槽、脱脂槽及其抽风洗涤塔，间断排出，汇流至贮水池。

在含酸、碱贮水池上各设有两台耐腐蚀液下泵，以便将废水抽升至中和池进行酸、碱废水中和处理。中和池设 3 格（每格均设有搅拌机），前 2 格中和池中投加石灰乳进行中和反

应，在最后 1 格池中投加混凝剂和助凝剂使水在沉淀池内加速沉淀，各池内均设有 pH 监测装置和浆式搅拌机。

经中和处理后的废水排入平流沉淀池或斜板沉淀池，经沉淀后通过计量槽，经 pH 仪测定合格后，排入下水道。

中和槽的进口前和出口处以及计量槽梯形堰板前均设 pH 监测装置及电导率测定装置。

有关中和处理构筑物的设计计算，见《给水排水设计手册》第 6 册有关部分。

D 硫酸废水再生处理系统

某厂 ϕ170mm 无缝钢管车间采用硫酸酸洗，酸洗时将 95% 浓度的硫酸稀释至 20% 的浓度。酸洗至 10% 浓度时即停止使用而排出。

有关设计参数如下：

(1)处理废酸量 14 ~ 28m^3/d，年用酸量 1445t/a；

(2)废硫酸浓度采用 5.7%；

(3)全年工作日 334d；

(4)初洗酸液浓度 20%；

(5)回水母液浓度 20%；

(6)硫酸密度 1.83，废酸密度 1.26，稀释至 20% 浓度的酸洗液密度 1.3，硫酸亚铁密度 1.2。

经技术经济比较，该厂的废硫酸再生处理采用冷冻结晶法。

有关冷冻结晶法的设计计算详见本手册第 14 章“硫酸酸洗废液的处理及回收利用”有关部分。

10.1.2.8 泥浆水处理系统

泥浆水处理系统的选择应根据泥浆的物理性质、化学成分和设计要求等因素，经技术经济比较确定。以下是几种具有代表性的泥浆水处理系统，可供设计参考。

(1)真空过滤机泥浆脱水系统(图 10-16)

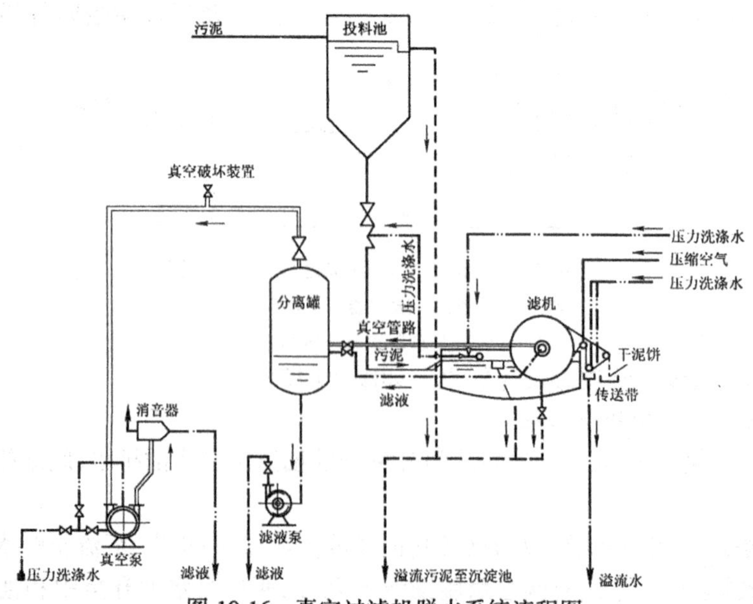

图 10-16 真空过滤机脱水系统流程图

(2)卧螺离心机泥浆脱水系统(图 10-17)。

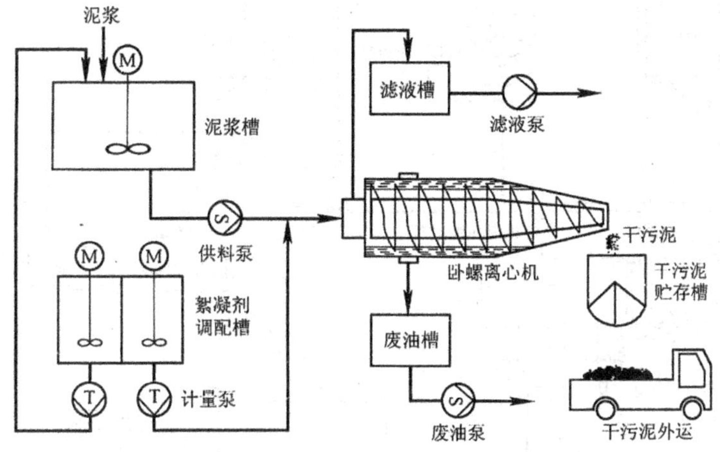

图 10-17 卧螺离心机脱水系统流程图

(3)带式压滤机泥浆脱水系统(图 10-18)。

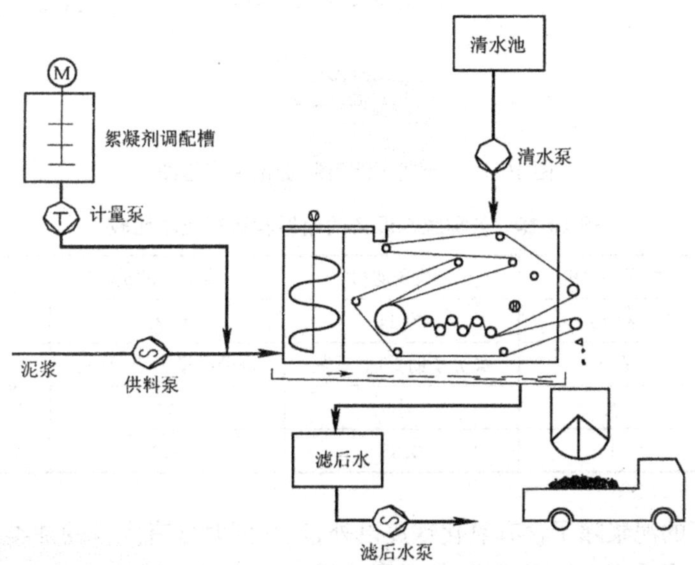

图 10-18 带式压滤机脱水系统流程图

(4)板框(厢式)压滤机泥浆脱水系统(图 10-19)。

对于热轧厂的泥浆处理,以上几种脱水系统均有使用,设计时应根据泥浆的物理、化学性质,特别是含油量多少来选择合适的脱水设备。因为泥浆含油量的多少对脱水设备的选型具有决定性的意义。

在含油量比较低(一般指 <3%)时,以上所列的各种脱水设备均可选用。

当热轧污泥含油量比较低时,各种脱水设备的脱水效果和运行成本的比较(运行费用以板框压滤机为 1 计)见表 10-26。

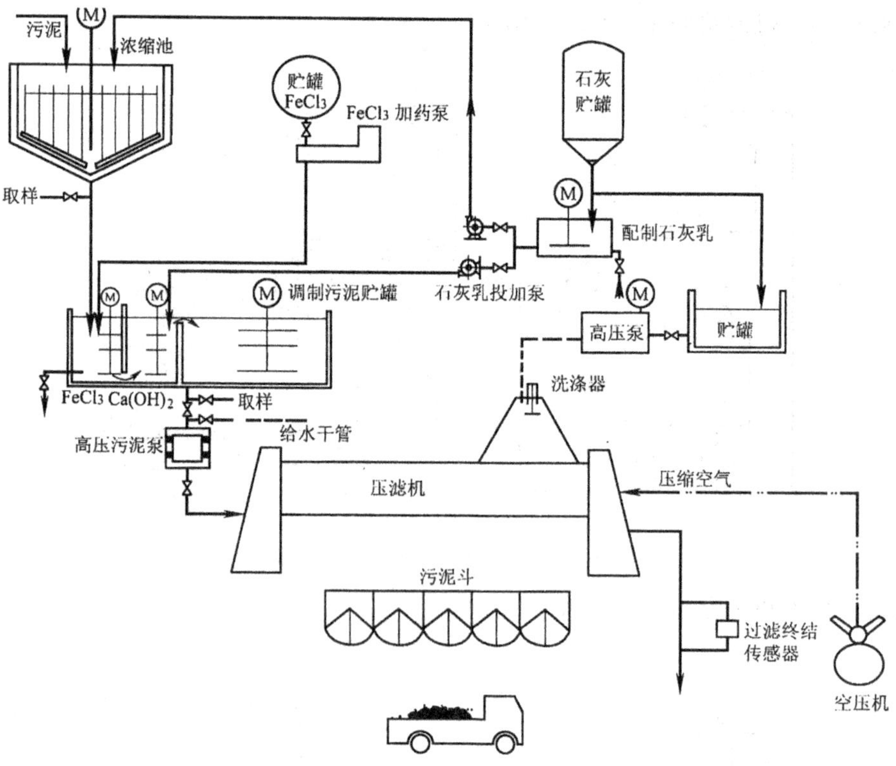

图 10-19　板框压滤机脱水系统流程图

表 10-26　各种脱水设备的效果和运行成本比较

名　　称	板框压滤机	带式压滤机	真空过滤机	离心脱水机
处理后含水率/%	约 15	约 24	约 35	约 15
辅助药剂	石灰	高分子助凝剂、石灰	高分子助凝剂、石灰	高分子助凝剂
占地面积	大	小	大	小
运行费用	1	0.85	1.3	1.05

但是，热轧厂的泥浆除了含有氧化铁皮以外，往往同时含有大量的油类，据调查，这些含油的泥浆的脱水，当采用板框压滤机，带式压滤机或真空过滤机等带有滤布的脱水设备时，一般滤布容易被堵塞，且滤布冲洗困难，通常需采取以下预处理措施才能保持正常运行：

(1)加温。高含油量的泥浆在低温时黏度很高，输送困难，易形成油泥团，堵塞管道，油和油泥团很容易在滤布上架桥堵塞滤布，严重影响脱水机的运行。

提高温度可降低泥浆的黏度，提高泥浆的流动性，改善其脱水性能，试验表明，当泥浆的温度达到 40℃时其黏度有所下降，50℃以上时黏度明显下降。因此在一般情况下，污泥浓缩池中应该设有蒸汽加热装置。

(2)投加石灰乳和高分子絮凝剂。生产实践证明：在高含油量的泥浆中投加石灰乳可以明显改善泥浆的脱水效果，泥浆中加入的少量石灰可以吸附泥浆中的部分油脂，改善滤饼的透气性，使泥浆易于脱水。一般来说，石灰乳的投加量与泥浆的含油量成正比，含油量 21%左右的泥浆，加入 5%的石灰，可以取得满意的效果。

(3)投加聚电解质。泥浆中投加聚电解质后在泥浆中产生超絮凝,聚电解质提供一种悬浮体吸附泥浆中的固体颗粒,从而使泥浆中产生间隙,改善泥浆的脱水性能。

(4)投加表面活性剂。含油泥浆中的油通常吸附在泥浆中固体颗粒的表面,固体颗粒表面的油类不仅使泥浆脱水困难,而且使脱水后的滤饼中含有大量的油,大大降低了滤饼的回收价值,因此在泥浆脱水之前将泥浆中的油与固体颗粒分离即可以改善泥浆的脱水性能,也可以提高滤饼的回收价值,投加表面活性剂可以达到此目的。

综上所述,对于高含油泥浆,采用3相分离卧式离心脱水机可以取得良好的效果。含油泥浆经过三相分离卧式离心脱水机处理后可将其固体颗粒、油、水三相良好地分离,分别回收利用。

对于热轧泥浆来说,因为其泥浆的比阻抗比较小,属于自然可滤的污泥,相对来说脱水比较容易,所以当泥浆量比较少的时候,也可以不采用机械脱水,而是利用一次铁皮沉淀池脱水坑里堆积的粗氧化铁皮进行辅助自然脱水,即:将泥浆浓缩池底部排出的浓缩后的泥浆通过管道均匀地排至一次铁皮沉淀池脱水坑里堆积的粗氧化铁皮上,利用粗氧化铁皮的过滤和透水性自然脱水,由于脱水坑里堆积的氧化铁皮需定期清除,所以相当于定期更换滤料。必须注意的是,浓缩后的泥浆在进入一次铁皮沉淀池脱水坑的时候,应该采用多点进泥的方式,以保证过滤脱水效果。

10.1.3 构筑物和管网

给排水构筑物是轧钢车间总体设计的一个重要组成部分,有关构筑物配置的一般原则,参阅本手册第8章炼铁厂给水排水有关构筑物设置部分(8.1.3.1)。

10.1.3.1 车间内管道布置

轧钢车间内部给水排水管道布置和敷设的一般原则,详见《给水排水设计手册》第3册,现针对轧钢车间的特点,提出管道布置和敷设的一些具体要求。

(1)车间内部给水管网一般布置成双向给水,并在室内连成贯通枝状,当设有两条或两条以上引入管时,一般应由车间外部两侧的管网分别接管,各引入管上应装设止回阀及闸阀,以保证在某根引入管事故检修时,不致中断供水。

当设计串接给水时,各用户之间需设置旁通管(即超越管),以便当某个用户停产或检修时,不影响后面用户的正常给水。

(2)车间内部给水管道一般应尽可能沿墙、柱、梁架空敷设,并应注意管道位置不得妨碍生产操作、交通运输和空中吊运,不得在不允许滴水的生产设备或产品(如电气设备、红钢锭等)的上面悬吊管道。

(3)当管道必须埋地敷设时,应避免布置在可能被重物压坏或设备震坏的地方,钢坯堆放范围内,不得埋设管道,如遇特殊情况必须埋设时,应采取可靠的防护措施。在酸洗间(工段)操作范围内地坪下埋设管道时,应采用耐酸管材或采取其他防腐蚀措施。

(4)埋地敷设的管道,应尽量避免穿过设备基础,在特殊情况必须穿过时,应与土建专业协商,在设备基础内预留孔洞或预埋套管,为维护检修和考虑沉降可能,管顶上部净空一般不小于100mm。

(5)管道比较集中而又不便于架空或埋地敷设时,可设置管沟,管沟一般又分为不通行的、半通行的和可通行的3种,见图10-20、图10-21和图10-22。

通行管沟的净空高度不应小于1.8m,管沟内人行通道的宽度,按所敷设的最大管子运输安装方便决定，一般不小于 1.0m。管道与管道之间的间距，管道与沟壁、沟底间距，应考虑安装和检修方便，管沟内应有排除积水的措施，并应设置维护、检修用的入口和安装孔。

管道设在不通行管沟内时，应有可拆卸的盖板，管沟的宽度和深度应便于安装检修，沟深一般不小于管外径加 400mm，沟宽一般为管外径加 600mm，沟底坡向集水坑或排水口。

半通行管沟是在受条件限制而无法设置通行地沟时采用，其深度和宽度等尺寸，可根据具体条件确定。

(6)当氧化铁皮沟内设置管道时，应根据管沟的要求设计，并应注意管道的安全保护，一般是将管道安装在挡渣板内侧。

(7)根据水源情况和给水水质条件，如有由于水生物或其他杂质易引起管道和设备堵塞的可能时，应考虑在车间进水管上装设自动清洗过滤器。

(8)为使给水系统做到科学管理并积累必要的资料，在车间进水管上或某些必须的设备进水管上，应根据不同要求，分别设置流量计、压力计与温度计。计量仪表的装备水平，应根据生产工艺要求、安全给水程度和管理条件等因素，综合考虑确定。

(9)车间内部架空明设的管道，应根据气候条件和使用情况，考虑保温及放空措施，以防停水时冻结。

(10)为确保供水管道的安全和维护管理方便，供水管道除必须设置固定支架或滑动支架外，还应设有排气阀、排泥阀和放空阀、切断阀。管径大于 $DN800$ 的管道上还应设有检修清扫人孔等。

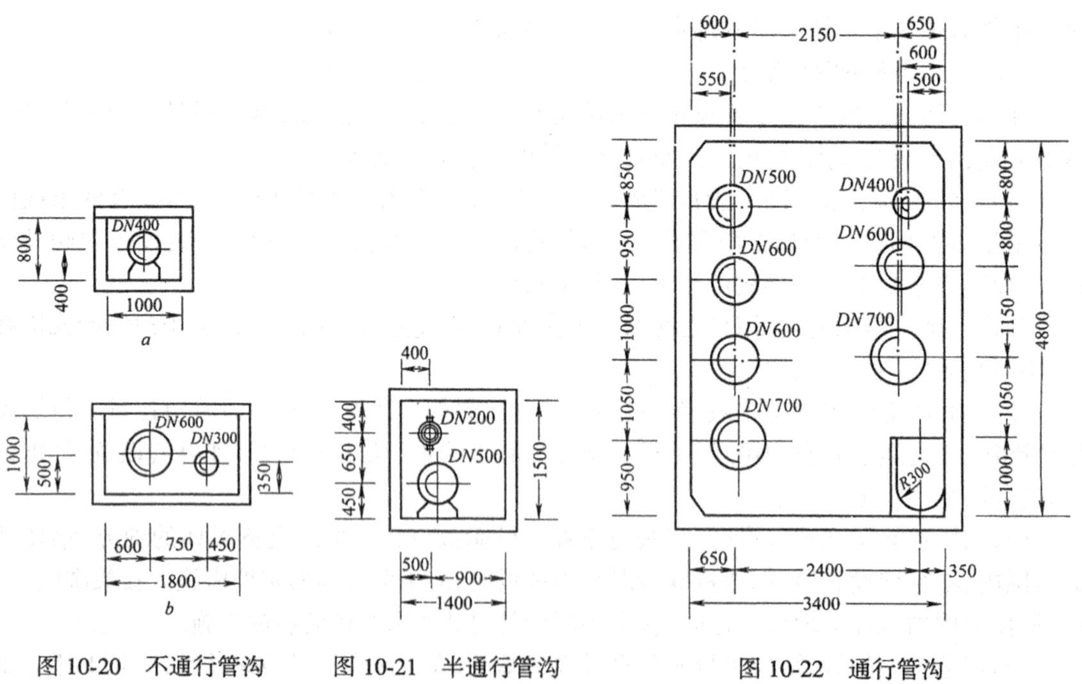

图 10-20　不通行管沟　　图 10-21　半通行管沟　　图 10-22　通行管沟

10.1.3.2　氧化铁皮沟

A　氧化铁皮

(1)来源。当钢坯在炉内加热时，表面即被氧化，生成一次氧化铁皮，在数量上占多数。轧件在辊道输送及轧制过程中，由于一次氧化铁皮的脱落，在其表面又产生一定数量的二次氧化铁皮。一次氧化铁皮的一部分落入炉内，用水力清除的是在炉外脱落的一次氧化铁皮和二次氧化铁皮。

(2)化学成分及位层。氧化铁皮的化学成分及位层组成与原料成分、加热温度、时间、炉内气氛和轧制工艺等因素有关。当轧件温度在900℃左右时,氧化铁皮的位层组成大致如表10-27所列。

(3) 颗粒组成、氧化铁皮的颗粒大小,随轧机的种类等因素而异,大的厚度近几个厘米,长宽到几十厘米,小颗粒铁皮的粒径仅几个微米。在水冲氧化铁皮系统中,由于灼热的铁皮进入流槽时被剧冷并有一定的落差,流槽中的铁皮颗粒比刚从轧件上脱落时为小。

表10-27　氧化铁皮的位层组成

氧化铁皮的成分	位　层	厚度百分比/%
Fe_2O_3	铁皮表层	2
Fe_3O_4	铁皮中间部分	18
FeO	铁皮内层	80

热轧氧化铁皮的颗粒组成应由轧钢专业提供,烧损率可参考表10-28。

表10-28　轧钢车间加热炉烧损率(%)

序　号	炉　型 / 坯　料	推钢式炉	步进炉	备　注
1	连铸坯热送热装	1	0.6	
2	连铸坯冷装	1.5	1	

(4)容重。氧化铁皮的容重与原料品种、轧机种类、铁皮含水率等因素有关,见表10-29。

表10-29　氧化铁皮的容重

轧机名称	氧化铁皮容重/$t \cdot m^{-3}$	
	湿　容　重	干　容　重
大　型　轧　机	3.0~3.3	2.7~2.8
钢　板　轧　机	2.5~3.0	2.0~2.1
中小型轧机	2.3~2.5	
线　材　轧　机	2.2~2.3	1.8~1.9

(5)炉外氧化铁皮分布

1)大型轧机

一列式:

出炉辊道至粗轧机	15%
粗轧机下	60%
型钢轧机下	20%
机后辊道	5%

二列式:

出炉辊道至粗轧机	15%
粗轧机区	50%～60%
精轧机区	20%
其余辊道下	15%～5%

2)钢板轧机

出炉辊道	25%
轧机区	70%
矫直机下	3%
输出辊道	2%

3)1700mm 连续钢板热轧机

出炉辊道至破鳞机(粒度 5～10mm)	50%
粗轧机及精轧机(粒度 0.10～0.25mm)	35%
层流冷却到卷取机(粒度＜0.10mm)	15%

4)氧化铁皮量 G(t/a)

$$G = 1.40 n_1 Q_1 \quad 10\text{-}8)$$

式中 Q_1——金属烧损量,t/a;

$$Q_1 = Q_n$$

式中 Q ——年轧制钢材量,t/a;

n ——烧损百分比,应由轧钢专业提供,当无资料时,可参考表 10-26;

n_1——炉外氧化铁皮占烧损量的比例,由工艺专业提供;

均热炉加热时:$n_1 = 0.60～0.70$,普通钢坯取下限,优质钢及合金钢取上限;

加热炉加热时:$n_1 = 0.70～0.85$,钢坯加热或烧重油的侧出料加热炉取小值;

钢坯加热,以煤 气作燃料或侧出料的加热炉取大值;

1.40 ——氧化铁皮重量增加系数。

B 氧化铁皮沟

除某些小型轧机外,一般轧钢车间均设有沿轧制线布置的水冲氧化铁皮沟,以清除轧制过程中产生的氧化铁皮。水冲氧化铁皮通常采用连续、低压的给水方式,并在铁皮流槽的起点、变坡、拐点处加入冲洗水量。氧化铁皮的水力输送,主要依靠流槽中的水流速度和水深。冲铁皮水的出口压力,一般为 0.2～0.3MPa。

a 分类

根据氧化铁皮沟设置的部位,通常分为:

(1)主要铁皮沟。指由出炉辊道到第一架轧机前后的沟段,各架轧机下以及和处理构筑物连接的铁皮沟。

(2)次要铁皮沟。指上述沟段以外的铁皮沟。

根据氧化铁皮沟的设计标准,分通行地沟及浅沟两类。

b 沟宽及起点深度

氧化铁皮沟的宽度和起点深度,需根据轧机类型、设备基础布置、铁皮沟类别、地下水位和维护检修等情况,与有关专业共同确定。起点深度和沟宽的选用,影响氧化铁皮系统的一次投资和运行费用,设计中应根据具体情况,经技术经济比较确定。

通行地沟的起点净空高度，一般不小于 1.7m，其人行通道的宽度，不小于 0.7m。浅沟一般只在铁皮沟底部设以流槽，设计时要注意清渣的方便。当铁皮沟内设置管道时，需按管沟的要求设计。

c 入口及挡渣板的设置

可通行地沟须设置入口，设置地点要考虑操作人员进出的方便和安全，通常设在出炉辊道和主轧机附近。为清理铁皮沟内重物的方便，宜在主轧机、剪断机等处设以吊装孔，并在孔上加以活动盖板。

在可通行的沟内，通常把流槽设在地沟的一侧，另一侧做人行通道。通道部分的地面，应有不小于 3% 的坡度坡向流槽。在人行通道上部，为防止氧化铁皮等物下落时砸坏管道和伤害行人，需设置挡渣板。它与下部沟壁的夹角约 45℃左右，其长度应能满足上述东西进入流槽，而不撒落在通道上。

挡渣板的材质分钢筋混凝土板及钢板两种。

可通行氧化铁皮沟的断面型式，见图 10-23。

d 照明及其他

为了进行正常的清理和维护，铁皮沟内应考虑照明。根据沟内的具体条件，宜采用防水灯并安装于墙洞内，在铁皮沟入口处设照明开关。照明电压及照度，由电气专业统一考虑。为安全起见，要求采用不大于 36V 的安全电压。为满足临时照明的需要，在铁皮沟入口处还宜设置照明插座。

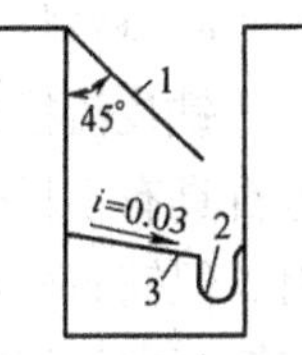

图 10-23 氧化铁皮沟断面
1—挡板；2—流槽；3—人行通道

在出炉辊道、轧机及剪机等设备下的铁皮沟上部，应加上活动栅条，以防止由于耐火砖、大块铁皮、切头、保温帽等的落入，引起流槽的破坏和堵塞。

C 流槽设计计算

a 断面型式

铁皮沟流槽水流部分的断面应设计成圆形，在水面以上留适当的保护高度。常用圆底矩形断面(图 10-26)及圆底梯形断面(图 10-27)两种。当水量特别大时可采用特殊形式的断面设计。

b 连接及转弯半径

铁皮流槽内的水流速度较高，因此在转弯时，流槽外侧的水面将有所升高。这不但使流槽外侧有强烈冲刷，并且有可能将铁皮冲到人行道上，甚至破坏人行通道的地坪。同时，由于铁皮水溢出流槽，使流槽内的水流速度减小，在流槽中产生沉淀，特别是在转弯处的内侧。设计中流槽的转弯半径 R(m)应满足：

$$R \geqslant 5B \tag{10-9}$$

式中 B——流槽宽度，m。

采用圆底矩形断面时，转弯处的水面高度 h_1(m)可按下式计算：

内侧水面降低值：

$$h_1 = \frac{v^2}{g}\left[1 - 2.3\frac{R_1 + B}{B}\lg(1 + \frac{B}{R_1})\right] \tag{10-10}$$

外侧水面升高值：

$$h_2 = \frac{v^2}{g}\left[1 - 2.3\frac{R_1}{B}\lg(1 + \frac{B}{R_1})\right] \tag{10-11}$$

式中　v——断面平均流速，m/s；

g——重力加速度，9.81m/s^2；

R_1——流槽内侧壁转弯半径，m；

B——流槽宽度，m。

圆底矩形断面流槽，在转弯处的内、外侧水面变化值见表 10-30。

在处理流槽转弯处水面升高问题时，为不致因此而增加流槽的深度，可在该处设钢板护挡并加上活动盖板，见图 10-24。

型钢车间的支沟和主沟连接时，为减少支沟的深度，可采用跌水的方式，但在接合处应尽量使支沟满足最小转弯半径的要求。当两条流向相对的流槽汇合时，为避免因水流的碰撞产生沉淀，在条件可能时，可将两流槽的轴线错开（如图 10-25）。支沟和主沟连接时，应满足主沟流速大于支沟和主沟水面低于支沟的要求。铁皮流槽在流速高、转弯处的外侧、流槽连接处及水流主流冲击的部位磨损最严重，可采取局部加固的措施。铸铁、铸石流槽的接缝应尽量缩小，铸铁流槽不大于 5～10mm，铸石流槽一般不大于 3mm。

c　材料

铁皮流槽最常用的材料有铸铁、铸石。两种材料相比，铸石具有不耗金属、耐磨、经济和表面光滑等特点，应首先选用。但铸石质地较脆、不耐急冷和急热，当用作铁皮流槽时，在轧制和检修时有重物下落的沟段，如出炉辊道、轧机及剪切机下部等处，应在流槽上部增设栅条加以保护。

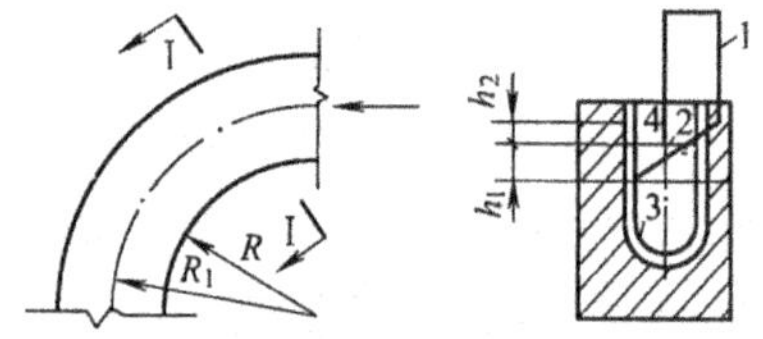

图 10-24　转弯处水流特性

1—钢板护挡；2—直段水面；3—铁皮流槽；4—转弯处水面

（1）铸铁流槽：

铸铁流槽因其消耗金属、表面粗糙、不耐磨和不够经济等原因，现已基本不用。以下为两种不同断面的铁皮流槽汇合图（图 10-25）。

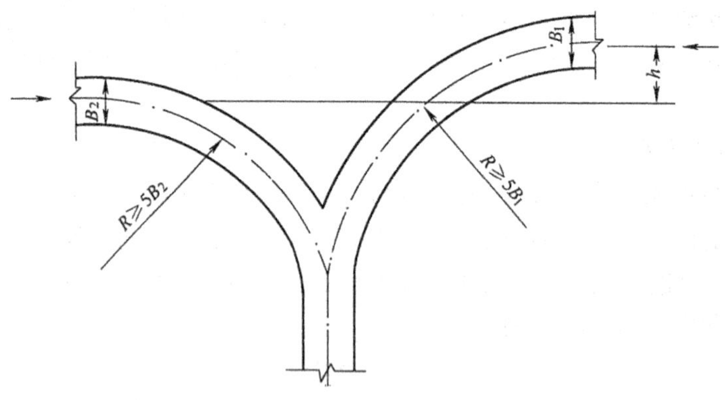

图 10-25　铁皮流槽汇合图

铁皮沟常用断面有圆底矩形断面和圆底梯形断面两种。

1）圆底矩形断面

图 10-26 为圆底矩形断面，图中各部尺寸计算如下：

$$R_1 = \frac{B}{2}$$

$$R_2 = R_1 + C$$

$$h = \delta - C$$

$$\delta = \frac{1}{7} \sim \frac{1}{9} B, H_1 \text{视情况而定。}$$

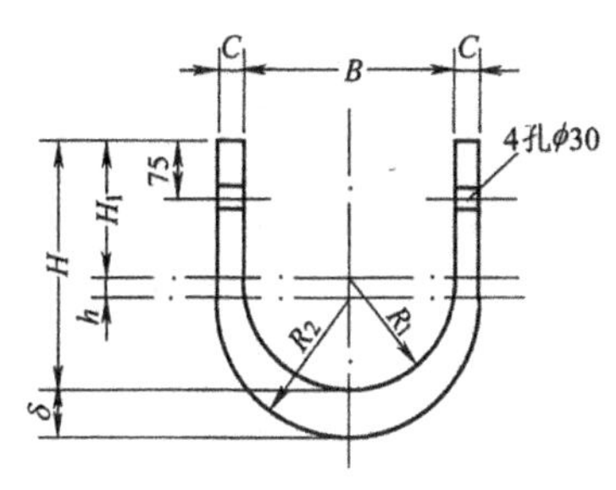

图 10-26　圆底矩形断面

式中　B——流槽宽度,mm;

R_1——流槽内半径,mm;

R_2——流槽外半径,mm;

h——中心差距,mm;

C——侧壁厚度,mm;

当 $B > 300$mm 时,$C = 20$;

当 $B \leqslant 300$mm 时,$C = 15$;

δ——槽底厚度,mm;

H_1——侧壁高度,mm。

2)圆底梯形断面:

图 10-27 为圆底梯形断面图,图中各部尺寸计算如下:

$$B = 2R_g$$

$$R_1 = R_g - \delta + h$$

$$H = R_1 + 150$$

$$h = \left(\frac{1}{10} \sim \frac{1}{11}\right) R_g$$

$$C = 15 \sim 25$$

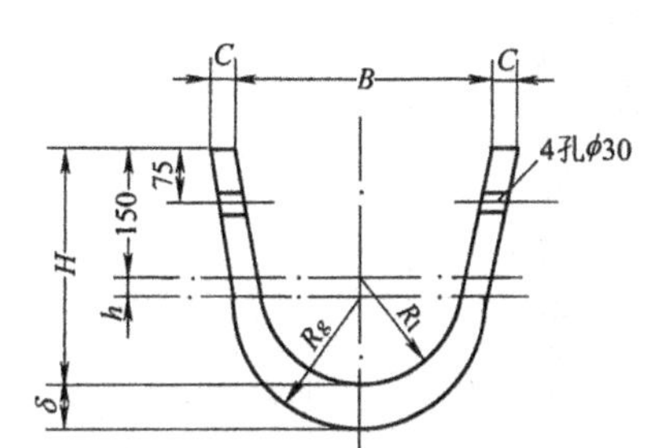

图 10-27　圆底梯形断面

式中　B——流槽上口宽度,mm;

C——流槽上口厚度,mm;

R_g——流槽外半径,mm;

R_1——流槽内半径,mm;

h——中心差距,mm;

H——流槽深度,mm。

按上式计算的流槽见表 10-34 ~ 表 10-61。

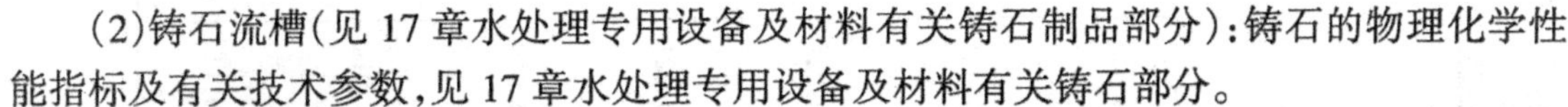
(2)铸石流槽(见 17 章水处理专用设备及材料有关铸石制品部分):铸石的物理化学性能指标及有关技术参数,见 17 章水处理专用设备及材料有关铸石部分。

d　材料选用

铸铁、铸石流槽的耐磨性能相对较好,故多在主要铁皮沟中采用。铸石的耐磨性能最好,特别在无重物下落的沟段,应首先采用。

e　粗糙系数 n

流槽的粗糙系数按:

铸石流槽	0.012
金属流槽	0.014

f　水力计算

(1)过水能力 Q(m^3/s)

表 10-30 转弯处内外侧水面变化值(m)

$\frac{R_1}{B}$	$v/m\cdot s^{-1}$																	
	1.0		1.5		2.0		2.5		3.0		3.5		4.0		4.5		5.0	
	$-h_1$	h_2	$-h_1$	h_2	$-h_1$	h_2	$-h_1$	h_2	$-h_1$	h_2	$-h_1$	h_2	$-h_1$	h_2	$-h_1$	h_2	$-h_1$	h_2
2.0	0.022	0.020	0.050	0.044	0.087	0.077	0.138	0.121	0.197	0.174	0.268	0.237	0.350	0.319	0.444	0.393	0.507	0.448
3.0	0.016	0.014	0.035	0.031	0.061	0.055	0.096	0.087	0.137	0.125	0.187	0.171	0.245	0.223	0.310	0.283	0.354	0.323
4.0	0.012	0.011	0.027	0.025	0.047	0.044	0.074	0.069	0.106	0.099	0.145	0.135	0.189	0.176	0.240	0.223	0.273	0.255
5.0	0.010	0.009	0.022	0.021	0.038	0.036	0.060	0.058	0.086	0.082	0.118	0.112	0.153	0.147	0.195	0.186	0.222	0.212
6.0	0.008	0.008	0.018	0.018	0.033	0.031	0.050	0.049	0.073	0.070	0.097	0.096	0.127	0.126	0.162	0.160	0.184	0.182
8.0	0.006	0.006	0.014	0.014	0.024	0.024	0.038	0.038	0.055	0.054	0.075	0.074	0.098	0.096	0.124	0.122	0.142	0.139
10.0	0.005	0.005	0.012	0.11	0.020	0.019	0.032	0.030	0.046	0.043	0.062	0.059	0.082	0.077	0.104	0.097	0.118	0.111

$$Q = \omega v \tag{10-12}$$

式中 ω——过水断面面积，m^2；

v——断面平均流速，m/s，

$$v = C\sqrt{Ri} \tag{10-13}$$

式中 R——水力半径，m，见表 10-62 ~ 表 10-67；

i——沟底坡度；

C——流速系数，见表 10-68，

$$C = \frac{1}{n}R^{y} \tag{10-14}$$

式中 n——粗糙系数；

y——指数，

$$y = 2.5\sqrt{n} - 0.13 - 0.75\sqrt{R}(\sqrt{n} - 0.10)$$

(2)一般数据

1)流速范围。为使铁皮流槽能正常的输送氧化铁皮，流槽内必须保持一定的流速和水深。铁皮流槽的流速范围见表 10-31。

流速的选用不宜过小，以免产生沉淀。但也不宜过大，以免增加铁皮沟的深度和加快流槽的磨损。

表 10-31 铁皮流槽内的流速(m/s)

轧机名称	铁皮流槽的部位		
	出炉辊道下	轧机下	其他辊道
大型轧机	1.8 ~ 2.3	2.5 ~ 3.0	1.5 ~ 2.0
中厚板轧机	2.0 ~ 2.3	2.6 ~ 3.0	1.4 ~ 1.6
中型轧机	1.6 ~ 2.0	1.7 ~ 2.2	1.4 ~ 1.6
薄板轧机	1.3 ~ 1.5	1.5 ~ 2.0	1.3 ~ 1.5
小型轧机	1.6 ~ 1.9	1.7 ~ 2.0	1.3 ~ 1.6

2)其他参数。铁皮流槽水力计算中的各项参数是相互影响的，当采用表 10-31 中出炉辊道和其他辊道的流速时，铁皮流槽起点的其他参数见表 10-32。

(3)水力计算及表示格式。根据式 10-12 和式 10-13 编制的水力计算表，分为圆底矩形断面(表 10-34 ~ 表 10-50)和圆底梯形断面(表 10-51 ~ 表 10-61)两种。上述两表均按粗糙系数 $n = 0.014$ 编制。表中流量为 L/s，流速为 m/s。

当采用流槽的粗糙系数 n 不等于 0.014，在利用上表进行水力计算时要修正。一般可分为对坡度的修正和对流速及流量的修正两种情况。修正坡度时，设计的流速和流量与水力计算表同，将水力计算表中的坡度 i 乘以 $\frac{1}{K^2}$；修正流速或流量时，设计坡度与水力计算表同，将水力计算表中的流速和流量乘以 K。

修正系数 K，根据选用的断面和充满度或水深，利用表 10-34(对圆底矩形断面 $\frac{h}{B} \leqslant 0.5$ 或圆底梯形断面，水深在切点以下)或表 10-63(分别为圆底矩形断面 $\frac{h}{B} > 0.5$ 和圆底梯形断面，水深在切点以上)及表 10-64 求出相应的水力半径 R 后，再按此 R 和实际的粗糙系数

n,利用表 10-68 查得。

表 10-32 铁皮流槽起点参数

轧机名称	起点流量/$L \cdot s^{-1}$		起始坡度/%		最小水深	最小断面宽度/mm	水面以上保护高度/mm
	出炉辊道	其他辊道	出炉辊道	其他辊道	最小充满度(h/B)		
大型轧机	27~35	23~31	3.5~5.5	2.5~4.5	80 0.35	250	200
中厚板轧机	35~41	25~29	4.0~5.5	2.0~2.5	75 0.30	300	200
中型轧机	14~16	17~21	4.5~7.0	3.0~4.0	50 0.35	200	150
薄板轧机	12~14	12~14	2.5~3.5	2.5~3.5	50 0.35	200	150
小型轧机	16~19	13~16	4.0~5.5	2.5~4.0	50 0.35	200	150

注:1. 上表按铸铁流槽($n=0.014$);

2. 最小水深一栏中,上项指圆底梯形断面,单位 mm;下项指圆底矩形断面。

此外,利用《给水排水设计手册》第 2 册管渠水力计算表,对圆形、梯形、矩形管渠进行水力计算,由于粗糙系数与管渠水力计算表不同,需要修正时,可分别利用表 10-63、表 10-64、表 10-67、表 10-68 求出 R 后,利用上述步骤修正。

当使用的水力计算表是按粗糙系数 $n=n_1$ 编制的,且 n_1 不等于 0.014,而实际的管渠粗糙系数 $n=n_2$,这时的修正系数应当为 K', $K'=\frac{C_{n=n_2}}{C_{n=n_1}}$。$C$ 值由表 10-68 查得。

[**例 1**]已知某轧钢车间采用圆底矩形氧化铁皮流槽,连接处理构筑物(旋流沉淀池)的总沟流槽宽 $B=400$mm,设计充满度$\frac{h}{B}=0.60$,沟底坡度 $i=4\%$,支沟流槽宽 $B=200$mm,设计充满度$\frac{h}{B}=0.55$,沟底坡度 $i=3\%$,总沟的材料为铸石,支沟的材料也是铸石,求总沟及支沟流槽内的流速及流量。

[**解**](1)按铸铁流槽的粗糙系数 $n=0.014$,铸石的粗糙系数为 $n=0.012$;

(2)查表 10-34,当 $B=200$mm,$\frac{h}{B}=0.55$、$i=3\%$时,支沟流量 $Q=31.3$L/s,流速 $v=1.77$m/s;查表 10-38,当 $B=400$mm,$\frac{h}{B}=0.6$、$i=4\%$时,主沟流量 $Q=263.7$L/s,流速 $v=3.35$m/s;

(3)查表 10-63,当 $B=200$mm,$\frac{h}{B}=0.55$ 时,水力半径 $R=0.053$m。查表 10-68,当 $R=0.053$m,$n=0.012$ 时,$K=1.239$,则支沟实际流量 $Q=31.3\times1.239=38.8$L/s,流速 $v=1.77\times1.239=2.08$m/s。

(4)查表 10-63,当 $B=400$mm,$\frac{h}{B}=0.6$ 时,水力半径 $R=0.111$m,查表 10-68,当 $R=0.111$m,$n=0.012$ 时,$K=1.218$,则主沟实际流量 $Q=263.7\times1.218=321.12$L/s,流速 $v=3.35\times1.218=4.08$m/s。

[**例 2**]同上例,求支沟流量 $Q=31.3$L/s,流速 $v=1.77$m/s 时,支沟的坡度。

[**解**]支沟 $i=3\%/K^2=3\%/1.239^2=2\%$。主沟 $i=4\%/1.2^2=4/1.4=3\%$

[**例 3**]求边坡为 1:1、底宽 $B=400$mm、水深 $h=0.4$m、底坡 $i=0.1‰$的水泥砂浆抹面梯形明渠的流速和流量。

[**解**](1)水泥砂浆抹面渠道的粗糙系数 $n=0.013$;

(2)查《给水排水设计手册》第2册管渠水的计算表,当 $n=0.025$、宽度 $B=400\text{mm}$、边坡1:1、水深 $h=0.4\text{m}$、底坡 $i=0.1\%$时,梯形明渠的流速 $v=0.39\text{m/s}$,流量 $Q=124\text{L/s}$。

(3)查表10-66,这时明渠的水力半径 $R=0.209\text{m}$。

(4)查表10-68,当 $R=0.209\text{m}$、$n=0.025$ 时,$C_1=27.24$;$n=0.013$ 时,$C_2=60.80$,修正系数 $K'=\dfrac{C_2}{C_1}=\dfrac{60.80}{27.24}=2.232$,则实际流速 $v=0.39\text{m/s}\times2.232=0.87\text{m/s}$,流量 $Q=124\text{L/s}\times2.232=276.77\text{L/s}$。

[**例4**]由上例,当水泥砂浆抹面梯形明渠的流速 $v=0.39\text{m/s}$,流量 $Q=124\text{L/s}$ 时需要的坡度。

[**解**]

$$i=\frac{0.1\%}{K'^2}=\frac{0.1\%}{2.232^2}=0.02\%$$

一般情况下,氧化铁皮槽可利用水力计算表进行计算,当断面型式和水力计算表不相适用时,可利用公式计算。流槽水力计算的格式,可参照表10-33。

表10-33 铁皮流槽水力计算格式

沟段名称	编号		粗糙系数 n	流槽宽度 B 或 R_g/mm	水深 h/mm(或 h/B)	流速 v m/s	流量 $Q/L\cdot s^{-1}$			底坡 i_1 /%	水力半径 R/m	修正系数 K	修正底坡 $i=\dfrac{i_1}{K^2}$ /%	流槽长度 L/m	水面标高/m				备注
	起点	终点					上段 Q_1	加入 Q_2	本段 Q_1+Q_2						起点	终点	起点	终点	

D 设计资料

设计水冲氧化铁皮沟及直接冷却循环水系统时,需要下述设计资料:

(1)轧钢区各车间总图布置及平整后室外地坪标高。

(2)车间地坪标高、地下水位及工程地质情况。

(3)车间平面布置、轧机产量、年工作小时、工作制度、氧化铁皮总量、小时最大铁皮量,铁皮颗粒组成及其分布。

(4)轧钢车间用水要求、排水性质、给水排水系统、落入铁皮沟的其他水量及排入地点、水量平衡及车间外部给排水现状。

(5)有关的设备基础及其布置图。

E 设计步骤及表示方法

(1)与工艺及土建专业共同商定铁皮沟的走向,确定起点标高。

(2)选定冲渣点、选择流槽材质及断面,计算各点流量、流速、坡度及充满度,推算终点标高。

(3)根据采用铁皮流槽的材料,提交有关专业进行流槽设计。

(4)提出挡渣板的要求及布置地点,由土建专业考虑解决,提出照明等要求,由电气专业设计。

设计水冲氧化铁皮系统时,除确定上述水力计算的各项参数并列入计算书外,尚需作出车间铁皮沟布置图,在图上注明各段断面、坡度、流速、充满度及各点流量加入情况,并标出主要设备的位置。

流槽水力计算及各种管渠水力计算修正用表,见表10-34~表10-68。

表 10-34 圆底矩形断面流槽水力计算表
B = 200mm

$\frac{h}{B}$	i/%															
	2.0		2.5		3.0		3.5		4.0		4.5		5.0		5.5	
	Q	v	Q	v	Q	v	Q	v	Q	v	Q	v	Q	v	Q	v
0.10	0.91	0.56	1.01	0.62	1.11	0.68	1.21	0.74	1.29	0.79	1.36	0.83	1.43	0.88	1.50	0.92
0.15	2.12	0.72	2.36	0.80	2.59	0.88	2.81	0.94	3.00	1.01	3.18	1.07	3.35	1.13	3.51	1.19
0.20	3.81	0.85	4.26	0.95	4.67	1.04	5.04	1.13	5.39	1.21	5.72	1.28	6.03	1.35	6.33	1.42
0.25	5.97	0.97	6.67	1.09	7.31	1.19	7.89	1.28	8.44	1.37	8.96	1.46	9.44	1.54	9.86	1.61
0.30	8.53	1.08	9.59	1.20	10.5	1.32	11.3	1.42	12.1	1.52	12.8	1.61	13.5	1.70	14.2	1.78
0.35	11.5	1.17	12.8	1.31	14.0	1.43	15.2	1.54	16.2	1.65	17.2	1.76	18.1	1.85	19.0	1.94
0.40	14.7	1.25	16.4	1.40	18.0	1.53	19.5	1.66	20.8	1.77	22.0	1.88	23.2	1.98	24.3	2.08
0.45	18.2	1.32	20.3	1.48	22.2	1.62	24.0	1.75	25.7	1.87	27.2	1.99	28.7	2.10	30.1	2.19
0.50	21.8	1.39	24.4	1.55	26.7	1.70	28.8	1.83	30.8	1.96	32.7	2.08	34.5	2.19	36.1	2.30
0.55	25.5	1.44	28.6	1.62	31.3	1.77	33.8	1.91	36.1	2.04	38.3	2.16	40.4	2.28	42.3	2.39
0.60	29.4	1.49	32.9	1.66	36.0	1.82	38.8	1.97	41.5	2.11	44.0	2.24	46.4	2.36	48.7	2.47
0.65	33.3	1.53	37.2	1.72	40.7	1.88	44.0	2.03	47.0	2.17	49.9	2.30	52.6	2.42	55.1	2.54
0.70	37.2	1.57	41.6	1.75	45.6	1.92	49.2	2.08	52.6	2.22	55.8	2.35	58.8	2.48	61.7	2.60
0.75	41.7	1.60	46.1	1.79	50.5	1.96	54.5	2.12	58.3	2.27	61.8	2.40	65.1	2.53	68.4	2.66
0.80	45.2	1.63	50.6	1.83	55.4	2.00	59.9	2.16	64.0	2.31	67.8	2.45	71.5	2.58	75.0	2.71
0.85	49.3	1.66	55.1	1.85	60.4	2.03	65.2	2.20	69.7	2.35	74.0	2.49	78.0	2.62	81.8	2.75
0.90	53.4	1.68	59.7	1.88	65.4	2.06	70.6	2.23	75.5	2.38	80.1	2.52	84.4	2.66	88.6	2.80
0.95	57.5	1.71	64.4	1.91	70.5	2.09	76.1	2.25	81.4	2.41	86.3	2.56	91.0	2.70	95.4	2.83
1.00	61.7	1.73	68.9	1.94	75.5	2.12	81.6	2.28	87.2	2.44	92.5	2.59	97.5	2.73	102.3	2.86

$\frac{h}{B}$	i/%															
	6.0		6.5		7.0		8.0		9.0		10.0		12.0		14.0	
	Q	v	Q	v	Q	v	Q	v	Q	v	Q	v	Q	v	Q	v
0.10	1.57	0.96	1.63	1.00	1.70	1.04	1.82	1.11	1.93	1.18	2.03	1.24	2.23	1.36	2.40	1.47
0.15	3.67	1.24	3.82	1.29	3.96	1.34	4.23	1.43	4.49	1.52	4.73	1.60	5.19	1.75	5.60	1.90
0.20	6.61	1.48	6.88	1.54	7.14	1.60	7.63	1.71	8.10	1.81	8.53	1.91	9.34	2.09	10.1	2.26
0.25	10.3	1.68	10.7	1.75	11.2	1.82	11.9	1.94	12.7	2.06	13.3	2.17	14.6	2.38	15.8	2.57
0.30	14.8	1.86	15.4	1.94	16.0	2.01	17.1	2.15	18.1	2.28	19.1	2.41	20.9	2.64	22.6	2.85
0.35	19.8	2.03	20.6	2.11	21.4	2.19	22.9	2.34	24.3	2.48	25.6	2.61	28.1	2.86	30.3	3.10
0.40	25.4	2.17	26.4	2.26	27.5	2.34	28.4	2.50	31.2	2.65	32.8	2.80	36.0	3.07	38.9	3.31
0.45	31.4	2.29	32.7	2.38	34.0	2.48	36.3	2.65	38.5	2.81	40.6	2.96	44.5	3.24	48.0	3.50
0.50	37.7	2.40	39.2	2.50	40.8	2.60	43.6	2.77	46.2	2.94	48.7	3.10	53.4	3.40	57.7	3.67
0.55	44.2	2.50	46.0	2.60	47.8	2.70	51.1	2.88	54.2	3.06	57.1	3.22	62.6	3.53	67.6	3.82
0.60	50.9	2.58	53.0	2.69	54.9	2.79	58.7	2.98	62.3	3.16	65.6	3.33	71.9	3.65	77.7	3.94
0.65	57.6	2.65	60.0	2.76	62.2	2.87	66.5	3.06	70.5	3.25	74.4	3.43	81.5	3.75	88.0	4.05
0.70	64.4	2.72	67.0	2.83	69.6	2.94	74.4	3.14	78.9	3.33	83.2	3.51	91.1	3.84	98.4	4.15

续表 10-34

h/B	i/% 6.0 Q	v	6.5 Q	v	7.0 Q	v	8.0 Q	v	9.0 Q	v	10.0 Q	v	12.0 Q	v	14.0 Q	v
0.75	71.4	2.78	74.3	2.89	77.1	3.00	82.4	3.21	87.4	3.40	92.1	3.58	100.9	3.93	109.0	4.24
0.80	78.3	2.83	81.5	2.95	84.6	3.05	90.5	3.27	96.0	3.46	101.1	3.65	110.8	4.00	119.7	4.32
0.85	85.4	2.87	88.9	2.99	92.2	3.10	98.6	3.32	104.6	3.53	110.2	3.71	120.8	4.07	130.4	4.39
0.90	92.5	2.92	96.3	3.04	99.9	3.15	106.8	3.37	113.2	3.57	119.4	3.77	130.8	4.13	141.3	4.46
0.95	99.6	2.96	103.7	3.08	107.6	3.19	115.0	3.41	122.0	3.62	128.6	3.82	140.9	4.18	152.2	4.52
1.00	106.9	2.99	111.3	3.11	115.3	3.23	123.4	3.45	130.8	3.66	137.9	3.86	151.0	4.23	163.2	4.57

表 10-35 $B=250$mm

h/B	i/% 2.0 Q	v	2.5 Q	v	3.0 Q	v	3.5 Q	v	4.0 Q	v	4.5 Q	v	5.0 Q	v	5.5 Q	v
0.10	1.65	0.65	1.84	0.72	2.02	0.79	2.18	0.85	2.33	0.91	2.48	0.97	2.61	1.02	2.73	1.07
0.15	3.84	0.83	4.29	0.93	4.70	1.02	5.08	1.10	5.43	1.18	5.76	1.24	6.07	1.31	6.37	1.38
0.20	6.92	0.99	7.73	1.10	8.47	1.21	9.15	1.31	9.78	1.40	10.3	1.49	10.9	1.57	11.5	1.64
0.25	10.8	1.13	12.1	1.26	13.3	1.38	14.3	1.49	15.3	1.59	16.2	1.69	17.1	1.78	17.9	1.87
0.30	15.5	1.25	17.3	1.40	19.0	1.53	20.5	1.66	21.9	1.77	23.2	1.88	24.5	1.98	25.7	2.07
0.35	20.8	1.36	23.2	1.52	25.4	1.66	27.5	1.80	29.4	1.92	31.2	2.04	32.9	2.15	34.5	2.25
0.40	26.6	1.45	29.8	1.62	32.6	1.78	35.3	1.92	37.7	2.05	39.9	2.18	42.1	2.30	44.1	2.41
0.45	32.9	1.54	36.8	1.72	40.3	1.88	43.6	2.03	46.6	2.17	49.4	2.31	52.1	2.43	54.6	2.55
0.50	39.5	1.61	44.2	1.80	48.4	1.97	52.3	2.13	55.9	2.28	59.3	2.42	62.5	2.55	65.5	2.67
0.55	46.3	1.67	50.8	1.86	55.7	2.04	61.3	2.21	65.5	2.37	69.4	2.50	73.2	2.64	76.8	2.78
0.60	53.2	1.73	59.5	1.94	65.2	2.12	70.4	2.29	75.3	2.45	79.9	2.59	84.2	2.73	89.3	2.87
0.65	60.3	1.78	67.5	1.99	73.9	2.18	80.7	2.35	86.3	2.51	90.4	2.67	95.3	2.81	100.0	2.95
0.70	67.5	1.82	75.4	2.04	82.6	2.23	89.2	2.41	95.4	2.58	101.2	2.73	106.7	2.88	111.8	3.02
0.75	74.7	1.86	83.5	2.08	91.5	2.28	98.9	2.46	105.7	2.63	112.0	2.79	118.1	2.94	123.9	3.08
0.80	82.0	1.89	91.7	2.12	100.5	2.32	108.5	2.51	116.0	2.68	123.0	2.85	129.7	3.00	136.0	3.14
0.85	89.4	1.93	100.0	2.15	109.5	2.36	118.2	2.54	126.4	2.72	134.1	2.89	141.4	3.05	148.2	3.20
0.90	96.8	1.95	108.3	2.18	118.6	2.39	128.1	2.58	136.9	2.76	145.2	2.93	153.1	3.09	160.6	3.25
0.95	104.3	1.98	116.7	2.22	127.8	2.43	138.0	2.62	147.5	2.80	156.4	2.97	164.9	3.13	173.0	3.28
1.00	111.8	2.00	125.1	2.24	137.0	2.45	148.0	2.65	158.2	2.83	167.7	3.01	176.8	3.17	185.5	3.32

h/B	i/% 6.0 Q	v	6.5 Q	v	7.0 Q	v	8.0 Q	v	9.0 Q	v	10.0 Q	v	12.0 Q	v	14.0 Q	v
0.10	2.85	1.12	2.97	1.17	3.08	1.21	3.29	1.29	3.50	1.37	3.68	1.44	4.03	1.58	4.36	1.71
0.15	6.65	1.44	6.92	1.50	7.18	1.56	7.68	1.66	8.14	1.76	8.58	1.86	9.40	2.04	10.2	2.20
0.20	12.0	1.71	12.5	1.78	12.9	1.85	13.8	1.98	14.7	2.10	15.5	2.21	16.9	2.42	18.3	2.62

续表 10-35

h/B	i/% 6.0 Q	v	6.5 Q	v	7.0 Q	v	8.0 Q	v	9.0 Q	v	10.0 Q	v	12.0 Q	v	14.0 Q	v
0.25	18.7	1.95	19.5	2.03	20.2	2.11	21.6	2.26	23.0	2.39	24.2	2.52	26.5	2.76	28.6	2.98
0.30	26.8	2.16	27.9	2.25	29.0	2.34	30.9	2.50	32.8	2.65	34.6	2.79	37.9	3.06	40.9	3.31
0.35	36.0	2.35	37.5	2.45	38.9	2.54	41.6	2.71	44.1	2.88	46.5	3.03	50.9	3.32	55.0	3.60
0.40	46.1	2.52	48.0	2.62	49.8	2.72	53.3	2.91	56.5	3.08	59.6	3.25	65.2	3.56	70.5	3.84
0.45	57.0	2.66	59.3	2.77	61.6	2.87	65.8	3.07	69.8	3.26	73.6	3.44	80.6	3.76	87.1	4.07
0.50	68.4	2.79	71.2	2.90	73.9	3.01	79.0	3.22	83.8	3.42	88.4	3.60	96.8	3.94	104.6	4.26
0.55	80.2	2.90	83.5	3.02	86.6	3.13	92.6	3.35	98.2	3.55	103.5	3.74	113.4	4.10	122.5	4.43
0.60	92.2	3.00	96.0	3.12	99.6	3.23	106.5	3.46	112.9	3.67	119.0	3.87	130.4	4.24	140.9	4.57
0.65	104.4	3.08	108.7	3.21	112.8	3.33	120.6	3.56	127.9	3.77	134.8	3.98	147.7	4.35	159.5	4.70
0.70	116.8	3.15	121.6	3.28	126.2	3.41	134.9	3.64	143.1	3.86	150.9	4.07	165.2	4.46	178.5	4.82
0.75	129.4	3.22	134.7	3.35	139.8	3.48	149.4	3.72	158.5	3.95	167.0	4.16	183.0	4.56	197.7	4.92
0.80	142.0	3.28	147.8	3.41	153.4	3.54	164.0	3.79	174.0	4.02	183.4	4.24	200.9	4.64	217.0	5.01
0.85	154.8	3.34	161.1	3.48	167.3	3.60	178.8	3.85	189.6	4.09	199.9	4.31	219.0	4.72	236.5	5.10
0.90	167.7	3.39	174.5	3.53	181.2	3.66	193.7	3.91	205.4	4.15	216.5	4.37	237.2	4.79	256.2	5.17
0.95	180.7	3.43	188.1	3.57	195.2	3.71	209.6	3.96	221.3	4.20	133.2	4.43	255.5	4.85	276.0	5.24
1.00	193.7	3.47	201.6	3.61	209.2	3.75	223.7	4.01	237.2	4.25	250.1	4.48	273.9	4.91	295.9	5.30

表 10-36　B = 300mm

h/B	i/% 2.0 Q	v	2.5 Q	v	3.0 Q	v	3.5 Q	v	4.0 Q	v	4.5 Q	v	5.0 Q	v	5.5 Q	v
0.10	2.68	0.73	2.99	0.81	3.28	0.89	3.55	0.96	3.79	1.03	4.02	1.09	4.24	1.15	4.44	1.21
0.15	6.24	0.94	6.98	1.05	7.65	1.15	8.26	1.24	8.83	1.33	9.36	1.40	9.87	1.48	10.3	1.56
0.20	11.3	1.12	12.6	1.25	13.8	1.37	14.9	1.48	15.9	1.58	16.9	1.68	17.8	1.77	18.7	1.86
0.25	17.6	1.27	19.7	1.42	21.6	1.56	23.3	1.68	24.9	1.80	26.4	1.91	27.8	2.01	29.2	2.12
0.30	25.2	1.41	28.1	1.58	30.8	1.73	33.3	1.87	35.6	2.00	37.8	2.12	39.8	2.23	41.7	2.34
0.35	33.8	1.53	37.8	1.72	41.4	1.88	44.7	2.03	47.8	2.17	50.7	2.30	53.4	2.42	56.0	2.54
0.40	43.3	1.64	48.4	1.83	53.0	2.01	57.3	2.17	61.3	2.32	65.0	2.46	68.5	2.59	71.8	2.72
0.45	53.5	1.74	59.9	1.94	65.6	2.13	70.8	2.29	75.7	2.45	80.3	2.60	84.6	2.74	88.8	2.88
0.50	64.3	1.82	71.8	2.04	78.7	2.23	85.0	2.40	90.9	2.57	96.4	2.73	101.6	2.88	106.6	3.02
0.55	75.3	1.89	84.2	2.11	92.2	2.31	99.6	2.50	106.5	2.67	113.0	2.84	119.1	2.99	124.8	3.13
0.60	86.6	1.95	96.8	2.18	106.0	2.39	114.6	2.58	122.5	2.76	129.9	2.93	136.9	3.09	143.6	3.24
0.65	98.1	2.01	109.6	2.25	120.1	2.46	129.7	2.66	138.7	2.84	147.1	3.01	155.1	3.17	162.6	3.33
0.70	109.7	2.06	122.7	2.30	134.4	2.52	145.1	2.72	155.1	2.91	164.6	3.08	173.5	3.25	181.9	3.41
0.75	121.5	2.10	135.8	2.35	148.4	2.57	160.7	2.78	171.8	2.97	182.2	3.15	192.1	3.32	201.4	3.49
0.80	133.4	2.14	149.2	2.39	163.4	2.62	176.4	2.83	188.6	3.03	200.1	3.21	210.9	3.38	221.2	3.55
0.85	145.4	2.17	162.5	2.43	178.0	2.66	192.3	2.88	205.6	3.08	218.1	3.26	229.9	3.44	241.1	3.61
0.90	157.5	2.21	176.0	2.46	192.8	2.70	208.3	2.92	222.7	3.12	236.2	3.31	249.0	3.49	261.1	3.66
0.95	169.6	2.24	189.6	2.50	207.7	2.74	224.4	2.96	239.9	3.16	254.4	3.36	268.2	3.54	281.3	3.71
1.00	181.8	2.26	203.3	2.53	222.7	2.77	240.6	2.99	257.2	3.20	272.7	3.40	287.5	3.58	301.6	3.75

续表 10-36

$\frac{h}{B}$	i/%															
	6.0		6.5		7.0		8.0		9.0		10.0		12.0		14.0	
	Q	v	Q	v	Q	v	Q	v	Q	v	Q	v	Q	v	Q	v
0.10	4.64	1.26	4.83	1.31	5.02	1.36	5.36	1.46	5.69	1.54	5.99	1.63	6.57	1.78	7.09	1.93
0.15	10.8	1.63	11.2	1.70	11.7	1.76	12.5	1.88	13.2	1.99	14.0	2.10	15.3	2.30	16.5	2.48
0.20	19.5	1.94	20.3	2.02	21.0	2.09	22.5	2.24	23.9	2.37	25.2	2.50	27.6	2.74	29.8	2.96
0.25	30.5	2.21	31.7	2.30	32.9	2.38	35.2	2.55	37.3	2.70	39.4	2.85	43.1	3.12	46.6	3.37
0.30	43.6	2.44	45.4	2.54	47.1	2.64	50.3	2.82	53.4	2.99	56.3	3.16	61.6	3.46	66.6	3.73
0.35	58.5	2.65	60.9	2.76	63.2	2.87	67.6	3.07	71.7	3.25	75.6	3.43	82.8	3.75	89.4	4.06
0.40	75.0	2.84	78.1	2.96	81.0	3.07	86.6	3.28	91.9	3.48	96.8	3.67	106.1	4.02	114.6	4.34
0.45	92.7	3.01	96.5	3.13	100.2	3.25	107.0	3.47	113.6	3.68	119.7	3.88	131.1	4.25	141.4	4.59
0.50	111.3	3.15	115.8	3.28	120.2	3.40	128.5	3.64	136.3	3.86	143.7	4.07	157.4	4.45	170.0	4.81
0.55	130.4	3.27	135.7	3.40	140.9	3.54	150.6	3.78	159.7	4.01	168.4	4.23	184.5	4.63	199.2	5.00
0.60	150.0	3.38	156.1	3.52	162.0	3.65	173.2	3.91	183.7	4.14	193.6	4.37	212.1	4.78	229.1	5.17
0.65	169.8	3.48	176.7	3.62	183.5	3.76	196.1	4.02	208.0	4.26	219.3	4.49	240.2	4.92	259.4	5.31
0.70	190.0	3.56	197.8	3.71	205.2	3.85	219.4	4.11	232.7	4.36	245.3	4.60	268.7	5.04	290.2	5.44
0.75	210.4	3.64	219.0	3.79	227.3	3.93	243.0	4.20	257.7	4.46	271.6	4.70	297.6	5.14	321.4	5.56
0.80	231.0	3.71	240.4	3.86	249.5	4.00	256.8	4.28	282.9	4.54	298.2	4.78	326.7	5.24	352.9	5.66
0.85	251.8	3.77	262.1	3.92	272.0	4.07	290.7	4.35	308.4	4.61	325.1	4.86	356.1	5.33	384.6	5.75
0.90	272.7	3.82	283.8	3.99	294.6	4.13	314.9	4.41	334.0	4.68	352.1	4.94	385.7	5.41	416.6	5.84
0.95	293.8	3.87	305.8	4.03	317.3	4.18	339.2	4.47	359.8	4.74	379.3	5.00	415.5	5.48	448.8	5.92
1.00	315.0	3.92	327.9	4.08	340.2	4.23	363.7	4.53	385.8	4.80	406.6	5.06	445.4	5.54	481.2	5.99

表 10-37　$B = 350\text{mm}$

$\frac{h}{B}$	i/%															
	2.0		2.5		3.0		3.5		4.0		4.5		5.0		5.5	
	Q	v	Q	v	Q	v	Q	v	Q	v	Q	v	Q	v	Q	v
0.10	4.04	0.81	4.52	0.90	4.95	0.99	5.35	1.07	5.72	1.14	6.06	1.21	6.39	1.28	6.70	1.34
0.15	9.42	1.04	10.5	1.16	11.5	1.27	12.4	1.38	13.3	1.47	14.1	1.57	14.9	1.65	15.6	1.72
0.20	17.0	1.24	19.0	1.39	20.8	1.52	22.4	1.64	24.0	1.75	25.4	1.86	26.8	1.96	28.1	2.06
0.25	26.6	1.41	29.7	1.58	32.5	1.73	35.2	1.87	37.6	2.00	39.8	2.12	42.0	2.23	44.0	2.35
0.30	38.0	1.56	42.4	1.75	46.5	1.92	50.2	2.07	53.7	2.21	56.9	2.34	60.0	2.47	63.0	2.59
0.35	51.0	1.70	57.0	1.90	62.4	2.08	67.4	2.24	72.1	2.40	76.5	2.55	80.6	2.69	84.5	2.81
0.40	65.3	1.82	73.0	2.04	80.0	2.23	86.4	2.40	92.4	2.57	98.0	2.72	103.3	2.87	108.4	3.02
0.45	80.8	1.92	90.3	2.15	98.9	2.36	106.8	2.54	114.2	2.72	121.1	2.88	127.7	3.04	133.9	3.19
0.50	96.9	2.02	108.4	2.25	118.7	2.47	128.2	2.67	137.1	2.85	145.4	2.03	153.3	3.19	160.8	3.34
0.55	113.6	2.09	127.0	2.35	139.1	2.57	150.2	2.77	160.6	2.96	170.4	2.14	179.6	3.31	188.3	3.48
0.60	130.6	2.16	146.1	2.42	160.0	2.65	172.8	2.86	184.7	3.06	195.9	3.24	206.5	3.42	216.6	3.59
0.65	147.9	2.22	165.4	2.49	181.2	2.73	195.7	2.95	209.2	3.15	221.9	3.34	233.9	3.52	245.3	3.69
0.70	165.5	2.28	185.0	2.55	202.7	2.79	218.9	3.01	234.0	3.22	248.2	3.42	261.6	3.60	274.4	3.78
0.75	183.2	2.33	204.8	2.60	224.4	2.85	242.4	3.08	259.1	3.29	274.8	3.49	289.7	3.68	303.9	3.86

续表 10-37

$\frac{h}{B}$	i/%															
	2.0		2.5		3.0		3.5		4.0		4.5		5.0		5.5	
	Q	v	Q	v	Q	v	Q	v	Q	v	Q	v	Q	v	Q	v
0.80	201.2	2.37	224.9	2.65	246.4	2.90	266.6	3.13	285.0	3.35	301.8	3.56	318.1	3.75	333.7	3.94
0.85	219.3	2.41	245.2	2.69	268.6	2.95	290.1	3.19	310.1	3.41	328.9	3.61	346.7	3.81	363.6	3.99
0.90	237.5	2.45	265.6	2.74	290.9	3.00	314.2	3.24	335.9	3.46	356.2	3.67	375.5	3.87	393.9	4.06
0.95	255.8	2.48	286.0	2.78	313.3	3.04	338.4	3.27	361.8	3.50	383.7	3.72	404.5	3.92	424.2	4.11
1.00	274.3	2.51	306.6	2.80	335.9	3.07	362.8	3.32	387.9	3.55	411.4	3.77	433.7	3.97	454.9	4.16

$\frac{h}{B}$	i/%															
	6.0		6.5		7.0		8.0		9.0		10.0		12.0		14.0	
	Q	v	Q	v	Q	v	Q	v	Q	v	Q	v	Q	v	Q	v
0.10	7.00	1.40	7.29	1.46	7.57	1.51	8.09	1.62	8.58	1.71	9.04	1.81	9.91	1.98	10.7	2.14
0.15	16.3	1.80	17.0	1.87	17.6	1.95	18.8	2.08	20.0	2.21	21.1	2.33	23.1	2.55	24.9	2.75
0.20	29.4	2.15	30.6	2.24	31.8	2.32	33.9	2.48	36.0	2.63	38.0	2.77	41.6	3.04	44.9	3.28
0.25	46.0	2.45	47.9	2.55	49.7	2.64	53.1	2.82	56.3	2.99	59.4	3.16	65.0	3.46	70.3	3.74
0.30	65.8	2.71	68.5	2.82	71.0	2.93	75.9	3.13	80.5	3.32	84.9	3.50	93.0	3.83	100.4	4.14
0.35	88.3	2.94	91.9	3.06	95.4	3.18	102.0	3.40	108.1	3.60	114.0	3.80	124.9	4.16	134.9	4.49
0.40	113.2	3.15	117.8	3.28	122.2	3.40	130.7	3.64	138.6	3.86	146.1	4.07	160.0	4.45	172.9	4.81
0.45	139.9	3.33	145.6	3.47	151.1	3.60	161.5	3.85	171.3	4.08	180.6	4.30	197.8	4.71	213.7	5.09
0.50	167.9	3.49	174.8	3.63	181.4	3.77	193.9	4.03	205.7	4.27	216.8	4.51	237.5	4.94	256.5	5.33
0.55	196.7	3.63	204.7	3.78	212.5	3.92	227.2	4.19	241.0	4.44	254.0	4.68	278.2	5.13	300.5	5.54
0.60	226.2	3.75	235.4	3.90	244.3	4.05	261.2	4.33	277.0	4.59	292.0	4.84	319.9	5.30	345.6	5.73
0.65	256.2	3.85	266.7	4.01	276.7	4.16	295.8	4.45	313.8	4.72	330.8	4.98	362.3	5.45	391.4	5.89
0.70	286.6	3.95	298.3	4.11	309.6	4.26	331.0	4.56	351.0	4.83	370.0	5.10	405.3	5.58	437.8	6.03
0.75	317.4	4.03	330.4	4.19	342.8	4.35	366.5	4.65	388.7	4.94	409.7	5.20	448.8	5.70	484.8	6.16
0.80	348.5	4.11	362.7	4.28	376.4	4.44	402.4	4.74	426.8	5.03	449.9	5.30	492.8	5.81	532.3	6.27
0.85	379.8	4.17	395.3	4.34	410.2	4.51	438.6	4.82	465.2	5.11	490.3	5.39	537.1	5.90	580.2	6.38
0.90	411.4	4.24	428.2	4.41	444.3	4.58	475.0	4.89	503.8	5.19	531.1	5.47	581.8	5.99	628.4	6.47
0.95	443.1	4.29	461.2	4.47	478.6	4.64	511.7	4.96	542.7	5.26	572.0	5.54	626.7	6.07	676.9	6.56
1.00	475.1	4.34	494.5	4.52	513.1	4.69	548.6	5.02	581.9	5.32	613.3	5.61	671.9	6.14	725.7	6.64

表 10-38　$B=400$mm

$\frac{h}{B}$	i/%																	
	1.0		1.5		2.0		2.5		3.0		3.5		4.0		4.5		5.0	
	Q	v	Q	v	Q	v	Q	v	Q	v	Q	v	Q	v	Q	v	Q	v
0.10	4.08	0.62	5.00	0.76	5.77	0.88	6.45	0.99	7.07	1.08	7.64	1.17	8.17	1.25	8.66	1.33	9.13	1.40
0.15	9.51	0.80	11.7	0.99	13.5	1.14	15.1	1.27	16.5	1.39	17.8	1.51	19.0	1.61	20.2	1.71	21.3	1.80
0.20	17.1	0.96	21.0	1.17	24.2	1.35	27.1	1.52	29.7	1.66	32.1	1.80	34.3	1.92	36.3	2.03	39.3	2.14
0.25	26.8	1.09	32.8	1.33	37.9	1.54	42.4	1.73	46.4	1.89	50.1	2.04	53.6	2.18	56.8	2.31	59.9	2.44

续表 10-38

$\frac{h}{B}$	i/%																	
	1.0		1.5		2.0		2.5		3.0		3.5		4.0		4.5		5.0	
	Q	v	Q	v	Q	v	Q	v	Q	v	Q	v	Q	v	Q	v	Q	v
0.30	38.3	1.21	46.9	1.48	54.2	1.71	60.6	1.91	66.4	2.09	71.7	2.26	76.7	2.42	81.3	2.56	85.7	2.70
0.35	51.5	1.31	63.0	1.61	72.8	1.86	81.3	2.07	89.1	2.27	96.3	2.46	102.9	2.63	109.2	2.79	115.1	2.94
0.40	66.0	1.41	80.8	1.72	93.3	1.99	104.3	2.22	114.3	2.43	123.4	2.63	131.9	2.81	139.9	2.98	147.5	3.14
0.45	81.5	1.49	99.9	1.82	115.3	2.10	128.9	2.35	141.2	2.57	152.6	2.78	163.1	2.97	172.9	3.15	182.3	3.32
0.50	97.9	1.56	119.9	1.91	138.4	2.20	154.7	2.46	169.5	2.70	183.1	2.92	195.7	3.12	207.6	3.30	218.8	3.48
0.55	114.7	1.62	140.5	1.98	162.2	2.29	181.3	2.56	198.6	2.80	214.5	3.03	229.3	3.24	243.2	3.43	256.4	3.62
0.60	131.8	1.67	161.5	2.05	186.5	2.37	208.5	2.65	228.4	2.90	246.7	3.13	263.7	3.35	279.7	3.55	294.8	3.74
0.65	149.3	1.72	182.9	2.10	211.2	2.43	236.1	2.72	258.6	2.98	279.3	3.22	298.6	3.44	316.8	3.65	333.9	3.85
0.70	167.0	1.76	204.6	2.16	236.2	2.49	264.1	2.78	289.3	3.05	312.5	3.29	334.1	3.52	354.3	3.74	373.5	3.94
0.75	185.0	1.80	226.6	2.20	261.6	2.54	292.5	2.85	320.4	3.12	346.1	3.37	370.0	3.60	392.4	3.81	413.6	4.02
0.80	203.1	1.83	248.7	2.24	287.2	2.59	330.3	2.89	361.8	3.17	380.0	3.42	406.2	3.66	430.8	3.89	454.1	4.10
0.85	221.4	1.86	271.1	2.28	313.0	2.63	350.0	2.95	383.4	3.23	414.1	3.49	442.7	3.73	469.6	3.96	495.0	4.17
0.90	289.7	1.89	293.7	2.31	339.1	2.67	379.1	2.99	415.3	3.27	448.5	3.54	479.5	3.78	508.6	4.01	536.1	4.23
0.95	258.2	1.92	316.3	2.35	365.2	2.71	408.3	3.03	447.3	3.32	483.1	3.58	516.5	3.83	547.9	4.06	577.5	4.28
1.00	276.9	1.94	339.1	2.37	391.6	2.74	437.8	3.07	479.6	3.36	518.0	3.63	553.8	3.88	587.3	4.11	619.1	4.33

$\frac{h}{B}$	i/%																	
	5.5		6.0		6.5		7.0		8.0		9.0		10.0		12.0		14.0	
	Q	v	Q	v	Q	v	Q	v	Q	v	Q	v	Q	v	Q	v	Q	v
0.10	9.57	1.46	10.0	1.53	10.4	1.59	10.8	1.65	11.5	1.77	12.3	1.87	12.9	1.97	14.1	2.16	15.3	2.34
0.15	22.3	1.89	23.3	1.97	24.3	2.05	25.2	2.13	26.9	2.28	28.5	2.41	30.1	2.54	32.9	2.79	35.6	3.01
0.20	40.2	2.25	42.0	2.35	43.7	2.45	45.3	2.53	48.5	2.71	51.4	2.87	54.2	3.03	59.4	3.32	64.1	3.58
0.25	62.9	2.56	65.7	2.67	68.4	2.78	70.9	2.89	75.8	3.09	80.4	3.27	84.8	3.45	92.9	3.78	100.3	4.08
0.30	89.9	2.83	93.9	2.96	97.7	3.08	101.4	3.20	108.4	3.42	115.0	3.63	121.2	3.82	132.8	4.19	143.4	4.52
0.35	120.7	3.08	126.1	3.22	131.2	3.35	136.2	3.47	145.6	3.71	154.4	3.94	162.8	4.15	178.3	4.55	192.6	4.91
0.40	154.7	3.29	161.6	3.44	168.2	3.58	174.5	3.72	186.6	3.97	197.9	4.22	208.6	4.44	228.5	4.87	246.8	5.26
0.45	191.2	3.49	199.7	3.64	207.9	3.79	215.7	3.93	230.6	4.20	244.6	4.46	257.8	4.70	282.4	5.15	305.1	5.66
0.50	229.5	3.66	239.7	3.82	249.5	3.98	258.9	4.12	276.8	4.41	293.6	4.67	309.5	4.93	339.0	5.40	366.2	5.83
0.55	268.9	3.80	280.9	3.97	292.4	4.13	303.4	4.28	324.3	4.58	344.0	4.86	362.6	5.12	397.2	5.61	429.1	6.06
0.60	309.2	3.93	323.0	4.10	336.2	4.27	348.8	4.43	372.9	4.73	395.6	5.02	416.9	5.29	456.7	5.79	493.3	6.26
0.65	350.2	4.03	365.8	4.21	380.7	4.38	395.1	4.65	422.4	4.86	448.0	5.16	472.2	5.44	517.3	5.96	558.7	6.43
0.70	391.8	4.13	409.2	4.31	425.9	4.49	442.0	4.66	472.5	4.98	501.1	5.28	528.2	5.57	578.7	6.10	625.0	6.59
0.75	433.8	4.22	453.1	4.41	471.6	4.59	489.4	4.76	523.2	5.09	554.9	5.40	585.0	5.69	640.8	6.23	692.1	6.73
0.80	476.3	4.30	497.5	4.49	517.8	4.67	537.3	4.85	574.4	5.18	609.3	5.50	642.2	5.79	703.5	6.35	759.9	6.86
0.85	519.1	4.37	542.2	4.56	564.3	4.75	585.6	4.93	626.1	5.27	664.1	5.59	700.0	5.89	766.8	6.45	828.2	6.97
0.90	562.3	4.43	587.3	4.63	611.3	4.82	634.3	5.00	678.1	5.35	719.3	5.67	758.2	5.98	830.5	6.55	897.1	7.07
0.95	605.7	4.49	632.6	4.69	658.4	4.88	683.3	5.07	730.5	5.42	774.8	5.75	816.7	6.06	894.7	6.64	966.3	7.17
1.00	649.3	4.55	678.2	4.75	705.9	4.94	732.6	5.13	783.1	5.48	830.6	5.82	875.6	6.13	959.1	6.72	1036.0	7.25

表 10-39　$B = 450mm$

$\frac{h}{B}$	i/%																	
	1.0		1.5		2.0		2.5		3.0		3.5		4.0		4.5		5.0	
	Q	v	Q	v	Q	v	Q	v	Q	v	Q	v	Q	v	Q	v	Q	v
0.10	5.60	0.68	6.85	0.83	7.91	0.96	8.84	1.07	9.68	1.17	10.5	1.26	11.2	1.35	11.9	1.43	12.5	1.51
0.15	13.0	0.87	15.9	1.07	18.4	1.23	20.6	1.38	22.6	1.51	24.3	1.63	26.0	1.74	27.6	1.85	29.1	1.95
0.20	23.5	1.04	28.8	1.27	33.2	1.47	37.1	1.63	40.6	1.79	43.9	1.94	46.9	2.07	49.8	2.20	52.5	2.32
0.25	36.7	1.18	44.9	1.45	51.9	1.67	58.1	1.86	63.6	2.04	68.7	2.21	73.4	2.36	77.9	2.50	82.1	2.64
0.30	52.5	1.31	64.3	1.60	74.2	1.35	83.0	2.06	90.9	2.26	98.2	2.45	105.0	2.62	111.3	2.77	117.3	2.92
0.35	70.5	1.42	86.3	1.74	99.6	2.01	111.4	2.25	122.0	2.46	131.8	2.66	140.9	2.84	149.5	3.02	157.6	3.18
0.40	90.3	1.52	110.6	1.86	127.7	2.15	142.8	2.40	156.4	2.63	168.9	2.84	180.6	3.04	191.5	3.23	201.9	3.40
0.45	111.6	1.61	136.7	1.97	157.8	2.27	176.5	2.55	193.3	2.79	208.8	3.01	223.2	3.22	236.8	3.42	249.6	3.60
0.50	134.0	1.68	164.1	2.06	189.5	2.38	211.9	2.67	232.1	2.92	250.7	3.15	268.0	3.37	284.2	3.58	299.6	3.77
0.55	157.0	1.75	192.3	2.15	222.0	2.48	248.2	2.77	271.9	3.03	293.7	3.27	314.0	3.50	333.0	3.72	351.0	3.92
0.60	180.5	1.81	221.1	2.22	255.3	2.56	285.4	2.86	312.6	3.13	337.7	3.39	361.0	3.62	382.9	3.84	403.6	4.05
0.65	204.4	1.86	250.4	2.28	289.1	2.63	323.2	2.94	354.1	3.22	382.4	3.48	408.8	3.72	433.6	3.85	457.1	4.16
0.70	228.7	1.91	280.1	2.33	323.4	2.69	361.6	3.01	396.1	3.30	427.8	3.56	457.3	3.81	485.1	4.04	511.3	4.26
0.75	253.2	1.95	310.1	2.38	358.1	2.75	400.4	3.07	438.6	3.37	473.7	3.64	506.4	3.89	537.1	4.13	566.2	4.35
0.80	278.0	1.98	340.5	2.42	393.2	2.80	439.5	3.13	481.5	3.43	520.1	3.70	556.0	3.96	589.7	4.20	621.6	4.43
0.85	303.0	2.01	371.1	2.47	428.5	2.85	479.1	3.19	524.8	3.49	566.9	3.77	606.0	4.03	642.7	4.27	677.5	4.50
0.90	328.2	2.04	401.9	2.50	464.1	2.89	518.9	3.23	568.4	3.54	614.0	3.83	656.4	4.09	696.1	4.34	733.8	4.57
0.95	353.5	2.07	433.0	2.54	500.0	2.93	559.0	3.28	612.3	3.59	661.3	3.87	707.0	4.14	749.9	4.39	790.5	4.63
1.00	379.0	2.10	464.2	2.57	536.0	2.97	599.3	3.31	656.5	3.63	709.0	3.92	758.0	4.19	804.0	4.45	847.5	4.69

$\frac{h}{B}$	i/%																	
	5.5		6.0		6.5		7.0		8.0		9.0		10.0		12.0		14.0	
	Q	v	Q	v	Q	v	Q	v	Q	v	Q	v	Q	v	Q	v	Q	v
0.10	13.1	1.58	13.7	1.65	14.3	1.72	14.8	1.79	15.8	1.91	16.8	2.03	17.7	2.14	19.4	2.34	20.9	2.53
0.15	30.5	2.04	31.9	2.13	33.2	2.22	34.5	2.30	36.8	2.46	39.1	2.61	41.2	2.75	45.1	3.02	48.7	3.26
0.20	55.1	2.43	57.5	2.54	59.8	2.64	62.1	2.74	66.4	2.93	70.4	3.11	74.2	3.28	81.3	3.59	87.7	3.88
0.25	86.1	2.77	89.9	2.89	93.6	3.01	97.1	3.12	103.8	3.34	110.1	3.54	116.1	3.73	127.1	4.09	137.3	4.42
0.30	123.0	3.06	128.5	3.20	133.7	3.33	138.8	3.46	148.4	3.70	157.4	3.92	165.9	4.14	181.8	4.53	196.3	4.89
0.35	165.3	3.33	172.6	3.48	179.6	3.62	186.4	3.76	199.3	4.02	211.4	4.26	222.8	4.49	244.1	4.92	263.6	5.31
0.40	211.8	3.56	221.2	3.72	230.2	3.87	238.9	4.02	255.4	4.30	270.9	4.56	285.6	4.81	312.8	5.27	337.9	5.69
0.45	261.8	3.77	273.4	3.94	284.6	4.10	295.3	4.25	315.7	4.55	334.8	4.82	353.0	5.08	386.6	5.57	417.6	6.02
0.50	314.2	3.95	328.2	4.13	341.6	4.30	354.5	4.46	379.0	4.77	401.9	5.05	423.7	5.33	464.1	5.84	501.3	6.30
0.55	368.1	4.11	384.5	4.29	400.2	4.47	415.3	4.63	444.0	4.95	470.9	5.25	496.4	5.54	543.8	6.07	587.4	6.55
0.60	423.3	4.24	442.1	4.43	460.2	4.61	477.5	4.79	510.5	5.12	541.5	5.43	570.8	5.72	625.2	6.27	675.3	6.77
0.65	479.4	4.37	500.7	4.56	521.1	4.75	540.8	4.92	578.2	5.26	613.2	5.58	646.4	5.88	708.1	6.44	764.8	6.96
0.70	536.3	4.47	560.1	4.67	583.0	4.86	605.0	5.04	646.8	5.39	686.0	5.72	723.1	6.02	792.1	6.60	855.6	7.13
0.75	593.8	4.57	620.2	4.77	645.5	4.96	669.9	5.15	716.2	5.50	759.6	5.84	800.7	6.15	877.2	6.74	947.4	7.28
0.80	652.0	4.64	681.0	4.85	708.8	5.05	735.5	5.24	786.3	5.61	834.0	5.95	879.1	6.27	963.0	6.87	1040.0	7.42
0.85	710.6	4.72	742.2	4.93	772.5	5.13	801.7	5.33	857.0	5.70	909.0	6.04	958.2	6.37	1050.0	6.98	1134.0	7.54

续表 10-39

$\frac{h}{B}$	i/%																	
	5.5		6.0		6.5		7.0		8.0		9.0		10.0		12.0		14.0	
	Q	v	Q	v	Q	v	Q	v	Q	v	Q	v	Q	v	Q	v	Q	v
0.90	769.7	4.80	803.9	5.01	836.7	5.21	868.3	5.41	928.2	5.78	984.6	6.13	1038.0	6.47	1137.0	7.08	1228.0	7.65
0.95	829.1	4.85	866.0	5.07	901.4	5.28	935.3	5.48	999.9	5.86	1061.0	6.22	1118.0	6.55	1225.0	7.18	1323.0	7.75
1.00	888.9	4.92	928.4	5.14	966.3	5.35	1003.0	5.55	1072.0	5.93	1137.0	6.29	1199.0	6.63	1313.0	7.26	1418.0	7.84

表 10-40　$B = 500$mm

$\frac{h}{B}$	i/%																	
	1.0		1.5		2.0		2.5		3.0		3.5		4.0		4.5		5.0	
	Q	v	Q	v	Q	v	Q	v	Q	v	Q	v	Q	v	Q	v	Q	v
0.10	7.4	0.72	9.1	0.88	10.5	1.02	11.7	1.15	12.8	1.26	13.8	1.36	14.8	1.45	15.7	1.54	16.5	1.62
0.15	17.2	0.93	21.1	1.14	24.4	1.32	27.3	1.48	29.9	1.62	32.3	1.75	34.5	1.87	36.6	1.98	38.6	2.09
0.20	31.1	1.11	38.0	1.36	43.9	1.57	49.1	1.76	53.8	1.93	58.2	2.08	62.2	2.22	65.9	2.36	69.5	2.49
0.25	48.6	1.27	59.6	1.55	68.8	1.79	76.9	2.00	84.2	2.19	90.9	2.37	97.2	2.53	103.1	2.68	108.7	2.83
0.30	69.5	1.40	85.1	1.71	98.3	1.98	109.9	2.22	120.4	2.43	130.0	2.63	139.0	2.81	147.4	2.98	155.4	3.14
0.35	93.3	1.52	114.3	1.86	132.0	2.15	147.5	2.41	161.6	2.64	174.5	2.85	186.6	3.05	198.0	3.24	208.7	3.41
0.40	119.6	1.63	146.4	2.00	169.1	2.31	189.1	2.57	207.1	2.82	223.8	3.05	239.2	3.26	253.7	3.46	267.4	3.65
0.45	147.8	1.72	181.0	2.11	209.0	2.44	233.7	2.73	256.0	2.99	276.5	3.23	295.6	3.45	313.5	3.66	330.5	3.86
0.50	177.4	1.81	217.3	2.22	250.9	2.56	280.5	2.86	307.3	3.13	332.0	3.38	354.9	3.61	376.4	3.83	396.8	4.04
0.55	207.9	1.88	254.6	2.30	294.0	2.66	328.7	2.97	360.1	3.25	388.9	3.52	415.8	3.76	441.0	3.98	464.9	4.20
0.60	239.0	1.94	292.7	2.37	338.0	2.74	377.9	3.07	414.0	3.36	447.2	3.63	478.1	3.88	507.1	4.12	534.5	4.34
0.65	270.7	2.00	331.5	2.44	382.8	2.82	428.0	3.16	468.9	3.46	506.4	3.73	541.4	3.90	574.2	4.23	605.3	4.46
0.70	302.8	2.04	370.8	2.50	428.2	2.89	478.8	3.23	524.5	3.54	566.5	3.83	605.6	4.09	642.4	4.34	677.1	4.57
0.75	335.3	2.09	410.7	2.55	474.2	2.95	530.2	3.30	580.8	3.61	627.3	3.90	670.6	4.17	711.3	4.43	749.8	4.67
0.80	368.1	2.13	450.9	2.61	520.6	3.01	582.0	3.36	637.6	3.68	688.7	3.98	736.3	4.25	781.0	4.51	823.2	4.75
0.85	401.2	2.16	491.4	2.65	567.4	3.06	634.4	3.41	695.0	3.74	750.7	4.04	802.5	4.32	851.2	4.58	897.2	4.83
0.90	434.6	2.19	532.3	2.68	614.6	3.10	487.1	3.47	752.7	3.80	813.1	4.11	869.2	4.39	921.9	4.65	971.8	4.90
0.95	468.1	2.22	573.4	2.72	662.1	3.14	740.2	3.51	810.8	3.85	875.8	4.15	936.3	4.44	993.3	4.71	104.7	4.97
1.00	501.9	2.25	614.7	2.75	709.8	3.18	793.6	3.56	869.3	3.90	938.2	4.21	1004.0	4.50	1064.0	4.77	1122.0	5.03

$\frac{h}{B}$	i/%																	
	5.5		6.0		6.5		7.0		8.0		9.0		10.0		12.0		14.0	
	Q	v	Q	v	Q	v	Q	v	Q	v	Q	v	Q	v	Q	v	Q	v
0.10	17.3	1.70	18.1	1.78	18.8	1.85	19.6	1.92	20.9	2.05	22.2	2.17	23.4	2.29	25.7	2.51	27.7	2.71
0.15	40.4	2.19	42.2	2.19	43.9	2.38	45.6	2.47	48.8	2.64	51.7	2.80	54.5	2.95	59.7	3.23	64.5	3.49
0.20	72.9	2.60	76.1	2.60	79.2	2.83	82.2	2.94	87.9	3.14	9.32	3.33	98.3	3.52	107.7	3.85	116.3	4.16
0.25	114.0	2.97	119.1	2.97	124.0	3.23	128.6	3.35	137.5	3.58	145.8	3.80	153.7	4.00	168.4	4.39	181.9	4.74
0.30	163.0	3.29	170.2	3.29	177.1	3.58	183.9	3.71	196.6	3.97	208.5	4.21	219.8	4.44	240.8	4.86	260.0	5.25
0.35	218.9	3.57	228.6	3.57	237.9	3.88	246.9	4.03	263.9	4.31	280.0	4.57	295.1	4.82	323.3	5.28	349.2	5.70

续表 10-40

$\frac{h}{B}$	i/%																	
	5.5		6.0		6.5		7.0		8.0		9.0		10.0		12.0		14.0	
	Q	v	Q	v	Q	v	Q	v	Q	v	Q	v	Q	v	Q	v	Q	v
0.40	280.4	3.82	292.9	3.82	304.9	4.15	316.4	4.31	338.3	4.61	358.8	4.89	378.2	5.16	414.3	5.65	447.5	6.10
0.45	346.7	4.05	362.1	4.05	376.9	4.40	391.1	4.56	418.1	4.88	443.4	5.17	467.4	5.45	512.1	5.98	553.1	6.45
0.50	416.1	4.24	434.6	4.24	452.3	4.61	469.4	4.78	501.9	5.11	532.3	5.42	561.1	5.72	614.6	6.26	663.9	6.76
0.55	487.5	4.40	509.2	4.40	530.0	4.79	550.0	4.97	588.0	5.31	623.7	5.64	657.4	5.94	720.2	6.51	777.9	7.03
0.60	560.6	4.55	585.5	4.55	609.4	4.94	632.4	5.13	676.1	5.49	717.1	5.82	755.9	6.14	828.0	6.72	894.4	7.26
0.65	634.9	4.68	663.1	4.68	690.2	5.09	716.2	5.28	765.6	5.64	812.1	5.99	856.0	6.31	937.7	6.91	1013	7.47
0.70	710.2	4.80	741.8	4.80	772.1	5.21	801.2	5.41	856.5	5.78	908.5	6.13	957.6	6.46	1049	7.08	1133	7.65
0.75	786.4	4.89	821.4	4.89	854.9	5.32	887.2	5.52	948.4	5.90	1006	6.26	1060	6.60	1162	7.23	1255	7.81
0.80	863.4	4.99	901.8	4.99	938.6	5.42	974.0	5.62	1041	6.01	1104	6.38	1164	6.72	1275	7.36	1378	7.95
0.85	941.0	5.06	982.8	5.06	1023	5.51	1062	5.72	1135	6.11	1204	6.48	1269	6.83	1390	7.49	1501	8.09
0.90	1020.0	5.14	1065	5.14	1108	5.59	1150	5.80	1229	6.20	1304	6.58	1374	6.93	1506	7.60	1626	8.21
0.95	1098.0	5.21	1147	5.21	1194	5.66	1239	5.88	1324	6.29	1404	6.67	1480	7.03	1622	7.70	1752	8.31
1.00	1177.0	5.28	1229	5.28	1279	5.73	1328	5.95	1420	6.36	1506	6.75	1587	7.11	1739	7.79	1878	8.41

表 10-41　$B=550$mm

$\frac{h}{B}$	i/%																	
	1.0		1.5		2.0		2.5		3.0		3.5		4.0		4.5		5.0	
	Q	v	Q	v	Q	v	Q	v	Q	v	Q	v	Q	v	Q	v	Q	v
0.10	9.5	0.77	1.17	0.94	13.5	1.09	15.1	1.22	16.5	1.34	17.9	1.44	19.1	1.54	20.3	1.64	21.4	1.75
0.15	22.2	1.00	27.3	1.22	31.5	1.41	35.1	1.57	38.5	1.72	41.6	1.86	44.5	1.99	47.1	2.12	49.7	2.23
0.20	40.1	1.18	49.1	1.45	56.7	1.68	63.4	1.87	69.4	2.05	74.9	2.22	80.1	2.37	85.0	2.51	89.6	2.65
0.25	62.7	1.35	76.7	1.65	88.6	1.91	99.1	2.14	108.6	2.34	117.3	2.53	125.4	2.70	133.0	2.87	140.2	3.02
0.30	89.6	1.49	109.7	1.83	126.7	2.11	141.7	2.36	155.2	2.59	167.6	2.80	179.2	2.99	190.1	3.17	200.4	3.34
0.35	120.3	1.62	147.4	1.99	170.2	2.30	190.2	2.57	208.4	2.81	225.1	3.04	240.6	3.25	255.2	3.44	269.0	3.63
0.40	154.2	1.74	188.9	2.13	218.1	2.46	243.8	2.75	267.1	3.01	288.5	3.26	308.4	3.48	327.1	3.69	344.8	3.89
0.45	190.6	1.84	233.4	2.25	269.5	2.60	301.3	2.90	330.1	3.18	356.6	3.44	381.2	3.68	404.3	3.90	426.2	4.11
0.50	228.8	1.93	280.2	2.36	323.5	2.72	361.7	3.05	396.2	3.34	428.0	3.60	457.5	3.85	485.3	4.09	511.5	4.31
0.55	268.0	2.00	328.2	2.45	379.0	2.83	423.8	3.17	464.2	3.47	501.5	3.74	536.1	4.00	568.5	4.25	599.3	4.48
0.60	308.2	2.07	377.4	2.53	435.8	2.92	487.3	3.27	533.8	3.58	576.5	3.87	616.3	4.14	653.7	4.38	689.1	4.62
0.65	349.0	2.13	427.4	2.61	493.5	3.01	551.8	3.36	604.5	3.68	652.9	3.98	698.0	4.25	740.4	4.51	780.4	4.75
0.70	390.4	2.18	478.1	2.67	552.1	3.08	617.3	3.44	676.2	3.77	730.4	4.07	780.8	4.35	828.2	4.62	873.0	4.87
0.75	432.3	2.22	529.5	2.72	611.4	3.14	683.6	3.51	748.8	3.85	808.8	4.16	864.6	4.45	917.1	4.71	966.6	4.97
0.80	474.6	2.26	581.3	2.77	671.2	3.20	750.4	3.58	822.0	3.92	887.9	4.24	949.2	4.53	1007	4.80	1061	5.06
0.85	517.3	2.30	633.5	2.82	731.5	3.26	817.9	3.64	896.0	3.99	968.2	4.30	1035	4.60	1098	4.89	1157	5.15
0.90	560.3	2.34	686.2	2.86	792.3	3.30	885.8	3.70	970.4	4.05	1049	4.37	1121	4.67	1189	4.95	1253	5.22
0.95	603.5	2.37	739.2	2.90	853.5	3.35	954.0	3.74	1045	4.10	1129	4.43	1207	4.74	1281	5.02	1350	5.29
1.00	647.0	2.40	792.4	2.94	915.0	3.39	1023	3.79	1121	4.15	1210	4.48	1294	4.79	1373	5.08	1447	5.36

续表 10-41

h/B	i/% 5.5 Q	v	6.0 Q	v	6.5 Q	v	7.0 Q	v	8.0 Q	v	9.0 Q	v	10.0 Q	v	12.0 Q	v	14.0 Q	v
0.10	22.4	1.81	23.4	1.89	24.4	1.97	25.3	2.04	27.0	2.18	28.6	2.32	30.2	2.44	33.1	2.68	35.7	2.89
0.15	52.2	2.34	54.5	2.44	56.7	2.54	58.8	2.63	62.9	2.81	66.7	2.99	70.3	3.15	77.0	3.45	83.2	3.72
0.20	94.0	2.78	98.2	2.90	102.2	3.02	106.0	3.13	113.3	3.35	120.2	3.55	126.7	3.75	138.8	4.10	149.9	4.43
0.25	147.0	3.17	153.5	3.31	159.8	3.45	165.8	3.57	177.3	3.82	188.4	4.05	198.2	4.27	217.1	4.67	234.5	5.05
0.30	210.2	3.50	219.5	3.66	228.5	3.81	237.7	3.96	253.5	4.23	268.8	4.48	283.4	4.73	310.4	5.18	335.3	5.59
0.35	282.2	3.81	294.7	3.98	306.7	4.14	318.3	4.30	340.3	4.59	361.0	4.87	380.5	5.13	416.8	5.62	450.2	6.07
0.40	361.6	4.08	377.7	4.26	393.1	4.43	408.0	4.60	436.1	4.91	462.6	5.21	487.6	5.49	534.2	6.02	576.9	6.50
0.45	446.9	4.31	466.8	4.50	485.9	4.68	504.2	4.86	539.0	5.20	571.7	5.51	602.7	5.81	660.2	6.37	713.1	6.88
0.50	536.4	4.52	560.3	4.72	583.2	4.91	605.2	5.10	647.0	5.45	686.3	5.78	723.4	6.09	792.4	6.67	855.9	7.21
0.55	628.6	4.69	656.5	4.90	683.3	5.10	709.1	5.30	758.1	5.66	804.1	6.00	847.6	6.33	928.5	6.93	1003	7.49
0.60	722.7	4.84	754.8	5.06	785.6	5.27	815.3	5.47	871.6	5.85	924.5	6.20	974.5	6.54	1068	7.16	1153	7.74
0.65	818.5	4.99	854.9	5.21	889.8	5.42	923.3	5.62	987.1	6.01	1047	6.38	1104	6.72	1209	7.36	1306	7.95
0.70	915.6	5.10	956.3	5.33	995.3	5.55	1033	5.76	1104	6.16	1171	6.53	1235	6.89	1353	7.54	1461	8.15
0.75	1014	5.22	1059	5.45	1102	5.67	1144	5.88	1223	6.29	1297	6.67	1367	7.03	1498	7.70	1618	8.32
0.80	1113	5.31	1163	5.55	1210	5.78	1256	5.99	1342	6.41	1424	6.79	1501	7.16	1644	7.85	1776	8.47
0.85	1213	5.40	1267	5.64	1319	5.87	1369	6.09	1463	6.51	1552	6.91	1636	7.28	1792	7.98	1936	8.61
0.90	1314	5.48	1372	5.72	1428	5.95	1482	6.18	1585	6.61	1681	7.01	1772	7.39	1941	8.09	2096	8.74
0.95	1415	5.55	1478	5.80	1538	6.04	1597	6.26	1707	6.70	1811	7.10	1909	7.49	2091	8.20	2258	8.86
1.00	1518	5.62	1585	5.87	1650	6.11	1712	6.34	1830	6.78	1941	7.19	2046	7.59	2241	8.30	2421	8.96

表 10-42　B = 600mm

h/B	i/% 1.0 Q	v	1.5 Q	v	2.0 Q	v	2.5 Q	v	3.0 Q	v	3.5 Q	v	4.0 Q	v	4.5 Q	v	5.0 Q	v
0.10	12.0	0.82	14.7	1.00	17.0	1.16	19.1	1.30	20.9	1.42	22.5	1.53	24.1	1.64	25.5	1.74	26.9	1.83
0.15	28.0	1.05	34.4	1.29	39.7	1.49	44.4	1.67	48.6	1.83	52.5	1.97	56.1	2.11	59.5	2.24	62.7	2.36
0.20	50.5	1.26	61.9	1.54	71.5	1.78	79.9	1.98	87.5	2.17	94.6	2.35	101.1	2.51	107.2	2.67	113.0	2.81
0.25	79.1	1.43	96.8	1.75	111.8	2.02	125.0	2.26	136.9	2.48	147.9	2.68	158.1	2.86	167.7	3.04	176.8	3.20
0.30	113.0	1.58	138.4	1.94	159.8	2.24	178.6	2.50	195.7	2.74	211.4	2.97	226.0	3.17	239.7	3.36	252.7	3.54
0.35	151.7	1.72	185.8	2.10	214.6	2.43	239.9	2.72	262.8	2.98	283.9	3.22	303.5	3.44	321.9	3.65	339.3	3.85
0.40	194.5	1.84	238.2	2.25	275.0	2.60	307.5	2.91	336.8	3.19	363.8	3.44	388.9	3.68	412.5	3.91	434.8	4.12
0.45	240.3	1.95	294.4	2.38	339.9	2.75	380.0	3.08	416.3	3.37	449.6	3.65	480.7	3.90	509.8	4.13	537.4	4.35
0.50	288.5	2.04	353.3	2.48	408.0	2.86	456.2	3.22	499.7	3.53	539.7	3.82	577.0	4.08	612.0	4.33	645.1	4.56
0.55	338.5	2.12	414.0	2.60	478.0	3.00	534.4	3.35	585.4	3.67	632.3	3.97	676.0	4.24	717.0	4.50	755.8	4.74
0.60	388.6	2.19	476.0	2.68	549.6	3.10	614.5	3.46	673.1	3.79	727.0	4.10	777.2	4.38	824.3	4.65	868.9	4.90
0.65	440.1	2.25	539.0	2.76	622.4	3.19	695.8	3.56	762.3	3.90	823.3	4.22	880.2	4.51	933.5	4.78	948.0	5.04
0.70	492.3	2.31	602.9	2.82	696.2	3.26	778.4	3.65	852.7	4.00	921.0	4.31	984.6	4.61	1045	4.90	1101	5.16

续表 10-42

h/B	i/%																	
	1.0		1.5		2.0		2.5		3.0		3.5		4.0		4.5		5.0	
	Q	v	Q	v	Q	v	Q	v	Q	v	Q	v	Q	v	Q	v	Q	v
0.75	545.1	2.36	667.6	2.88	770.9	3.33	861.9	3.72	944.2	4.08	1020	4.41	1090	4.71	1156	5.00	1219	5.27
0.80	598.5	2.40	733.0	2.94	846.4	3.39	946.7	3.80	1037	4.16	1120	4.49	1197	4.80	1269	5.09	1338	5.37
0.85	652.3	2.44	798.8	2.99	922.4	3.45	1032	3.86	1130	4.23	1221	4.56	1305	4.88	1384	5.18	1459	5.46
0.90	706.5	2.48	865.2	3.03	999.1	3.50	1117	3.92	1224	4.29	1322	4.63	1413	4.95	1499	5.26	1580	5.54
0.95	761.0	2.51	931.8	3.07	1076	3.55	1203	3.96	1318	4.34	1424	4.70	1522	5.02	1615	5.32	1702	5.61
1.00	816.0	2.54	999.4	3.11	1154	3.59	1290	4.02	1413	4.40	1527	4.75	1632	5.08	1730	5.39	1824	5.68

h/B	i/%																	
	5.5		6.0		6.5		7.0		8.0		9.0		10.0		12.0		14.0	
	Q	v	Q	v	Q	v	Q	v	Q	v	Q	v	Q	v	Q	v	Q	v
0.10	28.2	1.91	29.5	2.00	30.7	2.08	31.9	2.17	34.1	2.31	36.1	2.46	38.1	2.59	41.7	2.84	45.1	3.06
0.15	65.8	2.47	68.7	2.58	71.5	2.69	74.2	2.79	79.3	2.98	84.1	3.16	88.7	3.34	97.2	3.65	104.9	3.95
0.20	118.4	2.95	123.8	3.08	128.9	3.21	133.7	3.32	142.9	3.55	151.6	3.77	159.8	3.97	175.1	4.35	189.1	4.70
0.25	185.4	3.35	193.6	3.50	201.5	3.64	209.2	3.78	223.6	4.05	237.1	4.29	250.0	4.52	273.9	4.95	295.8	5.35
0.30	265.0	3.71	276.8	3.88	288.1	4.04	299.0	4.19	319.7	4.48	339.0	4.75	357.4	5.01	391.5	5.49	422.9	5.93
0.35	355.9	4.03	371.7	4.03	386.9	4.38	401.5	4.55	429.2	4.87	455.2	5.16	479.8	5.44	525.6	5.96	567.7	6.44
0.40	456.0	4.32	476.3	4.32	495.7	4.70	514.5	4.87	550.0	5.21	583.4	5.52	614.9	5.82	673.6	6.38	727.6	6.89
0.45	563.6	4.57	588.7	4.57	612.7	4.97	635.9	5.15	679.8	5.51	721.0	5.84	760.0	6.16	832.5	6.75	899.3	7.29
0.50	676.6	4.79	706.7	4.79	735.6	5.21	763.2	5.40	815.9	5.77	865.4	6.12	912.2	6.45	999.3	7.07	1079	7.64
0.55	792.7	4.97	827.9	4.97	861.7	5.40	894.2	5.61	956.0	6.00	1014	6.36	1069	6.71	1171	7.35	1265	7.94
0.60	911.4	5.14	951.9	5.14	991.0	5.59	1028	5.80	1099	6.20	1166	6.57	1229	6.93	1346	7.59	1454	8.20
0.65	1032	5.29	1078	5.29	1122	5.75	1164	5.96	1245	6.37	1320	6.76	1392	7.12	1525	7.80	1647	8.43
0.70	1155	5.41	1206	5.41	1255	5.88	1303	6.10	1392	6.53	1477	6.92	1557	7.30	1705	7.99	1842	8.63
0.75	1278	5.52	1335	5.52	1390	6.01	1442	6.23	1542	6.66	1635	7.07	1724	7.45	1888	8.16	2031	8.82
0.80	1404	5.63	1466	5.63	1526	6.12	1583	6.35	1693	6.79	1795	7.20	1893	7.59	2073	8.31	2239	8.98
0.85	1530	5.73	1598	5.73	1663	6.23	1726	6.45	1845	6.90	1957	7.32	2063	7.71	2260	8.45	2441	9.13
0.90	1657	5.80	1731	5.80	1802	6.31	1869	6.55	1998	7.00	2119	7.43	2234	7.83	2447	8.58	2643	9.26
0.95	1785	5.88	1864	5.88	1940	6.39	2013	6.64	2152	7.09	2283	7.53	2407	7.93	2636	8.69	2847	9.39
1.00	1913	5.96	1998	5.96	2080	6.48	2159	6.72	2308	7.18	2448	7.62	2580	8.03	2826	8.79	3053	9.50

表 10-43　$B = 650$mm

h/B	i/%																	
	1.0		1.5		2.0		2.5		3.0		3.5		4.0		4.5		5.0	
	Q	v	Q	v	Q	v	Q	v	Q	v	Q	v	Q	v	Q	v	Q	v
0.10	14.9	0.86	18.3	1.06	21.1	1.22	23.6	1.37	25.8	1.50	27.9	1.62	29.8	1.73	31.6	1.83	33.3	1.93

续表 10-43

h/B	i/% 1.0 Q	v	1.5 Q	v	2.0 Q	v	2.5 Q	v	3.0 Q	v	3.5 Q	v	4.0 Q	v	4.5 Q	v	5.0 Q	v
0.15	34.7	1.11	42.5	1.36	49.1	1.57	54.9	1.76	60.1	1.93	64.9	2.09	69.4	2.23	73.6	2.36	77.6	2.49
0.20	62.6	1.32	76.6	1.62	88.5	1.87	99.0	2.09	108.4	2.29	117.0	2.48	125.1	2.65	132.7	2.81	139.9	2.96
0.25	97.9	1.51	119.9	1.84	138.4	2.13	154.7	2.38	169.5	2.61	183.1	2.82	195.7	3.02	207.6	3.20	218.8	3.37
0.30	139.9	1.67	171.4	2.04	197.9	2.36	221.2	2.64	242.3	2.89	261.7	3.12	279.8	3.34	296.7	3.55	312.8	3.74
0.35	187.8	1.81	230.0	2.23	265.6	2.57	297.0	2.87	325.3	3.14	351.4	3.40	375.7	3.63	398.4	3.85	420.0	4.06
0.40	240.7	1.94	294.8	2.38	340.4	2.75	380.6	3.07	416.9	3.36	450.3	3.63	481.4	3.88	510.6	4.12	538.2	4.34
0.45	297.5	2.05	364.3	2.52	420.7	2.91	470.4	3.25	515.3	3.56	556.6	3.84	595.0	4.11	631.1	4.35	665.2	4.59
0.50	357.1	2.15	437.3	2.63	505.0	3.04	564.6	3.41	618.5	3.73	668.1	4.02	714.2	4.30	757.5	4.56	798.5	4.81
0.55	418.4	2.24	512.4	2.74	591.7	3.16	661.5	3.53	724.6	3.87	782.6	4.18	836.7	4.47	887.5	4.74	935.5	5.00
0.60	481.0	2.31	589.1	2.83	680.2	3.27	760.5	3.65	833.1	4.00	899.9	4.32	962.0	4.62	1021	4.90	1076	5.17
0.65	544.7	2.38	667.1	2.91	770.3	3.36	861.5	3.75	943.5	4.11	1019	4.44	1089	4.75	1155	5.04	1218	5.31
0.70	609.3	2.43	746.3	2.98	861.7	3.44	963.1	3.84	1055	4.21	1140	4.56	1219	4.87	1293	5.16	1363	5.44
0.75	674.7	2.48	826.4	3.04	954.2	3.51	1067	3.93	1169	4.30	1262	4.65	1349	4.97	1432	5.27	1509	5.56
0.80	740.7	2.53	907.6	3.10	1048	3.58	1171	4.00	1283	4.38	1386	4.73	1482	5.06	1571	5.37	1656	5.66
0.85	807.3	2.57	989.0	3.15	1142	3.64	1276	4.07	1398	4.46	1511	4.82	1615	5.15	1712	5.46	1805	5.75
0.90	874.4	2.61	1071	3.20	1237	3.69	1383	4.13	1515	4.52	1636	4.88	1749	5.22	1855	5.54	1955	5.84
0.95	941.9	2.65	1154	3.24	1332	3.74	1489	4.18	1631	4.58	1762	4.95	1884	5.29	1998	5.62	2106	5.92
1.00	1010	2.68	1237	3.28	1428	3.79	1597	4.24	1749	4.64	1890	5.00	2020	5.35	2142	5.68	2258	5.99

h/B	i/% 5.5 Q	v	6.0 Q	v	6.5 Q	v	7.0 Q	v	8.0 Q	v	9.0 Q	v	10.0 Q	v	12.0 Q	v	14.0 Q	v
0.10	34.9	2.02	36.5	2.11	38.0	2.20	39.4	2.28	42.2	2.44	44.7	2.59	47.2	2.73	51.7	2.99	55.8	3.23
0.15	81.5	2.60	85.1	2.72	88.6	2.83	91.9	2.94	98.2	3.15	104.2	3.34	109.8	3.52	120.3	3.85	129.9	4.16
0.20	146.7	3.10	153.2	3.24	159.5	3.37	165.5	3.50	177.0	3.75	187.7	3.97	197.8	4.19	216.7	4.59	234.1	4.95
0.25	229.5	3.54	239.7	3.70	249.5	3.85	258.9	3.99	276.8	4.27	293.6	4.53	309.5	4.77	339.0	5.23	366.2	5.64
0.30	328.1	3.92	342.7	4.09	356.7	4.26	370.1	4.42	395.7	4.73	419.7	5.01	442.4	5.28	484.6	5.79	523.5	6.25
0.35	440.5	4.26	460.1	4.45	478.9	4.63	497.0	4.80	531.3	5.13	563.5	5.44	594.0	5.74	650.7	6.29	702.8	6.79
0.40	564.5	4.56	589.6	4.76	613.7	4.96	636.9	5.14	680.8	5.49	722.1	5.83	761.2	6.14	833.8	6.73	900.6	7.27
0.45	697.7	4.82	728.7	5.03	758.5	5.24	787.1	5.43	841.4	5.81	892.5	6.16	940.8	6.50	1031	7.12	1113	7.69
0.50	831.5	5.05	874.7	5.27	910.4	5.49	944.7	5.69	1010	6.09	1071	6.46	1129	6.81	1237	7.46	1336	8.05
0.55	981.4	5.25	1025	5.48	1067	5.70	1107	5.92	1183	6.33	1255	6.71	1323	7.07	1449	7.75	1565	8.37
0.60	1128	5.42	1178	5.66	1226	5.89	1273	6.11	1361	6.54	1443	6.93	1521	7.31	1666	8.00	1800	8.65
0.65	1277	5.57	1334	5.82	1388	6.06	1441	6.29	1541	6.72	1634	7.13	1723	7.51	1887	8.23	2038	8.89
0.70	1429	5.71	1493	5.96	1554	6.20	1612	6.44	1724	6.88	1828	7.30	1927	7.69	2111	8.43	2280	9.10
0.75	1583	5.83	1653	6.09	1720	6.34	1785	6.57	1908	7.03	2024	7.45	2134	7.86	2337	8.61	2525	9.30
0.80	1737	5.94	1814	6.20	1888	6.45	1960	6.70	2095	7.16	2222	7.59	2342	8.00	2566	8.77	2772	9.47

续表 10-43

h/B	i/% 5.5 Q	5.5 v	6.0 Q	6.0 v	6.5 Q	6.5 v	7.0 Q	7.0 v	8.0 Q	8.0 v	9.0 Q	9.0 v	10.0 Q	10.0 v	12.0 Q	12.0 v	14.0 Q	14.0 v
0.85	1894	6.03	1978	6.30	2059	6.56	2136	6.81	2284	7.28	2422	7.72	2553	8.14	2797	8.91	3021	9.63
0.90	2051	6.13	2142	6.40	2229	6.66	2313	6.91	2473	7.38	2623	7.83	2765	8.26	3029	9.04	3272	9.77
0.95	2209	6.20	2307	6.48	2401	6.75	2492	7.00	2664	7.48	2826	7.94	2979	8.37	3263	9.16	3524	9.90
1.00	2368	6.38	2473	6.56	2574	6.93	2672	7.08	2856	7.57	3029	8.03	3193	8.47	3498	9.27	3778	10.02

表 10-44 $B = 700mm$

h/B	i/% 1.0 Q	1.0 v	1.5 Q	1.5 v	2.0 Q	2.0 v	2.5 Q	2.5 v	3.0 Q	3.0 v	3.5 Q	3.5 v	4.0 Q	4.0 v	4.5 Q	4.5 v	5.0 Q	5.0 v
0.10	18.2	0.91	22.3	1.11	25.7	1.28	28.8	1.43	31.5	1.57	34.0	1.69	36.3	1.81	38.5	1.93	40.6	2.03
0.15	42.3	1.17	51.8	1.43	59.8	1.65	66.9	1.84	73.3	2.02	79.1	2.19	84.6	2.34	89.7	2.48	94.6	2.61
0.20	76.2	1.39	93.4	1.71	107.8	1.97	120.5	2.20	132.0	2.41	142.7	2.60	152.5	2.78	161.8	2.95	170.5	3.11
0.25	119.2	1.58	146.0	1.94	168.6	2.24	188.5	2.51	206.5	2.75	223.1	2.97	238.5	3.17	252.9	3.36	266.6	3.54
0.30	170.5	1.76	208.8	2.15	241.1	2.28	269.6	2.78	295.3	3.04	318.9	3.28	340.9	3.51	361.6	3.73	381.2	3.93
0.35	228.9	1.91	280.3	2.34	323.7	2.70	361.9	3.01	396.4	3.30	428.1	3.56	457.7	3.81	485.4	4.04	511.7	4.26
0.40	293.3	2.04	359.2	2.50	414.8	2.89	463.7	3.22	508.0	3.53	548.7	3.82	586.6	4.08	622.1	4.33	655.8	4.56
0.45	362.5	2.16	443.9	2.64	512.6	3.05	573.1	3.41	627.8	3.74	678.1	4.04	724.9	4.32	768.9	4.58	810.5	4.83
0.50	435.1	2.26	532.9	2.77	615.3	3.20	687.8	3.58	753.5	3.92	813.9	4.23	870.1	4.52	922.9	4.80	972.8	5.06
0.55	509.7	2.35	624.2	2.88	720.8	3.32	806.0	3.72	882.9	4.07	953.2	4.40	1019	4.70	1082	4.98	1140	5.25
0.60	586.0	2.43	717.8	2.97	828.8	3.43	926.6	3.83	1015	4.20	1096	4.54	1172	4.85	1243	5.15	1310	5.43
0.65	663.6	2.50	812.8	3.06	938.5	3.53	1049	3.94	1149	4.32	1241	4.67	1327	4.99	1408	5.29	1484	5.58
0.70	742.4	2.56	909.3	3.13	1050	3.61	1174	4.04	1286	4.43	1389	4.78	1485	5.11	1575	5.43	1660	5.72
0.75	822.0	2.61	1006	3.20	1162	3.69	1300	4.13	1424	4.52	1538	4.88	1644	5.22	1744	5.54	1838	9.84
0.80	902.4	2.66	1105	3.26	1276	3.76	1427	4.21	1563	4.61	1688	4.98	1805	5.32	1914	5.64	2018	5.95
0.85	983.6	2.70	1205	3.31	1391	3.82	1556	4.27	1704	4.68	1840	5.06	1967	5.41	2086	5.73	2199	6.04
0.90	1065	2.74	1305	3.36	1507	3.88	1684	4.34	1845	4.75	1993	5.14	2131	5.49	2260	5.82	2382	6.13
0.95	1147	2.78	1406	3.40	1623	3.93	1814	4.39	1987	4.81	2147	5.20	2295	5.56	2434	5.89	2566	6.21
1.00	1230	2.81	1507	3.45	1740	3.98	1945	4.45	2131	4.87	2301	5.26	2460	5.62	2610	5.97	2751	6.29

h/B	i/% 5.5 Q	5.5 v	6.0 Q	6.0 v	6.5 Q	6.5 v	7.0 Q	7.0 v	8.0 Q	8.0 v	9.0 Q	9.0 v	10.0 Q	10.0 v	12.0 Q	12.0 v	14.0 Q	14.0 v
0.10	42.6	2.13	44.5	2.22	46.3	2.31	49.1	2.40	51.4	2.57	54.5	2.72	57.5	2.87	62.57	3.14	68.0	3.39
0.15	99.2	2.74	103.6	2.86	107.8	2.98	111.9	3.09	119.7	3.31	126.9	3.51	133.8	3.70	146.6	4.05	158.3	4.37
0.20	178.8	3.26	186.7	3.41	194.3	3.55	201.7	3.68	215.6	3.94	228.7	4.17	241.0	4.40	264.1	4.82	285.2	5.21
0.25	279.7	3.71	292.1	3.88	304.0	4.04	315.5	4.19	337.3	4.48	357.7	4.75	377.1	5.01	413.1	5.49	446.2	5.93

续表 10-44

$\frac{h}{B}$	i/% 5.5		6.0		6.5		7.0		8.0		9.0		10.0		12.0		14.0	
	Q	v	Q	v	Q	v	Q	v	Q	v	Q	v	Q	v	Q	v	Q	v
0.30	399.7	4.12	417.5	4.30	434.5	4.48	451.0	4.64	482.1	4.97	511.4	5.27	539.1	5.55	590.5	6.08	637.8	6.57
0.35	536.7	4.47	560.6	4.67	583.5	4.86	605.5	5.04	647.3	5.39	686.6	5.72	723.7	6.03	792.8	6.60	856.3	7.13
0.40	687.8	4.79	718.4	5.00	747.7	5.21	775.9	5.40	829.5	5.77	879.8	6.12	927.4	6.45	1016	7.07	1097	7.63
0.45	850.1	5.06	887.9	5.29	924.2	5.51	959.0	5.71	1025	6.10	1087	6.47	1146	6.82	1256	7.48	1356	8.07
0.50	1021	5.30	1066	5.54	1110	5.77	1151	5.98	1231	6.39	1305	6.78	1376	7.15	1507	7.83	1628	8.46
0.55	1196	5.51	1249	5.76	1300	6.00	1349	5.22	1442	6.65	1529	7.05	1612	7.43	1766	8.14	1907	8.79
0.60	1374	5.70	1435	5.95	1494	6.19	1550	6.42	1658	6.87	1758	7.28	1853	7.68	2030	8.41	2193	9.08
0.65	1557	5.85	1626	6.11	1682	6.36	1756	6.60	1877	7.06	1991	7.49	2099	7.89	2299	8.65	2483	9.34
0.70	1741	5.99	1892	6.26	1892	6.52	1964	6.76	2100	7.23	2227	7.67	2348	8.08	2572	8.85	2778	9.56
0.75	1927	6.12	2096	6.39	2096	6.65	2175	6.91	2325	7.38	2466	7.83	2599	8.25	2848	9.04	3076	9.77
0.80	2117	6.23	2301	6.51	2301	6.78	2388	7.03	2552	7.52	2707	7.98	2854	8.41	3126	9.21	3377	9.95
0.85	2306	6.34	2507	6.62	2507	6.89	2602	7.15	2782	7.64	2951	8.11	3110	8.55	3407	9.36	3680	10.1
0.90	2498	6.43	2716	6.72	2716	7.00	2818	7.26	3013	7.76	3196	8.23	3369	8.67	3690	9.50	3986	10.3
0.95	2691	6.52	2926	6.81	2926	7.09	3036	7.35	3246	7.86	3442	9.34	3629	8.79	3975	9.63	4293	10.4
1.00	2885	6.60	3136	6.89	3136	7.17	3255	7.44	3479	7.95	3690	9.44	3890	8.89	4261	9.74	4603	10.5

表 10-45　$B = 750mm$

$\frac{h}{B}$	i/% 1.0		1.5		2.0		2.5		3.0		3.5		4.0		4.5		5.0	
	Q	v	Q	v	Q	v	Q	v	Q	v	Q	v	Q	v	Q	v	Q	v
0.10	21.8	0.95	26.8	1.16	30.9	1.34	34.5	1.51	37.8	1.65	40.9	1.78	43.7	1.90	46.3	2.01	48.8	2.12
0.15	50.9	1.22	62.3	1.50	71.9	1.73	80.4	1.94	88.1	2.12	95.1	2.59	101.7	2.45	107.9	2.60	113.7	2.74
0.20	91.6	1.46	112.2	1.78	129.6	2.06	144.9	2.30	158.7	2.52	171.5	2.72	183.3	2.91	194.4	3.09	204.9	3.26
0.25	143.3	1.66	175.5	2.04	202.7	2.35	226.7	2.62	248.3	2.87	268.2	3.11	286.7	3.32	304.1	3.52	320.5	3.71
0.30	204.9	1.84	251.0	2.25	289.8	2.60	324.0	2.90	354.9	3.18	383.3	3.44	409.8	3.68	434.6	3.90	458.1	4.11
0.35	275.1	2.00	336.9	2.44	389.0	2.82	434.9	3.16	476.4	3.46	514.6	3.73	550.1	3.99	583.5	4.23	615.1	4.46
0.40	352.5	2.14	431.7	2.62	498.5	3.02	557.0	3.38	610.2	3.70	659.5	3.99	705.0	4.27	747.8	4.53	788.2	4.78
0.45	435.6	2.26	533.6	2.77	616.1	3.20	688.8	3.57	754.5	3.91	815.0	4.23	871.3	4.52	924.1	4.79	974.1	5.05
0.50	522.9	2.37	640.4	2.90	739.5	3.35	826.7	3.74	905.6	4.10	978.4	4.42	1046	4.73	1109	5.02	1169	5.29
0.55	612.6	2.46	750.2	3.01	866.3	3.48	968.6	3.89	1061	4.26	1146	4.60	1225	4.92	1300	5.22	1370	5.50
0.60	704.3	2.54	862.6	3.11	996.0	3.59	114.0	4.02	1220	4.40	1318	4.75	1409	5.08	1494	5.39	1575	5.68
0.65	797.6	2.61	976.9	3.20	1128	3.69	1261	4.14	1381	4.53	1492	4.89	1595	5.23	1595	5.54	1783	5.84
0.70	892.2	2.68	1093	3.27	1262	3.78	1410	4.23	1545	4.63	1669	5.00	1784	5.35	1784	5.67	1995	5.98
0.75	987.9	2.73	1210	3.34	1397	3.86	1562	4.32	1711	4.73	1848	5.12	1976	5.47	1976	5.80	2209	6.11
0.80	1085	2.78	1328	3.41	1534	3.94	1714	4.40	1878	4.82	2029	5.21	2169	5.57	2169	5.90	2425	6.22
0.85	1182	2.83	1448	3.46	1672	4.00	1869	4.47	2047	4.90	2211	5.29	2364	5.66	2364	6.01	2643	6.33

续表 10-45

$\frac{h}{B}$	i/%																	
	1.0		1.5		2.0		2.5		3.0		3.5		4.0		4.5		5.0	
	Q	v	Q	v	Q	v	Q	v	Q	v	Q	v	Q	v	Q	v	Q	v
0.90	1280	2.87	1568	3.52	1810	4.06	2024	4.54	2217	4.97	2395	5.37	2560	5.74	2560	6.09	2863	6.42
0.95	1379	2.91	1689	3.56	1950	4.11	2180	4.60	2388	5.04	2580	5.44	2758	5.82	2758	6.18	3083	6.51
1.00	1478	2.94	1811	3.60	2091	4.16	2338	4.66	2561	5.10	2766	5.51	2957	5.89	2957	6.24	3306	6.58

$\frac{h}{B}$	i/%																	
	5.5		6.0		6.5		7.0		8.0		9.0		10.0		12.0		14.0	
	Q	v	Q	v	Q	v	Q	v	Q	v	Q	v	Q	v	Q	v	Q	v
0.10	51.2	2.23	53.5	2.33	55.7	2.43	57.8	2.51	61.8	2.69	65.5	2.85	69.1	3.00	75.7	3.29	81.7	3.56
0.15	119.3	2.87	124.6	3.00	129.7	3.12	134.6	3.24	143.9	3.46	152.6	3.67	160.8	3.87	176.2	4.24	190.3	4.58
0.20	214.9	3.42	224.5	3.57	233.7	3.72	242.4	3.85	259.2	4.12	274.9	4.37	289.8	4.61	317.4	5.05	342.9	5.45
0.25	336.2	3.89	351.1	4.06	365.4	4.23	379.2	4.39	405.4	4.69	430.0	4.98	453.2	5.25	496.5	5.75	536.3	6.21
0.30	480.5	4.31	501.9	4.50	522.4	4.68	542.1	4.86	579.5	5.20	614.7	5.51	647.9	5.81	709.7	6.37	766.6	6.88
0.35	645.1	4.68	673.8	4.89	701.3	5.09	727.8	5.28	778.0	5.28	825.2	5.99	869.8	6.31	952.9	6.91	1029	7.47
0.40	826.6	5.01	863.4	5.23	898.7	5.44	932.6	5.65	997.0	5.65	1057	6.41	1115	6.75	1221	7.40	1319	7.99
0.45	1022	5.29	1067	5.53	1111	5.76	1153	5.98	1232	5.98	1307	6.78	1378	7.14	1509	7.83	1630	8.45
0.50	1227	5.55	1281	5.80	1333	6.04	1383	6.26	1479	6.26	1569	7.10	1653	7.49	1811	8.20	1956	8.86
0.55	1437	5.77	1501	6.03	1562	6.28	1621	6.51	1733	6.51	1838	7.38	1937	7.78	2122	8.52	2292	9.20
0.60	1652	5.96	1725	6.22	1795	6.48	1863	6.72	1992	6.72	2113	7.62	2227	8.04	2440	8.80	2635	9.51
0.65	1871	6.13	1954	6.40	2034	6.66	2110	6.91	2256	6.91	2393	7.84	2522	8.26	2763	9.05	2984	9.78
0.70	2092	6.27	2185	6.55	2274	6.82	2360	7.08	2523	7.08	2676	8.03	2821	8.46	3091	9.27	3338	10.0
0.75	2317	6.41	2420	6.69	2519	6.96	2614	7.23	2794	7.23	2964	8.20	3124	8.64	3422	9.47	3696	10.2
0.80	2544	6.53	2657	6.82	2765	7.10	2869	7.36	3068	7.36	3254	8.35	3430	8.80	3757	9.64	4058	10.4
0.85	2772	6.64	2895	6.93	3013	7.21	3127	7.49	3343	7.49	3546	8.49	3738	8.95	4095	9.80	4423	10.6
0.90	3003	6.73	3136	7.03	3264	7.32	3387	7.60	3621	7.60	3841	8.61	4048	9.08	4435	9.95	4790	10.7
0.95	3234	6.83	3378	7.13	3516	7.42	3648	7.70	3900	7.70	4137	8.73	4361	9.10	4777	10.1	5160	10.9
1.00	3467	6.90	3621	7.21	3769	7.51	3911	7.79	4181	7.79	4435	8.83	4675	9.31	5121	10.2	5531	11.0

表 10-46　$B=800$mm

$\frac{h}{B}$	i/%																	
	1.0		1.5		2.0		2.5		3.0		3.5		4.0		4.5		5.0	
	Q	v	Q	v	Q	v	Q	v	Q	v	Q	v	Q	v	Q	v	Q	v
0.10	25.9	0.99	31.8	1.21	36.7	1.40	4.10	1.57	44.9	1.72	48.5	1.85	51.9	1.89	55.0	2.11	58.0	2.22
0.15	60.4	1.28	74.0	1.57	85.4	1.81	95.5	2.02	104.6	2.21	113.0	2.39	120.8	2.56	128.2	2.71	135.1	2.86
0.20	108.8	1.52	133.3	1.86	153.9	2.15	172.4	2.40	188.5	2.63	203.6	2.84	217.7	3.04	230.9	3.23	243.4	3.40
0.25	170.2	1.73	208.5	2.12	240.8	2.45	269.4	2.74	294.9	3.00	318.5	3.24	340.5	3.46	361.2	3.67	380.7	3.87
0.30	243.3	1.92	298.1	2.35	344.2	2.71	384.8	3.03	421.5	3.32	455.3	3.59	486.7	3.84	516.3	4.07	544.2	4.29

续表 10-46

$\frac{h}{B}$	i/%																	
	1.0		1.5		2.0		2.5		3.0		3.5		4.0		4.5		5.0	
	Q	v	Q	v	Q	v	Q	v	Q	v	Q	v	Q	v	Q	v	Q	v
0.35	326.7	2.08	400.1	2.55	462.0	2.95	516.6	3.30	565.9	3.61	611.2	3.90	653.4	4.17	693.0	4.42	730.5	4.66
0.40	418.6	2.23	512.8	2.73	592.1	3.15	661.9	3.52	725.1	3.86	783.2	4.17	837.3	4.46	888.1	4.73	936.1	4.99
0.45	517.4	2.36	633.7	2.89	731.7	3.34	818.0	3.72	896.1	4.08	968.2	4.42	1035	4.72	1098	5.0	1157	5.27
0.50	621.0	2.47	760.5	3.02	878.2	3.49	982.2	3.91	1076	4.28	1162	4.62	1242	4.94	1318	5.24	1358	5.52
0.55	727.5	2.57	891.1	3.14	1029	3.63	1502	4.06	1260	4.45	1361	4.81	1455	5.14	1544	5.45	1627	5.74
0.60	836.4	2.65	1025	3.25	1183	3.75	1323	4.19	1449	4.59	1565	4.97	1673	5.31	1774	5.63	1870	5.93
0.65	947.2	2.73	1160	3.34	1340	3.86	1498	4.31	1641	4.72	1772	5.10	1894	5.45	2009	5.79	2118	6.10
0.70	1060	2.79	1297	3.42	1498	3.95	1675	4.42	1835	4.84	1982	5.23	2119	5.59	2247	5.93	2369	6.25
0.75	1173	2.85	1437	3.49	1659	4.03	1855	4.51	2032	4.94	2194	5.33	2346	5.70	2488	6.05	2623	6.38
0.80	1288	2.91	1577	3.56	1821	4.11	2037	4.59	2231	5.03	2410	5.43	2576	5.81	2732	6.17	2880	6.53
0.85	1404	2.95	1719	3.62	1985	4.18	2219	4.66	2431	5.11	2626	5.53	2807	5.91	2978	6.26	3139	6.60
0.90	1520	3.00	1862	3.67	2150	4.24	2404	4.74	2633	5.19	2845	5.60	3041	5.99	3225	6.36	3399	6.70
0.95	1638	3.04	2006	3.72	2316	4.29	2589	4.80	2836	5.26	3063	5.68	3275	6.07	3474	6.44	3662	6.79
1.00	1756	3.07	2150	3.77	2183	4.35	277	4.86	3041	5.32	3284	5.75	3511	6.15	3725	6.52	3926	6.87

$\frac{h}{B}$	i/%																	
	5.5		6.0		6.5		7.0		8.0		9.0		10.0		12.0		14.0	
	Q	v	Q	v	Q	v	Q	v	Q	v	Q	v	Q	v	Q	v	Q	v
0.10	60.8	2.33	63.5	2.43	66.1	2.53	68.6	2.62	73.4	2.80	77.8	2.98	82.0	3.14	89.9	3.44	97.1	3.71
0.15	141.7	3.00	148.0	3.13	154.0	3.26	159.8	3.38	170.9	3.61	181.2	3.83	191.0	4.04	209.3	4.43	226.0	4.78
0.20	255.3	3.57	266.6	3.73	277.5	3.88	288.0	4.02	307.8	4.30	326.5	4.56	344.2	4.81	377.0	5.27	407.2	5.69
0.25	399.2	4.06	417.0	4.24	434.0	4.41	450.4	4.58	481.5	4.90	510.7	5.20	538.3	5.48	589.7	6.00	637.0	6.48
0.30	570.7	4.50	596.1	4.70	620.4	4.89	643.8	5.08	688.3	5.43	730.1	5.76	769.5	6.07	843.0	6.65	910.5	7.18
0.35	766.2	4.88	800.3	5.10	833.0	5.31	864.4	5.51	924.1	5.89	980.1	6.25	1033	6.59	1132	7.22	1222	7.80
0.40	981.4	5.23	1025	5.46	1067	5.68	1108	5.90	1184	6.31	1256	6.69	1324	7.05	1450	7.72	1566	8.34
0.45	1213	5.53	1267	5.78	1319	6.02	1369	6.24	1463	6.67	1552	7.08	1636	7.46	1792	8.17	1936	8.82
0.50	1456	5.79	1521	6.05	1583	6.30	1643	6.54	1756	6.99	1863	7.41	1964	7.81	2151	8.56	2324	9.25
0.55	1706	6.02	1782	6.29	1855	6.55	1925	6.79	2058	7.26	2183	7.70	2301	8.12	2520	8.90	2722	9.61
0.60	1962	6.22	2049	6.50	2133	6.77	2213	7.02	2366	7.50	2509	7.96	2645	8.39	2897	9.19	3130	9.93
0.65	2221	6.40	2320	6.68	2415	6.95	2506	7.22	2679	7.71	2842	8.18	2995	8.62	3281	9.45	3544	10.2
0.70	2485	6.55	2595	6.84	2701	7.12	2803	7.39	2997	7.90	3179	8.38	3351	8.83	3670	9.68	3964	10.5
0.75	2752	6.69	2874	6.99	2991	7.28	3104	7.55	3318	8.07	3520	8.56	3710	9.02	4064	9.88	4390	10.7
0.80	3021	6.82	3155	7.12	3284	7.41	3408	7.69	3643	8.22	3864	8.72	4073	9.19	4462	10.10	4819	10.9
0.85	3292	6.92	3438	7.23	3578	7.53	3714	7.81	3970	8.35	4211	8.36	4439	9.34	4863	10.2	5252	11.0
0.90	3565	7.03	3724	7.34	3876	7.64	4022	7.93	4300	8.48	4561	8.99	4808	9.48	5266	10.4	5688	11.2
0.95	3840	7.12	4011	7.44	4175	7.74	4333	8.03	4632	8.59	4913	9.11	5179	9.60	5673	10.5	6127	11.4
1.00	4117	7.21	4300	7.53	4476	7.84	4645	8.13	4965	8.69	5267	9.22	5552	9.72	6081	10.6	6569	11.5

表 10-47　$B=850\text{mm}$

$\frac{h}{B}$	*i*/% 1.0		1.5		2.0		2.5		3.0		3.5		4.0		4.5		5.0	
	Q	v	Q	v	Q	v	Q	v	Q	v	Q	v	Q	v	Q	v	Q	v
0.10	30.5	1.03	37.3	1.26	43.1	1.46	48.2	1.63	52.8	1.79	57.1	1.94	61.0	2.07	64.7	2.19	68.2	2.31
0.15	71.0	1.33	86.0	1.63	100.4	1.88	112.3	2.20	123.0	2.30	132.8	2.49	142.0	2.66	150.7	2.83	158.8	2.98
0.20	127.9	1.58	156.7	1.94	180.9	2.24	202.3	2.50	221.6	2.74	239.4	2.97	255.9	3.17	271.4	3.36	286.1	3.54
0.25	2001	1.80	245.1	2.21	283.0	2.55	316.4	2.85	346.6	3.12	374.4	3.38	400.2	3.61	424.4	3.82	447.4	4.03
0.30	286.0	2.00	350.3	2.45	404.5	2.83	457.2	3.16	495.4	3.46	535.2	3.74	572.1	4.00	606.8	4.24	639.6	4.47
0.35	384.0	2.17	470.3	2.66	543.1	3.07	607.2	3.43	665.1	3.76	718.4	4.06	768.0	4.34	814.5	4.60	858.6	4.85
0.40	492.1	2.72	602.7	2.64	695.9	3.28	778.0	3.67	852.3	4.02	920.5	4.34	984.1	4.64	1044	4.92	1100	5.10
0.45	608.0	2.46	744.8	3.01	860.0	3.47	961.3	3.88	1053	4.25	1137	4.59	1216	4.91	1290	5.21	1360	5.49
0.50	730.0	2.57	893.7	3.15	1032	3.64	1154	4.07	1264	4.45	1366	4.81	1460	5.14	1548	5.45	1632	5.75
0.55	855.0	2.67	1047	3.27	1209	3.78	1352	4.23	1481	4.63	1600	5.00	1710	5.35	1814	5.67	1912	5.98
0.60	983.0	2.76	1204	3.39	1390	3.91	1555	4.36	1703	4.78	1839	5.16	1966	5.52	2085	5.85	2198	6.17
0.65	1113	2.84	1363	3.48	1574	4.02	1760	4.49	1928	4.92	2082	5.31	2226	5.68	2361	6.02	2489	6.35
0.70	1245	2.91	1525	3.56	1761	4.11	1969	4.60	2157	5.04	2329	5.44	2490	5.82	2641	6.17	2784	6.50
0.75	1379	2.97	1639	3.64	1950	4.20	2180	4.69	2388	5.14	2580	5.56	2758	5.94	2925	6.30	3083	6.64
0.80	1514	3.02	1854	3.71	2141	4.28	2394	4.78	2622	5.24	2831	4.66	3027	6.05	3211	6.41	3385	6.76
0.85	1650	3.07	2020	3.77	2333	4.35	2608	4.86	2857	5.32	3086	5.75	3299	6.15	3500	6.52	3689	6.87
0.90	1787	3.12	2188	3.82	2527	4.41	2825	4.93	3095	5.40	3342	5.84	3573	6.24	3791	6.62	3996	6.98
0.95	1925	3.16	2357	3.87	2722	4.47	3043	4.99	3333	5.47	3600	5.91	3849	6.32	4082	6.71	4303	7.07
1.00	2063	3.20	2527	3.91	2918	4.52	3262	5.06	3573	5.54	3860	5.99	4126	6.40	4376	6.78	4613	7.15

$\frac{h}{B}$	*i*/% 5.5		6.0		6.5		7.0		8.0		9.0		10.0		12.0		14.0	
	Q	v	Q	v	Q	v	Q	v	Q	v	Q	v	Q	v	Q	v	Q	v
0.10	71.5	2.42	74.7	2.53	77.8	2.63	80.7	2.73	86.3	2.92	91.5	3.10	96.4	3.27	105.6	3.58	114.1	3.86
0.15	166.6	3.12	174.0	3.26	181.4	3.39	187.8	3.52	200.9	3.76	213.0	3.99	224.6	4.21	246.0	4.61	265.7	4.98
0.20	300.1	3.71	313.4	3.88	326.2	4.04	338.5	4.19	361.9	4.48	383.9	4.75	404.6	5.01	443.2	5.49	478.7	5.92
0.25	469.3	4.23	490.2	4.42	510.2	4.60	529.4	4.77	566.0	5.10	600.3	5.41	632.8	5.70	693.2	6.25	748.7	6.75
0.30	650.8	4.68	700.6	4.89	729.2	5.09	756.8	5.29	809.0	5.65	858.1	5.99	904.5	6.32	990.9	6.92	1070	7.48
0.35	900.6	5.08	940.6	5.31	979.0	5.53	1016	5.74	1086	6.14	1152	6.51	1214	6.86	1330	7.52	1437	8.12
0.40	1154	5.45	1205	5.69	1254	5.92	1302	6.14	1392	6.57	1476	6.96	1556	7.34	1705	8.04	1841	8.69
0.45	1427	5.75	1490	6.01	1551	6.26	1609	6.50	1720	6.94	1824	7.37	1923	7.76	2107	8.51	2275	9.19
0.50	1712	6.03	1788	6.30	1861	6.56	1931	6.81	2064	7.28	2190	7.72	2308	8.13	2528	8.91	2731	9.63
0.55	2005	6.27	2094	6.55	2180	6.82	2262	7.70	2419	7.56	2565	8.02	2704	8.45	2962	9.26	3199	10.0
0.60	2305	6.47	2408	6.76	2506	7.04	2601	7.31	2780	7.81	2949	8.28	3109	8.73	3405	9.57	3678	10.3
0.65	2611	6.65	2727	6.95	2835	7.23	2945	7.51	3149	8.03	3340	8.52	3520	8.98	3856	9.83	4165	10.6
0.70	2920	6.82	3050	7.12	3175	7.41	3295	7.69	3522	8.22	3736	8.72	3938	9.20	4314	10.1	4659	10.9

续表 10-47

h/B	5.5 Q	5.5 v	6.0 Q	6.0 v	6.5 Q	6.5 v	7.0 Q	7.0 v	8.0 Q	8.0 v	9.0 Q	9.0 v	10.0 Q	10.0 v	12.0 Q	12.0 v	14.0 Q	14.0 v
	i/%																	
0.75	3233	6.96	3377	7.27	3515	7.57	3648	7.86	3900	8.40	4136	8.91	4360	9.39	4776	10.3	5159	11.1
0.80	3550	7.09	3708	7.41	3859	7.71	4005	8.00	4281	8.55	4541	9.07	4787	9.56	5243	10.5	5664	11.3
0.85	3869	7.21	4041	7.53	4206	7.84	4365	8.13	4666	8.70	4949	9.22	5217	9.72	5715	10.6	6173	11.5
0.90	4190	7.31	4376	7.64	4555	7.95	4727	8.25	5054	8.82	5360	9.36	5650	9.87	6189	10.8	6685	11.7
0.95	4513	7.41	4714	7.74	4906	8.06	5092	8.36	5443	8.94	5774	9.48	6086	10.0	6667	10.9	7201	11.8
1.00	4839	7.51	5054	7.84	5260	8.16	5459	8.46	5835	9.05	6189	9.60	6524	10.1	7147	11.1	7720	12.0

表 10-48 $B=900$mm

h/B	1.0 Q	1.0 v	1.5 Q	1.5 v	2.0 Q	2.0 v	2.5 Q	2.5 v	3.0 Q	3.0 v	3.5 Q	3.5 v	4.0 Q	4.0 v	4.5 Q	4.5 v	5.0 Q	5.0 v
	i/%																	
0.10	35.5	1.07	43.5	1.32	50.2	1.52	56.1	1.70	61.5	1.86	66.4	2.01	71.0	2.15	75.3	2.28	79.4	2.40
0.15	82.7	1.38	101.3	1.69	117.0	1.92	130.8	2.18	143.3	2.39	154.7	2.58	165.4	2.76	175.4	2.93	184.9	3.09
0.20	149.0	1.64	182.5	2.02	210.7	2.33	235.6	2.60	258.1	2.85	278.8	3.08	298.0	3.29	316.1	3.49	333.2	3.68
0.25	233.0	1.87	285.4	2.29	329.6	2.65	368.4	2.97	403.6	3.25	436.0	3.51	466.1	3.75	494.4	3.97	521.1	4.19
0.30	333.1	2.08	408.0	2.54	471.1	2.93	526.7	3.28	577.0	3.59	623.2	3.88	666.2	4.15	706.7	4.40	744.9	4.64
0.35	447.2	2.25	547.7	2.76	632.4	3.19	707.0	3.56	774.5	3.90	836.6	4.22	894.4	4.51	948.6	4.78	999.9	5.04
0.40	573.0	2.41	701.8	2.95	810.4	3.41	906.0	3.82	992.5	4.18	1072	4.51	1146	4.82	1215	5.11	1281	5.39
0.45	708.0	2.55	866.9	3.13	1001	3.61	1201	4.03	1227	4.42	1325	4.77	1416	5.10	1502	5.41	1583	5.70
0.50	850.0	2.67	1041	3.27	1202	3.78	1344	4.23	1472	4.63	1590	5.00	1700	5.34	1802	5.66	1900	5.97
0.55	995.7	2.78	1219	3.40	1408	3.93	1575	4.39	1725	4.81	1862	5.19	1991	5.55	2112	5.89	2226	6.21
0.60	1145	2.87	1402	3.52	1619	4.06	1810	4.54	1983	4.97	2141	5.37	2289	5.74	2429	6.08	2560	6.41
0.65	1296	2.95	1587	3.61	1833	4.17	2049	4.66	2245	5.11	2426	5.52	2593	5.90	2750	6.25	2899	6.59
0.70	1450	3.02	1776	3.70	2051	4.27	2292	4.77	2511	5.23	2713	5.65	2900	6.04	3076	6.40	3242	6.75
0.75	1605	3.08	1967	3.78	2271	4.36	2539	4.87	2791	5.34	3004	5.77	3211	6.17	3406	6.55	3590	6.90
0.80	1763	3.14	2159	3.85	2493	4.44	2787	4.97	3053	5.44	3297	5.87	3525	6.28	3739	6.66	3941	7.02
0.85	1921	3.19	2353	3.91	2717	4.52	3037	5.05	3327	5.53	3594	5.98	3842	6.39	4075	6.77	4295	7.14
0.90	2080	3.24	2548	3.97	2942	4.58	3289	5.13	3603	5.61	3892	6.06	4161	6.48	4413	6.88	4652	7.25
0.95	2241	3.28	2744	4.02	3169	4.64	3543	5.19	3881	5.69	4193	6.15	4482	6.57	4754	6.96	5011	7.34
1.00	2402	3.32	2942	4.07	3397	4.70	3798	5.25	4161	5.75	4495	6.21	4805	6.64	5096	7.05	5372	7.43

h/B	5.5 Q	5.5 v	6.0 Q	6.0 v	6.5 Q	6.5 v	7.0 Q	7.0 v	8.0 Q	8.0 v	9.0 Q	9.0 v	10.0 Q	10.0 v	12.0 Q	12.0 v	14.0 Q	14.0 v
	i/%																	
0.10	83.3	2.52	87.0	2.63	90.6	2.74	94.0	2.84	100.5	3.03	106.6	3.22	112.3	3.39	123.0	3.72	132.9	4.01

续表 10-48

h/B	i/% 5.5 Q	5.5 v	6.0 Q	6.0 v	6.5 Q	6.5 v	7.0 Q	7.0 v	8.0 Q	8.0 v	9.0 Q	9.0 v	10.0 Q	10.0 v	12.0 Q	12.0 v	14.0 Q	14.0 v
0.15	194.0	3.25	202.6	3.39	210.9	3.53	218.8	3.66	233.9	3.91	248.1	4.15	261.6	4.37	286.5	4.79	309.5	5.17
0.20	349.5	3.86	365.0	4.03	379.9	4.19	394.2	4.35	421.4	4.65	447.0	4.93	417.2	5.20	516.1	5.70	557.5	6.15
0.25	546.5	4.39	570.8	4.59	594.1	4.78	616.6	4.96	659.1	5.30	699.1	5.62	736.9	5.93	807.3	6.49	872.0	7.01
0.30	781.2	4.86	815.9	5.08	849.2	5.29	881.3	5.49	942.2	5.87	999.3	6.23	1053	6.56	1154	7.19	1246	7.76
0.35	1048	5.28	1095	5.52	1140	5.75	1183	5.96	1265	6.37	1342	6.76	1414	7.13	1549	7.81	1673	8.43
0.40	1344	5.66	1404	5.91	1461	6.15	1516	6.38	1621	6.82	1719	7.23	1812	7.63	1985	8.35	2144	9.02
0.45	1661	5.98	1735	6.25	1806	6.51	1874	6.75	2003	7.21	2124	7.65	2239	8.07	2453	8.84	2650	9.54
0.50	1993	6.26	2082	6.54	2167	6.81	2249	7.07	2404	7.56	2550	8.02	2688	8.45	2944	9.26	3180	10.0
0.55	2335	6.51	2439	6.80	2539	7.08	2634	7.35	2816	7.85	2987	8.33	3149	8.78	3449	9.62	2650	10.4
0.60	2685	6.73	2804	7.03	2918	7.32	3029	7.59	3238	8.11	3434	8.60	3620	9.07	3965	9.94	4283	10.7
0.65	3040	6.91	3175	7.22	3305	7.51	3430	7.80	3666	8.34	3889	8.85	4099	9.33	4490	10.2	4850	11.0
0.70	3401	7.08	3552	7.40	3697	7.70	3836	7.99	4101	8.54	4350	9.06	4585	9.55	5023	10.5	5425	11.3
0.75	3766	7.23	3933	7.55	4094	7.86	4248	8.16	4541	8.72	4816	9.25	5077	9.75	5562	10.7	6007	11.5
0.80	4133	7.36	4317	7.69	4493	8.00	4663	8.31	4985	8.88	5288	9.42	5574	9.93	6106	10.9	6595	11.8
0.85	4505	7.49	4705	7.82	4897	8.14	5082	8.45	5433	9.03	5763	9.58	6074	10.1	6654	11.1	7187	11.9
0.90	4879	7.60	5096	7.94	5304	8.26	5504	8.57	5884	9.16	6241	9.72	6579	10.2	7207	11.2	7784	12.1
0.95	5255	7.70	5489	8.04	5713	8.37	5929	8.69	6338	9.29	6723	9.85	7086	10.4	7763	11.4	8385	12.3
1.00	5634	7.79	5884	8.14	6124	8.47	6356	8.79	6795	9.40	7207	9.97	7597	10.5	8322	11.5	8389	12.4

表 10-49　$B=950$mm

h/B	i/% 1.0 Q	1.0 v	1.5 Q	1.5 v	2.0 Q	2.0 v	2.5 Q	2.5 v	3.0 Q	3.0 v	3.5 Q	3.5 v	4.0 Q	4.0 v	4.5 Q	4.5 v	5.0 Q	5.0 v
0.10	41.0	1.11	50.2	1.36	58.0	1.57	64.9	1.76	71.1	1.93	76.8	2.08	82.1	2.22	87.0	2.36	91.7	2.49
0.15	95.5	1.43	117.0	1.76	135.1	2.03	151.1	2.26	165.5	2.48	178.8	2.68	191.1	2.87	202.6	3.04	213.6	3.20
0.20	172.1	1.71	210.8	2.09	243.4	2.41	272.1	2.69	298.1	2.95	322.0	3.19	344.2	3.41	365.1	3.61	384.8	3.84
0.25	269.2	1.94	329.7	2.38	380.7	2.75	425.6	3.07	466.2	3.36	503.5	3.63	538.3	3.88	571.0	4.12	601.9	4.34
0.30	384.7	2.15	471.2	2.63	544.1	3.04	608.3	3.41	666.4	3.73	719.8	4.02	769.5	4.30	816.2	4.56	860.3	4.81
0.35	516.5	2.34	632.5	2.86	730.4	3.30	816.7	3.70	894.6	4.05	966.3	4.37	1033	4.67	1096	4.95	1155	5.22
0.40	662.0	2.50	810.5	3.06	935.9	3.53	1046	3.95	1146	4.33	1238	4.68	1324	5.00	1404	5.30	1480	5.59
0.45	818.0	2.64	1002	3.24	1157	3.74	1294	4.18	1417	4.58	1530	4.95	1636	5.29	1735	5.61	1829	5.91
0.50	981.6	2.77	1202	3.39	1388	3.92	1552	4.38	1700	4.80	1836	5.18	1963	5.54	2082	5.87	2195	6.19
0.55	1150	2.88	1408	3.52	1626	4.07	1818	4.56	1992	4.99	2151	5.39	2300	5.76	2439	6.11	2571	6.44
0.60	1322	2.97	1619	3.64	1870	4.20	2090	4.70	2290	5.15	2473	5.57	2644	5.95	2804	6.31	2956	6.65
0.65	1497	3.06	1833	3.74	2117	4.32	2367	4.83	2593	5.29	2801	5.72	2994	6.11	3176	6.48	3348	6.83
0.70	1675	3.13	2051	3.84	2368	4.43	2647	4.95	2900	5.42	3133	5.86	3349	6.26	3552	6.64	3744	7.00
0.75	1854	3.20	2271	3.91	2622	4.52	2931	5.6	3211	5.54	3469	5.98	3708	6.39	3933	6.78	4146	7.15

续表 10-49

h/B	i/% 1.0 Q	v	1.5 Q	v	2.0 Q	v	2.5 Q	v	3.0 Q	v	3.5 Q	v	4.0 Q	v	4.5 Q	v	5.0 Q	v
0.80	2035	3.26	2493	3.98	2879	4.60	3219	5.15	3526	5.64	3808	6.09	4071	6.51	4317	6.91	4551	7.28
0.85	2218	3.31	2717	4.05	3137	4.68	3507	5.23	3842	5.73	4150	6.19	4437	6.62	4705	7.02	4960	7.40
0.90	2403	3.36	2943	4.11	3398	4.75	3798	5.31	4161	5.82	4495	6.29	4805	6.72	5096	7.12	5372	7.51
0.95	2588	3.40	3170	4.17	3660	4.81	4092	5.38	4482	5.89	4842	6.37	5176	6.81	5460	7.22	5787	7.61
1.00	2774	3.44	3397	4.22	3923	4.87	4386	5.44	4805	5.96	5191	6.44	5549	6.89	5885	7.31	6203	7.70

h/B	i/% 5.5 Q	v	6.0 Q	v	6.5 Q	v	7.0 Q	v	8.0 Q	v	9.0 Q	v	10.0 Q	v	12.0 Q	v	14.0 Q	v
0.10	96.2	2.60	100.5	2.72	104.6	2.83	108.6	2.94	116.0	3.15	123.1	3.34	129.7	3.52	142.1	3.85	153.5	4.16
0.15	224.0	3.36	234.0	3.51	243.6	3.65	252.8	3.79	270.2	4.05	286.6	4.30	302.1	4.53	331.0	4.96	357.5	5.36
0.20	403.7	4.00	421.6	4.18	438.8	4.35	455.3	4.51	486.8	4.82	516.3	5.12	544.2	5.39	596.2	5.91	644.0	6.38
0.25	631.2	4.56	659.3	4.76	686.2	4.95	712.2	5.14	761.3	5.49	807.5	5.83	851.2	6.14	932.4	6.73	1007	7.27
0.30	902.3	5.05	942.4	5.27	980.9	5.49	1018	5.69	1088	6.08	1154	6.45	1217	6.80	1333	7.45	1440	8.05
0.35	1211	5.48	1265	5.72	1317	5.95	1367	6.18	1461	6.61	1549	7.01	1633	7.39	1789	8.09	1933	8.74
0.40	1552	5.86	1621	6.12	1687	6.37	1751	6.61	1872	7.07	1985	7.50	2093	7.90	2293	8.66	2476	9.35
0.45	1918	6.20	2003	6.48	2085	6.74	2164	6.99	2313	7.48	2454	7.93	2586	8.36	2833	9.16	3060	9.98
0.50	2302	6.49	2404	6.78	2502	7.06	2597	7.33	2776	7.83	2945	8.31	3104	8.76	3400	9.59	3673	10.4
0.55	2697	6.75	2817	5.02	2932	7.34	3042	7.62	3253	8.14	3450	8.63	3636	9.10	3984	9.97	4303	10.8
0.60	3100	6.97	3238	7.28	3370	7.58	3498	7.87	3739	8.41	3966	8.92	4181	9.40	4580	10.3	4947	11.1
0.65	3511	7.17	3667	7.49	3817	7.80	3964	8.09	4234	8.65	4491	9.17	4734	9.67	5186	10.6	5601	11.4
0.70	3927	7.34	4102	7.67	4269	7.98	4430	8.28	4736	8.85	5024	9.39	5295	9.90	5801	10.8	6266	11.7
0.75	4349	7.50	4542	7.83	4727	8.15	4906	8.46	5244	9.04	5562	9.59	5863	10.1	6423	11.1	6937	12.0
0.80	4774	7.64	4986	7.98	5190	8.31	5385	8.61	5757	9.21	6160	9.77	6437	10.3	7051	11.3	7616	12.2
0.85	5203	7.76	5434	8.11	5656	8.44	5869	8.76	6274	9.36	6655	993	7015	10.5	7685	11.5	8300	12.4
0.90	5634	7.88	5885	8.23	6125	8.57	6357	8.89	6795	9.50	7208	10.1	7598	10.6	8323	11.6	8990	12.6
0.95	6069	7.98	6339	8.33	6598	8.67	6847	9.00	7320	9.62	7764	10.2	8184	10.8	8965	11.8	9683	12.7
1.00	6507	8.07	6796	8.43	7074	8.77	7340	9.11	7847	9.74	8323	10.3	8773	10.9	9610	11.9	10380	12.9

表 10-50　B = 1000mm

h/B	i/% 1.0 Q	v	1.5 Q	v	2.0 Q	v	2.5 Q	v	3.0 Q	v	3.5 Q	v	4.0 Q	v	4.5 Q	v	5.0 Q	v
0.10	47.0	1.15	57.6	1.41	66.5	1.63	74.4	1.82	81.5	1.99	88.0	2.15	94.1	2.30	99.8	2.44	105.2	2.57
0.15	109.5	1.48	134.1	1.82	154.9	2.10	173.2	189.7	189.7	2.57	204.9	2.78	219.1	2.97	232.3	3.15	244.9	3.32

续表 10-50

h/B	i/% 1.0 Q	1.0 v	1.5 Q	1.5 v	2.0 Q	2.0 v	2.5 Q	2.5 v	3.0 Q	3.0 v	3.5 Q	3.5 v	4.0 Q	4.0 v	4.5 Q	4.5 v	5.0 Q	5.0 v
0.20	197.3	1.76	241.7	2.17	279.1	2.50	312.0	341.8	341.8	3.06	369.1	3.30	394.6	3.53	418.6	3.75	441.2	3.95
0.25	308.6	2.01	377.9	2.46	436.2	2.84	487.9	487.9	534.5	3.48	577.3	3.76	617.2	4.02	654.7	4.26	690.1	4.49
0.30	441.1	2.23	540.2	2.73	623.8	3.15	697.4	697.4	764.0	3.86	825.2	4.16	882.2	4.45	935.7	4.72	986.3	4.98
0.35	592.0	2.42	725.2	2.96	837.4	3.42	936.6	936.6	1026	4.19	1108	4.53	1184	4.83	1256	5.12	1324	5.40
0.40	758.7	2.59	929.2	3.17	1073	3.66	1200	1200	1314	4.48	1419	4.84	1517	5.17	1610	5.48	1697	5.78
0.45	937.6	2.74	1148	3.35	1326	3.87	1483	1483	1624	4.74	1754	5.13	1875	5.47	1989	5.81	2097	6.12
0.50	1125	2.87	1378	3.51	1591	4.05	1779	1779	1949	4.96	2106	5.36	2251	5.73	2387	6.08	2516	6.41
0.55	1318	2.98	1614	3.65	1864	4.21	2084	2084	2283	5.16	2467	5.57	2637	5.96	2797	6.32	2948	6.66
0.60	1516	3.08	1856	3.77	2143	4.35	2396	2396	2625	5.33	2835	5.75	3031	6.15	3215	6.53	3389	6.88
0.65	1716	3.16	2102	3.87	2427	4.47	2713	2713	2972	5.48	3210	5.91	3432	6.32	3640	6.71	3837	7.07
0.70	1920	3.24	2351	3.97	2715	4.58	3035	3035	3325	5.61	3591	6.06	3839	6.48	4072	6.87	4292	7.24
0.75	2125	3.31	2603	4.05	3006	4.68	3360	3360	3681	5.73	3976	6.18	4251	6.61	4509	7.01	4753	7.39
0.80	2333	3.37	2858	4.12	3300	4.76	3689	3689	4041	5.83	4366	6.30	4667	6.74	4950	7.14	5218	7.53
0.85	2543	3.42	3114	4.19	3596	4.84	4021	4021	4405	5.93	4758	6.41	5086	6.85	5394	7.27	5686	7.66
0.90	2754	3.47	3373	4.25	3895	4.91	4354	4354	4770	6.02	5152	6.50	5508	6.95	5842	7.37	6158	7.77
0.95	2967	3.52	3633	4.31	4195	4.98	4690	4690	5138	6.10	5550	6.59	5933	7.04	6293	7.47	6633	7.87
1.00	3180	3.56	3894	4.36	4497	5.04	5028	5028	5508	6.17	5949	6.66	6360	7.12	6746	7.56	7111	7.97

h/B	i/% 5.5 Q	5.5 v	6.0 Q	6.0 v	6.5 Q	6.5 v	7.0 Q	7.0 v	8.0 Q	8.0 v	9.0 Q	9.0 v	10.0 Q	10.0 v	12.0 Q	12.0 v	14.0 Q	14.0 v
0.10	110.3	2.70	115.2	2.82	119.9	2.94	124.5	3.05	133.1	3.26	141.1	3.45	148.8	3.64	163.0	3.99	176.0	4.31
0.15	256.9	3.48	268.3	3.63	279.3	3.78	289.8	3.92	309.8	4.19	328.6	4.45	346.4	4.69	379.5	5.14	409.9	5.55
0.20	462.7	4.14	483.3	4.32	503.0	4.50	522.1	4.67	558.1	4.99	592.0	5.29	624.0	5.58	683.6	6.11	738.3	6.60
0.25	723.7	4.71	755.9	4.92	786.8	5.12	816.5	5.32	872.9	5.68	925.8	6.03	975.9	6.36	1069	6.96	1155	7.52
0.30	1034	5.22	1080	5.45	1124	5.67	1167	5.89	1248	6.30	1323	6.68	1395	7.04	1528	7.71	1650	8.33
0.35	1388	5.67	1450	5.92	1509	6.16	1567	6.40	1675	6.84	1776	7.25	1873	7.64	2051	8.37	2216	9.04
0.40	1780	6.07	1859	6.34	1935	6.60	2007	6.84	2146	7.32	2276	7.76	2399	8.18	2628	8.96	2839	9.68
0.45	2199	6.41	2297	6.70	2391	6.97	2481	7.24	2652	7.74	2813	8.21	2966	8.65	3248	9.48	3508	10.2
0.50	2639	6.72	2756	7.02	2869	7.31	2977	7.58	3183	8.11	3376	8.60	3559	9.06	3898	9.93	4210	10.7
0.55	3092	6.98	3229	7.29	3361	7.59	3488	7.88	3729	8.42	3955	8.93	4169	9.42	4567	10.3	4933	11.1
0.60	3554	7.21	3712	7.53	3864	7.84	4010	8.14	4287	8.70	4547	9.23	4793	9.73	5250	10.7	5671	11.5
0.65	4025	7.42	4204	7.75	4376	8.07	4541	8.37	4854	8.94	5149	9.49	5427	10.0	5945	11.0	6421	11.8
0.70	4502	7.59	4702	7.93	4894	8.26	5079	8.57	5430	9.16	5759	9.72	6070	10.2	6650	11.2	7183	12.1
0.75	4984	7.76	5206	8.10	5419	8.43	5623	8.75	6012	9.35	6376	9.92	6721	10.5	7363	11.5	7953	12.4
0.80	5473	7.90	5716	8.25	5949	8.59	6173	8.91	6600	9.53	7000	10.1	7379	10.7	8083	11.7	8731	12.6
0.85	5964	8.03	6229	8.39	6483	8.73	6728	9.06	7193	9.68	7629	10.3	8042	10.8	8809	11.9	9515	12.8
0.90	6459	8.15	6746	8.51	7021	8.86	7287	9.19	7790	9.83	8262	10.4	8709	11.0	9541	12.0	10305	13.0
0.95	6958	8.25	7267	8.62	7564	8.97	7849	9.31	8391	9.96	8900	10.6	9381	11.1	10276	12.2	11100	13.2
1.00	7459	8.36	7790	8.73	8110	9.09	8414	9.43	8995	10.1	9541	10.7	10057	11.3	11016	12.3	11899	13.3

表 10-51 圆底梯形断面铁皮流槽水力计算表

$R_g = 100mm$

水深/mm	i/% 1.0 v	Q	1.5 v	Q	2.0 v	Q	2.5 v	Q	3.0 v	Q	3.5 v	Q
40	0.60	2.76	0.74	3.39	0.85	3.91	0.95	4.37	1.04	4.78	1.12	5.15
50	0.68	4.15	0.84	5.12	0.97	5.92	1.08	6.59	1.19	7.26	1.28	7.81
60	0.76	6.00	0.93	7.35	1.08	8.53	1.21	9.56	1.32	10.43	1.43	11.30
70	0.83	8.13	1.01	9.90	1.17	11.47	1.31	12.84	1.43	14.01	1.55	15.19
80	0.89	10.41	1.09	12.75	1.25	14.63	1.40	16.38	1.54	18.02	1.66	19.42
85	0.91	11.47	1.11	13.99	1.28	16.13	1.44	18.18	1.57	19.78	1.70	21.42
90	0.93	12.74	1.15	15.76	1.32	18.08	1.48	20.28	1.62	22.19	1.75	23.98
100	0.98	15.39	1.20	18.84	1.39	21.82	1.55	24.36	1.70	26.69	1.83	28.73
110	1.02	18.05	1.25	22.13	1.44	25.49	1.61	28.50	1.76	31.15	1.90	33.63
120	1.05	20.79	1.29	25.54	1.49	29.50	1.67	33.07	1.83	36.23	1.97	39.01
130	1.09	23.87	1.33	29.13	1.54	33.73	1.72	37.67	1.89	41.39	2.04	44.68
140	1.12	26.88	1.37	32.88	1.58	37.92	1.77	42.48	1.94	46.56	2.10	50.40
150	1.14	29.87	1.40	36.68	1.62	42.44	1.81	47.42	1.98	51.88	2.14	56.07
160	1.17	33.23	1.44	40.90	1.66	47.14	1.85	52.54	2.03	57.65	2.19	62.20
170	1.19	36.41	1.46	44.68	1.69	51.71	1.89	57.83	2.07	63.34	2.24	68.54
180	1.22	40.14	1.49	49.02	1.72	56.59	1.93	63.50	2.11	69.42	2.28	75.01
190	1.24	43.65	1.52	53.50	1.75	61.60	1.96	68.99	2.15	75.68	2.32	81.66
200	1.26	47.25	1.54	57.75	1.78	66.75	1.99	74.63	2.18	81.75	2.35	88.13
210	1.28	51.07	1.57	62.64	1.81	72.22	2.02	80.60	2.21	88.18	2.39	95.36
220	1.30	55.51	1.59	67.89	1.84	78.57	2.05	87.54	2.25	96.08	2.43	103.76
230	1.31	58.56	1.61	71.97	1.86	83.14	2.07	92.53	2.27	101.47	2.46	109.96
240	1.33	62.64	1.63	76.77	1.88	88.55	2.10	98.91	2.30	108.33	2.49	117.28
250	1.35	66.96	1.65	81.84	1.90	94.24	2.13	105.65	2.33	115.57	2.52	124.99

续表 10-51

水深/mm	i/%													
	4.0		4.5		5.0		5.5		6.0		6.5		7.0	
	v	Q	v	Q	v	Q	v	Q	v	Q	v	Q	v	Q
40	1.20	5.52	1.27	5.84	1.34	6.16	1.41	6.49	1.47	6.76	1.53	7.34	1.60	7.36
50	1.37	8.36	1.45	8.85	1.53	9.33	1.61	9.82	1.68	10.25	1.75	10.68	1.81	11.04
60	1.52	12.01	1.62	12.80	1.70	13.43	1.79	14.14	1.87	14.77	1.94	15.33	2.20	15.96
70	1.66	16.27	1.76	17.25	1.85	18.13	1.94	19.01	2.03	19.89	2.11	20.68	2.19	21.46
80	1.77	20.71	1.88	22.00	1.98	23.17	2.08	24.34	2.17	25.39	2.26	26.44	2.34	27.50
85	1.82	22.93	1.93	24.32	2.03	25.58	2.13	26.84	2.22	27.97	2.32	29.23	2.40	30.24
90	1.87	25.62	1.98	27.13	2.09	28.63	2.19	30.00	2.29	31.37	2.38	32.61	2.47	33.84
100	1.96	30.77	2.08	32.66	2.19	34.38	2.30	36.11	2.40	37.68	2.50	39.25	2.59	40.66
110	2.03	35.93	2.16	38.23	2.27	40.18	2.39	42.30	2.49	44.07	2.59	45.84	2.69	47.61
120	2.11	41.78	2.24	44.35	2.36	46.73	2.47	48.91	2.58	51.08	2.69	53.26	2.79	55.24
130	2.18	47.74	2.31	50.59	2.43	53.22	2.55	55.85	2.67	58.47	2.78	60.88	2.88	63.07
140	2.24	53.76	2.38	57.12	2.50	60.00	2.63	63.12	2.74	65.76	2.86	68.64	2.96	71.04
150	2.29	60.00	2.43	63.67	2.56	67.07	2.68	70.22	2.80	73.36	2.92	76.50	3.03	79.39
160	2.34	66.46	2.49	70.72	2.62	74.41	2.75	78.10	2.87	81.51	2.99	84.92	3.10	88.04
170	2.39	73.13	2.53	77.42	2.67	81.70	2.80	85.68	2.93	89.66	3.05	93.33	3.16	96.70
180	2.44	80.28	2.58	84.88	2.73	89.82	2.86	94.09	2.98	98.04	3.11	102.32	3.22	105.94
190	2.48	87.30	2.63	92.58	2.77	97.50	2.90	102.08	3.03	106.66	3.16	111.33	3.28	115.46
200	2.52	94.50	2.67	100.13	2.81	105.38	2.95	110.63	3.08	115.50	3.21	120.38	3.33	124.88
210	2.56	102.14	2.71	108.13	2.86	114.11	3.00	119.70	3.13	124.89	3.26	103.07	3.38	134.86
220	2.60	111.12	2.75	117.43	2.90	123.83	3.04	129.81	3.18	135.79	3.31	141.34	3.43	146.46
230	2.62	117.11	2.78	124.27	2.93	130.97	3.08	137.68	3.21	143.49	3.35	149.75	3.47	155.11
240	2.66	125.29	2.82	132.82	2.97	139.89	3.12	146.95	3.25	153.08	3.39	159.67	3.51	165.32
250	2.69	133.42	2.86	141.86	3.01	149.30	3.16	156.74	3.30	163.68	3.43	170.13	3.56	176.58

表 10-52 圆底梯形断面铁皮流槽水力计算表

$R_g = 125mm$

水深/mm	i/%											
	1.0		1.5		2.0		2.5		3.0		3.5	
	v	Q	v	Q	v	Q	v	Q	v	Q	v	Q
40	0.61	3.11	0.75	3.83	0.87	4.44	0.97	4.95	1.06	5.41	1.15	5.87
50	0.69	3.76	0.85	5.87	0.98	6.76	1.10	7.59	1.20	8.28	1.30	8.97
60	0.78	7.02	0.95	8.55	1.10	9.90	1.23	11.07	1.35	12.15	1.45	13.05
70	0.84	9.32	1.03	11.43	1.19	13.21	1.33	14.76	1.46	16.21	1.58	17.54
80	0.92	12.42	1.12	15.12	1.29	18.42	1.45	20.58	1.59	22.47	1.71	24.09
85	0.98	15.58	1.19	18.92	1.38	21.94	1.54	24.47	1.69	26.87	1.83	29.10
90	1.03	18.85	1.26	23.06	1.45	26.54	1.62	29.65	1.78	32.57	1.92	35.14
100	1.05	20.69	1.29	25.41	1.49	29.35	1.67	32.90	1.83	36.05	1.97	38.81
110	1.07	22.26	1.31	27.25	1.52	31.62	1.70	35.36	1.86	38.69	2.01	41.81
120	1.11	25.86	1.37	31.92	1.58	36.81	1.76	41.01	1.93	44.97	2.09	48.70
130	1.15	29.67	1.41	36.38	1.63	42.05	1.83	47.21	2.00	51.60	2.16	55.73
140	1.19	33.80	1.46	41.46	1.68	47.71	1.88	53.39	2.06	58.50	2.23	63.33
150	1.22	37.82	1.50	46.5	1.73	53.63	1.94	60.14	2.12	65.72	2.29	70.99
160	1.26	42.34	1.54	51.74	1.77	59.47	1.98	66.53	2.17	72.91	2.35	78.96
170	1.28	46.34	1.57	56.83	1.81	65.52	2.03	73.49	2.22	80.36	2.40	86.88
180	1.31	50.96	1.60	62.24	1.85	71.79	2.07	80.52	2.27	88.30	2.45	95.31
190	1.33	55.33	1.63	67.81	1.88	78.21	2.11	87.78	2.31	96.10	2.49	103.58
200	1.36	60.38	1.66	73.70	1.92	85.25	2.15	95.46	2.35	104.34	2.54	112.78
210	1.38	65.14	1.69	79.77	1.92	92.04	2.18	102.90	2.39	112.81	2.59	122.25
220	1.40	70.00	1.72	86.00	1.98	99.00	2.22	111.00	2.43	121.50	2.62	131.00
230	1.42	74.98	1.74	91.87	2.01	106.13	2.24	118.27	2.46	129.89	2.65	139.92
240	1.44	80.21	1.76	98.03	2.03	113.07	2.27	126.44	2.49	138.69	2.69	149.83
250	1.46	85.56	1.78	104.31	2.06	120.72	2.30	134.78	2.52	147.67	2.73	159.98
260	1.48	91.02	1.81	111.32	2.09	128.54	2.33	143.30	2.56	157.44	2.76	169.74
270	1.49	96.11	1.83	118.04	2.11	136.10	2.36	152.22	2.59	167.06	2.79	179.96
275	1.50	99.00	1.84	121.44	2.12	139.92	2.37	156.42	2.60	171.60	2.81	185.46

续表 10-52

水深/mm	i/%													
	4.0		4.5		5.0		5.5		6.0		6.5		7.0	
	v	Q	v	Q	v	Q	v	Q	v	Q	v	Q	v	Q
40	1.23	6.57	1.30	6.63	1.37	6.99	1.44	7.34	1.50	7.65	1.56	7.96	1.62	8.26
50	1.39	9.59	1.47	10.14	1.55	10.70	1.63	11.25	1.70	11.73	1.77	12.21	1.83	12.63
60	1.55	13.95	1.65	14.85	1.74	15.66	1.82	16.38	1.90	17.11	1.98	17.82	2.06	18.54
70	1.68	18.65	1.79	19.87	1.88	20.87	1.98	21.98	2.06	22.87	2.15	23.87	2.23	24.75
80	1.83	25.71	1.94	27.19	2.05	28.68	2.15	30.03	2.24	31.24	2.33	32.46	2.42	33.46
85	1.95	31.01	2.07	32.91	2.18	34.66	2.29	36.41	2.39	38.00	2.49	39.59	2.58	40.12
90	2.05	37.52	2.18	39.89	2.29	41.91	2.41	44.10	2.51	45.93	2.62	47.95	2.71	49.59
100	2.11	41.57	2.24	44.13	2.36	46.49	2.47	48.66	2.58	50.83	2.69	52.99	2.79	54.96
110	2.15	44.72	2.28	47.42	2.40	49.92	2.52	52.42	2.63	54.70	2.74	56.99	2.84	59.07
120	2.23	51.96	2.36	54.99	2.49	58.02	2.63	60.81	2.73	63.61	2.84	66.17	2.95	68.74
130	2.31	59.60	2.45	63.21	2.58	66.56	2.71	69.92	2.83	73.01	2.94	73.85	3.05	78.69
140	2.38	67.59	2.53	71.85	2.66	75.54	2.79	79.24	2.92	82.93	3.04	86.34	3.15	89.46
150	2.45	75.95	2.60	80.60	2.74	84.94	2.87	88.97	3.00	93.00	3.12	96.72	3.24	100.44
160	2.51	84.34	2.66	89.38	2.81	94.42	2.94	98.78	3.07	103.15	3.20	107.52	3.32	111.55
170	2.56	92.67	2.72	98.46	2.87	103.89	3.01	108.96	3.14	113.67	3.27	118.37	3.39	122.72
180	2.62	101.9	2.78	108.14	2.93	113.98	3.07	119.42	3.21	124.87	3.34	129.93	3.47	134.98
190	2.67	111.07	2.83	117.73	2.98	123.97	3.13	130.21	3.26	135.63	3.40	141.44	3.53	146.85
200	2.72	120.77	2.88	127.87	3.04	134.98	3.18	141.19	3.33	147.85	3.46	153.62	3.59	159.40
210	2.76	130.27	2.93	138.30	3.09	145.85	3.24	152.93	3.38	159.54	3.52	166.14	3.66	172.75
220	2.80	140.00	2.97	148.50	3.13	156.50	3.29	164.50	3.43	171.30	3.57	178.50	3.71	185.50
230	2.84	149.95	3.01	158.93	3.17	167.38	3.33	175.82	3.47	183.22	3.62	191.14	3.75	198.00
240	2.88	160.42	3.05	169.89	3.22	179.35	3.37	187.71	3.52	196.06	3.67	204.42	3.81	212.22
250	2.91	170.53	3.09	181.07	3.26	191.04	3.42	200.41	3.57	209.20	3.71	217.41	3.85	225.71
260	2.95	181.43	3.13	192.50	3.30	202.95	3.46	212.79	3.62	222.63	3.77	231.86	3.91	240.57
270	2.99	192.86	3.17	204.47	3.34	215.43	2.50	225.75	3.66	237.07	3.81	246.75	3.95	255.78
275	3.00	198.00	3.19	210.54	3.36	221.76	3.52	232.32	3.68	242.88	3.83	252.78	3.97	262.02

表 10-53　圆底梯形断面铁皮流槽水力计算表

R_g = 150mm

水深/mm	i/% 1.0		1.5		2.0		2.5		3.0		3.5	
	v	Q	v	Q	v	Q	v	Q	v	Q	v	Q
50	0.71	5.54	0.87	6.79	1.00	7.80	1.13	8.81	1.23	9.59	1.33	10.37
60	0.78	7.80	0.96	9.60	1.11	11.10	1.24	1.36	1.36	13.60	1.47	14.70
70	0.85	10.03	1.04	12.27	1.19	14.04	1.34	1.46	1.46	17.23	1.58	18.64
80	0.93	14.04	1.14	17.21	1.32	19.93	1.47	1.61	1.61	24.31	1.74	26.27
90	1.00	17.90	1.22	21.83	1.41	25.23	1.58	1.73	1.73	30.97	1.87	33.87
100	1.06	21.84	1.29	26.57	1.49	30.69	1.67	1.83	1.83	37.70	1.98	40.79
110	1.11	26.09	1.36	31.96	1.57	36.90	1.75	1.92	1.92	45.12	2.08	48.88
120	1.16	30.62	1.42	37.19	1.64	43.3	1.83	2.01	2.01	53.06	2.17	57.29
127	1.19	33.92	1.46	61.61	1.69	48.17	1.89	2.07	2.07	59.00	2.23	63.56
130	1.20	35.16	1.48	63.36	1.70	49.81	1.90	2.09	2.09	61.24	2.25	65.93
140	1.24	40.05	1.52	49.10	1.76	56.85	1.97	2.16	2.16	69.77	2.33	75.26
150	1.28	45.18	1.57	55.42	1.82	64.25	2.03	2.22	2.22	78.37	2.40	84.72
160	1.32	50.69	1.62	62.21	1.87	71.81	2.09	2.29	2.29	87.94	2.47	94.85
170	1.35	56.03	1.66	68.89	1.91	79.27	2.14	2.34	2.34	97.11	2.53	105.00
180	1.38	61.55	1.69	75.37	1.96	87.42	2.19	2.40	2.40	107.04	2.59	115.51
190	1.41	67.26	1.73	82.52	1.99	94.92	2.23	2.44	2.44	116.39	2.64	125.93
200	1.44	73.30	1.76	89.58	2.04	103.84	2.28	2.50	2.50	127.25	2.70	137.43
210	1.47	79.53	1.80	97.38	2.07	111.99	2.32	2.54	2.54	137.41	2.74	148.23
220	1.49	85.38	1.83	104.86	2.11	120.90	2.36	2.58	2.58	147.83	2.79	159.87
230	1.51	91.51	1.85	112.11	2.14	119.68	2.39	2.62	2.62	158.77	2.83	171.50
240	1.53	97.77	1.88	120.13	2.17	138.66	2.42	2.66	2.66	169.77	2.87	183.39
250	1.55	104.16	1.90	127.68	2.20	147.84	2.46	2.69	2.69	180.77	2.91	195.55
260	1.57	110.84	1.93	136.26	2.23	157.44	2.49	2.73	2.73	192.74	2.95	208.27
270	1.59	117.66	1.95	114.30	2.25	166.50	2.52	2.76	2.76	204.24	2.98	220.52
280	1.61	124.61	1.98	153.25	2.28	176.47	2.55	2.79	2.79	215.95	3.02	233.75
290	1.63	131.87	2.00	161.80	2.31	186.88	2.58	2.83	2.83	228.95	3.06	247.55
300	1.65	139.26	2.02	170.49	2.33	196.65	2.61	2.85	2.85	240.54	3.8	259.95

续表 10-53

水深/mm	i/%													
	4.0		4.5		5.0		5.5		6.0		6.5		7.0	
	v	Q	v	Q	v	Q	v	Q	v	Q	v	Q	v	Q
50	1.42	11.08	1.51	11.78	1.59	12.40	1.67	13.03	1.74	13.57	1.81	14.12	1.88	14.66
60	1.57	15.70	1.66	16.60	1.75	17.50	1.84	18.40	1.92	19.20	2.00	20.00	2.08	20.80
70	1.69	19.94	1.79	21.12	1.89	22.30	1.98	23.36	2.07	24.43	2.16	25.49	2.24	26.43
80	1.86	28.09	1.98	29.90	2.08	31.41	2.19	33.07	2.28	34.43	2.38	35.94	2.47	37.30
90	2.00	35.80	2.12	37.95	2.23	39.92	2.34	41.89	2.45	43.86	2.55	45.65	2.64	47.26
100	2.11	43.47	2.24	46.14	2.36	48.62	2.48	51.09	2.59	53.35	2.69	55.41	2.79	57.47
110	2.22	52.17	2.35	55.23	2.48	58.28	2.60	61.10	2.72	63.92	2.83	66.51	2.93	68.86
120	2.32	61.25	2.46	64.94	2.59	68.38	2.72	71.81	2.84	74.98	2.95	77.88	3.06	80.78
127	2.39	28.12	2.53	72.11	2.67	76.10	2.80	79.80	2.93	83.51	3.05	86.93	3.16	90.06
130	2.41	70.61	2.56	75.11	2.69	78.92	2.83	83.02	2.95	86.54	3.07	90.05	3.19	93.57
140	2.49	80.73	2.64	85.27	2.78	89.79	2.92	94.32	3.05	98.52	3.17	102.39	3.29	106.27
150	2.57	90.72	2.72	96.02	2.87	101.31	3.01	106.25	3.15	111.20	3.28	115.78	3.40	120.02
160	2.64	101.3	2.80	107.52	2.96	113.66	3.10	119.04	3.24	124.42	3.37	129.41	3.50	134.40
170	2.70	112.05	2.87	119.11	3.02	125.33	3.17	131.56	3.31	137.37	3.45	143.18	3.58	148.57
180	2.77	123.54	2.93	130.68	3.09	137.81	3.24	144.50	3.39	151.19	3.53	157.44	3.66	163.24
190	2.82	134.51	2.99	142.62	3.15	150.26	3.31	157.89	3.45	164.57	3.60	171.72	3.73	177.92
200	2.88	146.59	3.06	155.75	3.22	163.90	3.38	172.04	3.53	179.68	3.67	186.80	3.81	193.93
210	2.93	158.51	3.11	168.25	3.28	177.45	3.44	186.10	3.59	194.22	3.74	202.33	3.88	209.91
220	2.98	170.75	3.16	181.07	3.33	190.81	3.49	199.98	3.65	209.15	3.80	217.74	3.94	225.76
230	3.02	183.01	3.21	194.53	3.38	204.83	3.55	215.13	3.70	224.22	3.86	233.92	4.00	242.40
240	3.07	196.17	3.25	207.68	3.43	219.18	3.60	230.04	3.76	240.26	3.91	249.85	4.06	259.43
250	3.10	208.32	3.29	221.09	3.47	233.18	3.64	244.61	3.80	255.36	3.96	266.11	4.11	276.19
260	3.15	222.39	3.34	235.80	3.52	248.51	3.69	260.51	3.86	272.52	4.01	283.11	4.17	294.40
270	3.19	236.06	3.38	250.12	3.57	264.18	3.74	276.76	3.90	288.60	4.07	301.18	4.22	312.28
280	3.22	249.23	3.42	264.71	3.61	279.41	3.78	292.57	3.95	305.73	4.11	318.11	4.27	330.50
290	3.27	264.54	3.47	280.72	3.65	295.29	3.83	309.85	4.00	323.60	4.17	337.35	4.33	350.30
300	3.30	278.52	3.50	295.40	3.68	310.59	3.86	325.78	4.04	340.98	4.20	354.48	4.36	367.98

表 10-54 圆底梯形断面铁皮流槽水力计算表

$R_g=175$mm

水深/mm	i/%											
	1.0		1.5		2.0		2.5		3.0		3.5	
	v	Q	v	Q	v	Q	v	Q	v	Q	v	Q
50	0.71	6.04	0.87	7.40	1.01	8.59	1.13	9.61	1.24	10.54	1.34	11.39
60	0.79	8.69	0.97	10.67	1.12	12.32	1.26	13.86	1.38	15.18	1.49	16.39
70	0.87	11.92	1.06	14.52	1.23	16.85	1.37	18.77	1.51	20.69	1.63	22.33
80	0.94	15.51	1.15	18.98	1.33	21.95	1.49	24.59	1.63	26.90	1.76	29.04
90	1.01	19.80	1.24	24.30	1.43	28.03	1.60	31.36	1.75	34.30	1.89	37.04
100	1.07	24.29	1.31	29.74	1.51	34.28	1.69	38.36	1.85	42.00	2.00	45.40
110	1.13	29.27	1.38	35.74	1.59	41.18	1.78	46.10	1.95	50.51	2.11	45.65
120	1.18	34.24	1.44	41.90	1.67	48.60	1.86	54.13	2.04	59.36	2.20	64.02
130	1.23	40.10	1.51	49.23	1.74	56.72	1.95	63.57	2.14	69.76	2.31	75.31
140	1.28	45.95	1.56	56.00	1.81	64.98	2.02	72.52	2.21	79.34	2.39	85.80
149	1.32	51.61	1.61	62.95	1.86	72.73	2.08	81.33	2.28	89.15	2.46	96.19
150	1.32	52.00	1.61	63.43	1.86	73.28	2.08	81.95	2.28	89.83	2.46	96.92
160	1.37	58.64	1.68	71.90	1.94	83.03	2.17	92.88	2.38	101.86	2.57	110.00
170	1.40	64.82	1.72	79.64	1.98	91.67	2.22	102.79	2.43	112.51	2.62	121.31
180	1.44	71.86	1.76	87.82	2.03	101.30	2.27	113.27	2.49	124.25	2.69	134.23
190	1.47	78.50	1.80	96.12	2.08	111.07	2.32	123.89	2.54	135.64	2.75	146.85
200	1.50	85.50	1.83	104.31	2.12	120.84	2.37	135.09	2.59	147.63	2.80	159.60
210	1.53	92.87	1.87	113.51	2.16	131.11	2.41	146.29	2.65	180.86	2.86	173.60
220	1.55	99.67	1.90	122.17	2.20	141.46	2.45	157.54	2.69	172.97	2.90	186.47
230	1.58	107.44	1.94	133.92	2.23	151.64	2.50	170.00	2.74	186.32	2.96	201.28
240	1.61	115.44	1.97	141.25	2.27	162.76	2.54	182.12	2.78	199.33	3.01	215.82
250	1.63	123.07	2.00	151.00	2.31	174.41	2.58	194.79	2.83	213.67	3.06	231.03
260	1.65	130.85	2.02	160.19	2.34	185.56	2.61	206.97	2.86	226.80	3.09	245.04
270	1.67	138.78	2.05	170.36	2.36	196.12	2.64	219.38	2.90	240.99	3.13	260.10
280	1.70	147.73	2.07	179.82	2.40	208.56	2.68	232.89	2.94	255.49	3.17	275.47
290	1.72	156.18	2.10	196.68	2.43	220.64	2.71	246.07	2.97	269.68	3.21	291.47
300	1.73	163.83	2.12	200.76	2.45	232.02	2.74	259.48	3.00	284.10	3.24	306.83
310	1.75	172.55	2.14	211.00	2.47	243.54	2.77	273.12	3.03	298.76	3.27	322.42
320	1.77	181.60	2.17	222.64	2.50	256.50	2.80	287.28	3.06	313.96	3.31	339.61
325	1.78	186.19	2.18	228.03	2.51	262.55	2.81	293.93	3.08	322.17	3.33	348.32

续表 10-54

水深/mm	i/%													
	4.0		4.5		5.0		5.5		6.0		6.5		7.0	
	v	Q	v	Q	v	Q	v	Q	v	Q	v	Q	v	Q
50	1.43	12.16	1.51	12.84	1.60	13.60	1.67	14.20	1.86	14.88	1.82	15.47	1.89	16.07
60	1.59	17.49	1.68	18.48	1.78	19.58	1.86	20.46	2.04	21.45	2.03	22.33	2.10	23.10
70	1.74	23.84	1.84	25.21	1.94	26.58	2.04	27.95	2.21	29.18	2.22	30.41	2.30	31.51
80	1.88	31.02	2.00	33.00	2.10	34.65	2.21	36.47	2.37	37.95	2.40	39.60	2.49	41.09
90	2.02	39.59	2.14	41.94	2.26	44.30	2.37	46.45	2.51	48.41	2.57	50.37	2.67	52.33
100	2.14	48.58	2.27	51.53	2.39	54.25	2.51	56.98	2.64	59.47	2.73	61.97	2.83	64.24
110	2.25	58.28	2.39	61.90	2.52	65.27	2.64	98.38	2.76	71.48	2.87	74.33	2.98	77.18
120	2.36	68.68	2.50	72.75	2.63	76.53	2.76	80.32	2.89	84.10	3.00	87.30	3.12	90.79
127	2.47	80.52	2.62	85.41	2.76	89.98	2.89	94.21	3.02	98.45	3.15	102.69	3.26	106.28
130	2.55	91.55	2.71	97.29	2.86	102.67	3.00	107.70	3.13	112.37	3.26	117.03	3.38	121.34
140	2.63	102.83	2.79	109.09	2.94	114.95	3.09	120.82	3.22	125.90	3.36	131.38	3.48	136.07
150	2.63	103.62	2.79	109.93	2.94	115.84	3.09	121.75	3.22	126.87	3.36	132.39	3.48	137.11
160	2.74	117.27	2.91	124.55	3.07	131.40	3.22	137.82	3.36	143.81	3.50	149.80	3.63	155.36
170	2.80	129.64	2.97	137.51	3.13	144.92	3.29	152.33	3.43	158.81	3.57	165.29	3.71	171.77
180	2.88	143.71	3.05	152.20	3.21	160.18	3.37	168.16	3.52	175.65	3.67	183.13	3.80	189.62
190	2.94	157.00	3.11	166.07	3.28	175.15	3.44	183.70	3.60	192.24	3.74	199.72	3.88	207.19
200	3.00	171.00	3.18	181.26	3.35	190.95	3.51	200.04	3.67	209.19	3.82	217.74	3.96	225.72
210	3.05	185.14	3.24	196.67	3.41	206.99	3.58	217.31	3.74	227.02	3.89	236.12	4.04	245.23
220	3.10	199.33	3.29	211.55	3.47	223.12	3.64	234.05	3.80	244.34	3.96	254.63	4.11	264.27
230	3.16	214.88	3.35	227.80	3.53	240.04	3.70	251.60	3.87	263.16	4.03	274.04	4.18	284.24
240	3.21	230.16	3.41	244.50	3.59	257.40	3.77	273.31	3.94	282.50	4.10	293.97	4.25	304.73
250	3.27	246.89	3.46	261.23	3.65	275.58	3.83	289.17	4.00	302.00	4.17	314.84	4.32	326.16
260	3.31	262.48	3.51	278.34	3.70	293.41	3.88	307.68	4.05	321.17	4.21	333.85	4.37	346.54
270	3.35	278.39	3.55	295.01	3.74	310.79	3.92	325.75	4.10	340.71	4.26	354.01	4.43	368.13
280	3.39	294.59	3.60	312.84	3.79	329.35	3.98	345.86	4.15	360.64	4.32	375.41	4.49	390.18
290	3.43	311.44	3.64	330.51	3.84	348.67	4.02	365.02	4.20	381.36	4.38	397.70	4.54	412.23
300	3.47	328.61	3.68	348.50	3.87	366.49	4.06	384.48	4.24	401.53	4.42	418.57	4.59	434.67
310	3.50	345.10	3.71	365.81	3.91	385.53	4.10	404.26	4.29	422.99	4.46	439.76	4.63	456.52
320	3.54	363.20	3.75	384.75	3.95	405.27	4.15	425.79	4.33	444.26	4.51	462.73	4.68	480.17
325	3.56	372.38	3.77	394.34	3.98	416.31	4.17	436.18	4.36	456.06	4.53	473.84	4.71	492.67

表 10-55 圆底梯形断面铍皮流槽水力计算表

$R_g = 200mm$

水深 /mm	i/%											
	1.0		1.5		2.0		2.5		3.0		3.5	
	v	Q	v	Q	v	Q	v	Q	v	Q	v	Q
60	0.81	9.56	0.99	11.68	1.14	13.54	1.27	14.99	1.39	16.40	1.51	17.82
70	0.89	13.17	1.08	15.98	1.25	18.50	1.40	20.72	1.53	22.64	1.65	24.42
80	0.96	17.18	1.17	20.94	1.35	24.62	1.51	27.03	1.66	29.71	1.79	32.04
90	1.02	21.42	1.25	26.25	1.44	30.24	1.61	33.81	1.77	37.17	1.91	40.11
100	1.09	26.81	1.34	32.96	1.54	37.88	1.72	42.31	1.89	46.49	2.04	50.18
110	1.15	32.20	1.41	39.48	1.62	45.36	1.81	50.68	1.99	55.72	2.15	60.20
120	1.21	38.48	1.48	47.06	1.71	54.38	1.91	60.74	2.09	66.46	2.26	71.87
130	1.26	44.60	1.54	54.52	1.78	63.01	1.99	70.45	2.18	77.17	2.36	83.54
140	1.31	51.35	1.61	63.11	1.86	72.91	2.08	81.54	2.28	89.38	2.46	96.43
150	1.36	58.48	1.67	71.81	1.92	82.56	2.15	92.45	2.35	105.05	2.54	109.22
160	1.41	66.27	1.72	80.84	1.99	93.53	2.22	104.34	2.44	114.68	2.63	123.61
170	1.45	73.37	1.77	89.56	2.04	103.22	2.29	115.87	2.50	126.50	2.71	137.13
180	1.49	81.35	1.82	99.37	2.10	114.66	2.35	128.31	2.58	140.87	2.78	151.79
190	1.52	89.07	1.86	109.00	2.15	125.99	2.40	140.64	2.63	154.12	2.84	166.42
200	1.56	97.66	1.91	118.94	2.20	137.72	2.46	154.00	2.70	169.02	2.91	182.17
210	1.59	106.05	1.95	130.07	2.25	150.08	2.51	167.42	2.75	183.43	2.97	198.10
220	1.62	114.70	1.98	140.18	2.29	162.13	2.56	181.25	2.81	198.95	3.03	214.52
230	1.65	123.59	2.02	151.30	2.33	174.52	2.61	195.49	2.85	213.47	3.08	230.69
240	1.68	132.89	2.06	162.95	2.37	187.47	2.65	209.62	2.91	230.18	3.14	248.37
250	1.71	142.27	2.09	173.89	2.41	200.51	2.70	224.64	2.95	245.44	3.19	265.41
260	1.73	151.20	2.12	185.29	2.45	214.13	2.73	238.60	3.00	262.20	3.24	283.18
270	1.75	160.48	2.15	197.16	2.48	227.41	2.77	254.01	3.03	277.85	3.28	300.78
280	1.77	169.74	2.17	208.10	2.51	240.71	2.80	268.52	3.07	294.41	3.32	318.39
290	1.80	180.36	2.20	220.44	2.54	254.51	2.84	284.57	3.11	311.62	3.36	336.67
300	1.82	190.37	2.23	233.26	2.57	268.82	2.88	301.25	3.15	329.49	3.40	355.64
310	1.84	200.38	2.25	245.03	2.60	283.14	2.91	316.90	3.19	347.39	3.44	374.62
320	1.86	210.74	2.28	258.32	2.63	297.93	2.94	333.10	3.22	364.83	3.48	394.28
330	1.88	221.28	2.30	270.71	2.65	311.91	2.97	349.57	3.25	382.53	3.51	413.13
340	1.90	232.18	2.32	283.50	2.68	327.50	3.00	366.60	3.28	400.82	3.55	433.81
350	1.92	243.26	2.35	297.75	2.71	343.36	3.03	383.90	3.32	420.64	3.58	453.59

续表 10-55

水深/mm	i/%													
	4.0		4.5		5.0		5.5		6.0		6.5		7.0	
	v	Q	v	Q	v	Q	v	Q	v	Q	v	Q	v	Q
60	1.61	19.00	1.71	20.18	1.80	21.24	1.89	22.30	1.97	23.25	2.05	24.19	2.13	25.13
70	1.77	26.20	1.87	27.68	1.98	29.30	2.07	30.64	2.16	31.97	2.25	33.30	2.34	34.63
80	1.91	34.19	2.03	36.34	2.14	38.31	2.24	40.10	2.34	41.89	2.44	43.68	2.53	45.29
90	2.04	42.84	2.16	45.36	2.28	47.88	2.39	50.19	2.50	52.50	2.60	54.60	2.70	56.70
100	2.18	53.63	2.31	56.83	2.44	60.02	2.56	62.98	2.67	65.68	2.78	48.39	2.88	70.85
110	2.30	64.40	2.43	68.04	2.57	71.96	2.69	75.32	2.81	78.68	2.93	82.04	3.04	85.12
120	2.41	76.64	2.56	81.41	2.70	85.86	2.83	89.99	2.96	94.13	3.08	97.94	3.19	101.44
130	2.52	89.21	2.67	94.52	2.82	99.83	2.96	104.78	3.09	109.39	3.22	113.99	3.34	118.24
140	2.63	103.10	2.79	109.37	2.94	115.25	3.08	120.74	3.22	126.22	3.35	131.32	3.48	136.42
150	2.72	116.96	2.88	123.84	3.04	130.72	3.19	137.17	3.33	143.19	3.47	149.21	3.60	154.80
160	2.81	132.07	2.98	140.06	3.15	148.05	3.30	155.10	3.45	162.15	3.59	168.73	3.72	174.84
170	2.89	146.23	3.07	155.34	3.23	163.44	3.39	171.53	3.54	179.12	3.69	186.71	3.83	193.80
180	2.97	162.16	3.15	171.99	3.33	181.82	3.49	190.55	3.64	198.76	3.79	206.93	3.94	215.12
190	3.04	178.14	3.22	188.69	3.40	199.24	3.57	209.20	3.72	217.99	3.88	227.37	4.02	235.57
200	3.11	194.69	3.30	206.58	3.48	217.85	3.65	228.49	3.81	238.51	3.97	248.52	4.12	257.91
210	3.18	212.11	3.37	224.78	3.55	236.79	3.73	248.79	3.89	259.46	4.05	270.14	4.20	280.14
220	3.24	229.39	3.44	243.55	3.62	256.30	3.80	269.04	3.97	281.08	4.13	292.40	4.29	303.73
230	3.30	247.17	3.50	262.15	3.68	275.63	3.86	289.11	4.04	302.60	4.20	314.58	4.36	326.56
240	3.36	265.78	3.56	281.60	3.75	296.63	3.94	311.65	4.11	325.10	4.28	338.55	4.44	351.20
250	3.41	283.71	3.62	301.18	3.81	316.99	4.00	332.80	4.18	347.78	4.35	361.92	4.51	375.23
260	3.46	302.40	3.67	320.76	3.87	338.24	4.06	354.84	4.24	370.58	4.41	385.43	4.58	400.29
270	3.50	320.95	3.72	341.12	3.92	359.46	4.11	376.89	4.29	393.39	4.47	409.90	4.63	424.57
280	3.55	340.45	3.76	360.58	3.96	379.76	4.16	398.94	4.34	416.21	4.52	433.47	4.69	449.77
290	3.59	359.72	3.81	381.76	4.02	402.80	4.21	421.84	4.40	440.88	4.58	458.92	4.75	475.95
300	3.64	380.74	3.86	403.76	4.07	425.72	4.27	446.64	4.46	466.52	4.64	485.36	4.82	504.17
310	3.68	400.75	3.90	424.71	4.12	448.67	4.32	470.45	4.51	491.14	4.69	510.74	4.87	530.34
320	3.72	421.48	3.94	446.40	4.16	471.33	4.36	493.99	4.55	515.52	4.74	537.04	4.92	557.44
330	3.75	441.38	3.98	468.45	4.20	494.34	4.40	517.88	4.60	541.42	4.78	562.61	4.93	583.79
340	3.79	463.14	4.02	491.24	4.24	518.13	4.45	543.79	4.64	567.01	4.83	590.23	5.02	613.44
350	3.83	485.26	4.04	514.40	4.28	542.28	4.49	568.88	4.69	594.22	4.88	618.30	5.07	642.67

表 10-56 圆底梯形断面铍皮流槽水力计算表

$R_g = 225mm$

水深 /mm	i/%											
	1.0		1.5		2.0		2.5		3.0		3.5	
	v	Q	v	Q	v	Q	v	Q	v	Q	v	Q
60	0.79	9.40	0.97	11.54	1.12	13.33	1.25	14.88	1.37	16.30	1.48	17.61
70	0.89	14.09	1.09	17.22	1.26	19.91	1.41	22.28	1.54	24.33	1.67	26.39
80	0.97	18.62	1.19	22.85	1.37	26.60	1.53	29.38	1.68	32.26	1.81	34.75
90	1.03	23.28	1.27	28.70	1.46	33.00	1.64	37.06	1.79	40.45	1.94	43.84
100	1.10	28.82	1.35	35.37	1.56	40.87	1.74	45.59	1.91	50.04	2.06	53.97
110	1.17	35.22	1.43	43.04	1.65	49.67	1.84	55.38	2.02	60.80	2.18	65.62
120	1.22	41.36	1.50	50.85	1.73	58.65	1.93	65.43	2.11	71.53	2.28	77.29
130	1.28	48.77	1.57	59.82	1.81	68.96	2.03	77.34	2.22	84.58	2.40	91.44
140	1.34	56.68	1.64	69.37	1.89	79.95	2.11	89.25	2.32	98.14	2.50	105.75
150	1.38	64.03	1.70	78.88	1.96	90.94	2.19	101.62	2.40	111.36	2.59	120.18
160	1.43	72.36	1.76	89.06	2.03	102.72	2.27	114.86	2.48	125.49	2.68	135.61
170	1.48	81.70	1.81	99.91	2.09	115.37	2.34	129.17	2.56	141.31	2.77	152.90
180	1.51	88.49	1.85	108.41	2.13	124.82	2.38	139.47	2.61	152.95	2.82	165.25
190	1.56	99.53	1.91	121.86	2.21	141.00	2.47	157.59	2.70	172.26	2.92	186.30
192	1.57	101.42	1.92	124.03	2.22	143.41	2.48	160.21	2.72	175.71	2.94	189.92
200	1.61	111.25	1.98	136.82	2.28	157.55	2.55	176.21	2.79	1925.79	3.02	208.68
210	1.65	121.44	2.02	148.67	2.33	171.49	2.61	192.10	2.85	209.76	3.08	226.69
220	1.68	131.21	2.06	160.89	2.38	185.88	2.66	207.75	2.92	228.05	3.15	246.02
230	1.71	141.59	2.10	173.86	2.42	200.38	2.71	224.39	2.93	245.92	3.21	265.79
240	1.74	151.73	2.13	185.74	2.46	214.51	2.75	239.80	3.02	263.34	3.26	284.27
250	1.77	162.66	2.17	199.42	2.51	230.67	2.80	257.32	3.07	282.13	3.32	305.11
260	1.80	173.70	2.21	213.27	2.55	249.08	2.85	275.03	3.12	301.08	3.37	325.21
270	1.82	184.18	2.24	226.69	2.58	261.10	2.88	291.46	3.16	319.79	3.41	345.09
280	1.85	195.92	2.26	239.33	2.61	276.40	2.92	309.23	3.20	338.88	3.46	366.41
290	1.87	206.82	2.30	254.38	2.65	293.09	2.96	327.38	3.25	359.45	3.51	388.21
300	1.90	219.26	2.32	267.73	2.68	309.27	3.00	346.20	2.29	379.67	3.55	409.67
310	1.92	230.78	2.35	282.47	2.71	325.74	3.03	364.21	3.32	399.06	3.59	431.52
320	1.94	242.50	2.38	297.50	2.75	343.75	3.07	383.75	3.36	420.00	3.63	453.75
330	1.96	254.60	2.41	313.06	2.78	361.12	3.10	402.69	3.40	441.66	3.67	476.73
340	1.98	266.90	2.43	327.56	2.80	377.44	3.13	421.92	3.43	462.36	3.71	500.11
350	2.00	279.40	2.45	342.27	2.83	395.35	3.16	441.45	3.46	483.36	3.74	522.48
360	2.02	292.09	2.48	358.61	2.86	413.56	3.19	461.27	3.50	506.10	3.78	546.59
370	2.04	305.18	2.50	374.00	2.88	430.85	3.22	481.71	3.53	528.09	3.81	569.98
375	2.05	311.81	2.51	381.77	2.89	439.57	3.23	491.28	3.54	538.43	3.82	581.02

续表 10-56

水深/mm	i/%													
	4.0		4.5		5.0		5.5		6.0		6.5		7.0	
	v	Q	v	Q	v	Q	v	Q	v	Q	v	Q	v	Q
60	1.58	18.80	1.68	20.00	1.77	21.06	1.86	22.13	1.94	23.09	2.02	24.04	2.10	24.99
70	1.78	28.12	1.89	29.86	1.99	31.44	2.09	33.02	2.18	34.44	2.27	35.87	2.36	37.29
80	1.94	37.25	2.05	39.36	2.16	41.47	2.27	43.58	2.37	45.50	2.47	47.42	2.56	49.15
90	2.07	46.78	2.19	49.49	2.31	52.21	2.43	54.92	2.53	57.18	2.64	59.66	2.74	61.92
100	2.20	57.64	2.33	61.05	2.46	64.45	2.58	67.60	2.69	70.48	2.81	73.62	2.91	76.24
110	2.33	70.13	2.47	74.35	2.61	78.56	2.73	82.17	2.86	86.09	2.97	89.40	3.09	93.01
120	2.44	82.72	2.59	87.80	2.73	92.55	2.86	96.95	2.99	101.36	3.11	105.43	3.23	109.50
130	2.57	97.92	2.72	103.63	2.87	109.35	3.01	114.68	3.14	119.63	3.27	124.59	3.39	129.16
140	2.67	112.94	2.84	120.13	2.99	126.48	3.14	132.82	3.27	138.32	3.41	144.24	3.54	149.74
150	2.77	128.53	2.94	136.42	3.10	143.84	3.25	150.80	3.39	157.30	3.53	163.79	3.66	169.82
160	2.87	145.22	3.04	153.82	3.21	162.43	3.36	170.02	3.51	177.61	3.66	185.20	3.80	192.28
170	2.96	163.39	3.14	173.33	3.31	182.71	3.47	191.54	3.62	199.82	3.77	208.10	3.92	216.38
180	3.01	176.39	3.19	186.93	3.37	197.48	3.53	206.86	3.69	216.23	3.84	225.02	3.99	233.81
190	3.12	199.06	3.31	211.18	3.49	222.66	3.66	233.51	3.82	243.72	3.98	253.92	4.13	263.49
192	3.14	202.84	3.33	215.12	3.51	226.75	3.68	237.73	3.84	248.06	4.00	258.40	4.15	268.09
200	3.23	223.19	3.42	236.32	3.61	249.45	3.78	261.20	3.95	272.95	4.11	284.00	4.27	295.06
210	3.30	242.88	3.50	257.60	3.68	270.85	3.86	284.10	4.04	297.34	4.20	309.12	4.36	320.90
220	3.37	263.20	3.57	278.82	3.76	293.66	3.95	308.50	4.12	321.77	4.29	335.05	4.45	347.55
230	3.43	284.00	3.64	301.39	3.83	317.12	4.02	332.86	4.20	347.76	4.37	361.84	4.54	375.91
240	3.48	303.46	3.70	322.64	3.80	340.08	4.09	356.65	4.27	372.34	4.44	387.17	4.61	401.99
250	3.55	326.25	3.76	345.54	3.96	363.92	4.16	382.30	4.34	398.85	4.52	415.39	4.69	431.01
260	3.60	347.40	3.82	368.63	4.03	388.90	4.22	407.23	4.41	425.57	4.59	442.94	4.76	459.34
270	3.65	369.38	3.87	391.64	4.08	412.90	4.28	433.14	4.47	452.36	4.65	470.58	4.83	488.80
280	3.70	391.83	3.92	415.13	4.13	437.37	4.33	458.55	4.53	479.73	4.71	498.79	4.89	517.85
290	3.75	414.75	3.98	440.19	4.19	463.41	4.40	486.64	4.59	507.65	4.78	528.67	4.96	548.58
300	3.79	437.37	4.02	463.91	4.24	489.30	4.45	513.53	4.65	536.61	4.84	558.54	5.02	579.31
310	3.84	461.57	4.07	489.21	4.29	515.66	4.50	540.90	4.70	564.94	4.89	587.78	5.08	610.62
320	3.88	485.00	4.12	515.00	4.34	542.50	4.55	568.75	4.76	595.00	4.95	618.75	5.14	642.50
330	3.93	510.51	4.17	541.68	4.39	570.26	4.61	598.84	4.81	624.82	5.01	650.80	5.20	675.48
340	3.96	533.81	4.20	566.16	4.43	597.16	4.65	626.82	4.85	653.78	5.05	680.74	5.24	706.35
350	4.00	558.80	4.24	592.33	4.47	624.46	4.69	655.19	4.89	683.13	5.10	712.47	5.29	739.01
360	4.04	584.18	4.29	620.33	4.52	653.59	4.74	685.40	4.95	715.77	5.15	744.69	5.35	773.61
370	4.07	608.87	4.32	646.27	4.55	680.68	4.78	715.09	4.99	746.50	5.19	776.42	5.39	806.34
375	4.09	622.09	4.34	660.11	4.57	695.10	4.79	728.56	5.01	762.02	5.21	792.44	5.41	822.86

表 10-57 圆底梯形断面铁皮流槽水力计算表

$R_g = 250mm$

水深/mm	i/%											
	1.0		1.5		2.0		2.5		3.0		3.5	
	v	Q	v	Q	v	Q	v	Q	v	Q	v	Q
60	0.79	10.51	0.96	12.77	1.11	14.76	1.24	16.49	1.36	18.09	1.47	19.55
70	0.90	15.12	1.10	18.48	1.27	21.34	1.42	23.86	1.55	26.04	1.68	28.22
80	0.95	19.38	1.17	23.87	1.35	27.54	1.51	30.80	1.65	33.66	1.79	36.52
90	1.05	25.31	1.28	30.85	1.48	35.67	1.66	40.01	1.82	43.86	1.96	47.24
100	1.11	30.97	1.36	37.94	1.57	43.80	1.75	48.83	1.92	53.57	2.08	58.03
110	1.18	37.88	1.45	46.55	1.67	53.61	1.87	60.03	2.05	65.81	2.21	70.94
120	1.24	44.76	1.51	54.51	1.75	63.18	1.95	70.40	2.14	77.25	2.31	83.39
130	1.29	51.99	1.58	63.67	1.82	73.35	2.04	82.21	2.23	89.87	2.41	97.12
140	1.35	60.35	1.65	73.76	1.90	84.93	2.13	95.21	2.33	104.15	2.52	112.64
150	1.41	69.94	1.72	85.31	1.99	98.70	2.22	110.11	2.43	120.53	2.63	130.45
160	1.46	79.13	1.79	97.02	2.06	111.65	2.31	125.20	2.53	137.13	2.73	147.97
170	1.50	88.20	1.84	108.19	2.12	124.66	2.37	139.36	2.60	152.88	2.81	165.23
180	1.55	98.27	1.89	119.83	2.18	138.21	2.44	154.70	2.68	169.91	2.89	183.23
190	1.59	108.60	1.95	133.19	2.25	153.68	2.51	171.43	2.75	187.83	2.97	202.85
200	1.64	120.38	2.00	146.80	2.31	169.55	2.59	190.11	2.83	207.72	3.06	224.60
210	1.61	130.26	2.04	159.12	2.36	184.08	2.64	205.92	2.89	225.42	3.12	243.36
214	1.68	134.40	2.06	164.80	2.38	190.40	2.66	212.80	2.92	233.60	3.15	252.00
220	1.72	142.76	2.11	175.13	2.44	202.52	2.72	225.76	2.98	247.34	3.22	267.26
230	1.76	154.88	2.16	190.08	2.49	219.12	2.78	244.64	3.05	268.40	3.29	289.52
240	1.79	166.47	2.20	204.60	2.54	236.22	2.83	263.19	3.11	289.23	3.35	311.55
250	1.82	178.36	2.24	219.52	2.58	252.84	2.88	282.24	3.16	309.68	3.41	334.18
260	1.86	191.77	2.28	235.07	2.63	271.15	2.94	303.11	3.22	331.98	3.48	358.79
270	1.88	203.42	2.31	249.94	2.66	287.81	2.98	322.44	3.26	352.73	3.52	380.86
280	1.91	216.40	2.34	265.12	2.70	305.91	3.02	342.17	3.31	375.02	3.58	405.61
290	1.94	229.89	2.38	282.03	2.74	324.69	3.07	363.80	3.36	398.16	3.63	430.16
300	1.96	242.26	2.41	297.88	2.78	343.61	3.10	383.16	3.40	420.26	3.67	453.61
310	1.99	256.31	2.43	312.98	2.81	361.93	3.14	404.43	3.44	443.07	3.72	479.14
320	2.01	269.54	2.46	329.89	2.84	380.84	3.17	425.10	3.48	466.67	3.76	504.22
330	2.03	282.98	2.49	347.11	2.88	401.47	3.21	447.47	3.52	490.69	3.80	529.72
340	2.06	298.08	2.52	364.64	2.91	421.08	3.25	470.28	3.56	515.13	3.85	557.10
350	2.08	312.00	2.54	381.00	2.94	441.00	3.28	492.00	3.60	540.00	3.89	583.50
360	2.10	326.34	2.57	399.38	2.97	461.54	3.32	515.93	3.63	564.10	3.92	609.17
370	2.12	340.90	2.59	416.47	2.99	480.79	3.34	537.07	3.66	588.53	3.96	636.77
380	2.14	355.67	2.62	435.44	3.02	501.92	3.38	561.76	3.70	614.94	4.00	664.80
390	2.16	370.87	2.64	453.29	3.05	523.69	3.41	585.50	3.73	640.44	4.03	691.95
400	2.17	384.52	2.66	471.35	3.07	544.00	3.43	607.80	3.76	666.27	4.06	719.43

续表 10-57

水深/mm	i/% 4.0		4.5		5.0		5.5		6.0		6.5		7.0	
	v	Q	v	Q	v	Q	v	Q	v	Q	v	Q	v	Q
60	1.57	20.88	1.67	22.21	1.76	23.41	1.85	24.61	1.93	25.67	2.01	26.73	2.08	27.66
70	1.79	30.07	1.90	31.92	2.00	33.60	2.10	35.28	2.20	36.96	2.29	38.47	2.37	39.82
80	1.91	38.96	2.02	41.21	2.13	43.45	2.24	45.70	2.34	47.74	2.43	49.57	2.53	51.61
90	2.10	50.61	2.22	53.50	2.34	56.39	2.46	59.29	2.57	61.94	2.67	64.35	2.77	66.76
100	2.22	61.94	2.35	65.57	2.48	69.19	2.60	72.54	2.72	75.89	2.83	78.96	2.93	81.75
110	2.36	75.76	2.50	80.25	2.64	84.74	2.77	88.92	2.89	92.77	3.01	96.62	3.12	100.15
120	2.47	89.17	2.62	94.58	2.76	99.64	2.90	104.69	3.03	109.38	3.15	113.72	3.27	118.05
130	2.58	103.97	2.74	110.42	2.88	116.06	3.02	121.71	3.16	127.35	3.29	132.59	3.41	137.42
140	2.69	120.24	2.86	127.84	3.01	134.55	3.16	141.25	3.30	147.51	3.43	153.32	3.56	159.13
150	2.81	139.38	2.98	147.81	3.14	155.74	3.30	163.68	3.44	170.62	3.58	177.57	3.72	184.51
160	2.92	158.26	3.09	167.48	3.26	176.69	3.42	185.36	3.57	193.49	3.72	201.62	3.86	209.21
170	3.00	176.40	3.19	187.57	3.36	197.57	3.52	206.98	3.68	216.38	3.83	225.20	3.97	233.44
180	3.09	195.91	3.28	207.95	3.45	218.73	3.62	229.51	3.78	239.65	3.94	249.80	4.09	259.31
190	3.18	217.19	3.37	230.17	3.55	242.47	3.73	254.76	3.89	265.69	4.05	276.62	4.20	286.86
200	3.27	240.02	3.47	254.70	3.66	268.64	3.83	281.72	4.00	293.60	4.17	298.74	4.33	317.82
210	3.33	259.74	3.54	276.12	3.73	290.94	3.91	304.98	4.08	318.24	4.25	331.50	4.41	343.98
214	3.37	269.60	3.57	285.60	3.77	301.60	3.95	316.00	4.12	329.60	4.29	343.20	4.46	356.80
220	3.45	286.35	3.66	303.78	3.85	319.55	4.04	335.32	4.22	350.26	4.39	364.37	4.56	378.48
230	3.52	309.76	3.73	328.24	3.94	346.72	4.13	363.44	4.31	379.28	4.49	395.12	4.66	410.08
240	3.59	333.87	3.80	353.40	4.01	372.93	4.20	390.60	4.39	408.27	4.57	425.01	4.74	440.82
250	3.65	357.70	3.87	379.26	4.08	399.84	4.28	419.44	4.47	438.06	4.65	455.70	4.83	473.34
260	3.71	382.5	3.94	406.21	4.15	427.87	4.36	449.52	4.55	469.11	4.74	488.69	4.91	506.22
270	3.77	407.91	3.99	431.72	4.21	455.52	4.42	478.24	4.61	498.80	4.80	519.36	4.98	538.84
280	3.82	432.81	4.06	460.00	4.27	483.79	4.48	507.58	4.68	530.24	4.88	552.90	5.06	573.30
290	3.88	459.78	4.11	487.04	4.34	514.29	4.55	539.18	4.75	562.88	4.95	586.58	5.13	607.91
300	3.93	485.75	4.17	515.41	4.39	542.60	4.61	569.80	4.81	594.52	5.01	619.24	5.20	642.72
310	3.97	511.34	4.21	542.25	4.44	571.87	4.66	600.21	4.86	625.97	5.06	651.73	5.25	676.20
320	4.01	537.74	4.26	571.27	4.49	602.11	4.71	631.61	4.92	659.77	5.12	686.59	5.31	712.07
330	4.07	567.36	4.31	600.81	4.55	634.27	4.77	664.94	4.98	694.21	5.18	722.09	5.38	749.97
340	4.11	594.72	4.36	630.89	4.60	665.62	4.82	697.45	5.03	727.84	5.24	758.23	5.44	787.17
350	4.15	622.50	4.40	660.00	4.64	696.00	4.87	730.50	5.09	763.50	5.30	795.00	5.50	825.00
360	4.19	651.13	4.45	691.53	4.69	728.83	4.92	764.57	5.14	798.76	5.35	931.39	5.55	862.47
370	4.23	680.18	4.49	721.99	4.73	760.58	4.96	797.57	5.18	832.94	5.39	866.71	5.60	900.48
380	4.27	709.67	4.53	752.89	4.78	794.44	5.01	832.66	5.23	869.23	5.45	905.79	5.65	939.03
390	4.31	740.03	4.57	784.67	4.82	827.59	5.05	867.09	5.28	906.58	5.50	944.35	5.70	978.69
400	4.34	469.05	4.61	816.89	4.86	861.19	5.09	901.95	5.32	942.70	5.54	981.69	5.75	1018.90

表 10-58 圆底梯形断面铁皮流槽水力计算表

$R_g = 275mm$

水深 /mm	i/%											
	1.0		1.5		2.0		2.5		3.0		3.5	
	v	Q	v	Q	v	Q	v	Q	v	Q	v	Q
70	0.91	16.20	1.11	19.76	1.28	22.78	1.44	25.63	1.57	27.95	1.70	30.26
80	0.99	21.38	1.21	26.14	1.40	30.24	1.56	33.70	1.71	36.94	1.85	39.96
90	1.05	26.57	1.29	32.64	1.49	37.70	1.66	42.00	1.82	46.05	1.97	49.84
100	1.12	33.15	1.38	40.85	1.59	47.06	1.78	52.69	1.95	57.72	2.10	62.16
110	1.19	40.46	1.46	49.64	1.69	57.46	1.89	64.26	2.07	70.38	2.23	75.82
120	1.25	47.88	1.53	58.60	1.77	67.79	1.98	75.83	2.17	83.11	2.34	89.62
130	1.31	55.94	1.60	68.32	1.85	79.00	2.07	88.39	2.27	96.93	2.45	104.62
140	1.36	64.74	1.67	79.49	1.93	91.97	2.16	102.82	2.36	112.34	2.55	121.38
150	1.42	74.69	1.74	91.52	2.01	105.73	2.25	118.35	2.47	129.92	2.66	139.92
160	1.48	85.10	1.81	104.08	2.09	120.18	2.33	133.98	2.56	147.20	2.76	158.70
170	1.52	95.00	1.87	116.88	2.15	134.38	2.41	150.63	2.64	165.00	2.85	178.13
180	1.57	105.66	1.92	129.22	2.22	149.41	2.48	166.90	2.72	183.06	2.93	197.19
190	1.62	117.61	1.98	143.75	2.29	166.25	2.56	185.86	2.80	203.28	3.03	219.98
200	1.66	129.31	2.03	158.14	2.34	182.29	2.62	204.10	2.87	223.57	3.10	241.49
210	1.70	141.44	2.08	173.06	2.40	199.68	2.69	223.81	2.94	244.61	3.18	264.58
220	1.75	155.40	2.14	190.03	2.47	219.34	2.76	245.09	3.03	269.06	3.27	290.38
230	1.78	167.68	2.18	205.36	2.52	237.38	2.82	265.64	3.09	291.08	3.34	314.63
235	1.80	174.24	2.20	212.96	2.54	245.87	2.84	274.91	3.11	301.05	3.36	325.25
240	1.81	180.28	2.21	220.12	2.55	253.98	2.85	283.86	3.12	310.75	3.37	335.65
250	1.83	192.33	2.25	236.48	2.59	272.21	2.90	304.79	3.18	334.22	3.43	360.49
260	1.87	206.82	2.29	253.27	2.64	291.98	2.96	327.38	3.24	358.34	3.50	387.10
270	1.90	220.59	2.33	270.51	2.69	312.31	3.01	349.46	3.29	381.97	3.56	413.32
280	1.93	234.88	2.37	288.43	2.73	332.24	3.05	371.19	3.35	407.70	3.61	439.34
290	1.96	249.31	2.40	305.28	2.77	352.34	3.10	394.32	3.39	431.21	3.66	465.55
300	1.99	264.47	2.44	324.28	2.81	373.45	3.14	417.31	3.44	457.18	3.72	494.39
310	2.02	279.77	2.47	342.10	2.85	394.73	3.19	441.82	3.49	483.37	3.77	522.15
320	2.04	294.17	2.50	360.50	2.89	416.74	3.23	465.77	3.54	510.47	3.82	550.84
330	2.07	310.29	2.53	379.25	2.92	437.71	3.27	490.17	3.58	536.64	3.87	580.11
340	2.09	325.41	2.56	398.59	2.96	460.87	3.31	515.37	3.62	563.63	3.91	608.79
350	2.11	340.55	2.59	418.03	2.99	482.59	3.34	539.08	3.66	590.72	3.95	637.53
360	2.13	356.35	2.61	436.65	3.01	503.57	3.37	563.80	3.69	617.34	3.98	665.85
370	2.16	373.90	2.64	456.98	3.05	527.96	3.41	590.27	3.73	645.66	4.03	697.59
380	2.18	390.00	2.67	477.66	3.09	551.01	3.44	615.42	3.77	674.45	4.07	728.12
390	2.20	406.56	2.69	497.11	3.11	574.73	3.48	643.10	3.81	704.09	4.11	759.53
400	2.22	423.35	2.72	518.70	3.14	598.80	3.51	669.36	3.84	732.29	4.15	791.41
410	224	440.61	2.74	538.96	3.16	621.57	3.54	696.32	3.87	761.23	4.19	824.17
420	2.26	457.88	2.76	559.18	3.19	646.29	3.57	723.28	3.91	792.17	4.22	854.97
425	2.27	466.71	2.77	569.51	3.20	657.92	3.58	736.05	3.92	805.95	4.23	869.69

续表 10-58

水深/mm	i/%													
	4.0		4.5		5.0		5.5		6.0		6.5		7.0	
	v	Q	v	Q	v	Q	v	Q	v	Q	v	Q	v	Q
70	1.82	32.40	1.93	34.35	2.03	36.13	2.13	37.91	2.22	39.52	2.32	41.30	2.40	42.72
80	1.98	42.77	2.10	45.36	2.21	47.74	2.32	50.11	2.42	52.27	2.52	54.43	2.61	56.38
90	2.10	53.13	2.23	56.42	2.35	59.46	2.47	62.49	2.57	65.02	2.68	67.80	2.78	70.33
100	2.25	66.60	2.38	70.45	2.51	74.30	2.64	78.14	2.75	81.40	2.87	84.95	2.98	88.21
110	2.39	81.26	2.53	86.02	2.67	90.78	2.80	95.20	2.92	99.28	3.04	103.36	3.16	107.44
120	2.50	95.75	2.65	101.50	2.80	107.24	2.94	112.60	3.07	117.58	3.19	122.18	3.31	126.77
130	2.62	111.7	2.78	118.71	2.93	125.11	3.07	131.69	3.20	136.64	3.34	142.62	3.46	147.74
140	2.73	129.95	2.89	137.56	3.05	145.18	3.20	152.32	3.34	158.98	3.48	165.65	3.61	171.84
150	2.85	149.91	3.02	158.85	3.18	167.27	3.34	175.08	3.49	183.57	3.61	189.89	3.77	198.30
160	2.95	169.63	3.13	179.98	3.30	189.75	3.46	198.95	3.61	207.58	3.76	216.20	3.91	224.83
170	3.05	190.63	3.23	201.88	3.41	213.13	3.57	223.13	3.73	233.13	3.89	243.13	4.03	251.88
180	3.14	211.32	3.32	223.44	3.51	236.22	3.68	247.66	3.84	258.43	4.00	269.20	4.15	279.30
190	3.24	235.22	3.43	249.02	3.62	262.81	3.79	275.15	3.96	287.50	4.12	299.11	4.28	310.73
200	3.31	257.85	3.51	273.43	3.71	289.01	3.89	303.03	4.06	316.27	4.23	329.52	4.38	341.20
210	3.40	292.88	3.60	299.52	3.80	316.16	3.99	331.97	4.16	346.11	4.33	360.26	4.50	374.40
220	3.49	309.91	3.71	329.45	3.91	347.21	4.10	364.08	4.28	380.06	4.46	396.05	4.62	410.26
230	3.57	336.29	3.78	356.08	3.99	375.86	4.18	393.76	4.37	411.65	4.55	428.61	4.72	444.62
235	3.60	348.48	3.81	368.81	4.02	389.14	4.22	408.50	4.40	425.92	4.59	444.31	4.76	460.77
240	3.61	359.56	3.82	380.47	4.03	401.39	4.23	421.31	4.41	439.24	4.60	458.16	4.77	475.09
250	3.67	385.72	3.89	408.84	4.10	430.91	4.30	451.93	4.49	471.90	4.68	491.87	4.85	509.74
260	3.74	413.64	3.97	439.08	4.18	462.31	4.39	485.53	4.58	506.55	4.77	527.56	4.95	547.47
270	3.80	441.18	4.03	467.88	4.25	493.43	4.46	517.81	4.66	541.03	4.85	563.09	5.03	583.98
280	3.86	469.76	4.10	498.97	4.32	525.74	4.53	551.30	4.73	575.64	4.93	599.98	5.11	621.89
290	3.92	498.62	4.15	527.88	4.38	557.14	4.59	583.85	4.80	610.56	4.99	634.73	5.18	658.90
300	3.98	528.94	4.22	560.84	4.45	591.41	4.66	619.31	4.87	647.22	5.07	673.80	5.26	699.05
310	4.03	558.16	4.28	592.78	4.51	624.64	4.73	655.11	4.94	684.19	5.14	711.89	5.33	738.21
320	4.09	589.78	4.33	624.39	4.57	658.99	4.75	690.72	5.00	721.00	5.21	751.28	5.41	780.12
330	4.13	619.09	4.38	656.56	4.62	692.54	4.85	727.02	5.06	758.49	5.27	789.97	5.47	819.95
340	4.18	650.83	4.44	691.31	4.68	728.68	4.90	762.93	5.12	797.18	5.33	829.88	5.53	861.02
350	4.22	681.10	4.48	723.07	4.72	761.81	4.95	798.93	5.17	834.44	5.39	869.95	5.59	902.23
360	4.26	712.70	4.52	756.20	4.76	796.35	4.99	834.83	5.21	871.63	5.43	908.44	5.63	941.90
370	4.31	746.06	4.57	791.07	4.82	834.34	5.06	875.89	5.28	913.97	5.50	952.05	5.70	986.67
380	4.35	778.22	4.62	826.52	4.87	871.24	5.10	912.39	5.33	953.54	5.55	992.90	5.76	1030.46
390	4.40	813.12	4.66	861.71	4.92	909.22	5.15	951.72	5.38	994.22	5.61	1036.73	5.82	1075.54
400	4.44	846.71	4.71	898.20	4.96	945.87	5.20	991.64	5.44	1037.41	5.66	1079.36	5.87	1119.41
410	4.47	879.25	4.75	934.33	5.00	983.50	5.25	1032.68	5.48	1077.92	5.70	1121.19	5.92	1164.46
420	4.51	913.73	4.78	968.43	5.04	1021.10	5.29	1071.75	5.52	1118.35	5.75	1164.95	5.97	1209.52
425	4.53	931.37	4.80	986.88	5.06	1040.34	5.31	1091.74	5.54	1139.02	5.77	1186.31	5.99	1231.54

表 10-59 圆底梯形断面铁皮流槽水力计算表

$R_g = 300mm$

水深/mm	i/% 1.0 v	Q	1.5 v	Q	2.0 v	Q	2.5 v	Q	3.0 v	Q	3.5 v	Q
80	0.93	18.69	1.13	22.71	1.31	26.33	1.46	29.35	1.60	32.16	1.73	34.77
90	1.06	28.20	1.29	34.31	1.49	39.63	1.67	44.42	1.83	48.68	1.98	52.67
100	1.13	35.14	1.38	42.92	1.60	49.76	1.78	55.36	1.96	60.96	2.11	65.62
110	1.19	42.36	1.46	51.98	1.69	60.16	1.89	67.28	2.07	73.69	2.23	79.39
120	1.26	50.65	1.54	61.91	1.78	71.56	1.99	80.00	2.17	87.23	2.35	94.47
130	1.32	59.53	1.62	73.06	1.86	83.89	2.09	94.26	2.28	102.83	2.47	111.40
140	1.37	68.50	1.68	84.00	1.94	97.00	2.17	108.50	2.38	119.00	2.57	128.50
150	1.44	79.63	1.76	97.83	2.03	112.26	2.27	125.53	2.49	137.70	2.69	148.76
160	1.48	89.24	1.81	109.14	2.09	126.03	2.34	141.10	2.56	154.37	2.77	167.03
170	1.53	100.52	1.88	123.52	2.17	142.57	2.42	158.99	2.66	174.76	2.87	188.56
180	1.59	113.69	1.95	139.43	2.25	160.88	2.51	179.47	2.75	196.63	2.97	212.36
190	1.64	126.12	2.00	153.80	2.31	177.64	2.59	199.17	2.83	217.63	3.06	235.31
200	1.60	138.43	2.06	169.74	2.37	195.29	2.66	219.10	2.91	239.78	3.14	258.74
210	1.72	151.36	2.11	185.68	2.43	213.84	2.72	239.36	2.98	262.24	3.22	283.36
220	1.76	165.26	2.16	202.82	2.49	233.81	2.79	261.98	3.05	286.40	3.30	309.87
230	1.81	180.46	2.21	220.34	2.55	254.24	2.86	285.14	3.13	312.06	3.38	336.99
240	1.84	194.49	2.25	237.83	2.60	273.76	2.91	306.53	3.19	336.13	3.44	362.55
250	1.88	209.81	2.30	256.68	2.66	296.86	2.97	331.45	3.26	363.82	3.52	392.83
257	1.90	218.88	2.33	268.42	2.69	309.89	3.00	345.60	3.29	379.01	3.56	410.11
260	1.92	225.22	2.35	275.66	2.71	317.88	3.03	355.42	3.32	389.44	3.59	421.11
270	1.95	240.24	2.38	293.22	2.75	338.80	3.08	379.46	3.37	415.18	3.64	448.45
280	1.98	255.82	2.43	313.96	2.80	361.76	3.13	404.40	3.43	443.16	3.70	478.04
290	2.00	269.80	2.46	331.85	2.83	381.77	3.17	427.63	3.47	468.10	3.75	505.88
300	2.04	288.25	2.50	353.25	2.88	406.94	3.22	454.99	3.53	498.79	3.81	538.35
310	2.07	305.12	2.53	372.92	2.92	430.41	3.27	482.00	3.58	527.79	3.87	570.44
320	2.10	322.35	2.57	394.50	2.97	455.90	3.32	509.62	3.63	557.21	3.92	604.79
330	2.12	338.35	2.60	414.96	3.00	478.80	3.36	536.26	3.68	587.33	3.97	633.61
340	2.15	356.17	2.63	436.05	3.04	504.03	3.40	563.72	3.73	618.43	4.02	666.52
350	2.17	373.24	2.66	457.52	3.07	528.04	3.43	589.96	3.76	646.72	4.06	698.32
360	2.20	392.04	2.69	479.36	3.11	554.20	3.47	618.35	3.80	676.40	4.11	732.40
370	2.22	409.59	2.72	501.84	3.14	579.33	3.51	647.60	3.85	710.33	4.15	765.68
380	2.24	427.17	2.75	524.43	3.17	604.52	3.54	675.08	3.88	739.92	4.19	799.03
390	2.26	445.22	2.77	545.69	3.20	630.40	3.57	703.29	3.92	772.24	4.23	833.31
400	2.28	463.75	2.80	569.52	3.23	656.98	3.61	734.27	3.95	803.43	4.27	868.52
410	2.30	482.54	2.82	591.64	3.26	683.95	3.64	763.67	3.99	837.10	4.31	904.24
420	2.33	503.75	2.85	616.17	3.29	711.30	3.68	795.62	4.03	871.29	4.35	940.47
430	2.34	520.88	2.87	638.86	3.31	736.81	3.70	823.62	4.06	903.76	4.38	974.99
440	2.36	540.44	2.89	661.81	3.34	764.86	3.74	856.46	4.09	936.61	4.42	1012.18
450	2.38	560.49	2.92	687.66	3.37	793.64	3.77	887.84	4.13	972.62	4.46	1050.33

续表 10-59

水深/mm	i/%													
	4.0		4.5		5.0		5.5		6.0		6.5		7.0	
	v	Q	v	Q	v	Q	v	Q	v	Q	v	Q	v	Q
80	1.85	37.19	1.96	39.40	2.07	41.61	2.17	43.62	2.27	45.63	2.36	47.44	2.45	49.25
90	2.11	56.13	2.24	59.58	2.36	62.78	2.48	65.97	2.59	68.89	2.70	71.82	2.80	74.48
100	2.26	70.29	2.39	74.33	2.52	78.37	2.65	82.42	2.76	85.84	2.88	89.57	2.99	92.99
110	2.39	85.08	2.53	90.07	2.67	95.05	2.80	99.68	2.92	103.95	3.04	108.22	3.16	112.50
120	2.51	100.90	2.66	106.93	2.81	112.96	2.94	118.19	3.08	123.82	3.20	128.64	3.32	133.46
130	2.64	119.06	2.80	126.28	2.95	133.05	3.09	139.36	3.23	145.67	3.36	151.54	3.49	157.40
140	2.75	137.50	2.91	145.50	3.07	153.50	3.22	161.00	3.36	168.00	3.50	175.00	3.63	181.50
150	2.87	158.71	3.05	168.67	3.21	177.51	3.37	186.36	3.52	194.66	3.66	202.40	3.80	210.14
160	2.96	178.49	3.14	189.34	3.31	199.59	3.47	209.24	3.62	218.29	3.77	227.33	3.92	236.38
170	3.07	201.70	3.25	213.53	3.43	225.35	3.59	235.86	3.75	246.38	3.91	256.89	4.06	266.74
180	3.18	227.37	3.37	240.96	3.55	253.83	3.72	265.98	3.89	278.14	4.05	289.58	4.20	300.30
190	3.27	251.46	3.47	266.84	3.65	280.69	3.83	294.53	4.00	307.60	4.17	320.67	4.33	332.98
200	3.36	276.86	3.56	293.34	3.76	309.82	3.94	324.66	4.11	338.66	4.28	352.67	4.44	365.86
210	3.44	302.72	3.65	321.20	3.84	337.92	4.03	354.64	4.21	370.48	4.38	385.44	4.55	400.40
220	3.52	330.53	3.74	351.19	3.94	369.97	4.13	387.81	4.31	404.71	4.49	421.61	4.66	437.57
230	3.61	359.92	3.83	381.85	4.04	402.79	4.24	422.73	4.42	440.67	4.61	459.62	4.78	476.57
240	3.68	387.92	3.90	411.17	4.11	433.37	4.31	454.51	4.50	475.59	4.69	494.68	4.87	513.70
250	3.76	419.62	3.99	445.28	4.20	468.72	4.41	492.16	4.60	513.36	4.79	534.56	4.97	554.65
257	3.80	437.76	4.03	464.26	4.25	489.60	4.46	513.79	4.65	535.68	4.85	558.72	5.03	579.46
260	3.83	449.26	4.06	476.24	4.29	503.22	4.49	526.68	4.69	550.14	4.89	573.60	5.07	594.71
270	3.89	479.25	4.13	508.82	4.35	535.92	4.56	561.79	4.77	587.66	4.96	611.07	5.15	634.48
280	3.96	511.63	4.20	542.64	4.43	572.36	4.64	599.49	4.85	626.62	5.05	652.46	5.24	677.01
290	4.00	539.60	4.25	573.33	4.48	604.35	4.70	634.03	4.91	662.36	5.11	689.34	5.30	714.97
300	4.08	576.50	4.32	610.42	4.56	644.33	4.78	675.41	4.99	705.09	5.20	734.76	5.39	761.61
310	4.13	608.67	4.38	645.61	4.62	680.99	4.85	714.89	5.06	745.84	5.27	776.80	5.47	806.28
320	4.20	644.70	4.45	683.08	4.69	719.92	4.92	755.22	5.14	788.99	5.35	821.23	5.55	851.93
330	4.24	676.70	4.50	718.20	4.75	758.10	4.98	794.81	5.20	829.92	5.41	863.44	5.62	896.95
340	4.30	712.94	4.56	756.05	4.81	797.50	5.04	935.63	5.27	873.77	5.48	908.58	5.69	943.40
350	4.34	746.48	4.61	792.92	4.86	835.92	5.09	875.48	5.32	915.05	5.54	952.88	5.75	989.00
360	4.39	782.30	4.66	830.41	4.91	874.96	5.15	917.73	5.38	958.72	5.60	997.92	5.81	1035.34
370	4.44	819.18	4.71	869.00	4.96	915.12	5.20	959.40	5.44	1003.68	5.66	1044.27	5.88	1084.86
380	4.48	854.34	4.75	905.83	5.01	955.41	5.26	1003.08	5.49	1046.94	5.72	1090.80	5.93	1130.85
390	4.52	890.44	4.80	945.60	5.06	996.82	5.30	1044.10	5.54	1091.38	5.77	1136.69	5.98	1178.06
400	4.56	927.50	4.84	984.46	5.10	1037.34	5.35	1088.19	5.59	1137.01	5.82	1183.79	6.04	1228.54
410	4.61	967.18	4.89	1025.92	5.15	1080.47	5.41	1135.02	5.65	1185.37	5.88	1233.62	6.10	1279.78
420	4.65	1005.33	4.93	1065.87	5.20	1124.24	5.45	1178.29	5.70	1232.34	5.93	1282.07	6.15	1329.63
430	4.69	1043.99	4.97	1106.32	5.24	1166.42	5.49	1222.07	5.74	177.72	5.97	1328.92	6.20	1380.12
440	4.73	1083.17	5.01	1147.29	5.28	1209.12	5.54	1268.66	5.79	1325.91	6.02	1378.58	6.25	1431.25
450	4.77	1123.34	5.06	1191.63	5.33	1255.22	5.59	1316.45	5.84	1375.32	6.08	1431.84	6.31	1486.01

表 10-60 圆底梯形断面铁皮流槽水力计算表

$R_g = 325mm$

水深/mm	i/% 1.0		1.5		2.0		2.5		3.0		3.5	
	v	Q	v	Q	v	Q	v	Q	v	Q	v	Q
80	0.99	23.36	1.21	28.56	1.40	33.04	1.56	36.82	1.71	40.36	1.85	43.66
90	1.05	28.88	1.29	35.18	1.49	40.98	1.66	45.65	1.82	50.05	1.97	54.18
100	1.10	36.73	1.39	45.18	1.60	52.0	1.79	58.18	1.96	63.70	2.12	68.90
110	1.21	45.38	1.48	55.50	1.70	63.75	1.91	71.63	2.09	78.38	2.26	84.75
120	1.27	53.72	1.55	65.57	1.79	75.72	2.00	84.60	2.19	92.64	2.37	100.25
130	1.32	62.17	1.62	76.30	1.87	88.08	2.09	98.44	2.29	107.86	2.48	116.81
140	1.39	73.39	1.70	89.76	1.96	103.49	2.19	115.63	2.40	126.72	2.60	137.28
150	1.45	84.25	1.77	102.84	2.04	118.52	2.28	132.47	2.50	145.25	2.70	156.87
160	1.50	95.25	1.83	116.21	2.11	133.99	2.36	149.86	2.59	164.47	2.80	177.80
170	1.55	107.42	1.90	131.67	2.19	151.77	2.45	169.79	2.68	185.72	2.90	200.97
180	1.60	119.84	1.96	146.80	2.27	170.02	2.53	189.50	2.78	208.22	3.00	224.70
190	1.65	133.32	2.02	163.22	2.33	188.26	2.61	210.89	2.85	230.28	3.08	248.86
200	1.69	146.35	2.08	180.13	2.40	207.84	2.68	232.09	2.93	253.74	3.17	274.52
210	1.73	158.99	2.12	194.83	2.44	224.34	2.73	250.89	2.99	274.78	3.23	296.84
220	1.79	176.85	2.19	216.37	2.53	249.96	2.82	278.62	3.09	305.29	3.34	329.99
230	1.83	192.15	2.24	235.20	2.58	270.90	2.89	303.45	3.16	331.80	3.42	359.10
240	1.86	205.90	2.28	252.40	2.63	291.14	2.94	325.46	3.22	356.45	3.48	385.24
250	1.90	222.68	2.33	273.08	2.69	315.27	3.00	351.60	3.29	385.59	3.56	417.23
260	1.95	241.80	2.38	295.12	2.75	341.00	3.08	381.92	3.37	417.88	3.64	451.36
270	1.97	255.90	2.42	314.36	2.79	362.42	3.12	405.29	3.42	444.26	3.69	479.33
279.8	2.01	274.57	2.46	336.04	2.84	387.94	3.18	434.39	3.48	475.37	3.76	513.62
280	2.01	274.77	2.46	336.28	2.84	388.23	3.18	434.71	3.48	475.72	3.76	513.99
290	2.04	291.91	2.55	357.75	2.89	413.56	3.23	462.21	3.54	506.57	3.82	546.64
300	2.08	311.17	2.55	381.48	2.94	439.82	3.29	492.18	3.60	538.56	3.89	581.94
310	2.11	329.37	2.59	404.30	2.99	466.74	3.34	521.37	3.66	571.33	3.95	616.60
320	2.14	348.18	2.62	426.27	3.03	492.98	3.38	549.93	3.71	603.62	4.00	650.80
330	2.17	367.16	2.66	450.07	3.07	519.44	3.43	580.36	3.76	636.19	4.06	686.95
340	2.19	385.00	2.69	472.90	3.10	544.98	3.47	610.03	3.80	668.04	4.11	722.54
350	2.22	404.93	2.72	496.13	3.14	572.74	3.51	640.22	3.85	702.24	4.16	758.78
360	2.25	425.48	2.75	520.03	3.18	601.34	3.55	671.31	3.89	735.60	4.20	794.22
370	2.27	444.47	2.79	546.28	3.22	630.48	3.59	702.92	3.94	771.45	4.25	832.15
380	2.30	465.75	2.81	569.03	3.25	658.13	3.63	735.08	3.98	805.95	4.30	870.75
390	2.32	485.34	2.84	594.13	3.28	686.18	3.67	767.76	4.02	840.98	4.34	907.93
400	2.34	505.44	2.87	619.92	3.31	714.96	3.70	799.20	4.05	874.80	4.38	946.08
410	2.36	525.81	2.89	643.89	3.34	744.15	3.74	833.27	4.09	911.25	4.42	984.78
420	2.39	548.74	2.92	670.43	3.37	773.75	3.77	865.59	4.13	948.25	4.46	1024.02
430	241	569.97	2.95	697.68	3.40	804.10	3.81	901.07	4.17	986.21	4.50	1064.25
440	2.42	589.03	2.97	722.90	3.43	834.86	3.83	932.22	4.20	1022.28	4.54	1105.04
450	2.44	610.73	2.99	748.40	3.45	863.54	3.86	966.16	4.23	1058.77	4.57	1143.87
460	2.46	632.71	3.01	774.17	3.48	895.06	3.89	1000.51	4.26	1095.67	4.60	1183.12
470	2.48	655.22	3.04	803.17	3.51	927.34	3.82	1035.66	4.30	1136.06	4.64	1125.89
475	2.49	666.57	3.05	816.49	3.52	942.30	3.94	1054.74	4.31	1153.79	4.66	1247.48

续表 10-60

水深/mm	i/%													
	4.0		4.5		5.0		5.5		6.0		6.5		7.0	
	v	Q	v	Q	v	Q	v	Q	v	Q	v	Q	v	Q
80	1.98	44.73	2.10	49.56	2.21	52.16	2.32	54.75	2.42	57.11	2.52	59.47	2.62	61.83
90	2.10	57.75	2.23	61.33	2.35	64.63	2.47	67.93	2.58	70.95	2.68	73.70	2.78	76.45
100	2.26	73.45	2.40	78.00	2.53	82.23	2.66	86.45	2.77	90.03	2.89	93.93	3.00	97.50
110	2.41	90.38	2.56	96.00	2.70	101.25	2.83	106.13	2.95	110.63	3.07	115.13	3.19	119.63
120	2.53	107.02	2.69	113.79	2.83	119.71	2.97	125.63	3.10	131.13	3.23	136.63	3.35	141.71
130	2.65	124.82	2.81	132.35	2.96	139.42	3.10	146.01	3.24	152.60	3.37	158.73	3.50	164.82
140	2.78	146.78	2.94	155.23	3.10	163.68	3.26	172.13	3.40	179.52	3.54	186.91	3.67	193.78
150	2.89	167.91	3.06	177.79	3.23	187.66	3.39	196.96	3.54	205.67	3.68	213.84	3.82	221.94
160	2.99	189.97	3.17	201.30	3.34	212.09	3.51	222.89	3.66	232.41	3.81	241.94	3.96	251.46
170	3.10	124.83	3.29	228.00	3.36	232.85	3.63	251.56	3.79	262.65	3.95	273.74	4.10	284.13
180	3.21	240.43	3.40	254.66	3.58	266.14	3.76	281.62	3.92	293.61	4.09	306.34	4.24	317.59
190	3.30	266.64	3.50	282.80	3.68	297.34	3.86	311.89	4.04	326.43	4.20	339.36	4.36	352.29
200	3.39	293.57	3.59	310.89	3.79	328.21	3.97	343.80	4.15	359.39	4.32	374.11	4.48	387.97
210	3.46	317.97	3.67	337.27	3.87	355.65	4.05	372.20	4.23	388.74	4.41	405.28	4.57	419.98
220	3.57	352.72	3.79	374.45	3.99	394.21	4.19	413.97	4.37	431.76	4.55	449.54	4.73	467.32
230	3.65	383.25	3.87	406.35	4.08	428.40	4.28	449.40	4.47	469.35	4.66	489.30	4.83	507.15
240	3.72	411.80	3.95	437.27	4.16	460.51	4.36	482.65	4.56	504.79	4.75	525.83	4.92	544.64
250	3.80	445.36	4.03	472.32	4.25	498.10	4.46	522.71	4.65	544.98	4.85	568.42	5.03	589.52
260	3.89	482.36	4.13	512.12	4.35	539.40	4.56	565.44	4.76	590.24	4.96	615.04	5.15	638.60
270	3.95	513.11	4.18	542.98	4.41	572.86	4.63	601.44	4.83	627.42	5.03	653.40	5.22	678.08
279.8	4.02	549.13	4.27	583.28	4.50	614.70	4.72	644.75	4.93	673.44	5.13	700.76	5.32	726.71
280	4.02	549.53	4.27	583.71	4.50	615.15	4.72	645.22	4.93	673.93	5.13	701.27	5.32	727.24
290	4.09	585.28	4.33	619.62	4.57	653.97	4.79	685.45	5.00	715.50	5.21	745.55	5.41	774.17
300	4.16	622.34	4.41	659.74	4.65	695.64	4.88	730.05	5.09	761.46	5.30	792.88	550	822.80
310	4.22	658.74	4.48	699.33	4.72	736.79	4.95	772.70	5.17	807.04	5.38	839.82	5.59	872.60
320	4.28	696.36	4.54	738.66	4.78	777.71	5.02	816.75	5.24	852.55	5.46	888.34	5.66	920.88
330	4.34	734.33	4.60	778.32	4.85	820.62	5.08	859.54	5.31	898.45	5.53	935.68	5.74	971.21
340	4.39	771.76	4.66	819.23	4.91	863.18	5.15	905.37	5.38	945.80	5.60	984.48	5.81	1021.40
350	4.44	809.86	4.71	859.10	4.97	906.53	5.21	950.30	5.44	992.26	5.66	1032.38	5.88	1072.51
360	4.49	649.06	4.76	900.12	5.02	949.28	5.27	996.56	5.50	1040.05	5.73	1083.54	5.94	1123.25
370	4.55	890.89	4.82	943.76	5.08	994.66	5.33	1043.61	5.57	1090.61	5.80	1125.64	6.02	1178.72
380	4.59	929.48	4.87	989.18	5.14	1040.85	5.39	1091.48	5.63	1140.08	5.86	1186.65	6.08	1231.20
390	4.64	970.69	4.92	1029.26	5.19	1085.75	5.44	1138.05	5.68	1188.26	5.92	1238.46	6.14	1284.49
400	4.68	1010.88	4.96	1071.36	5.23	1129.68	5.49	1185.84	5.73	1237.68	5.97	1289.52	6.19	1337.04
410	4.73	1053.94	5.01	1116.23	5.28	1176.38	5.54	1234.31	5.79	1290.01	6.03	1343.48	6.25	1392.50
420	4.77	1095.19	5.06	1161.78	5.34	1226.06	5.60	1285.76	5.84	1340.86	6.08	1395.97	6.31	1448.78
430	4.81	1137.57	5.11	1208.52	5.38	1272.37	5.64	1333.86	5.89	1392.99	6.14	1452.11	6.37	1506.51
440	4.85	1180.49	5.14	1251.08	5.42	1319.23	5.69	1384.95	5.84	1445.80	6.18	1504.21	6.42	1562.63
450	4.89	1223.97	5.18	1296.55	5.46	1366.64	5.73	1434.22	5.98	1496.79	6.23	1559.37	6.46	1616.94
460	4.92	1265.42	5.22	1342.58	5.50	1414.60	5.77	1484.04	6.03	1550.92	6.27	1612.64	6.51	1674.37
470	4.96	1310.43	5.26	1389.69	5.55	1466.31	5.82	1537.64	6.08	1606.34	6.33	1672.39	6.56	1733.15
475	4.98	1333.15	5.28	1413.46	5.57	1491.09	5.84	1563.37	6.10	1632.97	6.35	1699.90	6.59	1764.14

表 10-61 圆底梯形断面铁皮流槽水力计算表

$R_g = 350mm$

水深/mm	i/% 1.0 v	Q	1.5 v	Q	2.0 v	Q	2.5 v	Q	3.0 v	Q	3.5 v	Q
80	0.99	24.16	1.21	29.52	1.40	34.16	1.57	38.31	1.72	41.97	1.85	45.14
90	1.06	30.63	1.30	37.57	1.51	43.64	1.68	45.55	1.84	53.18	1.99	57.51
100	1.14	38.53	1.39	46.98	1.61	54.42	1.80	60.84	1.97	66.59	2.13	71.99
110	1.20	46.56	1.48	57.42	1.70	65.96	1.91	74.11	2.09	81.09	2.26	87.69
120	1.27	56.01	1.56	68.80	1.80	79.38	2.01	88.64	2.21	97.46	2.38	104.96
130	1.35	67.77	1.65	82.83	1.91	95.88	2.13	106.93	2.34	117.47	2.52	126.50
140	1.39	76.31	1.71	93.88	1.97	108.15	2.21	121.33	2.42	132.86	2.61	143.29
150	1.45	87.87	1.78	107.87	2.05	124.23	2.29	138.77	2.51	152.11	2.71	164.23
160	1.50	99.30	1.84	121.81	2.13	141.01	2.38	157.56	2.60	172.21	2.81	186.02
170	1.56	112.79	1.91	138.09	2.21	159.78	2.47	178.58	2.70	195.21	2.92	211.12
180	1.61	126.22	1.98	155.23	2.28	178.75	2.55	199.92	2.80	219.52	3.02	236.77
190	1.65	138.60	2.03	170.52	2.34	196.56	2.62	220.08	2.87	241.08	3.10	260.40
200	1.71	155.10	2.10	190.47	2.42	219.49	2.70	244.89	2.96	268.47	3.20	290.24
210	1.75	169.40	2.15	208.12	2.48	240.06	2.77	268.14	3.04	294.27	3.28	317.50
220	1.79	184.19	2.20	226.38	2.54	261.37	2.83	291.21	3.11	320.00	3.35	344.72
230	1.85	204.06	2.26	249.28	2.61	287.88	2.92	322.08	3.20	352.96	3.46	381.64
240	1.88	218.83	2.30	237.72	2.66	309.62	2.97	345.71	3.26	379.46	3.52	409.73
250	1.93	238.74	2.36	291.93	2.73	337.70	3.05	377.29	3.34	413.16	3.61	446.56
260	1.97	255.90	2.41	313.06	2.78	361.12	3.11	403.99	3.41	442.96	3.68	478.03
270	2.00	272.00	2.45	333.20	2.83	384.88	3.16	429.76	3.46	470.56	3.74	508.64
280	2.04	292.33	2.50	358.25	2.88	412.70	3.22	461.43	3.53	505.85	3.81	545.97
290	2.08	313.46	2.55	384.29	2.94	443.06	3.29	495.80	3.60	522.14	3.89	586.22
300	2.10	329.28	2.58	404.54	2.98	467.26	3.33	522.14	3.65	572.32	3.94	617.79
300.6	2.11	333.38	2.59	409.22	2.99	472.42	3.34	527.72	3.66	578.28	3.96	625.68
310	2.14	352.03	2.62	430.99	3.03	498.44	3.39	557.66	3.71	610.30	4.01	659.65
320	2.17	371.94	2.66	455.92	3.07	526.20	3.43	587.90	3.76	644.46	4.06	695.88
330	2.20	392.48	2.70	481.68	3.11	554.82	3.43	620.83	3.82	681.49	4.12	735.01
340	2.23	413.44	2.74	508.00	3.16	585.86	3.53	654.46	3.87	717.50	4.18	774.97
350	2.26	434.82	2.77	532.95	3.19	613.76	3.57	686.87	3.91	752.28	4.23	813.85
360	2.29	456.86	2.80	558.60	3.23	644.39	3.61	720.20	3.96	790.02	4.28	853.86
370	2.31	477.25	2.83	584.68	3.27	675.58	3.66	756.16	4.00	826.40	4.33	894.58
380	2.34	500.06	2.87	613.32	3.31	707.35	3.70	790.69	4.05	865.49	4.38	936.00
390	2.36	521.32	2.90	640.61	3.34	737.81	3.74	826.17	4.09	903.48	4.42	976.38
400	2.39	544.92	2.93	668.04	3.38	770.64	3.78	861.84	4.14	943.92	4.47	1019.16
410	2.41	566.83	2.95	693.84	3.41	802.03	3.81	896.11	4.18	983.14	4.51	1060.75
420	2.43	589.28	2.98	722.65	3.44	834.20	3.84	931.20	4.21	1020.93	4.55	1103.38
430	2.45	611.77	3.01	451.60	3.47	866.46	3.88	968.84	4.25	1061.23	4.59	1146.12
440	2.47	634.79	3.03	778.71	3.50	899.50	3.91	1004.87	4.28	1099.96	4.63	1189.91
450	2.50	660.75	3.06	808.76	3.53	932.98	3.95	1043.99	4.33	1144.42	4.68	1236.92
460	2.52	684.68	3.08	836.84	3.56	967.25	3.98	1081.37	4.36	1184.61	4.71	1279.71
470	2.54	708.66	3.11	867.69	3.58	998.82	4.01	1118.79	4.39	1224.81	4.74	1322.46
480	2.55	730.32	3.13	896.43	3.61	1033.90	4.04	1157.06	4.42	1265.89	4.78	1368.99
490	2.57	755.32	3.15	925.79	3.64	1069.80	4.07	1196.17	4.46	1310.79	4.81	1413.66
500	2.59	780.37	3.18	958.13	3.67	1105.77	4.10	1235.33	4.49	1352.84	4.85	1461.31

续表 10-61

水深 /mm	i/%													
	4.0		4.5		5.0		5.5		6.0		6.5		7.0	
	v	Q	v	Q	v	Q	v	Q	v	Q	v	Q	v	Q
80	1.98	48.31	2.10	51.24	2.21	53.92	2.32	56.61	2.43	59.29	2.58	61.73	2.62	63.93
90	2.13	61.56	2.26	65.31	2.38	68.78	2.50	72.25	2.61	75.43	2.72	78.61	2.82	81.50
100	2.28	77.06	2.41	81.46	2.54	85.85	2.67	90.25	2.79	94.30	2.90	98.02	3.01	101.74
110	2.41	93.51	2.56	99.33	2.70	104.76	2.83	109.80	2.95	114.46	3.07	119.12	3.19	123.77
120	2.55	112.46	2.70	119.07	2.85	125.69	2.99	131.86	3.12	137.59	3.25	143.33	3.37	148.62
130	2.70	135.54	2.86	143.57	3.02	151.60	3.16	158.63	3.30	165.66	3.44	172.69	3.57	179.21
140	2.79	153.17	2.96	162.50	3.12	171.29	3.27	179.52	3.42	187.76	3.56	195.44	3.69	202.58
150	2.90	175.74	3.08	186.65	3.24	196.34	3.40	206.04	3.55	215.13	3.70	224.22	3.84	232.70
160	3.01	199.26	3.19	211.18	3.36	222.43	3.53	233.69	3.68	243.62	3.83	253.55	3.98	263.48
170	3.12	225.58	3.31	239.31	3.49	252.33	3.66	264.62	3.82	276.19	3.89	287.75	4.13	298.60
180	3.23	253.23	3.42	268.13	3.61	283.02	3.79	297.14	3.95	309.68	4.12	323.01	4.27	334.77
190	3.31	278.04	3.51	294.84	3.70	310.80	3.88	325.92	4.05	340.20	4.22	354.48	4.38	367.92
200	3.42	310.19	3.63	329.24	3.83	347.38	4.01	363.71	4.19	380.03	4.36	395.45	4.53	410.87
210	3.51	339.77	3.72	360.10	3.92	379.46	4.11	397.85	4.29	415.27	4.47	432.70	4.64	449.15
220	3.59	369.41	3.80	391.02	4.01	412.63	4.20	432.18	4.39	451.73	4.57	470.25	4.74	487.75
230	3.69	407.01	3.92	432.38	4.13	455.54	4.33	477.60	4.52	498.56	4.71	519.51	4.89	539.37
240	3.76	437.66	3.99	464.44	4.21	490.04	4.41	513.32	4.61	536.60	4.80	558.72	4.98	579.67
250	3.86	477.48	4.09	505.93	4.32	534.38	4.53	560.36	4.73	585.10	4.92	608.60	5.11	632.11
260	3.93	510.51	4.17	541.68	4.40	571.56	4.61	598.84	4.82	626.12	5.01	650.80	5.20	675.48
270	4.00	544.00	4.24	576.64	4.47	607.92	4.69	637.84	4.89	665.04	5.09	692.24	5.29	719.44
280	4.08	584.66	4.32	619.06	4.56	653.45	4.78	684.97	4.99	715.07	5.20	745.16	5.39	772.39
290	4.16	626.91	4.41	664.59	4.65	700.76	4.88	735.42	5.09	767.06	5.30	798.71	5.50	828.85
300	4.21	660.13	4.46	699.33	4.71	738.53	4.94	774.59	5.15	807.52	5.37	842.02	5.57	873.38
300.6	4.23	668.34	4.48	707.84	4.73	747.34	4.96	783.68	5.18	818.44	5.39	851.62	5.59	883.22
310	4.28	704.06	4.54	746.83	4.79	787.96	5.02	825.79	5.24	861.98	5.46	898.17	5.67	932.72
320	4.34	734.88	4.60	788.44	4.85	831.29	5.09	872.43	5.31	910.13	5.53	947.84	5.74	983.84
330	4.41	786.74	4.67	833.13	4.93	879.51	5.17	922.33	5.39	961.58	5.62	1002.61	5.83	1040.07
340	4.47	828.74	4.74	878.80	4.99	925.12	5.24	971.50	5.47	1014.14	5.69	1054.93	5.91	1095.71
350	4.52	869.65	4.79	921.60	5.05	971.62	5.30	1019.72	5.53	1063.97	5.76	1108.22	5.98	1150.55
360	4.57	911.72	4.85	967.58	5.11	1019.45	5.36	1069.32	5.60	1117.20	5.83	1163.09	6.05	1206.98
370	4.62	954.49	4.90	1012.34	5.17	1068.12	5.42	1119.77	5.66	1169.36	5.90	1218.94	6.12	1264.39
380	4.68	1000.12	4.96	1059.95	5.23	1117.65	5.49	1173.21	5.73	1224.50	5.97	1275.79	6.19	1322.80
390	4.73	1044.86	5.01	1106.71	5.29	1168.56	5.54	1223.79	5.79	1279.01	6.03	1332.03	6.26	1382.83
400	4.78	1089.84	5.07	1155.96	5.34	1217.52	5.60	1276.80	5.85	1333.80	6.09	1388.52	6.32	1440.96
410	4.82	1133.66	5.12	1204.22	5.39	1267.73	5.66	1331.23	5.91	1390.03	6.15	1446.48	6.38	1500.58
420	4.86	1178.55	5.16	1251.30	5.44	1319.20	5.70	1382.25	5.95	1442.88	6.20	1503.50	6.43	1559.28
430	4.91	1226.03	5.21	1300.94	5.49	1370.85	5.76	1438.27	6.01	1500.70	6.26	1563.12	6.50	1623.05
440	4.95	1272.15	5.25	1349.25	5.53	1421.21	5.80	1490.60	6.06	1557.42	6.31	1621.67	6.55	1683.05
450	5.00	1321.50	5.30	1400.79	5.59	1477.44	5.86	1548.80	6.12	1617.52	6.37	1683.59	6.61	1747.02
460	5.04	1369.37	5.34	1450.88	5.63	1529.67	5.90	1603.03	6.17	1676.39	6.42	1744.31	6.66	1809.52
470	5.07	1414.53	5.38	1501.02	5.67	1581.93	5.94	1657.26	6.21	1732.59	6.46	1802.34	6.71	1872.09
480	5.11	1463.50	5.41	1549.42	5.71	1635.34	5.99	1715.54	6.25	1790.00	6.51	1864.46	6.75	1933.20
490	5.15	1513.59	5.46	1604.69	5.75	1689.93	6.03	1772.22	6.30	1851.57	6.56	1927.98	6.81	2001.46
500	5.19	1563.75	5.50	1657.15	5.80	1747.54	6.08	1831.90	6.35	1913.26	6.61	1991.59	6.86	2066.92

表 10-62 圆形断面的 ω、R

$\frac{h}{B}$	B/mm															
	50		75		100		125		150		200		250		300	
	ω	R	ω	R	ω	R	ω	R	ω	R	ω	R	ω	R	ω	R
0.10		0.003		0.005		0.006	0.001	0.008	0.001	0.010	0.002	0.013	0.003	0.016	0.004	0.019
0.15		0.005		0.007	0.001	0.009	0.001	0.012	0.002	0.014	0.003	0.019	0.005	0.023	0.007	0.028
0.20		0.006		0.009	0.002	0.012	0.002	0.015	0.003	0.018	0.004	0.024	0.007	0.030	0.010	0.036
0.25		0.007	0.001	0.011	0.002	0.015	0.002	0.018	0.003	0.022	0.006	0.029	0.010	0.037	0.014	0.044
0.30		0.009	0.001	0.013	0.002	0.017	0.003	0.021	0.004	0.026	0.008	0.034	0.012	0.043	0.018	0.051
0.35	0.001	0.010	0.001	0.015	0.002	0.019	0.004	0.024	0.006	0.029	0.010	0.039	0.015	0.048	0.022	0.058
0.40	0.001	0.011	0.002	0.016	0.003	0.021	0.005	0.027	0.007	0.032	0.012	0.043	0.018	0.054	0.026	0.064
0.45	0.001	0.012	0.002	0.017	0.003	0.023	0.005	0.029	0.008	0.035	0.014	0.047	0.021	0.058	0.031	0.070
0.50	0.001	0.013	0.002	0.019	0.004	0.025	0.006	0.031	0.009	0.038	0.016	0.050	0.025	0.063	0.035	0.075
0.55	0.001	0.013	0.002	0.020	0.004	0.026	0.007	0.033	0.010	0.040	0.018	0.053	0.028	0.066	0.040	0.079
0.60	0.001	0.014	0.003	0.021	0.005	0.028	0.08	0.035	0.011	0.042	0.020	0.056	0.031	0.069	0.044	0.083
0.65	0.001	0.014	0.003	0.022	0.005	0.029	0.008	0.036	0.012	0.043	0.022	0.058	0.034	0.072	0.049	0.086
0.70	0.001	0.015	0.003	0.022	0.006	0.030	0.009	0.037	0.013	0.044	0.023	0.059	0.037	0.074	0.053	0.089
0.75	0.002	0.015	0.004	0.023	0.006	0.030	0.010	0.038	0.014	0.045	0.025	0.060	0.039	0.075	0.057	0.091
0.80	0.002	0.015	0.004	0.023	0.007	0.030	0.011	0.038	0.015	0.046	0.027	0.061	0.042	0.076	0.061	0.091
0.85	0.002	0.015	0.004	0.023	0.007	0.030	0.011	0.038	0.016	0.045	0.028	0.061	0.044	0.076	0.064	0.091
0.90	0.002	0.015	0.004	0.022	0.007	0.030	0.012	0.037	0.017	0.045	0.030	0.060	0.047	0.075	0.067	0.089
0.95	0.002	0.014	0.004	0.021	0.008	0.029	0.012	0.036	0.017	0.043	0.031	0.057	0.048	0.072	0.069	0.087
1.00	0.002	0.013	0.004	0.019	0.008	0.025	0.012	0.031	0.018	0.038	0.031	0.050	0.049	0.063	0.071	0.075

续表 10-62

$\frac{h}{B}$	B/mm															
	350		400		450		500		550		600		650		700	
	ω	R	ω	R	ω	R	ω	R	ω	R	ω	R	ω	R	ω	R
0.10	0.005	0.022	0.007	0.025	0.008	0.029	0.010	0.032	0.012	0.035	0.015	0.038	0.170	0.041	0.020	0.044
0.15	0.009	0.033	0.012	0.037	0.015	0.042	0.018	0.046	0.022	0.051	0.027	0.056	0.031	0.060	0.036	0.065
0.20	0.014	0.042	0.018	0.048	0.023	0.054	0.028	0.060	0.034	0.066	0.040	0.072	0.047	0.078	0.055	0.084
0.25	0.019	0.051	0.025	0.059	0.031	0.066	0.038	0.073	0.046	0.081	0.055	0.088	0.065	0.095	0.075	0.103
0.30	0.024	0.060	0.032	0.068	0.040	0.077	0.050	0.085	0.060	0.094	0.071	0.103	0.084	0.111	0.097	0.120
0.35	0.030	0.068	0.039	0.077	0.050	0.087	0.061	0.097	0.074	0.106	0.088	0.116	0.104	0.126	0.120	0.135
0.40	0.036	0.075	0.047	0.086	0.059	0.096	0.073	0.107	0.089	0.118	0.106	0.129	0.124	0.139	0.144	0.150
0.45	0.042	0.082	0.055	0.093	0.069	0.105	0.086	0.117	0.104	0.128	0.123	0.140	0.145	0.152	0.168	0.163
0.50	0.048	0.088	0.063	0.100	0.080	0.113	0.098	0.125	0.119	0.138	0.141	0.150	0.166	0.163	0.192	0.175
0.55	0.054	0.093	0.071	0.106	0.090	0.119	0.111	0.132	0.134	0.146	0.159	0.159	0.187	0.172	0.217	0.185
0.60	0.060	0.097	0.079	0.111	0.100	0.125	0.123	0.139	0.149	0.153	0.177	0.167	0.208	0.181	0.241	0.194
0.65	0.066	0.101	0.085	0.115	0.109	0.130	0.135	0.144	0.163	0.159	0.195	0.173	0.228	0.187	0.265	0.202
0.70	0.072	0.104	0.094	0.119	0.119	0.133	0.147	0.148	0.178	0.163	0.211	0.178	0.248	0.193	0.288	0.207
0.75	0.077	0.106	0.101	0.121	0.128	0.136	0.158	0.151	0.191	0.166	0.227	0.181	0.267	0.196	0.310	0.211
0.80	0.083	0.106	0.108	0.122	0.136	0.137	0.168	0.152	0.204	0.167	0.242	0.183	0.285	0.198	0.330	0.213
0.85	0.087	0.106	0.114	0.121	0.144	0.136	0.178	0.152	0.215	0.167	0.256	0.182	0.301	0.197	0.349	0.212
0.90	0.091	0.104	0.119	0.119	0.151	0.134	0.186	0.149	0.225	0.164	0.268	0.179	0.315	0.194	0.365	0.209
0.95	0.094	0.100	0.123	0.115	0.156	0.129	0.193	0.143	0.233	0.158	0.277	0.172	0.326	0.186	0.378	0.201
1.00	0.096	0.088	0.126	0.100	0.159	0.113	0.196	0.125	0.238	0.138	0.288	0.150	0.332	0.163	0.385	0.175

续表 10-62

$\frac{h}{B}$	B/mm															
	750		800		850		900		950		1000		1100		1250	
	ω	R	ω	R	ω	R	ω	R	ω	R	ω	R	ω	R	ω	R
0.10	0.023	0.048	0.026	0.051	0.030	0.054	0.033	0.057	0.037	0.050	0.041	0.064	0.049	0.070	0.064	0.079
0.15	0.042	0.070	0.047	0.074	0.053	0.079	0.060	0.084	0.067	0.088	0.074	0.093	0.089	0.102	0.115	0.116
0.20	0.063	0.090	0.072	0.096	0.081	0.102	0.091	0.109	0.101	0.115	0.122	0.121	0.135	0.133	0.175	0.151
0.25	0.086	0.110	0.098	0.117	0.111	0.125	0.124	0.132	0.139	0.139	0.154	0.147	0.186	0.161	0.240	0.183
0.30	0.111	0.128	0.127	0.137	0.143	0.145	0.161	0.154	0.179	0.162	0.198	0.171	0.240	0.188	0.310	0.214
0.35	0.138	0.145	0.157	0.155	0.177	0.164	0.198	0.174	0.221	0.184	0.245	0.194	0.296	0.213	0.383	0.242
0.40	0.165	0.161	0.188	0.171	0.212	0.182	0.238	0.193	0.265	0.204	0.293	0.214	0.355	0.236	0.458	0.268
0.45	0.193	0.175	0.219	0.187	0.248	0.198	0.278	0.210	0.309	0.221	0.343	0.233	0.415	0.256	0.536	0.291
0.50	0.221	0.188	0.251	0.200	0.284	0.213	0.318	0.225	0.354	0.238	0.393	0.250	0.475	0.275	0.614	0.313
0.55	0.249	0.199	0.283	0.212	0.320	0.225	0.359	0.238	0.399	0.252	0.443	0.265	0.536	0.291	0.692	0.331
0.60	0.277	0.208	0.315	0.222	0.355	0.236	0.399	0.250	0.444	0.264	0.492	0.278	0.595	0.305	0.769	0.347
0.65	0.304	0.216	0.346	0.231	0.390	0.245	0.438	0.259	0.488	0.274	0.540	0.288	0.654	0.317	0.844	0.360
0.70	0.330	0.222	0.376	0.237	0.424	0.252	0.476	0.267	0.530	0.281	0.587	0.296	0.711	0.326	0.918	0.370
0.75	0.355	0.226	0.404	0.241	0.457	0.256	0.512	0.272	0.570	0.287	0.632	0.302	0.765	0.332	0.987	0.377
0.80	0.379	0.228	0.431	0.243	0.487	0.259	0.546	0.274	0.608	0.289	0.674	0.304	0.815	0.335	1.052	0.380
0.85	0.400	0.227	0.455	0.243	0.514	0.258	0.576	0.273	0.642	0.288	0.712	0.303	0.861	0.334	1.112	0.379
0.90	0.419	0.224	0.476	0.238	0.538	0.253	0.603	0.268	0.672	0.283	0.745	0.298	0.901	0.328	1.163	0.373
0.95	0.434	0.215	0.493	0.229	0.557	0.244	0.624	0.258	0.696	0.272	0.771	0.287	0.933	0.315	1.204	0.358
1.00	0.442	0.188	0.503	0.200	0.567	0.213	0.636	0.225	0.709	0.238	0.785	0.250	0.950	0.275	1.227	0.313

续表 10-62

$\frac{h}{B}$	B/mm											
	1400		1500		1600		1750		1900		2000	
	ω	R	ω	R	ω	R	ω	R	ω	R	ω	R
0.10	0.080	0.089	0.092	0.095	0.105	0.102	0.125	0.111	0.148	0.121	0.164	0.127
0.15	0.145	0.130	0.166	0.139	0.189	0.149	0.226	0.163	0.267	0.177	0.295	0.186
0.20	0.219	0.169	0.252	0.181	0.286	0.193	0.342	0.211	0.404	0.229	0.447	0.241
0.25	0.301	0.205	0.345	0.220	0.393	0.235	0.470	0.257	0.554	0.279	0.614	0.293
0.30	0.388	0.239	0.446	0.256	0.507	0.274	0.607	0.299	0.715	0.325	0.793	0.342
0.35	0.480	0.271	0.551	0.290	0.627	0.310	0.750	0.339	0.884	0.368	0.980	0.387
0.40	0.575	0.300	0.660	0.321	0.751	0.343	0.898	0.375	1.059	0.407	1.173	0.429
0.45	0.672	0.326	0.771	0.350	0.878	0.373	1.050	0.408	1.237	0.443	1.371	0.466
0.50	0.770	0.350	0.884	0.375	1.005	0.400	1.203	0.438	1.418	0.475	1.571	0.500
0.55	0.868	0.371	0.996	0.397	1.133	0.424	1.356	0.464	1.598	0.503	1.770	0.530
0.60	0.964	0.389	1.107	0.417	1.260	0.444	1.507	0.486	1.776	0.528	1.968	0.555
0.65	1.059	0.403	1.216	0.432	1.383	0.461	1.655	0.504	1.951	0.548	2.162	0.576
0.70	1.151	0.415	1.321	0.444	1.503	0.474	1.798	0.519	2.120	0.563	2.349	0.593
0.75	1.238	0.422	1.422	0.453	1.618	0.483	1.935	0.528	2.281	0.573	2.527	0.603
0.80	1.320	0.426	1.516	0.456	1.724	0.487	2.063	0.532	2.432	0.578	2.694	0.609
0.85	1.395	0.425	1.601	0.455	1.822	0.485	2.179	0.531	2.569	0.576	2.846	0.607
0.90	1.459	0.417	1.675	0.447	1.906	0.477	2.280	0.522	2.688	0.566	2.978	0.596
0.95	1.511	0.401	1.734	0.430	1.973	0.458	2.360	0.501	2.782	0.544	3.083	0.573
1.00	1.539	0.350	1.767	0.375	2.011	0.400	2.405	0.438	2.835	0.475	3.142	0.500

表 10-63 圆底矩形铁皮流槽断面的 ω、R

$\frac{h}{B}$	B/mm																	
	200		250		300		350		400		450		500		550		600	
	ω	R	ω	R	ω	R	ω	R	ω	R	ω	R	ω	R	ω	R	ω	R
0.53	0.017	0.052	0.026	0.065	0.038	0.078	0.052	0.091	0.068	0.104	0.086	0.117	0.106	0.130	0.128	0.143	0.152	0.156
0.55	0.018	0.053	0.028	0.066	0.040	0.079	0.054	0.093	0.071	0.106	0.090	0.119	0.111	0.132	0.134	0.146	0.159	0.159
0.57	0.019	0.054	0.029	0.068	0.042	0.081	0.057	0.095	0.074	0.108	0.094	0.122	0.116	0.135	0.140	0.149	0.167	0.162
0.60	0.020	0.056	0.031	0.070	0.044	0.083	0.060	0.097	0.079	0.111	0.100	0.125	0.123	0.139	0.149	0.153	0.177	0.167
0.63	0.021	0.057	0.033	0.071	0.047	0.086	0.064	0.100	0.084	0.114	0.106	0.128	0.131	0.143	0.158	0.157	0.188	0.171
0.65	0.022	0.058	0.034	0.073	0.049	0.087	0.066	0.102	0.087	0.116	0.110	0.131	0.136	0.145	0.164	0.160	0.195	0.174
0.67	0.023	0.059	0.035	0.074	0.051	0.088	0.069	0.103	0.090	0.118	0.114	0.133	0.141	0.147	0.170	0.162	0.203	0.177
0.70	0.024	0.060	0.037	0.075	0.053	0.090	0.073	0.105	0.095	0.120	0.120	0.135	0.148	0.150	0.179	0.165	0.213	0.180
0.73	0.025	0.061	0.039	0.077	0.056	0.092	0.076	0.107	0.100	0.123	0.126	0.138	0.156	0.153	0.188	0.169	0.224	0.184
0.75	0.026	0.062	0.040	0.078	0.058	0.093	0.079	0.109	0.103	0.124	0.130	0.140	0.161	0.155	0.194	0.171	0.231	0.186
0.77	0.027	0.063	0.041	0.078	0.060	0.094	0.081	0.110	0.106	0.126	0.134	0.141	0.166	0.157	0.200	0.173	0.239	0.188
0.80	0.028	0.064	0.043	0.080	0.062	0.096	0.085	0.112	0.111	0.128	0.140	0.144	0.173	0.160	0.210	0.176	0.249	0.191
0.83	0.029	0.065	0.045	0.081	0.065	0.097	0.089	0.113	0.116	0.130	0.146	0.146	0.181	0.162	0.219	0.178	0.260	0.194
0.85	0.030	0.065	0.046	0.082	0.067	0.098	0.091	0.114	0.119	0.131	0.150	0.147	0.186	0.164	0.225	0.180	0.267	0.196
0.87	0.031	0.066	0.048	0.083	0.069	0.099	0.093	0.116	0.122	0.132	0.154	0.149	0.191	0.165	0.231	0.182	0.275	0.198
0.90	0.032	0.067	0.050	0.084	0.071	0.100	0.097	0.117	0.127	0.134	0.161	0.150	0.198	0.167	0.240	0.184	0.285	0.201
0.93	0.033	0.068	0.051	0.085	0.074	0.102	0.101	0.118	0.132	0.135	0.167	0.152	0.206	0.169	0.249	0.186	0.296	0.203
0.95	0.034	0.068	0.053	0.085	0.076	0.102	0.103	0.119	0.135	0.136	0.171	0.153	0.211	0.171	0.255	0.188	0.303	0.205
0.97	0.035	0.069	0.054	0.086	0.078	0.103	0.106	0.120	0.138	0.137	0.175	0.155	0.216	0.172	0.261	0.189	0.311	0.206
1.00	0.036	0.069	0.056	0.087	0.080	0.104	0.109	0.122	0.143	0.139	0.181	0.156	0.223	0.174	0.270	0.190	0.321	0.208

续表 10-63

$\frac{h}{B}$	B/mm															
	650		700		750		800		850		900		950		1000	
	ω	R	ω	R	ω	R	ω	R	ω	R	ω	R	ω	R	ω	R
0.53	0.179	0.168	0.207	0.181	0.238	0.194	0.271	0.207	0.305	0.220	0.342	0.233	0.381	0.246	0.423	0.259
0.55	0.187	0.172	0.217	0.185	0.249	0.199	0.283	0.212	0.320	0.225	0.359	0.238	0.400	0.252	0.443	0.265
0.57	0.195	0.176	0.227	0.189	0.260	0.203	0.296	0.216	0.334	0.230	0.375	0.243	0.418	0.257	0.463	0.270
0.60	0.208	0.181	0.241	0.195	0.277	0.209	0.315	0.223	0.356	0.237	0.399	0.250	0.445	0.264	0.493	0.278
0.63	0.221	0.186	0.256	0.200	0.294	0.214	0.335	0.228	0.378	0.243	0.423	0.257	0.472	0.271	0.523	0.286
0.65	0.229	0.189	0.266	0.203	0.305	0.218	0.347	0.232	0.392	0.247	0.440	0.261	0.490	0.276	0.543	0.290
0.67	0.238	0.191	0.276	0.206	0.317	0.221	0.360	0.236	0.407	0.250	0.456	0.265	0.508	0.280	0.563	0.294
0.70	0.250	0.195	0.290	0.211	0.333	0.226	0.379	0.241	0.428	0.256	0.480	0.271	0.535	0.286	0.593	0.301
0.73	0.263	0.199	0.305	0.215	0.350	0.230	0.399	0.245	0.450	0.261	0.504	0.276	0.562	0.291	0.623	0.307
0.75	0.272	0.202	0.315	0.217	0.362	0.233	0.411	0.248	0.464	0.264	0.521	0.279	0.580	0.295	0.643	0.310
0.77	0.280	0.204	0.325	0.220	0.373	0.235	0.424	0.251	0.479	0.267	0.537	0.283	0.598	0.298	0.663	0.314
0.80	0.293	0.207	0.339	0.223	0.390	0.239	0.443	0.255	0.500	0.271	0.561	0.287	0.625	0.303	0.693	0.319
0.83	0.305	0.211	0.354	0.227	0.407	0.243	0.463	0.259	0.522	0.275	0.585	0.292	0.652	0.308	0.723	0.324
0.85	0.314	0.213	0.364	0.229	0.418	0.245	0.475	0.262	0.537	0.278	0.602	0.294	0.670	0.311	0.743	0.327
0.87	0.322	0.215	0.374	0.231	0.429	0.248	0.488	0.264	0.551	0.281	0.618	0.297	0.688	0.314	0.763	0.330
0.90	0.335	0.217	0.388	0.234	0.446	0.251	0.507	0.267	0.573	0.284	0.642	0.301	0.715	0.318	0.793	0.334
0.93	0.348	0.220	0.403	0.237	0.463	0.254	0.527	0.271	0.594	0.288	0.656	0.305	0.742	0.322	0.823	0.338
0.95	0.356	0.222	0.413	0.239	0.474	0.256	0.539	0.273	0.609	0.290	0.683	0.307	0.761	0.324	0.843	0.341
0.97	0.364	0.223	0.423	0.241	0.485	0.258	0.552	0.275	0.623	0.292	0.699	0.309	0.779	0.326	0.863	0.344
1.00	0.377	0.226	0.427	0.243	0.502	0.260	0.571	0.278	0.645	0.295	0.723	0.313	0.806	0.330	0.893	0.347

表 10-64 圆底梯形铁皮流槽断面的 ω、R

水深 h /mm	R_g/mm									
	100		125		150		175		200	
	ω	R	ω	R	ω	R	ω	R	ω	R
40	0.005	0.025	0.005	0.025						
50	0.006	0.029	0.007	0.030	0.008	0.031	0.009	0.031		
60	0.008	0.034	0.009	0.035	0.010	0.036	0.011	0.036	0.012	0.037
70	0.010	0.039	0.011	0.040	0.012	0.040	0.014	0.042	0.015	0.043
80	0.012	0.043	0.014	0.045	0.015	0.046	0.017	0.047	0.018	0.048
85	0.013	0.045								
90	0.014	0.047	0.016	0.050	0.018	0.051	0.020	0.052	0.021	0.053
100	0.016	0.050	0.018	0.054	0.021	0.056	0.023	0.057	0.025	0.059
106			0.020	0.056						
110	0.018	0.053	0.021	0.057	0.024	0.060	0.026	0.062	0.028	0.063
120	0.020	0.056	0.023	0.061	0.026	0.064	0.029	0.066	0.032	0.069
127					0.029	0.067				
130	0.022	0.058	0.026	0.064	0.029	0.068	0.033	0.070	0.035	0.073
140	0.024	0.061	0.028	0.067	0.032	0.071	0.036	0.074	0.039	0.077
149							0.039	0.078		
150	0.026	0.063	0.031	0.070	0.035	0.075	0.039	0.078	0.043	0.082
160	0.028	0.065	0.034	0.072	0.038	0.078	0.043	0.082	0.047	0.086
170	0.031	0.067	0.036	0.075	0.042	0.081	0.046	0.085	0.051	0.089
180	0.033	0.069	0.039	0.077	0.045	0.084	0.050	0.088	0.055	0.093
190	0.035	0.071	0.042	0.079	0.048	0.086	0.053	0.091	0.059	0.096
192										
200	0.038	0.073	0.044	0.081	0.051	0.089	0.057	0.094	0.063	0.100
210	0.040	0.074	0.047	0.083	0.054	0.091	0.061	0.097	0.067	0.103
214										
220	0.043	0.076	0.050	0.085	0.057	0.093	0.064	0.100	0.071	0.106
230	0.045	0.077	0.053	0.087	0.061	0.096	0.068	0.102	0.075	0.109
235										
240	0.047		0.056	0.089	0.064	0.098	0.072	0.105	0.079	0.112
250	0.050		0.059	0.091	0.067	0.100	0.076	0.107	0.083	0.114
257										
260			0.062	0.092	0.071	0.102	0.079	0.109	0.087	0.117

续表 10-64

水深 h /mm	R_g/mm											
	225		250		275		300		325		350	
	ω	R	ω	R	ω	R	ω	R	ω	R	ω	R
40												
50												
60	0.012	0.036	0.013	0.038								
70	0.016	0.043	0.017	0.044	0.018	0.044						
80	0.019	0.049	0.020	0.050	0.022	0.050	0.020	0.046	0.024	0.051	0.024	0.051
85												
90	0.023	0.054	0.024	0.055	0.025	0.055	0.027	0.056	0.028	0.055	0.029	0.056
100	0.026	0.059	0.028	0.060	0.030	0.060	0.031	0.062	0.033	0.062	0.034	0.062
106												
110	0.030	0.065	0.032	0.066	0.034	0.067	0.036	0.067	0.038	0.068	0.039	0.068
120	0.034	0.069	0.036	0.071	0.038	0.072	0.040	0.072	0.042	0.073	0.044	0.074
127												
130	0.038	0.075	0.040	0.075	0.043	0.077	0.045	0.078	0.047	0.078	0.050	0.080
140	0.042	0.080	0.045	0.080	0.048	0.082	0.050	0.083	0.053	0.084	0.055	0.085
149												
150	0.046	0.084	0.050	0.086	0.053	0.087	0.055	0.088	0.058	0.089	0.061	0.090
160	0.051	0.088	0.054	0.090	0.058	0.092	0.060	0.093	0.064	0.094	0.066	0.095
170	0.055	0.093	0.059	0.095	0.063	0.096	0.066	0.097	0.069	0.099	0.072	0.100
180	0.059	0.095	0.063	0.099	0.067	0.100	0.072	0.103	0.075	0.104	0.078	0.105
190	0.064	0.100	0.068	0.103	0.073	0.105	0.077	0.107	0.081	0.109	0.084	0.110
192	0.065	0.101										
200	0.069	0.105	0.073	0.107	0.078	0.109	0.082	0.112	0.087	0.113	0.091	0.115
210	0.074	0.109	0.078	0.111	0.083	0.114	0.088	0.116	0.092	0.117	0.097	0.119
214			0.080	0.112								
220	0.078	0.112	0.083	0.116	0.089	0.118	0.094	0.120	0.099	0.122	0.103	0.123
230	0.083	0.115	0.088	0.120	0.094	0.122	0.100	0.125	0.105	0.127	0.110	0.129
235					0.097	0.124						
240	0.087	0.118	0.093	0.123	0.100	0.124	0.106	0.128	0.111	0.130	0.116	0.133
250	0.092	0.121	0.098	0.127	0.105	0.128	0.112	0.133	0.117	0.135	0.124	0.138
257							0.115	0.135				
260	0.097	0.124	0.103	0.130	0.111	0.031	0.117	0.136	0.124	0.139	0.130	0.142

续表 10-64

水深 h /mm	R_g/mm									
	100		125		150		175		200	
	ω	R	ω	R	ω	R	ω	R	ω	R
270			0.065	0.094	0.074	0.104	0.083	0.111	0.092	0.119
275			0.066	0.095						
279.8										
280					0.077	0.105	0.087	0.113	0.096	0.121
290					0.081	0.107	0.091	0.116	0.100	0.124
300					0.084	0.109	0.095	0.118	0.105	0.126
300.6										
310							0.099	0.199	0.109	0.128
320							0.103	0.121	0.113	0.130
325							0.105	0.122		
330									0.118	0.132
340									0.122	0.134
350									0.127	0.136
360										
370										
375										
380										
390										
400										
410										
420										
425										
430										
440										
450										
460										
470										
475										
480										
490										
500										

续表 10-64

水深 h /mm	R_g/mm											
	225		250		275		300		325		350	
	ω	R	ω	R	ω	R	ω	R	ω	R	ω	R
270	0.101	0.127	0.108	0.133	0.116	0.134	0.123	0.140	0.130	0.143	0.136	0.145
275												
279.8									0.137	0.147	0.143	0.150
280	0.106	0.129	0.113	0.136	0.122	0.138	0.129	0.143	0.137	0.147	0.151	0.154
290	0.111	0.132	0.119	0.139	0.127	0.141	0.135	0.146	0.143	0.150	0.157	0.157
300	0.115	0.134	0.124	0.141	0.133	0.144	0.141	0.150	0.150	0.154	0.158	0.158
300.6												
310	0.120	0.137	0.129	0.144	0.139	0.147	0.147	0.153	0.156	0.158	0.165	0.161
320	0.125	0.139	0.134	0.146	0.144	0.149	0.154	0.156	0.163	0.161	0.171	0.164
325												
330	0.130	0.141	0.139	0.149	0.150	0.152	0.160	0.159	0.169	0.164	0.178	0.168
340	0.135	0.143	0.145	0.151	0.156	0.155	0.166	0.162	0.176	0.167	0.185	0.172
350	0.140	0.145	0.150	0.154	0.161	0.157	0.172	0.165	0.182	0.170	0.192	0.175
360	0.145	0.147	0.155	0.156	0.167	0.159	0.178	0.167	0.189	0.173	0.200	0.178
370	0.150	0.149	0.161	0.158	0.173	0.162	0.185	0.170	0.196	0.176	0.207	0.181
375	0.152	0.150										
380			0.166	0.160	0.179	0.165	0.191	0.172	0.203	0.179	0.214	0.184
390			0.172	0.162	0.185	0.167	0.197	0.175	0.209	0.181	0.221	0.187
400			0.177	0.165	0.191	0.169	0.203	0.177	0.216	0.184	0.228	0.190
410					0.197	0.171	0.210	0.180	0.223	0.187	0.235	0.192
420					0.203	0.173	0.216	0.182	0.230	0.189	0.243	0.195
425					0.206	0.175						
430							0.223	0.184	0.237	0.192	0.250	0.198
440							0.229	0.187	0.243	0.194	0.257	0.200
450							0.236	0.189	0.250	0.196	0.264	0.203
460									0.257	0.199	0.272	0.205
470									0.264	0.201	0.279	0.208
475									0.268	0.202		
480											0.286	0.210
490											0.294	0.212
500											0.301	0.215

表 10-65 槽形断面的 ω、R

$\frac{h}{B}$	B×H/mm×mm													
	800×507		1200×760		1600×1015		2000×1268		2400×1520		2800×1775		3200×2030	
	ω	R	ω	R	ω	R	ω	R	ω	R	ω	R	ω	R
0.1	0.019	0.033	0.043	0.050	0.076	0.067	0.119	0.083	0.172	0.100	0.234	0.117	0.305	0.133
0.2	0.053	0.066	0.120	0.098	0.214	0.131	0.334	0.164	0.481	0.197	0.655	0.230	0.855	0.262
0.3	0.094	0.101	0.211	0.152	0.376	0.202	0.587	0.253	0.845	0.304	1.150	0.354	1.502	0.405
0.4	0.134	0.130	0.301	0.195	0.535	0.260	0.836	0.324	1.204	0.389	1.639	0.454	2.141	0.519
0.5	0.172	0.152	0.388	0.227	0.690	0.303	1.078	0.379	1.552	0.455	2.112	0.531	2.759	0.606
0.6	0.209	0.167	0.470	0.251	0.836	0.334	1.306	0.418	1.881	0.502	2.561	0.585	3.345	0.669
0.7	0.243	0.177	0.546	0.265	0.971	0.354	1.517	0.442	2.184	0.531	2.973	0.619	3.883	0.707
0.8	0.272	0.180	0.613	0.270	1.089	0.360	1.702	0.450	2.450	0.540	3.335	0.630	4.356	0.720
0.9	0.296	0.175	0.666	0.263	1.184	0.351	1.850	0.439	2.663	0.526	3.625	0.614	4.735	0.702
1.0	0.309	0.148	0.696	0.222	1.237	0.295	1.933	0.369	2.784	0.443	3.789	0.517	4.949	0.591

表 10-66 梯形断面的 ω、R

$\frac{h}{B}$	边坡 1:1						边坡 1:1.5						边坡 1:2					
	B=400		B=800		B=1200		B=400		B=800		B=1200		B=400		B=800		B=1200	
	ω	R	ω	R	ω	R	ω	R	ω	R	ω	R	ω	R	ω	R	ω	R
0.2	0.120	0.124	0.200	0.146	0.280	0.159	0.140	0.125	0.220	0.145	0.300	0.156	0.160	0.124	0.240	0.142	0.320	0.153
0.4	0.320	0.209	0.480	0.249	0.640	0.275	0.400	0.217	0.560	0.250	0.720	0.272	0.480	0.219	0.640	0.247	0.800	0.268
0.6	0.600	0.286	0.840	0.336	1.080	0.373	0.780	0.304	1.020	0.344	1.260	0.375	0.960	0.311	1.200	0.345	1.440	0.371
0.8	0.960	0.361	1.280	0.418	1.600	0.462	1.280	0.390	1.600	0.434	1.920	0.470	1.600	0.402	1.920	0.439	2.240	0.469
1.0	1.400	0.434	1.800	0.496	2.200	0.546	1.900	0.474	2.300	0.522	2.700	0.562	2.400	0.493	2.800	0.531	3.200	0.564
1.2	1.920	0.506	2.400	0.572	2.880	0.627	2.640	0.559	3.120	0.609	3.600	0.651	3.360	0.583	3.840	0.623	4.320	0.658
1.4	2.520	0.578	3.080	0.647	3.640	0.705	3.500	0.642	4.060	0.694	4.620	0.739	4.480	0.673	5.040	0.714	5.600	0.751
1.6	3.200	0.650	3.840	0.721	4.480	0.782	4.480	0.726	5.120	0.779	5.760	0.827	5.760	0.762	6.400	0.804	7.040	0.843
1.8	3.960	0.721	4.680	0.794	5.400	0.858	5.580	0.810	6.300	0.864	7.020	0.913	7.200	0.852	7.920	0.895	8.640	0.934
2.0	4.800	0.792	5.600	0.861	6.400	0.933	6.800	0.893	7.600	0.949	8.400	0.999	8.800	0.942	9.600	0.985	10.40	1.025

表 10-67 矩形断面的 ω、R

$\frac{h}{B}$	B/mm															
	200		250		300		350		400		500		600		800	
	ω	R	ω	R	ω	R	ω	R	ω	R	ω	R	ω	R	ω	R
0.10	0.020	0.050														
0.20	0.040	0.067	0.050	0.077	0.060	0.086	0.070	0.093	0.080	0.100	0.100	0.111	0.120	0.120	0.160	0.133
0.30	0.060	0.075														
0.40	0.080	0.080	0.100	0.095	0120	0.109	0.140	0.122	0.160	0.133	0.200	0.154	0.240	0.171	0.320	0.200
0.50	0.100	0.083														
0.60	0.120	0.086	0.150	0.103	0.180	0.120	0.210	0.135	0.240	0.150	0.300	0.176	0.360	0.200	0.480	0.240
0.80			0.200	0.200	0.240	0.126	0.280	0.144	0.320	0.160	0.400	0.190	0.480	0.218	0.640	0.267
1.00											0.500	0.200	0.600	0.231	0.800	0.286
1.20													0.720	0.240	0.890	0.300
1.40															1.120	0.311
1.60															1.280	0.320

$\frac{h}{B}$	B/mm															
	1000		1200		1400		1600		1800		2000		2400		2800	
	ω	R	ω	R	ω	R	ω	R	ω	R	ω	R	ω	R	ω	R
0.20	0.200	0.143	0.240	0.150	0.280	0.156	0.320	0.160	0.360	0.164						
0.25											0.500	0.200	0.600	0.207	0.700	0.212
0.40	0.400	0.222	0.480	0.240	0.560	0.255	0.640	0.267	0.720	0.277						
0.50											1.000	0.333	1.200	0.353	1.400	0.368
0.60	0.600	0.273	0.720	0.300	0.840	0.323	0.960	0.343	1.080	0.360						
0.75											1.500	0.429	1.800	0.462	2.100	0.488
0.80	0.800	0.308	0.960	0.343	1.120	0.373	1.280	0.400	1.440	0.424						
1.00	1.000	0.333	1.200	0.375	1.400	0.412	1.600	0.444	1.800	0.474	2.000	0.500	2.400	0.545	2.800	0.583
1.20	1.200	0.353	1.440	0.400	1.680	0.442	1.920	0.480	2.160	0.514						
1.25											2.500	0.556	3.000	0.612	3.500	0.660
1.40	1.400	0.368	1.680	0.420	1.960	0.467	2.240	0.509	2.520	0.548						
1.50											3.000	0.600	3.600	0.667	4.200	0.724
1.60	1.600	0.381	1.920	0.436	2.240	0.487	2.560	0.533	2.880	0.576						
1.75											3.500	0.636	4.200	0.712	4.900	0.778
1.80	1.800	0.391	2.160	0.450	2.520	0.504	2.880	0.554	3.240	0.600						
2.00	2.000	0.400	2.400	0.462	2.800	0.519	3.200	0.571	3.600	0.621	4.000	0.667	4.800	0.750	5.600	0.824
2.50											5.000	0.714	6.000	0.811	7.000	0.897
3.00											6.000	0.750	7.200	0.857	8.400	0.955
3.50											7.000	0.778	8.400	0.894	9.800	1.000

表 10-68 C 值及修正系数 K 值

R/m	n=0.008		0.009		0.010		0.011		0.012		0.013	
	C	K	C	K	C	K	C	K	C	K	C	K
0.010	80.93	2.416	67.71	2.021	57.54	1.718	45.54	1.479	43.11	1.287	37.85	1.130
0.015	84.03	2.344	70.70	1.972	60.41	1.685	52.28	1.458	45.71	1.275	40.33	1.125
0.020	86.29	2.293	72.90	1.938	62.94	1.662	54.31	1.443	47.66	1.267	42.19	1.122
0.025	88.10	2.255	74.66	1.911	64.23	1.644	55.94	1.432	49.22	1.260	43.68	1.118
0.026	88.41	2.249	74.97	1.907	64.54	1.641	56.23	1.430	49.50	1.259	43.95	1.118
0.027	88.72	2.242	75.28	1.903	64.83	1.638	56.52	1.428	49.77	1.258	44.21	1.117
0.028	89.02	2.236	75.57	1.898	65.11	1.636	56.79	1.427	50.04	1.257	44.47	1.117
0.029	89.31	2.230	75.85	1.894	65.39	1.633	57.05	1.425	50.30	1.256	44.71	1.117
0.030	89.59	2.225	76.12	1.890	65.65	1.630	57.31	1.423	50.54	1.255	44.92	1.116
0.031	89.86	2.219	76.39	1.887	65.91	1628	57.56	1.421	50.78	1.254	45.18	1.116
0.032	90.13	2.214	76.65	1.903	66.16	1.625	57.80	1.420	51.01	1.253	45.40	1.115
0.033	90.39	2.209	76.90	1.880	66.41	1.623	58.04	1.418	51.24	1.252	45.62	1.115
0.034	90.64	2.204	77.15	1.876	66.65	1.621	58.27	1.417	51.46	1.251	45.84	1.115
0.035	90.88	2.200	77.39	1.873	66.88	1.618	58.50	1.416	51.68	1.251	46.05	1.114
0.036	91.12	2.195	77.62	1.869	67.11	1.616	58.72	1.414	51.89	1.250	46.25	1.114
0.037	91.35	2.190	77.85	1.866	67.33	1.614	58.93	1.413	52.10	1.250	46.45	1.114
0.038	91.57	2.186	78.07	1.863	67.54	1.612	59.14	1.411	52.30	1.248	46.64	1.113
0.039	92.80	2.181	78.29	1.860	67.75	1.610	59.34	1.410	52.50	1.247	46.83	1.113
0.040	92.01	2.177	78.50	1.858	68.00	1.608	59.54	1.409	52.69	1.247	47.02	1.113
0.041	92.22	2.173	78.71	1.855	68.16	1.606	59.74	1.408	52.88	1.246	47.20	1.112
0.042	92.43	2.170	78.91	1.852	68.36	1.604	59.93	1.407	53.06	1.245	47.38	1.112
0.043	92.63	2.166	79.11	1.849	68.55	1.603	60.12	1.405	53.24	1.245	47.55	1.112
0.044	92.83	2.162	79.60	1.847	68.74	1.601	60.30	1.404	53.42	1.244	47.72	1.111
0.045	93.02	2.158	79.49	1.844	68.93	1.599	60.48	1.403	53.59	1.243	47.89	1.111
0.046	93.21	2.155	79.68	1.842	69.11	1.597	60.66	1.402	53.76	1.243	48.06	1.111
0.047	93.40	2.151	79.86	1.839	69.29	1.596	60.83	1.401	53.93	1.242	48.22	1.111
0.048	93.58	2.148	80.04	1.837	69.46	1.594	61.00	1.400	54.10	1.242	48.38	1.110
0.049	93.76	2.145	80.72	1.835	69.63	1.593	61.17	1.399	54.26	1.241	48.53	1.110
0.050	93.93	2.141	80.39	1.833	69.80	1.591	61.33	1.398	54.41	1.240	48.69	1.110
0.051	94.11	2.138	80.56	1.830	69.97	1.590	61.49	1.397	54.57	1.240	48.84	1.110
0.052	94.27	2.135	80.73	1.828	70.13	1.588	61.65	1.396	54.72	1.239	48.98	1.110
0.053	94.44	2.132	80.89	1.826	70.29	1.587	61.81	1.395	54.88	1.239	49.13	1.110
0.054	94.61	2.130	81.05	1.824	70.45	1.585	61.96	1.394	55.03	1.238	49.27	1.109
0.055	94.77	2.126	81.22	1.822	70.61	1.584	62.11	1.393	55.18	1.238	49.42	1.109
0.056	94.93	2.123	81.37	1.820	70.76	1.583	62.26	1.393	55.32	1.237	49.55	1.108
0.057	95.09	2.120	81.52	1.818	70.91	1.581	62.40	1.392	55.46	1.237	49.70	1.108
0.058	95.24	2.118	81.67	1.816	71.06	1.580	62.55	1.391	55.60	1.236	49.83	1.108
0.059	95.39	2.115	81.82	1.814	71.20	1.578	82.69	1.390	55.74	1.236	49.96	1.108
0.060	95.54	2.112	81.97	1.812	71.35	1.578	62.83	1.389	55.87	1.235	50.09	1.108

续表 10-68

R/m	n													
	0.014		0.017		0.020		0.025		0.030		0.035		0.040	
	C	K	C	K	C	K	C	K	C	K	C	K	C	K
0.010	33.50	1	24.11	0.720	18.12	0.541	12.03	0.359	8.47	0.253	6.21	0.186	4.71	0.141
0.015	35.85	1	26.14	0.729	19.87	0.554	13.43	0.374	9.60	0.267	7.15	0.199	5.49	0.153
0.020	37.63	1	27.68	0.736	21.21	0.564	14.52	0.386	10.50	0.279	7.90	0.210	6.13	0.162
0.025	39.06	1	28.93	0.741	22.32	0.571	15.42	0.395	11.25	0.288	8.54	0.219	6.67	0.171
0.026	39.32	1	29.16	0.742	22.52	0.573	15.59	0.396	11.40	0.290	8.66	0.220	6.77	0.172
0.027	39.57	1	29.38	0.743	22.71	0.574	15.75	0.398	11.53	0.291	8.87	0.222	6.87	0.174
0.028	39.84	1	29.59	0.743	22.90	0.576	15.90	0.399	11.66	0.293	8.88	0.223	6.96	0.175
0.029	40.04	1	29.80	0.744	23.09	0.577	16.05	0.401	11.79	0.294	8.99	0.225	7.05	0.176
0.030	40.27	1	30.00	0.745	23.27	0.578	16.20	0.402	11.91	0.296	9.10	0.226	7.15	0.178
0.031	40.49	1	30.20	0.746	23.44	0.579	16.35	0.404	12.03	0.297	9.20	0.227	7.24	0.179
0.032	40.71	1	30.39	0.746	23.61	0.580	16.49	0.405	12.15	0.298	9.30	0.228	7.33	0.180
0.033	40.92	1	30.58	0.747	23.78	0.581	16.63	0.406	12.27	0.300	9.40	0.230	7.41	0.181
0.034	41.13	1	30.76	0.748	23.94	0.582	16.76	0.408	12.38	0.301	9.50	0.231	7.50	0.182
0.035	41.33	1	30.94	0.749	24.10	0.583	16.89	0.409	12.49	0.302	9.59	0.232	7.58	0.183
0.036	41.52	1	31.11	0.749	24.25	0.584	17.02	0.410	12.60	0.304	9.69	0.233	7.66	0.185
0.037	41.71	1	31.28	0.750	24.40	0.585	17.15	0.411	12.71	0.305	9.78	0.234	7.74	0.186
0.038	41.90	1	31.45	0.751	24.55	0.586	17.27	0.412	12.82	0.306	9.87	0.236	7.82	0.187
0.039	42.08	1	31.61	0.751	24.70	0.587	17.93	0.413	12.92	0.307	9.96	0.237	7.90	0.188
0.040	42.26	1	31.80	0.752	24.84	0.588	17.51	0.414	13.02	0.308	10.05	0.238	7.97	0.189
0.041	42.44	1	31.92	0.752	24.98	0.589	17.63	0.415	13.12	0.309	10.13	0.239	8.05	0.190
0.042	42.61	1	32.08	0.753	25.12	0.589	17.75	0.417	13.22	0.310	10.22	0.240	8.12	0.191
0.043	42.77	1	32.26	0.753	25.25	0.590	17.86	0.418	13.32	0.311	10.31	0.241	8.20	0.192
0.044	42.94	1	32.37	0.754	25.38	0.591	17.97	0.419	13.41	0.312	10.38	0.242	8.27	0.193
0.045	43.10	1	32.52	0.754	25.51	0.592	18.08	0.420	13.50	0.313	10.47	0.243	8.34	0.193
0.046	43.26	1	32.66	0.755	25.64	0.593	18.19	0.420	13.60	0.314	10.55	0.244	8.41	0.194
0.047	43.42	1	32.80	0.756	25.77	0.593	18.30	0.421	13.69	0.315	10.62	0.245	8.48	0.195
0.048	43.57	1	32.94	0.756	25.89	0.594	18.40	0.422	13.78	0.316	10.70	0.246	8.54	0.196
0.049	43.72	1	33.07	0.756	26.01	0.595	18.50	0.423	13.86	0.317	10.78	0.247	8.61	0.197
0.050	43.87	1	33.21	0.757	26.13	0.596	18.60	0.424	13.95	0.318	10.85	0.247	8.68	0.198
0.051	44.01	1	33.34	0.757	26.25	0.597	18.70	0.425	14.04	0.319	10.93	0.248	8.74	0.199
0.052	44.16	1	33.47	0.758	26.36	0.597	18.80	0.426	14.12	0.320	11.00	0.249	8.81	0.199
0.053	44.30	1	33.59	0.758	26.18	0.598	18.90	0.427	14.21	0.321	11.07	0.250	8.87	0.200
0.054	44.44	1	33.72	0.759	26.59	0.598	18.99	0.427	14.29	0.322	11.15	0.251	8.93	0.201
0.055	44.57	1	33.84	0.759	26.70	0.599	19.09	0.428	14.37	0.322	11.22	0.252	9.00	0.202
0.056	44.71	1	33.96	0.760	26.81	0.600	19.18	0.429	14.45	0.323	11.29	0.252	9.06	0.203
0.057	44.84	1	34.08	0.760	26.92	0.600	19.27	0.430	14.53	0.324	11.35	0.253	9.12	0.203
0.058	44.97	1	34.20	0.760	27.03	0.601	19.36	0.431	14.61	0.325	11.42	0.254	9.18	0.204
0.059	45.10	1	34.32	0.761	27.13	0.602	19.45	0.431	14.68	0.326	11.49	0.255	9.24	0.205
0.060	45.23	1	34.43	0.761	27.23	0.602	19.54	0.432	14.76	0.326	11.56	0.256	9.30	0.206

续表 10-68

R/m	n											
	0.008		0.009		0.010		0.011		0.012		0.013	
	C	K	C	K	C	K	C	K	C	K	C	K
0.061	95.69	2.110	82.12	1.811	71.49	1.576	62.97	1.388	56.00	1.235	50.22	1.107
0.062	95.86	2.108	82.26	1.809	71.63	1.575	63.11	1.388	56.14	1.234	50.35	1.107
0.063	95.97	2.105	82.40	1.807	71.77	1.574	63.24	1.387	56.27	1.234	50.47	1.107
0.064	96.11	2.102	82.54	1.805	71.91	1.573	63.37	1.385	56.39	1.234	50.60	1.107
0.065	96.25	2.100	82.68	1.804	72.04	1.572	63.50	1.385	56.52	1.233	50.72	1.107
0.066	96.39	2.097	82.81	1.802	72.17	1570	63.63	1.385	56.65	1.233	50.84	1.106
0.067	96.52	2.095	82.94	1.800	72.30	1.569	63.76	1.384	56.77	1.232	50.96	1.106
0.068	96.65	2.093	83.07	1.799	73.43	1.568	63.88	1.383	56.89	1.232	51.08	1.106
0.069	96.78	2.091	83.20	1.797	72.55	1.567	64.01	1.383	57.01	1.231	51.20	1.106
0.070	96.91	2.088	83.33	1.796	72.68	1.566	64.13	1.382	57.13	1.231	51.30	1.106
0.071	97.04	2.086	83.46	1.794	72.80	1.565	64.25	1.381	57.25	1.231	51.42	1.105
0.072	97.17	2.084	83.58	1.793	72.93	1.564	64.37	1.381	57.36	1.230	51.54	1.105
0.073	97.29	2.082	83.71	1.791	73.05	1.563	64.49	1.380	57.47	1.230	51.65	1.105
0.074	97.42	2.080	83.83	1.790	73.17	1.562	64.60	1.380	57.59	1.230	51.76	1.105
0.075	97.54	2.078	83.55	1.788	73.28	1.561	64.72	1.379	57.70	1.229	51.87	1.105
0.076	97.66	2.076	84.07	1.787	73.40	1.560	64.83	1.378	57.82	1.229	51.98	1.105
0.077	97.78	2.074	84.18	1.785	73.52	1.599	64.94	1.377	57.92	1.228	52.08	1.105
0.078	97.89	2.072	84.30	1.784	73.63	1.558	65.05	1.377	58.03	1.228	52.18	1.104
0.079	98.01	2.070	84.42	1.783	73.74	1.557	65.16	1.376	58.14	1.228	52.29	1.104
0.080	98.12	2.068	84.53	1.781	73.85	1.556	65.28	1.376	58.24	1.227	52.39	1.104
0.081	98.24	2.066	84.64	1.780	73.96	1.555	65.38	1.375	58.35	1.227	52.49	1.104
0.082	98.35	2.064	84.75	1.779	74.07	1.555	65.49	1.374	58.45	1.227	52.59	1.104
0.083	98.46	2.062	84.86	1.777	74.18	1.554	65.59	1.374	58.55	1.226	52.69	1.104
0.084	98.57	2.060	84.97	1.766	74.29	1.553	65.70	1.373	58.65	1.226	52.79	1.103
0.085	98.68	2.059	85.08	1.775	74.39	1.552	65.80	1.373	58.75	1.226	52.89	1.103
0.086	98.79	2.057	85.19	1.774	74.50	1.551	65.90	1.372	58.85	1.225	52.98	1.103
0.087	98.89	2.055	85.29	1.772	74.60	1.550	66.00	1.372	58.95	1.225	53.08	1.103
0.088	99.00	2.053	85.69	1.771	74.70	1.549	66.10	1.371	59.05	1.225	53.17	1.103
0.089	99.10	2.052	85.50	1.769	74.80	1.549	66.20	1.371	59.15	1.224	53.27	1.103
0.090	99.21	2.050	85.60	1.769	74.90	1.548	66.30	1.370	59.24	1.224	53.36	1.103
0.091	99.31	2.048	85.70	1.768	75.00	1.547	66.40	1.370	59.34	1.224	53.45	1.102
0.092	99.41	2.047	85.80	1.766	75.10	1.546	66.49	1.369	59.43	1.224	53.54	1.102
0.093	99.51	2.045	85.90	1.765	75.20	1.545	66.59	1.369	59.52	1.223	53.63	1.102
0.094	99.61	2.043	86.00	1.764	75.30	1.545	66.68	1.368	59.61	1.223	53.72	1.102
0.095	99.71	2.042	86.10	1.763	75.39	1.544	66.77	1.368	59.70	1.223	53.81	1.102
0.096	99.80	2.040	86.19	1.762	75.49	1.543	66.87	1.367	59.79	1.223	53.90	1.102
0.097	99.90	2.039	86.29	1.761	75.58	1.542	66.69	1.366	59.88	1.222	53.99	1.102
0.098	100.00	2.037	86.38	1.759	75.67	1.541	67.05	1.366	59.97	1.222	54.07	1.102
0.099	100.03	2.036	86.48	1.759	75.77	1.541	67.14	1.366	60.06	1.221	54.16	1.101
0.100	100.13	2.034	86.57	1.758	75.86	1.540	67.23	1.365	60.15	1.221	54.24	1.101

续表 10-68

R/m	n													
	0.014		0.017		0.020		0.025		0.030		0.035		0.040	
	C	K	C	K	C	K	C	K	C	K	C	K	C	K
0.061	45.35	1	34.54	0.762	27.34	0.603	19.63	0.433	14.84	0.327	11.62	0.256	9.35	0.206
0.062	45.48	1	34.65	0.762	27.44	0.603	19.72	0.434	14.91	0.338	11.69	0.257	9.41	0.207
0.063	45.60	1	34.76	0.762	27.54	0.604	19.80	0.434	14.98	0.329	11.76	0.258	9.47	0.208
0.064	45.72	1	34.87	0.763	27.64	0.604	19.88	0.435	15.06	0.329	11.82	0.258	9.53	0.208
0.065	45.84	1	34.98	0.763	27.73	0.605	19.97	0.436	15.13	0.330	11.88	0.259	9.58	0.209
0.066	45.95	1	35.09	0.764	27.83	0.606	20.05	0.436	15.20	0.331	11.94	0.260	9.64	0.210
0.067	46.07	1	35.19	0.764	27.92	0.606	20.13	0.437	15.27	0.331	12.00	0.261	9.69	0.210
0.068	46.18	1	35.29	0.764	28.02	0.607	20.21	0.438	15.34	0.332	12.07	0.261	9.75	0.211
0.069	46.30	1	35.4	0.765	28.11	0.607	20.29	0.438	15.41	0.333	12.13	0.262	9.80	0.212
0.070	46.41	1	35.50	0.765	28.20	0.608	20.37	0.439	15.48	0.334	12.19	0.263	9.85	0.212
0.071	46.52	1	35.60	0.765	28.29	0.608	20.45	0.440	15.55	0.334	12.25	0.263	9.91	0.213
0.072	46.63	1	35.70	0.766	28.38	0.609	20.53	0.440	15.62	0.335	12.30	0.264	9.96	0.214
0.073	46.73	1	35.79	0.766	28.47	0.609	20.60	0.441	15.68	0.335	12.36	0.265	10.01	0.214
0.074	46.84	1	35.89	0.766	28.56	0.610	20.68	0.441	15.74	0.336	12.42	0.265	10.06	0.215
0.075	46.94	1	35.99	0.767	28.65	0.610	20.75	0.442	15.81	0.337	12.48	0.265	10.11	0.215
0.076	47.05	1	36.08	0.767	28.73	0.611	20.83	0.443	15.87	0.337	12.54	0.266	10.17	0.216
0.077	47.15	1	36.17	0.767	28.82	0.611	20.90	0.443	15.94	0.338	12.59	0.267	10.22	0.217
0.078	47.25	1	36.27	0.767	28.90	0.612	20.97	0.444	16.00	0.339	12.65	0.268	10.26	0.217
0.079	47.35	1	36.36	0.768	28.98	0.612	21.04	0.444	16.06	0.339	12.70	0.268	10.31	0.218
0.080	47.45	1	36.45	0.768	29.07	0.613	21.11	0.444	16.13	0.340	12.76	0.269	10.36	0.218
0.081	47.55	1	36.54	0.768	29.15	0.613	21.19	0.446	16.19	0.340	12.81	0.269	10.41	0.219
0.082	47.65	1	36.63	0.769	29.23	0.613	21.26	0.446	16.25	0.341	12.87	0.270	10.46	0.219
0.083	47.75	1	36.71	0.769	29.31	0.614	21.32	0.447	16.31	0.342	12.92	0.270	10.50	0.220
0.084	47.84	1	36.80	0.769	29.39	0.614	21.39	0.447	16.37	0.342	12.97	0.271	10.55	0.221
0.085	47.94	1	36.89	0.770	29.47	0.615	21.46	0.448	16.43	0.343	13.03	0.272	10.60	0.221
0.086	48.03	1	36.97	0.770	29.54	0.615	21.53	0.448	16.49	0.343	13.08	0.272	10.64	0.222
0.087	48.12	1	37.06	0.770	29.62	0.616	22.60	0.449	16.55	0.344	13.13	0.273	10.69	0.222
0.088	48.21	1	37.14	0.770	29.70	0.616	21.66	0.449	16.60	0.344	13.18	0.273	10.74	0.223
0.089	48.30	1	37.22	0.771	29.77	0.616	21.73	0.450	16.66	0.345	13.23	0.274	10.79	0.223
0.090	48.40	1	37.31	0.771	29.85	0.617	21.80	0.450	16.72	0.345	13.28	0.274	10.83	0.224
0.091	48.48	1	37.39	0.771	29.93	0.617	21.86	0.451	16.78	0.346	13.33	0.275	10.87	0.224
0.092	48.57	1	37.47	0.771	30.00	0.618	21.92	0.451	16.83	0.347	13.38	0.276	10.92	0.225
0.093	48.66	1	37.55	0.772	30.07	0.618	21.98	0.452	16.89	0.347	13.43	0.276	10.96	0.225
0.094	48.75	1	37.63	0.772	30.14	0.618	22.05	0.452	16.94	0.348	13.48	0.277	11.01	0.226
0.095	48.83	1	37.71	0.772	30.22	0.619	22.11	0.453	17.00	0.348	13.53	0.277	11.05	0.226
0.096	48.92	1	37.78	0.772	30.29	0.619	22.17	0.453	17.05	0.349	13.58	0.278	11.10	0.227
0.097	49.00	1	37.86	0.773	30.36	0.620	22.23	0.454	17.11	0.349	13.63	0.278	11.14	0.227
0.098	49.09	1	37.94	0.773	30.43	0.620	22.30	0.454	17.16	0.350	13.67	0.279	11.18	0.228
0.099	49.17	1	38.01	0.773	30.50	0.620	22.36	0.455	17.21	0.350	13.72	0.279	11.22	0.228
0.100	49.25	1	38.09	0.773	30.57	0.621	22.42	0.455	17.27	0.351	13.77	0.280	11.26	0.229

续表 10-68

R/m	n											
	0.008		0.009		0.010		0.011		0.012		0.013	
	C	K	C	K	C	K	C	K	C	K	C	K
0.101	100.28	2.033	86.66	1.757	75.95	1.540	67.32	1.365	60.23	1.221	54.33	1.101
0.102	100.37	2.031	86.75	1.756	76.04	1.539	67.41	1.364	60.32	1.221	54.41	1.101
0.103	100.46	2.030	86.84	1.755	76.13	1.538	67.49	1.364	60.40	1.220	54.49	1.101
0.104	100.55	2.028	86.93	1.754	76.22	1.537	67.58	1.363	60.49	1.220	54.57	1.101
0.105	100.64	2.027	87.02	1.753	76.30	1.537	677.67	1.363	60.57	1.220	54.65	1.101
0.106	100.73	2.026	87.11	1.752	76.39	1.536	67.75	1.362	60.66	1.220	54.73	1.101
0.107	100.83	2.024	87.20	1.751	76.48	1.535	67.83	1.362	60.74	1.219	54.82	1.101
0.108	100.91	2.023	87.29	1.750	76.56	1.535	67.91	1.361	60.82	1.219	54.90	1.100
0.109	100.99	2.021	87.37	1.749	76.65	1.534	68.00	1.361	60.90	1.219	54.97	1.100
0.110	101.08	2.020	87.46	1.748	76.73	1.533	68.08	1.361	60.98	1.219	55.05	1.100
0.111	101.16	2.019	87.54	1.747	76.81	1.533	68.16	1.360	61.06	1.218	55.13	1.100
0.112	101.25	2.017	87.63	1.746	76.90	1.532	68.25	1.360	61.14	1.218	55.21	1.100
0.113	101.33	2.016	87.71	1.745	76.98	1.532	68.33	1.359	61.22	1.218	55.28	1.100
0.114	101.43	2.015	87.79	1.744	77.06	1.531	68.41	1.359	61.29	1.218	55.36	1.100
0.115	101.50	2.014	87.88	1.743	77.14	1.530	68.49	1.359	61.37	1.217	55.43	1.100
0.116	101.58	2.013	87.96	1.742	77.22	1.530	68.56	1.358	61.45	1.217	55.51	1.100
0.117	101.66	2.011	88.04	1.741	77.30	1.529	68.64	1.358	61.52	1.217	55.58	1.099
0.118	101.74	2.010	88.12	1.741	77.38	1.528	68.72	1.357	61.60	1.217	55.66	1.099
0.119	101.83	2.009	88.20	1.740	77.46	1.528	68.80	1.357	61.67	1.217	55.73	1.099
0.120	101.90	2.007	88.28	1.740	77.54	1.527	68.87	1.357	61.75	1.216	55.80	1.099
0.121	101.98	2.006	88.35	1.738	77.61	1.527	68.95	1.356	61.82	1.216	55.87	1.099
0.122	102.06	2.005	88.43	1.737	77.69	1.526	69.02	1.356	61.90	1.216	55.94	1.099
0.123	102.17	2.004	88.51	1.736	77.77	1.526	69.10	1.356	61.97	1.216	56.02	1.099
0.124	102.23	2.003	88.59	1.736	77.84	1.525	69.17	1.355	62.04	1.215	56.09	1.099
0.125	102.29	2.001	88.66	1.735	77.92	1.524	69.24	1.355	62.11	1.215	56.16	1.099
0.126	102.37	2.000	88.74	1.733	77.99	1.524	69.32	1.354	62.18	1.215	56.23	1.099
0.127	102.45	1.999	88.81	1.733	78.07	1.523	69.39	1.354	62.26	1.215	56.29	1.098
0.128	102.58	1.998	88.89	1.732	78.14	1.523	69.46	1.354	62.33	1.215	56.37	1.098
0.129	102.59	1.997	88.96	1.731	78.21	1.522	69.53	1.353	62.40	1.214	56.43	1.098
0.130	102.67	1.995	89.04	1.731	78.28	1.522	69.60	1.353	62.46	1.214	56.50	1.098
0.131	102.74	1.995	89.11	1.730	78.40	1.521	69.68	1.353	62.54	1.214	56.57	1.098
0.132	102.83	1.993	89.18	1.729	78.43	1.521	69.75	1.352	62.60	1.214	56.63	1.098
0.133	102.89	1.992	89.25	1.727	78.50	1.520	69.81	1.352	62.67	1.214	56.70	1.098
0.134	102.96	1.991	89.33	1.728	78.57	1.520	69.88	1.352	62.74	1.213	56.76	1.098
0.135	103.04	1.990	89.40	1.727	78.64	1.519	69.95	1.351	62.81	1.213	56.83	1.098
0.136	103.10	1.989	89.47	1.726	78.80	1.519	70.02	1.351	62.87	1.213	56.90	1.098
0.137	103.17	1.988	89.54	1.725	78.78	1.518	70.09	1.351	62.94	1.213	56.96	1.098
0.138	103.24	1.987	89.61	1.725	78.85	1.518	70.16	1.350	63.00	1.213	57.02	1.098
0.139	103.32	1.986	89.68	1.724	78.92	1.517	70.22	1.350	63.07	1.212	75.09	1.097
0.140	103.38	1.985	89.75	1.723	78.98	1.517	70.29	1.350	63.14	1.212	57.15	1.097

续表 10-68

R/m	n													
	0.014		0.017		0.020		0.025		0.030		0.035		0.040	
	C	K	C	K	C	K	C	K	C	K	C	K	C	K
0.101	49.33	1	38.16	0.774	30.63	0.621	22.48	0.456	17.32	0.351	13.82	0.280	11.31	0.229
0.102	49.44	1	38.24	0.774	30.70	0.621	22.54	0.456	17.37	0.352	13.86	0.281	11.35	0.230
0.103	49.49	1	38.31	0.774	30.77	0.622	22.59	0.456	17.42	0.352	13.91	0.281	11.39	0.230
0.104	49.57	1	38.38	0.774	30.84	0.622	22.65	0.457	17.48	0.353	13.95	0.281	11.43	0.231
0.105	49.65	1	38.46	0.775	30.90	0.622	22.71	0.457	17.53	0.353	14.00	0.282	11.47	0.231
0.106	49.73	1	38.53	0.775	30.97	0.623	22.77	0.458	17.58	0.353	14.04	0.282	11.51	0.231
0.107	49.84	1	38.60	0.775	31.03	0.623	22.82	0.458	17.63	0.354	14.09	0.283	11.55	0.232
0.108	49.89	1	38.67	0.775	31.10	0.623	22.88	0.459	17.68	0.354	14.13	0.283	11.59	0.232
0.109	49.97	1	38.74	0.775	31.16	0.624	22.94	0.459	17.73	0.355	14.18	0.284	11.63	0.233
0.110	50.04	1	38.84	0.776	31.23	0.624	22.99	0.460	17.78	0.355	14.22	0.284	11.67	0.233
0.111	50.11	1	38.87	0.776	31.29	0.624	23.05	0.460	17.83	0.356	14.27	0.285	11.71	0.233
0.112	50.19	1	38.95	0.776	31.35	0.625	23.10	0.460	17.88	0.356	14.31	0.285	11.75	0.234
0.113	50.27	1	39.02	0.776	31.42	0.625	23.16	0.461	17.92	0.37	14.35	0.286	11.79	0.235
0.114	50.34	1	39.08	0.776	31.48	0.625	23.21	0.461	17.97	0.357	14.39	0.286	11.83	0.235
0.115	50.41	1	39.15	0.777	31.54	0.626	23.27	0.462	18.02	0.357	14.44	0.286	11.87	0.235
0.116	50.48	1	39.22	0.777	31.61	0.626	23.32	0.462	18.07	0.358	14.48	0.287	11.90	0.236
0.117	50.55	1	39.59	0.777	31.66	0.626	23.38	0.462	18.11	0.358	14.52	0.287	11.94	0.236
0.118	50.63	1	39.35	0.777	31.72	0.627	23.43	0.463	18.16	0.359	14.57	0.288	11.98	0.237
0.119	50.70	1	39.42	0.777	31.78	0.627	23.48	0.463	18.21	0.359	14.61	0.288	12.02	0.237
0.120	50.77	1	39.48	0.778	31.84	0.627	23.53	0.464	18.25	0.360	14.65	0.289	12.05	0.237
0.121	50.84	1	39.54	0.778	31.90	0.62	23.59	0.464	18.30	0.360	14.69	0.289	12.09	0.238
0.122	50.91	1	39.61	0.778	31.96	0.628	23.64	0.464	18.35	0.360	14.73	0.289	12.13	0.238
0.123	50.98	1	39.67	0.778	32.02	0.628	23.69	0.465	18.39	0.361	14.77	0.290	12.17	0.239
0.124	51.04	1	39.73	0.778	32.08	0.628	23.74	0.465	18.44	0.361	14.81	0.290	12.20	0.239
0.125	51.11	1	39.80	0.779	32.14	0.629	23.79	0.465	18.48	0.362	14.85	0.291	12.24	0.239
0.126	51.18	1	39.86	0.779	32.19	0.629	23.84	0.466	18.53	0.362	14.89	0.291	12.28	0.240
0.127	51.25	1	39.92	0.779	32.25	0.629	23.89	0.466	18.57	0.362	14.94	0.291	12.31	0.240
0.128	51.31	1	39.98	0.779	32.31	0.630	23.94	0.467	18.62	0.363	14.97	0.292	12.35	0.241
0.129	51.38	1	40.04	0.779	32.36	0.630	23.99	0.467	18.66	0.363	15.01	0.292	12.38	0.241
0.130	51.45	1	40.11	0.780	32.42	0.630	24.04	0.467	18.70	0.364	15.05	0.293	12.42	0.241
0.131	51.51	1	40.17	0.780	32.48	0.630	24.09	0.468	18.75	0.364	15.09	0.293	12.45	0.242
0.132	51.58	1	40.26	0.780	32.53	0.631	24.14	0.468	18.79	0.364	15.13	0.293	12.49	0.242
0.133	51.64	1	40.28	0.780	32.59	0.631	24.19	0.466	18.83	0.365	15.17	0.294	12.52	0.243
0.134	51.71	1	40.34	0.780	32.64	0.631	24.23	0.469	18.88	0.365	15.20	0.294	12.56	0.243
0.135	51.77	1	40.40	0.780	32.70	0.632	24.29	0.469	18.92	0.365	15.24	0.294	12.59	0.243
0.136	51.84	1	40.46	0.781	32.75	0.632	24.33	0.469	18.96	0.366	15.28	0.295	12.63	0.244
0.137	51.90	1	40.52	0.781	32.80	0.632	24.38	0.470	19.00	0.366	15.32	0.295	12.66	0.244
0.138	51.96	1	40.58	0.781	32.86	0.632	24.42	0.470	19.05	0.367	15.36	0.296	12.70	0.244
0.139	52.02	1	40.63	0.781	32.91	0.633	24.47	0.470	19.09	0.367	15.40	0.296	12.73	0.245
0.140	52.08	1	40.69	0.781	32.96	0.633	24.52	0.471	19.13	0.367	15.43	0.296	12.76	0.245

续表 10-68

R/m	n											
	0.008		0.009		0.010		0.011		0.012		0.013	
	C	K	C	K	C	K	C	K	C	K	C	K
0.141	103.45	1.984	89.82	1.722	79.05	1.516	70.36	1.349	63.20	1.212	57.21	1.097
0.142	103.52	1.983	89.88	1.722	79.12	1.516	70.42	1.349	63.26	1.212	57.28	1.097
0.143	103.59	1.982	89.85	1.721	79.18	1.515	70.49	1.349	63.33	1.212	57.34	1.097
0.144	103.86	1.981	90.02	1.720	79.25	1.515	70.56	1.348	63.39	1.211	57.40	1.097
0.145	103.73	1.980	90.08	1.720	79.32	1.514	70.62	1.348	63.45	1.211	57.46	1.097
0.146	103.79	1.979	90.15	1.719	79.38	1.514	70.68	1.348	63.52	1.211	57.52	1.097
0.147	103.86	1.978	90.22	1.718	79.45	1.513	70.74	1.347	63.58	1.211	57.59	1.097
0.148	103.92	1.977	90.28	1.718	79.51	1.513	70.81	1.347	63.64	1.211	57.62	1.097
0.149	103.99	1.976	90.32	1.717	79.58	1.512	70.87	1.347	63.70	1.211	57.71	1.097
0.150	104.05	1.975	90.41	1.716	79.64	1.512	70.94	1.346	63.76	1.210	57.77	1.097
0.151	104.13	1.974	90.48	1.716	79.70	1.511	71.00	1.346	63.82	1.210	57.83	1.096
0.152	104.18	1.973	90.54	1.715	79.77	1.511	71.06	1.346	63.89	1.210	57.88	1.096
0.153	104.25	1.973	90.61	1.714	79.83	1.510	71.12	1.346	63.95	1.210	57.94	1.096
0.154	104.32	1.971	90.67	1.714	79.89	1.510	71.18	1.345	64.00	1.210	58.00	1.096
0.155	104.37	1.971	90.73	1.713	79.95	1.510	71.24	1.345	64.06	1.210	58.06	1.096
0.156	104.44	1.970	90.79	1.712	80.02	1.509	71.30	1.345	64.12	1.209	58.12	1.096
0.157	104.50	1.969	90.86	1.712	80.08	1.509	71.36	1.344	64.18	1.209	58.17	1.096
0.158	104.56	1.968	90.92	1.711	80.14	1.508	71.42	1.344	64.24	1.209	58.23	1.096
0.159	104.62	1.967	90.98	1.710	80.20	1.508	71.48	1.344	64.30	1.209	58.29	1.096
0.160	104.69	1.966	91.05	1.710	80.26	1.507	71.54	1.344	64.36	1.209	58.35	1.096
0.161	104.75	1.965	91.10	1.709	80.32	1.507	71.60	1.343	64.42	1.209	58.40	1.096
0.162	104.81	1.964	91.16	1.709	80.38	1.505	71.66	1.343	64.47	1.208	58.46	1.096
0.163	104.87	1.963	91.22	1.708	80.44	1.506	71.72	1.343	64.53	1.208	58.51	1.096
0.164	104.93	1.963	91.28	1.707	80.50	1.506	71.77	1.343	64.59	1.208	58.57	1.095
0.165	104.99	1.962	91.34	1.707	80.56	1.505	71.83	1.342	64.64	1.208	58.62	1.095
0.166	105.05	1.961	91.40	1.706	80.61	1.505	71.89	1.342	64.70	1.208	58.68	1.095
0.167	105.11	1.960	91.46	1.706	80.67	1.504	71.95	1.342	64.75	1.208	58.73	1.095
0.168	105.17	1.959	91.52	1.705	80.73	1.504	72.00	1.341	64.81	1.207	58.79	1.095
0.169	105.23	1.958	91.58	1.704	80.79	1.504	72.06	1.341	64.87	1.207	58.84	1.095
0.160	105.28	1.958	91.64	1.704	80.85	1.503	72.12	1.341	64.92	1.207	58.89	1.095
0.171	105.34	1.957	91.69	1.703	80.90	1.503	72.17	1.341	64.98	1.207	58.95	1.095
0.172	105.40	1.956	91.75	1.703	80.96	1.502	72.23	1.340	65.03	1.207	59.00	1.095
0.173	105.46	1.955	91.81	1.702	81.02	1.502	72.28	1.340	65.08	1.207	59.05	1.095
0.174	105.52	1.954	91.81	1.702	81.07	1.502	72.34	1.340	65.14	1.206	59.10	1.095
0.175	105.57	1.954	91.92	1.701	81.13	1.501	72.39	1.340	65.19	1.206	59.16	1.095
0.176	105.62	1.953	91.98	1.700	81.18	1.501	72.45	1.339	65.24	1.206	59.21	1.095
0.177	105.68	1.952	92.03	1.700	81.24	1.500	72.50	1.339	65.30	1.206	59.26	1.095
0.178	105.74	1.951	92.09	1.700	81.29	1.500	72.56	1.339	65.35	1.206	59.31	1.095
0.179	105.80	1.950	92.14	1.699	81.35	1.500	72.61	1.339	65.40	1.206	59.37	1.094
0.180	105.85	1.950	92.20	1.698	81.40	1.499	72.66	1.338	65.46	1.206	59.42	1.094

续表 10-68

R/m	n													
	0.014		0.017		0.020		0.025		0.030		0.035		0.040	
	C	K	C	K	C	K	C	K	C	K	C	K	C	K
0.141	52.14	1	40.75	0.781	33.01	0.633	24.56	0.471	19.17	0.368	15.47	0.297	12.80	0.245
0.142	52.20	1	40.80	0.782	33.07	0.633	24.61	0.471	19.21	0.368	15.51	0.297	12.83	0.246
0.143	52.27	1	40.86	0.782	33.12	0.634	24.66	0.472	19.25	0.368	15.54	0.297	12.86	0.246
0.144	52.33	1	40.92	0.782	33.17	0.634	24.70	0.472	19.29	0.369	15.58	0.298	12.90	0.246
0.145	52.39	1	40.97	0.782	33.22	0.634	24.75	0.472	19.34	0.369	15.62	0.298	12.93	0.247
0.146	52.45	1	41.03	0.782	33.27	0.634	24.79	0.473	19.37	0.369	15.65	0.298	12.96	0.247
0.147	52.50	1	41.08	0.782	33.32	0.635	24.84	0.473	19.41	0.370	15.69	0.299	13.00	0.248
0.148	52.56	1	41.14	0.783	33.37	0.635	24.88	0.473	19.45	0.370	15.72	0.299	13.03	0.248
0.149	52.62	1	41.19	0.783	33.42	0.635	24.92	0.474	19.49	0.370	15.76	0.299	13.06	0.248
0.150	52.68	1	41.24	0.783	33.47	0.635	24.97	0.474	19.53	0.371	15.80	0.300	13.09	0.249
0.151	52.74	1	41.30	0.783	33.52	0.636	25.01	0.474	19.57	0.371	15.83	0.300	13.12	0.249
0.152	52.80	1	41.35	0.783	33.57	0.636	25.06	0.475	19.61	0.371	15.86	0.301	13.16	0.249
0.153	52.85	1	41.40	0.783	33.62	0.636	25.10	0.475	19.65	0.372	15.90	0.301	13.19	0.250
0.154	52.91	1	41.46	0.784	33.67	0.636	25.14	0.475	19.69	0.372	15.94	0.301	13.22	0.250
0.155	52.97	1	41.51	0.784	33.72	0.637	25.19	0.476	19.73	0.372	15.97	0.302	13.25	0.250
0.156	53.02	1	41.56	0.784	33.77	0.637	25.23	0.476	19.76	0.373	16.01	0.302	13.28	0.251
0.157	53.08	1	41.61	0.784	33.81	0.637	25.27	0.476	19.80	0.373	16.04	0.302	13.31	0.251
0.158	53.14	1	41.67	0.784	33.86	0.637	25.31	0.476	19.84	0.373	16.07	0.303	13.35	0.251
0.159	53.19	1	41.72	0.784	33.91	0.638	25.36	0.476	19.88	0.374	16.11	0.303	13.38	0.251
0.160	53.24	1	41.77	0.784	33.96	0.638	25.40	0.477	19.92	0.374	16.14	0.303	13.41	0.252
0.161	53.30	1	41.82	0.785	34.00	0.638	25.44	0.477	19.95	0.374	16.18	0.303	13.44	0.252
0.162	53.36	1	41.87	0.785	34.05	0.638	25.48	0.478	19.99	0.375	16.21	0.304	13.47	0.252
0.163	53.41	1	41.92	0.785	34.10	0.638	25.52	0.478	20.03	0.375	16.24	0.304	13.50	0.253
0.164	53.46	1	41.97	0.785	34.14	0.639	25.56	0.478	20.06	0.375	16.28	0.304	13.53	0.253
0.165	53.52	1	42.02	0.785	34.19	0.639	25.60	0.478	20.10	0.376	16.31	0.305	13.56	0.253
0.166	53.57	1	42.07	0.785	34.24	0.639	25.65	0.479	20.14	0.376	16.34	0.305	13.59	0.254
0.167	53.62	1	42.12	0.785	34.28	0.639	25.69	0.479	20.17	0.376	16.38	0.305	13.62	0.254
0.168	53.68	1	42.17	0.786	34.33	0.640	25.73	0.479	20.21	0.377	16.41	0.306	13.65	0.254
0.169	53.73	1	42.22	0.786	34.37	0.640	25.77	0.480	20.25	0.377	16.44	0.306	13.68	0.255
0.160	53.78	1	42.26	0.786	34.42	0.640	25.81	0.480	20.28	0.377	16.47	0.306	13.71	0.255
0.171	53.83	1	42.31	0.785	34.46	0.640	25.85	0.480	20.32	0.377	16.51	0.307	13.74	0.255
0.172	53.89	1	42.36	0.786	34.51	0.641	25.89	0.480	20.35	0.378	16.54	0.307	13.77	0.255
0.173	53.94	1	42.41	0.786	34.55	0.641	25.93	0.481	20.39	0.378	16.57	0.307	13.80	0.256
0.174	53.99	1	42.45	0.786	34.60	0.641	25.97	0.481	20.42	0.378	16.60	0.308	13.83	0.256
0.175	54.04	1	42.50	0.787	34.64	0.641	26.00	0.481	20.46	0.379	16.63	0.308	13.85	0.256
0.176	54.09	1	42.55	0.787	34.68	0.641	26.04	0.481	20.49	0.379	16.67	0.308	13.89	0.257
0.177	54.14	1	42.60	0.787	34.73	0.641	26.08	0.482	20.53	0.379	16.70	0.308	13.91	0.257
0.178	54.19	1	42.65	0.787	34.77	0.642	26.12	0.482	20.56	0.379	16.73	0.309	13.94	0.257
0.179	54.24	1	42.69	0.787	34.81	0.642	26.16	0.482	20.60	0.380	16.76	0.309	13.97	0.258
0.180	54.29	1	42.74	0.787	34.86	0.642	26.20	0.483	20.63	0.380	16.79	0.309	14.00	0.258

续表 10-68

R/m	n											
	0.008		0.009		0.010		0.011		0.012		0.013	
	C	K	C	K	C	K	C	K	C	K	C	K
0.181	105.91	1.949	92.25	1.698	81.46	1.499	72.72	1.338	65.51	1.205	59.47	1.094
0.182	105.96	1.948	92.31	1.697	81.51	1.499	72.77	1.338	65.56	1.205	59.52	1.094
0.183	106.03	1.947	92.36	1.697	81.56	1.498	72.82	1.338	65.61	1.205	59.57	1.094
0.184	106.07	1.947	92.42	1.696	81.62	1.498	72.87	1.337	65.66	1.205	59.62	1.094
0.185	106.13	1.946	92.47	1.696	81.67	1.497	72.93	1.337	65.71	1.205	59.67	1.094
0.186	106.18	1.945	92.52	1.695	81.72	1.497	72.98	1.337	65.76	1.205	59.72	1.094
0.187	106.24	1.944	92.58	1.694	81.78	1.497	73.03	1.337	65.81	1.205	59.77	1.094
0.188	106.29	1.944	92.63	1.694	81.83	1.496	73.08	1.336	65.86	1.204	59.82	1.094
0.189	106.33	1.943	92.68	1.693	81.88	1.496	73.13	1.336	65.91	1.204	59.87	1.094
0.190	106.39	1.942	92.74	1.693	81.93	1.496	73.18	1.336	65.96	1.204	59.92	1.094
0.191	106.44	1.942	92.79	1.692	81.98	1.495	73.23	1.336	66.01	1.204	59.96	1.094
0.192	106.50	1.941	92.84	1.692	82.03	1.495	73.28	1.336	66.06	1.204	60.01	1.094
0.193	106.55	1.940	92.89	1.691	82.09	1.495	73.33	1.335	66.11	1.204	60.06	1.094
0.194	106.60	1.939	92.94	1.691	82.14	1.494	73.38	1.335	66.16	1.204	60.11	1.094
0.195	106.65	1.939	93.00	1.690	82.19	1.494	73.43	1.335	66.21	1.204	60.16	1.093
0.196	106.70	1.938	93.05	1.690	82.24	1.494	73.48	1.335	66.26	1.203	60.20	1.093
0.197	106.75	1.937	93.10	1.689	82.29	1.493	73.53	1.334	66.31	1.203	60.25	1.093
0.198	106.81	1.937	93.15	1.689	82.34	1.493	73.59	1.334	66.36	1.203	60.30	1.093
0.199	106.86	1.936	93.20	1.688	82.39	1.493	73.63	1.334	66.40	1.203	60.34	1.093
0.200	106.91	1.935	93.25	1.688	82.44	1.492	73.68	1.334	66.45	1.203	60.39	1.093
0.201	106.96	1.935	93.30	1.688	82.49	1.492	73.73	1.334	66.50	1.203	60.44	1.093
0.202	107.01	1.934	93.35	1.687	82.54	1.492	73.78	1.333	66.55	1.203	60.48	1.093
0.203	107.06	1.933	93.40	1.687	82.58	1.491	73.83	1.333	66.59	1.203	60.53	1.093
0.204	107.11	1.933	93.45	1.686	82.63	1.491	73.87	1.333	66.64	1.202	60.58	1.093
0.205	107.16	1.932	93.50	1.686	82.68	1.491	73.92	1.333	66.69	1.202	60.62	1.093
0.206	107.21	1.931	93.55	1.685	82.73	1.490	73.97	1.332	66.73	1.202	60.67	1.093
0.207	107.25	1.931	93.59	1.685	82.78	1.490	74.01	1.332	66.78	1.202	60.71	1.093
0.208	107.30	1.930	93.64	1.684	82.83	1.490	74.06	1.332	65.83	1.202	60.76	1.093
0.209	107.35	1.929	93.69	1.684	82.87	1.489	74.11	1.332	65.87	1.202	60.80	1.093
0.210	107.40	1.929	93.74	1.683	82.92	1.489	74.15	1.332	65.92	1.202	60.85	1.093
0.211	107.45	1.928	93.79	1.683	82.97	1.489	74.20	1.331	65.96	1.202	60.89	1.093
0.212	107.50	1.927	93.84	1.682	83.02	1.488	74.25	1.331	67.01	1.201	60.94	1.093
0.213	107.54	1.927	93.88	1.682	83.06	1.488	74.29	1.331	67.05	1.201	60.98	1.092
0.214	107.59	1.926	93.93	1.682	83.11	1.488	74.34	1.331	67.10	1.201	61.02	1.092
0.215	107.65	1.925	93.98	1.681	83.16	1.487	74.38	1.331	67.14	1.201	61.07	1.092
0.216	107.69	1.925	94.02	1.681	83.20	1.487	74.43	1.330	67.19	1.201	61.11	1.092
0.217	107.73	1.924	94.07	1.680	83.25	1.487	74.48	1.330	67.23	1.201	61.15	1.092
0.218	107.78	1.924	94.12	1.680	83.30	1.487	74.52	1.330	67.28	1.200	61.20	1.092
0.219	107.83	1.923	94.16	1.679	83.34	1.486	74.57	1.330	67.32	1.201	61.24	1.092
0.220	107.87	1.922	94.21	1.679	83.38	1.486	74.61	1.330	67.36	1.200	61.28	1.092

续表 10-68

R/m	n													
	0.014		0.017		0.020		0.025		0.030		0.035		0.040	
	C	K	C	K	C	K	C	K	C	K	C	K	C	K
0.181	54.34	1	42.78	0.787	34.90	0.642	26.24	0.483	20.67	0.380	16.82	0.310	1.403	0.258
0.182	54.39	1	42.83	0.787	34.94	0.642	26.27	0.483	20.70	0.381	16.85	0.310	1.405	0.258
0.183	54.44	1	42.88	0.788	34.99	0.643	26.31	0.483	20.74	0.381	16.88	0.310	1.408	0.259
0.184	54.49	1	42.92	0.788	35.03	0.643	26.35	0.484	20.77	0.381	16.91	0.310	1.411	0.259
0.185	54.54	1	42.97	0.788	35.07	0.643	26.39	0.484	20.80	0.381	16.94	0.311	1.414	0.259
0.186	54.59	1	43.01	0.788	35.11	0.643	26.42	0.484	20.84	0.382	16.98	0.311	1.417	0.260
0.187	54.63	1	43.06	0.788	35.15	0.643	26.46	0.484	20.87	0.382	17.01	0.311	1.420	0.260
0.188	54.68	1	43.10	0.788	35.20	0.644	26.50	0.485	20.90	0.382	17.04	0.312	1.422	0.260
0.189	54.73	1	43.15	0.788	35.24	0.644	26.54	0.485	20.94	0.383	17.07	0.312	1.425	0.260
0.190	54.78	1	43.19	0.788	35.28	0.644	26.57	0.485	20.97	0.383	17.10	0.312	1.428	0.261
0.191	54.83	1	43.23	0.789	35.32	0.644	26.61	0.485	21.00	0.383	17.13	0.312	1.431	0.261
0.192	54.87	1	43.28	0.789	35.36	0.644	26.65	0.486	21.00	0.383	17.15	0.313	1.433	0.261
0.193	54.92	1	43.32	0.789	35.40	0.645	26.68	0.486	21.07	0.384	17.18	0.313	1.436	0.261
0.194	54.97	1	43.36	0.789	35.44	0.645	26.72	0.486	21.10	0.384	17.21	0.313	1.439	0.262
0.195	55.01	1	43.41	0.789	35.48	0.645	26.75	0.486	21.13	0.384	17.24	0.313	1.441	0.262
0.196	55.06	1	43.45	0.789	35.52	0.645	26.79	0.487	21.16	0.384	17.27	0.314	1.444	0.262
0.197	55.11	1	43.49	0.789	35.56	0.645	26.83	0.487	21.20	0.385	17.30	0.314	1.447	0.263
0.198	55.15	1	43.54	0.789	35.60	0.646	26.86	0.487	21.23	0.385	17.33	0.314	1.449	0.263
0.199	55.20	1	43.58	0.790	35.64	0.646	26.90	0.487	21.26	0.385	17.36	0.315	1.452	0.263
0.200	55.24	1	43.62	0.790	35.68	0.646	26.93	0.488	21.29	0.385	17.39	0.315	1.455	0.263
0.201	55.29	1	43.66	0.790	35.72	0.646	26.97	0.488	21.33	0.386	17.42	0.315	14.57	0.264
0.202	55.33	1	43.71	0.790	35.76	0.646	27.00	0.488	21.36	0.386	17.45	0.315	14.60	0.264
0.203	55.38	1	43.75	0.790	35.80	0.646	27.04	0.488	21.39	0.386	17.48	0.316	14.62	0.264
0.204	55.42	1	43.79	0.790	35.84	0.647	27.07	0.488	21.42	0.386	17.50	0.316	14.65	0.264
0.205	55.47	1	43.83	0.790	35.87	0.647	27.11	0.489	21.45	0.387	17.53	0.316	14.68	0.265
0.206	55.51	1	43.87	0.790	35.91	0.647	27.14	0.489	21.48	0.387	17.56	0.316	14.70	0.265
0.207	55.55	1	43.91	0.790	35.95	0.647	27.17	0.489	21.51	0.387	17.59	0.317	14.73	0.265
0.208	55.60	1	43.95	0.790	35.99	0.647	27.21	0.489	21.54	0.387	17.62	0.317	14.76	0.265
0.209	55.64	1	44.00	0.791	35.03	0.647	27.24	0.490	21.57	0.388	17.65	0.317	14.78	0.266
0.210	55.69	1	44.04	0.791	36.07	0.648	27.28	0.490	21.61	0.388	17.67	0.317	14.81	0.266
0.211	55.73	1	44.08	0.791	36.10	0.648	27.31	0.490	21.64	0.388	17.70	0.318	14.83	0.266
0.212	55.77	1	44.11	0.791	36.14	0.648	27.34	0.490	21.67	0.388	17.70	0.318	14.86	0.266
0.213	55.82	1	44.16	0.791	36.18	0.648	27.38	0.490	21.70	0.389	17.76	0.318	14.88	0.267
0.214	55.86	1	44.20	0.791	36.22	0.648	27.41	0.491	21.73	0.389	17.78	0.318	14.91	0.267
0.215	55.90	1	44.24	0.791	36.25	0.648	27.44	0.491	21.76	0.389	17.81	0.319	14.93	0.267
0.216	55.95	1	44.28	0.791	36.29	0.649	27.48	0.491	21.79	0.389	17.84	0.319	14.96	0.267
0.217	55.99	1	44.32	0.792	36.33	0.649	27.51	0.491	21.82	0.390	17.87	0.319	14.98	0.268
0.218	56.03	1	44.36	0.792	36.36	0.649	27.54	0.492	21.85	0.390	17.89	0.319	15.00	0.268
0.219	56.07	1	44.40	0.792	36.40	0.649	27.58	0.492	21.88	0.390	17.92	0.320	15.03	0.268
0.220	56.12	1	44.43	0.792	36.44	0.649	27.61	0.492	21.91	0.390	17.95	0.320	15.06	0.268

续表 10-68

R/m	n											
	0.008		0.009		0.010		0.011		0.012		0.013	
	C	K	C	K	C	K	C	K	C	K	C	K
0.221	107.93	1.922	94.26	1.678	83.43	1.486	74.66	1.329	67.41	1.200	61.33	1.092
0.222	107.97	1.921	94.30	1.678	83.48	1.485	74.70	1.329	67.45	1.200	61.37	1.092
0.223	108.02	1.921	94.35	1.678	83.52	1.485	74.74	1.329	67.49	1.200	61.41	1.092
0.224	108.06	1.920	94.40	1.677	83.57	1.485	74.79	1.329	67.54	1.200	61.45	1.092
0.225	108.10	1.919	94.44	1.677	83.61	1.484	74.83	1.329	67.58	1.200	61.50	1.092
0.226	108.15	1.919	94.48	1.676	83.66	1.484	74.88	1.328	67.37	1.200	61.54	1.092
0.227	108.19	1.918	94.53	1.676	83.70	1.484	74.92	1.328	67.67	1.200	61.58	1.092
0.228	108.25	1.918	94.57	1.675	83.74	1.484	74.96	1.328	67.71	1.200	61.62	1.092
0.229	108.28	1.917	94.26	1.675	83.79	1.483	75.01	1.328	67.75	1.200	61.67	1.092
0.230	108.33	1.913	94.66	1.675	83.83	1.483	75.05	1.328	67.79	1.200	61.70	1.092
0.231	108.37	1.916	94.71	1.674	83.88	1.483	75.09	1.328	67.84	1.200	61.75	1.092
0.232	108.43	1.915	94.72	1.674	83.92	1.482	75.13	1.327	67.88	1.200	61.79	1.092
0.233	108.46	1.915	94.79	1.673	83.96	1.482	75.18	1.327	67.92	1.199	61.83	1.091
0.234	108.50	1.914	94.84	1.673	84.01	1.482	75.22	1.327	67.96	1.199	61.87	1.091
0.235	108.55	1.914	94.88	1.673	84.05	1.482	75.26	1.327	68.00	1.199	61.91	1.091
0.236	108.59	1.913	94.92	1.672	84.09	1.481	75.30	1.327	68.04	1.199	61.95	1.091
0.237	108.64	1.912	94.97	1.672	84.13	1.481	75.35	1.326	68.08	1.199	61.99	1.091
0.238	108.68	1.912	95.01	1.671	84.18	1.481	75.39	1.316	68.13	1.198	62.03	1.091
0.239	108.72	1.911	95.05	1.671	84.22	1.481	75.43	1.326	68.17	1.198	62.07	1.091
0.240	108.77	1.911	95.10	1.671	84.26	1.480	75.47	1.326	68.21	1.198	62.11	1.091
0.241	108.81	1.910	95.14	1.670	84.30	1.480	75.51	1.326	68.25	1.198	62.15	1.091
0.242	108.85	1.910	95.18	1.670	84.34	1.480	75.55	1.326	68.29	1.198	62.19	1.091
0.243	108.89	1.909	95.22	1.669	84.39	1.479	75.59	1.325	68.33	1.198	62.23	1.091
0.244	108.94	1.909	95.27	1.669	84.43	1.479	75.64	1.325	68.37	1.198	62.27	1.091
0.245	108.98	1.908	95.31	1.669	84.47	1.479	75.68	1.325	68.41	1.198	62.31	1.091
0.246	109.03	1.908	95.35	1.668	84.51	1.479	75.72	1.325	68.45	1.198	62.34	1.091
0.247	109.06	1.907	95.39	1.668	84.55	1.478	75.76	1.325	68.49	1.198	62.38	1.091
0.248	109.10	1.906	95.43	1.668	84.59	1.478	78.80	1.325	68.53	1.197	62.42	1.091
0.249	109.15	1.906	95.47	1.667	84.63	1.478	75.84	1.324	68.57	1.197	62.46	1.091
0.250	109.19	1.905	95.52	1.666	84.67	1.478	75.88	1.324	68.61	1.197	62.50	1.091
0.260	109.59	1.900	95.92	1.663	85.07	1.475	76.27	1.322	68.99	1.196	62.88	1.090
0.270	109.99	1.895	96.31	1.660	85.46	1.473	76.65	1.321	69.36	1.195	63.24	1.090
0.280	110.37	1.891	96.69	1.656	85.83	1.470	77.02	1.319	69.72	1.194	63.59	1.090
0.290	110.74	1.886	97.06	1.653	86.20	1.468	77.37	1.318	70.07	1.194	63.94	1.089
0.300	111.10	1.882	97.41	1.650	86.55	1.166	77.72	1.316	70.41	1.193	64.27	1.089
0.310	111.44	1.878	97.76	1.647	86.89	1.464	78.06	1.315	70.74	1.192	64.59	1.088
0.320	111.78	1.874	98.09	1.644	87.22	1.462	78.38	1.314	71.06	1.191	64.90	1.088
0.330	112.11	1.870	98.42	1.642	87.54	1.460	78.70	1.313	71.37	1.190	65.21	1.088
0.340	112.43	1.866	98.74	1.639	87.86	1.458	79.01	1.311	71.68	1.190	65.51	1.087
0.350	112.74	1.863	99.05	1.636	88.16	1.456	79.31	1.310	71.97	1.189	65.80	1.087

续表 10-68

R/m	n													
	0.014		0.017		0.020		0.025		0.030		0.035		0.040	
	C	K	C	K	C	K	C	K	C	K	C	K	C	K
0.221	56.16	1	44.47	0.792	36.47	0.649	27.64	0.492	21.94	0.391	17.97	0.320	15.08	0.269
0.222	56.20	1	44.51	0.792	36.51	0.650	27.67	0.492	21.97	0.391	18.00	0.320	15.11	0.269
0.223	56.24	1	44.55	0.792	36.55	0.650	27.71	0.493	22.00	0.391	18.03	0.321	15.13	0.269
0.224	56.28	1	44.59	0.792	36.58	0.650	27.74	0.493	22.02	0.391	18.05	0.321	15.16	0.269
0.225	56.32	1	44.63	0.792	36.62	0.650	27.77	0.493	22.05	0.392	18.08	0.321	15.18	0.270
0.226	56.36	1	44.67	0.792	36.65	0.650	27.80	0.493	22.08	0.392	18.11	0.321	15.21	0.270
0.227	56.40	1	44.70	0.793	36.69	0.650	28.84	0.493	22.11	0.392	18.13	0.322	15.23	0.270
0.228	56.45	1	44.74	0.793	36.72	0.650	27.87	0.494	22.14	0.392	18.16	0.322	15.25	0.270
0.229	56.49	1	44.78	0.793	36.76	0.651	27.90	0.494	22.17	0.392	18.19	0.322	15.28	0.270
0.230	56.53	1	44.82	0.793	36.80	0.651	27.92	0.494	22.20	0.393	18.21	0.322	15.30	0.271
0.231	56.57	1	44.86	0.793	36.83	0.651	27.96	0.494	22.22	0.393	18.24	0.322	15.33	0.271
0.232	56.61	1	44.89	0.793	36.87	0.651	27.99	0.495	22.25	0.393	18.26	0.323	15.35	0.271
0.233	56.65	1	44.93	0.793	36.90	0.651	28.02	0.495	22.28	0.393	18.29	0.323	15.37	0.271
0.234	56.69	1	44.97	0.793	36.93	0.652	28.06	0.495	22.31	0.394	18.32	0.323	15.40	0.272
0.235	56.73	1	45.00	0.793	36.97	0.652	28.09	0.495	22.34	0.394	18.34	0.323	15.42	0.272
0.236	56.77	1	45.04	0.793	37.00	0.652	28.12	0.495	22.37	0.394	18.37	0.324	15.44	0.272
0.237	56.80	1	45.08	0.794	37.04	0.652	28.15	0.496	22.39	0.394	18.39	0.324	15.47	0.272
0.238	56.84	1	45.11	0.794	37.07	0.652	28.18	0.496	22.42	0.394	18.42	0.324	15.49	0.273
0.239	56.88	1	45.15	0.794	37.11	0.652	28.21	0.496	22.45	0.395	18.44	0.324	15.50	0.273
0.240	56.92	1	45.19	0.794	37.14	0.652	28.24	0.496	22.48	0.395	18.47	0.324	15.54	0.273
0.241	56.96	1	45.22	0.794	37.17	0.653	28.27	0.496	22.50	0.395	18.49	0.325	15.56	0.273
0.242	57.00	1	45.26	0.794	37.21	0.653	28.30	0.497	22.53	0.395	18.52	0.325	15.58	0.273
0.243	57.04	1	45.30	0.794	37.24	0.653	28.33	0.497	22.56	0.396	18.55	0.325	15.61	0.274
0.244	57.08	1	45.33	0.794	37.28	0.653	28.36	0.497	22.59	0.396	18.57	0.325	15.63	0.274
0.245	57.11	1	45.37	0.794	37.31	0.653	28.39	0.497	22.61	0.396	18.59	0.326	15.65	0.274
0.246	57.15	1	45.40	0.794	37.34	0.653	28.42	0.497	22.64	0.396	18.62	0.326	15.68	0.274
0.247	57.19	1	45.44	0.795	37.38	0.654	28.45	0.497	22.67	0.396	18.64	0.326	15.70	0.275
0.248	57.23	1	45.47	0.795	37.41	0.654	28.48	0.498	22.70	0.397	18.67	0.326	15.72	0.275
0.249	57.27	1	45.51	0.795	37.44	0.654	28.51	0.498	22.72	0.397	18.69	0.326	15.74	0.275
0.250	57.30	1	45.54	0.795	37.47	0.654	28.54	0.498	22.75	0.397	18.72	0.327	15.77	0.275
0.260	57.67	1	45.89	0.796	37.80	0.655	28.83	0.500	23.01	0.399	18.96	0.329	15.99	0.277
0.270	58.03	1	46.22	0.797	38.11	0.657	29.11	0.501	23.27	0.401	19.20	0.331	16.21	0.279
0.280	58.38	1	46.55	0.797	38.41	0.658	29.39	0.503	23.52	0.402	19.42	0.333	16.42	0.281
0.290	58.71	1	46.86	0.798	38.71	0.659	29.65	0.505	23.76	0.405	19.65	0.335	16.62	0.283
0.300	59.04	1	47.16	0.799	38.99	0.660	29.91	0.507	24.00	0.406	19.86	0.336	16.82	0.285
0.310	59.35	1	47.46	0.800	39.29	0.662	30.16	0.508	24.23	0.408	20.08	0.338	17.02	0.287
0.320	59.66	1	47.75	0.800	39.54	0.663	30.41	0.510	24.45	0.410	20.28	0.340	17.21	0.289
0.330	59.96	1	48.03	0.801	39.80	0.664	30.65	0.511	24.67	0.411	20.48	0.342	17.40	0.290
0.340	60.25	1	48.30	0.802	40.06	0.665	30.88	0.513	24.88	0.413	20.68	0.343	17.58	0.292
0.350	60.53	1	48.57	0.803	40.31	0.666	31.11	0.514	25.09	0.415	20.87	0.345	17.76	0.293

续表 10-68

R/m	n											
	0.008		0.009		0.010		0.011		0.012		0.013	
	C	K	C	K	C	K	C	K	C	K	C	K
0.360	113.05	1.859	99.35	1.634	88.46	1.455	79.60	1.309	72.26	1.188	66.08	1.087
0.370	113.35	1.856	99.65	1.631	88.75	1.153	79.89	1.308	72.54	1.188	66.35	1.086
0.380	113.64	1.853	99.94	1.629	89.04	1.451	80.17	1.307	72.81	1.187	66.62	1.086
0.390	113.92	1.849	100.22	1.627	89.32	1.450	80.44	1.306	73.08	1.186	66.89	1.086
0.400	114.20	1.846	100.49	1.624	89.59	1.448	80.71	1.305	73.35	1.186	67.14	1.086
0.410	114.47	1.843	100.76	1.623	89.85	1.447	80.97	1.304	73.60	1.185	67.40	1.085
0.420	114.74	1.841	101.03	1.621	90.11	1.446	81.23	1.303	73.85	1.185	67.64	1.085
0.430	115.00	1.838	101.29	1.619	90.37	1.444	81.48	1.302	74.10	1.184	67.88	1.085
0.440	115.26	1.835	101.54	1.617	90.62	1.443	81.20	1.301	74.34	1.184	68.12	1.085
0.450	115.51	1.832	101.79	1.615	90.86	1.442	81.96	1.300	74.58	1.183	68.35	1.084
0.460	115.75	1.830	102.03	1.612	91.10	1.440	82.20	1.299	74.81	1.183	68.58	1.084
0.470	115.99	1.827	102.27	1.611	91.34	1.439	82.43	1.299	75.03	1.182	68.80	1.084
0.480	116.23	1.825	102.51	1.609	91.57	1.438	82.66	1.298	75.26	1.182	69.02	1.084
0.490	116.46	1.823	102.74	1.608	91.81	1.437	82.88	1.297	75.47	1.181	69.23	1.083
0.500	116.69	1.820	102.96	1.606	92.02	1.435	83.10	1.296	75.69	1.181	69.44	1.083
0.550	117.78	1.810	104.04	1.599	93.08	1.430	84.13	1.293	76.71	1.179	70.44	1.082
0.600	118.79	1.800	105.03	1.592	94.05	1.425	85.10	1.290	77.65	1.177	71.36	1.081
0.650	119.73	1.792	105.96	1.586	94.96	1.421	85.99	1.287	78.52	1.175	72.22	1.081
0.700	120.61	1.784	106.82	1.580	95.81	1.417	86.82	1.284	79.33	1.174	73.01	1.080
0.750	121.44	1.777	107.63	1.575	96.61	1.414	87.60	1.282	80.10	1.172	73.76	1.079
0.800	122.22	1.771	108.40	1.571	97.36	1.411	88.33	1.280	80.82	1.171	74.46	1.079
0.850	122.97	1.765	109.13	1.566	98.07	1.408	89.03	1.278	81.49	1.170	75.13	1.078
0.900	123.68	1.760	109.82	1.562	98.74	1.405	89.68	1.276	82.14	1.169	75.76	1.078
0.850	124.35	1.755	110.48	1.559	99.39	1.402	90.31	1.274	82.75	1.168	76.35	1.077
1.00	125.00	1.750	111.11	1.556	100.00	1.400	90.91	1.273	83.33	1.167	76.92	1.077
1.10	126.22	1.742	112.30	1.550	101.15	1.396	92.03	1.270	84.42	1.165	77.99	1.076
1.20	127.35	1.734	113.39	1.544	102.21	1.392	93.06	1.268	85.43	1.164	78.96	1.076
1.30	128.41	1.728	114.41	1.540	103.20	1.389	94.01	1.265	86.35	1.162	79.87	1.075
1.40	129.41	1.723	115.37	1.536	104.12	1.386	94.91	1.263	87.22	1.161	80.70	1.074
1.50	130.35	1.718	116.27	1.532	104.99	1.384	95.74	1.261	88.03	1.160	81.49	1.074
1.60	131.24	1.714	117.12	1.529	105.80	1.381	96.53	1.260	88.78	1.159	82.22	1.074
1.70	132.09	1.710	117.93	1.526	106.57	1.379	97.27	1.259	89.50	1.158	82.91	1.073
1.80	132.90	1.706	118.70	1.524	107.31	1.378	97.97	1.258	90.18	1.158	83.57	1.073
1.90	133.67	1.703	119.43	1.522	108.01	1.376	98.64	1.257	90.82	1.157	84.19	1.073
2.00	134.42	1.700	120.13	1.520	108.67	1.375	99.28	1.256	91.43	1.156	84.77	1.072
2.50	137.77	1.690	123.26	1.512	111.62	1.369	102.07	1.252	94.09	1.154	87.33	1.071
3.00	140.64	1.685	125.91	1.508	114.09	1.367	104.39	1.250	96.28	1.153	89.40	1.071
3.50	143.19	1.682	128.23	1.506	116.22	1.365	106.37	1.249	98.13	1.153	91.14	1.071
4.00	145.48	1.681	130.29	1.506	118.10	1.365	108.09	1.249	99.73	1.153	92.63	1.071
4.50	147.58	1.682	132.16	1.506	119.78	1.365	109.62	1.250	101.13	1.153	93.92	1.071
5.00	149.52	1.684	133.87	1.508	121.30	1.366	110.99	1.250	102.37	1.153	95.06	1.071
5.50	151.34	1.687	135.45	1.510	122.70	1.368	112.24	1.251	103.49	1.154	96.07	1.071
6.00	153.05	1.691	136.93	1.513	123.99	1.370	113.37	1.253	104.50	1.155	96.97	1.071
6.50	154.67	1.695	138.31	1.516	125.18	1.372	114.42	1.254	105.42	1.155	97.79	1.072
7.00	156.21	1.700	139.61	1.519	126.30	1.374	115.38	1.256	106.26	1.156	98.53	1.072

续表 10-68

R/m	n													
	0.014		0.017		0.020		0.025		0.030		0.035		0.040	
	C	K	C	K	C	K	C	K	C	K	C	K	C	K
0.360	60.81	1	48.83	0.803	40.56	0.667	31.33	0.515	25.30	0.416	21.06	0.346	17.94	0.295
0.370	61.08	1	49.08	0.804	40.79	0.668	31.55	0.517	25.50	0.417	21.25	0.348	18.11	0.296
0.380	61.34	1	49.38	0.804	41.03	0.669	31.76	0.518	25.69	0.419	21.43	0.349	18.28	0.298
0.390	61.60	1	49.57	0.805	41.26	0.670	31.97	0.519	25.88	0.420	21.60	0.351	18.44	0.299
0.400	61.85	1	49.84	0.805	41.48	0.671	32.17	0.520	26.07	0.421	21.78	0.352	18.60	0.301
0.410	62.10	1	50.04	0.806	41.70	0.671	32.37	0.521	26.25	0.423	21.95	0.353	18.76	0.302
0.420	62.34	1	50.27	0.806	41.91	0.672	32.57	0.522	26.43	0.424	22.11	0.355	18.92	0.303
0.430	62.58	1	50.49	0.807	42.12	0.673	32.76	0.523	26.67	0.425	22.28	0.356	19.07	0.305
0.440	62.81	1	50.71	0.807	42.33	0.674	32.94	0.525	26.78	0.426	22.44	0.357	19.22	0.306
0.450	63.03	1	50.92	0.808	42.53	0.675	33.13	0.526	26.95	0.428	22.60	0.358	19.37	0.307
0.460	63.26	1	51.13	0.808	42.73	0.675	33.31	0.527	27.12	0.429	22.75	0.360	19.51	0.308
0.470	63.47	1	51.34	0.809	42.92	0.676	33.49	0.528	27.28	0.430	22.90	0.361	19.66	0.310
0.480	63.69	1	51.54	0.809	43.11	0.677	33.66	0.529	27.44	0.431	23.05	0.362	19.80	0.311
0.490	63.90	1	51.73	0.810	43.30	0.678	33.83	0.529	27.60	0.432	23.20	0.363	19.93	0.312
0.500	64.10	1	51.93	0.810	43.48	0.678	34.00	0.530	27.76	0.433	23.34	0.364	20.07	0.313
0.550	65.08	1	52.85	0.812	44.35	0.681	34.80	0.535	28.50	0.438	24.03	0.369	20.72	0.318
0.600	65.99	1	53.70	0.814	45.16	0.684	35.54	0.539	29.18	0.442	24.67	0.374	21.32	0.323
0.650	66.82	1	54.49	0.815	45.90	0.687	36.22	0.542	29.82	0.446	25.27	0.378	21.88	0.327
0.700	67.60	1	55.23	0.817	46.60	0.690	36.87	0.545	30.41	0.450	25.83	0.382	22.41	0.331
0.750	68.34	1	55.92	0.818	47.25	0.691	37.47	0.548	30.97	0.453	26.35	0.386	22.90	0.335
0.800	69.02	1	56.56	0.819	47.86	0.693	38.03	0.551	31.50	0.456	26.85	0.389	23.37	0.339
0.850	69.67	1	57.17	0.821	48.44	0.695	38.56	0.553	31.99	0.459	27.31	0.392	23.81	0.342
0.900	70.29	1	57.75	0.822	48.99	0.697	39.07	0.556	32.46	0.462	27.75	0.395	24.23	0.345
0.850	70.87	1	58.30	0.823	49.51	0.699	39.55	0.558	32.91	0.464	28.17	0.398	24.62	0.347
1.00	71.43	1	58.82	0.824	50.00	0.700	40.00	0.560	33.33	0.467	28.57	0.400	25.00	0.350
1.10	72.47	1	59.80	0.825	50.92	0.703	40.85	0.564	34.12	0.471	29.31	0.405	25.70	0.355
1.20	73.42	1	60.69	0.827	51.76	0.705	41.62	0.567	34.84	0.475	29.99	0.409	26.35	0.359
1.30	74.30	1	61.51	0.828	52.53	0.707	42.33	0.570	35.50	0.478	30.61	0.412	26.94	0.363
1.40	75.11	1	62.27	0.829	53.24	0.709	42.98	0.572	36.11	0.481	31.19	0.415	27.48	0.366
1.50	75.88	1	62.97	0.830	53.91	0.710	43.59	0.574	36.68	0.483	31.72	0.418	27.98	0.369
1.60	76.59	1	63.63	0.831	54.52	0.712	44.15	0.576	37.20	0.486	32.21	0.421	28.45	0.371
1.70	77.26	1	64.25	0.832	55.10	0.713	44.68	0.578	37.69	0.488	32.67	0.423	28.88	0.374
1.80	77.89	1	64.83	0.832	55.64	0.714	45.17	0.580	38.14	0.490	33.10	0.425	29.29	0.376
1.90	78.49	1	65.38	0.833	56.15	0.715	45.63	0.581	38.57	0.491	33.49	0.427	29.67	0.378
2.00	79.06	1	85.89	0.833	56.63	0.716	46.06	0.583	38.97	0.493	33.87	0.428	30.02	0.380
2.50	81.51	1	68.11	0.836	58.67	0.720	47.89	0.587	40.64	0.499	35.42	0.435	31.48	0.386
3.00	83.19	1	69.86	0.837	60.25	0.722	49.27	0.590	41.89	0.502	36.57	0.438	32.55	0.390
3.50	85.13	1	71.28	0.837	61.51	0.723	50.35	0.591	42.84	0.503	37.43	0.440	33.34	0.392
4.00	86.53	1	72.46	0.837	62.54	0.723	51.20	0.592	43.57	0.504	38.07	0.440	33.92	0.392
4.50	87.73	1	73.45	0.837	63.38	0.722	51.87	0.591	44.13	0.503	38.55	0.439	34.33	0.391
5.00	88.77	1	74.29	0.837	64.07	0.722	52.40	0.590	44.55	0.502	38.90	0.438	34.62	0.390
5.50	89.69	1	75.00	0.836	64.65	0.721	52.82	0.589	44.86	0.500	39.13	0.436	34.81	0.388
6.00	90.51	1	75.61	0.835	65.12	0.719	53.14	0.587	45.08	0.498	39.29	0.434	34.91	0.386
6.50	91.24	1	76.14	0.835	65.51	0.718	53.38	0.585	45.23	0.496	39.36	0.431	34.94	0.383
7.00	91.89	1	76.60	0.834	65.83	0.716	53.55	0.583	45.31	0.493	39.38	0.429	34.91	0.380

10.1.3.3 一次铁皮沉淀池

由铁皮沟流出来的含氧化铁皮废水，首先进入一次铁皮沉淀池（图 10-28），经初步沉淀后，大约有 70%～80%的氧化铁皮沉淀下来，废水得到初步处理。

A 设计计算

a 池长

$$L_0 = \alpha v t \tag{10-15}$$

式中 L_0——池长，m；

v——平均水平流速，一般为 0.05～0.10m/s；

α——考虑紊动及池子结构缺陷的系数，$\alpha = 1.0 \sim 1.2$；

t——停留时间，一般取 60～300s。为了防止对提升泵的磨损，大型钢厂停留时间取 10min 左右。

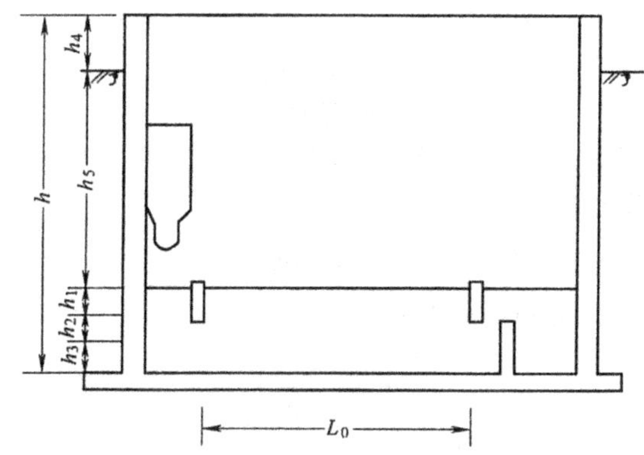

图 10-28 一次铁皮沉淀池剖面图

b 池宽

沉淀池宽度要考虑抓斗工作条件和泵站布置情况，并满足长宽比为 1.2～1.5 的要求。一般不小于 3.0m。

$$B = \frac{Q}{3600 h_1 v} \tag{10-16}$$

式中 B——池宽，m；

Q——处理水量，m^3/h；

h_1——水流部分高度，一般取 1.0～3.0m。

c 池深

$$H = h_1 + h_2 + h_3 + h_4 + h_5 \tag{10-17}$$

式中 H——池深，m；

h_2——中间层高度，约 0.5m；

h_3——沉渣部分高度，一般按钢板（车间）、大型（车间）2.5m、小型（车间）2.0m；

h_4——地面以上保护高度，取 1.0m；

h_5——沉淀池水面到车间地坪的距离，m。

d 抓斗能力 V_1

清渣设备的能力和沉淀池渣坑部分的容积，取决于沉淀池的清渣制度和每天沉积的氧

化铁皮量。一次铁皮沉淀池通常设于车间的副跨并利用该跨的吊车，但也有设在车间外的情况。清渣设备的能力

$$V_1 = \frac{V_2}{60T} \tag{10-18}$$

式中 V_1——抓斗能力，m^3/min；

T——抓斗 1 天的工作时间，h；

V_2——在 1 天内需清除的铁皮量，m^3。

当每天清渣时

$$V_2 = \frac{G_1}{\gamma_1} \tag{10-19}$$

式中 γ_1——氧化铁皮的干容重，t/m^3（表 10-29）；

G_1——1 天内沉积铁皮的质量，t。

$$G_1 = \frac{24G\eta_1}{f} \tag{10-20}$$

式中 G——年氧化铁皮量，t；

f——轧机年工作小时，h；

η_1——1 次铁皮沉淀池的效率，约 70%～80%。

当在清渣周期内某 1 天集中清除时：

$$V_2 = \frac{G_1 t_1}{\gamma_1} \tag{10-21}$$

式中 t_1——清渣周期，d。

$$t_1 = \frac{V\gamma_1}{G_1} \tag{10-22}$$

式中 V——渣坑部分容积，m^3。当每天清渣时，按每天沉积的铁皮容量计算；当集中清渣时，按清渣周期内沉积的铁皮容量计算，但均需满足抓斗的清渣条件。

e 抓斗容积 V_3

$$V_3 = \frac{V_1 t_2}{0.5 \sim 0.7} \tag{10-23}$$

式中 t_2——抓斗每抓一次所需时间，min；

0.5～0.7——抓斗清渣时的充满系数。

f 抓斗起重量 P

$$P = V_3\gamma + P_1 \tag{10-24}$$

式中 P_1——抓斗自身质量，t；

γ——氧化铁皮的湿容重，t/m^3，见表 10-29。

以下为某厂粗轧，精轧及热输出辊道铁皮坑，即一次铁皮沉淀池，其主要设计参数见表 10-69。

表 10-69 某厂一次沉淀池设计参数

项目	粗轧铁皮坑（一次沉淀池）	精轧铁皮坑（一次沉淀池）	热输出辊道（一次沉淀池）
设计水量（平均）/$m^3 \cdot min^{-1}$	65.6	135.5	181.9
配水墙孔口流速/$m \cdot s^{-1}$	0.41	0.85	1.21

续表 10-69

项　　目	粗轧铁皮坑(一次沉淀池)	精轧铁皮坑(一次沉淀池)	热输出辊道(一次沉淀池)
沉淀池水平流速/$m \cdot s^{-1}$	0.025	0.052	0.069
出水铁皮含量/$mg \cdot L^{-1}$	300	250	<100
沉淀池有效容积/m^3	1006	1575	1838
停留时间/min	15.3	11.6	10.1
年铁皮量/t	38000	13600	
铁皮日运量/t	113	40	

注:该池为钢筋混凝土结构,池顶高出地面1.0m,3个池子的宽度均为12.5m,其中粗轧沉淀池沉淀部分长23m,精轧沉淀池长36m,热输出辊道长42m,池底无坡度。

3个池子均采用龙门抓斗吊车清除氧化铁皮,起重量2.5t,起吊高度24m,铁皮从铁皮坑抓出后直接装火车外运。

B 设计注意事项

(1) 沉淀池的进水口应该设在池子的一端,并尽量使进水均匀;

(2) 沉淀池旁需设沉渣脱水坑及相应的抓渣设施,并考虑运输方便;

(3) 沉淀池和脱水坑的池壁及池底,考虑抓斗的工作条件,一般需设钢轨或钢板防护,钢轨的埋设间距300~350mm,池底最好铺设钢板,池顶和隔板顶需埋设角钢;

(4) 沉淀池设在车间内时,应充分利用车间内吊车清渣,沉淀池设在车间外时,应设置龙门抓斗吊车清渣。

(5)为维护管理的方便,在池内抓斗不易触及的部位应设爬梯;

(6) 经一次沉淀池处理的直接冷却水,在管渠中的流速不要小于1.0m/s;

(7) 一次沉淀池提升泵应选用高强耐磨泵;

(8) 当水在一次沉淀池停留时间较长时,应充分考虑除油设施。

10.1.3.4 二次铁皮沉淀池(平流沉淀池或斜板沉淀池)

二次铁皮沉淀池(图10-29)的设计,应根据直接冷却水处理构筑物的配置和同类轧机氧化铁皮颗粒的沉降曲线进行。当二次铁皮沉淀池用作最后一级处理并有部分水量从这里排出时,应处理到满足排放标准的要求;当二次铁皮沉淀池后尚有其他净化设施作进一步处理时,应按较合理的沉淀效率所对应的沉降速度进行,以满足下一级处理构筑物对进口悬浮物量的要求,而不选用较高的沉淀效率,以利于减少沉淀池的占地面积和造价。例如,用作最后一级处理时,通常采用的颗粒沉降速度为1m/h左右;某热轧带钢车间,在二次沉淀池后设有压力过滤器,这时沉淀池的设计沉降速度为6m/h。

A 设计计算

a 池长 L_0

$$L_0 = \alpha v t \tag{10-25}$$

式中 L_0——池长,m;

v——平均水平流速,通常为14~22m/h;

α——考虑紊动及池子结构缺陷的系数,1.0~1.2;

t——停留时间,h,与效率无关。

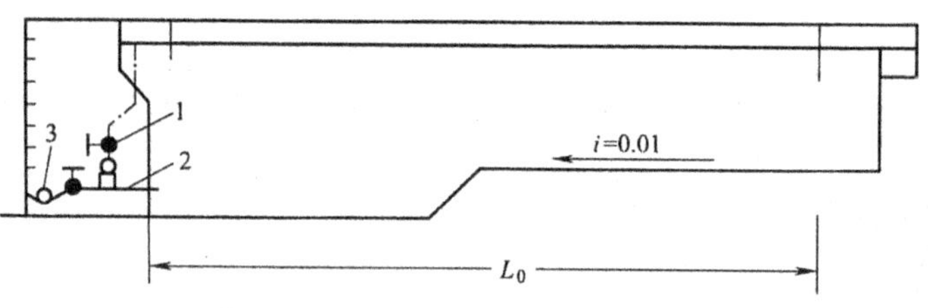

图 10-29 二次铁皮沉淀池剖面图
1—进水管;2—放空管;3—排水管

$$t=\frac{h_1}{u_0} \tag{10-26}$$

式中 h_1——流动层高度,一般取 1.5~3.0m;

u_0——设计采用的颗粒沉降速度,根据要求的沉淀效率,参照类似车间的设计沉速或由同类轧机的沉降曲线查得。当无资料可查时,可按 $u_0=0.70\sim1.25\text{m/h}$ 设计(表 10-70)。

表 10-70 颗粒沉降速度与效率

$u_0/\text{m}\cdot\text{h}^{-1}$	效 率/%	
	钢板车间、大型车间	小型车间
1.25	80	
0.7	90	50

b 池宽 B

$$B=\frac{Q}{h_1 v} \tag{10-27}$$

式中 B——池宽,m;

Q——处理水量,m^3/h。

c 池深 H

$$H=h_1+h_2+h_3 \tag{10-28}$$

式中 H——池深,m;

h_2——沉渣层高度,m;

h_3——水面至池顶的高度,这时池顶应高出地面 0.3m。

d 每格池宽 b

每格沉淀池的宽度应考虑抓斗的工作条件并满足长宽比不小于 3~4 的要求,通常取 4~6m 或更大。

$$b=\frac{L_0}{\beta} \tag{10-29}$$

式中 b——每格池宽,m;

β——池子的长宽比。

e 格数

沉淀池的总格数应根据设计水量计算求得,一般不得少于 2 格。当采用人工清泥时,可在设计计算求得格数的基础上再增加 1 格清泥停池数。

$$n = \frac{B}{b} + n_1 \tag{10-30}$$

式中 $\frac{B}{b}$——由设计水量求得的格数；

n_1——清渣停池数，格。

f 清渣周期

$$t_1 = \frac{V}{V_4} \tag{10-31}$$

式中 t_1——清渣周期，d；

V——沉渣部分容积，m^3。

$$V = B(L_0 h_2 + L_1 h_4) \tag{10-32}$$

式中 h_4——渣坑部分高度，一般不小于1.0m；

L_1——渣坑部分长度，m；

V_4——1天内沉积氧化铁皮的容量。

$$V_4 = \frac{G_2}{\gamma_2} \times \frac{100}{(100-\rho)} \tag{10-33}$$

式中 γ_2——氧化铁皮污泥的含水容重，t/m^3；

ρ——氧化铁皮污泥的含水率，%；

含水率 ρ，%	铁皮容重 γ_2，t/m^3
30	2.28
35	2.08
40	1.92

G_2——1天内沉积铁皮的质量，t，

$$G_2 = \frac{24G(1-\eta_1)\eta_2}{f} \tag{10-34}$$

式中 G——1年氧化铁皮量，t；

η_1——一次铁皮沉淀池的效率，%；

η_2——二次铁皮沉淀池的效率，%；

f——轧机年工作小时，h。

g 清渣能力 V_1

二次铁皮沉淀池通常设有专门的清渣设备。当每天清渣时，可减小抓斗的容量和起重设备能力并适当减小沉渣部分的容积，但要专人管理；当在清渣周期内一次集中清除时，可节省人力，但设备能力和沉渣部分容积相应增大。

$$V_1 = \frac{V_2}{60T} \tag{10-35}$$

式中 V_1——清渣能力，m^3/min；

T——抓斗1天的工作时间，h；

V_2——在1天内需清除的铁皮容量，m^3。

当每天清渣时：

$$V_2 = V_4 \tag{10-36}$$

当在清渣周期内某一天集中清渣时：

$$V_2 = \frac{G_2 t_1}{\gamma_2} \tag{10-37}$$

式中　t_1——清渣周期，d。

$$t_1 = \frac{V}{V_4} \tag{10-38}$$

式中　V——沉渣部分容积，m^3。

h　抓斗容积

$$V_3 = \frac{V_1 t_2}{0.5 \sim 0.7} \tag{10-39}$$

式中　V_1——抓斗能力，m^3/min；

t_2——每抓1次所需时间，min；

0.5～0.7——抓斗清渣时的充满系数。

i　抓斗起重量

$$P = V_3 \gamma_2 + P_1 \tag{10-40}$$

式中　V_3——抓斗容积，m^3；

γ_2——氧化铁皮污泥的含水容重，t/m^3；

P_1——抓斗自身质量，t。

表10-71为某厂粗轧、精轧二次铁皮沉淀池(平流沉淀池)的主要设计参数。

表10-71　二次沉淀池主要设计参数

项　目	粗轧沉淀池（二次铁皮沉淀池）	精轧沉淀池（二次铁皮沉淀池）
处理水量(平均)/$m^3 \cdot min^{-1}$	49.6	140.5
表面负荷/$m^3 \cdot (m^2 \cdot h)^{-1}$	3	6
配水梓孔口流速/$m \cdot s^{-1}$	0.146	0.414
沉淀池梓流速/$m \cdot s^{-1}$	0.012	0.035
进水铁皮含量/$mg \cdot L^{-1}$	300	250
出水铁皮含量/$mg \cdot L^{-1}$	30	80
有效面积/m^2	1025	1425
有效容积/m^3	2768	3848
停留时间/min	55.8	27.4
沉淀效率留/%	90	68

注：该池为高架式钢筋混凝土结构，池顶高出地面3.8m，分两格，每格宽12.5m，其中粗轧机沉淀部分长41m，精轧机沉淀部分长57m，深度为4.5m，池底无坡度。采用大型移动式铁皮收集器，两格共用1台，每格沉淀池末端设有1台带式除油机。

由铁皮收集器收集的粗氧化铁皮定期用汽车运走。

铁皮收集器由潜水泵、水力旋流器、刮板式运输机、铁皮贮斗、喷射泵、横梁及其他辅助设备组成。

B　设计注意事项

(1) 沉淀池的进水口应该设在池子的一端，并尽量使进水均匀；

(2) 平流沉淀池内应设置刮油刮渣机,出口处设置带式除油机及相应的贮油设施;

(3) 沉淀池集泥斗若采用抓斗清泥则池壁及池底应考虑抓斗的工作条件,一般需设置钢轨或钢板防护;

(4) 沉淀池采用抓斗清渣时应设置门式抓斗吊车及相应的氧化铁皮脱水设施,采用泥浆泵清渣时应设置泥浆泵房。

(5) 有条件时需考虑池子的排空措施。

10.1.3.5 旋流沉淀池

重力式旋流沉淀池是一种在轧钢厂含氧化铁皮废水处理设施设计中广泛采用的一种沉淀池,与平流沉淀池相比较,旋流池的沉淀效率可高达95%~98%;在单位面积负荷较大的情况下,与平流沉淀池的出水水质相当,但投资省、经营管理费用少、占地面积少、清渣方便。

由于旋流沉淀池具有独特的池型结构和沉淀效率高的突出优点,现已广泛用于轧钢车间含氧化铁皮废水处理中。

A 工作原理

轧钢车间含氧化铁皮的废水,以重力流方式沿切线方向进入旋流池。废水在池内旋转上升(下旋型池则旋转下沉,再稳流上升),大颗粒铁皮进入旋流池后,在进水口附近开始下沉。随着水流的旋转和上升,其他颗粒铁皮则被卷入池子中央,大部分沉淀,小部分较细颗粒随水流带出。由竖流式沉淀池和旋流式沉淀池对比试验来看,二者负荷相等时,沉淀效率基本一致。由此可知影响铁皮沉降的决定性因素是一致的,而铁皮颗粒在水中的沉降速度与水流上升速度之差值,大于零者下沉,小于零者上升。影响沉淀效率的因素尚有:

(1) 与细颗粒铁皮的大小、组成比例及水温等因素有关。实践证明,小于60μm的颗粒含量增加时就会降低沉淀效率。

(2) 与沉淀池的进口流速大小有关。试验证明流速小一些好。

B 分类

旋流沉淀池按进水方向可分为上旋式和下旋式两种,按进水位置可分为中心筒进水和外旋式进水。上旋式沉淀池因其进水管道埋设较深,施工困难,而且管道易于沉淀堵塞,维护管理不便等原因,除了现已建成投产使用的以外,新设计的已经很少采用。考虑到旋流沉淀池的清渣方便,在大型轧钢厂逐渐采用外旋式沉淀池(见本手册炼钢部分)。

以下重点介绍下旋式旋流沉淀池。

a 泵房合建下旋式沉淀池

泵房合建下旋式沉淀池(图10-30)在流程上与带旋流反应室的竖流式沉淀池完全相同,除具有与泵房合建的优点外,还有进水管不易堵塞的优点。其进水管可沿着铁皮沟原来的坡度进入池内,因此进水管不会太深,施工方便,易于清理。出水水质主要靠控制上升流速来实现。中心筒部分主要起清渣及配水作用,在计算沉淀池面积时应予扣除。中心筒直径由清渣设备决定。在小水量时,采用铁皮坑还是旋流沉淀池,需做技术经济比较确定。

b 泵房分建多进水口下旋式沉淀池

泵房分建多进水口下旋式沉淀池(图10-31)除具有下旋式沉淀池的优点外,还有布水均匀的特点,处理水量大时较合适。在排除吸水井沉渣方面也有明显的改进。

现在有一些轧钢厂采用周边进水下旋式旋流沉淀池,由于周边进水,水流沿周边旋流下降。旋流速度大,易将铁皮导入沉淀池底部,从而提高沉淀效率。池型详见“炼钢厂给水排水”有关部分。

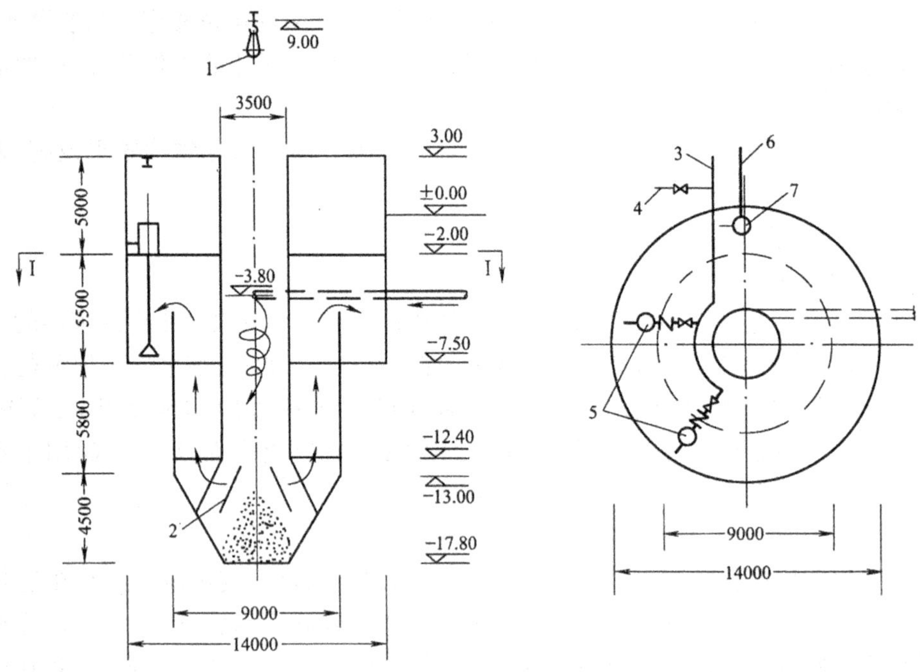

图 10-30　泵房合建下旋式沉淀池

1—抓斗；2—稳流板；3—出水管；4—备用排水管；5—工作泵；6—排水管；7—排水泵

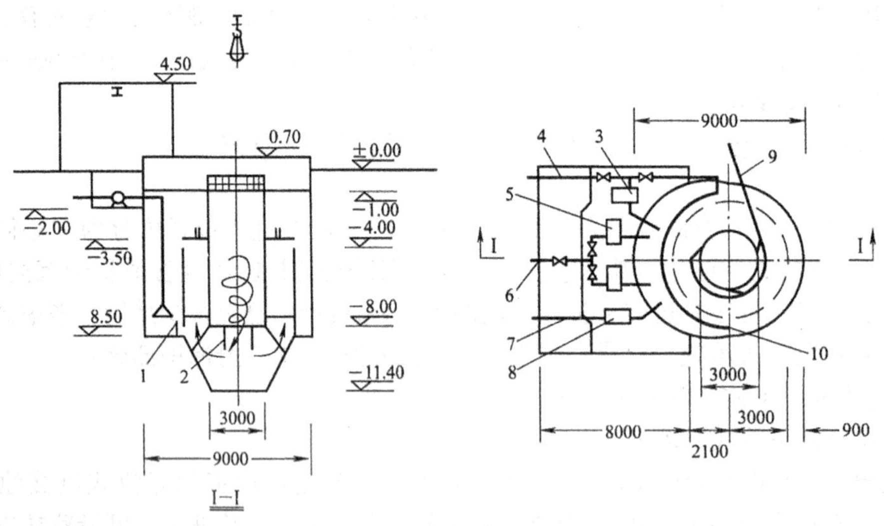

图 10-31　泵房分建多进水口下旋式沉淀池

1—排渣闸板；2—稳流板；3—高压泵；4—高压出水管；5—工作泵；

6—出水管；7—排水管；8—排水泵；9—进水沟；10—高压反冲管

c　泵房合建斜板下旋式旋流沉淀池

泵房合建斜板下旋式旋流沉淀池(图 10-32)是一种新型的旋流沉淀池，由于把斜板技术应用于旋流沉淀池，从而减少了沉淀池高度。为降低造价及方便施工创造了条件。但轧钢厂的氧化铁皮废水含有油脂容易与铁皮颗粒粘结在一起，并附着在斜板上，因此设计时应考虑斜板清洗问题。有关加斜板下旋流沉淀池，详见“炼钢厂给水排水”有关部分。

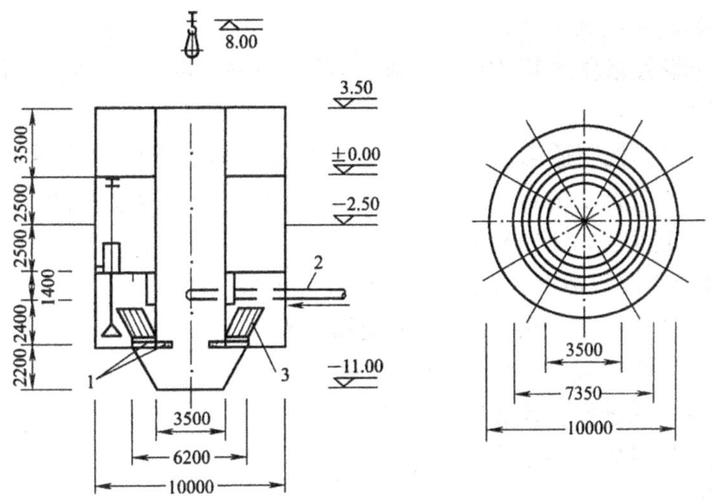

图 10-32　泵房合建斜板下旋式旋流沉淀池

1—稳流板；2—铁皮沟；3—斜板

C　设计计算。

a　设计注意事项

(1) 对提升氧化铁皮废水泵组，除满足一般泵站的设计要求外，尚应考虑：

1) 泵房底板高度，在吸水高程允许的情况下，离开水面不应小于 2m，以利断电停泵铁皮沟水回流时起缓冲作用。

2) 除了氧化铁皮废水系统的污水外，其他如加热炉汽化冷却等的排水，尽量不排入铁皮沟，以免给旋流沉淀池管理带来困难，否则管理不当可能淹没泵房。

3) 提升泵建议采用耐磨潜水电泵，以免除淹水之患。

4) 冲氧化铁皮水泵的出水量应根据计算确定。其中，冲氧化铁皮水量应以水冲氧化铁皮的水力计算为根据。

5) 冲氧化铁皮水泵的扬程，在经过管路水力计算后，应满足各给水点有足够的压力和水量。

(2)溢流堰必须水平，否则将使局部区段流速过大，影响出水水质。可采用活动钢板溢流堰，以便调整；

(3)应重视沉淀池的工程地质勘探工作，摸清工程地质情况。

(4)在生产过程中，吸水井沉泥过多，应留有清理及排除沉泥措施。如在泵房楼板上多开孔，以便用小型水力提升机在上部排除沉泥，或在吸水井底部做坡度，池壁上开孔并设闸板，如图 10-31 所示，必要时开闸排渣。此外还可在吸水井内设置花管，用高压水反冲，把水搅混后用工作泵抽除。

此法用于循环水系统则不够理想，因小颗粒铁皮仍能回至吸水井中。

(5) 沉淀池最好设在车间外部，不要设在车间或露天栈桥内，虽然这样做可不设专用吊车，但车间或栈桥的造价高，占用后等于增加了沉淀池的造价，使用上也不方便。

(6) 沉淀池应设置专用清渣设备，并及时清渣，以保证水质。进水口切入点，应在清渣单轨吊车的中心线上，并要互相垂直，如图 10-32 所示，以便清除进水口附近的氧化铁皮。

(7) 选用清渣吊车时应注意提升高度，以免抓斗不能进入沉淀池，或放不到底，抓渣不尽。抓斗宜选用自动启闭式抓斗。

(8) 进水口可设置格栅或其他阻留设施,以防大块物件进入进水管,设计时还应考虑这些设施的清理问题。

(9) 旋流沉淀池如控制适当流速(1m/s 左右),则入口处池壁磨损不大,这在生产中已得到证实。可在入口处抹 20mm 厚 1:2.5 的 C20 细石耐磨混凝土一圈,要求磨压光洁,高度由管口上 50mm 起至管口下 100mm 止。

(10) 溢流堰前应设置格网,防止小木块等进入水泵。

(11)井筒内壁四周可多开窗,以利于采光和通风;

(12)渣坑可用钢板护底,不宜采用钢轨护底;

(13)沉淀池内应因地制宜设置除油设施;

(14)沉淀池内应设置生活给水管道。

b 设计参数

1) 设计负荷可由图 10-33 按设计条件查得。

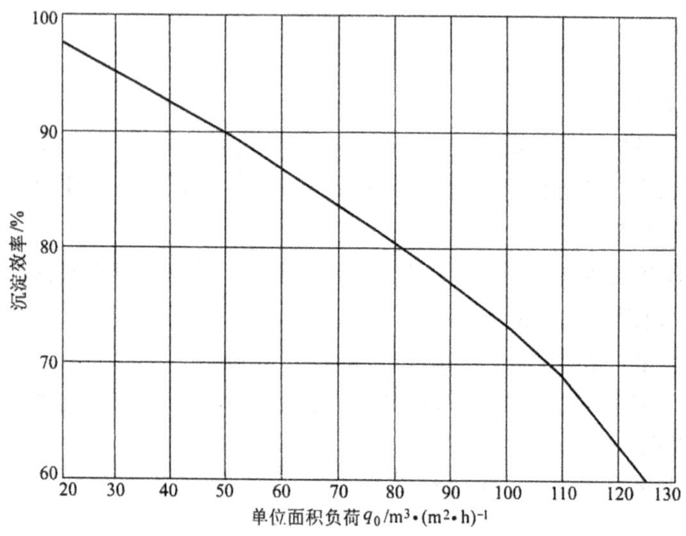

图 10-33 效率负荷曲线

2) 沉淀时间:根据实测资料可采用 8~10min 为宜。时间过长,投资增加,收益不大。

3) 旋流沉淀池作用水头 Δh 一般为 0.5~0.6m。

4) 进水管流速 v_1 可用 1~1.2m/s。为防止进水管带气影响沉淀效果,不宜过高。当流速达 1.4m/s 时,有少量气泡产生;流速到 2.5m/s 时,在大半圈池面上有气泡翻腾现象,出水水质显著恶化。

5) 沉渣部分保护高 H 可取沉淀池直径的 0.15 倍,过小沉渣易被冲起;

6) 沉渣室容积可按 3~5d 铁皮量计算,铁皮容重见表 10-29。渣坑底部的水平夹角可用 50°~60°。

c 计算方法

(1)单位面积负荷法:根据经验建议负荷采用 25~30$m^3/(m^2\cdot h)$,有效工作深度可用 8~10min 的沉淀时间来计算。

(2)修正系数法:铁皮粒度及布水不均匀二者同时修正。

本法系根据5个单位按上旋式旋流沉淀池的模型试验的资料推导出来的。该试验用的试料较接近于实际生产中的颗粒级配情况。

上旋式旋流沉淀池有效工作面积:

$$F = \frac{Q}{q_0 \phi} \tag{10-41}$$

下旋式旋流沉淀池有效工作面积:

$$F - F_1 = \frac{Q}{q_0 \phi} \tag{10-42}$$

式中 F——沉淀池有效工作面积,m^2;

F_1——中心筒部分面积,m^2;

Q——处理水量,m^3/h;

q_0——沉淀池在某一沉淀效率时粒度修正后的单位面积负荷（$m^3/(m^2 \cdot h)$），即沉淀池截留悬浮物的沉降速度，应通过试验确定。现以600mm模型（其面积为0．278m^2）的流量-效率试验曲线为依据，改制成为效率负荷曲线，见图10-33。

ϕ——不同直径沉淀池的布水不均匀修正系数。与其他沉淀池一样，旋流沉淀池也同样存在着布水不均匀问题。局部范围实际上升流速远高于平均计算流速，为此需乘以修正系数。该系数按五个单位的试验资料求得，列入表10-72中。

表10-72　布水不均匀修正系数

沉淀池直径/m 及面积/m^2	$D=4.0$ $F=12.6$	$D=5.0$ $F=19.6$	$D=6.0$ $F=28.3$	$D=7.0$ $F=38.48$	$D=8.0$ $F=50.3$	$D=9.0$ $F=63.6$
修正系数 ϕ	0.725	0.69	0.67	0.65	0.63	0.61

上述计算公式中 q_0 能明显的看出粒度修正是一项很重要的修正,其影响计算结果的程度,远大于布水不均匀所引起的影响,为此应予重视。

效率负荷曲线是将大于1mm的颗粒去除后求得的。实际生产中,各种轧机铁皮颗粒级配不同。为了与试验情况相符,查效率负荷曲线图 q_0 值时,应扣除大于1mm铁皮颗粒后再求出计算效率,并查这时的 q_0 值,不同轧机的铁皮颗粒级配是不同的,应通过试验确定,当无试验资料时,亦可参考同类车间的实际运行资料采用。

由于试验资料中没有时间效率曲线,因此沉淀池有效工作深度无法按试验资料确定。实测结果证明,当沉淀时间为8~10min时,可以保证计算方法达到预计的沉淀效率。为此建议沉淀时间采用实测结果,即用8~10min来计算。

在实测资料中还可得出当单位面积负荷较低时,沉淀时间相应减少,仍可达到同样的沉淀效率,即沉淀时间用6min仍可保证沉淀效率不小于95%。

d　计算实例

已知:某轧钢车间进入旋流沉淀池的水量为900m^3/h,氧化铁皮量每小时900kg。要求处理后出水的氧化铁皮含量小于50mg/L,求旋流沉淀池直径及有效高度。

由上述条件可得:

进水氧化铁皮含量　　　　$C = 900/900 = 1000\text{mg/L}$

由实测得知,某轧机氧化铁皮组成比例中大于 1mm 铁皮颗粒为 55%,则小于 1mm 的铁皮为 1000(1 - 55%) = 450(mg/L)。

总的沉淀效率　　　　$\eta_{总} = (1000 - 50)/1000 = 95\%$

去掉大于 1mm 铁皮颗粒后,计算用沉淀效率为

$$\eta_{计} = (450 - 50)/450 = 88.9\%$$

查图 10-33 效率负荷曲线,单位面积负荷 q_0 为 $53\text{m}^3/(\text{m}^2\cdot\text{h})$。

解:

(1) 使用单位面积负荷法:

单位面积负荷取中间值 $28\text{m}^3/(\text{m}^2\cdot\text{h})$,则需沉淀池面积:

$$F = 900/28 = 32.15 \quad (\text{m}^2)$$

沉淀池直径　　$D_1 = \sqrt{\dfrac{4 \times 32.15}{\pi}} = \sqrt{40.9} = 6.4 \quad (\text{m})$

沉淀时间取 8min,则沉淀池高度

$$H_1 = 28 \times \frac{8}{60} = 3.73 \quad (\text{m}),取\ 3.8\text{m}$$

(2) 使用修正系数法:

1) 上旋式旋流沉淀池

采用通常的计算方法:

本例已知条件中单位面积负荷为 $53\text{m}^3/(\text{m}^2\cdot\text{h})$,估计池子直径为 6m 可满足要求,查表 10-72 得修正系数为 0.67。

代入公式

$$F = \frac{Q}{q_0 \phi}$$

$$F = \frac{900}{53 \times 0.67} = \frac{900}{35.47} = 25.34 \quad (\text{m}^2)$$

$$D_2 = \frac{\sqrt{4 \times 25.34}}{\pi} = \sqrt{32.26} = 5.68 \quad (\text{m})$$

这时沉淀时间如采用 8min,其池子高度相应为 4.7m。但通常在实际设计中沉淀池直径采用 6m,此时沉淀池相应高度为:

$$H'_3 = \frac{900}{\frac{\pi \times 6^2}{4}} \times \frac{8}{60} = 4.2 \quad (\text{m})$$

2) 下旋式旋流沉淀池

已知条件同前。中心筒直径一般为 3.5m,其面积 $F_1 = 9.62\text{m}^2$。估计池子直径为 7m,查表 10-72,得修正系数为 0.65。

代入公式(10-42)

$$F - F_1 = \frac{Q}{q_0 \phi}$$

$$F-9.62=\frac{900}{53\times 0.65}=\frac{900}{34.42}=26.1$$

$$F=26.1+9.62=35.72\quad (\mathrm{m}^2)$$

则：$D=6.8\mathrm{m}$

此时如沉淀时间采用 8min，其池子高度应为：

$$H=34.42\times\frac{8}{60}=4.6\quad (\mathrm{m})$$

但通常情况下采用 $D=7\mathrm{m}$ 者，则沉淀池相应高度为：

$$H'_4=\frac{900}{\frac{\pi\times(7^2-3.5^2)}{4}}\times\frac{8}{60}=4.16\quad (\mathrm{m})$$

现将上述 3 种计算结果汇总为表 10-73。

表 10-73 不同计算方法计算结果汇总表

名称		直径/m	高度/m
单位面积负荷法		6.4	3.8
修正系数法	上旋式旋流沉淀池	5.7(6)	4.7(4.2)
	下旋式旋流沉淀池	6.8(7)	4.6(4.2)

注：括号内实际设计采用数据。

(3) 上述计算方法比较：

根据现场实测，在 $1000\mathrm{m}^3/\mathrm{h}$ 的情况下，旋流沉淀池直径一般为 6m，而出水水质在 50mg/L 左右。从表 10-74 中可看出单位面积负荷法偏于保守（与上旋式旋流池相比较而言），主要是因为该法没有考虑铁皮颗粒级配和沉淀效率问题，不够完备。修正系数法各项指标与实测较接近（小水量时采用下旋式旋流沉淀池可能不够经济，需进行技术经济比较）。

为设计方便起见，现将沉淀效率为 95% 去除了大于 1mm 铁皮颗粒，并已作了布水不均匀修正后的处理能力列于表 10-74 中，以供选用。

表 10-74 在 $\eta=95\%$ 时，旋流沉淀池处理能力表

（进水铁皮含量 1000mg/L，出水铁皮含量 50mg/L）

>1mm 铁皮颗粒 /%	$F=12.57$ $D=4.0$		$F=15.90$ $D=4.5$		$F=19.64$ $D=5.0$		$F=23.76$ $D=5.5$		$F=28.27$ $D=6.0$		$F=33.18$ $D=6.5$		$F=38.48$ $D=7.0$		$F=50.27$ $D=8.0$		$F=63.62$ $D=9.0$	
	q_0'	Q	q_0'	Q	q_0'	Q	q_0'	Q	q_0'	Q	q_0'	Q	q_0'	Q	q_0'	Q	q_0'	Q
65	46.8	590	45.6	725	44.7	870	43.6	1050	43	1215	42.3	1405	41.7	1605	40.4	2130	39.1	2490
60	42.3	530	41.3	655	40.1	785	39.4	935	38.8	1100	38.3	1276	37.7	1450	36.5	1835	35.4	2245
55	38.7	485	37.8	600	36.7	720	36.1	855	35.6	1005	35	1160	34.5	1325	33.4	1680	32.4	2055
50	36.0	450	35.1	555	34.1	670	33.5	795	33	935	32.5	1080	32.1	1230	31.1	1560	30.1	1910
45	33.7	420	32.8	520	31.9	625	31.3	740	30.9	870	30.4	1008	30.0	1150	29.0	1460	28.1	1790
40	31.4	395	30.6	485	29.7	585	29.2	695	28.8	815	28.4	940	27.9	1055	27.1	1360	26.2	1665
35	29.9	375	29.2	465	28.4	555	27.9	660	27.5	775	27.1	898	26.7	1025	25.8	1300	25.0	1590
30	28.4	355	27.6	440	26.9	525	26.4	630	26.1	735	25.7	850	25.3	970	24.5	1250	23.7	1510
25	27.4	345	26.7	425	25.9	510	25.5	605	25.1	710	24.7	815	24.4	935	23.6	1185	22.9	1455
20	25.5	320	24.9	395	24.2	475	23.8	565	23.4	665	23.1	765	22.7	875	22.1	1110	21.3	1356
15	24.8	310	24.2	385	23.5	460	23.1	555	22.8	645	22.4	745	22.1	850	21.4	1074	20.7	1330
10	23.7	300	23.1	365	22.5	440	22.1	525	21.8	615	21.4	710	21.1	810	20.5	1030	19.8	1260
5	22.8	285	22.2	350	21.6	420	21.2	505	20.9	590	20.6	380	20.3	780	19.7	985	19.0	1210
0	22.3	280	21.7	345	21.1	415	20.7	490	20.4	575	20.1	665	19.8	760	19.2	965	18.6	1180

在地质条件不允许时，即基岩较浅或有其他困难情况下，也可以降低单位面积负荷，以求减少深度，沉淀时间可用6~8min，以便降低沉淀池有效工作高度，从而降低池子深度。

10.1.3.6 斜板沉淀池

斜板沉淀池是一种在沉淀池内装设许多间距较小的平行倾斜板，从而达到增加沉淀面积提高处理水量和水质的目的。

斜板沉淀池按进水方向的不同可以分为3种类型：

A 横向流斜板沉淀池

横向流斜板沉淀池的水从斜板侧面平行于板面流入，并沿水平方向流动，泥浆由池子底部排出，水和泥呈垂直方向流动，也称侧向流。现在我国钢铁工业废水处理中，主要用于轧钢含氧化铁皮废水处理和转炉烟气净化污水处理中，也适用于旧平流沉淀池的改造。在平流沉淀池改造时斜板位置应设在靠近出水端为宜，设计表面负荷一般为3~5$m^3/(m^2 \cdot h)$。

B 上向流斜板沉淀池

水从斜板底部流入，沿板向上流动，上部出水，池底排泥。因为水和沉泥的运动方向相反，所以也叫逆向流斜板沉淀池。

该池型适用于处理含油废水，如轧钢车间的含氧化铁皮废水的处理，其效率与辐射式沉淀池、竖流式沉淀池和平流式沉淀池相比较：(1)负荷高、净化效果好，用于处理含氧化铁皮废水时，表面负荷在5$m^3/(m^2 \cdot h)$的情况下，经磁化处理后，在进水悬浮物为4500mg/L时，出水悬浮物含量小于50mg/L；含油废水出水含油量小于10mg/L；(2)沉淀池排出泥浆浓度高，可控制到50%左右；(3)沉淀池定期间断排泥无泥浆堵塞管道的现象发生；(4)采用泥浆脉冲气流输送器排泥，既不堵塞管道，也不需要定时冲洗，该斜板沉淀池具有明显的优点。

由武汉钢铁设计研究院研制开发的“转炉烟气净化污水处理新工艺”中，上述两种池型已在转炉烟气净化污水、轧钢车间含氧化铁皮废水以及高炉煤气洗涤污水处理中得到应用。

C 下向流斜板沉淀池

水从斜板顶部入口处流入，沿板向下流动，水和泥浆呈同一方向运动，所以也叫同向流斜板沉淀池。“兰美拉”斜板沉淀池属下向流斜板沉淀池的一种型式。

“兰美拉”斜板沉淀池由于其单位面积负荷可达30~50$m^3/(m^2 \cdot h)$，沉淀的泥浆量也相应增加，排泥系统的设计将直接影响沉淀池的处理效果。设计可采用螺旋输泥机作为排泥的一种方法，效果较好。螺旋输泥机设在沉淀池泥浆室，倾角为60°的陡槽中。在泥浆室中设超声波泥位测定仪，当泥位升高时，超声波发送器发出的超声波被污泥吸收，接收器接到信号时将启动输泥机，使沉泥通过输泥机经可调偏心螺杆泵将污泥送进浓缩池。由泥浆室排出的送往浓缩池的泥浆含水率约为98%~99%，但其浓度可根据需要进行调整。螺杆泵亦可根据具体情况采用高强耐磨泵或泥浆脉冲气流输送器。

10.1.3.7 压力过滤器

在循环水系统设计中，压力过滤器用于间接冷却开路循环水系统的旁通水过滤，直接冷却循环水系统的水质处理。

某厂用于精轧车间直接冷却循环水系统的高速过滤器，其设计参数为：

处理水量139.5m^3/min，每台处理水量14m^3/min，相应滤速为40m/h，一台反洗时每台处理水量为15.5m^3/min，相应的滤速为44m/h。

压力损失最大为5m。

反洗周期一般大于 12h,反洗用水量为 $14.1m^3/min$,反洗时间 14min,一个周期用水量约 $200m^3$,反洗水强度为 $40m^3/(m^2·h)$,反洗空气量为 $5.3m^3/min$,反洗时间为 8min,一个周期用气量为 $42m^3$,反洗空气强度为 $15m^3(m^2·h)$。

进水 SS 为 80mg/L,油最大为 20mg/L,平均 < 10mg/L。

出水 SS 最大为 30mg/L,平均≤10mg/L;油最大为 15mg/L,平均≤5mg/L。

过滤器直径为 5.2m,全高为 8.1m。内填滤料由上而下,第一层为无烟煤,第二层为石英砂,第三、四、五、六层为卵石。高速过滤器对滤料质量的要求比较严格,其滤料检查标准见附录(A)建设部水处理用石英砂滤料标准 CJ24.1—88 和附录(B)无烟煤滤料检查参考标准。

过滤器一般按程序自动操作。各气动阀门按设计规定的程序动作。水处理操作室设有监视盘和事故报警装置,可以监视过滤器的工作情况。在过滤器阀门室设有就地操作盘,当转换开关转到就地操作时,就可以进行手动操作。

A 建设部水处理用石英砂滤料标准(CJ24.1—88 摘录)

a 适用范围

本标准适用于生活饮用水过滤用石英砂滤料(或以含硅物质为主的天然砂)及砾石承托料(用于滤池中承托滤料的砾石)。用于工业用水过滤的石英砂滤料和砾石承托料可参照执行。

b 石英砂滤料的技术要求

(1)石英砂滤料的破碎率和磨损率之和不应大于 1.5%(百分率按质量计,下同)。

(2)石英砂滤料的密度不应小于 $2.55g/cm^3$。使用中对密度有特殊要求者除外。

(3)石英砂滤料应不含可见泥土、云母和有机杂质,滤料的水浸出液应不含有毒物质。含泥量不应大于 1%,密度小于 $2g/cm^3$ 的轻物质的含量不应大于 0.2%。

(4)石英砂滤料的灼烧减量不应大于 0.7%。

(5)石英砂滤料的盐酸可溶率不应大于 3.5%。

(6)石英砂滤料的粒径

1)单层或双层滤料滤池的石英砂滤料粒径范围,一般为 0.5 ~ 1.2mm。三层滤料滤池的石英砂滤料粒径范围,一般为 0.5 ~ 0.8mm。

2)在各种粒径范围的石英砂滤料中,小于指定下限粒径的不应大于 3%,大于指定上限粒径的不应大于 2%。

3)石英砂滤料的有效粒径和不均匀系数,由使用单位确定。

c 砾石承托料的技术要求

(1)砾石承托料中的大部分颗粒宜接近球形或等边体。

(2)砾石承托料的密度不应小于 $2.5g/cm^3$。

(3)砾石承托料应不含可见泥土、页岩和有机杂质,承托料的水浸出液应不含有毒物质。

(4)砾石承托料的盐酸可溶率不应大于 5%。

(5)砾石承托料的粒径。

1)用于单层或双层滤料滤池的砾石承托料粒径范围,一般为 2 ~ 4mm、4 ~ 8mm、8 ~ 16mm、16 ~ 32mm、32 ~ 64mm。

2)在各种粒径范围的砾石承托料中,小于指定下限粒径的不应大于 5%,大于指定上限粒径的不应大于 5%。

B 无烟煤滤料检查参考标准(摘录)

粒径 4mm(有效),均匀系数 < 1.4;反洗后浑浊度 55;密度 1.4 ~ 1.5;容积密度 0.7,磨损率 < 1.5%;HCl 可溶率 < 1.5%;孔隙率 > 50%;烧灼损失 > 90%;固定碳 > 85%;热值 > 3347kJ/kg;灰分含量 < 7%;总硫 0.5%;挥发性物质 < 7%;固有水分 < 2%。最大粒径 7.4mm;最小粒径 3.5mm。

各种过滤器的性能及适用范围见“水处理专用设备及材料”过滤器(池)部分。

10.1.3.8　冷却塔

冷却塔是热交换设备的一种型式,是通过水和空气的直接接触来完成的。

冷却塔根据送风方式的不同,大致可以分为 3 种类型:

(1) 开放式(中空式)冷却塔:利用风力和或多或少的自然对流作用使空气进入冷却塔。

(2) 风筒式冷却塔:在塔中由于有很高的风筒,形成空气的对流。

(3) 机械通风冷却塔:空气被鼓风机或抽风机送入冷却塔。

上述各种冷却塔中,机械通风冷却塔能采用变频调速风机,保证有较稳定的冷却效果,比风筒式冷却在调整温度时更方便、更易于自动化,在达到同样冷却效果的条件下比其他冷却设备占地面积小。与风筒式冷却塔相比,机械通风冷却塔所需水压较低。但机械通风冷却塔的风机需要消耗大量电能,而且风机及其传动机械装置需要常年维修费用。总之,在选用冷却塔的型式中,需要根据地域条件和当地的气象条件因地制宜经技术经济比较后确定。

某厂热轧水处理设计中,采用横流式机械抽风冷却塔,其设计参数见表 10-75。

由于机械通风冷却塔的设计现已基本实现定型化和标准化,设计时只需根据某一具体的设计条件进行选用即可。详见“水处理专用设备及材料”有关冷却塔部分。

表 10-75　横流式机械抽风冷却塔参数表

项　目	加热炉间接冷却开路循环水系统	电气设备油库及精整,间接冷却开路循环水系统	粗轧、精轧直接冷却开路循环水系统	热输出辊道直接冷却开路循环水系统
处理水量/$m^3 \cdot h^{-1}$	4400	5900	10300	5400
冷却塔格数	2	4	4	3
进口温度/℃	50	37	42	44
出口温度/℃	35	32	35	35
湿球温度/℃	30	30	30	30
风机直径/mm	7640	7640	7640	7640
风机风量/$m^3 \cdot min^{-1}$	26150	20560	22000	17890
风机全风压/Pa(mmHg)	2064.6(15.5)	1931.4(14.5)	2184.4(16.4)	1864.8(14)
风机电动机功率/kW	110	75	90	75
风机叶片角度/(°)	15	11	13	11
填料体积/m^3	712	1036	1089	668.3
填料高度/m	5.78	5.78	4.42	4.43
填料面积/m^2	123.2	179.2	246.4	151.2
淋水密度/$m^3 \cdot (m^2 \cdot h)^{-1}$	35.7	32.9	41.8	35.7
蒸发损失水量/$m^3 \cdot h^{-1}$	78	48	84	78
外形尺寸(长×宽×高)/m×m×m	24.7×15.8×6.5	36.9×15.8×6.5	48.9×15.8×6.5	30.8×15.8×5.2

10.1.3.9　泥浆脱水间

A　泥浆来源

热轧厂水处理系统产生的泥浆,主要有 4 个来源:

(1) 一次铁皮沉淀池初沉下来的氧化铁皮，其量约为氧化铁皮总量的 80% ~ 90%；

(2) 二次沉淀池沉淀下来的泥浆；

(3) 压力过滤器反冲洗时排出的泥浆；

(4) 轧机高速轧制过程中产生的氧化铁皮烟尘经湿式电除尘器收集后产生的排烟除尘水。

上述泥浆需进行脱水处理的主要是：(2)、(3)、(4)三项，有的热轧厂处理(3)、(4)两项。由于泥浆的主要成分是氧化铁皮粉尘，呈颗粒状，硬度高且浓度较低，故各水处理系统来的泥浆均需进入调节池进行调质，然后用泥浆泵将其送入分配槽，投加絮凝剂进入浓缩池。从泥浆浓缩池中分离出来的上清液流入收集池，再用泵送回二次沉淀池循环使用。经浓缩后的泥浆(含固率达到 20% ~ 40%)从池底用高强耐磨泵(或气力提升装置)送入贮泥池，经投加石灰乳后进入泥浆脱水设备。脱水后的泥饼进入泥饼贮斗，等装车外运堆放，集中处理，一般送烧结厂作原料回收利用。

泥浆脱水处理系统流程如图 10-34 所示。

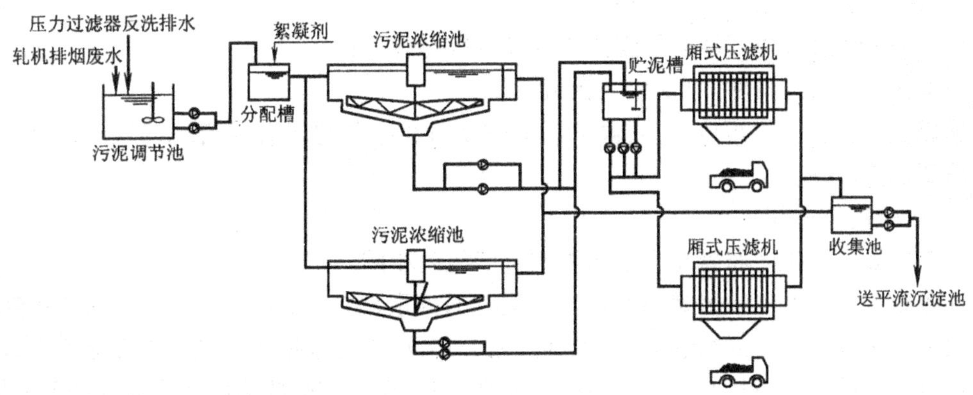

图 10-34 污泥处理系统工艺流程图

B 泥浆脱水设备种类

泥浆脱水设备种类很多，主要有：(1)真空过滤机；(2)卧螺离心脱水机；(3) 带式压滤机；(4) 板框(厢式)压滤机。

C 泥浆脱水间

a 真空过滤机间

工艺布置 真空过滤机间一般采用 3 层布置，这是由于其脱水后的泥饼是从固定的一点或一个比较小的范围卸泥的，因此当采用泥斗方式贮存脱水后的干泥饼时，为了保证泥斗有足够的贮存容积，脱水设备的安装位置应比较高，真空过滤机和控制室布置在 3 层，真空泵、滤液分类罐、加药间、滤布清洗设施和泥饼贮存运输间设置在 1 层。为了降低泥浆脱水间的高度，有时也有采用 2 层布置的，真空过滤机和控制室布置在 2 层，真空泵、滤液分类罐、加药间、滤布清洗设施和泥饼贮存运输间设置在 1 层，将脱水后的干泥饼用皮带运输机输送到高架的泥斗内，也有采用将泥饼直接卸到地面，用铲斗车直接装车，再装车外运。

真空过滤机间的安装层应设有检修用的吊车和吊装孔用于更换部件，1 层也应设有检修用的吊车用于检修真空泵，清洗泵、滤液回送泵等设备。

设备选型　真空过滤机的生产能力 L（每 m^2 过滤面积每 h 所分离出的干物质的 kg 数）可由下式计算：

$$L = K\left[\frac{2p + C + n}{\eta\gamma t}\right]^{1/2} \times \frac{1 - W_b}{1 - \dfrac{W_b}{W_g}} \tag{10-43}$$

式中　K——修正系数，取决于过滤介质的阻力（一般 K 值取 0.75～0.85）；

p——施加的真空度，通常约 49kPa；

η——滤液动力粘度，g/cm·s；

γ——经调质的污泥在压力 p 时的比阻力，m/kg；

t——滤鼓总的转动持续时间，min；

W_b——$\dfrac{\text{干固体的质量}}{\text{污泥的单位质量}}$（百分数）；

W_g——$\dfrac{\text{干固体的质量}}{\text{滤饼的单位质量}}$（百分数）；

C——经过调质污泥的干固体浓度（质量百分数）；

n——滤鼓浸没率，取 0.25～0.40。

从以上计算公式中可以看出：高的污泥浓度值和滤布的清洁（系数 K）可以使真空过滤机保持高的生产率。

b　卧螺离心机间

工艺布置　其工艺布置基本上与真空过滤机间相同。

设备选型　由于影响卧螺离心机实际运行的因素比较多，且各生产厂家的产品性能参数有较大差别，因此很难给出固定的设计选型公式，通常均根据实际或类似泥浆由各设备制造厂根据自己的产品特性在实验室进行工业性试验，得出实测数据后作为设计选型的依据。作为卧螺离心机的设计选型的依据，结构参数是其设计选型的重要数据。

卧螺离心机的主要结构参数见图 10-35。

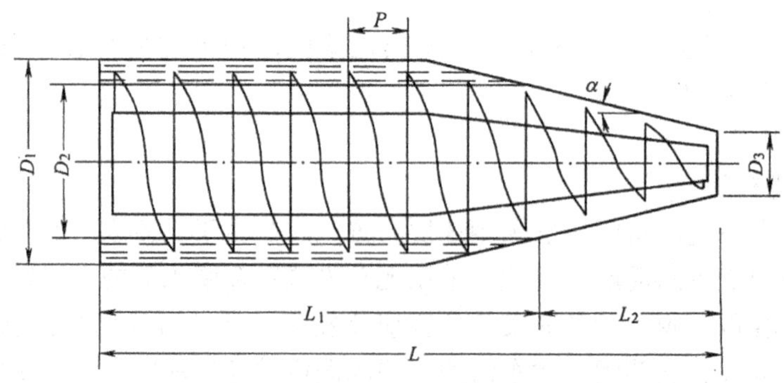

图 10-35　卧螺离心机的主要结构参数

其中：

（1）L/D_1 为 2.5～3.5。

（2）锥角 α：6°～8°，其角度一般随被脱水的泥浆特性来确定，脱水比较困难的泥浆所使用的卧螺离心机锥角比较小，反之则比较大。

(3)刮泥器的螺距 P:P 一般为 $0.15 \sim 0.22D_1$。

(4)液体环深度调节设备,正常操作时,液体环的深度是一个很重要的参数,液体环的深度与处理后的泥饼的干燥度有直接关系,因此,当被处理的泥浆浓度变化时,液体环深度调节设备及时调节液体环的深度成为灵活操作的重要参数。

(5)卧螺离心机的离心力。该离心力一般为 500~2500g(g 为重力加速度);离心力大则泥浆脱水得越干,但是电耗也越大,排泥越困难,排泥时对卧螺离心机的螺旋刮泥机和离心机刮泥器和转筒的磨损也越大。一般来说在满足泥浆脱水干度的情况下选择一个合适的转速是非常必要的。现在卧螺离心机一般均采用自动调速装置,使卧螺离心机的转速与进料泥浆的流量和浓度相匹配。

(6)螺旋刮泥器的相对速度:该速度取决于所需要的泥浆脱水干度和流量,通常取值在 3~30r/min 之间,该参数确定了被脱水泥浆在卧螺离心机里的停留时间。

c 带式压滤机间

工艺布置　带式压滤机间一般也采用 3 层布置,这是由于其脱水后的泥饼也是从固定的一点或一个比较小的范围卸泥的,其布置方式基本上与真空过滤机间相同,带式压滤机和控制室布置在楼上,加药间、滤布清洗设施和泥饼贮存运输间设置在楼下。

设备选型　带式压滤机的选型一般是根据不同种类的污泥,先通过小型实验,来选择混凝剂的种类和投加量、滤带的移动速度、滤饼的含水率及滤布的单位宽度处理量等,用以确定带式压滤机的过滤产率。再根据污泥量的大小,确定带式压滤机的规格和型号。

带式压滤机的生产能力以每 m 带宽每 h 分离出的干物质的 kg 数计。一般最大装置的带宽为 3m。

带式压滤机用于处理热轧污泥时其一般处理能力可按下列数值考虑:

1m 带宽 1h 可处理 300~800kg 干污泥

d 板框(厢式)压滤机间

工艺布置　板框压滤机间一般采用 2 层布置,板框压滤机和控制室布置在 2 层,加药间、滤布清洗设施和泥饼贮存运输间设置在 1 层。

由于板框压滤机卸泥时是沿设备长度方向均匀下落的,因此,当采用泥斗方式贮存时可以将泥斗设计成沿设备长度方向均匀布置的长条矩形,泥斗的容积取决于泥饼的运输周期。泥斗下部应考虑泥饼运输车装卸泥饼时便于通行,并应留有一定的保护高度。泥斗侧壁与水平面的夹角应该大于 60°,并且泥斗的侧壁还应设有振动器,以免泥饼在卸泥时滞留在泥斗内。卸泥口一般设计成机械开启式,驱动方式可采用电动或液压。

由于板框压滤机的滤板属于易损件,因此板框压滤机间 2 层应该设有检修用的吊车和吊装孔用于更换滤板。

设备选型　板框压滤机的生产能力 L(kg/m^2·h)可由下式计算:

$$L = \frac{ed_g + S_f}{2 \times 100 t_{cy}} \tag{10-43}$$

式中 e——泥饼厚度,m;

d_g——泥饼脱水后体积,m^3;

S_f——泥饼含固率,%;

t_{cy}——总的周期时间 h,$t_{cy} = t_f + t_d + t_r$;

t_d——打开、除泥和关闭的时间，h；

t_r——加泥时间，h，t_r 取决于加泥泵的流量，一般取 5～50min；

t_f——加压时间，h。

板框压滤机的加压时间与下列因素有关：

(1) 加压时间与污泥的厚度的平方成正比，与调质污泥的浓度成反比；

(2) 加压时间也取决于泥浆的比阻抗和可压缩性。

板框压滤机允许污泥的调质率有较大的变化范围，这样就比真空过滤机的运转更可靠。同时，提高泥浆的进料浓度、降低比阻抗等均可以提高板框压滤机的生产能力，降低泥饼的含水率。

板框压滤机用于处理热轧污泥时，其一般处理能力可按下列数值考虑：

每 m^2 过滤面积可处理 8～13kg 干污泥。

10.1.3.10 循环水泵站

有关水泵站的设计要求及设计计算，详见《给水排水设计手册》第 4 册的有关部分。

现就循环水泵站的设计要点作如下补充。

(1) 泵站内同一机组的水泵应尽可能选用相同型号的水泵，只有当机组需要大小不同类型的水泵搭配工作时，才可以选用不同型号的水泵；同一机组工作水泵超过 3 台时，可考虑设置 2 台备用泵；

(2) 水泵和阀门的操作，一般情况下应设计为集中控制方式，并在机旁设置操作箱，以备就地操作和紧急停车之用；对较小的次要泵站，也可以只设置机旁操作箱，分散操作；

(3) 水泵的启动应迅速、安全、可靠，启动方式可设计成自灌式或非自灌式，各水泵之间应设有连锁装置，以便当工作泵停止运转时备用水泵能自动投入运行；

(4) 当间接冷却循环水泵站与直接冷却循环水泵站合建时，在两机组泵的出水总管上，可考虑设置联络管，并设置必要的转换阀门，以备事故时互为备用；

(5) 水泵站的电源应与车间工艺要求的安全程度相一致，即应有两路独立电源，对特别重要的不允许间断供水的用户，还可根据具体情况设置水塔，柴油机泵或柴油发电机组，以便停电时作为事故供水之用；

(6) 对直接冷却循环水系统抽排氧化铁皮废水的泵站，除满足一般泵站的设计要求外，尚需考虑；

1) 一次沉淀池(或旋流池)的提升水泵应尽可能的选用高强耐磨泵，对旋流沉淀池而言，最好是选用潜水电泵，以免除淹水之患；

2) 冲氧化铁皮水泵的出水量应根据计算确定，并以水冲氧化铁皮的水力计算为依据。

10.1.4 操作管理

10.1.4.1 操作方式

热轧厂水处理设施的操作方式，根据各厂(车间)的不同情况大致可以分为遥控、自动和机旁操作 3 种。对供水水泵一般在操作室遥控，也可在机旁操作；对铁皮坑(一次沉淀池)、二次沉淀池水泵和泥浆泵一般根据液位自动操作，操作室监视，也可在机旁操作和在操作室遥控。

冷却塔风机一般在操作室遥控和监视，也可在机旁操作。

铁皮收集器、刮油刮渣机一般根据时间继电器和极限开关自动操作，操作室监视，也可在机旁操作。

高速过滤器一般按程序自动操作，操作室监视，也可在机旁操作或在操作室遥控。

除油机、油泵、排水泵和搅拌机等为机旁操作。

脱水设备一般在操作室遥控，也可在机旁操作。

水质稳定设施一般在机旁操作，操作室监视，也可在操作室遥控。

10.1.4.2 控制仪表

为满足热轧厂水处理系统的上述操作要求，在各系统的不同部位设有不同的控制仪表，以便于实施遥控、自动和机旁操作。

A 间接冷却循环水系统

(1)间接冷却循环水系统的热水井中设置液位开关，以便控制冷却塔的供水泵；冷水井中设置水温计、液位开关和水位测量报警器，当水位高于或低于某一设定值时，水位测量报警器发出报警信号。

(2)冷却塔风机设有温度计、振动开关和油位开关。

(3)在送加热炉、电气设备、液压和润滑系统冷却器以及其他间接冷却用水设备的供水管道上，设压力报警器和带记录的流量指示计，当管线压力低于某一设定数值时，发出报警信号。

B 直接冷却循环水系统

(1)直接冷却循环水系统中的粗轧铁皮坑(一次沉淀池)和精轧铁皮坑(一次沉淀池)中设液位开关以控制铁皮坑水泵的操作；粗轧沉淀池(二次沉淀池)和精轧沉淀池(二次沉淀池)中设液位开关和液位报警器，当池中水位高于或低于某一设定值时报警器发出报警信号；粗轧沉淀池(二次沉淀池)末端的泥浆槽和过滤器反冲洗排水泥浆坑中设液位开关以便控制泥浆泵的操作；

(2)高速过滤器总管上设指示流量计或压差测量报警器，当流量低于某一设定值或压力高于某一设定值时发出报警信号，过滤器进行反洗；过滤器反洗水管和反洗空气管上设指示流量计。

(3)冷却塔风机设温度计、振动开关和油位开关；冷却水池中设水温计。

(4)高压、常压除鳞供水管线上设压力报警器和带记录的流量指示计，当压力低于某一设定数值时，发出报警信号。

(5)在排烟机循环供水系统中，水泵吸水井、石灰乳贮槽、硫酸铝溶解槽和溶液槽内设液位开关；反应槽中设 pH 值指示报警器，当 pH 值高于或低于某一设定值时，pH 值指示报警器发出报警信号。

(6)泥浆脱水系统设浓缩池超负荷报警器，以防泥浆层过厚或其他故障造成的负荷过大而损坏设备；浓缩池下部的集水坑设液位开关，以控制排水泵的操作；脱水设备应有必要的保护装置，如采用厢式压滤机时，液压系统应有压力开关报警装置；采用带式压滤机时，应有滤带跑偏控制装置；采用离心机脱水时，应有振动和油压报警系统等；供压滤机和仪表用的空气罐应设压力报警器，当压力低于某一设定值时，发出报警信号。

10.1.4.3 操作室

上述各系统的控制仪表信号均应传输到操作室，操作室的设置应根据各厂(车间)的具体情况而定，其任务是对粗轧机铁皮坑内水泵，精轧机铁皮坑内水泵，粗轧机沉淀池水泵，精轧机沉淀池水泵，热输出辊道铁皮坑水泵，加热炉泵房，粗轧和精轧机泵房，电气设备和液压、润滑油系统冷却器泵房，高速过滤器，冷却塔风机，浓缩池，脱水设备以及各种电动闸阀及其他设备进行遥控和监视，操作室内设有供水系统模拟盘(或 CRT)和水量、水压、水质、水位、电流及闸门开启度等工作的检测仪表以及各种指示灯、事故信号和报警装置等，实施 PLC 自动控制和 CRT 监视管理。

10.1.5　安全供水

轧钢车间的加热炉、辊底式热处理炉等，均属于不允许间断供水的用户，由于加热炉、辊底式热处理炉为高温操作(炉温高达 1200～1300℃左右)，中断供水必然会给设备和整个生产工艺过程带来严重后果。因此，必须采取有效措施，确保生产安全。

对于加热炉，辊底式热处理炉等安全供水要求，应由炉子专业提出，一般情况下应满足：(1)循环水泵站的安全供电要求应与车间工艺专业的要求相一致，即应有两路独立电源；(2)循环水泵站应按“泵站设计规范”要求，设置必要的备用泵；(3)加热炉、辊底式热处理炉一般情况下应设置事故水塔，其容积不应小于 30min 的加热炉、辊底式热处理炉的小时用水量及相应的供水压力；也可在泵站内设置柴油泵机组或柴油发电机组，一旦发生断电事故，该泵(机)组即可立即自动投入运行，确保炉内冷却水管不被烧坏，保证设备安全。在这种条件下，事故水塔的设计则作为转换电源之用，其容积一般为 10min 左右的加热炉或辊底式热处理炉的小时用水量。

10.2　冷轧带钢厂(车间)给水排水

现代化的大型冷轧带钢厂(车间)，一般包括：热卷库、酸洗机组、冷轧机组、退火机组、电镀锡机组、热镀锌机组、精整机组、电工钢机组以及酸再生机组、磨辊加工间、机修间、电控室、检化验室和其他公用辅助设施等。国内目前几个大型钢铁企业均建有大型的综合性的冷轧带钢厂，一些中小型的钢铁企业，根据条件一般建有一个机组或多个机组。冷轧带钢厂(车间)的典型生产工艺流程如图 10-36。

冷轧厂的原料由热轧厂运至冷轧厂的钢卷仓库存放，生产时钢卷吊运至酸洗机组，热轧钢卷在该机组中连续地进行酸洗、烘干、涂油、切边和剪切等作业，酸洗后的钢卷由运输设备送轧制前跨，由吊车将钢卷吊至冷轧机组进行轧制或吊至带钢表面涂层机组进行深加工。80 年代以来，大型冷轧厂往往采用酸洗-轧机联合机组这种一体化的新工艺进行生产。在冷轧机组中，钢带经冷轧机轧至成品厚度，经冷轧后的钢卷由运输设备运至轧制后的中间库内存放。经冷轧后的钢卷按不同的产品进行不同的加工处理，现分述如下：

(1) 普通及深冲用的冷轧薄板。为消除冷轧时造成的加工硬化，钢卷需进行退火处理，退火炉分为罩式退火炉和连续退火炉两种，为改善薄板表面质量和提高其力学性能，退火后的钢卷需进入平整机进行处理，经过平整后的钢卷即成为成品，堆放于平整后中间仓库内，然后，根据用户要求分别由剪切机组剪切成定尺长的薄板或剪切成窄带钢卷，然后分选包装入库待发。

(2) 热镀锌薄板　冷轧后的钢卷由中间库吊运至连续热镀锌机组，在机组内进行连续的退火和常化后进入镀锌锅内镀锌，镀锌后再进行平整和化学处理作业，即为成品。在退火前，有的钢种还需进行连续的脱脂清洗。

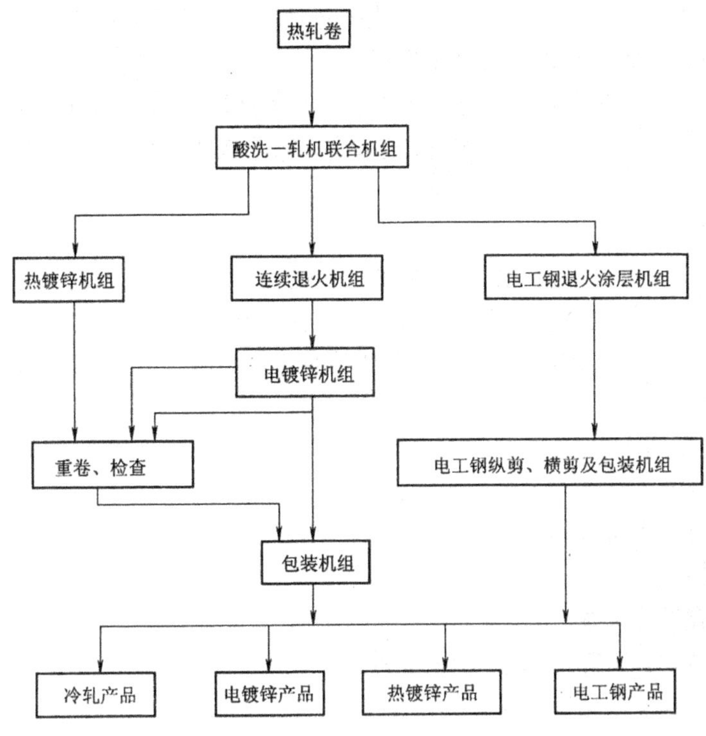

图 10-36 某冷轧厂生产工艺流程简图

(3) 电镀锌薄板 冷轧后的钢卷钢表面含有轧制油，需先送到脱脂机组进行清洗，清洗掉带钢表面的轧制油，然后，经退火机组退火后，并经平整机平整后送到电镀锌机组，经过碱洗、酸洗后进入电镀锌槽镀锌，再经过表面化学处理和涂油等工序即为成品。

(4) 电镀锡薄板。冷轧后的钢卷，需要送到脱脂机组进行清洗，清洗掉带钢表面的轧制油，然后经退火机组退火，并经平整机平整后送到电镀锡机组，经过碱洗、酸洗后进入电镀锡槽镀锡，再经过软溶、表面化学处理和涂油等工序即为成品。

(5) 电工钢(硅钢)板。电工钢分为低牌号无取向硅钢、高牌号无取向硅钢(CRNO)、普通取向(GO)硅钢、高性能取向硅钢(HiB)。根据生产牌号的不同，有不同的生产工艺，其工艺流程分述如下：

HiB 钢：热轧原料钢卷→常化炉→喷丸及酸洗→一次冷轧→焊接并卷→中间脱碳退火→二次冷轧→最终脱碳退火及涂隔离层→高温二次再结晶退火→涂绝缘层及热拉伸平整→切边分卷或切板→包装入库。

GO 钢：热轧原料钢卷→喷丸及酸洗→冷轧→焊接并卷→脱碳退火和涂隔离层→高温二次再结晶退火→涂绝缘层及热拉伸平整→切边分卷或切板→包装入库。

CRNO 钢：热轧原料钢卷→常化炉、喷丸及酸洗→冷轧→焊接并卷→脱碳退火及涂绝缘层→切边分卷或切板→包装入库。

低牌号无取向硅钢：热轧原料钢卷→喷丸及酸洗→冷轧→焊接并卷→脱碳退火→冷轧平整→涂绝缘层→切边分卷或切板→包装入库

近年来冷轧硅钢技术不断发展，先进的国家已研究出了一次轧制的新工艺新技术，并已运用于实际生产。国内武钢等冷轧硅钢厂也在积极探索一次轧制的技术，以简化工艺流程，节省投资。宝钢1550冷轧厂,采用了一套轧机同时轧制冷轧板和电工钢板技术。

10.2.1 用水户用水要求以及排水情况

冷轧厂主要耗水量是间接冷却水,约占全厂用水总量的90%以上。除此以外,有部分机组还需要供给工业水,过滤水、软水、脱盐水等。以下叙述各机组对供水水质、水压和水量的要求。

10.2.1.1 酸洗机组

热轧带钢表面含有许多氧化铁皮,酸洗的目的是除去钢板表面的氧化铁皮。酸洗线一般由入口开卷、焊接等设备、酸洗槽、喷洗槽和漂洗槽以及出口切边、卷取等设备组成。对于高牌号的取向硅钢(HiB)和高牌号的无取向硅钢的生产,在酸洗前还需经常化炉处理。

酸洗机组主要用水户有:

A 设备冷却水:

(1)酸洗入口液压站冷却水;

(2)焊接冷却水;

(3)电气室设备冷却水;

(4)酸再生站设备冷却水(有脱硅装置时);

(5)酸洗出口段液压站冷却水;

(6)其他设备冷却水;

以上用户要求供给间接冷却循环水。

B 工艺用水及排水

喷洗槽和漂洗槽用水一般均采用循环供水方式,漂洗槽的溢流水一般作为喷洗槽的补充水,喷洗槽的水当酸的浓度超过一定值后排往废水处理站进行处理或送入酸再生站进行再生。工艺主要用水有:

(1)新酸站配酸用水;

(2)酸循环站漂洗槽补充水;

(3)除雾系统补充水;

一般采用工业水,当有酸再生时前两项采用软水或脱盐水。

10.2.1.2 冷轧机组

冷轧机组主要有:入口开卷设备、轧机、剪切卷取设备以及出入口液压站、润滑油站、乳化液站等组成。

冷轧机组的主要用水点有:

A 设备冷却水:

(1)主马达通风冷却水;

(2)液压站、润滑油站设备冷却水;

(3)乳化液站油冷却器冷却水;

以上用水一般采用间接冷却循环水。

B 工艺用水及排水

在轧机轧制过程中,带钢的正常温度为90~100℃。若温度过高,就会使带钢产生中间浪形,如果热量不能很好散发,再加上冷却水量不足则辊身中部和支撑辊局部急剧膨胀。此时带钢通过支撑辊强烈凸起部位的一瞬间就会发生叠轧和断带事故。因此，在轧制过程中需要用乳化液或者棕榈油对系统进行冷却和润滑。乳化液站乳化液采用循环使用，定期排放，一般为3~6个月。乳化液配制水采用软水或脱盐水。

轧机在轧制过程中，由于压延而产生热量将使乳化液挥发，设计中考虑在轧机的上部设置抽风装置，并进行循环洗涤净化，该系统需连续地补充新水，除雾系统补充水，一般采用工业水。系统排水排入废水处理站进行处理。

10.2.1.3　脱脂机组

轧制后的带钢在进行退火处理、镀锌、镀锡处理等前必须进行脱脂处理，以去除附着于带钢表面的油膜，这样可避免由于热分解而在带钢表面形成残渣，这种残渣会影响金属表面的洁净，也给镀锌、镀锡等造成困难。

该机组包括预清洗及刷洗槽循环系统、电解脱脂槽循环清洗系统和热水漂洗及刷洗槽清洗系统等。

上述三个清洗系统均为独立的循环系统，待水中的污物超过允许浓度时就要将废水排往废水处理站。

进入脱脂机组的带钢首先通过预清洗及刷洗槽、相应设置了循环系统，该系统包括循环水泵、加热器和循环槽，利用循环泵将水连续地供向预清洗槽并喷向带钢，设计一般要求在预清洗槽中要去除带钢表面上80%的油污。因此，该系统水被污染的较快，排放也较频繁，排水中含油量较大、排水温度也较高约为60~80℃，废水中含有脱脂剂、氢氧化钠、磷酸盐等。未被去除的20%的油污将在电解脱脂槽进一步清洗，循环液的温度为60~80℃，水中含油量较大、排水温度也较高约为60~80℃，废水中含有脱脂剂，氢氧化钠、磷酸盐等。

通过上述清洗后的带钢最终进入热水漂洗及刷洗槽、相应设置了循环清洗系统，该系统为连续地供水和排水，排水排往废水处理站。该部分排水水量大、但含油量较低，污染物较少。

该机组要求用水水质较高，一般要求供给脱盐水。

在现代化的冷轧带钢厂，为缩短生产周期、节约占地面积、便于生产管理、提高劳动生产率以及提高产品质量等，脱脂机组往往分设于各机组前段工序内。

10.2.1.4　退火机组

退火机组有罩式炉、连续退火炉、环形炉、常化炉等。

A　罩式退火炉

罩式退火炉的操作工况是在炉台上把钢卷堆好，根据带钢宽度，炉台上可以堆放几个钢卷，钢卷之间放置对流板，钢卷堆放好后，罩上内罩。用保护气体将内罩的空气赶走，再罩上外罩，用安装在内罩上的烧嘴，把钢卷间接加热到所需要的温度。靠炉台上循环风机的运行来保证退火钢卷各部位温度均匀，使钢卷达到所要求的力学性能，这样就完成了钢卷的加热过程。钢卷的冷却过程，首先打开外罩，再将一个冷却罩罩在内罩上，冷却罩上的通风机将冷却空气引进并通过内罩和冷却罩之间的间隙，把内罩的热量带走，使内罩的温度冷却到所需的温度然后接通炉台下部的快速冷却系统。快速冷却系统中有保护气体的密闭循环系统和蛇形管的间接冷却水系统，保护气体靠循环风机的运行在罩内流动。通过系统中设置的冷却器，使冷却水吸收辐射热，一直工作到使内卷的中心温度冷却到一定的温度，然后，揭开内罩，再把钢卷放在冷却台上使钢卷冷却。罩式退火炉工段设有许多快速冷却台，均需要供给冷却水。罩式退火炉还需要供给事故冷却水。当全厂停电事故后，此时罩式退火炉仍在高温状态下工作，为了不损坏主要部件，要求迅速接通事故水。

罩式退火炉主要用水户有：

(1)快速冷却台用水；

(2)事故用水。

B　连续退火炉

连续退火炉设备一般由预热段、辐射加热段、辐射管加热段、喷气冷却段、辊冷却、过时效段和快速冷却段等组成。带钢出连续退火炉后经淬火冷却至平整机要求的温度。

现代化的连续退火机组往往将冷轧带钢轧后的清洗、退火、平整精整等工序集中在一条作业线上连续化生产，与传统的罩式退火炉工序相比，具有生产周期短、布置紧凑、便于生产管理、劳动生产率高以及产品质量优异等优点。新建冷轧带钢的连续退火机组已成为世界上钢铁行业大型冷轧车间退火设备选型的主流。

连续退火机组主要用水户有：

a　设备冷却水

(1) 入口液压站冷却用水；

(2) 出口液压站冷却用水；

(3) 退火炉设备冷却水；

设备冷却水要求供给事故水。

b　工艺用水

(1) 带钢清洗脱脂用水；

详见脱脂机组内容，该机组要求用水水质较高，一般要求供给脱盐水；

(2) 带钢淬火冷却用水；

淬火冷却段将带钢冷却到平整机所要求的温度，该段由喷淋塔、淬水槽、挤干辊、热风烘干机循环槽等组成，该设备要求供给脱盐水。为了较好地冷却带钢，有的机组还要求供给较低温度的冷却水，并在机组旁设置了单独的系统。

10.2.1.5　连续热镀锌机组

连续热镀锌机组是将冷轧带钢退火，并在表面镀锌。现代化的连续热镀锌机组往往将冷轧带钢轧后的清洗、退火、热浸镀锌、锌层退火、镀后冷却以及平整、拉矫、钝化、涂油、切边、分卷、表面缺陷检查等工序集中在一条作业线上连续化生产。

带钢经清洗退火后进行热镀锌，有的机组镀锌后还需进行锌层退火处理，在锌铁之间产生一层锌铁合金层，提高镀锌产品的镀层粘附性、着漆性、焊接性。退火后的带钢需进行冷却，镀后冷却先采用空气喷射冷却，最终进入水淬箱进行快速冷却并通过干燥达到进入平整机的温度要求。水淬箱采用脱盐水密闭循环冷却，水淬箱产生的汽雾通过专用风机及相应管道排出厂房外。

带钢经平整拉矫后进入钝化段进行处理，一般采用铬酸进行钝化，钝化段设置了钝化液循环系统，循环系统由循环槽和循环泵组成，钝化液定期排放，含有较高浓度的铬酸。该段还设有铬酸雾净化装置，采用水循环喷淋洗涤，循环系统溢流水排至废水处理站处理。

连续热镀锌机组主要用水户有：

A　设备冷却水

包括：出入口液压站冷却水、退火炉设备冷却水等。

冷却器、高温计、烟道阀、炉门炉框等要求供给事故水。

B　工艺用水

主要供给清洗脱脂段及镀后冷却、配制钝化液等用水，清洗脱脂用水及排水情况详见脱脂机组有关内容。这些用水一般供给脱盐水。

脱脂清洗段、钝化段排雾除雾系统用水一般供给工业水。

10.2.1.6　连续电镀锌机组

连续电镀锌机组将退火后的冷轧带钢卷，经化学脱脂清洗、电解酸洗、刷洗、漂洗、电镀槽、漂洗、活化、磷化、铬化、涂油、切边、分卷包装即为成品。

为了提高电镀效果，带钢经退火脱脂处理后，进入电解酸洗段对带钢进行活化处理，电解酸洗段设有循环供液系统。经电解脱脂的带钢，需经刷洗、漂洗以除去带钢表面的酸液。刷洗漂洗段设有多级循环系统，一般采用串联冲洗，第一级溢流水排往废水处理站，废水中含有酸，二价铁等。

电镀槽电镀液循环使用，定期排放。废水中含有高浓度的酸以及锌镍等金属离子。

电镀完的带钢，需进行水漂洗以除去带钢表面的电镀液，漂洗一般采用多级串联漂洗，每一级均设有循环供液泵，第一级溢流水排往废水处理站处理，废水中含有低浓度的酸以及锌镍等金属离子。

活化段是在带钢表面喷射含钛盐的碱液，以形成活性表面。

磷化段是使带钢表面锌与磷酸锌和磷酸液体反应生成一层防腐的不溶磷酸锌。该段设有磷酸液循环泵和循环槽，磷化液定期排放。废水中含有磷酸盐及磷化剂等，为酸性废水。

磷化后的带钢也需进行漂洗以除去磷化液。漂洗一般采用多级串联漂洗，每一级均设有循环供液泵，第一级溢流水排往废水处理站处理，废水中含有高浓度的磷酸和磷化剂等。

钝化段对带钢进行钝化处理，一般采用铬酸进行钝化，钝化段设置了钝化液循环系统，循环系统由循环槽和循环泵组成，钝化液定期排放，含有较高浓度的铬酸。有的机组在带钢钝化后，用水对带钢进行漂洗，以除去带钢表面剩余的钝化液，此部分水采用循环使用，部分水溢流排往废水处理站，该部分水含有稀浓度的铬酸。该段还设有铬酸雾净化装置，采用水循环喷淋洗涤，循环系统溢流水排至废水处理站处理。

连续电镀锌机组主要用水户有：

A　设备冷却水

主要供给液压站、润滑油站以及电机通风等用水。一般供给间接循环冷却水。

B　工艺用水

主要为化学脱脂清洗、电解酸洗、刷洗、漂洗以及配制电镀液、磷化液、铬化液用水。一般供给脱盐水。

除雾系统补充水一般供给工业水。

10.2.1.7　电镀锡机组

冷轧后钢卷，需先送到脱脂机组(段)清洗，清洗掉带钢表面的轧制油，然后经退火机组退火，并经平整机平整后送到电镀锡机组，经过碱洗、酸洗后进入电镀锡槽镀锡，再经过软溶、表面化学处理和涂油等工序即为成品。

A　设备冷却水

主要供给液压站、润滑油站以及电机通风冷却用水。一般供给间接循环冷却水。

B　工艺用水

主要为化学脱脂清洗、电解酸洗、刷洗漂洗以及配制电镀液、表面处理液用水。一般供给脱盐水。除雾系统补充水一般供给工业水。

10.2.1.8　电工钢(硅钢)板机组

电工钢分为低牌号无取向硅钢、高牌号无取向硅钢(CRNO)、普通取向(GO)硅钢、高性能取向硅钢(HiB)。根据生产牌号的不同,分为不同的生产工艺,其用水要求也因工艺不同而不同。

A　机组用水

a　设备冷却水

设备冷却水主要包括开卷机、卷取机、常化炉、脱碳退火炉、冷轧机、再结晶退火、焊机、平整机液压站、润滑油站等设备冷却水。对于常化炉以及其他退火炉需根据工艺情况供给事故水。

b　工艺用水

工艺用水主要有酸洗配酸用水、酸洗漂洗喷洗水、涂层液配置水、乳化液配置水、脱脂段脱脂液配置水、脱脂段带钢冲洗水、退火段带钢直接冷却水、带钢钝化液配置水等,这些水一般供给软水或脱盐水。

机组除雾除尘用水一般供给工业水。

B　排水

(1) 轧机废乳化液;

(2) 酸洗段废酸、酸洗漂洗喷洗排水;

(3) 脱脂段废脱脂液;

(4) 脱脂段冲洗水;

(5) 废钝化液;

(6) 钝化段冲洗水;

(7) 退火机组间接冷却排放水;

(8) 除雾除尘排水;

(9) 油库废水;

(10) 地坑排放水;

由于生产的电工钢中硅含量较高,带钢酸洗时酸洗液中有较高的 SiO_2 在酸洗液中循环,这样就会产生 SiO_2 沉淀析出,因此,在酸液循环系统中需设置除硅装置,以防止 SiO_2 堵塞管道和喷嘴。

表 10-76 ~ 表 10-87 为国内各冷轧生产厂用水量及用水要求。

表 10-88 ~ 表 10-92 为国内各冷轧生产厂排水量成分、废水量及排放制度。

表 10-76 A 公司 100 万 t/a 冷轧厂间接冷却水用水量及用水要求

机组名称	水量/$m^3 \cdot h^{-1}$	水温/℃		水压/MPa	水质
		进水	出水		
酸洗机组	210	35	43	0.35	$SS<10mg/L$
五机架马达通风冷却水	936	35	39	0.35	$SS<10mg/L$
五机架油润滑系统	349.7	35	43	0.35	$SS<10mg/L$
五机架乳化液系统	1750	35	43	0.35	$SS<10mg/L$
电解脱脂机组	20	35	43	0.35	$SS<10mg/L$
罩式退火炉	1700	35	43	0.35	$SS<10mg/L$
连续退火炉	320	35	43	0.35	$SS<10mg/L$
连续热镀锌机组	381.84	35	43	0.35	$SS<10mg/L$
单双机架平整机	723.3	35	43	0.35	$SS<10mg/L$
连续电镀锡机组	554	35	43	0.35	$SS<10mg/L$
纵剪和横剪机组	29.7	35	43	0.35	$SS<10mg/L$
磨辊间	10	35	43	0.35	$SS<10mg/L$
保护气体发生站	226	35	43	0.35	$SS<10mg/L$
实验室	10	35	42	0.5	$SS<10mg/L$
合计	7720.54				

表 10-77 A 公司 100 万 t/a 冷轧厂软水用水量及用水要求

机组名称	水量/$m^3 \cdot h^{-1}$	水质		水压/MPa	水温/℃
		悬浮物/$mg \cdot L^{-1}$	总硬度/dH		
酸洗机组	15	<2	<1	0.1	常温
电解脱脂机组	30	<2	<1	0.1	常温
连续退火炉	30	<2	<1	0.1	常温
连续热镀锌机组	5	<2	<1	0.1	常温
连续电镀锡机组	49	<2	<1	0.1	常温
蒸汽减压站	4	<2	<1	0.1	常温
保护气体发生站	0.18	<1	<0.1	0.1	常温
合计	169.18				

表 10-78 A 公司 100 万 t/a 冷轧厂工业水用水量及用水要求

机组名称	水量/$m^3 \cdot h^{-1}$	水质		水压/MPa	水温/℃
		悬浮物/$mg \cdot L^{-1}$	总硬度/dH		
间接冷却循环水系统补充水	200	<20	8.5	1.0	常温
废水处理站	13	<20	8.5	1.5	常温
盐酸再生站	35	<20	8.5	1.5	常温
空气冷却站	15	<20	8.5	3.0	常温

续表 10-78

机组名称	水量/m³·h⁻¹	水质		水压/MPa	水温/℃
		悬浮物/mg·L⁻¹	总硬度/dH		
酸洗机组	10	<20	8.5	1.0	常温
五机架乳化液废气排出装置	10	<20	8.5	1.5	常温
加油站	0.4	<20	8.5	1.5	常温
电解脱脂机组	10.9	<20	8.5	1.0	常温
连续电镀锡机组	2	<20	8.5	1.5	常温
连续热镀锌机组	320	<20	8.5	3.0	常温
乳化液系统	165	<20	8.5	3.0	常温
单双机架油润滑系统	50	<20	8.5	3.0	常温
保护气体发生站	5	<20	8.5	3.0	常温
其他	12	<20	8.5	3.0	常温
合计	858.3				

表 10-79 B厂 10 万 t/a 冷轧带钢车间工业水用水量及用水要求

机组名称	水量/m³·h⁻¹		用水制度	水压/MPa	水温/℃
	平均	最大			
间接冷却循环水系统补充水	26		连续	0.1	常温
酸洗机组	10	20	连续	0.3	常温
酸洗机组配酸用水	每 6 天 30m³	50	间断	0.2~0.3	常温
机械加工间	1	2	间断	0.3	常温
热处理车间	8.5	55	间断	0.3	常温
磨辊间	2	4	间断	0.3	常温
机修间	1	2	间断	0.3	常温
锅炉房	6	17	连续	0.3	常温
酸洗槽排气系统	4	4	连续	0.3	常温
轧机排油雾处理系统	6	6	连续	0.1	常温
磨辊间碱洗槽排气系统	1.2	1.2	连续	0.1	常温
氨分解保护气体站	2	2	连续	0.1	常温
软化水处理机	3 个月 80m³	4	连续	0.3	常温
450mm 轧机配制乳化液用水	3 个月 50m³		间断	0.3	
750mm 轧机配制乳化液用水	3 个月 50m³		间断	0.3	
各机组油库补充水	0.462		连续	0.3	

表 10-80 B厂 10万 t/a 冷轧带钢车间间接冷却循环用水量及用水要求

机组名称	水量/$m^3 \cdot h^{-1}$		用水制度	水压/MPa	水质要求	水温/℃	
	平均	最大				进水	回水
罩式退火炉	100	100	连续	0.3	pH7～8,硬度8.5dH,悬浮物 SS = 10～20mg/L	33	43
酸洗机组	12	12	连续	0.3		33	43
450mm 轧机	32	32	连续	0.3		33	43
750mm 轧机	400	400	连续	0.3		33	43
750mm 单机架平整机	200	200	连续	0.3		33	43
原料纵剪机组	3	3	连续	0.3		33	43
成品纵剪重卷机组	6	6	连续	0.3		33	43
轧机其他冷却水	4	4	连续	0.3		33	43
空压机站	10	20	连续	0.3		33	43
750mm 轧机电机通风	220	220	连续	0.3		33	43
电控室空调通风冷却	90	90	连续	0.3		33	43
其他	60	60	连续	0.3		33	43
合计	1137	1147					33

表 10-81 C公司 140万 t/a 冷轧厂过滤水用水量及用水要求

机组名称	水量/$m^3 \cdot h^{-1}$		用水制度	水压/MPa	水质要求
	平均	最大			
酸洗机组	4	36			pH7～8; SS < 2mg/L; 全硬度(以 $CaCO_3$ 计)145mg/L; Ca 硬度(以 $CaCO_3$ 计)100mg/L; Cl60mg/L
轧机机组	6	110			
连续退火机组	68	75			
热镀锌机组	1	4			
电镀锌机组	4	5			
电工钢机组	1	24			
磨辊间	0.4	2			
制冷水站	5	50			
其他					
合计	89.4	330			

表 10-82 C公司 140万 t/a 冷轧厂间接冷却循环用水量及用水要求

机组名称	水量/$m^3 \cdot h^{-1}$		用水制度	水压/MPa		水质要求	水温/℃	
	平均	最大		供水	回水		进水	回水
酸洗机组	60	78	连续	0.5～0.6	0.3		33	40.5
轧机机组	1316	2096	连续	0.5～0.6	0.3		33	40.5
连续退火机组	300	300	连续	0.5～0.6	0.3		33	41.5
热镀锌机组	1172	1232	连续	0.5～0.6	0.3		33	41.5

续表 10-82

机组名称	水量/$m^3 \cdot h^{-1}$		用水制度	水压/MPa		水质要求	水温/℃	
	平均	最大		供水	回水		进水	回水
电镀锌机组	1272	1460	连续	0.5~0.6	0.3		33	41.5
电工钢机组	1142	1173	连续	0.5~0.6	0.3		33	40.5
精整机组	10	10	连续	0.5~0.6	0.3		33	
重卷包装机组	120	130	连续	0.5~0.6	0.3		33	40.5
酸再生	70	90	连续	0.5~0.6	0.3		33	38
制冷水	2000	2000	连续	0.5~0.6	0.3		33	
空压站	440	440	连续	0.5~0.6	0.3		33	
循环水站	11	55	连续	0.5~0.6	0.3			
废水处理站	10	10	连续	0.5~0.6	0.3			
其他		2226	连续	0.5~0.6			33	
合　计	10625	14000	连续					41

表 10-83　C公司 140 万 t/a 冷轧厂事故水用水量及用水要求

机组名称	水量/$m^3 \cdot h^{-1}$	用水制度	水压/MPa	水质要求
连续退火机组	100		0.35	
热镀锌机组	125		0.5	
电工钢机组	15			
合　计	240			

表 10-84　C公司 140 万 t/a 冷轧厂工业用水量及用水要求

机 组 名 称	水量/$m^3 \cdot h^{-1}$		用水制度	水压/MPa	水 质 要 求
	平均	最大			
酸洗机组	4	8			pH7~8; SS<10mg/L; 全硬度(以 $CaCO_3$ 计)145mg/L; Ca 硬度($CaCO_3$ 计)100mg/L; Cl 60mg/L
轧机机组		60			
连续退火机组		15			
热镀锌机组	6	30			
电镀锌机组		40			
电工钢机组	8	53			
精整重卷机组		12			
酸再生机组		27			
煤气加压站		80			
循环水站	420	420			
废水处理站	10	10			
其他		45			
合　计	448	800			

表 10-85 C公司 140 万 t/a 冷轧厂脱盐水用水量及用水要求

机组名称	水量/$m^3 \cdot h^{-1}$		用水制度	水压/MPa	水质要求
	平均	最大			
酸洗机组	4	9			pH7~8; $SS<10$mg/L; 全硬度(以 $CaCO_3$ 计)微量; Ca 硬度($CaCO_3$ 计)微量; Cl 1mg/L; 电导率 <10μm/cm
轧机机组	8	60			
连续退火机组	24	34			
热镀锌机组	19	95			
电镀锌机组		15			
电工钢机组	29	100			
酸再生机组	4	9			
减温减压站	5	5			
其他		73			
合　计	93	400			

表 10-86 C公司 210 万 t/a 冷轧厂间接冷却循环用水量及用水要求

机组名称	水量/$m^3 \cdot h^{-1}$		用水制度	水压/MPa		水质要求	水温/℃	
	平均	最大		供水	回水		进水	回水
酸洗机组	71	88.5	连续	0.5~0.6	0.3	pH8.5; $SS<10$mg/L; 全硬度 (以 $CaCO_3$ 计) 170mg/L, Ca 硬度 (以 $CaCO_3$ 计) 80mg/L; Cl 平均 102mg/L, 最大 374mg/L; 电导率 <850μm/cm	33.5	39.5
酸洗传动马达	142.1	152.4					33.5	37.5
轧机乳化液冷却器	2200	2500					33.5	39.5
轧机机组马达	852	862.8	连续	0.5~0.6	0.3		33.5	37.5
轧机油冷却器	443	535					33.5	37.5
轧机液压站	34	45					33.5	37.5
精整机组油冷却器	111.06	135					33.5	38.5
精整机组液压马达	19	27.5					33.5	38.5
精整机组传动马达	244	244					33.5	37.5
横切机组	32	48					33.5	38.5
纵切机组	16	25					33.5	38.5
重卷机组	27	38					33.5	38.5
罩式炉	1135	2250					33.5	42
热镀锌机组	392	414.2	连续	0.5~0.6	0.3		33.5	36.8
涂层机组	56.6	80.7					33.5	38.5
压形板机组	14	22.7					33.5	38.5
电镀锌机组	1341	1665	连续	0.5~0.6	0.3		33.5	40.13
连续退火机组	1445.6	1600.5	连续	0.5~0.6	0.3		33.5	41.5
包装机组	7.45	10	连续	0.5~0.6	0.3		33.5	38.5
钢卷运输	6	7.2	连续	0.5~0.6	0.3		33.5	38.5
维修车间	20	20	连续	0.5~0.6	0.3		33.5	
冷水站	1840	2045	连续	0.5~0.6	0.3		33.5	37.5
捆带机组	154.1	183	连续	0.5~0.6	0.3		33.5	38.5
空压站	40	60	连续	0.5~0.6	0.3		33.5	38.5
煤气混合加压站	16	20.5	连续	0.5~0.6	0.3		33.5	40
保护气体站	87	95	连续	0.5~0.6	0.3		33.5	42
其他			连续	0.5~0.6	0.3		33.5	
合　计		13500		0.5~0.6	0.3			

表 10-87　C公司 40 万 t/a 硅钢厂间接冷却循环用水量及用水要求

机组名称	水量/m³·h⁻¹		用水制度	水压/MPa		水质要求	水温/℃	
	平均	最大		供水	回水		进水	回水
酸洗机组常化炉炉底辊	60	60	连续	0.25		pH8.5；$SS<20$ mg/L；全硬度 5.6dH	32	
酸洗机组冲洗净化塔和液压装置	24	30	连续	0.25			32	
酸洗机组入口液压装置和操作室空调	51.9	57.6	连续	0.25			32	
酸洗机组水套管	74.4	74.4	连续	0.25			32	
酸洗电气室空调	36	36	连续	0.25			32	
酸洗出口液压装置	25.5	25.5	连续	0.25			32	
酸洗常化炉炉底辊	19.8	19.8	连续	0.25			32	
轧机辊道冷却、润滑系统	361.8	361.8	连续	0.25			32	
轧机机组马达冷却器	168	168	连续	0.25			32	
轧机电气室空调和轧机洗涤	97.2	97.2	连续	0.25			32	
轧机焊机液压装置	9.24	9.24	连续	0.25			32	
轧机焊机电气室空调	54	54	连续	0.25			32	
CA1 机组 N.O.F 炉底辊	19.8	19.8	连续	0.25			32	
CA1 机组 N.O.F 炉底辊	24	24	连续	0.25			32	
CA1 机组液压装置	22.2	17.4	连续	0.25			32	
CA1 机组电气室空调	156	156	连续	0.25			32	
CA1 机组水套管	13.2	13.2	连续	0.25			32	
CA1 机组加热炉冷却	15.9	21.6	连续	0.25			32	
CA1 机组 No.3 炉喉和空调	181.5	181.5	连续	0.25			32	
CA1 机组增湿器	0.12	0.12	连续	0.25			32	
CA2 机组柴油发电机		12	间断	0.25			32	
CA2 机组 N.O.F 炉底辊	45	45	连续	0.25			32	
CA2 机组液压装置	19.2	19.2	连续	0.25			32	
CA2 机组冷却辊和净化器	6.6	12	连续	0.25			32	
CA2 机组涂层机	每天 10m³	30	间断	0.25			32	
CA2 机组增湿器	0.12	0.12	连续	0.25			32	
CA2 机组电气室空调	78	78	连续	0.25			32	
CA2 机组喷射冷却器和氢分析仪	150.9	150.9	连续	0.25			32	
CA3 机组进口密封室	15	15	连续	0.25			32	
CA3 机组轧辊冷却和 No.5 转向辊液压装置	17.4	17.4	连续	0.25			32	
CA3 机组涂层机盐水冷却	35	36	连续	0.25			32	
CA3 机组循环气体冷却	120	120	连续	0.25			32	
CA3 机组水套管	13.2	13.2	连续	0.25			32	
CA3 机组液压装置冷却	35.4	35.4	连续	0.25			32	
CA3 机组电气室空调	78	78	连续	0.25			32	
CA3 机组 No.12 转向辊液压装置	3	4.8	连续	0.25			32	
CA3 机组涂层机电离消除器	每天 5m³	2.4	间断	0.25			32	
CA3 机组涂层机	每天 5m³	6	间断	0.25			32	
CA3 机组增湿器	0.12	0.12	连续	0.25			32	
CB 和 CS 机组液压装置	24	24	连续	0.25			32	
CB 和 CS 机组炉子冷却和密封水	420	420	连续	0.25			32	
CB 和 CS 机组空调	90	90	连续	0.25			32	
CT 机组 N.O.F 加热炉冷却	15	15	连续	0.25			32	
CT 机组液压装置	16.5	23.4	连续	0.25			32	
CT 机组仪表和出口垂直线检测仪	6.6	6.6	连续	0.25			32	
CT 机组水冷却辊	12	12	连续	0.25			32	
CT 机组洗烟器	13.2	14.4	连续	0.25			32	
CT 机组水套管	51	51	连续	0.25			32	
CT 机组硫酸储存室清洗	3	7.2	连续	0.25			32	
CT 机组涂层装置	每天 5m³	21	间断	0.25			32	
合　计								

表 10-88 A 公司 100 万 t/a 冷轧厂废水成分、废水量及排放制度表

序号	排放点名称	流量/$m^3 \cdot h^{-1}$	废水成分	排放制度	备注
		最大	平均		
1	酸洗机组	每两个月排 $25m^3$		HCl:70g/L, Fe^{2+}:110g/L $t=60℃$	间断
2	酸洗机组	22		HCl:14g/L, Fe^{2+}:6g/L, $t=60℃$	连续
3	酸洗机组	15		HCl:14g/L, Fe^{2+}:6g/L, $t=60℃$	间断
	盐酸再生站	15		HCl:14g/L, Fe^{2+}:6g/L, $t=60℃$	间断
4	五机架轧机废乳化液	4		乳化液	间断
5	五机架轧机废乳化液	12		乳化液、棕榈油	连续
	五机架轧机废乳化液	500		乳化液、棕榈油、干油、矿物油 $t=60℃$	间断
6	磨辊间乳化液	每月 $45m^3$		1%～2.5%脱脂剂，pH7～9	间断
7	电解脱脂机组	40		3%～5%碱	连续
8	连续退火机组	6		pH9～14，电解液	间断
9	连续电镀锡机组	343		铬酸，pH4	连续
10	连续电镀锡机组	30～60		pH2～9	连续
11	保护气体发生站	1.5		乳化液	间断
12	双机架平整机轧辊冷却系统	每 3 个月排 $60m^3$		$Na_2Cr_2O_7$ 15mg/L	间断
13	连续热镀锌机组	每年排 $5m^3$	0.03		间断

表 10-89 B 厂 10 万 t/a 冷轧厂废水成分、废水量及排放制度表

序号	排放点名称	流量/$m^3 \cdot h^{-1}$		废水成分	排放制度
		最大	平均		
1	酸洗机组循环槽	$30m^3$/每次		HCl:70g/L, Fe^{2+}:110g/L, $t=60℃$	6 天/每次
2	酸洗机组漂洗水	20	10	HCl:8g/L, Fe^{2+}:4g/L	连续
3	酸洗机组酸洗槽排气处理	4		HCl:160g/L	连续
4	750mm 轧机废乳化液	$30m^3$/每次		油:<4%, Fe^{2+}:0.1～0.15g/L, $t=60℃$	90 天/每次
5	450mm 轧机废乳化液	$30m^3$/每次		油:<4%, Fe^{2+}:0.1～0.15g/L, $t=60℃$	90 天/每次
6	磨辊间碱油废水	25			30 天/每次
7	磨辊间碱洗槽排气处理系统含碱废水	1.2		NaOH:160mg/L	连续
8	轧机排油雾处理系统含油废水	6		油:200mg/L	连续
9	750mm 轧机油库含油废水	30	0.3	油:300mg/L, Fe^{2+}:300mg/L	
10	450mm 轧机平整油库含油废水	10	0.1	油:300mg/L, Fe^{2+}:300mg/L	
11	750mm 轧机平整油库含油废水	15	0.03	油:300mg/L, Fe^{2+}:300mg/L	

表 10-90　C公司 140 万 t/a 冷轧厂废水成分、废水量及排放制度表

废水分类	机组名称	排放点	废水排放量		废水成分	备注
			排放量/m^3	排放周期		
含油废水	酸洗-轧机联合机组	油坑排水	3	每周	油:2000mg/L	
		轧机排气系统洗涤排水	0.75	每小时	温度:30~70℃，pH=7~8， 油:约 5000mg/L，Fe:约 500mg/L(max)	
		轧机乳化液系统过滤器反清洗排放	2.5	每小时	温度:20~50℃，pH=5~7 油:400~9000mg/L，*COD*:约 500mg/L	
		轧机乳化液系统乳化液排放	200	每 3 个月	温度:20~50℃，pH=5~7， 油:20~50g/L， *COD*:约 5000mg/L，*SS*:200~400mg/L	乳化液的牌号: (川崎制铁) MultilubeAR-90
		轧机清洗排放	60~70	每周	温度:30~70℃，pH=7~8， Fe:30~5000mg/L，含油， *COD*:100~1400mg/L，*SS*:200~400mg/L	
	电镀锌机组	预脱脂段排水	1.2~2	每小时	温度:60~80℃，pH=14，*COD*:25g/L， 油/油脂:10g/L，NaOH:30g/L， Na_3PO_4:15g/L	
		预脱脂段排水	1.7~2.5	每小时	温度:50~60℃，pH=12，*COD*:3g/L， 油/油脂:1g/L，NaOH:5g/L， Na_3PO_4:3g/L	
		脱脂段排水	0.2~0.5	每小时	温度:60~80℃，pH=14，*COD*:20g/L， 油/油脂:7g/L，NaOH:30g/L， Na_3PO_4:15g/L	
			40	每年	温度:60~80℃，pH=14，*COD*:20g/L， 油/油脂:7g/L，NaOH:30g/L， Na_3PO_4:15g/L	

续表 10-90

废水分类	机组名称	排放点	废水排放量		废水成分	备注
			排放量/m^3	排放周期		
含油废水	连续退火机组	油坑及活套区域地坑排水	2.5	每周	含油:0.05%，pH≈7	
		清洗循环处理段排水	72	每6周	温度:约80℃，pH=14，*COD*:3000～4000mg/L，油:110g/L，NaOH:11g/L，Na_3PO_4:15g/L	
		平整机机组排水	0.5	每2周	含油:0.05%，pH≈7	
	热镀锌机组	清洗循环处理段排水	1.3	每小时	温度:约80℃，pH=14，油:25g/L，脱脂剂(P3):30g/L	
		进口段地坑排水	1	每小时	pH=10～12，油:25g/L	
	电工钢机组	入口段地坑排水	2×0.2	每小时	含油	
		出口段卷取机地坑排水	2×0.2	每小时	油:10%	
		出口段活套地坑排水	2×0.2	每小时	油:10%	
	高速线材车间	磨辊间乳化液排水	100	每年	乳化液的牌号:Rofox KS 261 pH=9.1(20℃)	
	彩涂机组	清洗段及工艺段	2.3	每小时	温度:80℃:pH=12，油:25g/L，脱脂剂(P3):30g/L	远期预留
含铬废水	热镀锌机组	后处理段	4	每小时	温度:50℃(max)，pH=2～3，Cr^{6+}:2g/L	
		后处理段	2.3	每小时	温度:50℃(max)，pH=2～3，Cr^{6+}:20～100g/L	
		后处理段	28	每月	温度:50℃(max)，pH=2～3，Cr^{6+}:20～100g/L	
	电工钢机组	涂层地坑排水	2×2.4	每小时	CrO_3:300g/L	
	电镀锌机组	后处理段	3～5	每年	温度:50～60℃，pH=0～1，CrO_3:10g/L，Zn:2g/L	
		后处理段	1	每月	温度:50～60℃，pH=2～3，CrO_3:10g/L，Zn:0.5g/L	
	彩涂机组	后处理段	5	每天	CrO_3:10g/L	远期预留
		后处理段	10	每月	CrO_3:10g/L	远期预留
	2030冷轧厂电镀锌机组耐指纹产品工程	后处理段	15	每月	CrO_3:30g/L，SO_4^{2-}:150mg/L，Zn:150mg/L	预留

表 10-91　C公司 210 万 t/a 冷轧厂废水成分、废水量及排放制度表

序号	排放点名称	流量/$m^3 \cdot h^{-1}$		废水成分	排放制度
		最大	平均		
1	酸洗机组	15		HCl:20g/L,Fe^{2+}:4g/L	连续
2	酸洗机组	50		HCl:70~160g/L,Fe^{2+}:30~110g/L	事故时
3	全连轧机轧辊冷却系统	0.5		悬浮物 1g/L,矿物油 10g/L,乳化液 20g/L,Fe0.15g/L,pH7~8,*COD*20~50g/L	连续
4	撇渣系统	0.6		悬浮物 1~2g/L,矿物油 10g/L,乳化液 1000g/L,Fe0.15~0.20g/L,pH7~8,*COD*20~80g/L	连续
5	全连轧机废乳化液	2~3 个月 600m^3		悬浮物 0.6~1.0g/L,矿物油 10g/L,清洗剂 20g/L,Fe0.10g/L,pH7~8,*COD*20~50g/L	间断
6	轧机更换清洗剂	每 2~4 周 150m^3		悬浮物 0.6~1.0g/L,矿物油 10g/L,乳化液 20g/L,Fe0.10~0.15g/L,pH7~8,*COD*20~50g/L	间断
7	轧机更换水	每 2~4 周 150m^3		悬浮物 0.6~1.0g/L,矿物油 10g/L,乳化液 20g/L,Fe0.10~0.15g/L,pH7~8,*COD*20~50g/L	间断
8	轧机油库泵坑排水	1.0 0.15~0.2		含油及乳化液,*COD*10~20g/L	间断
9	平整机轧辊冷却系统	2		悬浮物 1~2g/L,矿物油 10g/L,乳化液 50g/L,Fe0.3g/L,pH7~8,*COD*10~20g/L	仅在湿平整时排放
10	横切机组	每天 92m^3		含油脂及固体物质,平均 1.5m^3/h,包括冲洗水	每天冲洗 1h
11	纵切机组	每天 25m^3		含油脂及固体物质,平均 1.5m^3/h,包括冲洗水	每天冲洗 1h
12	重卷机组	每天 51m^3		含油脂及固体物质,平均 1.5m^3/h,包括冲洗水	每天冲洗 1h
13	热镀锌机组	每天 68m^3			每天冲洗 1h
14	涂层机组	每两周 127m^3 每天 40m^3			每天冲洗 1h
15	涂层机组泵坑排水	14		(1)NaOH,聚磷酸盐,葡萄酸钠,Pb0.05g/L,Zn0.2g/L (2)镀锌及横切处理剂 (3)含 Cr^{6+}、Cr^{3+}的最终处理剂 (4)硝酸和磷酸	间断

续表 10-91

序号	排放点名称	流量/$m^3 \cdot h^{-1}$		废水成分	排放制度
		最大	平均		
16	压形板机组	5.7		油脂、油及固体物质	每天冲洗 1h
17	电镀锌机组	每天 11m^3		油脂、油及固体物质	冲洗水
18	电镀锌机组	1		悬浮物 1g/L,油脂 9g/L,矿物油及乳化液 3.4g/L,pH12,*COD*10g/L	碱性废水
19	电镀锌机组	60		悬浮物 0.1g/L,油脂 0.03g/L,矿物油及乳化液 0.38g/L,pH9～10,*COD* 30g/L	碱性冲洗水
20	电镀锌机组	2.5		悬浮物 0.1g/L,硫酸 1.2g/L,Fe1mg/L,Zn5.5g/L,pH1～2	酸性废水
21	电镀锌机组	140		悬浮物 0.02g/L,硫酸 0.33g/L,Fe5mg/L,Zn0.015g/L,pH7	酸性漂洗水
22	电镀锌机组	0.2		悬浮物 0.02g/L,硫酸 1.5g/L,Fe 2g/L,pH2～3	含铬废水
23	电镀锌机组	15		悬浮物 0.02g/L,铬酸 0.2g/L,pH5～6	含铬漂洗水
24	电镀锌机组	每天 1.6m^3		Cd 0.07%,Pb 2.3%,P 0.001%,Zn 6.0%,Al0.08%,Fe 0.5%,Sn21%,其他 0.05%	每天 3 次每次 0.5h
25	电镀锌机组脱脂部分	6 个月 2×8m^3		油脂、矿物油、乳化液 9g/L,碱 3.4g/L	槽子排空时的碱性废水
26	电镀锌机组脱脂部分	6 个月 1×4m^3		pH 9～10,*COD*30g/L	槽子排空时的碱性废水
27	电镀锌机组脱脂部分	6 个月 1×6m^3		油脂、矿物油、乳化液 0.03g/L,碱 0.38g/L	槽子排空时的碱性漂洗废水
28	电镀锌机组脱脂部分	6 个月 1×4m^3		pH9～10,*COD*30g/L	槽子排空时的碱性漂洗废水
29	连续退火机组	10		悬浮物 0.213g/L,油及乳化液 1.067g/L,Fe0.101g/L,$SiO_2$0.065g/L,NaOH0.153g/L,pH11,*COD*0.08g/L	碱性废水
30	连续退火机组	每两月 10m^3		悬浮物 0.4g/L,油 0.1g/L,Fe0.2g/L,$SiO_2$0.1g/L,Na0.2g/L,pH12～13,*COD*0.1g/L	槽子排空时的碱性废水
31	连续退火机组 No.2 淬火槽和平整机	每年 1～2 次,一次 18m^3		$NaNO_3$3%,有机胺 1%,表面活性剂 0.1%,Fe0.02%,悬浮物 0.02%,pH10	每年 1～2 次
32	捆带机组	16m^3		木炭和灰尘	每天 3 次每次 0.25h

续表 10-91

序号	排放点名称	流量/$m^3 \cdot h^{-1}$		废水成分	排放制度
		最大	平均		
33	保护气体发生站干燥设备	0.01		少量 KOH	每年5次，每10h排一次
34	保护气体发生站电解水器	$2m^3$		石棉渣及部分 KOH	每年5次，每10h排一次
35	保护气体发生站脱盐设备	$10h12m^3$		HCl 0~5%	每年5次，每10h排一次
36	保护气体发生站再生	$10h2.7m^3$		NaCl 0~1%	每年5次，每10h排一次
37	磨辊间	无规律		油脂、矿物油、乳化液、悬浮物	每年5次，每10h排一次
38	实验室	100 3		油、乳化液、酸碱	送中心实验室统一处理
39	水处理站	0.6		澄清水 泥渣	
40	空压机站	每天 $1m^3$		矿物油	
41	煤气混合加压站	每天 $1m^3$		NaSCN 200g/L	
42	盐酸再生站	50		HCl 200g/L	事故排放
		每周 $20m^3$		悬浮物 10g/L，HCl 2g/L，Fe2g/L	过滤清洗
		每天 $3m^3$		HCl 2g/L，Fe2g/L	喷嘴清洗
		每周 $5m^3$		悬浮物 0~10g/L，HCl 0~5g/L	冲洗地坪
43	脱盐水站	每天 $740m^3$		酸、碱再生废液	

表 10-92 C公司70万 t/a 冷轧厂废水成分、废水量及排放制度表

序号	排放点名称	流量/$m^3 \cdot h^{-1}$		废水成分	排放制度	备注
		最大	平均			
1	酸洗液压站排水	8	6	液压油、润滑油、黄油	间断	
2	轧机油库排水	24	1	乳化液、矿物、液压油、黄油、铁和灰尘	间断	运行 10min
3	轧机烟气洗涤排水		3	乳化液、矿物油、液压油、铁和灰尘(max:5g/L), *COD*:约 5000mg/L	连续	
4	轧机烟气洗涤循环槽排水	5		乳化液、矿物油、液压油、铁和灰尘(max:5g/L), *COD*:约 5000mg/L	间断	
5	轧机乳化液排放	24	1	乳化液、铁和灰尘(max:5g/L), *COD*:约 5000mg/L	连续	运行 10min
6	轧机乳化液循环槽排水		10	乳化液、铁和灰尘(max:5g/L), *COD*:约 5000mg/L	间断	440m^3,3 个月
7	酸再生站	20	57.6	Fe^{2+}:0~130g/L, HCl:5~200g/L	间断	20m^3,每周
8	连续退火清洗排水			pH=12, *SS*:150mg/L, *COD*:150mg/L, 油:80mg/L	连续	其中包括碱量洗涤排水 3m^3
9	连续退火清洗循环槽排水			pH=12.4, *SS*:120mg/L, *COD*:95mg/L, 油:170mg/L, TFe:17mg/L, NaOH:1840mg/L, PSA<0.1mg/L	间断	20m^3,每月
10	电镀锡清洗段喷淋排水	96	34	pH=3.5, *SS*:70mg/L, H_2SO_4:130mg/L, 油:1mg/L, TFe:25mg/L, *COD*:6mg/L	连续	max 值为水泵能力
11	电镀锡清洗段清洗循环槽排水			H_2SO_4:20g/L	间断	10m^3,2 个月
12	电镀锡电镀段清洗排水	142	46	pH=1.4, *SS*:450mg/L, PSA:8g/L, TSn:2g/L, *COD*:14g/L	连续	max 值为水泵能力
13	电镀锡电镀段清洗循环槽排水			pH=1, PSA:10g/L, TSn:20g/L	间断	10m^3,每年
14	电镀锡化学处理段喷淋排水	96	36	pH=4.4, *SS*=2mg/L, *COD*:6mg/L, $Na_2Cr_2O_7$:0.2g/L, Cr:50mg/L	连续	
15	电镀锡化学处理段循环槽排水				间断	10m^3,每月
16	预留 TFS 清洗槽排水	72	30	CrO_3:0.9g/L, SO_4^{2-}:0.01g/L *COD*:3g/L,	连续	
17	预留 TFS 清洗槽排水			CrO_3:100g/L, *COD*:100mg/L	间断	10m^3,每月
18	钢卷运输小车	20	10	含油	间断	
19	磨辊间磨床废乳化液排放			石油磺酸钠油酸	间断	12m^3,每月
20	检化验室排水	10	10	酸、碱	间断	
21	二热轧磨辊间废乳化液排放	20	10	乳化油 261	间断	72m^3,每月

10.2.2 给水排水系统

冷轧厂的给排水系统的确定，应根据车间工艺要求、水源条件、产品品种以及用水户对水量、水质、水压、水温的不同要求和各厂的实际情况，经过技术经济比较后确定，一般可分为间接冷却循环水系统、软水供水系统、脱盐水供水系统、工业水供水系统、废水处理系统等，本节着重介绍间接冷却开路循环水系统和废水处理系统

10.2.2.1 间接冷却开路循环水系统

冷轧厂的冷却水通过各机组设备使用后水温升高，回水可利用余压通过管路直接上冷却塔，经过冷却塔冷却后水温降低，然后利用水泵将冷却后的水再送回各机组使用，工艺流程如图 10-37。

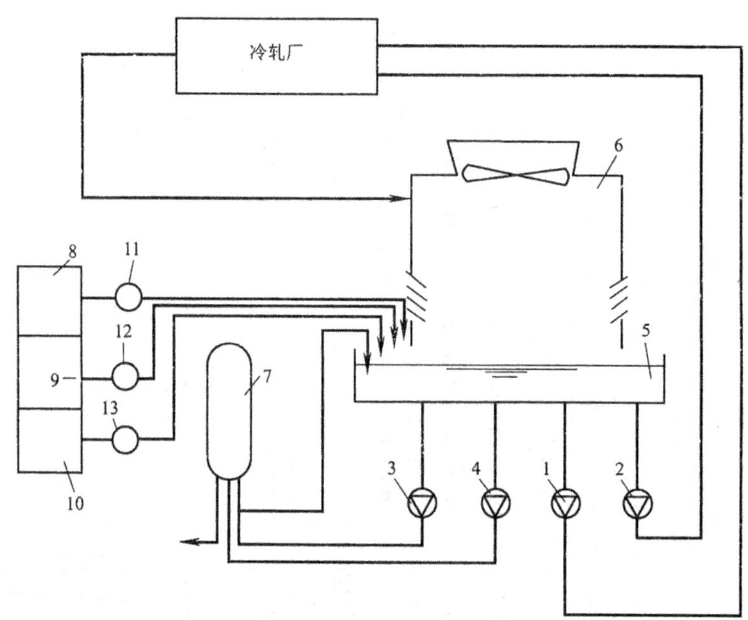

图 10-37 间接冷却开路循环水系统工艺流程图

1—间接冷却水供水泵；2—事故供水泵；3—旁滤水泵；4—旁滤反冲洗泵；5—吸水井；6—冷却塔；7—砂滤器；8—缓蚀剂贮罐；9—阻垢剂贮罐；10—杀菌灭藻剂贮罐；11—缓蚀剂加药泵；12—阻垢剂加药泵；13—杀菌灭藻剂加药泵

10.2.2.2 废水处理系统

冷轧厂废水根据生产产品品种的不同以及工艺条件的不同而有所不同，主要有三种废水：酸碱废水、含油及乳化液废水、含铬废水等。冷轧厂排出的废水中含有各种有害的物质，如锌、镍、铜、锡等，这些废水未经过处理是不能排入厂区下水道和天然水体的，如废水中含有铁盐的废水排入水体后，要夺取水中的氧从而影响鱼类及饲鱼生物的生存，致使鱼类死亡，也会污染饮用水水源。冷轧厂必须设置废水处理站，使各机组排出的有害废水经处理达到排放标准。冷轧废水含污染物多，废水成分复杂，而且废水量、废水成分均变化较大，特别对于大型综合性的冷轧厂，废水水质和水量变化更大。

现对三种废水处理工艺流程分述如下：

A 含酸碱废水

含酸、碱废水一般采用中和沉淀法进行处理。其典型的工艺流程如图 10-38。

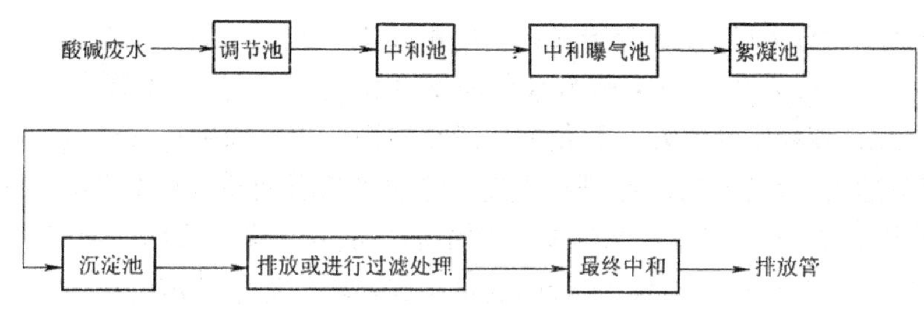

图 10-38 酸碱废水处理系统典型工艺流程简图

由于冷轧厂各机组排出的废水水量和水质均变化较大，因此从各机组排放来的含酸、碱废水首先进入处理站的酸、碱废水调节池，在此进行水量调节和均衡，然后再流入下一组构筑物进行中和处理，一般采用两级中和，第一级一般控制 pH = 7 ~ 9 左右，第二级一般控制 pH = 8.5 ~ 9.5，在中和池中发生如下反应：

$$H^+ + OH^- = H_2O$$

$$Fe^{2+} + 2OH^- = Fe(OH)_2\downarrow$$

$$Zn^{2+} + 2OH^- = Zn(OH)_2\downarrow$$

$$Sn^{2+} + 2OH^- = Sn(OH)_2\downarrow$$

$$Pb^{2+} + 2OH^- = Pb(OH)_2\downarrow$$

$$Ni^{2+} + 2OH^- = Ni(OH)_2\downarrow$$

通常采用石灰，盐酸作为中和剂，对于一些小型的冷轧厂废水量较小含酸量较小的处理系统，也可采用 NaOH 作为中和剂，但采用 NaOH 作为中和剂运行费用较高。由于产生的 $Fe(OH)_2$ 溶解度较大且不易沉淀，因此，一般在第二级需进行曝气处理，使 $Fe(OH)_2$ 充分氧化为溶解度较小且易于沉淀的 $Fe(OH)_3$，其反应式如下：

$$4Fe(OH)_2 + O_2 + 2H_2O = 4Fe(OH)_3$$

曝气可采用转刷曝气、机械曝气、穿孔管曝气或其他形式的曝气方式。曝气量可根据废水中的含铁量确定。

为了提高废水的沉淀效果，经曝气处理的废水流入沉淀池进行沉淀处理以去除氢氧化物和其他悬浮物。沉淀池通常可采用辐射式沉淀池、澄清池、斜板斜管沉淀池等形式。对于排放标准较高的地区，沉淀池出水还需经过滤器处理，沉淀池或过滤器出水一般还需进行最终 pH 值调整达到排放标准后方可排放。沉淀池沉淀的污泥需进行浓缩、脱水处理。对冷轧污泥，由于污泥主要以氢氧化物为主，含水率较高，一般采用真空吸滤和板框压滤机进行脱水。

B 含油、乳化液废水

冷轧含油、乳化液废水主要来自轧机机组、磨辊间和带钢脱脂机组以及各机组的油库排水等，废水排放量变化大、水质变化也大。含油及乳化液废水化学稳定性好，处理难度大。通常采用的方法有物理法（超滤法）和化学法，分述如下：

a 化学法

冷轧厂的含油废水含有乳化剂、脱脂剂以及固体粉末等，因而化学稳定性好，难以通过静置或自然沉淀法分离，乳化液是在油或脂类物质中加入表面活性剂，然后加入水。油和脂在表面活性剂的作用下以极其微小的颗粒分散在水中，其存在形式如图 10-39 所示，由于其特殊的结构和极小的分散度，在水分子热运动的影响下，油滴在水中是非常稳定的，就如同溶解在水中一样。这种乳化液通常称为水包油型乳化液，其乳化液中含有脱脂剂、悬浮物等，因此形成的乳化液稳定性更好。乳化液一般需采用化学药剂进行破乳，使含油废水中的乳化液脱稳。然后投入絮凝剂进行絮凝，使脱稳的油滴通过架桥吸附作用凝聚成较大的颗粒，再通过气浮的方法予以分离，一般根据废水中的含油浓度决定采用一级或两级气浮。通过气浮分离的废水一般含油量仍较大，难以满足排放要求。通常还需进行过滤处理，过滤可采用砂滤加活性炭过滤或者采用核桃壳进行过滤。一般的含油废水中含有较高的 *COD*，对于排放要求较高的地区，一般还需对这一部分废水进行 *COD* 降解处理，可采用生化法或 H_2O_2 进行处理。其典型的工艺流程如图 10-39、图 10-40、图 10-41。乳化液结构示于图 10-42，化学气浮法原理示于图 10-43。

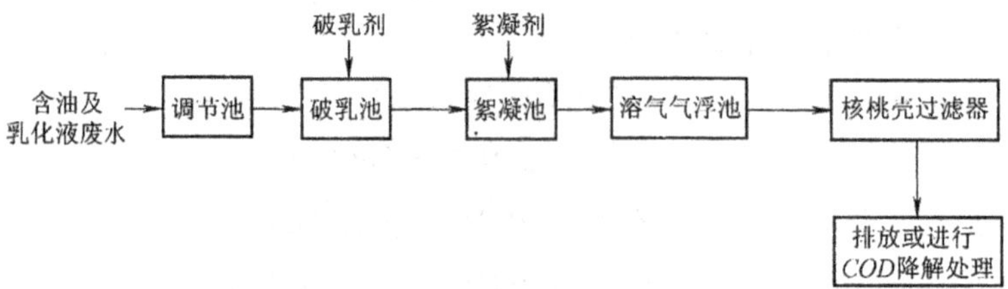

图 10-39 化学法处理工艺流程简图之一

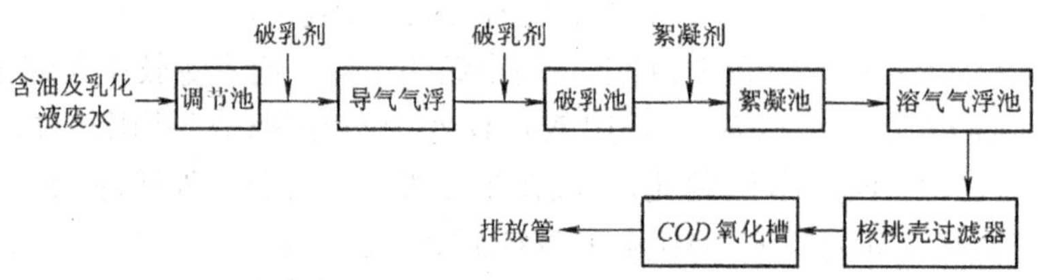

图 10-40 化学法处理工艺流程简图之二

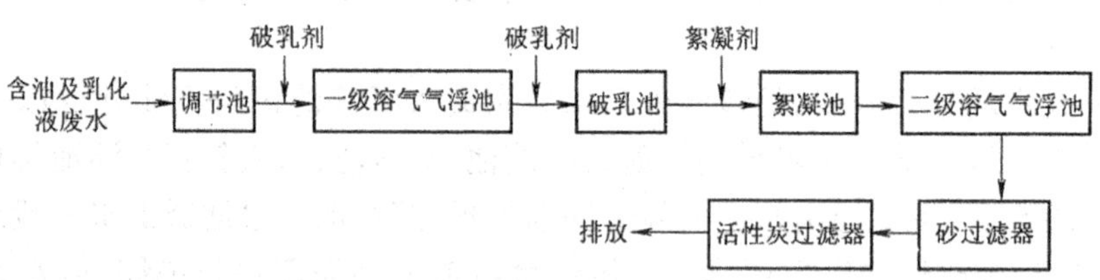

图 10-41 化学法处理工艺流程简图之三

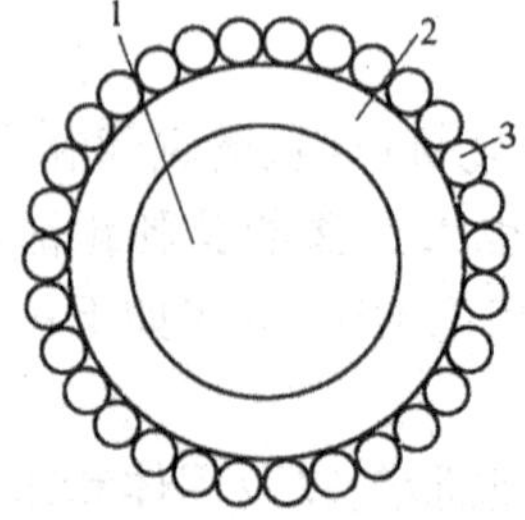

图 10-42 乳化液结构简图

1—油颗粒；2—表面活性剂；3—水分子

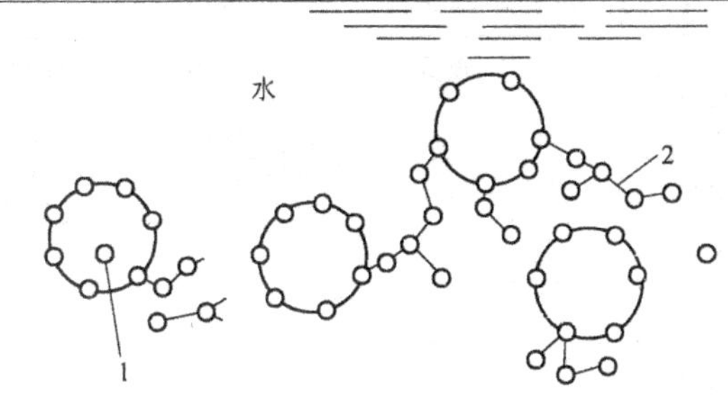

图 10-43　化学气浮法除油原理

1—气泡；2—油粒及悬浮固体杂质的絮状体

b　物理法(超滤法)

超滤(简称 UF)是膜分离技术的一种，它与反渗透(RO)和微孔过滤(MF)3 者组成了一个可分离从离子到微小颗粒的连续分离膜。图 10-44 仅从粒径大小方面标识了超滤、反渗透、微孔过滤和常规过滤去除颗粒的范围。当然膜分离的理论是很复杂的。从图 10-44 可以看出超滤截留分子或微粒的范围约为：0.005 ~ 10μm，也即分子量大于 500 的分子或微粒。通常油和脂类的分子量一般均大于 500，而水的分子量仅为 18，因此，在进行超滤分离时，水分子可以透过超滤膜，而油脂类的分子则不能透过超滤膜。

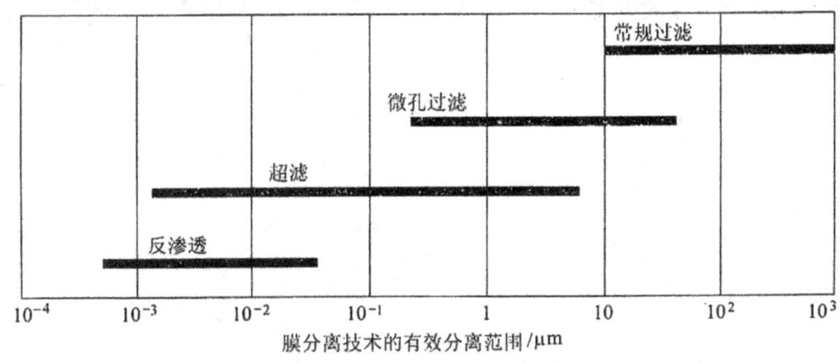

图 10-44　膜分离技术的有效分离范围

采用超滤膜处理含油废水是一种理想的处理方法，超滤法较传统的相变分离法或其他方法相比，能耗低，超滤过程仅以压力作驱动力，故装置结构简单，操作方便、运行稳定、维修容易。在过去 10 年中，全世界超滤膜的年平均增长速度在 12% 左右，超滤广泛运用于乳化液、金属清洗液的处理领域。

超滤膜有有机膜和无机膜之分。有机膜根据组成材料的材质不同又分为醋酸纤维素膜(CA)、聚丙烯腈膜(PAN)、聚砜膜(PS)、聚醚砜膜(POS)、聚偏氟乙烯膜(PVDF)等；无机膜又称陶瓷膜，它分为氧化铝膜和氧化锆膜。无机膜较有机膜而言具有化学稳定性好，耐高温，高分离率，高透水量等优点，但相对投资较高。超滤膜的形状有平板形膜、管状膜。管状膜又分为单孔膜管和多孔膜管，单孔膜管通道大，不易堵塞，但比表面积小；多孔膜管孔径小，易堵塞，但比表面积大，投资省。膜管材质以及形状的选定，必须根据废水的水质条件，以及通过技术经济比较来决定。各种超滤组件的性能比较示于表 10-93。

表 10-93　各种超滤组件的性能比较

组　件	膜比表面积/$m^2 \cdot m^{-3}$	投资	运行费用	流动控制	膜清洗
管　状	25 ~ 50	高	高	好	易
板框状	400 ~ 600	高	低	较好	难
卷　式	600 ~ 1000	低	低	不好	易
中空纤维	800 ~ 1200	低	低	好	易

超滤的过程如图 10-45 所示，超滤过程是动态过滤。

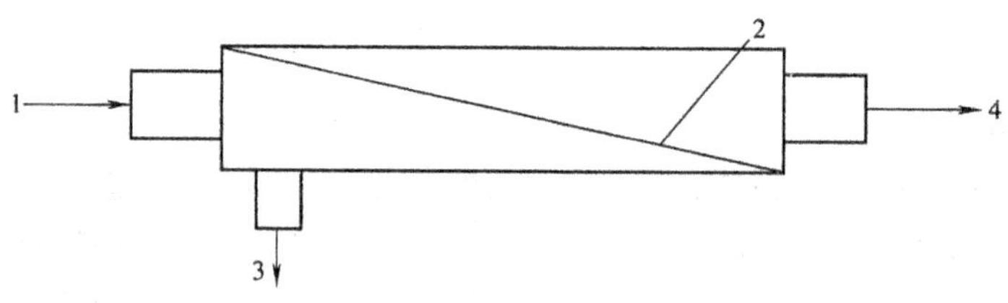

图 10-45　超滤过程示意图

1—原液；2—膜；3—浓缩液；4—渗透液

影响超滤系统运行的因素　前已述及，超滤过程是动态过滤过程，也是一种交叉流过滤过程，超滤系统在运行时与被处理的温度、浓度、流速以及超滤膜两端的压力有关。基本关系见图 10-46 和下式：

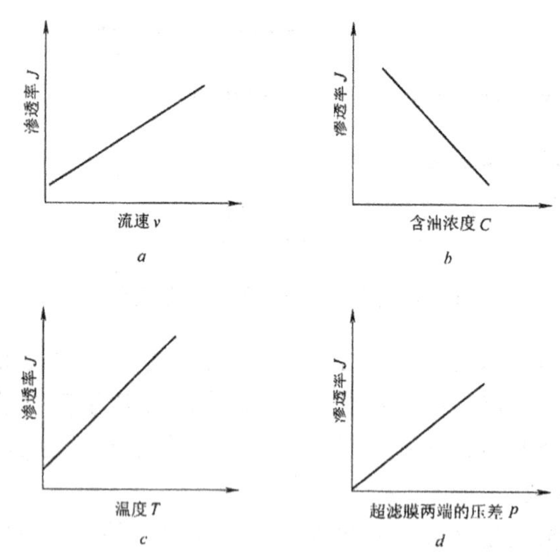

图 10-46　渗透率与流速、浓度、温度压差关系图

a—渗透率与流速的关系；*b*—渗透率与含油浓度的关系；*c*—渗透率与温度的关系；*d*—渗透率与压差的关系

$$\frac{1}{J} = \frac{1}{\dfrac{\Delta p}{R_{\mathrm{m}} + R_{\mathrm{f}}}} + \frac{1}{AQ\ln(C^{*}/C)} \tag{10-45}$$

式中 J——渗透率，$1/\mathrm{m}^2 \cdot \mathrm{h}$；

Δp——膜内外压差，$\mathrm{kgf/cm}^2$；

R_{m}——膜的阻抗；

R_{f}——由膜粘附物引起的阻抗；

Q——流速；

C——原液浓度；

A、X、C^{*}——常数。

超滤系统的设计实际上就是围绕着这4个关系选择最合理的设计参数(如提高温度和流速，降低浓度等等)，使超滤系统发挥最大的效能。

超滤法处理乳化液废水系统的组成 从钢铁厂排出的乳化液及含油废水不仅含有油而且含有大量的铁屑、灰尘等固体颗粒杂质，其排放往往极不均匀。为了使这些大颗粒杂质不至于堵塞、损坏超滤膜，并使废水量均匀，需要在乳化液废水进入超滤系统前对之进行预处理和水量调节。

有时为了使被超滤浓缩的乳化含油废水的含油浓度进一步提高以便于回收利用，往往还需对超滤处理后的废乳化液进行浓缩。因此，比较完整的超滤法处理乳化液废水系统一般由预处理部分，超滤部分和后处理部分(废油浓缩部分)三个部分组成。

(1)预处理部分。预处理部分具有两个功能：预处理和调节水量，通常采用平流沉淀池，平流沉淀池设有蒸汽加热装置，目的是使废水中的油一部分经加热分离而上浮，并使废水保持一定的温度，使其在超滤装置中易于分离，分离上来的浮油则由刮油渣机刮至池子一端然后撇除，沉淀池沉淀下来的杂质则由刮油刮渣机刮至池子一端的渣坑收集，再用泥浆泵送至污泥脱水装置进行处理。由于平流沉淀池同时具有调节功能，池子的水位经常变化，所以刮油刮渣机的刮油板应该具有随水位的变化而改变刮油位置的功能。

为了使进入超滤装置的废水杂质较少，不至于堵塞膜管和损坏膜管，还需对进入超滤装置的废水进行过滤，过滤装置通常有两种：一种是纸带过滤机，另一种为微孔过滤器。纸带过滤机结构比较简单、价格较高、运行管理比较方便，但是处理过程有废弃物(就是失效的废纸)产生。但废纸的量不大，可以进行焚烧处理。微孔过滤器则可以进行反冲洗，所以处理的过程没有废弃物产生，但是需要一套反冲洗装置和反洗废液处理装置，其系统比较复杂，因而价格较高，运行时的能耗也比较高。在乳化含油废水处理系统中，过滤装置一般采用纸带过滤机。

(2)超滤部分。超滤装置的基本工艺流程有连续过滤式、间歇过滤式和重过滤式三种：

1) 连续过滤式：如图10-47。

2) 间歇过滤式：如图10-48。

3) 重过滤式：如图10-49。

重过滤式适用于各种水量和条件的废水处理。

间歇过滤式与重过滤式在处理过程中料液不断补充，而间歇过滤式则没有。

超滤系统的以上三种方式在实际应用中，一般是根据实际的设计条件而灵活采用的。

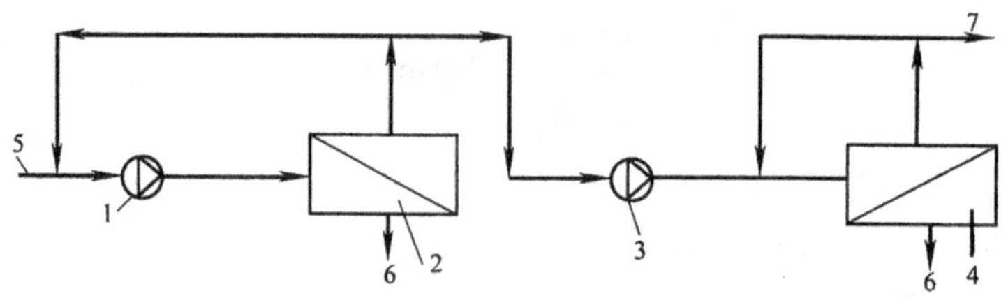

图 10-47 连续过滤式流程图

1—一级循环泵；2—一级超滤装置；3—二级循环泵；
4—二级超滤装置；5—乳化液；6—渗透水；7—浓缩油

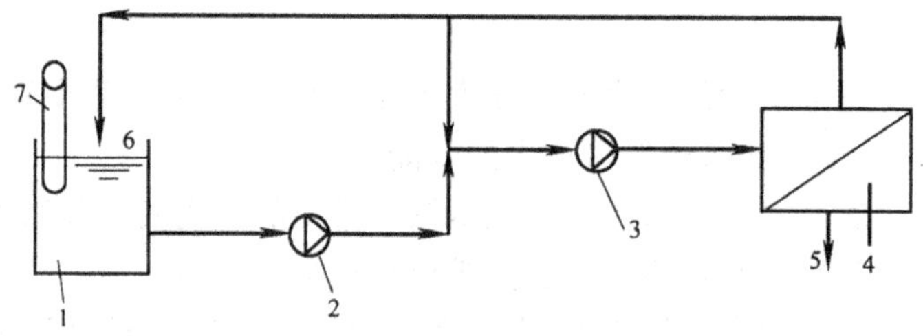

图 10-48 间歇式过滤流程图

1—循环槽；2—补液泵；3—循环泵；4—超滤装置；5—渗透水；6—循环液；7—除油机

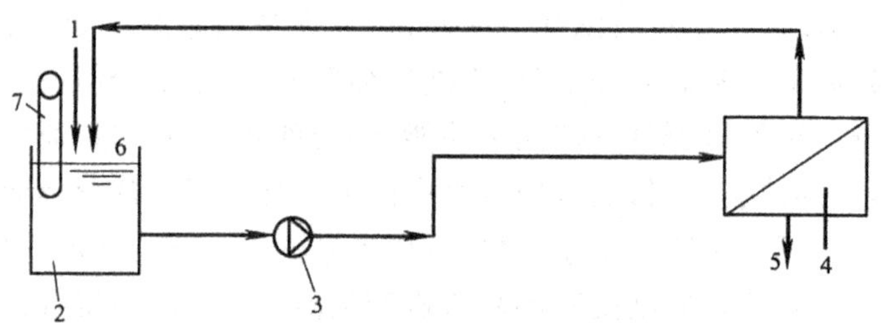

图 10-49 重过滤式流程图

1—废乳化液；2—循环槽；3—循环泵；4—超滤装置；5—渗透液；6—循环液；7—除油机

在乳化液废水处理系统中，为了在处理过程中使废乳化液得到最大限度的浓缩，一般采用二级超滤。第一级超滤采用重过滤式，这是因为在处理过程中废水可以从调节池不断地得到补充。

第二级超滤采用间歇式过滤方式，这是因为第二级超滤处理的废水是由第一级周期性地排放过来的。

(3)后处理部分。经第二级超滤浓缩的废油，含油浓度一般为 50%左右，需进一步浓缩，常采用的方法有：加热法、离心法、电解法等。

超滤装置运行一段时间后，膜的表面由于浓差极化现象随着废乳化液的浓度提高而不断增加，在每个运行周期结束时(从开始运行，到渗透液通量小于设定值)，均需对超滤设备进行清洗，这是因为运行周期结束时，膜的表面会形成一层凝胶层，这个凝胶层是由油脂、金属和灰尘的微粒组成的。这个凝胶层会使超滤膜的渗透率大大下降，必须在下一周期运行前将其清洗掉。否则，超滤系统将无法正常运行。超滤设备的清洗方法一般有分解清洗法，溶解清洗法和机械清洗法三种。

1)分解清洗法:分解清洗法的目的是去除沉积在超滤膜表面的油脂。分解清洗法通常使用稀碱液或专用的洗涤剂对超滤膜表面的油脂进行分解。常用的稀碱液或专用的洗涤剂一般为超滤生产厂家为其超滤器特殊生产的专用洗涤剂。

2)溶解清洗法:溶解清洗法的目的是去除沉积在超滤膜表面的金属氧化物和氢氧化物,以及金属的微粒。溶解清洗法通常使用酸类来溶解这些物质。常用的酸类为柠檬酸或硝酸。硝酸的溶解能力要强于柠檬酸,因此效果较好。但是,最终采用柠檬酸还是硝酸取决于选用的超滤膜的耐腐蚀能力和超滤系统的管道和泵组的耐腐蚀能力。

3)机械清洗法。分解清洗法和溶解清洗法是超滤膜清洗的基本方法,但是,当超滤膜表面形成的凝胶层较厚时,单用分解清洗法和溶解清洗法来清洗,药剂消耗量就会很大。为此,国外近年来采用了一种机械清洗的方法,即用机械的方法刮去超滤膜表面较厚的凝胶层,然后采用分解清洗法和溶解清洗法来清洗剩下的较薄的凝胶层。这样药剂耗量就会大大下降。通常采用海绵球进行清洗。

超滤法和化学法的优缺点见表 10-94。

表 10-94 超滤法和化学法的优缺点比较

处理方法	优 点	缺 点
超滤法	(1)运行稳定性好; (2)操作维护简单; (3)运行费用较低; (4)废油可以回收	一次性投资较大
化学物理法	一次性投资较小	(1)运行稳定性较差,抗水量水质冲击能力较差,出水水质不易控制; (2)油渣不可回收,需进行处理; (3)运行管理较复杂

c 含铬废水

冷轧厂含铬废水来自热镀锌机组、电镀锌机组、电镀锡、电工钢等机组,废水中的铬主要以 Cr^{6+} 的形式存在,具有很强的毒性,需经过严格的处理合格后,才能排放。一般采用化学还原沉淀法进行处理。其典型处理流程见图 10-50。

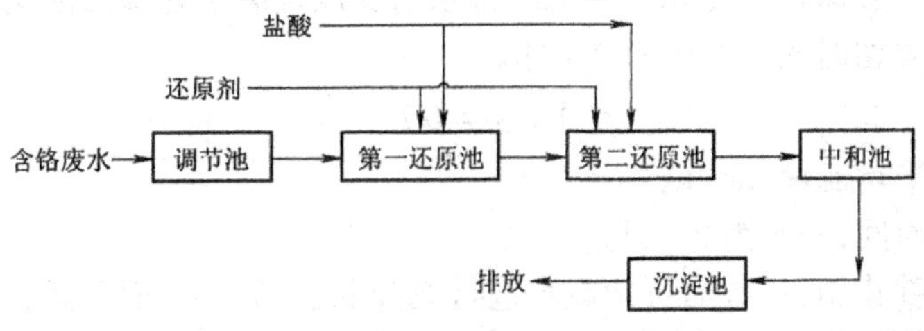

图 10-50 含铬废水处理工艺流程简图

从各机组排放的含铬废水,进入处理站的含铬废水调节池进行调节。一般浓铬废水和稀铬废水要分开储存。浓铬废水需均匀地加入稀铬废水池中,使其与稀铬废水混合,以确保废水处理运行的稳定。然后由调节池废水泵泵入下一组还原池进行处理,在还原池中投加酸使 pH 值控制在 3 左右,并投加还原剂,使废水中的 Cr^{6+} 充分还原成毒性较低的 Cr^{3+},通

常采用 $NaHSO_3$ 和 Fe^{2+} 作为还原剂，采用 $NaHSO_3$ 其化学反应式如下：

$$Na_2Cr_2O_7 + 3NaHSO_3 + 5HCl = 5NaCl + Cr_2(SO_4)_3 + 4H_2O$$

采用 Fe^{2+} 作为还原剂时其化学反应式如下：

$$H_2CrO_4 + 3FeCl_2 + 6HCl = CrCl_3 + 3FeCl_3 + 4H_2O$$

处理方式有间歇式和连续式两种，间歇式处理和连续式处理效果比较见表 10-95。

表 10-95 间歇式处理和连续式处理效果比较表

处理方式	间歇式处理	连续式处理
优缺点	管理方便，处理效果有保证，池子容积较大，药物干投时沉渣较多适用于水量在 10～20m^3/班以下	应自动控制，以保证处理水质和减轻劳动强度，池子容积较小，适用于大水量，若不自动控制，处理水质难以保证
投药方式	一般采用干投	一般采用湿投药剂配制浓度为 5%～10%
反应池	反应池一般为两个，交替使用，其容积为 2～4h 废水量	一般设两级还原槽，以保证处理出水效果
搅拌方式	压缩空气搅拌、水力搅拌或机械搅拌	压缩空气搅拌、水力搅拌或机械搅拌

一般采用两级还原，经还原的废水，由于 pH 值较低还需加碱剂进行中和，一般投加石灰或 NaOH 进行中和，使 Cr^{3+} 形成 $Cr(OH)_3$ 沉淀，对于以 Fe^{2+} 作还原剂的系统，还需对中和后的废水进行曝气处理，使 $Fe(OH)_2$ 氧化成易于沉淀的 $Fe(OH)_3$。然后废水经投加化学絮凝剂，流入沉淀池进行沉淀。沉淀的污泥用泵抽入污泥处理系统进行处理。污泥通常需进行浓缩，然后泵入脱水机进行脱水。

10.2.3 构筑物和主要设备

10.2.3.1 酸碱废水处理设施

酸碱废水处理设施主要包括调节池、中和池、曝气池、絮凝池、沉淀池、污泥浓缩池和污泥脱水设备、石灰制备投加装置、加药设备等。

A 调节池

调节池的容积一般需根据冷轧厂各机组排水情况以及废水处理站的场地和投资情况进行确定，可长可短，停留时间一般可取 2～6h。

$$V_{有效} = QT$$

式中 Q——废水平均流量，m^3/h；

T——调节时间，一般为 2～6h。

调节池要有搅拌措施，一方面可使废水进行充分混合，另一方面可防止废水中的悬浮物以及氢氧化物沉淀。搅拌可采用搅拌机或空气进行搅拌。

废水调节池须采取防腐措施。

B 中和曝气池

中和池是使废水在该池中充分混合，使其达到所需求的 pH 值，中和池 pH 值的控制要根据废水中的金属离子成分决定，以使各种金属离子都能最大限度的析出，达到共沉的目的，表 10-96 为几种常见金属氢氧化物溶解度与 pH 值关系。图 10-51 为各种金属离子浓度与 pH 值的关系。第一级中和池一般控制 pH 为 7～8，第二级控制 pH 值至目标值。第一级中和池的停留时间控制可取 5min 左右，第二级中和曝气池的停留时间可取 20min 左右。

表 10-96 几种常见金属氢氧化物的溶解度与 pH 值关系

金属氢氧化物	lg[M^{n+}] = X - npH	金属氢氧化物	lg[M^{n+}] = X - npH
$Al(OH)_3$	lg[Al^{3+}] = 9.0 - 3pH	$Ni(OH)_2$	lg[Ni^{2+}] = 9.9 - 2pH
$Fe(OH)_3$	lg[Fe^{3+}] = 4.0 - 3pH	$Zn(OH)_2$	lg[Zn^{2+}] = 11 - 2pH
$Fe(OH)_2$	lg[Fe^{2+}] = 12.8 - 2pH	$Cu(OH)_2$	lg[Cu^{2+}] = 8 - 2pH
$Cr(OH)_3$	lg[Cr^{3+}] = 12.0 - 3pH	$Pb(OH)_2$	lg[Pb^{2+}] = 12.7 - 2pH
$Mn(OH)_2$	lg[Mn^{2+}] = 15.2 - 2pH		

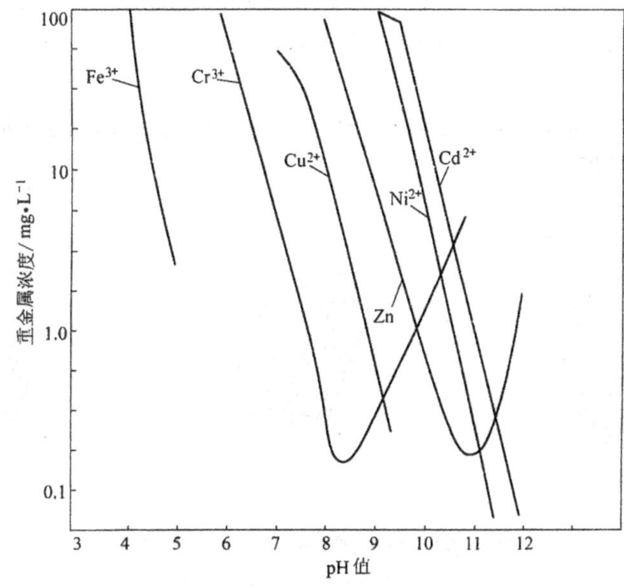

图 10-51 重金属浓度与 pH 值关系

$$V_{有效} = QT$$

式中 Q——废水平均流量，m^3/h；

T——停留时间。

中和池要有搅拌措施，曝气池的曝气形式有转刷曝气、穿孔管曝气、螺旋曝气、微孔曝气等形式。充气量的确定需要根据废水中的 Fe^{2+} 含量多少来决定。采用压缩空气进行曝气时，在无资料的情况下压缩空气的耗量可取 0.1～0.2m^3/(min·m^3)废水。

中和池需设有搅拌机，中和剂一般采用石灰乳，石灰投加浓度一般为 10%（以 $Ca(OH)_2$ 计）。为防止堵塞管道，石灰乳供给系统，一般需设计有石灰乳回流管道，以确保石灰乳不会堵塞管道，石灰投加装置如示意图 10-52。

C 絮凝池

絮凝池的目的是使中和曝气池形成的各种氢氧化物能够进一步絮凝成较大颗粒的絮体，易于在沉淀池中沉淀。一般投加聚丙烯酰胺（PAM）作为絮凝剂，投加量一般为 1～5mg/L。废水在絮凝池的停留时间一般按 3～5min 考虑。

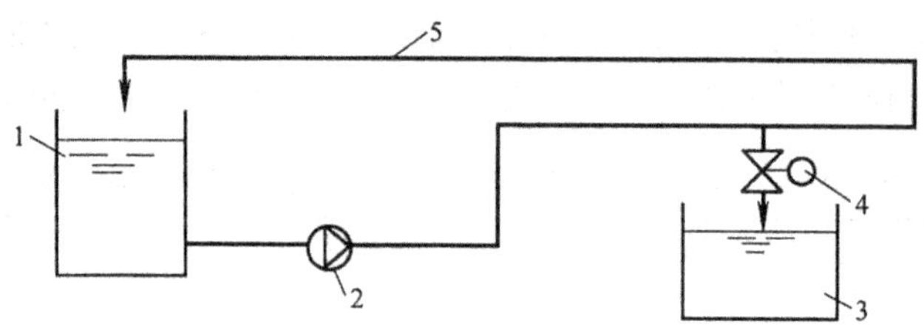

图 10-52 石灰投加系统流程图

1—石灰乳池；2—投加泵；3—中和池；4—投加阀；5—循环管

D 沉淀池

沉淀池的形式有：斜板沉淀池、斜管沉淀池、澄清池、平流沉淀池等，对于冷轧废水，前三者一般较常采用。对于悬浮物含量较高，废水水量水质变化较大的处理系统，建议采用澄清池或辐射式沉淀池，这样更有利于出水水质的稳定。

a 斜板（管）沉淀池

斜板（管）沉淀池占地面积小，效果好，较常采用。斜板沉淀池的水流方向有上向流、横向流及下向流三种，见图 10-53。

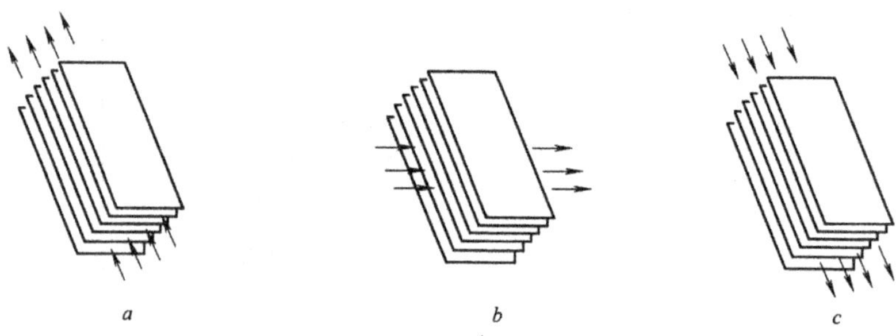

图 10-53 斜板（管）沉淀池的水流方向

a—上向流；*b*—横向流；*c*—下向流

在冷轧废水处理系统中一般采用异向流（上向和横向流）斜板沉淀池，因为下向流斜板沉淀池的倾角较小，当实际水量小于设计水量到一定程度时，沉淀污泥连续下滑的现象就会中止，从而引起堵塞。

斜板（管）沉淀池填料的断面有正方形、正六边形、矩形和平行板形 4 种，见图 10-54。

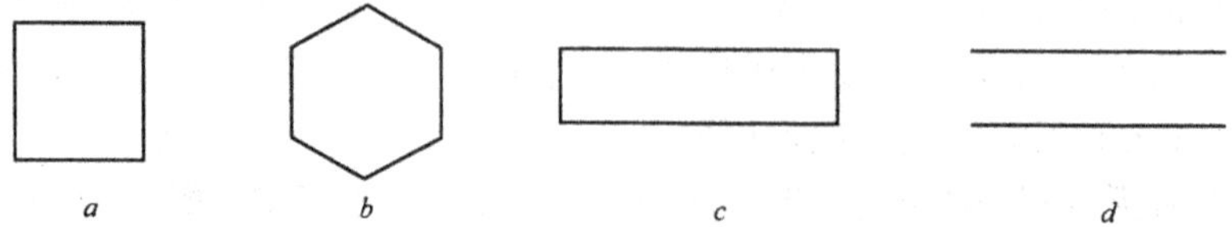

图 10-54 斜板（管）断面形式

a—正方形；*b*—正六边形；*c*—矩形；*d*—平行板形

斜（管）板沉淀池的设计参数如下：

有效系数 η，因进水条件、斜（管）板结构等影响而使沉淀效率降低的系数。

一般取 0.7～0.8。

斜(管)板倾角 θ:为排泥方便,θ 常采用 50°~60°。

斜(管)板上升流速:1~2mm/s。

板距 P:指两块斜板的间距,一般采用 30~100mm。斜管孔径为 26~30mm。

斜(管)板上部清水区高度:一般为 0.6~0.8m,超高一般为 0.2~0.3m。

斜(管)板下部布水区高度:一般为 0.6~0.8m。

积泥区高度:应根据污泥浓缩程度和排泥方式等确定。

排泥含水率约为 99%,随排泥方式和排泥周期而有所不同。

斜(管)板材料:斜板可采用塑料板、玻璃钢板、纤维板、人造革板等,斜管可采用玻璃钢蜂窝、塑料蜂窝等。材质的选用要考虑废水的水质、水温等因素合理选用。

沉淀池计算:

$$u = Q/F = Q/nf \quad (\mathrm{m^3/m^2 \cdot h})$$

$$n = F/f$$

$$f = b(\cos\theta + P_l)$$

$$h_3 = b\sin\theta$$

$$L = (\delta + P_1)n + \delta + l\cos\theta$$

式中 Q——废水流量,m^3/h;

F——澄清单元水平投影面积的总和,m^2;

f——每个澄清单元水平投影面积,m^2;

n——斜板夹成的澄清单元个数;

l——斜板长度,m;

b——斜板宽度,m;

P_1——斜板之间的水平间距,m;

θ——斜板倾角,一般为 60°;

δ——斜板厚度,m;

h_3——澄清区高度,m;

L——澄清区长度,m。

斜(管)板沉淀池的尺寸如图 10-55 所示。

b 澄清池

澄清池设计要点为:

(1) 清水区上升流速可取 0.12~0.15mm/s;

(2) 清水区高度可取 1~1.5m;

(3) 表面负荷可取 0.43~0.54$m^3/(h \cdot m^2)$;

(4) 一般装设珩架式刮泥机;

(5) 排泥含水率约为 97%~98%。

澄清池示意图如图 10-56 所示。

E 污泥浓缩池

沉淀池产生的污泥含水率较高,一般含水率为 97%~99%,必须通过浓缩提高含固率,才能泵入污泥脱水机进行脱水。经浓缩池浓缩后,一般污泥含水率可降至 93%~95%,浓缩池的设计参数可按以下参数选取:

沉降速度,m/h	1.0~1.2
单位面积处理负荷,$m^3/(h \cdot m^2)$	1.0~1.2
污泥停留时间,h	3~4

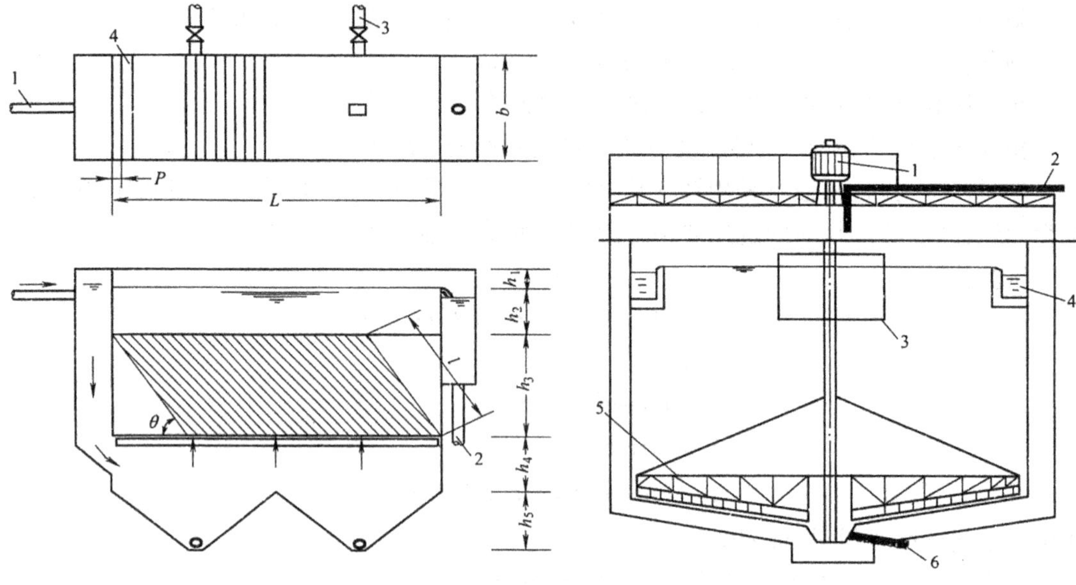

图 10-55 斜板(管)沉淀池

1—进水管;2—出水管;3—排泥管;4—斜板

图 10-56 澄清池示意图

1—刮泥机驱动电机;2—进水管;3—中心筒;4—出水堰;5—刮泥机;6—排泥管

浓缩池需设有刮泥机,为了提高浓缩池浓缩效率,有的刮泥机装有格栅条,通过转动格栅能有效地排除污泥颗粒间的水分和气泡,使污泥的含固率提高 6%~8%。其构造见图10-57。

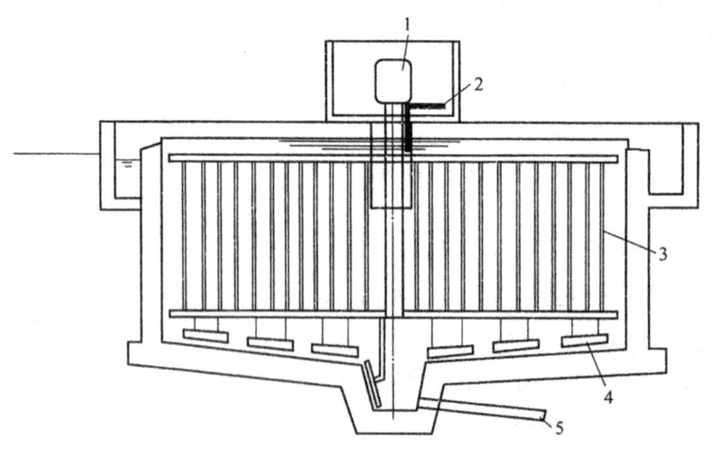

图 10-57 格栅式浓缩池构造图

1—驱动与变速装置;2—进泥管;3—格栅条;4—刮泥耙;5—排泥管

F 污泥脱水间

冷轧污泥含水率较高,通常采用真空吸滤或板框压滤机进行脱水,较常用的为板框压滤机。冷轧污泥量的计算,通常要根据废水的水质以及投加的中和剂纯度等进行确定。采用板框压滤机脱水，一般压滤压力可取 0.8～1.5MPa，经压滤机脱水后含水率可达到 55%～75%，正常情况下压滤机运行 2～3h 就可卸料，板框压滤机辅助工作时间包括卸泥以及板框压紧等时间，一般手动操作时间为 30～60min，自动操作时间为 20～30min。污泥泵可采用螺杆泵或隔膜式柱塞泵。

10.2.3.2 含油、乳化液废水处理设施

冷轧含油、乳化液废水主要来自轧机机组、磨辊间和带钢脱脂机组以及各机组的油库排水等。废水排放量变化大，水质变化也大。含油及乳化液废水化学稳定性好，处理难度大，通常采用的方法有物理法（超滤法）和化学法。

A *超滤法*

超滤法主要构筑物及设备有：调节池、纸带过滤机、超滤组件、循环槽、循环泵、离心分离机、废油槽等。

a 调节池

冷轧厂有许多废水是间断排放的，如轧机乳化液一般是 3～6 个月排放一次，有时轧机轧制不同的带钢时，也需要更换乳化液，脱脂机组的脱脂液，也是间断排放，各机组排放的废水水量水质也时有变化，设备年修时，废水的排放量更大。为保证废水系统的稳定运行，必须设置调节池。调节池的设计容量需考虑以下几种因素：

各机组间断排放的废水量及排放周期

各机组连续排放的废水量变化情况

调节池的调节容积一般按最大一次排放量加 2～6h 的连续排放量确定。调节池一般设两个，一个用于储存间断排放的废水，这种废水一般含油浓度较高，废水在池中可以停留较长时间，通常需设置加热装置，使一部分废水通过加热自然分离；另一个用于储存连续排放的废水，这种废水一般含油浓度较低。两个池子均设有刮泥刮渣机，分离上来的浮油则由刮油刮渣机刮至池子一端然后用撇油设备撇除，沉淀池沉淀下来的杂质则由刮油刮渣机刮至池子一端的渣坑收集，再用泥浆泵送至污泥脱水装置进行处理。

由于平流沉淀池同时具有调节功能，池子的水位经常变化，所以刮油刮渣机的刮油板应该具有随水位的变化而改变刮油位置的功能。

b 纸带过滤机

经调节池沉淀和分离部分油和杂质的废水，废水中仍含有一些杂质，为避免堵塞超滤组件的膜管，必须对废水进行过滤，纸带过滤机上的纸带一般为无纺布材料，纸带机上设有纸带自动卷取装置以及切纸刀，纸带机上设有液位测量仪，当纸带机上的液位高于设定液位时，纸带机就需更换纸带（由纸带卷取机完成），并将废纸带切除。纸带机一般设于循环槽之上。纸带机的尺寸根据设备生产厂的有关参数选取。

c 循环槽

循环槽的容积根据废水量大小选取，一般可按循环泵小时流量的 1/5 选取。循环槽应有撇油装置。

d 超滤组件

超滤组件是超滤法处理废水的核心装置，超滤组件一般由膜管、支撑件、循环泵、给液泵、清洗槽等组成，超滤组件一般由超滤装置生产厂成套提供。

超滤装置的能力一般按如下公式确定：

$$Q_s = Q_{max} \times \frac{6}{7} \times 1.15 \tag{10-46}$$

式中 Q_s——设计水量；

Q_{max}——实际最大水量；

$\frac{6}{7}$——清洗时间折扣系数；

1.15——未预见系数。

超滤装置膜管的选择，必须根据废水的水质情况以及含油废水的组成以及其分子量大小通过技术经济比较确定。一般有机膜的使用温度不超过60℃，无机膜则耐温性较好。超滤管膜孔径的选取对系统能否达到出水要求和经济运行至关重要。一般需根据试验参数进行确定，也可根据废水中油分子量进行初选。目前用于含油废水处理的超滤膜的渗透率一般为50～120L/m^2·h。

膜管面积可按下式进行选取：

$$S = Q_s/q \tag{10-47}$$

式中 S——膜管面积；

Q_s——设计水量；

q——渗透率。

超滤供给泵能力的确定：

流量=渗透量

扬程大于循环泵的吸入口的水头。

超滤循环泵的能力确定：

水泵流量一般要根据超滤管在管内的经济流速确定。

水泵扬程一般根据超滤管经济流速条件下的阻力损失和水泵管路阻力损失以及剩余出流水头确定。

$$H = H_1 + H_2 + H_3$$

式中 H——水泵扬程；

H_1——超滤装置阻力损失；

H_2——水泵及管路阻力损失；

H_3——出流水头。

B 化学破乳——气浮法

主要构筑物及设备包括：调节池、破乳槽、絮凝槽、一级气浮池、二级絮凝池、二级气浮池、核桃壳过滤器等。

a 调节池

同超滤法。

b 破乳池

调节池出来的含油废水稳定性好，需加入化学药剂进行破乳，破乳池一般设计停留时间为5～15min，池中设有搅拌机。

c 凝聚池

经破乳的含油废水，需投入絮凝剂进行絮凝，使脱稳的油滴通过架桥吸附作用凝聚成较大的颗粒，絮凝池设计停留 15~20min，一般投加高分子絮凝剂，投加量一般为 2~5mg/L。

d 气浮池及溶气系统

溶气气浮法是利用在高压工况下溶入大量空气的水为上浮液源，在突然减压室释放的无数微小气泡，与经过混凝反应的油颗粒粘结在一起，而浮出水面成为浮渣，从而使废水得到净化。气浮池可设计成圆形或矩形，一般采用部分溶气加压气浮。设计参数可按如下选取：

单位表面负荷(含加压水)，$m^3/(h·m^2)$	3~5
溶气水比例，%	25~50
溶气水出口流速，m/h	1~3

常用的气浮池主要分为两大类，即平流式和竖流式。

平流式气浮池 这是目前气浮工艺中用的最多的一种，采取反应池与气浮池串联的形式(见图 10-58)。原水进入反应池(可用机械搅拌、折板、回转等形式)完成反应后，将水流导向底部，以便从下部进入气浮接触室，延长絮粒与气泡的接触时间。池面浮渣刮入集渣槽，清水由底部的集水管集取。

这种型式的优点是：池子浅、造价低、结构简单、管理方便。缺点是占地较多、与后续处理构筑物衔接较困难、池子分离部分的容积利用率不高。

为了进一步提高接触效果，延长接触时间，可采用局部落深接触室的办法(见图 10-59)来提高分离室的容积利用率。

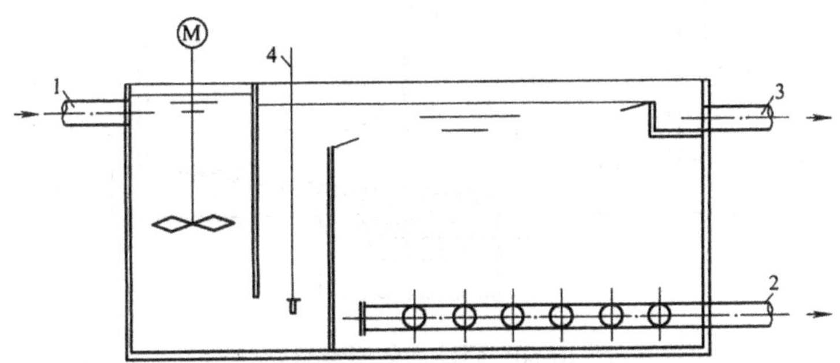

图 10-58 反应池与气浮池串联形式示意图

1—进水管；2—集水管；3—集油槽；4—溶气水

竖流式气浮池 竖流式气浮池(见图 10-60)的优点是占地较小，固、液上浮分离在水流分配上较合理，便于与后续构筑物衔接。缺点是池身高、造价较大，反应池与气浮池的水流衔接较困难。

气浮池的设计计算包括：

(1)接触室的表面积 $A_c(m^2)$，选定接触室中水流的上升流速 v_0 后，按下式计算：

$$A_c = \frac{Q + Q_p}{v_0} \tag{10-48}$$

接触室的容积一般按停留时间 T_c 大于 60s 复核。接触室的平面尺寸如长、宽比等应考虑施工和检修的方便及释放器的合理布置。对于接触区出口处的堰上水深，一般与接触室的宽度相等，即保持 10~20mm/s 的流速。接触区的上升流速一般控制在 10~20mm/s 为宜，接触区的高度以 1.5~2.0m 为宜。矩形浮选池的水平流速一般为 1~3mm/s。工作水

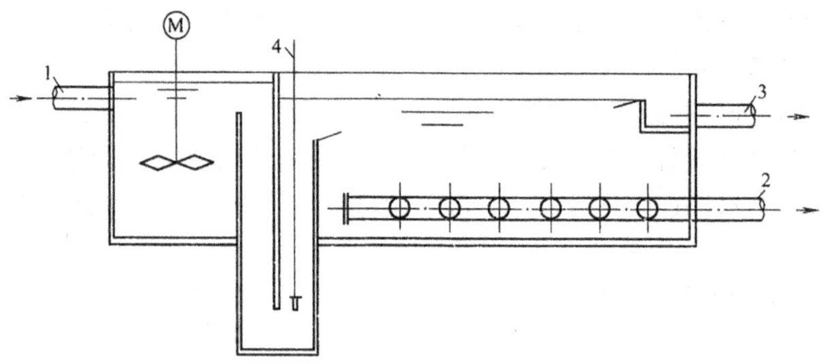

图 10-59 反应池与气浮池串联改进形式示意图

1—进水管;2—集水管;3—集油槽;4—溶气水

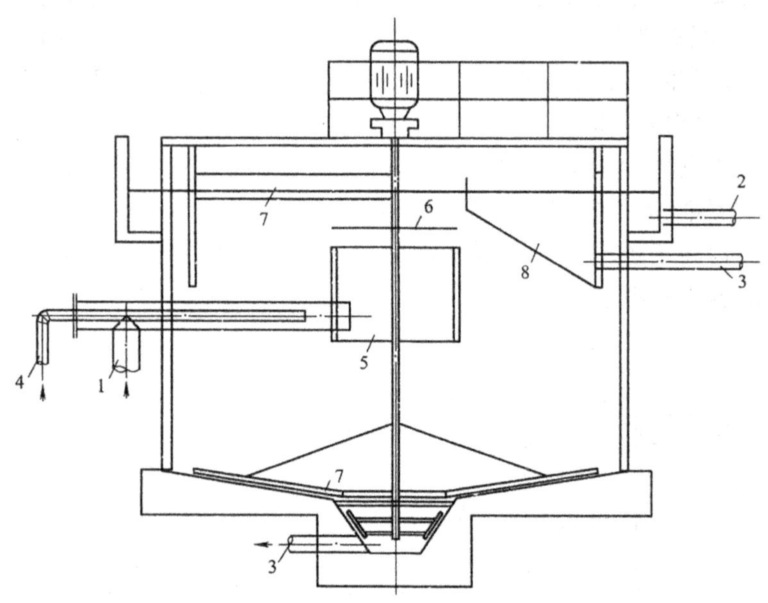

图 10-60 竖流式气浮池示意图

1—加压溶气水;2—出水管;3—集渣管;4—废水;5—分离室;6—溶气室挡板;7—刮油刮渣机;8—集油槽

深一般采用 1.5 ~ 2.5m。单格宽度当采用人工除渣时不大于 3m;当采用机械除渣时应与刮板尺寸相配合。分离室长度与宽度之比宜为 1.5:1,宽度与深度之比不小于 0.3。

(2)分离室的表面积 $A_s(m^2)$,选定分离室的水平流速 v_s 后,按下式计算:

$$A_s = \frac{Q + Q_p}{v_s} \tag{10-49}$$

对矩形池子分离室的长宽比一般取 1.5:1,气浮池的长度宜≤15m。至于圆形气浮池,其直径一般≤20m,浮选池的分离室的停留时间为 20 ~ 30min。

(3) 气浮池的净容积 $W(m^3)$,选定池子的平均水深 H 后,按下式计算:

$$W = (A_c + A_s)H \tag{10-50}$$

同时以池内停留时间 T 进行校核。一般要求 T 为 20 ~ 30min。

集水方式宜采用池下部设置穿孔管集水系统,其布置形式见图 10-61。

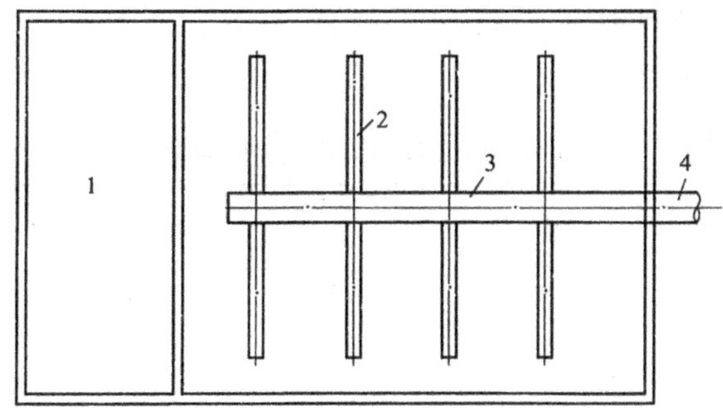

图 10-61 穿孔管集水系统布置图
1—接触区;2—穿孔管;3—干管;4—出水

考虑到气浮池在长期运转过程中,难免有泥沙或絮粒沉积于池底,因此,一般穿孔集水管管底设置在距池底 200~400mm 处。干管与支管的流速宜控制在 0.5~0.7m/s 之间。孔眼以向下与垂线成 45°角交错排列,孔距以 200~300mm 为宜。孔眼直径一般采用 10~20mm。

较大的溶气浮选池可设刮渣机。刮板间距一般采用 4m,刮板速度宜采用 0.5m/min。

溶气罐的构造形式见图 10-62。溶气罐的形式分静态型和动态型两种。

静态型又分为反向式(纵隔板式)、花板式及迂回式(横隔板式);动态型有填充式及涡轮式。国内多采用花板式及填充式。

浮选溶气罐的压力为 0.3~0.4MPa,一级浮选采用较小值,二级气浮采用较大值。

溶气罐过流密度 L,空罐一般选用 40~80$m^3/(m^2·h)$;填料罐选用 100~200$m^3/(m^2·h)$。

溶气罐高度与直径之比为 2~4。

空气用量应根据计算确定,一般约为废水体积的 6%~11%。

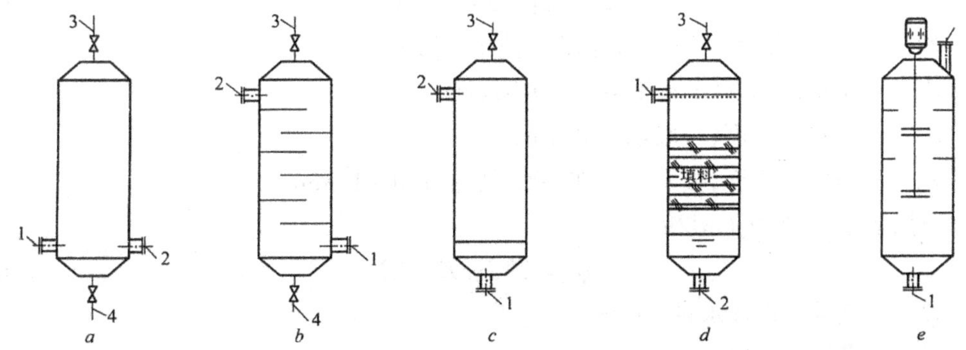

图 10-62 溶气罐的构造图
a—反向式(纵隔板式);*b*—迂回式(横隔板式);*c*—花板式;*d*—填充式;*e*—涡轮式
1—进水管;2—出水管;3—排气管;4—放空管

静态型吸气效率低(约 60%)。动态型吸气效率较好(约 90%),一般应用在泵后加气,加气方式可在加压泵出水管上设水射器产生高速水流与压缩空气混合效果较好。填充式溶气罐应控制液面在填料层以下。

用于溶气系统的填料要求具有大的比表面积,以提供巨大的传质面积;又希望具有大的孔隙率,以获得尽可能大的通液能力。国内目前传统使用的填料有拉希环、弧鞍环和鲍尔环。近年来发展的新型填料有波纹填料和阶梯环，前者孔隙率大。后者传质性能优越。各种填料的特性见表 10-97。

表 10-97 各种填料的特性参数

名 称	规 格	材 料	比表面积 $/m^2 \cdot m^{-3}$	孔隙率	堆积密度 $/kg \cdot m^{-3}$	填料因子 $/m^{-1}$
拉希环	25×25×2.5	陶瓷	190	0.78	505	400
弧鞍环	DN25	陶瓷	252	0.69	725	360
矩鞍环	DN25	陶瓷	258	0.775	548	320
鲍尔环	25×24.2×1	聚丙烯	194	0.87	101	320
波纹填料	250×35×0.5	聚丙烯	188	0.95	32	220
阶梯环	25×17.5×1.4	聚丙烯	228	0.90	97.8	172

对于填料溶气罐当罐径较小时可不设布水装置；罐径较大时，宜采用孔板布水装置，其孔径一般采用 3～4mm 为宜，总开孔面积应大于进水管截面积。

溶气罐的尺寸计算

溶气罐的直径 D_d(m)

$$D_d=\sqrt{\frac{4Q_P}{\pi L}} \tag{10-51}$$

式中 D_d——溶气罐直径，m；

Q_p——加压溶气水量，m^3/h；

L——溶气罐过流密度，$m^3/(m^2 \cdot h)$。

溶气罐高度 Z(m)

$$Z=2Z_1+Z_2+Z_3+Z_4 \tag{10-52}$$

式中 Z_1——罐顶、底封头高度(根据罐直径而定)，m；

Z_2——布水区高度(一般取 0.2～0.3)，m；

Z_3——贮水区高度(一般取 1.0)，m；

Z_4——填料层高度，当采用阶梯环时，可取 1.0～1.3m。

气浮所需空气量 $Q_k(m^3/h)$

$$Q_k=736\eta p K_T Q R \tag{10-53}$$

式中 Q——气浮池设计水量，m^3/h；

R——设计回流比，%；

p——选定的溶气压力，kPa；

K_T——溶解度系数，$L/mmH_g \cdot m^3$，可根据水温查表 10-98 而得；

η——溶气效率，对装阶梯环填料的溶气罐可按表 10-99 取值。

表 10-98 不同温度下的 K_T 值

温度/℃	0	10	20	30	40	50
K_T值	0.038	0.029	0.024	0.021	0.018	0.016

表 10-99 阶梯环填料罐的水温、压力与溶气效率间的关系

水温/℃	5			10			15			20			25			30		
溶气压力/kPa	2	3	5	2	3	5	2	3	5	2	3	5	2	3	5	2	3	5
溶气效率/%	76	83	80	77	84	81	80	86	83	85	90	90	88	92	92	93	98	98

e 第二絮凝池

经一级加压气浮后的废水，含油量仍然较高，需投加絮凝剂对剩余的油滴进行进一步絮凝，絮凝池设计停留时间可取 10 ~ 15min。

第二气浮池

第二级气浮池的设计参数可同第一级气浮池。

f 核桃壳过滤器

采用核桃壳过滤器的目的是除去二级气浮出水中剩余的油滴，核桃壳过滤器的结构如图 10-63。

经过核桃壳过滤器过滤的废水，可使废水中的油减少到 10mg/L 以下，达到排放要求。

过滤器的设计参数可按如下选取

进水悬浮物，mg/L	< 50
进水含油量，mg/L	< 50
滤速，m/h	15 ~ 20
出水悬浮物，mg/L	< 10
出水含油量，mg/L	< 10

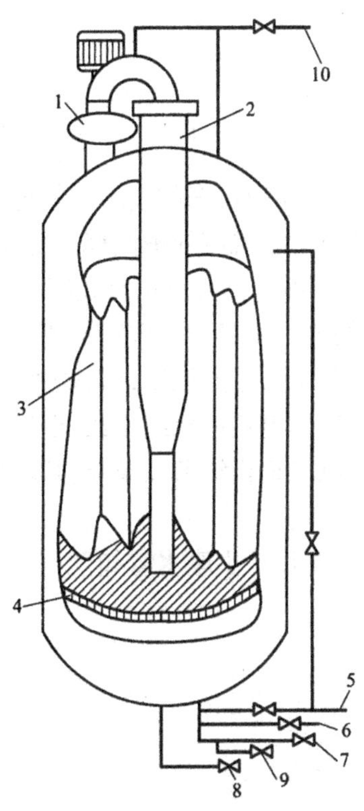

图 10-63 核桃壳过滤器示意图

1—反冲洗泵；2—反洗除污滤网；3—核桃壳滤料层；4—滤料支撑网；5—脏水进水管；6—正常过滤排水；7—清洗水排水管；8—反洗排水管；9—排水管；10—排气管

10.2.3.3 含铬废水处理设施

含铬废水处理系统主要构筑物有调节池、还原池、中和池、曝气池和沉淀池。

A 调节池

调节池的容积一般需根据冷轧厂各机组排水情况以及废水处理站的场地和投资情况进行确定，可长可短，停留时间一般可取 2 ~ 6h。含铬废水宜浓铬废水和稀铬废水分开储存，调节池一般分两个。浓铬废水一般是间断排放的，调节池的容积，应该考虑有足够的容量储存间断排放的废水量。

B 还原池

六价铬还原成三价铬的反应速率取决于 pH 值和反应时间，含铬废水的还原处理是在酸性条件下进行的，加酸以提高氧化还原速率，还原池一般设两级，目的是为了确保废水中的 Cr^{6+} 能充分地还原成毒性较低的 Cr^{3+}，还原池设有 pH 计、氧化还原电位计（ORP），图 10-64 为还原池控制图。

还原池各级设计停留时间可取 15 ~ 20min，还原池 ORP 一般控制在 300mV 左右，表 10-100 为 ORP 与还原池出口 Cr^{6+} 的关系。

表 10-100　氧化还原电位计与 Cr^{6+} 之间的典型关系

ORP/mV	Cr^{6+}/mg·L^{-1}	ORP/mV	Cr^{6+}/mg·L^{-1}
590	40	330	1
570	10	300	0
540	5		

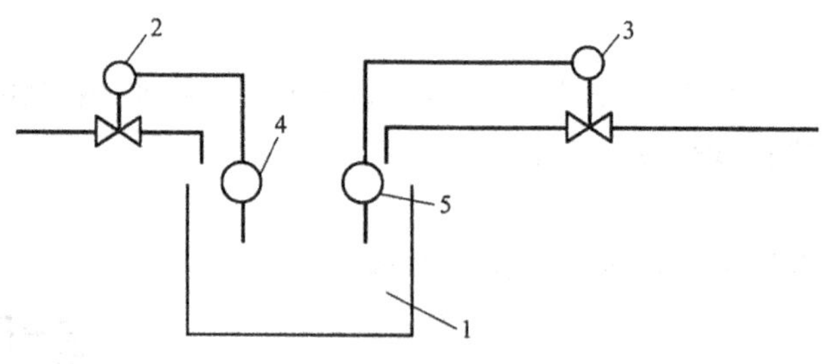

图 10-64　还原池控制图

1—还原槽;2—还原剂投加阀;3—酸投加阀;4—ORP 氧化还原电位计;5—pH 计

还原池出来的废水一般排入酸碱系统和酸碱废水一并进行中和处理,也有的采用单独中和曝气、沉淀处理流程。可参阅酸碱废水处理系统有关部分。

［**例 1**］　某公司冷轧厂年产冷轧板卷 140 万 t,生产冷轧热镀锌板,电镀锌板和中、低牌号的电工钢,生产规模为 140 万 t/a,其中:冷轧产品 45 万 t/a、热镀锌产品 35 万 t/a。全厂共有 11 条生产机组,即:酸洗-轧机联合机组 1 条、连续退火机组 1 条、连续热镀锌机组 1 条、连续电镀锌机组 1 条、电工钢连续退火涂层机组 2 条、电工钢板重卷及宽卷包装机组 1 条、电工钢板纵剪及窄卷包装机组 1 条、冷轧板和镀层板重卷检查机组 2 条和半自动包装机组 1 条。

全厂产生废水量如下:

酸碱废水,m^3/h	平均 200
	最大 300
含铬废水,m^3/h	平均 20
	最大 30
含油废水,m^3/h	平均 10
	最大 20

各机组水量水质情况见表 10-90

废水经处理达到如下排放标准:

$pH = 8 \sim 9$

$SS < 50mg/L$

$Cr^{6+} < 0.5mg/L$

$TCr < 1.5mg/L$

油 < 5mg/L

$COD cr < 100mg/L$

$BOD_5 < 25mg/L$

阴离子表面活性剂 < 10mg/L

色度 < 50 倍

废水处理的处理工艺见图 10-65。

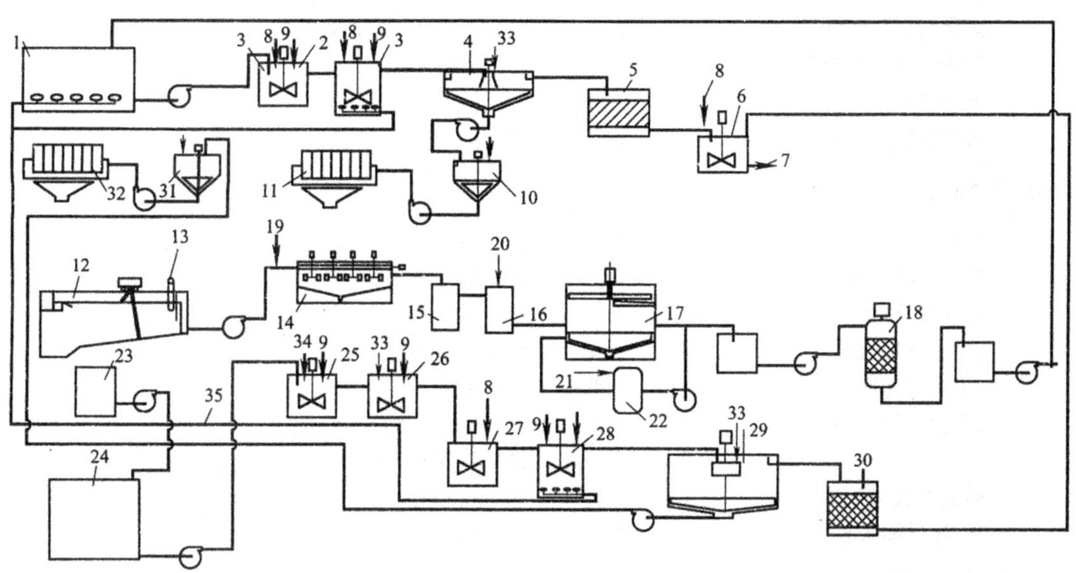

图 10-65 某公司冷轧厂废水处理流程图

1—酸碱废水调节池；2—中和池；3—中和曝气池；4—澄清池；5—过滤池；6—最终中和池；7—排放管；8—石灰乳；9—盐酸；10—酸碱污泥浓缩池；11—酸碱污泥板框压滤机；12—含油废水调节池；13—除油机；14—导气气浮池；15—油分离池；16—絮凝池；17—溶气气浮池；18—核桃壳过滤器；19—破乳剂；20—絮凝剂；21—压缩空气；22—溶气罐；23—浓铬酸调节池；24—稀铬酸调节池；25—铬第一还原池；26—铬第二还原池；27—第一中和池；28—第二中和池；29—铬污水澄清池；30—过滤池；31—铬污泥浓缩池；32—铬污泥压滤机；33—絮凝剂；34—废酸；35—空气管

主要构筑物及设备如下：

酸碱废水处理系统

名称	数量	参数
调节池	2 座	$V = 1200m^3$
第一级中和池	1 座	$V = 50m^3$
第二级中和池	2 座	$V = 67m^3$
反应澄清池	2 座	每座尺寸为 ϕ19.5 × 3.5m
		沉淀区有效面积 170m^2
		表面负荷 0.88$m^3/(m^2 \cdot h)$
过滤池	1 座	4.5m × 10.5m × 2m
		表面负荷 6.3$m^3/(m^2 \cdot h)$
最终调节池	1 座	$V = 100m^3$
污泥浓缩池	1 座	尺寸为 ϕ6m × 6m
		进泥含水率 99.7% ~ 97%
		排泥含水率 94%
板框压滤机	2 台	每台参数：板片尺寸 1500mm × 1500mm
		板片数 25 片
		排泥含水率 < 65%

污泥输送泵	2 台	$Q=20m^3/h$ $H=1.6MPa$
石灰储存仓	1 个	$V=130m^3$
石灰搅拌罐	1 台	$V=20m^3$
石灰投加泵	2 台	$Q=30m^3/h$ $H=20m$
絮凝剂制备装置	1 套	$V=5m^3$ 配置量 82kg/h
盐酸储存投加装置	1 套	$V=30m^3$
废酸储存投加装置	1 套	$V=100m^3$
消泡剂投加装置	1 套	$V=2m^3$

含油及乳化液废水系统

调节池	2 座	$V=500m^3$
机械气浮装置	1 套	$Q=20m^3/h$
溶气气浮器	2 套	$Q=10m^3/h$
核桃壳过滤器	2 台	$Q=20m^3/h$
COD 氧化槽	1 座	$V=20m^3$
絮凝剂投加装置	1 套	$V=5m^3$ 投加量 82kg/h 投加浓度 0.5%
破乳剂投加装置	1 套	$V=5m^3$
H_2O_2 投加装置	1 套	$V=10m^3$

含铬废水处理系统

浓铬废水调节池		
一级还原槽	1 座	$V=20m^3$
二级还原槽	1 座	$V=20m^3$
第一级中和反应池	1 座	$V=5m^3$
第二级中和反应池	1 座	$V=5m^3$
澄清池	2 座	每座尺寸为 $\phi10m\times4.5m$
过滤池	1 座	$Q=25m^3/h$
pH 调整池	1 座	$V=7m^3$
污泥浓缩池	1 座	尺寸为 $\phi6m\times6m$
板框压滤机	1 台	每台压滤机压滤板 1500mm × 1500mm 板片数 25 片，每台处理能力 $15m^3/h$
污泥输送泵	2 台	输送能力 $Q=15m^3/h$, $H=160m$
含铬废气处理装置	1 套	
加药装置	4 套	
能源介质消耗量	蒸汽，kg/h 2500 工业水，m^3/h 10 $Ca(OH)_2$，kg/day 9300（最大） 盐酸（32%），kg/day 3500 混凝剂，kg/day 34 消泡剂，kg/day 16 废酸，kg/day 3500	

破乳剂,kg/day 20

年污泥量(含水率65%),t/a 11400

平均电耗,kW 500

占地面积,m×m 120×50

[例2] 某公司冷轧厂年产冷轧板卷210万t/a,其中:冷轧板卷158万t/a,热镀锌产品35万t/a,电镀锌产品15万t/a,捆带2万t/a,上述三种产品中的一部分再加工成22万t涂层产品,并将4万t热镀锌卷和6万t彩涂卷辊压并剪切成瓦楞板。

全厂共有16条生产机组,包括连续酸洗机组、五机架冷连轧机、连续退火机组和电镀锌机组、热镀锌机组、彩色涂层机组、瓦楞机组和磨辊间、剪切包装机组等。

全厂产生废水量如下:

酸碱废水,m^3/h 平均320

含铬废水,m^3/h 平均15.3

含油及乳化液废水,m^3/h 9.75~11.5

废水水质情况见表10-91。

要求废水处理后达到如下排放标准:

pH6.5~9.0

SS,mg/L <30

Cr^{6+} mg/L(还原槽出口)<0.5

TCr,mg/L<1.5

油,mg/L<5

CODcr,mg/L <100

BOD_5,mg/L<25

废水处理工艺流程如图10-66。

主要设备及构筑物:

酸碱废水处理系统

调节池	1座	$V=600m^3$
中和曝气池	2座	$V=35m^3$
絮凝池	2座	$V=10m^3$
斜板沉淀池	4座	$V=90m^3$ 进水悬浮物 590mg/L, 出水悬浮物 小于30mg/L, 排泥含水率99%
最终中和池	1座	$V=100m^3$
污泥浓缩池	1座	ϕ10m $H=5m$ $V=300m^3$ 进泥含水率 99% 排泥含水率 94%
板框压滤机	2台	每台参数:板片尺寸 1200mm×1200mm 板片数 95片

		过滤面积　$212m^2$
		进泥含水率　94%
		排泥含水率　65%
污泥输送泵	2台	$Q=20m^3/h$　$H=1.6MPa$
石灰储存仓	1个	$V=100m^3$
		CaO含量91.3%；粒度<3mm
石灰搅拌罐	2台	$V=5m^3$
		石灰配置浓度　10%
石灰投加泵	2台	$Q=25m^3/h$　$H=30m$
絮凝剂制备槽	1套	$V=1m^3$
		配置浓度1%
絮凝剂投加槽	1套	$V=4m^3$
		投加浓度0.1%
盐酸储存投加装置	1套	$V=4m^3$
废酸储存投加装置	1套	$V=50m^3$
消泡剂投加装置	1套	$V=0.1m^3$

含油及乳化液废水系统

调节池	2座	$V=500m^3$	
		进水油浓度　最大1%	
纸带过滤机	2套	$Q=15m^3/h$	
第一循环槽	2座	$V=35m^3$	
		浓缩液含油浓度2%	
一级超滤装置	8台	每台装置有膜管140根，内径25mm，长度3m	
		渗透液含油浓度<10mg/L	
一级超滤补给泵	8台	$Q=50m^3/h$, $H=20m$	
一级超滤循环泵	8台	$Q=200m^3/h$, $H=25m$	
第二循环槽	1座	$V=35m^3$	
		浓缩液含油浓度50%	
二级超滤装置	8台	每台装置有膜管140根，内径25mm，长度3m	
		渗透液含油浓度<10mg/L	
二级超滤补给泵	8台	$Q=50m^3/h$, $H=20m$	
二级超滤循环泵	8台	$Q=200m^3/h$, $H=25m$	
一级超滤后乳化液输送泵	2台	$Q=22m^3/h$	
二级超滤后乳化液输送泵	2台	$Q=22m^3/h$	
最终分离槽	1个	$V=20m^3$	
离心分离机	1台	$Q=4m^3/h$	
		浓缩液含油浓度90%	
废油储槽	1个	$V=20m^3$	
含铬废水处理系统			
浓铬废水调节槽	1个	$V=100m^3$	
一级还原槽	1个	$V=15m^3$	
二级还原槽	1个	$V=15m^3$	
能源介质消耗量		蒸汽，kg/h	4400
		工业水，m^3/h	7.5

CaO,kg/d	4500
盐酸(32%),kg/d	700
清洗剂,kg/d	2500
混凝剂,kg/d	8
消泡剂,g/h	150
年污泥量(含水率 65%),t/a	7000
平均电耗,kW	680
占地面积,m^2	2917

10.2.4 安全供水措施

冷轧厂安全供水,主要采用事故水塔和事故水箱-柴油机泵供水联合供水两种方式,一般需根据机组用水量情况确定。对于水量较大的供水系统,一般采用事故水箱-柴油机泵供水联合供水两种方式。

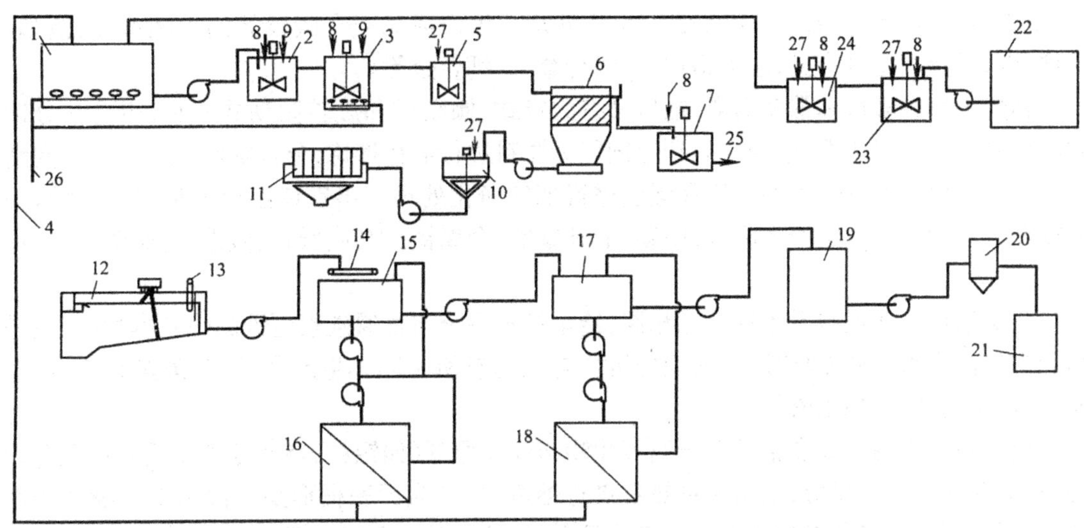

图 10-66 某公司冷轧厂废水处理流程图

1—酸碱废水调节池;2—中和池;3—中和曝气池;4—超滤渗透水管;5—絮凝池;6—斜板沉淀池;7—最终中和池;8—盐酸;9—石灰乳;10—酸碱污泥浓缩池;11—酸碱污泥板框压滤机;12—含油废水调节池;13—除油机;14—纸带过滤机;15—第一循环槽;16—第一级超滤装置;17—第二循环槽;18—第二级超滤装置;19—最终分离池;20—离心分离机;21—油槽;22—铬酸调节池;23—铬第一还原池;24—铬第二还原池;25—最终排水管;26—压缩空气管;27—絮凝剂

11 铁合金厂给水排水

铁合金生产方法分为火法冶金与湿法冶金两大类。

火法冶金包括电炉冶炼、高炉冶炼、金属热法冶炼、真空冶炼、吹氧冶炼、热兑冶炼等等。其中电炉冶炼使用最多。

电炉冶炼有还原电炉和精炼电炉两种类型。

还原电炉有敞口固定、敞口旋转、半封闭固定、封闭固定和封闭旋转几种类型。以矿石、焦炭、钢屑和熔剂等为原料进行还原熔炼,陆续加料、连续生产、间断出铁。炉口冒出含大量CO的烟气,采用干法或湿法进行烟气净化处理。生产成品或含碳较低的中间产品,诸如:硅铁、碳素锰铁、锰铁合金、碳素铬铁、硅铬合金、硅钙合金等。

精炼电炉有敞口和带盖两类,敞口又有固定式、倾动式和旋转倾动式三种,带盖又分侧倾和前倾两种。以矿石、中间产品和熔剂等为原料进行氧化熔炼,分批加料,断续生产、间断出铁。炉口冒出的烟气采用干法和湿法进行烟气净化处理。出铁口溢出大量渣,采用水淬渣循环水处理系统。生产产品有:中碳、低碳锰铁,金属锰,中碳、低碳、微碳、超微碳铬铁,钨铁,钒铁等。

高炉冶炼与普通碳素生铁冶炼相同,给水排水系统与普通碳素生铁高炉基本相同,只是高炉煤气洗涤水水质差异较大,处理构筑物与投药有所不同。生产产品有:碳素锰铁、富锰渣、钒渣稀土铁、富稀土渣等。

金属热法冶炼主要靠精矿粉金属氧化物与强还原剂(如铝粒、75%硅铁粉或硅铝混合物等)在短时间内剧烈反应,放出大量热量自行熔炼,炉子为无底桶形坐在沙窝上。瞬间产生大量烟气,需二次烟气净化处理。生产产品有:钛铁、钼铁、金属铬等。

真空冶炼是将电炉冶炼的碳素铬铁破碎,以部分铬铁粉经回转窑氧化焙烧后再与未焙烧的铬铁粉按比例混料并加入胶合剂压成砖块,经干燥后再送到真空炉进行真空固态脱碳。生产产品有:微碳、超微碳铬铁等。

湿法冶金是利用熔剂将原矿粉或经焙烧后的精矿粉及富矿渣中的有用金属溶解,然后再从溶液中经过各种药剂的化学处理获得合格溶液或固态中间产品,进而通过电炉冶炼、金属热法冶炼、电解法生产、萃取法生产等获得铁合金产品或纯金属添加剂。生产的中间产品有:五氧化二钒、三氧化二铬、铬铵明矾、稀土氧化物、稀土氯化物等。生产的最终产品有:矾铁、金属铬、电解铬、电解锰、稀土金属化合物等。

湿法冶金给排水的特点是:配制各种溶液需软化水、除盐水或纯水;工业盐酸需提纯;各种工艺废液要处理并回用;全厂综合废水处理达标排放。

各种铁合金车间的组成,由于其冶炼方式的不同而不同。

(1)电炉冶金车间。电炉冶金车间一般包括:

1)原料工段。原料工段设有原料贮存场、加工场、原料库、上料斜卷扬或胶带输送通廊,亦有全厂性集中原料库进行原料加工。

2)冶炼工段。冶炼工段一般设炉子跨、浇铸跨和炉渣处理等设施。

3)成品工段。成品工段一般设有破碎、精整、贮存、包装等工序。

(2)湿法冶金车间。湿法冶金车间一般包括:

1)原料工段。原料工段设有破碎、球磨、磁选、混料等工序。

2)焙烧工段。焙烧工段一般设有回转窑。

3)化学处理工段。化学处理工段设有浸出、溶液净化、沉淀和熔化(或煅烧)等工序。

4)冶炼工段。冶炼工段一般设有冶炼、成品精整和包装等工序。采用电解法时还设有电解槽等设施。

(3)其他辅助设施。其他辅助设施一般设有机修间、化验室、锅炉房、空压站、煤气发生站(或燃油设施)、软水站及循环水泵站等。

11.1　用水户及用水要求

11.1.1　用水量

11.1.1.1　电炉用水量

电炉用水量如表 11-1 所示。

表 11-1　电炉用水量

序号	电炉容量 /kV·A	用水量 /m³·(h·台)⁻¹	序号	电炉容量 /kV·A	用水量 /m³·(h·台)⁻¹	附　注
1	1000	10 ~ 15	8	6000	120 ~ 130	
2	1500	15 ~ 20	9	6300	130 ~ 150	
3	1800	20 ~ 30	10	9000	150 ~ 160	
4	2500	30 ~ 35	11	12500	120 ~ 150	其中电极把持器 40
5	3000	35 ~ 40	12	16500	150 ~ 200	
6	3500	40 ~ 45	13	25000	200 ~ 240	其中电极把持器 150
7	5000	100 ~ 120	14	57000	580 ~ 600	

11.1.1.2　电炉变压器油冷却器用水量

电炉变压器油冷却器用水量如表 11-2 所示。

表 11-2　变压器油冷却器用水量

序号	变压器容量 /kV·A	用水量 /m³·(h·台)⁻¹	序号	变压器容量 /kV·A	用水量 /m³·(h·台)⁻¹	附　注
1	1800	2 ~ 5	7	6000	24 ~ 30	
2	2500	5 ~ 10	8	6300	24 ~ 30	
3	3000	10 ~ 15	9	9000	30 ~ 35	
4	3500	15 ~ 20	10	12500	40 ~ 60	
5	4500	20 ~ 30	11	25000	50 ~ 103	其中:油冷却 72,短网 18,零线 9,液压站 15
6	5000	20 ~ 30	12	57000	103 ~ 108	

11.1.1.3 电炉烟气净化用水量

电炉烟气净化用水量如表 11-3 所示。

表 11-3 烟气净化用水量

序号	电炉容量/kV·A	烟气量/$m^3 \cdot h^{-1}$	含尘量/$g \cdot m^{-3}$	用水量/$m^3 \cdot (h \cdot 台)^{-1}$	烟气净化流程
1	800	750～1200	30	60	炉气→竖管→洗涤塔→文氏管→脱水器→最终冷却塔→风机→水封→气柜
2	9000	1600～1900	70	50	炉气→双管洗涤器→文氏管→洗涤塔→风机→水封→气柜
3	9000	1200	50	50	炉气→集尘箱→洗涤塔→捕滴器→风机→水封→气柜
4	12500	2000	40～100	60	炉气→洗涤塔→文氏管→风机→放空
5	12500	2000	40～100	160	炉气→余热锅炉→布袋除尘器→风机→放散
6	25000	12500	40～100	50	炉气→自然空冷器→布袋除尘器→风机→放散 ↓ 埋刮板输送机→贮灰仓→装袋→外运
7	57000		40～100	50 其中：风机 2，液耦器 40，加密系统 6，反吸风机 2	炉气→余热锅炉→旋风预除尘器→风机→布袋除尘器→放散系统 ↓ 埋刮板输送机→贮灰仓→加密→装袋→外运

11.1.1.4 余热锅炉耗水量

余热锅炉耗水量如表 11-4 所示。

表 11-4 余热锅炉耗软水量

序　号	电炉容量/kV·A	余热锅炉耗软水量/$m^3 \cdot (h \cdot 台)^{-1}$
1	12 500	2.0
2	25 000	4.0
3	57 000	4.8

11.1.1.5 汽轮机冷凝器循环用水量

汽轮机冷凝器循环用水量如表 11-5 所示。

表 11-5 汽轮机冷凝器循环用水量

序　号	电炉容量/kV·A	汽轮机冷凝器循环水量/$m^3 \cdot (h \cdot 台)^{-1}$
1	12500	500～800
2	25000	800～1000
3	57000	876～1200

11.1.1.6 硅石水洗用水量

硅石水洗用水量为 2～2.5m^3/(h·t)。

11.1.1.7 粒化用水量

粒化再制铬铁用水量为 10～12m^3/(h·t)，其中蒸发损失水量为 2～3m^3/t。

11.1.1.8 电炉水力冲渣用水量

锰铁合金、碳素锰铁、磷铁、钼铁等炉渣水淬用水量一般渣水比为 1:10，补充水用量为 2～3m^3/t。

11.1.1.9 锰铁高炉用水量

A 100m^3 高炉设计用水量

100m^3 高炉设计用水量如表 11-6 所示。

表 11-6 100m^3 高炉设计用水量

序号	用水户	用水量/m^3·h^{-1}		用水制度	水压/MPa	温差/℃	附注
		平均	最大				
1	高炉炉体	350	400	连续	0.3～0.4	8	水压指在高炉前铁路轨面或地坪处
2	出铁场用水	25	70	间断	0.3～0.4		
3	热风炉用水	45	60	连续	0.3～0.4	8	
4	炉顶冷却	5	10	间断	0.3～0.4	8	
5	炉尘湿润	5	5	间断	0.3～0.4	8	
6	碾泥机室	5	5	间断	0.1～0.15		
7	冲渣补充水	8	10	间断	0.1～0.15		

B 255m^3 高炉实测用水量

255m^3 高炉实测用水量如表 11-7 所示。

表 11-7 255m^3 高炉实测用水量

序号	名称	温差/℃	用水量/m^3·h^{-1}	附注
1	炉身上部四层	4.37	41.72	后期实测总用水量为 710m^3/h
2	中部三层	3.80	70.27	
	炉腰下部三层	3.60	67.61	
3	炉身外部喷水		28.19	
4	炉身	3.30	84.67	
5	炉缸	3.20	75.60	
6	炉底	1.60	26.64	
7	风口大套	0.80	68.40	
	中套	1.43	66.60	
	小套	4.30	65.88	

续表 11-7

序 号	名 称	温差/℃	用水量/$m^3\cdot h^{-1}$	附 注
8	渣口大套	1.20	12.98	
	中套	1.43	12.96	
	小套	1.40	12.96	
	总 计		634.46	

C 锰铁冲渣用水量

由于渣温高,工艺要求渣水比约为1:15,其中蒸发损失水量为2~3m^3/t。

11.1.1.10 稀土铁高炉用水量

稀土铁高炉用水量如表11-8所示。

表 11-8 300m³ 稀土铁高炉设计用水量

序 号	用水户	用水量/$m^3\cdot h^{-1}$	序 号	用水户	用水量/$m^3\cdot h^{-1}$
1	风渣口	350	5	碾泥机	10
2	炉体	350	6	渣罐喷水	10
3	热风炉	150	7	拨渣喷淋	10
4	润湿炉料	20	8	铸铁机	275

11.1.1.11 锰铁高炉煤气洗涤用水量

锰铁高炉煤气洗涤用水量如表11-9所示。

表 11-9 100m³ 锰铁高炉煤气洗涤设计用水量

序 号	名 称	数 量	使用制度	水压/MPa	用水量/$m^3\cdot h^{-1}$		附 注
					平均	最大	
1	洗涤塔	1	连续	0.40	90	120	出水55℃
2	文氏管	2	连续	0.40	16	32	出水<45℃
3	电除尘	1	连续 定期	0.40 0.40	27	30	
4	排水槽管清泥		定期	0.40		1	同时使用一处
5	冷凝水排水器	1	连续	0.40		0.6	

11.1.1.12 稀土铁高炉煤气洗涤用水量

稀土铁高炉煤气洗涤用水量如表11-10所示。

表 11-10 300m³ 稀土铁高炉煤气洗涤设计用水量

序 号	用水户	用水量/$m^3\cdot h^{-1}$
1	洗涤塔	223
2	文氏管	50
3	减压阀	15

11.1.1.13 真空固体脱碳车间设备冷却用水量

真空固体脱碳车间设备冷却用水量如表11-11所示。

表 11-11 真空冶炼设计用水量

序 号	用水户	用水量/$m^3 \cdot h^{-1}$	附 注
1	6000kV·A 真空炉	300	包括炉体,电极把持器,导电管等
2	真空炉变压器	12	
3	大电流开关	14	
4	回转窑及冷风机	45	
5	管磨机	10	
6	真空泵、喷射泵		详见各厂家产品样本说明书
7	除尘器冷却器	52	间接冷却

11.1.1.14 湿法冶金用水量

A 工艺用水

主要用于精矿浸出、洗渣、配制溶液等工段。

(1)用钒精矿生产 1t 湿 V_2O_5,需要水量约为 100m^3。用矾渣生产 1t 湿 V_2O_5,需要水量约为 200m^3。用水除蒸发损失和沉渣带走水分外,约有 80%的水量变成废水排出。

(2)生产 1t 金属铬时,用水量约为 400m^3。除蒸发损失和沉渣带走水分外,约有 80%的水量变成废水排出。

(3)生产 1t 电解锰时,用水量约为 100m^3。其中约有 50%的水量变成废水排出。

(4)年产 2500t 氯化稀土生产线用水量如表 11-12 所示。

表 11-12 氯化稀土生产线设计用水量(m^3/d)

循环水	补充水	生活用水	未预见用水	总用水量	新水用量	排出水量
300	700	100	300	1400	1100	900

(5)生产钕铁硼所需工业盐酸净化时纯水用量。

日处理纯盐酸 20t,纯度要求 Fe^{2+} 不大于 10^{-3}mg/L,每再生周期需纯水 3m^3。

配制萃取溶液所需纯水为每日 30m^3。

B 设备冷却用水量

设备冷却用水量如表 11-13 所示。

表 11-13 设备冷却用水量

序 号	名 称	规 格	设计参数/$m^3 \cdot (h \cdot 台)^{-1}$	用水制度
1	球磨机轴承冷却	ϕ1500 系列	1.5	连续
2	球磨机身喷水	$\phi1500 \times 5700$	4	
3	回转窑下料管		3	连续
	托 轮		6	连续
	冷却筒	$\phi1100 \times 8500$	7	连续
4	振动水冷槽	$B = 650$	2	连续
5	水冷内螺旋	$\phi500 \times 21500$	2	连续

续表 11-13

序号	名称	规格	设计参数/$m^3\cdot(h\cdot台)^{-1}$	用水制度
6	水环式真空泵	2BE1	4	连续
	压缩机	2BE1	2.5	连续
7	往复真空泵	W-4	1.5	连续
8	真空过滤气液分离器		6	连续
9	真空蒸发列管冷凝器		7	连续
10	结晶罐	$V=4\sim8m^3$	10~14	间断
11	浓缩冷却罐	$V=4\sim8m^3$	10~14	间断
12	V_2O_5熔化炉	炉底面积 $13m^2$	8	连续
13	粒化台	$\phi1200$	4	连续
14	电解锰槽	3000A/6000A	2/4	连续

11.1.1.15 其他用水量

其他用水量如表 11-14 所示。

表 11-14 其他用水量

序号	用水户	用水量	附注
1	铁锭淋水(钼铁、钛铁)/$m^3\cdot锭^{-1}$	8~10	
2	钨铁锭冷却/$m^3\cdot t^{-1}$	3	
3	铸锭机喷淋/$m^3\cdot(h\cdot台)^{-1}$	5	水被蒸发损失
4	铁水包换衬喷水/$m^3\cdot包^{-1}$	1~2	水被蒸发损失
5	锭模冷却用水/$m^3\cdot t^{-1}$	5	水被蒸发损失
6	生产铝粒用水/$m^3\cdot t^{-1}$	4	
7	液压站喷雾消防用水/$m^3\cdot(m^2\cdot h)^{-1}$	4~5	自动感光喷雾水消防
8	变压器油冷却器用油喷雾消防用水/$m^3\cdot(m^2\cdot h)^{-1}$	4~5	自动感光喷雾水消防
9	有机萃取液槽喷雾消防用水/$m^3\cdot(m^3\cdot h)^{-1}$	5~8	自动感光喷雾水消防
10	酸雾洗涤碱液用水/$m^3\cdot(m^3\cdot h)^{-1}$	3~5	循环洗涤
11	一般车间地坪洒水/$m^3\cdot(h\cdot跨)^{-1}$	1~2	
12	湿法冶金车间地坪洒水/$m^3\cdot(h\cdot跨)^{-1}$	3~4	
13	化、检验用水/$m^3\cdot h^{-1}$	3~5	
14	生活用水		按冷热车间考虑

11.1.2 用水户对水质、水温、水压等要求

用水户对供水水质、水温、水压等要求如表 11-15 所示。

表 11-15 用水户对供水水质、水温、水压等要求

序号	用水户	SS/mg·L^{-1}	总硬度/mg·L^{-1} (以 $CaCO_3$ 计)	水压/MPa	水温/℃		附注
	火法冶金				给水	温升	
1	电炉炉身、炉盖、出铁口	10~20	99.96	0.3~0.4	30~35	8~10	工业水，水压指设备入口处
2	铜瓦、电极把持器	10~20	39.7~71.4	0.4~0.5	30~35	10	软化水，闭路 55℃，开路 35℃
3	短网铜管、炉底零线、二次出线端子	10~20	99.96	0.3~0.4	30~35	3~5	工业水循环
4	变压器油冷却器	10~20	99.96	0.07	<30	3~5	低温低压工业水循环
5	余热锅炉	0	17.85~39.7	0.4	30	汽化	软化水
6	汽轮机冷凝器	10	99.96	0.4~0.5	30	7~8	过滤水循环
7	液压站	10~20	99.96	0.3~0.4	32	3~5	工业水循环
8	空压站	10~20	99.96	0.3~0.4	32	3~5	工业水循环
9	烟气净化	100	<178.5	0.4~0.5	30~35	15	
10	布袋除尘系统	10~20	99.96	0.3~0.4	30~35	3~5	
11	硅石水洗	100~200	178.5	0.3~0.4	30~35		
12	粒化铬铁	100~200	178.5	0.4~0.6	35	10	
13	水力冲渣	100~200	357	0.5~0.8	35~40	15	
14	锭模冷却、铸锭喷淋	100~200	357	0.4~0.5	35~40		
15	高炉炉身	10~20	99.96	0.4~0.5	30~35	5~6	工业水循环
16	高炉风渣口	10~20	39.7~71.4	0.6~0.8	30~35	10	软水循环
17	高炉鼓风机站	10~20	99.96	0.3~0.4	30~35	5~6	工业水循环
18	湿法冶金高炉煤气洗涤	100	<178.5	0.4~0.5	30~35	15~20	
19	湿法冶金工艺浸出、洗渣、调配溶液	2	99.96	0.25~0.3	<35		
20	配制萃取液	0	1.785~3.97	0.25~0.3	<35		纯水
21	盐酸提纯	0	1.785~3.97	0.25~0.3	<35		纯水
22	渣浆泵冷却	10~20	99.96		<35		供水压力 = 泵扬程 + (0.2~0.3) MPa
23	电解锰电解槽冷却	10~20	99.96	0.2~0.3	<35		工业水循环
24	结晶器及冷冻设备用水	10~20	99.96	0.2~0.3	<35		工业水循环
25	球磨机轴承冷却	10~20	99.96	0.3~0.4	<35		工业水循环
26	回转窑冷却	10~20	99.96	0.3~0.4	<35		工业水循环
27	真空蒸发列管冷却器	10~20	99.96	0.3~0.4	<35		工业水循环
28	V_2O_5 熔化炉冷却	10~20	99.96	0.3~0.4	<35		工业水循环
29	粒化台冷却	10~20	99.96	0.3~0.4	<35		工业水循环
30	酸雾洗涤	10~20	99.96	0.3~0.4	<35		碱液循环

11.1.3 循环水及补充水的水质参考指标

见全厂给水排水有关章节

11.2 废水种类及其特性

11.2.1 废水种类

废水种类如表 11-16 所示。

表 11-16 废水种类

序 号	废水种类	序 号	废水种类
1	硅石水洗废水	8	沉淀过滤 V_2O_5 分离废水
2	粒化铬铁废水	9	电解锰废水
3	水淬渣废水	10	酸雾洗涤废水
4	封闭电炉煤气洗涤废水	11	稀土化合物生产废水
5	锰铁高炉煤气洗涤废水	12	含酸碱液废水
6	稀土铁高炉煤气洗涤废水	13	全厂总下水废水
7	金属铬生产废水		

11.2.2 废水特性

11.2.2.1 12 500kV·A 封闭电炉煤气洗涤水

12 500kV·A 封闭电炉煤气洗涤水水质分析见表 11-17,泥渣成分分析见表 11-18。

表 11-17 水质分析

序 号	项 目	含量/$mg \cdot L^{-1}$	序 号	项 目	含量/$mg \cdot L^{-1}$
1	颜色	灰黑色	7	CN^-	0.30~4.30
2	悬浮物	2000~13000	8	酚化物	0.23~1.25
3	总铬	4~6.5	9	耗氧量	9.52
4	汞	—	10	BOD_5	3.04
5	S^{2-}	3.87	11	总固体	2572~1500
6	pH	7.5~10	12	总硬	255.9(以 $CaCO_3$ 计)

表 11-18 泥渣成分分析

序 号	项 目	含 量/%	序 号	项 目	含 量/%
1	CaO	2.01	4	Al_2O_3	6.92
2	MgO	31.55	5	FeO	10.74
3	SiO_2	19.30	6	Cr_2O_3	10.29

注:投加硫酸亚铁后的沉渣分析。

11.2.2.2 锰铁高炉煤气洗涤水

锰铁高炉煤气洗涤水水质分析如表 11-19 所示,沉渣成分分析如表 11-20 所示。

表 11-19　水质分析

序　号	项　目	含　量	序　号	项　目	含　量
1	颜色	灰色	12	Fe^{2+}/mg·L^{-1}	0.0012～0.84
2	水温/℃	43～50	13	Mn^{2+}/mg·L^{-1}	2～234
3	pH	8.2～9.5/10～13	14	OH^-/mg-N·L^{-1}	1.42～1.01
4	SS/mg·L^{-1}	800～3500	15	S^{2-}/mg·L^{-1}	3.19
5	砷/mg·L^{-1}	0.025～1.0	16	Cl^-/mg·L^{-1}	5～244.45
6	酚/mg·L^{-1}	0.18～0.20	17	SO_4^{2-}/mg·L^{-1}	7.48～238.32
7	CN^-/mg·L^{-1}	30～221	18	含盐量/mg·L^{-1}	1866
8	HCO_3^-/mg·L^{-1}	321～410	19	溶解固体/mg·L^{-1}	648～1333
9	CO_3^{2-}/mg·L^{-1}	57.7～91.2	20	总固体/mg·L^{-1}	2504～3388
10	Ca^{2+}/mg·L^{-1}	7.59～	21	总硬度/mg·L^{-1}(以 $CaCO_3$ 计)	45.7～88.4
11	Mg^{2+}/mg·L^{-1}	9.14～10.94	22	总碱度/mg·L^{-1}(以 $CaCO_3$ 计)	359.7～495.8

表 11-20　沉渣成分分析(%)

序　号	沉渣种类	SiO_2	Al_2O_3	Fe_2O_3	CaO	MgO	MnO	烧失重
1	煤气洗涤沉渣	18	13.42	1.36	26.44	0.70	15.20	17.22
2	锰铁水渣	24.38	16.22	2	36.77	1.61	16.97	
3	混合渣	24.78	15.85	1.94	36.38	1.69	16.35	

11.2.2.3　稀土铁高炉煤气洗涤水

某厂曾用 2×87m^3 高炉冶炼包头白云鄂博含七种主要元素(高稀土(RE)、高铌(Nb)、高氟(F)、高磷(P)、高钍(Th)、低铁(Fe))的所谓中贫矿生产稀土富渣,同时产生约为稀土富渣重 1/2 的含铌、磷、锰的生铁。物料主要成分分析如表 11-21 所示,水质分析如表 11-22 所示。

表 11-21　物料主要成分分析(%)

物料名称		R_xO_y	ThO_2	TFe	MnO	Nb_2O_5	P_2O_5	F
矿石	波动范围	6.00～8.36	0.021～0.032	28.51～32.06	0.93～1.92	0.071～0.18	1.91～3.20	9.42～10.78
	平均数值	7.19	0.026	29.49	1.36	0.13	2.33	10.15
生铁	波动范围	痕量			0.075～0.248	0.158～0.248	2.768～3.510	
	平均数值	痕量			0.48	0.210	3.10	
富渣	波动范围	11.16～11.91	0.037～0.056	0.035～1.64	1.41～2.74	0.017～0.109	0.014～0.109	14.01～8.82
	平均数值	11.46	0.041	0.84	1.85	0.050	0.10	15.48

注:矿/铁=3.1,渣/铁=1.95～2.0;灰中 CaO 23,SiO_2 3.2,TFe12.1。

表 11-22 水质分析

序号	项目	含量	序号	项目	含量
1	颜色	黑灰	11	S^{2-}/mg·L^{-1}	
2	SS/mg·L^{-1}	1500~4000	12	CN^-/mg·L^{-1}	12~30
3	溶解固体/mg·L^{-1}	943	13	CaO/mg·L^{-1}	122
4	pH 值	6.7~7.8	14	Ca^{2+}/mg·L^{-1}	120~222.65
5	总碱度/mg·L^{-1}(以 $CaCO_3$ 计)	319.9~364.9	15	Mg^{2+}/mg·L^{-1}	37.7~40.13
6	总硬度/mg·L^{-1}(以 $CaCO_3$ 计)	439.8~464.8	16	TFe/mg·L^{-1}	0.46~1.0
7	暂硬/mg·L^{-1}(以 $CaCO_3$ 计)	319.9~364.9	17	Mn^{2+}/mg·L^{-1}	6~9.6
8	氨/mg·L^{-1}	4.5~6.325	18	F^-/mg·L^{-1}	20~30
9	总氮/mg·L^{-1}	4.5~6	19	Cl^-/mg·L^{-1}	106~133
10	CO_2/mg·L^{-1}	13.2~17.6	20	SO_4^{2-}/mg·L^{-1}	158.4

11.2.2.4 氯化稀土废水

氯化稀土废水水质分析如表 11-23 所示。

表 11-23 水质分析(mg/L)

序号	项目	碱池	酸池	序号	项目	碱池	酸池
1	颜色	棕黄色		6	油类	32.4	10.0
2	F^-	83.49	608.42	7	NH_3-N	584.60	55.07
3	pH 值	11.83	0.61	8	As	0.176	0.122
4	溶解固体	3444	14692	9	Pb	1.10	21.20
5	SS	134		10	Zn	0.89	23.46

11.2.2.5 含铬废水

在金属铬车间的浸出工段,铬酸钠溶液中含 Cr^{6+},中和时所产生的沉渣中亦含 Cr^{6+},重铬酸钠蒸发时被冷却水捕集的水雾中以及真空泵、管道、容器等渗漏水中均含 Cr^{6+}。

一般正常生产时废水中含 Cr^{6+} 在 50~100mg/L 之间。

11.2.2.6 含钒废水

在钒铁生产中,主要将熟料中的钒酸钠用水浸出,残渣洗涤经过滤后得到合格的浸出液钒酸钠。然后加热、加酸,这时溶液中立即水解成 V_2O_5,经沉淀、过滤,获得 V_2O_5 成品。被分离的水中一般含钒量在 80~130mg/L 之间。含钒废水水质分析示于表 11-24。

表 11-24 水质分析

序号	项目	含量
1	V^{5+}/mg·L^{-1}	80~130
2	游离硫酸/mg·L^{-1}	2500~3500
3	硫酸钠/mg·L^{-1}	7000~8000
4	pH 值	约 1

11.2.2.7 电解锰废水

电解锰生产排出废水中含 Mn^{2+}、$(NH_4)_2SO_4$ 等。

11.3 给水排水系统

11.3.1 给水排水系统

11.3.1.1 电炉、真空炉炉体冷却工业水开路循环水系统

电炉工业水开路循环水系统如图 11-1 所示。

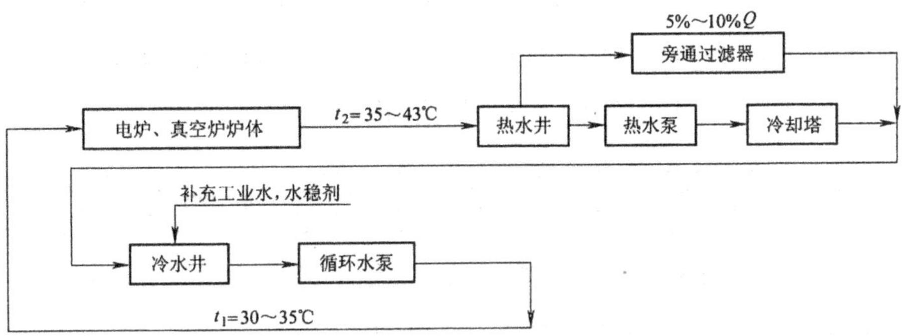

图 11-1 电炉工业水开路循环水系统流程简图

11.3.1.2 电炉、真空炉的铜瓦、电极把持器冷却软化水开路循环水系统

电炉软化水开路循环水系统如图 11-2 所示。

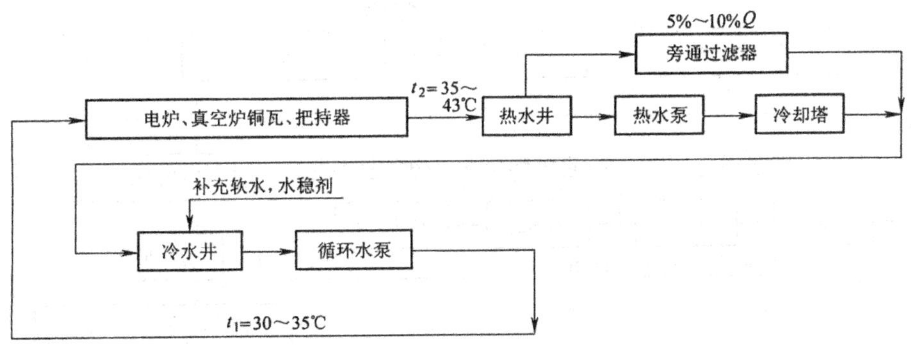

图 11-2 电炉软化水开路循环水系统流程简图

11.3.1.3 电炉电极把持器，铜瓦冷却软化水或除盐水闭路循环水系统

电炉软化水或除盐水闭路循环水系统如图 11-3 所示。

11.3.1.4 变压器油冷却器冷却工业水开路循环水系统

变压器油冷却器工业水开路循环水系统如图 11-4 所示。

11.3.1.5 封闭电炉煤气洗涤直接冷却循环水系统

封闭电炉煤气洗涤浊循环水系统示于图 11-5。

11.3.1.6 硅石水洗循环水系统

硅石水洗循环水系统如图 11-6 所示。

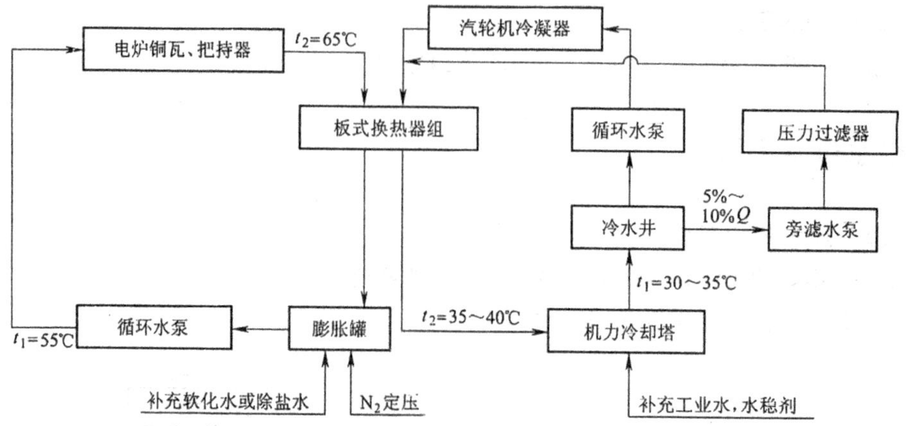

图 11-3 电炉软化水或除盐水闭路循环水系统流程简图

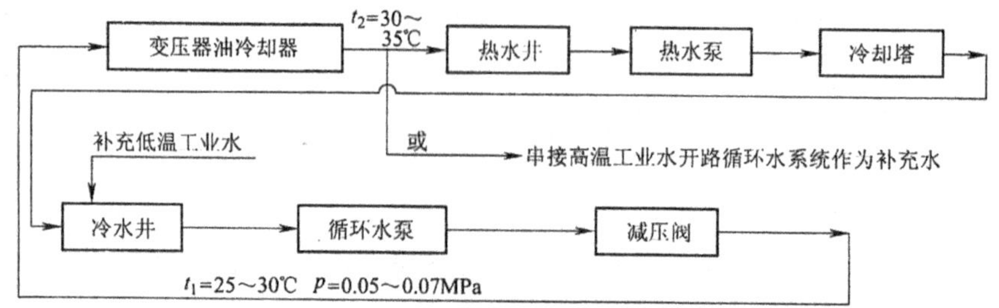

图 11-4 变压器油冷却器工业水开路循环水系统流程简图

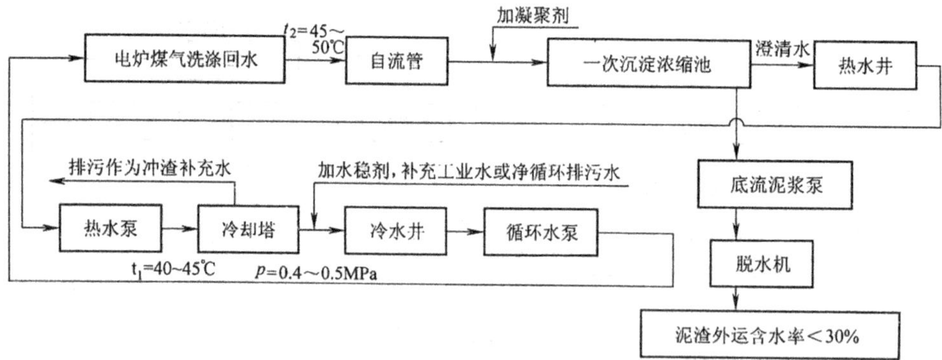

图 11-5 封闭电炉煤气洗涤直接冷却循环水系统流程简图

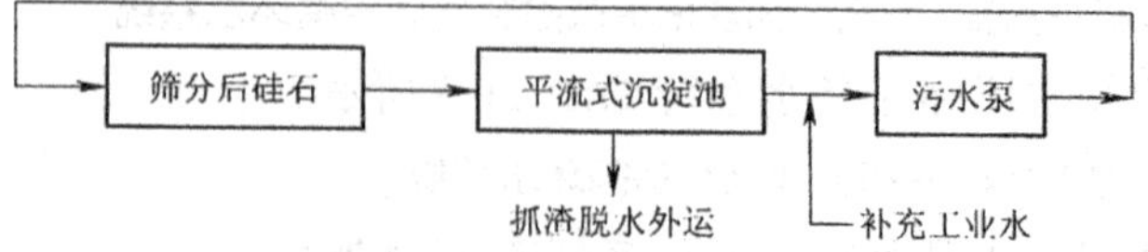

图 11-6 硅石水洗直接冷却循环水系统流程简图

11.3.1.7 粒化铬铁直接冷却循环水系统

粒化铬铁直接冷却循环水系统如图 11-7 所示。

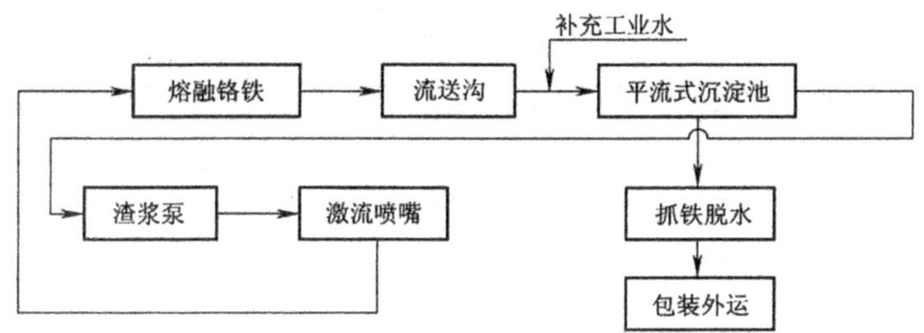

图 11-7 粒化铬铁循环水系统流程简图

11.3.1.8 电炉水冲渣循环水系统

电炉水冲渣循环水系统如图 11-8 所示。

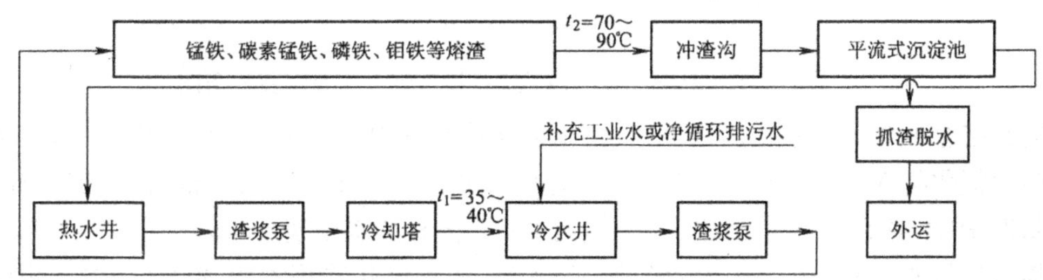

图 11-8 电炉水冲渣循环水系统流程简图

11.3.1.9 锰铁高炉间接冷却循环水系统

11.3.1.10 锰铁高炉水冲渣循环水系统

11.3.1.11 稀土铁高炉间接冷却循环水系统

11.3.1.12 锰铁高炉煤气洗涤直接冷却循环水系统

以上四个系统同炼铁厂普通铁高炉循环水系统相同。系统排污水和补充水可采用串接给水。

11.3.1.13 稀土铁高炉煤气洗涤直接冷却循环水系统

稀土铁高炉煤气清洗直接冷却循环水系统如图 11-9 所示。

煤气洗涤水中氰化物以三种状态存在:(1)以游离氰氢酸 HCN 和氰离子 CN^-形式存在;(2)以 $A(CN)_x$ 简单氰化物形式存在(A 为氨基碱金属、碱土金属、重金属离子);(3)以复杂络合氰化物 $A[M^{n+}(CN)_x]^{x-n}$形式存在(M 为络合离子的中心离子)。氰氢酸是一种极弱酸,在水中电离为 H^+和 CN^-,即 $HCN \rightleftharpoons H^+ + CN^-$。

$$K=\frac{[H^+][CN^-]}{[HCN]}=7.2\times10^{-10}$$

$$\frac{[CN^-]}{[HCN]}=\frac{7.2\times10^{-10}}{[H^+]}$$

由此可以求出 HCN 分解率与 pH 的关系(表 11-25)。

表 11-25 HCN 的分解率与 pH 值关系

pH	6	7	8	9	10	11	12
$[HCN]/[HCN]+[CN^-]$	0.999	0.993	0.933	0.581	0.122	0.0137	0.0014

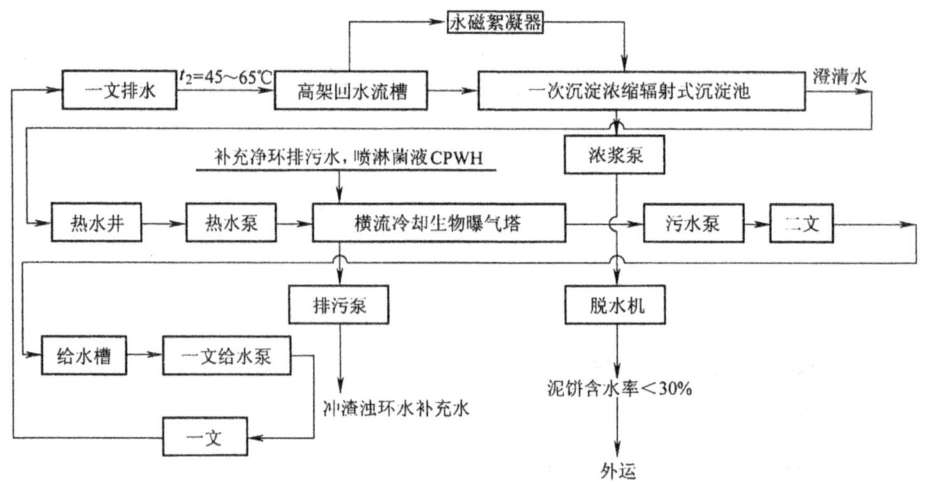

图 11-9　稀土铁高炉煤气清洗直接冷却循环水系统流程简图

复杂络合氰化物在水中较为稳定，由于络合稳定常数不同，其稳定性亦不一样。而氰氢酸及简单氰化物在水中的稳定性较差，特别是当水温高，pH < 8 时，大部分(> 99.3%)会呈分子状态 HCN 存在。另外，HCN 沸点只有 26℃，极易从水中逸出进入大气中。

煤气洗涤水经回水明沟、沉淀池等构筑物时，可使氰化物挥发出 30% ~ 40%，再经过冷却塔曝气后，其挥发总量高达 70% ~ 80%，甚至更多。进入空气中的氰化物可以被大气稀释，被细菌、微生物以及紫外线等分解，因此，其存留时间夏季为 5min，冬季为 10min。如果空气中含有 HCN 为 0.2 ~ 0.3mg/m^3 的蒸汽与人接触 5min 即可致人于死地。水中游离氰氢酸浓度为 50 ~ 100μg/L 时，可使敏感鱼类死亡。一般冷却塔的气水比(质量之比)为 1 左右，如果煤气洗涤水中的 HCN 为 20mg/L，那么，从冷却塔风筒排入大气中氰化氢含量仍有每 m^3 空气 13 ~ 16mg。这些数值远远超过“工业企业设计卫生标准”中所规定的车间空气中氰化氢最高容许浓度(0.3mg/m^3)，可见对空气的二次污染是比较严重的。

为此，可进行一次生化和二次生化处理。一次生化是在塔上部设置的生物氧化 M 型淋水板条填料(当填料厚度达 1.2 ~ 2m 时，其解毒能力达 70%左右)段进行。二次生化则在塔下部的集水池中部(水池加深到 4m 左右)通过射流曝气完成。这种利用横流冷却塔的竖向高度的特点，将冷却和生化处理、消除氰化物、硫化物、挥发酚等污染物结合起来的做法，称之为冷却生物曝气处理。当进塔废水含氰化物浓度为 15mg/L 时，塔顶尾气中氰化物含量为每 m^3 空气 0.56mg，冷却后集水池中氰化物含量约为 1.35mg/L。

从一次沉淀浓缩辐射式沉淀池流出的澄清水，流入热水井，然后用热水泵将其送上横流式生物曝气塔。在塔底集水池中部设射流曝气器，其含氰化物、硫化物及挥发酚的污水用吸有生活粪便驯化的营养液的水泵送上塔顶喷淋曝气，在淋水板条上逐渐形成生物膜，将有毒有害物质降解处理，使塔底出水 CN^- 含量 < 1.0mg/L。降温后的水流入冷水井，在此段加复合水质稳定剂 CPW-1，然后用冷水泵送至二文及其他煤气净化装置循环使用。

CPW-1 常规投药量计算式为：

$$W = \frac{BC + Vn}{1000sp}$$

式中　W——投加水稳剂，kg/h；

B——系统排污、渗漏、风吹损失及煤气饱和含水量之和，m^3/h；

C——药剂操作浓度，mg/L，对 PAM 取 0.75，CPW-1 取 9；

V——系统的水容量，m^3；

n——药剂损耗率，$g/(m^3 \cdot h)$，对 PAM 取 0.03，CPW-1 取 0.2；

s——药剂纯度，%，对 PAM 取 90%，对 CPW-1 取 50%；

p——CPW-1 的密度，$1.3t/m^3$。

11.3.1.14 软化水、除盐水、纯水制备系统

软化水、除盐水、纯水制备系统如图 11-10 所示。

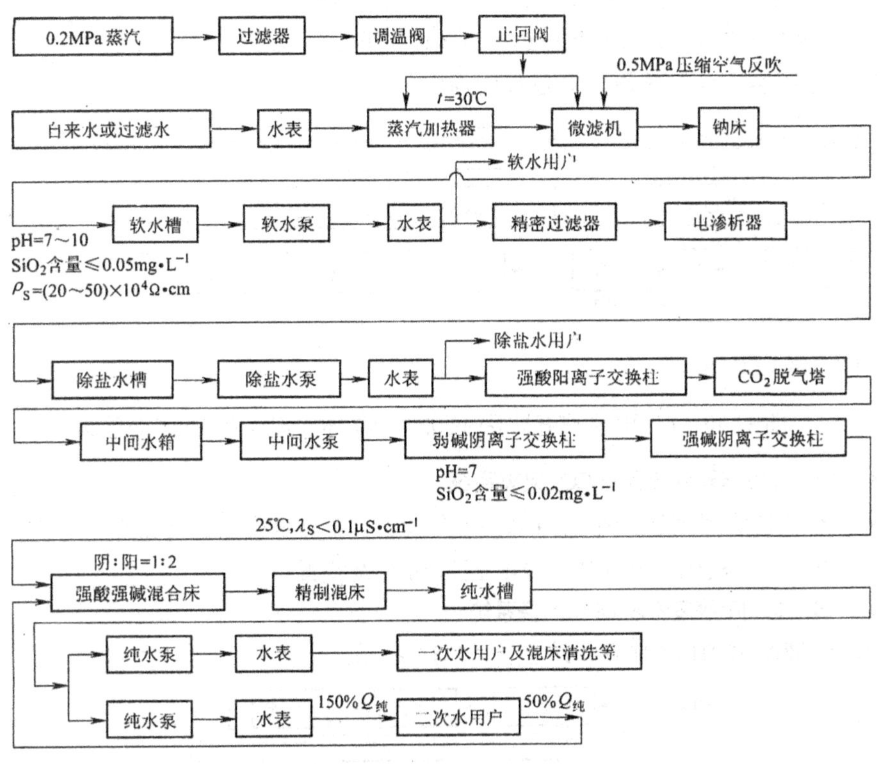

图 11-10 软化水、除盐水、纯水制备系统流程简图

11.3.1.15 工业盐酸提纯处理系统

工业盐酸提纯处理系统如图 11-11 所示。

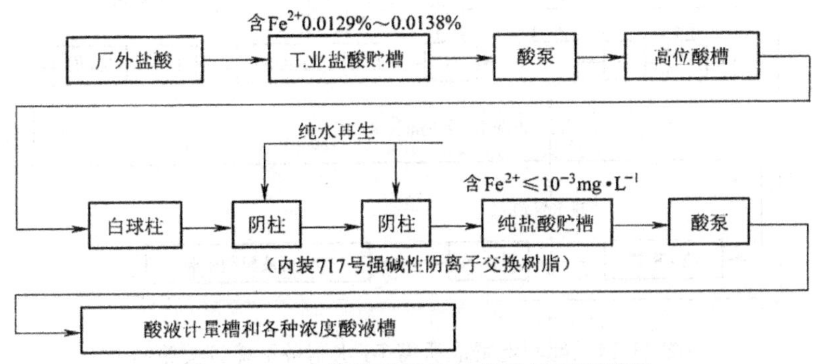

图 11-11 工业盐酸提纯处理系统流程简图

工业浓盐酸 29.55%～31%中存在着少量的 Fe^{2+} 和大量的 Fe^{3+}。Fe^{3+} 由于大量 Cl^- 存在，多数以络合物 $M_{n-3}[FeCl_n]^{(n-3)-}$ 形态存在。其中 $n=4、5、6$。由图 11-12 可见，工业浓盐酸中 Fe^{3+} 以 $H_3[FeCl_6]^{3-}$ 形态存在，故采用强碱性阴离子交换树脂使之去除。

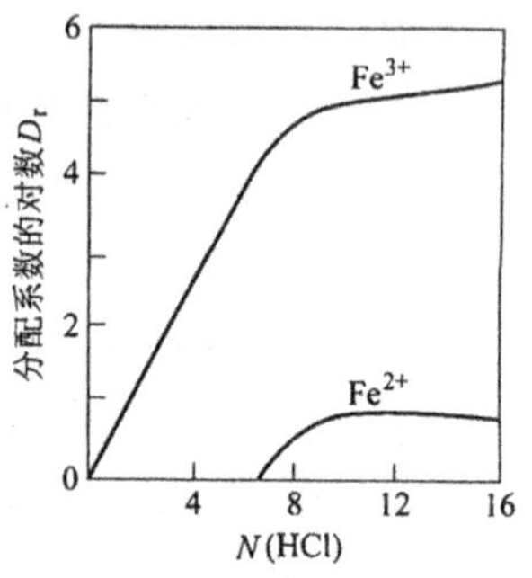

图 11-12 Fe^{2+}、Fe^{3+} 在不同浓度盐酸中分配系数

$$3RN(CH_3)_3OH + H_3[FeCl_6] \underset{纯水再生}{\overset{交换}{\rightleftharpoons}} [RN(CH_3)_3]_3FeCl_6 + 3H_2O$$

11.3.1.16 油变压器或有机溶剂萃取槽(罐)等水喷雾灭火系统

油变压器或有机溶剂萃取槽(罐)水喷雾灭火系统如图 11-13 所示，具体内容可参见《给水排水设计手册》第 2 册 2.5 水雾灭火系统和《水喷雾灭火系统设计规范》(GB50219—95)。

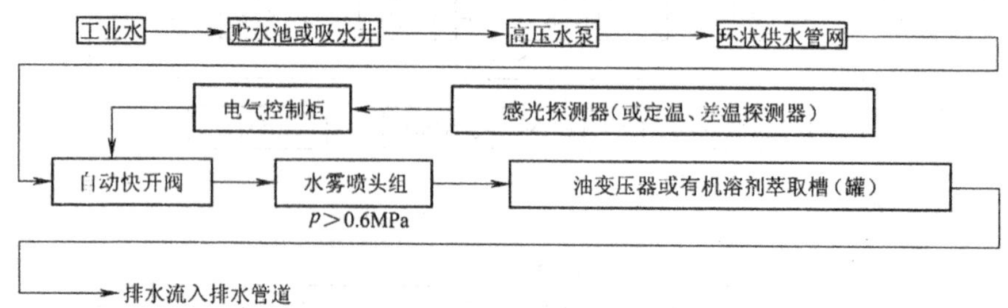

图 11-13 油变压器或有机溶剂萃取槽(罐)水喷雾灭火系统流程简图

11.3.1.17 油变压器或液压站 CO_2 灭火系统

根据具体情况采用高压或低压 CO_2 灭火系统，可参见《二氧化碳灭火系统设计规范》(GB50193—93)或采用固定式 EBM 气溶胶自动灭火装置。

11.3.1.18 配制电解液所需 DI 水制备系统

配制电解液所需 DI 水制备系统如图 11-14 所示。

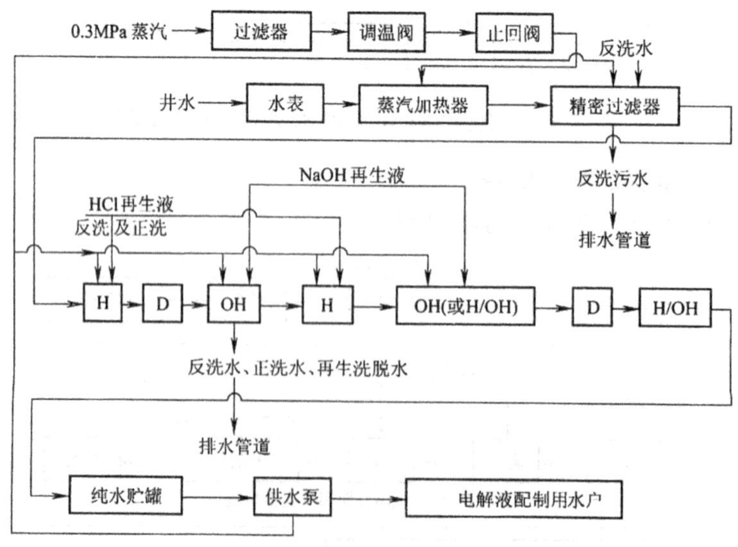

图 11-14 配制电解液所需 DI 水制备系统流程简图

11.3.1.19 全厂生活消防给水系统

11.3.1.20 全厂雨水排水系统

11.3.1.21 全厂污水排水系统

以上三个系统与钢铁厂的有关系统基本相同,可参见前面各章节或《给水排水设计手册》第 3 册第 1 ~ 第 5 章的有关章节。

11.3.2 设计举例

11.3.2.1 电炉软水开路循环水系统的软水制备量设计计算

某厂 3 × 12 500kV·A 硅铁电炉车间,其电炉电极把持器的循环冷却水量 $Q = 600m^3/h$,冷却幅宽 $\Delta t = t_2 - t_1 = 43 - 33 = 10$(℃)。若采用软水开路循环水系统,求软水制备量,并确定软水站的规模。

蒸发水量

$$E = \Delta tQC/(r \times 10^3) = 10.5(m^3/h)$$

式中 C——水的质量热容;

r——水在 43℃时的蒸发潜热,约为每公斤水 23.97kJ(5.73kcal)。

飞溅水量

$$W = 0.004Q = 0.004 \times 600 = 2.4(m^3/h)$$

渗漏损失水量

$$L = 0.004Q = 2.4(m^3/h)$$

旁滤反洗损耗水量

$$F = 0.05Q \times 0.05 = 1.5(m^3/h)$$

式中 $0.05Q$——旁滤处理水量 m^3/h。

计算排污水量

$$B_G = E/(N - 1) - W = 4.2(m^3/h)$$

式中 N——循环水的浓缩倍率,取 $N = 2.6$。

控制排污水量

$$B_K = W + L + F = 6.3(m^3/h)$$

补充水量

$$M = E + B_K = 10.5 + 6.3 = 16.8(m^3/h)$$

浓缩倍率

$$N = M/B_K = 2.6$$

循环水率

$$R' = ((Q - M)/Q) \times 100\% = 97.2\%$$

补给水的总硬度

$$E + W + L + F = E + 0.0105Q$$

$$(E + 0.0105Q)(G_R + G_M) = E \times G_R$$

式中 G_R——循环水的总硬度,控制为 151.7mg/L(以 $CaCO_3$ 计);

G_M——补充水的总硬度 mg/L(以 $CaCO_3$ 计),$G_M = 58.34$mg/L(以 $CaCO_3$ 计)。

解得:

所需 1.785mg/L(以 $CaCO_3$ 计)软水量

设 X 为所需 1.785mg/L(以 $CaCO_3$ 计)软水量,m^3/h;Y 为 237.4mg/L(以 $CaCO_3$ 计)工业水量,m^3/h。

则:

$$\begin{cases} X + Y = 16.8 \\ 1.785X + 237.4Y = 16.8 \times \dfrac{151.7}{2.6} \end{cases}$$

解方程得:

$$\begin{cases} X = 12.76,\text{取 } 13m^3/h \\ Y = 4.03,\text{取 } 4m^3/h \end{cases}$$

11.3.2.2 软水站规模的确定

如果设定软水站的自用水量为软水量的 10%,那么,软水站的规模为:

$$Q_{软} = (1 + 0.1)X = 14.3,\text{取 } 15m^3/h$$

可选用软水产量为 18~22m^3/h,出水残留硬度为 $H \leqslant 1.5$mg/L(以 $CaCO_3$ 计)的 2 台(1 工 1 备)ZDSF-20 型自控连续式钠离子交换器。

若软水开路循环水系统的循环水质的总硬度为 142.8mg/L(以 $CaCO_3$ 计)左右,其补充水质为过滤水和软化水混合后的 35.7~71.4mg/L(以 $CaCO_3$ 计)。那么,过滤水和软化水水量的比例数可以通过以下两种计算公式求得,进而确定软水站的处理规模。

A 以 H_{Ca} 求软化水量

根据含钙平衡原理:软化水含钙量与过滤水含钙量之和应等于补充混合水含钙量,即

$$H_{Ca软} \times Q_{软} + H_{Ca过} \times Q_{过} = H_{Ca补} \times (Q_{软} + Q_{过})$$

式中 $H_{Ca软}$——软化水含钙量,mg/L(以 $CaCO_3$ 计);

$H_{Ca过}$——过滤水含钙量,mg/L(以 $CaCO_3$ 计);

$Q_{软}$——软化水需要量,m^3/h;

$Q_{过}$——过滤水需要量,m^3/h;

$H_{Ca补}$——补充水含钙量为 37.5~75mg/L(以 $CaCO_3$ 计)。变换后得:

$$Q_{软} = \frac{(H_{Ca过} - 37.5)Q_{过}}{37.5 - H_{Ca软}}$$

B 以 M_0 求软化水量

根据总碱度平衡原理:软化水总碱度与过滤水总碱度之和应等于补充混合水的总碱度,即

$$M_{0软} \times Q_{软} + M_{0过} \times Q_{过} = M_{0补} \times (Q_{软} + Q_{过})$$

式中 $M_{0软}$——软化水总碱度,mg/L(以 $CaCO_3$ 计);

$M_{0过}$——过滤水总碱度,mg/L(以 $CaCO_3$ 计);

$M_{0补}$——补充水总碱度为 60mg/L(以 $CaCO_3$ 计)。

变换后得:

$$Q_{软} = \frac{(M_{0过} - 60)Q_{过}}{60 - M_{0软}}$$

根据 H_{Ca}、M_0 求得的结果，以其最大值作为软水站的处理规模。

11.3.2.3 稀土铁高炉煤气洗涤循环水平衡设计计算

根据直接冷却循环水盐类平衡的原理，直接冷却循环水系统的补充水某组分的盐量及其累积量应该等于系统该组分排污水带走的盐量，即

$$C_R B = C_M M + G \tag{11-1}$$

变换后，得

$$\frac{C_R}{C_M} = \frac{M}{B} + \frac{G}{C_M B} \tag{11-2}$$

式中 C_R——循环水中某组分物质的浓度，g/m^3；

C_M——补充水中该组分物质的浓度，g/m^3；

M——补充水量，m^3/h；

B——排污水量，m^3/h；

G——洗涤水中该组分物质的累积量，g/m^3。

由于高炉煤气洗涤循环水中各组分物质的累积量受多种因素影响，其分析结果参差不齐，甚至相差极为悬殊，没有一个规律可循，因此，很难标定。只有其中的组分物质累积量为0时，才能作为浓缩倍率的标定物。于是，各种高炉洗涤循环水的标定物不可能相同，须根据具体情况进行具体分析才能确定。

当 $G = 0$ 时，(2)式变为

$$\frac{C_R}{C_M} = \frac{M}{B} = N \tag{11-3}$$

式中 N——直接冷却循环水的浓缩倍数。

根据直接冷却循环水量平衡的原理，直接冷却循环水系统的补充水量等于该系统的蒸发水量与排污水量之和，即

$$M = E + B \tag{11-4}$$

由于高炉煤气洗涤是高温煤气与洗涤水直接接触，除物质交换外，还有能量交换。煤气带走水量成为煤气饱和含湿量；65℃左右的洗涤水在各种池中有池面蒸发水量；在横流式生物曝气冷却塔中有大量蒸发水量，于是

$$E = m + E_1 + E_2 \tag{11-5}$$

式中 E——直接冷却循环水系统蒸发水量，m^3/h；

m——煤气带走水量，m^3/h；

E_1——冷却塔蒸发水量，m^3/h；

E_2——各种处理池池面蒸发水量，m^3/h。

$$E_1 = \frac{R\Delta t \times 10^3}{r \times 10^5} = \frac{R\Delta t}{5.6 \times 10^2} = 0.0018\Delta t R \tag{11-6}$$

式中 R——直接冷却循环水量，m^3/h；

r——水的汽化潜热，65℃时 $r = 23.41 \times 10^5 kJ/kg (5.6 \times 10^5 kcal/kg)$；

$\Delta t = t_2 - t_1$——冷却幅宽，℃；

t_2——冷却塔进水温度，℃；

t_1——冷却塔出水温度,℃。

$$E_2 = \frac{RL}{365 \times 24} \tag{11-7}$$

$$L = 7.649[\lg(100 - M_r) - 1.1](T + 17.75)F_W \tag{11-8}$$

式中 L——池面年蒸发量,cm/a;

M_r——空气湿度,%;

T——空气温度,℃;

W——风速,m/s;

F_W——$0.302 + 0.212W$。

高炉煤气洗涤循环水系统的排污水量实际为池、塔风吹飞溅损失水量,泥渣带走水量(泥渣含水率),水质稳定控制或串接排污水量之和,即

$$B = W_1 + W_2 + n + b \tag{11-9}$$

式中 W_1——冷却塔风吹飞溅损失水量,m^3/h;

W_2——各种处理池风吹损失水量,m^3/h;

n——泥渣带走水量,m^3/h;

b——水质稳定控制或串级排污水量,m^3/h。

将(4)式代入(3)式,经变换后得

$$N = 1 + E/B \tag{11-10}$$

$$\eta = \frac{R - M}{R} \times 100\% \tag{11-11}$$

已知:$R = 1368m^3/h$, $t_2 = 65℃$, $\Delta t = 65 - 40 = 25(℃)$, $m = 36m^3/h = 2.63\% R$。则

$E_1 = 49.25m^3/h = 3.6\% R$

$M_r = 53\%$, $T = 35℃$, $W = 4.7m/s$, $F_W = 1.3$,则

$L = 1443cm/a$

$E_2 = 2.88m^3/h = 0.16\% R$

$W_1 = 0.0005R = 0.68m^3/h$

$W_2 = 4 \times (0.0005R) = 2.74m^3/h$

$b = 21.89m^3/h = 1.6\% R$

$n = 2.16m^3/h = 0.16\% R$

由此得

$E = m + E_1 + E_2 = 49.25 + 2.28 + 36 = 87.53(m^3/h)$

$B = W_1 + W_2 + n + b = 0.68 + 2.74 + 2.16 + 21.89 = 27.47(m^3/h)$

$M = E + B = 87.53 + 27.47 = 115(m^3/h)$

$N = 1 + E/B = 1 + 87.53/27.47 = 4.2$

$E' = 87.53/1368 \times 100\% = 6.4\%$

$B' = 27.47/1368 \times 100\% = 2.00\%$

$M' = 115/1368 \times 100\% = 8.4\% = E' + B'$

$\eta = (R - M)/R \times 100\% = 1 - M' = 91.6\%$

通过上面例题的计算，可以给出高炉煤气洗涤直接冷却循环水系统的设计参数：

当不设置冷却塔时：

浓缩倍率可控制 $N=3\sim4$；

排污率控制 $B'=2\%\sim2.5\%$；

补充水率控制 $M'=6\%\sim10\%$；

循环水率 $\eta=90\%\sim94\%$；

当设置冷却塔时：

浓缩倍率可控制 $N=4\sim6$；

排污率仍控制 $B'=2\%\sim2.5\%$；

补充水率控制 $M'=8\%\sim15\%$；

循环水率 $\eta=85\%\sim92\%$。

该系统的补充水可为高炉间接冷却循环水系统的排污水，而该系统的排污水可作为高炉冲渣直接冷却循环水系统或原料堆场喷洒水系统的补充水。为了水量、水温、水质稳定均保持平衡，串接供水前后的各循环水系统都要单独进行计算，务必使其保持各自的质能平衡。这样，有可能使炼铁区的工业废水排出趋于“0”排放。

11.3.2.4 一次沉淀浓缩辐射式沉淀池的设计计算

A 直接冷却循环水流量 $Q_0(m^3/h)$

高炉煤气洗涤水进入周边进水、周边出水辐射式沉淀池的流量，应根据燃气专业任务的要求，进行水量平衡后确定，一般洗涤 $1000m^3$ 煤气要产生 $4\sim7m^3$ 废水，煤气洗涤时煤气带走水量约为 $2\%\sim4\%\ Q_0$。

B 沉渣固体密度 $\rho_s(t/m^3)$

一般应由厂方根据试验提供干沉渣固体密度。在无试验数据的情况下，可按 $\rho_s=2.4\sim3.6t/m^3$ 选用，当炉顶煤气高压操作时选取小值，而低中压操作时选取大值。若沉渣含铁量≤31%，可选 $\rho_s=2.7t/m^3$。

C 加权平均粒径 $d_a(mm)$

高炉煤气洗涤水中含有大量的悬浮固体粒子，诸如：煤粒、石灰粉粒、铁矿粉粒、焦炭粉粒等多种。粒子直径参差不齐，其密度不等，且变化范围较大，导致沉降速度不一，因此，设计计算时，最好采用颗粒加权平均粒径。参照高炉炉容≥$1513m^3$ 的实测数据，其煤气洗涤水不同粒径沉渣质量百分比，见表 11-26。

表 11-26 不同粒径沉渣颗粒质量百分比

粒径/μm	>600	600~300	300~150	150~105	105~74	<74
%	0.8	5.2	32	17.8	12	31.1

$$d_a=\frac{0.8\times600+5.2\times400+32\times250+17.8\times115+12\times94+31.1\times74}{600+400+250+115+94+74}$$

$$=10.46(\mu m)=0.0105(mm)$$

D 进水初始质量百分浓度 $C_0(\%)$

$$C_0=\frac{G_{干}}{Q_0+G_{干}}\times100\%$$

式中 $G_{干}$——洗涤水中干渣量,t/h, $G_{干} = SS_{进} \times Q_0$

$SS_{进}$——进水悬浮物的平均值,kg/m^3。

E 悬浮物沉淀效率 η(%)

$$\eta = \frac{SS_{进} - SS_{出}}{SS_{进}} \times 100\%$$

式中 $SS_{出}$——澄清出水中悬浮物的平均值,一般取 20~50mg/L。

F 颗粒沉降速度 v_0(mm/s 或 m/h)

颗粒沉降速度按表 11-27 查取。

表 11-27 混凝后悬浮物的平均浓度

$SS_{进}/mg \cdot L^{-1}$	1500	2000	2500	3000	3500	4000	4500	5000	5500	6000
$v_0/mm \cdot s^{-1}$	0.120	0.148	0.142	0.136	0.120	0.102	0.085	0.070	0.056	0.044

G 液固质量比 R

$$R = Q_0 / G_{干}$$

H 底流泥浆浓度 C_u(%)

根据试验研究的结果以及厂矿运行经验,作为一次沉淀浓缩池,底流泥浆浓度一般控制在 C_u = 30%~40%之间,最大不大于 60%,可直接用渣浆泵通过管道拥挤输送至过滤机脱水。

I 底流渣浆流量 Q_u(m^3/h)

$$C = C_0 - C_{出}, kg/m^3$$

$$\frac{C_0 Q_0}{Q_u + CQ_0} \times 100\% = 30\% \sim 40\%$$

$$Q_u = \frac{(1 - 0.3 \sim 0.4) \times C_0 Q_0}{0.3 \sim 0.4}$$

J 溢流水流量 Q_f(m^3/h)

$$Q_f = Q_0 - Q_u$$

K 澄清区需要面积 F(m^2)

按照辐射式沉淀池工作原理,存在着表面水质澄清的工作过程,在颗粒沉降速度 v_0 自由沉淀下,保证出水水质 $SS_{出} \leqslant$ 50mg/L 时,要求澄清区具有一定的面积。

$$F = \frac{aQ_1}{v_0}$$

式中 a——面积系数,一般为 1.0~1.2。

L 沉淀池直径 D(m)

设计时,按至少 1 座池工作,1 座池检修,则每池的面积为:

$$F_1 = F/n$$

$$D = \sqrt{4F_1/\pi}$$

式中 n——工作池数。

可选用定型的机械刮泥装置,但池体结构则应按下述情况进行设计。池体结构见图

11-15。

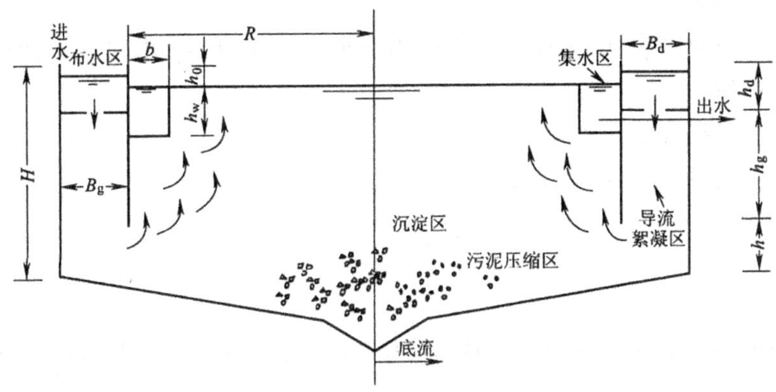

图 11-15　池体结构

M　水力负荷 $q(m^3/m^2\cdot h)$

$$q = \frac{Q_0}{nF_1}$$

设计控制水力负荷 $q = 1.5 \sim 2.5 m^3/m^2\cdot h$ 范围内,如计算结果不符合要求,则可以调整池径或池数。

N　布水区

v_d 为池进水口处第一个孔口所在槽断面平均流速,一般 $v_d = 0.25 \sim 1.0 m/s$,池径大者取大值。

$B_d = B_g$,槽宽 B_d 与导流絮凝区 B_g 同宽。

$$v_h = \sqrt{2trG^2 + v_g^2}$$

式中　v_h——布水槽底配水孔口流速,m/s,一般为 0.3 ~ 0.8m/s;

t——导流絮凝区平均停留时间,s,一般为 360 ~ 720s;

r——水的运动粘度,m^2/s;

G——平均速度梯度,一般为 10 ~ 30L/s;

v_g^2——导流絮凝区平均流速的平方,此值很小,可忽略不计,于是

$$v_h = \sqrt{2trG^2}$$

d——孔径,d 不小于 40mm,孔距在 0.4 ~ 1.0m 之间。

O　导流絮凝区

$$t = 6 \sim 12 min$$

$$h = 1.1 \sim 1.5 B_g$$

$B_g < 0.4m$,若 $B_g = 0.4m$,为方便施工可采用多边形导流墙,其边宽取 0.5m 左右。

上述计算后,从 G 值复核,$G = 10 \sim 30 L/s$ 左右,满足要求。否则需加以调整。

$$G = \sqrt{\frac{v_h^2 - v_g^2}{2tr}} = 10 \sim 30 (L/s)$$

P　池深 $H(m)$

$$H = h + h_g + h_d + 0.3$$

$$H_0 = h + h_g + h_d + h_0$$

式中 H_0——沉淀区深度，m；

h_0——一般取值为0.1～0.2m，或按 $H_0/R = 0.15 \sim 0.45$ 求得，小池取大值，大池取小值；

R——池半径，m；

T_0——沉淀时间，一般为1.0～1.5h，

$$T_0 = \frac{\pi R^2 H_0}{Q_0}$$

Q 集水区

集水多采用三角堰，易于调整，槽宽 $b < 0.3$m 时仍取0.3m。集水堰负荷可按1.5～2.9L/s·m考虑，即

$$\frac{Q_f}{\pi D} \leqslant 1.5 \sim 2.9 (\mathrm{L/s \cdot m})$$

式中 Q_f——出水流量，L/s。

R 污泥压缩区

按辐射式沉淀池工作原理，除池面澄清区存在着水质澄清工作过程外，在池底浓缩区还存在着底流泥浆浓缩的工作过程。由于进水最初浓度较低，颗粒基本上作自由沉降，沉降速度较快；接着颗粒降入沉淀区作拥挤沉降，沉降速度减慢；最后颗粒沉入最下部池底压缩区；颗粒在自身重量和耙架旋转以耙齿将沉积物沿池底坡面逐级推向池底中心泥浆斗，使沉淀颗粒又受到侧向挤压力进一步脱水，在水力停留时间内达到浓缩30%～40%或更高浓度。

一般按澄清区面积而计算出的辐射式沉淀池，其池体浓缩区的体积相当富裕，足能保证颗粒在沉积时的压缩停留时间。

例如，处理稀土铁高炉煤气洗涤水量 $Q = 1767.5\mathrm{m^3/h}$ 时，经设计计算采用 ϕ30m 周边进出水辐射式沉淀池，其 $F = 707\mathrm{m^2}$，$H = H_0 - H_1 = 3.6 - 1.1 = 2.5$m 为沉淀区深度，$H_0$——池深，1.1——进水絮凝区障板深度，而可提供污泥压缩区高度为 $H_2 = H - 1 = 2.5 - 1 = 1.5$m。可供压缩区体积 $V_2 = F \times H_2 = 707 \times 1.5 = 1060.5\mathrm{m^3}$，比底流泥浆压缩至40%所需要的775m^{3}的压缩区体积大得很多，故认为完全能满足底流泥浆浓缩要求。

S 稀土铁高炉煤气洗涤油循环水系统设计要点

(1)在距沉淀池5m的进水沟槽处，装设永磁絮凝器。磁曝时间 t 不小于0.5s，磁极空隙中心磁场强度=0.05T～0.12T。

(2)作为一次沉淀浓缩池可设计成周边进水、周边出水的辐射式沉淀池，其表面水力负荷为1.5～2.5m^3/h，水力停留时间为1.0～1.5h。出水悬浮物 $SS \leqslant 50$mg/L，颗粒沉降速度 $v_0 = 1.5 \sim 1.8$m/h，进水絮凝区障板深度 $H_1 = 1.1 \sim 1.5$m，沉淀压缩区高度 $H_2 = 1.3 \sim 1.5$m，池底坡度 $i = 8° \sim 9°$之间，底流泥浆浓度控制在 $C_u = 30\% \sim 40\%$，可直接用泵输进泥浆脱水机。

(3)在进水口处投加经试验确定的絮凝剂和助凝剂。

(4)出水溢流堰可采用耐热腐蚀的ABS工程塑料板制造，可采用环形集水槽，集水槽内壁可安装三角溢流堰。亦可在内壁上均匀布置集水孔，孔口面积及数目应按水流通过孔口的流速不小于0.7m/s确定。

(5)在集水槽总出水口处投加经试验确定的防垢剂、缓蚀剂及杀菌灭藻剂。

(6)采用定型刮泥设备,刮泥耙下加设软橡胶塑料复合材质的刮泥片,以便使池底积泥及时清走,防止堆积时间延长后成为死硬结块,刮片活动安装便于检修维护。

(7)为确保沉淀池耙架安全运行,除设自动提耙高度为 0.20~0.45m 装置外,大型池还可以设置功率变送器,对耙架电机负载功率实现自动监测与分级超载报警。

(8)池底中心泥渣斗容积应按计算结果适当扩大,泥斗斜壁与水平的倾角不小于 45°,排泥浓度高时,可采用不小于 50°。

(9)底流泥浆排出方式有虹吸管、气力提升、螺旋输泥机、渣浆泵等多种。最广泛采用的渣浆泵可采用耐磨材质 Cr15Mo3 制的叶轮、护板、护套,使用寿命 2000~2500h 比 PN 或 PNJ 泵高 5~6 倍。渣浆泵布置在池底泥渣斗旁,一台工作,一台备用,一台检修。泵房换气不小于 8 次/h。

(10)排浆管设 2 条,与泵和阀门等法兰连接,可相互倒换,适当长的直管段和转弯处应装设检查口,转弯角度不小于 45°,曲率半径不小于管径 4 倍,输送管道采用钢管内衬铸石管或刚玉管,以耐磨、耐腐蚀。

(11)渣浆泵的流量不应小于计算渣浆量的 110%,渣浆泵的扬程不应小于计算阻力的 110%~120%;渣浆泵的轴封水压力为泵扬程+0.1~0.2MPa。

(12)渣浆管流速不小于 1.6m/s,据试验研究成果,渣浆管(浓度 40%~50%)的水力坡降约为 0.09~0.11MPa/km,渣浆管管径不大于 150mm,坡度一般不小于 0.002,严寒地区不大于 3%~4%。渣浆管为拥挤输送,粗中细颗粒不分层分离,对管内壁磨损均匀,启停运行稳定。

(13)为防止渣浆管内泥渣沉积淤塞,要设清水冲洗管,在停泵之前将泥浆管内泥浆顶换成清水,然后再停泵。冲洗时间由渣浆管长度和冲洗水流速确定。

(14)为保证底流排浆浓度及管道输送浓浆,可设排浆浓度自动控制系统:

系统检测部分使用 F0-3 型 γ 射线浓度计,安装在排浆漏斗出口处,将排浆浓度准确地检测,显示并输出一个 0~10mA 的标准信号。

系统的执行部件选用 DK2~510 直行程电动执行器,在“自动”运行时,由计算机 O/A 输送的标准 0~10mA 电流,通过 FC 伺服放大器控制其动作,在“手动”运行时,直接由 DFD-09 操作器控制,且输出一个阀位反馈信号。

系统的控制部分采用 STD 或 PLC 微机计算,具有快速采样、存储、运算和数据处理功能。

11.4 安全供水措施

为保证铁合金冶炼生产可靠、安全、稳定地运行,必须采取以下安全供水措施:

11.4.1 事故供水

(1)事故供水量为该系统循环水量的 15%~20%,最大不超过 50%。

(2)事故供水压力要保证主要被冷却构件入口处为 0.1~0.2MPa。

(3)事故供水时间一般为 10~20min,最大不超过 30min。

11.4.2 水质稳定

(1)按工艺要求,保证各系统的供水水质。

(2)可采取投加化学综合水质稳定剂法。

(3)可采取物理法,如电子水处理仪、永磁磁化器等装置。

(4)从全厂性水量、水压、水质平衡入手,可采用串接供水方法。

11.4.3 给水排水管网

(1)主要供排水系统设计为环状管网或双路供水管路。

(2)车间入口管至少为两处。

(3)车间外部给水系统之间设置联络管,联络管上设置转换灵活的阀门。

(4)高压水泵出水管端应设置水锤消除器。

(5)闭路或开路软水、除盐水、纯水循环水系统,应设置事故排放水回收再利用装置。

(6)系统供水管网应与安全水塔或高位水箱(池)的供水管道相互连接,并设置启闭灵活的止回阀。

11.4.4 操作控制

(1)主要系统的供水泵至少 2 台工作,1 台备用,1 台安全供水泵。工作泵可用 PLC 可编程控器交流变频恒压变量或变压变量供水;安全供水泵可选用柴油机泵。

(2)主要泵站设两路独立电源,能相互自动倒换。

(3)重要泵站设机旁操作和集中操作两种方式。

(4)集中操作视具体情况可开环,亦可闭环自动或手动操作,以便控制各系统的补充水量及排污水量。

(5)电火、油火、有机溶剂火的灭火系统,应设计成自动控制灭火系统。

11.5 废水处理的排放与回用

铁合金厂各种给排水系统的排污水或车间工艺生产作业线上直接排出的废水均属于外排废水。含有第一类污染物时,在车间或车间处理设施排出口处,必须符合《污水综合排放标准》(GB8978—96)中表“第一类污染物最高允许排放浓度”。或者达到工艺要求标准予以回收再利用。含有第二类污染物时,在全厂总排水处理设施排出口处,必须符合表 2“第二类污染物最高允许排放浓度”及《钢铁工业建设项目水污染物排放标准》(GB13456—92),才能排入Ⅲ类及Ⅳ类地面水体。或者达到冶金工厂工业水用水标准予以回用。

11.5.1 金属铬生产废水

含铬废水的处理方法有化学法[包括药剂还原法、($FeSO_4$、$NaHSO_3$、Na_2SO_3、SO_2、$Na_2S_2O_3$)铁氧体法、钡盐法等]、离子交换法、电解法、槽内处理法、活性炭吸附法、反渗透法、离子交换——蒸发组合法等。在铁合金厂最广泛采用的是硫酸亚铁还原法和铁氧体法。

11.5.1.1 硫酸亚铁还原法

A 基本原理

往含铬废水中投加硫酸亚铁,在酸性介质中将 Cr^{6+} 还原成 Cr^{3+},然后投加石灰或氢氧化钠调节 pH 值,使 Cr^{3+} 生成难溶于水的 $Cr(OH)_3$ 沉淀物,反应式如下:

$$H_2Cr_2O_7 + 6FeSO_4 + 6H_2SO_4 = Cr_2(SO_4)_3 + 3Fe_2(SO_4)_3 + 7H_2O$$

$$Cr_2(SO_4)_3 + 3Ca(OH)_2 = 2Cr(OH)_3\downarrow + 3CaSO_4$$

$$Cr_2(SO_4)_3 + 6NaOH = 2Cr(OH)_3\downarrow + 3Na_2SO_4$$

B 处理流程

a 间歇处理

间歇处理含铬废水流程示于图 11-16。

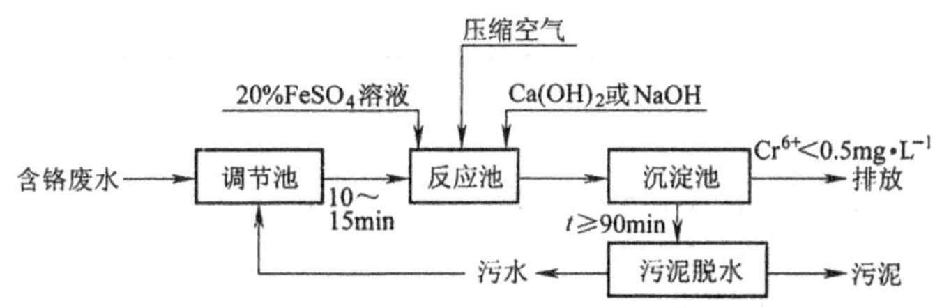

图 11-16 间歇处理含铬废水流程简图

间歇处理适用于小水量(10~20m³/班)。当调节池(容积为 2~4h 废水时流量)存满废水后,用泵将废水抽入反应池(槽)。在药剂槽中用废热或蒸汽将溶药水加热至 40~60℃,以提高硫酸亚铁的溶解度。一般采用干投药剂,用压缩空气搅拌或水力搅拌或机械搅拌。反应池一般为两格,交替使用,其容积为 2~4h 废水量。

废水的酸化碱化尽量用废酸废碱。一般用硫酸酸化,用石灰或烧碱碱化。Cr^{6+} 变 Cr^{3+} 的反应速度决定于 pH 值,见图 11-17。酸化时控制 pH 值 < 3,碱化时控制 pH = 9~10。投药质量比为 $FeSO_4 \cdot 7H_2O : Cr^{6+} = (16 \sim 32):1$($Cr^{6+} \geqslant 100$mg/L 用下限;$Cr^{6+} \leqslant 10$mg/L 用上限)。投加 $FeSO_4 \cdot 7H_2O$ 反应 10~15min;投加石灰反应 15min;投加氢氧化钠反应 5~10min。废水在沉淀池中停留 1.0~1.5h,上清黄色水排入排水管道,底流泥浆用泵送入脱水机。氢氧化铬污泥具有凝胶性质,可作为鞣革液使用,亦可加煤粉经焙烧后作为工艺原料,还可按 35%铬渣加 65%粘土制成 150 号机砖。

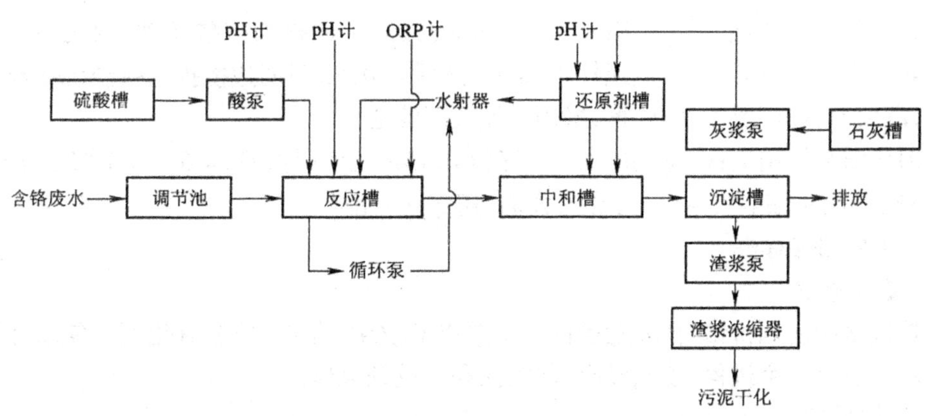

图 11-17 连续处理含铬废水流程简图

b 连续处理

连续处理法适用于大水量。各种药剂要湿投,其药剂配制浓度为 5%~10%。反应池只需一个,其容积可略大于反应完全所需时间的排水量。处理时应自动控制,以保证处理水质和减轻劳动强度。自控装置除 pH 计外,还有氧化还原计 ORP,均与各自系统联锁。ORP

计指示值与 Cr^{6+} 之间的典型关系应通过试验确定，表 11-28 仅供参考。

表 11-28 氧化还原计指示值与 Cr^{6+} 之间的典型关系

ORP/mV	$Cr^{6+}/mg \cdot L^{-1}$	ORP/mV	$Cr^{6+}/mg \cdot L^{-1}$
590	40	330	1
570	10	300	0
540	5		

C 设计举例

(1)废水量：$Q_h = 1.6m^3/h$；$Q_d = Q_h \times 8h/d = 12.8m^3/d$。

(2)废水含铬浓度：$C_{Cr} = 9.4mg/L$。

(3)采用硫酸亚铁-石灰法间歇处理。

(4)硫酸亚铁用量：

$$G_s = \frac{C_{Cr}\gamma Q_d}{1000} = \frac{9.4 \times 30 \times 12.8}{1000} = 3.61(kg/d)$$

(5)石灰用量：

$$G_c = \frac{C_{Cr}\gamma Q_d}{1000} = \frac{9.4 \times 12 \times 12.8}{1000} = 1.44(kg/d)$$

式中 γ——投药比，硫酸亚铁 30，石灰 12。

(6)硫酸亚铁溶药桶体积：

$$V_s = \frac{G_s}{C_s} \times 2 = \frac{3.61}{0.05} \times 2 = 145(L)$$

(7)石灰药桶体积：

$$V_c = \frac{G_c}{C_c} \times 2 = \frac{1.44}{0.05} \times 2 = 58(L)$$

(8)反应池有效容积 $V_{反} = 4h \times 1.6m^3/h = 6.4m^3$。先投加硫酸亚铁，用压缩空气搅拌 15min，再投石灰，再用压缩空气搅拌 15min。然后以 0.5h 时间边搅拌边排至沉淀池。

(9)沉淀池：按停留 1.5h 计算，采用平流式沉淀池。

(10)压缩空气用量：按每 min 每 m^3 容积 $0.15m^3$ 空气计，$Q_h = 6.4 \times 0.15 = 0.96(m^3/min) = 58m^3/h$，压缩空气 $p = 0.1MPa$ 左右，用穿孔管配气。

11.5.1.2 铁氧体法

A 基本原理

含铬废水中的六价铬，在酸性条件下主要以 $Cr_2O_7^{2-}$ 存在，是强氧化剂。铁氧体法处理含铬废水一般有三个过程：还原反应、共沉淀和生成铁氧体。

a 还原反应

首先向废水中投加硫酸亚铁，使 Cr^{6+} 能将 Fe^{2+} 氧化成 Fe^{3+}，而 Cr^{6+} 本身被还原为 Cr^{3+}，反应式为：

$$Cr_2O_7^{2-} + 6Fe^{2+} + 14H^+ \longrightarrow 2Cr^{3+} + 6Fe^{3+} + 7H_2O$$

b 共沉淀过程

由于投入了大量的硫酸亚铁，除生成 Cr^{3+} 和 Fe^{3+} 外，还有未参加反应的剩余 Fe^{2+}。接着投加氢氧化钠溶液调整废水 pH 值,使 Cr^{3+} 以及其他重金属离子(M^{n+})发生共沉淀现象,形成墨绿色的沉淀物及铁的一部分中间沉淀物,其反应式为:

$$Cr^{3+}+3OH^- \longrightarrow Cr(OH)_3\downarrow$$

$$Fe^{3+}+3OH^- \longrightarrow Fe(OH)_3\downarrow$$

$$Fe^{2+}+2OH^- \longrightarrow Fe(OH)_2\downarrow$$

$$M^{n+}+nOH^- \longrightarrow M(OH)_n\downarrow$$

$$FeOOH+Fe(OH)_2 \longrightarrow FeOOHFe(OH)_2\downarrow$$

$$FeOOHFe(OH)_2+FeOOH \longrightarrow Fe_3O_4\downarrow+2H_2O$$

c 生成铁氧体

然后向废水中通入空气氧化并加以搅拌,平衡形成铁氧体所需的 Fe^{2+} 和 Fe^{3+} 的比例。在加热的条件下,二价和三价的氢氧化物又发生了复杂的固相化学反应,形成复合的铁氧体——具有铁离子、氧离子及其他金属离子组成的氧化物晶体,通称亚高铁酸盐。铁氧体有多种晶体结构,最常见的为尖晶石型的立方结构,具有磁性。其反应式为:

$$(3-x)Fe^{2+}+xM^{2+}+6OH^- \longrightarrow Fe_{(3-x)}M_x(OH)_6 \xrightarrow[\Delta]{1/2O_2} M_xFe_{(3-x)}O_4+3H_2O$$

$$(2-x)[Fe(OH)_3]+x[Cr(OH)_3]+Fe(OH)_2 \longrightarrow Fe^{3+}[Fe^{2+}Cr_x^{3+}Fe_{(1-x)}^{3+}]O_4+4H_2O$$

B 处理流程

a 间歇处理

铁氧体法间歇处理工艺一般适用于 $10m^3/d$ 以下的含铬废水量或含铬浓度波动很大的情况,其工艺流程如图 11-18 所示。

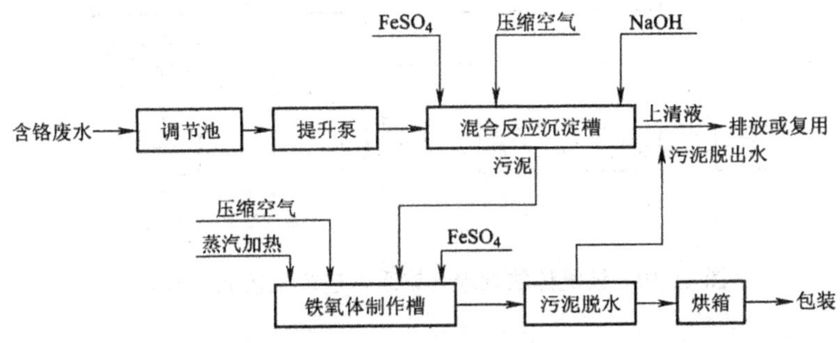

图 11-18 铁氧体法处理含铬废水间歇式工艺流程简图

(1)调节池:2 格相互交替使用。有效容积按 3~4h 平均废水流量计算,当废水流量很小时,可按 8h 计算。一般设于地下,采用钢筋混凝土结构,并应采取撇油、清渣、防腐蚀、防渗漏措施。

(2)提升泵:2 台(1 工 1 备),采用塑料泵或玻璃钢泵,泵流量为平均每小时废水流量,扬程约为 0.1MPa。将废水提升至混合反应槽中。

(3)混合反应沉淀槽:2 个轮换工作,每个容积与调节池相同。首先投加第一批硫酸亚铁药剂量,大约为总量的 2/3 左右,投加浓度一般为 0.7mol/L 左右。重量投药比为 Cr^{6+} : $FeSO_4\cdot 7H_2O$,当含 $Cr^{6+}<25mg/L$ 时为 1:40~50;含 $Cr^{6+}=25\sim50$ mg/L 时为 1:35~40;含 $Cr^{6+}=100mg/L$ 时为 1:30~35;含 $Cr^{6+}>100mg/L$ 时为 1:30。设计时投药比可采用高值,投产后再根据具体情况适当减小。$FeSO_4$ 使 Cr^{6+} 还原成 Cr^{3+} 的最佳 pH=2~3,为便于操作,可控制在 pH<6。还原反应时间一般为 10~15min。经上述步骤处理后废水变为土黄色,这时可以通入压缩空气,其压力为 0.05~0.10MPa,流量为每 min 每 m^3 废水 0.1~0.2m^3,通气时间:当含 Cr^{6+} <25mg/L 时为 5min 左右,含 Cr^{6+} =25~50mg/L 时为 5~10min,含 Cr^{6+} >50mg/L 时为 10~20min。然后投加 NaOH 溶液并调整废水的 pH=8~9,此时废水呈墨绿色,经静止沉淀 40~60min 后,将上清液排放或回用,将几次处理后的污泥排入铁氧体转化槽。

(4)铁氧体制作槽:污泥体积约为处理废水体积的 25%~30%。转化槽钢制并防腐,其容积可按日处理水量的 20%左右考虑。首先通入蒸汽将污泥加热至 75±5℃。再投加第二批硫酸亚铁药剂量,约为总量的 1/3,控制压缩空气通气量,当污泥呈现黑褐色后停止通气。

(5)污泥脱水、洗钠、烘干。

废水含铬酐量为 100 mg/L 时,1m^3 废水约生成 0.6kg 干渣,可作催化剂、磁性材料等。

本法除铬较彻底,处理后的废水含 Cr^{6+} <0.5mg/L。沉渣性能稳定,难溶于酸碱,不产生二次污染。处理周期为 1.5~2.0h。

b 连续处理

当含铬废水在 10m^3/d 以上,特别是含铬离子或其他重金属离子浓度波动范围大时,应设置自动检测和投药装置的连续处理。其工艺流程如图 11-19 所示。

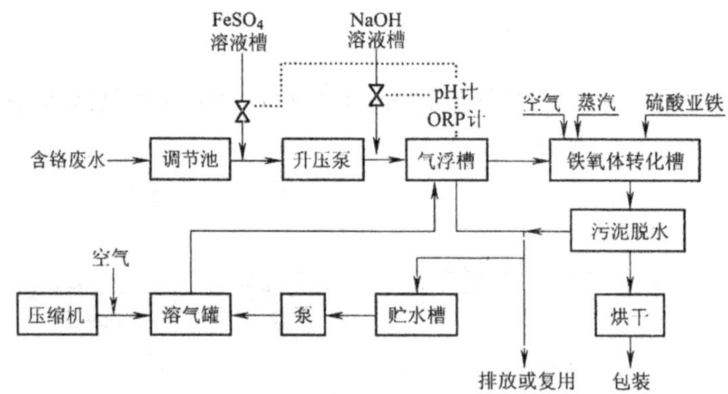

图 11-19 铁氧体法处理含铬废水连续工艺流程简图

c 实例

(1)含铬废水量为 6m^3/h。

(2)气浮槽直径 1.5m,高 2.0m,槽内混合室高为 1.2m,上口 ϕ1.2m,下口 ϕ0.4m,布置 3 个释放器,上浮速度控制在 2~3mm/s,废水在槽内停留时间为 5min。在升压泵前投加硫酸亚铁溶液,泵后投加氢氧化钠溶液控制 pH=8~9。加药后废水再进入气浮槽,气浮槽内通入溶气水,溶气水水量为处理水量的 40%左右,压力为 400kPa 左右,由气浮槽上浮的污泥聚集后溢流,进入铁氧体转化槽。

(3)铁氧体转化槽同间歇式处理一样。收集到一定体积污泥后,投加第二批硫酸亚铁溶液,通入空气和蒸汽,控制温度为 80℃左右,转化时间为 2h,处理时污泥的 pH>7。当污泥变成黑褐色即铁氧体制作完毕。从槽内放出铁氧体污泥,脱水收集后存放。污泥脱出水和气浮槽处理后的水回车间复用。

(4)处理前废水含 Cr^{6+} =5.8~48.0mg/L,处理后回用水含 Cr^{6+} =0.001~0.05mg/L。

11.5.2　沉淀 V_2O_5 废液分离废水

国内各生产厂对沉钒上层液的处理,采用的方法有:钢屑-石灰法、亚铁-石灰法、还原中和法。

11.5.2.1　钢屑-石灰法

A　基本原理

首先向用硫酸-硫酸铵法沉淀多钒酸铵的上层分离废水中,投加铁:钒 = 6.84:1 的钢屑,使铁与硫酸生成硫酸亚铁和氢,即

$$Fe + H_2SO_4 \xrightarrow{pH = 3 \sim 4} FeSO_4 + H_2 \uparrow$$

继而硫酸亚铁与废水中的钒酸盐反应生成钒酸铁沉淀,即

$$FeSO_4 + 2VO_3^- \longrightarrow Fe(VO_3)_2 \downarrow + SO_4^{2-}$$

与此同时 $FeSO_4$ 水解,在 $pH > 8.5$ 时,亚铁离子几乎可以全部沉淀为氢氧化亚铁,即

$$FeSO_4 + 2H_2O \longrightarrow Fe(OH)_2 \downarrow + H_2SO_4$$

然后再向废水中,投加石灰:钒 = 31.4:1 的石灰,使废水中剩余的钒酸盐与 $Ca(OH)_2$ 反应生成钒酸钙沉淀,即

$$2VO_3^- + Ca^{2+} \xrightarrow{pH = 6} Ca(VO_3)_2 \downarrow$$

经上述步骤处理后,进水废水中含 V^{5+} 约为 127.2mg/L,其处理后出水废水中含 V^{5+} 约为 0.032 ~ 0.075mg/L。

B　处理流程

钢屑-石灰法处理含钒废水流程如图 11-20 所示。

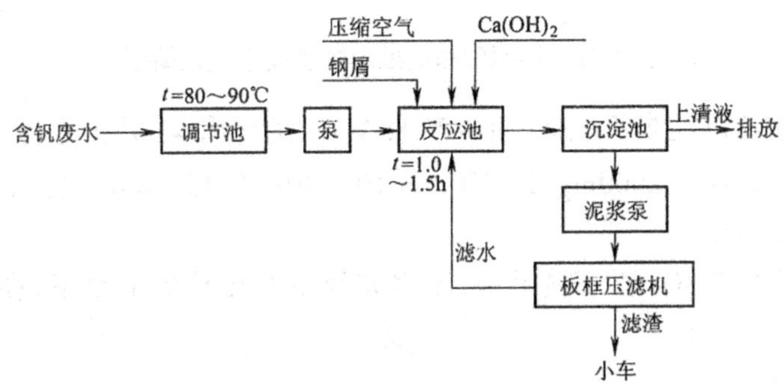

图 11-20　钢屑-石灰法处理含钒废水流程简图

11.5.2.2　还原中和法

A　处理流程

用硫酸-硫酸铵法沉淀多钒酸铵的上层液,经还原、中和后产生钒、铬共沉渣。共沉渣经 800℃焙烧后水浸,浸出液用液氨调整到 pH = 9 ~ 10,加入 NH_4Cl 沉淀成偏钒酸铵。偏钒酸铵在 600℃下分解,得到 V_2O_5。浸出渣经烘干后,配加铝粉、氯酸钾、石灰、经混料后,进行炉外冶炼,得钒铬合金。

还原中和法处理含钒废水流程如图 11-21 所示。

a　喷淋塔

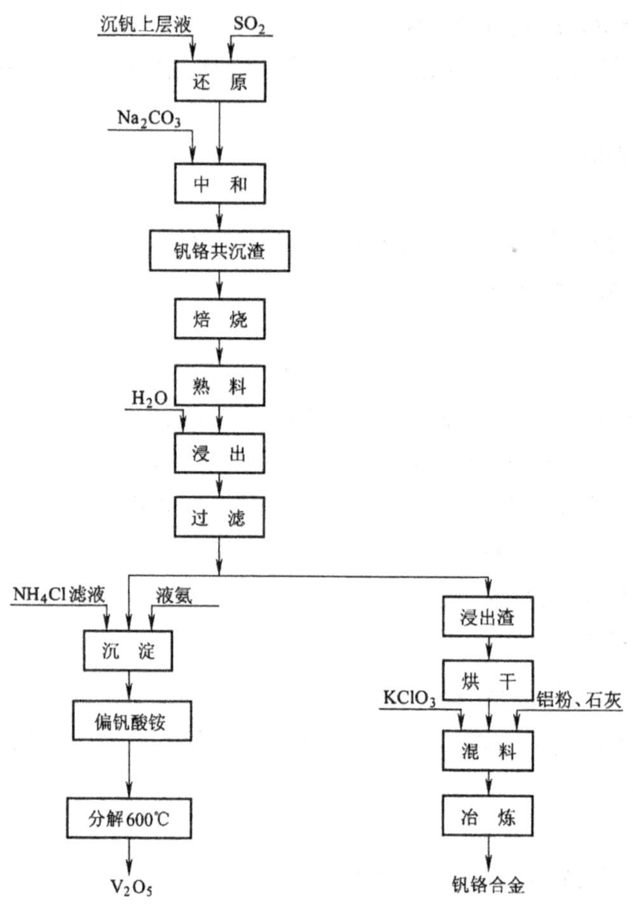

图 11-21　还原中和法处理含钒废水流程简图

用硫酸-硫酸铵法沉淀多钒酸铵，每生产 1t V_2O_5 约排出 $43m^3$ 上层液，上层液中含 Cr^{6+} = 100 ~ 300mg/L，最高达 2000mg/L，SO_4^{2-} = 10 ~ 20g/L，Cl^- = 4 ~ 7g/L，V^{5+} = 100mg/L 以上，H_2SO_4 = 2 ~ 3g/L。

将硫磺燃烧产生的 SO_2 通入喷淋塔，废水亦经泵升压从塔上喷下，在此还原废水中的 Cr^{6+}。

b　快速反应器

从德国蒂森公司引进一套 TWT-30 快速反应器，废水在此快速反应中和，生成高富集的钒铬共沉渣。其主要成分为：H_2O，Fe，SiO_2，V_2O_5 和 Cr_2O_3。

c　反射炉

外形尺寸为 7.8m × 7.9m × 2m。在反射炉内焙烧钒铬共沉渣，由于共沉渣中含一定量钠盐，可不再加附加剂，其转化率可达 74%以上。焙烧过程物料飞扬损失约为 11.58%。所得熟料含 TV^{5+} 为 9.05%，可溶性 V^{5+} 为 6.72%，Cr^{6+} 为 1.47%。

d　熟料水浸

焙烧熟料用水浸取，水溶性钒及其他可溶于水的物质被浸出。浸出条件为：浸出液固比 = 5∶1，浸出温度 $t \geqslant 80$℃；浸出时间 T = 30min。浸出操作在 ϕ3000mm × 2000mm 浸出罐内进行，机械搅拌速度 v = 25r/min。浸出泥浆用 XAJ60-1600/30 型隔膜自动板框压滤机压滤。

浸出共用熟料 7.141t,熟料水含 V^{5+} 为 6.15%,得浸出液 36.5m³。浸出液平均含 V^{5+} = 11.26g/t,含 Cr^{6+} = 6.37g/t。浸出率约为:

$$\eta = \frac{36.5 \times 11.26}{7.141 \times 0.0615 \times 1000} \times 100\% = 93.5\%$$

浸出液成分:$V^{5+} = 9 \sim 14g/L$, $Cr^{6+} = 5 \sim 8g/L$, $Fe^{2+} = 1g/L$, $\rho \leqslant 0.005g/L$, pH = 8 ~ 9。

浸出渣成分:V_2O_5 为 9.1%,Cr_2O_3 为 54.99%,Fe_2O_3 为 4.27%,SiO_2 为 15.6%,Cr^{6+} 为 0.15%。

e 过滤

将浸出液过滤,得过滤液。

f 沉淀偏钒酸铵

向 3m³ 搪瓷罐内注入 2 ~ 2.5m³ 过滤液,在开动 30r/min 搅拌器的同时,注入 NH_4Cl 溶液,反应时间约 3h。

$$NaVO_3 + NH_4Cl \longrightarrow NH_4VO_3 \downarrow + NaCl$$

沉淀前用液氨(含氨为 25%,耗量为每吨 V_2O_5 0.15m³NH_3)调整过滤液 pH = 9 ~ 10。沉淀用 NH_4Cl 纯度约为 90%,其耗量为每吨 V_2O_5 4.25t NH_4Cl。沉淀水洗液用 1m³ H_2O 加 10kg NH_4Cl。

沉淀共用过滤液 17.04m³,含 V^{5+} 为 9.798g/L、Cr^{6+} 为 5.4g/L,共得 V_2O_5 为 315kg,平均品位为 92.7%,其平均成分(%):V_2O_5 为 92.7,Cr_2O_3 为 1.07,P 为 0.01,S 为 0.063,$K_2O \leqslant 0.05$,Na_2O 为 0.47,Fe 为 0.08,H_2O 为 0.05。

沉淀反应完毕后,在过滤器上进行固液分离,分离出的沉淀物用水洗液洗两次。

g 偏钒酸铵分解

水洗后的含偏钒酸铵沉淀物在 600℃下分解,便得到 V_2O_5 固体。

h 炉外铝热法冶炼钒铬合金

浸出渣烘干后,配加铝粒、氯酸钾和石灰,炉外冶炼钒铬合金,属于铁合金冶炼工艺,故略而不述。

B 基本原理

a 硫磺燃烧反应为:

$$S + O_2 \longrightarrow SO_2 \uparrow$$

b SO_2 还原 Cr^{6+} 反应为:

$$SO_2 + H_2O \longrightarrow H_2SO_3$$

$$H_2Cr_2O_7 + 3H_2SO_3 = Cr_2(SO_4)_3 + 4H_2O$$

c 钒铬共沉淀反应为:

$$Cr_2(SO_4)_3 + 3Na_2CO_3 + 3H_2O = 2Cr(OH)_3 \downarrow + 3Na_2SO_4 + 3CO_2 \uparrow$$

$$Na_2CO_3 + 2HVO_3 \longrightarrow 2NaVO_3 + CO_2 \uparrow + H_2O$$

d 熟料浸出液含溶于水的钒酸钠,其反应为:

$$Na_2CO_3 \xrightarrow[\text{焙烧}]{\Delta} Na_2O + CO_2 \uparrow$$

$$m Na_2O + n V_2O_5 = m Na_2O \cdot n V_2O_5$$

e 过滤液加 NH_4Cl 后，生成偏钒酸铵沉淀，反应为：

$$NaVO_3 + NH_4Cl \xrightarrow[\text{液氨}]{pH=9\sim10} NH_4VO_3\downarrow + NaCl$$

f 偏钒酸铵热分解反应为：

$$2NH_4VO_3 \xrightarrow{600℃} V_2O_5 + 2NH_3\uparrow + H_2O$$

11.5.3 封闭电炉煤气洗涤直接冷却循环水系统的外排废水

(1)冶炼锰铁时，泥浆脱水机排出泥渣脱出水，首先进行氰化物处理和 pH 值调整。可用碱性氯化法处理氰化物。在处理过程中，需加入过量的 Cl_2，使氰酸盐分解成 N_2 和 CO_2，然后，再用 H_2SO_4 中和使 pH 达到 7 后排放。

(2)冶炼铬铁时，除对泥浆脱水机排出泥渣脱出水进行氰化物和调整 pH 值处理外，还要处理 Cr^{6+}。首先加入 H_2SO_4 使 pH 值在 3 以下，再加重亚硫酸钠使 Cr^{6+}（黄色）变成 Cr^{3+}（绿色），然后，在中和槽中加入 NaOH，使 pH 值中和到 7～8，Cr^{3+} 生成 $Cr(OH)_3$ 沉淀，随污泥一起排出，澄清水排放。

(3)在冶炼锰铁、硅铁、铬铁时，将废水中过滤出的污泥集中起来经高温干燥，使之无害化，然后加入电炉作原料（约为电炉加料总量的 0.2%～0.5%）。

11.5.4 锰铁高炉煤气洗涤直接冷却循环水系统的外排废水

由于锰铁高炉煤气洗涤直接冷却循环水系统中的氰化物在无限循环的过程中不断积累，一般在 300～600mg/L，有时甚至达 1000mg/L。封闭循环保证不了净化煤气的质量，亦保证不了直接冷却循环水系统的稳定运行。于是，需从系统不断抽出一部分水量外排处理，与此同时，需不断向系统补充相应量的工业水。

外排含氰废水的处理方法很多，诸如：碱性氯化法（加液氯、次氯酸钠、漂白粉等）、电解法、离子交换法、减压薄膜蒸发法、活性炭法等。但实际上锰铁高炉外排废水处理，只采用碱性氯化法、渣滤法、塔式生物滤池法、汽提冷凝分离碱吸收生产氰化钠法这几种方法。

11.5.4.1 碱性氯化法

A 基本原理

碱性氯化法处理氰化物分两个阶段，第一阶段是将氰化物氧化为氰酸盐，即局部氧化，反应如下：

$$Cl_2 + H_2O \longrightarrow HClO + HCl$$

$$HClO \rightleftharpoons H^+ + ClO^-$$

$$CN^- + ClO^- + H_2O \longrightarrow CNCl + 2OH^-$$

$$CNCl + 2OH^- \longrightarrow CNO^- + Cl^- + H_2O$$

在这一阶段，需控制 pH = 10～11 之间，因为反应中间产物氯化氰在 pH < 8.5 时会挥发逸散入周围环境，CNCl 毒性与 HCN 差不多。当 pH < 9.5 时，CNCl 氧化为 CNO^- 不完全，并且要 9h 以上。而在 pH = 10～11 时，只需 10～15min。

虽然氰酸盐 CNO^- 的毒性只有氰化物的千分之一，但从保护水体水产资源安全出发，应进行第二阶段——完全氧化处理，以完全破坏 C—N 键。

氰酸盐在酸性介质下发生水解反应：

$$CNO^- + 2H_2O \longrightarrow CO_2\uparrow + NH_3 + OH^-$$

在 pH < 4 时,反应在 0.5h 内完成,然后加碱中和排放。但水解生成的氨对水产资源危害很大,氨遇到氯生成氯胺,其毒性不亚于氯,且持久性比氯长得多,因此,多采用增加液氯的投加量,进行完全氧化:

$$2CNO^- + 3ClO^- \longrightarrow CO_2\uparrow + N_2\uparrow + 3Cl^- + CO_3^{2-}$$

$$2CNO^- + 4OH^- + 3Cl_2 \longrightarrow 2CO_2\uparrow + N_2\uparrow + 6Cl^- + 2H_2O$$

反应在 pH = 8 ~ 8.5 时最有效,有利形成 CO_2,促进氧化完成。如 pH > 8.5,CO_2 将形成半化合态或化合态的 CO_2,不利于反应向右进行。在 pH = 8.5 时,完全反应需 0.5h 左右。

综上所述,采用碱性氯化法的总反应式为:

$$2NaCN + 5NaClO + H_2O \longrightarrow 2CO_2\uparrow + N_2\uparrow + 2NaOH + 5NaCl$$

$$2NaCN + 4Ca(OH)_2 + 5Cl_2 = 2CO_2\uparrow + N_2\uparrow + 4CaCl_2 + 2NaCl + 4H_2O$$

$$2NaCN + 5CaOCl_2 + H_2O \longrightarrow 2CO_2\uparrow + N_2\uparrow + 4CaCl_2 + 2NaCl + Ca(OH)_2$$

$$2NaCN + 8NaOH + 5Cl_2 \longrightarrow 2CO_2\uparrow + N_2\uparrow + 10NaCl + 4H_2O$$

若废水中存在络合氰化物,次氯酸根与之反应:

$$2M(CN)_3^{2-} + 7ClO^- + 2OH^- + H_2O = 6CNO^- + 7Cl^- + 2M(OH)_2\downarrow$$

1 个分子活性氯在水溶液中产生 1 份次氯酸,第一阶段氧化 1 份简单的氰离子,理论上需要 71/26 = 2.73 份活性氯,完全氧化则需 6.83 份活性氯。理论上氧化络合氰化物离子需 71 × 7/26 × 6 = 3.18 份活性氯,完全氧化则需 7.3 份活性氯。

实际上,由于废水中还存在其他还原性物质,因此,氯的实际用量远高于理论值。

实际操作时,控制处理出水余氯量约为 3 ~ 5mg/L,以保证 CN^- 降到 0.1mg/L 以下。

处理余氯的方法之一是利用硫酸亚铁,投药比按 Cl: $FeSO_4\cdot 7H_2O$ = 1:32 投加,其反应式为:

$$6FeSO_4 + 3Cl_2 \longrightarrow 2Fe_2(SO_4)_3 + 2FeCl_3$$

废水中含有铁氰络合物,增加了废水的处理难度,在这种情况下,应加入过量的硫酸亚铁,再通入压缩空气,使 $Fe(OH)_2$ 氧化为氢氧化铁,与铁氰络合物反应生成亚铁氰化铁沉淀,从水中除去,其反应式为:

$$6NaCN + FeSO_4 \longrightarrow Na_4[Fe(CN)_6] + Na_2SO_4$$

$$FeSO_4 + Ca(OH)_2 \longrightarrow CaSO_4\downarrow + Fe(OH)_2$$

$$4Fe(OH)_2 + O_2 + 2H_2O \longrightarrow 4Fe(OH)_3\downarrow$$

$$4Fe(OH)_3 + 3Na_4[Fe(CN)_6] \longrightarrow Fe_4[Fe(CN)_6]_3\downarrow + 12NaOH$$

含氰废水 pH 值的大致范围见表 11-29。

表 11-29 含氰废水的 pH 值

$CN^-/mg\cdot L^{-1}$	pH
50	8 ~ 9
100	9 ~ 10.5
200	11.0
300	11.5

在处理过程中加碱提高 pH 值,加速氧化反应,CNCl 产生的时间越短,尤其是当废水含氰浓度低时,更是如此。CNCl、CNO^- 的浓度与 pH 值、时间的关系分别见图 11-22、图

11-23。

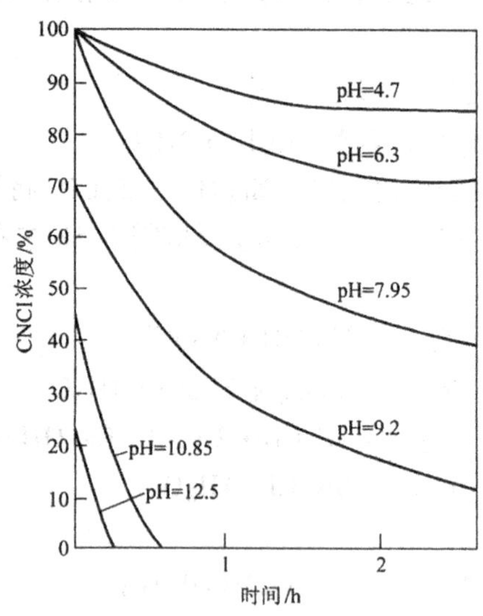

图 11-22　氯化氰浓度与 pH 值、时间的关系

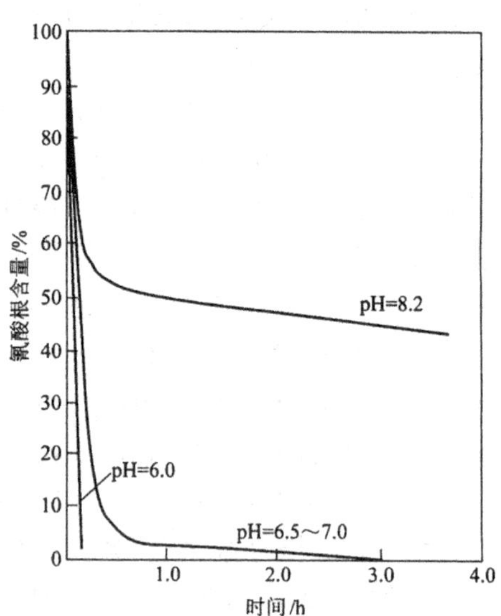

图 11-23　氰酸根浓度与 pH 值、时间的关系

试验证明,压缩空气搅拌或机械搅拌能促使沉淀物中的氰彻底破坏,不易被吸附,有利于加快氧化和氯化反应速度。

所需液氯或漂白粉等药剂的投加应分两次,因为一次投加,则多余的活性氯经第一级反应后即丧失了活性。不但浪费药剂,而且还增加了水中的余氯量。

B　处理流程

a　间歇处理

间歇处理含氰废水的流程如图 11-24 所示。

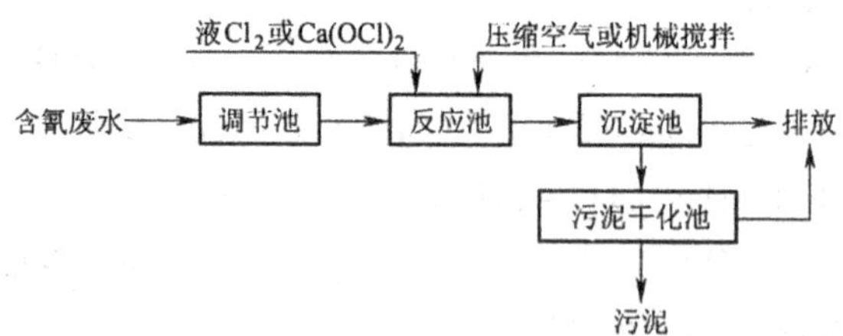

图 11-24　间歇处理含氰废水的流程简图

b　连续处理

水量较大时采用连续处理(图 11-25),不仅减轻劳动强度,还能保证废水处理质量。控制仪表有 pH 计和 ORP 计,分别控制水质和投药量。局部氧化阶段 ORP 一般控制为 300～350mV,完全氧化阶段 ORP 一般控制为 600～700mV。

C　设计参数

a　理论投药量(质量比)

(1)简单氰化物局部氧化阶段 $CN:Cl_2=1:2.73$;$CN:Cl:CaO=1:2.73:2.154$;完全氧化

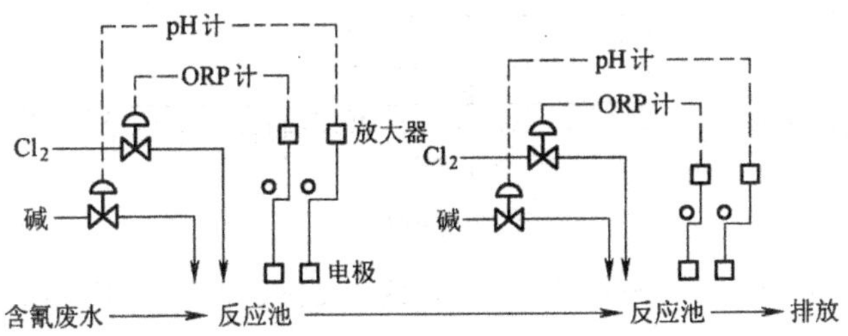

图 11-25 连续处理含氰废水的流程简图

阶段 CN:Cl_2 = 1:4.09,CN:Cl:CaO = 1:6.83:4.31。

(2)络合氰化物局部氧化阶段 CN:Cl_2 = 1:3.42;完全氧化阶段 CN:Cl_2 = 1:4.09。

b 反应 pH 值

(1)局部氧化阶段 pH = 10 ~ 11。

(2)完全氧化阶段 pH = 8.0 左右。

c 反应时间

(1)局部氧化阶段 10 ~ 15min。

(2)完全氧化阶段 10 ~ 30min,加漂白粉一般为 30 ~ 40min。

d 搅拌时间

一般为 10 ~ 15min。

D 设计举例

(1)废水量:$Q_h = 2m^3/h$;$Q_d = 2.0 \times 16 = 32m^3/d$(两班制)。

(2)废水浓度 $C_{CN} = 10.8mg/L$。

(3)漂白粉投量:

$$G_h = \frac{KQ_hC_{CN}}{1000\alpha}$$

式中 K——投药比,一般为 8 ~ 11,取 $K = 10$;

α——漂白粉所含有效氯,一般为 20% ~ 30%,取 20%,次氯酸钠 α = 10%,液氯 α = 100%;

$$G_h = \frac{10 \times 2 \times 10.8}{1000 \times 0.20} = 1.08\ (kg/h)$$

$$G_d = 1.08 \times 16 = 17.28\ (kg/d)$$

(4) 调药剂桶容积:漂白粉调制成 5%溶液,每天调配一次。

$$V = \frac{G_d}{0.05} = \frac{17.28}{0.05} = 345.6\ (L/d)$$

(5)反应池:有效容积采用 4h 平均废水量,2 个池交替使用。$V_{反} = 2 \times 4 = 8(m^3)$,池内机械搅拌,并采取沥青砖防腐。

(6)沉淀池:按沉淀 2h 计。排水中余氯不低于 5mg/L。

11.5.4.2 渣滤法-塔式生物滤池法

A 处理流程

渣滤法-塔式生物滤池法处理含氰废水流程如图 11-26 所示。渣滤前后水质分析如表 11-30。

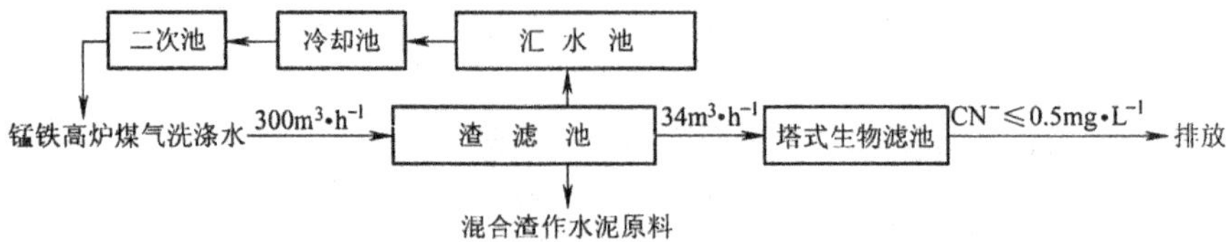

图 11-26 渣滤法-塔式生物滤池法处理含氰废水流程简图

表 11-30 渣滤前后水质分析

项 目	数 值	项 目	数 值
水温/℃	滤前/滤后:39/34	SiO_2/mg·L^{-1}	滤前/滤后:0.229/0.001
pH 值	10.7/11.2	Al_2O_3/mg·L^{-1}	41.96/16.66
SS/mg·L^{-1}	1827/195	PO_4^{3-}/mg·L^{-1}	0.087/微量
CN^-/mg·L^{-1}	1240/11.70	S/mg·L^{-1}	1.02/0.70
Mn^{2+}/mg·L^{-1}	230.9/1.86	F^-/mg·L^{-1}	0.54/0.53
CaO/mg·L^{-1}	32617/73.03	Fe_2O_3/mg·L^{-1}	0.24/0.11
MgO/mg·L^{-1}	1655.19/5.90	硬度/mg·L^{-1}	461.1/26.4

B 基本原理

用人粪培殖成一种球菌及菌胶团,生长在塔式滤池的填料表面,形成附着的生物膜。当含氰废水自上而下从滤塔喷淋过滤时,水中的氰化物不断地被生物膜消化分解,达到处理的目的。

生物膜所需营养有:

(1)C 以 $COD_{Mn}\geqslant 60$mg/L,利用食堂的泔水,每日加入 300kg,土面粉 3kg。

(2)N 以 NH_3-N > 40mg/L,利用水冲粪便,每日定量加入。

(3)P 以 P 不小于 6mg/L,采用磷酸氢二钠,每日加入 3.5kg。

C 塔式滤池的结构(图 11-27)

两座内径为 3m、塔顶高 13m、塔内填料为碎砖,体积为 140m³。

塔体结构均为砖砌结构,1:5 水泥砂浆砌筑,塔体加混凝土圈梁,每塔设 8 根钢筋混凝土柱子,下部基础为 200 号混凝土,底部 1.0m 高为进风口,塔体分 4 段,每段高为 3m,上设 25 号工字钢,上铺 $\phi16$ 钢筋箅子托住碎砖填料。

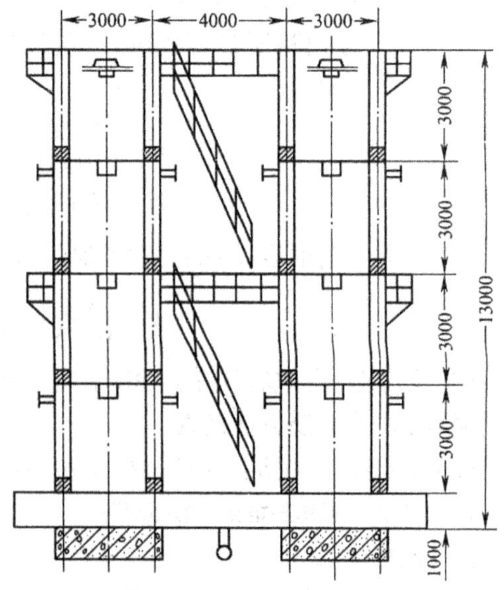

图 11-27 塔式生物滤池示意图

D 技术参数

(1)水力负荷 $q=5\text{m}^3/\text{m}^3\cdot\text{d}$

(2)处理废水量 $Q\leqq 700\text{m}^3/\text{d}$;

(3)入塔 $CN^-=50$mg/L 左右;

(4)循环水总硬度 $H=249.9$mg/L(以 $CaCO_3$ 计)左右;

(5)入塔水温 $t=15\sim35$℃;

(6)$pH=8\sim9$。

11.5.4.3　汽提、冷凝分离、碱吸收生产氰化钠

A　基本情况

某钢铁总厂有三座 $255m^3$ 锰铁高炉,“锰铁高炉煤气洗涤水中氰化物回收利用工业试验”装置已于1991年6月建成投产。处理含氰 $CN^-=400\sim1000mg/L$ 的污水,$Q=30m^3/h$,年产含 NaCN 为86%的固体产品250t,含 NaCN 为30%的液体产品800t。

B　工艺流程

锰铁高炉文氏管煤气洗涤水沉淀循环利用。每小时从循环水池中抽出 $30m^3$ 废水,加硫酸调节 pH 值后,经换热器预热,继而进入脱氰塔上部,脱氰塔下部通入蒸汽。含氰废水在塔中自上而下与由下而上的蒸汽对流被加热和鼓泡。氰化氢由液相转入气相,在塔顶经第一、二冷凝器冷凝分离去除水分和杂质,同时生成氰氢酸液体。液体氰氢酸流入反应器与氢氧化钠溶液反应生成液体氰化钠。液体氰化钠经真空蒸发浓缩至过饱和后,放入冷却结晶器搅拌结晶,然后离心脱水便得到固体氰化钠产品。脱氰后的废水经换热降温后,送回锰铁高炉煤气洗涤水循环水池再利用。

C　氰化钠产品质量

氰化钠产品质量如表11-31所示。

表 11-31　氰化钠产品质量

指标名称	固体				液体		
	国标			厂标	国标		厂标
	优等品	一等品	合格品		一等品	合格品	
氰化钠含量(≥)/%	97.0	94.0	86.0	86.0	30.0	30.0	30.0~40.0
氢氧化钠含量(≤)/%	0.5	1.0	1.5	1.0	1.3	1.6	1.0
碳酸钠含量(≤)/%	1.0	3.0	4.0	2.0	1.3	1.6	1.0
水分含量(≤)/%	1.0	2.0					
水不溶物含量(≤)/%	0.05	0.10	0.20	0.10			

D　主要工艺设备

氰化钠生产主要工艺设备列于表11-32。

表 11-32　主要工艺设备

序号	名称	数量	规格
1	脱氰塔/台	1	DN1200
2	螺旋板式换热器/台	1	SS250-10 型
3	离心机/台	1	SS-800 型
4	反应器/台	2	$V=1000L$
5	结晶器/台	2	$V=500L$
6	蒸发器/台	1	
7	制冷机组/台	2	N-3 型
8	真空泵/台	2	W4-1 型
9	水泵/台	12	总 $N=53.4kW$

续表 11-32

序　号	名　称	数　量	规　格
10	电动葫芦/台	1	CD_2-120 型
11	液下泵/台	1	DB_{40y}-26
12	冷凝器/台	3	$F=53m^2$
13	浓酸槽/个	1	$V=50m^3$
14	酸水槽/台	1	$V=25m^3$
15	液体 NaCN 产品槽/台	1	$V=25m^3$
16	冷却塔/台	1	$DBVI_3$-40 型

设备总质量约 40t，总装机容量 120kW。

E　主要构筑物

氰化钠生产主要构筑物列于表 11-33。

表 11-33　主要构筑物

序　号	名　称	外形尺寸
1	主厂房	8m×18m，三层，432m^2
2	生活设施	6m×25m，平房，150m^2
3	原水池	4m×10m×2.5m，100m^2
4	回水池	4m×3m×2.5m，30m^3
5	冷却水循环池	4m×4m×3m，48m^3
6	总占地面积	1000m^3

F　主要经济技术指标

氰化钠生产主要经济技术指标列于表 11-34。

表 11-34　主要经济技术指标

序　号	名　称	数　值	附　注
1	每 m^3 废水蒸汽耗量/kg	41	
2	每 m^3 废水硫酸耗量/kg	2.9	
3	每 m^3 废水电耗/kW·h	0.94	
4	脱氰率/%	平均 90	
5	总回收率/%	80	
6	每 m^3 废水回收 NaCN/kg	0.9	进水 CN 大于等于 600mg/L
7	86% NaCl 销售价/元·t^{-1}	8000	

11.5.5　盐酸酸雾洗涤废水

纯盐酸贮槽、酸液计量槽、酸液配制槽等产生的 HCl 气体处理流程如图 11-28：

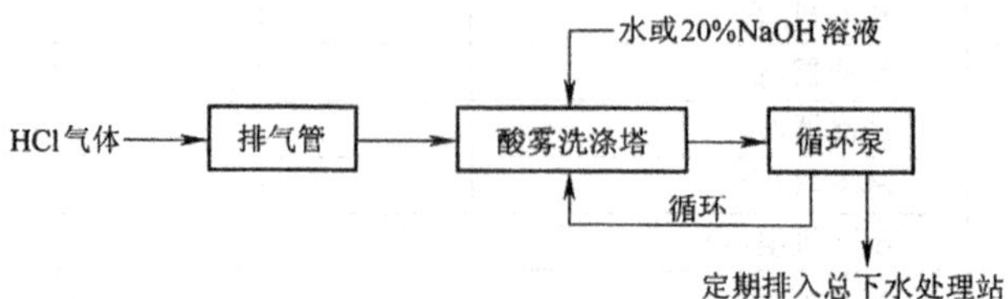

图 11-28　盐酸酸雾洗涤废水处理流程简图

11.5.6 含酸废水处理

含酸废水主要来自铁合金湿法冶金的溶液配制、软化水(除盐水或纯水)制备,各种槽罐的溢流泄漏等工段。含酸废水处理工艺流程示于图 11-29,酸性废水处理工艺流程示于图 11-30。

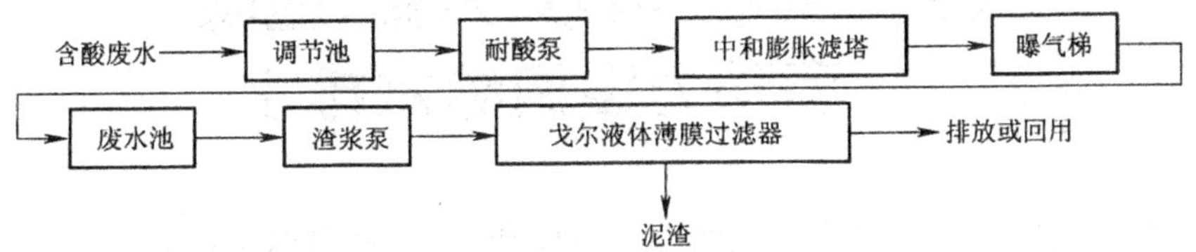

图 11-29 含酸废水处理工艺流程简图

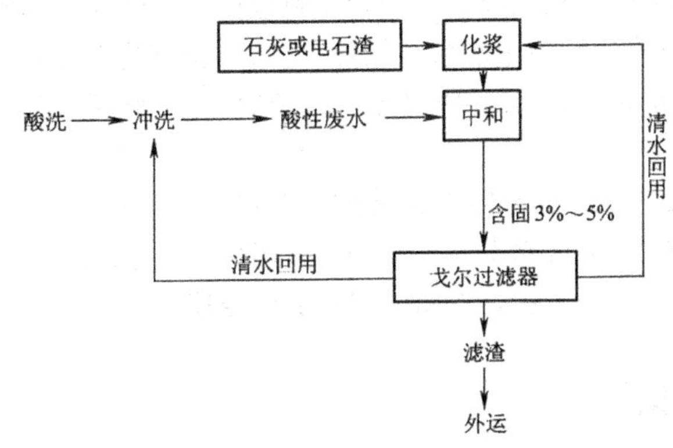

图 11-30 酸性废水处理工艺流程简图

11.5.7 全厂总排废水

单一铁合金生产车间排出口的废水,可以归入钢铁厂总排出废水中,统一处理。而具有一定规模且生产多种铁合金的独立铁合金厂,其全厂总排废水需要进行处理,必须符合《污水综合排放标准》(GB8978—96)才能排放。或者达到冶金工厂工业水用水标准予以回用。

12 机修、电修、汽修、检验和动力设施给水排水

机修、电修、汽修、检验和动力设施的生产规模和组成，是根据企业规模大小而决定的。机修、电修、汽修主要包括铸造、锻造、铆焊、金工、模型、热处理、机车库、汽车修理及电修等车间，以及相应的仓库和生活福利设施。检验设施包括中心试验室和各车间检、化验室。

机修、电修、汽修及检验设施用水量一般均不大，可根据生产实际情况和环境保护的要求，采用直流或循环给水系统，当采用循环给水系统时，有关循环水泵房、冷却及处理构筑物的设计，可参考有关章节。

动力设施主要包括氧气站、空压站、制冷站及锅炉房等车间，氧气站、空压站、制冷站，一般均采用循环供水系统，锅炉房除水力除灰(渣)采用循环供水系统外，其余用水户供给生活水，由工艺专业制备软水或除盐水。下面按车间加以叙述。

12.1 铸造车间给水排水

铸造车间一般包括铸钢、铸铁、有色金属铸造、铸铁轧辊和钢锭模等五个部分。根据钢铁企业的规模和需要，这五个部分可以单独设置车间，也可以几部分组成综合车间。钢锭模铸造规模不大时，通常与铸铁合并。铸钢轧辊为数不多，通常设于铸钢间内。有色铸造一般附设在铸铁车间内。

12.1.1 用水户及用水条件

12.1.1.1 主要用水户

铸造车间主要用水户包括：

(1) 炼钢电弧炉冷却用水；

(2) 工频、中频感应炉及与之配套的变压器油冷却器冷却用水；

(3) 化铁炉冷却用水；

(4) 熄灭化铁炉料用水，每次用水延续 15min；

(5) 化铁炉炉渣粒化及水冲渣用水。

12.1.1.2 用水条件

熔炉设备冷却用水，要求连续供应，不允许中断。

(1) 水质：感应炉冷却用水，要求悬浮物含量不大于 30mg/L，电阻率要大于 4000Ω·cm，pH 值 6～8。其余用户要求悬浮物含量不大于 30 mg/L。

(2) 水温：电炉变压器油冷却器，有条件时供给小于 25℃的低温水。如无条件时，应与工艺商榷适当增大水量或加大冷却器面积。其余用户要求水温低于 32℃，夏季最热时不高于 34℃。

(3) 水压：车间进口处水压为 0.25～0.3MPa，电炉及感应炉水压由工艺提供。

(4) 水量:以主体工艺提供的资料为依据,表 12-1、表 12-2 可供参考。

表 12-1 铸造车间用水量

用户名称	用水量/$m^3 \cdot h^{-1}$		备注
	平均	最大	
(1)炼钢电弧炉冷却水			(1)项中所列用水量不包括与电弧炉配套的变压器油冷却水量
3t 电弧炉	20	20	
5t 电弧炉	30	30	
10t 电弧炉	40	68	
15t 电弧炉	60	80	
20t 电弧炉	70	90	
30t 电弧炉	100	180	
(2)工频无芯感应熔炉			
1.5t 熔铁(钢)炉	8	8	
3t 熔铁(钢)炉	10	10	
5t 熔铁(钢)炉	15	15	
10t 熔铁(钢)炉	25	25	
0.6t 熔铜炉	4	4	
1.2t 熔铜炉	6	6	
3.6t 熔铜炉	10	10	
6.0t 熔铜炉	15	15	
8.5t 熔铜炉	18	18	
12t 熔铜炉	20	20	
(3) 工频无芯感应铁保温炉			
1.5t 炉	5	5	
3t 炉	8	10	
5t 炉	8	10	
10t 炉	16	16	
(4) 工频无芯感应熔炼(保温)炉			
1.5t 炉	2	3	
3t 炉	2	3	
10t 炉	2	3	
15t 炉	5	5	
30t 炉	9	10	
45t 炉	9	10	
(5) 中频无芯感应熔炉			(5)项中不包括电容器柜用水
1t 炉	10	10	
1.5t 炉	15	18	
2t 炉	25	25	
3t 炉	30	30	
5t 炉	40	40	
(6) 中频无芯感应铸铁(保温)炉			
3t 炉	10	10	
5t 炉	10	10	
10t 炉	15	15	
15t 炉	20	20	
20t 炉	25	25	
30t 炉	25	25	

续表 12-1

用户名称	用水量/$m^3 \cdot h^{-1}$		备注
	平均	最大	
(7)化铁炉冷却水			
5t/h	21	21	
7.5t/h	24	24	
10t/h	27	27	
15t/h	31	31	
20t/h	35	35	
(8)熄灭化铁炉炉料			
小于10t/h化铁炉	1	10~15	每次用水1m^3,延续15min
大于10t/h化铁炉	1.5	10~15	每次用水1.5m^3,延续15min

表 12-2 化铁炉冲渣用水量

序号	化铁炉能力/$t \cdot h^{-1}$	冲渣水量/$m^3 \cdot h^{-1}$	循环补充水量/$m^3 \cdot h^{-1}$
1	3~4	20	0.8
2	4~5	25	1.0
3	5~6	30	1.2
4	6~8	40	1.6
5	8~10	50	2.0
6	10~12	60	2.4
7	12~14	70	2.8
8	14~16	80	3.2
9	16~18	90	3.6

注:每次出渣延续时间为12min。

12.1.2 系统和流程

铸造车间用水应根据设备生产实际情况和技术经济比较选择给水系统,尽量采用循环给水系统。对于水量较小,用水点分散的亦可采用直流给水系统。循环给水系统的构筑物和设备可参考有关章节。

12.1.3 安全供水

对于车间内不能断水的设备要提供30min~1h的安全供水。

12.2 锻压车间给水排水

锻压车间主要承担本企业所需备件和生产消耗件毛坯生产。车间一般由生产部分和辅助部分组成。生产部分包括锻压,热处理及清整等;辅助部分包括维修间及各种仓库和办公室生活间。

12.2.1 用水户及用水条件

12.2.1.1 主要用水户

锻压车间主要用水户包括加热炉和锻压设备。

(1)加热炉用水：加热炉分室式加热炉和车底式加热炉，均作为渗碳、退火、正火之用。用水点有：

1) 煤气烧嘴水冷夹套需通水冷却；

2) 铸板水幕或铁丝网水幕，一般采用淋水冷却；

3) 炉门通水冷却。

(2) 锻压设备用水，包括：

1) 锻锤工具槽用水，为间断补充水；

2) 水压机工具冷却，为间断用水。

对于快锻水压(液压)机，工艺比较先进，但目前生产经验还不多，不能提供成熟的设计资料。

12.2.1.2　用水条件

(1) 水质：悬浮物含量要求不大于 30 mg/L；

(2) 水温：一般要求小于 32℃，夏季最热时不高于 34℃；

(3) 水压：车间进口处为 0.2～0.3MPa；

(4) 水量：以主体工艺提供的资料为依据。表 12-3 供参考。

表 12-3　锻压车间用水量

序号	用户名称	用水量/$m^3 \cdot h^{-1}$		备注
		平均	最大	
1	小于 $7m^3$ 室式加热炉煤气烧嘴冷却	1.2	1.2	可循环使用
2	车底式加热炉煤气烧嘴冷却	3	3	可循环使用
3	燃油室式加热炉冷却	1	1	可循环使用
4	加热炉每米钢板水幕	0.8	1	可循环使用
5	加热炉每米铁丝网水幕	0.3	0.3	可循环使用
6	1～5t 锻锤工具槽	0.01	0.1	间断
7	水压机工具冷却	0.04	0.4	间断

12.2.2　系统和流程

锻压车间用水量较少，有些可设水池供重复利用，不能循环利用的，可直排。

12.3　铆焊车间给水排水

铆焊车间主要为企业制造机械设备、炉、窑、钢结构、容器等修理用铆焊件与生产消耗件中的铆件。车间组成分准备工段：包括划线、号料、钢板校正与切割；加工工段：包括边缘加工、制孔、弯曲及成型；装配工段：包装组装、焊接、铆焊、预装、成品检查、试压及涂油和辅助部分的修理、锻造、工具管理、乙炔站、液压机泵房、配电间以及仓库、办公室等。

12.3.1　用水户及用水条件

12.3.1.1　主要用水户

铆焊车间主要用水户有：

(1) 冷却焊接设备钎焊机和对焊机冷却用水;
(2) 冷却工具用水;
(3) 水压机用水。供高压水泵齿轮箱润滑油和空压机冷却,并补充乳化液搅拌箱用水;
(4) 乙炔发生站用水。水主要与碳化钙(CaC_2)发生作用,使其产生乙炔气。

12.3.1.2 用水条件

(1) 水质:悬浮物含量要求不大于 30mg/L;
(2) 水温:一般要求小 32℃,夏季最热时不高于 34℃;
(3) 水压:车间进口处为 0.2~0.3MPa;
(4) 水量:以主体工艺提供的资料为依据。表 12-4 可供估算。

表 12-4 铆焊车间用水量

序 号	车间规模/万 $t\cdot a^{-1}$	用水量/$m^3\cdot h^{-1}$	
		平 均	最 大
1	1000 以下	0.3~0.8	2~4
2	1000~3000	0.8~1.5	4~6
3	3000~10000	1.5~3	6~10
4	10000 以上	3 以上	10 以上

12.3.2 系统和流程

铆焊车间用水量较少,有些可设水池供重复使用,不能循环利用的,可直排。

12.4 金工车间给水排水

金工车间负责机械备件、生产消耗件、旧件修复的机械加工及部件装配工作。车间组成有准备工段:负责铸锻件毛坯划线、检查加工余量和型钢划线、定心等准备工作;机械加工工段:负责机械零件的各种切削加工;钳工装配工段:负责加工后的零件修锉、倒角、去毛刺、划线、钻孔、开油槽、零件试压、轴的压装、齿轮跑合、部件组装及产品总装配试车等工作;热处理工段;负责机械零件及工具的各种热处理工作。辅助部分有工具工段、维修工段、磨刀间。此外还有仓库、生活间及办公室等。

12.4.1 用水户及用水条件

12.4.1.1 主要用水户

金工车间主要用水户有:
(1) 零件清洗在清洗槽进行,可设置给水龙头;
(2) 配制机床冷却润滑液用水,可设置给水龙头;
(3) 水压试验及试漏用水;
(4) 工件表面淬火用水;
(5) 洗手、洒地用水。

12.4.1.2 用水条件

(1) 水质:悬浮物含量要求不大于 30mg/L;
(2) 水温:一般要求低于 32℃,夏季最热时不高于 34℃;

(3) 水压：车间进口处为0.2～0.3MPa；

(4) 水量：以主体工艺提供的资料为依据。表12-5供参考。

表12-5 金工车间用水量

序 号	用 户 名 称	用水量/$m^3 \cdot h^{-1}$	
		平均	最大
1	零件清洗用水	0.09	1.5
2	配制机床冷却液用水	0.05	1.0
3	水压试验及试漏用水	0.5	1.5
4	表面淬火用水	0.8	1.0
5	洗手用水	0.3	1.0

12.4.2 系统和流程

金工车间用水量较少，有些可设水池供重复使用，不能循环利用的，可直排。

12.5 模型车间给水排水

模型车间的任务是制造和修理铸造用模型，模型类型有木模、蜡膜、菱苦土模、塑料模等。主要设备有备料机床，车铣加工机床及制作相关模型所需设备及修模、化胶设备。

12.5.1 用水户及用水条件

12.5.1.1 主要用水户

模型车间生产用水很少，一般用于调胶、煮胶及旧模清洗等，可在有关工作位置设置水槽及给水龙头。

12.5.1.2 用水条件

水质、水温、水压同金工车间，水量以主体工艺提供的资料为依据。

12.5.2 系统和流程

同金工车间

12.6 热处理车间给水排水

热处理车间主要承担企业自制的机械备件、生产消耗件、非标准工模具的二次热处理。

12.6.1 用水户及用水条件

12.6.1.1 主要用水户

热处理车间的主要用水户有：

(1) 电极盐炉的电极和变压器冷却用水。此部分水量较小，约2m^3/h；

(2) 淬火加热设备冷却水；

(3) 淬火工件冷却水；

(4) 火焰加热表面淬火冷却水；

(5) 淬火水槽的给水；

(6) 淬火油槽的蛇形管或油冷却器的冷却水；

(7) 酸洗用水,包括酸洗槽、清洗槽、中和槽、冷水槽和热水槽的用水。

12.6.1.2 用水条件

(1) 水质:悬浮物含量不大于 30mg/L;

(2) 水温:淬火油槽的油冷却器,有条件时应供给 25℃以下的低温水。如无条件时,应与工艺商榷适当增大水量或加大油冷却器面积。其余用户要求水温低于 32℃,夏季最热时不高于 34℃;

(3) 水压:车间进口处一般为 0.2~0.3MPa。某些要求水压较高的用户,应由主体工艺采取局部加压措施;

(4) 水量:以主体工艺提供的资料为依据。部分用户或设备的用水量,列于表 12-6、表 12-7 供参考(中频、工频淬火装置因缺乏翔实的资料,未列入表 12-6 中)。

表 12-6 高频加热装置及淬火用水量(m^3/h)

序 号	用户名称	高频设备型号		
		GGC50-2	GGC80-2A	GGC150-2
1	高频设备冷却用水量	6.6	7.5	12
2	零件淬火冷却用水量	2.5	3.5	4

表 12-7 火焰表面淬火用水量

序 号	乙炔发生器发生量 /$m^3 \cdot h^{-1}$	乙炔发生器用水量/$m^3 \cdot h^{-1}$		淬火用水量/$m^3 \cdot h^{-1}$	
		平均	最大	平均	最大
1	3	<1	<1	4.5	9
2	5	<1	<1	7.5	15
3	6	<1	<1	15	30

12.6.2 系统和流程

各种设备的间接冷却水,仅水温升高,水质未受污染,应尽量采用循环给水系统。淬火工件冷却后的排水中,含有少量氧化铁皮,可经简单沉淀处理后循环使用。酸洗设备排水一般分两类,一类是较浓的废酸液,有回收价值,根据具体条件可回收处理(处理方法见有关章节),另一类是冲洗与清洗废水,无回收价值,经中和处理后排放。

12.6.3 构筑物和设备

有关构筑物和设备,前面已有叙述,可参照采用。

12.7 汽车修理设施给水排水

汽车修理是指汽车的保养和修理。

12.7.1 用水户及用水条件

12.7.1.1 主要用水户

汽车修理设施主要用水户包括:

(1) 汽车在检修之前需进行外部清洗,清洗时间一般为 10min,外部清洗时需用水;

(2) 拆洗时总成及零件需在清洗机(或清洗槽)中清洗,清洗时需用水;

(3) 试压用水，包括发动机热试时冷却用水，汽缸体、缸盖试压用水，散热器修理及试压用水；

(4) 蓄电池冲洗极板及电池槽用水。

12.7.1.2　用水条件

(1) 水质：悬浮物含量要求不大于 30 mg/L；

(2) 水温：一般要求低于 32℃，夏季最热时不高于 34℃；

(3) 水压：车间进口处为 0.3MPa；

(4) 水量：以主体工艺提供的资料为依据，表 12-8 供参考。

表 12-8　汽车修理用水量

序　号	用户名称	用水量
1	外部清洗用水/$m^3\cdot(h\cdot台)^{-1}$	0.4～0.6
2	清洗机用水/$m^3\cdot h^{-1}$	1.5～1.8
3	缸体、缸盖试水压/$m^3\cdot h^{-1}$	0.3
4	发动机试验冷却用水/$m^3\cdot h^{-1}$	1.8

注：外部清洗用水冲洗时间为 10min。

12.7.2　系统和流程

汽车修理设施洗车台的排水，含有泥砂及油污，拆洗间排水为碱性溶液，蓄电池间极板冲洗与电池槽冲洗池的排水为酸性，均需经处理达到排放标准后，方可外排。当车间设有电镀间时，含铬废水应处理到符合排放标准后，始得外排。

汽车修理的废水及废液可集中处理也可分开处理。集中处理流程见图 12-1，分开处理流程见图 12-2，含铬废水处理流程见图 12-3。

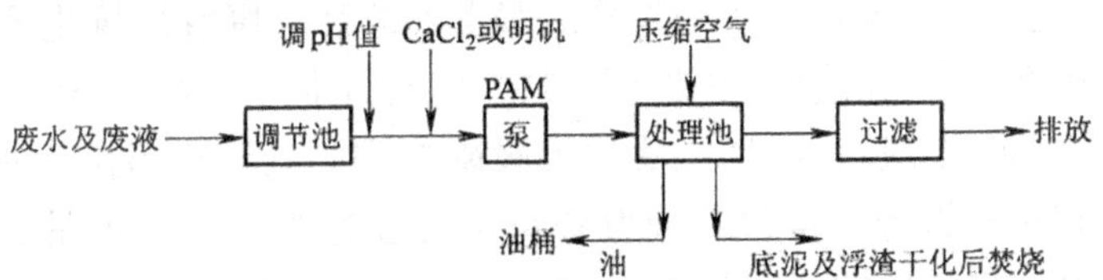

图 12-1　集中处理流程简图

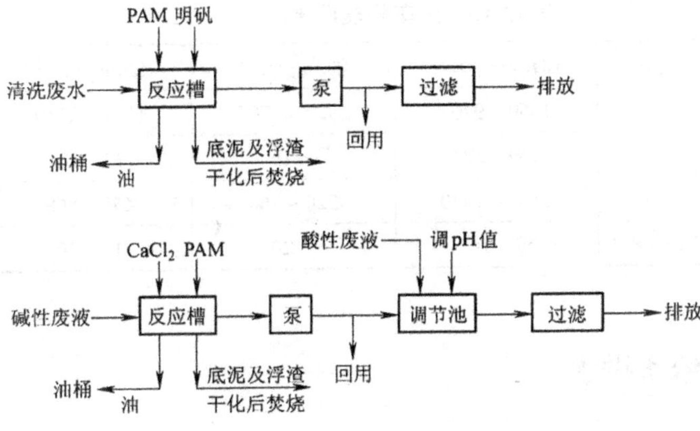

图 12-2　分开处理流程简图

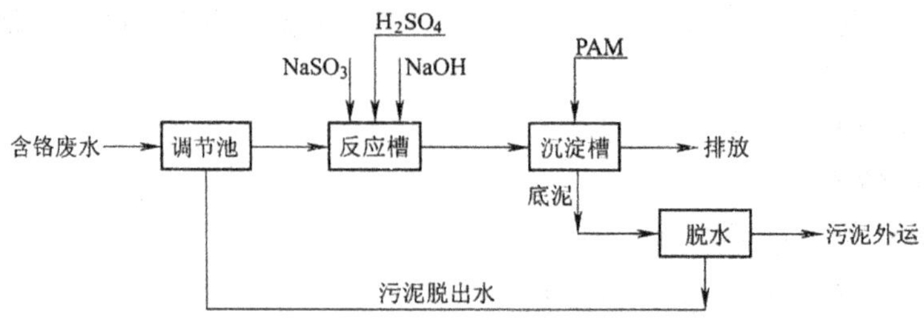

图 12-3 含铬废水处理流程简图

12.7.3 构筑物和设备

主要处理构筑物和设备有:调节池、处理槽、搅拌机、溶药投药设备、泵和砂滤器、脱水装置等。其计算及选型可参照《给水排水设计手册》。

[例 1] 某公共汽车修理厂采用废液和废水集中处理,其采用的流程同图 12-1。其中,泵前投加 H_2SO_4 调整 pH 值并加明矾和 PAM,浮渣送锅炉房进行焚烧处理。调节池容积为 $15m^3$,pH 值调到 9~10。明矾溶液投量为 300~500mg/L。处理池采用气浮池,其处理能力为 $5m^3/h$。过滤采用 $5m^3/h$ 的砂滤器。原水与处理后水质见表 12-9。

表 12-9 汽车修理厂废水水质之一

项 目	pH	COD/mg·L^{-1}	油/mg·L^{-1}	SS/mg·L^{-1}
原水水质	12	2000~4461	40~47	3100~4298
处理后水质	6.5~8	26~124	26~124	<10

[例 2] 某长途汽车公司汽车修理厂其废水和废液分开处理,其采用的流程同图 12-2。废水和废碱液分别流入两个处理设备中加药后静沉和静浮。废液加氯化钙和 PAM,废水加明矾和 PAM。排除浮油后,碱液回配碱槽重复使用,热水回热水槽重复使用。多次使用后如果要排放,处理后的废水应再经过滤、活性炭吸附处理。处理设备配有搅拌机、溶药投药设备、集油排油管和排渣管等。每台处理设备每次处理量为 $6m^3$。处理 $1m^3$ 废液用 1.5~2kg 氯化钙、2gPAM。氢氧化钠可回收 2.5~5kg。处理 $1m^3$ 废水用 0.3kg 明矾、2gPAM,回收水 $0.8m^3$。原水与处理后水质见表 12-10。

表 12-10 汽车修理厂废水水质之二

项 目	pH	COD/mg·L^{-1}	油/mg·L^{-1}	SS/mg·L^{-1}	NaOH/mg·L^{-1}
原废液水质		1650~9707	1922~2707	1521~2550	1520~2228
絮凝沉淀后水质		169~521	<20	15~20	936~2008
原废水水质	11	1102~1870	320~760	450~868	
絮凝沉淀后水质	7.5~8.1	59~169	<20	15~20	

12.8 电修车间给水排水

电修车间主要负责电机和变压器的修理,一般由钳工装配、绕线下线、机械加工、浸渍干燥和试验等部分组成。

12.8.1 用水户及用水条件

12.8.1.1 主要用水户

电修车间主要用水户有：

(1) 电机清洗一般采用碱水或肥皂水清洗，配制碱液或肥皂水需要用水；

(2) 导线退火后的冷却水槽用水；

(3) 电镀工段各种清洗槽和电镀槽用水；

(4) 压型模具的冷却水；

(5) 锻工用的工具冷却槽给水；

(6) 电机修理车间某些电气绝缘材料需要低温贮存，故设有冷冻机需用水；

(7) 试验站的洗涤清洁用水。

12.8.1.2 用水条件

(1) 水质：悬浮物含量要求不大于 30mg/L；

(2) 水温：一般要求低于 32℃，夏季最热时不高于 34℃；

(3) 水压：根据生产工艺要求和管网计算确定，一般为 0.2MPa 左右；

(4) 水量：由主体工艺和有关专业提供，部分设备的用水量列于表 12-11 供参考。

表 12-11 电修车间部分设备用水量

序 号	用户名称	性能与规格/mm	数 量	用水量/$m^3 \cdot h^{-1}$	备 注
1	电镀槽	600×500，800×600	1	0.5～1	定 期
2	各种清洗槽	600×500，800×600	1	0.5～1	定 期
3	乙炔发生器	发生量＜5m^3/h	1	3.6	定 期
4	工具冷却槽	1000×750×750	1	3.6	定 期
5	压型模具	槽长 1000	1	0.1	连 续

12.8.2 系统和流程

电修车间的有害废水，主要是含铬、含氰的电镀废水。这部分有毒废水，必须经过处理并达到排放标准后方可排放。

各种清洗槽的冲洗废水，含有少量残酸、残碱，一般可经中和处理后排放。

12.9 检验设施给水排水

检验设施包括中心试验室和各车间检、化验室。中心试验室一般由试样制备组、物理检验组、化学分析组、生产辅助和生产管理组等组成。车间检、化验室主要承担车间日常生产过程的检、化验工作。

12.9.1 用水户及用水条件

12.9.1.1 主要用水户

检验设施主要用水户有：

(1) X—结构分析仪的 X 射线管冷却用水；

(2) 电子显微镜冷却用水；

(3) X—探伤仪的 X 射线管冷却用水;
(4) 阿库洛夫仪,其加热炉冷却用水;
(5) 腐蚀试验箱雾化用水;
(6) 淬硬性试验器喷水冷却用水;
(7) 感应炉的感应器冷却用水;
(8) 电弧炼钢炉用水;
(9) 真空钨丝炉冷却用水;
(10) 高温疲劳试验机冷却用水;
(11) 高温蠕变试验机的高温炉需冷却用水;
(12) 冷热疲劳试验机的高温炉需冷却用水;
(13) 水砂轮机的砂轮喷水冷却用水;
(14) 高频设备用水;
(15) 氧氮测定仪需提供外循环冷却水源;
(16) 荧光 X 光谱仪需提供外循环冷却水源;
(17) 其他用水。包括:
1) 蒸馏室制造蒸馏水需用水;
2) 水力模型试验用水;
3) 低倍水槽用水;
4) 热处理淬火槽用水;
5) 暗室洗相池用水;
6) 化验室用水;
7) 洗涤池用水。

12.9.1.2 用水条件

(1) 水质:按生活用水的标准供给;
(2) 水温:一般要求低于 32℃,夏季最热时不高于 34℃;
(3) 水压:试验室进口处为 0.25~0.35MPa,水力模型试验室要求稳压在 0.2MPa;
(4) 水量:以主体工艺提供的资料为依据,表 12-12 供参考。

表 12-12 试验室用水量

设备名称	用水量/$m^3 \cdot h^{-1}$		设备名称	用水量/$m^3 \cdot h^{-1}$	
	平均	最大		平均	最大
化验盆(单联)	0.26		低倍用水槽	0.40	
化验盆(双联)	0.54		热处理淬火槽	0.10	
化验盆(三联)	0.72		淬硬性试验器	0.30	
蒸馏水器(5L/h)	0.20		真空中频感应炉(10kg)	2.40	
蒸馏水器(10L/h)	0.30		真空中频感应炉(25kg)	3.50	
蒸馏水器(20L/h)	0.60		电弧炼钢炉(500kg)	12.00	
氧氮测定仪	0.30		真空钨丝炉(50kW)	1.00	
荧光 X 光谱仪	0.30		真空炭管炉	1.00	

续表 12-12

设备名称	用水量/$m^3 \cdot h^{-1}$		设备名称	用水量/$m^3 \cdot h^{-1}$	
	平 均	最 大		平 均	最 大
X—结构分析仪	0.30		高温疲劳试验机	0.38	0.75
万能膨胀仪	0.30		高温蠕变试验机	0.74	
电子显微镜	0.24		冷热疲劳试验机	0.38	
质谱仪	0.24		暗室洗相池	0.19	0.75
X—探伤仪	0.60		水砂轮机	0.30	
阿库洛夫仪	0.30		中频无芯感应熔炼炉(60kg)	2.70	
腐蚀试验箱	0.30		中频无芯感应熔炼炉(150kg)	5.00	

化验室内的电炉、感应炉、X—探伤仪、X—结构分析仪、电子显微镜、氧氮测定仪、荧光X光谱仪等用户,要求连续给水,不允许中断。

化验室内因酸气较浓,易腐蚀的明装钢铁管道,应刷耐酸漆防腐。

化验室化学分析一般有少量含酸废水排出,设计时排水管应采用耐酸管材。

12.9.2 系统和流程

化学室化学分析所产生的少量含酸废水经中和处理符合排放标准后排放。

12.9.3 构筑物和设备

主要处理构筑物和设备有:中和反应槽、与之相配的搅拌机、溶药投药设备。其计算及选型可参照《给水排水设计手册》。

12.10 氧气站给水排水

氧气站包括制氧和压氧两个部分,这两个部分根据空分设备的多少,可合并在一个车间,也可布置在两个车间。

12.10.1 用水户及用水条件

12.10.1.1 用水户

氧气站的生产用水户有空气压缩机、氧气压缩机透平膨胀机、氮水预冷系统、加温解冻系统及电蒸馏器等。

12.10.1.2 用水条件

(1) 水质:悬浮物含量小于 30 mg/L,pH 值 6.5~8.0,暂时硬度不大于 214mg/L(以 $CaCO_3$ 计)[氮水预冷系统不大于 152mg/L(以 $CaCO_3$ 计)],含油量小于 5 mg/L;

(2) 水温:对水温的要求,根据地区的不同视工艺而定,一般不高于 25℃,夏季最高不大于 34℃;

(3) 水压:车间进口处水压 0.25~0.35MPa;

(4) 水量:以主体工艺提供的资料为依据,表 12-13~表 12-19 是国内几家氧气站的用水量。

表 12-13 3200m³/h 制氧机组

序 号	用 水 户	用水量/$m^3 \cdot h^{-1}$	用水制度	备 注
1	空气压缩机中间冷却器	160	连续	
2	空气压缩机末端冷却器	80	连续	
3	空气压缩机油冷却器	32	连续	
4	空气压缩机电机冷却器	40	连续	
5	氮水预冷系统补充水	0.5		
6	加湿系统	2		
7	仪表空压机	1		
8	透平膨胀机油系统冷却器	2		
9	氧压机	54		
	合 计	371.5		

表 12-14 6000m³/h 制氧机组

序 号	用 水 户	用水量/$m^3 \cdot h^{-1}$	用水制度	备 注
1	空气压缩机	360	连续	
2	氧气压缩机	135	连续	
3	透平膨胀机	6	连续	
4	氮水预冷系统	2		
5	加湿解冻系统	2		
6	仪表用空气压缩机	1		
	合 计	506		

表 12-15 10000m³/h 制氧机组

序 号	用 水 户	用水量/$m^3 \cdot h^{-1}$	用水制度	备 注
1	空压机组	700	连续	
2	氧气透平压缩机组	380	连续	
3	氮气透平压缩机组	310	连续	
4	空气预冷系统	148	连续	
5	透平膨胀机组	15		
6	氩提取设备	8		
7	水浴蒸发器	10		
	合 计	1571		

表 12-16 15000m³/h 制氧机组

序 号	用 水 户	用水量/$m^3 \cdot h^{-1}$	用水制度	备 注
1	空气压缩机	1049	连续	
2	氧气压缩机	376	连续	
3	氮气压缩机	170	连续	
4	透平膨胀机组	36	连续	
5	粗氩净化系统	8		
	合 计	1639		

表 12-17 30000m³/h 制氧机组

序 号	用 水 户	用水量/$m^3 \cdot h^{-1}$	用水制度	备 注
1	空分机组及其他设备	640	连续	
2	氮压机及电机	190	连续	
3	氧压机及电机	390	连续	
4	空压机及电机	1120	连续	
5	氢气站冷却水	30	连续	
	合 计	2370		

表 12-18 35000m³/h 制氧机组

序 号	用 水 户	用水量/$m^3 \cdot h^{-1}$	用水制度	备 注
1	空气冷却器	500	连续	
2	空气压缩机	1100	连续	
3	氧气压缩机	460	连续	
4	氮气压缩机	400	连续	
5	透平膨胀机	60	连续	
6	其他	280		
	合 计	2800		

表 12-19 72000m³/h 制氧机组

序 号	用 水 户	用水量/$m^3 \cdot h^{-1}$	用水制度	备 注
1	制氧机组	4800	连续	
2	氮压机组	240	连续	
3	宝普液化装置	260	连续	
4	电气空调用水	50		
	合 计	5350		

12.10.2 系统和流程

氧气站生产用水为间接冷却水，水质未受到污染，仅水温有所升高，一般经冷却处理，达到设备要求的进水温度后，再循环使用。为保证系统中水的悬浮物含量不致提高，应根据冷却塔所处位置和受周围环境的污染程度，对循环水进行旁通过滤，并应投加水质稳定剂和杀菌灭藻剂，以免造成对设备和管道的腐蚀和结垢，或采用其他有效的水质稳定措施。循环过程中损失的水一般用净化水或过滤水来补充。该系统和流程见图 12-4。

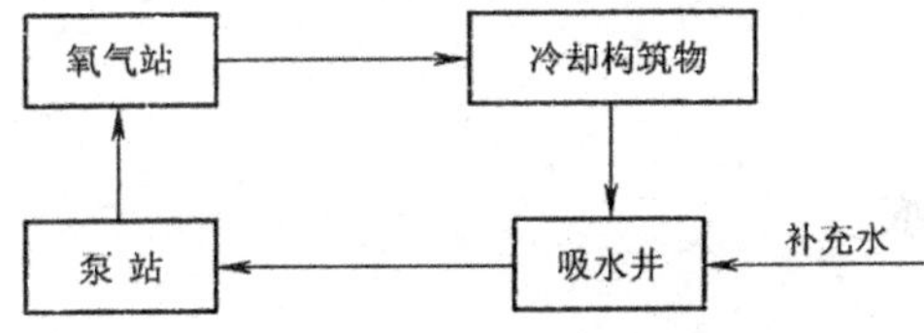

图 12-4 氧气站给水流程简图

12.10.3 构筑物和主要设备

氧气站水处理构筑物主要由吸水井，循环水泵房及冷却构筑物等组成。主要设备有：水泵、冷却塔、过滤设备等。

12.10.4 实例

某制氧站的生产能力为 14000m^3/h，采用循环系统，生产用水量为 1600m^3/h，进水温度为 34℃，出水温度为 44℃，进水压力为 0.3MPa，采用余压回水，其水量平衡图见图 12-5。

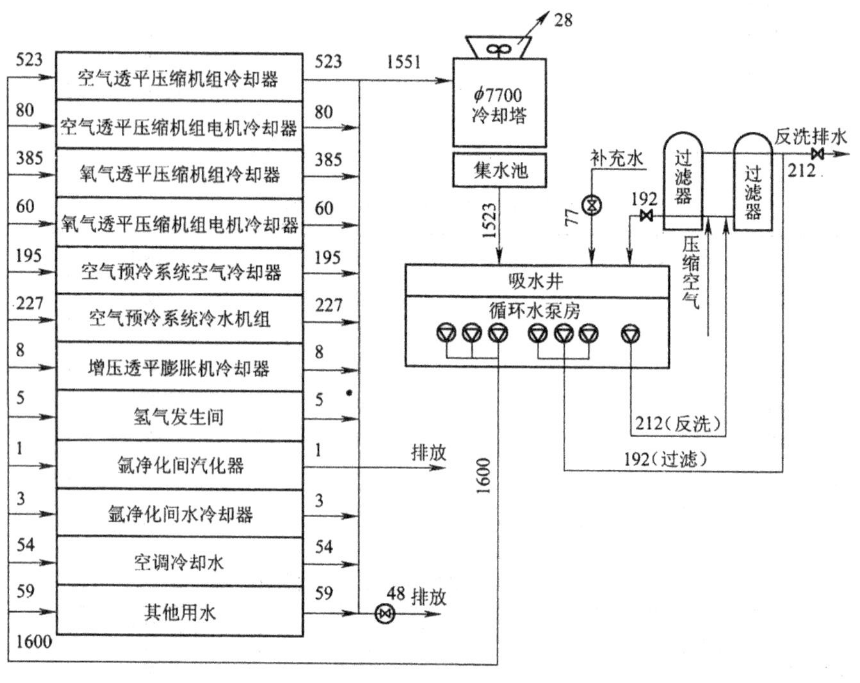

图 12-5 水量平衡暨流程图

其主要设备有：

(1) ϕ7700mm 风机钢筋混凝土结构横流式冷却塔一格，设计冷却水量为 1600m^3/h，进水温度 $t_1=44$℃，出水温度 $t_2=34$℃；

(2) ϕ2600mm 高速过滤器两台，最大处理水量为 196m^3/h，滤速为 40m/h；

(3) 供用户泵组：350S44 型水泵 3 台（$Q=972\sim1476$m^3/h，$H=50\sim37$m，$N=220$kW)，2 用 1 备；

(4) 供过滤器泵组：IS150-125-315 型水泵 3 台（$Q=140\sim260$m^3/h，$H=35\sim27.4$m，$N=30$kW)，2 用 1 备；

(5) 供过滤器反洗泵组：IS150-125-250 型水泵 1 台（$Q=140\sim260$m^3/h，$H=21.3\sim17$m，$N=18.5$kW)。

12.11 空压站给水排水

12.11.1 用水户及用水条件

12.11.1.1 用水户

空气压缩机站的冷却水，包括空气压缩机本身及后冷却器的冷却用水，其中：空气压缩机本身的用水包括气缸套、中间冷却器及油冷却器的冷却用水。当采用串联给水系统时，冷却水首先进入中间冷却器，再经气缸套、后冷却器排出。

12.11.1.2 用水条件

(1) 水质：

悬浮物	<30mg/L
暂时硬度(以 $CaCO_3$ 计)	<214mg/L
pH	6.5~9
含油量	<5mg/L
有机物含量	<25mg/L

(2) 水温：供水水温一般不超过 34℃，进出水温差一般在 10℃左右。

(3) 水压：给水压力一般为 0.2~0.3MPa。

(4) 水量：空气压缩机站的冷却水由工艺专业提供。由于地区不同，冷却水的进水温度也不相同，所以，同样规模的空压站在不同地区用水量也不相同。一般空压机用水量如表 12-20。

表 12-20 空压机用水量表

排气量/$m^3 \cdot min^{-1}$	排气压力/MPa	主机用水量/$m^3 \cdot h^{-1}$	后冷却器用水量/$m^3 \cdot h^{-1}$	备 注
3	0.7	0.9	0.9	无油润滑
6	0.8	1.8	1.8	无油润滑
10	0.8	2.4	2.4	有油润滑
16	0.8	3.2	1.6	有油润滑
20	0.35	2.4	2.4	有油润滑
30	0.4	4.5	5	有油润滑
40	0.4	9.6	6.8	有油润滑
60	0.8	9	6	有油润滑
80	0.22	9.6	9.6	无油润滑
100	0.8	24	24	无油润滑
200	0.2	20	20	无油润滑
100	0.37	30.2		离心式
125	0.635	60.2		离心式
290	0.35	97		离心式
330	0.37	148		离心式
350	0.42	283		离心式
420	0.35	206		离心式

12.11.2 系统和流程

空压站生产用水为间接冷却水，水质未受到污染，仅水温有所升高，一般经冷却处理，达到设备要求的进水温度后，再循环使用。根据工艺设备布置的不同，回水分有压回水与无压回水。为保证系统中水的悬浮物含量不致提高，应根据冷却塔所处的位置和受周围环境污染的程度，对循环水进行旁通过滤，并应投加水质稳定剂和杀菌灭藻剂以免造成对设备和管道的腐蚀和结垢，或采用其他有效的水质稳定措施。循环过程中损失的水一般用净化水或过滤水来补充。该系统的流程见图 12-6。

12.11.3 构筑物和主要设备

空压站水处理构筑物主要由吸水井,冷却构筑物及循环水泵房等组成。通常循环水泵房可与空压站合建。主要设备有:水泵与冷却塔、大型空压站还设有旁滤设备。

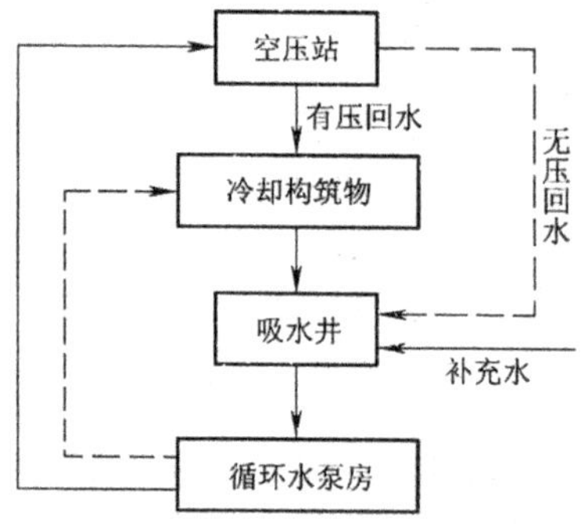

图 12-6 空压站给水流程简图

12.11.4 实例

某空压站的总装机量为 160m³/min,排气压力为 0.8MPa,采用无压回水循环供水系统,生产用水量为 80m³/h,进水温度为 34℃,出水温度为 44℃,进水压力为 0.3MPa。

其主要设备有:

(1)供用户泵组。IS100-80-160 型水泵 2 台(Q = 65 ~ 125m³/h, H = 35 ~ 28m, N = 15kW),1 用 1 备;

(2)供冷却塔泵组。IS100-80-125 型水泵 2 台(Q = 65 ~ 125m³/h, H = 22 ~ 18m, N = 11kW),1 用 1 备;

(3)冷却塔。10NBG-100 型玻璃钢冷却塔一座, Q = 100m³/h, Δt = 10℃, N = 5.5kW。

12.12 制冷站给水排水

12.12.1 用水户及用水条件

12.12.1.1 用水户

制冷站的制冷方式可分为:压缩式制冷,吸收式制冷及离心式制冷等。制冷站的用水户主要是冷凝器和蒸发器的冷却用水。

12.12.1.2 用水条件

(1)水质:

悬浮物	< 30mg/L
暂时硬度(以 $CaCO_3$ 计)	< 214mg/L
pH	6.5 ~ 9

(2) 水温:供水水温一般不超过 34℃,进出水温差一般在 5℃左右;

(3) 水压:给水压力一般为 0.2 ~ 0.3MPa;

(4) 水量:制冷站的用水量由工艺专业提供,几种常用制冷机组的用水量见表 12-21。

表 12-21 制冷机组用水量

机组型式	制冷量/kW	进水温度/℃	冷却水量/$m^3 \cdot h^{-1}$
水冷活塞式	254	26 ~ 34	101
水冷活塞式	381	26 ~ 34	152.5
水冷活塞式	508	26 ~ 34	202

续表 12-21

机组型式	制冷量/kW	进水温度/℃	冷却水量/$m^3 \cdot h^{-1}$
水冷螺杆式	520	26~34	208
水冷螺杆式	774	26~34	307
水冷螺杆式	1040	26~34	415
溴化锂吸收式	346	32	95
溴化锂吸收式	577	32	160
溴化锂吸收式	1155	32	310
溴化锂吸收式	1732	32	465
溴化锂吸收式	2310	32	620
离心式	1050	32	110
离心式	1400	32	147
离心式	1750	32	183
离心式	2100	32	222
离心式	2450	32	258
离心式	2800	32	294

12.12.2 系统和流程

制冷站生产用冷却水一般采用循环供水系统，该系统可与厂区类似水质、水压的循环水系统合并。当独立成系统时，其流程见图 12-7。

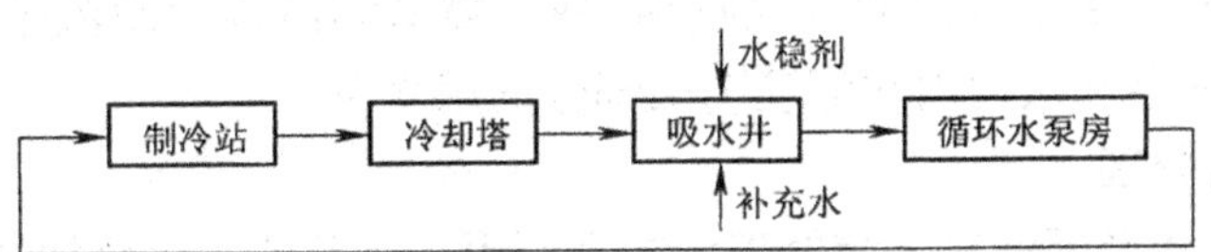

图 12-7 制冷站给水流程简图

12.12.3 构筑物和主要设备

制冷站水处理构筑物主要由吸水井、冷却塔及循环水泵房等组成。主要设备有：水泵、冷却塔、过滤器等。

12.12.4 实例

某制冷站的总制冷量为 9130kW，冷却水总用量为 2360m^3/h，进水温度为 34℃，出水温度为 39℃，采用有压回水循环供水系统，供水压力为 0.25~0.3MPa。

其主要设备有：

(1) 供用户泵组。350S26 型水泵 3 台（Q = 972 ~ 1440m^3/h，H = 30 ~ 22m，N = 132kW），2 用 1 备；

(2) 冷却塔。DBNL_3-800 型冷却塔 3 台（Q = 800m^3/h，Δt = 5℃，N = 22kW）；

(3) 无阀滤罐。GLG200-I-1500 无阀滤罐 1 台（Q = 200m^3/h）。

12.13 锅炉房给水排水

供热(汽)锅炉房中,锅炉机组一般是由燃烧室、锅炉本体、过热器,省煤器和空气预热器等组成。辅助设备有通风、除尘、运煤、除灰及水处理设备等。

12.13.1 主要用水户

锅炉房的主要用水户有:

(1) 锅炉用水:由于锅炉对水质要求较高,均设有专用的水处理设备。外部供水一般是将生活水送到水处理设备。

(2) 水力除灰(渣):当锅炉用煤作燃料时,炉渣是用水的冲力送出锅炉房外。低压水力除灰(渣)喷嘴喷出的压力为0.5~0.6MPa,高压除灰(渣)喷嘴喷出水的压力为2.5~5.5MPa。

12.13.2 用水要求

(1) 水质:锅炉用水,低压锅炉 $SS = 3\text{mg/L}$; 高压锅炉 $SS = 2\text{mg/L}$

(2) 水温:一般无要求。

(3) 水压:1)锅炉用水,车间进口处为0.2~0.3MPa;2)除灰(渣)用水,低压除灰(渣)为0.6~0.7MPa,高压除灰(渣)为2.5~5.5MPa。

(4) 水量:一般以工艺提供的资料为依据,当缺少资料需作概略估算时,可按下式进行。

锅炉软水用量(m^3/h) = 锅炉蒸发量(t/h) × 1.2;

软水站用水量 = 软水产量 × 1.5;

冲渣用水量一般包括排渣槽的熄火喷嘴、冲渣喷嘴和渣沟内激流喷嘴三部分的水量。冲灰用水量包括冲灰器和灰沟内激流喷嘴两部分的用水量。

12.13.3 灰渣处理

一般情况下,灰渣经沉淀池沉淀处理后综合利用。上部清水由泵抽送回车间循环使用,该项设计的有关参数见《锅炉房设计规范》(GB 50041—92)。

另一种方法是将灰渣用泵抽送至灰渣库堆放。有关灰渣水力输送方面的设计参数见第13章“固粒物料的浆体输送”。

12.14 乙炔站给排水

12.14.1 用水户及用水条件

乙炔站主要用水户有:乙炔压缩发生器冷却用水,乙炔发生器反应用水和冷却用水,充瓶间喷淋冷却水,冲洗地坪用水等。用水量与乙炔站规模、乙炔发生器的类型有关。

乙炔压缩机冷却用水的要求参见12.11节。

乙炔发生器用水对水温要求不严,循环水一般不需设置冷却设备。供水悬浮物一般要求少于50mg/L,供水压力应经常保持高出设备最高用水水压。

12.14.2 乙炔站废水处理设施

乙炔气生产过程中含有电石渣废水及冲洗水排出,电石渣废水为高碱度、高硬度、高温度、含有多种有毒有害物质的废水,是严禁排入江、河、湖、海、农田、工厂区及城市排水管道的。这部分污水需经处理后循环使用，处理方法有两种，一种为沉淀法，另一种为机械过滤法。

12.14.2.1 沉淀法

将电石渣废水排入沉淀池，利用电石的重度将电石渣与水自然沉淀分离，或投加适量的混凝剂进行混凝沉淀。分离后的水用泵加压循环使用，电石渣外运统一堆放。一般沉淀池分两格，一格工作一格清渣。其流程见图 12-8。

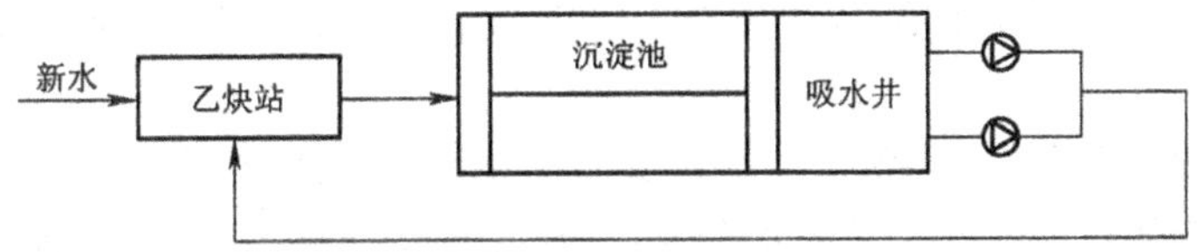

图 12-8 乙炔站污水处理流程简图

电石渣中的灰渣粒度极小，密度较轻，所以渣水很难澄清，同时电石渣也很难晾干。但由于此种方法操作简单，投资少，所以目前我国大多数乙炔生产厂家仍采用此种方法。

12.14.2.2 机械过滤法

电石渣废水通过格栅去除大颗粒渣石后，用泵送入板框压滤机过滤或进入离心式过滤机将渣水分离，水用泵送回循环使用，渣外运统一堆放。采用此种方法处理电石渣水效果较好，但一次性投资较大，管理要求高，运行费用高，目前国内运用较少。

12.14.3 实例

乙炔站的产气量为 240m^3/h，采用循环供水系统，电石渣水采用自然沉淀处理，循环水量为 168m^3/h，新水用量为 10m^3/h。其污水处理流程图见图 12-9。

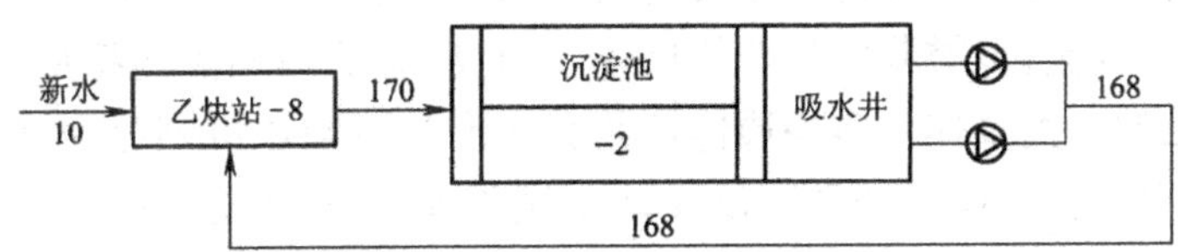

图 12-9 污水处理流程简图

其主要设备有：

(1)平流沉淀池。30m × 6m × 3m 两格，一格沉淀，一格清渣；

(2)水泵。150S50 型水泵（Q = 160m^3/h，H = 50m，N = 37kW）两台，1 用 1 备；

(3)吊车：起重量 5t，抓斗容积 1m^3 桥式抓斗吊车 1 台。

12.14.4 水质稳定

由于电石渣废水为高碱度、高硬度、高温度废水，为延长设备的使用寿命，必须向循环水系统投加水质稳定剂。有关水质稳定问题见第 16 章。

13 固粒物料的浆体输送

固体粒状物料与水混合而形成了各种类型的浆体,矿浆、煤浆、砂浆、泥浆、灰浆、渣浆等都属特指的浆体。

利用浆体的流动特性以管槽形式输送或提升固体粒状物料在许多部门已运用十分广泛,不仅在短距离输送方面发挥了重要作用,在长距离大批量物料的运输领域,浆体管道运输方式已发展到可与铁路、公路、航道等传统运输手段相竞争的地位。目前国内外的浆体输送技术已日趋成熟,与之配套的设施也更加完善。

13.1 浆体及输送方式的分类

13.1.1 浆体的分类

按浆体的流动特征,可把浆体分为均质体和非均质体两种类型。

均质体含有足够数量的微细颗粒,在低速流动(层流)状态下过流断面上浓度差极小,呈均匀状态,近似一相流体,具有牛顿体性状,也可称为非沉降性浆体,在工程中该类浆体较为罕见。当固相颗粒稍粗或密度较大,只有在一定流速(紊流)下浆体才趋于均质体状态,称之为伪(拟)均质体,但有非牛顿体性状;当固相颗粒更粗或密度更大,即使在紊流状态下,过流断面上仍有较大浓度差,该类浆体为非均质体,具有典型的两相流体特征,可称为沉降性浆体,是工程中常见的一类浆体。非均质体按其底床形态不同还可划分为滑动床非均质体和固定床非均质体等。在浆体输送系统设计时,应避免固定床出现。

13.1.2 浆体输送系统的类型及其适用条件

13.1.2.1 按输送方式分类

以表 13-1 概括各种输送方式的特点及适用条件。

表 13-1 输送方式的分类

编 号	输送方式	系 统 特 点	适 用 条 件
1	自流输送	无须加压设备	起点至终点有足够的顺高差,输送线路均衡下行,满足敷设坡度大于临界坡度的条件。输送距离不宜过长
1-1	无压自流	可用管道也可用流槽输送:过流断面一般小于管槽断面,有自由表面,呈无压流	
1-2	压力自流	管道全充满且承压,首段留有无压安全段。系统可靠性取决于输送流量是否衡定	输送线路下行坡度先陡后缓,管线首尾连线超过水力坡降线,宜用于短距离输送
2	压力输送	必须加压输送,系统可靠性高	无自流条件或留有自流条件,但输送距离太远。压力输送在长、短距离输送工程应用最普遍

续表 13-1

编　号	输送方式	系 统 特 点	适 用 条 件
3	混合输送	部分自流，部分扬送	线路起伏较大，输送距离较近，常见于尾矿系统
3-1	先自流后扬送	浆体自流至加压泵站再扬送至目的地或接力泵站	线路前段具备自流条件
3-2	先扬送后自流	浆体扬送至一定标高后自流至终点	线路后段具备自流条件

13.1.2.2 按输送系统运行工况分类

可用表 13-2 表示系统的运行工况

表 13-2　系统运行工况分类

编　号	工况类型	工 艺 特 点	适 用 条 件
1	连续输送	浆体连续不断送出，无须流量调节设施	浆体可保证按设计流量供入系统，应优先采用的工况
2	批量输送	浆体和水交替送出，系统运行无间隙，须设流量调节设施	物料产量较少或生产作业间断，按连续输送不经济；常用于长距离输送系统的正常运行或计划停运
3	间断输送	每批浆体和水送出后停运一段时间，再重复上述过程。须设相对较大的流量调节设施	物料产量更少或生产间断按连续输送和批量输送不经济；仅限于长距离输送工程应用

13.1.2.3 按输送距离的长、短分类

按输送距离长、短可划分为短距离输送系统和长距离输送系统，长、短距离的界限常以 10km 为限，但这不是绝对不能逾越的界限，真正意义上的区分在于系统的工况及构成的不同，可用表 13-3 作出对比分析。

从对比分析可见：长、短距离输送系统的差别非常显著，远超出了距离远、近的区别，而有实质性的差异，故二者的设计方法、参数选择、工艺计算、系统结构、控制方式、经济效益及运行管理都不能一概而论。本手册将其不同内容分别予以阐述。表 13-3 为短距离和长距离输送系统对比。

表 13-3　短距离和长距离输送系统对比

输送系统特征	短距离输送	长 距 离 输 送
对物料的要求	不严格	满足一定粒径特征
对流量、浓度的要求	流量稳定，浓度变化	流量、浓度都要稳定
浓度范围	一般为中、低浓度	高浓度
水力学特征	一般为非均质流体	一般为拟均质流体
浆体稳定性要求	无严格要求	要求高，要求 $C_w/C_v>0.5\sim0.6$
输送制度	连续输送	连续、批量或间隙输送
工作流速	取用较高值	相对较低
系统工作压力	一般低于 2MPa	可达 15～20MPa
喂入压力	按允许汽蚀余量确定	要求不小于 0.30MPa
管道磨蚀情况	以磨损为主，磨蚀严重	以腐蚀为主，磨损较微

续表 13-3

输送系统特征	短距离输送	长距离输送
管材	按磨蚀程度选定	一般采用 Q235 钢管
管壁选定	沿程不变	按压力情况沿程变化
管道使用寿命	使用期可翻管、换管	按使用年限选定不换
管道敷设要求	明设且不受坡度限制	需按一定坡度埋设
管道备用情况	一般须备用一条	浓缩
管道内防腐要求	原浆不加处理	无备用
管道外防腐要求	普通防腐层	投加碱类和除氧剂
粒径再处理要求	无需处理	加强防腐及阴极保护
浆体调制	浓缩或加水	加安全筛并返回再磨
浆体蓄存	无需蓄存设施	大容量蓄存贮槽
监测要求	流量、压力测量	流量、压力、浓度、粒径、沉积测量
监测设施	单表测量	pH 值、粘度、腐蚀等监测
系统控制	人工操作	试验环管监测，自动监控，一般为 SCADA 系统
主输送设备	一般为离心泵，个别为容积泵	均为容积泵

13.1.3 浆体输送系统的构成

13.1.3.1 短距离浆体输送系统

(1)自流输送系统(见表 13-4)

表 13-4 自流输送系统的构成

编号	输送系统类型	系统图式	工艺特点	适用条件
1	自流输送系统			有足够顺高差
1-1	无构筑物设备	浆体生产地 —自流管槽→ 目的地	系统简单，可靠性差	来浆均衡，距离很短，常用于厂内部送浆
1-2	仅有浆仓但无浓缩设施	正常补给水↓；浆体生产地 → 浆仓 —自流管槽→ 目的地	需加水满足设计流量，较前者运行可靠	浆体流量不均，产量低，常用于小型系统
1-3	有浓缩设施和浆仓	浆体生产地 → 浓缩(↑回水) → 浆仓(↓事故冲洗水)；自流管槽→ 目的地	(1) 回水后减小输送系统规模； (2)正常生产不补水，事故或停产时才用冲洗水	浆体浓度较稀，浓缩回水才符合经济原则，是常采用的系统
1-4	有浓缩、浆仓及喂料泵	浆体生产地 → 浓缩(↑回水) → 浆仓(↓事故冲洗水)；→ 喂料泵 —自流管槽→ 目的地	(1) 回水后减小输送系统规模； (2)正常生产不补水，事故或停产时才用冲洗水； (3)以喂料泵保证系统流量均衡	系统可靠性要求较高，常用于压力自流管道系统

注：1.→表示自流或压送；2. 浆仓也可采用搅拌槽形式。

(2)加压输送系统(见表 13-5)

13.1.3.2 长距离浆体输送系统

长距离浆体输送系统均为管道系统，由浆体预处理(即调质贮存)、主线管泵及浆体后处理三部分构成，分别设置于起点站、管输沿线及终点站。其工艺设施一般包括如下内容：

(1) 浆体预处理工艺包括：安全筛、浆体浓缩或造浆、浆体贮存、pH 值调整，冲洗水除氧、浆体特性测控及浆体转输等处理设施，有时还包括事故设施。

表 13-5 加压输送系统的构成

编号	输送系统类型	系统图式	工艺特点	适用条件
2	加压输送系统		设一级以上加压泵站	无自流条件
2-1	无浓缩设施	加水(流量不足时) 浆体生产地 浆仓 输送泵站 目的地	在流量不足时，以加水方式满足输送流量；当浆体浓缩效果极差时，也可采用。	物料产量低，不能满足最小输送管径的要求。常用于近距离或小规模输送系统
2-2	有浓缩设施	回水 浆体生产地 浓缩 浆仓 输送泵站 目的地	(1)以浓缩方式减小输送系统建设规模且就近回水； (2)灰渣输送常不设浆仓	浆体浓度较稀，需浓缩回水才符合经济原则，是最常见的输送系统(如尾矿输送系统及灰渣输送系统)
2-3	有浓缩和隔粗筛设施	回水 筛上物 浆体生产地 浓缩 粗隔筛 浆仓 输送泵站 目的地	(1)以浓缩方式减小输送系统建设规模且就近回水； (2)隔粗筛上物另处理； (3)浆仓常采用搅拌槽	浆体需浓缩，且含有不宜于输送主泵(如油隔离泵等容积式泵)的大颗粒物料，常用于尾矿输送系统
2-4	有两级浓缩和分泵站的输送系统	溢流 回水 加药 浆体生产地 一级浓缩 二级浓缩 分泵站 分泵站 浆仓 总输送泵站 目的地	(1)一级浓缩确保浓度； (2)二级浓缩确保回水的水质	浆体沉降浓缩性能差，须两级浓缩或二级加药方能满足回水要求

(2) 主线管泵包括：主线管道、主输送泵站，有时还设置减压站、清管装置、阴极保护及必要的调质贮存设施。

(3) 浆体的接收一般包括：浆体贮存、脱水、水处理及转输等设施。

长距离浆体管道输送系统的构成可以工艺流程图(图 13-1)表示。煤浆输送系统的前处理工艺因煤质、产状不同而出入较大(不一一阐述)。

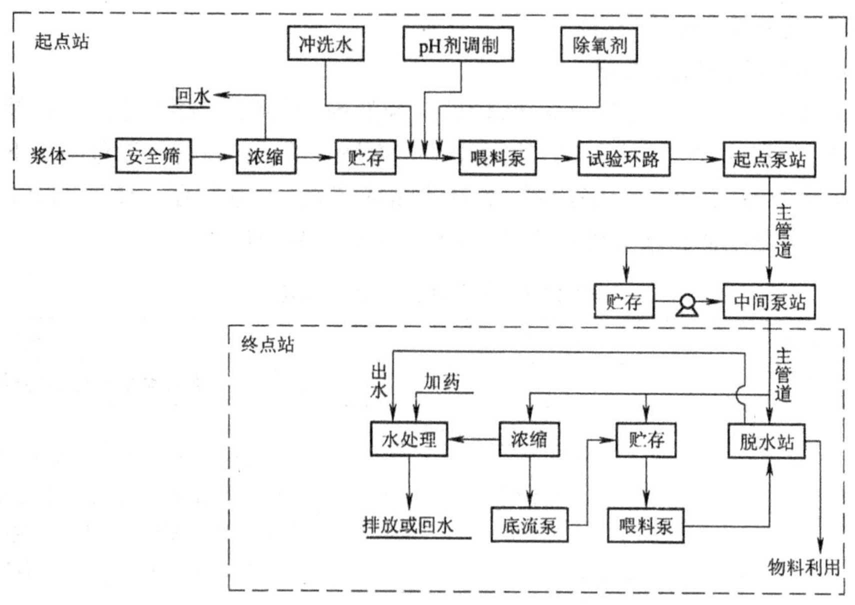

图 13-1 长距离浆体输送管道系统工艺流程简图

13.2 浆体输送系统的主要工艺参数

13.2.1 固体物料的特性参数

13.2.1.1 密度

固体颗粒的密度为单位体积的物质质量，以 γ_g 表示，单位为 t/m^3。

密度是影响浆体物理特性的重要参数，是选取浆体输送系统主要工艺参数的基本依据。一般采用密度瓶法测定。

常采用管道运输的物料密度范围可参见表 13-6。

13.2.1.2 粒径

粒径是指通过某种筛孔的颗粒直径，以 d 表示，单位为 mm，有时还以泰勒筛或标准筛的网目数来表述，常用的筛孔孔径与筛目数对比见表 13-7。

粒径是影响浆体特性的又一重要参数。

物料一般是不均匀的，粒径呈指数函数分布，为表述物料的分布特征，常以特征粒径表示，如加权平均粒径 d_p，中值粒径 d_{50}，上限粒径 d_{95}等，有时还以小于某网目数的百分比来描述粒径的粗细程度。

表 13-6 浆体运输常见物料的密度范围

物 料 名 称	$\gamma_g/t \cdot m^{-3}$
煤	1.40～1.50
河 沙	2.65～2.70
石灰石	2.70～2.80
各类尾矿	2.60～3.10

续表 13-6

物　料　名　称	γ_g/t·m^{-3}
铁 精 矿	4.85 ~ 4.95
铜 精 矿	4.20 ~ 4.40
磷 灰 石	3.10 ~ 3.30
粉 煤 灰	2.00 ~ 2.20
煤　渣	2.60 ~ 2.80
无机污泥	2.50 ~ 3.00

过筛粒径(d_s)并未全面反映粒料的几何形状和水力特征，从工程角度引入了水力当量粒径(d_n)和水力形状系数(ϕ_n)的概念，水力当量粒径是与其密度相同、沉降速度相同的球形颗粒直径。

$$\varphi_n = \frac{d_s}{d_n}$$

或

$$\varphi_n = \frac{W_c}{W_s} \tag{13-1}$$

式中　W_c——颗粒沉降速度，m/h；

W_s——该粒料的水力当量粒径的沉降速度，m/h。

机械筛子的最小孔径一般为 0.038mm，更细的颗粒(或小于 0.074mm(-200 目)以下颗粒)多用水析法分，直至 5 ~ 10μm。以水析法测得的粒径反映了颗粒的水力特征，无须进行形状和水力修正。

加权平均粒径 d_p 是工程计算中引用最多的参数，计算公式为：

$$d_p = \frac{\sum \Delta P_i d_i}{100} \tag{13-2}$$

式中　d_p——加权平均粒径，mm；

d_i——各级粒径，mm，等于两相邻筛孔直径的算术平均值；

ΔP_i——d_i 级颗粒质量占总质量的百分数，%。

中值粒径 d_{50}和上限粒径 d_{95}可直接由筛分曲线找出，其物理意义为小于该粒径的物料质量分别占物料总质量的 50%和 95%。

表 13-7　常用的筛孔孔径与筛目数对比表

筛孔孔径/mm	泰勒筛/目	标准筛/目
2.38	8	
0.701	24	25
0.295	48	50
0.246	60	60
0.208	65	65
0.175	80	80
0.147	100	100

续表 13-7

筛孔孔径/mm	泰勒筛/目	标准筛/目
0.104	150	140
0.074	200	200
0.062	250	250
0.043	325	325
0.038	400	

在短距离浆体输送工程中，物料一般不另作加工，个别工程仅作隔粗处理，物料粒径保持原状；在长距离浆体管道工程中，如物料粒径不能满足输送系统的安全性或经济性，则需作细磨处理，且控制上限粒径在预定值以下，表 13-8 列举了部分物料的上限粒径值。

表 13-8 部分物料的上限粒径

物料名称	上限粒径 d_{95}/mm	泰勒目数
煤	2.38	8
石灰石	0.295	48
磷灰石	0.295	48
铜精矿	0.208	65
铁精矿	0.147	100

13.2.2 浆体的物理特性参数

13.2.2.1 浆体浓度

浓度是描述浆体物理特性的基本参数，它有多种表述方式：

(1) 体积浓度 C_v：为浆体中固体体积 V_s 和浆体体积 V_m 之比：

$$C_v = \frac{V_s}{V_m} \times 100 \tag{13-3}$$

式中 C_v——体积浓度，%；

V_s——浆体中固体体积，m^3；

V_m——浆体体积，m^3。

(2) 质量浓度 C_w：为浆体中固体质量 W_s 和浆体质量 W_m 之比：

$$C_w = \frac{W_s}{W_m} \times 100 = \frac{V_s \gamma_g}{V_m \gamma_m} \times 100 \tag{13-4}$$

式中 C_w——质量浓度，%；

W_s——浆体中固体质量，t；

W_m——浆体质量，t；

γ_g——浆体中固体密度，t/m^3；

γ_m——浆体密度，t/m^3。

(3) 体积稠度 Z_v：为浆体中固体体积 V_s 和浆体中水的体积 V_o 之比：

$$Z_v = \frac{V_s}{V_o} \times 100 \tag{13-5}$$

式中 Z_v——体积稠度，%；

V_o——浆体中水的体积，m^3。

(4) 质量稠度 Z_w：为浆体中固体质量 W_s 和浆体中水的质量 W_o 之比。

$$Z_w = \frac{W_s}{W_o} \times 100 \tag{13-6}$$

式中 Z_w——质量稠度，%；

W_o——浆体中水的质量，t。

(5) 水固比 m：为浆体中水的质量 W_o 和浆体中固体质量 W_s 之比，即质量稠度的倒数。

$$m = \frac{W_o}{W_s} = \frac{1}{Z_w} \tag{13-7}$$

(6) 含沙量：为浆体中固体质量 W_s 和浆体体积 W_m 之比。

$$S = \frac{W_s}{V_m} \tag{13-8}$$

式中 S——浆体的含沙量，kt/m^3。

(7) 浆体密度 γ_m：为浆体中固体质量 W_m 和浆体体积 V_m 之比。

$$\gamma_m = \frac{W_m}{V_m} \tag{13-9}$$

式中 γ_m——浆体的密度，t/m^3。

上述诸参数的计算式及换算关系式列于表 13-9。

表 13-9 浆体浓度、稠度、水固化、含沙量及密度的换算表

名称	原定义	已知 γ_g 和 γ_m 的基本计算式	换算式					
			已知 $\gamma_g C_w$	已知 $\gamma_g C_v$	已知 $\gamma_g Z_w$	已知 $\gamma_g Z_v$	已知 $\gamma_g m$	已知 $\gamma_g S$
质量浓度	$C_w=\frac{W_s}{W_m}$	$C_w=\frac{(\gamma_m-1)\gamma_g}{(\gamma_g-1)\gamma_m}$	—	$\frac{\gamma_g C_v}{1+C_v(\gamma_g-1)}$	$\frac{Z_w}{Z_w+1}$	$\frac{\gamma_g Z_v}{\gamma_g Z_v+1}$	$\frac{1}{1+m}$	$\frac{S\gamma_g}{S(\gamma_g-1)+\gamma_g}$
体积浓度	$C_v=\frac{V_d}{V_m}$	$C_v=\frac{(\gamma_m-1)}{(\gamma_g-1)}$	$\frac{C_w}{\gamma_g+C_w(1-\gamma_g)}$	—	$\frac{Z_w}{\gamma_g+Z_w}$	$\frac{1}{1+Z_v}$	$\frac{1}{1+\gamma_g m}$	$\frac{S}{\gamma_g}$
质量稠度	$Z_w=\frac{W_s}{W_o}$	$Z_w=\frac{(\gamma_m-1)\gamma_g}{\gamma_g-\gamma_m}$	$\frac{C_w}{1-C_w}$	$\frac{\gamma_g C_v}{1-C_v}$	—	$\gamma_g Z_v$	$\frac{1}{m}$	$\frac{\gamma_g}{(S+1)\gamma_g-S}$
体积稠度	$Z_v=\frac{V_s}{V_o}$	$Z_v=\frac{\gamma_m-1}{\gamma_g-\gamma_m}$	$\frac{C_w}{\gamma_g(1-C_w)}$	$\frac{C_v}{1-C_v}$	$\frac{Z_w}{\gamma_g}$	—	$\frac{1}{\gamma_g m}$	$\frac{1}{(S+1)\gamma_g-S}$
水固比	$m=\frac{W_o}{W_s}$	$m=\frac{\gamma_g-\gamma_m}{(\gamma_m-1)\gamma_g}$	$\frac{1-C_w}{C_w}$	$\frac{1-C_v}{\gamma_g C_v}$	$\frac{1}{Z_w}$	$\frac{1}{\gamma_g Z_v}$	—	$S+1-\frac{S}{\gamma_g}$
含沙量	$S=\frac{W_s}{V_m}$	$S=\frac{\gamma_g(\gamma_m-1)}{\gamma_g-1}$	$\frac{\gamma_g C_w}{\gamma_g(1-C_w)+C_w}$	$\gamma_g C_v$	$\frac{\gamma_g Z_w}{\gamma_g+Z_w}$	$\frac{\gamma_g Z_v(\gamma_g-1)}{1-Z_v}$	$\frac{\gamma_g}{1+\gamma_g m}$	—
浆体密度	$\gamma_m=\frac{W_m}{V_m}$	—	$\frac{\gamma_g}{\gamma_g(1-C_w)+C_w}$	$1+C_v(\gamma_g-1)$	$\frac{Z_w+1}{\frac{Z_w}{\gamma_g}+1}$	$\frac{\gamma_g Z_v+1}{Z_v+1}$	$\frac{1+m}{\frac{1}{\gamma_g}+m}$	$\frac{S(\gamma_g-1)+\gamma_g}{\gamma_g}$

13.2.2.2 浆体的沉降性能参数

A 浆体中固体物的集合沉降速度

集合沉降速度 U_p 是浆体浓缩计算的重要参数，一般由静置沉降试验测得，在满足上清液水质要求的前提下，固体颗粒形成的或假定的沉降界面的下降速度即为集合沉降速度。

$$U_p = \frac{\Delta h}{\Delta t} \tag{13-10}$$

式中 U_p——固体颗粒的集合沉降速度，m/h；

Δh——为沉降界面下降高度，m；

Δt——沉降始末的时间差，h。

U_p 的测试方法详见 13.3.1。

B 最大沉降浓度

浆体在静置沉降时能达到的最大浓度称为最大沉降浓度，如用体积浓度 C_{vm}表示，有如下经验公式：

泥沙 $$C_{vm} = 0.755 + 0.222\lg d_{50} \tag{13-11}$$

金属矿浆 $$C_{vm} = 0.5361\gamma_g^{0.2594} d_p^{0.1721} \tag{13-12}$$

通常浆体的浓缩浓度和输送浓度需参照该浓度值降值取用，并满足系统的安全性和经济性要求。

13.2.2.3 浆体的流变特性参数

流变特性参数是描述流体粘性大小的参数，即流体在流动方向的剪切应力（τ）和应变（$\frac{d_u}{d_y}$）的关系。流变方程为：

对牛顿体： $$\tau = \mu\left(\frac{d_u}{d_y}\right) \tag{13-13}$$

式中 μ——液体的动力粘度系数。

对非牛顿体： $$\tau = \tau_0 + \eta\left(\frac{d_u}{d_y}\right) \tag{13-14}$$

式中 τ_0——初始切应力；

η——刚度系数。

另一类非牛顿体是幂律体，流变方程为：

$$\tau = K\left(\frac{d_u}{d_y}\right)^n \tag{13-15}$$

式中 K——粘稠度系数；

n——流动指数。

流变参数由专用仪器测出，流变方程的确定对于定性的了解浆体的流动特征和确定摩阻损失的范围具有指导意义，故在长距离浆体管道工程中，应以较完整的流变试验成果为依据进行工业性试验和选择工艺参数

13.2.2.4 浆体的腐蚀率和磨蚀率

浆体的腐蚀和磨蚀对管道和设备造成的危害有时是十分惊人的，不但引起工程系统投资和营运费的增加，还可能引起生产的停顿和安全事故，故必须准确判断浆体的腐蚀和磨蚀性能，以采用有效对策。浆体的腐蚀率和磨蚀率一般宜通过试验测定，或参照同类工程取值。

浆体的腐蚀是一种电化学过程，在含氧情况下尤为严重。腐蚀率是用每年被腐蚀的管壁厚度来表示的（mm/a）。

浆体的磨蚀是由固体颗粒的碰撞、冲击、摩擦作用造成的，常用米勒数 N_m 表示。一般采用挂片试验测得。

N_m 为被磨损的金属损失量 G(mg)与时间 t(h)的关系曲线上，当 $t=2$h 处的损失率。

$$G = At^B \tag{13-16}$$

式中　G——金属损失量，mg；

t——时间，h；

A、B——由试验资料确定的参数。

损失率：

$$\frac{dG}{dt} = ABt^{B-1} \tag{13-17}$$

式中　$\frac{dG}{dt}$——损失率，mg/h；

米勒数：

$$N_m = CAB2^{B-1} \tag{13-18}$$

式中　C——为调整常数，取 18.18。

米勒数 N_m 大于 50 的浆体是磨蚀率较高的浆体。固体颗粒越粗、棱角越尖、硬度越大，磨蚀率越高。长距离浆体管道严格控制上限粒径的目的之一也在于控制磨损，故一般而言，长距离管道是以腐蚀为主，磨蚀为次；而短距离管道则以磨蚀为主。在选择主输送泵泵型时，常以浆体磨蚀性能(米勒数大小)作为重要依据加以考虑。现将不同物料的米勒数测量值范围列于表 13-10。

表 13-10　浆体的米勒数(N_m)

浆体类型	N_m
煤	12～57
铝矾土	22～33
粘土	34～36
石灰石	22～41
砂	51～85
铜精矿	58～128
铁精矿	64～131
尾矿	76～217
磷酸盐	74～134
刚玉	241～1058

13.2.2.5　浆体的热力性能

(1)温度：温度对浆体粘度影响较明显，是确定临界流速和水力摩阻的重要控制参数，常以℃表示。

(2)浆体的质量热容 C：

$$C = \frac{C_s C_w + C_0(1 - C_w)}{100} \tag{13-19}$$

式中　C——浆体的质量热容，J/kg·K；

C_w——质量浓度，%；

C_0——水的质量热容,J/kg·K;

C_s——固体的质量热容,J/kg·K。

(3)热导系数 k:

$$k = k_0\left[\frac{2k_0 + k_s - 2C_v(k_0 - k_s)}{2k_0 + k_s + C_v(k_0 - k_s)}\right] \tag{13-20}$$

式中 C_v——体积浓度,%;

k_0——水的热导系数;

k_s——固体的热导系数。

13.2.3 浆体管道的流动状态及主要水力参数

13.2.3.1 浆体管道的流动状态

运用于工业上的浆体输送管道,真正意义上的均质流体极为罕见,绝大多数系非均质流体,该类流体随物料性质、浆体特征及管流条件不同可出现下述流动状态:均匀悬浮、非均匀悬浮、管底有推移或跳跃质、管底有固定床等四种形态。

(1) 均匀悬浮:管道流速较大,强烈紊动形成的悬浮分速使固体颗粒在过流断面上基本均匀分布。

(2) 非均匀悬浮:当流速降低,紊动减弱,固体颗粒分布不很均匀,细粒级悬浮均匀,粗粒级不均匀。

(3) 管底有推移或跳跃质:当流速进一步减小,粗、重颗粒在管底以滑动、滚动、跳跃方式推移,轻质细小颗粒形成不均匀悬浮。

(4) 管底有固定床:流速降至相当程度后,底部形成固定底床,床面上形成更不均匀和不稳定的非均匀悬浮状态。

在工程上常采用非均匀悬浮流态形式,须保证管道不产生淤积堵塞,又不使流速过高而消耗过多的能量。

13.2.3.2 临界流速

浆体的临界流速(v_L)常以沉积临界流速来定义的,该流速是固体颗粒在输送管(槽)中保持悬浮状态而不产生滑动层和淤积层的最低流速。管道的工作流速一般都应高于临界流速,才使浆体流动保持稳定并避免管底发生推移质的不均衡磨蚀。

影响临界流速的因素包括固体密度、粒径、浆体浓度、温度以及管径大小等等。计算临界流速的经验公式很多,都是在一定的试验物料和条件下推出的,有一定的局限性。一般应通过浆体输送试验(工业性或半工业性试验)取得数据,当无条件时可参照经验公式进行计算,并以类似工程的生产试验数据进行复核。计算方法及生产试验数据详见 13.5。

13.2.3.3 摩阻损失

摩阻损失(i_m)是确定管道系统主输送设备能力及输送段数的主要依据。它是物料密度、粒径分布、输送浓度、温度、工作流速及管道直径、材质的函数,多以单位管长的压力降表示,单位为 10kPa/m 或 mH_2O/m。

摩阻损失一般也须通过工业性试验求得,短距离浆体输送工程或无条件进行试验时,可采用经验公式求取,经验公式有三种基本形式:

(1)在清水摩阻损失基础上叠加一个附加摩阻损失,即:

$$i_m = i_0 + \Delta i \tag{13-21}$$

式中　i_0——清水摩阻损失；

Δi——附加摩阻损失。

（2）载体（细粒级）摩阻损失加上被载体（粗粒级）摩阻损失，即：

$$i_m = i_{m1} + i_{m2} \tag{13-22}$$

式中　i_{m1}——载体摩阻损失；

i_{m2}——被载体摩阻损失。

（3）在清水摩阻损失基础上乘以大于 1 的系数，即：

$$i_m = k_i i_0 \tag{13-23}$$

式中　k——摩阻增加系数。

具体计算方法见 13.5 节有关内容。

13.2.3.4　临界流速和摩阻损失的变化规律

对于设定的固粒物料，物料的密度和粒径为定值，临界流速只与输送浓度和管径有关，一般需通过试验获得不同管径下输送浓度与临界流速的关系，为输送浓度、管径及工作流速的确定提供科学依据。

质量浓度 C_w 与临界流速 v_L 的关系可用图 13-2 表达。在低浓度区间，随着 C_w 提高，使颗粒悬浮所需的紊动能量增大，临界流速呈上升趋势，直至临界流速最高点 a；当浓度提高到中等浓度区间 b 后，浆体粘度增加，使颗粒沉降速度下降，临界流速逐渐下降，直至高浓度区间达到最低点后，不再发生变化；个别物料因团聚现象，使浆体临界流速达到最低点 b 后再度上扬，故在选取输送浓度时须慎重对待或采取抑制团聚现象发生的技术措施。

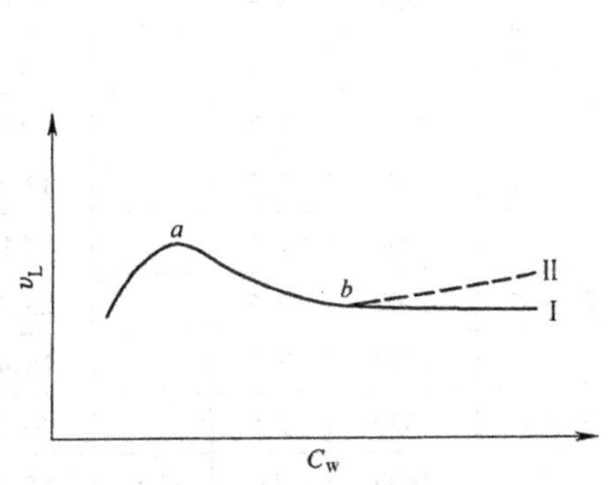

图 13-2　浓度与临界流速的关系曲线

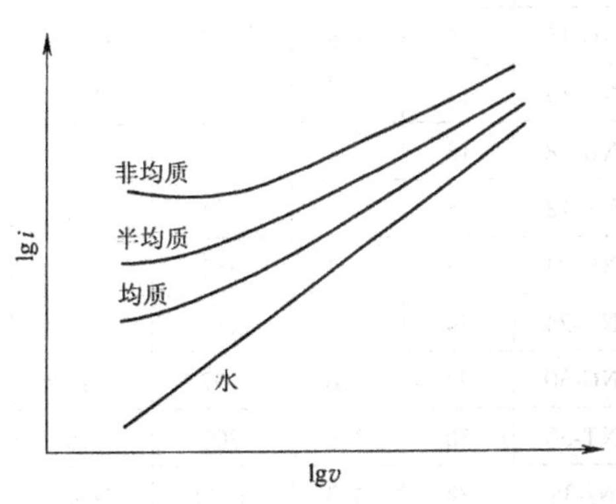

图 13-3　$i \sim v$ 曲线

随着管径增大，所需紊动能量增加，故临界流速上升，一般认为 v_L 与管径 D 的 1/4～1/2次方成正比，但随着浓度加大，管径 D 的影响逐渐变弱，在高浓度区间可以忽略管径 D 的影响。

在临界流速确定以后，根据设计流量、输送浓度可选择输送管道的规格，从而确定了工作流速 v，在该流速下管道的摩阻损失（水力坡降）i 也可以通过管道工业试验得出，流速 v 与水力坡降 i 的关系可用图 13-3 描述。

13.3 浆体的浓缩

浆体浓缩的目的在于提高浆体的浓度、减少输送流量，降低系统投资及能耗，也使浓缩溢流水能够得以利用，提高厂矿循环水率，满足排放要求。一般要求浓缩设施既可获得合适的排浆浓度，又可使溢流水达到利用或排放的水质标准。故集浓缩和澄清过程于一体的浓缩设施在工程中应优先选用。

浓缩过程是一种复杂的物理、化学作用过程，受物料的密度、粒径、形态和浆体的温度、浓度、粘度及凝聚性能的影响，一般可通过浓缩试验或静止沉降试验取得必要的数据和资料，或参考类似浆体浓缩设施的生产运行指标，经计算选择设备及设施。

浓缩设施类型较多，通常处理矿浆、煤浆、灰渣、泥浆及悬浮物废水采用普通浓缩机，特殊情况下，也有采用高效浓缩机、斜板(管)浓缩箱、水力旋流器及平流沉淀池的实例。本手册重点介绍普通浓缩机有关内容。

13.3.1 普通浓缩机

13.3.1.1 产品简介

普通浓缩机为定型产品，有周边传动式和中心传动式两大类，其中周边传动式又有辊轮和齿条两种传动形式。常用浓缩机的技术参数见表 13-11 和表 13-12。

表 13-11 NG、NT、NJ、NTJ 型周边传动式浓缩机技术参数

型号	浓缩池		沉淀面积 /m²	耙架每转时间 /min	辊轮轨道中心圆直径 /m	齿条道中心圆直径 /m	生产能力 /t·d⁻¹	电动机功率/kW		质量/t
	直径/m	深度/m						传动	提升	
NG-15	15	3.5	177	8.4	15.36		390	5.5		9.12
NT-15	15	3.5	177	8.4	15.36	15.568	390	5.5		11
NG-18	18	3.5	255	10	18.36		560	5.5		10
NT-18	18	3.5	255	10	18.36	18.576	560	5.5		12.12
NG-24	24	3.4	452	12.7	24.36		1000	7.5		24
NT-24	24	3.4	452	12.7	24.36	24.882	1000	7.5		28.27
NG-30	30	3.6	707	16	30.36		1570	7.5		26.42
NT-30	30	3.6	707	16	30.36	30.888	1570	7.5		31.3
NJ-38	38	4.9	1134	10-25			1600	11	7.5	55.26
NJ-38A	38	4.9	1134	13.4-32			1600	11	7.5	55.72
NT-38	38	5.06	1134	24.3	38.383	38.629	1600	7.5		59.82
NT-45	45	5.06	1590	19.3	45.383	45.629	2400	11		58.64
NTJ-45	45	5.06	1590	19.3	45.383	45.629	4300	15		71.69
NT-50	50	5.05	1964	21.7	51.779	52.025	3000	11		65.92
NT-53	53	5.07	2202	23.18	55.16	55.406	3400			69.41
NTJ-53	53	5.07	2202	23.18	55.16	55.406	6250	15		79.79
NT-100	100	5.65	7846	43	100.5	100.768	3030	15		198.08

表 13-12 NZ 型中心传动式浓缩机技术参数

型 号	浓缩池		沉淀面积/m^2		耙架每转时间 /min	提耙高度 /m	生产能力 /$t\cdot d^{-1}$	电动机功率/kW		质量/t
	直径/m	深度/m	A	B				传动	提升	
NZS-1	1.8	1.8	2.54		2	0.16	5.6	1.1		1.235
NZS-3	3.6	1.8	10.2		2.5	1.35	22.4	1.1		3.194
NZS-6	6	3	28.3		3.7	0.2	62	1.1		8.751
NZSF-6	6	3	28.3		3.7	0.2	62	1.1		3.646
NZS-9	9	3	63.6		4.34	0.35	140	3		5.1
NZ-9	9	3	63.6		4.34	0.25	140	3	0.8	5.134
	9	4.15	63.6		4.37	0.25	160	3	0.8	7.903
NZF-9	9	3	63.6		4.34	0.25	140	3	0.8	5.36
NZS-12	12	3.5	113		5.28	0.25	250	3		8.51
	12	3.5	113		5.28	0.25	250	3		34.671
	12	4	113		5.28	0.25	250	3		9.818
NZF-12Q	12	3.5	113	244	5.26	0.25	480	3		12.75
	12	3.5	113	244	21	0.25	480	1.1		13.18
NZ-15	15	4.4	176		10.4	0.4	350	5.2	2.2	21.757
NZF-15Q	15	4.4	176	800	10.4	0.2	800	5.2	2.2	32.4
NZ-20	20	4.4	314		10.4	0.4	960	5.2	2.2	24.504
	20	4.4	314	1400	14.7	0.4	1440	5.2	2.2	104.087
NZ-20Q	20	4.4	314	1400	10.4	0.4	1440	5.2	2.2	43.218
	20	4.4	314	1400	61.97	0.4	1440	0.8	2.2	45.161
	20	4.2	314	1400	10.4	0.4	1440	5.2	2.2	48.988
NZF-20	20	4.4	314		10.4	0.2	500	5.2	2.2	25.287
NZ-45	45	4.64	1590		20		515	5.2		47.81

注：A—池底面积；B—倾斜板水平投影。

13.3.1.2 选型计算

浓缩池的选型计算包括面积及深度的确定和干料负荷的校验等内容，有效面积计算方法较多，以下介绍两种常用计算方法。

A 按工业试验或模型试验确定有效面积

浓缩池有效面积 A 按公式(13-24)计算：

$$A = KaG \tag{13-24}$$

式中 A——浓缩池的有效面积，m^2；

G——每小时处理物料量，t/h；

a——在溢流水水质满足循环利用或排放要求的前提下，每小时处理每吨固体物料所需浓缩池面积，$m^2/(t\cdot h)$；

K——校正系数，原型试验取 1.0，模拟、半工业试验，按准确性选取 1.05～1.20。

浓缩机生产运行指标摘录资料见表 13-13。

表 13-13 国内、外部分浓缩机实际生产指标

物料名称		物料特征 (密度及粒径)	给入浓度 $C_{w1}/\%$	排出浓度 $C_{w2}/\%$	每小时处理每吨物料所需浓缩面积 $/m^2\cdot(t\cdot h)^{-1}$	备 注
国外资料	尾矿	< 0.074mm (- 200目)占 50% ~ 65%	10 ~ 30	45 ~ 50	0.46 ~ 1.0	6 种不同矿
	原生矿泥	< 0.043mm (- 325目)占 100%	1.5	22 ~ 31	3.15 ~ 4.2	2 种不同矿
	石灰泥	< 0.074mm (- 200目)占 65%	10	38	0.8	
	细粘土	< 0.048mm (- 300目)占 100%	1.5 ~ 3	20 ~ 40	1.0 ~ 22.5	
	铝土矿残渣	细石英	5 ~ 10	10 ~ 20	7.5 ~ 15	
	浮选矿浆		10 ~ 50	35 ~ 80	0.2 ~ 1.3	9 种不同矿
	石灰苏打泥	$CaCO_3$ 沉泥	3 ~ 11	30 ~ 50	0.5 ~ 3.0	
攀钢钒钛磁铁尾矿		$\gamma_g = 3.1 \sim 3.3t/m^3$, - 200 目 30% ~ 34%	8 ~ 12	20 ~ 45	0.3 ~ 0.5	
首钢磁铁尾矿		$\gamma_g = 2.8t/m^3$, - 200 目 40% ~ 45%	7.46 ~ 7.85	14.5 ~ 15	0.7 ~ 0.8	2 个选矿厂
鞍钢磁铁尾矿		$\gamma_g = 2.7 \sim 2.8t/m^3$, - 200 目 60% ~ 68%	3 ~ 6	20 ~ 25	0.81 ~ 1.86	3 个选矿厂
本钢磁铁尾矿		$\gamma_g = 2.7t/m^3$, - 200 目 80%	3 ~ 4	20 ~ 40	0.67 ~ 1.07	南芬选矿厂
武钢磁铁尾矿		$\gamma_g = 2.73t/m^3$, - 200 目 50%	5	11	0.73	程潮选矿厂
个旧锡尾矿		$\gamma_g = 2.7t/m^3$, - 200 目 53% ~ 81.7%	4.6 ~ 6.25	7.32 ~ 19.23	1.76 ~ 4.13	2 个选矿厂
黄河源水		$\gamma_g = 2.65 \sim 2.85t/m^3$	9	15	1.566	兰州水厂

B 按静止沉降试验确定有效面积

静止沉降试验的试样，应选取具有代表性的物料原浆，配制浓度按预定的给入浓度及上下至少两个参照浓度样(共三个以上试验样)，采用 1000 ~ 2000mL 标有刻度的圆柱型量筒进行。制浆注入多个量筒，搅拌后静置观测，每隔一定时段记录沉降界面的下降高度(S)(如开始无明显界面，可取下 2/3 高度为假定界面)，并同时在界面以上取水样测定悬浮物含量(M)，及测定界面以下浓缩带的质量浓度 C_w(或密度)，然后绘制 $S \sim t$、$M \sim t$ 和 $C_w \sim t$ 三组曲线，如图 13-4。

当自然沉降效果不好时(如清水中悬浮物含量在 60min 内仍不满足要求)，则采用加药凝聚，重复上述试验方法，获得不同药剂及投加量的多组试验曲线。药剂及投加量的选择应按来源可靠、价格低廉、效果良好等因素经比较确定。

按以上试验结果，可求出预定原始浓度下的满足水质要求的浆体集合沉降速度 U_{cw}：

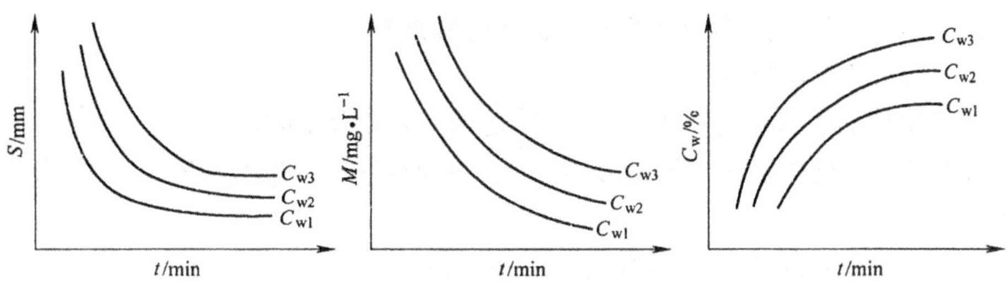

图 13-4 静止沉降试验曲线

$$U_{cw} = \frac{H_0 - H_k}{t_k} \tag{13-25}$$

式中 U_{cw}——浆体的集合沉降速度，m/h；

H_0——量筒中浆体原始高度，m；

t_k——$M \sim t$ 曲线上沉降至满足澄清水质要求的时间，h；

H_k——$S \sim t$ 曲线上对应 t_k 时的高度，m。

然后按公式(13-26)计算浓缩池有效面积：

$$A = \frac{K(m_1 - m_2)}{U_{cw}} G \tag{13-26}$$

式中 A——浓缩池的有效面积，m^2；

m_1——原始浆体的水固比，质量比；

m_2——浓缩池排浆的设计水固比，质量比；

K——校正系数，采用 1.05～1.20，按试验准确性和选用池型的大小确定；大池取下限值，小池取上限值。

C 浓缩池的选择

按所需有效面积 A 求得浓缩池所需总面积 A_s：

$$A_s \geqslant A + A_J \tag{13-27}$$

式中 A_s——所需浓缩池的总面积，m^2；

A_J——中心柱及溢流槽所占表面积，m^2。

每座浓缩池的面积 A_N：

$$A_N = \frac{A_s}{n} \tag{13-28}$$

式中 A_N——每座浓缩池的面积，m^2；

n——浓缩池座数。

依此选出浓缩机型号，然后校验浓缩机的干料处理负荷，对比最大干料处理量和设备可能处理量，如不满足要求，应改用较大能力的型号。

由于国产普通浓缩机为定型产品，已考虑了通用物料的特性，浓缩池深度与表面积为正变关系，故一般不校验池深。对于给入浆体浓度特别高，沉降压缩性能特别差的浆体，才需校验浓缩池池深，当不符合要求时，应特殊订货或改用深锥浓缩机等高效浓缩设备。

浓缩机一般不设备用。

13.3.2 其他类型国产浓缩设备的特点及选用原则

13.3.2.1 DZG型高效浓缩机

是普通周边传动式浓缩机的改进型产品，技术性能见表13-14，其构造特点是：

(1) 将普通浓缩机中心柱改为中心缓冲装置并增设中心锥形反应筒，使配浆条件及反应条件得到改善。

(2) 按实测应力资料设计桁架，使整机质量减少。

(3) 底部排矿由多斗改为单斗，堵塞情况及浓度不均情况得以缓和。

该机提高了浓缩分级效率，可用于加药或不加药浓缩条件，是矿浆、灰渣、煤浆、泥浆进行浓缩处理的可靠设备，宜用于含悬浮物废水的处理。

表13-14 DZG型高效浓缩机技术性能

型 号	池内径/m	池深/m	处理量/t·h^{-1}	运行周期/min·周$^{-1}$	电动机功率/kW	排矿浓度/%	设备质量/t
DZG-20	20	3.58	40	9	5.5	45~60	35
DZG-24	24	3.8	55	11	5.5	45~60	44
DZG-30	30	4.65	80	14	7.5	45~60	55
DZG-40	40	4.9	130	18	11	45~60	66
DZG-50Ⅰ	50	4.9	150	22	11	45~60	80
DZG-50Ⅱ	50	4.9	180	22	15	45~60	85
DZG-53Ⅰ	53	4.9	210	24	11	45~60	95
DZG-53Ⅱ	53	4.9	260	24	15	45~60	102

13.3.2.2 XZN型深锥浓密机

深锥浓密机是由选矿厂常用的脱泥斗演变而来的，在原型设备基础上增设了动力排泥装置。该机由上部圆柱型沉淀分离区和下部圆锥型浓缩区两部分构成，浆体进入上部中心筒并由筒底配入沉淀区形成固液分离，溢流由周边堰口排出，沉泥进入锥体浓缩区，在重力和机械辅助作用下由底部排浆口排出浓缩浆体，底部浓度依赖调节阀或底流泵的控制完成，底部设有冲洗水管，以防排浆不畅。当溢流水质要求较高时，也可投加絮凝剂进行处理。由于该机不带耙架，依赖锥斗集浆，高度较高，不宜扩大设备直径，产品处理量较低。

该浓密机适用于处理量较少的微细颗粒脱泥或脱水作业，在选矿工艺中应用较多，也曾用于烧结厂的废水处理及污泥回收工艺，技术性能见表13-15。

表13-15 XZN深锥浓密机技术性能表

技术性能 \ 型号	XZN-3.6	XZN-6A	XZN-6	ZU-10
直径/m	3.6	6	6	10
深度/m	5	8	8	14.54
沉淀面积/m^2	10.2	28.3	28.3	78

续表 13-15

型号 技术性能	XZN-3.6	XZN-6A	XZN-6	ZU-10
耙架转速/r·min⁻¹	12	8	8	
处理能力/t·d⁻¹	>60	>160	>160	312~360
给料粒径/mm	0.2(<5%)	0.2(<5%)	0.2(<5%)	
电动机级数	4级	4级	6级	
功率/kW	2.2	3	2.2	
减速机	BLD2.2-3-43	BLD3-3-35	BLD3-3-35	
设备质量/t	6.87	8.87	8.87	51.3
运行质量/t	103	123	123	
控制方式	手动	自动-手动	手动	

13.3.2.3 GX系列高效浓缩机

该类高效浓缩机是借助于投加絮凝剂使浆体中微细颗粒聚凝成团,以提高沉降速度,达到高效的目的。其槽体、耙架及传动部分结构与普通中心传动式浓缩机相近,主要不同点是在中心设有一个特殊的给矿混合反应筒,并采用多点投药;在给料端设消气装置,避免絮凝颗粒形成上浮泡沫层;一般都带有自动或手动提耙装置,技术性能见表 13-16。

表 13-16 GX系列高效浓缩机主要技术参数表

型号	直径/m	深度/m	沉降面积/m^2	处理能力/$m^3 \cdot h^{-1}$	功率/kW	提耙高度/mm	转速/$r \cdot min^{-1}$	质量/t
GX-2.5	2.5	1.73	4.9	15~20	0.75	300	1.68	4
GX-3.6	3.5	1.73	10.0	30~40	0.75	200	1.10	5
GX-5.18	5.18	2.38	21.0	60~80	1.50	300	0.80	10
GX-9	9	3.0	63.0	180~240	3.0	400	0.47	12
GX-12	12	3.6	110.0	250~350	4.0	400	0.30	16
GX-15	15	4.2	176.0	350~500	4.0	400	0.24	20

国外生产高效浓缩机的有艾姆科(Eimco)、道尔-奥利弗(Dorr-oliver)和恩维罗(Enviro)等几家有代表性的厂商,其产品结构只是给矿反应筒的形式有区别,其工作原理和操作系统基本相似,以道尔产品为例,其系统示意图见图 13-5。

国内开发生产的 GX 系列高效浓缩机与国外产品在结构、功能及效果方面大致相近。高效浓缩机的选型应通过试验确定,一般而言,在处理能力相同的情况下,高效浓缩机的直径仅为普通浓缩机的 3/4~2/3,可见投资较少,占地面积较小;但经营费用较高,药剂的选择是关键,如果在使用年限内药剂的消耗费用现值高于节省的投资,则证明选用高效浓缩机是不合理的。

应当指出,采取加药处理方法是有局限性的,因浆体浓度相对较高,且一般波动较大,固

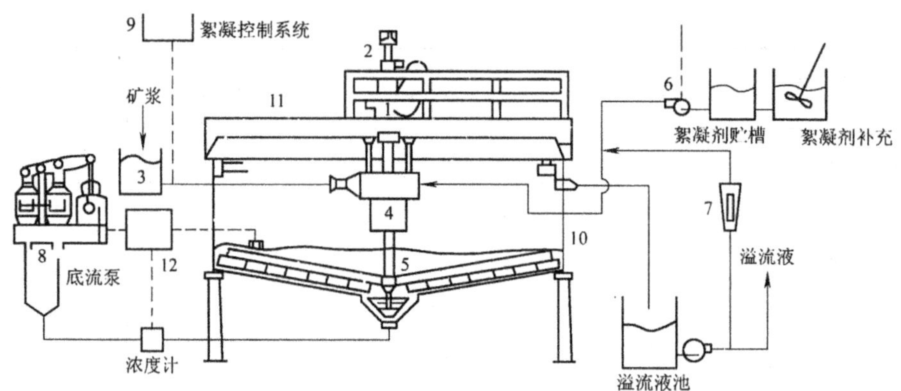

图 13-5 高效浓缩机系统流程简图

1—中心驱动装置;2—提耙装置;3—消气装置;4—混合装置;5—耙架;6—给药泵;7—玻璃转子流量计;8—底流泵;9—絮凝剂控制系统;10—池体;11—桥架;12—界面、底流浓度串级控制系统

相物的比表面积大,药剂消耗量多,更不易掌握随机变化的投药量,过多或过少的药剂对悬浮物的絮凝都不利;还要增设药剂制备、投加及混合反应设施;故条件允许时,往往不如扩大浓缩池面积采取自然澄清、浓缩设施为宜。

高效浓缩机一般适用于场地较窄,采用普通浓缩机有困难的改造工程,或浆体沉降浓缩性能很差,采取自然澄清浓缩无法达到预期效果的场合。此外,当后续作业不允许投加絮凝剂时也限制了该类设备的应用。

13.3.2.4 加斜板(管)的浓密机(箱)

加斜板浓密机是另一类高效浓缩设备。通常是在普通中心传动浓缩机中设置斜板,现已有定型产品。除此之外,近年又开发了几类各具特色的产品,分别简介于下。

A KMLZ(Y)系列斜板浓密机(箱)

该设备是参照瑞典萨拉公司样机开发的新型浓缩设备,它具有与普通斜板浓缩机不同的几个特点:

(1)斜板不是满布于沉降面上,而是以成组斜板与配浆空间相间排列的。

(2)斜板长度较长,一般在 2~2.5m,斜板组下侧一定高度上开设椭圆形进浆孔,避免下滑固体颗粒重新混合,浆体侧向进入斜板后分离,澄清水再逆向进入上部澄清区。

(3)每组斜板上部有一贯通全长的溢流槽,澄清水通过槽底节流孔背压进入溢流槽,从而保证斜板间隙均匀布料,且紊流最弱。

(4)斜板材料采用了表面十分光滑的硬质特种塑料制成,板厚 3mm,板距 40~50mm。可配置机械振动器,促使斜板面沉泥下滑并加速浓缩。

成套产品以浓密箱为主,有沉降面积 $20m^2$、$30m^2$、$50m^2$、$100m^2$、$200m^2$ 等规格;也有成组斜板供货;并可为普遍中心传动式浓缩机和深锥浓缩机配备斜板装置、投药、检测仪表及振动器等辅助设施。

KMLZ(Y)浓密机可用于加药浓缩和自然浓缩,据生产实践证实,其单位面积处理负荷高出普通浓缩机约 6 倍,适用于尾矿处理及含悬浮物的废水处理工程,就单重价格而言,其造价比较昂贵,对浆体处理量较大的工程该设备容量显然偏小,且缺乏在大型浓缩机上改装该类斜板的生产实践，因而用以完全取代普通浓缩机尚不现实。

B　HC 高效浓缩仓

HC 高效浓缩仓是集澄清、浓缩和贮存功能于一体的新型浓缩设施。是将斜管和局部流态化矿仓有机结合的产物。

其构造特点为：仓体上部圆柱筒为逆流式斜管沉淀部分，下部圆锥型为贮仓部分，底部装有局部流态化造浆设施。浆体由中心给浆总管和辐射状配浆支管引入沉淀部分，上升水流经斜管至上部溢流槽溢出作循环水利用；固体物料沉淀于下部矿仓后进一步浓缩压实；排浆时利用高压清水经局部流态化装置的作用使已压缩的塑性状固体物的局部造成所需浓度的浆体排出，排浆流量和浓度可按要求调节，并可实现自动控制。

仓体直径根据浆体沉降性能及斜管沉淀面积计算确定，必要时可加助凝剂。贮仓容积及高度按所需贮存容量确定，锥斗角度不小于 50°。仓体一般应做成地上式钢筋混凝土结构。由于该设施不是定型设备，需按工程具体条件确定各部位尺寸和配置。

该浓缩仓较适用于场地不够宽敞，浆体沉降性能较好的中小型工程条件。

13.3.3　浓缩机的配置

浓缩机一般不设备用，浓缩池的设置以地下式为宜，只有小型浓缩机（带池体设备）或某些高效浓缩设备才布置为地上式。

浓缩机的给料一般由上部给入，压力或自流给料管槽敷设于顶部栈桥的一侧，栈桥另一侧设人行道。

中心传动式的底部排料口为一个；中小型周边传动式的排料口可采用两个单侧布置，大中型周边传动式多采用 4 个环形布置的排料口，见图 13-6。

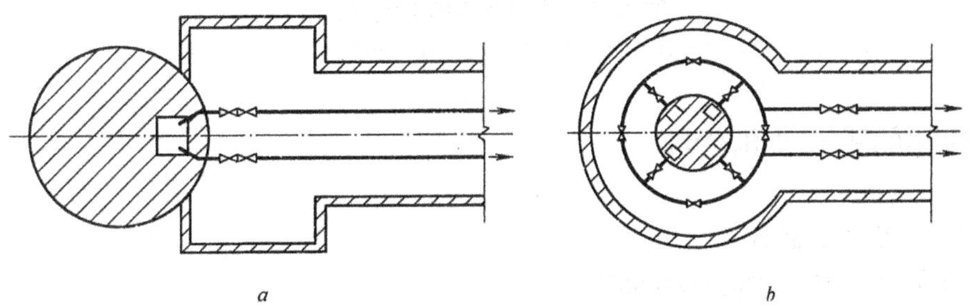

图 13-6　底部排料口形式

a—单侧排料口；*b*—环形排料口

有两个以上排料口的浓缩机设置两条排浆管（1 用 1 备），单个排料口只配置一条排浆管。

地下式浓缩池均设底部通廊，排浆管及冲洗水管均布置于廊内，通廊宽度和高度满足操作及检修要求（$B\times H\geqslant 1.8\text{m}\times 1.8\text{m}$），并有坡向出口的坡度 i 不小于 0.01，有时还设排水沟。

浓缩池的底流排浆，可布置为自流管槽和泵吸式两种类型（图 13-7）。因可调式浆体阀门尚不成熟，当底流流量调节范围过大时，浆体阀门适应性（寿命）较差，建议采用泵吸式连接，通过浆体泵的调速达到调节流量的作用。

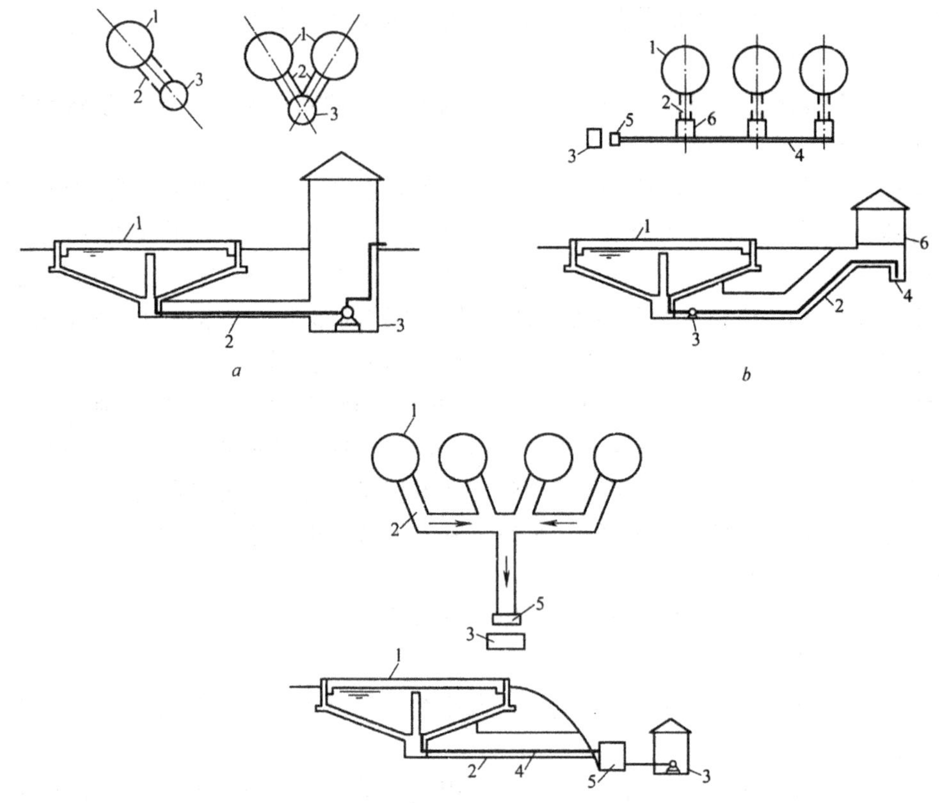

图 13-7 浓缩池的排浆配置方式

1—浓缩池；2—底部通廊；3—浆体泵站；4—自流管槽；5—浆仓；6—通廊出入口

13.4 浆体的贮存及预处理

13.4.1 浆体的贮存

13.4.1.1 设置浆体贮存设施的原则

为了调节输送系统某一环节上浆体进、出量的不平衡而设置浆体贮存设施。通常在下述情况下应设贮浆设施。

(1)浆体产量连续但产量较少，输送系统采取连续输送不合理，需采取间隙输送更为经济或更为可靠，此时输送系统首端应设置浆体贮存设施。

(2)浆体间隙产出或浆体产量波动较大，且无浓缩设施，为确保管道系统连续作业和流量稳定，也应在首端设贮浆设施。

(3)浆体输送为连续作业，而后续工艺为间隙处理；或输送系统为间隙工作而后续工艺为连续作业，在输送系统的终端应设浆体贮存设施。

(4)长距离浆体管道系统无论采取间隙、批量或连续输送工况，都应在起点站和终点站设置浆体贮存设施，即使按连续输送工况设计的系统，也必须考虑间隙或批量输送的可能，更要控制进入输送系统的浆体必须达到预定的质量及流量指标，否则应返回预处理流程。此外，长距离浆体管道系统的中间泵站也往往设置贮浆设施，以利管线突发事故检修时不致造成浆料的流失。

13.4.1.2 贮存容积的确定

贮浆设施的有效容积 V_e 应满足如下要求：

(1)当来料连续(流量 Q_1)，出料间隙(流量 Q_2)，最长间隙时间为 t 时，有效容积为：

$$V_e \geqslant Q_1 t \tag{13-29}$$

式中 V_e——贮浆设施的有效容积，m^3；

Q_1——来料连续流量，m^3/h；

t——间隙时间，h。

(2)当来料间隙(流量 Q_1)，出料连续(流量 Q_2)，最长间隙时间为 t 时，有效容积为：

$$V_e \geqslant Q_2 t \tag{13-30}$$

式中 Q_2——出料连续流量，m^3/h。

(3)浆体长距离管道系统首站贮浆设施除按上述计算方法校验外，按《浆体长距离管道输送工程设计规程》(CECS 98:98)的规定："贮槽有效容积宜取 8～24h 的浆体输送量"。对于连续输送系统取下限值，对于间隙、批量输送系统取上限值。系统的终点站贮浆设施的有效容积按后续工艺的作业制度而定，一般也不宜小于 8h 的浆体输送量。中间泵站贮浆设施的有效容积可按送入该泵站的管线总容积确定。

贮浆设施总容积 V 按下式确定：

$$V = aV_e \tag{13-31}$$

式中 a——为贮浆设施的有效利用系数，取 1.2～1.25。

13.4.1.3 贮浆设施

A 机械搅拌槽

机械搅拌槽按用途分类有药剂搅拌槽和浆体搅拌槽；按出流方式分类有溢流式和底流式；按构造可分为带中心导流筒和不带中心导流筒的；按叶片的级数可分为一级叶片和多级叶片。应用于浆体输送系统的搅拌槽都为底流式，小型槽为一级叶片，目前国产浆体搅拌槽直径均在 4.5m 以内，适用于中小型规模或短距离输送系统；而大型搅拌槽采用多级叶片且不带导流筒，能确保浆体的均匀性，多为引进设备，适用于长距离输送系统。

国产机械搅拌槽生产厂家甚多，大同小异，仅列出具有代表性的产品于表 13-17。

表 13-17 国产机械搅拌槽部分产品技术性能

型 号	直径×高度 $(\phi)\times(h)$/mm	有效容积 /m^3	叶片转速 /$r\cdot min^{-1}$	叶片直径 /mm	电动机功率 /kW	质 量 /kg
XB-1000	1000×1000	0.58	530	240	1.1	436
XB-1500	1500×1500	2.2	320	400	3.0	1083
XB-2000	2000×2000	5.46	230	550	5.5	1671
XB-2500	2500×2500	11.2	280	650	18.5	3438
XB-3000	3000×3000	19.6	210	700	18.5	4613
XB-3500	3500×3500	30	230	850	22	7000
XB-4500	4500×4500	65	50	1900	22	1490
WXJBT4000	4000×4000	46.5	150		22～30	
WXJBT4500	4500×4500	66.7	120		22～37	

更大型的搅拌槽的槽体可采用钢结构或钢筋混凝土结构，生产厂家只须提供搅拌装置，目前已开发生产的 $\phi \times h = 8\text{m} \times 11\text{m}$ 搅拌装置，为两级叶片，有效容积达 470m^3，主轴转速为 41.78r/min，功率为 45kW，为大型搅拌槽的国产化开创了先例。

B　*局部流态化料仓*

局部流态化料仓是一种无机械搅拌装置的新型贮浆设施，它为圆柱形仓体，底部为半球形或锥形。浆体送入上部仓内，固体粒料沉降分离，溢流水排出；在料仓垂直方向形成浓度梯度，由自由沉降到干涉沉降直至压缩板结，由流动状态过渡到塑性状态，浆体密度逐渐达极限状态。使料仓单位容积贮存物料干量的能力增加；卸料时由底部的局部流态化装置利用高压清水使仓下部一定范围内的固料重新造浆，并以控制清水流量、压力的方式，使卸出浆体达到预定的流量和浓度。

料仓的高度与直径之比为 2～2.5，直径不超过 10～12m，可采用多台并用。

料仓的有效容积 V_e 按下式计算：

$$V_e = \frac{1}{k} V_d \tag{13-32}$$

式中　k——装满系数，一般可取 0.9；

V_d——装入单台浆仓的浆体量，m^3，

$$V_d = \frac{1}{n} V_z \tag{13-33}$$

式中　V_z——满足生产要求，装入料仓的浆体总量，m^3；

n——设计料仓台数。

卸出浆体流量的计算按下式：

$$Q_m = \frac{G_w}{\gamma_m} \tag{13-34}$$

式中　Q_m——卸出浆体流量，m^3/h；

γ_m——浓度为 C_w 的浆体密度，t/m^3；

G_w——每小时卸出浆体质量，t/h，

$$G_w = G / C_w \tag{13-35}$$

式中　G——单台料仓小时处理干料量，t/h；

C_w——浆体质量浓度，%。

料仓仓体结构一般采用钢结构，亦可做成钢筋混凝土结构，配置方式多为地上架空形式。本料仓属非标设备。

局部流态化料仓可替代国外进口的大型搅拌槽，用于浆体长距离管道系统的终点站；因起点站对浆体浓度的衡定性要求较高，而该料仓的浓度波动达 5%，故以采取浓度稳定的搅拌槽为宜。

13.4.2　浆体管道防腐蚀的预处理

13.4.2.1　浆体 pH 值的调整

除非浆体的 pH 值过低（如 pH < 5），在浆体的短距离输送系统中，一般不须对浆体的 pH 值作预处理调整；在长距离输送工程中，由于管道以腐蚀为主，均不设备用，是按使用期确定的管壁厚度，采用埋设安装，必须确保管道的万无一失，事先都要作有效的内防腐处理，

包括浆体的 pH 值调整，一般需使浆体保持 pH = 10 ~ 11。

pH 值调整剂可采用氢氧化钙($Ca(OH)_2$)或氢氧化钠(NaOH)，由于 $Ca(OH)_2$ 价格低廉，一般可就地取材，故被大多数工程采用，$Ca(OH)_2$ 产品宜采用精制石灰粉，粒径应按浆体上限粒径进行控制，投加浓度采用 3% ~ 5%，投加位置一般送入浆体贮槽或喂料泵的吸入端。石灰的制备设施包括石灰的溶解槽、投药槽、计量泵及库房等，均设置于起点的石灰乳制备间。由于石灰加工、制备比较麻烦，且污染环境，有条件时也可采用 NaOH 作调整剂。

13.4.2.2 冲洗水的除氧处理

浆体长距离管道系统的冲洗水(包括批量水)采取除氧处理，是与浆体 pH 值调整同等重要的防止管道内腐蚀的有效措施之一，在起点站和有开口的中间泵站都应配备除氧设施。

除氧剂一般采用亚硫酸钠(Na_2SO_3)，配制浓度为 5%，投加位置为喂料泵吸入端管道。

13.4.3 试验环管监测设施

在浆体长距离管道系统的起点站必须设置试验环管系统，以控制进入系统的浆体符合要求。试验环管应采用与输送管道材质相同的管道，其内径取用主管道中最小壁厚处的内径，环管连接方式、弯管转角及曲率半径应与主管道相同。环管长度不宜少于 250m。

试验环管上应装设管段压差计、腐蚀探针及测蚀短管、浓度计、温度计、流量计、底床探测器及取样器等仪表设施，并与系统自动监控站相联系。浆体一旦出现异常，自动切换浆体流程返回预定部位，并自动将冲洗水喂入管路。直至浆体符合要求，再切换为正常送浆运行。

13.4.4 安全筛

为确保系统的稳定性，控制的粒径一般按上限粒径确定。安全筛选型通常采用高频振动细筛。国产设备见表 13-18。

表 13-18 DZS 系列高频振动电磁细筛

规格型号	DZS1014	DZS1225	DZS2425
有效面积/m^2	1.4	3.0	6.0
浆体处理量/$m^3 \cdot h^{-1}$	28 ~ 42	60 ~ 90	120 ~ 180
网孔直径/mm	0.15 ~ 1.2	0.15 ~ 1.2	0.15 ~ 1.2
入料浓度/%	50 ~ 65	50 ~ 65	50 ~ 65
功率/kW	0.18	0.63	1.25
设备质量/t	0.7	1.27	1.97

短距离管道系统也常设置固定格栅或旋转圆筒筛之类的隔粗安全设施，在功能上与长距离管道系统既有相似又不尽相同。固定格栅常用于浓缩工序之前，是拦截大块杂物不致造成浓缩池底流的堵塞和耙架的工作以及影响离心式浆体泵的运行；圆筒筛常用于浓缩之后的输送泵之前，其功能是隔除粗粒级物料，满足容积式泵的锥形阀不受强烈磨损和不致卡料而降低容积效率。

13.5 浆体输送的水力计算

13.5.1 压力输送

13.5.1.1 应确定的主要参数

压力输送水力计算的主要目的是确定输送管道的管径(D)及对应的水力坡降(摩阻损失 i_m)。在输送流量(Q)确定之后,管径的选择取决于管道的工作流速的取值,而工作流速(v)又是在临界流速(v_L)基础上拟定的,故管径的确定实际上是临界流速及工作流速的确定过程。

输送管径 D 必须满足下式:

$$D=\sqrt{\frac{4Q}{3600\pi v}}=0.0188\sqrt{\frac{Q}{v}} \tag{13-36}$$

式中 D——输送管径,m;

Q——设计浆体流量,m^3/h;

v——工作流速,m/s。

设计浆体流量 Q 按下式计算:

$$Q=KG\left(\frac{1}{\gamma_g}+m\right) \tag{13-37}$$

式中 G——干料输送量,t/h;

m——水固比;

K——流量波动系数 $K=1.05\sim1.10$。

工作流速 v 常按下式计算:

$$v=v_L+\Delta v \tag{13-38}$$

式中 v_L——临界流速,m/s;

Δv——流速的安全余量,取 0.2~0.3,m/s。

在某些工程中,曾将 Δv 取为负值,使管道形成一定的沉积层,以避免磨损管底,对于浓度较低、距离较短、地形起伏不大的管道系统,不致造成严重后果,否则,容易引起堵塞事故,同时因沉积层的存在,过流断面减小且粗糙率增加,可能使摩阻损失增加,且沉积层两侧磨损不均,达不到预期效果,故不宜采用低于临界流速的工作流速。

在工程上没有完全类同的物料及浆体,对于浆体管道临界流速和水力坡降(摩阻损失)的计算,迄今没有也推不出万能的公式,现有的许多经验公式,都是以特定的物料及特定的试验条件通过试验数据的回归分析得出的,带有相当的局限性,不能盲目扩大它的适用范围,尤其对于物料密度大、浆体浓度高、输送距离远、工程规模大的输送系统,更须慎重使用,最可靠的方法是通过原型或模型管道输送试验取得确切数据。当无试验条件或输送系统规模较小时,可以参考现有条件相近的经验公式进行计算,并以同类浆体已有的试验或生产数据进行验证分析。

对于长距离浆体管道系统,水力计算的任务除了管道临界流速、管径和摩阻损失等主要水力参数的确定之外,还需进行下述的特殊计算分析:

(1)连续、批量、间隙输送的动静压分析及各管段管壁厚度的确定;

(2)系统的加速流及其防治措施;

(3)浆体的水击分析及其预防措施;

(4)管道系统的热工计算。

本手册不作详细阐述,需见有关专著。

13.5.1.2 按经验公式的计算方法

A B.C. 克诺罗兹方法

(1) 临界管径的确定

当 $d_p \leqslant 0.07$mm 时

$$Q = 0.157\beta D_L^2(1+3.43)\sqrt[4]{Z_w D_L^{0.75}} \tag{13-39}$$

当 $0.07 < d_p \leqslant 0.15$mm 时

$$Q = 0.2\beta D_L^2(1+2.48\sqrt[3]{Z_w}\sqrt[4]{D_L}) \tag{13-40}$$

式中 d_p——尾矿加权平均粒径,mm;

Q——浆体设计流量,m^3/s;

D_L——临界管径(即对应于临界流速的管径),m;

Z_w——质量稠度的 100 倍;

β——密度修正系数按下式计算:

$$\beta = \frac{\gamma_g - 1}{1.70} \tag{13-41}$$

(2) 水力坡降的确定

$$i_m = \gamma_m i_0 \tag{13-42}$$

式中 i_m——输送浆体的水力坡降,10kPa/m 或 mH_2O/m;

γ_m——浆体密度,t/m^3;

i_0——输送清水的水力坡降,10kPa/m 或 mH_2O/m;

$$i_0 = \frac{\lambda v^2}{2gD} \tag{13-43}$$

式中 v——工作流速,m/s;

D——计算管道内径,m,当 $D > D_L$ 时,取 D_L;当 $D < D_L$ 时取 $D_{内}$;

g——重力加速度,$9.81m/s^2$;

λ——阻力系数,由于浆体管道一般为钢管,内壁磨损后较光滑,建议按 Φ.A. 舍维列夫新钢管公式计算。

新钢管

$$\lambda = \frac{0.0159}{D^{0.226}}\left[1+\frac{0.684}{v}\right]^{0.226} \tag{13-44}$$

由于浆体管道内径多为非标准管径,且当管径偏大发生沉积时,计算内径应按临界管径(多为非标准管径),为了省却计算,制定了常用新钢管的清水水力坡降 i_0 计算表(见表 13-19)及圆管浆体沉积厚度与管径比值 h/D 表 (见表 13-20)。

(3) 使用说明

1) 克氏计算法是按 $\gamma_g = 2.7t/m^3$ 的物料试验数据推导的,当 $\gamma_g > 2.7t/m^3$ 时,v_i 偏大,故建议当 $\gamma_g > 3t/m^3$ 时不用此法。

2) 当浆体稠度增加到一定程度,临界流速应有所下降,而按该公式未反映这一规律,故建议当 $\gamma_m > 1.25t/m^3$ 时不用此法。

3) 在小流量的情况下,按公式计算的 v_L 偏小,应慎重对待。

表 13-19 新钢管清水水力坡降表

v /m·s^{-1}	0.8		0.9		1.0		1.05		1.10		1.15		1.20		1.25	
Q /L·s^{-1}	D /mm	100i	D /mm	100i	D /mm	100i	D /mm	100i	D /mm	100i	D /mm	100i	D /mm	100i	D /mm	100i
5	89	1.154	84	1.552	80	2.02	78	2.29	76	2.57	74	2.88	73	3.21	71	3.56
6	98	1.032	92	1.388	87	1.809	85	2.05	83	2.30	82	2.58	80	2.87	78	3.18
7	106	0.939	100	1.263	94	1.646	92	1.862	90	2.09	88	2.34	86	2.61	84	2.89
8	113	0.865	106	1.163	101	1.517	98	1.716	96	1.929	94	2.16	92	2.40	90	2.67
9	120	0.805	113	1.082	107	1.411	104	1.596	102	1.795	100	2.01	98	2.24	96	2.48
10	126	0.755	119	1.015	113	1.323	110	1.496	108	1.683	105	1.883	103	2.10	101	2.33
11	132	0.712	125	0.957	118	1248	115	1.411	113	1.587	110	1.776	108	1.978	106	2.19
12	138	0.675	130	0.907	124	1.183	121	1.338	118	1.505	115	1.684	113	1.875	111	2.08
13	144	0.643	136	0.864	129	1.126	126	1.274	123	1.433	120	1.603	117	1.785	115	1.980
14	149	0.614	141	0.826	134	1.076	130	1.217	127	1.369	125	1.532	122	1.706	119	1.892
15	155	0.589	146	0.791	138	1.032	135	1.167	132	1.312	129	1.468	126	1.635	124	1.813
16	160	0.566	150	0.761	143	0.992	139	1.122	136	1.261	133	1.411	130	1.572	128	1.743
17	164	0.545	155	0.733	147	0.956	144	1.081	140	1.215	137	1.360	134	1.515	132	1.680
18	169	0.526	160	0.708	151	0.923	148	1.044	144	1.174	141	1.313	138	1.462	135	1.622
19	174	0.509	164	0.685	156	0.893	152	1.010	148	1.135	145	1.270	142	1.415	139	1.569
20	178	0.493	168	0.663	160	0.865	156	0.978	152	1.100	149	1.231	146	1.371	143	1.520
21	183	0.479	172	0.644	164	0.840	160	0.949	156	1.068	152	1.195	149	1.331	146	1.475
22	187	0.465	176	0.626	167	0.816	163	0.923	160	1.038	156	1.161	153	1.293	150	1.434
23	191	0.453	180	0.609	171	0.794	167	0.898	163	1.010	160	1.130	156	1.258	153	1.395
24	195	0.441	184	0.593	175	0.774	171	0.875	167	0.984	163	1.101	160	1.226	156	1.360
25	199	0.430	188	0.579	178	0.754	174	0.853	170	0.960	166	1.074	163	1.196	160	1.326
26	203	0.420	192	0.565	182	0.736	178	0.833	173	0.937	170	1.048	166	1.167	163	1.294
27	207	0.411	195	0.552	185	0.720	181	0.814	177	0.915	173	1.024	169	1.141	166	1.265
28	211	0.402	199	0.540	189	0.704	184	0.796	180	0.895	176	1.002	172	1.115	169	1.237
29	215	0.393	203	0.528	192	0.689	188	0.779	183	0.876	179	0.980	175	1.092	172	1.211
30	219	0.385	206	0.517	195	0.675	191	0.763	186	0.848	182	0.960	178	1.069	175	1.186
31	222	0.377	209	0.507	199	0.661	194	0.748	189	0.841	185	0.941	181	1.048	178	1.162

续表 13-19

v /m·s^{-1}	0.8		0.9		1.0		1.05		1.10		1.15		1.20		1.25	
Q /L·s^{-1}	D /mm	$100i$	D /mm	$100i$	D /mm	$100i$	D /mm	$100i$	D /mm	$100i$	D /mm	$100i$	D /mm	$100i$	D /mm	$100i$
32	226	0.370	213	0.497	202	0.648	197	0.733	192	0.825	188	0.923	184	1.028	181	1.140
33	229	0.363	216	0.488	205	0.636	200	0.720	195	0.809	191	0.906	187	1.009	183	1.118
34	233	0.356	219	0.479	208	0.625	203	0.707	198	0.795	194	0.889	190	0.990	186	1.098
35	236	0.350	223	0.471	211	0.614	206	0.694	201	0.781	197	0.874	193	0.973	189	1.709
36	239	0.344	226	0.463	214	0.603	209	0.682	204	0.767	200	0.859	195	0.956	191	1.060
37	243	0.338	229	0.455	217	0.593	212	0.671	207	0.755	202	0.844	198	0.940	194	1.043
38	246	0.333	232	0.448	220	0.584	215	0.660	210	0.742	205	0.831	201	0.925	197	1.026
39	249	0.328	235	0.441	223	0.574	217	0.650	212	0.731	208	0.817	203	0.910	199	1.010
40	252	0.323	238	0.434	226	0.566	220	0.640	215	0.719	210	0.805	206	0.896	202	0.994
41	255	0.318	241	0.427	228	0.557	223	0.630	218	0.709	213	0.793	209	0.883	204	0.979
42	259	0.313	244	0.421	231	0.549	226	0.621	220	0.698	216	0.781	211	0.870	207	0.965
43	262	0.309	247	0.415	234	0.541	228	0.612	223	0.688	218	0.770	214	0.858	209	0.951
44	265	0.304	249	0.409	237	0.533	231	0.603	226	0.679	221	0.759	216	0.846	212	0.938
45	268	0.300	252	0.404	239	0.526	234	0.595	228	0.669	223	0.749	219	0.834	214	0.925
46	271	0.296	255	0.498	242	0.519	236	0.587	231	0.660	226	0.739	221	0.823	216	0.912
47	274	0.292	258	0.393	245	0.512	239	0.579	233	0.652	228	0.729	223	0.812	219	0.900
48	276	0.289	261	0.388	247	0.506	241	0.572	236	0.643	231	0.720	226	0.802	221	0.889
49	279	0.285	263	0.383	250	0.499	244	0.565	238	0.635	233	0.711	228	0.792	223	0.878
50	282	0.281	266	0.378	252	0.493	246	0.558	241	0.627	235	0.702	230	0.782	226	0.867
52	288	0.275	271	0.369	257	0.482	251	0.545	245	0.612	240	0.685	235	0.763	230	0.846

续表 13-19

v /m·s^{-1}	0.8		0.9		1.0		1.05		1.10		1.15		1.20		1.25	
Q /L·s^{-1}	D /mm	100i	D /mm	100i	D /mm	100i	D /mm	100i	D /mm	100i	D /mm	100i	D /mm	100i	D /mm	100i
54	293	0.268	276	0.361	262	0.471	256	0.532	250	0.598	245	0.670	239	0.746	235	0.827
56	299	0.263	281	0.353	267	0.460	261	0.520	255	0.585	249	0.655	244	0.729	239	0.809
58	304	0.257	286	0.345	272	0.450	265	0.509	259	0.573	253	0.641	248	0.714	243	0.792
60	309	0.252	291	0.338	276	0.441	270	0.499	264	0.561	258	0.628	252	0.699	247	0.775
62	314	0.247	296	0.332	282	0.432	274	0.480	268	0.550	262	0.615	256	0.685	251	0.760
64	319	0.242	301	0.325	285	0.424	279	0.480	272	0.539	266	0.603	261	0.672	255	0.745
66	324	0.237	306	0.319	290	0.416	283	0.471	276	0.529	270	0.592	265	0.659	259	0.731
68	329	0.233	310	0.313	294	0.409	287	0.462	281	0.520	274	0.581	269	0.647	263	0.718
70	334	0.229	315	0.308	299	0.401	291	0.454	285	0.510	278	0.571	273	0.636	267	0.705
72	339	0.225	319	0.303	303	0.394	295	0.446	289	0.502	282	0.561	276	0.625	271	0.693
74	343	0.221	324	0.297	307	0.388	300	0.439	293	0.493	286	0.552	280	0.615	275	0.682
76	348	0.218	328	0.293	311	0.382	304	0.432	297	0.485	290	0.543	284	0.605	278	0.671
78	352	0.214	332	0.288	315	0.376	308	0.425	300	0.478	294	0.535	288	0.595	282	0.660
80	357	0.211	336	0.284	319	0.370	311	0.418	304	0.470	298	0.526	291	0.586	285	0.650
82	361	0.208	341	0.279	323	0.364	315	0.412	308	0.463	301	0.518	295	0.577	289	0.640
84	366	0.205	345	0.275	327	0.359	319	0.406	312	0.456	305	0.511	299	0.569	293	0.631
86	370	0.202	349	0.271	331	0.354	323	0.400	316	0.450	309	0.503	302	0.561	296	0.622
88	374	0.1990	353	0.268	335	0.349	327	0.394	319	0.444	312	0.496	306	0.553	299	0.613
90	378	0.1963	357	0.264	339	0.344	330	0.389	323	0.438	316	0.490	309	0.545	303	0.605
92	383	0.1936	361	0.260	342	0.339	334	0.384	326	0.432	319	0.483	312	0.538	306	0.597

续表 13-19

v /m·s^{-1}	0.8		0.9		1.0		1.05		1.10		1.15		1.20		1.25	
Q /L·s^{-1}	D /mm	100i	D /mm	100i	D /mm	100i	D /mm	100i	D /mm	100i	D /mm	100i	D /mm	100i	D /mm	100i
94	387	0.1911	365	0.257	346	0.335	338	0.379	330	0.426	323	0.477	316	0.531	309	0.589
96	391	0.1887	369	0.254	350	0.331	341	0.374	333	0.421	326	0.471	319	0.524	313	0.581
98	395	0.1863	372	0.250	353	0.327	345	0.369	337	0.415	329	0.465	322	0.518	316	0.574
100	399	0.1840	376	0.247	357	0.323	348	0.365	340	0.410	333	0.459	326	0.511	319	0.567
102	403	0.1818	380	0.244	360	0.319	352	0.360	344	0.405	336	0.453	329	0.505	322	0.560
104	407	0.1796	384	0.241	364	0.315	355	0.356	347	0.400	339	0.448	332	0.499	325	0.553
106	411	0.1775	387	0.239	367	0.311	359	0.352	350	0.396	343	0.443	335	0.493	329	0.547
108	415	0.1755	391	0.236	371	0.308	362	0.348	354	0.391	346	0.438	339	0.488	332	0.541
110	418	0.1736	394	0.233	374	0.304	365	0.344	357	0.387	349	0.433	342	0.482	335	0.535
112	422	0.1716	398	0.231	378	0.301	369	0.340	360	0.383	352	0.428	345	0.477	338	0.529
114	426	0.1698	402	0.228	381	0.298	372	0.337	363	0.379	355	0.424	348	0.472	341	0.523
116	430	0.1680	405	0.226	384	0.294	375	0.333	366	0.375	358	0.419	351	0.467	344	0.518
118	433	0.1662	409	0.223	388	0.291	378	0.330	370	0.371	361	0.415	354	0.462	347	0.512
120	437	0.1645	412	0.221	391	0.288	381	0.326	373	0.367	364	0.410	357	0.457	350	0.507
122	441	0.1629	415	0.219	394	0.285	385	0.323	376	0.363	368	0.406	360	0.453	353	0.502
124	444	0.1613	419	0.217	397	0.283	388	0.320	379	0.360	371	0.402	363	0.448	355	0.497
126	448	0.1597	422	0.215	401	0.280	391	0.317	382	0.356	374	0.398	366	0.444	358	0.492
128	451	0.1582	426	0.213	404	0.277	394	0.314	385	0.353	376	0.395	369	0.439	361	0.487
130	455	0.1567	429	0.211	407	0.275	397	0.311	388	0.349	379	0.391	371	0.435	364	0.483
132	458	0.1552	432	0.209	410	0.272	400	0.308	391	0.346	382	0.387	374	0.431	367	0.478

续表 13-19

v /m·s^{-1}	0.8		0.9		1.0		1.05		1.10		1.15		1.20		1.25	
Q /L·s^{-1}	D /mm	100i	D /mm	100i	D /mm	100i	D /mm	100i	D /mm	100i	D /mm	100i	D /mm	100i	D /mm	100i
134	462	0.1538	435	0.207	413	0.270	403	0.305	394	0.343	385	0.384	377	0.427	369	0.474
136	465	0.1524	439	0.205	416	0.267	406	0.302	397	0.340	388	0.380	380	0.423	372	0.469
138	469	0.1510	442	0.203	419	0.265	409	0.299	400	0.337	391	0.377	383	0.420	375	0.465
140	472	0.1497	445	0.201	422	0.262	412	0.297	403	0.334	394	0.373	385	0.416	378	0.461
142	475	0.1484	448	0.1995	425	0.260	415	0.294	405	0.331	397	0.370	388	0.412	380	0.457
144	479	0.1471	451	0.1978	428	0.258	418	0.292	408	0.328	399	0.367	391	0.409	383	0.453
146	482	0.1459	454	0.1961	431	0.256	421	0.289	411	0.325	402	0.364	394	0.405	386	0.449
148	485	0.1447	458	0.1945	434	0.254	424	0.287	414	0.323	405	0.361	396	0.402	388	0.446
150	489	0.1435	461	0.1929	437	0.252	426	0.284	417	0.320	408	0.358	399	0.399	391	0.442
152	492	0.1423	464	0.1914	440	0.250	429	0.282	419	0.317	410	0.355	402	0.395	393	0.439
154	495	0.1412	467	0.1898	443	0.248	432	0.280	422	0.315	413	0.352	404	0.392	396	0.435
156	498	0.1401	470	0.1883	446	0.246	436	0.278	425	0.312	416	0.349	407	0.389	399	0.432
158	501	0.1390	473	0.1869	449	0.244	438	0.276	428	0.310	418	0.347	409	0.386	401	0.428
160	505	0.1379	476	0.1854	451	0.242	440	0.273	430	0.308	421	0.344	412	0.383	404	0.425
162	508	0.1369	479	0.1840	454	0.240	443	0.271	433	0.305	424	0.341	415	0.380	406	0.422
164	511	0.1359	482	0.1826	457	0.288	446	0.269	436	0.303	426	0.339	417	0.377	409	0.419
166	514	0.1349	485	0.1813	460	0.236	449	0.267	438	0.301	429	0.336	420	0.375	411	0.415
168	517	0.1339	488	0.1800	462	0.235	451	0.265	441	0.298	431	0.334	422	0.372	414	0.412
170	520	0.1329	490	0.1787	465	0.233	454	0.263	444	0.296	434	0.332	425	0.369	416	0.409
172	523	0.1320	493	0.1774	468	0.231	457	0.262	446	0.294	436	0.329	427	0.367	419	0.407
174	526	0.1310	496	0.1761	471	0.230	459	0.260	449	0.292	439	0.327	430	0.364	421	0.404
176	529	0.1301	499	0.1749	473	0.228	462	0.258	451	0.290	441	0.325	423	0.361	423	0.401

续表 13-19

v /m·s^{-1}	0.8		0.9		1.0		1.05		1.10		1.15		1.20		1.25	
Q /L·s^{-1}	D /mm	100i	D /mm	100i	D /mm	100i	D /mm	100i	D /mm	100i	D /mm	100i	D /mm	100i	D /mm	100i
178	532	0.1292	502	0.1737	476	0.226	465	0.256	454	0.288	444	0.322	435	0.359	426	0.398
180	535	0.1283	505	0.1725	479	0.225	467	0.254	456	0.286	446	0.320	437	0.357	428	0.395
182	538	0.1275	507	0.1714	481	0.223	470	0.253	459	0.284	449	0.318	439	0.354	431	0.393
184	541	0.1266	510	0.1702	484	0.222	472	0.251	461	0.282	451	0.316	442	0.352	433	0.390
186	544	0.1258	513	0.1691	487	0.220	475	0.249	464	0.280	454	0.314	444	0.349	435	0.387
188	547	0.1250	516	0.1680	489	0.219	477	0.248	466	0.29 = 79	456	0.312	447	0.347	438	0.385
190	550	0.1241	518	0.1669	492	0.218	480	0.246	469	0.277	459	0.310	449	0.345	440	0.382
192	553	0.1234	521	0.1658	494	0.216	483	0.245	471	0.275	461	0.308	452	0.343	442	0.380
194	556	0.1226	524	0.1648	497	0.215	485	0.243	474	0.273	463	0.306	454	0.341	445	0.378
196	559	0.1218	527	0.1637	500	0.213	488	0.241	476	0.272	466	0.304	456	0.338	447	0.375
198	561	0.1210	529	0.1627	502	0.212	490	0.240	479	0.270	468	0.302	458	0.336	449	0.373
200	564	0.1203	532	0.1617	505	0.211	492	0.238	481	0.268	471	0.300	461	0.334	451	0.371
210	578	0.1168	545	0.1570	517	0.205	505	0.231	493	0.260	482	0.291	472	0.324	462	0.360
220	592	0.1135	558	0.1525	529	0.1989	517	0.225	505	0.253	494	0.283	483	0.315	473	0.350
230	605	0.1104	570	0.1484	541	0.1936	528	0.219	516	0.246	505	0.275	494	0.307	484	0.340
240	618	0.1076	583	0.1446	553	0.1886	539	0.213	527	0.240	515	0.268	505	0.299	494	0.331
250	631	0.1049	595	0.1410	564	0.1839	551	0.208	538	0.234	526	0.262	515	0.291	505	0.323
260	643	0.1024	606	0.1377	575	0.1795	561	0.203	549	0.228	537	0.256	525	0.285	515	0.316
270	656	0.1001	618	0.1346	586	0.1754	572	0.1984	559	0.223	547	0.250	535	0.278	524	0.308
280	668	0.0979	629	0.1316	597	0.1716	583	0.1940	569	0.218	557	0.244	545	0.272	534	0.302
290	679	0.0958	641	0.1288	608	0.1679	593	0.1899	579	0.214	567	0.239	555	0.266	543	0.295
300	691	0.0938	651	0.1261	618	0.1645	603	0.1860	589	0.209	576	0.234	564	0.261	553	0.289
310	702	0.0920	662	0.1236	628	0.1612	613	0.1823	599	0.205	586	0.229	574	0.255	562	0.283

续表 13-19

v /m·s^{-1}	0.8		0.9		1.0		1.05		1.10		1.15		1.20		1.25	
Q /L·s^{-1}	D /mm	100i	D /mm	100i	D /mm	100i	D /mm	100i	D /mm	100i	D /mm	100i	D /mm	100i	D /mm	100i
320	714	0.0902	670	0.1212	638	0.1581	623	0.1788	609	0.201	595	0.225	583	0.251	571	0.278
330	725	0.0885	683	0.1190	648	0.1551	633	0.1754	618	0.1973	604	0.221	592	0.246	580	0.273
340	736	0.0869	694	0.1168	658	0.1523	642	0.1723	627	0.1937	614	0.217	601	0.241	588	0.268
350	746	0.0854	704	0.1148	668	0.1496	651	0.1692	636	0.1903	623	0.213	609	0.237	597	0.263
360	757	0.0839	714	0.1128	677	0.1471	661	0.1663	646	0.1871	631	0.209	618	0.233	606	0.258
370									654	0.1839	640	0.206	627	0.229	614	0.254
380									663	0.1810	649	0.202	635	0.226	622	0.250
390									672	0.1781	657	0.1993	643	0.222	630	0.246
400									680	0.1754	665	0.1962	651	0.219	638	0.242
410									689	0.1727	674	0.1933	660	0.215	646	0.239
420									697	0.1702	682	0.1904	668	0.212	654	0.235
430									705	0.1678	690	0.1877	675	0.209	662	0.232
440									714	0.1654	698	0.1851	683	0.206	669	0.229
450									722	0.1632	706	0.1826	691	0.203	677	0.225
460									730	0.1610	714	0.1801	699	0.201	685	0.222
470									738	0.1589	721	0.1777	706	0.1980	692	0.220
480									745	0.1568	729	0.1755	714	0.1954	699	0.217
490									753	0.1549	737	0.1733	721	0.1930	606	0.214
500									761	0.1529	744	0.1711	728	0.1906	714	0.211

续表 13-19

v /m·s^{-1}	1.30		1.35		1.40		1.45		1.50		1.55		1.60		1.65	
Q /L·s^{-1}	D /mm	100i	D /mm	100i	D /mm	100i	D /mm	100i	D /mm	100i	D /mm	100i	D /mm	100i	D /mm	100i
11	104	2.42	102	2.67	100	2.92	98	3.20	97	3.48	95	3.79	94	4.11	92	4.44
12	108	2.30	106	2.53	104	2.77	103	3.03	101	3.30	99	3.59	98	3.89	96	4.21
13	113	2.19	111	2.41	109	2.64	107	2.88	105	3.14	103	3.42	102	3.71	100	4.01
14	117	2.09	115	2.30	113	2.52	111	2.76	109	3.00	107	3.27	106	3.54	104	3.83
15	121	2.00	119	2.20	117	2.42	115	2.64	113	2.88	111	3.13	109	3.39	108	3.67
16	125	1.925	123	2.12	121	2.32	119	2.54	117	2.77	115	3.01	113	3.26	111	3.53
17	129	1.855	127	2.04	124	2.24	122	2.45	120	2.67	118	2.90	116	3.14	115	3.40
18	133	1.791	130	1.971	128	2.16	126	2.36	124	2.58	122	2.80	120	3.04	118	3.28
19	136	1.733	134	1.907	131	2.09	129	2.29	127	2.49	125	2.71	123	2.94	121	3.18
20	140	1.679	137	1.848	135	2.03	133	2.22	130	2.41	128	2.62	126	2.85	124	3.08
21	143	1.630	141	1.793	138	1.967	136	2.15	134	2.34	131	2.55	129	2.76	127	2.99
22	147	1.584	144	1.743	141	1.911	139	2.09	137	2.28	134	2.48	132	2.68	130	2.90
23	150	1.541	147	1.696	145	1.860	142	2.03	140	2.22	137	2.41	135	2.61	133	2.82
24	153	1.502	150	1.652	148	1.812	145	1.981	143	2.16	140	2.35	138	2.54	136	2.75
25	156	1.464	154	1.612	151	1.767	148	1.932	146	2.11	143	2.29	141	2.48	139	2.68
26	160	1.430	157	1.573	154	1.725	151	1.886	149	2.06	146	2.23	144	2.42	142	2.62
27	163	1.397	160	1.537	157	1.686	154	1.843	151	2.01	149	2.18	147	2.37	144	2.56
28	166	1.366	163	1.503	160	1.649	157	1.802	154	1.965	152	2.14	149	2.32	147	2.50
29	169	1.337	165	1.471	162	1.614	160	1.764	157	1.923	154	2.09	152	2.27	150	2.45
30	171	1.310	168	1.441	165	1.580	162	1.728	160	1.883	157	2.05	155	2.22	152	2.40
31	174	1.284	171	1.412	168	1.549	165	1.693	162	1.846	160	2.01	157	2.18	155	2.35
32	177	1.259	174	1.385	171	1.519	168	1.661	165	1.810	162	1.968	160	2.13	157	2.31
33	180	1.235	176	1.359	173	1.491	170	1.630	167	1.776	165	1.931	162	2.09	160	2.26
34	182	1.213	179	1.335	176	1.464	173	1.600	170	1.744	167	1.896	164	2.06	162	2.22
35	185	1.192	182	1.311	178	1.438	175	1.572	172	1.713	170	1.862	167	2.02	164	2.18
36	188	1.171	184	1.289	181	1.413	178	1.545	175	1.684	172	1.831	169	1.985	167	2.15
37	190	1.152	187	1.267	183	1.390	180	1.519	177	1.656	174	1.800	172	1.952	169	2.11

续表 13-19

v /m·s⁻¹	1.30		1.35		1.40		1.45		1.50		1.55		1.60		1.65	
Q /L·s⁻¹	D /mm	100i	D /mm	100i	D /mm	100i	D /mm	100i	D /mm	100i	D /mm	100i	D /mm	100i	D /mm	100i
38	193	1.133	189	1.247	186	1.367	183	1.495	180	1.629	177	1.771	174	1.920	171	2.08
39	195	1.115	192	1.227	188	1.346	185	1.471	182	1.603	179	1.743	176	1.890	173	2.04
40	198	1.098	194	1.208	191	1.325	187	1.448	184	1.579	181	1.716	178	1.860	176	2.01
41	200	1.081	197	1.190	193	1.305	190	1.427	187	1.555	184	1.690	181	1.833	178	1.982
42	203	1.066	199	1.173	195	1.285	192	1.406	189	1.532	186	1.666	183	1.806	180	1.953
43	205	1.050	201	1.156	198	1.268	194	1.386	191	1.510	188	1.642	185	1.780	182	1.925
44	208	1.036	204	1.140	200	1.250	197	1.366	193	1.489	190	1.619	187	1.755	184	1.898
45	210	1.021	206	1.124	202	1.233	199	1.348	195	1.469	192	1.597	189	1.731	186	1.872
46	212	1.008	208	1.109	205	1.216	201	1.330	198	1.449	194	1.575	191	1.708	188	1.847
47	215	0.995	211	1.094	207	1.200	203	1.312	200	1.430	196	1.555	193	1.685	190	1.823
48	217	0.982	213	1.080	209	1.185	205	1.295	202	1.412	199	1.535	195	1.664	192	1.799
49	219	0.969	215	1.067	211	1.170	207	1.279	204	1.394	201	1.515	197	1.643	194	1.777
50	221	0.958	217	1.054	213	1.156	210	1.263	206	1.377	203	1.497	199	1.623	196	1.755
52	226	0.935	221	1.029	217	1.128	214	1.233	210	1.344	207	1.461	203	1.584	200	1.713
54	230	0.913	226	1.005	222	1.102	218	1.205	214	1.314	211	1.428	207	1.548	204	1.674
56	234	0.893	230	0.983	226	1.078	222	1.179	218	1.285	214	1.396	211	1.514	208	1.637
58	238	0.874	234	0.962	230	1.055	226	1.153	222	1.257	218	1.367	215	1.482	212	1.602
60	242	0.856	238	0.942	234	1.033	230	1.130	226	1.231	222	1.338	219	1.451	215	1.569
62	246	0.839	242	0.924	237	1.013	233	1.107	229	1.207	226	1.312	222	1.422	219	1.538
64	250	0.823	246	0.906	241	0.993	237	1.086	233	1.184	229	1.287	226	1.395	222	1.508
66	254	0.808	249	0.889	245	0.975	241	1.066	237	1.161	233	1.262	229	1.369	226	1.480
68	258	0.793	253	0.873	249	0.957	244	1.046	240	1.140	236	1.240	233	1.344	229	1.453
70	262	0.779	257	0.857	252	0.940	248	1.028	244	1.120	240	1.218	236	1.320	232	1.428
72	266	0.766	261	0.843	256	0.924	251	1.010	247	1.101	243	1.197	239	1.298	236	1.403
74	269	0.753	264	0.829	259	0.909	255	0.993	251	1.083	247	1.177	243	1.276	239	1.380
76	273	0.741	268	0.815	263	0.894	258	0.977	254	1.065	250	1.158	246	1.255	242	1.358
78	276	0.729	271	0.802	266	0.880	262	0.962	257	1.048	253	1.140	249	1.235	244	1.336

续表 13-19

v /m·s⁻¹	1.30		1.35		1.40		1.45		1.50		1.55		1.60		1.65	
Q /L·s^{-1}	D /mm	100i	D /mm	100i	D /mm	100i	D /mm	100i	D /mm	100i	D /mm	100i	D /mm	100i	D /mm	100i
80	280	0.718	275	0.790	270	0.866	265	0.947	261	1.032	256	1.122	252	1.216	248	1.316
82	283	0.707	278	0.778	273	0.853	268	0.933	264	1.017	260	1.105	255	1.198	252	1.296
84	287	0.697	281	0.767	276	0.841	272	0.919	267	1.002	263	1.089	259	1.181	255	1.277
86	290	0.687	285	0.756	280	0.829	275	0.906	270	0.988	266	1.073	262	1.164	258	1.259
88	294	0.677	288	0.745	283	0.817	278	0.893	273	0.974	269	1.058	265	1.147	261	1.241
90	297	0.668	291	0.735	286	0.806	281	0.881	276	0.960	272	1.044	268	1.132	264	1.224
92	300	0.659	295	0.725	289	0.795	284	0.869	279	0.948	275	1.030	271	1.117	266	1.208
94	303	0.650	298	0.716	292	0.785	287	0.858	282	0.935	278	1.018	274	1.102	269	1.192
96	307	0.642	301	0.706	295	0.775	290	0.847	285	0.923	281	1.003	276	1.088	272	1.176
98	310	0.634	304	0.598	299	0.765	293	0.836	288	0.912	284	0.991	279	1.074	275	1.162
100	313	0.626	307	0.689	302	0.756	296	0.826	291	0.900	287	0.979	282	1.061	278	1.147
102	316	0.619	310	0.681	305	0.746	299	0.816	294	0.889	289	0.967	285	1.048	281	1.134
104	319	0.611	313	0.673	308	0.738	302	0.806	297	0.879	292	0.955	288	1.036	283	1.120
106	322	0.604	316	0.665	310	0.729	305	0.797	300	0.869	295	0.944	290	1.024	286	1.107
108	325	0.597	319	0.657	313	0.721	308	0.788	303	0.859	298	0.933	293	1.012	289	1.095
110	328	0.591	322	0.650	316	0.713	311	0.779	306	0.849	301	0.923	296	1.001	291	1.082
112	331	0.584	325	0.643	319	0.705	314	0.771	308	0.840	303	0.913	299	0.990	294	1.070
114	334	0.578	328	0.636	322	0.697	316	0.762	311	0.831	306	0.903	301	0.979	297	1.059
116	337	0.572	331	0.629	325	0.690	319	0.754	314	0.822	309	0.893	304	0.969	299	1.048
118	340	0.566	334	0.622	328	0.683	322	0.746	316	0.813	311	0.884	306	0.959	302	1.037
120	343	0.560	336	0.616	330	0.676	325	0.739	319	0.805	314	0.875	309	0.949	304	1.026
122	346	0.554	339	0.610	333	0.669	327	0.731	322	0.797	317	0.866	312	0.939	307	1.016
124	348	0.549	342	0.604	336	0.662	330	0.724	324	0.789	319	0.858	314	0.930	309	1.006
126	351	0.543	345	0.598	339	0.656	333	0.717	327	0.781	322	0.849	317	0.921	312	0.996
128	354	0.538	347	0.592	341	0.649	335	0.710	330	0.774	324	0.841	319	0.912	314	0.986
130	357	0.533	350	0.587	344	0.643	338	0.703	332	0.767	327	0.83	322	0.903	317	0.977
132	360	0.528	353	0.581	346	0.637	340	0.697	335	0.759	329	0.825	324	0.895	319	0.968

续表 13-19

v /m·s⁻¹	1.30		1.35		1.40		1.45		1.50		1.55		1.60		1.65	
Q /L·s⁻¹	D /mm	100i	D /mm	100i	D /mm	100i	D /mm	100i	D /mm	100i	D /mm	100i	D /mm	100i	D /mm	100i
134	362	0.523	356	0.576	349	0.631	343	0.690	337	0.752	332	0.818	327	0.887	322	0.959
136	365	0.519	358	0.571	352	0.626	346	0.684	340	0.746	334	0.810	329	0.879	324	0.950
138	368	0.514	361	0.566	354	0.620	348	0.678	342	0.739	337	0.803	331	0.871	326	0.942
140	370	0.509	363	0.561	357	0.615	351	0.672	345	0.733	339	0.796	334	0.863	329	0.934
142	373	0.505	366	0.556	359	0.609	353	0.666	347	0.726	342	0.789	336	0.856	331	0.925
144	376	0.501	369	0.551	362	0.604	356	0.661	350	0.720	344	0.783	339	0.848	333	0.918
146	378	0.496	371	0.546	364	0.599	358	0.655	352	0.714	346	0.776	341	0.841	336	0.910
148	381	0.492	374	0.542	367	0.594	360	0.650	354	0.708	349	0.770	343	0.834	338	0.902
150	383	0.488	376	0.537	369	0.589	363	0.644	357	0.702	351	0.763	345	0.827	340	0.895
152	386	0.484	379	0.533	372	0.585	365	0.639	359	0.696	353	0.757	348	0.821	342	0.888
154	388	0.480	381	0.529	374	0.580	368	0.634	362	0.691	356	0.751	350	0.814	345	0.881
156	391	0.477	384	0.525	377	0.575	370	0.629	364	0.685	358	0.745	352	0.808	347	0.874
158	393	0.473	386	0.520	379	0.571	372	0.624	366	0.680	360	0.739	355	0.802	349	0.867
160	396	0.469	388	0.516	381	0.566	375	0.619	369	0.675	363	0.734	357	0.795	351	0.860
162	398	0.466	391	0.513	384	0.562	377	0.615	371	0.670	365	0.728	359	0.789	354	0.854
164	401	0.462	393	0.509	386	0.558	379	0.610	373	0.665	367	0.723	361	0.783	356	0.847
166	403	0.459	396	0.505	389	0.554	382	0.605	375	0.660	369	0.717	363	0.778	358	0.841
168	406	0.456	398	0.501	391	0.550	384	0.601	378	0.655	371	0.712	366	0.772	360	0.835
170	408	0.452	400	0.498	393	0.535	386	0.597	380	0.650	374	0.707	368	0.766	362	0.829
172	410	0.449	403	0.494	396	0.542	389	0.592	382	0.646	376	0.702	370	0.761	364	0.823
174	413	0.446	405	0.491	398	0.538	391	0.588	384	0.641	378	0.697	372	0.755	366	0.817
176	415	0.443	407	0.487	400	0.534	393	0.584	387	0.637	380	0.692	374	0.750	369	0.811
178	418	0.440	410	0.484	402	0.531	395	0.580	389	0.632	382	0.687	376	0.745	371	0.806
180	420	0.437	412	0.481	405	0.527	398	0.576	391	0.628	385	0.683	378	0.740	373	0.800
182	422	0.434	414	0.477	407	0.523	400	0.572	393	0.624	387	0.678	381	0.735	375	0.795
184	425	0.431	417	0.474	409	0.520	402	0.568	395	0.620	389	0.673	383	0.730	377	0.790
186	427	0.428	419	0.471	411	0.516	404	0.565	397	0.615	391	0.669	385	0.725	379	0.784

续表 13-19

v /m·s⁻¹	1.30		1.35		1.40		1.45		1.50		1.55		1.60		1.65	
Q /L·s⁻¹	D /mm	100i	D /mm	100i	D /mm	100i	D /mm	100i	D /mm	100i	D /mm	100i	D /mm	100i	D /mm	100i
188	429	0.425	421	0.468	413	0.513	406	0.561	399	0.611	393	0.665	387	0.720	381	0.779
190	431	0.422	423	0.465	416	0.510	408	0.557	402	0.607	395	0.660	389	0.716	383	0.774
192	434	0.420	426	0.462	418	0.507	411	0.554	404	0.604	397	0.656	391	0.711	385	0.769
194	436	0.417	428	0.459	420	0.503	413	0.550	406	0.600	399	0.652	393	0.707	387	0.764
196	438	0.414	430	0.456	422	0.500	415	0.547	408	0.596	401	0.648	395	0.702	389	0.760
198	440	0.412	432	0.453	424	0.497	417	0.548	410	0.592	403	0.644	397	0.698	391	0.755
200	443	0.409	434	0.450	426	0.494	419	0.540	412	0.589	405	0.640	399	0.694	393	0.750
210	454	0.397	445	0.437	437	0.479	429	0.524	422	0.571	415	0.621	409	0.673	403	0.728
220	464	0.386	456	0.425	447	0.466	440	0.509	432	0.555	425	0.604	418	0.654	412	0.708
230	475	0.376	466	0.413	457	0.453	449	0.496	442	0.540	435	0.587	428	0.637	421	0.689
240	485	0.366	476	0.403	467	0.442	459	0.483	451	0.526	444	0.572	437	0.620	430	0.671
250	495	0.357	486	0.393	477	0.431	469	0.471	461	0.513	453	0.558	446	0.605	439	0.654
260	505	0.349	495	0.384	486	0.421	478	0.460	470	0.501	462	0.545	455	0.591	448	0.639
270	514	0.341	505	0.375	496	0.411	487	0.449	479	0.490	471	0.532	464	0.577	456	0.624
280	524	0.333	514	0.367	505	0.402	496	0.439	488	0.479	480	0.521	472	0.564	465	0.610
290	533	0.326	523	0.359	514	0.393	505	0.430	496	0.469	488	0.510	480	0.552	473	0.597
300	542	0.319	532	0.351	522	0.385	513	0.421	505	0.459	496	0.599	489	0.541	481	0.585
310	551	0.313	541	0.344	531	0.378	522	0.413	513	0.450	505	0.589	497	0.530	489	0.573
320	560	0.307	549	0.338	539	0.370	530	0.405	521	0.441	513	0.580	505	0.520	497	0.562
330	569	0.301	558	0.331	548	0.363	538	0.397	529	0.433	521	0.571	512	0.510	505	0.552
340	577	0.296	566	0.325	556	0.357	546	0.390	537	0.425	528	0.562	520	0.501	512	0.542
350	585	0.290	575	0.320	564	0.351	554	0.383	645	0.418	536	0.554	528	0.492	520	0.532
360	594	0.285	583	0.314	572	0.345	562	0.377	553	0.411	544	0.446	535	0.484	527	0.523
370	602	0.281	591	0.309	580	0.339	570	0.370	560	0.404	551	0.439	543	0.476	534	0.515
380	610	0.276	599	0.304	588	0.333	578	0.364	568	0.397	559	0.432	550	0.468	542	0.506
390	618	0.272	606	0.299	596	0.328	585	0.359	575	0.391	566	0.425	557	0.461	549	0.498
400	626	0.268	614	0.295	603	0.323	593	0.353	583	0.385	573	0.418	564	0.454	556	0.491

续表 13-19

v /m·s^{-1}	1.30		1.35		1.40		1.45		1.50		1.55		1.60		1.65	
Q /L·s^{-1}	D /mm	100i	D /mm	100i	D /mm	100i	D /mm	100i	D /mm	100i	D /mm	100i	D /mm	100i	D /mm	100i
410	634	0.264	622	0.290	611	0.318	600	0.348	590	0.379	580	0.412	571	0.447	562	0.483
420	641	0.260	629	0.286	618	0.313	607	0.343	597	0.374	587	0.406	578	0.440	569	0.476
430	649	0.256	637	0.282	625	0.309	614	0.338	604	0.368	594	0.400	585	0.434	576	0.469
440	656	0.252	644	0.278	633	0.305	622	0.333	611	0.363	601	0.395	592	0.428	583	0.463
450	664	0.249	651	0.274	640	0.301	629	0.329	618	0.358	608	0.389	598	0.422	589	0.456
460	671	0.246	659	0.270	647	0.296	636	0.324	625	0.353	615	0.384	605	0.416	596	0.450
470	678	0.242	666	0.267	654	0.293	642	0.320	632	0.349	621	0.379	612	0.411	602	0.444
480	686	0.239	673	0.263	661	0.289	649	0.316	638	0.344	628	0.374	618	0.406	609	0.439
490	693	0.236	680	0.260	668	0.285	656	0.312	645	0.340	634	0.369	624	0.400	615	0.433
500	700	0.233	687	0.257	674	0.282	663	0.308	651	0.336	641	0.365	631	0.396	621	0.428
510	707	0.231	694	0.254	681	0.278	669	0.304	658	0.332	647	0.360	637	0.391	627	0.423
520	714	0.228	700	0.251	688	0.275	676	0.301	664	0.328	654	0.356	643	0.386	633	0.418
530	720	0.225	707	0.248	694	0.272	682	0.297	671	0.324	660	0.352	649	0.382	640	0.413
540	727	0.223	714	0.245	701	0.269	689	0.294	677	0.320	666	0.348	656	0.377	646	0.408
550	734	0.220	720	0.242	707	0.266	695	0.290	683	0.317	672	0.344	662	0.373	651	0.404
560	741	0.218	727	0.240	714	0.263	701	0.287	689	0.313	678	0.340	668	0.369	657	0.399
570	747	0.215	733	0.237	720	0.260	707	0.284	696	0.310	684	0.337	673	0.365	663	0.395
580	754	0.213	740	0.235	726	0.257	714	0.281	702	0.306	690	0.333	679	0.361	669	0.391
590	760	0.211	746	0.232	733	0.255	720	0.278	708	0.303	696	0.330	685	0.357	675	0.387
600	767	0.209	752	0.230	739	0.252	726	0.275	714	0.300	702	0.326	691	0.354	680	0.383
610	773	0.207	758	0.227	745	0.249	732	0.273	720	0.297	708	0.323	697	0.350	686	0.379
620	779	0.205	765	0.225	751	0.247	738	0.270	725	0.294	714	0.320	702	0.347	692	0.375
630	786	0.203	771	0.223	757	0.244	744	0.267	731	0.291	719	0.317	708	0.343	697	0.371
640	792	0.201	777	0.221	763	0.242	750	0.265	737	0.289	725	0.314	714	0.340	703	0.368
650	798	0.1987	783	0.219	769	0.240	755	0.262	743	0.286	731	0.311	719	0.337	708	0.364
660	804	0.1969	789	0.217	775	0.238	761	0.260	748	0.283	736	0.308	725	0.334	714	0.361
670	810	0.1951	795	0.215	781	0.235	767	0.257	754	0.281	742	0.305	730	0.331	719	0.358

续表 13-19

v /m·s^{-1}	1.30		1.35		1.40		1.45		1.50		1.55		1.60		1.65	
Q /L·s^{-1}	D /mm	100i	D /mm	100i	D /mm	100i	D /mm	100i	D /mm	100i	D /mm	100i	D /mm	100i	D /mm	100i
680	816	0.1933	801	0.213	786	0.233	773	0.255	760	0.278	747	0.302	736	0.328	724	0.354
690	822	0.1916	807	0.211	792	0.231	778	0.253	765	0.276	753	0.299	741	0.325	730	0.351
700	828	0.1899	813	0.290	798	0.229	784	0.251	771	0.273	758	0.297	746	0.322	735	0.348
710	834	0.1883	818	0.297	804	0.227	790	0.248	776	0.271	764	0.294	752	0.319	740	0.345
720	840	0.1867	824	0.205	809	0.225	795	0.246	782	0.268	769	0.292	757	0.316	745	0.342
730	846	0.1851	830	0.204	815	0.223	801	0.244	787	0.266	774	0.289	762	0.314	751	0.339
740	851	0.1836	835	0.202	820	0.222	806	0.242	793	0.264	780	0.287	767	0.311	756	0.336
750	857	0.1821	841	0.200	826	0.220	812	0.240	798	0.262	785	0.285	773	0.309	761	0.334
760	863	0.1806	847	0.1987	831	0.218	817	0.238	803	0.260	790	0.282	778	0.306	766	0.331
770	868	0.1791	852	0.1971	837	0.216	822	0.236	808	0.258	795	0.280	783	0.304	771	0.328
780	874	0.1777	858	0.1956	842	0.214	828	0.234	814	0.256	800	0.278	788	0.301	776	0.326
790	880	0.1763	863	0.1941	848	0.213	833	0.233	819	0.254	806	0.276	793	0.299	781	0.323
800	885	0.1750	869	0.1926	853	0.211	838	0.231	824	0.252	811	0.274	798	0.297	786	0.321
810	891	0.1737	874	0.1911	858	0.210	843	0.229	829	0.250	816	0.271	803	0.294	797	0.318
820	896	0.1724	879	0.1897	864	0.208	849	0.227	834	0.248	821	0.269	808	0.292	795	0.316
830	902	0.1711	885	0.1883	869	0.206	854	0.226	839	0.246	826	0.267	813	0.290	800	0.314
840	907	0.1698	890	0.1869	874	0.205	859	0.224	844	0.244	831	0.265	818	0.288	805	0.311
850	912	0.1686	895	0.1855	879	0.203	864	0.222	849	0.242	836	0.264	822	0.286	810	0.309

续表 13-19

v /m·s^{-1}	1.70		1.75		1.80		1.85		1.90		1.95		2.00		2.05	
Q /L·s^{-1}	D /mm	100i	D /mm	100i	D /mm	100i	D /mm	100i	D /mm	100i	D /mm	100i	D /mm	100i	D /mm	100i
11	91	4.79	89	5.16	88	5.54	87	5.94	86	6.36	85	6.80	84	7.25	83	7.72
12	95	4.54	93	4.89	92	5.25	91	5.63	90	6.03	89	6.44	87	6.88	86	7.32
13	99	4.32	97	4.66	96	5.00	95	5.36	93	5.74	92	6.14	91	6.55	90	6.97
14	102	4.13	101	4.45	100	4.78	98	5.13	97	5.49	96	5.86	94	6.26	93	6.66
15	106	3.96	104	4.26	103	4.58	102	4.91	100	5.26	99	5.62	98	6.00	97	6.39
16	109	3.81	108	4.10	106	4.40	105	4.72	104	5.06	102	5.40	101	5.76	100	6.14
17	113	3.67	111	3.95	110	4.24	108	4.55	107	4.87	105	5.21	104	5.55	103	5.92
18	116	3.54	114	3.81	113	4.10	111	4.39	110	4.70	108	5.03	107	5.36	106	5.71
19	119	3.43	118	3.69	116	3.96	114	4.25	113	4.55	111	4.86	110	5.19	109	5.53
20	122	3.32	121	3.58	119	3.84	117	4.12	116	4.41	114	4.71	113	5.03	111	5.35
21	125	3.22	124	3.47	122	3.73	120	3.00	119	4.28	117	4.57	116	4.88	114	5.20
22	128	3.13	127	3.37	125	3.62	123	3.89	121	4.16	120	4.44	118	4.74	117	5.05
23	131	3.05	129	3.28	128	3.53	126	3.78	124	4.05	123	4.33	121	4.61	120	4.91
24	134	2.97	132	3.20	130	3.44	129	3.68	127	3.94	125	4.21	124	4.50	122	4.79
25	137	2.90	135	3.12	133	3.35	131	3.59	129	3.85	128	4.11	126	4.38	125	4.67
26	140	2.83	138	3.04	136	3.27	134	3.51	132	3.75	130	4.01	129	4.28	127	4.56
27	142	2.76	140	2.97	138	3.20	136	3.43	135	3.67	133	3.92	131	4.18	129	4.45
28	145	2.70	143	2.91	141	3.13	139	3.35	137	3.59	135	3.83	134	4.09	132	4.36
29	147	2.64	145	2.85	143	3.06	141	3.28	139	3.51	138	3.75	136	4.00	134	4.26
30	150	2.59	148	2.79	146	3.00	144	3.21	142	3.44	140	3.68	138	3.92	137	4.18
31	152	2.54	150	2.73	148	2.94	146	3.15	144	3.37	142	3.60	140	3.84	139	4.09
32	155	2.49	153	2.68	150	2.88	148	3.09	146	3.31	145	3.53	143	3.77	141	4.01
33	157	2.44	155	2.63	153	2.83	151	3.03	149	3.24	147	3.47	145	3.70	143	3.94
34	160	2.40	157	2.58	155	2.77	153	2.98	151	3.19	149	3.40	147	3.63	145	3.87
35	162	2.36	160	2.54	157	2.73	155	2.92	153	3.08	151	3.34	149	3.57	147	3.80
36	164	2.32	162	2.49	160	2.68	157	2.87	155	3.08	153	3.29	151	3.51	150	3.73

续表 13-19

v /m·s^{-1}	1.70		1.75		1.80		1.85		1.90		1.95		2.00		2.05	
Q /L·s^{-1}	D /mm	100i	D /mm	100i	D /mm	100i	D /mm	100i	D /mm	100i	D /mm	100i	D /mm	100i	D /mm	100i
37	166	2.28	164	2.45	162	2.63	160	2.83	157	3.02	155	3.23	153	3.45	152	3.67
38	169	2.24	166	2.41	164	2.59	162	2.78	160	2.98	158	3.18	156	3.39	154	3.61
39	171	2.21	168	2.37	166	2.55	164	2.74	162	2.93	160	3.13	158	3.34	156	3.56
40	173	2.17	171	2.34	168	2.51	166	2.69	164	2.88	162	3.08	160	3.29	158	3.50
41	175	2.14	173	2.30	170	2.47	168	2.65	166	2.84	164	3.03	162	3.24	160	3.45
42	177	2.11	175	2.27	172	2.44	170	2.61	168	2.80	166	2.99	164	3.19	162	3.40
43	179	2.08	177	2.24	174	2.40	172	2.58	170	2.76	168	2.95	165	3.14	163	3.35
44	182	2.05	179	2.20	176	2.37	174	2.54	172	2.72	169	2.91	167	3.10	165	3.30
45	184	2.02	181	2.17	178	2.34	176	2.51	174	2.68	171	2.87	169	3.06	167	3.26
46	186	1.993	183	2.15	180	2.31	178	2.47	176	2.65	173	2.83	171	3.02	169	3.21
47	188	1.967	185	2.12	182	2.28	180	2.44	177	2.61	175	2.79	173	2.98	171	3.17
48	190	1.942	187	2.09	184	2.25	182	2.41	179	2.58	177	2.76	175	2.94	173	3.13
49	192	1.917	189	2.06	186	2.22	184	2.38	181	2.55	179	2.72	177	2.90	174	3.09
50	194	1.894	191	2.04	188	2.19	186	2.35	183	2.51	181	2.69	178	2.87	176	3.05
52	197	1.849	195	1.990	192	2.14	189	2.29	187	2.45	184	2.62	182	2.80	180	2.98
54	201	1.806	198	1.945	195	2.09	193	2.24	190	2.40	188	2.56	185	2.73	183	2.91
56	205	1.766	202	1.902	199	2.04	196	2.19	194	2.35	191	2.51	189	2.67	186	2.85
58	208	1.729	205	1.861	203	2.00	200	2.14	197	2.30	195	2.45	192	2.62	190	2.79
60	212	1.693	209	1.823	206	1.959	203	2.10	201	2.25	198	2.40	195	2.56	193	2.73
62	215	1.660	212	1.787	209	1.920	207	2.06	204	2.20	201	2.36	199	2.51	196	2.68
64	219	1.628	216	1.752	213	1.883	210	2.02	207	2.16	204	2.31	202	2.46	199	2.62
66	222	1.597	219	1.720	216	1.848	213	1.982	210	2.12	208	2.27	205	2.42	202	2.58
68	226	1.568	222	1.688	219	1.814	216	1.946	213	2.08	211	2.23	208	2.37	206	2.53
70	229	1.541	226	1.659	223	1.782	219	1.911	217	2.05	214	2.19	211	2.33	209	2.48
72	232	1.514	229	1.630	226	1.752	223	1.879	220	2.01	217	2.15	214	2.29	211	2.44
74	235	1.499	232	1.603	229	1.723	226	1.847	223	1.977	220	2.11	217	2.25	214	2.40

续表 13-19

v /m·s⁻¹	1.70		1.75		1.80		1.85		1.90		1.95		2.00		2.05	
Q /L·s⁻¹	D /mm	100i	D /mm	100i	D /mm	100i	D /mm	100i	D /mm	100i	D /mm	100i	D /mm	100i	D /mm	100i
76	239	1.465	235	1.577	232	1.695	229	1.817	226	1.945	223	2.08	220	2.22	217	2.36
78	242	1.442	238	1.552	235	1.668	232	1.789	229	1.915	226	2.05	223	2.18	220	2.32
80	245	1.420	241	1.528	238	1.642	235	1.761	232	1.885	229	2.01	226	2.15	223	2.29
82	248	1.398	244	1.505	241	1.618	238	1.735	234	1.857	231	1.984	228	2.12	226	2.25
84	251	1.378	247	1.483	244	1.594	240	1.709	237	1.830	234	1.955	231	2.09	228	2.22
86	254	1.358	250	1.462	247	1.571	243	1.685	240	1.803	237	1.927	234	2.06	231	2.19
88	257	1.339	253	1.442	249	1.549	246	1.661	243	1.778	240	1.900	237	2.03	234	2.16
90	260	1.321	256	1.422	252	1.528	249	1.638	246	1.754	242	1.874	239	2.00	236	2.13
92	262	1.202	259	1.403	255	1.507	252	1.617	248	1.730	245	1.849	242	1.973	239	2.10
94	265	1.286	262	1.385	258	1.488	254	1.595	251	1.708	248	1.825	245	1.947	242	2.07
96	268	1.269	264	1.367	261	1.469	257	1.575	254	1.686	250	1.801	247	1.922	244	2.05
98	271	1.253	267	1.350	263	1.450	260	1.555	256	1.655	253	1.779	250	1.898	247	2.02
100	274	1.238	270	1.333	266	1.432	262	1.536	259	1.644	256	1.757	252	1.874	249	1.996
102	276	1.223	272	1.317	269	1.415	265	1.517	261	1.624	258	1.736	255	1.852	252	1.972
104	279	1.209	275	1.301	271	1.398	268	1.499	264	1.605	261	1.715	257	1.830	254	1.949
106	282	1.195	278	1.286	274	1.382	270	1.482	267	1.586	263	1.695	260	1.809	257	1.926
108	284	1.181	280	1.272	276	1.366	273	1.465	269	1.568	266	1.676	262	1.788	259	1.904
110	287	1.168	283	1.257	279	1.351	275	1.449	272	1.551	268	1.657	265	1.768	261	1.883
112	290	1.155	285	1.244	281	1.336	278	1.433	274	1.534	270	1.639	267	1.749	264	1.862
114	292	1.143	288	1.230	284	1.322	280	1.417	276	1.517	273	1.621	269	1.730	266	1.842
116	295	1.130	291	1.217	286	1.308	283	1.402	279	1.501	275	1.604	272	1.711	268	1.823
118	297	1.119	293	1.204	289	1.294	285	1.388	281	1.486	278	1.587	274	1.694	271	1.804
120	300	1.107	295	1.192	291	1.281	287	1.374	284	1.470	280	1.571	276	1.676	273	1.785
122	302	1.096	298	1.198	294	1.268	290	1.360	286	1.456	282	1.555	279	1.659	275	1.767
124	305	1.085	300	1.168	296	1.255	292	1.346	288	1.441	285	1.540	281	1.643	278	1.750
126	307	1.075	303	1.157	299	1.243	294	1.333	291	1.427	287	1.525	283	1.627	280	1.733

续表 13-19

v /m·s^{-1}	1.70		1.75		1.80		1.85		1.90		1.95		2.00		2.05	
Q /L·s^{-1}	D /mm	100i	D /mm	100i	D /mm	100i	D /mm	100i	D /mm	100i	D /mm	100i	D /mm	100i	D /mm	100i
128	310	1.064	305	1.146	301	1.231	297	1.320	293	1.413	289	1.510	285	1.611	282	1.716
130	312	1.054	308	1.135	303	1.219	299	1.308	295	1.400	291	1.496	288	1.596	284	1.700
132	314	1.044	310	1.124	306	1.208	301	1.296	297	1.387	294	1.482	290	1.581	286	1.684
134	317	1.035	312	1.114	308	1.197	304	1.284	300	1.374	296	1.468	292	1.567	288	1.669
136	319	1.025	315	1.104	310	1.186	306	1.272	302	1.362	298	1.455	294	1.552	291	1.653
138	321	1.016	317	1.094	312	1.176	308	1.261	304	1.350	300	1.442	296	1.539	293	1.639
140	324	1.007	319	1.085	315	1.165	310	1.250	306	1.338	302	1.429	299	1.525	295	1.624
142	326	0.999	321	1.075	317	1.155	313	1.239	308	1.326	304	1.417	301	1.512	297	1.610
144	328	0.990	324	1.066	319	1.145	315	1.228	311	1.315	307	1.405	303	1.499	299	1.597
146	331	0.982	326	1.057	321	1.136	317	1.218	313	1.304	309	1.393	305	1.486	301	1.583
148	333	0.974	328	1.048	324	1.126	319	1.208	315	1.293	311	1.382	307	1.474	303	1.570
150	335	0.966	330	1.040	326	1.117	321	1.198	317	1.282	313	1.370	309	1.462	305	1.557
152	337	0.958	333	1.031	328	1.108	323	1.188	319	1.272	315	1.359	311	1.450	307	1.545
154	340	0.950	335	1.023	330	1.099	326	1.179	321	1.262	317	1.348	313	1.438	309	1.532
156	342	0.943	337	1.015	332	1.091	328	1.170	323	1.252	319	1.338	315	1.427	311	1.520
158	344	0.935	339	1.007	334	1.082	330	1.160	325	1.242	321	1.327	317	1.416	313	1.508
160	346	0.928	341	0.999	336	1.074	332	1.151	327	1.233	323	1.317	319	1.405	315	1.497
162	348	0.921	343	0.992	339	1.066	334	1.43	329	1.223	325	1.307	321	1.395	317	1.485
164	350	0.914	345	0.984	341	1.058	336	1.134	332	1.214	327	1.297	323	1.384	319	1.474
166	353	0.907	348	0.977	343	1.050	338	1.126	334	1.205	329	1.288	325	1.374	321	1.463
168	355	0.901	350	0.970	345	1.042	340	1.118	336	1.196	331	1.278	327	1.364	323	1.453
170	357	0.894	352	0.963	347	1.035	342	1.109	338	1.188	333	1.269	329	1.354	325	1.442
172	359	0.888	354	0.956	349	1.027	344	1.102	340	1.176	335	1.260	331	1.344	327	1.432
174	361	0.882	356	0.949	351	1.020	346	1.094	341	1.171	337	1.251	333	1.335	329	1.422
176	363	0.875	358	0.943	353	1.013	348	1.086	343	1.163	339	1.242	335	1.325	331	1.412
178	365	0.869	360	0.936	355	1.006	350	1.079	345	1.155	341	1.234	337	1.316	333	1.402

续表 13-19

v /m·s⁻¹	1.70		1.75		1.80		1.85		1.90		1.95		2.00		2.05	
Q /L·s⁻¹	D /mm	100i	D /mm	100i	D /mm	100i	D /mm	100i	D /mm	100i	D /mm	100i	D /mm	100i	D /mm	100i
180	367	0.863	362	0.930	357	0.999	352	1.071	347	1.147	343	1.225	339	1.307	334	1.392
182	369	0.858	364	0.923	359	0.992	354	1.064	349	1.139	345	1.217	340	1.298	336	1.383
184	371	0.852	366	0.917	361	0.986	356	1.057	351	1.131	347	1.209	342	1.290	338	1.374
186	373	0.846	368	0.911	363	0.979	358	1.050	353	1.124	348	1.201	344	1.281	340	1.365
188	375	0.841	370	0.905	365	0.973	360	1.043	355	1.117	350	1.193	346	1.273	342	1.356
190	377	0.835	372	0.899	367	0.966	362	1.036	357	1.109	352	1.185	348	1.265	344	1.347
192	379	0.830	374	0.894	369	0.960	364	1.030	359	1.102	354	1.178	350	1.257	345	1.338
194	381	0.825	376	0.888	370	0.954	365	1.023	361	1.095	356	1.170	351	1.249	347	1.300
196	383	0.820	378	0.882	372	0.948	367	1.017	362	1.088	358	1.163	353	1.241	349	1.322
198	385	0.814	380	0.877	374	0.942	369	1.010	364	1.082	360	1.156	355	1.233	351	1.313
200	387	0.809	381	0.872	376	0.936	371	1.004	366	1.075	361	1.149	357	1.226	352	1.305
210	397	0.786	391	0.846	385	0.909	380	0.975	375	1.043	370	1.115	366	1.189	361	1.267
220	406	0.764	400	0.822	394	0.883	389	0.947	384	1.014	379	1.084	374	1.156	370	1.231
230	415	0.743	409	0.800	403	0.860	398	0.922	393	0.987	388	1.054	383	1.125	378	1.198
240	424	0.724	418	0.779	412	0.837	406	0.898	401	0.961	396	1.027	391	1.096	386	1.167
250	433	0.706	426	0.760	421	0.817	415	0.876	409	0.938	404	1.002	399	1.069	394	1.138
260	441	0.689	435	0.742	429	0.797	423	0.855	417	0.915	412	0.978	407	1.043	402	1.111
270	450	0.673	443	0.725	437	0.779	431	0.836	425	0.894	420	0.906	415	1.020	410	1.086
280	458	0.659	451	0.709	445	0.762	439	0.817	433	0.875	428	0.935	422	0.997	417	1.062
290	466	0.645	459	0.694	453	0.746	447	0.800	441	0.856	435	0.915	430	0.976	424	1.039
300	474	0.631	467	0.680	461	0.730	454	0.783	448	0.838	443	0.896	437	0.956	432	1.018
310	482	0.619	475	0.666	468	0.716	462	0.768	456	0.822	450	0.878	444	0.937	439	0.998
320	490	0.607	483	0.653	476	0.702	469	0.753	463	0.806	457	0.861	451	0.919	446	0.979
330	497	0.596	490	0.641	483	0.689	477	0.739	470	0.791	464	0.845	458	0.902	453	0.960
340	505	0.585	497	0.630	490	0.676	484	0.725	477	0.777	471	0.830	465	0.885	460	0.943
350	512	0.574	505	0.618	498	0.665	491	0.713	484	0.763	478	0.815	472	0.870	466	0.926

续表 13-19

v /m·s^{-1}	1.70		1.75		1.80		1.85		1.90		1.95		2.00		2.05	
Q /L·s^{-1}	D /mm	100i	D /mm	100i	D /mm	100i	D /mm	100i	D /mm	100i	D /mm	100i	D /mm	100i	D /mm	100i
360	519	0.565	512	0.608	505	0.653	498	0.700	491	0.750	485	0.801	479	0.855	473	0.910
370	526	0.555	519	0.598	512	0.642	505	0.689	498	0.737	492	0.788	485	0.841	479	0.895
380	533	0.546	526	0.588	518	0.632	511	0.678	505	0.725	498	0.775	492	0.827	486	0.881
390	540	0.538	533	0.579	525	0.622	518	0.667	511	0.714	505	0.763	498	0.814	492	0.867
400	547	0.529	539	0.570	532	0.612	525	0.657	518	0.703	511	0.751	505	0.801	498	0.853
410	554	0.521	546	0.561	539	0.603	531	0.647	524	0.692	517	0.740	511	0.789	505	0.841
420	561	0.514	553	0.553	545	0.594	538	0.637	531	0.682	524	0.729	517	0.778	511	0.828
430	567	0.506	559	0.545	552	0.586	544	0.628	537	0.672	530	0.719	523	0.767	517	0.816
440	574	0.499	566	0.538	558	0.578	550	0.619	543	0.663	536	0.708	529	0.756	523	0.805
450	581	0.492	572	0.530	564	0.570	557	0.611	549	0.654	542	0.699	535	0.745	529	0.794
460	587	0.486	579	0.523	570	0.562	563	0.603	555	0.645	548	0.689	541	0.735	535	0.783
470	593	0.479	585	0.526	577	0.555	569	0.595	561	0.637	554	0.680	547	0.726	540	0.773
480	600	0.473	591	0.510	583	0.548	575	0.587	567	0.629	560	0.672	553	0.717	546	0.763
490	606	0.467	597	0.503	589	0.541	581	0.580	573	0.621	566	0.663	559	0.708	552	0.754
500	612	0.462	603	0.497	595	0.534	587	0.573	579	0.613	571	0.655	564	0.699	557	0.744
510	618	0.456	609	0.491	601	0.528	592	0.566	585	0.606	577	0.647	570	0.690	563	0.735
520	624	0.451	615	0.485	606	0.521	598	0.559	590	0.598	583	0.640	575	0.682	568	0.727
530	630	0.445	621	0.480	612	0.515	604	0.553	596	0.592	588	0.632	581	0.674	574	0.718
540	640	0.440	627	0.474	618	0.509	610	0.546	602	0.585	594	0.625	586	0.667	579	0.710
550	642	0.435	633	0.469	624	0.504	615	0.540	607	0.578	599	0.618	592	0.659	584	0.702
560	648	0.431	638	0.464	629	0.498	621	0.534	613	0.572	605	0.611	597	0.652	590	0.694
570	653	0.426	644	0.459	635	0.493	626	0.528	618	0.566	610	0.605	602	0.645	595	0.687
580	659	0.421	650	0.454	641	0.488	632	0.523	623	0.560	615	0.598	608	0.638	600	0.680

续表 13-19

v /m·s^{-1}	1.70		1.75		1.80		1.85		1.90		1.95		2.00		2.05	
Q /L·s^{-1}	D /mm	100i	D /mm	100i	D /mm	100i	D /mm	100i	D /mm	100i	D /mm	100i	D /mm	100i	D /mm	100i
590	665	0.417	655	0.449	646	0.482	637	0.517	629	0.554	621	0.592	613	0.631	605	0.673
600	670	0.413	661	0.444	651	0.478	643	0.512	634	0.548	626	0.586	618	0.625	610	0.666
610	676	0.409	666	0.440	657	0.473	648	0.507	639	0.543	631	0.580	623	0.619	616	0.659
620	681	0.405	672	0.436	662	0.468	653	0.502	645	0.537	636	0.574	628	0.613	621	0.652
630	687	0.401	677	0.431	668	0.463	658	0.497	650	0.532	641	0.569	633	0.607	626	0.646
640	692	0.397	682	0.427	673	0.459	664	0.492	655	0.527	646	0.563	638	0.601	630	0.640
650	698	0.393	688	0.423	678	0.455	669	0.488	660	0.522	651	0.558	643	0.595	635	0.634
660	703	0.389	693	0.419	683	0.450	674	0.483	665	0.517	656	0.553	648	0.589	640	0.628
670	708	0.386	698	0.415	688	0.446	679	0.479	670	0.512	661	0.547	653	0.584	645	0.622
680	714	0.382	703	0.412	694	0.442	684	0.474	675	0.508	666	0.543	658	0.579	650	0.617
690	718	0.379	709	0.408	699	0.438	689	0.470	680	0.503	671	0.538	663	0.574	655	0.611
700	724	0.376	714	0.404	704	0.434	694	0.466	685	0.499	676	0.533	668	0.569	659	0.606
710	729	0.372	719	0.401	709	0.431	699	0.462	690	0.494	681	0.528	672	0.564	664	0.600
720	734	0.369	724	0.397	714	0.427	704	0.458	695	0.490	686	0.524	677	0.559	669	0.595
730	739	0.366	729	0.394	719	0.423	709	0.454	699	0.486	690	0.519	682	0.554	673	0.590
740	744	0.363	734	0.391	723	0.420	714	0.450	704	0.482	695	0.515	686	0.550	678	0.585
750	750	0.360	739	0.388	728	0.417	718	0.447	709	0.478	700	0.511	691	0.545	683	0.581
760	755	0.357	744	0.384	733	0.413	723	0.443	714	0.474	704	0.507	696	0.541	687	0.576
770	559	0.354	748	0.381	738	0.410	728	0.440	718	0.470	709	0.503	700	0.536	692	0.571
780	764	0.351	753	0.378	743	0.407	733	0.436	723	0.467	714	0.499	705	0.532	696	0.567
790	774	0.349	758	0.375	748	0.403	737	0.433	728	0.463	718	0.495	709	0.528	700	0.562
800	769	0.346	763	0.373	752	0.400	742	0.429	732	0.460	723	0.491	714	0.524	705	0.558
810	774	0.343	768	0.370	757	0.397	747	0.426	737	0.456	727	0.487	718	0.520	709	0.554
820	784	0.341	772	0.367	762	0.394	751	0.423	741	0.453	732	0.484	723	0.516	714	0.550
830	788	0.338	777	0.364	766	0.391	756	0.420	746	0.449	736	0.480	727	0.512	718	0.546

续表 13-19

v /m·s^{-1}	2.10		2.15		2.20		2.25		2.30		2.35		2.40		2.45	
Q /L·s^{-1}	D /mm	100i	D /mm	100i	D /mm	100i	D /mm	100i	D /mm	100i	D /mm	100i	D /mm	100i	D /mm	100i
21	113	5.53	112	5.87	110	6.23	109	6.59	108	6.98	107	7.37	106	7.78	104	8.20
22	115	5.37	114	5.71	113	6.05	112	6.41	110	6.78	104	7.16	108	7.56	107	7.97
23	118	5.23	117	5.55	115	5.89	114	6.24	113	6.60	112	6.97	110	7.36	109	7.76
24	121	5.09	119	5.41	118	5.74	117	6.08	115	6.43	114	6.79	113	7.17	112	7.56
25	123	4.97	122	5.28	120	5.59	119	5.93	118	6.27	116	6.62	115	6.99	114	7.37
26	126	4.85	124	5.15	123	5.46	121	5.79	120	6.12	119	6.47	117	6.83	116	7.20
27	128	4.74	126	5.03	125	5.34	124	5.65	122	5.98	121	6.32	120	6.67	118	7.03
28	130	4.63	129	4.92	127	5.22	126	5.53	125	5.85	123	6.18	122	6.52	121	6.88
29	132	4.53	131	4.82	130	5.11	128	5.41	127	5.72	125	6.05	124	6.38	123	6.73
30	135	4.44	133	4.72	132	5.00	130	5.30	129	5.61	127	5.92	126	6.25	125	6.59
31	137	4.35	135	4.62	134	4.90	132	5.19	131	5.49	130	5.81	128	6.13	127	6.46
32	139	4.27	138	4.53	136	4.81	135	5.09	133	5.39	132	5.69	130	6.01	129	6.34
33	141	4.19	140	4.45	138	4.72	137	5.00	135	5.29	134	5.59	132	5.90	131	6.22
34	144	4.11	142	4.37	140	4.63	139	4.91	137	5.19	136	5.49	134	5.79	133	6.10
35	146	4.04	144	4.29	142	4.55	141	4.82	139	5.10	138	5.39	136	5.69	135	6.00
36	148	3.97	146	4.22	144	4.47	143	4.74	141	5.01	140	5.30	138	5.59	137	5.89
37	150	3.91	148	4.15	146	4.40	145	4.66	143	4.93	142	5.21	140	5.50	139	5.80
38	152	3.84	150	4.08	148	4.33	147	4.58	145	4.85	143	5.12	142	5.41	141	5.70
39	154	3.78	152	4.02	150	4.26	149	4.51	147	4.77	145	5.04	144	5.32	142	5.61
40	156	3.72	154	3.95	152	4.19	150	4.44	149	4.70	147	4.97	146	5.24	144	5.53
41	158	3.67	156	3.90	154	4.13	152	4.38	151	4.63	149	4.89	147	5.16	146	5.44
42	160	3.61	158	3.84	156	4.07	154	4.31	152	4.56	151	4.82	149	5.09	148	5.36
43	161	3.56	160	3.78	158	4.01	156	4.25	154	4.50	153	4.75	151	5.01	149	5.29
44	163	3.51	161	3.73	160	3.96	158	4.19	156	4.43	154	4.68	153	4.94	151	5.21
45	165	3.46	163	3.68	161	3.90	160	4.13	158	4.37	156	4.62	155	4.88	153	5.14

续表 13-19

v /m·s⁻¹	2.10		2.15		2.20		2.25		2.30		2.35		2.40		2.45	
Q /L·s⁻¹	D /mm	100i	D /mm	100i	D /mm	100i	D /mm	100i	D /mm	100i	D /mm	100i	D /mm	100i	D /mm	100i
46	167	3.42	165	3.63	163	3.85	161	4.08	160	4.31	158	4.56	156	4.81	155	5.07
47	169	3.37	167	3.58	165	3.80	163	4.02	161	4.26	160	4.50	158	4.75	156	5.01
48	171	3.33	169	3.54	167	3.75	165	3.97	163	4.20	161	4.44	160	4.69	158	4.94
49	172	3.29	170	3.49	168	3.70	167	3.92	165	4.15	163	4.39	161	4.63	160	4.88
50	174	3.25	172	3.45	170	3.66	168	3.87	166	4.10	165	4.33	163	4.57	161	4.82
52	178	3.17	175	3.37	173	3.57	172	3.78	170	4.00	168	4.23	166	4.46	164	4.70
54	181	3.10	179	3.29	177	3.49	175	3.70	173	3.91	171	4.13	169	4.36	168	4.60
56	184	3.03	182	3.22	180	3.41	178	3.61	176	3.82	174	4.04	172	4.26	171	4.50
58	188	2.97	185	3.15	183	3.34	181	3.54	179	3.74	177	3.95	175	4.17	174	4.40
60	191	2.90	189	3.08	186	3.27	184	3.46	182	3.67	180	3.87	178	4.09	177	4.31
62	194	2.85	192	3.02	189	3.21	187	3.40	185	3.59	183	3.80	181	4.01	180	4.22
64	197	2.79	195	2.96	192	3.14	190	3.33	188	3.52	186	3.72	184	3.93	182	4.14
66	200	2.74	198	2.91	195	3.09	193	3.27	191	3.46	189	3.65	187	3.86	185	4.07
68	203	2.69	201	2.86	193	3.03	196	3.21	194	3.39	192	3.59	190	3.79	188	3.99
70	206	2.64	204	2.81	201	2.98	199	3.15	197	3.33	195	3.52	193	3.72	191	3.92
72	209	2.60	206	2.76	204	2.93	202	3.10	200	3.28	198	3.46	195	3.66	193	3.85
74	212	2.55	209	2.71	207	2.88	205	3.05	202	3.22	200	3.41	198	3.59	196	3.79
76	215	2.51	212	2.67	210	2.83	207	3.00	205	3.17	203	3.35	201	3.54	199	3.73
78	217	2.47	215	2.63	212	2.79	210	2.95	208	3.12	206	3.30	203	3.48	201	3.67
80	220	2.43	218	2.59	215	2.74	213	2.90	210	3.07	208	3.25	206	3.43	204	3.61
82	223	2.40	220	2.55	218	2.70	215	2.86	213	3.03	211	3.20	209	3.38	206	3.56
84	226	2.36	223	2.51	220	2.66	218	2.82	216	2.98	213	3.15	211	3.33	209	3.51
86	228	2.33	226	2.47	223	2.62	221	2.78	218	2.94	216	3.11	214	3.28	211	3.46
88	231	2.30	228	2.44	226	2.59	223	2.74	221	2.90	218	3.06	216	3.23	214	3.41
90	234	2.27	231	2.41	228	2.55	226	2.70	223	2.86	221	3.02	219	3.19	216	3.36

续表 13-19

v /m·s^{-1}	2.10		2.15		2.20		2.25		2.30		2.35		2.40		2.45	
Q /L·s^{-1}	D /mm	$100i$	D /mm	$100i$	D /mm	$100i$	D /mm	$100i$	D /mm	$100i$	D /mm	$100i$	D /mm	$100i$	D /mm	$100i$
92	236	2.23	233	2.37	231	2.52	228	2.67	226	2.82	223	2.98	221	3.15	219	3.32
94	239	2.21	236	2.34	233	2.48	231	2.63	228	2.78	226	2.94	223	3.10	221	3.27
96	241	2.18	238	2.31	236	2.45	233	2.60	231	2.75	228	2.90	226	3.06	223	3.23
98	244	2.15	241	2.28	238	2.42	235	2.56	233	2.71	230	2.87	228	3.03	226	3.19
100	246	2.12	243	2.26	241	2.39	238	2.53	235	2.68	233	2.83	230	2.99	228	3.15
102	249	2.10	246	2.23	243	2.36	240	2.50	238	2.65	235	2.80	233	2.95	230	3.11
104	251	2.07	248	2.20	245	2.33	243	2.47	240	2.62	237	2.76	235	2.92	232	3.08
106	254	2.05	251	2.18	248	2.31	245	2.44	242	2.59	240	2.73	237	2.88	235	3.04
108	256	2.03	253	2.15	250	2.28	247	2.42	245	2.56	243	2.70	239	2.85	237	3.01
110	258	2.00	255	2.13	252	2.26	249	2.39	247	2.53	244	2.67	242	2.82	239	2.97
112	261	1.981	258	2.10	255	2.23	252	2.36	249	2.50	246	2.64	244	2.79	241	2.94
114	263	1.959	260	2.08	257	2.21	254	2.34	251	2.47	249	2.61	246	2.76	243	2.91
116	265	1.939	262	2.06	259	2.18	256	2.31	253	2.45	251	2.59	248	2.73	246	2.88
118	267	1.918	264	2.04	261	2.16	258	2.29	256	2.42	253	2.56	250	2.70	248	2.85
120	270	1.899	267	2.02	264	2.14	261	2.27	258	2.40	255	2.53	252	2.67	250	2.82
122	272	1.880	269	1.996	266	2.12	263	2.24	260	2.37	257	2.51	254	2.65	252	2.79
124	274	1.861	271	1.976	268	2.10	265	2.22	262	2.35	259	2.48	256	2.62	254	2.76
126	276	1.843	273	1.957	270	2.08	267	2.20	264	2.33	261	2.46	259	2.59	256	2.73
128	279	1.825	275	1.938	272	2.06	269	2.18	266	2.30	263	2.43	261	2.57	258	2.71
130	281	1.808	277	1.920	274	2.04	271	2.16	268	2.28	265	2.41	263	2.54	260	2.68
132	283	1.791	280	1.902	276	2.02	273	2.14	270	2.26	267	2.39	265	2.52	262	2.66
134	285	1.775	282	1.885	278	1.999	275	2.12	272	2.24	269	2.37	267	2.50	264	2.63
136	287	1.759	284	1.868	281	1.981	277	2.10	274	2.22	271	2.35	269	2.48	266	2.61
138	289	1.743	286	1.851	283	1.963	279	2.08	276	2.20	273	2.32	271	2.45	268	2.59
140	291	1.728	288	1.835	285	1.946	281	2.06	278	2.18	275	2.30	273	2.43	270	2.56

续表 13-19

v /m·s^{-1}	2.10		2.15		2.20		2.25		2.30		2.35		2.40		2.45	
Q /L·s^{-1}	D /mm	100i	D /mm	100i	D /mm	100i	D /mm	100i	D /mm	100i	D /mm	100i	D /mm	100i	D /mm	100i
142	293	1.713	290	1.819	287	1.925	283	2.04	280	2.16	277	2.28	274	2.41	272	2.54
144	295	1.698	292	1.803	289	1.913	285	2.03	282	2.14	279	2.26	276	2.39	274	2.52
146	298	1.684	294	1.788	291	1.897	287	2.01	284	2.13	281	2.25	278	2.37	275	2.50
148	300	1.670	296	1.773	293	1.881	289	1.992	286	2.11	283	2.23	280	2.35	277	2.48
150	302	1.656	298	1.759	295	1.865	291	1.976	288	2.09	285	2.21	282	2.33	279	2.46
152	304	1.643	300	1.745	297	1.850	293	1.960	290	2.07	287	2.19	284	2.31	281	2.44
154	306	1.630	302	1.731	299	1.836	295	1.944	292	2.06	289	2.17	286	2.29	283	2.42
156	308	1.616	304	1.717	300	1.821	297	1.929	294	2.04	291	2.16	288	2.28	285	2.40
158	310	1.604	306	1.704	302	1.807	299	1.914	296	2.02	293	2.14	290	2.26	287	2.38
160	311	1.592	308	1.691	304	1.793	301	1.899	298	2.01	294	2.12	291	2.24	288	2.36
162	313	1.580	310	1.678	306	1.779	303	1.885	299	1.994	296	2.11	293	2.22	290	2.34
164	315	1.568	312	1.665	308	1.766	305	1.871	301	1.979	298	2.09	295	2.21	292	2.33
166	317	1.556	314	1.653	310	1.753	306	1.857	303	1.964	300	2.08	297	2.19	294	2.31
168	319	1.545	315	1.641	312	1.740	308	1.843	305	1.950	302	2.06	299	2.17	295	2.29
170	321	1.534	317	1.629	314	1.728	310	1.830	307	1.936	303	2.05	300	2.16	297	2.28
172	323	1.523	319	1.617	316	1.715	312	1.817	309	1.922	3.5	2.03	302	2.14	299	2.26
174	325	1.512	321	1.606	317	1.703	314	1.804	310	1.908	307	2.02	304	2.13	301	2.24
176	327	1.501	323	1.595	319	1.691	316	1.791	312	1.895	309	2.00	306	2.11	302	2.23
178	329	1.491	325	1.584	321	1.680	317	1.779	314	1.882	311	1.989	307	2.10	304	2.21
180	330	1.481	326	1.573	323	1.668	319	1.767	316	1.869	312	1.975	309	2.08	306	2.20
182	332	1.471	328	1.562	325	1.657	321	1.755	317	1.857	314	1.962	311	2.07	308	2.18
184	334	1.461	330	1.552	326	1.646	323	1.743	319	1.844	316	1.949	312	2.06	309	2.17
186	336	1.451	332	1.542	328	1.635	324	1.732	321	1.832	317	1.936	314	2.04	311	2.15
188	338	1.442	334	1.531	330	1.624	326	1.720	323	1.820	319	1.923	316	2.03	313	2.14
190	339	1.433	335	1.522	332	1.614	328	1.709	324	1.808	321	1.911	317	2.02	314	2.13

续表 13-19

v /m·s^{-1}	2.10		2.15		2.20		2.25		2.30		2.35		2.40		2.45	
Q /L·s^{-1}	D /mm	100i	D /mm	100i	D /mm	100i	D /mm	100i	D /mm	100i	D /mm	100i	D /mm	100i	D /mm	100i
192	341	1.423	337	1.512	333	1.603	330	1.686	326	1.797	323	1.898	319	2.00	316	2.11
194	343	1.414	339	1.502	335	1.593	331	1.688	328	1.785	324	1.886	321	1.991	318	2.10
196	345	1.406	341	1.493	337	1.583	333	1.677	329	1.774	326	1.875	322	1.979	319	2.09
198	346	1.397	342	1.484	339	1.573	335	1.667	331	1.763	328	1.863	324	1.966	321	2.07
200	348	1.388	344	1.474	340	1.564	336	1.656	333	1.752	329	1.852	326	1.954	322	2.06
210	357	1.347	353	1.431	349	1.518	345	1.608	341	1.701	337	1.797	334	1.897	330	2.00
220	365	1.310	361	1.391	357	1.475	353	1.562	349	1.653	345	1.746	342	1.843	338	1.943
230	373	1.274	369	1.353	365	1.435	361	1.520	357	1.608	353	1.700	349	1.794	346	1.891
240	381	1.242	377	1.319	373	1.398	369	1.481	364	1.567	361	1.656	357	1.748	353	1.842
250	389	1.211	385	1.286	380	1.364	376	1.445	372	1.528	368	1.615	364	1.704	360	1.797
260	397	1.182	392	1.255	388	1.331	384	1.410	379	1.492	375	1.576	371	1.664	368	1.754
270	405	1.155	400	1.227	395	1.301	391	1.378	387	1.458	382	1.540	378	1.626	375	1.714
280	412	1.130	407	1.200	403	1.272	398	1.348	394	1.426	389	1.506	385	1.590	381	1.676
290	419	1.106	414	1.174	410	1.245	405	1.319	401	1.395	396	1.474	392	1.556	388	1.664
300	426	1.083	412	1.150	417	1.220	412	1.292	408	1.367	403	1.444	399	1.524	395	1.607
310	434	1.061	428	1.127	424	1.195	419	1.266	414	1.339	410	1.415	406	1.494	401	1.575
320	440	1.041	435	1.105	430	1.172	426	1.242	421	1.314	416	1.388	412	1.465	408	1.545
330	447	1.021	442	1.085	437	1.150	432	1.219	427	1.289	423	1.362	418	1.438	414	1.516
340	454	1.003	449	1.065	444	1.130	439	1.196	434	1.266	429	1.337	425	1.412	420	1.488
350	461	0.985	455	1.046	450	1.110	445	1.175	440	1.243	435	1.314	431	1.387	426	1.462
360	467	0.968	462	1.028	456	1.091	451	1.155	446	1.222	442	1.291	437	1.363	433	1.437
370	474	0.952	468	1.011	463	1.073	458	1.136	453	1.202	448	1.270	443	1.340	439	1.413
380	480	0.937	474	0.995	469	1.055	464	1.118	459	1.182	454	1.249	449	1.319	444	1.390
390	486	0.922	481	0.979	475	1.038	470	1.100	465	1.164	460	1.230	455	1.298	450	1.368
400	492	0.908	487	0.964	481	1.022	476	1.083	471	1.146	466	1.211	461	1.278	456	1.347

续表 13-19

v /m·s⁻¹	2.10		2.15		2.20		2.25		2.30		2.35		2.40		2.45	
Q /L·s⁻¹	D /mm	100i	D /mm	100i	D /mm	100i	D /mm	100i	D /mm	100i	D /mm	100i	D /mm	100i	D /mm	100i
410	499	0.894	493	0.950	487	1.007	482	1.067	476	1.128	471	1.192	466	1.259	462	1.327
420	505	0.881	499	0.936	493	0.992	488	1.051	482	1.112	477	1.175	472	1.240	467	1.307
430	511	0.868	505	0.922	499	0.978	493	1.036	488	1.096	483	1.158	478	1.222	473	1.289
440	517	0.856	510	0.909	505	0.964	499	1.022	494	1.081	488	1.142	483	1.205	478	1.271
450	522	0.845	516	0.897	510	0.951	505	1.008	499	1.066	494	1.126	489	1.189	484	1.253
460	528	0.833	522	0.885	516	0.939	510	0.994	505	1.052	499	1.111	494	1.173	489	1.236
470	534	0.822	528	0.873	522	0.926	516	0.981	510	1.038	505	1.097	499	1.157	494	1.220
480	539	0.812	533	0.862	527	0.914	521	0.968	515	1.025	510	1.083	505	1.143	499	1.205
490	545	0.802	539	0.851	533	0.903	527	0.956	521	1.012	515	1.069	510	1.128	505	1.189
500	551	0.792	544	0.841	538	0.892	532	0.945	526	0.999	520	1.056	515	1.114	510	1.175
510	556	0.782	550	0.831	543	0.881	537	0.933	531	0.987	526	1.043	520	1.101	515	1.161
520	561	0.773	555	0.821	549	0.871	542	0.922	537	0.975	531	1.031	525	1.088	520	1.147
530	567	0.764	560	0.811	554	0.860	548	0.911	542	0.964	536	1.019	530	1.075	525	1.134
540	572	0.755	566	0.802	559	0.851	553	0.901	547	0.953	541	1.007	535	1.063	530	1.121
550	577	0.747	571	0.793	564	0.841	558	0.891	552	0.943	546	0.996	540	1.051	535	1.108
560	583	0.739	576	0.784	569	0.832	563	0.881	557	0.932	551	0.985	545	1.040	539	1.096
570	588	0.731	581	0.776	574	0.823	568	0.872	562	0.922	556	0.974	550	1.028	544	1.084
580	593	0.723	586	0.768	579	0.814	573	0.862	567	0.912	561	0.964	555	1.017	549	1.073
590	598	0.715	591	0.760	584	0.806	578	0.853	572	0.903	565	0.954	559	1.007	554	1.061
600	603	0.708	596	0.752	589	0.797	583	0.845	576	0.894	570	0.944	564	0.997	558	1.051
610	608	0.701	601	0.744	594	0.789	588	0.836	581	0.885	575	0.935	569	0.986	563	1.040
620	613	0.694	606	0.737	599	0.782	592	0.828	586	0.876	580	0.925	574	0.977	568	1.030
630	618	0.687	611	0.730	604	0.774	597	0.820	591	0.867	584	0.916	578	0.967	572	1.020
640	623	0.681	616	0.723	609	0.767	602	0.812	595	0.859	589	0.908	583	0.958	577	1.010

续表 13-19

v /m·s^{-1}	2.10		2.15		2.20		2.25		2.30		2.35		2.40		2.45	
Q /L·s^{-1}	D /mm	$100i$	D /mm	$100i$	D /mm	$100i$	D /mm	$100i$	D /mm	$100i$	D /mm	$100i$	D /mm	$100i$	D /mm	$100i$
650	628	0.674	620	0.716	613	0.759	606	0.804	600	0.851	593	0.899	587	0.949	581	1.000
660	633	0.668	625	0.709	618	0.752	611	0.797	604	0.843	598	0.891	592	0.940	586	0.991
670	637	0.662	630	0.703	623	0.745	616	0.789	609	0.835	603	0.882	596	0.931	590	0.982
680	642	0.656	635	0.696	627	0.739	620	0.782	614	0.828	607	0.874	601	0.923	594	0.973
690	647	0.650	639	0.690	632	0.732	625	0.775	618	0.820	611	0.867	605	0.915	599	0.964
700	651	0.644	644	0.684	636	0.726	629	0.769	623	0.813	616	0.859	609	0.907	603	0.956
710	656	0.639	648	0.678	641	0.719	634	0.762	627	0.806	620	0.852	614	0.899	607	0.948
720	661	0.633	653	0.672	646	0.713	638	0.755	631	0.799	625	0.844	618	0.891	612	0.940
730	665	0.628	658	0.667	650	0.707	643	0.749	636	0.792	629	0.837	622	0.884	616	0.932
740	670	0.623	662	0.661	654	0.701	647	0.743	640	0.786	633	0.830	627	0.876	620	0.924
750	674	0.617	666	0.656	659	0.696	651	0.737	644	0.779	637	0.823	631	0.869	624	0.916
760	679	0.612	671	0.650	663	0.690	656	0.731	649	0.773	642	0.817	635	0.862	628	0.909
770	683	0.608	675	0.645	668	0.684	660	0.725	653	0.767	646	0.810	639	0.855	633	0.902
780	688	0.603	680	0.640	672	0.679	664	0.719	657	0.761	650	0.804	643	0.848	637	0.895
790	692	0.598	684	0.635	676	0.674	669	0.714	661	0.755	654	0.798	647	0.842	641	0.888
800	696	0.594	688	0.630	680	0.669	673	0.708	665	0.749	658	0.792	651	0.835	645	0.881
810	701	0.589	693	0.626	685	0.663	677	0.703	670	0.743	662	0.786	656	0.829	649	0.874
820	705	0.585	697	0.621	689	0.658	681	0.697	674	0.738	667	0.780	660	0.823	653	0.868
830	709	0.580	701	0.616	693	0.654	685	0.692	678	0.732	671	0.774	664	0.817	657	0.861
840	714	0.576	705	0.612	697	0.649	689	0.687	682	0.727	675	0.768	668	0.811	661	0.855
850	718	0.572	709	0.607	701	0.644	694	0.682	686	0.722	679	0.763	672	0.805	665	0.849

续表 13-19

v /m·s^{-1}	2.50		2.55		2.60		2.65		2.70		2.75		2.80		2.85	
Q /L·s^{-1}	D /mm	100i	D /mm	100i	D /mm	100i	D /mm	100i	D /mm	100i	D /mm	100i	D /mm	100i	D /mm	100i
30	124	6.94	122	7.30	121	7.68	120	8.06	119	8.46	118	8.87	117	9.29	116	9.72
31	126	6.80	124	7.16	123	7.52	122	7.90	121	8.29	120	8.69	119	9.10	118	9.52
32	128	6.67	126	7.02	125	7.38	124	7.75	123	8.13	122	8.52	121	8.92	120	9.34
33	130	6.55	128	6.89	127	7.24	126	7.60	125	7.98	124	8.36	122	8.76	121	9.17
34	132	6.43	130	6.76	129	7.11	128	7.47	127	7.83	125	8.21	124	8.60	123	9.00
35	134	6.32	132	6.64	131	6.98	130	7.33	128	7.69	127	8.07	126	8.45	125	8.84
36	135	6.21	134	6.53	133	6.86	132	7.21	130	7.56	129	7.93	128	8.30	127	8.69
37	137	6.10	136	6.42	135	6.75	133	7.09	132	7.44	131	7.80	130	8.17	129	8.54
38	139	6.01	138	6.32	136	6.64	135	6.97	134	7.32	133	7.67	131	8.03	130	8.41
39	141	5.91	140	6.22	138	6.54	137	6.86	136	7.20	134	7.55	133	7.91	132	8.27
40	143	5.82	141	6.12	140	6.44	139	6.76	137	7.09	136	7.43	135	7.78	134	8.15
41	145	5.73	143	6.03	142	6.34	140	6.66	139	6.98	138	7.32	137	7.67	135	8.02
42	146	5.65	145	5.94	143	6.25	142	6.56	141	6.88	139	7.21	138	7.55	137	7.91
43	148	5.57	147	5.86	145	6.16	144	6.46	142	6.78	141	7.11	140	7.45	139	7.79
44	150	5.49	148	5.78	147	6.07	145	6.37	144	6.69	143	7.01	141	7.34	140	7.68
45	151	5.41	150	5.70	148	5.99	147	6.29	146	6.60	144	6.91	143	7.24	142	7.58
46	153	5.34	152	5.62	150	5.91	149	6.20	147	6.51	146	6.82	145	7.14	143	7.48
47	155	5.27	153	5.55	152	5.83	150	6.12	149	6.42	148	6.73	146	7.05	145	7.38
48	156	5.20	155	5.48	153	5.75	152	6.04	150	6.34	149	6.65	148	6.96	146	7.28
49	158	5.14	156	5.41	155	5.68	153	5.97	152	6.26	151	6.56	149	6.87	148	7.19
50	160	5.08	158	5.34	156	5.61	155	5.89	154	6.18	152	6.48	151	6.79	149	7.10
52	163	4.95	161	5.21	160	5.48	158	5.75	157	6.04	155	6.33	154	6.63	152	6.94
54	166	4.84	164	5.09	163	5.35	161	5.62	160	5.90	158	6.18	157	6.48	155	6.78
56	169	4.73	167	4.98	166	5.24	164	5.50	163	5.77	161	6.05	160	6.33	158	6.63

续表 13-19

v /m·s^{-1}	2.50		2.55		2.60		2.65		2.70		2.75		2.80		2.85	
Q /L·s^{-1}	D /mm	$100i$	D /mm	$100i$	D /mm	$100i$	D /mm	$100i$	D /mm	$100i$	D /mm	$100i$	D /mm	$100i$	D /mm	$100i$
58	172	4.63	170	4.88	169	5.12	167	5.38	165	5.65	164	5.92	162	6.20	161	6.49
60	175	4.54	173	4.78	171	5.02	170	5.27	168	5.53	167	5.80	165	6.07	164	6.35
62	178	4.45	176	4.63	174	4.92	173	5.17	171	5.42	169	5.68	168	5.95	166	6.23
64	181	4.36	179	4.59	177	4.82	175	5.07	174	5.32	172	5.57	171	5.84	169	6.11
66	183	4.28	182	4.50	180	4.73	178	4.97	176	5.22	175	5.47	173	5.73	172	5.99
68	186	4.20	184	4.42	182	4.65	181	4.88	179	5.12	177	5.37	176	5.62	174	5.88
70	189	4.13	187	4.34	185	4.57	183	4.80	182	5.03	180	5.27	178	5.52	177	5.78
72	191	4.06	190	4.27	188	4.49	186	4.71	184	4.94	183	5.18	181	5.43	179	5.68
74	194	3.99	192	4.20	190	4.41	189	4.63	187	4.86	185	5.10	183	5.34	182	5.59
76	197	3.93	195	4.13	193	4.34	191	4.56	189	4.78	188	5.01	186	5.25	184	5.50
78	199	3.86	197	4.07	195	4.27	194	4.49	192	4.71	190	4.94	188	5.17	187	5.41
80	202	3.80	200	4.00	198	4.21	196	4.42	194	4.64	192	4.86	191	5.09	189	5.33
82	204	3.75	202	3.94	200	4.14	198	4.35	197	4.57	195	4.79	193	5.01	191	5.25
84	207	3.69	205	3.89	203	4.08	201	4.29	199	4.40	197	4.72	195	4.94	194	5.17
86	209	3.64	207	3.83	205	4.03	203	4.23	201	4.43	200	4.65	198	4.87	196	5.10
88	212	3.59	210	3.78	208	3.97	206	4.17	204	4.37	202	4.58	200	4.80	198	5.02
90	214	3.54	212	3.72	210	3.91	208	4.11	206	4.31	204	4.52	202	4.73	201	4.96
92	216	3.49	214	3.67	212	3.86	210	4.06	208	4.26	206	4.46	205	4.67	203	4.89
94	219	3.45	217	3.63	215	3.81	213	4.00	211	4.20	209	4.40	207	4.61	205	4.82
96	221	3.40	219	3.58	217	3.76	215	3.95	213	4.15	211	4.35	209	4.55	207	4.76
98	223	3.36	221	3.35	219	3.72	217	3.90	215	4.09	213	4.29	211	4.49	209	4.70
100	226	3.32	223	3.49	221	3.67	219	3.85	217	4.04	215	4.24	213	4.44	211	4.65
102	228	3.28	226	3.45	223	3.63	221	3.81	219	3.99	217	4.19	215	4.39	213	4.59
104	230	3.24	228	3.41	226	3.58	224	3.76	221	3.95	219	4.14	217	4.33	216	4.53

续表 13-19

v /m·s^{-1}	2.50		2.55		2.60		2.65		2.70		2.75		2.80		2.85	
Q /L·s^{-1}	D /mm	100i	D /mm	100i	D /mm	100i	D /mm	100i	D /mm	100i	D /mm	100i	D /mm	100i	D /mm	100i
106	232	3.20	230	3.37	228	3.54	226	3.72	224	3.90	222	4.09	220	4.28	218	4.48
108	235	3.17	232	3.33	230	3.50	228	3.68	226	3.86	224	4.04	222	4.23	220	4.43
110	237	3.13	234	3.29	232	3.46	230	3.63	228	3.81	226	4.00	224	4.19	222	4.38
112	239	3.10	236	3.26	234	3.42	232	3.59	230	3.77	228	3.95	226	4.14	224	4.33
114	241	3.06	239	3.22	236	3.39	234	3.56	232	3.73	230	3.91	228	4.10	226	4.29
116	243	3.03	241	3.19	238	3.35	236	3.52	234	3.69	232	3.87	230	4.05	228	4.24
118	245	3.00	243	3.15	240	3.32	238	3.48	236	3.65	234	3.83	232	4.01	230	4.20
120	247	2.97	245	3.12	242	3.28	240	3.45	238	3.62	236	3.79	234	3.97	232	4.15
122	249	2.94	247	3.09	244	3.25	242	3.41	240	3.58	238	3.75	236	3.93	233	4.11
124	251	2.91	249	3.06	246	3.22	244	3.38	242	3.54	240	3.71	237	3.89	235	4.07
126	253	2.88	251	3.03	248	3.19	246	3.34	244	3.51	242	3.68	239	3.85	237	4.03
128	255	2.85	253	3.00	250	3.15	248	3.31	246	3.48	243	3.64	241	3.82	239	3.99
130	257	2.83	255	2.97	252	3.12	250	3.28	248	3.44	245	3.61	243	3.78	241	3.96
132	259	2.80	257	2.95	254	3.10	252	3.25	249	3.41	247	3.57	245	3.74	243	3.92
134	261	2.77	259	2.92	256	3.07	254	3.22	251	3.38	249	3.54	247	3.71	245	3.88
136	263	2.75	261	2.89	258	3.04	256	3.19	253	3.35	251	3.51	249	3.68	246	3.85
138	265	2.72	262	2.87	260	3.01	257	3.16	255	3.32	253	3.48	251	3.64	248	3.81
140	267	2.70	264	2.84	262	2.99	259	3.14	257	3.29	255	3.45	252	3.61	250	3.78
142	269	2.68	266	2.82	264	2.96	261	3.11	259	3.26	256	3.42	254	3.58	252	3.75
144	271	2.65	268	2.79	266	2.93	263	3.08	261	3.23	258	3.39	256	3.55	254	3.71
146	273	2.63	270	2.77	267	2.91	265	3.06	262	3.21	260	3.36	258	3.52	255	3.68
148	275	2.61	272	2.75	269	2.89	267	3.03	264	3.18	262	3.33	259	3.49	257	3.65
150	276	2.59	274	2.72	271	2.86	268	3.01	266	3.15	264	3.31	261	3.46	259	3.62
152	278	2.57	275	2.70	273	2.84	270	2.98	268	3.13	265	3.28	263	3.43	261	3.59

续表 13-19

v /m·s^{-1}	2.50		2.55		2.60		2.65		2.70		2.75		2.80		2.85	
Q /L·s^{-1}	D /mm	100i	D /mm	100i	D /mm	100i	D /mm	100i	D /mm	100i	D /mm	100i	D /mm	100i	D /mm	100i
154	280	2.55	277	2.68	275	2.82	272	2.96	269	3.10	267	3.25	265	3.41	262	3.57
156	282	2.53	279	2.66	276	2.79	274	2.93	271	3.08	269	3.23	266	3.38	264	3.54
158	284	2.51	281	2.64	278	2.77	276	2.91	273	3.05	270	3.20	268	3.35	266	3.51
160	285	2.49	283	2.62	280	2.75	277	2.89	275	3.03	272	3.18	270	3.33	267	3.48
162	287	2.47	284	2.60	282	2.73	279	2.87	276	3.01	274	3.15	271	3.30	269	3.46
164	289	2.45	286	2.58	283	2.71	281	2.85	278	2.99	276	3.13	273	3.28	271	3.43
166	291	2.43	288	2.56	285	2.69	282	2.82	280	2.96	277	3.11	275	3.25	272	3.40
168	293	2.41	290	2.54	287	2.67	284	2.80	281	2.94	279	3.08	276	3.23	274	3.38
170	294	2.40	291	2.52	289	2.65	286	2.78	283	2.92	281	3.06	278	3.21	276	3.36
172	296	2.38	293	2.50	290	2.63	287	2.76	285	2.90	282	3.04	280	3.18	277	3.33
174	298	2.36	295	2.49	292	2.61	289	2.74	286	2.88	284	3.02	281	3.16	279	3.31
176	299	2.35	296	2.47	294	2.60	291	2.73	288	2.86	285	3.00	283	3.14	280	3.28
178	301	2.33	298	2.45	295	2.58	292	2.71	290	2.84	287	2.98	285	3.12	282	3.26
180	303	2.31	300	2.44	297	2.56	294	2.69	291	2.82	289	2.96	286	3.10	284	3.24
182	304	2.30	301	2.42	299	2.54	296	2.67	293	2.80	290	2.94	288	3.07	285	3.22
184	306	2.28	303	2.40	300	2.53	297	2.65	295	2.78	292	2.92	289	3.05	287	3.20
186	308	2.27	305	2.39	302	2.51	299	2.63	296	2.76	293	2.90	291	3.03	288	3.18
188	309	2.25	306	2.37	303	2.49	301	2.62	298	2.75	295	2.88	292	3.01	290	3.15
190	311	2.24	308	2.36	305	2.48	302	2.60	299	2.73	297	2.86	294	2.99	291	3.13
192	313	2.22	310	2.34	307	2.46	304	2.58	301	2.71	298	2.84	295	2.98	293	3.11
194	314	2.21	311	2.33	308	2.44	305	2.57	302	2.69	300	2.82	297	2.96	294	3.09
196	316	2.20	313	2.31	310	2.43	307	2.55	304	2.68	301	2.81	299	2.94	296	3.08
198	318	2.18	314	2.30	311	2.41	308	2.54	306	2.66	303	2.79	300	2.92	297	3.06
200	319	2.17	316	2.28	313	2.40	310	2.52	307	2.64	304	2.77	302	2.90	299	3.04
210	327	2.11	324	2.22	321	2.33	318	2.45	315	2.57	312	2.69	309	2.82	306	2.95

续表 13-19

v /m·s^{-1}	2.50		2.55		2.60		2.65		2.70		2.75		2.80		2.85	
Q /L·s^{-1}	D /mm	100i	D /mm	100i	D /mm	100i	D /mm	100i	D /mm	100i	D /mm	100i	D /mm	100i	D /mm	100i
220	335	2.05	331	2.15	328	2.26	325	2.38	322	2.49	319	2.61	316	2.74	314	2.86
230	342	1.992	339	2.10	336	2.20	332	2.31	329	2.43	326	2.54	323	2.66	321	2.79
240	350	1.940	346	2.04	343	2.15	340	2.25	336	2.36	333	2.48	330	2.60	327	2.72
250	357	1.892	353	1.991	350	2.09	347	2.20	343	2.31	340	2.42	337	2.53	334	2.65
260	364	1.847	360	1.994	357	2.04	353	2.15	350	2.25	347	2.36	344	2.47	341	2.59
270	371	1.805	367	1.899	364	1.996	360	2.10	357	2.20	354	2.31	350	2.41	347	2.53
280	378	1.765	374	1.857	370	1.952	367	2.05	363	2.15	360	2.25	357	2.36	354	2.47
290	384	1.728	381	1.818	377	1.911	373	2.01	370	2.11	366	2.21	363	2.31	360	2.42
300	391	1.692	387	1.780	383	1.871	380	1.965	376	2.06	373	2.16	369	2.26	366	2.37
310	397	1.659	393	1.745	390	1.834	386	1.926	382	2.02	379	2.12	375	2.22	372	2.32
320	404	1.627	400	1.711	396	1.799	392	1.889	388	1.982	385	2.08	381	2.18	378	2.28
330	410	1.596	406	1.679	402	1.765	398	1.854	394	1.945	391	2.04	387	2.14	384	2.23
340	416	1.567	412	1.649	408	1.733	404	1.820	400	1.909	397	2.00	393	2.10	390	2.19
350	422	1.540	418	1.620	414	1.703	410	1.788	406	1.876	403	1.966	399	2.06	395	2.16
360	428	1.513	424	1.592	420	1.673	416	1.757	412	1.844	408	1.933	405	2.02	401	2.12
370	434	1.488	430	1.566	426	1.646	422	1.728	418	1.813	414	1.900	410	1.990	407	2.08
380	440	1.464	436	1.540	431	1.619	427	1.700	423	1.784	419	1.870	416	1.958	412	2.05
390	446	1.441	441	1.516	437	1.593	433	1.673	429	1.755	425	1.840	421	1.927	417	2.02
400	451	1.419	447	1.493	443	1.569	438	1.647	434	1.728	430	1.812	426	1.898	423	1.986
410	457	1.397	452	1.470	448	1.545	444	1.623	440	1.702	436	1.785	432	1.869	428	1.956
420	462	1.377	458	1.449	454	1.523	449	1.599	445	1.677	441	1.758	437	1.842	433	1.927
430	468	1.357	463	1.428	459	1.501	455	1.576	450	1.653	446	1.733	442	1.825	438	1.900
440	473	1.338	469	1.408	464	1.480	460	1.554	456	1.630	451	1.709	447	1.790	443	1.873
450	479	1.320	474	1.389	469	1.460	465	1.533	461	1.608	456	1.688	452	1.765	448	1.848
460	484	1.302	479	1.370	475	1.440	470	1.512	466	1.586	461	1.663	457	1.742	453	1.823

续表 13-19

v /m·s^{-1}	2.50		2.55		2.60		2.65		2.70		2.75		2.80		2.85	
Q /L·s^{-1}	D /mm	100i	D /mm	100i	D /mm	100i	D /mm	100i	D /mm	100i	D /mm	100i	D /mm	100i	D /mm	100i
470	489	1.285	484	1.352	480	1.421	475	1.492	471	1.566	466	1.641	462	1.719	458	1.799
480	494	1.269	490	1.335	485	1.403	480	1.473	476	1.546	471	1.620	467	1.697	463	1.776
490	500	1.253	495	1.318	490	1.385	485	1.455	481	1.526	476	1.600	472	1.676	468	1.754
500	505	1.237	500	1.302	495	1.368	490	1.437	486	1.507	481	1.580	477	1.655	473	1.732
510	510	1.222	505	1.286	500	1.352	495	1.419	490	1.489	486	1.561	482	1.635	477	1.711
520	515	1.208	510	1.271	505	1.336	500	1.403	495	1.472	491	1.543	486	1.616	482	1.691
530	520	1.194	514	1.256	509	1.320	505	1.386	500	1.455	495	1.525	491	1.597	487	1.671
540	524	1.180	519	1.242	514	1.305	509	1.371	505	1.438	500	1.509	496	1.579	491	1.652
550	529	1.167	524	1.228	519	1.291	514	1.355	509	1.422	505	1.490	500	1.561	496	1.634
560	534	1.154	529	1.214	524	1.276	519	1.340	514	1.406	509	1.474	505	1.544	500	1.616
570	539	1.142	533	1.201	528	1.263	523	1.326	518	1.391	514	1.458	509	1.527	505	1.598
580	543	1.130	538	1.189	533	1.249	528	1.312	523	1.376	518	1.443	514	1.511	509	1.581
590	548	1.118	543	1.176	538	1.236	532	1.298	527	1.362	523	1.428	518	1.495	513	1.565
600	553	1.106	547	1.164	542	1.224	537	1.285	532	1.348	527	1.413	522	1.480	518	1.549
610	557	1.095	552	1.152	547	1.211	541	1.272	536	1.334	531	1.399	527	1.465	522	1.533
620	562	1.084	556	1.141	551	1.199	546	1.259	541	1.321	536	1.385	531	1.451	526	1.518
630	566	1.074	561	1.130	555	1.188	550	1.247	545	1.308	540	1.371	535	1.436	531	1.503
640	571	1.064	565	1.119	560	1.176	555	1.235	549	1.296	544	1.358	539	1.423	535	1.489
650	575	1.053	570	1.108	564	1.165	559	1.223	554	1.283	549	1.345	544	1.409	539	1.475
660	580	1.044	574	1.098	569	1.154	563	1.212	558	1.272	553	1.333	548	1.396	543	1.461
670	584	1.034	578	1.088	573	1.144	567	1.201	562	1.260	557	1.321	552	1.383	547	1.448
680	588	1.025	583	1.078	577	1.133	572	1.190	566	1.248	561	1.309	556	1.371	551	1.434
690	593	1.016	587	1.069	581	1.123	576	1.179	570	1.237	565	1.297	560	1.358	555	1.422
700	597	1.007	591	1.059	585	1.111	580	1.169	575	1.226	569	1.286	564	1.347	559	1.409
710	601	0.998	595	1.050	590	1.104	584	1.159	579	1.216	573	1.275	568	1.335	563	1.397

续表 13-19

v /m·s^{-1}	2.50		2.55		2.60		2.65		2.70		2.75		2.80		2.85	
Q /L·s^{-1}	D /mm	100i	D /mm	100i	D /mm	100i	D /mm	100i	D /mm	100i	D /mm	100i	D /mm	100i	D /mm	100i
720	606	0.989	600	1.041	594	1.094	588	1.149	583	1.205	577	1.264	572	1.323	567	1.385
730	610	0.981	604	1.032	598	1.085	592	1.139	587	1.195	581	1.253	576	1.312	571	1.373
740	614	0.973	608	1.024	602	1.076	596	1.130	591	1.185	585	1.243	580	1.301	575	1.362
750	618	0.965	612	1.015	606	1.067	600	1.121	595	1.176	589	1.232	584	1.291	579	1.351
760	622	0.957	616	1.007	610	1.059	604	1.112	599	1.166	593	1.222	588	1.280	583	1.340
770	626	0.950	620	0.999	614	1.050	608	1.103	603	1.157	597	1.213	592	1.270	587	1.329
780	630	0.942	624	0.991	618	1.042	612	1.094	606	1.148	601	1.203	596	1.260	590	1.319
790	634	0.935	628	0.983	622	1.034	616	1.085	610	1.139	605	1.194	599	1.250	594	1.308
800	638	0.928	632	0.976	626	1.026	620	1.077	614	1.130	609	1.185	603	1.241	598	1.298
810	642	0.921	636	0.968	630	1.018	624	1.069	618	1.122	612	1.176	607	1.231	602	1.289
820	646	0.914	640	0.961	634	1.010	628	1.061	622	1.113	616	1.167	611	1.222	605	1.279
830	650	0.907	644	0.954	638	1.003	631	1.053	626	1.105	620	1.158	614	1.213	609	1.269
840	654	0.900	648	0.947	641	0.996	635	1.045	629	1.097	624	1.150	618	1.204	613	1.260
850	658	0.894	651	0.940	645	0.988	639	1.038	633	1.089	627	1.140	622	1.195	616	1.251
860	662	0.887	655	0.934	649	0.981	643	1.030	637	1.081	631	1.133	625	1.187	620	1.242
870	666	0.881	659	0.927	653	0.974	647	1.023	641	1.073	635	1.125	629	1.179	623	1.233
880	669	0.875	663	0.921	656	0.968	650	1.016	644	1.066	638	1.117	633	1.170	627	1.225
890	673	0.869	667	0.914	660	0.961	654	1.009	648	1.061	642	1.110	636	1.162	631	1.216
900	677	0.863	670	0.908	664	0.954	658	1.002	651	1.051	646	1.102	640	1.154	634	1.208
910	681	0.857	674	0.902	668	0.948	661	0.995	655	1.044	649	1.095	643	1.146	638	1.200
920	685	0.851	678	0.896	671	0.942	665	0.989	659	1.037	653	1.087	647	1.139	641	1.192
930	688	0.846	681	0.890	675	0.935	668	0.982	662	1.030	656	1.080	650	1.131	645	1.184

续表 13-19

v/m·s^{-1}	2.90		2.95		3.00		v/m·s^{-1}	2.90		2.95		3.00	
Q /L·s^{-1}	D /mm	100i	D /mm	100i	D /mm	100i	Q /L·s^{-1}	D /mm	100i	D /mm	100i	D /mm	100i
38	129	8.79	128	9.19	127	9.59	60	162	6.64	161	6.94	160	7.25
39	131	8.65	130	9.04	129	9.44	62	165	6.51	164	6.80	162	7.10
40	133	8.52	131	8.90	130	9.29	64	168	6.39	166	6.67	165	6.97
41	134	8.39	133	8.77	132	9.15	66	170	6.27	169	6.55	167	6.84
42	136	8.27	135	8.64	134	9.02	68	173	6.15	171	6.43	170	6.71
43	137	8.15	136	8.51	135	8.89	70	175	6.04	174	6.32	172	6.60
44	139	8.03	138	8.40	137	8.77	72	178	5.94	176	6.21	175	6.48
45	141	7.93	139	8.28	138	8.65	74	180	5.84	179	6.10	177	6.37
46	142	7.82	141	8.17	140	8.53	76	183	5.75	181	6.01	180	6.27
47	144	7.72	142	8.06	141	8.42	78	185	5.66	183	5.91	182	6.17
48	145	7.62	144	7.96	143	8.31	80	187	5.57	186	5.82	184	6.08
49	147	7.52	145	7.86	144	8.21	82	190	5.49	188	5.73	187	5.99
50	148	7.43	147	7.76	146	8.11	84	192	5.41	190	5.65	189	5.90
52	151	7.25	150	7.58	149	7.91	86	194	5.33	193	5.57	191	5.81
54	154	7.09	153	7.41	151	7.73	88	197	5.25	195	5.49	193	5.73
56	157	6.93	155	7.24	154	7.56	90	199	5.18	197	5.41	195	5.65
58	160	6.78	158	7.09	157	7.40	92	201	5.11	199	5.34	198	5.58

续表 13-19

v/m·s^{-1}	2.90		2.95		3.00		v/m·s^{-1}	2.90		2.95		3.00	
Q /L·s^{-1}	D /mm	100i	D /mm	100i	D /mm	100i	Q /L·s^{-1}	D /mm	100i	D /mm	100i	D /mm	100i
94	203	5.05	201	5.27	200	5.50	128	237	4.18	235	4.36	233	4.56
96	205	4.98	204	5.20	202	5.43	130	239	4.14	237	4.32	235	4.51
98	207	4.92	206	5.14	204	5.37	132	241	4.10	239	4.28	237	4.47
100	210	4.86	208	5.08	206	5.30	134	243	4.06	240	4.24	238	4.43
102	212	4.80	210	5.01	208	5.24	136	244	4.02	242	4.20	240	4.39
104	214	4.74	212	4.96	210	5.17	138	246	3.99	244	4.17	242	4.35
106	216	4.69	214	4.90	212	5.11	140	248	3.95	246	4.13	244	4.31
108	218	4.63	216	4.84	214	5.06	142	250	3.92	248	4.09	245	4.27
110	220	4.58	218	4.79	216	5.00	144	251	3.88	249	4.06	247	4.24
112	222	4.53	220	4.74	218	4.94	146	253	3.85	251	4.02	249	4.20
114	224	4.48	222	4.68	220	4.89	148	255	3.82	253	3.99	251	4.17
116	226	4.44	224	4.63	222	4.84	150	257	3.79	254	3.96	252	4.13
118	228	4.39	226	4.59	224	4.79	152	258	3.76	256	3.93	254	4.10
120	230	4.34	228	4.54	226	4.74	154	260	3.73	258	3.90	255	4.07
122	231	4.30	229	4.49	228	4.69	156	262	3.70	259	3.86	257	4.04
124	233	4.26	231	4.45	229	4.65	158	263	3.67	261	3.83	259	4.00
126	235	4.22	233	4.41	231	4.60	160	265	3.64	263	3.81	261	3.97

续表 13-19

v/m·s^{-1}	2.90		2.95		3.00		v/m·s^{-1}	2.90		2.95		3.00	
Q /L·s^{-1}	D /mm	100i	D /mm	100i	D /mm	100i	Q /L·s^{-1}	D /mm	100i	D /mm	100i	D /mm	100i
162	267	3.61	264	3.78	262	3.94	196	293	3.22	291	3.36	288	3.51
164	268	3.59	266	3.75	264	3.91	198	295	3.20	292	3.34	290	3.49
166	270	3.56	268	3.72	265	3.88	200	296	3.18	294	3.32	291	3.47
168	272	3.53	269	3.69	267	3.86	210	304	3.08	301	3.22	299	3.36
170	273	3.51	271	3.67	269	3.83	220	311	3.00	308	3.13	306	3.27
172	275	3.48	272	3.64	270	3.80	230	318	2.92	315	3.05	312	3.18
174	276	3.46	274	3.61	272	3.77	240	325	2.84	322	2.97	319	3.10
176	278	3.43	276	3.59	273	3.75	250	331	2.77	328	2.89	326	3.02
178	280	3.41	277	3.56	275	3.72	260	338	2.70	335	2.83	332	2.95
180	281	3.39	279	3.54	276	3.70	270	344	2.64	341	2.76	339	2.88
182	283	3.37	280	3.52	278	3.67	280	351	2.58	348	2.70	345	2.82
184	284	3.34	282	3.49	279	3.65	290	357	2.53	354	2.64	351	2.76
186	286	3.32	283	3.47	281	3.62	300	363	2.48	360	2.59	357	2.70
188	287	3.30	285	3.45	282	3.60	310	369	2.43	366	2.54	363	2.65
190	289	3.28	286	3.42	284	3.58	320	375	2.38	372	2.49	369	2.60
192	290	3.26	288	3.40	285	3.55	330	381	2.34	377	2.44	374	2.55
194	292	3.24	289	3.38	287	3.53	340	386	2.29	383	2.40	380	2.50

续表 13-19

$v/m\cdot s^{-1}$	2.90		2.95		3.00		$v/m\cdot s^{-1}$	2.90		2.95		3.00	
Q /$L\cdot s^{-1}$	D /mm	$100i$	D /mm	$100i$	D /mm	$100i$	Q /$L\cdot s^{-1}$	D /mm	$100i$	D /mm	$100i$	D /mm	$100i$
350	392	2.25	389	2.35	385	2.45	510	473	1.789	469	1.870	465	1.952
360	398	2.22	394	2.31	391	2.42	520	478	1.768	474	1.848	470	1.929
370	403	2.18	400	2.28	396	2.38	530	482	1.748	478	1.826	474	1.907
380	408	2.14	405	2.24	402	2.34	540	487	1.728	483	1.805	479	1.885
390	414	2.11	410	2.20	407	2.30	550	491	1.708	487	1.785	483	1.864
400	419	2.08	416	2.17	412	2.27	560	496	1.690	492	1.765	488	1.843
410	424	2.05	421	2.14	417	2.23	570	500	1.671	496	1.746	492	1.824
420	429	2.02	426	2.11	422	2.20	580	505	1.654	500	1.728	496	1.804
430	435	1.987	431	2.08	427	2.17	590	509	1.636	505	1.710	500	1.785
440	440	1.959	436	2.05	432	2.14	600	513	1.620	509	1.692	505	1.767
450	444	1.932	441	2.02	437	2.11	610	518	1.603	513	1.675	509	1.749
460	449	1.906	446	1.992	442	2.08	620	522	1.587	517	1.656	513	1.732
470	454	1.881	450	1.996	447	2.05	630	526	1.572	521	1.642	517	1.715
480	459	1.857	455	1.940	451	2.03	640	530	1.557	526	1.627	521	1.699
490	464	1.834	460	1.916	456	2.00	650	534	1.542	530	1.611	525	1.682
500	469	1.811	465	1.892	461	1.976	660	538	1.528	534	1.596	529	1.667

续表 13-19

v/m·s^{-1}	2.90		2.95		3.00		v/m·s^{-1}	2.90		2.95		3.00	
Q /L·s^{-1}	D /mm	100i	D /mm	100i	D /mm	100i	Q /L·s^{-1}	D /mm	100i	D /mm	100i	D /mm	100i
670	542	1.514	538	1.582	533	1.652	830	604	1.327	599	1.387	594	1.448
680	546	1.500	542	1.567	537	1.637	840	607	1.318	602	1.377	597	1.438
690	550	1.487	546	1.553	541	1.622	850	611	1.308	606	1.367	601	1.427
700	554	1.474	550	1.540	545	1.608	860	614	1.299	609	1.357	604	1.417
710	558	1.461	554	1.526	549	1.594	870	618	1.290	613	1.348	608	1.407
720	562	1.448	557	1.513	553	1.580	880	622	1.281	616	1.338	611	1.397
730	566	1.436	561	1.501	557	1.567	890	625	1.272	620	1.329	615	1.388
740	570	1.424	565	1.488	560	1.554	900	629	1.263	623	1.320	618	1.378
750	574	1.413	569	1.476	564	1.541	910	632	1.255	627	1.311	621	1.369
760	578	1.401	573	1.464	568	1.529	920	636	1.246	630	1.302	625	1.360
770	581	1.390	576	1.452	572	1.517	930	639	1.238	634	1.294	628	1.351
780	585	1.379	580	1.441	575	1.505	940	642	1.230	637	1.285	632	1.342
790	589	1.368	584	1.430	579	1.493	950	646	1.222	640	1.277	635	1.333
800	593	1.358	588	1.419	583	1.481	960	649	1.214	644	1.269	638	1.325
810	596	1.347	591	1.408	586	1.470	970	653	1.207	647	1.261	642	1.316
820	600	1.337	595	1.397	590	1.459	980	656	1.199	650	1.253	645	1.308

表 13-20 圆管沉积厚度与管径的比值 h/D

选用管径 D/mm	h/D												
	2%	4%	6%	8%	10%	12%	14%	16%	18%	20%	22%	24%	26%
	临界管径 D_L/mm												
100	99.8	99.3	98.7	98	97.4	96.7	95.7	94.7	93.7	92.6	91.5	90.3	89.1
150	149.7	149	148	147	146	145	144	142.1	141	139	137	135	134
200	199.6	199	198	196	195	193	191	189	187	185	183	181	178
250	249.5	248	247	245	244	241	239	237	234	232	229	226	223
300	299.4	298	296	294	292	290	287	284	281	278	274	271	267
350	349.3	343	346	343	341	338	335	331	328	324	320	316	312
400	399	397	395	392	390	386	383	379	375	371	366	361	356
450	449	447	445	441	438	435	431	426	422	417	412	406	401
500	499	497	494	490	487	483	479	474	468	463	457	451	445
600	599	596	593	588	585	579	574	568	562	556	549	542	535
700	699	696	691	686	682	676	670	663	656	649	640	632	624
800	798	795	790	784	799	773	766	758	749	741	732	722	713

B 尤芬公式

(1) 临界管径的确定

当 $\delta \leqslant 3$ 时(均匀粒径的物料,在工程中罕见)

$$D_L = \left[\frac{0.13Q}{u^{0.25}(\gamma_m - 0.4)}\right]^{0.43} \tag{13-45}$$

当 $\delta > 3$ 时(不均匀粒径)

$$D_L = \left[\frac{0.1132Q\delta^{0.125}}{u^{0.25}(\gamma_m - 0.4)}\right]^{0.43} \tag{13-46}$$

式中 δ——物料的不均匀系数,$\delta = \frac{d_{90}}{d_{10}}$;

d_{90}——小于该粒径的颗粒占总颗粒的 90%的粒径,mm;

d_{10}——小于该粒径的颗粒占总颗粒的 10%的粒径,mm;

D_L——临界管径(对应临界流速 v_L 的管径),m;

Q——浆体流量,m^3/h;

u——d_p 颗粒的自由沉降速度,m/s;

γ_m——浆体密度,t/m^3。

(2) 水力坡降的确定

当 $\delta \leqslant 3$ 时

$$i_m = i_0 + \left[i_L - i_0\left(\frac{v_2}{v}\right)^2\right]\sqrt[4]{\frac{v_L}{v}} \tag{13-47}$$

式中 i_m——输送浆体的水力坡降,mH_2O/m;

v_L——临界流速,m/s;

i_0——输送清水的水力坡降,按下式计算:

$$i_0 = \frac{\lambda v^2}{2gD} \tag{13-48}$$

v——计算流速,m/s;

g——重力加速度,9.81m/s²;

λ——阻力系数,按下式计算:

$$\lambda = \frac{1}{3.24(\lg Re - 1)^2} \tag{13-49}$$

Re——雷诺数,按下式计算:

$$Re = \frac{Dv}{\upsilon} \tag{13-50}$$

式中 υ——清水运动粘滞系数,m²/s;

i_L——输送浆体的临界坡度,mH_2O/m;

$$i_L = 1.31\gamma_m \sqrt{\frac{\gamma_m - 1}{\gamma_g - 1}} \sqrt[3]{\frac{v^2}{gD_L}} \tag{13-51}$$

式中 γ_g——浆体中固体颗粒密度,t/m³。

当 $\delta > 3$ 时

$$i_L = i_0 + (i_{均} - i_0)\left(\frac{3}{8}\right)^{0.22} \tag{13-52}$$

$i_{均}$——输送均匀颗粒的水力坡降,mH_2O/m,按公式(13-47)计算。

(3)适用条件

1) 尤芬公式仅适用于 $0.5mm < d_p < 10mm$ 和 $100mm \leqslant D \leqslant 400mm$ 的条件。

2) 该公式是在密度为 2.65t/m³ 的物料试验条件下推出的,故 γ_g 与 2.65t/m³ 相差太大时,不适用。

3) 砂的 δ 值一般在 10 以内,而浆体的 δ 值一般都大于 10,故该公式适用范围受到限制。

4) 如采用钢管在计算 i_0 时,可借用表 13-19 查得。

C 国内在各种物料输送试验中得出的公式

(1) 清华大学泥沙研究室的铁尾矿经验公式

1) 试验物料及其特征

物料为铁尾矿,$\gamma_g = 2.75t/m^3$, $d_{50} = 0.108mm$, $d_p = 0.182mm$,以 $D = 100mm$, 139mm, 201mm 管道进行试验。

2) 公式形式

临界流速:

$$v_L = 3.61\left(\frac{d_p}{D}\right)^{1/6} C_w^{1/3} \sqrt{2gD(\gamma_g - 1)} \tag{13-53}$$

水力坡降:

$$i_m = (1 + 2.91 D^{0.182} C_w) i_0 \tag{13-54}$$

式中符号同前。

3）适用条件

公式适用于 $C_w \leqslant 50\%$，γ_g、d_{50}、d_p 接近试验条件。

(2) 唐山煤研分院管道所的煤浆经验公式

1）试验条件：上限粒径为 1.25mm 且 <0.322mm(-45 目)部分占 19%～23%的煤浆，试验管道为 D79.5mm、148.2mm、204.7mm、305.8mm 四种。

2）公式形式

临界流速

$$v_L = 3.82D^{0.29}C_w^{-0.296}\left(\frac{\gamma_g - \gamma_m}{\gamma_m}\right)^{1/8}\left(\frac{d}{D}\right)^{1/8} \tag{13-55}$$

$$i_m = (1 + 5.9D^{-0.186}v^{-0.69}C_w^{2.96})i_0 \tag{13-56}$$

式中 γ_m'——煤浆中 <0.322mm(-45 目)的颗粒与水组成的载体密度，t/m³；

其余符号同前。

3）运用条件：

实际临界流速应比公式计算值增加 15%，其余条件应类似于试验条件。

(3) 马鞍山矿研究院与长沙冶金设计院对宝山钢铁厂 OG 泥的试验公式

1）试验条件

试样为炼钢厂 OG 泥，$d_{max} = 0.03$mm，$d_p = 0.00448$mm，$\gamma_g = 5.035 \sim 5.06$(t/m³)，采用 D25mm 和 D100mm 管道试验。

2）公式形式

临界流速：

$$v_L = 0.5156D^{0.195}C_w^{-0.374} \tag{13-57}$$

水力坡降：

紊流区(浆体与水的水力坡降相等)

$$i_m = \frac{\lambda v^2}{2gD}\gamma_m \tag{13-58}$$

过渡区

$$i_m = \gamma_m\left[0.273\left(\frac{\gamma_m - \gamma_0}{\gamma_m}\right)^{2.674}D^{-0.75} + i_0\gamma_m\left(\frac{v}{g}\right)^{1.50}\right] \tag{13-59}$$

式中 γ_0——清水密度，t/m³；

v——管内清水流速，m/s；

其余符号同前。

D 苏联煤炭科学研究院公式

(1)矿浆临界流速 v_L：

$$v_L = \sqrt{gD}\sqrt[3]{\frac{\gamma_m - \gamma_0}{2\psi\lambda\gamma_m}} \tag{13-60}$$

式中 v_L——临界流速，m/s；

D——管道直径，m；

g——重力加速度，$g = 9.81$m/s²；

γ_m——矿浆密度，t/m³；

γ_0——清水密度，t/m^3；

ψ——矿石颗粒在水中沉降时的阻力系数：

$$\psi = 0.6\sqrt[5]{\frac{1.65}{\gamma_m - 1}} \tag{13-61}$$

λ——清水的直线阻力系数，建议用下列公式(亦可见表 13-21)计算：

钢管：
$$\lambda = \frac{0.0122}{D^{1/3}} \tag{13-62}$$

铸铁管：
$$\lambda = \frac{0.0179}{D^{1/3}} \tag{13-63}$$

表 13-21 阻力系数 λ 值

管道内径/mm		75	100	125	150	200	250	300	350	400	450	500
λ 值	铸铁管	0.0424	0.0386	0.0358	0.0336	0.0306	0.0284	0.0267	0.0254	0.0243	0.0234	0.0226
	钢管	0.0289	0.0263	0.0244	0.0230	0.0209	0.0194	0.0182	0.0173	0.0166	0.0159	0.0153

(2)管道压头损失

当平均粒径小于 0.25mm 的矿浆流动时，一般属均质运动，矿浆密度对压头损失有影响，但可不考虑附加能量压头损失；当平均粒径大于 0.25mm 时，则有附加能量压头损失产生，其计算公式如下：

$$i = i_0\gamma_m + \Delta i \tag{13-64}$$

式中 i——矿浆的压头损失，mH_2O/m；

i_0——清水的压头损失，mH_2O/m(见公式 13-48)。

用铸铁管时：

$$i_0 = 912 \times 10^{-6} \times \frac{v_0^2}{D^{1.33}} = 148 \times 10^{-7} \times \frac{Q_0^2}{D^{5.33}} \tag{13-65}$$

用钢管时：

$$i_0 = 622 \times 10^{-6} \times \frac{v_0^2}{D^{1.33}} = 101 \times 10^{-7} \times \frac{Q_0^2}{D^{5.33}} \tag{13-66}$$

Δi——附加能量的压头损失，mH_2O/m，

$$\Delta i = \sqrt{gD}\frac{\gamma_m - \gamma_0}{2v_0\psi\gamma_0} \tag{13-67}$$

v_0——清水流速，m/s；

Q_0——清水流量，m^3/s。

E 杜兰德公式

矿浆临界流速 v_L：

$$v_L = \left(\frac{\varphi C_v}{2^{5/3}K^{3/4}}\right)^3\sqrt{2gD\frac{\gamma_g - \gamma_0}{\gamma_0}} \tag{13-68}$$

$$i = \frac{\lambda}{2gD}v^2 + \frac{\psi C_v \lambda \sqrt{gD}}{2K_d^{3/4}}\left(\frac{\gamma_g - \gamma_0}{\gamma_0}\right)^{3/2}\frac{1}{v} \tag{13-69}$$

式中 v_L——临界流速,m/s;

ψ——系数,ϕ = 80、120、150,一般取 120;

C_v——矿浆体积浓度,%;

γ_g——矿石密度,t/m³;

γ_0——清水密度,t/m³;

K_d——固体颗粒沉降系数:

$$K_d = \frac{4}{3}\frac{d_{cp}(\gamma_g - \gamma_0)g}{\gamma_0 w} \tag{13-70}$$

w——颗粒自由沉降速度,cm/s(见表 13-22)。

表 13-22 颗粒自由沉降速度

颗粒直径 d/mm	在下列温度时的颗粒自由沉降速度 w/cm·s⁻¹				颗粒直径 d/mm	颗粒自由沉降速度 w/cm·s⁻¹
	5℃	10℃	15℃	20℃		
0.010	0.0044	0.00512	0.00588	0.00663	1.75	17.80
0.015	0.0099	0.0115	0.01325	0.0149	2.00	19.00
0.02	0.0176	0.0205	0.0235	0.0265	2.50	21.25
0.03	0.0397	0.0460	0.0530	0.0597	3.00	23.25
0.04	0.0705	0.0820	0.0940	0.106	4.00	26.85
0.05	0.110	0.128	0.147	0.166	5.00	30.00
0.06	0.159	0.184	0.212	0.239	6.00	32.90
0.07	0.216	0.241	0.288	0.325	7.00	35.50
0.08	0.282	0.328	0.377	0.424	8.00	38.00
0.09	0.357	0.414	0.477	0.587	10.00	42.50
0.10	0.441	0.512	0.583	0.663	12.50	47.70
0.12	0.635	0.737	0.847	0.956	15.00	52.00
0.15	0.990	1.150	1.325	1.490	17.50	56.20
0.20	1.545	0.711	1.876	2.042	20.00	60.20
0.30	2.665	2.831	2.996	3.162	22.50	63.70
0.40	3.785	3.951	4.113	4.282	25.00	67.20
0.50	4.905	5.071	5.236	5.402	27.50	70.60
0.60	6.025	6.191	6.356	6.522	30.00	73.60
0.70	7.145	7.331	7.476	7.642	—	—
0.80	8.265	8.431	8.596	8.762	—	—
0.90	9.405	9.571	9.736	9.902	—	—
1.00	10.505	10.671	10.836	11.002	—	—
1.20	12.745	12.911	13.076	13.242	—	—
1.50	16.105	16.271	16.436	16.602	—	—

F　A.M.尤芬公式

(1) 输送平均粒径小于 10mm 的均质土岩($\delta=\dfrac{d_{90}}{d_{10}}\leqslant 3$):

$$i=i_0\gamma_m\left[1+(3.5+2D+0.5\sqrt{d_{cp}})\left(\frac{\gamma_m-\gamma_0}{\gamma_0}\right)^{0.8}\right] \tag{13-71}$$

或

$$i=1.31\gamma_m\sqrt{\frac{\gamma_m-1}{\gamma_T-1}}\sqrt[3]{\frac{w^2}{gD}} \tag{13-72}$$

$$D=0.417\left[\frac{Q}{\sqrt[4]{w}\left(\frac{\gamma_m}{\gamma_0}-0.4\right)}\right]^{0.43} \tag{13-73}$$

当输送管径小于 200mm 时:

$$v_L=0.2d_L^{0.65}e^{\alpha\sqrt{\gamma_m}}D^{0.54} \tag{13-74}$$

当输送管径大于 200mm 时:

$$v_L=9.81\sqrt[3]{D}\sqrt[4]{w}\left(\frac{\gamma_m}{\gamma_0}-0.4\right) \tag{13-75}$$

(2) 粒径不均质的土岩($\delta>3$),则:

$$i'=i_0+(i-i_0)K_0^{0.22} \tag{13-76}$$

$$D'=0.417\left[\frac{Q}{\sqrt[4]{w_1}\left(\frac{\gamma_m}{\gamma_0}-0.4\right)}\right]^{0.43} \tag{13-77}$$

$$v'_L=v_LK_0^{0.125} \tag{13-78}$$

(3) 不均质土岩的浆体,其临界流速,压头损失和输浆管径,也可引入经过换算的水力粒度(w_1 和 w_2),用上述均质土岩的公式求出水力粒度的换算如下:

用于计算 v_L'和 D': $w_1=w\sqrt{K_0}$,m/s; (13-79)

用于计算 i': $w_2=w\sqrt[3]{K_0}$,m/s; (13-80)

式中　v_L、v_L'——均质与不均质土岩的临界流速,m/s;

D、D'——均质与不均质土岩的临界管径,m;

i、i'——均质与不均质土岩的临界流速时,管道压头损失,10kPa/m,亦可由图13-8求出;

i_0——清水在临界流速时,管道压头损失,10kPa/m;

d_{cp}——平均粒径,m;

γ_m——矿浆密度,t/m³;

γ_0——清水密度,t/m;

α——系数,$\alpha=\dfrac{2.86}{d^{0.13}}$; (13-81)

w——颗粒的自由沉降速度(或水力粒度),m/s,见表 13-22;

w_1——用于计算 v_L'和 D'的换算后的水力粒度,m/s;

w_2——用于计算 i'的换算后的水力粒度,m/s;

K_0——不均质系数：

$$K_0 = \frac{3}{\delta} \tag{13-82}$$

δ——均质指标，按下式计算：

$$\delta = \frac{d_{90}}{d_{10}} \tag{13-83}$$

式中　d_{90}——小于该粒径的颗粒占总颗粒的90%的粒径，mm；

d_{10}——小于该粒径的颗粒占总颗粒的10%的粒径，mm。

如果 $\delta = 1$，则为均质的；$\delta = 1.41 \sim 3$，则为假定均质的；$\delta > 3$，则为不均质。

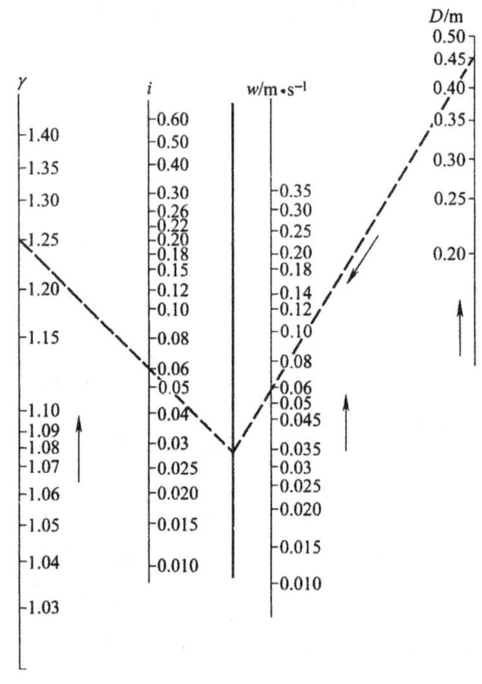

图 13-8　i 值计算图（对于非均质土岩，w 换算为 w'）

13.5.1.3　环管试验数据摘录

（1）临界流速（见表13-23）

（2）摩阻损失

浆体的摩阻损失不仅与物料及浆体特性有关，主要还取决于管径、工作流速及管道材质等诸多因素，故已有的环管试验测得的摩阻损失不宜随意套用，一般应通过试验实测。故本手册对浆体摩阻损失的试验数据进行摘录。

13.5.2　自流输送

自流输送水力计算的目的是确定输送管（槽）的断面尺寸及敷设坡度，实质上也是以满足临界流速和临界水力坡降为出发点，在满足设计浆体流量的前提下，拟定过流断面的形状和尺寸，求取对应于临界流速时的临界水深和在该水深情况下需要多大的敷设坡度（临界坡度）。

表 13-23 临界流速试验数据

物料名称	物料及浆体特征				不同管径下的临界流速 $v_L/m\cdot s^{-1}$			
	密度 $\gamma_g/t\cdot m^{-3}$	平均粒径 d_p/mm	中值粒径 d_{50}/mm	浓度 C_w /%	*D*100mm	*D*154mm		
铁精矿	4.48	0.175	0.155	30	2.0	2.26		
				40	1.67	1.89		
				50	1.46	1.70		
				60	1.26	1.59		
				70	1.14	1.50		
铁精矿	4.79	0.027	0.023		*D*100mm	*D*154mm	*D*203mm	
				30	0.867	1.086	1.216	
				40	0.82	1.032	1.151	
				50	0.75	0.898	1.017	
				60	0.789	0.941	1.08	
				65	0.85	1.135	1.242	
				70	1.012	1.263	1.385	
煤　浆	1.582	0.235	0.329		*D*158.5mm	*D*209.3mm	*D*263.1mm	*D*315mm
				40	1.35	1.61	1.58	1.45
				50	1.42	1.52	1.47	1.38
				53.8	1.53	1.42	1.41	1.40
				58.5	1.62	1.38	—	1.50
铁尾矿	2.89	0.1386	0.102		*D*80mm	*D*102mm	*D*121mm	*D*149mm
				18	1.14	1.34	1.51	1.74
				25	10.2	1.09	1.47	1.57
				32	0.94	0.99	1.38	1.44
				40	0.90	0.95	1.18	1.19
				48	0.96	1.07	1.10	1.21
				56	1.12	1.19	1.20	1.36
磷灰石	2.87	0.115	0.11		*D*154mm			
				35	1.28			
				43	0.98			
				59	0.95			
电厂灰渣	2.03	0.055	0.053		*D*106mm	*D*130mm	*D*154mm	
				10~18.1	0.97	0.97	1.07	
				26.6~31.5	0.98	1.01	1.10	
				36.5~42.4	0.97	1.02	1.08	
				44.8~48.8	0.96	0.99	1.06	
电厂灰渣	2.05	0.0394	0.032		*D*106mm	*D*130mm	*D*154mm	
				20	0.80	0.84	0.96	
				30	0.89	0.91	0.96	
				40	0.93	0.94	1.02	
				50	0.95	0.96	—	
石灰石和页岩	2.75	0.0654	0.051		*D*203mm			
				35	1.16			
				50	0.98			
				66	0.92			

13.5.2.1 B.C.克诺 罗兹方法

(1) 临界水深的确定

当 $d_p \leqslant 0.07$mm 时：

$$Q = 0.2\beta A(1 + 3.43\sqrt[4]{Z_w h_L^{0.75}}) \tag{13-84}$$

当 $0.07 < d_p \leqslant 0.15$mm 时：

$$Q = 0.3\beta A(1 + 3.5\sqrt[3]{Z_w}\sqrt[4]{h_L}) \tag{13-85}$$

式中 Q——浆体设计流量，m^3/s(以最大流量确定断面面积，以最小流量验算坡度)；

h_L——临界流速时的水深(简称临界水深)，m；

d_p——加权平均粒径，mm；

A——有效过流断面积，m^2(按表 13-24 计算)；

Z_w——质量稠度的 100 倍；

β——密度修正系数，按下式计算：

$$\beta = \frac{\gamma_g - 1}{1.70} \tag{13-86}$$

γ_g——固料密度，t/m^3。

表 13-24 过流断面面积 *A* 和水力半径 *R* 计算表

自流槽(管)形式	过流断面面积 A/m^2	水力半径 R/m
矩形(图：宽 B，水深 h)	$A = mh^2 \quad m = \frac{B}{h}$	$R = \frac{m}{2+m}h$
梯形(图：底宽 B，水深 h，边坡 1:n)	$A = h(B + nh)$	$R = \frac{h(B+nh)}{B+2h\sqrt{1+n^2}}$
圆形(图：直径 D，水深 h)	$A = K_A D^2$ K_A 查表 13-25	$R = K_R D$ K_R 查表 13-26

(2) 敷设坡度的确定

$$i = Ki_0 \tag{13-87}$$

式中 i——自流管槽敷设坡度；

K——系数，一般采用 1.05；

i_0——清水的自流坡度，按公式(13-88)计算。

表 13-25 圆形管不同矿浆深度的面积系数 K_A 值

$\frac{h_1}{D}$	0.00	0.01	0.02	0.03	0.04	0.05	0.06	0.07	0.08	0.09
0.0	0.000	0.001	0.004	0.007	0.010	0.015	0.019	0.024	0.029	0.035

续表 13-25

$\frac{h_1}{D}$	0.00	0.01	0.02	0.03	0.04	0.05	0.06	0.07	0.08	0.09
0.1	0.041	0.047	0.053	0.060	0.067	0.073	0.081	0.088	0.096	0.104
0.2	0.112	0.120	0.128	0.137	0.145	0.153	0.162	0.171	0.180	0.189
0.3	0.198	0.207	0.217	0.226	0.235	0.245	0.255	0.264	0.274	0.284
0.4	0.293	0.303	0.313	0.323	0.333	0.343	0.352	0.362	0.373	0.383
0.5	0.393	0.403	0.413	0.423	0.433	0.443	0.453	0.462	0.472	0.482
0.6	0.492	0.502	0.512	0.521	0.531	0.540	0.550	0.559	0.569	0.578
0.7	0.587	0.596	0.605	0.614	0.623	0.632	0.640	0.649	0.657	0.666
0.8	0.674	0.681	0.689	0.697	0.704	0.712	0.719	0.725	0.732	0.738
0.9	0.745	0.750	0.750	0.761	0.766	0.771	0.775	0.779	0.782	0.784

表 13-26 圆形管不同矿浆深度时的水力半径系数 K_R 值

$\frac{h}{D}$	0.00	0.01	0.02	0.03	0.04	0.05	0.06	0.07	0.08	0.09
0.0	0.000	0.007	0.013	0.020	0.026	0.033	0.039	0.045	0.051	0.057
0.1	0.063	0.070	0.075	0.081	0.087	0.093	0.099	0.104	0.110	0.115
0.2	0.121	0.126	0.131	0.136	0.142	0.147	0.152	0.157	0.161	0.166
0.3	0.171	0.176	0.180	0.185	0.189	0.193	0.198	0.202	0.206	0.210
0.4	0.214	0.218	0.222	0.226	0.229	0.233	0.236	0.240	0.243	0.247
0.5	0.250	0.253	0.256	0.259	0.262	0.265	0.268	0.270	0.273	0.275
0.6	0.278	0.280	0.282	0.284	0.286	0.288	0.290	0.292	0.293	0.295
0.7	0.296	0.298	0.299	0.300	0.301	0.302	0.302	0.303	0.304	0.304
0.8	0.304	0.304	0.304	0.304	0.304	0.303	0.303	0.302	0.301	0.299
0.9	0.298	0.296	0.294	0.292	0.289	0.286	0.283	0.279	0.274	0.267
1.0	0.250	—	—	—	—	—	—	—	—	—

$$i_0 = \frac{v_L^2}{C^2 R} \tag{13-88}$$

式中 v_L——浆体的临界流速，m/s；

R——水力半径，m(按表 13-24 计算)；

C——谢才系数，按 H.H. 巴甫洛夫斯基公式计算：

$$C = \frac{1}{n} R^y \tag{13-89}$$

n——粗糙系数(按表 13-27)；

y——指数，按下式计算：

$$y = 2.5\sqrt{n} - 0.13 - 0.75\sqrt{R}(\sqrt{n} - 0.10) \tag{13-90}$$

表 13-27　自流槽管粗糙系数 n 值

内壁材料	n 值范围	建议采用 n 值
钢板及钢管	0.010～0.013	0.012
混凝土管	0.012～0.016	0.014
混凝土槽	0.012～0.018	0.014
水泥砂浆抹面	0.011～0.015	0.013
砂浆块石砌体	0.017～0.030	0.025
水质流槽	0.010～0.015	0.013
小型铸石块衬砌	0.010～0.015	0.013
铸石管及大型镜板	0.009～0.013	0.012
复合陶瓷管	0.009～0.013	0.011
复合塑料管	0.008～0.012	0.010

13.5.2.2　前苏联乌拉尔力学试验所公式

(1)临界流速：

$$v_L = \frac{7.94\times 10^4 d_{cp}(\gamma_g - 1)}{(0.232+\sqrt{d_{cp}})^2(100-C_v)^2\gamma_g} \tag{13-91}$$

式中　v_L——临界流速，m/s；

$$d_{cp} = \frac{\sum_{i=1}^{i=n} d_i G_i}{100} = \frac{d_1 G_1 + \frac{d_1+d_2}{2}G_2 + \frac{d_2+d_3}{2}G_3 + \cdots\cdots + d_n G_n}{100} \tag{13-92}$$

式中　d_{cp}——矿石平均粒径，mm；

$d_1, d_2, \cdots\cdots, d_n$——各级的粒径，mm；

$G_1, G_2, \cdots\cdots, G_n$——各粒径的质量百分比；

γ_g——矿石密度，t/m^3；

C_v——矿浆体积浓度，%；

(2)水力坡度 i：

$$i_L = \frac{v_L^{\ 2}}{C^2 R} \tag{13-93}$$

$$v_L = C\sqrt{Ri_L} \tag{13-94}$$

$$i = (1.1\sim 0.5)\gamma_0 i_L \tag{13-95}$$

式中　i_L——临界水力坡度，%；

i——沟槽实际坡度，%；

R——水力半径，m；

D——圆管内径，m；

C——谢才系数，可用巴津公式计算：

$$C = \frac{87}{(1+\frac{Z}{R})} \tag{13-96}$$

Z——沟槽粗糙系数,见表 13-28;

C——谢才系数,也可用巴洛夫斯基公式计算;

$$C = \frac{1}{n}R^{y} \tag{13-97}$$

n——沟槽粗糙系数,见表 13-27;

y——指数,

$$y = 2.5\sqrt{n} - 0.13 - 0.75\sqrt{R}(\sqrt{n} - 0.1) \tag{13-98}$$

当 $R < 1\text{m}$ 时, $y \approx 1.5\sqrt{n}$;

$R > 1\text{m}$ 时, $y \approx 1.3\sqrt{n}$

表 13-28　沟槽粗糙系数值

沟槽光滑程度	衬砌材料状况	Z
最光滑	(1)拼接珐琅或搪瓷的光滑表面,(2)精制细磨刨光刨平的木板沟,(3)加工光滑的铁板沟,(4)精制的辉绿岩铸石件沟	0.06
光　滑	(1)拼接刨光的木板沟,(2)水磨石敷面沟,(3)加工光滑的花岗岩沟,(4)砌筑不良的辉绿岩铸石沟,(5)焊接钢管	0.16
中等光滑	(1)未刨平而拼接的木板沟,(2)很好的水沟,(3)良好的砖砌沟,(4)铸铁管,(5)上釉陶土管	0.19～0.21
不光滑	(1)加工不好的水泥沟,(2)加工不好的花岗岩沟,(3)加工好的石灰岩块石沟,(4)混凝土管,(5)陶土管	0.46
很不光滑	(1)没有加工的石灰岩块石沟,(2)用卵石砌筑的沟	0.85
极粗糙	(1)普通土沟,(2)有石块和草突出而阻力很大的沟	1.30～1.75

13.5.2.3　关于自流管槽工艺参数计算取值的说明

(1)自流管道应优先采用无压自流方式,只有当地形条件不允许或建设投资极不经济时,才选用压力自流方式,压力自流管的水力计算与压力管的计算相同。

(2)无压自流管的充满度取值要考虑流量波动因素,不宜取用满管或接近满管的充满度,一般宜选择充满度在 0.5～0.7 范围。

(3)自流槽断面除考虑水力最优断面外,更应衡量水深对临界流速的影响,通常水深越大所需临界流速越高,即所需的敷设坡度越大,当起末顺高差不够充裕时,尤其要考虑以最小的敷设坡度达到临界坡度,有关研究证明,当水深与水面宽度之比在 1/6～1/8 时为最有利。

(4)自流管槽多余的高差应设跌水消能。

(5)铁皮沟的计算见本手册第 10 章轧钢厂给水排水有关内容。

(6)矿山井下充填管槽及火电厂灰渣沟的水力计算未列入本手册,详见有关专著及手册。

(7)对于超短距离的自流管槽,如厂内流程之间的倒运应在可能条件下,偏安全取值增大敷设坡度,以优质耐磨材料作管槽材料的衬里。

13.5.2.4 供参考的自流输送试验数据和生产实例

A 试验数据

(1)某矿磁铁尾矿自流槽试验(见表 13-29)

表 13-29 某矿自流槽试验参数

物料特性	$\gamma_g=3.1\sim3.295\mathrm{t/m^3}$, $-0.074\mathrm{mm}$ 占 $47.78\%\sim57.78\%$, $d_p=0.0958\sim0.1247\mathrm{mm}$, $d_{50}=0.13\sim0.169\mathrm{mm}$				
自流槽形式	$R=150\mathrm{mm}$ 半圆弧型钢制流槽				
试验数据	流量 $Q/\mathrm{m^3\cdot h^{-1}}$	中心水深 h/m	浓度 $C_w/\%$	临界流速 $v_L/\mathrm{m\cdot s^{-1}}$	临界坡度 $i_n/\%$
	294	0.12	29.0	2.56	3.50
	208	0.115	34.0	2.49	3.50
	185	0.105	39.2	2.27	3.00
	250	0.114	48.2	2.39	3.00
	205	0.108	53.0	2.31	3.00
	127	0.090	55.0	2.07	2.50

(2)某矿硫化铁精矿自流槽试验(见表 13-30)

表 13-30 某矿自流槽试验参数

物料特性	$\gamma_g=3.96\mathrm{t/m^3}$, $d_p=0.04\mathrm{mm}$				
自流槽形式	$R=0.2\mathrm{mm}$,内壁抹水泥砂浆				
试验数据	流 量 $Q/\mathrm{m^3\cdot h^{-1}}$	中心水深 h/m	浓度 $C_w/\%$	临界流速 $v_L/\mathrm{m\cdot s^{-1}}$	临界坡度 $i_n/\%$
	29.5	0.073	40.7	2.02	3.0
	27.6	0.0712	39.5	1.94	3.0
	12.9	0.0464	34.6	1.39	3.0

(3)B.C. 克诺罗兹试验

物料特征:石英砂:$\gamma_g=2.644\mathrm{t/m^3}$, $d_{50}=0.31\mathrm{mm}$, $d_p=0.305\mathrm{mm}$, $d_{10}=0.18\mathrm{mm}$, $d_{90}=0.45\mathrm{mm}$;自流槽形式:梯形断面木制槽,底宽 0.141m,边坡 $m=1.1\sim1.25$。

试验数据见表 13-31。

表 13-31 克氏试验

试验坡度 i_n/%	流量 Q/L·s^{-1}	质量稠度 Z_w/%	临界水深 h/cm	临界流速 v_L/m·s^{-1}
2.0	14.5	5.8	4.5	1.65
	22.3	2.1	6.7	1.505
	33.5	4.2	8.0	1.78
	47.2	2.3	10.5	1.72
	62.6	3.0	12.0	1.885
	82.5	2.1	14.6	1.85
	100.2	4.4	15.0	2.17
2.25	16.1	5.7	5.0	1.61
	26.8	3.1	7.5	1.56
	34.4	3.9	8.1	1.81
	44.5	2.9	10.0	1.74
	61.2	3.4	11.6	1.945
	29.1	3.0	14.0	1.90
	92.0	2.7	15.0	1.98
2.5	59	4.5	11.0	2.005
	79.7	3.4	13.2	2.08
	89.1	2.8	15.0	1.92
2.75	58	4.5	11.0	1.98
	84.1	4.2	13.8	2.06
3.0	34.4	5.7	7.8	1.91
	38.7	9.9	7.8	2.11
	63.0	6.2	10.8	2.20
	65.9	4.1	12.0	1.98
	84.5	4.3	13.6	2.11
	95.0	3.8	14.5	2.16
	99.7	5.4	14.3	2.32
3.25	35.5	6.8	7.8	1.95
	60.6	5.0	11.0	2.075
	92.6	5.0	14.3	2.17

B 自流输送的生产实例(见表 13-32)

表 13-32 自流输送生产实例表

生产厂名	浆体类型	浆体性质			自流管槽形式	管槽尺寸/mm	管槽坡度/%	长度/m	备注
		物料密度 γ_g/t·m^{-3}	平均粒度 d_p/mm	质量浓度 C_w/%					
攀枝花	铁尾矿	3.1	0.1844	20	内衬铸石矩形槽	$B \times H = 700 \times 700$	6.9	800	坡度过大
攀枝花	铁尾矿	3.295	0.1247	30～45	内衬铸石半圆槽	ϕ300	3.5～4	300	
东川	铜尾矿	2.65	0.0225	30.5	混凝土矩形槽	$B \times H = 300 \times 300$	2～4	12800	
东川	铜尾矿	2.88	0.056	26.9	混凝土矩形槽	$B \times H = 400 \times 600$	1.7	11800	
大吉山	钨尾矿	2.6～2.7	0.8～1.1	7.7～9.1	内衬铸石矩形槽	$B \times H = 400 \times 500$	3.64～4	580	
太和	铁精矿	4.85	0.14	25～30	钢管	ϕ150	4.8～5	2000	
瑶岗山	钨尾矿	2.7	0.8	10～12	下衬铸石梯形槽	$B \times H = 300 \times 500$	5.2～6.2	2020	
芙蓉	铜尾矿	2.7	>0.07	35	梯形木槽	底宽 150	4.5	—	
锦屏	铜尾矿	2.6	0.1051	22～25	铸铁管	ϕ300	1.95	340	
金川	铜尾矿	2.7	0.055	28	双槽石砌矩形沟	$B \times H = 600 \times 600$	0.93～1.1	4082	
会理	铜尾矿	3.02	0.0591	20.8	砂浆抹面矩形沟	$B \times H = 300 \times 300$	2.1	1000	
个旧	锡尾矿	2.7	0.022	9	混凝土矩形沟	$B \times H = 800 \times 800$	0.5	3085	坡度偏小
个旧	锡尾矿	3.1	0.03	13.65	毛石混凝土矩形沟	$B \times H = 600 \times 800$	1.0	1062	坡度偏小
德兴	铜尾矿	2.79	0.0674	25	混凝土矩形沟	$B \times H = 560 \times 670$	1.5	—	

13.6 浆体输送管槽的工艺设计

13.6.1 线路的选择

13.6.1.1 一般原则

(1) 线路力求平直,避免过多水平拐弯和上下起伏,上下坡的管线不宜过陡。

(2) 避免通过城镇、村庄等人口稠密地区。

(3) 尽量不占或少占农田。

(4) 避免不良工程地质及洪水淹没区。

(5) 有利于加压泵站的设置及水电供应。

(6) 便于施工和维护管理。

13.6.1.2 对长距离管道工程的特殊要求

(1) 线路纵坡不应大于浆体沉积物滑动坡度。

(2) 线路要充分利用现有的桥、涵洞等构筑物。

(3) 尽量减少泵站数量和加速流的产生。

(4) 充分利用现有的道路、供电、供水条件。

(5) 线路的选择应经多方案经济对比确定。

13.6.2 管槽的敷设

13.6.2.1 敷设形式

A 明设

无压自流管槽均采用明设,压力管道(含压力自流管)在使用期内必须翻管、更换和检修的都采用明设。明设管槽设置在路堤、路堑或栈桥上。

B 暗设

管槽设置在地沟、隧洞、涵管内。一般在厂内交通频繁地段或必须跨越的线路、公路下设地沟或涵管,厂外线路只有在因地形限制必须开辟隧洞通过而使线路方案较为合理时才采取隧洞暗设方式,在长距离管道输送工程中常采取隧洞穿越方案而使线路缩短,以减少泵站数目或避免加速流的产生。

C 埋设

输送管道磨蚀较轻或采用耐磨管材时,在生产使用期内一般不翻管、不检修、不更换,应采取埋设。埋设具有不影响农田耕作、不受外界干扰破坏、不受气温影响等优点,故在长距离管道输送工程中得以采用;对于短距离管道输送工程如管道材质优良亦可以推荐采用。寒冷地区可适当加大;最大敷设坡度应有所限制,对短距离管道,宜限定下行坡度不致产生加速流;对长距离管道,都按沉积物下滑角控制最大敷设坡度,一般为 12% ~ 15%。

压力管道的水平转角一般控制在 45°以下,当不可避免时,一般应做成两个或更多弯管,弯管之间间距应不小于 $5D$,对于长距离管道,弯头均采用煨弯,曲率半径不小于 $18D$。

D 管道的消能及事故设施

(1)无压自流管槽在很陡的地段,应设消能设施或分段跌水,一般可采用管式跌水,每级落差不宜大于 2.5m。

(2)压力管道一般不设消能设施,在长距离管道中,在可能产生加速流的管段末设置孔板站消能。

(3)压力管线中的凹形管道的倒虹吸段的最低处一般应设事故排浆口,并按需要设事故处理设施。长距离管道则一般不在管线上设排浆口,而设于泵站的喂入端。

(4)管道起点应设拦污栅及事故冲洗水池。

E 管槽的穿越方式

(1)管槽与公路、铁路交叉时,尽量采取垂直交叉。从道路下通过时,应利用已有桥涵或采用套管穿越,套管较长时,应考虑检修进人的要求,从道路上方架设通过时,应按有关部门要求设置。

(2)跨越河流时,尽可能利用已有桥梁,否则应按能航或不能航要求设计管桥,并取得航道部门认可。一般还应设人行道和护栏。

13.6.2.2 管槽敷设的工艺要求

A 管槽的备用

(1)无压自流管槽一般不设备用。

(2)压力管道除超短距离(如厂内提升)外,在使用期内需要翻管、检修或更换,都应该设备用管道,备用率 50% ~ 100%。

(3)压力管道采用耐磨材料或浆体磨蚀率很低,在使用期内无须翻管、检修或更换时,可不设备用管道,例如长距离输送管道均不设备用管道。

B 槽的坡度和转角处理

(1)无压自流管槽应按不小于临界坡度敷设;其水平转角不大于 45°,当不可避免时,应采用曲线转角,曲率半径不小于 5 倍槽宽。

(2)压力管道一般应有不小于 0.002 的纵坡

13.6.2.3 管槽路基

管槽设置于路堤或路堑上时,其基石标高应高于洪水位 0.5m 以上,管槽之间净宽不宜小于 0.4m,管槽外壁至路缘的距离不宜小于 0.3m,人行道不宜小于 0.5m。路堤和路堑的进坡按岩土物理性质及边坡长度确定,必要时应作衬砌。路堑应设排水沟,底坡不小于 0.02。

13.6.3 管槽材料及附件

13.6.3.1 自流槽材料

自流槽采用的材料比较广泛,在实际工程中,采用砖石流槽、混凝土流槽、钢筋混凝土流槽、木制流槽的都有,该类流槽有就地取材、施工简便、造价低廉的优点。由于粗糙系数较大,在一定的敷设坡度下,获得的流速较低,欲满足临界流速,需要更大的敷设坡度,故适用于有足够地形顺高差的场合;当浆体具有一定磨蚀率时,该类流槽很容易冲刷变形以致浅漏,维修工作量大,对环境的污染大。该类材质的流槽在使用过程中,已逐渐被其他材料所取代,或加衬表面光滑、耐磨性能优良的材料。

对于一般磨蚀性能的浆体,采用钢板流槽比较适宜,钢材具有一定的抗磨蚀性能且表面粗糙度较小,施工方便,造价适中,在工程中使用广泛。

铸石的高耐磨性能和铸石板材的多样化,使它在流槽衬里的应用上得到重视。尤其是输送物料粒径较粗、浆体磨蚀性较强和流速较大的场合,使用较普遍。以水泥砂浆或铸石粉加水玻璃、氟硅酸钠调制的胶泥将铸石板粘贴于各种材质的流槽内,对于老流槽的改造十分方便,提高了过流面的光滑度,改善了水力条件。

铸石板材除了各种尺寸的矩形板、梯形板、弧形平板可用于衬里外,还有各种断面的异形镶板。异形镶板可用钢质材料作骨架直接拼镶成槽。

13.6.3.2 管材

A 金属管材

铸铁管价格较廉,曾被广泛应用于浆体管道,但由于它的耐磨性能较差,工作压力较低,管道接口较多且易产生漏损污染,管材本身受冲击性能差,施工安装维修不便,渐被淘汰,故铸铁管材不宜用于浆体管道。

钢质管材以它的耐磨性能较好、力学性能优良、工作压力范围大、价格适宜、连接方式多样、安装维修方便,而被浆体管道输送工程广泛采用。

钢管的类型较多,应用于浆体管道输送的钢管主要有低压焊接钢管、直缝卷焊钢管、螺旋缝卷焊钢管和热轧无缝钢管等。钢管的材质以使用碳钢为主,在长距离高压浆体管道输送中也有采用低合金钢钢管材质的要求,需按压力等级选定。近年国内钢管生产厂家也开发了数种耐磨钢管,供强磨蚀性浆体管道选用,但价格昂贵、使用效果尚待验证。

钢管管壁厚度的确定应根据管道承压高低,浆体磨蚀程度及工作条件等因素确定。可按公式(13-99)进行计算。

$$\delta = \frac{DP}{2R} + C + T \tag{13-99}$$

式中 δ——管壁最小需要厚度,mm;

D——管道外直径,mm;

P——试验压力,MPa;

R——管材允许应力,取该钢种抗拉强度的40%,抗拉强度按表13-33查出;

C——考虑厚度不匀及腐蚀等因素的附加厚度,mm,一般取2;

T——预留磨损厚度,mm,按浆体磨蚀程度确定,一般取3~5。

表13-33 各种牌号钢的抗拉强度

钢 号	Q195	Q215	Q235	Q255	Q275
抗拉强度/MPa	3200~4000	3400~4200	3800~4900	4200~5200	5000~6200

短距离输送管道压力等级较低,所需承压壁厚很小,而以磨蚀厚度为主,故全线管壁厚度可不作变化,或只考虑转角处、下坡段及泵站出口段壁厚的增加。对于设有备用管道的明设管道,管壁厚度不需要按使用年限内的磨蚀情况确定,允许翻管使用和更换新管,以节省基建投资。

长距离输送管道压力等级较高,且磨蚀较低,管壁厚度以承压壁厚为主,故一般应根据管道动静压分析,分段确定壁厚,且管道不考虑翻管和更换,按使用年限内所需壁厚选定管材。管壁厚度的计算按下式确定:

$$\delta = \frac{PD}{2K\phi\sigma_s} + T_c \tag{13-100}$$

式中 K——设计系数,一般取0.72,城镇和站区内取0.6;

ϕ——焊缝系数,0.9~1.0;

σ_s——材料最低屈服强度，MPa(按表 13-34 查)；

T_c——预留磨蚀厚度，mm，按磨蚀试验确定；

其余符号同前。

表 13-34 各类钢管最低屈服强度与焊接系数

钢管种类	钢种或钢号	最低屈服强度 σ_s/MPa	焊缝系数 ϕ
承压流体输送用	16Mn	325	0.9
螺旋缝埋弧焊钢管	Q235	235	
输送流体用无缝钢管	16Mn	325	1.0
	20号	245	
	S205	205	
	S240	240	
	S290	290	
石油天然气输送用螺旋缝埋弧焊钢管和直缝电焊钢管	S315	315	
	S360	360	1.0
	S385	385	
	S415	415	
	S450	450	
	S480	480	
符合 APi 的管材	X-52	360	
	X-60	415	1.0

B 复合管材

复合管材在浆体管道中的应用已比较普遍，且越来越受到重视，它都是以钢管作为承压的外管，以非金属材料抵抗磨蚀，镶衬于钢管之内，有钢铸石复合管、钢橡复合管、钢塑复合管、钢陶瓷复合管等多种类型。复合管的连接都可以按钢管连接方式选择，其耐磨蚀性能均优于钢管，其阻力系数接近钢管或优于钢管。

(1)钢铸石复合管是迄今为止使用最多的复合管材，由于铸石的抗磨耐腐蚀性能优良，其内衬厚度较大(25～30mm)，使用寿命较钢管高出 10～20 倍。但它的缺点是外套钢管较粗、质量大、制作施工麻烦、成材率低、抗冲击能力差、易破损、单位长度造价较高，故影响它的进一步推广使用，近年有逐步被其他性能优良的复合管取代的趋势。

铸石管材的阻力系数无确定数据，已掌握的试验和生产测定值不完全吻合，定性的认为，新铸石管的阻力系数略高于钢管，而经一段时间浆体运输之后的铸石管略低于钢管。

(2)钢橡复合管是一种新型耐磨管道，内衬橡胶最小厚度为 4.0mm，质量较轻，其阻力系数略低于钢管，为钢管的 0.8～0.9，价格为同内径钢管的 1.5～2 倍。在电厂输灰和精矿短距离输送工程中得到了应用。普通橡胶有良好的耐磨蚀、抗腐蚀性能，但对棱角较尖且硬度较高的物料适应性较差。近期又开发了以橡塑为内衬的复合管，改善了普通橡胶的抗尖锋界质性能。产品规格为 $D_{内}$ 80～1200。

(3)钢塑复合管内衬塑料类型有聚氯乙烯、聚乙烯、改性聚乙烯、聚丙烯、聚四氟乙烯等多种类型,经冷拉复合或整体注塑成型。耐磨蚀、抗腐蚀性能均优于钢管,使用寿命在钢管的4倍以上,价格与钢橡复合管相近,输送清水阻力系数用下式计算:

$$\lambda = \frac{0.25}{Re^{0.226}} \tag{13-101}$$

式中 Re——雷诺数,$Re = \frac{vD}{\upsilon}$;

v——管道流速,m/s;

υ——水的运动粘滞系数,m^2/s,查有关水力计算手册。

管材规格有 $D_{内}$ 15~400mm 直管和带法兰管件。

(4)钢陶瓷复合管是近年开发的新型耐磨管材,内衬陶瓷(又称刚玉瓷)为高温离心工艺合成,刚玉复合钢管从内至外分别由刚玉层(α-Al_2O_3)、过渡层和钢层三部分组成。刚玉的高硬度与钢的高韧性、高塑性相结合,使其具有其他管材无法比拟的优异的综合性能。

刚玉复合钢管耐磨、耐蚀、耐高温,具有良好的抗机械冲击,抗热冲击能力,适用于浆体和粉体介质输送,其寿命长,是普通钢管的几十倍以上。

1) 刚玉复合钢管的物理力学性能见表13-35。

表13-35 刚玉复合钢管的物理力学性能

材 料	硬度 HV /MPa	压溃强度① /MPa	密度 /$g \cdot cm^{-3}$	抗压剪切强度② /MPa	绝对粗糙度 /mm	线膨胀系数③ /K^{-1}
刚玉复合钢管	11000~14000	350~400	4.6~4.7 含过渡层	15	$D_N \leqslant 150$ 为0.35 $D_N > 150$ 为0.12	$(8.5 \sim 9) \times 10^{-6}$
20号碳钢管	1490	411	7.85		新的0.05~0.1 旧的0.4~0.6	$(14 \sim 15) \times 10^{-6}$

① 无缝钢管厚8mm,刚玉瓷层和过渡层总厚度2.5~3.5mm,从管外把管内刚玉压碎时的强度;

② 在刚玉复合管轴向把刚玉瓷从无缝钢管内压出时的强度;

③ 温度范围为-30~500℃。

2) 火电厂送粉管路不同材质弯管对比试验见表13-36。

表13-36 火电厂送粉管路不同材质弯管对比试验

材 料	规 格/mm×mm	工 况	使用情况
20号碳钢管	$D_N350 \times 10$	10万 kW 机组,使用煤炭灰分达45%,每管每小时送粉42t	11个月磨穿
高铬合金铸钢管	$D_N350 \times 25$		11个月磨穿
夹套式铸石管	$D_N350 \times 55$		23个月磨穿
刚玉复合钢管	$D_N350 \times 14$		已用4个月只磨损掉0.2mm

3) 火电厂气力除灰管路不同材料弯管对比试验见表13-37。

表 13-37 火电厂气力除灰管路不同材料弯管对比试验

材 料	规 格	工 况	使用情况
20号碳钢管	$D_N150 \times 10$	气力输送干灰 74t/h 流速 2m/s 浓度 28%位置在进灰库拐弯处	3个月磨穿
高铬合金铸钢管	$D_N150 \times 20$		5个月磨穿
夹套式铸石管	$D_N150 \times 50$		使用12个月磨穿
刚玉复合钢管			使用12个月磨损掉0.15mm

4）尺寸与规格见图 13-9、表 13-38。

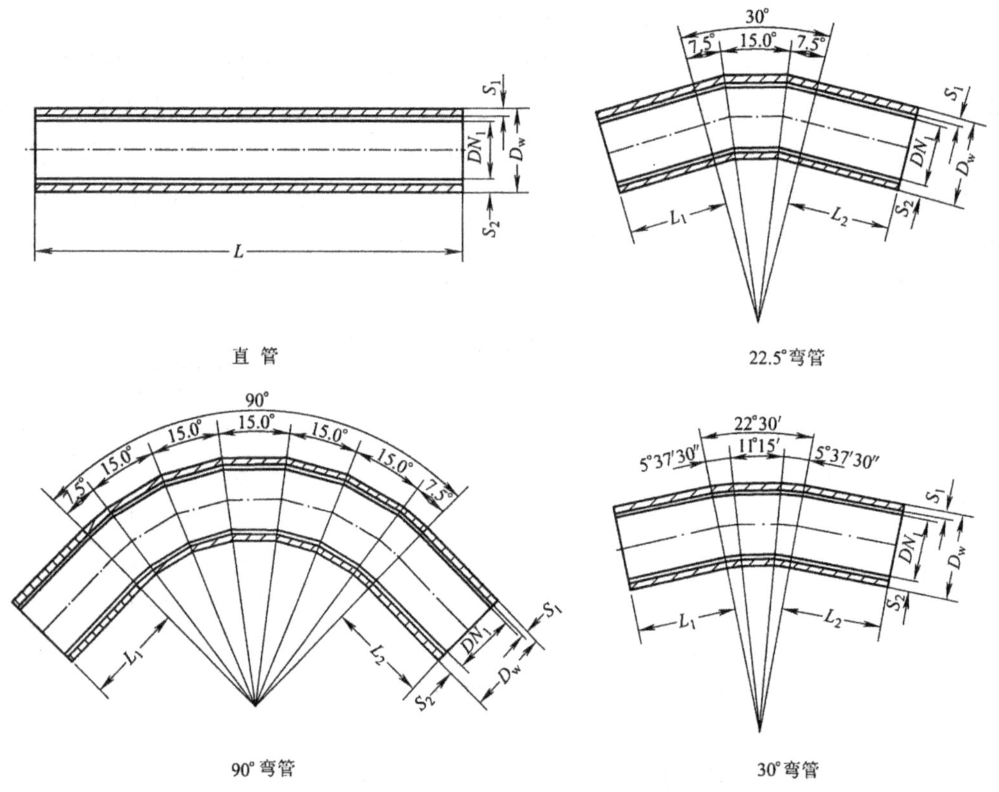

图 13-9 刚玉复合钢管管件图

表 13-38 刚玉复合钢管管件尺寸(mm)

公称直径 DN	选用钢管		刚玉复合钢管		刚玉复合钢管直管		刚玉复合钢管弯管		
	外径 D_W	最小壁厚 S_1	最大内径 S_1	最小总壁厚 S_2	长度 L	理论质量 /kg·m^{-1}	曲率半径 r	进口加长 L_1	出口加长 L_2
40 ~ 100	40 ~ 120	5 ~ 6	30 ~ 102	5 ~ 9	≤3000	6 ~ 23	350	200	300
100 ~ 200	121 ~ 200	6 ~ 8	103 ~ 180	9 ~ 11.5	≤3000	23 ~ 52	450	200	300
200 ~ 375	201 ~ 400	8 ~ 12	180 ~ 372	11.5 ~ 15	≤3000	52 ~ 143	500	200	300
375 ~ 475	401 ~ 500	12 ~ 13	372 ~ 464	15 ~ 18	≤3000	143 ~ 210	600	200	300
475 ~ 550	501 ~ 600	13 ~ 14	464 ~ 562	18 ~ 19	≤3000	≥210	1600	200	300

续表 13-38

公称直径 DN	选用钢管		刚玉复合钢管		刚玉复合钢管直管		刚玉复合钢管弯管		
	外径 D_W	最小壁厚 S_1	最大内径 S_1	最小总壁厚 S_2	长度 L	理论质量 $/kg\cdot m^{-1}$	曲率半径 r	进口加长 L_1	出口加长 $/L_2$

刚玉复合钢管弯管理论质量(kg/只)

公称直径 DN	90°	60°	45°	30°	22.5°
40 ~ 100	11.1 ~ 13.4	9.2 ~ 11.1	8.2 ~ 9.9	7.2 ~ 8.7	6.8 ~ 8.2
100 ~ 200	17.1 ~ 23.2	13.8 ~ 18.6	12.1 ~ 16.4	10.4 ~ 14.4	9.6 ~ 13.0
200 ~ 375	26.2 ~ 31.1	20.9 ~ 24.8	18.2 ~ 21.6	15.5 ~ 18.4	14.2 ~ 16.8
375 ~ 475	42.2 ~ 54.1	33.2 ~ 42.3	28.5 ~ 36.4	23.9 ~ 30.5	21.6 ~ 27.6
475 ~ 550	634.9 ~ 673.8	458.4 ~ 486.5	370.2 ~ 392.8	280.9 ~ 299.2	237.8 ~ 252.3

5)用途:该管道可广泛使用于化工、石油、矿山、电力、高炉喷煤、电厂除灰、矿粉运送、矿山充填、石油输送、强腐蚀性、酸碱溶液等。

13.6.3.3 管道附件

A 接头

钢管连接一般采用焊接,焊缝要求按压力等级并参照有关设计、施工规程要求进行。在阀门、设备连接处一般采用法兰连接。对于需经常拆卸检修管段或温度应力引起伸缩的明设管段宜采用柔性管接头连接。复合管的连接实质上是外钢管的连接,故都可以参照钢管的连接方式采取,但应避免在焊接时损坏内衬材料的力学性能。

柔性管接头的个数按下式确定:

$$L_{max} = \frac{l_k}{a(t_{max} - t_{min})} \tag{13-102}$$

式中 L_{max}——两个接头之间的最大距离,m;

l_k——每个接头的有效补偿长度,m, $l_k = (0.7 \sim 0.8) k_{max}$;

k_{max}——每个接头的最大补偿长度,m;

a——管材线膨胀系数,1/℃;

t_{min}——当地最低气温,℃;

t_{max}——管道的最高工作温度或当地最高气温之最大值。

B 管道枕垫和镇墩

明设浆体管道或金属流槽一般应设置在枕垫上,枕垫可用预制混凝土或块石制作。枕垫间距 2 ~ 4m,小口径间距短,大口径间距长。

当管路直线段很长,柔性接头较多,为保证接头能均匀伸缩,可以使管道转弯处设置挡墩,挡墩材料为混凝土,挡墩的设计请见专门手册。

C 排气装置和放空阀

压力管道起伏很大时,可以在凸起处设自动排气装置或手动放气阀。

在管线低洼处设置放空阀,是短距离浆体管道为利于检修或事故放空常采取的措施,目前已开发的自动放浆阀在尾矿管道上应用良好,浆体的排放应有事故处理设施与之配套。

13.6.3.4 浆体阀门

国内生产的浆体阀门品种繁多,从功能上划分主要有截流阀、调流阀和止回阀几种类型。截流阀是采用最多的一类阀门,也是比较成熟的一类阀门,主要产品有:组合式三片阀、浆液阀、胶管阀、矿浆截止阀、流槽闸板阀等,操作方式有手动式、液压式、电动式。

调流阀可采用胶管阀,但流量调节范围十分有限,一般不宜调至额定流量的 1/2 以下,尤其在强磨蚀性浆体管道上使用更要慎重,尽可能不采用阀门调节流量,而以调整浆体泵的转速调节流量更合理。

浆体止回阀在特定必需条件下可以采用,在大多数浆体管道系统应避免使用,当浆体浓度较高或浆体管道敷设坡度较大时,止回阀后管段易发生堵塞,一般应配合自动放浆阀使用。

13.6.4 管道的防护

浆体管道一般为金属管材或以金属作外管的复合管道,为防止电化学腐蚀,不论是明设、暗设或埋设,都必须采取必要的外防护处理和措施,包括管道的外壁防腐绝缘层和阴极保护措施。

13.6.4.1 金属管外壁防腐绝缘层处理

浆体管道的外防腐层除了防腐功能之外,还应有防止外界损坏的保护作用;对于明设管道,还应考虑隔热保温作用;对于长距离埋设管道为配合阴极保护的使用,还起到了绝缘层的作用,故采用的防腐绝缘层结构要求更为严格;而短距离管道因多为明设,便于检修更换和补作防腐层,故一般要求相对较低。表 13-9 中列述了各类防腐层的适用条件,表 13-40 为采用沥青防腐绝缘层的一般结构。

表 13-39 金属管外防腐层的优缺点及适用条件

外防腐层类型	优 缺 点	适 用 条 件
石油沥青防腐层	优点:(1)货源充足、价格低; (2)施工经验成熟 缺点:(1)吸水率大; (2)易被细菌侵蚀,寿命短	短距离管道采用较多
环氧煤沥青防腐层	优点:(1)耐水性好,防腐性能好,不易被侵蚀,寿命长; (2)附着力好,机械强度高; (3)电绝缘性能好 缺点:价格较石油沥青层稍贵	短距离管道可采用,长距离管道配合增加玻璃布作外防腐绝缘层
聚乙烯胶粘带	优点:(1)防腐性能、绝缘性能均好,使用寿命长; (2)便于机械化施工,不受气温影响 缺点:原材料较贵	宜用于长距离输送管道
塑料防腐层 有高密度聚乙烯(黄夹克) 和低密度聚乙烯(绿夹克)	优点:(1)防腐性能好,使用寿命长; (2)工厂加工,防止了环境污染,施工简便 缺点:补面配套尚待改善	国外发展较快,国内已有生产线,适用于长距离输送管线上
环氧粉末防腐层	特点:(1) 耐腐蚀性能好,力学性能和电绝缘性能好; (2) 不污染环境,粉末可回收; (3) 施工期短,电耗少; (4) 使用寿命在 40 年以上; (5) 价格较石油沥青高,但较黄绿夹克低	适用于较严酷的环境,如高盐、高碱土壤及沙漠、冻土地层
聚氨酯泡沫塑料防腐层	优点:(1)热导系数小,吸水率低; (2)耐热耐化学性能好; (3)质轻,与金属粘结性好 缺点:强度不高,须外加保护层	适用于需保温的管道,国内用于热油管道较多

表 13-40 采用沥青防腐绝缘层的结构

防腐蚀等级	绝缘等级	层次（由里向外）									总厚度/mm
		1	2	3	4	5	6	7	8	9	
低、中级	普通级	底漆	沥青	玻璃布	沥青	玻璃布	沥青	塑料布			约6.0
高级	加强级	底漆	沥青	玻璃布	沥青	玻璃布	沥青	玻璃布	沥青	塑料布	约8.0

13.6.4.2 阴极保护

阴极保护有外加电流阴极保护和牺牲阳极保护两种方法。

管道阴极保护常需具备下述设备及设施：

(1)直流电源：如蓄电池、直流发电机、整流器、恒电位仪等都可作为电源，为了使金属管道的电极电位不变或变幅最小，必须调节加在阴、阳极间的电源电压，常采用恒电位仪控制，国产恒电位仪有可控硅和晶体管两类产品可以选用。

(2)辅助阳极：常用的有碳钢、铸铁、石墨、高硅铸铁、铂系阳极等。常选用的多为来源丰富价格低廉的易溶性碳钢阳极。

(3)牺牲阳极的材料：有镁基合金、铝基合金、锌基合金三大类。

(4)绝缘法兰：绝缘法兰用以隔离被保护管段，常设于进出站口和大型跨越物两端。绝缘法兰与普通法兰的区别，仅是在法兰的中间采用绝缘垫片和螺栓间加绝缘圈和套管，使两片法兰完全绝缘。

(5)其他设施：包括一定距离设置的试压桩、典型地段设置的检查片、无静电接地体等。

为了设计阴极保护设施，一般应掌握管道沿线土壤的电阻率、pH 值、含水率、含盐量、及管道附近杂散电流干扰源及金属构筑物布置情况。

13.7 浆体输送泵

13.7.1 浆体输送泵的类型和对比

根据浆体泵的工作原理，可将浆体泵划分为三大类别：离心式浆体泵、容积式浆体泵及特种浆体泵。根据浆体泵的构造特点，又有不同的分类，以表 13-41 分述各类浆体泵的泵型及其主要性能指标的差别和适用条件。

表 13-41 浆体泵类型及综合对比表

项目	沃曼泵	两相流泵	PN泥浆泵	PH灰渣泵	衬胶砂泵	立式砂泵	普通活塞泵	油隔离泵	柱塞泵	隔膜泵	螺杆泵	水隔离泵	膜隔离泵
单台流量范围	宽						窄					中	
可供选择流量/$m^3 \cdot h^{-1}$	1.8～7488						10～850(进口) 10～200(国产)					20～500	
可供选择的压力/MPa	0.05～1.28						1～25(进口) 1～10(国产)					1～10	
适应物料上限粒径/mm	基本不限(仅受过流通道限制)						1～2					1～2	

续表 13-41

项目	沃曼泵	两相流泵	PN泥浆泵	PH灰渣泵	衬胶砂泵	立式砂泵	普通活塞泵	油隔离泵	柱塞泵	隔膜泵	螺杆泵	水隔离泵	膜隔离泵
适应浓度上限/%	30~60						50~70					50~60	
泵的效率/%	36~75						90~95					85~90	
要求喂入压力/MPa	0.01~0.05						0.02~0.3					0.08~0.15	
备用率/%	100						50~100					50~100	
通常适用条件	短距离输送和提升						长距离输送(除螺杆泵外)					短、中距离输送	

13.7.2 选择浆体泵的步骤

(1)根据输送浆体的特征和产量,合理确定浆体输送浓度及设计流量,并拟定管泵配合工作数量。

(2)按试验资料或生产运行资料或经验公式确定输送管道的临界流速,工作流速、管径及管材。

(3)按试验得出的 $i \sim v$ 曲线或经验公式计算工作流速下的摩阻损失。

(4)计算输送系统所需浆体扬程并折算为清水扬程。

(5)按浆体的磨蚀性等因素拟定泵的类型。

(6)按浆体泵输送浆体时,可供浆体扬程并折算为清水扬程与系统所需扬程(折算为清水扬程的浆体扬程)对比,选择确定输送泵的段数。

(7)对长距离系统应依系统的静、动压力等级选定管壁厚度。

(8)多方案泵型及配置(串、并联)方案的技术经济比较,最终确定泵型。

(9)确定传动形式、调速方式,计算轴功率及所需电动机功率,选择电动机及其他辅助设施。

13.7.3 离心式浆体泵

13.7.3.1 离心式浆体泵的特点和选型

A 离心式浆体泵的特点

(1)流量覆盖范围宽,国产离心式浆体泵群体有数十个系列和数百种型号,可供选择的流量范围从每小时数立方米至数千立方米;单台泵的流量变化幅度较宽,同型号泵可以在不同流量的工况下工作。

(2)对物料的适应性很广。泵的过流部件配以不同的结构或材料,使其适应不同的密度、硬度、粒径、温度、酸碱度的物料。特别是对夹有大粒径物料的适应性是其他类型泵所不及的。

(3)输送扬程相对较低。可供选择的清水扬程范围为 1.0MPa~0.3MPa,串联配置可以弥补扬程偏低的缺陷,但过多段的串联,又带来管理不便、经济上不合理的弊端,故在一定程度上影响了它的使用范围。

(4)大多数浆体离心泵有一定的吸程。对低位排污颇有价值,但一般情况下,仍推荐采用灌入式配置,避免产生汽蚀现象。

(5)易损件较多,更换比较频繁,维修工作量大,过流部件的更换和供应问题常成为生产中的突出矛盾。

(6)离心泵的构造简单,设备轻巧,造价较低,易于操作,使其得到广泛应用。

(7)泵的效率相对较低,能耗较高。

(8)离心浆体泵轴一般多采用加水封的填料密封,须供给压力较高的清水,增加了水耗且降低了浆体的浓度,对多级串联不利。

B 性能参数的选择

(1)流量

输送高浓度强磨蚀性浆体,一般不宜选择泵的最高转速 n_{max},而应选在 $3/4n_{max}$左右,流量应选择在泵的最高效率所对应流量的 40% ~ 80%范围内,当输送浓度低、磨蚀性弱的浆体时,可选择在最高效率对应流量的 40% ~ 100%范围内,对任何浆体都不宜选择在最高效率所对应流量的 100% ~ 120%范围。

(2)扬程

扬程余量一般留 10%,过多的余量,不但不经济,还因工作点外移,造成电动机功率不足,或汽蚀余量不能满足,而增加汽蚀破坏。

在长距离浆体泵串联运行情况下,尤其是间接串接工况,各泵站的扬程余量应尽可能相近,否则造成前段泵流量不足,后段泵前补水,或前段流量过大,后段溢流。由于各泵站之间地形情况不尽相同,有的泵站扬程是以高差为主,有的是以管阻损失为主,尽管在设计流量和浓度下,扬程余量是相近的,当浆体浓度发生变化时,或由于过流件磨蚀程度不同,仍会造成各泵站之间的扬程余量差异,运行失调,为了解决这种矛盾,建议在砂泵站采取调速控制,对末级泵站,由于送浆位置及标高的变化,尤其需要设调速装置。

C 轴封形式及水封泵的选择

浆体泵主要有填料密封、副叶轮密封及机械密封等轴封形式。副叶轮密封一般在灌入式工作状态下使用,倒灌压力小于泵出口压力的 10%。一般副叶轮密封会增加功率消耗,(约为额定功率的 5%左右)。填料密封需加轴封水并应保证足够的清水水量和水压,水压一般等于泵出口压力加 30kPa,多级串联时,水压要叠加 30kPa。各种泵的水封量详见有关厂家产品介绍。水封水进入浆体使浆体流量增加,浓度降低,当多级串联输送时,矛盾更为突出,故近年来一些制造工厂,采用副叶轮和水封填料双重轴封结构,可降低水封水量消耗。当供水水压不能满足要求时,应设水封加压泵,水封加压泵的流量一般可按浆体流量的 1% ~ 3%确定(大泵取小值,小泵取大值)。

水封泵的扬程泵按下式计算:

$$H_f = H_s\gamma_m + H_c + h_g + h_j - H_0 \tag{13-103}$$

式中 H_f——水封泵的扬程,mH_2O;

H_s——浆体原的清水扬程,mH_2O;

γ_m——浆体密度,t/m^3;

H_c——水封水超压值,一般取 30kPa 或 $3mH_2O$;

h_g——水封供水管路沿程水头损失,mH_2O;

h_j——水封供水管路局部水头损失,mH_2O;

H_0——进入水封泵的入口压力,mH_2O。

D 汽蚀余量的确定

离心式浆体泵在发生汽蚀时,会引起泵的振动和噪声,轻则影响其使用寿命,重则损坏设备。

泵不发生汽蚀的条件:

$$NPSH_a \geqslant NPSH_r + 0.5 \quad (13\text{-}104)$$

式中 $NPSH_r$——泵的必须汽蚀余量,m;

$NPSH_a$——管路的汽蚀余量(即有效汽蚀余量),m。

$$NPSH_a = \frac{10^3(p_a - p_v)}{\gamma_m} + H_g - h_w \quad (13\text{-}105)$$

式中 p_a——大气压力,MPa(按当地海拔高度确定);

p_v——汽化压力,MPa(按浆体温度确定);

γ_m——浆体密度,t/m^3;

H_g——浆池液面与泵轴中心线的标高差(液面低取负值),m;

h_w——吸入管路水头损失,m。

E 泵的安装形式及调速方式选择

浆体泵有多种安装方式和托架形式,出口方向也可按需要旋转一定的角度,要根据泵房的布置、建筑面积的大小及配管的方便进行选择和配置。

离心泵的传动调速方式有电磁调速电动机、三角皮带、齿轮减速箱、液力耦合器、变频装置、可控硅等调速装置。其中电磁调速电动机调速构造简单、投资较省,但能耗较高;三角皮带传动调速方式,功率消耗约5%左右,但不能实现无级调速。适用中应根据输送系统的要求、泵的类型、操作管理水平等,对调速方式进行方案比较,确定采用适宜的调速方式。

F 泵的驱动功率计算

电动机的功率按下式计算:

$$N = \frac{\gamma_m Q_m H_s K_H K}{102 \eta_b \eta_j K_\eta} \quad (13\text{-}106)$$

式中 N——所需电动机的功率,kW;

Q_m——浆体泵扬送的浆体流量,L/s;

H_s——浆体泵的清水扬程,mH_2O;

K_H——浆体泵扬送浆体时的扬程折减系数(按图13-10计算);

γ_m——浆体密度,t/m^3;

K——电动机功率储备系数,取1.1~1.2(大功率取小值,小功率取大值);

η_b——泵扬送清水时的效率;

η_j——传动效率(联轴器取1.0,三角皮带取0.95~0.96,齿轮传动取0.97~0.98);

K_η——输送浆体时泵效率折减系数(按图13-10计算)。

13.7.3.2 离心式浆体泵的工艺参数计算

A 离心泵输送浆体的扬程计算

离心式浆体泵输送浆体时的流量、扬程及效率均随浆体特征的变化而变化,尤其是随浓度的变化比较明显,但变化规律尚无确定的公式可以表达,在一定浓度范围内,扬程折减系数随浓度的增加而上升，在高浓度区间的折减规律应通过泵的扬送试验确定。

在一般情况(浓度不是特高，粒径不是特粗)下，矿浆流量为拟定值，计算扬程可按式(13-107)计算：

$$H_k = H_s \gamma_m K_H K_m \tag{13-107}$$

式中 H_k——扬送浆体时泵的计算扬程，mH_2O；

H_s——扬送清水时的扬程，mH_2O；

γ_m——浆体密度，t/m^3；

K_H——扬程降低率(可由图 13-10 查得或按 $K_H = 1 - 0.25C_w$ 求得)；

C_w——浆体质量浓度；

K_m——叶轮磨蚀后扬程折减系数，一般取 $K_m = 0.8 \sim 0.95$。

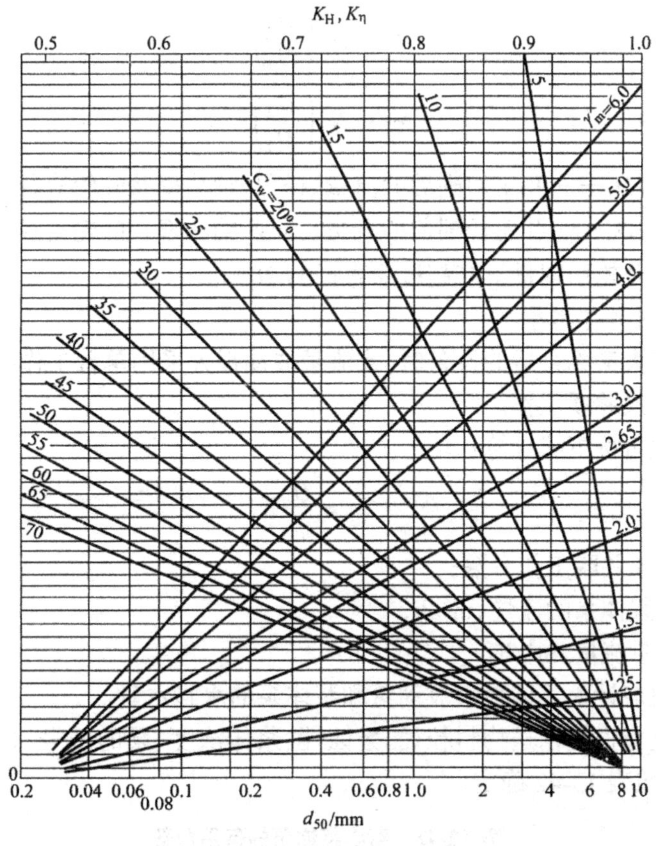

图 13-10 K_η 和 K_H 参数图

B 泵的性能调节

当泵的额定性能不能适应具体工程时，可用下述方法对泵的性能进行适度的调节。

(1) 改变转速

改变转速后泵的性能变化按下式换算；

$$Q_2 = Q_1 \frac{n_2}{n_1} \tag{13-108}$$

$$H_2 = H_1\left(\frac{n_2}{n_1}\right)^2 \tag{13-109}$$

$$N_2 = N_1\left(\frac{n_2}{n_1}\right)^3 \tag{13-110}$$

式中　Q_2、H_2、N_2、n_2——泵改变转速后的流量、扬程、轴功率及转速；

Q_1、H_1、N_1、n_1——泵的额定流量、扬程、轴功率及转速。

转速的调节一般应在产品样本给定的范围内选择。

(2) 切削叶轮

离心泵叶轮切削后的性能变化，可用下列公式换算：

$$Q_2 = Q_1\frac{D_2}{D_1} \tag{13-111}$$

$$H_2 = H_1\left(\frac{D_2}{D_1}\right)^2 \tag{13-112}$$

$$N_2 = N_1\left(\frac{D_2}{D_1}\right)^3 \tag{13-113}$$

式中　Q_2、H_2、N_2、D_2——叶轮切削后的流量、扬程、轴功率及叶轮直径；

Q_1、H_1、N_1、D_1——叶轮切削前的流量、扬程、轴功率及叶轮直径。

离心式浆体泵叶轮切削量不应超过原直径的 20%。

C　泵工作台数和备用率

当浆体流量较大又无合适的设备时，或流量波动很大采用单台工作泵不能适应时，可选用两台或两台以上泵并联工作。

并联工作台数可按下式计算：

$$n = \frac{Q}{q} \tag{13-114}$$

式中　n——浆体泵并联工作台数；

q——单台浆体泵的流量，m^3/h；

Q——泵站总流量，m^3/h。

泵站总流量值应计入浆体最大波动量和浆体泵的水封水量。

备用泵的数量应根据输送物料粒径、磨蚀性、浆体浓度、泵的型号、台数、工作制度等因素决定，一般可参照表 13-42 确定。

表 13-42　离心浆体泵的备用台数

泵的规格	工作台数	备用台数
203.2mm(8″及 8″)以下	1	1
	2	2
超过 203.2mm(8″)	1	2
	2	2

D　离心泵的串联

当系统所需扬程较高，一段泵不能满足要求时，采取两段或多段泵串联运行，离心泵在近距离一般采取直接串联配置(在同一泵站内多级串联运行),以便于管理且节省泵站的建造费用和经营费用。当不能采取直接串接配置时,可采取远距离间接串接配置方式。

浆体泵串联级数可按下式计算;

$$n=\frac{H\gamma_m+1.1Li_m}{H_k-h} \tag{13-115}$$

式中 n——估算的浆体泵级数;

H——扬送的几何高差,m;

γ_m——浆体密度,t/m^3;

L——输送管道长度,m;

i_m——管道输送浆体时的水力坡降,mH_2O/m;

H_k——单级浆体泵的计算扬程,m;

h——泵站内的水头损失、矿浆仓水头损失及富余水头之和,m。

按系统所需串联泵的级数及每座泵站串联级数很自然得出泵站的座数,在地形图上沿管线初步确定各泵站位置,再进行逐座泵站的复算,并按复算结果调整泵站位置,使各泵站的扬程余量基本相近。

每座泵站的扬程可按下式计算:

$$H_k\geqslant H\gamma_m+Li_m+h_j+h_n+h_y \tag{13-116}$$

式中 H_k——浆体泵扬送浆体的计算扬程,mH_2O,当泵站为多级串联时,则 H_k 为多级串联泵计算扬程之和;

H——扬送浆体的几何高差,m,当始端为矿浆仓或浓缩池时,始端标高按最低液面计,终端标高按管道出口标高或管道最不利制高点标高计算;

γ_m——浆体密度,t/m^3;

L——管道长度,m,当管道有最不利制高点时应计算至制高点为止;

i_m——管道输送浆体的水力坡降,mH_2O/m;

h_j——管道沿线局部水头损失,m,一般可按沿程损失 Li_m 的 10%计取;

h_n——泵站内的水头损失,m,一般取 2~4;

h_y——富余水头,mH_2O,一般取 1~2。

13.7.3.3 离心式浆体泵产品简介

A 沃曼泵

沃曼泵是澳大利亚 WARMAN 设备公司 80 年代引进的产品,石家庄水泵厂已获得多个系列渣浆泵的生产许可证。其中 M、AH、HH 型渣浆泵在浆体输送领域应用较广。

(1) 沃曼泵的特点

1) 品种系列齐全,流量范围广,扬程幅度大,能满足不同规格、不同浆体特性的需要。

2) 泵的效率较高,比国内早期生产的浆体泵效率高 10%~15%。

3) 结构紧凑,传动方式和机座形式多样,出口方向可变。

4) 通用性较好,过流部件考虑了金属和非金属材料的互换。

5) 轴封采用副叶轮和水封填料两种形式。

6) 材质较好,耐磨蚀性能好,可根据浆体特性选择不同材质泵型。

7）泵体承压能力较高，允许多级串联配置。

（2）沃尔曼泵的选型范围

沃尔曼泵的流量选择可参照图 13-11 确定。应指出，使用工况在低转速小流量区内要比在高转速大流量区内的使用寿命长，两者寿命关系以下式表达：

$$L_d \approx \left(\frac{n_g}{n_d}\right)^3 L_g \tag{13-117}$$

式中 L_d——低转速时泵的寿命，h；

L_g——高转速时泵的寿命，h；

n_g——泵的高转速，r/min；

n_d——泵的低转速，r/min。

由此可见，输送同一特性浆体时，使用低转速、低扬程及小流量区间泵的寿命均长，强磨蚀性浆体宜选择在低转速小流量工作，而高转速大流量区间对轻磨蚀性浆体比较适宜。

例如，输送某一强磨蚀性浆体，既可选择 AH 系列的高转速大流量，也可选择 HH 系列的低转速小流量泵。

（3）安装形式

沃曼泵的传动一般为直联或三角皮带两种方式，但其安装布置和托架形式是多样的。

（4）沃曼泵的轴封

沃曼泵有副叶轮和水封填料两种轴封构造方式，由于副叶轮密封增加功率消耗，且在吸入水头过高及串联泵上不能使用，故普遍采用水封填料构造方式。

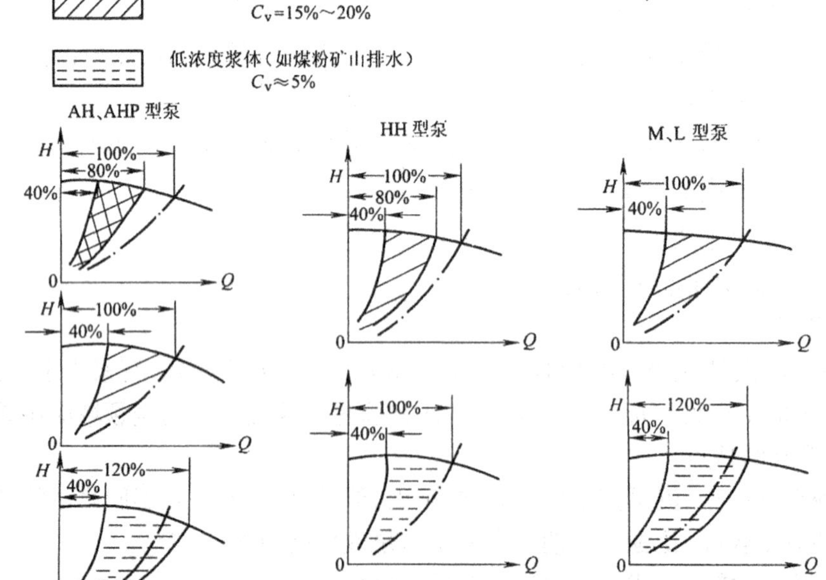

图 13-11 沃尔曼泵流量范围选择

B 两相流泵

两相流泵是国内近十年开发的新型浆体离心泵，与传统设计方法不同，两相流泵是从研究两相流实际流场的机理出发，对泵的过流部件(主要是叶片和内壳形状)进行合理设计，两相流泵已批量生产并经过运行考验，成为有竞争力的新泵种。各生产厂的泵型自成系列，但基本可分为重型和轻型两类，分别运用于高浓度、强磨蚀性浆体和低浓度、弱磨蚀性浆体。两相流泵的主要特点是：

(1) 效率高，节能效果明显。输送固液两相浆体时比国内传统产品的效率高 10% ~ 15%，且比输送清水时效率高(普通浆体泵输送浆体时的效率低于输送清水的效率)。

(2) 使用寿命长。由于浆体运动速度和流线符合实际，减少固体颗粒的撞击磨损，且因过流部件采用合金耐磨材料，在相同工作条件下，该泵的寿命高于传统浆体泵 2 ~ 4 倍。

(3) 输送性能好，在输送高浓度浆体时，不会发生梗阻，不易发生汽蚀。

(4) 运行时振动及噪声有所改善。

(5) 过流部件厚度减薄，泵的质量变轻。

(6) 泵的传动及安装方式也吸取了沃曼泵一些优点，其过流部件和安装尺寸与沃曼泵的互换性较强，使配置更为灵活，改造更为方便。

C ZGB(P) 系列渣浆泵

ZGB (P) 系列渣浆泵是为了满足电力、冶金、煤炭等行业的发展需要，针对除灰、除渣及渣浆输送工况的特点，广泛吸取国内外先进技术和研制成果的基础上开发出来的我国新一代流量、高扬程、可多级串联的渣浆泵。

(1) ZGB(P)系列渣浆泵的主要技术特点如下：

1) 采用现代 CAD 设计方法，水力性能优良，效率高和磨损率低；

2) 流道宽畅，抗堵塞性能好，汽蚀性能优越；

3) 采用副叶轮加填料组合式密封和机械密封，确保渣浆无泄漏；

4) 可靠性设计，保证了整机平均无故障工作时间大幅度提高；

5) 采用稀油润滑公制轴承，合理设置润滑与冷却系统，保证轴承在低温状态下运行；

6) 过流部件采用特殊材质，耐磨蚀、耐腐蚀性能好；

7) 经特殊处理，可用于海水、除灰及盐雾电学腐蚀工况；

8) 在允许的压力范围内可以多级串联使用，其允许最大工作压力为 3.6MPa。

ZGB(P)系列渣浆泵产品具有结构合理、效率高、运行可靠和维修方便等特点，广泛适用于电力、冶金、矿山、煤炭、建材、化工等工业部门输送磨蚀性或腐蚀性渣浆。

(2) ZGB(P)系列渣浆泵的结构特点：

ZGB(P)系列渣浆泵为卧式、单级、单吸、悬臂、双泵壳、离心式渣浆泵。

相同口径的 ZGB 和 ZGBP 型渣浆泵的过流部件可以互换，外形安装尺寸完全相同。ZGB(P)系列渣浆泵的传动部分采用水平中开式稀油润滑托架，并设有内外两组水冷却系统，必要时可加冷却水。预留的冷却水接口、冷却水压力参考表 13-43。

表 13-43 轴封水参数表

<table>
<tr><th>泵型号</th><th>托 架</th><th>轴封水量
$/L\cdot s^{-1}$</th><th>轴封水接口
/mm</th><th>托架冷却水接口
/mm</th><th>托架冷却水压
/MPa</th></tr>
<tr><td>65ZGB</td><td>320</td><td>0.5</td><td>6.35(1/4″)</td><td>12.7(1/2″)、
9.525(3/8″)</td><td rowspan="7">0.05~0.2</td></tr>
<tr><td>80ZGB
100ZGB</td><td>406</td><td rowspan="2">0.7</td><td rowspan="2">12.7(1/2″)</td><td rowspan="2">19.05(3/4″)、
12.7(1/2″)</td></tr>
<tr><td>80ZGBP
100ZGBP</td><td>406A</td></tr>
<tr><td>150ZGB
200ZGB</td><td>565</td><td rowspan="4">1.2</td><td rowspan="2">12.7(1/2″)</td><td rowspan="4">19.05(3/4″)、
19.05(3/4″)</td></tr>
<tr><td>150ZGBP
200ZGBP</td><td>565A</td></tr>
<tr><td>250ZGB
300ZGB</td><td>743</td><td rowspan="2">25.4(1″)</td></tr>
<tr><td>65ZGBP</td><td>743A</td></tr>
</table>

ZGB(P)系列渣浆泵的轴封型式有两种：副叶轮加填料组合式密封和机械密封。

凡串联渣浆泵(二级或二级以上)建议采用有高压轴封水的机械密封。单级或串联一级采用副叶轮加填料组合式密封。

各种轴封型式的轴封水压、水量如下：

对于单级(或串联一级)采用填料加副叶轮组合式密封，轴封水压力一般为 0.2～0.3MPa。

对于多级串联采用填料加副叶轮组合式密封，二级和二级以上轴承水最低压力一般为：$P_n=\sum_{i=1}^{n-1}H_i+0.7H_i$，其中 n 不小于 2；H_i 为第 i 级泵扬程；H_n 为第 n 等级泵扬程。

对于采用机械密封，各级泵的轴封水压力一般要求比泵出口压力大 0.1MPa。

D 其他离心浆体泵

(1) 衬胶泵(PNJ、PNJF 和 PSJ 等)

衬胶泵的叶轮和前、后护套为钢骨架外衬耐磨橡胶或耐磨耐酸橡胶(PNJF)。其耐磨蚀性能比普通铸铁材质有所改善，适应于硬质细粒级但无棱角的物料，对腐蚀性较强的浆体，采用 PNJF 型泵更为适宜。

衬胶泵设有自带水封的填料轴封，并在托架内设有水冷蛇形管以改善轴承的工作条件。

过去衬胶泵在国内使用较多，目前已很少使用。

(2) PN 型泥浆泵和 PH 型灰渣泵

PN 型泥浆泵的过流部件是采用耐磨铸铁材质制造的，使用寿命比普通铸铁件高，在 10PN 型基础上改进的 250PN(Ⅰ、Ⅱ)型泵，采用了铬钼合金材质的过流部件，是为改造某磨蚀性很强的尾矿工程而特制的，使用效果良好，比原型泵的使用寿命高出数倍。PN 型泥浆泵产品有 2PN、3PN、4PN、6PN、8PN、10PN 和 12PN。

PH 型灰渣泵的清水性能与 PN 型泵相同，但过流部件适用于轻质物料的磨蚀性浆体，配套电动机容量较 PN 型稍低。该系列泵在煤粉及灰渣输送系统应用较普遍。PH 型灰渣泵产品有 4PH、6PH、8PH 和 10PH 等。

(3) PS 型砂泵

PS 型砂泵构造比较简单，除泵轴外，主要部件均采用灰口或耐磨铸铁制成。其进水室上方备有摇臂，不需另备起重设备，即可开启泵腔就地维修；两侧均有吸入口，便于布置。叶轮进口处装有副叶片，工作时造成负压防止浆体进入轴封。该泵不允许串联配置。

PS 型泵扬程较低，可供选择的流量范围亦较小，适宜于在车间内近距离提升浆体。PS 型砂泵产品有 1/2PS、4PS、5PS、6PST 和 8PS 等。

(4) 液下泵

液下泵是立式渣浆的总称，该类泵泵体浸入泵坑液下，不需要任何轴封和轴封水，在吸入量不足的情况下也能正常工作，广泛用于低位渣浆废水的提升和排除，具有其他类型泵不能替代的功能。

最具代表性的液下泵属沃曼泵系列中的 SP 和 SPR 型。SP 型泵泵体是耐磨金属，叶轮选用耐磨金属或橡胶、聚氨脂材料制造，吸头可以延伸，主要产品有 40PV-SP、65QV-SP、100RV-SP、150SV-SP、200SV-SP、250TV-SP 和 300TV-SP。其中 40PV 和 65QV 使用较多。

SPR 型泵浸入液下的零部件衬有橡胶，适用于输送腐蚀性渣浆，主要产品有 40PV-SPR、65QV-SPR、100RV-SPR、150SV-SPR、200SV-SPR、250TV-SPR 和 300TV-SPR。

此外，还有 ZY 系列、LT 系列液下泵和多吸头立式渣浆泵等。

13.7.4 容积式浆体泵

13.7.4.1 容积式浆体泵的分类及特点

A 容积式浆体泵的分类

容积式浆体泵属往复式泵类。它是直接或间接利用活塞或柱塞往复运动为浆体提供能量的输送设备，如活塞浆体泵、油隔离泥浆泵（玛尔斯泵）、柱塞泵、隔膜泵、螺杆泵等。其分类方法见表 13-44。

表 13-44 容积式泵的分类

分类方法	按缸数分	按缸体布置形式分	按活塞形式分	按用途分
泵 类	单缸泵（如手摇泵）	卧式泵	普通活塞泵	油井灌浆及压裂
	双缸泵（单作用，双作用）	立式泵	油隔离泵	盐井输盐
	三缸泵	V 型泵	柱塞泵	原油输送
	四缸泵	星型泵	隔膜泵	化工液体输送
	五缸泵			固体物料输送

本手册按浆体管道输送工程常规分类方法——按活塞形式进行分类。

B 容积式浆体泵的共同特点

(1) 该类泵的主要优点是输出压力很高，国内产品最大标定输出压力为 10MPa，国外产品高达 25MPa。此泵实际使用压力稍低，国内制造厂家限定工作压力为出厂标定压力的 80%以下，故生产运行中实际使用压力多在 4MPa 以下，个别工程系统出口压力为 7MPa。在国外长距离管道输送中，工作压力多在 15MPa 以下，近年已出现工作压力 23MPa 的隔膜泵运行实例。

(2) 该类泵的 Q-H 性能曲线为接近平行于 H 坐标的直线，即流量随压力变化甚微，对缸径、冲程和冲次已确定的某种泵型，其流量基本为定值，适宜于恒定流量的输送。

(3) 该类泵的流量范围相对较窄。由于受缸径、冲程和冲次的限制，流量过大会引起泵的造价增加和磨蚀率上升。国内生产的活塞泵、油隔离泵及柱塞泵单台流量均在 $200m^3/h$ 以内。国外生产的隔膜泵流量可以达到 $850m^3/h$，但大流量隔膜泵推荐用于中低磨蚀性浆体输送系统。国内在隔膜泵和柱塞泵的制造方面，还处于开发阶段。

(4) 该类泵效率很高，一般都为 85% ~ 95%，运行费用较低。

(5) 该类泵结构复杂、价格昂贵、维护管理要求高，影响其在更广泛的领域内使用。

(6) 该类泵对输送物料要求较严，一般只能输送粒径小于 1 ~ 2mm 的物料浆体，油隔离泵一般要求进入缸体的物料颗粒粒径小于 1mm。不同磨蚀性浆体，要求选择不同形式的泵，油隔离泵和活塞泵只能用于磨蚀性较低的浆体输送系统，柱塞泵和隔膜泵可以用于磨蚀性相对较高的浆体输送系统。

(7) 该类泵一般都要求一定灌入压力，油隔离泵需要 2 ~ 3m 静水压，其他泵型要求更高，国外常用 0.2 ~ 0.3MPa 灌入压力。

(8) 除活塞泵外，其他泵型都要求采取使浆体不与泵的运动部件直接接触的隔离措施。油隔离泵是以油介质隔离活塞与浆体接触，隔膜泵是以特制橡胶隔膜为隔离体，柱塞泵则以压力清水冲洗柱塞的方式使柱塞与浆体脱离接触。该类泵的易损件主要是进出口阀件，但更换比较方便和迅速。故该类泵一般运行可靠、事故率小、作业率高、备用率低，通常备用率为 50% ~ 100%。

(9) 该类泵的排出端必须设置稳压、减震和安全装置，通常采用空气罐（包）为稳压减震手段，采用安全阀为超压安全装置。国外某些厂家（如 GEHO）在隔膜泵压出端采用带压力开关和充氮的缓冲器为稳压安全措施。国内某些工厂生产的油隔离泵吸入端也配带稳压空气包，以确保喂入压力和流量均恒。

(10) 该类泵的动力端都有庞大的减速机构，故每台泵占地面积大，泵站建筑体积大。但对整个输送系统，由于泵站少，总的占地面积也相应比较小。

C 容积式浆体泵的适用范围

容积式浆体泵主要用于长距离浆体输送系统。国内油隔离泵在尾矿输送和灰渣输送系统已得到广泛应用，输送距离为数公里至数十公里。在铁精矿、磷精矿及煤浆远距离输送管道设计中开始应用柱塞泵、活塞泵和隔膜泵。国外在浆体长距离输送系统中采用容积式浆体泵比较广泛，在铜精矿、铁精矿、磷精矿、煤浆、石灰石、尾矿等管道输送系统中，最长输送距离达 500km，最大输送量为 1200t/h，最高的输出压力高达 23MPa。

容积式浆体泵在矿井泥浆提升、石油开采灌浆、向高压容器及压滤机供料等领域也使用比较广泛。

容积式浆体泵对浆体的磨蚀性和物料粒径是有限制的，输送粒径一般要求在 1 ~ 2mm 以下，对磨蚀性要求要比离心泵更严格。从技术角度分析，粒径过粗或磨蚀性过强，引起容积式浆体泵效率下降和易损件寿命缩短，如从经济角度衡量，由于容积式浆体泵远比离心泵昂贵，长距离管道系统总体造价很高，不控制物料粒径和磨蚀性，会使整个系统经营费提高。可见长距离浆体输送严格控制物料粒径和磨蚀性，与其说是技术上的原因，不如说是经济上的原因。

在长距离浆体输送工程中，对浆体的上限粒径给予严格控制，并将各类浆体的磨蚀性以磨蚀性系数——米勒数 N_M 来衡量。

长距离浆体输送通常认为：当 N_M 大于 50 时，磨蚀性比较强。

容积式浆体泵中柱塞泵和隔膜泵比较适用于米勒数较大的浆体输送系统，故国外在铜、铁精矿、磷灰石等长距离管道输送工程中应用广泛，普通活塞泵一般适用于米勒数 N_M 小于 30 的浆体。

D 容积式浆体泵的备用

由于容积式浆体泵事故检修率低，易损件(主要是进出口阀)更换快，整个系统可靠度较高，主泵的备用率较离心泵相对较低。

备用率一般可参照以下数据选择：

工作台数	1	2	3	4
备用台数	1	1~2	2	2~3

国产油隔离泵取用较高的备用率，进口的柱塞泵和隔膜泵可取用较低的备用率。

13.7.4.2 几种容积式泵产品简介

A 普通活塞泵

国产普通活塞泵产品主要是三缸单作用和双缸双作用两种类型，在油田、煤矿、水利施工等行业应用于灌注水泥、泥浆及钻杆套管试压等作用，在浆体输送中还未普遍采用。国外生产活塞泵的工厂较多，在浆体输送工程中最具影响的美国黑梅萨输煤管线 4 个主线泵站都采用了活塞泵，输送距离 439km，已运行近 30 年。我国第一条长距离磷精矿管线也是采用的进口活塞泵。

B 油隔离泵

该泵是在双缸双作用活塞泵的基础上发展而来的，在活塞泵的进出口端加设 4 个油隔离罐，使活塞只接触油而不接触浆体，从而改善了泵的耐腐蚀性能。油隔离泵的结构示意见图 13-12。

油隔离泵的使用和选型要求是：

(1) 浆体中的固体物料粒径小于 1mm，短期内允许含量占 10%的 2~3mm 颗粒通过。

(2) 浆体质量浓度不高于 60%~70%。

(3) 浆体颗粒密度不低于 $1.2t/m^3$，避免轻质物料进入隔离油罐。

(4) 浆体不易与汽轮机油发生乳化或化学变化。

(5) 泵用压入式喂浆体。喂入压力为 0.03~0.07MPa，进浆管道长度最好在 10m 之内，否则应设吸入空气包。

(6) 选型时应留有一定的富余压力，推荐实际使用压力不大于产品标定的额定压力的 0.75 倍。

油隔离泵的主要技术性能参数范围如下(括号内数值为不常使用值)：

参数	范围
输出压力/MPa	2.5、4、6、8(10、12)
额定流量/$m^3 \cdot h^{-1}$	30~200(250)
容积系数/%	85~92
配套功率/kW	55~630(860)

C 喷水柱塞泵

国产柱塞泵有三柱塞和五柱塞单作用两类产品，较广泛用于高粘度浆体的灌注、水力喷

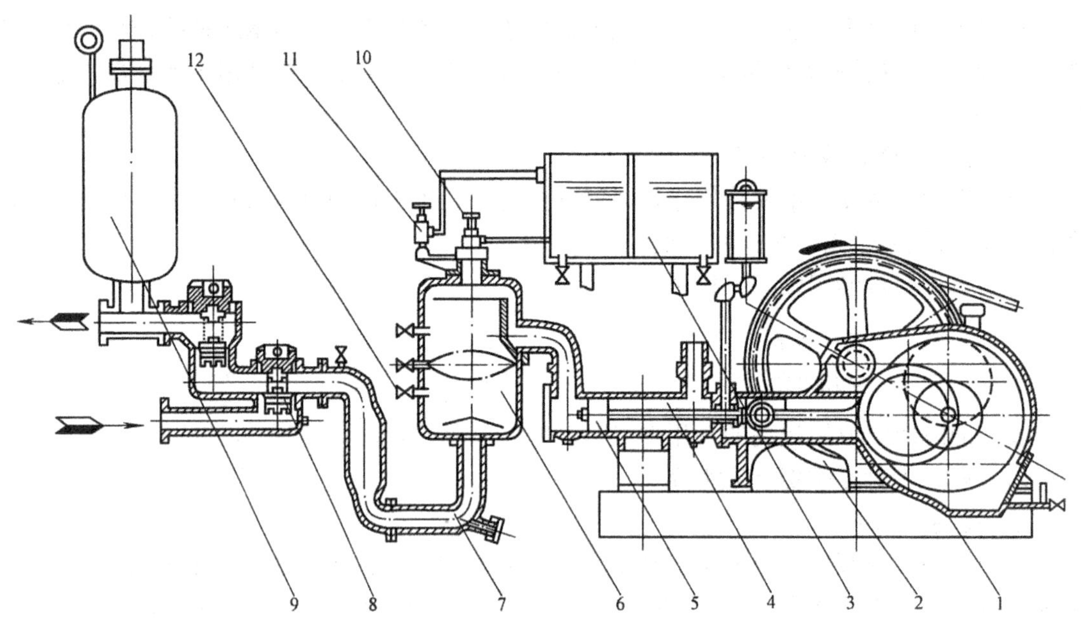

图 13-12　油隔离泵结构示意图

1—传动箱；2—皮带轮；3—油箱；4—液缸；5—活塞；6—隔离罐；
7—Z 形管；8—阀室；9—空气室；10—供油阀；11—排气阀；12—取样阀

砂、油田压裂、井口试压等作业，近年开始用于尾矿及灰渣输送，效果尚好。国外在铜精矿、铁精矿长距离输送工程中，使用三柱塞单作用柱塞泵较为普遍。

柱塞泵采用了特殊设计的喷水装置，可以防止固体颗粒进入柱塞密封圈，大大延长了易损件寿命，故对高浓度高磨蚀性浆体有良好的适应性。

国产柱塞泵的适用条件和选型要求是：

(1) 物料粒径小于 1mm。

(2) 浆体质量浓度在 70%以下。

(3) 每级泵的喷水量约占浆体流量的 4% ~ 6%，故当浆体不允许稀释或稀释后因流量增大使系统运行不合理时，不能选用此泵。

(4) 泵用压入式喂浆体，喂入压力不小于 0.03MPa，对长距离管道要求喂入压力为 0.3MPa。

国产喷水式柱塞泵的主要技术参数范围如下：

额定流量/$m^3 \cdot h^{-1}$	15 ~ 140
输出压力/MPa	2、2.5、3、4、6、8
配套功率/kW	15 ~ 570

国外生产喷水式柱塞泵的厂家甚多，在浆体长距离输送系统中使用普遍，最高使用压力已达 15MPa。

D 隔膜泵

该泵是在往复式活塞泵的基础上发展而来的,其特点是用橡胶隔膜将输送的浆体与泵的缸套、活塞等部件隔离开来,使运动部件不接触浆体,以提高易损件寿命,解决了活塞泵不能适应高磨蚀性浆体的输送问题,且具有比柱塞泵输送流量更大的优势。

国产隔膜泵的适用条件和选型要求是:

(1) 物料粒径小于 1mm,个别小于 3mm。

(2) 浆体质量浓度小于 70%。

(3) 浆体对隔膜无腐蚀性。

(4) 泵用压入式喂浆体,喂入压力大于 0.08MPa,对长距离管道工程要求喂入压力为 0.3MPa。

国内生产隔膜泵的主要技术性能参数范围为:

额定流量/$m^3 \cdot h^{-1}$	8 ~ 200
输出压力/MPa	2.5、3.0、3.5、4.0、5.0、6.0、7.5、10
配套功率/kW	15 ~ 225

国外生产的隔膜泵流量范围更大,压力等级也更高,最具代表性的生产厂家有德国的 WIRTH 和荷兰的 GEHO,产品价格较昂贵,但隔膜使用寿命长,泵的可靠性高,易损件更换检修方便,所需备用率低,3 台之内工作泵只需备用 1 台,单台泵可不设备用。该泵已有使用压力达 23MPa 的运行实例。

E 螺杆泵

螺杆泵有单螺杆泵和双螺杆泵两类,前者为转子型容积泵,后者为回转式容积泵,在煤浆的近距离输送中应用较多。螺杆泵适用于粘稠液体及高浓度、非腐蚀性浆体的卸料、提升和近距离输送,输送量相对较少。

国内生产的单螺杆泵流量范围为:4.1 ~ 43.2m^3/h,输出压力范围为 1.0 ~ 1.6MPa,允许介质的最大粒径为 10 ~ 18mm,对纤维质长度可达 8 ~ 10cm,它具有较强的自吸性能,工作无噪音,效率高,可用于浓缩设备的底流卸料和传运。

13.7.5 特种浆体泵

该类泵是指以离心清水泵为动力源,用清水直接或间接推动浆体而获得能量的输送设备。如水隔离泵、隔膜泵、管式泵等。

特种浆体泵的特点是:

(1)泵的 Q-H 性能与配用的清水泵性能基本一致,可选择流量范围较宽,理论上可以随用户需要配备,但流量过大,泵的体积很大,在制造和检修方面带来困难,且投资大,故国内生产该类泵的流量仍限于 400m^3/h 以下,为满足设计流量,可以并联使用。

(2)泵的扬程选择范围比离心式浆体泵宽,它利用多级离心泵扬程性能,使其扬程可达 8MPa,但国内实际使用压力均在 3MPa 之内。

(3)泵组效率一般高于离心式浆体泵,这取决于配套清水泵效率和泵体容积效率是否较高,其中隔膜泵更高一些。

(4)该类泵要求自动化程度较高,一般要求以微机控制油压站的工作。

(5)对浆体及物料有一定要求,输送粒径小于 2mm,输送浓度为 60% ~ 70%。

(6)泵的易损件主要是排出口阀件和泵体隔离件。

13.7.5.1 水隔离泵

水隔离泵有立式和卧式之分,国内主要生产立式泵。

A 泵及系统的组成

水隔离泵由泵体、动力系统、供浆(回水)系统和控制系统四个部分组成。

泵体由3个隔离罐、6个液动闸阀及6个止回阀组成。

动力系统由离心式清水泵、出口节流阀及其连接管路组成。

供浆系统由高位浓缩设施或浆体贮仓的重力供浆管阀或压力供浆设施构成。回水直接返送浓缩设备或先入回水池再提升至浓缩设备。

控制系统由液压设施和电气设施组成。

B 泵的工作原理

由浓缩或贮浆设施重力或加压喂入的浆体,从泵的隔离罐内浮球下部喂入,使浮球均匀上升至某限定位置,由清水泵向浮球上部供入压力清水,通过浮球把压力传递给浆体,并将浆体推出隔离罐经管道输送到预定地点。6个清水控制阀在微机控制下,使3个隔离罐交替进高压清水(排浆)和浆体(喂料),以实现均匀稳定地输送浆体。

水隔离泵的外形见图13-13。

C 适用条件及选型要求

(1)流量范围为20~400m^3/h,输出压力范围为2.5~8.0MPa,泵的本体效率为95%,选用时流量和压力一般不超过额定值的15%,如无合适的清水泵配套,应用调速装置来调正水泵的流量和压力。

(2) 输送物料粒径小于2mm,质量浓度为60%~70%。

(3) 泵用压入式喂浆体,喂入压力不小于0.15MPa。

(4) 因隔离球与隔离罐之间的缝隙泄漏,故清水混入浆体的水封量较大,一般为3%~5%,有时达8%;同理,浆体也混入清水变成混水,需经处理后回用。当浆体输送系统不允许过大稀释量时不宜使用;在不具备水处理条件的泵站也无法采用。

(5) 切换阀门的可靠性和自控设施的灵敏度是确保泵组正常运行的重要条件。

(6) 当两台泵并联运行时,不宜共用母管,最好是清水泵,喂料泵与水隔离泵一对一配置。

水隔离泵由于存在浆体混水和清水混浆的问题而逐渐被膜隔离泵所取代。

13.7.5.2 膜隔离泵

该泵工作原理与水隔离泵相似,区别在于隔离罐为球型,隔离物采用橡胶隔膜,避免了工作介质(清水或油)与浆体接触,无水封水量损失和清水混浆的问题。国内生产的膜隔离泵流量范围20~190m^3/h,输出压力范围1.6~6.4MPa,曾在某有色矿山的尾矿输送系统中应用,效果良好,目前又开发了以油压站取代清水泵动力源的泵种,流量相对较小,适用于小型系统。

由于隔离膜对材质要求较高,更换不便且耗时较长,在一程度上影响它的推广应用。

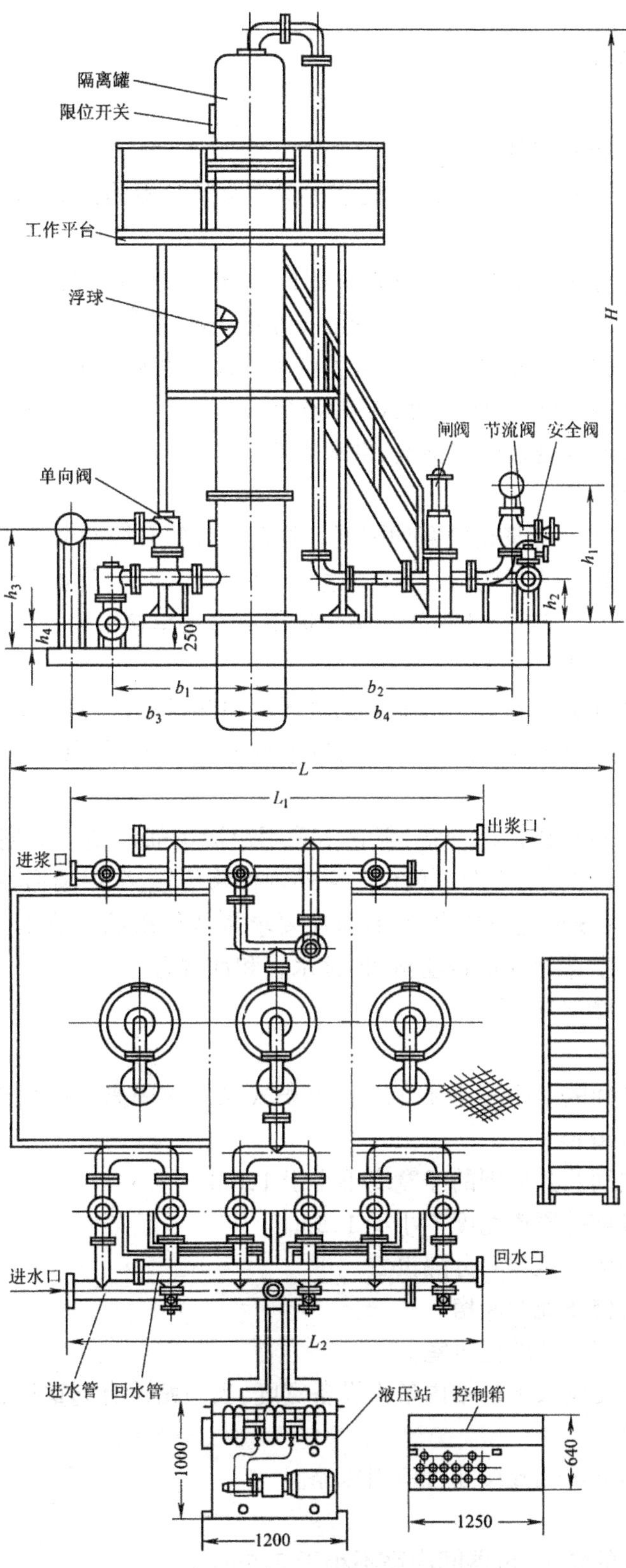

图 13-13 立式水隔离泵外形图

13.8　浆体输送泵站

13.8.1　泵站的位置选择

按照管路的水力计算和浆体泵的性能分析拟定泵站位置是最基本的工艺要求,同时还应考虑如下条件和因素:

(1) 泵站的数量应在技术经济合理的前提下,尽量减少,便于管理。

(2) 泵站应尽可能设计为地上式,减少土石方量和基建投资。

(3) 有良好的工程地质和水文条件,避免设于洼地和洪水淹没区,泵站地坪应高出洪水位 0.5m 以上,洪水位的设计重现期为 50 ~ 100 年。

(4) 有适当的交通运输条件和供电、供水条件。

13.8.2　泵站的配置

泵站有带浆仓的和不带浆仓的两种类型。浆仓的目的有缓冲和蓄浆功能之分。近距离输送系统的浆仓多以缓冲为目的,长距离输送系统常以蓄浆为目的。不带浆仓的起点泵站均直接由浓缩池供浆,不带浆仓的中间泵站为远距离直接串接泵站。

13.8.2.1　缓冲浆仓(池)

浆仓(池)常布置于泵站室外并紧靠泵的吸入端,其分格数与其供浆泵的台数一致,每格的有效容积为 1 ~ 3min 离心泵流量,对于灰渣系统或容积式泵,其有效容积应增加至 6 ~ 10min 流量。

缓冲浆仓一般不设机械搅拌设备,浆仓多采用矩形钢筋混凝土池型,底坡以 1:2 ~ 1:4 坡向吸入口;油隔离泵配置的浆仓一般设于泵站内偏跨位置,采用圆形并带搅拌装置。浆仓应设液位显示装置,并设最低液位报警,有时还要求按液位高低调节工作泵的转速,使运行工况适应来量的变化。浆仓还应设溢流管、补水管和冲洗管。

13.8.2.2　泵站机器间的布置

A　平面布置

(1) 主泵机组之间的净距不小于 1.2m,容积式泵及水隔离泵应大于 1.5m。机组与墙之间的宽度不小于 1.0m。

(2) 辅助设备之间及其周围的净宽度不小于 1.0m。

(3) 低压配电盘前的通道宽度不小于 1.5m。

(4) 高压开关柜应与机器间分隔设置。

(5) 泵站应设检修场地及库房。

(6) 泵站应设配置电话的值班室。

(7) 泵站大门宽度应大于泵站内最大设备宽度,当泵站设有起重设备时,大门的尺寸宜考虑汽车进入的可能。

(8) 地下式浆体泵站配置尺寸可适当压缩。

B　泵站高度

(1) 无起重设备的泵站,机器间净高不小于 3.5m。

(2) 有起重设备的泵站,机器间净高应按吊起物底部与跨越物顶部之间的距离不小于 0.5m 的条件确定,但不应小于 4.5m。

(3) 泵站的偏跨净高不应小于 3.2m。

13.8.2.3 泵站管道布置

泵站的一般管道布置形式见表 13-45。

表 13-45 泵站管道布置

图 式	布置形式	输送管道配合数目	优缺点及适用条件
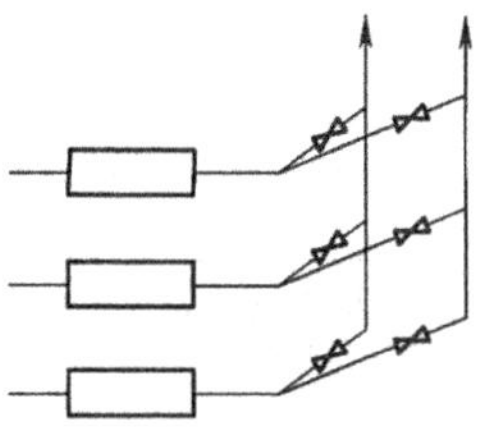	"Y 型"	双管多泵	任何一台工作泵都可进入双管,转换灵活,但泵站占用面积较大,弯管多,水力条件差,适用于输送距离不限,泵的台数不限
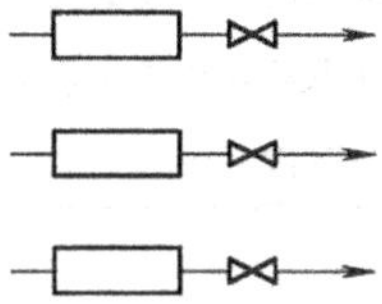	"单打一"	管泵数相同	阀门最少,适用于超短距离输送,水力条件好,操作简便,泵站面积小,但管道较多
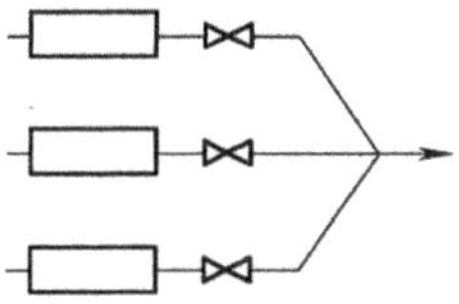	"多合一"	单管多泵	阀门最少,水力条件较好,输送管不能工作时,泵站停止工作,适用于管道材质好或浆体磨蚀性较轻的系统
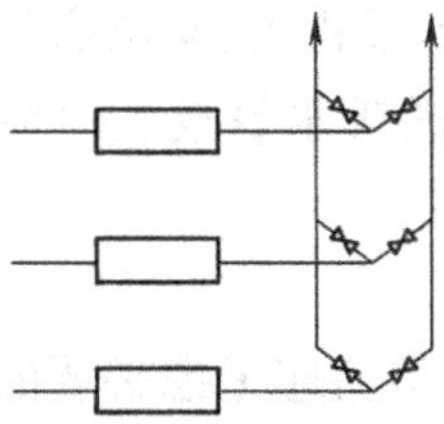	"M 型"	双管三泵	阀门较少,水力条件好,操作简便,但两侧泵不能互为备用,适用于浆体磨蚀性较轻的系统
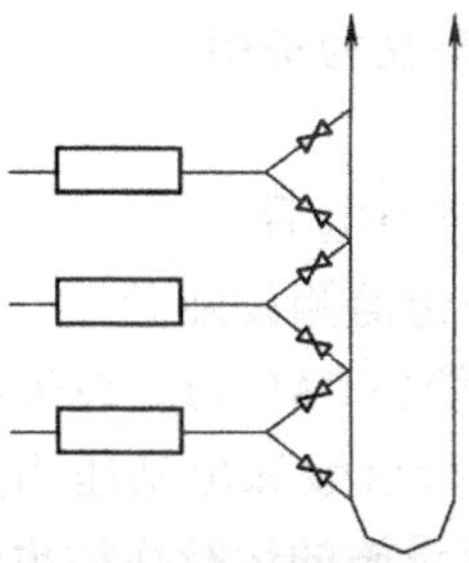	"三角型"	双管多泵	转换灵活,换泵可不换管,但水力条件有时较差,易发生堵管现象。适用于输送距离不限,泵的台数不限

泵站管道及阀门布置原则

(1) 管道应避免过多拐弯,弯头角度宜采用 30°,45°,60°转角,曲率半径不小于 3D。尽量不采用 90°弯头,如不可避免,应采用 2 个 45°弯头替代。

(2) 管道上尽量少用阀门,一般不设止回阀。几十米以内短距离管道宜采用"单打一"

的布置。

(3) 管道避免过大的下行坡度。管道配置应避免死角、盲管。

(4) 管道阀门布置有利于通行、检修和整齐有序。

(5) 管道最低处设置放浆管。

13.8.3　泵站的起重设备

浆体泵站检修、更换工作量一般较大，起重设备的装配水平要求高于同规模的水泵站，起重设备配备可按表 13-46 选用。

表 13-46　起重设备的配备

泵或电动机质量/t	起重设备型式	
	地下式泵站	地上式泵站
<0.5	手动单轨或悬挂起重机	手动单轨起重机
0.5~1.5	电动单轨或悬挂式起重机	手动悬挂或电动单轨起重机
1.5~4	电动悬挂或桥式起重机	手动桥式或电动悬挂式起重机
>4	电动桥式起重机	电动桥式起重机

注:1. 对于容积式泵器质量按最大部件质量计。

2. 当泵的台数较多，且浆体腐蚀率较高，检修、更换工作量较大时，起重设备应取效率较高的形式。

13.8.4　泵站的设施

13.8.4.1　给水排水

泵站给水详见 5.3 的有关内容。

泵站地坪应设不小于 0.01 的坡度坡向地沟，地沟坡度不小于 0.02，泵站排水应排入浆体系统的浓缩池或事故池，如不能自流排入，应设排水泵坑，采用液下泵排出，泵的启闭按泵坑液位自动启闭。排水泵一般不设备用，当泵站较大或地下式泵站的排水量较大时应设备用泵。

13.8.4.2　供电

浆体泵站的供电可靠性要求一般不低于本企业主体工艺。用电负荷应考虑必要的检修用电及事故操作用电。

长距离浆体输送主泵站的供电按一类负荷并采用两路独立电源，互为备用。

13.8.4.3　通讯及监控

浆体系统的首站应设调度电话或程控电话，多级泵站之间应设直通电话。

短距离输送系统的浆体泵站一般设流量监测、压力监测、浆仓液位监测设施。

长距离输送系统为密闭输送时，采用计算机监控和数据采集系统(SCADA)。设远控站监控系统、中心控制计算机系统及数据传输网络系统，控制主泵运行台数和出站压力及流量，在首站还需控制粒径、浓度、磨蚀量及泵的吸入压力等参数，配套设施的运行往往也纳入监控之列。

13.8.4.4　总图及运输

泵站站区除泵站本体建筑物之外，一般还应设备品备件材料库、废品堆置场，有时还需设事故池，距生活区较远的中间泵站还应设工人休息室、食堂、卫生间等生活建筑。长距离输送系统的中间泵站往往还设有水池、浆体贮仓或事故池、变配电设施。总图布置在满足工艺要求的前提下，力求紧凑并满足生活、管理、消防、运输及通行要求，一般应设四级以上公路与现有公路相衔接。

首站事故池的有效容积按最大一座浆体泵站蓄存设施的有效容量确定。中间泵站的事故池的有效容积，按 10～20min 输送流量确定。事故池应设清理设施或回收设施。

13.9　浆体的后处理设施

浆体的后处理设施有两种类型，一类为堆置存放，如选矿厂尾矿、电厂的灰渣、河湖清除的泥沙、废水处理后的废渣等，该类物料无利用价值或暂时不利用，以堆存库（尾矿库存、灰渣库等）形式存放。另一类浆体可直接利用或经脱水后利用于后续工艺中，如精矿、煤浆等。

尾矿库、灰渣库的设计都有专门规范和手册可以遵循和参阅，后续工艺因物料不同而各有差异，本手册不作详细介绍，仅就与输送系统紧密相关的内容简要叙述。

13.9.1　浆体送入堆存库的分配和处理

堆存库一般都是利用山谷或山坡地形采用建造坝体方式拦截渣浆等存放物（平原地区也有四面筑坝的），堆存库形式大多数为先修建初期基本坝，后期再用被存放的物料逐年修筑堆积坝；当物料过细或规模较大时，也有一次性筑坝形成的。两种类型的堆存库在浆体输送管道末端处理上各不相同。

13.9.1.1　一次性筑坝类型

一次性筑坝是在基建过程中建造坝体，在使用期内坝高不会变化，物料堆存高度从始至终不发生变化，浆体输送管道终端高度基本稳定或仅在水平方向延伸或收缩，且排浆口为单管，故对末级泵站而言，泵的扬程基本稳定，不需调速运行，也不存在在生产期再建造接力泵站的问题。

此外，为充分利用堆存库的容积，尾矿输送管末端排浆口一般都设置于库区后端，（且比坝体高出一定高度），使其形成反向堆积，排水设施一般设于坝体附近。如图 13-14 所示。

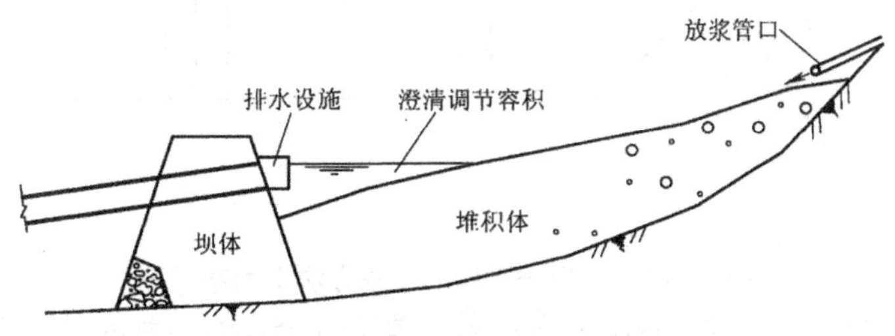

图 13-14　一次性筑坝堆存库示意图

13.9.1.2　堆积坝类型

大多数堆存库都是先建造初期坝，存放一定量物料后，再利用在水力堆积过程中自然分选的粗粒物料逐年堆筑子坝，以满足堆存库容要求。一般初期坝只满足 0.5～1 年的堆存量，而大量的存放容积依赖堆积子坝形成，故坝体高度逐年上升，坝轴逐年内移并不断延伸，故对浆体输送管道系统有不同要求。

A　*冲积法筑坝对输送管道系统的要求*

(1) 浆体管道由坝前端进入，物料堆积由坝前向库内堆积，即正向堆积，使粗粒物料堆积于坝体附件，便于堆积子坝。

(2) 子坝的构筑方式多样，原则上都要求放浆管多头放浆，并定期更换放浆位置，使物料均衡地沉积于坝前沉积滩上。

(3) 输送管道进入初期坝后，管段逐年延伸和提高，直至使用终期达到输送距离最远，输送高差最大。故输送系统的总扬程逐年提高，末级泵站的工况逐年改变，有时生产期还须建造多级接力泵站，使原有的末级泵站变为中间泵站。

(4) 每一段末级泵站都应设置泵的调速设施，使其适应当时的流量和扬程工况，避免过负荷和汽蚀，并节省电耗。

(5) 当物料粒径较细时，在浆体管道的末端可设置分级设备(如水力旋流器等)，将有限的粗粒级分离出来，用于坝前堆筑子坝，将细粒级送库区后端存放。

(6) 当浆体挟带水在库内澄清后，水质达不到排放或回用标准时，应通过试验确定处理方案，当采用药剂处理时，一般宜在放浆管上设置药剂投加、混合及反应装置。

B *冲积法筑坝的放浆方法*

冲积法筑坝的放浆方法以图 13-15 表示。

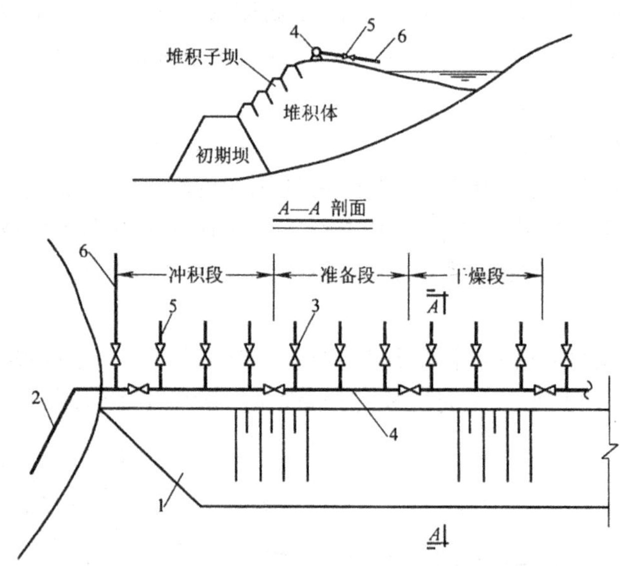

图 13-15 冲积法筑坝的放浆方法平面布置图

1—坝体外坡；2—浆体输送管；3—放浆阀；4—放浆干管；5—放浆支管；6—集中放浆管

根据坝轴线长度，将其分为若干区段，每次放浆仅在冲积段进行，冲积厚度达到一定程度时，转移至准备段放浆，而冲积段成为干燥段，原干燥段成为准备段，依次转移，交替放浆。

冲积段宽度和放浆支管根数按输送流量确定，支管间距 20～50m(坝轴长时，取大值)，支管直径 D50～150mm(流量大时，取大值)；坝轴较长时分段数不限，坝轴较短时，也可分为 2 段，即冲积段和准备段。

输送管可接至放浆总管的端部或中部，放浆总管的管径与输送管管径相同，依坝轴长短而定；放浆总管管材多采用钢管，也可采用轻型复合管材，便于逐年向上移动。放浆支管可采用铠装胶管，便于移动放浆口位置；支管与总管的连接宜采取管底平接。

放浆阀门宜采用矿浆阀门(胶管阀),坝上管道连接采用法兰或柔性接头,便于搬迁。集中放浆管应伸入库内,仅用于变换冲积段时短时间使用,应避免冲毁沉积滩滩面。

C 水力旋流器筑坝的设备选型

(1) 主要参数的计算

1) 生产能力(处理流量)的近似计算:

$$Q = 0.594 K_1 D d_c \sqrt{p} \tag{13-118}$$

式中 Q——给入浆体流量,m^3/h;

d_c——溢流管直径,cm;

D——旋流器直径,cm;

p——进口压力,MPa;

K_1——系数(按表 13-47 取值)。

表 13-47 K_1 的取值

d_n/D	0.1	0.15	0.20	0.25	0.30
K_1	0.58	0.78	0.98	1.22	1.56

注:d_n—给入口直径,cm,取 0.15~0.2D 或 0.7~0.85d_c。

2) 分离粒径(当锥角 20°时)近似计算:

$$\delta = 0.823 \sqrt{\frac{p d_c}{d_n p^{0.5} (\gamma_g - \gamma_m)}} \tag{13-119}$$

式中 δ——分离粒径,μm;

γ_g——固体颗粒密度,t/m^3;

γ_m——浆体密度,t/m^3;

其余符号同前式。

最大粒径 $\delta_{max} = (1.5 \sim 2)\delta$。

(2) 水力旋流器的选型

按表 13-48 选择水力旋流器的规格。

表 13-48 水力旋流器主要技术参数

直径 D/mm	锥角 α/度	处理量 $Q/m^3 \cdot h^{-1}$ ($p = 0.1$MPa 时)	溢流最大粒径 δ/μm ($\gamma_g = 2.7t/m^3$ 时)	给料管直径 d_n/cm	溢流管直径 d_c/cm	沉沙口直径 ϕ/cm
25	10	0.45~0.9	8	0.6	0.7	0.4~0.8
50	10	1.8~3.6	10	1.2	0.13	0.6~1.2
75	19	3~10	10~20	1.7	2.2	0.8~1.7
150	10,20	12~30	20~50	3.2~4.0	4~5	1.2~3.4
250	20	27~70	30~100	6.5	8	2.4~7.5
360	20	50~130	40~150	9.0	11.5	3.4~9.6
500	20	100~260	50~200	13	16	4.8~15
710	20	200~460	60~250	15	20	4.8~20

续表 13-48

直径 D/mm	锥角 α/度	处理量 $Q/m^3 \cdot h^{-1}$ ($p = 0.1MPa$ 时)	溢流最大粒径 $\delta/\mu m$ ($\gamma_g = 2.7t/m^3$ 时)	给料管直径 d_n/cm	溢流管直径 d_c/cm	沉沙口直径 ϕ/cm
1000	20	360～900	70～280	21	15	7.5～25
1400	20	700～1800	80～300	30	38	15～36
2000	20	1100～360	90～330	42	52	25～50

注：$d_c = 0.2 \sim 0.4D$；$\phi = 0.3 \sim 0.5d_c$。

13.9.2 浆体输送后续脱水处理

浆体长距离输送的任务往往是将拟利用的物料输送至目的地，再送入后续利用工艺流程，除个别物料之外，在进入后续工艺之前，都要经过脱水处理，通常将脱水站的有关设施称为浆体输送系统的后处理设施。

后处理设施一般包括脱水、过滤间、浆体蓄存设施、浓缩设施、水回收处理池及喂料泵、底流泵、滤液加压泵等。

脱水、过滤间除设置过滤设备外，还带有足够容量的干物料仓库及装卸料设备，料仓容量按输送系统和后续工艺的处理能力及工作制度计算确定。

浆体蓄存设施的容积一般按起点站容量确定，形式可采用搅拌槽或局部流态化浆仓。

浓缩设施的处理能力按冲洗水和水批水的最大流量及过滤滤液量之和进行设计。但浓缩设施不是接受水批水及冲洗水的全部水量，仅接受其中的混浆段水量，大部分水应引入回用水池，以供后续工艺的再利用。由于混浆段的水和滤液 pH 值较高，可在进入浓缩设施之前投加中和药剂，使浓缩设施的溢流水满足再利用或排放要求；中和处理亦可以在水回收处理池进行，此时中和药剂投加于水回收处理池之前。

14 硫酸酸洗废液的处理及回收利用

14.1 酸洗过程及废液性质

14.1.1 氧化铁皮的结构和组成

钢材表面氧化铁皮的结构和组成随着钢铁成分、加热温度、加热时间、加热介质(炉气)成分及冷却速度等不同而有明显变化。普通碳钢加热温度在575℃以上时,钢材表面接近空气或氧化性气体,生成了含氧较多的 Fe_2O_3(含氧量占30%);中间部分,含氧量次之,则生成 Fe_3O_4(含氧量占27.6%);而靠近基铁部分,含氧量较少,生成了含氧较少的FeO(含氧量占22.2%)。其结构特征如图14-1*b*所示。当加热温度在575℃以下时,生成的氧化铁皮只有两层。靠近基铁的一层是 Fe_3O_4,外边的一层是 Fe_2O_3,其结构特征如图14-1*a*所示。

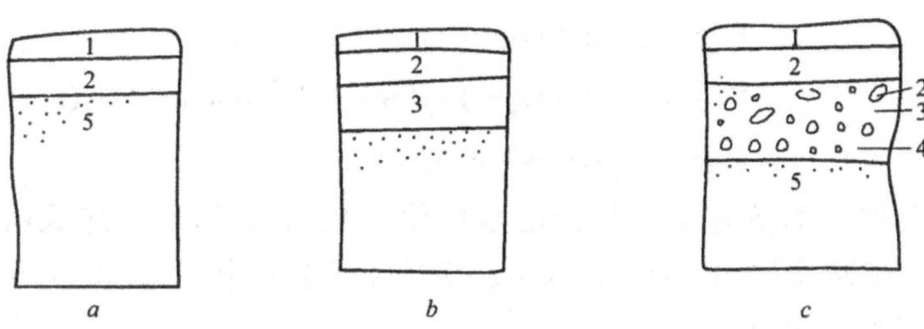

图14-1 普碳钢氧化铁皮结构图

a—575℃以下生成的;*b*—575℃以上生成的;*c*—氧化铁皮的实际结构

1—Fe_2O_3;2—Fe_3O_4;3—FeO;4—Fe;5—基铁

FeO在575℃以下是不稳定的,温度愈高(但不超过575℃)愈易分解成 Fe_3O_4 及铁;在室温下,FeO几乎不分解。因此,以不同的速度自575℃冷却至室温时,FeO的分解数量将有很大的不同。如急速冷却,FeO几乎不分解;冷却的速度极慢,FeO几乎全部分解;冷却的速度中等,FeO分解的数量随冷却的加快而减少。所以,实际上在575℃以上所生成的氧化铁皮,冷却到室温时其结构特征如图14-1*c*所示。靠近基铁的一层并不是纯粹的FeO,而是FeO、Fe和 Fe_3O_4 的混合物,这种混合物各部分的比例随着冷却速度的不同而不同。冷却速度较快时FeO所占比例较多;冷却速度较慢时FeO所占比例较少。例如,退火的钢材上氧化铁皮中就只有很少量的FeO,而淬火的钢材上氧化铁皮中的FeO就很多。

通常,钢铁中除了铁原子之外,还含有其他元素的原子。如硅钢中含有相当多数量的硅原子,不锈钢和耐热钢中还含有很多的铬原子和镍原子。即使在普通碳钢中,也含有碳、锰、硫、磷等原子。这些元素的原子也都会化合成氧化物,因此在氧化铁皮中除了铁的氧化物以外,还含有部分其他元素的氧化物。同时,任何一种元素的原子,扩散速度都是不等的,如硅、铬原子比铁原子慢得多，因此它们的氧化物多半都靠近基铁部分，甚至成为氧化铁皮下的单独一层，给钢材酸洗造成很大困难。

钢铁除了和空气中的氧接触外，还和另一些气体如水蒸气、二氧化碳等接触，在高温下也会使铁氧化。铁在不同的温度下，在含有不同数量的水蒸气及二氧化碳中加热时，生成铁的氧化物种类也不相同，其生成过程和氧化铁皮的生成过程基本相似，但由于这些气体在氧化铁皮中扩散的速度不同，因此生成氧化铁皮的结构也具有不同的特征。

14.1.2 酸洗过程及其理论基础

钢材表面上形成的氧化铁皮（FeO、Fe_3O_4 和 Fe_2O_3）它们都是不溶解于水的碱性氧化物。当把它们浸泡在酸液里或在其表面上喷洒上酸液时，这些碱性氧化物就与酸发生一系列化学变化。

由于碳素钢或低合金钢表面上的氧化铁皮比较疏松，甚至有裂缝和孔隙，所以在酸洗液与氧化铁皮起化学变化的同时，通过其裂缝和孔隙而与钢铁的基铁起反应。酸洗的机理可以概括为以下三个方面。

14.1.2.1 溶解作用

氧化铁皮中铁的各种氧化物溶解于 H_2SO_4 溶液里，生成可溶于水的铁及亚铁的硫酸盐，从而把氧化铁皮从钢材表面上除去。有如下反应：

$$Fe_2O_3 + 3H_2SO_4 \rightarrow Fe_2(SO_4)_3 + 3H_2O \quad (14\text{-}1)$$

$$Fe_3O_4 + 4H_2SO_4 \rightarrow Fe_2(SO_4)_3 + FeSO_4 + 4H_2O \quad (14\text{-}2)$$

$$FeO + H_2SO_4 \rightarrow FeSO_4 + H_2O \quad (14\text{-}3)$$

铁的各种氧化物在 H_2SO_4 溶液里的溶解作用不是同时进行，反应式（14-1），特别是反应式（14-2）进行得很慢，因为 Fe_2O_3 和 Fe_3O_4 很不易溶于酸中，在此情况下，还需要借助于机械剥离作用和还原作用。

14.1.2.2 机械剥离作用

钢材表面氧化铁皮中夹杂有纯铁，如图 14-1*c* 所示。H_2SO_4 酸洗液通过氧化铁皮的孔隙和裂缝先与氧化铁皮中的纯铁或基铁作用，产生大量的氢气。由于氢气产生的膨胀压力把氧化铁皮从钢材上剥离下来。有如下的化学反应：

$$Fe + H_2SO_4 \rightarrow FeSO_4 + 2H^+ \quad (14\text{-}4)$$

$$H^+ + H^+ \rightarrow H_2\uparrow \quad (14\text{-}5)$$

金属铁的溶解速度，远远大于其他铁氧化物的溶解速度。所以机械剥离在酸洗过程中起着很大的作用。应当指出，在酸洗过程中，并不希望与基铁发生反应，因为这样将会使酸与基铁损失过多，同时，由于氢扩散进入基铁而产生氢脆，造成钢材酸洗不均匀并改变其物理性能。

14.1.2.3 还原作用

由反应式（14-4）可知，金属铁与 H_2SO_4 作用而析出氢。氢原子很活泼，并且有很强的还原能力，它可将高价铁的氧化物和高价铁盐还原成易溶于酸的低价铁的氧化物及低价铁盐，其反应式如下：

$$Fe_3O_4 + H_2 \rightarrow 3FeO + H_2O \quad (14\text{-}6)$$

$$Fe_2O_3 + H_2 \rightarrow 2FeO + H_2O \quad (14\text{-}7)$$

$$Fe_2(SO_4)_3 + H_2 \rightarrow 2FeSO_4 + H_2SO_4 \quad (14\text{-}8)$$

14.1.3 影响酸洗的主要因素

影响酸洗的因素，就是指影响酸洗速度及酸洗质量的因素。影响酸洗的因素很多，一般分为内外两种。影响酸洗的主要外部因素有酸的种类、浓度、温度、铁盐含量、搅拌的方式、酸洗液中的缓蚀剂等。内部因素有钢材成分及结构、钢材表面氧化铁皮的性质等。了解影响酸洗的因素，主要是了解外部影响的因素。如果在操作上忽视外部因素中的某一因素，将会引起不良的后果，如过酸洗、欠酸洗及拖长酸洗时间等。如果操作得当，就可以加快酸洗速度，提高酸洗生产能力，同时也能保证酸洗的质量。

14.1.3.1 酸洗液浓度和温度的影响

由图 14-2 可知，酸液浓度一般在 20%～25%之间酸洗速度最高，当小于或大于此范围时酸洗速度均显著下降。

生产实践证明，酸液浓度 20%左右，酸液温度 80℃左右最为适宜。

14.1.3.2 酸洗液中铁盐含量的影响

在酸洗过程中，氧化铁与 H_2SO_4 作用生成硫酸亚铁，酸洗液中酸的浓度逐渐降低，$FeSO_4$的浓度则逐渐增高。当铁盐超过了它在溶液中的溶解度时，就将析出附着在酸洗件的表面上，妨碍酸与氧化铁皮的接触，从而影响了酸洗速度。

如图 14-3 所示，当酸洗液含酸浓度较低时（如 10%），$FeSO_4$ 含量在 80g/L 以下，铁盐含量的变化显著影响酸洗速度；而当铁盐含量超过 80g/L 时，则铁盐含量变化对酸洗速度无显著影响。

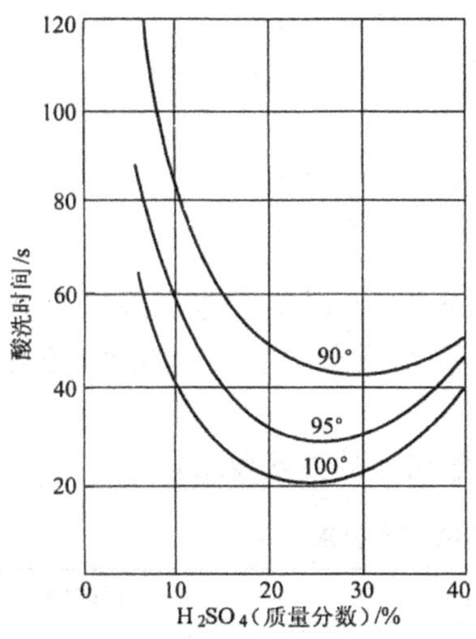

图 14-2 酸洗时间与浓度、温度的综合关系

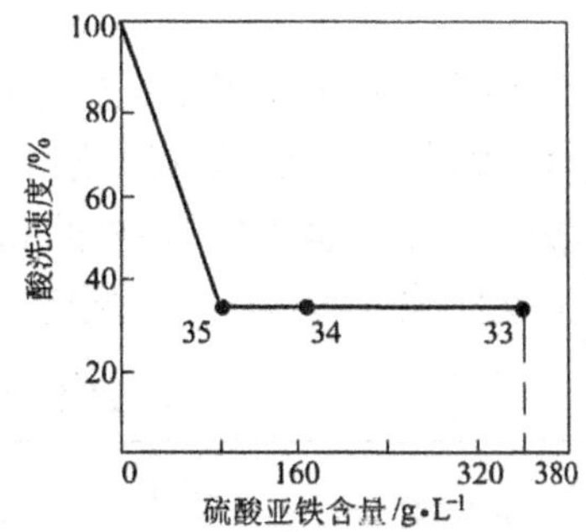

图 14-3 10%硫酸溶液中硫酸亚铁含量对酸洗速度的影响

当硫酸溶液的浓度较高（如 15%～20%）时，溶液的铁盐含量几乎对酸洗速度没有影响。当酸溶液的温度较高时，溶液的铁盐含量虽然对酸洗速度有影响，但是没有温度较低时显著，见图 14-4。

14.1.3.3 酸洗液搅动的影响

由于酸液的搅动，使钢材附近的溶液不断更新，与钢材表面接触良好，因而提高了酸洗速度。同时，酸洗液的搅动，使氧更易于溶解在酸洗液里。由于酸洗液里氧含量的增加，加速了钢材基体的溶解，从而也提高了酸洗速度。

14.1.4 酸洗过程中废液的形成及性质

14.1.4.1 硫酸及硫酸亚铁的基本性质

A 硫酸的基本性质

三氧化硫的一水化合物 $SO_3 \cdot H_2O$（即 H_2SO_4）称为硫酸。纯净的硫酸为无色油状的液体，化学性质活泼，对水有强烈的亲和力，具有强烈的氧化性能，分子量为98.082。

工业硫酸分为含水硫酸与发烟硫酸两种。含水硫酸是指 H_2SO_4 的水溶液（$H_2SO_4 + H_2O$）；发烟硫酸是指 H_2SO_4 与三氧化硫的混合物（$H_2SO_4 + SO_3$）。含水硫酸又分为稀硫酸与浓硫酸。

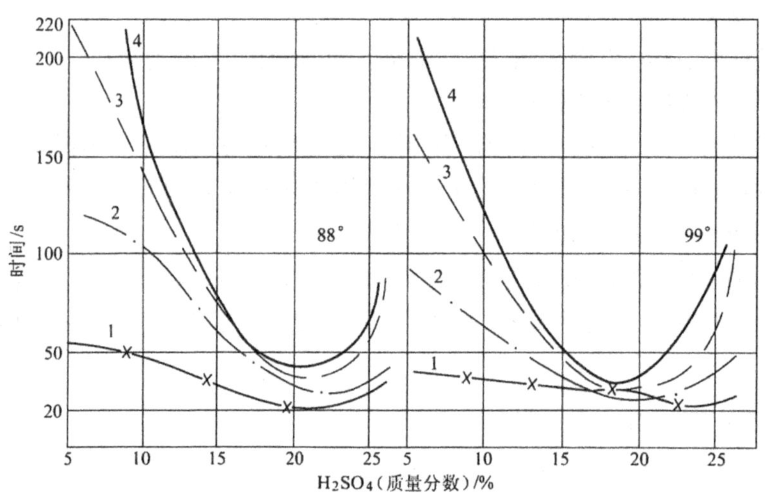

图 14-4 溶液中硫酸亚铁浓度对酸洗速度的影响

1—0% $FeSO_4$；2—5% $FeSO_4$；3—10% $FeSO_4$；4—15% $FeSO_4$

含水硫酸的浓度，以溶液中 H_2SO_4 的质量百分数表示，或以单位体积溶液中 H_2SO_4 的质量（g/L）表示；发烟硫酸的浓度，以溶液中游离 SO_3 质量百分数表示。此外，还常常指出发烟硫酸中的 SO_3 总含量（游离的和与水相结合的）。

按国家标准（GB534—89）规定，工业硫酸应符合表 14-1 的技术要求。

表 14-1 国家标准规定工业硫酸技术要求

指标名称	特种硫酸	浓硫酸			发烟硫酸		
		优等品	一等品	合格品	优等品	一等品	合格品
硫酸（H_2SO_4）含量（≥）/%	98.0	98.0	98.0	98.0			
游离三氧化硫（SO_3）含量（≥）/%					20.0	20.0	20.0
灰分（≤）/%	0.02	0.03	0.03	0.10	0.03	0.03	0.10
铁（Fe）含量（≤）/%	0.005	0.010	0.010		0.010	0.010	0.030
砷（As）含量（≤）/%	8×10^{-5}	0.0001	0.005		0.0001	0.0001	
铅（Pb）含量（≤）/%	0.001	0.01			0.01		
汞（Hg）含量（≤）/%	0.0005						

续表 14-1

指标名称	特种硫酸	浓硫酸			发烟硫酸		
		优等品	一等品	合格品	优等品	一等品	合格品
氮氧化物(以N计)含量(≤)/%	0.0001						
二氧化硫(SO_2)含量(≤)/%	0.01						
氯(Cl)含量(≤)/%	0.001						
透明度(≥)/mm	160	50	50				
色度(≤)/mL	1.0	2.0	2.0				

三氧化硫与水作用能构成六种水化物，每一种都有一定的结晶温度与性质。各种水化物的化学式、组成及结晶温度列于表 14-2。

表 14-2 硫酸溶液(酸的水化物)的组成及结晶温度

水化物的化学式	含量/%				结晶温度/℃
	H_2SO_4	总 SO_3	游离 SO_3	H_2O	
$H_2SO_4 \cdot 4H_2O(SO_3 \cdot 5H_2O)$	57.6	46.9	—	53.1	-24.4
$H_2SO_4 \cdot 2H_2O(SO_3 \cdot 3H_2O)$	73.2	59.8	—	40.2	-39.6
$H_2SO_4 \cdot H_2O(SO_3 \cdot 2H_2O)$	84.5	69.0	—	31.0	+8.1
$H_2SO_4 \cdot (SO_3 \cdot H_2O)$	100.0	81.6	—	18.4	+10.45
$H_2SO_4 \cdot SO_3(2SO_3 \cdot H_2O)$	110.1	89.9	44.95	10.1	+35.85
$H_2SO_4 \cdot 2SO_3(3SO_3 \cdot H_2O)$	113.9	93.0	62.0	7.0	+1.2

硫酸溶液的凝固点(即结晶温度)取决于硫酸含量。凝固点与硫酸浓度的关系，如图 14-5 所示。曲线上的所有最高点(最大值)都相当于一定的三氧化硫与水的化合物。其结晶温度值如表 14-3 所示，即为曲线上的所有最低点(最小值)。

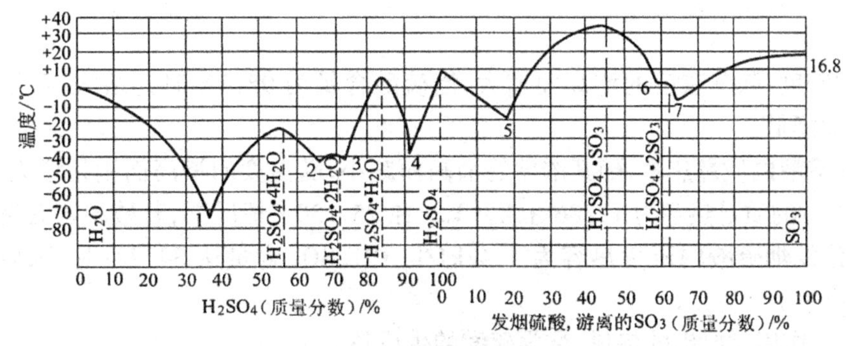

图 14-5 硫酸溶液系统状态图

由此可见，在硫酸生产及运输过程中，一定要考虑到有几种浓度的硫酸溶液在较低的温度下就要冻结的情况。

加热含酸浓度 70%以下的溶液时，直至沸腾点，溶液上方的蒸汽中仅含有水蒸气而不含有硫酸。

图 14-6 表明，在沸腾温度下，溶液上方的蒸汽中硫酸含量与溶液中硫酸浓度的关系。

表 14-3 硫酸溶液系统状态图中的最低点结晶温度表

序 号	硫酸含量/%	结晶温度/℃	序 号	游离三氧化硫含量/%	结晶温度/℃
1	38.0	-74.5	5	18.1	-17.05
2	68.3	-45.7	6	61.8	+1.0
3	75.8	-41.0	7	64.35	-1.1
4	93.3	-37.85			

加热发烟硫酸时,溶液上方仅有三氧化硫而不含有水蒸气。三氧化硫的蒸气压随温度及溶液中三氧化硫的浓度增高而增大。

图 14-7 表明,在大气压力下所有硫酸溶液的沸点都大于 100℃。硫酸浓度在 98.3%以下时,沸点随浓度的增高而升高,98.3%的硫酸沸点等于 336.6℃(极值);硫酸浓度在 98.3%以上时,沸点随浓度的增高而降低,无水硫酸的沸腾点为 296.2℃(有的资料认为 326℃或 304.3℃)。发烟硫酸的沸点则随着三氧化硫含量的增大,从 296.2℃连续地下降到 44.6℃,即降至三氧化硫的沸点。

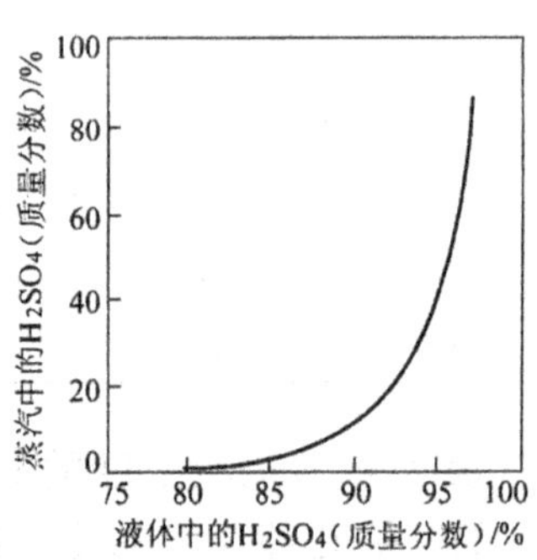

图 14-6 沸腾温度下硫酸溶液的蒸汽组成

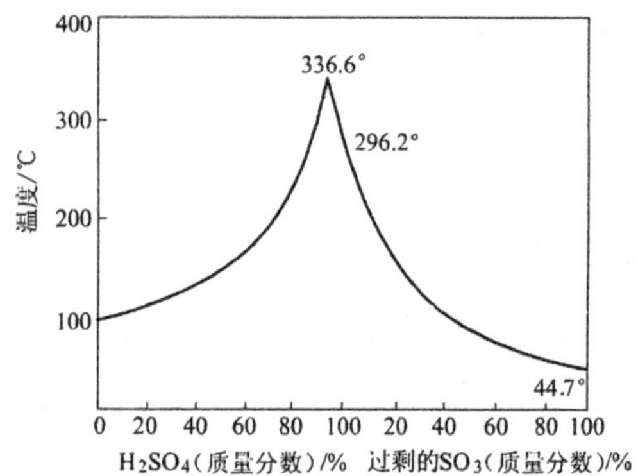

图 14-7 硫酸及发烟硫酸在 0.1MPa 下的沸腾温度

硫酸的密度,随其浓度的增高而增大,当硫酸含量为 98.3%时达最大值,浓度继续增高,密度反而降低。

硫酸水溶液的质量热容,随其浓度的增高而减小,随温度的增高而稍稍增大。100%的硫酸在 20℃时的质量热容为 1.386kJ/kg·℃。在 25~30℃情况下,若酸中含有游离 SO_3 达 20.9%时,该发烟硫酸的质量热容为 1.42kJ/kg·℃,SO_3 含量达 34.7%时,则质量热容为 1.465kJ/kg·℃。

SO_3 与水作用时放出的热量,称为硫酸的生成热。

硫酸溶解在水中时,也要放出热量,称为硫酸的溶解热。

往 1molH_2SO_4 中添加 *m* mol 水时,放出的热量叫稀释热。如果往稀释了的酸中再加一定数量的水,则可再放出一定的热量,这部分热量叫微分稀释热。

稀硫酸浓缩时,水从酸中脱出,要吸收一定热量,这部分热量叫脱水热,脱水热和微分稀释热数值相等,符号相反。

不同浓度的酸混合时,亦放出热量,该热叫混合热。

B 硫酸亚铁的基本性质

七水硫酸亚铁($FeSO_4 \cdot 7H_2O$)为淡蓝绿色斜菱晶体,分子量为278.03,密度为1.895~1.898。在干燥的空气中风化脱水而成白色粉末,受水作用后则又重新变为淡蓝绿色,易溶于水,溶于水若呈绿色,则其中含有氧化铁,它能吸收空气中的水分而变成黄色碱式盐,硫酸亚铁在空气中加热时,从21℃开始,即失去三个分子的水,转化为$FeSO_4 \cdot 4H_2O$的浅绿色结晶。从73℃开始转化为$FeSO_4 \cdot H_2O$的白色结晶。而在90℃则熔融。高于250℃开始分解并失去SO_3,在406℃时分解为Fe_2O_3及SO_3。室温下平均质量热容为1.449kJ/kg·℃,熔点64℃,沸点300℃。

C 硫酸亚铁的用途

硫酸亚铁的用途较广,但目前的用量都不够大。目前已应用硫酸亚铁的主要部门及使用情况略述如下:

(1) 利用硫酸亚铁作为饮用水和工业水的混凝剂,过去应用比较广泛,但目前只有某些老的水厂和工业废水处理方面还在应用,主要制作PFS混凝剂。

(2) 利用硫酸亚铁制氧化铁颜料,每吨氧化铁颜料需4t左右的硫酸亚铁。如氧化铁红、铁黄、铁黑等。有些颜料又是建筑工业、油漆工业和塑料工业不可缺少的材料。

(3) 硫酸亚铁亦是制造华蓝(铁蓝、普鲁士蓝)的主要颜料,制造1t华蓝需要1.1t硫酸亚铁。

黄血盐也是一种主要染料,它是染织、鞣革和冶金工业不可缺少的重要材料。制得1t黄血盐需要0.9~0.94t硫酸亚铁。

用硫酸亚铁作成苯胺基乙酸铁基,再加入氢氧化钾,把铁基转换成钾盐制成靛粉蓝,利用靛粉蓝可生产绿靛、靛灰、溴靛、医药染料、高级维尼龙染料等。生产1t靛粉蓝需要4t硫酸亚铁。

(4) 做农业杀虫剂及改良土壤,硫酸亚铁在农业上也得到初步应用。在果树防虫、蔬菜防根蛆、水稻田防青苔、改良缺铁土壤等方面都得到较好的效果。

(5) 电子工业磁性电感材料和锶铁氧体永磁材料。

(6) 制作硫酸原料,目前,有的厂用25%硫酸亚铁和75%黄铁矿制造硫酸。

(7) 其他如照相、石印、雕刻、医药、橡胶、火柴、墨水、油墨的生产中以及化验室中均应用。

D 硫酸亚铁技术指标

目前,国内生产的硫酸亚铁主要有试剂用、药用和工业用三种,各产品具体技术指标见表14-4。

14.1.4.2 硫酸废液的形成及性质

在酸洗过程中,由于酸洗液中的硫酸与铁及铁的氧化物作用,生成硫酸亚铁,致使硫酸的浓度不断降低,相应的硫酸亚铁的浓度不断提高。随着酸洗钢材量的不断增加,硫酸亚铁含量愈来愈多,而硫酸的浓度愈来愈低。因此,必须更新酸洗液。这就形成了硫酸酸洗废液。

经过酸洗的钢材,有的需要用热水清洗,以去除钢材表面沾染的游离酸和硫酸亚铁。这些清洗和冲洗水形成了酸洗间的清洗废水。这部分清洗废水中也含有硫酸及硫酸亚铁。由于其浓度较低(一般含硫酸0.2%;含硫酸亚铁0.3%),没有回收价值,一般经中和处理后外排，或再过滤后回用。

表 14-4　不同规格硫酸亚铁的技术指标

名　称	试　剂			药　用	工业用
	优级纯/%	分析纯/%	化学纯/%		
硫酸亚铁($FeSO_4 \cdot 7H_2O$)	99.5～100.5	99～100.5	98～101.0	(1)酸度合格； (2)碱式硫酸盐合格； (3)重金属不得大于0.08%； (4)砷量不大于0.00005%； (5)$FeSO_4 \cdot 7H_2O$含量98%～104%	(1)$FeSO_4 \cdot 7H_2O$含量不少于95%； (2)水不溶物≤0.5%； (3)游离酸≤0.3%
磷(PO_4^{3-})	0.0005	0.001	0.002		
氯(Cl^-)	0.0005	0.002	0.005		
锰(Mn^{2+})	0.01	0.02	0.05		
三价铁(Fe^{3+})	0.02	0.05	0.1		
铜(Cu)	0.002	0.005	0.01		
锌(Zn)	0.005	0.01	0.02		
砷(As)	0.00002	0.00005	0.00005		
水不溶物	0.005	0.01	0.02		
碱金属、碱土金属	0.05	0.1	0.2		

由于酸洗方式、操作制度、钢材品种、规格的不同，排出的废液中所含硫酸及硫酸亚铁的数量也不同，但有以下共同特点。

A　*废液的主要组成*

废液由三种主要成分组成：H_2O(约70%)、$FeSO_4$(约17%)、H_2SO_4(约10%)，这是指生产厂有回收利用设备时的废液。没有回收利用设备时为尽量利用游离酸，其组成变化较大。一般其中含H_2O(约73%～72%)，$FeSO_4$(约22%～23%)、H_2SO_4(约5%)。同时都含有微量的油污及杂质。

B　*废液的温度*

废液的排出温度与酸洗方式和酸洗制度以及钢材品种规格有着密切关系，一般为60～80℃，最大到90℃。

C　*废液的密度*

废液的密度，随废液的硫酸及硫酸亚铁含量不同而变化，可根据废液中硫酸含量和硫酸亚铁含量由图14-8查得。该图是在废液温度为25℃时试验得出。由试验情况表明，密度曲线的分布具有严格的规律性。因此利用它查得的密度，完全能满足实践需要。

有时，废液中各含量的浓度系以质量浓度表示。此时，可由图14-9查得废液的密度，其结果亦相当准确。

一般设计计算中，为计算方便，废液密度均采用1.26t/m³。

D　*废液的质量热容*

废液的质量热容，可根据废液中硫酸亚铁的质量浓度，按表14-5选用。该表适用温度25～45℃范围内。

表 14-5　废液的质量热容

废液含$FeSO_4$量/%	5	10	15	20	25	30	35
质量热容/kJ·(kg·℃)$^{-1}$	3.823	3.634	3.475	3.333	3.203	3.065	2.952

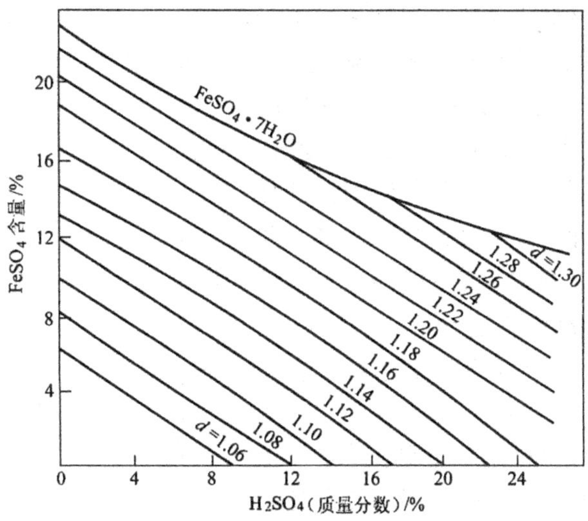

图 14-8 废液在 25℃下的密度曲线图

d—废液密度(g/cm³)

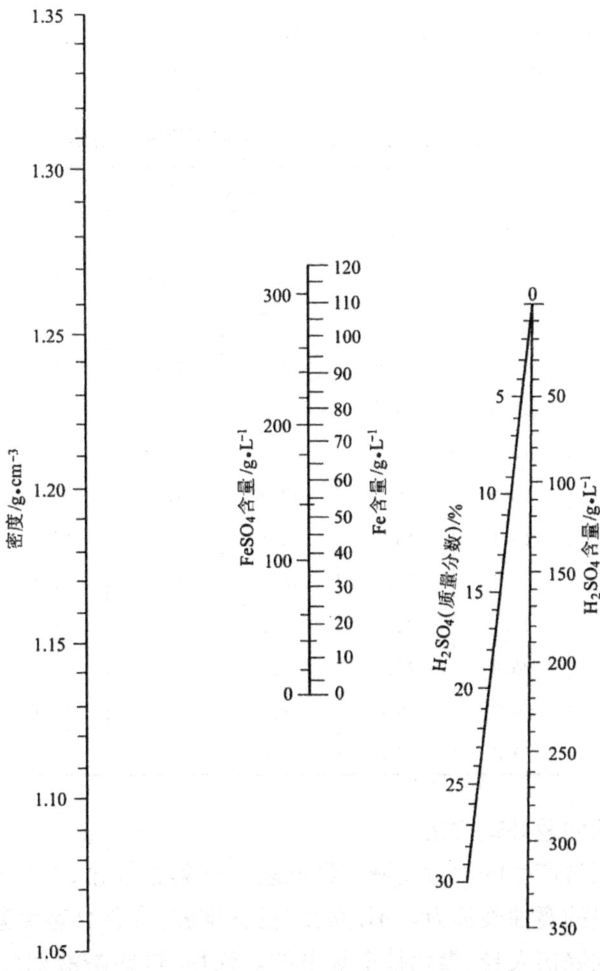

图 14-9 由废液各含量的质量浓度查废液的密度列线图

为简化计算,废液质量热容均采用 3.224kJ/kg·℃。

E 硫酸亚铁在硫酸水溶液中的溶解度

由图 14-10 可知,当温度不变时,$FeSO_4$ 的溶解度随着酸度的增大而降低。当酸度不变时,$FeSO_4$ 的溶解度随着温度的升高而增大直至“临界点”,继续升高温度时,则溶解度反而降低。硫酸亚铁溶解度在液温 55℃左右时最大,大于或小于此温度时其溶解度均急剧下降。

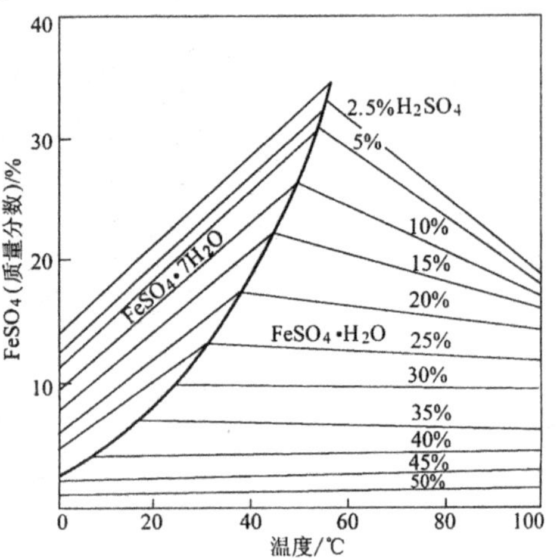

图 14-10 各种温度下硫酸亚铁在硫酸溶液中的溶解度

掌握这一规律,对设计和生产管理都有着重要的意义。

由图 14-10,当 $FeSO_4$ 溶解量到达某“临界点”时,在酸度一定的情况下,随着温度的升高或下降,都将有 $FeSO_4$ 结晶析出;温度下降时操作点落在“临界点”曲线左侧得到的是带有 7 个结晶水的 $FeSO_4$,温度升高时,操作点落在“临界点”曲线右侧,得到的是带有一个结晶水的 $FeSO_4$。

硫酸亚铁在硫酸溶液中的溶解度也可由表 14-6 查得。

表 14-6 各种温度下硫酸亚铁在硫酸溶液中的溶解度(%)

温度/℃	硫酸浓度/%							
	0	2	4	7	10	15	20	25
-5				9.4	8.4	5.1	3.8	3.0
0	13.6	12.9	12.0	10.8	9.5	7.2	5.5	3.4
3	14.6	13.8	12.9	11.5	10.2	7.7	6.1	4.2
5	15.2	14.4	13.5	12.0	10.7	8.0	6.5	4.7
7	16.0	15.1	14.2	12.7	11.3	9.1	7.2	5.5
10	17.2	16.1	15.2	13.7	12.3	10.7	8.2	6.6
20	20.9	19.1	18.4	16.8	15.7	13.3	11.2	9.5
25	23.0	21.4	20.4	18.6	17.3	15.0	12.8	11.4
30	24.8	23.1	22.0	20.5	19.2	16.9	14.8	13.4
35	26.6	26.0	24.0	22.0	20.3	18.6	16.2	
40	28.7	26.3	25.0	23.0	21.5	20.0		
45	30.6	29.0	27.4	25.0	24.0			

14.1.5 废液的回收处理方法

钢铁企业酸洗钢材产生的大量废液不经处理严格禁止外排,因为它含有硫酸及硫酸亚铁,呈强酸性,具极强的腐蚀破坏力。不加处理任意排放,将会引起管道、构(建)筑物等的损坏,影响生产,或造成烧伤人身、毒死牲畜等事故。最后,这些酸液如渗入地下或流入江河,都将对地下水及地表水源造成严重污染。

过去，曾用稀释的方法，稀释后排入海内或地下，也有用矿渣吸附和用石灰等碱性物质进行中和等方法。这些处理方法不仅白白失去很多有用物质，而且均不能真正解决环境污染问题。采用回收利用的处理方法，变废为宝、变害为利是治理三废的积极措施，既回收利用其中的有用物质，又彻底解决对环境的污染问题。因此，正确解决酸洗废液的回收利用具有重大的政治和经济意义。

从国内外生产和科研实践来看，硫酸酸洗废液的处理方法很多，大致有三种主要途径：

(1) 通过提高酸浓度及降低(或提高)液温的措施使硫酸亚铁自废液中结晶析出，回收硫酸(再生酸)再用于酸洗。如蒸喷真空结晶法、浓缩冷冻法和浸没燃烧法等。

(2) 加某一物质于废液内，在一定条件下使之与未消耗的硫酸(及硫酸亚铁)作用生成其他有用物质，如投入铁屑使之全部生成硫酸亚铁的铁屑法、加氨以制成硫酸铵化肥的氨中和法，加氧和催化剂生成聚合硫酸铁的聚铁法等。

(3) 将废液中硫酸亚铁重新变为硫酸和氧化铁(或纯铁)，以回收全部硫酸。如盐酸置换热解法，电渗析法等。

目前国内钢铁企业生产中处理硫酸酸洗废液比较成熟的方法主要有蒸喷真空结晶法、浓缩冷冻法、铁屑法和聚合硫酸铁法，本章主要介绍这 4 种方法的设计计算。

根据国内生产实践，上述处理方法的主要优缺点是：

(1) 蒸喷真空结晶法的主要优点是较冷冻法设备少、投资省、成本低，系连续生产，操作简便。当钢铁企业有余热蒸汽可利用时，更为合适。

缺点是处理过程中需加入新酸以提高酸浓度，酸洗间全部使用再生酸，且其结晶温度有一定限制，因而再生酸中硫酸亚铁含量相对比较高；蒸汽喷射器的喷嘴易损，不易加工制作；此外对冷却水水温有一定要求。

(2) 浓缩冷冻法的主要优点是处理过程中不需加新酸，新酸直接用于酸洗，对生产有利，其冷冻结晶温度可适当调整，尽量降低再生酸中硫酸亚铁的含量，满足酸洗要求。

缺点是需要冷冻机等成套设备，一般不易订货，本法较蒸喷法设备多、投资大、成本高、系间断生产，操作比较复杂。

(3) 铁屑法适用于废酸量较少的企业(年耗量在 100t 以下)。具有设备简单，投资省的优点。但是溶解浓缩工序的操作环境较差，最后排出的残液中仍含有一定量的硫酸亚铁，并为酸性(pH1.5～2.0)，因此还需要进行处理。

酸洗硅钢片的硫酸废液由于其中含有硅胶，在使用上述各种方法进行处理时，硫酸亚铁结晶困难，导致再生酸中硫酸亚铁含量很高，用于酸洗时，在处理速度和处理质量上均不能满足要求。因此，这些方法均不适用于处理硅钢片酸洗废液。

另外，在各种废液的回收利用处理过程中都要形成一些酸性废水(如废酸预处理器的反冲洗、离心机或过滤机滤布的冲洗、冲洗地坪等)，这些废水都要经过中和处理后才能外排，或再经过滤后回用。

应该指出，有的钢铁厂酸洗钢材品种复杂，有时在酸洗时，还要向酸洗液中投加缓蚀剂，这些化学杂质在废液处理过程中如不能有效地去除，日久以后，由于含量增加，有可能影响废液回收处理的正常进行，因而不得不定期排放一部分废液。另外也有因处理设备事故，检修时间超过了贮槽调节容量所允许的限度，被迫短期外排废液。为此，设计时还应考虑这些情况的发生，采取适当措施。

14.2 蒸喷真空结晶法的设计计算

14.2.1 工作原理及工艺流程

蒸喷真空结晶法是根据硫酸亚铁在硫酸水溶液中的溶解度规律进行的。通过增加废液酸度和降低温度的方法,使硫酸亚铁溶解度尽可能达到最低,从而使过饱和部分硫酸亚铁结晶析出,并从废液中分离出来。

增加废液酸度(补充酸洗中消耗的酸)以加入浓酸为主,以蒸发浓缩为辅。废液通过真空结晶机组在绝热状态下真空蒸发部分水分,使剩余部分废液温度降低,从而降低了硫酸亚铁的溶解度,过饱和部分硫酸亚铁结晶析出。

真空结晶机组是由蒸发器、结晶器、蒸汽喷射器及冷凝器等组成,蒸发器与结晶器是真空结晶机组的主体设备。运行时分别保持一定的真空度,当温度大于该真空度的相应蒸发温度的废液通过时,废液中的水分在绝热状态下蒸发,其所需蒸发潜热由废酸供给,从而得以降低废液温度。蒸发器、结晶器内真空度的造成及水分蒸发生成的冷蒸汽的不断冷凝排除是由蒸汽喷射器及冷凝器来完成的。工艺流程如图 14-11 所示;分别加以叙述。

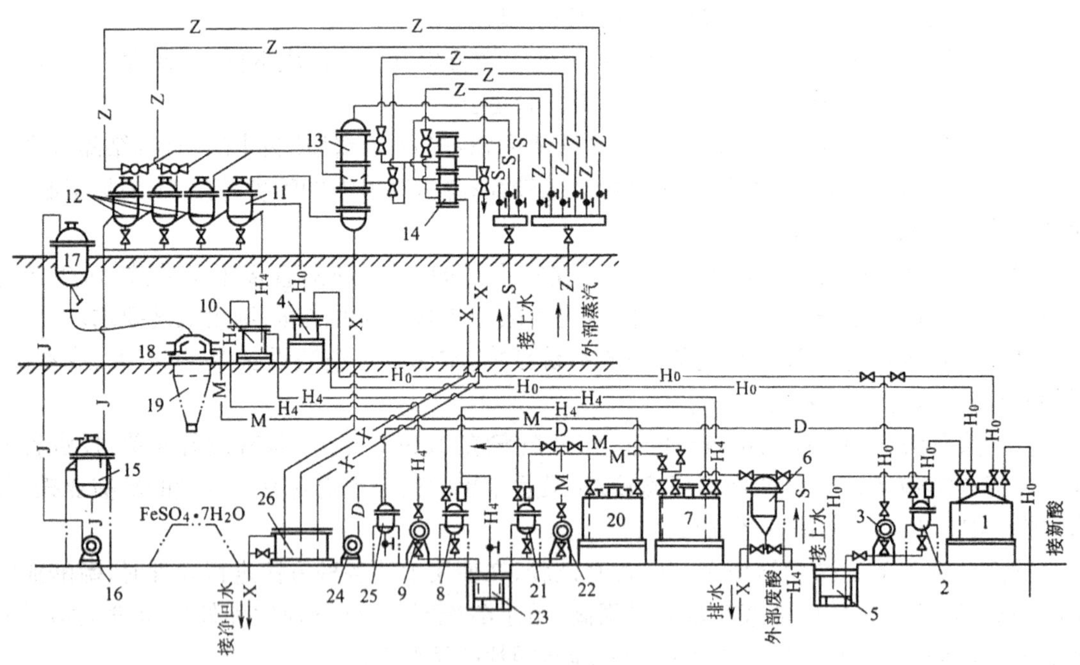

图 14-11 蒸喷真空结晶法工艺流程图

1—新酸贮槽;2—虹吸真空槽;3—酸泵;4—硫酸消耗槽;5—倾空槽;6—预处理器;7—废酸贮槽;8—虹吸真空槽;9—酸泵;10—废液消耗槽;11—蒸发器;12—结晶器;13—主冷凝器;14—双联冷凝器;15—1 号混合浆槽;16—混合浆泵;17—2 号混合浆槽;18—离心机;19—成品漏斗;20—母液贮槽;21—虹吸真空槽;22—母液泵;23—倾空槽;24—真空泵;25—气水分离器;26—排水槽

—H_0—新酸管;—H_4—废酸管;—S—给水管;—X—排水管;—M—母液管;—Z—蒸汽管;—J—混合浆液管;—D—抽真空管

14.2.1.1 结晶回收系统

自酸洗间运来的废液经过预处理器 6,存放在废液贮槽 7。需耗用的工业硫酸,存放在硫酸贮槽 1 中。将废液与新酸分别用泵 9、3 送到废液及硫酸消耗槽 10、4 中。从这里靠蒸发器 11 内的真空将废液和新酸按一定比例(用转子流量计控制),不断地自动吸入蒸发器中。在蒸发器内由于部分水在真空下绝热蒸发,使废液温度降低,然后废液与新酸的混合液依次进入 1、2、3 号结晶器 12;器内压力逐一降低,而液温亦连续下降,直至达到设计的结晶温度。当温度降至 32℃时,废液中的硫酸亚铁开始结晶,温度继续下降,硫酸亚铁过饱和部分便析出,这时废液已经成为结晶与再生酸(即母液)的混合浆液。混合浆自 3 号结晶器连续不断地靠自重流入 1 号混合浆槽 15,在此使晶粒继续长大,然后定期用混合浆泵 16 打入上部 2 号混合浆槽放入离心机 18 或真空过滤机进行晶液分离。分离出来的液体即为母液(再生酸)流入母液贮槽 20 存放,需要时用母液泵 22 供酸洗使用。晶体即为七个结晶水的硫酸亚铁,通过成品漏斗 19 流入成品小车,运到仓库贮存待外销。

硫酸泵、废液泵和母液泵的启动,均为真空灌注启动。在启动之前,先开动真空泵 24 将虹吸真空槽 2、8、21(需要启动那组泵时,启开该组泵的虹吸真空槽出气阀)抽空,这样新酸、废液或母液贮槽 1、7、20 内的液体沿虹吸管,自动吸入虹吸真空槽,打开其底下部的阀门,液体即充满泵体,立即关闭虹吸真空槽的出气阀门,启动泵即可。

新酸、废液或母液管道,当其工作完毕后,管内需要放空,因此可将其中液体放入倾空槽 5、23,然后,定期用泵送回贮槽。

14.2.1.2 蒸喷制冷系统

上述结晶回收系统的蒸发器及 1、2、3 号结晶器,相当于蒸喷制冷系统中的多效蒸发器。在这里,废液被逐步蒸发,温度逐步降低。而蒸汽喷射器抽真空系统则分别由四级喷射器(共 6 个)及主冷凝器,双联冷凝器组成。接于 3 号结晶器上部的 1 号喷射器及 2 号结晶器上部的 2 号喷射器,为一级喷射器。它们出口的混合气及 1 号结晶器的冷蒸汽一起进入主冷凝器(13)的上舱。接于主冷凝器上舱的 3 号喷射器下舱的 4 号喷射器,为二级喷射器,它们出口的混合气一起进入双联冷凝器 14 的上舱。接于双联冷凝器上舱的 5 号喷射器,为三级喷射器,用以将上舱的气体抽出压入双联冷凝器的下舱。接于双联冷凝器下舱的 6 号喷射器,为四级喷射器,最后将不凝性气体和极小部分水蒸气排入大气。主冷凝器及双联冷凝器均通入冷却水。冷却水和冷凝水经“大气腿”进入气压排水槽 26,并由此排入净回水管道。

14.2.2 工况的确定

工况是指真空结晶机组的工作条件,也就是蒸发器、结晶器内部的蒸发温度、蒸发压力;主冷凝器、双联冷凝器内部的冷凝温度、冷凝压力,最终结晶温度等。它与废液温度、冷却水温度、工作蒸汽压力及对母液的质量要求等有关。因此,在设计真空结晶机组时,首先应根据工程项目的要求和具体建厂条件确定上述参数。

14.2.2.1 确定废液温度及最终结晶温度

废液由酸洗间排出的温度,由于操作制度的不同一般是不稳定的,再加之各酸洗间将废液集中到回收利用车间不及时,更难保证废液进入真空结晶机组之前温度的稳定,为确保真空结晶机组正常运行,废液进入真空结晶机组的温度必须保持衡定。根据国内生产实践经验,一般情况下废液由酸洗间排出的平均温度按 50℃计算。然后再由回收利用车间统一在废液贮槽内加热至 60~65℃后再送入真空结晶机组。为降低废液中硫酸亚铁的溶解度,增加硫酸根离子的同离子效应和有效利用硫酸的稀释热，本工艺考虑将酸洗间所消耗酸的补充新酸加入真空结晶机组的蒸发器。由于新酸加入，一般将废液由60℃升高到63℃，因此，废液进入蒸发器的温度均按63～65℃考虑。

最终结晶温度主要由母液质量要求来确定，但与冷却水温度及工作蒸汽压力有关系。使用蒸喷法所回收的母液一般含酸浓度在25%左右，当结晶温度采用10℃时，硫酸亚铁含量为6.6%，一般可满足酸洗要求。当冷却水温度与工作蒸汽压力条件较好时，亦可以采用最终结晶温度为5℃（相应硫酸亚铁含量为4.7%），低于5℃的结晶温度对蒸喷法来说在技术经济上是不合理的。

14.2.2.2 确定冷凝温度

冷凝温度的确定，取决于冷却水温度和冷凝器的结构型式，采用表面式冷凝器时，冷凝温度一般应比冷却水的出水温度高3～5℃。采用混合式冷凝器时，上舱冷凝温度一般与冷却水的出水温度相等或高1～2℃，下舱冷凝温度一般比冷却水的出水温度高1～4℃。

蒸喷真空结晶法的工艺设计中，一般都采用混合式主冷凝器和双联冷凝器，每个冷凝器都分上下两舱，因此冷凝温度的确定均按此条件进行，其确定方法和步骤如下：

A 确定主冷凝器上下舱冷却水的温升

主冷凝器上舱冷却水的温升，是合理确定主冷凝器工作条件的一个比较关键的因素，因为其他参数均与其有直接或间接关系。鉴于冷却水加热的理论计算比较繁琐，而且在主冷凝器各部分尺寸尚未确定之前也无条件计算。因此，根据生产运转的一般情况，推荐表14-7的数据，供设计时参考。

表14-7 主冷凝器上舱冷却水温升表

冷却水起始温度/℃	20	25	30	33
温升/℃	7	6	5	4

下舱的冷却水出水温度根据冷蒸汽量及冷却水量由计算确定。

B 确定主冷凝器的冷凝温度

（1）上舱的冷凝温度根据其冷却水出水温度确定，一般不低于出水温度1～2℃。

（2）下舱的冷凝温度，根据下舱的冷却水出水温度确定，一般比出水温度高1～4℃。

（3）双联冷凝器，上舱的冷凝温度推荐采用 $t_{L3}=50℃$，下舱的冷凝温度推荐采用 $t_{L4}=75℃$。

（4）各冷凝器的冷凝压力，一律根据冷凝温度由水蒸气性质表中查得。双联冷凝器上舱的冷凝压力 $p_{L3}=0.0123\text{MPa}$，下舱的冷凝压力 $p_{L4}=0.0385\text{MPa}$。

14.2.2.3 确定蒸发温度

蒸发温度的确定，主要根据主冷凝器上、下舱的冷凝温度和最终结晶温度，而最终结晶温度又是根据硫酸亚铁在硫酸水溶液中的饱和溶解度确定，以满足酸洗工艺对母液中硫酸亚铁含量的要求。其确定方法和步骤如下：

A 确定蒸发温度

（1）蒸发器的蒸发温度等于主冷凝器下舱的冷凝温度，即 $t_{z1}=t_{L2}$。

（2）1号结晶器的蒸发温度等于主冷凝器上舱的冷凝温度，即 $t_{z2}=t_{L1}$。

（3）2号结晶器的蒸发温度，一般可采用1、3号结晶器蒸发温度的算术平均值。但有时为了使 1、2 号喷射器的结构尺寸尽量相等，以减少备用部件，常常不取 1、3 号结晶器蒸发温度的算术平均值而经过反复试算确定，直至使喷射器工作蒸汽耗量近似相等时为止。

(4) 3 号结晶器的蒸发温度取决于最终结晶温度，一般比最终结晶温度低 3～4℃。

B 确定蒸汽压力

蒸发温度确定之后，蒸发压力即已确定；蒸发压力即为蒸发温度下的饱和水蒸气压，其值可由水蒸气物理性质表中查得。

C 确定蒸发器及结晶器内的液温

蒸发器和结晶器内之液温理论上应相等于各器内的蒸发温度。但为安全可靠，在工程设计中，常取液温比蒸发温度高 3～4℃。

14.2.2.4 选定工作蒸汽压力

工作蒸汽的压力与蒸汽消耗量有着直接的关系，因之，必须慎重选择，使蒸汽消耗量达到最合理的程度。试验表明，最经济的工作蒸汽压力约为 0.6～0.8MPa。钢铁企业废热蒸汽较多，为了使这些废热蒸汽得到有效的利用，即使工作蒸汽压力低于 0.6MPa，亦可考虑采用。应当指出，工作蒸汽的压力越小，则蒸汽耗量和冷却水量越大，同时也增大了冷凝器的尺寸，特别是采用过热度很大的低压过热蒸汽，是极不经济的，在利用废热蒸汽时尤其注意的是蒸汽的干度，当工作蒸汽干度小于 0.98 时，应在喷射器前加装汽水分离器。

14.2.2.5 工程实例

目前国内已投产的几个厂工况参数如图 14-12 所示。图 14-12 所示的工况最终结晶温度 $t_4=10℃$、冷却水温度 $t_{s1}=25℃$、工作蒸汽压力 $p_N=0.6MPa$。

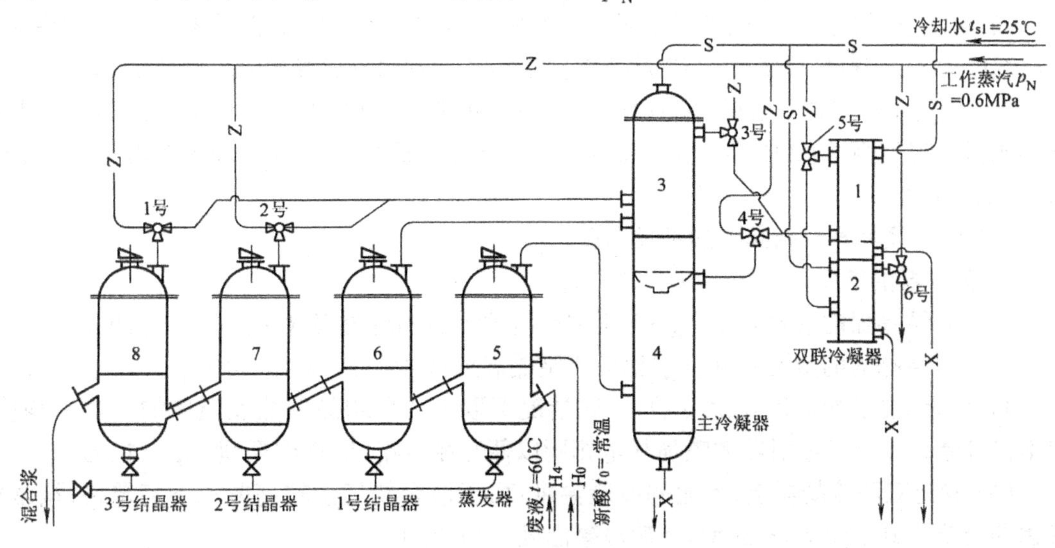

图 14-12 已投产的几个厂工况参数图

t—结晶温度；p—蒸汽压力；τ—空气温度

1—$t_{13}=50℃$，$p_{13}=0.012MPa$，$\tau_2=30.5℃$，$t'_{s2}=40℃$；2—$t_{14}=75℃$，$p_{14}=0.039MPa$，$\tau_3=32℃$，$t''_{s3}=55℃$；3—$t_{11}=31℃$，$p_{11}=0.0045MPa$，$\tau_{12}=29.6℃$，$t_{s1}=31℃$；4—$t_{12}=36℃$，$p_{12}=0.006MPa$，$\tau''=29.6℃$，$t''_1=32.2℃$；5—$t_{z1}=36℃$，$p_{z1}=0.006MPa$，$t_1=40℃$；6—$t_{z2}=31℃$，$p_{z2}=0.0045MPa$，$t_2=35℃$；7—$t_{z3}=18℃$，$p_{z3}=0.0021MPa$，$t_3=22℃$；8—$t_{z4}=6℃$，$p_{z4}=0.0009MPa$，$t_4=10℃$

14.2.3 设计计算

工艺设计计算的任务，即在已经确定的工况条件下，进行物料平衡，真空结晶机组各喷射器、冷凝器等的工作蒸汽量，冷蒸气量，冷却水量，各级喷射器尺寸，冷凝器、结晶器、蒸发器、混合浆槽、硫酸消耗槽等尺寸的计算。

下面通过一个实例仅进行物料平衡计算。

14.2.3.1 设计任务与原始资料

(1) 酸洗间年实际消耗 98%浓度的硫酸 1000t。根据产品要求和操作条件，最初酸洗液含酸浓度不小于 20%，含硫酸亚铁量不大于 50～80g/L。由于考虑循环使用母液酸洗，废液含酸浓度按 10%、硫酸亚铁按 215g/L 控制。废液排放温度为 65℃。年工作小时 7000h。

(2) 冷却水温：夏季冷却水温度采用 25℃。

(3) 工作蒸汽的状态参数：采用干饱和蒸汽，压力 $p_N=0.5MPa$(绝对压力)，温度 $t=151℃$。

14.2.3.2 工艺流程与确定工况

依照任务内容和建厂地区的具体条件，决定采用蒸喷真空结晶法回收工艺，其工艺流程与工况参数确定如图 14-11 和图 14-13 所示。图 14-13 所示的工况最终结晶温度 $t_4=5℃$、冷却水 $t_{s1}=25℃$，工作蒸汽压力可分别为 $p_N=0.3MPa$、0.4MPa、0.5MPa、0.6MPa、0.7MPa、0.8MPa。

(1) 确定最终结晶温度 t_4：根据对最初酸洗液、硫酸亚铁含量的要求(不大于 50～80g/L)，并考虑生产实际含量会大于理论计算，故将最终结晶温度定为 5℃。

(2) 确定主冷凝器上舱的冷凝温度 t_{11}：当冷却水温度为 25℃时，温差考虑 6℃，则冷却水排出温度为 31℃，按最理想考虑，冷凝温度 t_{11}就等于冷却水排出温度 t'_{s1}，因此 $t_{11}=31℃$。

(3) 确定主冷凝器下舱的冷凝温度 t_{12}：根据相类似工程，下舱冷却水排出温度比上舱冷却水排出温度高 1～2℃，取 $t''_{s1}=32.2℃$。下舱的冷凝温度 t_{12}比冷却水排出温度高 4℃，所以 $t_{12}=36℃$。

(4) 确定蒸发器及结晶器的蒸发温度：

1) 蒸发器的蒸发温度 $t_{z1}=t_{12}=36℃$；

2) 1 号结晶器的蒸发温度(t_{z2})等于主冷凝器上舱的冷凝温度 $t_{z2}=t_{11}=31℃$；

3) 3 号结晶器的蒸发温度(t_{z4})比最终结晶温度低 4℃，所以 $t_{z4}=1℃$；

4) 2 号结晶器的蒸发温度(t_{z3})，一般情况下取 1、3 号结晶器蒸发温度的算术平均值，但本设计考虑 1、2 号喷射器的喷嘴尽量相同以便互相备用，反复试算，取 $t_{z3}=11℃$。

(5) 确定双联冷凝器上、下舱的冷凝温度：由于混合物气温较高要求不甚严格，按常规考虑即上舱冷凝温度 $t_{13}=50℃$，下舱冷凝温度 $t_{14}=75℃$。

(6) 确定冷凝压力和蒸发压力：当冷凝温度与蒸发温度确定后，按规定温度查饱和水蒸气性质表便得相应的冷凝压力及蒸发压力。

(7) 确定蒸发器及结晶器内液体的温度，一律比蒸发温度高 4℃。

14.2.3.3 物料平衡计算

酸洗与回收全过程的物料平衡计算，根据下列化学反应式进行。

$$FeO+H_2SO_4 \rightarrow FeSO_4+H_2O$$

由于本工艺是将新酸补入废酸中以提高其含酸浓度，故以消耗某种浓度的新酸量(即实际与 FeO 作用消耗掉的酸量，亦即需要在回收处理时补入的新酸量）来表示处理站的规模大小。本例处理站的规模为年耗 98％浓度的硫酸 1000t。

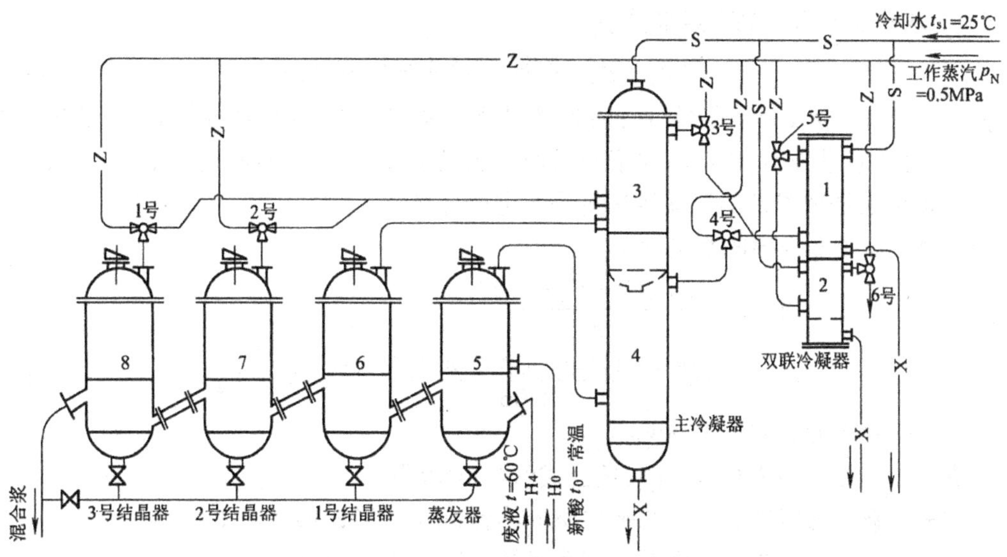

图 14-13　真空结晶机组工况参数图

t—结晶温度；p—蒸汽压力；τ—空气温度

1—$t_{13}=50℃$，$p_{13}=0.013$MPa，$\tau_2=30.5℃$，$t'_{s2}=40℃$；2—$t_{14}=75℃$，$p_{14}=0.039$MPa，$\tau_3=32℃$，$t''_{s2}=55℃$；3—$t_{11}=31℃$，$p_{11}=0.0045$MPa，$\tau_1=29.6℃$，$t'_{s1}=31℃$；4—$t_{12}=36℃$，$p_{12}=0.006$MPa，$\tau''=29.6℃$，$t''_{s1}=32.2℃$；5—$t_{z1}=36℃$，$p_{z1}=0.006$MPa，$t_1=40℃$；6—$t_{z2}=31℃$，$p_{z2}=0.0045$MPa，$t_2=35℃$；7—$t_{z3}=11℃$，$p_{z3}=0.0013$MPa，$t_3=15℃$；8—$t_{z4}=1℃$，$p_{z4}=0.00065$MPa，$t_4=5℃$

物料平衡计算以实际消耗 98％浓度的硫酸 1000kg 为基准：

A　酸洗与回收全过程的物料量计算

a　酸洗过程中的氧化亚铁（FeO）溶入量 g_1

$$g_1=\frac{72G_a}{98}=\frac{72\times980}{98}=720(\mathrm{kg}) \tag{14-9}$$

式中　G_a——1000kg98％浓度硫酸中的实际含酸量。

b　硫酸亚铁生成量 g_2

$$g_2=\frac{152G_a}{98}=\frac{152\times980}{98}=1520(\mathrm{kg}) \tag{14-10}$$

c　七水硫酸亚铁生成量 g_3

$$g_3=\frac{278G_a}{98}=\frac{278\times980}{98}=2780(\mathrm{kg}) \tag{14-11}$$

d　生成水量 g_4

$$g_4=\frac{18G_a}{98}=180(\mathrm{kg}) \tag{14-12}$$

e　新酸中带入水量 g_5

$$g_5 = 1000 - G_a = 1000 - 980 = 20(\text{kg}) \tag{14-13}$$

f　七水硫酸亚铁结晶带走水量 g_6

$$g_6 = g_3 - g_2 = 2780 - 1520 = 1260(\text{kg}) \tag{14-14}$$

g　回收过程蒸发掉的水量 W：回收过程蒸发掉的水量是指蒸发器和结晶器中蒸发掉的水量，这些水量蒸发时，吸收汽化潜热而使液温经蒸发器、结晶器而逐渐下降。因此，蒸发水量应根据废液需要降低的温度经热量平衡进行计算。

（1）蒸发器中蒸发掉的水量 W_1

$$W_1 = \frac{(G+B)\times C(t_0 - t_1)}{\gamma_1} = \frac{(1000+11240)\times 3.224(63-40)}{2406} = 377(\text{kg}) \tag{14-15}$$

式中　G——补入的新酸量 1000kg；

B——需处理的废酸量(kg)，按公式(14-20)求得；

C——新酸与废液混合液的平均质量热容，采用 3.224kJ/kg·℃；

t_0——废液与新酸混合后进入蒸发器的平均温度，采用 63℃；

t_1——出蒸发器的液温，40℃；

γ_1——当液温 $t_1 = 40$℃时的汽化潜热 2406kJ/kg。

（2）1 号结晶器中蒸发掉的水量 W_2

$$W_2 = \frac{(G+B-W_1)\times C(t_1 - t_2)}{\gamma_2} = \frac{(1000+11240-377)\times 3.224\times(40-35)}{2418} = 79(\text{kg}) \tag{14-16}$$

式中　t_2——出 1 号结晶器的液温，35℃；

γ_2——液温 35℃时的汽化潜热，2418kJ/kg。

（3）2 号结晶器中蒸发掉的水量 W_3

$$W_3 = \frac{(G+B-W_1-W_2)\times C(t_3 - t_3) + 67.83\times(g_3/2)}{\gamma_3} = \frac{(1000+11240-377-79)\times 3.224(35-15) + 67.83\times(2780/2)}{2466} = 346(\text{kg}) \tag{14-17}$$

式中　t_3——出 2 号结晶器的液温，15℃；

γ_3——液温 15℃时汽化潜热，2466kJ/kg；

67.83——七水硫酸亚铁的结晶放热，kJ/kg。

1/2——考虑一半硫酸亚铁在 2 号结晶器内结晶，另一半在 3 号结晶器内结晶。

（4）3 号结晶器中蒸发掉的水量 $W4$。

$$W_4 = \frac{(G+B-W_1-W_2-W_3)\times C(t_3 - t_4) + 67.83\times(g_3/2)}{\gamma_4} = \frac{(1000+11240-377-79-346)\times 3.224(15-5) + 67.83\times(2780/2)}{2489}$$

$$= 186(\mathrm{kg}) \tag{14-18}$$

式中　t_4——出 3 号结晶器的液温，5℃；

γ_4——液温为 5℃时的汽化潜热，2489kJ/kg·℃；

则 $W = W_1 + W_2 + W_3 + W_4 = 377 + 79 + 346 + 186 = 988(\mathrm{kg})$

h　最初酸洗液量 A 及废液量 B

根据下列平衡方程式计算

$$\begin{cases} AC_1 - G_a = BC_2 & (14\text{-}19) \\ B = A + g_1 & (14\text{-}20) \end{cases}$$

解得

$$A = \frac{G_a + g_1 C_2}{C_1 - C_2} = \frac{980 + 720 \times 0.1}{0.2 - 0.1} = 10520(\mathrm{kg})$$

$$B = 10520 + 720 = 11240(\mathrm{kg})$$

式中　C_1——最初酸洗液含酸质量百分浓度，20%；

C_2——废液含酸质量百分浓度，10%。

i　母液量 M

$$\begin{aligned} M &= B + G - W - g_3 \\ &= 11240 + 1000 - 988 - 2780 = 8472(\mathrm{kg}) \end{aligned} \tag{14-21}$$

j　配制最初酸洗液时需向酸洗槽加入水量 g_7

$$\begin{aligned} g_7 &= A - M \\ &= 10520 - 8472 = 2048(\mathrm{kg}) \end{aligned} \tag{14-22}$$

或按水量平衡计算

$$\begin{aligned} g_7 &= g_6 + W - g_4 - g_5 \\ &= 1260 + 988 - 180 - 20 = 2048(\mathrm{kg}) \end{aligned} \tag{14-23}$$

B　母液、最初酸洗液及废液中含酸质量及其质量百分浓度

a　母液中含酸质量 M_1 及其百分浓度 C_3

$$\begin{aligned} M_1 &= A_1 = AC_1 \\ &= 10520 \times 0.20 = 2104(\mathrm{kg}) \end{aligned} \tag{14-24}$$

$$C_3 = \frac{M_1}{M} = \frac{2104}{8472} = 24.83\% \tag{14-25}$$

式中　A——最初酸洗液中含酸质量，kg；因最初酸洗液系由母液加水稀释而成，其中含酸量未变，故 $M_1 = A_1$；

C_1——最初酸洗液中含酸百分浓度，20%。

b　最初酸洗液中含酸质量 A_1 及其百分浓度 C_1

$$A_1 = 2104\mathrm{kg}$$

$$C_1 = 20\%$$

c　废液中含酸质量 B_1 及其百分浓度 C_2

$$C_2 = 10\% \quad （计算采用）$$

$$B_1 = BC_1 = 11240 \times 0.1 = 1124(\mathrm{kg})$$

d　核算消耗酸量

$$消耗酸量 = A_1 - B_1 = 2104 - 1124 = 980(kg)$$

C　母液、最初酸洗液及废液中硫酸亚铁质量及其质量百分浓度

a　母液中含硫酸亚铁质量 M_2 及其质量百分浓度 C'_3

C'_3 根据表 14-6 或图 14-10 查得，当最终结晶温度为 5℃，母液中含酸浓度 C_3 = 24.83% ~ 25% 时

$$C'_3 = 4.7\%（相当于 59g/L）$$

$$M_2 = MC'_3 = 8472 \times 4.7\% = 398(kg) \quad (14\text{-}26)$$

b　最初酸洗液中含硫酸亚铁质量 A_2 及其质量百分浓度 C'_1

$$A_2 = M_2 = 398(kg) \quad (14\text{-}27)$$

$$C'_1 = \frac{A_2}{A} = \frac{398}{10520} \quad (14\text{-}28)$$

$$= 3.78\%（相当于 48g/L，符合要求）$$

c　废液中含硫酸亚铁质量 B_2 及其质量百分浓度 C'_2

$$B_2 = A_2 + g_2 = 398 + 1520 = 1918(kg) \quad (14\text{-}29)$$

$$C'_2 = \frac{B_2}{B} = \frac{1918}{11240} = 17.07\%（相当于 215g/L） \quad (14\text{-}30)$$

根据以上计算结果，汇总物料平衡及酸洗回收过程技术指标见图 14-14 及表 14-8。

表 14-9 中列出了按上述方法计算得出的消耗 1000kg 各种浓度硫酸时各项物料技术指标，供工程设计计算中参考使用。

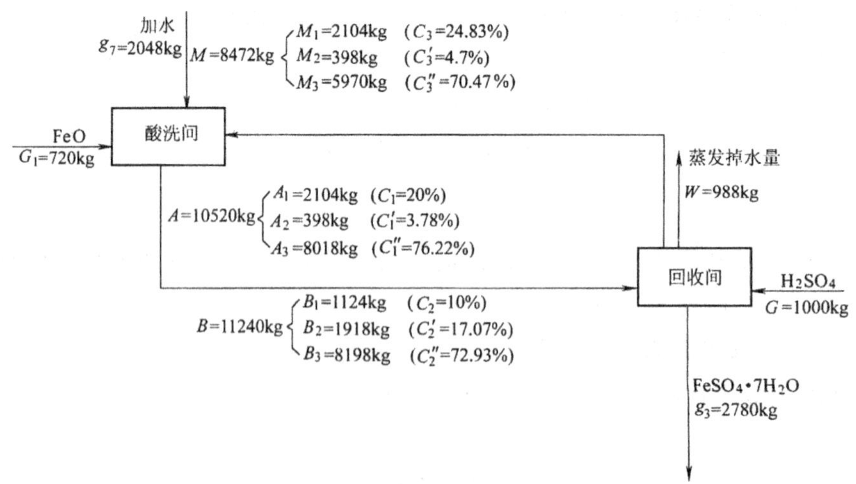

图 14-14　消耗 1000kg 浓度 98% H_2SO_4 酸洗及回收过程物料平衡图

D　全年物料计算

以上述消耗 1000kg98% 浓度硫酸的各项物料为基准，即可得出本题年消耗 98% 浓度硫

酸 1000t 时的全年物料量,其结果见表 14-10。

E 小时物料计算

将年物料量除以年工作小时,即得平均小时物料量(表 14-11),年工作小时为 7000h。

平均小时物料量是标准设备计算、非标准设备选型和管道计算等的主要依据。

蒸发器和每个结晶器平均小时蒸发水量需单独计算(表 14-12),因为对真空结晶机组而言,这几个设备的蒸发水量,就是喷嘴或冷凝器的冷蒸汽量,是真空结晶机组计算的主要数据。

表 14-8 消耗 1000kg 浓度 98% H_2SO_4 酸洗及回收过程技术指标

结晶温度/℃	蒸发水量/kg	母液			酸洗液			废液			加入母液中水量/kg
		质量/kg	H_2SO_4/%	$FeSO_4$ /(%/g·L^{-1})	质量/kg	H_2SO_4/%	$FeSO_4$ /(%/g·L^{-1})	质量/kg	H_2SO_4/%	$FeSO_4$ /(%/g·L^{-1})	
5	988	8472	24.83	4.7/59	10520	20	3.78/48	11240	10	17.07/215	2048

表 14-9 消耗 1000kg 各种浓度硫酸技术指标

消耗酸浓度/%	结晶温度/℃	蒸发水量 W/kg	加入母液中水量 g_7/kg	母液 M			最初酸洗液 A			废液 B			七水亚铁量 g_3/kg
				质量 M/kg	硫酸 C_3/%	亚铁 C'_3/kg	质量 A/kg	硫酸 C_1/%	亚铁 C'_1/%	质量 B/kg	硫酸 C_2/%	亚铁 C'_2/%	
75	10	714	1290	6759	24	6.9	8050	20	5.8	8601	10	18.7	2128
	10	518	1094	4089	25	6.6	5184	20	5.2	5735	5	25	2128
	5	777	1353	6697	24	5.1	8050	20	4.3	8601	10	17.5	2128
	5	560	1136	4047	26	4.3	5184	20	3.4	5735	5	23.4	2128
92.5	10	875	1819	8111	24	6.9	9930	20	5.6	10610	10	18.8	2624
	10	623	1567	4826	26	6.3	6393	20	4.8	7073	5	24.6	2624
	5	931	1875	8055	25	4.7	9930	20	3.8	10610	10	17.2	2624
	5	679	1623	4770	27	4.0	6393	20	3.0	7073	5	23	2624
98	10	910	1970	8550	25	6.6	10520	20	5.4	11240	10	18.6	2780
	10	672	1732	5041	27	6.0	6773	20	4.5	7493	5	24.3	2780
	5	988	2048	8472	25	4.7	10520	20	3.8	11240	10	17.1	2780
	5	714	1774	4999	27	4.0	6773	20	3.0	7493	5	23	2780

表 14-10 年消耗 1000t98% 浓度硫酸物料量

计算项目	计算式	数量/t·a^{-1}
年实际耗酸量 G(98% H_2SO_4)		1000
年氧化亚铁溶入量 G_1	720×1000/1000	720
年七水硫酸亚铁生成量 G_3	2780×1000/1000	2780
年七水硫酸亚铁产量 G'_3	2780×0.9	2502
年废液量 B	11240×1000/1000	11240
年母液量 M	8472×1000/1000	8472
年蒸发水量 W	988×1000/1000	988
年稀释母液加水量 G_7	2048×1000/1000	2048

注:七水硫酸亚铁产量系由生成量减去损耗,按 $0.9G_3$ 计。

表 14-11 平均小时物料量计算结果

计算项目	密 度	计 算 式	物料量 /kg·h⁻¹	物料量 /m³·h⁻¹
H_2SO_4(98%)	1.83	$\frac{1000\times1000}{7000}$	143	0.078
母液	1.26	$\frac{8472\times1000}{7000}$	1210	0.96
废液	1.26	$\frac{11240\times1000}{7000}$	1606	1.26
七水硫酸亚铁结晶量	1.2	$\frac{2780\times1000}{7000}$	398	0.33
七水硫酸亚铁成品量	1.2	$\frac{2502\times1000}{7000}$	358	0.3
蒸发掉水量	1	$\frac{988\times1000}{7000}$	141	0.14
稀释酸洗液加水量	1	$\frac{2048\times1000}{7000}$	293	0.29
混合浆液量	1.3	$\frac{(2780+8472)\times1000}{7000}$	1607	1.24

表 14-12 蒸发器和各结晶器平均小时蒸发水量

名 称	蒸发器 W_1	1 号结晶器 W_2	2 号结晶器 W_3	3 号结晶器 W_4
算 式	$\frac{377\times1000}{7000}$	$\frac{79\times1000}{7000}$	$\frac{346\times1000}{7000}$	$\frac{186\times1000}{7000}$
结果/$kg\cdot h^{-1}$	54	11	49	27

14.2.4 车间布置

14.2.4.1 车间外部

根据本工艺的特点,车间可以布置成"一"字形,亦可布置成"Γ"字型。不论布置成何种形式,一般都为单独建筑。在极特殊的情况下,亦可与酸洗间合建在一起。

本车间在总图布置上,应尽量靠近最大用酸户;布置废酸贮槽与母液贮槽一侧以靠近且平行酸洗间为宜,而硫酸亚铁仓库开门应迎向铁路或主要公路,以便新酸和设备的运入,以及硫酸亚铁成品的运出。车间的年运输量应由物料平衡确定。

新酸贮槽布置在车间外部,可布置在酸液仓库端部,亦可布置在酸液仓库的旁侧。总之,为了卸酸方便要以靠近铁路为宜。

本车间主要以蒸汽作为动力,要求蒸汽压力稳定,切忌把车间布置在锻钢车间附近,以防锻锤用汽造成蒸汽压力过大的波动,影响蒸汽喷射器的正常运行。

车间的铁路设计一般以设计专门的装卸线为宜。如果其他车间的走行线确属运输不太繁忙,允许本车间的硫酸亚铁装车或新酸卸酸,亦可以不设专门的装卸线而利用走行线或与其他车间公用一条装卸线。

14.2.4.2 车间内部

依照本工艺的特点,车间的内部布置,大体上分为三个工段和两个仓库,并应考虑机修间、化验室和生活福利设施。另外在靠近酸液仓库附近单独布置配电间,以防酸气腐蚀电器设备。

车间布置平面图如图 14-15 所示,车间布置断面图如图 14-16 所示。

车间的建筑结构形式(跨度、开间、层高等)应根据工艺要求,设备布置,设备安装、运行、

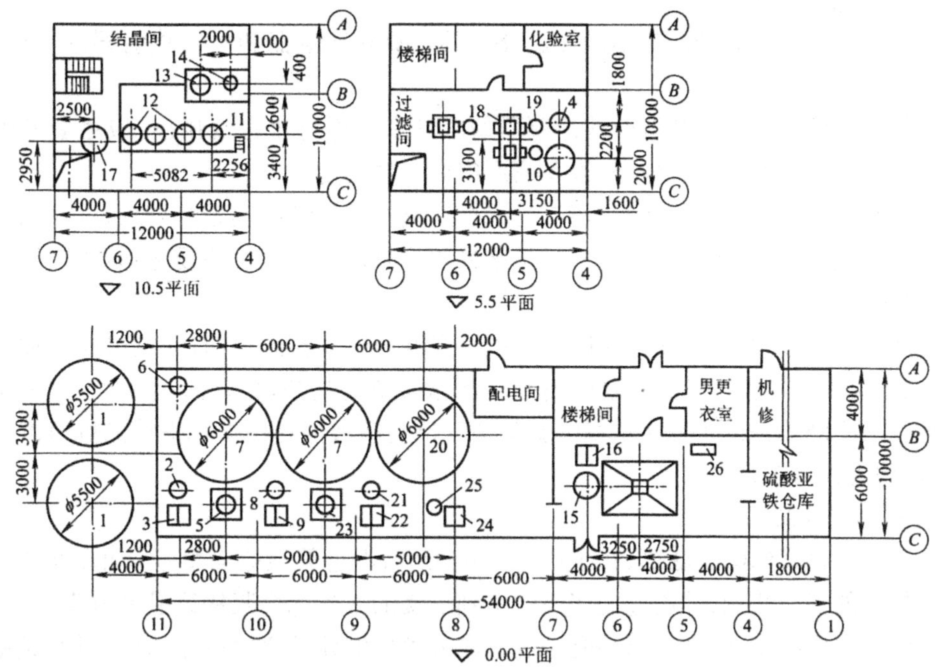

图 14-15　车间平面布置图

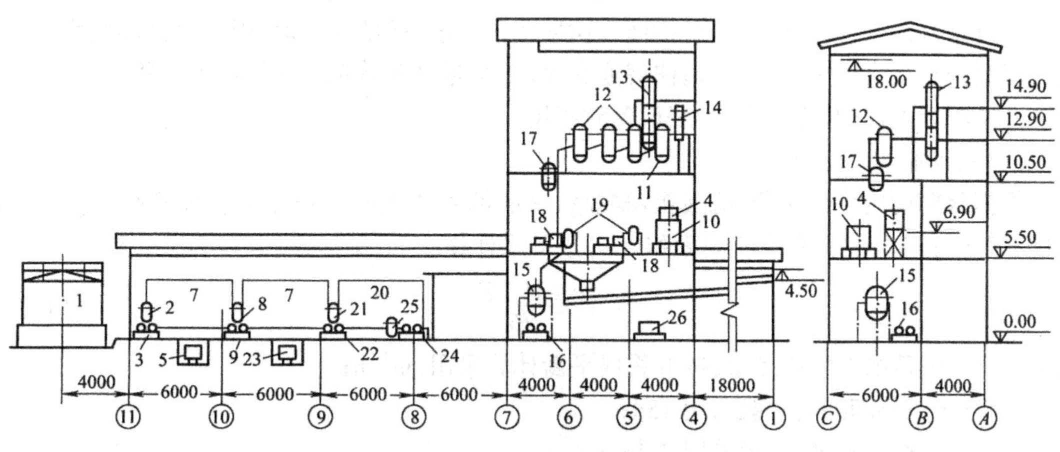

图 14-16　车间断面布置图

1—浓酸贮槽；2—浓酸虹吸真空槽；3—浓酸泵；4—浓酸消耗槽；5—浓酸倾空槽；6—过滤器（在 2 后面，看不到）；7—废液贮槽；8—废液虹吸真空槽；9—废液泵；10—废液消耗槽；11—蒸发器；12—结晶器；13—主冷凝器；14—双联冷凝器；15—1 号混合浆槽；16—混合浆泵；17—2 号混合浆槽；18—翻斗过滤机；19—汽水分离器；20—母液贮槽；21—母液虹吸真空槽；22—母液泵；23—废母液倾空槽；24—真空泵；25—中和槽；26—气压排水槽

检修要求并结合地形条件和结构设计要求而定。山区建厂，由于地形复杂，应充分研究和利用地形因地制宜地进行车间布置。

A　酸液仓库

为便于管理，应将废液、母液贮槽，废液过滤器，废液、母液和新酸的输送以及为输送启动各组泵用的真空系统，全部布置在酸液仓库里。

B 结晶间(结晶工段)

真空结晶机组,包括蒸发器、结晶器、主冷凝器、双联冷凝器和蒸汽喷射器,以及它们之间的管道。

为使结晶后的混合浆液和混合式冷凝器的冷却水与冷凝水自流排出,应尽量考虑分层布置。把真空结晶机组放在三楼,其设备高度应由计算确定。

为有效利用结晶间的建筑面积,将2号混合浆槽布置在结晶间较为合理,这样既可以减少楼层,又可以满足接纳1号混合浆槽转送来的混合浆以自流至过滤设备的要求。

C 过滤间(过滤工段)

过滤间放在二楼,其建筑面积实际上已由结晶间确定。实践证明,无论采用何种过滤设备,既定的建筑面积(与结晶间建筑面积相同)除布置所需过滤设备外,尚有富余,因此可将新酸消耗槽与废液消耗槽布置在这里。新酸消耗槽与废液消耗槽系真空结晶机组供料兼液封用,与过滤无直接关系。

D 出料间(成品工段)

出料间布置在过滤间的底层,1号混合浆槽和两台混合浆泵亦布置在这里,以接受真空结晶机组排下的混合浆液,并通过混浆泵输送到三楼的2号混合浆槽待晶液分离。

出料间还布置有受料漏斗,以接受经过过滤分离后的硫酸亚铁成品,并定时用成品小车或皮带机、卷扬机等运往仓库贮存。母液也由此通过,自流至酸液仓库内的母液贮槽。

在出料间内,也布置有气压排水槽,接受气压排水管排下的冷凝器的冷凝水和冷却水,并由此排往外部生产净环水系统(指回收循环使用)或生产排水管道(指不再循环使用)。

出料间布置有四个门,一个通往溶液仓库,一个通往楼梯间,一个通往成品仓库。还有一个经常不开的门,只作检修、吊装设备时使用。

E 成品仓库

根据目前国内生产实践,硫酸亚铁成品,一般都散状堆放在仓库里。堆放高度按2.5m考虑,存放时间为15d,仓库所需面积(m^2)按下式计算:

$$F=\frac{24VT}{H\varphi} \tag{14-31}$$

式中 V——硫酸亚铁成品量,按h物料平衡计算采用,m^3/h;

T——存放时间,一般采用15d;

H——堆放高度,一般采用2.5m;

φ——仓库有效面积利用系数,一般取0.8。

仓库的地坪及四周墙裙(高2.5m范围)均应考虑防腐,地坪设坡度坡向地漏,以收集自堆放的硫酸亚铁中渗出的酸液,并设法收回至母液贮槽。

14.2.4.3 布置注意事项

布置注意事项包括:

(1) 按工艺流程布置设备,尽量缩短管道长度;

(2) 应尽量使设备操作方便,减少操作人员及节省建筑面积;

(3) 蒸发器、结晶器、主冷凝器和双联冷凝器之间的距离,应根据它们之间的关系、蒸汽喷射器及管件尺寸,由计算确定;

(4) 真空设备应与其服务设备靠近,以防止管道过长影响其真空度;

(5) 气压排水槽及1号混合浆槽，应距离气压排水管和混合浆下料管越近越好，以减少沿途损失；

(6) 设备吊装孔应放在同一个立面上，并按吊装设备的最大尺寸确定；

(7) 硫酸消耗槽与废液消耗槽的出料管应距离蒸发器愈近愈好，以减少管内沿途损失。

14.3 冷冻结晶法的设计计算

14.3.1 工作原理及工艺流程

冷冻结晶和蒸喷真空结晶法一样，也是一种根据硫酸亚铁在硫酸水溶液中的溶解度规律进行废液处理的方法。先在真空恒温条件下，加热蒸发水分以提高废液的酸度，然后再在强制给冷条件下使废液温度下降至一定值，从而降低了硫酸亚铁的溶解度，过饱和部分硫酸亚铁结晶析出。

冷冻结晶法的主体设备由蒸发浓缩罐及冷冻结晶罐组成。蒸发浓缩罐在真空条件下工作，所抽出的冷蒸汽还需不断冷凝排除，因此还设有抽真空及冷凝设备。

其工艺流程如图14-17所示，其浓缩冷冻结晶系统、抽真空及冷凝系统分述如下：

14.3.1.1 浓缩冷冻结晶系统

自酸洗间运来的废液先存放在废液贮槽1中，然后用泵16将废液定期经过预处理器2送到中间槽3。利用蒸发罐4本身的真空将废液吸入罐内进行恒温浓缩，浓缩后的废液借重力流入冷冻结晶罐5内进行冷冻结晶。结晶完成后的混合浆液借重力流入真空过滤机6（或离心机）将晶液分离。分离出来的液体（母液或称再生酸）先进入真空罐7内，然后用压缩空气送入母液贮槽1内，需要时用泵16送至轧钢车间供酸洗用。晶体（七水硫酸亚铁）用小车14送入仓库贮存。

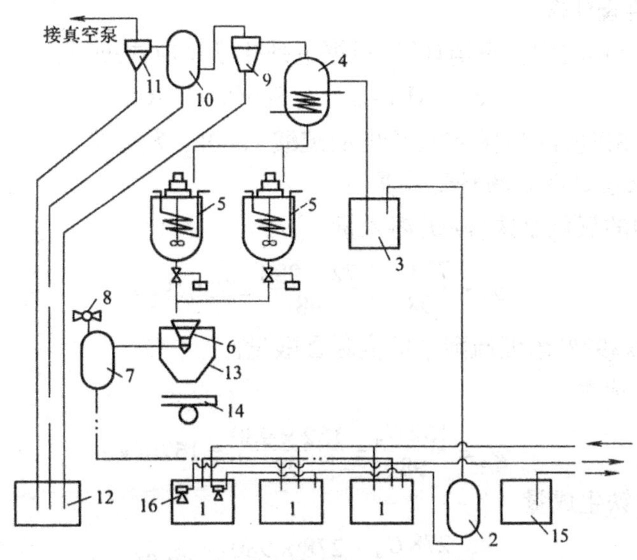

图14-17 冷冻结晶法工艺流程图

1—废液母液贮槽；2—预处理器；3—中间槽；4—蒸发浓缩罐；5—冷冻结晶罐；6—真空过滤机；7—真空罐；8—蒸汽喷射器；9—平旋器；10—冷凝器；11—平旋器；12—气压排水槽；13—料斗；14—手推小车；15—新酸贮槽；16—耐酸泵

14.3.1.2 抽真空及冷凝系统

用真空泵造成蒸发罐内真空，蒸发罐在加热恒温条件下蒸发出来的水分(冷蒸汽)，先经过平旋器9，然后再进入冷凝器10，在冷凝器10大部分冷蒸汽冷凝成水与冷却水一起经“大气腿”进入气压排水槽12，然后排入排水管道或回收。不凝性气体及极少量冷蒸汽通过另一平旋器11及真空泵排至大气。

亦可以用水力喷射器造成蒸发罐内真空，其系统见图14-18。用水泵3由水池4抽水送给水力喷射器2作动力，将蒸发罐1内的冷蒸汽不断排除，使蒸发浓缩罐内保持一定真空度。

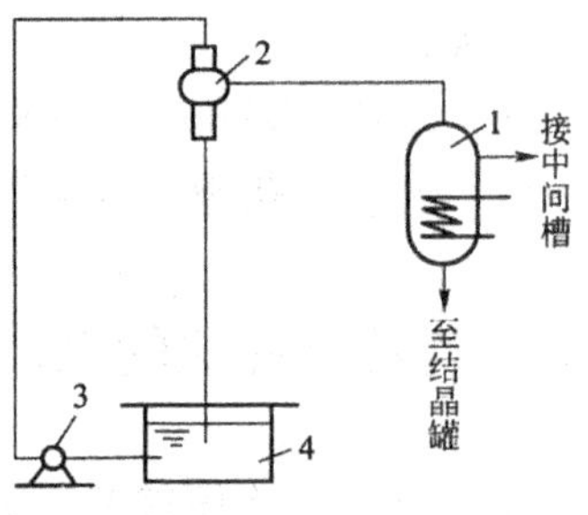

图14-18 用水力喷射器抽真空系统图
1—蒸发罐；2—水力喷射器；3—水泵；4—水池

14.3.2 设计计算

工艺设计计算的任务主要是进行物料平衡，蒸发浓缩罐和冷冻结晶罐的个数及有效容积、蒸发罐的需热量和蒸汽耗量、结晶罐的耗冷量及循环冷冻水量、冷凝器(或水力喷射器)的用水量以及蒸发器、结晶器、中间槽、冷凝器、水力喷射器和真空罐的尺寸等的计算。

下面通过一个实例仅进行物料平衡计算

14.3.2.1 设计任务及原始资料

(1) 任务内容同第二节(14.2.3.1)实例，年工作日按300d计算，流程如图14-17；

(2) 夏季冷却水温度不高于33℃；

(3) 加热蒸汽采用绝对压力 $p_N = 0.3\text{MPa}$ 的饱和蒸汽；

(4) 冷冻盐水温度：进水 -10℃；出水 -5℃。

14.3.2.2 物料平衡计算

酸洗与回收全过程的物料平衡计算，根据下列化学反应式进行：

$$FeO + H_2SO_4 \longrightarrow FeSO_4 + H_2O$$

物料平衡计算亦以实际消耗98%浓度的硫酸1000kg为基准。

A 酸洗与回收全过程的物料量计算

a 酸洗过程中的氧化亚铁(FeO)溶入量

$$g_1 = \frac{72G_a}{98} = \frac{72 \times 980}{98} = 720(\text{kg}) \tag{14-32}$$

式中 G_a——1000kg98%浓度硫酸中的实际含酸量。

b 硫酸亚铁生成量

$$g_2 = \frac{152G_a}{98} = \frac{152 \times 980}{98} = 1520(\text{kg}) \tag{14-33}$$

c 七水硫酸亚铁生成量

$$g_3 = \frac{278G_a}{98} = \frac{278 \times 980}{98} = 2780(\text{kg}) \tag{14-34}$$

d 生成水量

$$g_4 = \frac{18G_a}{98} = \frac{18 \times 980}{98} = 180(\text{kg}) \tag{14-35}$$

e 七水硫酸亚铁带走的水量

$$g_5 = g_3 - g_2$$

f 最初酸洗液量 A 及废液量 B

根据下列平衡方程式计算：

$$\begin{cases} AC_1 - G_a = BC_2 & (14\text{-}36) \\ B = A + g_1 & (14\text{-}37) \end{cases}$$

解之,得

$$A = \frac{G_a + g_1 C_2}{C_1 - C_2} = \frac{980 + 720 \times 0.1}{0.2 - 0.1} = 10520(\mathrm{kg})$$

$$B = 10520 + 720 = 11240(\mathrm{kg})$$

式中 C_1——最初酸洗液含酸浓度,20%；

C_2——废液含酸浓度,10%。

g 回收母液量

$$M = \frac{BC_2}{C_3} = \frac{11240 \times 0.1}{0.2} = 5620(\mathrm{kg}) \tag{14-38}$$

式中 C_3——母液含酸浓度,取 20%。

h 回收过程需蒸发掉的水量

$$W = B - g_3 - M = 11240 - 2780 - 5620 = 2840(\mathrm{kg})$$

i 配制初洗液时,1000kg98%硫酸带入水量

$$g_6 = 1000 - G_a = 1000 - 980 = 20(\mathrm{kg}) \tag{14-39}$$

j 配制初洗液时应加入水量

$$g_7 = A - M - G = 10520 - 5620 - 1000 = 3900(\mathrm{kg}) \tag{14-40}$$

式中 G——配初洗液时补入新酸量,1000kg 或按水量平衡计算：

$$g_7 = W + g_5 - g_4 - g_6 = 2840 + 1260 - 180 - 20 = 3900(\mathrm{kg}) \tag{14-41}$$

B 母液、最初酸洗液及废液中含酸质量及其质量百分浓度

a 母液中含酸质量 M_1 及其百分浓度

$$M_1 = B_1 = BC_2 = 11240 \times 0.1 = 1124(\mathrm{kg}) \tag{14-42}$$

$C_3 = 20\%$(设计采用)

式中 B_1——废液中含酸质量,kg;因母液系由废液蒸发水分及去除亚铁而成,其含酸质量未变,故 $M_1 = B_1$。

b 最初酸洗液中含酸质量 A_1 及其百分浓度

$$A_1 = M_1 + G_a = 1124 + 980 = 2104(\mathrm{kg}) \tag{14-43}$$

$$C_1 = 20\%$$

c 废液中含酸质量 B_1 及其百分浓度

$$B_1 = 1124\mathrm{kg}$$

$$C_2 = 10\%$$

C 母液、最初酸洗液及废液中含硫酸亚铁质量及其质量百分浓度

a 母液中含硫酸亚铁质量及其质量百分浓度

根据酸洗工艺对最初酸洗液中硫酸亚铁含量的要求,计算采用冷冻结晶温度为0℃,母液含酸浓度 $C_3=20\%$,则由表14-6或图14-10可查得:

$$C'_3=5.5\%$$

$$M_2=MC'_3=5620\times0.055=309.1(\text{kg}) \tag{14-44}$$

b 最初酸洗液中含硫酸亚铁质量及其质量百分浓度

$$A_2=M_2=309.1\text{kg} \tag{14-45}$$

$$C_1'=\frac{A_2}{A}=\frac{309.1}{10520}=2.94\%(\text{相当于}37\text{g/L}) \tag{14-46}$$

c 废液中含硫酸亚铁质量及其质量百分浓度

$$B_2=A_2+g_2=309.1+1520=1829.1(\text{kg}) \tag{14-47}$$

$$C_2'=\frac{B_2}{B}=\frac{1829.1}{11240}=16.3\% \tag{14-48}$$

根据以上计算结果,汇总物料平衡及酸洗回收过程技术指标,见图14-19及表14-13。

表14-14中列出了按上述方法计算得出的消耗1000kg各种浓度硫酸时的各项物料技术指标,供工程设计计算中参考使用。

D 全年物料计算

有了上述消耗1000kg98%浓度硫酸的各项物料量,即可得出本题年耗98%浓度硫酸1000t时的全年物料量,结果见表14-15。

E 日物料计算

将年物料量除以年工作日,即得平均日物料量。年工作日以300d计。本流程系间断操作,每次及每罐的物料量均需由日平均物料量来求得。平均日物料量计算结果见表14-16。

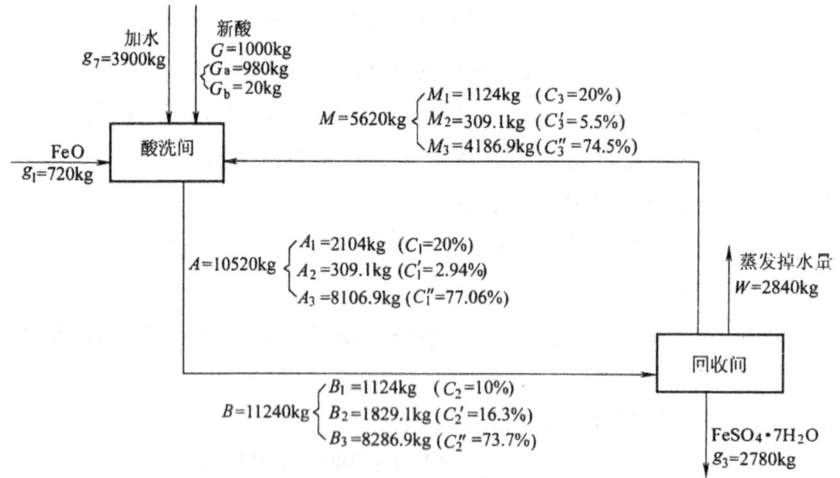

图14-19 消耗1000kg浓度98% H_2SO_4 酸洗及回收过程物料平衡图

由于冷冻结晶法在处理过程中并不使用新酸,因此在设计中亦有的用平均日废液量来表示处理站规模大小,而不以年耗硫酸量来表示。如本例处理站规模可以日处理废液量 $30\text{m}^3/\text{d}$ 表示之。

表 14-13 消耗 1000kg 浓度 98%H_2SO_4 酸洗及回收过程技术指标

结晶温度/℃	蒸发水量/kg	母液 M			酸洗液 A			废液 B			配制酸洗液加入物料	
		质量 M/kg	$C_3(H_2SO_4)$/%	$C_3'(FeSO_4)$ $/\frac{\%}{g\cdot L^{-1}}$	质量 A/kg	$C_1(H_2SO_4)$/%	$C_1'(FeSO_4)$ $/\frac{\%}{g\cdot L^{-1}}$	质量 B/kg	$C_2(H_2SO_4)$/%	$C_2'(FeSO_4)$ $/\frac{\%}{g\cdot L^{-1}}$	98%H_2SO_4/kg	H_2O/kg
0	2840	5620	20	$\frac{5.5}{70}$	10520	20	$\frac{2.94}{37}$	11240	10	$\frac{16.3}{205}$	1000	3900

表 14-14 消耗 1000kg 各种浓度硫酸技术指标

消耗酸浓度/%	结晶温度/℃	蒸发水量 W/kg	加入水量 g_7/kg	母液 M			最初酸洗液 A			废液 B			七水亚铁量 g_3/kg
				质量 M/kg	硫酸 C_3/%	亚铁 C_3'/%	质量 A/kg	硫酸 C_1/%	亚铁 C'_1/%	质量 B/kg	硫酸 C_2/%	亚铁 C'_2/%	
75	0	2173	2750	4300	20	5.5	8050	20	2.93	8601	10	16.2	2128
		2173	2750	1434	20	5.5	5184	20	1.52	5735	5	21.6	2128
92.5	0	2681	3625	5305	20	5.5	9930	20	2.94	10610	10	16.3	2624
		2681	3625	1768	20	5.5	6393	20	1.52	7073	5	21.6	2624
98	0	2840	3900	5620	20	5.5	10520	20	2.94	11240	10	16.3	2780
		2840	3900	1873	20	5.5	6773	20	1.52	7493	5	21.6	2780

表 14-15 年消耗 1000t98%浓度硫酸的物料量

计算项目	计算式	数量 /$t\cdot a^{-1}$
年实际耗酸量 G(98%H_2SO_4)		1000
年氧化亚铁溶入量 G_1	$\frac{720\times1000}{1000}$	720
年七水硫酸亚铁生成量 G_3	$\frac{2780\times1000}{1000}$	2780
年七水硫酸亚铁产量 G_{3a}	2780×0.9	2502
年废液量 B	$\frac{11240\times1000}{1000}$	11240
年母液量 M	$\frac{5620\times1000}{1000}$	5620
年蒸发水量 W	$\frac{2840\times1000}{1000}$	2840
年配制初洗液加入水量 G_7	$\frac{3900\times1000}{1000}$	3900

表 14-16 平均日物料量计算成果表

计算项目	密度/$g\cdot cm^{-3}$	计算式	物料量	
			/$kg\cdot d^{-1}$	/$m^3\cdot d^{-1}$
H_2SO_4(98%)	1.83	$\frac{1000\times1000}{300}$	3333	1.80
母液	1.26	$\frac{5620\times1000}{300}$	18733	14.8
废液	1.26	$\frac{11240\times1000}{300}$	37467	30.0
七水硫酸亚铁结晶量	1.20	$\frac{2780\times1000}{300}$	9267	7.72
七水硫酸亚铁成品量	1.20	$\frac{2502\times1000}{300}$	8340	6.95

续表 14-16

计算项目	密度/$g\cdot cm^{-3}$	计算式	物料量	
			/$kg\cdot d^{-1}$	/$m^3\cdot d^{-1}$
蒸发掉水量	1.00	$\frac{2840\times1000}{300}$	9467	9.47
配制初洗液加水量	1.00	$\frac{3900\times1000}{300}$	13000	13.0
混合浆液量	1.30	$\frac{(5620+2780)\times1000}{300}$	28000	21.5

表 14-17 每次处理的物料量

计算项目	密度/$g\cdot cm^{-3}$	计算式	物料量	
			/kg·次$^{-1}$	/m^3·次$^{-1}$
废液 B'	1.26	37467/12	3122	2.5
蒸发掉水量 W'	1.00	9467/12	789	0.79
混合浆液量 J'	1.30	28000/12	2333	1.79
七水硫酸亚铁结晶量 G'_3	1.20	9267/12	772	0.64
七水硫酸亚铁成品量	1.20	8340/12	695	0.58
母液 M'	1.26	18733/12	1561	1.23

14.3.3 车间布置

14.3.3.1 车间外部

本车间在进行总图布置时应遵循下列原则：

(1) 应尽量靠近酸洗车间，如有数个酸洗车间时，应靠近其中最大者或用酸负荷中心。

(2) 应尽量靠近主要运输线路，要有专用运输线通往本车间，同时还应根据本车间的需要，设置专用的补充新酸和固体硫酸亚铁的装卸设施。

(3) 本车间宜单独建筑。本车间的各系统及其附属建筑物，应视为一个独立完整的单元进行统一考虑布置。

(4) 由于本车间排出的废气具有腐蚀性，为了不影响其他设施，应将本车间布置在区域的下风向。

14.3.3.2 车间内部

本车间由两个系统组成，即冷冻站系统和回收系统。回收系统分为三个部分：即硫酸亚铁仓库、主厂房、酸液仓库。硫酸亚铁仓库、主厂房、酸液仓库应布置在一个建筑物内，三者最好成一字形布置，主厂房居中，亚铁仓库和酸液仓库分别布置在主厂房的两端。如有新酸贮槽则布置在酸液库的外端。制冷站系统可以单独布置，也可与回收系统合并布置在一起，要因地制宜地予以选定。本例是采用独立布置的。

酸液仓库：本间为一单层。废液贮槽、母液贮槽、废液过滤器以及酸泵均布置在其内。在各槽的上部则可设置吊装和移动液下耐酸泵的设施，还应在其上部设置供生产操作用的走道、梯台等。各贮槽均应布置在地面以上，并要求适当高度和空间，以利于检查和维修。

主厂房：主厂房有三层，在三楼布置有两个蒸发浓缩罐，平旋器、混合冷凝器及化验室。在二楼布置有四个冷冻结晶罐、一个废液中间槽。在一楼布置有真空泵、为翻斗式真空过滤机抽真空用的真空罐三个,气压排水槽一个。废液在此由高往低,借助重力顺流而下,经蒸发浓缩,冷冻结晶,过滤分离工序完成其回收全过程。

硫酸亚铁仓库:亚铁仓库为一层,在靠主厂房端设置有翻斗式过滤机三台及其出料漏斗。仓库内应考虑汽车进入的可能。仓库应采取良好的防潮和避风措施,以防止固体硫酸亚铁潮解和风化。亚铁仓库所需面积确定及其他要求参见本章14.2节中的车间布置。

在二楼设置有:办公室、学习室及男女更衣间。

由于本回收车间的废气具有腐蚀性,因此在进行工艺布置设计时,对车间的各个部分均应考虑采取良好的通风排气措施。

所有设备和槽罐,均应采取严格的防渗防漏防腐措施,防止酸液渗漏到外面腐蚀建筑和其他设备。

在进行布置设计时,应尽量考虑把设备布置得紧凑,管道布置排列的合理而管路又最短,从而节约车间建筑面积和投资。

车间工艺布置见图 14-20。

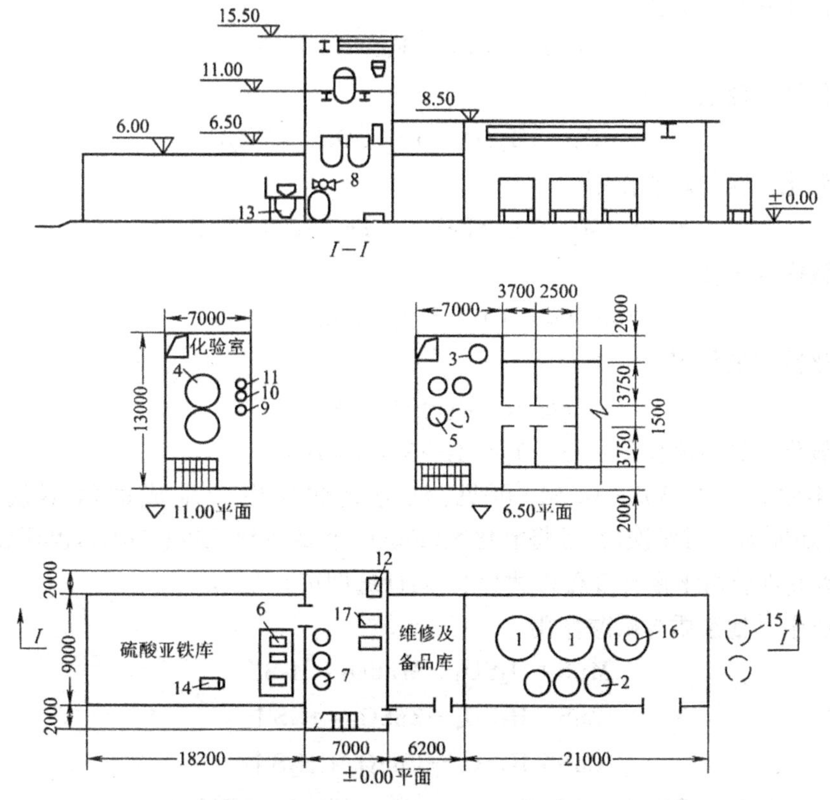

图 14-20 车间工艺布置图

1—废液母液贮槽;2—预处理器;3—中间槽;4—蒸发浓缩罐;5—冷冻结晶罐;6—真空过滤机;7—真空罐;8—蒸汽喷射器;9—平旋器;10—冷凝器;11—平旋器;12—气压排水槽;13—料斗;14—手推小车;15—新酸贮槽;16—耐酸泵;17—真空泵

14.4 铁屑法的设计计算

14.4.1 基本原理与工艺流程

14.4.1.1 基本原理

用铁屑处理硫酸废液，主要是使游离硫酸与铁作用生成硫酸亚铁，并通过冷却降低废液中硫酸亚铁的溶解度，使硫酸亚铁结晶析出，经分离将结晶取出，滤液中和排出或再循环处理。

要回收的硫酸亚铁包括酸洗过程中产生的和加入铁屑后与废液中游离酸作用生成的两部分。

由于铁屑的化学成分比较复杂，除基铁外，尚含有其他化学成分，所以铁屑加入后产生的主要化学反应如下：

(1) 铁与硫酸作用

$$Fe + H_2SO_4 \rightarrow FeSO_4 + H_2\uparrow \tag{14-49}$$

(2) 氧化亚铁与硫酸作用

$$FeO + H_2SO_4 \rightarrow FeSO_4 + H_2O \tag{14-50}$$

(3) 氧化铁与硫酸作用

$$Fe_2O_3 + 3H_2SO_4 \rightarrow Fe_2(SO_4)_3 + 3H_2O \tag{14-51}$$

(4) 四氧化三铁与硫酸作用

$$Fe_3O_4 + 4H_2SO_4 \rightarrow FeSO_4 + Fe_2(SO_4)_3 + 4H_2O \tag{14-52}$$

(5) 硫酸铁与氢作用

$$Fe_2(SO_4)_3 + H_2 \longrightarrow 2FeSO_4 + H_2SO_4 \tag{14-53}$$

(6) 氧化铁与氢作用

$$Fe_2O_3 + H_2 \rightarrow 2FeO + H_2O \tag{14-54}$$

(7) 四氧化三铁与氢作用　$Fe_3O_4 + H_2 \rightarrow 3FeO + H_2O$　(14-55)

由式(14-52)、(14-53)、(14-54)可见，铁与硫酸作用所生成的氢不仅将硫酸铁[$Fe_2(SO_4)_3$]还原为硫酸亚铁，并且将氧化铁(Fe_2O_3)和四氧化三铁(Fe_3O_4)也还原成氧化亚铁(FeO)。因此在物料平衡计算仅以式(14-54)计算即可。

(8) 铁屑中其他杂质与硫酸作用

$$MnS + H_2SO_4 \rightarrow MnSO_4 + H_2S\uparrow \tag{14-56}$$

$$ZnS + H_2SO_4 \rightarrow ZnSO_4 + H_2S\uparrow \tag{14-57}$$

$$CuS + H_2SO_4 \rightarrow CuSO_4 + H_2S\uparrow \tag{14-58}$$

$$2Fe_3P + 6H_2SO_4 \rightarrow 6FeSO_4 + 3H_2\uparrow + 2PH_3\uparrow \tag{14-59}$$

$$FeSi + H_2SO_4 + 3H_2O \rightarrow FeSO_4 + SiO_2 \cdot H_2O + 3H_2\uparrow \tag{14-60}$$

去除杂质元素的化学反应　根据硫酸亚铁不同规格的产品要求，尚需对硫酸亚铁作进一步处理。一般试剂用(包括优级纯、分析纯)和医药用的硫酸亚铁，在溶解浓缩后需加入适量的硝酸银和硫化氢，可去除一些不符合试剂和医药用硫酸亚铁技术指标的杂质元素，而工业用和农业用硫酸亚铁可不必这样处理。其化学反应如下：

$$Cl^- + Ag^+ \rightarrow AgCl \quad (14\text{-}61)$$

$$Zn^+ + H_2S \rightarrow ZnS\downarrow + 2H^+ \quad (14\text{-}62)$$

$$Cu^+ + H_2S \rightarrow CuS\downarrow + 2H^+ \quad (14\text{-}63)$$

$$Mn^+ + H_2S \rightarrow MnS\downarrow + 2H^+ \quad (14\text{-}64)$$

$$Sn^+ + H_2S \rightarrow SnS\downarrow + 2H^+ \quad (14\text{-}65)$$

在酸性条件下，硫化氢（H_2S）除锰（Mn）效果较差，因为锰溶解在酸性溶液中。有的生产厂根据溶解度不同的特点，采用重结晶的方法除锰。

14.4.1.2 工艺流程

一般依回收的产品规格而设置，两个常见的工艺流程示于图 14-21 和图 14-22。

A 废酸的预处理

由酸洗工段运来的废酸，先放置在贮槽里，一般由贮槽进入溶解浓缩槽之前，最好要经预处理。预处理的措施是将废液用泵从贮槽内吸出，打入氯纶套袋过滤器以去除机械杂质。经过预处理的废液进入溶解浓缩槽，机械杂质被氯纶套袋截留在过滤器内，根据具体情况用工业水反冲洗，将机械杂质随冲洗水流入中和处理设备。

B 铁屑选择与处理

铁屑的选择是生产硫酸亚铁的关键一步。一般生产普通工业硫酸亚铁要求不严，但生产试剂或医药用等高级硫酸亚铁时这一工序特别重要。生产硫酸亚铁一般以普碳钢车屑为宜，粒度越细越好。生产实践证明，这种条件难以达到，只能控制某些难于处理的个别成分。如生产试剂用硫酸亚铁时，尽量不用镍铬钢和锰钢车屑，要使用时其含铬、镍等合金元素总量不宜超过 1%。铁屑的表面不宜过分锈蚀或沾黏大量油污，油污应预先用火烧掉后再装入溶解浓缩槽。

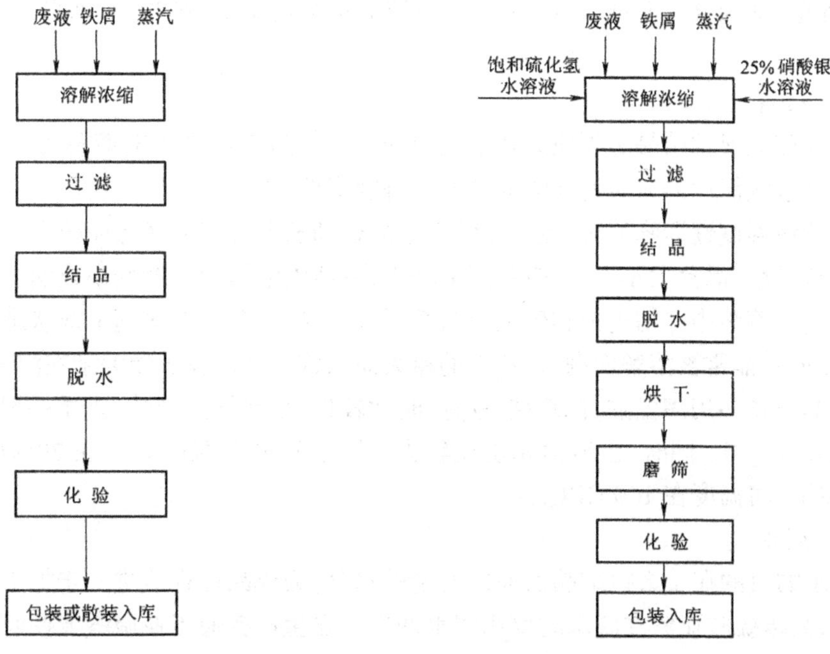

图 14-21 回收工业硫酸亚铁工艺流程图

图 14-22 回收中高级硫酸亚铁工艺流程图

C 加热蒸汽

蒸汽主要作加热用，用量由热工计算确定，蒸汽压力为0.3MPa左右，当无蒸汽可用时，溶解浓缩槽也可以用其他方式加热。

D 溶解浓缩

溶解浓缩工序，有的也叫化铁工序，就是在溶解浓缩槽里使铁屑与硫酸作用生成硫酸亚铁而溶解在废酸液中，反应生成的氢，一部分还原高价铁，一部分逸出液面，尽管这一化学反应是放热反应，但在实际生产中还要加热，以加速其反应的进行，在此过程中废液被蒸发掉部分水分而得到浓缩。

溶解浓缩工序的操作是先在池内加入一定量的铁屑，然后放入废液，待池内液位到达规定高度后，再分几批加入适量铁屑。加入的铁屑一般需过量。要始终控制加热温度不超过80℃，以防一水硫酸亚铁结晶析出产生沉淀。当溶液浓度达到24度（波美度）左右时，池内开始呈现沸腾，此时应停止加热，并加入废液（或水）。

由于氢气大量外逸，沿池边不应有明火接近，也切忌加入油污铁屑和铅、锌等重金属，否则可能引起燃烧和爆炸。池内废液面须低于池顶200～300mm，要注意池周围及室内通风，以便及时驱散加热情况下蒸发的酸汽，保护操作工人身体健康，并设置消防设施（如四氯化碳、干冰、灭火器等）。

溶解浓缩时间约6～8h，当浓度达到38～40度（波美度）时，即可放入下道工序。

E 过滤

过滤的目的在于去除溶液中的机械杂质，从而得到更纯洁的硫酸亚铁。本工艺可用自然过滤床或真空抽滤，视物料量和装配水平而定。采用绒布、尼龙布、滤纸迭层等滤布，均可取得满意的效果。滤袋层数视产品规格而定，生产工业硫酸亚铁为1～3层；医药硫酸亚铁为4～6层，试剂硫酸亚铁为8～12层，滤液温度要控制在80℃，否则易阻塞滤布，影响滤速。

F 结晶

为使硫酸亚铁结晶必须使其在溶液中的含量超过该温度下的溶解度，本工艺采用自然冷却降低溶液温度的方法使硫酸亚铁的溶解度降低。

当溶液温度逐渐降低时，硫酸亚铁分子的运动随着温度的降低而减慢，直至分子间获得稳定的位置后，晶芽大小不一，有些逐渐增大，有些因溶解而逐渐变小或消失，但以长大的趋势为主。当溶液中一切过饱和硫酸亚铁都形成结晶后，溶液即达到平衡状态，经过这一过程后，细小的结晶常被溶解而淘汰，留下的粗大而匀称的结晶粒子便混杂在溶液里。

结晶设备多用陶瓷缸，自然结晶所需时间较长，且受气温影响，夏季一般需要4～5d，冬季亦需要3～4d。同时，占地面积也比较大。陶瓷缸的耐酸度要求在70%（指酸的浓度为70%）以上，耐温度在100℃以上。

G 脱水

脱水的目的在于去掉结晶表面的大量的水分，为成品保存或进一步加工创造有利条件。生产中，高级硫酸亚铁在脱水时要用清水冲洗。在生产普通工业硫酸亚铁时，产品经化验合格即可包装或散装入库，生产医药或试剂用硫酸亚铁时，需经过烘干等工序。

脱水设备一般采用离心机，可去掉约15%的水分。

H 烘干

烘干工序只用于生产医药或试剂用的硫酸亚铁,为了得到七个结晶水的硫酸亚铁,脱水后的硫酸亚铁必须烘干。

烘干的方法很多,小批量生产时,一般用电阻丝加热烘干。

烘干过程是,先将脱水后的硫酸亚铁结晶分层放在特制的小车上,然后推入烘干房内,在此将结晶表面上残留的水分烘干,一般烘干温度在60~70℃,切忌超过70℃,要经常将结晶体翻拌使烘干物料均匀。翻拌次数越多越好,最少每隔15min翻拌一次,约2~2.5h后即可出烘干房。

I 筛磨

筛磨是按产品规格要求进行的。若生产化学试剂,将烘干后的结晶通过40目筛子,筛上部分尚需进一步磨细,如此反复进行直至全部通过为止。若生产医药用硫酸亚铁,则先磨细再通过12~60目筛子,取其所要求的规格,磨与筛亦要反复进行。磨可用石磨,亦可用钢磨,筛可用标准筛。

J 化验

产品出厂之前必须经过化验,技术指标可参考表14-4,医药用硫酸亚铁应符合药典标准,化学试剂用硫酸亚铁应符合国家标准(GB664—89)。

K 包装

普通工业硫酸亚铁一般不予包装,有时根据用户要求,可用草包包装。医药和化学试剂用的硫酸亚铁,为了防止风化、受潮变质,必须很好地包装。药用的用柏油纸、牛皮纸、白报纸三层包装,然后装入木箱,每箱50kg。化学试剂用的硫酸亚铁分瓶装和袋装两种。瓶装每瓶500g,瓶口须用肌皮套封口,袋装用塑料袋,每袋装8kg或50kg,均装入木箱或纸箱。

14.4.2 设计计算

下面用一实例,说明其全部设计计算

14.4.2.1 设计任务和原始资料

(1) 酸洗间,年用98%浓度的商品硫酸100t,根据产品要求和操作条件,最初酸洗液含酸浓度20%,洗至5%时排放,年工作小时为5000h。

(2) 冷却水温:夏季冷却水温采用20℃。

(3) 最热月平均温度为22℃。

(4) 蒸汽压力为0.3MPa(表压)。

14.4.2.2 物料平衡计算

A 酸洗间年物料量计算

酸洗间年物料量计算按以下化学反应式进行:

$$\underset{72}{FeO} + \underset{98}{H_2SO_4} = \underset{152}{FeSO_4} + \underset{18}{H_2O}$$

a 年实际用酸量

$$G_0 = GC = 100 \times 98\% = 98(\text{t}) \tag{14-66}$$

式中 G——年用新酸量或其他工艺用过的废酸量,t;

C——新酸或其他工艺用过的废酸的质量百分浓度,%。

b 年配制酸洗液加水量(t)

$$W_1 = \frac{G_0 - GC_1}{C_1} = \frac{98 - 100 \times 0.2}{0.2} = 390(\text{t}) \tag{14-67}$$

式中　C_1——配制酸洗液的质量百分比浓度,%。

c　年配制酸洗液量

$$A = G + W_1 = 100 + 390 = 490(\text{t}) \tag{14-68}$$

d　年实耗酸量(t)

$$G_1 = \frac{98(G_0 - AC_2)}{98 + 72C_2} = \frac{98(98 - 490 \times 0.05)}{98 + 72 \times 0.05} = 70.9(\text{t}) \tag{14-69}$$

式中　C_2——废液中含酸质量百分浓度,%。

e　氧化亚铁溶入量

$$G_2 = \frac{72}{98}G_1 = 0.735 \times 70.9 = 52.1(\text{t}) \tag{14-70}$$

f　年产生废液量

$$B = A + G_2 = 490 + 52.1 = 542.1(\text{t}) \tag{14-71}$$

g　年生成水量

$$W_2 = \frac{18}{98}G_1 = 0.184 \times 70.9 = 13.1(\text{t}) \tag{14-72}$$

h　新酸带入水量(t)

$$W_3 = G - G_0 = 100 - 98 = 2(\text{t}) \tag{14-73}$$

i　酸洗时硫酸亚铁生成量

$$G_3 = \frac{152}{98}G_1 = 1.55 \times 70.9 = 109.9(\text{t}) \tag{14-74}$$

j　废液中剩余酸量

$$G_4 = BC_2 = 542.1 \times 0.05 = 27.1(\text{t}) \tag{14-75}$$

或　$G_4 = G_0 - G_1 = 98 - 70.9 = 27.1(\text{t})$

将酸洗间各物料量计算结果列入表14-18中。

表14-18　酸洗间物料平衡表

酸洗过程物料量	排除废液量
浓度98%工业硫酸消耗量100t	废液中剩余酸量27.1t
配制浓度20%酸洗液加水量390t	配制浓度20%酸洗液加水量390t
酸洗过程中氧化亚铁溶入量52.1t	酸洗过程中生成水量13.1t
	酸洗过程中硫酸亚铁生成量109.9t
	98%硫酸带入水量2t
合计(废液量)542.1t	合计(废液量)542.1t

B 回收间年物料量计算

回收间年物料量计算,按以下化学反应式进行

$$Fe + H_2SO_4 = FeSO_4 + H_2 \uparrow$$

$$56 \qquad 98 \qquad 152 \qquad 2$$

根据国内操作经验,用铁屑处理废液时,并非将废液中剩余硫酸全部除尽。对硫酸亚铁结晶而言,完成液中控制酸度在 pH = 1.5 ~ 2 较为有利。因此,在物料平衡计算中必须考虑这一因素。在进行该部分物料平衡之前,首先要算出完成液中剩余硫酸量。

a 完成液中剩余硫酸量 B_1

原废液中剩余硫酸量为 G_4,加铁屑后完成液中尚剩余酸量为 B_1,则与铁屑作用的酸量为 $G_4 - B_1$,其相应溶解的铁屑量为 $56/98(G_4 - B_1)$,完成液的总量为 $B + (56-2)/98(G_4 - B_1)$,如完成液此时含酸浓度为 C_b,则可列出下述等式:

$$\left[B + \frac{54(G_4 - B_1)}{98}\right] C_b = B_1$$

或

$$B_1 = \frac{(B + 0.551G_4)C_b}{1 + 0.551C_b} = \frac{(542.1 + 0.551 \times 27.1) \times 0.001}{1 + 0.551 \times 0.001} = 0.6(\text{t}) \tag{14-76}$$

当已选定控制 pH 值之后,其相应的质量百分浓度(C_b)可由表 14-19 中粗略查得。

b 与铁屑反应的硫酸量

$$G_5 = G_4 - B_1 = 27.1 - 0.6 = 26.5(\text{t}) \tag{14-77}$$

表 14-19 完成液中 pH 值与质量百分浓度对照表

pH	1.1	1.2	1.3	1.4	1.5	1.6	1.7	1.8	1.9	2.0	2.1	2.2	2.3	2.4	2.5
C_b/%	0.4	0.3	0.25	0.2	0.15	0.13	0.1	0.08	0.06	0.05	0.04	0.03	0.025	0.021	0.018

c 铁屑需要量

$$G_6 = \frac{56}{98}G_5 = 0.571 \times 26.5 = 15.1(\text{t}) \tag{14-78}$$

d 氢置换量

$$H = \frac{2}{98}G_5 = 0.02 \times 26.5 = 0.5(\text{t}) \tag{14-79}$$

e 回收时硫酸亚铁生成量

$$G_7 = \frac{152}{98}G_5 = 1.55 \times 26.5 = 41.1(\text{t}) \tag{14-80}$$

f 完成液总质量

$$B_0 = B + G_6 - H = 542.1 + 15.1 - 0.5 = 556.7(\text{t}) \tag{14-81}$$

g 产品回收量

产品回收量决定于硫酸亚铁在废液中的溶解度，而溶解度又与结晶温度和结晶时废液的酸度有关。因为这些条件将直接影响结晶速度与结晶颗粒大小。所以产品回收量实际上是设计标准问题。

在一般情况下，结晶时的酸度控制在 pH = 1.5 ~ 2。如果采用 pH = 1.7，由表 14-19 中查得，相当于残液中含硫酸质量百分浓度为 0.1%。而结晶温度又受当地的气温影响，建议按 6、7、8 三个月平均气温计算。

(1) 七水硫酸亚铁理论产量。酸洗时生成的和加铁屑反应后生成的硫酸亚铁总量为理论产量：

$$G_l = \frac{278}{152}(G_3 + G_7)$$

$$= 1.83(109.9 + 41.1) = 276.3(\text{t}) \tag{14-82}$$

(2) 七水硫酸亚铁的实际产量。由于硫酸亚铁在残液（完成液分离硫酸亚铁结晶后所剩余的废液）中尚有一定溶解度，因此上述理论产量不可能全部取出。先假定残液含酸浓度 $C'_b = 0.12\%$，查表 14-6，当结晶温度 $t_w = 22℃$（最热月平均气温），硫酸亚铁在残液中的溶解度 $C_a = 21.82\%$。若七水硫酸亚铁的实际产量为 G_s，则可列出下述等式：

$$(B_0 - G_s)C_a = G_3 + G_7 - \frac{152}{278}G_s$$

或

$$G_s = \frac{G_3 + G_7 - B_0 C_a}{0.55 - C_a}$$

$$= \frac{151 - 556.7 \times 0.2182}{0.55 - 0.2182} = 90(\text{t}) \tag{14-83}$$

h　随残液带走的七水硫酸亚铁量

$$G_{sh} = G_l - G_s$$

$$= 276.3 - 90 = 186.3(\text{t}) \tag{14-84}$$

i　残液量

$$B' = B_0 - G_s$$

$$= 556.7 - 90 = 466.7(\text{t}) \tag{14-85}$$

j　核算残液中含酸浓度

$$C'_b = \frac{B_1}{B'} = \frac{0.6}{466.7} = 0.128\%\text{，与假定值相近} \tag{14-86}$$

将回收间各物料量计算结果列于表 14-20，全年物料平衡示于图 14-23。

表 14-20　回收间物料平衡表

浓度 98%工业硫酸消耗量 100t	配制浓度 20%酸洗液加水量 390t
配制浓度 20%酸洗液加水量 390t	酸洗过程中生成水量 13.1t
酸洗过程中氧化亚铁溶入量 52.1t	98%硫酸带入水量 2t
铁屑需要量 15.1t	酸洗过程中硫酸亚铁生成量 109.9t
	回收时硫酸亚铁生成量 41.1t
	氢置换量　约 0.5t
	残液中剩余硫酸量　约 0.6t
合计　557.2t	合计　557.2t

C　小时平均物料量

小时物料量是标准设备的选型和非标准尺寸确定的依据，亦是确定回收车间设计能力的主要依据。

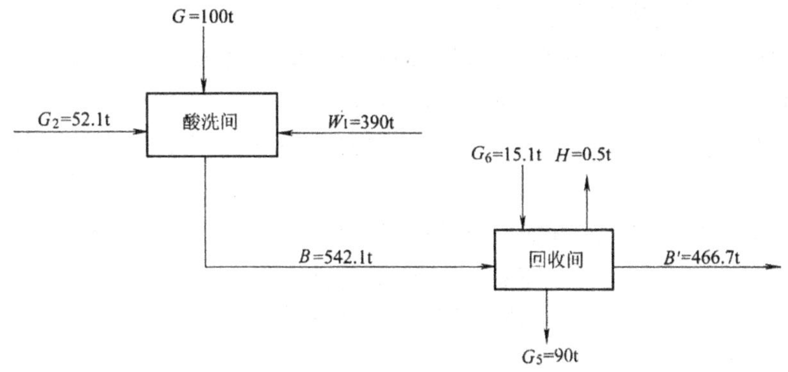

图 14-23　年用 98% H_2SO_4 100t 物料平衡图

一般回收车间的操作制度与酸洗间操作制度相吻合，工作班制与工作小时都相同。

小时物料量计算，是将年物料量除以年工作小时即得。

根据轧钢工艺提供的设计条件，年工作小时为 5000h，为简化计算列表如下：

表 14-21　小时平均物料量计算

计算项目	密度/$g\cdot cm^{-3}$	计算式	物料量	
			/$kg\cdot h^{-1}$	/$m^3\cdot h^{-1}$
浓度 98% 商品硫酸	1.83	$\frac{100\times1000}{5000}$	20.0	0.011
配制 20% 酸洗液加水量	1.0	$\frac{390\times1000}{5000}$	78.0	0.078
氧化亚铁溶入量	5.95	$\frac{52.1\times1000}{5000}$	10.4	0.002
废液量	1.26	$\frac{542.1\times1000}{5000}$	108.4	0.086
铁屑需要量	7.8	$\frac{15.1\times1000}{5000}$	3.0	0.0004
氢置换量	—	$\frac{0.5\times1000}{5000}$	0.1	—
回收商品硫酸亚铁量	1.2	$\frac{90\times1000}{5000}$	18	0.015
残液量	1.22	$\frac{466.7\times1000}{5000}$	93.3	0.076
完成液量	1.26	$\frac{556.7\times1000}{5000}$	111.3	0.088

14.4.2.3　设备选择与计算

A　浓缩溶解槽

由于本工艺为间断性生产，为使各工序之间操作协调和热量消耗均衡，浓缩溶解槽不少于两个，其中一个经常性工作，另一个进行装料卸料及其他生产准备。

浓缩溶解时间一般需要 6～8h，因此一个槽每天可以处理 3 槽，则浓缩溶解槽的有效容积应为：

$$V=\frac{B_T}{3}=\frac{0.086\times 24}{3}=0.688(m^3) \tag{14-87}$$

式中 B_T——每天处理废液容量,m^3。

浓缩溶解槽的形状,可用方形,长方形和圆柱形,同时必须考虑以下两个因素:

(1) 防止泡沫飞溅,槽沿要高出液面 300~400mm。

(2) 如果用盘管加热,要考虑盘管体积。总高度不应高于 1.5m,如果超过 1.5m,应加操作平台。

设计考虑采用圆形浓缩溶解槽,液相物料的有效高度采取 $h_1=0.8m$,则直径为:

$$D=\sqrt{\frac{4V}{\pi h_1}}=\sqrt{\frac{4\times 0.688}{3.14\times 0.8}}=1.05(m)$$

采用 $D=1.1m$。

浓缩溶解槽固相高度

$$h_2=\frac{4V_1}{\pi D^2}=\frac{4\times 0.0004\times 8}{3.14\times 1.1^2}=0.003(m)$$

式中 V_1——每槽应投入铁屑容量,m^3。

浓缩溶解槽总高度

$$H=h_1+h_2+h_3=0.8+0.003+0.3=1.1(m)$$

式中 h_3——保护超高,m。

设计采用 $D=1.1m$,$H=1.1m$ 溶解槽两个。

B 过滤设备

过滤设备可以采用竹箩,陶瓷过滤缸,或自制简易过滤床,无论采用何种过滤设备,都必须控制完成液的温度在 80℃左右。

C 结晶设备

结晶设备可用陶瓷缸、矩形陶瓷容器,也可以用砖或混凝土制作,内衬防腐材料。

结晶设备的选择应根据每天完成液总量(B_0)选用,在浓缩溶解过程蒸发掉的水量可以忽略不计。自然结晶时间按 5d 计算。

设计考虑采用 1000mm×1000mm 的陶瓷缸作为结晶设备,自然结晶天数按 5d 计算,则所需个数为:

$$n=\frac{V_5}{V_0}=\frac{5\times 24\times 0.088}{0.8}=12.4(\text{个}),\text{采用 13 个。}$$

D 脱水设备的选用

脱水设备的选用,同过滤设备。如果装备水平较高可用离心机。

E 烘干与筛磨设备的选用

烘干、筛、磨三道工序,只用于回收中、高级硫酸亚铁工艺,一般在工业硫酸亚铁工艺中不用,因此不作介绍。

14.4.2.4 耗热量计算

这里仅考虑浓缩溶解槽的耗热量,其他如废液的热损失等可不予计算。但总体设计时应全面考虑。

浓缩溶解槽耗热量计算与废液贮槽加热和保温计算相同。一般不考虑硫酸亚铁的生成热,因此浓缩溶解槽的耗热量,可按废液贮槽加热及保温计算方法进行。

14.4.2.5 车间布置

本工艺布置可采用竖向布置或横向布置,视具体建厂条件而定。

建筑用地紧张时,可以采用竖向布置,将浓缩溶解工段放在最高层,结晶工段放在第二层,过滤工段放在二层与底层之间的平台上,其余均放在底层。

建筑用地宽裕时,也可以采用横向布置,浓缩溶解工段放在车间的一端,接着是结晶工段及脱水工段。

两种布置的硫酸亚铁仓库,可以合建,也都可以分开建筑。其他原则,均可见 14.2。

14.5 聚合硫酸铁法的设计计算

14.5.1 聚合硫酸铁的特性

14.5.1.1 主要性能指标

聚合硫酸铁是一种含有碱式硫酸铁的聚合物,其英文缩写为 PFS,是新型无机高分子絮凝剂。PFS 分子通式为$[Fe_2(OH)_n(SO_4)_{3-n/2}]_m$,$0.5 < n < 2$, $m = f(n)$,一般 $m > 10$。PFS 水解产物中含有大量的$[Fe_2(OH_4)]^{2+}$、$[Fe(H_2O)_6]^{3+}$、$[Fe_8(OH)_{20}]^{4+}$、$[Fe_2(OH)_3]^{3+}$、$[Fe_3(OH)_6]^{3+}$等高价和多核络离子。作为混凝剂具有快速混溶,中和电荷,水解架桥,混凝沉淀作用,从而使被处理的水迅速变清。

目前,国家产品质量标准为 GB14591—93。北京市化工局批准的 Q/HG16-792-87 产品标准见表 14-22。

表 14-22 聚合硫酸铁产品质量指标对比

项目名称	中国		日本
	液体产品	固体产品	液体标准样品
密度 d_4^{20}	≥1.41~1.50		>1.45
Fe^{3+}/g·L^{-1}	150~170	≥160	>160
Fe_2O_3/%	>14.5	>26.0	
粘度(20℃)C_p	10~14		11~13
pH 值	0.5~3	≤1.0	0.5~1.0
碱化度(OH/Fe)	7~20	5~20	
Fe^{2+}/g·L^{-1}	<1		<1
Fe^{3+}/%	<0.005	0.025	
水不溶物/%		≤0.2~1	
As/g·L^{-1}	≤2×10^{-3}		
Pb/g·L^{-1}	≤10×10^{-3}		
$(OH)_n$ 中的 n 值	0.5~1.0		0.5~1.0
溶解度(25℃)	溶于水	40g/100gH_2O	
贮存期	≥6个月	长期保存	
外观	棕红色粘稠状液体	浅黄色或浅灰黄色粉末或颗粒	红棕色粘稠状液体

毒性试验,经急性致死试验,蓄积毒性试验,亚急性毒性试验,微核试验,及致畸变等试验,均呈阴性结果,证实本品无毒。

安全系数暂定为200倍,每人每日允许摄入量为2.9mg/kg。

14.5.1.2 在给水排水处理中所具有的特征

聚合硫酸铁在给水排水中所具有的特性是:

(1) 适用条件广泛,包括pH=4~11的给水净化,污水处理,泥渣脱水。

(2) 和铝盐相比,碱式氯化铝投加量增加时,其出水水质有变坏的倾向,而聚合硫酸铁能有效地除去水中的COD、色度、恶臭等物质。用于印染、造酒、屠宰、食品、化工等行业的污水处理。

(3) 能除去工业废水中的重金属离子,所以亦用于冶金废水处理。

(4) 和单体铁盐相比,PFS的残余铁残留量小于2mg/L,在饮用水净化处理中其残留量小于0.3mg/L。PFS稀释方便,一般为2%~3%,损耗少,且无刺激性气体产生,改善操作环境,处理效果好,水处理成本低。PFS与$FeCl_3$和$FeSO_4$处理成本比较见表14-23。PFS与$Fe_2(SO_4)_3$混凝效果比较见表14-24。

表14-23 PFS与$FeCl_3$和$FeSO_4$处理成本比较

名　　称	km^3水投加量/kg	价格/元·kg^{-1}	km^3水单耗/元
$FeCl_3$	6.25	1.60	9.81
$FeSO_4+Cl_2$	20+3.5	0.13+1.20	6.8
PFS	30	0.25	7.5

表14-24 PFS与$Fe_2(SO_4)_3$混凝效果比较

水样浊度28度加入混凝剂量/mg·L^{-1}(以Fe^{3+}计)	上清液浊度/度	
	$Fe_2(SO_4)_3$	PFS
20	2.4	3.1
30	1.3	1.7
40	0.7	1.0
50	0.6	0.6
60	0.7	0.5
70	0.7	0.4
80	1.0	0.4
90	2.2	0.2

(5) 对给排水设备、管道、仪器、仪表等腐蚀性远小于单体$FeCl_3$。

(6) 污泥处理中,PFS水解产物的压缩性和脱水性优良。

14.5.2 聚合硫酸铁的应用情况

14.5.2.1 给水净化处理

当源水浊度为40~400mg/L,投加含Fe^{3+}为4%的聚合硫酸铁为50~60mg/L时,其净化效果见表14-25。

表 14-25 泗塘河水净化效果

水种	浊度/mg·L^{-1}	pH	总碱度/mg·L^{-1}（以 $CaCO_3$ 计）	总硬度/mg·L^{-1}（以 $CaCO_3$ 计）	总铁/mg·L^{-1}	氯化物/mg·L^{-1}
河水	83～170	6.7～7.2	144.44～154.94	216.91～232.91	5.2～14.0	82～120
沉淀水	1.6～5.2	6.8～7.1	124.95～154.94	229～236.9	0.3～0.5	
过滤水	0.6～4.5	6.8～7.1	129.95～154.94	184.43～236.9		

用聚合硫酸铁代替原用的固体碱式氯化铝，对低温低浊或高温高浊的长江水净化后，其水质满足工业用水水质要求，经过滤、氯消毒后，符合国家生活饮用水卫生标准(表 14-26)。

表 14-26 长江水净化效果

项目	数值		项目	数值	
	长江水	净化水		长江水	净化水
pH	7.3～8.15	7.1～7.9	硝酸盐/mg·L^{-1}	10.58	7.99
色度/度	5～20	5～9	汞/mg·L^{-1}	0.001	0.001
臭味	有异味	无	镉/mg·L^{-1}	未检出	未检出
悬浮物		无	铬/mg·L^{-1}	0.0031	0.0024
总固体/mg·L^{-1}	479	177	砷/mg·L^{-1}	0.015	0.007
浊度/度	539～800	2～3	铜/mg·L^{-1}	0.038	0.022
总硬度/mg·L^{-1}(以 $CaCO_3$ 计)	121.20	108.17	铅/mg·L^{-1}	0.065	0.065
挥发酚/mg·L^{-1}	0.002	0.002	锌/mg·L^{-1}	0.01	0.01
氰化物/mg·L^{-1}	0.004	0.002	锰/mg·L^{-1}	0.3	0.092
氟化物/mg·L^{-1}	0.20～0.35	0.20～0.24	铁/mg·L^{-1}	0.69～1.16	0.16～0.29
硫酸盐/mg·L^{-1}	9.23	19.01	氯化物/mg·L^{-1}	3.95～8.86	7.29～8.86

在电厂的给水净化处理中，使用 PFS 取代硫酸亚铁，可使硬度去除率由 39.95%提高到 53.36%，*COD* 去除率由 41.89%提高到 55.64%，2min 沉降比由 27 降到 9.0，出水浊度由 43 降到 13，软化水耗盐量由 208g/t 降低到 140.79g/t。

14.5.2.2 废(污)水处理

在小高炉的煤气洗涤水处理中，聚合硫酸铁的投药量为 200mg/L 时，出水 *SS* 由 194.5mg/L 降低到 6mg/L，透明度由 64.6%提高到 95.1%。

焦化厂化肥车间排水，经聚合硫酸铁混凝沉淀后，出水 *COD* 降到 400mg/L 以下，油在 10mg/L 以下，氰化物在 40mg/L 以下。

合成洗涤剂生产厂的排水一般含 *COD*300mg/L，pH = 5～9，*LAS* = 25～60mg/L，采用聚合硫酸铁作混凝剂，经中和处理后，出水 *COD* 可降低到 100mg/L 以下，pH = 7 左右，达到《污水综合排放标准》。

将聚合硫酸铁用于造纸废水混凝气浮处理上，出水无色透明，*COD* 由 635.16mg/L 降到 17.18mg/L，*SS* 由 1149mg/L 降低到 3.6mg/L，可保证重复使用。

在宾馆的水处理中，采用聚合硫酸铁进行中水处理，出水经过滤，消毒后，无色无臭，pH = 7.5～8.3，*SS* = 0mg/L，*COD* = 42.75mg/L，BOD_5 = 33mg/L，*LAS* = 1.7mg/L，大肠菌群

小于 3 个/mL,细菌总数 1 个/mL,完全满足中水水质要求。

14.5.2.3　泥渣脱水处理

炼油厂采用聚合硫酸铁和有机高分子絮凝剂对活性污泥进行化学调质后,用带式压滤机脱水,使滤饼含水率由 90.7%降低到 74.7%,污泥回收率达到 98.8%。

日本用 H_2O_2 加聚合硫酸铁对城市污水处理厂的污泥脱水进行试验。滤饼含水率为 79.8%,过滤速度为 $8.33kg/m^2\cdot h$,而用 $Ca(OH)_2$ 加 $FeCl_3$ 处理时,其滤饼含水率为 82.1%,过滤速度为 $5.27kg/m^2\cdot h$。

14.5.3　聚合硫酸铁的生产工艺流程

在常温常压下制备聚合硫酸铁的方法可分为液体聚合硫酸铁的工业化生产方法,固体聚合硫酸铁的工业化生产方法和聚合硫酸铁实验室制备方法三种。

14.5.3.1　液体聚合硫酸铁的工业化生产方法

原料:钢屑、硫酸、硫酸酸洗废液、硫酸亚铁、铁泥、磁性氧化铁、硫铁矿烧渣、含氧化铁工业废渣、磁铁矿粉、低品位菱铁矿等。

氧化剂:空气、纯氧、氯酸钾、次氯酸钠、过氧化氢等。

催化剂:亚硝酸钠、硝酸、二氧化锰等。

一般工艺流程:原料→溶浸→盐基化→氧化(加氧化剂)→聚合(加催化剂)→熟化→成品。

例如将定量的硫酸亚铁、硫酸溶液,在充分搅拌下加入亚硝酸钠,并通入空气氧化。催化剂分批加入,加入量占总量的 1.5%。氧化时间根据氧化剂的不同及具体操作方法大约为 2~17h。在反应中先生成水合硫酸铁,再生成各种碱式硫酸铁。完成氧化后,降温、静置、促进水解、聚合、过滤后即得棕红色粘稠状液体产品。

使用副产品及废硫酸液,也可采用二段氧化法。在生产过程中,必须通过检测手段,准确地控制反应原料的配比及确定反应完成的程度。完成氧化后,熟化 24h 以上,让溶液中重金属杂质被置换出来。先经粗滤,并在溶液中加入约 0.5%~0.8%的聚丙烯酰胺,再静置 48h,再经细滤即得液体产品。

若采用硫酸与硫酸亚铁为原料,其比例为:

$$\frac{H^+}{Fe^{2+}}\text{最佳摩尔比为 }0.35\sim0.45$$

$$\frac{FeSO_4\cdot 7H_2O}{H_2SO_4}\text{摩尔比为 }1:0.44\sim0.45$$

$$\frac{\text{总 }SO_4^{2-}}{\text{总铁}}\text{摩尔比为 }1.30\sim1.35$$

14.5.3.2　固体聚合硫酸铁的工业化生产方法

在回转窑内加入事先去除结晶水的硫酸亚铁和氧化剂。然后,通入一定温度的湿热空气,使物料在窑中滞留 15min,当物料氧化率达 80%以上时,加催化剂,通入硫酸,使总铁与硫酸根的摩尔比达 1:1.2~1.35,再经聚合,固化处理后即得固体产品。

亦可以由液体产品经浓缩、烘干,或液体产品稍加浓缩或不加浓缩,经时效处理也可以得到固体产品。

还可以硫酸及硫酸亚铁为原料,氧化剂为辅料,在反应器内使 Fe^{2+} 氧化成 Fe^{3+},然后过滤,除去杂质。再在催化剂作用下,于聚合釜内转化成高分子聚合物,经干燥即得固体产品。该工艺节约设备,提高氧化率达 95%以上;Fe^{3+} 含量提高约 2%,碱化度为 5%~7%。

14.5.3.3 聚合硫酸铁实验室制备方法

一般可采用直接氧化法,使用的氧化剂有:过氧化氢、二氧化锰、过硫酸钠、次氯酸钠等。尤以 H_2O_2 为最方便,氧化时间为 2h。或在 50℃水溶液上加热,恒温氧化则可缩短反应时间。

另一种方法是利用 $Fe(OH)_2$ 的不稳定性又易被氧化的特点。将定量的硫酸亚铁硫酸溶液,先取出其中一部分,用氨水或氢氧化钙将 pH 调至 8~9,使之生成氢氧化铁沉淀,制得母液。再取部分上述溶液,加入过氧化氢,制得氧化液。在不断地搅拌下,将母液与氧化液按 1:2 质量比混合反应 1.5~2h。若加速聚合反应,可加温至 80℃,反应完成后,降温、静置、过滤即得聚合硫酸铁。

对于钢铁厂可采用以下三种工艺流程(均属液体聚合硫酸铁的工业生产方法):

(1) 在没有钢材硫酸酸洗的情况下,用七水硫酸亚铁作原料,其工艺流程见图 14-24。

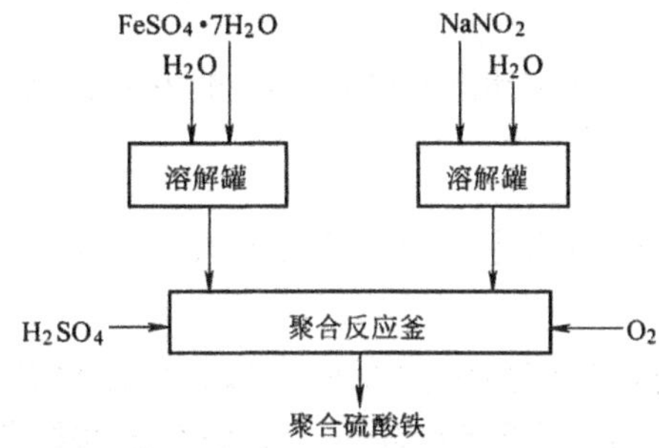

图 14-24 以 $FeSO_4 \cdot 7H_2O$ 为原料的工艺流程图

(2) 在有钢材硫酸酸洗车间,而无废酸洗液处理设施的情况下,应以废硫酸酸洗液为原料,其工艺流程见图 14-25。

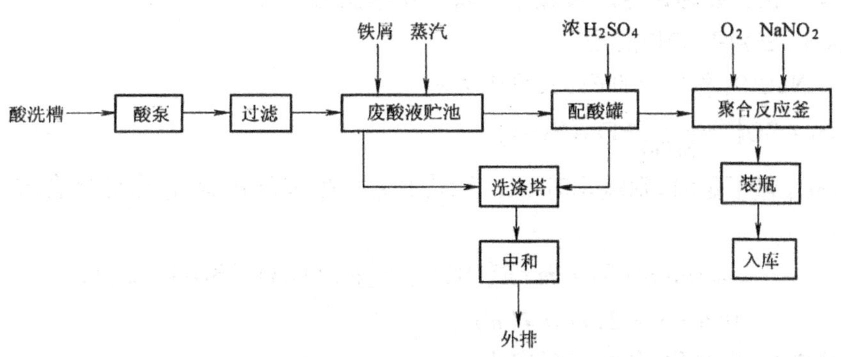

图 14-25 以废硫酸酸洗液为原料的工艺流程图

(3)在有钢材硫酸酸洗车间,又有废酸洗液蒸发浓缩冷冻结晶法处理设施,可兼具生产 $FeSO_4 \cdot 7H_2O$ 和 PFS,其工艺流程见图 14-26。

上述三种工艺流程的共性有:

(1) 经济效益高。利用硫酸废液制取聚合硫酸铁的生产成本较低,经济效益可观(目前

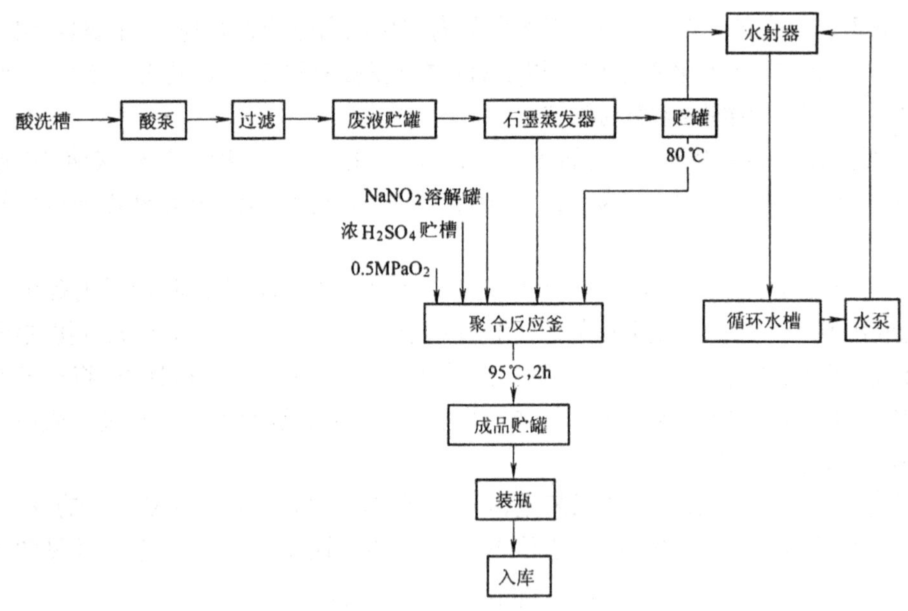

图 14-26 兼具生产 $FeSO_4 \cdot 7H_2O$ 和 PFS 的工艺流程图

聚铁市场价约 700 元)。

(2) 环境效益好。聚合硫酸铁生产过程中不产生二次污染,没有新的废气、废水、废渣产生。

(3) 社会效益显著。将钢材硫酸酸洗废液全部转化成聚合硫酸铁,既解决了废酸液难处理的问题,又解决了废酸液的严重污染问题。而聚合硫酸铁作为新资源广泛应用于给水净化、废水处理、泥渣脱水上。

(4) 总效益最佳。从产、供、销,变废为宝,资源综合利用,技术进步,清洁生产发展的总效益来看,聚合硫酸铁与其他无机絮凝剂比较,可以认为是最佳的。

14.5.4 聚合硫酸铁生产过程中的基本化学反应原理

14.5.4.1 三种氧化剂氧化法

(1) 用 $NaClO_3$ 作氧化剂时,其反应为:

$$2FeSO_4 + SO_4^{2-} \xrightarrow{NaClO_3} Fe_2(SO_4)_3$$

当 H_2SO_4 量不足时,则氧化时 OH^- 取代 SO_4^{2-},生成碱式盐,再由此聚合成聚合硫酸铁,其反应为:

$$m Fe_2(SO_4)_3 + m \cdot n(OH) \longrightarrow [Fe_2(OH)_n(SO_4)_{3-n/2}]_m$$

$$0.5 < n < 2, m = f(n)$$

(2) 用纯 O_2 作氧化剂时,其反应为:

$$2FeSO_4 + 2NaNO_2 + H_2SO_4 \longrightarrow 2Fe(OH)SO_4 + Na_2SO_4 + 2NO \quad (14\text{-}88)$$

$$FeSO_4 + NO \longrightarrow Fe(NO)SO_4 \quad (14\text{-}89)$$

$$2Fe(NO)SO_4 + \frac{1}{2}O_2 + H_2O \longrightarrow 2Fe(OH)SO_4 + 2NO \quad (14\text{-}90)$$

$$2Fe(NO)SO_4 + \frac{1}{2}O_2 + H_2SO_4 \longrightarrow Fe_2(SO_4)_3 + 2NO + H_2O \quad (14\text{-}91)$$

在气相中还有以下反应：

$$2NO + \frac{1}{2}O_2 \longrightarrow N_2O_3 \tag{14-92}$$

$$2NO + O_2 \longrightarrow 2NO_2 \tag{14-93}$$

在液相中继续进行以下反应：

$$2FeSO_4 + N_2O_3 + H_2O \longrightarrow 2Fe(OH)SO_4 + 2NO \tag{14-94}$$

$$2FeSO_4 + N_2O_3 + H_2SO_4 \longrightarrow Fe_2(SO_4)_3 + 2NO + H_2O \tag{14-95}$$

$$2FeSO_4 + NO_2 + H_2O \longrightarrow 2Fe(OH)SO_4 + NO \tag{14-96}$$

$$2FeSO_4 + NO_2 + H_2SO_4 \longrightarrow Fe_2(SO_4)_3 + NO + H_2O \tag{14-97}$$

$$mFe_2(SO_4)_3 + m \cdot n(OH) \longrightarrow [Fe_2(OH)_n(SO_4)_{3-n/2}]_m$$

与上述反应同时，还存在着一些副反应：

$$3NO_2 + H_2O \longrightarrow 2HNO_3 + NO \tag{14-98}$$

$$HNO_3 + SO_4^{2-} \longrightarrow NO_3^- + H_2SO_4 \tag{14-99}$$

$$NO_2 + NO + H_2O \longrightarrow 2HNO_2 \tag{14-100}$$

$$NaNO_2 + H_2SO_4 \longrightarrow Na_2SO_4 + HNO_2 \tag{14-101}$$

$$2HNO_2 \longrightarrow N_2O_3 + H_2O$$

$$N_2O_3 \longrightarrow NO + NO_2$$

$$3HNO_2 \rightleftharpoons HNO_3 + 2NO + H_2O$$

$$HNO_2 \rightleftharpoons H^+ + NO_2^-,\ K_a = [H^+]\cdot[NO_2^-]/[HNO_2] = 5\times10^{-4}(18℃)$$

(3) 用 H_2O_2 作氧化剂时，其反应为：

$$FeSO_4 + 2NH_4OH \longrightarrow Fe(OH)_2 + (NH_4)_2SO_4$$

$$2Fe(OH)_2 + O_2 + H_2O \longrightarrow 2Fe(OH)_3$$

$$H_2SO_4 + 2NH_4OH \longrightarrow (NH_4)_2SO_4 + 2H_2O$$

$$2FeSO_4 + H_2O_2 + H_2SO_4 \longrightarrow Fe_2(SO_4)_3 + 2H_2O$$

$$2Fe(OH)_3 + H_2SO_4 + Fe_2(SO_4)_3 \longrightarrow [Fe_2(OH)_n\cdot(SO_4)_{3-n/2}]_m + H_2O$$

14.5.4.2 三种氧化剂氧化法基本条件

以上采用氧化剂虽然不同，但制备聚合硫酸铁的控制反应条件基本相同：

(1) 温度：一般操作时应控制在 65～75℃。

(2) 酸度：废硫酸酸洗液中一般含 $FeSO_4$ 在 140g/L 以上，H_2SO_4 在 100g/L 以上。从式(14-88)可见；$FeSO_4$ 参加反应只消耗了 50%左右的 H_2SO_4。酸度过高时，式(14-88)还没反应完全，式(14-101)便同时发生了，这样，对生成聚合硫酸铁不利。为消除酸度过高的干扰或影响，可投加水玻璃使之形成活化硅酸盐，而后者在水处理混凝过程中形成的絮花大而结实，与聚合硫酸铁配合起增效作用。

(3) Fe^{2+} 含量：如果废酸洗液中 Fe^{2+} 含量不足，需用铁屑将过量 H_2SO_4 消耗掉，使 $FeSO_4$含量增到 120g/L 以上，保证聚合反应顺利进行。

表 14-27 三种氧化剂氧化法的比较

氧化法	优 点	缺 点	推 荐
O_2	产品质量稳定； 生成成本较低	投资较大； 单位生产产品时间长； 排放有害气体必须处理	有氧气、蒸汽、压缩空气的企业
H_2O_2	投资省； 单位产品生产时间短； 节约能源	生产成本比 O_2 氧化法高	缺少氧气、蒸汽、压缩空气的企业
NaClO	同 H_2O_2	同 H_2O_2	同 H_2O_2

14.5.5 1000t/a 聚合硫酸铁设计生产实例

14.5.5.1 生产工艺流程

1000t/a 聚合硫酸铁合成反应工艺流程示于图 14-27。

14.5.5.2 主要原料

$FeSO_4 \cdot 7H_2O$	纯度 90%～95%
H_2SO_4	纯度 93%～95%
O_2	纯度 99.9%
$NaNO_2$	纯度 95%
H_2O	饮用水 pH = 7

14.5.5.3 主要设备

1000t/a 聚合硫酸铁合成反应主要设备列于表 14-28。

表 14-28 主要设备

序 号	名 称	型号及规格(mm×mm)	单 位	数 量	附 注
1	硫酸中间槽	ϕ1200×1000	个	1	Q235A
2	硫酸液下泵	DBY25-25	台	1	液下深 1.0m
3	硫酸贮罐	ϕ1500×2500	个	1	Q235A
4	硫酸计量槽	ϕ450×800	个	2	Q235A
5	催化剂溶解罐	ϕ400×1300	个	1	1Cr18Ni9Ti
6	催化剂计量槽	ϕ400×1300	个	2	1Cr18Ni9Ti
7	移动式空压机	2V,0.6/7A	台	1	
8	油水分离器 空压机贮罐	V-3/8-1 ϕ600×2175, $V=0.5m^3$	台	1	随机带来
9	溶解釜上展式放料阀	K-1000	台	1	搪瓷
10	氧气瓶		个	50	
11	氧气缓冲罐	ϕ1200×2175 $V=0.5m^3$	个	1	
12	聚合反应釜	$V=1000L$ TXW	台	1	特钢
13	产品输送泵	FM-50-25	台	1	不锈钢

续表 14-28

序号	名称	型号及规格(mm×mm)	单位	数量	附注
14	产品贮池	2.5m×2m×2m	个	2	
15	产品输送泵(液下泵)	DBY50-16	台	2	液下深2.0m
16	尾气吸收塔	ϕ300×4243	座	1	
17	视镜	*DN*50	个	1	
18	管道过滤器		个	1	
19	视镜	*DN*50	个	1	
20	视盅		个	1	
21	蓄电池电瓶车	CB-1	台	1	
22	台秤	300~500kg	台	1	
23	台秤	0~50kg	台	1	
24	电葫芦	CD_1-12D	台	1	
25	球阀	Q41F-16RDN80	个	1	
26	球阀	Q41F-16RDN32	个	1	

14.5.5.4 物料配方

1000t/a 聚合硫酸铁合成反应物料配方计算列于表 14-29。

表 14-29 物料配方计算表

序号	物料名称	纯度/%	配料量			附注
			100%纯物料投加量		折合工业品物料量	
			kg分子数	/kg	/kg	
1	$FeSO_4\cdot 7H_2O$	90~95	2.336	649.4	92.8%为700	(1)投加硫酸亚铁与硫酸kg分子比为1:(0.3~0.35)为宜; (2)硫酸亚铁中的游离酸和水应计算在投加硫酸和水质量当中; (3)当硫酸中含水量高时,投加的水量应酌情减少
2	H_2SO_4	93~95	0.8176	73.21~80.12	98%为74.7,95%为84.3	
3	H_2O	pH=7	20.8	374	320	
4	$NaNO_2$	95	0.066	4.56	95%为4.8,90%为5	
5	H_2O		152	28.8	28.8	
6	O_2	99.9		$18m^3O_2$ 约25.7kg		
总物料量				约1129.97/1136.88	约1128.3/1138.1	

注:1.氧以实际耗量计,一般为 $18m^3O_2$ 约25.7kg;

2.工业品物料量要经过计算调整后,才能投加。

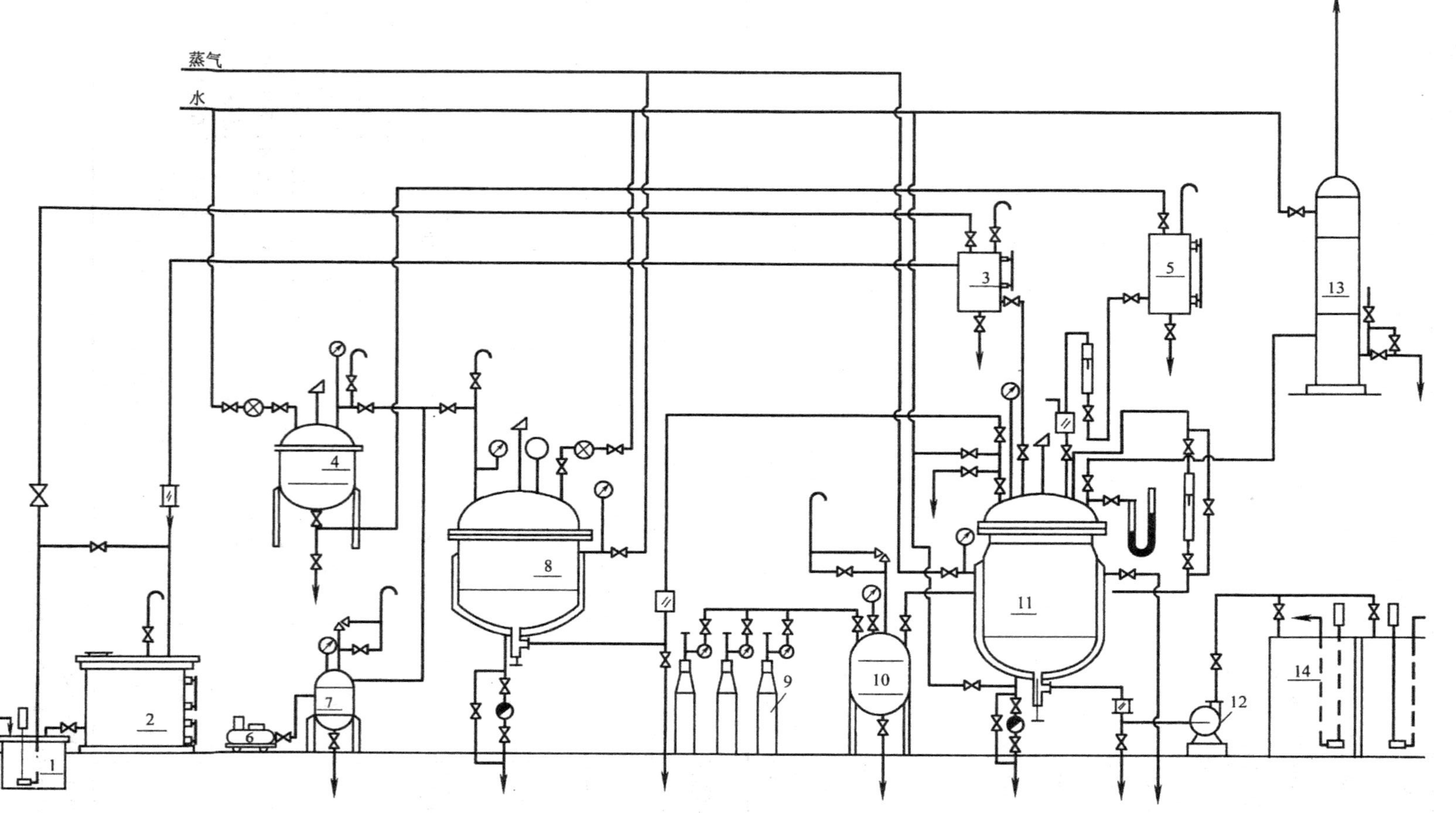

图 14-27　聚合硫酸铁合成反应工艺流程图

1—硫酸池;2—硫酸贮槽;3—硫酸高位槽;4—催化剂溶解釜;5—催化剂高位槽;6—空压机;7—空气缓冲罐;8—亚铁溶解釜;
9—氧气瓶;10—氧气缓冲罐;11—聚合釜;12—产品输送泵;13—尾气吸收塔;14—产品贮池

15 盐酸酸洗废液的再生

在钢材酸洗方面，盐酸酸洗技术在世界范围内已得到了广泛应用，我国从 20 世纪 70 年代开始已逐步由盐酸酸洗代替了硫酸酸洗工艺。至今已在武钢、宝钢、本钢、攀钢、鞍钢、上海益昌等引进和建设了现代化的冷轧酸洗机组，同时也引进了比较先进的盐酸再生技术。

世界上较为广泛应用的盐酸再生方法为硫化床法和喷雾焙烧(Ruthner)法。1975 年武钢从德 国引进了流化床法盐酸再生装置,1985 年宝钢从奥地利引进了喷雾焙烧法盐酸再生装置。之后宝钢、鞍钢、本钢、攀钢、上海益昌、天津等钢铁厂先后建成了多套喷雾焙烧法盐酸再生装置。本章就两种再生技术的工艺原理、处理流程及主要设备加以介绍。

15.1 酸洗过程及废液成分

15.1.1 酸洗过程

15.1.1.1 氧化铁皮的形成

各种冷轧钢材都是以热轧钢材为原料的深加工产品。各种热轧钢材在低于熔点的高温下的轧制过程中,炽热的金属表面与空气中的氧结合形成一层又脆又硬的氧化物,紧附在钢材表面,对普通碳钢来讲,主要是铁的氧化物。这层氧化物由 FeO、Fe_2O_3、Fe_3O_4 等的不同氧化物组成,氧化物的厚度为 5 ~ 20μm。由于它们的线膨胀系数比钢小,在热轧钢材冷却时,表面形成许多微裂缝,形似鱼鳞,俗称为鳞皮或氧化铁皮。热轧钢材在进行冷轧加工之前,必须去除钢材表面的氧化铁皮,通常进行酸洗。

15.1.1.2 酸洗过程

酸洗的目的是除去钢板表面的氧化铁皮。通常在酸洗机组工艺段进行。由于钢材表面上形成的氧化铁皮(FeO、Fe_2O_3、Fe_3O_4)都是不溶解于水的碱性氧化物,当把钢材浸泡在酸液里或在其表面上喷洒酸液时,产生下列化学反应:

$$FeO + 2HCl = FeCl_2 + H_2O$$

$$Fe_2O_3 + 6HCl = 2FeCl_3 + 3H_2O$$

$$Fe_3O_4 + 8HCl = 2FeCl_3 + FeCl_2 + 4H_2O$$

要保证酸洗的效果和钢材表面质量,必须对酸洗时间、酸液浓度、酸液温度等进行控制。在实际工程中对酸液进行加热,提高反应速度,同时连续补充新酸,排出废酸。

15.1.1.3 酸洗介质的要求

为了保证酸洗钢板的质量,对酸洗工艺段补充新盐酸有一定要求。通常是将 32% HCl 加入脱盐水配制成 18% HCl,或是将再生装置产生的再生酸加入少量新盐酸配制而成。一般要求补充新酸的浓度为 18% HCl,铁含量 5~7g/L。

15.1.1.4 影响酸洗效果的因素

影响酸洗效果的因素主要有酸洗时间、酸液浓度和酸液温度等。

A 酸洗时间

要控制好酸洗时间,防止欠酸洗和过酸洗,同时酸洗时间也与钢板厚度有关,根据经验,在酸液温度为 80~85℃情况下,一般的酸洗时间如下:

钢板厚度/mm	酸洗时间/s
1.2	12
1.75	23
2.25	26
3.5	34
6	46

B 酸液浓度

酸液浓度是指酸液中游离 HCl 浓度。在实际工程中控制游离 HCl 浓度和铁离子含量。游离 HCl 浓度高,酸洗效果好;铁离子含量低,酸洗效果好,但新酸耗量大,运行成本高。综合考虑,通常采用下列数据:

项目	酸槽始端	酸槽末端
游离 HCl/%	3~5	13~14
Fe 离子/$g \cdot L^{-1}$	110~120	30~50

C 酸液温度

酸液温度决定着带钢在酸液中的反应速度、酸液蒸发量及设备材料的选择。若温度低,则反应速度慢,酸洗效果差,酸液蒸发量少;若温度高,则反应速度快,酸洗效果好,酸液蒸发量大,对设备材料的要求高。综合考虑,一般酸液温度控制在 80~85℃。

15.1.2 废酸成分

根据宝钢、武钢等冷轧厂的设计,通常采用下列数据:

Fe	110~120g/L
游离 HCl	30~50g/L
总 HCl	200g/L

15.2 酸洗废液的再生方法

冷轧厂酸洗钢材产生的废酸液,具有极强的腐蚀性,如果不加以处理,将会对管道、构筑物造成腐蚀,严重污染环境,这是不允许的。通常,在 10 万 t/a 以下的生产规模中,酸洗废液采用中和处理的方法,这种方法只是解决了环境污染问题,没有回收利用废酸中的 HCl 和铁。在 15 万 t/a 以上的生产规模中,酸洗废液采用再生方法,进一步回收利用。目前世界上主要的盐酸再生方法有流化床法(Lurgi)和喷雾焙烧法(Ruthner),开米内托法(Chemirite)及 PEC 法(Pennsyvania Engineering Carparation)。使用较广泛的是流化床法和喷雾焙烧法。本节仅介绍这两种方法。

15.2.1 流化床法再生

流化床法是在反应炉内将氧化铁粉形成固定床和流化床，是反应炉的结构形式决定的。

15.2.1.1 再生能力的确定

盐酸再生的能力取决于酸洗机组的生产能力、酸洗中铁的损耗、废酸的浓度、再生装置的年工作时间及再生酸的铁含量。通常按以下方法计算。

A 年铁损耗量

$$Fe_{损} = 年酸洗量(t/a) \times 铁损耗率(\%) \times 1000(kg/a)$$

其中铁损耗率一般取 0.40% ~ 0.45%

B 再生过程中去除的含铁量

$$Fe_{去除} = 废酸含铁量 - 再生酸含铁量(g/L)$$

其中废酸含铁量一般为 110 ~ 120g/L，再生酸含铁量一般为 5g/L。

C 年处理废酸量

年处理废酸量 = $Fe_{损} \times 1000/Fe_{去除}$(L/a)

D 再生装置容量

再生装置容量 = 年处理量/年工作小时(L/h)

【例】 需要建设一条年产 50 万 t 的酸洗机组，求配套的酸再生装置的能力？

【解】 (1)求年铁损耗量：

$Fe_{损}$ = 年酸洗量(t/a) × 铁损耗率(%) × 1000 = $5 \times 10^6 \times 0.004 \times 1000 = 2 \times 10^6$(kg/a)

(2) 求再生过程中去除的含铁量：

$Fe_{去除}$ = 废酸含铁量 - 再生酸含铁量 = 120 - 5 = 115(g/L)

(3) 求年处理废酸量：

年处理废酸量 = $铁_{损} \times 1000/Fe_{去除} = 2 \times 10^6 \times 1000/115 = 17.4 \times 10^6$(L/a)

(4) 求再生装置容量：

再生装置容量 = 年处理废酸量/年工作小时 = $17.4 \times 10^6/6500 = 2675.6$(L/h)

15.2.1.2 再生原理

盐酸再生的原理是废盐酸在高温状态下与水、氧产生化学反应，生成 Fe_2O_3 和 HCl，其化学反应式如下：

$$4FeCl_2 + 4H_2O + O_2 = 2Fe_2O_3 + 8HCl$$

$$2FeCl_3 + 3H_2O = Fe_2O_3 + 6HCl$$

15.2.1.3 工艺流程

流化床法盐酸再生工艺流程示于图 15-1。从酸洗线排出的废酸先进入再生站的废酸贮罐，再用泵提升进入预浓缩器，与反应炉产生的高温气体混合、蒸发，经过浓缩的废酸用泵提升喷入反应炉流化床内，在反应炉高温状态下，$FeCl_2$ 与 H_2O、O_2 产生化学反应，生成 Fe_2O_3 和 HCl 气体(高温气体)。HCl 气体上升到反应炉顶部先经过旋风分离器，除去气体中携带的部分 Fe_2O_3 粉，再进入预浓缩器进行冷却。经过冷却的气体进入吸收塔，喷入新水或漂洗水形成再生酸重力回到再生酸贮罐，补加少量新酸使 HCl 浓度达到 18% 时用泵送到酸洗线使用。经过吸收塔的废气再进入收水器，除去废气中的水分后通过烟囱排入大气。流化床反应炉中产生的氧化铁使流化床层面不断增高，当达到一定程度时就开始排料，排出的氧化铁进入料仓,用车送入烧结厂回用。

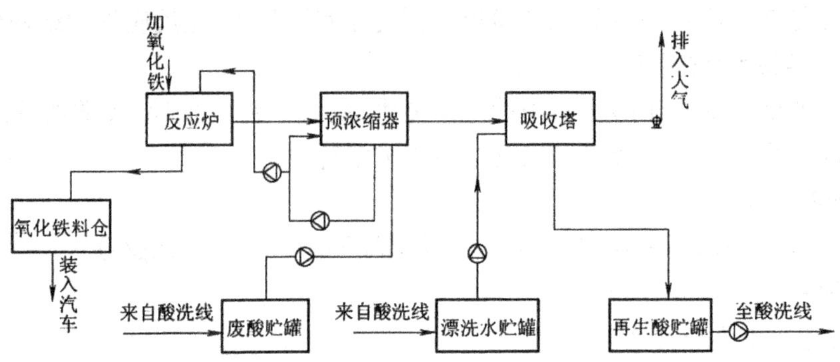

图 15-1 流化床法盐酸再生工艺流程简图

15.2.1.4 再生酸的成分

再生酸的成分通常包含 HCl 含量,铁含量及总 HCl 量。一般为以下数据:

HCl	180~190g/L
Fe	5~7g/L
总 HCl	200g/L

15.2.1.5 氧化铁的成分及用途

A 氧化铁的粒径分布

粒径/mm	所占比例/%
>1.0	18.7
0.75~1.0	15.4
0.6~0.75	13.8
0.3~0.6	50.9
<0.3	1.2

B 氧化铁的化学成分

Fe_2O_3	98.27%
FeO	0.9%
Mn	0.25%
SiO_2	0.17%
MgO	0.078%

C 氧化铁的用途

流化床反应炉产生的氧化铁具有再利用的价值,一方面可以作为磁性材料及粉末冶金的原料(一般作硬磁)。但由于硫化床反应炉的控制温度高,产生的氧化铁颗粒大,物理性能较差,在电子工业方面的应用受到一定限制;另一方面可以送烧结厂利用。

15.2.2 喷雾焙烧法再生

本方法的再生能力的确定及再生原理同硫化床法。

15.2.2.1 工艺流程

喷雾焙烧法盐酸再生工艺流程示于图 15-2。从冷轧酸洗线排出的废酸,先进入酸再生站的废酸贮罐，用酸泵提升经废酸过滤器，除去废酸中的杂质，再进入预浓缩器，与反应炉产生的高温气体混合、蒸发。经过浓缩的废酸用泵提升喷入反应炉，在反应炉高温状态下，$FeCl_2$与 H_2O、O_2 产生化学反应，生成 Fe_2O_3 粉和 HCl 气体(高温气体)，HCl 气体离开反应炉先经过旋风分离器，除去气体携带的部分 Fe_2O_3 粉，再进入预浓缩器进行冷却。经过冷却的气体进入吸收塔，喷入漂洗水形成再生酸重力回到再生酸贮罐，补加少量新酸使 HCl 浓度达到 18%时用泵送到酸洗线使用。经过吸收塔的废气再进入洗涤塔喷入水进一步除去废气的 HCl，经洗涤塔后通过烟囱排入大气。反应炉产生的 Fe_2O_3 粉落入反应炉底部，通过 Fe_2O_3 粉输送管进入铁粉料仓，废气经布袋除尘器净化后排入大气，Fe_2O_3 粉经包装机装袋后出售，作为磁性材料的原料。

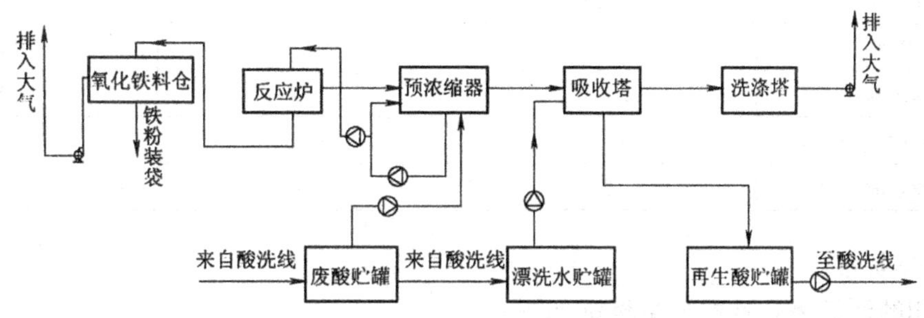

图 15-2 喷雾焙烧法盐酸再生工艺流程简图

15.2.2.2 再生酸的成分

喷雾焙烧法产生的再生酸的成分与硫化床法一致，一般为以下数据：

HCl	180 ~ 190g/L
Fe	5 ~ 7g/L
总 HCl	200g/L

15.2.2.3 氧化铁粉的成分及用途

A 氧化铁粉的化学成分

Fe_2O_3	98.0% ~ 99.4%
CaO	0.028% ~ 0.064%
SiO_2	0.022% ~ 0.04%
Al_2O_3	0.05% ~ 0.08%
MnO	0.18% ~ 0.23%
Cl^-	0.17% ~ 0.20%
$SO_4^{=}$	0.027% ~ 0.035%
FeO	0.07% ~ 0.20%
H_2O	0.20% ~ 0.60%

B 氧化铁粉的质量标准

a 中国标准

我国电子工业部要求的氧化铁粉质量标准见表 15-1。

表 15-1 电子工业部要求的氧化铁粉质量标准

项 目	优等品	一级品	合格品
Fe_2O_3/%	>99.2	99	98.5
SiO_2/%	<0.01	0.02	0.04
CaO/%	<0.014	0.02	0.05
Al_2O_3/%	<0.01	0.02	0.05
MnO/%	<0.30	0.30	0.50
K_2O+Na_2O/%	<0.02	0.02	
SO_4^{2-}/%	<0.10	0.10	0.20
Cl^-/%	0.10	0.10	0.20
TaO/%	<0.01	0.01	0.02
MgO/%	<0.02	0.04	0.05
平均粒度/μm	3~5	3~5	
比表面积/$m^2\cdot g^{-1}$	3	3	

b 日本标准

日本川崎制铁氧化铁粉质量标准如下：

	KH-DC	KH-DS
Fe_2O_3/%	>99.1	>99.1
Cl/%	<0.10	<0.10
SO_4^{2-}/%	<0.05	<0.05
Mn/%	<0.30	<0.30
SiO_2/%	<0.02	<0.01
Ca/%	<0.03	<0.025
Na/%	<0.01	<0.005
K/%	<0.0015	<0.0015
平均粒径/μm	0.6~1.0	0.6~1.0
压缩密度/$g\cdot cm^{-3}$	2.5~2.9	2.3~2.7

c 美国标准

美国 AMROX 氧化铁公司的质量标准见表 15-2。

表 15-2 AMROX 氧化铁公司的质量标准

参 数	平 均 值/%				
	AM-500	AM-300	AM-150	AM-100	AM-080
Fe_2O_3(min)	98.8	99.0	99.3	99.3	99.3
SiO_2(max)	0.05	0.03	0.015	0.01	0.008
Al_2O_3(max)	0.08	0.08	0.02	0.01	0.01
CaO(max)	0.05	0.03	0.03	0.025	0.025
MnO(max)	0.3	0.3	0.3	0.3	0.3

续表 15-2

参　数	平均值/%				
	AM-500	AM-300	AM-150	AM-100	AM-080
Na_2O(max)	0.03	0.03	0.03	0.02	0.02
Cl(max)	0.2	0.15	0.15	0.15	0.10
含湿量(max)/%	0.4	0.25	0.25	0.25	0.25
灼热损失(Lol)(max)/%	0.5	0.4	0.4	0.4	0.4
平均粒径(APS)/μm	0.5~0.9	0.5~0.9	0.5~0.9	0.5~0.9	0.5~0.9
表面积(BET,min)/$m^2 \cdot g^{-1}$	3.5	3.5	3.5	3.5	3.5
平均堆密度/$g \cdot m^{-3}$	0.6	0.6	0.6	0.6	0.6

C　氧化铁粉的用途

喷雾焙烧法产生的氧化铁具有以下用途：

(1) 用于铁氧体生产；

(2) 用于颜料和非铁氧体陶瓷；

(3) 用于粉末冶金工业。

15.2.2.4　提高氧化铁质量的措施

A　影响氧化铁质量的因素

影响氧化铁质量的因素主要包括以下三个方面。

a　漂洗水的质量

漂洗水中所含的杂质如钾、钠、钙、镁等盐类，最后都会从废酸转入氧化铁中，所以要得到高纯度的氧化铁应采用脱盐水作漂洗水。

b　燃料的成分及种类

一般燃料中都含有硫，这些硫按以下反应全部变成 SO_2

$$S + O_2 = SO_2$$

在 Fe_2O_3 的催化作用下 20% 的 SO_2 变成 SO_3，80% 的 SO_2 随废气排入大气。SO_3 与 FeO 产生下列反应：

$$FeO + SO_3 = FeSO_4$$

这样氧化铁中就含有 $FeSO_4$

c　酸洗钢材的种类

钢内的杂质如锰、铝、硅、铜、锌等随着酸洗过程会进入废酸，最后转入氧化铁中。所以氧化铁的质量还取决于酸洗钢材的种类。

B　反映氧化铁质量的主要指标

a　氧化铁的纯度

主要是指 SiO_2 的含量，也是 Ruthner 公司研究的主要内容，它与酸洗钢材的种类有关。

b　氧化铁的含氯量

这项指标主要取决于温度。一般含氯量随反应温度的升高而降低。所以要得到含氯量低的氧化铁，反应温度不应太低。Ruthner 公司氧化铁中的含氯量约有 50% 是以 HCl 的形式存在，40% 以 $FeCl_3$ 形式存在，其余以 $FeCl_2$ 形式存在。存在于氧化铁中的氯可以通过氧化铁的加热来减少。

c 氧化铁的 Fe_3O_4 含量

根据焙烧炉内反应的自由能和焓变的计算及对氧化铁成分的测定可知，当燃烧温度大于 677℃时，反应朝易于生成 Fe_3O_4 的方向进行。为提高氧化铁的质量，反应温度不能过高。一旦生产的氧化铁中含有 Fe_3O_4，也可以在空气中对氧化铁进行加热，使 Fe_3O_4 氧化成 Fe_2O_3。

d 氧化铁的活性、粒度及视密度

对磁性材料生产来说，要求氧化铁有较好的活性，这就要有较细的粒度和密度。这些因素均与废酸浓度、反应温度有关。

C 提高氧化铁质量的措施

随着盐酸再生技术的发展和应用，人们不仅注重废盐酸的回收，更注重于副产品氧化铁的使用价值。要提高氧化铁的质量，必须从酸洗线到酸再生的设计中采取措施，通常包括以下几个方面。

a 提高用水水质

如前所述，酸洗线漂洗水、酸再生站工艺用水中的杂质最终进入氧化铁中。为了保证氧化铁的质量，酸洗线漂洗水应采用脱盐水或蒸汽冷凝水。酸再生机组采用的是吸收塔喷淋水，反应炉水操作中使用的水应采用酸洗线排出的漂洗水或脱盐水。

b 控制煤气热值和成分

煤气热值影响反应炉的温度，进而影响废酸的反应程度。通常要求煤气的热值控制在 $7500kJ/m^3(+/-5\%)$。煤气的成分对氧化铁的纯度影响很大，特别对煤气中的焦油和 H_2S 控制较严，一般焦油含量(标态) $< 10mg/m^3$，$H_2S < 300mg/m^3$。

c 对废酸进行预处理

废酸中的硅含量是影响氧化铁质量的重要指标，但硅含量又与酸洗钢材的成分有关。为了解决这一问题，通常对废盐酸进行脱硅处理。废盐酸脱硅技术已在宝钢、鞍钢得到应用，一般采用以下工艺流程(图 15-3)：

酸洗线排出的废盐酸先进入溶解槽，用蒸汽加热废酸到 80℃左右(可采用直接加热或间接加热)，加入废钢，消耗掉废酸中的全部游离 HCl，使 pH 值达到 1 左右。从溶解槽排出的废酸经热交换器冷却，使废酸温度降到 40～45℃，冷却后的废酸进入氨反应槽，投加氨水，将 pH 调整到 3.5～4.5，并使 $FeCl_2$ 与 OH^- 生成 $Fe(OH)_2$，再进入氧化槽，通入空气，使废酸中的 $Fe(OH)_2$ 氧化成 $Fe(OH)_3$，$Fe(OH)_3$ 与废酸中的 SiO_2 有吸附作用，可以随 $Fe(OH)_3$ 沉淀除去。经过氧化反应的废酸进入沉淀槽，同时加入絮凝剂，除去废酸中的 $Fe(OH)_3$ 和 SiO_2，就得到了净化的废盐酸，经过脱硅的废酸再生后产生的氧化铁，其 SiO_2 含量小于 0.01%，可以作为高级软磁材料的原料。

d 对氧化铁进行脱氯

氯离子含量是影响氧化铁质量的重要指标之一。高质量的氧化铁的氯含量应小于 0.10%，而喷雾焙烧法产生的氧化铁中氯含量一般为 0.15%～0.20%。通常在反应炉底部增设脱氯装置，采取对氧化铁加热方法去除氯，一般可降到 0.10%。氧化铁通过加热 Cl^{1-} 的减少曲线示于图 15-4。

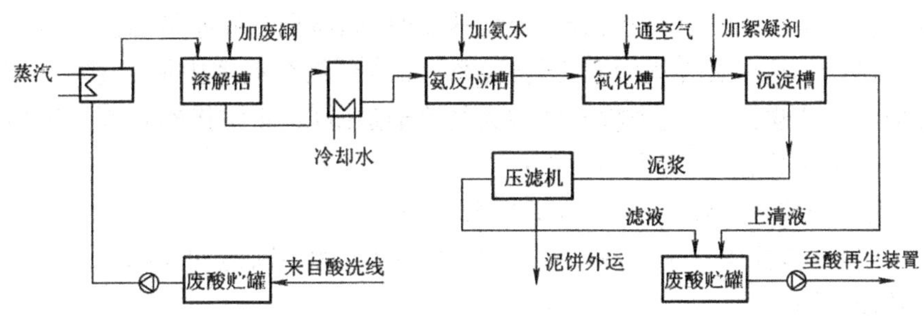

图 15-3 废酸除硅工艺流程简图

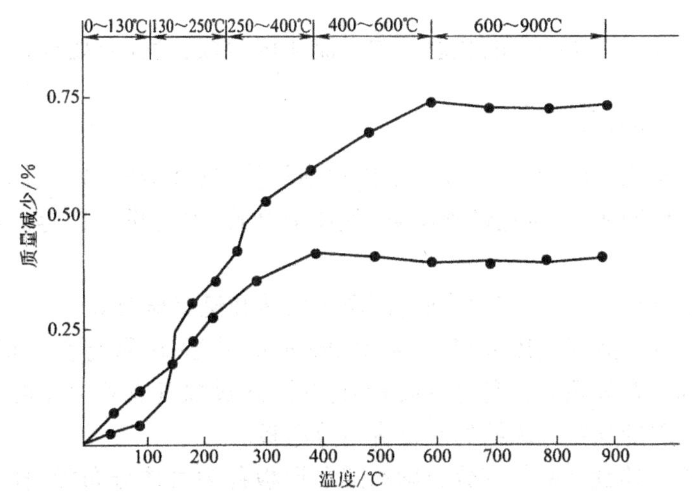

图 15-4 氧化铁通过加热 Cl^{1-} 的减少曲线

15.3 主要构筑物和设备

15.3.1 反应炉

15.3.1.1 流化床反应炉

A 流化床的操作状态

当气体通过床层时，将因颗粒特性、床层几何尺寸、气速等因素的不同，床层存在着三种状态，即固定床阶段，流化床阶段和气体输送阶段。

a 固定床阶段

当流体速度很小时，固体颗粒静止不动，流体从颗粒间的缝隙穿过，流体通过床层的压强降(ΔP)与空塔速度(W)在对数坐标图上成直线关系。当气速大到一定值，ΔP 大致等于单位面积床层重量时，固体颗粒位置略有调整，床层略有增大，但固体颗粒仍保持接触并不流化。

b 流化床阶段

继续增大流速，颗粒就悬浮在流体中，床层颗粒开始紊动，此时床层处于流态化状态，此时的流速称为临界流速，其相应的孔隙率称为临界孔隙率。

c 气流输送阶段

在更高的流速下，当气速增大到最大流化速度时，固体颗粒开始带出。随着气体速度增大，颗粒夹带也愈多，这时孔隙率增大，压强减低，固体颗粒在流体中形成悬浮状态，并与流体一起从反应器中吹送出来，这个阶段就称为气流输送阶段，正常操作就遭到破坏。

流化床与固定床相比，具有下列特点：

(1)由于固体颗粒直径较小，有较大的接触面积。

(2)由于颗粒在流体中处于运动状态，颗粒和流体界面不断搅动，因而界面不断更新，提高了传热和传质系数。

(3)由于床层温度分布均匀，因此在流化床中的传热系数比在同一流动情况下操作的固定床的传热系数大。

因此流化床反应炉正常操作的状态要求为流化床阶段，设计时要确定反应炉临界的流化速度。

B 流化床反应炉的结构

单层直筒式流化床反应炉，其主要的结构包括炉体、气体分布箱、气体分布板、分布帽、酸枪、氧化铁排料管、回灰管、氧化铁加料管、气体上升管、安全排出口等。流化床反应炉的结构示于图 15-5。

炉体的外壳为钢结构，内衬有耐火砖，高温耐酸砖和绝热材料等。

在炉体的下部为空腔式气体风箱，风箱高 200mm，风箱、风管与空压机相连接，风箱内径与炉体内径相同。在风箱的底盘上装设有清扫孔，通过煤气管和分布帽进入床层的煤气燃料管和氧化铁排料管均穿过风箱的底盘直达分布板。

在气体分布箱的顶盘是配备有分布帽的圆盘形板称为气体分布板，作为均匀分布气流之用，对它的要求是：(1)分布板应具有均匀分布流体的作用，同时压降又最小。(2) 分布板必须使流化床具有一个良好的起始流化状态，使床层上所有的粒子都动起来，从而排除形成“死床”的可能，均匀分布气体，创造良好的流化条件。(3)在结构设计上要能保证，在操作过程中和操作停止后，固体粒子不能返流到分布板下面去。

分布板是流化床的主要部件之一，其性能对整个流化床的起始流化质量和稳定操作有很重要的关系。

在分布板上安装有缝隙式分布帽，正常工作时气体将由分布帽喷出。分布板上有若干个分布帽及三个排料管，均称的分布在炉底。

在分布板上部的床层段设有特制酸枪喷孔两个，酸枪安装在喷孔中，酸枪是可移动式装卸短管，酸枪的短头距炉内壁为 50mm 左右。由于酸枪在炉内要随着操作时间的推移被慢慢地熔蚀，所以在一定时间内要检查酸枪端部距炉内壁的距离。如果距离太小，则待反应炉工作后酸枪喷酸会损坏炉壁，因此喷孔的作用是在操作过程中适当地调整酸枪的位置。

在流化床反应炉正常工作时，要不断地随上升气流而携带出部分细小的颗粒，它是在流态化操作中，颗粒间的相互撞击与摩擦所产生的。这部分颗粒将在旋风分离器中分离出来，并沉积收集于分离器的底部，将间断地通过回灰管而返回反应炉中，所以应在反应炉与分离器之间设有回灰管连通。

在反应炉床层上部安装有加料管，加料管管径为 100mm，主要的作用是投加 Fe_2O_3 颗粒形成床层。

反应炉分离段上部为上升管，上升管与除尘器和安全排出口相连。

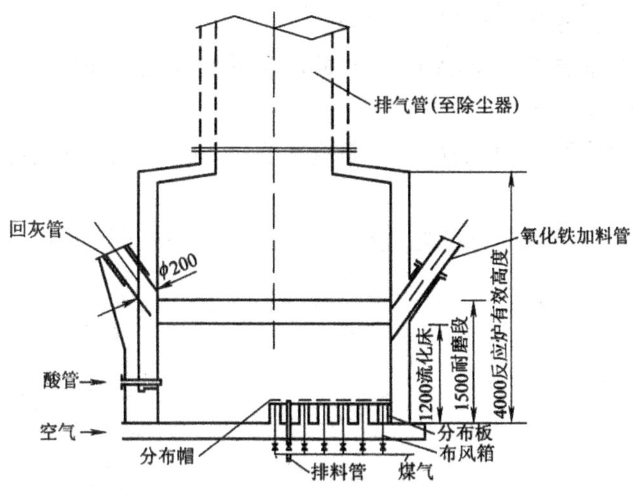

图 15-5 流化床反应炉示意图

在反应炉床层上面约 400mm 左右设有视孔,以便观察反应炉运行的工况。

15.3.1.2 喷雾焙烧反应炉

A 炉内的化学反应及氧化铁的形成过程

反应炉的作用就是将废酸液分解成 Fe_2O_3 和 HCl 蒸汽。反应炉内进行的主要化学反应如下:

$$2FeCl_2 + 2H_2O + \frac{1}{2}O_2 = Fe_2O_3 + 4HCl$$

$$3FeCl_2 + 3H_2O + \frac{1}{2}O_2 = Fe_3O_4 + 6HCl$$

$$2FeCl_3 + 3H_2O = Fe_2O_3 + 6HCl$$

以上反应式中,第一项是主要的。三个反应间的比例与反应温度、旋风分离器及预浓缩器的效率有关。就酸的再生来说,对反应炉的温度控制没有太高的要求,只要保证反应的充分进行及满足设备的安全就可以了。但如果要保证回收氧化铁的质量,就应当对反应的温度严加控制,因为反应温度将影响氧化铁的纯度、活性和含氯量。

一般炉顶温度为 500℃左右,炉体温度为 650℃左右。此外温度的分布在烧嘴附近最高,烧嘴以上和以下温度均逐步降低,而在同一高度不同部位的温度大致相同。

粒径为 200~300μm 的浓缩酸雾从喷嘴喷出到形成氧化铁颗粒的过程,大体可分为以下几步:

(1) 酸雾入炉后即与高温气体接触,水从酸雾颗粒的表面开始蒸发,使酸雾中的游离酸和氯化亚铁浓缩,粘度和表面张力加大,使颗粒呈球状(图 15-6*a*)。

(2)水和氯化氢的进一步蒸发,使颗粒中的氯化亚铁和盐酸进一步浓缩并产生细小的氯化亚铁结晶(图 15-6*b*)。

(3)液滴表面水和氯化氢的蒸发使颗粒表面形成氯化铁的硬壳,壳体内的水和氯化氢通过外壳继续蒸发(图 15-6*c*)。

(4)由于进一步的蒸发、浓缩、结晶使外壳变厚,并随着颗粒逐步进入高温区,颗粒因自重的减少使下降速度急剧减慢,增加了在高温区的停留时间,这时氯化亚铁开始熔融,形成

α 氧化铁的外层，颗粒粒径基本已定（图 15-7*d*）。

（5）颗粒中的氯化亚铁全部结晶于内壁，使氧化铁颗粒的中间形成充满水蒸气和氯化氢气体的空腔（图 15-6*e*）。

（6）由于温度继续升高，空腔的内压不断增大直至冲破外壳，使氧化铁颗粒上带有出气孔（图 15-6*f*）。

（7）颗粒内壁的氯化亚铁壳体随之全部反应成 α 氧化铁（图 15-6*g*）。

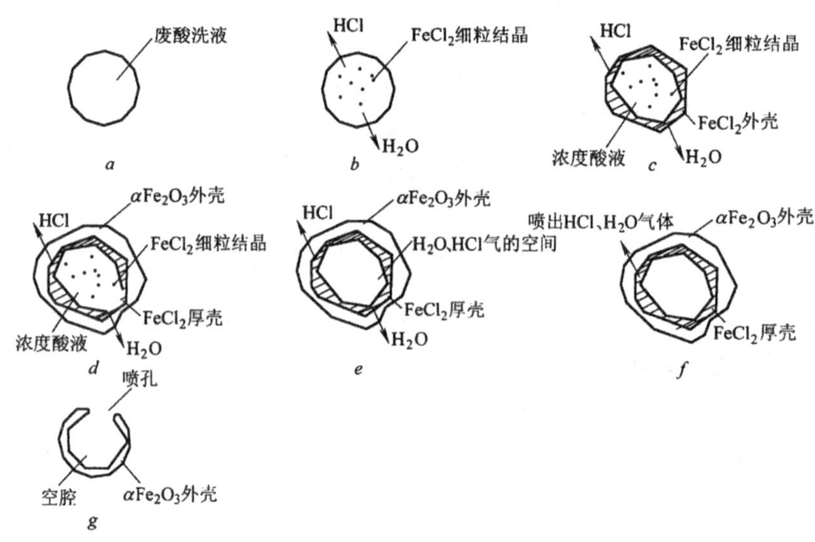

图 15-6 反应炉内氧化铁的形成过程

落入炉底的氧化铁占氧化铁总量的 87%，其中反应后直接落入炉底的占 75%，另有 25%被反应气体带出，带出的氧化铁中有 50%被旋风分离器分离，通过旋转阀再次返回反应炉，与 75%的氧化铁一起从炉底排出。

反应炉底设有氧化铁破碎机。如果由于酸的喷嘴被堵或因腐蚀而破坏，则喷出的酸就不是雾状而呈膜状，这样炉子内壁就会形成片状氧化铁。根据经验，这种氧化铁的厚度不会超过 2mm，经过一段时间可以自行脱落。为了保证氧化铁的顺利排出，这种破碎机还是需要的。

氧化铁经破碎机后，通过两个旋转阀进入风力输风系统，靠从风机产生的负压将氧化铁排入贮仓。

B 反应炉的结构

喷雾焙烧反应炉由炉体、喷枪、燃烧室、旋转下料阀、球团破碎机等组成。图 15-7 为喷雾焙烧反应炉的示意图。

炉体采用立式，中间为圆柱体，上部和下部为圆锥体，为钢结构，内衬耐火砖，外做绝热材料，其衬砖厚度要求如下：

上部圆柱段	砖 150mm，胶泥 50mm
燃烧段	砖 150mm，胶泥 200mm
底锥段	砖 150mm，胶泥 50 ~ 200mm
燃烧室	砖 2 × 125mm（两层），胶泥 100 ~ 240mm

球团破碎机用以破碎 Fe_2O_3 块,形状方形像盘子,用耐高温材质做成,要求耐温 450℃。

旋转下料阀提供反应炉与氧化铁输送系统之间的密封。

喷枪根据反应炉的直径设置 2~3 个,布置在反应炉顶部,将浓缩后的废酸喷入反应炉中。喷枪室管喷板采用铌,过滤芯支撑及过滤芯采用 PVDF,喷嘴采用 Al_2O_3 与铌的合金。喷枪室安装有气动操作系统,采用钢制伸入、取出装置。在反应炉顶部也设有手动操作装置。

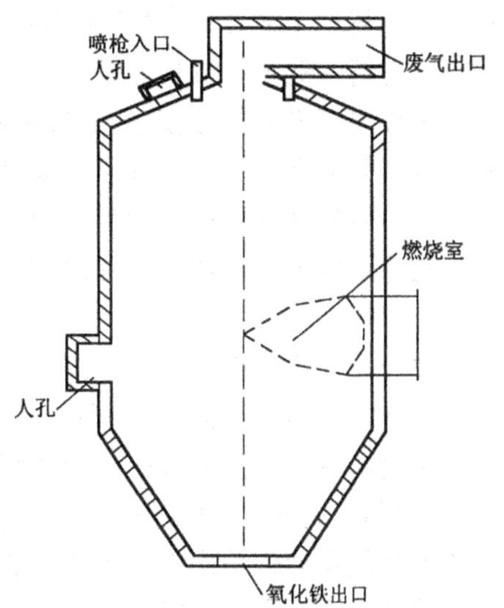

图 15-7 喷雾焙烧反应炉示意图

燃烧设备提供反应炉所需要的热能,设计为直接加热,采用煤气和空气完全混合的烧嘴和电子点火的燃烧器,配有火焰监测器、压力控制仪和热值仪。根据反应炉的直径可采用 2~3 个燃烧设备及相应的燃烧室。燃料可采用混合煤气、天然气及轻柴油。空气由鼓风机提供。

反应炉根据温度进行操作控制。在燃烧器附近的炉壁有温度指示记录仪,炉顶部分有温度指示、记录和报警仪,炉顶出口有温度的指示、记录、控制及压力的指示和报警。根据温度自动控制煤气及燃烧空气量,目前设计排气风机电机已采用变频调速。在压力控制系统排气风机入口处安装调节阀,以保证系统在规定的负压下工作。

C 反应炉的规格尺寸

反应炉的规格尺寸见表 15-3。

表 15-3 反应炉的规格尺寸

序号	项目名称	处理能力/L·h^{-1}			
		2900	3200	3800	4500
1	直径/mm	5000	5100	5400	6000
2	直段高度/mm	7000	7200	7200	7500
3	总高度/mm	13000	13100	13785	14700

15.3.2 旋风分离器

旋风分离器的作用是去除反应气体带出的氧化铁并返回到反应炉,以减少进入预浓缩器的氧化铁量。除尘效率为 50%,采用钢结构。

反应炉出口的分离器(除尘器)各种酸再生装置都有,但双旋风分离器只有 Ruthner 法一种。分离器底部有旋转阀,以保证氧化铁的下落和反应炉的负压。氧化铁的下料管要求鼓入一定量的热气体,以防止结露而腐蚀管道。

目前对于旋风分离器的设计主要靠经验数据来确定,其除尘的原理是靠离心力的作用使固体颗粒与气体分离。由此可知气体进口速度越大,离心力越大,分离效果越好。但气速过大时,阻力也必然增大,有可能将已沉降的颗粒带起反而降低了除尘效率,因此必须选取适宜的气体进口速度。根据实践的经验,气体在进口管中的流速以 15~25m/s 较为适宜。

而当流速超过 25m/s 时，效率提高不大，而阻力剧增。

进口管一般设计成长方形。

中央排气管的尺寸，对除尘效果有很大影响，排气管的插入深度以较小为好，以增加锥形底排气管的高度。排气管的下端要低于进口管，以防止气流短路。

出口管的气体流速一般在 3～8m/s。锥形底的夹角以 15°～25°效果最佳。

在选用旋风分离器类型时，要考虑气体的性质，固体颗粒的多少及大小，分离程度的要求等。

15.3.3 预浓缩器

15.3.3.1 预浓缩器的结构形式

每套酸再生装置设有一个预浓缩器。目前多采用文氏管式，为钢结构内衬橡胶。而西德为武钢设计的预浓缩器为钢结构内衬合成树脂材料。在喉口以上部件均为内衬耐酸砖。

从反应炉出来经旋风分离器的反应气体，温度约 400℃（而流化床法为 800～840℃），其中含有 Fe_2O_3、HCl 和 H_2O。从下部进入预浓缩器，温度约 75℃的废酸通过不断从塔顶喷淋，与反应气体进行热质交换，使废酸经浓缩后进反应炉，同时将反应气体的温度从 400℃降到 95℃左右。用于预浓缩器的泵有两组，一组将废酸循环浓缩，另一组将浓缩废酸送反应炉。

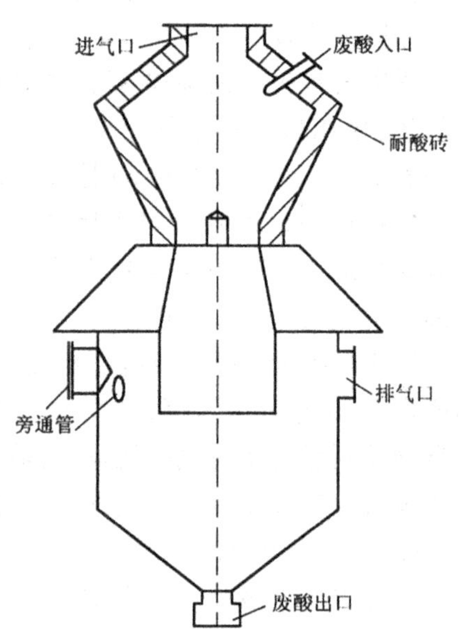

图 15-8 预浓缩器示意图

15.3.3.2 预浓缩器的作用

预浓缩器是所有盐酸再生装置不可缺少的设备，对盐酸再生工艺，从酸再生的角度看，反应炉和预浓缩器的任务仅仅是完成把废酸中的游离和化合酸转化成可以吸收的 HCl，为了实现这一目的的反应炉和预浓缩器有各种不同的形式。预浓缩器的作用有三个：

（1）把反应炉出口的高温反应气体冷却，如果不冷却后部的设备就无法正常工作；

（2）清洗反应气体中的 Fe_2O_3，以减少再生酸中的 $FeCl_3$ 含量，从而提高再生酸的质量；

（3）在冷却过程中自然也利用了热能。

15.3.3.3 预浓缩器内的化学反应及控制

在预浓缩器内进行以下化学反应：

$$Fe_2O_3 + 6HCl = 2FeCl_3 + 3H_2O$$

预浓缩器的蒸发效率一般为 25%～30%。

预浓缩器底部设有液位指示、报警和控制，其出口有温度的指示、报警、记录及压力指示。

15.3.3.4 预浓缩器的规格尺寸

预浓缩器的规格尺寸见表 15-4。

表 15-4 预浓缩器的规格尺寸

序 号	项目名称	处理能力/$L \cdot h^{-1}$			
		2900	3200	3800	4500
1	最大直径/mm	2100	2100	2300	2300
2	总高/mm	7000	7000	7000	7100

15.3.4 吸收塔

吸收塔是所有盐酸再生装置必不可少的设备，其作用是将废酸中所有经热反应后的可吸收的 HCl，通过预浓缩器后的气体，流入吸收塔的底部，在吸收塔的上部连续地喷入新水或酸洗线排来的漂洗水，液体靠重力自塔顶流向塔底，气体靠压差自塔底流向塔顶，气体与水在塔内呈逆流接触，水吸收盐酸气体形成盐酸，在塔底部通过出口流入再生酸贮罐中。

吸收塔一般设计为填料塔，塔身可采用钢制，内衬橡胶及耐酸砖（如宝钢 2030mm 冷轧厂），也有采用合成树脂如玻璃钢，也可采用进口 PP 材质。填料采用陶瓷环或耐热聚丙烯填料。对 HCl 的吸收效率一般为 99%左右。

吸收塔规格尺寸见表 15-5。

表 15-5 吸收塔规格尺寸

序 号	项目名称	处理能力/$L \cdot h^{-1}$			
		2900	3200	3800	4500
1	直径/mm	1400	1400	1600	1800
2	总高/mm	11500	11500	11500	12300
3	填料高度/mm	8500	8500	8500	8500
4	填料尺寸/mm	38×38×1.5 或 50×50×1.5	38×38×1.5 或 50×50×1.5	38×38×1.5 或 50×50×1.5	38×38×1.5 或 50×50×1.5

15.3.5 排气系统

由吸收塔出来的尾气经排气风机和烟囱排出。风机的外壳是钢的，内部衬有硬橡胶，叶轮为钛制。风机内喷少量水以增加对尾气的清洗效果。风机出口管上和排气烟囱底部设有机械除雾器，以提高对 HCl 的回收率和减少排气的污染物浓度。喷入风机和通过风机初分离的机械挟带水均流入排气烟囱的底部，与流入烟囱底部的漂洗水一起，用泵送入吸收塔顶部，也可以作为含酸废水处理后排放。

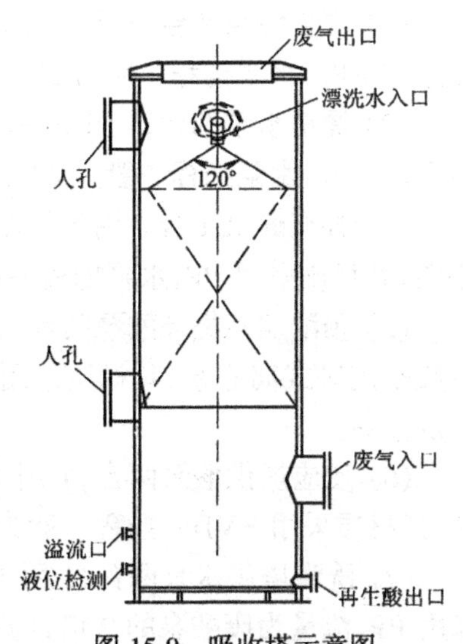

图 15-9 吸收塔示意图

烟囱内的气流速度较低，设计时采用 6m/s，这样有利于水的分离，也有利于 HCl 的回收。排气中 HCl 含量（标态）小于 $30mg/m^3$，Fe_2O_3 含量（标态）小于 $50mg/m^3$，排气温度约 80℃。

15.3.6 氧化铁系统

从焙烧炉底部排出的氧化铁，以 20m/s 的速度靠风力输送进入氧化铁料仓。风力输送的动力来自料仓排气风机所产生的负压。所有可能产生氧化铁粉尘的部位,如氧化铁料仓底部,氧化铁的装袋等部位的出料口也利用这个负压,以防止氧化铁尘的溢出。

风机前部有布袋除尘器,布袋的材质为聚丙烯,布袋在工作一定时间后,就自动接通压缩空气管进行脉冲打灰,料仓内装有料位控制器。

该系统主要设备有氧化铁粉料仓、输送风机、氧化铁粉装袋机、布袋除尘器、氧化铁粉输送管道等。氧化铁粉料仓为钢结构;输送风机为普通离心风机;氧化铁粉装袋机一般采用25kg/袋的规格;布袋除尘器多采用脉冲式;氧化铁粉输送管道直管段采用钢管,弯头、三通采用钢管内衬铸石,法兰连接。

15.3.7 贮罐

盐酸再生站应设废酸贮罐、再生酸贮罐、漂洗水贮罐和新酸贮罐。

(1)废酸贮罐:废酸贮罐是贮存从酸洗线排出的废酸,其容积一般按30h左右的废酸量考虑,其材质一般为钢制内衬橡胶,容积较小时也可以采用玻璃钢材质。

(2)再生酸贮罐:再生酸贮罐是贮存再生机组产生的再生酸,其容积及材质同废酸贮罐。

(3)漂洗水罐:漂洗水罐是贮存酸洗线排出的漂洗水,用泵送入吸收塔,产生再生酸,其容积及材质同废酸贮罐。

(4)新酸贮罐:新酸贮罐是贮存购回的新盐酸(HCl32%),用于调整再生酸浓度,为酸洗线补充新酸。其容积一般按废酸贮罐的40%考虑,其材质同废酸贮罐。

以上贮罐均设有液位计,并有指示、报警信号。

15.3.8 酸泵

酸再生机组一般设有下列泵组。

(1) 废酸泵两台,1用1备。用于将废酸贮罐的废酸送到预浓缩器,一般采用卧式离心泵,其材质采用PP。水泵扬程一般为20m左右。

(2) 再生酸泵两台,1用1备。用于将再生酸送到酸洗线。一般采用卧式离心泵,其材质采用PP。水泵扬程一般为20m左右。

(3) 漂洗水泵两台,1用1备。用于将漂洗水送到吸收塔。一般采用卧式离心泵,其材质采用PP。水泵扬程一般为20m左右。

(4) 补充酸泵1台。用于将新酸加入再生酸中,以补充盐酸的损耗。一般采用卧式离心泵,其材质采用PP,水泵扬程一般为20m左右。

(5) 预浓缩器循环酸泵两台,1用1备。对预浓缩器内的废酸进行循环,以得到浓缩酸。一般采用卧式离心泵,其材质采用PVDF。水泵流量一般为废酸泵的7~8倍,扬程一般为25m左右。

(6) 反应炉供酸泵两台,1用1备。将浓缩器浓缩酸送入反应炉。一般采用卧式离心泵,其材质采用PVDF,扬程一般为60m左右。

(7) 洗涤塔供水泵两台,1用1备。用于洗涤塔的循环。一般采用卧式离心泵,其材质采用PP,流量为废酸泵的2倍,扬程一般为25m左右。

(8) 排水坑用酸泵两台,1用1备。用于将排水坑的含酸废水排入废水处理站。一般采用立式耐酸泵。

(9) 增压站供水泵两台,1用1备。用于加压过滤水或生活水来清洗反应炉的喷枪。一般采用普通离心泵和压力水罐。水泵流量一般为 6～10m^3/h，扬程为 80m，水罐容积最小为 100L。

15.3.9 风机

酸再生装置中采用的风机有反应炉燃烧器鼓风机 1 台，采用普通风机。废气系统采用离心风机 1 台，其材质要求耐腐蚀，电机采用变频调速，介质温度为 85℃。氧化铁粉输送风机 1 台，采用普通离心风机。

15.4 能源介质消耗及占地面积

盐酸再生站的能源介质消耗包括电、燃料、压缩空气、水等。现列出不同规格的处理装置能源介质的消耗及占地面积指标供设计时参考。

15.4.1 耗电量

不同规格处理装置的耗电量见表 15-6。

表 15-6 耗电量

序号	项目	处理能力/L·h^{-1}			
		2900	3200	3800	4500
1	装机容量/kW	200	250	250	325
2	工作容量/kW	150	190	190	250
3	电压/V	380	380	380	380

15.4.2 燃料消耗

反应炉燃烧介质可以采用焦炉煤气、混合煤气、天然气、轻柴油等。一般钢铁厂焦炉煤气比较紧张，多采用混合煤气，其热值(标态)要求在 7184～7900kJ/m^3，压力 0.01MPa，不同规格处理装置的耗热量见表 15-7。

表 15-7 耗热量

序号	项目	处理能力/L·h^{-1}			
		2900	3200	3800	4500
1	最大耗热量/kJ·h^{-1}	1.1×10^7	1.25×10^7	1.5×10^7	1.99×10^7
2	平均耗热量/kJ·h^{-1}	8.49×10^6	9.36×10^6	1.13×10^7	1.36×10^7

15.4.3 压缩空气

压缩空气要求压力为 0.5～0.6MPa，其消耗量见表 15-8。

表 15-8 压缩空气消耗量

序号	项目	处理能力/L·h^{-1}			
		2900	3200	3800	4500
1	最大消耗量(标态)/m^3·h^{-1}	450	500	500	600
2	平均消耗量(标态)/m^3·h^{-1}	200	250	250	300

15.4.4 漂洗水

酸再生站需要的漂洗水来自于酸洗工艺段,其用量见表 15-9。

表 15-9 漂洗水用量

序 号	项 目	处理能力/L·h^{-1}			
		2900	3200	3800	4500
1	最大耗量/L·h^{-1}	8000	9000	10 000	10 000
2	平均耗量/L·h^{-1}	3200	3500	4200	4900

15.4.5 生活用水

酸再生站使用的生活用水主要用于安全喷淋和化验用水,其用水量一般为 2000L/h,间断使用。

15.4.6 占地面积

不同规格处理装置的占地面积见表 15-10。

表 15-10 占地面积

处理能力/L·h^{-1}	2900	3200	3800	4500
占地面积/m×m	52×11	54×12	54×13	54×14

16 循环冷却水水质稳定处理

16.1 钢铁工业循环冷却水系统概况

钢铁工业是各工业部门中的用水大户之一，例如，一座年产 600 万 t 钢的钢铁联合企业，总用水量约为 400 万 m^3/d，其中冷却用水占 85%以上。这样大的水量，从节能、经济及环境保护三方面来考虑，冷却用水都应该实现循环利用。

钢铁工业生产工艺复杂，用水要求各异，种类繁多，致使与之相应的循环供水系统增多。钢铁厂直接冷却水用户较多，如高炉煤气洗涤水；转炉烟气净化水；连铸机二次喷淋冷却水；轧机冷却水等。高热流密度（热负荷强度）冷却设备较多，如高炉炉体、高炉风口、热风炉热风阀；转炉的氧枪、烟罩；连铸机的结晶器等。连铸机结晶器的热流密度高达 $209.34 \times 10^4 W/m^2[180 \times 10^4 kcal/(m^2 \cdot h)]$，远远高于国家标准《工业循环冷却水处理设计规范》中热流密度不宜大于 $5.82 \times 10^4 W/m^2[5 \times 10^4 kcal/(m^2 \cdot h)]$的规定值。根据以上特点，在进行循环冷却水水质稳定处理时，应与其他工业部门通常采用的方法有所区别。

钢铁工业循环冷却水系统分为直接冷却开路循环水系统（以下简称浊循环水系统）及间接冷却循环水系统。间接冷却循环水系统又分为敞开式系统（即间接冷却开路循环水系统，以下简称敞开式系统）及密闭式系统（即间接冷却闭路循环水系统，以下简称密闭式系统）两种。

16.2 基础资料的收集

16.2.1 设计基础资料

循环冷却水水质稳定处理设计，需收集下列资料：

(1) 水质分析；

(2) 垢层和腐蚀产物的分析（旧厂改造）；

(3) 换热设备资料。

16.2.1.1 水质分析

原水成分是确定适当的水处理方案、选择合理的水处理流程，采用适宜的水处理药剂及剂量，进行水处理设计计算的重要基础资料。原水水质分析项目及格式见表 16-1。水质分析经校核后，可作为循环冷却水水质稳定试验的依据。

A 水质全分析项目

水质全分析项目见表 16-1。

表 16-1 水质全分析项目

水样名称: 取样地点:

取样时间: 温度:℃

离子分析		mg/L	[H^+]mmol/L	项 目	(单位)
阳离子	K^+			色度	度
	Na^+			溶解固体	mg/L
	Ca^{2+}			悬浮固体	mg/L
	Mg^{2+}			灼烧减量(450℃)	mg/L
	Fe^{2+}			固体残渣(900℃)	mg/L
	Fe^{3+}			电导率	μS/cm
	Mn^{2+}			pH 值	
	Al^{3+}			溶解氧	mg/L
	Cu^{2+}			总硬度①	mmol/L
	∑阳离子			碳酸盐硬度②	mmol/L
阴离子	HCO_3^-			非碳酸盐硬度③	mmol/L
	CO_3^{2-}			酚酞碱度④	mmol/L
	Cl^-			甲基橙碱度⑤	mmol/L
	SO_4^{2-}			游离 CO_2	mg/L
	NO_3^-			*COD*⑥(以 O_2 计)	mg/L
	NO_2^-			BOD_5(以 O_2 计)	mg/L
	PO_4^{3-}			硅酸(SiO_2 计)	mg/L
	∑阴离子			油	mg/L

注:分析单位提供分析报告时需注明分析结果是如何计算的,如钙的含量需注明是以 Ca^{2+} 计还是以 $CaCO_3$ 计或是以[H^+]mmol/L 计。

①~⑤水质分析中涉及有较多硬度和碱度如何表达的问题。硬度一般指水中 Ca^{2+}、Mg^{2+} 混合物的浓度。严格说"硬度"所指的概念不够确切,在表达时应指出其基本单元,可以写成:硬度($Ca^{2+}+Mg^{2+}$)。本手册为方便起见,一律将"硬度($Ca^{2+}+Mg^{2+}$)"简略写为"硬度"。硬度的常用单位是 mmol/L 或 mg/L(以 $CaCO_3$ 计)。过去常用的 mg-N/L 现在用[H^+]mmol/L 代替。一般每摩尔硬度可以取代 2mol 氢离子,所以,1mg-N/L=1[H^+]mmol/L=0.5mmol/L。ISO 6059—1984 附录中规定了毫摩[尔]/升(mmol/L)硬度单位与废止的毫克当量/升(meq/L 或 mg-N/L)的关系是 1mmol/L=2meq/L,也就是取($Ca^{2+}+Mg^{2+}$)为硬度的基本单元。1991 年 1 月我国国家技术监督局以技监量发[1991]003 号文件认可了 1mmol/L=2meq/L 的规定。由于硬度并非是由单一金属离子或盐类形成的,因此,为了有一个统一的比较标准,有必要换算为另一种盐类,通常用 $CaCO_3$ 的质量浓度来表示。当硬度为 0.5mmol/L(即 1[H^+]mmol/L)时,等于 50mg/L 的 $CaCO_3$。碱度的成分较复杂,也应标明其基本单元。为统一基本单元,使其均折合为氢离子摩尔,碱度可以写成:碱度($HCO_3^-+\frac{1}{2}CO_3^{2-}+OH^-$)或碱度[$H^+$]。为简便起见,本手册采用"碱度[$H^+$]"的写法。碱度 1[$H^+$]mmol/L=50mg/L 的 $CaCO_3$。硬度单位和碱度单位的换算分别见表 16-2 和表 16-3。

⑥*COD* 测定方法是 M_n 或 C_r 应注明。

表 16-2 硬度单位的换算

硬度单位	mmol/L	[H^+]mmol/L	德国度	法国度	英国度	美国度
mmol/L	1	2	5.608	10.088	7.006	100.088
[H^+]mmol/L	0.5	1	2.804	5.0044	3.503	50.044
德国度	0.17832	0.35665	1	1.7832	1.2483	17.832

续表 16-2

硬度单位	mmol/L	[H⁺]mmol/L	德国度	法国度	英国度	美国度
法国度	0.09991	0.19982	0.5608	1	0.7000	10.000
英国度	0.14273	0.28546	0.8011	1.4286	1	14.2857
美国度	0.009991	0.01998	0.0560	0.1000	0.0700	1

注：1[H^+]mmol/L 硬度表示能够接受 1mmol/L[H^+]离子的硬度量，相当于 1meq/L 或 1mg-N/L 的硬度；

德国度：1 度相当于 1L 水中含 10mgCaO；

法国度：1 度相当于 1L 水中含 10mg$CaCO_3$；

英国度(clark degree)：1 度相当于 0.7L 水中含 10mg$CaCO_3$；

美国度：1 度相当于 1L 水中含 1mg$CaCO_3$。

表 16-3 碱度单位的换算

[H^+]mmol/L (mg-N/L)	$CaCO_3$ /mg·L⁻¹	Na_2CO_3 /mg·L⁻¹	NaOH /mg·L⁻¹	HCO_3^- /mg·L⁻¹	CO_3^{2-} /mg·L⁻¹	OH^- /mg·L⁻¹
1	50	53	40	61	30	17
0.02	1	1.06	0.8	1.22	0.6	0.34
0.0189	0.943	1	0.755	1.151	0.566	0.321
0.025	1.25	1.325	1	1.525	0.75	0.425
0.0164	0.82	0.869	0.656	1	0.492	0.279
0.0333	1.667	1.767	1.333	2.033	1	1.567
0.0588	2.941	3.118	2.353	3.588	1.765	1

注：1. 碱度 1[H^+]mmol/L 表示能够接受 1mmol/L[H^+]离子的碱度量，即碱度($OH^- + \frac{1}{2}CO_3^{2-} + HCO_3^-$)1mmol/L，也即碱度 1mg－N/L。水中的碱度一般不能固定组成，所以总碱度如以碱度($OH^- + CO_3^{2-} + HCO_3^-$)mmol/L 表示时，与[$H^+$]mmol/L 的关系不是固定的比例，即碱度($OH^- + CO_3^{2-} + HCO_3^-$)1mmol/L = 1～2。

2.[H^+]mmol/L，无法准确换算。

B 水质分析结果的校核

a 水质分析结果阴阳离子总量的校核

水溶液中的阴阳离子是平衡的。所以，按能提供或接受 H^+ 离子的物质的量计算，阳离子的总和应该等于阴离子的总和(即阳离子的总当量数应等于阴离子的总当量数)。但是，水质分析结果往往有误差，故需用阳离子总量和阴离子总量进行分析校正。按平衡：

$$\sum K = \sum A$$

$$\sum K = \left[\frac{K^+}{39.10} + \frac{Na^+}{23.00} + \frac{Ca^{2+}}{20.04} + \frac{Mg^{2+}}{12.15} + \frac{Fe^{2+}}{27.92} + \frac{Fe^{3+}}{18.61} + \frac{Al^{3+}}{8.99} + \frac{NH_4^+}{18.04} + \cdots\right]$$

$$\sum A = \left[\frac{HCO_3^-}{61.02} + \frac{CO_3^{2-}}{30.00} + \frac{Cl^-}{35.45} + \frac{SO_4^{2-}}{48.03} + \frac{NO_3^-}{62.01} + \frac{NO_2^-}{46.01} + \cdots\cdots\right]$$

$$\delta = \frac{\sum K - \sum A}{\sum K + \sum A} \times 100\%$$

式中 $\sum K$——原水中各种阳离子浓度的总和，[H^+]mmol/L；

$\sum A$——原水中各种阴离子浓度的总和，[H^+]mmol/L；

δ——分析误差，一般认为 δ 的绝对值≤2%是允许的；

K^+、Na^+、HCO_3^-、CO_3^{2-}、……皆以 mg/L 计；

39.10、23.00、61.02、30.00……为相应化学元素或化学式符号表示的[H^+]毫摩尔质量。

b 含盐量与溶解固体的校核

$$含盐量=\sum K_1+\sum A_1$$

$$RG'=(SiO_2)_{全}+R_2O_3+\sum K_1+\sum A_1-\frac{1}{2}HCO_3^-$$

$$\delta=\frac{RG'-RG}{RG'+RG}\times 100\%$$

式中 $\sum K_1$——原水中除铁、铝离子外的阳离子浓度总和,mg/L;

$\sum A_1$——原水中除 SiO_2 外的阴离子浓度总和,mg/L;

RG——原水中溶解固体的实测值,mg/L;

RG'——原水中溶解固体的计算值,mg/L;

$(SiO_2)_{全}$——过滤水样中的全硅含量,mg/L;

R_2O_3——原水中铁、铝氧化物的含量,mg/L;

δ——分析误差,对于含盐量<100mg/L 的水样,δ 的绝对值≤10%是允许的;对于含盐量≥100mg/L 的水样,δ 的绝对值≤5%是允许的。

c pH 值的校核

对于 pH<8.3 的水样,其 pH 可按下式近似计算得出:

$$pH'=6.35+\lg[HCO_3^-]-\lg[CO_2]$$

$$\delta=pH-pH'$$

式中 pH——原水中 pH 的实测值;

pH'——原水中 pH 的计算值;

[HCO_3^-]——原水中 HCO_3^- 含量,[H^+]mmol/L;

[CO_2]——原水中游离 CO_2 含量,[H^+]mmol/L;

δ——分析误差,一般认为 δ 的绝对值≤0.2 是允许的。

d HCO_3^-、$Ca^{2+}+Mg^{2+}$、$HCO_3^-+SO_4^{2-}$ 关系的校核

对于一般含盐量的水(即含盐量<1000mg/L),最普遍的关系式为:

$$[HCO_3^-]<[Ca^{2+}+Mg^{2+}]<[HCO_3^-+SO_4^{2-}]([H^+]mmol/L)$$

e 硬度、碱度、离子间关系的校核

(1) 硬度之间的关系

$$H_0=H_z+H_y$$

式中 H_0——总硬度,[H^+]mmol/L;

H_z——碳酸盐硬度(暂硬),[H^+]mmol/L;

H_y——非碳酸盐硬度(永硬),[H^+]mmol/L。

(2) 当有 H_y 时,则不应有负硬度存在,此时:

[$Cl^-+SO_4^{2-}$]>[K^++Na^+]([H^+]mmol/L);总硬度大于总碱度。

(3) 当有负硬度存在时,应当没有 H_y。此时总硬度等于碳酸盐硬度。

$$负硬度=总碱度-总硬度$$

$$[Ca^{2+}+Mg^{2+}]\leqslant[HCO_3^-]([H^+]mmol/L)$$

(4) 钙、镁离子总和应近于总硬度。即：

$$H_0=\left[\frac{Ca^{2+}}{20.04}+\frac{Mg^{2+}}{12.15}\right]([H^+]mmol/L)$$

如果以上计算值和实测值不同，一般可以认为总硬度与 Ca^{2+} 分析是正确的，据此修正 Mg^{2+}。此外，在一般地表水中，Ca^{2+} 含量皆大于 Mg^{2+} 的含量，甚至会大出几倍。如发现相反现象，应注意检查校正。

C 水质分析结果的校核示例

以下通过示例，说明水质分析结果校核的过程。

某处地面水水质分析结果见表 16-4。

表 16-4 某处地面水水质分析结果

项目	数量	项目	数量
悬浮物/$mg\cdot L^{-1}$	98.80	SiO_2/$mg\cdot L^{-1}$	6.92
总固体/$mg\cdot L^{-1}$	521.40	耗氧量/$mg\cdot L^{-1}$	4.88
溶解固体/$mg\cdot L^{-1}$	374.40	Ca^{2+}/$mg\cdot L^{-1}$	39.00
总硬度/$[H^+]mmol\cdot L^{-1}$	3.80	Mg^{2+}/$mg\cdot L^{-1}$	22.20
碳酸盐硬度/$[H^+]mmol\cdot L^{-1}$	3.20	K^+/$mg\cdot L^{-1}$	3.10
非碳酸盐硬度/$[H^+]mmol\cdot L^{-1}$	0.60	Na^+/$mg\cdot L^{-1}$	72.41
总碱度/$[H^+]mmol\cdot L^{-1}$	3.20	Cl^-/$mg\cdot L^{-1}$	122.50
pH 值	7.84	SO_4^{2-}/$mg\cdot L^{-1}$	28.20
游离 CO_2/$mg\cdot L^{-1}$	4.11	HCO_3^-/$mg\cdot L^{-1}$	195.20

试检查分析结果的正确性。

a 阴阳离子总量的校核

$$\begin{aligned}\sum K&=\frac{K^+}{39.10}+\frac{Na^+}{23.00}+\frac{Ca^{2+}}{20.04}+\frac{Mg^{2+}}{12.15}\\&=\frac{3.10}{39.10}+\frac{72.41}{23.00}+\frac{39.00}{20.04}+\frac{22.20}{12.15}\\&=0.08+3.15+1.95+1.83\\&=7.01\end{aligned}$$

$$\begin{aligned}\sum A&=\frac{HCO_3^-}{61.02}+\frac{SO_4^{2-}}{48.03}+\frac{Cl^-}{35.45}\\&=\frac{195.20}{61.02}+\frac{28.20}{48.03}+\frac{122.50}{35.45}\\&=3.20+0.59+3.46\\&=7.25\end{aligned}$$

$$\begin{aligned}\delta&=\frac{\sum A-\sum K}{\sum A+\sum K}\times100\%=\frac{7.25-7.01}{7.25+7.01}\times100\%\\&=\frac{0.24}{14.26}\times100\%=1.68\%<2\%\end{aligned}$$

b 含盐量与溶解固体的校核

$$\begin{aligned}含盐量 &= \sum K_1 + \sum A_1 \\ &= (3.10 + 72.41 + 39.00 + 22.20) + (195.20 + 28.20 + 122.50) \\ &= 136.71 + 345.90 \\ &= 482.61(\text{mg/L})\end{aligned}$$

$$\begin{aligned}RG' &= (\text{SiO}_2)_{全} + 含盐量 - \frac{1}{2}\text{HCO}_3^- \\ &= 6.92 + 482.61 - \frac{1}{2} \times 195.20 \\ &= 391.93(\text{mg/L})\end{aligned}$$

$$\begin{aligned}\delta &= \frac{\text{RG}' - \text{RG}}{\text{RG}' + \text{RG}} \times 100\% = \frac{391.93 - 374.40}{391.93 + 374.40} \times 100\% \\ &= \frac{17.53}{766.33} \times 100\% = 2.29\% < 5\%\end{aligned}$$

c pH 值的校核

$$\begin{aligned}\text{pH}' &= 6.35 + \lg[\text{HCO}_3^-] - \lg[\text{CO}_2] \\ &= 6.35 + \lg\frac{195.20}{61.02} - \lg\frac{4.11}{44} \\ &= 6.35 + 0.505 - (-1.02) \\ &= 7.87\end{aligned}$$

$$\delta = \text{pH}' - \text{pH} = 7.87 - 7.84 = 0.03 < 0.2$$

d HCO_3^-、$Ca^{2+} + Mg^{2+}$、$HCO_3^- + SO_4^{2-}$ 关系的校核

$$[\text{HCO}_3^-] < [\text{Ca}^{2+} + \text{Mg}^{2+}] < [\text{HCO}_3^- + \text{SO}_4^{2-}]$$

$$[\text{HCO}_3^-] = \frac{195.20}{61.02} = 3.20([\text{H}^+]\text{mmol/L})$$

$$\begin{aligned}[\text{Ca}^{2+} + \text{Mg}^{2+}] &= \frac{39.00}{20.04} + \frac{22.20}{12.15} = 1.95 + 1.83 \\ &= 3.78([\text{H}^+]\text{mmol/L})\end{aligned}$$

$$\begin{aligned}[\text{HCO}_3^- + \text{SO}_4^{2-}] &= 3.20 + \frac{28.20}{48.03} = 3.20 + 0.59 \\ &= 3.79([\text{H}^+]\text{mmol/L})\end{aligned}$$

$$3.20 < 3.78 < 3.79$$

e 硬度、碱度、离子间关系的校核

(1) 硬度之间的关系：

$$总硬度\ H_0 = 3.80[\text{H}^+]\text{mmol/L}$$

$$碳酸盐硬度\ H_z = 3.20[\text{H}^+]\text{mmol/L}$$

$$非碳酸盐硬度\ H_y = 0.60[\text{H}^+]\text{mmol/L}$$

$$H_0 = H_z + H_y = 3.20 + 0.60 = 3.80([\text{H}^+]\text{mmol/L})$$

(2) $H_y = 0.60[H^+]mmol/L$,无负硬度存在,此时：

$$\begin{aligned}[\text{Cl}^- + \text{SO}_4^{2-}] &= \frac{122.50}{35.45} + \frac{28.20}{48.03} = 3.46 + 0.59 \\ &= 4.05([\text{H}^+]\text{mmol/L})\end{aligned}$$

$$[K^+ + Na^+] = \frac{3.10}{39.10} + \frac{72.42}{23.00} = 0.08 + 3.15$$

$$= 3.23([H^+]mmol/L)$$

$$4.05 > 3.23$$

总硬度(3.80[H⁺]mmol/L) > 总碱度(3.20[H⁺]mmol/L)

(3) 钙、镁离子的总和应近于总硬度：

$$[Ca^{2+}] = \frac{39.00}{20.04} = 1.95([H^+]mmol/L)$$

$$[Mg^{2+}] = \frac{22.20}{12.15} = 1.83([H^+]mmol/L)$$

$$1.95 + 1.83 = 3.78 \approx 3.80([H^+]mmol/L)$$

检查分析的结果表明，水质分析的结果是正确的。

16.2.1.2 垢层和腐蚀产物的分析

垢层和腐蚀产物的分析，对了解循环水系统的水质稳定处理是否正常具有重要意义。正常运转时，只对监测换热器或挂片进行垢层分析，在大检修时，对换热设备，冷却塔填料的垢层及腐蚀产物进行分析，为调整水质稳定处理方案提供依据，对旧厂改造更具有实际意义。

垢层及腐蚀产物分析项目见表 16-5。

分析项目含义：

SiO_2：表示悬浮物含量；Fe_2O_3：表示腐蚀程度；CaO、MgO、P_2O_5、CO_2：联系起来分析可看出 $CaCO_3$、$MgSO_4$、$Ca_3(PO_4)_2$ 的危害程度；SO_3：表示硫酸盐还原菌是否存在；灼烧减量：表示生物和有机物的污染程度。

表 16-5 垢层和腐蚀产物的分析

取样地点：　　　　　　　　　　取样名称：

取样时间：　　　　　　　　　　外　　观：

项　　目	质量分数/%	备　　注
氧化钙　$W(CaO)$		1. 测定项目可根据需要增减； 2. 测定项目是否需要填写实重，可按需要增加
氧化镁　$W(MgO)$		
三氧化二铁　$W(Fe_2O_3)$		
三氧化硫　$W(SO_3)$		
总硫　$W(S)$		
硫化铁　$W(FeS)$		
二氧化碳　$W(CO_2)$		
五氧化二磷　$W(P_2O_5)$		
氧化锌　$W(ZnO)$		
氧化铜　$W(CuO)$		
氧化铝　$W(Al_2O_3)$		
酸不溶解物　W(以 SiO_2 计)		
灼烧减量　W(450℃)		
固体残渣　W(900℃)		

16.2.1.3 换热设备资料

为了恰当选择水质稳定处理工艺和水处理药剂，必须了解换热设备的结构形式、材质，被冷却介质的温度和性质等有关资料。

常用换热设备的结构形式有水与物料直接接触和间接接触两大类。如钢铁厂的高炉煤气洗涤，连铸机二次冷却等属于前者，后者为更为广泛使用的换热器，其形式有列管式，翅片管式、板式等。

换热设备的工艺操作条件与循环冷却水水质稳定处理有密切关系，一般规定如下：

(1) 冷却水侧流速，管程：不宜小于 0.9m/s，壳程：不应小于 0.3m/s。

(2) 冷却水出口温度，宜低于 50℃(特殊情况不受此限制)。

(3) 热流密度，不宜大于 5.82×10^4W/m^2[5×10^4kcal/(m^2·h)，1kcal/(m^2·h) = 1.163W/m^2]。

(4) 换热设备的循环冷却水侧管壁的污垢热阻值、污垢附着速度和腐蚀率应按生产工艺要求确定，当工艺无要求时，宜符合下列规定：

敞开式系统的污垢热阻值宜为 $1.72\times10^{-4}\sim3.44\times10^{-4}$m^2·K/W($2\times10^{-4}\sim4\times10^{-4}$ m^2·h·℃/kcal，1m^2·h·℃/kcal = 0.86m^2·K/W)；

密闭式系统的污垢热阻值宜小于 0.86×10^{-4}m^2·K/W(1m^2·h·℃/kcal)；

浊循环水系统的污垢附着速度宜小于 25mg/(cm^2·月)[1mg/(cm^2·月)相当于 0.13×10^{-4}m^2·K/W]；

敞开式及密闭式系统的污垢附着速度宜小于 15mg/(cm^2·月)；

碳钢管壁的腐蚀率宜小于 0.125mm/a，铜、铜合金和不锈钢管壁的腐蚀率宜小于 0.005mm/a。

16.2.1.4 气象资料

循环冷却水的水温是水质稳定处理的重要因素，影响水温的气象资料有：

(1) 大气干球温度；

(2) 大气湿球温度；

(3) 大气压；

(4) 风向风速。

此外，旧厂改造要了解周围有害气体，如 SO_2，含尘量，植物孢子等。

16.2.2 补充水经预处理后的水质变化

16.2.2.1 补充水生物指标变化

补充水经混凝澄清，细菌总数可降到 10^2 个/mL 以下，采用硫酸铝作混凝剂时，细菌也被胶体氢氧化铝所夹带沉降。有资料介绍，混凝剂中再加 10mg/L 活化硅酸，可去除水藻 80%以上。

16.2.2.2 补充水物理化学指标的变化

A 补充水中悬浮物含量的变化

经混凝澄清过滤去除悬浮物和有机杂质，补充水中悬浮物含量一般可小于 5mg/L。

B 添加混凝剂引起水质的变化

水中加入混凝剂，将使水中的 pH 值、碱度和 CO_2 发生变化，原水加入混凝剂后水质的变化见表 16-6。

表 16-6 凝聚处理后的水质变化

水质项目	凝聚剂投加量/mg·L⁻¹					
	硫酸铝		硫酸亚铁		三氯化铁	
	20	50	20	50	20	50
碳酸盐硬度/[H^+]mmol·L^{-1}	-0.35	-0.88	-0.26	-0.66	-0.37	-0.92
游离 CO_2/mg·L^{-1}	+15.4	+38.6	+11.6	+29.0	+16.3	+40.7
氯离子(Cl^-)/mg·L^{-1}	—	—	—	—	+13.1	+32.8
硫酸根(SO_4^{2-})/mg·L^{-1}	+16.9	+42.1	+12.6	+31.6	—	—
碳酸根(CO_3^{2-})/mg·L^{-1}	-10.5	-26.3	-7.9	-19.7	-11.1	-27.7
有机物质/mg·L^{-1}	-60%~-80%	-60%~-80%	-60%~-80%	-60%~-80%	-60%~-80%	-60%~-80%
蒸发残渣/mg·L^{-1}	+6.4	+15.8	+4.7	+11.9	+2.0	+5.1

注:表中“+”表示增加;“-”表示减少。

混凝后水的碱度变化:

$$A = A_0 - \frac{D}{E} \tag{16-1}$$

式中 A——混凝后水的碱度,[H^+]mmol/L;

A_0——原水碱度,[H^+]mmol/L;

D——混凝剂用量,mg/L;

E——混凝剂[H^+]mmol 质量。$FeCl_3$:$E=54$,$Al_2(SO_4)_3$:$E=57$,$FeSO_4$:$E=76$。

混凝后游离 CO_2 的变化:

$$CO_2 = (CO_2) + 44\frac{D}{E} \tag{16-2}$$

式中 CO_2——混凝后水的游离 CO_2,mg/L;

(CO_2)——原水中游离 CO_2,mg/L;

D——与式(16-1)中含义相同;

E——与式(16-1)中含义相同;

44——CO_2 的[H^+]mmol 质量。

当水中含盐量不等于 200mg/L 时,则要把求出的 CO_2 除以含盐量校正系数 α。含盐量校正系数 α 值见表 16-7。

表 16-7 含盐量校正系数 α 值

含盐量/mg·L^{-1}	100	200	300	400	500	750	1000
α	1.05	1.00	0.96	0.94	0.92	0.87	0.83

混凝后水的 pH 值的变化:

混凝后水的 pH 值可按水中的碱度和游离 CO_2 由图 16-1 查得。

C *石灰软化处理后水质的变化*

经石灰处理后,水中[OH^-]剩余量保持在 0.1~0.2mmol/L 的范围内,水中碳酸盐硬度大部分被除掉,根据加药量和水温的不同,残留碳酸盐硬度可降低到 0.5~1.0[H^+]mmol/

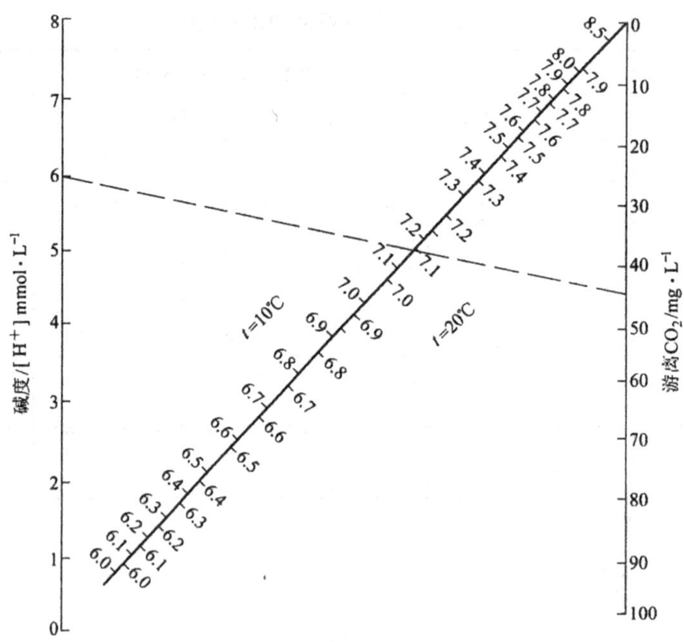

图 16-1 含盐量为 200mg/L 时水的 pH 值计算图

L,残余碱度到 0.8～1.2[H^+]mmol/L,有机物去除 25%左右,硅化物去除 30%～35%,铁残留量可达 0.1mg/L,石灰处理后的总残余硬度:

$$H_0 = H_y + H_{zc} + K \tag{16-3}$$

式中 H_0——石灰处理后的残余硬度,[H^+]mmol/L;

H_y——原水中非碳酸盐硬度,[H^+]mmol/L;

H_{zc}——软化后水中残留的碳酸盐硬度,[H^+]mmol/L,一般为 0.5～1.0;

K——混凝剂的投加量,[H^+]mmol/L。

16.2.3 水质稳定性判断

可以利用郎格利尔(Langelier)饱和指数(L.S.I.),雷兹纳(Ryzner)稳定指数(R.S.I.)和帕科拉兹(Puckoricus)结垢指数(P.S.I.)对水的结垢、腐蚀性定性地进行判断。

16.2.3.1 饱和指数 L.S.I. 的计算

$$\text{L.S.I.} = \text{pH} - \text{pH}_s \tag{16-4}$$

式中 pH——水的实测 pH 值;

pH_s——水在碳酸钙饱和平衡时的 pH 值。

$$\text{pH}_s = (9.3 + A + B) - (C + D) \tag{16-5}$$

式中 A——总溶解固体系数;

B——温度系数;

C——钙硬度系数;

D——总碱度系数。

以上各系数可由表 16-8 查得。

表 16-8 pH_s 计算中系数换算表

总溶解固体/mg·L⁻¹	A	温度/℃	B	钙硬度以 $CaCO_3$ 计/mg·L⁻¹	C	钙硬度以 $CaCO_3$ 计/mg·L⁻¹	C	总碱度以 $CaCO_3$ 计/mg·L⁻¹	D	总碱度以 $CaCO_3$ 计/mg·L⁻¹	D
50	0.07	9~14	2.3	10~11	0.6	175~220	1.9	10~11	1.0	175~220	2.3
75	0.08	14~17	2.2	12~13	0.7	230~270	2.0	12~13	1.1	230~270	2.4
100	0.10	17~22	2.1	14~17	0.8	280~340	2.1	14~17	1.2	280~340	2.5
200	0.13	22~27	2.0	18~22	0.9	350~430	2.2	18~22	1.3	350~430	2.6
300	0.14	27~32	1.9	23~27	1.0	440~550	2.3	23~27	1.4	440~550	2.7
400	0.16	32~37	1.8	28~34	1.1	560~690	2.4	28~34	1.5	560~690	2.8
600	0.18	37~44	1.7	35~43	1.2	700~870	2.5	35~43	1.6	700~870	2.9
800	0.19	44~51	1.6	44~55	1.3	880~1000	2.6	44~55	1.7	880~1000	3.0
1000	0.20	51~55	1.5	56~69	1.4			56~69	1.8		
温度/℃	B	55~64	1.4	70~87	1.5			70~87	1.9		
0~2	2.6	64~72	1.3	88~110	1.6			88~110	2.0		
2~6	2.5	72~82	1.2	111~138	1.7			111~138	2.1		
6~9	2.4			139~174	1.8			139~174	2.2		

16.2.3.2 稳定指数 R.S.I. 的计算

$$\text{R.S.I.} = 2pH_s - pH \tag{16-6}$$

式中 pH，pH_s 与饱和指数计算相同。

16.2.3.3 结垢指数 P.S.I. 的计算

帕科拉兹认为水的总碱度比水的实测 pH 能更正确地反映冷却水的腐蚀与结垢倾向。他认为将稳定指数中水的实测 pH 改为平衡 pH(pH_e)将更切合生产实际。

$$\text{P.S.I.} = 2pH_s - pH_e \tag{16-7}$$

式中 pH_s 与饱和指数计算相同，pH_e 为平衡 pH 值。

$$pH_e = 1.465\lg M + 4.54 \tag{16-8}$$

式中 M——水的总碱度(以 $CaCO_3$ 计)，mg/L。

为了计算方便，pH_e 也可由表 16-9 查出。

表 16-9 由总碱度查 pH_e 值

总碱度的百位数(以 $CaCO_3$ 计)/mg·L⁻¹	总碱度的十位数(以 $CaCO_3$ 计)/mg·L⁻¹									
	0	10	20	30	40	50	60	70	80	90
0	—	6.00	6.45	6.70	6.89	7.03	7.14	7.24	7.33	7.40
100	7.47	7.53	7.59	7.64	7.68	7.73	7.77	7.81	7.84	7.88
200	7.91	7.94	7.97	8.00	8.03	8.05	8.08	8.10	8.13	8.15
300	8.17	8.19	8.21	8.23	8.25	8.27	8.29	8.30	8.32	8.34
400	8.35	8.37	8.38	8.40	8.41	8.43	8.44	8.46	8.47	8.48
500	8.19	8.51	8.52	8.53	8.54	8.56	8.57	8.58	8.59	8.60

续表 16-9

总碱度的百位数（以 $CaCO_3$ 计）/$mg \cdot L^{-1}$	总碱度的十位数（以 $CaCO_3$ 计）/$mg \cdot L^{-1}$									
	0	10	20	30	40	50	60	70	80	90
600	8.61	8.62	8.63	8.64	8.65	8.66	8.67	8.68	8.69	8.70
700	8.71	8.72	8.73	8.74	8.74	8.75	8.76	8.77	8.78	8.79
800	8.79	8.80	8.81	8.82	8.82	8.83	8.84	8.85	8.85	8.86
900	8.87	8.88	8.88	8.89	8.90	8.90	8.91	8.92	8.92	8.93

16.2.3.4 水质稳定性判断

通过对水的饱和指数、稳定指数和结垢指数的计算，利用三个指数的判断表（表 16-10），可以对水的结垢、腐蚀性进行定性判断，三个指数配合应用，将更有助于判断水的倾向。

表 16-10 L.S.I.，R.S.I.，P.S.I. 判断表

L.S.I.	R.S.I.，P.S.I.	稳定性判断
3.0	3.0	极严重结垢
2.0	4.0	很严重结垢
1.0	5.0	严重结垢
0.5	5.5	适度结垢
0.2	5.8	轻度结垢
0.0	6.0	稳定水，不结垢，不腐蚀
-0.2	6.5	不结垢，很轻微腐蚀
-0.5	7.0	不结垢，轻微腐蚀
-1.0	8.0	不结垢，适度腐蚀
-2.0	9.0	不结垢，强腐蚀
-3.0	10.0	不结垢，很强腐蚀

应当指出，运用以上三个指数来判断水质的稳定性有很大局限性，因为它们是以单一碳酸钙的溶解平衡作为判断依据，没有考虑结晶和电化学过程，更没有考虑水中胶体以及其他阳离子的错综复杂的平衡关系的影响；在循环冷却水系统中有不同的温度区域，不可能存在全系统碳酸钙的溶解平衡；冷却水加入阻垢分散剂将减少水垢的形成。因此，水质的结垢、腐蚀性问题，不能只由碳酸钙的溶解平衡来决定。虽然如此，用三个指数来判断原水的结垢、腐蚀性倾向，为制定水质稳定处理试验方案提供依据还是有一定意义的。

16.2.3.5 磷酸钙析出的判断

循环冷却水中常投加聚磷酸盐作为缓蚀剂，聚磷酸盐在水中会水解为正磷酸盐，使水中有 PO_4^{3-} 离子存在，它们与钙离子结合，会生成溶解度很低的磷酸钙析出，如附着在传热表面上，就形成磷酸钙水垢，影响传热效果。因此，在投加有聚磷酸盐药剂的循环冷却水系统中，必须要注意磷酸钙水垢生成的问题。

为了能事先预示磷酸钙水垢析出与否，有人提出用磷酸钙饱和 pH 值作预示。$Ca_3(PO_4)_2$的溶解度和水的 pH 值有密切关系，$Ca_3(PO_4)_2$ 的结垢与否可按图 16-2 所给出的 Ca^{2+}、PO_4^{3-} 及 pH_p 值三者的关系来控制，pH_p 代表 $Ca_3(PO_4)_2$ 溶解饱和时的 pH 值。当水

的 pH 值大于查出的 pH_p 值时，就发生 $Ca_3(PO_4)_2$ 结垢，反之则不发生结垢。举例说明如下：

例如：已知某冷却水的 Ca^{2+} 及 PO_4^{3-} 的浓度分别为 24mg/L 及 6mg/L，水温为 40℃，求磷酸钙的 pH_p。

在图的左边纵坐标上分别找出 Ca^{2+} = 24mg/L 及 PO_4^{3-} = 6mg/L 的点，以水平线向右延长，分别与 Ca 因数线及 PO_4 因数线相交后再向下做垂线交于图中下方的横坐标，分别得到"Ca 因数"为 9.7，"PO_4 因数"为 8.3。根据"Ca 因数" + "PO_4 因数" = 9.7 + 8.3 = 18.0，在图中上方横坐标上查出 18.0 时，垂直向下与 40℃的温度线相交，再以水平线向右交于图中右侧纵坐标上即得到 $Ca_3(PO_4)_2$ 饱和时的 pH_p 为 6.9。因此，为了防止水中产生 $Ca_3(PO_4)_2$ 垢，冷却水的 pH 值必须控制在 6.9。实际上，当水中投加阻垢分散剂，尤其是投加高效磷酸钙分散剂时，循环冷却水允许的 pH 值可比图中查出的高出 1.5 甚至更多，即 $pH < pH_p + 1.5$。上例中，冷却水的 pH 值可控制在 8.4 以下而不会发生 $Ca_3(PO_4)_2$ 结垢。

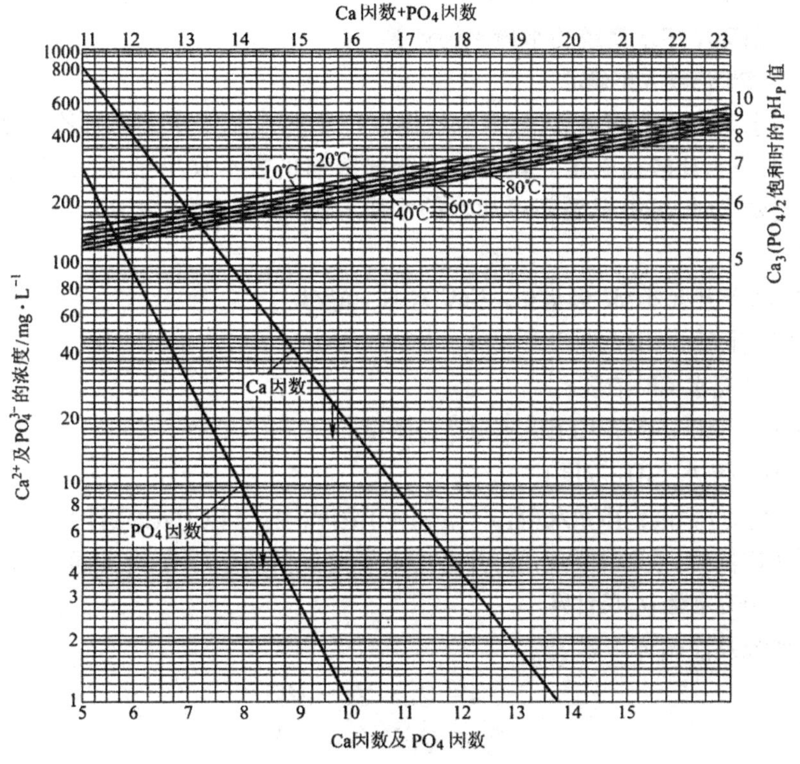

图 16-2 Ca^{2+}、PO_4^{3-} 浓度与 pH_p 的关系

16.2.3.6 极限碳酸盐硬度

极限碳酸盐硬度是指循环冷却水所允许的最大碳酸盐硬度值，超过此值即会生成碳酸盐水垢。此法可用于判断低浓缩倍数的循环冷却水系统的结垢倾向，如浊循环水系统采用酸化法控制结垢时。

极限碳酸盐硬度应做相似条件的模拟试验后确定，如无上述条件时，也可按下述经验公式计算：

$$[H_n]=\frac{1}{2.8}\left[8+\frac{[O]}{3}-\frac{t-40}{5.5-\frac{[O]}{7}}-\frac{2.8H_Y}{6-\frac{[O]}{7}+\left(\frac{t-40}{10}\right)^3}\right] \tag{16-9}$$

式中 H_n——循环水的极限碳酸盐硬度，$[H^+]$mmol/L；

H_Y——补充水的非碳酸盐硬度，$[H^+]$mmol/L；

t——冷却水温度，℃，若 $t<40$℃，仍按 40℃计；

$[O]$——补充水的耗氧量，mg/L。

上式适用于耗氧量≤25mg/L，最高温度 $t=30\sim65$℃的循环冷却水。求得极限碳酸盐硬度后，可按下式判断循环水是否发生碳酸钙沉淀。

$$NH_m>H_n \quad 结垢$$

$$NH_m<H_n \quad 稳定，不会结垢$$

式中 N——循环水的浓缩倍数；

H_m——补充水的碳酸盐硬度，$[H^+]$mmol/L。

16.2.4 循环冷却水系统的水量平衡计算

16.2.4.1 浓缩倍数 N 的确定

循环冷却水系统的浓缩倍数，一般应根据生产工艺设备要求的循环冷却水水质及生产补充新水水质，进行比较后确定。敞开式系统的浓缩倍数不宜小于 3。当工艺设备对循环冷却水水质无要求时，可根据循环冷却水的水质标准（详见 16.3.1.2），与生产补充新水水质进行比较：

M 碱度：500/补充水 M 碱度（以 $CaCO_3$ 计，mg/L）；

Ca^{2+}：200/补充水 Ca^{2+}浓度；

Cl^-：500/补充水 Cl^-浓度；

$Cl^-+SO_4^{2-}$：1500/补充水（$Cl^-+SO_4^{2-}$）浓度；

SiO_2：175/补充水 SiO_2 浓度；

$Mg^{2+}\times SiO_2$：15 000/补充水（$Mg^{2+}\times SiO_2$）浓度（Mg^{2+}以 $CaCO_3$ 计）。

按以上计算比较，取其中最小值，并考虑系统之间的水量平衡关系，可确定浓缩倍数。

16.2.4.2 补充水量 Q_m 的计算

敞开式系统及浊循环水系统

$$Q_m=Q_e+Q_w+Q_b \tag{16-10}$$

$$Q_m=Q_eN/(N-1) \tag{16-11}$$

密闭式系统

$$Q_m=\alpha V \tag{16-12}$$

式中 Q_m——补充水量，m^3/h；

Q_e——蒸发水量，m^3/h；

Q_w——风吹损失水量，m^3/h；

Q_b——排污（包括渗漏）水量，m^3/h；

N——浓缩倍数；

V——系统容积，m^3；

α——经验系数，一般取 $\alpha=0.001$。

16.2.4.3 蒸发水量 Q_e 的计算

敞开式系统及浊循环水系统

$$Q_e=e\Delta tQ \tag{16-13}$$

式中 Q_e——蒸发水量，m^3/h；

Δt——冷却塔进出水温度差，℃

Q——系统的循环冷却水量，m^3/h；

e——损失系数，与季节有关：

夏季(25～30℃)为 0.0015～0.0016；

冬季(－15～－10℃)为 0.0006～0.0008；

春秋季(0～10℃)为 0.001～0.0012。

16.2.4.4 风吹损失水量 Q_w 的计算

敞开式系统及浊循环水系统

$$Q_w=\rho Q \tag{16-14}$$

式中 Q_w——风吹损失水量，m^3/h；

Q——系统的循环冷却水量，m^3/h；

ρ——风吹损失计算时的系数。机械通风冷却塔(有除水器)：取 0.2%～0.3%；风筒式冷却塔：有除水器取 0.1%，无除水器取 0.3%～0.5%；开放式冷却塔：取 1%～5%。

16.2.4.5 排污(包括渗漏)水量 Q_b 的计算

敞开式系统及浊循环水系统

$$Q_b=Q_m-Q_e-Q_w \tag{16-15}$$

式中 Q_m、Q_e、Q_w、Q_b 与 16.2.4.2 节计算相同。

16.2.4.6 循环水系统循环率的计算

采用循环冷却水系统时，用水户使用后回至循环水系统循环利用的回水量占循环冷却水量即循环水系统供水量之百分率。

$$\text{循环率}=\frac{\text{回水量}}{\text{循环系统供水量}}\times 100\% \tag{16-16}$$

或：

$$\text{循环率}=\frac{\text{回水量}}{\text{回水量}+\text{循环系统补充水量}}\times 100\% \tag{16-17}$$

或：

$$\text{循环率}=\left(1-\frac{\text{循环系统之补充水量}}{\text{循环系统供水量}}\right)\times 100\% \tag{16-18}$$

16.2.5 循环冷却水水质稳定处理试验技术条件

循环冷却水系统水质稳定缓蚀阻垢处理方案，一般需要进行静态筛选及动态模拟试验。以下技术条件可作为建设单位向水处理公司提出委托时的技术附件。

技术条件：

(1) 循环冷却水的服务对象，循环水流量，补充水量，蒸发水量，风吹损失水量，排污水量，用水方式如直接冷却或间接冷却，连续用水或间断用水等。

(2) 循环冷却水处理的工艺流程。

(3) 循环冷却水系统容积，包括设备、管道、冷却塔水池、泵站吸水井等。

(4) 换热设备的循环冷却水侧流速、热流密度和表面温度等。

(5) 换热设备进出口的循环冷却水温度与压力。

(6) 补充水的水质分析，其中必须包括悬浮固体，溶解固体、电导率、总硬度，碳酸盐硬度、碱度、pH、Ca^{2+}、Mg^{2+}、Fe^{2+}、Fe^{3+}、HCO_3^-、Cl^-、SO_4^{2-}、SiO_2 等。

(7) 换热设备要求循环冷却水对碳钢、铜、不锈钢等的腐蚀率、污垢热阻值、污垢附着速度[如无特殊要求，可按下列指标提出：碳钢腐蚀率一般宜小于 0.125mm/a，铜、铜合金和不锈钢的腐蚀率宜小于 0.005mm/a；敞开式系统的污垢热阻值宜为 $1.72\times10^{-4}\sim3.44\times10^{-4}$ $m^2\cdot K/W$，密闭式系统的污垢热阻值宜小于 $0.86\times10^{-4}m^2\cdot K/W$；浊循环水系统的污垢附着速度宜小于 25mg/($cm^2$·月)，敞开式及密闭式系统的污垢附着速度宜小于 15mg/(cm^2·月)]。

(8) 要求的循环冷却水主要控制指标，如悬浮固体、硬度、Cl^-、SO_4^{2-}、电导率等及循环冷却水系统的浓缩倍数(敞开式系统其值不宜低于 3)。

(9) 换热设备的材质，给水、回水管道及设备的材质。

16.3 循环冷却水水质稳定处理

钢铁工业循环冷却水系统分为直接冷却浊循环水系统及间接冷却净循环水系统，而后者又分为敞开式及密闭式两种。

浊循环水系统由于水与物料直接接触，发生传热、传质过程，不仅水温升高，而且含有各种固体颗粒，溶解大量盐分，因而水质成分复杂，变化幅度大。一般而言，其腐蚀及菌藻繁殖问题不太突出，应着力解决结垢问题。密闭式系统用水一般都采用软水或除盐水，水在系统中不与空气接触，不受阳光照射，结垢与微生物控制不是主要问题，应着力解决腐蚀问题。敞开式系统，冷却水在换热设备中吸收热量后，经冷却构筑物与大气及阳光接触，水分蒸发，二氧化碳逸散，溶解氧和悬浮固体物增加，水中溶解盐类浓缩等，给系统带来腐蚀、结垢和菌藻繁殖等问题。

循环冷却水水质稳定处理，应根据不同系统的主要问题，采取去除悬浮固体物、控制水垢及污垢、控制腐蚀及微生物等几个方面的措施来解决。

16.3.1 循环冷却水水质标准

16.3.1.1 浊循环冷却水水质标准

钢铁工业浊循环冷却水由于各生产阶段的生产工艺不同，各钢铁企业生产原料及所用冷却原水水质的不同以及浊循环冷却水水质稳定处理技术的研究开发还很不够，因而很难像敞开式系统那样制定统一的水质标准。但是，对于像悬浮固体，pH 值及油含量等几项指标，可以根据多数钢铁企业的生产实践，提出以下标准(见表 16-11)。

表 16-11 浊循环冷却水水质标准

浊循环水系统	项 目	水质标准
高炉煤气洗涤水	悬浮物/$mg \cdot L^{-1}$	根据生产工艺要求确定,不宜大于 100
	pH	一般宜控制在 7~8
转炉烟气净化水	悬浮物/$mg \cdot L^{-1}$	根据生产工艺要求确定,一般宜在 100~150
连铸机二次喷淋冷却水	悬浮物/$mg \cdot L^{-1}$	根据生产工艺要求确定,一般宜控制在 20~50
	油/$mg \cdot L^{-1}$	不宜大于 5
轧机冷却水	悬浮物/$mg \cdot L^{-1}$	根据生产工艺要求确定,一般宜控制在 20~50
	油/$mg \cdot L^{-1}$	一般宜控制在 5~10

16.3.1.2 间接冷循环水水质标准

A 敞开式系统冷却水水质标准

敞开式系统冷却水水质标准应根据换热设备的结构形式、材质、工况条件、污垢热阻值、腐蚀率以及所采用的水质稳定处理药剂配方等因素确定,并应符合表 16-12 的规定。

表 16-12 敞开式系统冷却水水质标准

序 号	项 目	水质标准
1	悬浮物/$mg \cdot L^{-1}$	根据生产工艺要求确定,不宜大于 20。当换热器的型式为板式、翅片管式和螺旋板式时,不宜大于 10
2	pH 值	根据药剂配方确定,一般宜控制在 7.0~9.2
3	甲基橙碱度(以 $CaCO_3$ 计)/$mg \cdot L^{-1}$	根据药剂配方及工况条件确定,不宜超过 500
4	Ca^{2+}/$mg \cdot L^{-1}$	根据药剂配方及工况条件确定,低限不宜小于 30(从缓蚀角度要求),高限不宜大于 200(从阻垢角度要求)
5	Fe^{2+}/$mg \cdot L^{-1}$	一般不宜大于 0.5
6	Cl^-/$mg \cdot L^{-1}$	根据药剂配方及工况条件确定,对不锈钢换热设备不宜大于 300,对碳钢换热设备不宜大于 500
7	SO_4^{2-}/$mg \cdot L^{-1}$	根据药剂配方及工况条件确定,[SO_4^{2-}]与[Cl^-]之和不宜大于 1000,对系统中的混凝土材质的要求按现行的《岩土工程勘察规范》GB50021—94 的规定执行
8	硅酸(以 SiO_2 计)/$mg \cdot L^{-1}$	不宜大于 175,并按[Mg^{2+}]×[SiO_2]<15 000 验证(Mg^{2+} 以 $CaCO_3$ 计)
9	游离氯/$mg \cdot L^{-1}$	在回水总管处宜控制在 0.5~1.0 范围内
10	油/$mg \cdot L^{-1}$	不应大于 5

B 密闭式系统冷却水水质标准

密闭式系统冷却水一般采用软水或除盐水,其水质标准应根据生产工艺条件确定。

16.3.2 结垢的控制

循环冷却水中能产生多种水垢,其中以碳酸钙垢最为常见,危害最大。多数换热设备用碳钢制成,碳钢的导热系数为 46.4~52.2W/(m·K),而碳酸盐垢的导热系数为 0.464~0.697W/(m·K),只有碳钢的 1%左右。因此,水垢的存在将大大降低换热设备的冷却效果。除水垢之外,冷却水中的泥砂、粉尘、腐蚀产物和生物碎屑等都会在换热设备的金属表面上发生沉积,这些沉积物(污垢)会使换热设备中冷却水通道的截面积和冷却水流量变小,从而使冷却效果进一步降低。

对于水垢和污垢的控制,敞开式系统与浊循环水系统有所不同。

16.3.2.1 敞开式系统结垢的控制

A 水垢的控制

敞开式系统中水垢的控制方法有软化法、酸化法、电子水处理器(离子棒)法及投加阻垢分散剂法等。

用石灰软化或离子交换树脂软化去除补充水中致垢盐分,可以有效地防止生长碳酸盐垢。前者灰尘大,劳动条件差;后者基建投资及运行费用高,在大型循环水系统中较少采用。补充水是否需要软化或部分软化后混合,应根据原水水质及工艺设备对循环水水质的要求决定。酸化法通常是加硫酸,将碳酸盐转化为溶解度较大的硫酸盐,由于加酸易误操作引起系统腐蚀及高浓缩倍数条件下控制结垢效果有限,这种方法的应用受到限制。离子棒据称是通过高压静电场的作用,改变水分子中的电子结构,使水中所含阳离子不致趋向器壁,从而达到防垢、除垢的目的。由于离子棒防垢机理尚不完善,对一些水质效果可以,而对另一些水质却毫无作用,因此,其使用也受到限制。采用电子射频原理的防垢仪是一种新型的物理防垢设备。据称该设备可根据不同的水质及防腐、防垢、杀菌灭藻等要求采用不同的频谱组成一套全程处理器,并在小型水处理系统中得到应用。但是对于大型的生产工艺复杂、生产环境较差以及水质变化较大的循环冷却水系统,其应用效果还有待实践的考验。向循环水中投加阻垢分散剂是目前防止循环水中生成水垢的主要方法。常用的阻垢分散剂如下:

a 聚磷酸盐

在冷却水处理中,常用的聚磷酸盐有三聚磷酸钠($Na_5P_3O_{10}$)和六偏磷酸钠($Na_6P_6O_{18}$)。微量聚磷酸盐能抑制和干扰碳酸钙晶体的正常生长,使晶体在生长过程中发生畸变不能长大,从而使其不能沉积形成水垢而分散于水体中。实验证明,使用每升几毫克的聚磷酸盐就能防止每升几百毫克的碳酸钙沉淀析出(低浓度效应)。但是当水温大于50℃,pH大于7.5时,聚磷酸盐水解速度加快,水解生成的正磷酸盐容易与水中的钙离子生成溶解度更低的磷酸钙垢,同时正磷酸盐又是菌藻的营养物。因此,单纯使用聚磷酸盐作阻垢剂用已逐渐被淘汰。

b 有机膦酸盐

有机膦酸盐的阻垢机理与聚磷酸盐类似。有机膦酸盐的种类很多,它们的分子结构中都有C-P键,而这种键比聚磷酸盐中的P-O-P键要牢固得多,因此,它们的化学稳定性好,不易水解,并且耐高温,在使用中不会因水解生成正磷酸盐而导致菌藻过度繁殖。它们与聚磷酸盐一样也有低浓度效应,就是只用每升几毫克的有机膦酸盐就可以阻止每升几百毫克的碳酸钙发生沉淀。同时,它们的阻垢性能比聚磷酸盐好。它们与其他药剂共用时有良好的协同效应。此外,有机膦酸盐在高剂量下还具有良好的缓蚀性能,并且属于无毒或极低毒药剂,在使用中可以不必担心环境污染问题。有机膦酸盐品种很多,在循环冷却水中常用的有ATMP(氨基三甲叉膦酸),EDTMP(乙二胺四甲叉膦酸),HEDP(羟基乙叉二膦酸)。除以上三种常用有机膦酸盐产品外,目前国内使用的还有DTPMP(二乙烯三胺五甲叉膦酸),PBT-CA(2-膦酸丁烷-1,2,4-三羧酸)。DTPMP对碳酸钙、硫酸钙、硫酸钡均有良好的阻垢作用,与常用的有机膦酸盐产品相比,在碱性条件下(pH10~11),对碳酸垢仍有良好的阻垢能力。PBTCA 分子结构中同时含有磷酸基和羧基两种基团,在这两种基团的共同作用下,PBTCA 能在高温、高硬度和高 pH 的水质条件下,具有比常用有机膦酸盐更好的阻垢性能。此外,它还能提高锌的溶解度,在 pH9~10 时也能使锌处于溶解状态。

c 有机膦酸脂

有机膦酸脂的种类很多,在循环冷却水中常用的有 PAPE(多元醇磷酸脂)。用多元醇与磷酸或五氯化磷反应,即可得到多元醇磷酸脂。在其分子结构中引入多个聚氧乙烯基,可提高其抗水解的能力,并且提高了对钙垢和泥沙的阻垢分散能力。PAPE 有较好的缓蚀阻垢作用,并能稳定水中的锌离子,若与锌离子复配后缓蚀性能更好。

d 聚羧酸类聚合物

聚羧酸类聚合物是通过晶格畸变作用和静电斥力作用来实现阻垢分散作用的,其阻垢性能主要与分子结构中羧基数目有关。这类聚合物对碳酸钙、硫酸钙等水垢具有良好的阻垢作用,同时也有低浓度效应,因此用量极微。它们与聚磷酸盐和有机膦酸盐的作用也有区别,后者只能对结晶状化合物产生影响,而对泥沙、粉尘、腐蚀产物和生物碎屑等污物的无定形粒子不起作用;而聚羧酸类聚合物却能对这些无定形不溶性物质起到分散作用,使其不凝结呈分散状态而悬浮于水中。

聚羧酸类聚合物品种很多,使用最多的是丙烯酸和马来酸的均聚物和共聚物。在循环冷却水中最常用的均聚物是 PAA(聚丙烯酸),PAAS(聚丙烯酸钠)和 HPMA(水解聚马来酸酐)。水解聚马来酸酐由于分子结构中羧基数比聚丙烯酸多,因此阻垢性能更好,而且在 175℃左右的较高温度下仍保持良好的阻垢性能,但因价格较贵而限制了其在循环冷却水中的使用(为降低 HPMA 的价格,可用马来酸酐和丙烯酸两种单体在一定条件下共聚成马来酸酐-丙烯酸共聚物,其阻垢性能与水解聚马来酸酐相似)。

碱性冷却水处理技术的发展,要求某些聚合物比丙烯酸均聚物和有机膦酸盐阻磷酸钙垢和锌垢的能力更强,这些聚合物一般是二元共聚物或三元共聚物,大多数不仅含羧酸基团,而且还有亲水基团如羟基或磺酸基,它可以有效地防止由于均聚物与水中离子反应,产生难溶性聚合物——钙凝胶的不良后果。目前国内聚羧酸类共聚物产品发展很快,品种繁多,某些品种已经达到或优于进口产品标准。丙烯酸与丙烯酸羟丙酯共聚物系 20 世纪 80 年代初由日本栗田公司引进,代号为 T-225;丙烯酸与丙烯酸甲脂共聚物系美国纳尔科公司产品,代号为 N-7319。这两种共聚物对磷酸钙、磷酸锌以及氢氧化锌、水合氧化铁等有非常好的抑制和分散作用,其效果均超过聚羧酸类均聚物。此外,目前国外已开发出相当多品种的带磺酸基团的共聚物,这类共聚物具有良好的阻垢性能,特别是对磷酸钙的抑制效果更为显著,除此之外还兼有良好的分散性能,适应 pH 范围宽,对“钙容忍度”高,是一种应用前途广泛的新品种。磺酸盐品种很多,其中以 AMPS(2-丙烯酰胺-2-甲基丙磺酸)最为实用。国内在开发 AMPS 单体及其与丙烯酸系列单体的共聚物及三聚物方面也做了不少工作,其商品化的产品的质量与国外同类产品相近。

B 污垢的控制

前面已经提及污垢的产生及其危害,欲控制好污垢,必须做到以下几点。

a 降低补充水中悬浮物含量

循环冷却水中泥沙、粉尘等悬浮固体一部分来自补充水。作为循环水系统的补充水,其悬浮物愈低,带入系统中可形成污垢的杂质就愈少。

b 做好循环水系统腐蚀和菌藻的控制

冷却水在循环使用过程中,系统中的腐蚀与菌藻的滋生是与水垢同时产生的,因此,做好循环水系统腐蚀和菌藻的控制,是减少系统产生腐蚀产物及生物碎屑等污垢必不可少的方法,详细内容将在以后的章节中叙述。

c 投加分散剂

用于水垢控制的各种分散剂,对于污垢也具有良好的分散作用。分散剂能将各种污垢杂质分散成微粒使之悬浮于水中,随水流流动而不沉积在传热表面上,同时部分悬浮物可随排污或旁滤而排出循环水系统。

d 增加旁滤设施

敞开式系统中的悬浮物一部分来源于补充水,由于补充水多是经过预处理的水,所以其悬浮物含量大致一定。另一部分来源于空气中的尘埃。冷却水经过冷却塔与空气接触时,空气中的尘埃会被洗入水中,其带入循环水中的浓度往往要比补充水所带入的高许多倍。因此,必须将部分循环水从旁路抽出,送入旁滤装置过滤,去除部分悬浮物后再送回循环水系统,从而保持系统中悬浮物含量在控制范围。

旁流过滤水量可按下式计算:

$$Q_{sf}=\frac{Q_m C_{ms}+K_s A C_a-(Q_b+Q_w)C_{rs}}{C_{rs}-C_{ss}} \tag{16-19}$$

式中 Q_{sf}——旁流过滤水量,m^3/h;

Q_m——补充水量,m^3/h;

Q_b——排污水量,m^3/h;

Q_w——风吹损失水量,m^3/h;

C_{ms}——补充水的悬浮物含量,mg/L;

C_{rs}——循环冷却水的悬浮物含量,mg/L;

C_{ss}——旁滤后水的悬浮物含量,mg/L;

A——冷却塔空气流量,m^3/h;

C_a——空气中含尘量,我国钢铁厂一般取 0.0005 ~ 0.001g/m^3,炼铁、炼钢区取大值,轧钢区取小值;

K_s——悬浮物沉降系数,一般可选用 0.2。

当缺乏计算数据时,也可估算旁滤水量,对于钢铁厂,一般旁滤水量占循环水量的 10% ~ 15%。当 Q_{sf}计算值小于 10%循环水量时,宜取 10%循环水量。

16.3.2.2 浊循环水系统结垢的控制

钢铁工业浊循环冷却水由于炼铁、炼钢等各生产阶段的生产工艺不同,致使与之相应的浊循环冷却水系统的处理流程及结垢控制的方式也不相同,下面着重介绍钢铁工业中几个主要的浊循环水系统结垢的控制方法。

A 高炉煤气洗涤浊循环水系统

高炉煤气洗涤水随冶炼工艺、炉料的不同,水中成分变化复杂。在水循环过程中,水中悬浮物(主要是铁矿粉、焦炭粉)、游离 CO_2 等不断积累,大量钙、镁、锌等物质形成各种成垢盐类和共沉淀物,沉积于管壁,加之循环中经过沉淀、冷却降温、蒸发浓缩,水中 CO_2 大量损失，使循环水失去稳定性，因而造成管网结垢，喷头过滤网堵塞，阻碍生产正常运行。对于循环水中污垢的主要来源悬浮物，各钢铁厂的生产实践表明，采用辐射式沉淀池[控制沉淀池的单位面积负荷在 $1m^3/(m^2 \cdot h)$ 左右]沉淀后的出水悬浮物一般均可达到生产工艺要求小于 100mg/L 的目标值，若投加混凝剂，沉淀效果更佳。对于钙、镁、锌等成垢盐类形成水垢的控制，由于各地区的地理环境、冶炼工艺、炉料、水质成分的不同，其处理方法也各种各样。有酸化法、碳化法、曝气法、石灰-碳化法、高炉转炉污水联合处理法、复合化学药剂法等。目前比较实用、效果较好的使用方法有酸化法、石灰-碳化法、复合化学药剂法。

a 酸化法

用酸化法处理高炉煤气洗涤水的基本原理是往系统中加酸（一般采用硫酸），使水中溶解度小的碳酸盐硬度转化为溶解度较大的非碳酸盐硬度。加酸量计算公式如下：

$$G = \frac{0.98(H - H')Q}{\alpha} \times 10^{-6} \tag{16-20}$$

式中 G——加硫酸量，t/d；

H——处理前循环水的碳酸盐硬度（以 $CaCO_3$ 计），mg/L；

H'——处理后循环水的极限碳酸盐硬度（以 $CaCO_3$ 计），mg/L；

Q——循环水量，m^3/d；

α——酸的质量浓度，%。

东北某钢铁厂高炉煤气洗涤水投加本厂化工及轧钢的废硫酸来控制碳酸盐水垢。控制极限碳酸盐硬度在 178mg/L（以 $CaCO_3$ 计），暂时硬度在 160 ~ 196mg/L（以 $CaCO_3$ 计），使水质处于稳定状态。

酸化法的优点是可以利用废酸，处理工艺简单。缺点是废酸来源有限，水的循环率低，仅达 80%左右，排污量较大，若这部分排污水没有接纳用户而外排将污染环境。此法只能缓解由于碳酸钙引起的结垢问题，而不能解决其他水垢引起的结垢。如西南某钢铁厂用酸化法处理同类循环水，由于锌类水垢严重而使该法应用效果不佳。

b 石灰-碳化法

石灰软化是投加石灰乳，使水中的 $Ca(HCO_3)_2$ 和 $Mg(HCO_3)_2$ 变成 $CaCO_3$ 和 $Mg(OH)_2$ 沉淀，去除水中的暂时硬度。碳化法是利用燃烧后的高炉煤气中的 CO_2 与循环水中易结垢析出的 $CaCO_3$ 反应，生成溶解度较大的 $Ca(HCO_3)_2$。其反应式为：

$$CaCO_3 + CO_2 + H_2O \rightleftharpoons Ca(HCO_3)_2$$

经冷却塔冷却后的循环水，水中游离 CO_2 全部损失，平衡向左进行，水中 $Ca(HCO_3)$ 大部分分解成 $CaCO_3$，其中一部分 $CaCO_3$ 在冷却塔中析出，另一部分以细小微粒分散在水中，很容易结晶析出，此时必须通入含 CO_2 的烟气，使 $CaCO_3$ 变成 $Ca(HCO_3)_2$。游离 CO_2 在水中含量维持在 1 ~ 3mg/L 为宜。

华北某钢铁厂高炉煤气洗涤浊循环水系统采用石灰-碳化法进行结垢控制，循环水量 $4000m^3/h$，抽出 17.5% 的水量进行旁路软化后再送回循环水系统。旁路软化设 3 座 ϕ10.5m 斜管机械加速澄清池（2 座工作），投加石灰乳及硫酸亚铁，可去除暂硬 150mg/L（以 $CaCO_3$ 计），去除总含盐量 215mg/L（除去钙、镁碳酸盐以外，其他盐分为 70mg/L），出水悬浮物含量小于 20mg/L。经沉淀冷却后的洗涤水设加烟井投加废烟气，维持水中游离 CO_2 小于 3mg/L，污垢附着速度平均值小于 $18mg/(cm^2 \cdot 月)$，使水质处于稳定状态。该厂高炉煤气洗涤浊循环水系统投入运行长期保持循环率为 94%，排污率为 2%，浓缩倍数为 1.8 左右。

石灰-碳化法在精心管理下可收到较好效果，但其工艺复杂，投资高，操作管理要求高，劳动强度大。因此，冶金动力情报网供排水专业组建议今后不要再采用石灰-碳化法处理高炉煤气洗涤水。

c 复合化学药剂法

复合化学药剂法是在混凝沉淀、冷却降温及污泥脱水处理工艺的基础上，向水中投加阻垢分散复合化学药剂，使水中的结垢成分得到控制，系统的结垢问题得到明显改善。

华中某钢铁厂采用复合化学药剂法处理高炉煤气洗涤水，在结垢控制方面取得明显效果，循环率达 94%。该厂采用聚合硫酸铁做混凝剂以取代价格昂贵的聚丙烯酰胺，其除锌效率远高于聚丙烯酰胺。在此基础上，该厂通过配方筛选试验，确定利用有机膦酸盐的阻垢性能和缓蚀性，聚羧酸盐的分散性与洗涤水中存在的锌离子组成最佳的阻垢分散缓蚀复合化学药剂，从而达到防止系统结垢及腐蚀的目的。由于洗涤水与高炉煤气直接接触，水质成分复杂且变化大，在实验室难以进行动态模拟试验。按照配方筛选试验结果，根据全系统的贮水量，在辐射式沉淀池出口的水沟处，冲击投加有机膦酸盐和聚羧酸盐，然后根据药剂消耗情况，按配方连续补充药剂。运行结果表明，污垢附着速度平均值只有 7.9mg/(cm^2·月)，腐蚀率平均值为 0.088mm/a，均可满足冶金行业标准的要求。现场检查发现，煤气洗涤塔过滤器仅有少量软垢，易用水冲洗，水泵、阀门被垢堵塞卡死的问题已经消失，系统结垢这一关键问题得到控制。

宝钢 1 号高炉引进日本技术处理高炉煤气洗涤水，经两级文氏管洗涤后的洗涤水流入辐射式沉淀池，经沉淀处理后的上部清水经泵加压又送回煤气洗涤文氏管而形成一个循环系统。其特点是由于煤气系统中设有余压发电装置，煤气温度可进一步降低，从而洗涤水系统可不设降温冷却塔，其结果是由于 CO_2 损失减少而全系统碳酸钙结垢问题大为减少。为了保证循环水水质，在沉淀池入口处投加阴离子型絮凝剂(A-7)0.3～0.7mg/L，投加水质调整剂 NaOH，使水的 pH 保持在 7.8～8.0，促使溶解在洗涤水中的成垢盐类尽快结晶析出，并与悬浮物一道在沉淀过程中被去除。在沉淀池出口管道上投加阻垢剂(DP-202)3mg/L(按循环水量计)，可防止碳酸钙、氢氧化锌等结合生成水垢。运行结果表明，该系统的污垢附着速度大大低于目标值 15mg/(cm^2·月)，结垢控制效果明显。

从以上三种结垢的控制方法可以看出，复合化学药剂法是解决高炉煤气洗涤水系统结垢问题的有效方法。该方法工艺环节少，劳动强度小，投资少，操作管理方便，易于掌握。各钢铁厂可根据各自水质情况采用不同的复合药剂配方，不应照搬一种配方。同时要加强科学管理，处理好三分技术七分管理的关系，否则，再好的技术、再理想的药剂配方都达不到预期的目的。

解决高炉煤气洗涤水中溶解盐类的平衡问题是结垢控制中的关键一环。华北某钢铁厂采用石灰-碳化法处理高炉煤气洗涤水，循环率长期控制在 94%，水质稳定，保证了生产安全运行。为了减少排污水量，该厂曾进行过 40 天提高循环率的试验，系统循环率提高到 95.76%，浓缩倍数 2.94，结果溶解固体由 1350mg/L 增加到 3227mg/L，在水泵外壳及阀门的法兰等有少量液体泄漏处均发现有盐类结晶析出。因此，高炉煤气洗涤水的循环率不宜过高，循环率宜控制在 94%左右。保持一定排污量可平衡洗涤水中的溶解盐类，而这部分排污水可通过串级使用综合利用，既节约了新水又保护了环境。宝钢 1 号高炉煤气洗涤浊循环水系统的排污水用作高炉水冲渣系统的补充水就是例证。

B 转炉烟气净化浊循环水系统

由于转炉吹炼方式烟气净化方式的不同以及周期性不连续吹炼的特点，致使浊循环水水质相差很大，水中悬浮物含量时浓时稀，颜色时红时黑，温度时高时低，pH 值时大时小，各种溶解物时多时少，在钢铁工业浊循环水系统中，转炉烟气净化浊循环水的水质稳定和悬浮物净化处理难度较大。导致转炉烟气净化水水质不稳定的因素主要是在炼钢过程中要投加造渣剂石灰，部分石灰粉末被烟气带出，洗气时与烟气净化水生成氢氧化钙，烟气中含有的 CO_2 与之反应生成碳酸盐。此外，由于烟尘溶入水中的悬浮物粒度甚小，难于沉淀，循环积累产生泥垢。悬浮物又是成垢盐类结晶的晶核，沉淀效果不佳的烟气净化水中的悬浮物将与成垢盐类形成共沉淀物，沉积在管壁及洗气装置的喷嘴上，造成烟气净化效果下降而影响生产正常运行。与高炉煤气洗涤水相比，转炉烟气净化水在污水的沉淀及泥浆脱水方面的难度更大，而这两个环节处理不当将导致整个水处理系统水质稳定结垢控制的失败。钢铁企业在长期的生产实践中，逐步形成了一些有效的处理方式。在烟气净化水的沉淀方式中，最常用的是采用辐射式沉淀池并投加高分子絮凝剂，一般控制好沉淀池的表面负荷，出水悬浮物含量小于 100mg/L。目前在小型转炉中得到推广应用的磁凝聚法加斜板沉淀池，使烟气净化水的沉淀效果更佳。泥浆脱水方式由真空过滤发展到带式及厢式压滤。下面介绍钢铁厂中几种常用的转炉烟气净化浊循环水系统水质稳定结垢控制的方法。

a 复合化学药剂法

复合化学药剂法是在混凝沉淀、冷却降温及泥浆脱水处理工艺的基础上，向烟气净化水中投加阻垢分散剂，使水中的悬浮颗粒及成垢盐类分散在水中，系统的结垢问题得到控制。

宝钢第一炼钢厂 3×300t 氧气顶吹转炉，采用 OG 法对转炉烟气进行冷却和净化，烟气净化水由 OG 装置（两级文氏管串联）排出，经粗颗粒分离、混凝沉淀后返回除尘装置。烟气净化水处理采用投加高分子絮凝剂（PA-322）于辐射式沉淀池前的分配槽内，投药剂量为 0.3～1.0mg/L，其出水悬浮物小于 50mg/L。在沉淀池出水的吸水池进口，投加防垢剂聚丙烯酸胺系聚合物（T-222）2～5mg/L，可以改变烟气净化水中成垢盐类的结晶形状和大小，增大成垢盐类的过饱和度，使其结晶微粒与悬浮固体颗粒呈分散状态悬浮于水中，减少设备及管道内壁的结垢问题。为了平衡烟气净化水中的溶解盐类并控制成垢盐类的过饱和度，将部分烟气净化水串级使用排入炉渣处理系统作补充水。由于烟气净化水的 pH 值经常处于不稳定状态，为此，在 pH 值上升时用浓 H_2SO_4 调整 pH 值，有时由于烟气中 CO_2 和原料变化而使水的 pH 值下降时，则采用碱液来调整。宝钢转炉烟气净化水处理系统中设置一套 pH 值水质调整剂投加装置，投加位置在沉淀池前分配槽内及浓缩池出水吸水池内两处。生产运行结果表明，在采取了以上措施后，生产运行基本正常，但从烟气净化设备观察，结垢仍较严重。因此，调整阻垢分散剂的投量或改进药剂配方还有待生产实践来解决。

b 磁凝聚法

目前国内转炉烟气净化水去除悬浮物大都采用投加高分子絮凝剂后进入辐射式沉淀池进行混凝沉淀处理。由于国产聚丙烯酰胺类高分子絮凝剂的分子量大都在 1000 万以下（而国外同类产品分子量大都在 1500 万以上），化解困难，凝聚效果较差，加之国内采用的辐射式沉淀池较浅，难以消除烟气净化水由于温度变化引起的异重流影响。因此，烟气净化水在经过常规混凝沉淀处理后的出水悬浮物难以达到较高循环率要求的小于 100mg/L 的目标值。混凝沉淀仅能去除水中的悬浮颗粒,但未解决结垢问题。而投加阻垢分散剂运行费用较高,操作管理难度较大,效果不甚理想。目前在小型转炉烟气净化水处理中得到推广应用的磁凝聚法较好地解决了上述问题。

转炉烟气净化水中的悬浮物大部分是由铁磁质微粒组成的,这些铁磁质微粒在流经磁场时产生磁感应,离开磁场时具有剩磁,因而在沉淀池中互相碰撞吸引产生磁凝聚现象,磁凝聚的结果,使铁磁质微粒凝结成较大的絮团而加速沉降,而循环水中的硬度又能维持在一定的范围内,从而达到既去除水中的悬浮颗粒,又能防止结垢的目的。磁凝聚法可实现全系统"零排放"运行,而且全系统的循环率越高,防垢效果越好。实际上,系统中的盐分会随泥浆外排而保持平衡。循环水中的成垢盐类经过磁场后,其结晶条件发生变化,易于聚集在铁磁质微粒上而悬浮于水中,并随泥浆一起排出系统。磁凝聚法要求全系统的总硬度控制在 300mg/L(以 $CaCO_3$ 计)以下,若总硬度大于 300mg/L,电磁凝聚器的磁力防垢能力减弱甚至消失。实际上,转炉烟气净化水中的总硬度可以达到 700~750mg/L(以 $CaCO_3$ 计)。为此,可以投加钠碱,当水中钠碱保持一定浓度时,循环水中的总硬度可保持在 50mg/L(以 $CaCO_3$ 计)以下,并可实现"零排放"运行。磁凝聚法在 100t 以上的大型转炉上应用较少,其应用效果还有待实践的考验。

华东西部某钢铁厂 3×20t 转炉采用电磁凝聚器→斜板沉淀池→厢式压滤机的工艺流程处理烟气净化水,该工艺选用 MWG 型渠用电磁凝聚器,HXC-80 型斜板沉淀池,XMZ60F/1000-30 型自动厢式压滤机等主要设备。经磁凝聚及斜板沉淀处理的烟气净化水,其出水悬浮物平均值为 50mg/L。转炉投产后未对水质进行化学处理,发现二文喉管被污垢堵塞不能调节,各喷嘴出口断面变小,严重影响除尘效果。为了解决结垢问题,该厂采用投加钠碱,使循环水中的总碱度保持在 1000mg/L(以 $CaCO_3$ 计)以上,水中的总硬度稳定在 50mg/L(以 $CaCO_3$ 计)以下,生产运行正常。

c 连铸及轧钢浊循环水系统

连铸机二次喷淋冷却与轧钢的轧机及轧材冷却水处理工艺流程相似,一般经过沉淀、除油、过滤、冷却后循环使用。沉淀设施一般采用一次铁皮坑及二次平流沉淀池两级沉淀或是旋流沉淀池一级沉淀,经除油装置除油后送压力过滤器,其出水悬浮物含量一般可控制在 20~50mg/L,油含量 5~10mg/L。在上述条件下,一般向水中投加一定量的阻垢分散剂或是利用水质要求较高的循环系统的排污水作补充水时带入的水质稳定药剂,可以控制因蒸发浓缩而导致的成垢盐类的结垢问题。

华北东部某钢铁厂炼钢连铸车间圆坯连铸二次喷淋冷却浊循环水系统采用旋流池沉淀、除油,压力过滤器过滤并经冷却后循环使用的水处理工艺,其出水悬浮物含量平均为 10mg/L,油含量平均为 5mg/L。为了防止系统结垢,向水中投加阻垢分散剂 30mg/L,控制循环水污垢附着速度小于 20mg/(cm^2·月)。该浊循环水系统采用工业水与软水相混合的混合水作补充水,控制循环水的总硬度为 193mg/L(以 $CaCO_3$ 计),浓缩倍数小于 2。为防止油脂在过滤器中积累造成滤料板结,每年用油清洗剂对过滤器进行一次清洗。在采取上述措施后,该浊循环水系统没有发生因水垢及污垢引起的结垢堵塞问题,生产运行正常。

连铸及轧钢浊循环水系统结垢控制中最主要的问题是水中的油含量问题。这主要决定于各厂的管理水平,管理得好,设备漏油少,水中油含量就小,否则,再好的除油设备对大量泄漏于水中的油也无能为力。超标的油含量将导致过滤器滤料板结,过滤出水水质差而影响整个系统的正常运行。对于油含量的控制,最根本的办法是加强管理,加强设备维修,根治污染源,再辅以除油装置来解决。近年来某些钢铁厂采用新技术处理这类含油浊循环水,较好地解决了上述问题。这种新技术的特点是系统中不设过滤器,浊循环水在一次沉淀(旋流池或一次铁皮沉淀池)的基础上,经化学除油器处理(投加电解质类混凝剂及专用油絮凝剂)、冷却塔冷却后循环使用。

16.3.3 腐蚀的控制

循环水系统中金属的腐蚀一般是电化学腐蚀。腐蚀的形式有均匀腐蚀、点蚀、浸蚀、垢下腐蚀等等。影响腐蚀的因素有:水中溶解固体及悬浮物含量、氯离子、pH 值、溶解气体、温度、流速、微生物等等。钢铁工业直接冷却浊循环水系统中腐蚀不是影响生产正常运行的主要障碍,浊循环水中大量存在的铁氧化物使常用的缓蚀药剂大量消耗而作用甚微。因此,腐蚀的控制其主要对象是间接冷却循环水系统,尤其是密闭式系统。循环水中的钙、镁碳酸盐沉积在金属表面隔绝了腐蚀介质对金属的腐蚀,因而碳酸盐硬度既可作为水垢又可作为缓蚀剂来考虑,从这种意义上讲,软水及除盐水的腐蚀性较强。密闭式系统的冷却介质一般为软水或除盐水,这样虽然缓和了结垢问题,但却带来了严重的系统腐蚀。

16.3.3.1 判断腐蚀的方法

对于循环冷却水系统的腐蚀,一般采用监测换热器试管或管路悬挂试片来加以判断。腐蚀率的计算公式如下:

$$R_c = \frac{8760\Delta W \times 10}{A\rho T} \tag{16-21}$$

式中 R_c——腐蚀率,mm/a;

ΔW——试片或试管失去的质量,g;

A——试验管内表面积或试片表面积,cm^2;

ρ——试件材料密度(碳钢 7.85,不锈钢 7.9,紫铜 8.94,黄铜 8.5),g/cm^3;

T——运行时间,h;

8760——与 1 年相当的小时数,h/a;

10——与 1 厘米相当的毫米数,mm/cm。

腐蚀率又称腐蚀速度 ,其国际单位制是 mm/a。表 16-13 是几种常用单位的换算关系。

表 16-13 几种常用腐蚀率换算表

换算单位 / 给定单位	$g/(m^2\cdot h)$	mdd	mm/a	mpy
克/(米²·时)/[$g/(m^2\cdot h)$]	1	240	$8.76/\rho$	$345/\rho$
毫克/(分米²·天)(mdd)	0.0042	1	$0.0365/\rho$	$1.44/\rho$
毫米/年 (mm/a)	0.114ρ	27.4ρ	1	39.4
密耳/年 (mpy)	0.0029ρ	0.696ρ	0.0254	1

注:ρ 为材料的密度。

16.3.3.2 腐蚀的控制指标

工业循环冷却水系统中换热设备腐蚀率的控制指标应按生产工艺设备要求确定,当工艺设备无要求时，宜按下列指标控制：

碳钢管壁的腐蚀率宜小于 0.125mm/a，铜、铜合金和不锈钢管壁的腐蚀率宜小于 0.005mm/a。

16.3.3.3 循环冷却水系统腐蚀的控制方法

循环冷却水系统腐蚀的控制方法有：药剂法；阴极保护法；阳极保护法；表面涂耐腐蚀层及设备材质改进；电子射频类的物理防腐蚀方法等。此处仅介绍最常用的药剂法。

药剂法缓蚀是通过向循环水中投加并保持一定量的缓蚀药剂，使之在金属表面生成一层致密而连续的金属氧化膜或其他类型的膜，以抑制腐蚀过程，从而达到控制腐蚀的目的。缓蚀剂的使用不需要特殊的附加设备，也不需要改变金属设备的材质或进行表面处理。因此，使用缓蚀剂是一种经济效益较高且适应性较强的金属腐蚀控制措施。

依缓蚀剂在金属表面形成的缓蚀膜的性质，可以把缓蚀剂分成钝化膜型、沉淀膜型和吸附膜型三大类，各类缓蚀剂的性质和膜的特性列于表 16-14。

表 16-14 缓蚀膜的种类及性质

缓蚀剂分类		缓蚀剂举例	缓蚀膜的特点
氧化膜型		铬酸盐、钼酸盐、钨酸盐、亚硝酸盐	致密、膜较薄，与金属结合紧密
沉淀膜型	水中离子型	聚磷酸盐、锌盐、硅酸盐、磷酸盐、有机膦酸脂、有机膦酸盐	多孔、膜厚与金属结合不太紧密
	金属离子型	巯基苯骈噻唑、苯并三氮唑	比较致密、膜较薄
吸附膜型		硫醇类、有机胺类化合物、葡萄糖酸盐、其他表面活性剂	在非清洁表面上吸附性差

16.3.3.4 常用缓蚀剂

缓蚀剂的品种很多，并不是所有的缓蚀剂都适宜于用作冷却水系统的缓蚀剂。目前国内冷却水系统常用缓蚀剂有以下几种：

A 亚硝酸盐

亚硝酸盐是一种氧化膜型缓蚀剂，常用的是亚硝酸钠。冷却水中亚硝酸盐的使用浓度通常为 300～500mg/L。细菌能分解亚硝酸盐，再加上它有毒性，故其很少用于敞开式系统，而适宜用作冷却设备酸洗后的钝化剂和密闭式系统中的非铬酸盐系缓蚀剂。

B 钼酸盐

钼酸盐也是一种氧化膜型缓蚀剂，但是它的氧化性较弱。因此，它需要合适的氧化剂去帮助它在金属表面产生一层保护膜（氧化膜）。在敞开式系统中，现成而又丰富的氧化剂是水中的溶解氧；在密闭式系统中，则需要诸如亚硝酸盐一类的氧化性盐。钼酸盐单独使用需要较高剂量才能获得满意的缓蚀效果。为了减少钼酸盐的投加浓度，降低处理费用和提高缓蚀效果，它与其他药剂如聚磷酸盐，葡萄糖酸盐、锌盐等共用具有很好的缓蚀效能。钼系缓蚀剂用于循环冷却水系统虽有缓蚀优良，热稳定性好，不产生钙垢及无公害的优点，但因用量大，药剂费用高，故尚不能代替磷系缓蚀剂。近年来国内外在复合钼系配方的开发研究方面取得进展，其使用剂量大大降低，在严格限制磷排放地区及腐蚀性水质的处理方面应用前景广阔。

C 硅酸盐

作为缓蚀剂用的硅酸盐，主要是硅酸钠，即市场上出售的水玻璃（又称泡花碱）。硅酸盐的缓蚀作用,据认为是硅酸钠在水中呈一种带电荷的胶体微粒,与金属表面溶解下来的 Fe^{2+} 离子结合,形成硅酸等凝胶,覆盖在金属表面起到缓蚀作用,故硅酸盐是沉淀膜型缓蚀剂。

硅酸盐作为缓蚀剂,其最大优点是药剂来源丰富,价格低廉,在正常使用浓度下完全无毒。缺点是在硬度高的水中生成硅酸钙或硅酸镁水垢,一旦水垢生成即很难消除,故以硅酸盐作缓蚀剂的硅系复合水质稳定药剂目前只在少数工厂使用。

利用硅酸盐价廉无毒及热稳定性好的优点,北京钢铁设计研究总院开发了用于高热流密度冷却设备密闭式循环水系统使用的硅系复合缓蚀剂,并成功地用于华北某钢铁厂高炉炉体软水密闭循环冷却系统。运行结果表明,系统中碳钢腐蚀率最大值为 0.023mm/a,优于日本新日铁公司为宝钢同类系统确定的小于 10mdd(0.046mm/a)的目标值。该开发研究成果 1993 年获国家专利。

D 锌盐

在冷却水系统中,锌盐是常用的阴极型缓蚀剂,最常用的锌盐是七水硫酸锌及氯化锌。

锌盐缓蚀剂起作用的是锌离子,在阴极部位,由于 pH 值升高,能迅速形成 $Zn(OH)_2$ 沉积在阴极表面,抑制了腐蚀过程的阴极反应。锌盐的成膜比较迅速,但这种膜不耐久,因此,锌盐是一种安全但低效的缓蚀剂,所以不宜单独使用,但和其他缓蚀剂如聚磷酸盐、有机膦酸盐等联合使用,有明显的协同效应,锌能加速这些缓蚀剂的成膜作用并能保持膜的耐久性。

锌对水生物有毒性,因此,它的应用受到限制。锌的另一缺点是在 pH 值大于 8.3 时,有产生沉淀的倾向。故目前国内采用的工厂多为低锌复合配方,Zn^{2+} 小于 4mg/L,使所用的锌离子浓度低于环保规定的排放标准浓度。随着多种稳定锌的共聚物分散剂的开发成功,锌在碱性冷却水处理方案中得到广泛应用。

E 聚磷酸盐

聚磷酸盐可作为阻垢剂使用,但是在敞开式循环冷却水系统中,聚磷酸盐多数是作为缓蚀剂来使用的。它是取代有毒的铬系缓蚀剂后使用最广泛、而且最经济的缓蚀剂之一。最常用的聚磷酸盐是六偏磷酸钠和三聚磷酸钠。

聚磷酸盐是阴极型或沉淀膜型缓蚀剂。它与水中溶解的金属离子形成络合物,沉积在金属表面,形成保护膜而减缓腐蚀。因此,在使用聚磷酸盐作缓蚀剂的敞开式循环冷却水系统中,从缓蚀角度考虑,Ca^{2+} 含量不宜小于 30mg/L。此外,溶解氧含量也影响聚磷酸盐的缓蚀效果,这是因为如果水中不含溶解氧,水中的聚磷酸盐要与铁形成可溶性的络合物而促进腐蚀。一般来说,在敞开式系统中,水中溶解氧基本上是饱和的。

聚磷酸盐容易水解生成正磷酸盐而失去缓蚀作用。正磷酸盐易与水中的 Ca^{2+} 离子生成难溶的磷酸钙水垢沉积而影响换热设备的传热效果。正磷酸盐还是菌藻的营养剂,排污水中含大量正磷酸盐会使水体富营养化而污染环境。所以在使用聚磷酸盐时,要注意减少其水解作用。影响聚磷酸盐水解的因素是药剂停留时间、微生物、水的温度和 pH 值。高温高 pH 值和低 pH 值都会促进聚磷酸盐的水解。一般而言,循环冷却水系统在采用以聚磷酸盐为缓蚀剂主剂的磷系复合配方进行水质稳定处理时,系统中药剂停留时间不宜超过 50h,换热设备出口的循环冷却水温宜低于 50℃。随着一系列对磷酸钙有较高抑制能力的共聚物及三聚物的开发,磷系复合配方的碱性处理技术得到广泛应用,有资料表明,水中的正磷酸盐含量从通常的 3～5mg/L 提高到 12～15mg/L 而不会出现磷酸钙垢沉淀。在磷系配方的碱性处理技术中，缓蚀剂的用量一般为 5～20mg/L，仅为通常采用的酸性处理方案的几分之一。

F　有机膦酸及其盐类

有机膦酸及其盐类可作为缓蚀剂使用，其缓蚀机理与聚磷酸盐相似，单独作缓蚀剂使用时的浓度常为 15～20mg/L。目前国内最常用的有机膦酸产品有 HEDP(羟基乙叉二磷酸)，ATMP(氨基三甲叉磷酸)和 EDTMP(乙二胺四甲叉磷酸)。

由于以聚磷酸盐为缓蚀剂主剂的磷系配方的广泛使用，有机膦酸盐作缓蚀剂使用没有引起人们的重视。但是聚磷水解为正磷带来的微生物危害严重，其排污废水会使水体富营养化而严重污染环境，在环保要求日趋严格的形势下，有机膦酸盐作为缓蚀剂使用重新引起人们的重视。与聚磷酸盐相比，有机膦酸盐具有不易水解和化学稳定性好的优点，因此，有必要发展新的有机膦配方来取代磷系配方。全有机配方就是这样一种新配方。该配方由有机膦酸盐(或膦羧酸)与分散剂聚合物为组分组成，在配方中有机膦酸盐(或膦羧酸)取代聚磷酸盐作缓蚀剂，从而从根本上排除了聚磷酸盐的水解问题。目前全有机配方已成功地用于高碱度、高硬度、高 pH 值、高浓缩倍数的冷却水系统的腐蚀及结垢的控制中。其缺点是处理费用较高。为此，有人提出在配方中补充锌盐等无机物，提供一种费用较低而缓蚀效果较好的全有机方案，该方案已经取得进展。

G　苯骈三氮唑(BTA)

在循环冷却水系统中，目前国内外最广泛使用的铜及铜合金的缓蚀剂是苯骈三氮唑(BTA)。

苯骈三氮唑使用的浓度一般为 1～2mg/L。它对铜及铜合金的缓蚀机理，一般认为是它的负离子和亚铜离子形成一种不溶性的极稳定的络合物，这种络合物吸附在金属表面上，形成一层稳定的、惰性的保护膜而使金属得到保护。

苯骈三氮唑对聚磷酸盐的缓蚀作用不干扰，对氧化作用的抵抗力较强。当它与自由性氯同时存在时，则丧失了对铜的缓蚀作用，而在氯消失后，其缓蚀作用便得到恢复。国内以前曾因货源原因使用巯基苯骈噻唑(MBT)代替苯骈三氮唑。

H　甲基苯骈三氮唑(TTA)

甲基苯骈三氮唑(TTA)是美国 PMC 公司于 20 世纪 70 年代末开发研制成功的 BTA 的更新换代产品，80 年代初推向美国市场，1996 年进入中国市场。

甲基苯骈三氮唑是铜及铜合金的缓蚀剂，它在铜表面形成一层保护膜，并能使铜从溶液中沉降，因而对别的金属起到了防止电偶腐蚀的作用。作为铜缓蚀剂，TTA 在耐氯、抗氧化性、对铜的缓蚀效果及与 HEDP 的相溶性等方面均优于 BTA。

16.3.4　缓蚀阻垢剂的复合配方及冷却水处理技术的发展

16.3.4.1　缓蚀阻垢剂的复合配方

循环冷却水水质稳定处理包括对水垢、污垢、腐蚀和微生物等几方面的控制，而各种药剂都有其一定的使用范围，所以一般都采用复合配方。水质稳定复合药剂配方一般应通过模拟现场条件的动态模拟试验确定。整个配方的各药剂组分之间应有如下性能：

(1) 各组分应有协同增效作用，以增强药效，降低药耗。

(2) 各组分之间不应有相互对抗作用。

(3) 各组分之间相溶性较好，以利于药剂溶液的贮存及投配。

16.3.4.2 冷却水处理技术的发展

冷却水处理技术，国内外已有几十年的发展历史，经历了几个发展阶段。

20 世纪 30 年代开始，人们开始研究冷却水。1936 年，朗格利尔提出了碳酸钙饱和指数的概念，用朗格利尔指数判断天然水的稳定性是一种经典方法，但用于判断循环水时将产生较大偏差。

随着工业的发展，对冷却水的需求量越来越大，冷却水由直流水改为循环水是大势所趋。水的循环使水中盐类浓缩，循环水系统换热设备及管道结垢严重。为了减轻结垢，采用通 CO_2 或加 H_2SO_4 进行酸化处理。这一阶段，人们对循环水引起的种种危害认识不足，水处理技术水平处于初级阶段。

20 世纪 50 ~ 60 年代，随着认识的深化和工业化的需求，开发了许多水处理药剂。聚磷酸盐、铬酸盐、铬酸盐/聚磷酸盐/锌盐等水处理药剂配方相继出现，其中铬酸盐/聚磷酸盐/锌盐配方（一般称铬系配方）应用获得很大成功。使用铬系配方的循环水系统，碳钢腐蚀率达到 0.05mm/a 以下，美国、西欧至今仍有企业采用该种技术。但是，随着工业三废对环境污染的危害性逐渐被人们所认识，对毒性大的铬酸盐的限制日趋严格，铬系配方受到限制。

20 世纪 70 年代以来，国外冷却水处理技术发展迅速，扩大的磷酸盐配方，全有机配方、碱性水处理技术等相继开发成功。与此同时，一批新型的人工合成的水处理药剂，如有机膦酸盐、聚羧酸及其二元或多元共聚物分散剂、有机膦羧酸、羟基膦酰基乙酸和专用药剂等研制成功，为 70 年代以来的水处理技术的发展打下基础。

我国冷却水处理技术的发展始于 20 世纪 70 年代初期的十三套大化肥引进工程，化工及石化行业基本上可以代表我国冷却水处理技术的总体水平。1975 ~ 1980 年，采用传统的磷系配方；1980 ~ 1985 年，传统的磷系配方、扩大的磷酸盐配方、硅酸盐配方、钼酸盐配方等多种配方共存；1985 年以后全有机配方发展较快，石化行业的乙烯装置的冷却水处理大多采用碱性全有机配方。钢铁行业的冷却水处理技术始于 20 世纪 70 年代末期的武钢 1700 引进工程，与化工及石化行业相比，其总体水平尚有一定差距。

现在的全有机配方中，膦酸盐(有机膦酸盐、有机膦羧酸、羟基膦酰基乙酸)是主要成分。膦酸盐的分解尽管不严重，但仍存在。膦酸盐的分解产物也产生无机磷酸盐，在一些禁止磷排放地区，这类配方必将受到严格限制。为此，国外正在研究开发有机聚合物，用以取代无机化合物和膦酸盐作为缓蚀剂。聚合物类缓蚀剂品种很多，如日本栗田公司的马来酸/戊烯共聚物，不饱和酚/不饱和磺酸和不饱和羧酸共聚物；美国纳尔科公司的苯乙烯磺酸/马来酸(酐)共聚物等都是聚合物类缓蚀剂。无污染的聚合物缓蚀剂的出现，将把全有机配方推向一个新的阶段。

在工业冷却水处理中，磷(膦)系缓蚀剂仍然占有很大比例，但是，由于其污染环境，导致水体富营养化而出现赤潮现象，到 20 世纪 80 年代，国外已开始限制磷的排放，因而开发非磷有机缓蚀剂已引起人们的重视。除了上面介绍的有机聚合物类缓蚀剂外，还有芳香族羧酸、链状羧酸、有机胺类、硫醇及其盐类、有机硅类、螯合基表面活性剂等。非磷有机缓蚀剂是目前国内外比较关注并且具有发展前途和竞争力的研究领域，我国某些科研单位也在进行非磷有机缓蚀剂的开发研究，并已取得阶段性成果。

计算机的广泛应用也是冷却水处理技术发展的一大特征。国外一些水处理公司在开发研究中，应用计算机对化合物分子结构进行设计、对试验数据进行处理、对试验装置进行控制、对水处理系统进行现场在线监控。如美国纳尔科公司的 TRASAR（示踪）系统，通过跟踪聚合物上合成的萤光剂，实现药剂的在线分析，并由计算机进行加药的自动控制。日本栗田公司通过检测补充水量及补充水与循环水的电导率，可由计算机对加药量进行自动控制。我国许多水处理公司在进行药剂配方的动态模拟试验时，也采用计算机对试验装置和试验数据进行控制和处理，逐步缩小与国外同行的差距。

冷却水处理技术的发展方向是明确的，但是，各工厂的实用技术却是多种多样，因为任何被采用的技术，不仅涉及到技术本身的先进性，还有经济性、环境因素、操作习惯及水平等等多种因素，各工厂应根据本身的具体情况综合考虑。

16.3.5 微生物的控制

16.3.5.1 冷却水中常见的微生物及危害

钢铁工业直接冷却浊循环水系统中，由于水与高温物料直接接触，一般说来，冷却水的菌藻繁殖问题不太突出。间接冷却密闭式系统，因冷却水采用水质较好的软水或除盐水，而且水不与阳光、空气接触，因而菌藻问题也不突出。因此，循环冷却水系统中微生物的控制，主要对象是敞开式系统。

在敞开式系统中，微生物随冷却塔大量吸入的空气带入冷却水，补充水中原有的微生物也随补充水进入冷却水系统。循环冷却水的水温、pH 值和营养成分都有利于微生物繁殖，冷却塔上充足的阳光照射更是藻类生长的理想地方。循环水中常见的微生物有藻类（绿藻、蓝藻和硅藻等），真菌（丝状霉菌、酵母菌等），细菌（好氧性荚膜细菌、好氧芽孢细菌、硫酸盐还原菌、铁细菌等）。

微生物在冷却水系统中的大量繁殖，会使冷却水颜色变黑，发生恶臭，污染环境，同时会形成大量粘泥使冷却塔的冷却效率降低。粘泥沉积在换热设备内，使传热效率迅速下降和水头损失增加。沉积在金属表面的粘泥既妨碍了加入水中的缓蚀剂发挥其防腐功能，还会促进垢下腐蚀。所有这些问题将导致冷却水系统不能长期安全运转，影响生产，造成严重的经济损失。

16.3.5.2 微生物危害的控制指标

敞开式系统循环冷却水中的异养菌数宜小于 5×10^5 个/mL；粘泥量宜小于 $4mL/m^3$。一些统计资料表明，冷却水中微生物超过以上指标就有粘泥的危害或有产生这种危害的可能性，就需要增加或更换杀生剂的用量和品种。

16.3.5.3 微生物的控制方法

敞开式系统循环冷却水中的微生物的控制应根据水质、菌藻种类、阻垢剂和缓蚀剂的特性以及环境污染等因素，经过综合比较后确定。其控制方法有以下几种：

（1）加强补充水的前处理，改善补充水水质：经处理的水，不仅可以除去悬浮物，也可以除去部分细菌。

（2）采用旁滤方法：部分循环水经旁滤装置过滤，可以除去系统中的悬浮物、微生物尸骸、藻类等。

（3）投加杀生剂：这是目前抑制微生物的通用方法。选择杀生剂时，应尽量符合下列规定：

高效、广谱;pH 值的适用范围较宽;具有较好的剥离生物粘泥作用;与冷却水中使用的阻垢剂、缓蚀剂不相互干扰;易于降解并便于处理;药品价格低,操作安全方便。

16.3.5.4 常用杀生剂

冷却水杀生剂通常分为两大类:氧化型杀生剂和非氧化型杀生剂。前者是一些氧化性很强的氧化剂,对水中微生物杀生作用很强。后者是一些非氧化剂,不以氧化作用杀死微生物,而是以致毒剂作用于微生物的特殊部位起杀生作用。

A 氧化型杀生剂

氯、溴、碘,还有氯的化合物、臭氧等都是氧化型杀生剂。溴、碘及臭氧由于成本高,无法用于大规模的工业生产上。工业上常用的是氯和氯的化合物。

a 氯

氯是一种强氧化型杀生剂,用于水处理中杀菌消毒历史最为悠久。虽然人们开发了许多新型的氧化型及非氧化型杀生剂,但是由于氯具有杀生力强、价格低廉、来源及操作方便等一系列优点,所以氯至今仍是应用最广泛的一种杀生剂。我国国家标准《工业循环冷却水处理设计规范》规定,敞开式循环冷却水的菌藻处理宜采用加氯为主,并辅助投加非氧化性杀菌灭藻剂。氯加入水中,可产生次氯酸和次氯酸根,而起杀生作用的主要是次氯酸。二者的存在形式主要取决于 pH 值,在 pH 大于 9 时,几乎全部以次氯酸根形式存在,使氯的杀生效果下降。因此,在 pH 值较高的碱性冷却水系统使用氯时,其效果较差,必须辅助投加非氧化型杀生剂。冷却水中加氯处理宜采用定期投加,每天宜投加 1~3 次,每次 3~4h,余氯量宜控制在 0.5~1mg/L。

b 氯锭

氯锭是一种锭剂型氯杀生剂,分钙型及钠型两种。钙型加入水系统后水解成次氯酸和氢氧化钙,钠型水解成次氯酸和氢氧化钠。次氯酸为有效氯,起氧化杀生作用。

氯锭由一定组分的原料压制而成。一般为 $\phi30$ 的白色锭剂,每锭 20g 左右,含有效氯为 55%~65%,加工好的锭剂在真空下密封于小塑料袋中,每袋 2kg。20~25 袋装入大塑料袋,并用铁桶密封包装,便于运输及贮存。

氯锭可以代替液氯、次氯酸钠、次氯酸钙杀生,具有不设加氯设备及使用方便的优点。使用时按小袋计量,拆去塑料袋放入带孔筐或网袋中,悬挂于循环水池,使其逐渐水解。加药周期钠型 1 天以上一次,钙型 2 天以上一次,每次加药量约 10mg/L。高硬度高 pH 值的水系统宜选用钠剂。

氯锭虽有药性持久,可计量包装,便于贮存运输,使用安全方便等优点,但价格贵限制了它的应用。

c 优氯净和强氯精

化氯净(二氯异氰尿酸)和强氯精(三氯异氰尿酸)均系固体粉末型氯杀生剂,具有高效、广谱,安全和投加方便等特点。由于氯在碱性条件下大部分以次氯酸根形式存在,因而在 pH 值较高的碱性冷却水系统中使用时效果较差。优氯净和强氯精恰恰弥补了氯气的上述缺点,它们与水反应可产生稳定的次氯酸的生成物,使不稳定的次氯酸不易发生分解,因而杀生效果大大高于氯气,并能适应碱性冷却水处理环境。强氯精有效氯含量≥85%,远远高于优氯净(有效氯含量为 56%)。强氯精和优氯净价格较高,因而限制了它们在循环冷却水系统中的使用,它们大多用于水量较小的游泳池作为杀菌消毒剂。

d 二氧化氯

采用液氯消毒饮用水至今已有90多年的历史。然而,液氯消毒带来的问题也逐渐显露出来,即加氯后的饮用水中会产生致癌的三卤甲烷类(THM)物质,因而美国和欧洲的水厂已使用二氧化氯处理饮用水,我国南方经济较发达地区使用二氧化氯消毒饮用水也渐成趋势。二氧化氯在冷却水系统中的使用,也只是20世纪70年代中期才开始的,目前,我国在水处理中使用二氧化氯刚刚起步。

二氧化氯杀生能力较氯为强,杀生作用较氯为快,且剩余剂量的药性持续时间长。其溶解在水中并不与水起反应,水的pH值对其没有多大影响,所以在高pH值时,二氧化氯杀生效果比氯要有效得多。二氧化氯是一种黄绿色到橙色的气体,具有与氯气相类似的刺激性气味。液态的或气态的二氧化氯都不稳定,易挥发,易爆炸,因此需现场制取。

稳定性二氧化氯是近年来国内外研究开发的一种高效、安全、快速、广谱的新型氧化型杀生剂,目前已被各国广泛用作杀菌剂、消毒剂、漂白剂和防腐保鲜剂,由于它无致癌性、致畸性和致突变性,已被联合国卫生组织(WHO)列为A 1级安全消毒剂。在我国,稳定性二氧化氯的生产已初具规模,生产厂家及产量正在逐年增多。

B 非氧化型杀生剂

在某些方面,非氧化型杀生剂比氧化型杀生剂更有效、更方便。因此,在许多冷却水系统中,常常是两者联合使用。一些冷却水系统采用间断加氯处理,同时每周或半个月加一次非氧化型杀生剂,进一步改善对微生物的控制。

非氧化型杀生剂种类很多,有氯酚类(最常用的是G4)、季铵盐类、有机硫化合物类(常用二硫氰基甲烷)、金属盐类(如硫酸铜)及新型杀生剂异噻唑啉酮等。氯酚类,有机硫化合物类、金属盐类杀生剂由于其对水生动物的毒性大,因此,这些杀生剂的使用受到限制,其使用者日益减少。

a 季铵盐类

季铵盐是一种含氯的有机化合物,通常在碱性范围内,对藻类和细菌的杀灭最为有效。季铵盐类杀生剂中最常用的两种药剂是洁尔灭(十二烷基二甲基苄基氯化铵)和新洁尔灭(十二烷基二甲基苄基溴化铵)。虽然二者不是季铵盐中杀生力最强的有机化合物,但由于其毒性小,成本低,且具有杀菌灭藻及粘泥剥离作用,故得到较为广泛的应用。使用浓度一般为50~100mg/L。

b 异噻唑啉酮

异噻唑啉酮是一类较新的杀生剂,可与水作任意比例混溶。它对微生物的细胞膜具有极强的穿透能力,对冷却水中常见的细菌,真菌、藻类等微生物,具有很强的抑制和杀灭作用,所以,它是一种广谱、高效的杀生剂。异噻唑啉酮可用在高pH值冷却水中,特别适合目前常用的碱性处理方案,与磷系缓蚀剂,聚合物分散剂有较好的相溶性。在冷却水中投加浓度为20~100mg/L,可采用冲击式方法加入系统中。

异噻唑啉酮一次投加后,在较长时间内仍有较强杀菌能力。据称投加20mg/L后48h仍可维持杀菌率90%以上。

异噻唑啉酮具有低毒、易降解的特点,降解后变成无毒的乙酸,对环境不会造成污染。其缺点是价格较高,因而推广应用受到限制。

16.3.6 循环冷却水系统的清洗和预膜

16.3.6.1 清洗

A 清洗的目的

清洗主要是针对间接冷却敞开式系统及密闭式系统而言的。对于新系统来说，设备和管道在安装过程中，难免会有碎屑、杂物、尘土、铁锈和油污等留在系统中，这些杂物和油污如不清洗干净，将会影响下一步的预膜处理。老系统的冷却设备还常有垢、粘泥和腐蚀产物，严重影响设备寿命和传热效率。通过清洗，将系统中设备管道内部表面上的油污、锈垢及粘泥等除去，露出活泼的金属表面，为预膜提供必要的条件。因此，清洗工作是循环水系统开车必不可少的一个环节。

B 清洗方法

清洗方法有机械清洗和化学清洗两种。化学清洗是最常用的清洗方法。

化学清洗即投加专用清洗剂，在设备中或全系统内进行循环，除去设备及管道内的水垢、污垢、腐蚀产物等沉积物。

C 常用清洗剂

冷却水系统专用清洗剂中国内外使用较多的是一种混合液体清洗剂，其中含有异丙醇、乙醇和表面活性剂。这种清洗剂的主要成分磺化琥珀酸二-2-乙基己酯钠盐，是一种阴离子表面活性剂，在分子结构中含有亲水基团和亲油基团，因此能降低溶液的表面张力，增加溶液的润湿、渗透、乳化、分散等能力，适用于某些新系统开车前的清洗。一般投加浓度 50～100mg/L，清洗时间 24h。该清洗剂的优点是使用浓度低，清洗费用少，对油污去除效果较好。缺点是对锈垢去除效果较差，清洗过程中泡沫较多，还应配合投加消泡剂。

为了提高清洗效果，有些水处理公司采用多种有机酸加缓蚀剂制成专用清洗剂，其中多采用氨基磺酸、柠檬酸等。这类清洗剂具有对铁锈、水垢均有较好的清除效果，对基体金属和水泥设施的侵蚀性小，无氢脆和晶间腐蚀，适合于碳钢、不锈钢等不同材质的设备等优点。但是，这类清洗剂也有价格较高，并要在较高温度下才有效的缺点。

对于锈垢严重的设备，一般采用单台设备酸洗的方法。对于碳钢设备，多采用盐酸加专用缓蚀剂；对于不锈钢设备，则采用硝酸酸洗。单台设备酸洗法多在石油化工部门采用，钢铁厂中应用较少。

D 清洗操作与控制

清洗分停车清洗和不停车清洗。一般常用停车清洗。

清洗工作开始前，应先进行全系统冲洗，并关闭冷却塔进水阀，防止杂物堵塞冷却塔填料。冲洗结束后，将系统排空，清扫冷却塔水池及吸水井，然后向水池及循环水系统中充水，并视系统具体情况缓慢投入专用清洗剂。投加清洗剂后，可用硫酸调节水的 pH 值在 3～4 之间，并投入相应缓蚀剂。在化学清洗过程中，有时会出现大量泡沫，此时可投加消泡剂。清洗过程中，水的悬浮物和铁离子会迅速增加，当增加值渐趋缓慢并平稳下来，清洗工作即可结束。一般来说，清洗时间至少需要 10h 以上。清洗工作结束后，应投加中和剂及钝化剂进行中和及钝化处理，然后尽可能大量补水和排水进行系统置换，当悬浮物含量降到与补充水一样时，即可开始下一步的预膜处理。

旧系统停产检修后重新开车前，由于系统内常有生物粘泥，清洗前常先对整个系统进行一次杀菌剥离。采用向水中投加大剂量杀生剂的办法，一般均可取得较好效果。

16.3.6.2 预膜

A 预膜的目的

预膜的目的是在清洗后的活泼金属表面上，投加较高剂量的缓蚀剂，即专用预膜剂，使金属表面很快形成防蚀的保护膜，这样在系统正常运行时，可用较小剂量的缓蚀剂，对保护膜起维持和修补作用，从而提高缓蚀剂抑制腐蚀的效果。实践证明，在同一个系统中，经过预膜和未经预膜的设备，在用同样缓蚀剂的情况下，其缓蚀效果相差很大。对于密闭式系统，由于系统中一般投加的缓蚀剂浓度都很高，因此，在清洗结束后即可直接转入正常运行。

B 常用预膜剂

目前在我国广泛使用的以聚磷酸盐或有机膦酸盐为缓蚀剂的敞开式系统中，基本上是应用六偏磷酸钠加硫酸锌为预膜剂。有的厂使用单一的六偏磷酸钠或三聚磷酸钠为预膜剂，也有的厂使用正常运行药剂配方的 10 倍剂量进行预膜处理，但都不如六偏磷酸钠加硫酸锌的预膜效果好。六偏磷酸钠加硫酸锌，其最佳配比(六偏:一水硫酸锌)为 4:1 或(六偏:七水硫酸锌)为 2.5:1，一般使用浓度 800mg/L 左右。也有一些工厂根据本厂水质的具体情况，经过试验，发现较低浓度的预膜剂(如 300 ~ 400mg/L)也能取得满意的效果。根据多数工厂的实践经验，认为采用六偏磷酸钠加硫酸锌为预膜剂时，要求水中 Ca^{2+} 含量大于 60mg/L(也有的认为要大于 80mg/L)，水的 pH 值控制在 5.5 ~ 6.5 为宜，水中悬浮物含量应尽量低，一般以小于 10mg/L 为宜。

C 预膜的操作方法

在清洗结束并进行排水补水置换后，应立即进行预膜处理。采用六偏磷酸钠加硫酸锌为预膜剂的敞开式系统，其操作方法如下：

首先按系统容积计算投药量，然后将两种药剂缓慢加入冷却塔水池。由于六偏磷酸钠溶解缓慢，因此，最好事先溶为液体后再投入水池中。用硫酸调节水的 pH 值在 5.5 ~ 6.5 之间，若水中 Ca^{2+} 小于 60mg/L 时，还应投加可溶性钙盐使 Ca^{2+} 达到要求。由于预膜处理是在循环水系统开车初期进行，一般还没有工艺热负荷，而采用外加热源加热提高水温难度较大，故一般采用常温预膜，常温预膜时间约需 48h 左右(如果预膜水温是 50℃，则预膜时间可缩短到 8h 左右)。

为了检验预膜效果，可在冷却塔水池流动处悬挂挂片，预膜过程中，可观察挂片上成膜情况，如已成膜，则挂片上会呈现一层色晕，用肉眼观察，如膜层均匀致密，色晕一致无锈蚀即表示预膜效果良好。也可用铁氰化钾溶液滴于挂片上检验成膜的效果。

预膜处理结束后，要加大补水量和排水量，尽快进行系统水的置换并转入正常运行。

16.4 循环冷却水水质稳定处理系统设计中应注意的问题

随着市场经济的逐步完善，人们对时间就是效益这种观念的认识更加深刻。近 10 多年来，多数钢铁企业的新建及改建项目，施工周期缩短，投产日期提前较为常见。在投产及运行过程中，用户反映循环水处理设施系统设计未充分考虑快速补水及排水措施，而在投产前采取临时措施受各种因素的影响而难于实施。有些项目投产时间提前，因补水排水太慢未认真冲洗就匆忙投产，为日后正常运行留下隐患。有些项目的循环冷却水系统设计未考虑补充水量的计量、浓缩倍数的控制、投加水质稳定药剂的方式及地点的选择等等。下面着重介绍以上主要问题的改进措施。

16.4.1 敞开式系统

在进行敞开式系统循环水处理设施设计时应考虑以下措施：

(1) 循环水系统清洗、预膜前应进行冲洗。为防止施工过程中的杂物堵塞用水设备，设计时应在用水设备前考虑设置短接管道及相应阀门，见示意图16-3。冲洗时，可将阀门①及②关闭，阀门③打开；清洗、预膜时，关闭阀门③，打开阀门①及②。清洗、预膜过程中或清洗、预膜结束后，某个用水设备因故需要停水检修时，可关闭阀门①及②，将阀门③打开，这样既可以保证全系统正常运行，又可以避免出现因个别设备检修而导致全系统停水的不利情况。对于高炉、转炉、连铸及氧气站等由相应专业自行设计用水设备配管的情况，设计者应对相关专业提出上述要求。

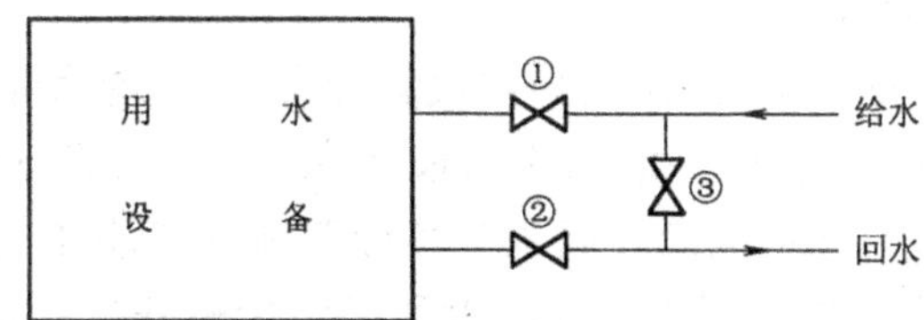

图16-3 用水设备短接管道及阀门安装示意图

(2) 快速补水及排水对于循环水系统投产前的系统冲洗、清洗及预膜工作至关重要，而投产前要求现场采取临时措施往往因各种因素的影响而难于实施。为此，在循环冷却水系统设计中，对于快速补水及排水问题，应给予充分考虑。要求快速补水及排水时间不大于6h(按系统容积计算，当系统容积准确计算有困难时，可按冷却塔池、吸配水井正常水位时的容积占系统总容积的70%～75%估算，系统容积在1000m^3以下的取大值，在2000m^3以上的取小值)。快速补充水管的过水能力应按6h补满全系统容积计算管径(管中水的流速可按$v \geq 1.5$m/s考虑)，并设专门管路补入吸水井，正常运行时，可关闭此管路。快速排水管可在冷却塔上塔管道阀门下设置，并加装蝶阀，排水管径可按管中水流速度$v \leq 2.0$m/s考虑。

吸水井及冷却塔下贮水池在每个分隔段内人孔下方应设积水坑(800mm×800mm×500mm即可)，以利于系统冲洗后的排污。

(3) 循环冷却水系统投产前清洗时，水的pH值常小于3。为了防止混凝结构被腐蚀损坏，在循环水系统设计时，应向土建专业提出要求：冷却塔壁内侧，塔池及吸水井等钢筋混凝土结构中水的pH值短时间内在2～3之间，为防止损坏混凝土结构，请考虑涂刷耐腐蚀沥青漆，系统运行时循环水的水温按小于50℃考虑。

(4) 由于浮球阀漏水严重这一问题无法解决，为此，在设计循环水系统正常补充水管时，应设置电动阀并由水池中水位自动控制。

正常补充水管上应设电磁流量计(注意流量计最好设在水平管线上，流量计前后至少应分别留5倍及3倍管径的直线段)，以利于投药量的计算、调节及自动加药装置的设置。

(5) 为了控制循环水系统的浓缩倍数(国家规范规定其值不宜低于3)，当系统设置的旁滤装置的反洗排污水量仍无法满足要求时，应设置强制排污电动阀，并由水质稳定试验确定的电导率值进行控制。

(6) 由于投产前系统清洗预膜过程中置换水时阀门开关频繁，为此，在设计循环水系统时，系统管路上的手动阀门，宜采用质量可靠的手动蝶阀(尤其是补充水管路、上塔管路及排水管路上的手动阀门)。

(7) 循环水系统设计中一般采用带计量泵的加药装置投加药剂，而正确选择投药点常被忽视(一般常就近将投药管引入吸水井或冷却塔贮水池，这样势必造成因吸水井或冷却塔贮水池容积大而难以混合均匀)，为此，在设计中应充分考虑投药管的正确接入地点，以利于充分发挥水质稳定药剂的效果。若循环水系统为无压回水时，可将投药管接入回水总管内或接入吸水井内回水总管附近(回水总管应设在人孔处，以便于清洗、预膜药剂由人孔投加后的混合)；若循环水系统为有压回水直接上冷却塔时，可将投药管接入上塔管道内或将投药管接入冷却塔下贮水池总出口处。设计者可根据每个工程的具体情况，以充分混合均匀为原则，决定投药管的正确接入地点。

(8) 循环水系统投产前的清洗、预膜药剂数量较大，一般均由吸水井或冷却塔贮水池上人孔处投加。若设计为地上式时(一般均高出地面 3m 左右)，设计中应考虑设置单轨电动葫芦(以 0.25～0.5t 为宜)，起吊高度按吸水井顶面距轨面不小于 3m 计算并考虑吸水井的高度。吊车轨道伸出吸水井端面不小于 3m，以利于由运输药剂的卡车上向吸水井上卸货。较小的循环水系统可考虑设置简单的升降装置，如可转向的滑轮装置，以减轻工人的劳动强度。

吸水井或冷却塔贮水池上应考虑堆存药剂后的表面负荷，在设计时可向土建专业按 $0.8t/m^2$ 提出要求。

吸水井或冷却塔贮水池上人孔处应设置溶药槽($\phi 1.0m$，$H=0.6m$，$\delta=5mm$)，其侧面靠近底 30mm 处设 $DN25$ 放空管及阀门，以便临时溶解药剂之用。

(9) 循环水系统加药装置应各系统自设一套，不得混用。根据近年来各工程中投药管道出现的问题，设计中投药管应选用不锈钢管，不宜选用塑料管或镀锌钢管。北方地区还应考虑投药管道室外部分的保温防冻措施(可在加药装置计量泵出口管道阀门后接入 $\leqslant 0.2MPa$ 的压缩空气，停止加药后用压缩气吹净管中残留药液以防止冻结)。

16.4.2 浊循环水系统

一般而言，浊循环水系统没有清洗、预膜问题(特殊情况除外)，但其他问题与敞开式系统基本一致，为此，在设计浊循环水系统时，可参考敞开式系统中的有关要求进行设计。

16.4.3 密闭式系统

在进行密闭式系统循环水处理设施设计时，应考虑以下措施：

(1) 密闭式系统的快速补水及排水较敞开式系统更为重要。由于密闭式系统补充水量很少，在条件允许时，可考虑由全厂软化水管网接入快速补充水管，管径按不大于 6h 补满全系统设计(管中水的流速可按 $v \geqslant 1.5m/s$ 考虑)，正常运行时，可关闭此管路。当全厂软化水管网不能满足要求时，需设计单独的软化水装置，其产水能力按贮水罐(或贮水池)容积再加两台软化水装置同时工作的产水量在 6h 内补满全系统设计。快速排水管(此管应设在系统最低点)也应按不大于 6h 排空全系统设计(管中水流速度按 $v \leqslant 1m/s$ 考虑)，并应在全系统最高点处设置自动排气阀。

(2) 正常补充水管上应设电磁流量计，其要求同敞开式系统(16.4.1)(4)。

(3) 密闭式系统投加缓蚀药剂一般采用配有计量泵的加药装置，投药点应选在全系统压力最低的水泵进口管道上，并由水质稳定试验确定的电导率值进行控制。不应采用往补充水罐（或水池）中投药的方式投加，以避免产生当系统中需要增加投药浓度时，因系统中不需要补水而无法增加投药量的现象。

(4) 密闭式系统投产前的冲洗及清洗应采用工业水（为节约价格较高的软化水），设计中应考虑将工业水管道与快速补充软化水管道相连并用阀门断开。密闭式系统用工业水冲洗、清洗并经钝化放空后，再用软化水冲洗置换。工业水管管径也应按不大于 6h 充满全系统设计。为防止密闭式系统冲洗时将施工中的杂物带入用水设备，可参考敞开式系统（16.4.1）(1)中的有关要求进行设计。

(5) 为了在最短的时间内将清洗剂投入密闭式系统，可在循环水泵进水管道上预留 DN20～25 的短管并加装球阀，以便清洗公司连接自带的投药泵投加清洗剂。设计中应向电力专业提出在循环水泵附近设置 220V（N = 1kW）插座的要求，以利于投药泵的操作。

16.5 循环冷却水水质稳定处理的运行监测

在循环冷却水系统的实际运行中，需要采用各种必要的监测手段，随时掌握水质稳定处理的实行效果，并根据监测得到的数据及时采取必要的措施进行调整，从而保证冷却水系统的正常运行。

16.5.1 监测方法

监测方法有直接监测法和间接监测法两种。

16.5.1.1 直接监测法

直接监测法有试片法、试验管法、监测换热器法、腐蚀仪监测法等等。其中常用试片法及监测换热器法。几种监测装置在循环水系统中的安装位置见图 16-4。

A 试片法

试片法监测水质稳定处理效果，是一项简便、经济，使用广泛的经典方法。可用于浊循环水系统、敞开式系统及密闭式系统的腐蚀及结垢监测。

a 试片的材质和规格

试片的材质应与所监测的换热设备的材质相同。若冷却水系统中有几种不同材质的换热器，则应同时采用相应的几种材质的试片。对于碳钢换热设备，通常采用热轧 Q235 钢（以前称 A3 钢）。对于浊循环水系统，仅监测结垢控制效果，可采用不锈钢试片。

冷却水系统水质稳定处理中监测使用的标准试片通常由专门的工厂生产，并以商品的形式供应。标准试片有两种：Ⅰ型及Ⅱ型（见图 16-5）。条件允许时，应尽可能采用Ⅰ型，因其边缘影响较小。

b 试片的安装

标准试片经脱脂、干燥、称重后即可使用。试片安装前应尽可能与所监测的换热设备采用相同的预处理条件，如采用相同的预膜剂进行同等条件的预膜处理（不必进行清洗处理）。

试片应安装在所监测的换热设备的回水管路上，使其尽可能与所监测的换热设备具有同样的温度、流速等条件。

试片可按图 16-6 所示的方法安装在管道中。此时，试片被固定在带有螺纹塞子的塑料架上，以便于取出观察、处理及更换。

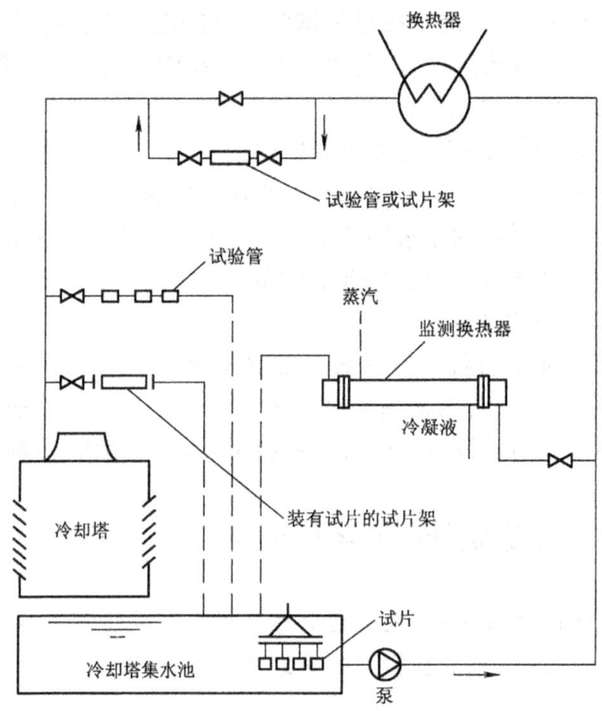

图 16-4 监测装置安装位置示意图

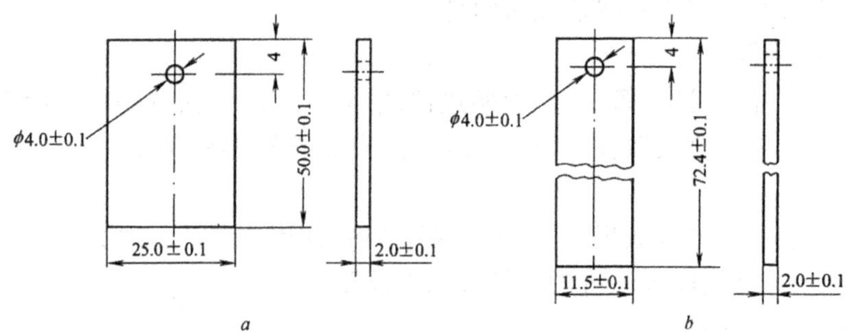

图 16-5 标准试片的规格

a—Ⅰ型试片(总面积 28.00cm^2);*b*—Ⅱ型试片(总面积 20.00cm^2)

试片也可悬挂在特制的冷却水槽内,此槽连接在冷却水的回水管路中并置于泵房内,便于管理。试片也可悬挂在冷却塔下水池的出水口处。

c 监测时间及内容

试片的监测时间一般至少在 15 天以上。由于碳钢的腐蚀速度是随时间的延长而逐渐变缓,因此,试片暴露时间过短,腐蚀速度偏大。为此可将同一组试片分不同时间取出,如 30 天、60 天、90 天等。

试片法监测的内容包括外观检查、污垢附着速度和腐蚀率的测定及对点蚀的监测。

试片取出后,观察并记录附着物的颜色、形态、分布情况等。条件允许时,可对试片照相存档。

试片经干燥、称重,得出增重;然后刷除锈垢、酸洗、中和、脱水干燥后称重,得出失重。

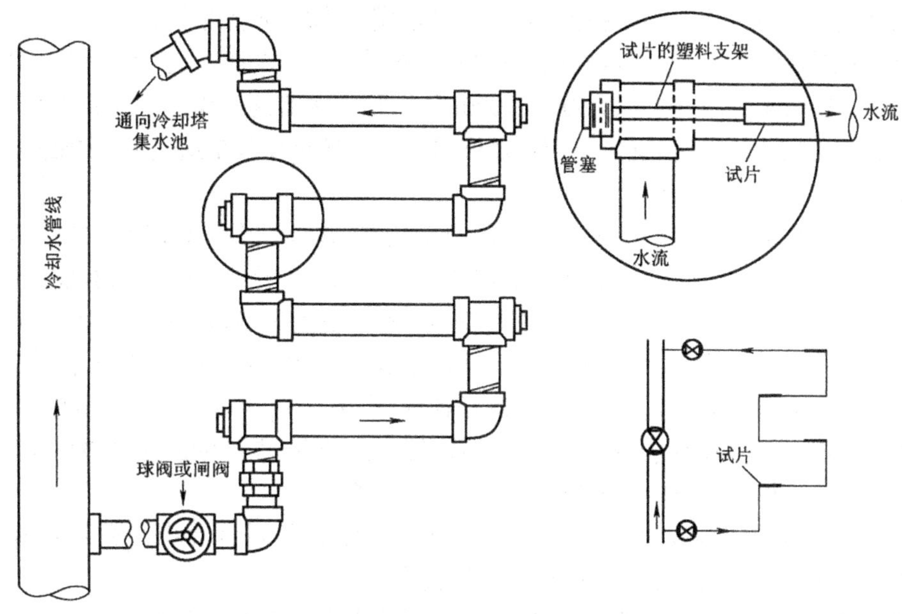

图 16-6 试片在管道中的安装方法

利用增重和失重可分别计算出污垢附着速度和腐蚀率。

污垢附着速度计算公式如下：

$$mcm = \frac{720\Delta W_1}{AT} \tag{16-22}$$

式中 mcm——污垢附着速度，mg/(cm²·月)；

ΔW_1——质量增加(俗称增重)，mg；

A——试片表面积，cm²；

T——运行时间，h；

720——一个月的小时数。

用污垢附着速度来检验结垢控制的效果在有些钢铁厂中采用，如宝钢在敞开式系统中，其污垢附着速度的目标值是小于 15mg/(cm²·月)。

腐蚀率的计算公式详见 16.3.3.1。

对点蚀的监测包括测定点蚀深度和点蚀密度。点蚀密度是指单位面积上的点蚀数。点蚀深度以试片上最大的点蚀深度来表示。点蚀深度可用深度测微计等仪器进行测定。

d 试片法的优点和局限性

试片法具有简单方便、操作容易、结果直观等优点，可同时监测污垢附着速度、腐蚀率、点蚀深度和点蚀密度。

试片不带传热面，而换热设备传热面上的腐蚀结垢情况比试片更严重。尤其是试片悬挂于水槽或水池中时，其水流状态和流速与换热设备中的情况相差甚远。由于此法简便，并能相对评价循环水的腐蚀和结垢情况，所以应用广泛。

B 监测换热器法

由于试片法与真实换热设备在有传热状态下的腐蚀结垢情况不尽相同，尤其是真实换热设备传热面的壁温远高于冷却水温度，其腐蚀结垢情况远较没有传热的试片严重。所以在循环水系统中设置一个小型模拟换热器，主要是模拟真实换热设备的材质、壁温、进出口水温及水的流动状态，一般为水走管程，有单管式或多管(三根管)式。管子可采用 ϕ19mm×2mm 或 ϕ10mm×1mm，长度为 500～1000mm。管内水流速度保持 1m/s 左右。监测换热器的热源多采用常压蒸汽，这对于模拟热流密度高的换热设备是适当的，常压蒸汽一般由工厂的高压蒸汽经减压后提供。

试验管预先经脱脂、干燥、称重后装入监测换热器，并应经真实系统相同条件的预膜处理(清洗时可关闭进出口阀门)。监测换热器的运行周期一般是 1～3 个月，其监测内容除污垢热阻外，其余均与试片法相同。根据监测换热器冷却水的进出口温度及热源的温度，可计算出污垢热阻。在试验室内，模拟换热器的进口水温及热源温度均可由控温仪或计算机自动调节，试验管内的流速通过操作人员的精心管理，也可达到基本稳定，这样测定的温度值不会出现大的波动。而在现场条件下，厂区蒸汽压力的波动，电压的波动都将对有关温度的测定产生影响，因而计算出的污垢热阻将产生较大误差。

定期监测后取出的试验管，用试片法同样的方式处理后，可计算出污垢附着速度，腐蚀率及点蚀深度等，其计算公式或方法与试片法相同。

监测换热器法是有传热面的监测方法，其监测结果更加接近生产实际，对指导生产运行更有参考价值。但是这种方法也有不足之处，目前商品化的监测换热器，大都拆装不便；其内装试验管较长，不便于清洗、干燥及称重；蒸汽温度难于稳定；自动化水平较低等等，因此，目前国内多数工厂使用的监测换热器有待改进。

16.5.1.2 间接监测法

通过对循环水的 pH 值、Ca^{2+}、Mg^{2+}、磷酸盐、余氯、Cl^-、电导率、SiO_2、总铁等项目的测定，也可以间接了解循环水系统中换热设备的腐蚀结垢情况，它与直接监测法是相辅相成的，需同时采用。

(1) pH 值：在广泛使用的磷系配方中，pH 值是一个极为重要的项目，必须严格按设计的指标加以控制，这有助于聚磷酸盐膜的生成和维持。pH 值控制过高，容易结垢，pH 值偏低，对膜有破坏作用，且使腐蚀倾向增加。因此，pH 值的控制应当稳定，波动范围要小，而常规加酸装置很难达到上述要求。随着各种高效阻垢分散剂的开发及碱性冷却水处理技术的推广应用，冷却水的 pH 值不必人为控制而逐渐上升到其自然平衡点，从而彻底消除了加酸误操作带来的隐患。

(2) Ca^{2+}：冷却水中 Ca^{2+} 含量的测定，可间接判断水的结垢情况，如果结垢控制效果良好，则冷却水中 Ca^{2+} 含量应与补充水中 Ca^{2+} 的 N 倍(浓缩倍数)相近。而实际上由于水垢的沉积，冷却水中的 Ca^{2+} 是减少的，减少得越多，则表明结垢越严重。

(3) Mg^{2+}、SiO_2：冷却水中的 Mg^{2+} 易与硅酸根生成难于去除的硅酸镁垢，为此要求冷却水中的二者满足以下关系式：

$$[Mg^{2+}](以\ CaCO_3\ 计,mg/L)\times[SiO_2](mg/L)<15000。$$

(4) 磷酸盐：冷却水中的磷酸盐通常有正磷酸盐，聚磷酸盐和有机膦酸盐三类。通过三者的测定，可以了解聚磷或有机膦水解成正磷的状况，以便采取相应措施进行解决。此外，正磷酸盐的测定，还可以判断是否会发生 $Ca_3(PO_4)_2$ 结垢。

(5) 余氯：在采用加氯方案控制冷却水中的微生物生长时，通常要求有适量的剩余氯留在水中，以便能继续控制微生物的生长。一般要求在回水总管处，余氯宜控制在 0.5～

1.0mg/L。

(6) Cl^-和电导率:冷却水中 Cl^- 的测定除了为了解水的腐蚀性外,主要是为了控制循环冷却水的浓缩倍数。浓缩倍数一般由测定循环水及补充水的 Cl^- 含量而得到,这是因为 Cl^- 在换热器管壁上不会大量沉积。但循环水中如以液氯作杀生剂而引入 Cl^- 时,则以 Cl^- 来计算浓缩倍数将产生误差。为此,可选用 SiO_2 及 K^+ 测定来修正其误差值。此外,冷却水的浓缩倍数与其电导率呈线性关系,而电导率测定迅速准确,且可以作为电信号远传,因而电导率的测定可以实现循环冷却水浓缩倍数控制的自动化。宝钢敞开式系统采用工业电导仪自动监控浓缩倍数,当冷却水的电导率高于或低于目标值时,能源中心控制系统发出指令,控制补水阀或排污阀启闭。

(7) 总铁:如果冷却水系统的腐蚀控制效果良好,则循环水中总铁浓度应等于补充水的浓度乘以浓缩倍数。实际上总有一定腐蚀,循环水中总铁含量往往高于以上数值。循环水中总铁含量越高,则说明设备和管道的腐蚀越严重。因此,总铁的测定,可以间接监测冷却水的腐蚀控制效果。

(8) 其他:条件允许时,可以测定冷却水中异氧菌数及粘泥量,以便监测杀生剂的杀菌灭藻效果。

16.5.2 化验室的设置

直接监测法中试片及监测换热器试验管的处理需要在化验室内进行,间接监测法中的各项水质测定项目更需要在化验室内进行。因此,设置化验室是完全必要的。化验室的规模和设施因工厂的生产性质、规模以及对循环冷却水的水质要求不同而有差异,一般应考虑以下几项原则:

(1) 日常检测项目是分析循环冷却水水质稳定处理是否正常和处理效果是否良好的必要手段,因此每班都需要进行检测,这些项目的分析化验设施宜设在循环冷却水设施区内,便于工作和管理。

(2) 非日常检测项目的数据需较长时间才能有所变化,因此检测周期较长,有的一周,有的一月或者更长。为了节省化验室的投资,这些项目的分析化验宜利用全厂中央化验室的能力或与当地其他单位协作。

(3) 水质管理是保证水处理效果的重要环节。水处理的分析化验工作比较频繁,因此当不具备协作条件、全厂化验室又兼顾不上时,应建立专门水质化验室,以保证这方面工作的开展。

16.6 药剂的贮存和投配

16.6.1 药剂的贮存

水质稳定药剂的贮存一直未引起设计者的重视,这个问题在北方寒冷地区显得更为重要。为此,在设计循环冷却水设施时,可根据具体工程的不同情况分别对待。当占地面积较为充裕时,可紧靠加药装置(一般设在泵站内)设置单独的药剂仓库,也可在泵站内设置药剂堆放区;当占地面积比较紧张时,可利用吸水井设置简易药剂仓库。吸水井为地下式时,可在吸水井上设置药剂仓库(吸水井表面负荷按 $0.8t/m^2$ 考虑);吸水井为地上式时,可在吸水井侧加宽 2~2.5m 做药剂仓库。设计中应考虑药剂仓库的采暖、通风及照明设施。药剂仓库的占地面积可按以下经验数据估算：

循环水量为 1300～1500m^3/h 时，每月药剂消耗量为 5t 左右，占地面积 10～20m^2（1～2月耗药量）；循环水量为 2500～3000m^3/h 时，每月药剂消耗量为 10t 左右，占地面积 20～40m^2（1～2 月耗药量）。条件允许时可取大值。

16.6.2 药剂的投配

16.6.2.1 药剂溶解槽的设置

溶液槽的总容积可按 8～24h 的药剂消耗量和 5%～20%的溶液浓度确定；溶解槽可按一个设置并应设搅拌装置；易溶药剂的溶解槽可与溶液槽合并。

16.6.2.2 药剂溶液槽的设置

溶液槽的总容积可按 8～24h 的药剂消耗量和 1%～5%的溶液浓度确定；溶液槽的数量不宜少于 2 个并应设搅拌装置；药剂溶液的计量宜采用计量泵或转子流量计并应设备用；对于相溶性良好的液态复配药剂可采用原液投加方式，以简化药剂配制手续，节省设备费用。

16.6.2.3 液氯的投配

采用液氯为杀生剂时，需设加氯间。加氯间必须与其他工作间隔开，并应符合下列规定：

加氯间应设观察窗和直通室外的外开门；氯瓶和加氯机不应靠近采暖设备；应设通风设备，每小时换气次数不宜少于 8 次，通风孔应设在外墙下方；室内电气设备及灯具应采用密闭、防腐类型产品，照明和通风设备的开关应设在室外；当工作氯瓶的容量大于或等于500kg 时，氯瓶间应与加氯间隔开，并应设起吊设备；加氯机宜设备用；加氯间附近应设置防毒面具。

16.6.2.4 浓酸的投配

随着碱性水处理技术的发展，加酸（一般是浓硫酸）控制冷却水的 pH 值的方式日渐减少。某些特殊水质或特殊条件仍需采用加酸处理时，应符合下列规定：

浓硫酸的装卸和投加应采用负压抽吸、泵输送或重力自流，不应采用压缩空气压送；酸贮罐的数量不宜少于 2 个，当一个检修时，另一个仍能保证安全运行；贮罐应设安全围堰或放置于事故池内，围堰或事故池应作内防腐处理并设集水坑；当向循环水直接投加浓硫酸时，其贮存、输送及提升设备可使用普通碳钢材料，并应设置酸与水的均匀混合设施。当采用稀硫酸投加时，其输送、贮存、投加设施要求的材质较高，需用聚氯乙烯，聚乙烯或不锈钢管道和设备。碳钢管不能用于稀酸输送，钢制贮存设备宜用铅或橡胶作内衬。

16.6.3 药剂投配量的计算

16.6.3.1 循环水系统首次投药量的计算

循环水系统，包括敞开式系统，密闭式系统及浊循环水系统。缓蚀阻垢剂的首次投药量，可按下列公式计算：

$$G_f = \frac{VC}{1000} \quad (16\text{-}23)$$

式中 G_f——循环水系统首次投药量，kg；

V——系统容积，m^3；

C——循环水中的投药浓度，mg/L。

16.6.3.2 循环水系统运行时的投药量计算

A 敞开式系统及浊循环水系统

敞开式系统及浊循环水系统运行时,缓蚀阻垢剂的投药量,可按下列公式计算:

$$G_r = \frac{Q_e C}{1000(N-1)} \tag{16-24}$$

式中 G_r——系统运行时的投药量,kg/h;

Q_e——蒸发水量,m^3/h;

C——含义同公式(16-23);

N——浓缩倍数。

或:

$$G_r = \frac{(Q_b + Q_w)C}{1000} \tag{16-25}$$

式中 G_r——含义同公式(16-24);

Q_b——排污(包括渗漏)水量,m^3/h;

Q_w——风吹损失水量,m^3/h;

C——含义同公式(16-23)。

B 密闭式系统

密闭式系统运行时,缓蚀剂投药量可按下列公式计算:

$$G_r = \frac{Q_m C}{1000} \tag{16-26}$$

式中 G_r——含义同公式(16-24);

Q_m——补充水量,m^3/h;

C——同公式(16-23)。

说明:

公式(16-23)~公式(16-26)中,投药量及药剂在循环水中的投加浓度均是以商品计算的。当循环水中的药剂投加浓度按有效成分计算时,则应按药剂商品的纯度进行折算。

16.6.3.3 敞开式系统加氯量的计算

敞开式系统的加氯处理宜采用定期投加,每天宜投加 1~3 次,余氯量宜控制在 0.5~1.0mg/L 之内。每次加氯时间根据实验确定,宜采用 3~4h。加氯量可按下式计算:

$$G_e = \frac{QC_e}{1000} \tag{16-27}$$

式中 G_e——加氯量,kg/h;

Q——循环水量,m^3/h;

C_e——循环水中的加氯浓度,宜采用 2~4mg/L。

17 水处理专用设备及材料

给水排水设施所包含的设备材料很多,生产此类设备、材料的厂家和产品品种也很多,由于本手册不是一本专门的设备材料手册,所以仅能将与钢铁工业给水排水设施有关的设备,材料择优予以选编。

本手册所列设备材料,基本上可以分为两类:一类为通用设备类,如水泵电机、阀门等,这类设备仅列出常用的型号及其性能参数,一般没有详细的附图及其外形和基础安装尺寸,主要是考虑列入附图和安装尺寸后,将扩大篇幅;另一类是专用设备类,是为钢铁工业给水排水设施服务的专用设备,如热交换器、冷却塔、斜板沉淀器、过滤器、除油设备、水稳剂及其投加装置、离子交换器、浓缩机、压滤机、静电(电子)水处理器、金属软管、铸石制品、防腐涂料等等,这些设备和材料除了有型号和性能参数外,大都有附图和外形及基础安装尺寸,基本可以满足各阶段的设计需要。

环境保护是我国的一项基本国策,钢铁工业在我国国民经济中是一个用水大户,同时也是一个污染大户。为此,我们必须按照国家规定的有关政策,对各种废水进行必要的处理,使其符合排放标准,不污染环境。在市场经济条件下,我国的给水排水设备及材料的科研与生产发展迅速,新产品不断出现,落后产品必将为新产品所代替;伪劣产品必将为优质产品所代替。因此,生产劣质产品的厂家有的就要停产或转产,故在选用设备材料过程中应重视调查研究,确保选用产品质量,必要时亦可与有关厂家取得联系,互通信息,避免在选型上出现差错。

本手册共编入 41 个厂家,26 个系列产品,其依据是各厂家所提供的产品样本和资料。由于时间仓促,调查研究不够,缺点和错误在所难免,望读者批评指正。

17.1 水泵

17.1.1 离心清水泵

17.1.1.1 IS 单级单吸清水离心泵

(1) 适用范围:本系列泵是单级单吸悬臂式离心泵,供输送清水及物理、化学性质类似于水不含固体颗粒的液体,IS 泵输送介质温度不超过 80℃。

该系列泵为卧式安装、悬架式结构,水平轴向吸入,径向排出,其泵体、泵盖是从叶轮背面处割分的,检修时不需要拆卸进出口管路,只需拆下联轴器退出部件即可进行检修。该泵轴封选用填料密封和机械密封,泵的旋转方向,从电机端看为顺时针方向旋转。

(2) 型号意义说明:

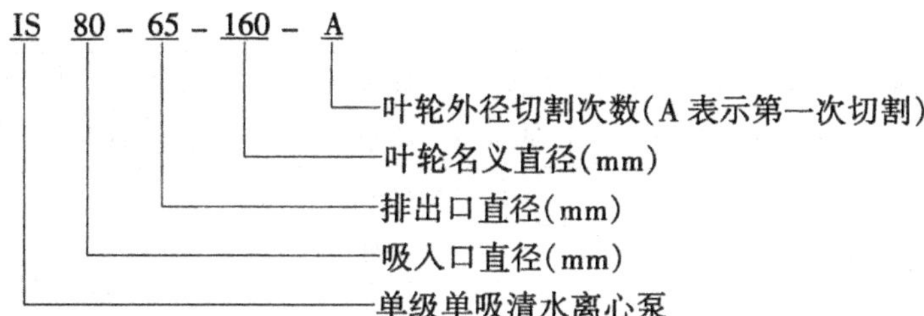

(3) 性能参数:流量从 $Q = 6.3\text{m}^3/\text{h} \sim 400\text{m}^3/\text{h}$,扬程 $H = 5 \sim 125\text{m}$ 允许进口压力为 0.6MPa,性能参数见表 17-1。

表 17-1 IS 单级单吸清水离心泵性能

泵型号	流量 /$\text{m}^3 \cdot \text{h}^{-1}$	扬程 /m	转速 /$\text{r} \cdot \text{min}^{-1}$	效率 /%	汽蚀余量/m	配带电机		泵口径		泵外表尺寸 (长×宽×高)	泵质量 /kg
						型号	/kW	吸入	排出		
IS50-32-125	12.5	20	2900	60	2.0	Y90L-2	2.2	50	32	465×190×252	28
IS50-32-125A	11.2	16	2900	58	2.0	Y90S-2	1.5				
IS50-32-125D	6.3	5	1450	54	2.0	Y801-4	0.55				
IS50-32-160	12.5	32	2900	54	2.0	Y100L-2	3	50	32	465×240×292	30
IS50-32-160A	11.7	28	2900	52	2.0	Y90L-2	2.2				
IS50-32-160B	10.8	24	2900	50	2.0	Y90S-2	1.5				
IS50-32-160D	6.3	8	1450	48	2.0	Y801S-4	0.55				
IS50-32-200	12.5	50	2900	48	2.0	Y132S_1-2	5.5	50	32	465×240×340	32
IS50-32-200A	11.7	44	2900	46	2.0	Y112M-2	4				
IS50-32-200B	10.8	38	2900	44	2.0	Y100L-2	3				
IS50-32-200D	6.3	12.5	1450	42	2.0	Y802-4	0.75				
IS50-32-250	12.5	80	2900	38	2.0	Y160M_1-2	11	50	32	600×320×405	35
IS50-32-250A	11.7	70	2900	36	2.0	Y132S_2-2	7.5				
IS50-32-250B	10.8	60	2900	34	2.0	Y132S_1-2	5.5				
IS50-32-250D	6.3	20	1450	32	2.0	Y90L-4	1.5	50	32	600×320×405	35
IS65-40-125	25	20	2900	69	2.0	Y100L-2	3	65	50	465×210×252	32
IS65-40-125A	22.4	16	2900	67	2.0	Y90L-2	2.2				
IS50-40-125D	12.5	5	1450	64	2.0	Y801-4	0.55				
IS65-50-160	25	32	2900	65	2.0	Y132S-2	5.5	65	60	465×240×292	36
IS65-50-160A	23.4	28	2900	63	2.0	Y112M-2	4				
IS65-50-160B	21.7	24	2900	61	2.0	Y100L-2	3				
IS65-50-160D	12.5	8	14	60	2.0	Y802-4	0.75				
IS65-40-200	25	50	2900	60	2.0	Y132S_2-2	7.5	65	40	485×265×340	40
IS65-40-200A	23.4	44	2900	58	2.0	Y132S_1-2	5.5				
IS65-40-200B	21.7	38	2900	56	2.0	Y132S_1-2	5.5				
IS65-40-200D	12.5	12.5	1450	55	2.0	Y90S-4	1.1				

续表 17-1

泵型号	流量 /$m^3 \cdot h^{-1}$	扬程 /m	转速 /$r \cdot min^{-1}$	效率 /%	汽蚀余量/m	配带电机 型号	配带电机 /kW	泵口径 吸入	泵口径 排出	泵外表尺寸（长×宽×高）	泵质量 /kg
IS65-40-250	25	80	2900	53	2.0	Y160M_2-2	15	65	40	600×320×405	45
IS65-40-250A	23.4	70	2900	51	2.0	Y160M_1-2	11				
IS65-40-250B	21.7	60	2900	49	2.0	Y132S_2-2	7.5				
IS65-40-250D	12.5	20	1450	48	2.0	Y100L_1-4	2.2				
IS65-40-315	25	125	2900	40	2.5	Y200L_1-2	30	65	40	625×345×405	50
IS65-40-315A	23.9	114	2900	38	2.5	Y180L-2	22				
IS65-40-315B	22.7	103	2900	36	2.5	Y160L-2	18.5				
IS65-40-315C	21.4	92	2900	34	2.5	Y160L-2	18.5				
IS65-40-315D	12.5	32	1450	37	2.5	Y112M-4	4				
IS80-65-125	50	20	1900	75	3.0	Y132S_1-2	5.5	80	65	485×240×292	36
IS80-65-125A	44.7	16	2900	73	3.0	Y112M-2	4				
IS80-65-125D	25	5	1450	71	2.5	Y802-2	0.75				
IS80-65-160	50	32	2900	73	2.5	Y132S_2-2	7.5	80	65	485×265×340	38
IS80-65-160A	46.8	28	2900	71	2.5	Y132S_1-2	5.5				
IS80-65-160B	43.3	24	1450	69	2.5	Y132S_1-2	5.5				
IS80-65-160D	25	8	1450	69	2.5	Y90L-4	1.5				
IS80-50-200	50	50	2900	69	2.5	Y160M_2-2	15	80	50	485×265×360	42
IS80-50-200A	46.8	44	2900	67	2.5	Y160M_2-2	15				
IS80-50-200B	43.3	38	2900	65	2.5	Y160M_1-2	11	80	50	485×265×360	42
IS80-50-200D	25	12.5	1450	65	2.5	Y100L_1-4	2.2				
IS80-50-250	50	80	2900	63	2.5	Y180L_2-2	22	80	50	635×320×405	48
IS80-50-250A	46.8	70	2900	61	2.5	Y160L-2	18.5				
IS80-50-250B	43.3	60	2900	59	2.5	Y160M_2-2	15				
IS80-50-250D	25	20	1450	60	2.5	Y100L_2-4	4				
IS80-50-315	50	125	2900	54	2.5	Y200L_2-2	37	80	50	625×345×505	55
IS80-50-315A	47.7	114	2900	52	2.5	Y200L_1-2	30				
IS80-50-315B	45.4	103	2900	50	2.5	Y200L_1-2	30				
IS80-50-315C	42.9	92	2900	48	2.5	Y200L_1-2	30				
IS80-50-315D	25	32	1450	52	2.5	Y200S-4	5.5				
IS100-80-125	100	20	2900	78	4.5	160M_1-2	11	100	80	485×280×340	50
IS100-80-125A	89.4	16	2900	76	4.5	Y132S_2-2	7.5				
IS100-80-125D	50	5	1450	75	2.5	Y90L-4	1.5				
IS100-80-160	100	32	2900	78	4.0	Y160M_2	15	100	80	600×280×360	65

续表 17-1

泵型号	流量 /m³·h⁻¹	扬程 /m	转速 /r·min⁻¹	效率 /%	汽蚀余量/m	配带电机		泵口径		泵外表尺寸（长×宽×高）	泵质量 /kg
						型号	/kW	吸入	排出		
IS100-80-160A	93.5	28	2900	76	4.0	Y160M$_1$-2	11	100	80	600×280×360	65
IS100-80-160B	86.6	24	2900	74	4.0	Y160M$_1$-2	11				
IS100-80-160D	50	8	1450	75	2.5	Y160L$_1$-4	2.2				
IS100-65-200	100	50	2900	76	3.6	Y180M-2	22	100	65	600×320×405	80
IS100-65-200A	93.5	44	2900	74	3.6	Y160L-2	18.5				
IS100-65-200B	86.6	38	2900	72	3.6	Y160M$_2$-2	15				
IS100-65-200D	50	12.5	1450	73	2.5	Y112M-4					
IS100-65-250	100	80	2900	72	3.8	Y200L$_2$	37	100	65	625×320×405	90
IS100-65-250A	93.5	70	2900	70	3.8	Y200L$_1$	30				
IS100-65-250B	86.6	60	2900	68	3.8	Y180M-2	22				
IS100-65-250D	50	20	1450	68	2.0	Y132S-4	5.5				
IS80-65-315	100	125	2900	65	3.6	Y280S-2	75	100	65	655×400×505	100
IS80-65-315A	95.5	114	2900	64	3.6	Y250M-2	65				
IS80-65-315B	90.8	103	2900	62	3.6	Y225M-2	45				
IS80-65-315C	85.8	92	2900	60	3.6	Y200L$_2$-2	37				
IS80-65-315D	50	32	1450	63	2.0	Y160M-1	11				
IS125-100-200	200	50	2900	81	4.5	Y225M-2	45	125	100	625×360×480	90
IS125-100-200A	187	44	2900	79	4.5	Y200L$_2$-2	37				
IS125-100-200B	173	38	2900	77	4.5	Y200L$_1$-2	30				
IS125-100-200D	100	12.5	1450	76	2.5	Y132M-4	7.5				
IS125-100-250	200	80	2900	78	4.2	Y280S-2	75	125	100	670×400×565	100
IS125-100-250A	187	70	2900	76	4.2	Y250M-2	55				
IS125-100-250B	173	60	2900	74	4.2	Y225M-2	45				
IS125-100-250D	100	20	1450	76	2.5	Y160M-4	11				
IS125-100-315	200	125	2900	75	4.5	Y315S-2	110	125	100	670×400×565	110
IS125-100-315A	191	114	2900	73	4.5	Y280M-2	90				
IS125-100-315B	181.6	103	2900	71	4.5	Y280S-2	75				
IS125-100-315C	171.6	92	2900	69	4.5	Y280S-2	75				
IS125-100-315D	100	32	1450	73	2.5	Y160L-4	15				
IS125-100-400	100	50	1450	65	2.5	Y200L-4	30	125	100	670×500×635	120
IS125-100-400A	93.5	44	1450	63	2.5	Y180L-4	22				
IS125-100-400B	86.5	38	1450	61	2.5	Y180M-4	18.5				
IS150-125-250	200	20	1450	81	3.0	Y180M-4	18.5	150	125	670×400×605	105
IS150-125-250A	187	17.5	1450	79	3.0	Y160L-4	15				
IS150-125-250B	173	15	1450	77	3.0	Y160M-4	11				

续表 17-1

泵型号	流量 $/m^3 \cdot h^{-1}$	扬程 /m	转速 $/r \cdot min^{-1}$	效率 /%	汽蚀余量/m	配带电机 型号	配带电机 /kW	泵口径 吸入	泵口径 排出	泵外表尺寸（长×宽×高）	泵质量 /kg
IS150-125-315	200	32	1450	80	2.5	Y200L-4	30	150	125	670×500×635	120
IS150-125-315A	187	28	1450	78	2.5	Y180L-4	22				
IS150-125-315B	173	24	1450	76	2.5	Y180M-4	18.5				
IS150-125-400	200	50	1450	75	2.5	Y225M-4	45	150	125	670×500×715	140
IS150-125-400A	187	44	1450	73	2.5	Y225S-4	37				
IS150-125-400B	173	38	1450	71	2.5	Y200L-4	30				
IS200-150-250	400	20	1450	82	4.0	Y225S-4	37	200	150	690×500×655	120
IS200-150-250A	374	17.5	1450	80	4.0	Y200L-4	30				
IS200-150-250B	346	15	1450	78	4.0	Y180L-4	22				
IS200-150-315	400	32	1450	82	3.5	Y250M-4	55	200	150	830×550×715	140
IS200-150-315A	374	28	1450	80	3.5	Y225M-4	45				
IS200-150-315B	346	24	1450	78	3.5	Y225S-4	37				
IS200-150-400	400	50	1450	81	3.8	Y280S-4	75	200	150	830×550×765	150
IS200-150-400A	374	44	1450	79	3.8	Y280S-4	75				
IS200-150-400B	346	38	1450	7	3.8	Y250M-4	55				

生产厂家：北鲸水泵厂、重庆水泵厂、自贡市工业泵股份有限公司、武汉特种工业泵厂等

17.1.1.2 S型单级双吸清水离心泵

(1) 适用范围：S型泵为单级、双吸、泵壳中开式离心水泵，供输送清水或物理、化学性质类似于水的液体之用，液体温度不得高于80℃，适合于工厂、矿山、城市给水、电站、大型水利工程和农田排灌等用。

水泵轴封分软填料密封和机械密封两种型式，可供设计选用。从传动方向看去，水泵为顺时针方向旋转。

(2) 型号意义说明：

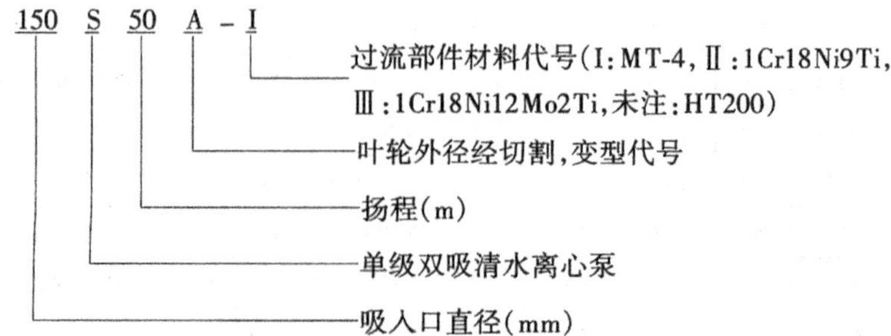

(3) 性能参数：见表17-2。

表 17-2　S 型单级双吸清水离心泵性能

泵型号	流量 Q /$m^3 \cdot h^{-1}$	扬程 H /m	转速 n /$r \cdot min^{-1}$	功率/kW		效率 η /%	汽蚀余量 (NPSH)/m	泵质量 /kg
				轴功率	电机功率			
150S78	126	82	2950	40	55	70	3.7	140
	160	78		45		75.5		
	198	70		52		72		
150S78A	112	67		30.1	45	68		
	144	62		33.4		72.6		
	180	55		38.5		70		
150S50	130	52		25.2	37	73	3.9	130
	160	50		27.3		80.4		
	220	40		31.1		77		
150S50A	112	44		18.6	30	72		
	144	40		20.0		75.5		
	180	35		24.5		70		
150S50B	108	38		17.2	22	65		
	133	36		18.0		72.5		
	160	32		19.4		72		
200S95	183	103		83.1	132	62	5.3	260
	280	95		91.4		79.2		
	324	87		102.4		75		
200S95A	180	92		67.3	110	67		
	270	85		83.3		75		
	324	78		94.3		73		
200S95B	180	82		64.8	90	62		
	260	75		73.8		72		
	306	68		80.9		70		
200S63	216	69		54.8	75	74	5.8	230
	280	63		58.3		82.7		
	351	53		66.7		76		
200S63A	180	54		37.8	55	70		
	270	46		45.1		75		
	324	37		46.6		70		
200S42	216	48		34.8	45	81	6	180
	280	42		38.1		84.2		
	324	35		40.2		81		
200S42A	198	43		30.5	37	76		
	270	36		33.1		80		
	310	31		34.4		76		
250S65	360	71	1450	92.8	160	75	3.1	485
	485	65		109.2		78.6		
	612	58		130.6		74		
250S65A	342	61		77	132	74		
	468	54		88.5		77.7		
	540	50		98		75		
250S65B	320	51		63.5	90	70		
	450	45		74.3		74.8		
	520	41		79.5		73		

续表 17-2

泵型号	流量 Q /$m^3 \cdot h^{-1}$	扬程 H /m	转速 n /$r \cdot min^{-1}$	功率/kW 轴功率	功率/kW 电机功率	效率 η /%	汽蚀余量 (NPSH)/m	泵质量 /kg
250S39	360 485 612	42 39 32	1450	54.2 61.5 67.5	75	76 83.6 79	3.2	380
250S39A	324 468 576	35 30 25		41.7 48.4 50.9	55	74 79 77		
250S24	360 485 576	27 24 19		33.1 36.9 36.4	45	80 85.8 82	3.5	365
250S24A	342 414 482	22 20 17		25.6 27.2 27.9	37	80 83.3 80		
250S14	360 485 576	16 14 11		19.6 21.5 22.1	30	80 85.8 78	3.8	320
250S14A	320 432 504	13 11 8		14.5 15.2 14.6	18.5	78 82.7 75		
300S90	590 790 936	93 90 82		202 243 279	315	74 79.6 75	4.2	840
300S90A	576 756 918	86 78 70		190 216.4 247	280	71 74.2 71		
300S90B	540 720 900	72 67 57		151 180 200	220	70 73 70		
300S58	576 790 972	63 58 50		131.8 147.9 165.5	200	75 84.2 80	4.4	810
300S58A	529 720 893	53 49 42		100.5 118.0 130.9	160	76 82.5 78		
300S58B	504 684 835	46 43 37		87 100 108	132	73 80 78		
300S32	612 790 900	36 32 28		75 79 86	90	80 86.8 80	4.6	710
300S32A	551 720 810	31 26 24		58.1 60.7 67.9	75	80 84 78		
300S19	612 790 935	22 19 16		45.9 47.1 47.9	55	80 86.8 85	5.2	488

续表 17-2

泵型号	流量 Q /m³·h⁻¹	扬程 H /m	转速 n /r·min⁻¹	功率/kW		效率 η /%	汽蚀余量 (NPSH)/m	泵质量 /kg
				轴功率	电机功率			
300S19A	504	20	1450	38.7	45	71	5.2	488
	720	16		39.2		80		
	829	13		39.1		75		
300S12	612	14		29.2	37	80	5.5	667
	790	12		30.4		84.8		
	900	10		33.1		74		
300S12A	522	11		21.7	30	72		667
	684	10		23.9		78.4		
	792	8		22.7		76		
350S125	850	140		463	710	70	5.4	1580
	1260	125		533		80.5		
	1660	100		628		72		
350S125A	803	125		391	630	70		
	1181	112		461		78.2		
	1570	90		550		70		
350S125B	745	108		313	500	70		
	1098	96		373		77		
	1458	77		425		72		
350S75	972	80		271	355	78.5	5.8	1200
	1260	75		303		85.2		
	1440	65		319		80		
350S75A	900	70		220	280	78		
	1170	65		244.4		84.2		
	1332	56		257		79		
350S75B	828	59		177.4	250	75		
	1080	55		196.3		82.4		
	1224	47		203.5		77		
350S44	972	50		163.4	220	81	6.3	1105
	1260	44		172.5		87.5		
	1476	37		188.3		79		
350S44A	864	41		121	160	80		
	1116	36		129.5		84.5		
	1332	30		136		80		
350S26	972	30		99	132	80	6.7	875
	1260	26		102		87.5		
	1440	22		105		82		
350S26A	864	26		76.5	110	80		
	1116	21		76.9		83.4		
	1296	16		77.4		73		
350S16	972	20		63.8	75	83	7.1	760
	1260	16		64.4		85.4		
	1440	13		68.9		74		
350S16A	864	16		51	55	74		
	1044	13		47		78.3		
	1260	10		49		70		

续表 17-2

泵型号	流量 Q /$m^3 \cdot h^{-1}$	扬程 H /m	转速 n /$r \cdot min^{-1}$	功率/kW		效率 η /%	汽蚀余量 (NPSH)/m	泵质量 /kg
				轴功率	电机功率			
400S90	1350 1620 1800	96 90 85	1450	458.2 473 508	560	78 84 82	6.2	1950
400S90A	1215 1460 1621	78 73 69		327 345 371.3	450	79 84 82		
400S90B	1084 1300 1445	62 58 55		223 245 264	315	82 84 82		
400S40	900 1080 1260	42 40 37	970	129 140 150	185	80 85 84	5.1	1940
400S40A	815 1007 1084	35 33 31		95.8 107 109	160	81 84.5 84		
400S40B	725 870 967	28 26 24.7		67.4 73.3 78.4	110	82 84 83		
500S98	1620 2020 2340	114 98 79		644.8 678.1 680.3	800	78 79.5 74	4.1	2400
500S98A	1500 1872 2170	96 83 67		509 539 542	630	77 78.5 73		
500S98B	1400 1746 2020	86 74 59		431.4 450.1 432.8	560	76 78.7 75		
500S59	1620 2020 2340	67 59 47		374 388.2 374	450	79 83.6 80	4.5	2235
500S59A	1500 1872 2170	57 49 39		315 332.3 320	400	74 75.6 72		
500S59B	1400 1746 2020	46 40 32		240 255.8 248	315	73 74 71		
500S35	1620 2020 2340	40 35 28		207.6 218.2 209.9	280	85 88.2 85	4.8	1640
500S35A	1400 1746 2020	31 27 21		144 150.6 138	220	82 85.2 84		
500S22	1620 2020 2340	24 22 19		137.5 143.6 142.4	185	77 84.2 85	5.2	1555

续表 17-2

泵型号	流量 Q /$m^3 \cdot h^{-1}$	扬程 H /m	转速 n /$r \cdot min^{-1}$	功率/kW 轴功率	功率/kW 电机功率	效率 η /%	汽蚀余量 (NPSH)/m	泵质量 /kg
500S22A	1400	20	970	103	132	74	5.2	1555
	1746	17		100.6		80.3		
	2020	14		94		82		
500S13	1620	15		83.8	110	79	5.7	1505
	2020	13		85.7		83.4		
	2340	10		79.7		80		
600S22	2520	25		209.2	250	82	7	2500
	3170	22		215.8		88		
	3600	18		215.2		82		
600S22A	2160	21		152.5	185	81		
	2860	18		161.1		87		
	3240	16		168.1		84		
600S32	2160	36		278.6	355	76		
	3170	32		310.4		89		
	3600	27		311.4		85		
600S32A	1800	30		204	280	72		2500
	2850	26		229		88		
	3240	23		236		86		
600S47	2160	56		412	560	80	6.5	3850
	3170	47		456		89		
	3600	40		456		86		
600S47A	1980	46		318	450	78		
	2920	40		361		88		
	3240	37		380		86		
600S75	2160	84		568	900	87	6	4300
	3170	75		736		88		
	3600	67		821		80		
600S75A	1980	74		486.6	710	82		
	2950	65		600.2		87		
	3240	60		661.8		80		
600S75B	1800	60		367.6	560	80		
	2710	55		477.5		85		
	3060	51		531.3		80		
600S100	2160	110		829.6	1250	78		
	3170	100		1015.6		85		
	3600	92		1073.8		84		
600S100A	1980	100		697.3	1120	78		
	3000	90		875.4		84		
	3240	85		914.6		82		
600S100B	1800	90		588.2	900	75		
	2830	80		751.9		82		
	3060	75		781.3		80		
800S22	4320	25	730	358.7	450	82	7	4500
	5500	22		370.2		89		
	6480	19		389.9		86		
	3000	16	585	163.4	250	80	5	
	4400	14		190.6		88		
	5040	12		193.8		85		

续表 17-2

泵型号	流量 Q /m³·h⁻¹	扬程 H /m	转速 n /r·min⁻¹	功率/kW		效率 η /%	汽蚀余量 (NPSH)/m	泵质量 /kg
				轴功率	电机功率			
800S22A	3960	19	730	246.9	315	83	7	4500
	4830	17		254.1		88		
	5500	15		261.2		86		
	2800	13	585	123.9	185	80	5	
	3870	11		133.3		87		
	4500	9		131.3		84		
800S32	4320	35	730	502.2	630	82	7	5100
	5500	32		538.5		89		
	6480	29		588.2		87		
	3000	23	585	234.9	315	80	4.5	
	4400	20		272.3		88		
	5200	18		299.9		85		
800S32A	3500	30	730	353	450	81	7	
	4950	26		398		88		
	6000	23		437		86		
	2700	19	585	174.6	250	80	4.5	
	3960	17		210.7		87		
	4680	14		212.4		84		
800S47	4320	51	730	740.7	1000	81	6.5	7300
	5500	47		782.2		90		
	6480	42		842.2		88		
	3000	35	585	357.4	450	80	4.2	
	4400	30		403.9		89		
	5200	26		428.1		86		
800S47A	3500	45	730	530	710	81	6.5	
	5070	40		621		89		
	6000	36		684		86		
	2800	30	585	285.9	355	80	4.2	
	4060	25		314.1		88		
	4800	22		334.4		86		
800S76	4000	80	730	1103.1	1600	79	6	7888
	5500	76		1293.6		88		
	6500	71		1444.6		87		
800S76	3000	54	585	551.5	800	80	4.2	7888
	4400	49		674.9		87		
	5500	43		757.7		85		
800S76A	3500	70	730	845	1250	79	6	7815
	5080	65		1034		87		
	6000	62		1206		84		
	2800	48	585	463	630	79	4.2	
	4070	42		541		86		
	5000	37		607		83		
800S76B	3000	60	730	628.6	1000	78	6	7762
	4680	55		824.7		85		
	5500	51		920.3		83		
	2500	40	585	358.3	500	76	4	
	3750	35		425.5		84		
	4500	30		459.6		80		

生产厂家：重庆水泵厂、自贡市工业泵股份有限公司、武汉特种工业泵厂等

17.1.1.3 SH型单级双吸清水离心泵

(1) 适用范围:SH型泵系单级、双级、泵壳中开式离心泵,供输送水或物理、化学性质类似于水的液体之用,液体温度不得高于80℃,适用于工厂、矿山、城市给水、电站、农田排灌和各种水利工程。

(2) 型号意义说明:

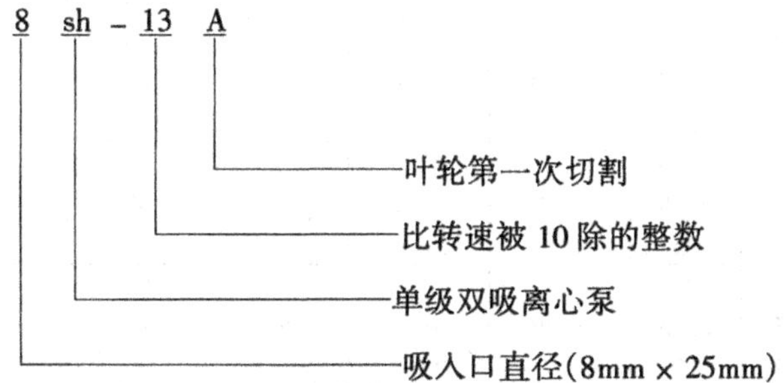

(3) 性能参数:见表17-3。

表17-3 SH型单级双吸清水离心泵

泵型号	流量 Q		扬程 H /m	转数 /r·min⁻¹	功率 N/kW		效率/%	允许吸上真空高度 H_s/m	叶轮直径 D/mm	质量/kg
	/m³·h⁻¹	/L·s⁻¹			轴功率	电机功率				
6sh-6	126 162 198	35 45 55	84 78 70	2950	40 46.5 52.4	55	72 74 72	5	251	150
6sh-6A	111.6 144 180	31 40 50	67 62 55	2950	30 33.8 38.5	45	68 72 70	5	223	150
6sh-9	130 170 220	36.2 47.2 61.2	52 47.6 35	2950	25 27.6 31.3	45	73.9 79.8 67	5	205	145
6sh-9A	111.6 144 180	31 40 50	43.8 40 35	2950	18.5 20.9 24.5	30	72 75 70	5	191	145
8sh-6	180 234 288	50 65 80	100 93.5 82.5	2950	71 81.1 89.8	110	69 73.5 73.5	4.5	282	309
8sh-9	216 288 351	60 80 97.5	69 62.5 50	2950	55 61.6 67.8	75	74 79.5 70.5	5.3 4.5 3	238	265
8sh-9A	180 270 324	50 75 90	54.5 46 37.5	2950	41 48.3 51	55	65 70 65	5.5 5 3.8	218	265
8sh-13	216 288 342	60 80 95	48 41.3 35	2950	35.7 39.5 42.3	55	79 82 77	5 3.6 1.8	204	219
8sh-13A	198 270 310	55 75 86	43 36 31	2950	30.5 33.1 34.4	45	76 80 76	5.2 4.2 3	193	219
10sh-6	360 486 612	100 135 170	71 65.1 56	1470	99.4 112.6 126	135	70 76.5 74	5.5	460	598

续表 17-3

泵型号	流量 Q		扬程 H /m	转数 /r·min⁻¹	功率 N/kW		效率/%	允许吸上真空高度 H_s/m	叶轮直径 D/mm	质量/kg
	/m³·h⁻¹	/L·s⁻¹			轴功率	电机功率				
10sh-6A	342 468 540	95 130 150	61 54 50	1470	83 91.8 101	110	70 75 73	6	430	598
10sh-9	360 486 612	100 135 170	42.5 38.5 32.5	1470	55.5 62.9 67.7	75	75 81 80	6	367	428
10sh-9A	324 468 576	90 130 160	35.5 30.5 25	1470	42.3 48.6 50.9	55	74 80 77	6	338	428
10sh-13	360 486 576	100 135 160	27 23.5 19	1470	33.1 36.2 36.4	55	80 86 82	6	296	420
10sh-13A	342 414 482	95 115 134	22.2 20.3 17.4	1470	25.8 27.6 28.6	37	80 83 80	6	270	420
10sh-19	360 486 576	100 135 160	17.5 14 11	1470	21.7 22.6 22.7	30	79 82 76	6	244	405
10sh-19A	320 432 504	89 120 140	13.7 11 8.6	1470	15.4 15.8 15.8	22	78 82 75	6	224	405
12sh-6	590 792 936	164 220 260	98 90 82	1470	213 250 279	300	74 77.5 75	5.4 4.5 3.5	540	847
12sh-6A	576 756 918	160 210 255	86 78 70	1470	190 217 246	260	71 74 71	5.5 4.7 3.6	510	845
12sh-6B	540 720 900	150 200 250	72 67 57	1470	151 180 200	230	70 73 70	5.6 4.9 3.8	475	845
12sh-9	576 792 972	160 220 270	65 58 50	1470	127.5 150 167.5	190	80 83.5 79	4.5	435	809
12sh-9A	529 720 893	147 200 248	55 49 42	1470	99.2 115.6 131	155	80 83 78	4.5	402	809
12sh-9B	504 684 835	140 190 132	47.2 43 37	1470	82.5 97.7 108	135	79 82 78	4.5	378	809
12sh-13	612 792 900	170 220 250	36.8 32.2 29.5	1470	75.8 83.2 87.9	110	80 83.5 82.2	4.5	352	690
12sh-13A	551 720 810	153 200 225	30 26 24	1470	56.7 61.8 65.8	75	79.3 82.5 80.5	4.5	322	690
12sh-19	612 792 935	170 220 260	23 19.4 14	1470	47.9 51 47.6	55	80 82 75	4.5	290	660

续表 17-3

泵型号	流量 Q		扬程 H	转数	功率 N/kW		效率/%	允许吸上真空高度	叶轮直径	质量/kg
	$/m^3 \cdot h^{-1}$	$/L \cdot s^{-1}$	/m	$/r \cdot min^{-1}$	轴功率	电机功率		H_s/m	D/mm	
12sh-19A	504 720 900	140 200 250	20 16 11.5	1470	34.8 38.3 37.6	45	79 82 75	4.5	265	660
12sh-28	612 792 900	170 220 250	14.5 12 10	1470	30.2 30 33.1	45	80 81 74	4.5	248	660
12sh-28A	522 684 792	145 190 220	11.8 10 8.7	1470	23.3 23.9 24.7	30	72 77 74	4.5	225	660
14sh-6	850 1250 1660	236 347 461	140 125 100	1470	462 545 623	680	70 78 72.5	3.5	655	1580
14sh-6A	803 1181 1570	223 328 436	125 112 90	1470	391 480 562	570	70 75 68.5	3.5	620	1580
14sh-6B	745 1098 1458	207 305 405	108 96 77	1470	318 388 437	500	69 74 70	3.5	575	1580
14sh-9	972 1260 1440	270 350 400	80 75 65	1470	275 322 323	410	77 80 79	3.5	500	1200
14sh-9A	900 1170 1332	250 325 370	70 65 56	1470	223 259 260	300	77 80 78	3.5	465	1200
14sh-9B	828 1080 1224	230 300 340	59 55 47.5	1470	178 205 206	260	75 79 77	3.5	428	1200
14sh-13	972 1260 1476	270 350 410	50 43.8 37	1470	164 179 189	230	81 84 79	3.5	410	1105
14sh-13A	864 1116 1332	240 310 370	41 36 30	1470	121 130 136	190	80 84 80	3.5	380	1105
14sh-19	972 1260 1440	270 350 400	32 26 22	1470	99.7 102 105	125	85 88 82	3.5	350	878
14sh-19A	864 1116 1296	240 310 360	26 21.5 16.5	1470	76.5 77 80	90	80 85 73	3.5	326	878
14sh-28	972 1260 1440	270 350 400	20 16.2 13.4	1470	66.2 68.5 71	75	80 81 74	3.5	290	760
14sh-28A	864 1044 1260	240 290 350	16 13.4 10	1470	50.8 48.8 49	55	74 78 70	3.5	—	760
20sh-6	1450 2016 2300	403 560 640	107.5 98.4 89	970	585 680 735	850	72.5 79.5 76	4	860	4324

续表 17-3

泵型号	流量 Q		扬程 H /m	转数 /r·min⁻¹	功率 N/kW		效率/%	允许吸上真空高度 H_s/m	叶轮直径 D/mm	质量/kg
	/$m^3·h^{-1}$	/$L·s^{-1}$			轴功率	电机功率				
20sh-9	1548 2016 2448	430 560 680	66 59 50	970	340 390 433	520	82 83 77	4	682	2747
20sh-9A	1040 1908 2268	390 530 630	58 50 42	970	300 347 360	380	74 75 72	4	640	2740
20sh-9B	1764	490	42	970	273	310	74	4	600	2735
20sh-13	1548 2016 2412	430 560 670	40 35.1 30	970	206 219 246.5	280	82 88 80	4	550	2340
20sh-13A	1872	520	31	970	186	220	85	4	510	2330
20sh-19	1620 2016 2340	450 560 650	27 22 15	970	148 147 137	190	80 82 70	4	465	2010
20sh-19A	1296 1872 2016	360 520 560	23 17 14	970	111 108 101	135	73 80 76	4	427	2000
20sh-28	1620 2016 2325	450 560 646	15.2 12.8 10.6	970	87 87.7 87.6	115	77 80 77	4	390	2000
24sh-9	3420	950	71	970	727	780	91	1.3	765	4300
24sh-9A	3168	880	61	970	585	680	90	2.5	710	4300
24sh-13	2500 3168 3500	695 880 972	56 47.4 38	970	460 465 426	520	83 88 80	2.5	630	3850
24sh-19	2520 3168 3960	700 880 1100	37 32 22	970	295 310 279	380	86 89 85	2.5	540	2550
24sh-19A	2304 2880 3600	640 800 1000	31.5 27 20	970	235 238 231	280	84 89 85	2.5	500	2550
24sh-28	2340 2880 3420	650 800 950	23.5 21 18	970	187 195 207	220	80 84.5 81	2.5	450	2550
24sh-28A	2340 2880 3420	650 800 950	17.5 15.5 13	970	145 148 154	190	77 82 78.5	2.5	415	2550
32sh-19	4700 5500 6010 6460	1305 1530 1670 1795	35 32.5 28.9 25.4	730	575 580 567 567	630	78 84 83.5 80.4	4.35	740	5100
48sh-22	9000 11000 12500	2500 3056 3472	28.5 26.3 23.6	485	873 908 913	1250	80 86.8 88	4.3 3.7 3.2	985	17000
48sh-22A	8500 10000 12020	2360 2780 3340	19.6 18.5 14.3	485	563 586 585	800	80.5 86 80	4.4 4.1 3.4	912	17000

生产厂家:北鲸水泵厂、武汉特种工业泵厂等

17.1.1.4 DA1 型多级分段式离心泵

(1) 适用范围:DA1 型泵系单吸多级分段式离心泵,供输送清水或物理化学性质类似于水的液体之用,液体的最高温度不得高于 80℃,适合矿山排水、工厂、城市给水及农用排灌等用。

DA1 型泵为卧式安装结构,吸入口位于进水段上,呈水平方向,排出口在出水管上垂直向上,泵轴封采用填料密封或机械密封,泵的旋转方向从传动端看为顺时针方向旋转。

(2) 型号意义说明:

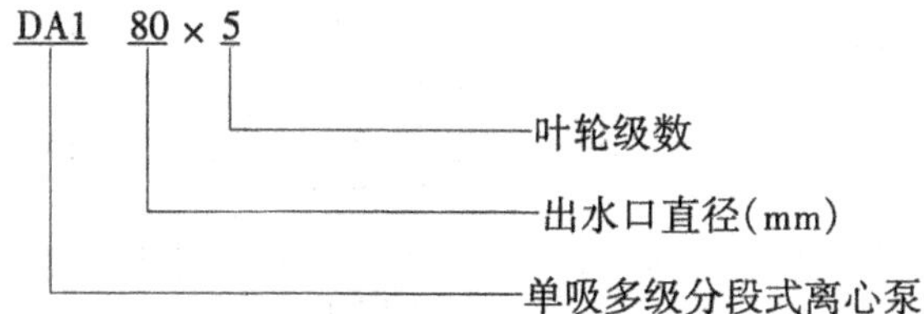

(3) 性能参数:见表 17-4。

表 17-4 DA1 型多级分段式离心泵性能

泵型号	流量/$m^3 \cdot h^{-1}$	扬程/m	转速/$r \cdot min^{-1}$	效率/%	汽蚀余量/m	配带电机 型号	配带电机 /kW	泵口径 吸入	泵口径 排出	泵外表尺寸(长×宽×高)	泵质量/kg
DA1-50×2		19				Y90L-2	2.2			620×285×290	60
DA1-50×3		28.5				Y100L-2	3			678×285×290	70
DA1-50×4		38				Y112M-2	4			736×285×290	80
DA1-50×5		47.5				Y132S1-2	5.5			794×285×290	90
DA1-50×6		57				Y132S1-2	5.5			852×285×290	100
DA1-50×7	18	66.5	2950	2.0	63	Y132S2-2	7.5	70	50	910×285×290	110
DA1-50×8		76				Y132S2-2	7.5			968×285×290	120
DA1-50×9		85.5				Y132S2-2	7.5			1026×285×290	130
DA1-50×10		95				Y160M1-2	11			1084×285×290	140
DA1-50×11		104.5				Y160M1-2	11			1142×285×290	150
DA1-50×12		114				Y160M1-2	11			1200×285×290	160
DA1-80×2		227				Y100L-2	3			752×330×370	100
DA1-80×3		34.1				Y132S1-2	5.5			822×330×370	115
DA1-80×4		45.4				Y132S2-2	7.5			892×330×370	130
DA1-80×5		56.8				Y132S2-2	7.5			962×330×370	145
DA1-80×6		68.1				Y160M1-2	11			1032×330×370	160
DA1-80×7	324	79.5	2920	2.5	66	Y160M1-2	11	80	80	1102×330×370	175
DA1-80×8		90.8				Y160M1-2	15			117230×370	190
DA1-80×9		102.2				Y160M2-2	15			1242×330×370	205
DA1-80×10		113.5				Y160M2-2	15			1312×330×370	220
DA1-80×11		124.9				Y160L-2	18.5			1382×330×370	235
DA1-80×12		136.2				Y160L-2	18.5			1452×330×370	250

续表 17-4

泵型号	流量/$m^3 \cdot h^{-1}$	扬程/m	转速/$r \cdot min^{-1}$	效率/%	汽蚀余量/m	配带电机		泵口径		泵外表尺寸	泵质量
						型号	/kW	吸入	排出	(长×宽×高)	/kg
DA1-150×2	162	54.6	2950	3.8	76	Y200L2-3	37	150	150	1070×560×590	170
DA1-150×3		81.9				Y250M-2	55			1185×560×590	200
DA1-150×4		109.2				Y280S-2	75			1300×560×590	230
DA1-150×5		136.5				Y280M-2	90			1415×560×590	260
DA1-150×6		163.5				Y315S-2	110			1530×560×590	290
DA1-150×7		191.1				Y315M-2	132			1645×560×350	320
DA1-150×8	54	218.4	2940	3.0	69	Y315S-2 Y315M2-2	160	100	100	1760×560×590	350
DA1-150×9		245.7				Y315S-2 Y315M2-2	160			1875×560×590	380
DA1-100×2		352				Y160M1-2	11			773×410×410	130
DA1-100×3		52.8				Y160M2-2	15			853×410×410	155
DA1-100×4		70.4				Y160L-2	18.5			933×410×410	180
DA1-100×5	54	88	2940	3.0	69	Y180M-2	22	100	100	1013×410×410	230
DA1-100×6		165.6				Y200L1-2	30			1093×410×410	205
DA1-100×7		123.2				Y200L1-2	30			1173×410×410	255
DA1-100×8		140.8				Y200L2-2	37			1253×410×410	280
DA1-100×9		158.4				Y200L2-2	37			1333×410×410	305
DA1-100×10		176				Y225M-2	45			1413×410×410	330
DA1-100×11		193.6				Y250M-2	55			1493×410×410	355
DA1-100×12		211.2				Y250M-2	55			1573×410×410	380
DA1-125×2	108	40	2950	3.7	73	Y180M-2	22	125	125	972×490×490	150
DA1-125×3		60				Y200L1-2	30			1072×490×490	175
DA1-125×4		80				Y200L2-2	37			1172×490×490	200
DA1-125×5		100				Y225M-2	45			1272×490×490	225
DA1-125×6		120				Y250M-22	55			1372×490×490	250
DA1-125×7		140				Y280S-2	75			1472×490×490	275
DA1-125×8		160				Y280S-2	75			1572×490×490	300
DA1-125×9		180				Y280M-2	90			1672×490×490	325
DA1-125×10		200				Y280M-2	90			1772×490×490	350
DA1-125×11		220				Y315S-2	110			1872×490×490	375
DA1-125×12		240				Y315S-2	110			1972×490×490	400

生产厂家:自贡工业泵股份有限公司,北鲸水泵厂等

17.1.1.5 LZ型单级单吸立式蜗壳泵

(1) 适用范围:LZ 型立式单吸蜗壳式离心泵,采用直联立式安装,具有操作简单,维护方便,结构紧凑等优点。该产品可供抽送循环水及城市给排水、农田排灌等。适用介质为 0~40℃以下的常温清水或物理化学性质类似于水的其他含少量固体颗粒的污水、弱腐蚀性工业废水等。

(2) 型号意义说明:

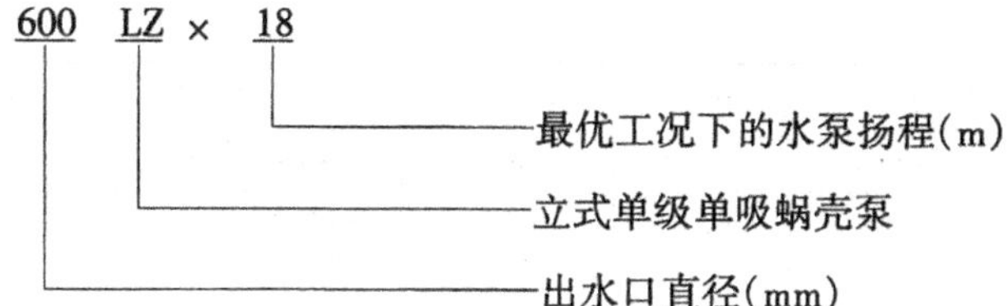

(3) 性能参数:见表 17-5。

表 17-5 LZ 型立式蜗壳泵性能

泵型号	流量 Q		扬程	转速 n	功率/kW		效率 η	必须汽蚀余量
	/$m^3 \cdot h^{-1}$	/$L \cdot s^{-1}$	H/m	/$r \cdot min^{-1}$	轴功率	电机功率	/%	$(NPSH)_r$/m
500LZ-94	1890	525.0	98.3	970	581.4	710	87	5.8
	2100	583.0	94.5		587.2		92	7
	2360	655.6	85.7		632.9		87	9
500LZ-58	1890	525.0	62.6	970	378.9	450	85	3.2
	2100	583.0	58		376.8		88	4.8
	2360	655.6	51.8		382.7		87	5.8
500LZ-37	1890	525.0	40	970	236.7	280	87	7.7
	2100	583.0	37.5		243.6		88	8.3
	2360	655.6	33.6		251.1		86	9.8
500LZ-24	1890	525.0	27	970	163.5	200	85	7.5
	2100	583.0	24		155.9		88	8.3
	2360	655.6	21.4		167.7		82	10.5
600LZ-90	3240	900.0	95.0	730	952.5	1250	88	5.6
	3600	1000.0	90		959.1		92	6.8
	3850	1069.4	84		967.8		91	7.8
600LZ-55	3240	900.0	60.6	730	621.8	700	86	3.2
	3600	1000.0	55		605.9		89	4
	3850	1069.4	51		607.6		88	5
600LZ-36	3240	900.0	38.2	730	391.9	450	86	7.8
	3600	1000.0	36		396.6		89	8
	3850	1069.4	33		397.7		87	8.8
600LZ-23	3240	900.0	26	730	296.9	280	85	7.1
	3600	1000.0	23.5		258.9		89	7.8
	3850	1069.4	22		274.6		84	8.4
600LZ-18	3240	900.0	19.7	730	212	250	82	7.1
	3600	1000.0	18		200.5		88	7.8
	3850	1069.4	17		200.3		89	8.4
700LZ-92	5000	1388.9	97.5	590	1526	1800	87	5.4
	5700	1583.0	92.2		1572.4		91	7
	6300	1750	84.5		1611		90	8.8
700LZ-56	5000	1388.9	61	590	965.8	1250	86	3
	5700	1583.0	56.4		983.5		89	4.2
	6300	1750	50.2		978.7		88	6.2

续表 17-5

泵型号	流量 Q		扬程	转速 n	功率/kW		效率 η	必须汽蚀余量
	$/m^3 \cdot h^{-1}$	$/L \cdot s^{-1}$	H/m	$/r \cdot min^{-1}$	轴功率	电机功率	/%	$(NPSH)_r/m$
700LZ-37	5000	1388.9	39.5	590	632.8	710	85	8
	5700	1583.0	37		641.6		89.5	8.6
	6300	1750	32.8		646.8		87	10
700LZ-25	5000	1388.9	27.5	590	420.1	500	89	7.2
	5700	1583.0	25.0		433.5		89.5	7.7
	6300	1750	22.0		449.4		84	8.4
700LZ-18	5000	1388.9	20.8	590	354	400	80	
	5700	1583.0	18.5		328.1		87.5	
	6300	1750	17.0		331.4		88	
900LZ-59	7840	2177.8	63.1	485	1548.6	1800	87	3.8
	8800	2444.0	59.0		1579.5		89.5	4.8
	9800	2722.2	52.3		1586.1		88	6
900LZ-38	7840	2177.8	41.0	485	1006.2	1250	87	8.1
	8800	2444.0	38.2		1017		90	8.7
	9800	2722.2	35.0		1073.7		87	10
900LZ-25	7840	2177.8	27.8	485	682.3	800	87	5.7
	8800	2444.0	25		665.6		90	7
	9800	2722.2	21.5		717.2		80	9.8
900LZ-19	7840	2177.8	20.8	485	541.6	630	82	
	8800	2444.0	19.3		513.8		90	
	9800	2722.2	17.3		530.7		87	
1200LZ-66	12400	3444.4	69.1	485	2880.8	3200	81	10.6
	13800	3833	66.0		2755.8		90	11.8
	14800	4111.1	62.5		2799		90	72
1200LZ-40	12400	3444.4	45.2	485	1734.5	2000	88	8.8
	13800	3833	40		1670.2		90	9
	14800	4111.1	35.3		1598.6		89	9.3
1200LZ-26	12400	3444.4	28	485	1153.1	1250	82	
	13800	3833	26.3		1110.5		89	
	14800	4111.1	24		1099.2		88	
1200LZ-18	12400	3444.4	21.4	485	850.2	1000	85	6.2
	13800	3833	18.2		777.2		88	6.8
	14800	4111.1	15.2		712.4		86	7.3
1400LZ-60	19350	5375	62.8	365	3940	4500	84	10.5
	21500	5972	60.5		3914.1		90.5	11.5
	23700	6583.3	57		4133.6		89	12
1400LZ-36	19350	5375	39.7	365	2377.3	2600	88	8.8
	21500	5972	36.3		2361.5		90	9
	23000	6388.9	32.4		2306.2		88	9.3

续表 17-5

泵型号	流量 Q /$m^3 \cdot h^{-1}$	流量 Q /$L \cdot s^{-1}$	扬程 H/m	转速 n /$r \cdot min^{-1}$	功率/kW 轴功率	功率/kW 电机功率	效率 η /%	必须汽蚀余量 $(NPSH)_r$/m
1400LZ-24	19350	5375	26.5	365	1642.9	1800	85	
	21500	5972	24.2		1592		89	
	23700	6583.3	22		1595.4		89	
1400LZ-16	19350	5375	18.7	365	1159.3	1250	85	5.8
	21500	5972	16.4		1078.9		89	6.2
	22500	6250	14.8		1054.5		86	6.4
1800LZ-62	30500	8472.2	64.4	295	6293.1	7100	85	10
	33900	9417	61.7		6259.7		91	11
	37600	10444.4	57.5		6542		90	17.8
1800LZ-37	30500	8472.2	41	295	4204.3	4600	81	9
	33900	9417	37.1		3784.8		90.5	9.1
	36000	10444.4	34		3868.3		90	9.3
1800LZ-24	30500	8472.2	27.3	295	2547.8	3100	89	8
	33900	9417	24.5		2541.5		89	8.6
	37600	10444.4	22		2781.1		81	10
1800LZ-16	30500	8472.2	19.4	295	1895.7	2000	85	5.8
	33900	9417	16.7		1732.4		89	6.2
	36000	10000	14		1596		86	6.7

生产厂家：武汉特种工业泵厂　　厂址：湖北省武汉市经济技术开发区沌口小区 10 号

注：有关 LZ 型立式蜗壳泵的外形及安装尺寸详见该厂产品样本。

17.1.1.6 L_D 系列长轴立式泵

（1）适用范围：L_D 系列长轴立式泵，采用浸没式叶轮，立式安装，它具有结构紧凑、工作平稳、操作简单、维护方便、占地面积小等优点。该产品具有工业给排水、城市饮用水、生活消防及江、河、湖、海取水等多种用途，适用于冶金、矿山、化工、造纸、水电站、火电站等场所、介质温度 55℃以下。该产品分为清水型和污水型两种，污水型可用于含氧化铁皮污水，可根据用户或设计要求选用。

（2）型号意义说明：

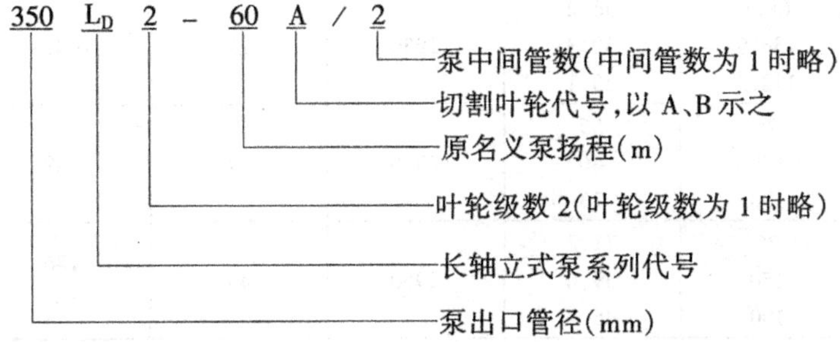

（3）性能参数：见表 17-6。

表 17-6 L_D 系列长轴立式泵性能

泵型号	流量 Q /$m^3 \cdot h^{-1}$	扬程 H /m	转速 n /$r \cdot min^{-1}$	电机功率 N /kW	叶轮直径 D /mm	泵质量 M /kg
$100L_D$-13	30 60 75	15.6 12.5 9.7	2950	4	124.5	1000 + 100N
$100L_D$-20	30 60 75	24 19.9 16.7	2950	7.5	133.5	1050 + 100N
$100L_D$-20A	27.3 54.6 68.3	19.9 16.5 13.8	2950	5.5	121.5	1050 + 100N
$100L_{D2}$-25	30 60 75	31.2 25 26.4	2950	7.5	124.5	1200 + 100N
$100L_{D2}$-32	30 60 75	39.6 32.4 26.4	2950	11	124.5 133.5	1050 + 100N
$100L_{D2}$-40	30 60 75	48 39.8 33.4	2950	15	133.5	1300 + 100N
$100L_{D3}$-60	30 60 75	72 59.7 50.1	2950	22	133.5	1400 + 100N
$100L_{D3}$-60A	27.3 54.6 68.3	59.6 49.4 41.5	2950	15	121.5	1400 + 100N
$150L_D$-23	75 150 190	27.5 23 16.5	2950	18.5	169	1400 + 140N
$150L_D$-23A	68.3 136.5 172.9	22.8 19 13.7	2950	15	154	1400 + 140N
$150L_D$-37	75 150 190	43.7 36.6 30.3	2950	30	186	1450 + 140N
$150L_D$-37A	68.3 136.5 172.9	36.2 30.3 25.1	2950	22	169.3	1450 + 140N
$150L_{D2}$-46	75 150 190	55 46 33	2950	37	169	1600 + 140N
$150L_{D2}$-60	75 150 190	71.2 59.6 46.8	2950	45	186 169	1650 + 140N
$200L_D$-15	190 300 360	17.4 14.5 11.9	1475	22	268	1500 + 160N

续表 17-6

泵型号	流量 Q /$m^3 \cdot h^{-1}$	扬程 H /m	转速 n /$r \cdot min^{-1}$	电机功率 N /kW	叶轮直径 D /mm	泵质量 M /kg
200L_D-23	190 300 360	26.8 23 20.2	1475	37	296	1550 + 160N
200L_D-23A	172.9 273 327.6	22.2 19 16.7	1475	30	269.4	1550 + 160N
200L_{D2}-29	190 300 360	34.8 29 23.8	1475	45	268	1700 + 160N
200L_D-38	190 300 360	44.2 37.5 32.1	1475	55	268 296	1800 + 160N
200L_{D2}-46	190 300 360	53.6 46.1 40.4	1475	75	296	1850 + 160N
200L_{D3}-69	190 300 360	80.4 69 60.6	1475	110	296	2000 + 160N
200L_{D3}-69A	172.9 273 327.6	66.6 57 50.1	1475	90	269.4	2000 + 160N
250L_D-20	360 480 540	22.8 19.8 17.8	1475	55	314	1540 + 180N
250L_D-20A	327.6 436.8 491.4	18.9 16.4 14.7	1475	37	286	1540 + 180N
250L_D-32	360 480 540	35.5 31.5 29.1	1475	75	346	1600 + 180N
250L_D-32A	327.6 436.8 491.4	29.4 26.1 24.1	1475	55	315	1600 + 180N
250L_{D2}-40	360 480 540	45.6 39.6 35.6	1475	90	314	1600 + 180N
250L_{D2}-51	360 480 540	58.3 51.4 46.9	1475	132	314 346	1800 + 180N
250L_{D2}-63	360 480 540	71 63 58.2	1475	160	346	1850 + 180N
300L_D-25	540 660 750	27.5 24.5 21.6	1475	90	348	1800 + 300N

续表 17-6

泵型号	流量 Q /$m^3 \cdot h^{-1}$	扬程 H /m	转速 n /$r \cdot min^{-1}$	电机功率 N /kW	叶轮直径 D /mm	泵质量 M /kg
300L_D-25A	491.4 600.6 682.5	22.8 20.3 17.9	1475	75	316.7	1800 + 300N
300L_D-39	540 660 750	42.7 39 35.6	1475	132	385	1850 + 300N
300L_D-39A	491.4 600.6 682.5	35.4 32.3 29.5	1475	110	350.4	1850 + 300N
300L_{D2}-49	540 660 750	55 49 43.2	1475	160	348	2150 + 300N
300L_D-64	540 660 750	70.2 63.5 57.2	1475	200	348 385	2250 + 300N
350L_D-19	750 900 1050	22.2 19.3 16.1	1475	90	334	2300 + 600N
350L_D-19A	713 855 998	20 17.4 14.5	1475	75	317	2300 + 600N
350L_D-30	750 900 1050	33.5 30.2 25.5	1475	160	387	2600 + 650N
350L_D-30A	713 855 998	30.2 27.3 23	1475	132	367	2600 + 650N
350L_D-30B	675 810 945	27.1 24.5 20.7	1475	110	348	2600 + 650N
350L_D-48	750 900 1050	51.8 47.9 42.5	1475	220	426	2700 + 650N
350L_D-48A	713 855 998	46.7 43.2 38.4	1475	200	405	2700 + 650N
350L_D-48B	675 810 945	42 38.8 34.4	1475	185	384	2700 + 650N
350L_{D2}-60	750 900 1050	67 60.4 51	1475	280	387	3250 + 650N
350L_{D2}-60A	713 655 998	60.5 54.5 46	1475	250	367	3250 + 650N

续表 17-6

泵型号	流量 Q /$m^3 \cdot h^{-1}$	扬程 H /m	转速 n /$r \cdot min^{-1}$	电机功率 N /kW	叶轮直径 D /mm	泵质量 M /kg
400L_D-25	1050 1320 1500	28.3 25 22	1475	160	380	2700 + 700N
400L_D-25A	998 1254 1425	25.5 22.6 19.9	1475	132	361	2700 + 700N
400L_D-39	1050 1320 1500	44.3 39 34.3	1475	250	440	3100 + 700N
400L_D-39A	998 1254 1425	40 35.2 31	1475	200	418	3100 + 700N
400L_D-39B	945 1188 1350	35.9 31.6 27.8	1475	185	396	3100 + 700N
400L_D-62	1050 1320 1500	68.5 61.9 56.6	1475	355	484	3300 + 700N
400L_D-62A	998 1254 1425	61.8 55.9 51.1	1475	315	460	3300 + 700N
400L_D-62B	945 1188 1350	55.5 50.1 45.8	1475	280	436	3300 + 700N
450L_D-17	1500 1740 1920	19.7 17.4 15.7	980	160	477	3280 + 650N
450L_D-17A	1425 1653 1824	17.8 15.7 14.2	980	132	453	3280 + 650N
450L_D-27	1500 1740 1920	29.8 27.2 25	980	220	552	3430 + 750N
450L_D-27A	1425 1653 1824	26.9 24.5 22.6	980	185	524	3430 + 750N
450L_D-27B	1350 1566 1728	24.1 22.0 20.3	980	160	497	3430 + 750N
450L_D-43	1500 1740 1920	46.2 43.1 40.5	980	315	609	3680 + 750N
450L_D-43A	1425 1653 1824	41.7 38.9 36.6	980	280	578	3680 + 750N

续表 17-6

泵型号	流量 Q /$m^3 \cdot h^{-1}$	扬程 H /m	转速 n /$r \cdot min^{-1}$	电机功率 N /kW	叶轮直径 D /mm	泵质量 M /kg
$450L_D$-43B	1350 1566 1728	37.4 34.9 32.8	980	250	548	3680 + 750N
$450L_{D2}$-54	1500 1740 1920	59.6 54.4 50	980	400	552	3800 + 750N
$450L_{D2}$-54A	1425 1653 1824	53.8 49.1 45.1	980	355	524	3800 + 750N
$500L_D$-20	1920 2160 2400	21 20 17.8	980	200	513	3800 + 830N
$500L_D$-20A	1824 2052 2280	19 18.1 16.1	980	185	487	3800 + 830
$500L_D$-31	1920 2160 2400	34 31.4 28.5	980	315	593	4100 + 830N
$500L_D$-31A	1824 2052 2280	30.7 28.3 25.7	980	280	564	4100 + 830N
$500L_D$-31B	1728 1944 2160	27.5 25.4 23.1	980	250	534	4100 + 830N
$500L_D$-50	1920 2160 2400	52.8 49.8 46.1	980	500	654	4300 + 830N
$500L_D$-50A	1824 2052 2280	47.7 44.9 41.6	980	450	622	4300 + 830N
$500L_D$-50B	1728 1944 2160	42.8 40.3 37.3	980	355	589	4300 + 830N
$500L_{D2}$-63	1920 2160 2400	68 62.8 57	980	560	593	4700 + 830N
$500L_{D2}$-63A	1824 2052 2280	61.4 56.7 51.4	980	500	564	4700 + 830N
$600L_D$-25	2400 3000 3420	29.7 25 21.6	980	315	572	4800 + 695N
$600L_D$-25A	2280 2850 3249	26.8 22.6 19.5	980	280	543	4800 + 695N

续表 17-6

泵型号	流量 Q /$m^3 \cdot h^{-1}$	扬程 H /m	转速 n /$r \cdot min^{-1}$	电机功率 N /kW	叶轮直径 D /mm	泵质量 M /kg
600L_D-39	2400 3000 3420	43.9 39 34.3	980	500	662	5340 + 695N
600L_D-39A	2280 2850 3249	39.6 35.2 31	980	450	629	5340 + 695N
600L_D-39B	2160 2700 3078	35.6 31.6 27.8	980	355	596	5340 + 695N
600L_D-62	2400 3000 3420	68.2 62 56.7	980	710	730	5440 + 965N
600L_D-62A	2280 2850 3249	61.6 56.0 51.1	980	630	694	5440 + 965N
600L_D-62B	2160 2700 3078	55.3 50.2 45.9	980	560	657	5440 + 965N
700L_D-20	3420 3900 4380	22.6 20.3 17.9	735	400	825	
700L_D-20A	3249 3750 4161	20.4 18.3 16.2	735	315	784	
700L_D-32	3420 3900 4380	33.4 31.7 27.3	735	500	795	
700L_D-32A	3249 3750 4161	30.1 28.6 24.6	735	450	755	
700L_D-32B	3078 3510 3942	27.1 25.7 22.1	735	400	716	
700L_D-50	3420 3900 4380	53.6 50.3 46.3	735	800	877	
700L_D-50A	3249 3705 4161	48.4 45.4 41.8	735	710	833	
700L_D-50B	3078 3510 3942	43.4 40.7 37.5	735	560	789	
800L_D-24	4380 5100 5600	27.4 24.3 22	735	500	751	

续表 17-6

泵型号	流量 Q /$m^3 \cdot h^{-1}$	扬程 H /m	转速 n /$r \cdot min^{-1}$	电机功率 N /kW	叶轮直径 D /mm	泵质量 M /kg
800L_D-24A	4161 4845 5320	24.7 21.9 19.9	735	450	714	
800L_D-38	4380 5100 5600	41.4 37.9 34.8	735	710	870	
800L_D-38A	4161 4845 5320	37.4 34.2 31.4	735	630	826	
800L_D-38B	3942 4590 5040	33.5 30.7 28.2	735	560	783	
800L_D-60	4380 5100 5600	64.8 60.2 56.7	735	1120	959	
800L_D-60A	4161 4845 5320	58.5 54.3 51.2	735	1000	911	
800L_D-60B	3942 4590 5040	52.5 48.8 45.9	735	900	863	
900L_D-21	5600 6300 7000	22.9 20.8 18.6	590	560	867	
900L_D-21A	5320 5985 6650	20.7 18.8 16.8	590	450	824	
900L_D-33	5600 6300 7000	35.1 32.6 29.7	590	800	1004	
900L_D-33A	5320 5985 6650	31.7 29.4 26.8	590	710	954	
900L_D-33B	5040 5670 6300	28.4 26.4 24.1	590	630	903	
900L_D-52	5600 6300 7000	56.7 51.7 48.3	590	2000	1107	
900L_D-52A	5320 5985 6650	51.2 46.7 43.6	590	1600	1052	
900L_D-52B	5040 5670 6300	45.9 41.9 39.1	590	1400	996	

续表 17-6

泵型号	流量 Q /$m^3 \cdot h^{-1}$	扬程 H /m	转速 n /$r \cdot min^{-1}$	电机功率 N /kW	叶轮直径 D /mm	泵质量 M /kg
1000L$_D$-25	7000 8400 9400	29.7 25.2 22.4	590	800	955	
1000L$_D$-25A	6650 7980 8930	26.8 22.7 20.2	590	710	907	
1000L$_D$-39	7000 8400 9400	43.7 39.4 35.6	590	1250	1105	
1000L$_D$-39A	6650 7980 8930	39.4 35.2 32.1	590	1120	1050	
1000L$_D$-39B	6300 7560 8460	35.4 31.9 28.8	590	900	994	
100L$_D$-63	7000 8400 9400	68.2 62.6 58.1	590	2000	1219	
1000L$_D$-63A	6650 7980 8930	61.6 56.5 52.4	590	2000	1158	
1000L$_D$-63B	6300 7560 8460	55.2 50.7 47.1	590	1600	1097	

生产厂家:武汉特种工业泵厂　　厂址:湖北省武汉市经济技术开发区沌口小区 10 号

注:生产该产品的厂家还有镇江正汉泵业有限公司等。

17.1.1.7 DL 型立式多级离心泵

(1) 适用范围:DL 型系列立式多级分段式离心泵,适用于输送清水或物理化学性质类似于水的液体,介质温度不高于 80℃。

DL 型泵结构合理,占地面积小,节省泵房投资。适合工厂、城市及矿山给排水,各种加压系统,特别是居民生活小区、楼群及高层建筑的生活用水,消防用水等用途。

(2) 泵型号意义说明:

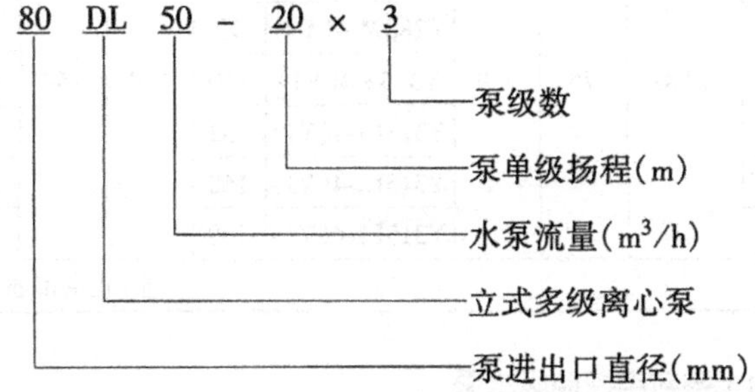

(3) 性能参数:见表 17-7。

表 17-7 DL型立式多级离心泵性能

泵型号	流量 /$m^3 \cdot h^{-1}$	扬程 /m	转速 /$r \cdot min^{-1}$	效率 /%	汽蚀余量 /m	配带电机		泵口径		机组外表尺寸（长×宽×高） /mm^3	机组质量 /kg
						型号	/kW	吸入	排出		
65DL16×2		32				Y132S-(B5)	5.5			660×380×1087	379
65DL16×3		48				Y132M-4(B5)	7.5			660×380×1205	447
65DL16×4		64				Y132M-4(B5)	11			660×380×1368	536
65DL16×5		80				Y132L-4(B5)	15			660×380×1491	600
65DL16×6	30	96	1450	62	2.4	Y132M-4(B5)	1515	65	50	660×380×1569	664
65DL16×7		112				Y132L-4(V1)	18.5			660×380×1672	728
65DL16×8		128				Y132L-4(V1)	22			660×380×1790	794
65DL16×9		144				Y132L-4(V1)	22			660×380×1920	839
65DL16×10		160				Y132L-4(V1)	22			660×380×2105	926
80DL20×2		40				Y160M-4(B5)	11			520×380×1352	346
80DL20×3	50	60	1450	70	2.0	Y160M-4(B5)		80	65	520×380×1487	401
80DL20×4		80				Y180L-4(V1)	22			520×380×1697	454
80DL20×5		110				Y200L-4(V1)	30			520×380×1867	538
80DL20×6		120				Y200L-4(V1)	30			520×380×1987	563
80DL20×7	50	140	1450	70	2.0	Y225S-4(V1)	37	80	65	520×380×2102	606
100DL20×8		160				Y225M-4(V1)	45			520×380×2292	693
100DL20×9		180				Y225M-4(V1)	45			520×380×2567	717
100DL20×10		200				Y225M-4(V1)	55			520×380×2702	817
100DL20×2		40				Y180L-4(V1)	22			515×470×1757	242
100DL20×3		60				Y200L-4(V1)	30			515×470×1940	260
100DL20×4	100	80	1450	72	2.8	Y225S-4(V1)	3737	100	80	515×470×22103	277
100DL20×5		100				Y225M-4(V1)	45			515×470×2231	293
100DL20×6		120				Y250M-4(V1)	55			515×470×2434	311
100DL20×7		140				Y280S-4(V1)	75			515×470×2622	326
100DL20×8		160				Y280S-4(V1)	75			515×470×2725	342
100DL20×9	100	180	1450	72	2.8	Y280M-49(V1)	90	100	80	515×470×2878	358
100DL20×10		200				Y280M-4(V1)	90			515×470×2004	374
150DL30×2		60				Y250M-4(V1)	55			670×630×2004	915
150DL30×3		90				Y280S-4(V1)	75			670×630×2204	1110
150DL30×4		120				Y280M-4(V1)	90			670×630×2369	1260
150DL30×5	165	150	1450	75	3.9	Y315S-4(V1)	110	150	150	670×630×2674	1480
150DL30×6		180				Y315L1-4(V1)	132			670×630×2886	1550
150DL30×7		210				Y315L1-4(V1)	160			670×630×3001	1680
150DL30×8		240				Y315L1-4(V1)	160			670×630×3116	1805

生产厂家：北鲸水泵厂　　厂址：北京市通州区运河西大街 21 号

17.1.1.8 WFB系列无密封自控自吸水泵

（1）适用范围：WFB系列无密封自控自吸水泵是江苏省靖江市“久力”水泵厂自行研制开发成功的国内首创产品，实现了当代水泵技术革命的一大飞跃，其密封性能、自控自吸功能、稳定可靠性都处于国内领先地位。在石化、电力、冶金、电子、医药、环保、消防等领域有十分广泛的用途，它具有五大特点：

1）彻底克服了“跑、冒、滴、漏”的顽症；

2）自吸性能可靠，不采用“引水箱”、“底阀”、“真空泵助引”等手段实现自吸，而是在结构上先天具有“自吸本能”，真正实现了“一次引流，终身自吸”的性能；

3）也适用正压进水和封闭式循环系统；

4）自控性能灵敏、稳定，自控系统和水泵设计成为一体，实现了“机电一体化”；

5）振动小，噪音低，不需地脚固定，安装便捷，稳定性好，摩擦力小，节约能源；

6）使用寿命比同类产品长 10 倍以上。

该水泵用增强聚丙烯、不锈钢、优质钢、铸铁等四大材质制造，可适用清水、各种腐蚀液体、工业回用水、生产生活污水等不同介质、不同温度、不同环境中输液的需要，流量从 0.75 ~ 3500m^3/h，扬程从 1.0 ~ 150m，吸水高度可达 7.5m。

（2）型号意义说明：

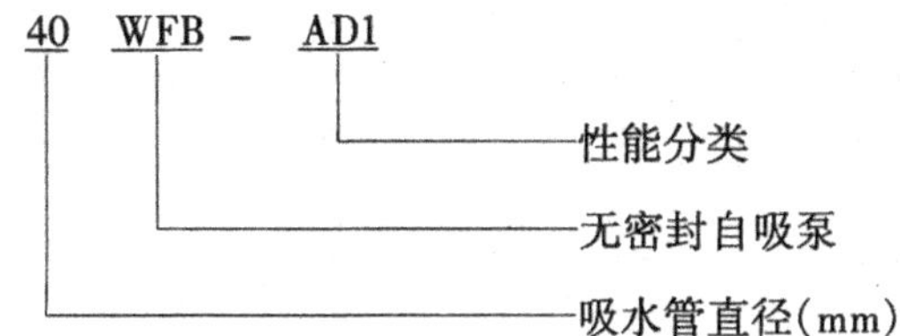

（3）性能参数：见表 17-8。

表 17-8 WFB 无密封自控自吸水泵性能

规格型号			转速 n /r·min⁻¹	流量 Q /m^3·h^{-1}	总扬程 H /m	配套电机 /kW	允许吸深小于 /m	吸液口径 /mm	出液口径 /mm	整机质量 /kg
类别代码	材质符号	型号								
1 ~ 6	T.G.PP.BXG	50WFB-B2	2900	10	27	4	6	50	32	185
1 ~ 6	T.G.PP.BXG	50WFB-BD	1450	6	14	2.2	6	50	32	155
1 ~ 4、6	T.G.BXG	50WFB-C	2900	13	56	11	6	50	32	240
1 ~ 4、6	T.G.BXG	50WFB-C1	2900	11	46	7.5	6	50	32	215
1 ~ 4、6	T.G.BXG	50WFB-C2	2900	10	38	7.5	6	50	32	215
1 ~ 6	T.G.PP.BXG	50WFB-CD	1450	4	19	3	6	50	32	170
1 ~ 4、6	T.G.BXG	50WFB-E	2900	13	80	15	6	50	32	260
1 ~ 6	T.G.PP.BXG	50WFB-ED	1450	6	26	3	6	50	32	170
1 ~ 6	T.G.PP.BXG	65WFB-A	2900	25	26	5.5	6	65	50	265
1 ~ 6	T.G.PP.BXG	65WFB-AD	1450	8	12	3	6	65	50	230
1 ~ 4、6	T.G.BXG	65WFB-B	2900	15	41	7.5	6	65	50	275
1 ~ 6	T.G.PP.BXG	65WFB-BD	1450	13	14	4	6	65	50	245
1 ~ 4、6	T.G.BXG	65WFB-C	2900	25	56	11	6	65	40	300
1 ~ 4、6	T.G.BXG	65WFB-E	2900	15	82	18.5	6	65	40	340
1 ~ 4、6	T.G.BXG	65WFB-E_2	2900	20	51	15	6	65	40	320
1 ~ 4、6	T.G.BXG	65WFB-F	2900	15	127	37	6	65	40	410
1 ~ 4、6	T.G.PP.BXG	65WFB-F2	1450	22	92	30	6	65	40	380
1 ~ 4、6	T.G.PP.BXG	65WFB-F3	1450	20	80	22	6	65	40	360
1 ~ 4、6	T.G.BXG	65WFB-FD1	1450	11	34	5.5	6	65	40	265
2、3、4、6	T.G.PP.BXGG	80WFB-A	2900	50	26	11	6	80	65	380

续表 17-8

规格型号			转速 n /r·min^{-1}	流量 Q /m^3·h^{-1}	总扬程 H /m	配套电机 /kW	允许吸深小于 /m	吸液口径 /mm	出液口径 /mm	整机质量 /kg
类别代码	材质符号	型　号								
2、3、4、6	T.G.PP.BXG	80WFB-AD	1450	15	12	4	6	80	65	325
2、3、4、6	T.G.BXG	80WFB-B	2900	30	42	11	6	80	65	380
2、3、4、6	T.G.PP.BXG	80WFB-BD	1450	15	15	5.5	6	80	65	345
2、3、4、6	T.G.BXG	80WFB-C	2900	30	59	18.5	6	80	50	420
2、3、4、6	T.G.BXG	80WFB-C1	2900	45	46	15	6	80	50	400
2、3、4、6	T.G.PP.BXG	80WFB-CD	1450	25	19	7.5	6	80	50	355
2、3、4、6	T.G.BXG	80WFB-E	2900	50	80	30	6	80	50	460
2、3、4、6	T.G.BXG	80WFB-E1	2900	45	65	22	6	80	50	440
2、3、4、6	T.G.BXG	80WFB-E2	2900	40	51	15	6	80	50	400
2、3、4、6	T.G.BXG	80WFB-F	2900	50	125	55	6	80	50	570
2、3、4、6	T.G.BXG	80WFB-F2	2900	43	93	45	6	80	50	530
2、3、4、6	G.PP.BXG	100WFB-A	2900	100	26	18.5	6	100	80	570
2、3、4、6	G.PP.BXG	100WFB-AD	1450	30	12	7.5	6	100	65	505
2、3、4、6	G.PP.BXG	100WFB-AD1	1450	44	10	5.5	6	100	65	495
2、3、4、6	T.G.BXG	100WFB-B	2900	100	38	22	6	100	65	500
2、3、4、6	G.PP.BXG	100WFB-BD	1450	50	14	11	6	100	80	530
2、3、4、6	T.G.BXG	100WFB-C	2900	100	56	37	6	100	65	640
2、3、4、6	T.G.BXG	100WFB-C1	2900	90	46	30	6	100	65	610
2、3、4、6	T.G.BXG	100WFB-E	2900	100	80	55	6	100	65	720
2、3、4、6	T.G.BXG	100WFB-E1	2900	90	65	45	6	100	65	680
2、3、4、6	T.G.BXG	100WFB-E2	2900	80	51	30	6	100	65	610
2、3、4、6	T.G.BXG	100WFB-F	2900	100	125	90	6	100	65	965
2、3、4、6	T.G.BXG	100WFB-F1	2900	93	108	75	6	100	65	825
2、3、4、6	T.G.BXG	100WFB-FD	1450	60	36	18.5	6	100	65	570
2、3、4、6	T.G.BXG	125WFB-A	2900	200	50	55	6	125	100	900
2、3、4、6	T.G.BXG	125WFB-C3	2900	160	80	90	6	125	100	1145
2、3、4、6	T.G.BXG	125WFB-CD	1450	100	38	30	6	125	100	790
2、3、4、6	T.G.PP.BXG	125WFB-CD2	1450	85	29	18.5	6	125	100	750
2、3、4、6	T.G.BXG	125WFB-ED	1450	100	50	37	6	125	100	820
2、3、4、6	T.G.BXG	150WFB-AD	1450	200	26	30	6	150	125	990
2、3、4、6	T.G.BXG	150WFB-AD2	1450	168	20	22	6	150	125	960
2、3、4、6	T.G.BXG	150WFB-BD	1450	200	38	45	6	150	125	1060
2、3、4、6	T.G.BXG	150WFB-BD1	1450	185	34	37	6	150	125	1020
2、3、4、6	T.G.BXG	150WFB-CD1	1450	190	45	55	6	150	125	1100
2、3、4、6	T.G.BXG	200WFB-AD	1450	400	25	55	5	200	150	1415
2、3、4、6	T.G.BXG	200WFB-AD1	1450	368	22	45	5	200	150	1375
2、3、4、6	T.G.BXG	200WFB-AD2	1450	336	19	37	5	200	150	1335
2、3、4、6	T.G.BXG	200WFB-BD	1450	400	37	75	5	200	150	1520
2、3、4、6	T.G.BXG	200WFB-CD	1450	400	50	110	5	200	150	1790
2、3、4、6	T.G.BXG	200WFB-CD1	1450	380	45	90	5	200	150	1660
2、3、4、6	T.G.BXG	250WFB-AD	1450	380	25	55	5	250	200	1555
2、3、4、6	T.G.BXG	250WFB-BD	1450	500	31	75	5	250	200	1660
2、3、4、6	T.G.BXG	250WFB-CD	1450	450	38	90	5	250	200	1800
2、3、4、6	T.G.BXG	250WFB-FD	1450	350	53	90	5	250	150	1800

续表 17-8

规格型号			转速 n /r·min^{-1}	流量 Q /m^3·h^{-1}	总扬程 H /m	配套电机 /kW	允许吸深小于 /m	吸液口径 /mm	出液口径 /mm	整机质量 /kg
类别代码	材质符号	型号								
2、3、4、6	T.G.BXG	250WFB-GD	1450	320	150	315	5	250	200	2500
2、3、4、6	T.G.BXG	250WFB-HD	1450	250	200	315	5	250	200	2500
2、3、4、6	T.G.BXG	300WFB-AD	1450	410	25	90	5	300	250	2150
2、3、4、6	T.G.BXG	300WFB-CD	1450	500	38	90	5	300	200	2150
2、3、4、6	T.G.BXG	300WFB-ED	1450	450	45	110	5	300	200	2280
2、3、4、6	T.G.BXG	300WFB-FD	1450	300	55	110	5	300	200	2280
2、3、4、6	T.G.BXG	300WFB-GD	1450	500	100	315	5	300	250	3000
2、3、4、6	T.G.BXG	400WFB-AD	1450	790	24	90	5	400	350	2500
2、3、4、6	T.G.BXG	400WFB-BD	1450	790	31	130	5	400	350	2785
2、3、4、6	T.G.BXG	400WFB-CD	1450	650	38	110	5	400	350	2630
2、3、4、6	T.G.BXG	400WFB-ED	1450	550	45	130	5	400	300	2785
2、3、4、6	T.G.BXG	400WFB-FD	1450	450	53	110	5	400	300	2630
2、3、4、6	T.G.BXG	450WFB-AD	1450	850	18	110	5	450	400	2690
2、3、4、6	T.G.BXG	450WFB-BD	1450	850	26	160	5	450	400	2780
2、3、4、6	T.G.BXG	450WFB-CD	1450	1000	34	250	5	450	400	3250
2、3、4、6	T.G.BXG	450WFB-ED	1450	1200	23	200	5	450	400	2910
2、3、4、6	T.G.BXG	500WFB-AD	1450	1000	15	110	5	500	450	2730
2、3、4、6	T.G.BXG	500WFB-BD	1450	1000	20	132	5	500	450	2835
2、3、4、6	T.G.BXG	500WFB-CD	1450	1000	30	200	5	500	450	2890
2、3、4、6	T.G.BXG	600WFB-AD	1450	1500	10	110	5	600	500	2810
2、3、4、6	T.G.BXG	600WFB-BD	1450	1500	20	250	5	600	500	3645
2、3、4、6	T.G.BXG	600WFB-BD1	1450	1800	8	90	5	600	500	2690
2、3、4、6	T.G.BXG	600WFB-CD	1450	2000	12	160	5	600	500	2910
2、3、4、6	T.G.BXG	600WFB-FD	1450	2200	14	200	5	600	500	3460
2、3、4、6	T.G.BXG	600WFB-GD	1450	2100	20	280	5	600	500	3800
2、3、4、6	T.G.BXG	600WFB-HD	1450	2500	20	315	5	600	500	4200
生产厂家：江苏省靖江市久力水泵厂							厂址：江苏省靖江市江平路 358 号			

注：1. 本手册仅列入一部分 WFB 系列无密封自控自吸泵规格，产品样本中有全部型号的介绍和说明。

2. 表中为金属水泵质量，非金属水泵降低 40%计量。

3. 性能表中"类别代码"栏的"1…6"含义是表示 1、2、3、4、5、6 六种外形的代码，"1…4、6"表示 1、2、3、4、6 五种外形的代码，"2…4、6"表示 2、3、4、6 四种外形的代码，具体含义是：1 为长方形，2 为圆锥形，3 为防爆型，4 为户外型，5 为推车移动型，6 为防冻型；"材质符号"栏中，T、G、PP、BXG 分别表示：铁、钢、增强聚丙烯(PP)，不锈钢(1Cr18Ni9Ti)四种材质，如采用其他代号的不锈钢材质，须在选型时注明。

4. 举例：选用水泵造型是圆锥型户外型，材质为钢，吸水口直径为 100mm，性能分类为 AD1，则该水泵的完整型号应写为：2.4G100WFB-AD1。

17.1.1.9 LT 系列防沙型深井泵

(1) 适用范围：LT 系列防沙型深井泵，是重庆水泵厂引进消化国外产品后开发的新系列产品。该系列泵由于采用耐磨橡胶作为导轴承，传动轴采用不锈钢，内套管将轴、导轴承等与输送介质完全隔离，套管内通入清水润滑和冷却导轴承，因此该系列泵可输送含固体颗粒不含纤维的介质，其固体颗粒最大粒径小于 2mm 均可输送。该系列产品在冶金、矿山、地下水取水、污水处理、电站、城市供水、工厂给排水等的工程中具有广泛用途，尤其适用于含砂水层的取水泵房。

(2) 型号意义说明：

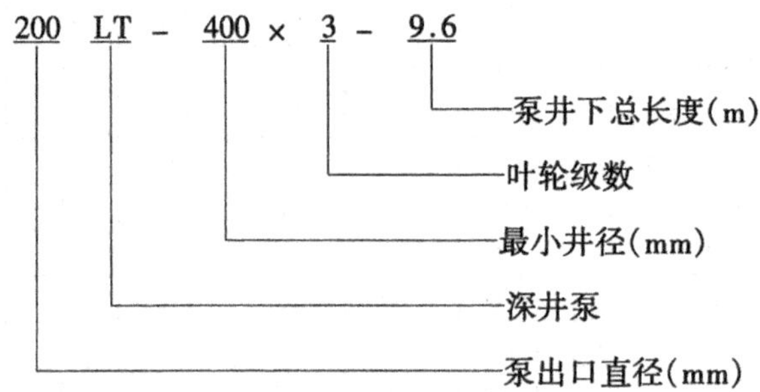

(3) 性能参数:见表 17-9。

表 17-9 LT 系列防沙型深井泵性能参数

型号	级数	流量 Q /$m^3 \cdot h^{-1}$	扬程 H /m	转速 n /$r \cdot min^{-1}$	配套功率 /kW	出口直径 /mm	电机型号	质量 /kg	备注
32LT-150×I-L1	1	7.5	13	2900	0.75	40	Y80-1-2	250	每增加3m长扬水管一套,增加质量120kg
		12.5	10						
		15.0	8						
	2	7.5	26		1.1		Y80-2-2	290	
		12.5	20						
		15.0	16						
	3	7.5	39		1.5		Y90S-2	330	
		12.5	30						
		15.0	24						
	4	7.5	52		2.2		Y90L-2	370	
		12.5	40						
		15.0	32						
50LT-200×I-L1	1	10	24		3.0	50	Y100L-2	400	每增加3m长扬水管一套,增加质量195kg
		25	20						
		35	18						
	2	10	48		5.5		YLB132-1-2	490	
		25	40						
		35	36						
	3	10	72		7.5		YLB132-2-2	530	
		25	60						
		35	54						
	4	10	96		11		YLB160-1-2	750	
		25	80						
		35	64						
80LT-250×I-L1	1	30	21		4.0	80	YLB132-1-2	670	每增加3m长扬水管一套,增加质量320kg
		50	18						
		60	16						
	2	30	42		11		YLB160-1-2	830	
		50	36						
		60	32						

续表 17-9

型号	级数	流量 Q /$m^3 \cdot h^{-1}$	扬程 H /m	转速 n /$r \cdot min^{-1}$	配套功率 /kW	出口直径 /mm	电机型号	质量 /kg	备注
80LT-250×I-L1	3	30	63	2900	15	80	YLB160-2-2	900	每增加3m长扬水管一套,增加质量320kg
		50	54						
		60	48						
	4	30	84		18.5		YLB180-1-2	1010	
		50	72						
		60	64						
100LT-300×I-L1	1	55	28	1450	11	100	YLB160-1-4	980	每增加3m长扬水管一套,增加质量450kg
		80	25						
		100	20						
	2	55	56		18.5		YLB180-1-4	1240	
		80	50						
		100	40						
	3	55	84		30		YLB200-1-4	1510	
		80	75						
		100	60						
	4	55	112		37		YLB200-2-4	1720	
		80	100						
		100	80						
150LT-350×I-L1	1	160	20		15	150	YLB160-2-4	1040	每增加3m长扬水管一套,增加质量480kg
		200	18						
		250	14						
	2	160	40		30		YLB200-1-4	1310	
		200	36						
		250	28						
	3	160	60		45		YLB200-3-4	1480	
		200	54						
		250	42						
	4	160	80		75		YLB250-1-4	1780	
		200	72						
		250	56						
200LT-400×I-L1	1	260	15		22	200	YLB180-2-4	1080	每增加3m长扬水管一套,增加质量480kg
		300	13						
		360	9						
	2	260	30		37		YLB200-2-4	1270	
		300	26						
		360	18						
	3	260	45		55		YLB200-1-4	1580	
		300	39						
		360	27						
	4	200	60		75		YLB250-2-4	1720	
		260	52						
		360	36						

续表 17-9

型 号	级数	流量 Q /$m^3 \cdot h^{-1}$	扬程 H /m	转速 n /$r \cdot min^{-1}$	配套功率 /kW	出口直径 /mm	电机型号	质量 /kg	备 注
250LT-500×I-L1	1	350	28	1450	45	250	YLB200-3-4	1860	每增加3m长扬水管一套，增加质量590kg
		420	25						
		470	20						
	2	350	56		90		YLB250-3-4	2330	
		420	50						
		470	40						
	3	350	84		132		YLB280-2-4	2930	
		420	75						
		470	60						
	4	350	112		200		YL315M2-4	3360	
		420	100						
		470	80						
300LT-600×I-L1	1	480	28		75	300	YLB250-2-4	2200	每增加3m长扬水管一套，增加质量680kg
		550	25						
		650	18						
	2	480	56		132		YLB280-2-4	3100	
		550	50						
		650	36						
	3	480	84		200		YL315M2-4	4000	
		550	75						
		650	54						
	4	480	112		250		YL315M4-4	4760	
		550	100						
		650	72						
350LT-600×I-L1	1	660	23		75	350	YLB250-2-4	3100	每增加3m长扬水管一套，增加质量780kg
		750	20						
		880	15						
	2	660	46		132		YLB280-2-4	3800	
		750	40						
		880	30						
	3	660	69		200		YL315M2-4	4300	
		750	60						
		880	45						
	4	660	92		250		YL315M4-4	5260	
		750	80						
		880	60						

续表 17-9

型　　号	级数	流量 Q /$m^3 \cdot h^{-1}$	扬程 H /m	转速 n /$r \cdot min^{-1}$	配套功率 /kW	出口直径 /mm	电机型号	质量 /kg	备　注
400LT-650×I-L1	1	900	35	1450	160	400	YL315S-4	3740	每增加3m长扬水管一套，增加质量780kg
		1000	30						
		1200	25						
	2	900	70		280		YL355M2-4	4530	
		1000	60						
		1200	50						
	3	900	105		400		YL4002-4*	5480	
		1000	90						
		1200	75						
	4	900	140		560		YL4005-4*	6020	
		1000	120						
		1200	100						
500LT-750×I-L1	1	1100	30	960	160	500	YL315M-6	5330	每增加3m长扬水管一套，增加质量1230kg
		1450	27						
		1800	22						
	2	1100	60		315		YL4003-6*	7980	
		1450	54						
		1800	44						
	3	1100	90		500		YL4502-6*	9700	
		1450	81						
		1800	66						
	4	1100	120		630		YL4504-6*	11000	
		1450	108						
		1800	88						
生产厂家：重庆水泵厂					厂址：重庆市沙坪坝区小龙坎正街340号				

注：1. 表中电机型号未带“*”表示电机电压380V，带“*”表示电机电压6000V，如果用户需要配带其他电压等级电机，须在订货时特别说明；

2. 所配电机均是鼠笼式，根据用户要求可以配带绕线式电机。

17.1.1.10 全自动立式自吸泵

(1) 适用范围：LZY型全自动立式自吸泵，广泛应用于电力、化工、电镀、环保、医药、食品、电子、冶金、市政、矿山、印染等行业，输送清水、腐蚀性液体和含有固体颗粒或结晶体的液体，输送的固体颗粒最大直径根据泵的规格不同而不同，最大不超过6mm，泵的最高工作压力按1.6MPa设计。

泵的性能范围(设计点)：流量为2～800m^3/h，扬程为8～120m。

(2) 型号意义说明

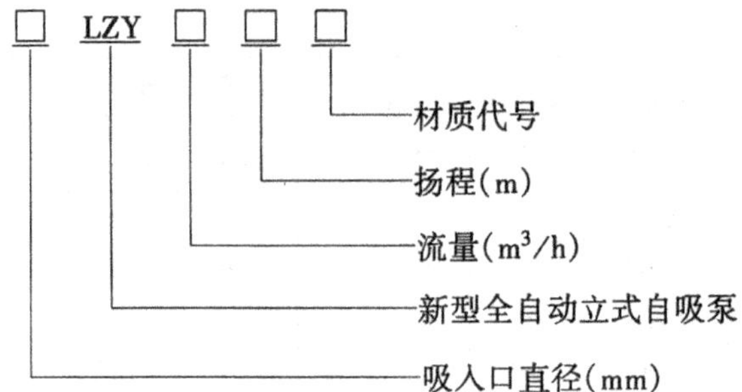

(3) 性能表:见表 17-10。

表 17-10 清水泵性能参数

泵型号	流量 Q /$m^3 \cdot h^{-1}$	扬程 H /m	转速 n /$r \cdot min^{-1}$	必须汽蚀余量 (NPSH)r /m	自吸高度 H_3 /m	配套电机		排出口直径 /mm	整机质量 /kg
						功率/kW	型号		
25LZY2-8	1.5	9	2900	1.0	5.0	0.75	Y80L-2/B5	20	80
	2	8							
	2.5	7							
25LZY2-16	1.5	17		1.0	5.0	2.2	Y90L-2/B5		80
	2	16							
	2.5	15							
32LZY4-8	3.3	9		1.0	5.0	1.1	Y80L-2/B5	25	85
	4.2	8							
	5.5	7							
32LZY4-16	3.3	18		1.0	5.0	3.0	Y100S-2/B5		90
	4.2	16							
	5.5	14							
32LZY4-26	3.3	29		1.0	5.0	5.5	Y132S_1-2/B5		90
	4.2	26							
	5.5	24							
32LZY4-35	3.3	38		1.0	5.0	7.5	Y132S_2-2/B5		90
	4.2	35							
	5.5	32							
40LZY7-10	6.1	11		1.0	5.0	1.5	Y90S-2/B5	32	95
	7.3	10							
	8.3	9							
40LZY7-18	6.1	20		1.0	5.0	3.0	Y100S-2/B5		95
	7.3	18							
	8.3	16							
40LZY7-28	6.1	31		1.0	5.0	5.5	Y132S_1-2/B5		110
	7.3	28							
	8.3	25							

续表 17-10

泵型号	流量 Q /$m^3\cdot h^{-1}$	扬程 H /m	转速 n /$r\cdot min^{-1}$	必须汽蚀余量 (NPSH)r /m	自吸高度 H_3 /m	配套电机 功率/kW	配套电机 型号	排出口直径 /mm	整机质量 /kg
40LZY7-36	6.1	39	2900	1.0	5.0	7.5	$Y132S_2$-2/B5	32	110
	7.3	36							
	8.3	33							
40LZY7-45	6.1	48		1.0	5.5	11	$Y160M_2$-2/B5		110
	7.3	45							
	8.3	42							
50LZY11-10	5.5	12		2.0	5.5	2.2	Y90S-2/B5	40	220
	10.5	10							
	13.0	8							
50LZY11-18	5.5	21		2.0	5.5	3.0	Y90L-2/B5		220
	10.5	18							
	13.0	16							
50LZY11-28	5.5	30.5		2.0	6.0	4.0	Y112M-2/B5		220
	10.5	28							
	13.0	26							
50LZY11-38	5.5	41.5		2.0	6.0	5.5	$Y132S_1$-2/B5		260
	10.5	38							
	13.0	36							
50LZY11-46	5.5	49		2.5	6.0	7.5	$Y132S_2$-2/B5		260
	10.5	46							
	13.0	44							
50LZY11-56	5.5	59		2.5	6.0	11	$Y160M_1$-2/B5		320
	10.5	56							
	13.0	44							
65LZY21-10	11	12		2.5	6.0	3.0	Y100S-2/B5	50	320
	21	10							
	26	8							
65LZY21-18	11	21		2.5	6.0	4.0	Y112M-2/B5		320
	21	18							
	26	16							
65LZY21-28	11	30.5		2.5	6.0	7.5	$Y132S_2$-2/B5		320
	21	28							
	26	26							
65LZY21-38	11	41.5		2.5	6.0	11	$Y160M_1$-2/B5		350
	21	38							
	26	36							
65LZY21-46	11	49.2		2.5	6.0	15	$Y160M_2$-2/B5		350
	21	46							
	26	43.6							

续表 17-10

泵型号	流量 Q /$m^3 \cdot h^{-1}$	扬程 H /m	转速 n /$r \cdot min^{-1}$	必须汽蚀余量 (NPSH)r /m	自吸高度 H_3 /m	配套电机		排出口直径 /mm	整机质量 /kg
						功率/kW	型号		
65LZY21-55	11	59	2900	2.5	6.0	15	Y160M_2-2/B5	50	350
	21	55							
	26	52							
65LZY21-65	11	69		2.5	6.0	18.5	Y160L-2/B5		350
	21	65							
	26	62							
65LZY21-75	11	79		2.5	6.0	22	Y180M-2/B5		350
	21	75							
	26	72							
80LZY45-10	28	12		3.0	6.0	5.5	Y132S_1-2/B5	65	400
	45	10							
	55	8							
80LZY45-18	28	21.3		3.0	6.0	7.5	Y132S_2-2/B5		400
	45	18							
	55	15.6							
80LZY45-28	28	30.5		3.0	6.0	11	Y160M_1-2/B5		400
	45	28							
	55	26							
80LZY45-38	28	41.5		3.0	6.0	15	Y160M_2-2/B5		400
	45	38							
	55	36							
80LZY45-46	28	49.2		3.0	6.0	18.5	Y160L-2/B5		450
	45	46							
	55	43.6							
80LZY45-55	28	59.1		3.0	6.0	22	Y180M-2/B5		450
	45	55							
	55	52.2							
80LZY45-65	28	69		3.0	6.0	30	Y200L_1-2/B5		450
	45	65							
	55	62							
80LZY45-75	28	79		3.0	6.0	37	Y200L_2-2/B5		450
	45	75							
	55	72							
80LZY45-85	28	89.3		3.0	6.0	45	Y225M-2/B5		450
	45	85							
	55	82.1							
100LZY90-18	50	20		3.0	6.0	15	Y160M_2-2/B5	80	960
	90	18							
	110	16							

续表 17-10

泵型号	流量 Q /$m^3 \cdot h^{-1}$	扬程 H /m	转速 n /$r \cdot min^{-1}$	必须汽蚀余量 (NPSH)r /m	自吸高度 H_3 /m	配套电机		排出口直径 /mm	整机质量 /kg
						功率/kW	型号		
100LZY90-29	50	34	2900	3.0	6.0	18.5	Y160L-2/B5	80	960
	90	29							
	110	25							
100LZY90-38	50	41.5		3.0	6.0	22	Y180M-2/B5		960
	90	38							
	110	36							
100LZY90-48	50	51.2		3.0	6.0	30	$Y200L_1$-2/B5		960
	90	48							
	110	45							
100LZY90-56	50	59.7		3.0	6.0	37	$Y220L_2$-2/B5		960
	90	56							
	110	53.1							
100LZY90-66	50	69.8		3.0	6.0	45	Y225M-2/B5		960
	90	66							
	110	62.8							
100LZY90-76	50	79.8		3.0	6.0	45	Y225M-2/B5		960
	90	76							
	110	72.8							
100LZY90-86	50	90.2		3.0	6.0	55	Y250M-2/B5		960
	90	86							
	110	82.3							
100LZY90-96	50	100.3		4.0	6.0	75	Y280S-2/B5		960
	90	96							
	110	92.3							
125LZY180-25	100	29.1		5.0	5.5	30	$Y200L_1$-2/B5	100	
	180	25							
	220	22.4							
125LZY180-36	100	39.8		5.0	5.5	45	Y225M-2/B5		
	180	36							
	220	32.7							
125LZY180-47	100	51.1		5.0	5.5	55	Y250M-2/B5		
	180	47							
	220	41.1							
125LZY180-58	100	64		5.0	5.5	75	Y280S-2/B5		
	180	58							
	220	53							
125LZY180-68	100	76		5.0	5.5	75	Y280S-2/B5		
	180	68							
	220	62							

续表 17-10

泵型号	流量 Q /m³·h⁻¹	扬程 H /m	转速 n /r·min⁻¹	必须汽蚀余量 (NPSH)r /m	自吸高度 H_3 /m	配套电机		排出口直径 /mm	整机质量 /kg
						功率/kW	型号		
125LZY180-78	100	86	2900	5.0	5.5	90	Y280S-2/B5	100	
	180	78							
	220	72							
125LZY180-88	100	97		5.0	5.5	110	Y315S-2/B5		
	180	88							
	220	81							
125LZY180-98	200	105.1		5.0	5.5	132	Y315S-2/B5		
	280	98							
	320	93.1							
125LZY180-110	200	116.1		5.0	5.5	160	Y315L-2/B5		
	280	110							
	320	105.1							
150LZY280-18	200	22.8	1470	5.5	5.0	30	Y180M-2/B5	125	
	280	18							
	320	13							
150LZY280-28	200	32.1		5.5	5.0	45	$Y200L_2$-2/B5		
	280	28							
	320	26.1							
150LZY280-38	200	43.2		5.5	5.0	75	Y250M-2/B5		
	280	38							
	320	36.5							
150LZY280-48	200	53		5.0	5.5	90	Y280M-2/B5		
	280	48							
	320	45							
150LZY280-58	200	62		5.0	5.5	110	Y280M-2/B5		
	280	58							
	320	55							
150LZY280-68	200	73		5.5	5.0	132	Y315S-2/B5		
	280	68							
	320	65							
150LZY280-76	200	81		5.5	5.0	160	Y315L-2/B5		
	280	76							
	320	72							
200LZY360-20	200	23.1		5.5	5.0	55	Y250M-2/B5	150	
	360	20							
	420	17.8							
200LZY360-30	200	33.6		5.5	5.0	75	Y280S-2/B5		
	360	30							
	420	27							

续表 17-10

泵型号	流量 Q /$m^3 \cdot h^{-1}$	扬程 H /m	转速 n /$r \cdot min^{-1}$	必须汽蚀余量 (NPSH)r /m	自吸高度 H_3 /m	配套电机		排出口直径 /mm	整机质量 /kg
						功率/kW	型号		
	200	44.1							
200LZY360-40	360	40		5.5	5.0	90	Y280M-2/B5		
	420	37.1							
	200	54.7							
200LZY360-50	360	50		5.5	5.0	110	Y315S-2S/B5		
	420	47.1						150	
	200	65.9							
200LZY360-60	360	60		5.5	5.0	132	Y315M_2-4/B5		
	420	55.8							
	200	75.9							
200LZY360-70	360	70		5.5	5.0	160	Y315L_1-2/B5		
	420	65.1	1470						
	380	28							
250LZY560-25	560	25		5.5	5.0	90	Y280M-4/B5		
	650	22							
	380	42.6							
250LZY560-38	560	38		5.5	5.0	160	Y315L_1-4/B5		
	650	37.1						200	
	380	56.1							
250LZY560-52	560	52		5.5	5.0	200	Y315L_2-4/B5		
	650	49.3							
	380	71.2							
250LZY560-65	560	65		5.5	5.0	250	Y355L_2-4/B5		
	650	60.5							
生产厂家:镇江正汉泵业有限公司						厂址:江苏省扬中市扬子东路 143 号			

注:1. 表中是以介质密度 1kg/cm^3 计算配套功率的;

2. 如果用户在表中选择不到合适的性能参数,可由该厂技术部代为选型或设计;

3. LZY 型系列泵结构型式分为Ⅰ型和Ⅱ型,Ⅰ型为方形,适用于进口直径≤80mm,Ⅱ型为圆形,适用于进口直径≥100mm 的泵;

4. Ⅰ型、Ⅱ型普通结构适用于输送介质温度为 - 20 ~ 80℃,经过改进的结构可以输送 - 100 ~ 380℃的介质。

17.1.1.11 新型卧式自吸泵

(1) 适用范围:ZUY 型新型卧式自吸泵广泛应用于电力、电厂、石油化工、冶金、轻工、制药、环保及海洋等领域,用于输送低温或高温液体、中性或腐蚀性液体、清洁或含有固体颗粒的液体,特别适用于输送含有气体的液体,以及需要频繁启动、停机和移动工作的场合。

泵的性能范围(设计点),流量为 6.3 ~ 500m^3/h,扬程为 5 ~ 125m,输送介质温度为 - 20 ~ 125℃。最高真空度可达 67 ~ 93kPa(500 ~ 700mmHg),最大自吸高度随着气化压力的升高而降低,并与介质密度成反比关系。

(2) 型号意义说明:

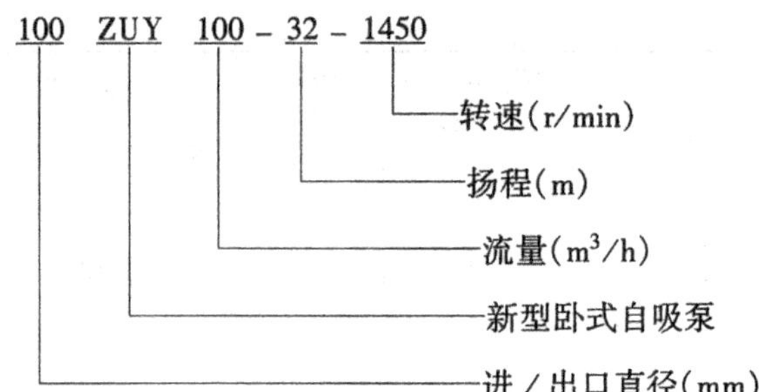

(3) 性能参数:见表 17-11。

表 17-11 ZUY 型泵清水性能

泵型号	流量 Q /$m^3 \cdot h^{-1}$	扬程 H /m	转速 n /$r \cdot min^{-1}$	效率 η /%	功率/kW 轴功率	功率/kW 配用功率	汽蚀余量 (NPSH)r /m	泵质量 /kg	进/出口法兰口径 ϕA/mm
40ZUY6.3-6	6.3	6	1450	34	0.3	0.75	1.0	45	40/40
40ZUY6.3-10.5	6.3	10.5	1450	31.5	0.57	1.1			
40ZUY6.3-18	6.3	18	1450	21.5	1.4	2.2			
40ZUY6.3-30	6.3	30	2900	22.5	2.29	4.0			
40ZUY8-8	8	8	1450	42	0.42	0.75			
40ZUY8-11	8	11	1450	42	0.57	1.1			
40ZUY8-14	8	14	2900	42	0.73	1.5			
40ZUY8-24	8	24	2900	45	1.16	2.2			
40ZUY10-14	10	14	1450	45	0.85	1.5	1.0	55	40/40
40ZUY10-18	10	18	2900	52	0.94	1.5			
40ZUY10-22	10	22	2900	52	1.15	2.2			
40ZUY10-32	10	32	2900	48	1.82	4.0			
40ZUY12.5-6	12.5	6	1450	44.5	0.46	1.1	1.8	55	40/40
40ZUY12.5-10.5	12.5	10.5	1450	43.5	0.82	1.5			
40ZUY12.5-18	12.5	18	1450	33.5	1.83	3.0			
40ZUY12.5-30	12.5	30	2900	40	2.55	4.0			
40ZUY12.5-48	12.5	48	2900	33.5	4.87	5.5			
40ZUY12.5-58	12.5	58	2900	30	6.58	11			
40ZUY12.5-68	12.5	68	2900	28	8.27	11			
40ZUY12.5-78	12.5	78	2900	25.5	10.4	11			
40ZUY15-10	15	10	1450	55	0.74	1.5			
40ZUY15-20	15	20	2900	52	1.57	3.0			
40ZUY15-30	15	30	2900	52	2.36	4.0			
40ZUY15-40	15	40	2900	51	3.20	5.5			
40ZUY15-50	15	50	2900	48	4.26	7.5			

续表 17-11

泵型号	流量 Q /$m^3 \cdot h^{-1}$	扬程 H /m	转速 n /$r \cdot min^{-1}$	效率 η /%	功率/kW		汽蚀余量 (NPSH)r /m	泵质量 /kg	进/出口法兰口径 ϕA/mm
					轴功率	配用功率			
65ZUY20-7	20	7	1450	52	0.73	1.5	2.0	80	65/65
65ZUY20-16	20	16	1450	50	1.74	4.0			
65ZUY20-22	20	22	2900	52	2.30	4.0			
65ZUY20-29	20	29	2900	50	3.16	5.5			
65ZUY20-40	20	40	2900	50	4.36	7.5			
65ZUY20-60	20	60	2900	48	6.81	11			
65ZUY20-70	20	70	2900	46	8.29	15			
65ZUY25-6	25	6	1450	55.5	0.74	1.5	2.0	80	65/65
65ZUY25-10.5	25	10.5	1450	53.5	1.34	2.2			
65ZUY25-18.5	25	18.5	1450	48.5	2.60	4.0			
65ZUY25-30	25	30	2900	50.5	4.04	7.5			
65ZUY25-48	25	48	2900	48.5	6.74	11			
65ZUY25-58	25	58	2900	46	8.58	11			
65ZUY25-68	25	68	2900	42	11.02	15	2.0	80	65/65
65ZUY25-78	25	78	2900	38.5	13.79	15			
65ZUY25-123	25	123	2900	30.5	27.45	45			
65ZUY30-9	30	9	1450	55	1.34	2.2	2.4	120	65/65
65ZUY30-12	30	12	1450	55	1.78	2.2			
65ZUY30-18	30	18	1450	55	2.67	4.0			
65ZUY30-24	30	24	1450	53	3.70	5.5			
65ZUY30-30	30	30	1450	51	4.81	7.5			
65ZUY30-40	30	40	2900	55	5.94	11			
65ZUY30-50	30	50	2900	55	7.43	15			
80ZUY40-25	40	25	1450	48	5.68	7.5	2.4	120	80/80
80ZUY40-36	40	36	2900	49	8.20	11			
80ZUY40-55	40	55	2900	59	10.30	15			
80ZUY40-70	40	70	2900	41	18.97	30			
80ZUY50-7	50	7	1450	67	1.42	2.2			
80ZUY50-10	50	10	1450	62	2.20	4.0			
80ZUY50-17	50	17	1450	59.5	3.58	5.5			
80ZUY50-25	50	25	1450	60	5.67	7.5			
80ZUY50-30	50	30	1450	52.5	7.78	11			
80ZUY50-30	50	30	2900	60	6.8	11			
80ZUY50-48	50	48	2900	59.5	10.98	15			
80ZUY50-78	50	78	2900	52.5	20.20	22			
80ZUY50-123	50	123	2900	27.5	60.88	75			
80ZUY60-13	60	13	1450	74	2.86	4.0	3.2	120	80/80
80ZUY60-20	60	20	1450	68	5.12	7.5			
80ZUY60-30	60	30	1450	68	7.21	15			
80ZUY60-40	60	40	2900	68	9.61	15			
80ZUY60-50	60	50	2900	63	12.97	18.5			
80ZUY60-60	60	60	2900	60	16.34	22			

续表 17-11

泵型号	流量 Q /$m^3 \cdot h^{-1}$	扬程 H /m	转速 n /$r \cdot min^{-1}$	效率 η /%	功率/kW		汽蚀余量 (NPSH)r /m	泵质量 /kg	进/出口法兰口径 ϕA/mm
					轴功率	配用功率			
100ZUY80-8	80	8	1450	75	2.32	4.0	3.2	260	100/100
100ZUY80-15	80	15	1450	73	4.48	7.5			
100ZUY80-25	80	25	1450	73	7.46	11			
100ZUY80-35	80	35	2900	68	11.21	18.5			
100ZUY80-55	80	55	2900	65	18.43	30			
100ZUY100-7	100	7	1450	80	2.38	4.0	3.5	280	100/100
100ZUY100-11	100	11	1450	76	3.94	5.5			
100ZUY100-18	100	18	1450	67.5	7.26	11			
100ZUY100-30	100	30	1450	63.5	12.86	15			
100ZUY100-30	100	30	2900	65	12.56	15	3.5	280	100/100
100ZUY100-40	100	40	1450	74	14.67	22			
100ZUY100-48	100	48	2900	67.5	19.36	22			
100ZUY100-50	100	50	2900	64	21.28	30			
100ZUY100-60	100	60	2900	64	25.53	30	3.5	280	100/100
100ZUY100-78	100	78	2900	63.5	33.44	37			
100ZUY100-123	100	123	2900	45	75.02	110			
150ZUY150-13	150	13	1450	69	7.66	11	3.8	450	150/150
150ZUY150-20	150	20	1450	65	12.57	18			
150ZUY150-30	150	30	1450	62	19.77	30			
150ZUY150-40	150	40	1450	58	28.17	45			
150ZUY150-50	150	50	1450	56	36.47	55			
150ZUY200-9	200	9	1450	75	6.53	11	3.8	550	150/150
150ZUY200-12	200	12	1450	75	8.71	15			
150ZUY200-20	200	20	1450	74	14.71	22			
150ZUY200-30	200	30	1450	70	23.37	30			
150ZUY200-40	200	40	1450	68	32.04	45			
150ZUY200-48	200	48	1450	62	41.26	55			
150ZUY200-48	200	48	2900	72.5	36.05	45			
150ZUY200-58	200	58	2900	70	45.13	55			
150ZUY200-68	200	68	2900	69.5	56.68	75			
150ZUY200-78	200	78	2900	69.5	61.10	75			

续表 17-11

泵型号	流量 Q /m³·h⁻¹	扬程 H /m	转速 n /r·min⁻¹	效率 η /%	功率/kW		汽蚀余量 (NPSH)r /m	泵质量 /kg	进/出口法兰口径 φA/mm
					轴功率	配用功率			
200ZUY250-15	250	15	1450	83	12.31	18.5	3.8	600	200/200
200ZUY250-25	250	25	1450	80	21.28	37			
200ZUY250-35	250	35	1450	78	30.55	45			
200ZUY250-45	250	45	1450	76	40.31	55			
200ZUY250-60	250	60	1450	70	58.36	75			
200ZUY250-75	250	75	1450	66	77.37	90			
200ZUY350-20	350	20	1450	80	23.82	37	4.2	620	200/200
200ZUY350-30	350	30	1450	76	37.62	55			
200ZUY550-40	350	40	1450	72	52.95	75			
250ZUY400-18	400	18	1450	72.5	27.03	45	4.2	650	250/250
250ZUY400-30	400	30	1450	70.5	46.33	75			
250ZUY400-48	400	48	1450	70.0	74.67	110			
250ZUY500-20	500	20	1450	82.0	33.21	45	4.2	700	250/250
250ZUY500-30	500	30	1450	76	53.75	75			
250ZUY500-40	500	40	1450	72	75.65	110			
生产厂家:镇江正汉泵业有限公司						厂址:江苏省扬中市扬子东路 143 号			

17.1.2 离心耐腐蚀泵

17.1.2.1 IH 型标准化工流程泵

(1) 适用范围:IH 标准化工流程泵适用于化工流程中输送具有腐蚀性,粘性类似水的液体,广泛用于化工、造纸、食品、石油化工、制药、合成纤维和冶金领域。

本系列泵其性能范围(设计点):流量为 6.3 ~ 400m³/h,扬程为 5 ~ 125m,温度 −20 ~ 105℃。

泵的轴封有软填料密封和单、双端面机械密封两种。

(2) 泵型号意义说明:

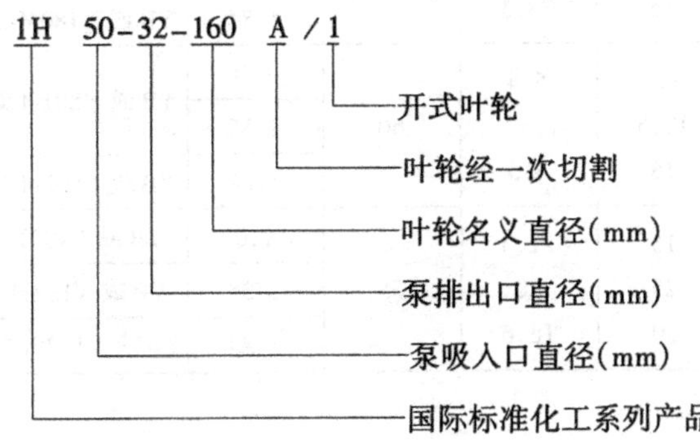

(3) 性能参数:见表 17-12。

表 17-12 IH 型标准化工流程泵性能

泵型号	转速 n /r·min^{-1}	流量 Q /m^3·h^{-1}	扬程 H /m	效率 η /%	密度 γ	电机型号/功率/kW	汽蚀余量 (NPSH)r /m	泵质量 /kg
IH50-32-125 IH50-32-125/1	1450	3.75	5.75	51	1.0	YB 或 Y801-4/0.55	2.0	40
		6.3	5		1.35			
		7.5	4.2		1.84			
IH50-32-125 IH50-32-125/1	2900	7.5	23	56	1.0	YB 或 Y90L-2/2.2 YB 或 Y100L-2/3	2.0	40
		12.5	20		1.35			
		15	18		1.84			
IH50-32-160	1450	3.75	8.6	43	1.0	YB 或 Y801-4/0.55	2.0	50
		6.3	8		1.35	YB 或 Y802-4/0.75		
		7.5	7.5		1.84	YB 或 Y90S-4/1.1		
IH50-32-160	2900	7.5	34.5	48	1.0	YB 或 Y100L-2/3	2.0	
		12.5	32		1.35	YB 或 Y112M-2/4		
		15	30		1.84	YB 或 Y132S$_1$-2/5.5		
IH50-32-200	1450	3.75	12.9	34	1.0	YB 或 Y90S-4/1.1	2.0	60
		6.3	12.5		1.35	YB 或 Y90L-4/1.5		
		7.5	12		1.84	YB 或 Y100L$_1$-4/2.2		
	2900	7.5	51.8	39	1.0	YB 或 Y132S$_1$-2/5.5	2.0	60
		12.5	50		1.35	YB 或 Y132S$_2$-2/7.5		
		15	48		1.84	YB 或 Y160M$_1$-2/11		
IH50-32-250 IH50-32-250/1	1450	3.75	20.5	26	1.0	YB 或 Y100L$_1$-4/2.2	2.0	94
		6.3	20		1.35	YB 或 Y100L$_2$-4/3		
		7.5	19.6		1.84	YB 或 Y112-4/4		
	2900	7.5	82	30	1.0	YB 或 Y160M$_1$-2/11	2.0	
		12.5	80		1.35	YB 或 Y160M$_2$-2/15		
		15	78.5		1.84	YB 或 Y180M-2/22		
IH65-50-125 IH65-50-125/1	1450	7.5	5.4	60	1.0	YB 或 Y801-4/0.55	2.0	47
		12.5	5		1.35			
		15	4.5		1.84	YB 或 Y802-4/0.75		
	2900	15	21.3	65	1.0	YB 或 Y100L-2/3	2.0	
		25	20		1.35	YB 或 Y112M-2/4		
		30	18.6		1.84	YB 或 Y132S$_1$-2/5.5		

续表 17-12

泵型号	转速 n /r·min^{-1}	流量 Q /m^3·h^{-1}	扬程 H /m	效率 η /%	密度 γ	电机型号 / 功率 / kW	汽蚀余量 (NPSH)r /m	泵质量 /kg
IH65-50-160	1450	7.5	8.55	56	1.0	YB或 Y802-4/0.75	2.0	55
		12.5	8		1.35	YB或 Y90S-4/1.1		
		15	7.5		1.84	YB或 Y60L-4/1.5		
	2900	15	34.2	61	1.0	YB或 Y132S_1-2/5.5	2.0	
		25	32		1.35	YB或 Y132S_2-2/7.5		
		30	30		1.84	YB或 Y160M_1-2/11		
IH65-40-200	1450	7.5	13.3	48	1.0	YB或 Y90L-4/1.5	2.0	66
		12.5	12.5		1.35	YB或 Y100L_1-4/2.2		
		15	11.9		1.84			
	2900	15	53.2	53	1.0	YB或 Y160M_1-2/11	2.0	
		25	50		1.35			
		30	47.6		1.84	YB或 Y160M_2-2/15		
IH65-40-250	1450	7.5	20.3	39	1.0	YB或 Y100L_2-4/3	12	98
		12.5	20		1.35			
		15	19.6		1.84	YB或 Y112M-4/4		
	2900	15	81.2	43	1.0	YB或 Y160M_2-2/15	2.0	
		25	80		1.35	YB或 Y180M-2/22		
		30	78.4		1.84	YB或 Y200L_1-2/30		
IH65-40-315	1450	7.5	32.4	30	1.0	YB或 Y132S-4/5.5	2.0	121
		12.5	32		1.35	YB或 Y132M-4/7.5		
		15	31.7		1.84	YB或 Y160M-4/11		
	2900	15	126.8	34	1.0	YB或 Y200L_1-2/30	2.0	
		25	125		1.35	YB或 Y225M-2/45		
		30	124		1.84	YB或 Y250M-2/55		
IH80-65-125	1450	15	5.8	68	1.0	YB或 Y802-4/0.75	2.5	53
		25	5		1.35	YB或 Y90S-4/1.1		
		30	4.4		1.84	YB或 Y90L-4/1.5		
	2900	30	23.2	72	1.0	YB或 Y132S_1-2/5.5	3	
		50	20		1.35	YB或 Y132S_2-2/7.5		
		60	17.6		1.84	YB或 Y160M_1-2/11		

续表 17-12

泵型号	转速 n /r·min^{-1}	流量 Q /m^3·h^{-1}	扬程 H /m	效率 η /%	密度 γ	电机型号/功率/kW	汽蚀余量 (NPSH)r /m	泵质量 /kg
IH80-65-160	1450	15 25 30	9 8 7.2	65	1.0	YB或90L-4/1.5	2.3	57
					1.35	YB或Y100L$_1$-4/2.2		
					1.84			
	2900	30 50 60	36 32 28.4	69	1.0	YB或Y132S$_2$-2/7.5	2.3	
					1.35	YB或Y160M$_1$-2/11		
					1.84	YB或Y160M$_2$-2/15		
IH80-50-200	1450	15 25 30	13.5 12.5 11.5	61	1.0	YB或Y100L$_1$-4/2.2	2.0	64
					1.35	YB或Y100L$_2$-4/3		
					1.84	YB或112M-4/4		
	2900	30 50 60	55.2 50 45.2	65	1.0	YB或Y160M$_2$-2/15	2.5	
					1.35	YB或Y160L-2/18.5		
					1.84	YB或Y180M-2/22		
IH80-50-250	1450	25	20	53	1.0	YB或Y112M-4/4	2.0	92
					1.35	YB或Y132S-4/5.5		
					1.84	YB或Y132M-4/7.5		
	2900	50	80	57	1.0	YB或Y180M-2/22	2.5	
					1.35	YB或Y200L$_1$-2/30		
					1.84	YB或Y225M-2/45		
IH80-50-315	1450	25	32	43	1.0	YB或Y132M-4/7.5	2.0	122
					1.35	YB或Y160M-4/11		
					1.84			
	2900	50	125	47	1.0	YB或Y225M-2/45	2.5	
					1.35	YB或Y250M-2/55		
					1.84	YB或Y280S-2/75		
IH100-80-125	1450	50	5	74	1.0	YB或Y90L-4/1.5	3.5	55
					1.35	YB或Y100L$_1$-4/2.2		
					1.84	YB或Y100L$_2$-4/3		
	2900	60 100 120	23.7 20 16.3	77	1.0	YB或Y160M$_1$-2/11	4.5	
					1.35	YB或Y160M$_2$-2/15		
					1.84	YB或Y160L-2/18.5		

续表 17-12

泵型号	转速 n /r·min⁻¹	流量 Q /m³·h⁻¹	扬程 H /m	效率 η /%	密度 γ	电机型号 功率/kW	汽蚀余量 (NPSH)r /m	泵质量 /kg
IH100-80-160	1450	30 50 60	9.25 8 7	72	1.0	YB 或 $Y100L_1$-4/2.2	3.4	80
					1.35	YB 或 $Y100L_2$-4/3		
					1.84	YB 或 Y112M-4/4		
	2900	60 100 120	37 32 28	75	1.0	YB 或 $Y160M_2$-2/15	4.3	
					1.35	YB 或 Y160L-2/18.5		
					1.84	YB 或 $Y200L_1$-2/30		
IH100-65-200	1450	30 50 60	14 12.5 11	69	1.0	YB 或 $Y100L_2$-4/3	2.5	94
					1.35	YB 或 Y112M-4/4		
					1.84	YB 或 Y132S-4/5.5		
	2900	60 100 120	56 50 44	72	1.0	YB 或 Y180M-2/22	3.9	
					1.35	YB 或 $Y200L_1$-2/30		
					1.84	YB 或 Y225M-2/45		
IH100-65-250 IH100-65-250/1	1450	30 50 60	22 20 18.5	65	1.0	YB 或 Y132S-4/5.5	2.5	108
					1.35	YB 或 Y132M-4/7.5		
					1.84	YB 或 Y160M-4/11		
	2900	60 100 120	88 80 74	68	1.0	YB 或 $Y200L_2$-2/37	3.6	
					1.35	YB 或 Y250M-2/55		
					1.84	YB 或 Y280S-2/75		
IH100-65-315	1450	30 50 60	33.5 32 30.5	57	1.0	YB 或 Y160M-4/11	2.0	158
					1.35	YB 或 Y160L-4/15		
					1.84	YB 或 Y180M-4/18.5		
	2900	60 100 120	132 125 119	60	1.0	YB 或 Y280S-2/75	3.2	
					1.35	YB 或 Y280M-2/90		
					1.84	YB 或 $Y315M_1$-2/132		
IH125-100-200	1450	60 100 120	12.5	75	1.0	YB 或 Y132S-4/5.5	2.9	91
					1.35	YB 或 Y132M-4/7.5		
					1.84	YB 或 Y160M-4/11		
	2900	120 200 240	61 50 41	77	1.0	YB 或 Y225M-2/45	5.0	
					1.35	YB 或 Y250M-2/55		
					1.84	YB 或 Y280S-2/75		

续表 17-12

泵型号	转速 n /r·min⁻¹	流量 Q /m³·h⁻¹	扬程 H /m	效率 η /%	密度 γ	电机型号 / 功率/kW	汽蚀余量 (NPSH)r /m	泵质量 /kg
IH125-100-250	1450	60	22.5	72	1.0	YB或Y160M-4/11	2.3	160
		100	20		1.35	YB或Y160L-4/15		
		120	18.25		1.84	YB或Y180M-4/18.5		
	2900	120	90	74	1.0	YB或Y280S-2/75	4.5	
		200	80		1.35	YB或Y280M-2/90		
		240	73		1.84	YB或Y315M_1-2/132		
IH125-100-315 IH125-100-315/1	1450	100	32	68	1.0	YB或Y160L-4/15	2.5	160
					1.35	YB或Y180L-4/22		
					1.84	YB或Y200L-4/30		
	2900	200	125	70	1.0	YB或Y315S-2/110	4.5	
					1.35	YB或Y315M_2-2/160		
					1.84	YB或Y315L_2-2/200		
IH125-100-400	1450	100	50	60	1.0	YB或Y200L-4/30	3.0	197
					1.35	YB或Y225S-4/37		
					1.84	YB或Y250M-4/55		
IH150-125-250 IH150-125-250/1		120	24.8	77	1.0	YB或Y180M-4/18.5	2.8	145
		200	20		1.35	YB或Y180L-4/22		
		240	15		1.84	YB或Y200L-4/30		
IH150-125-315 IH150-125-315/1		120	36.3	74	1.0		2.8	198
		200	32		1.35	YB或Y225S-4/37		
		240	28.5		1.84	YB或Y250M-4/55		
IH150-125-400		120	57.5	70	1.0	YB或Y225M-4/45	2.5	228
		200	50		1.35	YB或Y280S-4/75		
		240	44		1.84	YB或Y280M-4/90		
IH200-150-250		400	20	81	1.0	YB或Y225S-4/37	4.5	156
					1.35	YB或Y225M-4/45		
					1.84	YB或Y250M-4/55		
IH200-150-315		240	35.6	79	1.0	YB或Y250M-4/55	3.5	257
		400	32		1.35	YB或Y280S-4/75		
		460	29.4					
IH200-150-315	1450	460	29.4	79	1.84	YB或Y280M-4/90	3.5	257
IH200-150-400		240	55.8	76	1.0			275
		400	50		1.35	YB或Y315S-4/110		
		460	47		1.84	YB或Y315M_2-4/160		

生产厂家:武汉特种工业泵厂等　　厂址:湖北省武汉市经济技术开发区沌口小区10号

17.1.2.2　F型不锈钢泵

(1) 适用范围：F型泵为单级单吸悬臂式离心泵，用于输送不含固体颗粒、有腐蚀性的液体，被输送介质温度为 -20～+160℃，泵进口压力不大于0.6MPa，流量 $Q=2\sim540\text{m}^3/\text{h}$，扬程 $H=12\sim114\text{m}$，降速使用后的扬程下限可达3m。如配用特殊电动机时，需要指出防爆等级、绝缘等级及电压等。

(2) 型号意义说明：

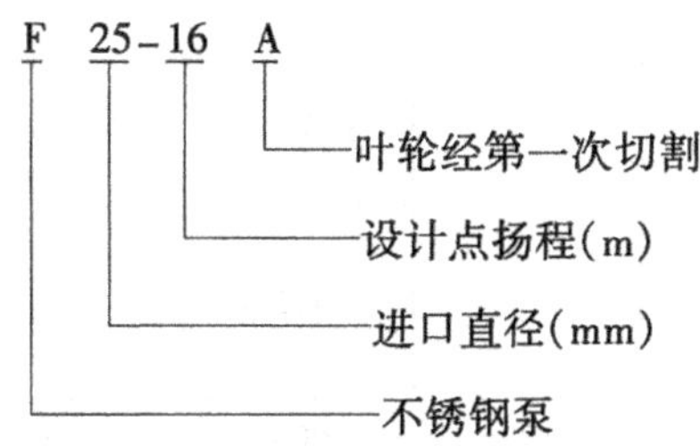

(3) 性能参数：见表17-13。

表17-13　F型不锈钢泵性能

泵型号	流量 Q /$\text{m}^3\cdot\text{h}^{-1}$	总扬程 H /m	转速 n /$\text{r}\cdot\text{min}^{-1}$	配带电动机 型号	配带电动机 功率/kW	允许吸上真空高度 H_s/m	叶轮直径 /mm	泵质量 /kg
F25-16	4.3 3.6 2.02	14.2 16 18.2	2960	Y802-2	1.1	6	130	60
F25-16A	3.27	12.5		Y801-2	0.75		118	
F25-25	4.39 3.6 2.02	22.7 25 27.8		Y90S-2	1.5		141	57
F25-25A	3.27	20		Y802-2	1.1		130	
F25-41	6.39 3.6 2.02	38 41 44		Y112M-2	4		180	57
F25-41A	3.27	33.5		Y100L-2	3		169	
F40-16	8.46 7.2 4.1	13.7 15.7 18		Y90S-2	1.5		120	73
F40-16A	6.55	12		Y802-2	1.1		112	
F40-26	8.46 7.2 4.1	23 25.5 27.3		Y90L-2	2.2		148	61
F40-26A	6.55	20.5		Y90S-2	1.5		135	
F40-40	8.46 7.2 4.1	35.5 39.5 47.5		Y112M-2	4		180	67
F40-40A	6.55	32		Y100L-2	3		168	

续表 17-13

泵型号	流量 Q /$m^3 \cdot h^{-1}$	总扬程 H /m	转速 n /$r \cdot min^{-1}$	配带电动机		允许吸上真空高度 H_s/m	叶轮直径 /mm	泵质量 /kg
				型号	功率/kW			
F40-65	8.46 7.2 4.1	60 65 70	2960	Y160M1-2	11	6	226	102
F40-65A	6.72	56		Y132S-2	7.5		212	
F40-65B	6.36	49.5					202	
F50-16	17.28 14.4 7.92	14 15.7 18.8		Y90L-2	2.2		120	68
F50-16A	13.1	12		Y90S-2	1.5		112	
F50-25	17.28 14.4 7.92	22.8 25 28.5		Y112M-2	4		147	50
F50-25A	13.1	20		Y100L-2	3		135	
F50-40	17.2 14.4 7.92	36 40 44		$Y132S_1$-2	5.5		186	66
F50-40A	13.1	32.5		$Y132S_1$-2			170	
F50-63	17.28 14.4 7.92	57.3 63 70		$Y160M_2$-2	15		224	92
F50-63A	13.4	54.5		$Y160M_1$-2	11		218	
F50-63B	12.7	48					205	
F50-103	17.28 14.4 7.92	95 103 114		$Y200L_1$-2	30		288	149
F50-103A	13.4	89.5		Y180M-2	22		262	
F50-103B	12.7	79.5		Y180M-2	22		247	
F65-16	34.2 28.8 14.76	12.6 15.7 18		Y112M-2	4		122	62
F65-16A	26.2	12		Y90L-2	2.2		112	
F65-25	34.2 28.8 14.76	23 25 28		$Y132S_1$-2	5.5		148	49
F65-25A	26.2	20		Y112M-2	4		135	
F65-40	34.2 28.8 14.76	36.2 39.5 45.5		$Y160M_1$-2	11		182	94

续表 17-13

泵型号	流量 Q /$m^3 \cdot h^{-1}$	总扬程 H /m	转速 n /$r \cdot min^{-1}$	配带电动机		允许吸上真空高度 H_s/m	叶轮直径 /mm	泵质量 /kg
				型号	功率/kW			
F65-40A	26.2	32	2960	$Y132S_2$-2	7.5	6	166	94
F65-64	34.2 28.8 14.76	61.5 64 69		Y160L-2	18.5		232	
F65-64A	26.9	55		$Y160M_2$-2	15		217	94
F65-64B	25.3	48.5		$Y160M_2$-2	15		204	94
F65-100	34.2 28.8 14.76	95.7 100 112		$Y200L_1$-2	30		280	174
F65-100A	26.9	87		$Y200L_1$-2	30		260	
F65-100B	25.3	77		Y180M-2	22		240	
F80-15	69.84 54 28.8	11.6 15 18		$Y132S_1$-2	5.5		125	51
F80-15A	49.1	11.5		Y112M-2	4		114	
F80-24	69.84 54 28.8	18.4 24 28.2		$Y132S_2$-2	7.5		148	58
F80-24A	49.1	19		$Y132S_2$-2			135	
F80-38	69.84 54 28.8	33.5 38 42.5		$Y160M_2$-2	15		185	94
F80-38A	49.1	30.5		$Y160M_1$-2	11		169	
F80-60	69.84 54 28.8	52 60 66		$Y200L_1$-2	30		228	101
F80-60A	50.5	52		Y180M-2	22		213	
F80-60B	47.5	46		Y160L-2	18.5		200	
F80-97	69.84 54 28.8	85 96.5 107		Y225M-2	45		278	176
F80-97A	50.5	84		$Y200L_2$-2	37		257	
F80-97B	47.5	74		$Y200L_1$-2	30		242	
F100-23	130.32 100.8 68.4	17.5 22.5 26.4		$Y160M_2$-2	15	4	153	138
F100-23A	91.8	17.5		$Y160M_1$-2	11		142	

续表 17-13

泵型号	流量 Q $/m^3 \cdot h^{-1}$	总扬程 H /m	转速 n $/r \cdot min^{-1}$	配带电动机		允许吸上真空高度 H_s/m	叶轮直径 /mm	泵质量 /kg
				型号	功率/kW			
F100-37	130.32 100.8 68.4	30 36.5 43.8	2960	Y180M-2	22	4	180	149
F100-37A	91.8	29		Y160L-2	18.5		167	
F100-57	130.32 100.8 68.4	42.5 57 65		Y225M-2	45		225	174
F100-57A	94.3	52		Y200L_2-2	37		210	
F100-57B	88.6	43.5		Y200L_1-2	30		198	
F100-92	130.32 100.8 68.4	70 92 104		Y250M-2	55		275	102
F100-92A	93.4	80					256	
F100-92B	88.6	70.5		Y225M-2	45		241	
F150-22	226.8 190.8 118.8	17.2 22 27		Y200L_1-2	30	6	160	189
F150-22A	173.5	17.5		Y160L-2	18.5		151	
F150-35	226.8 190.8 118.8	32.1 34.7 43		Y225M-2	45		182	176
F150-35A	173.5	28		Y200L_1-2	30		165	
F150-56	226.8 190.8 118.8	44 55.5 62		Y280S-2	75		220	157
F150-56A	178.2	48		Y250M-2	55		200	
F150-50B	167.8	42.5					182	
F150-90	226.8 190.8 118.8	78 89.5 100		Y315M-2	132		275	185
F150-90A	178.2	78		Y280M-2	90		250	
F150-90B	167.8	68.5		Y280M-2	90		228	185
F200-21	540 360 198	13 21 24.7	1460	Y225M-4	45	4		
F200-21A	327	16.5		Y200L_1-4	30			

续表 17-13

泵型号	流量 Q /m³·h⁻¹	总扬程 H /m	转速 n /r·min⁻¹	配带电动机		允许吸上真空高度 H_s/m	叶轮直径 /mm	泵质量 /kg
				型号	功率/kW			
F200-34	540 360 198	28.8 34 40	2960	Y280S-2	75	4	217	197
F200-34A	327	27		Y250M-2	55		198	
F200-53	540 360 198	38.5 53 62		Y315M-2	132		230	200

生产厂家：山东双轮集团股份有限公司　　厂址：山东省威海市新威路 111 号

17.1.2.3 F_Y 型耐腐蚀液下泵

(1) 适用范围：F_Y 型耐腐蚀液下泵适用于输送不含固体颗粒及易结晶的腐蚀性液体，输送液体温度为 -20～105℃，特殊需要时可为 -50～150℃。本系列泵扬程范围为 12～65m，流量为 2～400m³/h，吸入口径为 DN25～100mm 时，转速为 2960r/min；吸入口径为 DN150～200mm 时转速为 1480r/min，从电机往泵方向看，电机为逆时针旋转。

(2) 型号意义说明：

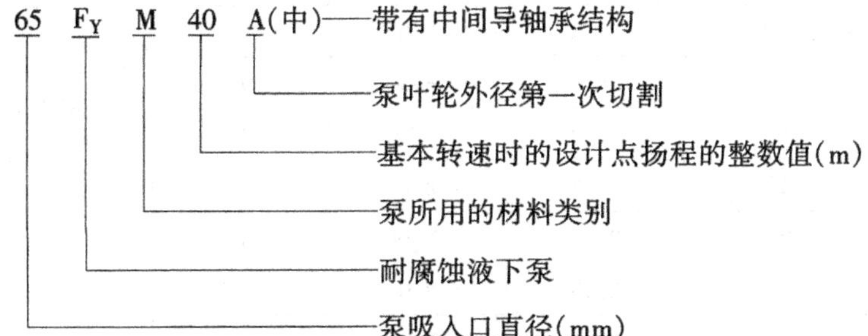

(3) 性能参数：见表 17-14。

表 17-14 F_Y 型耐腐蚀液下泵性能参数

序 号	型 号	流量 Q		扬程 H /m	转速 n /r·min⁻¹	效率 η /%
		/m³·h⁻¹	/L·s⁻¹			
1	25F_Y-41	3.60	1.0	41	2960	33
	25F_Y-41A	3.27	0.91	34		
2	25F_Y-25	3.60	1.0	25		32
	25F_Y-25A	3.27	0.91	20.7		
3	25F_Y-16	3.60	1.0	16		41
	25F_Y-16A	2.27	0.91	13.2		
4	40F_Y-65	7.20	2.0	65		26
	40F_Y-65A	6.55	1.82	53.8		

续表 17-14

序号	型号	流量 Q		扬程 H	转速 n	效率 η
		$/m^3 \cdot h^{-1}$	$/L \cdot s^{-1}$	/m	$/r \cdot min^{-1}$	/%
5	40F_Y-40	7.20	2.0	39.5	2960	35
	40F_Y-40A	6.55	1.81	32.7		
6	40F_Y-26	7.20	2.0	25.5		44
	40F_Y-26A	6.55	1.82	21		
7	40F_Y-16	7.20	2.0	15.7		52
	40F_Y-16A	6.55	1.82	13		
8	50F_Y-63	14.40	4.0	63		38
	50F_Y-63A	13.10	3.64	52.2		
9	50F_Y-40	14.40	4.0	40		46
	50F_Y-40A	13.10	3.64	33		
10	50F_Y-25	14.40	4.0	25		58
	50F_Y-25A	13.10	3.64	20.7		
11	50F_Y-16	14.40	4.0	15.7		64
	50F_Y-16A	13.10	3.64	13		
12	65F_Y-64	28.80	8.0	64		54
	65F_Y-64A	26.20	7.28	53		
13	65F_Y-40	28.8	8.0	39.5		62
	65F_Y-40A	26.2	7.28	32.7		
14	65F_Y-25	28.8	8.0	25		66
	65F_Y-25A	26.2	7.28	20.7		
15	65F_Y-16	28.8	8.0	15.7		71
	65F_Y-16A	26.2	7.28	13		
16	80F_Y-60	54.0	15.0	60		65
	80F_Y-60A	49.1	13.65	49.7		
17	80F_Y-38	54.0	15.0	38		68
	80F_Y-38A	49.1	13.65	31.5		
18	80F_Y-24	54.0	15.0	24		68
	80F_Y-24A	49.1	13.65	19.9		
19	80F_Y-15	54.0	15.0	15		73
	80F_Y-15A	49.1	13.65	12.4		
20	100F_Y-57	100.8	28.0	57		72
	100F_Y-57A	91.8	25.5	47.2		
21	100F_Y-37	100.8	28.0	36.5		78
	72100F_Y-37A	91.8	25.5	30.2		

续表 17-14

序号	型号	流量 Q		扬程 H	转速 n	效率 η
		$/m^3 \cdot h^{-1}$	$/L \cdot s^{-1}$	/m	$/r \cdot min^{-1}$	/%
22	100F_Y-23	100.8	28.0	22.5	1480	77
	100F_Y-23A	91.8	25.5	18.6		
23	150F_Y-56	190.8	53.0	55.5		72
	150F_Y-56A	173.5	48.2	46		
24	150F_Y-35	190.8	53.0	34.7		78
	150F_Y-35A	173.5	48.2	28.8		
25	150F_Y-22	190.8	53.2	22		80
	150F_Y-22A	173.5	48.2	18.2		
26	200F_Y-34	360	100	33.5		82
	200F_Y-34A	327	91	27		
27	200F_Y-21	360	100	21		80
	200F_Y-21A	327	91	17.4		
生产厂家:武汉特种工业泵厂				厂址:湖北省武汉市经济技术开发区沌口小区 10 号		

注:有关 F_Y 型耐腐蚀液下泵的外型及安装尺寸详见该厂产品样本。

17.1.3 杂质泵

17.1.3.1 W 型离心式污水泵

(1) 适用范围:W 型泵系单级离心式污水泵,适用于抽送 80℃以下带有纤维或其他悬浮物的液体,具有固体物料和纤维绳类通过能力好、不堵塞、无缠绕、使用维护方便、效率高、结构紧凑等特点,可供城市、工矿企业排除污水之用。

(2) 泵型号意义说明:

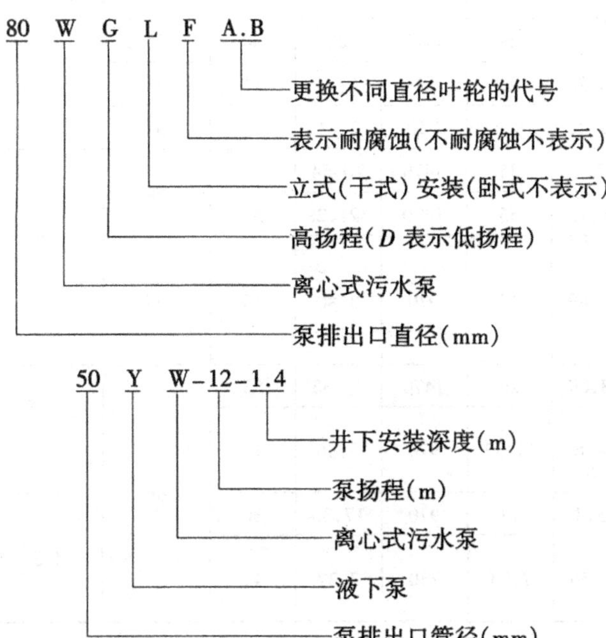

(3) 性能参数：W 型离心式污水泵性能见表 17-15，YW 型离心式污水泵性能见表 17-16。

表 17-15　W 型离心式污水泵性能

型号	流量 Q		扬程 H	转速 n	功率/kW		效率 η	汽蚀余量(NPSH)r	过流断面最小尺寸	排出口径/吸入口径
	/m³·h⁻¹	/L·s⁻¹	/m	/r·min⁻¹	轴功率	电机功率	/%	/m	/mm	/mm
25WG 25WGF 25WGL	7	1.94	30	2860	1.97	3	29	4	20	25/32
	4.25	1.18	11.06	1700	0.53	1.1	24			
25WGA 25WGFA 25WGLA	5.46	1.52	18.3	2860	1.24	1.5	22			
50WG 50WGF 50WGL	24	6.67	45	2920	6.39	15	46	5.5	40	50/65
	11.84	3.29	10.94	1440	0.80	2.2	44			
	15.2	4.22	18.06	1850	1.66	4	45			
50WGA 50WGFA 50WGLA	19.03	5.29	28.43	2920	3.88	7.5	38			
50WGF34	24	6.67	34	2920	5.56	7.5	40	5.5	40	50/65
80WG 80WGF 80WGL	80	22.2	45	2940	15.56	22	63		50	80/100
	39.2	10.89	10.8	1440	2.45	4	47			
	50.4	14	17.8	1850	4.99	5.55	49			
80WGA 80WGFA 80WGLA	63.5	17.6	28.43	2940	10.03	11 15	49			
100WG 100WGF 100WGL	165	45.83	29	1740	20	30	65	3	80	100/150
	108.8	30.22	12.6	97	5.74	11	65			
	105.4	29.28	8.5	730	3.81	5.5	64			
100WG35	125	34.72	35	1470	20.54	30	58	3	25	100/150
100WG55	125	34.72	55	1470	321.28	55			85	
100WD 100WDF 100WDL	140	38.89	15	970	8.80	15	65	4		
150WG 150WGF 150WGL	320	88.89	26	1470	34.33	55	66	6	85	150/200
	211	58.6	11.32	970	9.86	15				
150WD 150WDF 150WDL	30	83.3	14	970	17.33	30		4.5	95	
	225.2	62.56	7.93	730	7.37	11				

续表 17-15

型号	流量 Q		扬程 H /m	转速 n /r·min^{-1}	功率/kW		效率 η /%	汽蚀余量 (NPSH)r /m	过流断面最小尺寸 /mm	排出口径/吸入口径 /mm
	/m^3·h^{-1}	/L·s^{-1}			轴功率	电机功率				
200WG	560	155.6	22	970	49.34	75	68	5.6	120	200/250
200WGL	421	116.94	12.46	730	21	30				
200WD	480	133.3	13	730	25	37		4.5		
200WDL	381	105.83	8.2	580	12.51	22				
250WD	1000	277.8	22	730	83.21	132	72	6	155	250/300
2500WGL	794.5	220.7	18.89	580	56.77	90				
250WD	900	250	13	730	44.25	75			100	
250WDL	715	198.6	8.231	580	22.2	45				
350WGL	2150	597.2	25	740	197.81		74	6.5	70	350/400
	1685	468.06	15.36	580	95.25					
350WDL	1900	527.8	13.4	730	95		73	6	75	350/400
	1509.6	419.3	8.46	580	47.64					
500WGL	4000	1111	28	590	401.33		76	8	95	500/600
	3322	922.78	19.3	490	229.7					
500WGLA	2885	801.39	14.6	490	150.93					
500WDL	3000	833.3	13.5	590	145.12			7.5		
	2466	685	9.12	485	80.6					
800WDL	7200	2000	15	590	387			9		800/900
	5918.6	1644	10.14	485	215.05					

生产厂家：自贡市工业泵股份有限公司　　厂址：四川省自贡市江东区南苑街 15 号

表 17-16 YW 型离心式污水泵

泵型号	流量 Q		扬程 H /m	转速 n /r·min^{-1}	功率/kW		效率 η /%	过流断面最小尺寸 /mm	有效长度 L /mm
	/m^3·h^{-1}	/L·s^{-1}			轴功率	电机功率			
50YW-12	8	2.2	13	2840	0.71	2.2	40	15	1528 1728
	12.5	3.47	12		0.93		44		
	16	4.44	11		1.07		45		
60YW-30	20	5.56	36	2930	5.77	11	34		
	40	11.1	30		5.54		59		
	70	19.44	25		7.69		62		
100YW-15	80	22.2	16	1460	5.45		64		
	100	27.78	15		6.38		64		
	120	33.3	13		6.44		66		

生产厂家：自贡市工业泵股份有限公司　　厂址：四川省自贡市江东区南苑街 15 号

17.1.3.2　N型悬臂式泵

(1) 适用范围：N 型泵为卧式、单级、单吸、悬臂式泵。适用于输送含有悬浮固体颗粒的液体(如精矿、尾矿、灰渣、煤泥、水泥、泥土、砂等)，被输送浆液最大浓度按重量计为 50%～70%，允许通过少量大固体颗粒，但其粒径不应大于过流面最小尺寸的 80%。

泵的出口可由垂直向上变换成水平方向。高扬程泵均可两级串级使用。自传动端看泵的旋转方向为顺时针(100NG40Ⅲ、100NG47Ⅲ、100NG53Ⅲ、100NGⅢ型现为逆时针)。

(2) 泵型符号说明意义：

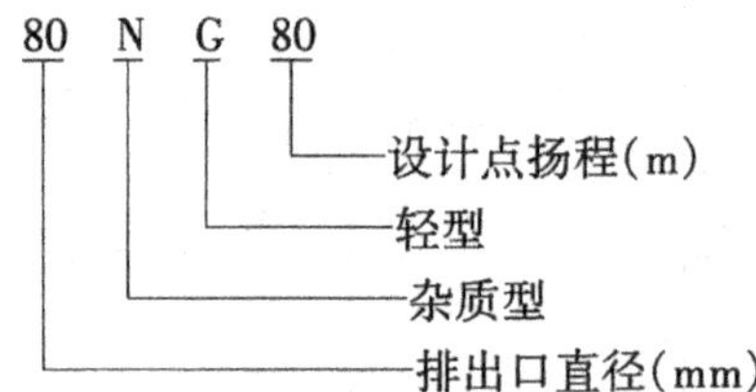

(3) 性能参数：见表 17-17。

表 17-17　N 型悬式泵性能

泵型号	流量 Q /$m^3 \cdot h^{-1}$	扬程 H /m	效率 η /%	转速 n /$r \cdot min^{-1}$	电机功率 /kW	汽蚀余量 (NPSH)r /m	叶轮名义直径 D_2/mm	过流断面最小尺寸 /mm	泵质量 G /kg	水封管径 /mm
25ND	7 13 18	15.6 15 12.9	22 33 35	1430	4	3.8	215	15	140	10
	9 16 23	26 24 19	20 31 35	1800	7.5	6.1				
	11 20 26	37 35 31	15 28 32	2200	11					
40NG	20 36 52	63 59 57.5	26 40 46	2300	30	4.6	260	18	350	15
	16.5 29.7 41	43 40.5 38.5	26 36 45	1900	18.5	3.1				
50ND	24 45 61	22 21 18	28 44.5 51	1450	11	4.4	270	25	230	8
	28 51 65	29 27 25	28 44.5 51	1650	18.5	5.7				
	31 59 80	38 36 31	27 44 51	1900	30					
80ND	55 80 110	22 21 13	40 50 55	1460	18.5	4.8	275	30	300	
	62 90 115	27 26 25	40 47 53	1650	30	6.1				
	72 106 140	37 36 34	40 47 53	1930	45					

续表 17-17

泵型号	流量 Q /$m^3 \cdot h^{-1}$	扬程 H /m	效率 η /%	转速 n /$r \cdot min^{-1}$	电机功率 /kW	汽蚀余量 (NPSH)r /m	叶轮名义直径 D_2/mm	过流断面最小尺寸 /mm	泵质量 G /kg	水封管径 /mm
80NG	54	62	30							
	95	61	43	1470	55,75	4.9				
	130	59	47				400	30	500	
	45	41	31							
	77	40	42	1200	30,37	3.3				15
	110	38	46							
80NG40	47	43	30							
	76	40	42	1470	30	4.9	330		478	
	105	38	46							
80NG80	54	83	30							
	95	80	39	1470	75,90	5.1	460		800	15
	120	78	44							
100ND (100ND Ⅰ)	90	21.5	45							
	130	20	57	1100	18.2,22	3.0				
	170	18	60				350	40	650	15
	130	38	50							
	170	36	58	1470	45,55	5.0				
	230	33	63							
100ND27	105	28	52							
	150	27	58		30,37	5.0	290		645	
	195	25	63							
100ND36	180	37	57							
	220	36	62		45	5.0	350		650	
	230	35	63	1470				40		15
100NG40Ⅲ (100NG40)	105	42	40							
	148	40	54		45,55		320		955	
	210	38	59			5.1				
100NG46 Ⅰ	100	48.5	42		45,55					
	140	46	54				380		950	
	190	45	58		55,75					
100NG47Ⅲ	160	50	52							
	230	46	60		75,90		380		1020	
	260	47	61	1470						
100NG53Ⅲ (100NG53)	160	53	54							
	200	51	58		75,90		380		960	
	260	49.5	62							
100NGⅢ (100NG)	160	62	54							
	200	59	58		75,90		390		960	15
	260	56	62							
100NG60Ⅰ 100NG60Ⅱ	140	62	50							
	180	60	56		90		410		1050	15
	220	58	59							
100NG75	170	77	50							
	200	75	55		90,110		455		1115	
	240	71	58							
100NG90	160	93	46							
	220	90	53		155,160		490		1200	
	260	87	56							15
150NDⅠ	170	21	55							
	240	20	63	740	37	2.9				
	330	18.5	70				480		910	
	230	41	55							
	320	39	63		75,90			60		
	430	37	70	980		5.0				
150ND28Ⅰ	200	29	60							
	275	28	70		55,75		400		900	
	370	26	74							10
150NG40Ⅲ (150NG40)	225	42	38							
	300	40	50	980	75,90	5.2	520	60	2285	
	400	38	63							

续表 17-17

泵型号	流量 Q /$m^3 \cdot h^{-1}$	扬程 H /m	效率 η /%	转速 n /$r \cdot min^{-1}$	电机功率 /kW	汽蚀余量 (NPSH)r /m	叶轮名义直径 D_2/mm	过流断面最小尺寸 /mm	泵质量 G /kg	水封管径 /mm
150NG51Ⅲ (150NG51)	240 340 450	53 51 47.5	41 60 67	980	110,132	52	560	60	2290	
150NGⅢ (150NG)	260 370 450			980	155,215	5.2	650	60	2300	15
150NG75Ⅳ	190 250 320	77 75 71	33 52 60		132,185		670		4400	
150NG90Ⅳ	260 340 420	92 90 87	33 52 60		250,280		765		4500	26
200ND	450 620 800	39 37 35	63 67 71		155,185	6.0	530	70	2320	15
	335 465 600	23 20.5 17.5	48 57 62	730	60,75	5.8				
200ND37 (200ND28)	380 526 610	29 27 25	56 64 71		95,115	5.0	440	70	2310	20
200NG43Ⅲ	430 550 710	45 43 41	60 66 72		155,185	6.0	550		3500	
200NGⅢ	550 650 710	65 61 57	61 65 72		240,250		650		3500	20
200NG75Ⅰ	360 440 520	75 73 71	53 57 61		220,240		670		4500	
200NG90	500 700 750	90 88 86	53 57 59		380,400		750		4800	
200NG90Ⅳ	420 600 730	90 88 86	53 57 59		380,400		750	52	4800	15
200NG100	450 700 800	100 98 96	53 57 59		380,400		800	70	5000	20
250ND	520 745 930	22 20.5 19	59 69 71	740	95,110	3.9	560	95	3000	20
	700 1000 1250	40 39 35	60 70 74	980	240,280	6.9	560			20
250NGⅢ	620 829 1100	58 57 56	60 62 77	590	310,315	5.9	965		9900	25
	780 1040 1300	89 88 87	64 72 77	740	570,560	6.0				

续表 17-17

泵型号	流量 Q /$m^3 \cdot h^{-1}$	扬程 H /m	效率 η /%	转速 n /$r \cdot min^{-1}$	电机功率 /kW	汽蚀余量 (NPSH)r /m	叶轮名义直径 D_2/mm	过流断面最小尺寸 /mm	泵质量 G /kg	水封管径 /mm
250NG75Ⅲ	600 800 1000	50 49 48	59 66 69	590	260,280	5.8	900		9800	15
	700 950 1200	76 75 74	61 68 74	740	450,475	6.0				
150NG55Ⅳ5	200 290 330	52 55 56	51 57 60		132					
150NG67Ⅳ5	200 290 330	62 59 57	56 60 62.5		132		640	28		
150NG90Ⅳ5	400 450 550	90 86 83	58 60 61	980	220,250		740	58		
200NG65Ⅳ5	450 500 550	62 65 68	53 55 56		185					
200NG70Ⅳ5 200NG72Ⅳ5	700 850 980	71 68 67	65 72 74	980	315		720	80	3915	15
200NG75Ⅳ15	450 500 550	72 75 78	54 56 58	980	220		720	60		15
80NQ	80 100 120	35 32.5 30	55 60 63	1470	37	3.5	330	30	350	
100NQ55	100 125 150	57 55 53	50 55 58		55	4.4	395	40	600	20
100NQ35	100 125 150	40 36 32	56 60 64		30	4.3	335		500	
250NG75Ⅲ	700 950 1200	76 75 74	74 68 74	740	450,475	6.0	900	95	9900	

生产厂家：自贡市工业泵股份有限公司　　厂址：四川省自贡市江东区南苑街 15 号

17.1.3.3 CLW 型长轴立式杂污泵

(1) 适用范围：CLW 型长轴立式杂污泵适用于输送含固体颗粒(如氧化铁皮、砂、煤粉等坚硬的磨粒)的污水介质，也可用于输送清水及物理化学性质与水相似的介质。被输送介质温度≤80℃，介质中含固体颗粒粒度≤10mm，介质≤15%。广泛用于冶金、矿山、化工、造纸、热电厂及污水处理等部门，该系列泵特别适用于钢铁部门、输送氧化铁皮水。

(2) 泵型号意义说明：

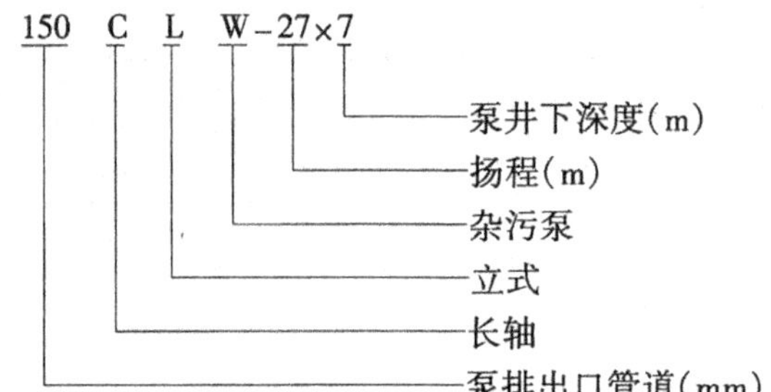

(3) 性能参数:见表 17-18。

表 17-18 CLW 型长轴立式杂污泵性能

泵型号	流量 $Q/m^3 \cdot h^{-1}$	扬程 H/m	转速 $n/r \cdot min^{-1}$	电机型号	电机功率/kW
100CLW-12	50	12	1470	Y132S-4B_5	5.5
100CLW-20	30~100	24~16	1470	Y160M-4B_5	11
100CLW-27	40~100	30~20	1470	Y160L-4B_5	15
100CLW-54	50~100	60~50	1470	Y200L-4B_5	30
150CLW-12	100	12	1470	Y132M-4B_5	7.5
150CLW-27	130~200	32~23	1470	Y180L-4B_5	22
150CLW-30	100~200	25~30	1470	Y180L-4B_5	22
150CLW-40	100~200	45~35	1470	Y225S-4B_5	37
150CLW-54	130~220	58~49	1470	Y250M-4B_5	55
150CLW-85	100~200	80~90	1470	Y280S-4B_5	75
200CLW-12A	150	12	1470	Y160M-4B_5	11
200CLW-12	200	12	1470	Y160L-4B_5	15
200CLW-28	250~360	32~23	1470	Y225M-4B_5	45
200CLW-35	250~360	40~30	1470	Y250M-4B_5	55
200CLW-50	250~380	55~45	1470	Y280M-4B_5	90
200CLW-60	200~360	54~65	1470	Y280M-4B_5	90
250CLW-12A	250	12	1470	Y180M-4B_5	18.5
250CLW-12	300	12	1470	Y180L-4B_5	22
250CLW-25	350~480	30~21	1470	Y250M-4B_5	55
250CLW-251	250~350	80~20	1470	Y250M-4B_5	55
250CLW-30	350~490	25~34	1470	Y280S-4B_5	75
250CLW-50	380~520	56~45	1470	Y315S-4B_5	110
250CLW-75	250~360	85~65	1450	Y315M_1-4B_5	132
250CLW-751	250~360	80~60	1470	Y315S-4B_5	110
300CLW-25	480~520	30~21	1450	Y280S-4B_5	75
300CLW-50	490~620	56~45	1450	Y315M_1-4B_5	132
350CLW-25	650~860	30~21	1450	Y280M-4B_5	90
350CLW-50	680~910	56~45	1450	YL355M-4	185
350CLW-501	800~1050	38~47	1470	Y355M_2-4V_1	220
400CLW-25	950~1250	30~21	1450	Y315M_1-4B_5	132
400CLW-35	1000~1250	40~30	1470	YL355M-4	185
400CLW-35A	850~1150	27~35	1450	Y355M_2-4V_1	160
400CLW-50	980~1500	56~45	1450	YL400-4	315
500CLW-25	1600~2400	28~21	1450	YL355-4	220
600CLW-25	2100~3200	28~21	1450	YL400-4	315

生产厂家:自贡市工业泵股份有限公司　　厂址:四川省自贡市江东区南苑街 15 号

注:如设计要求的性能工况及电机与上表不符,该厂可根据需要进行设计。

17.1.3.4 渣浆泵、无堵泵和污水泵

(1) 适用范围：石家庄泵业集团有限责任公司是全国最大的渣浆泵、污水泵和潜水泵业生产厂，产品品种齐全，结构先进，通用化程度高，寿命高，节能，为矿山、冶金、煤炭、电力、石油、化工、建材、市政、环保等部门所采用。

(2) 型号意义说明：

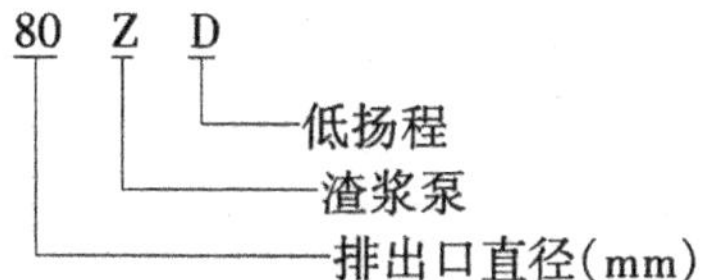

(3) 性能参数：见表 17-19～表 17-29。

表 17-19 ZD 系列渣浆泵性能

序号	泵型号	吐出口径 /mm	转速 n /r·min^{-1}	性能参数				叶轮直径 D_2 /mm	配套电机		泵质量 /kg
				流量 Q /L·s^{-1}	扬程 H/m	效率 η/%	汽蚀余量 (NPSH) /m		型号	功率 /kW	
1	25ZD	25	1430	2 3.6 4.7	15.5 15 12.8	28 38 39	1.1 1.3 1.5	210	Y100L$_1$-4 Y100L$_2$-4	2.2 3	120
			940	1.65 2.37 2.84	6.4 6.0 5.0	28 35 36	1.3	210	Y90L-6 Y100L-6	1.1 1.5	120
2	50ZD	50	1450	9 12.5 16.5	21.9 21 19.7	49 55 60	1.2 1.5 2	255	Y132M-4 Y160M-4	7.5 11	150
			960	4.30 8.4 11	10.1 9.4 8.8	38 55 60	1	255	Y132S-6 Y132M$_1$-6	3 4	150
3	80ZD	80	1460	13.3 22.2 26.6	23.3 21.7 20.4	46 57 60	1.6 2.6 3.1	265	Y180M-4 Y180L-4	18.5 22	450
			970	8.8 14.7 17.7	10.3 9.6 9.0	44 45 57	2.1 2.0 2.4	265	Y160M-5	7.5	450
4	100ZD	100	1470	27.8 41.7 55.6	41 39 37	46 55 61	4	340	JQ$_2$82-4 JQ$_2$91-4 Y250M-4 Y225M-4	40 55 55 45	1000
			1470	11.5 22.2 30.8	51 50 49	46 50 55	4	380	JQ$_2$91-4 JQ$_2$92-4 Y250M-4 Y280S-4	55 75 55 75	1000
			1470	38.9 50 61.1	61 60 59	46 53 58	4	405	JQ$_2$91-4 JQ$_2$92-4 Y250M-4 Y280S-4	55 75 55 75	1000
5	150ZD	150	1480	97.2 125 153	62 59 54	68 70 72	5	440	JS116-4 Y315L$_2$-4	155 160	1900
			1480	91.7 111 133	48 47 45	68 70 72	5	392	JS114-4 Y315M-4	115 132	1900
			980	63.9 77.8 88.9	27 26 25	58 70 72	4	440	JS115-6 Y315S-6	75 75	1900

续表 17-19

序号	泵型号	吐出口径 /mm	转速 n /r·min^{-1}	性能参数				叶轮直径 D_2 /mm	配套电机		泵质量 /kg
				流量 Q /L·s^{-1}	扬程 H/m	效率 η/%	汽蚀余量 (NPSH) /m		型号	功率 /kW	
6	200ZD	200	980	125 153 166 7	65 63 62	60 65 67	6	640	JS127-6 JS128-6 Y355M$_1$-6 Y335M$_3$-6	185 215 185 220	4200
7	50ZDL	50	1450	5 10 15	24.5 22.5 19.7	30 45 48		270	Y160M-4 (V$_1$)	11	250
8	80ZDL	80	1460	10 18 26	24.4 21.8 19.4	37 48 50		265	Y180L-4 (V$_1$)	22	280

生产厂家：石家庄泵业集团有限责任公司　　厂址：河北省石家庄市和平东路 19 号

表 17-20　ZGB 系列渣浆泵性能

序号	泵型号	吐出口径 /mm	转速 n /r·min^{-1}	性能参数				电机功率 /kW	叶轮直径 D_2/mm
				流量 Q/L·s^{-1}	扬程 H/m	效率 η/%	汽蚀余量 (NPSH) /m		
1	65ZGB	65	1480	15.8~31.7	58~61	48~54	3.0~5.5	30、45、55	350
			980	10.5~21	25.4~26.7	48~54	3.0~5.5	11、15、15	
2	80ZGB	80	1480	28.3~56.7	87.5~94.6	45.3~64.2	2.7~5.2	90、110、132	490
			980	18.8~37.5	38.4~40.2	45.3~64.2	2.7~5.2	30、30、37	
			1480	25.7~51.5	72.2~75.5	45.3~64.2	2.7~5.2	75、75、90	445
			980	17.1~34.1	31.7~33.1	45.3~64.2	2.7~5.2	185、22、30	
			1480	23.1~46.2	58.3~61.0	45.3~64.2	2.7~5.2	55、55、75	400
			980	15.3~30.6	25.6~26.7	45.3~64.2	2.7~5.2	15、185	
3	100ZGB	100	1480	58.3~116.7	85.1~91.8	57.4~77.9	2.6~6.0	160、185、200	500
			980	38.6~77.3	37.3~40.3	57.4~77.9	2.6~6.0	45、55、55	
			1480	52.5~105	68.9~74.4	57.4~77.9	2.6~6.0	110、132、160	450
			980	34.8~69.5	30.2~32.6	57.4~77.9	2.6~6.0	30、37、45	
			1480	46.7~93.4	54.5~58.8	57.4~77.9	2.6~6.0	75、90、110	400
			980	30.9~61.8	23.9~25.8	57.4~77.9	2.6~6.0	20、30、30	
4	150ZGB (P)	150	980	100~200	85.2~90.0	50.5~73.7	2.7~3.8	280、315、355	740
			740	75.6~151.2	48.6~51.3	50.5~73.7	2.7~3.8	132、160、16	
			980	91.2~182.4	73.0~77.1	50.5~73.7	2.7~3.8	220、250、280	685
			740	70.2~140	41.6~44.0	50.5~73.7	2.7~3.8	90、110、132	
			980	84.6~169.2	61.8~65.2	50.5~73.7	2.7~3.8	160、200、220	630
			740	64.8~129.6	35.2~37.2	50.5~73.7	2.7~3.8	75、90、90	

续表 17-20

序号	泵型号	吐出口径/mm	转速 n /r·min^{-1}	性能参数				电机功率/kW	叶轮直径 D_2/mm
				流量 Q/L·s^{-1}	扬程 H/m	效率 η/%	汽蚀余量(NPSH)/m		
5	200ZGB(P)	200	980	150~300	89.0~94.4	63.2~76.3	2.7~6.7	355、560、560	740
			740	113.3~226.5	50.7~53.7	63.2~76.3	2.7~6.7	160、200、220	
			980	141.9~283.8	79.6~84.3	63.2~76.3	2.7~6.7	280、400、450	700
			740	107.1~214.3	45.4~48.1	63.2~76.3	2.7~6.7	132、185、200	
			980	129.7~259.5	66.6~70.5	63.2~76.3	2.7~6.7	220、315、355	640
			740	97.9~195.9	38.0~40.2	63.2~76.3	2.7~6.7	110、110、160	
6	250ZGB(P)	250	980	200~400	84.0~90.1	62.1~76.2	3.3~7.3	450、560、630	740
			740	151~302	47.9~51.4	62.1~76.2	3.3~7.3	185、250、280	
			980	189.2~378.4	75.2~80.6	62.1~76.2	3.3~7.3	355、500、560	700
			740	142.9~285.7	42.9~46.0	62.1~76.2	3.3~7.3	160、220、250	
			980	131.6~348.6	63.8~68.5	62.1~76.2	3.3~7.3	220、400、450	645
			740	99.4~263.5	36.4~39.1	62.1~76.2	3.3~7.3	110、185、185	
7	300ZGB	300	980	266.7~533.3	84.3~93.4	65.3~77.7	3.5~6.9	560、710、710	760
			740	201.3~42.7	48.1~53.3	65.3~77.7	3.5~6.9	250、315、400	
			980	246.7~493.3	72.1~79.9	65.3~77.7	3.5~6.9	450、630、630	703
			740	177.9~372.5	41.1~45.6	65.3~77.7	3.5~6.9	185、280、315	
			980	226.7~453.3	60.9~67.5	65.3~77.7	3.5~6.9	355、500、560	646
			740	171.2~342.3	34.7~38.5	65.3~77.7	3.5~6.9	160、200、250	

生产厂家:石家庄泵业集团有限责任公司　　厂址:河北省石家庄市和平东路 19 号

表 17-21 ZQ 系列潜水渣浆泵性能

序号	型号规格	转速 n /r·min^{-1}	性能参数			配带功率/kW	电压 U/V	质量/kg
			流量 Q /m^3·h^{-1}	扬程 H/m	效率 η/%			
1	52ZQ-20	140	30~60	19.5~20.5	53	7.5	380	780
2	80ZQ-25	1470	60~120	24~27	60	60	380	1000
3	100ZQ-25	980	114~228	24~27	62	62	380	1500
4	150ZQ-25	980	216~432	23.5~27	68	55	380	2000
5	200ZQ-20	980	258~516	17.5~23.8	70	55	380	2000
6	250ZQ-20	980	600~1200	24~26.5	75	132	380	4000

生产厂家:石家庄泵业集团有限责任公司　　厂址:河北省石家庄市和平东路 19 号

表 17-22 沃曼渣浆泵(AH&AHR、HH、M&MR)系列渣浆泵性能

序号	泵型号	吐出口径 /mm	转速 n /r·min^{-1}	性能参数			电机功率 /kW	叶轮直径 D_2 /mm
				流量 Q /m^3·h^{-1}	扬程 H /m	效率 η /%		
1	11/2/1B-AH(R)	25	1200 ~ 3800	10.8 ~ 28.8	6 ~ 68	40	15	152
2	11/2/1C-HH	25	1400 ~ 2200	16.2 ~ 34.2	25 ~ 92	20	30	330
3	2/1/2B-AH(R)	37	1000 ~ 3200	25.2 ~ 72	5.5 ~ 58	50	15	178 ~ 184
4	3/2C/AH(R)	50	1300 ~ 2700	36 ~ 86.4	12 ~ 64	55	30	214
5	3/2D-HH	50	850 ~ 1400	68 ~ 136	25 ~ 87	47	60	457
6	4/3C-AH(R)	75	800 ~ 2200	79 ~ 198	22 ~ 55	71	30	245
7	4/3D-AH(R)	75	800 ~ 2200	79 ~ 198	22 ~ 55	71	60	245
8	4/3E-HH	75	600 ~ 1400	126 ~ 252	12 ~ 97	50	120	508
9	6/4D-AH(R)	100	600 ~ 1600	126 ~ 896	7 ~ 64	65	60	365
10	6/4E-AH(R)	100	600 ~ 1600	126 ~ 396	7 ~ 64	65	120	372
11	6/4S-HH	100	600 ~ 1000	324 ~ 720	30 ~ 118	64	560	711
12	6S-HH	150	500 ~ 1000	468 ~ 1008	20 ~ 94	65	560	711
13	8/6E-AH(R)	150	400 ~ 1140	288 ~ 828	5 ~ 70	70	120	510
14	8/6R-AH(R)	150	400 ~ 1140	288 ~ 828	5 ~ 70	70	300	536
15	8/6T-HH	150	450 ~ 725	576 ~ 1152	32 ~ 95	65	1200	965
16	10/8E-M(R)	200	500 ~ 1100	540 ~ 1440	10 ~ 66	70	120	549
17	10/8R-AH(R)	200	500 ~ 1100	540 ~ 1440	10 ~ 66	70	300	549
18	10/8ST-AH(R)	200	400 ~ 850	540 ~ 1368	11 ~ 61	75	560	686
19	12/10ST-AH(R)	250	300 ~ 800	720 ~ 1980	7 ~ 68	82	560	762
20	16/14ST-AH	350	250 ~ 550	1368 ~ 3060	11 ~ 63	79	560	1067
21	16/14TU-AH	350	250 ~ 550	1368 ~ 3798	14 ~ 75	79	1200	1067
22	18/16ST-AH	400	200 ~ 500	2160 ~ 5040	8 ~ 66	80	560	1245
23	18/16TU-AH	400	200 ~ 500	2160 ~ 5040	8 ~ 66	80	1200	1245
24	20/18TU-AH	450	200 ~ 400	2520 ~ 5400	13 ~ 37	85	1200	1370

生产厂家:石家庄泵业集团有限责任公司　　厂址:河北省石家庄市和平东路 19 号

表 17-23 SP&SPR 系列液下渣浆泵性能

序号	泵型号	吐出口径 /mm	转速 n /r·min^{-1}	性能参数			电机功率 /kW	叶轮直径 D_2 /mm
				流量 Q /m^3·h^{-1}	扬程 H /m	效率 η /%		
1	40PV-SP(R)	40	1000 ~ 2200	17 ~ 43.2	4 ~ 28.5	40	15	188
2	65QV-SP(R)	65	700 ~ 1500	18 ~ 114	5 ~ 31.5	60	30	280
3	100RV-SP(R)	100	500 ~ 1200	54 ~ 289	5 ~ 36	62	75	370
4	150SV-SP	150	500 ~ 1000	108 ~ 479	8.5 ~ 40	52	110	450
5	200SV-SP	200	400 ~ 850	189 ~ 891	6.5 ~ 37	64	110	520
6	250TV-SP	250	400 ~ 750	261 ~ 1089	7 ~ 33.5	60	200	575
7	300TV-SP	300	350 ~ 700	288 ~ 1267	6 ~ 33	50	200	610

生产厂家:石家庄泵业集团有限责任公司　　厂址:河北省石家庄市和平东路 19 号

表 17-24 ZRJ 型渣浆扰动机性能

序号	型 号	叶轮直径 /mm	主轴转速 /r·min⁻¹	灰渣浆浓度比	固体颗粒 /mm	电机功率 /kW
1	ZRJ-400	400	270～290	1:2.5	≤30	5.5
2	ZRJ-500	500	260～280	1:2.5	≤30	7.5
3	ZRJ-600	600	255～275	1:2.5	≤30	11
4	ZRJ-700	700	240～260	1:2.5	≤30	15
5	ZRJ-830	800	235～255	1:2.5	≤30	22

生产厂家:石家庄泵业集团有限责任公司　　厂址:河北省石家庄市和平东路 19 号

表 17-25 KWP 系列卧式无堵塞泵性能

序号	型号规格	转速 n /r·min^{-1}	性能参数			叶轮外径 D/mm	配带功率 /kW
			流量 Q /m^3·h^{-1}	扬程 H/m	效率 η/%		
1	KWPk40-250	2900	15～44	30～100	83	170～260	7.5～22
2	KWPk50-160	2900	13～65	7～38	73	110～169	2.2～11
3	KWPk50-200	2900	40～100	22～60	68	160～209	11～18.5
4	KWPk65-200	2900	40～130	20～57	74	140～209	7.5～30
5	KWPk65-315	2900	57～180	57.5～90	66	230～260	45～55
6	KWPk80-250	2900	40～180	20～67	75	170～230	15～45
7	KWPk100-250	2900	57～235	15～55	73	180～230	15～55
8	KWPk40-250	1450	8～24	7.5～23.5	51	170～260	1.1～4
9	KWPk50-160	1450	8.4～33	5.6～10	57	110～169	1.1～1.5
10	KWPk50-200	1450	11～39	6～14.9	63	16～209	1.5～3
11	KWPk65-200	1450	40～90	3～14	70	145～209	1.1～5.5
12	KWPk65-315	1450	30～90	20～37	66	230～320	5.5～18.5
13	KWPk65-400	1450	35～120	33～55	63	330～408	1.5～30
14	KWPk80-250	1450	22～113	4～20	77	170～260	2.2～11
15	KWPk80-315	1450	60～130	18～36	72	26～320	11～22
16	KWPk80-400	1450	100～170	20～59	65	280～404	15～45
17	KWPk100-250	1450	100～240	6.5～21.7	77	180～260	2.2～15
18	KWPk100-315	1450	100～240	10～34	74	230～320	5.5～30
19	KWPk100-400	1450	100～250	10～50	72	280～404	11～45
20	KWPk125-315	1450	135～410	15～35	78	260～320	15～37
21	KWPk125-400	1450	125～420	25～57	75	320～404	37～90
22	KWPk125-500	1450	150～400	34～85	65	350～504	37～160
23	KWPk150-315	1450	150～42	15～30	70	260～320	15～55
24	KWPk150-400	1450	250～450	25～59	80	320～404	37～90
25	KWPk150-500	1450	200～450	25～93	74	350～504	45～160
26	KWPk200-315	1450	300～615	14～29	75	260～320	22～55
27	KWPk200-400	1450	350～700	22～55	85	320～403.4	45～110

生产厂家:石家庄泵业集团有限责任公司　　厂址:河北省石家庄市和平东路 19 号

表 17-26 WG.WD 系列污水泵性能

序 号	型号规格	流量 $Q/m^3 \cdot h^{-1}$	扬程 H/m	配带功率 N/kW	转速 $n/r \cdot min^{-1}$	连接形式
1	25 25WGF	3 4.25 7.25	11.5 11 8.5	Y90S-4 1.1kW	1700	间接
2	25WG 25WGF	3.6 5.46 9.25	19.5 18.5 15.3	Y90S-2 1.5kW	2860	直接
3	25WG 25WGF	4.8 7 12	32 30 23.5	Y100L-2 3kW	2860	直接
4	80WG 80WGF	20 32.9 53	11.6 10.8 10.2	$Y100L_2$-4 3kW	1440	直接
5	80WG 80WGF	25 50.4 70	19 17.8 16.5	Y132S-4 5.5kW	1850	间接
6	80WG 80WGF	32 63.5 87	32 28.43 27	$Y160M_1$-2 22kW	2940	直接
7	80WG 80WGF	40 80 110	48 45 42.5	Y180M-2 22kW	2940	直接
8	100WG 100WGF	76 108.3 130.56	13.6 12.6 12	Y160L-6 11kW	970	直接
9	100WD 100WDF	115 165 190	31 29 27.5	Y200L-4 30kW	1470	直接
10	100WD 100WDF	66.2 105.4 124.5	8.9 8.5 8	Y160L-8 7.5kW	970	直接
11	100WD 100WDF	96 140 186.5	15.5 15 14	Y180L-6 15kW	970	直接
12	250WD 250WDL	650 800 1000	14.5 13.5 12	JS116-8,70kW $Y315M_1$-8,75kW	730	直接
13	250WD 250WDL	750 1000 125	27.5 25 22.5	JS125-6,13kW $Y315M_1$-6,132kW	980	直接
14	800WD	3425 4000 4831	6.13 6 5	115kW	360	直接
15	800WD	7200	15	JS1512-10 430kW	360	直接

生产厂家:石家庄泵业集团有限责任公司　　厂址:河北省石家庄市和平东路 19 号

表 17-27 DS-VV 系列大型立式污水泵

序 号	叶片出口直径 /mm	转速 n/r·min^{-1}	流量 Q/m^3·s^{-1}	扬程 H/m	效率 η/%	电机功率 N/kW	汽蚀余量 (NPSH)r /m
DS-VV1200H	1200	368	5.0	21	88	1400	6.3
DS-VV1200L	1200	368	4.9	16	89	1100	6.3
DS-VV1000H	1000	485	2.9	21	88	800	6.3
DS-VV1000L	1000	485	2.9	15	89	650	6.4
DS-VV800H	800	590	1.9	21	88	550	6.3
DS-VV800L	800	590	1.9	16	87	410	6.4

生产厂家:石家庄泵业集团有限责任公司　　厂址:河北省石家庄市和平东路 19 号

表 17-28 WQ 系列潜水污水泵性能参数

型 号	流量 Q		扬程	转速	效率	功率	排出口直径
	/m^3·h^{-1}	/L·s^{-1}	H/m	n/r·min^{-1}	η/%	/kW	/mm
50WQ65-30-11	65	18.1	30	2900	71	11	50
50WQ55-22-7.5	55	15.3	22	2900	68	7.5	50
50WQ70-52-18.5	70	19.4	52	2900	65	18.5	50
50WQ40-12-3	40	11.1	12	1450	65	3	50
65WQ60-15-5.5	60	16.7	15	960	63	5.5	5.5
65WQ55-11-4	55	15.3	11	960	63	4	65
65WQ50-8-3	50	13.9	8	960	64	3	65
65WQ120-50-37	120	33.3	50	1450	62	37	65
65WQ100-32-18.5	100	27.8	32	1450	64	18.5	65
65WQ90-25-15	90	25	25	1450	66	15	65
65WQ80-19-11	80	22.2	19	1450	66	11	65
80WQ80-13-5.5	80	22.2	13	960	68	5.5	80
80WQ70-10-4	70	19.4	10	960	68	4	80
80WQ150-52-45	150	41.7	52	1450	64	4.5	80
80WQ130-30-18.5	130	36.1	30	1450	70	18.5	80
80WQ110-24-15	110	30.6	24	1450	74	15	80
80WQ100-16-11	100	27.8	16	1450	66	11	80
100WQ80-8.4	80	22.2	8	960	72	4	100
100WQ120-12-7.5	120	33.3	12	960	70	7.5	100
100WQ100-9-4	100	27.8	9	960	70	4	100
100WQ150-16-15	150	41.7	16	960	70	15	100
100WQ220-46-55	220	61.1	46	1450	70	55	100
100WQ170-26-22	170	47.2	26	1450	72	22	100
100WQ150-20-15	150	41.7	20	1450	72	15	100
100WQ190-34-37	190	52.8	34	1450	70	37	100
150WQ200-10-11	200	55.6	10	960	74	11	150
150WQ150-8-7.5	150	41.7	8	960	72	7.5	150
150WQ250-16-18.5	250	69.4	16	960	77	18.5	150
150WQ190-13-11	190	52.8	13	960	78	11	150

续表 17-28

型号	流量 Q		扬程	转速	效率	功率	排出口直径
	$/m^3 \cdot h^{-1}$	$/L \cdot s^{-1}$	H/m	$n/r \cdot min^{-1}$	$\eta/\%$	/kW	/mm
150WQ400-50-90	400	111.1	50	1450	78	90	150
150WQ340-37-55	340	94.4	37	1450	76	55	150
150WQ300-26-37	300	83.3	26	1450	74	37	150
150WQ260-20-30	260	72.2	20	1450	73	30	150
200WQ360-9-15	360	100	15	960	76	15	200
200WQ280-7-11	280	77.8	7	960	70	11	200
200WQ360-13-22	360	100	13	960	77	22	200
200WQ600-45-110	600	166.7	45	1450	82	110	200
200WQ535-38-90	535	148.6	38	1450	80	90	200
200WQ485-31-75	485	134.7	31	1450	78	75	200
200WQ435-19-37	435	120.8	19	960	83	37	200
200WQ375-16-30	375	104.2	16	960	82	30	200
250WQ900-38-160	900	250	38	1450	75	160	250
250WQ1000-50-200	1000	277.8	50	1450	80	200	250
250WQ455-8-18.5	455	126.4	8	960	71	18.5	250
250WQ500-10-22	500	138.9	10	960	75	22	250
250WQ600-12-37	600	166.7	12	960	74	37	250
250WQ800-30-110	800	222.2	30	960	82	110	250
250WQ650-20-75	650	180.6	20	960	74	75	250
250WQ500-17-45	500	138.9	17	725	77	45	250
300WQ800-8-30	800	222.2	8	960	74	30	300
300WQ900-10-37	900	250	10	960	75	37	300
300WQ1500-36-200	1500	416.7	36	1450	81	200	300
300WQ1400-30-160	1400	388.9	30	1450	78	160	300
300WQ1050-7-132	1050	291.7	27	960	83	132	300
300WQ1550-48-315	1550	430.6	48	1450	78	315	300
300WQ950-20-90	950	263.9	20	960	80	90	300
300WQ850-15-55	850	236.1	15	725	81	55	300
350WQ2000-30-220	200	555.6	30	1450	81	220	350
350WQ1800-24-185	1800	500	24	960	88	185	350
350WQ1700-17-132	1700	472.2	17	960	86	132	350
350WQ1500-13-90	1500	416.7	13	725	85	90	350
350WQ1300-11-75	1300	361.1	11	725	84	75	350
350WQ1100-8-37	1100	305.6	8	725	76	37	350
350WQ2500-38-380	2500	694.4	38	1450	83	380	350
400WQ1500-8-55	1500	416.7	8	725	78	55	400
400WQ2700-20-215	2700	750	20	960	86	215	400
400WQ2400-16-160	2400	666.7	16	960	83	160	400
400WQ2000-12-110	2000	555.6	12	725	86	110	400
400WQ1700-10-75	1700	472.2	10	725	82	75	500
500WQ3900-27-430	3900	1083	27	960	83	430	500
500WQ3550-24-380	3550	986.1	24	960	81	380	500

续表 17-28

型 号	流量 Q		扬程	转速	效率	功率	排出口直径
	/m³·h⁻¹	/L·s⁻¹	H/m	n/r·min⁻¹	η/%	/kW	/mm
500WQ3000-18-220	3000	833.3	18	725	84	220	500
500WQ2700-16-185	2700	750750	16	725	82	185	500
500WQ2600-14-160	2600	722.2	14	725	80	160	500
600WQ4800-23-400	4800	1333	23	730	87	400	600
600WQ5660-25-500	5660	1572	25	730	87	500	600
600WQ4360-19-315	4360	1211	16	730	84	315	600
600WQ3900-15-220	3900	1083	15	580	86	220	600
600WQ4500-16-280	4500	1250	16	580	87	280	600
600WQ3800-12-200	3800	1055	12	490	86	200	600

生产厂家：石家庄泵业集团有限责任公司　　厂址：河北省石家庄市和平东路 19 号

表 17-29 PW、PWL&PWF 系列污水泵性能

序 号	型号规格	流量 $Q/m^3\cdot h^{-1}$	扬程 H/m	配带功率 N/kW	转速 $n/r\cdot min^{-1}$	连接形式
1	2 1/2PW	36 60 72	11.5 9.5 8.5	Y112M-4 4kW	1400	直接
2	2 1/2PW	43 90 108	34 26 24	$Y160M_2$-2 15kW	2920	直接
3	2 1/2PW	43 90 108	48.5 43 39	$Y180M_2$-2 22kW	2940	直接
4	4PW	72 100 120	12 11 10.5	Y160M-6 7.5kW	960	直接
5	4PW	108 160 180	27.5 25.5 24.5	Y200L-4 30kW	1460	直接
6	6PW	200 300 400	16 14 12	Y225M-6 30kW	980	直接
7	6PW	250 300 450	30 27 23	Y250M-4 55kW	1450	直接
8	8PW	350 500 650	15.5 13 9.5	Y280M-8 45kW	730	直接
9	8PW	400 500 700	27.5 25 21	Y315S-6 75kW	980	直接
10	2 1/2PWL	43 90 108	34 26 24	$Y160M_2$-2 (B5)15kW	2920	直接
11	6PWL	200 300 400	16 14 12	Y225M-6 (V1)30kW	980	直接

续表 17-29

序　号	型号规格	流量 $Q/m^3 \cdot h^{-1}$	扬程 H/m	配带功率 N/kW	转速 $n/r \cdot min^{-1}$	连接形式
12	6PWL	250 350 450	30 27 23	Y250M-4 (V1) 55kW	1450	直接
13	8PWL	350 500 650	15.5 13 9.5	Y280M-8 (V1) 45kW	730	直接
14	8PWL	400 550 700	27.5 25 21	JS115-6 75kW	980	直接
15	50PWF	10 14.4 19	18 16 14.5	Y112M-4.4	1440	直接
16	80PWF	42 56 72	14 13.5 12.5	Y132S-4 5.5kW	1440	直接
生产厂家：石家庄泵业集团有限责任公司				厂址：河北省石家庄市和平东路19号		

17.1.3.5 LP型立式排水泵

(1) 适用范围：LP型泵系立式排水泵，泵的叶轮浸没在被抽液体中，启动时无需灌水，该泵适用于抽送无腐蚀性、温度低于60℃、悬浮物含量<150mg/L的污水或废水。

LPT型泵是在LP型泵的基础上，增加了护轴套管，套管内通润滑水，可抽送温度<60℃，含有一定固体颗粒（如铁屑、细砂、煤粉等磨粒）的污水，最大颗粒为2mm，杂质最多为200mg/L，润滑水压力应不低于工作压力的一半。

LP、LPT型泵占地面积小，使用方便，基础费用低，可广泛用于市政工程，冶金、采矿、自来水、电厂及农田水利工程建设等。

LPT和LP型泵在性能参数、安装尺寸上完全一样，仅叶轮、导叶改用耐磨材料。

由电机方向看，泵为顺时针方向旋转，出口口径等于或大于250mm的泵设有防倒转措施。

(2) 型号意义说明：

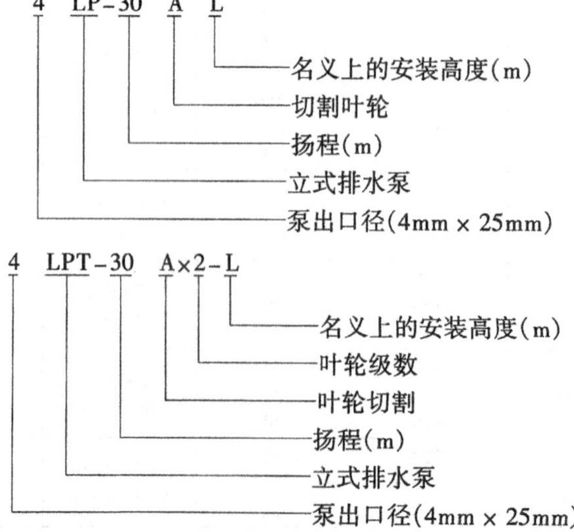

(3) 性能参数：见表17-30。

表 17-30　LP 型立式排水泵、LPT 型立式杂质泵性能参数

型　　号	流量 $Q/m^3 \cdot h^{-1}$	扬程 H/m	转速 $n/r \cdot min^{-1}$	效率 η/%	配用功率/kW	配用电机型号
1 1/4LP-6	3 7 11	11 10.2 9	2880	22 41 45	4.4	Y802-2-B_5
2LP-10×1	15	10	1400	50	1.5	Y90L-4-B_5
2LP-10×2	15	20	1400	50	3	Y100L_2-4-B_5
2.5LP-10×1	30	10	1420	55	2.2	Y100L_1-4-B_5
2.5LP-10×2	30	20	1420	55	4	Y112M-4-B_5
3LP-10×1	50	10	1420	60	4	Y112M-4-B_5
3LP-10×2	50	20	1420	60	7.5	Y132M-4-B_5
4LP-20 4LPT-20	80	20	1450	65	11	Y160M-4-B_5
4LP-20×2 4LP-20×2		40		65	18.5	Y180M-4-B_5
4LP-20A×2 4LPT-20A×2	80	35	1450	63	15	Y160M-4-V_1
4LP-30 4LPT-30		30		62	15	Y160L-4-B_5
4LP-30A 4LPT-30A		27		60	15	Y160L-4-B_5
4LP-30×2 4LPT-30×2		60		62	30	Y160L-4-B_5
4LP-30A×2 4LPT-30A×2		54		60	30	Y200L-4-V_1
4LP-7 4LPT-7	54 80 108	27.6 25 20	1450	49 54 51	15	Y160L-4-V_1
4LP-7B 4LPT-7B	54 80 100	17.5 15 11.5	1450	49 50 44	11	Y160M-4-V_1
4LP-7a 4LPT-7a	50	25	1450	45	11	Y160M-4-V_1
4LP-80/50 4LPT-80/50	54 80 108	57 50.5 39.5	1450	50.1 56.5 54	22	Y180M-2-V_1
4LP-80/50J 4LPT-80/50J	40	11	1450	56.5	4	Y112M-4-V_1
6LP-10 6LPT-10	100.8 147.6 190.3	27.6 25 20	1450	56 61 57	20	Y180L-4-V_1
6LP-20 6LPT-20	150	20	1450	73	15	Y160L-4-B_1
6LP-20×2 6LPT-20×2		40		73	30	Y200L-4-V_1
6LP-20A×2 6LPT-20A×2	150	35	1450	71	30	Y200L-4-V_1
6LP-30 6LPT-30		30		72	22	Y180L-4-V_1
6LP-30A 6LPT-30A		27		70	18.5	Y180M-4-V_1
6LP-30×2 6LPT-30×2		60		72	45	Y225M-4-V_1
6LP-30A×2 6LPT-30A×2		54		70	37	Y225S-4-V_1

续表 17-30

型号	流量 $Q/m^3 \cdot h^{-1}$	扬程 H/m	转速 $n/r \cdot min^{-1}$	效率 $\eta/\%$	配用功率/kW	配用电机型号
8LP-20 8LPT-20	280	20	1480	77	22	$Y180L-4-V_1$
8LP-20×2 8LPT-20×2		40		77	45	$Y225M-4-V_1$
8LP-20A×2 8LPT-20A×2		35		75	45	$Y225M-4-V_1$
8LP-30 8LPT-30		30		75	37	$Y225S-4-V_1$
8LP-30×2 8LPT-30×2		27		73	37	$Y225S-4-V_1$
8LP-30A×2 8LPT-30A×2		60		75	75	$Y280S-4-V_1$
8LP-30A×2 8LPT-30A×2		54		73	75	$Y280S-4-V_1$
10LP-20 10LPT-20	450	20	1480	77	37	$Y225S-4-V_1$
10LP-35 10LPT-35		35		75	75	$Y280S-4-V_1$
10LP-35A 10LPT-35A		31		73	75	$Y280S-4-V_1$
10LP-35×2 10LPT-35×2	450	70	1480	75	132	$Y315M1-4-V_1$
10LP-35A×2 10LPT-35A×2		62		73	110	$Y315S-4-V_1$
10LP-45 10LPT-45		45		75	90	$Y280M-4-V_1$
10LP-45A 10LPT-45A		40		73	75	$Y280S-4-V_1$
10LP-420/22	420	22	1480	73	45	$Y225M-4-V_1$
10LPT-420/22A	400	20	1480	72	37	$Y225S-4-V_1$
12LP-20 12LPT-20	750	20	1480	78	75	$Y280S-4-V_1$
12LP-20A 12LPT-20A		17.5		76	55	$Y250M-4-V_1$
12LP-35 12LPT-35		35		78	110	$Y315S-4-V_1$
12LP-35A 12LPT-35A		31		76	110	$Y315S-4-V_1$
12LP-35×2 12LPT-35×2		70		78	220	$Y355M1-4-V_1$
12LP-35A×2 12LPT-35A×2		62		76	220	$Y355M1-4-V_1$
12LP-45 12LPT-45		45		78	132	$Y355M1-4-V_1$
12LP-45A 12LPT-45A		40		76	132	$Y355M1-4-V_1$
14LP-20 14LPT-20	1000	20	1480	79	90	$Y280M-4-V_1$
14LP-20A 14LPT-20A		17.5		77	75	$Y280S-4-V_1$
14LP-35 14LPT-35		35		79	132	$Y315M_1-4-V_1$
14LP-35A 14LPT-35A		31		77	132	$Y355L_1-4-V_1$
14LP-35×2 14LPT-35×2		70		79	280	$Y355M_2-4-V_1$
14LP-35A×2 14LPT-35A×2		62		77	250	$Y315L_2-4-V_1$

续表 17-30

型　号	流量 $Q/m^3 \cdot h^{-1}$	扬程 H/m	转速 $n/r \cdot min^{-1}$	效率 $\eta/\%$	配用功率/kW	配用电机型号
14LP-50 14LPT-50	1000	50	1480	79	200	Y315L-4-V_1
14LP-50A 14LPT-50A		45		77	185	Y315S-4-V_1
16LP-20 16LPT-20	1250	20	1480	75	110	Y280M-4-V_1
16LP-20A 16LPT-20A		17.5		73	90	Y315M_2-4-V_1
16LP-35 16LPT-35		35		80	160	Y315M_2-4-V_1
16LP-35A 16LPT-35A		31		78	160	Y355L_2-4-V_1
16LP-35×2 16LPT-35×2		70		80	315	Y355L_2-4-V_1
16LP-35A×2 16LPT-35A×2		62		78	315	Y355L_2-4-V_1
16LP-50 16LPT-50		50		80	250	Y355M_2-4-V_1
16LP-50A 16LPT-50A		45		78	220	Y355M_1-4-V_1
20LP-20 20LPT-20	2000	20	980	81	160	Y355M_1-4-V_1
20LP-20A 20LPT-20A		17.5		79	132	Y315M_3-6-V_1
20LP-35 20LPT-35		35		81	280	Y315L_3-6-V_1
20LP-35A 20LPT-35A		31		79	250	Y315L_2-6-V_1
20LP-50 20LPT-50		50		81	355	暂无
20LP-50A 20LPT-50A		45		79	355	暂无

生产厂家:北鲸水泵厂　　厂址:北京市通州区运河西大街 21 号

17.1.3.6　长轴无堵塞液下排污泵

(1) 适用范围:WWY 系列排污泵是单级单吸离心泵,主要用于市政工程、工业、医院、建筑、宾馆、饭店等行业,输送含固体颗粒及长纤维的淤泥、废水、城市生活污水(包括有腐蚀性,侵蚀性的介质)。

适用范围流量为:18～3750m^3/h,扬程为 5～60m,排出口径为 50～60mm,水温≤60℃,被送液体 pH 值为 4～10,伸入长度 $L \leqslant 12m$。

(2) 型号意义说明:

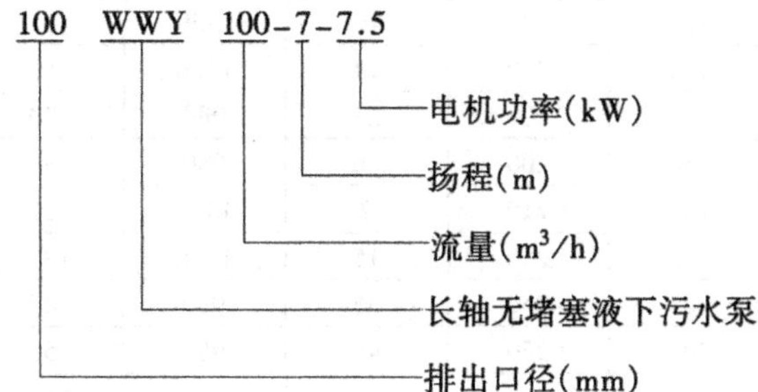

(3) 性能参数:见表 17-31。

表 17-31 WWY 系列长轴无堵塞液下排污泵性能

型　　号	排出口径/mm	流量/$m^3 \cdot h^{-1}$	扬程/m	转速/$r \cdot min^{-1}$	功率/kW	效率/%	质量/kg
50WWY15-22-3	50	15	22	2900	3	58.4	70
50WWY18-15-2.2	50	18	15	2900	2.2	62.8	60
50WWY20-75-15	50	20	75	1450	15	52.6	240
50WWY24-20-5.5	50	24	20	1450	5.5	69.2	121
50WWY25-10-2.2	50	25	10	2900	2.2	67.5	60
50WWY25-22-5.5	50	25	22	1450	5.5	56.2	121
50WWY25-30-7.5	50	25	30	1450	7.5	54.2	190
50WWY27-15-3	50	27	15	2900	3	65.3	70
50WWY30-30-11	50	30	30	1450	11	62.2	200
50WWY40-15-5.5	50	40	15	1450	5.5	67.7	121
50WWY42-9-3	50	42	9	2900	3	74.8	70
80WWY45-22-7.5	80	45	22	1450	7.5	55.4	190
80WWY50-10-4	80	50	10	1450	4	72.3	125
80WWY60-13-5.5	80	60	13	1450	5.5	72.1	121
100WWY30-22-7.5	100	30	22	1450	7.5	57.4	190
100WWY40-36-11	100	40	36	1450	11	59.1	193
100WWY50-35-11	100	50	35	1450	11	62.05	293
100WWY65-15-7.5	100	65	15	1450	7.5	71.4	190
100WWY70-7-4	100	70	7	1450	4	75.1	125
100WWY70-10-5.5	100	70	10	1450	5.5	74.4	130
100WWY70-22-11	100	70	22	1450	11	69.5	293
100WWY87-28-15	100	87	28	1450	15	69.1	360
100WWY100-7-5.5	100	100	7	1450	5.5	77.4	130
100WWY70-40-18.5	150	70	40	1450	18.5	54.2	520
100WWY100-15-11	150	100	15	1450	11	75	280
100WWY100-22-18.5	150	100	22	1450	18.5	72.2	360
100WWY100-40-30	150	100	40	980	30	60.1	820
100WWY108-60-75	150	108	60	980	75	52.2	1400
100WWY120-10-75	150	120	10	1450	75	77.2	190
100WWY140-18-15	150	140	18	1450	15	73	360
100WWY140-45-37	150	140	45	980	37	93.1	1100
100WWY145-10-11	150	145	10	1480	11	79.2	280
150WWY150-15-15	150	150	15	1450	15	70.2	360
150WWY150-22-22	150	150	22	980	22	63	820
150WWY150-56-55	150	150	56	980	55	68.6	1206
150WWY200-10-15	150	200	10	1450	15	79.4	360
150WWY200-14-18.5	150	200	14	1450	18.5	68.3	520
150WWY200-22-30	150	200	22	980	30	73.5	900
150WWY200-30-30	150	200	30	980	30	71	900
150WWY210-7-11	150	210	7	1450	11	80.5	280
200WWY250-15-18.5	200	250	15	1450	18.5	77.2	420
200WWY250-35-45	200	250	35	980	45	71.4	1400
200WWY250-40-55	200	250	40	980	55	70.62	1280
200WWY300-10-18.5	200	300	10	980	18.5	81.2	520

续表 17-31

型 号	排出口径 /mm	流量 /$m^3 \cdot h^{-1}$	扬程/m	转速 /$r \cdot min^{-1}$	功率/kW	效率/%	质量/kg
200WWY350-20-37	200	350	20	980	37	77.8	1100
200WWY350-50-75	200	350	50	980	75	73.64	1420
200WWY360-6-11	200	360	6	1450	11	72.4	490
200WWY360-15-30	200	360	15	980	30	77.9	900
200WWY400-7-15	200	400	7	980	15	82.1	660
200WWY400-10-22	200	400	10	980	22	77.8	820
200WWY400-24-45	200	400	24	980	45	77.33	1400
200WWY400-34-55	200	400	34	980	55	76.19	1280
250WWY250-17-22	250	500	14	980	22	66.7	820
250WWY500-10-30	250	600	10	980	30	78.3	900
250WWY600-7-22	250	600	7	980	22	83.5	820
250WWY600-15-45	250	600	15	980	45	82.6	1450
250WWY600-20-55	250	600	20	980	55	80.5	1350
250WWY600-25-75	250	600	25	980	75	80.6	1516
250WWY600-30-90	250	600	30	980	900	78.06	1860
250WWY600-40-110	250	600	40	980	110	67.5	2300
250WWY600-50-132	250	700	50	980	132	66	2750
250WWY700-11-37	250	700	11	980	37	83.2	1150
250WWY700-22-90	250	700	22	980	90	79.2	1860
250WWY700-33-110	250	700	33	980	110	79.12	2300
300WWY720-5.5-18.5	300	720	5.5	980	18.5	74.1	720
300WWY20-6-22	300	720	6	980	22	74	820
300WWY800-15-55	300	800	15	980	55	82.76	1350
300WWY800-36-110	300	800	36	980	110	69.7	2300
300WWY900-8-37	300	900	8	980	37	84.5	1150
300WWY950-24-110	300	950	24	980	110	81.9	2300
350WWY1000-28-132	350	1000	28	730	132	83.2	2830
350WWY1000-36-160	350	1000	36	730	160	78.65	3150
350WWY1100-10-45	350	1100	10	980	45	74.6	1500
350WWY1200-18-90	350	1200	18	980	90	822.5	2000
350WWY1440-5.5-37	350	1440	5.5	980	37	76	1250
350WWY1500-15-90	350	1500	15	980	90	82.1	2000
400WWY1250-5-30	400	1250	5	980	30	78.9	960
400WWY1500-10-75	400	1500	10	980	75	82.07	1670
400WWY1500-26-160	400	1500	26	730	160	82.17	3200
400WWY1500-47-280	400	1500	47	980	280	85.1	4760
400WWY1690-7-55	400	1690	7	730	55	75.7	1350
400WWY1700-22-160	400	1700	22	730	160	83.36	3200
400WWY1700-30-200	400	1700	30	730	200	73.36	3350
400WWY1800-32-250	400	1800	32	730	250	82.07	4690
400WWY2000-15-132	400	2000	15	730	132	85.34	2900
400WWY2010-7-75	400	2010	7	730	75	76.2	1700
450WWY2200-10-110	450	2200	10	980	110	86.64	2300
500WWY2400-22-220	500	2400	22	730	220	84.65	4280

续表 17-31

型　　号	排出口径 /mm	流量 $/m^3 \cdot h^{-1}$	扬程/m	转速 $/r \cdot min^{-1}$	功率/kW	效率/%	质量/kg
500WWY2600-15-160	500	2600	15	730	160	86.05	3214
500WWY2650-24-250	500	2650	24	730	250	85.01	4690
550WWY3000-12-160	550	3000	12	730	160	86.05	3250
550WWY3000-16-200	550	3000	16	730	200	86.10	3840
550WWY3500-7-110	550	3500	7	730	110	77.5	2300
600WWY3500-12-185	600	3500	12	730	185	87.13	3420
600WWY3750-17-250	600	3750	17	730	250	86.77	4690
生产厂家:镇江正汉泵业有限公司					厂址:江苏省扬中市扬子东路 143 号		

17.1.4 CS 系列陈氏螺杆泵

(1) 适用范围:陈氏螺杆泵适于输送各种流动性、非流动性、高粘度、高浓度、强溶剂、强腐蚀和强磨损的各种介质。泵组动力源可配电机、内燃机、液压马达等各种形式,可实现开环或闭环全自动控制。

该泵强耐磨(可调式结构),不泄漏、节能。与同类泵比较,寿命提高 4~6 倍,运行 1~2 年节约的电费可回收投资;完全可替代进口产品。

该泵不灌引水,自吸能力强,振动小,噪声低。反转性能不变。适用于化工、冶金、环保、医药、食品、酿造、石油、地质等各行各业。

(2) 性能参数:陈氏螺杆泵共 35 个系列,948 种规格。主要性能参数范围如下:

流量 $Q=0.2\sim1080m^3/h$,扬程 $H=10\sim200m$,允许含固量$\leqslant70\%$;

适用粘度 $\leqslant0.56m^2/s$,泵效率 70%~85%,允许纤维长度 32~260mm;

允许粒径 1.8~2.5mm,吸入高度 $\leqslant$8.5m,适应温度 -100℃~550℃。

CSG(陈氏高压泵)系列以及该所产品的安装外形尺寸请与重庆大学明珠机电研究所联系。

其性能参数见表 17-32。

表 17-32　CS 系列陈氏螺杆泵性能参数

型　　号	扬程/m	流量$/m^3 \cdot h^{-1}$	转速$/r \cdot min^{-1}$	电机功率/kW
$CS03_1$-0.2~1.07/30	30	0.2~1.07	320~1350	0.55~0.75
$CS03_1$-0.19~1.01/50	50	0.19~1.01	320~1350	0.55~0.75
$CS03_1$-0.33~1.09/80	80	0.33~1.09	480~1380	0.55~0.75
$CS03_1$-0.30~1.02/120	120	0.30~1.02	480~1400	0.55~0.75
$CS03_1$-0.29~1.0/180	180	0.29~1.00	480~1440	0.55~1.1
$CS03_1$-0.28~0.96/240	240	0.28~0.96	480~1440	0.75~1.5
$CS03_2$-0.38~2.05/30	30	0.38~2.05	320~1350	0.55~0.75
$CS03_2$-0.36~1.94/50	50	0.36~1.94	320~1350	0.55~0.75
$CS03_2$-0.38~2.09/80	80	0.38~2.09	320~1380	0.55~0.75
$CS03_2$-0.36~1.96/120	120	0.36~1.96	320~1400	0.55~1.1
$CS03_2$-0.34~1.88/180	180	0.34~1.88	320~1440	0.55~2.2
$CS03_2$-0.32~1.76/240	240	0.32~1.76	320~1440	0.75~3.0
CS04-0.73~3.81/30	30	0.73~3.81	320~1390	0.55~0.75

续表 17-32

型　号	扬程/m	流量/$m^3 \cdot h^{-1}$	转速/$r \cdot min^{-1}$	电机功率/kW
CS04-0.69～3.65-50	50	0.69～3.65	320～1400	0.55～0.75
CS04-0.74～3.91/80	80	0.74～3.91	320～1410	0.75～1.5
CS04-0.67～3.58/120	120	0.67～3.58	320～1410	0.75～2.2
CS04-0.67～3.61/180	180	0.67～3.61	320～1430	0.75～3
CS04-0.66～3.61/240	240	0.66～3.61	320～1440	1.1～4
$CS05_1$-1.23～6.5/30	30	1.23～6.5	320～1400	0.55～0.75
$CS05_1$-1.17～6.24/50	50	1.17～6.24	320～1410	0.75～1.5
$CS05_1$-1.25～6.62/80	80	1.25～6.62	320～1410	0.75～2.2
$CS05_1$-1.14～6.15/120	120	1.14～6.15	320～1430	0.75～3.0
$CS05_1$-1.13～6.16/180	180	1.13～6.16	320～1440	1.1～5.5
$CS05_1$-1.13～6.12/240	240	1.13～6.12	320～1440	1.5～5.5
$CS05_2$-1.49～7.87/30	30	1.49～7.87	320～1400	0.55～1.11
$CS05_2$-1.41～7.53/50	50	1.41～7.53	320～1410	0.75～1.5
$CS05_2$-1.51～8.12/80	80	1.51～8.12	324～1430	0.75～3.0
$CS05_2$-1.38～7.49/120	120	1.38～7.49	320～1440	1.1～4.0
$CS05_2$-1.37～7.45/180	180	1.37～7.45	320～1440	2.2～5.5
$CS05_2$-1.36～7.41/240	240	1.36～7.41	320～1440	2.2～7.5
CS06-3.81～20.17/30	30	3.81～20.17	320～1410	1.5～2.2
CS06-3.62～19.56/50	50	3.62～19.56	320～1440	2.2～4.0
CS06-3.35～18.01/80	80	3.35～18.01	320～1440	2.2～7.5
CS06-3.57～19.57/120	120	3.57～19.57	320～1460	2.2～11
CS06-3.16～17.38/180	180	3.16～17.38	320～1460	3～15
CS06-3.28～18.36/240	240	3.28～18.16	320～1470	4～22
CS07-6.37～34.64/30	30	6.37～34.64	320～1450	2.2～4
CS07-6.05～32.68/50	50	6.05～32.68	320～1450	2.2～7.5
CS07-5.57～30.52/80	80	5.57～30.52	320～1460	3～11
CS07-5.97～32.77/120	120	5.97～32.77	320～1460	4～15
CS07-5.3～29.26/180	180	5.3～29.26	320～1470	5.5～22
CS07-5.49～30.36/240	240	5.49～30.36	320～1470	7.5～30
CS08-7.16～34.36/30	30	7.16～34.36	240～960	2.2～4
CS08-6.8～33.01/50	50	6.8～33.01	240～970	2.2～7.5
CS08-6.28～30.69/80	80	6.28～30.69	240～970	3～11
CS08-6.71～32.63/120	120	6.71～32.63	240～970	4～18.5
CS08-5.82～28.86/180	180	5.82～28.86	240～980	7.5～30
CS08-6.19～30.63/240	240	6.19～30.63	240～980	7.5～37
CS09-9.51～46.08/30	30	9.51～46.08	240～970	2.2～5.5
CS09-9.02～43.86/50	50	9.02～43.86	240～970	2.2～11
CS09-8.35～40.90/30	80	8.35～40.90	240～970	4～15
CS09-8.35～43.37/120	120	8.35～43.37	240～970	5.5～22
CS09-7.74～38.34/180	180	7.74～38.34	240～980	7.5～30
CS09-8.23～40.83/240	240	8.23～40.88	240～980	11～45
CS10-13.67～66.17/30	30	13.67～66.17	240～970	2.2～7.5
CS10-12.98～63.36/50	50	12.98～63.36	240～970	3～15

续表 17-32

型　号	扬程/m	流量/$m^3 \cdot h^{-1}$	转速/$r \cdot min^{-1}$	电机功率/kW
CS10-12.02～58.78/80	80	12.02～58.78	240～970	5.5～18.5
CS10-12.8～63.95/120	120	12.8～63.95	240～980	7.5～30
CS10-11.15～55.12/180	180	11.15～55.12	240～980	11～45
CS10-11.84～58.68/240	240	11.84～58.68	240～980	15～75
CS11-19.17～68.42/30	30	19.17～68.42	240～720	3～7.5
CS11-18.2～65.42/50	50	18.2～65.42	240～730	4～15
CS11-16.86～60.9/80	80	16.86～60.9	240～730	7.5～22
CS11-17.95～64.94/120	120	17.95～64.94	240～730	11～30
CS11-16.01～58.35/180	180	16.01～58.35	240～740	15～45
CS11-16.62～60.59/240	240	16.62～60.59	240～740	22～75
CS12-26.77～100.4/30	30	26.77～100.4	240～730	4～11
CS12-25.42～95.26/50	50	25.42～95.26	240～730	7.5～18.5
CS12-23.57～87.58/80	80	23.57～87.58	240～730	11～30
CS12-25.09～95.01/120	120	25.09～95.01	240～740	15～45
CS12-23.24～84.62/180	180	23.24～84.62	240～740	22～75
CS12-24.25～86.70/240	240	24.25～86.70	240～740	30～90
CS13-41.62～150.17/30	30	41.62～150.17	240～730	5.5～18.5
CS13-39.55～143.09/50	50	39.55～143.09	240～730	11～30
CS13-36.71～133.10/80	80	36.71～133.10	240～740	15～45
CS13-39.03～142.66/120	120	39.03～142.66	240～740	22～75
CS13-34.64～126.22/180	180	34.64～426.72	240～740	37～110
CS13-39.19～131.51/240	240	39.19～131.51	240～740	45～132
CS14-42.02～188.75/30	30	40.02～188.75	160～580	7.5～22
CS14-40.45～182.79/50	50	40.45～182.79	160～580	11～37
CS14-39.95～188.8/80	80	39.95～188.8	160～590	18.5～55
CS14-40.20～179.8/120	120	40.20～179.8	160～590	30～90
CS14-39.46～178.81/180	180	39.46～178.81	160～590	37～132
CS14-39.80～179.21/240	240	39.80～179.21	160～590	55～185
CS15-60.61～213.90/30	30	60.61～213.90	160～465	11～22
CS15-62.13～213.90/50	50	92.13～213.90	160～465	15～45
CS15-59.21～209.0/80	80	59.21～209.0	160～465	30～75
CS15-59.57～209.0/120	120	59.57～209.0	160～475	37～110
CS15-58.84～207.58/180	180	58.84～207.58	160～475	55～160
CS15-59.27～210.43/240	240	59.27～210.43	160～475	75～200
CS16-98.55～343.17/30	30	98.55～343.17	160～465	15～45
CS16-96.23～323.18/50	50	96.23～323.18	160～465	22～75
CS16-93.91～331.10/80	80	93.91～331.10	160～475	37～110
CS16-74.49～330.0/120	120	74.49～330.0	160～475	55～160
CS16-93.33～329.18/180	180	93.33～329.18	160～475	90～250
CS16-93.31～320.15/240	240	93.31～320.15	160～475	132～315
CS17-144.56～433.20/30	30	144.56～433.20	160～400	22～55
CS17-141.16～423.60/50	50	141.16～423.60	160～400	37～90
CS17-137.76～413.51/80	8	137.76～413.51	160～405	55～132

续表 17-32

型　　号	扬程/m	流量/$m^3·h^{-1}$	转速/$r·min^{-1}$	电机功率/kW
CS17-138.61～415.94/120	120	138.61～415.94	160～405	90～200
CS17-136.91～411.08/180	180	136.91～411.08	160～405	132～315
CS17-137.76～413.51/240	240	137.76～413.51	160～405	160～400
CS18-204.70～608.40/30	30	204.70～608.40	160～400	30～75
CS18-198.27～595.60/50	50	198.27～595.60	160～400	45～132
CS18-193.49～582.80/80	80	193.49～582.80	160～400	75～185
CS18-194.69～586.04/120	120	194.69～586.04	160～400	132～280
CS18-192.28～581.58/180	180	192.28～581.58	160～400	185～450
CS18-192.25～580.36/240	240	192.25～580.36	160～400	280～560
CS19-251.34～838.85/30	30	251.34～838.85	120～320	37～110
CS19-245.13～820.25/50	50	245.13～820.25	120～325	75～185
CS19-239.53～830.61/80	80	239.53～830.61	120～325	110～280
CS19-241.00～808.25/120	120	241.00～808.25	120～325	160～400
CS19-238.04～798.81/180	180	238.04～798.81	120～325	220～630
CS19-238.92～799.74/240	240	238.92～799.74	120～325	315～800
CS20-400.02～1080.00/30	30	400.02～1080.00	120～280	55～132
CS20-399.29～1041.70/50	50	399.29～1041.70	120～280	90～200
CS20-389.65～1027.31/80	80	389.65～1027.31	120～290	132～335
CS20-383.65～1038.30/120	120	383.65～1038.30	120～295	220～500
CS20-315.71～1025.4/180	180	315.71～1025.4	120～295	325～710
CS20-380.16～1030.01/240	240	380.16～1030.01	120～295	450～1000
生产厂家：重庆大学明珠机电研究所（重庆陈氏泵业有限公司）　厂址：重庆市沙坪坝区重庆大学明珠机电研究所				

17.1.5 计量泵

17.1.5.1 丹东水技术机电研究所 JLBM 新型隔膜式计量泵

(1) 应用范围：本系列计量泵具有体积流量比小、重量轻、计量准确、流量调节简便、耐腐蚀、安装方便等特点，可广泛用于冶金、化工、食品、制药及环境保护等行业生产中的药液计量。该产品采用引进技术，其性能，寿命和外观均达到国外同类产品水平。外形及安装尺寸见表 17-33 图示。

(2) 型号意义说明：

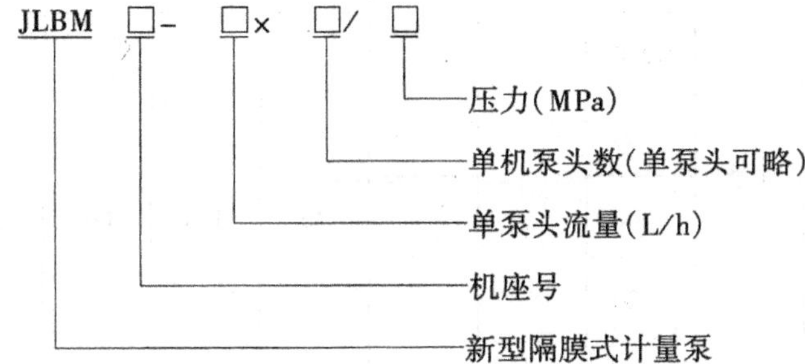

(3) 性能参数：见表 17-33。

表 17-33 JLBM 新

<table>
<tr><th rowspan="2">计量泵型号</th><th rowspan="2">机座号</th><th rowspan="2">流量 /L·h^{-1}</th><th rowspan="2">压力 /MPa</th><th rowspan="2">电动机功率 /kW</th><th colspan="5">对接法兰尺寸</th></tr>
<tr><th>DN</th><th>D</th><th>D_1</th><th>d_0</th><th>标准 GB25555—81</th></tr>
<tr><td>JLBM$_1$-1/1.0</td><td rowspan="8">1号</td><td>1</td><td rowspan="3">1.0</td><td rowspan="5">0.25</td><td rowspan="3">15</td><td rowspan="3">95</td><td rowspan="3">65</td><td rowspan="3">14</td><td rowspan="18">1.0MPa</td></tr>
<tr><td>JLBM$_1$-18/1.0</td><td>18</td></tr>
<tr><td>JLBM$_1$-36/1.0</td><td>36</td></tr>
<tr><td>JLBM$_1$-45/0.3</td><td>45</td><td rowspan="5">0.3</td><td rowspan="4">20</td><td rowspan="4">105</td><td rowspan="4">75</td><td rowspan="4">14</td></tr>
<tr><td>JLBM$_1$-75/0.3</td><td>75</td></tr>
<tr><td>JLBM$_1$-45×2/0.3</td><td>90</td><td rowspan="2">0.55</td></tr>
<tr><td>JLBM$_1$-75×2/0.3</td><td>150</td></tr>
<tr><td>JLBM$_1$-200/0.3</td><td>200</td><td>0.25</td><td rowspan="6">25</td><td rowspan="6">115</td><td rowspan="6">85</td><td rowspan="6">14</td></tr>
<tr><td>JLBM$_2$-300/0.5</td><td rowspan="2">2号</td><td>300</td><td rowspan="2">0.5</td><td>0.55</td></tr>
<tr><td>JLBM$_2$-300×2/0.5</td><td>600</td><td rowspan="2">0.75</td></tr>
<tr><td>JLBM$_3$-414/0.3</td><td rowspan="2">3号</td><td>414</td><td rowspan="8">0.3</td></tr>
<tr><td>JLBM$_3$-414×2/0.3</td><td>828</td><td rowspan="4">1.5</td></tr>
<tr><td>JLB$_4$-1000/0.3</td><td rowspan="6">4号</td><td>1000</td></tr>
<tr><td>JLB$_4$-1200/0.3</td><td>1200</td><td rowspan="5">40</td><td rowspan="5">150</td><td rowspan="5">110</td><td rowspan="5">18</td></tr>
<tr><td>JLBM$_4$-1500/0.3</td><td>1500</td></tr>
<tr><td>JLBM$_4$-1000×2/0.3</td><td>2000</td><td rowspan="2">3.0</td></tr>
<tr><td>JLBM$_4$-1200×2/0.3</td><td>2400</td></tr>
<tr><td>JLBM$_4$-1500×2/3</td><td>3000</td><td>4.0</td></tr>
<tr><td colspan="10">生产厂家:丹东水技术机电研究所</td></tr>
</table>

型隔膜式计量泵性能

图　示

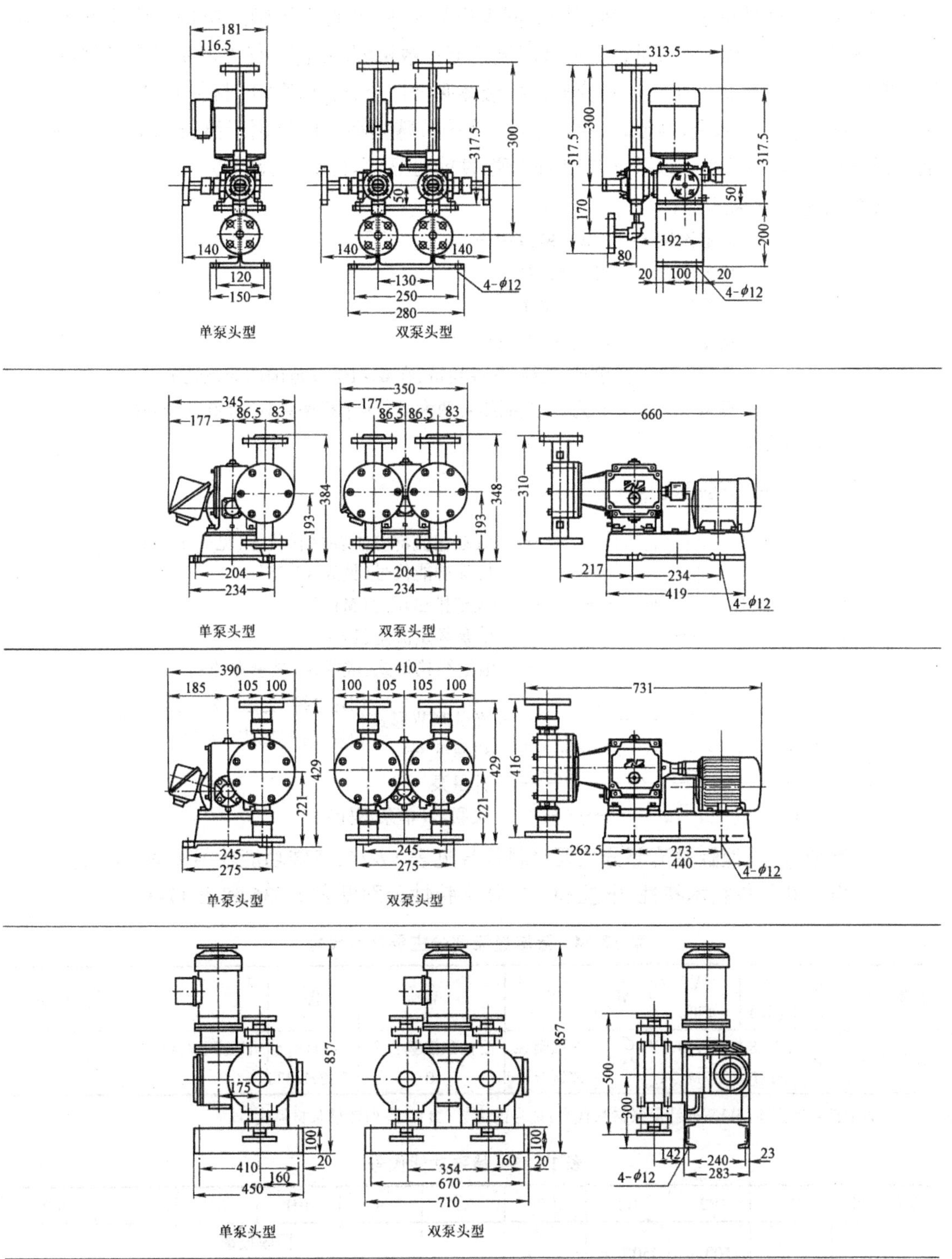

厂址：辽宁省丹东市振兴区福春街 88 号

17.1.5.2 重庆水泵厂各系列计量泵

(1) 适用范围：J-(M)、Z(M)、J系列计量泵是重庆水泵厂在国内开发最早、品种最全、产量最多、质量最好的主导产品。重庆水泵厂一直处于国内计量泵生产和技术发展的前列。J-(M)、Z(M)、J系列计量泵已基本达到国际同类产品水平，并打入了国际市场。该泵可无级调节定量输送腐蚀性液体，还可进行相同或不同性能参数机型的组合(有关多联组合机型可直接与厂家联系)，按比例同时输送多种介质。按液体腐蚀性质，可选用不同材料满足其使用要求。还可派生电控、气控、双调、高温、高粘度、悬浮液等特殊类型。广泛用于给排水加药、环保、石化、医药和饮食等各行业。该系列泵结构合理、性能可靠、运行平稳、调节方便。

其性能参数范围如下：

额定流量 Q	0.2～30000L/h
排出压力 p	可达 50MPa
介质温度 T	可达 450℃
粘度	可达 6000mm²/s
行程	手动、电控、气控均可，在 0～100%范围内无级调节
类型	分为柱塞、隔膜式两大类、11 个机座系列 3000 多种规格

(2) 型号意义：

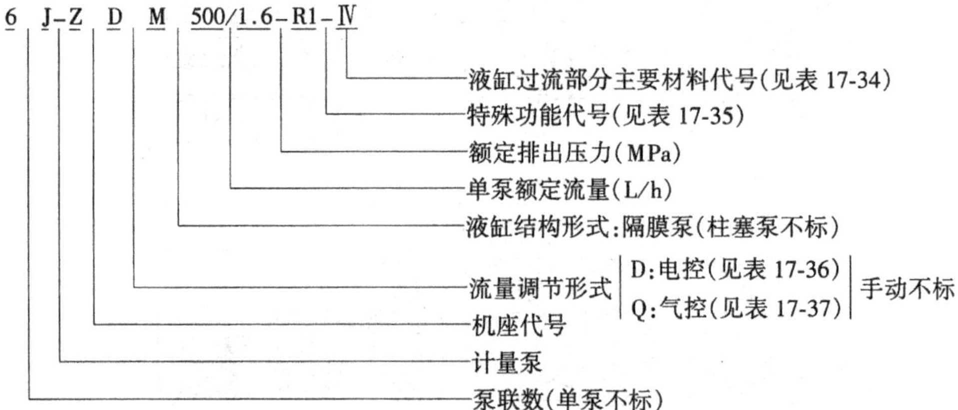

(3) 其他代号：液缸过流部分主要材料代号见表 17-34，特殊功能代号见表 17-35。

(4) 电控和气控技术特性：电控和气控技术特性分别见表 17-36 和表 17-37。

表 17-34 液缸过流部分主要材料代号

材料代号	Ⅲ (Ⅰ)	Ⅳ (Ⅱ)	Ⅴ (Ⅲ)	Ⅵ	Ⅶ	Ⅷ	Ⅸ	Ⅹ	Ⅺ	Ⅻ
材料牌号	2Cr13	1Cr18, Ni9Ti	1Cr18, Ni12Mo2Ti	PVC	高强耐蚀镍铜合金	耐盐酸镍基合金 B	1Cr18, Ni12Mo3Ti	耐盐酸镍基合金 C	Ti	Zr

注：表中括号外为 J-(M)系列计量泵材料代号；括号内为 Z(M)J 系列计量泵材料代号。

表 17-35 特殊功能代号

字母代号	R1	R2	R3	GN	XF	A	BH	BY	T	TP
主要用途	$T \leqslant 150$℃	150℃$\leqslant$ $T \leqslant 250$℃	250℃$<$ $T < 400$℃	高粘度	悬浮液	食品饮料	隔膜报警：化敏	隔膜报警：压敏(双隔膜)	交流调速	变频调速

表 17-36 电控技术特性

代　号	项目要求	输入信号	灵敏度	电源	使用环境	相对湿度	面板开孔尺寸	适于机座号
D	技术指标	0~10mA 或 4~20mA	≤150μA 或 ≤240μA	50Hz/220V	0~50℃	≤85%	76mm×152mm	JZ、JD、J_2、 J_5、J_6、J70

表 17-37 气控技术特性

代　号	项目要求	输入信号	气源压力	控制压力	耗气量	适于机座号
Q	技术指标	0.02~0.1MPa	0.3~0.5MPa	0.14MPa	0.6~1m³/min	JZ、JD、J_2、J_5、J_6、J70

(5) 性能参数、外形及安装尺寸:见表 17-38~表 17~70 以及图 17-1~图 17-9。

表 17-38 J_2 型柱塞计量泵性能参数、J_2-M 型隔膜计量泵性能参数

型　号	流量/L·h^{-1}	排出压力/MPa	柱塞直径/mm	行程/mm	泵速/r·min^{-1}	电动机		进口直径/mm	出口直径/mm	质量/kg
						型号	功率/kW			
J_2-1/50.0	1	10-50.0	5	20	83	Y(YB)801-4B5	0.55	3	3	约 140(约 145)
J_2-1.3/50.0	1.3	8.0-50.0			104.4					
J_2-1.6/50.0	1.6	6.3-50.0	6(6.5)		83					
J_2-(M) 2/50.0(16.0)	2	5.0-50.0(16.0)			104.4					
J_2-(M) 2.5/50.0(16.0)	2.5	5.0~50.0(16.0)	7(8)	20	83	Y(YB)801-4B5	0.55	4	4	
J_2-(M) 3.2/40.0(16.0)	3.2	6.3~40.0(16.0)			104.4					
J_2-(M) 4/40.0(16.0)	4	5.0~40.0(16.0)	9(10)		83					
J_2-(M) 5/32.0(16.0)	5	4.0~32.0(16.0)			104.4					
J_2-(M) 6.3/16.0	6.3	3.2~16.0	10(12)		83			5(8)	5(8)	
J_2-(M) 8/16.0	8	2.5~16.0			104.4					
J_2-(M)10/16.0	10	2.0~16.0	13		83					
J_2-(M)13/12.5	13	1.6~12.5			104.4					
J_2-(M)16/10.0	16	1.3~10.0	16		83			8(10)	8(10)	
J_2-(M)20/8.0	20	1.0~8.0			104.4					
J_2-(M)25/6.3	25	0.8~6.3	20		83					
J_2-(M)32/5.0	32	0.6~5.0			104.4					
J_2-(M)40/4.0	40	0.5~4.0	25		83			10(15)	10(15)	约 156(约 170)
J_2-(M)50/3.2	50	0.4~3.2			104.4					
J_2-(M)63/2.5	63	0.4~2.5	32		83					
J_2-(M)80/2.0	80	0.4~2.0			104.4					
J_2-(M)100/1.6	100	0.4~1.6	40		83			15(20)	15(20)	
J_2-(M)125/1.3	125	0.4~1.3			104.4					
J_2-(M)160/1.0	160	0.4~1.0	34		166	Y(YB)801-2B5	0.75			
J_2-(M)200/0.8	200	0.1~0.8	38					20(25)	20(25)	
J_2-(M)250/0.63	250	0.1~0.63	42							
J_2-(M)320/0.5	320	0.1~0.5	48							
J_2-(M)400/0.4	400	0.1~0.4	54							

注:括号内为 J_2-M 型隔膜计量泵性能参数。

表 17-39 J-Z 型柱塞计量泵性能参数、J-Z(MF)型隔膜计量泵性能参数

型号	流量 /L·h^{-1}	排出压力 /MPa	柱塞直径 /mm	行程 /mm	泵速 /r·min^{-1}	电动机		进口直径 /mm	出口直径 /mm	质量 /kg
						型号	功率 /kW			
J-Z8/50.0	8	25~50.0	8	32	102	Y(YB)802-4B5	0.75	8 (10)	8 (10)	约 230 (约 240)
J-Z10/50.0	10	50.0			126	Y(YB)90L-4B5	1.5			
J-Z10/40.0		20~40.0				Y(YB)802-4B5	0.75			
J-Z13/50.0	13	40~50.0	10		102	Y(YB)90L-4B5	1.5			
J-Z13/32.0		16~32.0				Y(YB)802-4B5	0.75			
J-Z16/50.0	16	32~50.0			126	Y(YB)90L-4B5	1.5			
J-Z16/25.0		10~25.0				Y(YB)802-4B5	0.75			
J-Z20/40.0	20	20~40.0	13 (16)		102	Y(YB)90L-4B5	1.5			
J-Z(MF)20/20.0		10~20.0				Y(YB)802-4B5	0.75			
J-Z(MF) 25/40.0(20.0)	25	20~40.0(20.0)			126	Y(YB)90L-4B5	1.5	10	10	
J-Z(MF) 25/16.0		8.0~16.0				Y(YB)802-4B5	0.75			
J-Z(MF)32/32.0(20.0)	32	16~32.0(20.0)	16 (18)			Y(YB)90L-4B5	1.5	10 (15)	10 (15)	
J-Z(MF)32/12.5		6.3~12.5				Y(YB)802-4B5	0.75			
J-Z(MF)40/25.0(20.0)	40	12.5~25(20.0)				Y(YB)90L-4B5	1.5			
J-Z(MF)40/10.0		5.0~10.0				Y(YB)802-4B5	0.75			
J-Z(MF)50/20.0	50	10~20.0	20 (21)		102	Y(YB)90L-4B5	1.5	10 (15)	10 (15)	
J-Z(MF)50/8.0		4.0~8.0				Y(YB)802-4B5	0.75			
J-Z(MF)63/16.0	63	8.0~16.0			126	Y(YB)90L-4B5	1.5			
J-Z(MF)63/6.3		3.2~6.3				Y(YB)802-4B5	0.75			
J-Z(MF)80/12.5	80	6.3~12.5	25		102	Y(YB)90L-4B5	1.5	15	15	
J-Z(MF)80/5.0		2.5~5.0				Y(YB)802-4B5	0.75			
J-Z(MF)100/10.0	100	5.0~10.0			126	Y(YB)90L-4B5	1.5			
J-Z(MF)100/4.0		2.0~4.0				Y(YB)802-4B5	0.75			
J-Z(M)125/8.0	125	4.0~8.0	32		102	Y(YB)90L-4B5	1.5	15 (20)	15 (20)	
J-Z(M)125/3.2		1.6~3.2				Y(YB)802-4B5	0.75			
J-Z(M)160/6.3	160	3.2~6.3			126	Y(YB)90L-4B5	1.5			
J-Z(M)160/2.5		1.3~2.5				Y(YB)802-4B5	0.75			
J-Z(M)200/5.0	200	2.5~5.0	40		102	Y(YB)90L-4B5	1.5	20	20	约 263 (约 280)
J-Z(M)200/2.0		1.0~2.0				Y(YB)802-4B5	0.75			
J-Z(M)250/4.0	250	2.0~4.0			126	Y(YB)90L-4B5	1.5			
J-Z(M)250/1.6		0.8~1.6				Y(YB)802-4B5	0.75			
J-Z(M) 320/3.2	320	1.6~3.2	50		102	Y(YB)90L-4B5	1.5	20 (25)	20 (25)	
J-Z(M) 320/1.3		0.6~1.3				Y(YB)802-4B5	0.75			
J-Z(M) 400/2.5	400	1.3~2.5			126	Y(YB)90L-4B5	1.5			
J-Z(M) 400/1.0		0.5~1.0				Y(YB)802-4B5	0.75			
J-Z(M) 500/2.0	500	1.0~2.0	65		102	Y(YB)90L-4B5	1.5	25	25	
J-Z(M) 500/0.8		0.4~0.8				Y(YB)802-4B5	0.75			
J-Z(M) 630/1.6	630	0.8~1.6			126	Y(YB)90L-4B5	1.5			
J-Z(M) 630/0.6		0.4~0.63				Y(YB)802-4B5	0.75			
J-Z(M) 800/1.3	800	0.63~1.3	80		102	Y(YB)90L-4B5	1.5	32	32	
J-Z(M) 800/0.5		0.1~0.5				Y(YB)802-4B5	0.75			
J-Z(M) 1000/1.0	1000	0.5~1.0			126	Y(YB)90L-4B5	1.5			
J-Z(M) 1000/0.4		0.1~0.4				Y(YB)802-4B5	0.75			
J-Z(M) 1250/0.8	1250	0.1~0.8	100		102	Y(YB)90L-4B5	1.5	40	40	
J-Z(M) 1600/0.6	1600	0.1~0.63			126					

注：括号内为 J-Z(MF)或 J-ZM 型隔膜计量泵性能参数。

表 17-40　J-D 型柱塞计量泵性能参数、J-DM 型隔膜计量泵性能参数

型　号	流量/L·h^{-1}	排出压力/MPa	柱塞直径/mm	行程/mm	泵速/r·min^{-1}	电动机		进口直径/mm	出口直径/mm	质量/kg
						型号	功率/kW			
J-D32/50.0	32	50.0	13	50	91	Y(YB)112M-4B5	4	10	10	约 320(约 330)
J-D32/40.0		32～40.0				Y(YB)100L1-4B5	2.2			
J-D40/50.0	40	50.0			115	Y(YB)112M-4B5	4			
J-D40/40.0		32～40.0				Y(YB)100L1-4B5	2.2			
J-D50/50.0	50	40.0～50.0	16(18)		91	Y(YB)112M-4B5	4			
J-D(M)50/32.0(20.0)		25～32.0(20.0)				Y(YB)100L1-4B5	2.2			
J-D63/40.0	63	32～40.0			115	Y(YB)112M-4B5	4			
J-D(M)63/25.0(20.0)		20～25.0(20.0)				Y(YB)100L1-4B5	2.2			
J-D80/40.0	80	25～40.0	20(21)		91	Y(YB)112M-4B5	4	15	15	
J-D(M)80/20.0		16～20.0				Y(YB)100L1-4B5	2.2			
J-D(M)100/32.0(20.0)	100	20～32.0(20.0)			115	Y(YB)112M-4B5	4			
J-D(M)100/16.0		12.5～16				Y(YB)100L1-4B5	2.2			
J-D(M)125/25.0(20.0)	125	16～25.0(20.0)	25(26)		91	Y(YB)112M-4B5	4			
J-D(M)125/12.5		10～12.5				Y(YB)100L1-4B5	2.2			
J-D(M)160/20.0	160	12.5～20			115	Y(YB)112M-4B5	4			
J-D(M)160/10.0		8.0～10.0				Y(YB)100L1-4B5	2.2			
J-D(M)200/16.0	200	10～16.0	32		91	Y(YB)112M-4B5	4	20	20	
J-D(M)200/8.0		6.3～8.0				Y(YB)100L1-4B5	2.2			
J-D(M)250/12.5	250	8.0～12.5			115	Y(YB)112M-4B5	4			
J-D(M)250/6.3		5.0～6.3				Y(YB)100L1-4B5	2.2			
J-D(M)320/10.0	320	6.3～10.0	40		91	Y(YB)112M-4B5	4			
J-D(M)320/5.0		4.0～5.0				Y(YB)100L1-4B5	2.2			
J-D(M)400/8.0	400	5.0～8.0			115	Y(YB)112M-4B5	4			
J-D(M)400/4.0		3.2～4.0				Y(YB)100L1-4B5	2.2			
J-D(M)500/6.3	500	4.0～6.3	50		91	Y(YB)112M-4B5	4	25	25	
J-D(M)500/3.2		2.5～3.2				Y(YB)100L1-4B5	2.2			
J-D(M)630/5.0	630	3.2～5.0			115	Y(YB)112M-4B5	4			
J-D(M)630/3.5		2.0～2.5				Y(YB)100L1-4B5	2.2			
J-D(M)800/4.0	800	2.5～4.0	65		91	Y(YB)112M-4B5	4	32	32	约 340(约 365)
J-D(M)800/2.0		1.6～2.0				Y(YB)100L1-4B5	2.2			
J-D(M)1000/3.2	1000	2.0～3.2			115	Y(YB)112M-4B5	4			
J-D(M)1000/1.6		1.3～1.6				Y(YB)100L1-4B5	2.2			
J-D(M)1250/2.5	1250	1.6～2.5	80		91	Y(YB)112M-4B5	4	40	40	
J-D(M)1250/1.3		1.0～1.3				Y(YB)100L1-4B5	2.2			
J-D(M)1600/2.0	1600	1.3～2.0			115	Y(YB)112M-4B5	4			
J-D(M)1600/1.0		0.8～1.0				Y(YB)100L1-4B5	2.2			
J-D(M)2000/1.6	2000	1.0～1.6	100		91	Y(YB)112M-4B5	4			
J-D(M)2000/0.8		0.4～0.8				Y(YB)100L1-4B5	2.2			
J-D(M)2500/1.3	2500	0.8～1.3			115	Y(YB)112M-4B5	4			
J-D(M)2500/0.6		0.4～0.6				Y(YB)100L1-4B5	2.2			
J-D(M)3200/1.0	3200	0.6～1.0	125		91	Y(YB)112M-4B5	4	50	50	
J-D(M)3200/0.5		0.1～0.5				Y(YB)100L1-4B5	2.2			
J-D(M)4000/0.8	4000	0.5～0.8			115	Y(YB)112M-4B5	4			
J-D(M)4000/0.4		0.1～0.4				Y(YB)100L1-4B5	2.2			

注：括号内为 J-DM 型隔膜计量泵性能参数。

（6）外形及安装尺寸：见表 17-41。

表 17-41　J-DM 型隔膜计量泵外形安装尺寸（mm）

型　号	*DN*	*D*	D_1	D_2	d_0	h_1	h_2	h_3	*l*	*L*
J-DM50/20.0						208	208			
J-DM63/20.0										
J-DM80/16.0-20.0	15	130	90	24	17.5	315	315	50	100	1005
J-DM100/12.5-16.0										
J-DM125/10.0-12.5	20			30				55		
J-DM160/8.0-20.0										
J-DM200/6.3-16.0						242	242			
J-DM250/5.0-12.5										
J-DM320/4.0-10.0	25	140	100	35				60	132	1041
J-DM400/3.2-8.0										
J-DM500/2.5-6.3						283	283			
J-DM630/2.0-5.0										
J-DM800/1.6-4.0	32	140	100	42				65	150	1060
J-DM1000/1.3-3.2						324	324			
J-DM1250/1.0-2.5	40	150	110	50				68	153	1067
J-DM1600/0.8-2.0										
J-DM2000/0.4-1.6						369	369			
J-DM2500/0.1-1.3										
J-DM3200/0.1-1.0	50	165	125	60	18.5				175	1080
J-DM4000/0.1-0.8										

表 17-42　J_5 型柱塞计量泵性能参数、J_5-MF 型隔膜计量泵性能参数

型　号	流量 /L·h^{-1}	排出压力 /MPa	柱塞直径 /mm	行程 /mm	泵速 /r·min^{-1}	电动机		进口直径 /mm	出口直径 /mm	质量 /kg
						型号	功率 /kW			
J_5-100/50.0	100	40～50.0	16	70	135	Y(YB)132S-4B5	5.5	15	15	约 500
$J_5$125/63.0	125	50～63.0	19			Y(YB)132M-4B5	7.5	15	15	约 500（约 630）
J_5-125/40.0		32～40.0				Y(YB)132S-4B5	5.5			
J_5-160/50.0	160	40～50.0	21			Y(YB)132M-4B5	7.5			
J_5-160/32.0	160	25～32.0	21			Y(YB)132S-4B5	5.5	15	15	
J_5-200/40.0	200	32～40.0	23			Y(YB)132M-4B5	7.5			
J_5-(MF)200/25.0		20～25.0				Y(YB)132S-4B5	5.5			
J_5-(MF)250/32.0(25.0)	250	25～32.0（20～25.0）	26			Y(YB)132M-4B5	7.5	20	20	
J_5-(MF)250/20.0		16～20.0				Y(YB)132S-4B5	5.5			
J_5-(MF)320/25.0	320	20～25.0	30			Y(YB)132M-4B5	7.5			
J_5-(MF)320/16.0		12.5～16				Y(YB)132S-4B5	5.5			
J_5-(MF)400/20.0	400	16～20.0	32			Y(YB)132M-4B5	7.5			
J_5-(MF)400/12.5		10～12.5				Y(YB)132S-4B5	5.5			
J_5-(MF)500/16.0	500	12.5～16	35			Y(YB)132M-4B5	7.5	25	25	
J_5-(MF)500/10.0		8.0～10.0	(36)			Y(YB)132S-4B5	5.5			
J_5-(MF)630/12.5	630	10～12.5	40			Y(YB)132M-4B5	7.5			
J_5-(MF)630/8.0		6.3～8.0				Y(YB)132S-4B5	5.5			
J_5-(MF)800/10.0	800	8.0～10.0	45			Y(YB)132M-4B5	7.5			
J_5-(MF)800/6.3		5.0～6.8				Y(YB)132S-4B5	5.5			

续表 17-42

型号	流量/L·h^{-1}	排出压力/MPa	柱塞直径/mm	行程/mm	泵速/r·min^{-1}	电动机型号	电动机功率/kW	进口直径/mm	出口直径/mm	质量/kg
J_5-(MF)1000/8.0	1000	6.3~8.0	50	70	135	Y(YB)132M-4B5	7.5	32	32	约 500 (约 630)
J_5-(MF)1000/5.0		4.0~5.0				Y(YB)132S-4B5	5.5			
J_5-(MF)1250/6.3	1250	5.0~6.3	56			Y(YB)132M-4B5	7.5			约 680 (约 700)
J_5-(MF)1250/4.0		3.2~4.0				Y(YB)132S-4B5	5.5			
J_5-(MF)1600/5.0	1600	4.0~5.0	65			Y(YB)132M-4B5	7.5			
J_5-(MF)1600/3.2		2.5~3.2				Y(YB)132S-4B5	5.5			
J_5-(MF)2000/4.0	2000	3.2~4.0	70			Y(YB)132M-4B5	7.5	40	40	
J_5-(MF)2000/2.5		2.0~2.5				Y(YB)132S-4B5	5.5			
J_5-(MF)2500/3.2	2500	2.5~3.2	80			Y(YB)132M-4B5	7.5			
J_5-(MF)2500/2.0		1.6~2.0				Y(YB)132S-4B5	5.5			
J_5-(MF)3200/2.5	3200	2.0~2.5	90			Y(YB)132M-4B5	7.5			
J_5-(MF)3200/1.6		1.3~1.6				Y(YB)132S-4B5	5.5			
J_5-(MF)4000/2.0	4000	1.6~2.0	100			Y(YB)132M-4B5	7.5	50	50	
J_5-(MF)4000/1.3		1.0~1.3				Y(YB)132S-4B5	5.5			
J_5-(MF)5000/1.6	5000	1.3~1.6	112			Y(YB)132M-4B5	7.5			
J_5-(MF)5000/1.0		0.8~1.0				Y(YB)132S-4B5	5.5			
J_5-(MF)6300/1.3	6300	1.0~1.3	125			Y(YB)132M-4B5	7.5	65	65	
J_5-(MF)6300/0.8		0.63~0.8				Y(YB)132S-4B5	5.5			

注:括号内为 J_5-MF 型隔膜计量泵性能参数。

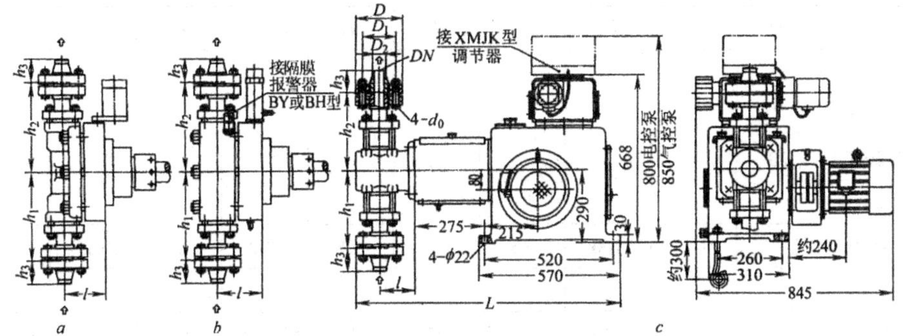

图 17-1 J-D、J-DM 型计量泵外形及安装尺寸图

a—M 型隔膜计量泵;b—MF 型隔膜计量泵;c—柱塞计量泵

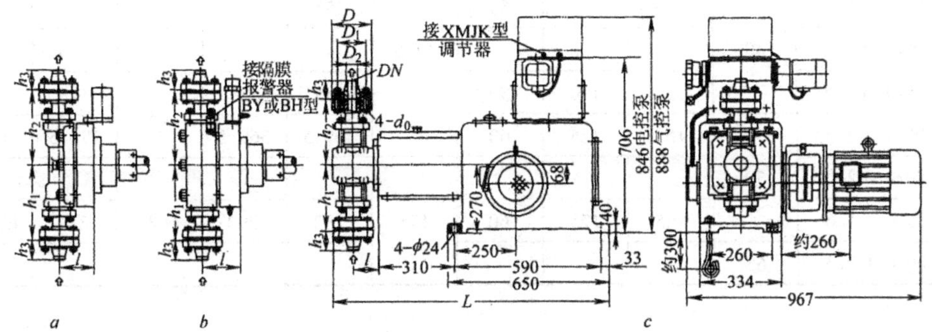

图 17-2 M 型隔膜计量泵(a),MF 型隔膜计量泵(b);及 J_5、J_5-MF 型计量泵外形及安装尺寸(c)图

表 17-43 J_5 型柱塞计量泵外形安装尺寸(mm)

型号	DN	D	D_1	D_2	d_0	h_1	h_2	h_3	l	L
J_5-100/40.0-50.0										
J_5-125/32.0-63.0	15									
J_5-160/25.0-50.0		110	75	24	18.5	223	223	50	86	1086
J_5-200/20.0-40.0										
J_5-250/16.0-32.0										
J_5-320/12.5-25.0	20									
J_5-400/10.0-20.0		130	90	30	17.5	175	175	55	86	1089
J_5-500/8.0-16.0		140	100	35		184	184			
J_5-630/6.3-12.5	25									
J_5-800/5.0-10.0								60		
J_5-1000/4.0-8.0										
J_5-1250/3.2-6.3	32							65		1138
J_5-1600/2.5-5.0		150	110	42	24	276	276		130	
J_5-2000/2.0-4.0								52		
J_5-2500/1.6-3.2	40	145	110	50	18.5	268	268		130	
J_5-3200/1.3-2.5						272	272	68		1148
J_5-4000/1.0-2.0										
J_5-5000/0.8-1.6	50							80		1155.5
J_5-6300/0.63-1.3	65	185	145	75吸80排	17.5	359	359		130	

表 17-44 J_5-MF 型隔膜计量泵外形安装尺寸

型号	DN	D	D_1	D_2	d_0	h_1	h_2	h_3	l	L
J_5-MF200/20.0	15									
J_5-MF250/16.0-20.0										
J_5-MF320/12.5-20.0	20				17.5					
J_5-MF400/10.0-20.0										
J_5-MF500/8.0-16.0	25	140	100	35		278	278	60	167	1170
J_5-MF630/6.3-12.5										
J_5-MF800/5.0-10.0		155	110	42	22	328.5	328.5	65	153	1163.5
J_5-MF1000/4.0-8.0	32									
J_5-MF1250-3.2-6.3		155	110	42		353.5	353.5	65	175	1185.5
J_5-MF1600/2.5-5.0		150		50		355	355	68	173	1181
J_5-MF2000/2.0-4.0	40				17.5					
J_5-MF2500/1.6-3.2		150	110	50		355	355	68	179	1187
J_5-MF3200/1.3-2.5		165	125	60		369.5	369.5		179.5	1195
J_5-MF4000/1.0-2.0	50									
J_5-MF5000/0.1-1.6		165	125	60	175	293	292	68	279	1294.5
J_5-MF6300/0.1-1.3	65									

表 17-45 J_6 型柱塞计量泵性能参数、J_6-MF 型隔膜计量泵性能参数

型号	流量/L·h^{-1}	排出压力/MPa	柱塞直径/mm	行程/mm	泵速/r·min^{-1}	电动机		进口直径/mm	出口直径/mm	质量/kg
						型号	功率/kW			
J_6-300/50.0	300	32～50.0	32	90	85	Y(YB)180M-4B5	18.5	15	15	约2100
J_6-600/50.0	600	16～50.0			170	Y(YB)200L-2B5	30	25	25	
J_6-500/40.0	500	20～40.0	40		85	Y(YB)180M-4B5	18.5	20	20	
J_6-1000/40.0	1000	10～40.0			170	Y(YB)200L-2B5	30	32	32	
J_6-800/32.0	800	4.0～32	50		85	Y(YB)180M-4B5	18.5	32	32	
J_6-1600/32.0	1600	6.3～32.0			170	Y(YB)200L-2B5	30	32	32	
J_6-1100/25.0	1100	8.0～25.0	60		85	Y(YB)180M-4B5	18.5	32	32	
J_6-2200/25.0	2200	4.0～25.0			170	Y(YB)200L-2B5	30	40	30	
J_6-1250/20.0	1250	8.0～20.0	65		85	Y(YB)180M-4B5	18.5	32	32	约2100(约2200)
J_6-2500/20.0	2500	4.0～20.0			170	Y(YB)200L-2B5	30	50	32	
J_6-(MF)1500/16.0	1500	6.3～16.0	70		85	Y(YB)180M-4B5	18.5	32	32	
J_6-(MF)3000/16.0	3000	3.2～16.0			170	Y(YB)200L-2B5	30	50	32	
J_6-(MF)2000/12.5	2000	5.0～12.5	80		85	Y(YB)180M-4B5	18.5	65(40)	40	
J_6-(MF)4000/12.5	4000	2.5～12.5			170	Y(YB)200L-2B5	30	65	40	
J_6-(MF)2500/10.0	2500	4.0～10.0	90		85	Y(YB)180M-4B5	18.5	40(50)	40(32)	
J_6-(MF)5000/10.0	5000	2.0～10.0			170	Y(YB)200L-2B5	30	65	40	
J_6-(MF)3000/8.0	3000	3.2～8.0	100		85	Y(YB)180M-4B5	18.5	50	40	
J_6-(MF)6000/8.0	6000	1.6～8.0			170	Y(YB)200L-2B5	30	65	40	
J_6-3500/6.3	3500	2.5～6.3	110		85	Y(YB)180M-4B5	18.5	50	40	约2200
J_6-7000/6.3	7000	0.1～6.3			170	Y(YB)200L-2B5	30	80	50	
J_6-5000/5.0	5000	2.0～5.0	125		85	Y(YB)180M-4B5	18.5	65	40	
J_6-10000/5.0	10000	0.1～5.0			170	Y(YB)200L-2B5	30	100	65	
J_6-6250/4.0	6250	1.6～4.0	140		85	Y(YB)180M-4B5	18.5	80	50	
J_6-12500/4.0	12500	0.1～4.0			170	Y(YB)200L-2B5	30	100	65	
J_6-8000/3.2	8000	0.1～3.2	160		85	Y(YB)180M-4B5	18.5	80	50	
J_6-16000/3.2	16000	0.1～3.2			170	Y(YB)200L-2B5	30	125	80	
J_6-10000/2.5	10000	0.1～2.5	180		85	Y(YB)180M-4B5	18.5	100	65	
J_6-20000/2.5	20000	0.1～2.5			170	Y(YB)200L-2B5	30	125	85	
J_6-12500/2.0	12500	0.1～2.0	200		85	Y(YB)180M-4B5	18.5	100	65	
J_6-25000/2.0	25000	0.1～2.0			170	Y(YB)200L-2B5	30	150	100	
J_6-15000/1.6	15000	0.1～1.6	212		85	Y(YB)180M-4B5	18.5	125	80	
J_6-30000/1.6	30000	0.1～1.6			170	Y(YB)200L-2B5	30	150	100	

注:括号内为 J_6-MF 型隔膜计量泵性能参数。

(7) 外形及安装尺寸图：

表 17-46　J_6-M、J_6-MF 型隔膜计量泵外形安装尺寸

型　号	DN	D	D_1	D_2	d_0	h_1	h_2	h_3	l	L
J_6-M1500/8.0	32(50)*	155(165)	110(125)	42(60)	22(17.5)	442	442	68(76)	181	约 1800
J_6-M3000/8.0										
J_6-M800/20.0-BY	19(30)	155	110	25(38)	22	531	531	76	203	
J_6-M1600/20.0-BY										
J_6-M1250/10.0	32(50)	155	110	47(65)	22(17.5)	437	437	68(76)	188	
J_6-M2500/10.0										
J_6-M4000/12.5-BH	40(65)	170(185)	125(145)	55(80)	22(17.5)	437	437	71(81)	188	

注：32(50)括号外数字为“出”，括号内数字为“进”。

表 17-47　J_6 型柱塞计量泵外形安装尺寸

型　号	DN	D	D_1	D_2	d_0	h_1	h_2	h_3	l	L
J_6-500/40.0	32	180	130	50	26	284	284	67	140	1665
J_6-1000/40.0										
J_6-800/32.0						295.5	295.5			
J_6-1600/32.0										
J_6-1100/25.0										
J_6-1500/16.0	32	180	130	50	26	255.5	255.5	68	140	1665
J_6-3000/16.0	32(50)	155(165)	110(125)	47(60)	24(18.5)	332	332	68(75)	150	1665
J_6-2000/12.5	40(65)	170(185)	125(145)	55(75)	22(13.5)	339	342	71(81)		1687.5
J_6-4000/12.5										
J_6-2500/10.0	40	145	110	50	19	337	337	55		1665
J_6-5000/10.0	40(65)	170(185)	125(145)	55(75)	22(17.5)	339	339	71(76)		1675
J_6-3000/8.0	40(50)	170(165)	125(125)	55(60)		312	322	71(81)	170	1805
J_6-6000/8.0	40(65)	170(185)	125(145)	55(75)						
J_6-3500/6.3	40(50)	170(165)	125(125)	55(60)				71(76)		1714.0
J_6-7000/6.3	50(80)	180(200)	135(160)	65(92)				76(86)		
J_6-5000/5.0	40(65)	170(160)	125(130)	55(75)	22(13.5)	425	425	71(80)		1690
J_6-10000/5.0	65(100)	205(210)	160(170)	80(113)	22(17.5)			81(96)		1710
J_6-6250/4.0	50(80)	180(200)	135(160)	65(92)	22(17.5)	337	337	76(86)	170	1785
J_6-25000/2.0	100(150)	220(285)	180(240)	158(212)	18.5	477	477	96(111)	165	1742.5
J_6-15000/1.6	80(125)	220(240)	160(200)	133(184)	17.5	473	473	86(101)		1720
J_6-30000/1.6	100(150)	220(285)	180(240)	158(212)		480.5	480.5	96(111)		1742.5

注：32(50)括号外数字为“出”，括号内数字为“进”。

表 17-48 J70 型柱塞计量泵性能参数

型号	流量/L·h^{-1}	排出压力/MPa	柱塞直径/mm	行程/mm	泵速/r·min^{-1}	电动机		进口直径/mm	出口直径/mm	质量/kg
						型号	功率/kW			
J70-300/50.0	300	32~50.0	32	90	85	Y(YB)180M-4B5	18.5	15	15	约 1800（约 2000）
J70-600/50.0	600	16~50.0			170	Y(YB)200L-2B5	30	25	25	
J70-500/40.0	500	20~40.0	40		85	Y(YB)180M-4B5	18.5	20	20	
J70-1000/40.0	1000	10~40.0			170	Y(YB)200L-2B5	30	32	32	
J70-800/32.0	800	12.5~32	50		85	Y(YB)180M-4B5	18.5	25	25	
J70-1600/32.0	1600	6.3~32.0			170	Y(YB)200L-2B5	30	40	40	
J70-1100/25.0	1100	8.0~25.0	60		85	Y(YB)180M-4B5	18.5	32	32	
J70-2200/25.0	2200	4.0~25.0			170	Y(YB)200L-2B5	30	40	30	
J70-1250/20.0	1250	8.0~20.0	65		85	Y(YB)180M-4B5	18.5	32	32	
J70-2500/20.0	2500	4.0~20.0			170	Y(YB)200L-2B5	30	50	32	
J70-(MF)1500/16.0	1500	6.3~16.0	70		85	Y(YB)180M-4B5	18.5	32	32	
J70-(MF)3000/16.0	3000	3.2~16.0			170	Y(YB)200L-2B5	30	50	32	
J70-(MF)2000/12.5	2000	5.0~12.5	80		85	Y(YB)180M-4B5	18.5	40	40	
J70-(MF)4000/12.5	4000	2.5~12.5			170	Y(YB)200L-2B5	30	65	40	
J70-(MF)2500/10.0	2500	4.0~10.0	90		85	Y(YB)180M-4B5	18.5	50	32	
J70-(MF)5000/10.0	5000	2.0~10.0			170	Y(YB)200L-2B5	30	65	40	
J70-(MF)3000/8.0	3000	3.2~8.0	100		85	Y(YB)180M-4B5	18.5	50	32	
J70-(MF)6000/8.0	6000	1.6~8.0			170	Y(YB)200L-2B5	30	65	40	

注：括号内为 J70-MF 型隔膜计量泵性能参数。

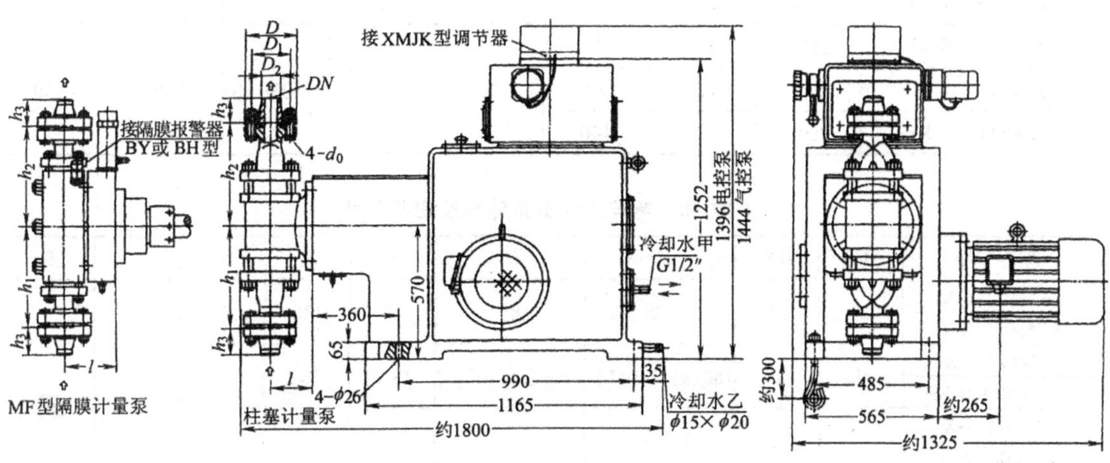

图 17-3 J_6、J_6-MF 型计量泵外形及安装尺寸

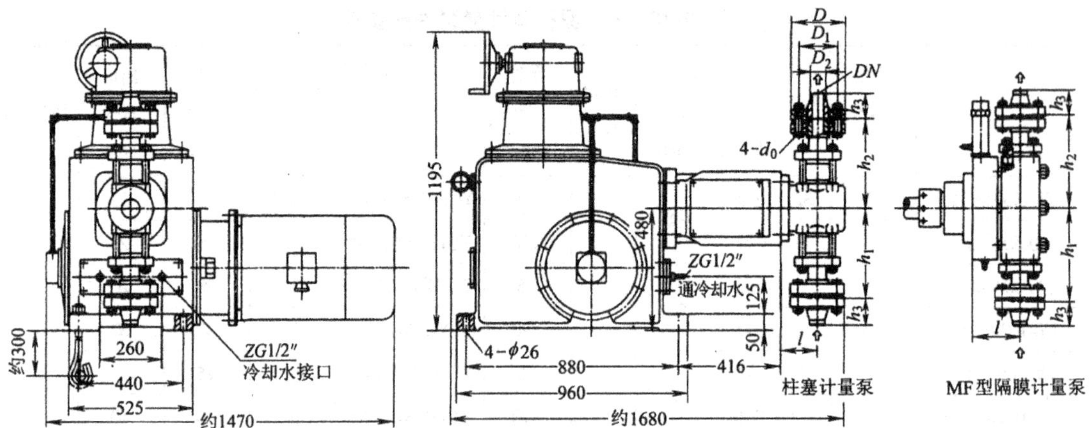

图 17-4 J70 型计量泵外形及安装尺寸

表 17-49 悬浮液计量泵性能

型 号	流量 /L·h^{-1}	排出压力 /MPa	柱塞直径 /mm	行程/mm	泵速 /r·min^{-1}	电动机		质量/kg
						型号	功率/kW	
J-ZM500/1.6-XF	500	1.6	65	32	102	Y90L-4B5	1.5	约 240
J-ZM630/1.3-XF	630	1.3			126			
J-Z500/1.6-XF	500	1.6	65	32	102	Y90L-4B5	1.5	约 230
J-Z630/1.3-XF	630	1.3			126			
J-D800/3.2-XF	800	3.2	65	50	91	Y112M-4B5	4	约 320
J-D1000/2.5-XF	1000	2.5			115			约 340
J-D2000/1.3-XF	2000	1.3	100	50	91	Y112M-4B5	4	
J-D2500/1.0-XF	2500	1.0			115			
J_5-2000/2.5-XF	2000	2.5	70	70	135	Y132M-4B5	7.5	约 650
J_5-2500/1.6-XF	2500	1.6	80					
J_5-4000/1.0-XF	4000	1.0	100					

表 17-50 悬浮液计量泵外形及安装尺寸

型 号	DN_1	DN_2	D	D_1	d_0	h_1	h_2	l	L
J-Z500/1.6-XF	32	25	120	85	19	138	226	250	205
J-Z630/1.6-XF									
J-Z800/1.3-XF	40	32	150(进)140(出)	110(进)110(出)	18.5	205	319		
J-Z1000/1.0-XF									
J-D800/3.2-XF	32	25	120	85	19	138	226		
J-D1000/2.5-XF									
J-D2000/1.3-XF		32							
J-D2500/1.0-XF									
J-D3200/1.0-XF	41	38	160	120	18.0	201	275	270	220
J-D4000/0.8-XF									

续表 17-50

型号	DN_1	DN_2	D	D_1	d_0	h_1	h_2	l	L
J_5-2000/2.5-XF	32	32	120	85	19	138	226	250	205
J_5-2500/1.6-XF	40		150(进)140(出)	110(进)110(出)	18.5	205	319		
J_5-4000/2.0-XF	41	38	160	120		201	275	270	220
J-ZM500/1.6-XF	25	25	115	85	13.5	231	231	132	0
J-ZM630/1.3-XF									
J-DMF1250/2.0-XF	50	40	165	125	18.5	364.5	364.5	177	0
J-DMF/1600/1.6-XF									
J_5-MF3200/2.5-XF		50			17.5	364	364	188	
J_5-MF3200/1.6-XF									

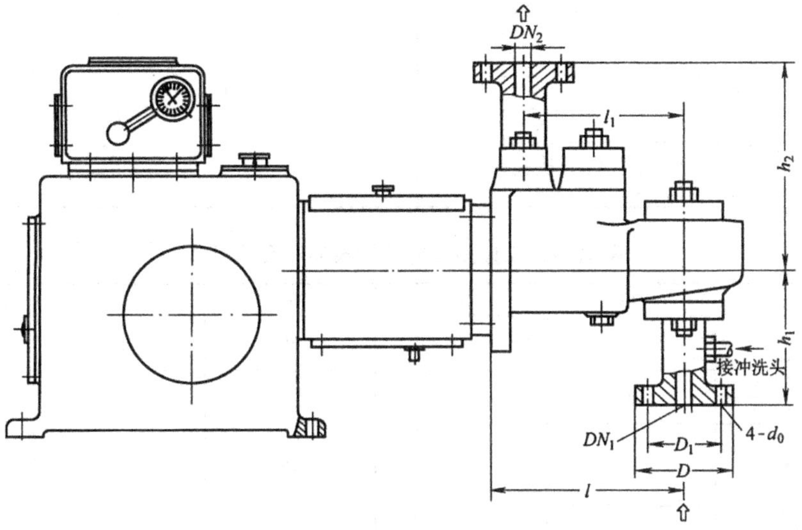

图 17-5 J 系列悬浮液计量泵外形及安装尺寸图

表 17-51 ZJ_1 型柱塞计量泵性能参数

型号	流量 /L·h^{-1}	排出压力 /MPa	柱塞直径 /mm	行程 /mm	泵速 /r·min^{-1}	电动机		进口直径 /mm	出口直径 /mm	质量/kg
						型号	功率/kW			
ZJ_1-0.2/20.0	0.2	0.1～20.0	3.5	10	56	YS-5612 或 YBs-b5612	0.09	3	3	约 12
ZJ_1-0.3/16.0	0.3	0.1～16.0	4							
ZJ_1-0.5/12.5	0.5	0.1～12.5	5							
ZJ_1-0.8/10.0	0.8	0.1～10.0	6							
ZJ_1-1/8.0	1	0.1～8.0	7					4	4	
ZJ_1-1.2/6.3	1.2	0.1～6.3	8							
ZJ_1-2/4.0	2	0.1～4.0	10							
ZJ_1-2.5/2.5	2.5	0.1～2.5	11							
ZJ_1-3.2/1.6	3.2	0.1～1.6	12					5	5	
ZJ_1-4/1.3	4	0.1～1.3	14							
ZJ_1-5/1.0	5	0.1～1.0	15					6	6	
ZJ_1-6/0.8	6	0.1～0.8	16							
ZJ_1-8/0.6	8	0.1～0.6	18							

表 17-52　MJ_1 型隔膜计量泵性能参数

型　号	流量 /$L\cdot h^{-1}$	排出压力 /MPa	柱塞直径 /mm	行程 /mm	泵速 /$r\cdot min^{-1}$	电动机 型号	电动机 功率/kW	进口直径 /mm	出口直径 /mm	质量/kg
MJ_1-1/4.0	1	0.1～4.0	7	10	56	YS-5622 或 YBsb5622	0.09	4	4	约 15
MJ_1-1.2/4.0	1.2	0.1～4.0	8							
MJ_1-2/2.5	2	0.1～2.5	10							
MJ_1-2.5/1.6	2.5	0.1～1.6	11					5	5	
MJ_1-3.2/1.3	3.2	0.1～1.3	12							
MJ_1-4/1.0	4	0.1～1.0	14							
MJ_1-5/0.8	5	0.1～0.8	15					6	6	
MJ_1-6/0.6	6	0.1～0.6	16							
MJ_1-8/0.5	8	0.1～0.5	18							
$2MJ_1$-2/2.5	2	0.1～2.5	10					4	4	
$2MJ_1$-2.5/1.6	2.5	0.1～1.6	11					5	5	
$2MJ_1$-3.2/1.3	3.2	0.1～1.3	12							
$2MJ_1$-4/1.0	4	0.1～1.0	14							
$2MJ_1$-5/0.8	5	0.1～0.8	15					6	6	
$2MJ_1$-6/0.6	6	0.1～0.6	16							
$2MJ_1$-8/0.5	8	0.1～0.5	18							

表 17-53　ZJ_1 型柱塞计量泵外形安装尺寸

型　号	DN	h_1	h_2	l	L
ZJ_1-0.2/0.1-20.0	3	75	75	18	330
ZJ_1-0.3/0.1-16.0					
ZJ_1-0.5/0.1-12.5	3	75	75	18	330
ZJ_1-0.8/0.1-10.0					
ZJ_1-1/0.1-8.0	4				
ZJ_1-1.2/0.1-6.3					
ZJ_1-2/0.1-4.0					
ZJ_1-2.5/0.1-2.5	5				
ZJ_1-3.2/0.1-1.6					
ZJ_1-4/0.1-1.3	6	80	80		
ZJ_1-5/0.1-1.0					
ZJ_1-6/0.1-0.8					
ZJ_1-8/0.1-0.6					

表 17-54　MJ_1 型隔膜计量泵外形安装尺寸

型　号	DN	D	D_1	d_0	h_1	h_2	l	L
MJ_1-1/0.1-4.0	4	58	36	10	72	50	65	415
MJ_1-1.2/0.1-4.0								
MJ_1-2/0.1-2.5								
MJ_1-2.5/0.1-1.6	5							
MJ_1-3.2/0.1-1.3								
MJ_1-4/0.1-1.0								
MJ_1-5/0.1-0.8	6							
MJ_1-6/0.1-0.6								
MJ_1-8-0.1-0.5								
MJ_1-2/0.1-2.5	4	58	36	10	72	50	83	433
MJ_1-2.5/0.1-1.6								
MJ_1-3.2/0.1-1.3	5							
MJ_1-4/0.1-1.0	6							
MJ_1-5/0.1-0.8								
MJ_1-6/0.1-0.6								
MJ_1-8/0.1-0.5								

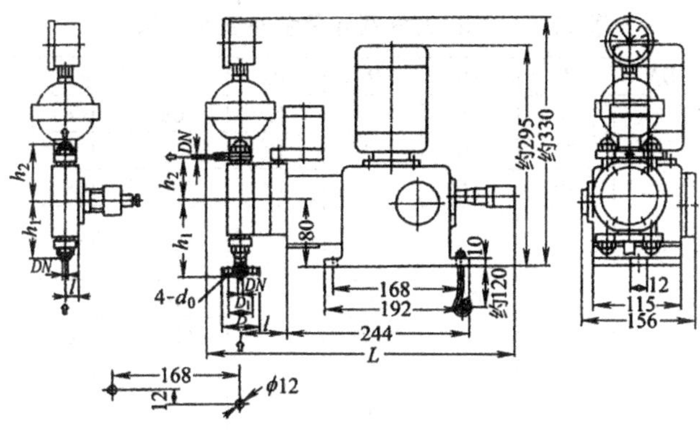

图 17-6 ZJ_1、MJ_1 型计量泵外形及安装尺寸

表 17-55 ZJ_2 型柱塞计量泵性能参数

型号	流量/L·h^{-1}	排出压力/MPa	柱塞直径/mm	行程/mm	泵速/r·min^{-1}	电动机 型号	电动机 功率/kW	进口直径/mm	出口直径/mm	质量/kg
ZJ_2-5/16.0	5	1.3~16.0	10	26	48	BLD0.6-0×29	0.6	6	6	约 90
ZJ_2-6/12.5	6	1.0~12.5	12							
ZJ_2-8/10.0	8	0.4~10.0	10		81	BLD0.6-0×17				
ZJ_2-10/8.0	10	0.4~8.0	12							
ZJ_2-13/6.3	13	0.4~6.3	16		48	BLD0.6-0×29				
ZJ_2-16/5.0	16	0.4~5.0	18							
ZJ_2-20/4.0	20	0.4~4.0	16		81	BLD0.6-0×17				
ZJ_2-25/4.0	25		18							
ZJ_2-32/3.0	32	0.4~3.2	25		48	BLD0.6-0×29		10	10	约 98
ZJ_2-40/2.5	40	0.4~2.5	28							
ZJ_2-50/2.0	50	0.4~2.0	25		81	BLD0.6-0×17				
ZJ_2-63/1.6	63	0.4~1.6	28							
ZJ_2-80/1.0	80	0.1~1.0	38		48	BLD0.6-0×29		15	15	
ZJ_2-125/0.6	125	0.1~0.4			81	BLD0.6-0×17				

表 17-56 MJ_2 型柱塞计量泵性能参数

型号	流量/L·h^{-1}	排出压力/MPa	柱塞直径/mm	行程/mm	泵速/r·min^{-1}	电动机 型号	电动机 功率/kW	进口直径/mm	出口直径/mm	质量/kg
MJ_2-5/4.0	5	1.0~4.0	10	26	48	BLD0.6-0×29	0.6	6	6	约 90
MJ_2-6/4.0	6	0.8~4.0	12							
MJ_2-8/3.2	8	0.8~3.2	10		81	BLD0.6-0×17				
MJ_2-10/3.2	10	0.4~3.2	12							
MJ_2-13/2.5	13	0.4~2.5	16		48	BLD0.6-0×29				
MJ_2-16/2.5	16		18							
MJ_2-20/2.0	20	0.4~2.0	16		81	BLD0.6-0×17				
MJ_2-25/2.0	25		18							
MJ_2-32/1.6	32	0.4~1.6	25		48	BLD0.6-0×29		10	10	约 95
MJ_2-40/1.6	40		28							
MJ_2-50/1.6	50		25		81	BLD0.6-0×17				
MJ_2-63/1.3	63	0.4~1.3	28							
MJ_2-80/1.0	80	0.4~1.0	38		48	BLD0.6-0×29		15	15	约 102
MJ_2-125/0.6	125	0.4~0.6			81	BLD0.6-0×17				

表 17-57 ZJ_2 型柱塞计量泵外形安装尺寸

<table>
<tr><th>型　号</th><th>DN</th><th>D</th><th>D_1</th><th>D_2</th><th>d_0</th><th>h_1</th><th>h_2</th><th></th><th>l</th><th>L</th></tr>
<tr><td>ZJ_2-5/1.3-16.0</td><td rowspan="8">6</td><td>90</td><td>65</td><td rowspan="5">15</td><td>13</td><td>108</td><td>108</td><td rowspan="5">41</td><td>50</td><td>588</td></tr>
<tr><td>ZJ_2-6/1.0-12.5</td><td>75</td><td>50</td><td>12</td><td>110</td><td>110</td><td>69</td><td>599</td></tr>
<tr><td>ZJ_2-8/0.4-10.0</td><td>90</td><td>65</td><td>13</td><td>108</td><td>108</td><td>50</td><td>588</td></tr>
<tr><td>ZJ_2-10/0.4-8.0</td><td rowspan="5">75</td><td rowspan="5">50</td><td rowspan="5">12</td><td rowspan="2">110</td><td rowspan="2">110</td><td rowspan="11">69</td><td rowspan="5">599</td></tr>
<tr><td>ZJ_2-13/0.4-6.3</td></tr>
<tr><td>ZJ_2-16/0.4-5.0</td><td rowspan="7">20</td><td>114</td><td>114</td><td rowspan="7">49</td></tr>
<tr><td>ZJ_2-20/0.4-4.0</td><td>110</td><td>110</td></tr>
<tr><td>ZJ_2-25/0.4-4.0</td><td>114</td><td>114</td></tr>
<tr><td>ZJ_2-32/0.4-3.2</td><td rowspan="4">10</td><td rowspan="4">80</td><td rowspan="4">58</td><td rowspan="4">11</td><td rowspan="4">140</td><td rowspan="4">140</td><td rowspan="4">602</td></tr>
<tr><td>ZJ_2-40/0.4-2.5</td></tr>
<tr><td>ZJ_2-50/0.4-2.0</td></tr>
<tr><td>ZJ_2-63/0.4-1.6</td></tr>
<tr><td>ZJ_2-80/0.4-1.0</td><td rowspan="2">15</td><td rowspan="2">95</td><td rowspan="2">65</td><td rowspan="2">25</td><td rowspan="2">14</td><td rowspan="2">153</td><td rowspan="2">153</td><td rowspan="2">53</td><td rowspan="2">610</td></tr>
<tr><td>ZJ_2-125/0.1-0.6</td></tr>
</table>

表 17-58 MJ_2 型柱塞计量泵外形安装尺寸

<table>
<tr><th>型　号</th><th>DN</th><th>D</th><th>D_1</th><th>D_2</th><th>d_0</th><th>h_1</th><th>h_2</th><th></th><th>l</th><th>L</th></tr>
<tr><td>MJ_2-5/1.0-4.0</td><td rowspan="8">6</td><td>90</td><td>65</td><td rowspan="5">15</td><td>13</td><td>132</td><td>132</td><td rowspan="5">41</td><td>105</td><td>643</td></tr>
<tr><td>MJ_2-6/0.8-4.0</td><td>75</td><td>50</td><td>12</td><td>150</td><td>150</td><td>108</td><td>639</td></tr>
<tr><td>MJ_2-8/0.8-3.2</td><td>90</td><td>65</td><td>13</td><td>132</td><td>132</td><td>105</td><td>643</td></tr>
<tr><td>MJ_2-10/0.4-3.2</td><td rowspan="5">75</td><td rowspan="5">50</td><td rowspan="5">12</td><td rowspan="5">150</td><td rowspan="5">150</td><td rowspan="5">108</td><td rowspan="5">639</td></tr>
<tr><td>MJ_2-13/0.4-2.5</td></tr>
<tr><td>MJ_2-16/0.4-2.5</td><td rowspan="7">20</td><td rowspan="7">49</td></tr>
<tr><td>MJ_2-20/0.4-2.0</td></tr>
<tr><td>MJ_2-25/0.4-2.0</td></tr>
<tr><td>MJ_2-32/0.4-1.6</td><td rowspan="4">10</td><td rowspan="4">80</td><td rowspan="4">58</td><td rowspan="4">11</td><td rowspan="4">170</td><td rowspan="4">170</td><td rowspan="4">106</td><td rowspan="4">640</td></tr>
<tr><td>MJ_2-40/0.4-1.6</td></tr>
<tr><td>MJ_2-50/0.4-1.6</td></tr>
<tr><td>MJ_2-63/0.4-1.3</td></tr>
<tr><td>MJ_2-80/0.4-1.0</td><td rowspan="2">15</td><td rowspan="2">95</td><td rowspan="2">65</td><td rowspan="2">25</td><td rowspan="2">15</td><td rowspan="2">207</td><td rowspan="2">207</td><td rowspan="2">53</td><td rowspan="2">128</td><td rowspan="2">669</td></tr>
<tr><td>MJ_2-125/0.1-0.6</td></tr>
</table>

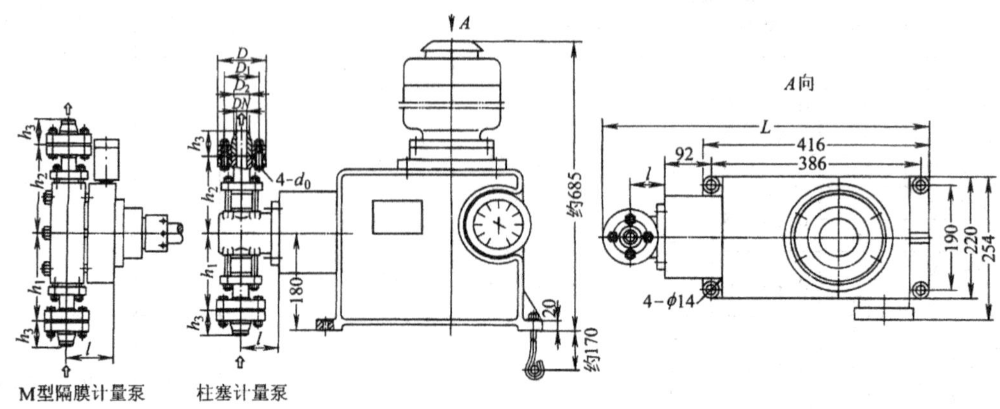

图 17-7 ZJ_2、MJ_2 型计量泵外形安装尺寸

表 17-59 ZJ$_3$ 型柱塞计量泵性能参数

<table>
<tr><th rowspan="2">型 号</th><th rowspan="2">流量
/L·h^{-1}</th><th rowspan="2">排出
压力
/MPa</th><th rowspan="2">柱塞
直径
/mm</th><th rowspan="2">行程
/mm</th><th rowspan="2">泵速
/r·min^{-1}</th><th colspan="2">电动机</th><th rowspan="2">进口
直径
/mm</th><th rowspan="2">出口
直径
/mm</th><th rowspan="2">质量/kg</th></tr>
<tr><th>型号</th><th>功率
/kW</th></tr>
<tr><td>ZJ$_3$-20/50.0</td><td>20</td><td>5.0～50.0</td><td>12</td><td rowspan="20">50</td><td rowspan="5">84</td><td rowspan="5">BWD2.2-4×17</td><td rowspan="20">2.2</td><td rowspan="3">10</td><td rowspan="3">8</td><td rowspan="11">约 225</td></tr>
<tr><td>ZJ$_3$-32/45.0</td><td>32</td><td>4.0～45.0</td><td>14</td></tr>
<tr><td>ZJ$_3$-40/40.0</td><td>40</td><td>3.2～40.0</td><td>16</td></tr>
<tr><td>ZJ$_3$-50/36.0</td><td>50</td><td>2.5～36.0</td><td>18</td><td rowspan="8">15</td><td rowspan="4">10</td></tr>
<tr><td>ZJ$_3$-63/32.0</td><td>63</td><td>2.0～32.0</td><td>20</td></tr>
<tr><td>ZJ$_3$-80/25.0</td><td>80</td><td>1.3～25.0</td><td>18</td><td rowspan="2">130</td><td rowspan="2">BWD2.2-4×11</td></tr>
<tr><td>ZJ$_3$-100/20.0</td><td>100</td><td>0.8～20.0</td><td>20</td></tr>
<tr><td>ZJ$_3$-125/16.0</td><td>125</td><td>0.8～16.0</td><td>28</td><td rowspan="2">84</td><td rowspan="2">BWD2.2-4×17</td><td rowspan="4">15</td></tr>
<tr><td>ZJ$_3$-160/12.5</td><td>160</td><td>0.4～12.5</td><td>30</td></tr>
<tr><td>ZJ$_3$-200/10.0</td><td>200</td><td>0.4～10.0</td><td>28</td><td rowspan="3">130</td><td rowspan="3">BWD2.2-4×11</td></tr>
<tr><td>ZJ$_3$-250/8.0</td><td>250</td><td>0.4～8.0</td><td>30</td></tr>
<tr><td>ZJ$_3$-320/6.3</td><td>320</td><td>0.4～6.3</td><td>35</td><td rowspan="3">20</td><td rowspan="3">20</td><td rowspan="3">约 230</td></tr>
<tr><td>ZJ$_3$-400/5.0</td><td>400</td><td>0.4～5.0</td><td>48</td><td rowspan="2">84</td><td rowspan="2">BWD2.2-4×17</td></tr>
<tr><td>ZJ$_3$-500/4.0</td><td>500</td><td>0.4～4.0</td><td>55</td></tr>
<tr><td>ZJ$_3$-630/3.2</td><td>630</td><td>0.4～3.2</td><td>48</td><td rowspan="3">130</td><td rowspan="3">BWD2.2-4×11</td><td rowspan="2">20</td><td rowspan="2">20</td><td rowspan="3">约 230</td></tr>
<tr><td>ZJ$_3$-800/3.0</td><td>800</td><td>0.4～3.0</td><td>55</td></tr>
<tr><td>ZJ$_3$-1000/2.5</td><td>1000</td><td>0.4～2.5</td><td>60</td><td>25</td><td>25</td></tr>
<tr><td>ZJ$_3$-1250/1.6</td><td>1250</td><td>0.4～1.6</td><td>85</td><td>84</td><td>BWD2.2-4×17</td><td rowspan="3">32</td><td rowspan="3">32</td><td rowspan="3">约 235</td></tr>
<tr><td>ZJ$_3$-1600/1.3</td><td>1600</td><td>0.4～1.3</td><td>75</td><td rowspan="2">130</td><td rowspan="2">BWD2.2-4×11</td></tr>
<tr><td>ZJ$_3$-2000/0.8</td><td>2000</td><td>0.4～0.8</td><td>85</td></tr>
</table>

表 17-60 MJ$_3$ 型隔膜计量泵性能参数

<table>
<tr><th rowspan="2">型 号</th><th rowspan="2">流量
/L·h^{-1}</th><th rowspan="2">排出
压力
/MPa</th><th rowspan="2">柱塞
直径
/mm</th><th rowspan="2">行程
/mm</th><th rowspan="2">泵速
/r·min^{-1}</th><th colspan="2">电动机</th><th rowspan="2">进口
直径
/mm</th><th rowspan="2">出口
直径
/mm</th><th rowspan="2">质量/kg</th></tr>
<tr><th>型号</th><th>功率
/kW</th></tr>
<tr><td>MJ$_3$-50/10.0</td><td>50</td><td>2.0～10.0</td><td rowspan="2">18</td><td rowspan="4">50</td><td>84</td><td>BWD2.2-4×17</td><td rowspan="4">2.2</td><td rowspan="4">15</td><td rowspan="2">10</td><td rowspan="2">约 231</td></tr>
<tr><td>MJ$_3$-80/8.0</td><td>80</td><td>1.3～8.0</td><td>130</td><td>BWD2.2-4×11</td></tr>
<tr><td>MJ$_3$-125/6.3</td><td>125</td><td>0.8～6.3</td><td rowspan="2">28</td><td>84</td><td>BWD2.2-4×17</td><td rowspan="2">15</td><td rowspan="2">约 239</td></tr>
<tr><td>MJ$_3$-200/5.0</td><td>200</td><td>0.4～5.0</td><td>130</td><td>BWD2.2-4×11</td></tr>
</table>

续表 17-60

<table>
<tr><th rowspan="2">型　　号</th><th rowspan="2">流量
/L·h^{-1}</th><th rowspan="2">排出
压力
/MPa</th><th rowspan="2">柱塞
直径
/mm</th><th rowspan="2">行程
/mm</th><th rowspan="2">泵速
/r·min^{-1}</th><th colspan="2">电动机</th><th rowspan="2">进口
直径
/mm</th><th rowspan="2">出口
直径
/mm</th><th rowspan="2">质量/kg</th></tr>
<tr><th>型号</th><th>功率
/kW</th></tr>
<tr><td>MJ$_3$-320/4.0</td><td>320</td><td>0.4～4.0</td><td>35</td><td rowspan="5">50</td><td>84</td><td>BWD2.2-4×17</td><td rowspan="5">2.2</td><td rowspan="3">20</td><td rowspan="3">20</td><td rowspan="2">约 244</td></tr>
<tr><td>MJ$_3$-500/3.2</td><td>500</td><td>0.4～3.2</td><td rowspan="2">55</td><td rowspan="4">130</td><td rowspan="4">BWD2.2-4×11</td></tr>
<tr><td>MJ$_3$-800/2.5</td><td>800</td><td>0.4～2.5</td><td>约 250</td></tr>
<tr><td>MJ$_3$-1000/1.6</td><td>1000</td><td>0.4～1.6</td><td>60</td><td rowspan="2">25</td><td rowspan="2">25</td><td rowspan="2">约 260</td></tr>
<tr><td>MJ$_3$-1250/0.8</td><td>1250</td><td>0.4～0.8</td><td>68</td></tr>
</table>

表 17-61　ZJ$_3$R 型高温柱塞计量泵性能参数

<table>
<tr><th rowspan="2">型　　号</th><th rowspan="2">流量
/L·h^{-1}</th><th rowspan="2">排出
压力
/MPa</th><th rowspan="2">柱塞
直径
/mm</th><th rowspan="2">行程
/mm</th><th rowspan="2">泵速
/r·min^{-1}</th><th colspan="2">电动机</th><th rowspan="2">进口
直径
/mm</th><th rowspan="2">出口
直径
/mm</th><th rowspan="2">质量/kg</th></tr>
<tr><th>型号</th><th>功率
/kW</th></tr>
<tr><td>ZJ$_3$R-63/32.0</td><td>63</td><td>0.4～32.0</td><td>20</td><td rowspan="16">50</td><td>84</td><td>BWD2.2-4×17</td><td rowspan="16">2.2</td><td rowspan="4">15</td><td rowspan="4">10</td><td rowspan="4">约 225</td></tr>
<tr><td>ZJ$_3$R-100/20.0</td><td>100</td><td>0.4～20.0</td><td>20</td><td>130</td><td>BWD2.2-4×11</td></tr>
<tr><td>ZJ$_3$R-125/16.0</td><td>125</td><td>0.4～16.0</td><td>28</td><td rowspan="2">84</td><td rowspan="2">BWD2.2-4×17</td></tr>
<tr><td>ZJ$_3$R-160/12.5</td><td>160</td><td>0.4～12.5</td><td>30</td></tr>
<tr><td>ZJ$_3$R-200/10.0</td><td>200</td><td>0.4～10.0</td><td>28</td><td rowspan="3">130</td><td rowspan="3">BWD2.2-4×11</td><td rowspan="2">15</td><td rowspan="2">15</td><td rowspan="5">约 225</td></tr>
<tr><td>ZJ$_3$R-250/8.0</td><td>250</td><td>0.4～8.0</td><td>30</td></tr>
<tr><td>ZJ$_3$R-320/6.3</td><td>320</td><td>0.4～6.3</td><td>35</td><td rowspan="5">20</td><td rowspan="5">20</td></tr>
<tr><td>ZJ$_3$R-400/5.0</td><td>400</td><td>0.4～5.0</td><td>48</td><td rowspan="2">84</td><td rowspan="2">BWD2.2-4×17</td></tr>
<tr><td>ZJ$_3$R-500/4.0</td><td>500</td><td>0.4～4.0</td><td>55</td></tr>
<tr><td>ZJ$_3$R-630/3.2</td><td>630</td><td>0.4～3.2</td><td>48</td><td rowspan="3">130</td><td rowspan="3">BWD2.2-4×11</td><td rowspan="3">约 230</td></tr>
<tr><td>ZJ$_3$R-800/3.0</td><td>800</td><td>0.4～3.0</td><td>55</td></tr>
<tr><td>ZJ$_3$R-1000/2.5</td><td>1000</td><td>0.4～2.5</td><td>60</td><td>25</td><td>25</td></tr>
<tr><td>ZJ$_3$R-1250/1.6</td><td>1250</td><td>0.4～1.6</td><td>85</td><td>84</td><td>BWD2.2-4×17</td><td rowspan="3">32</td><td rowspan="3">32</td><td rowspan="3">约 235</td></tr>
<tr><td>ZJ$_3$R-1600/1.3</td><td>1600</td><td>0.4～1.3</td><td>75</td><td rowspan="2">130</td><td rowspan="2">BWD2.2-4×11</td></tr>
<tr><td>ZJ$_3$R-2000/0.8</td><td>2000</td><td>0.4～0.8</td><td>85</td></tr>
</table>

表 17-62 ZJ_4 型高温柱塞计量泵性能参数

<table>
<tr><th rowspan="2">型 号</th><th>流量</th><th>排出压力</th><th>柱塞直径</th><th>行程</th><th>泵速</th><th colspan="2">电动机</th><th>进口直径</th><th>出口直径</th><th rowspan="2">质量/kg</th></tr>
<tr><th>$/L\cdot h^{-1}$</th><th>/MPa</th><th>/mm</th><th>/mm</th><th>$/r\cdot min^{-1}$</th><th>型号</th><th>功率/kW</th><th>/mm</th><th>/mm</th></tr>
<tr><td>ZJ_4-100/60.0</td><td>100</td><td>25～60.0</td><td>16</td><td rowspan="22">70</td><td rowspan="22">135</td><td rowspan="22">Y(YB) 132S-4B5</td><td rowspan="22">5.5</td><td rowspan="2">15</td><td rowspan="2">15</td><td rowspan="8">约 400</td></tr>
<tr><td>ZJ_4-150/50.0</td><td>150</td><td>16～50.0</td><td>20</td></tr>
<tr><td>ZJ_4-200/40.0</td><td>200</td><td>12.5～4.0</td><td>25</td><td rowspan="5">20</td><td rowspan="5">20</td></tr>
<tr><td>ZJ_4-250/32.0</td><td>250</td><td>10～32.0</td><td>28</td></tr>
<tr><td>ZJ_4-300/25.0</td><td>300</td><td>8.0～25.0</td><td>30</td></tr>
<tr><td>ZJ_4-400/20.0</td><td>400</td><td>6.3～20.0</td><td>32</td></tr>
<tr><td>ZJ_4-500/16.0</td><td>500</td><td>5.0～16.0</td><td>35</td></tr>
<tr><td>ZJ_4-600/12.5</td><td>600</td><td>4.0～12.5</td><td>40</td><td rowspan="5">32</td><td rowspan="5">32</td></tr>
<tr><td>ZJ_4-800/10.0</td><td>800</td><td>4.0～10.0</td><td>45</td><td rowspan="5">约 420</td></tr>
<tr><td>ZJ_4-1000/8.0</td><td>1000</td><td>3.2～8.0</td><td>50</td></tr>
<tr><td>ZJ_4-1200/6.3</td><td>1200</td><td>2.0～6.3</td><td>55</td></tr>
<tr><td>ZJ_4-1500/4.0</td><td>1500</td><td>1.6～4.0</td><td>60</td></tr>
<tr><td>ZJ_4-2000/0.5</td><td>2000</td><td>1.0～2.5</td><td>70</td><td rowspan="4">40</td><td rowspan="4">40</td></tr>
<tr><td>ZJ_4-2500/3.2</td><td>2500</td><td>0.4～3.2</td><td>60</td><td rowspan="9">约 450</td></tr>
<tr><td>ZJ_4-3000/2.5</td><td>3000</td><td>0.4～2.5</td><td>65</td></tr>
<tr><td>ZJ_4-4000/2.0</td><td>4000</td><td>0.4～2.0</td><td>75</td></tr>
<tr><td>ZJ_4-5000/1.6</td><td>5000</td><td>0.4～1.6</td><td>82</td><td rowspan="3">50</td><td rowspan="3">50</td></tr>
<tr><td>ZJ_4-6000/1.3</td><td>6000</td><td>0.4～1.3</td><td>90</td></tr>
<tr><td>ZJ_4-8000/1.0</td><td>8000</td><td>0.4～1.0</td><td>100</td></tr>
<tr><td>ZJ_4-10000/0.8</td><td>10000</td><td>0.1～0.8</td><td>112</td><td rowspan="2">65</td><td rowspan="2">65</td></tr>
<tr><td>ZJ_4-12000/0.6</td><td>12000</td><td>0.1～0.6</td><td>125</td></tr>
<tr><td>ZJ_4-15000/0.5</td><td>15000</td><td>0.1～0.5</td><td>140</td><td>80</td><td>80</td></tr>
</table>

表 17-63　ZJ_3 型柱塞计量泵外形安装尺寸(mm)

型号	DN	D	D_1	D_2		d_0	h_1	h_2	h_3		l	L
				进	出				进	出		
ZJ_3-20/5.0-50.0	10	110	75	20	18	18	192	192	50	53	90	815
ZJ_3-32/4.0-45.0												
ZJ_3-40/3.2-40.0												
ZJ_3-50/2.5-36.0	15						200	200	58	50		
ZJ_3-63/2.0-32.0	15	110	75	25	20		192	192	58	50		
ZJ_3-80/1.3-25.0						18	200	200			90	815
ZJ_3-100/0.8-20.0							192	192				
ZJ_3-125/0.8-16.0				25	25		179	179	58	55		
ZJ_3-160/0.4-12.5							200	200				
ZJ_3-200/0.4-10.0							179	179				
ZJ_3-250/0.4-8.0							200	200				
ZJ_3-320/0.4-6.3	20	125	90	30	30				58	58		823
ZJ_3-400/0.4-5.0							206	206				
ZJ_3-500/0.4-4.0		115	85			14	205	205				818
ZJ_3-630/0.4-3.2		125	990			18	206	206				823
ZJ_3-800/0.4-3.0	20	115	85	30	30	14	205	205	58	58	90	818
ZJ_3-1000/0.4-2.5												
ZJ_3-1250/0.4-1.6	32	135	100	42	42	18	195	195	63	63		828
ZJ_3-1600/0.4-1.3							193	193				
ZJ_3-2000/0.4-0.8							195	195				

表 17-64　MJ_3 型隔膜计量泵外形及安装尺寸(mm)

型号	DN	D	D_1	D_2		d_0	H_1	h_1	h_2	h_3		l	L
				进	出					进	出		
MJ_3-50/2.0-10.0	15	110	75	25	20	18	248	200	200	58	50	210	935
MJ_3-80/1.3-8.0													
MJ_3-125/0.8-6.3					25		272	179	179		55	216	941
MJ_3-200/0.4-5.0													
MJ_3-320/0.4-4.0	20	125	90	30	30	18	272	200	200	58	58	216	948
MJ_3-500/0.4-3.2	20	115	85	30	30	14	520	195	195	58	58	248	994
MJ_3-800/0.4-2.5													
MJ_3-1000/0.4-1.6	25											252	992
MJ_3-1250/0.4-0.8				40	40	18	400						

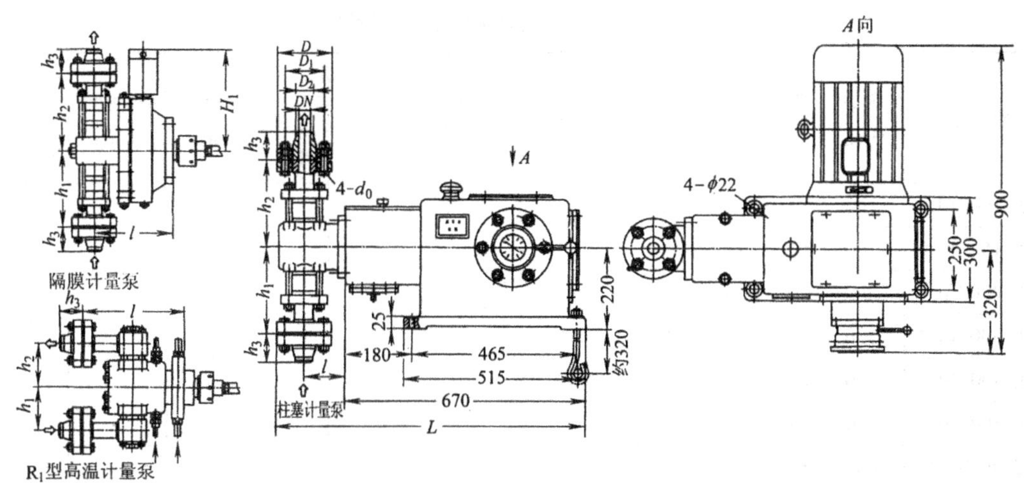

图 17-8 ZJ_3、MJ_3 型计量泵外形及安装尺寸

表 17-65 ZJ_3R 型高温柱塞计量泵外形安装尺寸

<table>
<tr><th>型 号</th><th>DN</th><th>D</th><th>D_1</th><th>d_0</th><th>h_1</th><th>h_2</th><th>l</th><th>L</th></tr>
<tr><td>ZJ_3R-63/0.4-32.0</td><td rowspan="2">15</td><td rowspan="6">110</td><td rowspan="6">75</td><td rowspan="8">18</td><td rowspan="2">116</td><td rowspan="2">116</td><td rowspan="2">290</td><td rowspan="2">960</td></tr>
<tr><td>ZJ_3R-100/0.4-20.0</td></tr>
<tr><td>ZJ_3R-125/0.4-16.0</td><td rowspan="6">20</td><td rowspan="5">124</td><td rowspan="5">124</td><td rowspan="6">292</td><td rowspan="6">962</td></tr>
<tr><td>ZJ_3R-160/0.4-12.5</td></tr>
<tr><td>ZJ_3R-200/0.4-10.0</td></tr>
<tr><td>ZJ_3R-250/0.4-8.0</td></tr>
<tr><td>ZJ_3R-320/0.4-6.3</td><td rowspan="2">125</td><td rowspan="2">90</td></tr>
<tr><td>ZJ_3R-400/0.4-5.0</td><td>132</td><td>132</td></tr>
<tr><td>ZJ_3R-630/0.4-4.0</td><td>25(吸)</td><td>115</td><td>85</td><td rowspan="7">18</td><td>129</td><td>129</td><td>288</td><td>958</td></tr>
<tr><td>ZJ_3R-630/0.4-3.2</td><td>20(排)</td><td>125</td><td>90</td><td>132</td><td>132</td><td>292</td><td>962</td></tr>
<tr><td>ZJ_3R-800/0.4-3.0</td><td>20</td><td rowspan="2">115</td><td rowspan="2">85</td><td rowspan="2">129</td><td rowspan="2">129</td><td rowspan="2">288</td><td rowspan="2">958</td></tr>
<tr><td>ZJ_3R-1000/0.4-2.5</td><td>20(排)</td></tr>
<tr><td>ZJ_3R-1250/0.4-1.6</td><td>25(吸)</td><td rowspan="3">135</td><td rowspan="3">100</td><td rowspan="3">198</td><td rowspan="3">198</td><td rowspan="3">160</td><td rowspan="3">920</td></tr>
<tr><td>ZJ_3R-1600/0.4-1.3</td><td rowspan="2">32</td></tr>
<tr><td>ZJ_3R-2000/0.4-0.8</td></tr>
</table>

表 17-66 MJ_4 型隔膜计量泵性能参数

<table>
<tr><th rowspan="2">型 号</th><th rowspan="2">流量
/L·h⁻¹</th><th rowspan="2">排出压力
/MPa</th><th rowspan="2">柱塞直径
/mm</th><th rowspan="2">行程
/mm</th><th rowspan="2">泵速
r·min⁻¹</th><th colspan="2">电动机</th><th rowspan="2">进口直径
/mm</th><th rowspan="2">出口直径
/mm</th><th rowspan="2">质量/kg</th></tr>
<tr><th>型号</th><th>功率
/kW</th></tr>
<tr><td>MJ4-100/10.0</td><td>100</td><td>10.0</td><td>16</td><td rowspan="14">70</td><td rowspan="14">135</td><td rowspan="14">Y(YB)132S
-4B5</td><td rowspan="14">5.5</td><td rowspan="2">15</td><td rowspan="2">15</td><td rowspan="6">约 410</td></tr>
<tr><td>MJ4-150/10.0</td><td>150</td><td>8.0~10.0</td><td>20</td></tr>
<tr><td>MJ4-200/10.0</td><td>200</td><td>6.3~10.0</td><td>25</td><td rowspan="4">20</td><td rowspan="4">20</td></tr>
<tr><td>MJ4-300/10.0</td><td>300</td><td>5.0~10.0</td><td>30</td></tr>
<tr><td>MJ4-400/10.0</td><td>400</td><td>4.0~10.0</td><td>32</td></tr>
<tr><td>MJ4-500/10.0</td><td>500</td><td>4.0~10.0</td><td>35</td></tr>
<tr><td>MJ4-600/8.0</td><td>600</td><td>4.0~8.0</td><td>40</td><td rowspan="4">32</td><td rowspan="4">32</td><td rowspan="4">约 430</td></tr>
<tr><td>MJ4-800/6.3</td><td>800</td><td>3.2~6.3</td><td>45</td></tr>
<tr><td>MJ4-1000/4.0</td><td>1000</td><td>2.0~4.0</td><td>50</td></tr>
<tr><td>MJ4-1200/3.2</td><td>1200</td><td>1.0~3.2</td><td>55</td></tr>
<tr><td>MJ4-1500/2.5</td><td>1500</td><td>0.4~2.5</td><td>60</td><td rowspan="4">40</td><td rowspan="4">40</td><td rowspan="4">约 470</td></tr>
<tr><td>MJ4-2000/2.0</td><td>2000</td><td>0.4~2.0</td><td>70</td></tr>
<tr><td>MJ4-2500/1.6</td><td>2500</td><td>0.4~1.6</td><td>80</td></tr>
<tr><td>MJ4-3000/1.0</td><td>3000</td><td>0.4~1.0</td><td>85</td></tr>
</table>

表 17-67 ZJ_4R 型高温柱塞计量泵性能参数

<table>
<tr><th rowspan="2">型 号</th><th rowspan="2">流量
/L·h⁻¹</th><th rowspan="2">排出压力
/MPa</th><th rowspan="2">柱塞直径
/mm</th><th rowspan="2">行程
/mm</th><th rowspan="2">泵速
/r·min⁻¹</th><th colspan="2">电动机</th><th rowspan="2">进口直径
/mm</th><th rowspan="2">出口直径
/mm</th><th rowspan="2">质量/kg</th></tr>
<tr><th>型号</th><th>功率
/kW</th></tr>
<tr><td>ZJ4R-250/32.0</td><td>250</td><td>10~32.0</td><td>28</td><td rowspan="10">75</td><td rowspan="10">135</td><td rowspan="10">Y(YB)132S
-4B5</td><td rowspan="10">5.5</td><td rowspan="4">20</td><td rowspan="4">20</td><td rowspan="5">约 400</td></tr>
<tr><td>ZJ4R-300/25.0</td><td>300</td><td>8.0~25.0</td><td>30</td></tr>
<tr><td>ZJ4R-400/20.0</td><td>400</td><td>6.3~20.0</td><td>32</td></tr>
<tr><td>ZJ4R-500/16.0</td><td>500</td><td>5.0~16.0</td><td>35</td></tr>
<tr><td>ZJ4R-600/12.5</td><td>600</td><td>4.0~12.5</td><td>40</td><td rowspan="6">32</td><td rowspan="6">32</td></tr>
<tr><td>ZJ4R-800/10.0</td><td>800</td><td>4.0~10.0</td><td>45</td><td rowspan="5">约 420</td></tr>
<tr><td>ZJ4R-1000/8.0</td><td>1000</td><td>3.2~8.0</td><td>50</td></tr>
<tr><td>ZJ4R-1200/6.3</td><td>1200</td><td>2.0~6.3</td><td>55</td></tr>
<tr><td>ZJ4R-1500/4.0</td><td>1500</td><td>1.6~4.0</td><td>60</td></tr>
<tr><td>ZJ4R-2000/2.5</td><td>2000</td><td>1.0~2.5</td><td>70</td></tr>
</table>

表 17-68 MJ$_4$ 型隔膜计量泵外形安装尺寸(mm)

<table>
<tr><th>型 号</th><th>DN</th><th>D</th><th>D_1</th><th>D_2</th><th>d_0</th><th>h_1</th><th>h_2</th><th>h_3</th><th>l</th><th>L</th></tr>
<tr><td>MJ$_4$-200/6.3-10.0</td><td rowspan="4">20</td><td>130</td><td>90</td><td rowspan="4">30</td><td>17.5</td><td>315</td><td>315</td><td rowspan="4">45</td><td>100</td><td>1095</td></tr>
<tr><td>MJ$_4$-300/5.0-10.0</td><td rowspan="3">110</td><td rowspan="3">75</td><td rowspan="3">19</td><td rowspan="3">188</td><td rowspan="3">274</td><td rowspan="3">180</td><td rowspan="3">1175</td></tr>
<tr><td>MJ$_4$-400/4.0-10.0</td></tr>
<tr><td>MJ$_4$-500/4.0-10.0</td></tr>
<tr><td>MJ$_4$-600/4.0-8.0</td><td rowspan="5">32</td><td rowspan="5">150</td><td rowspan="8">110</td><td rowspan="5">42</td><td rowspan="5">24</td><td rowspan="5">197</td><td rowspan="5">333</td><td rowspan="5">53</td><td rowspan="2">188</td><td rowspan="2">1203</td></tr>
<tr><td>MJ$_4$-800/3.2-6.3</td></tr>
<tr><td>MJ$_4$-1000/2.0-4.0</td><td rowspan="3">181</td><td rowspan="3">1196</td></tr>
<tr><td>MJ$_4$-1200/1.0-3.2</td></tr>
<tr><td>MJ$_4$-1500-0.4-2.5</td></tr>
<tr><td>MJ$_4$-2000/0.4-2.0</td><td rowspan="3">40</td><td rowspan="3">145</td><td rowspan="3">50</td><td rowspan="3">19</td><td>209</td><td>409</td><td rowspan="3">51</td><td rowspan="3">189</td><td rowspan="3">1204</td></tr>
<tr><td>MJ$_4$-2500/0.4-1.6</td><td rowspan="2">211</td><td rowspan="2">411</td></tr>
<tr><td>MJ$_4$-3000/0.4-1.0</td></tr>
</table>

表 17-69 ZJ$_4$ 型柱塞计量泵外形安装尺寸(mm)

<table>
<tr><th>型 号</th><th>DN</th><th>D</th><th>D_1</th><th>D_2</th><th>d_0</th><th>h_1</th><th>h_2</th><th>h_3</th><th>l</th><th>L</th></tr>
<tr><td>ZJ$_4$-100/25.0-60.0</td><td rowspan="2">15</td><td rowspan="7">110</td><td rowspan="7">75</td><td rowspan="2">25</td><td rowspan="7">19</td><td rowspan="2">223</td><td rowspan="2">223</td><td rowspan="7">45</td><td rowspan="7">86</td><td rowspan="7">1086</td></tr>
<tr><td>ZJ$_4$-150/16.0-50.0</td></tr>
<tr><td>ZJ$_4$-200/12.5-40.0</td><td rowspan="5">20</td><td rowspan="5">30</td><td rowspan="2">241</td><td rowspan="2">241</td></tr>
<tr><td>ZJ$_4$-250/10-32.0</td></tr>
<tr><td>ZJ$_4$-300/8.0-25.0</td><td rowspan="2">200</td><td rowspan="2">200</td></tr>
<tr><td>ZJ$_4$-400/6.3-20.0</td></tr>
<tr><td>ZJ$_4$-500/5.0-16.0</td><td>234</td><td>234</td></tr>
<tr><td>ZJ$_4$-600/4.0-12.5</td><td rowspan="5">32</td><td rowspan="5">150</td><td rowspan="8">110</td><td rowspan="5">42</td><td rowspan="5">24</td><td rowspan="5">276</td><td rowspan="5">276</td><td rowspan="5">53</td><td rowspan="6">130</td><td rowspan="6">1138</td></tr>
<tr><td>ZJ$_4$-800/3.2-10.0</td></tr>
<tr><td>ZJ$_4$-1000/2.5-8.0</td></tr>
<tr><td>ZJ$_4$-1200/2.0-6.3</td></tr>
<tr><td>ZJ$_4$-1500/1.6-4.0</td></tr>
<tr><td>ZJ$_4$-2000/1.0-2.5</td><td rowspan="3">40</td><td rowspan="3">145</td><td rowspan="3">50</td><td rowspan="3">19</td><td>261</td><td>261</td><td rowspan="3">51</td></tr>
<tr><td>ZJ$_4$-2500/0.4-3.2</td><td rowspan="2">166</td><td rowspan="2">166</td><td rowspan="2">415</td><td rowspan="2">1348</td></tr>
<tr><td>ZJ$_4$-3000/0.4-2.5</td></tr>
<tr><td>ZJ$_4$-4000/0.4-2.0</td><td>40</td><td>145</td><td>110</td><td>50</td><td rowspan="4">19</td><td>166</td><td>166</td><td>51</td><td>415</td><td>1348</td></tr>
<tr><td>ZJ$_4$-5000/0.4-1.6</td><td rowspan="3">50</td><td rowspan="3">160</td><td rowspan="3">125</td><td rowspan="3">60</td><td rowspan="3">191</td><td rowspan="3">191</td><td rowspan="3">51</td><td rowspan="3">422</td><td rowspan="3">1355</td></tr>
<tr><td>ZJ$_4$-6000/0.4-1.3</td></tr>
<tr><td>ZJ$_4$-8000/0.4-1.0</td></tr>
<tr><td>ZJ$_4$-10000/0.1-0.8</td><td rowspan="2">65</td><td rowspan="3">185</td><td rowspan="2">145</td><td rowspan="2">75</td><td rowspan="2">17.5</td><td>200</td><td>200</td><td rowspan="2">81</td><td>413</td><td>1346</td></tr>
<tr><td>ZJ$_4$-12000/0.1-0.6</td><td>250</td><td>250</td><td>450</td><td>1383</td></tr>
<tr><td>ZJ$_4$-15000/0.1-0.5</td><td>80</td><td>150</td><td>92</td><td>19</td><td>254</td><td>254</td><td>86</td><td>506</td><td>1439</td></tr>
</table>

表 17-70　ZJ_4R 型高温柱塞计量泵外形安装尺寸(mm)

型　号	DN	D	D_1	d_0	h_1	h_2	l	L
ZJ_4R-250/10.0-32.0	20	110	75	19	241	241	160	1110
ZJ_4R-300/8.0-25.0					204	204		
ZJ_4R-400/6.3-20.0								
ZJ_4R-500/5.0-16.0					234	234		
ZJ_4R-600/4.0-12.5	32	150	110	24	273	273	170	1120
ZJ_4R-800/4.0-10.0								
ZJ_4R-1000/3.2-8.0								
ZJ_4R-1200/2.0-6.3								
ZJ_4R-1500/1.6-4.0								
ZJ_4R-2000/1.0-2.5	40	145		19	263	263		

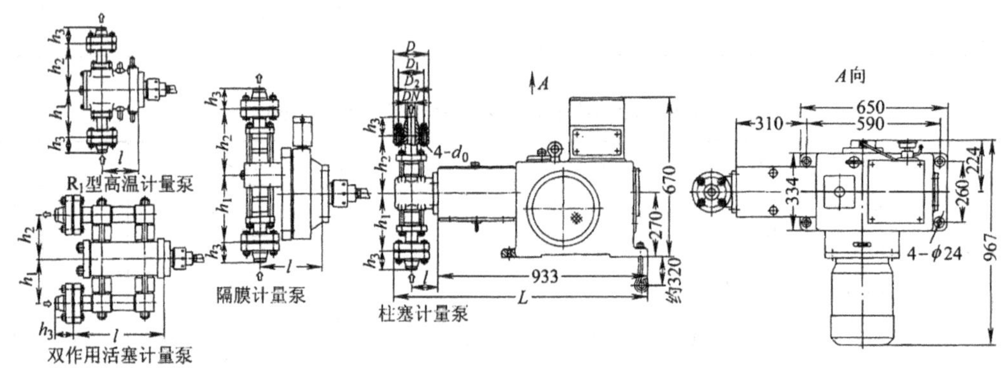

图 17-9　ZJ_4、ZJ_4R 型计量泵外形及安装尺寸

17.1.5.3　厦门飞华环保器材有限公司精密隔膜式计量泵

(1) 适用范围:

该公司研制的精密隔膜式计量泵分 A、B 及 BS 三个系列,其输出流量为 176～3000L/h,工作压力为 0.3MPa,可广泛用于城镇给水、环保水处理、石油、化工、冶炼、电力、造纸等行业的给水和循环水处理以及其他行业的强腐蚀溶液的定量投加与输送。

(2) 性能参数:见表 17-71。

表 17-71　精密隔膜式计量泵性能

型号	A 系列			B-530 系列				B-1500 系列				BS-530 系列				BS-1500 系列			
系数	A－176	A－265	A－353	B－176	B－265	B－353	B－530	B－500	B－750	B－1000	B－1500	BS－352	BS－530	BS－706	BS－1060	BS－1000	BS－1500	BS－2000	BS－3000
公称流量 $L \cdot h^{-1}$	176	265	353	176	265	353	530	500	750	1000	1500	352	530	706	1060	1000	1500	2000	3000
冲程次数 /次$\cdot min^{-1}$	48	72	96	48	72	96	144	48	72	96	144	48	72	96	144	48	72	96	144
最大工作压力/MPa	0.3			0.3				0.3				0.3				0.3			
最大吸程/m	3			3				3				3				3			

续表 17-71

型号 系数		A系列			B-530系列				B-1500系列				BS-530系列				BS-1500系列			
		A-176	A-265	A-353	B-176	B-265	B-353	B-530	B-500	B-750	B-1000	B-1500	BS-352	BS-530	BS-706	BS-1060	BS-1000	BS-1500	BS-2000	BS-3000
电动机	型号	YU80m-4A	YU71m-4B	YU80m-4A	YU71m-4B				YU80m-4A				YU71m-4B				YU80m-4A			
	功率/W	370			370				750				750				750			
	电压/V	380			380				380				380				380			
质量/kg		30			40				85				46				85			
生产厂家:厦门飞华环保器材有限公司													厂址:福建省厦门市湖滨北七星路170号							

(3) 安装尺寸:见图 17-10。

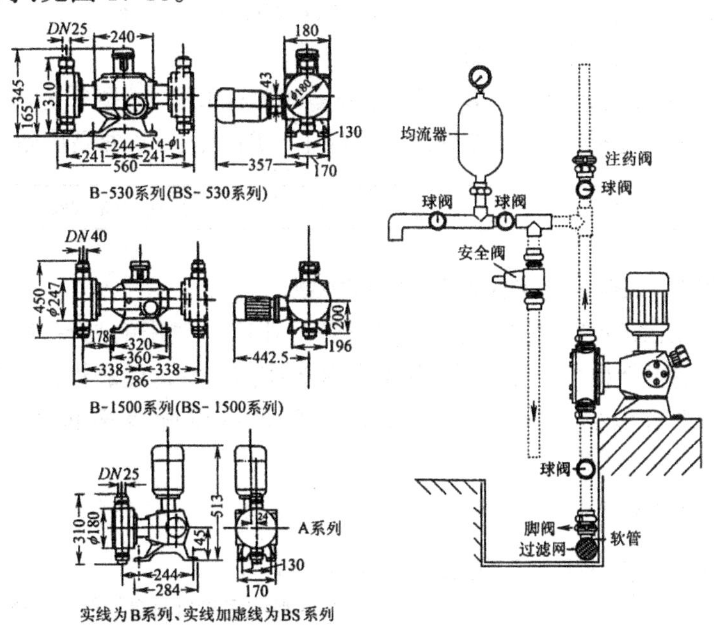

图 17-10 隔膜式计量泵安装图

17.1.6 高层建筑给水泵

17.1.6.1 DL(Ⅰ)、DLR(Ⅰ)系列高层建筑给水泵

(1) 适用范围:该系列泵主要用于高层建筑的生活供水、消防给水、工矿企业、市政工程给排水及锅炉给水、化工流程补给水等场合,该泵由于采用特殊的水力设计方法和新颖的结构形式,而具有高效节能,使用寿命长等优点,而且扬程曲线平坦、运转稳定、噪音低、占地面积少和安装检修特别方便等显著特点,适用于输送介质为不含固体颗粒的清水或物理化学性质类似于水的液体,根据用户要求,改变泵过流部件的材质,可输送腐蚀性液体或成品石油。

(2) 型号意义说明:

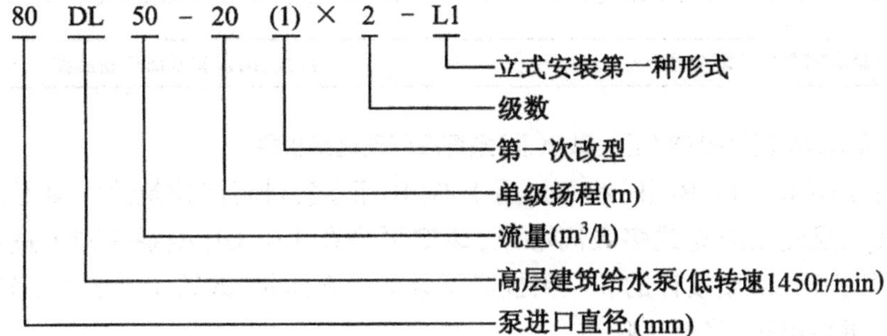

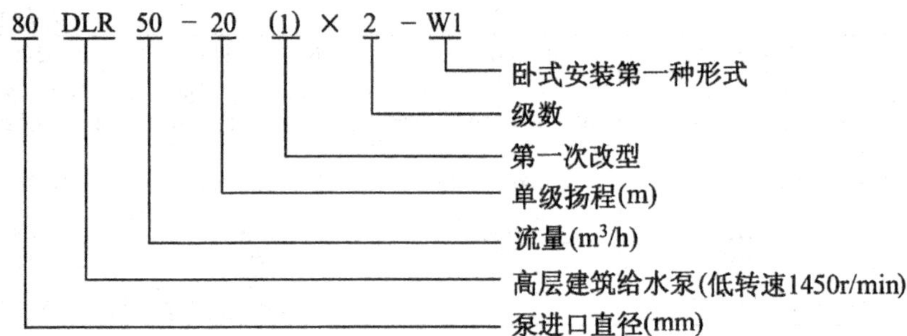

(3) 性能参数:流量范围 $Q = 32 \sim 324\text{m}^3/\text{h}(8.891 \sim 901\ \text{L/s})$

扬程范围 $H = 16 \sim 312\text{m}$

输送介质温度 DL(Ⅰ)型泵≤80℃;DLR(Ⅰ)型泵≤130℃

标准性能,泵外形及安装尺寸,详见该厂 DL(Ⅰ)、DLR(Ⅰ)系列高层建筑给水泵样本。

生产厂家:山东双轮集团股份有限公司 厂址:山东省威海市新威路 111 号

17.1.6.2 LG(Ⅰ)、LGR(Ⅰ)系列新型高层建筑给水泵

(1)适用范围:该系列泵是国内建筑工程及各行业广泛使用的高转速立(卧)多级离心泵,LG、LGR 型泵的更新换代产品,具有高效节能,使用寿命长,可靠性高等优点,该泵运转稳定、噪声低、占地面积小、安装检修方便并且单泵可以配置多种出水口,其用途同 17.1.6.1。

(2)型号意义说明:

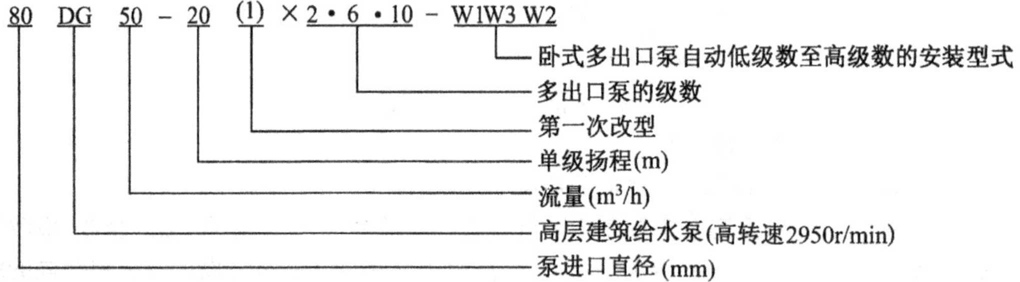

(3)性能参数:流量范围 $Q = 14.4 \sim 256.8\text{m}^3/\text{h}(4 \sim 35\text{L/s})$

扬程范围 $H = 12.8 \sim 385\text{m}$

输送介质温度 LG(Ⅰ)型泵≤80℃;LGR(Ⅰ)型泵≤130℃。

标准性能,泵外形及安装尺寸,详见该厂 LG(Ⅰ)、LGR(Ⅰ)新型高层建筑给水泵样本。

生产厂家:山东双轮集团股份有限公司 厂址:山东省威海市新威路 111 号

17.1.6.3 LG(Ⅱ)、LGR(Ⅱ)和 DL(Ⅱ)、DLR(Ⅱ)系列高层建筑给水泵

(1) 适用范围:LG(Ⅱ)、LGR(Ⅱ)和 DL(Ⅱ)、DLR(Ⅱ)系列高层建筑给水泵是国内建筑工程及各行各业广泛使用的立式多级离心泵,该型泵是在 LG、DL 型泵基础上进行改型设计,性能参数与其相同,改型设计的Ⅱ型泵提高了泵的内在质量,改善了泵的外观造型,改进后的产品均采用进口电机,降低了噪声。

(2) 型号意义说明：

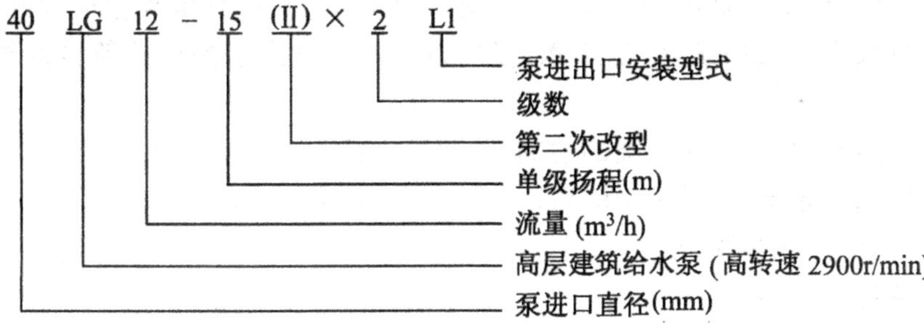

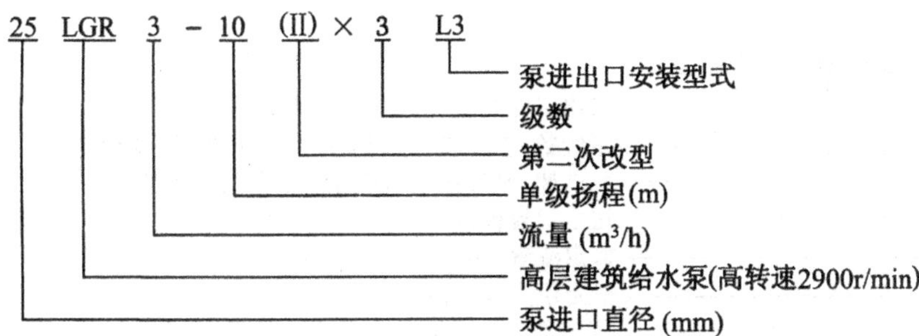

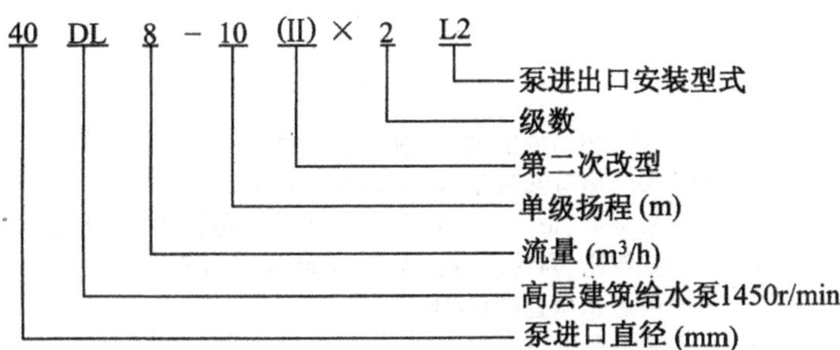

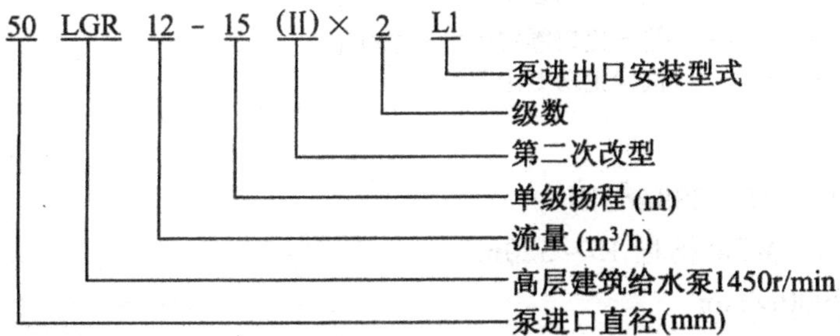

(3)性能参数：

流量范围　$Q = 1 \sim 200 m^3/h$(0.28～55.6 L/s)

扬程范围　$H = 8 \sim 239m$

输送介质温度　LG(Ⅱ)、DL(Ⅱ)型泵≤80℃；LGR(Ⅱ)、DLR(Ⅱ)型泵≤130℃

标准性能，泵外形及安装尺寸，详见该厂 LG(Ⅱ)、DL(Ⅱ)、LGR(Ⅱ)、DLR(Ⅱ)高层建筑给水泵样本。

生产厂家：山东双轮集团股份有限公司　　厂址：山东省威海市新威路 111 号

17.1.7 XB系列固定消防专用泵

(1) 适用范围:该系列泵主要用于工业及民用建筑固定消防系统(消火栓灭火系统、自动喷水灭火系统和水喷雾灭火系统等)的给水,多出口泵尤其适用于高层建筑分区给水系统。

XB系列泵性能参数在满足消防工况的前提下,兼顾生活(生产)给水的工况要求,该产品既可用于独立消防给水系统,又可用于消防、生活(生产)共用给水系统,还可用于建筑、市政、工矿给排水以及锅炉给水等场合。

(2) 型号意义说明:

单出口消防泵

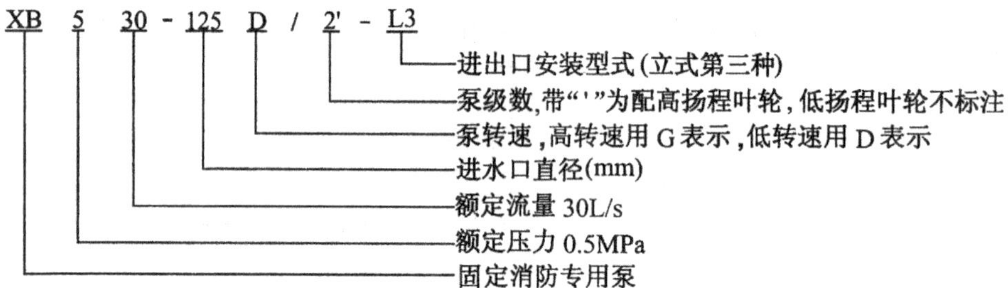

多出口消防泵

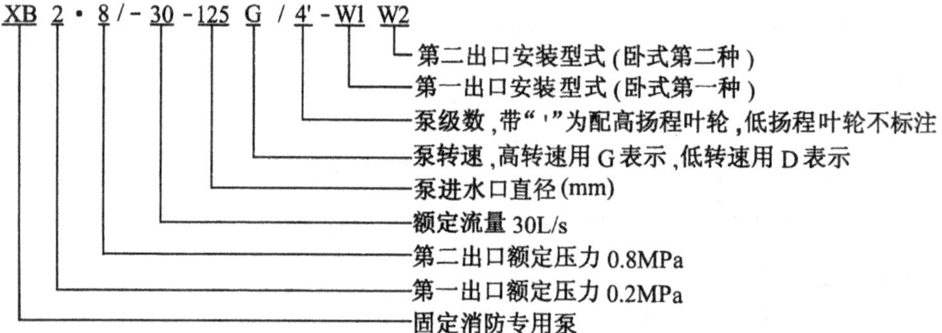

(3) 性能参数:

流量范围 $Q_n = 5 \sim 80$L/s($18 \sim 288m^3/h$)

额定压力 $p_n = 0.15 \sim 3.2$MPa(扬程15~320m)

转速 $n = 1450$r/min;2900r/min

泵进口压力 $p_0 \leqslant 0.6 \sim 1.0$MPa

泵最大工作压力 $p \leqslant 3.6$MPa($p = p_0 + p_n$)

泵进口口径 65~200mm

泵出口口径 50~150mm

标准性能、泵外形及安装尺寸详见该厂"XB系列固定消防专用泵"样本。

生产厂家:山东双轮集团股份有限公司　　厂址:山东省威海市新威路111号

17.1.8 SZB-8型水环式真空泵

(1) 适用范围:SZB-8型泵系悬臂式水环真空泵,可供抽吸空气或其他无腐蚀性、不溶于水、不含固体颗粒的气体。特别适合于做大型水泵引水时抽真空用。

(2) 型号意义说明：

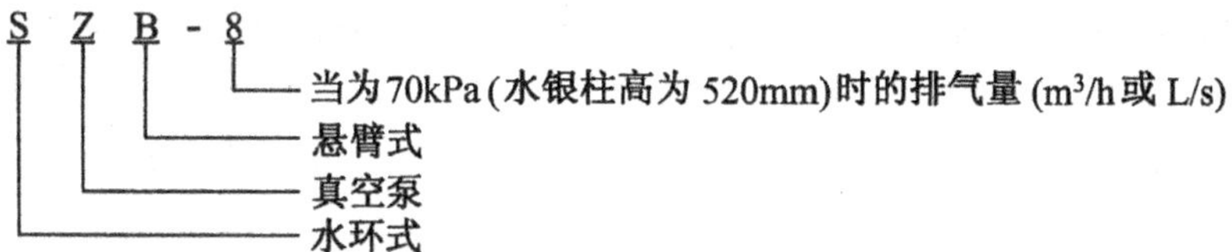

(3) 性能参数：见表 17-72。

表 17-72 SZB-8 型水环式真空泵性能参数

泵型号	排气量 /$m^3 \cdot h^{-1}$	水银柱高度 /mm	转速 n/ $r \cdot min^{-1}$	真空度为0%时保证排气量 /$L \cdot s^{-1}$	保证真空度 /%	轴功率 /kW	配带电动机		叶轮直径 /mm	泵口径入/出 /mm	泵外形尺寸(长×宽×高) /mm	泵质量 /kg
							型号	功率 /kW				
SZB-8	38.2	440	1450	600	80	1.9	$Y100L_2$-4	3	180	25/25	414×240×300	45
	28.8	520				2.0						
	14.4	600				2.1						
	0	650				2.1						

生产厂家：山东双轮集团股份有限公司　　厂址：山东省威海市新威路111号

17.1.9 高压除鳞系统

(1) 适用范围：高压除鳞系统主要用于钢厂除鳞，即输送高压水除掉热轧坯件表面的氧化铁皮，提高热连轧坯件的表面质量。重庆水泵厂为适应各大、中、小型钢厂的需求，在消化吸收美国与日本技术的基础上，开发了离心式高压除鳞系统和往复式高压除鳞系统。该系统主泵亦可用于油田注水、城市给排水和电厂、化学、轻工业等行业。

高压除鳞系统（图 17-11）主要包括：前置泵、自清洗过滤器、高压除鳞泵机组（离心式高压除鳞系统为SD型双壳体高速高压离心泵机组；往复式高压除鳞系统为$3D_7$型电动往复泵机组），进出口阀组、最低液面阀、蓄能器、空压机、高压配管及其他阀门和空压机单元控制柜、各分散设备单元控制与报警以及除鳞系统封闭连锁集中控制柜等。

(2) 型号意义说明：

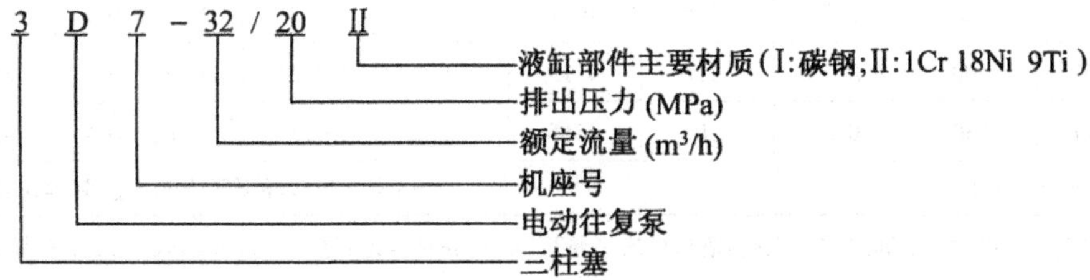

离心式高压除鳞泵（系统）

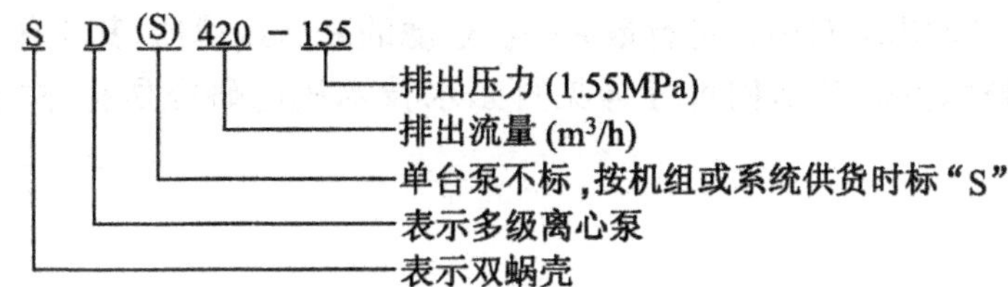

(3) 性能参数:见表 17-73 和表 17-74。

表 17-73　电动往复式除鳞泵性能参数

型　号	额定流量 /$m^3 \cdot h^{-1}$	排出压力 /MPa	柱塞直径 /mm	行程 /mm	往复次数 /min^{-1}	吸入管径 /mm	排出管径 /mm	电动机	
								型号	功率/kW
$3D_7$-20-25	20	25	63	200	200	100	65	Y355M_3-8	185
$3D_7$-25-32	25	32					80	Y400-8	285
$3D_7$-25-25		25						Y355L_1-8	220
$3D_7$-32-20	32	20	71	200	250	125	80	Y355L_1-8	220
$3D_7$-32-18		18						Y355M_4-8	200
$3D_7$-40-20	40	20	78			140		Y400-8	285
$3D_7$-40-18		18						Y355L_2-8	250
$3D_7$-40-16		16						Y355L_1-8	220
$3D_7$-50-16	50	16	88			160	100	Y400M_4-8	285
生产厂家:重庆水泵厂					厂址:重庆市沙坪坝区小龙坎正街 340 号				

注:1. 吸入、排出管径可根据用户要求配备,如需其他规格、性能的泵请与重庆水泵厂联系;
2. 电机电压可根据用户需求配 380V 或 6000V。

表 17-74　SD(S)型高压除鳞泵(机组)性能参数

型　号	流量 /$m^3 \cdot h^{-1}$	进口压力 /MPa	排出压力 /MPa	泵转速 /$r \cdot min^{-1}$	润滑油冷却水		电　机	
					流量 /$m^3 \cdot h^{-1}$	压力 /MPa	型号	功率/kW
SD(S)100-180	100	0.5	18	4640	15	0.3	Y(R)500-4	1250
SD(S)150-180	150	0.5	18	4350	15	0.3	Y(R)500-4	1600
SD(S)200-180	200	0.5	18	4350	15	0.3	Y(R)560-4	1800
SD(S)300-180	300	0.5	18	4350	15	0.3	Y(R)630-4	2500
SD(S)400-180	400	0.5	18	4515	15	0.3	Y(R)710-4	3200
SD(S)420-170	420	0.3	15.5	4061	15	0.3	Y(R)630-4	2500
SD(S)500-170	500	0.5	17	4515	15	0.3	Y(R)710-4	3500
SD(S)550-200	550	0.5	20	4515	15	0.3	Y(R)710-4	4250
生产厂家:重庆水泵厂					厂址:重庆市沙坪坝区小龙坎正街 340 号			

注:用户需要其他规格、性能的除鳞泵(机组)请与重庆水泵厂联系,联系地址:重庆市沙坪坝区小龙坎正街 340 号,邮编:400030,电话:023-65303778;65310976。

(4)高压除鳞系统简图:见图 17-11。

用于高压水泵输出端对杂物进行最后一次过滤的高压过滤器,其工作压力一般在 16~25MPa之间,其技术参数及结构尺寸详见丹东水技术机电研究所样本“高压水系统过滤器”。

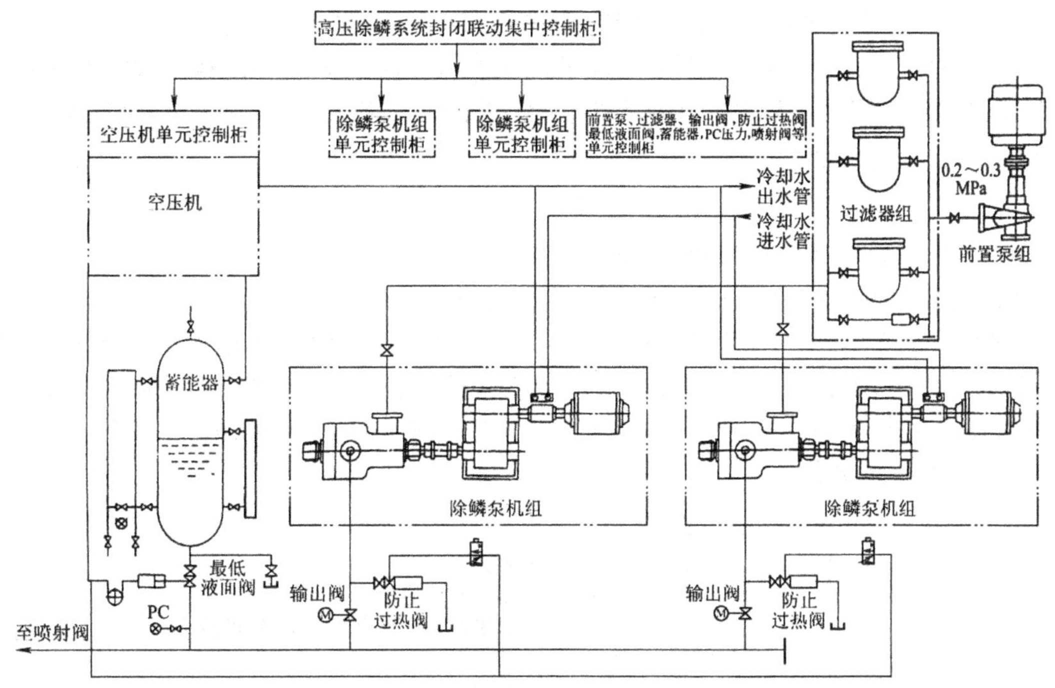

图 17-11　高压除鳞系统简图
（往复式除鳞系统中无防止过热阀）

17.2　交流电动机

17.2.1　Y 系列三相异步电动机

17.2.1.1　Y、YR 系列中型高压三相交流异步电动机（JB/T 7593—94、JB/T 7594—94、JB/T 13957—92）

该产品为一般用途的开启式笼型和绕线型异步电动机，额定电压，6000～10000V；功率范围：160～5000kW；防护等级：IP23、IP21；频率：50Hz。

详见重庆电机厂"Y、YR 系列中型 10kV 级和 6kV 级"三相异步电动机样本。

17.2.1.2　YKK、YRKK、YKS、YRKS、YLKS、YRLKS 系列中型高压三相交流异步电动机（JB1993、OCD.510.062—87）

该产品为一般用途全封闭空空冷或空水冷笼型和绕线型异步电动机，额定电压：380V、6000V、10000V；功率范围：185～2240kW；防护等级：IP44、IP54；绝缘等级：F 级；频率：50Hz。

详见重庆电机厂"中型异步电动机 YKK、YRKK 全封闭系列"样本。

17.2.1.3　YL、YRL 系列三相交流异步电动机（JB/DQ3017）

该产品为一般用途全封闭空空冷或空水冷笼型和绕线型异步电动机，额定电压，380V、6000V、10000V；功率范围：90～50000kW；防护等级：IP23、IP24、IP44、IP54；绝缘等级：F 级；频率：50Hz。

17.2.1.4 YK系列高速三相交流异步电动机(JB/T 7593—94,JB2225—77)

该产品为一般用途的高速型异步电动机,额定电压:380V、6000V、10000V;功率范围:220～5000kW;防护等级:IP23、IP24、IP44、IP54;含空空冷和空水冷;绝缘等级:F级;频率:50Hz。

生产厂家:重庆电机厂	厂址:重庆市中梁山玉清寺

17.2.2 YPT变频调速三相异步电动机

(1) 适用范围:YPT系列变频调速三相异步电动机是Y系列三相异步电动机的派生之一,该电机与变频器配套广泛用于石油、石化、钢铁、冶金、电力、矿山、化工机械、建材、轻工、纺织、化纤、印刷、塑料、医药、造纸、卷烟等行业,具有平滑调速、节能效果好,起动性良好,转动惯量低,过载能力大等特点。其功率等级和安装尺寸符合IEC标准及德国DIN42673标准。

(2) 型号意义说明:

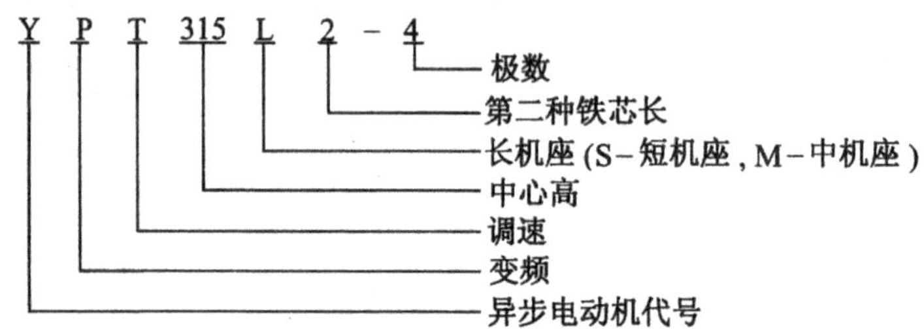

(3) 适用条件:

环境温度 最高不超过40℃,最低为-15℃ 工作制 连续(S1)

海拔高度 不超过1000m 调速范围 H160～H180 5～50～160Hz

相对湿度 不大于90% H200～H225 5～50～140Hz

额定频率 50Hz H250～H280 5～50～110Hz

额定电压 380V H315 5～50～100Hz

接　　法 Y接,50Hz以下为恒转矩调速,50Hz以上为恒功率调速

防护等级 IP54

冷却方式 IC0161

绝缘等级 F

(4) 性能参数:见表17-75。

表17-75 YPT变频调速三相异步电动机性能

型　号	功率/kW	同步转速/r·min^{-1}	电流/A	调速范围/r·min^{-1}	效率/%	功率因数	最大转矩	惯量矩/kg·m^2	质量/kg
YPT160M-4	11	1500	21.8	150～4800	88.0	0.84	2.5	0.74	130
YPT160L-4	15	1500	29.8	150～4800	88.5	0.85	2.5	0.96	140
YPT180M-4	18.5	1500	35.5	150～4800	91.0	0.86	3.0	1.08	155
YPT160L-4	22	1500	41.3	150～4800	91.5	0.86	3.0	1.84	188
YPT200L-4	30	1500	56.9	150～4200	92.2	0.87	3.0	3.16	250

续表 17-75

型 号	功率/kW	同步转速 /r·min⁻¹	电流 /A	调速范围 /r·min⁻¹	效率 /%	功率因数	最大转矩	惯量矩 /kg·m²	质量/kg
YPT225S-4	37	1500	70.5	150~4200	91.8	0.87	3.0	3.82	165
YPT225M-4	45	1500	84.5	150~4200	92.3	0.88	3.0	3.94	332
YPT250M-4	55	1500	102.7	150~3300	92.6	0.88	3.0	4.7	410
YPT280S-4	75	1500	134	150~3300	92.7	0.88	3.0	8.5	545
YPT280M-4	90	1500	160.1	150~3300	93.5	0.89	3.0	8.9	600
YPT315S-4	110	1500	194	150~3000	93.5	0.89	3.0	18.9	765
YPT315M-4	132	1500	232.8	150~3000	94.0	0.89	3.0	21.8	835
YPT315L1-4	160	1500	277.5	150~3000	94.5	0.89	3.0	24.7	870
YPT315L2-4	200	1500	345	150~3000	94.5	0.89	3.0	32.7	915

生产厂家:重庆电机厂　　　　厂址:重庆市中梁山玉清寺

注:该厂生产的交流变频器电动机最大容量可达 1000kW。

(5) 变频器:本系列电动机可选配两种变频器,一种是适用于风机、水泵等调速精度要求低的设备,另一种是适用于冶金、造纸等调速精度较高的设备。其技术参数见表 17-76。

表 17-76 变频器技术性能

输入电压及频率	220V、380V、440V、50/60Hz	220V、380V、400V、415V、440V、500V、48/63Hz
输出电压及频率	0~440V 2.5~240Hz	0~500V、0~500Hz
输出功率	0.75~315kW	2.2~315kW
频率精度	±0.5%	±0.1%
频率解析度	0.01Hz	0.01Hz
加减速时间	0.3~1800s	0.1~1800s
刹车方式及转矩	电容吸收回生制动转矩 100%	正常减速、惯性停车、直流制动
过载能力	150% 1min	150% 1 min
保护功能	过电流、过电压、过载、过热、欠压、接地保护	过电流 过电压 欠压 过热 电流切换保护
调制方式	正弦波调制型	失量控制型
使用场所	风机、水泵等调速精度要求较低的行业	冶金、造纸等调速精度要求较高的行业

生产厂家:重庆电机厂　　　　厂址:重庆市中梁山玉清寺

注:如有特殊要求时,请于订货时提出。如:

1. 异电压(220V、415V、440V 等),异频率(60Hz);
2. 左出线(面对轴伸端、接线盒在左侧);
3. 特殊轴伸或其他安装形式(IMB5、IMV1、IMB35 等);
4. 异极数(2、6、8、10P);
5. 特殊防护形式,如 IP55、户外型、化工防腐型。

17.3 蝶阀

17.3.1 法兰式蝶阀 D41X-10

(1)适用范围:可在石油、化工、冶金、食品、医药、轻纺、造纸、水电、船舶、给排水等系统上,一切腐蚀性、非腐蚀性的气体、液体、半液体及固体粉末管线和容器上,作为调节和截流之用,可作老管道改造、维修和配套阀门的换代。

(2)型号意义说明:

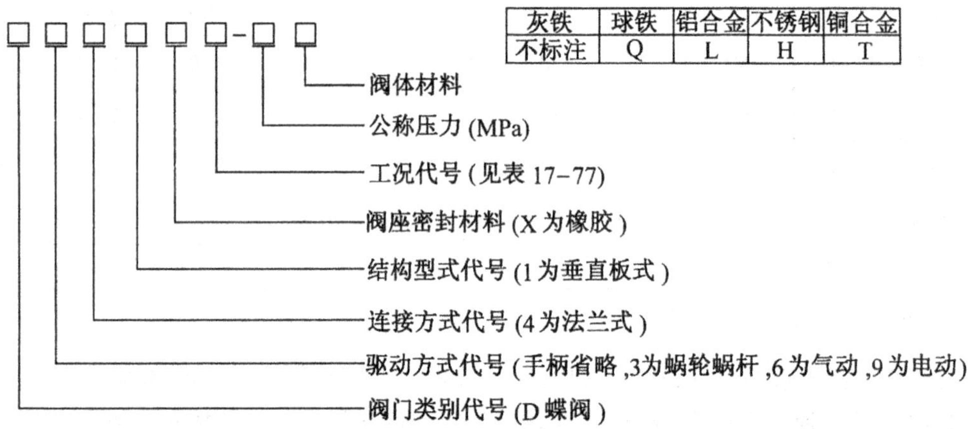

(3)性能参数:法兰式蝶阀工况代号见表 17-77,法兰式蝶阀 D41X-10 性能见表 17-78。

表 17-77 法兰式蝶阀工况代号

工况代号	P	J	Y	S
适用介质	普通	酸、碱	油类、煤气	食品、医药
示例	水、空气、泥浆等非腐蚀性介质	酸、碱溶液及酸碱性介质	矿物油、动植物油有机溶剂	各类食品医药

表 17-78 法兰式蝶阀 D41X-10 性能

规格/mm	DN50 ~ 2000mm
公称压力/MPa	1
强度试验压力/MPa	1.5
密封试验压力/MPa	1.1
适用介质	淡水、污水、海水、蒸汽、盐水、煤气、食品、各种油类、各种酸碱类及其他
介质温度	一般 -46 ~ 135℃,特殊 250℃
驱动方式	手动(手柄式、蜗轮蜗杆式)、气动、电动、液动
生产厂家:河南上蝶阀门股份有限公司(原河南省郑州市上街蝶阀厂) 厂址:河南省郑州市上街区南峡窝镇	

17.3.2 对夹式蝶阀 D71X-6(-10,-16)

(1)适用范围:适用于石油化工、冶金、食品、医药、轻纺、造纸、水电、船舶、供排水、冶炼、能源等系统上,一切腐蚀性、非腐蚀性的气体、半流体以及固体粉末管线和容器上作为调节和截流使用,可在任意位置安装。

(2) 性能参数:见表 17-79。

表 17-79 对夹式蝶阀 D71X-6(-10,-16)性能

规 格/mm	50~1000	50~1400	1600~2000
公称压力/MPa	(1.6)	(1.0)	(0.6)
密封试验/MPa	(1.76)	(1.1)	(0.66)
强度试验/MPa	(2.4)	(1.5)	(0.9)
介质温度/℃	正常 -46~135,特殊 -100~250(瞬时)		
适用介质	淡水、污水、海水、蒸汽、盐水、空气、食品、各种油品、各种酸碱类		
操作方式	手动、电动、气动、液动		
生产厂家:河南上蝶阀门股份有限公司(原河南省郑州市上街蝶阀厂) 厂址:河南省郑州市上街区南峡窝镇			

17.3.3 对夹式金属、四氟密封蝶阀 D71S$^{H}_{F}$-25(Q.C)

(1)适用范围:主要适用于中压、高温、低压、低温管道和容器上作截流用。

(2)型号意义说明:

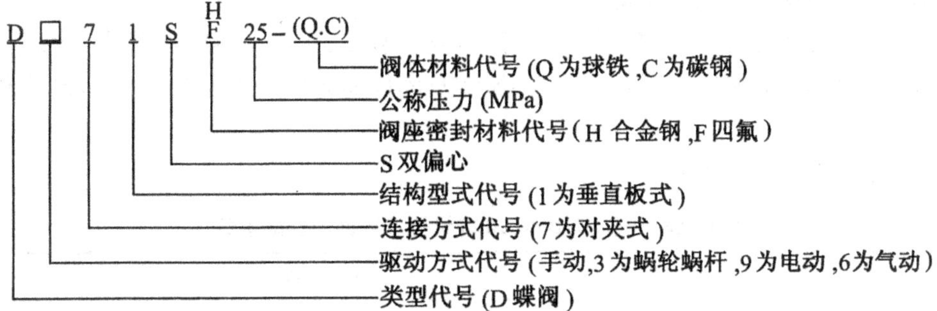

(3) 性能参数:见表 17-80。

表 17-80 对夹式金属(橡胶)密封蝶阀性能

项目类别	参 数	备 注
公称通径 *DN*/mm	50~500	
公称压力 p_N/MPa	2.5	
密封试验压力/MPa	2.75	
壳体试验压力/MPa	3.75	
适应介质	淡水、污水、油类、酸碱类液体气体	
区别方式	手动、电动	
法兰连接标准	GB9113、GB4216	法兰标准也可根据用户要求设计
适应介质温度 1℃	D71SH-25(Q.C)	≤350
	D71SF-25(Q.C)	≤200
生产厂家:河南上蝶阀门股份有限公司(原河南省郑州市上街蝶阀厂) 厂址:河南省郑州市上街区南峡窝镇		

17.3.4 DS41X－10 法兰式伸缩蝶阀

(1) 适用范围:可在石油化工、食品医药、轻纺、船纸、水电、船舶、给排水等系统上,一切腐蚀性、非腐蚀性的气体、液体、半流体及固体粉末管线和容器上作为调节和截流使用,可作老管道改造、维修和配套阀门的换代。

(2) 性能参数:见表 17-81。

表 17-81 DS41X－10 法兰式伸缩蝶阀技术性能参数

规格 DN/mm	50～2000
公称压力/MPa	1.0MPa
壳体试验压力/MPa	1.5MPa
密封试验压力/MPa	1.1MPa
适用介质	淡水、污水、海水、蒸汽、盐水、煤气、食品、各种油类,各种酸碱类及其他
介质温度/℃	一般－46～135,特殊 250
驱动方式	手动(手柄式,蜗轮蜗杆式)、气动、电动、液动
生产厂家:河南上蝶阀门股份有限公司	厂址:河南省郑州市上街区南峡窝镇

17.3.5 BE D71tsX－10 蝶阀

(1) 适用范围:可在石油化工、食品、医药、轻纺、造纸、水电、船舶、给排水、冶炼等系统上的一切腐蚀性、非腐蚀性的气体、液体、半流体及固体粉末管道及容器上作为调节和截流使用。

(2) 性能参数:见表 17-82。

表 17-82 BE D71tsx－10 蝶阀技术数据和性能参数

规格 DN/mm	50～1200
公称压力/MPa	1.0
密封试验压力/MPa	1.1
壳体试验压力/MPa	1.5
介质温度/℃	一般－46～135,特殊－100～250
适用介质	淡水、污水、海水、蒸汽、盐水、煤气、食品、各种油类,各种酸碱类
驱动方式	手动、电动、气动
生产厂家:河南上蝶阀门股份有限公司	厂址:河南省郑州市上街区南峡窝镇

17.3.6 D44X－10 双偏心法兰式蝶阀

(1)适用范围:可在石油化工、食品医药、轻纺、造纸、水电、船舶、给排水等系统上,一切腐蚀性、非腐蚀性的气体、液体、半流体及固体粉末管线和容器上作为调节和截流使用,可作老管线改造、维修和配套阀门换代。

(2) 性能参数:见表 17-83。

表 17-83　D44X-10 双偏心法兰式蝶阀技术性能参数

规格 DN/mm	200~2000
公称压力/MPa	1.0
壳体试验压力/MPa	1.5
密封试验压力/MPa	1.1
适用介质	淡水、污水、海水、蒸汽、盐水、煤气、食品、各种油类，各种酸碱类及其他
介质温度/℃	一般-46~135，特殊 250
驱动方式	手动(手柄、蜗轮蜗杆式)、气动、电动、液动
生产厂家：河南上蝶阀门股份有限公司	厂址：河南省郑州市上街区南峡窝镇

17.3.7　DS44X-10 双偏心法兰式伸缩蝶阀

(1)适用范围：可在石油化工、食品医药、轻纺、造纸、水电、船舶、给排水等系统上，一切腐蚀性、非腐蚀性的气体、半流体及固体粉末管线和容器上作为调节和截流使用，用作老管道改造、维修和配套阀门换代。

(2)性能参数：见表 17-84。

表 17-84　DS44X-10 双偏心法兰式伸缩蝶阀技术性能参数

规格 DN/mm	200~2000
公称压力/MPa	1.0
壳体试验压力/MPa	1.5
密封试验压力/MPa	1.1
适用介质	淡水、污水、海水、蒸汽、盐水、煤气、食品、各种油类，各种酸碱类及其他
介质温度/℃	一般-46~135，特殊 250
驱动方式	手动(手柄、蜗轮蜗杆式)、气动、电动、液动
生产厂家：河南上蝶阀门股份有限公司	厂址：河南省郑州市上街区南峡窝镇

17.3.8　D941SHd-6c 多层次金属密封蝶阀

(1)适用范围：本阀适用于冶金管路系统，介质温度≤250℃的液体、气体管道，作截流之用。

(2)性能参数：见表 17-85。

表 17-85　D941SHd-6c 多层次金属密封蝶阀主要性能参数

规格 DN/mm	公称压力/MPa	密封试验压力/MPa	壳体试验压力/MPa	介质温度/℃	适用介质	操作方式
500~1600	0.6	0.66	0.9	≤250	液体气体	电动
生产厂家：河南上蝶阀门股份有限公司				厂址：河南省郑州市上街区南峡窝镇		

17.3.9　希斯威系列金属硬密封蝶阀

(1)适用范围：希斯威系列金属硬密封蝶阀是在引进国外产品的基础上在产品性能和结构上经过改进和改型产品，是目前国内外先进的新型管路控制设备，它主要由阀体、蝶板、阀轴、密封圈、电动装置等组成，通过电装(或手轮)带动阀轴使阀板相对于阀体做 90°范围内的旋转运动，以达到控制流量和启闭的目的。

该蝶阀广泛用于冶金、石化、热电、热力等行业的煤气、蒸汽、空气、水等管道系统上流体的截断和调节用。

(2)型号意义说明:

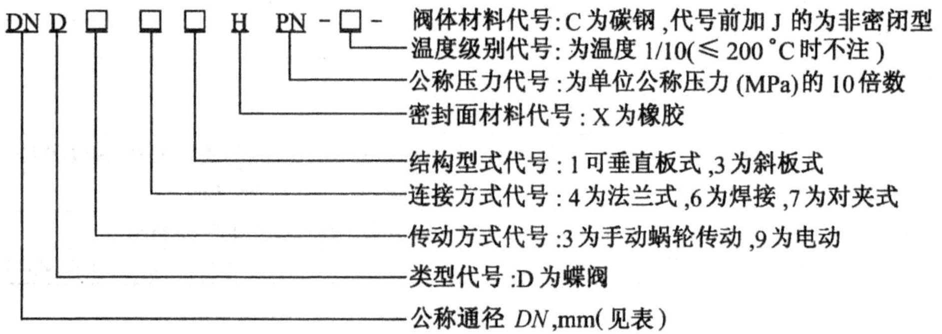

(3)性能参数:见表17-86。

表17-86 希斯威系列手动、电动金属硬密封蝶阀性能

公称通径 *DN*/mm	公称压力 *PN*1/MPa	试验压力/MPa		适用温度(≤)/℃	适用介质
		壳体	密封		
300～4500	0.25～2.5	1.5*PN*	1.1*PN*	80	水、油品、空气
生产厂家:长沙市阀门厂				厂址:湖南省长沙市赤岗北路10号	

17.4 止回阀、闸门及启闭机

17.4.1 希斯威系列自动保压液控蝶阀(KD741X-V型)

(1) 适用范围:希斯威系列自动保压止回蝶阀是在引进国外产品的基础上,在性能上经过改进和完善的产品,是目前国内外先进的新型管路控制设备,国家三部一委评为优选产品,它能按预定程序实现泵阀联动;开启和关闭,远距离自动控制、自动保压不掉锤,蝶阀不抖动,流阻小;具有可调快、慢关两个阶段,特别是当突然停电或事故停泵时,永存的重锤势能,将自动按预先调定的快、慢关两个阶段关闭,防止水锤危害,保护水泵及管网系统安全,采用重锤,利用地心引力,液压系统大大简化,安全可靠,目前先进国家普遍采用。

(2) 型号意义说明:

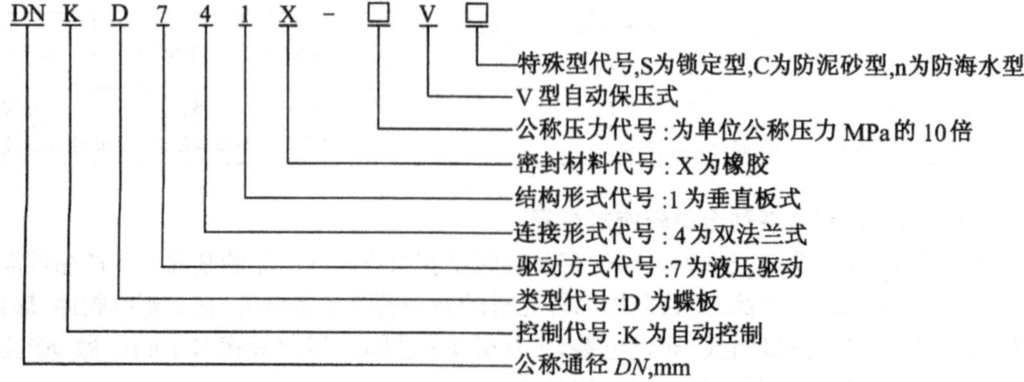

(3) 性能参数:见表17-87。

表 17-87 希斯威系列自动保压液控蝶阀性能

公称通径 DN/mm	公称压力 PN/MPa	试验压力		连接型式	适用温度 (≤)/℃	适用介质
		壳体/MPa	密封/MPa			
≤1000	1.0	1.5	1.1	双法兰连接	80	水、油品及非腐蚀性流体
1200～1800	0.6	0.9	0.66			
>2000	0.25	0.4	0.275			

项目 \ 公称通径/mm		<1000	≥1000
开阀时间(可调)/s		20～60	
关阀时间(可调)/s	快	1.7～15	2.5～20
	慢	3～60	6～30
关阀角度(可调)/(°)	快	70±8	
	慢	20±8	
连接型式		法兰	
流阻系数		最小流阻系数 0.24	

生产厂家:长沙市阀门厂　　厂址:湖南省长沙市赤岗北路 10 号

17.4.2 HDH48X－10Q 微阻缓闭消声止回阀

(1)适用范围:主要用于净水、源水、污水、海水等介质的供、排水管道上,安装在水泵出口处,用以截止介质的回流,消除破坏性的水锤,保护管道、水泵的安全运行。

(2)性能参数:

1)缓闭时间在 60s 以下根据需要任意调节;

2)水锤峰值在公称压力的 1.2 倍以内;

3)强度试验在公称压力的 1.5 倍以内;

4)介质温度为 0～85℃;

5)适用介质为净水、源水、污水、海水和石油等。

生产厂家:河南上蝶阀门股份有限公司　　厂址:河南省郑州市上街区南峡窝镇

17.4.3 SYZ、AYZ 型铸铁镶铜闸门

(1) 适用范围:该闸门主要用于给排水、水电、水利工程中,用以截止、疏通水流或调节水位。

(2) 型号意义说明:

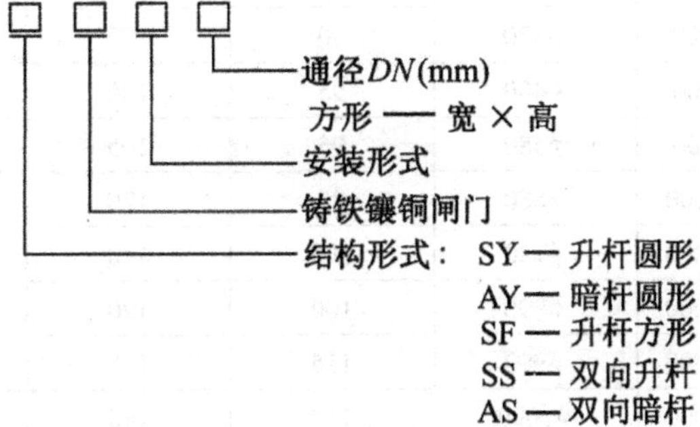

(3)性能参数:见表 17-88。

表 17-88　SYZ、AYZ 型铸铁镶铜闸门开启力近似值

进水孔													
	圆形	ϕ600	ϕ800	ϕ1100	ϕ1400	ϕ1800	ϕ2000	ϕ2300	ϕ2500	ϕ2700	ϕ2800	ϕ2900	ϕ3100	
	方形	500×500	700×700	1000×1000	1200×1200	1600×1600	1800×1800	2000×2000	2200×2200	2400×2400	2500×2500	2600×2600	2800×2800	3000×3000
启闭力 T / 承压面积/m^2 / 水头/m		0.35	0.60	1.15	1.70	2.80	3.50	4.40	5.40	6.30	6.70	7.20	8.60	9.60
1.0		0.20	0.25	0.55	0.70	1.65	2.65	2.90	3.00	3.40	3.95	4.75	5.35	6.00
2.0		0.30	0.45	0.70	1.20	2.45	3.60	3.80	4.00	4.60	5.15	9.60	6.70	7.50
3.0		0.40	0.65	1.05	1.70	3.25	4.65	5.25	5.75	6.40	7.05	8.00	9.05	9.85
4.0		0.50	1.15	1.40	2.25	4.10	5.70	6.55	7.35	8.30	9.05	10.15	11.65	12.70
5.0		0.65	1.35	1.75	2.75	4.95	6.75	7.90	9.00	10.20	11.05	12.30	14.20	15.60
6.0		0.75	1.15	2.10	3.25	5.80	7.80	9.20	10.60	12.10	13.05	14.45	16.80	18.5
7.0		0.90	1.40	2.70	3.90	7.05	9.55	11.30	13.00	14.90	16.15	17.90	20.55	22.35
8.0		1.00	1.60	3.30	4.40	7.90	10.60	12.60	14.65	16.80	18.15	20.10	23.10	25.25
9.0		1.10	1.75	3.40	4.95	8.75	11.65	13.95	16.25	18.65	20.15	22.25	25.70	28.10
10.0		1.15	1.95	3.75	5.45	9.55	12.70	15.25	17.90	20.55	22.15	24.40	28.30	31.00

生产厂家：扬州天雨给排水设备集团有限公司　　厂址：江苏省江都市滨湖镇

注：1. 水头指最高水位至闸门底部高度，本表均在承受正压状态下；

2. 表中吨位已含闸门盖自重，不含开启力；

3. 开启力大小与闸门楔块数量、斜度及加工精度有关，一般为开启力的 60%～100%。

(4) 外形及安装尺寸：

1)安装形式见图 17-12a；

2)靠壁式预埋螺栓处理方法见图 17-12b；

3)启闭机与闸门布置图见图 17-12c；

4)靠壁式圆闸门外形及尺寸见表 17-89、表 17-90 以及图 17-13、图 17-14、图 17-15。

表 17-89　SYZ200～1200 基础螺栓尺寸(mm)

尺寸 / 通径 DN	基础尺寸					螺栓
	C	D	E	G	L	4-Md
ϕ200	440～3000	ϕ270	75	93	220	4-M16
ϕ300	550～3000	ϕ380	80	100	300	4-M20
ϕ400	750～3000	ϕ480	95	100	400	4-M22
ϕ500	900～3000	ϕ580	95	105	500	4-M24
ϕ600	1050～3000	ϕ680	95	120	600	4-M24
ϕ700	1200～3000	ϕ780	100	120	700	4-M24
ϕ800	1350～3000	ϕ890	100	120	800	4-M30
ϕ900	1510～3000	ϕ990	115	120	900	4-M30
ϕ1000	1650～3000	ϕ1090	115	140	1000	4-M30
ϕ1200	1950～3000	ϕ1300	130	180	1200	4-M36

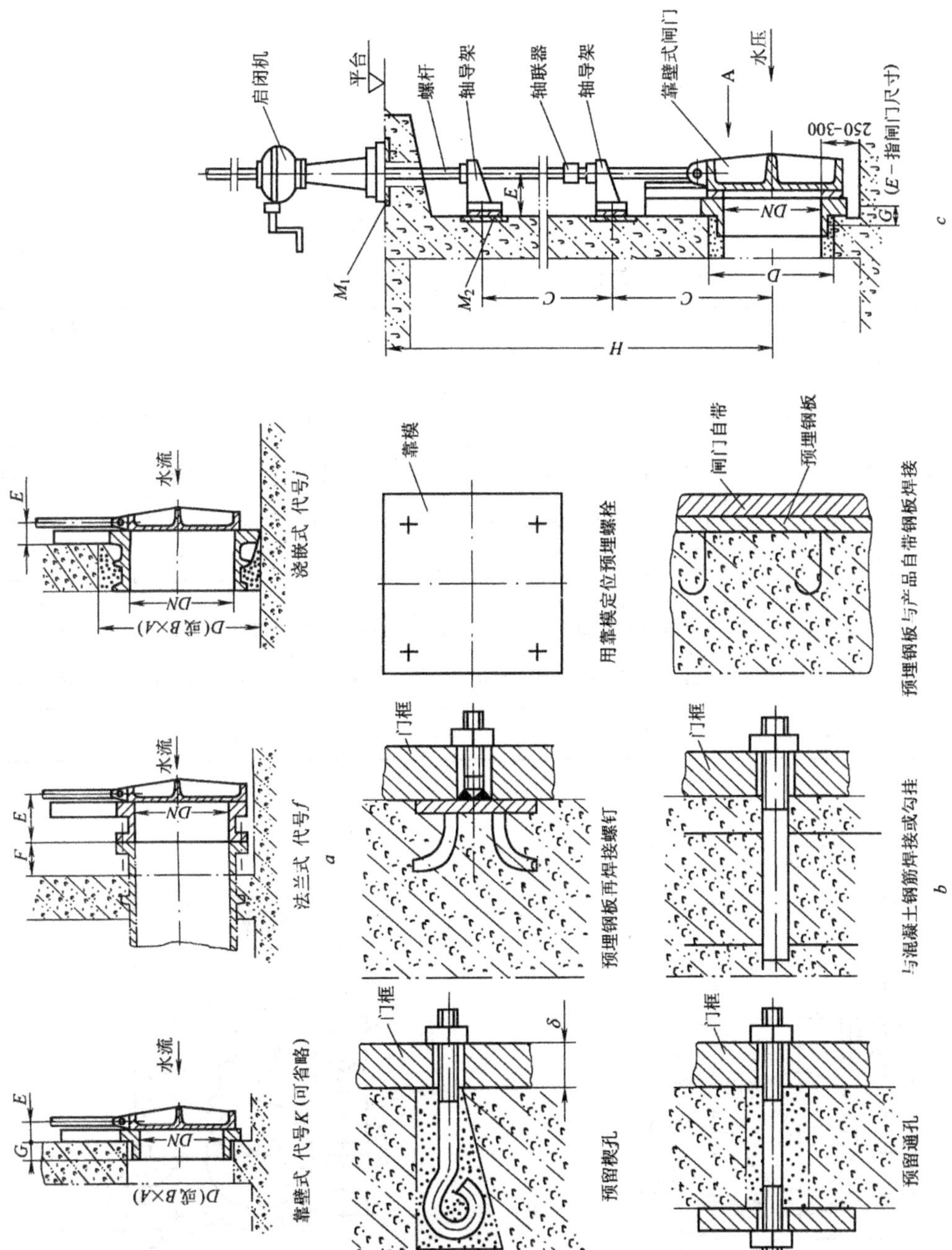

图 17-12 安装形式(a)靠壁式预埋螺栓处理方法(b)和启闭机与闸门布置(c)图

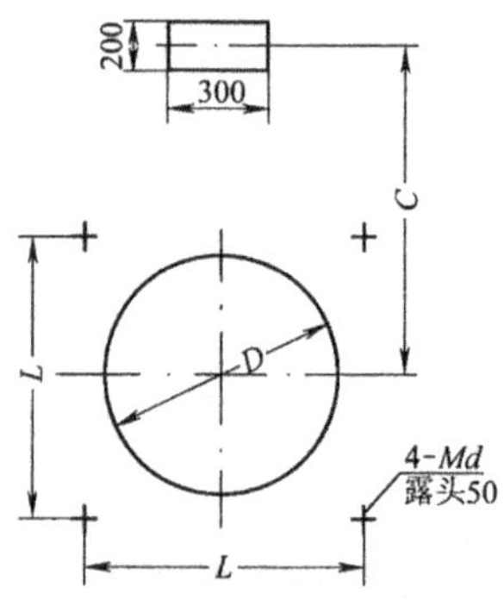

图 17-13 SYZ200 ~ 1200 基础螺栓图

表 17-90 SYZ1400 ~ 2000 基础螺栓尺寸(mm)

尺寸 / 通径 DN	基础尺寸											预留孔洞	螺栓露头	
	g	D	G	E	R	D_1	f	L	l_1	l_2	C	$a\times b\times h$	L	L_1
φ1400		φ1500	120	90	670		1570	380	255	600	2300 ~ 3000	150 × 110 × 110	145	
φ1500	250	φ1600	100	104	700	φ1165	1680	400	250	650	2400 ~ 3000	180 × 130 × 120	145	40
φ1600	265	φ1700	100	104	760	φ1775	1780	440	215	700	2550 ~ 3000	180 × 130 × 130	145	40
φ1700	285	φ1800	110	110	775	φ1870	1880	450	225	750	2700 ~ 3000	180 × 130 × 150	145	40
φ1800	300	φ1900	105	110	120	φ1970	1980	480	205	800	2850 ~ 3000	200 × 130 × 150	155	65
φ1900	385	φ2000	110	124	750	φ2080	2100	300	250	425	3050	200 × 130 × 130	155	65
φ2000	400	φ2100	120	124	875	φ2180	2200	310	275	450	3200	200 × 130 × 150	155	65

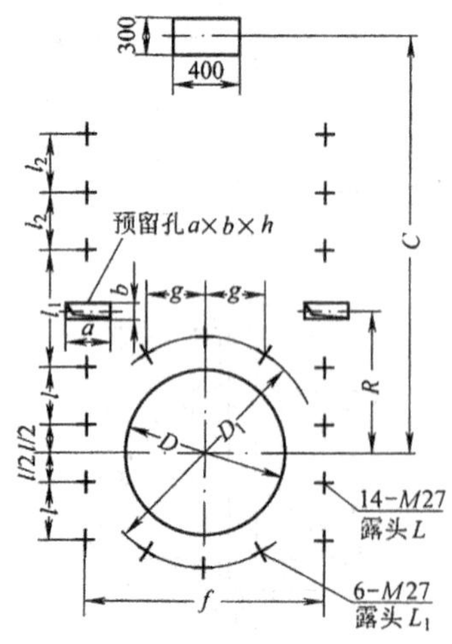

图 17-14 SYZ1400 ~ 1800 基础螺栓

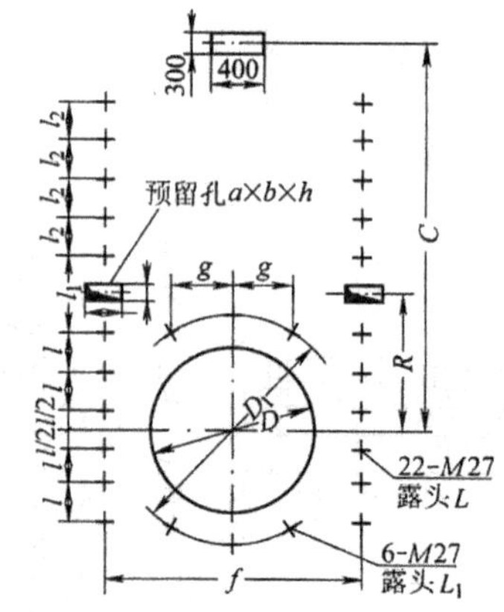

图 17-15 SYZ1900 ~ 2000 基础螺栓

5)靠壁式方闸门外形及尺寸:见表 17-91 ~ 表 17-94 以及图 17-16 ~ 图 17-21。

表 17-91 SFZ300 ~ 500 基础螺栓尺寸(mm)

尺寸 / 通径 DN	基础尺寸						螺栓露头
	C	D	E	f	l	G	L
□300	600 ~ 3000	370	55	416	280	50	100
□400	750 ~ 3000	470	55	516	350	50	115
□500	900 ~ 3000	570	60	616	450	50	115

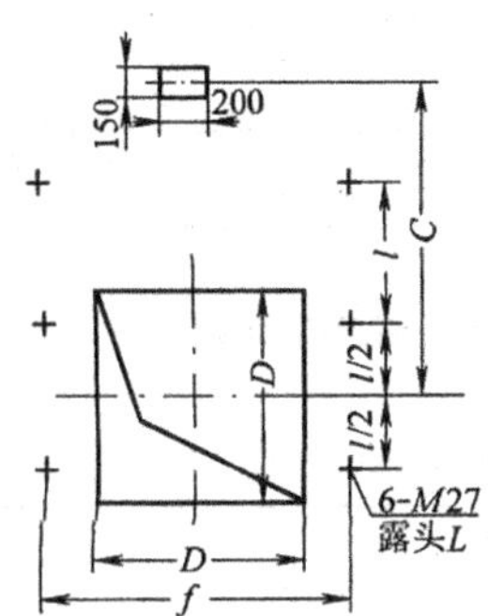

图 17-16 SFZ300 ~ 500 基础螺栓

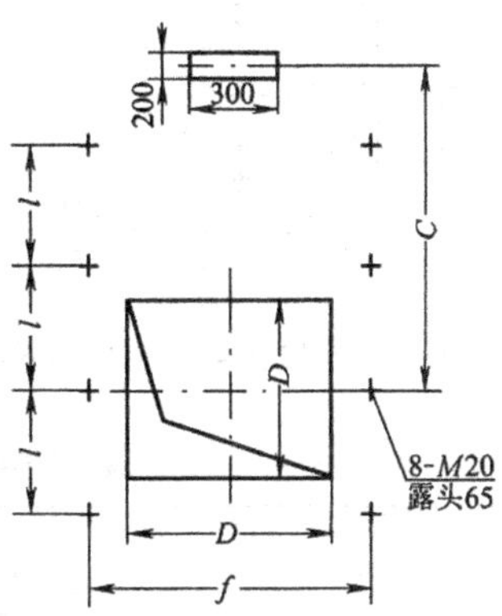

图 17-17 SFZ600 ~ 1000 基础螺栓

表 17-92 SFZ600 ~ 1000 基础尺寸(mm)

通径 DN	基础尺寸					
□600	1050 ~ 3000	700	75	70	750	300
□700	1200 ~ 3000	800	75	70	850	350
□800	1400 ~ 3000	900	83	80	960	400
□900	1550 ~ 3000	1000	83	80	1060	450
□1000	1700 ~ 3000	1100	90	83	1160	500

表 17-93 SFZ1200 ~ 3000 基础螺栓尺寸(mm)

通径 DN	基础尺寸										预留孔洞	螺栓露头	
	g	D	E	G	R	D_1	F	l	L_1	C	a × b × h	L	L_1
□1200		1300	1000	80			1370	400		2100	160 × 110 × 110	130	
□1400		1500	1000	80	825		1580	450		2400	160 × 120 × 110	130	
□1600	530	1700	105	100	10825	1770	1780	530		2700	180 × 130 × 120	125	40
□1800	600	1940	110	100	1140	1970	1980	600		3000	180 × 130 × 120	140	45
□2000	400	2140	120	120	1250	2180	2200	400	400	3400	200 × 130 × 140	165	55
□2200	400	2500	120	120	1300	2400	2400	420	500	3700	300 × 120 × 150	275	175
□2400	400	2700	120	120	1380	2600	2600	505	500	4000	300 × 120 × 150	275	175
□2500	400	2800	130	120	1425	2750	2750	525	500	4150	300 × 120 × 200	275	175
□2600	400	2900	130	130	1525	2800	2800	575	500	4300	300 × 120 × 200	280	175
□2800	450	3100	130	140	1600	3000	3000	500	500	4600	300 × 120 × 200	280	175
□3000	450	3300	145	150	1725	3200	3200	500	500	4900	300 × 120 × 200	285	175

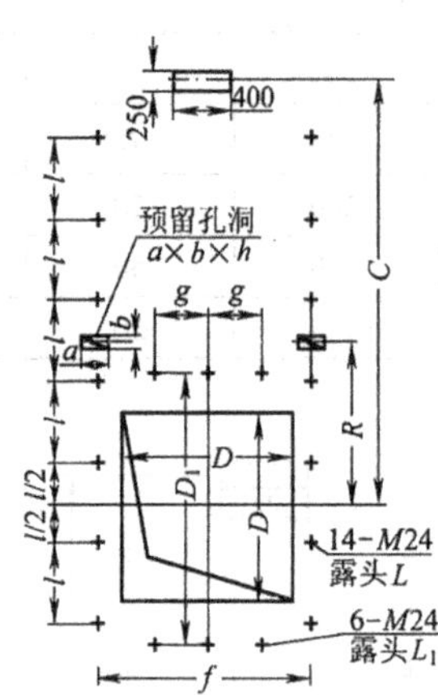

图 17-18　SFZ1200～1800 基础螺栓

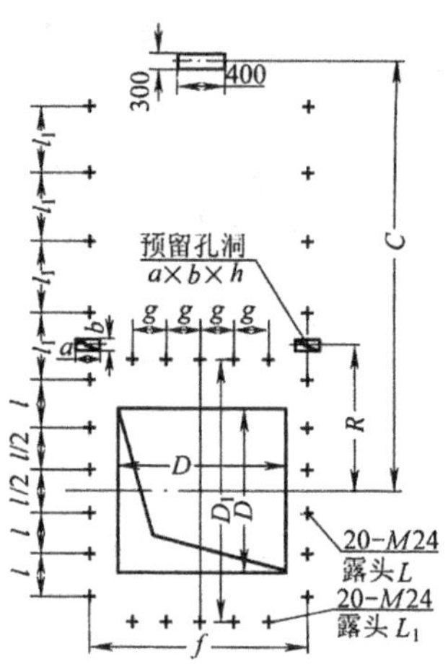

图 17-19　SFZ2000～2200 基础螺栓

表 17-94　AYZ 型暗杆闸门外形及尺寸

通径 DN	基础尺寸					
	D_1	D_2	n-ϕE	A_0	F	E
ϕ300	420	480	10-ϕ21	973	150	145
ϕ400	524	582	12-ϕ23	1178	150	145
ϕ500	639	706	12-ϕ28	1481	150	179
ϕ600	725	780	12-ϕ28	1616	150	179
ϕ700	854	928	16-ϕ31	1865	150	181
ϕ800	960	1034	20-ϕ31	2130	150	190
ϕ900	1073	1150	20-ϕ33	2321	150	220
ϕ1000	1156	1262	24-ϕ33	2601	180	220

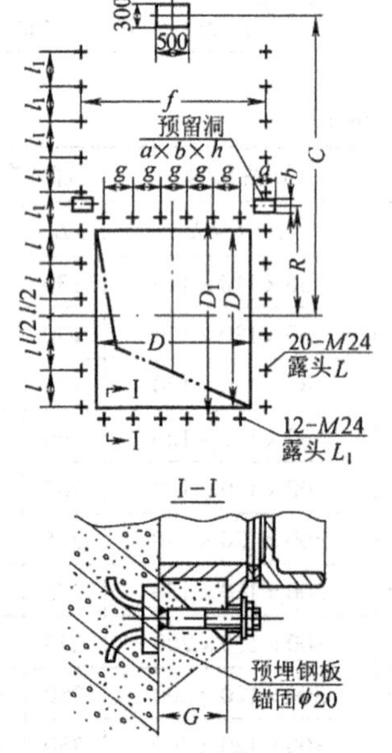

图 17-20　SFZ2400～3000 基础螺栓

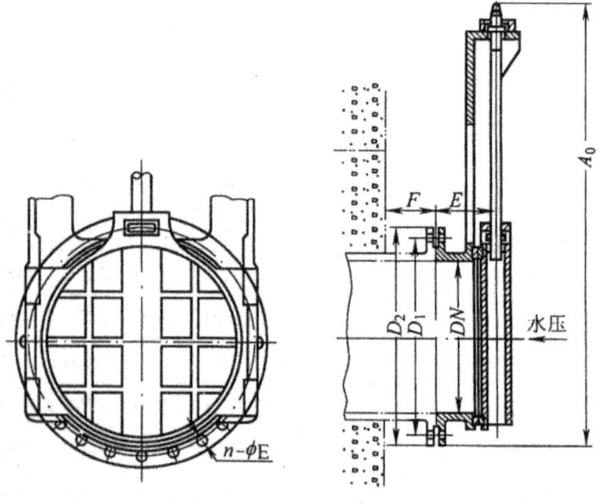

图 17-21　AYZ 型暗杆闸门外形及尺寸

17.4.4 QS、QD 型系列启闭机

(1)适用范围:采用螺旋丝杠传动,可实现被启闭件的上下运动(闸门、堰板等)或旋转运动(蝶阀、闸阀等)。其结构紧凑合理、启闭重量大、系列全,可广泛应用于各种给排水工程、水利工程中的闸门、堰门等设备的启闭。

(2) 型号意义说明:

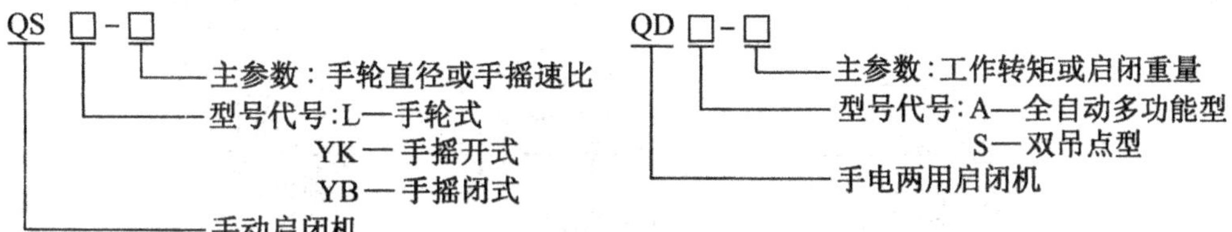

QDA 型手电两用启闭机是一种全方位多功能启闭机,具有以下几个明显优点:1)安全性高:具有扭矩保护和行程限位双重防护措施;2)操作方便,可实现遥控和现场操作、单台控制和集中控制等多种控制形式;3)开度指示采用齿轮传动,精确可靠,并具有开、闭信号灯光指示;4)有普通型、室外型、防爆型等多种形式,可适应各种不同环境的需要。

(3) 性能参数:见表 17-95,表 17-96 和表 17-97。

表 17-95 QDA 型手、电两用启闭机技术参数

参数 型号规格	工作转矩/N·m(kgf·m)	启闭力/kN(tf)	电机功率/kW	丝杠/mm			基本尺寸/mm			
				全长	参考丝长	直径	*A*	*B*	*C*	*D*
QDA-45	450(45)	40(4)	1.1	3000	1500	44	715	340~510	ϕ35	50
QDA-60	600(60)	60(6)	1.5	3000	2000	44	715	340~510	ϕ35	50
QDA-90	900(90)	80(8)	2.2	3000	2000	55	845	340~510	ϕ40	70
QDA-120	1200(120)	100(10)	3	3000	2500	55	845	360~670	ϕ40	70
QDA-180	1800(180)	140(14)	4	3000	2500	75	990	360~670	ϕ45	90
QDA-250	2500(250)	180(18)	5.5	3000	2800	75	990	430~560	ϕ55	90
生产厂家:扬州天雨给排水设备集团有限公司							厂址:江苏省江都市滨湖镇			

表 17-96 QSL 型手动启闭机技术参数

参数 型号规格	启闭力/kN(tf)	基础尺寸/mm			丝杠/mm		
		A	*D*	*G*	全长	参考丝长	直径
QSL-250	5(0.5)	250	ϕ20	30	3000	600	22
QSL-320	8(0.8)	320	ϕ25	40	3000	1000	32
QSL-400	10(1)	400	ϕ25	45	3000	1000	40
生产厂家:扬州天雨给排水设备集团有限公司					厂址:江苏省江都市滨湖镇		

表 17-97 QSY_B 型手动启闭机技术参数

型号规格	启闭力/kN(tf)	基础尺寸/mm		丝杠/mm		
		D	*G*	全长	参考丝长	直径
QSY_B-2	15(1.5)	ϕ30	50	3000	1000	40
QSY_B-2	30(3)	ϕ30	50	3000	1500	40
生产厂家:扬州天雨给排水设备集团有限公司				厂址:江苏省江都市滨湖镇		

(4)外形尺寸:见图 17-22。

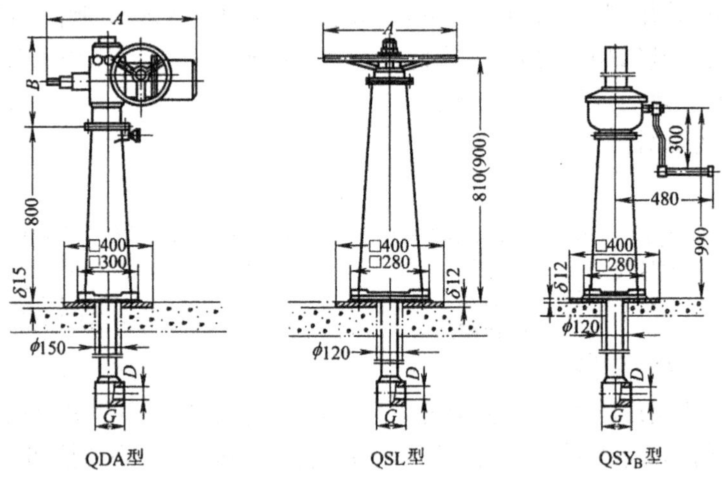

图 17-22 QDA 型、QSL 型和 QSYB 型启闭机外形尺寸图

17.5 抓斗

单绳抓斗有 0.3m^3、0.5m^3(见图 17-23、图 17-24)、0.75m^3 和 1.0m^3 共 4 种。后两种资料可向厂家索取。

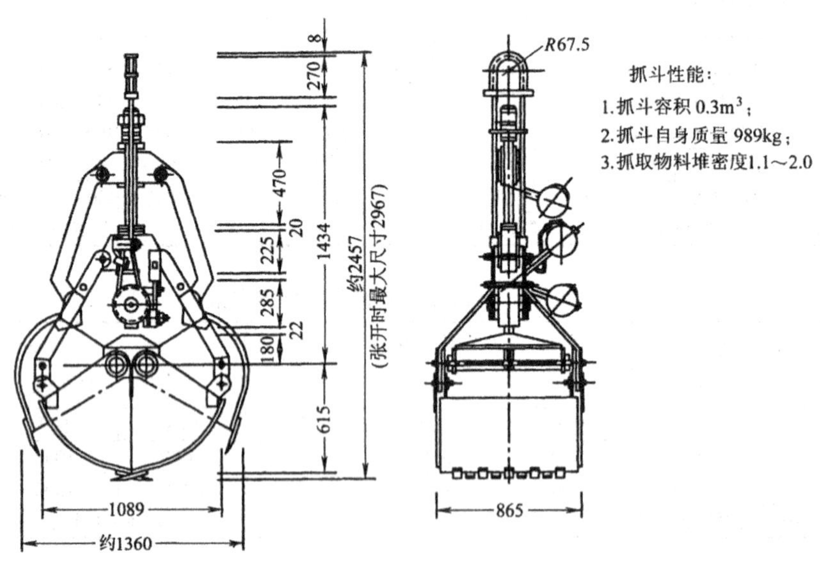

图 17-23 0.3m^3 单绳抓斗

生产厂家:丹东水技术机电研究所 厂址:辽宁省丹东市振兴区福春街 88 号

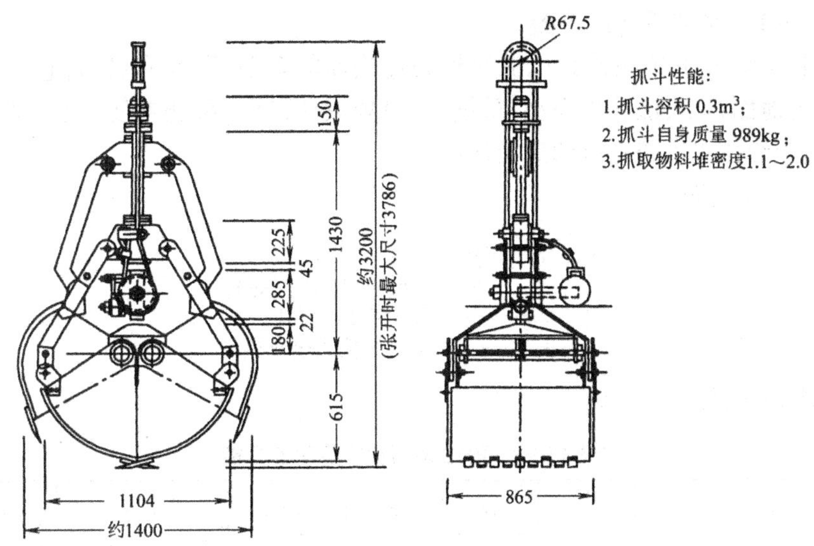

图 17-24 0.5m^3 单绳抓斗

生产厂家:丹东水技术机电研究所	厂址:辽宁省丹东市振兴区福春街 88 号

17.6 板式热交换器

17.6.1 M 系列板式换热器

(1) 适用范围:板式换热器是以波纹板为传热面的新型、高效换热器,它具有传热系数高,体积小,占地面积小,散热损失小,重量轻,组装灵活,拆装清洗方便,使用寿命长等许多优点,已在冶金给排水系统中得到广泛使用。

(2) 性能参数:见表 17-98。

表 17-98 M 系列板式换热器性能

型 号	最大流量 /$kg \cdot s^{-1}$	最大换热面积 /m^2	外形尺寸近似值			接管尺寸/mm
			A(高)	B(高)	C(长)	
M30	500	1335	3120	1190	1625 - 5225	300/350
MX25B	250	940	3103	940	1620 - 3420	200/250
M20	150	510	2410	780	1220 - 3920	200
MK20	150	288	1810	780	1220 - 3920	200
M15	80	390	2036	650	1180 - 3280	140
M10	50	105	981	470	800 - 2400	100
M6	15	38	940	330	515 - 1365	60
M3	4	2.4	480	180	300 - 595	30
生产厂家:瑞典阿法拉法(上海)技术有限公司				地址:上海市淮海中路 98 号金钟广场 23 层		

17.6.2 PHE 系列板式换热器

(1) 适用范围:板式换热器是以波纹板为传热面的新型、高效换热器,它具有传热系数高,体积小,占地面积小,散热损失小,重量轻,组装灵活,拆装清洗方便,使用寿命长等许多优点,已在冶金给排水系统中得到广泛使用。

(2) 型号意义说明:

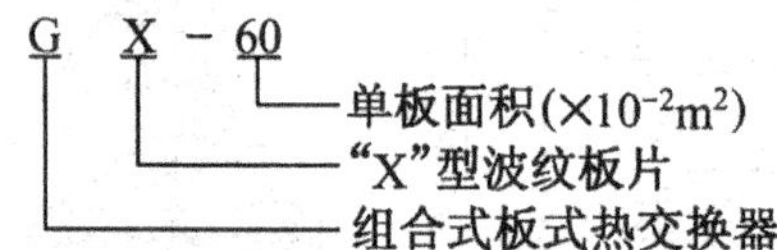

(3) 性能参数:见表 17-99。

表 17-99 PHE 系列板式换热器性能

型号	A	B	C	D	E	L(max)	最大传热面积 /m²	最大使用片数	最大流量 /m³·h⁻¹	接口尺寸 /mm
	/mm									
M4	188	72	154	40	17	91	0.36	30	4	12
M10	287	115	243	72	22	160	1.92	60	12	25
GC-121	496	165	357	60	69.5	500	3.2	102	12	25
GC-281	808	160	675	65	66.5	500	10.4	130	12	25
GC-301	692.5	250	555	100	90	375	5.1	60	30	40
GC-30	692.5	250	555	100	90	1090	17	200	30	40
GC-501	840	320	592	135	140	375	6	50	50	50
GC-50	840	320	592	135	140	1090	21	175	50	50
GC-26	1265	460	779	226	220	2690	99	380	200	100
GC-51	1730	630	1143	300	300	2850	250	450	450	150
GC-60	1700	825	910	420	350	3600	280	500	800	200
GX-61	745	160	640	60	52.5	500	7	100	12	25
GX-121	840	320	592	135	140	375	6	50	50	50
GX-12	840	320	592	135	140	1090	19	160	50	50
GX-181	1070	320	821.5	135	140	375	9	50	50	50
GX-18	1070	320	821.5	135	140	1090	29	160	50	50
GX-26	1265	460	779	226	220	3082	120	450	200	100
GX-42	1675	460	1188	226	220	3082	200	450	200	100
GX-51	1730	630	1143	300	300	3130	250	450	450	150

续表 17-99

型 号	A	B	C	D	E	L(max)	最大传热面积/m²	最大使用片数	最大流量/$m^3 \cdot h^{-1}$	接口尺寸/mm
	/mm									
GX-37	1430	626	840	285	300	3100	170	460	450	150
GX-64	1910	626	1320	285	300	3100	295	460	450	150
GX-91	2390	626	1800	285	300	3200	420	460	450	150
GX-118	2870	626	2280	285	300	3200	540	460	450	150
GX-60	1700	825	910	420	350	4000	280	500	800	200
GX-100	2280	825	1490	420	350	4000	510	500	800	200
GX-140	2860	825	2070	420	350	3400	580	400	800	200
GX-180	1440	825	2650	420	350	3400	750	400	800	200
GX-85	1985	1060	1140	570	360	3800	460	500	1800	300
GX-145	2565	1060	1720	570	360	3800	750	500	1800	300
GX-205	3145	1060	2300	570	360	3300	840	400	1800	300
GX-265	3725	1060	2880	570	360	3300	1080	400	1800	300
GX-325	4305	1060	3460	570	360	2800	990	300	1800	300
GM-56	630	270	891	115	140	1050	9	150	50	50
GM-59	774	270	535	115	140	1050	13	150	50	50
GM-138	1480	485	1100	260	220	2373	114	300	200	100
GM-257	1850	740	1216	360	350	3510	260	450	800	200
GM-276	2154	740	1520	360	350	3510	340	450	800	200

生产厂家:瑞典舒瑞普公司北京办事处　　地址:北京市朝阳区幸福三村北街1号

(4) 外形及安装尺寸:见图 17-25。

17.6.3 BR 系列板式换热器

(1) 适用范围:板式换热器是以波纹板为传热面的新型、高效换热器,它具有传热系数高,体积小,占地面积小,散热损失小,重量轻,组装灵活,拆装清洗方便,使用寿命长等许多优点,已在冶金给排水系统中得到广泛使用。

(2)型号意义说明:

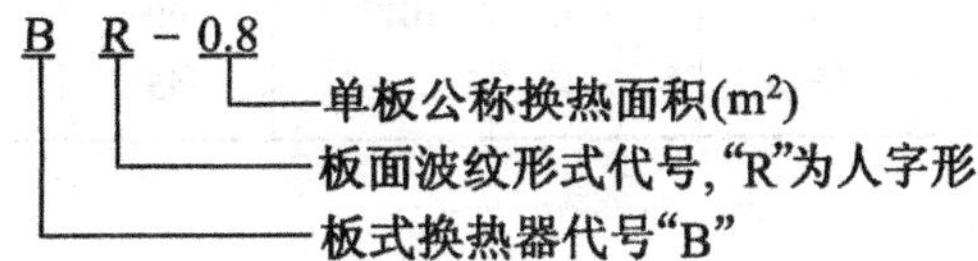

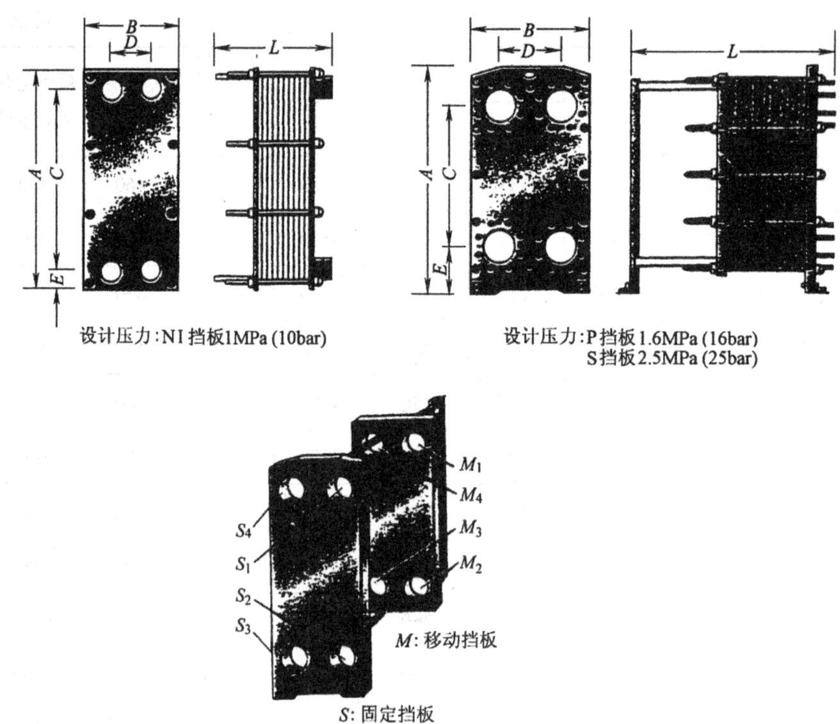

图 17-25 PHE系列板式换热器外形尺寸图

(3)性能参数:见表17-100。

表 17-100 BR系列板式换热器性能

型号	规格/m²	处理量/m³·h⁻¹		流速 /m·s⁻¹	型号	规格/m²	处理量/m³·h⁻¹		流速 /m·s⁻¹
		单流程	双流程				单流程	双流程	
BR0.05	1	8.0	4	0.4	BR0.05	2.5	20	10	0.4
	1.5	12	6	0.4		3	24	12	0.4
	2	16	8	0.4					
BR0.1	1	6.0	3.0	0.4	BR 0.1	5	30.0	15.0	0.4
	2	12.0	6.0	0.4		7	42.0	21.0	0.4
	3	18	9.0	0.4		10	60.0	30.0	0.4
BR0.2	8	38.5	19.25	0.4	BR0.2	20	96.0	48.0	0.4
	13	61.5	30.75	0.4		25	119	59.5	0.4
	18	86.5	43.25	0.4		30	144	72.0	0.4
BR0.3	20	77	38.5	0.4	BR0.3	35	136	68.0	0.4
	25	98	49	0.4		40	154	77.0	0.4
	30	117	58.5	0.4		45	175	87.5	0.4

续表 17-100

型号	规格/m^2	处理量/$m^3\cdot h^{-1}$		流速/$m\cdot s^{-1}$	型号	规格/m^2	处理量/$m^3\cdot h^{-1}$		流速/$m\cdot s^{-1}$
		单流程	双流程				单流程	双流程	
BR0.5	40	109	54.5	0.4	BR0.5	70	190	95.0	0.4
	50	136	68	0.4		80	218	109	0.4
	60	163	81.5	0.4		100	272	136	0.4
BR0.8	40	91	45.5	0.4	BR0.8	120	267	133.5	0.4
	50	113	56.5	0.4		140	309	154.5	0.4
	60	135	67.5	0.4		160	356	178	0.4
	80	179	89.5	0.4		180	398	199	0.4
	100	223	111.5	0.4		200	445	222.5	0.4
BR1.0	80	101	80.5	0.4	BR1.0	200	404	202	0.4
	100	202	101	0.4		220	444	222	0.4
	120	242	121	0.4		240	485	242.5	0.4
	140	28	141.5	0.4		260	525	262.5	0.4
	160	323	161.5	0.4		280	566	283	0.4
	180	364	187	0.4		300	606	303	0.4
BR1.2	80	133	66.5	0.4	BR1.2	250	421	210.5	0.4
	100	166	83	0.4		280	469	234.5	0.4
	130	218	109	0.4		310	522	261	0.4
	160	267	133.5	0.4		340	570	285	0.4
	190	320	160	0.4		370	623	311.5	0.4
	220	368	184	0.4		400	671	385.5	0.4
BR1.4	100	156	78	0.4	BR1.4	280	445	222.5	0.4
	130	205	102.5	0.4		310	490	245	0.4
	160	254	127	0.4		340	539	269.5	0.4
	190	298	149	0.4		370	588	294	0.4
	220	347	173.5	0.4		400	633	316.5	0.4
	250	396	198	0.4					
BR1.6	100	139	69.5	0.4	BR1.6	340	472	236	0.4
	140	192	96	0.4		380	526	263	0.4
	180	250	125	0.4		420	584	292	0.4
	220	303	151.5	0.4		460	637	318.5	0.4
	260	361	180.5	0.4		500	659	347.5	0.4
	300	414	207	0.4					
BR2.0	200	300	150	0.4	BR2.0	500	749	374.5	0.4
	250	371	185.5	0.4		550	821	410.5	0.4
	300	449	224.5	0.4		600	899	449.5	0.4
	350	521	260.5	0.4		650	971	485.5	0.4
	400	599	299.5	0.4		700	1049	524.5	0.4
	450	671	335.5						

生产厂家：泉州江南冷却器厂　　厂址：福建省泉州市泉秀东路宝洲路口

(4)外形及安装尺寸:见图 17-26 以及表 17-101 ~ 表 17-111。

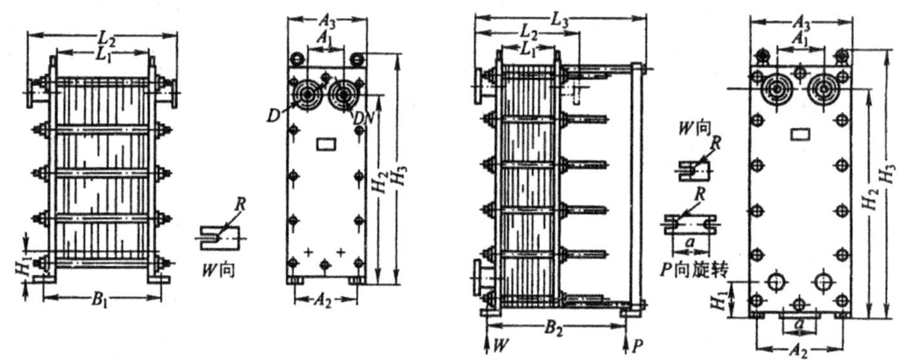

图 17-26 BR 型板式换热器系列

表 17-101 BR0.05 系列参数

换热面积/m²	板片数 n	基本尺寸/mm L_1	L_2	L_3	A_1	A_2	A_3	H_1	H_2	H_3	B_1	B_2	R	a	D	DN	工作压力/MPa	质量/kg
1	21	98	195	—							218							66
1.5	31	145	242	—							265							73
2	41	192	289	—	100	192	240	88	485	553	312		7			32	0.6 ~ 1.6	79
2.5	51	239	336	—							359							86
3	61	286	383	—							406							92

生产厂家:泉州江南冷却器厂　　厂址:福建省泉州市泉秀东路宝洲路口

表 17-102 BR0.1 系列参数

换热面积/m²	板片数 n	基本尺寸/mm L_1	L_2	L_3	A_1	A_2	A_3	H_1	H_2	H_3	B_1	B_2	R	a	D	DN	工作压力/MPa	质量/kg
1	11	52	156	—							160							126
2	21	100	204	—							207							136
3	31	145	249	—							254							146
4	41	193	297	—							301							156
5	51	240	344	—							348							167
6	61	287	391	—	142	250	315	90	635.5	705	395		9	160	92	26 ~ 50	0.6 ~ 1.6	177
7	71	334	438	—							442							187
8	81	380	484	—							489							197
9	91	428	532	—							536							208
10	101	475	579	—							583							220

生产厂家:泉州江南冷却器厂　　厂址:福建省泉州市泉秀东路宝洲路口

表 17-103 BR0.2 系列参数

换热面积/m²	板片数	基本尺寸/mm													D	DN	工作压力/MPa	质量/kg
	n	L_1	L_2	L_3	A_1	A_2	A_3	H_1	H_2	H_3	B_1	B_2	R	a				
5	25	117	417	861							225	702						360/400
6	31	145	445	861							253	702						376/444
8	41	192	492	861							300	702						395/471
10	51	239	539	861							347	702						415/501
12	61	286	586	1100	190	335	410	180	960.5	1144	394	941	9	130	145	65	0.6~1.6	440/540
15	75	352	652	1100	184			183	957.5	1087.5	460	941						465/576
18	91	427	727	1212							535	1053						500/550
20	101	474	774	1341							582	1182						521/657
25	125	587	887	1453							695	1294						572/731
30	151	709	1009	1694							817	1535						627/812

生产厂家:泉州江南冷却器厂　　厂址:福建省泉州市泉秀东路宝洲路口

注:分数下面数值 BR(×)悬挂系列数值。

表 17-104 BR0.3 系列参数

换热面积/m²	板片数	基本尺寸/mm													D	DN	工作压力/MPa	质量/kg
	n	L_1	L_2	L_3	A_1	A_2	A_3	H_1	H_2	H_3	B_1	B_2	R	a				
10	33	151	491	700							341	550						585/625
15	51	232	572	850							422	700						690/741
20	67	304	644	990							494	840						834/854
25	83	376	716	1120	218	400	480	176	1163	1386	566	970	9	176	180	100	0.6~1.6	956/1004
30	101	457	797	1270							647	1120						1105/1248
35	117	529	869	1410							719	1260						1136/1333
40	133	601	941	1515							791	1395						1162/1470

生产厂家:泉州江南冷却器厂　　厂址:福建省泉州市泉秀东路宝洲路口

注:分母表示悬挂式数值。

表 17-105 BR0.35 系列参数

换热面积/m²	板片数	基本尺寸/mm													D	DN	工作压力/MPa	质量/kg
	n	L_1	L_2	L_3	A_1	A_2	A_3	H_1	H_2	H_3	B_1	B_2	R	a				
15	43	202	542	961							392	776						580/607
20	57	268	708	961							458	776						600/647
25	71	334	674	1073							524	888						620/697
30	85	400	740	1185	220	400	480	185	1225	1382	590	1000	11	170	180	100	0.6~1.6	710/753
35	101	475	815	1313							665	1128						760/803
40	115	541	881	1425							711	1240						810/852
45	129	606	946	1537							796	1352						860/908

生产厂家:泉州江南冷却器厂　　厂址:福建省泉州市泉秀东路宝洲路口

注:分母表示悬挂式数值。

表 17-106 BR0.5 系列参数

换热面积/m^2	板片数 n	基本尺寸/mm													D	DN	工作压力/MPa	质量/kg
		L_1	L_2	L_3	A_1	A_2	A_3	H_1	H_2	H_3	B_1	B_2	R	a				
30	61	287	617	1610	259	490	570	233.5	1522.5	1693.5	477	1008	11	170	210	125	0.6~1.6	950
40	81	381	721	1610							571	1008						1024
50	101	475	815	1330							665	1168						1113
60	121	569	909	1490							759	1328						1203
70	141	663	1003	1650							853	1488						1293
80	161	757	1097	1810							947	1648						1383
90	181	850	1190	1970							1040	1808						1473
100	201	945	1385	2130							1135	1968						1562

生产厂家:泉州江南冷却器厂　　　　厂址:福建省泉州市泉秀东路宝洲路口

注:分母表示悬挂式数值。

表 17-107 BR0.8 系列参数

换热面积/m^2	板片数 n	基本尺寸/mm													D	DN	工作压力/MPa	质量/kg
		L_1	L_2	L_3	A_1	A_2	A_3	H_1	H_2	H_3	B_1	B_2	R	a				
40	51	240	580	1178	333	632	732	270.6	1709.4	1923		1038	13	200	270	180	0.6~1.6	1517
50	63	296	636	1178								1038						1589
60	75	353	693	1274								1134						1666
70	89	418	758	1386								1246						1743
80	101	475	815	1482								1342						1834
90	113	531	871	1578								1438						1911
100	125	588	928	1674								1534						1988
120	151	710	1050	1786								1646						2155
140	175	823	1163	2074								1934						2322
160	201	945	1285	2282								2142						2499
180	225	1058	1398	2474								2334						2686
200	251	1180	1520	2682								2542						2875

生产厂家:泉州江南冷却器厂　　　　厂址:福建省泉州市泉秀东路宝洲路口

表 17-108 BR1.0 系列参数

换热面积/m^2	板片数 n	基本尺寸/mm													D	DN	工作压力/MPa	质量/kg
		L_1	L_2	L_3	A_1	A_2	A_3	H_1	H_2	H_3	B_1	B_2	R	a				
60	61	287	687	1410	395	740	860	300	1944	2194		1228	13	200	305	225	0.6~1.6	2255
80	81	381	781	1410								1228						2495
100	101	475	875	1570								1388						2730
120	121	569	969	1730								1548						2965
140	141	663	1063	1890								1708						3200
160	161	757	1157	2050								1868						3435
180	181	861	1261	2210								2028						3672
200	201	945	1345	2370								2188						3907
220	221	1039	1439	2430								2248						4142
240	241	1133	1533	2590								2408						4377
260	261	1227	1627	2750								2568						4612
280	281	1321	1721	2910								2728						4847

生产厂家:泉州江南冷却器厂　　　　厂址:福建省泉州市泉秀东路宝洲路口

表 17-109 BR1.2 系列参数

换热面积/m^2	板片数 n	基本尺寸/mm													D	DN	工作压力/MPa	质量/kg
		L_1	L_2	L_3	A_1	A_2	A_3	H_1	H_2	H_3	B_1	B_2	R	a				
80	67	345	745	1580	415	740	860	290	2242	2779		1448	16	200	305	225	0.6~1.6	3013
100	83	427	827	1580								1448						3333
130	109	561	961	1866								1734						3679
160	133	685	1085	2130								1998						4028
190	159	819	1219	2416								2284						4374
220	183	942	1342	2680								2548						4723
250	209	1076	1476	2966								2834						5070
280	233	1199	1599	3230								3098						5418
310	259	1334	1734	3516								3384						5766
340	283	1457	1857	3780								3648						6113
370	309	1591	1991	4066								3934						6468
400	333	1715	2115	4330								4198						6810

生产厂家:泉州江南冷却器厂　　厂址:福建省泉州市泉秀东路宝洲路口

表 17-110 BR1.4 系列参数

换热面积/m^2	板片数 n	基本尺寸/mm													D	DN	工作压力/MPa	质量/kg
		L_1	L_2	L_3	A_1	A_2	A_3	H_1	H_2	H_3	B_1	B_2	R	a				
70	51	250	650	1363	606	850	1100	380	2249.6	2653.6		1191	16	230		200~300	0.6~1.6	3013
100	71	348	748	1363								1191						3296
130	93	456	856	1490								1318						3525
160	115	564	964	1677								1505						3754
190	137	671	1071	1847								1675						3982
220	157	769	1169	2034								1862						4191
250	179	877	1277	2221								2049						4420
280	201	985	1385	2408								2230						4646
310	221	1083	1483	2578								2406						4854
340	243	1191	1591	2765								2593						5083
370	265	1299	1699	2952								2780						5312
400	287	1406	1806	3122								2950						5539

生产厂家:泉州江南冷却器厂　　厂址:福建省泉州市泉秀东路宝洲路口

表 17-111 BR1.6 系列参数

换热面积 /m²	板片数 n	基本尺寸/mm													D	DN	工作压力 /MPa	质量 /kg
		L_1	L_2	L_3	A_1	A_2	A_3	H_1	H_2	H_3	B_1	B_2	R	a				
100	63	309	709	1439								1267						3552
140	89	436	836	1439								1267						3836
180	113	554	954	1660								1488						4117
220	139	681	1081	1864								1692						4419
260	163	799	1199	2085								1913						4701
300	187	926	1326	2202	606	850	1100	380	2249.6	2653.6		2030	16	230		200~300	0.6~1.6	5000
340	213	1044	1444	2510								2338						5281
380	239	1171	1571	2714								2542						5583
420	263	1289	1689	2935								2763						5864
460	289	1416	1816	3139								2967						6165
500	313	1534	1934	3360								3188						6446

生产厂家：泉州江南冷却器厂　　　　厂址：福建省泉州市泉秀东路宝洲路口

17.6.4 BB型系列不等截面板式换热器

(1)适用范围：板式热交换器具有传热效率高，结构紧凑，占地面积小，操作灵活，热损失小，安装拆洗方便，使用寿命长，应用范围广等特点，板式换热器回收率可达99%以上，因此，板式换热器是一种高效、节能、节材、节约投资的先进热交换设备。它被广泛应用于矿山、冶金、机械、化工等各工业部门，满足各类介质的冷却、加热、冷凝、浓缩、消毒、杀菌、余热回收等工艺的需要。

(2)型号意义说明：

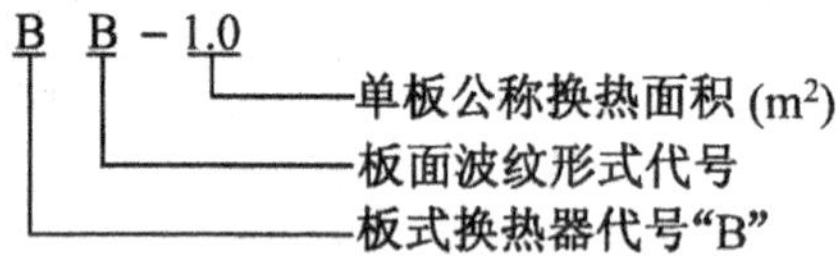

(3) 性能参数：见表 17-112。

表 17-112 BB型不等截面板式换热器水处理量

型号	规格 /m²	处理量 /m³·h⁻¹		流速 /m·s⁻¹	型号	规格 /m²	处理量 /m³·h⁻¹		流速 /m·s⁻¹
BB0.3	20	宽	84	0.4	BB0.3	35	宽	147	0.4
		窄	42	0.4			窄	73.5	0.4
	25	宽	104	0.4		40	宽	168	0.4
		窄	52	0.4			窄	84	0.4

续表 17-112

型 号	规格/m^2	处理量 /$m^3\cdot h^{-1}$		流速 /$m\cdot s^{-1}$	型 号	规格/m^2	处理量 /$m^3\cdot h^{-1}$		流速 /$m\cdot s^{-1}$
BB0.3	30	宽	126	0.4	BB0.3	45	宽	190	0.4
		窄	63	0.4			窄	95	0.4
BB0.5	40	宽	140	0.4	BB0.5	70	宽	246	0.4
		窄	70	0.4			窄	123	0.4
	50	宽	176	0.4		80	宽	282	0.4
		窄	88	0.4			窄	141	0.4
	60	宽	210	0.4		100	宽	352	0.4
		窄	105	0.4			窄	176	0.4
BB0.8	50	宽	130	0.4	BB0.8	90	宽	234	0.4
		窄	65	0.4			窄	117	0.4
	70	宽	182	0.4		110	宽	286	0.4
		窄	91	0.4			窄	143	0.4
	130	宽	338	0.4		170	宽	442	0.4
		窄	169	0.4			窄	221	0.4
	150	宽	390	0.4		200	宽	520	0.4
		窄	195	0.4			窄	260	0.4
BB 1.2	80	宽	180	0.4	BB 1.2	250	宽	562	0.4
		窄	90	0.4			窄	281	0.4
	100	宽	224	0.4		280	宽	629	0.4
		窄	112	0.4			窄	341.5	0.4
	130	宽	292	0.4		310	宽	697	0.4
		窄	146	0.4			窄	348.5	0.4
	160	宽	360	0.4		340	宽	764	0.4
		窄	180	0.4			窄	382	0.4
	190	宽	427	0.4		370	宽	832	0.4
		窄	213.5	0.4			窄	416	0.4
	220	宽	494	0.4		400	宽	899	0.4
		窄	247	0.4			窄	449.5	0.4
生产厂家:泉州江南冷却器厂					厂址:福建省泉州市泉秀东路宝洲路口				

(4) 外形及安装尺寸:见图 17-27 以及表 17-113~表 17-116。

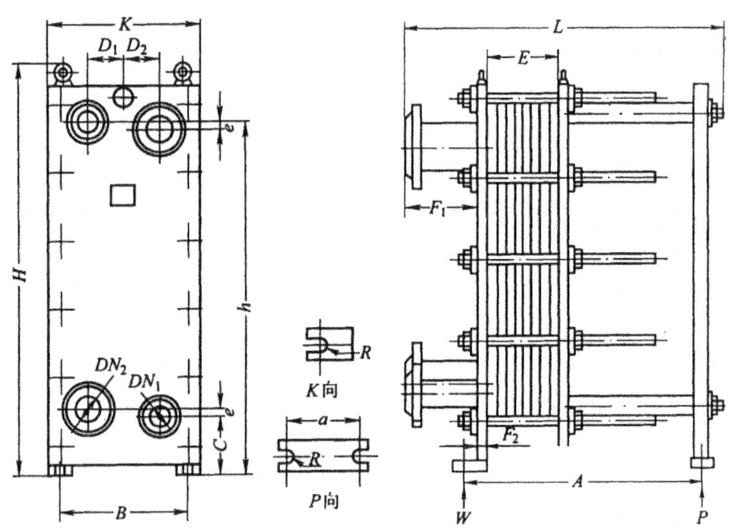

图 17-27 BB 型板式换热器系列

表 17-113 BB 型 0.3 系列参数

<table>
<tr><th rowspan="2">换热面积/m²</th><th rowspan="2">板片数 n</th><th colspan="13">基 本 尺 寸/mm</th><th rowspan="2">DN</th><th rowspan="2">工作压力/MPa</th><th rowspan="2">质量/kg</th></tr>
<tr><th>E</th><th>A</th><th>$\frac{F_1}{F_2}$</th><th>B</th><th>C</th><th>$\frac{D_1}{D_2}$</th><th>h</th><th>a</th><th>R</th><th>e</th><th>L</th><th>k</th><th>H</th></tr>
<tr><td>15</td><td>51</td><td>240</td><td>726.5</td><td rowspan="7">$\frac{170}{80}$</td><td rowspan="7">400</td><td rowspan="7">185</td><td rowspan="7">$\frac{110}{98}$</td><td rowspan="7">1225</td><td rowspan="7">170</td><td rowspan="7">11</td><td rowspan="7">23</td><td rowspan="7">A + 274.5</td><td rowspan="7">480</td><td rowspan="7">1382</td><td rowspan="7">$\frac{100}{125}$</td><td rowspan="7">0.6 ~ 1.6</td><td>607</td></tr>
<tr><td>20</td><td>67</td><td>315</td><td>726.5</td><td>647</td></tr>
<tr><td>25</td><td>83</td><td>390</td><td>854.5</td><td>697</td></tr>
<tr><td>30</td><td>101</td><td>475</td><td>998.5</td><td>753</td></tr>
<tr><td>35</td><td>117</td><td>550</td><td>1126.5</td><td>803</td></tr>
<tr><td>40</td><td>133</td><td>625</td><td>1254.5</td><td>852</td></tr>
<tr><td>45</td><td>151</td><td>710</td><td>1398.5</td><td>908</td></tr>
</table>

注:分数线下为大孔数值。

表 17-114 BB 型 0.5 系列参数

<table>
<tr><th rowspan="2">换热面积/m²</th><th rowspan="2">板片数 n</th><th colspan="13">基 本 尺 寸/mm</th><th rowspan="2">DN</th><th rowspan="2">工作压力/MPa</th><th rowspan="2">质量/kg</th></tr>
<tr><th>E</th><th>A</th><th>$\frac{F_1}{F_2}$</th><th>B</th><th>C</th><th>$\frac{D_1}{D_2}$</th><th>h</th><th>a</th><th>R</th><th>e</th><th>L</th><th>k</th><th>H</th></tr>
<tr><td>30</td><td>61</td><td>286</td><td>358</td><td rowspan="8">$\frac{170}{80}$</td><td rowspan="8">490</td><td rowspan="8">234.5</td><td rowspan="8">$\frac{129.5}{117}$</td><td rowspan="8">1521.5</td><td rowspan="8">170</td><td rowspan="8">11</td><td rowspan="8">12.5</td><td rowspan="8">A + 162.5</td><td rowspan="8">570</td><td rowspan="8">1695</td><td rowspan="8">$\frac{125}{150}$</td><td rowspan="8">0.6 ~ 1.6</td><td>950</td></tr>
<tr><td>40</td><td>81</td><td>380</td><td>858</td><td>1024</td></tr>
<tr><td>50</td><td>101</td><td>475</td><td>1078</td><td>1113</td></tr>
<tr><td>60</td><td>121</td><td>568</td><td>1178</td><td>1204</td></tr>
<tr><td>70</td><td>141</td><td>662</td><td>1338</td><td>1293</td></tr>
<tr><td>80</td><td>161</td><td>756</td><td>1498</td><td>1383</td></tr>
<tr><td>90</td><td>181</td><td>850</td><td>1658</td><td>1473</td></tr>
<tr><td>100</td><td>201</td><td>945</td><td>1818</td><td>1562</td></tr>
</table>

注:分数线下为大孔数值。

表 17-115 BB 型 0.8 系列参数

<table>
<tr><th rowspan="2">换热面积/m²</th><th rowspan="2">板片数 n</th><th colspan="13">基 本 尺 寸/mm</th><th rowspan="2">DN</th><th rowspan="2">工作压力/MPa</th><th rowspan="2">质量/kg</th></tr>
<tr><th>E</th><th>A</th><th>$\frac{F_1}{F_2}$</th><th>B</th><th>C</th><th>$\frac{D_1}{D_2}$</th><th>h</th><th>a</th><th>R</th><th>e</th><th>L</th><th>k</th><th>H</th></tr>
<tr><td>40</td><td>51</td><td>240</td><td>918</td><td rowspan="12">$\frac{170}{100}$</td><td rowspan="12">632</td><td rowspan="12">238</td><td rowspan="12">$\frac{182}{157}$</td><td rowspan="12">1708</td><td rowspan="12">200</td><td rowspan="12">13</td><td rowspan="12">25</td><td rowspan="12">A + 140</td><td rowspan="12">732</td><td rowspan="12">1920</td><td rowspan="12">$\frac{150}{200}$</td><td rowspan="12">0.6 ~ 1.6</td><td>1517</td></tr>
<tr><td>50</td><td>63</td><td>296</td><td>918</td><td>1589</td></tr>
<tr><td>60</td><td>75</td><td>353</td><td>1014</td><td>1666</td></tr>
<tr><td>70</td><td>87</td><td>418</td><td>1126</td><td>1743</td></tr>
<tr><td>80</td><td>101</td><td>475</td><td>1222</td><td>1834</td></tr>
<tr><td>90</td><td>113</td><td>531</td><td>1318</td><td>1911</td></tr>
<tr><td>100</td><td>125</td><td>588</td><td>1414</td><td>1988</td></tr>
<tr><td>120</td><td>151</td><td>710</td><td>1526</td><td>2155</td></tr>
<tr><td>140</td><td>175</td><td>823</td><td>1814</td><td>2322</td></tr>
<tr><td>160</td><td>201</td><td>945</td><td>2022</td><td>2499</td></tr>
<tr><td>180</td><td>225</td><td>1058</td><td>2214</td><td>2686</td></tr>
<tr><td>200</td><td>251</td><td>1180</td><td>2422</td><td>2875</td></tr>
</table>

注:分数线下为大孔数值。

表 17-116 BB 型 1.2 系列参数

<table>
<tr><th rowspan="2">换热面积/m²</th><th rowspan="2">板片数 n</th><th colspan="13">基 本 尺 寸/mm</th><th rowspan="2">DN</th><th rowspan="2">工作压力/MPa</th><th rowspan="2">质量/kg</th></tr>
<tr><th>E</th><th>A</th><th>$\frac{F_1}{F_2}$</th><th>B</th><th>C</th><th>$\frac{D_1}{D_2}$</th><th>h</th><th>a</th><th>R</th><th>e</th><th>L</th><th>k</th><th>H</th></tr>
<tr><td>80</td><td>67</td><td>315</td><td>1192</td><td rowspan="12">$\frac{200}{120}$</td><td rowspan="12">800</td><td rowspan="12">256</td><td rowspan="12">$\frac{253.5}{212}$</td><td rowspan="12">2076</td><td rowspan="12">230</td><td rowspan="12">16</td><td rowspan="12">41.5</td><td rowspan="12">A + 162</td><td rowspan="12">900</td><td rowspan="12">2318</td><td rowspan="12">$\frac{175}{250}$</td><td rowspan="12">0.6 ~ 1.6</td><td>3013</td></tr>
<tr><td>100</td><td>83</td><td>390</td><td>1192</td><td>3330</td></tr>
<tr><td>130</td><td>109</td><td>512</td><td>1400</td><td>3680</td></tr>
<tr><td>160</td><td>133</td><td>625</td><td>1592</td><td>4028</td></tr>
<tr><td>190</td><td>159</td><td>747</td><td>1800</td><td>4374</td></tr>
<tr><td>220</td><td>183</td><td>860</td><td>1992</td><td>4723</td></tr>
<tr><td>250</td><td>209</td><td>982</td><td>2200</td><td>5070</td></tr>
<tr><td>280</td><td>233</td><td>1095</td><td>2392</td><td>5418</td></tr>
<tr><td>310</td><td>259</td><td>1217</td><td>2600</td><td>5716</td></tr>
<tr><td>340</td><td>283</td><td>1330</td><td>2792</td><td>6113</td></tr>
<tr><td>370</td><td>309</td><td>1452</td><td>3000</td><td>6468</td></tr>
<tr><td>400</td><td>333</td><td>1565</td><td>3192</td><td>6810</td></tr>
<tr><td colspan="9">生产厂家:泉州江南冷却器厂</td><td colspan="9">厂址:福建省泉州市泉秀东路宝洲路口</td></tr>
</table>

注:分数线下为大孔数值。

17.7 冷却塔

17.7.1 QTF系列大型逆流式抗腐蚀轻型结构冷却塔

QTF系列大型逆流式轻型结构冷却塔是一种以部分钢筋混凝土为骨架，其余部件均采用玻璃钢、工程塑料等轻型材质组成的复合结构形式的大型冷却塔，在冶金、电力、化工、石化、纺织等行业的循环水系统得到了广泛应用，其技术参数见表17-117。

表17-117 QTF系列大型逆流式抗腐蚀轻型结构冷却塔技术参数

序号	项目 \ 指标 \ 塔型	QTF 4.7mⅠ型	QTF 4.7mⅡ型	QTF 6m	QTF 7.7m	QTF 8m	QTF 8.5m	QTF 9.2Ⅰ型	QTF 9.2Ⅱ型
1	冷却水量 $Q/m^3\cdot h^{-1}$	500～800	800～1200	1200～1500	1500～2000	2000～2500	3000～3500	3500～4000	4000～4500
2	进水温度 t_1/℃	42	42	42	42	42	42	42	42
3	出水温度 t_2/℃	32	32	32	32	32	32	32	32
4	温差 t_1-t_2/℃	10	10	10	10	10	10	10	10
5	冷幅高 $t_2-\tau$/℃	4	4	4	4	4	4	4	4
6	湿球温度 τ/℃	28	28	28	28	28	28	28	28
7	大气压/Pa	100.4	100.4	100.4	100.4	100.4	100.4	100.4	100.4
8	风机型号	L4.7C	L4.7H	L6.0	L7.7	L8.0	L8.5	L9.2C	L9.2D
9	电机型号	Y200L-4W YB225(8/6/4)W	Y225H-6-W YB225M-6-W	Y250M-4-W YB250M-4-W	Y280M-4-W YB280-4-W	$Y315L_1$-4-W $YB315L_1$-4-W	$Y315L_1$-4-W $YB315L_1$-4-W	$Y355S_3$-6-W $YB355S_3$-6-W	$Y315L_2$-4-W $YB315L_2$-4-W
10	电机功率/kW	30	30	55	90	160	160	185	200
11	工作风量/万 m^3	59.72	64.5	109.7	160	248	276	298	316
12	工作风压/Pa	128.83	131.69	139.44	152.84	183.08	158.82	185.8	175.1
13	轴线尺寸/m×m	8.4×8.4	9×9	11×11	13×13	15×15	16×16	17×17	18×18
14	标准点噪声 dB(A)	75	75	75	75	75	75	75	75

生产厂家：宜兴华都绿色工程集团公司、宜兴循环水设备厂　　　厂址：江苏省宜兴市高塍镇北

17.7.2 NMZ密闭蒸发式冷却塔

密闭蒸发式冷却塔具有单独使用的水冷式冷却器和冷却塔（即水冷式冷却器直接放在冷却塔中进行水喷淋蒸发换热）组合性能的热交换器。这样不仅缩短了流程，同时减少了热污染的范围。

密闭蒸发式冷却塔的工艺流程如下：

工艺热流体（例如软化水）在管束内流过（该管束为紫铜管），被冷却后送回用户闭路使用，称为密闭式循环水系统，而冷却用的流体为空气和水，水在冷却塔内经喷嘴均匀喷淋在管壁外流过，与被冷却工艺热流体进行交换。

蒸发冷却塔的传热过程，是以管内侧流体的热量经管壁传导给管外流动的水，再由水传

导给空气。而水向空气的传热，是由水蒸发过程中的潜热传热和空气湿热变化的湿热传热过程组成。

在蒸发冷却塔中，由于管内侧流体的热量借助于管外侧的水传导给空气排掉。所以与水-水换热器和冷却塔分别单独使用时相比更趋合理。若与空气塔相比，蒸发冷却塔利用管外侧水的蒸发潜热，更具有传热面积少的优点。

一般说来，当冷却大于100℃的流体时，采用空气冷却有利，冷却80～60℃的流体时，采用蒸发冷却塔有利。

NMZ密闭蒸发式冷却塔技术参数见表17-118。

表17-118　NMZ密闭蒸发式冷却塔技术参数

项　目		NMZ-100	NMZ-200	NMZ-300
被冷却水	被冷却水量 $Q/m^3\cdot h^{-1}$	100	200	300
	被冷却水进塔温度 T_1/℃	65	65	65
	被冷却水出塔温度 T_2/℃	55	55	55
计算依据气象参数	干球温度 θ/℃	31.5	31.5	31.5
	湿球温度 τ/℃	28	28	28
	相对湿度 ψ/℃	0.7674	0.7674	0.7674
	大气压力 p/kPa	100.391	100.391	100.391
	空气密度 $\gamma/kg\cdot m^{-3}$	1.134	1.134	1.134
	冷煤水量 $Q'/m^3\cdot h^{-1}$	150	300	450
	冷煤水进塔水温 t_1/℃	40	40	40
配管尺寸	冷却水进水管径 DN	150×2	200×2	250×2
	冷却水出水管径 DN	250	300	350
配套动力	轴流风机 ϕ/mm	2400	4600	5000
	配套电机/kW	7.5	18.5	22
生产厂家：宜兴华都绿色工程集团公司、宜兴循环水设备厂			厂址：江苏省宜兴市高塍镇北	

注：被冷却水量为200m³/h时用100m³/h两台组合，为400m³/h时用200m³/h两台组合，为600m³/h时用300m³/h两台组合，以此类推。

17.7.3　GW鼓风式污水冷却塔

GW鼓风式污水冷却塔技术参数见表17-119，外形见图17-28。

表17-119　GW鼓风式污水冷却塔技术参数

型　号	GW-100	GW-200	GW-300
标准冷却水量/$m^3\cdot h^{-1}$	100	2×100	3×100
淋水面积/m^2	10	2×10	3×10
风机叶轮直径/mm	1600	1600	1600
风机台数	1	2	3
风量/$m^3\cdot h^{-1}$	110000	2×110000	3×110000
风压/Pa	2.0×10^2	2.0×10^2	2.0×10^2

续表 17-119

型　　号		GW-100	GW-200	GW-300
风机功率/kW		11.0	2×11.0	3×11.0
进口管径/mm		DN150	2×DN150	3×DN150
进水压力/kPa		50～80	50～80	50～80
外形尺寸	长×宽/mm	2500×4220	2500×4220	2500×4220
	最大高度/mm	6500	6500	6500
塔体自重/kN(tf)		86(8.6)	149(14.9)	218(21.8)
生产厂家:宜兴华都绿色工程集团公司、宜兴循环水设备厂			厂址:江苏省宜兴市高塍镇北	

注:设计条件:进水温度 $t_1=55℃$,出水温度 $t_2=40℃$,大气压 $p_a=100.5kPa$,

干球温度 $\theta=31.5℃$,湿球温度 $\tau=28℃$。

基础设计:1. 各基础面标高应在同一水平面上,标高误差±1mm,分脚中心距误差±2mm。

2. 冷却塔柱脚底板与基础预埋钢板直接定位焊接。

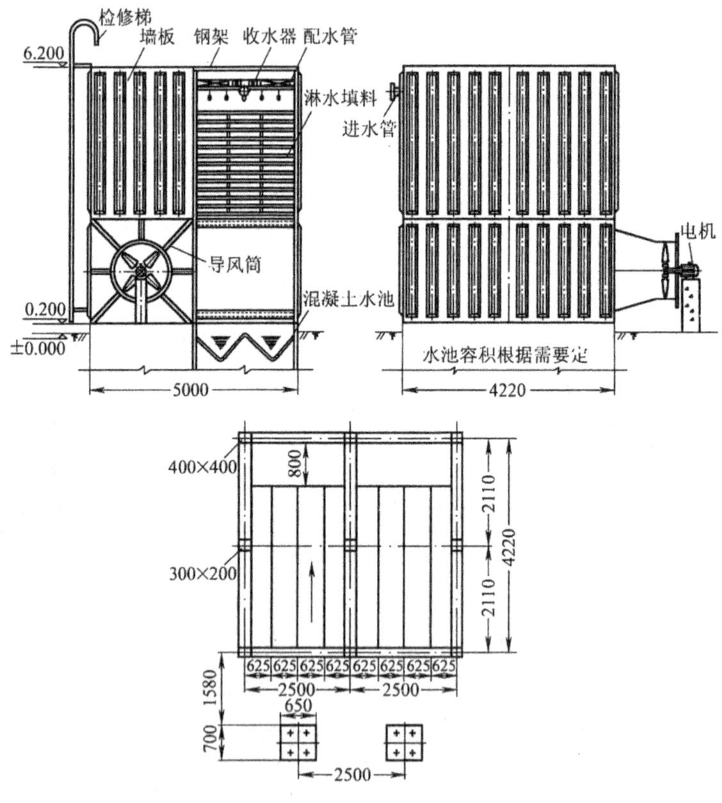

图 17-28　GW 型鼓风式污水玻璃钢冷却塔

17.7.4　WNL 节能型喷雾推进通风冷却塔

(1)适用范围:WNL 型喷雾推进通风冷却塔 ZL98 2 27619.2 是包含多项专利的新一代循环水冷却塔,无填料也无电力风机,具有降温效果好,冷却稳定,噪声小,重量轻、结构简单、运行可靠、维护方便等一系列优点,它由塔体、风筒、淋水网、收水器及具有喷雾和抽风双重效果的新型射流元件喷雾化装置 ZL98　2 27620.6,ZL98　2 27618.4 等部分组成。

干球温度 $\theta=31.5$，湿球温度 $\tau=28$℃，大气压力 $p=100$kPa(753mmHg)，进水温度 $t_1=60$℃/43℃/37℃，出水温度 $t_2=35$℃/33℃/32℃

(2) 性能参数：见表 17-120 及表 17-121。

表 17-120 CFWNL、DFWNL 型喷雾推进通风冷却塔技术参数

型号＼参数	冷却水量 /$m^3 \cdot h^{-1}$	塔体尺寸(长×宽×高)/mm	接管管径/mm					质量/t		进塔水压/MPa	标准点噪声/dB(A)	
			进水管	出水管	排污管	溢流管	自(手)动补水管	自身质量	运转质量		C	D
C(D)FWNL-30	30	2250×2250×5150	DN80	DN100	DN50	DN50	DN20	0.74	1.75	0.115	51.0	57.0
C(D)FWNL-50	50	2250×2250×5200	DN100	DN150	DN50	DN50	DN25	0.96	1.97	0.122	51.0	57.0
C(D)FWNL-75	75	2700×2700×5350	DN125	DN150	DN50	DN50	DN32	1.19	2.42	0.122	51.0	57.0
C(D)FWNL-100	100	3100×3100×5500	DN150	DN200	DN50	DN50	DN32	1.41	2.87	0.130	54.0	60.0
C(D)FWNL-150	150	3800×3800×5500	DN200	DN250	DN50	DN65	DN40	2.01	4.47	0.126	54.0	60.0
C(D)FWNL-200	200	4500×4500×6000	DN200	DN250	DN50	DN65	DN40	2.67	5.69	0.133	56.0	62.0
C(D)FWNL-250	250	5000×5000×6200	DN250	DN300	DN50	DN65	DN40	3.28	6.78	0.127	56.5	62.5
C(D)FWNL-300	300	5400×5400×6200	DN250	DN300	DN50	DN80	DN50	3.66	7.58	0.135	57.0	63.0
C(D)FWNL-350	350	6000×6000×6600	DN250	DN300	DN50	DN80	DN50	3.95	8.55	0.150	57.5	63.0
C(D)FWNL-400	400	6200×6200×6600	DN300	DN350	DN65	DN80	DN50	4.80	9.64	0.150	58.0	63.0
C(D)FWNL-450	450	6750×6750×6600	DN300	DN350	DN65	DN80	DN50	5.12	10.68	0.150	58.0	64.0
C(D)FWNL-500	500	6750×6750×6600	DN300	DN350	DN65	DN80	DN65	6.31	11.87	0.132	58.0	65.0
C(D)FWNL-600	600	7500×7500×7000	DN350	DN400	DN65	DN100	DN65	6.54	13.17	0.144	59.0	65.5
C(D)FWNL-700	700	8100×8100×7000	DN350	DN400	DN65	DN100	DN65	7.65	15.21	0.150	60.0	66.0
C(D)FWNL-800	800	9000×9000×7200	DN400	DN450	DN80	DN100	DN80	8.54	17.64	0.150	62.0	67.0
C(D)FWNL-900	900	10800×8100×7200	DN400	DN500	DN80	DN100	DN80	9.34	19.09	0.146	63.0	68.0
C(D)FWNL-1000	1000	12000×9000×7500	DN450	DN500	DN80	DN100	DN80	10.38	22.18	0.150	63.0	68.0

生产厂家：江苏省武进市武南玻璃钢厂　　厂址：江苏省常州市南门外运村镇

注：若设计中选用无集水盘型冷却塔，其基础尺寸不变，出水管、溢流管、排污管、补水管的设置与否及管径由有关设计人员决定。

表 17-121 GFWNL 型喷雾通风冷却塔技术参数

型号＼参数	冷却水量 /$m^3 \cdot h^{-1}$	塔体尺寸(长×宽×高)/mm	接管管径/mm					质量/t		进塔水压/MPa	标准点噪声/dB(A)
			进水管	出水管	排污管	溢流管	自(手)动补水管	自身质量	运转质量		
GFWNL-30	30	2250×2250×5200	DN80	DN100	DN50	DN50	DN20	0.96	1.97	0.130	60.0
GFWNL-50	50	2700×2700×5350	DN100	DN150	DN50	DN50	DN25	1.19	2.42	0.130	60.0
GFWNL-75	75	3100×3100×5500	DN125	DN150	DN50	DN50	DN32	1.41	2.87	0.135	60.0
GFWNL-100	100	3800×3800×5500	DN150	DN200	DN50	DN50	DN32	2.01	4.47	0.135	62.5

续表 17-121

型号 \ 参数	冷却水量 /$m^3 \cdot h^{-1}$	塔体尺寸(长×宽×高) /mm	接管管径/mm					质量/t		进塔水压 /MPa	标准点噪声 /dB(A)
			进水管	出水管	排污管	溢流管	自(手)动补水管	自身质量	运转质量		
GFWNL-150	150	4500×4500×6000	DN200	DN250	DN50	DN65	DN40	2.67	5.69	0.140	63.0
GFWNL-200	200	5000×5000×6200	DN200	DN250	DN50	DN65	DN40	3.28	6.78	0.140	64.0
GFWNL-250	250	5400×5400×6200	DN250	DN300	DN50	DN65	DN40	3.66	7.58	0.145	65.0
GFWNL-300	300	6000×6000×6600	DN250	DN300	DN50	DN80	DN50	3.95	8.55	0.145	67.0
GFWNL-350	350	6200×6200×6600	DN250	DN300	DN50	DN80	DN50	4.80	9.64	0.150	67.5
GFWNL-400	400	6750×6750×6600	DN300	DN350	DN65	DN80	DN50	5.12	10.68	0.150	68.0
GFWNL-450	450	6750×6750×6600	DN300	DN350	DN65	DN80	DN50	6.31	11.87	0.145	69.0
GFWNL-500	500	7500×7500×7000	DN300	DN350	DN65	DN80	DN65	6.54	13.17	0.145	70.0
GFWNL-600	600	8100×8100×7000	DN350	DN400	DN65	DN100	DN65	7.65	15.21	0.150	72.0
GFWNL-700	700	9000×9000×7200	DN350	DN400	DN65	DN100	DN65	8.54	17.64	0.150	74.0
GFWNL-800	800	10800×8100×7200	DN400	DN450	DN80	DN100	DN80	9.34	19.09	0.150	74.0
GFWNL-900	900	12000×9000×7500	DN400	DN500	DN80	DN100	DN80	10.38	22.18	0.150	75.0
GFWNL-1000	1000	12400×9300×7400	DN450					10.62	14.92	0.132	75.0
GFWNL-1500	1500	18000×9000×7400	DN400					15.10	21.81	0.132	76.0
GFWNL-2000	2000	24000×9000×7400	DN450					18.71	26.27	0.134	77.0
GFWNL-2500	2500	24000×12000×8400	DN500					22.62	31.98	0.123	77.0
GFWNL-3000	3000	30000×12000×8400	DN600					27.02	40.53	0.115	78.0
GFWNL-3500	3500	31000×12400×8600	DN600					31.88	47.82	0.145	78.0

生产厂家:江苏省武进市武南玻璃钢厂　　　　厂址:江苏省常州市南门外运村镇

注:若设计中选用无集水盘型冷却塔,其基础尺寸不变,出水管、溢流管、排污管、补水管的设置与否及管径由有关设计人员决定。

17.7.5 BND型节能低噪声/BNB_3型节能标准逆流冷却塔系列

(1) 适用条件:干球温度 $\theta = 31.5℃$,湿球温度 $\tau = 28℃$,大气压 $p = 1.004 \times 10^5 Pa$,进水温度 $t_1 = 37℃$,出水温度 $t_2 = 32℃$。

(2)性能参数:见表 17-122。

表 17-122 BND/BNB$_3$ 型节能标准逆流冷却塔特性参数

塔型	标准循环水量/$m^3\cdot h^{-1}$	冷却能力/万$kJ\cdot h^{-1}$	外形尺寸		通风机装置			配管尺寸		质量		标准点噪声/dB(A)	各部尺寸/mm			
			最大外径 D/mm	最大高度 H/mm	风量/万$m^3\cdot h^{-1}$	风机直径 ϕ/mm	配用电机功率/kW	进水管 d_{g1}/mm	出水管 d_{g2}/mm	干质量/t	湿质量/t		H_1	H_2	D_1	D_2
BND-5	5	10.45	850	2110	0.40	500	0.37	45	50	0.06	0.11	55	1960	150	750	702
BNB$_3$-5	5	10.45	850	2110	0.40	500	0.37	45	50	0.06	0.11	59	1960	150	750	702
BND-8	8	16.72	1000	2450	0.57	700	0.55	50	65	0.11	0.17	55	2038	150	900	830
BNB$_3$-8	8	16.72	1000	2450	0.57	700	0.55	50	65	0.10	0.16	59	2038	150	900	830
BND-15	15	31.35	1300	2600	0.84	900	0.55	65	80	0.2	0.32	56	2173	175	1200	1092
BNB$_3$-15	15	31.35	1300	2600	0.84	900	0.55	65	80	0.19	0.30	60	2173	175	1200	1092
BND-30	30	62.7	1960	2700	1.67	1300	0.75	100	125	0.38	0.63	58	2290	175	1800	1720
BNB$_3$-30	30	62.7	1960	2700	1.67	1300	0.75	100	125	0.36	0.60	62	2290	175	1800	1720
BND-50	50	104.5	2236	3552	2.74	1500	1.5	125	150	0.60	1.05	60	3232	200	2100	1885
BNB$_3$-50	50	104.5	2236	3552	2.74	1500	1.5	125	150	0.58	1.02	64	3232	200	2100	1885
BND-75	75	156.75	2610	3795	4.18	1800	2.2	150	200	0.88	1.56	60	3455	200	2500	2385
BNB$_3$-75	75	156.75	2610	3795	4.18	1800	2.2	150	200	0.85	1.52	65	3455	200	2500	2385
BND-100	100	209	3120	3990	5.58	2000	2.2	150	200	1.3	2.23	61	3615	220	3000	2965
BNB$_3$-100	100	209	3120	3990	5.58	2000	2.2	150	200	1.26	2.18	66	3615	220	3000	2965
BND-150	150	313.5	3740	4295	8.23	2500	4.0	200	250	1.90	3.25	61	3885	230	3600	3545
BNB$_3$-150	150	313.5	3740	4295	8.23	2500	4.0	200	250	1.85	3.16	67	3885	230	3600	3545
BND-200	200	418	4340	4560	11.06	3000	4.0	200	250	2.34	4.14	61	4120	250	4200	4188
BNB$_3$-200	200	418	4340	4560	11.06	3000	4.0	200	250	2.28	4.05	37	4120	250	4200	4188
BND-300	300	627	5240	4828	16.6	4000	7.5	250	300	3.55	6.25	61	4500	275	5100	5080
BNB$_3$-300	300	627	5240	4828	16.6	4000	7.5	250	300	3.48	6.16	68	4500	275	5100	5080
BND-400	400	836	5760	5390	22.1	4700	11.0	250	300	4.68	8.28	61	4890	275	5600	5610
BNB$_3$-400	400	836	5760	5390	22.1	4700	11.0	250	300	4.6	8.12	70	4890	275	5600	5610
BND-500	500	1045	6750	5930	27.8	5000	11.0	300	350	5.85	10.32	62	5400	320	6600	6598
BNB$_3$-500	500	1045	6750	5930	27.8	5000	11.0	300	350	5.77	10.22	70	5400	320	6600	6598
BND-600	600	1254	7360	6590	33.45	5000	15.0	350	400	7.10	11.20	63	6050	400	7200	7200
BNB$_3$-600	600	1254	7360	6590	33.45	5000	15.0	350	400	7.0	11.05	73	6050	400	7200	7200
BND-700	700	1463	8000	7170	39.0	6000	15.0	400	450	8.4	12.75	63	6630	400	7800	7800
BNB$_3$-700	700	1463	8000	7170	39.0	6000	15.0	400	450	8.4	12.32	73	6630	400	7800	7800

生产厂家：江苏海鸥冷却塔股份有限公司　　厂址：江苏省常州市西郊礼河镇

注：1. BNB$_3$ 型为标准节能型，无消声装置，结构与 BND 型保持一致；

2. 各基础标高在同一水平面上，标准误差 ± 2mm，分角中心误差 ± 2mm；

3. 塔体立柱脚与基础预埋钢板直接定位焊接。

(3) 各部尺寸及基础安装尺寸：见图 17-29。

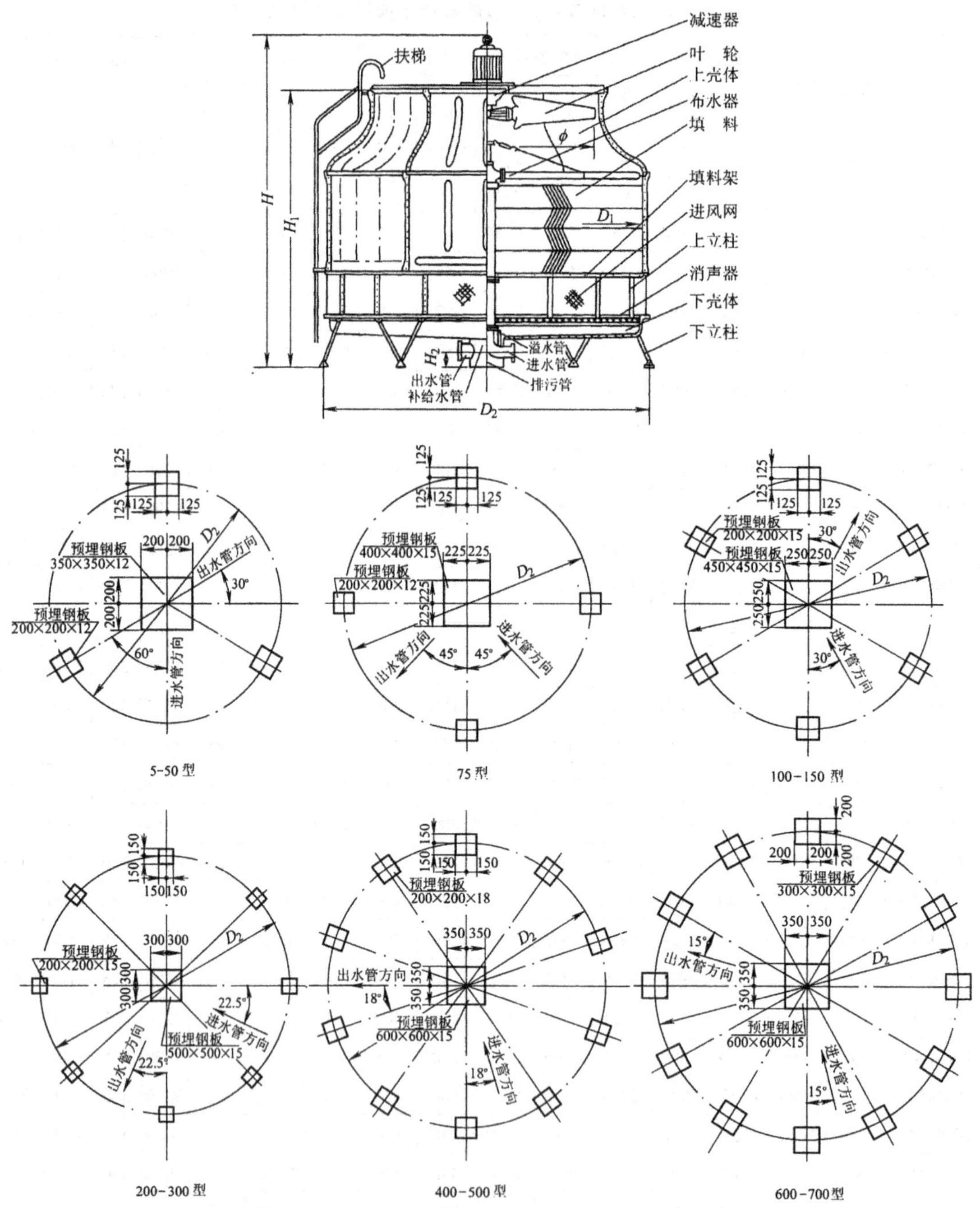

图 17-29 BND 型节能低噪声/BNB_3 节能标准逆流冷却塔外形尺寸及基础平面图

17.7.6 BNCD 型超低噪声逆流冷却塔系列

(1) 适用条件:干球温度 $\theta = 31.5℃$,湿球温度 $\tau = 28℃$,大气压 $p = 1.004 \times 10^5 \mathrm{Pa}$,进水温度 $t_1 = 37℃$,出水温度 $t_1 = 32℃$。

(2) 性能参数:见表 17-123。

表 17-123 BNCD 型超低噪声逆流冷却塔特性参数

塔 型	标准循环水量 $/m^3 \cdot h^{-1}$	冷却能力 /万 kJ $\cdot h^{-1}$	外形尺寸/mm		通风机装置			质 量	
			最大外径 D	最大高度 H	风量 /万 $m^3 \cdot h^{-1}$	风机直径 ϕ/mm	配用电机功率/kW	干质量 /t	湿质量 /t
BNCD-8	8	16.72	1400	2938	0.57	700	0.55	0.12	0.19
BNCD-15	15	31.35	1800	3073	0.84	900	0.55	0.22	0.34
BNCD-30	30	62.7	2500	3148	1.67	1300	0.75	0.42	0.67
BNCD-50	50	104.5	2800	4232	2.74	1500	1.5	0.66	1.11
BNCD-75	75	156.75	3300	4555	4.18	1800	2.2	0.97	1.65
BNCD-100	100	209	3900	4815	5.58	2000	2.2	1.43	2.36
BNCD-150	150	313.5	4600	5185	8.23	2500	4.0	2.09	3.44
BNCD-200	200	418	5700	5420	11.06	3000	4.0	2.57	4.38
BNCD-300	300	627	6600	5900	16.6	4000	7.5	3.95	6.61
BNCD-400	400	836	7100	6390	22.1	4700	11.0	5.15	8.75
BNCD-500	500	1045	8200	6900	27.8	5000	11.0	6.35	10.82
BNCD-600	600	1254	8900	7650	33.45	5000	15.0	8.10	11.80
BNCD-700	700	1463	9600	7650	39.0	6000	15.0	9.66	14.57

生产厂家:江苏海鸥冷却塔股份有限公司　　厂址:江苏省常州市西郊礼河镇

(3) 各部尺寸及基础安装尺寸:见表 17-124 及图 17-30。

表 17-124 BNCD 型超低噪声逆流冷却塔尺寸

塔 型	配管尺寸		噪 声				各部尺寸			
	进水管	出水管	标准	离塔	离塔	离塔	H_1	D_1	D_2	R
BNCD-8	50	65	50	44	36	31	150	900	830	900
BNCD-15	65	80	51	44	37	32	175	1200	1092	1100
BNCD-30	100	125	53	47	41	37	175	1800	1720	1350
BNCD-50	125	150	55	51	44	40	200	2100	1885	1600
BNCD-75	150	200	55	52	45	42	200	2500	2385	1850
BNCD-100	150	200	56	54	48	44	220	3000	2965	2150
BNCD-150	200	250	56	55	49	45	230	3600	6545	2500
BNCD-200	200	250	56	/	50	46	250	4200	4188	3050
BNCD-300	250	300	56	/	50	47	275	5100	5080	3500
BNCD-400	250	300	56	/	52	49	275	5600	5610	3750
BNCD-500	300	350	56	/	53	50	320	6600	6598	4300
BNCD-600	350	400	57	/	54	51	320	7200	7200	4650
BNCD-700	400	450	57	/	55	52	400	7800	7800	5000

注:1. 各基础标高在同一水平面上,标高误差 ± 2mm,分角中心误差 ± 2mm;

2. 塔体立柱脚与基础预埋钢板直接定位焊接。

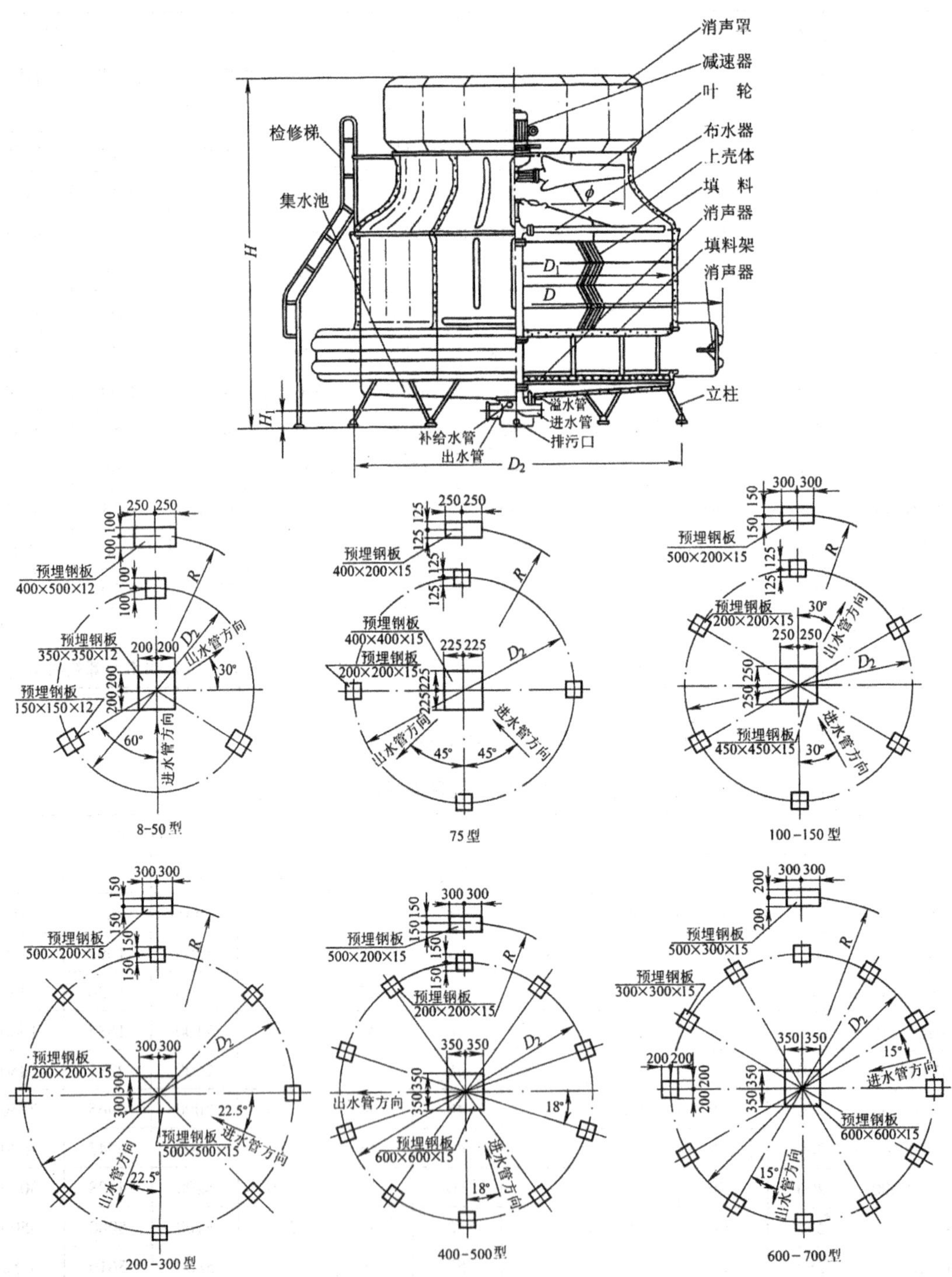

图 17-30 BNCD型超低噪声逆流冷却塔系列基础平面图

17.7.7 5TNB型标准节能低噪声逆流冷却塔系列

(1)适用条件:干球温度 $\theta=31.5$℃,湿球温度 $\tau=28$℃,大气压 $p=1.004\times10^5$Pa,进水温度 $t_1=38$℃,出水温度 $t_2=32$℃。

(2) 性能参数:见表 17-125。

(3)各部尺寸及安装图:见图 17-31。

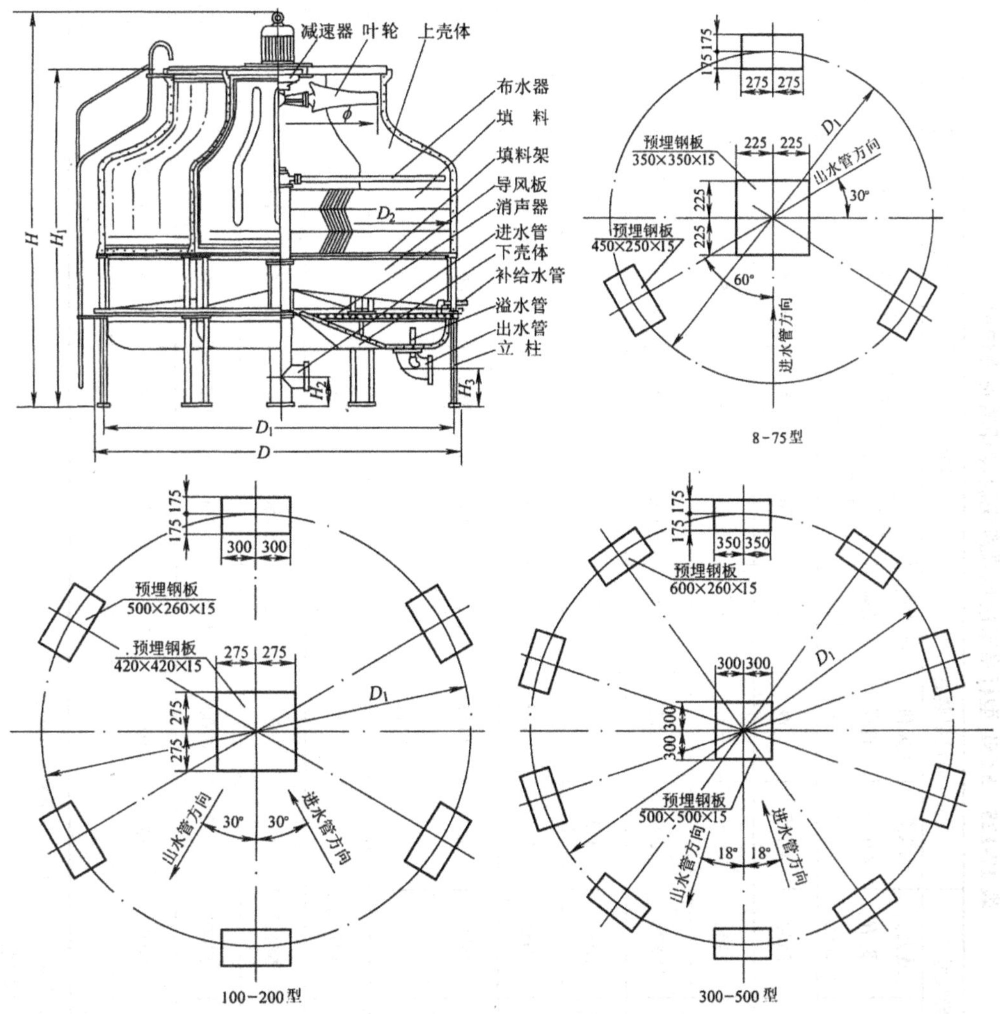

图 17-31 5TNB型超低噪声逆流冷却塔系列基础平面图

17.7.8 GBNL工业型逆流冷却塔系列

(1) 适用条件:干球温度 $\theta=31.5$℃,湿球温度 $\tau=28$℃,大气压 $p=1.004\times10^5$Pa,进水温度 $t_1=43$℃,出水温度 $t_2=33$℃。

(2) 性能参数:见表 17-126。

(3) 各部尺寸及基础安装尺寸:见图 17-32 和表 17-126。

表 17-125 5TNB 型标准节能低噪声逆流冷却塔特性性能

塔型	标准循环水量 /$m^3 \cdot h^{-1}$	冷却能力/万 $kJ \cdot h^{-1}$	外形尺寸		通风机装置			配管尺寸		质量		标准点噪声 /dB(A)	各部尺寸/mm				
			最大外径 D/mm	最大高度 H /mm	风量 /万 $m^3 \cdot h^{-1}$	风机直径 ϕ/mm	配用电机功率 /kW	进水管 d_{g1}/mm	出水管 d_{g2}/mm	干质量 /t	湿质量 /t		H_1	H_2	H_3	D_1	D_2
5TNB-8	8	20.064	1320	2500	0.75	700	0.55	50	65	0.38	0.61	54	2387	200	200	1130	1050
5TNB-15	15	37.62	1720	2930	1.0	900	0.55	65	80	0.50	0.93	56	2719	200	200	1530	1450
5TNB-30	30	75.24	2220	3298	2.0	1200	0.75	100	125	0.63	1.38	58	2894	200	200	2050	1950
5TNB-50	50	125.4	2770	3546	3.2	1500	1.5	125	150	0.90	2.12	60	3087	200	200	2600	2500
5TNB-75	75	188.1	3400	4035	4.8	1800	1.5	150	200	1.23	3.04	60	3660	300	300	3180	3100
5TNB-100	100	250.8	3900	4470	6.3	2000	2.2	150	200	1.80	4.17	61	4000	350	350	3730	3600
5TNB-150	150	376.2	4700	4862	10	2500	3.0	200	250	2.40	5.18	61	4189	350	352	4430	4300
5TNB-200	200	501.6	5400	4978	13	3000	4.0	200	250	3.10	7.51	61	4578	400	455	5130	5000
5TNB-300	300	752.4	6600	5614	19	4000	5.5	250	300	4.15	10.85	61	5025	370	500	6330	6200
5TNB-400	400	1003.2	7300	5700	25.2	4700	7.5	300	350	6.15	15.00	61	5325	500	500	7030	6900
5TNB-500	500	1254	8300	6072	32	5000	7.5	350	400	7.55	18.20	61	5850	400	395	8040	7900

生产厂家：江苏海鸥冷却塔股份有限公司　　地址：江苏省常州市西郊礼河镇

注：1. 各基础标高在同一水平面上，标高误差 ± 2mm，分角中心误差 ± 2mm；

2. 塔体主柱脚与基础预埋钢板直接定位焊接。

表 17-126 GBNL 系列工业型逆流玻璃钢冷却塔特性性能

塔型	处理水量		外型尺寸		通风机装置			配管尺寸		质量		进塔水压/kPa	各部尺寸/mm				
	湿球温度 28℃ /$m^3 \cdot h^{-1}$	湿球温度 27℃ /$m^3 \cdot h^{-1}$	最大外径 D/mm	最大高度 H/mm	风量/万 $m^3 \cdot h^{-1}$	风机直径 ϕ /mm	配用电机功率 /kW	进水管 d_{g1}/mm	出水管 d_{g2}/mm	干质量 /t	湿质量 /t		H_1	H_2	H_3	D_1	D_2
GBNL-50	50	56	2500	4110	3.76	1500	3.0	125	150	0.95	1.94	37.2	3790	200	200	2280	2200
GBNL-75	75	84	3000	4320	5.64	1800	4.0	150	200	1.35	2.79	39.2	3980	300	300	2820	2700
GBNL-100	100	112	3400	4686	7.47	2000	5.5	150	200	2.05	3.99	42.1	4310	350	300	3200	3100
GBNL-150	150	168	4200	5084	11.28	2500	7.5	200	250	2.60	5.10	46.1	4674	350	300	3910	3800
GBNL-200	200	224	4700	5196	14.40	3000	11.0	200	250	3.30	6.60	46.55	4750	400	400	4430	4300
GBNL-300	300	336	5700	5856	21.84	4000	15.0	250	300	4.81	10.3	52.7	5380	500	500	5416	5300
GBNL-400	400	448	6260	6287	29.7	4700	18.5	300	350	6.32	13.02	56.84	5780	500	500	6040	5900
GBNL-500	500	560	7200	6826	36.30	5000	22	350	400	7.65	16.3	61.7	6290	500	500	6950	6800
GBNL-600	600	672	8000	7270	44.9	5000	30	350	400	9.72	19.5	65.2	6650	500	500	7760	7600
GBNL-750	750	840	8800	7700	54.5	6000	37	400	500	11.4	22.7	68.6	7000	600	600	8560	8400

生产厂家：江苏海鸥冷却塔股份有限公司　　厂址：江苏省常州市西郊礼河镇

注：1.各基础标高在同一水平面上，标高误差±2mm，分角中心误差±2mm；

2.塔体立柱脚与基础预埋钢板直接定位焊接。

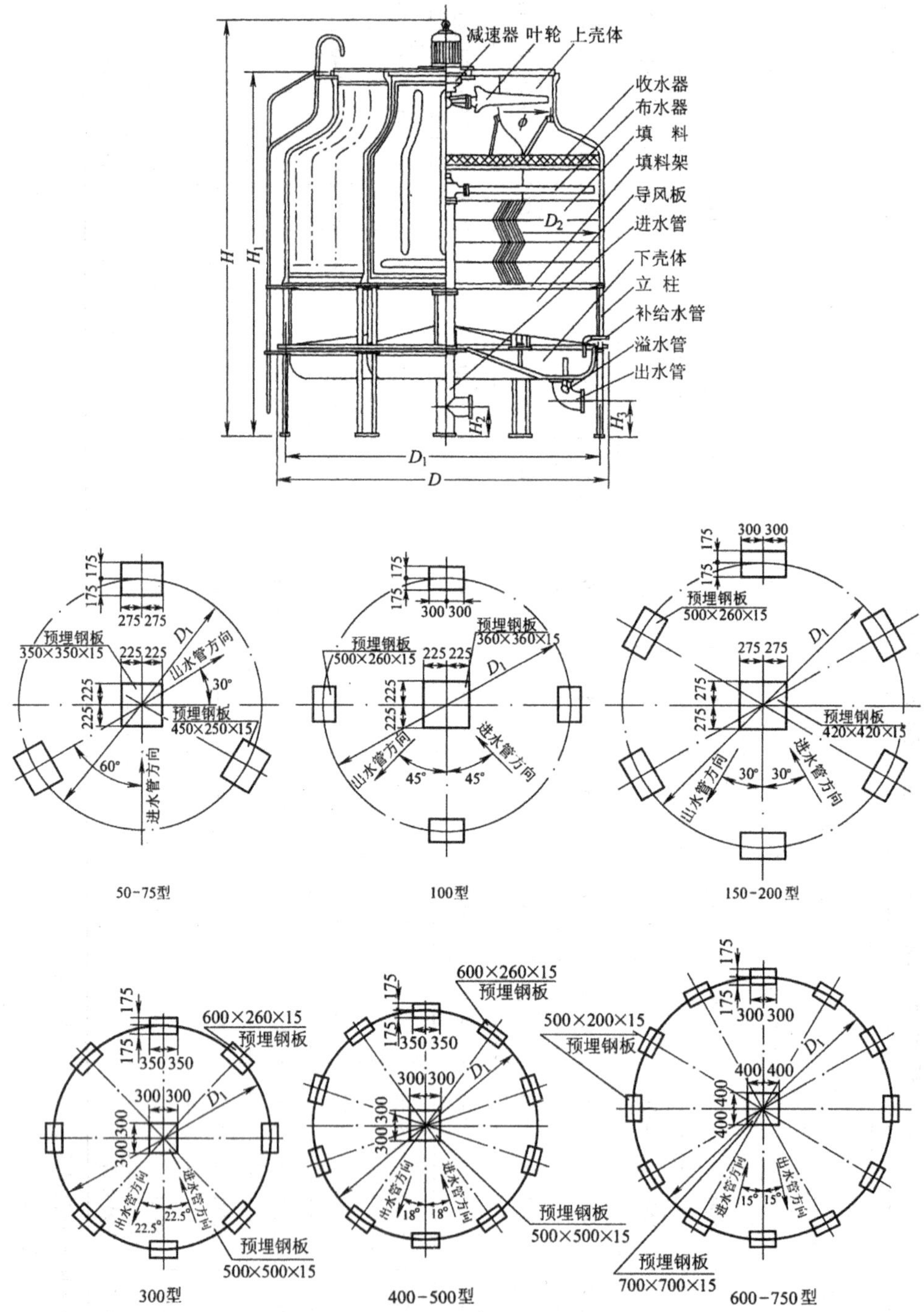

图 17-32　GBNL 工业型逆流冷却塔系列外形尺寸及基础安装图

17.7.9　NZF 标准型、中高温型组合逆流式冷却塔系列

(1) 适用条件：干球温度 $\theta = 31.5$℃，湿球温度 $\tau = 28$℃，大气压 $p = 1.004 \times 10^5$Pa。

标准型：　进水温度 $t_1 = 37$℃，出水温度 $t_2 = 32$℃。

中高温型：进水温度 $t_1 = 43$℃(55℃)，出水温度 $t_2 = 33$℃(35℃)。

(2) 性能参数:见表 17-127。

(3) 各部尺寸及基础安装尺寸:见图 17-33 和图 17-34。

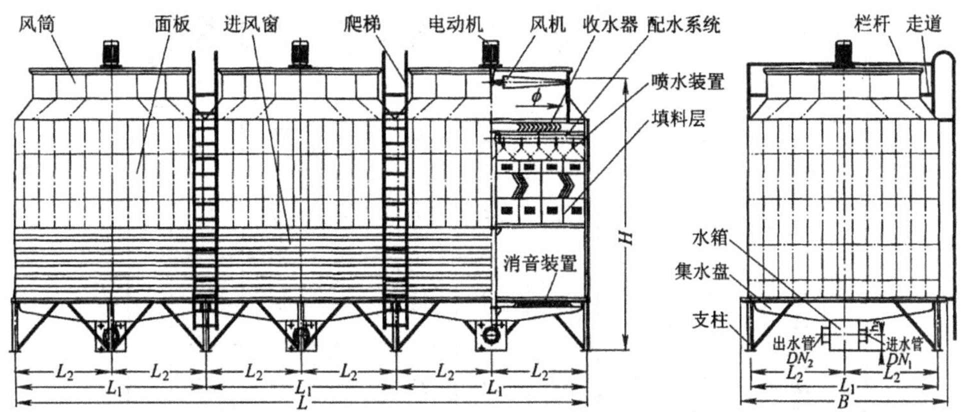

图 17-33 NZF 标准型、中高温型组合逆流式冷却塔系列外形尺寸及安装图

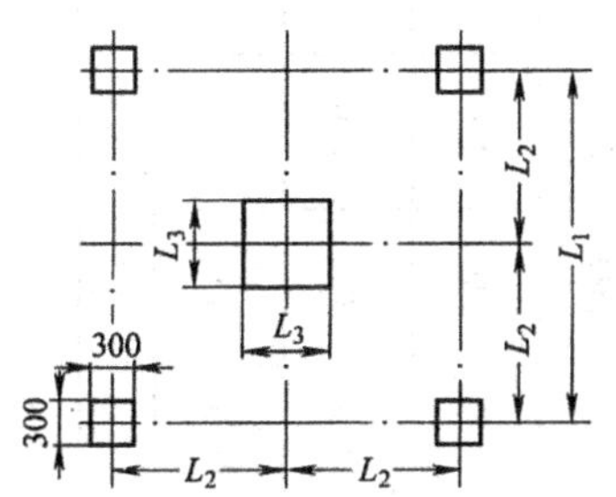

NZF/CNZF50～100型基础布置(单台)

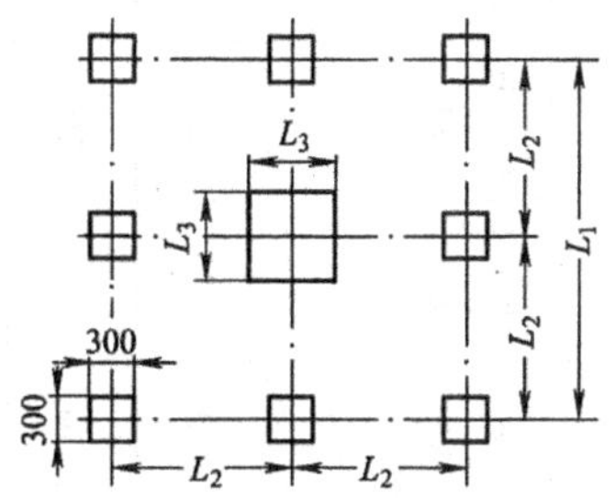

NZF/CNZF150～500型基础布置(单台)

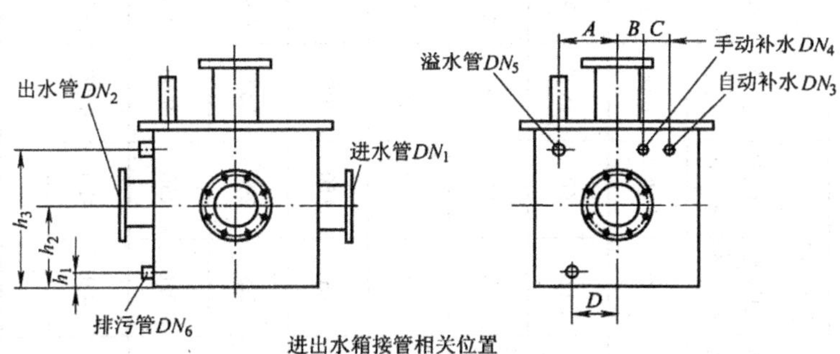

进出水箱接管相关位置

图 17-34 NZF/CNZF 冷却塔基础安装图

17.7.10 CNZF 超低噪声组合逆流式冷却塔系列

(1)适用条件:干球温度 $\theta = 31.5℃$,湿球温度 $\tau = 28℃$,
大气压 $p = 1.004 \times 10^5 Pa$,
进水温度 $t_1 = 37℃$,出水温度 $t_2 = 32℃$。

(2)性能参数:见表 17-129。

(3)各部尺寸及基础安装尺寸图:见表 17-128 及图 17-35。

表 17-127 NZF 标准型/中高温型组合逆流式冷却塔系列

塔型	外形尺寸		处理水量/$m^3 \cdot h^{-1}$			风机			管径						进塔水压/kPa	运行质量/kg	标准点噪声/dB(A)
	宽 D/mm	高 H/mm	标准型 37~32	中温型 43~33	高温型 55~35	直径/mm	风量/$m^3 \cdot h^{-1}$	功率/kW	进水管 DN_1	出水管 DN_2	自补管 DN_3	手补管 DN_4	溢水管 DN_5	排污管 DN_6			
NZF-50	2100	3900	50	40	40	1500	26500	1.5	100	150	20	20	40	40	39.5	2295	58.5
NZF-75	2600	4250	75	60	60	1800	39800	2.2	125	150	20	20	40	40	43.6	3100	60
NZF-100	2900	4500	100	80	80	2000	53000	3.0	150	200	20	20	40	40	45.0	3510	61
NZF-150	3460	4750	150	125	125	2500	73600	4.0	200	250	20	25	50	40	47.0	4200	61
NZF-200	3900	4900	200	160	160	3000	106000	5.5	200	250	20	25	50	40	49.0	5050	62
NZF-250	4200	5400	250	200	200	3000	133000	7.5	250	300	20	32	50	40	51.0	5600	62.5
NZF-300	4500	5400	300	250	250	3600	16000	11.0	250	300	20	32	50	40	53.0	6120	63
NZF-500	5800	6350	500	420	420	4000	265000	15.0	300	350	20	32	50	40	57.7	11600	65

生产厂家:江苏海鸥冷却塔股份有限公司　　厂址:江苏省常州市西郊礼河镇

注:1.可根据用户需求进行任意台塔组合装配;

2.各基础标高相同,允许偏差±2mm,各基础允许误差±2mm;

3.塔体立柱与基础预埋钢板直接定位焊接。

表 17-128 NZF/CNZF 安装尺寸

塔 型	安装尺寸/mm				配管相应位置/mm						
	L	L_1	L_2	L_3	h_1	h_2	h_3	A	B	C	D
NZF-50 CNZF-50	5100	1700	850	600	40	250	400	200	100	100	200
NZF-75 CNZF-75	6350	2200	1100	600	40	250	400	200	100	100	200
NZF-100 CNZF-100	7500	2500	1250	600	40	250	400	200	100	100	200
NZF-150 CNZF-150	9180	3060	1530	700	40	250	400	200	150	100	200
NZF-200 CNZF-200	10500	3500	1750	700	40	250	400	200	150	100	200
NZF-250 CNZF-250	1400	3800	1900	800	40	250	400	200	150	100	200
NZF-300 CNZF-300	12300	4100	2050	800	40	250	400	200	150	100	200
NZF-500 CNZF-500	16200	5400	2700	800	40	300	500	250	150	150	250

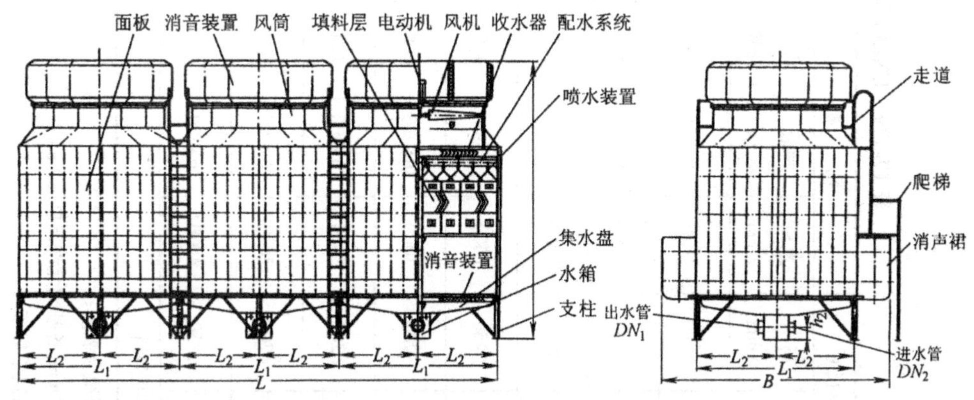

图 17-35 NZF/CNZF 冷却塔各部尺寸图

17.7.11 CHZ 超低噪声组合横流式冷却塔系列

(1)适用条件:干球温度 $\theta=31.5℃$,湿球温度 $\tau=28℃$,大气压 $p=1.004\times10^5$Pa,进水温度 $t_1=37℃$,出水温度 $t_2=32℃$。

(2)性能参数:见表 17-130。

(3)各部尺寸及基础安装尺寸图:见图 17-36、图 17-37 和表 17-131。

表 17-129 CNZF 超低噪声组合逆流式冷却塔系列

塔型	处理水量 /$m^3 \cdot h^{-1}$	外形尺寸		风机			管径						进塔水压/kPa	运行质量/kg	标准点噪声 /dB(A)
		宽 D /mm	高 H /mm	直径 /mm	风量 /$m^3 \cdot h^{-1}$	功率 /kW	进水管 DN_1	出水管 DN_2	自补管 DN_3	手补管 DN_4	溢水管 DN_5	排污管 DN_6			
CNZF-50	50	2500	4600	1500	26500	1.5	100	150	20	20	40	40	39.5	2754	54
CNZF-75	75	3000	4950	1800	39800	2.2	125	150	20	20	40	40	43.6	3720	56
CNZF-100	100	3300	5200	2000	5300	3.0	150	200	20	20	40	40	45.0	4212	56
CNZF-150	150	3960	5450	2500	736000	4.0	200	250	20	25	50	40	47.0	5040	57
CNZF-200	200	4400	5700	3000	106000	5.5	200	250	20	25	50	40	49.0	6060	57.5
CNZF-250	250	4800	6200	3000	133000	7.5	250	300	20	32	50	40	51.0	6720	57.5
CNZF-300	300	5100	6200	3600	160000	11.0	250	300	20	32	50	40	53.0	7350	58
CNZF-500	500	6600	7350	4000	265000	15	300	350	20	32	50	40	57.0	14100	60

生产厂家:江苏海鸥冷却塔股份有限公司　　厂址:江苏省常州市西郊礼河镇

注:1.可根据用户需求进行任意台塔组合装配;

2.各基础标高相同,允许偏差 ± 2mm,各基础允许误差 ± 2mm;

3.塔体立柱与基础预埋钢板直接定位焊接。

表 17-130 CHZ 超低噪声组合横流式冷却塔系列

塔型	处理水量/$m^3 \cdot h^{-1}$	外形尺寸/mm			轴流风机			管径/mm						进塔水压/kPa	运行质量/kg	标准点噪声/dB(A)
		长	宽	高	直径/mm	风量/$m^3 \cdot h^{-1}$	功率/kW	进水管	出水管	自补管	手补管	溢水管	排污管			
CHZ-50	50	4500	2100	6340	1500	52000	2.2	125	20	20	20	40	40	67	2700	54
CHZ-75	75	4900	2400	6340	1800	70000	3.0	150	20	20	20	40	40	67	3640	56
CHZ-100	100	5200	2600	6340	2000	90000	4.0	150	20	20	20	40	40	67	4120	56
CHZ-150	150	5700	3100	6340	2500	122000	5.5	200	25	25	25	40	40	67	4300	57
CHZ-200	200	6200	3750	6340	3000	159000	7.5	200	25	25	25	40	40	67	5910	57.5
CHZ-300	300	6640	4650	6340	4000	222000	11.0	250	32	32	32	50	40	67	7200	58
CHZ-500	500	7500	6200	6340	5000	326000	18.5	350	32	32	32	50	40	73	12950	60

表 17-131 CHZ-50～300/500 型基础布置图

塔型	各部尺寸/mm																
	L	L_1	L_2	L_3	L_4	L_5	B_0	B	B_1	B_2	C_1	C_2	C_3	C_4	D_1	D_2	D_3
CHZ-50	4650	1520	830	1400	900	1600	3000	2000	1500	1000	400	150	600	800	300	300	400
CHZ-75	5050	1720	830	1500	1000	1800	3600	2300	1800	1150	600	150	600	800	300	320	400
CHZ-100	5350	1820	1030	1500	1000	1800	4000	2500	2000	1250	800	150	600	800	400	320	500
CHZ-150	5850	2120	1130	1500	1100	2000	5000	3000	2500	1500	1200	150	600	800	400	320	500
CHZ-200	6350	2220	1230	1400	1500	2500	6000	3600	3000	1800	1600	220	760	900	500	450	600
CHZ-300	6650	2370	1280	1400	1600	2600	8000	4500	4000	2250	2000	220	760	900	500	450	600
CHZ-500	7650	2830	1320	1400	2100	3100	10000	6000	5000	3000	2300	220	760	900	500	450	600

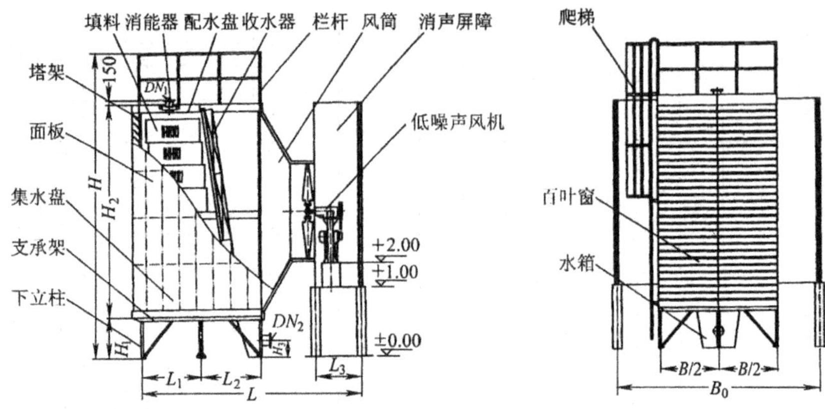

图 17-36 CHZ 超低噪声组合横流式冷却塔外形尺寸图

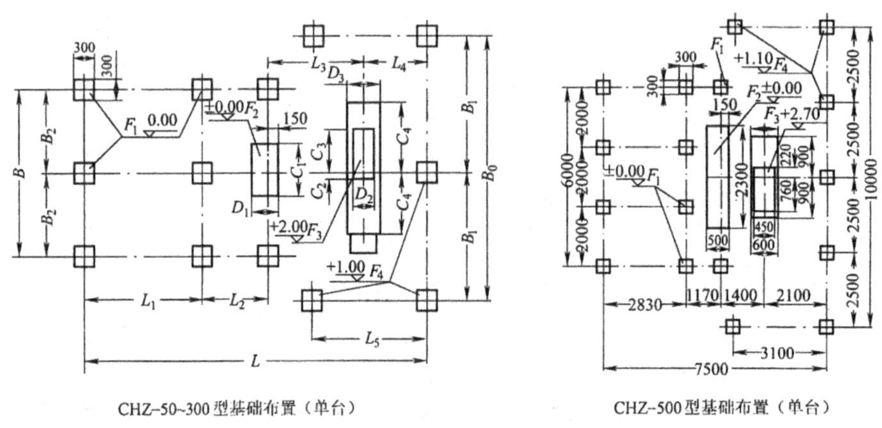

图 17-37 CHZ 超低噪声冷却塔系列基础平面图

17.7.12 GNZF 工业型组合逆流式冷却塔系列

(1)适用条件：干球温度 $\theta = 31.5℃$，湿球温度 $\tau = 28℃$，大气压 $p = 1.004 \times 10^5 Pa$
进水温度 $t_1 = 43℃$，出水温度 $t_2 = 33℃$。

(2)性能参数：见表 17-133。

(3)各部尺寸及基础安装尺寸：见表 17-132 及图 17-38 ~ 图 17-42。

表 17-132 GNZF-500 ~ 4500 工业型组合横流式冷却塔安装尺寸

塔 型	安装尺寸/mm					基础尺寸/mm			
	L	L_1	L_2	L_3	L_4	A	B	C	D
						$a \times a$	$b \times b$	$e \times e$	$f \times g$
GNZF-500	17400	5800	1450	2588	350	350×350	600×600	1000×1000	1000×300
GNZF-600	19200	6400	1600	3255	400	350×350	700×700	1000×1000	1000×300
GNZF-750	21600	7200	1800	3055	400	350×350	700×700	1000×1000	1000×300
GNZF-1000	25200	8400	2100	3275	450	350×350	750×750	1000×1000	1000×300
GNZF-1500	30600	10200	2550	2815	500	350×350	850×850	1000×1000	1000×300
GNZF-2000	35400	11800	2950	2415	550	350×350	1000×1000	1000×1000	1000×300
GNZF-2500	39600	13200	3300	3680	600	350×350	1100×1100	1000×1000	1000×300
GNZF-3000	43200	14400	3600	4250	650	350×350	1200×1200	1000×1000	1000×300
GNZF-3500	46800	15600	2600	4950	650	350×350	1200×1200	1000×1000	1000×300
GNZF-4000	49680	16560	2760	5000	700	350×350	1400×1400	1000×1000	1000×300
GNZF-4500	53280	17760	2960	5450	700	350×350	1400×1400	1000×1000	1000×300

表 17-133 GNZF 工业型组合逆流式冷却塔系列性能参数

塔 型	处理水量 /$m^3 \cdot h^{-1}$	单塔外形尺寸		通风机装置			配水系统			质 量		标准点噪声 /dB(A)	各部尺寸		
		宽 /mm	高 /mm	风量 /万 $m^3 \cdot h^{-1}$	风机直径 ϕ /mm	电机功率 /kW	进水管 DN	配水高度 h/mm	进塔水压 /kPa	干质量 /t	湿质量 /t		h_1	h_2	L_5
GNZF-500	500	5800	7830	33.2	4000	22	350	4370	55	15.8	27.2	≤75	5130	500	750
GNZF-600	600	6400	8405	39.8	5000	30	400	4570	56.5	18.9	29.4	≤75	5330	600	800
GNZF-750	750	7200	8605	49.8	5000	30	450	4770	58.5	22.1	31.5	≤75	5530	800	900
GNZF-1000	1000	8400	9350	66.4	6000	45	500	5150	62.2	27.2	45.2	≤75	6350	800	1050
GNZF-1500	1500	10200	10520	99.6	7000	75	600	5590	66.5	38.4	54.4	≤75	6790	800	1280
GNZF-2000	2000	11800	11190	132.7	8000	90	700	5690	67.5	41.6	62.6	≤75	7190	900	1500
GNZF-2500	2500	13200	11870	165.9	8530	110	800	5990	70.5	45.8	71.7	≤75	7540	1000	1650
GNZF-3000	3000	14400	12740	199.1	8530	132	900	6410	74.6	58.2	88.4	≤75	8410	1000	1800
GNZF-3500	3500	15600	13640	229.2	8530	160	900	6810	78.5	66.9	102.5	≤75	9310	1000	1500
GNZF-4000	4000	16560	13940	263.0	9140	185	1000	7110	81.4	76.4	112.8	≤75	9610	1200	1500
GNZF-4500	4500	17760	14640	294.7	9140	220	1000	7310	83.5	87.8	129.6	≤75	10310	1200	1500

生产厂家：江苏海鸥冷却塔股份有限公司　　厂址：江苏省常州市西郊礼河镇

注：1.可根据用户需求进行任意台塔组合装配；

2.各基础标高相同，允许偏差 ±2mm，各基础允许误差 ±2mm；

3.塔体立柱与基础预埋钢板直接定位焊接。

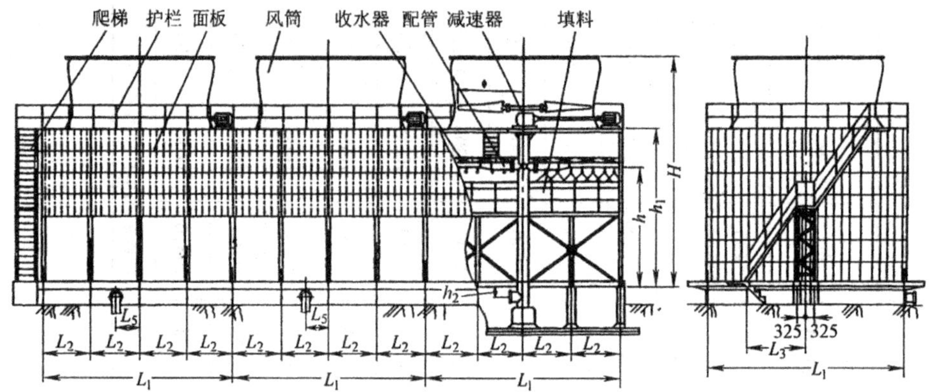

图 17-38 GNZF-500～4500 工业型组合逆流式冷却塔外形尺寸图

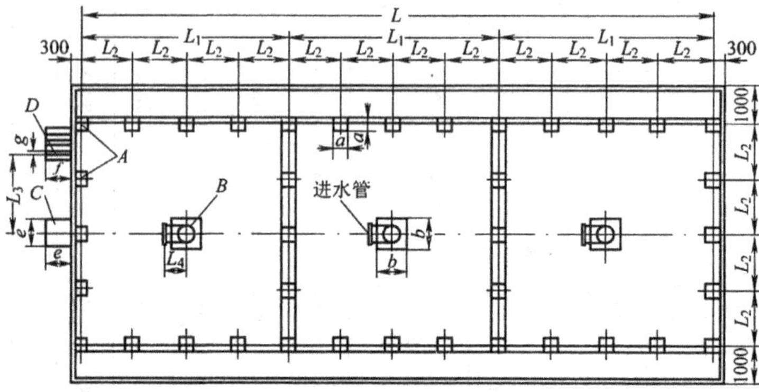

图 17-39 GNZF-500～600 工业型组合逆流式冷却塔基础平面图

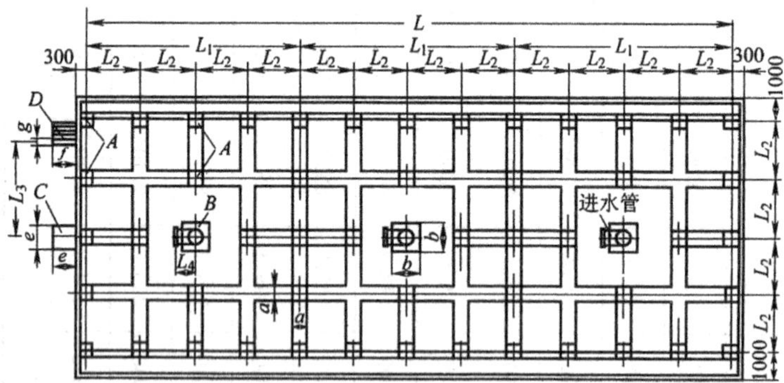

图 17-40 GNZF-750～1500 工业型组合逆流式冷却塔基础平面图

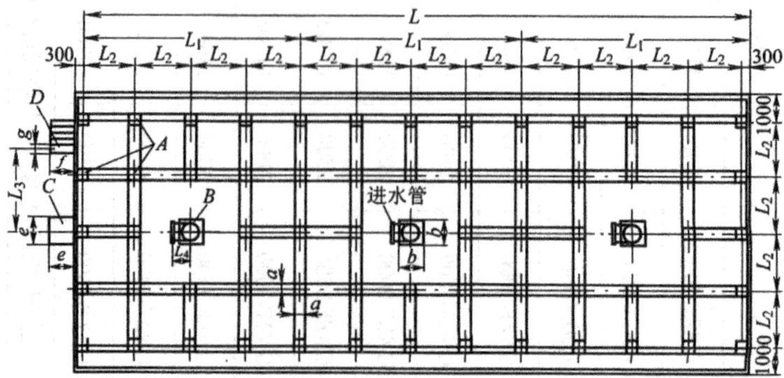

图 17-41 GNZF-2000～3000 工业型组合逆流式冷却塔基础平面图

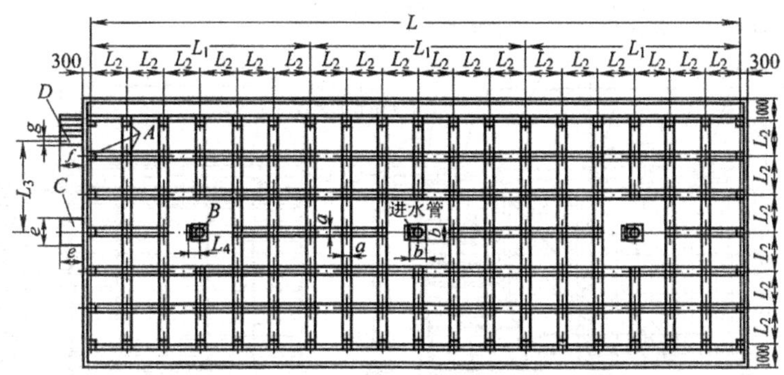

图 17-42 GNZF-3500～4500 工业型组合逆流式冷却塔基础平面图

17.7.13 10HG 工业型组合横流式冷却塔系列

(1)适用条件：干球温度 $\theta=31.5℃$，湿球温度 $\tau=28℃$，大气压 $p=1.004\times10^5$Pa，进水温度 $t_1=43℃$，出水温度 $t_2=33℃$。

(2)性能参数：见表 17-134。

表 17-134 10HG 工业型组合横流冷却塔性能参数

塔型	标准循环水量 /m³·h⁻¹	单塔外形尺寸/mm			通风机装置			配管尺寸/mm		质量		标准点噪声 /dB(A)
		长 L	宽 B	高 H	风量 /万 $m^3\cdot h^{-1}$	风机直径 ϕ /mm	配用电机功率 /kW	进水管 DN	进水支管 $n\times d_{g2}$	干质量 /t	湿质量 /t	
10HG-500	500	9280	6815	8500	48.0	4000	30	350	4×150	18.9	26.8	≤75
10HG-600	600	10480	7815	8500	53	5000	30	400	4×150	22.8	34.3	≤75
10HG-750	750	10560	8215	9375	66.0	5000	37	450	4×200	26.5	41.2	≤75
10HG-1000	1000	12000	9415	10020	84.0	6000	45	500	4×250	32.6	51.3	≤75
10HG-1500	1500	13040	11615	11030	119.0	7000	75	600	4×300	46.1	81.6	≤75
10HG-2000	2000	14920	12415	12450	143.0	8000	90	700	4×350	49.9	95.3	≤75
10HG-2500	2500	16200	13515	13280	167.0	8530	110	800	8×250	56.6	100.3	≤75
10HG-3000	3000	16600	14715	13780	192.0	8530	132	900	8×300	69.8	117.5	≤75
10HG-3500	3500	17000	15615	14280	216.0	8530	160	900	8×350	80.3	134.0	≤75
10HG-4000	4000	18400	17415	14280	248.0	9140	185	1000	8×350	91.7	151.2	≤75
10HG-4500	4500	18400	19255	14280	278.0	9140	220	1000	8×400	105.4	170.4	≤75

生产厂家：江苏海鸥冷却塔股份有限公司　　厂址：江苏省常州市西郊礼河镇

(3) 各部尺寸及基础安装尺寸：见表 17-135 和图 17-43～图 17-47。

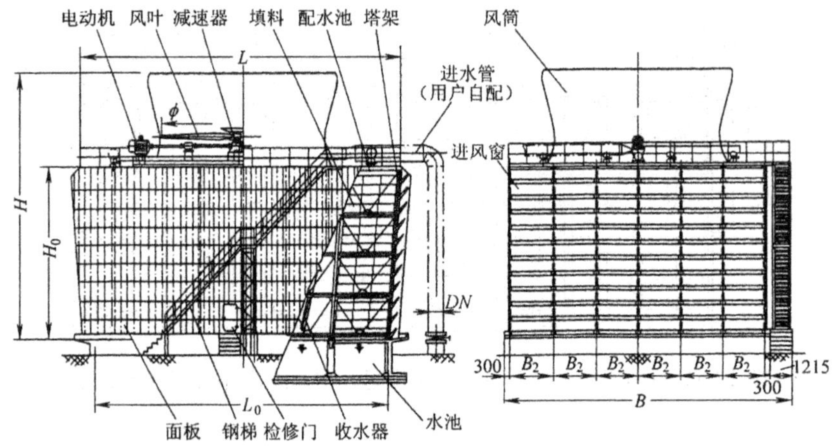

图 17-43 10HG 工业型组合逆流式冷却塔系列外形尺寸图

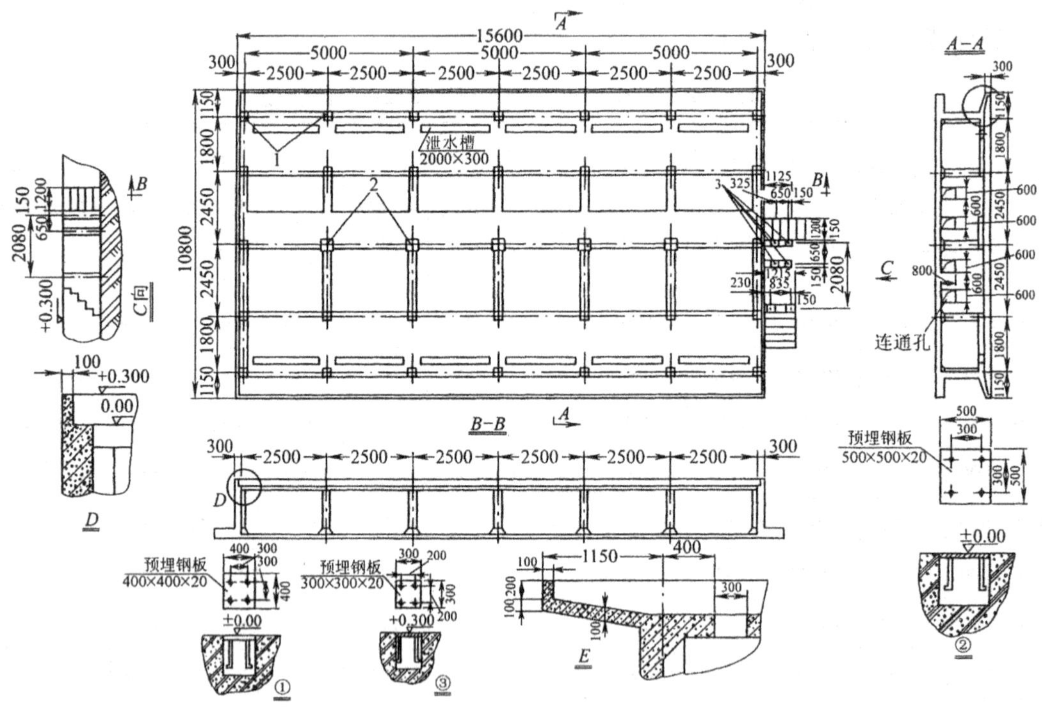

图 17-44 10HG-500 型基础平面图

17.7.14 10NH 逆流混合结构冷却塔系列

(1) 适用条件：干球温度 $\theta = 31.5℃$，湿球温度 $\tau = 28℃$，大气压 $p = 1.004 \times 10^5 \mathrm{Pa}$，进水温度 $t_1 = 43℃$，出水温度 $t_2 = 33℃$。

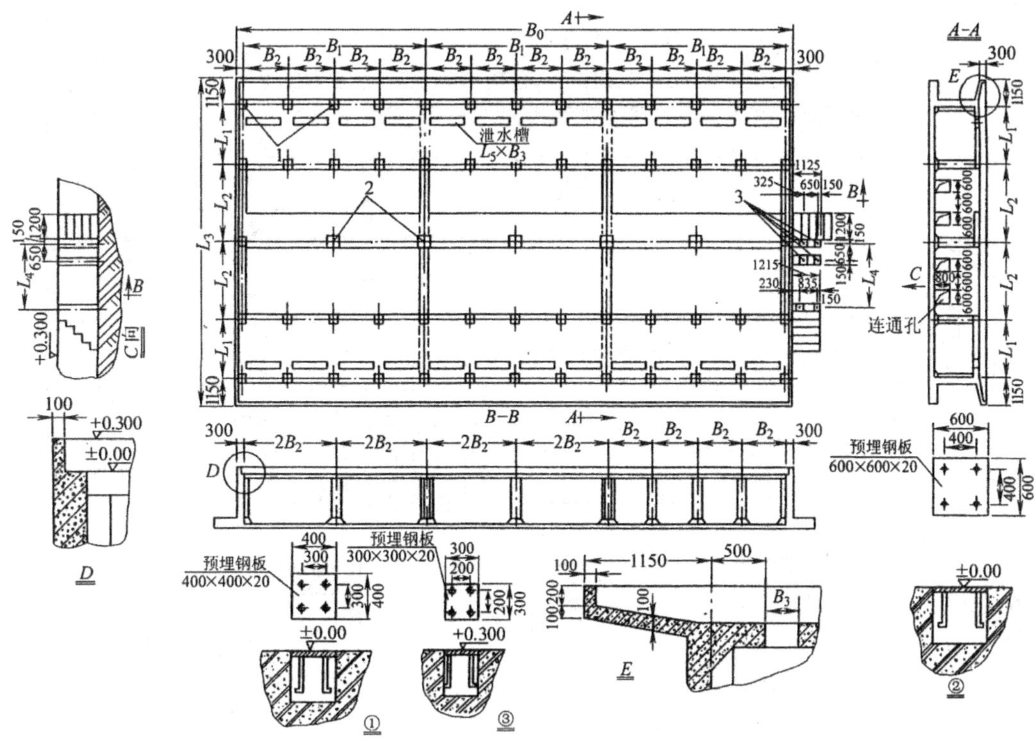

图 17-45　10HG-600～2000 型基础平面图

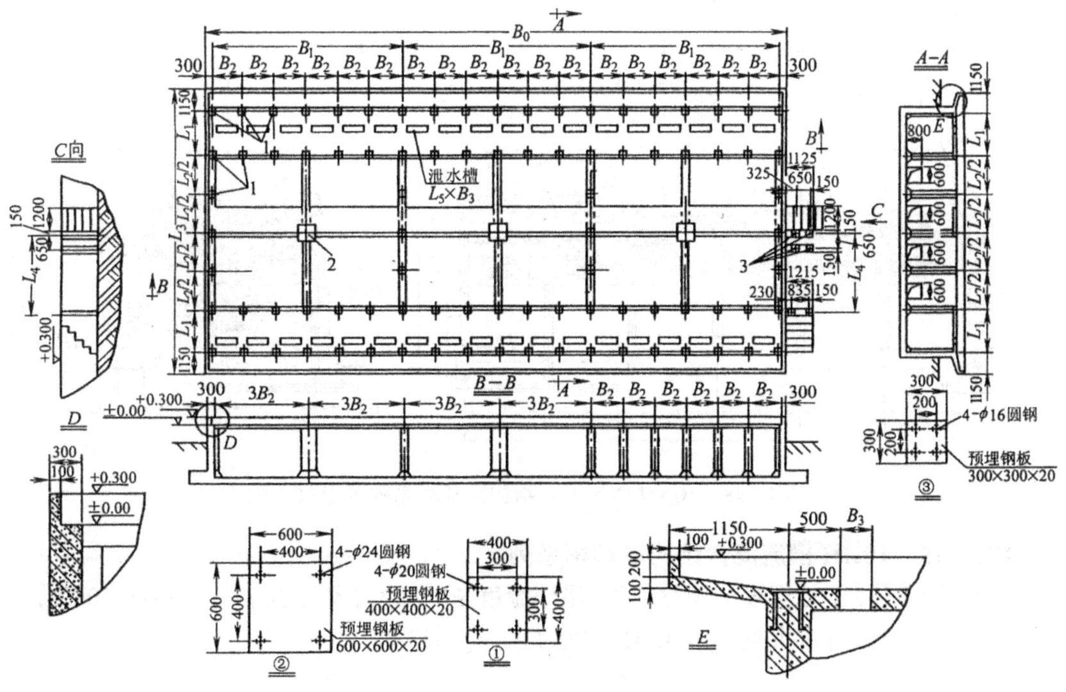

图 17-46　10HG-2500～3500 型基础平面图

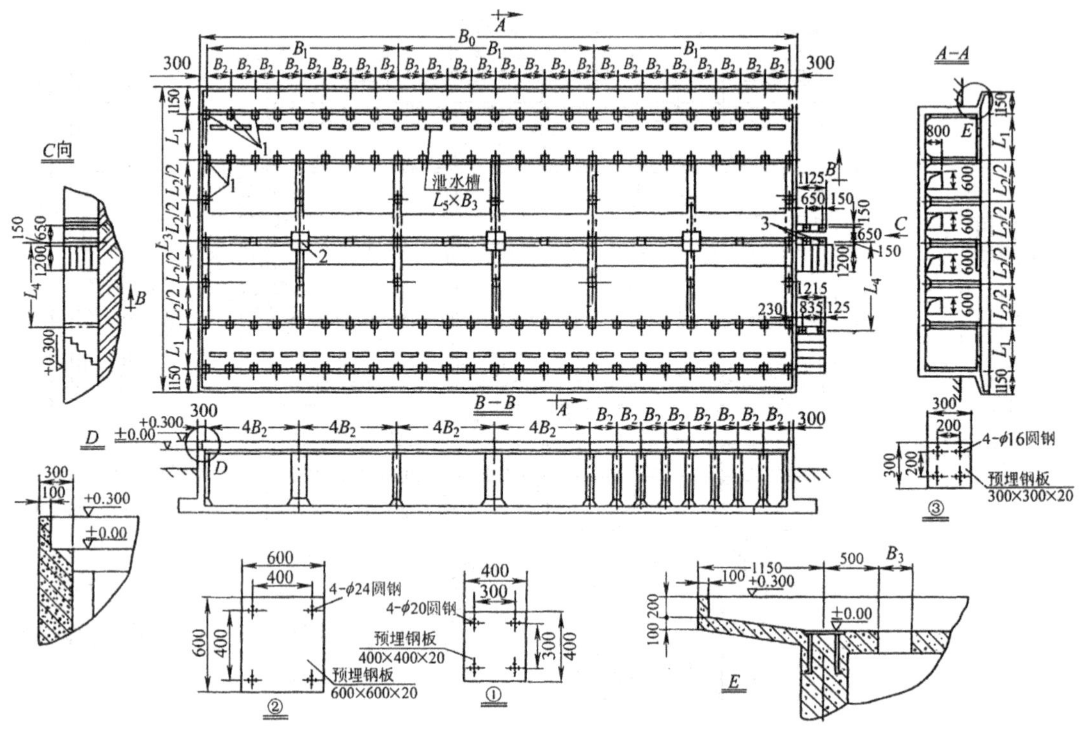

图 17-47　10HG-4000～4500 型基础平面图

(2)性能参数:见表 17-136。

(3)各部尺寸及基础安装尺寸图(生产厂家另行提供):见图 17-48 及表 17-135。

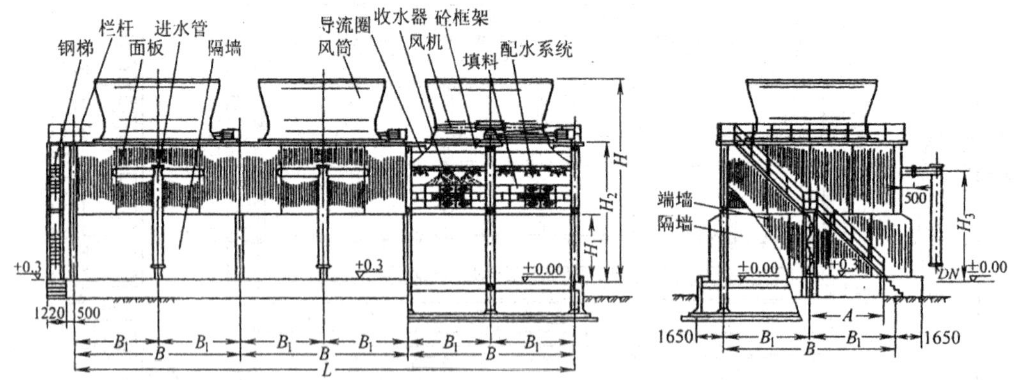

图 17-48　10NH 逆流混合结构冷却塔系列外形尺寸图

17.7.15　10HH 横流混合结构冷却塔系列

(1)适用条件:干球温度 $\theta=31.5℃$,湿球温度 $\tau=28℃$,大气压 $p=1.004\times10^5$Pa,
进水温度 $t_1=43℃$,出水温度 $t_2=33℃$。

表 17-135　10HG 工业型组合横流式冷却塔各部尺寸

塔　型	各　部　尺　寸/mm										
	B_0	B_1	B_2	B_3	H_0	L_0	L_1	L_2	L_3	L_4	L_5
10HG-500	15600	5000	2500	300	5800	8500	1800	2450	10800	3340	2000
10HG-600	18600	6000	1500	300	5800	9700	1900	2950	12000	3625	900
10HG-750	19800	6400	1600	300	6300	9720	1900	2960	12020	4185	1200
10HG-1000	23400	7600	1900	300	6800	11080	2000	3540	13380	4065	1500
10HG-1500	30000	9800	2450	300	7300	12060	2200	3830	14360	4220	2000
10HG-2000	32400	10600	2650	300	8450	13780	2500	4390	16080	4730	2000
10HG-2500	35700	11700	1950	300	8950	14980	2800	4690	17280	4890	1500
10HG-3000	39300	12900	2150	300	9450	15320	3000	4660	17620	5390	1600
10HG-3500	42000	13800	2300	300	9950	15640	3200	4620	17940	5890	1800
10HG-4000	47400	15600	1950	300	9950	17040	3200	5320	19340	5190	1500
10HG-4500	52920	17440	2180	300	9950	17040	3200	5320	19340	5190	1600
生产厂家:江苏海鸥冷却塔股份有限公司								厂址:江苏省常州市西郊礼河镇			

注:1.本基础均为三台塔拼装图,如台数有变更,则由需方按实际情况自定;

2.基础标高按预埋钢板顶面作为基准,允许偏差 ±2mm,各基础中心距允许偏差 ±3mm;

3.塔体立柱与基础预埋钢板直接定位焊接。

表 17-136 10NH 逆流混合结构冷却塔系列特性参数

塔型	单塔循环水量 $/m^3 \cdot h^{-1}$	单塔外形尺寸		风机			总进水管管径 DN/mm	配水管中心高度 H_3/mm	其他各部尺寸/mm					设备质量			标准点噪声/dB(A)
		B/mm	H/mm	直径 ϕ/mm	风量 G/万 $m^3 \cdot h^{-1}$	电机功率 N/kW			B_1	L	H_1	H_2	A	干质量/t	砼体积/m^3	湿质量/t	
10NH-500	500	6400	9200	4000	32.4	22	350	5200	3200	19200	2700	6500	2121	15.4	24	91.8	≤75
10NH-750	750	7800	10375	5000	48	30	450	5750	3900	23400	3200	7300	2352	22.1	29	118.2	≤75
10NH-1000	1000	9000	11555	6000	64	45	500	6300	4500	27000	3700	7900	2526	28.4	36	148.4	≤75
10NH-1500	1500	11000	13228	7000	96	75	600	7150	5500	33000	4500	9200	4784	40.3	60	235.6	≤75
10NH-2000	2000	12800	14500	8000	130	92	700	7900	6400	38400	5200	10100	5184	53.9	77	306.9	≤75
10NH-2500	2500	14400	14550	8530	157	110	800	7250	7200	43200	4500	9750	5034	65.7	100	409.3	≤75
10NH-3000	3000	15800	15350	8530	190	132	900	7500	7900	47400	4700	10550	5534	77.6	120	473.2	≤75
10NH-3500	3500	17000	15400	8530	218.5	160	900	7600	4250	34000	5000	10600	5584	86.5	180	651	≤75
10NH-4000	4000	18200	16112	9140	252	185	1000	7800	4550	36400	5200	11050	5734	99.1	200	728.5	≤75
10NH-4500	4500	19300	16712	9140	282	220	1000	8100	4825	38600	5500	11650	6034	109	220	805.1	≤75

生产厂家:江苏海鸥冷却塔股份有限公司　　厂址:江苏省常州市西郊礼河镇

注:1.设备质量计算以单塔为单位;

2.设备质量栏中,干质量为生产厂供货产品质量,混凝土体积是水池基础面±0.00标高以上部分混凝土框架结构体积;

3.混凝土的密度以 $2.6t/m^3$ 计,湿质量是基础面±0.00标高以上部分整个塔运行时的质量。

(2)各部尺寸及基础安装尺寸由生产厂家另行提供,其外形见图 17-49。

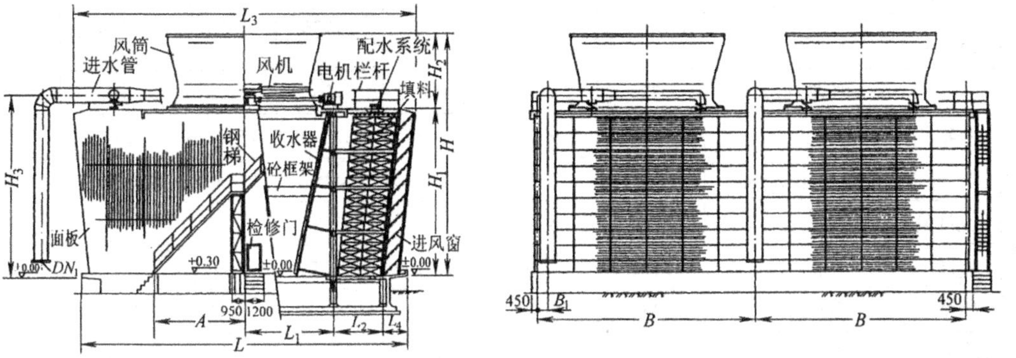

图 17-49 10HH 横流混合结构冷却塔系列外形

17.8 风机

17.8.1 冷却塔风机

(1) 适用范围:风机系列产品是该厂发挥技术优势和工艺特长而开发研制的替代进口产品,它是采用了航空螺旋桨叶设计理论和方法并吸取了国际先进叶型优点自行设计制造的,叶片采用复合材料,产品具有效率高、噪音低、能耗少、抗腐蚀、耐用及维修方便等优点,已广泛用于石油、化工、冶金、电力、纺织等行业循环水冷却系统。

该厂的产品有 2.43m、2.8m、3.0m、3.6m、4.0m、4.2m、4.7m、5.5m、6.0m、7.0m、7.7m、8.0m、8.5m、9.2m 等 14 种规格。

(2) 性能参数:见表 17-137、表 17-138。

表 17-137 冷却塔风机性能

项目	型号 / 参数	LF-24.3	LF-28	LF-30	LF-36	LF-40	LF-42	LF-47
风机性能参数	叶轮转速/r·min⁻¹	335	340	340	226	240	240	240
	流量/万 m³·h⁻¹	9.87	17	19.7	20	29.6	45	60
	全压/Pa	127.5	201	127.5	127.5	127.5	127.5	127.5
	叶片安装角/(°)	9	10.5	6	6	7	13	12.5
	叶片数	4	6	4	6	4	4	4
	叶轮轴功率/kW	4.18	11.53	8.41	8.8	12.75	20	25.5
	风机效率/%	83.6	82.3	82.96	80.5	82.2	80	83.3
	风机质量/kg	395	409	405	440	470	500	547
	减速器质量/kg	280	280	280	280	325	325	325
配套电机	电机型号	Y132S-4, B_3	Y160L-4, B_3	Y160M-4, B_3	Y180L-6, B_3	Y180L-6, B_3	Y200L2-6, B_3	Y225M-6, B_3
	电机功率/kW	5.5	15	11	15	15	22	30
	电机转速/r·min⁻¹	1440	1460	1460	970	970	970	980
	电机质量/kg	67	147	124	186	186	260	302

续表 17-137

项目	参数 \ 型号			LF-24.3	LF-28	LF-30	LF-36	LF-40	LF-42	LF-47
风机动载荷参数	叶轮		质量/kg	82	110	80	126	125	137	172
			轴向力/N	569.68	1197.27	875.57	1271.91	1576.18	1741	2196
			回旋力矩/kg·m^2	100	219	133	445	430	580	782
	允许最大振动速度/mm·s^{-1}			6.3	6.3	6.3	6.3	6.3	6.3	6.3
	振动频率		叶轮/Hz	5.58	5.67	5.67	3.77	4	4	4
			电机/Hz	24	24.33	24.33	16.17	16.17	16.17	16.33
	振动等效静力		对叶轮/N	60.5	84	61	42	47	52	66
			对电机/N	68.1	86.9	76.1	120	120	168	202
	扭矩反力	减速器	$R1$/N	361.1	981.4	715.8	1126.8	1449.4	2204.5	2984
			$R2$/N	243.3	661	482	759	874.7	1330.3	1750
			$R3$/N	74.5	200	146.8	301.4	254.7	373.4	504
		电机	正常负荷 $R4$/N	168.9	386	283.3	529.3	529.3	681.1	821
			最大负荷 $R4$/N	371.6	849	623.3	1058.6	1058.6	1362	1640
生产厂家:中国航空工业第二集团公司保定螺旋桨制造厂 厂址:河北省保定市818信箱803分箱										

表 17-138 冷却塔风机性能

项目	参数 \ 型号	LF-55Ⅱ	LF-60Ⅱ	LF-70	LF-77Ⅱ	LF-80Ⅱ	LF-85Ⅱ	LF-92Ⅱ
风机性能参数	叶轮转速/r·min^{-1}	165	165	149	149	149	149	127
	流量/万 m^3·h^{-1}	76	100	140	135	255	273	315
	全压/Pa	127.5	132.3	155	127	167	152	176.4
	叶片安装角/(°)	14	13	12	6	12	9	12
	叶片数	6	6	6	4	6	6	8
	叶轮轴功率/kW	31	43	73	57	127.3	135	175.6
	风机效率/%	86.8	85.5	82.6	83.8	86	85.6	87.97
	风机质量/kg	990	1010	2278	2280	2470	2480	3250
	减速器质量/kg							
配套电机	电机型号	Y225S-4,B_3	YB250M-4,B_3	Y(B)315M1-6	Y280S-4	Y315L1-4	Y315L1-4	YB400S1-4(6000)V
	电机功率/kW	37	55	90	75	160	160	200
	电机转速/r·min^{-1}	1480	1480	988	1480	1486	1486	1488
	电机质量/kg	305	530	1050	560	1200	1200	2100

续表 17-138

项目	参数 \ 型号			LF-55Ⅱ	LF-60Ⅱ	LF-70	LF-77Ⅱ	LF-80Ⅱ	LF-85Ⅱ	LF-92Ⅱ
风机动载荷参数	叶轮		质量/kg	405	425	909	728	939	951	1153
			轴向力/N	3097.7	3740.7	5770	5913	8354	8689	11574
			回旋力矩/kg·m²	3014	3938	7800	6078	8438	8611	26657
	允许最大振动速度/mm·s⁻¹			6.3	6.3	6.3	6.3	6.3	6.3	6.3
	振动频率		叶轮/Hz	2.75	2.75	2.48	2.48	2.48	2.48	2.12
			电机/Hz	24.67	24.67	16.33	24.83	24.83	24.83	24.8
	振动等效静力		对叶轮/N	73	76	132	106	137	140	122.2
			对电机/N	682	1273	2083	1353	2809	2809	1681
	扭矩反力	减速器	$R1$/N	5159	7670	7869	7869	16807	16807	18863
			$R2$/N	3855	4244	5341	5341	11388	11388	13204
			$R3$/N	318	473	796	530	1131	1131	4302
		电机	正常负荷 $R4$/N	670	874	1441	794	1671	1671	1871
			最大负荷 $R4$/N	1487	1923	2480	1588	3342	3342	3929
生产厂家:中国航空工业第二集团公司保定螺旋桨制造厂 厂址:河北省保定市818信箱803分箱										

注:风机可配带YB电机。

17.8.2 空气冷却器风机

(1) 适用范围:该厂生产的轴流空冷风机主要用于石油、化工、冶金等空冷器配套使用,具有风量大、效率高、振动小、噪声低、使用维护方便等优点。

风机有高效节能型、低噪声型、防腐型等不同类型;风机风量调节方式可分为自调、半自调、手调三种;冷却方式可分为鼓风式和引风式。

(2) 型号意义说明:

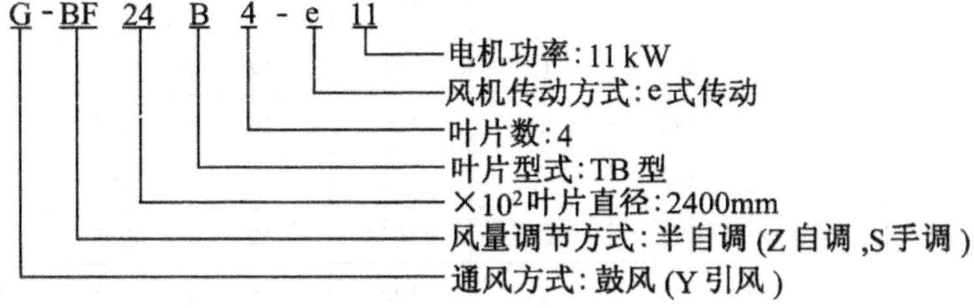

(3) 性能参数:见表17-139。

表 17-139　常用风机规格及主要技术参数

规格			风机转速 /r·min^{-1}	风量 /万 m^3·h^{-1}	全压 /Pa	叶片安装角 φ/(°)	轴功率 /kW	配套电机功率/kW	备注
直径/mm	叶型	叶片数							
1800	B	4	637	10	196	11	6.5	7.5	
			637	10	156.8	10	5.6	7.5	
			585	13	156	18.5	7.2	11	
2400	B	4	477	18.0	235.2	20	14.5	18.5	
			477	19.5	196	18	13	15	
			477	17.5	156.8	14	9	11	
			477	14.5	196	14	9.5	11	
		6	477	21.5	284.2	20	22.5	30	
			477	20	270	17.5	19	22	
			477	18	245	14	15	18.5	
			477	20	210	14	14	18.5	
	C	4	422	15.0	230	20	12.5	15	
			422	16.5	196	18	11.5	15	
			422	16.5	156.8	15	9	11	
			422	13.5	198	14.5	9	11	
		6	422	18.0	294	20	18	22	
			422	17	289	18	16.5	22	
			422	14	274.4	14	12.5	15	
			422	17	200.9	14	11.5	15	
	W	4	358	15	220.5	20	11.5	15	
			358	18	156.8	20	10.5	15	
			358	17	156.8	18	10	15	
		6	358	19	186.2	20	14.5	18.5	
			358	16	298.9	20	16.25	18.5	
			358	18	196	18	13.5	15	
			358	15	191	14	9.5	11	
3000	B	4	382	27	196	16	17.5	22	
			382	23.5	196	14	15	18.5	
			382	25	156.8	12	12.5	15	
	C		338	25	196	16	16.5	18.5	
			338	26	156.8	14	13	15	

续表 17-139

规格			风机转速 /r·min^{-1}	风量 /万 m^3·h^{-1}	全压 /Pa	叶片安装角 φ/(°)	轴功率 /kW	配套电机功率/kW	备注
直径/mm	叶型	叶片数							
3600	B	4	318	47	196	19.5	32	37	
			318	40	230.3	20	33	37	
			318	40	191.1	16.5	25.5	30	
			318	39	156.8	14	20	22	
			318	24	196	10	15.5	18.5	
		6	318	47.5	313.6	20	50	55	
			318	40	318.5	18	44	55	
			318	47.5	269.5	18	43	55	
			318	45	215.6	14	31	37	
	C	4	277	42	176.4	20	26.5	30	
			277	34	205.8	18	24	30	
			277	42	156.8	18	23	30	
			277	32	156.8	13	17	22	
		6	277	42	269.5	20	40	45	
			277	34	308.7	18	36	45	
			277	38	254.8	17	33	37	
			277	38	186.2	14	24	30	
	W	4	235	38	169	20	23	30	
			235	28	196	16	18	22	
			235	33	156.8	16.5	17.5	22	
			235	30	156.8	14	14.5	18.5	
		6	235	38	254.8	20	35	45	
			235	28	298.9	16	28	37	
			235	33	220.5	16	26	30	
			235	30	235.2	14	23	30	
3962	B	4	294	31	235.2	12	26.8	30	
			294	43	196	12.5	26.8	30	
			294	52.5	156.8	13.5	27	30	
4267	B	4	273	65	215.6	20	48.5	55	
			273	49	196	14	31.5	37	
			273	58	156.8	14	30	37	
			273	51	156.8	12	26.5	30	
		6	273	65.5	219	16	49.2	55	
			273	49.7	278.8	14	44.7	55	
			273	60.4	156.8	12	32.8	37	
			273	46.8	204	10	32	37	

续表 17-139

规格			风机转速 /r·min⁻¹	风量 /万 m³·h⁻¹	全压 /Pa	叶片安装角 φ/(°)	轴功率 /kW	配套电机功率/kW	备注
直径/mm	叶型	叶片数							
4500	B	4	260	70	205.8	18	48	55	
			260	58	240	18	49.5	55	
			260	70	166.6	16	39	45	
			260	52	147	10	26.25	30	
		6	260	70	274.4	18	67.5	75	
			260	60	240	13.5	49	55	
			260	70	196	14	46.5	55	
			260	60	156.8	10	32	37	
	W	4	192	44	235.2	18	36	45	
			192	55	176.4	17.5	32.5	37	
			192	49	157	14	25.5	30	
生产厂家:中国航空工业第二集团公司保定螺旋桨制造厂　　厂址:河北省保定市 818 信箱 803 分箱									

17.9 HB-X 型高效组合式斜板废水沉淀器

(1) 适用范围:高效组合式斜板沉淀器,是采用分散颗粒的浅层沉淀理论,吸取了国外多层、多格斜板沉淀先进技术,结合各种不同污水成分及使用排放要求,设计出的一种新型水处理设备。该设备适用于冶金、市政工程、机械、化工、电力等行业的废水及污水处理,具有处理效率高,占地面积小,能耗低,投资少,运行管理方便,安全可靠等优点,并可根据水量任意组合。

(2) 型号意义说明:

```
HB - X
|    └──单台设备平均处理水量
└───────斜板沉淀器
```

(3) 性能参数:见表 17-140。

表 17-140　HB-X 型高效组合式斜板沉淀器性能

序号	项目单位	HB-90	HB-125	HB-250
1	单池处理水量/m³·h⁻¹	80~100	120~150	240~260
2	进水悬浮物含量/mg·L⁻¹	<1000	<1000	<1000
3	出水悬浮物含量/mg·L⁻¹	30~50	30~50	30~50
4	单池几何容积/m³	80	125	198
5	单池运行重量/t	200	250	400
6	进水口尺寸/mm	340×380	340×380	400×410
7	出水口尺寸/mm	ND150	ND200	ND350
8	输泥机排泥含水率	<60%	<60%	<60%
9	输泥机电功功率/kW	5.5	5.5	5.5
10	组合型式　根据水量可自由组合			
生产厂家:武汉江扬环境保护设备工程有限公司　　厂址:湖北省武汉市东湖高新技术开发区(珞瑜路)				

注:生产斜板沉淀池的厂家还有丹东水技术机电研究所、江苏省扬州市天雨给排水设备集团有限公司等,其性能参数基本相同,可详见各厂产品样本。

(4) 外形及基础安装尺寸:见图 17-50。

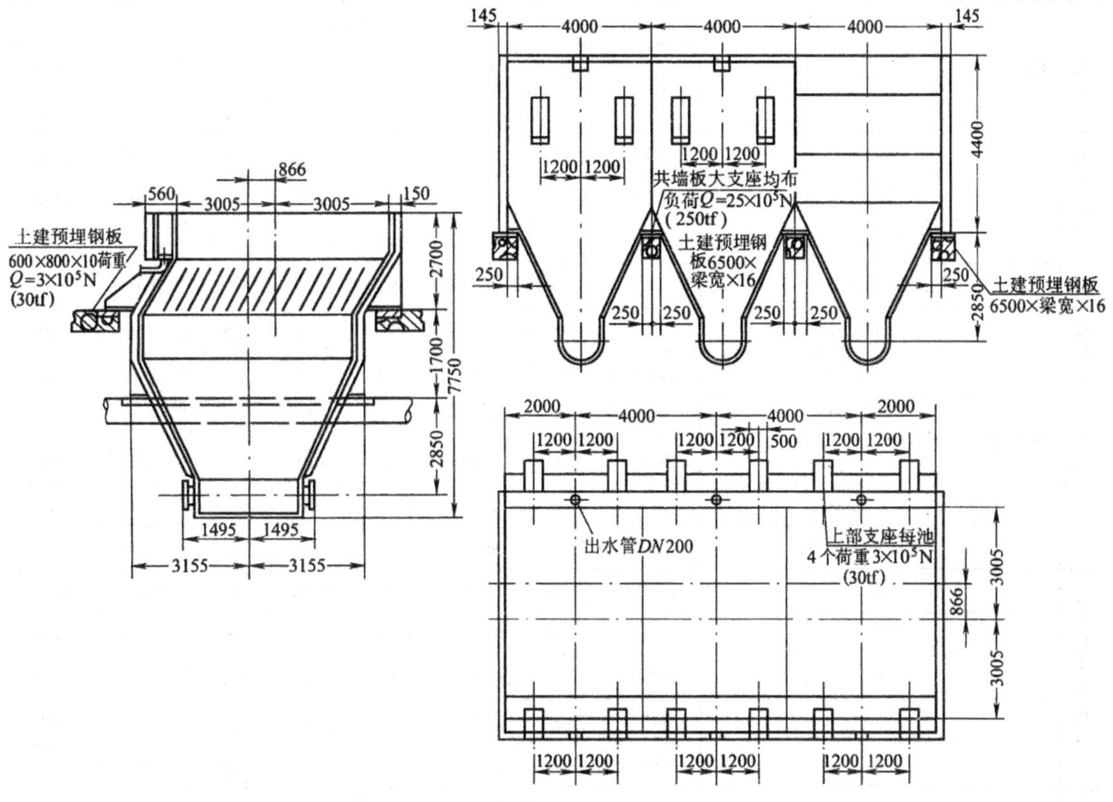

图 17-50　HB-135 型高效组合式斜板沉淀器安装图

17.10　过滤器

17.10.1　XZGQ 型全自动无阀滤池

(1) 适用范围:该滤池用于自来水厂。作过滤处理时,进水 $SS<15\text{mg/L}$,出水 $SS<3\text{mg/L}$;用于循环冷却水旁滤时,进水 $SS<15\sim30\text{mg/L}$,出水 $SS<5\text{mg/L}$;用于"加药凝聚处理"时,$SS<50\sim100\text{mg/L}$,出水 $SS<5\text{mg/L}$。

(2) 性能参数:见表 17-141。

(3) 外形及基础安装尺寸:见图 17-51 及表 17-142。

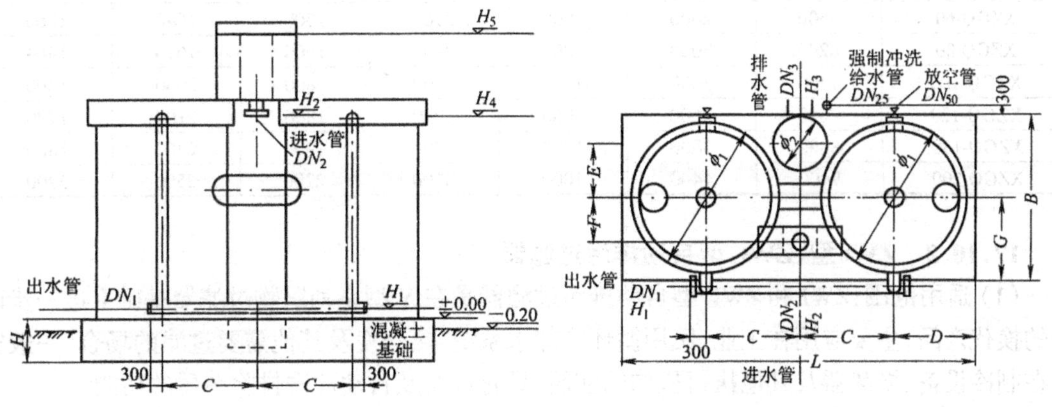

图 17-51　XZGQ 系列全自动无阀过滤池外形及基础安装图

表 17-141 XZGQ 型系列全自动无阀过滤池性能

名称 \ 型号			XZGQ							
			20	40	60	80	100	120	150	200
产水量/t·h^{-1}			20	40	60	80	100	120	150	200
外形尺寸/mm		长 L	3900	4700	5600	6200	7200	7600	8000	9400
		宽 B	1800	2200	2600	3000	3600	3600	3800	4400
		进口箱堰口高 H_5	6610	6630	6580	6580	6750	6750	6750	6750
		出口箱堰口高 H_4	H_5 终期水头损失(0.5m、1.7m、1.9m 三档任选)							
配管尺寸/mm	排水	管径 DN_2	100	150	200	200	250	250	250	300
		管中标高 H_2	4710	4810	4810	4810	4810	4810	4810	4810
		管径 DN_1	100	150	150	200	200	200	250	300
		管中标高 H_1	200	200	200	200	400	400	450	500
		管径 DN_3	300	300	400	500	500	500	500	600
		管中标高 H_3	270	270	300	300	360	360	460	460
管口平面尺寸/mm		ϕ_1	1400	1800	2240	2400	2990	3210	3430	3640
		ϕ_2	900	1000	1000	1000	1200	1200	1200	1400
		C	1134	1350	1540	1636	2000	2100	2200	2445
		E	655	780	890	945	1155	1213	1270	1412
		F	755	950	1125	1225	828	899	1027	1275
		G	970	1200	1450	1580	1880	1990	2110	2280
质量		设备净质量/t	6.61	9.6	11.88	13.43	20.8	22.9	25.6	30.8
		负载总质量/t	20	32	46	58	78	96	108	158

生产厂家:宜兴循环水设备厂(集团)　　　　厂址:江苏省宜兴市高塍镇

表 17-142 XZGQ 系列全自动无阀过滤池安装尺寸(mm)

型号 \ 尺寸	Z	B	H	ϕ	a	c	d
XZGQ-20	3900	1800	1000	1300	900	1134	816
XZGQ-40	4700	2200	1000	1700	1100	1350	1000
XZGQ-60	5600	2600	1000	2100	1300	1540	1260
XZGQ-80	6200	3000	1000	2300	1500	1636	1464
XZGQ-100	7200	3600	1000	2700	1800	2000	1600
XZGQ-120	7600	3600	1000	2900	1800	2100	1700
XZGQ-150	8000	3800	1000	3300	1900	2200	1800
XZGQ-200	9400	4400	1000	3700	2200	2500	2200

17.10.2 ZWI 型、ZWL 型自动排污过滤器

(1) 适用范围:ZWI 和 ZWL 型自动排污过滤器是在 Y 型系列脏物过滤器基础上进一步改进的换代产品,主要应用在工业、民用循环冷却水系统、热交换及其他需要过滤的场合,一般安装在制冷设备、换热器及其他执行机构的前面,具有过滤及自动冲洗排除杂质的功能。

最大工作压力:1.6MPa,工作温度:0~60℃,0~150℃,滤网规格:0.962~0.536mm(18

~30 目)。

(2) 型号意义说明:

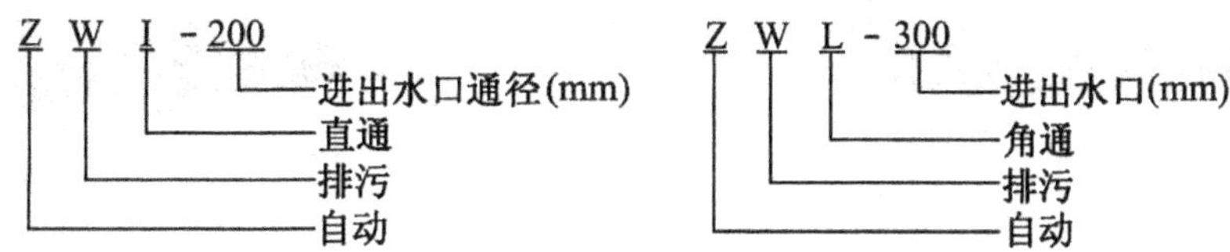

(3)外形及基础安装尺寸:见图 17-52、图 17-53 及表 17-143、表 17-144。

表 17-143 ZWI 型(直通式)自动排污过滤器尺寸

规格型号	进出水口通径/mm	L/mm	L_1/mm	排污口通径/mm
ZWI-100	100	350	260	32
ZWI-125	125	440	330	40
ZWI-150	150	525	390	50
ZWI-200	200	700	520	65
ZWI-250	250	875	650	80
ZWI-300	300	1050	780	100
ZWI-350	350	1200	885	125
ZWI-400	400	1400	1040	150
ZWI-450	450	1550	1145	150
ZWI-500	500	1700	1250	150
ZWI-600	600	2000	1460	200
生产厂家:江苏核工业格林水处理有限责任公司			厂址:江苏省南京市察哈尔路 16 号	

注:表中 L 为进口法兰边至排污口中心线的长度;L_1 为进口法兰边至出水口法兰边的长度。

表 17-144 ZWL 型直角式自动排污过滤器尺寸

规格型号	进出水口通径/mm	L/mm	L_1/mm	L_2/mm	H/mm	排污口通径/mm
ZWL-100	100	540	365	265	160	32
ZWL-125	125	620	440	315	190	40
ZWL-150	150	730	520	375	220	50
ZWL-200	200	880	670	500	260	65
ZWL-250	250	1120	830	625	310	80
ZWL-300	300	1300	1000	750	350	100
ZWL-350	350	1510	1180	875	410	125
ZWL-400	400	1730	1350	1000	470	150
ZWL-450	450	1900	1500	1125	510	150
ZWL-500	500	2080	1680	1250	550	150
ZWL-600	600	2500	2000	1500	650	200
生产厂家:江苏核工业格林水处理有限责任公司				厂址:江苏省南京市察哈尔路 16 号		

注:表中 L 为进水口边至堵板法兰边的长度;L_1 为进水口法兰边至排污口中心线的长度;L_2 为进水口法兰边至出水口中心线的长度。

17.10.3 ZSL_{g1}系列中速过滤器

(1) 适用范围:该过滤器适用于间接冷却开路循环水系统的旁滤设备和原水浊度小于 80mg/L 的过滤设备,由于中速过滤器高度约比高速过滤器矮 3m 左右,所以在许多场合下可使工程总投资降低许多,而且采用 ZSL_{g1}更容易得到良好而稳定的滤后水质。

如果所设计的水处理系统没有压缩空气气源,则中速过滤器也可以不用空气反洗,只用水反洗就可以了。

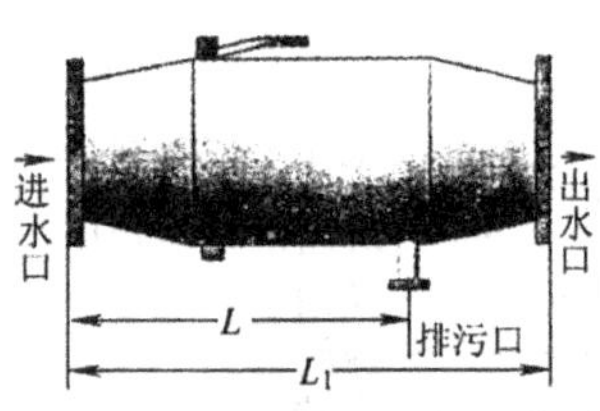

图 17-52 ZWI(直通式)自动排污过滤器尺寸

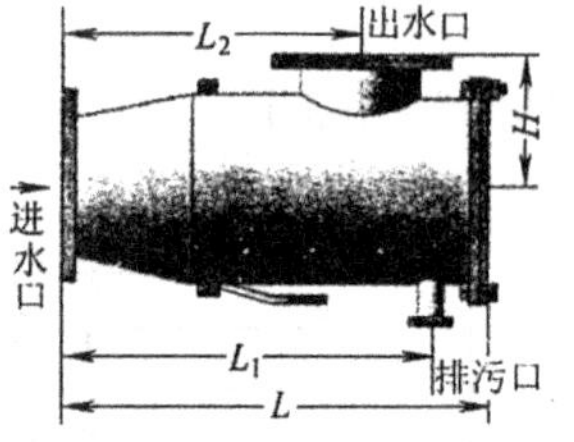

图 17-53 ZWL(直角式)自动排污过滤器

(2) 型号意义说明:

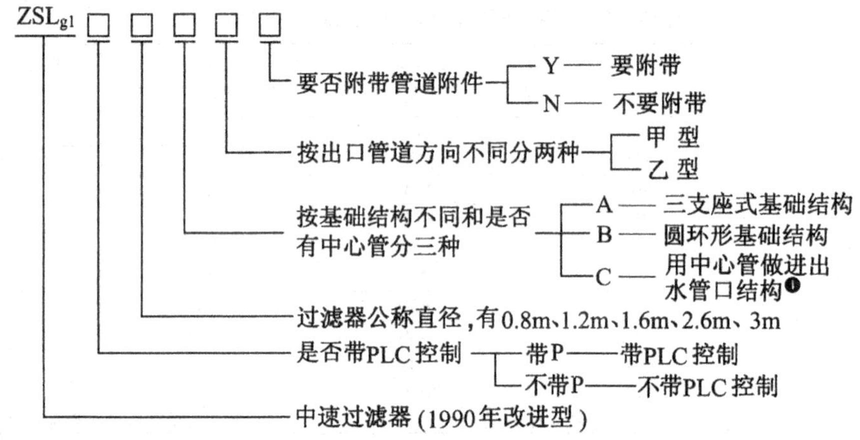

(3) 性能参数:见表 17-145。

表 17-145 ZSL_{g1}系列中速过滤器性能

规格		ZSL_{g1}-0.8	ZSL_{g1}-1.2	ZSL_{g1}-1.6	ZSL_{g1}-2.0	ZSL_{g1}-2.6	ZSL_{g1}-3.0	ZSL_{g1}-4.0
滤水面积/m^2		0.50	1.13	2.0	3.14	5.31	7.07	12.56
最高速度/$m \cdot h^{-1}$		20	20	20	20	20	20	20
最大滤水量/$m^3 \cdot h^{-1}$		10	22	40	62	106	141	250
最大进水压力/MPa		≤0.4						
滤前水质	悬浮物/$mg \cdot L^{-1}$	≤80						
	油/$mg \cdot L^{-1}$	≤10~20						
滤后水质	悬浮物/$mg \cdot L^{-1}$	≤10						
	油/$mg \cdot L^{-1}$	≤5~15						
过滤器的平均压力损失/MPa		0.05						
过滤器清洗参数	反洗水强度/$m^3 \cdot (m^2 \cdot h)^{-1}$	20						
	反洗水压力/MPa	0.15						
	反洗空气强度①/$m^3 \cdot (m^2 \cdot h)^{-1}$	15						
	反洗空气压力①/MPa	0.07						
生产厂家:丹东水技术机电研究所					厂址:辽宁省丹东市振兴区福春街 88 号			

①如果所设计的水处理系统没有压缩空气气源,则 ZSL_{g1}就可以不用空气反洗而只用水反洗即可。直径超过 3m 的 ZSL_{g1}该单位也可生产,其规格等级为 3.5m、4.0m、4.5m 和 5.0m;但直径 4m 和超过 4m 的 ZSL_{g1}均需现场组装。

17.10.4 GSL 型高速双流滤液器

(1) 适用范围:GSL 型系列高速双流滤液器适用于过滤处理悬浮物较多的原水,以及循环供水系统。高速双流滤液器具有过滤速度高、处理水量大、占地面积小、操作简单、省力不易出故障等特点。在循环供水系统中使用 GSL 型系列可改善水质,提高水的循环利用率,达到节约新水的目的。GSL 型系列产品是工业水处理设施中必备的设备。

❶ ZSL_{g1}-C 的基础(螺栓)结构和进出水管口位置均与同直径规格的 GSL 型高速过滤器完全相同(但内部结构不同)。

(2) 性能参数:见表 17-146。

表 17-146　GSL 型高速双流滤液器性能

规　格		GSL-2	GSL-2.6	GSL-3	GSL-3.5	GSL-4	GSL-4.5	GSL-5
滤水面积/m^2		6.28	10.61	14.14	19.24	25.12	31.8	39.26
滤速/$m \cdot h^{-1}$		15 ~ 30	15 ~ 30	15 ~ 30	15 ~ 30	15 ~ 30	15 ~ 30	15 ~ 30
滤水量/$m^3 \cdot h^{-1}$		94 ~ 188	159 ~ 318	212 ~ 424	288 ~ 576	376 ~ 752	477 ~ 954	588 ~ 1178
最大进水压力/MPa		≤0.4						
滤前水水质	悬浮物/$mg \cdot L^{-1}$	≤80						
	油/$mg \cdot L^{-1}$	≤10 ~ 20						
	悬浮物/$mg \cdot L^{-1}$	≤5 ~ 10						
	油/$mg \cdot L^{-1}$	≤5 ~ 15						
滤液器平均压力损失/MPa		0.04 ~ 0.06						
滤液器清洗时参数	反洗水强度/$m^3 \cdot (m^2 \cdot h)^{-1}$	40						
	反洗水压力/MPa	0.15						
	反洗空气强度/$m^3 \cdot (m^2 \cdot h)^{-1}$	15						
	反洗空气压力/MPa	0.07						

生产厂家:武汉江扬环境保护设备工程有限公司;江苏省扬州天雨给排水设备集团有限公司

(3)安装图及安装尺寸:见图 17-54 及表 17-147。

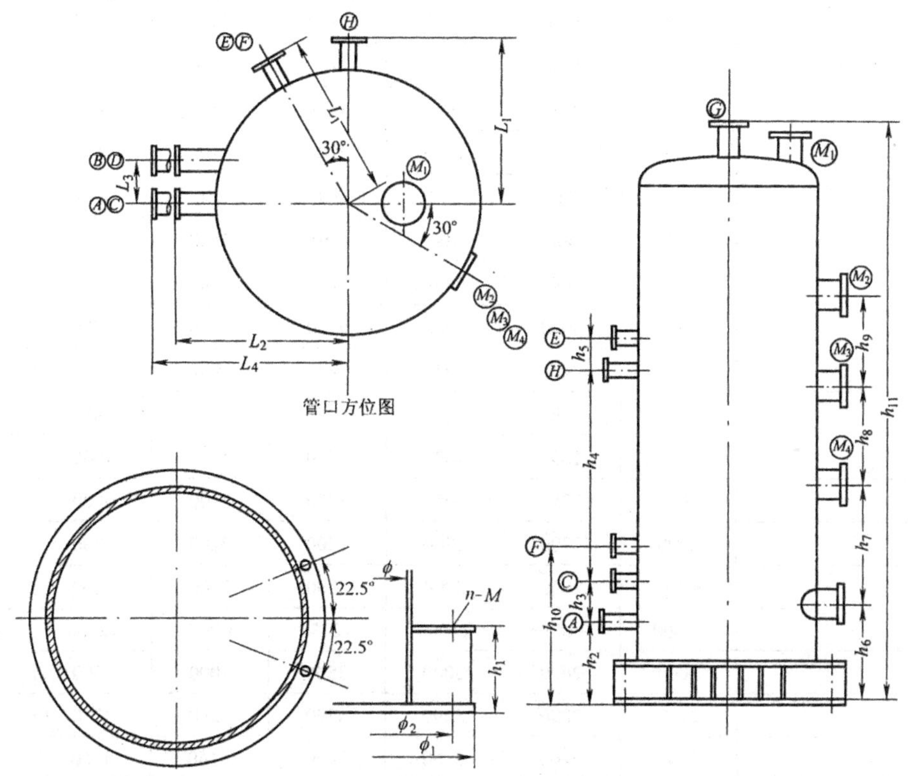

图 17-54　GSL 型高速双流滤液器外形及基础安装图

表 17-147　GSL 高速双流滤液器

规　格	GSL-2	GSL-2.6	GSL-3	GSL-3.5	GSL-4	GSL-4.5	GSL-5
原水进水管 A 上段 DN 反洗排水管	150	200	200	250	300	350	400
原水进水管 B 下段 DN 反洗排水管	150	200	200	250	300	350	400
滤后出水管 C 上段 DN 反洗进水管	150	200	200	250	300	350	400
滤后出水管 D 下段 DN 反洗进水管	150	200	200	250	300	350	400
E 上段清洗空气管 DN	80	80	80	80	100	100	100
F 下段清洗空气管 DN	80	80	80	80	100	100	100
G 上段排气管 DN	100	100	200	200	200	200	200
H 下段排气管 DN	100	100	200	200	200	200	200
$H_1 \sim H_5$ 入孔 DN	500	500	500	500	500	500	500
L_1	1300	1600	1800	2100	2300	2550	2850
L_2	1300	1600	1800	2100	2300	2550	2850
L_3	500	500	600	650	700	800	800
L_4	1400	1700	1900	2200	2400	2650	2950
h_1	250	250	250	250	250	250	250
h_2	400	400	400	550	5520	550	550
h_3	400	400	400	600	600	600	600
h_4	5080	5080	5080	5900	5900	5900	6300
h_5	560	560	560	560	560	560	560
h_6	800	800	800	800	800	800	800
h_7	1630	1630	1630	1730	1730	1800	1900
h_8	3050	3050	3050	3700	3700	3800	2300
h_9	2200	2200	2200	2200	2200	2200	2200
h_{10}	2200	2200	2200	2200	2200	2200	2200
h_{11}	11000	11000	11000	12450	12450	12700	13450
ϕ	2000	2600	3000	3500	4000	4500	5000
ϕ_1	2290	2890	3290	3790	4290	4790	5290
ϕ_2	2160	2760	3160	3660	4160	4660	5160
基础螺栓	8M24	8M24	8M24	8M24	8M24	8M24	8M24
运行质量/t	75	108	160	212	289	364	466

生产厂家：武汉江扬环境保护设备工程有限公司　　厂址：湖北省武汉市东湖高新技术开发区（珞瑜路）

17.10.5　GSL 系列高速过滤器

(1) 适用范围:适用于过滤处理悬浮物较多的原水,以及循环供水系统。高速过滤器具有过滤速度高、处理水量大、占地面积小、操作简单、省力不易出故障等特点。在循环供水系统中使用 GSL 型系列可改善水质,提高水的循环利用率,达到节约新水的目的。GSL 型系列产品是工业水处理设施中必备的设备。

(2) 型号意义说明:

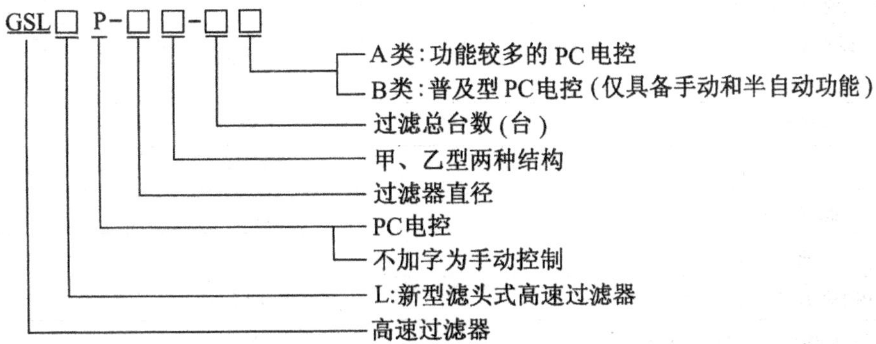

(3) 性能参数:见表 17-148。

(4) 安装图及安装尺寸:见图 17-55 及表 17-149。

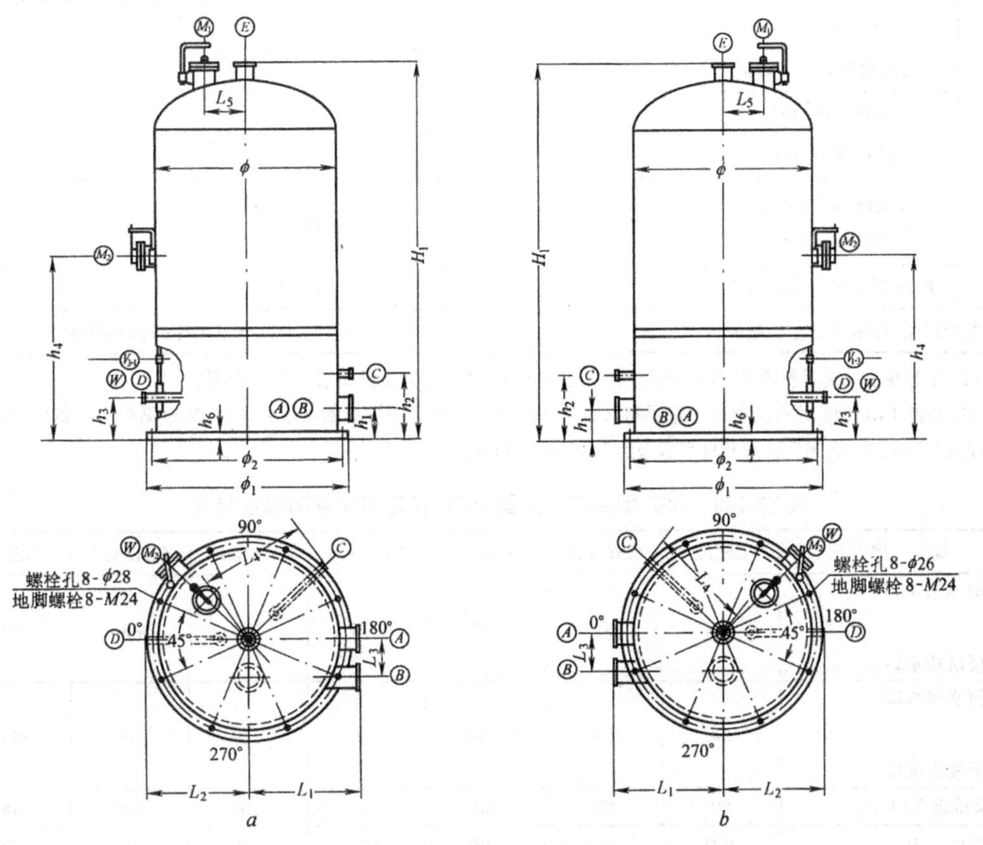

图 17-55　GSL 系列高速过滤器外形及安装尺寸图

a—甲型;*b*—乙型

表 17-148 GSL 型过滤器的过滤性能和反洗参数

规格		$GSL_{g1}P$ $GSL_{g2}P$ GSLP -2(m)	$GSL_{g1}P$ GSL g2P GSLP -2.6(m)	$GSL_{g1}P$ $GSL_{g2}P$ GSLP -3(m)	$GSL_{g1}P$ $GSL_{g2}P$ GSLP -3.5(m)	$GSL_{g1}P$ $GSL_{g2}P$ GSLP -4(m)	$GSL_{g1}P$ $GSL_{g2}P$ GSLP -4.5(m)	$GSL_{g1}P$ $GSL_{g2}P$ GSLP -5(m)
滤水面积/m^2		3.14	5.31	7.07	9.62	12.56	15.90	19.63
最高滤速/$m \cdot s^{-1}$		40	40	40	40	40	40	40
最大滤水量/$m^3 \cdot h^{-1}$		125	210	280	385	500	635	785
最大进水压力/MPa		≤0.4						
滤前水质	悬浮物/$mg \cdot L^{-1}$	≤80						
	油/$mg \cdot L^{-1}$	≤10~20						
滤后水质	悬浮物/$mg \cdot L^{-1}$	≤10						
	油/$mg \cdot L^{-1}$	≤5~15						
过滤器内平均压力损失/MPa		约 0.05						
过滤器清洗时参数	反洗水强度/$m^3 \cdot (m^2 \cdot h)^{-1}$	40						
	反洗水压力/MPa	0.15						
	反洗空气强度/$m^3 \cdot (m^2 \cdot h)^{-1}$	15						
	反洗空气压力/MPa	0.07						
	自动反洗过程执行时间/min	$22+2=24(T_2+T_3+\cdots+T_n)$①						
	总反洗周期可预置时间范围/h	3~18						
	T_1 可预置时间范围/min	$T_1=0\sim900$						
生产厂家:丹东水技术机电研究所					厂址:辽宁省丹东市振兴区福春街 88 号			

注:1. 工艺要求的总反洗周期,实际是用预置 T_1 的方法来保证的,请参阅表 2 及其说明;

2. 生产 GSL 型高速过滤器的厂家还有江苏扬州市天雨给排水设备集团有限公司;宜兴市循环水设备厂等。

① T_2、T_3、…、T_N 在出厂已用软件预置,用户一般不必修改。

表 17-149 GSL 型高速过滤器外形、接管图和基础螺栓尺寸

规格	GSL-2	GSL-2.5	GSL-3	GSL-3.5	GSL-4	GSL-4.5	GSL-5
A 原水进水口 反洗排水口 D_g	200	200	250	300	350	400	400
B 原水排水口 反洗进水口 D_g	200	200	250	300	350	400	400
C 反洗进气口 D_g	80	80	80	80	100	100	100
D 排水口 D_g	100	100	100	100	100	150	150
E 排气口 D_g	100	100	150	150	150	150	150

续表 17-149

规　格		GSL-2	GSL-2.6	GSL-3	GSL-3.5	GSL-4	GSL-4.5	GSL-5
M_1 顶部人孔 D_g		500	500	500	500	500	500	500
M_2 侧部人孔 D_g		500	500	500	500	500	500	500
L_1/mm		1400	1500	1700	2000	2200	2450	2850
L_2/mm		1400	1500	1700	2000	2200	2450	2800
L_3/mm		500	500	600	650	700	800	800
L_4/mm		1400	1500	1700	2000	2200	2450	2800
L_5/mm		500	700	800	900	1200	1200	1200
h_1/mm		570	570	570	570	600	630	630
h_2/mm		900	900	900	900	1000	1100	1100
h_3/mm		570	570	570	570	600	630	680
h_4/mm		3240	3240	3340	3850	3500	3700	3825
h_5/mm		7100	7100	7100	7845	7620	8045	8825
h_6/mm		282	282	282	282	282	282	282
ϕ/mm		2020	2620	8020	8820	424	4524	5028
ϕ_1/mm		2290	2890	829	8790	4290	4790	5290
ϕ_2/mm		2160	2760	8760	8660	4160	4660	5160
基础螺栓 N-M		8-M24	8-M24	8-M24	8-M24	8-M24	8-M24	8-M24
质量/t	设备质量	7.5	8.8	10.4	14.0	16.1	19.5	28.1
	运行质量	29.8	47.5	62.2	86.6	116.7	149.1	188.5
生产厂家:丹东水技术机电研究所						厂址:辽宁省丹东市振兴区福春街 88 号		

注:1. 设备质量不包括滤料及水量,运行质量包括设备质量、滤料质量及水量;

2. A、B、C、D、E 管口法兰盘均按 $p_g=1$MPa设计。

17.10.6 WQL 型高效快速纤维滤液器

(1) 适用范围:由纤维丝结扎而成的纤维滤料与传统的刚性颗粒滤料不同,它是弹性滤料,其空隙率大。在过滤过程中,滤层空隙率沿水流方向逐渐变小,比较符合理想滤料上大下小的孔隙分布。纤维滤液器具有效率高、设备紧凑、占地面积小、构造合理、操作简便、运行可靠等特点。

(2) 性能参数:见表 17-150。

表 17-150 WQL 型高效快速纤维滤液器

项目名称	具体指标	项目名称	具体指标
处理能力/$m^3\cdot h^{-1}$	8~210	气冲洗强度/$m^3\cdot(m^2\cdot h)^{-1}$	180
过滤速度/$m\cdot h^{-1}$	20~50	水冲洗强度/$m^3\cdot(m^2\cdot h)^{-1}$	36
水头损失/MPa	0.03~0.1	冲洗历时/min	10~20
工作周期/h	8~24	冲洗水量比/%	<3
悬浮物去除率/%	85~96	截污量/$kg\cdot m^{-3}$	6~20
粗滤	进水 $SS<100$mg/L,出水 $SS\leqslant5\sim10$mg/L,$\geqslant10\mu m$ 粒径去除率>95%		
精滤	进水 $SS<20$mg/L,出水 $SS\leqslant1$mg/L,$\geqslant5\mu m$ 粒径去除率>96%		
生产厂家:武汉江扬环境保护设备工程有限公司;丹东水技术机电研究所;扬州天雨给排水设备集团有限公司			

（3）外形及基础安装尺寸：见表 17-151～表 17-156 及图 17-56～图 17-58。

表 17-151 WQL 型 ϕ600～800mm 高效快速纤维滤液器参数（mm）

ϕ	ϕ_1	ϕ_2	H	H_1	H_2	H_3	H_4	运行总质量/t
600	600	760	3000	175	755	350	1920	3
800	800	960	3130	225	845	380	1900	3

表 17-152 WQL 型 ϕ600～800mm 高效快速纤维滤液器开口说明（mm）

代　号	A	B	C	D	E	F_1, F_2
规格	进水反冲洗出水 D_g	滤后出水反冲洗进水 D_g	反冲洗进气 D_g	手孔 D_g	排气 D_g	视镜 D_g
ϕ600	50	50	40	150	40	100
ϕ800	65	65	50	150	50	100

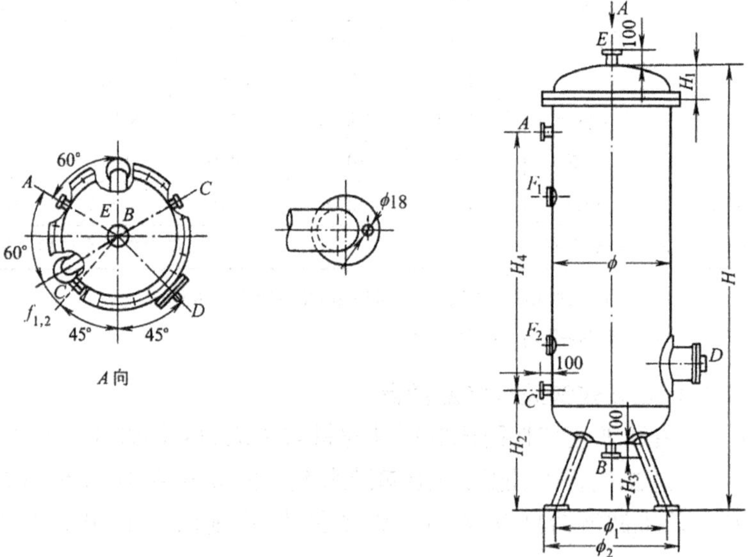

图 17-56 WQL 型 ϕ600～800mm 高效快速纤维滤液器安装图

表 17-153 WQL 型 ϕ1000～1600mm 高效快速纤维滤液器安装尺寸（mm）

ϕ	ϕ_1	ϕ_2	H	H_1	H_2	H_3	H_4	运行总质量/t
1000	1000	1178	22	3280	290	400	290	3.5
1200	1200	1403	22	3450	350	450	240	5
1600	1600	1840	24	3680	440	500	250	8.5

表 17-154　WQL 型 ϕ1000～1600mm 高效快速纤维滤液器反洗水管管径(mm)

规格 \ 代号		ϕ1000	ϕ1200	ϕ1600
a	进水反冲洗出水 D_g	80	100	125
B	滤后出水反洗进水 D_g	8	100	125

表 17-155　WQL 型 ϕ1000～1600mm 高效快速纤维滤液器反洗气管管径(mm)

规格 \ 代号		ϕ1000	ϕ1200	ϕ1600	f_1、f_2	视孔
C	反冲洗进气 D_g	65	80	100	E	人孔
D	排气孔 D_g	65	80	100	G	手孔

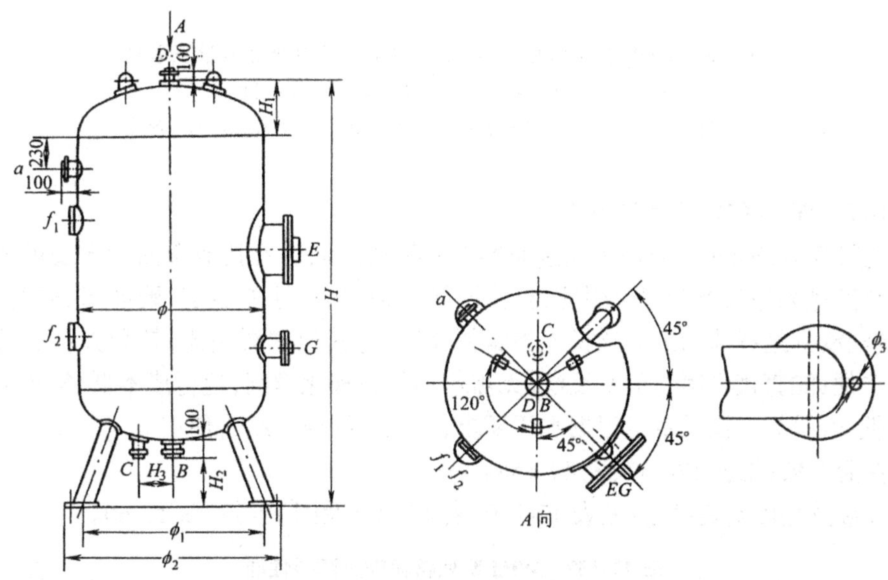

图 17-57　WQL 型 ϕ1000～1600mm 高效快速纤维滤液器安装图

表 17-156　WQL 型 ϕ2000～3000mm 高效快速纤维滤液器安装尺寸(mm)

ϕ	ϕ_1	H_1	H_2	H_3	H_4	n	M	R	a	A	B	C	D	运行总质量/t
2000	2100	4150	540	245	217.5	280	8	32	16	22.5°	D_g150	D_g150	D_g100	16
2400	2500	4350	640	257.5	230	300	8	32	16	22.5°	D_g200	D_g200	D_g150	22
2600	2700	4540	690	260	230	300	8	32	16	22.5°	D_g200	D_g200	D_g150	25
2800	2900	4440	740	270	245	320	8	32	16	22.5°	D_g250	D_g250	D_g150	29
3000	3120	4840	790	320	350	400	12	32	16	15°	D_g300	D_g300	D_g200	35

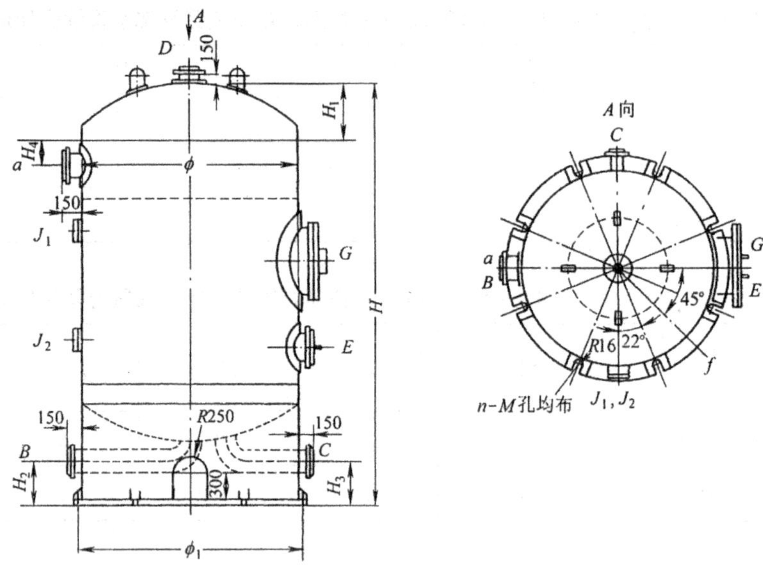

图 17-58 WQL 型 ϕ2000～3000mm 高效快速纤维滤液器安装图

开孔说明 A—进水孔、反冲洗出水；B—滤后出水反冲洗进水；C—反冲洗进气；D—排气；E—手孔；F—底人孔；G—人孔；J_1、J_2—视孔

17.10.7 WHJ 型核桃壳滤液器

(1) 适用范围：WHJ 系列核桃壳过滤器是一种适应油田及其他含油污水处理的新型过滤设备。该产品采用具有较强吸附能力、抗压能力强、化学性能稳定、硬度高、耐磨性能好、水性好、抗油浸并经特殊加工的核桃壳为滤料介质，与其他滤料相比，其最大特点就是滤料反洗再生方便；能直接采用滤前水反洗，无需借助气源和化学剂，运行成本低，管理方便。反冲洗强度低，效果好。该设备可根据水质要求，采取单级或者组合使用。

(2) 性能参数：见表 17-157、表 17-158。

(3) 外形及基础安装尺寸：见表 17-159、表 17-160 及图 17-59、图 17-60。

表 17-157 WHJ 系列核桃壳过滤器性能

1	处理水量/$m^3 \cdot h^{-1}$	12～176
2	设计压力/MPa	0.6
3	工作温度/℃	0～70
4	反洗历时/min	10～12
5	反洗强度/$m^3 \cdot (m^2 \cdot h)^{-1}$	25
6	滤速/$m \cdot h^{-1}$	24～26
7	滤前介质：	
	含油量/$mg \cdot L^{-1}$	<100
	悬浮固体含量/$mg \cdot L^{-1}$	<50

续表 17-157

	滤后介质:	
8	油去除率(二级处理)/%	>90
	油去除率(一级处理)/%	>60
	含油量(一级处理)/$mg \cdot L^{-1}$	<10
	含油量(二级处理)/$mg \cdot L^{-1}$	<5
	悬浮固体含量(一级处理)/$mg \cdot L^{-1}$	<5
	悬浮固体含量(二级处理)/$mg \cdot L^{-1}$	<3
生产厂家:武汉江扬环境保护设备工程有限公司;丹东水技术机电研究所		

表 17-158　WHJ 型核桃壳滤液器性能

型　号	处理能力 /$m^3 \cdot h^{-1}$	装置主要数据		配泵型号			搅拌电机 /kW
		本体内径/mm	过滤面积/m^2	型　号	扬程/m	功率/kW	
WLJ-800	12	ϕ800	0.502	IS50-32-200C	39	4	4
WLJ-1000	19	ϕ1000	0.785	IS65-40-200B	40	5.5	4
WLJ-1200	28	ϕ1200	1.130	IS80-65-160A	31	7.5	4
WLJ-1600	50	ϕ1600	2.009	IS80-50-200B	34	11	7.5
WLJ-2000	78	ϕ2000	3.141	IS100-80-160A	28	15	18.5
WLJ-2400	113	ϕ2400	4.521	IS100-65-200B	37	18.5	18.5
WLJ-2600	132	ϕ2600	5.306	IS150-125-400B	40	37	18.5
WLJ-2800	153	ϕ2800	6.154	IS150-125-400B	38	37	18.5
WLJ-3000	176	ϕ3000	7.065	IS150-125-400C	32	30	18.5

生产厂家:武汉江扬环境保护设备工程有限公司　　厂址:湖北省武汉市东湖高新技术开发区(珞瑜路)

表 17-159　WHJ 系列核桃壳滤液器外型、接管图和基础尺寸

ϕ	ϕ_1	ϕ_2	ϕ_3	H	H_1	H_2	H_3	H_4	H_5	H_6	2	3	5	运行总质量/t
800	800	185	26	2725	350	110	60	70	548	990	D_g65	D_g50	D_g65	3.6
1000	1000	210	26	2980	500	100	100	75	700	990	D_g80	D_g50	D_g80	4.8
1200	1180	216	30	2976	400	115	80	75	835	990	D_g100	D_g50	D_g100	6.39
1600	1580	240	30	3310	500	120	100	75	1100	1060	D_g125	D_g50	D_g125	11.2

生产厂家:武汉江扬环境保护设备工程有限公司　　厂址:湖北省武汉市东湖高新技术开发区(珞瑜路)

表 17-160　WHJ 系列核桃壳滤液器外型、接管图和基础尺寸

ϕ	ϕ_1	H	H_1	H_2	H_3	H_5	H_6	b	1	2	6	n	运行总质量/t
2000	2100	3750	245	150	130	600	950	32	D_g150	D_g80	D_g150	8	2134
2400	2500	3960	257	150	150	700	950	28	D_g200	D_g100	D_g200	8	28
2600	2716	4328	344	150	200	700	1000	32	D_g200	D_g100	D_g200	8	33.2
2800	2900	4100	270	150	200	800	1000	32	D_g250	D_g100	D_g250	8	37.3
3000	3120	4630	350	150	200	820	1000	32	D_g300	D_g100	D_g300	12	44

生产厂家:武汉江扬环境保护设备工程有限公司　　厂址:湖北省武汉市东湖高新技术开发区(珞瑜路)

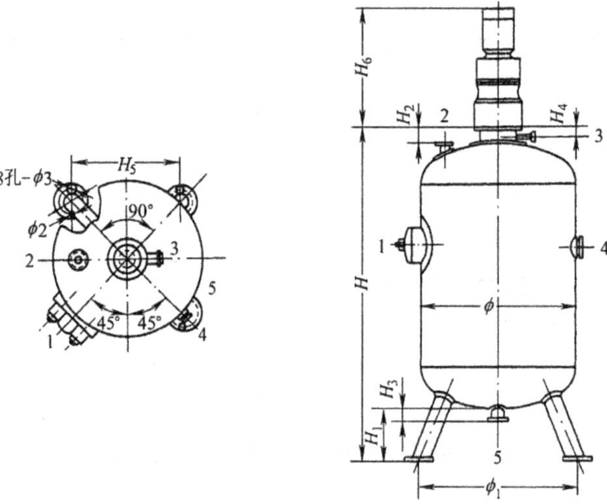

图 17-59 WHJ800～1600 型核桃壳滤液器外形及基础安装图

管口方位及开孔说明:1—人孔;2—进水、反洗出水孔;3—排气孔;4—视孔;5—滤后出水、反洗进水孔

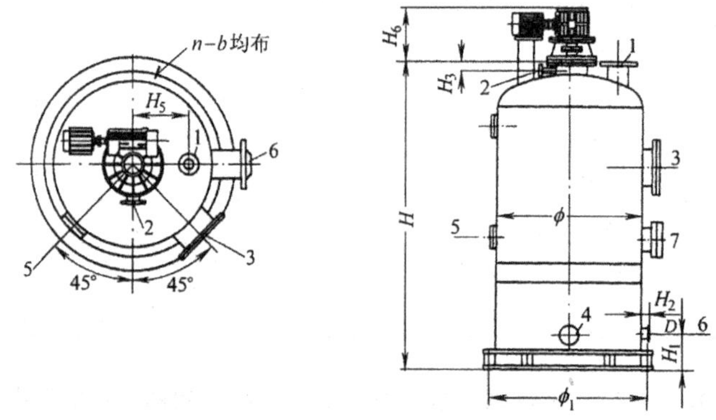

图 17-60 WHJ2000～3000 型核桃壳滤液器外形及基础安装图

管口方位及开孔说明:1—过滤进水反洗出水;2—排气;3—人孔;4—底人孔;5—视孔;6—过滤出水反洗进水

17.10.8 WLQ 型快速滤液器

(1) 适用范围:WLQ 型系列滤液器是由三层滤料(无烟煤、石英砂、卵石)为一体的快速滤液器。该设备适用于:1)要求经过过滤出水浊度一般在 10mg/L 以内的工业水处理设施;2)适用于进水浊度经常在 100mg/L 以内,未经混凝沉淀的原水(若用于经常浊度更高的原水时,应注意运转周期的缩短或滤速的降低)。在过滤前应向原水中加混凝剂。

(2) 型号意义说明:

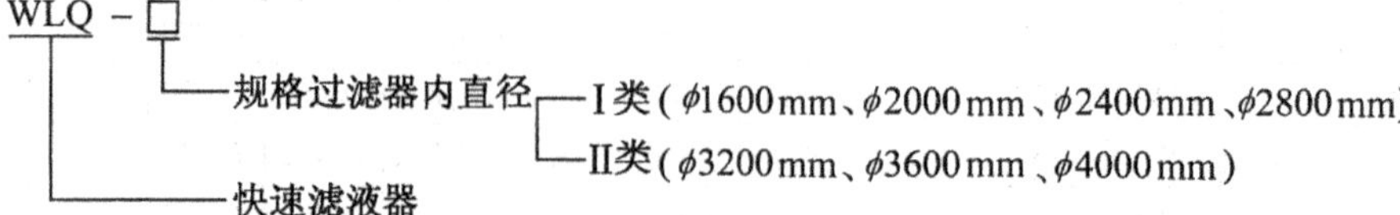

(3) 性能参数:见表 17-161。

表 17-161 WLQ 型系列滤液器参数

参数 \ 系列		ϕ1600	ϕ2000	ϕ2400	ϕ2800
Ⅰ类	处理水量/$m^3 \cdot h^{-1}$	30 ~ 80	47 ~ 125	68 ~ 180	92 ~ 245
	工作压力/MPa	≤0.4			
	工作温度/℃	≤60			
	运行总质量/t	19	31	43	62
参数 \ 系列		ϕ3200	ϕ3600	ϕ4000	
Ⅱ类	处理水量/$m^3 \cdot h^{-1}$	120 ~ 320	153 ~ 400	188 ~ 500	
	工作压力/MPa	≤0.4			
	工作温度/℃	≤60			
	运行总质量/t	88	104	130	
生产厂家:武汉江扬环境保护设备工程有限公司			厂址:湖北省武汉市东湖高新技术开发区(珞瑜路)		

(4) 外形及安装尺寸:见表 17-162、表 17-163 及图 17-61。

表 17-162 WLQ 型系列滤液器接管(mm)

序号 \ 系列	ϕ3200	ϕ3600	ϕ4000	名 称	备 注
A	D_g250	D_g300	D_g350	进滤水进水及反洗排水	
B	D_g250	D_g300	D_g350	进滤水排水及反洗进水	
C	D_g100	D_g100	D_g100	排气管	
D	D_g80	D_g80	D_g80	反洗空气管	
E	D_g80	D_g80	D_g80	排空管	
M_1	D_g500	D_g500	D_g500	顶部人孔	
M_2	D_g500	D_g500	D_g500	侧部人孔	
M_3	D_g500	D_g500	D_g500	底部人孔	
V_{1-3}	D_g50	D_g50	D_g50	通气孔	每台 3 孔
W	D_g500	D_g500	D_g500	人 孔	

表 17-163 WLQ 型系列滤液器尺寸(mm)

项 目	H_1	H_2	H_3	H_4	H_5	H_6	H_7	H_8
ϕ3200	7350	800	550	250	600	600	2440	850
ϕ3600	7450	800	550	250	600	1700	3650	850
ϕ4000	7650	800	600	250	600	1800	3850	1050

项 目	D_1	D_2	D_3	D_4	D_5	D_6	D_7	D_8	D_9	D_{10}	D_{11}
ϕ3200	ϕ3200	1800	ϕ3000	3200	ϕ3350	ϕ3480	800	200	1050	350	600
ϕ3600	ϕ3624	2000	ϕ3600	ϕ3600	ϕ3754	ϕ3884	800	200	1050	380	600
ϕ4000	ϕ4024	2200	ϕ3800	ϕ4000	ϕ4154	ϕ4282	1000	200	1050	450	700

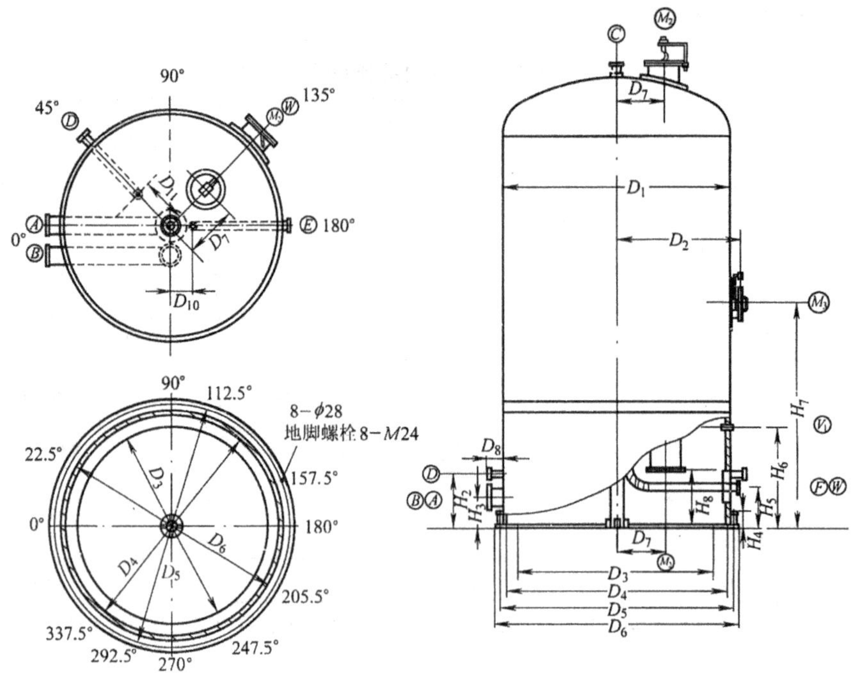

图 17-61　WLQ 型系列滤液器外形及基础安装图

17.10.9 QLJ 型系列纤维球过滤器

(1) 适用范围:纤维球滤料以其极大的比表面积的空隙率与水中悬浮颗粒产生接触凝聚作用,使水中悬浮颗粒粘附、截留于滤料层,因其滤料呈柔性、孔隙可变,随着过滤时工作压力和滤料自重,形成上疏松下致密的理想分布状态,充分发挥出滤料深层截污能力,密度略大于水,易反冲洗。

该过滤器可用于工业给水深度处理的预处理、循环水系统的旁滤、废水回用以及空调循环冷却水和游泳池循环水的处理等。

(2) 型号意义说明:

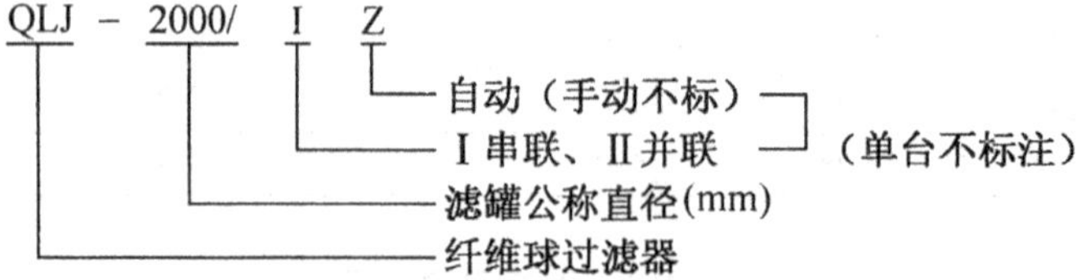

(3) 性能参数:见表 17-164、表 17-165。

表 17-164　QLJ 型系列纤维球过滤器技术性能

项目名称	具体指标	项目名称	具体指标
单台处理能力/$m^3 \cdot h^{-1}$	15～210	悬浮物去除率/%	85～96
过滤速度/$m \cdot h^{-1}$	30	反洗强度/$m^3 \cdot (min \cdot m^2)^{-1}$	0.5
设计压力/MPa	0.6	反洗历时/min	20～30

续表 17-164

项目名称	具体指标	项目名称	具体指标
阻力损失/MPa	串联≤0.3	反洗水量比/%	1~3
	并联≤0.15		
工作周期/h	8~48	截污量/kg·m^{-2}	6~20
粗滤(单台、并联)	进水 SS≤100mg/L,出水 SS≤10mg/L,≥10μm 粒径去除率≥96%		
精滤(单台、并联)	进水 SS≤20mg/L,出水 SS≤2mg/L,5μm 粒径去除率≥96%		
二级串联	进水 SS≤100mg/L,出水 SS≤2mg/L,10μm 粒径去除率≥96%		
生产厂家:扬州澄露环境工程有限公司(江都市环保器材厂);丹东水技术机电研究所			

表 17-165 QLJ 型系列纤维球过滤器性能

型 号	处理量 /m^3·h^{-1}	功率 /kW	管口(法兰标准 GB119.7—88PN10)				地基载荷 /t·m^{-2}
			a 过滤进水反洗出水 DN	b 过滤出水反洗进水 DN	c 排气 DN	d 溢流 DN	
QLJ-800	15	4	50	50	32	15	3.2
QLJ-1000	20	4	65	65	32	15	2.9
QLJ-1200	30	4	80	80	32	15	3.2
QLJ-1600	60	7.5	100	100	32	15	3.1
QLJ-2000	90	15	125	125	32	15	4.2
QLJ-2400	130	18.5	150	150	32	15	4.4
QLJ-2600	160	22	150	150	32	15	4.4
QLJ-2800	180	22	200	200	32	15	4.7
QLJ-3000	210	22	200	200	32	15	4.7
生产厂家:扬州澄露环境工程有限公司(江都市环保器材厂);丹东水技术机电研究所							

(4)安装图及安装尺寸:见表 17-166 及图 17-62、图 17-63。

表 17-166 QLJ 型系列纤维球过滤器安装尺寸(mm)

型 号	DN	H	H_1	H_2	H_3	H_4	H_5	ϕ	L	L_1	L_2	L_3	R	n-d	α/(°)
QLJ-800	800	2866	1062	350	70	140	100	1000		300	265	120	300	4-18	
QLJ-1000	1000	3000	1065	400	75	80	100	1240		300	235	120	300	4-18	
QLJ-1200	1200	3280	1141	500	150	200	150	1432		350	276.5	120	370	4-22	
QLJ-1600	1600	3480	1180	500	150	140	120	1850		350	263	120	500	4-22	
QLJ-2000	2000	3645	981	190	150	90	120	2100	150	450	350	120	580	4-30	22.5
QLJ-2400	2400	3970	1036	215	150	140	120	2500	150	450	370	120	700	4-30	22.5
QLJ-2600	2600	4070	1030	190	150	140	120	2700	150	450	389	120	700	8-36	22.5
QLJ-2800	2800	4170	1030	260	150	140	120	2900	150	450	389	120	700	8-36	22.5
QLJ-3000	3000	4270	1030	260	150	120	140	3100	150	450	389	120	700	8-36	22.5
生产厂家:扬州澄露环境工程有限公司(江都市环保器材厂);丹东水技术机电研究所															

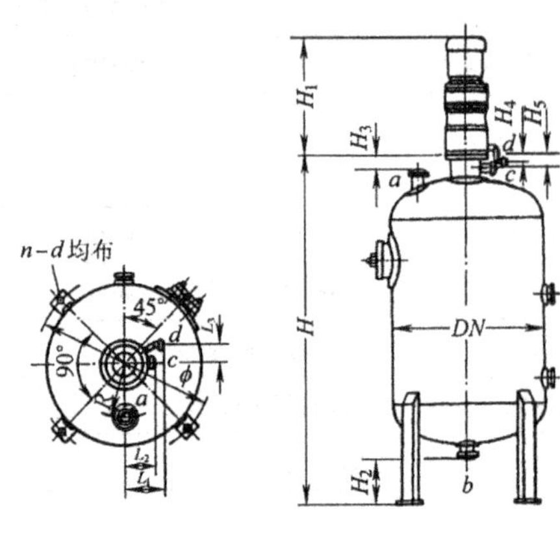

图 17-62 QLJ-800 ~ QLJ-1600 型系列纤维球过滤器外形尺寸图

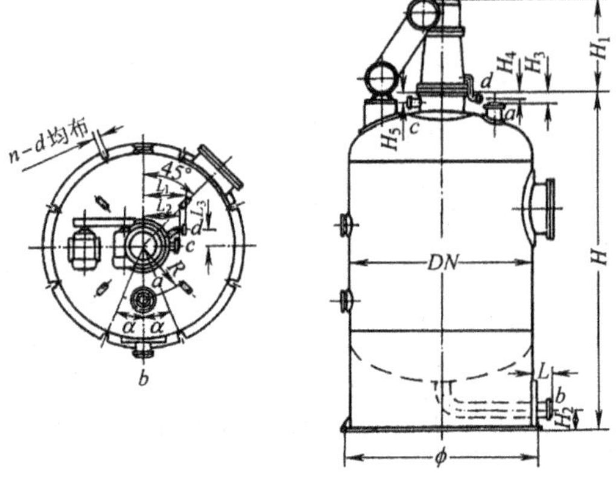

图 17-63 QLJ-2000 ~ QLJ-3000 型系列纤维球过滤器外形尺寸图

17.10.10 HLJ 型系列含油污水过滤器

(1)适用范围:HLJ 型含油污水过滤器是在吸收国外先进技术,经过多年来的不断探索和研究开发出的一种以核桃壳为过滤介质的新型含油污水过滤器,是目前各大油田采用废水经处理后回注以提高原油采收率最行之有效的手段,亦是石油炼制、石油化工以及含油废水深度处理的理想设备。

(2)型号意义说明:

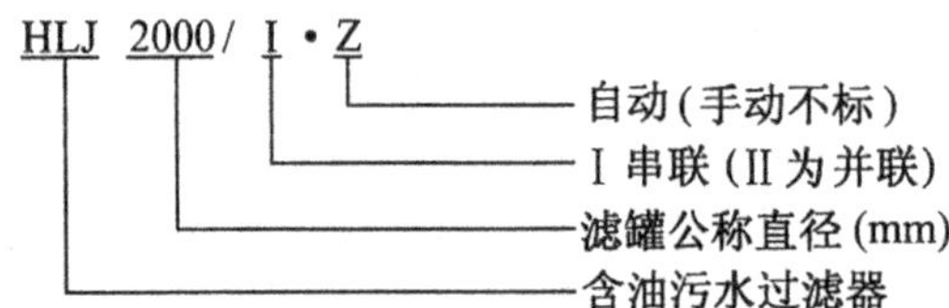

(3) 性能参数:见表 17-167、表 17-168。

表 17-167 HLJ 型系列含油污水过滤器

项目名称	具体指标	项目名称	具体指标	
单台处理能力/$m^3 \cdot h^{-1}$	10 ~ 140	反洗强度/$m^3 \cdot (min \cdot m^2)^{-1}$	0.3	
过滤速度/$m \cdot h^{-1}$	20	反洗时间/min	20 ~ 30	
设计压力/MPa	0.6	反洗水量比/%	1 ~ 3	
阻力损失/MPa	串联≤0.2	去除率/%	悬浮物	75 ~ 80
	并联≤0.1		油	85 ~ 95
工作周期/h	8 ~ 24	截油量/$kg \cdot m^{-2}$	3 ~ 50	
粗滤(单台、并联)	进水 含油≤100mg/L, SS≤50mg/L		出水 含油≤10mg/L, SS≤10mg/L	
精滤(单台、并联)	进水 含油≤20mg/L, SS≤20mg/L		出水 含油≤5mg/L, SS≤5mg/L	
二级串联	进水 含油≤100mg/L, SS≤50mg/L		出水 含油≤5mg/L, SS≤5mg/L	
生产厂家:扬州澄露环境工程有限公司(江都市环保器材厂)			厂址:江苏省江都市富民镇	

表 17-168 HLJ 型系列纤维球过滤器性能

型 号	处理量 /$m^3 \cdot h^{-1}$	功率 /kW	管口(法兰标准 GB119.7—88PN10)				地基载荷 /$t \cdot m^{-2}$
			a 过滤进水 反洗出水 DN	b 过滤出水 反洗进水 DN	c 排气 DN	d 溢流 DN	
HLJ-800	10	4	50	50	32	15	3.9
HLJ-1000	15	4	65	65	32	15	3.2
HLJ-1200	20	4	80	80	32	15	3.3
HLJ-1600	40	7.5	100	100	32	15	3.5
HLJ-2000	60	11	100	100	32	15	4.4
HLJ-2400	90	18.5	125	125	40	15	4.7
HLJ-2600	110	18.5	125	125	40	15	4.9
HLJ-2800	120	18.5	150	150	40	15	5.0
HLJ-3000	140	18.5	150	150	40	15	5.2

生产厂家:扬州澄露环境工程有限公司(江都市环保器材厂) 厂址:江苏省江都市富民镇

(4) 外形及基础安装尺寸:见表 17-169 及图 17-64、图 17-65。

表 17-169 HLJ 型系列纤维球过滤器安装尺寸(mm)

型 号	DN	H	H_1	H_2	H_3	H_4	H_5	ϕ	L	L_1	L_2	L_3	R	n-d	α/(°)
HLJ-800	800	2646	1062	350	70	140	80	1000		300	265	120	300	4-18	
HLJ-1000	1000	2850	836	400	75	80	100	1240		300	235	120	300	4-18	
HLJ-1200	1200	3040	839	500	75	110	100	1432		350	276.5	120	300	4-22	
HLJ-1600	1600	3410	866	500	100	110	100	1850		350	263	120	450	4-22	
HLJ-2000	2000	3340	948	190	150	100	120	2100	150	360	257	120	550	4-30	22.5
HLJ-2400	2400	3500	780	215	150	140	120	2500	150	450	308	120	550	4-30	22.5
HLJ-2600	2600	3630	780	190	100	110	110	2700	150	450	308	120	600	8-36	22.5
HLJ-2800	2800	3816	780	190	110	110	110	2900	150	450	308	120	650	8-36	22.5
HLJ-3000	3000	3830	786	190	90	100	110	3100	150	450	308	120	750	8-36	22.5

生产厂家:扬州澄露环境工程有限公司(江都市环保器材厂) 厂址:江苏省江都市富民镇

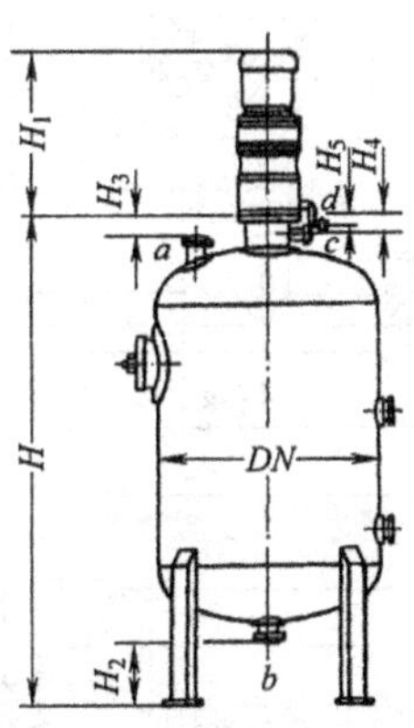

图 17-64 HLJ-800～HLJ-1600 型系列含油污水过滤器外形尺寸图

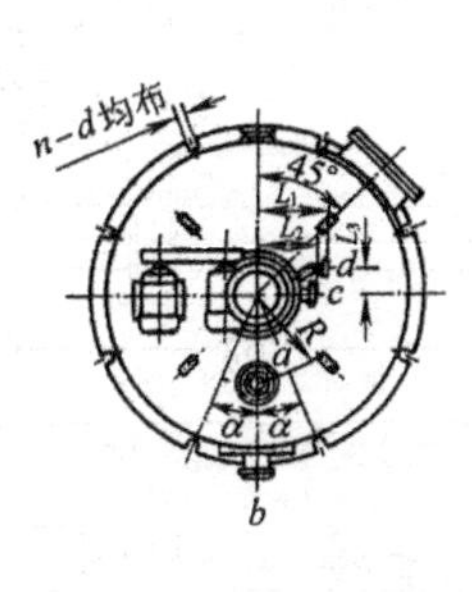

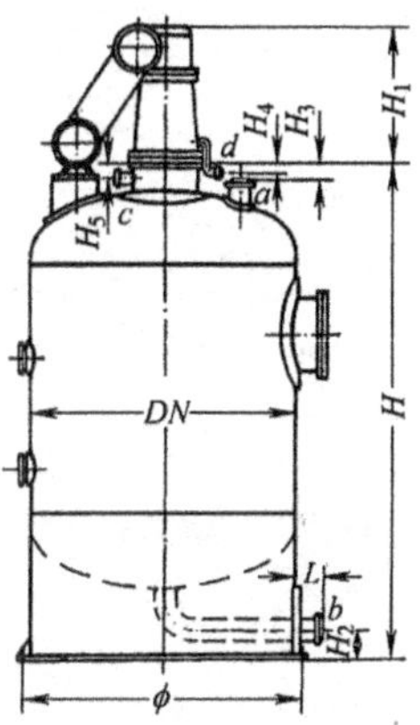

图 17-65 HLJ-2000～HLJ-3000 型系列含油污水过滤器外形尺寸图

17.10.11 AMIAD型自动清洗电动过滤器

(1)适用范围:SAF是一种先进的且易操作的全自动过滤器,由一个电动马达驱动自动清洗装置,SAF过滤精度由500μm到10μm,有75~250mm进出口管径及三种不同机型。

水从进口进入粗滤网,然后由内而外通过细滤网流出,过滤杂质聚积于细滤网表面而引起压差的增大,粗滤网设计用于保护清洗装置,免其受到大块颗粒的破坏。

该过滤器应用于钢铁工业、造纸厂、汽车工业、矿山、食品加工、塑料工业、灌溉、高尔夫球场等的供水系统、冷却水系统以及废水处理系统等,详见该厂"AMIAD SAF系列过滤器样本"。

(2)性能参数:见表17-170。

表17-170 AMIAD型自动清洗电动过滤器性能

型　号	SAF-A	SAF-B	SAF-C	备　注
最高流量/$m^3 \cdot h^{-1}$	150	250	400	依水质及过滤精度要求可向该公司查询
最小工作压力/MPa	0.15	0.15	0.2	工作压力过低可在排污时增压
最大工作压力/MPa	1.0	1.0	1.0	特制可达1.6MPa
过滤面积/cm^2	3000	4500	6000	
进出口管径/mm	80,100,150	100,150,200	150,200,250	
过滤器管筒体/mm	250	250	350	
最高工作温度/℃	80	80	80	
质量/kg	80mm,105 100mm,110 150mm,115	100mm,150 150mm,156 200mm,165	150mm,240 200mm,245 250mm,260	

生产厂家:宜兴台兴环保有限公司　　厂址:江苏省宜兴市高塍镇东工业区

(3)外形及安装尺寸:见图17-66~图17-68。

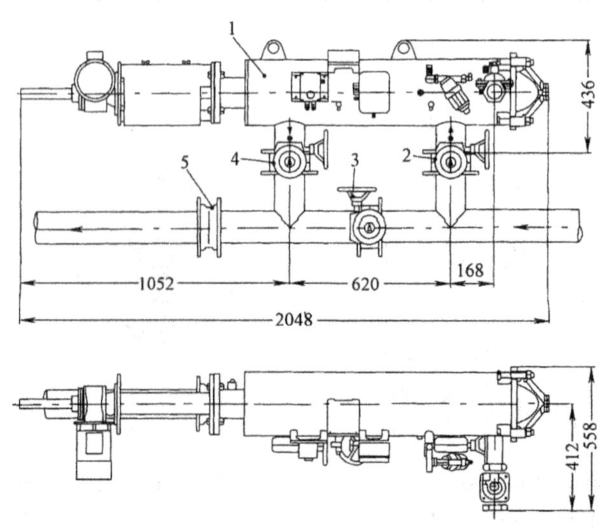

图17-66 SAF-A型自清洗电动过滤器安装图

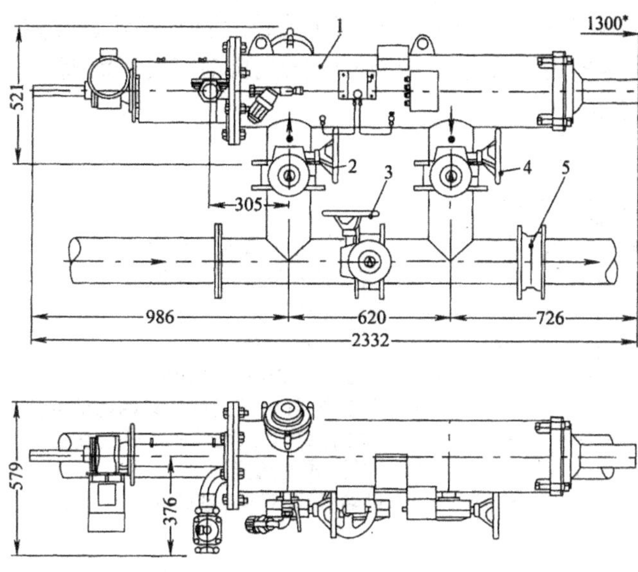

图 17-67 SAF-B 型自清洗电动过滤器安装图

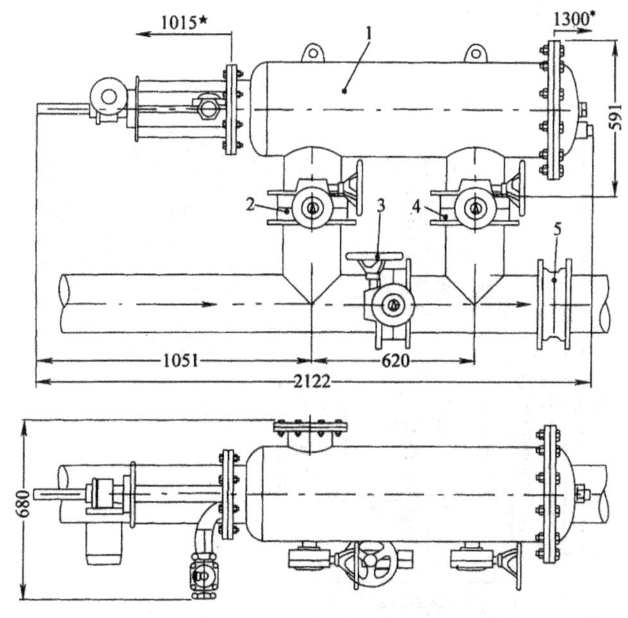

图 17-68 SAF-C 型自清洗电动过滤器安装图

注:1. * 打开过滤器所需的最小长度;2. 图示尺寸单位为 mm;

图示:1—SAF 过滤器;2—进口蝶阀;3—旁通阀;4—出口阀;5—止回阀

17.10.12 ZZL 系列(单筒式)自动清洗过滤器

(1) 适用范围:自动清洗过滤器,又称为自动清洗式管道过滤器,是一种新型过滤设备,体积小、造价低、技术含量高、自动清洗时过滤不间断,使用方便,可直接安装在管路上。

自清洗过滤器通常都是机电一体化产品,既可采用预置压差控制反洗,也可采用预置时间控制。

该设备在冶金工业给排水系统中广泛用于连铸、高炉、热轧、加热炉、乳化液系统以及闭路循环水系统等，大量采用了具有 V 型断面缝隙式自动清洗过滤器。

（2）型号意义说明：

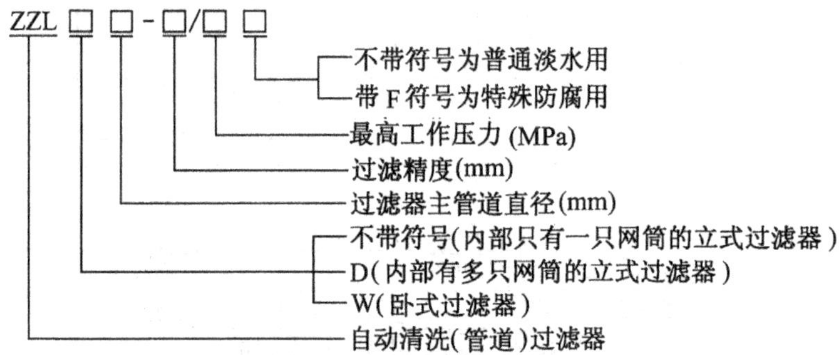

（3）性能参数：见表 17-171 和表 17-172。

（4）外形安装尺寸：见图 17-69。

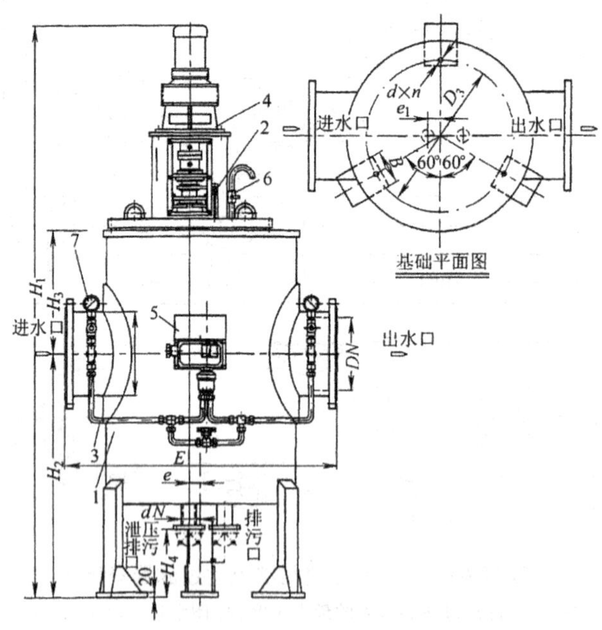

图 17-69　ZZL 型自动清洗过滤器外形及安装尺寸图

1—过滤器本体；2—行程开关；3—压差取样管；4—电机减速器；5—压差开关；6—放气阀；7—压力表

表 17-171 ZZL 系列直通式自清洗过滤器性能

分类	性能参数			规格/mm																	
				50	80	100	150	200	250	300	350	400	450	500	600	700	800	900	1000	1200	1400
运行参数	主管道通径[①]/mm			50	80	100	150	200	250	300	350	400	450	500	600	700	800	900	1000	1200	1400
	参考流量/$m^3 \cdot h^{-1}$			20~25	40~54	60~120	150~170	210~300	380~450	560~700	750~1000	960~1220	1260~1540	1740~2000	2880~3000	3100~3400	3700~4500	4500~5600	5800~7000	8000~10200	12000~13000
	网筒类型及过滤精度可选范围/mm	单筒	复合纺织网筒	0.02~0.60																	
			V形断面网筒	0.05~1.0				0.10~1.0			0.2~2.0		0.4~1.0		0.6~1.0				0.8~1.0		
			冲孔变形网筒	1.0~3.0(冲孔还可加大)																	
		多筒	多只小网筒(V形断面)	0.05~1.0																	
	工作介质			淡水,海水或其他工业水温度≤70℃																	
	工作压力/MPa			有1.0和1.6两种,供设计者选用(工作压力为2.5和4.0MPa也可设计制造)																	

表 17-172 ZZL 系列直通式自清洗(管道)过滤器结构尺寸

尺寸代号及单位	规格																	
	50	80	100	150	220	250	300	350	400	450	500	600	700	800	900	1000	1200	1400
D_N①/mm	50	80	100	150	200	250	300	350	400	450	500	600	700	800	900	1000	1200	1400
E/mm	500	600	600	700	800	800	1100	1100	1300	1500	1600	1800	1800	2000	2200	2400	2800	3200
d_N②/mm	25	25	25	32	40	50	50	50	65	65	65	80	80	100	100	125	150	150
H_1/mm	1300	1480	1480	1570	2163	2163	2500	2850	3010	3220	3400	3500	3900	4400	4720	4720	5100	5750
$H_2$③/mm	400	550	550	600	700	700	1000	1100	1200	1200	1400	1450	1650	1750	1850	1960	2100	2350
H_3/mm	220	265	265	310	510	510	580	680	710	805	805	900	900	950	960	1000	1250	1900
H_4/mm	200	200	200	200	150	150	250	200	300	250	300	400	250	250	240	240	220	300
D_3/mm	220	250	250	310	430	430	700	700	800	900	900	1400	1650	1900	2100	2300	2600	3100
$d \times n$④/mm	16×3	16×3	16×3	16×3	18×3	18×3	20×3	20×3	20×3	20×3	20×3	24×4	24×4	24×4	28×4	28×4	30×4	35×4
B/mm	80	90	90	100	120	120	180	180	180	200	200	200	220	250	300	300	300	360
e/mm	20	20	20	30	30	30	50	50	60	60	75	75	75	80	100	100	120	150

①、②管路法兰均按国标(GB9114～9118—88)设计;

③该中心高度可根据用户需要进行改变;

④$n=3$ 是三只底脚;$n=4$ 是四只底脚,且底脚孔均在进出口中心线两侧布置。

续表 17-172

分类	性能参数	规格/mm																	
		50	80	100	150	200	250	300	350	400	450	500	600	700	800	900	1000	1200	1400
逆流参数	逆洗起始差压/MPa	0.03～0.05																	
	逆洗耗水量/L·min^{-1}	50	50	50	70	110	180	220	270	300	350	450	670	980	1400	1620	2200	3500	5100
	一次逆洗过程时间/s	53			62		68		72		75	100	100	100	100	120	120	120	120
	差压控制可预置范围/MPa	控差压控制反洗，可预置差压范围为 0.03～0.05																	
	时间控制可预置范围/h	按时间控制反洗，可预置时间范围 1～20																	
	泄压(排水)管直径/mm	25			32	40		50			65		80	80	100	100	125	150	
电控参数	电源电压	380V 三相四线制电源																	
	逆洗臂电机/kW	0.12					0.37		0.37		0.55		0.75	1.1	1.5	2.2	2.2	2.2	
	电动或电液泄压阀	Q941F-16 型																	
	差压控制器	D520/700 或 D1-NG100																	
	故障显示报警	逆洗故障、差压控制故障等有显示，并有安全销断裂报警																	
	总耗电量/kW	≤0.3			≤0.4		≤0.5		≤0.6		≤0.08		≤1.0	≤1.4	≤1.8	≤2.6	≤2.6	≤2.6	
	电控箱尺寸(宽×厚×高)/mm	400×250×650 墙式，也可安装在机器旁边(出线口在底部)									650×400×1800 座地式，可用 40 角钢按底部轮廓做框并固定在基础上(出线口在底部)								
生产厂家：丹东水技术机电研究所											厂址：辽宁省丹东市振兴区福春街 88 号								

表 17-173 ZZL_D100～1200 系列多筒式自清洗(管道)过滤器技术性能

分类	项目内容	性能和参数														
		ZZL_D100	ZZL_D150	ZZL_D200	ZZL_D250	ZZL_D300	ZZL_D350	ZZL_D400	ZZL_D450	ZZL_D500	ZZL_D600	ZZL_D700	ZZL_D800	ZZL_D900	ZZL_D1000	ZZL_D1200
运行参数	主管道通径/mm	100	150	200	250	300	350	400	450	500	600	700	800	900	1000	1200
	参考流量/$m^3 \cdot h^{-1}$	参考表 17-171														
	过滤精度可选范围/mm	0.05～0.8														
	最小许用精度(粒径)/mm	≥0.03														
	尖端向外的 V 形断面小网筒的优异特点	(1)网筒不变形,强度及耐磨性极高;(2)过滤及反洗均符合正确的流体特性(不糊网、易清洗);(3)特别适用于冶金工业等金属(氧化物等)粉粒状杂质重负荷工作,并保持高寿命														
	工作介质	工业淡水[①]≤60℃														
	工作压力/MPa	有 1.0 和 1.6 两种,供设计者选用														
逆洗参数	逆洗起始差压/MPa	0.03～0.35														
	逆洗耗水量[②]/$L \cdot min^{-1}$	约为主管道水流的 1/1000～1/100														
	一次逆洗过程时间[③]/s[②]	80～120														
	差压控制可预置范围/MPa	按差压控制反洗,可预置差压范围为 0.025～0.05														
	时间控制可预置范围/h	按时间控制反洗,可预置时间范围为 1～24														
	泄压(排水)管(D_{g2})/mm	32		50		65				100						
	泄压管和排尘管连接方式	法兰连接,连接方向任意														
	小排污管直径(D_{g5})/mm	25(装在泄压管上)		32(装在罐体底部)								50(装在罐体底部)				

续表 17-173

<table>
<tr><th rowspan="2">分类</th><th rowspan="2">项目内容</th><th colspan="15">性　能　和　参　数</th></tr>
<tr><th>ZZL$_D$100</th><th>ZZL$_D$150</th><th>ZZL$_D$200</th><th>ZZL$_D$250</th><th>ZZL$_D$300</th><th>ZZL$_D$350</th><th>ZZL$_D$400</th><th>ZZL$_D$450</th><th>ZZL$_D$500</th><th>ZZL$_D$600</th><th>ZZL$_D$700</th><th>ZZL$_D$800</th><th>ZZL$_D$900</th><th>ZZL$_D$1000</th><th>ZZL$_D$1200</th></tr>
<tr><td rowspan="9">电气设备参数</td><td>电源电压</td><td colspan="15">380V 三相四线制电源</td></tr>
<tr><td>逆洗臂电机④</td><td colspan="2">0.18kW(三相)
(A02-6324,380V)</td><td colspan="6">0.37kW(三相)
(A02-7124,380V)</td><td colspan="2">0.55kW(三相)
(A02-8014,380V)</td><td colspan="2">0.75kW
(三相)</td><td>1.1kW
(三相)</td><td>1.5kW
(三相)
(Y 型)</td><td>2.2kW
(三相)
(Y 型)</td></tr>
<tr><td>减速器</td><td colspan="15">双级蜗轮减速器或多级直联摆线针轮减速器</td></tr>
<tr><td>电动泄压阀⑤</td><td colspan="2">电动球阀(三相)Q941F-16
(DN32)</td><td colspan="2">Q941F-16 型
电动球阀(DN50)</td><td colspan="4">Q941F-16 型
电动球阀(DN65)</td><td colspan="7">Q941F-16 型电动球阀(三相电机)(DN100)</td></tr>
<tr><td>逆洗臂定位开关</td><td colspan="15">L×19</td></tr>
<tr><td>差压控制器</td><td colspan="15">D520/7DD</td></tr>
<tr><td>故障显示报警</td><td colspan="15">逆洗故障、差压控制故障等有显示</td></tr>
<tr><td>总耗电量/kW</td><td colspan="2">≤0.3</td><td colspan="2">≤0.4</td><td colspan="2">≤0.5</td><td colspan="2">≤0.6</td><td colspan="2">≤1.0</td><td>≤1.5</td><td>≤1.8</td><td>≤2.5</td><td>≤3.0</td><td>≤3.6</td></tr>
<tr><td>电控箱尺寸(长×厚×高)/mm</td><td colspan="15">400×250×650 墙式,也可安装在机器旁边(出线口在底部),如用户需要还可制成户外或防爆式</td></tr>
<tr><td colspan="9">生产厂家:丹东水技术机电研究所</td><td colspan="8">厂址:辽宁省丹东市振兴区福春街 88 号</td></tr>
</table>

注:1.本机为机电一体化设备,所有电器设备均已配套,但用户是否需要电控箱请在订货时说明;2.ZZL 的经济精度基本上不受主管道规格影响,得选择过滤精度时,仍以满足生产工艺要求为依据,不盲目追求高过滤精度,一般说来所选择的过滤精度越低,过滤等效面积比也越大,则反洗周期可长些,反之亦然。

①当工作介质具有腐蚀性时,应采用防腐型(带"F"符号);②本过滤逆洗不需另设水源,用过滤本身滤后水即可反洗,而且在反洗过程中该过滤器不需停机,仍处于正常过滤状态;③当采用电动阀门时,逆洗过程应加长 30s 左右;④此处是普通电机,如过滤器是易燃、易爆或户外条件下工作,则所有电机、开关、控制器等均应是防爆型或户外型,务请在订货时说明;⑤本过滤器只有泄压(排水)阀是电动的,如采用气动球阀,订货必须说明。

17.10.13 ZZL_D 系列(多筒式)自清洗过滤器

(1)适用范围:ZZL_D 的用途及适用范围基本上与 ZZL 型相同。

(2)型号意义说明❶:

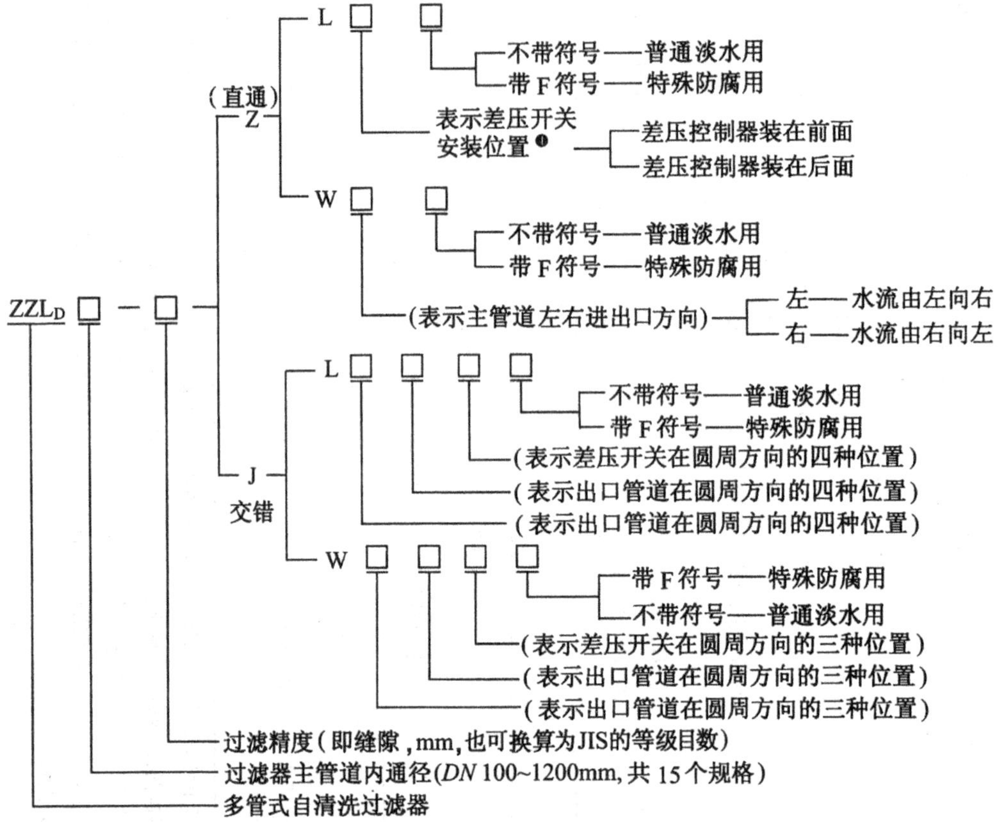

(3) 性能参数:见表 17-173。

17.10.14 ZZL_p 系列低压自清洗过滤器

(1) 适用范围:该过滤器适用于管道压力小于 0.1MPa 的供水系统中,由于系统压力低,该过滤器上装有一台引自出水(净水)端的小型加压反洗泵进行反洗。

(2) 性能参数:见表 17-174。

表 17-174 ZZL_p 系列低压自清洗过滤器主要技术性能

分类	项 目 内 容	性能和参数		
		ZZL_p150	ZZL_p300	ZZL_p500
运行参数	主管道直径/mm	150	300	500
	参数流量/$m^3 \cdot h^{-1}$	110~150	350~450	800~1200
	经济过滤精度/mm	0.125(0.15~1.0)	0.25(0.15~1.0)	0.25(0.15~1.0)
	工作介质主管道工作压力/MPa	工业淡水≤60℃		

❶ 这里规定:观察者面对主管道水流方向由左向右时,差压开关有 a、H 两位置;观察者从过滤器上面向下看,主管道水流方向有左、右两方向。

续表 17-174

分类	项 目 内 容	性能和参数		
		ZZL_p150	ZZL_p300	ZZL_p500
逆洗参数	反洗耗水量/$m^3 \cdot h^{-1}$	主管道流量的 1% ~ 2%		
	反洗工作制度	连续反洗		
	反洗加压水泵参数	30 ~ 50m^3/h ≥0.1MPa	60 ~ 80m^3/h ≥0.1MPa	100 ~ 200m^3/h ≥0.1MPa
	净水压降/MPa	约 0.01		
	反洗泵进出口管径 DN/DN_2/mm 反洗排污管径 DN_3/mm	65/50 40	100/80 65	150/125 100
	底部放水阀/mm	20	25	40
电气参数	总耗电量/kW	三相 380V≤6kW	三相 380V≤10kW	三相 380V≤20kW
	反洗臂电机④	0.37kW 三相 380V(A02-7124 型)	0.75kW 三相 380V(Y802-4 型)	1.5kW 三相 380V(Y90L-4 型)
	反洗泵电机④	3kW 三相 380V(Y100L2-4 型)	5.5kW 三相 380V(Y132S-4 型)	15kW 三相 380V(Y160L-4 型)
	反洗排污阀	手动阀		
	定位开关	无		
	差压故障报警开关	D520/7DD		
	去 CRT 或模拟盘指示电气点	工作状态及差压故障等		
	电控箱体尺寸/mm	500 × 300 × 650 墙式或装设在机旁(出线口在底部)		
生产厂家:丹东水技术机电研究所		厂址:辽宁省丹东市振兴区福春街 88 号		

注:ZZL_p 主管道及机体设计压力为 PN = 1.0MPa,其他见表 17-173 表注。

17.10.15 SYL 和 STL 型手动自清洗式过滤器

(1) 适用范围:SYL 和 STL 可适用于工业水、热水、空气、氨气和氧气系统的连续过滤。

它是用手动来清洗正在运行的过滤器的,清洗时无需拆卸 Y 型或 T 型过滤器的任何部件,只需开启排污阀,同时扳动过滤器上的把手方头旋转 3 ~ 4 圈即可清洗,需时几分钟,且能保持连续工作,无需停机。

按工作压力可分为 1.0、1.6、2.5 和 4.0 四个等级,也可按用户要求另行设计。

(2) 型号意义说明:

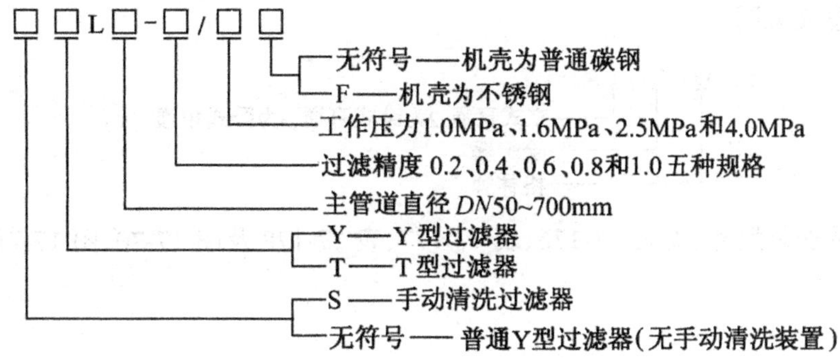

(3) 性能参数:见表 17-175。

表 17-175　SYL 型手动清洗过滤器和 YL 型普通 Y 型过滤器性能

规格 DN	过滤精度 /mm	反洗耗水量	L	法兰参数(1.0MPa)		手动反洗 SYL 型过滤器			普通 Y 型过滤器③	
				D_1	$D_1\times n_1$	H	$D_1\times n_1$	质量①/kg	H_1	质量②/kg
50			250			210	15	45	150	28
65			340			290	15	72	210	54
80			380			330	20	104	240	90
100			420			380	20	170	290	132
125			480			430	25	230	310	195
150			540			480	25	310	360	210
200	0.2 0.4 0.6 0.8 和 1.0 共五种规格供选择	反洗耗水量为主管道流量的 1%～2%	650	法兰按 GB2555—81 1.0、1.6、2.5 和 4.0MPa(共四种规格供选择)		590	40	430	450	315
250			750			710	40	550	550	470
300			840			820	50	700	620	530
350			940			930	50	1160	700	910
400			1120			1100	50	1360	840	1170
450			1250			1230	50	1620	940	128
500			1400			1380	50	1830	1080	1450
600			1570						1190	1570
700			1700						1270	1630
生产厂家:丹东水技术机电研究所						厂址:辽宁省丹东市振兴区福春街 88 号				

①、②其质量是工作压力为 1.0MPa 时的质量;

③YL 型普通 Y 型过滤器过滤可提高到 0.05mm。

17.10.16　Y 型过滤器(除污器)

17.10.16.1　GC 系列除污器

(1)适用范围:除污器是用来清除和过滤管路中的杂质和污垢,以保证系统内水质的洁净,减少阻力和防止堵塞管路。介质的工作压力 < 1.0MPa。

(2)型号意义说明:

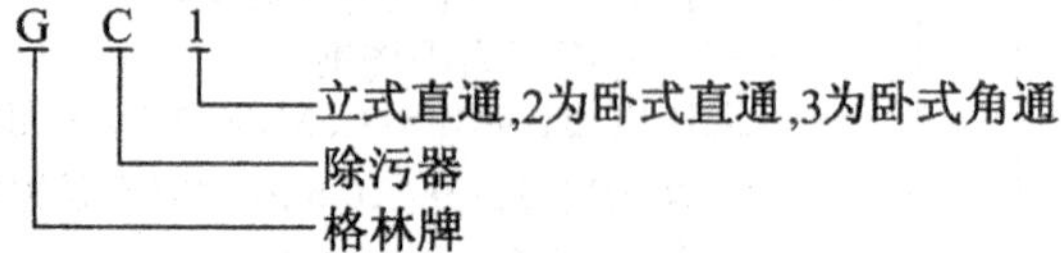

(3)外形及安装尺寸:见表 17-176、表 17-177、表 17-178 及图 17-70、图 17-71、图 17-72。

表 17-176　除污器 GC-1 型立式直通除污器

规格型号 D_g/mm	尺　寸　/mm									
	A	*B*	*C*	*D*	*E*	*F*	*d*	*G*	*M*	*N*
40	350	220	130	159	120	120	45			
50	350	220	130	159			57			
65	400	250	150	219			73			
80	500	350	150	273			89		280	240
100	500	150	110	325	110	110	108	280		
125	540	150	140	377			133	305		
150	610	150	140	426			159	335		
200	770	150	180	530			219	390		

表 17-177　除污器 GC-2 型卧式直通除污器

规格型号 D_g/mm	尺　寸/mm								
	A	*B*	*C*	*D*	*E*	*F*	*h*	*H*	*d*
150	920	110	210	273	204	66	260	395.5	159
200	1140	110	250	377	252	68	328	5165	219
250	1250	110	300	426	250	70	370	583	273
300	1340	120	350	480	250	70	400	640	325
350	1430	120	360	530	300	71	435	700	377
400	1700	123	430	630	334	71	490	805	426
450	2050	140	480	730	409	71	590	955	480

表 17-178　除污器 GC-3 型卧式角通除污器性能

规格型号 D_g/mm	尺　寸　/mm											
	A	*B*	*C*	*D*	*E*	*F*	*G*	*i*	*h*	*H*	*M*	*N*
150	700	377	350	159	273	210	184	66	257.5	452.5	115	65
200	800	426	400	219	325	277	182	68	285.5	505.5	115	80
250	970	530	495	273	436	320	250	70	329	601.5	115	85
300	1060	580	545	325	480	338	230	70	352	649.5	1135	128
350	1200	630	600	377	530	400	230	71	384	709	119	140
400	1350	730	700	426	630	450	350	71	456	831	140	150
450	1600	850	810	480	730	500	415	85	519	951.5	154	165

生产厂家:核工业格林水处理公司　　厂址:江苏省南京市察哈尔路 16 号

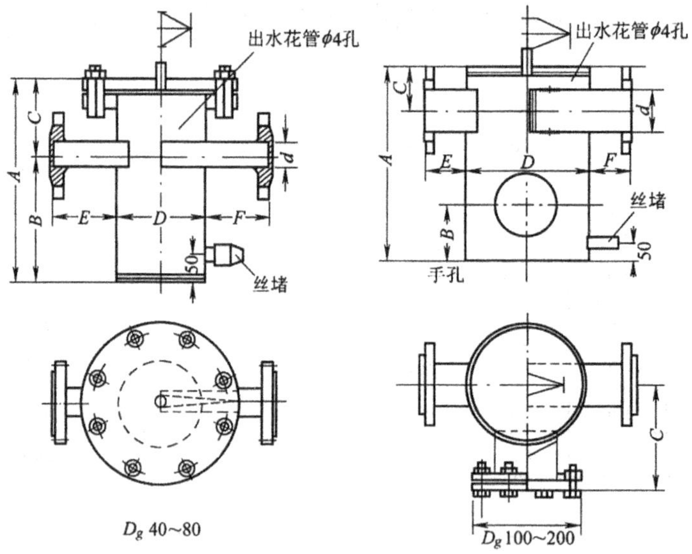

图 17-70 GC-1 型立式直通除污器外形图

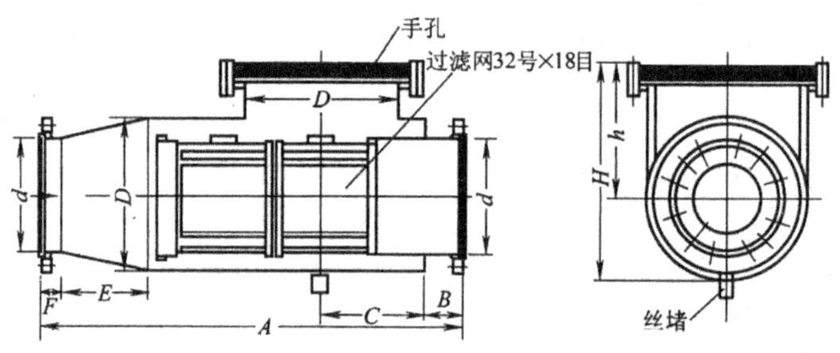

图 17-71 GC-2 型卧式直通除污器外形图

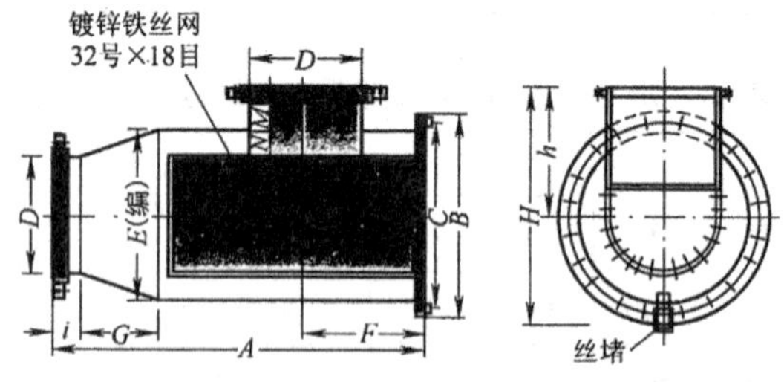

图 17-72 GC-3 型卧式角通除污器外形图

17.10.16.2 Y 型系列脏物过滤器

(1)适用范围:脏物过滤器的作用是除掉管路中的机械杂质,用于过滤对铜合金及铸铁不起腐蚀作用的流动液体和气体,一般安装在测量仪器或执行机构的前面。最高工作压力:1.0MPa,工作温度:<225℃,滤网规格:18~30 目。

(2)性能参数及安装尺寸:见表 17-179 及图 17-73。

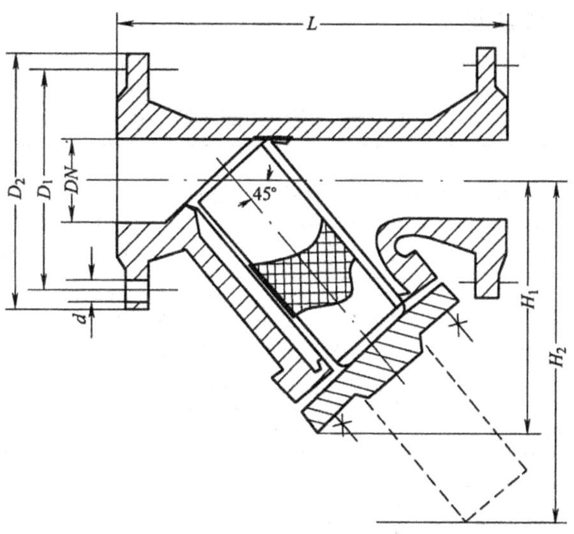

图 17-73 Y 型脏物过滤器外形尺寸图

表 17-179 Y 型系列脏物过滤器外形尺寸及质量

型号	通径 D_g	L	H_1	H_2	D_1	D_2	n-d	质量/kg
Y-15	15	110	87	120				2.8
Y-20	20	130	105	148				3
Y-25	25	150	114	176				3.7
Y-32	32	160	124	193				5.5
Y-40	40	200	154	237				6.5
Y-50	50	220	181	270	125	165	4-18	9.5
Y-65	65	290	250	369	145	185	4-18	20.5
Y-80	80	310	280	429	160	200	8-18	23
Y-100	100	350	320	488	180	220	8-18	31
Y-125	125	400	374	547	210	250	8-18	44
Y-150	150	480	430	622	240	285	8-22	54.5
Y-200	200	550	515	741	295	340	8-22	81
Y-250	250	640	590	820	350	395	12-22	95
Y-300	300	720	665	880	400	445	12-22	140
Y-350	350	800	740	1023	460	505	16-22	190
Y-400	400	900	830	1170	515	565	16-26	315
Y-450	450	1000	930	1316	565	615	20-26	370
Y-500	500	1150	1035	1460	620	670	20-26	450
Y-600	600	1350	1240	1756	725	780	20-30	800

生产厂家:江苏核工业格林水处理有限责任公司　　厂址:江苏省南京市察哈尔路 16 号

17.10.17　压力式滤盐器

(1)性能参数:见表 17-180。

表 17-180　压力式滤盐器性能

规　格	图　号	设计压力/MPa	工作温度/℃	水压试验压力/MPa	容盐量/kg	石英砂过滤层			设备净质量/kg
						高度/mm	颗粒直径/mm	质量/kg	
ϕ500	S0301-0-0	0.6	5 ~ 30	0.9	75	496	1 ~ 10	112	216
ϕ670	S0302-0-0				140	532		229	464
ϕ1000	S0303-0-0				400	500		474	824
生产厂家:丹东水技术机电研究所					厂址:辽宁省丹东市振兴区福春街 88 号				

注:设备内所装石英砂滤料由用户自理。

(2)外形及安装尺寸:见表 17-181 及图 17-74。

表 17-181　压力式滤盐器主要尺寸

直径/mm \ 尺寸/mm	H_1	H_2	H_3	H_4	L_1	L_2	L_3	L_4	D_{g1}	D_{g2}	D_{g3}	D_{g4}	α/(°)	ϕ_1	ϕ_2	ϕ_3
ϕ500	1490	1002	534	125	382	250	150	370	25	25	25	25	20°5′	300	180	140
ϕ670	1619	1266	527	150	580	383	218	540	50	50	50	50	22	420	250	192
ϕ1000	1812	1382	444	129	751	495	350	750	80	80	80	50	25	665	300	230

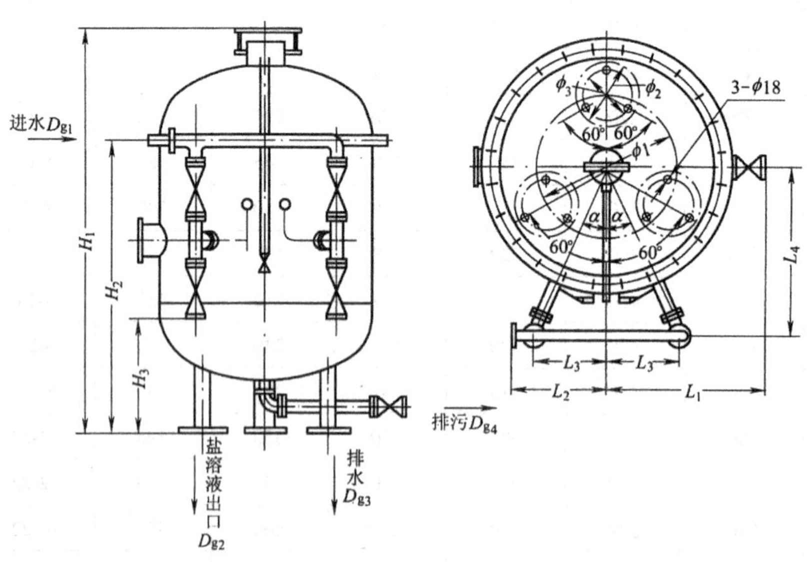

图 17-74　压力式滤盐器

17.10.18　机械过滤器

(1)性能参数:见表 17-182。

表 17-182 机械过滤器性能参数

规 格	图 号	设计压力/MPa	工作温度/℃	水压试验压力/MPa	石英砂过滤层		设计最大水量/t·h⁻¹	设备净质量/kg
					层高/mm	直径粒度/mm		
φ1000	FS0103-0-0	≤0.6	5~30	0.9	1200	主要规格为0.5~1,次为2.5、5、10、20等	7.8	880
φ1500	FS0104-0-0				1200		17.5	1506
φ2000	FS0105-0-0				1200		31.4	2455
φ2500	FS0106-0-0				1200		49.1	4179
φ3000	FS0107-0-0				1200		70.6	6355
φ3200	FS0108-0-0				1200		80.3	约7220

生产厂家:丹东水技术机电研究所 厂址:辽宁省丹东市振兴区福春街88号

(2)外形及安装尺寸:见表17-183及图17-75。

表 17-183 机械过滤器主要尺寸

尺寸/mm 直径/mm	H	H_1	H_2	H_3	H_4	L_1	L_2	L_3	D_{g1}	D_{g2}	D_{g3}	D_{g4}	D_{g5}	D_{g6}	ϕ_1	a	b	α/(°)
φ1000	2872	905	905	935	1261	629.5	629.5	750	80	80	80	80	80	40	990	160	125	20
φ1500	3469	1025	1025	1065	1426	870	870	1000	80	80	100	80	100	50	1540	180	140	20
φ2000	3610	1000	1000	1160	1481	882.5	882.5	1255	100	100	150	100	150	80	1800	250	200	20
φ2500	4020	1150	1150	1220	1661.5	1032.5	1032.5	1500	125	125	150	125	150	100	2000	350	300	20
φ3000	4480	1200	1200	1324	1261	1178.5	1178.5	1750	150	150	200	150	200	100	2400	400	300	20
φ3200	4645	1200	1200	1566	1261	1280	1280	1920	150	150	250	150	250	100	2400	450	350	20

注:设备内所装滤料石英砂如也需该厂供货,请在订货时说明。

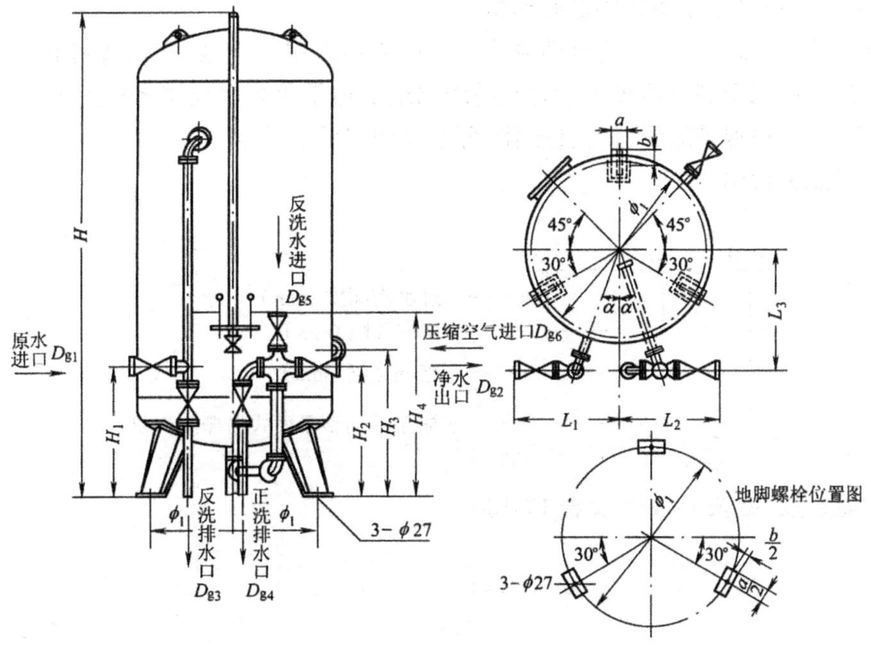

图 17-75 机械过滤器

17.10.19 STX系列活性炭吸附塔

(1)适用范围:该产品可用于给水深度处理、苦咸水处理、污水深度处理、离子交换和反渗透前水的预处理以及电渗析前水的预处理等。

(2)性能参数:见表17-184。

表17-184 STX系列生物活性炭塔规格系列

序号	设备型号	设备直径 DN/mm	处理水量/$m^3\cdot h^{-1}$		接触时间/min	滤速 /$m\cdot h^{-1}$	炭层高 /mm	炭层体积 /m^3	设备截面 /m^2	设备高 H/m
			公称	计算						
1	STX-15	1500	10	10.62	30	6	3000	5.31	1.77	7.76
2	STX-18	1800	15	15.24	30	6	3000	7.62	2.54	7.86
3	STX-21	2100	20	20.76	30	6	3000	10.38	3.46	7.91
4	STX-26	2600	30	31.86	30	6	3000	15.93	5.31	8.06
5	STX-30	3000	40	42.40	30	6	3000	21.21	7.07	8.16
6	STX-34	3400	50	54.50	30	6	3000	27.24	9.08	8.16
7	STX-36	3600	60	61.08	30	6	3000	30.54	10.18	8.26
8	STX-38	3800	70	67.04	30	6	3000	34.02	11.34	8.26

生产厂家:宜兴循环水设备厂(集团)　　厂址:江苏省宜兴市高塍镇北

17.10.20 PSH型平面式格栅除污机

(1)适用范围:该设备可连续自动清除拦滤过流污水中的纤维、塑料等各种大颗粒悬浮物和杂物,广泛应用于城市给排水、冶金、纺织、化工、造纸等取水或排水拦污中,该机连续自动运行可靠,有过载保护装置,耙齿栅缝隙可根据用户要求设定。

(2)型号意义说明:

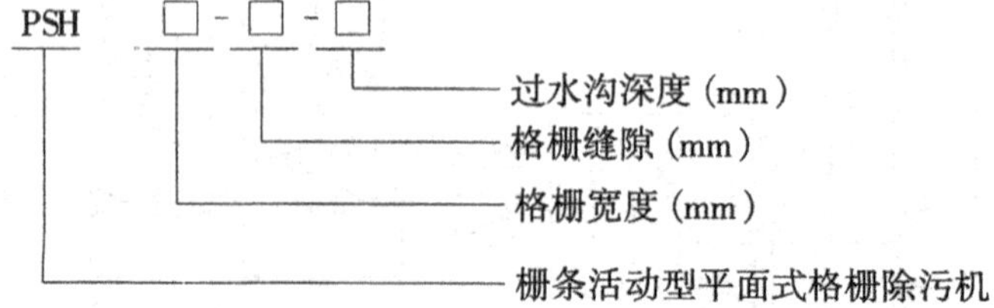

(3)性能参数:见表17-185及表17-186。

表 17-185 PSH 型格栅除污机规格性能

性能规格	格栅宽度 B_1/mm	水沟宽度 B/mm	格栅缝隙 /mm	齿栅运动速度 /m·min^{-1}	电机功率 /kW	安装角度 /(°)	介质温度 /℃
300	300	340			0.37～0.75		
400	400	440			0.37～0.75		
500	500	540			0.37～0.75		
600	600	640			0.37～0.75		
700	700	740			0.55～1.1		
800	800	840	1、3、5、10、15、20、40	2	0.55～1.1	60	0～60
900	900	940			0.75～1.5		
1000	1000	1040			0.75～1.5		
1100	1100	1140			1.2～2.2		
1200	1200	1240			1.2～2.2		
1250	1250	1290			1.2～2.2		

规　　格	格栅宽度 B_1/mm	栅条缝隙/mm	过水流速/m·s^{-1}	电机功率/kW
800	800			0.75
1000	1000			1.1～1.5
1200	1200			1.1～1.5
1500	1500			1.1～1.5
1800	1800	10、15、20、25、35、60、80	≤1.5	1.1～1.5
2000	2000			1.1～1.5
2200	2200			1.5～2.2
2400	2400			1.5～2.2
2500	2500			1.5～2.2
3000	3000			3.0

生产厂家:丹东水技术机电研究所　　　　厂址:辽宁省丹东市振兴区福春街 88 号

注:平面式格栅除污机一般根据过水流量确定格栅宽度 B_1,根据格栅缝隙和水沟深度来选择型号规格。

表 17-186 PSH 型格栅除污机过水流量

	栅前每米水深过水量/t·d^{-1}											
规　格	300	400	500	600	700	800	900	1000	1100	1200	1250	1500
过栅流速 /m·s^{-1} \\ 格栅缝隙/mm	0.5～1.0											
1	1850～3760	2080～4160	2900～5800	3700～7400	4500～9000	5300～10600	6000～12000	7000～14000	7800～14000	8600～17200	9000～18000	11000～22000
3	3700～7400	4100～8200	5700～11400	7500～15000	9000～18000	10600～21200	12300～24600	14000～28000	15600～31200	17200～34400	18000～36000	22000～44000

续表 17-186

规　格	300	400	500	600	700	800	900	1000	1100	1200	1250	1500
	栅前每米水深过水量/$t\cdot d^{-1}$											
过栅流速/$m\cdot s^{-1}$ 格栅缝隙/mm	0.5～1.0											
5	4500～9000	5200～10400	7100～14200	9200～18400	11200～22400	13000～16000	15000～30000	17400～34800	19400～38800	21000～42000	22500～45000	24000～48000
10	5300～10000	6200～13200	8800～17600	11000～22000	13500～27000	16000～26000	17400～34800	21100～42200	24000～48000	25000～50000	26000～52000	27000～54000
20	5500～11000	6650～13000	9000～18000	11500～23000	14000～28000	17000～34000	19000～38000	22000～44000	25000～50000	27000～54000	28000～56000	29000～58000
40	7800～15500	10200～20500	14500～29000	18800～37500	23000～46000	27000～54000	315000～635000	36000～72000	40000～80800	44000～89000	46000～93000	57000～115000

(4)外形尺寸及安装尺寸：见图 17-76 和表 17-187。

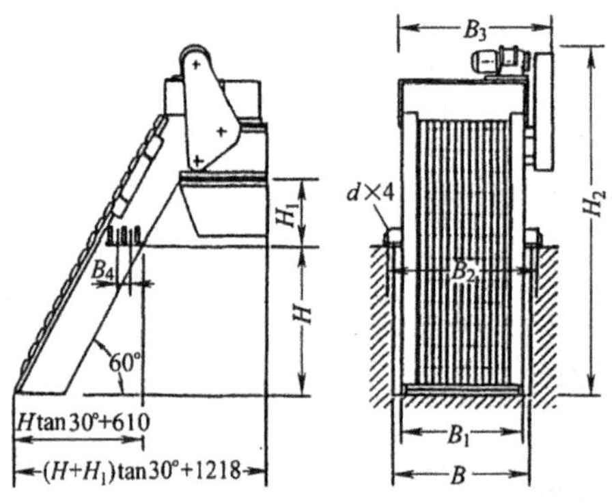

图 17-76　PSH 型格栅除污机外形尺寸图

表 17-187　PSH 型除污机安装尺寸(mm)

规　格	水沟宽度 B	设备总宽 B_3	格栅宽度 B_1	水沟深度 H	排渣高度 H_1	设备总高 H_2	安装尺寸 B_2	安装尺寸 B_4	安装尺寸 d
300	340	650	300	1535	1050	3753	500	200	M16
400	440	750	400	1535	1050	3753	600	200	M16
500	540	850	500	1535	1050	3753	700	200	M16
600	640	950	600	1535	1050	3753	800	200	M16
700	740	1050	700	1535	1050	3753	900	200	M16
800	840	1150	800	1535	1050	3753	1000	200	M16
900	940	1250	900	1535	1050	3753	1100	200	M16
1000	1040	1350	1000	1535	1050	3753	1200	200	M16
1100	1140	1450	1100	1535	1050	3753	1300	200	M16
1200	1240	1550	1200	1535	1050	3753	1400	200	M16
1250	1290	1650	1250	1535	1050	3753	1450	200	M16

17.10.21 PSG平面式格栅除污机

(1)适用范围:本设备适用于污水处理厂,大型取水设施进水口,污水和雨水提升泵站等格栅处,以阻截粗大悬浮物,如草木、纤维、橡胶等固体垃圾,对水泵、管道、仪表等起保护作用,同时减轻后续工序处理负荷,其特点是结构紧凑合理,安装使用方便,自动卸渣,耐腐蚀,工作稳定可靠,并可全自动运行。

(2)型号意义说明:

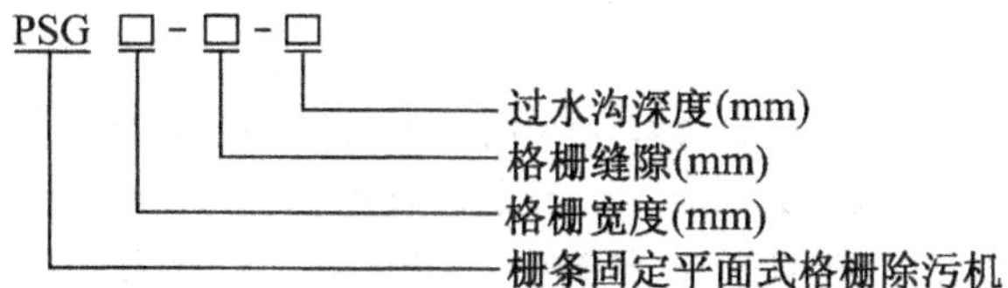

(3)性能参数:见表17-188。

表17-188 PSG平面式格栅除污机性能

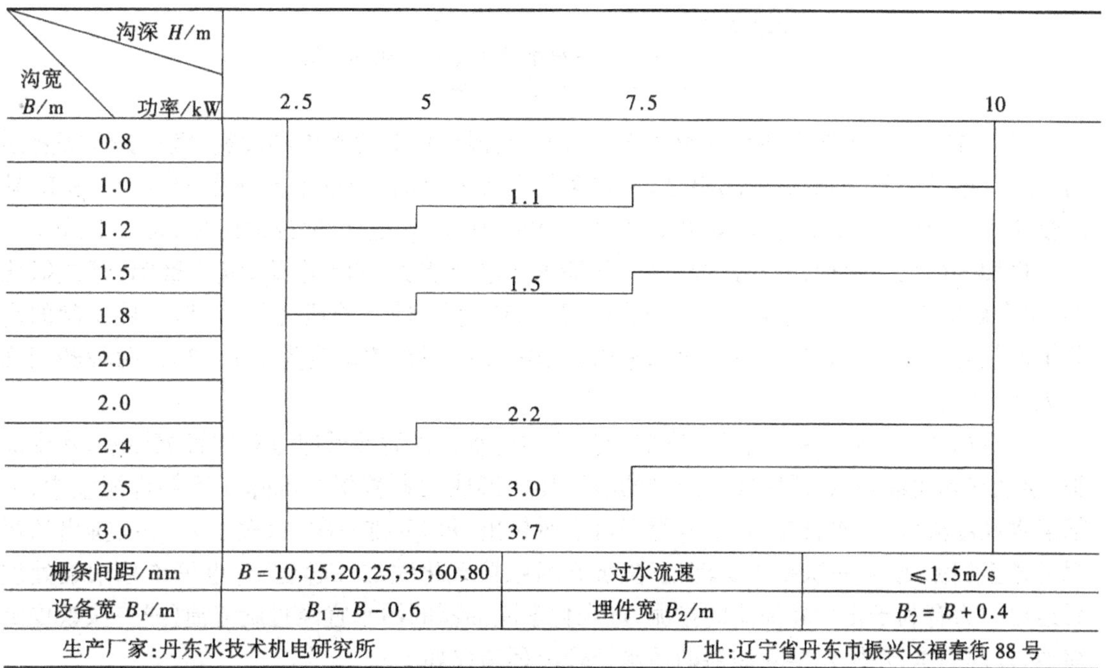

沟宽 B/m \ 沟深 H/m \ 功率/kW	2.5	5	7.5	10
0.8				
1.0			1.1	
1.2				
1.5			1.5	
1.8				
2.0				
2.0			2.2	
2.4				
2.5			3.0	
3.0			3.7	

栅条间距/mm	B = 10,15,20,25,35,60,80	过水流速	≤1.5m/s
设备宽 B_1/m	$B_1 = B - 0.6$	埋件宽 B_2/m	$B_2 = B + 0.4$

生产厂家:丹东水技术机电研究所　　厂址:辽宁省丹东市振兴区福春街88号

(4)安装图及安装尺寸:见图17-77。

17.11 除油设备

17.11.1 MHCY型化学除油器

(1)适用范围:马鞍山钢铁设计研究院开发设计的MHCY化学除油器,可用于冶金工厂连铸车间和轧钢车间排出的含油、氧化铁皮污水,共有五种规格:MHCY-Ⅰ、MHCY-Ⅱ、MHCY-Ⅲ、MHCY-Ⅳ、MHCY-Ⅴ,其处理水量分别为100m³/h、200m³/h、300m³/h、400m³/h、500m³/h。

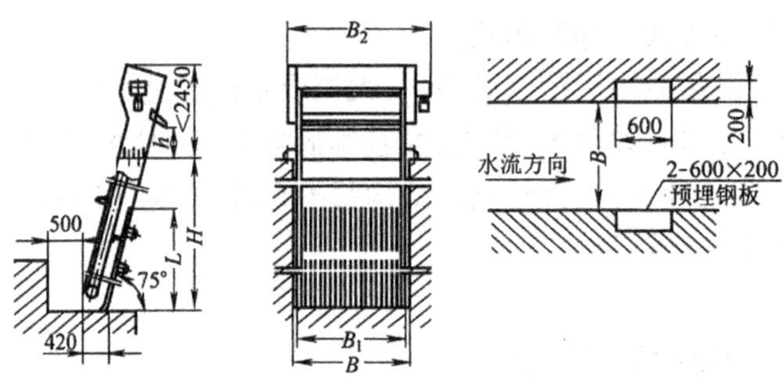

图 17-77 PSG 型平面式格栅除污机外形图

B—水沟宽度，$B=B_1+50$；h—出渣口高度，$h=1200$；H—水槽深度，由用户提供；L—栅条高度，由用户提供，B_2—设备总宽，$B_2=B_1+300$

(2)型号意义说明：

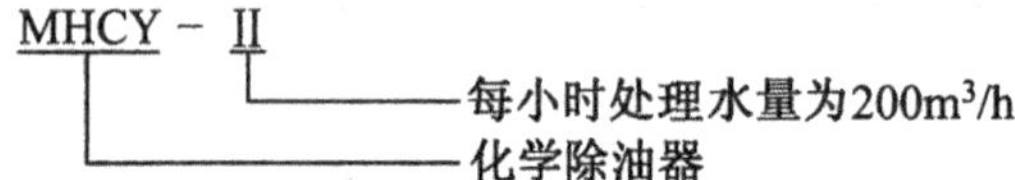

(3)性能参数：化学除油是以投加化学药剂，经混合反应使水中的油类、氧化铁皮等悬浮物通过凝聚、絮凝作用沉淀分离出来，达到净化水质的目的，当进水含油在 35～45mg/L，悬浮物含量在 200mg/L 左右时，其出水含油在 10mg/L 以下，悬浮物含量在 25mg/L 以下。

投加的药剂分两种，分开投加，第一种是属于电介质类，如硫酸铝，复合聚铝，碱式氯化铝，聚合硫酸铁，三氯化铁等均可，投入第一混合室；第二种是油絮凝剂，它是一种特制的高分子油絮凝剂，投入第二混合室，投加量均为 10mg/L，投加浓度宜为 2%～3%，两种药剂均为无毒无害。

经投加药剂并通过第一、第二室混合室后的污水进入后部反应室和斜管沉淀室，水中油类(浮油和乳化油)和悬浮物经过药剂的凝聚作用形成大颗粒絮花沉降在下部排泥室中，上部清水经溢流堰，出水管排出，下部污泥可定时排出，每 8h 排一次，每次 1～2min、排出的污泥可排至旋流池(或一次铁皮沉淀池)渣坑和粗颗粒氧化铁皮一起运出，也可单独浓缩处理后运出。为有利于化学除油器的排泥，进入化学除油器的污水宜经过旋流池(或一次铁皮沉淀池)处理的水，使用化学除油器的污水处理流程建议如下：

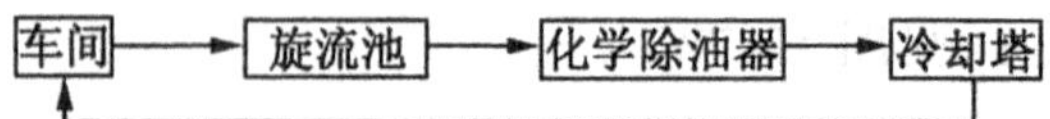

生产厂家：宜兴天鑫水处理设备有限公司　　厂址：江苏省宜兴市高塍镇江南路韩家 2 号

(4)外形及基础安装尺寸：见表 17-189 及图 17-78、图 17-79。

表 17-189　MHCY 型化学除油器安装尺寸(mm)

型号	a	$a_1\times n$	a_2	b	b_1	d_1	d_2	h	h_1	h_2	进水管径	出水管径	A	B	预埋钢板
MHCY-Ⅰ	8000			2500					4200						300×300×12
MHCY-Ⅱ	10004	2780×3	1664	3008	604	175	670	5882	4500	1382	DN250	DN300	64	128	300×300×12
MHCY-Ⅲ	12500	3500×3	2000	3300	600	250	745	6182	4800	1382	DN300	DN350	95	190	300×300×12
MHCY-Ⅳ	14500	3000×4	2500	3500	600	250	745	6182	4800	1382	DN300	DN350	100	190	300×300×12
MHCY-Ⅴ	18000	3800×4	2800	3800	600	250	745	6182	4800	1382	DN350	DN400	130	210	300×300×12
生产厂家:宜兴天鑫水处理设备有限公司;宜兴自动化水工业设备厂															

注:宜兴自动化水工业设备厂同时生产与 MHCY 型化学除油器相配套的 MY 型加药装置及改进型 MHCYG 型化学除油器,它除了具有 MHCY 型化学除油器的优点外,尚有药剂消耗更省、动力消耗更少、运行费用更低、调节排泥范围更大、出水水质更优等特点。

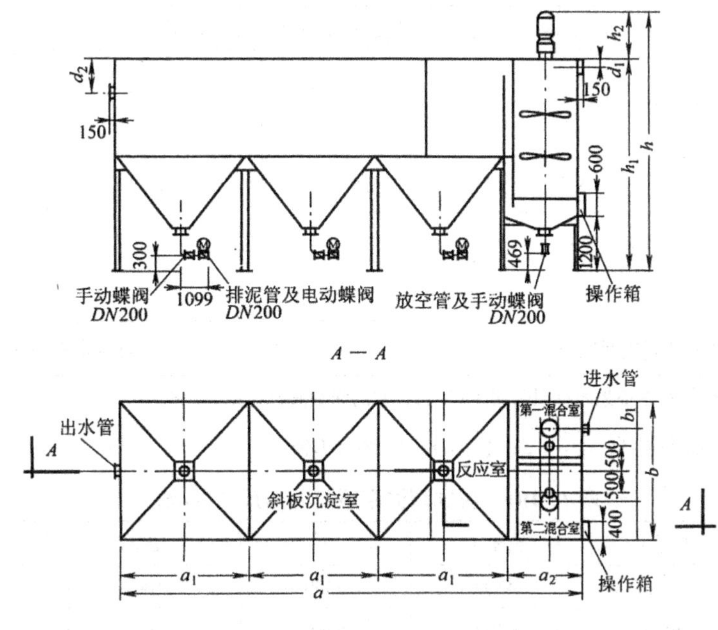

图 17-78　MHCY 型化学除油器外形尺寸图

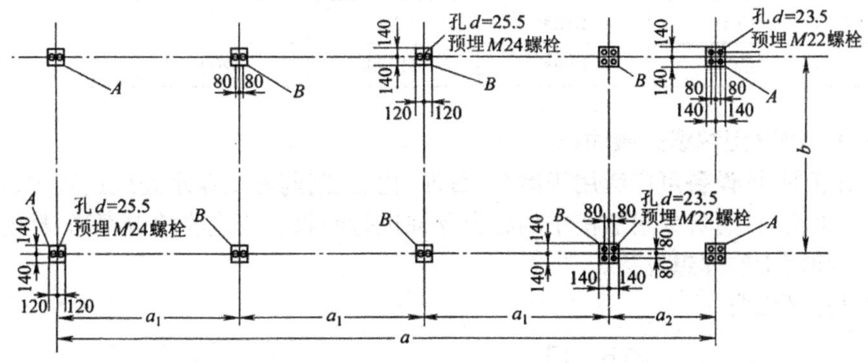

图 17-79　MHCY 型化学除油器基础安装图

17.11.2 桥式刮油刮渣机

(1)适用范围:平流沉淀池在水处理设施中为常见构筑物,用于处理水中的悬浮物及分离水中的油脂,MP 系列新型刮油刮渣机是专为平流沉淀池而设计的既可刮油又可刮渣的理想设备。

(2)型号意义说明:

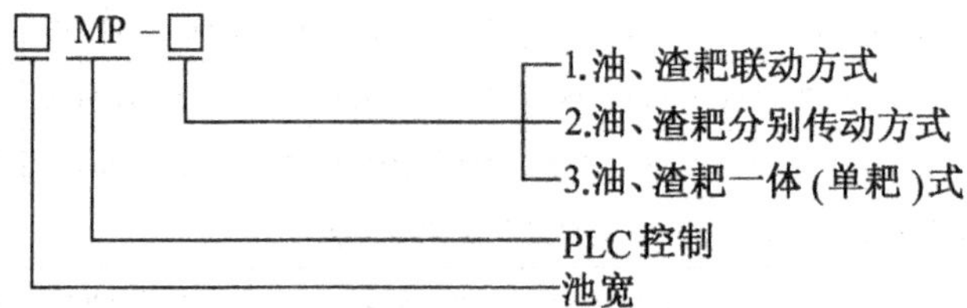

(3)性能参数:见表 17-190。

表 17-190 桥式刮油刮渣机性能

型 号	池宽/m	刮渣速度/m·min^{-1}	刮油速度/m·min^{-1}	电机功率/kW
4MP-	4	1.5	3.0	2.6~6
6MP-	6			
8MP-	8			
10MP-	10			
12MP-	12			

生产厂家:丹东水技术机电研究所　　　　厂址:辽宁省丹东市振兴区福春街 88 号

注:江苏扬州天雨给排水设备集团有限公司生产 GYZ 型刮油刮渣机详见该厂样本。

(4)外形及基础安装尺寸:见表 17-191 及图 17-80。

表 17-191 桥式刮油刮渣机外形尺寸(mm)

型号	池宽 L	轮距 C	B	E	池深 H
4MP-	4000	4300	3300	3100	池底有坡度,出水端 3600~3700,进水端 3900~4000
6MP-	6000	6300	5300	3200	
8MP-	8000	8300	7300	3500	
10MP-	10000	10400	9300	3700	
12MP-	12000	12400	11300	4200	

17.11.3 PYB 型编缆式撇油机

(1)适用范围:该设备可广泛用于冶金、石油、化工、制药等工业水处理过程中,对各种平流沉淀池、排水沟、铁屑坑或集油槽中的各类浮油进行回收。该机收油效率高、耗能少,是保护环境、防治油污染的理想设备。

(2)型号意义说明:

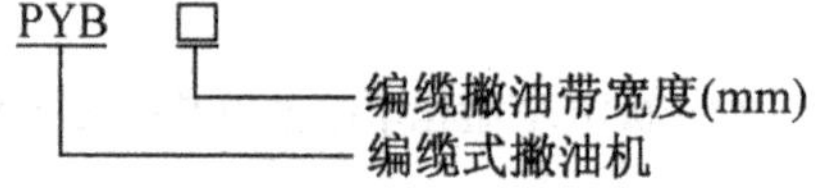

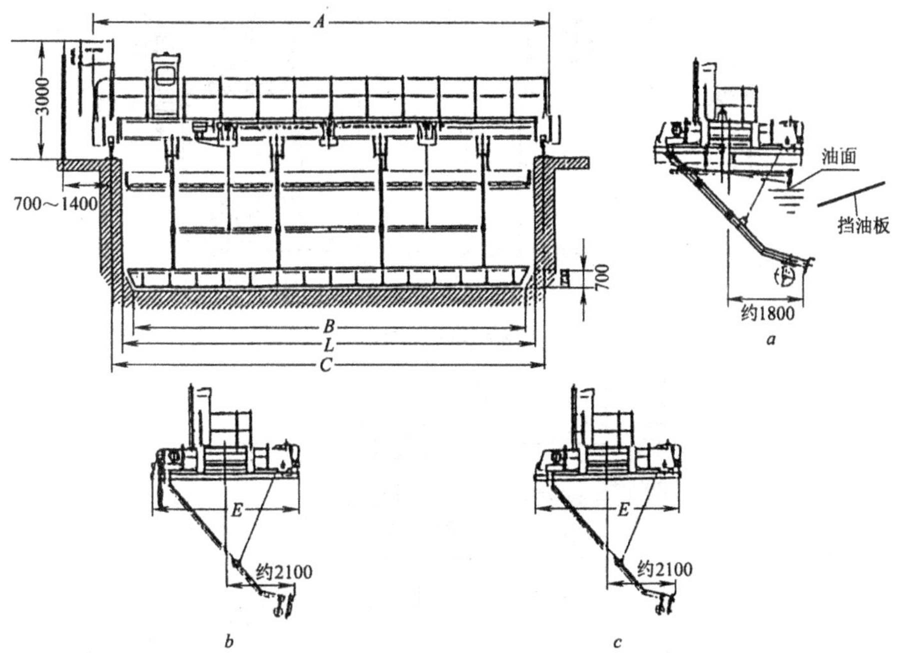

图 17-80 MP系列刮油刮渣机外形及安装图

a—油、渣耙联动式刮油刮渣机；*b*—油、渣耙分别传动式刮油刮渣机；

c—油、渣耙一体(单耙)式刮油刮渣机

(3)性能及参数：见表 17-192。

表 17-192 PYB 撇油机规格性能

型号	撇油带宽度 /mm	撇油带长度 /m	撇油带速度 /m·min⁻¹	主机电机功率/kW	最大撇油能力/L	外形尺寸 /mm
PYB-120	120	5～30	18.3	1.1	2000	1750×800×1300
PYB-160	160			2.2	4000	1750×1000×1500
PYB-200	200	20～60		2.2	6000	1750×1000×1500
PYB-240	240			4	11000	2000×1200×1700
生产厂家：丹东水技术机电研究所				厂址：辽宁省丹东市振兴区福春街 88 号		

注：PYB-120 型为主机、接油箱、油泵、电控箱一体化结构，其余为主机、油箱、电控箱一体结构。

(4)外形及基础安装尺寸：见图 17-81。

17.11.4 PY-600 型可调速撇油机

(1)适用范围：为适应多种条件取得最佳撇油效果，该机装有无级变速装置，可连续或间断使用，为提高撇出的废油浓度，本机配备了独特的废油增稠装置，它具有适应性广，结构紧凑，操作方便等特点。

本机适用于冶金、机械、石油、化工、纺织等部门从含油废水中撇出水面上的浮油。

(2)性能参数：

1)根据测试，一般含油废水中的撇油量约为 3～120L/h。

2)撇油带的线速度为 0.07～0.7m/s。

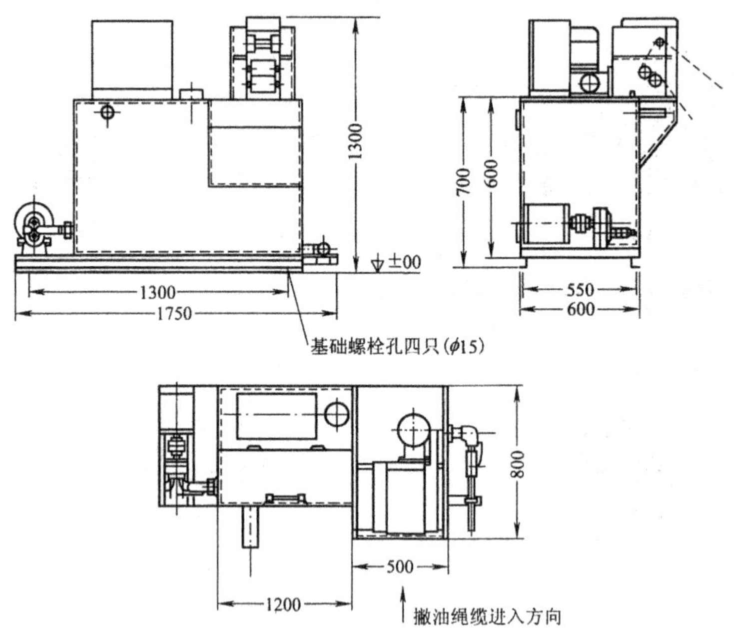

图 17-81 PYB 型编缆式撇油机外形及安装图

3)撇油带规格:见表 17-193。

表 17-193 PY-600 型可调速撇油机撇油带规格

规格号	1号	2号	3号	4号	5号
展开长度/mm	4000	4500	5000	5500	6000
滚筒中心线至水面距离/mm	1450	1700	1950	2200	2450
生产厂家:丹东水技术机电研究所			厂址:辽宁省丹东市振兴区福春街 88 号		

4)外形尺寸(长×宽×高)=1500mm×1200mm×1050mm。

5)废油类型:机油、黄油及各种动植物油。

6)撇油机质量:约 600kg。

(3)外形及基础安装尺寸:见图 17-82。

17.11.5 PYL-500 型立式带式撇油机

(1)适用范围:该撇油机是用于现代化连铸机水处理系统中旋流池的撇油设备,也可用于其他要求占地面积小(占地面积只有 PY-600 型带式撇油的 1/2 左右),并能保持正常撇油的场所。

(2)性能参数:

1)最大撇油能力:约 100L/h;

2)带速:3.0~9.5m/min;

3)撇油带尺寸(长×宽×高)=500mm×400mm×(6000~9000)mm,带长根据计算确定;

4)电机功率:1.0kW;

5)工作方式:连续;

6)撇油机总质量:约 920kg。

生产厂家:丹东水技术机电研究所	厂址:辽宁省丹东市振兴区福春街 88 号

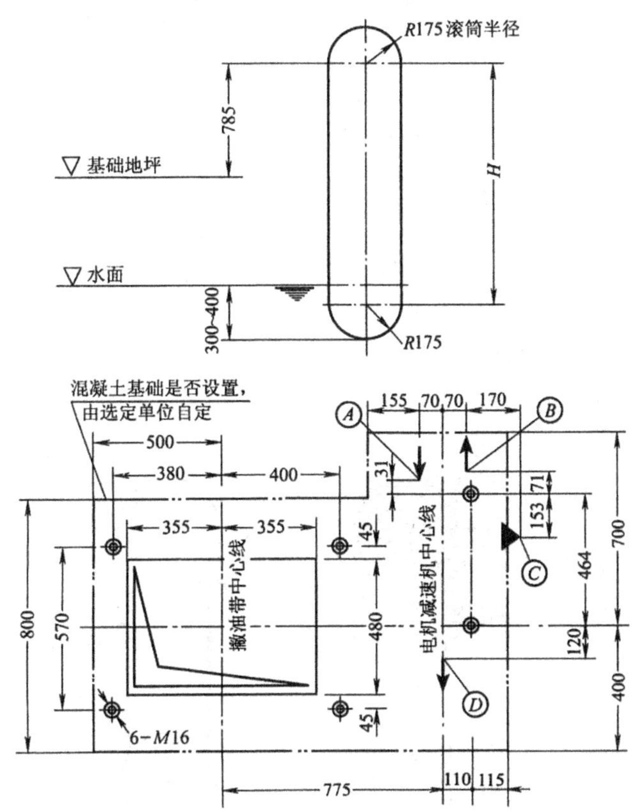

图 17-82　PY-600 型可调速撇油机基础安装图

(3)安装图及安装尺寸:见图 17-83。

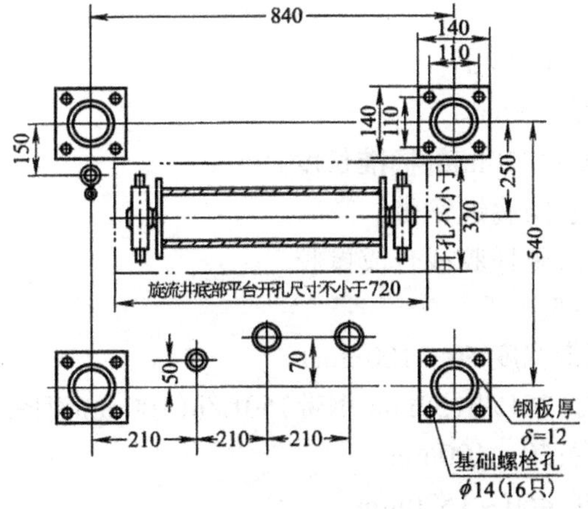

图 17-83　PYL-500 型立式带式撇油机外形及安装图

17.11.6 带式刮油机

(1)适用范围:该型带式刮油机是目前在去除表面浮油方面最可靠、最经济的设备之一,而且价格低,占地面积小,带式刮油机所提供的钢带材质可以有多种选择,包括:碳钢(适用于油脂池中之溶液为中性(pH 值为 6~8),且刮油机连续性运行);防腐蚀钢带(当油脂或溶液中有酸或碱,且运转时间不固定的状况);合成橡胶(适用于强酸、强碱及冷却液之除油特别有效)。

(2)性能参数:

1)刮油机 型号 8(此机型可加红外线加热器)

除油能力:120L/h

钢带宽度:200mm

钢带长度:1220mm(标准长度)

钢带材质:防腐蚀钢带

刮油刀片:氟橡胶或合成橡胶

其安装尺寸见图 17-84。

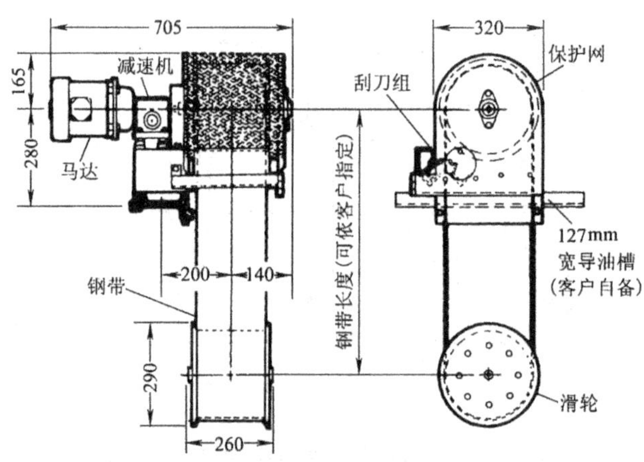

图 17-84 8 号机安装图

2)刮油机 型号 4

除油能力:60L/h

钢带宽度:100mm

钢带长度:1520mm(标准长度)

钢带材质:防腐蚀钢带

刮油刀片:氟橡胶或合成橡胶

其安装尺寸见图 17-85。

3)手提式刮油机(钢带宽度 50~100mm)

除油能力:30L/h(50mm 钢带)60L/h(100mm 钢带)

钢带宽度:50~100mm

钢带长度:460~1520mm

钢带材质:防腐蚀钢带

刮油刀片:氟橡胶或合成橡胶

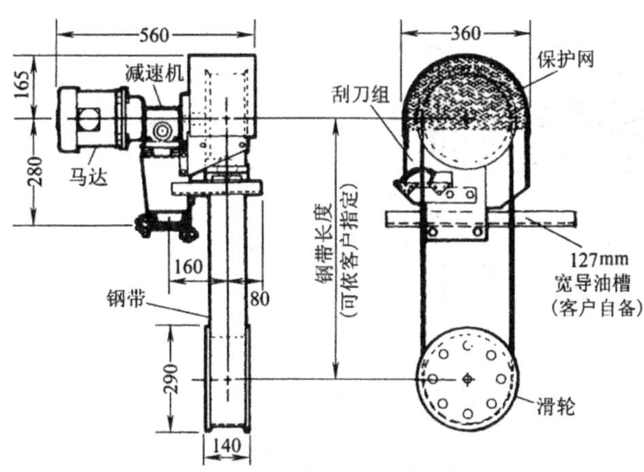

图 17-85　4 号机安装图

该机体积小，重量轻，在使用场所可机动携带，另可选择配备 1 直立式脚架以方便置放。其安装尺寸见图 17-86。

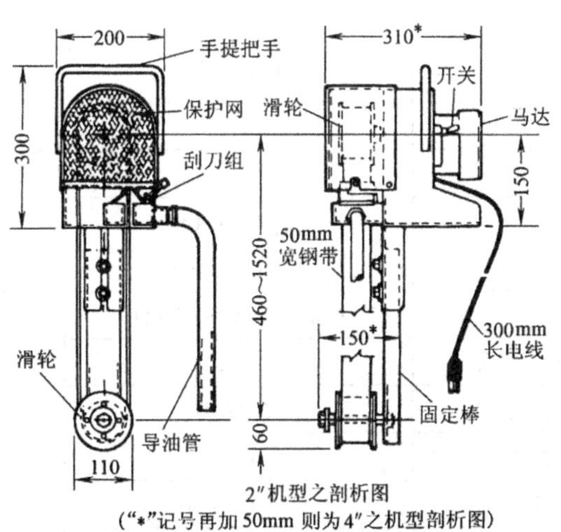

图 17-86　手提式刮油机安装图

4)刮油机　　型号：MB

当所处理的油超过 120L/h，采用并联式刮油机型（型号 MB 之机型）能发挥最大功用。并联式刮油机（型号 MB）是由多条 200mm 宽防腐钢带组成，每条钢带可处理 120L/h 的油量。因此，根据实际状况，2、3 或 5 条钢条并联处理，最高处理量可达 600L/h。

安装尺寸见图 17-87。

以上机型系由宜兴台兴环保有限公司（中国总代理）经销，厂址在江苏宜兴市高塍镇东工业区。

17.11.7　PG 系列新型管式撇油机

(1)适用范围：PG 系列新型管式撇油机由于具有体积小、重量轻、撇油效率高等优点，现代广泛用于冶金、机械、化工等工业水处理系统中的铁皮坑、平流沉淀池、集油槽和油水分离器油槽中，以去除（或回收）水中各种油类，如润滑油、液压传动油、甘油、柴油、燃料油、乳

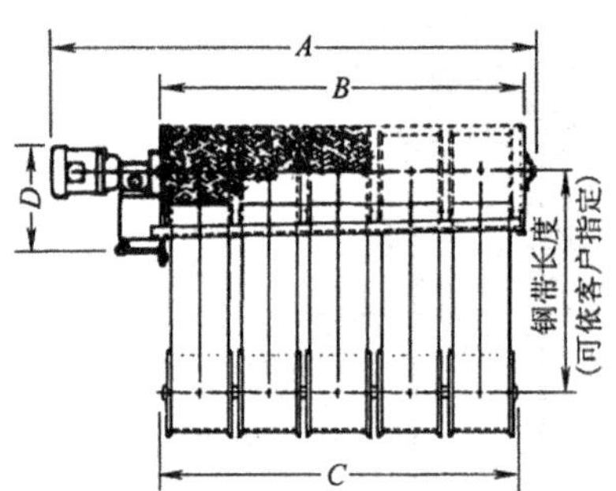

长度单位：mm

钢带条数	L/h	A	B	C	D
2	240	970	540	530	380
3	360	1240	810	800	380
5	600	1780	1350	1340	380

图 17-87　MB 型机安装图

化油和各种动植物油以及各种冷却剂、洗涤剂等，均取得满意效果。

(2)性能参数：见表 17-194。

表 17-194　PG 型管式撇油机主要技术性能

项目内容		主要技术性能和参数	
		$PG\text{-}L_2$ $PG\text{-}LF_2$①	$PG\text{-}W_2$ $PG\text{-}WF_2$①
撇油管直径/mm		20	20
撇油管长度/m		根据需要计算确定	
电　机		AO_2-7124，4 级 0.37kW，380V	AO_2-7124，4 级 0.37kW，380V
加热功率/kW		0.6kW　380V(三相)	0.6kW　380V(三相)
最大撇油效率(L/24h)	稀油　轻油	1091	908.4
	中等稀度油	2727.6	2271
	重油、浓油	6546	5450.4
工作环境温度/℃	气温	-30～+50	-30～+50
	水温	0～+80	0～+50
整机最大消耗功率/kW		约 1.0	约 1.0
撇油种类		各种成品润滑油、原油、柴油、动植物油、燃料油、矿物油、油性浮渣、冷却剂和洗涤剂等(只要是与撇油管表面接触角小于 24°的液体均可撇出)	
外形尺寸($L\times B\times H$)/mm		800×370×340	600×340×460
主机质量/kg		230	160
生产厂家：丹东水技术机电研究所		厂址：辽宁省丹东市振兴区福春街 88 号	

① 具有较强防腐能力的由镍铬合金及环氧树脂防护所构成的 $PG\text{-}LF_2$ 和 $PG\text{-}WF_2$，其主要技术参数分别与 $PG\text{-}L_2$ 和 $PG\text{-}W_2$ 相同。

17.11.8　HSA、HSB 型旋流油水分离器

(1)适用范围：

HSA、HSB 型旋流油水分离器适用于油田原油脱水、含油污水处理。也可用于化工、机

械、炼油、油港、轮船、海洋平台及环保等行业的含油污水处理和分离存在相对密度差的液体等场合。

(2)型号意义说明:

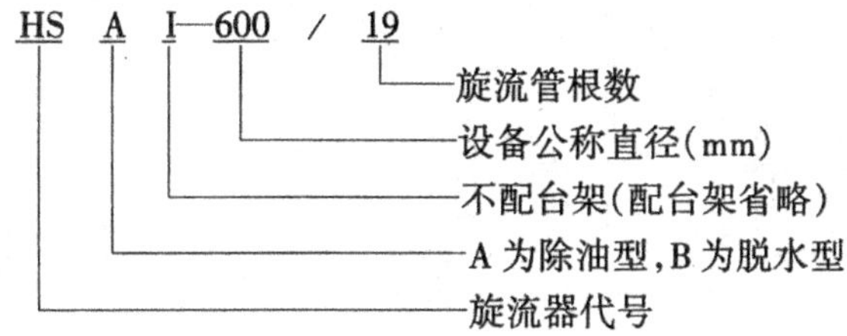

(3)性能参数:见表17-195。

表17-195 旋流油水分离器技术性能

项目	指标	
	HSA(除油)型旋流器	HSB(脱水)型旋流器
工作压力/MPa	0.5~1.0	0.5~1.0
工作压降/MPa	0.2~0.5	0.2~0.5
工作温度/℃	40~69	40~90
油水密度差/$g \cdot cm^{-3}$	≥50	≥50
进口含油浓度/$mg \cdot L^{-1}$	≤3000	50000~200000
出口含油浓度/$mg \cdot L^{-1}$	≤100	300~3000
排油口含油浓度/$mg \cdot L^{-1}$	>30000	400000~700000

生产厂家:扬州澄露环境工程有限公司(原江都市环保器材厂) 厂址:江苏省江都市富民镇

(4)规格与外形尺寸:

1)HSA、HSB型旋流器规格及外形尺寸:见表17-196~表17-199及图17-88。

表17-196 HSA型旋流器规格及外形尺寸

设备型号	公称直径 DN/mm	旋流管根数/根	公称处理量/$m^3 \cdot d^{-1}$	设计压力/MPa	地基载荷/$t \cdot m^{-2}$
HSA-300/2	300	2	220	1.0	≤1.5
HSA-350/4	350	4	440		
HSA-500/12	500	12	1320		
HSA-600/19	600	19	2090		
HSA-800/31	800	31	3140		
HSA-1000/55	1000	55	6050		

设备型号	外形尺寸/mm													
	L	L_1	L_2	L_3	W	W_1	W_2	W_3	W_4	H	H_1	H_2	H_3	H_4
HSA-300/2	2604	145	60	941	920	325	330	60	420	1326	700	210	210	235
HSA-350/4	2735	155	60	1032	1040	360	380	60	495	1411	760	285	285	305
HSA-500/12	2891	160	60	1138	1220	430	480	60	610	1658	875	285	285	310
HSA-600/19	3117	170	60	1274	1380	480	555	60	710	1865	980	315	315	340
HSA-800/31	3349	200	60	1431	1690	580	717	60	922	2217	1230	335	335	395
HSA-1000/55	3669	230	60	1616	1975	680	861	60	1106	2491	1400	345	335	420

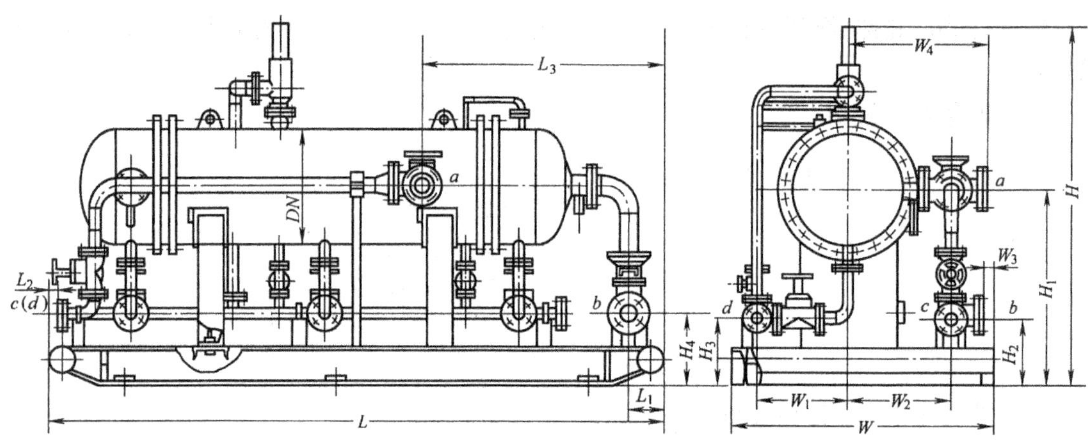

图 17-88 HSA、HSB 型旋流器外形尺寸

表 17-197 HSB 型旋流器规格及外形尺寸

设备型号	公称直径 DN /mm	旋流管根数/根	公称处理量 /$m^3 \cdot d^{-1}$	设计压力/MPa	地基载荷/$t \cdot m^{-2}$
HSB-300/2	300	2	240	1.0	≤1.5
HSB-350/3	350	3	360		
HSB-500/7	500	7	840		
HSB-600/12	600	12	1440		
HSB-800/19	800	19	2280		
HSB-1000/30	1000	30	3600		

设备型号	外形尺寸/mm													
	L	L_1	L_2	L_3	W	W_1	W_2	W_3	W_4	H	H_1	H_2	H_3	H_4
HSB-300/2	2475	145	60	941	920	325	330	60	420	1326	700	220	210	235
HSB-350/3	2606	155	60	1047	1040	360	380	60	495	1411	760	295	285	305
HSB-500/7	2865	160	60	1203	1220	430	480	60	610	1658	875	310	285	310
HSB-600/12	2953	170	60	1234	1380	480	555	60	710	1865	980	340	315	340
HSB-800/19	3320	200	60	1441	1690	580	717	60	922	2217	1230	375	335	395
HSB-1000/30	2665	230	60	1626	1975	680	861	60	1106	2491	1400	420	335	420

表 17-198 HSA 型旋流器管口尺寸

尺寸/mm	HSA-300/2	HSA-350/4	HSA-500/12	HSA-600/19	HSA-800/31	HSA-1000/55	用途
a	DN50	DN65	DN80	DN100	DN150	DN200	进水
b	DN50	DN65	DN80	DN100	DN150	DN200	出水
c	DN25	DN40	DN40	DN50	DN50	DN65	排油
d	DN25	DN40	DN40	DN50	DN50	DN50	排污
法兰标准	GB9119.8—88,PN16						

表 17-199　HSB 型旋流器管口尺寸

尺寸/mm	HSB-300/2	HSB-350/3	HSB-500/7	HSB-600/12	HSB-800/19	HSB-1000/30	用途
a	$DN50$	$DN65$	$DN80$	$DN100$	$DN150$	$DN200$	进水
b	$DN50$	$DN65$	$DN80$	$DN100$	$DN150$	$DN200$	出水
c	$DN25$	$DN50$	$DN80$	$DN100$	$DN125$	$DN200$	排油
d	$DN25$	$DN40$	$DN40$	$DN50$	$DN50$	$DN50$	排污
法兰标准	GB9119.8—88,PN16						

2)HSA、HSB 型旋流器基础与基础预留孔尺寸:见图 17-89 和表 17-200 和表 17-201。

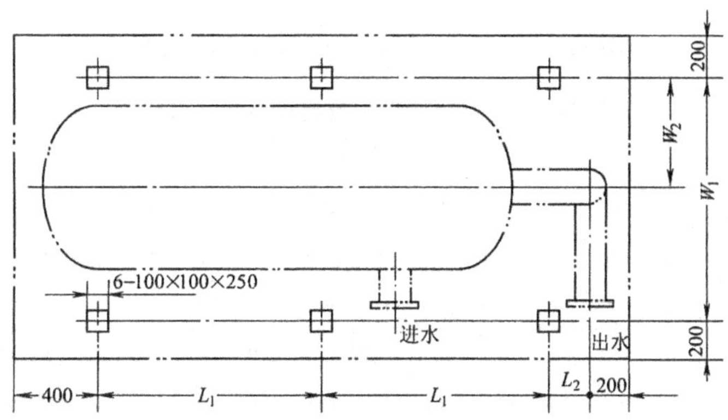

图 17-89　HSA、HSB 型旋流器基础尺寸

表 17-200　HSA 型旋流器基础尺寸

尺寸/mm	HSA-300/2	HSA-350/4	HSA-500/12	HSA-600/19	HSA-800/31	HSA-1000/55
L_1	1030	1090	1090	1170	1270	1410
L_2	127	122.5	195.5	218.5	204.5	194.5
W_1	880	950	1160	1315	1620	1905
W_2	420	455	520	577.5	673	774

表 17-201　HSB 型旋流器基础尺寸

尺寸/mm	HSB-300/2	HSB-350/4	HSB-500/7	HSB-600/12	HSB-800/19	HSB-1000/30
L_1	1030	1090	1090	1170	1270	1410
L_2	127	122.5	195.5	218.5	204.5	194.5
W_1	880	950	1160	1315	1620	1905
W_2	420	455	520	577.5	673	774

3)HSA Ⅰ型、HSB Ⅰ型旋流器规格及外形尺寸:见图 17-90 及表 17-202,表 17-203。

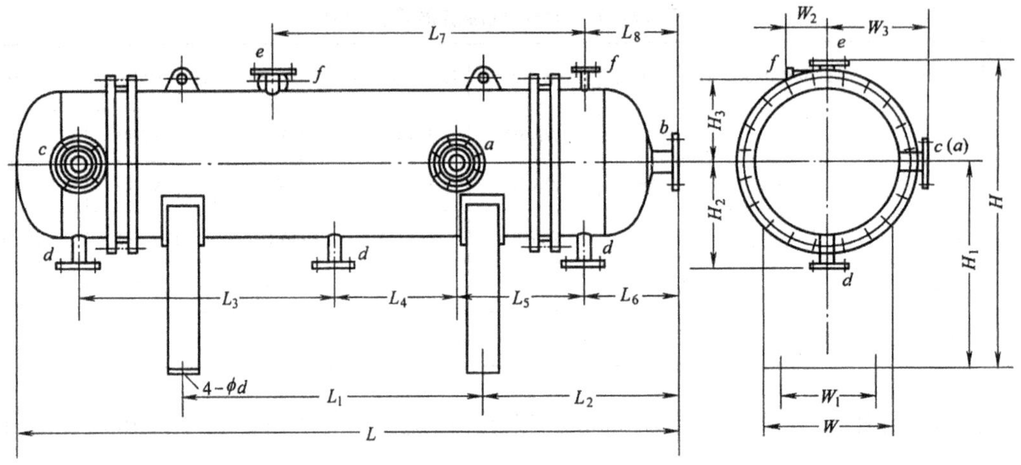

图 17-90 HSAⅠ型、HSBⅠ型旋流器外形尺寸

表 17-202 HSAⅠ型旋流器规格及外形尺寸

设备型号	外形尺寸/mm																
	L	L_1	L_2	L_3	L_4	L_5	L_6	L_7	L_8	W	W_1	W_2	W_3	H	H_1	H_2	H_3	ϕd
HSAⅠ-300/2	2174	1090	587	891	462	431	240	1121	240	290	200	100	240	860	600	240	205	20
HSAⅠ-350/4	2280	1090	642	897	456	437	290	1121	290	375	280	100	265	885	600	285	230	20
HSAⅠ-500/12	2406	1090	708	923	450	463	335	1133	335	550	330	140	350	1075	715	360	305	20
HSAⅠ-600/19	2612	1090	811	949	454	499	405	1157	405	550	420	140	400	1230	800	410	370	24
HSAⅠ-800/31	2754	1100	852	996	442	526	430	1158	430	730	590	140	512	1562	1030	512	472	24
HSAⅠ-1000/55	2924	1100	927	1011	442	546	490	1160	490	900	740	140	616	1836	1200	616	576	24

表 17-203 HSBⅠ型旋流器规格及外形尺寸

设备型号	外形尺寸/mm																
	L	L_1	L_2	L_3	L_4	L_5	L_6	L_7	L_8	W	W_1	W_2	W_3	H	H_1	H_2	H_3	ϕd
HSBⅠ-300/2	2105	1021	587	851	433	431	240	1052	240	290	200	100	240	860	600	240	205	20
HSBⅠ-350/3	2241	1021	655	857	427	437	305	1052	305	375	280	100	265	885	600	285	230	20
HSBⅠ-500/7	2465	1021	773	901	421	483	380	1084	380	460	330	140	350	1075	715	360	305	20
HSBⅠ-600/12	2513	1021	761	919	425	474	380	1063	380	550	420	140	400	1230	800	410	370	24
HSBⅠ-800/19	2775	1031	852	991	413	526	430	1089	430	730	590	140	512	1562	1030	512	472	24
HSBⅠ-1000/30	3015	1031	927	1061	403	546	490	1093	490	900	740	140	616	1836	1200	616	576	24

注：HSB I 型规格同 HSB 型。

4）HSAⅠ、HSBⅠ型旋流器管口尺寸：见表 17-204 和表 17-205。

表 17-204 HSAⅠ型旋流器管口尺寸（mm）

项 目	HSAⅠ-300/2	HSAⅠ-350/4	HSAⅠ-500/12	HSAⅠ-600/19	HSAⅠ-800/31	HSAⅠ-1000/55	用 途
a	DN50	DN65	DN80	DN100	DN150	DN200	进 水
b	DN50	DN65	DN80	DN100	DN150	DN200	出 水

续表 17-204

项　目	HSA Ⅰ-300/2	HSA Ⅰ-350/4	HSA Ⅰ-500/12	HSA Ⅰ-600/19	HSA Ⅰ-800/31	HSA Ⅰ-1000/55	用　途
c	*DN*40	*DN*50	*DN*65	*DN*80	*DN*100	*DN*125	排油反洗
d	*DN*25	*DN*40	*DN*40	*DN*50	*DN*50	*DN*50	排　污
e	*DN*32	*DN*32	*DN*40	*DN*50	*DN*50	*DN*50	安全阀
f	*DN*15	*DN*15	*DN*15	*DN*15	*DN*15	*DN*15	排　气
法兰标准	GB9119.8—88,*PN*16						

表 17-205 HSB Ⅰ 型旋流器管口尺寸(mm)

项　目	HSB Ⅰ-300/2	HSB Ⅰ-350/3	HSB Ⅰ-500/7	HSB Ⅰ-600/12	HSB Ⅰ-800/19	HSB Ⅰ-1000/30	用　途
a	*DN*50	*DN*65	*DN*80	*DN*100	*DN*150	*DN*200	进　水
b	*DN*50	*DN*65	*DN*80	*DN*100	*DN*150	*DN*200	出　水
c	*DN*32	*DN*50	*DN*80	*DN*100	*DN*125	*DN*200	排油反洗
d	*DN*25	*DN*40	*DN*40	*DN*50	*DN*50	*DN*50	排　污
e	*DN*32	*DN*32	*DN*40	*DN*50	*DN*50	*DN*50	安全阀
f	*DN*15	*DN*15	*DN*15	*DN*15	*DN*15	*DN*15	排　气
法兰标准	GB9119.8—88,*PN*16						

17.12 加药装置

17.12.1 HAF 型自动加药装置

全自动加药控制系统根据负载高低,排放量大小,气温变化等引起的浓缩倍数的变化,冷却塔的进、出水温度、补充水量的变化,以及设定水中阻垢缓蚀剂浓度等参数,综合确定注入的药剂量,在计算机或 PLC 控制下,实现比例连续调整药剂注入量,达到始终保持水中阻垢缓蚀剂浓度,避免过量加药,浪费价格昂贵的药品;加药量与循环水量之间的控制关系如图 17-91 所示。根据浓缩倍数的变化,不会因异常状况造成低浓缩倍数,形成欠量加药,使得水质不高,对系统造成腐蚀或结垢的现象。从而实现了自动监控,节省了人力,提高了生产技术水平,并达到抑制水垢、防腐、灭藻的目的。

图示的循环冷却水全自动加药工艺流程,能够全自动地完成循环水适量加药的过程,并获得最佳的加药效果。

设备结构、安装尺寸及有关订货事项,详见宜兴市华都绿色工程集团、宜兴市循环水设备厂“HAF 型全自动加药装置”说明书。

17.12.2 粉料定量式自动加药装置

(1)适用范围:FY 系列粉料定量分切式全自动加药装置是将放置料斗中的粉料通过定量分切装置定量投落在旋流式或螺旋式混合器上,并通过定量补水来进行稀释处理。

石灰乳制备投加装置是将料仓中的生石灰粒料通过粉体供给机定量加入膏化机中研

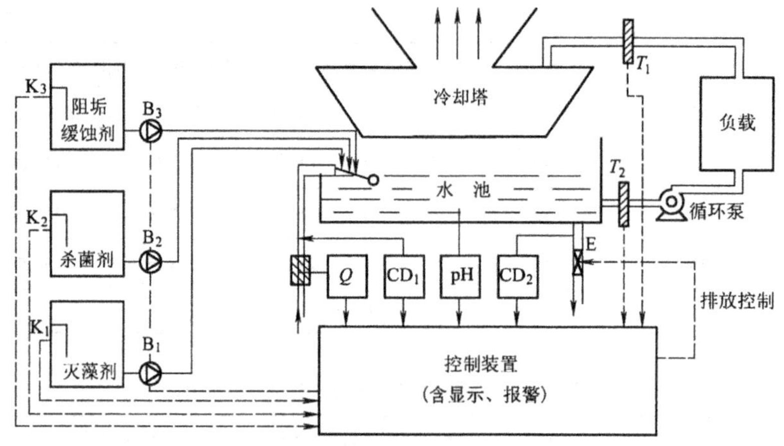

图 17-91 循环水自动加药工艺流程示意图

T_1—进水温度；T_2—出水温度；CD_2—循环水；CD_1—补充水电导；pH—循环水的pH值；B_1、B_2、B_3—计量泵；E—排放电磁阀；K_1、K_2、K_3—分别为阻垢缓蚀剂、灭藻剂、杀菌剂液位(上下限)开关；Q—补充水流量

磨、膏化，并通过定量补水来进行石灰乳制备。

以上两种装置均可采用PLC控制，可连续自动运行，自动化水平高，而无需人工管理。在冶金、化工、石油、橡胶等工业中均有广泛的应用前途。

(2)型号意义说明：

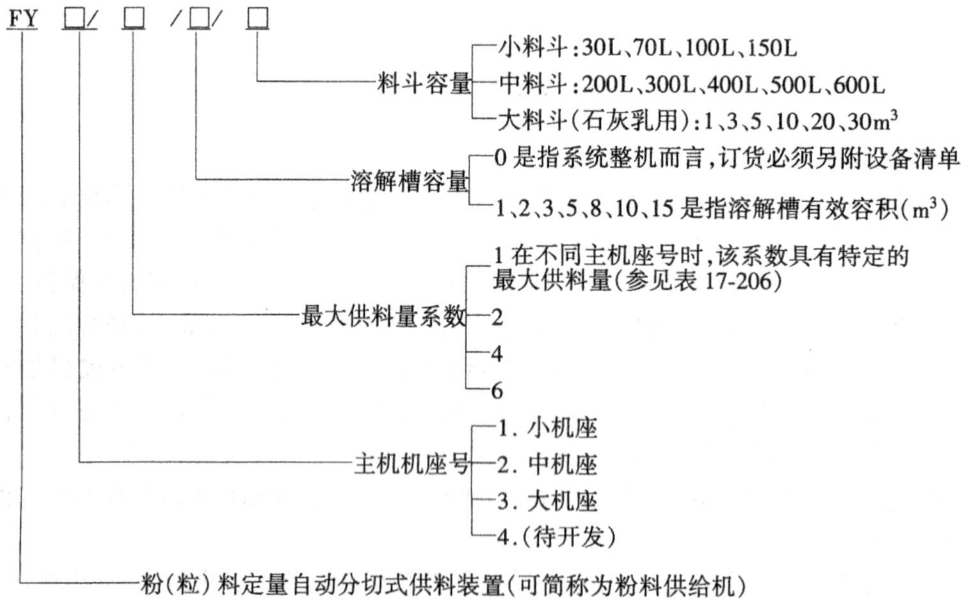

(3)性能参数：见表17-206。

表 17-206　FY 系列粉体定量投加装置的性能

名　称	机座号	供料量系数	供料量 /$m^3 \cdot h^{-1}$	电机容量(三相) 380V/kW	调速范围比	适用条件
定量分切式供料机(圆孔式)	1	1	0.0015～0.006	0.37	1:3.3～1:4	(1)适用于直径 0.5mm 以下流动性良好粉(粒)料 (2)量斗固定,调整转速来调供粉料
		2	0.003～0.012			
		4	0.006～0.024			
		6	0.009～0.036			
定量分切式供料机(扇形式)	3	1	0.009～0.036	0.55(0.75)	1:3.3～1:4	(1)适用于从微粉到颗粒(粉)料的广泛用途 (2)量斗固定,调整转速来调供粉料
		2	0.18～0.6			
		4	0.36～1.2	0.55(0.75)		
		6	0.54～1.8			
石灰乳制备(石灰乳硝化装置)(见图 17-92)	4	1	0.03～0.1	精 1.1(粗 5.5)	1:3.3～1:4	应用于石灰乳制备系统:精料为 0.2mm 以下粗料为 3mm 以下
		2	0.1～0.3	精 1.5(粗 5.5)		
		3	0.3～1.0	精 2.2(粗 7.5)		
		4	0.1～3.0	精 2.2(粗 11)		

生产厂家:丹东水技术机电研究所　　　　厂址:辽宁省丹东市振兴区福春街 88 号

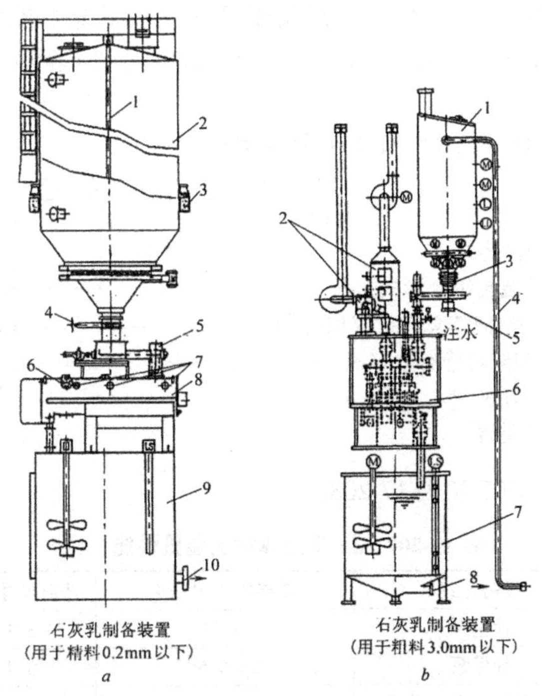

石灰乳制备装置
(用于精料0.2mm以下)
a

石灰乳制备装置
(用于粗料3.0mm以下)
b

图 17-92　石灰乳硝化装置

a:　1—进料管;2—料仓;3—基础;4—阀门;5—定量送管;6—冷却除尘;7—硝化稀释进水;8—石灰硝化机;9—稀释罐;10—出液口;

b:　1—料仓;2—冷却除尘;3—阀门;4—进料管;5—定量送料器;6—硝化机;7—稀释罐;8—出液口

(4)流程图及外形:见图 17-93。

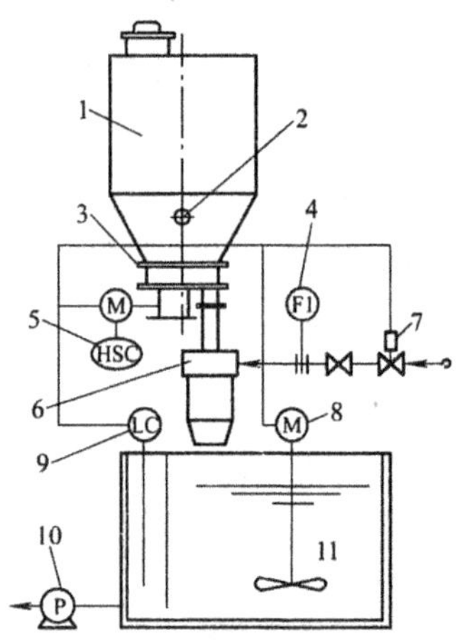

图 17-93 FY 系列定量投药装置流程图

1—料斗;2—料位计;3—供粉机;4—流量计;5—调速电机;
6—混合器;7—供水电磁阀;8—搅拌机;
9—液位计;10—计量泵;11—溶解槽

17.12.3 液体加药装置

(1)适用范围:该系列液体加药装置广泛用于循环供水系统中投加液态水质稳定剂之用,还可使用于投加液体杀生剂,混凝剂和类似上述性能的水处理药剂。

(2)型号意义说明:

按加药装置的主体特征分为 JY 和 WA 两种型式。

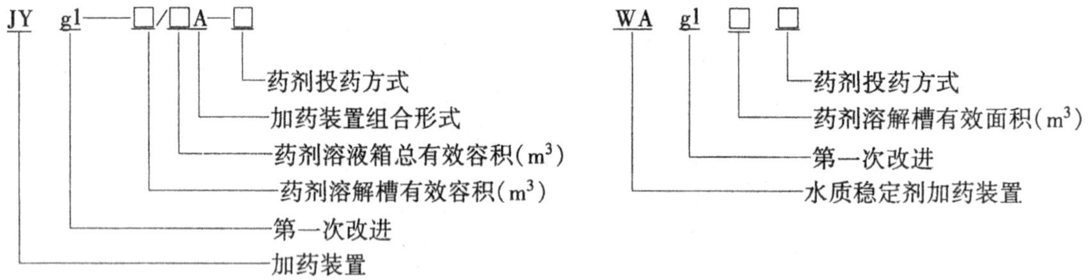

(3)性能参数:见表 17-207 和表 17-208。

表 17-207 JY 型液体加药装置性能

型　号	投药方式	搅拌机功率/kW	外形尺寸($L\times B\times H$)/m	质量/kg
JY-0.3/0.72A-1	计量泵	0.55	3.1×2.5×2.6	900
JY-0.6/1.44B-1	计量泵	2×0.55	3.1×4.2×2.6	1500
JY-0.3/0.72A-2	喷射器附转子流量计	0.55	3.1×2.2×2.6	800
JY-0.6/1.44B-2	喷射器附转子流量计	2×0.55	3.1×3.6×2.6	1800
JY-0.3/0.72A-3	喷射器	0.55	3.1×2.2×2.6	800
JY-0.6/1.44B-3	喷射器	2×0.55	3.1×3.6×2.6	1300

生产厂家:丹东水技术机电研究所　　厂址:辽宁省丹东市振兴区福春街 88 号

表 17-208 WA 型液体加药装置性能

型 号	投药方式	搅拌机功率/kW	外形尺寸/m	质量/kg
WA-0.5-1	计量泵	0.55	2.3×2×2.6	700
WA-0.5-2	喷射器附转子流量计	0.55	2.1×2×2.6	680
WA-0.5-3	重力投配附转子流量计	0.55	2.1×2×2.6	680
WA-0.5-4	喷射器	0.55	2.1×2×2.6	680
生产厂家:丹东水技术机电研究所			厂址:辽宁省丹东市振兴区福春街 88 号	

(4)安装图及安装尺寸:见图 17-94 和图 17-95。

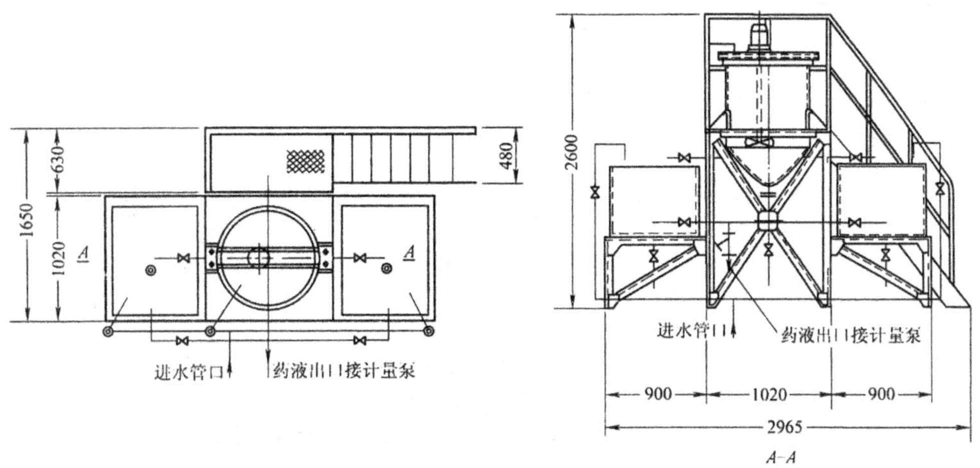

图 17-94 JY-0.3/0.72A-1 型加药装置外形及安装尺寸图

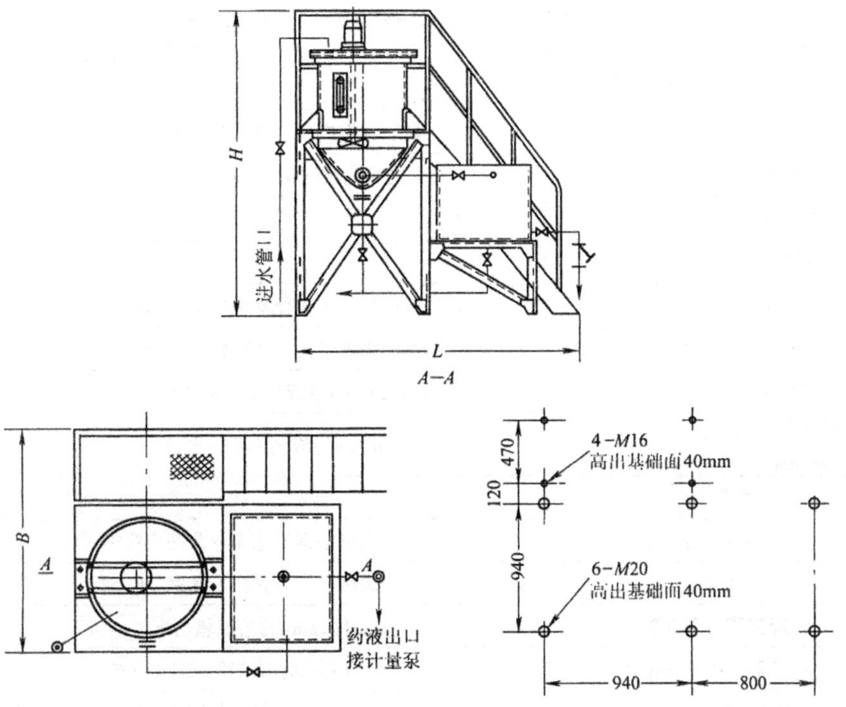

图 17-95 WA 型加药装置外形及安装尺寸图

17.12.4 CT(H/A)系列成套加药装置

(1)适用范围:CT(H/A)系列成套加药装置,是重庆水泵厂在国内最早参照美国和日本技术标准进行设计和生产的多用途加药设备。该设备通过计量泵与各种仪器、仪表以及计算机来实现配药、加药全过程的自动控制,是一种机电一体化的全新产品。它广泛用于钢铁企业、电厂、化工等行业水处理工艺中的加混凝剂、助凝剂、除氧剂、阻垢剂、杀菌剂、水质稳定剂以及酸碱中和。该装置设备类型很多,可根据用户不同的工艺流程和不同的要求来随机组合配置,也可进行结构模块优化设计,以实现高精度地投加各种化学药品。该类产品代表了目前国产加药设备的先进技术水平。

(2)型号意义说明:

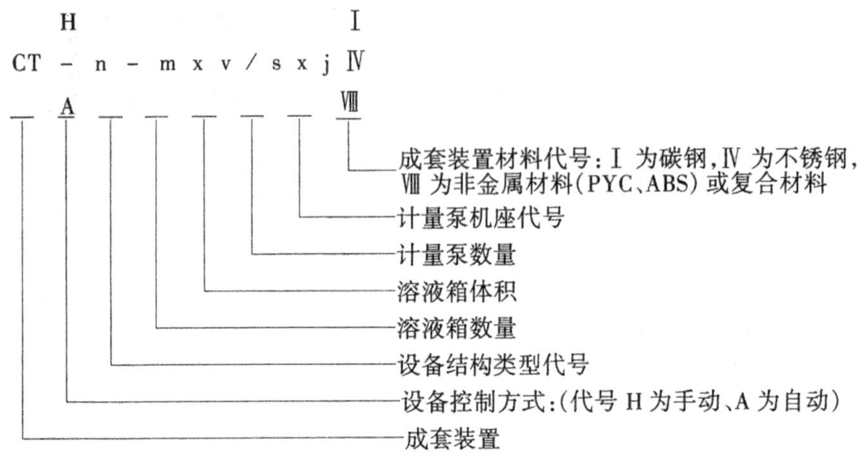

(3)性能参数:见表 17-209。

表 17-209 CT(A/H)系列加药装置规格参数

成套装置型号		CT(A/H)-I/J	CT(A/H) -I/2×J	CT(A/H) -2×V/2×J	CT(A/H) -2×V/3×J	CT(A/H) -3×V/3×J
管道阀门材料		碳钢、碳钢内衬、不锈钢、非金属				
加药计量泵	型号	根据工艺流程及用户要求而定				
	数量/台	1	2	2	3	3
溶液箱	数量/台	1	1	2	2	3
	容积/m³	1(也可根据工艺流程及用户要求而定)				
	材料	碳钢、碳钢内衬、不锈钢、非金属				
	搅拌器功率/kW	1.1(1m³ 的溶液箱所配的电机)				
	搅拌器转速/r·min⁻¹	50(1m³ 的溶液箱所配的电机)				
辅助溶液箱	数量/台	1				
	容积/m³	0.5(也可根据工艺流程及用户要求而定)				
	材料	碳钢、碳钢内衬、不锈钢、非金属				
	搅拌器功率/kW	0.55(0.5m³ 的溶液箱所配的电机)				
	搅拌器转速/r·min⁻¹	50(1m³ 的溶液箱所配的电机)				

生产厂家:重庆水泵厂　　厂址:重庆市沙坪坝区小龙坎正街 340 号

(4)外形及安装尺寸:以三泵二罐式为例(其余安装尺寸请与重庆水泵厂联系)见图 17-96 及表 17-210。

表 17-210　三泵二罐式安装尺寸

机座号	溶液箱体积 /m^3	L	B	B_2	H	L_1	B_1	H_1	H_2	D_1	D_2
J2	1	3000	2400	2750	3400	2400	2400	270	1800	DN50	DN15
J-Z		3100	2400	2750	3400	2400	2400	270	1800	DN50	DN20
J-D		3200	2400	2750	3400	2400	2400	270	1800	DN50	DN20

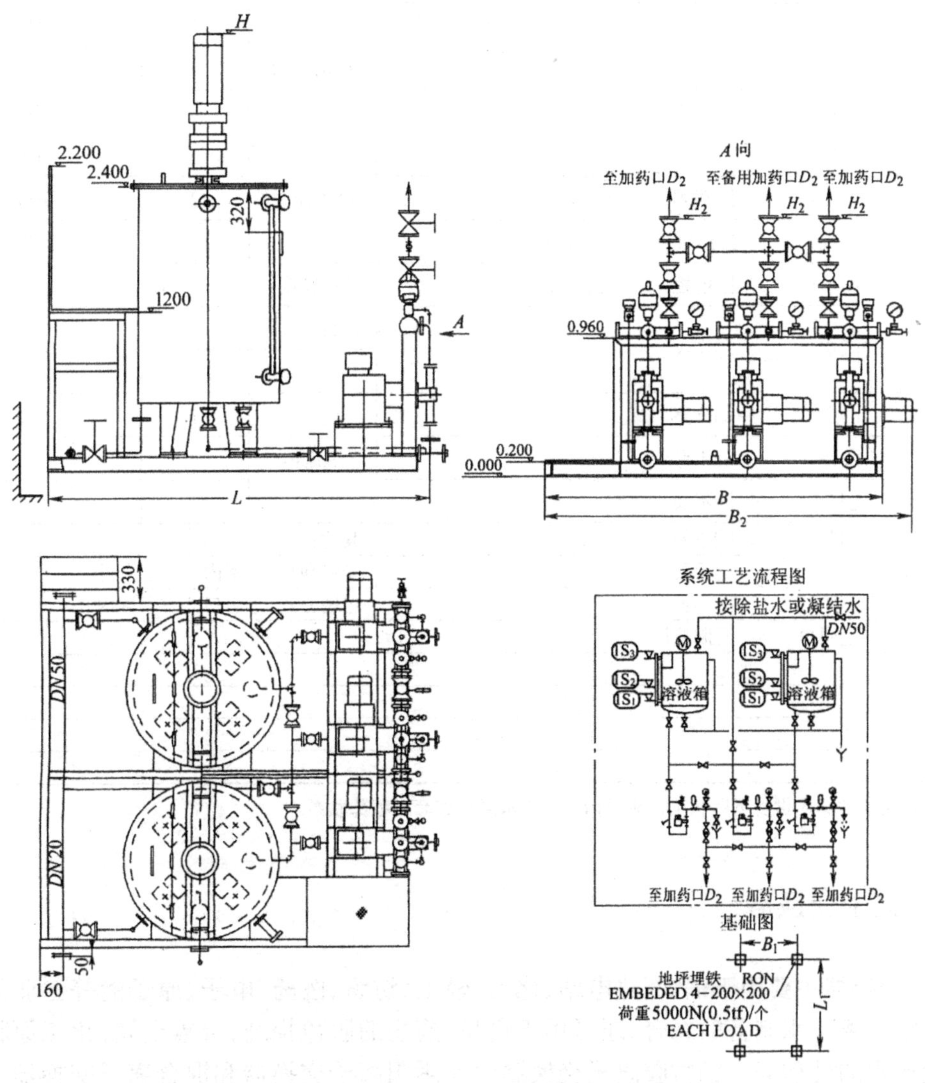

图 17-96　三泵二罐加药装置外形和安装图

(5)加药装置选型表:见表 17-211。

用户： 工程号： 装置：

表 17-211 CT(H/A)系列加药装置,选型表 注:用户提供

用途：				
装置：		数量： 套		
容器容积： m^3	数量： 台	泵数量： 台		
运行条件：		性能参数：		
介质：	温度： ℃	额定流量	1	L/h
功率： kW	密度：		2	L/h
使用： □间断	□连续		3	L/h
		排出压力	1	MPa
结构特征 ：			2	MPa
泵型式： □调量 □非调量			3	MPa
泵头型式： □柱塞 □隔膜		吸入压力	1	MPa
阀门型式： □单阀 □双阀			2	MPa
吸入口径： mm	排出口径： mm		3	MPa
流量控制： □手控 □电控 □气控		计量精度： %		
连接型式： □法兰 □螺纹		材料		
底板要求： □整体 □分离		过流体	1	
安全阀： □要 □不要			2	
空气室： □要 □不要			3	
过滤器： □要 □不要		其他：		
仪表控制柜： □要 □不要		安装地点：□室内 □户外		
低压开关柜： □要 □不要		包装方式：□出口 □国内		
油漆着色： □用户 □制造厂				
备注：				

注:成套装置的具体供货范围和工艺流程请与重庆水泵厂成套工程部联系。

17.13 离子交换器

离子交换器主要用于锅炉、热电站、化工、轻工、纺织、医药、电子、原子能等工业需进行硬水软化、去离子水制备的场合,还可用于食品、药物的脱色提纯,贵重金属,化工原料的回收,电镀废水的处理等。钢衬胶离子交换器设有阴阳离子交换器和混合离子交换器。阴阳离子交换器采用先进的逆流再生工艺,混合离子交换器为柱内再生(型号小的可阴树脂移外再生和阴阳树脂全移外再生)。

17.13.1 逆流再生阳(阴)离子交换器

(1)直径 $\phi500\sim800$mm 的离子交换器

1)性能参数:见表 17-212。

表 17-212　逆流再生阳(阴)离子交换器参数

交换器直径/mm	名　称	设备截面积/m^2	设计流速/$m\cdot h^{-1}$	额定流量/$m^3\cdot h^{-1}$	设计压力/MPa	试验压力/MPa	工作温度/℃	离子交换剂		外形尺寸(直径×高)/mm	设备净质量/kg
								层高/mm	体积/m^3		
ϕ500	阳离子交换器	0.19	25	4.75	0.6	0.9	≤40	1610	0.31	ϕ512×3710	441
	阴离子交换器									ϕ512×4070	480
ϕ600	阳离子交换器	0.28	25	7	0.6	0.9	≤40	1600	0.45	ϕ612×3760	576
	阴离子交换器									ϕ612×4120	640
ϕ800	阳离子交换器	0.40	25	10	0.6	0.9	≤40	1600	0.64	ϕ812×4000	1140
	阴离子交换器									ϕ812×4360	1239
生产厂家:丹东水技术机电研究所								厂址:辽宁省丹东市振兴区福春街 88 号			

2)外形及安装尺寸:见表 17-213 及图 17-97。

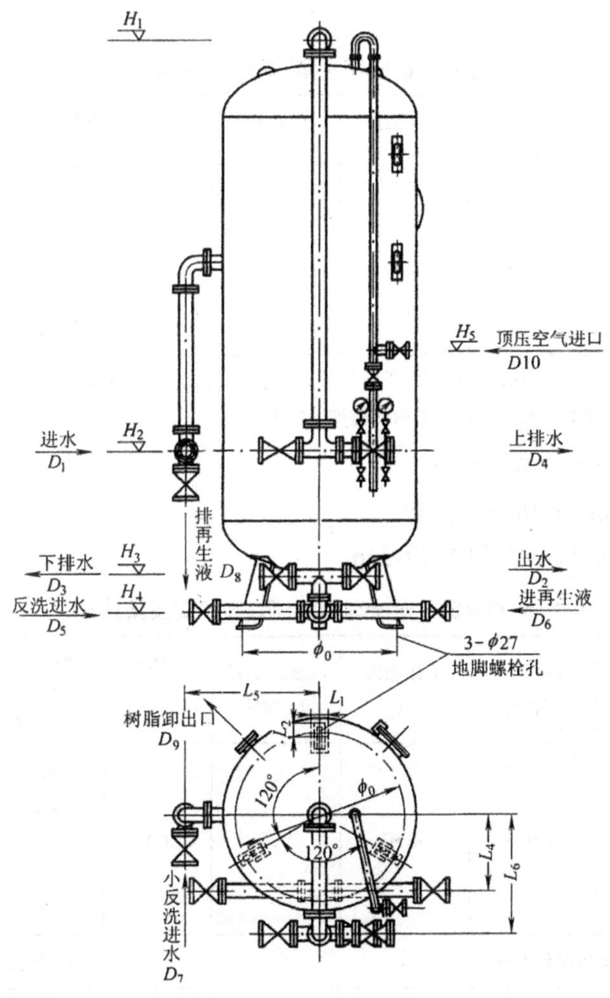

图 17-97　逆流再生阳(阴)离子交换器

表 17-213　设备主要安装尺寸

交换器直径/mm	名　称	H_1	H_2	H_3	H_4	H_5	L_1	L_2	L_3	L_4	L_5	ϕ_0
φ500	阳离子交换器	3710	1200	860	140	1600	90	90	456	350	430	480
	阴离子交换器	4070										
φ600	阳离子交换器	3760	1200	360	140	1600	110	90	506	400	480	580
	阴离子交换器	4120										
φ800	阳离子交换器	4000	1400	410	140	1800	130	100	608	460	600	700
	阴离子交换器	4866										

生产厂家:丹东水技术机电研究所　　厂址:辽宁省丹东市振兴区福春街 88 号

注:设备内部衬橡胶防腐。

(2)直径 φ1000mm 的离子交换器

1)性能参数:见表 17-214。

表 17-214　逆流再生阳(阴)离子交换器参数

规　格	图　号	工作压力/MPa	工作温度/℃	水压试验压力/MPa	离子交换树脂		设计最大出力/$t\cdot h^{-1}$	设备净质量/kg
					层高/mm	质量/kg		
φ1000mm	DS531-0-0	≤0.6	≤50	0.9	2000	(阳) 1256	19.6	1835
						(阴) 1099		

注:1. 设备内所用离子交换树脂由用户自理,压脂层高为 200mm,排水装置为多孔板加塑料水帽;
2. 设备配气动衬胶阀 EG641J-6 型,设备内部衬橡胶防腐。

2)外形及安装尺寸:见图 17-98。

(3)直径 φ1500mm 的离子交换器

1)性能参数:见表 17-215 和表 17-216。

表 17-215　逆流再生阳(阴)离子交换器参数

规　格	图　号	设计压力/MPa	工作温度/℃	水压试验压力/MPa	离子交换树脂		设计最大出力/$t\cdot h^{-1}$	设备净质量/kg
					层高/mm	质量/kg		
φ1500mm	DS531-0-0	≤0.6	≤50	0.9	2000	(阳) 2824	44.2	3183
						(阴) 2469		

生产厂家:丹东水技术机电研究所　　厂址:辽宁省丹东市振兴区福春街 88 号

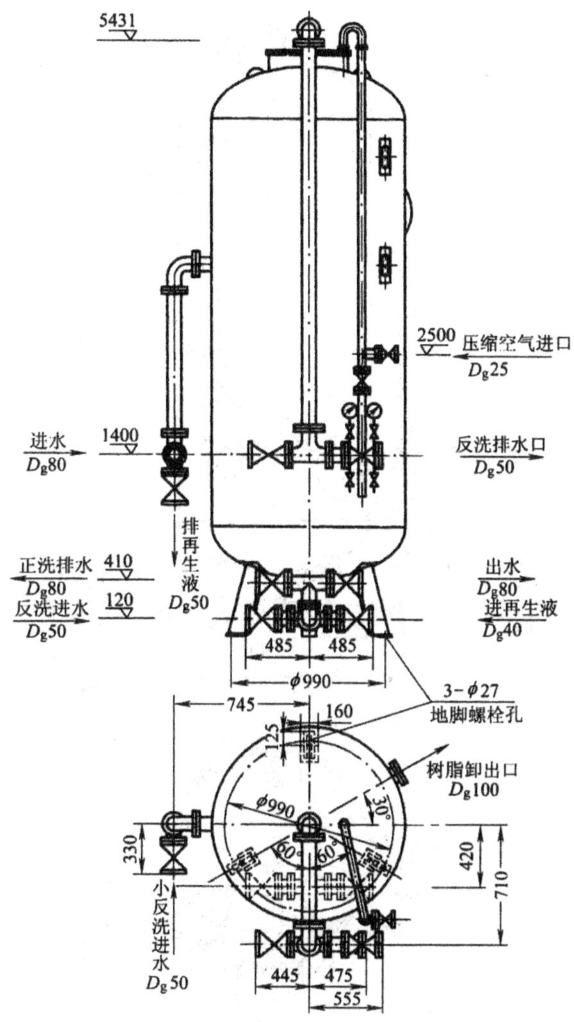

图 17-98 逆流再生阳(阴)离子交换器

表 17-216 石英砂级配

	颗粒直径/mm	高度/mm
石英砂级配	1～2	200
	2～4	100
	4～8	100
	8～16	100
	16～32	150

注:1. 设备配气动衬胶阀 EG641J-6 型,设备内部衬橡胶防腐;

2. 设备内所用离子交换树脂和石英砂由用户自理,压脂层高为 200mm;

3. 排水装置也可为多孔板加塑料水帽。

2)外形及安装尺寸:见图 17-99。

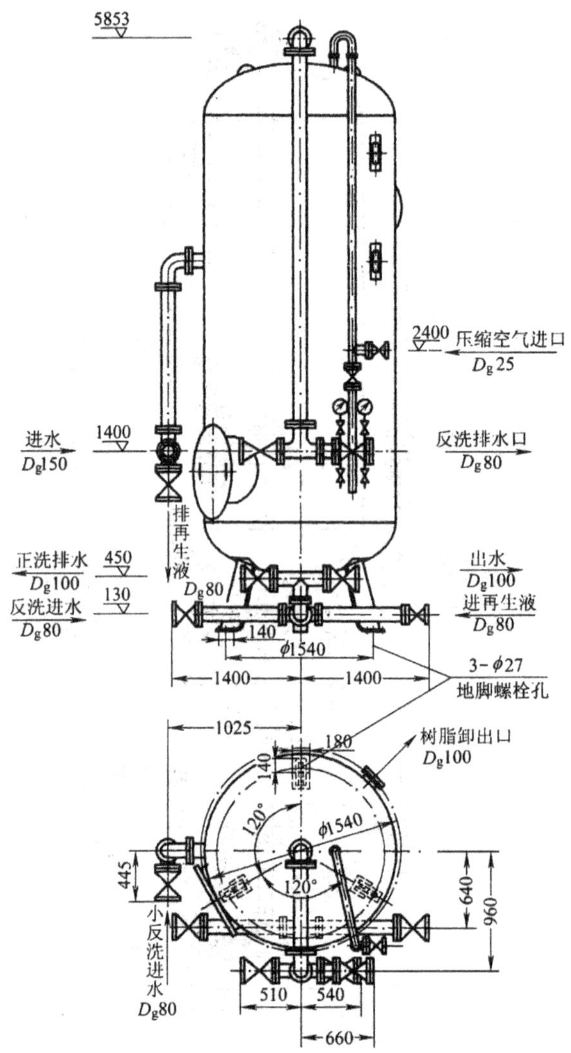

图 17-99 逆流再生阳(阴)离子交换器

(4)直径 ϕ2000mm 的离子交换器

1)性能参数:见表 17-217 和表 17-218。

表 17-217 逆流再生阳(阴)离子交换器参数

规 格	图 号	设计压力/MPa	工作温度/℃	水压试验压力/MPa	离子交换树脂		设计最大出水量/t·h^{-1}	设备净质量/kg
					层高/mm	质量/kg		
ϕ2000mm	DS585-0-0	≤0.6	≤50	0.9	2000	(阳) 5024 (阴) 4398	78.5	4632

生产厂家:丹东水技术机电研究所　　厂址:辽宁省丹东市振兴区福春街 88 号

表 17-218　石英砂级配

	颗粒直径/mm	高度/mm
石英砂级配	1~2	150
	2~4	150
	5~10	150
	15~20	170
	25~30	200

注:1. 设备内所用离子交换树脂和石英砂由用户自理,压脂层高为 200mm;
2. 设备配气动衬胶阀 EG641J-6 型,设备内部衬橡胶防腐;
3. 排水装置也可为多孔板加塑料水帽。

2)外形及安装尺寸:见图 17-100。

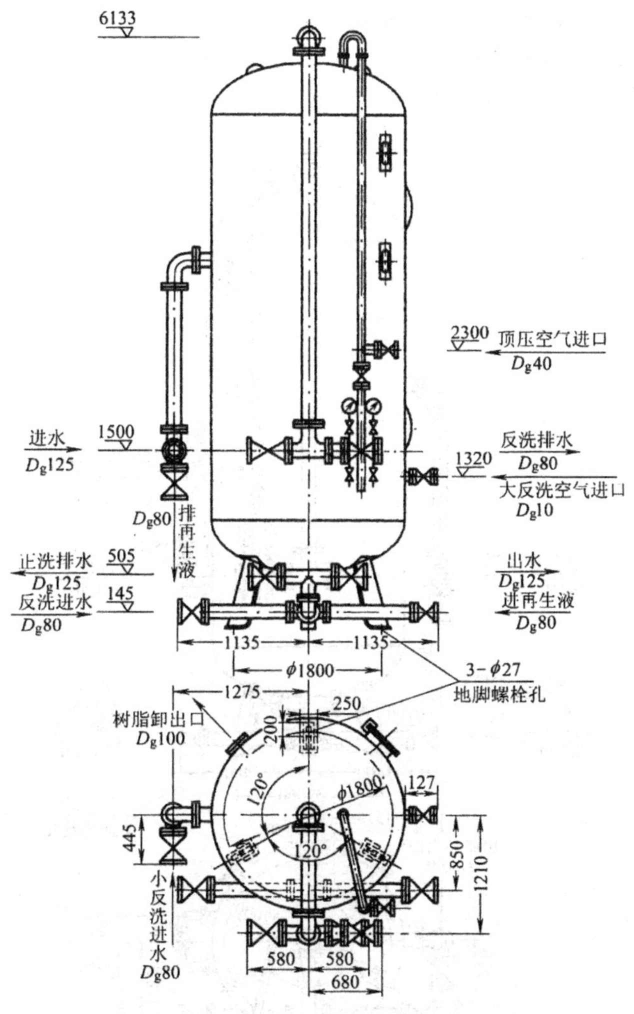

图 17-100　逆流再生阳(阴)离子交换器

(5)直径 ϕ2500mm 的离子交换器

1)性能参数:见表 17-219 和表 17-220。

表 17-219　逆流再生阳(阴)离子交换器参数

规　格	图　号	设计压力/MPa	设计温度/℃	水压试验压力/MPa	离子交换树脂		设计最大出水量/t·h⁻¹	设备净质量/kg
					层高/mm	质量/kg		
ϕ2500mm	DS587-0-0	≤0.6	≤50	0.9	2400	(阳)9424 (阴)8246	122.7	8168
生产厂家:丹东水技术机电研究所					厂址:辽宁省丹东市振兴区福春街 88 号			

表 17-220　石英砂级配

	颗粒直径/mm	高度/mm
石英砂级配	1~2	150
	2~4	150
	5~10	150
	15~20	200
	25~30	200

注:1. 设备内所用离子交换树脂和石英砂由用户自理,压脂层高为 200mm;

2. 设备配气动衬胶阀 EG641J-6 型,设备内部衬橡胶防腐;

3. 排水装置也可为多孔板加塑料水帽。

2)外形及安装尺寸:见图 17-101。

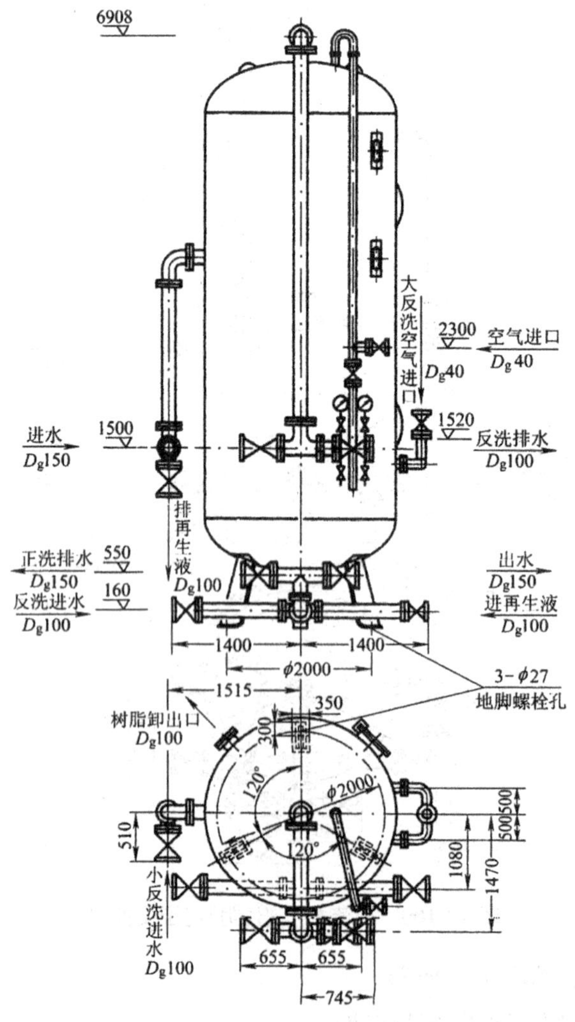

图 17-101　逆流再生阳(阴)离子交换器

(6)直径 ϕ3000 的离子交换器

1)性能参数:见表 17-221 和表 17-222。

表 17-221　逆流再生阳(阴)离子交换器参数

<table>
<tr><th rowspan="2">规　格</th><th rowspan="2">图　号</th><th rowspan="2">设计压力/MPa</th><th rowspan="2">工作温度/℃</th><th rowspan="2">水压试验压力/MPa</th><th colspan="2">离子交换树脂</th><th rowspan="2">设计最大出水量/t·h⁻¹</th><th rowspan="2">设备净质量/kg</th></tr>
<tr><th>层高/mm</th><th>质量/kg</th></tr>
<tr><td rowspan="2">φ3000mm</td><td rowspan="2">DS589-0-0</td><td rowspan="2">≤0.6</td><td rowspan="2">≤50</td><td rowspan="2">0.9</td><td rowspan="2">2400</td><td>(阳)13568</td><td rowspan="2">176.6</td><td rowspan="2">12329</td></tr>
<tr><td>(阴)11872</td></tr>
<tr><td colspan="5">生产厂家:丹东水技术机电研究所</td><td colspan="4">厂址:辽宁省丹东市振兴区福春街 88 号</td></tr>
</table>

表 17-222　石英砂级配

	颗粒直径/mm	高度/mm
石英砂级配	1～2	240
	2～4	150
	5～10	150
	15～20	150
	25～30	250

注:1. 设备内所用离子交换树脂和石英砂由用户自理,压脂层高为 200mm;
2. 设备配气动衬胶阀 EG641J-6 型,设备内部衬橡胶防腐;
3. 排水装置也可为多孔板加塑料水帽。

2)外形及安装尺寸:见图 17-102。

17.13.2　逆流再生钠离子交换器

ϕ500～2500mm 离子交换器

(1)性能参数:见表 17-223。

表 17-223　逆流再生钠离子交换器性能参数

<table>
<tr><th rowspan="2">规格/mm</th><th rowspan="2">图　号</th><th rowspan="2">设计压力/MPa</th><th rowspan="2">工作温度/℃</th><th rowspan="2">水压试验压力/MPa</th><th colspan="2">离子交换树脂</th><th rowspan="2">设计最大出水量/t·h⁻¹</th><th rowspan="2">设备净质量/kg</th></tr>
<tr><th>层高/mm</th><th>质量/kg</th></tr>
<tr><td>φ500</td><td>DS510-0-0</td><td rowspan="6">≤0.6</td><td rowspan="6">5～80</td><td rowspan="6">0.9</td><td>1500</td><td>188.4</td><td>2.9</td><td>770</td></tr>
<tr><td>φ750</td><td>DS511-0-0</td><td>1500</td><td>422.4</td><td>6.6</td><td>900</td></tr>
<tr><td>φ1000</td><td>DS513-0-0</td><td>2000</td><td>1002.8</td><td>11.8</td><td>1000</td></tr>
<tr><td>φ1500</td><td>DS515-0-0</td><td>2500</td><td>2830</td><td>26.5</td><td>2300</td></tr>
<tr><td>φ2000</td><td>DS516-0-0</td><td>2500</td><td>5030</td><td>47.1</td><td>3470</td></tr>
<tr><td>φ2500</td><td>DS518-0-0</td><td>2500</td><td>7870</td><td>73.6</td><td>5710</td></tr>
<tr><td colspan="5">生产厂家:丹东水技术机电研究所</td><td colspan="4">厂址:辽宁省丹东市振兴区福春街 88 号</td></tr>
</table>

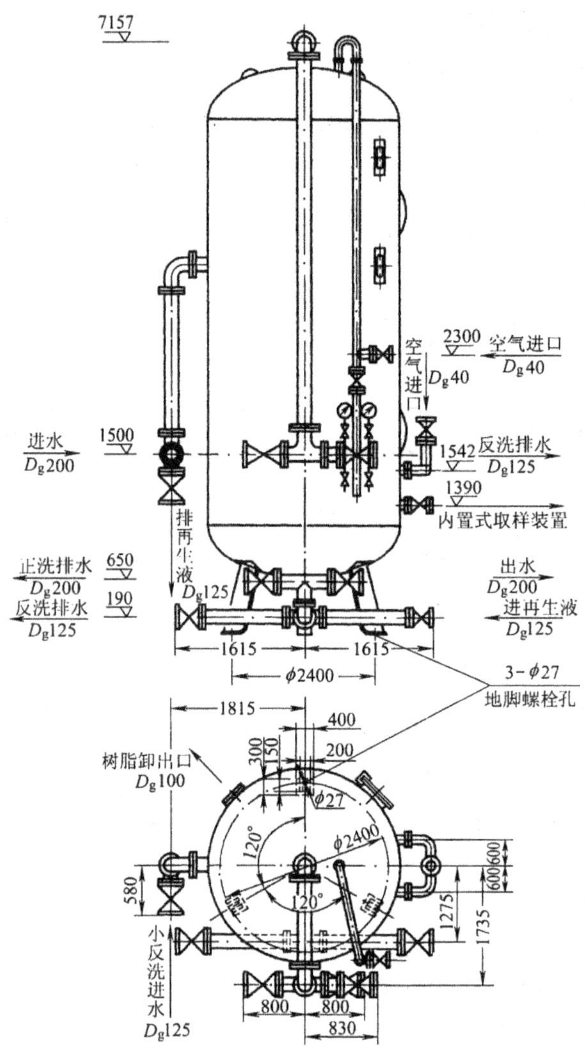

图 17-102　逆流再生阳(阴)离子交换器

(2)外形及安装尺寸:见表 17-224 及图 17-103。

表 17-224　ϕ500～2500mm 逆流再生钠离子交换器主要尺寸

直径/mm \ 尺寸/mm	H	H_1	H_2	H_3	H_4	L	L_1	L_2	L_3	L_4
ϕ500	3260	1200	850	400	1150	477	603	450	450	1277
ϕ750	3450	1200	800	150	1101	602	602	575	350	1138
ϕ1000	3950	1200	900	228	1201	729	603	750	470	1149
ϕ1500	4960	1200	1200	188	1590	979	700	1000	614	1508
ϕ2000	5200	1200	1200	218	1635	1254	910	1250	799	1780
ϕ2500	5500	1200	1000	254	1475	1507	910	1500	941	2042

续表 17-224

尺寸/mm 直径/mm	D_{g1}	D_{g2}	D_{g3}	D_{g4}	D_{g5}	D_{g6}	D_{g7}	D_{g8}	D_{g9}	ϕ	a	b	α
ϕ500	50	50	50	50	50	50	50	50	25	850	200	150	32°80′
ϕ750	50	50	50	50	50	50	50	50	25	750	130	100	25°
ϕ1000	80	80	80	80	80	80	50	50	25	990	160	125	20°
ϕ1500	100	100	100	100	100	50	50	50	32	1540	180	140	20°
ϕ2000	125	125	125	125	125	80	80	80	32	1800	250	200	20°
ϕ2500	150	150	150	150	150	80	80	80	32	2000	350	300	20°

注：设备内所装离子交换剂及混凝土由用户自理，压脂层高为 200mm；排水装置也可为多孔板加塑料水帽。

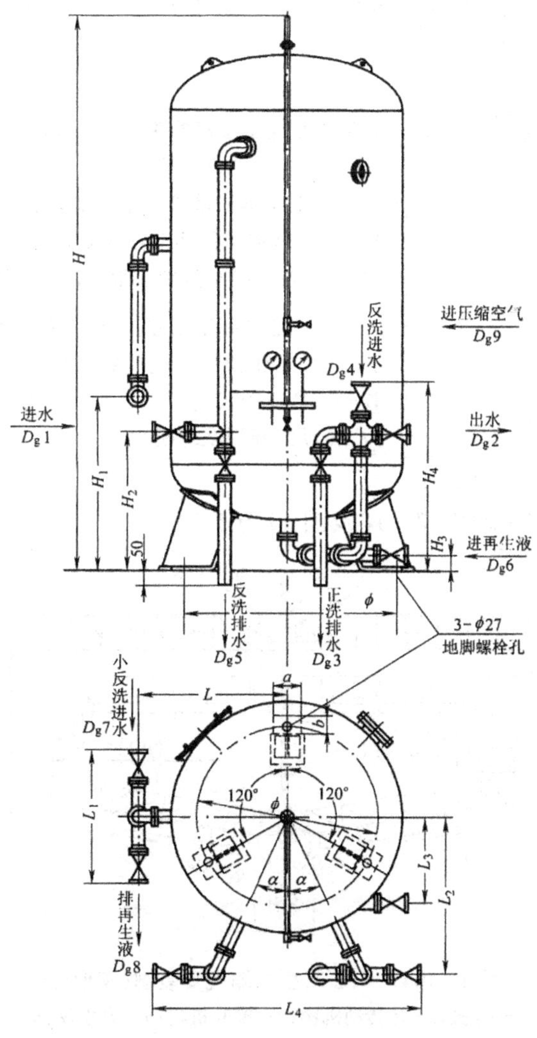

图 17-103 逆流再生钠离子交换器

17.14 浓缩机

17.14.1 NEZ 系列新型中心传动浓缩机

(1)适用范围:NEZ 系列新型浓缩机是一种中心传动式连续或间歇工作的浓缩和澄清设备。它主要用于冶金工业中高炉、连铸、热轧和水厂等处理系统或用于煤炭、化工、建材和源水处理、污水处理等工业中一切含固料浆液的浓缩或净化,也可用于湿式选矿作业中的精、尾矿矿浆浓缩脱水。

在 NEZ 系列浓缩机中,NEZ 型浓缩机是基本型的,只带有渣耙;而 NEZY 型浓缩机在原有基础上,在水面位置又增加了一只油耙(通过集油器将水面的废油刮走),NEZI 是一种带有絮凝装置的浓缩机;而 NEZIY 浓缩机,功能完善,既带有油耙,又带有絮凝装置;此外,NEZF 其浓缩沉淀效率比以往圆形池浓缩机提高 20% 以上,因为它具有扫描刮集方形池底污泥的功能。

(2)型号意义说明:

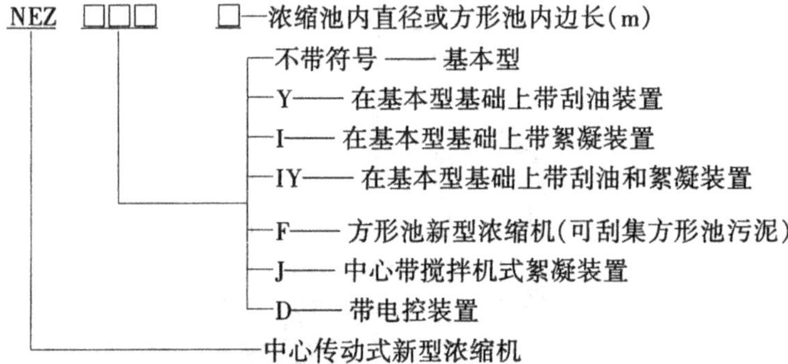

(3)性能及参数:见表 17-225。

(4)外形及安装尺寸:见图 17-104 及图 17-105。

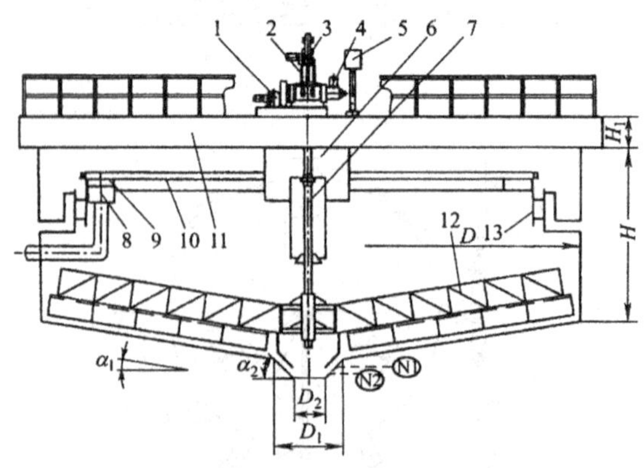

图 17-104 NEZ 新型浓缩机安装图(圆形池)

1—电机;2—主传动机构;3—提升机构;4—力矩仪;5—电控箱;6—絮凝装置;7—主轴;8—集油器;9—活动油耙;10—立油耙;11—主梁;12—刮泥耙;13—溢流堰

NEZ 系列浓缩机是一种大型设备的机电一体化小系统，产品样本根本不可能给出十分详细的设计资料，有关电控装置，土建资料和负荷分布图等资料均可由该所负责提供。

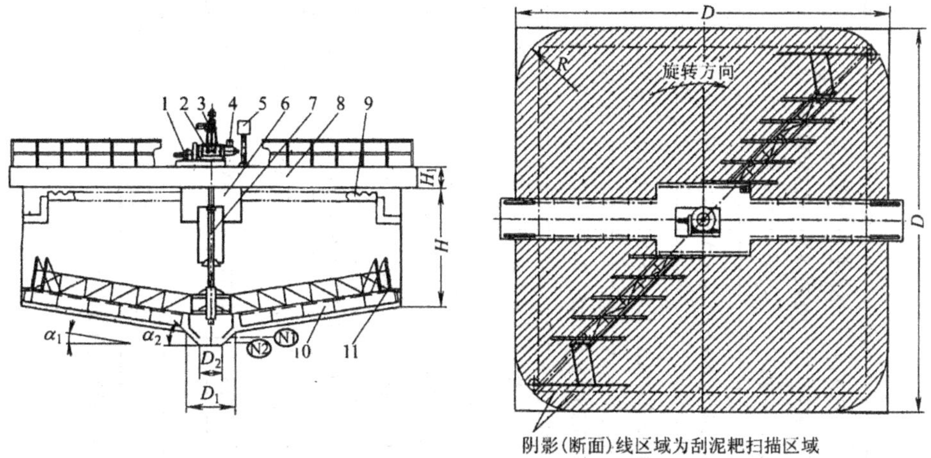

图 17-105　NEZF 系列新型方形池浓缩机安装图(方形池)

1—电机；2—主传动机构；3—提升机构；4—力矩仪；5—电控箱；6—絮凝装置；

7—主轴；8—主梁；9—溢流堰；10—刮泥耙；11—副耙机构

17.14.2　NG、NT 系列浓缩机(周边传动、带油耙和絮凝装置)

(1)适用范围：NG、NT 系列浓缩机是一种周边传动式连续工作的浓缩机和澄清设备，它主要用于湿式选矿作业中的精矿、尾矿矿浆浓缩脱水，也可用于冶金工业中高炉、连铸、热轧等水处理系统或用于煤炭、化工、建材和水源、污水处理等工业中一切含固料浆的浓缩或净化。NT 系列周边传动浓缩机见图 17-106。

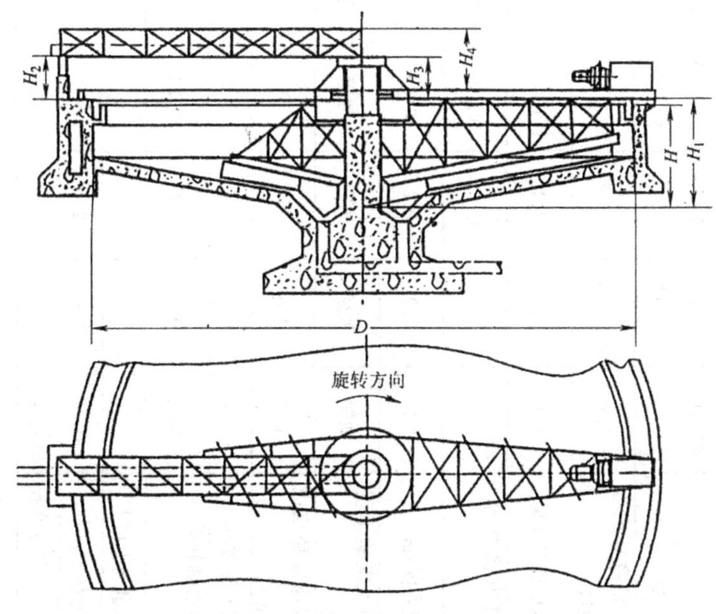

图 17-106　NT 系列周边传动浓缩机

表 17-225 NEZ 系列性能

	参数 \ 型号	NEZ-1.8	NEZI-3.6(-4)	NEZIY-NEZF-6(-7)	NEZIY-NEZF-9(-10)	NEZIY-NEZF-12(-13)	NEZIY-NEZF-15(-16)	NEZIY-NEZF-18(-19)	NEZIY-NEZF-20(-22)	NEZIY-NEZF-24(-26)	NEZIY-NEZF-29(-32)	NEZIY-NEZF-35(-36)	NEZIY-30	NEZ-40~45
可选择参数	圆形池直径或方形池边长/m	1.8	3.6(-4)	6(-7)	9(-10)	12(-13)	15(-16)	18(-19)	20(-22)	24(-26)	29(-32)	35(-36)	30	40~45
	主电机功率/kW	1.1	1.1	1.1	1.1~2.2	1.5~2.2	1.5~3.0	2.2~4.0	2.2~4.0	2.2~5.5	3.0~5.5	2×3.0	4~5.5	5.5~7.5
	提耙电机功率/kW			0.55	0.55	0.75	0.75~1.1	0.75~1.1	0.75~1.1	0.75~1.5	1.5~2.2	2.2	7.5(搅拌)	3.0
	提耙高度/m	0.16	0.2	0.2	0.25	0.25	0.35	0.35	0.35	0.35	0.5	0.5	搅拌机	500
	扭矩及荷重承受部位	池壁	池壁	池壁	池壁	池壁	池壁(或中心)	池壁(或中心)	池壁(或中心)	池壁(或中心)	中心	中心	中心	中心
典型参数	浓缩池内径或边长/m	1.8	3.6	6	9	12	15	18	20	24	29	35	30	40~45
	浓缩池深度/m	1.8	1.8	3.0	3.0	3.0	4.0	4.0	4.0	4.0	4.25~5.6	4.2~6.2	4.6	4.5~6.0
	主传动轴转数/$r \cdot min^{-1}$	0.5	0.4	0.27	0.23	0.18	0.096	0.0607	0.0607	0.0607	0.0311	0.05	0.042	0.05
处理水量/$m^3 \cdot h^{-1}$								140	160	185	1080	1000	1260	2400
生产能力/$t \cdot h^{-1}$		0.23	0.93	2.6	5.8	11	15							100

生产厂家:丹东水技术研究所　　厂址:辽宁省丹东市振兴区福春街 88 号

注:1. NEZ 系列产品的力矩选择已规范化,即同一种直径的 NEZ,允许用户按不同工况要求,选择不同工作力矩,故这些参数是可选择的;

2. 池子各部详细尺寸请与该所直接联系索取。

在 NG、NT 系列浓缩机中,NG、NT 型是基本型的,只带有渣耙,而 NGY、NTY 型浓缩机在原有基础上,在水面上又增加了一只油耙(通过集油器将水面的废油刮走),NGg1、NTg1 是一种带有絮凝装置的浓缩机。此外,NGYg1、NTYg1 浓缩池功能最为完善,它既带有油耙又带有絮凝装置。

(2)型号意义说明:NG、NT 系列浓缩机的型号说明。

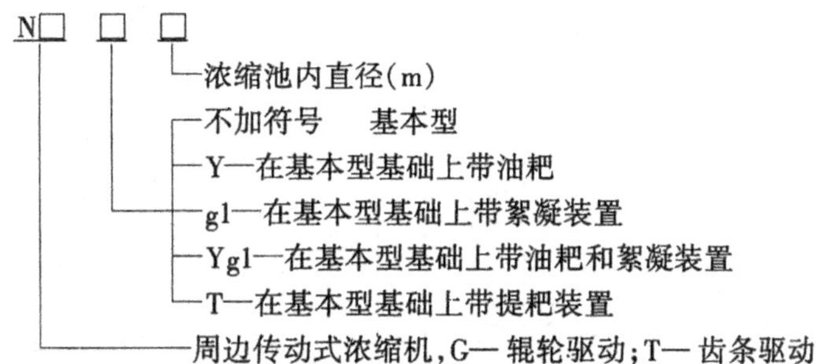

(3)性能及其参数:见表 17-226。

(4)安装图及安装尺寸:

见图 17-107。

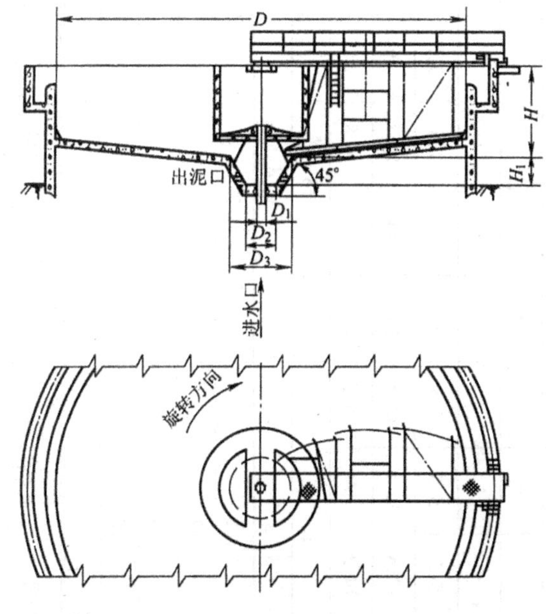

图 17-107 NG 形周边传动刮泥机安装图

17.14.3 NZS$_1$ 型中心传动浓缩机

(1)适用范围:浓缩是减少污泥体积的一种方法,在污泥处理过程中,一般都采用重力浓缩的方法作为污泥脱水操作的预处理。因此在浓缩池中进行的污泥浓缩,实际上与沉淀池的沉淀过程很相似,浓缩池池径小,往往在 6~20m 范围内,故浓缩池大多采用中心传动形式。

表 17-226 NG、NT 系列浓缩机主要性能

项目内容 \ 型号		NG NT -15	NGY NTY -15	NGg1 NTg1 -15	NGYg1 NTYg1 -15	NG NT -18	NGY NTY -18	NGg1 NTg1 -18	NGYg1 NTYg1 -18	NG NT -24	NGY NTY -24	NGg1 NTg1 -24	NGYg1 NTYg1 -24	NG NT -30	NGY NTY -30	NGg1 NTg1 -30	NGYg1 NTYg1 -30
装置（功能）	带渣耙/套	1	1	1	1	1	1	1	1	1	1	1	1	1	1	1	1
	带油耙/套	—	1	—	1	—	1	—	1	—	1	—	1	—	1	—	1
	带絮凝装置/套	—	—	1	1	—	—	1	1	—	—	1	1	—	—	1	1
电机功率①/kW		5.5	5.5	5.5	7.5	5.5	7.5	7.5	7.5	7.5	7.5	7.5	10	7.5	10	10	10
主机质量/t	G 型	9.40	12.8	12.5	13.5	10.2	14	14.7	16	24.2	31	29.5	34	27.3	35	34	38
	T 型	11	14.2	14	15.5	12.5	17	16.8	18	29	35	34.0	38.5	32	40	39	43
浓缩池内直径 D/m		15				18				24				30			
絮凝筒直径/m		3～3.5				3～4				3.5～5				4～6			
浓缩池深度 H/m		3.6				3.4				3.44				3.6			
池底沉淀面积/m^2		177				255				452				707			
耙架每转时间/min		8.4				10				12.7				16			
24h 最大处理能力②/t		390				560				1000				1570			

生产厂家:丹东水技术机电研究所　　　　厂址:辽宁省丹东市振兴区福春街 88 号

项目内容 \ 型号		NT－38	NTY－38	NTg1 －38	NTYg1 －38	NT－45	NTY－45	NTg1 －45	NTYg1 －45	NY－50	NTY－50	NTg1 －50	NTYg1 －50
装置（功能）	带渣耙/套	1	1	1	1	1	1	1	1	1	1	1	1
	带油耙/套	—	1	—	1	—	1	—	1	—	1	—	1
	带絮凝装置/套	—	—	1	1	—	—	1	1	—	—	1	1

续表 17-226

项目内容 \ 型号	NT-38	NTY-38	NTgl-38	NTYgl-38	NT-45	NTY-45	NTgl-45	NTYgl-45	NT-50	NTY-50	NTgl-50	NTYgl-50
电机功率①/kW	11	11	11	11	11	11	11	11	11	11	11	11
主机重量/t	59.82	69	63	73	58.61	75	64	79	65.92	77	70	83
浓缩池内径/m	38				45				50			
絮凝筒直径/m	5~7				6~8				7~10			
浓缩池深度 H/m	5.06				5.06				5.06			
池底沉淀面积/m^2	1134				1590				1964			
耙架每转时间/min	17				19.3				21.7			
24h最大处理能力②/t	1600				2400				3000			

生产厂家:丹东水技术机电研究所　　厂址:辽宁省丹东市振兴区福春街88号

项目内容 \ 型号		NT-53	NTY-53	NTgl-53	NTYgl-53	NT-100	NTY-100	NTgl-100	NTYgl-100
装置(功能)	带渣耙/套	1	1	1	1	1	1	1	1
	带油耙/套	—	1	—	1	—	1	—	1
	带絮凝装置/套	—	—	1	1	—	—	1	1
电机功率①/kW		15	15	15	15	15	15	15	15
主机重量/t		69.41	80	74	84	198.08	210	205	217
浓缩池内径/m		53				100			
絮凝筒直径/m		8~11				9~11			
浓缩池深度 H/m		5.07				5.65			
池底沉淀面积/m^2		2202				7846			
耙架每转时间/min		23.18				43			
24h最大处理能力②/t		3400				3030			

生产厂家:丹东水技术机电研究所　　厂址:辽宁省丹东市振兴区福春街88号

①采用 JO_2-W 型户外电机;

②表中的处理量为机械件所能承担的料浆含固干量的最大值。整机(包括浓缩池)的具体处理参数视料浆性质而定。

该公司可根据用户要求，为用户设计制造各种周边传动的浓缩机，如斜板浓缩池设计制造中心传动浓缩机等。

NZS_1 型轻型中心传动浓缩机适用于市政、轻工等行业中活性污泥的浓缩；NZS_2 型重型适用于矿山、冶炼、钢铁等行业污水处理中密度大、下沉速度快的污泥浓缩。

(2)型号意义说明：

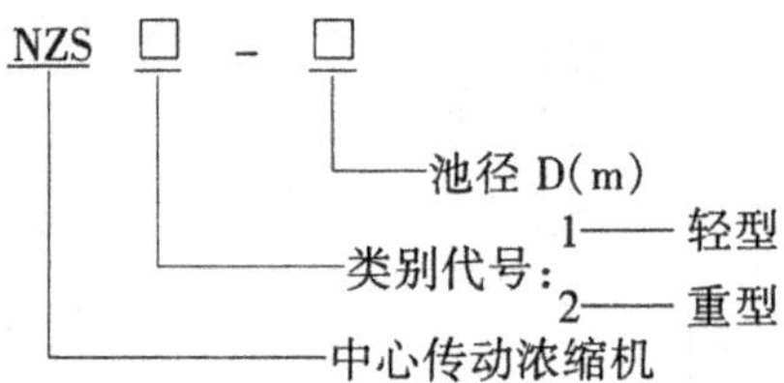

(3)性能参数：见表 17-227 和表 17-228。

表 17-227 NZS_1 型技术参数($D\leqslant14$m)

参数 / 型号规格	性能参数		基本尺寸/mm											推荐池深 H/m	池底坡度/i
	功率/kW	外缘线速度 m/min	D	D_3	D_4	A_1	A_2	A_3	B_1	B_2	B_3	B_4	h		
NZS_1-4	0.37	0.85	4000	2900	3200	570	395	425	365	160	150	736	250	3.5	1:10
NZS_1-6	0.55	1.4	6000	4700	5100								250		
NZS_1-8		1.76	8000	6700	7100								300		
NZS_1-10	0.75	1.3	10000	8600	9000					155	275	736	300		1:12
NZS_1-12		1.56	12000	10600	11000	695	400	460	450	155	275	600	400		
NZS_1-14		1.65	14000	12600	13000								450		

生产厂家：扬州天雨给排水设备集团有限公司 厂址：江苏省江都市滨湖镇

表 17-228 NZS_1 型安装尺寸($D>14$m)

参数 / 型号规格	性能参数		基本尺寸/mm							推荐池深 H/m	池底坡度/i
	功率/kW	外缘线速度 m/min	D	D_1	D_2	D_3	D_4	D_5	h		
NZS_1-15	1.5	2.46	15000	1400	1620	13600	14000	1550	450	4.5	1:12
NZS_1-16		2.62	16000		1670	14600	15000	1600	450		
NZS_1-18		2.95	18000		1770	16560	17000	1700	474		

生产厂家：扬州天雨给排水设备集团有限公司 厂址：江苏省江都市滨湖镇

(4)外形安装尺寸：

NZS_1 型外形结构 $D\leqslant14$m 时，见表 17-227 和图 17-108，$D>14$m 时，见表 17-228 和图 17-109。

17.14.4 NZS_2 型中心传动浓缩池

(1)适用范围：NZS_2 型中心传动浓缩池在 ϕ9m 以内(包括 ϕ9m)，采用大模数蜗轮蜗杆传动，传动扭矩大。

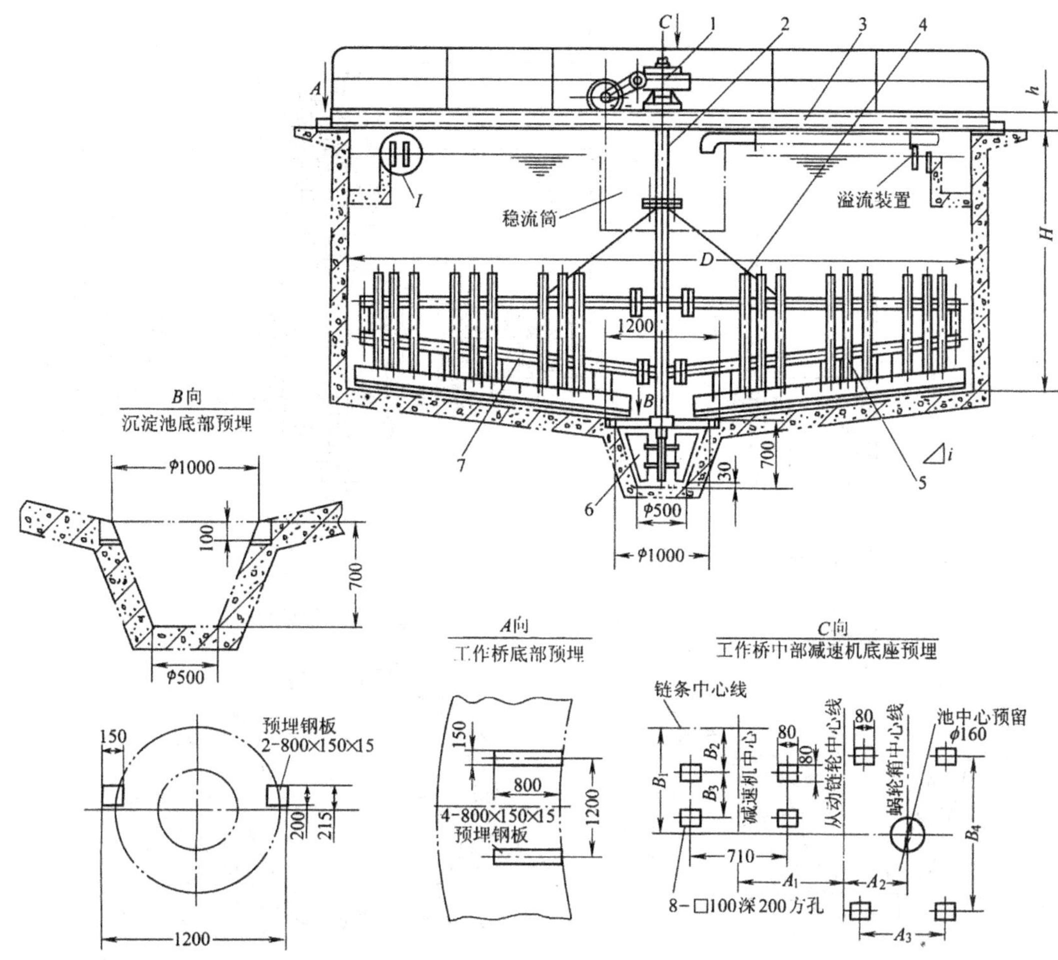

图 17-108 NZS₁ 型浓缩池外形结构($D \leqslant 14$m)

1—驱动机构;2—传动轴;3—工作桥;4—浓缩栅条;5—刮板组合;6—底轴承及刮板;7—刮臂

该型浓缩机当 $D \leqslant 6$m 时,池体为钢制结构,刮臂上不设搅拌栅条。

刮泥桁架整体刚性大,运转速度快,广泛用于矿山、冶炼、钢铁等行业污水处理中污泥密度大,下沉速度快的污泥浓缩池。

(2)性能参数:见表 17-229 和表 17-230。

表 17-229 NZS₂ 型浓缩机技术参数($D \leqslant 6$m)

参数 型号规格	外缘线速度/m·min⁻¹	电机功率/kW	生产能力/t·d⁻¹	提耙高度/mm	沉淀面积/m²	直径 D/m	推荐池深 H/m	D_1/mm	D_2/mm	H_1/mm
NZS₂-3.6	3.7	1.1	28	200	10.2	3.6	3.0	500	4784	约 4660
NZS₂-4.5			45		15.9	4.5		600	4684	
NZS₂-6			62		28.3	6.0		700	6184	

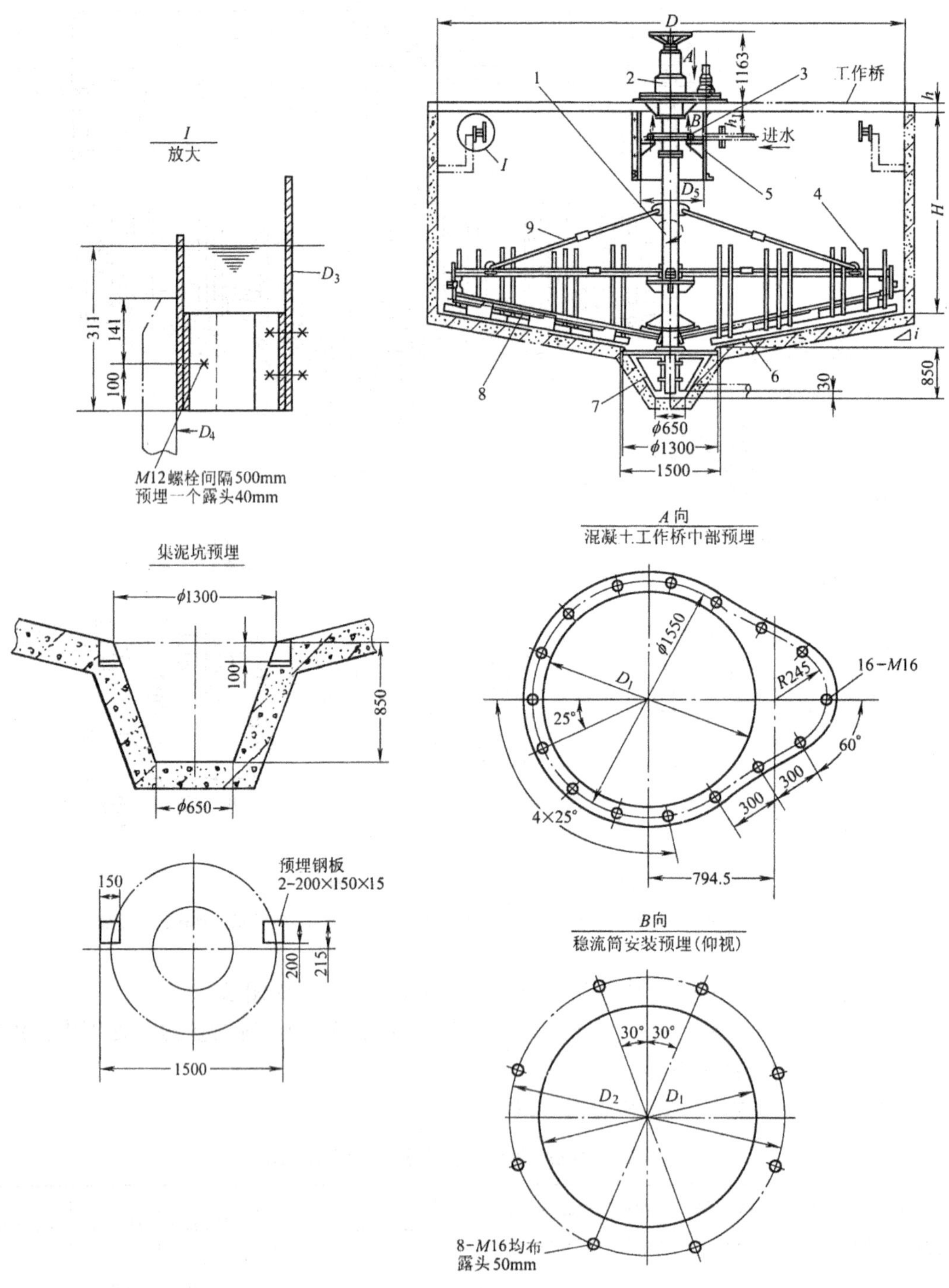

图 17-109 NZS_1 浓缩池外形结构($D>14$m)

1—轴;2—驱动装置;3—布水管道;4—搅拌架;5—稳流筒;6—刮板;7—底轴承;8—刮臂;9—拉杆

表 17-230 NZS_2 型浓缩机技术参数($D=9\sim18m$)

参数 型号规格	每转时间/min	电机功率/kW	生产能力/$t\cdot d^{-1}$	提耙高度/mm	沉淀面积/m^2	直径 D/m	推荐池深 H/m	D_1/mm	D_2/mm	A	B	C
NZS_2-9	4.3	3	140	63.6	200	9.0	3.0	φ1200	φ200	9600	9150	800
NZS_2-12	5.3	3	250	113.1	250	12.0	3.5	φ1500	φ220	12800	12150	1200
NZS_2-15	10.4	5.5	350	176.7	250	15.0	3.5	φ2500	φ300	16000	15150	2700
NZS_2-18	10.4	5.5	530	254.4	250	18.0	3.5	φ3000	φ350	19000	18150	2700
生产厂家:扬州天雨给排水设备集团有限公司									厂址:江苏省江都市滨湖镇			

(3)安装尺寸图:

NZS_2 型外形,$D\leqslant\phi6m$ 时示于图 17-110,$D=\phi9\sim18m$ 时示于图 17-111。

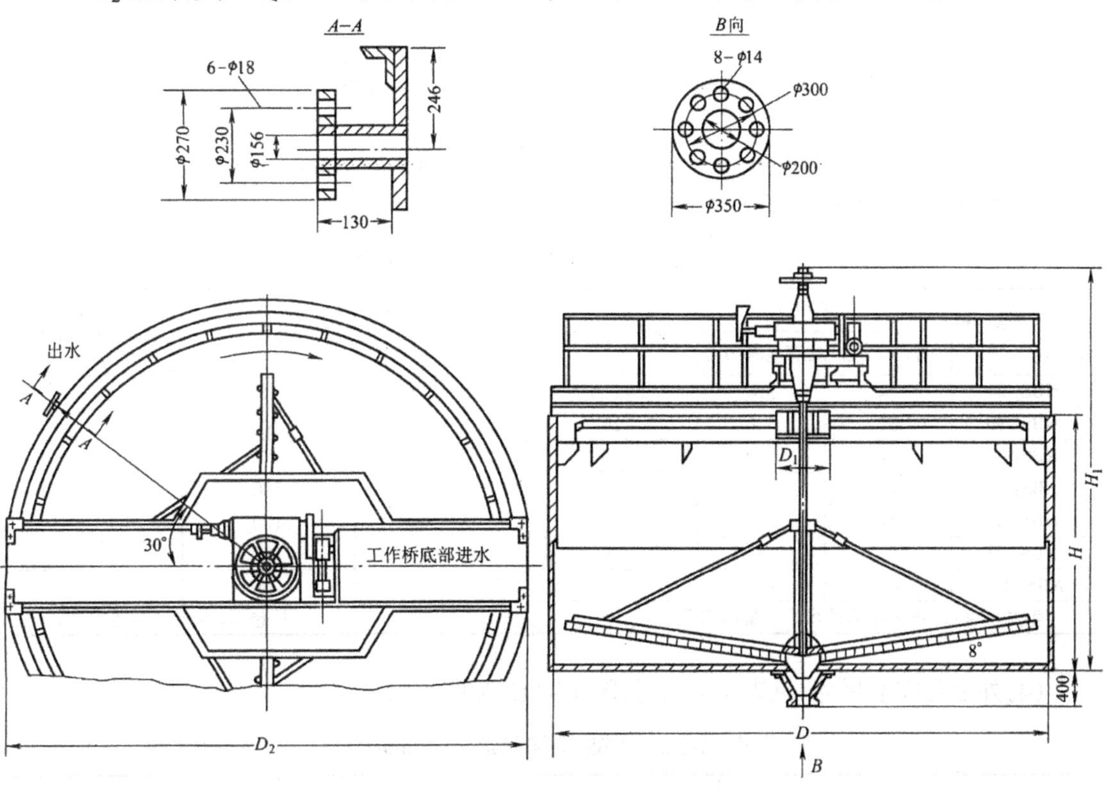

图 17-110 NZS_2 型浓缩池外形结构($D\leqslant\phi6m$)

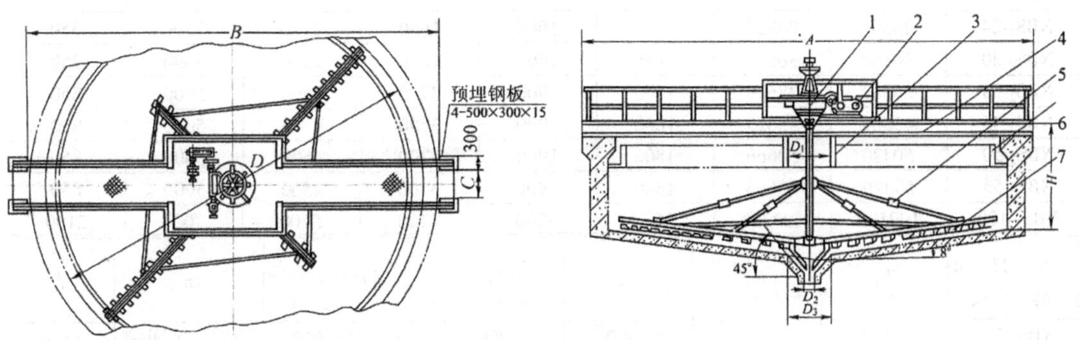

图 17-111 NZS_2 型浓缩池外形结构($D=\phi9\sim18m$)

1—传动装置;2—传动轴;3—稳流筒;4—工作桥;5—栏杆;6—溢流堰;7—刮泥板

17.14.5 NBS_2 型周边传动浓缩机

(1)适用范围：NBS_2 型周边传动浓缩机与其他浓缩机的传动原理基本相同，属于重型类浓缩机，主要用于钢厂大型湿式选矿行业中精矿、尾矿矿浆的脱水；也用于煤炭、化工、建材和其他水处理工业中密度大、沉降速度快的含固料浆的浓缩。

其传动采用周边滚轮加齿条，传递力矩大，完全满足池径在 ϕ24 ~ 100mm 范围内浓缩池需要。

(2)型号意义说明：

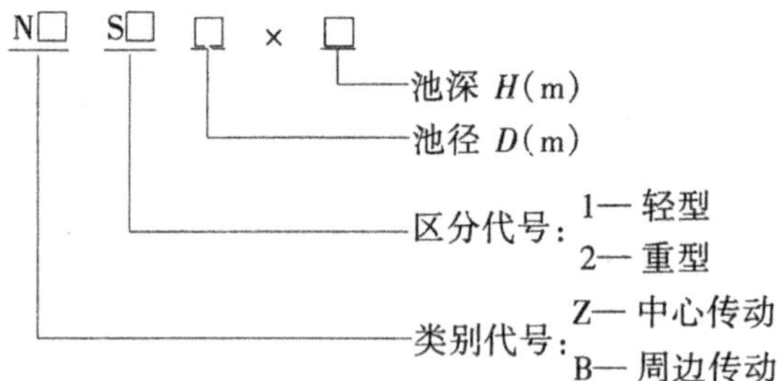

(3)性能参数：见表 17-231。

表 17-231 NBS_2 型浓缩机技术性能参数

型号 \ 参数	浓缩机		每转时间/min	排矿浓度/%	生产能力/t·h⁻¹	传动功率/kW
	直径 D/m	推荐池深 H/m				
NBS_2-24	24	3.4	12.5	50 ~ 60	40	7.5
NBS_2-30	30	3.6	16		65	
NBS_2-38	38	4.9	20		75	11
NBS_2-45	45	5	25		100	
NBS_2-50	50	5	28		100	15
NBS_2-53	53	5	30		130	
NBS_2-100	100	5.5	45		160	22

生产厂家：扬州天雨给排水设备集团有限公司　　厂址：江苏省江都市滨湖镇

(4)外形及安装尺寸：见表 17-232 及图 17-112 和图 17-113。

表 17-232 NBS_2 型浓缩池尺寸(mm)

型号 \ 尺寸	D_1	D_2	d_1	d_2	d_3	d_4	d_5	h_1
NBS_2-24	24360	24882	600	1000	1650	2100	2500	350
NBS_2-30	30360	30888	600	1000	1650	2300	3000	350
NBS_2-38	38383	38629	1500	1900	3700	4500	5000	850
NBS_2-45	45383	45629	1800	1900	3700	4500	5000	850
NBS_2-50	50420	50666	1800	1900	3700	4500	5000	850
NBS_2-53	53420	53666	1800	1900	3700	4500	5000	850
NBS_2-100	100500	100768	2600	3200	4500	5700	7000	2100

型号 \ 尺寸	h_2	h_3	h_4	L_1	s-M × L	n	ϕ
NBS_2-24	1000	500	1300	1000	8-M24 × 630	视周长定间隔 500 ~ 600	1100
NBS_2-30	1000	600	1300	1000	8-M24 × 630		1100

续表 17-232

尺寸 型号	h_2	h_3	h_4	L_1	s-M × L	n	ϕ
NBS_2-38	1250	760	1650	1200	8-M30 × 1000	视周长定间隔 500 ~ 600	1200
NBS_2-45	1250	760	1650	1200	8-M30 × 1000		1300
NBS_2-50	1250	760	1650	1200	8-M30 × 1000		1300
NBS_2-53	1250	760	1650	1200	8-M30 × 1000		1300
NBS_2-100	1250	800	2950	1500	8-M36 × 1200		2000

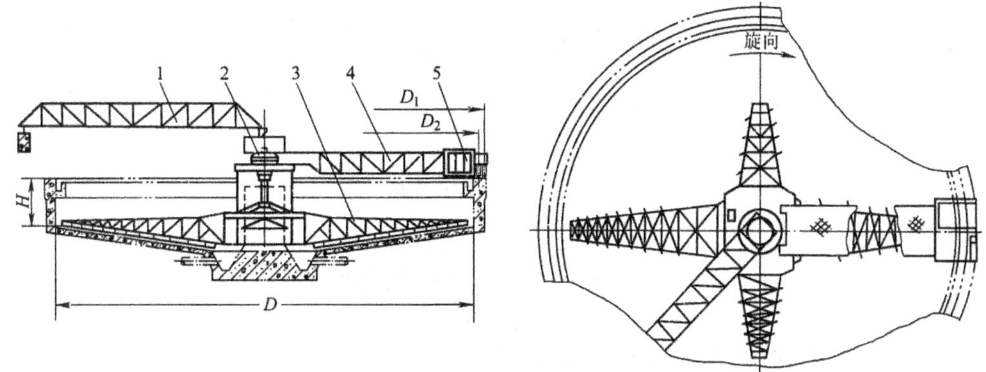

图 17-112　NBS_2 型浓缩池平剖面图

1—给矿槽及桥架；2—中心支座组成；3—刮板及耙架；4—工作桥及栏杆；5—传动装置

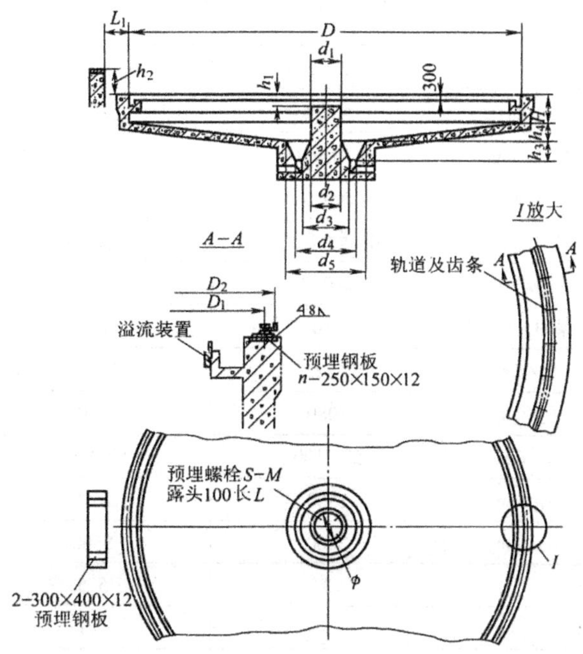

图 17-113　NBS 型周边传动浓缩机平剖面图

17.15 压滤机

17.15.1 DYT 系列带式压滤机

(1)适用范围:DYT 系列带式压滤机是一种新型高效、连续运转的固液分离设备,被处理的含水污泥经絮凝、重力脱水、翻转、楔形预压及多级辊筒挤压成泥饼,并随滤带运行到卸料辊落下。该设备广泛用于冶金、矿山、煤炭、化工、造纸、印刷、皮革、电镀等工业产生的含油量低的污泥的脱水处理。

DYT 新型带式压滤机的突出优点是脱水效率高,而且滤带寿命比一般产品高 4~7 倍。

(2)型号意义说明:

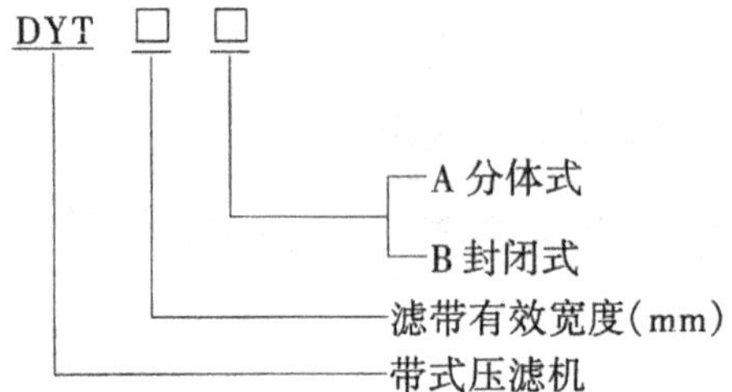

(3)性能及其参数:见表 17-233 和表 17-234。

表 17-233 DYT-A 的规格性能参数及安装尺寸

参数 \ 型号			DYT-1000A	DYT-2000A	DYT-3000A
滤带宽度/mm			1100	2100	3100
滤带速度/m·min⁻¹			1.2~7.9	1.3~8.2	1.4~8.6
控制装置	气动(Q)	压力/MPa	≥0.6	≥0.6	≥0.6
		流量/L·min⁻¹	平均值 16	平均值 16	平均值 16
	液压(Y)	压力/MPa	≥4.0	≥4.0	≥4.0
		流量/L·min⁻¹	配套液压站	配套液压站	配套液压站
滤带冲洗		水压/MPa	≥0.7	≥0.7	≥0.7
		流量/L·min⁻¹	110	220	330
主要安装尺寸(见图 17-114)		L_1/mm	约 2250	约 2400	约 2450
		L_2/mm	1080	1080	1080
		L_3/mm	约 2100	约 2670	约 2670
		B_1/mm	1500	2600	3500
		B_2/mm	2000	3500	4500
主机功率/kW			3	5.5	7.5
辅机功率/kW				1.1	1.5
主机质量/kg			约 8000	约 14000	约 24000
主机外形尺寸(长×宽×高)/mm			4200×2000×2250	4700×3500×2670	4700×4500×2740

生产厂家:丹东水技术机电研究所　　厂址:辽宁省丹东市振兴区福春街 88 号

表 17-234　DYT-B 的规格性能参数及安装尺寸

参数＼型号			DYT-1000B	DYT-2000B	DYT-3000B
滤带宽度/mm			1100	2100	3100
滤带速度/m·min^{-1}			1.2～7.9	1.3～8.2	1.4～8.6
控制装置	气动(Q)	压力/MPa	≥0.6	≥0.6	≥0.6
		流量/L·min^{-1}	平均值 16	平均值 16	平均值 16
	液压(Y)	压力/MPa	≥4.0	≥4.0	≥4.0
		流量/L·min^{-1}	配套液压站	配套液压站	配套液压站
滤带冲洗		水压/MPa	≥0.7	≥0.7	≥0.7
		流量/L·min^{-1}	110	220	330
主要安装尺寸（见图 17-114）		L_1/mm	约 2050	约 2250	约 2450
		L_2/mm	1130	1130	1130
		L_3/mm	约 2100	2300	约 2500
		B_1/mm	1400	2400	3500
		B_2/mm	1600	2600	3800
主机功率/kW			2.2	4	5.5
辅机功率/kW				1.1	1.5
主机质量/kg			约 5000	约 11000	约 20000
主机外形尺寸(长×宽×高)/mm			4850×1600×2050	4850×2600×2300	4850×3800×2500
生产厂家:丹东水技术机电研究所				厂址:辽宁省丹东市振兴区福春街 88 号	

(4)外形及基础安装尺寸:见表 17-235 及图 17-114。

表 17-235　DYT 型带式压滤机外形及安装尺寸

型　号	A_1	B_1	A_2	A_3	A_4	H_1	H_2	H_3	L_2	L_3	L_1	D
DYT-1000	2000	1500	110	4200	1000	250	300	1720	1080	2100	2250	300
DYT-2000	2250	2600	150	4685	1250					2670	2400	
DYT-3000	2450	3500	150	4700	1250					2670	2500	

17.15.2　厢式双隔膜高效板框压滤机

(1)特点及适用范围:XMGJ、XMGZ 型厢式双隔膜高效板框压滤机属间歇操作的过滤设备,主要工作部件是厢式双隔膜橡胶板框。其特点是:充气后通过橡胶隔膜可在短时间内将滤渣挤干,过滤效率高(是普通压滤机的 2～3 倍),含水率低,进料压力低。特别适用于处理细、粘、稠的污泥,可广泛应用于冶金行业的转炉烟气净化污泥,含油浊环水污泥及烧结、焦化污泥脱水。在化工、造纸、矿山、酿造等行业应用也十分广泛,是悬浮液进行固液分离的理想设备,是板框压滤机的升级换代产品。

(2)机型意义说明:

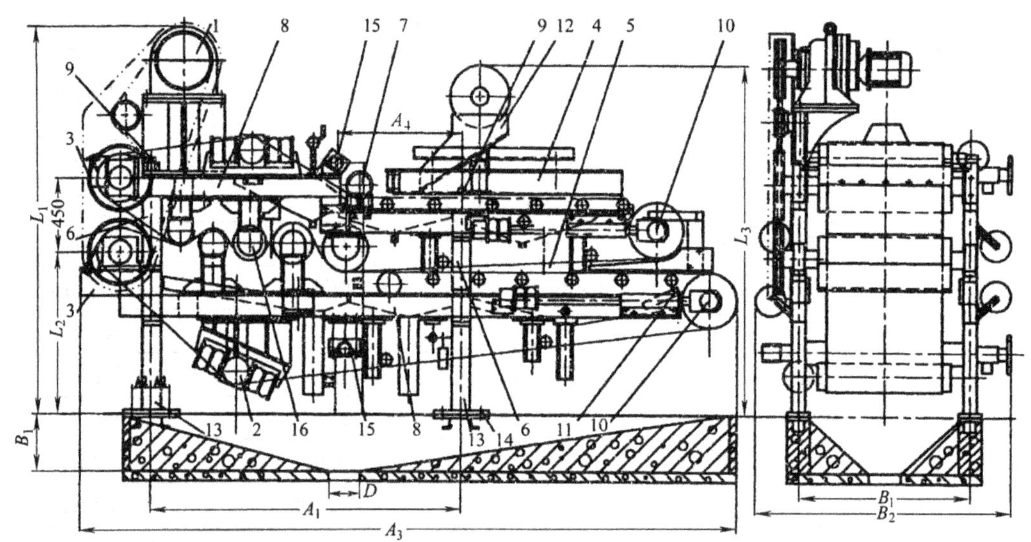

图 17-114 DYT 系列带式压滤机外形及基础安装图

1—驱动装置；2—调偏装置；3—卸料装置；4—重力脱水区；5—楔形区；6—支杆；7—改向辊；8—机架；9—连接螺栓；10—张紧装置；11—中间刮刀；12—给料装置；13—支脚；14—地脚板；15—清洗装置；16—压力区

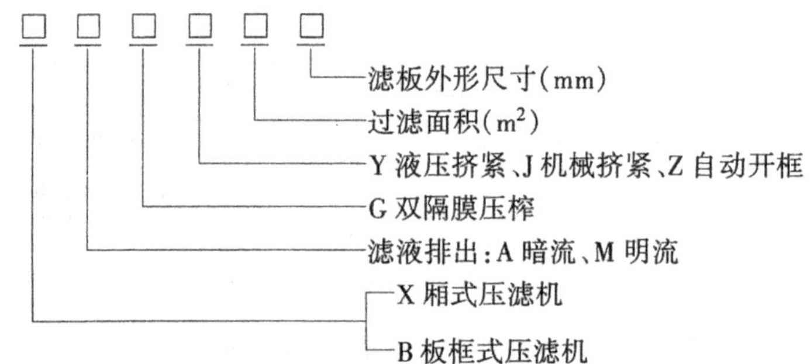

(3)性能参数：见表 17-236 和表 17-237。

表 17-236 手动开框厢式双隔膜高效板框压滤机技术规格

技术规格 \ 产品型号	XMGJ5 ~ 20/600	YMGY、XMGJ20 ~ 60/800
框内尺寸/mm	600 × 600	800 × 800
过滤面积/m²	5 10 15 20	20 25 30 40 50 60
滤板数量	7 14 21 28	16 20 23 31 39 47
滤室容积/m³	0.09 0.19 0.30 0.40	0.38 0.48 0.58 0.76 0.95 1.14
过滤压力/MPa	0.10 ~ 0.20	0.10 ~ 0.20
充气压力/MPa	0.30 ~ 0.40	0.30 ~ 0.40
过料孔径/mm	ϕ60	ϕ80
压紧方式	机械传动	液压传动、机械传动
出液形式	明 流	明 流
活动板最大行程/mm	400	液压传动 400；机械传动 650

续表 17-236

技术规格 \ 产品型号		XMGJ5～20/600	YMGY、XMGJ20～60/800
电机功率/kW		3	液压传动 1.5;机械传动 5.5
外形尺寸 ($L\times B\times H$) /mm	液压挤紧		2680 3030 3310 3800 4250 4950 ×1240×1310
	机械挤紧	1800 2500 3000 3500 ×1100×1200	3300 3616 3814 4350 4870 5400 ×1240×1170
自身质量/kg	液压挤紧		3600 3900 4200 4800 5424 6016
	机械挤紧	1150 1700 2150 2600	4560 4950 5200 5700 6200 6740
生产厂家:青岛实用环保设备有限公司			厂址:山东省青岛市四方区萍乡路 26 号

表 17-237 自动开框厢式双隔膜高效板框压滤机技术规格

技术规格 \ 产品型号	XMGZ(25～60)/800	XMGY、XMGZ (60～120)/1000	XMGZ (120～160)/1250
过滤面积/m^2	25 40 50 60	60 80 100 120	120 140 160
板框数量/mm	20 31 39 48	30 40 50 60	46 54 62
板框尺寸/mm	800×800	1000×1000	1250×1250
滤室容积/m^3	0.47 0.76 0.95 1.14	1.2 1.6 2.0 2.4	2.4 2.88 3.2
过滤压力/MPa	0.10～0.20		
充气压力/MPa	0.30～0.40		
进料孔径/mm	ϕ80	ϕ100	ϕ150
压紧方式	机械、液压	液压	液压
活动板移动距离/mm	400	650	650
挤紧电机功率/kW	液压 1.5 机械 5.5	液压 3	液压 3
开框方式	手动 半自动 自动	手动 自动	自动
整机外形尺寸 ($L\times B\times H$)/mm	3030 3800 4360 4920 ×1240×1310	5000 5820 6640 7460 ×1640×1680	5700 6300 6900 ×1800×1730
自身质量/kg	3900 4800 5424 6016	6680 7560 8400 9270	10300 11300 12300
生产厂家:青岛实用环保设备有限公司		厂址:山东省青岛市四方区萍乡路 26 号	

注:以上表 17-237 及表 17-238 所列产品,其中(5～20)/600 均为手动开框,(120～160)/1250 均为自动开框,其余各种规格均有自动开框和手动开框两种结构。

(4)外形尺寸及安装尺寸:见图 17-115～图 17-119。

17.15.3 连续型污泥脱水装置

中德合资宜兴华都琥珀环保机械制造有限公司生产的连续型处理各类泥浆的琥珀 ROTAMAT 成套设备,适用于处理来自市政污水处理厂、工业废水处理厂、各种工业过程所产生的泥浆和特种有害的泥浆。

以下为连续处理各种泥浆的 HUBER,ROTAMAT 装置。

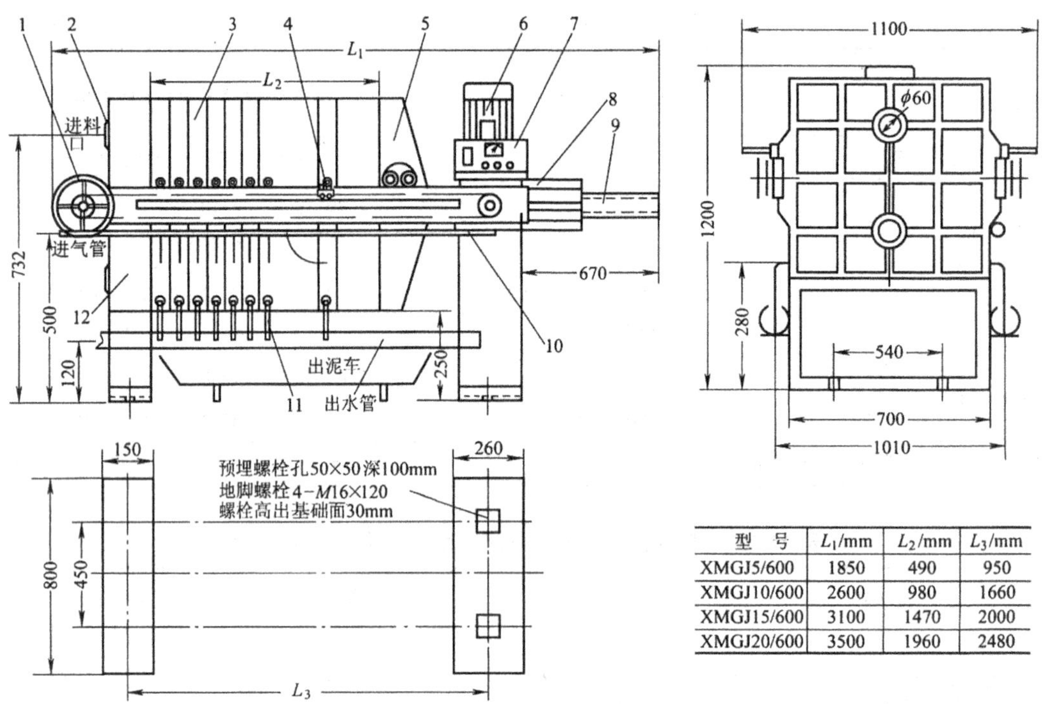

型号	L_1/mm	L_2/mm	L_3/mm
XMGJ5/600	1850	490	950
XMGJ10/600	2600	980	1660
XMGJ15/600	3100	1470	2000
XMGJ20/600	3500	1960	2480

图 17-115 (5～20)/600 机械挤紧结构及基础图

1—手轮;2—进料法兰;3—橡胶板框;4—拉板器;5—活动压板;6—电动机;7—电控箱;8—减速箱;9—丝杠;10—进气管;11—出水管;12—支架

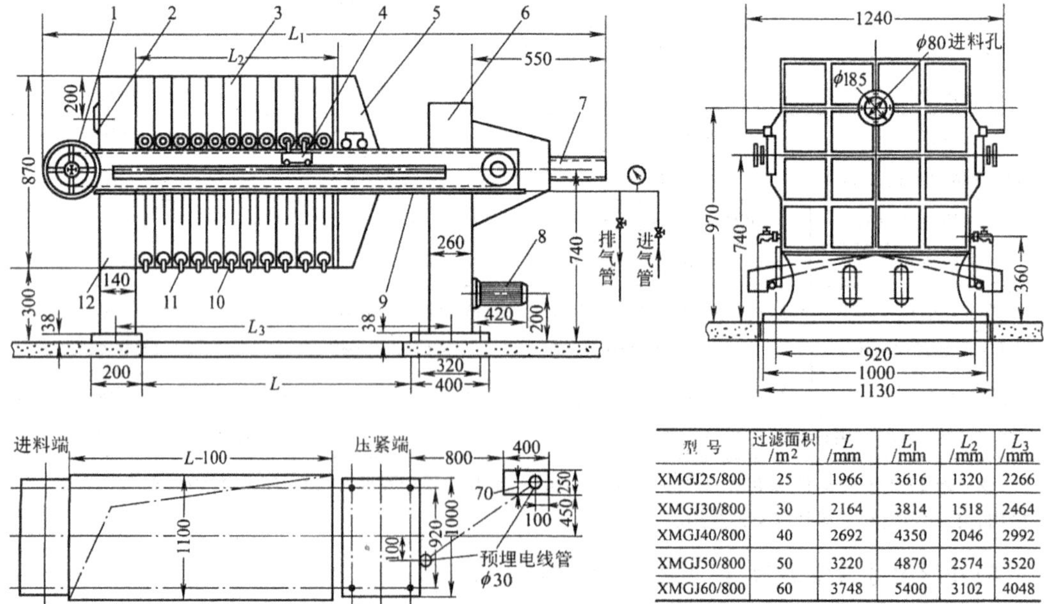

型号	过滤面积/m²	L/mm	L_1/mm	L_2/mm	L_3/mm
XMGJ25/800	25	1966	3616	1320	2266
XMGJ30/800	30	2164	3814	1518	2464
XMGJ40/800	40	2692	4350	2046	2992
XMGJ50/800	50	3220	4870	2574	3520
XMGJ60/800	60	3748	5400	3102	4048

图 17-116 (25～60)/800 机械挤紧结构及基础图

1—手轮;2—进料法兰盘;3—橡胶板框;4—拉板器;5—活动压板;6—减速箱;7—丝杠;8—电动机;9—进气总管;10—出水口;11—滤布;12—止推板

注:(1)进料管用 φ80 无缝钢管,与压滤机用 D_g80 法兰连接;(2)进气管为 3/4″镀锌管,固定在道轨的下面,两端均有丝,任一端都可接气源;(3)主机安装在地面上时,基础应高出地面 240mm 左右,以便出料渣;(4)主机安在楼板上时,两支架应压在主梁上,并留预留孔;(5)止推板端无地脚螺栓;(6)地脚螺栓 4～M16×240,螺纹高出水泥面 50mm

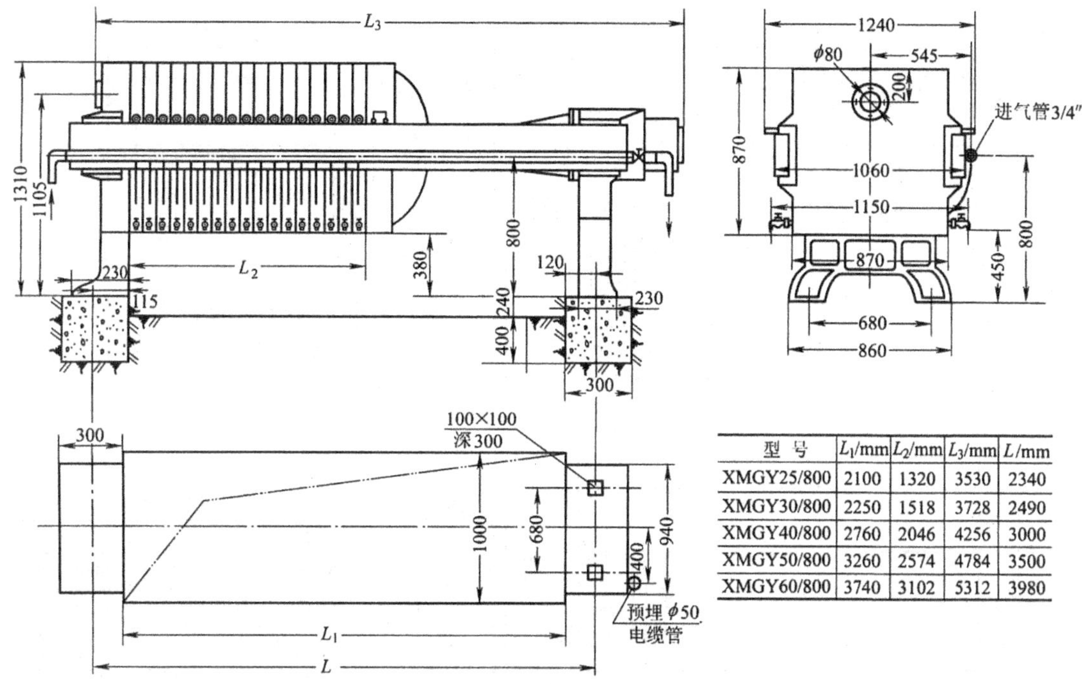

型　号	L_1/mm	L_2/mm	L_3/mm	L/mm
XMGY25/800	2100	1320	3530	2340
XMGY30/800	2250	1518	3728	2490
XMGY40/800	2760	2046	4256	3000
XMGY50/800	3260	2574	4784	3500
XMGY60/800	3740	3102	5312	3980

图 17-117　(25～60)/800 液压挤紧外形及基础图

注:(1)进料管用 ϕ80 无缝钢管,与压滤机用 D_g80 法兰连接;(2)进气管为 3/4″镀锌管,固定在道轨的下面,两端均有丝,任一端都可接气源;(3)主机安装在地面上时,基础应高出地面 240mm 左右,以便出料渣;(4)主机安在楼板上时,两支架应压在主梁上,并留预留孔;(5)止推板端无地脚螺栓;(6)地脚螺栓 4～M16×240,螺纹高出水泥面 50mm

17.15.3.1　泥浆过滤装置(ROS1)

泥浆经过过滤处理之后才能被有效利用或做进一步处理,该厂生产的滤缝为 0.25～15mm 的过滤设备可供选用(见图 17-120)。

17.15.3.2　泥浆浓缩装置(ROS2)

为减少泥浆体积,预浓缩处理步骤必不可少,该厂提供的泥浆浓缩设备可将剩余污泥从 0.5%的固含量提高到 6%～12%(见图 17-121)。

17.15.3.3　泥浆脱水装置(ROS3)

泥浆必须经过脱水处理之后才便于进一步运输和处理,并且为最终解决污泥问题打下良好基础,该厂提供的设备可将原浆液的体积减少 93%,而只剩 7%左右(见图 17-122)。

17.15.3.4　污泥后处理装置(ROS4)

用生石灰处理泥浆不但卫生,而且至少可以达到固含量为 35%的水平,该厂可以提供连续工作的整套污泥后处理装置(见图 17-123)。

以上所有单元设备都可以单独工作,如果把它们组合起来即可以形成一套泥浆处理设备。详见宜兴华都琥珀环保机械制造有限公司产品样本。

17.15.4　螺旋式固液分离设备

(1)适用范围:丹东水技术机电研究所生产的新型机电一体化螺旋式固液分离系列设备是以不同螺旋结构为主体,配以转鼓或圆型格栅、连续过滤、除砂、除油、压榨、脱水及浓缩等多种工艺装置,组成具有不同功能的固液分离一体化设备。如转鼓式格栅螺旋压榨一体化设备,除砂螺旋压榨一体化设备和污泥(或浆液)螺旋脱水(或浓缩)一体化设备等。

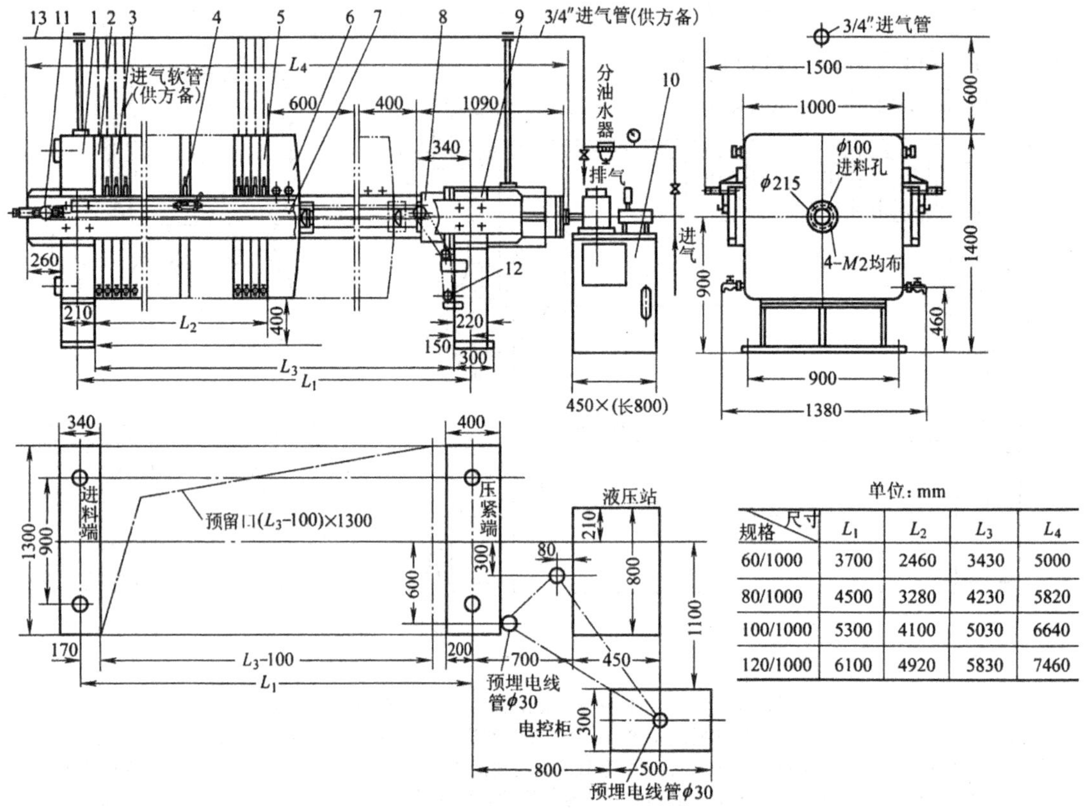

单位：mm

尺寸 规格	L_1	L_2	L_3	L_4
60/1000	3700	2460	3430	5000
80/1000	4500	3280	4230	5820
100/1000	5300	4100	5030	6640
120/1000	6100	4920	5830	7460

图 17-118 XMGZ60～120/1000 自动开框外形及基础图

1—止推板；2—头板；3—滤板；4—拉板器；5—尾板；6—压紧板；7—横梁；8—液压缸；9—缸座；10—液压站；11—链轮；12—液压马达；13—进气管

注：(1) 泥浆管为 ϕ100 无缝管，与主机进料口用 D_g100 法兰连接；(2)进气管用 3/4″镀锌管制成，由客户固定在机架上，两端均有管丝，任一端均可接气源；(3) 主机安装在地坪上时，基础应高出地坪 240mm；(4) 地脚螺栓为 2～M18×200，螺纹高出基础 50mm；(5) 主机安装在楼板面上时，应预留卸料口；(6)进料端地脚螺栓均不安装

同以往传统设备相比，这些新型固液分离一体化系列设备具有效率高、精度高、防腐好、体积小、造型美观的特点，由于设计上采用了低速全旋转部件，因而故障率低、噪声低、耗电少、无易损件、运行费用低，可靠性高，可长期自动运行。另外，它的突出优点是，通过压榨浓缩脱水可使从污水中分离出的悬浮杂质的体积缩小为原来的 1/4～1/6。可见，在一定意义上可以说新型螺旋式固液分离设备是环保水处理设备的发展方向和更新换代产品。

新型螺旋固液分离系列设备可用于冶金、机械、石化等大型企业的厂区给排水及水处理系统，还可用于轻工、化纤、造纸、皮革等工业水处理系统，以及可用来替代以往传统的城市给排水和污水、粪便处理工程中的设备产品。

该系列设备中的 4 种主要产品是：

1)LX1 系列转鼓式格栅螺旋压榨机；

2)LX2 系列转齿式格栅螺旋压榨机；

3)LX4 系列螺旋式污水(浆液)脱水(浓缩)机；

4)LX6 系列螺旋式粗颗粒分离机。

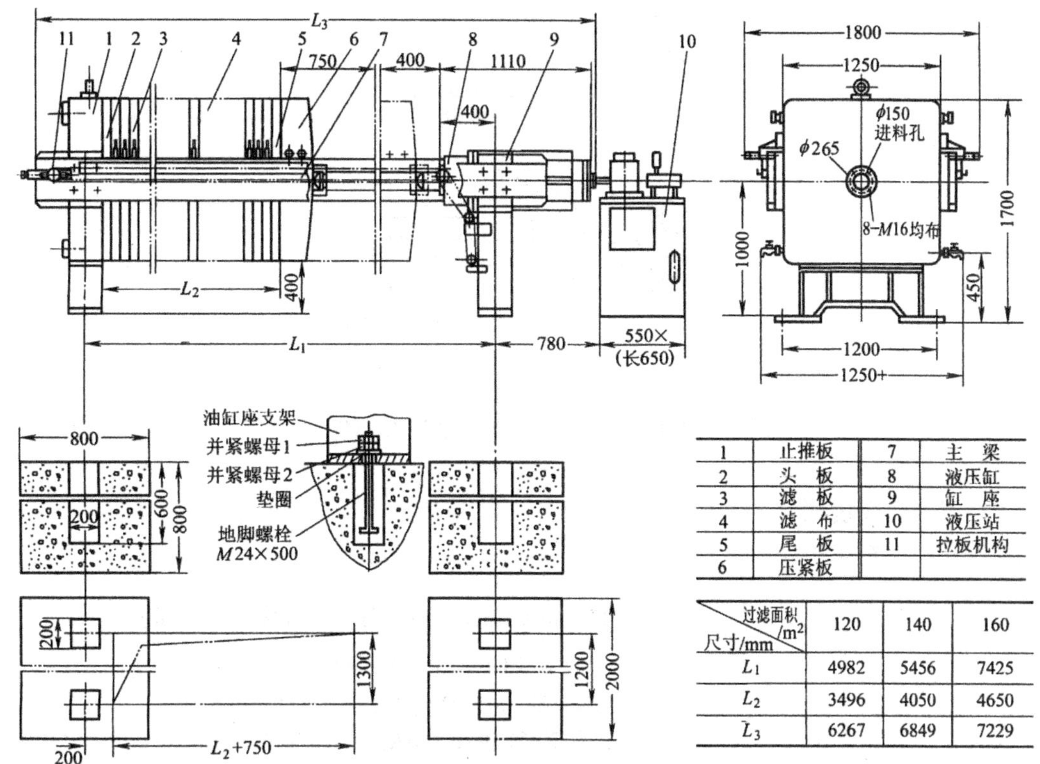

1	止推板	7	主 梁
2	头 板	8	液压缸
3	滤 板	9	缸 座
4	滤 布	10	液压站
5	尾 板	11	拉板机构
6	压紧板		

尺寸/mm \ 过滤面积/m²	120	140	160
L_1	4982	5456	7425
L_2	3496	4050	4650
L_3	6267	6849	7229

图 17-119 XMGJ120～160/1250

注：(1)安装地脚螺栓时应先留有方孔，待整机各部分全部调整后再灌浆固定；(2)并帽 1 与并帽 2 互锁紧时，垫圈与支架间应留有 2mm 间隙，使油缸座支架在工作时能有微量水平移动；(3)若设备安装在楼板上，前后支架应压在主板上，按图示挖空

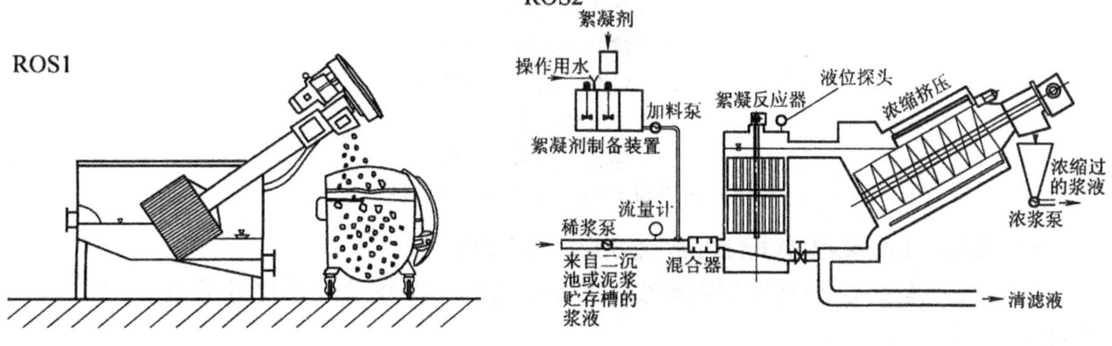

图 17-120 泥浆过滤装置 ROS1

图 17-121 泥浆浓缩装置 ROS2

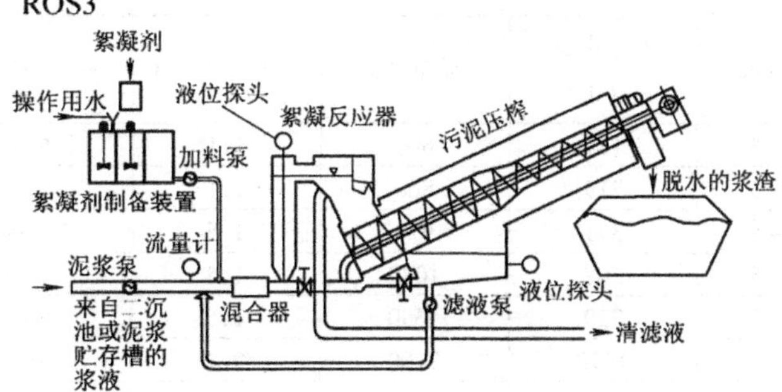

图 17-122 泥浆脱水装置 ROS3

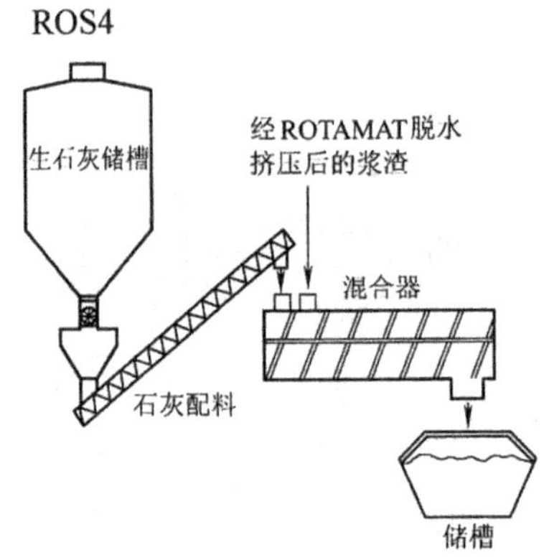

图 17-123　污泥后处理装置 ROS4

(2)型号意义说明：

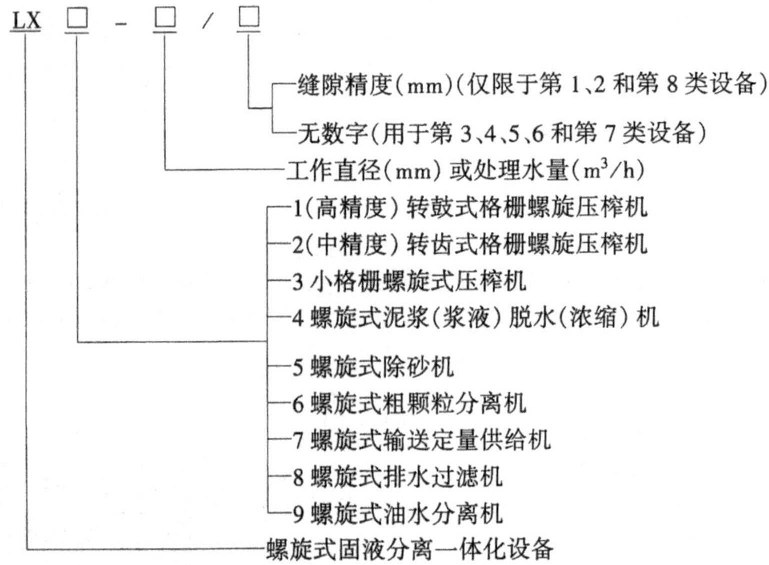

17.15.4.1　LX1 系列转鼓式(高精度)格栅螺旋式压榨机

LX1 系列转鼓式(高精度)格栅螺旋式压榨机性能参数及外形尺寸见表 17-238 及图 17-124。

表 17-238　LX1 系列转鼓式(高精度)格栅螺旋式压榨机性能参数及外形尺寸

型　号	缝隙/mm	处理水量/$m^3 \cdot h^{-1}$	质量/kg	电机功率/kW	外形尺寸/mm	
					A①	D
LX1-600	0.2～5	127	660	1.1	6000	600
LX1-800	0.2～5	219	860	1.1	6000	800
LX1-1000	0.2～5	371	970	1.5	7000	1000
LX1-1200	0.2～5	508	1080	1.5	7000	1200
LX1-1400	0.2～5	729	1680	1.5	8000	1400
LX1-1600	0.2～5	1010	2100	2.2	8000	1600
LX1-1800	0.2～5	1340	2420	2.2	9000	1800

续表 17-238

型　号	缝隙/mm	处理水量 /$m^3 \cdot h^{-1}$	质量/kg	电机功率/kW	外形尺寸/mm	
					A[①]	D
LX1-2000	0.2~5	1600	3640	2.2	9000	2000
LX1-2200	0.2~5	2000	4080	2.2	10000	2200
LX1-2400	0.2~5	2380	4700	3	10000	2400
LX1-2600	0.2~5	3010	6220	3	11000	2600
LX1-3000	0.2~5	3700	9250	3	11000	3000
生产厂家:丹东水技术机电研究所				厂址:辽宁省丹东市振兴区福春街 88 号		

注:1. 详细外形及安装尺寸用户可向制造厂家函索;
2. 该表的处理水量是按格栅缝隙为 2mm 计算的,如缝隙变化,则处理水量也变化,可向制造厂咨询;
3. 表中质量是按缝隙为 5mm 计算的。
①这里 A 是最大长度,用户可根据需要确定所需长度(最大可达 11000mm)。

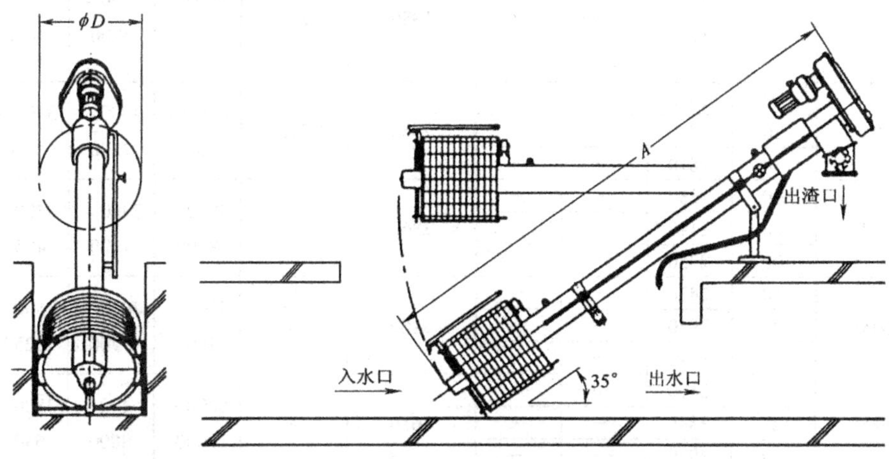

图 17-124　LX1 系列转鼓式格栅螺旋式压榨机外形图

17.15.4.2　LX2 系列转齿式(中精度)格栅螺旋式压榨机

LX2 系列转齿式(中精度)格栅螺旋式压榨机性能参数及外形尺寸见表 17-239 及图 17-125。

表 17-239　LX2 系列转齿式(中精度)格栅螺旋式压榨机性能参数及外形尺寸

型　号	缝隙 /mm	最大处理量			质量(最大) /kg	电机功率 /kW	外形尺寸/mm			
		城市污水 /$m^3 \cdot h^{-1}$	城市污泥 /$m^3 \cdot h^{-1}$	浮渣 /$m^3 \cdot h^{-1}$			L[①]	A	C	D
LX2-500	5	96	48	72	960	0.75	3000~7000	2600~6000	1900~4100	500
	10	125	—	—						
	20	175	—	—						
	30	183	—	—						

续表 17-239

型号	缝隙/mm	最大处理量			质量(最大)/kg	电机功率/kW	外形尺寸/mm			
		城市污水/$m^3 \cdot h^{-1}$	城市污泥/$m^3 \cdot h^{-1}$	浮渣/$m^3 \cdot h^{-1}$			L①	A	C	D
LX2-600	5	146	72	102	1120	1.5	3000~7000	2600~6100	2000~4200	2000
	10	188	—	—						
	20	258	—	—						
	30	271	—	—						
LX2-800	5	292	150	210	1360	1.5	3500~7000	2600~6100	2000~4200	780
	10	383	—	—						
	20	500	—	—						
	30	529	—	—						
LX2-1000	5	500	240	354	1620	1.5	3500~7000	3200~6200	2700~4600	1000
	10	638	—	—						
	20	821	—	—						
	30	875	—	—						
LX2-1200	5	725	360	516	1980	2.2	3500~7000	3100~6200	2700~4600	1200
	10	929	—	—						
	20	1210	—	—						
	30	867	—	—						
LX2-1400	10	1310	—	—	2630	2.2	4000~8000	4000~7200	3400~4900	1400
	20	1740	—	—						
	30	1870	—	—						
LX2-1600	10	1830	—	—	2860	3	4500~8000	3900~7200	3400~4950	1600
	20	2190	—	—						
	30	2350	—	—						
LX2-1800	10	2430	—	—	3160	3	4500~8000	4000~7200	3500~5250	1800
	20	2910	—	—						
	30	3120	—	—						
LX2-2000	15	3400	—	—	4610	4	5000~9000	4400~8800	3800~6500	2000
	25	3840	—	—						
	30	3970	—	—						
LX2-2200	15	4270	—	—	5100	4	5000~9000	4400~8800	3900~6600	2200
	25	4810	—	—						
	30	4980	—	—						
LX2-2500	15	5360	—	—	5860	5.5	5500~9500	4800~9200	4400~6900	2500
	25	6030	—	—						
	30	6300	—	—						
生产厂家:丹东水技术机电研究所						厂址:辽宁省丹东市振兴区福春街 88 号				

注:详细外形尺寸及安装尺寸,用户可向制造厂家索函。

① L 的大小可由用户根据需要确定具体尺寸。

17.15.4.3 LX4 系列螺旋式泥浆(浆液)脱水(浓缩)机

LX4 系列螺旋式泥浆(浆液)脱水(浓缩)机性能参数见表 17-240,其外形尺寸见表 17-241,其外形见图 17-126,其配套设备的工艺流程见图 17-127。

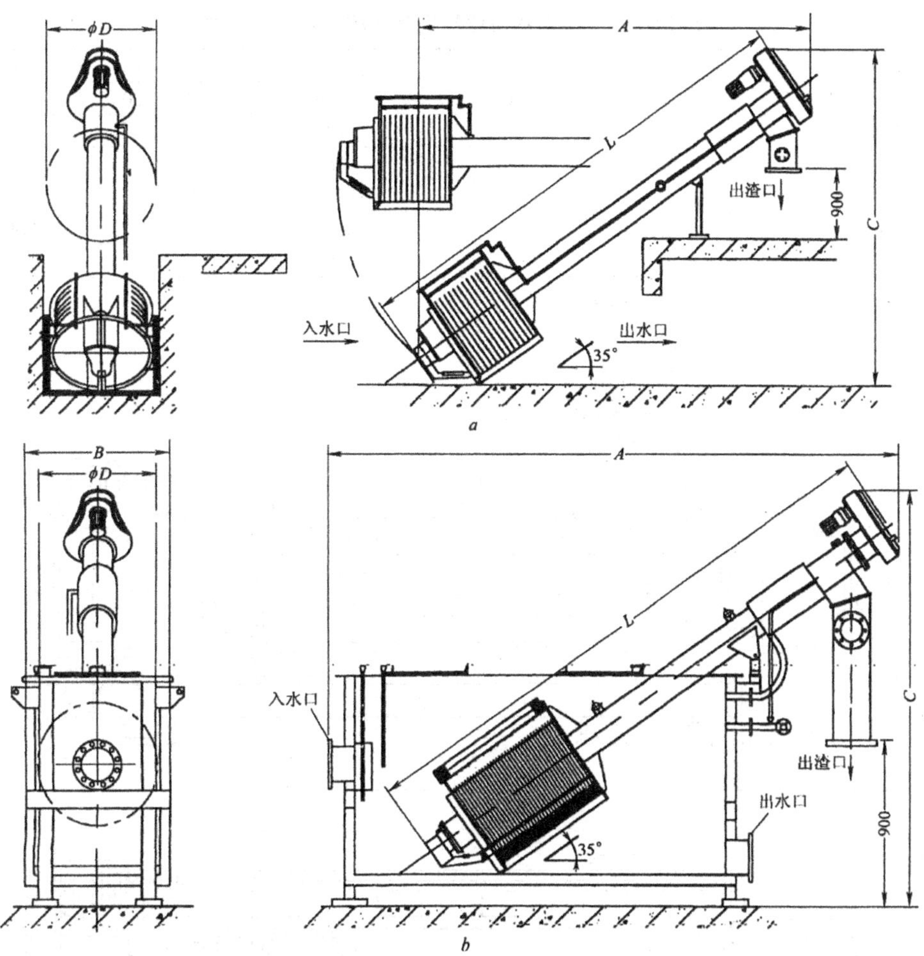

图 17-125 LX2 系列转齿式格栅螺旋式压榨机外形图

a—用于水渠式流水通道；*b*—用于小于 LX2-1600 的箱式流水通道

表 17-240 LX4 泥浆系列螺旋式脱水机性能参数

型 号	处理泥浆量 /$m^3 \cdot h^{-1}$	电机功率/kW	电压/V	脱水机转速 /$r \cdot min^{-1}$	清洗①电机功率/kW	DN_1/DN_2 系列管径/mm	设备质量 /kg
		驱动电机					
LX4-380	1~2	1.5	380	0~6	—	80/80	2000
LX4-460	2~5	3	380	0~6		100/100	2800
LX4-620	6~12	5.5	380	0~6		100/100	4000
LX4-720	13~24	11	380	0~6	—	100/100	7800
LX4-880	25~40	22	380	0~6		150/150	11700
LX4-1050	40~80	40	380	0~6		200/200	15800

① 清洗有两种方式：(1) 外接 0.1~0.2MPa 压力水；(2) 清洗泵自成体系，电机功率 < 1kW（根据脱水污泥和型号大小定）。

表 17-241 LX4 系列螺旋式污泥脱水机外形尺寸

型 号	长 A/mm	宽 B/mm	高 C/mm	$K\times D$	$H\times F$
LX4-380	2820	900	1215	400×400	400×260
LX4-460	3860	1160	1425	500×500	500×350
LX4-620	4980	1330	1680	600×600	600×400
LX4-720	6080	1480	1890	700×700	700×460
LX4-880	8660	1660	2060	800×800	800×500
LX4-1050	9800	1830	2260	1000×1000	1000×700

注：该设备详细外形及安装尺寸图可向制造厂索函。

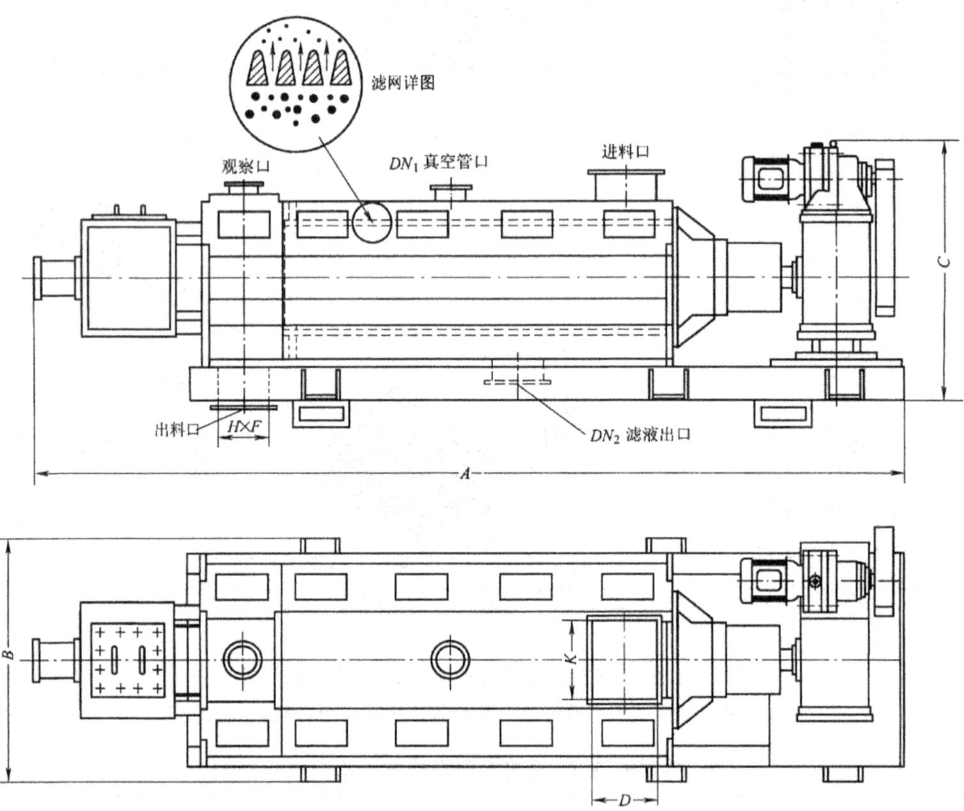

图 17-126 LX4 系列螺旋式泥浆脱水机外形图

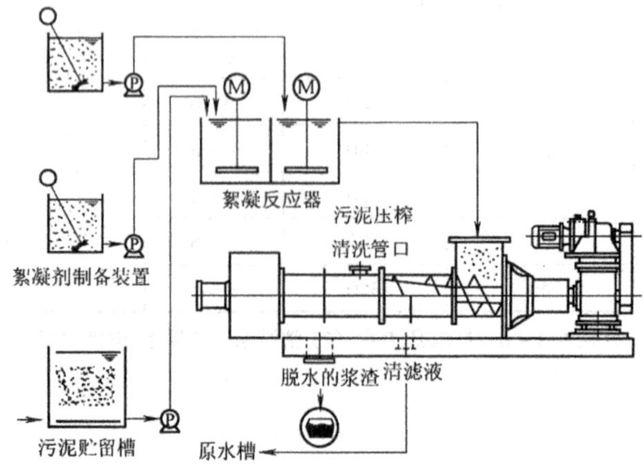

图 17-127 LX4 配套设备的工艺流程图

17.15.4.4　LX6系列螺旋式粗颗粒分离机

LX6系列螺旋式粗颗粒分离机性能参数及外形安装尺寸见表17-242，其外形见图17-128。

表17-242　LX6系列螺旋式粗颗粒分离机性能参数及外形安装尺寸

项目内容		LX6-500	LX6-600	LX6-750
螺旋直径/mm		500	600	750
螺旋轴长度/mm		9800	12500	15000
螺旋轴转数/r/min		5.2	4.5	4
电机功率/kW		3	4	5.5
去除粗颗粒直径/mm		≥0.2	≥0.2	≥0.2
料斗	无料斗	采用下料阀①	采用下料阀	采用下料阀
	容量/开闭器/m^3	2.0/有	3.0/有	4.0/有
处理水量/$m^3\cdot h^{-1}$		600	1000	1800
入口水质	焦化/$mg\cdot L^{-1}$	≤500	≤500	≤500
	冶金/$mg\cdot L^{-1}$	≤1000	≤1000	≤1000
截污能力/$t\cdot h^{-1}$		≤1.2	≤2.0	≤3.5
锥形池②	直径/深度/mm		6500/4300	
	容量/m^3		70	
	表面负荷/$m^3\cdot(m^2\cdot h)^{-1}$		≤30	
	滞留时间/min		4.4	
外形及安装尺寸③	L/mm	9800	12500	15000
	A_1/mm	9420	11560	13800
	A_2/mm	8660	10600	12720
	B_1/mm	6200	11200	13440
	B_2/mm	6450	11450	13690
生产厂家：丹东水技术机电研究所			厂址：辽宁省丹东市振兴区福春街88号	

①下料阀可以是气动、液压或手动；

②锥形池也可由用户或设计院设计；

③该设备支撑架及平台也可以是混凝土结构，该设备详细外形及安装尺寸可向制造厂索函。

17.16　JBN系列电动搅拌机

(1)适用范围：该系列设备可广泛用于冶金工业中热轧、冷轧、炼铁、炼钢、连铸、水厂等生产工艺和水处理系统工艺中；化学工业中各种原料的均匀混合、反应、熔解和传热的促进；石油工业、能源工业各种原料的均匀混合、反应以及食品、制药、造纸、酿造工业、油脂、橡胶、化纤工业、煤炭工业和环保产业等。

(2)型号意义说明：

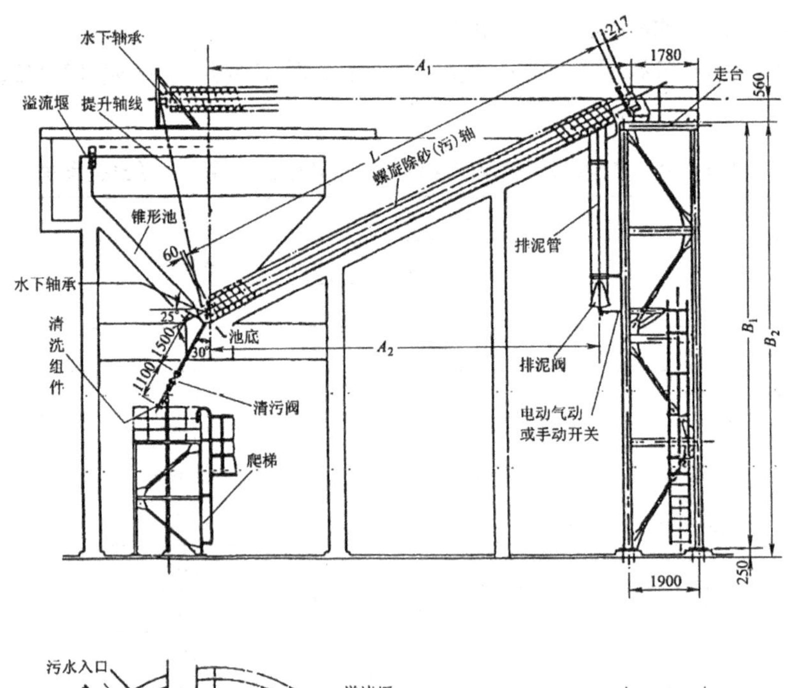

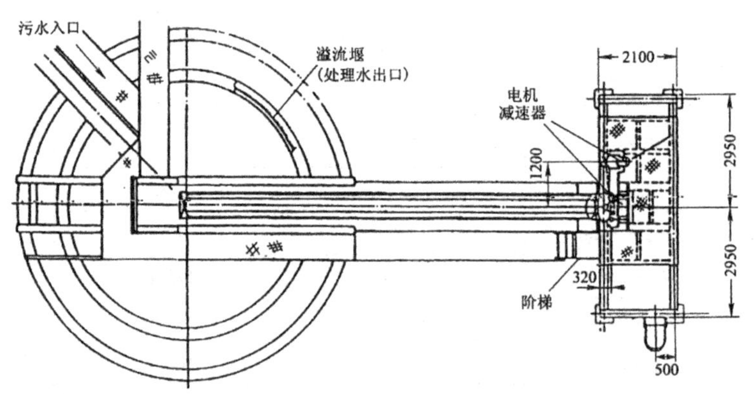

图 17-128 LX6 系列螺旋式粗颗粒分离机外形图

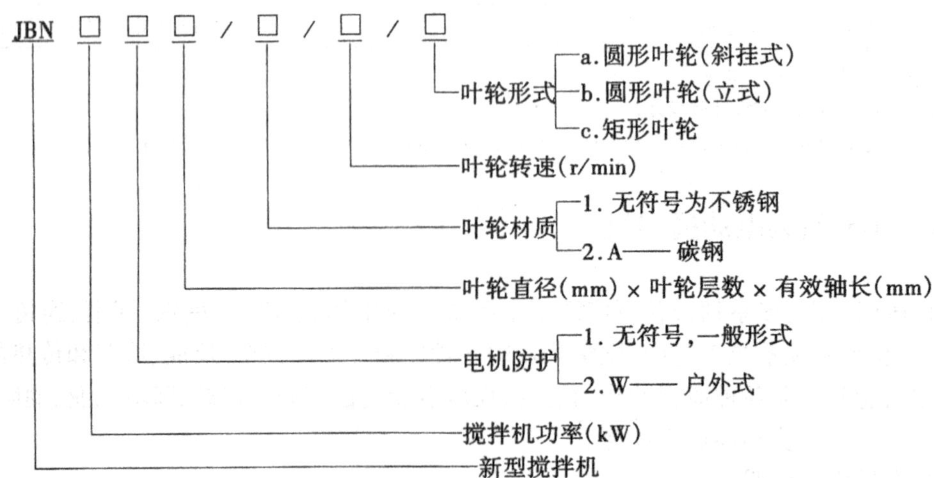

(3)性能参数:见表 17-243。

表 17-243 JBN 系列电动搅拌机技术性能

型 号	功率/kW	搅拌容量参考值/m^3	转速/$r \cdot min^{-1}$	叶轮直径 D_2/mm	叶轮层距 H_4/mm	叶轮形式	有效轴长 H_3/mm	安装尺寸/mm		
								D	$D1$	$d \times n$/个
JBN0.25-200/350	0.25	约 300L	350	200	单层	圆翼轴流	800	方 215	方 100	19×4
JBN0.37-400/120	0.37	圆柱形 1	120	400	单层	圆翼轴流	1200	方 335	方 295	23×4
JBN0.55-250×2/320	0.55	圆柱形 2.5	320	250	300	圆翼轴流	1400	240	206	12×6
JBN0.55-700×2/12	0.55	方形 2.5	12	700	520	方形格栅	2500	460	420	18×6
JBN0.55-700×2/7.8	0.55	方形 2.5	7.8	700	520	方形格栅	2500	460	420	18×6
JBN0.55-1300×2/2.4	0.55	方形 30	2.4	1300	1300	方形格栅	3670	460	420	18×6
JBN0.75-500×2/160	0.75		160	500	100	方形径向	1200		260	12×6
JBN0.75-700×2/17	0.75	方形 2.5	17	700	520	方形格栅	2500	460	420	18×6
JBN1.5-400/360	1.5	方形 5	360	400	单层	圆翼轴流	2000	300	290	23×12
JBN1.5-500×2/170	1.5	圆柱形 10	170	500	800	圆翼轴流	1300	305	270	13×6
JBN1.5-500×2/170	1.5	圆柱形 4.5	170	500	500	圆翼轴流	1300	305	270	13×6
JBN1.5-700/88	1.5	矩形 2.6	88	700	单层	方翼轴流	2450	方 385	方 340	25×4
JBN1.5-1050/51	1.5		51	1050	单层	方翼轴流	1890	350	305	23×12
JBN2.2-450/360	2.2		360	450	单层	圆翼轴流	2000	330	290	23×12
JBN2.2-700×2/100	2.2	方形 11	100	700	600	方翼轴流	2300	360	310	23×6
JBN2.2-950×2/51	2.2	矩形 7	51	950	800	方翼轴流	2800	方 385	方 340	25×4
JBN2.2-1200×2/34	2.2	矩形 15	34	1200	1000	方翼轴流	3000	方 385	方 340	25×4
JBN2.2-1700/25	2.2		25	1700	单层	方翼轴流	2340	490	440	28×4

生产厂家:丹东水技术机电研究所　　厂址:辽宁省丹东市振兴区福春街 88 号

续表 17-243

型　号	功率/kW	搅拌容量参考值/m^3	转速/$r\cdot min^{-1}$	叶轮直径 D_2/mm	叶轮层距 H_4/mm	叶轮形式	有效轴长 H_3/mm	安装尺寸/mm		
								D	D_1	$d\times n$/个
JBN3.0-800/42	3		42	800	单层	方形轴流	2611	510	460	M16×8
JBN4.0-450/360	4	方形 11	360	450	单层	圆翼轴流	2000	330	290	23×12
JBN4.0-600×2/170	4	圆柱形 15	170	600	800	圆翼轴流	2100	390	360	13×8
JBN4.0-1450/42	4		42	1450	单层	方翼轴流	2190	490	440	28×4
JBN5.5-1200×2/51	5.5	方形 25	51	1200	700	方翼轴流	2300	490	445	25×8
JBN7.5-1300×2/51	7.5	方形 35	51	1300	1200	方翼轴流	3350	490	445	25×8
JBN7.5-1400×2/51	7.5	矩形 65	51	1400	900	方翼轴流	3000	方 500	方 450	27×4
JBN7.5-1500/51	7.5	矩形 38	51	1500	单层	方翼轴流	3250	500	方 450	
JBN7.5-2050×2/25	7.5	方形 120	25	2050	1300	方翼轴流	4050	745	680	33×10
JBN7.5-2600×2/25	7.5		25	2000	230	方翼轴流	3500		方 620	M24×4
JBN7.5-2600×2/17	7.5		17	2600	230	方翼轴流	4000		方 620	M24×4
JBN7.5-550×2/360	7.5		360	550	650	圆翼轴流	2340	400	350	33×4
JBN11-1400×2/51	11	方形 140	51	1400	1300	方翼轴流	4000	620	565	27×10
JBN11-1600×2/34	11	矩形 65	34	1600	1500	方翼轴流	4450	方 570	方 510	33×4
JBN11-2500/25	11		25	2500	单层	方翼轴流	3750	620	550	33×4
JBN15-1500×2/51	15	方形 150	51	1500	2000	方翼轴流	6400	745	680	33×10
JBN22-55	22～55		9～42							

生产厂家:丹东水技术机电研究所　　厂址:辽宁省丹东市振兴区福春街 88 号

(4)外形及基础安装尺寸:见图 17-129。

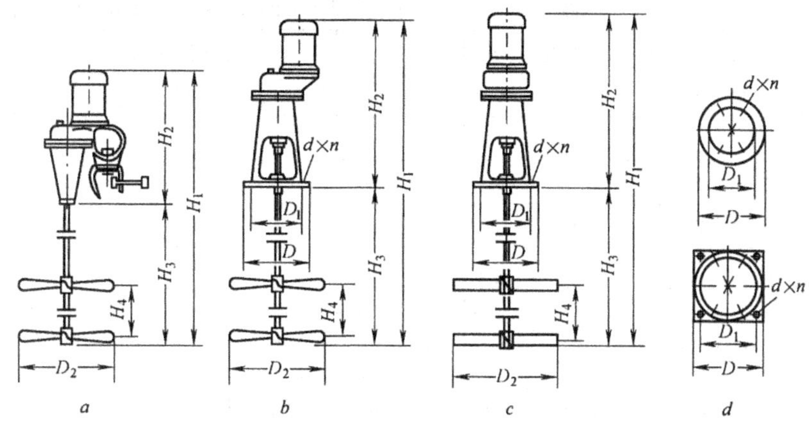

图 17-129　JBN 搅拌机三种机形外形图

d—基座尺寸

17.17　静电(电子)水处理器

17.17.1　SH Ⅰ型静电水处理器

(1)适用范围:静电水处理和电子水处理技术是当今世界水工业领域里的最新技术之一,80 年代在工业发达国家中被广泛应用于冷却水循环系统、热交换系统以及锅炉等用水系统。该设备既能防垢又能除垢,兼有显著的杀菌、灭藻功能、节电节水、运行费用较低,不污染环境(无二次污染)。适用于工业冷却水系统,空调制冷系统、热交换系统以及游泳池水的杀菌灭藻处理等。

该水处理器中心装有一个芯棒作为阳极,芯棒外有四氟乙烯套膜,以保证良好绝缘,壳体为阴极,由镀锌无缝钢管制成。被处理的介质通过芯棒与壳体之间的环状空间流入用水设备。

高压发生器:它是与水处理器配套的直流高压电源。

(2)型号意义说明:

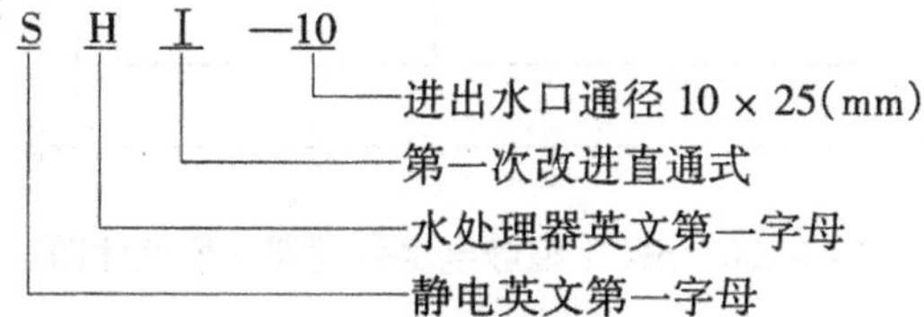

(3)性能及参数:SH Ⅰ型静电水处理器技术参数见表 17-244,其主要技术性能见表 17-245。

表 17-244　SH Ⅰ型静电水处理器技术参数

最高适用工作压力/MPa	水质总硬度(以 $CaCO_3$ 计)/mg·L⁻¹	适用水温/℃	有效范围/m	输入电源
1.6	<700	<80	2000	约 220V,50Hz

表 17-245　SH Ⅰ型静电水处理器主要技术性能

型　号	水处理器					法兰 GB9115.9—88　1.6MPa				电源电耗/W	质量/kg
	进出水口 A/mm	流量/ $t\cdot h^{-1}$	水头损失系数(s)	B /mm	C /mm	通径 /mm	连接法兰螺孔				
							孔径/mm	数量/个	中心距/mm		
SH-2	25	1～3	4.7	73	860	25	螺纹连接			<10	15
SH-10	50	8～13	0.8	89	1250	50				<15	21
SH-20	80	16～25	1.9	108	1280	80	18	8	160	<15	35
SH ⅠⅡ-50-4 SH Ⅰ-4	100	30～60	2.8	219	840	100	22	12	295	<10	100
SH ⅠⅡ-100-6 SH Ⅰ-6	150	60～149	2.07	273	840	150	26	12	355	<10	140
SH ⅠⅡ-200-8 SH Ⅰ-8	200	160～240	0.95	325	950	200	26	12	410	<10	190
SH ⅠⅡ-300-10 SH Ⅰ-10	250	250～390	1.08	377	950	250	26	16	470	<20	250
SH ⅠⅡ-500-12 SH Ⅰ-12	300	400～600	1.31	480	1200	300	30	20	570	<20	410
SH ⅠⅡ-700-14 SH Ⅰ-14	350	600～800	1.25	530	1200	350	33	20	610	<20	450
SH ⅠⅡ-900-16 SH Ⅰ-16	400	800～1100	0.88	580	1300	400	33	20	675	<30	515
SH Ⅲ-1200-18 SH Ⅰ-18	450	1100～1400	0.74	630	1300	450	33	24	710	<30	550
SH Ⅲ-1600-20 SH Ⅰ-20	500	1400～1800	0.83	750	1450	500	39	24	840	<30	660
SH Ⅲ-2000-24 SH Ⅰ-24	600	1800～2500	0.63	800	1600	600	39	24	890	<30	750

生产厂家：核工业格林水处理有限责任公司　　　厂址：江苏省南京市察哈尔路 16 号

(4)水处理器进出口与几何尺寸：见图 17-130。

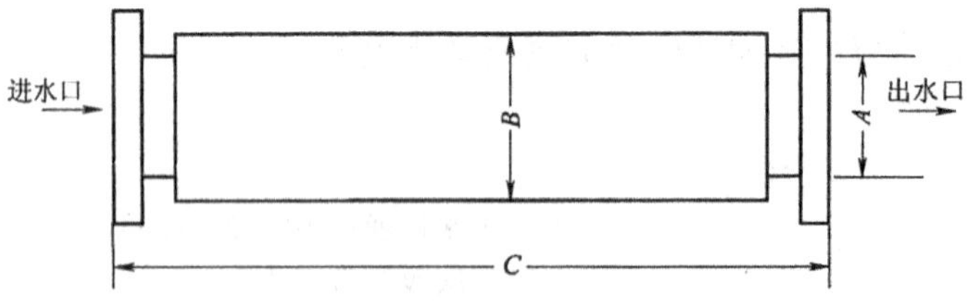

图 17-130　SH Ⅰ型静电水处理器外形尺寸图

17.17.2　EH Ⅰ型电子水处理器

(1)适用范围：电子水处理器由两部分组成：水处理器，其中心装有一金属阳极，壳体为阴极，由镀锌无缝钢管制成，被处理介质通过金属电极与壳体之间的环状空间流入用水设备。电子电源是提供水处理器产生电子场的电源。

(2)型号意义说明：

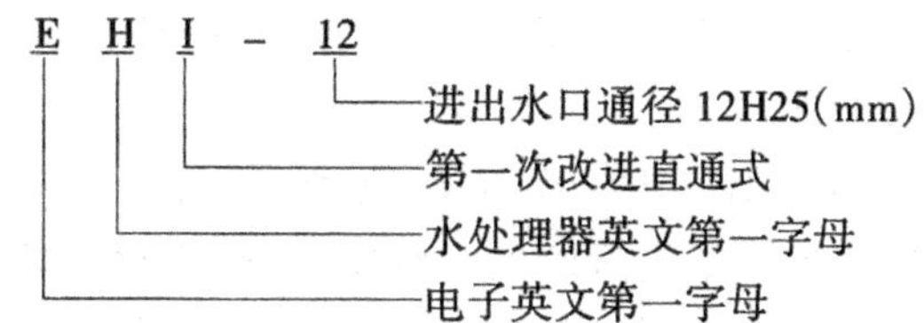

(3)性能及参数:EHI 型电子水处理器主要技术参数见表 17-246,其主要技术性能见表 17-247。

表 17-246　EHI 型电子水处理器主要技术参数

最高适用工作压力/MPa	水质总硬度(以 $CaCO_3$ 计)/$mg\cdot L^{-1}$	适用水温/℃	有效范围/m	输入电源
1.6	<550	<105	2000	约 220V,50Hz

表 17-247　EHI 型电子水处理器主要技术性能

型　号	水处理器					法兰 GB 9115.9—88　1.6MPa				电源电耗/W	质量/kg
	进出水口 A/mm	流量 /$t\cdot h^{-1}$	水头损失系数(s)	B/mm	C/mm	通径/mm	连接法兰螺孔 孔径/mm	连接法兰螺孔 数量/个	连接法兰螺孔 中心距/mm		
EH-2	25	1~3	4.7	73	670	25	螺纹连接			<20	15
EH-10	50	8~13	0.8	89	800	50				<20	22
EH-20	80	16~25	1.9	108	900	80	18	8	160	<20	42
EHⅠⅡ-50-4 EHⅠ-4	100	30~60	2.8	219	840	100	22	12	295	<20	90
EHⅠⅡ-100-6 EHⅠ-6	150	60~140	2.07	273	840	150	26	12	355	<20	130
EHⅠⅡ-200-8 EHⅠ-8	200	150~250	0.95	325	950	200	26	12	410	<20	180
EHⅠⅡ-300-10 EHⅠ-10	250	250~400	1.08	377	950	250	26	16	470	<30	240
EHⅠⅡ-500-12 EHⅠ-12	300	400~600	1.31	480	1200	300	30	20	570	<30	400
EHⅠⅡ-700-14 EHⅠ-14	350	600~800	1.25	530	1200	350	33	20	610	<30	430

生产厂家:核工业格林水处理有限责任公司　　厂址:江苏省南京市察哈尔路 16 号

(4)水处理器进出口与几何尺寸:见图 17-131。

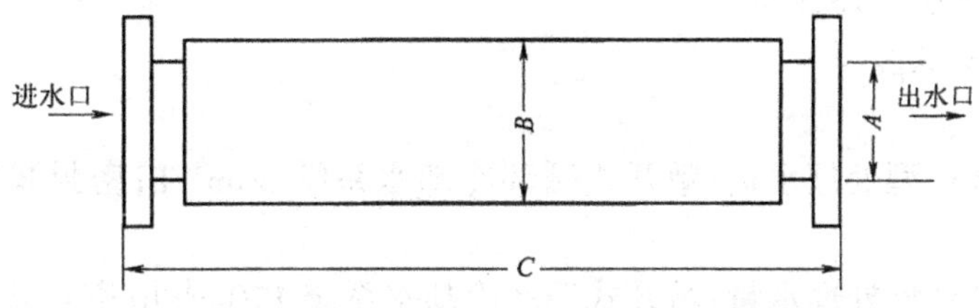

图 17-131　EHI 型电子水处理器外形尺寸图

(5)静电水处理器和电子水处理器的不同点与选用:

1)最高适用工作水温,电子水处理器略高。在水温 80℃以下时两者均可使用。超过 80℃时,只能选用电子水处理器。

2)工作电压差别较大。电子水处理器属低压范畴,静电水处理器是静电高压。虽是高压但工作电流很微小,而且又采取了先进的固化绝缘措施,不存在任何人身安全问题。

3)静电水处理器的阳极耐磨损不粘附,可以用于水质总硬度较高的系统,使用寿命长,一般可连续使用 15~20 年。由于不粘附,在使用过程中大大减轻了清洗工作量,甚至可以免清洗 。

4)电子水处理器的阳极表面的保护膜易被磨损,易粘附污物,只能用于低硬度的清水系统。使用寿命一般只有 8 年。8 年后阳极表面必须重新喷涂保护膜后才能使用。在使用过程中要注意定期保养清洗电极,以保证处理效果。

5)设计选用本产品时应根据用水系统的输水管径或实际流量选用表中所提供的进出水口尺寸或额定水处理量相应的规格产品。

17.17.3 离子静电水处理器(简称离子棒)

(1)适用范围:离子棒是通过高压静电场的直接作用,改变水分子中的电子结构,使水中所含阳离子不致趋向器壁,从而达到防垢、除垢的目的;经静电处理后,水中将产生活性氧,故对无垢系统中的金属表面产生一层微薄氧化膜防止腐蚀,而在结垢系统中能破坏垢分子间的电子结合力,改变晶体结构,促使硬垢疏松,使已经产生的水垢逐渐剥蚀、脱落,同时还具有一定的杀菌灭藻作用。

(2)型号意义说明:

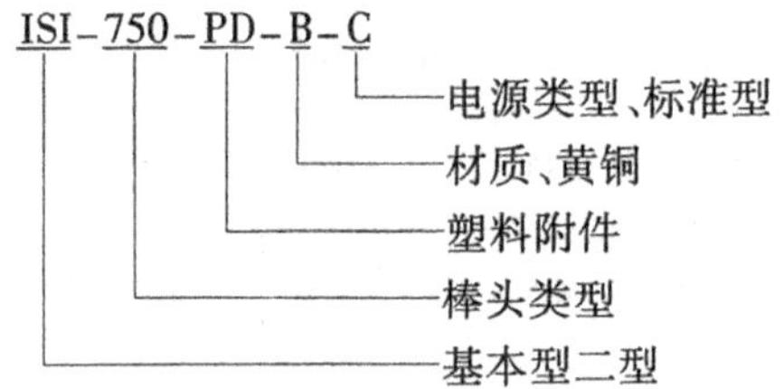

(3)技术参数:

1)电源箱(外形尺寸 150mm×150mm×100mm),输入电压 AC220V,50Hz,电耗 10W:输出电压 DC7500V。

2)离子棒探头(长 540mm,直径 28mm)。

3)工作温度 1~99℃。

4)联接电缆(长 2.7m)。

5)最大工作压力 1.75MPa。

6)每套总质量 6kg。

(4)型号:

ISI-500-PD-B-C 型处理水量:敞开式循环冷却水系统 $50m^3/h$;密封式循环冷却水系统 $100m^3/h$;

ISI-750-PD-B-C 型处理水量:敞开式循环冷却水系统 $170m^3/h$;密封式循环冷却水系统 $340m^3/h$;

在大流量循环冷却水系统中,离子棒可多根串联使用,满足所需处理水量的要求。

(5)质量保证:

1)离子棒是由一根两端密封予以绝缘,表面涂有特氟隆的铅质电极棒和一个 220V,50Hz 交流电转换成 7500V 直流电的高压静电发生器所组成,电极棒的探头处则产生一个静电场(电流 < 1mA,本质安全型),所以也没有电介作用危及人身安全的问题。

2)产品质量均经 UL、CSA 鉴定认可,符合国际质量标准。

3)安装时特别注意:绝对不能有任何损坏离子棒表面特氟隆涂层的现象,否则该产品将报废。

4)产品 3 年内免费保修,预计使用寿命为 10 年。

生产厂家:宜兴美洲星水处理设备有限公司(中国代理)　　厂址:江苏省宜兴市环科园创业中心

17.18 管接头及补偿器

17.18.1 CDU 型柔性快速接头

(1)适用范围:CDU 型快速接头是从日本引进,由中日合资华樱管件有限公司生产的,产品技术标准符合 GB—8269—82617 标准,产品主要用于矿产、石油、化工、电力、建筑、冶金等行业,用于压缩空气、水气、油、泥浆、瓦斯等各种介质输送的正压、负压工业管道的连接,其特点是:

1)结构简单,安装效率高,施工速度和工效比同规格法兰快 5 ~ 10 倍,综合经济指标先进,节约造价 30%;耐压、耐油、耐高温、气密性好,渗漏率极低;

2)安装管道轴向可允许 1° ~ 5°偏角,可随轻微变形而变形,明显优于法兰盘连接的传统工艺。

快速连接管件的主要特点是快速、柔性、密封,这类管件包括各类快速管卡、密封胶圈、三通、弯头、异径接头、阀门等配件产品。

该产品的适用及安装指南详见该公司“快速管道接头”说明书。

17.18.1.1 快速管道接头

A　C 型快速管道接头(压力等级:1.0MPa、1.6MPa、2.5MPa、4.0MPa、6.4MPa、10MPa 管径 $DN50 \sim DN2000$)

B　G 型快速管接头(压力等级:2.5MPa　管径 $DN50 \sim 100$)

C　C 型铰链式快速管接头(压力等级:2.5MPa　管径 $DN50 \sim 100$)

D　S 型铰链式快速管接头(压力等级:2.5MPa　管径 $DN50 \sim 100$)

E　插入式管接头(管径 $DN50 \sim 225$)

17.18.1.2 弯头(压力等级:1.6MPa,4.0MPa)

A　等径弯头(弯角 90°,口径 $D57 \sim 273$)

B　异径弯头(弯角 90°,口径 $D60 \times D50 \sim D273 \times D219$)

17.18.1.3 三通(压力等级:1.6MPa,4.0MPa)

A　等径弯头($D40 \sim 219$)

B　异径弯头($D60 \times D50 \sim D273 \times D219$)

17.18.1.4 异径接头(压力等级:1.6MPa、2.5MPa、4.0MPa、6.4MPa,管径:$D60 \times D50 \sim D273 \times D219$)

生产厂家:中日合资华樱管件实业有限公司	厂址:辽宁省抚顺市丹东路(西段)10号

17.18.2 GJQ(X)型系列可挠曲橡胶接头

(1)适用范围:GJQ(X)型系列可挠曲橡胶接头主要用于输送液体、气体、固体等物料金属管道的柔性连接,它采用多层球体结构可补偿位移,隔振减噪,是一种新颖的橡胶减振制品。

(2)性能及参数:GJQ(X)型系列可挠曲橡胶接头主要技术数据见表17-248。

表17-248 GJQ(X)型系列可挠曲橡胶接头主要技术数据

公称通径 *DN* /mm	长度 *L* /mm	法兰厚度 /mm	螺栓数	承压/MPa	螺栓孔中心圆直径/mm	轴向位移/mm		径向位移 /mm
						伸长	压缩	
40	95	18	4	2.5	110	6	10	9
50	105	18	4	2.5	125	7	10	10
65	115	20	4	2.5	145	7	13	11
80	135	20	8	2.5	160	8	15	12
100	150	22	8	2.5	180	10	19	13
125	165	24	8	1.6	210	12	19	13
150	180	24	8	1.6	240	16	20	14
200	210	24	8	1.6	295	16	25	22
250	230	28	12	1.6	355	16	25	22
300	245	28	12	1.6	410	16	25	22
350	255	28	16	1	460	16	25	22
400	255	30	16	1	515	16	25	22
450	255	30	20	1	565	16	25	22
500	255	32	20	1	620	16	25	22
600	260	32	20	1	725	16	25	22
700	260	36	24	0.6	810	16	25	22
800	260	36	24	0.6	920	16	25	22
900	260	36	24	0.6	1020	16	25	22
1000	260	36	28	0.6	1120	16	25	22
1200	300	36	32	0.6	1340	16	25	24
1400	350	40	36	0.6	1560	16	25	22
1600	350	48	40	0.6	1760	18	25	24
1800	400	50	44	0.6	1970	18	25	24
2000	450	46	48	0.25	2130	18	25	25
2200	500	46	52	0.25	2340	18	25	25
2400	500	46	56	0.25	2540	18	25	25
2600	550	50	60	0.25	2740	20	28	25
2800	550	50	64	0.25	2960	20	30	25
3000	550	50	68	0.25	3160	25	30	25
3200	550	50	72	0.25	3360	25	30	25
3400	550	50	76	0.25	3560	25	30	25
3600	550	50	80	0.25	3770	25	30	25
3800	550	50	80	0.25	3970	25	30	25

续表 17-248

公称通径 *DN* /mm	长度 *L* /mm	法兰厚度 /mm	螺栓数	承压/MPa	螺栓孔中心圆直径/mm	轴向位移/mm		径向位移 /mm
						伸长	压缩	
4000	550	50	84	0.25	4170	25	30	25
生产厂家:郑州力威橡胶制品有限公司					厂址:河南省郑州市上街区孟津南路 68 号			

注:法兰采用 GB25555—81 连接标准,特殊要求可定制。

17.18.3　减振波纹补偿器

(1)适用范围:减振波纹补偿器适用于各类泵、阀的进出口和一般配管,减振、吸噪性能好,还可吸收管道轴向热位移,减少设备受力,提高设备的使用寿命。

减振波纹管补偿器安装维修方便,无泄漏,可靠性强,可完全替代老式橡胶减震接头。

该产品结构及使用条件,详见南京晨光东螺波纹管有限公司“减振波纹补偿器”说明书。

(2)性能参数:TJ-F 减振波纹补偿器性能见表 17-249 和表 17-250。

表 17-249　TJ-F 减振波纹补偿器性能

型号	通径/mm	总长/mm	波纹管波数	最大伸缩量/mm	工作压力/MPa
TJ40F	40	150	20	+10　-20	2.5
TJ50F	50	150	15	+10　-20	2.5
TJ65F	65	150	13	+10　-20	2.5
TJ80F	80	150	12	+10　-20	2.5
TJ100F	100	150	10	+10　-20	2.5
TJ125F	125	150	10	+10　-20	2.5
TJ150F	150	150	9	+10　-20	2.5
TJ200F	200	200	12	+10　-35	1.6
TJ250F	250	200	11	+10　-35	1.6
TJ300F	300	200	11	+10　-35	1.6
生产厂家:中日合资南京晨光东螺波纹管有限公司				厂址:江苏省南京市正学路 1 号	

注:1. 使用条件:最大工作压力 2.5MPa,使用温度 -90~+450℃;
　2. 法兰标准 DIN 或 JB81-94,1.6MPa。

表 17-250　TJ-J 减振波纹补偿器性能

型号	通径/mm	总长/mm	波纹管波数	最大伸缩量/mm	工作压力/MPa	端管尺寸/mm
TJ40J	40	350	24	+10　-30	1.0	$\phi45\times4$
TJ50J	50	350	24	+10　-30	1.0	$\phi57\times4$
TJ65J	65	350	20	+10　-40	1.0	$\phi73\times4$
TJ80J	80	350	20	+10　-40	1.0	$\phi89\times4$
TJ100J	100	350	16	+10　-40	1.0	$\phi108\times4$
TJ125J	125	350	16	+10　-40	1.0	$\phi133\times4$
TJ150J	150	350	16	+10　-40	1.0	$\phi159\times4.5$
TJ200J	200	350	16	+10　-40	1.0	$\phi219\times6$
TJ250J	250	350	16	+10　-40	1.0	$\phi273\times8$
TJ300J	300	350	16	+10　-40	1.0	$\phi325\times8$
生产厂家:中日合资南京晨光东螺波纹管有限公司				厂址:江苏省南京市正学路 1 号		

注:使用条件:最大工作压力 1MPa;工作温度范围 -90~+450℃。

17.19　金属软管

(1)适用范围:金属软管(详见该厂“金属软管”产品样本)具有重量轻、体积小、耐腐蚀、抗疲劳、耐温性好、承压高、柔软性好、密封性强、使用寿命长、综合经济效益好等特点，广泛应用于航天、航空、石油、化工、钢铁、电力、造纸、建筑、橡胶、纺织印染、医药、食品、交通运输等诸多行业中。

(2)性能参数：金属软管主要性能见表 17-251 ~ 表 17-257。

表 17-251 金属软管主要性能

公称压力 PN/MPa		公称通径 DN/mm	产品代号	螺纹连接尺寸		强度试验压力 /MPa	气密试验压力 /MPa	供货长度 L/mm
				螺纹 M	六方 S			
高压 G	35	4	JR4BL1	M12×1.25	17	1.5*PN*	1.0*PN*	不小于 150
	23	6	JR6BL1	M14×1.5				
		8	JR8BL1	M16×1.5	19			
		10	JR10BL1	M20×1.5	24			
		12	JR12BL1	M22×1.5	27			
	21	15	JR14BL1	M24×1.5				
	16	18	JR18BL1	M30×1.5	36			不小于 160
		20	JR20BL1					
中压 Z	10	4	JR4L3	M12×1.25	17	1.5*PN*	1.0*PN*	不小于 150
		6	JR6L3	M14×1.5				
		8	JR8L3	M16×1.5	19			
		10	JR10L3	M20×1.5	24			
	8	12	JR12L3	M22×1.5	27			
		15	JR15L3	M24×1.5				
		18	JR18L3	M30×1.5	36			不小于 160
	6.4	20	JR20L3					
		25	JR25L3	M36×1.5	41			不小于 180
	4	32	JR32L3	M45×1.5	50			不小于 300
低压 D	2.5	4	JR4L1	M12×1.25	17			不小于 150
		6	JR6L1	M14×1.5				
		8	JR8L1	M16×1.5	19			
		10	JR10L1	M20×1.5	24			
		12	JR12L1	M22×1.5	27			
		15	JR15L1	M24×1.5				
		18	JR18L1	M30×1.5	36			不小于 160
		20	JR20BL1					
		25	JR25L1	M36×1.5	41			不小于 180
		32	JR32L1	M45×1.5	50			不小于 300
标记示例		两端球头，活套螺母，公称通径 32mm，公称压力 4MPa，长度 1200mm 的金属软管，标记为：金属软管 JRL_3-1200						
生产厂家：南京晨光航天应用技术股份有限公司金属软管分公司						厂址：江苏省南京市中华门外正学路 1 号		

注：*DN*≤32mm，长度 > 1600mm 的金属软管允许用网体对接，订货时在合同上注明。

表 17-252 金属软管主要性能

公称压力 PN/MPa		公称通径 DN/mm	产品代号	螺纹连接尺寸		强度试验压力 /MPa	气密试验压力 /MPa	供货长度 L/mm
				螺纹 M	六方 S			
高压 G	35	4	JR4BL	M12×1.25	17	1.5PN	1.0PN	不小于 150
	23	6	JR6BL	M14×1.5				
		8	JR8BL	M16×1.5	19			
		10	JR10BL	M20×1.5	24			
		12	JR12BL	M22×1.5	27			
	21	15	JR14BL	M24×1.5				
	16	18	JR18BL	M30×1.5	36			不小于 160
		20	JR20BL					
中压 Z	10	4	JR4L2	M12×1.25	17			不小于 150
		6	JR6L2	M14×1.5				
		8	JR8L2	M16×1.5	19			
		10	JR10L2	M20×1.5	24			
	8	12	JR12L2	M22×1.5	27			
		15	JR15L2	M24×1.5				
		18	JR18L2	M30×1.5	36			不小于 160
	6.4	20	JR20L2					
		25	JR25L2	M36×1.5	41			不小于 180
	4	32	JR32L2	M45×1.5	50			不小于 300
低压 D	2.5	4	JR4L	M12×1.25	17			不小于 150
		6	JR6L	M14×1.5				
		8	JR8L	M16×1.5	19			
		10	JR10L	M20×1.5	24			
		12	JR12L	M22×1.5	27			
		15	JR14L	M24×1.5				
		18	JR18L	M30×1.5	36			不小于 160
		20	JR20L					
		25	JR25L	M36×1.5	41			不小于 180
		32	JR32L	M45×1.5	50			不小于 300
标记示例		一端球头，另一端内锥接头，公称通径 20mm，公称压力 6.4MPa，长度 1500mm 的金属软管，标记为：金属软管 JR20L_2-1500						
生产厂家：南京晨光航天应用技术股份有限公司金属软管分公司　厂址：江苏省南京市中华门外正学路 1 号								

注：$DN \leqslant 32$mm，长度 > 1600mm 的金属软管允许网体对接，订货时在合同上注明。

表 17-253 金属软管主要性能

公称压力 PN/MPa		公称通径 DN/mm	产品代号	螺纹连接尺寸		强度试验压力 /MPa	气密试验压力 /MPa	供货长度 L/mm
				螺纹 M	六方 S			
高压 G	35	4	JRG4L1	M12×1.25	17	1.5PN	1.0PN	不小于 150
	23	6	JRG6L1	M14×1.5				
		8	JRG8L1	M16×1.5	19			
		10	JRG10L1	M20×1.5	24			
		12	JRG12L1	M22×1.5	27			
	21	15	JRG14L1	M24×1.5				
	16	18	JRG18L1	M30×1.5	36			不小于 160
		20	JRG20L1					
中压 Z	10	4	JRZ4L1	M12×1.25	17			不小于 150
		6	JRZ6L1	M14×1.5				
		8	JRZ8L1	M16×1.5	19			
		10	JRZ10L1	M20×1.5	24			
	8	12	JRZ12L1	M22×1.5	27			
		15	JRZ14L1	M24×1.5				
		18	JRZ18L1	M30×1.5	36			不小于 160
	6.4	20	JRZ20L1					
		25	JRZ25L1	M36×1.5	41			不小于 180
	4	32	JRZ32L1	M45×1.5	50			不小于 300
低压 D	2.5	4	JRD4L1	M12×1.25	17			不小于 150
		6	JRD6L1	M14×1.5				
		8	JRD8L1	M16×1.5	19			
		10	JRD10L1	M20×1.5	24			
		12	JRD12L1	M22×1.5	27			
		15	JRD14L1	M24×1.5				
		18	JRD18L1	M30×1.5	36			不小于 160
		20	JRD20L1					
		25	JRD25L1	M36×1.5	41			不小于 180
		32	JRD32L1	M45×1.5	50			不小于 300
标记示例		纵缝焊管坯两端球头、活套螺母，公称通径 10mm，公称压力 2.5MPa，长度 1000mm 的金属软管，标记为：金属软管 JRD10L_2-1000						
生产厂家：南京晨光航天应用技术股份有限公司金属软管分公司　　厂址：江苏省南京市中华门外正学路 1 号								

注：$DN \leqslant 25$mm，长度 > 2100mm 的金属软管允许网体对接，订货时在合同上注明。

表 17-254 金属软管主要性能

公称压力 PN/MPa		公称通径 DN/mm	产品代号	螺纹连接尺寸		强度试验压力 /MPa	气密试验压力 /MPa	供货长度 L/mm
				螺纹 M	六方 S			
高压 G	35	4	JRG4L	M12×1.25	17	1.5PN	1.0PN	不小于 150
	23	6	JRG6L	M14×1.5				
		8	JRG8L	M16×1.5	19			
		10	JRG10L	M20×1.5	24			
		12	JRG12L	M22×1.5	27			
	21	15	JRG14L	M24×1.5				
	16	18	JRG18L	M30×1.5	36			不小于 160
		20	JRG20L					
中压 Z	10	4	JRZ4L	M12×1.25	17			不小于 150
		6	JRZ6L	M14×1.5				
		8	JRZ8L	M16×1.5	19			
		10	JRZ10L	M20×1.5	24			
	8	12	JRZ12L	M22×1.5	27			
		15	JRZ14L	M24×1.5				
		18	JRZ18L	M30×1.5	36			不小于 160
	6.4	20	JRZ20L					
		25	JRZ25L	M36×1.5	41			不小于 180
	4	32	JRZ32L	M45×1.5	50			不小于 300
低压 D	2.5	4	JRD4BL	M12×1.25	17			不小于 150
		6	JRD6BL	M14×1.5				
		8	JRD8BL	M16×1.5	19			
		10	JRD10BL	M20×1.5	24			
		12	JRD12BL	M22×1.5	27			
		15	JRD14BL	M24×1.5				
		18	JRD18BL	M30×1.5	36			不小于 160
		20	JRD20BL					
		25	JRD25BL	M36×1.5	41			不小于 180
		32	JRD32BL	M45×1.5	50			不小于 300
标记示例		纵缝焊管坯两端球头，另一端内锥接头，公称通径 15mm，公称压力 21MPa，长度 1500mm 的金属软管，标记为：金属软管 JRG14L-1500						

生产厂家：南京晨光航天应用技术股份有限公司金属软管分公司　　厂址：江苏省南京市中华门外正学路 1 号

注：$DN \leqslant 25$mm，长度 > 2100mm 的金属软管允许网体对接，订货时在合同上注明。

续表 17-254

公称压力 PN/MPa	公称通径 DN/mm	产品代号	螺纹连接尺寸		强度试验压力 /MPa	气密试验压力 /MPa	供货长度 L/mm
			螺纹 M	六方 S			
1	6	JR6AL1	M14×1.5	17	1.5PN	1.0PN	不小于 300
	8	JR8AL1	M16×1.5	19			
	10	JR10AL1	M20×1.5	24			
	12	JR12AL1	M22×1.5	27			
	15	JR14AL1	M24×1.5				
	18	JR18AL1	M30×1.5	36			
	20	JR20AL1					
	25	JR24AL1	M36×1.5	41			
	32	JR32AL1	M45×1.5	50			不小于 350
标记示例	两端为球头活套螺母,并带加长环,公称通径 25mm,公称压力 1MPa,长度 1000mm 的球形接头金属软管,标记为:金属软管 $JR24AL_1$-1000						

注:DN≤32mm,长度>1600mm 的金属软管允许网体对接,订货时在合同上注明。

表 17-255 金属软管主要性能

公称压力 PN/MPa	公称通径 DN/mm	产品代号	螺纹连接尺寸		强度试验压力 /MPa	气密试验压力 /MPa	供货长度 L/mm
			螺纹 M	六方 S			
1	6	JR6AL	M14×1.5	17	1.5PN	1.0PN	不小于 300
	8	JR8AL	M16×1.5	19			
	10	JR10AL	M20×1.5	24			
	12	JR12AL	M22×1.5	27			
	15	JR14AL	M24×1.5				
	18	JR18AL	M30×1.5	36			
	20	JR20AL					
	25	JR24AL	M36×1.5	41			
	32	JR32AL	M45×1.5	50			不小于 350
标记示例	一端为球头,另端内锥接头,带加长环,公称通径 20mm,公称压力 1MPa,长度 1200mm 的球形接头金属软管,标记为:金属软管 JR20AL-1200						

注:DN≤32mm,长度>1600mm 的金属软管允许网体对接,订货时在合同上注明。

续表 17-255

公称压力 PN/MPa		公称通径 DN/mm	产品代号	螺纹连接尺寸		强度试验压力 /MPa	气密试验压力 /MPa	供货长度 L/mm
				螺纹 M	六方 S			
高压 G	16	18	JR18BL5	M30×1.5	36	1.5*PN*	1.0*PN*	不小于 160
		20	JR20BL5					
	10	25	JR25BL5	M36×1.5	41			不小于 180
	6.4	32	JR32BL5	M45×1.5	50			不小于 300
中压 Z	6.4	25	JR25L5	M36×1.5	41			不小于 180
	4	32	JR32L5	M45×1.5	50			不小于 300
		40	JR40L5	M60×2	槽 6×4.5			
标记示例			两端凸榫接头活套螺母,公称通径 32mm,公称压力为 6.4MPa,长度 1500mm 的榫槽接头金属软管,标记为:金属软管 JR32BL$_5$-1500					

注:*DN*≤32mm,长度>1600mm 的金属软管允许网体对接,订货时在合同上注明。

表 17-256 金属软管主要性能

公称压力 PN/MPa		公称通径 DN/mm	产品代号	螺纹连接尺寸		强度试验压力 /MPa	气密试验压力 /MPa	供货长度 L/mm
				螺纹 M	六方 S			
高压 G	16	18	JR18BL4	M30×1.5	36	1.5*PN*	1.0*PN*	不小于 160
		20	JR20BL4					
	10	25	JR25BL4	M36×1.5	41			不小于 180
	6.4	32	JR32BL4	M45×1.5	50			不小于 300
中压 Z	6.4	25	JR25L4	M36×1.5	41			不小于 180
	4	32	JR32L4	M45×1.5	50			不小于 300
		40	JR40L4	M60×2	槽 6×4.5			
标记示例			一端凸榫接头活套螺母,另一端凹槽接头,公称通径 25mm,公称压力为 10MPa,长度 1000mm 的榫槽接头金属软管,标记为:金属软管 JR25BL$_4$-1000					

注:*DN*≤32mm,长度>1600mm 的金属软管允许网体对接,订货时在合同上注明。

续表 17-256

公称压力 PN/MPa		公称通径 DN/mm	产品代号	螺纹连接尺寸		强度试验压力 /MPa	气密试验压力 /MPa	供货长度 L/mm
				螺纹 M	六方 S			
高压 G	16	18	JRG18L3	M30×1.5	36	1.5PN	1.0PN	不小于 160
		20	JRG20L3					
	10	25	JRG25L3	M36×1.5	41			不小于 180
	6.4	32	JRG32L3	M45×1.5	50			不小于 300
中压 Z	8	18	JRZ18L3	M30×1.5	36			不小于 160
		20	JRZ20L3					
	6.4	25	JRZ25L3	M36×1.5	41			不小于 180
	4	32	JRZ32L3	M45×1.5	50			不小于 300
		40	JRZ40L3	M60×2	槽 6×4.5			
标记示例		纵缝焊管坯两端凸榫接头活套螺母，公称通径 25mm，公称压力为 10MPa，长度 1000mm 的榫槽接头金属软管，标记为：金属软管 JRG25L_3-1000						

注：DN≤25mm，长度> 2100mm 的金属软管允许网体对接，订货时在合同上注明。

表 17-257 金属软管主要性能

公称压力 PN/MPa		公称通径 DN/mm	产品代号	螺纹连接尺寸		强度试验压力 /MPa	气密试验压力 /MPa	供货长度 L/mm
				螺纹 M	六方 S			
高压 G	16	18	JRG18L2	M30×1.5	36	1.5PN	1.0PN	不小于 160
		20	JRG20L2					
	10	25	JRG25L2	M36×1.5	41			不小于 180
	6.4	32	JRG32L2	M45×1.5	50			不小于 300
中压 Z	8	18	JRZ18L2	M30×1.5	36			不小于 160
		20	JRZ20L2					
	6.4	25	JRZ25L2	M36×1.5	41			不小于 180
	4	32	JRZ32L2	M45×1.5	50			不小于 300
		40	JRZ40L2	M60×2	槽 6×4.5			
标记示例		纵缝焊管坯一端凸榫接头活套螺母，另一端凹槽接头，公称通径 20mm，公称压力为 16MPa，长度 1500mm 的榫槽接头金属软管，标记为：金属软管 JRG20L_2-1500						

注：DN≤25mm，长度> 2100mm 的金属软管允许网体对接，订货时在合同上注明。

续表 17-257

公称压力 *PN*/MPa	公称通径 *DN*/mm	产品代号	工作介质	O型密封圈胶料	强度试验压力 /MPa	气密试验压力 /MPa	供货长度 *L*/mm
2.5	40	JR40YK	氧化剂	1403	1.5*PN*	1.0*PN*	不小于 340
	50	JR50YK					不小于 400
1.8	75	JR75YK					不小于 510
	100	JR100YK					不小于 600
2.5	40	JR40R1K	燃烧剂	8101			不小于 340
	50	JR50R1K					不小于 400
1.8	75	JR75R1K					不小于 510
	100	JR100R1K					不小于 600
标记示例	公称通径 100mm,公称压力 1.8MPa,长度 2000mm 耐氧化剂的爪型快速接头金属软管,标记为:金属软管 JR100YK-2000						

生产厂家:南京晨光航天应用技术股份有限公司金属软管分公司　　厂址:江苏省南京市中华门外正学路 1 号

注:1. 本公司所生产的金属软管,公称通径可达 600mm 以上;
2. 除表中所列的各种形式接头的金属软管外,本公司还生产各种标准的法兰连接的金属软管,各种结构快速接头的金属软管,还可以设计生产与用户相配的各种非标接头连接的金属软管;
3. 对特殊要求的金属软管,用户可与该公司联系,该公司可以进行研制,以满足用户的需要。

17.20 喷洒设备

17.20.1 PT35、PT30 型洒水喷枪

(1)主要用途:煤矿、铁矿、钢厂、电厂、煤码头和矿石码头等部门的料场、煤堆场、矿石堆场洒水防尘,码头、道路冲洗,大型林场和果园的喷灌,主要材料为铝合金、铜、不锈钢和聚四氟乙烯。

(2)性能:见表 17-258 ~ 表 17-261。

表 17-258 PT35-A 型洒水喷枪性能(仰角:45°、连接尺寸:ZG50mm)

喷嘴直径/mm	工作压力/MPa	喷嘴流量 $/m^3 \cdot h^{-1}$	喷嘴流量 $/L \cdot min^{-1}$	射程/m	射高/m
16×Ⅰ	0.4	23.88	398	33.0	14.2
	0.5	26.70	445	35.5	15.4
	0.55	27.96	466	36.5	15.9
	0.6	29.22	487	37.5	16.5
	0.65	30.42	507	38.8	17.2
	0.7	31.56	526	40.0	18.0

续表 17-258

喷嘴直径/mm	工作压力/MPa	喷嘴流量		射程/m	射高/m
		$/m^3 \cdot h^{-1}$	$/L \cdot min^{-1}$		
18×Ⅱ	0.5	32.46	541	38.0	16.5
	0.55	34.02	567	39.2	17.1
	0.6	35.52	592	40.5	17.8
	0.65	36.96	616	42.0	18.5
	0.7	38.40	640	42.8	19.3
	0.8	40.98	683	43.5	19.7
19×Ⅲ	0.5	35.70	595	38.6	16.8
	0.55	37.44	624	39.6	17.3
	0.6	39.12	652	41.4	18.2
	0.65	40.68	678	42.9	19.0
	0.7	42.24	704	43.7	20.0
	0.8	45.12	752	44.5	20.4
20×Ⅱ	0.5	38.52	642	39.0	17.0
	0.55	40.44	674	40.0	17.4
	0.6	42.24	704	41.8	18.5
	0.65	43.92	732	43.8	19.6
	0.7	45.60	760	44.6	20.5
	0.8	48.72	812	45.5	20.9
21×Ⅲ	0.5	42.12	702	39.5	17.2
	0.55	44.16	736	41.0	17.9
	0.6	46.41	769	42.5	18.7
	0.65	48.88	814	44.0	19.8
	0.7	49.88	838	45.5	20.9
	0.8	53.22	887	46.5	21.5
生产厂家:武进东方喷洒设备厂				厂址:江苏省武进市郑陆镇	

表 17-259 PT35-B 型洒水喷枪性能(仰角:30°、连接尺寸:ZG50mm)

喷嘴直径/mm	工作压力/MPa	喷嘴流量		射程/m
		$/m^3 \cdot h^{-1}$	$/L \cdot min^{-1}$	
16×Ⅰ	0.4	23.88	398	34.5
	0.5	26.70	445	36.5
	0.55	27.93	466	37.5
	0.6	29.22	487	38.5
	0.65	30.42	507	39.5
	0.7	31.56	526	41.5
18×Ⅱ	0.5	32.46	541	40.0
	0.55	34.02	567	41.5
	0.6	35.52	592	42.5
	0.65	36.96	616	43.5
	0.7	38.40	640	44.2
	0.8	40.98	683	45.0

续表 17-259

喷嘴直径/mm	工作压力/MPa	喷嘴流量		射程/m
		$/m^3 \cdot h^{-1}$	$/L \cdot min^{-1}$	
19×Ⅲ	0.5	35.70	595	40.5
	0.55	37.44	624	41.5
	0.6	39.12	652	43.2
	0.65	40.68	678	44.8
	0.7	42.24	704	45.5
	0.8	45.12	752	46.2
20×Ⅱ	0.5	38.52	642	41.0
	0.55	40.44	674	42.0
	0.6	42.24	704	43.5
	0.65	43.92	732	45.5
	0.7	45.60	760	46.5
	0.8	48.72	812	47.0
21×Ⅲ	0.5	42.12	702	42.0
	0.55	44.16	736	43.5
	0.6	46.14	769	45.0
	0.65	48.0	800	46.5
	0.7	49.80	730	48.0
	0.8	53.22	887	49.2

生产厂家:武进东方喷洒设备厂　　　　厂址:江苏省武进市郑陆镇

表 17-260 PT30-A 型洒水喷枪性能(仰角:30°、连接尺寸:ZG40mm)

喷嘴直径/mm	工作压力/MPa	喷嘴流量		射程/m
		$/m^3 \cdot h^{-1}$	$/L \cdot min^{-1}$	
10×Ⅰ	0.25	7.44	124	20
	0.3	8.16	136	22
	0.35	8.76	146	24
	0.4	9.36	156	26
	0.5	10.50	175	28.5
12×Ⅰ	0.25	10.26	171	22
	0.3	11.22	187	24
	0.35	12.12	202	26
	0.4	12.96	216	28
	0.5	14.52	242	30.5
14×Ⅱ	0.25	13.20	220	26
	0.3	14.46	241	28
	0.35	15.56	261	30
	0.4	16.74	279	32
	0.5	18.72	312	34

续表 17-260

喷嘴直径/mm	工作压力/MPa	喷嘴流量		射程/m
		/$m^3 \cdot h^{-1}$	/$L \cdot min^{-1}$	
16×Ⅱ	0.25	16.62	277	28
	0.3	18.24	304	30
	0.35	19.68	328	32
	0.4	21.06	351	34
	0.5	23.52	392	36.5
生产厂家:武进东方喷洒设备厂				厂址:江苏省武进市郑陆镇

表 17-261 PT30-B 型洒水喷枪性能(仰角:10°、连接尺寸:ZG40mm)

喷嘴直径/mm	工作压力/MPa	喷嘴流量		射程/m
		/$m^3 \cdot h^{-1}$	/$L \cdot min^{-1}$	
10.5×Ⅰ	0.35	10.62	177	8.0
	0.4	11.34	189	8.4
	0.45	12.00	200	8.8
	0.5	12.66	211	9.2
	0.55	13.32	222	9.7
	0.6	13.86	231	10.2
13×Ⅰ	0.35	14.52	242	8.0
	0.4	15.45	258	8.5
	0.45	16.44	274	9.0
	0.5	15.34	289	9.5
	0.55	18.18	303	10.1
	0.6	18.96	316	10.8
15×Ⅱ	0.35	18.00	300	8.2
	0.4	19.26	321	8.8
	0.45	20.40	340	9.4
	0.5	21.54	359	10.0
	0.55	22.56	376	10.7
	0.6	23.58	393	11.5
16.5×Ⅱ	0.35	21.60	351	8.5
	0.4	22.5	375	9.1
	0.45	23.88	398	9.8
	0.5	25.2	420	10.5
	0.55	26.4	440	11.2
	0.6	27.6	460	12.0
生产厂家:武进东方喷洒设备厂				厂址:江苏省武进市郑陆镇

17.20.2 WS80 型大射程洒水除尘喷枪

(1)主要用途:煤矿、铁矿、钢厂、电厂、煤码头和矿石码头等部门的料场、煤堆场的洒水防尘,码头、道路冲洗 ,大型林场和果园的喷灌,其特点是高仰角,适用于大型高煤堆洒水,耐腐蚀,特别适于海边使用,自动旋转,旋转角度任意可调。

(2)性能:见表 17-262。

表 17-262 WS80 型大射程洒水除尘喷枪性能

喷嘴直径/mm	工作压力/MPa	喷嘴流量		起点到喷洒顶点的水平距离/m	射高/m	射程/m
		$/m^3 \cdot h^{-1}$	$/L \cdot min^{-1}$			
20.07	0.4	32.1	8.92	23.9	14.7	38.3
	0.5	35.9	9.96	26.4	16.4	40.4
	0.6	39.3	10.92	28.4	17.8	42.3
	0.7	42.6	11.82	30.0	18.9	44.1
	0.8	45.6	12.67	31.3	19.7	45.8
22.61	0.4	40.9	11.36	24.3	15.0	40.2
	0.5	45.6	12.67	27.5	17.0	42.5
	0.6	50.0	13.87	29.9	18.7	44.4
	0.7	54.0	15.01	31.7	19.9	46.2
	0.8	58.0	16.10	32.9	20.8	47.9
25.15	0.4	50.8	14.10	25.5	15.2	41.9
	0.5	56.5	15.69	28.1	17.4	44.3
	0.6	61.8	17.17	30.4	19.2	46.4
	0.7	66.9	18.58	32.4	20.5	48.2
	0.8	71.8	19.94	34.3	21.4	49.8
27.69	0.4	61.7	17.14	26.1	15.5	43.4
	0.5	68.6	19.05	29.0	17.7	46.1
	0.6	75.0	20.83	31.5	19.5	48.2
	0.7	81.1	22.54	33.6	20.8	50.1
	0.8	87.1	24.20	35.4	21.7	51.7
30.23	0.4	73.8	20.51	26.8	15.8	44.9
	0.5	81.9	22.75	30.3	18.3	47.7
	0.6	89.5	24.86	33.0	20.3	50.1
	0.7	96.8	26.89	35.0	21.9	52.0
	0.8	104.0	58.89	36.3	23.1	53.5
32.77	0.5	96.5	26.8	30.5	18.7	49.4
	0.6	105.4	29.26	33.3	20.8	51.9
	0.7	122.5	34.03	37.4	23.7	55.4
	0.8	122.5	34.04	37.4	23.7	55.4

生产厂家:武进东方喷洒设备厂　　　厂址:江苏省武进市郑陆镇

17.20.3 DSX 型电动冲洗卷盘

(1)主要用途:机房、码头、隧道、输煤廊道、道路及地面的冲洗,兼用消防,广泛用于煤矿、铁矿、钢厂、电厂、煤码头及矿石码头等部门。

其特点是:

1)胶管端部连接供手工操作的冲洗水枪,其喷嘴可以调节,既可直射,也可开花。

2)支承架及卷盘等采用防腐涂装;

3)收放只需按一下电钮。

(2)性能:见表 17-264。

表 17-263　DSX 型电动冲洗卷盘主要技术性能参数

电动冲洗卷盘型	胶管			冲洗水枪					电机	
	口径 DN	工作压力/MPa	长度/m	型号	进水口径 DN	工作压力/MPa	有效射程/m	流量/L·min⁻¹	电压/V	功率/W
DSX-1	19	1	15～20	QX-1	19	0.2～0.7	6～15	40～75	380	120
DSX-2	25	1	15	QX-2	25	0.2～0.7	8～20	72～142	380	120

生产厂家:武进东方喷洒设备厂　　厂址:江苏省武进市郑陆镇

(3) 安装尺寸:见图 17-132。

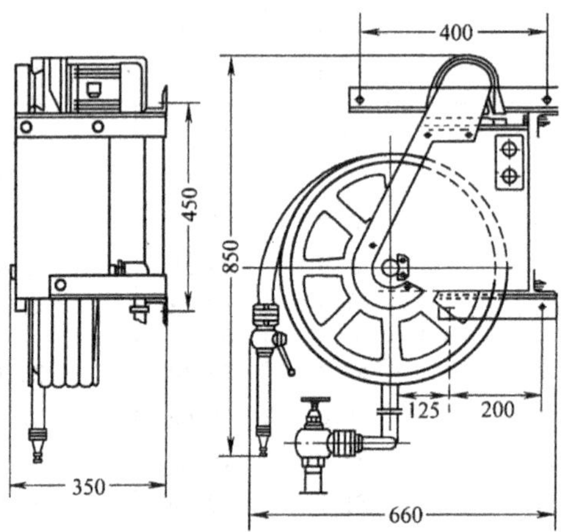

图 17-132　DSX 型电动冲洗卷盘安装尺寸图

17.20.4　SX 型冲洗卷盘箱

(1) 主要用途:机房、码头、隧道、输煤廊道、道路等地面的冲洗兼用消防,广泛用于煤矿、铁矿、钢厂、电厂、煤码头及矿石码头等部门。

其特点为:1) 冲洗卷盘箱可以嵌墙暗装,又可外露明装;

2) 箱内外表面采用防腐涂装,并配有专用的门锁。

(2) 性能:冲洗卷盘箱型号与电动冲洗卷盘型号一样。

(3) 安装尺寸:见图 17-133。

17.20.5　SK-A　SK-B 型自动喷雾装置

(1) 主要用途:堆料机、取料机、装船机、卸船机、螺旋卸车机和翻车机等的装卸部位,皮带运输机转换点落差处等喷雾除尘的自动控制。

广泛用于大型煤矿、铁矿、钢厂、电厂、煤码头和矿石码头等部门。

其特点是:

1) 喷雾自控器靠皮带运转时带动,控制器本身不需要传动电源,也不需要电磁阀和其他仪表控制。

2) 由于喷雾自控器安装高度可以调节,因此,可以做到只在带重载运行时才自动喷雾,

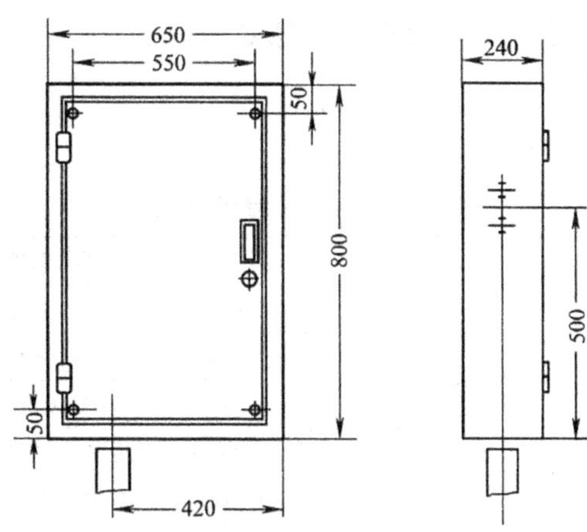

图 17-133 SX 冲洗卷盘箱安装尺寸图

皮带机停止或空载运行时,喷雾自控器自动停止喷雾。

3) 因喷雾自控器本身不需传动电源,因而具有防火、防爆性能,安全可靠。同时可以节约能源,是一种节能产品。

(2) 性能:见表 17-264。

表 17-264 自动喷雾装置性能

型 号	SK-A	SK-B
流量范围/L·min^{-1}	10~60	10~60
工作压力范围/MPa	0.1~0.3	0.1~0.3
适用皮带转速/m·s^{-1}	1.5~3.2	3.2~4.8
水管进出口管径/mm	15	15
设备质量/kg	250	300
生产厂家:江苏武进东方喷洒设备厂		厂址:江苏省武进市郑陆镇

(3) 安装说明:

1) 将自控器安装在上皮带下面。该设备上箭头方向应与上皮带运行方向一致。

2) 安装点应选在两个托辊支架之间,并使转轮正好处于皮带下垂度最大之处。

3) 安装好底板时,使转轮最上面位于上皮带(空载状态)下约 4mm。

4) 安装底板后,调整调节系统,把转轮最上面调整到离上皮带(空载状态)下约 3~5mm。

5) 最后通过软管相连接通(喷嘴安装点可根据产尘点选择,选择 1~3 点即可)。

喷雾自控器,在水压变化时所通过的水量是 5~59kg,但不是本设备所带喷头的喷水量。在设计和使用中,应根据现场实际所需水量选用,确定喷嘴数量。

17.21 循环冷却水处理药剂

武进精细化工厂,20 多年来共研制开发了 JC 和 XF 两大系列 60 多个品种水处理药剂,曾被石化总公司、化工部、能源部、冶金部、电力部、石油天然气总公司列为水处理药剂定点生产厂，并成为我国水处理药剂出口的重要基地之一。

17.21.1 阻垢分散剂

阻垢分散剂性能见表 17-266。

表 17-265 阻垢分散剂性能

JC-320(ZH 236XF)	膦酸基羧基共聚物
JC-321(ZF 121XF)	水解聚马来酸酐(HPMA)
JC-322(ZF 241XF)	马来酸酐—丙烯酸共聚物(相当于 BC-283)
JC-324(ZF 123XF)(ZF 124XF)	聚丙烯酸(钠)PAA(PAAS)
JC-325(ZF 211XF)	丙烯酸—丙烯酸酯共聚物(相当于 N-7319)
JC-326(ZF 212XF)	丙烯酸—丙烯酸羟丙酯共聚物(相当于 T-225)
JC-332(ZF 114XF)	乙二胺四甲叉膦酸钠(EDTMPS)
JC-333(ZF 112XF)	氨基三甲叉膦酸(ATMPS)(固体、液体)
JC-334(ZF 111XF)	羟基乙叉二膦酸(二钠)HEDP(HEDPS)
XF-3211(ZF 322XF)	AA/AMPS 多元共聚体
XF-3212(ZF 323XF)	丙烯酸、有机膦及磺酸共聚物
XF-3220(ZF 324XF)	丙烯酸、烯烃磺酸及非离子表面活性剂共聚物
XF-210(ZF 131XF)	2-膦酸丁烷-1,2,4,三羧酸(PBTCA)
XF-351(ZF 161XF)	有机膦磺酸

17.21.2 缓蚀阻垢剂

缓蚀阻垢剂类别示于表 17-266。

表 17-266 缓蚀阻垢剂

JC-463 (ZH 371XF)	缓蚀阻垢剂(相当于 S-113)
JC-463B (ZH 372XF)	缓蚀阻垢剂
JC-465 (ZH 373XF)	缓蚀阻垢剂(相当于 N-8365)
JC-466 (ZH 374XF)	全有机缓蚀阻垢剂(相当于 S-1050)
JC-562 (ZH 381XF)	分散性缓蚀阻垢剂(相当于 N-7350)
JC-565 (ZH 301XF)	缓蚀阻垢剂(相当于 S-6300)
JC-566 (ZH 341XF)	缓蚀阻垢剂(相当于 S-7356)
JC-568 (ZH 392XF)	腐蚀型水质用缓蚀阻垢剂(相当于 S-6100)
JC-D-06 (ZH 375XF)	电厂用缓蚀阻垢剂
JC-8185 (ZH 236XF)	油田用缓蚀阻垢剂

17.21.3 缓蚀剂

缓蚀剂类别示于表 17-267。

表 17-267 缓蚀剂

JC-7571 (HS 321XF)	缓 蚀 剂
JC-262 (HS 112XF)	缓蚀预膜剂(相当于 S-204)
JC-263 (HS 121XF)	铜缓蚀剂—苯骈三氮唑(BTA)
JC-264 (HS 231XF)	缓蚀增效剂

续表 17-267

JC-621 (HS 232XF)	闭路系统用缓蚀剂
JC-622 (HS 233XF)	闭路系统用缓蚀剂(相当于 L-104)
JC-623 (HS 234XF)	闭路系统用缓蚀剂
JC-867 (HS 122XF)	水溶性铜缓蚀剂—苯骈三氮唑

17.21.4　杀菌灭藻剂

杀菌灭藻剂类别示于表 17-268。

表 17-268　杀菌灭藻剂

JC-961(SS 311XF)	十二烷基二甲基苄基氯化氨(1227)
JC-962(SS 312XF)	杀菌灭藻剂(相当于 N-7326)
JC-963(SS 512XF)	杀菌灭藻剂(相当于 S-15)
JC-964(SS 513XF)	杀菌灭藻剂(相当于 SQ-8)
JC-965(SS 312XF)	粘泥剥离剂
JC-966(SS 612XF)	粘泥控制剂(相当于 A-491)
XF-968(SS 613XF)	灭藻剂
XF-990(SS 411XF)	异噻唑啉酮衍生物(相当于 KATHON-WT)
XF-991(SS 111XF)	稳定性二氧化氯
生产厂家:武进精细化工厂	厂址:江苏省常州市横山桥镇

注:表列循环冷却水稳定剂南京曙光水处理公司亦有生产。

17.21.5　清洗剂

清洗剂类别列于表 17-269。

表 17-269　清洗剂

JC-161(QX212XF)	金属锈垢及水垢清洗剂
JC-164(QX111XF)	油垢清洗剂
JC-165(QX213XF)	特殊系列清洗剂

17.22　铸石制品

铸石制品具有优异耐磨、耐腐蚀性能,目前已广泛用于冶金、矿山、煤炭、化工、电力、建材等工业部门。实践证明,其耐磨度是锰钢的几倍,普通钢材的十几倍,耐酸碱度是耐酸瓷砖、花岗岩等材料的 10 倍以上。

铸石制品主要有:板材、管材、粉材骨料、耐磨防腐粘结材料等。

17.22.1　板材

铸石板材是铸石制品的最基本最主要的产品,广泛地应用于工业部门的料(煤、矿石等)仓、溜槽、墙裙及部分耐磨、耐腐的设备衬里,特别是在冶金行业给排水工程中的耐腐蚀地面、铁皮沟等部位大量使用,取得了良好的经济效益和社会效益。铸石板理化性能见表 17-270。

表 17-270　铸石板理化性能

密度/g·cm^{-3}	3.0	磨损度/g·cm^{-3}		≤0.09
压缩强度/MPa	≥588	耐急冷急热性	水浴法:20~70℃反复 汽浴法:25~200℃反复	36/50
弯曲强度/MPa	≥63.7	耐酸度/%	95%~98%硫酸 20%硫酸	≥99 ≥96
冲击韧性/KJ·m^{-2}	≥1.57	耐碱度/%	20%氢氧化钠	≥98
生产厂家:大同铸石工业(集团)有限责任公司			厂址:山西省大同市古店镇北	

板材主要有通用板材和异形板材。

17.22.1.1　通用板材

通用板材分有矩形板、梯形板、扇形板、圆形板等。

(1) 矩形板:其形状如图 17-134 所示,其主要规格示于表 17-271。

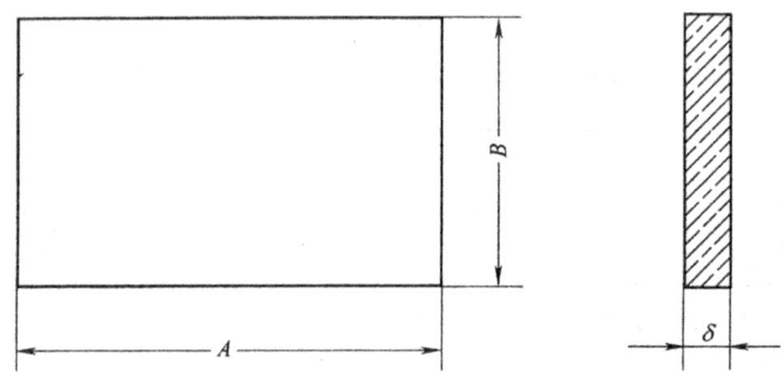

图 17-134　矩形板

表 17-271　矩形板主要规格(mm)

代　号	δ	A	B	质量/kg	铺砌 1m^2 需用量 数量/块	铺砌 1m^2 需用量 质量/kg	标　记
J101 *	20	180	110	1.19	48.4	57.60	20-0
J103		200	200	2.40	24.3	58.32	20-6
J105 *		300	200	3.60	16.3	58.68	20-5
J201	25	200	100	1.50	47.8	71.70	25-22
J203		200	200	3.00	24.3	72.90	25-17
J204		250	200	3.75	19.5	73.13	25-23
J208①		300	200	4.50	16.3	73.35	25-1
J210		400	300	9.00	8.2	73.80	25-20
J301	30	200	100	1.80	47.8	86.04	30-18
J302①		200	200	3.60	24.3	87.48	30-17
J306		250	250	5.63	15.6	87.83	30-12
J309①		300	200	5.40	16.3	88.02	30-6
J311①		300	300	8.10	10.9	88.29	30-16
J315		400	200	7.20	12.2	87.48	30-37
J317①		400	300	10.8	8.2	88.56	30-1
J318		400	400	14.4	6.2	89.28	30-33

续表 17-271

代　号	δ	A	B	质量/kg	铺砌/m² 需用量		标　记
					数量/块	质量/kg	
J401	40	200	100	2.40	47.8	114.72	40-8
J403①		200	200	4.80	24.3	116.64	40-7
J406		250	250	7.50	15.6	117.00	40-18
J407		300	100	3.60	32.0	115.20	40-96
J408①		300	200	7.20	16.3	117.36	40-3
J410	40	300	300	10.8	10.9	117.72	40-63
J414①		400	300	14.4	8.2	118.08	40-2
J502	50	250	115	4.31	33.5	144.39	50-1
生产厂家：大同铸石工业(集团)有限责任公司						厂址：山西省大同市古店镇北	

注：1. 每块铸石板，其工作面均带有按制品不同类型(或系列)区分的产品编号；
2. 铺砌 $1m^2$ 矩形板的需用量，是按衬板间的灰缝为 3mm 计算的理论数值；
3. 其他规格可由设计单位或用户厂家自定。
① 优先推荐产品。

(2) 梯形板：其形状如图 17-135 所示，其主要规格示于表 17-272。

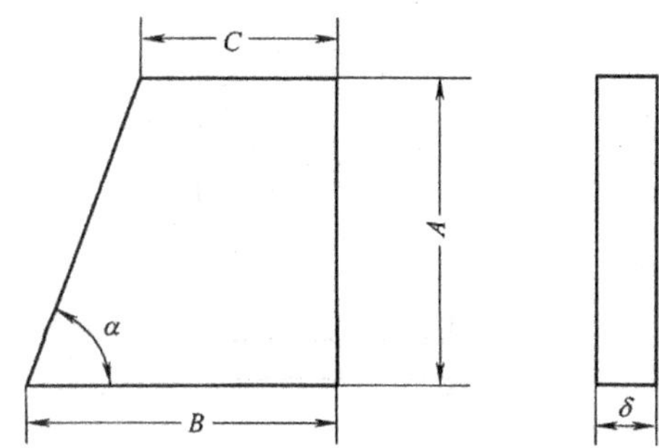

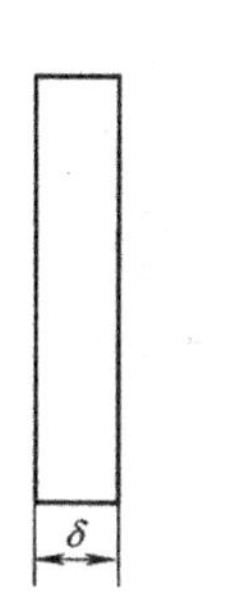

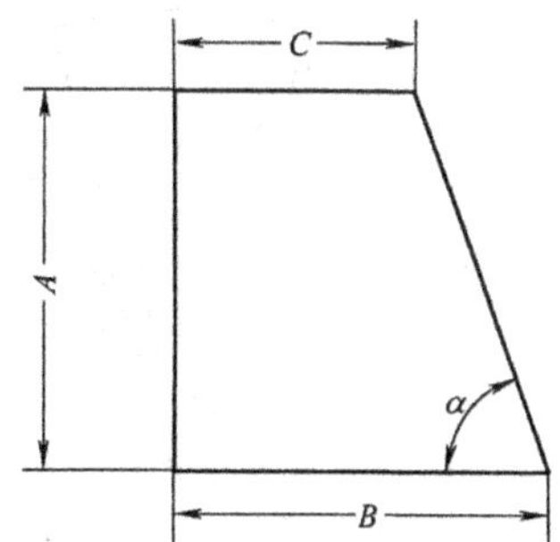

图 17-135　梯形板

表 17-272　梯形板主要规格(mm)

代号 左型	代号 右型	δ	α	A	B	C	质量/kg	标记 左型	标记 右型
T301	T301Y	30	51.34°	200	260	100	3.24	T30-50	T30-50Y
T302	T302Y		55.01°		270	130	3.60	T30-56	T30-56Y
T303	T303Y		60.10°		327	212	4.85	T30-42	T30-42Y
T304	T304Y		64.13°		312	215	4.74	T30-38	T30-38Y
T305	T305Y		69.19°		141	65	1.90	T30-58	T30-58Y
T306	T306Y		53.75°	300	300	80	5.13	T30-65	T30-65Y
T307	T307Y		61.63°		262	100	4.89	T30-63	T30-63Y
T308	T308Y		66.57°		230		4.46	T30-64	T30-64Y
T309	T309Y		74.18°		185		3.85	T30-62	T30-62Y
T401	T401Y	40	55.01°	200①	230	90	3.84	T40-67	T40-67Y

续表 17-272

代号		δ	α	A	B	C	质量/kg	标记	
左型	右型							左型	右型
T402	T402Y	40	60.53°	200①	265	152	5.00	T40-36	T40-36Y
T403	T403Y		65.30°		210	118	3.94	T40-45	T40-45Y
T404	T404Y		69.95°		173	100	3.30	T40-69	T40-69Y
T405	T405Y		74.62°		145	90	2.82	T40-64	T40-64Y
T406	T406Y		61.01°	240	406	273	9.78	T40-53	T40-53Y
T407	T407Y		65.77°		317	209	7.57	T40-54	T40-56Y
T408	T408Y		74.40°		284	217	7.21	T40-55	T40-55Y
生产厂家:大同铸石工业(集团)有限责任公司							厂址:山西省大同市古店镇北		

注:1. 产品为“左型”或“右型”是依铸件工作面(即正面、光滑面)的方向定,

图示:“左”、“右”两种梯形板,其工作面均向上(即面向观察者);

2. 其他规格(包括等腰梯形)由设计单位或用户生产厂家自定。

① 优先推荐产品。

(3) 扇形板、圆形板:其形状示于图 17-136,其主要规格示于表 17-273。

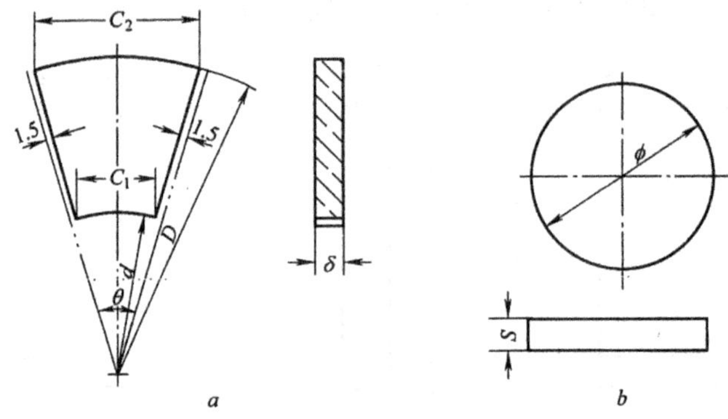

图 17-136 扇形板、圆形板

a—扇形板;b—圆形板

表 17-273 扇形板、圆形板主要规格(mm)

厚度	扇形板							圆形板		
	标记	角度/(°)	d	D	C_1	C_2	质量/kg	标记	φ	质量/kg
25	S25-1	60	206	600	100.0	297.0	3.12			
	S25-2	24	606	1000	123.0	204.8	2.48			
	S25-3		1006	1500	206.2	308.9	4.86			
	S25-4	15	1506	2000	192.6	258.1	4.25			
	S25-5		2006	2500	258.8	323.3	5.46	Y25-1	200	3.00
	S25-6	10	2506	3000	251.4	258.5	4.45	Y25-2	300	5.00

续表 17-273

厚度	扇形板							圆形板		
	标记	角度/(°)	d	D	C_1	C_2	质量/kg	标记	ϕ	质量/kg
25	S25-7	10	3006	3500	259.0	302.0	5.26			
	S25-8	7.5	3506	4000	226.1	258.6	1.77			
	S25-9		4506	5000	291.7	324.0	5.76			
30	S30-1	45	406	1000	152.4	379.7	7.38			
	S30-2	30	1006	1500	257.4	385.2	7.29			
	S30-3	22.5	1506	2000	290.8	389.2	7.65			
	S30-4	18	2006	2500	310.8	388.1	7.87			
	S30-5	15	2506	3000	324.1	388.6	8.01			
	S30-6	10	3006	3500	259.0	302.0	6.31			
	S30-8	9	4006	4500	313.3	350.1	7.43	Y30-1	400	11.31
	S30-9	8	4506	5000	311.3	345.8	7.38			
	S30-10	6	5006	5500	259.0	284.8	6.11			
	S30-12		6006	6500	311.3	337.2	7.28			

生产厂家：大同铸石工业(集团)有限责任公司　　厂址：山西省大同市古店镇北

17.22.1.2　异形板材

异形板材有：溜槽镶板、灰渣沟镶板、铁皮沟镶板和箅条等。

(1) 溜槽镶板：主要应用于工厂、矿山、受液体、固体混合物料磨损、腐蚀的物料输送设备上，用铸石代替白口铸铁、锰钢等材料作衬板，可有效地保护槽体，延长槽体使用寿命，提高作业效率，还可作煤、焦炭溜槽。

1) LC1 型溜槽镶板：其形状示于图 17-137，其主要规格示于表 17-274。

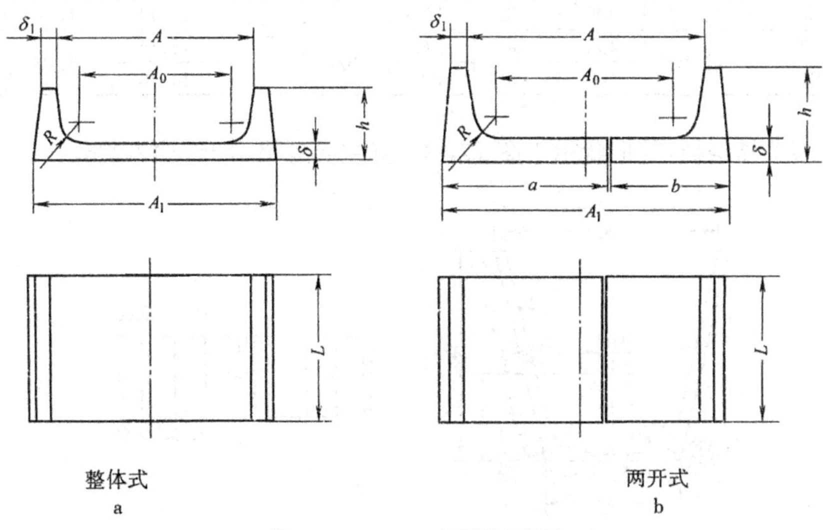

图 17-137　LC1 型溜槽镶板

a—宽底板；b—窄底板

表 17-274 LC1 型槽镶板主要规格(mm)

<table>
<tr><th>型号</th><th>结构型式</th><th colspan="2">标记</th><th>δ</th><th>δ1</th><th>A</th><th>A0</th><th>A1</th><th>a</th><th>b</th><th>h</th><th>L</th><th>R</th><th>质量/kg</th></tr>
<tr><td>LC1-1</td><td rowspan="5">整体式</td><td colspan="2">C1-1</td><td rowspan="2">25</td><td rowspan="2">20</td><td>160</td><td>105</td><td>206</td><td rowspan="5"></td><td rowspan="5"></td><td rowspan="2">80</td><td rowspan="2">200</td><td rowspan="7">8</td><td>4.76</td></tr>
<tr><td>LC1-2</td><td colspan="2">C1-2</td><td>200</td><td>145</td><td>246</td><td>5.38</td></tr>
<tr><td>LC1-3</td><td colspan="2">C1-3</td><td rowspan="5">30</td><td rowspan="5">25</td><td>250</td><td>185</td><td>307</td><td rowspan="3">90</td><td rowspan="5">300</td><td>11.59</td></tr>
<tr><td>LC1-4</td><td colspan="2">C1-4</td><td>300</td><td>235</td><td>357</td><td>12.93</td></tr>
<tr><td>LC1-5</td><td colspan="2">C1-5</td><td>350</td><td>285</td><td>407</td><td>14.17</td></tr>
<tr><td>LC1-6</td><td rowspan="2">两开式</td><td>C1-6a</td><td>C1-6b</td><td>400</td><td>332</td><td>460</td><td>280</td><td>177</td><td>120</td><td>17.17</td></tr>
<tr><td>LC1-7</td><td>C1-7a</td><td>C1-7b</td><td>500</td><td>430</td><td>562</td><td>331</td><td>228</td><td>150</td><td>21.52</td></tr>
<tr><td colspan="15">生产厂家:大同铸石工业(集团)有限责任公司　　厂址:山西省大同市古店镇北</td></tr>
</table>

2) LC2 型溜槽镶板:其形状示于图 17-138,其主要规格示于表 17-275。

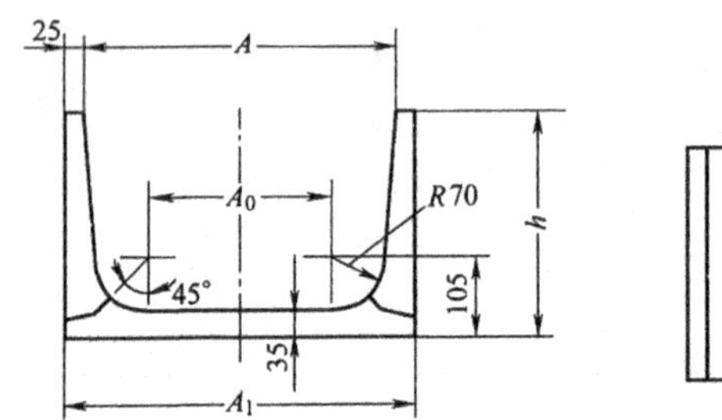

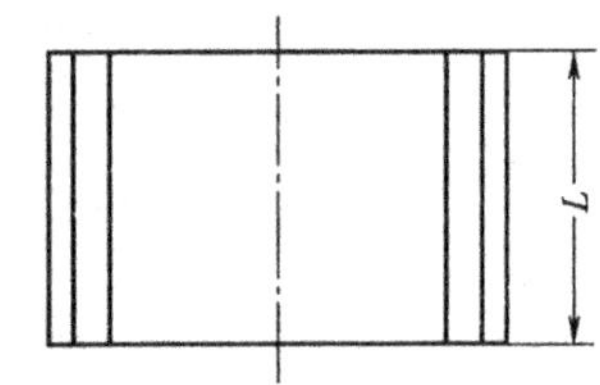

图 17-138 LC2 型溜槽镶板

表 17-275 LC2 型溜槽镶板规格(mm)

<table>
<tr><th rowspan="2">型号</th><th colspan="2">标记</th><th rowspan="2">A</th><th rowspan="2">A0</th><th rowspan="2">A1</th><th rowspan="2">h</th><th rowspan="2">L</th><th colspan="3">质量/kg</th></tr>
<tr><th>底板</th><th>侧板</th><th>底板</th><th>侧板</th><th>单组全质量</th></tr>
<tr><td>LC2-1</td><td>C2-1</td><td>C2-1C</td><td>300</td><td>140</td><td>350</td><td>200</td><td rowspan="2">330</td><td>12.10</td><td>5.07</td><td>22.24</td></tr>
<tr><td>LC2-2</td><td>C2-2</td><td>C2-2C</td><td>350</td><td>190</td><td>400</td><td rowspan="2">250</td><td>13.86</td><td>6.52</td><td>26.90</td></tr>
<tr><td>LC2-3</td><td>C2-3</td><td>C2-3C</td><td>400</td><td>240</td><td>450</td><td rowspan="3">250</td><td>11.79</td><td>4.97</td><td>21.73</td></tr>
<tr><td>LC2-4</td><td>C2-4</td><td rowspan="2">C2-4C</td><td>450</td><td>290</td><td>500</td><td rowspan="2">300</td><td>13.14</td><td rowspan="2">6.10</td><td>25.34</td></tr>
<tr><td>LC2-5</td><td>C2-5</td><td>500</td><td>340</td><td>550</td><td>14.48</td><td>26.68</td></tr>
</table>

3) LC3 型溜槽镶板:其形状示于图 17-139,其主要规格示于表 17-276。

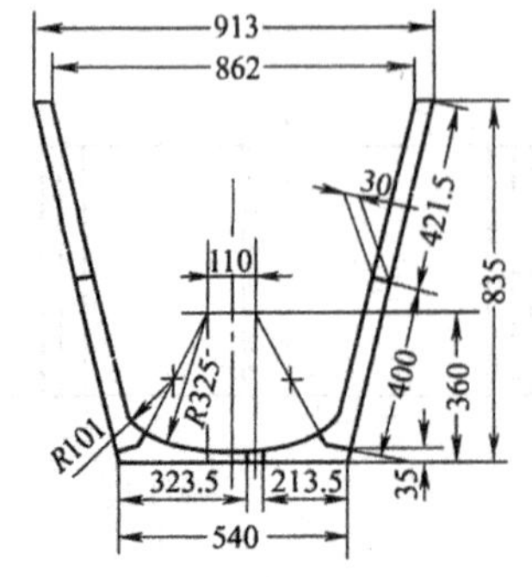

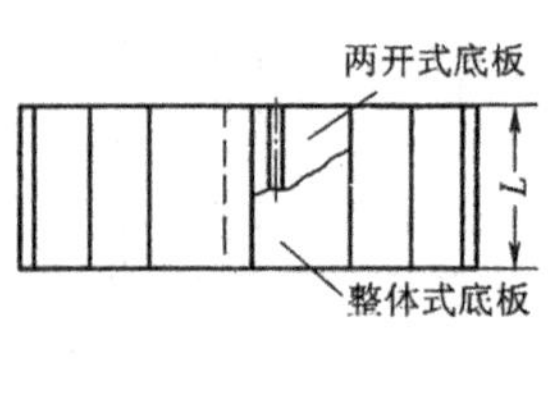

图 17-139 LC3 型溜槽镶板

表 17-276　LC3 型溜槽镶板规格(mm)

型　号	L/mm	标　记					单组全质量/kg
		质量/kg					
		底板			侧板		
		整体式	两开式		上侧板	下侧板	
			宽底板	窄底板			
LC3-1	250	C3-1	C3-1a	C3-1b	C3-1C1	C3-1C2	57.51
		18.21	10.55	7.66	8.79	10.86	
LC3-2	330	C3-2	C3-2a	C3-2b	C3-2C2	C3-2C2	75.50
		24.00	13.45	10.55	11.48	14.27	

生产厂家:大同铸石工业(集团)有限责任公司　　厂址:山西省大同市古店镇北

(2) 灰渣沟镶板:主要用于受液体、固体混合物料磨损的排渣沟上,如热电厂水渣冲灰系统,水电站排流砂,化工、石油、造纸、煤炭等部门的排酸碱沟等。

1) 标准断面镶板:其形状示于图 17-140,其断面规格示于表 17-277。

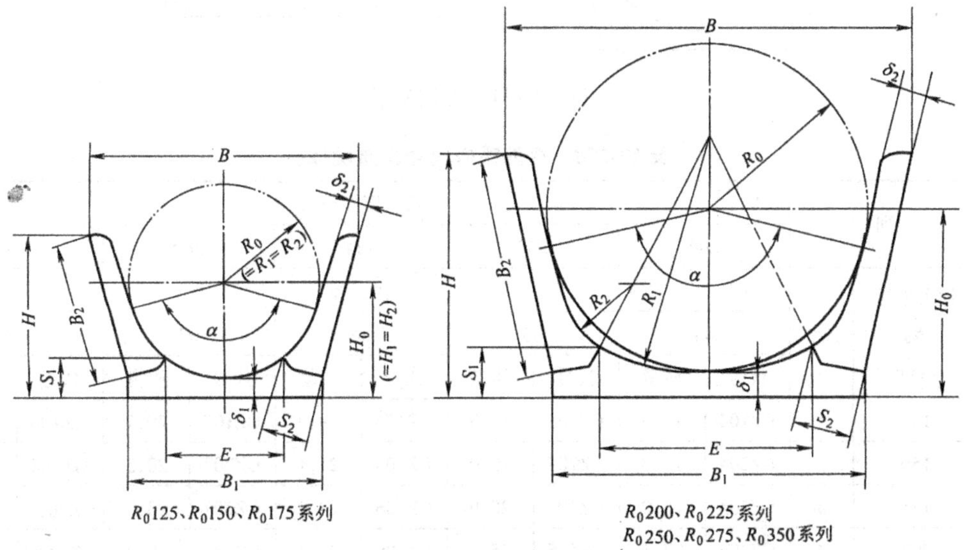

图 17-140　标准断面镶板

表 17-277　灰渣沟镶板断面规格(mm)

类列	标定半径 R_0	代号	a	R_1	R_2	B	B_1	B_2	H	H_0	E	S_1	S_2	δ_1	δ_2	每米质量/kg
常用系列	125	1	152°30′	125	125	370	260	231	260	160	158	63	56	35	30.5	79.65
	150	2	149°	150	150	415	290	234	260	185	180	65	61	35	30	86.40
	175	3	140°51′	175	175	470	310	239	260	210	210	70	59	35		91.05
	200	4	157°23′	259	113	490	400	229	260	235	270	73	71	35	35	112.25
	225	5	153°44′	325	101	570	430	308	335	260	305		69.5		35	130.85

续表 17-277

系别			外形尺寸													每米质量/kg
类列	标定半径 R_0	代号	a	R_1	R_2	B	B_1	B_2	H	H_0	E	S_1	S_2	δ_1	δ_2	
扩大系列	250	6	148°22′	400	85	620	450	312	335	285	435	73	64	35	35	140.70
	275	7	143°8′	450	93	670	470	316	335	310	485		63	35	35	143.80
	300	8	137°56′	480	106	740	490	348	360	335	515	73	67	35	35	152.05
	350	9	134°46′	600	111	840	540	390	395	385	635	73	70	35	35	165.50

生产厂家:大同铸石工业(集团)有限责任公司　　厂址:山西省大同市古店镇北

2）直沟镶板:其形状示于图 17-141,其代号及质量示于表 17-278。

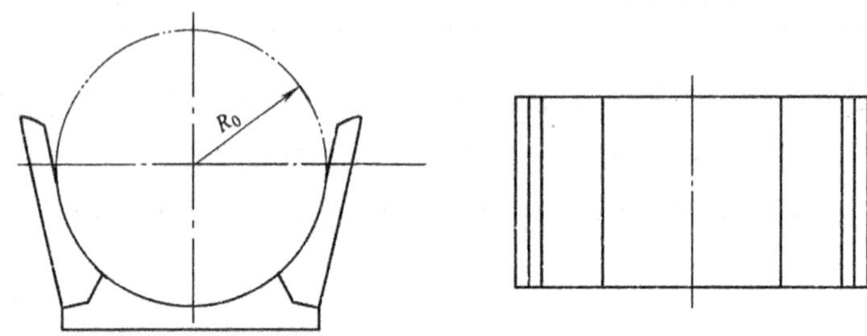

图 17-141　直沟镶板

表 17-278　直沟镶板代号及质量(kg)

系列			长度/mm 200		230		244		260		300	
类别	标定半径 R_0 /mm	代号	代号 04		05		06		07		08	
			代号	质量	代号	质量	代号	质量	代号	质量	代号	质量
常用系列	125	1	GZ104	15.9	GZ105	18.3	GZ106	19.4	GZ107	20.7	GZ108	23.9
	150	2	GZ204	17.3	GZ205	19.9	GZ206	21.1	GZ207	22.5	GZ208	25.9
	175	3	GZ304	18.2	GZ305	20.9	GZ306	22.2	GZ307	23.7	GZ308①	27.3
	200	4	GZ404	22.5	GZ405	25.8	GZ406	27.4	GZ407	29.2	GZ408①	33.7
	225	5	GZ504	26.2	GZ505	30.1	GZ506	31.9	GZ507	34.0	GZ508①	39.3
扩大系列	250	6	GZ604	28.1					GZ607	36.6	GZ608	42.2
	275	7	GZ704	28.8					GZ707	37.4	GZ708	43.1
	300	8	GZ804	30.4					GZ807	39.5		
	350	9	GZ904	33.1					GZ907	43.0		

生产厂家:大同铸石工业(集团)有限责任公司　　厂址:山西省大同市古店镇北

注:每组镶板由 1 块底板和 2 块侧板组合而成。

① 者为优先推荐品种,系铺砌直沟的基本规格,其余品种只有少量订制,供直沟末端填充之需。

[标记示例] $R_0$150 型,长度 $L=300$mm。直沟镶板的标记为:底板 GZ208,侧板 GZ208C。

3）弯沟镶板：其形状示于图 17-142，其规格示于表 17-279。

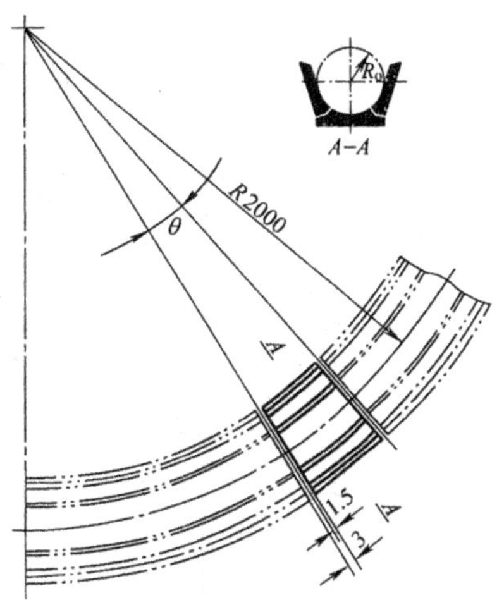

图 17-142 弯沟镶板

表 17-279 弯沟镶板规格(kg)

系列			中心角 θ					
			5°		7.5°		10°	
类别	标定半径 R_0/mm	代号	0		1		2	
			代号	质量	代号	质量	代号	质量
常用系列	125	1			GW11	20.6	GW12	27.4
	150	2			GW21	22.9	GW22	30.8
	175	3			GW31	24.2	GW32	32.4
	200	4			GW41	29.6	GW42	39.5
	225	5			GW51	34.8	GW52	46.3
扩大系列	250	6			GW61	36.5	GW62	48.9
	275	7			GW71	37.3	GW72	49.9
	300	8	GW80	26.1	GW81	39.3		
	350	9	GW90	28.5	GW91	42.7		
生产厂家：大同铸石工业(集团)有限责任公司							厂址：山西省大同市古店镇北	

注：每组镶板包括底板、内侧板及外侧板各一块。

（标记示例）R150 型、中心角 θ = 7.5°弯沟镶板的标记为：

底板：GW2-1，外侧板：GW2-1W，内侧板：GW2-1N。

4）变径沟镶板：其形状示于图 17-143，其规格示于表 17-280。

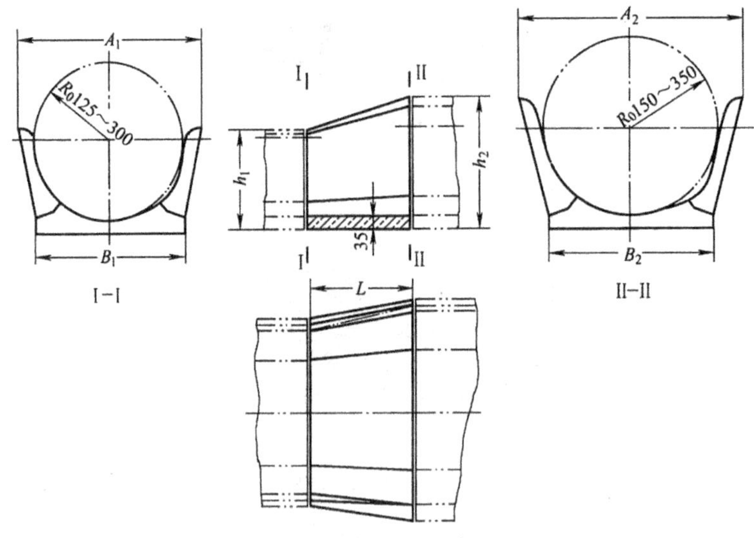

图 17-143 变径沟镶板

表 17-280 变径沟镶板规格

类别	组件代号	承接系列		外形尺寸/mm							质量/kg
		入口（Ⅰ-Ⅰ）	出口（Ⅱ-Ⅱ）	L	A_1	A_2	B_1	B_2	h_1	h_2	
常用系列	GB12	$R_0$125	$R_0$150	200	370	415	260	290	260	260	16.66
	GB23	$R_0$150	$R_0$175	200	415	470	290	310	260	260	18.10
	GB34	$R_0$175	$R_0$200	200	470	490	310	400	260	260	20.28
	GB45	$R_0$200	$R_0$225	200	490	570	400	430	260	335	24.31
扩大系列	GB56	$R_0$225	$R_0$250	250	570	620	430	450	335	335	33.83
	GB67	$R_0$250	$R_0$275	250	620	670	450	470	335	335	35.59
	GB78	$R_0$275	$R_0$300	250	670	740	470	490	335	360	36.31
	GB89	R300	$R_0$350	250	740	840	490	540	360	395	38.90

生产厂家：大同铸石工业（集团）有限责任公司　　厂址：山西省大同市古店镇北

注：每组镶板包括底板一块及互成对称形的侧板各一块。

［标记示例］$R_0$125 流入 $R_0$150 系列变径镶板的标记为：底板 GB1-2，左侧板 GB1-2C，右侧板 GB1-2CY。

5）汇合口镶板：其形状示于图 17-144，其组合件规格示于表 17-281。

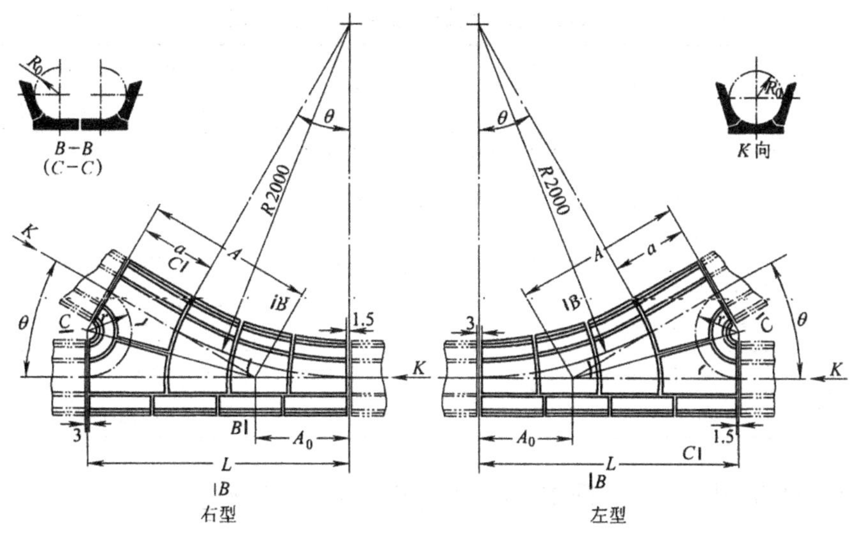

图 17-144 汇合口镶板

表 17-281 汇合口镶板组合件规格(mm)

类 别	汇合角 θ/(°)	组合件代号(左型)	外形尺寸			
			a	r	A	L
常用系列	30	GY111、211、311、411	378	245	914	1450
		GY511	645.5	316.5	1181	1717
	40	GY112 GY212	0	265	728	1456
		GY512	261	360	990.5	1717
	45	GY113、213、413、513	0	343	828.5	1657
		GY313	0	230.5	828.5	1358
扩大系列	50	GY615 GY715 GY815	0	435	932.5	1865
	55	GY916		542	1041	2082
生产厂家:大同铸石工业(集团)有限责任公司				厂址:山西省大同市古店镇北		

注:表中仅列出左型代号,末尾加字母"Y"为右型代号,其外形尺寸相同,方向相反。

6) 二岔口镶板:其形状示于图 17-145,其组合件规格示于表 17-282。

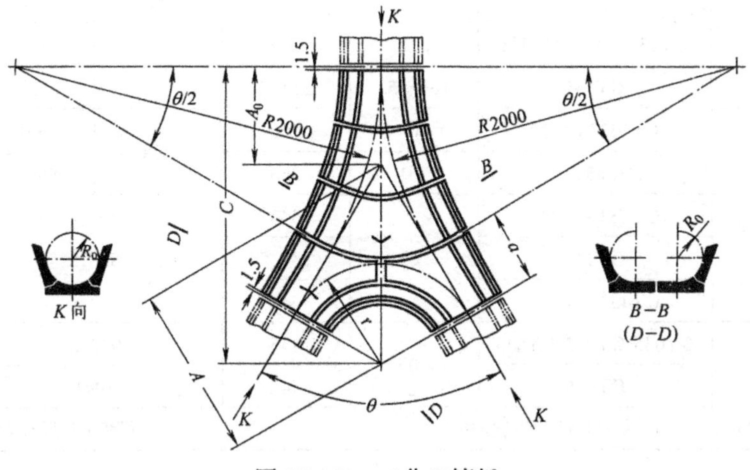

图 17-145 二岔口镶板

表 17-282 二岔口镶板组合件规格(mm)

类 别	分岔角 $\theta/(^\circ)$	组合件代号	外形尺寸				
			a	r	A_0	A	C
常用系列	30	GY221	650.5	245	263.5	914	1209.5
		GY521	918	316.5		1181	1486
	60	GY124 GY224	0	309.5	536		1154.7
		GY324 GY424 GY524					
扩大系列	70	GY627 GY727 GY827	0	441.5	630.5		1400.5
	80	GY928		611	728		1678
生产厂家:大同铸石工业(集团)有限责任公司					厂址:山西省大同市古店镇北		

7) 三岔口镶板:其形状示于图 17-146,其规格示于表 17-283。

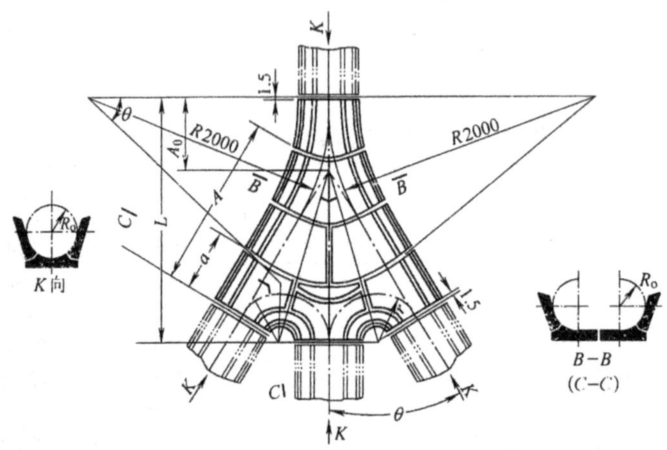

图 17-146 三岔口镶板

表 17-283 三岔口镶板规格(mm)

类 别	分岔角 $\theta/(^\circ)$	组合件代号	外形尺寸				
			a	r	A_0	A	L
常用系列	30	GY131、231、331、431	378	245	536	914	1450
		GY531	645.5	316.5		1181	1717
	40	GY132 GY232	0	265	728	728	1456
		GY532	261	360		990.5	1717
	45	GY133 GY233	0	343	828.5		1657
		GY333		230.5			1358
		GY433 GY533		343			1657
扩大系列	50	GY635 GY735 GY835	0	435	932.5		1865
	55	GY936		542	1041		2082
生产厂家:大同铸石工业(集团)有限责任公司					厂址:山西省大同市古店镇北		

(3) 铁皮沟镶板：主要用于冶金工业中轧钢、连铸、连轧、炼铁的地下冲沟。铁皮沟镶板分为 A 型镶板、B 型镶板等。

1) A 型镶板：其形状示于图 17-147，其断面主要规格示于表 17-284。

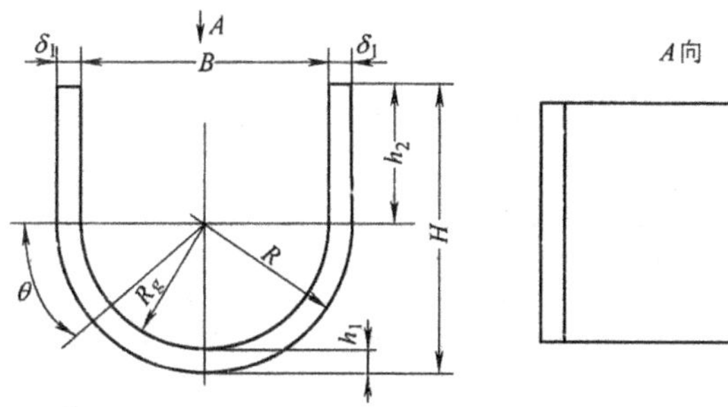

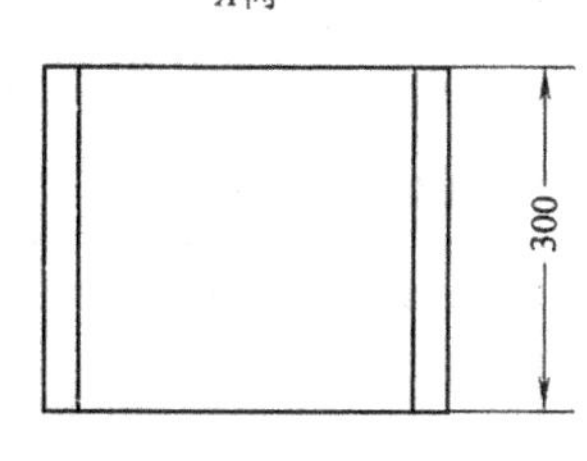

图 17-147 A 型镶板

表 17-284 A 型镶板断面主要规格(mm)

系 列	代 号	B	θ/(°)	h_1	h_2	H	δ_1	每米质量/kg
R_g200	1	250	30	25	150	375	25	61.4
R_g225	2	275	30	25	150	400	25	78.3
R_g250	3	300	30	25	150	425	25	84.3
R_g275	4	325	30	25	150	450	25	90.3
R_g300	5	360	30	30	150	480	30	111.3
R_g325	6	385	30	30	150	505	30	118.5
R_g350	7	410	30	30	150	530	30	125.7
R_g400	8	480	30	40	150	590	40	180.6
R_g450	9	530	30	40	150	640	40	199.5
R_g500	10	580	30	40	150	690	40	217.5
R_g550	11	630	30	40	150	740	40	237.3

生产厂家：大同铸石工业(集团)有限责任公司　　厂址：山西省大同市古店镇北

2) B 型镶板：其形状示于图 17-148，其断面主要规格示于表 17-285。

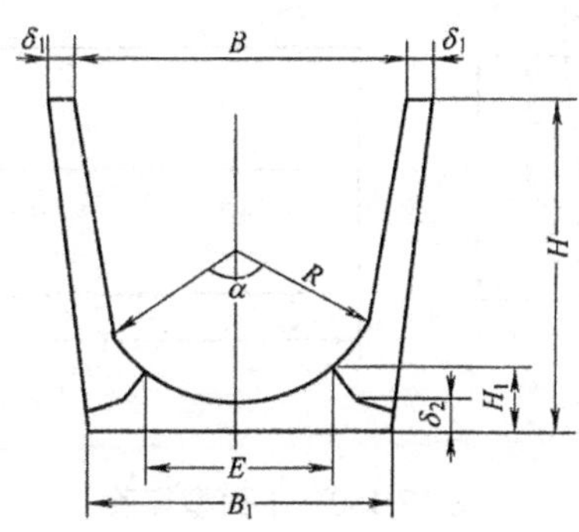

图 17-148 B 型镶板

表 17-285　B型镶板断面主要规格(mm)

系列	代号	外形尺寸								每米质量/kg
		α	B	B_1	H_1	H	E	δ_1	δ_2	
R155	1	145°21′	608	308	63	530	183.7	50	35	175.9
R175	2	149°51′	470	310	65	520	210	40	35	192.8
R200	3	157°23′	490	400	70	520	270	40	35	189.0
R225	4	153°44′	570	430	73	500	305	35	35	215.1
R250	5	76.91°	550	518	75	500	311	35	35	214.2
R275	6	77.82°	600	555	80	550	345	30	35	225.0
生产厂家:大同铸石工业(集团)有限责任公司							厂址:山西省大同市古店镇北			

注:除上述两种类型铁皮沟外,还可根据设计单位或用户要求加工。

(4) 箅条:用于焦化厂焦炭分级筛,其使用寿命较普通箅条可提高 50 倍以上,同时可提高焦炭的等级量,经济效益十分显著。

1) 弧面型箅条:其形状示于图 17-149。

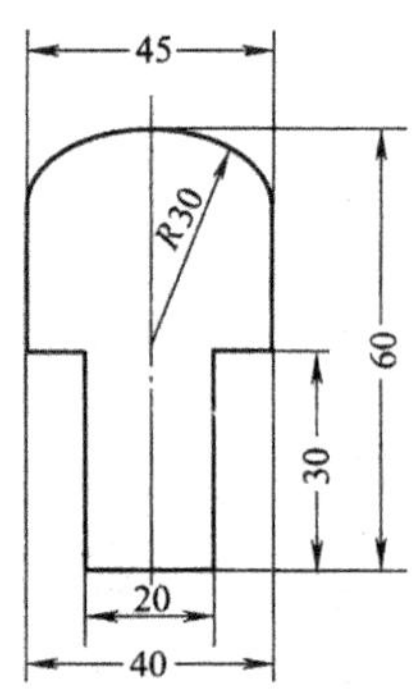

图 17-149　弧面型箅条

2) 平面型箅条:其形状示于图 17-150,其规格示于表 17-286。

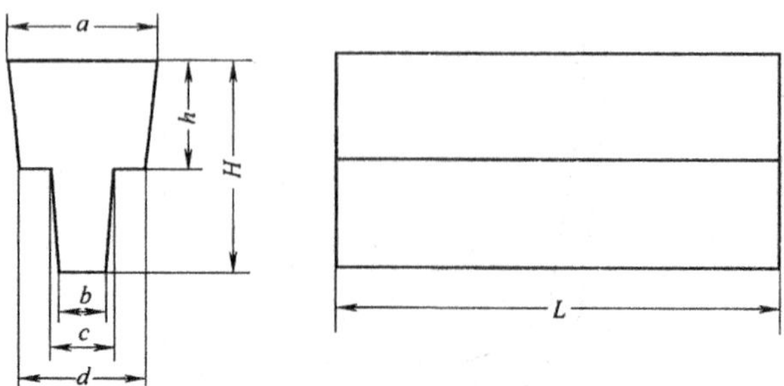

图 17-150　平面型箅条

表 17-286　平面铸石箅条规格(mm)

标　记	a	b	c	d	H	h	L	重量/kg
B-102	42	20	20	38	60	30	300	1.6
B-112	42	16	18	37	60	30	150	1.3
B-118	40	16	20	36	60	30	200	1.0
B-126	50	20	20	42	80	40	300	2.7

注:除上述板材外,还可根据设计单位或用户的需求来加工弧面板、锥面板、双曲面板、六角形板等板材。

17.22.2　管材

管材具有优异耐磨耐腐性能,可广泛应用于煤矿、电力、冶金、化工等有防腐、耐磨要求的输送管道中,为我国的运输实现管道化做出了贡献。

铸石管材的理化性能指标列于表 17-287。

管材主要有:离心铸石管、YZ 型耐磨防腐管、刚玉复合钢管等。

17.22.2.1　离心铸石管

离心铸石管是将铸石岩浆倒入模具,经高速离心、结晶、脱模、退火等工序而成。它的耐磨、耐腐蚀等性能基本上与铸石板材相同。使用时把铸石管套装在钢管内,用粘接材料找正,即可投入使用。

表 17-287　铸石管理化性能指标

磨耗量/g·cm^{-3}		≤0.15	耐磨度/%	20%硫酸溶液≥96.00
冲击韧性/kJ·m^{-2}		≥1.57		95%~98%硫酸≥99.00
耐水压应力强度/MPa	7 根平均值	≥3.43	耐碱度/%	20%氢氧化钠≥98.00
	单根最低值	≥1.96		

17.22.2.2　YZ 型耐磨防腐管

YZ 型耐磨防腐管是国家级新产品,获国家专利,产品性能达到国际先进水平。

该产品规格范围从 ϕ89~2000mm,长度 0.2~8m 均可加工,并且在运输和施工过程中不怕碰撞,和普通钢管一样,用法兰或快速活接头连接。

YZ 耐磨防腐管的结构示于图 17-151,其耐腐蚀性能示于表 17-288,YZ 型耐磨防腐复合管规格示于表 17-289,与其他耐磨材料的耐磨性能比较示于图 17-152。

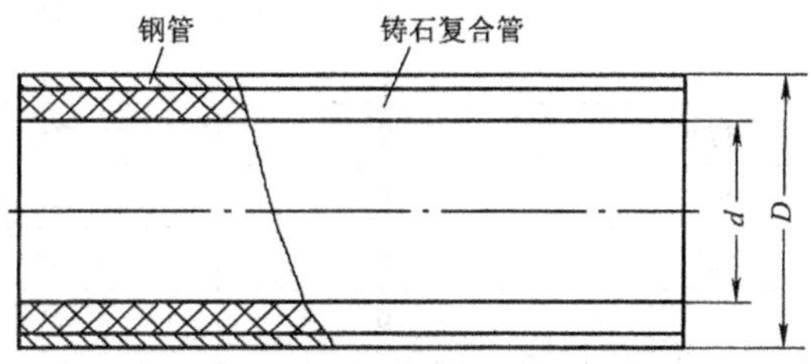

图 17-151　YZ 型耐磨防腐管结构示意图

表 17-288 YZ 型耐磨防腐管耐腐蚀性能

项 目	类 型					
	Ⅰ型	Ⅱ型	Ⅲ型	Ⅳ型	Ⅴ型	Ⅵ型
耐碱性能	不耐	耐	不耐	良好	不耐	不耐
耐酸性能	耐浓度 30%以下硫酸	耐浓度 40%以下硫酸	耐浓度 70%以下硫酸	良好	不耐	耐浓度 40%以下硫酸
耐溶剂性能	不耐	不耐	良好	良好	不耐	尚耐
生产厂家:大同铸石工业(集团)有限责任公司				厂址:山西省大同市古店镇北		

表 17-289 YZ 型耐磨防腐复合管规格

序号	钢管直径/mm	钢管壁厚/mm	复合层厚度/mm	理论质量/kg·m^{-1}
1	89	5	25	21.81
2	95	5	25	23.82
3	102	5	25	26.17
4	108	5	25	28.18
5	114	5	25	30.19
6	121	5	25	32.54
7	127	5	25	34.55
8	133	6	25	39.15
9	140	6	25	41.67
10	146	6	25	43.83
11	152	6	25	45.99
12	159	6	25	48.51
13	168	6	25	51.75
14	180	6	25	56.07
15	194	6	25	61.11
16	203	6	25	64.34
17	219	7	25	74.77
18	245	7	25	84.77
19	273	7	25	95.52
20	299	8	25	112.12
21	325	8	25	122.76
22	351	8	25	133.41
23	377	9	25	152.51
24	402	9	25	163.34
25	426	9	25	173.77
26	450	9	25	184.18
27	480	9	25	197.19
28	500	10	25	217.32

续表 17-289

序号	钢管直径/mm	钢管壁厚/mm	复合层厚度/mm	理论质量/$kg\cdot m^{-1}$
29	530	10	25	231.08
30	600	10	25	263.19
31	630	10	25	276.94
生产厂家:大同铸石工业(集团)有限责任公司			厂址:山西省大同市古店镇北	

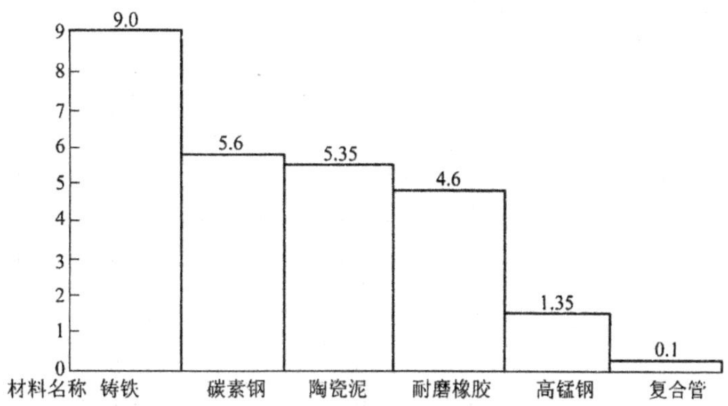

图 17-152 YZ 型耐磨防腐管的耐磨性能与其他耐磨材料的耐磨性能比较图

注:(1) 对于只有耐磨而无防腐蚀要求的输送系统推荐采用Ⅱ型和Ⅳ型复合管;

(2) 对于腐蚀严重的输送系统推荐采用Ⅵ型复合管;

(3) 对于有耐磨又有防腐蚀要求的输送系统,推荐采用Ⅱ型和Ⅳ型复合管。

17.22.2.3 刚玉复合钢管

刚玉复合钢管是国家高科技“八六三”计划中研制成功并率先产业化的具有国际先进水平的复合新材料。

该管件从内到外由刚玉层、过渡层和钢管层三部分组成,具有良好的耐磨、耐蚀、耐高温和抗冲击等性能,其耐磨防腐性能不仅超过铸石复合管的 3~5 倍,而且具有强度高、重量轻、运输方便、安装快捷等特点。

该产品的主要规格是直管 ϕ70~600mm,长度 0.1~6m 均可,弯管可根据用户要求加工。在运输安装过程中要轻搬轻放,避免产生碰撞,采用焊接、法兰、柔性管接头方式连接均可。

刚玉复合钢管的结构示于图 17-153,其直管规格示于表 17-290,其主要性能指标示于表 17-291。

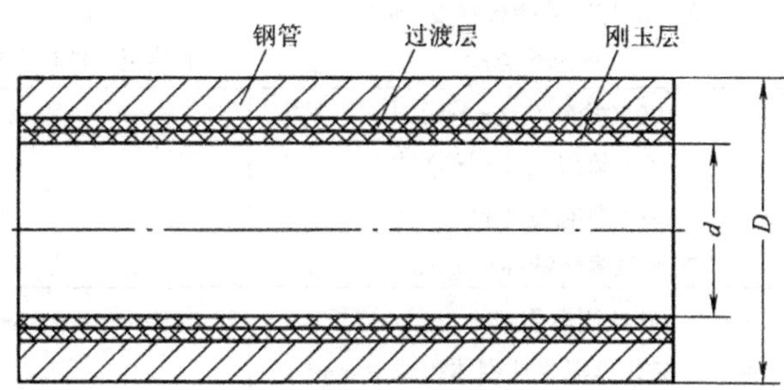

图 17-153 刚玉复合钢管结构示意图

表 17-290 刚玉复合钢管直管规格

序 号	钢管直径/mm	钢管壁厚/mm	总壁厚/mm	理论质量/kg·m^{-1}
1	68	7	10.5	13.58
2	73	7	10.5	15.09
3	83	7	10.5	17.45
4	95	7	10.5	20.27
5	108	8	11.5	25.51
6	121	8	11.5	28.8
7	127	8	11.5	30.45
8	146	9	12.5	38.4
9	159	9	12.5	42.12
10	168	9	12.5	44.7
11	180	9	12.5	48.12
12	194	99	12.5	52
13	203	9	12.5	54.61
14	219	9	12.5	59.24
15	245	10	13.5	72.08
16	273	10	13.5	80.73
17	299	10	13.5	88.8
18	325	10	13.5	96.83
19	351	10	13.5	104.88
20	377	11	14.5	121.57
21	402	11	14.5	129.84
22	426	11	14.5	137.86
23	480	12	15.5	168.14
24	630	15	18.5	254.09

表 17-291 刚玉复合管主要性能指标

项 目	性 能	数 据
物理性能	陶瓷层密度/g·cm^{-3}	3.8～3.97
	陶瓷层膨胀系数(20～1000℃)/K^{-1}	8.57×10^{-6}
力学性能	陶瓷层硬度(HV)	≥1100
	陶瓷复合钢管压馈强度/MPa	≥300
	陶瓷层与钢管结合强度/MPa	≥15
	耐急热急冷	加热至800℃反复淬水三次后出现裂纹
耐蚀性能	100%盐酸/g·(m^2·h)$^{-1}$	≤0.1
	10%硫酸/g·(m^2·h)$^{-1}$	≤0.15
	30%醋酸/g·(m^2·h)$^{-1}$	≤0.03
	30%氢氧化钠/g·(m^2·h)$^{-1}$	≤0.1
耐磨性能	砂冲刷体积减少/cm^3	≤0.0022
	30%二氧化硅泥浆冲刷体积减少/cm^3	≤3
生产厂家:大同铸石工业(集团)有限责任公司		厂址:山西省大同市古店镇北

17.22.3 粉材、骨材

17.22.3.1 粉材

铸石粉是将结晶好的铸石板材经破碎、球磨而制成,其具有优异的耐酸碱性能,用它可配制成耐酸(碱)胶泥,耐腐蚀性能是耐酸水泥的10倍以上。铸石粉规格及理化性能见表17-292。

表 17-292 铸石粉规格及理化性能

规格	耐酸碱性能/%			筛余量/%	含铁量/%	含水量/%
	20%硫酸	20%氢氧化钠	硫酸密度 1.84g/cm³			
0.125mm	≥83	≥81	≥95.00	≤15.0	≤1	≤1.00
0.105mm	≥83	≥81	≥95.00	≤15.0	≤1	≤1.00

生产厂家:大同铸石工业(集团)有限责任公司 厂址:山西省大同市古店镇北

17.22.3.2 骨料

铸石骨料是采用结晶好的铸石板材料经破碎、筛选而制成的,其具有很高的耐磨损、耐腐蚀性能。它与铸石粉混合用水玻璃、呋喃树脂或改性不饱和树脂等粘结剂捣固成混凝土,既具有铸石的防腐耐磨性能,又有很好的抗冲击韧性和较高的机械强度。铸石骨料理化性能见表17-293。

表 17-293 铸石骨料理化性能

品名	规格/mm	技术指标
铸石砂	0.15~5	耐酸度大于96%,无杂物
铸石骨料	5~25	

17.22.4 耐磨、防腐粘结材料

该公司除生产上述板材、管材、粉材之外,同时还生产与之相匹配的各类粘结材料,主要有:TJ呋喃树脂、GX改性不饱和树脂、聚合物砂浆等系列防腐耐磨粘接材料。

17.22.4.1 TJ呋喃树脂

该产品具有优异的耐酸、碱、溶剂性能,其粘结强度高,固化时间短,适应范围广。该树脂与该厂生产的呋喃粉、玻璃钢粉配套使用,可制成呋喃粘结胶泥和呋喃玻璃钢制品。TJ呋喃树脂系列产品主要技术指标列于表17-294。

表 17-294 TJ呋喃树脂系列产品主要技术指标

项目	呋喃树脂	呋喃粉料	玻璃钢粉料
外观	涂棕色液体	灰色粉末	灰色粉末
密度	1.18~1.20	2.2	2.2
粘度	18~30s		
粒度		0.175~0.122mm(80~120目)	0.175~0.122mm(80~120目)
包装	200kg铁桶	50kg袋装	50kg袋装
贮存期	1年	无限制	无限制

生产厂家:大同铸石工业(集团)有限责任公司 厂址:山西省大同市古店镇北

17.22.4.2 GX不饱和树脂

GX不饱和树脂系我厂开发的新产品,它同通用型不饱和树脂比较,色泽透明、粘接强度高、耐腐蚀性能好,是不饱和树脂中性能最好的产品,该产品可广泛用于粘接各类防腐耐磨材料及建筑材料。GX不饱和树脂性能指标见表17-295。

表17-295 GX不饱和树脂性能指标

密度/$kg \cdot m^{-3}$	1.10~1.12	热稳定性(80℃)H	>24
酸值/$mgKOH \cdot g^{-1}$	≤40	抗压强度/MPa	>80
固体含量/%	58~62	抗拉强度/MPa	>12
凝结时间(25℃下)/min	≤45	粘结强度/MPa	>3.7

生产厂家:大同铸石工业(集团)有限责任公司 厂址:山西省大同市古店镇北

17.23 防腐涂料

17.23.1 "高强"牌H52-$\frac{71}{72}$环氧煤沥青涂料

该品牌产品获ISO9002质量体系认证

(1) 适用范围:该涂料为双组分重防腐蚀涂料,溶剂含量低,固体含量高,固化快;成膜坚实致密,可以达到无针孔;常温施工机械、手工均可,施工方便、快捷;减少了环境污染和对施工人员的影响。该种涂料可广泛用于电力、冶金、石油、化工、自来水、煤气、天然气埋地管道防腐,也可作为电厂或工矿企业循环水管道内壁、煤气柜内壁作防腐涂料之用。

施工方法及注意事项详见该厂"H52-$\frac{71}{72}$"环氧煤沥青防腐涂料样本说明书。

(2) 性能及参数:见表17-295和17-297。

表17-296 H52-$\frac{71}{72}$环氧煤沥青涂料主要技术性能

指标名称	指 标	
	H52-71底漆	H52-72底漆
涂膜颜色和外观	红棕色,涂膜平整光滑	黑色,涂膜平整光滑
粘度(涂-4粘度杯,25℃)(≥)/s	30	80
表干时间(≤)/h	1	6
实干时间(≤)/h	24	24
附着力/级	1	1
柔韧性(≤)/mm	1	1
抗冲击强度(≥)/kg·mm	50	40
固体含量(≥)/%	50	70
耐腐蚀性	30% NaCl溶液浸泡72h	无异常,允许轻微失光
	30% NaOH溶液浸泡72h	
	30% H_2SO_4溶液浸泡72h	

生产厂家:江苏省徐州市光华涂料工业有限公司 厂址:江苏省徐州市九里山民航站东

表 17-297 各种防腐的涂层结构及涂膜厚度

防腐等级	涂 层 结 构	涂膜厚度/mm
普通防腐	底涂—面涂—面涂	≥0.2
加强防腐	底涂—面涂—玻璃丝布—面涂—面涂	≥0.4
特加强防腐	底涂—面涂—玻璃丝布—面涂—玻璃丝布—面涂—面涂	≥0.6

生产厂家:江苏省徐州市光华涂料工业有限公司　　厂址:江苏省徐州市九里山民航站东

17.23.2 "高强"牌 H52-06、07 高性能环氧内壁无毒防腐涂料

该品牌产品获 ISO9002 质量体系认证

(1) 适用范围:该涂料是以环氧树脂、太白粉、铁红体质颜料、无毒溶剂以及固化剂聚酰胺树脂等组成的二罐装涂料,该产品附着力强,涂膜坚韧,涂膜具有良好的防锈性能,耐水、耐海水、耐油及耐化学药品等性能。固体含量高,涂膜无毒,防腐性能强,可用于输水管内壁,电厂循环水管道内壁、水箱、船舶、啤酒罐等各类食品容器内壁防腐底漆。施工方法及注意事项详见该厂产品说明书。

(2) 性能参数:见表 17-298 ~ 表 17-300。

表 17-298 H52-06 高性能环氧铁红内壁无毒防锈涂料(底漆)

指 标 名 称	指 标
涂膜颜色和外观	铁红色,涂膜平整半光
干燥时间(≤)/h	表干:4,实干:24
耐冲击强度 /kg·cm	40
附着力(≤)/级	2
10% NaCl 溶液	48h 无异常
10% NaOH 溶液	48h 无异常
10% H_2SO_4 溶液	48h 无异常

生产厂家:江苏省徐州市光华涂料工业有限公司　　地址:江苏省徐州市九里山民航站东

表 17-299 H52-07 高性能环氧铁红内壁无毒防锈涂料(面漆)

指标名称	指 标
涂膜颜色和外观	各色符合标准色板,涂膜平整半光
干燥时间(≤)/h	表干:6,实干:24
耐冲击强度 /kg·cm	50
附着力(≤)/级	2
10% NaCl 溶液	48h 无异常
10% NaOH 溶液	48h 无异常
10% H_2SO_4 溶液	48h 无异常

表 17-300 H52-07 高性能环氧铁红内壁无毒防锈涂料(面漆)

指标名称		指 标
卫生指标	浊度(≤)/度	0.5
	色度(≤)/度	1.0
	嗅味	无异常嗅味
	高锰酸钾消耗量(≤)/$mg\cdot L^{-1}$	1.0
	残留氯碱量(≤)/$mg\cdot L^{-1}$	0.7
	酯类(≤)/$mg\cdot L^{-1}$	0.005

生产厂家:江苏省徐州市光华涂料工业有限公司　　地址:江苏省徐州市九里山民航站东

17.23.3 “高强”牌 APP-843-1-2 型钢质管道带锈防腐涂料

该品牌产品获 ISO9002 质量体系认证。

(1) 适用范围:APP 型带锈防腐涂料为均匀粘稠液体,加衬玻璃丝布,广泛应用于电力,冶金、石油、化工、自来水、煤气、天然气输配管道,埋地汽油贮罐,混凝土污水处理池,软水池,化水池、淋水塔等内壁防渗防腐蚀;并应用于旧管线防腐返新等。

施工方法及注意事项详见该厂“施工技术指南”。

(2) 性能参数:见表 17-301 和表 17-302。

表 17-301 APP-843-1-2 型钢质管道带锈防腐涂料技术性能

指标名称		指 标
固含量(≥)/%		38
干燥时间(25℃)/h	表干≤	1
	实干≤	24
耐冲击强度(≥)/kg·cm		40
低温柔韧性(-20±2℃,2h)		通过 10mm 圆棒,无裂纹
附着力(划格法)/%		100
击穿电压(≥)/$kV\cdot mm^{-1}$		5

生产厂家:江苏省徐州市光华涂料工业有限公司　　厂址:江苏省徐州市九里山民航站东

表 17-302 钢管防腐等级及涂膜厚度

防腐等级	涂层结构	涂膜厚度/mm
轻型防腐	底涂-面涂-面涂-面涂	0.3~0.33
普通防腐	底涂-面涂-玻璃丝布-面涂-面涂-面涂	0.4~0.43
加强防腐	底涂-面涂-玻璃丝布-面涂-面涂-玻璃丝布-面涂-面涂-面涂	0.53~0.56
特加强防腐	底涂-面涂-玻璃丝布-面涂-面涂-玻璃丝布-面涂-面涂-玻璃丝布-面涂-面涂-面涂	0.60~0.63

生产厂家:江苏省徐州市光华涂料工业有限公司　　厂址:江苏省徐州市九里山民航站东

17.23.4 “高强”牌 APP 型管道专用防腐涂料

该品牌产品获 ISO9002 质量体系认证。

(1) 适用范围:APP 型 J06-84(底涂)及 J52-43(面涂)均是单组分涂料,加衬玻璃丝布,广泛用于冶金、电力、石油、化工、自来水、煤气、天然气、输油、输气、城市供水、供气、供热(150℃以下热力管道),化水池、软水池、以及发电厂循环水,埋地管线的防腐蚀,污水处理池,钢筋混凝土闸坝防渗、防腐蚀,并适用于管线维修用,该产品是宝钢三期工程专用涂料。

施工方法及注意事项详见该厂"施工技术指南"。

(2) 性能参数:见表 17-303 和表 17-304。

表 17-303　APP 型管道专用防腐涂料技术性能

指标名称	指　标	
	J06-84 底涂	J52-43 面涂
涂膜颜色及外观	黑色有光	黑色有光
固含量(≥)/%	32	38
干燥时间(≤)/h	表干:1,实干:8	表干:1,实干:12
冲击强度(≥)/kg·cm	50	50
柔韧性(≤)/mm	2	2
附着力(划格法)/%	100	100
粘度(涂-4 杯)(25℃)(≥)/s	60	80
击穿电压(≥)/kV·mm^{-1}	—	5

表 17-304　钢管防腐等级及涂膜厚度

防腐等级	涂层结构	涂膜厚度/mm
普通防腐	底涂-面涂-玻璃丝布-面涂-面涂-面涂	0.40~0.43
加强防腐	底涂-面涂-玻璃丝布-面涂-面涂-玻璃丝布-面涂-面涂-面涂	0.53~0.56
特加强防腐	底涂-面涂-玻璃丝布-面涂-面涂-玻璃丝布-面涂-面涂-玻璃丝布-面涂-面涂-面涂	0.60~0.63
生产厂家:江苏省徐州市光华涂料工业有限公司	厂址:江苏省徐州市九里山民航站东	

17.23.5　"高强"牌 E52-2-1 型各色聚苯乙烯防腐涂料

该品牌产品获 ISO9002 质量体系认证。

(1) 适用范围:"高强"牌 E52-1(面涂)-2(底涂)各色聚苯乙烯防腐涂料,是以聚苯乙烯树脂和其他改性树脂,加入增韧剂、防老剂和耐腐蚀颜料配制而成的单组分涂料。该类涂料耐蚀性好,耐酸(包括氢氟酸)、碱、盐、水等介质的腐蚀;附着力强,干燥快,施工方便,不受季节的限制。可广泛用于网架、钢结构、铁塔、集装箱、贮槽、混凝土、柱、梁、板、水池等石油化工管道及混凝土管廊内的钢质管道防腐涂装。

施工方法及注意事项详见该厂 E52-1 型各色聚苯乙烯防腐涂料说明书。

(2) 性能参数:见表 17-305 和表 17-306。

表 17-305 Q/320302CGD14-1999

指标名称		指标	
		E52-2 底涂	E52-1 面涂
涂膜颜色及外观		各色,符合标准样板,在色差范围内平整	各色,符合标准样板,在色差范围内平整光滑
干燥时间(≤)/h	表干	1	1
	实干	16	16
冲击强度(≥)/kg·cm		40	40
耐腐蚀性	3% NaCl 溶液	浸泡 48h 无异常,允许轻微失光	
	10% NaOH 溶液		
	10% H_2SO_4 溶液		
细度(≤)/μm		55	55
粘度(涂-4 杯)(≥)/s		20	20
柔韧性(≤)/mm		1	1
附着力(≤)/级		2	2

表 17-306 消耗定额(理论用量、实际增加 20%)

涂料名称	水泥基层或木基层	钢铁基层	每道厚度/μm
聚苯乙烯防腐涂料	稀释的聚苯乙烯清漆 2 道	—	5~8
	—	铁红聚苯乙烯底漆 1 道	20~40
	聚苯乙烯防腐漆 2~3 道		
	聚苯乙烯清漆 1~3 道		20~30
聚苯乙烯防腐涂料(玻璃纤维增强)	稀释的聚苯乙烯清漆 2 道	—	5~8
	用聚苯乙烯色漆贴玻纤布(毡)(0.1~0.2mm)2~3 道		200~600
	聚苯乙烯清漆 1 道		30~40

生产厂家:江苏省徐州市光华涂料工业有限公司　　厂址:江苏省徐州市九里山民航站东

17.23.6 "高强"牌高性能氯化聚乙烯防腐涂料

该品牌产品获 ISO9002 质量体系认证。

(1)适用范围:高性能氯化聚乙烯防腐涂料是以高氯化聚乙烯、特种树脂、助剂耐腐蚀颜料为原料以科学方法配制而成。该涂料具有优良的耐候性、防霉性、耐腐蚀性、耐干湿性;涂膜附着力强,坚韧耐磨、干燥迅速、装饰性强、维修方便、施工不受温度的限制,且一次可获得较厚涂膜。可被广泛用于船舶、港口、码头、铁路、桥梁、石油化工、集装箱,也可用于管廊内管道的防腐涂装。(施工方法详见厂家说明书)

(2)性能参数:见表 17-307 和表 17-308。

表 17-307 Q/320302CGD10—1997

指标名称		指标	
		X53-1 底涂	X52-10 面涂
涂膜颜色及外观		铁红色,允许略有刷痕	涂膜平整、光滑、符合色差范围
细度(≤)/μm		60	60
粘度(涂-4 杯),(≥)/s		40	60
固含量(≥)/%		50	70
干燥时间(≤)/h	表干	0.5	1
	实干	16	24
耐冲击强度(≥)/kg·cm		40	50
附着力(≤)/级		2	2
柔韧性(≤)/mm		1	2
耐腐蚀性	3% NaCl 溶液	浸泡 71h 无异常,允许轻微失光	
	10% NaOH 溶液		
	10% HCl 溶液		

表 17-308 消耗定额(理论用量、实际用量增加 20%)

产品名称	用量/g·(道·m²)⁻¹	厚度/μm
高氯化聚乙烯铁红防锈漆	160~200	40~45
高氯化聚乙烯中间漆	200~250	45~50
高氯化聚乙烯防腐面漆	150~180	30~40
生产厂家:江苏省徐州市光华涂料工业有限公司		厂址:江苏省徐州市九里山民航站东

17.23.7 "高强"牌氯化橡胶防腐涂料

该品牌产品获 ISO9002 质量体系认证。

(1)适用范围:J53-80 底涂 J52-09 面涂氯化橡胶防腐涂料以氯化橡胶为主要成膜物质,配以增塑剂、稳定剂及防锈、耐腐蚀颜料、混合溶剂配制而成。该涂料具有优良的耐海水、耐盐雾、耐候性、耐化学药品性。对酸、碱、盐、氧化剂均较稳定;涂膜坚韧、耐磨、有弹性、附着力好,干燥快且施工不受温度的影响。此涂料被广泛用于船舶、车辆、集装箱、桥梁及管廊内管道的防腐涂装;也可用于建筑物外墙,水处理、游泳池等混凝土结构的防腐涂装。(施工方法详见厂家说明书)

(2) 性能参数:见表 17-309 和表 17-310。

表 17-309 Q/320302CGD09-1997

指标名称	指标	
	J53-80 底涂	J52-09 面涂
涂膜颜色及外观	铁红色,允许略有刷痕	涂膜平整光滑,符合色差范围
粘度(涂-4 杯)(≥)/s	50	50

续表 17-309

指标名称		指标	
		J53-80 底涂	J52-09 面涂
细度(≤)/μm		60	60
干燥时间(≤)h	表干	1	2
	实干	16	16
耐冲击强度(≥)/kg·cm		40	40
附着力(≤)/级		2	2
柔韧性/mm		1	1
固含量(≥)/%		40	40
耐腐蚀性	10% NaCl 溶液	浸泡 50d 无变化,允许轻微失光	
	10% NaOH 溶液	浸泡 50d 无异常,允许轻微失光	
	10% HCl 溶液	浸泡 50d 无异常,允许轻微失光	

表 17-310 消耗定额(理论用量、实际用量增加 20%)

产品名称	用量/g·(道·m^2)$^{-1}$	厚度/μm
铁红氯化橡胶底漆	150~200	30
各色氯化橡胶面漆	120~140	40
氯化橡胶厚浆涂料	200~250	60~70
生产厂家:江苏省徐州市光华涂料工业有限公司		厂址:江苏省徐州市九里山民航站东

17.23.8 DC87 煤沥青系列防腐涂料

17.23.8.1 品种

(1)DC87-1、3 环氧煤沥青防腐涂料

由改性环氧树脂、聚酰胺树脂、煤沥青、颜填料及助剂等配制而成。DC87-1 用于打底涂装,DC87-3 为防腐面涂。

产品特点:

1)漆膜坚韧丰满,附着力强;

2)具有优良的耐化学介质腐蚀性,耐水性,抗微生物侵蚀;

3)可根据需要制成厚浆型涂料。

(2)DC87-1A、3A 聚氨酯沥青防腐涂料

在聚氨酯聚乙烯涂料的基础上,用特种树脂进行改性,加入煤沥青、颜填及助剂等配制而成。DC87-1A 用于打底涂装,DC87-3A 为防腐面涂。

产品特点:

1) 漆膜干燥快,可低温成膜;

2) 漆膜坚韧丰满,附着力强;

3) 具有优良的耐化学介质腐蚀性,抗微生物侵蚀。

(3)DC87-3B 丙烯酸沥青防腐涂料

由特种丙烯酸树脂、煤沥青颜填料及助剂等配制而成。

产品特点：

1）漆膜干燥快，可低温成膜；

2）单组分，施工简便；

3）具有优良的耐化学介质腐蚀性，耐水性，抗微生物侵蚀；

4）附着力强。

17.23.8.2　适用范围

用于输油、输气和输水管道的外壁防腐、化工设备、地下设施的防腐涂装。

17.23.8.3　性能参数

DC87 煤沥青系列防腐涂料的性能参数见表 17-311。

表 17-311　DC87 煤沥青系列防腐涂料

项　目	指　标				
	DC87－1	DC87－3	DC87－1A	DC87－3A	DC87－3B
漆膜颜色及外观	棕黑色平整光滑	黑色平整光滑	棕黑色平整光滑	黑色平整光滑	黑色平整光滑
干燥时间(20℃)/h	表干≤3，实干≤24		表干≤1，实干≤24		
附着力/级	1				
柔韧性/mm	1				2
抗冲击性/kg·cm	50				
耐 30% NaCl	1 年，复合层无变化				
耐 10% H_2SO_4	1 年，复合层无变化				
耐 10% NaOH	1 年，复合层无变化				
生产厂家：张家港东昌新型防水防腐材料厂				厂址：江苏省张家港市东沙镇	

17.23.8.4　施工要求

1)施工时可采用刷涂或喷涂，施工前需清除表面的焊渣、铁锈、水迹、油污、尘土等疏松附着物，表面干燥平整；

2)被涂表面锈达到 St2 级，涂层厚度 75～85μm/道；

3)防腐等级与理论使用量：一般防腐：二底二面：使用量：0.8kg/m^2

加强防腐：二底二布三面：使用量：1.8kg/m^2

重防腐：二底三布四面：使用量：2.5kg/m^2

4)贮存期限：12 个月

17.23.9　聚氨酯聚乙烯互穿网络系列防腐涂料

IPN8710 聚氨酯聚乙烯互穿网络涂料为双组分涂料，甲组基料：聚氨酯树脂、引发剂；乙组基料：苯乙烯、丙烯腈等活性单体、催化剂，甲组与乙组等当量混合时，甲组中的－NCO 预聚体在催化剂作用下，迅速生成聚氨酯网络，同时苯乙烯单体和丙烯腈单体在引发剂作用下，生成聚苯乙烯网络和聚丙烯腈网络，三种网络在分子水平上进行互穿，形成互穿聚合物网络(IPN)结构，产生协同效应，聚氨酯网络：附着力强、耐磨、柔韧性好；聚苯乙烯网络和聚丙烯腈网络：耐酸、碱、盐等腐蚀介质。进一步提高了涂层的韧性、强度、附着力、抗渗透性以及化学惰性，使涂膜具有更好的性能，通过形成 IPN 来改进高聚物的性能，是一种新型的高聚物共混技术。

IPN8710聚氨酯聚乙烯互穿网络涂料自1987年投产以来,不断地进行技术改进,用不同的树脂、颜填料进行改进,以抵御不同的腐蚀介质,先后开发了输水管防腐涂料、化工大气防腐涂料、贮油罐、输油管防腐性能、较低的施工费用以及合理的性能价格得到了广大施工单位及建设单位的好评,取得了很好的社会效益和经济效益。

IPN8710聚氨酯聚乙烯互穿网络系列涂料具有以下特点:

(1)漆膜干燥时间快;

(2)高强度、高韧性、附着力强;

(3)涂膜硬度好,耐冲磨,耐老化;

(4)耐水解,耐汽油、煤油、耐酸碱盐等腐蚀介质;

(5)涂膜结构致密,防水性好,抗渗透性以及化学惰性好;

(6)涂膜无毒,不燃烧;

(7)用量少,造价低。

17.23.9.1 适用范围

A 输水管防腐涂料(IPN8710-1G、3G、3H、3I)

IPN8710-1G,用于输水管道内外壁的防腐打底涂装;

IPN8710-3G,用于自来水管内壁的防腐涂装;

IPN8710-3H,用于埋地管的外壁或污水管内外壁的防腐涂装;

IPN8710-3I,用于暴露大气部分的防腐涂装。耐候性为5年,复合层无变化。

B 化工大气防腐涂料(DC8710-1H、3L、3M)

DC8710-1H,用于化工设备的防腐打底涂装;

DC8710-3L,用于腐蚀严重部位的防腐面漆涂装;

DC8710-3M,用于腐蚀相对不太严重而又要求较高装饰性的防腐涂装,耐化工大气腐蚀为3年,复合层无变化;

C 贮油罐、输油管防腐涂料(DC8710-1D、3D、1C、3C)

DC8710-1D,用于原油贮罐、石油产品贮罐、输油管道外壁的底漆涂装;

DC8710-3D,用于外壁的面漆涂装;

DC8710-1C,用于贮油罐、输油管内壁的抗静电底漆涂装,表面电阻$\leqslant 10^8\Omega$;

DC8710-3C,用于内壁的抗静电面漆涂装,表面电阻$\leqslant 10^8\Omega$。

表17-312 DC8710-1D、3D、1C、3C防腐涂料耐油性

耐90号汽油	1年,复合层无变化
耐40号机油	1年,复合层无变化
耐航空煤油	1年,复合层无变化

D 煤气柜、管防腐涂料(DC8710-1A、3A、3B)

DC8710-1A,用于干、湿式煤气柜、煤气管的防锈、防腐底漆涂装;

DC8710-3A,用于煤气柜、煤气管的内壁及埋地部分的面漆涂装;

DC8710-3B,用于干湿交替部分及暴露大气部分的面漆涂装。

17.23.9.2 性能参数

聚氨酯聚乙烯互穿网络系列防腐涂料的性能参数见表17-313。

表 17-313　聚氨酯聚乙烯互穿网络系列防腐涂料的性能参数

项　　目	指　　标
漆膜颜色及外观	各色，平整光滑
干燥时间(20℃)/h	表干≤1，实干≤24
附着力/级	1
柔韧性/mm	1
抗冲击性/N·cm	500
耐 3% NaCl	1 年，复合层无变化
耐 10% H_2SO_4	1 年，复合层无变化
耐 10% NaOH	1 年，复合层无变化
生产厂家：张家港东昌新型防水防腐材料厂	厂址：江苏省张家港市东沙镇

17.23.9.3　施工要求

(1)施工前需清除被涂表面的焊渣、铁锈、水迹、油污、尘土等疏松附着物，表面干燥平整；

(2)施工时可采用刷涂或喷涂；

(3)涂层厚度：底漆(1～2 道)，30～35μm/道；面漆(2～3 道)，40～50μm/道；

(4)理论用量：底漆 110～130g/m^2，面漆 110～130g/m^2。

17.24　检测仪器

17.24.1　浊度仪

(1)适用范围：该公司开发、研制的系列散射光浊度仪，是具有先进水平的智能化检测水质浊度的仪表，工作稳定、测试范围广、精度高、线性好、重现性好，处于国内领先水平，并可替代进口的同类产品。

该产品适用于给水、排水及其他行业工业水的水处理浊度检测。"浊度连续检测"是保证生产出低浊度优质水必不可少的智能仪器。

该系列散射光智能浊度仪，根据需要分为：

1) BSZ 系列散射光智能浊度仪，属表面散射光浊度仪，是在线连续检测仪器，适用于原水、滤前水和滤池反冲洗废水的监控；

2) NSZ 散射光浊度仪，主要用于低浊度水的连续检测，对滤前水和滤后水进行监控，从而保证出厂水的水质；

3) TSZ 台式散射光浊度仪，主要用于化验室对水质浊度的检测。

(2)性能参数：见表 17-314。

表 17-314　浊度仪技术性能参数

型号 / 参数	BSZ	NSZ	TSZ
量程	0～4000	0～100	0～400，0～1000，0～4000

续表 17-314

参数＼型号	BSZ	NSZ	TSZ
示值误差	< FS ± 2%	< FS ± 2%	< FS ± 2%
重复性	< FS ± 1%	< FS ± 1%	< FS ± 1%
线性误差	< FS ± 2%	< FS ± 2%	< FS ± 2%
最小分辨率	0.001 ~ 1NTU	0.001 ~ 1NTU	0.001 ~ 1NTU
采样量/$L \cdot min^{-1}$	1 ~ 2	0.25 ~ 0.75	25mL
采样温度/℃	0 ~ 45	0 ~ 45	室温
环境温度/℃	0 ~ 40	0 ~ 40	0 ~ 40
光源	钨丝灯,色温 2200 ~ 3000K	钨丝灯,色温 2200 ~ 3000K	钨丝灯,色温 2200 ~ 3000K
电源	50Hz,220V ± 10%	50Hz,220V ± 10%	50Hz,220V ± 10%
标准信号输出/mA	4 ~ 20	4 ~ 20	…
响应时间/min	2	2	2
报警	可预置高低浊度报警值	可预置高低浊度报警值	…
标定物质	福尔马肼(Formazin)	福尔马肼(Formazin)	福尔马肼(Formazin)
浊度单位	NTU(FNU)	NTU(FNU)	NTU(FNU)
尺寸/mm^2	取样器 555 × 340 仪表箱 240 × 255	取样器 555 × 340 仪表箱 240 × 255	365 × 265 × 95
生产厂家:厦门飞华环保器材有限公司		厂址:福建省厦门市湖滨北七星路 170 号	

(3)安装示意图:见图 17-154。

17.24.2　自动加矾控制系统

(1)适用范围:厦门飞华环保器材有限公司针对自来水厂设计的加矾工艺自动化设备是一套完整的控制系统,前馈和后馈复合闭环控制,设备先进、可靠、简洁、实用,稳定出厂水质,节约矾耗、能实现加矾过程的自动化,投资少,效益好。

FHA 自动加矾控制系统有 FHA - Micro 微型自动加矾控制系统、FHA - SU 单元自动加矾控制系统和 FHA 多元加矾控制系统 3 种。

1) FHA - Micro 微型自动加矾控制系统:适用于小型水厂处理流量小、时间短、单处理线的系统;

2) FHA - SU 单元自动加矾控制系统:适用于小型水厂处理流量小、时间短、单处理线的系统;

3) FHA - MU 多元自动加矾控制系统:适用于大中型水厂,可处理大流量、大滞后和多处理线系统。

(2) 系统组成:FHA 水处理自动加矾控制系统的组成包括:

1) 检测系统:主要检测源水流量和源水浊度:反应浊度模拟器、沉淀出水浊度和出厂水浊度等。

2) 控制系统:包括 FHA 控制柜,变频控制装置和冲程调节装置。

3) 执行系统:包括 FHA 隔膜计量泵和相关管路附件等。

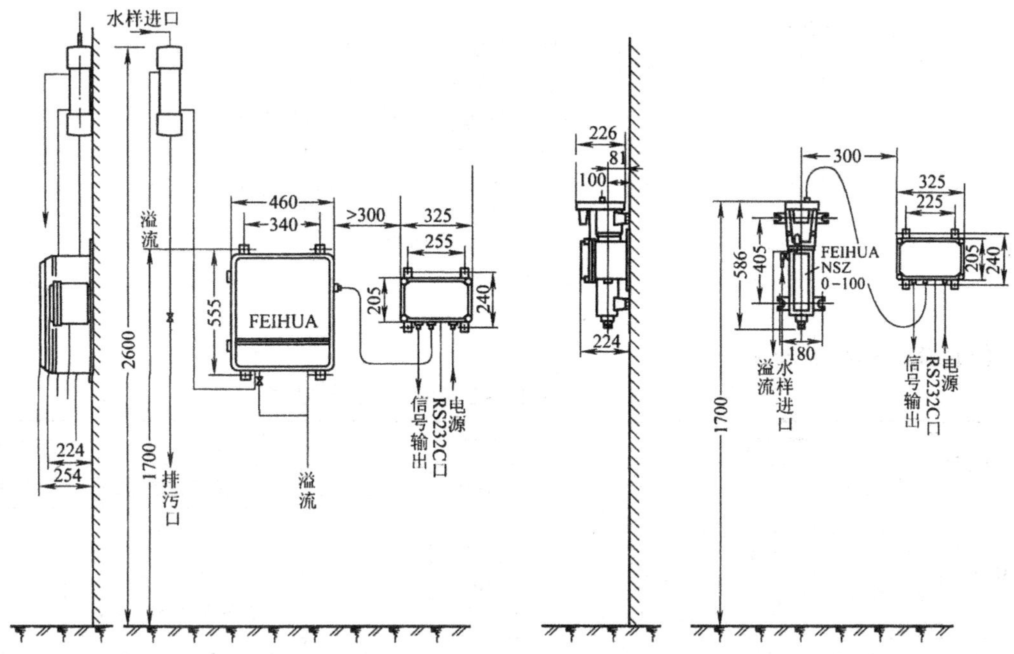

图 17-154　浊度仪安装示意图

(3)自动加矾工艺流程控制图:见图 17-155。

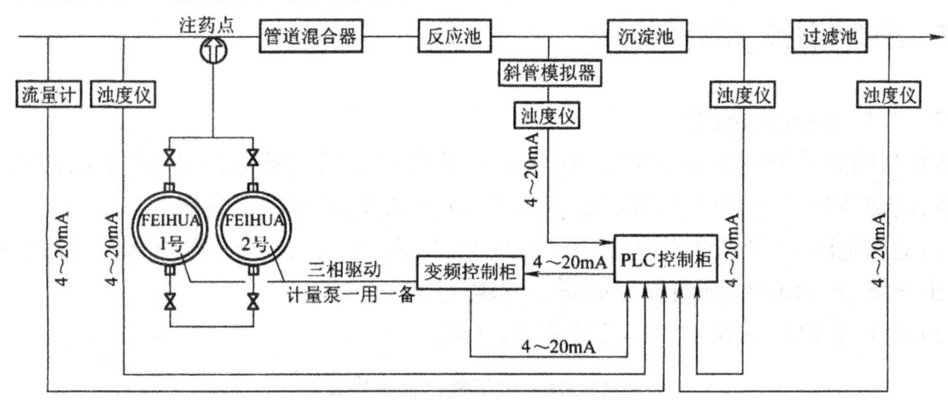

图 17-155　自动加矾工艺流程控制图

17.24.3　满水检测器

(1)适用范围:SM 型满水检测器可用于冶金、石油、化工、轻纺、自来水厂等工业企业,是一种安装在水泵上端用来保护大型水泵安全启动的装置,也是实现水泵自动化遥控操作必不可少的关键设备,其结构原理、技术说明详见该厂“满水检测器”说明书。

(2)型号意义说明:

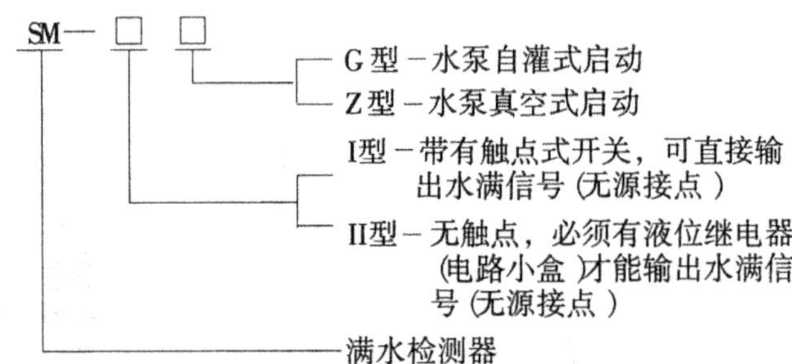

(3)性能参数:见表 17-315。

表 17-315 SM-Ⅰ及 SM-Ⅱ型满水检测器性能

型号		排气孔			与水管接管		电气参数		工作压力/MPa
		型式	位置	管孔	型式	管孔	液位继电器	输出接点容量、数量	
SM-Ⅰ	G	自灌式	侧部	管螺纹(Ⅰ)	法兰	见样本图4	无		1.0
	Z	真空式	上部	法兰(D_g)p_g=0.25MPa				220V、5A(常开常闭各一组)	
SM-Ⅱ		自灌式	上部	管螺纹 10mm	管螺纹	20mm	有	220V、2A 常开、常闭	1.0
生产厂家:丹东水技术机电研究所						地址:辽宁省丹东市振兴区福春街 88 号			

17.25 耐磨、耐蚀、耐高温管材

17.25.1 刚玉复合钢管

该管从内到外分别由刚玉层(α-Al_2O_3)、过渡层和钢层三部分组成,刚玉的高硬与钢的高韧性、高塑性相结合,使其具有其他管材无法比拟的优异的综合性能。

(1)适用范围:广泛应用于化工、石油、冶金、矿山、电力、高炉喷煤粉、电厂除灰、矿粉输送、矿山充填、石油输送、强腐蚀性酸碱溶液输送等。

(2)尺寸与规格:见表 17-316 以及图 17-156。

表 17-316 刚玉复合管规格尺寸

公称直径 DN/mm	选用钢管		刚玉复合钢管		刚玉复合钢管直管	刚玉复合钢管弯管								
	外径 D_W/mm	最小壁厚 S_1/mm	最大内径 DN_1/mm	最小总壁厚 S_2/mm	长度 L/mm	理论质量/kg·m^{-1}	曲率半径/mm	进口加长 $L1$/mm	出口加长 $L2$/mm	每只理论质量/kg				
										90	60	45	30	22
40~100	40~120	5~6	30~102	5~9	≤3000	6~23	350	200	300	11.1~13.4	9.2~11.1	8.2~9.9	7.2~8.7	6.8~8.2
100~200	121~200	6~8	103~180	9~11.5	≤3000	23~52	450	200	300	17.1~23.2	13.8~18.6	12.1~16.4	10.4~14.1	9.6~13.0
200~375	201~400	8~12	180~372	11.5~15	≤3000	52~143	500	200	300	26.2~31.1	20.9~24.8	18.2~21.6	15.5~18.4	14.2~16.8

续表 17-316

公称直径 DN/mm	选用钢管		刚玉复合钢管		刚玉复合钢管直管		刚玉复合钢管弯管							
										每只理论质量/kg				
	外径 D_W /mm	最小壁厚 S_1 /mm	最大内径 DN_1 /mm	最小总壁厚 S_2 /mm	长度 L /mm	理论质量 /kg·m^{-1}	曲率半径 /mm	进口加长 $L1$ /mm	出口加长 $L2$ /mm	90	60	45	30	22
375～475	401～500	12～13	372～464	15～18	≤3000	143～210	600	200	300	42.2～54.1	33.2～42.3	28.5～36.4	23.9～30.5	21.6～27.6
475～550	501～600	13～14	464～562	18～19	≤3000	≥210	1600	200	300	634.9～673.8	458.4～486.5	370.2～392.8	280.9～299.2	237.8～252.3

生产厂家：宜兴实业集团有限公司金坛市登兴塑化厂　　厂址：江苏省金坛市建昌镇

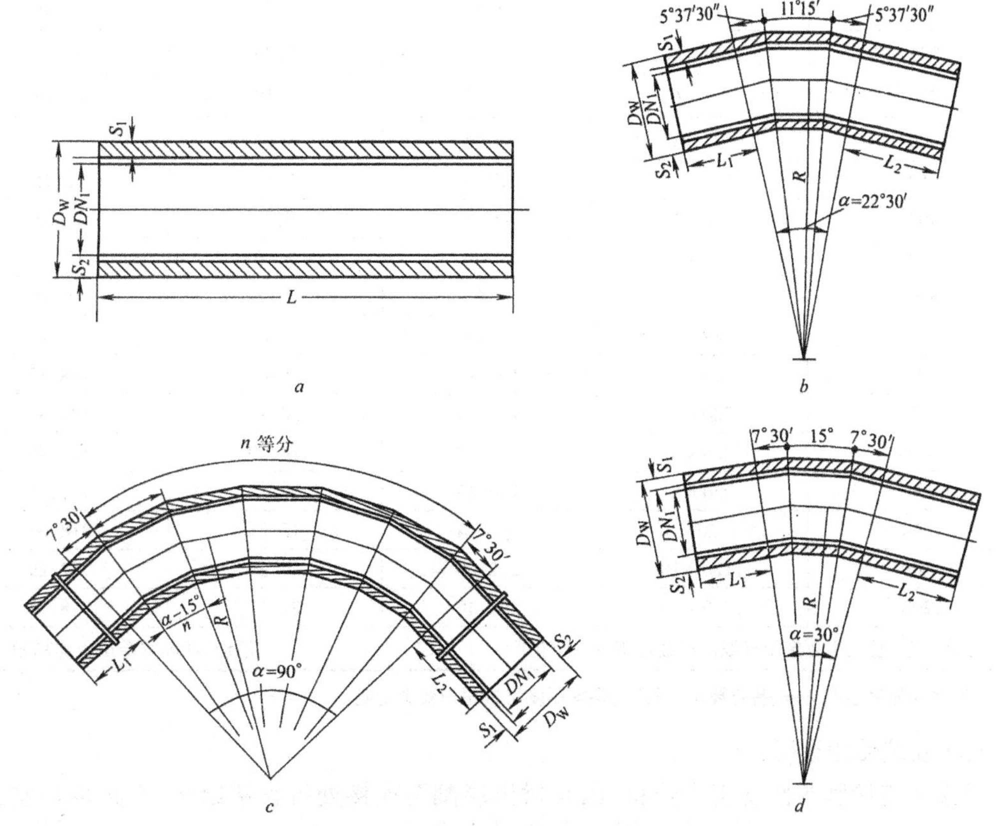

图 17-156 刚玉复合钢管图

a—刚玉复合钢管直管；b—刚玉复合钢管 22.5°弯管

c—刚玉复合钢管 90°弯管；d—刚玉复合钢管 30°弯管

17.25.2 橡塑金属复合管

该产品采用机械加工成型与橡塑粘衬工艺复合两道工序进行，后经生产线并合而成，设计合理、技术先进、工艺成熟。

(1)适用范围:该管广泛应用于燃煤电厂输灰系统的浆体输送、气力输送,耐磨、耐腐蚀、缓结垢;用于矿山精矿、尾矿及各种矿石粉的浆体输送、气力输送,耐磨、耐腐蚀;用于化工系统含碳、碱、盐及臭氧等介质的液体输送;用于石油及天然气体的输送。

(2)规格:见表 17-317。

表 17-317 橡塑金属复合管规格

公称通径 DN/mm	金属管规格/mm	质量/kg·m^{-1}		
		金属管	衬里层	复合管
80	89×4	4.30	0.76	5.06
100	108×4	10.26	1.34	11.60
125	133×4	12.73	1.69	14.42
150	159×4.5	17.15	2.04	19.19
175	194×5	23.31	2.51	25.82
200	219×5	31.52	2.86	34.38
225	245×6	35.80	3.23	39.03
250	273×6	39.51	3.59	43.10
300	325×6	46.58	4.81	52.01
350	377×6	55.40	5.61	61.01
400	426×6	62.65	6.38	69.03
450	478×6	69.84	7.19	77.03
500	529×6	77.89	7.96	85.85
550	580×7	95.86	8.40	104.26
600	630×7	107.74	9.47	118.12
700	720×7	123.23	10.82	134.41
800	820×8	160.70	14.79	175.49
900	920×8	180.43	16.63	197.06
1000	1020×8	200.14	18.51	218.67
1100	1120×10	272.00	20.29	292.29
1200	1220×10	296.40	22.17	318.57
生产厂家:登兴实业集团有限公司金坛市登兴塑化厂			厂址:江苏省金坛市建昌镇	

注:衬里层厚度≥4.5mm(特殊要求,另议),钢管厚度可按用户要求定制。

(3) 安装使用说明:

1)法兰连接和柔性管接头连接,因有衬里层翻至连接处可直接组装,不必再加密封垫圈。

2)衬里层翻至接口处,严禁挤压、划伤。如有损坏请用该厂粘合剂修补后再安装。

3)因设计和实际安装误差,出现空头部分,暂用普通钢管搭接,事后再用橡塑金属管替换,严禁用火、电焊切割橡塑成品管。

17.25.3 钢塑复合管

该管及其管件是以钢管为基体,内衬各种热塑型塑料(如聚丙烯、聚乙烯、聚氯乙烯、聚四氟乙烯等),经冷拉复合成整体注型而成。

(1)适用范围:输送腐蚀介质,广泛应用于电力、化工、冶金、食品等行业。

(2)规格及尺寸:见表 17-318 及图 17-157。

表 17-318　钢塑复合管规格与尺寸

名　称	$DN_1 \sim DN_2$	L	H	说　明
直管	15~400	6000~3000		可根据用户需求自定长度
弯头	15~400	80~430		
三通	15~400	80~330	160~660	可按用户要求任意尺寸
四通	15~400	160~660	160~660	可按用户要求任意尺寸
弯径管	25/20~400/30	120~180		可按用户要求生产特殊变径管
生产厂家:登兴实业集团有限公司金坛市登兴塑化厂				厂址:江苏省金坛市建昌镇

注:以上为常用标准管尺寸范围,用户可随时索取详细的标准产品尺寸资料;对于非标准产品,可按用户的要求制造。

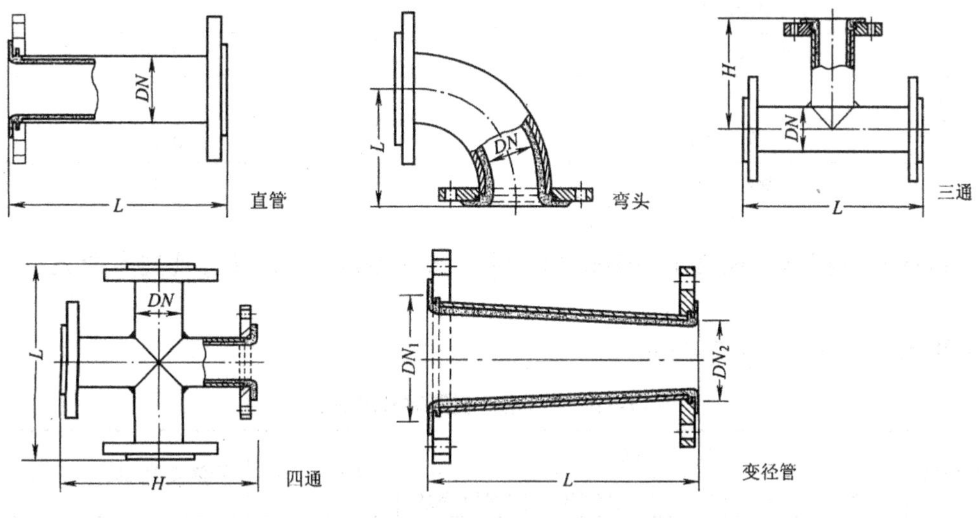

图 17-157　钢塑复合管图

17.26　滤料

17.26.1　福建省平潭县海峡硅砂厂产品

福建省平潭县海峡硅砂厂生产的天然石英海砂粒度均匀,粒型圆整,经建设部水处理滤料质量监督检测中心鉴定,质量优于部颁“水处理用石英砂滤料”CJ24.1－88 制定标准(详见 10.1.3.4 压力过滤器部分)。10 多年来,经销全国 20 多个省市自治区(包括台湾省)供水公司以及钢铁、化纤、油田等水处理行业,并出口日本等。

(1) 适用范围:应用于 V 型滤池、K 型滤池及各种普通滤池、滤罐,使用证明,效果良好。产品具有机械强度高,化学稳定性好,过滤周期长,节省冲洗水,降低电耗,使用寿命长等优点,是理想的节能水处理材料。

该厂还大量生产工业用的各种规格铸造砂、树脂砂(具有硬化快、强度高、耗酸量低,透气性好的特点),引流砂(杂质少、滚圆度好,不易烧结),除锈砂等。

(2)主要产品：

1)滤料：

均质滤料：0.7～0.9mm，0.9～1.2mm，0.95～1.35mm，1.6～2.0mm。

常规滤料：0.4～0.8mm，0.5～1.0mm，0.8～1.2mm，0.6～1.2mm，0.8～1.6mm，1～2mm。

承托层砾石：2～4mm，2～3.2mm，3.2～5.6mm，3～5mm，4～8mm，8～16mm，16～32mm，32～64mm。

滤料理化性能见表 17-319。

表 17-319 滤料理化性能

含硅量/%	98
破碎率/%	0.7
磨损率/%	0.31
视密度/$g \cdot cm^{-3}$	2.65
含泥量/%	0.18
轻物质含量/%	0.01
灼烧减量/%	0.26
盐酸可溶率/%	0.10

2)铸造砂、树脂砂：规格 1.397mm(12 目)～0.120mm(140 目)，其技术参数见表 17-320。

3)引流砂：规格 0.5～2.0mm。

表 17-320 铸造砂、树脂砂技术参数

含泥量/%	化学成分				集中率/%	峰值质量/%	pH 值
	SiO_2	Al_2O_3	Fe_2O_3	CaO + MgO			
≤0.3	≥98	<1.5	≤0.3	≤0.60	>80	≥40	7.2
生产厂家：福建省平潭县海峡硅砂厂					厂址：福建省平潭县城关永春 27 号		

注：天然石英砂、砾石粒度可根据用户需要加工成各种规格产品。

(3)质量保证

经建设部水处理滤料质量监督检测中心检测，检测报告见表 17-321。

表 17-321 检测报告

检测项目	检测结果
破碎率/%	0.71
磨损率/%	0.33
密度/$g \cdot cm^{-3}$	2.64
含泥量/%	0.18
轻物质含量/%	0.01
灼烧减量/%	0.26

续表 17-321

检测项目	检测结果
盐酸可溶率/%	0.10
密度大于 1.8g/cm^3 含量/%	—
粒径小于(　)mm 颗粒/%	粒径根据用户要求筛选
粒径大于(　)mm 颗粒/%	
K80	1.21
K60	1.11

17.26.2 厦门鲁滨砂业有限公司(鲁滨石英砂厂)产品

福建省(鲁滨石英砂厂)所产的石英砂滤料是选自闽南一带经千百万年海水冲刷的优质天然海砂,经精细筛分而成。产品历年接受建设部水处理滤料质量监督检测中心的检测,各项技术指标均优于建设部部颁标准规范值。建厂 20 年来,赢得了广大用户的信赖,该厂已和国内 500 多家单位及港、台、日、德等地区和国家的广大客户建立了密切业务关系,其中仅为法国水处理公司在华工程的“V”型滤池配套滤料就达 10 万 t。

(1)适用范围:该厂专业生产各种滤池滤料和特殊规格均质滤料。产品石英品位高,颗粒饱满,耐磨耐冲洗,具有机械强度高、理化性能好、使用寿命长等特点,是理想的水处理滤料。

(2)主要产品:见表 17-322。

表 17-322 石英砂滤料规格参数

<table>
<tr><th>名 称</th><th>用途和规格</th><th>粒径范围/mm</th><th>K_{80}</th><th>K_{60}</th><th>D_{10}</th><th>物理化学特征</th></tr>
<tr><td rowspan="4">均质滤料</td><td>用于 V 型滤池</td><td>符合国际标准</td><td></td><td>1.30～1.60</td><td>0.90～1.00</td><td rowspan="5">破碎率 < 0.65%,
磨损率 < 0.21%,
密度 > 2.65g/cm^3,
含泥量 < 0.2%,
灼烧减量 < 0.2%,
盐酸可溶量 < 0.10%,
无可见泥土,云母和有机杂质,
浸出液无有毒物质</td></tr>
<tr><td rowspan="3">用于特殊用途</td><td>0.80～1.20</td><td>1.35～1.45</td><td>1.20～1.35</td><td>0.80～0.90</td></tr>
<tr><td>0.95～1.35</td><td>1.35～1.60</td><td>1.30～1.50</td><td>0.90～1.00</td></tr>
<tr><td>任意规格</td><td colspan="3">由设计部门提出</td></tr>
<tr><td>常规滤料</td><td>普通用途</td><td>0.5～1.2</td><td>≤1.8</td><td>≤1.6</td><td>0.6～0.7</td></tr>
<tr><td>垫层卵石/mm</td><td colspan="6">1～2　2～4　4～8　8～16　16～32　32～64</td></tr>
<tr><td colspan="4">生产厂家:厦门鲁滨砂业有限公司(鲁滨石英砂厂)</td><td colspan="3">地址:福建省厦门市湖滨北七星路 170 号</td></tr>
</table>

(3) 质量保证:经建设部水处理滤料质量监督检测中心检测,其检测结果见表 17-323。

表 17-323 滤料检测报告表

检测项目	检测结果
破碎率/%	0.69

续表 17-323

检 测 项 目	检 测 结 果
磨损率/%	0.30
密度/$g \cdot cm^{-3}$	2.64
含泥量/%	0.20
轻物质含量/%	0.01
灼烧减量/%	0.12
盐酸可溶率/%	0.08
密度大于 1.8g/cm^3 含量/%	—
粒径小于( )mm 颗粒/%	粒径范围,依客户要求而定
粒径大于( )mm 颗粒/%	
K_{80}	1.30
K_{60}	1.22

17.26.3 陶瓷滤料

17.26.3.1 QT 系列陶粒

A QT 系列陶粒的规格、成分及理化性能

QT 系列陶粒的粒径从 0.5～32mm,主要型号有 QT-1.5、QT-2.7、QT-3.5、QT-4.5、QT-6.0 等。其化学成分见表 17-324,理化性能见表 17-325。

表 17-324 QT 系列陶粒化学成分

化学成分	SiO_2	Fe_2O_3	MgO_2	Al_2O_3	CaO	K_2O-Na_2O	烧失量
含量/%	59.88	7.84	2.04	16.23	3.26	3.22	6.42

表 17-325 QT 系列陶粒理化性能

外 观	球状,表面色泽为红褐色,多微孔
粒径/mm	0.5～32
视密度/$g \cdot cm^{-3}$	0.6～1.1
密度/$g \cdot cm^{-3}$	1.35～1.7
孔隙率/%	55
比表面积/$m^2 \cdot g^{-1}$	$8 \times 10^4 \sim 1.5 \times 10^5$
破碎率和磨损率/%	1.62
渗透系数/$cm \cdot s^{-1}$	0.85～3.63
不均匀系数 K_{80}	1.84
盐酸可溶率/%	0.22
氢氧化钠可溶率/%	15.36
溶 出 物	不含对人体有害的微量元素
吸 附 力	碘值 101 级为活性炭吸附力 10%

B 陶粒滤料的特点

(1) 陶粒表面粗糙、多微孔、不结釉。陶粒形状规则、粒径可大可小,密度适宜,水流阻力小。

(2) 陶粒强度大、孔隙率大、比表面积大、化学和物理稳定性好,与其他规则滤料相比,具有生物附着性强、挂膜性能良好,水流流态好,反冲洗容易进行,截污能力强等优点,是对我国传统生物氧化接触填料应用的一大革新。

(3) 以 QT 系列陶粒作滤料,采用一段曝气生物滤池(C/N 滤池)处理城市污水,出水水质能达污水综合排放标准(GB8978-1996)中规定的城镇二级污水处理厂的一级标准;采用二段曝气生物滤池(C/N 滤池 + N 滤池)处理城市污水,出水水质达到生活杂用水水质标准(GJ25.1 - 89)或中水水质标准。

(4) 可用于处理城市污水、生活杂排水、可生化的有机工业废水、微污染水源水、含铁含锰的地下水;并可在给水处理中取代石英砂、无烟煤等用作过滤介质;在已有的污水处理厂的二级处理工艺后,加曝气生物滤池,用作深度处理。

17.26.3.2 瓷砂滤料

A 瓷砂滤料规格、成分及理化性能

瓷砂滤料有从 ϕ0.5 ~ 32mm 之间各种粒径规格,其化学成分见表 17-326,理化性能见表 17-327。

表 17-326 瓷砂滤料化学成分

化学成分	SiO_2	Fe_2O_3	MgO_2	Al_2O_3	CaO	K_2O-Na_2O	稀土元素
含量/%	68 ~ 74	< 1.0	< 0.7	22 ~ 24	< 0.5	4.0	微量

表 17-327 瓷砂滤料理化性能

项 目	指 标	备 注
耐酸度/%	99.5%	浸泡于 30%盐酸、50%硫酸王水中两周
耐碱度/%	82.5%	浸泡于 NaOH、KOH 碱液中两周
抗压强度(洛杉机法)/MPa	280 ~ 350	
硬度(莫氏)	7 级	
耐磨度	0.15 ~ 0.2	
耐温度/℃	> 1000	
导热系数/kJ·(m·h·℃)$^{-1}$	4.415	
质量热容/J·(kg·℃)$^{-1}$	628 ~ 837	
密度/g·cm^{-3}	2.3	
堆密度/g·cm^{-3}	1.9	
吸水率/%	0.5 ~ 2.2	
破碎率/%	0.75	
空隙率(堆积法)/%	50	

B 瓷砂滤料的特点

同传统的石英砂滤料相比,瓷砂滤料有如下特点:

(1) 瓷砂强度高,耐磨,使用寿命一般比石英砂滤料长5倍以上;

(2) 瓷砂表面为球形、易清洗,反冲洗水量比石英砂低30%~40%;

(3) 瓷砂滤料滤层初始水头损失小,可延长滤池的工作周期;瓷砂滤料滤层终止水头损失小,可降低滤池高度,节省基建费用;

(4) 瓷砂滤料截污量较大,一般在9~10kg/m^{3}以内,约为石英砂滤池截污量(7.8~9kg/m^3)的1.2~1.5倍;

(5) 瓷砂滤料规整,装填更换方便,不易流失,无溶出有害物,不产生二次污染,特别适用于离子交换器、反渗透处理装置中做预处理滤料或做树脂承托层,也可以用于活性炭吸附器的垫层;

(6) 瓷砂滤料过滤速度快,其滤速在同等水量、水质下约为石英砂的1.5倍;

(7) 经过特殊工艺处理,还可以做成除铁除锰瓷砂、除氟瓷砂等多用途滤料,或作为含油废水处理的粗粒化滤料,生物滤池的生物滤料等,去除铁、锰、氟、油及其他有机污染物。

瓷砂滤池与石英砂滤池运行指标比较见表17-328。

表17-328 瓷砂滤池与石英砂滤池运行指标比较

项目	瓷砂	石英砂	备注
过滤速度/m·h^{-1}	14.5	10	
截污量/kg·m^{-3}	9~10	7~8	
产水量比	1.45	1	
反冲洗周期/次·年$^{-1}$	45	330	同样产水量比较
出水浊度	低	高	
反冲洗用水量比	0.5	1	
水头损失比	0.45	1	
二次污染	无	有	磨损石英砂造成污染
使用寿命	10年以上	5年以内	

17.26.3.3 理想滤罐

理想滤料滤罐是该公司根据自己的产品特色开发的系列高效过滤设备,其特点是滤料的体积质量从上到下依次增大,而粒径依次减小,该滤池可以加快滤速(15~40m/h左右)或延长工作周期,与传统的过滤设备相比,具有水处理能力大、截污能力强、反冲洗容易进行、滤料使用寿命长等特点。其产品型号及处理能力见表17-329。该滤罐剖面见图17-157。

表17-329 产品型号及处理能力

型号	处理能力/t·h^{-1}
CWT-1	10
CWT-2	20
CWT-4	40
CWT-6	60
CWT-10	100
CWT-20	200
CWT-50	500
CWT-100	1000
生产厂家:江西萍乡佳能环保工程有限公司	厂址:江西省萍乡市石化大厦

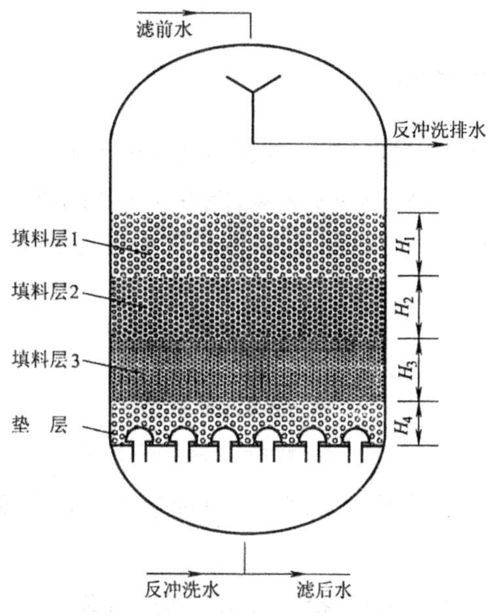

图 17-158 理想滤罐剖面图

17.27 应急消防柴油机水泵机组

(1)适用范围:该机组可广泛应用于高炉冷却系统。在事故状态下,向高炉炉体等重要部位安全供水;现代冶金炉或设备高温部件(如连铸机结晶器、转炉烟罩等)的冷却系统,在事故状态下,向炉体或设备高温部件安全供水;在发电厂、化工厂、煤气站、油库、大型宾馆、饭店和高层建筑中,作为应急消防设备,在事故状态下,满足消防供水的要求;作为核电站反应堆的最后一级安全保护装置,向反应堆提供冷却水,以免核反应堆烧毁、泄漏,确保生命财产的安全。

(2)型号意义说明:

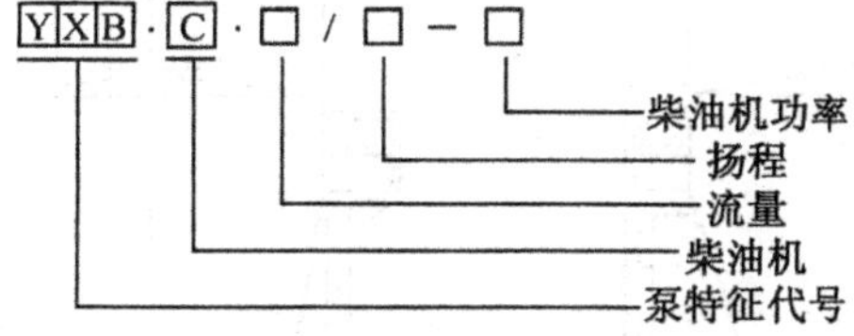

(3)性能参数:

机组启动时间:6 ~ 15s

机组容量范围:10 ~ 1200kW

机组供水流量范围:25 ~ 4000m^3/h

机组供水扬程范围:10 ~ 125m

(机组具体参数按该机组有关合同要求确定)

生产厂家:中国船舶重工集团七院七一二研究所　　厂址:湖北省武汉市南湖汽校大院

17.28 污泥(料)斗开闭装置

(1) 适用范围：ND系列污泥(料)斗及其开闭装置可用于各种污泥脱水机在生产过程中贮存脱水后的干泥，其底部设有机械开闭装置，能方便快捷的将干泥卸落在载重汽车上。如冶金轧钢污泥，城市污泥，造纸污泥以及食品、制药污泥等经脱水机脱水后干泥的贮存和装卸。

(2) 型号说明：

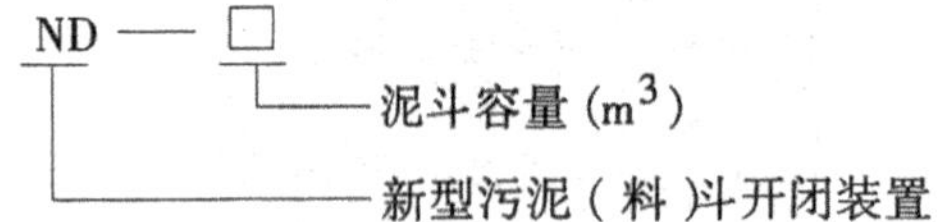

(3) 外形及安装尺寸：ND系列污泥(料)斗开闭装置外形及安装尺寸见图17-159和表17-330。

表17-330 ND系列污泥(料)斗安装尺寸

容量/m^3	5	10	15	20	25	30
A	1000	1200	1200	1200	1500	1500
B	1400	1800	2500	3000	3000	3000
C	1600	1800	2300	2300	2700	3000
D	1800	2400	3300	4000	4000	4000
E	5400	6000	6500	6700	6900	7300
F	2450	2450	3100	3100	3100	3100
G	3000	3000	3600	4000	4000	4000
H	2200	2800	3700	4500	4500	4500
I	3150	3800	4900	5700	5700	5700
P/kW	0.75	1.5	1.5	1.5	2.2	2.2
生产厂家：丹东水技术机电研究所				厂址：辽宁省丹东市振兴区福春街88号		

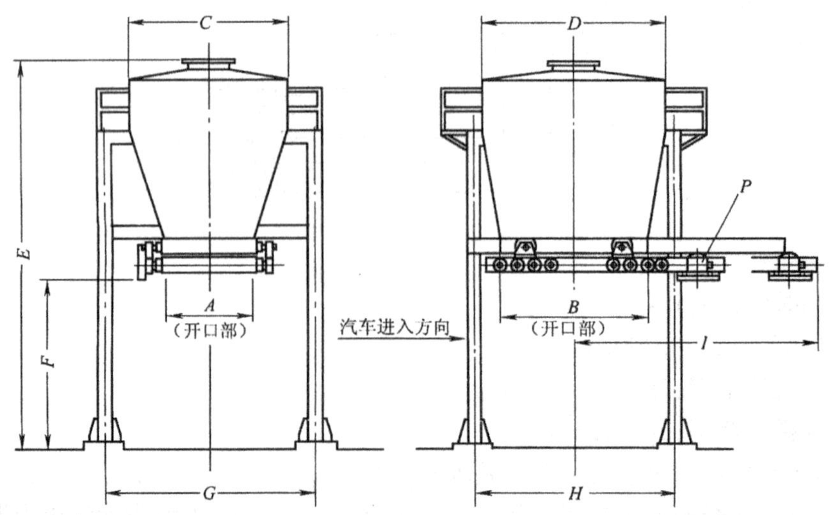

图17-159 ND系列污泥(料)斗开闭装置

附　　录

附录1　水处理专用设备及材料有关公司(厂家)简介

序号	公司(厂家)名称	地　　址	邮　编	电　　话	传　　真	法人代表或经理、厂长	联　系　人
1	北鲸水泵厂	北京市通州区运河西大街 21 号	101149	(010)81524249 (010)81524758	(010)81527303	王春兰	王振海 刘青松
2	重庆水泵厂	重庆市沙坪坝区小龙坎正街 340 号	400030	(023)65305613	(023)65312953	陈　睛	沈渝生
3	自贡市工业泵股份有限公司	四川省自贡市江东区南苑街 15 号	643000	(0813)8105772 (0813)8100434	(0813)8100238 (0813)8101305	李世靖	黄　超
4	江苏省靖江市久力水泵厂	江苏省靖江市江平路 358 号	214500	(0523)4833471	(0523)4832670	卢春明	郭靖飞
5	武汉特种工业泵厂	湖北省武汉市经济技术开发区沌口小区 10 号	430056	(027)69110511	(027)69110577	何正亮	谷万策　黄俊华
6	镇江正汉泵业有限公司	江苏省扬中市扬子东路 143 号	212200	(0511)8322783	(0511)8320347	姚庆余	顾炳春
7	石家庄水泵厂	河北省石家庄市和平东路 19 号	050011	(0311)6088906	(0311)6082677	周代荣	苏涛(2318)
8	中国船舶重工集团七院 712 研究所	湖北省武汉市南湖汽校大院	430064	(027)88031132	(027)88031125	周平	傅晖
9	长沙市阀门厂	湖南省长沙市赤岗北路 10 号	410007	(0731)5498436	(0731)5496586	刘普成	李鹏飞 5498436
10	河南上蝶阀门股份有限公司	河南省郑州市上街区南峡窝镇	450134	(0371)8919666	(0371)8921424	魏德哲	许运财
11	丹东水技术机电研究所	辽宁省丹东市振兴区福春街 88 号	118008	(0415)6167154	(0415)6161956	丛安生	周惠臣
12	扬州天雨给排水设备集团有限公司	江苏省江都市滨湖镇	225268	(0514)6161342	(0514)6161445	王明根	孟　虎
13	江扬环境保护设备工程有限公司	湖北省武汉市东湖高新技术开发区(珞瑜路)	430074	(027)87104052	(027)87404052	朱跃平	朱跃平
14	江苏海鸥冷却塔股份有限公司	江苏省常州市西郊礼河镇	213145	(0519)3661357	(0519)3661048	吴祝平	陶建美
15	宜兴循环水设备厂(集团)	江苏省宜兴市高塍镇北	214214	(0510)7894486	(0510)7892020	王腊华	姜达敖
16	江苏省武进市武南玻璃钢厂	江苏省常州市南门外运村镇	213175	(0519)6131122	(0519)6133722	叶泽春	潘志新
17	中国航空工业第二集团公司保定螺旋桨制造厂	河北省保定市 818 信箱 803 分箱	072152	(0312)7051500	(0312)7051442	盛　路	王洪江

续附录 1

序号	公司(厂家)名称	地址	邮编	电话	传真	法人代表或经理、厂长	联系人
18	南京晨光航天应用技术股份有限公司金属软管分公司	江苏省南京市中华门外正学路 1 号	210006	(025)2413078-2613	(025)2413078-2613	杜尧(总经理)	刘强
19	大同铸石工业(集团)有限责任公司	山西省大同市古店镇北	037018	(0352)6023568	(0352)6026965	白　棉	石金花
20	江苏省徐州市光华涂料工业有限公司	江苏省徐州市九里山民航站东	221006	(0516)7727074	(0516)7727074	孙兴德	周景云
21	张家港东昌新型防水防腐材料厂	江苏省张家港市东沙镇	215619	(0520)8630195	(0520)8631535	顾长春	
22	美洲星水处理设备公司	江苏省宜兴市环科园创业中心三楼	214205	(0510)7061197	(0510)706225	汤新华	任　玮
23	核工业格林水处理有限责任公司	江苏省南京市察哈尔路 16 号	210003	(025)3417506	(025)3407865	张承立	陆凤翔
24	宜兴台兴环保有限公司	江苏省宜兴市高塍镇东工业区	214214	(0510)7891808	(0510)7891707	许佰龙	陈晓敏
25	宜兴天鑫水处理设备有限公司	江苏省宜兴市高塍镇江南路韩家 2 号	214205	(0510)7891660		丁岳荣	王泽民
26	重庆电机厂	重庆市中梁山玉清寺	400052	(023)65261853	(023)65261853	李　超	周南云、江若林
27	青岛实用环保设备有限公司	山东省青岛市四方区萍乡路 26 号	266042	(0532)4871375	(0532)5634242	马本相	刘　君
28	阿法拉法(上海)技术有限公司	上海市淮海中路 98 号金钟广场 23 层	200021	(021)53858000	(021)53858100	余辉浩	陈大伟
29	瑞士舒瑞普公司北京办事处	北京市朝阳区幸福三村北街 1 号北信租售中心	100027	(010)64603968	(010)64603969		胡希成 13807109113
30	泉州江南冷却器厂	福建省泉州市泉秀东路宝洲路口	362000	(0595)2587542	(0595)2582185	蒋介民	刘大贵 13905957346
31	武进东方喷洒设备厂	江苏省武进市郑陆镇	213111	(0519)8731245	(0519)8736518	王晓虹	朱　铭
32	登兴实业(集团)有限公司	江苏省金坛市建昌镇	213252	(0519)2461318	(0519)2462555	梅金德	王友照
33	中日合资华樱管件实业有限公司	辽宁省抚顺市望花区丹东路西段 10 号	114001	(0413)6683028		顾全志	
34	郑州力威橡胶制品有限公司	河南省郑州市上街区孟津南路 68 号	450041	(0371)8921527	(0371)8929024	刘运章	
35	扬州澄露环境工程有限公司	江苏省江都市富民镇	225252	(0510)6651042	(0514)6651600	虞荣松	黄　进
36	重庆大学明珠机电研究所	重庆市沙坪坝区重庆大学明珠机电研究所	400044	(023)65325696 (023)65333101	(023)65333101	施方群	李卫平 杨　秋
37	福建省平潭县海峡硅砂厂	福建省平潭县城关永春 27 号	350400	(0519)4315416		吴兆华	郑祥兴
38	厦门鲁滨砂业有限公司(鲁滨石英砂厂)	福建省厦门市湖滨北七星路 170 号	361012	(0592)5073666	(0592)5073555	施世英	许萍娜
39	武进精细化工厂	江苏省常州市横山桥镇	213119	(0519)8602407	(0519)8601729		张伟斌 1366144612
40	江西萍乡佳能环保工程有限公司	江西省萍乡市石化大厦	337000	(0799)6222635	(0799)6222635	汤苏云	汤苏云 13907998090
41	宜兴市自动化水工业设备厂	江苏省宜兴市南新镇南中东路 1 号	214215	(0510)7871858	(0510)7871858	张崭华	张崭华

附录 2　地表水环境质量标准 GHZB1—1999

（摘　　编）

1　水域功能分类

依据地表水水域使用目的和保护目标将其划分为五类：

Ⅰ类　主要适用于源头水、国家自然保护区；

Ⅱ类　主要适用于集中式生活饮用水水源地一级保护区、珍贵鱼类保护区、鱼虾产卵场等；

Ⅲ类　主要适用于集中式生活饮用水水源地二级保护区、一般鱼类保护区及游泳区；

Ⅳ类　主要适用于一般工业用水区及人体非直接接触的娱乐用水区；

Ⅴ类　主要适用于农业用水区及一般景观要求水域；

2　标准值

本标准规定了基本项目和特定项目不同功能水域的标准值。

(1) 满足地表水各类使用功能和生态环境质量要求的基本项目按表 1 执行。

(2) 控制湖泊水库富营养化的特定项目按表 2 执行，控制地表水Ⅰ、Ⅱ、Ⅲ类水域有机化学物质的特定项目按表 3 执行。

3　水质评价

(1) 地表水环境质量评价应选取单项指标，分项进行达标率评价。

(2) 对于丰、平、枯水期特征明显的水体，应分水期进行达标率评价，所使用数据不应是瞬时一次监测值和全年平均监测值，每一水期数据不少于两个。

(3) 溶解氧、化学需氧量、挥发酚、氨氮、氰化物、总汞、砷、铅、六价铬、镉十项指标丰、平、枯水期水质达标率均应达到 100%。

(4) 其他各项指标丰、平、枯水期水质达标率应达到 80%。

表 1　地表水环境质量标准基本项目标准值(mg/L)

序号	分类 / 标准值 / 项目	Ⅰ类	Ⅱ类	Ⅲ类	Ⅳ类	Ⅴ类
	基本要求	所有水体不应有非自然原因导致的下述物质： (1)能形成令人感官不快的沉淀物的物质； (2)令人感官不快的漂浮物，诸如碎片、浮渣、油类等； (3)产生令人不快的色、臭、味或浑浊度的物质； (4)对人类、动植物有毒、有害或带来不良生理反应的物质； (5) 易滋生令人不快的水生生物的物质				

续表 1

序号	分类 / 标准值 / 项目		Ⅰ类	Ⅱ类	Ⅲ类	Ⅳ类	Ⅴ类
1	水温/℃		人为造成的环境水温变化应限制在： 周平均最大温升≤1 周平均最大温降≤2				
2	pH		6.5~8.5				6~9
3	硫酸盐(以 SO_4^{-2} 计)	≤	250 以下	250	250	250	250
4	氯化物(以 Cl^- 计)	≤	250 以下	250	250	250	250
5	溶解性铁	≤	0.3 以下	0.3	0.5	0.5	1.0
6	总锰	≤	0.1 以下	0.1	0.1	0.5	1.0
7	总铜	≤	0.01 以下	1.0(渔 0.01)	1.0(渔 0.01)	1.0	1.0
8	总锌	≤	0.05	1.0(渔 0.1)	1.0(渔 0.1)	2.0	2.0
9	硝酸盐(以 N 计)	≤	10 以上	10	20	20	25
10	亚硝酸盐(以 N 计)	≤	0.06	0.1	0.15	1.0	1.0
11	非离子氨	≤	0.02	0.02	0.02	0.2	0.2
12	凯氏氮	≤	0.5	0.5(渔 0.05)	1(渔 0.05)	2	3
13	总磷(以 P 计)	≤	0.02	0.1	0.1	0.2	0.2
14	高锰酸盐指数	≤	2	4	8	10	15
15	溶解氧	≤	饱和率 90%	6	5	3	2
16	化学需氧量(COD_{cr})	≤	15 以下	15	20	30	40
17	生化需氧量(BOD_5)	≤	3 以下	3	4	6	10
18	氟化物(以 F^- 计)	≤	1.0 以下	1.0	1.0	1.5	1.5
19	硒(四价)	≤	0.01 以下	0.01	0.01	0.02	0.02
20	总砷	≤	0.05	0.05	0.05	0.1	0.1
21	总汞	≤	0.00005	0.00005	0.0001	0.001	0.001
22	总镉	≤	0.001	0.005	0.005	0.005	0.01
23	铬(六价)	≤	0.01	0.05	0.05	0.05	0.1
24	总铅	≤	0.01	0.05	0.05	0.05	0.1
25	总氰化物	≤	0.005	0.05(渔 0.005)	0.2(渔 0.005)	0.2	0.2
26	挥发酚	≤	0.002	0.002	0.005	0.01	0.1
27	石油类	≤	0.05	0.05	0.05	0.5	1.0
28	阴离子表面活性剂	≤	0.2 以下	0.2	0.2	0.3	0.3
29	粪大肠菌群(个/L)	≤	200	1000	2000	5000	10000
30	氨氮	≤	0.5	0.5	0.5	1.0	1.5
31	硫化物	≤	0.05	0.1	0.2	0.5	1.0

表 2　湖泊水库特定项目标准值(mg/L)

序号	项　目		Ⅰ类	Ⅱ类	Ⅲ类	Ⅳ类	Ⅴ类
1	总磷(以 P 计)	≤	0.002	0.01	0.025	0.06	0.12
2	总氮	≤	0.04	0.15	0.3	0.7	1.2
3	叶绿素 a	≤	0.001	0.004	0.01	0.03	0.065
4	透明度(m)	≥	15	4	2.5	1.5	0.5

表 3　地表Ⅰ、Ⅱ、Ⅲ类水域有机化学物质特定项目标准值(mg/L)

序　号	项　　目	标准值	序　号	项　　目	标准值
1	苯并(a)芘	2.8×10^{-6}	21	六氯苯	0.05
2	甲基汞	1.0×10^{-6}	22	多氯联苯	8.0×10^{-6}
3	三氯甲烷	0.06	23	2,4-二氯苯酚	0.093
4	四氯化碳	0.003	24	2,4,6-三氯苯酚	0.0012
5	三氯乙烯	0.005	25	五氯酚	0.00028
6	四氯乙烯	0.005	26	硝基苯	0.017
7	三溴甲烷	0.04	27	2,4-二硝基甲苯	0.0003
8	二氯甲烷	0.005	28	酞酸二丁酯	0.003
9	1,2-二氯乙烷	0.005	29	丙烯腈	0.000058
10	1,1,2-三氯乙烷	0.003	30	联苯胺	0.0002
11	1,1-二氯乙烯	0.007	31	滴滴涕	0.001
12	氯乙烯	0.002	32	六六六	0.005
13	六氯丁二烯	0.0006	33	林丹	0.000019
14	苯	0.005	34	对硫磷	0.003
15	甲苯	0.1	35	甲基对硫磷	0.0005
16	乙苯	0.01	36	马拉硫磷	0.005
17	二甲苯	0.5	37	乐果	0.0001
18	氯苯	0.03	38	敌敌畏	0.0001
19	1,2 二氯苯	0.085	39	敌百虫	0.0001
20	1,4 二氯苯	0.005	40	阿特拉津	0.003

附录3　地下水质量标准 GB/T 14848—93

（摘　　编）

1　地下水质量分类及质量分类指标

1.1　地下水质量分类

依据我国地下水水质现状、人体健康基准值及地下水质量保护目标，并参照了生活饮用水、工业、农业用水水质要求，将地下水质量划分为五类。

Ⅰ类　主要反映地下水化学组分的天然低背景含量。适用于各种用途。

Ⅱ类　主要反映地下水化学组分的天然背景含量。适用于各种用途。

Ⅲ类　以人体健康基准值为依据。主要适用于集中式生活饮用水水源及工、农业用水。

Ⅳ类　以农业和工业用水要求为依据。除适用于农业和部分工业用水外，适当处理后可作生活饮用水。

Ⅴ类　不宜饮用，其他用水可根据使用目的选用。

1.2　地下水质量分类指标（见表1）

表1　地下水质量分类指标

项目序号	类别 / 标准值 / 项目	Ⅰ类	Ⅱ类	Ⅲ类	Ⅳ类	Ⅴ类
1	色/度	≤5	≤5	≤15	≤25	>25
2	嗅和味	无	无	无	无	有
3	浑浊度/度	≤3	≤3	≤3	≤10	>10
4	肉眼可见物	无	无	无	无	有
5	pH	6.5~8.5			5.5~6.5 8.5~9	<5.5，>9
6	总硬度（以 $CaCO_3$ 计）/$mg\cdot L^{-1}$	≤150	≤300	≤450	≤550	>550
7	溶解性总固体/$mg\cdot L^{-1}$	≤300	≤500	≤1000	≤2000	>2000
8	硫酸盐/$mg\cdot L^{-1}$	≤50	≤150	≤250	≤350	>350
9	氯化物/$mg\cdot L^{-1}$	≤50	≤150	≤250	≤350	>350
10	铁（Fe）/$mg\cdot L^{-1}$	≤0.1	≤0.2	≤0.3	≤1.5	>1.5
11	锰（Mn）/$mg\cdot L^{-1}$	≤0.05	≤0.05	≤0.1	≤1.0	>1.0
12	铜（Cu）/$mg\cdot L^{-1}$	≤0.01	≤0.05	≤1.0	≤1.5	>1.5

续表 1

项目序号	类别 / 标准值 / 项目	Ⅰ类	Ⅱ类	Ⅲ类	Ⅳ类	Ⅴ类
13	锌(Zn)/mg·L⁻¹	≤0.05	≤0.5	≤1.0	≤5.0	>5.0
14	钼(Mo)/mg·L⁻¹	≤0.001	≤0.01	≤0.1	≤0.5	>0.5
15	钴(Co)/mg·L⁻¹	≤0.005	≤0.05	≤0.05	≤1.0	>1.0
16	挥发性酚类(以苯酚计)/mg·L⁻¹	≤0.001	≤0.001	≤0.002	≤0.01	>0.01
17	阴离子合成洗涤剂/mg·L⁻¹	不得检出	≤0.1	≤0.3	≤0.3	>0.3
18	高锰酸盐指数/mg·L⁻¹	≤1.0	≤2.0	≤3.0	≤10	>10
19	硝酸盐(以 N 计)/mg·L⁻¹	≤2.0	≤5.0	≤20	≤30	>30
20	亚硝酸盐(以 N 计)/mg·L⁻¹	≤0.001	≤0.01	≤0.02	≤0.1	>0.1
21	氨氮(NH_4)/mg·L⁻¹	≤0.02	≤0.02	≤0.2	≤0.5	>0.5
22	氟化物/mg·L⁻¹	≤1.0	≤1.0	≤1.0	≤2.0	>2.0
23	碘化物/mg·L⁻¹	≤0.1	≤0.1	≤0.2	≤1.0	>1.0
24	氰化物/mg·L⁻¹	≤0.001	≤0.01	≤0.05	≤0.1	>0.1
25	汞(Hg)/mg·L⁻¹	≤0.00005	≤0.0005	≤0.001	≤0.001	>0.001
26	砷(As)/mg·L⁻¹	≤0.005	≤0.01	≤0.05	≤0.05	>0.05
27	硒(Se)/mg·L⁻¹	≤0.01	≤0.01	≤0.01	≤0.1	>0.1
28	镉(Cd)/mg·L⁻¹	≤0.0001	≤0.001	≤0.01	≤0.01	>0.01
29	铬(六价)(Cr^{6+})/mg·L⁻¹	≤0.005	≤0.01	≤0.05	≤0.1	>0.1
30	铅(Pb)/mg·L⁻¹	≤0.005	≤0.01	≤0.05	≤0.1	>0.1
31	铍(Be)/mg·L⁻¹	≤0.00002	≤0.0001	≤0.0002	≤0.001	>0.001
32	钡(Ba)/mg·L⁻¹	≤0.01	≤0.1	≤1.0	≤4.0	>4.0
33	镍(Ni)/mg·L⁻¹	≤0.005	≤0.05	≤0.05	≤0.1	>0.1
34	滴滴涕/μg·L⁻¹	不得检出	≤0.005	≤1.0	≤1.0	>1.0
35	六六六/μg·L⁻¹	≤0.005	≤0.05	≤5.0	≤5.0	>5.0
36	总大肠菌群/个·L⁻¹	≤3.0	≤3.0	≤3.0	≤100	>100
37	细菌总数/个·mL⁻¹	≤100	≤100	≤100	≤1000	>1000
38	总 α 放射性/Bq·L⁻¹	≤0.1	≤0.1	≤0.1	≤0.1	>0.1
39	总 β 放射性/Bq·L⁻¹	≤0.1	≤1.0	≤1.0	≤1.0	>1.0

附录4 海水水质标准GB3097—1997

（摘 编）

1 海水水质分类与标准

1.1 海水水质分类

按照海域的不同使用功能和保护目标，海水水质分为四类：

第一类 适用于海洋渔业水域，海上自然保护区和珍稀濒危海洋生物保护区。

第二类 适用于水产养殖区，海水浴场，人体直接接触海水的海上运动或娱乐区，以及与人类食用直接有关的工业用水区。

第三类 适用于一般工业用水区，滨海风景旅游区。

第四类 适用于海洋港口水域，海洋开发作业区。

1.2 海水水质标准

各类海水水质标准列于表1。

表1 海水水质标准(mg/L)

序 号	项 目	第一类	第二类	第三类	第四类
1	漂浮物质	海面不得出现油膜、浮沫和其他漂浮物质			海面无明显油膜、浮沫和其他漂浮物质
2	色、臭、味	海水不得有异色、异臭、异味			海水不得有令人厌恶和感到不快的色、臭、味
3	悬浮物	人为增加的量≤10		人为增加的量≤100	人为增加的量≤150
4	大肠菌群≤ /个·L^{-1}	10000 供人生食的贝类养殖水质≤700			——
5	粪大肠菌群≤ /个·L^{-1}	2000 供人生食的贝类养殖水质≤140			——
6	病原体	供人生食的贝类养殖水质不得含有病原体			
7	水温/℃	人为造成的海水温升夏季不超过当时当地1℃，其他季节不超过2℃		人为造成的海水温升不超过当时当地4℃	
8	pH	7.8～8.5 同时不超出该海域正常变动范围的0.2pH单位		6.8～8.8 同时不超出该海域正常变动范围的0.5pH单位	
9	溶解氧＞	6	5	4	3
10	化学需氧量≤ (COD)	2	3	4	5
11	生化需氧量≤ (BOD_5)	1	3	4	5

续表 1

<table>
<tr><th>序　号</th><th colspan="2">项　　目</th><th>第一类</th><th>第二类</th><th>第三类</th><th>第四类</th></tr>
<tr><td>12</td><td colspan="2">无机氮(以 N 计)≤</td><td>0.20</td><td>0.30</td><td>0.40</td><td>0.50</td></tr>
<tr><td>13</td><td colspan="2">非离子氨
(以 N 计)≤</td><td colspan="4">0.020</td></tr>
<tr><td>14</td><td colspan="2">活性磷酸盐
(以 P 计)≤</td><td>0.015</td><td colspan="2">0.030</td><td>0.045</td></tr>
<tr><td>15</td><td colspan="2">汞≤</td><td>0.00005</td><td colspan="2">0.0002</td><td>0.0005</td></tr>
<tr><td>16</td><td colspan="2">镉≤</td><td>0.001</td><td>0.005</td><td colspan="2">0.010</td></tr>
<tr><td>17</td><td colspan="2">铅≤</td><td>0.001</td><td>0.005</td><td>0.010</td><td>0.050</td></tr>
<tr><td>18</td><td colspan="2">六价铬≤</td><td>0.005</td><td>0.010</td><td>0.020</td><td>0.050</td></tr>
<tr><td>19</td><td colspan="2">总铬≤</td><td>0.05</td><td>0.10</td><td>0.20</td><td>0.50</td></tr>
<tr><td>20</td><td colspan="2">砷≤</td><td>0.020</td><td>0.030</td><td colspan="2">0.050</td></tr>
<tr><td>21</td><td colspan="2">铜≤</td><td>0.005</td><td>0.010</td><td colspan="2">0.050</td></tr>
<tr><td>22</td><td colspan="2">锌≤</td><td>0.020</td><td>0.050</td><td>0.10</td><td>0.50</td></tr>
<tr><td>23</td><td colspan="2">硒≤</td><td>0.010</td><td colspan="2">0.020</td><td>0.050</td></tr>
<tr><td>24</td><td colspan="2">镍≤</td><td>0.005</td><td>0.010</td><td>0.020</td><td>0.050</td></tr>
<tr><td>25</td><td colspan="2">氰化物≤</td><td colspan="2">0.005</td><td>0.10</td><td>0.20</td></tr>
<tr><td>26</td><td colspan="2">硫化物(以 S 计)≤</td><td>0.02</td><td>0.05</td><td>0.10</td><td>0.25</td></tr>
<tr><td>27</td><td colspan="2">挥发性酚≤</td><td colspan="2">0.005</td><td>0.010</td><td>0.050</td></tr>
<tr><td>28</td><td colspan="2">石油类≤</td><td colspan="2">0.05</td><td>0.30</td><td>0.50</td></tr>
<tr><td>29</td><td colspan="2">六六六≤</td><td>0.001</td><td>0.002</td><td>0.003</td><td>0.005</td></tr>
<tr><td>30</td><td colspan="2">滴滴涕≤</td><td>0.00005</td><td colspan="3">0.0001</td></tr>
<tr><td>31</td><td colspan="2">马拉硫磷≤</td><td>0.0005</td><td colspan="3">0.001</td></tr>
<tr><td>32</td><td colspan="2">甲基对硫磷≤</td><td>0.0005</td><td colspan="3">0.001</td></tr>
<tr><td>33</td><td colspan="2">苯并(a)芘≤
/μg·L⁻¹</td><td colspan="4">0.0025</td></tr>
<tr><td>34</td><td colspan="2">阴离子表面活性剂
(以 LAS 计)</td><td>0.03</td><td colspan="3">0.10</td></tr>
<tr><td rowspan="5">35</td><td rowspan="5">放射性核素
/Bq·L⁻¹</td><td>^{60}Co</td><td colspan="4">0.03</td></tr>
<tr><td>^{90}Sr</td><td colspan="4">4</td></tr>
<tr><td>^{106}Rn</td><td colspan="4">0.2</td></tr>
<tr><td>^{134}Cs</td><td colspan="4">0.6</td></tr>
<tr><td>^{137}Cs</td><td colspan="4">0.7</td></tr>
</table>

附录5 饮用水及生活用水标准GB5749—85

（摘　　编）

生活饮用水卫生标准

项目		标准
感官性状和一般化学指标	色	色度不超过15度,并不得呈现其他异色
	浑浊度	不超过3度,特殊情况不超过5度
	臭和味	不得有异臭、异味
	肉眼可见物	不得含有
	pH	6.5~8.5
	总硬度(以 $CaCO_3$ 计)/mg·L^{-1}	450
	铁/mg·L^{-1}	0.3
	锰/mg·L^{-1}	0.1
	铜/mg·L^{-1}	1.0
	锌/mg·L^{-1}	1.0
	挥发酚类(以苯酚计)/mg·L^{-1}	0.002
	阴离子合成洗涤剂/mg·L^{-1}	0.3
	硫酸盐/mg·L^{-1}	250
	氯化物/mg·L^{-1}	250
	溶解性总固体/mg·L^{-1}	1000
毒理学指标	氟化物/mg·L^{-1}	1.0
	氰化物/mg·L^{-1}	0.05
	砷/mg·L^{-1}	0.05
	硒/mg·L^{-1}	0.01
	汞/mg·L^{-1}	0.001
	镉/mg·L^{-1}	0.01
	铬(六价)/mg·L^{-1}	0.05
	铅/mg·L^{-1}	0.05
	银/mg·L^{-1}	0.05
	硝酸盐(以N计)/mg·L^{-1}	20

续表

项　目		标　准
毒理学指标	氯仿*/$\mu g \cdot L^{-1}$	60
	四氯化碳/$\mu g \cdot L^{-1}$	3
	苯并(a)芘/$\mu g \cdot L^{-1}$	0.01
	滴滴涕/$\mu g \cdot L^{-1}$	1
	六六六/$\mu g \cdot L^{-1}$	5
细菌学指标	细菌总数/个$\cdot mL^{-1}$	100
	总大肠菌群/个$\cdot mL^{-1}$	3
	游离余氯	在与水接触30min后应不低于0.3mg/L。集中式给水除出厂水应符合上述要求外，管网末梢水不应低于0.05mg/L
放射性指标	总α放射性/$Bq \cdot L^{-1}$	0.1
	总β放射性/$Bq \cdot L^{-1}$	1

* 试行标准。

附录 6　农田灌溉水质标准 GB5084—92

（摘　　编）

为贯彻执行《中华人民共和国环境保护法》、防止土壤、地下水和农产品污染、保障人体健康，维护生态平衡，促进经济发展，特制订本标准。

1　适用范围

本标准适用于全国以地面水、地下水和处理后的城市污水及与城市污水水质相近的工业废水作水源的农田灌溉用水。

本标准不适用医药、生物制品、化学试剂、农药、石油炼制、焦化和有机化工处理后的废水进行灌溉。

2　分类

本标准根据农作物的需求状况，将灌溉水质按灌溉作物分为三类：

（1）一类：水作，如水稻，灌水量 800m^3/亩·年

（2）二类：旱作，如小麦、玉米、棉花等。灌溉水量 300m^3/亩·年。

（3）三类：蔬菜，如大白菜、韭菜、洋葱、卷心菜等。蔬菜品种不同，灌水量差异很大，一般为 200～500m^3/亩·茬。

农田灌溉水质要求，必须符合表 1 的规定。

表 1　农田灌溉水质标准（mg/L）

序号	项目 \ 标准值 \ 作物分类		水　作	旱　作	蔬　菜
1	生化需氧量（BOD_5）	≤	80	150	80
2	化学需氧量（COD_{cr}）	≤	200	300	150
3	悬浮物	≤	150	200	100
4	阴离子表面活性剂（LAS）	≤	5.0	8.0	5.0
5	凯氏氮	≤	12	30	30
6	总磷（以 P 计）	≤	5.0	10	10
7	水温/℃	≤	35		
8	pH 值	≤	5.5～8.5		
9	全盐量	≤	1.00（非盐碱土地区），2000（盐碱土地区），有条件的地区可以适当放宽		
10	氯化物	≤	250		
11	硫化物	≤	1.0		

续表 1

序号	项目 ＼ 标准值 ＼ 作物分类	水　作	旱　作	蔬　菜
12	总汞　≤	0.001		
13	总镉　≤	0.005		
14	总砷　≤	0.05	0.1	0.05
15	铬(六价)　≤	0.1		
16	总铅　≤	0.1		
17	总铜　≤	1.0		
18	总锌　≤	2.0		
19	总硒　≤	0.02		
20	氟化物　≤	2.0(高氟区),3.0(一般地区)		
21	氰化物　≤	0.5		
22	石油类　≤	5.0	10	1.0
23	挥发酚　≤	1.0		
24	苯　≤	2.5		
25	三氯乙醛　≤	1.0	0.5	0.5
26	丙烯醛　≤	0.5		
27	硼　≤	1.0(对硼敏感作物,如:马铃薯、笋瓜、韭菜、洋葱、柑桔等), 2.0(对硼耐受性较强的作物,如小麦、玉米、青椒、小白菜、葱等), 3.0(对硼耐受性强的作物,如:水稻、萝卜、油菜、甘兰等)		
28	粪大肠菌群数/个·L^{-1}　≤	10000		
29	蛔虫卵数/个·L^{-1}　≤	2		

注:在以下地区,全盐量水质标准可以适当放宽:

(1) 具有一定的水利灌排工程设施,能保证一定的排水和地下水径流条件的地区;

(2) 有一定淡水资源能满足冲洗土体中盐分的地区。

附录7 评价企业合理用水技术通则 GB/T 7119—93

（摘 编）

1 主题内容与适用范围

本标准规定了评价企业合理用水的主要原则与指标体系。

本标准适用于一切用水企业和规划设计部门，其他用水单位可参照执行。

2 引用标准

GB 3838 地面水环境质量标准

GB 8978 污水综合排放标准

GB/T 12452 企业水平衡与测试通则

3 术语

新水量：取自自来水、地表水、地下水水源被第一次利用的水量。

4 基础管理原则

4.1 水源选择

企业应根据生产用水的需要，结合当地水资源情况合理选择水源，并经当地管水部门审批。

地下水的取用应严格控制，按计划开采，应保持采补平衡，防止地下水位下降、地面沉降和水质恶化。

在满足用水要求的条件下，鼓励生产用水就近取水，用低质水取代优质水。近海地区企业，应积极利用海水，节省淡水资源。

4.2 供、用水系统

(1)企业的供、用水系统，应与企业的主要生产系统同时设计、施工、验收并同时投入运行。根据企业用水特点应考虑厂际间的联合供、用水系统，实现串联使用。

(2)供、用水装置系统的设备如管路、水泵、冷却设备、储水设备、计量仪表、水处理设施等，均应按国家有关规范和产品标准的要求设计、制造和安装。

(3)所有供、用水装置必须定期检测和维修，使处于完好状态，严防泄漏。

4.3 供、用水的计量

(1)企业从各种水源取水（自来水、地表水、地下水），均须遵照《中华人民共和国计量法》和《企业能源计量器具配备和管理通则》（试行）等规定安装计量装置。

(2)企业内各用水系统，由本企业安装计量分水表。车间用水计量率应达到100%，设备用水计量率不低于90%。

(3)定期检查校验计量装置。水表的精确度应不低于±2.5%。

(4)企业内供、用水的计量和记录,应按当地管水部门及统计局的规定填报,并作为本企业技术档案。

4.4 用水定额和重复利用率指标的制订。

各地区应根据各行业生产设备和用水情况及水资源条件,分别制订主要产品用水定额及不同行业用水重复利用率。生产设备改善和工艺革新后,用水定额和重复利用率应作适当调整。

4.5 企业水平衡测试

企业应根据用水原始记录和用水系统流程的实际情况,定期进行企业水平衡测试工作,作为评价企业合理用水考核依据之一。该项工作由本地区节水主管部门进行组织监督。

5 评价企业合理用水的技术经济指标体系

5.1 重复利用率

在一定的计量时间(年)内,生产过程中使用的重复利用水量与总用水量之比,按式(1)计算:

$$R=\frac{V_r}{V_t}\times 100 \qquad (1)$$

式中 R——重复利用率,%;

V_r——重复利用水量(包括循环用水量和串联使用水量),m^3;

V_t——生产过程中总用水量[1)],为 V_r 与 V_f 之和,m^3;

V_f——生产过程中取用的新水量,m^3。

注:1)企业生产过程总用水量是指:

a. 主要生产用水。

b. 辅助生产用水(包括机修、锅炉、运输、空压站、厂内基建等)。

c. 附属生产用水(包括厂部、科室、绿化、厂内食堂、厂内和车间浴室、保健站、厕所等)。

5.1.1 冷却水循环率

在一定的计量时间(年)内,冷却水循环量与冷却水总用量之比,按式(2)计算:

$$r_c=\frac{V_{cr}}{V_{ct}}\times 100 \qquad (2)$$

式中 r_c——冷却水循环率,%;

V_{cr}——冷却水循环量,m^3;

V_{ct}——冷却水总用量,为 V_{cr}与 V_{cf}之和,m^3;

V_{cf}——冷却用新水量,m^3。

5.1.2 工艺水回用率

在一定的计量时间(年)内,工艺水回用量与工艺水总用量之比,按式(3)计算:

$$r_{p}=\frac{V_{pr}}{V_{pt}}\times 100 \tag{3}$$

式中 r_{p}——工艺水回用率,%;

V_{pr}——工艺水回用量,m^3;

V_{pt}——工艺水总用量,为 V_{pr}与 V_{pt}之和,不含进入产品水量,m^3;

V_{pf}——工艺用新水量,m^3。

5.1.3 锅炉蒸汽冷凝水回用率

在一定的计量时间(年)内,用于生产的锅炉蒸汽冷凝水回用量与锅炉产汽量之比,按式(4)计算:

$$r_{b}=\frac{V_{br}}{Dh}\times\rho\times 100 \tag{4}$$

式中 r_{b}——锅炉蒸汽冷凝水回用率,%;

V_{br}——锅炉蒸汽冷凝水回用量(指在标准状态下),m^3;

D——锅炉产汽量,kg/h;

ρ——水密度(指在标准状态下),kg/m^3;

h——年工作小时数。

5.2 新水利用系数

在一定的计量时间(年)内,生产过程中使用的新水量与外排水量之差同新水量之比,按式(5)计算:

$$K_{f}=\frac{V_{f}-V_{d}}{V_{f}}\leqslant 1 \tag{5}$$

式中 K_{f}——新水利用系数;

V_{f}——生产过程中取用的新水量,m^3;

V_{d}——生产过程中,外排水量(包括外排废水、冷却水、漏、溢水量等),m^3。

5.3 用水定额

5.3.1 单位产品新水量

每生产单位产品需要的新水量,按式(6)计算:

$$V_{uf}=\frac{V_{yf}}{Q} \tag{6}$$

式中 V_{uf}——单位产品新水量,m^3/单位产品;

V_{yf}——年生产用新水量总和,m^3;

Q——年产品总量。

5.3.2 单位产品用水量

每生产单位产品需要的用水量,按式(7)计算:

$$V_{ut}=\frac{V_{yf}+V_{r}}{Q} \tag{7}$$

式中 V_{ut}——单位产品用水量,m^3/单位产品;

V_{yf}——年生产用新水量总和，m^3；

V_r——重复利用水量，m^3；

Q——年产品总量。

5.3.3　单位产值新水量

每生产一万元产值的产品需用的新水量，按式(8)计算：

$$V_{wf} = \frac{V_{yf}}{Z} \tag{8}$$

式中　V_{wf}——万元产值新水量，m^3/万元；

V_{yf}——年生产用新水量总和，m^3；

Z——年产值，万元。

5.3.4　单位产值用水量

每生产一万元产值的产品需要的用水量，按式(9)计算：

$$V_{wt} = \frac{V_{yf} + V_r}{Z} \tag{9}$$

式中　V_{wt}——万元产值用水量，m^3/万元；

V_{yf}——年生产用新水量总和，m^3；

V_r——重复利用水量，m^3；

Z——年产值，万元。

5.3.5　企业内职工人均生活日新水量

在企业内，每个职工在生产中每天用于生活的新水量，按式(10)计算：

$$V_{lf} = \frac{V_{ylf}}{nd} \tag{10}$$

式中　V_{lf}——职工人均生活日新水量，m^3/人·日；

V_{ylf}——企业全年用于生活的新水量，m^3；

n——企业生产职工总人数，人；

d——企业全年工作日，日。

6　企业用水的合理化

6.1　地区工业布局与企业供、用水系统的规划、设计

(1)地区在规划工业布局时，应考虑企业用水特点，使厂际间串联使用。

(2)企业在规划、设计时，应采用循环用水和串联使用的供、用水系统，采用节水工艺与措施。

(3)地区管水部门应参与审批企业供、用水的规划设计。

6.2　工艺系统的节水技术改造

对现有企业进行技术改造时，必须同时考虑对工艺系统进行节水技术改造。应按生产工艺对水量、水压、水质、水温的不同要求，改造生产用水流程，采用节水工艺。企业、车间、工序之间均应根据用水系统联网效益大小确定联网改造。

(1)采用少用水或不用水的生产工艺

(2)采用重复用水系统,在几个生产过程中,使一水串联使用,或采用闭路用水系统。

(3)改进原料中间体与产品的洗涤方式。如采用喷淋法代替水洗法;采用多槽逆流洗涤代替单槽直流洗涤;串联循环洗涤代替直流洗涤等。

(4)循环用水。以自来水、地下水为冷却水源的直流冷却方式,应改为循环冷却系统,减少新水补充量。提高冷却用水装置或其他循环用水装置的效率,减少水的损失。循环冷却系统可采取独自循环或多组合循环。

(5)应稳定循环用水的水质,合理控制循环水的浓缩倍数。

6.3 设备与器具

(1)企业用水必须分类配备节水装置和器具,如循环冷却装置、风冷空调装置、便器节水设施等。

(2)根据用水工艺特点选用节水设备、器具、使用水工艺与节水设备与器具配套。

(3)企业自行设计和制造部分设备、器具、配件等,应符合国家有关设计规范和产品标准要求。

6.4 企业用水系统的运行管理

在生产过程中,应根据用水工艺要求,严格按操作规程运行。

(1)对水量、水质、水压、水温应按时进行监测和调整,使之符合用水标准。

(2)设备调度。多台用水设备运行时,应合理安排,节约用水。

7 企业排水的合理控制与再利用

企业排水的合理控制与再利用,应按 1984 年《水污染防治法》和 1986 年国务院环境保护委员会《关于防治水污染技术政策的规定》执行。

(1)企业排水应首先实行清污分流,按质回收利用。符合用水要求的清水可直接回用于生产,其余废水则需综合利用,回收水中有用物质,经处理的废水达到用水要求后,再用于生产,减少废水排放量。

(2)含有重金属和生物难以降解的有机工业废水,必须在车间或厂内严格处理,严禁稀释排放。

(3)计量、监测与记录:废水量、处理的废水量、排放的废水量应计量,其水质应监测,按月、年汇总。

附录 8　钢铁工业水污染物排放标准 GB13456—92

（摘　　编）

1　主题内容与适用范围

1.1　主题内容

本标准按照生产工艺和废水排放去向，分年限规定了钢铁企业的吨产品废水排放量和主要污染物最高允许排放浓度。

1.2　适用范围

本标准适用于钢铁工业的企业排放管理，以及建设项目的环境影响评价、设计、竣工验收及其建成后的排放管理。

2　技术内容

本标准按钢铁工业生产工艺，并结合生产产品分以下 8 类 15 种：

(1)选矿：重选和磁选(不包括浮选厂)；

(2)烧结：烧结和球团；

(3)焦化：包括化工产品在内的焦化厂；

(4)炼铁：炼铁厂(指普铁)；

(5)炼钢：转炉炼钢和电炉炼钢；

(6)连铸：连铸厂(车间)；

(7)轧钢：钢坯、型钢、线材、热轧板带、钢管和冷轧板带；

(8)钢铁联合企业：指烧结、焦化、炼铁、炼钢和轧钢等的基本平衡的钢铁企业。

3　标准分级

本标准分三级。

(1) 排入 GB3838 中Ⅲ类水域(水体保护区除外)，GB3097 中二类海域的废水，执行一级标准。

(2) 排入 GB3838 中Ⅳ、Ⅴ类水域，GB3097 中三类海域的废水，执行二级标准。

(3) 排入设置二级污水处理厂的城镇下水道的废水，执行三级标准。

(4) 排入未设置二级污水处理厂的城镇下水道的废水，必须根据下水道出水受纳水域的功能要求，分别执行 3(1)和 3(2)的规定。

(5) GB3838 中Ⅰ、Ⅱ类水域和Ⅲ类水域中的水体保护区，GB3097 中一类海域，禁止新建排污口，扩建、改建项目不得增加排污量。

4　标准值

本标准按照不同年限分别规定了钢铁工业废水最低允许循环利用率、吨产品最高允许排水量、水污染物最高允许排放浓度。

(1) 1989 年 1 月 1 日以前立项的钢铁工业建设项目及其建成后投产的企业按表 1 执行。

表 1　钢铁企业废水最低允许水循环利用率、水污染物最高允许排放浓度

行业类别	分级	最低允许水循环利用率	污染物最高允许排放浓度/mg·L^{-1}							
			pH值	悬浮物	挥发酚	氰化物	化学需氧量(COD_{cr})	油类	六价铬	总硝基化合物
冶金系统选矿	一级	大、中(75%) 小(60%)	6~9	150	1.0	0.5	150	15		
	二级			400	1.0	0.5	200	20		3.0
	三级				2.0	1.0	500	30		5.0
钢铁、铁合金、钢铁联合企业(不包括选矿厂)①	一级	缺水区②(85%) 丰水区②(60%)	6~9	150	1.0	0.5	150	15	0.5	
	二级			300	1.0	0.5	200	20	0.5	
	三级			400	2.0	1.0	500	30		

①包括以单独工艺生产并设有自己单独外排口的企业；

②丰水区：水源取自长江、黄河、珠江、湘江、松花江等大江、大河；

缺水区：水源取自水库、地下水及国家水资源行政主管部门确定为缺水的地区。

(2) 1989 年 1 月 1 日至 1992 年 6 月 30 日之间立项的钢铁工业建设项目及建成后投产的企业按表 2 执行。

表 2　钢铁企业废水最低允许水循环利用率、污染物最高允许排放浓度

行业类别	分级	最低允许水循环利用率	污染物最高允许排放浓度/mg·L^{-1}								
			pH值	悬浮物	挥发酚	氰化物	化学需氧量(COD_{cr})	油量	六价铬	铬	氨氮②
黑色冶金系统选矿	一级	90%	6~9	70	0.5	0.5	100	10		2.0	
	二级			300	0.5	0.5	150	10		4.0	
	三级			400	2.0	1.0	500	30		5.0	
钢铁各工艺、铁合金、钢铁联合企业(不包括选矿厂)①	一级	缺水区③(90%) 丰水区③(80%)	6~9	70	0.5	0.5	100	10	0.5	2.0	15.0
	二级			200	0.5	0.5	150	10	0.5	4.0	40.0
	三级			400	2.0	1.0	500	30		5.0	150

①包括以单独工艺生产并设有自己单独外排口的企业；

②焦化的氨氮指标 1994 年 1 月 1 日执行；

③丰水区：水源取自长江、黄河、珠江、湘江、松花江等大江、大河；

缺水区：水源取自水库、地下水及国家水资源行政主管部门确定为缺水的地区。

(3) 1992 年 7 月 1 日起立项的钢铁工业建设项目及建成后投产的企业按表 3 执行。

表 3 钢铁企业吨产品废水排放量和主要污染物最高允许排放浓度

生产工艺	分类	分级	吨产品排水量①/m³②		pH 值	悬浮物/mg·L⁻¹	挥发酚/mg·L⁻¹	氰化物/mg·L⁻¹	化学需氧量(COD_{cr})/mg·L⁻¹	油类/mg·L⁻¹	六价铬/mg·L⁻¹	氨氮/mg·L⁻¹	锌/mg·L⁻¹
			缺水区③	丰水区③									
a 选矿	重、磁选	一级	0.7	0.7	6～9	70							
		二级				300							
		三级				400							
b 烧结	烧结	一级	0.01	0.01	6～9	70							
		二级				150							
		三级				400							
	球团	一级	0.005	0.005	6～9	70							
		二级				150							
		三级				400							
c 焦化	焦化④	一级	3.0(7)	4.0(7)	6～9	70	0.5	0.5	100	8		15	
		二级				150	0.5	0.5	150	10		25	
		三级				400	2.0	1.0	500	30		40	
d 炼铁	炼铁	一级	3.0	10.0	6～9	70							2.0
		二级				150							4.0
		三级				400							5.0
e 炼钢	转炉	一级	1.5	5.0	6～9	70							
		二级				150							
		三级				400							
	电炉	一级	1.2	5.0	6～9	70							
		二级				150							
		三级				400							
f 连铸	连铸	一级	1.0	2.0	6～9	70							
		二级				150							
		三级				400							
g 轧钢	钢坯	一级	1.5	3.0	6～9	70				8			
		二级				150				10			
		三级				400				30			
	型钢	一级	3.0	6.0	6～9	70				8			
		二级				150				10			
		三级				400				30			
	线材	一级	2.5	4.5	6～9	70				8			
		二级				150				10			
		三级				400				30			

续表 3

生产工艺	分类	分级	吨产品排水量①/m³②		pH 值	悬浮物/mg·L⁻¹	挥发酚/mg·L⁻¹	氰化物/mg·L⁻¹	化学需氧量(COD_{cr})/mg·L⁻¹	油类/mg·L⁻¹	六价铬/mg·L⁻¹	氨氮/mg·L⁻¹	锌/mg·L⁻¹
			缺水区③	丰水区③									
	热轧板带	一级	4.0	8.0	6~9	70				8			
		二级				150				10			
		三级				400				30			
	钢管	一级	4.0	10.0	6~9	70				8			
		二级				150				10			
		三级				400				30			
	冷轧板带	一级	3.0	6.8	6~9	70				8	0.5		
		二级				150				10	0.5		
		三级				400				30	1.0		
h 联合企业	钢铁联合企业	一级	10	20	6~9	70	0.5	0.5	100	8	0.5	10	2.0
		二级				150	0.5	0.5	150	10	0.5	25	4.0
		三级				400	2.0	1.0	500	30	1.0	40	5.0

①由于农业灌溉需要，允许多排放的水量，不计算在执法的指标之内；

②选矿为原矿、烧结为烧结矿、焦化为焦炭、炼铁为生铁、炼钢为粗钢、连铸为钢坯、轧钢为钢材、钢铁联合企业为粗钢；

③丰水区：水源取自长江、黄河、珠江、湘江、松花江等大江、大河；

缺水区：水源取自水库、地下水及国家水资源行政主管部门确定为缺水的地区；

④使用地下水作冷却介质，排水指标均为每吨产品 7m³（不采用冷冻水）。焦化的氨氮指标 1994 年 1 月 1 日执行（表格空白栏没有数值）。

附录9　钢铁企业设计节能技术规定 YB89051—98

（摘　编）

1　一般规定

（1）应根据合理利用水资源，保护环境的原则，全面考虑节水节能，降低吨钢产品新水及综合总用水量，提高水的重复利用率，采用循环及串级供水系统，减少排污水及处理量，回收综合利用废水中的有用物质。

对新建企业在满足生产的条件下，应优先采用经过生产实践的节能高效的水处理新工艺、新技术、新设备，改扩建项目，应结合各厂具体情况，更新或改造高能耗低效的给排水设施及设备，进行废水回收利用，尽可能做到增产不增加或少增加新水。

（2）对钢铁企业用水水平的评价，应按《评价企业合理用水技术通则》（GB/T7119—93）的有关规定，评价指标主要包括企业全厂水的重复利用率（含工序循环供水系统循环率）与用水定额两部分。

（3）钢铁联合企业给排水设计的重复利用率（丰水区或缺水区）及吨钢产品排水量的允许值，应符合《钢铁工业水污染物排放标准》（GB13456—92）中的有关规定。

（4）钢铁联合企业吨钢新水消耗量及吨钢综合用水量应符合表中的规定。

水　耗　量

企业规模		100	100~200	200~400	>400
新水耗量 $/m^3 \cdot t^{-1}$	新建企业	16~21	15~20	11~17	9~15
	改扩建企业	31~38	28~34	24~30	21~26
综合用水量 $/m^3 \cdot t^{-1}$	新建企业	220~230	210~220	190~210	190~210
	改扩建企业	240~250	230~240	220~230	210~220
全厂循环率 /%	新建企业	91~93	91~93	92~94	93~95
	改扩建企业	85~87	86~88	87~89	88~90

注：1. 年用水时间按7732h计算。

2. 表中总用水量为联合企业各用水户最大用水量之和，包括蒸汽鼓风机站用水，焦化、耐火及烧结用水；不包括电站用水，矿山选矿用水及生活消防用水。

2　给排水系统

（1）钢铁企业的给排水设施设计，在满足生产需要前提下，应考虑工艺流程简单，设备构筑物布置紧凑、合理、处理效果稳定，节能省电，运行费用低。

（2）选择水源，必须服从国家与地方对水资源的全面规划，遵守有关法律、法规，对取水方式、净化水工艺、设备选型等进行综合比较，并尽可能就近取水。

1）当采用水库或其他具有地形高差的水源作工业用水时，应充分利用水源地的地形高差，考虑自流进水的可能性。

2）取水泵站，应考虑高水位自流进水，低水位时水泵抽水。

3）当采用高浊度的地表水水源作工业用水时，应在水源地就近设置净化处理设施，减少输水能耗。

（3）厂区内的给排水系统，应根据工艺对水量、水质、水压及水温的不同要求，采用分质、分压的循环供水系统和串级供水系统。

1）大型高炉，转炉，电炉及各型连铸机等冷却构件热负荷较高的冶炼设备，宜优先考虑采用软水闭路循环供水系统，并结合全厂的水源，水质等条件进行技术经济比较后确定。

2）应采用串级供水方式，一水多用，把废水尽量消耗在使用过程中，减少排入水域的废水量及其处理能耗。

（4）对于连续运行的大型给水设备和冷却设备等的选择，宜进行多机型比较，不仅满足工艺要求，并应考虑结构先进，机械效率高，节省能耗。

1）水泵选型与水泵台数的确定，应与生产用水变化和建设进度相适应，多台水泵并联工作时，应对泵与管道的并联工况进行计算与分析，确定最佳工作点。

2）循环水水泵站，应适当利用回水高度或回水余压，提高吸水井中水位，节省抽升水头和减少泵站的深度。

3）向可以独立工作的设备供水时，一台生产设备宜配置一台工作水泵。

4）水泵进、出水管道上的阀门、止回阀等附件设备。应选用节能型产品，诸如微阻缓闭止回阀、蝶阀等。

5）冷却塔设计应配置可变速度的风机，调速风机的台数，可按冷却塔组的塔数确定，一般考虑风机在 5 台以下时不少于 1 台，风机在 6 台以上时不少于 2 台。

6）冷却塔选用风机时，应综合考虑风量、阻力损失、风机全压等因素，工作点应位于高效区。

7）宜利用循环水的回水余压上冷却塔进行冷却，并应在进水总管上设旁通管，当气温较低时回水无需上塔可直接回用。

（5）在水处理流程中，应尽量利用余压和自流方式输水。

（6）应采用先进的水处理技术和水质稳定措施，加强循环水水质处理及补充水的预处理，使循环水系统以较高浓缩倍数运行，提高循环水的循环率。

1）当采用软水闭路循环供水系统时，循环率应不小于 99%。

2）当采用开路净循环供水系统时，循环率应不小于 95%，浓缩倍数不宜小于 2。

3）高炉煤气清洗，转炉烟尘净化，连铸二次喷淋冷却及轧钢等浊循环供水系统的循环率不宜小于 90%。

4）对用于冷却循环、空调、热交换、锅炉等系统的工业用水，若处理水量水质等条件适宜，经过技术经济比较，可考虑采用静电除垢器及电子水处理器等节能设备。

（7）对于自建生活用水设施的企业或用水量经常变化场所，应采用变频或其他调速方式的水泵供水。

3　车间给排水

(1) 车间的总进水管及车间内的主要用户干管上必须配备流量计。

(2) 当车间和用户要求的供水压力相差较大时可根据具体情况采用分压式或局部加压方式供水,并经技术经济比较确定。

(3) 车间的排水应清浊分流,有毒与无毒分流,尽量就近进行去浊,除毒处理。

(4) 车间卫生间的卫生设备,宜选用节水型冲洗设备。

(5) 焦化车间给排水,金属制品车间用水,检化验室用水,均应符合钢铁企业设计节能技术规定(YB9051—98)

附录 10　管线综合布置

（摘编自“钢铁企业总图运输设计规范”）

1　一般规定

（1）管线综合布置，应根据管线性质、用途、敷设方式等技术条件以及管线施工、安全生产和维护检修等要求，本着经济合理与节约用地的原则，全面规划，合理地确定管线位置，尽量缩短管线长度，适当地集中布置管线。使管线之间以及管线与建、构筑物之间，在平面和竖向关系方面相互协调。

（2）主干管线应按其类别及敷设要求，布置在所规划的各类管线用地范围内。

各种管线在符合技术、安全的条件下，应尽量共架、共杆、共沟（或同槽直埋）布置。

（3）管线走向应尽量顺直，并与所在通道内的道路、主要建筑物轴线及相邻管线平行，避免斜穿场地。

干管宜布置在靠近主要用户或支管较多的一侧。

（4）管线不应穿过露天堆场、建筑物、构筑物以及预留发展用地。

（5）管线之间及管线与铁路、道路之间应尽量减少交叉，当必须交叉时，宜为垂直相交；确需斜交时，其交叉角不宜小于 45°。管线与铁路、道路交叉，有条件时应集中交叉。

（6）相邻管线的附属构筑物（如阀门井、检查井等），应相互交错布置。

架空管道的附属物（如热力管道的膨胀圈等），应尽量布置在敷设该管道的支架用地范围内。

（7）在扩建、改建工程中，宜使新建管线不影响原有管线的使用，并应考虑施工条件和交通运输的要求。

（8）布置各种管线发生矛盾需要进行处理时，在满足生产、安全条件下，应符合下列要求：

1）新设计的礼让已有的；

2）压力流的礼让重力流的；

3）管径小的礼让管径大的；

4）易弯曲的礼让不易弯曲的；

5）工程量小的礼让工程量大的；

6）施工、检修方便的礼让施工、检修不方便的。

2　地下管线

（1）布置地下管线应符合下列要求：

1）按照管线的埋设深度，自建筑物基础开始向外由浅至深排列各种管线；

2）将埋设深度相同（或相近）、性质类似而又互相不影响的管线集中布置；

3）严禁平行敷设在铁路下面；

4）经常检修的管线或埋设深度较浅的管线，不应平行敷设在道路路面下面；

5）生活饮用水管，应尽量远离污水管（如生产排水管，含酸、碱、酚等污水管）；

6）直接埋地敷设的管线不得重叠布置。

（2）地下管线之间的水平净距，不宜小于表2的规定。

（3）地下管线与建、构筑物之间的水平净距，不宜小于表3的规定。

（4）地下管线（或管沟）穿越铁路、道路时，应符合下列要求：

1）管顶至铁路路肩顶面的垂直净距，不应小于0.7m；

2）管顶至道路路面结构层底面的垂直净距，不应小于0.5m。

防护套管（或管沟）的两端，伸出铁路路肩或路堤坡脚、城市型道路路面、公路型道路路肩或路堤坡脚以外的长度，不应小于1m。

（5）综合管沟布置应符合下列要求：

1）综合管沟应布置在地下管线较多、场地比较狭窄的地段；

2）可通行的管沟，可布置在绿化地带下面。在困难条件下，亦可布置在道路路肩或人行道下面；

管沟的附属构筑物（出入口、通风口等），应避开路面及道路转弯地点；

3）产生相互影响和干扰的管线，不应敷设在同一管沟内。

（6）地下管线必须布置在地下矿开采区错动界限和露天开采境界以外，其距离不应小于20m。

3　地上管线

（1）布置地上管线，应符合下列要求：

1）同一通道内的地上管线，应尽量集中布置在同一管架或管廊内；

2）不应影响交通运输、消防、检修和人行，并应注意对厂容的影响；

3）不应影响建筑物的自然采光和通风；

4）甲、乙、丙类液体管道及可燃气体管道，不应穿过与其无生产联系的建筑物，不应在存放易燃、易爆物品的堆场和仓库区内敷设；

5）架空电力线路，严禁跨越爆炸危险场所，不应跨越屋顶为易燃材料的建筑物，并避免跨越其他建筑物；如需跨越时，应符合有关规定。

（2）沿地面（管墩、敞开的沟槽、低支架等）敷设的管线，应符合下列要求：

1）应布置在不妨碍交通运输、人流较小、对管线无机械损伤的厂区边缘地段，并避免分隔厂区；

2)应注意使管线与建、构筑物及场地排水等相协调；

3)沿山坡或高差较大的边坡布置管线时，应注意边坡的稳定和防止水流冲刷；

4)不应布置在地下管线埋设的范围内。

(3)沿建、构筑物墙面敷设的管线，应符合下列要求：

1）管径较小的管道及照明、通信线路，可沿对管线无腐蚀、无燃烧危险的建筑物门、窗范围以外的墙面敷设；

2）沿挡土墙、护砌斜坡敷设管线时，不应影响挡土墙和斜坡的稳定。

（4）地上管线与建、构筑物之间的水平净距，不应小于表1的规定。

(5) 尾矿、精矿管(槽)与建、构筑物等之间的水平净距,不应小于表2的规定。

(6) 架空管线至铁路、道路及各种工程设施的垂直净距,不应小于表3及表4的规定。

表1 地上管线与建、构筑物之间的水平净距(m)

名称		架空管道	电力线路/kV			通信线路
			<3	3~10	35~110	
一般建筑物		①	1.0	1.5	3.0~4.0⑬	2.0
散发可燃气体的甲类生产厂房		10.0②	⑨			
甲类物品库房、易燃材料堆场,甲、乙、丙类液体贮罐,可燃气体贮罐		③	不应小于杆(塔)高度的1.5倍			
标准轨距铁路中心线		3.8~6.0④	⑩			⑪
窄轨铁路中心线		⑭				
铁路边沟边缘		1.0				
道路路缘石或路肩边缘		1.0⑤	0.5	0.5	5.0⑫	0.5
人行道道面边缘		0.5	0.5	0.5	5.0	0.5
厂区围墙		1.0⑥	1.0	1.0	1.0	1.0
熔化金属、熔渣出口及其他火源		10.0⑦				
架空电力线路边导线(最大计算风偏时)/kV	<3	1.5⑧	2.5	2.5	5.0	1.0
	3~10	2.0⑧	2.5	2.5	5.0	2.0
	35~110	4.0⑧	5.0	5.0	5.0	4.0
通信线路		2.0	1.0	2.0	4.0	
架空管道		–	1.5⑧	2.0⑧	4.0⑧	2.0

注:表中净距除注明者外,架空管道、建筑物分别从管架外缘外墙面或其最突出部分算起;电力、通信线路,从边导线(最大计算风偏时)算起,其与道路、人行道、厂区围墙的净距,从电杆基础外缘算起。

① 架空管道至建筑物之间水平净距,应符合下列规定:

建筑物无门窗,且建筑物与管道之间无通行要求时,为0.5m;

建筑物无门窗,但有人行要求时,为1.5m;

建筑物有门窗时,为3m;

二者间有通行汽车要求时,为6m;

架空煤气或天然气管道至房屋建筑的水平净距,一般情况为5m,困难时为3m;

架空氧气管道、乙炔管道至三、四级耐火等级建筑物为3m;

至有爆炸危险的厂房为4m;至一、二级耐火等级建筑物(不包括有爆炸危险的厂房)的水平净距:氧气管道允许沿外墙敷设,乙炔管道为2m。

②指全厂性大型管架或管廊,一般架空管道按注1规定。

③指全厂性大型管架或管廊,至甲类物品库房(棚)为15m;至贮存甲、乙类物品浮顶罐及丙类物品固定顶罐为10m;至贮存甲、乙类物品固定顶罐为15m;至水槽式可燃气体贮罐为10m;至液化石油气贮罐为20m;至干式可燃气体贮罐为12.5m。

④全厂性大型管架或管廊采用6m;在困难条件下,可采用3.8m。

⑤架空煤气、天然气管道至道路路肩或路缘石边缘的水平净距,一般情况为1.5m;困难时为0.5m。照明电杆至道路路面或路缘石边缘的水平净距,可采用0.5m。

⑥围墙与架空管道之间有通行汽车要求时,不应小于6m。

⑦当采取隔热保护措施时,其水平净距可适当缩小。

⑧架空煤气、天然气管道至架空电力线路边导线(最大计算风偏时)的水平净距,电压 1kV 以下时,为 1.5m;电压 1～20kV 时,为 3m;电压 35～110kV 时,为 4m。

⑨不应小于杆(塔)高度的 1.5 倍,并应大于 30m。

⑩杆(塔)外缘至铁路中心线:平行时,为最高杆(塔)高加 3m,交叉时,为 5m。10kV 以下的架空电力线路,受地形限制时电杆内侧距铁路中心线的水平净距不应小于 3m。

⑪架空通信线路至铁路最近钢轨的最小净距,为地面上电杆高度的 4/3 倍。

⑫由杆(塔)外缘至路基边缘。

⑬35kV 时,采用 3m,60～110kV 时,采用 4m。

⑭一般为机车或车辆最大宽度的一半加 1m;当有调车作业要求时,其水平净距应适当增加。

表 2　尾矿、精矿管(槽)与建、构筑物等之间的水平净距(m)

名　称	水平净距
建、构筑物基础外缘	5.0
标准轨距铁路中心线	3.8
窄轨铁路中心线	2.8～3.4
道路路肩边缘	1.0
地下管线外壁	1.5
地上管线支架基础外缘	2.0
排水沟边缘	1.0
人行道道面边缘	0.5
地下矿开采区错动界限以外	20.0

注:1. 表中水平净距由尾矿、精矿管(槽)外壁算起;

2. 至铁路、道路的水平净距,系指平坦地段的数值。当铁路、道路为路堤或路堑时,应适当增加;

3. 至窄轨铁路中心线的水平净距:600mm 轨距铁路,为 2.8m;762mm、900mm 轨距铁路,为 3.4m。有调车作业要求时,应适当增加。

表 3　架空管线至铁路、道路等的垂直净距(m)

<table>
<tr><th colspan="2">名　称</th><th>架空管道</th><th>架空通信线路</th></tr>
<tr><td colspan="2">标准轨距铁路轨顶</td><td>5.5</td><td>7.0</td></tr>
<tr><td colspan="2">窄轨铁路轨顶</td><td>4.4①</td><td>5.5</td></tr>
<tr><td rowspan="2">电力机车牵引铁路接触线或承力索</td><td>标准轨距</td><td>3.0</td><td>2.0</td></tr>
<tr><td>窄　轨</td><td>1.0</td><td>2.0</td></tr>
<tr><td colspan="2">道路路面(路面最高点)</td><td>5.0②</td><td>5.5②</td></tr>
<tr><td colspan="2">人行道道面(道面最高点)</td><td>2.2</td><td>4.5</td></tr>
</table>

注:表中垂直净距,架空管道自管道或管架的最低部分算起,架空通信线由导线最大计算弧垂情况下算起。

① 表中数值适用于 762mm 轨距内燃和蒸汽机车牵引的铁路;600mm、900mm 轨距内燃和蒸汽机牵引的铁路,其垂直净距,按行驶的机车或车辆(或车辆装载货物后)的最大高度另加 1m。

② 行驶车辆的最大高度或车辆装载货物后的最大高度超过 4m 时,其垂直净距应按具体情况适当加大。

表 4 架空电力线路至地面及其相交叉设施的垂直净距(m)

名称	线路电压(千伏)		
	<3	3~10	35~110
非燃烧材料为顶盖的建筑物	2.5	3.0	4.0~5.0①
标准轨距铁路轨顶	7.5	7.5	7.5
窄轨铁路轨顶	6.0	6.0	7.5
电力机车牵引铁路接触或承力索	3.0	3.0	3.0
道路路面	6.0②	7.0②	7.0②
居住区地面	6.0	6.5	7.0
非居住区及耕地地面	5.0	5.5	6.0
在架空管道的上方	1.5③	2.0③	4.0
在弱电线路的上方	1.0	2.0	3.0
步行可以到达的山坡	3.0	4.5	5.0
步行不可到达的山坡、峭壁和岩石	1.0	1.5	3.0
电力线路(电压高的在上方)			
电压<3kV	1.0	2.0	3.0
电压3~10kV	2.0	2.0	3.0
电压35~110kV	3.0	3.0	3.0

注:表中垂直净距,由导线最大计算弧垂情况下算起。

①35kV时,为4m;6~110kV时,为5m;

②行驶车辆的最大高度或车辆装载货物后的最大高度超过4m时,其垂直净距应按具体情况加大;

③架空煤气管道:电压1kV以下时,为3m;电压1~30kV时,为3.5m。

附录 11　法定计量单位

量的名称	法定单位		将废除单位		与 SI 单位换算或说明
	名称	符号	名称	符号	
时　间	秒	s		S、sec、(″)	SI 基本单位
	分	min		(′)	非 SI 的法定单位。1min = 60s
	[小]时	h		hr	非 SI 的法定单位。1h = 60min = 3600s
	天(日)	d			非 SI 的法定单位。1d = 24h = 86400s
	年	a		y、yr	
平面角	弧度	rad			SI 辅助单位
	度	(°)			非 SI 的法定单位。$1° = 60' = (\pi/180)$rad
	[角]分	(′)			非 SI 的法定单位。$1' = 60'' = (\pi/10800)$rad
	[角]秒	(″)			非 SI 的法定单位。$1'' = (\pi/648000)$rad
	直角	L			$1L = 90° = (\pi/2)$rad
	周角	t_r			$1t_r = 360° = 2\pi$rad
			新度、冈	g	1^g = 1gon(冈) = $\pi/200$ rad
			新分、厘冈	c	$1^c = 10^{-2}$gon(冈) = $\pi/2 \times 10^{-4}$rad
			新秒	cc	$1^{cc} = 10^{-4}$gon(冈) = $\pi/2 \times 10^{-6}$rad
			线(炮兵用)	–	$1^- = \pi$,3200rad = 0.05625°
			线(航海用)	″	$1'' = \pi/16$rad = 11.25°
立体角	球面度	sr			SI 辅助单位
长　度	米	m	公尺	M	SI 基本单位
	分米	dm	公寸		1dm = 1/10m
	厘米	cm	公分、厘米		1cm = 1/100m
	毫米	mm	公厘	MM、M/M、m/m	1mm = 1/1000m
			公丝、丝米	dmm	1dmm = 1/10mm
			忽米	cmm	1cmm = 1/100mm
	微米	μm	公微	μ、μM、mμ	1μm = 1/1000mm
	纳米	nm	毫微米	mμm	$1nm = 10^{-6}mm$
	千米、公里	km		KM、KMS	公里为我国习用,法定单位。1 公里 = 1000m
	海里(国际海里)	n mile	海浬、浬		法定单位。1 海里 = 1852m
			英寸、吋	in	1in = 25.4mm
			英尺、呎	ft	1ft = 12in = 30.48cm
			英里、哩	mile	1mile = 1609.344m
			英海里		1 英海里 = 1853.184m
			码	yd	1yd = 3ft = 0.9144m
			链	chn	1chn = 22yd = 20.1168m
			杆		1 杆 = 5.5yd = 5.0292m
			浪		1 浪 = 220yd = 201.1684m
			英寻、嚼、浔	fa	1 英寻 = 6ft = 1.8288m
			[市]里		1[市]里 = 500m
			丈		1 丈 = 10/3m = 3.3m
			尺		1 尺 = 1/3m = 0.3m
			寸		1 寸 = 1/30m = 0.03m
			[市]分		1[市]分 = 1/300m = 0.003m

续附录 11

量的名称	法定单位		将废除单位		与 SI 单位换算或说明
	名称	符号	名称	符号	
长 度	天文单位距离	A			$1A = 149\ 597\ 870 \times 10^3 m$
	秒差距	pc			$1pc = 206\ 264.806A = 308\ 567\ 756 \times 10^8 m$
	光年	ly			$1ly = 9.461 \times 10^{15} m$
			埃	Å	$1Å = 10^{-10} m$
			费密		1 费密 $= 10^{-15} m$
面 积	平方米	m^2			SI 导出单位
			公亩	a	$1a = 100m^2$
			公顷	ha	$1ha = 10\ 000m^2$
			亩		1 亩 $= 10\ 000/15m^2 = 666.6m^2$
			[市]分		1[市]分 $= 1000/15m^2 = 66.6m^2$
			[市]厘		1[市]厘 $= 100/15m^2 = 6.6m^2$
			英亩、嗬		1 英亩 $= 4\ 046.86m^2$
			平方英里		1 平方英里 $= 2.589\ 988\ 11\ km^2$
			平方英尺	ft^2	$1ft^2 = 9.29 \times 10^{-2} m^2$
			平方英寸	in^2	$1in^2 = 6.452 \times 10^{-4} m^2$
			平方码	yd^2	$1yd^2 = 0.836\ 127m^2$
			平方令	li^2	$1li^2 = 404.687cm^2$
			路得		1 路得 $= 1011.71m^2$
			圆密耳		1 圆密耳 $= 5.067 \times 10^{-10} m^2$
			靶恩	b	$1b = 10^{-28} m^2$
			平方杆		1 平方杆 $= 25.292\ 9m^2$
			平方链		1 平方链 $= 404.687m^2$
			圆毫米		1 圆毫米 $= 0.785\ 398mm^2$
			平米		1 平米 $= 1m^2$
体积、容积	立方米	m^3			SI 导出单位
	升	L、(l)①	公升、立升		非 SI 的法定单位。$1L = 1dm^3 = 10^{-3} m^3$
	立方厘米	cm^3		cc、c.c.	SI 导出单位。$1cc = 1cm^3 = 10^{-3} L$
			立方码	yd^3	$1yd^3 = 0.764\ 55m^3 = 764.55L$
			立方英尺	ft^3	$1ft^3 = 2.832 \times 10^{-2} m^3 = 28.32L$
			立方英寸	in^3	$1in^3 = 1.6387 \times 10^{-5} m^3 = 1.6387 \times 10^{-2} L$
			英加仑	gal(UK)	$1gal(UK) = 4.546 \times 10^{-3} m^3 = 4.546L$
			美加仑	gal(US)	$1gal(US) = 3.785 \times 10^{-3} m^3 = 3.785L$
			英夸脱	qt(UK)	1qt(UK) = 1.137L
			英品脱	pt(UK)	1pt(UK) = 0.568 3L
			英及尔	gill	1gill = 0.1421L
			液盎司(英)	floz	1floz = 0.028 41L
			液打兰	fldr	1fldr = 0.003 552L
			美石油桶		1 美石油桶 = 158.99L
			立方市尺		1 立方市尺 $= 0.037m^3 = 37.037L$

续附录 11

量的名称	法定单位		将废除单位		与 SI 单位换算或说明
	名称	符号	名称	符号	
质　量	千克(公斤)	kg		Kg、k°、kilog、kgm、KG、KGS	SI 基本单位
	吨	t	公吨		非 SI 的法定单位。1t = 1000kg
	克	g		G、gr、gm、gs	SI 导出单位。1g = 1/1 000kg
			英吨(长吨)	UKton、ton	1UKton = 1.016 05t = 1016.05kg
			美吨(短吨)	USton、shton	1USton = 0.907 185t = 907.185kg
			英担	cwt	1cwt = 50.802 3kg
			磅	lb	1lb = 0.453 592 37 kg
			盎司(常衡)	oz	1oz = 28.349 5g
			盎司(药衡、金衡)		1 盎司(药衡、金衡) = 31.1035g
			米制克拉、国际克拉		1 米制克拉 = 200mg = 0.2g
			公担	q	1q = 100kg
			公两		1 公两 = 100g
			公钱		1 公钱 = 10g
	原子质量单位	u	道尔顿(Dalton)		非 SI 的法定单位。1u ≈ $1.660\ 565\ 5\times10^{-27}$kg
			[市]担		1[市]担 = 50kg
			斤		1 斤 = 0.5kg = 500g
			两		1 两 = 0.05kg = 50g
			钱		1 钱 = 0.005kg = 5g
			[市]分		1[市]分 = 0.000 5kg = 0.5g
力、重力	牛[顿]	N			SI 导出单位
	千牛[顿]	kN			1kN = 1000N
			千克力	kgf	1kgf = 9.806 65N
			吨力	tf	1tf = 9 806.65N = 9.806 65kN
			达因	dyn	1 dyn = $1g\cdot cm/s^2 = 10^{-5}N$
			磅力	lbf	1 lbf = 4.448 22 N
			英吨力	UKtonf	1 UKtonf = 9 964.02N = 9.964 02kN
			斯钦	sn	1 sn = $1t\cdot m/s^2 = 10^3N$
			磅达	pdl	1pdl = 0.138 255N
			盎司力	ozf	1 ozf = 0.278 014N
压力、压强、应力	帕[斯卡]	Pa			SI 导出单位。N/m^2
			千克力每平方米	kgf/m^2	1 kgf/m^2 = 9.806 65Pa
			千克力每平方厘米	kgf/cm^2	1kgf/cm^2 = $9.806\ 65\times10^4$Pa = 0.098 066 5 MPa
			千克力每平方毫米	kgf/mm^2	1kgf/mm^2 = $9.806\ 65\times10^6$Pa = 9.806 65 MPa
			巴	b、bar	1 bar = 10^5Pa
			达因每平方厘米	dyn/cm^2	1 dyn/cm^2 = 0.1Pa
			毫米汞柱	mmHg	1mmHg = 133.322Pa
			毫米水柱	mmH_2O	1mmH_2O = 9.806 65Pa
			托	Torr	1Torr = 133.322Pa

续附录 11

量的名称	法定单位		将废除单位		与 SI 单位换算或说明
	名称	符号	名称	符号	
压力、压强、应力			标准大气压	atm	1 atm = 101 325Pa
			工程大气压	at	1 at = 98.066.5Pa
			磅力每平方英尺	lbf/ft^2	1 lbf/ft^2 = 47.880 3Pa
			磅力每平方英吋	lbf/in^2、psi、p·s·i	1 kbf/in^2 = 6 894.76Pa
			英吋汞柱	inHg	1 inHg = 3 386.39 Pa
			英吋水柱	inH_2O	1 inH_2O = 249.082Pa
			英尺水柱	ftH_2O	1ftH_2O = 2 989.07Pa
能、功、热	焦[耳]	J	绝对焦耳	Jab	SI 导出单位。N·m
	千瓦小时	kW·h			1kW·h = 3.6 × 10^6J
			尔格	erg	1 erg = 10^{-7}J
			千克力米	kgf·m	1 kgf·m = 9.806 65J
			英尺磅力	ft·lbf	1 ft·lbf = 1.355 82J
			米制马力小时	马力小时	1 米制马力小时 = 2.647 79 × 10^6J
			英制马力小时	hp·h	1 hp·h = 2.684 52 × 10^6J
			升工程大气压	L·at	1 L·at = 98.066 5J
			升标准大气压	L·atm	1 L·atm = 101.325J
			国际蒸汽表卡	cal、cal_{Ir}	1 cal = 4.186 8J
			热化学卡	cal_{th}	1 cal_{th} = 4.184J
			15℃卡	cal_{15}	1 cal_{15} = 4.1855J
			英热单位	BTU	1 BTU = 1 055 J
	电子伏	eV			非 SI 的法定单位。1eV = 1.602 189 2 × 10^{-19}J
功　率	瓦[特]	W			SI 导出单位。J/s
	千瓦	kW	瓩		1 瓩 = 1kW = 1 000W
			国际瓦特	W_{int}	1 W_{int} = 1.000 19 W
			尔格每秒	erg/s	1erg/s = 1 × 10^{-7}W
			千克力米每秒	kgf·m/s	1kgf·m/s = 9.806 65W
			英尺磅力每秒	ft·lbf/s	1 ft·lbf/s = 1.355 82 W
			米制马力	马力、PS	1 米制马力 = 75 kgf·m/s = 735.499W
			锅炉马力		1 锅炉马力 = 980.950W
			电工马力		1 电工马力 = 746W
			英制马力	hp、Hp	1hp = 1.013 87 马力 = 550 ft·lbf/s = 745.7W
			卡每秒	cal/s	1 cal/s = 4.186 8W
			热化学卡每秒	cal_{th}/s	1 cal_{th}/s = 4.184 W
			英热单位每秒	BTU/s	1 BTU/s = 1 055W
速度、流速、风速	米每秒	m/s	米秒、秒米、每秒米		SI 导出单位
			英寸每秒	in/s	1 in/s = 0.025 4m/s
			英尺每秒	ft/s	1 ft/s = 0.304 8m/s
			码每小时	yd/h	1 yd/h = 0.914 4m/h = 0.254 × 10^{-3}m/s
			英里每小时	mile/h	1 mile/h = 1 609.344m/h = 0.447 04 m/s
	节	Kn			非 SI 的法定单位。1Kn = 1 n mile/h = (1 852/3 600)m/s = 0.514 444m/s
			英节	UKKont	1UKKont = 1.000 64Kn = 0.514 773m/s

续附录 11

量的名称	法定单位		将废除单位		与 SI 单位换算或说明
	名称	符号	名称	符号	
加速度	米每二次方秒	m/s^2	米每秒平方		SI 导出单位
			伽	Gal	1 Gal = $10^{-2}m/s^2$ = $1cm/s^2$
			毫伽	mGal	1mGal = $10^{-5}m/s^2$
			英尺每二次方秒	ft/s^2	1 ft/s^2 = 0.304 8 m/s^2
			标准重力加速度	g_a	1 g_a = 9.806 65 m/s^2
流　量	立方米每小时	m^3/h			法定单位的导出单位
	升每分	L/min			法定单位的导出单位。1L/min = 0.06 m^3/h
			立方英呎每小时	ft^3/h	1ft^3/h = 0.028 317 m^3/h = 0.471 94 L/min
			英加仑每分	gal(UK)/min	1 gal(UK)/min = 0.272 77m^3/h = 4.546L/min
			美加仑每分	gal(US)/min	1 gal(US)/min = 0.227 13m^3/h = 3.785 3L/min
运动粘度	二次方米每秒	m^2/s			SI 导出单位
			斯托克斯、沲	St	1 St = $10^{-4}m^2/s$
			厘沲	cSt	1cSt = $10^{-6}m^2/s$
			二次方英吋每秒	in^2/s	1 in^2/s = 6.451 6 × $10^{-4}m^2/s$
			二次方英尺每秒	ft^2/s	1ft^2/s = 9.290 3 × $10^{-2}m^2/s$
动力粘度	帕斯卡秒	Pa·s			SI 导出单位
			泊	P	1P = 10^{-1}Pa·s
			厘泊	cP	1cP = 10^{-3}Pa·s
			千克力秒每平方米	$kgf·s/m^2$	1$kgf·s/m^2$ = 9.806 65Pa·s
			磅力秒每平方英尺	$lbf·s/ft^2$	1 $lbf·s/ft^2$ = 47.880 3 Pa·s
频　率	赫[兹]	Hz	周、周/秒		SI 导出单位。s^{-1}
旋转速度	转每分	r/min			非 SI 的法定单位。1r/min = (1/60)s^{-1}
磁通量	韦[伯]	Wb			SI 导出单位。V·s
			麦克斯韦	Mx	1Mx≈10^{-8}Wb
磁通量密度、磁感应强度	特[斯拉]	T			SI 导出单位。Wb/m^2
			高斯	G、Gs	1Gs≈10^{-4}T
磁场强度	安[培]每米	A/m			SI 导出单位
			奥斯特	Oe	1 Oe≈(1 000/4π)A/m
电　感	亨[利]	H	绝对亨利	H_{abs}	SI 导出单位。Wb/A
			国际亨利	H_{int}	1H_{int} = 1.000 49H
电　流	安[培]	A	绝对安培	amp、a、A_{abs}	SI 基本单位
			国际安培	A_{int}	1A_{int} = 0.999 85 A
			吉伯	Gb	1Gb = 0.795 775A
电荷量	库[仑]	C			SI 导出单位。A·s
电位、电压、电动势	伏[特]	V	绝对伏特	V_{abs}	SI 导出单位。W/A
			国际伏特	V_{int}	1V_{int} = 1.000 34V
电　容	法[拉]	F			SI 导出单位。C/V
	微法[拉]	μF		mf、mF、μ	1μF = 10^{-6}F

续附录 11

量的名称	法定单位		将废除单位		与 SI 单位换算或说明
	名称	符号	名称	符号	
电　阻	欧[姆]	Ω	绝对欧姆	Ω_{abs}	SI 导出单位。V/A
			国际欧姆	Ω_{int}	$1\Omega_{int} = 1.000\ 49\Omega$
电　导	西[门子]	S			SI 导出单位。A/V
温　度	开[尔文]	K			SI 基本单位
	摄氏度	℃			SI 导出单位。当表示温度间隔或温差时:1℃ = 1K
			华氏度	°F	1°F = 0.555 556K
比热容	焦[耳]每千克开[尔文]	J/(kg·K)			SI 导出单位
			卡每克摄氏度	cal/(g·℃)	1 cal(g·℃) = 4.186 8 × 10^3J/(kg·K)
			千卡每千克摄氏度	kcal/(kg·℃)	1kcal/(kg·℃) = 4.186 8 × 10^3J/(kg·K)
传热系数	瓦[特]每平方米开[尔文]	W/(m^2·K)			SI 导出单位
			卡每平方厘米秒摄氏度	cal/(cm^2·s·℃)	1 cal/(cm^2·s·℃) = 4.186 8 × 10^4W/(m^2·K)
热导率(导热系数)			卡每厘米秒摄氏度	cal/(cm·s·℃)	1 cal/(cm·s·℃) = 4.186 8 × 10^2W/(m·K)
发光强度	坎(德拉)	cd	新烛光、烛光、支光、支		SI 基本单位
光亮度	坎(德拉)每平方米	cd/m^2			SI 导出单位
			尼特	nt	1nt = 1cd/m^2
光通量	流[明]	lm			SI 导出单位。cd·sr
光照度	勒[克斯]	lx			SI 导出单位。lm/m^2
			辐透	ph	1 ph = 10^4fx
			熙提	sb	1sb = 10^4cd/m^2
			亚熙提	asb	1asb = 0.318 cd/m^2
			米·烛光		1 米·烛光 = 1lx
			呎·烛光		1 呎·烛光 = 10.764 lx
放射性活度	贝可[勒尔]	Bq		dps、d/s、衰变/秒	SI 导出单位。s^{-1}
			居里	Ci	1Ci = 37 GBq = 37 × 10^9Bq
吸收剂量	戈[瑞]	Gy			SI 导出单位。J/kg
			拉德	rad(rd)	1rad = 10^{-2}Gy
剂量当量	希[沃特]	Sv			SI 导出单位。J/kg
			雷姆	rem	1rem = 10^{-2}Sv
照射量	库[仑]每千克	C/kg			SI 导出单位
			伦琴	R	1R = 0.258mC/kg = 0.258 × 10^{-3}C/kg
照射率			伦琴每秒	R/s	1R/s = 0.258mC/(kg·s) = 0.258 × 10^{-3}C/(kg·s)
物质的量	摩(尔)	mol	克分子、克原子、克当量、val、Tom		SI 基本单位
级　差	分贝	dB		db	非 SI 法定单位。无量纲量

(1) 易于和阿拉伯数字"1"混淆,请注意使用场合或尽量少用。

附录 12　常用计量单位换算

常用计量单位换算,见附表 12-1 ~ 附表 12-9。

附表 12-1　长度换算

公里 km	市里	英里 mi	海里	日里	米 m	市尺	码 yd	英尺 ft	日尺	厘米 cm	市寸	英寸 (in)	日寸
1	2	0.6214	0.5400	0.2546	1	3	1.0936	3.2808	3.3000	1	0.3000	0.3937	0.3300
0.5000	1	0.3107	0.2700	0.1273	0.3333	1	0.3645	1.0936	1.1000	3.3333	1	1.3123	1.1000
1.6093	3.2187	1	0.8690	0.4098	0.9144	2.7432	1	3	3.0175	2.5400	0.7620	1	0.8382
1.8520	3.7040	1.1508	1	0.4716	0.3048	0.9144	0.3333	1	1.0058	3.0303	0.9091	1.1930	1
3.9273	7.8545	2.4403	2.1206	1	0.3030	0.9091	0.3314	0.9942	1				

附表 12-2　面积、地积换算

平方公里 km^2	平方市里	平方英里 $mile^2$	平方日里	公顷 hm^2	市亩	英亩 a	日亩
1	4	0.3861	0.0648	1	15	2.4712	100.8333
0.2500	1	0.0965	0.0162	0.06667	1	0.1647	6.7222
2.5900	10.3600	1	0.1679	0.4047	6.0716	1	40.8058
15.4235	61.6939	5.9550	1	0.0099	0.1488	0.0245	1

平方米 m^2	平方市尺	平方码 yd^2	平方英尺 ft^2	平方日尺	平方厘米 cm^2	平方市寸	平方英寸 in^2	平方日寸
1	9	1.1960	10.7636	10.89	1	0.09	0.1550	0.1089
0.1111	1	0.1329	1.1960	1.21	11.1110	1	1.7222	1.2100
0.8361	7.5251	1	9	9.1054	6.4516	0.5806	1	0.7026
0.0929	0.8361	0.1111	1	1.0117	9.1827	0.8265	1.4233	1
0.0918	0.8264	0.1098	0.9884	1				

附表 12-3　体积、容积换算

立方米 m^3	立方市尺	立方英尺 ft^3	立方日尺	立方米 m^3	立方市尺	立方英尺 ft^3	立方日尺
1	27.00	35.3147	35.9370	0.0283	0.7646	1	1.0176
0.0370	1	1.3079	1.3310	0.0278	0.7513	0.9827	1

立方厘米 cm^3	立方市寸	立方英寸 in^3	立方日寸	立方厘米 cm^3	立方市寸	立方英寸 in^3	立方日寸
1	0.0270	0.0610	0.0359	16.3871	0.4425	1	0.5889
37.0370	1	2.2601	1.3310	27.8265	0.7513	1.6981	1

续附表 12-3

升 L	英加仑 (gal)(UK)	美加仑(液) (gal)(US)	日升	升 L	英加仑 (gal)(UK)	美加仑(液) (gal)(US)	日升
1	0.2200	0.2642	0.5544	3.7854	0.8327	1	2.0985
4.5460	1	1.2009	2.5201	1.8039	0.3968	0.4765	1

附表 12-4 质量(重量)换算

吨 t	市担	英吨 tn	美吨 shtn	日贯	公斤 kg	市斤	磅 lb	日斤	克 g	市两	盎司 oz	日两
1	20	0.9842	1.1023	266.6667	1	2	2.2046	1.6667	1	0.02	0.0353	0.2667
0.0500	1	0.0492	0.0551	13.3333								
1.0161	20.3213	1	1.12	270.9504	0.5	1	1.1023	0.8333	50	1	1.7637	13.3333
0.9072	18.1400	0.8929	1	241.9200	0.4536	0.9072	1	0.756	28.3495	0.5670	1	7.56
0.0038	0.0750	0.0037	0.0041	1	0.6	1.2	1.3228	1	3.75	0.0750	0.1323	1

附表 12-5 速度换算

公里/小时 km/h	英里/小时 mile/h	海里/小时	米/秒 m/s	厘米/秒 cm/s	英尺/秒 ft/s
1	0.6214	0.5400	0.2778	27.7778	0.9113
1.6093	1	0.8690	0.4470	44.7040	1.4667
1.8520	1.1508	1	0.5144	51.4444	1.6878
3.6000	2.2369	1.9438	1	100	3.2808
0.0360	0.0224	0.0194	0.01	1	0.0328
1.0973	0.6818	0.5925	0.3048	30.4800	1

附表 12-6 功率换算

千瓦 kW	公斤力米/秒 kgf·m/s	英尺磅力/秒 ft·lbf/s	马 力	英制马力 hP	千卡/秒 kcal/s
1	101.97	137.56	1.3596	1.3410	0.2388
0.0098	1	7.2329	0.0133	0.0132	2342×10^{-6}
0.0014	0.1383	1	0.0018	0.0018	323.8×10^{-6}
0.7355	75	542.47	1	0.9863	0.17567
0.7457	76.04	550	1.0139	1	0.1781
4.1868	427	3088	5.6925	5.6146	1

附表 12-7 流 量 换 算

米^3/秒	英尺^3/秒	码^3/秒	升/秒	磅/秒	米^3/小时	美加仑/秒	英加仑/秒	英尺^3/分
1	35.3132	1.3079	1000	2205	3600	264.2000	220.0900	2119
0.0283	1	0.0370	28.3150	62.4388	101.9340	7.4813	6.2279	60

续附表 12-7

米³/秒	英尺³/秒	码³/秒	升/秒	磅/秒	米³/小时	美加仑/秒	英加仑/秒	英尺³/分
0.7645	27.0000	1	764.5134	1685.7520	2752.2482	201.9844	168.1533	1618
0.0010	0.0353	0.0013	1	2.2050	3.6000	0.2642	0.2201	2.119
0.0005	0.0160	0.0006	0.4535	1	1.6327	0.1198	0.0998	0.96
0.0003	0.0098	0.0004	0.2778	0.6125	1	0.0734	0.0611	0.587
0.0037	0.11339	0.0049	3.7863	8.3487	13.6222	1	0.8333	8.01
0.0045	0.1607	0.0059	4.5435	10.0184	16.3466	1.2004	1	9.62
0.00047	0.0167	0.00062	0.472	1.041	1.70	0.125	0.104	1

附表 12-8　压力换算

公斤/米²	工程大气压（公斤/厘米²）	标准大气压（大气压）	汞柱高度（毫米）	水柱高度（米）	毫巴	磅/英寸²	水柱高度（英寸）
1×10^4	1	0.9678	735.56	10.00	981.00	14.223	393.7
1.0333×10^4	1.0333	1	760.00	10.3333	1013.25	14.696	406.8
1.36×10	0.00136	0.00132	1	0.0136	1.3332	0.0193	0.535
1×10^3	0.1	0.0968	73.556	1	98.10	1.4223	39.37
1.02×10	0.00102	0.000987	0.74975	0.0102	1	0.01451	0.401
7.03×10^2	0.0703	0.0680	51.715	0.703	68.95	1	27.68
2.54×10	0.00254	0.00246	1.87	0.0254	2.49	0.0361	1

注：1 标准大气压是指在零度时，密度为 13.5951 克/厘米³ 和重力加速度为 980.665 厘米/秒²，高度为 760 毫米汞柱在海平面上所产生的压力，或称一物理大气压。1 标准大气压：$P_0 = \rho gh$ = 13.5951 克/厘米² × 980.665 厘米/秒² × 76 厘米 = 1013250 达因/厘米²。

附表 12-9　温度换算

换算项目	摄氏（℃）	华氏（℉）
冰点	0°	32°
沸点	100°	212°
冰点和沸点间等分	100	180
1℃ =	1°	1.8°
1℉ =	5/9°	1°
换算为摄氏的公式	℃	5/9(F − 32)
换算为华氏的公式	9/5C + 32	℉

附录13 水的硬度

水的硬度分类，一升水中构成硬度为1德国度(dH)的化合物含量和钙、镁离子浓度折算成硬度的系数见表1、表2和表3。

表1 水的硬度

水的性质		很软水	软 水	中等硬度	硬 水	很硬水
总硬度	德国度(dH)	0~4	4~8	8~16	16~30	>30
	以CaO计(mg/L)	0~40	40~80	80~160	160~300	>300
	以$CaCO_3$计(mg/L)	0~72	72~144	144~188	288~576	>576

表2 1升水中硬度为1德国度(dH)的化合物含量(mg/L)

序号	化合物名称	化合物含量
1	CaO	10.00
2	Ca	7.14
3	$CaCl_2$	19.17
4	$CaCO_3$	17.85
5	$CaSO_4$	24.28
6	$Ca(HCO_3)$	28.90
7	Mg	4.34
8	MgO	7.19
9	$MgCO_3$	15.00
10	$MgCl_2$	16.98
11	$MgSO_4$	21.47
12	$Mg(HCO_3)_2$	26.10
13	$BaCl_2$	37.14
14	$BaCO_3$	35.20

表3 钙、镁等离子浓度折算成硬度的系数

离子名称	系 数	
	折合成 [H^+]	折合成德国度(dH)
钙(Ca^{++} mg/L)	0.0499	0.1399
镁(Mg^{++} mg/L)	0.0822	0.2305
铁(Fe^{++} mg/L)	0.0358	0.1004
锰(Mn^{++} mg/L)	0.0364	0.1021
锶(Sr^{++} mg/L)	0.0228	0.0639
锌(Zn^{++} mg/L)	0.0306	0.0858

注：将水中测得的各种离子浓度值(mg/L)，乘以系数后相加即为总硬度。

参考文献

1 中国市政工程西南设计院．给水排水设计手册．第一版,第1册:常用资料．北京:中国建筑工程出版社,1986.7

2 核工业部第二研究设计院．给水排水设计手册．第一版,第2册:室内给水排水．北京:中国建筑工程出版社,1986.12

3 上海市政工程设计院．给水排水设计手册．第一版,第3册:城市给水．北京:中国建筑工程出版社,1986.12

4 华东建筑设计院．给水排水设计手册．第一版,第4册:工业给水处理．北京:中国建筑工程出版社,1986.12

5 北京市市政工程设计院．给水排水设计手册．第一版,第5册:城市排水．北京:中国建筑工程出版社,1986.12

6 北京市市政工程设计院．给水排水设计手册．第一版,第6册:工业排水．北京:中国建筑工程出版社,1986.9

7 中国市政工程东北设计院．给水排水设计手册．第一版,第7册:城市防洪．北京:中国建筑工程出版社,1986.3

8 中国市政工程中南设计院．给水排水设计手册．第一版,第8册:电气与自控．北京:中国建筑工程出版社,1986.12

9 《钢铁企业给水排水设计参考资料》编写组．钢铁企业给水排水设计参考资料．北京:冶金工业出版社,1979.8

10 杨登岱,周海清主编．现代钢铁工业技术——水处理设施．北京:冶金工业出版社．1986.4

11 周本省主编．工业水处理技术．北京:化学工业出版社,1997.2

12 金熙等编．工业水处理技术问答及常用数据．北京:化学工业出版社．1997.1

13 章天华,鲁世英主编．现代钢铁工业技术．炼铁．北京:冶金工业出版社,1986.12

14 《尾矿设施设计参考资料》编写组．尾矿设施设计参考资料．北京:冶金工业出版社,1980

15 丁宏达等．浆体管道输送原理和工程系统设计．中国金属学会浆体输送学术委员会,1990

16 《选矿手册》编委会．选矿手册,第四卷．北京:冶金工业出版社,1991.12

17 钱桂华,曹晰等．浆体管道输送设备适用选型手册．北京:冶金工业出版社,1995.11

18 费祥俊．浆体与粒状物料输送水利学．北京:清华大学出版社,1994.5

19 瓦斯普 E J. 固体物料的浆体管道输送．北京:水力电力出版社,1984

20 王学谦,刘万臣主编．建筑防火设计手册．第一版,北京:中国建筑工业出版社,1998.5

21 李友琥,杨丽芬主编．环保工作者手册．第二版,北京:冶金工业出版社,2001

22 房世兴,肖治维主编.高速线材轧机装备技术.北京:冶金工业出版社,1997

23 冶金工业部宝钢环保技术编委会.宝钢环保技术,第六分册(轧钢环保技术).1999.6